U0270045

空气调节设计手册

（第三版）

中国电子工程设计院　主编

中国建筑工业出版社

图书在版编目（CIP）数据

空气调节设计手册/中国电子工程设计院主编. —3版. —北京：中国建筑工业出版社，2017.4
ISBN 978-7-112-20229-4

Ⅰ.①空… Ⅱ.①中… Ⅲ.①空气调节系统-设计-技术手册 Ⅳ.①TU831.3-62

中国版本图书馆 CIP 数据核字（2017）第 004272 号

本版手册在第二版的基础上，增加了许多节能的新技术，如低温送风系统、温湿度独立控制空调系统、蒸发冷却空调系统等。又如空调蓄冷技术及热泵技术在第二版虽有提及，但不足以供设计计算使用，本版有了较详细的介绍，又如燃气冷热电联供分布式能源系统，也作了更深入的介绍。新技术方面增加了吊顶辐射供冷系统、旋流风口送风、地板送风、置换通风、岗位空调、高大空间分层空调技术、CFD 方法简介。加湿器新增加介绍了五种新型加湿器。制冷方面增加了润滑油及漩涡式制冷压缩机及冷水机组。消声增加了微穿孔板消声器及复合消声器。隔振增加了冷却塔的隔振，去掉使用较少的软木和空气弹簧隔振器。空气净化和洁净室则增加了设计步骤等内容。三甘醇除湿机由于已无产品，本版已取消。

本手册可供空调设计人员使用，亦可供空调教学、施工及管理人员参考。

责任编辑：吴文侯
责任校对：王宇枢　关　健

空气调节设计手册
（第三版）
中国电子工程设计院　主编
*
中国建筑工业出版社出版、发行（北京海淀三里河路 9 号）
各地新华书店、建筑书店经销
霸州市顺浩图文科技发展有限公司制版
北京圣夫亚美印刷有限公司印刷
*
开本：787×1092 毫米　1/16　印张：73　插页：1　字数：1772 千字
2017 年 6 月第三版　2017 年 6 月第十八次印刷
定价：**168.00** 元
ISBN 978-7-112-20229-4
（29532）

主　编：秦学礼

编写单位及编写人员：

中国电子工程设计院

秦学礼　赵凤羽　肖红梅　张利群　陈霖新

白桂华　钟景华　俞渭雄　贺继行

清华大学建筑学院建筑技术科学系

李先庭　马晓钧　燕　达　邵晓亮　刘晓华

中国建筑科学研究院空气调节研究所

曹　阳　邹月琴

中国航空工业规划设计研究院

董秀芳　张海飞　顾乃新

中国建筑科学研究院建筑物理研究所

徐　春

西安工程大学

黄　翔

三菱电机空调影像设备（上海）有限公司

范海燕

广东申菱环境系统股份有限公司

潘展华

前　言

在党的改革开放方针指引下，我国国民经济迅速发展，人民生活水平逐步提高。在工业和民用新建、扩建和改建的工程中，对空气调节的需求越来越多，空气调节技术和工程已成为基本建设中必不可少的内容。

我们在 1970 年曾编写出版《空气调节与制冷设计手册》，1983 年又出版了《空气调节设计手册》，均受到了读者的欢迎。仅《空气调节设计手册》就印刷了四次，发行量超过 5 万册。1995 年出版了《空气调节设计手册》第二版，印刷了五次，发行量超过 6 万册。

随着空气调节技术的发展，第二版手册中的一部分内容已不能适应当前的需要，因此重新修订编写了本手册。

本手册对第二版《空气调节设计手册》的内容作了较大的修改，根据阅读习惯和编制内容，调整了手册的章节数量及名称，各章均根据技术发展作了很多修改和补充。第一章中的室外气象参数选用《工业建筑供暖通风与空气调节设计规范》，民用建筑的室外气象参数请参考《民用建筑供暖通风与空气调节设计规范》，本手册未再单独列入，与国家标准发展保持一致。重视环保节能思想，多个章节对节能相关内容从不同角度做了统计和分析。应出版社要求，制冷站和新型空调冷热源技术内容在第二版的基础上做了较大补充。鉴于空气调节所用的产品门类规格很多，变化很快，本手册减少了产品的内容（仅有代表性的举例）。湿空气焓湿图由于无变化，本次修订不再列入，以简化装订。

本手册所列的内容力求做到明确、简练、易于使用、数据和方法可靠，有实践依据为原则。除可满足本行业设计人员使用外，也可供教学、施工人员参考，并适用于初学人员使用。

本手册编写、审校具体分工如下：

第一章，第二章第一、二节，第五章第八、九、十二节：李先庭、马晓钧、燕达、邵晓亮 编写，龙惟定、黄翔 审校

第二章第三～六节：肖红梅、白桂华 编写，龙惟定、黄翔 审校

第三章第一节至第五节、第八节至第十节：秦学礼 编写，王天富、马最良 审校

第三章第六节：刘晓华 编写，王天富、马最良 审校

第三章第七节：黄翔 编写，王天富、马最良 审校

第三章第十一节：钟景华 编写，王天富、马最良 审校

第四章：曹阳 编写，王天富、马最良 审校

第五章（除第八、九、十二节外）：邹月琴 编写，李向东、伍小亭 审校

第六章：贺继行、肖红梅 编写，刘朝贤、贾晶 审校

第七章第七节：刘晓华 编写，李向东、贾晶 审校

第七章（除第七节外）：董秀芳、张海飞、顾乃新 编写，李向东、贾晶 审校

第八章：肖红梅、曹阳、贺继行 编写，王天富、马最良、刘朝贤、贾晶 审校

第九章：张利群 编写

第十章、十一章：陈霖新编写，贾晶 蔡敬琅、曹伟生 审校

第十二章：赵凤羽 编写，李向东、伍小亭 审校

第十三章：徐春 编写，林杰、龙惟定、黄翔 审校

第十四章：俞渭雄 编写，王天富、马最良 审校

全书稿件由主编秦学礼校核最后定稿，王江标协助整理。

手册中很多内容是采用了很多同行的研究成果，有些同志提供了他们掌握的资料和数据，在此，特向他们致以诚挚的谢意。

中国建筑工业出版社吴文侯编审在编写过程中给予大力支持和帮助，并在最后审查定稿时付出辛勤的劳动，在此表示感谢。

限于编写人员的水平，本手册中的错误和不足之处，请读者将意见和建议寄到北京市海淀区西四环北路 160 号玲珑天地 C 座 秦学礼/王江标（邮编 100142），以便再版时订正。

目 录

第十三章　空调系统的消声设计

第一章　基础知识和基础资料

第一节　空气调节概述

广义的空气调节是使室内空气温度、湿度、风速、气体成分、污染气体浓度、悬浮颗粒浓度、噪声和气压保持在一定范围的技术，狭义的空气调节（简称空调）对象主要指温度、湿度、风速和洁净度。但随着人们对室内空气质量越来越关注，化学污染和生物污染也成为空气调节的重要对象。

根据服务对象的不同，空气调节又分为工艺性空调（又称工业空调）和舒适性空调（又称民用空调）。工艺性空调用于满足相应的工艺过程要求，通常包括温度和湿度要求，有些工艺性空调对洁净度和风速的要求也非常高；舒适性空调主要用于满足人的舒适要求，通常对温度要求较高，而允许的湿度变化范围则比较大，对洁净度的要求也不如工艺性空调高。舒适性空调的范围非常广，常见的住宅、办公建筑、宾馆、商场、体育场馆、学校、交通枢纽等都属于舒适性空调范畴。

根据空调系统向房间提供冷热的介质，空调系统通常分为全空气系统、空气—水系统、冷媒系统（又称直接蒸发系统）。全空气系统以空气为能量输送媒介，向房间输送需要的冷或热；空气—水系统则以空气和水相结合的方式，向房间输送需要的冷或热；冷媒系统则直接以制冷剂作为能量的输送介质。由于冷媒系统涉及的设计工作内容相对较少，本手册主要以全空气系统和空气—水系统作为主要的空调系统形式加以介绍。

无论是设计工艺性空调还是舒适性空调，无论是采用全空气系统还是空气—水系统，通常都需要确定下列环节的内容：(1) 服务对象的参数要求与热湿负荷；(2) 冷热分配系统与末端设备及气流组织形式；(3) 空气处理系统与设备；(4) 冷热媒输送系统与设备；(5) 冷热源设备与热力系统。空调系统设计就是将上述五个方面的内容确定后，再通过人工或自控的手段，实现全年的运行调节。

随着空调在舒适性和工艺保障方面的作用越来越大，空调所消耗的能源也越来越多，如何通过不同方案的比较和对运行调节的指导，以保证设计出的系统能够全面满足工艺和舒适要求，并最大限度降低运行能耗和节省投资，已成为空调设计的重要任务。

第二节　空气的 *h-d* 图（焓湿图）及常见空气处理过程

一、湿空气的物理性质

平常所说的大气，在空气调节的角度上看，是由干空气和水蒸气混合而成的，称为湿空气。干空气是氮、氧、二氧化碳、氩、氦、氖、氪、氙、氡、臭氧等的混合物，成分比较稳定。通常可以认为空气是理想气体，其气体常数 $R=287\text{J}/(\text{kg}\cdot\text{K})$，摩尔质量 $M=28.96\text{kg/kmol}$。

湿空气中水蒸气的含量很少，但它的变化能够改变湿空气的物理性质，并且能够影响环境的干、湿程度以及人体的舒适度。标准大气压（101.3kPa）空气的主要物理性质见表 1-2-1，其中饱和水蒸气分压力仅与温度有关。

表 1-2-1 中 h 和 d 可根据下列公式计算而得：

$$h=1.01t+0.001d(2500+1.84t) \tag{1-2-1}$$

$$d=622\times\frac{P_s}{B-P_s}=622\times\frac{\varphi P_b}{B-\varphi P_b} \tag{1-2-2}$$

$$\varphi=\frac{P_s}{P_b}\times 100\% \tag{1-2-3}$$

式中 h——空气的焓（kJ/kg 干空气）；

t——空气的温度（℃）；

d——空气的含湿量（g/kg 干空气）；

P_s——水蒸气的分压力（Pa）；

P_b——饱和水蒸气的分压力（Pa）；

φ——空气的相对湿度（%）；

B——大气压力（Pa）。

湿空气的密度、水蒸气压力、含湿量和焓（大气压力 B=101.3kPa） 表 1-2-1

空气温度 t（℃）	干空气密度 ρ（kg/m³）	饱和空气密度 ρ_b（kg/m³）	饱和空气的水蒸气分压力 P_b（$\times10^2$Pa）	饱和空气含湿量 d_b（g/kg 干空气）	饱和空气焓 h_b（kJ/kg 干空气）
−20	1.396	1.395	1.02	0.63	−18.55
−19	1.394	1.393	1.13	0.70	−17.39
−18	1.385	1.384	1.25	0.77	−16.20
−17	1.379	1.378	1.37	0.85	−14.99
−16	1.374	1.373	1.50	0.93	−13.77
−15	1.368	1.367	1.65	1.01	−12.60
−14	1.363	1.362	1.81	1.11	−11.35
−13	1.358	1.357	1.98	1.22	−10.05
−12	1.353	1.352	2.17	1.34	−8.75
−11	1.348	1.347	2.37	1.46	−7.45
−10	1.342	1.341	2.59	1.60	−6.07
−9	1.337	1.336	2.83	1.75	−4.73
−8	1.332	1.331	3.09	1.91	−3.31
−7	1.327	1.325	3.36	2.08	−1.88
−6	1.322	1.320	3.67	2.27	−0.42
−5	1.317	1.315	4.00	2.47	1.09
−4	1.312	1.310	4.36	2.69	2.68
−3	1.308	1.306	4.75	2.94	4.31
−2	1.303	1.301	5.16	3.19	5.90
−1	1.298	1.295	5.61	3.47	7.62
0	1.293	1.290	6.09	3.78	9.42

续表

空气温度 t (℃)	干空气密度 ρ (kg/m^3)	饱和空气密度 ρ_b (kg/m^3)	饱和空气的水蒸气分压力 P_b(×10^{2}Pa)	饱和空气含湿量 d_b (g/kg 干空气)	饱和空气焓 h_b (kJ/kg 干空气)
1	1.288	1.285	6.56	4.07	11.14
2	1.284	1.281	7.04	4.37	12.89
3	1.279	1.275	7.57	4.70	14.74
4	1.275	1.271	8.11	5.03	16.58
5	1.270	1.266	8.70	5.40	18.51
6	1.265	1.261	9.32	5.79	20.51
7	1.261	1.256	9.99	6.21	22.61
8	1.256	1.251	10.70	6.65	24.70
9	1.252	1.247	11.46	7.13	26.92
10	1.248	1.242	12.25	7.63	29.18
11	1.243	1.237	13.09	8.15	31.52
12	1.239	1.232	13.99	8.75	34.08
13	1.235	1.228	14.94	9.35	36.59
14	1.230	1.223	15.95	9.97	39.19
15	1.226	1.218	17.01	10.6	41.78
16	1.222	1.214	18.13	11.4	44.80
17	1.217	1.208	19.32	12.1	47.73
18	1.213	1.204	20.59	12.9	50.66
19	1.209	1.200	21.92	13.8	54.01
20	1.205	1.195	23.31	14.7	57.78
21	1.201	1.190	24.80	15.6	61.13
22	1.197	1.185	26.37	16.6	64.06
23	1.193	1.181	28.02	17.7	67.83
24	1.189	1.176	29.77	18.8	72.01
25	1.185	1.171	31.60	20.0	75.78
26	1.181	1.166	33.53	21.4	80.39
27	1.177	1.161	35.56	22.6	84.57
28	1.173	1.156	37.71	24.0	89.18
29	1.169	1.151	39.95	25.6	94.20
30	1.165	1.146	42.32	27.2	99.65
31	1.161	1.141	44.82	28.8	104.67
32	1.157	1.136	47.43	30.6	110.11
33	1.154	1.131	50.18	32.5	115.97
34	1.150	1.126	53.07	34.4	122.25
35	1.146	1.121	56.10	36.6	128.95
36	1.142	1.116	59.26	38.8	135.65
37	1.139	1.111	62.60	41.1	142.35
38	1.135	1.107	66.09	43.5	149.47
39	1.132	1.102	69.75	46.0	157.42
40	1.128	1.097	73.58	48.8	165.80
41	1.124	1.091	77.59	51.7	174.17
42	1.121	1.086	81.80	54.8	182.96
43	1.117	1.081	86.18	58.0	192.17
44	1.114	1.076	90.79	61.3	202.22
45	1.110	1.070	95.60	65.0	212.69
46	1.107	1.065	100.61	68.9	223.57

续表

空气温度 t (℃)	干空气密度 ρ (kg/m^3)	饱和空气密度 ρ_b (kg/m^3)	饱和空气的水蒸气分压力 P_b($\times10^2$Pa)	饱和空气含湿量 d_b (g/kg 干空气)	饱和空气焓 h_b (kJ/kg 干空气)
47	1.103	1.059	105.87	72.8	235.30
48	1.100	1.054	111.33	77.0	247.02
49	1.096	1.048	117.07	81.5	260.00
50	1.093	1.043	123.04	86.2	273.40
55	1.076	1.013	156.94	114	352.11
60	1.060	0.981	198.70	152	456.36
65	1.044	0.946	249.38	204	598.71
70	1.029	0.909	310.82	276	795.50
75	1.014	0.868	384.50	382	1080.19
80	1.000	0.823	472.28	545	1519.81
85	0.986	0.773	576.69	828	2281.81
90	0.973	0.718	699.31	1400	3818.36
95	0.959	0.656	843.09	3120	8436.40
100	0.947	0.589	1013.00	—	—

【例 1-2-1】 已知大气压力为 97300Pa，空气温度为 20℃，相对湿度为 84%，求湿空气的含湿量 d 和焓 h 的值。

【解】 由于空气饱和水蒸气分压力仅与温度有关，由表 1-2-1 查出，当 $t=20$℃时，空气的饱和水蒸气分压力 $P_b=23.31\times10^2$Pa，则：

$$
\begin{aligned}
d &= 622\times\frac{P_s}{B-P_s}=622\times\frac{\varphi P_b}{B-\varphi P_b}\\
&=622\times\frac{0.84\times23.31\times10^2}{97300-0.84\times23.31\times10^2}\\
&=12.77(\text{g/kg 干空气})\\
h &=1.01t+0.001d(2500+1.84t)\\
&=1.01\times20+0.001\times12.77(2500+1.84\times20)\\
&=52.59\ (\text{kJ/kg 干空气})
\end{aligned}
$$

二、湿空气的h-d（焓湿图）

在工程上，为了使用方便，绘制了不同大气压力下的湿空气的 h-d 图。h-d 图是表示一定大气压力 B（Pa）下，湿空气的各参数值及其相互关系的图，包括焓 h（kJ/kg 干空气）、含湿量 d（g/kg 干空气）、温度 t（℃）、相对湿度 φ（%）和水蒸气分压力 P_s（Pa）。

h-d 图是根据公式（1-2-1）、（1-2-2）、（1-2-3）和表 1-27 中的 P_b值利用一定的坐标网绘制而成的。

h-d 图对于空调的设计和运行管理是一个十分重要的工具。这不仅是因为用 h-d 图可以根据两个独立的参数比较简便地确定空气的状态及其余参数，更重要的是它可以反映空气状态在热湿交换作用下的变化过程。

如果当地大气压力高于标准大气压力时，h-d 图的饱和曲线（$\varphi=100\%$）将向上移，低于标准大气压力时，将向下移。当空气温度和相对湿度相同而大气压力增高时，则空气的焓和含湿量减小，而大气压力降低，则空气的焓和含湿量增大（均与标准大气压力下的焓和含湿量相比）。

因此在计算空调系统时，必须根据当地的大气压力选用较为接近的 h-d 图。

该图有不同的热湿比线，供已知热湿比时画状态变化线时使用。

$$\varepsilon = 1000 \times \frac{\Delta h}{\Delta d} = \frac{1000(h_2 - h_1)}{d_2 - d_1} = \frac{3.6Q}{W} \tag{1-2-4}$$

式中 h_1，h_2——空气初状态和终状态的焓（kJ/kg 干空气）；

d_1，d_2——空气初状态和终状态的含湿量（g/kg 干空气）；

Q——全热量（W）；

W——湿量（kg/h）。

根据焓和含湿量增减情况，ε 值可正可负。几种典型空气状态变化过程的不同热湿比值见图 1-2-1。

在一般工程上使用已够准确。对于要求更精确参数的空调系统，可用表 1-2-1 和公式（1-2-1）～（1-2-3）进行计算。

【例 1-2-2】 已知空气之终状态点“2”（一般情况下，往往是室内空调基数点的状态）的 h_2=50.7kJ/kg，d_2=9.9g/kg（B=101300Pa），室内余热（全热）量 Q=2330W，室内散湿量 S=1.0kg/h。求其 ε 值。如果空气初状态点“1”（一般为送入空调房间内空气的状态点）的 h_1=40.6kJ/kg，求点“1”之含湿量 d_1。

【解】

$$\varepsilon = 3.6Q/S = 3.6 \times 2330/1.0 = 8388\text{kJ/kg}$$

选择 B=101300Pa 的 h-d 图，在图上找到点“2”，由点“2”作一与 ε=8388 的射线（射线画在 h-d 图的右下角）平行并与 h_1=40.6kJ/kg 的线相交于点“1”，则 h_1=40.6kJ/kg，d_1=8.5g/kg（d_1即点“1”之含湿量），见图 1-2-2。

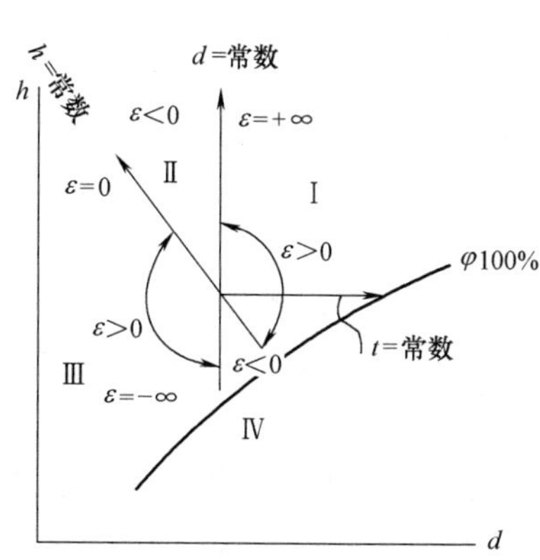

图 1-2-1 几种典型空气状态变化过程的不同热湿比值

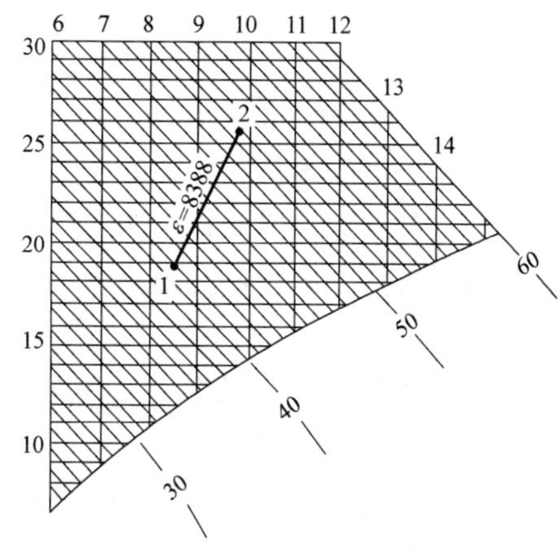

图 1-2-2 例 1-2-2 空气处理过程线

三、常见空气处理过程

1. 两种不同状态空气的混合过程 当室外空气（新风）和室内空气以不同比例混合，

或室内空气和经过处理（冷却、加热等）后的空气以不同比例混合后，空气会变成什么状态，用 h-d 图可以很方便地求出。

【例 1-2-3】 B=101300Pa；占总风量 20%的状态点“1”（h_1=83.7kJ/kg，d_1=19.5g/kg）的室外空气与占总风量 80%的状态点“2”（h_2=55.3kJ/kg，d_2=11.9g/kg）的室内空气混合后，求其混合点“3”的状态点。

【解】 在 B= 101300Pa 的 h-d 图上，绘出“1”“2”两点，连接 1—2，量出 1—2 的长度为 44mm，则在靠近点“2”为 44×0.2=8.8mm，并在 1—2 线段上的点“3”即为混合点“3”的状态（h_3=61.0kJ/kg，d_3=13.4g/kg），见图 1-2-3。

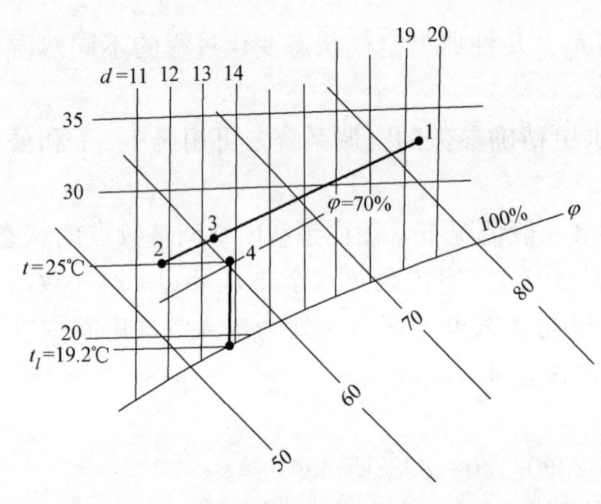

图 1-2-3 用 h-d 图确定露点温度与混状态点

2. 利用 h-d 图确定空气的露点温度 t_l 空气的露点温度 t_l 就是使湿空气中所含的未饱和水蒸气在含湿量 d 不变的情况下变成饱和（φ=100%）时的温度。用 h-d 图可以直接查出空气的露点温度 t_l。

【例 1-2-4】 B=101300Pa，湿空气的 t=25℃、φ= 70%，求其露点温度 t_l。

【解】 由点“4”(t=25，φ= 70%)，沿等 d 线（d=13.9g/kg）与φ=100%相交得 t_l=19.2℃，见图 1-2-3。

在空调中，常常用设备露点温度（或称“机器露点温度”、“露点”温度）表示空气经过喷水室或表面冷却器处理后，所得的接近饱和状态（一般在 φ=90%～95%之间）的空气温度，使用时应注意这个“机器露点温度”和物理学上的露点温度在概念上的不同处。

3. 利用 h-d 图确定计算用室外空气状态点 冬季，可根据冬季空调室外计算温度和相对湿度两个已知参数直接在 h-d 图上找到状态点。夏季，已知的是夏季空调室外计算温度和室外计算湿球温度。在空调工程上，空气的湿球温度可以理解为焓不变时，空气加湿到饱和时的温度。因此，已知夏季空调室外计算温度和计算湿球温度后，可在 h-d 图上找出其状态点。

【例 1-2-5】 已知某地的夏季空调室外计算温度和湿球温度分别是 33.8 和 25.0℃。求其状态点（$B_{夏}$=99000Pa）。

【解】 在 B=99325Pa 的 h-d 图上，找出 t=25.0℃线与 φ=100%曲线的交点“1”，由点“1”沿着等焓线与 t=33.8℃线相交于点“2”，点“2”即其状态点，见图 1-2-4。

4. 在 h-d 图上表示空气各种处理过程 空气的各种处理过程（空气焓的增减、含湿量的增减、温度升降等）在 h-d 图上可以很清楚地表示出来，如图 1-2-5 所示。

图 1-2-5 中的 t_l 是空气的露点温度，t_s 是空气的湿球温度，A 点表示空气的初状态点。1、2、…12 表示 A 点的空气用不同的处理方法可能达到的状态。A——1～12 各种处理过程的内容和一般常采用的处理方法如表 1-2-2 所示。

表 1-2-2 所述的空气处理方法只作为一般介绍，除表列的方法以外，还可以用其他方

法达到同样处理过程。

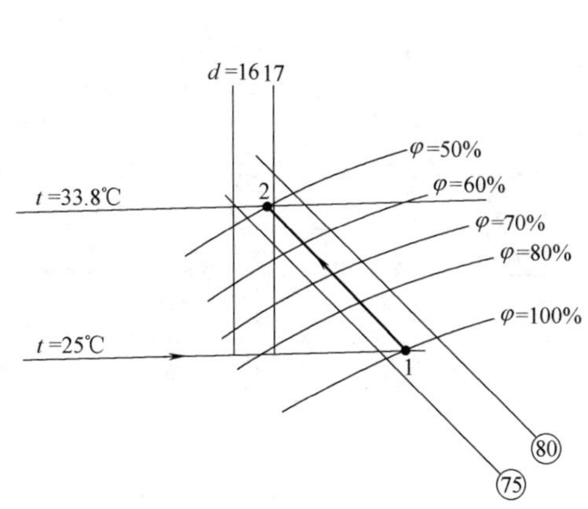

图 1-2-4 用 h-d 图确定湿球温度

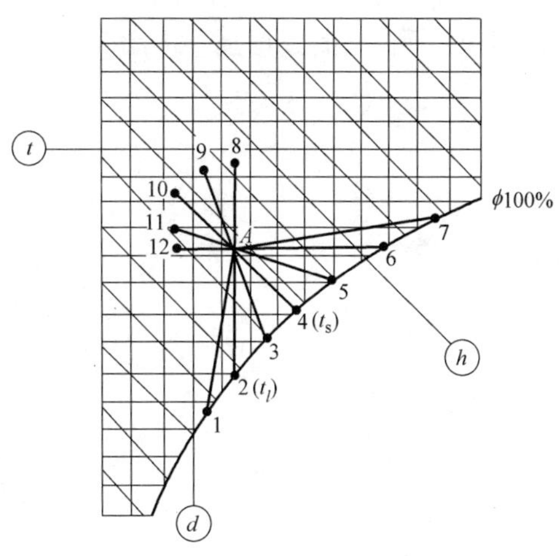

图 1-2-5 各种处理过程

（注：图中交点为 A 点）

各种空气处理过程的内容和处理方法 **表 1-2-2**

过程线	所处象限	热湿比 ε	处理过程的内容	处理方法
A-1	Ⅲ	ε＞0	减焓降湿降温	用水温低于 t_l 的水喷淋； 用肋管外表面温度低于 t_l 的表面冷却器冷却； 用蒸发温度 t_0 低于 t_l 的直接蒸发式表面冷却器冷却
A-2	d＝常数	ε＝−∞	减焓等湿降温	用水的平均温度稍低于 t_l 的水喷淋或表面冷却器干式冷却； t_0 稍低于 t_l 的直接蒸发式表面冷却器干式冷却
A-3	Ⅳ	ε＜0	减焓加湿降温	用水喷淋，$t_l<t$(水温)$<t_s$
A-4	h＝常数	ε＝0	等焓加湿降温	用水循环喷淋，绝热加湿
A-5	Ⅰ	ε＞0	增焓加湿降温	用水喷淋，$t_s<t'$(水温)$<t_A$(t_A 为 A 点的空气温度)
A-6	Ⅰ (t＝常数)	ε＞0	增焓加湿等温	用水喷淋，$t'=t_A$；喷低压蒸汽等温加湿
A-7	Ⅰ	ε＞0	增焓加湿升温	用水喷淋，$t'>t_A$；喷过热蒸汽
A-8	d＝常数	ε＝+∞	增焓等湿升温	加热器(蒸汽、热水、电)干式加热
A-9	Ⅱ	ε＜0	增焓降湿升温	冷冻机除湿(热泵)
A-10	h＝常数	ε＝0	等焓降湿升温	固体吸湿剂吸湿
A-11	Ⅲ	ε＞0	减焓降湿升温	用温度稍高于 t_A 的液体除湿剂喷淋
A-12	Ⅲ (t＝常数)	ε＞0	减焓降湿等温	用与 t_A 等温的液体除湿剂喷淋

在美国、西欧等国家，在空调工程中应用的焓一湿图，其外形和我国常用的 h-d 图不一样。图 1-2-6 中所示的就是当 B＝101325Pa（760mmHg）时的焓—湿图。这种图的用法和我们基本一样，只是在图的右边所表示的显热比是指显热与全热之比，和我们的热湿比概念不一样。

【例 1-2-6】 试在这种焓一湿图上求出 t＝20℃，φ＝60%时的空气状态（B＝101325Pa）。

【解】 从图 1-2-6 中的“1”点可查出：

h_1=42.6kJ/kg 干空气，d_1=0.009kg/kg 干空气，t_s=15.1℃，这些数值和从同样 B 的 h-d 图中所找出的数据是一样的。

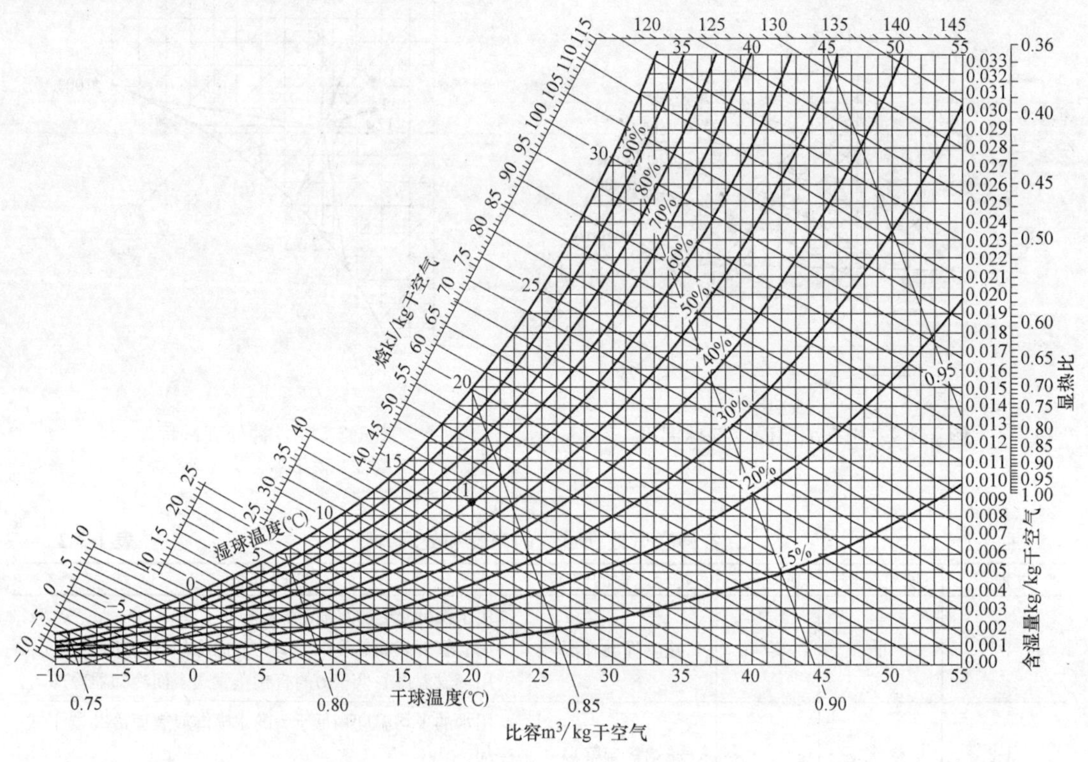

图 1-2-6 美国和欧洲采用的焓—湿图

第三节 室外气象参数

室外气象参数是空调供暖设计中重要的基础数据，其取值将影响到系统运行效果以及设备的初投资及运行费用。

本手册采用中华人民共和国住房和城乡建设部与中华人民共和国国家质量监督检验检疫总局联合发布的《工业建筑供暖通风与空气调节设计规范》GB 50019—2015（审查稿）中的“室外空气计算参数”摘编入本手册。该数据以中国气象局气象信息中心气象资料室提供的全国 270 个地面气象台站 1971～2003 年的实测气象数据为基础，获得了全国 270 个台站的设计用室外气象参数。由于《供暖通风与空气调节设计规范》当中对室外空气计算参数的具体内容和统计方法都提出了一定的要求，室外计算参数的统计年份宜取近 30 年，不足 30 年者，按照实有年份采用，但不得少于 10 年，该数据参数涉及的 270 个站点的实有年份均超过 10 年，而且均为 1971～2003 年的观测数据，符合规范中对气象参数的使用要求。

一、空调室外气象参数的确定

《工业建筑供暖通风与空气调节设计规范》GB 50019—2015 对室外空气计算参数的含义及具体统计方法做出了如表 1-3-1 的规定。

室外气象参数的确定表　　表 1-3-1

序号	气象参数	确定原则	统计方法
1	供暖室外计算温度	采用累年平均每年不保证 5 天的日平均温度	供暖室外计算温度按照累年室外实际出现的较低的日平均温度低于供暖室外计算温度的时间，平均每年不超过 5 日的原则确定
2	冬季通风室外计算温度	采用历年最冷月月平均温度的平均值	“历年最冷月月平均温度的平均值”，系指在用于统计的年份中，分别选出每年最冷月的月平均温度，再将每年的最冷月月平均温度进行平均
3	夏季通风室外计算温度	采用历年最热月 14 时平均温度的平均值	“历年最热月”，系指历年逐月平均气温最高的月份。统计时首先找出历年最热月，计算这些最热月 14 时的平均温度，最后对所有最热月 14 时的平均温度求取平均值，可得夏季通风室外计算温度
4	夏季通风室外计算相对湿度	采用历年最热月 14 时平均相对湿度的平均值	其统计方法与夏季通风室外计算温度类似
5	冬季空气调节室外计算温度	采用累年平均每年不保证 1 日的日平均温度	其统计方法与供暖室外计算温度类似
6	冬季空气调节室外计算相对湿度	采用历年最冷月月平均相对湿度的平均值	其统计方法与冬季通风室外计算温度类似
7	夏季空气调节室外计算干球温度	采用累年平均每年不保证 50 小时的干球温度	按照累年室外实际出现的较高的干球温度高于夏季空气调节室外计算干球温度的时间，平均每年不超过 50 小时的原则确定
8	夏季空气调节室外计算湿球温度	采用累年平均每年不保证 50 小时的湿球温度	其统计方法与夏季空气调节室外计算干球温度类似
9	夏季空气调节室外计算日平均温度	采用累年平均每年不保证 5 天的日平均温度	该项参数按照累年室外实际出现的较高的日平均温度高于夏季空气调节室外计算日平均温度的时间，平均每年不超过 5 日的原则确定
10	冬季最多风向及其频率	采用累年最冷 3 个月的最多（主导）风向及其平均频率	频率最大的风向就是最多风向，该频率就是最多风向频率，最多风向有两个时，挑其出现回数或频率合计值最大的一个
11	夏季最多风向及其频率	采用累年最热 3 个月的最多（主导）风向及其平均频率	最多风向的含义与冬季最多风向及其频率的情况类似
12	年最多风向及其频率	采用累年最多风向及其平均频率	最多风向的含义与前两项参数的情况类似
13	冬季室外平均风速	采用累年最冷 3 个月各月平均风速的平均值	“累年最冷 3 个月”，系指累年逐月平均气温最低的 3 个月
14	冬季室外最多风向的平均风速	采用累年最冷 3 个月最多风向（静风除外）的各月平均风速的平均值	该项参数的统计以累年最冷 3 个月为对象，找出静风除外的最多风向，分别计算该风向在这三个月的风速平均值，最后求取这 3 个月平均风速的平均值

续表

序号	气象参数	确定原则	统计方法
15	夏季室外平均风速	采用累年最热3个月各月平均风速的平均值	"累年最热3个月",系指累年逐月平均气温最高的3个月
16	冬季室外大气压力	采用累年最冷3个月的各月平均大气压力的平均值	其统计方法与冬季室外平均风速类似
17	夏季室外大气压力	采用累年最热3个月的各月平均大气压力的平均值	其统计方法与冬季室外平均风速类似
18	冬季日照百分率	采用累年最冷3个月的各月平均日照百分率的平均值	其统计方法与冬季室外平均风速类似
19	设计计算用供暖期天数	按累年日平均温度稳定低于或等于供暖室外临界温度的总日数确定	供暖室外临界温度的选取,一般民用建筑和工业建筑,宜采用5℃。日平均温度稳定等于或低于供暖室外临界温度的日数用五日滑动平均法统计(即在一年中,任意连续五日的日平均温度的平均值等于或低于该临界温度的最长一段时间期的总日数)
20	极端最低温度	采用累年极端最低气温	累年逐日最低温度的最低值
21	极端最高温度	采用累年极端最高气温	累年逐日最高温度的最高值
22	历年极端最高气温平均值	采用历年极端最高气温的平均值	在用于统计的年份(n年)中,选择逐年的极端最高温度,得到n个极端最高温度进行平均得到历年极端最高气温平均值
23	历年极端最低气温平均值	采用历年极端最低气温的平均值	在用于统计的年份(n年)中,选择逐年的极端最低温度,得到n个极端最低温度进行平均得到历年极端最低气温平均值
24	累年最低日平均温度	采用累年日平均温度中的最低值	在用于统计的年份(n年)中,选择所有日平均温度的最低值即为累年最低日平均温度
25	累年最热月平均相对湿度	采用累年月平均温度的最高的月份的平均相对湿度	在用于统计的年份(n年)中,选择所有月平均温度最高的月份,此月的平均相对湿度即为累年最热月平均相对湿度
26	设计计算用供暖期初日	历年日平均温度等于或低于临界温度时间期内初日日期的平均值	用五日滑动平均法统计日平均温度稳定等于或低于供暖室外临界温度的初日,即在一年中,任意连续五日的日平均温度的平均值等于或低于该临界温度的最长一段时间期内,于第一个五日中挑取最先一个日平均温度等于或低于该临界温度的日期为初日,历年初日的平均值即为设计计算用供暖期初日
27	设计计算用供暖期终日	历年日平均温度等于或低于临界温度时间期内终日日期的平均值	用五日滑动平均法统计日平均温度稳定等于或低于供暖室外临界温度的终日,即在一年中,任意连续五日的日平均温度的平均值等于或低于该临界温度的最长一段时间期内,于最后一个五日中挑取最末一个日平均温度等于或低于该临界温度的日期为终日,历年终日的平均值即为设计计算用供暖期终日

续表

序号	气象参数	确定原则	统计方法
28	夏季设计用逐时新风计算焓值	采用24个时刻累年平均每年不保证7小时的空气焓值	首先将累年数据分别按照出现时刻1～24时分为24组，每组分别由大到小排序，逐时刻取平均每年不保证7小时作为该时刻的计算焓值，并由此方法可以得到夏季典型日24个时刻的夏季设计用逐时新风计算焓值
29	冬季设计用逐时新风计算焓值	采用24个时刻累年平均每年不保证7小时的空气焓值	首先将累年数据分别按照出现时刻1～24时分为24组，每组分别由小到大排序，逐时刻取平均每年不保证7小时作为该时刻的计算焓值，并由此方法可以得到冬季典型日24个时刻的冬季设计用逐时新风计算焓值

另外，《工业建筑供暖通风与空气调节设计规范》（GB 50019—2015）还做出了下列规定：

1. 室外计算参数的统计年份，宜取近30年，不足30年者按实际年份采用，但不得少于10年，少于10年时应进行修正。

2. 夏季空调室外逐时温度，可按下式确定：

$$t_{sh} = t_{wp} + \beta \Delta t_r \quad (1\text{-}3\text{-}1)$$

式中 t_{sh}——室外计算逐时温度（℃）；

t_{wp}——夏季空气调节室外计算日平均温度（℃）；

β——室外温度逐时变化系数，按本手册表1-3-2采用；

Δt_r——夏季室外计算平均日较差，其值为 $\Delta t_r = \dfrac{t_{wg} - t_{wp}}{0.52}$ ，其中 t_{wg} 是夏季空气调节室外计算干球温度（℃）。

室外温度逐时变化系数 **表1-3-2**

时刻	1	2	3	4	5	6	7	8
β	−0.35	−0.38	−0.42	−0.45	−0.47	−0.41	−0.28	−0.12
时刻	9	10	11	12	13	14	15	16
β	0.03	0.16	0.29	0.40	0.48	0.52	0.51	0.43
时刻	17	18	19	20	21	22	23	24
β	0.39	0.28	0.14	0.00	−0.10	−0.17	−0.23	−0.28

【例1-3-1】 计算北京市夏季空调室外计算逐时温度，已知：$t_{wp} = 29.1$ ，$t_{wg} = 33.6$

【解】 $\Delta t_r = \dfrac{t_{wg} - t_{wp}}{0.52} = \dfrac{33.6 - 29.1}{0.52} \approx 8.65℃$

将表1-3-2中的逐时变化系数 β 值和 Δt_r 相乘，将其值代入式（1-3-1）中，即得北京市夏季空调室外计算逐时温度 t_{sh} 。

时刻	1	2	3	4	5	6	7	8	9	10	11	12
t_{sh}（℃）	26.1	25.8	25.5	25.2	25.0	25.6	26.7	28.1	29.4	30.5	31.6	32.6
时刻	13	14	15	16	17	18	19	20	21	22	23	24
t_{sh}（℃）	33.3	33.6	33.5	32.8	32.5	31.5	30.3	29.1	28.2	27.6	27.1	26.7

3. 对于室内温湿度必须全年保证的空调系统和仅在部分时间（如夜间）工作的空调系统，其空调室外设计参数应根据情况另行确定。

4. 山区的室外气象参数，应根据就地的调查、实测并与地理和气候条件相似的邻近台站的气象资料进行比较确定。

5. 设计用室外空气计算参数，应从表 1-3-4 中与建设地的地理和气候条件接近的气象台站中选取。确有必要时，应自行调查室外气象参数，并按照本节确定的统计方法形成设计用室外空气计算参数。基本观测数据不满足使用要求时，其冬夏两季室外计算参数，可按空调室外计算参数的简化统计方法确定。

二、夏季太阳辐射照度

1. 夏季太阳辐射照度，应根据当地的地理纬度、大气透明度和大气压力，按 7 月 21 日的太阳赤纬计算确定。

2. 建筑物各朝向垂直面与水平面的太阳总辐射照度，可按本规范采用。

3. 透过建筑物各朝向垂直面与水平面标准窗玻璃的太阳直接辐射照度和散射辐射照度，可按该规范表 1-3-9 采用。

4. 采用该规范表 1-3-8［表 1-3-8（1）～表 1-3-8（7）］和表 1-3-9［表 1-3-9（1）～1-3-9（7）］时，当地的大气透明度等级，应根据该规范及图 1-3-1 夏季大气压力（在本节末），按表 1-3-3 确定。

大气透明度等级 **表 1-3-3**

附录 C 标定的大气透明度等级	下列大气压力(hPa)时的透明度等级							
	650	700	750	800	850	900	950	1000
1	1	1	1	1	1	1	1	1
2	1	1	1	1	1	2	2	2
3	1	2	2	2	2	3	3	3
4	2	2	3	3	3	4	4	4
5	3	3	4	4	4	4	5	5
6	4	4	4	5	5	5	6	6

三、设计用室外气象参数

表 1-3-4 列出《工业建筑供暖通风与空气调节设计规范》(GB 50019—2015) 附录 A1 中提供的“室外空气计算参数”。表 1-3-5 列出《工业建筑供暖通风与空气调节设计规范》(GB 50019—2015) 附录 A2 中提供的“室外空气极端计算参数”是对室外空气计算参数（一）的补充。目前掌握的基础数据有限，因此，与表 1-3-4 室外空气计算参数（一）的气象台站数量不能一一对应。表 1-3-6，表 1-3-7 列出《工业建筑供暖通风与空气调节设计规范》(GB 50019—2015) 附录 A3 中提供的冬、夏季设计用逐时新风焓值。该数据以中国气象局气象信息中心气象资料室提供的全国 270 个地面气象台站 1971～2003 年的实测气象数据为基础，统计数据的年份统一为 1971～2003 年，完全符合规范规定的统计要求。

四、空调室外计算参数的简化统计方法

对于表 1-3-4 中未列出城市的空调冬、夏季室外计算参数，也可按照以下所述的简化统计方法确定。

室外空气计算参数

表 1-3-4

省/直辖市/自治区		北京(1)	天津(2)		河北(10)				
市/区/自治州		北京	天津	塘沽	石家庄	唐山	邢台	保定	张家口
台站名称及编号		北京	天津	塘沽	石家庄	唐山	邢台	保定	张家口
		54511	54527	54623	53698	54534	53798	54602	54401
台站信息	北纬	39°48′	39°05′	39°00′	38°02′	39°40′	37°04′	38°51′	40°47′
	东经	116°28′	117°04′	117°43′	114°25′	118°09′	114°30′	115°31′	114°53′
	海拔(m)	31.3	2.5	2.8	81	27.8	76.8	17.2	724.2
	统计年份	1971～2000	1971～2000	1971～2000	1971～2000	1971～2000	1971～2000	1971～2000	1971～2000
年平均温度(℃)		12.3	12.7	12.6	13.4	11.5	13.9	12.9	8.8
室外计算温、湿度	供暖室外计算温度(℃)	−7.6	−7.0	−6.8	−6.2	−9.2	−5.5	−7.0	−13.6
	冬季通风室外计算温度(℃)	−3.6	−3.5	−3.3	−2.3	−5.1	−1.6	−3.2	−8.3
	冬季空气调节室外计算温度(℃)	−9.9	−9.6	−9.2	−8.8	−11.6	−8.0	−9.5	−16.2
	冬季空气调节室外计算相对湿度(%)	44	56	59	55	55	57	55	41.0
	夏季空气调节室外计算干球温度(℃)	33.5	33.9	32.5	35.1	32.9	35.1	34.8	32.1
	夏季空气调节室外计算湿球温度(℃)	26.4	26.8	26.9	26.8	26.3	26.9	26.6	22.6
	夏季通风室外计算温度(℃)	29.7	29.8	28.8	30.8	29.2	31'0	30.4	27.8
	夏季通风室外计算相对湿度(%)	61	63	68	60	63	61	61	50.0
	夏季空气调节室外计算日平均温度(℃)	29.6	29.4	29.6	30.0	28.5	30.2	29.8	27.0
风向、风速及频率	夏季室外平均风速(m/s)	2.1	2.2	4.2	1.7	2.3	1.7	2.0	2.1
	夏季最多风向	C SW	C S	SSE	C S	C ESE	C SSW	C SW	C SE
	夏季最多风向的频率(%)	18 10	15 9	12	26 13	14 11	23 13	18 14	19 15
	夏季室外最多风向的平均风速(m/s)	3.0	2.4	4.3	2.6	2.8	2.3	2.5	2.9
	冬季室外平均风速(m/s)	2.6	2.4	3.9	1.8	2.2.	1.4	1.8	2.8
	冬季最多风向	C N	C N	NNW	C NNE	C WNW	C NNE	C SW	N
	冬季最多风向的频率(%)	19 12	20 11	13	25 12	22 11	27 10	23 12	35.0
	冬季室外最多风向的平均风速(m/s)	4.7	4.8	5.8	2	2.9	2.0	2.3	3.5
	年最多风向	C SW	C SW	NNW	C S	C ESE	C SSW	C SW	N
	年最多风向的频率(%)	17 10	16 9	8	25 12	17 8	24 13	19 14	26
冬季日照百分率(%)		64	58	63	56	60	56	56	65.0
最大冻土深度(cm)		66	58	59	56	72	46	58	136.0
大气压力	冬季室外大气压力(hPa)	1021.7	1027.1	1026.3	1017.2	1023.6	1017.7	1025.1	939.5
	夏季室外大气压力(hPa)	1000.2	1005.2	1004.6	995.8	1002.4	996.2	1002.9	925.0
设计计算用供暖期天数及其平均温度	日平均温度≤+5℃的天数	123	121	122	111	130	105	119	146
	日平均温度≤+5℃的起止日期	11.12～03.14	11.13～03.13	11.15～03.16	11.15～03.05	11.10～03.19	11.19～03.03	11.13～03.11	11.03～03.28
	平均温度≤+5℃期间内的平均温度(℃)	−0.7	−0.6	−0.4	0.1	−1.6	0.5	−0.5	−3.9
	日平均温度≤+8℃的天数	144	142	143	140	146	129	142	168.0
	日平均温度≤+8℃的起止日期	11.04～03.27	11.06～03.27	11.07～03.29	11.07～03.26	11.04～03.29	11.08～03.16	11.05～03.27	10.20～04.05
	平均温度≤+8℃期间内的平均温度(℃)	0.3	0.4	0.6	1.5	−0.7	1.8	0.7	−2.6
极端最高气温(℃)		41.9	40.5	40.9	41.5	39.6	41.1	41.6	39.2
极端最低气温(℃)		−18.3	−17.8	−15.4	−19.3	−22.7	−20.2	−19.6	−24.6

续表

省/直辖市/自治区		河北(10)					山西(10)		
市/区/自治州		承德	秦皇岛	沧州	廊坊	衡水	太原	大同	阳泉
台站名称及编号		承德	秦皇岛	沧州	霸州	饶阳	太原	大同	阳泉
		54423	54449	54616	54518	54606	53772	53487	53782
台站信息	北纬	40°58′	39°56′	38°20′	39°07′	38°14′	37°47′	40°06′	37°51′
	东经	117°56′	119°04′	116°50′	116°23′	115°44′	112°33′	113°20′	113°33′
	海拔(m)	377.2	2.6	9.6	9.0	18.9	778.3	1067.2	741.9
	统计年份	1971～2000	1971～2000	1971～1995	1971～2000	1971～2000	1971～2000	1971～2000	1971～2000
年平均温度(℃)		9.1	11.0	12.9	12.2	12.5	10.0	7.0	11.3
室外计算温、湿度	供暖室外计算温度(℃)	−13.3	−9.6	−7.1	−8.3	−7.9	−10.1	−16.3	−8.3
	冬季通风室外计算温度(℃)	−9.1	−4.8	−3.0	−4.4	−3.9	−5.5	−10.6	−3.4
	冬季空气调节室外计算温度(℃)	−15.7	−12.0	−9.6	−11.0	−10.4	−12.8	−18.9	−10.4
	冬季空气调节室外计算相对湿度(%)	51	51	57	54	59	50	50	43
	夏季空气调节室外计算干球温度(℃)	32.7	30.6	34.3	34.4	34.8	31.5	30.9	32.8
	夏季空气调节室外计算湿球温度(℃)	24.1	25.9	26.7	26.6	26.9	23.8	21.2	23.6
	夏季通风室外计算温度(℃)	28.7	27.5	30.1	30.1	30.5	27.8	26.4	28.2
	夏季通风室外计算相对湿度(%)	55	55	63	61	61	58	49	55
	夏季空气调节室外计算日平均温度(℃)	27.4	27.7	29.7	29.6	29.6 1	26.1	25.3	27.4
风向、风速及频率	夏季室外平均风速(m/s)	0.9	2.3	2.9	2.2	2.2	1.8	2.5	1.6
	夏季最多风向	C SSW	C WSW	SW	C SW	C SW	C N	C NNE	C ENE
	夏季最多风向的频率(%)	61 6	19 10	12	12 9	15 11	3010	17 12	33 9
	夏季室外最多风向的平均风速(m/s)	2.5	2.7	2.7	2.5	3.0	2.4	3.1	2.3
	冬季室外平均风速(m/s)	1.0	2.5	2.6	2.1	2.0	2.0	2.8	2.2
	冬季最多风向	C NW	C WNW	SW	C NE	C SW	C N	N	C NNW
	冬季最多风向的频率(%)	6610	1913	12	19 11	19 9	3013	19	30 19
	冬季室外最多风向的平均风速(m/s)	3.3	3.0	2.8	3.3	2.6	2.6	3.3	3.7
	年最多风向	C NW	C WNW	SW	C SW	C SW	C N	C NNE	C NNW
	年最多风向的频率(%)	61 6	18 10	14	14 10	15 11	29 11	16 15	31 13
冬季日照百分率(%)		65	64	64	57	63	57	61	62
最大冻土深度(cm)		126	85	43	67	77	72	186	62
大气压力	冬季室外大气压力(hPa)	980.5	1026.4	1027.0	1026.4	1024.9	933.5	899.9	937.1
	夏季室外大气压力(hPa)	963.5	1005.6	1004.0	1004.4	1002.8	919.8	889.1	923.8
设计计算用供暖期天数及其平均温度	日平均温度≤+5℃的天数	145	135	118	124	122	141	163	126
	日平均温度≤+5℃的起止日期	11.03～03.27	11.12～03.26	11.15～03.12	11.11～03.14	11.12～03.13	11.06～03.26	10.24～04.04	11.12～03.17
	平均温度≤+5℃期间内的平均温度(℃)	−4.1	−1.2	−0.5	−1.3	−0.9	−1.7	−4.8	−0.5
	日平均温度≤+8℃的天数	166	153	141	143	143	160	183	146
	日平均温度≤+8℃的起止日期	10.21～04.04	11.04～04.05	11.07～03.27	11.05～03.27	11.05～03.27	10.23～03.31	10.14～04.14	11.04～03.29
	平均温度≤+ 8℃期间内的平均温度(℃)	−2.9	−0.3	0.7	−0.3	0.2	−0.7	−3.5	0.3
极端最高气温(℃)		43.3	39.2	40.5	41.3	41.2	37.4	37.2	40.2
极端最低气温(℃)		−24.2	−20.8	−19.5	−21.5	−22.6	−22.7	−27.2	−16.2

续表

省/直辖市/自治区		山西(10)						
市/区/自治州		运城	晋城	朔州	晋中	忻州	临汾	吕梁
台站名称及编号		运城	阳城	右玉	榆社	原平	临汾	离石
		53959	53975	53478	53787	53673	53868	53764
台站信息	北纬	35°02′	35°29′	40°00′	37°04′	38°44′	36°04′	37°30′
	东经	111°01′	112°24′	112°27′	112°59′	112°43′	111°30′	111°06′
	海拔(m)	376.0	659.5	1345.8	1041.4	828.2	449.5	950.8
	统计年份	1971～2000	1971～2000	1971～2000	1971～2000	1971～2000	1971～2000	1971～2000
年平均温度(℃)		14.0	11.8	3.9	8.8	9	12.6	9.1
室外计算温、湿度	供暖室外计算温度(℃)	−4.5	−6.6	−20.8	−11.1	−12.3	−6.6	−12.6
	冬季通风室外计算温度(℃)	−0.9	−2.6	−14.4	−6.6	−7.7	−2.7	−7.6
	冬季空气调节室外计算温度(℃)	−7.4	−9.1	−25.4	−13.6	−14.7	−10.0	−16.0
	冬季空气调节室外计算相对湿度(%)	57	53	61	49	47	58	55
	夏季空气调节室外计算干球温度(℃)	35.8	32.7	29.0	30.8	31.8	34.6	32.4
	夏季空气调节室外计算湿球温度(℃)	26.0	24.6	19.8	22.3	22.9	25.7	22.9
	夏季通风室外计算温度(℃)	31.3	28.8	24.5	26.8	27.6	30.6	28.1
	夏季通风室外计算相对湿度(%)	55	59	50	55	53	56	52
	夏季空气调节室外计算日平均温度(℃)	31.5	27.3	22.5	24.8	26.2	29.3	26.3
风向、风速及频率	夏季室外平均风速(m/s)	3.1	1.7	2.1	1.5	1.9	1.8	2.6
	夏季最多风向	SSE	C SSE	C ESE	C SSW	C NNE	C SW	C NE
	夏季最多风向的频率(%)	16	35 11	30 11	39 9	20 11	24 9	22 17
	夏季室外最多风向的平均风速(m/s)	5.0	2.9	2.8	2.8	2.4	3.0	2.5
	冬季室外平均风速(m/s)	2.4	1.9	2.3	1.3	2.3	1.6	2.1
	冬季最多风向	C W	C NW	C NW	C E	C NNE	C SW	NE
	冬季最多风向的频率(%)	24 9	42 12	41 11	42 14	26 14	35 7	26
	冬季室外最多风向的平均风速(m/s)	2.8	4.9	5.0	1.9	3.8	2.6	2.5
	年最多风向	C SSE	C NW	C WNW	C E	C NNE	C SW	NE
	年最多风向的频率(%)	18 11	37 9	32 8	38 9	22 12	31 9	20
冬季日照百分率(%)		49	58	71	62	60	47	58
最大冻土深度(cm)		39	39	169	76	121	57	104
大气压力	冬季室外大气压力(hPa)	982.0	947.4	868.6	902.6	926.9	972.5	914.5
	夏季室外大气压力(hPa)	962.7	932.4	860.7	892.0	913.8	954.2	901.3
设计计算用供暖期天数及其平均温度	日平均温度≤+5℃的天数	101	120	182	144	145	114	143
	日平均温度≤+5℃的起止日期	11.22～03.02	11.14～03.13	10.14～04.13	11.05～03.28	11.03～03.27	11.13～03.06	11.05～03.27
	平均温度≤+5℃期间内的平均温度(℃)	0.9	0.0	−6.9	−2.6	−3.2	−0.2	−3
	日平均温度≤+8℃的天数	127	143	208	168	168	142	166
	日平均温度≤+8℃的起止日期	11.08～03.14	11.06～03.28	10.01～04.26	10.20～04.05	10.20～04.05	11.06～03.27	10.20～04.03
	平均温度≤+8℃期间内的平均温度(℃)	2.0	1.0	−5.2	−1.3	−1.9	1.1	−1.7
极端最高气温(℃)		41.2	38.5	34.4	36.7	38.1	40.5	38.4
极端最低气温(℃)		−18.9	−17.2	−40.4	−25.1	−25.8	−23.1	−26.0

续表

省/直辖市/自治区		内蒙古(12)							
市/区/自治州		呼和浩特	包头	赤峰	通辽	鄂尔多斯	呼伦贝尔		巴彦淖尔
台站名称及编号		呼和浩特	包头	赤峰	通辽	东胜	满洲里	海拉尔	临河
		53463	53446	54218	54135	53543	50514	50527	53513
台站信息	北纬	40°49′	40°40′	42°16′	43°36′	39°50′	49°34′	49°13′	40°45′
	东经	111°41′	109°51′	118°56′	122°16′	109°59′	117°26′	119°45′	107°25′
	海拔(m)	1063.0	1067.2	568.0	178.5	1460.4	661.7	610.2	1039.3
	统计年份	1971～2000	1971～2000	1971～2000	1971～2000	1971～2000	1971～2000	1971～2000	1971～2000
年平均温度(℃)		9.1	6.7	7.5	6.6	6.2	−0.7	−1.0	8.1
室外计算温、湿度	供暖室外计算温度(℃)	−17.0	−16.6	−16.2	−19.0	−16.8	−28.6	−31.6	−15.3
	冬季通风室外计算温度(℃)	−11.6	−11.1	−10.7	−13.5	−10.5	−23.3	−25.1	−9.9
	冬季空气调节室外计算温度(℃)	−20.3	−19.7	−18.8	−21.8	−19.6	−31.6	−34.5	−19.1
	冬季空气调节室外计算相对湿度(%)	58	55	43	54	52	75	79	51
	夏季空气调节室外计算干球温度(℃)	30.6	31.7	32.7	32.3	29.1	29.0	29.0	32.7
	夏季空气调节室外计算湿球温度(℃)	21.0	20.9	22.6	24.5	19.0	19.9	20.5	20.9
	夏季通风室外计算温度(℃)	26.5	27.4	28.0	28.2	24.8	24.1	24.3	28.4
	夏季通风室外计算相对湿度(%)	48	43	50	57	43	52	54	39
	夏季空气调节室外计算日平均温度(℃)	25.9	26.5	27.4	27.3	24.6	23.6	23.5	27.5
风向、风速及频率	夏季室外平均风速(m/s)	1.8	2.6	2.2	3.5	3.1	3.8	3.0	2.1
	夏季最多风向	C SW	C SE	C WSW	SSW	SSW	C E	C SSW	C E
	夏季最多风向的频率(%)	36 8	14 11	20 13	17	19	1310	13 8	20 10
	夏季室外最多风向的平均风速(m/s)	3.4	2.9	2.5	4.6	3.7	4.4	3.1	2.5
	冬季室外平均风速(m/s)	1.5	2.4	2.3	3.7	2.9	3.7	2.3	2.0
	冬季最多风向	C NNW	N	C W	NW	SSW	WSW	C SSW	C W
	冬季最多风向的频率(%)	50 9	21	26 14	16	14	23	22 19	30 13
	冬季室外最多风向的平均风速(m/s)	4.2	3.4	3.1	4.4	3.1	3.9	2.5	3.4
	年最多风向	C NNW	N	C W	SSW	SSW	WSW	C SSW	C W
	年最多风向的频率(%)	40 7	16	21 13	11	17	13	15 12	24 10
冬季日照百分率(%)		63	68	70	76	73	70	62	72
最大冻土深度(cm)		156	157	201	179	150	389	242	138
大气压力	冬季室外大气压力(hPa)	901.2	901.2	955.1	1002.6	856.7	941.9	947.9	903.9
	夏季室外大气压力(hPa)	889.6	889.1	941.1	984.4	849.5	930.3	935.7	891.1
设计计算用供暖期天数及其平均温度	日平均温度≤+5℃的天数	167	164	161	166	168	210	208	157
	日平均温度≤+5℃的起止日期	10.20～04.04	10.21～04.02	10.26～04.04	10.21～04.04	10.20～04.05	09.30～04.27	10.01～04.26	10.24～03.29
	平均温度≤+5℃期间内的平均温度(℃)	−5.3	−5.1	−5.0	−6.7	−4.9	−12.4	−12.7	−4.4
	日平均温度≤+8℃的天数	184	182	179	184	189	229	227	175
	日平均温度≤+8℃的起止日期	10.12～04.13	10.13～04.12	10.16～04.12	10.13～04.14	10.11～04.17	09.21～05.07	09.22～05.06	10.16～04.08
	平均温度≤+8℃期间内的平均温度(℃)	−4.1	−3.9	−3.8	−5.4	−3.6	−10.8	−11.0	−3.3
极端最高气温(℃)		38.5	39.2	40.4	38.9	35.3	37.9	36.6	39.4
极端最低气温(℃)		−30.5	−31.4	−28.8	−31.6	−28.4	−40.5	−42.3	−35.3

续表

省/直辖市/自治区		内蒙(12)				辽宁(12)			
市/区/自治州		乌兰察布	兴安盟	锡林郭勒盟		沈阳	大连	鞍山	抚顺
台站名称及编号		集宁	乌兰浩特	二连浩特	锡林浩特	沈阳	大连	鞍山	抚顺
		53480	50838	53068	54102	54342	54662	54339	54351
台站信息	北纬	41°02′	46°05′	42°16′	43°36′	39°50′	49°34′	49°13′	40°45′
	东经	113°04′	122°03′	118°56′	122°16′	109°59′	117°26′	119°45′	107°25′
	海拔(m)	1419.3	274.7	964.7	989.5	44.7	91.5	77.3	118.5
	统计年份	1971～2000	1971～2000	1971～2000	1971～2000	1971～2000	1971～2000	1971～2000	1971～2000
年平均温度(℃)		4.3	5.0	4.0	2.6	8.4	10.9	9.6	6.8
室外计算温、湿度	供暖室外计算温度(℃)	−18.9	−20.5	−24.3	−25.2	−16.9	−9.8	−15.1	−20.0
	冬季通风室外计算温度(℃)	− 13.0	−15.0	−18.1	−18.8	−11.0	−3.9	−8.6	−13.5
	冬季空气调节室外计算温度(℃)	−21.9	−23.5	−27.8	−27.8	−20.7	−13.0	−18.0	−23.8
	冬季空气调节室外计算相对湿度(%)	55	54	69	72	60	56	54	68
	夏季空气调节室外计算干球温度(℃)	28.2	31.8	33.2	31.1	31.5	29.0	31.6	31.5
	夏季空气调节室外计算湿球温度(℃)	18.9	23	19.3	19.9	25.3	24.9	25.1	24.8
	夏季通风室外计算温度(℃)	23.8	27.1	27.9	26.0	28.2	26.3	28.2	27.8
	夏季通风室外计算相对湿度(%)	49	55	33	44	65	71	63	65
	夏季空气调节室外计算日平均温度(℃)	22.9	26.6	27.5	25.4	27.5	26.5	28.1	26.6
风向、风速及频率	夏季室外平均风速(m/s)	2.4	2.6	4.0	3.3	2.6	4.1	2.7	2.2
	夏季最多风向	C WNW	C NE	NW	C SW	SW	SSW	SW	C NE
	夏季最多风向的频率(%)	29 9	23 7	8	13 9	16	19	13	15 12
	夏季室外最多风向的平均风速(m/s)	3.6	3.9	5.2	3.4	3.5	4.6	3.6	2.2
	冬季室外平均风速(m/s)	3.0	2.6	3.6	3.2	2.6	5.2	2.9	2.3
	冬季最多风向	C WNW	C NW	NW	WSW	C NNE	NNE	NE	ENE
	冬季最多风向的频率(%)	33 13	27 17	16	19	13 10	24.0	14	20
	冬季室外最多风向的平均风速(m/s)	4.9	4.0	5.3	4.3	3.6	7.0	3.5	2.1
	年最多风向	C WNW	C NW	NW	C WSW	SW	NNE	SW	NE
	年最多风向的频率(%)	29 12	22 11	13	15 13	13	15	12	16
冬季日照百分率(%)		72	69	76	71	56	65	60	61
最大冻土深度(cm)		184	249	310	265	148	90	118	143
大气压力	冬季室外大气压力(hPa)	860.2	989.1	910.5	906.4	1020.8	1013.9	1018.5	1011.0
	夏季室外大气压力(hPa)	853.7	973.3	898.3	895.9	1000.9	997.8	998.8	992.4
设计计算用供暖期天数及其平均温度	日平均温度≤+5℃的天数	181	176	181	189	152	132	143	161
	日平均温度≤+5℃的起止日期	10.16～04.14	10.17～04.10	10.14～04 12	10.11～04.17	10.30～03.30	11.16～03.27	11.06～03.28	10.26～04.04
	平均温度≤+5℃期间内的平均温度(℃)	−6.4	−7.8	−9.3	−9.7	−5.1	−0.7	−3.8	−6.3
	日平均温度≤+8℃的天数	206	193	196	209	172	152	163	182
	日平均温度≤+8℃的起止日期	10.03～04.26	10.09～04.19	10.07～04.20	10.01～04.27	10.20～04.09	11.06～04.06	10.26～04.06	10.14～04.13
	平均温度≤+ 8℃期间内的平均温度(℃)	−4.7	−6.5	−8.1	−8.1	−3.6	0.3	−2.5	−4.8
极端最高气温(℃)		33.6	40.3	41.1	39.2	36.1	35.3	36.5	37.7
极端最低气温(℃)		−32.4	−33.7	−37.1	−38.0	−29.4	−18.8	−26.9	−35.9

续表

省/直辖市/自治区		辽宁(12)							
市/区/自治州		本溪	丹东	锦州	营口	阜新	铁岭	朝阳	葫芦岛
台站名称及编号		本溪	丹东	锦州	营口	阜新	开原	朝阳	兴城
		54346	54497	54337	54471	54237	54254	54324	54455
台站信息	北纬	41°19′	40°03′	41°08′	40°40′	42°05′	42°32′	41°33′	40°35′
	东经	123°47′	124°20′	121°07′	122°16′	121°43′	124°03′	120°27′	120°42′
	海拔(m)	185.2	13.8	65.9	3.3	166.8	98.2	169.9	8.5
	统计年份	1971～2000	1971～2000	1971～2000	1971～2000	1971～2000	1971～2000	1971～2000	1971～2000
年平均温度(℃)		7.8	8.9	9.5	9.5	8.1	7.0	9.0	9.2
室外计算温、湿度	供暖室外计算温度(℃)	−18.1	−12.9	−13.1	−14.1	−15.7	−20.0	−15.3	−12.6
	冬季通风室外计算温度(℃)	−11.5	−7.4	−7.9	−8.5	−10.6	−13.4	−9.7	−7.7
	冬季空气调节室外计算温度(℃)	−21.5	−15.9	−15.5	−17.1	−18.5	−23.5	−18.3	−15.0
	冬季空气调节室外计算相对湿度(%)	64	55	52	62	49	49	43	52
	夏季空气调节室外计算干球温度(℃)	31.0	29.6	31.4	30.4	32.5	31.1	33.5	29.5
	夏季空气调节室外计算湿球温度(℃)	24.3	25.3	25.2	25.5	24.7	25	25	25.5
	夏季通风室外计算温度(℃)	27.4	26.8	27.9	27.7	28.4	27.5	28.9	26.8
	夏季通风室外计算相对湿度(%)	63	71	67	68	60	60	58	76
	夏季空气调节室外计算日平均温度(℃)	27.1	25.9	27.1	27.5	27.3	26.8	28.3	26.4
风向、风速及频率	夏季室外平均风速(m/s)	2.2	2.3	3.3	3.7	2.1	2.7	2.5	2.4
	夏季最多风向	C ESE	C SSW	SW	SW	C SW	SSW	C SSW	C SSW
	夏季最多风向的频率(%)	19 15	17 13	18	17.0	29 21	17.0	32 22	26 16
	夏季室外最多风向的平均风速(m/s)	2.0	3.2	4.3	4.8	3.4	3.1	3.6	3.9
	冬季室外平均风速(m/s)	2.4	3.4	3.2	3.6	2.1	2.7	2.4	2.2
	冬季最多风向	ESE	N	C NNE	NE	C N	C SW	C SSW	C NNE
	冬季最多风向的频率(%)	25	21	21 15	16	36 9	16 15	40 12	34 13
	冬季室外最多风向的平均风速(m/s)	2.3	5.2	5.1	4.3	4.1	3.8	3.5	3.4
	年最多风向	ESE	C ENE	C SW	SW	C SW	SW	C SSW	C SW
	年最多风向的频率(%)	18	14 13	17 12	15	31 14	16	33 16	28 10
冬季日照百分率(%)		57	64	67	67	68	62	69	72
最大冻土深度(cm)		149	88	108	101	139	137	135	99
大气压力	冬季室外大气压力(hPa)	1003.3	1023.7	1017.8	1026.1	1007.0	1013.4	1004.5	1025.5
	夏季室外大气压力(hPa)	985.7	1005.5	997.8	1005.5	988.1	994.6	985.5	1004.7
设计计算用供暖期天数及其平均温度	日平均温度≤+5℃的天数	157	145	144	144	159	160	145	145
	日平均温度≤+5℃的起止日期	10.28～04.03	11.07～03.31	11.05～03.28	11.06～03.29	10.27～04.03	10.27～04.04	11.04～03.28	11.06～03.30
	平均温度≤+5℃期间内的平均温度(℃)	−5.1	−2.8	−3.4	−3.6	−4.8	−6.4	−4.7	−3.2
	日平均温度≤+8℃的天数	175	167	164	164	176	180	167	167
	日平均温度≤+8℃的起止日期	10.18～04.10	10.27～04.11	10.26～04.06	10.26～04.07	10.18～04.11	10.16～04.13	10.21～04 05	10.26～04.10
	平均温度≤+8℃期间内的平均温度(℃)	−3.8	−1.7	−2.2	−2.4	3.7	−4.9	−3.2	−1.9
极端最高气温(℃)		37.5	35.3	41.8	34.7	40.9	36.6	43.3	40.8
极端最低气温(℃)		−33.6	−25.8	−22.8	−28.4	−27.1	−36.3	−34.4	−27.5

续表

省/直辖市/自治区		吉林(8)							
市/区/自治州		长春	吉林	四平	通化	白山	松原	白城	延边
台站名称及编号		长春	吉林	四平	通化	临江	乾安	白城	延吉
		54161	54172	54157	54363	54374	50948	50936	54292
台站信息	北纬	43°54′	43°57′	43°11′	41°41′	41°48′	45°00′	45°38′	42°53′
	东经	125°13′	126°28′	124°20′	125°54′	126°55′	124°01′	122°50′	129°28′
	海拔(m)	236.8	183.4	164.2	402.9	332.7	146.3	155.2	176.8
	统计年份	1971～2000	1971～2000	1971～2000	1971～2000	1971～2000	1971～2000	1971～2000	1971～2000
年平均温度(℃)		5.7	4.8	6.7	5.6	5.3	5.4	5.0	5.4
室外计算温、湿度	供暖室外计算温度(℃)	−21.1	−24.0	−19.7	−21.0	−21.5	−21.6	−21.7	−18.4
	冬季通风室外计算温度(℃)	−15.1	−17.2	−13.5	−14.2	−15.6	−16.1	−16.4	−13.6
	冬季空气调节室外计算温度(℃)	−24.3	−27.5	−22.8	−24.2	−24.4	−24.5	−25.3	−21.3
	冬季空气调节室外计算相对湿度(%)	66	72	66	68	71	64	57	59
	夏季空气调节室外计算干球温度(℃)	30.5	30.4	30.7	29.9	30.8	31.8	31.8	31.3
	夏季空气调节室外计算湿球温度(℃)	24.1	24.1	24.5	23.2	23.6	24.2	23.9	23.7
	夏季通风室外计算温度(℃)	26.6	26.6	27.2	26.3	27.3	27.6	27.5	26.7
	夏季通风室外计算相对湿度(%)	65	65	65	64	61	59	58	63
	夏季空气调节室外计算日平均温度(℃)	26.3	26.1	26.7	25.3	25.4	27.3	26.9	25.6
风向、风速及频率	夏季室外平均风速(m/s)	3.2	2.6	2.5	1.6	1.2	3.0	2.9	2.1
	夏季最多风向	WSW	C SSE	SW	C SW	C NNE	SSW	C SSW	C E
	夏季最多风向的频率(%)	15	20 11	17	41 12	42 14	14	13 10	31 19
	夏季室外最多风向的平均风速(m/s)	4.6	2.3	3.8	3.5	1.6	3.8	3.8	3.7
	冬季室外平均风速(m/s)	3.7	2.6	2.6	1.3	0.8	2.9	3.0	2.6
	冬季最多风向	WSW	C WSW	C SW	C SW	C NNE	WNW	C WNW	C WNW
	冬季最多风向的频率(%)	20	31 18	15 15	53 7	61 11	12	11 10	42 19
	冬季室外最多风向的平均风速(m/s)	4.7	4.0	3.9	3.6	1.6	3.2	3.4	5.0
	年最多风向	WSW	C WSW	SW	C SW	C NNE	SSW	C NNE	C WNW
	年最多风向的频率(%)	17	22 13	16	43 11	46 14	11	10 9	37 13
冬季日照百分率(%)		64	52	69	50	55	67	73	57
最大冻土深度(cm)		169	182	148	139	136	220	750	198
大气压力	冬季室外大气压力(hPa)	994.4	1001.9	1004.3	974.7	983.9	1005.5	1004.6	1000.7
	夏季室外大气压力(hPa)	978.4	984.8	986.7	961.0	969.1	987.9	986.9	986.8
设计计算用供暖期天数及其平均温度	日平均温度≤+5℃的天数	169	172	163	170	170	170	172	171
	日平均温度≤+5℃的起止日期	10.20～04.06	10.18～04.07	10.25～04.05	10.20～04.07	10.20～04.07	10.19～04.06	10.18～04.07	10.20～04.08
	平均温度≤+5℃期间内的平均温度(℃)	−7.6	−8.5	−6.6	−6.6	−7.2	−8.4	−8.6	−6.6
	日平均温度≤+8℃的天数	188	191	184	189	191	190	191	192
	日平均温度≤+8℃的起止日期	10.12～04.17	10.11～04.19	10.13～04.14	10.12～04.18	10.11～04.19	10.11～04.18	10.10～04.18	10.11～04.20
	平均温度≤+8℃期间内的平均温度(℃)	−6.1	−7.1	−5.0	−5.3	−5.7	−6.9	−7.1	−5.1
极端最高气温(℃)		35.7	35.7	37.3	35.6	37.9	38.5	38.6	37.7
极端最低气温(℃)		−33.0	−40.3	−32.3	−33.1	−33.8	−34.8	−38.1	−32.7

续表

省/直辖市/自治区		黑龙江(12)							
市/区/自治州		哈尔滨	齐齐哈尔	鸡西	鹤岗	伊春	佳木斯	牡丹江	双鸭山
台站名称及编号		哈尔滨	齐齐哈尔	鸡西	鹤岗	伊春	佳木斯	牡丹江	宝清
		50953	50745	50978	50775	50774	50873	54094	50888
台站信息	北纬	45°45′	47°23′	45°17′	47°22′	47°44′	46°49′	44°34′	46°19′
	东经	126°46′	123°55′	130°57′	130°20′	128°55′	130°17′	129°36′	132°11′
	海拔(m)	142.3	145.9	238.3	227.9	240.9	81.2	241.4	83.0
	统计年份	1971～2000	1971～2000	1971～2000	1971～2000	1971～2000	1971～2000	1971～2000	1971～2000
年平均温度(℃)		4.2	3.9	4.2	3.5	1.2	3.6	4.3	4.1
室外计算温、湿度	供暖室外计算温度(℃)	−24.2	−23.8	−21.5	−22.7	−28.3	−24.0	−22.4	−23.2
	冬季通风室外计算温度(℃)	−18.4	−18.6	−16.4	−17.2	−22.5	−18.5	−17.3	−17.5
	冬季空气调节室外计算温度(℃)	−27.1	−27.2	−24.4	−25.3	−31.3	−27.4	−25.8	−26.4
	冬季空气调节室外计算相对湿度(%)	73	67	64	63	73	70	69	65
	夏季空气调节室外计算干球温度(℃)	30.7	31.1	30.5	29.9	29.8	30.8	31.0	30.8
	夏季空气调节室外计算湿球温度(℃)	23.9	23.5	23.2	22.7	22.5	23.6	23.5	23.4
	夏季通风室外计算温度(℃)	26.8	26.7	26.3	25.5	25.7	26.6	26.9	26.4
	夏季通风室外计算相对湿度(%)	62	58	61	62	60	61	59	61
	夏季空气调节室外计算日平均温度(℃)	26.3	26.7	25.7	25.6	24.0	26.0	25.9	26.1
风向、风速及频率	夏季室外平均风速(m/s)	3.2	3.0	2.3	2.9	2.0	2.8	2.1	3.1
	夏季最多风向	SSW	SSW	C WNW	C ESE	C ENE	C WSW	C WSW	SSW
	夏季最多风向的频率(%)	12.0	10	22 11	11 11	20 11	20 12	18 14	18
	夏季室外最多风向的平均风速(m/s)	3.9	3.8	3.0	3.2	2.0	3.7	2.6	3.5
	冬季室外平均风速(m/s)	3.2	2.6	3.5	3.1	1.8	3.1	2.2	3.7
	冬季最多风向	SW	NNW	WNW	NW	C WNW	C W	C WSW	C NNW
	冬季最多风向的频率(%)	14	13	31	21	30 16	21 19	27 13	18 14
	冬季室外最多风向的平均风速(m/s)	3.7	3.1	4.7	4.3	3.2	4.1	2.3	6.4
	年最多风向	SSW	NNW	WNW	NW	C WNW	C WSW	C WSW	SSW
	年最多风向的频率(%)	12	10	20	13	22 13	18 15	20 14	14
冬季日照百分率(%)		56	68	63	63	58	57	56	61
最大冻土深度(cm)		205	209	238	221	278	220	191	260
大气压力	冬季室外大气压力(hPa)	1004.2	1005.0	991.9	991.3	991.8	1011.3	992.2	1010.5
	夏季室外大气压力(hPa)	987.7	987.9	979.7	979.5	978.5	996.4	978.9	996.7
设计计算用供暖期天数及其平均温度	日平均温度≤+5℃的天数	176	181	179	184	190	180	177	179
	日平均温度≤+5℃的起止日期	10.17～04.10	10.15～04.13	10.17～04.13	10.14～04.15	10.10～04.17	10.16～04 13	10.17～04.11	10.17～04.13
	平均温度≤+5℃期间内的平均温度(℃)	−9.4	−9.5	−8.3	−9.0	−11.8	−9.6	−8.6	−8.9
	日平均温度≤+8℃的天数	195	198	195	206	212	198	194	194
	日平均温度≤+8℃的起止日期	10.08～04.20	10.06～04.21	10.09～04.21	10.04～04.27	09.30～04.29	10.06～04 21	10.09～04.20	10.10～04.21
	平均温度≤+ 8℃期间内的平均温度(℃)	−7.8	−8.1	−7.0	−7.3	−9.9	−8.1	−7.3	−7.7
极端最高气温(℃)		−36.7	40.1	37.6	37.7	36.3	38.1	38.4	37.2
极端最低气温(℃)		−37.7	−36.4	−32.5	−34.5	−41.2	−39.5	−35.1	−37.0

续表

省/直辖市/自治区		黑龙江(12)				上海(1)	江苏(9)		
市/区/自治州		黑河	绥化	大兴安岭地区		徐汇	南京	徐州	南通
台站名称及编号		黑河	绥化	漠河	加格达奇	上海徐家汇	南京	徐州	南通
		50468	50853	50136	50442	58367	58238	58027	58259
台站信息	北纬	50°15′	46°37′	52°58′	50°24′	31°10′	32°00′	34°17′	31°59′
	东经	127°27′	126°58′	122°31′	124°07′	121°26′	118°48′	117°09′	120°53′
	海拔(m)	166.4	179.6	433	371.7	2.6	8.9	41	6.1
	统计年份	1971～2000	1971～2000	1971～2000	1971～2000	1971～1998	1971～2000	1971～2000	1971～2000
年平均温度(℃)		0.4	2.8	−4.3	−0.8	16.1	15.5	14.5	15.3
室外计算温、湿度	供暖室外计算温度(℃)	−29.5	−26.7	−37.5	−29.7	−0.3	−1.8	−3.6	−1.0
	冬季通风室外计算温度(℃)	−23.2	−20.9	−29.6	−23.3	4.2	2.4	0.4	3.1
	冬季空气调节室外计算温度(℃)	−33.2	−30.3	−41.0	−32.9	−2.2	−4.1	−5.9	−3.0
	冬季空气调节室外计算相对湿度(%)	70	76	73	72	75	76	66	75
	夏季空气调节室外计算干球温度(℃)	29.4	30.1	29.1	28.9	34.4	34.8	34.3	33.5
	夏季空气调节室外计算湿球温度(℃)	22.3	23.4	20.8	21.2	27.9	28.1	27.6	28.1
	夏季通风室外计算温度(℃)	25.1	26.2	24.4	24.2	31.2	31.2	30.5	30.5
	夏季通风室外计算相对湿度(%)	62	63	57	61	69	69	67	72
	夏季空气调节室外计算日平均温度(℃)	24.2	25.6	21.6	22.2	30.8	31.2	30.5	30.3
风向、风速及频率	夏季室外平均风速(m/s)	2.6	3.5	1.9	2.2	3.1	2.6	2.6	3.0
	夏季最多风向	C NNW	SSE	C NW	C NW	SE	C SSE	C ESE	SE
	夏季最多风向的频率(%)	17 16	11	24 8	23 12	14	18 11	15 11	13
	夏季室外最多风向的平均风速(m/s)	2.8	3.6	2.9	2.6	3.0	3	3.5	2.9
	冬季室外平均风速(m/s)	2.8	3.2	1.3	1.6	2.6	2.4	2.3	3.0
	冬季最多风向	NNW	NNW	C N	C NW	NW	C ENE	C E	N
	冬季最多风向的频率(%)	41	9	55 10	47 19	14	28 10	23 12	12
	冬季室外最多风向的平均风速(m/s)	3.4	3.3	3.0	3.4	3.0	3.5	3.0	3.5
	年最多风向	NNW	SSW	C NW	C NW	SE	C E	C E	ESE
	年最多风向的频率(%)	27	10	34 9	31 16	10	23 9	20 12	10
冬季日照百分率(%)		69	66	60	65	40	43	48	45
最大冻土深度(cm)		263	715	—	288	8	9	21	12
大气压力	冬季室外大气压力(hPa)	1000.6	1000.4	984.1	974.9	1025.4	1025.5	1022.1	1025.9
	夏季室外大气压力(hPa)	986.2	984.9	969.4	962.7	1005.4	1004.3	1000.8	1005.5
设计计算用供暖期天数及其平均温度	日平均温度≤+5℃的天数	197	184	224	208	42	77	97	57
	日平均温度≤+5℃的起止日期	10.06～04.20	10.13～04.14	09.23～05.04	10.02～04.27	01.01～02.H	12.08～02.13	11.27～03.03	12.19～02.13
	平均温度≤+5℃期间内的平均温度(℃)	−12.5	−10.8	−16.1	−12.4	4.1	3.2	2.0	3.6
	日平均温度≤+8℃的天数	219	206	244	227	93	109	124	110
	日平均温度≤+8℃的起止日期	09.29～05.05	10.03～04.26	09.13～05.14	09.22～05.06	12.05～03.07	11.24～03.12	11.14～03.17	11.27～03.16
	平均温度≤+8℃期间内的平均温度(℃)	−10.6	−8.9	−14.2	−10.8	5.2	4.2	3.0	4.7
极端最高气温(℃)		37.2	38.3	38	37.2	39.4	39.7	40.6	38.5
极端最低气温(℃)		−44.5	−41.8	−49.6	−45.4	−10.1	−13.1	−15.8	−9.6

续表

省/直辖市/自治区		江苏(9)						浙江(10)	
市/区/自治州		连云港	常州	淮安	盐城	扬州	苏州	杭州	温州
台站名称及编号		赣榆	常州	淮阴	射阳	高邮	吴县东山	杭州	温州
		58040	58343	58144	58150	58241	58358	58457	58659
台站信息	北纬	34°50′	31°46′	33°36′	33°46′	32°48′	31°04′	30°14′	28°02′
	东经	119°07′	119°56′	119°02′	120°15′	119°27′	120°26′	120°10′	120°39′
	海拔(m)	3.3	4.9	17.5	2	5.4	17.5	41.7	28.3
	统计年份	1971～2000	1971～2000	1971～2000	1971～2000	1971～2000	1971～2000	1971～2000	1971～2000
年平均温度(℃)		13.6	15.8	14.4	14.0	14.8	16.1	16.5	18.1
室外计算温、湿度	供暖室外计算温度(℃)	−4.2	−1.2	−3.3	−3.1	−2.3	−0.4	0.0	3.4
	冬季通风室外计算温度(℃)	−0.3	3.1	1	1.1	1.8	3.7	4.3	8
	冬季空气调节室外计算温度(℃)	−6.4	−3.5	−5.6	−5.0	−4.3	−2.5	−2.4	1.4
	冬季空气调节室外计算相对湿度(%)	67	75	72	74	75	77	76	76
	夏季空气调节室外计算干球温度(℃)	32.7	34.6	33.4	33.2	34.0	34.4	35.6	33.8
	夏季空气调节室外计算湿球温度(℃)	27.8	28.1	28.1	28.0	28.3	28.3	27.9	28.3
	夏季通风室外计算温度(℃)	29.1	31.3	29.9	29.8	30.5	31.3	32.3	31.5
	夏季通风室外计算相对湿度(%)	75	68	72	73	72	70	64	72
	夏季空气调节室外计算日平均温度(℃)	29.5	31.5	30.2	29.7	30.6	31.3	31.6	29.9
风向、风速及频率	夏季室外平均风速(m/s)	2.9	2.8	2.6	3.2	2.6	3.5	2.4	2.0
	夏季最多风向	E	SE	ESE	SSE	SE	SE	SW	C ESE
	夏季最多风向的频率(%)	12	17	12	17	14	15	17	29 18
	夏季室外最多风向的平均风速(m/s)	3.8	3.1	2.9	3.4	2.8	3.9	2.9	3.4
	冬季室外平均风速(m/s)	2.6	2.4	2.5	3.2	2.6	3.5	2.3	1.8
	冬季最多风向	NNE	NE	C ENE	N	NE	N	C N	C NW
	冬季最多风向的频率(%)	11.0	9	14 9	11	9	16	20 15	30 16
	冬季室外最多风向的平均风速(m/s)	2.9	3.0	3.2	4.2	2.9	4.8	3.3	2.9
	年最多风向	E	SE	C ESE	SSE	SE	SE	C N	C SE
	年最多风向的频率(%)	9	13	11 9	11	10	10	18 11	31 13
冬季日照百分率(%)		57	42	48	50	47	41	36	36
最大冻土深度(cm)		20	12	20	21	14	8	—	—
大气压力	冬季室外大气压力(hPa)	1026.3	1026.1	1025.0	1026.3	1026.2	1024.1	1021.1	1023.7
	夏季室外大气压力(hPa)	1005.1	1005.3	1003.9	1005.6	1005.2	1003.7	1000.9	1007.0
设计计算用供暖期天数及其平均温度	日平均温度≤+5℃的天数	102	56	93	94	87	50	40	0
	日平均温度≤+5℃的起止日期	11.26～03.07	12.19～02.12	12.02～03.04	12.02～03.05	12.07～03.03	12.24～02.11	01.02～02.10	—
	平均温度≤+5℃期间内的平均温度(℃)	1.4	3.6	2.3	2.2	2.8	3.8	4.2	—
	日平均温度≤+8℃的天数	134	102	130	130	119	96	90	33
	日平均温度≤+8℃的起止日期	11.14～03.27	11.27～03.08	11.17～03.26	11.19～03.28	11.23～03.21	12.02～03.07	12.06～03.05	1.10～02.11
	平均温度≤+ 8℃期间内的平均温度(℃)	2.6	4.7	3.7	3.4	4.0	5.0	5.4	7.5
极端最高气温(℃)		38.7	39.4	38.2	37.7	38.2	38.8	39.9	39.6
极端最低气温(℃)		−13.8	−12.8	−14.2	−12.3	−11.5	−8.3	−8.6	−3.9

续表

省/直辖市/自治区		浙江(10)							
市/区/自治州		金华	衢州	宁波	嘉兴	绍兴	舟山	台州	丽水
台站名称及编号		金华	衢州	鄞州	平湖	嵊州	定海	玉环	丽水
		58549	58633	58562	58464	58556	58477	58667	58646
台站信息	北纬	29°07′	28°58′	29°52′	30°37′	29°36′	30°02′	28°05′	28°27′
	东经	119°39′	118°52′	121°34′	121°05′	120°49′	122°06′	121°16′	119°55′
	海拔(m)	62.6	66.9	4.8	5.4	104.3	35.7	95.9	60.8
	统计年份	1971～2000	1971～2000	1971～2000	1971～2000	1971～2000	1971～2000	1972～2000	1971～2000
年平均温度(℃)		17.3	17.3	16.5	15.8	16.5	16.4	17.1	18.1
室外计算温、湿度	供暖室外计算温度(℃)	0.4	0.8	0.5	−0.7	−0.3	1.4	2.1	1.5
	冬季通风室外计算温度(℃)	5.2	5.4	4.9	3.9	4.5	5.8	7.2	6.6
	冬季空气调节室外计算温度(℃)	−1.7	−1.1	−1.5	−2.6	−2.6	−0.5	0.1	−0.7
	冬季空气调节室外计算相对湿度(%)	78	80	79	81	76	74	72	77
	夏季空气调节室外计算干球温度(℃)	36.2	35.8	35.1	33.5	35.8	32.2	30.3	36.8
	夏季空气调节室外计算湿球温度(℃)	27.6	27.7	28.0	28.3	27.7	27.5	27.3	27.7
	夏季通风室外计算温度(℃)	33.1	32.9	31.9	30.7	32.5	30.0	28.9	34.0
	夏季通风室外计算相对湿度(%)	60	62	68	74	63	74	80	57
	夏季空气调节室外计算日平均温度(℃)	32.1	31.5	30.6	30.7	31.1	28.9	28.4	31.5
风向、风速及频率	夏季室外平均风速(m/s)	2.4	2.3	2.6	3.6	2.1	3.1	5.2	1.3
	夏季最多风向	ESE	C E	S	SSE	C NE	C SSE	WSW	C ESE
	夏季最多风向的频率(%)	20	18 18	17	17	29 9	16 15	11	41 10
	夏季室外最多风向的平均风速(m/s)	2.7	3.1	2.7	4.4	3.9	3.7	4.6	2.3
	冬季室外平均风速(m/s)	2.7	2.5	2.3	3.1	2.7	3.1	5.3	1.4
	冬季最多风向	ESE	E	C N	NNW	C NNE	C N	NNE	C E
	冬季最多风向的频率(%)	28	27	18 17	14	28 23	19 18	25	45 14
	冬季室外最多风向的平均风速(m/s)	3.4	3.9	3.4	4.1	4.3	4.1	5.8	3.1
	年最多风向	ESE	S	C S	ESE	C NE	C N	NNE	C E
	年最多风向的频率(%)	25	25	15 10	10	28 16	18 11	16	43 11
冬季日照百分率(%)		37	35	37	42	37	41	39	33
最大冻土深度(cm)		—	—	—	—	—	—	—	—
大气压力	冬季室外大气压力(hPa)	1017.9	1017.1	1025.7	1025.4	1012.9	1021.2	1012.9	1017.9
	夏季室外大气压力(hPa)	998.6	997.8	1005.9	1005.3	994.0	1004.3	997.3	999.2
设计计算用供暖期天数及其平均温度	日平均温度≤+5℃的天数	27	9	32	44	40	8	0	0
	日平均温度≤+5℃的起止日期	01.11～02.06	01.12～01.20	01.09～02.09	12.31～02.12	01.02～02.10	01.29～02.05	—	—
	平均温度≤+5℃期间内的平均温度(℃)	4.8	4.8	4.6	3.9	4.4	4.8	—	—
	日平均温度≤+8℃的天数	68	68	88	99	91	77	43	57
	日平均温度≤+8℃的起止日期	12.09～02.14	12.09～02.14	12.08～03.05	11.29～03.07	12.05～03.05	12.19～03.05	01.02～02.13	12.18～02.12
	平均温度≤+8℃期间内的平均温度(℃)	6.0	6.2	5.8	5.2	5.6	6.3	6.9	6.8
极端最高气温(℃)		40.5	40.0	39.5	38.4	40.3	38.6	34.7	41.3
极端最低气温(℃)		−9.6	−10.0	−8.5	−10.6	−9.6	−5.5	−4.6	−7.5

续表

省/直辖市/自治区		安徽(12)							
市/区/自治州		合肥	芜湖	蚌埠	安庆	六安	亳州	黄山	滁州
台站名称及编号		合肥	芜湖	蚌埠	安庆	六安	亳州	黄山	滁州
		58321	58334	58221	58424	58311	58102	58437	58236
台站信息	北纬	31°52′	31°20′	32°57′	30°32′	31°45′	33°52′	30°08′	32°18′
	东经	117°14′	118°23′	117°23′	117°03′	116°30′	115°46′	118°09′	118°18′
	海拔(m)	27.9	14.8	18.7	19.8	60.5	37.7	1840.4	27.5
	统计年份	1971～2000	1971～1985	1971～2000	1971～2000	1971～2000	1971～2000	1971～2000	1971～2000
年平均温度(℃)		15.8	16.0	15.4	16.8	15.7	14.7	8.0	15.4
室外计算温、湿度	供暖室外计算温度(℃)	−1.7	−1.3	−2.6	−0.2	−1.8	−3.5	−9.9	−1.8
	冬季通风室外计算温度(℃)	2.6	3	1.8	4	2.6	0.6	−2.4	2.3
	冬季空气调节室外计算温度(℃)	−4.2	−3.5	−5.0	2.9	−4.6	−5.7	−13.0	−4.2
	冬季空气调节室外计算相对湿度(%)	76	77	71	75	76	68	63	73
	夏季空气调节室外计算干球温度(℃)	35.0	35.3	35.4	35.3	35.5	35.0	22.0	34.5
	夏季空气调节室外计算湿球温度(℃)	28.1	27.7	28.0	28.1	28	27.8	19.2	28.2
	夏季通风室外计算温度(℃)	31.4	31.7	31.3	31.8	31.4	31.1	19.0	31.0
	夏季通风室外计算相对湿度(%)	69	68	66	66	68	66	90	70
	夏季空气调节室外计算日平均温度(℃)	31.7	31.9	31.6	32.1	31.4	30.7	19.9	31.2
风向、风速及频率	夏季室外平均风速(m/s)	2.9	2.3	2.5	2.9	2.1	2.3	6.1	2.4
	夏季最多风向	C SSW	C ESE	C E	ENE	C SSE	C SSW	WSW	C SSW
	夏季最多风向的频率(%)	11 10	16 15	14 10	24	16 12	13 10	12	17 10
	夏季室外最多风向的平均风速(m/s)	3.4	1.3	2.8	3.4	2.7	2.9	7.7	2.5
	冬季室外平均风速(m/s)	2.7	2.2	2.3	3.2	2.0	2.5	6.3	2.2
	冬季最多风向	C E	C E	C E	ENE	C SE	C NNE	NNW	C N
	冬季最多风向的频率(%)	17 10	20 11	18 11	33	21 9	11 9	17	22 9
	冬季室外最多风向的平均风速(m/s)	3.0	2.8	3.1	4.1	2.8	3.3	7.0	2.8
	年最多风向	C E	C ESE	C E	ENE	C SSE	C SSW	NNW	C ESE
	年最多风向的频率(%)	14 9	18 14	16 11	30	19 10	12 8	10	20 8
冬季日照百分率(%)		40	38	44	36	45	48	48	42
最大冻土深度(cm)		8	9	11	13	10	18	—	11
大气压力	冬季室外大气压力(hPa)	1022.3	1024.3	1024.0	1023.3	1019.3	1021.9	817.4	1022.9
	夏季室外大气压力(hPa)	1001.2	1003.1	1002.6	1002.3	998.2	1000.4	814.3	1001.8
设计计算用供暖期天数及其平均温度	日平均温度≤+5℃的天数	64	62	83	48	64	93	148	67
	日平均温度≤+5℃的起止日期	12.11～02.12	12.15～02.14	12.07～02.27	12.25～02.10	12.11～02.12	11.30～03.02	11.09～04.15	12.10～02.14
	平均温度≤+5℃期间内的平均温度(℃)	3.4	3.4	2.9	4.1	3.3	2.1	0.3	3.2
	日平均温度≤+8℃的天数	103	104	111	92	103	121	177	110
	日平均温度≤+8℃的起止日期	11.24～03.06	12.02～03.15	11.23～03.13	12.03～03.04	11.24～03.06	11.15～03.15	10.24～04.18	11.24～03.13
	平均温度≤+8℃期间内的平均温度(℃)	4.3	4.5	3.8	5.3	4.3	3.2	1.4	4.2
极端最高气温(℃)		39.1	39.5	40.3	39.5	40.6	41.3	27.6	38.7
极端最低气温(℃)		−13.5	−10.1	−13.0	−9.0	−13.6	−17.5	−22.7	−13.0

续表

省/直辖市/自治区		安徽(12)				福建(7)			
市/区/自治州		阜阳	宿州	巢湖	宣城	福州	厦门	漳州	三明
台站名称及编号		阜阳	宿州	巢湖	宁国	福州	厦门	漳州	泰宁
		58203	58122	58326	58436	58847	59134	59126	58820
台站信息	北纬	32°55′	33°38′	31°37′	30°37′	26°05′	24°29′	24°30′	26°54′
	东经	115°49′	116°59′	117°52′	118°59′	119°17′	118°04′	117°39′	117°10′
	海拔(m)	30.6	25.9	22.4	89.4	84	139.4	28.9	342.9
	统计年份	1971～2000	1971～2000	1971～2000	1971～2000	1971～2000	1971～2000	1971～2000	1971～2000
年平均温度(℃)		15.3	14.7	16.0	15.5	19.8	20.6	21.3	17.1
室外计算温、湿度	供暖室外计算温度(℃)	−2.5	−3.5	−1.2	−1.5	6.3	8.3	8.9	1.3
	冬季通风室外计算温度(℃)	1.8	0.8	2.9	2.9	10.9	12.5	13.2	6.4
	冬季空气调节室外计算温度(℃)	−5.2	−5.6	−3.8	−4.1	4.4	6.6	7.1	−1.0
	冬季空气调节室外计算相对湿度(%)	71	68	75	79	74	79	76	86
	夏季空气调节室外计算干球温度(℃)	35.2	35.0	35.3	36.1	35.9	33.5	35.2	34.6
	夏季空气调节室外计算湿球温度(℃)	28.1	27.8	28.4	27.4	28.0	27.5	27.6	26.5
	夏季通风室外计算温度(℃)	31.3	31.0	31.1	32.0	33.1	31.3	32.6	31.9
	夏季通风室外计算相对湿度(%)	67	66	68	63	61	71	63	60
	夏季空气调节室外计算日平均温度(℃)	31.4	30.7	32.1	30.8	30.8	29.7	30.8	28.6
风向、风速及频率	夏季室外平均风速(m/s)	2.3	2.4	2.4	1.9	3.0	3.1	1.7	1.0
	夏季最多风向	C SSE	ESE	C E	C SSW	SSE	SSE	C SE	C WSW
	夏季最多风向的频率(%)	11 10	11	21 13	28 10	24	10	31 10	59 6
	夏季室外最多风向的平均风速(m/s)	2.4	2.4	2.5	2.2	4.2	3.4	2.8	2.7
	冬季室外平均风速(m/s)	2.5	2.2	2.5	1.7	2.4	3.3	1.6	0.9
	冬季最多风向	C ESE	ENE	C E	C N	C NNW	ESE	C SE	C WSW
	冬季最多风向的频率(%)	10 9	14	22 16	35 13	17 23	23	34 18	59 14
	冬季室外最多风向的平均风速(m/s)	2.5	2.9	3.0	3.5	3.1	4.0	2.8	2.5
	年最多风向	C ESE	ENE	C E	C N	C SSE	ESE	C SE	C WSW
	年最多风向的频率(%)	10 9	12	21 15	32 9	18 14	18	32 15	59 9
冬季日照百分率(%)		43	50	41	38	32	33	40	30
最大冻土深度(cm)		13	14	9	11	—	—	—	7
大气压力	冬季室外大气压力(hPa)	1022.5	1023.9	1023.8	1015.7	1012.9	1006.5	1018.1	982.4
	夏季室外大气压力(hPa)	1000.8	1002.3	1002.5	995.8	996.6	994.5	1003.0	967.3
设计计算用供暖期天数及其平均温度	日平均温度≤+5℃的天数	71	93	59	65	0	0	0	0
	日平均温度≤+5℃的起止日期	12.06～02.14	12.01～03.03	12.16～02.12	12.10～02.12	—	—	—	—
	平均温度≤+5℃期间内的平均温度(℃)	2.8	2.2	3.5	3.4	—	—	—	—
	日平均温度≤+8℃的天数	111	121	101	104	0	0	0	66
	日平均温度≤+8℃的起止日期	11.22～03.12	11.16～03.16	11.26～03.06	11.24～03.07	—	—	—	12.09～02.12
	平均温度≤+8℃期间内的平均温度(℃)	3.8	3.3	4.5	4.5	—	—		6.8
极端最高气温(℃)		40.8	40.9	39.3	41.1	39.9	38.5	38.6	38.9
极端最低气温(℃)		−14.9	−18.7	−13.2	−15.9	−1.7	1.5	−0.1	−10.6

续表

省/直辖市/自治区		福建(7)			江西(9)				
市/区/自治州		南平	龙岩	宁德	南昌	景德镇	九江	上饶	赣州
台站名称及编号		南平	龙岩	屏南	南昌	景德镇	九江	玉山	赣州
		58834	58927	58933	58606	58527	58502	58634	57993
台站信息	北纬	26°39′	25°06′	26°55′	28°36′	29°18′	29°44′	28°41′	25°51′
	东经	118°10′	117°02′	118°59′	115°55′	117°12′	116°00′	118°15′	114°57′
	海拔(m)	125.6	342.3	869.5	46.7	61.5	36.1	116.3	123.8
	统计年份	1971～2000	1971～1992	1972～2000	1971～2000	1971～2000	1971～1991	1971～2000	1971～2000
年平均温度(℃)		19.5	20	15.1	17.6	17.4	17.0	17.5	19.4
室外计算温、湿度	供暖室外计算温度(℃)	4.5	6.2	0.7	0.7	1.0	0.4	1.1	2.7
	冬季通风室外计算温度(℃)	9.7	11.6	5.8	5.3	5.3	4.5	5.5	8.2
	冬季空气调节室外计算温度(℃)	2.1	3.7	−1.7	−1.5	−1.4	−2.3	−1.2	0.5
	冬季空气调节室外计算相对湿度(%)	78	73	82	77	78	77	80	77
	夏季空气调节室外计算干球温度(℃)	36.1	34.6	30.9	35.5	36.0	35.8	36.1	35.4
	夏季空气调节室外计算湿球温度(℃)	27.1	25.5	23.8	28.2	27.7	27.8	27.4	27.0
	夏季通风室外计算温度(℃)	33.7	32.1	28.1	32.7	33.0	32.7	33.1	33.2
	夏季通风室外计算相对湿度(%)	55	55	63	63	62	64	60	57
	夏季空气调节室外计算日平均温度(℃)	30.7	29.4	25.9	32.1	31.5	32.5	31.6	31.7
风向、风速及频率	夏季室外平均风速(m/s)	1.1	1.6	1.9	2.2	2.1	2.3	2	1.8
	夏季最多风向	C SSE	C SSW	C WSW	C WSW	C NE	C ENE	ENE	C SW
	夏季最多风向的频率(%)	39 7	32 12	36 10	21 11	18 13	17 12	22	23 15
	夏季室外最多风向的平均风速(m/s)	1.8	2.5	3.1	3.1	2.3	2.3	2.5	2.5
	冬季室外平均风速(m/s)	1.0	1.5	1.4	2.6	1.9	2.7	2.4	1.6
	冬季最多风向	C ENE	C NE	C NE	NE	C NE	ENE	ENE	C NNE
	冬季最多风向的频率(%)	42 10	41 15	42 10	26	20 17	20	29	29 28
	冬季室外最多风向的平均风速(m/s)	2.1	2.2	2.5	3.6	2.8	4.1	3.2	2.4
	年最多风向	C ENE	C NE	C ENE	NE	C NE	ENE	ENE	C NNE
	年最多风向的频率(%)	41 8	38 11	39 9	20	18 16	17	28	27 19
冬季日照百分率(%)		31	41	36	33	35	30	33	31
最大冻土深度(cm)		—	—	8	—	—	—	—	—
大气压力	冬季室外大气压力(hPa)	1008.0	981.1	921.7	1019.5	1017.9	1021.7	1011.4	1008.7
	夏季室外大气压力(hPa)	991.5	968.1	911.6	999.5	998.5	1000.7	992.9	991.2
设计计算用供暖期天数及其平均温度	日平均温度≤+5℃的天数	0	0	0	26	25	46	8	0
	日平均温度≤+5℃的起止日期	—	—	—	01.11～02.05	01.11～02.04	12.24～02.10	01.12～01.19	—
	平均温度≤+5℃期间内的平均温度(℃)	—	—	—	4.7	4.8	4.6	4.9	—
	日平均温度≤+8℃的天数	0	0	87	66	68	89	67	12
	日平均温度≤+8℃的起止日期	—	—	12.08～03.04	12.10～02.13	12.08～02.13	12.07～03.05	12.10～02.14	01.11～01.22
	平均温度≤+8℃期间内的平均温度(℃)	—	—	6.5	6.2	6.1	5.5	6.3	7.7
极端最高气温(℃)		39.4	39.0	35.0	40.1	40.4	40.3	40.7	40.0
极端最低气温(℃)		−5.1	−3.0	−9.7	−9.7	−9.6	−7.0	−9.5	−3.8

续表

省/直辖市/自治区		江西（9）				山东（14）			
市/区/自治州		吉安	宜春	抚州	鹰潭	济南	青岛	淄博.	烟台
台站名称及编号		吉安	宜春	广昌	贵溪	济南	青岛	淄博	烟台
		57799	57793	58813	58626	54823	54857	54830	54765
台站信息	北纬	27°07′	27°48′	26°51′	28°18′	36°41′	36°04′	36°50′	37°32′
	东经	114°58′	114°23′	116°20′	117°13′	116°59′	120°20′	118°00′	121°24′
	海拔(m)	76.4	131.3	143.8	51.2	51.6	76	34	46.7
	统计年份	1971～2000	1971～2000	1971～2000	1971～2000	1971～2000	1971～2000	1971～1994	1971—1991
年平均温度(℃)		18.4	17.2	18.2	18.3	14.7	12.7	13.2	12.7
室外计算温、湿度	供暖室外计算温度(℃)	1.7	1.0	1.6	1.8	−5.3	−5	−7.4	−5.8
	冬季通风室外计算温度(℃)	6.5	5.4	6.6	6.2	−0.4	−0.5	−2.3	−1.1
	冬季空气调节室外计算温度(℃)	−0.5	−0.8	−0.6	−0.6	−7.7	−7.2	−10.3	−8.1
	冬季空气调节室外计算相对湿度(%)	81	81	81	78	53	63	61	59
	夏季空气调节室外计算干球温度(℃)	35.9	35.4	35.7	36.4	34.7	29.4	34.6	31.1
	夏季空气调节室外计算湿球温度(℃)	27.6	27.4	27.1	27.6	26.8	26.0	26.7	25.4
	夏季通风室外计算温度(℃)	33.4	32.3	33.2	33.6	30.9	27.3	30.9	26.9
	夏季通风室外计算相对湿度(%)	58	63	56	58	61	73	62	75
	夏季空气调节室外计算日平均温度(℃)	32	30.8	30.9	32.7	31.3	27.3	30.0	28
风向、风速及频率	夏季室外平均风速(m/s)	2.4	1.8	1.6	1.9	2.8	4.6	2.4	3.1
	夏季最多风向	SSW	C　WNW	C　SW	C　ESE	SW	S	SW	C　SW
	夏季最多风向的频率(%)	21	19 11	27 17	21 16	14	17	17	18 12
	夏季室外最多风向的平均风速(m/s)	3.2	3.0	2.1	2.4	3.6	4.6	2.7	3.5
	冬季室外平均风速(m/s)	2.0	1.9	1.6	1.8	2.9	5.4	2.7	4.4
	冬季最多风向	NNE	C　WNW	C　NE	C　ESE	E	N	SW	N
	冬季最多风向的频率(%)	28	18 16	29 25	25 17	16	23	15	20
	冬季室外最多风向的平均风速(m/s)	2.5	3.5	2.6	3.1	3.7	6.6	3.3	5.9
	年最多风向	NNE	C　WNW	C　NE	C　ESE	SW	S	SW	C　SW
	年最多风向的频率(%)	21	18 14	29 18	22 18	17	14	18	13 11
冬季日照百分率(%)		28	27	30	32	56	59	51	49
最大冻土深度(cm)		—	—	—	—	35	—	46	46
大气压力	冬季室外大气压力(hPa)	1015.4	1009.4	1006.7	1018.7	1019.1	1017.4	1023.7	1021.1
	夏季室外大气压力(hPa)	996.3	990.4	989.2	999.3	997.9	1000.4	1001.4	1001.2
设计计算用供暖期天数及其平均温度	日平均温度≤+5℃的天数	0	9	0	0	99	108	113	112
	日平均温度≤+5℃的起止日期	—	01.12～01.20	—	—	11.22～03.03	11.28～03.15	11.18～03.10	11.26～03.17
	平均温度≤+5℃期间内的平均温度(℃)	—	4.8	—	—	1.4	1.3	0.0	0.7
	日平均温度≤+8℃的天数	53	66	54	56	122	141	140	140
	日平均温度≤+8℃的起止日期	12.21～02.11	12.10～02.13	12.20～02.11	12.19～02.12	11.13～03.14	11.15～04.04	11.08～03.27	11.15～04.03
	平均温度≤+8℃期间内的平均温度(℃)	6.7	6.2	6.8	6.6	2.1	2.6	1.3	1.9
极端最高气温(℃)		40.3	39.6	40	40.4	40.5	37.4	40.7	38.0
极端最低气温(℃)		−8.0	−8.5	−9.3	−9.3	−14.9	−14.3	−23.0	−12.8

续表

省/直辖市/自治区		山东(14)							
市/区/自治州		潍坊	临沂	德州	菏泽	日照	威海	济宁	泰安
台站名称及编号		潍坊	临沂	德州	菏泽	日照	威海	兖州	泰安
		54843	54938	54714	54906	54945	54774	54916	54827
台站信息	北纬	36°45′	35°03′	37°26′	35°15′	35°23′	37°28′	35°34′	36°10′
	东经	119°11′	118°21′	116°19′	115°26′	119°32′	122°08′	116°51′	117°09′
	海拔(m)	22.2	87.9	21.2	49.7	16.1	65.4	51.7	128.8
	统计年份	1971～2000	1971～1997	1971～1994	1971～1994	1971～2000	1971～2000	1971～2000	1971～1991
年平均温度(℃)		12.5	13.5	13.2	13.8	13.0	12.5	13.6	12.8
室外计算温、湿度	供暖室外计算温度(℃)	−7.0	−4.7	−6.5	−4.9	−4.4	−5.4	−5.5	−6.7
	冬季通风室外计算温度(℃)	−2.9	−0.7	−2.4	−0.9	−0.3	−0.9 1	−1.3	−2.1
	冬季空气调节室外计算温度(℃)	−9.3	−6.8	−9.1	−7.2	−6.5	−7.7	−7.6	−9.4
	冬季空气调节室外计算相对湿度(%)	63	62	60	68	61	61	66	60
	夏季空气调节室外计算干球温度(℃)	34.2	33.3	34.2	34.4	30.0	30.2	34.1	33.1
	夏季空气调节室外计算湿球温度(℃)	26.9	27.2	26.9	27.4	26.8	25.7	27.4	26.5
	夏季通风室外计算温度(℃)	30.2	29.7	30.6	30.6	27.7	26.8	30.6	29.7
	夏季通风室外计算相对湿度(%)	63	68	63	66	75	75	65	66
	夏季空气调节室外计算日平均温度(℃)	29.0	29.2	29.7	29.9	28.1	27.5	29.7	28.6
风向、风速及频率	夏季室外平均风速(m/s)	3.4	2.7	2.2	1.8	3.1	4.2	2.4	2.0
	夏季最多风向	S	ESE	C SSW	C SSW	S	SSW	SSW	C ENE
	夏季最多风向的频率(%)	19	12	19 12	26 10	9	15	13	25 12
	夏季室外最多风向的平均风速(m/s)	4.1	2.7	2.4	1.7	3.6	5.4	3.0	1.9
	冬季室外平均风速(m/s)	3.5	2.8	2.1	2.2	3.4	5.4	2.5	2.7
	冬季最多风向	SSW	NE	C ENE	C NNE	N	N	C S	C E
	冬季最多风向的频率(%)	13	14	20 10	20 12	14	21	10 9	21 18
	冬季室外最多风向的平均风速(m/s)	3.2	4.0	2.9	3.3	4.0	7.3	2.8	3.8
	年最多风向	SSW	NE	C SSW	C S	NNE	N	S	C E
	年最多风向的频率(%)	14	12	19 12	24 10	9	11	11	25 13
冬季日照百分率(%)		58	55	49	46	59	54	54	52
最大冻土深度(cm)		50	40	46	21	25	47	48	31
大气压力	冬季室外大气压力(hPa)	1022.1	1017.0	1025.5	1021.5	1024.8	1020.9	1020.8	1011.2
	夏季室外大气压力(hPa)	1000.9	996.4	1002.8	999.4	1006.6	1001.8	999.4	990.5
设计计算用供暖期天数及其平均温度	日平均温度≤+5℃的天数	118	103	114	105	108	116	104	113
	日平均温度≤+5℃的起止日期	11.36～03.03	11.24～03.06	11.17～03.10	11.2～03.06	11.27～03.14	11.26～03.21	11.22～03.05	11.19～03.11
	平均温度≤+5℃期间内的平均温度(℃)	−0.3	1	0	0.9	1.4	1.2	0.6	0
	日平均温度≤+8℃的天数	141	135	141	130	136	141	137	140
	日平均温度≤+8℃的起止日期	11.08～03.28	11.13～03.27	11.07～03.27	11.09～03.18	11.15～03.30	11.14～04.03	11.10～03.26	11.08～03.27
	平均温度≤+ 8℃期间内的平均温度(℃)	0.8	2.3	1.3	2.2	2.4	2.1	2.1	1.3
极端最高气温(℃)		40.7	38.4	39.4	40.5	38.3	38.4	39.9	38.1
极端最低气温(℃)		−17.9	−14.3	−20.1	−16.5	−13.8	−13.2	−19.3	−20.7

省/直辖市/自治区		山东(14)		河南(12)					
市/区/自治州		滨州	东营	郑州	开封	洛阳	新乡	安阳	三门峡
台站名称及编号		惠民	东营	郑州	开封	洛阳	新乡	安阳	三门峡
		54725	54736	57083	57091	57073	53986	53898	57051
台站信息	北纬	37°30′	37°26′	34°43′	34°46	34°38	35°19′	36°07′	34°48′
	东经	117°31′	118°40′	113°39′	114°23′	112°28′	113°53′	114°22′	111°12′
	海拔(m)	11.7	6	110.4	72.5	137.1	72.7	75.5	409.9
	统计年份	1971～2000	1971～2000	1971～2000	1971～2000	1971～1990	1971～2000	1971～2000	1971～2000
年平均温度(℃)		12.6	13.1	14.3	14.2	14.7	14.2	14.1	13.9
室外计算温、湿度	供暖室外计算温度(℃)	−7.6	−6.6	−3.8	−3.9	−3.0	−3.9	−4.7	−3.8
	冬季通风室外计算温度(℃)	−3.3	−2.6	0.1	0.0	0.8	−0.2	−0.9	−0.3
	冬季空气调节室外计算温度(℃)	−10.2	−9.2	−6	−6.0	−5.1	−5.8	−7	−6.2
	冬季空气调节室外计算相对湿度(%)	62	62	61	63	59	61	60	55
	夏季空气调节室外计算干球温度(℃)	34	34.2	34.9	34.4	35.4	34.4	34.7	34.8
	夏季空气调节室外计算湿球温度(℃)	27.2	26.8	27.4	27.6	26.9	27.6	27.3	25.7
	夏季通风室外计算温度(℃)	30.4	30.2	30.9	30.7	31.3	30.5	31.0	30.3
	夏季通风室外计算相对湿度(%)	64	64	64	66	63	65	63	59
	夏季空气调节室外计算日平均温度(℃)	29.4	29.8	30.2	30.0	30.5	29.8	30.2	30.1
风向、风速及频率	夏季室外平均风速(m/s)	2.7	3.6	2.2	2.6	1.6	1.9	2	2.5
	夏季最多风向	ESE	S	C S	C SSW	C E	C E	C SSW	ESE
	夏季最多风向的频率(%)	10	18	21 11	12 11	31 9	25 13	28 17	23
	夏季室外最多风向的平均风速(m/s)	2.8	4.4	2.8	3.2	3.1	2.8	3.3	3.4
	冬季室外平均风速(m/s)	3.0	3.4	2.7	2.9	2.1	2.1	1.9	2.4
	冬季最多风向	WSW	NW	C W	NE	C WNW	C E	C SSW	C ESE
	冬季最多风向的频率(%)	10	10	22 12	16	30 11	29 17	32 11	25 14
	冬季室外最多风向的平均风速(m/s)	3.4	3.7	4.9	3.9	2.4	3.6	3.1	3.7
	年最多风向	WSW	S	C ENE	C NE	C WNW	C E	C SSW	C ESE
	年最多风向的频率(%)	11	13	21 10	13 12	30 9	28 14	28 16	21 18
冬季日照百分率(%)		58	61	47	46	49	49	47	48
最大冻土深度(cm)		50	47	27	26	20	21	35	32
大气压力	冬季室外大气压力(hPa)	1026.0	1026.6	1013.3	1018.2	1009.0	1017.9	1017.9	977.6
	夏季室外大气压力(hPa)	1003.9	1004.9	992.3	996.8	988.2	996.6	996.6	959.3
设计计算用供暖期天数及其平均温度	日平均温度≤+5℃的天数	120	115	97	99	92	99	101	99
	日平均温度≤+5℃的起止日期	11.14～03.13	11.19～03.13	11.26～03.02	11.25～03.03	12.01～03.02	11.24～03.02	11.23～03.03	11.24～03.02
	平均温度≤+5℃期间内的平均温度(℃)	−0.5	0.0	1.7	1.7	2.1	1.5	1	1.4
	日平均温度≤+8℃的天数	142	140	125	125	118	124	126	128
	日平均温度≤+8℃的起止日期	11.06～03.27	11.09～03.28	11.12～03.16	11.12～03.16	11.17～03.14	11.12～03.15	11.10～03.15	11.09～03.16
	平均温度≤+8℃期间内的平均温度(℃)	0.6	1.1	3.0	2.8	3.0	2.6	2.2	2.6
极端最高气温(℃)		39.8	40.7	42.3	42.5	41.7	42.0	41.5	40.2
极端最低气温(℃)		−21.4	−20.2	−17.9	−16.0	−15.0	−19.2	−17.2	−12.8

续表

省/直辖市/自治区		河南(12)						湖北(11)	
市/区/自治州		南阳	商丘	信阳	许昌	驻马店	周口	武汉	黄石
台站名称及编号		南阳	商丘	信阳	许昌	驻马店	西华	武汉	黄石
		57178	58005	57297	57089	57290	57193	57494	58407
台站信息	北纬	33°02′	34°27′	32°08′	34°01′	33°00′	33°47′	30°37′	30°15′
	东经	112°35′	115°40′	114°03′	113°51′	114°01′	114°31′	114°08′	115°03′
	海拔(m)	129.2	50.1	114.5	66.8	82.7	52.6	23.1	19.6
	统计年份	1971～2000	1971～2000	1971～2000	1971～2000	1971～2000	1971～2000	1971～2000	1971～2000
年平均温度(℃)		14.9	14.1	15.3	14.5	14.9	14.4	16.6	17.1
室外计算温、湿度	供暖室外计算温度(℃)	−2.1	−4	−2.1	−3.2	−2.9	−3.2	−0.3	0.7
	冬季通风室外计算温度(℃)	1.4	−0.1	2.2	0.7	1.3	0.6	3.7	4.5
	冬季空气调节室外计算温度(℃)	−4.5	−6.3	−4.6	−5.5	−5.5	−5.7	−2.6	−1.4
	冬季空气调节室外计算相对湿度(%)	70	69	72	64	69	68	77	79
	夏季空气调节室外计算干球温度(℃)	34.3	34.6	34.5	35.1	35	35.0	35.2	35.8
	夏季空气调节室外计算湿球温度(℃)	27.8	27.9	27.6	27.9	27.8	28.1	28.4	28.3
	夏季通风室外计算温度(℃)	30.5	30.8	30.7	30.9	30.9	30.9	32.0	32.5
	夏季通风室外计算相对湿度(%)	69	67	68	66	67	67	67	65
	夏季空气调节室外计算日平均温度(℃)	30.1	30.2	30.9	30.3	30.7	30.2	32.0	32.5
风向、风速及频率	夏季室外平均风速(m/s)	2	2.4	2.4	2.2	2.2	2.0	2.0	2.2
	夏季最多风向	C ENE	C S	C SSW	C NE	C SSW	C SSW	C ENE	C ESE
	夏季最多风向的频率(%)	21 14	14 10	19 10	21 9	15 10	20 8	23 8	19 16
	夏季室外最多风向的平均风速(m/s)	2.7	2.7	3.2	3.1	2.8	2.6	2.3	2.8
	冬季室外平均风速(m/s)	2.1	2.4	2.4	2.4	2.4	2.4	1.8	2.0
	冬季最多风向	C ENE	C N	C NNE	C NE	C N	C NNE	C NE	C NW
	冬季最多风向的频率(%)	26 18	13 10	25 14	22 13	15 11	17 11	28 13	28 11
	冬季室外最多风向的平均风速(m/s)	3.4	3.1	3.8	3.9	3.2	3.3	3.0	3.1
	年最多风向	C ENE	C S	C NNE	C NE	C N	C NE	C ENE	C SE
	年最多风向的频率(%)	25 16	14 8	22 11	22 11	16 9	19 8	26 10	24 12
冬季日照百分率(%)		39	46	42	43	42	45	37	34
最大冻土深度(cm)		10	18	—	15	14	12	9	7
大气压力	冬季室外大气压力(hPa)	1011.2	1020.8	1014.3	1018.6	1016.7	1020.6	1023.5	1023.4
	夏季室外大气压力(hPa)	990.4	999.4	993.4	997.2	995.4	999.0	1002.1	1002.5
设计计算用供暖期天数及其平均温度	日平均温度≤+5℃的天数	86	99	64	95	87	91	50	38
	日平均温度≤+5℃的起止日期	12.04～02.27	11.25～03.03	12.11～02.12	11.28～03.02	12.04～02.28	11.27～03.02	12.22～02.09	01.01～02.07
	平均温度≤+5℃期间内的平均温度(℃)	2.6	1.6	3.1	2.2	2.5	2.1	3.9	4.5
	日平均温度≤+8℃的天数	116	125	105	122	115	123	98	88
	日平均温度≤+8℃的起止日期	11.19～03.14	11.13～03.17	11.23～03.07	11.14～03.15	11.21～03.15	11.13～03.15	11.27～03.04	12.06～03.03
	平均温度≤+8℃期间内的平均温度(℃)	3.8	2.8	4.2	3.3	3.5	3.3	5.2	5.7
极端最高气温(℃)		41.4	41.3	40.0	41.9	40.6	41.9	39.3	40.2
极端最低气温(℃)		−17.5	−15.4	−16.6	−19.6	−18.1	−17.4	−18.1	−10.5

续表

省/直辖市/自治区		湖北(11)							
市/区/自治州		宜昌	恩施州	荆州	襄樊	荆门	十堰	黄冈	咸宁
台站名称及编号		宜昌	恩施	荆州	枣阳	钟祥	房县	麻城	嘉鱼
		57461	57447	57476	57279	57378	57259	57399	57583
台站信息	北纬	30°42′	30°17′	30°20′	30°09′	30°10′	30°02′	31°11′	29°59′
	东经	111°18′	109°28′	112°11′	112°45′	112°34′	110°46′	115°01′	113°55′
	海拔(m)	133.1	457.1	32.6	125.5	65.8	426.9	59.3	36
	统计年份	1971～2000	1971～2000	1971～2000	1971～2000	1971～2000	1971～2000	1971～2000	1971～2000
年平均温度(℃)		16.8	16.8	16.5	15.6	16.1	14.3	16.3	17.1
室外计算温、湿度	供暖室外计算温度(℃)	0.9	2.0	0.3	−1.6	−0.5	−1.5	−0.4	0.3
	冬季通风室外计算温度(℃)	4.9	5.0	4.1	2.4	3.5	1.9	3.5	4.4
	冬季空气调节室外计算温度(℃)	−1.1	0.4	−1.9	−3.7	−2.4	−3.4	−2.5	−2
	冬季空气调节室外计算相对湿度(%)	74	84	77	71	74	71	74	79
	夏季空气调节室外计算干球温度(℃)	35.6	34.3	34.7	34.7	34.5	34.4	35.5	35.7
	夏季空气调节室外计算湿球温度(℃)	27.8	26.0	28.5	27.6	28.2	26.3	28.0	28.5
	夏季通风室外计算温度(℃)	31.8	31.0	31.4	31.2	31.0	30.3	32.1	32.3
	夏季通风室外计算相对湿度(%)	66	57	70	66	70	63	65	65
	夏季空气调节室外计算日平均温度(℃)	31.1	29.6	31.1	31.0	31.0	28.9	31.6	32.4
风向、风速及频率	夏季室外平均风速(m/s)	1.5	0.7	2.3	2.4	3.0	1.0	2.0	2.1
	夏季最多风向	C SSE	C SSW	SSW	SSE	N	C ESE	C NNE	C NNE
	夏季最多风向的频率(%)	31 11	63 5	15	15	19	55 15	25 15	14 9
	夏季室外最多风向的平均风速(m/s)	2.6	1.9	3.0	2.6	3.6	2.5	2.6	2.6
	冬季室外平均风速(m/s)	1.3	0.5	2.1	2.3	3.1	1.1	2.1	2.0
	冬季最多风向	C SSE	C SSW	C NE	C SSE	N	C ESE	C NNE	C NE
	冬季最多风向的频率(%)	36 14	72 3	22 17	17 11	26	60 18	29 28	18 14
	冬季室外最多风向的平均风速(m/s)	2.2	1.5	3.2	2.6	4.4	3.0	3.5	2.9
	年最多风向	C SSE	C SSW	C NNE	C SSE	N	C ESE	C NNE	C NE
	年最多风向的频率(%)	33 12	67 4	19 14	16 13	23	57 17	27 22	16 11
冬季日照百分率(%)		27	14	31	40	37	35	42	34
最大冻土深度(cm)		—	—	5	—	6	—	5	—
大气压力	冬季室外大气压力(hPa)	1010.4	970.3	1022.4	1011.4	1018.7	974.1	1019.5	1022.1
	夏季室外大气压力(hPa)	990.0	954.6	1000.9	990.8	997.5	956.8	998.8	1000.9
设计计算用供暖期天数及其平均温度	日平均温度≤+5℃的天数	28	13	44	64	54	72	54	37
	日平均温度≤+5℃的起止日期	01.09～02.05	01.11～01.23	12.27～02.08	12.11～02.12	12.18～02.09	12.05～2.14	12.19～02.10	01.02～02.07
	平均温度≤+5℃期间内的平均温度(℃)	4.7	4.8	4.2	3.1	3.8	2.9	3.7	4.4
	日平均温度≤+8℃的天数	85	90	91	102	95	121	100	87
	日平均温度≤+8℃的起止日期	12.08～03.02	12.04～03.03	12.04～03.04	11.25～03.06	12.01～03.05	11.15～03.15	11.26～03.05	12.07～03.03
	平均温度≤+8℃期间内的平均温度(℃)	5.9	6.0	5.4	4.2	4.9	4.1	5	5.6
极端最高气温(℃)		40.4	40.3	38.6	40.7	38.6	41.4	39.8	39.4
极端最低气温(℃)		−9.8	−12.3	−14.9	−15.1	−15.3	−17.6	−15.3	−12.0

续表

省/直辖市/自治区		湖北(11)		湖南(12)					
市/区/自治州		随州	长沙	常德	衡阳	邵阳	岳阳	郴州	张家界
台站名称及编号		广水	马坡岭	常德	衡阳	邵阳	岳阳	郴州	桑植
		57385	57679	57662	57872	57766	57584	57972	57554
台站信息	北纬	31°37′	28°12′	29°03′	26°54′	27°14′	29°23′	25°48′	29°24′
	东经	113°49′	113°05′	111°41′	112°36′	111°28′	113°05′	113°02′	110°10′
	海拔(m)	93.3	44.9	35	104.7	248.6	53	184.9	322.2
	统计年份	1971～2000	1972～1986	1971～2000	1971～2000	1971～2000	1971～2000	1971～2000	1971～2000
年平均温度(℃)		15.8	17.0	16.9	18.0	17.1	17.2	18.0	16.2
室外计算温、湿度	供暖室外计算温度(℃)	−1.1	0.3	0.6	1.2	0.8	0.4	1.0	1.0
	冬季通风室外计算温度(℃)	2.7	4.6	4.7	5.9	5.2	4.8	6.2	4.7
	冬季空气调节室外计算温度(℃)	−3.5	−1.9	−1.6	−0.9	−1.2	-2.0	−1.1	0.9
	冬季空气调节室外计算相对湿度(%)	71	83	80	81	80	78	84	78
	夏季空气调节室外计算干球温度(℃)	34.9	35.8	35.4	36.0	34.8	34.1	35.6	34.7
	夏季空气调节室外计算湿球温度(℃)	28.0	27.7	28.6	27.7	26.8	28.3	26.7	26.9
	夏季通风室外计算温度(℃)	31.4	32.9	31.9	33.2	31.9	31.0	32.9	31.3
	夏季通风室外计算相对湿度(%)	67	61	66	58	62	72	55	66
	夏季空气调节室外计算日平均温度(℃)	31.1	31.6	32.0	32.4	30.9	32.2	31.7	30.0
风向、风速及频率	夏季室外平均风速(m/s)	2.2	2.6	1.9	2.1	1.7	2.8	1.6	1.2
	夏季最多风向	C SSE	C NNW	C NE	C SSW	C S	S	C SSW	C ENE
	夏季最多风向的频率(%)	21 11	16 13	23 8	16 13	27 8	11	39 14	47 12
	夏季室外最多风向的平均风速(m/s)	2.6	1.7	3.0	2.5	2.4	3.2	3.2	2.7
	冬季室外平均风速(m/s)	2.2	2.3	1.6	1.6	1.5	2.6	1.2	1.2
	冬季最多风向	C NNE	NNW	C NE	C ENE	C ESE	ENE	C NNE	C ENE
	冬季最多风向的频率(%)	26 15	32	33 15	28 20	32 13	20	45 19	52 15
	冬季室外最多风向的平均风速(m/s)	3.6	3.0	3.0	2.7	2.0	3.3	2.0	3.0
	年最多风向	C NNE	NNW	C NE	C ENE	C ESE	ENE	C NNE	C ENE
	年最多风向的频率(%)	24 12	22	28 12	23 16	30 10	16	44 13	50 14
冬季日照百分率(%)		41	26	27	23	23	29	21	17
最大冻土深度(cm)		—	—	—	—	5	2	—	—
大气压力	冬季室外大气压力(hPa)	1015.0	1019.6	1022.3	1012.6	995.1	1019.5	1002.2	987.3
	夏季室外大气压力(hPa)	994.1	999.2	1000.8	993.0	976.9	998.7	984.3	969.2
设计计算用供暖期天数及其平均温度	日平均温度≤+5℃的天数	63	48	30	0	11	27	0	30
	日平均温度≤+5℃的起止日期	12.11～02.11	12.26～02.11	01.08～02.06	—	01.12～01.22	01.10～02.05	—	01.08～02.06
	平均温度≤+5℃期间内的平均温度(℃)	3.3	4.3	4.5	—	4.7	4.5	—	4.5
	日平均温度≤+8℃的天数	102	88	86	56	67	68	55	88
	日平均温度≤+8℃的起止日期	11.25～03.06	12.06～03.03	12.08～03.03	12.19～02.12	12.10～02.14	12.09～02.14	12.19～02.11	12.07～03.04
	平均温度≤+ 8℃期间内的平均温度(℃)	4.3	5.5	5.8	6.4	6.1	5.9	6.5	5.8
极端最高气温(℃)		39.8	39.7	40.1	40.0	39.5	39.3	40.5	40.7
极端最低气温(℃)		−16.0	−11.3	−13.2	−7.9	−10.5	−11.4	−6.8	−10.2

续表

省/直辖市/自治区		湖南(12)					广东(15)		
市/区/自治州		益阳	永州	怀化	娄底	湘西州	广州	湛江	汕头
台站名称及编号		沅江	零陵	芷江	双峰	吉首	广州	湛江	汕头
		57671	57866	57745	57774	57649	59287	59658	59316
台站信息	北纬	28°51′	26°14′	27°27′	27°27′	28°19′	23°10′	21°13′	23°24′
	东经	112°22′	111°37′	109°41′	112°10′	109°44′	113°20′	110°24′	116°41′
	海拔(m)	36.0	172.6	272.2	100	208.4	41.7	25.3	1.1
	统计年份	1971～2000	1971～2000	1971～2000	1971～2000	1971～2000	1971～2000	1971～2000	1971～2000
年平均温度(℃)		17.0	17.8	16.5	17.0	16.6	22.0	23.3	21.5
室外计算温、湿度	供暖室外计算温度(℃)	0.6	1.0	0.8	0.6	1.3	8.0	10.0	9.4
	冬季通风室外计算温度(℃)	4.7	6.0	4.9	4.8	5.1	13.6	15.9	13.8
	冬季空气调节室外计算温度(℃)	−1.6	−1.0	−1.1	−1.6	−0.6	5.2	7.5	7.1
	冬季空气调节室外计算相对湿度(%)	81.0	81	80	82	79	72	81	78
	夏季空气调节室外计算干球温度(℃)	35.1	34.9	34.0	35.6	34.8	34.2	33.9	33.2
	夏季空气调节室外计算湿球温度(℃)	28.4	26.9	26.8	27.5	27	27.8	28.1	27.7
	夏季通风室外计算温度(℃)	31.7	32.1	31.2	32.7	31.7	31.8	31.5	30.9
	夏季通风室外计算相对湿度(%)	67.0	60	66	60	64	68	70	72
	夏季空气调节室外计算日平均温度(℃)	32.0	31.3	29.7	31.5	30.0	30.7	30.8	30.0
风向、风速及频率	夏季室外平均风速(m/s)	2.7	3.0	1.3	2.0	1.0	1.7	2.6	2.6
	夏季最多风向	S	SSW	C ENE	C NE	C NE	C SSE	SSE	C WSW
	夏季最多风向的频率(%)	14	19	44 10	31 11	44 10	28 12	15	18 10
	夏季室外最多风向的平均风速(m/s)	3.3	3.2	2.6	2.7	1.6	2.3	3.1	3.3
	冬季室外平均风速(m/s)	2.4	3.1	1.6	1.7	0.9	1.7	2.6	2.7
	冬季最多风向	NNE	NE	C ENE	C ENE	C ENE	C NNE	ESE	E
	冬季最多风向的频率(%)	22.0	26	40 24	39 21	49 10	34 19	17	24
	冬季室外最多风向的平均风速(m/s)	3.8	4.0	3.1	3.0	2.0	2.7	3.1	3.7
	年最多风向	NNE	NE	C ENE	C ENE	C NE	C NNE	SE	E
	年最多风向的频率(%)	18	18	42 18	37 16	46 10	31 11	13	18
冬季日照百分率(%)		27.0	23	19	24	18	36	34	42
最大冻土深度(cm)		—	—	—	—	—	—	—	—
大气压力	冬季室外大气压力(hPa)	1021.5	1012.6	991.9	1013.2	1000.5	1019.0	1015.5	1020.2
	夏季室外大气压力(hPa)	1000.4	993.0	974.0	993.4	981.3	1004.0	1001.3	1005.7
设计计算用供暖期天数及其平均温度	日平均温度≤+5℃的天数	29.0	0	29	30	11	0	0	0
	日平均温度≤+5℃的起止日期	01.09～02.06	—	01.08～02.05	01.08～02.06	01.10～01.20	—	—	—
	平均温度≤+5℃期间内的平均温度(℃)	4.5	—	4.7	4.6	4.8	—	—	—
	日平均温度≤+8℃的天数	85.0	56	69	87	68	0	0	0
	日平均温度≤+8℃的起止日期	12.09～03.03	12.19～02.12	12.08～02.14	12.07～03.03	12.09～02.14	—	—	—
	平均温度≤+8℃期间内的平均温度(℃)	5.8	6.6	5.9	5.9	6.1	—	—	—
极端最高气温(℃)		38.9	39.7	39.1	39.7	40.2	38.1	38.1	38.6
极端最低气温(℃)		−11.2	−7	−11.5	−11.7	−7.5	0.0	2.8	0.3

续表

省/直辖市/自治区		广东(15)							
市/区/自治州		韶关	阳江	深圳	江门	茂名	肇庆	惠州	梅州
台站名称及编号		韶关	阳江	深圳	台山	信宜	高要	惠阳	梅州
		59082	59663	59493	59478	59456	59278	59298	59117
台站信息	北纬	24°41′	21°52′	22°33′	22°15′	22°21′	23°02′	23°05′	24°16′
	东经	113°36′	111°58′	114°06′	112°47′	110°56′	112°27′	114°25′	116°06′
	海拔(m)	60.7	23.3	18.2	32.7	84.6	41	22.4	87.8
	统计年份	1971～2000	1971～2000	1971～2000	1971～2000	1971～2000	1971～2000	1971～2000	1971～2000
年平均温度(℃)		20.4	22.5	22.6	22.0	22.5	22.3	21.9	21.3
室外计算温、湿度	供暖室外计算温度(℃)	5.0	9.4	9.2	8.0	8.5	8.4	8.0	6.7
	冬季通风室外计算温度(℃)	10.2	15.1	14.9	13.9	14.7	13.9	13.7	12.4
	冬季空气调节室外计算温度(℃)	2.6	6.8	6.0	5.2	6.0	6.0	4.8	4.3
	冬季空气调节室外计算相对湿度(%)	75	74	72	75	74	68	71	77
	夏季空气调节室外计算干球温度(℃)	35.4	33.0	33.7	33.6	34.3	34.6	34.1	35.1
	夏季空气调节室外计算湿球温度(℃)	27.3	27.8	27.5	27.6	27.6	27.8	27.6	27.2
	夏季通风室外计算温度(℃)	33.0	30.7	31.2	31.0	32.0	32.1	31.5	32.7
	夏季通风室外计算相对湿度(%)	60	74	70	71	66	74	69	60
	夏季空气调节室外计算日平均温度(℃)	31.2	29.9	30.5	29.9	30.1	31.1	30.4	30.6
风向、风速及频率	夏季室外平均风速(m/s)	1.6	2.6	2.2	2.0	1.5	1.6	1.6	1.2
	夏季最多风向	C SSW	SSW	C ESE	SSW	C SW	C SE	C SSE	C SW
	夏季最多风向的频率(%)	41 17	13	21 11	23	41 12	27 12	26 14	36 8
	夏季室外最多风向的平均风速(m/s)	2.8	2.8	2.7	2.7	2.5	2.0	2.0	2.1
	冬季室外平均风速(m/s)	1.5	2.9	2.8	2.6	2.9	1.7	2.7	1.0
	冬季最多风向	C NNW	ENE	ENE	NE	NE	C ENE	NE	C NNE
	冬季最多风向的频率(%)	46 11	31	20	30	26	28 27	29	46 9
	冬季室外最多风向的平均风速(m/s)	2.9	3.7	2.9	3.9	4.1	2.6	4.6	2.4
	年最多风向	C SSW	ENE	ESE	C NE	C NE	C ENE	C NE	C NNE
	年最多风向的频率(%)	44 8	20	14	19 18	31 16	28 20	23 18	41 6
冬季日照百分率(%)		30	37	43	38	36	35	42	39
最大冻土深度(cm)		—	—	—	—	—	—	—	—
大气压力	冬季室外大气压力(hPa)	1014.5	1016.9	1016.6	1016.3	1009.3	1019.0	1017.9	1011.3
	夏季室外大气压力(hPa)	997.6	1002.6	1002.4	1001.8	995.2	1003.7	1003.2	996.3
设计计算用供暖期天数及其平均温度	日平均温度≤+5℃的天数	0	0	0	0	0	0	0	0
	日平均温度≤+5℃的起止日期	—	—	—	—	—	—	—	—
	平均温度≤+5℃期间内的平均温度(℃)	—	—	—	—	—	—	—	—
	日平均温度≤+8℃的天数	0	0	0	0	0	0	0	0
	日平均温度≤+8℃的起止日期	—	—	—	—	—	—	—	—
	平均温度≤+8℃期间内的平均温度(℃)	—	—	—	—	—	—	—	—
极端最高气温(℃)		40.3	37.5	38.7	37.3	37.8	38.7	38.2	39.5
极端最低气温(℃)		−4.3	2.2	1.7	1.6	1.0	1	0.5	−3.3

续表

省/直辖市/自治区		广东(15)				广西(13)			
市/区/自治州		汕尾	河源	清远	揭阳	南宁	柳州	桂林	梧州
台站名称及编号		汕尾	河源	连州	惠来	南宁	柳州	桂林	梧州
		59501	59293	59072	59317	59431	59046	57957	59265
台站信息	北纬	22°48′	23°44′	24°47′	23°02′	22°49′	24°21′	25°19′	23°29′
	东经	115°22′	114°41′	112°23′	116°18′	108°21′	109°24′	110°18′	111°18′
	海拔(m)	17.3	40.6	98.3	12.9	73.1	96.8	164.4	114.8
	统计年份	1971～2000	1971～2000	1971～2000	1971～2000	1971～2000	1971～2000	1971～2000	1971～2000
年平均温度(℃)		22.2	21.5	19.6	21.9	21.8	20.7	18.9	21.1
室外计算温、湿度	供暖室外计算温度(℃)	10.3	6.9	4.0	10.3	7.6	5.1	3.0	6.0
	冬季通风室外计算温度(℃)	14.8	12.7	9.1	14.5	12.9	10.4	7.9	11.9
	冬季空气调节室外计算温度(℃)	7.3	3.9	1.8	8.0	5.7	3.0	1.1	3.6
	冬季空气调节室外计算相对湿度(%)	73	70	77	74	78	75	74	76
	夏季空气调节室外计算干球温度(℃)	32.2	34.5	35.1	32.8	34.5	34.8	34.2	34.8
	夏季空气调节室外计算湿球温度(℃)	27.8	27.5	27.4	27.6	27.9	27.5	27.3	27.9
	夏季通风室外计算温度(℃)	30.2	32.1	32.7	30.7	31.8	32.4	31.7	32.5
	夏季通风室外计算相对湿度(%)	77	65	61	74	68	65	65	65
	夏季空气调节室外计算日平均温度(℃)	29.6	30.4	30.6	29.6 1	30.7	31.4	30.4	30.5
风向、风速及频率	夏季室外平均风速(m/s)	3.2	1.3	1.2	2.3	1.5	1.6	1.6	1.2
	夏季最多风向	WSW	C SSW	C SSW	C SSW	C S	C SSW	C NE	C ESE
	夏季最多风向的频率(%)	19	37 17	46 8	22 10	31 10	34 15	32 16	32 10
	夏季室外最多风向的平均风速(m/s)	4.1	2.2	2.5	3.4	2.6	2.8	2.6	1.5
	冬季室外平均风速(m/s)	3.0	1.5	1.3	2.9	1.2	1.5	3.2	1.4
	冬季最多风向	ENE	C NNE	C NNE	ENE	C E	C N	NE	C NE
	冬季最多风向的频率(%)	19.0	32 24	47 16	28	43 12	37 19	48	24 16
	冬季室外最多风向的平均风速(m/s)	3.0	2.4	2.3	3.4	1.9	2.7	4.4	2.1
	年最多风向	ENE	C NNE	C NNE	ENE	C E	C N	NE	C ENE
	年最多风向的频率(%)	15	35 14	46 13	20	38 10	36 12	35	27 13
冬季日照百分率(%)		42	41	25	43	25	24	24	31
最大冻土深度(cm)		—	—	—	—	—	—	—	—
大气压力	冬季室外大气压力(hPa)	1019.3	1016.3	1011.1	1018.7	1011.0	1009.9	1003.0	1006.9
	夏季室外大气压力(hPa)	1005.3	1000.9	993.8	1004.6	995.5	993.2	986.1	991.6
设计计算用供暖期天数及其平均温度	日平均温度≤+5℃的天数	0	0	0	0	0	0	0	0
	日平均温度≤+5℃的起止日期	—	—	—	—	—	—	—	—
	平均温度≤+5℃期间内的平均温度(℃)	—	—	—	—	—	—	—	—
	日平均温度≤+8℃的天数	0	0	0	0	0	0	0	0
	日平均温度≤+8℃的起止日期	—	—	—	—	—	—	—	—
	平均温度≤+8℃期间内的平均温度(℃)	—	—	—	—	—	—	—	—
极端最高气温(℃)		38.5	39.0	39.6	38.4	39.0	39.1	38.5	39.7
极端最低气温(℃)		2.1	−0.7	−3.4	1.5	−1.9	−1.3	−3.6	−1.5

续表

省/直辖市/自治区		广西(13)							
市/区/自治州		北海	百色	钦州	玉林	防城港	河池	来宾	贺州
台站名称及编号		北海	百色	钦州	玉林	东兴	河池	来宾	贺州
		59644	59211	59632	59453	59626	59023	59242	59065
台站信息	北纬	21°27′	23°54′	21°57′	22°39′	21°32′	24°42′	23°45′	24°25′
	东经	109°08′	106°36′	108°37′	110°10′	107°58′	108°03′	109°14′	111°32′
	海拔(m)	12.8	173.5	4.5	81.8	22.1	211	84.9	108.8
	统计年份	1971～2000	1971～2000	1971～2000	1971～2000	1971～2000	1971～2000	1971～2000	1971～2000
年平均温度(℃)		22.8	22.0	22.2	21.8	22.6	20.5	20.8	19.9
室外计算温、湿度	供暖室外计算温度(℃)	8.2	8.8	7.9	7.1	10.5	6.3	5.5	4.0
	冬季通风室外计算温度(℃)	14.5	13.4	13.6	13.1	15.1	10.9	10.8	9.3
	冬季空气调节室外计算温度(℃)	6.2	7.1	5.8	5.1	8.6	4.3	3.6	1.9
	冬季空气调节室外计算相对湿度(%)	79	76	77	79	81	75	75	78
	夏季空气调节室外计算干球温度(℃)	33.1	36.1	33.6	34.0	33.5	34.6	34.6	35.0
	夏季空气调节室外计算湿球温度(℃)	28.2	27.9	28.3	27.8	28.5	27.1	27.7	27.5
	夏季通风室外计算温度(℃)	30.9	32.7	31.1	31.7	30.9	31.7	32.2	32.6
	夏季通风室外计算相对湿度(%)	74	65	75	68	77	66	66	62
	夏季空气调节室外计算日平均温度(℃)	30.6	31.3	30.3	30.3	29.9	30.7	30.8	30.8
风向、风速及频率	夏季室外平均风速(m/s)	3	1.3	2.4	1.4	2.1	1.2	1.8	1.7
	夏季最多风向	SSW	C SSE	SSW	C SSE	C SSW	C ESE	C SSW	C ESE
	夏季最多风向的频率(%)	14	36 8	20	30 11	24 11	39 26	30 13	22 19
	夏季室外最多风向的平均风速(m/s)	3.1	2.5	3.1	1.7	3.3	2.0	2.8	2.3
	冬季室外平均风速(m/s)	3.8	1.2	2.7	1.7	1.7	1.1	2.4	1.5
	冬季最多风向	NNE	C S	NNE	C N	C ENE	C ESE	NE	CNW
	冬季最多风向的频率(%)	37	43 9	33	30 21	24 15	43 16	25	31 21
	冬季室外最多风向的平均风速(m/s)	5.0	2.2	3.5	3.2	2.0	1.9	3.3	2.3
	年最多风向	NNE	C SSE	NNE	C N	C ENE	C ESE	C NE	C NW
	年最多风向的频率(%)	21	39 8	20	31 12	24 10	43 20	27 17	28 12
冬季日照百分率(%)		34	29	27	29	24	21	25	26
最大冻土深度(cm)		—	—	—	—	—	—	—	—
大气压力	冬季室外大气压力(hPa)	1017.3	998.8	1019.0	1009.9	1016.2	995.9	1010.8	1009.0
	夏季室外大气压力(hPa)	1002.5	983.6	1003.5	995.0	1001.4	980.1	994.4	992.4
设计计算用供暖期天数及其平均温度	日平均温度≤+5℃的天数	0	0	0	0	0	0	0	0
	日平均温度≤+5℃的起止日期	—	—	—	—	—	—	—	—
	平均温度≤+5℃期间内的平均温度(℃)	—	—	—	—	—	—	—	—
	日平均温度≤+8℃的天数	0	0	0	0	0	0	0	0
	日平均温度≤+8℃的起止日期	—	—	—	—	—	—	—	—
	平均温度≤+ 8℃期间内的平均温度(℃)	—	—	—	—	—	—	—	—
极端最高气温(℃)		37.1	42.2	37.5	38.4	38.1	39.4	39.6	39.5
极端最低气温(℃)		2	0.1	2.0	0.8	3.3	0.0	−1.6	−3.5

续表

省/直辖市/自治区		广西(13)	海南(2)		重庆(3)			四川(16)	
市/区/自治州		崇左	海口	三亚	重庆	万州	奉节	成都	广元
台站名称及编号		龙州	海口	三亚	重庆	万州	奉节	成都	广元
		59417	59758	59948	57515	57432	57348	56294	57206
台站信息	北纬	22°20′	20°02′	18°14′	29°31′	30°46′	31°03′	30°40′	32°26′
	东经	106°51′	110°21′	109°31′	106°29′	108°24′	109°30′	104°01′	105°51′
	海拔(m)	128.8	13.9	5.9	351.1	186.7	607.3	506.1	492.4
	统计年份	1971～2000	1971～2000	1971～2000	1971～1986	1971～2000	1971～2000	1971～2000	1971～2000
年平均温度(℃)		22.2	24.1	25.8	17.7	18.0	16.3	16.1	16.1
室外计算温、湿度	供暖室外计算温度(℃)	9.0	12.6	17.9	4.1	4.3	1.8	2.7	2.2
	冬季通风室外计算温度(℃)	14.0	17.7	21.6	7.2	7.0	5.2	5.6	5.2
	冬季空气调节室外计算温度(℃)	7.3	10.3	15.8	2.2	2.9	0.0	1.0	0.5
	冬季空气调节室外计算相对湿度(%)	79	86	73	83	85	71	83	64
	夏季空气调节室外计算干球温度(℃)	35.0	35.1	32.8	35.5	36.5	34.3	31.8	33.3
	夏季空气调节室外计算湿球温度(℃)	28.1	28.1	28.1	26.5	27.9	25.4	26.4	25.8
	夏季通风室外计算温度(℃)	32.1	32.2	31.3	31.7	33.0	30.6	28.5	29.5
	夏季通风室外计算相对湿度(%)	68	68	73	59	56	57	73	64
	夏季空气调节室外计算日平均温度(℃)	30.9	30.5	30.2	32.3	31.4	30.9	27.9	28.8
风向、风速及频率	夏季室外平均风速(m/s)	1.0	2.3	2.2	1.5	0.5	3.0	1.2	1.2
	夏季最多风向	C ESE	S	C SSE	C ENE	C N	C NNE	C NNE	C SE
	夏季最多风向的频率(%)	48 6	19	15 9	33 8	74 5	22 17	41 8	42 8
	夏季室外最多风向的平均风速(m/s)	2.0	2.7	2.4	1.1	2.3	2.6	2.0	1.6
	冬季室外平均风速(m/s)	1.2	2.5	2.7	1.1	0.4	3.1	0.9	1.3
	冬季最多风向	C ESE	ENE	ENE	C NNE	C NNE	C NNE	C NE	C N
	冬季最多风向的频率(%)	41 16	24	19	46 13	79 5	29 13	50 13	44 10
	冬季室外最多风向的平均风速(m/s)	2.2	3.1	3.0	1.6	1.9	2.6	1.9	2.8
	年最多风向	C ESE	ENE	C ESE	C NNE	C NNE	C NNE	C NE	C N
	年最多风向的频率(%)	46 10	14	14 13	44 13	76 5	24 16	43 11	41 8
冬季日照百分率(%)		24	34	54	7.5	12	22	17	24
最大冻土深度(cm)		—	—	—	—	—	—	—	—
大气压力	冬季室外大气压力(hPa)	1004.0	1016.4	1016.2	980.6	1001.1	1018.7	963.7	965.4
	夏季室外大气压力(hPa)	989	1002.8	1005.6	963.8	982.3	997.5	948	949.4
设计计算用供暖期天数及其平均温度	日平均温度≤+5℃的天数	0	0	0	0	0	12	0	7
	日平均温度≤+5℃的起止日期	—	—	—	—	—	01.12～01.23	—	01.13～01.19
	平均温度≤+5℃期间内的平均温度(℃)	—	—	—	—	—	4.8	—	4.9
	日平均温度≤+8℃的天数	0	0	0	53	54	85	69	75
	日平均温度≤+8℃的起止日期	—	—	—	12.22～02.12	12.20～02.11	12.07～03.01	12.08～02.14	12.03～02.15
	平均温度≤+8℃期间内的平均温度(℃)	—	—	—	7.2	7.2	6.0	6.2	6.1
极端最高气温(℃)		39.9	38.7	35.9	40.2	42.1	39.6	36.7	37.9
极端最低气温(℃)		−0.2	4.9	5.1	−1.8	−3.7	−9.2	−5.9	−8.2

续表

省/直辖市/自治区		四川(16)							
市/区/自治州		甘孜州	宜宾	南充	凉山州	遂宁	内江	乐山	泸州
台站名称及编号		康定	宜宾	南坪区	西昌	遂宁	内江	乐山	泸州
		56374	56492	57411	56571	57405	57504	56386	57602
台站信息	北纬	30°03′	28°48′	30°47′	27°54′	30°30′	29°35′	29°34′	28°53′
	东经	101°58′	104°36′	106°06′	102°16′	105°35′	105°03′	103°45′	105°26′
	海拔(m)	2615.7	340.8	309.3	1590.9	278.2	347.1	424.2	334.8
	统计年份	1971～2000	1971～2000	1971～2000	1971～1986	1971～2000	1971～2000	1971～2000	1971～2000
年平均温度(℃)		7.1	17.8	17.3	16.9	17.4	17.6	17.2	17.7
室外计算温、湿度	供暖室外计算温度(℃)	−6.5	4.5	3.6	4.7	3.9	4.1	3.9	4.5
	冬季通风室外计算温度(℃)	−2.2	7.8	6.4	9.6	6.5	7.2	7.1	7.7
	冬季空气调节室外计算温度(℃)	−8.3	2.8	1.9	2.0	2.0	2.1	2.2	2.6
	冬季空气调节室外计算相对湿度(%)	65	85	85	52	86	83	82	67
	夏季空气调节室外计算干球温度(℃)	22.8	33.8	35.3	30.7	34.7	34.3	32.8	34.6
	夏季空气调节室外计算湿球温度(℃)	16.3	27.3	27.1	21.8	27.5	27.1	26.6	27.1
	夏季通风室外计算温度(℃)	19.5	30.2	31.3	26.3	31.1	30.4	29.2	30.5
	夏季通风室外计算相对湿度(%)	64	67	61	63	63	66	71	86
	夏季空气调节室外计算日平均温度(℃)	18.1	30.0	31.4	26.6	30.7	30.8	29.0	31.0
风向、风速及频率	夏季室外平均风速(m/s)	2.9	0.9	1.1	1.2	0.8	1.8	1.4	1.7
	夏季最多风向	C SE	C NW	C NNE	C NNE	C NNE	C N	C NNE	C WSW
	夏季最多风向的频率(%)	30 21	55 6	43 9	41 9	58 7	25 11	34 9	20 10
	夏季室外最多风向的平均风速(m/s)	5.5	2.4	2.1	2.2	2.0	2.7	2.2	1.9
	冬季室外平均风速(m/s)	3.1	0.6	0.8	1.7	0.4	1.4	1.0	1.2
	冬季最多风向	C ESE	C ENE	C NNE	C NNE	C NNE	C NNE	C NNE	C NNW
	冬季最多风向的频率(%)	31 26	68 6	56 10	35 10	75 5	30 13	45 11	30 9
	冬季室外最多风向的平均风速(m/s)	5.6	1.6	1.7	2.5	1.9	2.1	1.9	2.0
	年最多风向	C ESE	C NW	C NNE	C NNE	C NNE	C N	C NNE	C NNW
	年最多风向的频率(%)	28 22	59 5	48 10	37 10	65 7	25 12	38 10	24 9
冬季日照百分率(%)		45	11	11	69	13	13	13	11
最大冻土深度(cm)		—	—	—	—	—	—	—	—
大气压力	冬季室外大气压力(hPa)	741.6	982.4	986.7	838‘5	990.0	980.9	972.7	983.0
	夏季室外大气压力(hPa)	742.4	965.4	969.1	834.9	972.0	963.9	956.4	965.8
设计计算用供暖期天数及其平均温度	日平均温度≤+5℃的天数	145	0	0	0	0	0	0	0
	日平均温度≤+5℃的起止日期	11.06～03.30	—	—	—	—	—	—	—
	平均温度≤+5℃期间内的平均温度(℃)	0.3	—	—	—	—	—	—	—
	日平均温度≤+8℃的天数	187	32	62	0	62	50	53	33
	日平均温度≤+8℃的起止日期	10.14～04.18	12.26～01.26	12.12～02.11	—	12.12～02.11	12.22～02.09	12.20～02.10	12.25～01.26
	平均温度≤+8℃期间内的平均温度(℃)	1.7	7.7	6.8	—	6.9	7.3	7.2	7.7
极端最高气温(℃)		29.4	39.5	41.2	36.6	39.5	40.1	36.8	39.8
极端最低气温(℃)		−14.1	−1.7	−3.4	−3.8	−3.8	−2.7	−2.9	−1.9

续表

省/直辖市/自治区		四川(16)						贵州(9)	
市/区/自治州		绵阳	达州	雅安	巴中	资阳	阿坝州	贵阳	遵义
台站名称及编号		绵阳	达州	雅安	巴中	资阳	马尔康	贵阳	遵义
		56196	57328	56287	57313	56298	56172	57816	57713
台站信息	北纬	31°28′	31°12′	29°59′	31°52′	30°07′	31°54′	26°35′	27°42′
	东经	104°41′	107°30′	103°00′	106°46′	104°39′	102°14′	106°43′	106°53′
	海拔(m)	470.8	344.9	627.6	417.7	357	2664.4	1074.3	843.9
	统计年份	1971～2000	1971～2000	1971～2000	1971～1986	1971～2000	1971～2000	1971～2000	1971～2000
年平均温度(℃)		16.2	17.1	16.2	16.9	17.2	8.6	15.3	15.3
室外计算温、湿度	供暖室外计算温度(℃)	2.4	3.5	2.9	3.2	3.6	−4.1	−0.3	0.3
	冬季通风室外计算温度(℃)	5.3	6.2	6.3	5.8	6.6	−0.6	5.0	4.5
	冬季空气调节室外计算温度(℃)	0.7	2.1	1.1	1.5	1.3	−6.1	−2.5	−1.7
	冬季空气调节室外计算相对湿度(%)	79	82	80	82	84	48	80	83
	夏季空气调节室外计算干球温度(℃)	32.6	35.4	32.1	34.5	33.7	27.3	30.1	31.8
	夏季空气调节室外计算湿球温度(℃)	26.4	27.1	25.8	26.9	26.7	17.3	23	24.3
	夏季通风室外计算温度(℃)	29.2	31.8	28.6	31.2	30.2	22.4	27.1	28.8
	夏季通风室外计算相对湿度(%)	70	59	70	59	65	53	64	63
	夏季空气调节室外计算日平均温度(℃)	28.5	31.0	27.9	30.3	29.5	19.3	26.5	27.9
风向、风速及频率	夏季室外平均风速(m/s)	1.1	1.4	1.8	0.9	1.3	1.1	2.1	1.1
	夏季最多风向	C ENE	C ENE	C WSW	C SW	C S	C NW	C SSW	C SSW
	夏季最多风向的频率(%)	46 5	31 27	29 15	52 5	41 7	61 9	24 17	48 7
	夏季室外最多风向的平均风速(m/s)	2.5	2.4	2.9	1.9	2.1	3.1	3.0	2.3
	冬季室外平均风速(m/s)	0.9	1.0	1.1	0.6	0.8	1.0	2.1	1.0
	冬季最多风向	C E	C ENE	C E	C E	C ENE	C NW	ENE	C ESE
	冬季最多风向的频率(%)	57 7	45 25	50 13	68 4	58 7	62 10	23	50 7
	冬季室外最多风向的平均风速(m/s)	2.7	1.9	2.1	1.7	1.3	3.3	2.5	1.9
	年最多风向	C E	C ENE	C E	C SW	C ENE	C NW	C ENE	C SSE
	年最多风向的频率(%)	49 6	37 27	40 11	60 4	50 6	60 10	23 15	49 6
冬季日照百分率(%)		19	13	16	17	16	62	15	11
最大冻土深度(cm)		—	—	—	—	—	25	—	—
大气压力	冬季室外大气压力(hPa)	967.3	985	949.7	979.9	980.3	733.3	897.4	924.0
	夏季室外大气压力(hPa)	951.2	967.5	935.4	962.7	962.9	734.7	887.8	911.8
设计计算用供暖期天数及其平均温度	日平均温度≤+5℃的天数	0	0	0	0	0	122	27	35
	日平均温度≤+5℃的起止日期	—	—	—	—	—	11.06～03.07	01.11～02.06	01.05～02.08
	平均温度≤+5℃期间内的平均温度(℃)	—	—	—	—	—	1.2	4.6	4.4
	日平均温度≤+8℃的天数	73	65	64	67	62	162	69	91
	日平均温度≤+8℃的起止日期	12.05～02.15	12.10～02.12	12.11～02.12	12.09～02.13	12.14～02.13	10.20～03.30	12.08～02.14	12.04～03.04
	平均温度≤+8℃期间内的平均温度(℃)	6.1	6.6	6.6	6.2	6.9	2.5	6.0	5.6
极端最高气温(℃)		37.2	41.2	35.4	40.3	39.2	34.5	35.1	37.4
极端最低气温(℃)		−7.3	−4.5	−3.9	−5.3	−4.0	−16	−7.3	−7.1

续表

省/直辖市/自治区		贵州(9)							云南(16)
市/区/自治州		毕节地区	安顺	铜仁地区	黔西南州	黔南州	黔东南州	六盘水	昆明
台站名称及编号		毕节	安顺	铜仁	兴仁	罗甸	凯里	盘县	昆明
		57707	57806	57741	57902	57916	57825	56793	56778
台站信息	北纬	27°18′	26°15′	27°43′	25°26′	25°26′	26°36′	25°47′	25°01′
	东经	105°17′	105°55′	109°11′	105°11′	106°46′	107°59′	104°37′	102°41′
	海拔(m)	1510.6	1392.9	279.7	1378.5	440.3	720.3	1515.2	1892.4
	统计年份	1971～2000	1971～2000	1971～2000	1971～1986	1971～2000	1971～2000	1971～2000	1971～2000
年平均温度(℃)		12.8	14.1	17.0	15.3	19.6	15.7	15.2	14.9
室外计算温、湿度	供暖室外计算温度(℃)	−1.7	−1.1	1.4	0.6	5.5	−0.4	0.6	3.6
	冬季通风室外计算温度(℃)	2.7	4.3	5.5	6.3	10.2	4.7	6.5	8.1
	冬季空气调节室外计算温度(℃)	−3.5	−3.0	−0.5	−1.3	3.7	−2.3	−1.4	0.9
	冬季空气调节室外计算相对湿度(%)	87	84	76	84	73	80	79	68
	夏季空气调节室外计算干球温度(℃)	29.2	27.7	35.3	28.7	34.5	32.1	29.3	26.2
	夏季空气调节室外计算湿球温度(℃)	21.8	21.8	26.7	22.2	*	24.5	21.6	20
	夏季通风室外计算温度(℃)	25.7	24.8	32.2	25.3	31.2	29.0	25.5	23.0
	夏季通风室外计算相对湿度(%)	64	70	60	69	66	64	65	68
	夏季空气调节室外计算日平均温度(℃)	24.5	24.5	30.7	24.8	29.3	28.3	24.7	22.4
风向、风速及频率	夏季室外平均风速(m/s)	0.9	2.3	0.8	1.8	0.6	1.6	1.3	1.8
	夏季最多风向	C SSE	SSW	C SSW	C ESE	C ESE	C SSW	C WSW	C WSW
	夏季最多风向的频率(%)	60 12	25	62 7	29 13	69 4	33 9	48 9	31 13
	夏季室外最多风向的平均风速(m/s)	2.3	3.4	2.3	2.3	1.7	3.1	2.5	2.6
	冬季室外平均风速(m/s)	0.6	2.4	0.9	2.2	0.7	1.6	2.0	2.2
	冬季最多风向	C SSE	ENE	C ENE	C ENE	C ESE	C NNE	C ENE	C WSW
	冬季最多风向的频率(%)	69 7	31	58 15	19 18	62 8	26 22	31 19	35 19
	冬季室外最多风向的平均风速(m/s)	1.9	2.8	2.2	2.3	1.8	2.3	2.5	3.7
	年最多风向	C SSE	ENE	C ENE	C ESE	C ESE	C NNE	C ENE	C WSW
	年最多风向的频率(%)	62 9	22	61 11	24 15	64 6	29 15	39 14	31 16
冬季日照百分率(%)		17	18	15	29	21	16	33	66
最大冻土深度(cm)		—	—	—	—	—	—	—	—
大气压力	冬季室外大气压力(hPa)	850.9	863.1	991.3	864.4	968.6	938.3	849.6	811.9
	夏季室外大气压力(hPa)	844.2	856.0	973.1	857.5	954.7	925.2	843.8	808.2
设计计算用供暖期天数及其平均温度	日平均温度≤+5℃的天数	67	41	5	0	0	30	0	0
	日平均温度≤+5℃的起止日期	12.10～02.14	01.01～02.10	01.29～02.02	—	—	01.09～02.07	—	—
	平均温度≤+5℃期间内的平均温度(℃)	3.4	4.2	4.9	—	—	4.4	—	—
	日平均温度≤+8℃的天数	112	99	64	65	0	87	66	27
	日平均温度≤+8℃的起止日期	11.19～03.10	11.27～03.05	12.12～02.13	12.10～02.12	—	12.08～03.04	12.09～02.12	12.17～01.12
	平均温度≤+8℃期间内的平均温度(℃)	4.4	5.7	6.3	6.7	—	5.8	6.9	7.7
极端最高气温(℃)		39.7	33.4	40.1	35.5	39.2	37.5	35.1	30.4
极端最低气温(℃)		−11.3	−7.6	−9.2	−6.2	−2.7	−9.7	−7.9	−7.8

续表

省/直辖市/自治区		云南(16)							
市/区/自治州		保山	昭通	丽江	普洱	红河州	西双版纳州	文山州	曲靖
台站名称及编号		保山	昭通	丽江	思茅	蒙自	景洪	文山州	沾益
		56748	56586	56651	56964	56985	56959	56994	56786
台站信息	北纬	25°07′	27°21′	26°52′	22°47′	23°23′	22°00′	23°23′	25°35′
	东经	99°10′	103°43′	100°13′	100°58′	103°23′	100°47′	104°15′	103°50′
	海拔(m)	1653.5	1949.5	2392.4	1302.1	1300.7	582	1271.6	1898.7
	统计年份	1971～2000	1971～2000	1971～2000	1971～2000	1971～2000	1971～2000	1971～2000	1971～2000
年平均温度(℃)		15.9	11.6	12.7	18.4	18.7	22.4	18	14.4
室外计算温、湿度	供暖室外计算温度(℃)	6.6	−3.1	3.1	9.7	6.8	13.3	5.6	1.1
	冬季通风室外计算温度(℃)	8.5	2.2	6.0	12.5	12.3	16.5	11.1	7.4
	冬季空气调节室外计算温度(℃)	5.6	−5.2	1.3	7.0	4.5	10.5	3.4	−1.6
	冬季空气调节室外计算相对湿度(%)	69	74	46	78	72	85	77	67
	夏季空气调节室外计算干球温度(℃)	27.1	27.3	25.6	29.7	30.7	34.7	30.4	27.0
	夏季空气调节室外计算湿球温度(℃)	20.9	19.5	18.1	22.1	22	25.7	22.1	19.8
	夏季通风室外计算温度(℃)	24.2	23.5	22.3	25.8	26.7	30.4	26.7	23.3
	夏季通风室外计算相对湿度(%)	67	63	59	69	62	67	63	68
	夏季空气调节室外计算日平均温度(℃)	23.1	22.5	21.3	24.0	25.9	28.5	25.5	22.4
风向、风速及频率	夏季室外平均风速(m/s)	1.3	1.6	2.5	1.0	3.2	0.8	2.2	2.3
	夏季最多风向	C SSW	C NE	C ESE	C SW	S	C ESE	SSE	C SSW
	夏季最多风向的频率(%)	50 10	43 12	18 11	51 10	26	58 8	25	19 19
	夏季室外最多风向的平均风速(m/s)	2.5	3	2.5	1.9	3.9	1.7	2.9	2.7
	冬季室外平均风速(m/s)	1.5	2.4	4.2	0.9	3.8	0.4	2.9	3.1
	冬季最多风向	C WSW	C NE	WNW	C WSW	SSW	C ESE	S	SW
	冬季最多风向的频率(%)	54 10	32 20	21	59 7	24	72 3	26	19
	冬季室外最多风向的平均风速(m/s)	3.4	3.6	5.5	2.7	5.5	1.4	3.4	3.8
	年最多风向	C WSW	C NE	WNW	C WSW	S	C ESE	SSE	SSW
	年最多风向的频率(%)	52 8	36 17	15	55 7	23	68 5	25	18
冬季日照百分率(%)		74	43	77	64	62	57	50	56
最大冻土深度(cm)		—	—	—	—	—	—	—	—
大气压力	冬季室外大气压力(hPa)	835.7	805.3	762.6	871.8	865.0	951.3	875.4	810.9
	夏季室外大气压力(hPa)	830.3	802.0	761.0	865.3	871.4	942.7	868.2	807.6
设计计算用供暖期天数及其平均温度	日平均温度≤+5℃的天数	0	73	0	0	0	0	0	0
	日平均温度≤+5℃的起止日期	—	12.04～02.14	—	—	—	—	—	—
	平均温度≤+5℃期间内的平均温度(℃)	—	3.1	—	—	—	—	—	—
	日平均温度≤+8℃的天数	6	122	82	0	0	0	0	60
	日平均温度≤+8℃的起止日期	01.01～01.06	11.10～03.11	11.27～02.16	—	—	—	—	12.08～02.05
	平均温度≤+8℃期间内的平均温度(℃)	7.9	4.1	6.3	—	—	—	—	7.4
极端最高气温(℃)		32.3	33.4	32.3	35.7	35.9	41.1	35.9	33.2
极端最低气温(℃)		−3.8	−10.6	−9.2	−6.2	−2.7	−9.7	−7.9	−7.8

续表

省/直辖市/自治区		云南(16)						
市/区/自治州		玉溪	临沧	楚雄州	大理州	德宏州	怒江州	迪庆州
台站名称及编号		玉溪	临沧	楚雄	大理	瑞丽	泸水	香格里拉
		56875	56951	56768	56751	56838	56741	56543
台站信息	北纬	24°21′	23°53′	25°01′	25°42′	24°01′	25°59′	27°50′
	东经	102°33′	100°05′	101°32′	100°11′	97°51′	98°49′	99°42′
	海拔(m)	1636.7	1502.4	1772	1990.5	776.6	1804.9	3276.1
	统计年份	1971～2000	1971～2000	1971～2000	1971～2000	1971～2000	1971～2000	1971～2000
年平均温度(℃)		15.9	17.5	16.0	14.9	20.3	15.2	5.9
室外计算温、湿度	供暖室外计算温度(℃)	5.5	9.2	5.6	5.2	10.9	6.7	−6.1
	冬季通风室外计算温度(℃)	8.9	11.2	8.7	8.2	13	9.2	−3.2
	冬季空气调节室外计算温度(℃)	3.4	7.7	3.2	3.5	9.9	5.6	−8.6
	冬季空气调节室外计算相对湿度(%)	73	65	75	66	78	56	60
	夏季空气调节室外计算干球温度(℃)	28.2	28.6	28.0	26.2	31.4	26.7	20.8
	夏季空气调节室外计算湿球温度(℃)	20.8	21.3	20.1	20.2	24.5	20	13.8
	夏季通风室外计算温度(℃)	24.5	25.2	24.6	23.3	27.5	22.4	17.9
	夏季通风室外计算相对湿度(%)	66	69	61	64	72	78	63
	夏季空气调节室外计算日平均温度(℃)	23.2	23.6	23.9	22.3	26.4	22.4	15.6
风向、风速及频率	夏季室外平均风速(m/s)	1.4	1.0	1.5	1.9	1.1	2.1	2.1
	夏季最多风向	C WSW	C NE	C WSW	C NW	C WSW	WSW	C SSW
	夏季最多风向的频率(%)	46 0	54 8	32 14	27 10	46 10	30	37 14
	夏季室外最多风向的平均风速(m/s)	2.5	2.4	2.6	2.4	2.5	2.3	3.6
	冬季室外平均风速(m/s)	1.7	1.0	1.5	3.4	0.7	2.1	2.4
	冬季最多风向	C WSW	C W	C WSW	C ESE	C WSW	C NNE	C SSW
	冬季最多风向的频率(%)	61 6	60 4	45 14	15 8	61 6	18 17	38 10
	冬季室外最多风向的平均风速(m/s)	1.8	2.9	2.8	3.9	1.8	2.4	3.9
	年最多风向	C WSW	C NNE	C WSW	C ESE	C WSW	WSW	C SSW
	年最多风向的频率(%)	45 16	55 4	40 13	20 8	51 8	18	36 13
冬季日照百分率(%)		61	71	66	68	66	68	72
最大冻土深度(cm)		—	—	—	—	—	—	25
大气压力	冬季室外大气压力(hPa)	837.2	851.2	823.3	802	927.6	820.9	684.5
	夏季室外大气压力(hPa)	832.1	845.4	818.8	798.7	918.6	816.2	685.8
设计计算用供暖期天数及其平均温度	日平均温度≤+5℃的天数	0	0	0	0	0	0	176
	日平均温度≤+5℃的起止日期	—	—	—	—	—	—	10.23～04.16
	平均温度≤+5℃期间内的平均温度(℃)	—	—	—	—	—	—	0.1
	日平均温度≤+8℃的天数	0	0	8	29	0	0	208
	日平均温度≤+8℃的起止日期	—	—	01.01～01.08	12.15～01.12	—	—	10.10～05.05
	平均温度≤+ 8℃期间内的平均温度(℃)	—	—	7.9	7.5	—	—	1.1
极端最高气温(℃)		32.6	34.1	33.0	31.6	36.4	32.5	25.6
极端最低气温(℃)		−5.5	−1.3	−4.8	−4.2	1.4	−0.5	−27.4

续表

省/直辖市/自治区		西藏(7)						
市/区/自治州		拉萨	昌都地区	那曲地区	日喀则地区	林芝地区	阿里地区	山南地区
台站名称及编号		拉萨	昌都	那曲	日喀则	林芝	狮泉河	错那
		55591	56137	55299	55578	56312	55228	55690
台站信息	北纬	29°40′	31°09′	31°29′	29°15′	29°40′	32°30′	27°59′
	东经	91°08′	97°10′	92°04′	88°53′	94°20′	80°05′	91°57′.
	海拔(m)	3648.7	3306	4507	3936	2991.8	4278	9280
	统计年份	1971～2000	1971～2000	1971～2000	1971～2000	1971～2000	1971～2000	1971～2000
年平均温度(℃)		15.9	17.5	−1.2	6.5	8.7	0.4	−0.3
室外计算温、湿度	供暖室外计算温度(℃)	−5.2	−5.9	−17.8	−7.3	−2	−19.8	−14.4
	冬季通风室外计算温度(℃)	−1.6	−2.3	−12.6	−3.2	0.5	−12.4	−9.9
	冬季空气调节室外计算温度(℃)	−7.6	−7.6	−21.9	−9.1	−3.7	−24.5	−18.2
	冬季空气调节室外计算相对湿度(%)	28	37	40	28	49	37	64
	夏季空气调节室外计算干球温度(℃)	24.1	26.2	17.2	22.6	22.9	22.0	13.2
	夏季空气调节室外计算湿球温度(℃)	13.5	15.1	9.1	13.4	15.6	9.5	8.7
	夏季通风室外计算温度(℃)	19.2	21.6	13.3	18.9	19.9	17.0	11.2
	夏季通风室外计算相对湿度(%)	38	46	52	40	61	31	68
	夏季空气调节室外计算日平均温度(℃)	19.2	19.6	11.5	17.1	17.9	16.4	9.0
风向、风速及频率	夏季室外平均风速(m/s)	1.8	1.2	2.5	1.3	1.6	3.2	4.1
	夏季最多风向	C SE	C NW	C SE	C SSE	C E	C W	WSW
	夏季最多风向的频率(%)	30 12	48 6	30 7	51 9	38 11	2414	31
	夏季室外最多风向的平均风速(m/s)	2.7	2.1	3.5	2.5	2.1	5.0	5.7
	冬季室外平均风速(m/s)	2.0	0.9	3.0	1.8	2.0	2.6	3.6
	冬季最多风向	C ESE	C NW	C WNW	C W	C E	C W	C WSW
	冬季最多风向的频率(%)	27 15	61 5	39 11	50 11	27 17	41 17	32 17
	冬季室外最多风向的平均风速(m/s)	2.3	2.0	7.5	4.5	2.3	5.7	5.6
	年最多风向	C SE	C NW	C WNW	C W	C E	C W	WSW
	年最多风向的频率(%)	28 12	51 6	34 8	48 7	32 14	33 16	25
冬季日照百分率(%)		77	63	71	81	57	80	77
最大冻土深度(cm)		19	81	281	58	13	—	86
大气压力	冬季室外大气压力(hPa)	650.6	679.9	583.9	636.1	706.5	602.0	598.3
	夏季室外大气压力(hPa)	652.9	681.7	589.1	638.5	706.2	604.8	602.7
设计计算用供暖期天数及其平均温度	日平均温度≤+5℃的天数	132	148	254	159	116	238	251
	日平均温度≤+5℃的起止日期	11.01～03.12	10.28～03.24	09.17～05.28	10.22～03.29	11.13～03.08	09.28～05.23	09.23～05.31
	平均温度≤+5℃期间内的平均温度(℃)	0.61	0.3	−5.3	−0.3	2.0	−5.5	−3.7
	日平均温度≤+8℃的天数	179	185	300	194	172	263	365
	日平均温度≤+8℃的起止日期	10.19～04.15	10.17～04.19	08.23～06.18	10.11～04.22	10.24～04.13	09.19～06.08	01.01～12.31
	平均温度≤+8℃期间内的平均温度(℃)	2.17	1.6	−3.4	1.0	3.4	−4.3	−0.1
极端最高气温(℃)		29.9	33.4	24.2	28.5	30.3	27.6	18.4
极端最低气温(℃)		−16.5	−20.7	−37.6	−21.3	−13.7	−36.6	−37

续表

省/直辖市/自治区		陕西(9)							
市/区/自治州		西安	延安	宝鸡	汉中	榆林	安康	铜川	咸阳
台站名称及编号		西安	延安	宝鸡	汉中	榆林	安康	铜川	武功
		57036	53845	57016	57127	53646	57245	53947	57034
台站信息	北纬	34°18′	36°36′	34°21′	33°04′	38°14′	32°43′	35°05′	34°15′
	东经	108°56′	109°30′	107°08′	107°02′	109°42′	109°02′	109°04′	108°13′
	海拔(m)	397.5	958.5	612.4	509.5	1507.5	290.8	978.9	447.8
	统计年份	1971～2000	1971～2000	1971～2000	1971～1986	1971～2000	1971～2000	1971～1999	1971～2000
年平均温度(℃)		13.7	9.9	13.2	14.4	8.3	15.6	10.6	13.2
室外计算温、湿度	供暖室外计算温度(℃)	−3.4	−10.3	−3.4	−0.1	−15.1	0.9	−7.2	−3.6
	冬季通风室外计算温度(℃)	−0.1	−5.5	0.1	2.4	−9.4	3.5	−3.0	−0.4
	冬季空气调节室外计算温度(℃)	−5.7	−13.3	−5.8	−1.8	−19.3	−0.9	−9.8	−5.9
	冬季空气调节室外计算相对湿度(%)	66	53	62	80	55	71	55	67
	夏季空气调节室外计算干球温度(℃)	35.0	32.4	34.1	32.3	32.2	35.0	31.5	34.3
	夏季空气调节室外计算湿球温度(℃)	25.8	22.8	24.6	26	21.5	26.8	23	*
	夏季通风室外计算温度(℃)	30.6	28.1	29.5	28.5	28.0	30.5	27.4	29.9
	夏季通风室外计算相对湿度(%)	58	52	58	69	45	64	60	61
	夏季空气调节室外计算日平均温度(℃)	30.7	26.1	29.2	28.5	28.0	30.5	27.4	29.8
风向、风速及频率	夏季室外平均风速(m/s)	1.9	1.6	1.5	1.1	2.3	1.3	2.2	1.7
	夏季最多风向	C ENE	C WSW	C ESW	C ESE	C S	C E	ENE	WNW
	夏季最多风向的频率(%)	28 13	28 16	37 12	43 9	27 17	41 7	20	28
	夏季室外最多风向的平均风速(m/s)	2.5	2.2	2.9	1.9	3.5	2.3	2.2	2.9
	冬季室外平均风速(m/s)	1.4	1.8	1.1	0.9	1.7	1.2	2.2	1.4
	冬季最多风向	C ENE	C WSW	C ESE	C E	C N	C E	ENE	C NW
	冬季最多风向的频率(%)	41 10	25 20	54 13	55 8	43 14	49 13	31	34 7
	冬季室外最多风向的平均风速(m/s)	2.5	2.4	2.8	2.4	2.9	2.9	2.3	2.3
	年最多风向	C ENE	C WSW	C ESE	C ESE	C S	C E	ENE	C WNW
	年最多风向的频率(%)	35 11	26 17	4713	49 8	35 11	4510	24	31 9
冬季日照百分率(%)		32	61	40	27	64	30	58	42
最大冻土深度(cm)		37	77	29	8	148	8	53	24
大气压力	冬季室外大气压力(hPa)	979.1	913.8	953.7	964.3	902.2	990.6	911.1	971.7
	夏季室外大气压力(hPa)	959.8	900.7	936.9	947.8	889.9	971.7	898.4	953.1
设计计算用供暖期天数及其平均温度	日平均温度≤+5℃的天数	100	133	101	72	153	60	128	101
	日平均温度≤+5℃的起止日期	11.23～03.02	11.06～03.18	11.23～03.03	12.04～02.13	10.27～03.28	12.12～02.09	11.10～03.17	11.23～03.03
	平均温度≤+5℃期间内的平均温度(℃)	1.5	−1.9	1.6	3.0	−3.9	3.8	−0.2	1.2
	日平均温度≤+8℃的天数	127	159	135	115	171	100	148	133
	日平均温度≤+8℃的起止日期	11.09～03.15	10.23～03.30	11.08～03.22	11.15～03.09	10.17～04.05	11.26～03.05	11.03～03.30	11.08～03.20
	平均温度≤+ 8℃期间内的平均温度(℃)	2.6	−0.5	3	4.3	−2.8	4.9	0.6	2.7
极端最高气温(℃)		41.8	38.3	41.6	38.3	38.6	41.3	37.7	40.4
极端最低气温(℃)		−12.8	−23.0	−16.1	−10.0	−30.0	−9.7	−21.8	−19.4

续表

省/直辖市/自治区		陕西(9)	甘肃(13)					
市/区/自治州		商洛	兰州	酒泉	平凉	天水	陇南	张掖
台站名称及编号		商州	兰州	酒泉	平凉	天水	武都	张掖
		57143	52889	52533	53915	57006	56096	52652
台站信息	北纬	33°52′	36°03′	39°46′	35°33′	34°35′	33°24′	38°56′
	东经	109°58′	103°53′	98°29′	106°40′	105°45′	104°55′	100°26′
	海拔(m)	742.2	1517.2	1477.2	1346.6	1141.7	1079.1	1482.7
	统计年份	1971～2000	1971～2000	1971～2000	1971～2000	1971～2000	1971～2000	1971～2000
年平均温度(℃)		12.8	9.8	7.5	8.8	11.0	14.6	7.3
室外计算温、湿度	供暖室外计算温度(℃)	−3.3	−9.0	−14.5	−8.8	−5.7	0.0	−13.7
	冬季通风室外计算温度(℃)	−0.5	−5.3	−9.0	−4.6	−2.0	3.3	−9.3
	冬季空气调节室外计算温度(℃)	−5	−11.5	−18.5	−12.3	−8.4	−2.3	−17.1
	冬季空气调节室外计算相对湿度(%)	59	54	53	55	62	51	52
	夏季空气调节室外计算干球温度(℃)	32.9	31.2	30.5	29.8	30.8	32.6	31.7
	夏季空气调节室外计算湿球温度(℃)	24.3	20.1	19.6	21.3	21.8	22.3	19.5
	夏季通风室外计算温度(℃)	28.6	26.5	26.3	25.6	26.9	28.3	26.9
	夏季通风室外计算相对湿度(%)	56	45	39	56	55	52	37
	夏季空气调节室外计算日平均温度(℃)	27.6	26.0	24.8	24.0	25.9	28.5	25.1
风向、风速及频率	夏季室外平均风速(m/s)	2.2	1.2	2.2	1.9	1.2	1.7	2.0
	夏季最多风向	C SE	C ESE	C ESE	C SE	C ESE	C SSE	C S
	夏季最多风向的频率(%)	27 18	48 9	24 8	24 14	43 15	39 10	25 12
	夏季室外最多风向的平均风速(m/s)	3.9	2.1	2.8	2.8	2.0	3.1	2.1
	冬季室外平均风速(m/s)	2.6	0.5	2.0	2.1	1.0	1.2	1.8
	冬季最多风向	C NW	C E	C W	C NW	C ESE	C ENE	C S
	冬季最多风向的频率(%)	22 16	74 5	21 12	22 20	51 15	47 6	27 13
	冬季室外最多风向的平均风速(m/s)	4.1	1.7	2.4	2.2	2.2	2.3	2.1
	年最多风向	C SE	C ESE	C WSW	C NW	C ESE	C SSE	C S
	年最多风向的频率(%)	26 15	59 7	21 10	24 16	47 15	43 8	25 12
冬季日照百分率(%)		47	53	72	60	46	47	74
最大冻土深度(cm)		18	98	117	48	90	13	113
大气压力	冬季室外大气压力(hPa)	937.7	851.5	856.3	870.0	892.4	898.0	855.5
	夏季室外大气压力(hPa)	923.3	843.2	847.2	860.8	881.2	887.3	846.5
设计计算用供暖期天数及其平均温度	日平均温度≤+5℃的天数	100	130	157	143	119	64	159
	日平均温度≤+5℃的起止日期	11.25～03.04	11.05～03.14	10.23～03.28	11.05～03.27	11.11～03.09	12.09～02.10	10.21～03.28
	平均温度≤+5℃期间内的平均温度(℃)	1.9	−1.9	−4	−1.3	0.3	3.7	−4.0
	日平均温度≤+8℃的天数	139	160	183	170	145	102	178
	日平均温度≤+8℃的起止日期	11.09～03.27	10.20～03.28	10.12～04.12	10.18～04.05	11.04～03.28	11.23～03.04	10.12～04.07
	平均温度≤+8℃期间内的平均温度(℃)	3.3	−0.3	−2.4	0.0	1.4	4.8	−2.9
极端最高气温(℃)		39.9	39.8	36.6	36.0	38.2	38.6	
极端最低气温(℃)		−13.9	−19.7	−29.8	−24.3	−17.4	−8.6	−28.2

续表

省/直辖市/自治区		甘肃(13)						
市/区/自治州		白银	金昌	庆阳	定西	武威	临夏州	甘南州
台站名称及编号		靖远	永昌	西峰镇	临洮	武威	临夏	合作
		52895	52674	53923	52986	52679	52984	56080
台站信息	北纬	36°34′	38°14′	35°44′	35°22′	37°55′	35°35′	35°00′
	东经	104°41′	101°58′	107°38′	103°52′	102°40′	103°11′	102°54′
	海拔(m)	1398.2	1976.1	1421	1886.6	1530.9	1917	2910.0
	统计年份	1971～2000	1971～2000	1971～2000	1971～2000	1971～2000	1971～2000	1971～2000
年平均温度(℃)		9	5	8.7	7.2	7.9	7.0	2.4
室外计算温、湿度	供暖室外计算温度(℃)	−10.7	−14.8	−9.6	−11.3	−12.7	−10.6	−13.8
	冬季通风室外计算温度(℃)	−6.9	−9.6	−4.8	−7.0	−7.8	−6.7	−9.9
	冬季空气调节室外计算温度(℃)	−13.9	−18.2	−12.9	−15.2	−16.3	−13.4	−16.6
	冬季空气调节室外计算相对湿度(%)	58	45	53	62	49	59	49
	夏季空气调节室外计算干球温度(℃)	30.9	27.3	28.7	27.7	30.9	26.9	22.3
	夏季空气调节室外计算湿球温度(℃)	21	17.2	20.6	19.2	19.6	19.4	14.5
	夏季通风室外计算温度(℃)	26.7	23	24.6	23.3	26.4	22.8	17.9
	夏季通风室外计算相对湿度(%)	48	45	57	55	41	57	54
	夏季空气调节室外计算日平均温度(℃)	25.9	20.6	24.3	22.1	24.8	21.2	15.9
风向、风速及频率	夏季室外平均风速(m/s)	1.3	3.1	2.4	1.2	1.8	1.0	1.5
	夏季最多风向	C S	WNW	SSW	C SSW	C NNW	C WSW	C N
	夏季最多风向的频率(%)	49 10	21	16	43 7	35 9	54 9	46 13
	夏季室外最多风向的平均风速(m/s)	3.3	3.6	2.9	1.7	3.3	2.0	3.3
	冬季室外平均风速(m/s)	0.7	2.6	2.2	1.0	1.6	1.2	1.0
	冬季最多风向	C ENE	C WNW	C NNW	C NE	C SW	C N	C N
	冬季最多风向的频率(%)	69 6	27 16	13 10	52 7	35 11	47 10	63 8
	冬季室外最多风向的平均风速(m/s)	2.1	3.5	2.8	1.9	2.4	1.9	3.0
	年最多风向	C S	C WNW	SSW	C ESE	C SW	C NNE	C N
	年最多风向的频率(%)	56 6	19 18	13	45 6	34 9	49 9	50 11
冬季日照百分率(%)		66	78	61	64	75	63	66
最大冻土深度(cm)		86	159	79	114	141	85	142
大气压力	冬季室外大气压力(hPa)	864.5	802.8	861.8	812.6	850.3	809.4	713.2
	夏季室外大气压力(hPa)	855	798.9	853.5	808.1	841.8	805.1	716.0
设计计算用供暖期天数及其平均温度	日平均温度≤+5℃的天数	138	175	144	155	155	156	202
	日平均温度≤+5℃的起止日期	11.03～03.20	10.15～04.04	11.05～03.28	10.25～03.28	10.24～03.27	10.24～03.28	10.08～04.27
	平均温度≤+5℃期间内的平均温度(℃)	−2.7	−4.3	−1.5	−2.2	−3.1	−2.2	−3.9
	日平均温度≤+8℃的天数	167	199	171	183	174	185	250
	日平均温度≤+8℃的起止日期	10.19～04.03	10.05～04.21	10.18～04.06	10.14～04.14	10.14～04.05	10.13～04.15	09.15～05.22
	平均温度≤+8℃期间内的平均温度(℃)	−1.1	−3.0	−0.2	−0.8	−2.0	−0.8	−1.8
极端最高气温(℃)		39.5	35.1	36.4	36.1	35.1	36.4	30.4
极端最低气温(℃)		−24.3	−28.3	−22.6	−27.9	−28.3	−24.7	−27.9

续表

省/直辖市/自治区		青海(8)						
市/区/自治州		西宁	玉树州	海西州	黄南州	海南州	果洛州	海北州
台站名称及编号		西宁	玉树	格尔木	河南	共和	达日	祁连
		52866	56029	52818	56065	52856	56046	52657
台站信息	北纬	36°43′	33°01′	36°25′	34°44′	36°16′	33°45′	38°11′
	东经	101°45′	97°01′	94°54′	101°36′	100°37′	99°39′	100°15′
	海拔(m)	2295.2	3681.2	2807.3	8500	2835	3967.5	2787.4
	统计年份	1971～2000	1971～2000	1971～2000	1971～2000	1971～2000	1971～2000	1971～2000
年平均温度(℃)		6.1	3.2	5.3	0.0	4.0	−0.9	1.0
室外计算温、湿度	供暖室外计算温度(℃)	−11.4	−11.9	−12.9	−18.0	−14	−18.0	−17.2
	冬季通风室外计算温度(℃)	−7.4	−7.6	−9.1	−12.3	−9.8	−12.6	−13.2
	冬季空气调节室外计算温度(℃)	−13.6	−15.8	−15.7	−22.0	−16.6	−21.1	−19.7
	冬季空气调节室外计算相对湿度(%)	45	44	39	55	43	53	44
	夏季空气调节室外计算干球温度(℃)	26.5	21.8	26.9	19.0	24.6	17.3	23.0
	夏季空气调节室外计算湿球温度(℃)	16.6	13.1	13.3	12.4	14.8	10.9	13.8
	夏季通风室外计算温度(℃)	21.9	17.3	21.6	14.9	19.8	13.4	18.3
	夏季通风室外计算相对湿度(%)	48	50	30	58	48	57	48
	夏季空气调节室外计算日平均温度(℃)	20.8	15.5	21.4	13.2	19.3	12.1	15.9
风向、风速及频率	夏季室外平均风速(m/s)	1.5	0.8	3.3	2.4	2.0	2.2	2.2
	夏季最多风向	C SSE	C E	WNW	C SE	C SSE	C ENE	C SSE
	夏季最多风向的频率(%)	37 17	63 7	20	29 13	30 8	32 12	23 19
	夏季室外最多风向的平均风速(m/s)	2.9	2.3	4.3	3.4	2.9	3.4	2.9
	冬季室外平均风速(m/s)	1.3	1.1	2.2	1.9	1.4	2.0	1.5
	冬季最多风向	C SSE	C WNW	C WSW	C NW	C NNE	C WNW	C SSE
	冬季最多风向的频率(%)	49 18	62 7	23 12	47 6	45 12	48 7	36 13
	冬季室外最多风向的平均风速(m/s)	3.2	3.5	2.3	4.4	1.6	4.9	2.3
	年最多风向	C SSE	C WNW	WNW	C ESE	C NNE	C ENE	C SSE
	年最多风向的频率(%)	41 20	60 6	15	35 9	36 10	38 7	27 17
冬季日照百分率(%)		68	60	72	69	75	62	73
最大冻土深度(cm)		123	104	84	177	150	238	250
大气压力	冬季室外大气压力(hPa)	774.4	647.5	723.5	663.1	720.1	624.0	725.1
	夏季室外大气压力(hPa)	772.9	651.5	724.0	668.4	721.8	630.1	727.3
设计计算用供暖期天数及其平均温度	日平均温度≤+5℃的天数	165	199	176	243	183	255	213
	日平均温度≤+5℃的起止日期	10.20～04.02	10.09～04.25	10.15～04.08	09.17～05.17	10.14～04.14	09.14～05.26	09.29～04.29
	平均温度≤+5℃期间内的平均温度(℃)	−2.6	−2.7	−3.8	−4.5	−4.1	−4.9	−5.8
	日平均温度≤+8℃的天数	190	248	203	285	210	302	252
	日平均温度≤+8℃的起止日期	10.10～04.17	09.17～05.22	10.02～04.22	09.01～06.12	09.30～04.27	08.23～06.20	09.12～05.21
	平均温度≤+8℃期间内的平均温度(℃)	−1.4	−0.8	−2.4	−2.8	−2.7	−2.9	−3.8
极端最高气温(℃)		36.5	28.5	35.5	26.2	33.7	23.3	33.3
极端最低气温(℃)		−24.9	−27.6	−26.9	−37.2	−27.7	−34	−32.0

续表

省/直辖市/自治区		青海(8)	宁夏(5)				
市/区/自治州		海东地区	银川	石嘴山	吴忠	固原	中卫
台站名称及编号		民和	银川	惠农	同心	固原	中卫
		52876	53614	53519	53810	53817	53704
台站信息	北纬	36°19′	38°29′	39°13′	36°59′	36°00′	37°32′
	东经	102°51′	106°13′	106°46′	105°54′	106°16′	105°11′
	海拔(m)	1813.9	1111.4	1091.0	1343.9	1753.0	1225.7
	统计年份	1971～2000	1971～2000	1971～2000	1971～2000	1971～2000	1971～1990
年平均温度(℃)		7.9	9.0	8.8	9.1	6.4	8.7
室外计算温、湿度	供暖室外计算温度(℃)	−10.5	−13.1	−13.6	−12.0	−13.2	−12.6
	冬季通风室外计算温度(℃)	−6.2	−7.9	−8.4	−7.1	−8.1	−7.5
	冬季空气调节室外计算温度(℃)	−13.4	−17.3	−17.4	−16.0	−17.3	−16.4
	冬季空气调节室外计算相对湿度(%)	51	55	50	50	56	51
	夏季空气调节室外计算干球温度(℃)	28.8	31.2	31.8	32.4	27.7	31.0
	夏季空气调节室外计算湿球温度(℃)	19.4	22.1	21.5	20.7	19	21.1
	夏季通风室外计算温度(℃)	24.5	27.6	28.0	27.7	23.2	27.2
	夏季通风室外计算相对湿度(%)	50	48	42	40	54	47
	夏季空气调节室外计算日平均温度(℃)	23.3	26.2	26.8	26.6	22.2	25.7
风向、风速及频率	夏季室外平均风速(m/s)	1.4	2.1	3.1	3.2	2.7	1.9
	夏季最多风向	C SE	C SSW	C SSW	SSE	C SSE	C ESE
	夏季最多风向的频率(%)	38 8	21 11	15 12	23	19 14	37 20
	夏季室外最多风向的平均风速(m/s)	2.2	2.9	3.1	3.4	3.7	1.9
	冬季室外平均风速(m/s)	1.4	1.8	2.7	2.3	2.7	1.8
	冬季最多风向	C SE	C NNE	C NNE	C SSE	C NNW	C WNW
	冬季最多风向的频率(%)	40 10	26 11	26 11	22 19	18 9	46 11
	冬季室外最多风向的平均风速(m/s)	2.6	2.2	4.7	2.8	3.8	2.6
	年最多风向	C SE	C NNE	C SSW	SSE	C SE	C ESE
	年最多风向的频率(%)	38 11	23 9	19 8	21	18 11	40 13
冬季日照百分率(%)		61	68	73	72	67	72
最大冻土深度(cm)		108	88	91	130	121	66
大气压力	冬季室外大气压力(hPa)	820.3	896.1	898.2	870.6	826.8	883.0
	夏季室外大气压力(hPa)	815.0	883.9	885.7	860.6	821.1	871.7
设计计算用供暖期天数及其平均温度	日平均温度≤+5℃的天数	146	145	146	143	166	145
	日平均温度≤+5℃的起止日期	11.02～03.27	11.03～03.27	11.02～03.27	11.04～03.26	10.21～04.04	11.02～03.26
	平均温度≤+5℃期间内的平均温度(℃)	−2.1	−3.2	−3.7	−2.8	−3.1	−3.1
	日平均温度≤+8℃的天数	173	165	169	168	189	170
	日平均温度≤+8℃的起止日期	10.15～04.05	10.19～04.05	10.19～04.05	10.19～04.04	10.10～04.16	10.18～04.05
	平均温度≤+ 8℃期间内的平均温度(℃)	−0.8	−1.8	−2.3	−1.4	−1.9	−1.6
极端最高气温(℃)		37.2	38.7	38	39	34.6	37.6
极端最低气温(℃)		−24.9	−27.7	−28.4	−27.1	−30.9	−29.2

室外空气极端计算参数 **表 1-3-5**

序号	省/直辖市/自治区	市/区/自治州	台站编号	台站信息				室外空气计算参数			
				北纬	东经	海拔(m)	统计年份	历年极端最高气温平均值(℃)	历年极端最低气温平均值(℃)	累年最低日平均温度(℃)	累年最热月平均相对湿度(%)
1	北京	密云	54416	40°23′	116°52′	71.8	1989—2000	36.6	−17.1	−13.9	61
2	北京	北京	54511	39°48′	116°28′	31.3	1971—2000	36.9	−14.0	−12.8	61
3	天津	天津	54527	39°05′	117°04′	2.5	1971—2000	37.1	−13.9	−11.8	68
4	河北	张北	53399	41°09′	114°42′	1393.3	1971—2000	30.5	−30.2	−27.7	65
5	河北	石家庄	53698	38°02′	114°25′	81	1971—2000	38.9	−13.1	−12.9	63
6	河北	邢台	53798	37°04′	114°30′	77.3	1971—2000	39.0	−12.0	−13	63
7	河北	丰宁	54308	41°13′	116°38′	661.2	1971—2000	35.0	−24.3	−20.6	57
8	河北	怀来	54405	40°24′	115°30′	536.8	1971—2000	36.5	−18.6	−17.6	58
9	河北	承德	54423	40°59′	117°57′	385.9	1971—2000	36.1	−20.6	−17.4	56
10	河北	乐亭	54539	39°26′	118°53′	10.5	1971—2000	34.6	−17.8	−15.5	74
11	河北	饶阳	54606	38°14′	115°44′	19	1971—2000	38.6	−16.0	−17.2	63
12	山西	大同	53487	40°06′	113°20′	1067.2	1971—2000	34.5	−24.3	−22.2	61
13	山西	原平	53673	38°44′	112°43′	828.2	1971—2000	35.6	−20.9	−19	63
14	山西	太原	53772	37°47′	112°33′	778.3	1971—2000	35.0	−19.0	−15.7	67
15	山西	榆社	53787	37°04′	112°59′	1041.4	1971—2000	34.4	−19.8	−18.1	63
16	山西	介休	53863	37°02′	111°55′	743.9	1971—2000	36.1	−17.9	−16.4	64
17	山西	运城	53959	35°03′	111°03′	365	1971—2000	39.1	−12.6	−11.7	58
18	山西	侯马	53963	35°39′	111°22′	433.8	1991—2000	39.1	−15.6	−14.9	60
19	内蒙古	图里河	50434	50°29′	121°41′	732.6	1971—2000	31.2	−44.2	−40.9	81
20	内蒙古	满洲里	50514	49°34′	117°26′	661.7	1971—2000	33.8	−36.2	−35.1	64
21	内蒙古	海拉尔	50527	49°13′	119°45′	610.2	1971—2000	33.5	−38.1	−38	70
22	内蒙古	博克图	50632	48°46′	121°55′	739.7	1971—2000	31.6	−31.9	−32	74
23	内蒙古	阿尔山	50727	47°10′	119°56′	997.2	1971—2000	30.3	−39.8	−40.3	74
24	内蒙古	索伦	50834	46°36′	121°13′	499.7	1971—2000	34.8	−31.3	−30.4	58
25	内蒙古	东乌珠穆沁旗	50915	45°31′	116°58′	838.9	1971—2000	35.8	−34.4	−33.4	49
26	内蒙古	额济纳旗	52267	41°57′	101°04′	940.5	1971—2000	39.9	−25.0	−24.9	27
27	内蒙古	巴音毛道	52495	40°10′	104°48′	1323.9	1971—2000	36.8	−25.0	−25	33
28	内蒙古	二连浩特	53068	43°39′	111°58′	964.7	1971—2000	37.2	−31.9	−31.8	35
29	内蒙古	阿巴嘎旗	53192	44°01′	114°57′	1126.1	1971—2000	34.8	−34.6	−33.8	45
30	内蒙古	海力素	53231	41°24′	106°24′	1509.6	1971—2000	34.4	−27.9	−28.9	35
31	内蒙古	朱日和	53276	42°24′	112°54′	1150.8	1971—2000	35.6	−28.1	−28	34
32	内蒙古	乌拉特后旗	53336	41°34′	108°31′	1288	1971—2000	34.4	−26.7	−27.2	46
33	内蒙古	达尔罕联合旗	53352	41°42′	110°26′	1376.6	1971—2000	33.9	−30.9	−32.6	52
34	内蒙古	化德	53391	41°54′	114°00′	1482.7	1971—2000	31.4	−28.5	−29.5	61
35	内蒙古	呼和浩特	53463	40°49′	111°41′	1063	1971—2000	34.2	−23.7	−25.1	53
36	内蒙古	吉兰太	53502	39°47′	105°45′	1031.8	1971—2000	38.9	−24.5	−24.7	36
37	内蒙古	鄂托克旗	53529	39°06′	107°59′	1380.3	1971—2000	34.8	−25.3	−24.2	46
38	内蒙古	东胜	53543	39°50′	109°59′	1461.9	1971—2000	32.8	−23.0	−24.9	52
39	内蒙古	西乌珠穆沁旗	54012	44°35′	117°36′	995.9	1971—2000	34.0	−33.4	−31.5	52
40	内蒙古	扎鲁特旗	54026	44°34′	120°54′	265	1971—2000	37.2	−24.1	−24.5	51
41	内蒙古	巴林左旗	54027	43°59′	119°24′	486.2	1971—2000	36.3	−27.0	−24.1	54
42	内蒙古	锡林浩特	54102	43°57′	116°07′	1003	1971—2000	35.2	−31.9	−30.5	45
43	内蒙古	林西	54115	43°36′	118°04′	799.5	1971—2000	35.0	−26.8	−25.2	49
44	内蒙古	开鲁	54134	43°36′	121°17′	241	1971—2000	36.6	−25.7	−24.4	58

续表

序号	省/直辖市/自治区	市/区/自治州	台站编号	台站信息				室外空气计算参数			
				北纬	东经	海拔(m)	统计年份	历年极端最高气温平均值(℃)	历年极端最低气温平均值(℃)	累年最低日平均温度(℃)	累年最热月平均相对湿度(%)
45	内蒙古	通辽	54135	43°36′	122°16′	178.7	1971—2000	35.6	−26.4	−26.7	61
46	内蒙古	多伦	54208	42°11′	116°28′	1245.4	1971—2000	31.7	−31.3	−30	57
47	内蒙古	赤峰	54218	42°16′	118°56′	568	1971—2000	36.6	−23.8	−22.4	49
48	辽宁	彰武	54236	42°25′	122°32′	79.4	1971—2000	34.3	−24.9	−23.7	69
49	辽宁	朝阳	54324	41°33′	120°27′	169.9	1971—2000	37.1	−24.6	−22.8	57
50	辽宁	新民	54333	41°59′	122°50′	30.7	1987—2000	33.7	−22.6	−23.3	83
51	辽宁	锦州	54337	41°08′	121°07′	65.9	1971—2000	35.0	−19.1	−18.7	70
52	辽宁	沈阳	54342	41°44′	123°27′	44.7	1971—2000	33.6	−25.0	−23.8	83
53	辽宁	本溪	54346	41°19′	123°47′	185.4	1971—2000	33.7	−26.6	−26.5	79
54	辽宁	兴城	54455	40°35′	120°42′	10.5	1971—2000	33.9	−19.9	−18.7	81
55	辽宁	营口	54471	40°40′	122°16′	3.3	1971—2000	32.4	−21.2	−22.3	72
56	辽宁	宽甸	54493	40°43′	124°47′	260.1	1971—2000	32.7	−27.9	−25.5	87
57	辽宁	丹东	54497	40°03′	124°20′	13.8	1971—2000	32.4	−19.7	−20.4	86
58	辽宁	大连	54662	38°54′	121°38′	91.5	1971—2000	31.9	−14.4	−15.8	76
59	吉林	白城	50936	45°38′	122°50′	155.3	1971—2000	35.7	−29.7	−29.8	66
60	吉林	前郭尔罗斯	50949	45°05′	124°52′	136.2	1971—2000	34.3	−28.5	−29.4	66
61	吉林	四平	54157	43°10′	124°20′	165.7	1971—2000	33.3	−26.4	−27.3	68
62	吉林	长春	54161	43°54′	125°13′	236.8	1971—2000	33.2	−27.8	−27.7	74
63	吉林	敦化	54186	43°22′	128°12′	524.9	1971—2000	31.8	−31.3	−30.1	71
64	吉林	东岗	54284	42°06′	127°34′	774.2	1971—2000	30.5	−32.7	−31	80
65	吉林	延吉	54292	42°53′	129°28′	176.8	1971—2000	34.6	−26.7	−24.4	69
66	吉林	临江	54374	41°48′	126°55′	332.7	1971—2000	33.5	−29.4	−27.4	79
67	黑龙江	漠河	50136	52°58′	122°31′	433	1971—2000	34.0	−45.3	−45.4	78
68	黑龙江	呼玛	50353	51°43′	126°39′	177.4	1971—2000	34.4	−40.8	−44.5	70
69	黑龙江	嫩江	50557	49°10′	125°14′	242.2	1971—2000	34.0	−38.9	−40.3	76
70	黑龙江	孙吴	50564	49°26′	127°21′	234.5	1971—2000	32.6	−39.6	−41.4	81
71	黑龙江	克山	50658	48°03′	125°53′	234.6	1971—2000	33.6	−34.3	−34.2	77
72	黑龙江	富裕	50742	47°48′	124°29′	162.7	1971—2000	34.3	−33.6	−33.8	75
73	黑龙江	齐齐哈尔	50745	47°23′	123°55′	147.1	1971—2000	34.9	−30.6	−33.1	73
74	黑龙江	海伦	50756	47°26′	126°58′	239.2	1971—2000	33.1	−33.8	−35.1	79
75	黑龙江	富锦	50788	47°14′	131°59′	66.4	1971—2000	34.2	−31.1	−32.4	74
76	黑龙江	安达	50854	46°23′	125°19′	149.3	1971—2000	35.0	−31.7	−32.4	76
77	黑龙江	佳木斯	50873	46°49′	130°17′	81.2	1971—2000	33.9	−32.3	−33.7	76
78	黑龙江	肇州	50950	45°42′	125°15′	148.7	1988—2000	34.6	−30.0	−30.3	65
79	黑龙江	哈尔滨	50953	45°45′	126°46′	142.3	1971—2000	34.1	−32.2	−32	75
80	黑龙江	通河	50963	45°58′	128°44′	108.6	1971—2000	33.1	−35.0	−33	79
81	黑龙江	尚志	50968	45°13′	127°58′	189.7	1971—2000	32.9	−36.0	−33.2	79
82	黑龙江	鸡西	50978	45°17′	130°57′	238.3	1971—2000	34.3	−28.0	−27.8	72
83	黑龙江	牡丹江	54094	44°34′	129°36′	241.4	1971—2000	34.3	−29.8	−28.8	67
84	黑龙江	绥芬河	54096	44°23′	131°10′	567.8	1971—2000	32.2	−29.9	−29.4	74
85	上海	上海	58362	31°24′	121°27′	5.5	1991—2000	36.8	−4.3	−4.9	77
86	江苏	徐州	58027	34°17′	117°09′	41.2	1971—2000	37.2	−10.2	−9.8	77
87	江苏	赣榆	58040	34°50′	119°07′	3.3	1971—2000	35.9	−10.6	−10.2	82
88	江苏	淮阴(清江)	58144	33°38′	119°01′	14.4	1971—2000	35.7	−9.6	−10.3	76

续表

序号	省/直辖市/自治区	市/区/自治州	台站编号	台站信息				室外空气计算参数			
				北纬	东经	海拔(m)	统计年份	历年极端最高气温平均值(℃)	历年极端最低气温平均值(℃)	累年最低日平均温度(℃)	累年最热月平均相对湿度(%)
89	江苏	南京	58238	32°00′	118°48′	7.1	1971—2000	36.9	−8.5	−7.8	74
90	江苏	东台	58251	32°52′	120°19′	4.3	1971—2000	35.9	−7.6	−7.5	77
91	江苏	吕泗	58265	32°04′	121°36′	5.5	1971—2000	35.9	−6.1	−5.9	81
92	浙江	杭州	58457	30°14′	120°10′	41.7	1971—2000	37.7	−5.2	−5	70
93	浙江	定海	58477	30°02′	122°06′	35.7	1971—2000	35.5	−3.1	−3.6	82
94	浙江	衢州	58633	29°00′	118°54′	82.4	1971—2000	38.0	−4.7	−5.2	68
95	浙江	温州	58659	28°02′	120°39′	28.3	1971—2000	36.5	−1.9	−0.9	79
96	浙江	洪家	58665	28°37′	121°25′	4.6	1971—2000	35.7	−4.2	−2.4	83
97	安徽	亳州	58102	33°52′	115°46′	37.7	1971—2000	38.1	−10.8	−11.2	75
98	安徽	寿县	58215	32°33′	116°47′	22.7	1971—2000	36.5	−10.6	−12.6	80
99	安徽	蚌埠	58221	32°57′	117°23′	18.7	1971—2000	37.7	−8.8	−9	72
100	安徽	霍山	58314	31°24′	116°19′	68.1	1971—2000	37.9	−8.9	−9.4	77
101	安徽	桐城	58319	31°04′	116°57′	85.4	1991—2000	36.6	−6.8	−6.7	79
102	安徽	合肥	58321	31°52′	117°14′	26.8	1971—2000	37.2	−7.7	−8	74
103	安徽	安庆	58424	30°32′	117°03′	19.8	1971—2000	37.4	−5.1	−5.9	70
104	安徽	屯溪	58531	29°43′	118°17′	142.7	1971—2000	37.7	−6.9	−9.3	72
105	福建	建瓯	58737	27°03′	118°19′	154.9	1971—2000	38.4	−3.8	−2.4	66
106	福建	南平	58834	26°39′	118°10′	125.6	1971—2000	38.1	−1.6	−0.6	67
107	福建	福州	58847	26°05′	119°17′	84	1971—2000	38.1	1.5	1.6	71
108	福建	上杭	58918	25°03′	116°25′	198	1971—2000	37.5	−1.4	−1.1	73
109	福建	永安	58921	25°58′	117°21′	206	1971—2000	38.3	−2.5	−1	66
110	福建	崇武	59133	24°54′	118°55′	21.8	1971—2000	33.6	4.1	3.1	77
111	福建	厦门	59134	24°29′	118°04′	139.4	1971—2000	36.1	4.0	4.3	79
112	江西	宜春	57793	27°48′	114°23′	131.3	1971—2000	37.6	−4.0	−4.8	67
113	江西	吉安	57799	27°03′	114°55′	71.2	1971—2000	38.4	−2.9	−3.8	65
114	江西	遂川	57896	26°20′	114°30′	126.1	1971—2000	38.2	−2.8	−3	64
115	江西	赣州	57993	25°52′	115°00′	137.5	1971—2000	38.0	−1.5	−2.6	66
116	江西	景德镇	58527	29°18′	117°12′	61.5	1971—2000	38.1	−5.3	−5.3	69
117	江西	南昌	58606	28°36′	115°55′	46.9	1971—2000	37.9	−3.8	−5.5	67
118	江西	玉山	58634	28°41′	118°15′	116.3	1971—2000	38.1	−4.6	−4.9	63
119	江西	南城	58715	27°35′	116°39′	80.8	1971—2000	37.7	−4.3	−6.2	65
120	山东	惠民县	54725	37°29′	117°32′	11.7	1971—2000	37.0	−14.9	−15.7	64
121	山东	龙口	54753	37°37′	120°19′	4.8	1971—2000	35.2	−13.3	−11.2	66
122	山东	成山头	54776	37°24′	122°41′	47.7	1971—2000	29.4	−9.0	−10.8	90
123	山东	朝阳	54808	36°14′	115°40′	37.8	1971—2000	38.3	−14.2	−13.2	72
124	山东	济南	54823	36°36′	117°03′	170.3	1971—2000	37.8	−11.2	−11	60
125	山东	潍坊	54843	36°45′	119°11′	22.2	1971—2000	37.5	−14.6	−13	69
126	山东	兖州	54916	35°34′	116°51′	51.7	1971—2000	37.3	−13.4	−10.5	77
127	山东	莒县	54936	35°35′	118°50′	107.4	1971—2000	35.5	−15.1	−12.6	88
128	河南	安阳	53898	36°03′	114°24′	62.9	1971—2000	38.7	−11.4	−10.3	72
129	河南	卢氏	57067	34°03′	111°02′	568.8	1971—2000	37.4	−12.6	−13	73
130	河南	郑州	57083	34°43′	113°39′	110.4	1971—2000	38.6	−11.0	−9.6	77
131	河南	南阳	57178	33°02′	112°35′	129.2	1971—2000	37.4	−9.3	−10.3	79
132	河南	驻马店	57290	33°00′	114°01′	82.7	1971—2000	38.0	−10.8	−9.4	75

续表

序号	省/直辖市/自治区	市/区/自治州	台站编号	台站信息				室外空气计算参数			
				北纬	东经	海拔(m)	统计年份	历年极端最高气温平均值(℃)	历年极端最低气温平均值(℃)	累年最低日平均温度(℃)	累年最热月平均相对湿度(%)
133	河南	信阳	57297	32°08′	114°03′	114.5	1971—2000	37.0	−8.6	−8.7	72
134	河南	尚丘	58005	34°27′	115°40′	50.1	1971—2000	37.9	−10.8	−9.7	79
135	湖北	陨西	57251	33°00′	110°25′	249.1	1989—2000	38.7	−7.4	−8.8	68
136	湖北	老河口	57265	32°23′	111°40′	90	1971—2000	38.1	−7.2	−11.5	78
137	湖北	钟祥	57378	31°10′	112°34′	65.8	1971—2000	36.9	−5.3	−8.3	76
138	湖北	麻城	57399	31°11′	115°01′	59.3	1971—2000	37.7	−6.9	−8.9	69
139	湖北	鄂西	57447	30°17′	109°28′	457.1	1971—2000	37.4	−2.9	−6.9	68
140	湖北	宜昌	57461	30°42′	111°18′	133.1	1971—2000	38.4	−3.0	−6.7	71
141	湖北	武汉	57494	30°37′	114°08′	23.1	1971—2000	37.4	−6.9	−10	69
142	湖南	石门	57562	29°35′	111°22′	116.9	1971—2000	38.4	−3.7	−7.3	65
143	湖南	南县	57574	29°22′	112°24′	36	1971—2000	36.7	−4.9	−8.2	76
144	湖南	吉首	57649	28°19′	109°44′	208.4	1971—2000	37.6	−2.8	−4.4	71
145	湖南	常德	57662	29°03′	111°41′	35	1971—2000	38.0	−3.9	−6.9	71
146	湖南	长沙(望城)	57687	28°13′	112°55′	68	1987—2000	37.8	−3.9	−4.2	72
147	湖南	芷江	57745	27°27′	109°41′	272.2	1971—2000	36.9	−4.0	−6	75
148	湖南	株洲	57780	27°52′	113°10′	74.6	1987—2000	38.0	−3.9	−4.3	68
149	湖南	武冈	57853	26°44′	110°38′	341	1971—2000	36.7	−4.1	−5.4	70
150	湖南	零陵	57866	26°14′	111°37′	172.6	1971—2000	37.7	−2.5	−5.4	65
151	湖南	常宁	57874	26°25′	112°24′	116.6	1987—2000	38.6	−2.8	−3.5	63
152	广东	南雄	57996	25°08′	114°19′	133.8	1971—2000	37.6	−1.3	−1.5	71
153	广东	韶关	59082	24°41′	113°36′	61	1971—2000	38.1	−0.3	−0.2	71
154	广东	广州	59287	23°10′	113°20′	41	1971—2000	36.5	2.8	2.9	71
155	广东	河源	59293	23°44′	114°41′	40.6	1971—2000	37.0	1.8	1.8	75
156	广东	增城	59294	23°20′	113°50′	38.9	1971—2000	36.4	2.3	3.4	79
157	广东	汕头	59316	23°24′	116°41′	2.9	1971—2000	35.6	3.6	4.2	79
158	广东	汕尾	59501	22°48′	115°22′	17.3	1971—2000	34.9	4.8	5	82
159	广东	阳江	59663	21°52′	111°58′	23.3	1971—2000	35.6	4.4	4.5	81
160	广东	电白	59664	21°30′	111°00′	11.8	1971—2000	35.5	5.0	5	81
161	广西	桂林	57957	25°19′	110°18′	164.4	1971—2000	36.8	−0.8	−2.3	67
162	广西	河池	59023	24°42′	108°03′	211	1971—2000	37.2	2.2	2.1	72
163	广西	都安	59037	23°56′	108°06′	170.8	1971—2000	37.4	3.3	2.8	66
164	广西	百色	59211	23°54′	106°36′	173.5	1971—2000	39.2	3.1	3.9	73
165	广西	桂平	59254	23°24′	110°05′	42.5	1971—2000	36.7	3.2	2	68
166	广西	梧州	59265	23°29′	111°18′	114.8	1971—2000	37.5	1.0	0.4	75
167	广西	龙州	59417	22°20′	106°51′	128.8	1971—2000	38.1	3.3	4.6	75
168	广西	南宁	59431	22°38′	108°13′	121.6	1971—2000	37.0	2.7	2.4	71
169	广西	灵山	59446	22°25′	109°18′	66.6	1971—2000	36.3	1.8	1.2	80
170	广西	钦州	59632	21°57′	108°37′	4.5	1971—2000	36.2	3.8	2.2	79
171	海南	海口	59758	20°02′	110°21′	13.9	1971—2000	37.1	8.1	6.9	78
172	海南	东方	59838	19°06′	108°37′	8.4	1971—2000	34.8	9.5	8.8	72
173	海南	琼海	59855	19°14′	110°28′	24	1971—2000	36.8	8.6	7.3	83
174	四川	甘孜	56146	31°37′	100°00′	3393.5	1971—2000	27.4	−19.8	−19.2	68
175	四川	马尔康	56172	31°54′	102°14′	2664.4	1971—2000	32.3	−13.7	−10	77
176	四川	红原	56173	32°48′	102°33′	3491.6	1971—2000	23.9	−28.7	−25.7	81

续表

序号	省/直辖市/自治区	市/区/自治州	台站编号	台站信息				室外空气计算参数			
				北纬	东经	海拔（m）	统计年份	历年极端最高气温平均值（℃）	历年极端最低气温平均值（℃）	累年最低日平均温度（℃）	累年最热月平均相对湿度（%）
177	四川	松潘	56182	32°39′	103°34′	2850.7	1971—2000	28.2	−17.3	−13.1	75
178	四川	绵阳	56196	31°27′	104°44′	522.7	1971—2000	35.4	−3.6	−2	73
179	四川	理塘	56257	30°00′	100°16′	3948.9	1971—2000	22.6	−21.8	−22.6	66
180	四川	成都	56294	30°40′	104°01′	506.1	1971—2000	34.6	−2.5	−1.1	81
181	四川	乐山	56386	29°34′	103°45′	424.2	1971—2000	35.5	−0.1	0.3	75
182	四川	九龙	56462	29°00′	101°30′	2987.3	1971—2000	28.6	−11.7	−7	76
183	四川	宜宾	56492	28°48′	104°36′	340.8	1971—2000	36.7	0.9	0.3	69
184	四川	西昌	56571	27°54′	102°16′	1590.9	1971—2000	34.2	−1.1	−1.4	61
185	四川	会理	56671	26°39′	102°15′	1787.3	1971—2000	31.4	−3.6	−1.9	68
186	四川	万源	57237	32°04′	108°02′	674	1971—2000	35.8	−5.3	−4.4	65
187	四川	南充	57411	30°47′	106°06′	309.7	1971—2000	37.7	−0.8	−0.3	63
188	四川	泸州	57602	28°53′	105°26′	334.8	1971—2000	37.5	1.2	0.1	63
189	重庆	重庆沙坪坝	57516	29°35′	106°28′	259.1	1971—2000	39.1	1.0	0.9	61
190	重庆	酉阳	57633	28°50′	108°46′	664.1	1971—2000	35.2	−3.8	−6.4	76
191	贵州	威宁	56691	26°52′	104°17′	2237.5	1971—2000	28.2	−9.0	−11	72
192	贵州	桐梓	57606	28°08′	106°50′	972	1971—2000	34.2	−3.8	−5.4	69
193	贵州	毕节	57707	27°18′	105°17′	1510.6	1971—2000	32.6	−5.2	−6.2	75
194	贵州	遵义	57713	27°42′	106°53′	843.9	1971—2000	35.0	−3.3	−5.3	62
195	贵州	贵阳	57816	26°35′	106°44′	1223.8	1971—2000	33.0	−3.7	−5.8	70
196	贵州	三穗	57832	26°58′	108°40′	626.9	1971—2000	34.7	−5.3	−7.8	78
197	贵州	兴义	57902	25°26′	105°11′	1378.5	1971—2000	31.9	−2.9	−3.4	78
198	云南	德钦	56444	28°29′	98°55′	3319	1971—2000	23.0	−10.6	−8.7	82
199	云南	丽江	56651	26°52′	100°13′	2392.4	1971—2000	29.0	−5.4	−2.8	60
200	云南	腾冲	56739	25°01′	98°30′	1654.6	1971—2000	28.9	−1.8	3.7	85
201	云南	楚雄	56768	25°02′	101°33′	1824.1	1971—2000	30.9	−2.3	−1.1	65
202	云南	昆明	56778	25°01′	102°41′	1892.4	1971—2000	29.1	−2.5	−3.5	74
203	云南	临沧	56951	23°53′	100°05′	1502.4	1971—2000	31.7	1.4	3.9	57
204	云南	澜沧	56954	22°34′	99°56′	1054.8	1971—2000	35.0	2.2	6.4	65
205	云南	思茅	56964	22°47′	100°58′	1302.1	1971—2000	32.7	2.1	4.6	80
206	云南	元江	56966	23°36′	101°59′	400.9	1971—2000	40.3	6.0	3.2	61
207	云南	勐腊	56969	21°29′	101°34′	631.9	1971—2000	36.0	5.9	7.2	85
208	云南	蒙自	56985	23°23′	103°23′	1300.7	1971—2000	33.8	−0.1	0.1	59
209	西藏	拉萨	55591	29°40′	91°08′	3648.9	1971—2000	27.4	−13.8	−10.5	45
210	西藏	昌都	56137	31°09′	97°10′	3306	1971—2000	30.2	−16.5	−13.3	/
211	西藏	林芝	56312	29°40′	94°20′	2991.8	1971—2000	27.6	−10.6	−5.7	/
212	陕西	榆林	53646	38°14′	109°42′	1057.5	1971—2000	35.5	−24.2	−23	54
213	陕西	定边	53725	37°35′	107°35′	1360.3	1989—2000	35.2	−23.1	−21.3	51
214	陕西	绥德	53754	37°30′	110°13′	929.7	1971—2000	36.2	−19.4	−18	58
215	陕西	延安	53845	36°36′	109°30′	958.5	1971—2000	35.8	−18.5	−17.2	63
216	陕西	洛川	53942	35°49′	109°30′	1159.8	1971—2000	33.3	−17.9	−16	71
217	陕西	西安	57036	34°18′	108°56′	397.5	1971—2000	38.8	−9.9	−10.9	63
218	陕西	汉中	57127	33°04′	107°02′	509.5	1971—2000	35.4	−5.5	−6	70
219	陕西	安康	57245	32°43′	109°02′	290.8	1971—2000	38.8	−4.9	−5.3	62
220	甘肃	敦煌	52418	40°09′	94°41′	1139	1971—2000	38.3	−21.6	−24.2	39

续表

序号	省/直辖市/自治区	市/区/自治州	台站编号	台站信息				室外空气计算参数			
				北纬	东经	海拔(m)	统计年份	历年极端最高气温平均值(℃)	历年极端最低气温平均值(℃)	累年最低日平均温度(℃)	累年最热月平均相对湿度(%)
221	甘肃	玉门镇	52436	40°16′	97°02′	1526	1971—2000	33.8	−24.7	−28.6	42
222	甘肃	酒泉	52533	39°46′	98°29′	1477.2	1971—2000	34.5	−23.2	−23.9	48
223	甘肃	民勤	52681	38°38′	103°05′	1367.5	1971—2000	37.3	−22.7	−21	41
224	甘肃	乌鞘岭	52787	37°12′	102°52′	3045.1	1971—2000	22.9	−25.0	−25.6	58
225	甘肃	兰州	52889	36°03′	103°53′	1517.2	1971—2000	35.4	−15.4	−15.1	45
226	甘肃	榆中	52983	35°52′	104°09′	1874.4	1971—2000	31.9	−20.4	−21.1	55
227	甘肃	平凉	53915	35°33′	106°40′	1346.6	1971—2000	33.2	−16.9	−16.6	62
228	甘肃	西峰镇	53923	35°44′	107°38′	1421	1971—2000	32.2	−16.6	−18	66
229	甘肃	合作	56080	35°00′	102°54′	2910	1971—2000	26.7	−24.8	−20.5	67
230	甘肃	岷县	56093	34°26′	104°01′	2315	1971—2000	28.5	−20.3	−17.6	73
231	甘肃	武都	56096	33°24′	104°55′	1079.1	1971—2000	35.8	−5.5	−5.2	56
232	甘肃	天水	57006	34°35′	105°45′	1141.7	1971—2000	34.4	−12.4	−13	55
233	青海	冷湖	52602	38°45′	93°20′	2770	1971—2000	31.6	−28.7	−24	29
234	青海	大柴旦	52713	37°51′	95°22′	3173.2	1971—2000	29.0	−28.6	−26.6	35
235	青海	刚察	52754	37°20′	100°08′	3301.5	1971—2000	22.5	−26.7	−23.2	63
236	青海	格尔木	52818	36°25′	94°54′	2807.6	1971—2000	31.3	−22.0	−19.4	37
237	青海	都兰	52836	36°18′	98°06′	3191.1	1971—2000	29.2	−22.2	−20.4	43
238	青海	西宁	52866	36°43′	101°45′	2295.2	1971—2000	31.1	−19.7	−19.4	61
239	青海	民和	52876	36°19′	102°51′	1813.9	1971—2000	33.1	−18.5	−16.8	54
240	青海	兴海	52943	35°35′	99°59′	3323.2	1971—2000	25.5	−27.0	−24.5	68
241	青海	托托河	56004	34°13′	92°26′	4533.1	1971—2000	21.0	−33.2	−36.3	65
242	青海	曲麻莱	56021	34°08′	95°47′	4175	1971—2000	21.5	−30.6	−28.8	61
243	青海	玉树	56029	33°01′	97°01′	3681.2	1971—2000	26.3	−22.8	−20.8	64
244	青海	玛多	56033	34°55′	98°13′	4272.3	1971—2000	19.9	−33.4	−37.8	71
245	青海	达日	56046	33°45′	99°39′	3967.5	1971—2000	21.2	−29.5	−25.8	75
246	青海	囊谦	56125	32°12′	96°29′	3643.7	1971—2000	26.3	−21.4	−17.7	67
247	宁夏	银川	53614	38°29′	106°13′	1111.4	1971—2000	35.0	−20.7	−21.8	56
248	宁夏	盐池	53723	37°48′	107°23′	1349.3	1971—2000	35.3	−23.3	−21.8	53
249	宁夏	固原	53817	36°00′	106°16′	1753	1971—2000	31.3	−22.9	−22.8	64
250	新疆	阿勒泰	51076	47°44′	88°05′	735.3	1971—2000	34.7	−34.0	−36.9	36
251	新疆	富蕴	51087	46°59′	89°31′	807.5	1971—2000	36.3	−37.7	−41.4	45
252	新疆	塔城	51133	46°44′	83°00′	534.9	1971—2000	38.2	−28.5	−30.4	39
253	新疆	和布克赛尔	51156	46°47′	85°43′	1291.6	1971—2000	32.5	−25.5	−27.4	35
254	新疆	克拉玛依	51243	45°37′	84°51′	449.5	1971—2000	40.5	−27.1	−31.2	23
255	新疆	精河	51334	44°37′	82°54′	320.1	1971—2000	39.5	−28.1	−29.2	42
256	新疆	乌苏	51346	44°26′	84°40′	478.7	1971—2000	39.3	−27.3	−29.4	28
257	新疆	伊宁	51431	43°57′	81°20′	662.5	1971—2000	37.0	−27.4	−30.2	49
258	新疆	乌鲁木齐	51463	43°47′	87°39′	935	1971—2000	37.6	−25.3	−29.3	34
259	新疆	焉耆	51567	42°05′	86°34′	1055.3	1971—2000	36.0	−22.3	−24.6	47
260	新疆	吐鲁番	51573	42°56′	89°12′	34.5	1971—2000	45.0	−16.7	−21.7	28
261	新疆	阿克苏	51628	41°10′	80°14′	1103.8	1971—2000	36.8	−18.2	−19.8	54
262	新疆	库车	51644	41°43′	83°04′	1081.9	1971—2000	37.8	−17.0	−18.6	34
263	新疆	喀什	51709	39°28′	75°59′	1289.4	1971—2000	36.6	−16.6	−18.2	41
264	新疆	巴楚	51716	39°48′	78°34′	1116.5	1971—2000	39.3	−17.1	−17.1	41
265	新疆	铁干里克	51765	40°38′	87°42′	846	1971—2000	40.2	−20.5	−17.8	36
266	新疆	若羌	51777	39°02′	88°10′	887.7	1971—2000	41.3	−18.2	−17.9	29
267	新疆	莎车	51811	38°26′	77°16′	1231.2	1971—2000	37.6	−15.8	−17.1	39
268	新疆	和田	51828	37°08′	79°56′	1375	1971—2000	38.7	−14.1	−17	42
269	新疆	民丰	51839	37°04′	82°43′	1409.5	1971—2000	39.3	−17.9	−18.4	40
270	新疆	哈密	52203	42°49′	93°31′	737.2	1971—2000	40.4	−22.2	−24.4	33

夏季设计用逐时新风计算焓值（kJ/kg 干空气）

表 1-3-6

站台信息			时刻																							
省名	站名	台站号	1:00	2:00	3:00	4:00	5:00	6:00	7:00	8:00	9:00	10:00	11:00	12:00	13:00	14:00	15:00	16:00	17:00	18:00	19:00	20:00	21:00	22:00	23:00	0:00
北京	密云	54416	73.85	73.34	73.06	72.81	72.60	72.63	73.39	74.19	74.91	75.92	76.97	78.58	79.51	80.19	80.08	80.37	79.99	79.84	79.50	78.58	77.64	76.47	75.53	74.68
北京	北京	54511	75.09	74.50	73.88	73.72	73.48	73.57	73.96	74.63	75.39	76.36	77.16	78.44	79.62	80.17	80.48	80.63	80.53	80.33	79.84	79.08	78.42	77.51	76.73	75.89
天津	天津	54527	78.14	77.81	77.46	77.13	77.08	77.22	77.68	78.14	78.74	79.58	80.27	81.14	82.19	82.96	83.17	82.95	82.59	82.27	81.82	81.27	80.62	79.78	79.08	78.52
河北	张北	53399	53.72	53.61	53.22	53.11	52.99	53.24	53.86	54.48	55.49	56.50	57.60	58.43	59.15	59.62	59.56	59.18	58.65	57.77	57.15	56.43	55.61	54.86	54.51	53.97
河北	石家庄	53698	77.46	76.85	76.24	75.65	75.36	75.43	75.81	76.47	77.17	78.36	79.79	81.24	82.47	83.55	83.76	83.78	83.64	83.15	82.67	82.09	81.31	80.26	79.25	78.29
河北	邢台	53798	78.43	77.75	77.41	77.05	76.86	76.77	76.97	77.68	78.50	79.52	80.72	82.15	83.33	84.20	84.65	84.46	84.31	84.00	83.49	82.79	81.97	81.03	79.86	79.12
河北	丰宁	54308	62.49	62.12	61.72	61.37	61.34	61.55	61.96	62.41	63.28	64.54	66.07	67.97	69.29	70.41	70.74	70.42	69.56	68.82	67.89	66.74	65.78	64.82	63.89	63.11
河北	怀来	54405	66.17	65.87	65.54	65.24	65.12	65.39	65.91	66.40	67.09	68.08	69.06	70.17	71.17	71.98	72.04	71.84	71.59	71.35	70.90	70.30	69.38	68.46	67.63	66.93
河北	承德	54423	67.29	66.75	66.42	66.19	66.06	66.29	66.66	67.40	68.30	69.36	70.43	71.84	73.05	73.87	74.13	73.67	73.20	72.47	71.77	71.07	70.21	69.37	68.68	68.04
河北	乐亭	54539	74.43	74.34	74.47	74.98	75.24	75.99	76.80	77.63	78.17	78.70	79.86	80.72	81.29	81.51	81.10	80.89	80.15	79.47	78.52	77.71	76.84	75.82	74.92	74.57
河北	饶阳	54606	77.05	76.50	76.20	75.98	75.89	76.21	76.82	77.77	78.79	79.63	80.67	81.99	83.02	84.00	84.54	84.79	84.82	84.74	84.42	83.60	82.60	81.18	79.76	78.26
山西	大同	53487	58.50	57.84	57.60	57.44	57.36	57.66	58.04	58.74	59.65	60.83	61.98	63.26	64.40	65.31	65.47	65.17	64.81	64.24	63.41	62.54	61.73	60.81	59.85	59.09
山西	原平	53673	64.18	63.58	62.99	62.55	62.48	62.66	63.31	63.87	64.67	66.11	67.25	68.53	69.60	70.59	71.01	71.26	71.16	70.83	70.30	69.51	68.30	66.69	65.66	64.86
山西	太原	53772	66.07	65.68	65.10	65.04	65.10	65.42	65.92	66.73	67.87	69.34	70.94	72.67	74.17	75.17	75.40	75.18	74.54	73.88	72.95	71.99	70.65	69.16	67.91	66.86
山西	榆社	53787	63.09	62.95	62.78	62.76	62.75	62.97	63.44	64.04	64.99	65.90	67.29	68.55	69.70	70.43	70.31	69.75	68.82	68.20	67.34	66.54	65.63	64.79	64.00	63.48
山西	介休	53863	66.25	65.56	65.12	64.95	65.00	65.36	65.80	66.80	67.90	69.32	71.09	72.66	74.14	75.20	75.62	75.46	75.09	74.75	73.90	72.94	71.54	70.08	68.59	67.17
山西	运城	53959	75.57	75.19	75.09	74.97	74.87	75.20	75.37	76.07	76.83	77.64	78.60	79.50	80.32	81.15	81.14	81.09	80.80	80.32	79.88	79.19	78.48	77.50	76.58	76.01
山西	侯马	53963	73.46	72.75	72.48	72.24	71.93	71.74	72.13	72.96	74.07	75.23	76.88	78.27	79.53	80.59	80.58	80.61	80.02	79.16	77.99	77.12	76.11	75.15	74.46	74.06
内蒙古	图里河	50434	45.37	44.73	44.72	45.23	46.29	48.01	49.82	51.55	53.35	54.68	55.58	56.47	57.46	57.99	58.36	58.12	57.72	56.82	55.46	53.60	51.60	49.68	47.74	46.59
内蒙古	满洲里	50514	50.96	50.63	50.40	50.51	50.96	51.65	52.76	53.79	54.84	55.72	56.73	57.86	58.59	59.19	59.23	59.05	58.83	58.42	57.76	56.70	55.54	53.95	52.84	51.91
内蒙古	海拉尔	50527	52.17	51.51	51.31	51.55	52.02	52.75	53.88	54.84	56.01	57.03	58.18	59.08	60.11	60.66	60.92	60.92	60.70	60.33	59.65	58.55	57.25	55.94	54.42	53.16
内蒙古	博克图	50632	49.24	48.94	48.83	49.14	49.80	50.72	51.70	53.11	54.55	55.89	57.27	58.33	59.23	59.79	59.91	59.75	58.93	58.10	57.03	55.90	54.25	52.68	51.15	49.99
内蒙古	阿尔山	50727	47.51	47.19	47.42	47.75	48.45	49.50	50.82	52.30	53.74	54.94	56.10	56.85	57.52	58.01	57.77	57.49	56.85	55.65	54.49	53.22	51.60	50.13	49.09	48.11
内蒙古	索伦	50834	54.80	54.31	54.18	53.94	53.87	54.36	55.26	56.60	57.82	59.17	60.72	62.24	63.64	64.19	64.23	64.20	63.13	62.26	61.40	60.35	58.96	57.79	56.37	55.64
内蒙古	东乌珠穆沁旗	50915	52.54	52.06	51.84	52.04	52.20	52.81	53.50	54.21	54.90	55.68	56.78	58.07	59.13	59.58	59.68	59.42	59.06	58.72	57.88	57.14	56.13	54.98	54.05	53.16
内蒙古	额济纳旗	52267	51.06	50.67	49.88	49.47	49.12	49.12	49.47	50.08	51.01	52.08	53.16	54.20	55.31	56.16	56.72	57.23	57.30	57.19	56.63	56.13	54.94	53.70	52.53	51.57
内蒙古	巴音毛道	52495	51.32	50.99	50.65	50.55	50.49	50.66	50.87	51.32	51.83	52.40	53.04	53.73	54.62	55.18	55.30	55.12	54.64	54.30	53.71	53.16	52.57	52.17	51.79	51.52

续表

站台信息			时刻																							
省名	站名	台站号	1:00	2:00	3:00	4:00	5:00	6:00	7:00	8:00	9:00	10:00	11:00	12:00	13:00	14:00	15:00	16:00	17:00	18:00	19:00	20:00	21:00	22:00	23:00	0:00
内蒙古	二连浩特	53068	52.42	52.30	52.17	51.94	52.14	52.33	52.82	53.37	53.89	54.14	54.79	55.62	56.17	56.63	56.75	56.70	56.44	56.08	55.79	55.27	54.59	53.90	53.42	52.94
内蒙古	阿巴嘎旗	53192	51.20	51.12	50.90	50.96	51.29	51.80	52.57	53.12	53.91	54.68	55.22	56.00	56.51	56.74	56.89	56.73	56.31	55.86	55.39	54.92	54.13	53.06	52.17	51.66
内蒙古	海力素	53231	47.63	47.59	47.60	47.59	47.82	48.27	48.73	49.23	49.85	50.32	50.72	51.08	51.41	51.64	51.79	51.73	51.47	51.15	50.91	50.43	49.83	49.23	48.70	47.96
内蒙古	朱日和	53276	52.44	52.11	51.98	52.09	52.32	52.65	53.50	54.35	54.75	55.44	55.84	56.44	56.96	57.31	57.39	57.31	57.13	56.84	56.47	56.00	55.38	54.41	53.63	52.99
内蒙古	乌拉特后旗	53336	54.43	53.75	53.83	53.25	53.42	53.49	53.98	54.43	55.14	56.02	56.98	58.36	59.11	59.65	59.98	59.62	59.30	58.65	58.49	57.79	56.94	56.09	55.37	55.12
内蒙古	达尔罕联合旗	53352	51.21	51.02	50.74	50.53	50.64	50.83	51.10	51.54	52.28	53.12	53.96	55.04	55.73	56.14	56.21	56.07	55.74	55.34	54.88	54.33	53.64	52.94	52.20	51.62
内蒙古	化德	53391	51.19	50.95	50.78	50.67	50.70	51.13	51.68	52.37	53.24	54.07	54.98	55.91	56.61	57.06	57.16	56.78	56.22	55.74	55.12	54.42	53.54	52.92	52.23	51.50
内蒙古	呼和浩特	53463	57.90	57.38	56.98	56.76	56.91	56.92	57.33	58.09	58.91	60.08	61.38	62.62	63.82	64.64	65.06	64.96	64.81	64.25	63.82	63.02	62.10	60.96	59.76	58.67
内蒙古	吉兰太	53502	56.06	56.15	55.93	55.74	55.77	55.89	56.03	56.50	57.02	57.64	58.54	59.70	60.50	61.05	61.20	60.82	60.28	59.95	59.53	59.00	58.23	57.49	56.82	56.44
内蒙古	鄂托克旗	53529	55.54	55.10	54.88	54.82	54.93	55.31	55.76	56.24	56.79	57.33	58.01	58.80	59.50	59.96	59.93	59.86	59.28	58.87	58.41	57.88	57.42	56.96	56.56	55.82
内蒙古	东胜	53543	54.60	54.28	54.11	53.88	53.66	53.95	54.27	54.84	55.81	56.32	57.00	57.99	58.91	59.51	59.53	59.22	58.91	58.37	58.13	57.49	56.69	56.03	55.47	54.81
内蒙古	西乌珠穆沁旗	54012	51.26	50.82	50.69	50.80	51.39	52.21	53.16	54.18	55.19	56.13	56.98	57.81	58.54	59.21	59.12	59.06	58.51	57.80	56.98	56.22	55.21	54.07	52.69	51.81
内蒙古	扎鲁特旗	54026	62.41	61.93	61.89	61.79	61.93	62.38	63.08	64.04	64.85	66.04	67.10	68.24	68.96	69.63	70.00	69.62	69.45	68.86	68.42	67.67	66.62	65.36	64.07	63.10
内蒙古	巴林左旗	54027	58.62	58.21	58.08	58.24	58.51	59.27	60.52	61.82	62.80	64.07	65.23	66.29	67.23	67.82	68.09	68.04	67.47	66.88	65.89	65.02	63.71	62.01	60.65	59.34
内蒙古	锡林浩特	54102	53.67	53.36	53.21	53.32	53.67	54.13	54.85	55.52	56.38	57.40	58.24	59.22	59.78	60.11	59.95	59.79	59.33	58.62	57.90	57.32	56.56	55.81	54.81	54.19
内蒙古	林西	54115	55.22	54.68	54.49	54.44	54.88	55.47	56.17	57.31	58.33	59.40	60.54	61.75	62.93	63.64	63.93	63.54	63.34	62.79	62.07	61.00	59.73	58.43	57.33	56.11
内蒙古	开鲁	54134	64.85	64.65	64.48	64.47	64.93	65.41	66.37	67.16	68.03	68.97	69.87	70.55	71.50	71.99	71.97	72.01	71.48	70.96	70.21	69.43	68.54	67.44	66.41	65.50
内蒙古	通辽	54135	66.04	65.65	65.58	65.63	65.93	66.83	67.84	68.96	70.03	70.74	71.74	72.50	73.22	73.75	73.85	73.36	72.63	72.05	71.31	70.29	69.39	68.34	67.36	66.69
内蒙古	多伦	54208	52.13	51.73	51.57	51.66	52.11	52.86	53.64	54.70	55.75	56.92	57.98	59.13	60.23	60.84	60.88	60.22	59.87	59.02	58.13	57.37	56.34	55.01	53.97	52.88
内蒙古	赤峰	54218	61.24	60.93	60.83	60.88	61.34	61.89	62.60	63.17	63.92	64.62	65.43	66.61	67.46	68.03	67.98	67.85	67.19	66.57	65.80	65.10	64.22	63.24	62.48	61.83
辽宁	彰武	54236	68.63	68.42	68.20	67.93	68.26	68.66	69.54	70.51	71.46	72.65	73.48	74.56	75.53	76.09	76.15	75.73	75.06	74.33	73.68	72.84	71.78	70.82	70.08	69.38

续表

站台信息			时刻																							
省名	站名	台站号	1:00	2:00	3:00	4:00	5:00	6:00	7:00	8:00	9:00	10:00	11:00	12:00	13:00	14:00	15:00	16:00	17:00	18:00	19:00	20:00	21:00	22:00	23:00	0:00
辽宁	朝阳	54324	68.82	68.61	68.53	68.29	68.52	69.09	69.53	70.27	70.96	71.96	73.23	74.66	75.84	76.52	76.36	76.10	75.20	74.70	73.66	72.69	71.71	70.77	70.13	69.41
辽宁	新民	54333	70.51	70.22	69.61	69.34	69.48	69.89	70.44	71.30	72.02	73.09	74.30	75.22	76.09	76.90	76.85	76.71	76.11	75.60	74.97	74.25	73.28	72.32	71.63	71.11
辽宁	锦州	54337	70.76	70.67	70.52	70.37	70.45	70.81	71.22	71.95	72.83	73.72	74.87	76.19	77.18	77.69	77.43	76.98	76.26	75.22	74.12	73.29	72.61	71.89	71.44	71.08
辽宁	沈阳	54342	69.81	69.36	69.15	69.15	69.47	70.09	70.85	71.79	72.67	73.64	74.63	75.76	76.64	77.08	77.26	77.16	76.52	75.78	75.16	74.25	73.26	72.11	71.38	70.45
辽宁	本溪	54346	67.34	66.81	66.73	66.79	67.18	67.78	68.28	68.76	69.52	70.32	71.25	72.07	72.88	73.30	73.34	73.07	72.69	72.15	71.40	70.86	70.07	69.34	68.55	67.72
辽宁	兴城	54455	71.56	71.60	71.48	71.76	72.11	72.51	73.44	74.32	75.32	76.29	77.06	77.90	78.67	79.11	78.81	78.05	77.18	76.34	75.35	74.38	73.68	72.86	72.23	71.84
辽宁	营口	54471	72.45	72.34	72.18	72.08	72.38	72.68	73.22	73.68	74.48	75.28	76.06	76.80	77.52	77.88	77.93	77.59	77.09	76.53	75.69	75.00	74.13	73.54	72.97	72.58
辽宁	宽甸	54493	67.25	67.03	66.87	66.89	67.15	67.59	68.37	69.21	70.16	71.00	72.00	72.87	73.60	73.94	73.97	73.60	73.01	72.49	71.74	70.99	70.07	69.03	68.41	67.68
辽宁	丹东	54497	70.73	70.53	70.39	70.25	70.41	70.65	71.32	72.14	73.11	74.17	75.25	76.39	77.03	77.60	77.56	76.83	76.01	74.99	73.84	73.16	72.44	71.67	71.10	70.88
辽宁	大连	54662	72.30	72.17	72.10	72.00	72.05	72.28	72.74	73.22	73.71	74.36	74.85	75.54	75.91	76.15	76.12	75.52	75.02	74.25	73.64	73.17	72.79	72.63	72.42	72.33
吉林	白城	50936	62.80	62.41	62.40	62.91	63.46	64.46	65.56	66.53	67.64	68.37	69.36	70.17	70.61	70.89	70.96	70.59	69.86	69.46	68.88	68.08	67.17	65.78	64.76	63.65
吉林	前郭尔罗斯	50949	65.87	65.64	65.53	65.54	65.74	66.47	67.42	68.40	69.23	70.03	70.73	71.45	72.18	72.50	72.67	72.65	71.98	71.57	70.96	70.38	69.48	68.31	67.40	66.55
吉林	四平	54157	67.19	66.89	66.60	66.68	67.12	67.66	68.34	69.38	70.36	71.57	72.34	73.26	74.03	74.45	74.44	74.46	74.17	73.57	72.85	71.93	70.80	69.68	68.64	67.71
吉林	长春	54161	65.54	65.37	65.23	65.33	65.82	66.65	67.50	68.31	69.16	70.13	71.16	72.09	73.02	73.26	73.21	72.64	71.83	71.16	70.46	69.53	68.71	67.60	66.66	66.04
吉林	敦化	54186	58.05	57.64	57.86	58.28	59.03	60.02	61.19	62.73	63.86	65.26	66.47	67.53	68.25	68.73	68.43	67.90	66.94	66.17	65.29	64.02	62.79	61.17	59.70	58.83
吉林	东岗	54284	57.33	57.20	57.34	57.67	58.45	59.44	60.58	61.95	63.06	64.20	65.21	65.96	66.54	66.69	66.51	65.71	64.83	64.00	62.90	61.70	60.64	59.50	58.59	57.90
吉林	延吉	54292	61.88	61.15	60.85	60.87	61.48	62.26	63.43	64.67	65.79	67.34	69.13	70.48	71.73	72.29	72.54	71.84	71.09	70.07	68.56	67.48	66.19	64.62	63.54	62.50
吉林	临江	54374	62.95	62.57	62.34	62.47	62.83	63.46	64.36	65.44	66.47	67.63	69.09	70.66	71.86	72.53	72.57	72.05	71.46	70.65	69.59	68.34	67.18	66.12	65.02	63.80
黑龙江	漠河	50136	47.42	46.83	46.76	47.06	48.07	49.56	51.42	53.93	55.32	57.11	59.32	60.53	61.64	62.53	63.08	63.10	62.65	61.92	60.45	58.56	56.13	53.02	50.82	48.89
黑龙江	呼玛	50353	54.47	53.74	53.41	53.50	54.02	54.88	56.25	57.66	59.01	60.44	61.80	62.80	63.69	64.43	64.59	64.42	64.08	63.50	62.70	61.51	59.97	58.33	56.65	55.38
黑龙江	嫩江	50557	56.07	55.44	55.34	55.88	56.76	58.04	59.45	60.87	62.24	63.28	64.45	65.35	65.98	66.25	66.06	65.60	64.92	64.41	63.42	62.26	60.86	59.30	58.09	56.99
黑龙江	孙吴	50564	53.81	53.32	53.29	53.64	54.73	56.36	58.13	60.32	61.97	63.63	64.82	65.60	66.25	66.54	66.25	65.72	64.90	63.78	62.62	60.88	59.04	57.31	55.91	54.65
黑龙江	克山	50658	58.60	58.06	58.04	58.38	59.18	60.11	61.17	62.45	63.37	64.07	65.00	65.71	66.42	66.75	66.95	66.65	66.40	65.78	65.04	64.35	63.20	61.92	60.67	59.58
黑龙江	富裕	50742	60.76	60.22	60.47	60.60	61.55	62.35	63.37	64.37	65.46	66.11	66.80	67.23	67.94	68.02	68.15	67.87	67.42	67.40	67.11	66.13	64.84	63.64	62.39	61.55
黑龙江	齐齐哈尔	50745	62.45	62.08	62.25	62.15	62.44	63.16	63.89	64.54	65.60	66.36	66.94	67.80	68.55	68.97	69.17	68.76	68.34	67.81	67.17	66.24	65.53	64.65	63.78	62.93
黑龙江	海伦	50756	59.18	58.56	58.68	59.25	59.97	61.05	62.30	63.66	64.78	65.58	66.23	67.07	67.75	67.91	68.06	67.67	67.14	66.67	65.86	64.84	63.64	62.37	61.07	59.86
黑龙江	富锦	50788	59.88	59.39	59.38	59.88	60.73	61.77	63.44	64.74	65.85	66.55	67.35	68.00	68.47	68.83	68.77	68.33	67.94	67.31	66.25	65.51	64.39	63.11	61.74	60.69
黑龙江	安达	50854	62.13	61.94	62.01	62.34	63.03	63.90	65.29	66.47	67.26	67.68	68.19	68.68	68.94	69.39	69.48	69.11	68.83	68.22	67.42	66.58	65.52	64.30	63.28	62.59
黑龙江	佳木斯	50873	60.47	59.97	60.22	60.64	61.63	62.52	64.02	65.01	66.05	67.10	68.13	68.86	69.60	69.82	69.72	69.28	68.73	67.82	67.13	65.97	64.61	63.46	62.29	61.22

续表

站台信息			时刻																							
省名	站名	台站号	1:00	2:00	3:00	4:00	5:00	6:00	7:00	8:00	9:00	10:00	11:00	12:00	13:00	14:00	15:00	16:00	17:00	18:00	19:00	20:00	21:00	22:00	23:00	0:00
黑龙江	肇州	50950	64.22	63.90	63.98	64.17	64.78	65.70	66.72	67.77	68.59	69.35	70.06	70.73	70.97	71.34	71.39	71.25	70.80	70.24	69.37	68.58	67.72	66.30	65.50	64.71
黑龙江	哈尔滨	50953	63.24	62.71	62.84	63.17	63.90	64.80	65.99	67.27	68.32	69.21	70.10	70.76	71.23	71.65	71.57	71.28	70.60	70.02	69.25	68.46	67.25	66.07	64.80	63.91
黑龙江	通河	50963	61.20	60.63	60.64	61.05	61.65	62.87	64.26	65.65	66.95	68.38	69.73	71.21	72.30	72.86	72.70	72.39	71.58	70.76	69.85	68.46	66.99	65.32	63.50	62.34
黑龙江	尚志	50968	61.52	60.97	60.83	61.16	62.12	63.27	64.43	65.99	67.31	68.57	69.75	70.94	71.77	72.27	72.35	72.01	71.42	70.88	69.74	68.51	67.08	65.46	63.96	62.57
黑龙江	鸡西	50978	59.96	59.39	59.48	59.94	60.23	61.12	62.50	63.83	65.14	66.20	67.18	68.05	68.67	69.24	69.32	69.04	68.43	67.65	66.71	65.65	64.53	63.23	61.77	60.67
黑龙江	牡丹江	54094	61.44	60.77	60.73	60.63	61.17	62.03	62.93	64.04	65.21	66.28	67.57	68.82	69.70	70.19	70.30	70.03	69.55	68.84	67.95	66.79	65.50	64.03	63.00	62.09
黑龙江	绥芬河	54096	56.08	55.74	55.79	56.10	56.82	58.13	59.69	61.11	62.46	63.87	64.82	65.61	66.31	66.85	66.74	66.17	65.74	64.67	63.59	62.19	60.80	59.13	57.84	56.87
上海	上海	58362	83.84	83.54	83.76	83.90	84.11	84.74	85.08	85.84	86.46	86.99	87.89	88.74	89.40	89.38	89.21	88.77	88.31	87.37	86.58	85.94	85.29	84.77	84.35	83.97
江苏	徐州	58027	82.10	81.91	81.82	81.87	81.94	82.32	82.88	83.28	84.03	85.00	86.20	87.34	88.02	88.62	88.62	88.41	87.71	87.04	86.58	85.94	85.05	84.27	83.38	82.65
江苏	赣榆	58040	82.61	82.35	82.16	82.17	82.07	82.43	82.93	83.53	84.35	85.52	86.85	87.88	88.73	89.40	89.57	89.16	88.56	88.12	87.50	86.57	85.85	85.06	84.00	83.21
江苏	淮阴（清江）	58144	84.76	84.51	84.17	83.66	83.96	84.12	84.37	84.91	85.92	86.73	87.91	88.86	89.97	90.41	90.33	90.20	89.59	89.02	88.33	87.94	87.17	86.28	85.51	84.82
江苏	南京	58238	85.05	84.77	84.75	84.68	85.03	85.57	86.14	86.62	87.04	87.38	87.90	88.53	89.23	89.52	89.59	89.35	89.16	88.98	88.83	88.40	88.02	87.10	86.26	85.67
江苏	东台	58251	83.68	83.22	83.17	83.35	83.61	84.12	84.74	85.63	86.55	87.53	88.72	89.64	90.40	90.81	90.89	90.29	89.99	89.84	89.09	88.44	87.54	86.33	85.40	84.44
江苏	吕泗	58265	82.90	82.86	82.83	83.14	83.61	84.31	85.17	85.89	87.00	87.86	88.98	89.77	90.17	90.38	90.08	89.43	88.67	87.83	86.94	85.97	85.03	84.27	83.72	83.24
浙江	杭州	58457	82.89	82.38	82.08	81.83	81.86	82.22	82.63	83.18	84.03	84.83	86.08	87.14	88.12	88.62	88.59	88.42	88.35	88.37	88.04	87.62	86.77	85.64	84.47	83.51
浙江	定海	58477	80.39	80.57	80.90	81.15	81.63	82.31	83.25	84.22	85.29	86.26	87.62	88.74	89.38	89.48	88.76	87.47	85.87	84.39	83.32	82.38	81.59	80.94	80.57	80.38
浙江	衢州	58633	81.99	81.51	81.26	81.16	81.37	81.85	82.37	82.96	83.72	84.67	85.95	87.14	88.18	88.73	88.74	88.40	88.12	87.92	87.62	86.93	86.04	85.03	83.80	82.78
浙江	温州	58659	82.33	82.26	82.30	82.44	82.72	83.15	83.79	84.62	85.90	87.45	89.25	91.01	92.36	92.77	92.15	90.86	89.31	87.65	86.18	85.02	84.02	83.32	82.81	82.41
浙江	洪家	58665	81.90	82.09	82.39	82.62	83.04	83.68	84.36	85.32	86.71	88.59	90.42	92.43	93.73	94.33	93.08	91.40	89.28	87.11	85.77	84.31	83.50	82.76	82.30	82.01
安徽	亳州	58102	82.46	81.96	81.80	81.69	81.99	82.30	83.08	83.92	84.92	86.16	87.25	88.31	89.28	89.77	89.95	89.75	89.42	89.02	88.43	87.77	86.62	85.41	84.22	83.23
安徽	寿县	58215	85.46	84.80	84.64	84.87	85.29	86.03	86.82	87.85	88.75	89.93	90.84	91.97	92.79	93.11	93.30	93.27	93.15	92.75	92.15	91.32	90.16	88.83	87.43	86.36
安徽	蚌埠	58221	84.75	84.21	84.05	84.08	84.31	84.82	85.28	85.81	86.18	86.86	87.61	88.41	89.13	89.69	89.82	89.64	89.39	89.24	89.23	88.87	88.17	87.11	86.19	85.37
安徽	霍山	58314	82.03	81.38	81.11	81.03	81.32	81.93	82.66	83.71	84.78	86.07	87.48	89.12	90.24	91.06	91.08	90.67	90.33	90.03	89.35	88.49	87.13	85.77	84.23	82.93
安徽	桐城	58319	82.40	82.00	81.87	82.11	82.60	83.46	84.38	85.27	86.29	87.56	88.41	89.40	90.23	90.77	90.70	90.44	89.80	89.06	88.30	87.43	86.32	85.31	84.29	82.94
安徽	合肥	58321	85.18	85.20	84.94	85.08	85.22	85.49	86.03	86.75	87.45	88.20	89.23	90.06	90.99	91.16	90.98	90.47	90.09	89.50	89.03	88.68	87.79	86.93	86.25	85.59
安徽	安庆	58424	86.42	86.24	86.04	86.16	86.17	86.29	86.45	86.79	87.18	87.62	88.09	88.58	89.27	89.56	89.54	89.43	89.25	89.09	88.96	88.61	88.22	87.68	87.16	86.84
安徽	屯溪	58531	80.10	79.77	79.62	79.66	79.94	80.59	81.42	81.99	82.66	83.73	84.71	85.95	87.19	87.76	87.79	87.59	86.91	86.26	85.57	84.98	84.12	82.86	81.81	80.81
福建	建瓯	58737	80.33	79.80	79.36	79.26	79.62	80.15	80.56	81.22	82.01	83.27	84.45	85.95	87.12	87.82	87.71	87.32	87.04	86.49	85.96	85.21	84.33	83.14	81.90	81.02
福建	南平	58834	79.51	79.00	78.75	78.69	78.97	79.31	79.83	80.42	80.95	81.79	82.98	84.22	85.25	85.83	85.78	85.25	84.90	84.73	84.36	83.81	83.06	82.12	81.09	80.14
福建	福州	58847	81.27	81.18	81.21	81.29	81.56	82.02	82.61	83.51	84.67	86.15	87.92	89.58	90.79	91.22	90.58	89.41	87.84	86.48	85.21	84.02	83.02	82.31	81.81	81.48

续表

站台信息			时刻																							
省名	站名	台站号	1:00	2:00	3:00	4:00	5:00	6:00	7:00	8:00	9:00	10:00	11:00	12:00	13:00	14:00	15:00	16:00	17:00	18:00	19:00	20:00	21:00	22:00	23:00	0:00
福建	上杭	58918	78.41	77.94	77.56	77.39	77.49	77.64	78.10	78.65	79.45	80.49	81.59	82.74	83.76	84.33	84.40	84.11	83.87	83.66	83.39	82.86	82.12	81.14	80.05	79.17
福建	永安	58921	76.94	76.35	76.08	75.87	75.88	76.16	76.66	77.23	78.12	79.43	80.85	82.43	83.71	84.42	84.54	84.28	83.94	83.57	83.01	82.39	81.27	80.03	78.85	77.84
福建	崇武	59133	82.34	82.37	82.35	82.40	82.61	82.92	83.32	83.71	84.31	85.00	85.70	86.35	86.81	86.97	86.73	86.17	85.55	84.84	84.21	83.70	83.21	82.88	82.56	82.38
福建	厦门	59134	81.06	81.39	81.62	81.93	82.42	83.08	83.84	84.77	85.96	87.23	88.85	90.30	91.32	91.34	90.41	88.76	86.73	84.82	83.19	82.11	81.40	80.98	80.85	80.92
江西	宜春	57793	80.78	80.35	80.05	79.98	80.16	80.55	81.19	81.87	82.60	83.49	84.56	85.60	86.50	87.17	87.32	87.21	87.12	87.02	86.70	86.31	85.37	84.12	82.69	81.55
江西	吉安	57799	83.68	83.21	82.92	82.79	82.67	82.86	83.09	83.44	83.99	84.62	85.55	86.43	87.38	87.86	87.83	87.56	87.30	87.18	87.19	86.75	86.20	85.40	84.70	84.25
江西	遂川	57896	80.35	79.99	79.72	79.59	79.62	79.88	80.43	81.19	82.13	83.35	85.05	86.71	88.00	88.57	88.39	87.61	86.65	85.89	85.30	84.37	83.54	82.51	81.58	80.80
江西	赣州	57993	81.02	80.81	80.46	80.33	80.26	80.24	80.47	80.83	81.44	82.27	83.38	84.39	85.23	85.59	85.59	85.03	84.46	84.11	83.83	83.54	82.87	82.29	81.79	81.37
江西	景德镇	58527	82.81	82.30	81.92	81.71	81.85	82.30	82.84	83.39	84.08	84.87	85.76	86.82	87.60	88.28	88.62	88.54	88.45	88.37	88.09	87.60	86.78	85.78	84.65	83.62
江西	南昌	58606	87.91	87.60	87.33	87.11	86.95	86.98	87.24	87.37	87.49	87.83	88.36	89.00	89.73	90.01	89.91	89.68	89.36	89.57	89.43	89.30	88.99	88.51	88.16	88.07
江西	玉山	58634	81.83	81.46	81.43	81.68	82.01	82.36	82.97	83.50	83.91	84.44	85.15	85.91	86.65	87.07	86.97	86.71	86.42	86.32	86.13	85.74	84.93	83.96	83.09	82.41
江西	南城	58715	82.95	82.06	81.57	81.12	80.84	80.78	81.10	81.61	82.35	83.37	84.56	86.00	87.08	87.92	88.38	88.53	88.59	88.80	88.78	88.38	87.41	86.30	85.21	84.03
山东	惠民县	54725	77.81	77.12	76.83	76.91	77.09	77.68	78.55	79.61	80.76	81.92	82.99	83.98	85.11	85.63	85.96	85.75	85.47	84.94	84.48	83.82	82.56	81.13	80.14	78.73
山东	龙口	54753	75.31	75.21	75.23	75.49	75.90	76.38	77.27	78.10	79.07	80.12	81.13	82.06	82.66	82.90	82.68	82.15	81.20	80.31	79.24	78.33	77.30	76.40	75.89	75.53
山东	成山头	54776	70.84	70.91	70.76	70.77	70.76	70.99	71.42	71.96	72.30	72.84	73.51	74.26	74.87	75.00	74.73	74.28	73.60	73.07	72.43	71.79	71.28	70.94	70.74	70.77
山东	朝阳	54808	79.61	78.99	78.93	78.78	79.05	79.60	80.57	81.45	82.27	83.49	84.74	86.43	87.45	88.32	88.31	88.18	87.72	87.04	86.34	85.47	84.37	82.99	81.65	80.46
山东	济南	54823	78.53	78.51	78.26	77.98	78.19	78.40	78.87	79.39	80.16	81.01	82.11	83.23	84.02	84.42	84.29	84.00	83.49	82.91	82.45	81.71	81.11	80.23	79.58	78.98
山东	潍坊	54843	77.32	77.03	76.92	77.18	77.44	78.10	79.03	79.94	80.97	82.03	83.07	83.93	84.53	85.26	84.86	84.29	83.59	82.87	82.08	81.22	80.34	79.42	78.60	77.86
山东	兖州	54916	79.48	78.97	78.85	78.88	79.39	80.12	81.06	82.10	83.29	84.07	85.01	86.04	86.86	87.32	87.50	87.09	86.85	86.43	85.82	85.03	84.05	82.93	81.59	80.44
山东	莒县	54936	79.23	78.61	78.50	78.34	78.57	79.16	80.01	80.88	82.21	83.53	84.85	86.23	87.36	87.75	87.58	86.49	85.71	84.86	83.55	82.86	81.82	80.90	80.49	79.84
河南	安阳	53898	80.11	79.55	79.05	78.74	78.75	78.91	79.32	80.05	80.90	82.06	83.35	84.81	85.82	86.72	86.90	86.61	85.99	85.53	84.77	84.01	83.27	82.45	81.63	80.94
河南	卢氏	57067	73.94	73.46	73.01	72.62	72.53	72.45	73.07	73.80	74.91	76.28	77.88	79.48	80.67	81.52	81.63	81.28	80.50	79.57	78.81	77.93	77.00	76.09	75.37	74.53
河南	郑州	57083	80.13	79.65	79.20	79.34	79.57	79.85	80.67	81.38	82.42	83.49	84.67	85.71	86.60	87.17	87.37	87.21	87.17	86.72	86.17	85.33	84.57	83.38	82.19	80.99
河南	南阳	57178	82.93	82.50	82.14	81.82	81.62	81.77	82.35	83.29	84.08	85.31	86.98	88.29	89.42	90.20	90.35	89.92	89.71	89.38	88.56	87.89	87.03	85.77	84.44	83.58
河南	驻马店	57290	82.22	81.59	81.32	81.26	81.38	81.73	82.30	83.18	84.02	85.52	86.78	88.12	89.15	89.88	89.90	89.57	89.30	88.87	88.25	87.54	86.44	85.33	84.03	83.02
河南	信阳	57297	82.21	81.89	81.53	81.47	81.46	81.68	82.22	82.97	83.84	84.96	86.18	87.48	88.53	89.22	89.20	88.86	88.34	87.69	87.10	86.40	85.44	84.49	83.58	82.85
河南	尚丘	58005	81.84	81.06	80.63	80.34	80.61	81.07	81.90	82.90	83.99	85.39	86.81	88.25	89.55	90.36	90.58	90.35	89.78	89.24	88.64	87.66	86.44	85.27	83.93	82.89
湖北	陨西	57251	80.54	79.97	79.29	78.81	78.49	78.53	78.79	79.24	80.20	81.28	82.88	84.30	85.83	86.84	87.04	86.87	86.42	85.87	85.39	84.55	83.65	82.96	82.03	81.22
湖北	老河口	57265	83.64	82.85	82.24	81.81	81.61	81.51	81.89	82.75	84.16	85.83	87.43	89.09	90.43	91.18	91.51	91.40	90.83	90.43	89.86	88.97	88.00	86.86	85.60	84.55
湖北	钟祥	57378	85.34	84.60	84.06	83.62	83.58	83.69	84.20	84.84	85.67	86.64	87.70	89.03	90.16	90.87	91.32	91.27	91.22	91.19	90.78	89.96	89.06	88.07	87.01	86.00
湖北	麻城	57399	84.17	83.67	83.27	83.38	83.50	83.99	84.48	85.23	85.91	86.54	87.19	88.10	88.81	89.46	89.60	89.55	89.39	89.44	89.24	88.85	88.14	87.20	86.11	85.07

续表

站台信息			时刻																							
省名	站名	台站号	1:00	2:00	3:00	4:00	5:00	6:00	7:00	8:00	9:00	10:00	11:00	12:00	13:00	14:00	15:00	16:00	17:00	18:00	19:00	20:00	21:00	22:00	23:00	0:00
湖北	鄂西	57447	79.51	79.27	78.80	78.34	78.03	78.05	78.29	78.70	79.24	80.04	81.03	82.22	83.05	83.55	83.69	83.72	83.69	83.43	83.29	82.83	82.37	81.62	80.84	80.16
湖北	宜昌	57461	83.70	83.40	83.13	82.83	82.61	82.64	83.00	83.54	84.38	85.47	86.71	88.16	89.34	90.03	90.03	89.59	89.02	88.59	88.11	87.47	86.74	85.79	84.78	84.17
湖北	武汉	57494	87.46	87.30	87.14	87.10	87.08	87.36	87.60	87.96	88.20	88.72	89.21	89.64	90.24	90.61	90.70	90.65	90.62	90.59	90.52	90.34	89.59	89.04	88.43	87.86
湖南	石门	57562	83.31	82.65	82.15	81.86	81.67	81.73	82.12	82.75	83.57	84.56	85.65	87.11	88.20	88.90	88.96	88.65	88.15	87.67	87.29	86.74	85.87	85.08	84.42	83.74
湖南	南县	57574	88.20	87.36	86.94	86.45	86.36	86.43	86.73	87.09	87.59	88.28	89.19	90.34	91.38	92.16	92.44	92.68	92.87	93.17	93.08	92.62	91.90	90.82	89.74	88.89
湖南	吉首	57649	81.41	80.10	79.21	78.63	78.41	78.45	78.59	79.31	80.02	81.06	82.41	83.90	85.01	86.08	86.85	87.41	87.69	87.98	87.68	87.17	86.33	85.30	83.84	82.50
湖南	常德	57662	88.47	87.53	86.82	86.07	85.52	85.23	85.29	85.72	86.16	86.82	87.81	88.98	90.12	91.12	91.50	91.85	92.26	92.78	92.91	92.85	92.20	91.29	90.22	89.21
湖南	长沙（望城）	57687	84.39	83.98	83.55	83.39	83.26	83.27	83.66	84.14	84.92	85.81	86.95	88.09	89.19	89.71	89.64	89.41	89.00	88.95	88.61	88.09	87.10	86.38	85.72	84.88
湖南	芷江	57745	79.08	78.44	77.94	77.68	77.64	77.85	78.22	78.91	79.81	81.02	82.45	83.89	85.25	86.21	86.43	86.45	86.36	85.92	85.34	84.73	83.73	82.45	81.17	80.02
湖南	株洲	57780	83.29	82.70	82.11	81.81	81.74	81.94	82.20	82.57	83.04	83.63	84.58	85.76	86.92	87.44	87.74	87.67	87.84	88.09	87.81	87.32	86.76	85.97	84.97	83.96
湖南	武冈	57853	78.79	78.07	77.42	77.08	76.94	77.04	77.40	77.88	78.73	79.58	80.85	82.22	83.49	84.31	84.43	84.42	84.48	84.30	84.08	83.63	82.74	81.55	80.38	79.53
湖南	零陵	57866	79.93	79.34	79.06	78.79	78.78	78.88	79.12	79.56	80.28	81.23	82.39	83.80	84.88	85.60	85.76	85.43	85.19	84.93	84.43	83.66	82.85	81.91	81.08	80.46
湖南	常宁	57874	81.92	81.50	81.21	80.98	81.02	81.21	81.71	82.45	83.06	83.90	84.93	86.32	87.33	87.80	87.87	87.55	87.02	86.89	86.44	85.83	84.99	83.92	83.17	82.58
广东	南雄	57996	81.11	80.53	80.18	79.86	79.80	79.95	80.28	80.68	81.20	82.09	83.08	84.23	85.27	85.86	85.77	85.72	85.81	85.84	85.78	85.29	84.57	83.76	82.79	81.84
广东	韶关	59082	81.90	81.49	81.24	81.02	80.98	81.13	81.35	81.67	82.27	83.06	84.10	85.23	86.18	86.69	86.63	86.41	86.03	85.66	85.35	85.00	84.44	83.69	82.96	82.38
广东	广州	59287	84.73	84.37	84.29	84.41	84.57	84.84	85.18	85.54	85.83	86.32	87.00	87.66	88.19	88.51	88.42	88.32	88.05	87.98	87.97	87.69	87.22	86.49	85.71	85.16
广东	河源	59293	82.04	81.70	81.49	81.36	81.36	81.50	81.82	82.26	82.97	83.83	84.96	86.05	87.02	87.48	87.41	86.97	86.55	86.21	85.83	85.44	84.84	84.01	83.18	82.57
广东	增城	59294	84.46	84.14	83.98	83.88	84.08	84.38	84.80	85.19	85.65	86.38	87.16	88.08	88.94	89.39	89.32	88.93	88.63	88.45	88.24	87.81	87.19	86.49	85.64	84.94
广东	汕头	59316	83.55	83.63	83.70	83.85	84.10	84.48	84.93	85.34	85.74	86.34	87.18	88.00	88.58	88.91	88.58	87.69	86.88	85.99	85.22	84.64	84.19	83.79	83.64	83.52
广东	汕尾	59501	85.28	85.24	85.14	85.17	85.29	85.46	85.75	86.06	86.49	86.96	87.71	88.51	89.12	89.41	89.22	88.78	88.14	87.46	86.81	86.22	85.80	85.48	85.34	85.29
广东	阳江	59663	86.38	86.30	85.96	85.92	85.87	86.03	86.20	86.41	86.72	87.05	87.58	88.16	88.79	89.10	88.94	88.51	88.12	87.88	87.69	87.38	87.13	86.94	86.76	86.48
广东	电白	59664	87.13	87.00	86.94	86.98	87.00	87.23	87.49	87.80	88.25	88.82	89.56	90.48	91.18	91.51	91.22	90.72	89.96	89.41	89.03	88.62	88.12	87.65	87.38	87.23
广西	桂林	57957	82.49	81.94	81.43	81.12	80.89	80.94	81.13	81.42	81.75	82.27	83.04	83.99	84.95	85.75	86.12	86.43	86.67	86.91	87.12	86.96	86.28	85.24	84.15	83.20
广西	河池	59023	82.77	82.47	82.07	81.55	81.13	81.05	81.09	81.29	81.81	82.50	83.71	84.96	86.02	86.52	86.67	86.31	86.07	85.68	85.23	84.76	84.31	83.73	83.34	83.08
广西	都安	59037	82.69	82.35	81.90	81.69	81.72	81.79	82.03	82.49	83.24	84.32	85.66	87.05	88.34	88.96	88.96	88.59	88.13	87.61	87.05	86.32	85.36	84.53	83.83	83.24
广西	百色	59211	83.42	82.82	82.30	81.84	81.58	81.54	81.83	82.31	83.20	84.59	86.24	87.86	89.24	90.10	90.17	89.78	89.16	88.48	87.83	87.00	86.12	85.40	84.61	84.05

续表

站台信息			时刻																							
省名	站名	台站号	1:00	2:00	3:00	4:00	5:00	6:00	7:00	8:00	9:00	10:00	11:00	12:00	13:00	14:00	15:00	16:00	17:00	18:00	19:00	20:00	21:00	22:00	23:00	0:00
广西	桂平	59254	83.09	82.73	82.35	82.05	82.04	82.27	82.63	83.16	83.91	84.84	85.95	87.16	88.26	88.79	88.96	88.65	88.32	88.01	87.85	87.31	86.50	85.54	84.63	83.81
广西	梧州	59265	82.27	82.12	81.89	81.65	81.55	81.71	82.09	82.75	83.53	84.82	86.33	87.98	89.34	89.92	89.69	88.73	87.66	86.67	85.75	84.92	84.24	83.60	83.04	82.58
广西	龙州	59417	85.15	84.51	83.82	83.31	83.00	82.90	83.08	83.52	84.35	85.52	86.95	88.28	89.55	90.35	90.65	90.58	90.45	90.47	90.31	89.97	89.12	88.08	86.96	85.93
广西	南宁	59431	84.91	84.53	84.16	84.02	83.92	84.10	84.20	84.66	85.17	85.82	86.79	87.86	88.88	89.43	89.53	89.23	88.92	88.42	88.08	87.77	87.08	86.44	85.83	85.41
广西	灵山	59446	84.26	83.90	83.64	83.60	83.85	84.14	84.41	84.82	85.40	86.16	87.14	88.09	88.87	89.39	89.21	88.89	88.45	88.13	87.86	87.45	86.88	86.09	85.36	84.78
广西	钦州	59632	88.11	87.89	87.76	87.56	87.64	87.73	87.93	88.29	88.52	89.02	89.79	90.55	91.36	91.69	91.48	91.01	90.56	90.07	89.58	89.26	88.97	88.64	88.49	88.32
海南	海口	59758	85.05	84.93	84.81	84.67	84.75	84.89	85.27	85.71	86.26	87.05	88.23	89.39	90.29	90.45	90.03	89.30	88.62	88.17	87.58	87.11	86.65	86.11	85.64	85.32
海南	东方	59838	85.56	85.44	85.21	84.94	84.76	84.83	85.32	85.88	86.46	87.11	87.90	88.75	89.71	90.36	90.34	90.09	89.60	89.01	88.23	87.43	86.63	86.04	85.63	85.63
海南	琼海	59855	84.69	84.46	84.33	84.24	84.33	84.50	84.99	85.62	86.45	87.76	89.16	90.86	92.25	92.71	92.04	91.03	90.05	89.02	88.10	87.23	86.47	85.82	85.23	84.90
四川	甘孜	56146	44.46	43.63	43.04	42.59	42.23	42.29	42.47	43.14	44.13	45.67	47.34	49.58	51.52	52.94	53.71	53.61	53.12	52.94	52.17	51.68	50.20	48.47	46.90	45.44
四川	马尔康	56172	50.89	49.86	48.80	47.79	46.98	46.67	47.03	47.83	49.06	50.78	52.99	55.26	57.73	59.80	60.83	60.97	60.80	60.12	59.13	58.04	56.67	55.17	53.63	52.07
四川	红原	56173	40.05	39.03	38.20	37.48	37.13	36.94	37.28	38.07	39.28	41.16	43.02	45.57	47.85	49.29	50.06	50.32	49.71	49.56	48.48	47.32	46.05	44.17	42.44	41.04
四川	松潘	56182	46.39	45.94	45.15	44.50	44.08	43.58	43.64	44.17	45.21	46.75	48.65	50.77	52.58	53.97	54.54	54.44	53.72	52.66	51.41	50.25	49.33	48.45	47.74	46.97
四川	绵阳	56196	79.83	78.72	77.85	77.09	76.58	76.27	76.31	76.65	77.55	78.81	80.32	81.66	83.15	84.33	84.95	85.39	85.24	85.16	84.87	84.43	83.84	82.92	81.76	80.68
四川	理塘	56257	37.38	36.65	36.07	35.58	35.19	35.08	35.36	36.05	37.11	38.58	40.40	42.27	43.98	45.01	45.39	45.10	44.45	43.75	42.91	41.95	41.04	39.96	39.09	38.18
四川	成都	56294	79.79	78.71	77.70	76.94	76.53	76.46	76.71	77.23	78.11	79.20	80.56	82.12	83.77	84.90	85.70	86.02	86.32	86.33	86.30	85.76	84.94	83.70	82.24	80.92
四川	乐山	56386	80.36	79.57	78.63	77.84	77.18	76.83	76.92	77.40	78.34	79.51	80.99	82.70	84.37	85.56	86.17	86.08	86.13	86.00	85.49	84.85	84.04	82.83	81.86	81.14
四川	九龙	56462	49.87	49.31	48.56	47.81	47.17	46.91	47.27	47.90	48.58	49.42	50.62	51.81	53.11	54.13	54.56	54.62	54.44	54.15	53.75	53.04	52.40	51.70	51.02	50.39
四川	宜宾	56492	84.12	83.47	82.50	81.65	80.94	80.57	80.43	80.63	81.41	82.53	84.00	85.49	86.96	88.20	88.82	89.09	89.01	88.87	88.69	88.27	87.44	86.66	85.61	84.81
四川	西昌	56571	66.18	65.51	64.88	64.27	63.80	63.55	63.68	64.14	64.89	66.01	67.57	69.07	70.49	71.52	72.06	72.23	72.16	72.06	71.75	71.07	70.03	68.93	67.82	66.87
四川	会理	56671	65.72	64.88	64.29	63.67	63.12	62.99	63.01	63.31	63.69	64.43	65.34	66.41	67.63	68.71	69.26	69.70	70.15	70.45	70.49	70.14	69.45	68.50	67.39	66.42
四川	万源	57237	73.38	72.90	72.51	72.14	71.89	71.97	72.29	72.88	73.69	74.89	76.20	77.73	79.02	79.93	80.13	79.89	79.64	79.29	78.50	77.68	76.79	75.89	74.92	74.07
四川	南充	57411	83.18	82.70	82.12	81.56	81.32	81.21	81.36	81.70	82.05	82.61	83.53	84.48	85.46	86.17	86.41	86.58	86.67	86.76	86.56	86.20	85.51	84.94	84.47	83.85
四川	泸州	57602	82.86	82.61	81.90	81.09	80.35	79.84	79.92	80.26	81.21	82.28	83.82	85.29	86.60	87.60	87.86	87.84	87.73	87.19	86.69	86.09	85.38	84.44	83.86	83.28
重庆	重庆沙坪坝	57516	83.87	83.42	83.00	82.59	82.29	82.08	82.23	82.52	82.87	83.64	84.57	85.66	86.67	87.40	87.60	87.68	87.45	87.33	87.07	86.81	86.26	85.55	84.92	84.47
重庆	酉阳	57633	75.36	74.79	74.34	73.86	73.78	73.99	74.41	74.97	75.51	76.20	77.17	78.28	79.22	79.90	80.32	80.45	80.35	80.24	79.98	79.50	78.92	78.05	77.02	76.08

续表

站台信息			时刻																							
省名	站名	台站号	1:00	2:00	3:00	4:00	5:00	6:00	7:00	8:00	9:00	10:00	11:00	12:00	13:00	14:00	15:00	16:00	17:00	18:00	19:00	20:00	21:00	22:00	23:00	0:00
贵州	威宁	56691	56.71	56.18	55.49	54.87	54.40	54.13	54.25	54.68	55.55	56.83	58.37	59.93	61.39	62.29	62.61	62.38	61.88	61.21	60.52	59.85	59.08	58.39	57.78	57.18
贵州	桐梓	57606	70.75	70.29	69.81	69.35	69.01	68.92	69.18	69.72	70.67	72.11	73.87	75.66	77.19	78.18	78.49	78.12	77.28	76.22	75.42	74.49	73.61	72.68	72.07	71.36
贵州	毕节	57707	65.07	64.71	64.13	63.73	63.46	63.33	63.62	64.18	65.33	66.78	68.59	70.55	72.14	73.06	73.18	72.56	71.60	70.45	69.33	68.26	67.48	66.73	66.02	65.47
贵州	遵义	57713	73.15	72.55	71.86	71.37	71.05	70.99	71.14	71.56	72.32	73.40	74.72	76.16	77.40	78.12	78.38	78.47	78.21	77.76	77.31	76.81	76.16	75.32	74.53	73.83
贵州	贵阳	57816	70.10	69.76	69.29	68.91	68.62	68.59	68.61	68.98	69.54	70.39	71.37	72.39	73.35	73.92	74.06	73.91	73.66	73.29	72.90	72.43	71.97	71.40	70.90	70.45
贵州	三穗	57832	74.36	73.69	73.17	72.72	72.57	72.81	73.28	73.88	74.68	75.91	77.55	79.25	80.65	81.65	82.18	82.18	82.05	81.50	80.93	80.11	78.94	77.78	76.51	75.36
贵州	兴义	57902	68.35	67.87	67.17	66.42	65.94	65.61	65.74	66.11	66.88	67.96	69.42	70.98	72.16	72.95	73.23	72.98	72.70	72.41	71.86	71.37	70.70	70.02	69.35	68.87
云南	德钦	56444	43.81	43.38	42.91	42.39	41.83	41.59	41.83	42.42	43.33	44.61	46.14	47.84	49.23	50.12	50.27	49.84	49.00	48.07	47.29	46.47	45.83	45.13	44.63	44.21
云南	丽江	56651	56.49	55.96	55.45	54.68	54.15	53.88	54.05	54.56	55.41	56.65	58.20	59.99	61.51	62.53	62.81	62.60	62.05	61.47	60.78	60.08	59.13	58.31	57.59	56.94
云南	腾冲	56739	62.78	62.20	61.56	60.85	60.27	59.97	60.14	60.53	61.30	62.49	64.10	65.82	67.38	68.41	68.69	68.44	67.85	67.16	66.52	65.86	65.17	64.55	63.91	63.37
云南	楚雄	56768	62.77	62.28	61.71	61.19	60.76	60.55	60.69	60.98	61.50	62.36	63.45	64.65	65.65	66.45	66.69	66.64	66.57	66.34	66.00	65.55	65.04	64.45	63.83	63.23
云南	昆明	56778	61.42	60.88	60.29	59.77	59.41	59.34	59.50	59.92	60.69	61.81	63.19	64.64	65.93	66.83	67.06	66.98	66.51	66.10	65.63	64.98	64.32	63.53	62.69	62.03
云南	临沧	56951	65.52	64.96	64.49	64.02	63.65	63.44	63.55	63.82	64.43	65.47	66.63	68.06	69.31	70.20	70.50	70.35	70.02	69.55	69.20	68.55	67.89	67.24	66.61	66.03
云南	澜沧	56954	69.89	69.38	68.89	68.43	67.93	67.89	68.15	68.49	69.11	70.14	71.47	72.88	74.16	75.08	75.31	75.10	74.80	74.47	74.04	73.60	72.85	71.97	71.19	70.47
云南	思茅	56964	67.80	67.23	66.62	66.09	65.65	65.49	65.54	65.84	66.39	67.33	68.58	70.02	71.26	72.09	72.43	72.44	72.32	72.33	72.14	71.73	71.10	70.28	69.43	68.57
云南	元江	56966	80.78	80.29	79.75	79.21	78.81	78.62	78.79	79.20	79.91	81.06	82.42	83.96	85.22	86.02	86.10	86.02	85.89	85.97	85.95	85.56	84.68	83.59	82.44	81.50
云南	勐腊	56969	75.99	75.14	74.43	73.72	73.13	72.96	73.20	73.71	74.52	75.69	77.39	79.16	80.68	81.92	82.51	82.70	82.91	82.84	82.62	82.06	81.11	79.82	78.32	77.12
云南	蒙自	56985	66.24	65.92	65.47	65.14	64.98	64.98	65.16	65.69	66.40	67.52	68.83	70.21	71.43	72.18	72.34	71.95	71.32	70.59	69.89	69.19	68.49	67.78	67.10	66.62
西藏	拉萨	55591	45.63	44.71	43.94	43.23	42.47	42.08	42.13	42.36	43.06	44.13	45.49	46.78	48.10	49.17	49.90	50.23	50.58	50.69	50.68	50.34	49.59	48.58	47.51	46.42
西藏	昌都	56137	46.84	46.03	45.25	44.35	43.68	43.39	43.53	44.02	45.13	46.75	48.73	50.76	52.74	54.06	54.73	54.82	54.47	53.89	53.19	52.27	51.13	49.97	48.70	47.67
西藏	林芝	56312	49.33	48.63	47.96	47.25	46.65	46.39	46.54	47.07	48.02	49.45	51.24	53.06	54.61	55.64	56.02	55.74	55.18	54.42	53.55	52.83	52.10	51.34	50.62	49.90
陕西	榆林	53646	61.23	60.83	60.49	60.21	60.08	60.52	61.10	61.75	62.66	63.58	64.73	65.77	66.58	67.27	67.20	66.99	66.40	65.62	64.98	64.27	63.63	62.86	62.12	61.60
陕西	定边	53725	59.78	59.47	59.30	58.91	58.90	59.28	59.43	59.87	60.71	61.35	62.24	62.99	64.06	65.03	65.23	64.99	64.79	63.95	63.56	63.14	62.38	61.66	60.69	60.22
陕西	绥德	53754	64.80	64.60	63.97	63.59	63.43	63.59	63.86	64.49	65.42	66.60	67.78	69.30	70.44	71.24	71.12	70.58	69.64	68.64	67.67	66.70	66.02	65.51	65.11	64.87
陕西	延安	53845	66.54	65.46	64.85	64.46	64.02	63.79	63.93	64.29	65.01	66.21	67.85	69.42	71.10	72.37	72.79	73.02	72.66	72.18	71.47	70.60	70.13	69.20	68.11	67.34
陕西	洛川	53942	64.09	63.61	63.00	62.70	62.51	62.47	62.86	63.45	64.21	65.45	66.94	68.19	69.65	70.42	70.71	70.55	69.92	69.30	68.63	67.85	67.08	66.18	65.43	64.74

续表

站台信息			时刻																							
省名	站名	台站号	1:00	2:00	3:00	4:00	5:00	6:00	7:00	8:00	9:00	10:00	11:00	12:00	13:00	14:00	15:00	16:00	17:00	18:00	19:00	20:00	21:00	22:00	23:00	0:00
陕西	西安	57036	74.76	74.09	73.33	72.79	72.50	72.60	73.14	74.00	75.15	76.57	78.03	79.60	81.04	82.00	82.29	82.36	82.17	81.72	81.07	80.38	79.37	78.05	76.60	75.49
陕西	汉中	57127	77.61	76.57	75.58	74.93	74.46	74.35	74.50	75.10	76.06	77.23	78.62	80.11	81.44	82.61	83.68	84.17	84.65	84.89	84.96	84.60	83.38	81.88	80.38	78.96
陕西	安康	57245	79.98	79.43	78.91	78.65	78.53	78.40	78.69	79.30	80.17	81.30	82.47	83.76	84.99	85.87	86.24	86.09	85.89	85.35	84.79	84.09	83.33	82.31	81.40	80.70
甘肃	敦煌	52418	51.81	49.58	48.49	47.73	47.51	47.53	48.02	48.76	49.68	50.98	52.95	54.77	56.87	58.77	60.68	62.81	65.08	66.98	68.13	67.84	65.62	62.07	58.20	54.63
甘肃	玉门镇	52436	46.35	45.50	45.04	44.59	44.38	44.49	45.20	45.98	46.98	47.99	49.48	51.05	52.37	53.57	54.57	55.47	56.11	56.78	56.70	55.88	54.20	52.03	49.69	47.85
甘肃	酒泉	52533	50.80	49.58	48.78	48.06	48.19	48.33	48.97	50.05	51.05	52.01	53.13	54.29	55.92	57.49	58.62	60.15	61.60	62.88	63.53	63.18	61.11	58.61	55.54	52.69
甘肃	民勤	52681	53.06	52.52	52.36	51.78	51.77	51.87	52.32	52.90	53.58	54.54	55.42	56.62	57.71	58.74	59.10	59.03	59.03	58.56	58.35	57.81	56.78	55.87	54.62	53.65
甘肃	乌鞘岭	52787	36.67	36.12	35.56	35.19	35.04	35.02	35.46	36.26	37.33	38.67	40.33	42.10	43.49	44.62	44.99	44.58	43.79	42.72	41.79	40.84	39.91	38.95	38.21	37.30
甘肃	兰州	52889	58.50	58.01	57.42	56.93	56.38	56.13	56.16	56.43	57.22	58.38	59.94	61.43	62.75	63.69	64.08	64.02	63.69	63.47	62.85	62.26	61.41	60.54	59.67	59.00
甘肃	榆中	52983	53.55	52.81	52.23	51.77	51.55	51.49	51.93	52.87	53.99	55.32	56.76	58.37	59.98	61.00	61.61	61.65	61.43	61.19	60.22	59.15	57.99	56.64	55.47	54.39
甘肃	平凉	53915	61.48	60.90	60.14	59.51	59.28	59.10	59.36	59.72	60.52	62.10	63.88	65.53	67.03	68.35	68.91	68.98	68.61	67.79	66.93	65.93	64.92	63.92	62.85	62.11
甘肃	西峰镇	53923	61.15	60.75	60.58	60.24	60.01	60.12	60.40	60.88	61.51	62.22	63.22	64.05	65.01	65.62	65.79	65.67	65.39	65.07	64.64	64.08	63.41	62.79	62.18	61.62
甘肃	合作	56080	43.65	42.90	42.25	41.61	41.00	40.78	41.01	41.66	42.69	44.23	46.12	48.00	49.83	51.28	51.99	51.85	51.29	50.45	49.55	48.37	47.35	46.22	45.11	44.17
甘肃	岷县	56093	51.66	51.24	50.60	50.04	49.69	49.58	49.89	50.55	51.59	52.91	54.65	56.39	57.85	59.11	59.72	59.79	59.48	58.75	57.91	56.81	55.71	54.56	53.38	52.52
甘肃	武都	56096	66.71	66.36	65.80	65.47	65.11	64.98	64.87	65.06	65.65	66.62	67.61	68.72	69.43	70.12	70.40	70.10	69.94	69.53	69.05	68.76	68.17	67.61	67.22	67.09
甘肃	天水	57006	63.89	63.45	63.08	62.96	62.77	62.51	62.63	63.14	63.99	64.97	65.89	67.32	68.45	69.29	69.59	69.47	69.16	68.63	68.00	67.24	66.54	65.71	64.95	64.34
青海	冷湖	52602	33.62	32.81	32.08	31.64	31.42	31.49	31.74	32.08	33.01	34.27	35.76	37.34	38.74	39.88	40.42	40.54	40.47	40.13	39.47	38.77	37.60	36.65	35.49	34.45
青海	大柴旦	52713	38.73	38.09	37.50	36.99	36.38	35.99	36.12	36.36	36.89	37.49	38.10	38.92	40.13	41.08	41.78	42.25	42.53	42.54	42.57	42.23	41.76	41.01	40.09	39.39
青海	刚察	52754	37.93	37.38	36.74	36.15	35.92	35.71	36.19	36.56	37.72	39.42	41.39	42.95	44.58	45.80	46.61	46.41	46.15	45.38	44.29	43.36	42.18	40.97	39.74	38.65
青海	格尔木	52818	39.36	38.44	37.12	36.26	35.41	34.89	34.78	35.03	35.73	36.99	38.39	39.96	41.80	43.40	44.72	45.60	46.20	46.18	45.82	45.27	44.23	43.07	41.89	40.52
青海	都兰	52836	39.64	38.89	38.05	37.48	37.11	36.90	37.05	37.37	38.12	38.94	39.98	41.18	42.39	43.49	44.29	44.51	44.68	44.61	44.29	43.80	43.14	42.10	41.04	40.26
青海	西宁	52866	49.14	48.54	47.85	47.16	46.69	46.59	46.58	46.90	47.42	48.52	49.81	51.58	53.09	54.22	54.97	55.21	55.22	54.74	53.94	53.23	52.48	51.63	50.65	49.80
青海	民和	52876	54.80	53.94	53.02	52.45	52.22	52.14	52.39	52.84	53.75	54.76	56.58	58.29	60.01	61.25	62.06	62.57	63.14	63.52	63.58	62.78	61.44	59.84	57.74	56.12
青海	兴海	52943	41.96	41.14	40.48	39.92	39.51	39.39	39.66	40.14	41.00	42.52	43.94	45.54	47.25	48.25	48.69	48.62	48.35	47.78	46.80	45.98	45.05	44.23	43.51	42.72
青海	托托河	56004	31.30	30.54	29.73	28.77	28.06	27.77	27.87	28.27	29.33	30.72	32.52	34.48	36.05	37.32	37.87	37.92	37.61	37.12	36.44	35.71	34.77	33.91	32.94	32.14
青海	曲麻莱	56021	33.69	32.93	32.02	31.27	30.74	30.40	30.58	31.09	32.17	33.96	35.69	37.89	39.85	41.20	41.74	41.69	41.20	40.38	39.50	38.41	37.44	36.50	35.48	34.63

续表

站台信息			时刻																							
省名	站名	台站号	1:00	2:00	3:00	4:00	5:00	6:00	7:00	8:00	9:00	10:00	11:00	12:00	13:00	14:00	15:00	16:00	17:00	18:00	19:00	20:00	21:00	22:00	23:00	0:00
青海	玉树	56029	41.83	40.66	39.87	39.18	38.54	38.40	38.62	39.27	40.17	41.50	43.27	45.28	47.47	48.96	49.78	50.02	49.70	49.28	48.61	47.63	46.54	45.23	43.92	42.77
青海	玛多	56033	32.26	31.60	30.73	30.11	29.57	29.33	29.54	30.26	31.38	32.85	34.52	36.13	37.74	38.80	39.27	39.25	38.78	38.19	37.46	36.50	35.56	34.72	33.84	32.96
青海	达日	56046	36.01	35.27	34.50	33.90	33.46	33.32	33.57	34.24	35.23	36.90	38.76	40.89	42.92	44.36	45.04	44.70	44.13	43.22	42.11	40.89	39.82	38.71	37.83	36.85
青海	囊谦	56125	42.95	42.13	41.31	40.60	39.99	39.72	40.00	40.56	41.54	42.97	44.72	46.60	48.40	49.82	50.70	50.94	50.78	50.34	49.56	48.64	47.55	46.24	45.02	43.90
宁夏	银川	53614	61.33	60.17	59.71	59.43	59.40	59.84	60.58	61.37	62.25	63.29	64.44	65.67	67.00	68.36	68.90	69.40	69.74	69.91	70.06	69.37	68.17	66.64	64.59	62.62
宁夏	盐池	53723	57.78	57.55	57.38	57.41	57.37	57.47	57.70	58.07	58.67	59.33	59.97	60.55	61.39	61.86	61.98	61.82	61.70	61.27	61.06	60.53	59.94	59.25	58.69	58.30
宁夏	固原	53817	55.05	54.34	53.90	53.69	53.48	53.77	54.09	54.61	55.34	56.60	58.02	59.41	60.70	61.44	62.16	61.94	61.43	61.09	60.46	59.46	58.48	57.44	56.51	55.72
新疆	阿勒泰	51076	48.63	47.15	45.98	45.20	45.00	45.09	45.57	46.45	47.64	49.08	50.85	52.65	54.44	56.23	57.52	58.40	59.07	59.27	59.14	58.39	56.96	54.90	52.69	50.63
新疆	富蕴	51087	47.72	47.32	46.79	46.28	45.92	45.69	45.77	46.18	46.86	47.71	48.84	50.21	51.55	52.81	53.39	53.23	52.90	52.41	51.84	51.14	50.52	49.68	48.92	48.27
新疆	塔城	51133	52.26	51.11	49.91	48.62	47.69	47.49	47.61	47.98	48.77	50.54	52.97	55.38	57.55	59.37	60.47	61.14	61.25	61.20	60.82	59.94	58.18	56.78	55.22	53.68
新疆	和布克赛尔	51156	43.82	42.81	41.92	40.98	40.32	40.03	40.00	40.26	41.09	42.17	43.39	44.85	46.45	47.62	48.49	48.99	48.89	48.75	48.52	48.12	47.35	46.40	45.53	44.83
新疆	克拉玛依	51243	51.69	51.23	50.48	49.90	49.34	49.21	49.34	49.50	50.01	50.72	51.65	52.72	53.81	54.53	55.09	55.21	55.25	55.17	55.02	54.53	53.99	53.36	52.76	52.19
新疆	乌苏	51346	54.19	53.06	52.06	51.22	50.73	50.43	50.68	51.12	52.00	53.28	54.87	56.61	58.46	59.88	61.13	61.84	62.36	62.50	62.29	61.67	60.31	58.76	57.02	55.48
新疆	精河	51334	55.64	54.19	52.91	52.01	51.32	50.24	50.95	51.73	53.03	54.82	57.25	59.78	62.41	64.50	65.75	66.53	66.73	66.70	66.68	65.77	64.12	61.96	59.55	57.39
新疆	伊宁	51431	54.33	52.52	50.96	49.77	48.81	48.26	48.20	48.77	50.04	51.63	53.65	56.10	58.68	60.92	62.60	63.90	64.80	65.29	65.24	64.38	62.76	60.85	58.35	56.21
新疆	乌鲁木齐	51463	50.44	49.69	48.95	48.35	47.93	47.54	47.52	47.86	48.42	49.20	50.16	51.26	52.58	53.65	54.45	54.63	54.50	54.33	54.09	53.54	52.88	52.28	51.65	50.91
新疆	焉耆	51567	56.37	54.07	52.17	50.74	49.68	49.17	49.18	49.71	50.81	52.93	55.22	57.27	59.68	62.03	64.12	66.03	67.64	68.75	69.66	69.17	67.35	64.88	61.83	59.19
新疆	吐鲁番	51573	60.43	58.65	57.60	56.90	56.59	56.53	56.96	57.95	58.88	60.17	61.98	63.76	65.61	67.44	69.04	70.64	72.32	73.64	74.39	74.27	72.11	69.33	65.72	62.67
新疆	阿克苏	51628	59.14	57.73	55.64	53.78	52.62	51.78	51.77	52.07	52.66	54.16	56.23	58.10	60.54	62.36	64.08	65.46	66.91	67.91	68.32	68.00	67.07	65.04	62.88	60.96
新疆	库车	51644	53.39	51.86	50.64	49.47	48.73	48.19	48.25	48.55	49.46	50.76	52.27	54.13	56.19	57.86	59.32	60.13	61.31	61.95	62.25	61.85	60.73	59.09	57.26	55.03
新疆	喀什	51709	59.80	58.19	56.61	55.09	53.79	52.86	52.20	52.35	53.04	53.81	55.16	56.82	58.42	60.07	61.72	62.94	64.42	65.82	66.53	66.50	65.55	63.97	62.32	61.03
新疆	巴楚	51716	57.47	55.73	54.16	52.61	51.59	50.94	50.80	51.12	52.02	53.33	55.16	57.28	59.49	61.56	63.28	64.96	66.40	67.44	67.89	67.31	66.29	64.25	61.84	59.55
新疆	铁干里克	51765	56.93	54.24	52.41	50.95	50.22	50.05	50.39	51.09	52.19	53.53	55.36	57.46	59.52	62.21	65.08	68.67	71.95	75.15	77.16	77.05	74.76	70.83	65.86	60.88
新疆	若羌	51777	54.23	52.25	50.84	49.87	49.38	49.17	49.34	49.96	51.03	52.42	54.44	56.55	58.98	61.30	63.13	64.95	66.85	68.24	68.83	68.27	66.26	63.36	60.05	56.83
新疆	莎车	51811	64.28	62.12	59.73	57.25	55.11	53.76	53.03	52.99	53.61	54.63	56.08	58.12	60.36	63.00	65.42	68.25	70.70	72.86	74.22	74.26	73.23	71.52	69.11	66.55
新疆	和田	51828	57.20	55.14	53.05	51.46	50.35	49.75	49.75	50.03	50.88	51.90	53.76	55.88	58.53	61.37	63.76	65.90	67.98	69.48	70.32	69.92	68.06	65.62	62.52	59.51
新疆	民丰	51839	54.46	52.84	51.60	50.52	49.70	49.49	49.44	49.66	50.37	51.29	52.67	54.57	56.51	58.48	59.93	61.54	63.36	64.99	65.81	65.72	64.25	61.81	59.06	56.44
新疆	哈密	52203	53.18	51.02	49.86	49.31	49.28	49.82	50.61	51.48	52.82	54.12	55.61	57.52	59.17	61.05	62.95	64.89	67.40	69.18	69.92	69.45	67.29	63.92	59.83	55.99

冬季设计用逐时新风计算焓值（kJ/kg 干空气）

表 1-3-7

站台信息			时刻																							
省名	站名	台站号	1:00	2:00	3:00	4:00	5:00	6:00	7:00	8:00	9:00	10:00	11:00	12:00	13:00	14:00	15:00	16:00	17:00	18:00	19:00	20:00	21:00	22:00	23:00	0:00
北京	密云	54416	-9.35	-9.93	-10.48	-11.27	-11.81	-12.07	-11.74	-11.04	-9.33	-7.43	-5.39	-3.43	-2.18	-1.59	-1.60	-2.25	-3.29	-4.57	-5.94	-7.06	-8.00	-8.44	-8.74	-8.96
北京	北京	54511	-7.05	-7.49	-8.12	-8.80	-9.41	-9.80	-9.68	-9.14	-7.96	-6.43	-4.87	-3.56	-2.48	-1.75	-1.58	-1.81	-2.38	-3.05	-3.90	-4.63	-5.28	-5.76	-6.19	-6.59
天津	天津	54527	-6.05	-6.58	-7.17	-7.78	-8.29	-8.51	-8.39	-7.83	-6.84	-5.56	-4.04	-2.75	-1.87	-1.23	-1.04	-1.23	-1.71	-2.38	-3.19	-3.92	-4.60	-4.96	-5.31	-5.71
河北	张北	53399	-22.56	-23.05	-23.75	-24.51	-25.11	-25.55	-25.52	-24.64	-23.16	-21.13	-18.98	-17.13	-15.82	-15.05	-15.06	-15.71	-16.65	-17.94	-19.23	-20.43	-21.16	-21.60	-21.98	-22.30
河北	石家庄	53698	-4.81	-5.32	-6.00	-6.75	-7.31	-7.67	-7.52	-6.93	-5.64	-3.83	-2.25	-0.75	0.35	1.01	1.21	1.07	0.50	-0.15	-1.06	-2.04	-2.75	-3.23	-3.75	-4.30
河北	邢台	53798	-3.56	-4.13	-4.95	-5.73	-6.41	-6.75	-6.64	-5.98	-4.74	-3.21	-1.60	-0.28	0.89	1.53	1.71	1.54	1.15	0.47	-0.18	-0.89	-1.58	-2.08	-2.55	-3.06
河北	丰宁	54308	-17.08	-18.03	-19.13	-20.28	-21.22	-21.64	-21.47	-20.27	-18.23	-15.67	-13.13	-10.99	-9.26	-8.37	-8.26	-8.68	-9.52	-10.83	-11.99	-13.38	-14.46	-15.24	-15.92	-16.47
河北	怀来	54405	-12.23	-12.76	-13.43	-14.12	-14.76	-15.11	-14.89	-14.29	-13.13	-11.41	-9.75	-8.23	-7.13	-6.46	-6.26	-6.50	-7.09	-7.89	-8.82	-9.63	-10.29	-10.79	-11.37	-11.69
河北	承德	54423	-13.63	-14.32	-15.24	-16.17	-16.97	-17.43	-17.50	-16.81	-15.27		-11.12	-9.15	-7.58	-6.66	-6.29	-6.63	-7.28	-8.37	-9.42	-10.47	-11.31	-11.94	-12.49	-13.08
河北	乐亭	54539	-8.01	-8.55	-9.30	-9.90	-10.40	-10.78	-10.75	-10.10	-8.74	-7.06	-5.20	-3.60	-2.44	-1.69	-1.64	-1.97	-2.66	-3.70	-4.63	-5.48	-6.08	-6.74	-7.00	-7.41
河北	饶阳	54606	-7.10	-7.86	-8.64	-9.57	-10.48	-10.89	-10.81	-9.95	-8.43	-6.38	-4.21	-2.28	-0.87	-0.10	0.15	-0.25	-1.04	-1.97	-3.27	-4.37	-5.15	-5.80	-6.24	-6.72
山西	大同	53487	-17.09	-17.97	-18.96	-19.95	-20.76	-21.20	-21.09	-20.29	-18.56	-16.52	-14.25	-12.09	-10.48	-9.27	-8.97	-9.21	-9.96	-11.06	-12.09	-13.10	-14.03	-14.85	-15.58	-16.29
山西	原平	53673	-12.73	-13.45	-14.43	-15.50	-16.38	-16.99	-16.93	-16.02	-14.19	-11.84	-9.38	-7.31	-5.63	-4.64	-4.38	-4.80	-5.73	-7.03	-8.46	-9.71	-10.64	-11.19	-11.68	-12.30
山西	太原	53772	-10.02	-10.99	-11.98	-13.04	-13.89	-14.41	-14.39	-13.59	-11.80	-9.52	-7.08	-4.99	-3.21	-2.13	-1.88	-2.27	-3.00	-4.01	-5.31	-6.41	-7.43	-8.02	-8.63	-9.33
山西	榆社	53787	-11.44	-12.40	-13.43	-14.60	-15.54	-16.10	-16.03	-15.06	-13.18	-10.87	-8.53	-6.29	-4.56	-3.58	-3.24	-3.52	-4.32	-5.25	-6.39	-7.53	-8.49	-9.43	-10.14	-10.80
山西	介休	53863	-8.35	-9.07	-10.07	-10.98	-11.84	-12.30	-12.31	-11.70	-10.15	-8.19	-6.10	-4.09	-2.63	-1.62	-1.36	-1.60	-2.30	-3.30	-4.45	-5.43	-6.25	-6.90	-7.44	-7.86
山西	运城	53959	-2.50	-3.15	-3.91	-4.79	-5.50	-5.88	-5.89	-5.13	-3.95	-2.42	-0.59	0.89	2.11	2.81	3.10	2.93	2.55	1.88	1.01	0.22	-0.41	-0.97	-1.42	-1.89
山西	侯马	53963	-3.84	-4.69	-5.56	-6.47	-7.36	-7.73	-7.82	-7.06	-5.58	-3.54	-1.28	0.68	2.23	3.27	3.62	3.43	2.87	1.89	1.06	0.03	-0.88	-1.66	-2.44	-3.12
内蒙古	图里河	50434	-38.22	-39.01	-39.89	-41.00	-41.94	-42.40	-42.14	-40.97	-38.53	-35.36	-31.83	-28.68	-26.27	-24.87	-24.78	-25.76	-27.81	-30.12	-32.67	-34.70	-36.09	-36.97	-37.33	-37.77
内蒙古	满洲里	50514	-30.36	-30.71	-31.11	-31.59	-32.09	-32.41	-32.45	-31.65	-30.21	-28.39	-26.44	-24.64	-23.25	-22.60	-22.61	-23.26	-24.47	-26.03	-27.51	-28.88	-29.65	-30.07	-30.29	-30.29
内蒙古	海拉尔	50527	-33.13	-33.54	-34.14	-34.80	-35.30	-35.55	-35.51	-34.78	-33.33	-31.48	-29.48	-27.60	-26.15	-25.30	-25.24	-25.69	-26.74	-28.08	-29.40	-30.62	-31.40	-32.04	-32.42	-32.78
内蒙古	博克图	50632	-27.05	-27.31	-27.76	-28.24	-28.56	-28.71	-28.61	-27.97	-26.95	-25.70	-24.38	-23.08	-21.98	-21.44	-21.50	-21.95	-22.75	-23.70	-24.74	-25.70	-26.34	-26.77	-26.95	-27.00
内蒙古	阿尔山	50727	-34.48	-34.89	-35.55	-36.17	-36.61	-36.98	-36.78	-35.92	-34.31	-32.15	-29.85	-27.59	-26.05	-25.25	-25.48	-26.48	-27.76	-29.48	-31.35	-33.10	-34.03	-34.37	-34.53	-34.59
内蒙古	索伦	50834	-22.81	-23.33	-24.13	-24.88	-25.79	-26.35	-26.28	-25.49	-23.88	-21.62	-19.29	-16.98	-15.29	-14.65	-14.55	-15.18	-16.33	-17.92	-19.52	-20.71	-21.54	-22.16	-22.42	-22.63
内蒙古	东乌珠穆沁旗	50915	-28.49	-29.12	-29.73	-30.32	-30.95	-31.29	-31.09	-30.12	-28.55	-26.40	-24.19	-22.15	-20.65	-19.83	-19.80	-20.28	-21.30	-22.62	-24.06	-25.42	-26.31	-27.01	-27.46	-28.01
内蒙古	额济纳旗	52267	-14.64	-15.62	-16.84	-17.95	-18.88	-19.52	-19.69	-19.15	-17.55	-15.64	-13.46	-11.06	-9.02	-7.70	-7.10	-7.12	-7.60	-8.36	-9.35	-10.32	-11.15	-11.93	-12.85	-13.71
内蒙古	巴音毛道	52495	-17.19	-18.07	-19.00	-19.95	-20.61	-21.16	-21.23	-20.26	-18.53	-16.35	-14.08	-11.90	-10.24	-9.16	-9.04	-9.29	-10.12	-11.22	-12.38	-13.48	-14.39	-15.27	-15.85	-16.55
内蒙古	二连浩特	53068	-25.33	-25.98	-26.77	-27.65	-28.36	-28.69	-28.67	-27.93	-26.47	-24.37	-22.10	-20.02	-18.33	-17.31	-17.23	-17.64	-18.57	-19.78	-21.14	-22.37	-23.25	-23.85	-24.39	-24.84
内蒙古	阿巴嘎旗	53192	-28.70	-29.34	-30.08	-30.76	-31.35	-31.71	-31.66	-30.98	-29.44	-27.51	-25.37	-23.43	-21.85	-20.82	-20.81	-21.27	-22.05	-23.27	-24.59	-25.76	-26.65	-27.28	-27.73	-28.24

续表

站台信息			时刻																							
省名	站名	台站号	1:00	2:00	3:00	4:00	5:00	6:00	7:00	8:00	9:00	10:00	11:00	12:00	13:00	14:00	15:00	16:00	17:00	18:00	19:00	20:00	21:00	22:00	23:00	0:00
内蒙古	海力素	53231	-20.85	-21.23	-21.79	-22.43	-22.86	-23.17	-22.96	-22.09	-20.72	-18.81	-16.80	-14.92	-13.59	-12.93	-13.03	-13.77	-15.01	-16.54	-17.98	-19.20	-19.94	-20.26	-20.49	-20.63
内蒙古	朱日和	53276	-22.22	-22.60	-23.13	-23.76	-24.26	-24.45	-24.33	-23.64	-22.33	-20.60	-18.60	-16.91	-15.77	-15.08	-15.13	-15.62	-16.63	-17.79	-19.03	-20.03	-20.78	-21.36	-21.75	-21.97
内蒙古	乌拉特后旗	53336	-18.49	-19.10	-19.78	-20.64	-21.30	-21.67	-21.53	-20.93	-19.47	-17.65	-15.72	-13.69	-12.34	-11.45	-11.25	-11.59	-12.45	-13.33	-14.39	-15.33	-16.06	-16.56	-17.20	-17.80
内蒙古	达尔罕联合旗	53352	-22.86	-23.65	-24.65	-25.71	-26.52	-26.89	-26.77	-25.79	-23.83	-21.26	-18.86	-16.59	-15.15	-14.20	-13.91	-14.22	-15.24	-16.46	-17.77	-19.02	-19.96	-20.72	-21.35	-22.09
内蒙古	化德	53391	-22.46	-22.80	-23.20	-23.71	-24.10	-24.37	-24.27	-23.68	-22.29	-20.84	-19.46	-18.05	-16.99	-16.44	-16.55	-17.07	-17.98	-18.94	-19.95	-20.83	-21.52	-21.81	-21.98	-22.23
内蒙古	呼和浩特	53463	-17.02	-17.80	-18.63	-19.39	-20.21	-20.68	-20.54	-19.86	-18.56	-16.64	-14.60	-12.66	-11.11	-10.20	-10.03	-10.38	-10.99	-12.01	-13.09	-14.02	-14.89	-15.57	-16.04	-16.59
内蒙古	吉兰太	53502	-15.26	-16.34	-17.56	-18.67	-19.58	-20.10	-20.07	-19.19	-17.39	-15.25	-12.92	-10.61	-8.74	-7.50	-6.87	-6.97	-7.55	-8.70	-9.85	-10.93	-11.89	-12.73	-13.61	-14.32
内蒙古	鄂托克旗	53529	-16.76	-17.77	-18.77	-19.63	-20.54	-21.00	-20.95	-20.04	-18.24	-15.94	-13.42	-11.13	-9.30	-8.32	-7.97	-8.33	-9.37	-10.53	-11.90	-13.24	-14.19	-14.91	-15.51	-16.02
内蒙古	东胜	53543	-14.37	-14.93	-15.59	-16.09	-16.81	-17.26	-17.12	-16.62	-15.58	-14.38	-12.92	-11.39	-10.06	-9.35	-9.17	-9.33	-9.82	-10.74	-11.69	-12.39	-13.01	-13.40	-13.71	-14.01
内蒙古	西乌珠穆沁旗	54012	-26.99	-27.60	-28.16	-28.89	-29.42	-29.64	-29.54	-28.59	-27.20	-25.22	-23.27	-21.70	-20.50	-19.74	-19.72	-20.15	-20.94	-22.00	-23.16	-24.06	-24.94	-25.54	-26.07	-26.46
内蒙古	扎鲁特旗	54026	-18.42	-18.76	-19.29	-19.87	-20.28	-20.57	-20.43	-19.77	-18.52	-17.02	-15.43	-13.89	-12.72	-12.18	-12.11	-12.60	-13.39	-14.48	-15.65	-16.58	-17.19	-17.60	-17.85	-18.12
内蒙古	巴林左旗	54027	-20.22	-20.86	-21.60	-22.34	-23.09	-23.50	-23.32	-22.35	-20.61	-18.39	-16.21	-14.30	-13.04	-12.25	-12.37	-12.79	-13.68	-14.83	-16.08	-17.45	-18.18	-18.91	-19.39	-19.81
内蒙古	锡林浩特	54102	-25.41	-25.78	-26.34	-26.94	-27.54	-27.69	-27.52	-26.80	-25.58	-23.90	-22.03	-20.30	-18.91	-18.22	-18.00	-18.56	-19.24	-20.36	-21.76	-22.84	-23.69	-24.43	-24.72	-25.02
内蒙古	林西	54115	-20.25	-20.65	-21.25	-21.90	-22.65	-22.99	-22.71	-21.92	-20.51	-18.77	-17.07	-15.53	-14.48	-13.85	-13.89	-14.35	-14.96	-15.96	-16.93	-17.88	-18.55	-19.09	-19.59	-19.87
内蒙古	开鲁	54134	-19.59	-20.20	-20.91	-21.63	-22.18	-22.39	-22.29	-21.54	-19.96	-18.05	-16.12	-14.18	-12.82	-12.08	-11.94	-12.40	-13.31	-14.37	-15.66	-16.79	-17.68	-18.26	-18.72	-19.11
内蒙古	通辽	54135	-19.81	-20.34	-20.94	-21.62	-22.27	-22.59	-22.54	-21.71	-20.17	-18.14	-16.20	-14.53	-13.28	-12.49	-12.43	-12.95	-13.93	-15.10	-16.35	-17.44	-18.27	-18.72	-19.10	-19.48
内蒙古	多伦	54208	-24.48	-25.19	-26.10	-27.00	-27.86	-28.30	-28.24	-27.25	-25.59	-23.60	-21.41	-19.72	-18.35	-17.55	-17.39	-17.70	-18.52	-19.59	-20.65	-21.65	-22.56	-23.17	-23.66	-24.00
内蒙古	赤峰	54218	-17.30	-17.98	-18.79	-19.53	-20.22	-20.62	-20.43	-19.41	-17.81	-15.75	-13.54	-11.73	-10.28	-9.59	-9.49	-9.98	-10.92	-12.09	-13.25	-14.35	-15.22	-15.79	-16.27	-16.77
辽宁	彰武	54236	-17.97	-18.56	-19.15	-19.85	-20.47	-20.69	-20.54	-19.76	-18.43	-16.44	-14.59	-12.90	-11.67	-10.86	-10.71	-11.12	-11.86	-12.95	-14.19	-15.26	-16.08	-16.68	-17.13	-17.59
辽宁	朝阳	54324	-17.23	-17.92	-18.81	-19.68	-20.18	-20.67	-20.23	-19.16	-17.22	-14.77	-12.23	-9.98	-8.57	-7.72	-7.49	-8.05	-9.18	-10.51	-12.06	-13.48	-14.48	-15.34	-16.03	-16.64
辽宁	新民	54333	-15.60	-16.28	-17.04	-17.81	-18.40	-18.67	-18.54	-17.82	-16.58	-14.97	-13.13	-11.70	-10.41	-9.83	-9.73	-10.08	-10.77	-11.61	-12.48	-13.25	-13.88	-14.31	-14.71	-15.13
辽宁	锦州	54337	-12.91	-13.41	-14.00	-14.64	-15.18	-15.43	-15.38	-14.78	-13.62	-12.17	-10.55	-9.13	-8.03	-7.43	-7.39	-7.70	-8.31	-9.07	-10.04	-10.94	-11.54	-12.01	-12.34	-12.58
辽宁	沈阳	54342	-17.64	-18.29	-19.12	-19.87	-20.47	-20.79	-20.62	-19.79	-18.28	-16.36	-14.37	-12.67	-11.39	-10.72	-10.62	-10.91	-11.62	-12.39	-13.46	-14.48	-15.23	-15.86	-16.52	-17.05
辽宁	本溪	54346	-19.21	-19.96	-20.88	-21.73	-22.33	-22.57	-22.36	-21.59	-20.07	-17.90	-15.69	-13.75	-12.20	-11.39	-11.26	-11.50	-12.16	-13.08	-14.19	-15.17	-16.08	-16.90	-17.65	-18.35
辽宁	兴城	54455	-13.02	-13.54	-14.18	-14.80	-15.24	-15.52	-15.41	-14.62	-13.14	-11.49	-9.62	-8.05	-6.92	-6.30	-6.30	-6.70	-7.37	-8.38	-9.46	-10.44	-11.22	-11.72	-12.12	-12.56

续表

站台信息			时刻																							
省名	站名	台站号	1:00	2:00	3:00	4:00	5:00	6:00	7:00	8:00	9:00	10:00	11:00	12:00	13:00	14:00	15:00	16:00	17:00	18:00	19:00	20:00	21:00	22:00	23:00	0:00
辽宁	营口	54471	-14.03	-14.38	-14.84	-15.47	-15.97	-16.22	-16.09	-15.50	-14.56	-13.07	-11.72	-10.36	-9.31	-8.70	-8.66	-9.06	-9.64	-10.39	-11.26	-12.02	-12.60	-13.00	-13.38	-13.71
辽宁	宽甸	54493	-19.97	-20.72	-21.59	-22.56	-23.18	-23.30	-22.89	-21.79	-19.76	-17.13	-14.41	-11.86	-10.06	-9.14	-9.06	-9.63	-10.88	-12.40	-14.15	-15.85	-17.09	-17.98	-18.65	-19.27
辽宁	丹东	54497	-13.13	-13.51	-13.97	-14.40	-14.70	-14.86	-14.73	-14.11	-12.97	-11.57	-10.14	-8.84	-7.89	-7.27	-7.25	-7.72	-8.33	-9.24	-10.23	-11.08	-11.71	-12.10	-12.40	-12.81
辽宁	大连	54662	-8.04	-8.25	-8.50	-8.69	-8.84	-9.02	-9.00	-8.86	-8.46	-7.89	-7.28	-6.70	-6.18	-5.99	-5.99	-6.11	-6.39	-6.81	-7.15	-7.37	-7.62	-7.75	-7.82	-7.93
吉林	白城	50936	-23.40	-23.97	-24.76	-25.50	-26.22	-26.51	-26.31	-25.36	-23.60	-21.43	-19.14	-16.82	-15.08	-14.19	-14.14	-14.73	-16.03	-17.42	-19.01	-20.38	-21.30	-21.96	-22.40	-22.93
吉林	前郭尔罗斯	50949	-22.49	-23.08	-23.69	-24.48	-25.07	-25.40	-25.26	-24.62	-23.21	-21.43	-19.44	-17.64	-16.26	-15.41	-15.28	-15.66	-16.40	-17.57	-18.76	-19.84	-20.62	-21.16	-21.60	-22.03
吉林	四平	54157	-20.42	-20.91	-21.54	-22.11	-22.55	-22.79	-22.59	-21.82	-20.57	-18.83	-17.04	-15.40	-14.10	-13.35	-13.29	-13.73	-14.65	-15.77	-16.88	-17.94	-18.77	-19.22	-19.55	-20.00
吉林	长春	54161	-21.63	-22.12	-22.75	-23.30	-23.72	-23.96	-23.81	-23.21	-21.99	-20.45	-18.86	-17.40	-16.34	-15.65	-15.55	-15.95	-16.67	-17.68	-18.77	-19.69	-20.33	-20.72	-20.88	-21.23
吉林	敦化	54186	-24.88	-25.39	-25.98	-26.60	-26.99	-27.01	-26.56	-25.51	-23.58	-21.43	-19.26	-17.31	-16.13	-15.50	-15.67	-16.44	-17.50	-19.04	-20.43	-21.72	-22.63	-23.39	-23.98	-24.49
吉林	东岗	54284	-23.89	-24.55	-25.22	-25.92	-26.28	-26.61	-26.29	-25.36	-23.67	-21.69	-19.84	-18.19	-16.88	-16.37	-16.29	-16.84	-17.69	-18.86	-20.09	-21.15	-21.93	-22.47	-23.03	-23.53
吉林	延吉	54292	-20.24	-20.74	-21.42	-22.08	-22.62	-22.80	-22.48	-21.41	-19.59	-17.35	-15.17	-13.40	-12.03	-11.52	-11.56	-12.08	-13.15	-14.43	-15.95	-17.29	-18.26	-18.99	-19.42	-19.89
吉林	临江	54374	-22.93	-23.65	-24.58	-25.39	-26.14	-26.47	-26.30	-25.36	-23.58	-21.14	-18.55	-16.18	-14.27	-13.16	-13.02	-13.63	-14.73	-16.17	-17.77	-19.30	-20.44	-21.25	-21.84	-22.36
黑龙江	漠河	50136	-39.04	-39.54	-40.33	-41.20	-42.15	-42.63	-42.35	-41.17	-39.13	-36.31	-33.36	-30.70	-28.71	-27.60	-27.65	-28.65	-30.13	-32.25	-34.37	-36.05	-37.50	-38.47	-38.75	-38.97
黑龙江	呼玛	50353	-35.18	-35.75	-36.58	-37.45	-38.15	-38.54	-38.36	-37.47	-35.83	-33.63	-31.31	-29.17	-27.36	-26.33	-26.13	-26.65	-27.66	-29.20	-30.67	-32.12	-33.20	-33.84	-34.31	-34.79
黑龙江	嫩江	50557	-32.23	-32.59	-33.25	-33.99	-34.80	-35.37	-35.43	-34.50	-32.82	-30.68	-28.26	-26.11	-24.52	-23.50	-23.43	-24.14	-25.49	-27.11	-28.80	-30.22	-31.14	-31.64	-31.84	-31.94
黑龙江	孙吴	50564	-34.28	-34.59	-35.19	-35.95	-36.65	-37.02	-36.74	-35.52	-33.26	-30.28	-27.16	-24.31	-22.35	-21.37	-21.52	-22.77	-24.81	-27.30	-29.69	-31.82	-33.12	-33.82	-34.17	-34.16
黑龙江	克山	50658	-28.32	-28.84	-29.58	-30.37	-31.02	-31.41	-31.42	-30.75	-29.19	-27.36	-25.50	-23.78	-22.21	-21.43	-21.28	-21.67	-22.47	-23.66	-24.82	-25.97	-26.75	-27.20	-27.57	-27.89
黑龙江	富裕	50742	-25.54	-25.94	-26.75	-27.60	-28.31	-28.66	-28.58	-27.84	-26.51	-24.66	-22.71	-20.72	-19.33	-18.42	-18.39	-18.71	-19.59	-20.85	-22.18	-23.24	-24.16	-24.61	-25.13	-25.25
黑龙江	齐齐哈尔	50745	-24.89	-25.36	-26.13	-26.80	-27.38	-27.77	-27.73	-26.86	-25.49	-23.76	-21.60	-19.69	-18.30	-17.41	-17.27	-17.78	-18.74	-19.78	-20.98	-22.10	-22.90	-23.50	-24.02	-24.44
黑龙江	海伦	50756	-28.02	-28.53	-29.24	-29.83	-30.33	-30.71	-30.70	-30.21	-29.12	-27.54	-25.77	-24.13	-22.75	-21.94	-21.82	-22.13	-22.91	-23.91	-24.94	-25.86	-26.51	-26.96	-27.31	-27.59
黑龙江	富锦	50788	-25.72	-26.06	-26.50	-27.00	-27.45	-27.59	-27.37	-26.73	-25.57	-24.09	-22.51	-21.07	-20.06	-19.33	-19.21	-19.63	-20.42	-21.42	-22.44	-23.37	-24.13	-24.70	-25.04	-25.33
黑龙江	安达	50854	-26.23	-26.69	-27.45	-28.18	-28.85	-29.20	-29.01	-28.05	-26.43	-24.33	-22.03	-19.82	-18.36	-17.44	-17.48	-18.03	-19.34	-20.85	-22.46	-23.79	-24.75	-25.19	-25.62	-25.98
黑龙江	佳木斯	50873	-25.96	-26.42	-26.78	-27.20	-27.57	-27.62	-27.42	-26.53	-24.93	-23.02	-20.91	-19.28	-18.00	-17.36	-17.39	-17.92	-19.05	-20.55	-22.05	-23.44	-24.36	-25.00	-25.28	-25.67
黑龙江	肇州	50950	-23.68	-24.21	-24.78	-25.39	-25.85	-26.04	-25.94	-25.33	-23.79	-21.80	-19.81	-18.04	-16.61	-15.85	-15.96	-16.64	-17.66	-19.00	-20.29	-21.36	-22.12	-22.64	-23.12	-23.22
黑龙江	哈尔滨	50953	-25.66	-26.26	-26.89	-27.41	-27.90	-28.17	-27.97	-27.11	-25.55	-23.61	-21.53	-19.78	-18.41	-17.54	-17.39	-17.90	-18.75	-20.10	-21.43	-22.57	-23.46	-24.24	-24.80	-25.12
黑龙江	通河	50963	-28.40	-29.06	-29.91	-30.85	-31.54	-31.98	-31.73	-30.67	-28.86	-26.43	-23.90	-21.49	-19.70	-18.84	-18.72	-19.25	-20.36	-21.91	-23.56	-24.91	-25.87	-26.73	-27.34	-27.85
黑龙江	尚志	50968	-29.17	-29.79	-30.47	-31.06	-31.65	-31.83	-31.25	-29.88	-27.67	-24.94	-22.26	-19.88	-18.18	-17.28	-17.37	-18.14	-19.62	-21.43	-23.42	-25.24	-26.70	-27.69	-28.34	-28.72
黑龙江	鸡西	50978	-22.59	-22.88	-23.29	-23.78	-24.14	-24.20	-23.94	-23.21	-21.99	-20.38	-18.64	-17.23	-16.19	-15.68	-15.49	-16.04	-16.91	-18.09	-19.37	-20.43	-21.25	-21.80	-22.07	-22.33
黑龙江	牡丹江	54094	-24.06	-24.76	-25.49	-26.25	-26.88	-27.26	-26.95	-26.03	-24.21	-21.96	-19.84	-17.67	-16.17	-15.35	-15.22	-15.73	-16.54	-17.94	-19.39	-20.71	-21.71	-22.50	-23.09	-23.60
黑龙江	绥芬河	54096	-23.40	-23.79	-24.46	-25.09	-25.49	-25.64	-25.38	-24.62	-23.19	-21.40	-19.58	-18.15	-17.09	-16.60	-16.56	-16.96	-17.63	-18.47	-19.56	-20.58	-21.31	-21.90	-22.41	-22.86
上海	上海	58362	6.78	6.52	6.12	5.89	5.61	5.48	5.57	6.07	6.67	7.37	8.10	8.80	9.25	9.55	9.63	9.54	9.27	8.83	8.43	8.02	7.72	7.37	7.05	6.81
江苏	徐州	58027	-1.15	-1.58	-2.07	-2.61	-3.06	-3.35	-3.27	-2.74	-1.68	-0.35	0.88	2.04	2.89	3.48	3.69	3.64	3.12	2.51	1.80	1.17	0.70	0.20	-0.18	-0.66

续表

站台信息			时刻																							
省名	站名	台站号	1:00	2:00	3:00	4:00	5:00	6:00	7:00	8:00	9:00	10:00	11:00	12:00	13:00	14:00	15:00	16:00	17:00	18:00	19:00	20:00	21:00	22:00	23:00	0:00
江苏	赣榆	58040	−2.08	−2.64	−3.17	−3.74	−4.21	−4.45	−4.32	−3.67	−2.55	−1.27	0.15	1.49	2.37	2.98	3.16	3.01	2.41	1.70	0.95	0.23	−0.38	−0.85	−1.25	−1.65
江苏	淮阴（清江）	58144	1.02	0.69	0.27	−0.24	−0.59	−0.71	−0.48	−0.24	0.72	1.84	2.92	4.04	4.96	5.35	5.50	5.36	4.90	4.34	3.71	3.26	2.63	2.14	1.75	1.35
江苏	南京	58238	2.22	1.78	1.26	0.80	0.35	0.16	0.37	0.96	1.98	3.04	4.13	5.29	6.07	6.62	6.84	6.65	6.26	5.67	5.03	4.40	3.87	3.46	3.03	2.63
江苏	东台	58251	1.64	1.39	1.03	0.68	0.43	0.32	0.45	0.83	1.65	2.71	3.73	4.77	5.62	6.01	6.06	5.84	5.46	4.70	3.94	3.39	2.84	2.52	2.22	1.93
江苏	吕泗	58265	5.21	4.98	4.67	4.33	4.12	4.01	4.07	4.71	5.23	6.01	7.02	7.88	8.32	8.62	8.81	8.64	8.33	7.90	7.43	6.99	6.56	6.10	5.68	5.40
浙江	杭州	58457	5.36	5.07	4.75	4.39	4.23	4.05	4.07	4.47	4.99	5.80	6.53	7.29	7.92	8.23	8.32	8.29	7.94	7.58	7.25	6.86	6.47	6.19	5.90	5.63
浙江	定海	58477	6.76	6.64	6.56	6.34	6.32	6.40	6.56	6.97	7.42	7.92	8.44	8.93	9.15	9.33	9.37	9.14	8.86	8.47	8.07	7.75	7.31	7.21	7.05	6.86
浙江	衢州	58633	7.72	7.19	6.65	6.07	5.45	5.15	5.36	6.06	7.02	7.92	8.93	9.74	10.37	10.62	10.84	10.94	10.79	10.55	10.12	9.79	9.32	8.89	8.48	8.12
浙江	温州	58659	10.46	10.01	9.66	9.22	8.91	8.76	8.98	9.51	10.36	11.37	12.49	13.36	13.91	14.30	14.37	14.18	13.73	13.28	12.68	12.05	11.51	11.24	11.05	10.73
浙江	洪家	58665	8.62	8.13	7.68	7.38	7.08	6.96	7.21	7.84	8.74	9.95	11.10	12.12	13.01	13.38	13.43	13.53	13.01	12.46	11.69	10.94	10.41	9.93	9.45	9.04
安徽	亳州	58102	−0.74	−1.41	−2.16	−2.82	−3.34	−3.51	−3.44	−2.81	−1.52	0.04	1.55	2.88	3.86	4.38	4.56	4.40	4.04	3.41	2.66	1.88	1.26	0.73	0.36	−0.14
安徽	寿县	58215	0.77	0.19	−0.41	−1.10	−1.48	−1.59	−1.50	−0.90	0.31	1.61	3.05	4.26	5.48	6.03	6.18	5.97	5.54	4.89	4.05	3.35	2.70	2.18	1.71	1.26
安徽	蚌埠	58221	1.11	0.68	0.11	−0.48	−0.92	−1.13	−1.05	−0.47	0.34	1.68	2.91	4.19	5.15	5.71	5.84	5.68	5.22	4.53	3.85	3.27	2.71	2.18	1.90	1.58
安徽	霍山	58314	3.35	2.69	1.95	1.25	0.54	0.20	0.48	1.27	2.33	3.61	5.05	6.17	7.15	7.58	7.72	7.65	7.26	6.75	6.12	5.68	5.13	4.67	4.29	3.85
安徽	桐城	58319	4.28	3.84	3.40	2.74	2.22	2.07	2.17	2.82	3.77	5.07	6.39	7.63	8.62	8.74	8.78	8.44	7.94	7.33	6.75	6.16	5.60	5.09	4.70	4.47
安徽	合肥	58321	3.32	2.98	2.55	2.11	1.71	1.48	1.54	1.95	2.57	3.47	4.53	5.34	6.18	6.70	6.88	6.64	6.23	5.79	5.44	4.98	4.61	4.32	3.90	3.67
安徽	安庆	58424	5.64	5.33	5.00	4.63	4.39	4.18	4.15	4.42	5.03	5.68	6.37	7.04	7.54	7.95	8.09	8.13	7.88	7.57	7.26	6.83	6.60	6.34	6.13	5.94
安徽	屯溪	58531	6.39	5.71	4.79	3.90	3.08	2.64	3.11	4.09	5.24	6.99	8.53	10.03	10.65	11.18	11.46	11.21	11.00	10.51	9.98	9.23	8.66	8.03	7.46	6.95
福建	建瓯	58737	12.14	11.17	10.46	8.94	7.69	7.15	7.67	9.38	10.78	12.85	14.57	16.43	17.94	18.86	19.09	18.85	18.47	17.84	16.87	16.06	15.03	14.28	13.59	12.87
福建	南平	58834	12.66	12.09	11.32	10.55	10.00	9.56	9.82	10.62	11.75	13.31	14.98	16.29	17.27	17.79	17.89	17.75	17.41	16.69	15.95	15.25	14.58	14.14	13.60	13.15
福建	福州	58847	15.23	14.93	14.51	14.00	13.59	13.42	13.54	14.11	15.15	16.47	17.63	18.63	19.30	19.63	19.59	19.29	18.81	18.10	17.34	16.59	16.17	15.75	15.63	15.49
福建	上杭	58918	13.32	12.55	11.82	10.88	9.97	9.56	9.82	10.75	12.18	13.68	15.18	16.36	17.20	17.76	18.00	17.80	17.38	16.90	16.30	15.71	15.23	14.84	14.34	13.84
福建	永安	58921	12.29	11.47	10.52	9.39	8.51	8.05	8.47	9.81	11.36	13.04	14.97	16.45	17.59	18.07	18.33	18.13	17.85	17.58	16.91	16.09	15.34	14.71	14.04	13.14
福建	崇武	59133	18.48	18.28	17.95	17.65	17.39	17.42	17.52	17.83	18.42	19.05	19.62	20.11	20.54	20.77	20.83	20.75	20.44	20.14	19.80	19.48	19.29	19.09	18.95	18.76
福建	厦门	59134	18.29	17.93	17.75	17.54	17.25	17.18	17.40	17.95	18.92	20.17	21.25	22.25	22.87	23.29	23.26	22.82	22.15	21.48	20.55	19.70	19.16	18.83	18.64	18.35
江西	宜春	57793	8.83	8.31	7.62	6.83	6.04	5.60	5.74	6.56	7.70	8.82	9.85	10.58	11.05	11.56	11.69	11.64	11.56	11.28	11.05	10.72	10.25	9.93	9.51	9.26
江西	吉安	57799	9.93	9.50	9.06	8.54	8.05	7.62	7.61	8.12	8.93	9.88	10.73	11.40	11.87	12.23	12.31	12.29	12.16	11.91	11.60	11.32	11.06	10.85	10.52	10.24
江西	遂川	57896	10.16	9.70	9.10	8.67	8.14	7.72	7.95	8.64	9.50	10.42	11.36	12.08	12.71	12.97	13.08	12.97	12.71	12.51	12.13	11.77	11.47	11.24	10.87	10.47
江西	赣州	57993	11.46	11.13	10.63	10.19	9.66	9.35	9.44	9.99	10.71	11.56	12.47	13.12	13.52	13.85	13.89	13.80	13.69	13.45	13.12	12.75	12.51	12.25	11.95	11.78
江西	景德镇	58527	6.55	5.80	4.98	4.22	3.38	3.20	3.51	4.33	5.63	7.19	8.69	9.79	10.70	11.27	11.49	11.40	11.17	10.57	9.95	9.39	8.79	8.26	7.69	7.10
江西	南昌	58606	7.68	7.45	7.05	6.65	6.32	6.17	6.21	6.53	7.15	7.96	8.69	9.37	9.94	10.31	10.41	10.37	10.14	9.84	9.41	9.10	8.71	8.29	8.07	7.89
江西	玉山	58634	7.77	7.24	6.53	5.76	5.14	4.87	5.04	5.87	6.98	8.31	9.44	10.39	11.00	11.37	11.52	11.45	11.29	10.89	10.53	10.05	9.65	9.24	8.75	8.31

续表

站台信息			时刻																							
省名	站名	台站号	1:00	2:00	3:00	4:00	5:00	6:00	7:00	8:00	9:00	10:00	11:00	12:00	13:00	14:00	15:00	16:00	17:00	18:00	19:00	20:00	21:00	22:00	23:00	0:00
江西	南城	58715	8.97	8.48	7.95	7.22	6.64	6.32	6.50	7.19	8.22	9.15	10.08	10.79	11.42	11.72	11.85	11.89	11.62	11.40	11.05	10.72	10.35	9.99	9.70	9.33
山东	惠民县	54725	−6.77	−7.20	−7.99	−8.71	−9.16	−9.41	−9.34	−8.62	−7.33	−5.51	−3.65	−2.11	−0.89	−0.29	−0.18	−0.65	−1.42	−2.36	−3.44	−4.48	−5.26	−5.86	−6.16	−6.45
山东	成山头	54776	−0.99	−1.05	−1.13	−1.31	−1.46	−1.51	−1.52	−1.47	−1.39	−1.07	−0.79	−0.63	−0.58	−0.52	−0.53	−0.49	−0.60	−0.69	−0.81	−0.96	−1.00	−1.02	−0.93	−0.94
山东	朝阳	54808	−4.83	−5.43	−6.15	−6.95	−7.63	−7.93	−7.86	−7.03	−5.57	−3.60	−1.63	−0.14	1.09	1.78	1.98	1.58	0.94	0.00	−1.19	−2.18	−2.99	−3.65	−4.05	−4.48
山东	济南	54823	−3.31	−3.70	−4.29	−4.75	−5.23	−5.44	−5.35	−4.91	−4.07	−2.94	−1.80	−0.70	0.15	0.80	0.78	0.51	0.08	−0.50	−1.22	−1.80	−2.26	−2.49	−2.73	−2.96
山东	潍坊	54843	−7.07	−7.57	−8.16	−8.70	−9.19	−9.21	−8.87	−7.89	−6.43	−4.49	−2.69	−1.15	−0.18	0.41	0.27	−0.16	−0.93	−1.92	−3.07	−4.16	−4.93	−5.54	−6.06	−6.55
山东	兖州	54916	−4.35	−5.07	−5.76	−6.53	−7.03	−7.41	−7.24	−6.50	−4.95	−3.14	−1.30	0.31	1.66	2.47	2.71	2.41	1.84	0.96	−0.10	−1.09	−1.86	−2.56	−3.15	−3.68
山东	莒县	54936	−3.84	−4.45	−5.28	−6.21	−6.83	−7.06	−6.82	−6.07	−4.62	−2.84	−0.73	0.69	1.95	2.64	2.82	2.44	1.81	1.18	0.13	−0.87	−1.67	−2.35	−2.87	−3.37
河南	安阳	53898	−2.27	−2.83	−3.49	−4.20	−4.77	−5.12	−5.13	−4.57	−3.50	−2.06	−0.58	0.64	1.54	2.26	2.44	2.37	1.99	1.42	0.77	0.06	−0.37	−0.76	−1.36	−1.79
河南	卢氏	57067	−2.22	−2.91	−3.79	−4.71	−5.57	−6.03	−5.90	−4.89	−3.23	−1.34	0.59	1.98	2.98	3.62	3.75	3.54	3.11	2.49	1.62	0.83	0.08	−0.59	−1.14	−1.69
河南	郑州	57083	−1.21	−1.73	−2.32	−2.94	−3.40	−3.70	−3.60	−2.97	−1.86	−0.58	0.83	1.97	2.90	3.34	3.51	3.28	2.91	2.36	1.56	0.93	0.37	−0.08	−0.48	−0.84
河南	南阳	57178	3.39	2.83	2.15	1.24	0.57	0.16	0.29	0.91	2.11	3.48	4.73	5.79	6.72	7.19	7.46	7.54	7.23	6.72	6.06	5.52	5.01	4.44	4.16	3.82
河南	驻马店	57290	0.92	0.47	−0.09	−0.71	−1.19	−1.47	−1.35	−0.71	0.31	1.47	2.73	3.90	4.67	5.20	5.25	5.21	4.92	4.22	3.55	2.94	2.50	2.08	1.65	1.33
河南	信阳	57297	2.89	2.45	1.90	1.40	0.98	0.71	0.80	1.28	2.08	2.87	4.01	4.82	5.44	5.74	5.86	5.81	5.62	5.46	5.07	4.70	4.33	3.94	3.63	3.17
河南	尚丘	58005	−1.44	−1.98	−2.56	−3.17	−3.76	−4.14	−4.06	−3.43	−2.25	−0.74	0.82	2.16	3.12	3.75	3.93	3.57	3.24	2.49	1.67	0.93	0.29	−0.11	−0.54	−0.95
湖北	陨西	57251	4.97	4.15	3.12	2.15	1.07	0.54	0.77	1.80	3.28	5.11	6.74	8.22	9.13	9.68	9.77	9.70	9.45	9.11	8.44	7.72	7.10	6.62	6.13	5.58
湖北	老河口	57265	4.38	3.78	3.21	2.55	1.84	1.49	1.56	2.19	3.29	4.44	5.59	6.53	7.22	7.71	7.87	7.84	7.62	7.29	6.82	6.42	5.95	5.63	5.32	4.90
湖北	钟祥	57378	5.98	5.61	5.06	4.53	4.10	3.73	3.71	4.07	4.78	5.66	6.43	7.16	7.73	8.21	8.40	8.41	8.22	7.96	7.70	7.37	7.07	6.86	6.59	6.34
湖北	麻城	57399	4.61	3.91	3.25	2.60	2.07	1.75	1.87	2.48	3.52	4.87	6.27	7.54	8.33	8.90	9.01	8.96	8.58	8.18	7.52	6.89	6.32	5.81	5.44	5.04
湖北	鄂西	57447	10.89	10.34	9.69	8.81	8.17	7.80	7.80	8.41	9.38	10.48	11.49	12.16	12.78	13.01	13.17	13.27	13.17	12.99	12.89	12.61	12.33	12.11	11.86	11.36
湖北	宜昌	57461	8.42	8.05	7.61	7.15	6.72	6.41	6.38	6.72	7.38	8.29	8.96	9.66	9.96	10.18	10.29	10.18	10.10	9.87	9.52	9.27	9.00	8.83	8.72	8.58
湖北	武汉	57494	5.51	5.13	4.66	4.08	3.61	3.42	3.47	4.11	4.87	5.91	7.02	7.79	8.42	8.94	9.02	9.01	8.73	8.43	7.94	7.45	7.00	6.66	6.25	5.88
湖南	石门	57562	7.83	7.64	7.24	6.84	6.40	6.22	6.21	6.50	7.05	7.72	8.35	8.74	9.12	9.35	9.39	9.42	9.33	9.18	8.97	8.89	8.64	8.51	8.39	8.16
湖南	南县	57574	7.85	7.42	6.91	6.45	6.07	5.71	5.74	6.15	6.75	7.56	8.06	8.50	9.00	9.31	9.44	9.45	9.44	9.38	9.20	9.10	8.91	8.68	8.45	8.18
湖南	吉首	57649	10.55	10.09	9.20	8.38	7.79	7.51	7.73	8.54	9.67	10.60	11.49	12.01	12.35	12.35	12.56	12.59	12.45	12.38	12.22	12.23	11.86	11.53	11.31	10.95
湖南	常德	57662	8.48	8.21	7.64	7.12	6.62	6.33	6.45	6.87	7.55	8.15	8.80	9.35	9.74	9.99	10.09	10.08	10.01	9.82	9.65	9.43	9.28	9.26	9.12	8.86
湖南	长沙（望城）	57687	9.69	9.32	8.95	8.30	7.92	7.58	7.81	8.43	9.20	9.85	10.39	10.90	11.27	11.34	11.43	11.43	11.39	11.26	10.94	10.72	10.51	10.35	10.24	10.03
湖南	芷江	57745	8.64	8.24	7.45	6.77	6.18	5.75	5.95	6.55	7.59	8.69	9.39	9.99	10.38	10.53	10.57	10.48	10.35	10.18	9.89	9.71	9.46	9.24	9.08	8.89
湖南	株洲	57780	10.22	9.80	9.32	8.81	8.30	8.01	7.89	8.30	9.17	10.16	10.84	11.26	11.70	12.00	12.21	12.21	12.18	11.81	11.62	11.37	11.09	10.82	10.60	10.47
湖南	武冈	57853	9.05	8.70	8.34	7.74	6.94	6.44	6.47	7.07	7.93	8.94	9.68	10.18	10.49	10.63	10.78	10.76	10.69	10.55	10.37	10.16	9.94	9.79	9.58	9.30
湖南	零陵	57866	9.86	9.66	9.24	8.92	8.55	8.41	8.46	8.74	9.25	9.65	10.19	10.60	10.76	10.95	10.99	11.00	11.07	11.05	10.94	10.77	10.69	10.51	10.36	10.19
湖南	常宁	57874	11.35	11.00	10.51	9.93	9.57	9.31	9.45	9.92	10.59	11.13	11.71	12.35	12.76	12.80	12.84	12.80	12.69	12.65	12.40	12.44	12.25	12.20	11.97	11.67

续表

站台信息			时刻																							
省名	站名	台站号	1:00	2:00	3:00	4:00	5:00	6:00	7:00	8:00	9:00	10:00	11:00	12:00	13:00	14:00	15:00	16:00	17:00	18:00	19:00	20:00	21:00	22:00	23:00	0:00
广东	南雄	57996	12.23	11.83	11.15	10.38	9.72	9.37	9.39	9.98	10.98	12.14	13.24	14.14	14.79	15.35	15.40	15.31	15.07	14.67	14.29	13.94	13.63	13.32	13.02	12.64
广东	韶关	59082	14.42	13.86	13.07	12.29	11.57	11.10	11.17	11.87	12.95	14.11	15.41	16.38	17.02	17.46	17.78	17.75	17.56	17.20	16.83	16.49	16.09	15.66	15.31	14.84
广东	广州	59287	18.00	17.44	16.80	16.23	15.76	15.46	15.50	16.00	16.88	17.90	19.09	20.15	21.04	21.60	21.95	21.90	21.91	21.45	20.92	20.35	19.87	19.38	18.98	18.41
广东	河源	59293	16.37	15.74	15.09	14.43	13.97	13.64	13.68	14.17	15.13	16.38	17.51	18.48	19.39	19.97	20.36	20.33	19.99	19.47	18.89	18.39	17.95	17.50	17.19	16.74
广东	增城	59294	17.82	17.16	16.39	15.75	15.14	14.82	15.08	15.69	16.83	18.38	19.61	20.74	21.83	22.54	22.95	23.01	22.81	22.36	21.67	21.01	20.43	19.71	19.01	18.32
广东	汕头	59316	21.58	20.95	20.28	19.70	19.16	18.95	19.03	19.57	20.46	21.49	22.67	23.77	24.75	25.54	25.93	26.01	25.89	25.49	24.98	24.34	23.70	23.24	22.64	22.21
广东	汕尾	59501	21.31	20.68	20.11	19.52	18.89	18.65	18.70	19.17	20.10	21.18	22.51	23.52	24.59	25.31	25.60	25.78	25.64	25.05	24.28	23.60	22.98	22.60	22.15	21.76
广东	阳江	59663	20.99	20.57	20.01	19.40	18.81	18.44	18.29	18.54	19.34	20.35	21.53	22.44	23.34	23.80	24.19	24.12	23.94	23.56	23.09	22.64	22.35	22.16	21.75	21.41
广东	电白	59664	24.06	23.30	22.42	21.59	20.89	20.44	20.51	20.96	21.97	23.30	24.44	25.52	26.40	27.15	27.63	27.92	27.77	27.45	27.25	26.89	26.45	25.96	25.38	24.79
广西	桂林	57957	11.39	11.09	10.72	10.31	9.83	9.59	9.62	10.00	10.87	11.86	12.67	13.40	13.81	13.96	14.01	13.93	13.73	13.45	13.12	12.72	12.35	12.13	11.93	11.74
广西	河池	59023	16.64	16.17	15.78	15.34	14.89	14.68	14.69	14.92	15.47	16.22	17.00	17.57	18.04	18.35	18.54	18.67	18.51	18.39	18.17	18.07	17.83	17.61	17.41	17.13
广西	都安	59037	18.14	17.84	17.46	17.05	16.65	16.41	16.46	16.71	17.34	18.16	18.82	19.47	19.77	20.11	20.20	20.22	20.13	19.93	19.68	19.42	19.17	18.98	18.74	18.48
广西	百色	59211	20.89	20.42	19.82	19.12	18.42	18.19	18.41	18.95	19.83	21.07	22.14	22.99	23.50	23.66	23.74	23.73	23.61	23.44	23.08	22.66	22.27	21.85	21.57	21.40
广西	桂平	59254	19.63	19.17	18.51	17.98	17.55	17.24	17.20	17.43	18.09	18.82	19.70	20.44	21.16	21.59	21.81	21.92	21.79	21.65	21.47	21.32	21.12	20.80	20.43	20.03
广西	梧州	59265	16.29	15.82	15.25	14.69	14.17	13.84	13.97	14.48	15.49	16.79	18.09	19.32	20.18	20.52	20.76	20.61	20.27	19.79	19.13	18.56	18.01	17.49	17.20	16.73
广西	龙州	59417	21.67	21.02	20.27	19.48	18.54	18.02	18.24	19.17	20.24	21.40	22.44	23.67	24.37	24.81	25.02	24.97	24.94	24.81	24.38	23.98	23.53	23.14	22.78	22.23
广西	南宁	59431	19.21	18.62	18.01	17.41	16.72	16.46	16.65	17.30	18.09	18.92	20.10	21.13	21.76	22.14	22.20	22.20	21.91	21.68	21.24	20.82	20.53	20.28	20.07	19.58
广西	灵山	59446	18.06	17.56	16.95	16.26	15.65	15.32	15.50	15.87	16.58	17.55	18.37	19.19	19.60	19.98	20.25	20.30	20.21	20.06	19.78	19.49	19.34	19.09	18.78	18.39
广西	钦州	59632	19.49	18.89	18.44	18.04	17.55	17.36	17.42	17.75	18.42	19.28	20.16	21.04	21.64	21.97	22.15	22.20	22.02	21.85	21.52	21.20	20.95	20.64	20.33	19.98
海南	海口	59758	31.03	30.76	30.38	30.05	29.84	29.69	29.60	29.90	30.34	31.01	31.39	31.81	32.28	32.42	32.42	32.39	32.15	31.77	31.61	31.36	31.26	31.32	31.27	31.37
海南	东方	59838	31.62	31.22	30.64	30.23	29.99	29.89	30.15	30.71	31.48	32.54	33.78	35.10	35.78	36.14	36.16	35.85	35.40	34.84	34.05	33.48	32.88	32.71	32.30	31.95
海南	琼海	59855	32.12	31.72	31.53	31.06	30.81	30.64	30.71	31.02	31.81	33.14	34.52	35.40	36.25	36.55	36.63	36.37	35.92	35.11	34.48	33.86	33.28	32.81	32.58	32.37
四川	甘孜	56146	−7.12	−8.38	−9.83	−11.17	−12.40	−13.16	−13.14	−12.13	−10.20	−7.75	−4.89	−2.19	−0.02	1.58	2.41	2.50	1.87	0.76	−0.37	−1.58	−2.65	−3.67	−4.86	−5.97
四川	马尔康	56172	−2.92	−4.02	−5.43	−6.90	−8.09	−8.85	−8.77	−7.74	−5.71	−2.87	0.16	3.00	5.41	7.04	7.75	7.65	6.83	5.50	3.97	2.45	1.10	0.00	−0.94	−1.92
四川	红原	56173	−15.65	−17.25	−19.22	−21.15	−22.63	−23.35	−23.18	−21.54	−18.09	−13.61	−9.07	−5.54	−3.12	−1.66	−1.05	−1.14	−2.57	−4.22	−6.30	−8.55	−10.15	−11.71	−12.92	−14.27
四川	松潘	56182	−6.34	−7.76	−9.37	−10.88	−12.32	−13.00	−13.03	−12.03	−9.76	−6.79	−3.60	−0.80	1.57	3.12	3.73	3.61	3.05	2.10	0.77	−0.82	−2.15	−3.17	−4.23	−5.30
四川	绵阳	56196	11.32	10.50	9.61	8.60	7.75	7.17	7.23	8.05	9.23	10.90	12.31	13.37	13.99	14.44	14.54	14.49	14.42	14.19	13.93	13.48	13.12	12.63	12.31	11.76
四川	理塘	56257	−10.17	−11.69	−13.40	−15.10	−16.53	−17.28	−17.17	−15.96	−13.58	−10.46	−7.07	−4.20	−1.77	−0.30	0.42	0.48	−0.06	−1.05	−2.41	−3.75	−5.11	−6.34	−7.53	−8.80
四川	成都	56294	12.26	11.78	11.07	10.16	9.32	8.87	8.92	9.54	10.62	11.75	12.93	13.75	14.28	14.57	14.77	14.86	14.81	14.61	14.39	14.13	13.80	13.55	13.21	12.83
四川	乐山	56386	15.42	15.20	14.92	14.50	14.11	13.72	13.62	13.86	14.16	14.78	15.37	15.92	16.13	16.30	16.40	16.41	16.35	16.28	16.18	15.99	15.86	15.76	15.70	15.58
四川	九龙	56462	0.26	−0.92	−2.40	−3.98	−5.28	−6.09	−6.10	−5.08	−2.89	0.05	3.27	6.39	8.83	10.31	10.93	10.63	9.66	8.10	6.46	4.84	3.54	2.56	1.80	1.00
四川	宜宾	56492	16.55	16.28	16.07	15.72	15.44	15.20	15.20	15.32	15.78	16.32	16.77	17.08	17.32	17.50	17.54	17.60	17.49	17.39	17.22	17.03	16.92	16.88	16.79	16.76
四川	西昌	56571	14.49	13.66	12.77	11.78	10.92	10.46	10.35	10.93	12.12	13.60	14.74	15.69	16.60	17.14	17.48	17.73	17.73	17.53	17.32	17.03	16.57	16.03	15.59	15.02

续表

站台信息			时刻																							
省名	站名	台站号	1:00	2:00	3:00	4:00	5:00	6:00	7:00	8:00	9:00	10:00	11:00	12:00	13:00	14:00	15:00	16:00	17:00	18:00	19:00	20:00	21:00	22:00	23:00	0:00
四川	会理	56671	12.93	11.54	10.03	8.25	6.80	6.10	6.30	7.48	9.69	12.45	15.35	17.59	19.55	20.70	21.35	21.34	21.01	20.35	19.42	18.49	17.44	16.39	15.25	14.11
四川	万源	57237	6.39	5.89	5.10	4.34	3.73	3.37	3.50	4.09	5.33	6.83	8.18	9.20	9.67	9.88	9.91	9.84	9.61	9.31	8.95	8.46	8.05	7.65	7.29	6.89
四川	南充	57411	14.38	14.04	13.49	12.95	12.37	11.86	11.88	12.17	12.75	13.50	14.36	15.20	15.75	16.06	16.23	16.41	16.45	16.37	16.24	16.02	15.80	15.71	15.30	14.87
四川	泸州	57602	17.33	17.12	16.85	16.45	16.23	16.06	16.02	16.13	16.53	16.82	17.28	17.50	17.84	17.98	18.10	18.10	18.12	18.14	18.01	17.86	17.70	17.67	17.63	17.50
重庆	重庆沙坪坝	57516	16.60	16.32	15.94	15.49	15.17	14.87	14.87	15.06	15.52	16.07	16.67	17.20	17.52	17.78	17.93	17.91	17.89	17.66	17.59	17.41	17.23	17.11	17.04	16.81
重庆	酉阳	57633	7.63	7.19	6.71	6.19	5.56	5.27	5.46	6.16	7.08	7.83	8.31	8.75	9.05	9.20	9.24	9.25	9.16	9.01	8.87	8.75	8.53	8.39	8.20	7.92
贵州	威宁	56691	2.98	2.44	2.08	1.74	1.46	1.32	1.54	1.91	2.42	3.19	3.92	4.56	5.12	5.41	5.63	5.72	5.69	5.58	5.33	5.04	4.56	4.15	3.76	3.40
贵州	桐梓	57606	8.73	8.38	8.10	7.56	7.09	6.90	6.92	7.30	8.01	8.77	9.28	9.69	10.05	10.35	10.41	10.37	10.22	10.01	9.81	9.67	9.48	9.34	9.19	8.99
贵州	毕节	57707	7.00	6.66	6.30	5.77	5.40	5.21	5.33	5.77	6.47	7.24	7.82	8.32	8.68	8.90	9.05	9.07	8.93	8.73	8.47	8.19	7.97	7.80	7.55	7.34
贵州	遵义	57713	9.30	8.86	8.44	7.95	7.48	7.15	7.12	7.52	8.25	9.01	9.64	10.02	10.22	10.35	10.46	10.51	10.47	10.44	10.28	10.21	10.10	9.96	9.87	9.67
贵州	贵阳	57816	8.41	8.01	7.63	7.31	6.99	6.76	6.73	7.03	7.61	8.19	8.80	9.37	9.74	10.12	10.26	10.23	10.14	9.91	9.76	9.56	9.41	9.22	9.00	8.71
贵州	三穗	57832	6.90	6.32	5.77	5.05	4.22	3.87	4.13	5.02	5.91	7.04	7.59	7.98	8.30	8.59	8.73	8.76	8.80	8.67	8.47	8.28	8.09	7.85	7.57	7.31
贵州	兴义	57902	11.18	10.79	10.28	9.69	9.25	9.00	9.00	9.31	9.82	10.65	11.40	11.83	12.28	12.65	12.78	12.64	12.54	12.48	12.31	12.20	11.99	11.79	11.65	11.49
云南	德钦	56444	−0.63	−1.22	−1.99	−2.84	−3.54	−3.97	−4.02	−3.34	−2.08	−0.39	1.34	2.95	3.99	4.72	4.86	4.58	4.08	3.30	2.38	1.58	0.94	0.48	0.13	−0.29
云南	丽江	56651	9.56	8.60	7.45	6.29	5.25	4.59	4.43	5.04	6.68	8.94	11.30	13.56	15.38	16.46	16.77	16.52	15.91	14.88	13.78	12.81	12.01	11.41	10.93	10.35
云南	腾冲	56739	15.46	14.06	12.59	11.17	9.76	8.95	9.19	10.19	12.26	14.89	17.84	20.70	23.19	24.87	25.68	25.78	25.30	24.28	23.01	21.57	20.28	19.12	17.95	16.74
云南	楚雄	56768	15.77	14.27	12.59	10.71	8.78	7.67	7.90	9.32	11.35	14.12	17.11	19.84	21.95	23.36	24.04	24.07	23.86	23.22	22.49	21.54	20.61	19.52	18.36	17.12
云南	昆明	56778	14.80	13.96	12.86	11.59	10.46	9.75	9.73	10.72	12.16	14.08	15.92	17.28	18.16	18.60	18.96	19.03	18.97	18.65	18.23	17.73	17.29	16.80	16.24	15.55
云南	临沧	56951	20.73	19.45	18.02	16.57	15.36	14.57	14.54	15.27	16.97	19.51	22.19	24.77	26.77	28.34	29.09	29.17	28.79	27.95	26.80	25.62	24.58	23.62	22.67	21.73
云南	澜沧	56954	23.53	21.99	20.23	17.92	15.94	15.11	15.76	18.00	20.45	23.82	27.32	30.70	33.30	35.07	36.01	36.08	35.51	34.41	32.89	31.10	29.39	27.93	26.47	24.91
云南	思茅	56964	24.63	22.95	21.07	18.94	17.17	16.34	16.70	18.61	20.34	22.83	25.46	27.91	30.02	31.47	32.38	32.64	32.61	32.23	31.55	30.67	29.67	28.62	27.39	26.05
云南	元江	56966	28.57	27.90	27.21	26.33	25.47	24.92	25.07	25.83	27.21	28.51	29.76	31.02	31.98	32.49	32.74	32.64	32.44	32.04	31.56	30.97	30.41	29.95	29.49	29.16
云南	勐腊	56969	30.58	29.05	27.42	25.87	24.70	24.39	25.25	27.51	29.36	31.70	33.90	35.68	37.19	38.09	38.74	38.77	38.57	38.02	37.07	36.23	35.33	34.26	33.02	31.67
云南	蒙自	56985	20.49	19.88	19.13	18.27	17.43	16.63	16.28	16.85	18.01	19.57	21.10	22.35	23.24	23.84	23.99	23.93	23.83	23.35	22.83	22.31	22.04	21.66	21.38	21.10
西藏	拉萨	55591	−3.50	−4.75	−6.14	−7.43	−8.48	−9.09	−9.22	−8.63	−7.23	−5.36	−3.32	−1.18	0.68	2.17	3.09	3.33	3.22	2.68	2.08	1.32	0.48	−0.36	−1.35	−2.31
西藏	昌都	56137	−5.13	−6.67	−8.34	−9.92	−11.18	−11.97	−12.00	−11.15	−9.15	−6.57	−3.60	−0.62	1.93	3.91	4.87	5.25	4.89	4.02	2.78	1.46	0.18	−1.16	−2.41	−3.74
西藏	林芝	56312	1.38	0.22	−1.05	−2.33	−3.45	−4.16	−4.28	−3.69	−2.25	−0.18	2.19	4.56	6.51	7.96	8.77	8.82	8.44	7.71	6.83	5.79	4.90	4.02	3.24	2.32
陕西	榆林	53646	−15.43	−16.45	−17.65	−18.83	−19.77	−20.34	−20.28	−19.46	−17.53	−15.19	−12.75	−10.27	−8.27	−6.95	−6.43	−6.51	−7.16	−8.28	−9.54	−10.73	−11.79	−12.69	−13.58	−14.54
陕西	定边	53725	−12.42	−13.42	−14.31	−15.31	−16.36	−16.71	−16.63	−15.72	−14.00	−11.75	−9.40	−7.57	−6.04	−4.91	−4.57	−4.88	−5.59	−6.42	−7.81	−8.94	−9.84	−10.53	−11.13	−11.77
陕西	绥德	53754	−11.11	−12.13	−13.23	−14.28	−15.16	−15.76	−15.83	−15.16	−13.87	−12.10	−10.15	−8.34	−6.89	−5.72	−5.24	−5.18	−5.41	−5.96	−6.68	−7.32	−8.08	−8.67	−9.41	−10.14
陕西	延安	53845	−8.26	−9.27	−10.44	−11.63	−12.45	−12.99	−12.84	−12.06	−10.53	−8.13	−5.89	−3.95	−2.12	−1.08	−0.84	−0.90	−1.23	−2.04	−3.01	−4.04	−5.01	−5.95	−6.73	−7.50
陕西	洛川	53942	−7.46	−8.26	−9.28	−10.39	−11.35	−12.03	−12.27	−11.80	−10.68	−8.96	−7.14	−5.36	−3.79	−2.87	−2.53	−2.49	−2.80	−3.26	−3.96	−4.62	−5.19	−5.69	−6.15	−6.72

续表

站台信息			时刻																							
省名	站名	台站号	1:00	2:00	3:00	4:00	5:00	6:00	7:00	8:00	9:00	10:00	11:00	12:00	13:00	14:00	15:00	16:00	17:00	18:00	19:00	20:00	21:00	22:00	23:00	0:00
陕西	西安	57036	0.60	0.10	−0.50	−1.20	−1.67	−2.04	−2.09	−1.67	−0.87	0.28	1.37	2.43	3.21	3.83	4.05	4.06	3.89	3.58	3.09	2.71	2.26	1.82	1.56	1.13
陕西	汉中	57127	6.78	6.12	5.35	4.55	3.78	3.25	3.21	3.78	4.86	6.26	7.60	8.59	9.34	9.76	9.92	10.00	9.94	9.63	9.39	8.93	8.47	8.13	7.74	7.30
陕西	安康	57245	7.83	7.10	6.40	5.52	5.00	4.61	4.72	5.36	6.36	7.72	8.87	10.01	10.89	11.54	11.78	11.86	11.52	11.10	10.58	10.13	9.79	9.37	8.95	8.53
甘肃	敦煌	52418	−12.00	−13.17	−14.27	−15.39	−16.34	−16.96	−16.89	−16.28	−14.88	−12.90	−10.73	−8.71	−6.98	−5.68	−5.03	−4.82	−4.98	−5.45	−6.13	−6.88	−7.86	−8.75	−9.73	−10.87
甘肃	玉门镇	52436	−14.93	−15.80	−16.70	−17.56	−18.14	−18.51	−18.49	−17.78	−16.36	−14.54	−12.49	−10.89	−9.49	−8.48	−8.12	−8.17	−8.79	−9.48	−10.37	−11.14	−12.01	−12.80	−13.52	−14.19
甘肃	酒泉	52533	−13.79	−14.67	−15.80	−16.73	−17.83	−18.17	−17.93	−17.03	−15.35	−13.13	−11.11	−9.17	−7.54	−6.30	−5.75	−5.85	−6.36	−7.13	−8.06	−9.13	−10.06	−11.08	−12.08	−12.83
甘肃	民勤	52681	−13.03	−14.08	−15.24	−16.51	−17.52	−18.10	−18.12	−17.38	−15.88	−13.84	−11.46	−9.20	−7.48	−6.23	−5.73	−5.71	−6.09	−6.93	−8.00	−9.09	−9.92	−10.73	−11.53	−12.22
甘肃	乌鞘岭	52787	−17.19	−17.27	−17.53	−17.82	−18.13	−18.25	−18.14	−17.62	−16.69	−15.33	−13.98	−12.94	−12.10	−11.72	−11.90	−12.49	−13.33	−14.35	−15.49	−16.40	−16.89	−17.05	−17.12	−17.14
甘肃	兰州	52889	−6.73	−7.63	−8.57	−9.49	−10.30	−10.78	−10.79	−10.27	−9.15	−7.49	−5.81	−4.24	−2.90	−1.91	−1.40	−1.35	−1.50	−1.86	−2.51	−3.23	−3.84	−4.50	−5.20	−6.02
甘肃	榆中	52983	−10.94	−11.77	−12.80	−13.84	−14.65	−15.08	−15.10	−14.27	−12.53	−10.39	−8.08	−6.01	−4.48	−3.44	−3.27	−3.57	−4.28	−5.44	−6.48	−7.53	−8.40	−9.17	−9.73	−10.35
甘肃	平凉	53915	−7.40	−8.11	−9.02	−9.91	−10.75	−11.02	−10.90	−10.18	−8.72	−6.86	−4.97	−3.28	−2.05	−1.30	−1.13	−1.27	−1.69	−2.36	−3.13	−3.96	−4.67	−5.31	−6.10	−6.67
甘肃	西峰镇	53923	−7.53	−8.10	−8.73	−9.37	−9.93	−10.25	−10.23	−9.86	−9.03	−7.83	−6.47	−5.39	−4.34	−3.69	−3.47	−3.47	−3.76	−4.21	−4.86	−5.40	−5.82	−6.27	−6.68	−7.08
甘肃	合作	56080	−14.68	−16.08	−17.69	−19.26	−20.50	−21.24	−21.09	−19.75	−17.30	−14.07	−10.60	−7.75	−5.47	−4.05	−3.61	−3.86	−4.66	−5.92	−7.37	−8.89	−10.19	−11.34	−12.44	−13.54
甘肃	岷县	56093	−9.09	−10.39	−11.74	−13.13	−14.28	−14.93	−14.86	−13.85	−11.84	−9.32	−6.78	−4.38	−2.58	−1.65	−1.30	−1.28	−1.75	−2.51	−3.43	−4.43	−5.39	−6.27	−7.15	−8.10
甘肃	武都	56096	4.93	4.44	3.74	2.99	2.26	1.77	1.62	1.92	2.78	3.92	5.16	6.29	7.36	8.05	8.46	8.37	8.24	7.81	7.43	6.95	6.56	6.19	5.82	5.38
甘肃	天水	57006	−2.35	−3.09	−3.83	−4.64	−5.37	−5.94	−5.91	−5.28	−4.15	−2.72	−1.35	−0.04	0.99	1.62	1.96	1.94	1.72	1.35	0.92	0.37	−0.13	−0.69	−1.22	−1.78
青海	冷湖	52602	−19.08	−20.26	−21.41	−22.44	−23.37	−23.86	−23.79	−22.88	−20.84	−17.98	−14.95	−12.06	−9.70	−8.26	−7.64	−7.93	−8.77	−9.96	−11.42	−12.90	−14.34	−15.51	−16.67	−17.88
青海	大柴旦	52713	−18.85	−19.98	−21.32	−22.54	−23.60	−24.25	−24.33	−23.45	−21.58	−18.99	−16.08	−13.45	−11.18	−9.74	−9.29	−9.45	−10.09	−11.20	−12.56	−13.89	−15.10	−15.99	−17.01	−17.94
青海	刚察	52754	−17.55	−18.49	−19.39	−20.36	−21.04	−21.62	−21.66	−20.70	−18.76	−16.13	−13.36	−10.70	−8.75	−7.49	−7.14	−7.81	−9.18	−11.09	−12.84	−14.41	−15.43	−15.99	−16.38	−16.88
青海	格尔木	52818	−12.77	−13.73	−14.80	−15.92	−16.77	−17.37	−17.40	−16.69	−15.09	−12.90	−10.66	−8.62	−6.92	−5.80	−5.22	−5.13	−5.50	−6.41	−7.32	−8.43	−9.34	−10.17	−11.01	−11.87
青海	都兰	52836	−14.35	−14.77	−15.32	−15.90	−16.50	−16.85	−16.77	−16.10	−14.78	−13.01	−11.13	−9.45	−8.17	−7.44	−7.47	−8.09	−8.95	−10.08	−11.39	−12.42	−13.13	−13.61	−13.89	−14.08
青海	西宁	52866	−10.36	−11.52	−12.77	−14.00	−14.99	−15.71	−15.76	−14.96	−13.35	−11.27	−9.05	−6.95	−5.28	−3.99	−3.31	−3.25	−3.53	−4.09	−4.87	−5.82	−6.67	−7.55	−8.51	−9.42
青海	民和	52876	−9.06	−9.89	−10.76	−11.43	−12.10	−12.38	−12.31	−11.63	−10.31	−8.45	−6.62	−4.66	−3.23	−2.26	−1.90	−2.10	−2.71	−3.60	−4.80	−5.82	−6.67	−7.34	−7.88	−8.49
青海	兴海	52943	−17.47	−18.78	−20.14	−21.52	−22.61	−23.41	−23.49	−22.44	−20.03	−16.93	−13.41	−10.13	−7.47	−5.81	−5.42	−5.98	−7.13	−8.99	−10.76	−12.50	−13.84	−14.78	−15.64	−16.62
青海	托托河	56004	−24.03	−25.34	−26.73	−27.92	−28.84	−29.35	−29.34	−28.55	−26.69	−24.20	−21.33	−18.56	−16.30	−14.54	−13.45	−13.53	−14.01	−15.09	−16.45	−18.03	−19.40	−20.38	−21.65	−22.75
青海	曲麻莱	56021	−20.67	−21.99	−23.56	−25.06	−26.25	−26.96	−26.96	−25.94	−24.00	−21.21	−18.14	−15.12	−12.69	−10.95	−10.09	−10.22	−10.94	−12.22	−13.63	−15.23	−16.43	−17.40	−18.35	−19.44
青海	玉树	56029	−12.00	−13.41	−15.07	−16.63	−17.91	−18.61	−18.59	−17.67	−15.61	−12.88	−9.84	−6.78	−4.31	−2.65	−1.92	−1.92	−2.46	−3.46	−4.71	−6.05	−7.50	−8.56	−9.68	−10.87
青海	玛多	56033	−23.62	−24.84	−26.29	−27.53	−28.65	−29.45	−29.54	−28.62	−26.77	−24.17	−21.25	−18.51	−16.20	−14.59	−14.00	−13.99	−14.69	−15.77	−16.92	−18.21	−19.33	−20.27	−21.32	−22.35

续表

站台信息			时刻																							
省名	站名	台站号	1:00	2:00	3:00	4:00	5:00	6:00	7:00	8:00	9:00	10:00	11:00	12:00	13:00	14:00	15:00	16:00	17:00	18:00	19:00	20:00	21:00	22:00	23:00	0:00
青海	达日	56046	−18.75	−20.28	−21.93	−23.47	−24.78	−25.59	−25.65	−24.67	−22.66	−19.79	−16.57	−13.43	−10.66	−8.88	−8.05	−7.90	−8.40	−9.45	−10.78	−12.26	−13.69	−14.92	−16.10	−17.36
青海	囊谦	56125	−10.67	−12.12	−13.68	−15.17	−16.29	−16.93	−16.99	−16.11	−14.30	−11.65	−8.88	−6.02	−3.70	−1.89	−0.99	−0.88	−1.24	−2.13	−3.26	−4.45	−5.72	−6.95	−8.26	−9.49
宁夏	银川	53614	−11.58	−12.60	−13.67	−14.69	−15.55	−16.08	−16.00	−15.32	−13.82	−11.93	−9.98	−8.00	−6.29	−5.04	−4.61	−4.68	−5.15	−5.88	−6.87	−7.75	−8.55	−9.23	−10.02	−10.76
宁夏	盐池	53723	−14.13	−15.17	−16.28	−17.47	−18.38	−18.88	−18.71	−17.69	−15.91	−13.56	−11.28	−8.94	−7.11	−5.99	−5.64	−5.87	−6.51	−7.62	−8.85	−9.99	−11.05	−11.77	−12.46	−13.27
宁夏	固原	53817	−12.30	−13.11	−14.01	−14.91	−15.74	−16.15	−15.84	−14.86	−12.90	−10.42	−7.89	−5.74	−4.26	−3.65	−3.74	−4.11	−4.98	−6.01	−7.10	−8.21	−9.11	−9.96	−10.76	−11.56
新疆	阿勒泰	51076	−24.55	−24.73	−25.18	−25.58	−25.99	−26.24	−26.17	−25.67	−24.65	−23.18	−21.80	−20.53	−19.57	−18.98	−18.97	−19.41	−20.11	−21.12	−22.16	−23.01	−23.55	−23.84	−23.99	−24.34
新疆	富蕴	51087	−30.31	−31.05	−31.83	−32.48	−33.07	−33.33	−33.11	−32.29	−31.03	−29.22	−27.22	−25.46	−23.79	−22.77	−22.40	−22.58	−23.29	−24.27	−25.39	−26.34	−27.14	−27.90	−28.65	−29.46
新疆	塔城	51133	−17.72	−18.58	−19.35	−19.93	−20.34	−20.40	−20.12	−19.32	−18.18	−16.64	−15.01	−13.61	−12.24	−11.40	−11.27	−11.48	−11.91	−12.64	−13.51	−14.42	−15.15	−15.87	−16.60	−17.12
新疆	和布克赛尔	51156	−18.79	−19.34	−19.89	−20.53	−21.03	−21.24	−21.04	−20.39	−19.20	−17.73	−16.11	−14.65	−13.45	−12.82	−12.62	−12.93	−13.55	−14.31	−15.24	−16.15	−16.85	−17.46	−18.02	−18.40
新疆	克拉玛依	51243	−21.64	−21.99	−22.27	−22.63	−22.96	−23.19	−23.26	−23.03	−22.32	−21.26	−20.09	−19.21	−18.51	−18.00	−17.85	−18.06	−18.45	−19.11	−19.76	−20.31	−20.65	−20.99	−21.18	−21.34
新疆	精河	51334	−22.44	−23.00	−23.73	−24.19	−24.59	−24.77	−24.60	−24.04	−23.16	−21.63	−20.06	−18.54	−17.31	−16.45	−16.16	−16.45	−16.92	−17.67	−18.43	−19.25	−19.95	−20.57	−21.28	−21.87
新疆	乌苏	51346	−21.25	−21.49	−21.77	−22.28	−22.64	−22.87	−22.94	−22.48	−21.47	−20.22	−18.82	−17.53	−16.73	−16.17	−16.20	−16.81	−17.53	−18.37	−19.46	−20.30	−20.75	−20.99	−21.07	−21.27
新疆	伊宁	51431	−17.02	−18.17	−19.11	−20.03	−20.57	−20.69	−20.23	−19.33	−17.81	−15.73	−13.70	−11.98	−10.72	−9.52	−8.88	−8.67	−8.80	−9.37	−10.07	−10.98	−12.05	−13.02	−14.41	−15.78
新疆	乌鲁木齐	51463	−19.01	−19.33	−19.58	−19.98	−20.36	−20.60	−20.57	−20.02	−19.14	−17.90	−16.73	−15.73	−14.74	−14.38	−14.27	−14.60	−15.05	−15.72	−16.58	−17.42	−18.02	−18.43	−18.62	−18.81
新疆	焉耆	51567	−14.11	−15.20	−16.22	−17.21	−18.02	−18.54	−18.52	−17.81	−16.55	−14.95	−13.08	−11.38	−9.44	−8.44	−7.53	−7.35	−7.53	−7.98	−8.80	−9.63	−10.36	−11.18	−12.26	−13.18
新疆	吐鲁番	51573	−11.35	−12.06	−12.86	−13.51	−14.10	−14.33	−14.16	−13.58	−12.53	−11.33	−9.85	−8.40	−7.16	−6.23	−5.76	−5.88	−6.14	−6.70	−7.34	−8.02	−8.75	−9.35	−9.97	−10.60
新疆	阿克苏	51628	−8.98	−10.13	−11.03	−11.94	−12.55	−12.85	−12.73	−12.17	−11.17	−9.61	−8.14	−6.78	−5.41	−4.23	−3.80	−3.35	−3.27	−3.42	−3.66	−4.11	−4.78	−5.67	−6.56	−7.77
新疆	库车	51644	−9.39	−10.28	−11.10	−11.83	−12.25	−12.55	−12.48	−11.93	−10.84	−9.48	−8.06	−6.71	−5.48	−4.57	−4.09	−3.92	−3.97	−4.18	−4.82	−5.33	−5.87	−6.48	−7.43	−8.47
新疆	喀什	51709	−7.61	−8.74	−9.73	−10.46	−11.10	−11.40	−11.39	−10.90	−9.89	−8.56	−7.12	−5.97	−4.54	−3.40	−2.65	−2.20	−1.94	−1.96	−2.21	−2.68	−3.30	−4.28	−5.27	−6.32
新疆	巴楚	51716	−7.91	−9.17	−10.39	−11.37	−12.21	−12.64	−12.68	−12.02	−10.72	−8.94	−7.35	−5.72	−4.43	−3.25	−2.43	−1.89	−1.65	−1.68	−1.98	−2.46	−3.24	−4.19	−5.39	−6.56
新疆	铁干里克	51765	−12.14	−13.34	−14.65	−15.77	−16.76	−17.32	−17.23	−16.38	−14.72	−12.44	−9.99	−7.59	−5.47	−4.09	−3.43	−3.25	−3.62	−4.29	−5.14	−6.28	−7.39	−8.45	−9.61	−10.85
新疆	若羌	51777	−10.48	−11.38	−12.28	−13.03	−13.67	−13.96	−13.87	−13.31	−12.27	−10.73	−9.02	−7.39	−6.02	−4.93	−4.43	−4.35	−4.59	−4.96	−5.46	−6.15	−6.79	−7.62	−8.47	−9.43
新疆	莎车	51811	−6.34	−7.38	−8.40	−9.22	−9.97	−10.49	−10.55	−10.20	−9.37	−8.22	−7.09	−5.71	−4.74	−3.80	−2.97	−2.27	−1.91	−1.81	−1.85	−2.20	−2.83	−3.69	−4.56	−5.41
新疆	和田	51828	−5.45	−6.23	−7.03	−7.75	−8.40	−8.73	−8.80	−8.52	−7.78	−6.81	−5.56	−4.42	−3.56	−2.81	−2.26	−1.88	−1.83	−1.79	−1.94	−2.30	−2.75	−3.28	−3.94	−4.61
新疆	民丰	51839	−8.50	−9.81	−11.08	−12.03	−12.83	−13.36	−13.27	−12.45	−11.16	−9.44	−7.50	−5.71	−4.15	−2.84	−2.13	−1.79	−1.72	−1.96	−2.35	−3.01	−3.73	−4.72	−5.84	−7.10
新疆	哈密	52203	−15.65	−16.39	−17.23	−18.01	−18.64	−18.83	−18.70	−17.96	−16.44	−14.55	−12.59	−10.64	−9.04	−8.08	−7.81	−8.09	−8.85	−9.88	−11.10	−12.21	−13.17	−13.95	−14.49	−15.06

北纬 20°太阳总辐射照度（W/m²）[kcal/(m²·h)] 表 1-3-8（1）

透明度等级	1						2						3						透明度等级
朝向	S	SE	E	NE	N	H	S	SE	E	NE	N	H	S	SE	E	NE	N	H	朝向
时刻（地方太阳时）6	26 (22)	255 (219)	527 (453)	505 (434)	202 (174)	96 (83)	28 (24)	209 (180)	424 (365)	407 (350)	169 (145)	90 (77)	29 (25)	172 (148)	341 (293)	328 (282)	140 (120)	83 (71)	18 时刻（地方太阳时）
7	63 (54)	454 (390)	825 (709)	749 (644)	272 (234)	349 (300)	63 (54)	408 (351)	736 (633)	670 (576)	249 (214)	321 (276)	70 (60)	373 (321)	661 (568)	602 (518)	233 (200)	306 (263)	17
8	92 (79)	527 (453)	872 (750)	759 (653)	257 (221)	602 (518)	98 (84)	495 (426)	811 (697)	708 (609)	249 (214)	573 (493)	104 (89)	464 (399)	751 (646)	658 (566)	241 (207)	545 (469)	16
9	117 (101)	518 (445)	791 (680)	670 (576)	224 (193)	826 (710)	121 (104)	494 (425)	748 (643)	635 (546)	220 (189)	787 (677)	130 (112)	476 (409)	711 (611)	606 (521)	222 (191)	759 (653)	15
10	134 (115)	442 (380)	628 (540)	523 (450)	191 (164)	999 (859)	144 (124)	434 (373)	608 (523)	511 (439)	198 (170)	969 (833)	145 (125)	415 (357)	578 (497)	486 (418)	195 (168)	921 (792)	14
11	145 (125)	312 (268)	404 (347)	344 (296)	169 (145)	1105 (950)	150 (129)	307 (264)	394 (339)	338 (291)	173 (149)	1064 (915)	156 (134)	302 (260)	384 (330)	333 (286)	177 (152)	1022 (879)	13
12	149 (128)	149 (128)	149 (128)	157 (135)	161 (138)	1142 (982)	156 (134)	156 (134)	156 (134)	164 (141)	167 (144)	1107 (952)	162 (139)	162 (139)	162 (139)	170 (146)	172 (148)	1065 (916)	12
13	145 (125)	145 (125)	145 (125)	145 (125)	169 (145)	1105 (950)	150 (129)	150 (129)	150 (129)	150 (129)	173 (149)	1064 (915)	156 (134)	156 (134)	156 (134)	156 (134)	177 (152)	1022 (879)	11
14	134 (115)	134 (115)	134 (115)	134 (115)	191 (164)	999 (859)	144 (124)	144 (124)	144 (124)	144 (124)	198 (170)	969 (833)	145 (125)	145 (125)	145 (125)	145 (125)	195 (168)	921 (792)	10
15	117 (101)	117 (101)	117 (101)	117 (101)	224 (193)	826 (710)	121 (104)	121 (104)	121 (104)	121 (104)	220 (189)	787 (677)	130 (112)	130 (112)	130 (112)	130 (112)	222 (191)	759 (653)	9
16	92 (79)	92 (79)	92 (79)	92 (79)	257 (221)	602 (518)	98 (84)	98 (84)	68 (84)	98 (84)	249 (214)	573 (493)	104 (89)	104 (89)	104 (89)	104 (89)	241 (207)	545 (469)	8
17	63 (54)	63 (54)	63 (54)	63 (54)	272 (234)	349 (300)	63 (54)	63 (54)	63 (54)	63 (54)	249 (214)	321 (276)	70 (60)	70 (60)	70 (60)	70 (60)	233 (200)	306 (263)	7
18	26 (22)	26 (22)	26 (22)	26 (22)	202 (174)	96 (83)	28 (24)	28 (24)	28 (24)	28 (24)	169 (145)	90 (77)	29 (25)	29 (25)	29 (25)	29 (25)	140 (120)	83 (71)	6
日总计	1303 (1120)	3232 (2779)	4772 (4103)	4284 (3684)	2791 (2400)	9096 (7822)	1363 (1172)	3108 (2672)	4481 (385)	4037 (3471)	2682 (2306)	8716 (7494)	1429 (1229)	2998 (2578)	4221 (3629)	3817 (3282)	2587 (2224)	8339 (7170)	日总计
日平均	55 (47)	135 (116)	199 (171)	179 (154)	116 (100)	379 (326)	57 (49)	129 (111)	187 (161)	168 (145)	112 (96)	363 (312)	60 (51)	125 (107)	176 (151)	159 (137)	108 (93)	347 (299)	日平均
朝向	S	SW	W	NW	N	H	S	SW	W	NW	N	H	S	SW	W	NW	N	H	朝向

续表

透明度等级	4						5						6						透明度等级
朝向	S	SE	E	NE	N	H	S	SE	E	NE	N	H	S	SE	E	NE	N	H	朝向
时刻（地方太阳时）																			时刻（地方太阳时）
6	27 (28)	130 (112)	254 (218)	243 (209)	107 (92)	69 (59)	22 (19)	97 (83)	184 (158)	177 (152)	79 (68)	55 (47)	22 (19)	72 (62)	131 (113)	127 (109)	60 (52)	48 (41)	18
7	74 (64)	331 (285)	577 (496)	527 (453)	213 (183)	285 (245)	77 (66)	295 (254)	504 (433)	461 (396)	193 (166)	264 (227)	76 (65)	252 (217)	421 (362)	386 (332)	171 (147)	236 (203)	17
8	106 (91)	423 (364)	677 (582)	594 (511)	227 (195)	505 (434)	113 (97)	395 (340)	620 (533)	548 (471)	220 (189)	480 (413)	116 (100)	354 (304)	542 (466)	481 (414)	207 (178)	440 (378)	16
9	137 (118)	451 (388)	665 (572)	570 (490)	221 (190)	722 (621)	147 (126)	437 (376)	653 (546)	547 (470)	224 (193)	701 (603)	157 (135)	409 (352)	580 (499)	404 (433)	224 (193)	658 (566)	15
10	155 (133)	402 (346)	551 (474)	468 (402)	200 (172)	880 (757)	165 (142)	397 (341)	536 (461)	458 (394)	208 (179)	857 (737)	179 (154)	385 (331)	508 (437)	438 (377)	217 (187)	815 (701)	14
11	169 (145)	305 (262)	380 (327)	331 (285)	188 (162)	986 (848)	178 (153)	304 (261)	374 (322)	329 (283)	197 (169)	951 (818)	190 (163)	302 (260)	365 (314)	326 (280)	206 (177)	904 (777)	13
12	172 (148)	172 (148)	172 (148)	179 (154)	181 (156)	1023 (880)	181 (156)	181 (156)	181 (156)	188 (162)	191 (164)	983 (845)	199 (171)	199 (171)	199 (171)	205 (176)	207 (178)	947 (814)	12
13	169 (145)	169 (145)	169 (145)	169 (145)	188 (162)	986 (848)	178 (153)	178 (153)	178 (153)	178 (153)	197 (169)	951 (818)	190 (163)	190 (163)	190 (163)	190 (163)	206 (177)	904 (777)	11
14	155 (133)	155 (133)	155 (133)	155 133)	200 (172)	880 (757)	165 (142)	165 (142)	165 (142)	165 (142)	208 (179)	857 (737)	179 (154)	179 (154)	179 (154)	179 (154)	217 (187)	815 (701)	10
15	137 (118)	137 (118)	137 (118)	137 (118)	221 (190)	722 (621)	147 (126)	147 (126)	147 (126)	147 (126)	224 (193)	701 (603)	157 (135)	157 (135)	157 (135)	157 (135)	224 (193)	658 (566)	9
16	106 (91)	106 (91)	106 (91)	106 (91)	227 (195)	505 (434)	113 (97)	113 (97)	113 (97)	113 (97)	220 (189)	480 (413)	116 (100)	116 (100)	116 (100)	116 (100)	207 (178)	440 (378)	8
17	74 (64)	74 (64)	74 (64)	74 (64)	213 (183)	285 (245)	77 (66)	77 (66)	77 (66)	77 (66)	193 (166)	264 (227)	76 (65)	76 (65)	76 (65)	76 (65)	171 (147)	236 (203)	7
18	27 (23)	27 (23)	27 (23)	27 (23)	107 (92)	69 (59)	22 (19)	22 (19)	22 (19)	22 (19)	79 (68)	55 (47)	22 (19)	22 (19)	22 (19)	22 (19)	60 (52)	48 (41)	6
日总计	1507 (1296)	2883 (2479)	3944 (3391)	3580 (3078)	2493 (2144)	7918 (6808)	1584 (1362)	2807 (2414)	3736 (3212)	3409 (2931)	2433 (2092)	7600 (6535)	1678 (1443)	2713 (2333)	3487 (2998)	3206 (2757)	2379 (2046)	7148 (6146)	日总计
日平均	63 (54)	120 (103)	164 (141)	149 (128)	104 (89)	330 (284)	66 (57)	117 (101)	156 (134)	142 (122)	101 (87)	317 (272)	70 (60)	113 (97)	145 (125)	134 (115)	99 (85)	298 (256)	日平均
朝向	S	SW	W	NW	N	H	S	SW	W	NW	N	H	S	SW	W	NW	N	H	朝向

北纬 25°太阳总辐射照度（W/m²）[kcal/(m²·h)] 表 1-3-8（2）

透明度等级		1						2						3						透明度等级
朝向		S	SE	E	NE	N	H	S	SE	E	NE	N	H	S	SE	E	NE	N	H	朝向
时刻（地方太阳时）	6	33 (28)	287 (247)	579 (498)	551 (474)	220 (189)	127 (109)	34 (29)	243 (209)	484 (416)	461 (396)	187 (161)	116 (100)	36 (31)	206 (177)	401 (345)	383 (329)	162 (139)	109 (94)	18
	7	66 (57)	483 (415)	842 (724)	747 (642)	252 (217)	373 (321)	67 (58)	436 (375)	755 (649)	670 (576)	233 (200)	345 (297)	73 (63)	398 (342)	678 (583)	604 (519)	219 (188)	327 (281)	17
	8	93 (80)	564 (485)	877 (754)	730 (628)	212 (182)	618 (531)	100 (86)	530 (456)	818 (703)	684 (588)	208 (179)	590 (507)	106 (91)	498 (428)	758 (652)	637 (548)	204 (175)	562 (483)	16
	9	119 (102)	566 (487)	793 (682)	625 (537)	159 (137)	834 (717)	121 (104)	540 (464)	750 (645)	593 (510)	159 (137)	795 (684)	131 (113)	518 (445)	713 (613)	568 (488)	166 (143)	768 (660)	15
	10	158 (136)	500 (430)	628 (540)	466 (401)	134 (115)	1000 (860)	166 (143)	488 (420)	608 (523)	456 (392)	144 (124)	970 (834)	166 (143)	466 (401)	578 (497)	436 (375)	145 (125)	922 (793)	14
	11	212 (182)	376 (323)	404 (347)	281 (242)	145 (125)	1104 (949)	213 (183)	368 (316)	394 (339)	279 (240)	151 (130)	1062 (913)	215 (185)	359 (309)	384 (330)	276 (237)	156 (134)	1020 (877)	13
	12	226 (194)	202 (174)	144 (124)	144 (124)	144 (124)	1133 (974)	228 (196)	206 (177)	151 (130)	151 (130)	151 (130)	1096 (942)	229 (197)	208 (179)	157 (135)	157 (135)	157 (135)	1054 (906)	12
	13	212 (182)	145 (125)	145 (125)	145 (125)	145 (125)	1104 (949)	213 (183)	151 (130)	151 (130)	151 (130)	151 (130)	1062 (913)	215 (185)	156 (134)	156 (134)	156 (134)	156 (134)	1020 (877)	11
	14	158 (136)	134 (115)	134 (115)	134 (115)	134 (115)	1000 (860)	166 (143)	144 (124)	144 (124)	144 (124)	144 (124)	970 (834)	166 (143)	145 (125)	145 (125)	145 (125)	145 (125)	922 (793)	10
	15	119 (102)	119 (102)	119 (102)	119 (102)	159 (137)	834 (717)	121 (104)	121 (104)	121 (104)	121 (104)	159 (137)	795 (684)	131 (113)	131 (113)	131 (113)	131 (113)	166 (143)	768 (660)	9
	16	93 (80)	93 (80)	93 (80)	93 (80)	212 (182)	618 (531)	100 (86)	100 (86)	100 (86)	100 (86)	208 (179)	590 (507)	106 (91)	106 (91)	106 (91)	106 (91)	204 (175)	562 (483)	8
	17	66 (57)	66 (57)	66 (57)	66 (57)	252 (217)	373 (321)	67 (58)	67 (58)	67 (58)	67 (58)	233 (200)	345 (297)	73 (63)	73 (63)	73 (63)	73 (63)	219 (188)	327 (281)	7
	18	33 (28)	33 (28)	33 (28)	33 (28)	220 (189)	127 (109)	34 (29)	34 (29)	34 (29)	34 (29)	187 (161)	116 (100)	36 (31)	36 (31)	36 (31)	36 (31)	162 (139)	109 (94)	6 时刻（地方太阳时）
日总计		1586 (1364)	3568 (3068)	4857 (4176)	4134 (3555)	2389 (2054)	9244 (7948)	1631 (1402)	3429 (2948)	4578 (3936)	3911 (3363)	2317 (1992)	8853 (7612)	1685 (1449)	3301 (2838)	4317 (3712)	3708 (3188)	2260 (1943)	8469 (7282)	日总计
日平均		66 (57)	149 (128)	202 (174)	172 (148)	100 (86)	385 (331)	68 (58)	143 (123)	191 (164)	163 (140)	97 (83)	369 (317)	70 (60)	138 (118)	180 (155)	154 (133)	94 (81)	353 (303)	日平均
朝向		S	SW	W	NW	N	H	S	SW	W	NW	N	H	S	SW	W	NW	N	H	朝向

续表

透明度等级		4						5						6						透明度等级	
朝向		S	SE	E	NE	N	H	S	SE	E	NE	E	H	S	SE	E	NE	N	H	朝向	
时刻(地方太阳时)	6	35 (30)	164 (141)	312 (268)	298 (256)	129 (111)	95 (82)	33 (28)	129 (111)	240 (206)	229 (197)	104 (89)	81 (70)	29 (25)	95 (82)	171 (147)	164 (141)	80 (67)	67 (58)	18	时刻(地方太阳时)
	7	77 (66)	355 (305)	594 (511)	530 (456)	201 (173)	305 (262)	80 (69)	316 (272)	521 (448)	466 (401)	186 (160)	284 (244)	81 (70)	274 (236)	441 (379)	397 (341)	167 (144)	257 (221)	17	
	8	108 (93)	454 (390)	684 (588)	577 (496)	194 (167)	520 (447)	115 (99)	424 (365)	629 (541)	534 (459)	193 (166)	495 (426)	119 (102)	379 (326)	551 (474)	471 (405)	184 (158)	454 (390)	16	
	9	138 (119)	491 (422)	669 (575)	536 (461)	171 (147)	730 (628)	148 (127)	475 (408)	640 (550)	516 (444)	177 (152)	709 (610)	158 (136)	442 (380)	585 (503)	478 (411)	185 (159)	666 (573)	15	
	10	173 (149)	449 (386)	551 (474)	421 (362)	155 (133)	882 (758)	184 (158)	441 (379)	536 (461)	415 (357)	165 (142)	858 (738)	195 (168)	423 (364)	508 (437)	400 (344)	179 (154)	816 (702)	14	
	11	223 (192)	357 (307)	380 (327)	280 (241)	169 (145)	985 (847)	229 (197)	352 (303)	374 (322)	281 (242)	178 (153)	950 (817)	235 (202)	345 (297)	365 (314)	281 (242)	190 (163)	901 (775)	13	
	12	235 (202)	215 (185)	169 (145)	169 (145)	169 (145)	1014 (872)	240 (206)	222 (191)	178 (153)	178 (153)	178 (153)	973 (837)	250 (215)	234 (201)	194 (167)	194 (167)	194 (167)	935 (804)	12	
	13	223 (192)	169 (145)	169 (145)	169 (145)	169 (145)	985 (847)	229 (197)	178 (153)	178 (153)	178 (153)	178 (153)	950 (817)	235 (202)	190 (163)	190 (163)	190 (163)	190 (163)	901 (775)	11	
	14	173 (149)	155 (133)	155 (133)	155 (133)	155 (133)	882 (758)	184 (158)	165 (142)	165 (142)	165 (142)	165 (142)	858 (738)	195 (168)	179 (154)	179 (154)	179 (154)	179 (154)	816 (702)	10	
	15	138 (119)	138 (119)	138 (119)	138 (119)	171 (147)	730 (628)	148 (127)	148 (127)	148 (127)	148 (127)	177 (152)	709 (610)	158 (136)	158 (136)	158 (136)	158 (136)	185 (159)	666 (573)	9	
	16	108 (93)	108 (93)	108 (93)	108 (93)	194 (167)	520 (447)	115 (99)	115 (99)	115 (99)	115 (99)	193 (166)	495 (426)	119 (102)	119 (102)	119 (102)	119 (102)	184 (158)	454 (390)	8	
	17	77 (66)	77 (66)	77 (66)	77 (66)	201 (173)	305 (262)	80 (69)	80 (69)	80 (69)	80 (69)	186 (160)	284 (244)	81 (70)	81 (70)	81 (70)	81 (70)	167 (144)	257 (221)	7	
	18	35 (30)	35 (30)	35 (30)	35 (30)	129 (111)	95 (82)	33 (28)	33 (28)	33 (28)	33 (28)	104 (89)	81 (70)	29 (25)	29 (25)	29 (25)	29 (25)	80 (67)	67 (58)	6	
日总计		1745 (1500)	3166 (2722)	4040 (3474)	3492 (3003)	2206 (1897)	8048 (6920)	1817 (1562)	3078 (2647)	3837 (3299)	3339 (2871)	2183 (1877)	7730 (6647)	1885 (1621)	2949 (2536)	3572 (3071)	3141 (2701)	2160 (1857)	7259 (6242)	日总计	
日平均		73 (63)	132 (113)	168 (145)	146 (125)	92 (79)	335 (288)	76 (65)	128 (110)	160 (137)	139 (120)	91 (78)	322 (277)	79 (68)	123 (106)	149 (128)	131 (113)	90 (77)	302 (260)	日平均	
朝向		S	SW	W	NW	N	H	S	SW	W	NW	N	H	S	SW	W	NW	N	H	朝向	

北纬 30°太阳总辐射照度（W/m²）[kcal/(m²·h)]

表 1-3-8（3）

透明度等级	1						2						3						透明度等级
朝向	S	SE	E	NE	N	H	S	SE	E	NE	N	H	S	SE	E	NE	N	H	朝向
时刻（地方太阳时） 6	38	320	629	593	231	156	38	277	538	507	201	142	42	239	457	431	178	135	18 时刻（地方太阳时）
	(33)	(275)	(541)	(510)	(199)	(134)	(33)	(238)	(463)	(436)	(173)	(122)	(36)	(206)	(393)	(371)	(153)	(116)	
7	69	512	856	740	229	395	71	464	770	666	214	368	76	423	693	601	201	345	17
	(59)	(440)	(736)	(636)	(197)	(340)	(61)	(399)	(662)	(573)	(184)	(316)	(65)	(364)	(596)	(517)	(173)	(297)	
8	94	600	879	699	164	627	101	566	822	656	164	599	107	530	764	613	165	571	16
	(81)	(516)	(756)	(601)	(141)	(539)	(87)	(487)	(707)	(564)	(141)	(515)	(92)	(456)	(657)	(527)	(142)	(491)	
9	144	614	794	578	119	835	145	584	750	549	121	795	154	558	713	527	131	768	15
	(124)	(528)	(683)	(497)	(102)	(718)	(125)	(502)	(645)	(472)	(104)	(684)	(132)	(480)	(613)	(453)	(113)	(660)	
10	240	557	628	408	134	996	243	542	608	402	144	966	237	516	577	386	145	918	14
	(206)	(479)	(540)	(351)	(115)	(856)	(209)	(466)	(523)	(346)	(124)	(831)	(204)	(444)	(496)	(332)	(125)	(789)	
11	300	436	401	215	143	1091	297	424	392	217	149	1050	292	413	381	217	154	1008	13
	(258)	(375)	(345)	(185)	(123)	(938)	(255)	(365)	(337)	(187)	(128)	(903)	(251)	(355)	(328)	(187)	(132)	(867)	
12	316	266	143	143	143	1119	313	265	149	149	149	1079	309	264	155	155	155	1037	12
	(272)	(229)	(123)	(123)	(123)	(962)	(269)	(228)	(128)	(128)	(128)	(928)	(266)	(227)	(133)	(133)	(133)	(892)	
13	300	143	143	143	143	1091	297	149	149	149	149	1050	292	154	154	154	154	1008	11
	(258)	(123)	(123)	(123)	(123)	(928)	(255)	(128)	(128)	(128)	(128)	(903)	(251)	(132)	(132)	(132)	(132)	(867)	
14	240	134	134	134	134	996	243	144	144	144	144	966	237	145	145	145	145	918	10
	(206)	(115)	(115)	(115)	(115)	(856)	(209)	(124)	(124)	(124)	(124)	(831)	(204)	(125)	(125)	(125)	(125)	(789)	
15	144	119	119	119	119	835	145	121	121	121	121	795	154	131	131	131	131	768	9
	(124)	(102)	(102)	(102)	(102)	(718)	(125)	(104)	(104)	(104)	(104)	(684)	(132)	(113)	(113)	(113)	(113)	(660)	
16	94	94	94	94	164	627	101	101	101	101	164	599	107	107	107	107	165	571	8
	(81)	(81)	(81)	(81)	(141)	(539)	(87)	(87)	(87)	(87)	(141)	(515)	(92)	(92)	(92)	(92)	(142)	(491)	
17	69	69	69	69	229	395	71	71	71	71	214	368	76	76	76	76	201	345	7
	(59)	(59)	(59)	(59)	(197)	(340)	(61)	(61)	(61)	(61)	(184)	(316)	(65)	(65)	(65)	(65)	(173)	(297)	
18	38	38	38	38	231	156	38	38	38	38	201	142	42	42	42	42	178	135	6
	(33)	(33)	(33)	(33)	(199)	(134)	(33)	(33)	(33)	(33)	(173)	(122)	(36)	(36)	(36)	(36)	(153)	(116)	
日总计	2086	3902	4928	3973	2183	9318	2104	3747	4654	3772	2135	8920	2124	3599	4395	3586	2104	8527	日总计
	(1794)	(3355)	(4237)	(3416)	(1877)	(8012)	(1809)	(3222)	(4002)	(3243)	(1836)	(7670)	(1826)	(3095)	(3779)	(3083)	(1809)	(7332)	
日平均	87	163	205	166	91	388	88	156	194	157	89	372	88	150	183	149	88	355	日平均
	(75)	(140)	(177)	(142)	(78)	(334)	(75)	(134)	(167)	(135)	(77)	(320)	(76)	(129)	(157)	(128)	(75)	(306)	
朝向	S	SW	W	NW	N	H	S	SW	W	NW	N	H	S	SW	W	NW	N	H	朝向

续表

透明度等级		4						5						6						透明度等级
朝向		S	SE	E	NE	N	H	S	SE	E	NE	N	H	S	SE	E	NE	N	H	朝向
时刻(地方太阳时)	6	42 (36)	197 (169)	366 (315)	345 (297)	148 (127)	121 (104)	41 (35)	160 (138)	292 (251)	277 (238)	122 (105)	107 (92)	35 (30)	117 (101)	208 (179)	198 (170)	92 (79)	86 (74)	18
	7	79 (68)	377 (324)	608 (523)	530 (456)	187 (161)	321 (276)	83 (71)	338 (291)	536 (461)	469 (403)	176 (151)	300 (258)	86 (74)	295 (254)	457 (393)	402 (346)	162 (139)	276 (237)	17
	8	109 (94)	484 (416)	690 (593)	556 (478)	160 (138)	529 (455)	116 (100)	451 (388)	636 (547)	516 (444)	163 (140)	505 (434)	121 (104)	402 (346)	557 (479)	457 (393)	159 (137)	462 (397)	16
	9	159 (137)	528 (454)	669 (575)	499 (429)	138 (119)	732 (629)	166 (143)	508 (437)	640 (550)	483 (415)	148 (127)	711 (611)	176 (151)	472 (406)	585 (503)	449 (386)	159 (137)	668 (574)	15
	10	238 (205)	494 (425)	550 (473)	374 (322)	154 (132)	877 (754)	244 (210)	483 (415)	535 (460)	371 (319)	165 (142)	855 (735)	249 (214)	461 (396)	507 (436)	362 (311)	179 (154)	812 (698)	14
	11	294 (253)	406 (349)	377 (324)	226 (194)	166 (143)	972 (836)	294 (253)	398 (342)	372 (320)	230 (198)	176 (151)	939 (807)	293 (252)	386 (332)	363 (312)	237 (204)	187 (161)	891 (766)	13
	12	309 (266)	267 (230)	166 (143)	166 (143)	166 (143)	1000 (860)	308 (265)	270 (232)	177 (152)	177 (152)	177 (152)	962 (827)	309 (266)	274 (236)	191 (164)	191 (164)	191 (164)	919 (790)	12
	13	294 (253)	166 (143)	166 (143)	166 (143)	166 (143)	972 (836)	294 (253)	176 (151)	176 (151)	176 (151)	176 (151)	939 (807)	293 (252)	187 (161)	187 (161)	187 (161)	187 (161)	891 (766)	11
	14	238 (205)	154 (132)	154 (132)	154 (132)	154 (132)	877 (754)	244 (210)	165 (142)	165 (142)	165 (142)	165 (142)	855 (735)	249 (214)	179 (154)	179 (154)	179 (154)	179 (154)	812 (698)	10
	15	159 (137)	138 (119)	138 (119)	138 (119)	138 (119)	732 (629)	166 (143)	148 (127)	148 (127)	148 (127)	148 (127)	711 (611)	176 (151)	159 (137)	159 (137)	159 (137)	159 (137)	668 (574)	9
	16	109 (94)	109 (94)	109 (94)	109 (94)	160 (138)	529 (455)	116 (100)	116 (100)	116 (100)	116 (100)	163 (140)	505 (434)	121 (104)	121 (104)	121 (104)	121 (104)	159 (137)	462 (397)	8
	17	79 (68)	79 (68)	79 (68)	79 (68)	187 (161)	321 (276)	83 (71)	83 (71)	83 (71)	83 (71)	176 (151)	300 (258)	86 (74)	86 (74)	86 (74)	86 (74)	162 (139)	276 (237)	7
	18	42 (36)	42 (36)	42 (36)	42 (36)	148 (127)	121 (104)	41 (35)	41 (35)	41 (35)	41 (35)	122 (105)	107 (92)	35 (30)	35 (30)	35 (30)	35 (30)	92 (79)	86 (74)	6
日总计		2154 (1852)	3441 (2959)	4115 (3538)	3385 (2911)	2074 (1783)	8104 (6968)	2197 (1889)	3337 (2869)	3916 (3367)	3251 (2795)	Z075 (1784)	7793 (6701)	2228 (1916)	3176 (2731)	3636 (3126)	3063 (2634)	2068 (1778)	7306 (6282)	日总计
日平均		90 (77)	143 (123)	171 (147)	141 (121)	86 (74)	338 (290)	92 (79)	139 (120)	163 (140)	135 (116)	86 (74)	325 (279)	93 (80)	132 (114)	151 (130)	128 (110)	86 (74)	304 (262)	日平均
朝向		S	SW	W	NW	N	H	S	SW	W	NW	W	H	S	SW	W	NW	N	H	朝向

表 1-3-8（4）

北纬 35°太阳总辐射照度（W/m²）[kcal/(m²·h)]

透明度等级		1						2						3						透明度等级
朝向		S	SE	E	NE	N	H	S	SE	E	NE	N	H	S	SE	E	NE	N	H	朝向
时刻（地方太阳时）	6	43 (37)	348 (300)	670 (576)	622 (535)	236 (203)	184 (158)	43 (37)	304 (261)	576 (495)	536 (461)	207 (178)	167 (144)	48 (41)	267 (230)	498 (428)	465 (400)	187 (161)	160 (138)	18
	7	71 (61)	541 (465)	869 (747)	728 (626)	204 (175)	413 (355)	73 (63)	492 (423)	783 (673)	658 (566)	192 (165)	385 (331)	77 (66)	448 (385)	705 (606)	594 (511)	181 (156)	361 (310)	17
	8	94 (81)	636 (547)	880 (757)	665 (572)	114 (98)	632 (543)	101 (87)	600 (516)	825 (709)	626 (538)	120 (103)	605 (520)	108 (93)	562 (483)	766 (659)	585 (503)	124 (107)	577 (496)	16
	9	209 (180)	659 (567)	792 (681)	529 (455)	117 (101)	828 (712)	207 (178)	626 (538)	749 (644)	504 (433)	121 (104)	790 (679)	209 (180)	598 (514)	721 (612)	485 (417)	130 (112)	762 (655)	15
	10	320 (275)	614 (528)	627 (539)	351 (302)	134 (115)	984 (846)	319 (274)	595 (512)	608 (523)	349 (300)	144 (124)	956 (822)	307 (264)	565 (486)	577 (496)	336 (289)	145 (125)	907 (780)	14
	11	383 (329)	493 (424)	397 (341)	149 (128)	138 (119)	1066 (917)	376 (323)	479 (412)	388 (334)	155 (133)	145 (125)	1029 (885)	365 (314)	462 (397)	377 (324)	158 (136)	150 (129)	985 (847)	13
	12	409 (352)	333 (286)	145 (125)	145 (125)	145 (125)	1105 (950)	400 (344)	327 (281)	151 (130)	151 (130)	151 (130)	1063 (914)	390 (335)	321 (276)	156 (134)	156 (134)	156 (134)	1021 (878)	12
	13	383 (329)	138 (119)	138 (119)	138 (119)	138 (119)	1066 (917)	376 (323)	145 (125)	145 (125)	145 (125)	145 (125)	1029 (885)	365 (314)	150 (129)	150 (129)	150 (129)	150 (129)	985 (847)	11
	14	320 (275)	134 (115)	134 (115)	134 (115)	134 (115)	984 (846)	319 (274)	144 (124)	144 (124)	144 (124)	144 (124)	956 (822)	307 (264)	145 (125)	145 (125)	145 (125)	145 (125)	907 (780)	10
	15	209 (180)	117 (101)	117 (101)	117 (101)	117 (101)	828 (712)	207 (178)	121 (104)	121 (104)	121 (104)	121 (104)	790 (679)	209 (180)	130 (112)	130 (112)	130 (112)	130 (112)	762 (655)	9
	16	94 (81)	94 (81)	94 (81)	94 (81)	114 (98)	632 (543)	101 (87)	101 (87)	101 (87)	101 (87)	120 (103)	605 (520)	108 (93)	108 (93)	108 (93)	108 (93)	124 (107)	577 (496)	8
	17	71 (61)	71 (61)	71 (61)	71 (61)	204 (175)	413 (355)	73 (63)	73 (63)	73 (63)	73 (63)	192 (165)	385 (331)	77 (66)	77 (66)	77 (66)	77 (66)	181 (156)	361 (310)	7
	18	43 (37)	43 (37)	43 (37)	43 (37)	236 (203)	184 (158)	43 (37)	43 (37)	43 (37)	43 (37)	207 (178)	167 (144)	48 (41)	48 (41)	48 (41)	48 (41)	187 (161)	160 (138)	6 时刻（地方太阳时）
日总计		2649 (2278)	4223 (3631)	4978 (4280)	3788 (3257)	2032 (1747)	9318 (8012)	2638 (2268)	4051 (3483)	4708 (4048)	3606 (3101)	2010 (1728)	8927 (7676)	2618 (2251)	3881 (3337)	4448 (3825)	3438 (2956)	1993 (1714)	8525 (7330)	日总计
日平均		110 (95)	176 (151)	207 (178)	158 (136)	85 (73)	388 (334)	110 (95)	169 (145)	197 (169)	150 (129)	84 (72)	372 (320)	109 (94)	162 (139)	185 (159)	143 (123)	83 (71)	355 (305)	日平均
朝向		S	SW	W	NW	N	H	S	SW	W	NW	N	H	S	SW	W	NW	N	H	朝向

续表

透明度等级		4						5						6						透明度等级
朝向		S	SE	E	NE	N	H	S	SE	E	NE	N	H	S	SE	E	NE	N	H	朝向
时刻（地方太阳时）	6	48 (41)	223 (192)	408 (350)	380 (327)	158 (136)	144 (124)	47 (40)	185 (159)	331 (285)	309 (266)	134 (115)	128 (110)	42 (36)	141 (121)	245 (211)	230 (198)	105 (90)	107 (92)	18
	7	81 (70)	399 (343)	621 (543)	526 (452)	171 (147)	335 (288)	85 (73)	354 (309)	549 (472)	468 (402)	163 (140)	314 (270)	90 (77)	315 (271)	472 (406)	405 (348)	154 (132)	291 (250)	17
	8	109 (94)	511 (439)	692 (595)	531 (457)	124 (107)	534 (459)	117 (101)	477 (410)	638 (549)	495 (426)	130 (112)	509 (438)	121 (104)	423 (364)	561 (482)	440 (378)	133 (114)	466 (401)	16
	9	209 (180)	562 (483)	666 (573)	495 (395)	137 (118)	725 (623)	214 (184)	541 (465)	636 (547)	445 (383)	147 (126)	704 (605)	215 (185)	499 (429)	582 (500)	416 (358)	157 (135)	661 (568)	15
	10	302 (260)	538 (463)	549 (472)	328 (282)	154 (132)	865 (744)	304 (261)	525 (451)	534 (459)	328 (282)	165 (142)	844 (726)	302 (260)	497 (427)	506 (435)	323 (278)	179 (154)	802 (690)	14
	11	361 (310)	450 (387)	371 (319)	170 (146)	162 (139)	950 (815)	356 (306)	440 (378)	366 (315)	179 (154)	172 (148)	918 (789)	349 (300)	423 (364)	358 (308)	191 (164)	185 (159)	871 (749)	13
	12	385 (331)	321 (276)	169 (145)	169 (145)	169 (145)	986 (848)	379 (326)	320 (275)	178 (153)	178 (153)	178 (153)	950 (817)	370 (318)	316 (272)	190 (163)	190 (163)	190 (163)	902 (776)	12
	13	361 (310)	162 (139)	162 (139)	162 (139)	162 (139)	950 (815)	356 (306)	172 (148)	172 (148)	172 (148)	172 (148)	918 (789)	349 (300)	185 (159)	185 (159)	185 (159)	185 (159)	871 (749)	11
	14	302 (260)	154 (132)	154 (132)	154 (132)	154 (132)	865 (744)	304 (261)	165 (142)	165 (142)	165 (142)	165 (142)	844 (726)	302 (260)	179 (154)	179 (154)	179 (154)	179 (154)	802 (690)	10
	15	209 (180)	137 (118)	137 (118)	137 (118)	137 (118)	725 (623)	214 (184)	147 (126)	147 (126)	147 (126)	147 (126)	704 (605)	215 (185)	157 (135)	157 (135)	157 (135)	157 (135)	661 (568)	9
	16	109 (94)	109 (94)	109 (94)	109 (94)	124 (107)	534 (459)	117 (101)	117 (101)	117 (101)	117 (101)	130 (112)	509 (438)	121 (104)	121 (104)	121 (104)	121 (104)	133 (114)	466 (401)	8
	17	81 (70)	81 (70)	81 (70)	81 (70)	171 (147)	335 (288)	85 (73)	85 (73)	85 (73)	85 (73)	163 (140)	314 (270)	90 (77)	90 (77)	90 (77)	90 (77)	154 (132)	291 (250)	7
	18	48 (41)	48 (41)	48 (41)	48 (41)	158 (136)	144 (124)	47 (40)	47 (40)	47 (40)	47 (40)	134 (115)	128 (110)	42 (36)	42 (36)	42 (36)	42 (36)	105 (90)	107 (92)	6
日总计		2606 (2241)	3695 (3177)	4166 (3582)	3254 (2798)	1981 (1703)	8088 (6954)	2624 (2256)	3579 (3077)	3966 (3410)	3135 (2696)	1999 (1719)	7784 (6693)	2607 (2242)	3388 (2913)	3687 (3170)	2968 (2552)	2013 (1731)	7299 (6276)	日总计
日平均		108 (93)	154 (132)	173 (149)	136 (117)	83 (71)	337 (290)	109 (94)	149 (128)	165 (142)	130 (112)	84 (72)	324 (279)	108 (93)	141 (121)	154 (132)	123 (106)	84 (72)	305 (262)	日平均
朝向		S	SW	W	NW	N	H	S	SW	W	NW	N	H	S	SW	W	NW	N	H	朝向

右侧时刻列标题：时刻（地方太阳时）

表 1-3-8（5）

北纬 40°太阳总辐射照度（W/m²）[kcal/(m²·h)]

透明度等级		1						2						3						透明度等级
朝向		S	SE	E	NE	N	H	S	SE	E	NE	N	H	S	SE	E	NE	N	H	朝向
时刻（地方太阳时）	6	45 (39)	378 (325)	706 (607)	648 (557)	236 (203)	209 (180)	47 (40)	330 (284)	612 (526)	562 (483)	209 (180)	192 (165)	52 (45)	295 (254)	536 (461)	493 (424)	192 (165)	185 (159)	18 时刻（地方太阳时）
	7	72 (62)	570 (490)	878 (755)	714 (614)	174 (150)	427 (367)	76 (65)	519 (446)	793 (682)	648 (557)	166 (143)	399 (343)	79 (68)	471 (405)	714 (614)	585 (503)	159 (137)	373 (321)	17
	8	124 (107)	671 (577)	880 (757)	629 (541)	94 (81)	630 (542)	129 (111)	632 (543)	825 (709)	593 (510)	101 (87)	604 (519)	133 (114)	591 (508)	766 (659)	556 (478)	108 (93)	576 (495)	16
	9	273 (235)	702 (604)	787 (677)	479 (412)	115 (99)	813 (699)	Z66 (229)	665 (572)	475 (641)	458 (394)	120 (103)	777 (668)	264 (227)	634 (545)	707 (608)	442 (380)	129 (111)	749 (644)	15
	10	393 (338)	663 (570)	621 (534)	292 (251)	130 (112)	958 (824)	386 (332)	640 (550)	600 (516)	291 (250)	140 (120)	927 (797)	371 (319)	607 (522)	570 (490)	283 (243)	142 (122)	883 (759)	14
	11	465 (400)	550 (473)	392 (337)	135 (116)	135 (116)	1037 (892)	454 (390)	534 (459)	385 (331)	144 (124)	144 (124)	1004 (863)	436 (375)	511 (439)	372 (320)	147 (126)	147 (126)	958 (824)	13
	12	492 (423)	388 (334)	140 (120)	140 (120)	140 (120)	1068 (918)	478 (411)	380 (327)	147 (126)	147 (126)	147 (126)	1030 (886)	461 (396)	370 (318)	150 (129)	150 (129)	150 (129)	986 (848)	12
	13	465 (400)	187 (161)	135 (116)	135 (116)	135 (116)	1037 (892)	454 (390)	192 (165)	144 (124)	144 (124)	144 (124)	1004 (863)	436 (375)	192 (165)	147 (126)	147 (126)	147 (126)	958 (824)	11
	14	393 (338)	130 (112)	130 (112)	130 (112)	130 (112)	958 (824)	386 (332)	140 (120)	140 (120)	140 (120)	140 (120)	927 (797)	371 (319)	142 (122)	142 (122)	142 (122)	142 (122)	883 (759)	10
	15	273 (235)	115 (99)	115 (99)	115 (99)	115 (99)	813 (699)	266 (229)	120 (103)	120 (103)	120 (103)	120 (103)	777 (668)	264 (227)	129 (111)	129 (111)	129 (111)	129 (111)	749 (644)	9
	16	124 (107)	94 (81)	94 (81)	94 (81)	94 (81)	630 (542)	129 (111)	101 (87)	101 (87)	101 (87)	101 (87)	604 (519)	133 (114)	108 (93)	108 (93)	108 (93)	108 (93)	571 (495)	8
	17	72 (62)	72 (62)	72 (62)	72 (62)	174 (150)	427 (367)	76 (65)	76 (65)	76 (65)	76 (65)	166 (143)	399 (343)	79 (68)	79 (68)	79 (68)	79 (68)	159 (137)	373 (321)	7
	18	45 (39)	45 (39)	45 (39)	45 (39)	236 (203)	209 (180)	47 (40)	47 (40)	47 (40)	47 (40)	209 (180)	192 (165)	52 (45)	52 (45)	52 (45)	52 (45)	192 (165)	185 (159)	6
日总计		3239 (2785)	4567 (3927)	4996 (4296)	3629 (3120)	1910 (1642)	9218 (7926)	3192 (2745)	4374 (3761)	4733 (4070)	3469 (2983)	1907 (1640)	8834 (7596)	3131 (2692)	4181 (3595)	4473 (3846)	3312 (2848)	1904 (1637)	8434 (7252)	日总计
日平均		135 (116)	191 (164)	208 (179)	151 (130)	79 (68)	384 (330)	133 (114)	183 (157)	198 (170)	144 (124)	79 (68)	369 (317)	130 (112)	174 (150)	186 (160)	138 (119)	79 (68)	351 (302)	日平均
朝向		S	SW	W	NW	N	H	S	SW	W	NW	N	H	S	SW	W	NW	N	H	朝向

续表

透明度等级	4						5						6						透明度等级
朝向	S	SE	E	NE	N	H	S	SE	E	NE	N	H	S	SE	E	NE	N	H	朝向
时刻(地方太阳时) 6	52 (45)	250 (215)	445 (383)	411 (353)	165 (142)	166 (143)	50 (43)	209 (180)	368 (316)	340 (292)	142 (122)	148 (127)	49 (42)	164 (141)	279 (240)	258 (222)	115 (99)	127 (109)	18 时刻(地方太阳时)
7	83 (71)	421 (362)	630 (542)	519 (446)	152 (131)	345 (297)	87 (75)	379 (326)	559 (481)	463 (398)	148 (127)	324 (279)	93 (80)	334 (287)	483 (415)	404 (347)	142 (122)	304 (261)	17
8	131 (113)	537 (462)	692 (595)	506 (435)	109 (94)	533 (458)	137 (118)	500 (430)	638 (549)	472 (406)	117 (101)	509 (438)	137 (118)	443 (381)	559 (481)	420 (361)	121 (104)	466 (401)	16
9	258 (222)	593 (510)	661 (568)	420 (361)	135 (116)	711 (611)	258 (222)	569 (489)	630 (542)	407 (350)	144 (124)	690 (593)	254 (218)	521 (448)	575 (494)	381 (328)	155 (133)	645 (555)	15
10	361 (310)	576 (495)	542 (466)	279 (240)	151 (130)	842 (724)	357 (307)	558 (480)	527 (453)	281 (242)	162 (139)	821 (706)	349 (300)	526 (452)	498 (428)	281 (242)	176 (151)	779 (670)	14
11	424 (365)	493 (424)	365 (314)	158 (136)	158 (136)	919 (790)	416 (358)	480 (413)	362 (311)	169 (145)	169 (145)	892 (767)	402 (346)	495 (395)	354 (304)	181 (156)	181 (156)	847 (728)	13
12	448 (385)	364 (313)	162 (139)	162 (139)	162 (139)	949 (816)	438 (377)	361 (310)	172 (148)	172 (148)	172 (148)	919 (790)	422 (363)	352 (303)	185 (159)	185 (159)	185 (159)	872 (750)	12
13	424 (365)	199 (171)	158 (136)	158 (136)	158 (136)	919 (790)	416 (358)	207 (178)	169 (145)	169 (145)	169 (145)	892 (767)	402 (346)	216 (186)	181 (156)	181 (156)	181 (156)	847 (728)	11
14	361 (310)	151 (130)	151 (130)	151 (130)	151 (130)	842 (724)	357 (307)	162 (139)	162 (139)	162 (139)	162 (139)	821 (706)	349 (300)	176 (151)	176 (151)	176 (151)	176 (151)	779 (670)	10
15	258 (222)	135 (116)	135 (116)	135 (116)	135 (116)	711 (611)	258 (222)	144 (124)	144 (124)	144 (124)	144 (124)	690 (593)	254 (218)	155 (133)	155 (133)	155 (133)	155 (133)	645 (555)	9
16	131 (113)	109 (94)	109 (94)	109 (94)	109 (94)	533 (458)	137 (118)	117 (101)	117 (101)	117 (101)	117 (101)	509 (438)	137 (118)	121 (104)	121 (104)	121 (104)	121 (104)	466 (401)	8
17	83 (71)	83 (71)	83 (71)	83 (71)	152 (131)	345 (297)	87 (75)	87 (75)	87 (75)	87 (75)	148 (127)	324 (279)	93 (80)	93 (80)	93 (80)	93 (80)	142 (122)	304 (261)	7
18	52 (45)	52 (45)	52 (45)	52 (45)	165 (142)	166 (143)	50 (43)	50 (43)	50 (43)	50 (43)	142 (122)	148 (127)	49 (42)	49 (42)	49 (42)	49 (42)	115 (99)	127 (109)	6
日总计	3067 (2637)	3964 (3408)	4186 (3599)	3142 (2702	1904 (1637)	7981 (6862)	3051 (2623)	3824 (3288)	3986 (3427)	3033 (2608)	1935 (1664)	7687 (6610)	2990 (2571)	3609 (3103)	3706 (3187)	2885 (2481)	1964 (1689)	7208 (6198)	日总计
日平均	128 (110)	165 (142)	174 (150)	131 (113)	79 (68)	333 (286)	127 (109)	159 (137)	166 (143)	127 (109)	80 (69)	320 (275)	124 (107)	150 (129)	155 (133)	120 (103)	81 (70)	300 (258)	日平均
朝向	S	SW	W	NW	N	H	S	SW	W	NW	N	H	S	SW	W	NW	N	H	朝向

北纬 45°太阳总辐射照度（W/m²）[kcal/(m²·h)]　表 1-3-8（6）

透明度等级		1						2						3						透明度等级
朝向		S	SE	E	NE	N	H	S	SE	E	NE	N	H	S	SE	E	NE	N	H	朝向
时刻（地方太阳时）	6	48 (41)	407 (350)	740 (636)	668 (574)	233 (200)	234 (201)	49 (42)	357 (307)	644 (554)	582 (500)	208 (179)	214 (184)	56 (48)	323 (278)	571 (491)	518 (445)	193 (166)	207 (178)	18
	7	73 (63)	598 (514)	885 (761)	698 (600)	143 (123)	437 (376)	77 (66)	544 (468)	801 (689)	634 (545)	140 (120)	409 (352)	80 (69)	494 (425)	721 (620)	573 (493)	135 (116)	381 (328)	17
	8	173 (149)	705 (606)	879 (756)	593 (510)	94 (81)	625 (537)	173 (149)	662 (569)	821 (706)	559 (481)	101 (87)	598 (514)	173 (149)	618 (531)	763 (656)	525 (451)	107 (92)	570 (490)	16
	9	333 (286)	742 (638)	782 (672)	429 (369)	112 (96)	791 (680)	323 (278)	704 (605)	740 (636)	413 (355)	117 (101)	758 (652)	316 (272)	668 (574)	701 (603)	399 (343)	127 (109)	730 (628)	15
	10	464 (399)	709 (610)	614 (528)	234 (201)	127 (109)	926 (796)	449 (386)	679 (584)	590 (507)	233 (200)	134 (115)	891 (766)	431 (371)	657 (565)	562 (483)	231 (199)	140 (120)	851 (732)	14
	11	545 (469)	606 (521)	390 (335)	134 (115)	134 (115)	1005 (864)	530 (456)	587 (505)	384 (330)	143 (123)	143 (123)	975 (838)	506 (435)	558 (480)	370 (318)	145 (125)	145 (125)	927 (797)	13
	12	571 (491)	443 (381)	135 (116)	135 (116)	135 (116)	1028 (884)	554 (476)	434 (373)	143 (123)	143 (123)	143 (123)	996 (856)	529 (455)	418 (359)	147 (126)	147 (126)	147 (126)	949 (816)	12
	13	545 (469)	244 (210)	134 (115)	134 (115)	134 (115)	1005 (864)	530 (456)	248 (213)	143 (123)	143 (123)	143 (123)	975 (838)	506 (435)	242 (208)	145 (125)	145 (125)	145 (125)	927 (797)	11
	14	464 (399)	127 (109)	127 (109)	127 (109)	127 (109)	926 (796)	449 (386)	134 (115)	134 (115)	134 (115)	134 (115)	891 (766)	421 (371)	140 (120)	140 (120)	140 (120)	140 (120)	851 (732)	10
	15	333 (286)	112 (96)	112 (96)	112 (96)	112 (96)	791 (680)	323 (278)	117 (101)	117 (101)	117 (101)	117 (101)	758 (652)	316 (272)	127 (109)	127 (109)	127 (109)	127 (109)	730 (628)	9
	16	173 (149)	94 (81)	94 (81)	94 (81)	94 (81)	625 (537)	173 (149)	101 (87)	101 (87)	101 (87)	101 (87)	598 (514)	173 (149)	107 (92)	107 (92)	107 (92)	107 (92)	570 (490)	8
	17	73 (63)	73 (63)	73 (63)	73 (63)	143 (123)	437 (376)	77 (66)	77 (66)	77 (66)	77 (66)	140 (120)	409 (352)	80 (69)	80 (69)	80 (69)	80 (69)	135 (116)	381 (328)	7
	18	48 (41)	48 (41)	48 (41)	48 (41)	233 (200)	234 (201)	49 (42)	49 (42)	49 (42)	49 (42)	208 (179)	214 (184)	56 (48)	56 (48)	56 (48)	56 (48)	193 (166)	207 (178)	6
日总计		3844 (3305)	4908 (4220)	5011 (4309)	3477 (2990)	1819 (1564)	9062 (7792)	3756 (3230)	4693 (4035)	4744 (4079)	3327 (2861)	1829 (1573)	8685 (7468)	3655 (3143)	4475 (3848)	4489 (3860)	3192 (2745)	1840 (1582)	8283 (7122)	日总计
日平均		160 (138)	205 (176)	209 (180)	145 (125)	76 (65)	378 (325)	157 (135)	195 (168)	198 (170)	138 (119)	77 (66)	362 (311)	152 (131)	186 (160)	187 (161)	133 (114)	77 (66)	345 (297)	日平均
朝向		S	SW	W	NW	N	H	S	SW	W	NW	N	H	S	SW	W	NW	N	H	朝向

（右侧时刻列为：时刻（地方太阳时））

续表

透明度等级	4						5						6						透明度等级
朝向	S	SE	E	NE	N	H	S	SE	E	NE	N	H	S	sE	E	NE	N	H	朝向
时刻（地方太阳时） 6	56 (48)	276 (237)	480 (413)	435 (374)	169 (145)	187 (161)	53 (46)	234 (201)	400 (344)	364 (313)	147 (126)	166 (143)	53 (46)	186 (160)	311 (267)	283 (243)	122 (105)	145 (125)	18 时刻（地方太阳时）
7	84 (72)	441 (379)	637 (548)	509 (438)	131 (113)	354 (304)	88 (76)	398 (342)	566 (487)	456 (392)	130 (112)	333 (286)	95 (82)	351 (302)	491 (422)	399 (343)	129 (111)	312 (268)	17
8	167 (144)	561 (482)	688 (592)	478 (411)	109 (94)	527 (453)	169 (145)	520 (447)	635 (546)	447 (384)	116 (100)	504 (433)	164 (141)	459 (395)	556 (478)	398 (342)	120 (103)	461 (396)	16
9	304 (261)	621 (534)	652 (561)	378 (325)	131 (113)	690 (593)	300 (258)	592 (509)	621 (534)	369 (317)	142 (122)	669 (575)	287 (247)	538 (463)	563 (484)	347 (298)	150 (129)	623 (536)	15
10	415 (357)	611 (525)	535 (460)	231 (199)	148 (127)	813 (699)	408 (351)	590 (507)	519 (446)	236 (203)	158 (136)	792 (681)	391 (339)	551 (474)	488 (420)	241 (207)	171 (147)	750 (645)	14
11	486 (418)	534 (459)	361 (310)	155 (133)	155 (133)	886 (762)	475 (408)	520 (447)	358 (308)	166 (143)	166 (143)	863 (742)	454 (390)	494 (425)	350 (301)	180 (155)	180 (155)	820 (705)	13
12	509 (438)	406 (349)	157 (135)	157 (135)	157 (135)	909 (782)	495 (426)	400 (344)	167 (144)	167 (144)	167 (144)	884 (760)	473 (407)	387 (333)	181 (156)	181 (156)	181 (156)	840 (722)	12
13	486 (418)	243 (209)	155 (133)	155 (133)	155 (133)	886 (762)	475 (408)	249 (214)	166 (143)	166 (143)	166 (143)	863 (742)	454 (390)	254 (218)	180 (155)	180 (155)	180 (155)	820 (705)	11
14	415 (357)	148 (127)	148 (127)	148 (127)	148 (127)	813 (699)	408 (351)	158 (136)	158 (136)	158 (136)	158 (136)	792 (681)	391 (336)	171 (147)	171 (147)	171 (147)	171 (147)	750 (645)	10
15	304 (261)	131 (113)	131 (113)	131 (113)	131 (113)	690 (593)	300 (258)	142 (122)	142 (122)	142 (122)	142 (122)	669 (575)	287 (247)	150 (129)	150 (129)	150 (129)	150 (129)	623 (536)	9
16	167 (144)	109 (94)	109 (94)	109 (94)	109 (94)	527 (453)	169 (145)	116 (100)	116 (100)	116 (100)	116 (100)	504 (433)	164 (141)	120 (103)	120 (103)	120 (103)	120 (103)	461 (396)	8
17	84 (72)	84 (72)	84 (72)	84 (72)	131 (113)	354 (304)	88 (76)	88 (76)	88 (76)	88 (76)	130 (112)	333 (286)	95 (82)	95 (82)	95 (82)	95 (82)	129 (111)	312 (268)	7
18	56 (48)	56 (48)	56 (48)	56 (48)	169 (145)	187 (161)	53 (46)	53 (46)	53 (46)	53 (46)	147 (126)	166 (143)	53 (46)	53 (46)	53 (46)	53 (46)	122 (105)	145 (125)	6
日总计	3573 (3038)	4219 (3628)	4194 (3606)	3026 (2602)	1843 (1585)	7822 (6726)	3482 (2994)	4060 (3491)	3991 (3432)	2930 (2519)	1886 (1622)	7536 (6480)	3362 (2891)	3811 (3277)	3710 (3190)	2798 (2406)	1926 (1656)	7062 (6072)	日总计
日平均	148 (127)	176 (151)	174 (150)	126 (108)	77 (66)	326 (280)	145 (125)	169 (145)	166 (143)	122 (105)	79 (68)	314 (270)	140 (120)	159 (137)	155 (133)	116 (100)	80 (69)	294 (253)	日平均
朝向	S	SW	W	NW	N	H	S	SW	W	NW	N	H	S	SW	W	NW	N	H	朝向

表 1-3-8 (7)

北纬 50°太阳总辐射照度（W/m²）[kcal/(m²·h)]

透明度等级	1						2						3						透明度等级
朝向	S	SE	E	NE	N	H	S	SE	E	NE	N	H	S	SE	E	NE	N	H	朝向
时刻（地方太阳时）6	51 (44)	435 (374)	768 (660)	680 (585)	224 (193)	257 (221)	52 (45)	384 (330)	671 (577)	595 (512)	202 (174)	236 (203)	58 (50)	348 (299)	598 (514)	533 (458)	190 (163)	228 (196)	18 时刻（地方太阳时）
7	74 (64)	625 (537)	890 (765)	677 (582)	112 (96)	444 (382)	78 (67)	569 (489)	805 (692)	615 (529)	112 (96)	415 (357)	80 (69)	516 (444)	726 (624)	558 (480)	110 (95)	387 (333)	17
8	220 (189)	736 (633)	876 (753)	557 (479)	93 (80)	615 (529)	216 (186)	688 (592)	816 (702)	525 (451)	99 (85)	586 (504)	212 (182)	642 (552)	757 (651)	492 (423)	106 (91)	558 (480)	16
9	390 (335)	778 (669)	773 (665)	379 (326)	108 (93)	763 (656)	377 (324)	737 (634)	734 (631)	368 (316)	115 (99)	734 (631)	365 (314)	698 (600)	694 (597)	356 (306)	124 (107)	706 (607)	15
10	530 (456)	752 (647)	607 (522)	178 (153)	124 (107)	887 (763)	507 (436)	715 (615)	579 (498)	178 (153)	128 (110)	848 (729)	488 (420)	680 (585)	554 (476)	183 (157)	136 (117)	815 (701)	14
11	620 (533)	656 (564)	385 (331)	131 (113)	131 (113)	963 (828)	599 (515)	634 (545)	379 (326)	141 (121)	141 (121)	933 (802)	569 (489)	601 (517)	364 (313)	143 (123)	143 (123)	887 (763)	13
12	650 (559)	499 (429)	134 (115)	134 (115)	134 (115)	989 (850)	630 (542)	487 (419)	144 (124)	144 (124)	144 (124)	961 (826)	598 (514)	465 (400)	145 (125)	145 (125)	145 (125)	912 (784)	12
13	620 (533)	297 (255)	131 (113)	131 (113)	131 (113)	963 (828)	599 (515)	297 (255)	141 (121)	141 (121)	141 (121)	933 (802)	569 (489)	287 (247)	143 (123)	143 (123)	143 (123)	887 (763)	11
14	530 (456)	124 (107)	124 (107)	124 (107)	124 (107)	887 (763)	507 (436)	128 (110)	128 (110)	128 (110)	128 (110)	848 (729)	488 (420)	136 (117)	136 (117)	136 (117)	136 (117)	815 (701)	10
15	390 (335)	108 (93)	108 (93)	108 (93)	108 (93)	763 (656)	377 (324)	115 (99)	115 (99)	115 (99)	115 (99)	734 (631)	365 (314)	124 (107)	124 (107)	124 (107)	124 (107)	706 (607)	9
16	220 (189)	93 (80)	93 (80)	93 (80)	93 (80)	615 (529)	216 (186)	99 (85)	99 (85)	99 (85)	99 (85)	586 (504)	212 (182)	106 (91)	106 (91)	106 (91)	106 (91)	558 (480)	8
17	74 (64)	74 (64)	74 (64)	74 (64)	112 (96)	444 (382)	78 (67)	78 (67)	78 (67)	78 (67)	112 (96)	415 (357)	80 (69)	80 (69)	80 (69)	80 (69)	110 (95)	378 (333)	7
18	51 (44)	51 (44)	51 (44)	51 (44)	224 (193)	257 (221)	52 (45)	52 (45)	52 (45)	52 (45)	202 (174)	236 (203)	58 (50)	58 (50)	58 (50)	58 (50)	190 (163)	228 (196)	6
日总计	4421 (3801)	5229 (4496)	5015 (4312)	3319 (2854)	1720 (1479)	8848 (7608)	4289 (3688)	4983 (4285)	4742 (4077)	3178 (2733)	1738 (1494)	8464 (7278)	4143 (3562)	4743 (4078)	4486 (3857)	3058 (2629)	1764 (1517)	8076 (6944)	日总计
日平均	184 (158)	217 (187)	209 (180)	138 (119)	72 (62)	369 (317)	179 (154)	208 (179)	198 (170)	133 (114)	72 (62)	352 (303)	172 (148)	198 (170)	187 (161)	128 (110)	73 (63)	336 (289)	日平均
朝向	S	SW	W	NW	N	H	S	SW	W	NW	N	H	S	SW	W	NW	N	H	朝向

续表

透明度等级		4						5						6						透明度等级	
朝向		S	SE	E	NE	N	H	S	SE	E	NE	N	H	S	SE	E	NE	N	H	朝向	
时刻(地方太阳时)	6	59 (51)	299 (257)	507 (436)	454 (390)	167 (144)	207 (178)	58 (50)	256 (220)	428 (368)	383 (329)	148 (127)	186 (160)	58 (50)	208 (179)	337 (290)	304 (261)	126 (108)	164 (141)	18	时刻(地方太阳时)
	7	85 (73)	461 (396)	642 (552)	497 (427)	109 (94)	359 (309)	90 (77)	414 (356)	571 (491)	445 (360)	112 (96)	338 (291)	95 (82)	365 (314)	495 (426)	391 (336)	114 (98)	316 (272)	17	
	8	201 (173)	580 (499)	683 (587)	448 (385)	107 (92)	518 (445)	198 (170)	536 (461)	628 (540)	419 (360)	115 (99)	492 (423)	188 (162)	473 (407)	550 (473)	374 (322)	119 (102)	451 (388)	16	
	9	345 (297)	644 (554)	641 (551)	337 (290)	1 28 (110)	663 (570)	337 (290)	612 (529)	608 (523)	329 (283)	137 (118)	642 (552)	316 (272)	551 (474)	549 (472)	309 (266)	145 (125)	595 (512)	15	
	10	466 (401)	642 (552)	527 (453)	187 (161)	144 (124)	779 (670)	454 (390)	618 (531)	511 (439)	193 (166)	154 (132)	758 (652)	429 (369)	572 (492)	478 (411)	201 (173)	163 (143)	716 (616)	14	
	11	542 (466)	571 (491)	355 (305)	151 (130)	151 (130)	847 (728)	527 (453)	554 (476)	352 (303)	163 (140)	163 (140)	826 (710)	498 (428)	522 (449)	343 (295)	177 (152)	177 (152)	784 (674)	13	
	12	568 (488)	447 (384)	154 (132)	154 (132)	154 (132)	870 (748)	552 (475)	438 (377)	165 (142)	165 (142)	165 (142)	849 (730)	522 (449)	422 (363)	179 (154)	179 (154)	179 (154)	807 (694)	12	
	13	542 (466)	284 (244)	1 51 (130)	151 (130)	151 (130)	847 (728)	527 (453)	286 (246)	163 (140)	163 (140)	163 (140)	826 (710)	498 (428)	285 (245)	177 (152)	177 (152)	177 (152)	784 (674)	11	
	14	466 (401)	144 (124)	144 (124)	144 (124)	144 (124)	779 (670)	454 (390)	154 (132)	154 (132)	154 (132)	154 (132)	758 (652)	429 (369)	163 (143)	163 (143)	163 (143)	163 (143)	716 (616)	10	
	15	345 (297)	128 (110)	128 (110)	128 (110)	128 (110)	663 (570)	337 (290)	137 (118)	137 (118)	137 (118)	137 (118)	642 (552)	316 (272)	145 (125)	145 (125)	145 (125)	145 (125)	595 (512)	9	
	16	201 (173)	107 (92)	107 (92)	107 (92)	107 (92)	518 (445)	198 (170)	115 (99)	115 (99)	115 (99)	115 (99)	492 (423)	188 (162)	119 (102)	119 (102)	119 (102)	119 (102)	451 (388)	8	
	17	85 (73)	85 (73)	85 (73)	85 (73)	109 (94)	359 (309)	90 (77)	90 (77)	90 (77)	90 (77)	112 (96)	338 (291)	95 (82)	9S (82)	95 (82)	95 (8Z)	114 (98)	316 (272)	7	
	18	59 (51)	59 (51)	59 (51)	59 (51)	167 (144)	207 (178)	58 (50)	58 (50)	58 (50)	58 (50)	148 (127)	186 (106)	58 (50)	58 (50)	58 (50)	58 (50)	126 (108)	164 (141)	6	
日总计		3966 (3410)	4451 (3827)	4182 (3596)	2902 (2495)	1768 (1520)	7615 (6548)	3879 (3335)	4267 (3669)	3980 (3422)	2813 (2419)	1821 (1566)	7334 (6306)	3693 (3175)	3983 (3425)	3693 (3175)	2696 (2318)	1872 (1610)	6862 (5900)	日总计	
日平均		165 (142)	185 (159)	174 (150)	121 (104)	73 (63)	317 (273)	162 (139)	178 (153)	166 (143)	117 (101)	76 (65)	306 (263)	154 (132)	166 (143)	154 (132)	113 (97)	78 (67)	286 (246)	日平均	
朝向		S	SW	W	NW	N	H	S	SW	W	NW	N	H	S	SW	W	NW	N	H	朝向	

北纬 20°透过标准窗玻璃的太阳辐射照度（W/m²）[kcal/(m²·h)]

表 1-3-9（1）

透明度等级	1						2						透明度等级
朝向	S	SE	E	NE	N	H	S	SE	E	NE	N	H	朝向
辐射照度	上行——直接辐射 下行——散射辐射						上行——直接辐射 下行——散射辐射						辐射照度
时刻（地方太阳时） 6	0(0)	162(139)	423(364)	404(347)	112(96)	20(17)	0(0)	128(110)	335(288)	320(275)	88(76)	15(13)	18 时刻（地方太阳时）
	21(18)	21(18)	21(18)	21(18)	21(18)	27(23)	23(20)	23(20)	23(20)	23(20)	23(20)	31(27)	
7	0(0)	286(246)	552(642)	576(495)	109(94)	192(165)	0(0)	254(218)	568(488)	509(438)	97(83)	170(146)	17
	52(45)	52(45)	52(45)	52(45)	52(45)	47(40)	52(45)	52(45)	52(45)	52(45)	52(45)	51(44)	
8	0(0)	315(271)	654(562)	550(473)	65(56)	428(368)	0(0)	288(248)	598(514)	502(432)	59(51)	391(336)	16
	76(65)	76(65)	76(65)	76(65)	76(65)	52(45)	80(69)	80(69)	80(69)	80(69)	80(69)	66(57)	
9	0(0)	274(236)	552(475)	430(370)	130(112)	628(540)	0(0)	256(220)	514(442)	401(345)	122(105)	585(503)	15
	97(83)	97(83)	97(83)	97(83)	97(83)	57(49)	99(85)	99(85)	99(85)	99(85)	99(85)	69(59)	
10	0(0)	180(155)	364(313)	258(222)	8(7)	784(674)	0(0)	170(146)	342(294)	243(209)	8(7)	737(634)	14
	110(95)	110(95)	110(95)	110(95)	110(95)	56(48)	119(102)	119(102)	119(102)	119(102)	119(102)	77(66)	
11	0(0)	60(52)	133(114)	85(73)	1(1)	878(755)	0(0)	57(49)	126(108)	79(68)	1(1)	826(710)	13
	120(103)	120(103)	120(103)	120(103)	120(103)	57(49)	123(106)	123(106)	123(106)	123(106)	123(106)	72(62)	
12	0(0)	0(0)	0(0)	0(0)	1(1)	911(783)	0(0)	0(0)	0(0)	0(0)	1(1)	863(742)	12
	122(105)	122(105)	122(105)	122(105)	122(105)	56(48)	128(110)	128(110)	128(110)	128(110)	128(110)	73(63)	
13	0(0)	0(0)	0(0)	0(0)	1(1)	878(755)	0(0)	0(0)	0(0)	0(0)	1(1)	826(710)	11
	120(103)	120(103)	120(103)	120(103)	120(103)	57(49)	123(106)	123(106)	123(106)	123(106)	123(106)	72(62)	
14	0(0)	0(0)	0(0)	0(0)	8(7)	784(674)	0(0)	0(0)	0(0)	0(0)	8(7)	737(634)	10
	110(95)	110(95)	110(95)	110(95)	110(95)	56(48)	119(102)	119(102)	119(102)	119(102)	119(102)	77(66)	
15	0(0)	0(0)	0(0)	0(0)	130(112)	628(540)	0(0)	0(0)	0(0)	0(0)	122(105)	585(503)	9
	97(83)	97(83)	97(83)	97(83)	97(83)	57(49)	99(85)	99(85)	99(85)	99(85)	99(85)	69(59)	
16	0(0)	0(0)	0(0)	0(0)	65(56)	428(368)	0(0)	0(0)	0(0)	0(0)	59(51)	391(336)	8
	76(65)	76(65)	76(65)	76(65)	76(65)	52(45)	80(69)	80(69)	80(69)	80(69)	80(69)	66(57)	
17	0(0)	0(0)	0(0)	0(0)	109(94)	192(165)	0(0)	0(0)	0(0)	0(0)	97(83)	170(146)	7
	52(45)	52(45)	52(45)	52(45)	52(45)	47(40)	52(45)	52(45)	52(45)	52(45)	52(45)	51(44)	
18	0(0)	0(0)	0(0)	0(0)	112(96)	20(17)	0(0)	0(0)	0(0)	0(0)	88(76)	15(13)	6
	21(18)	21(18)	21(18)	21(18)	21(18)	27(23)	23(20)	23(20)	23(20)	23(20)	23(20)	31(27)	
朝向	S	SW	W	NW	N	H	S	SW	W	NW	N	H	朝向

续表

透明度等级	3						4						透明度等级
朝向	S	SE	E	NE	N	H	S	SE	E	NE	N	H	朝向
辐射照度	上行——直接辐射 下行——散射辐射						上行——直接辐射 下行——散射辐射						辐射照度
时刻(地方太阳时)													时刻(地方太阳时)
6	0(0)	101(87)	263(226)	251(216)	70(60)	12(10)	0(0)	73(63)	191(164)	183(157)	50(43)	9(8)	18
	24(21)	24(21)	24(21)	24(21)	24(21)	35(30)	22(19)	22(19)	22(19)	22(19)	22(19)	33(28)	
7	0(0)	222(191)	498(428)	445(383)	85(73)	149(128)	0(0)	190(163)	423(364)	380(327)	72(62)	127(109)	17
	58(50)	58(50)	58(50)	58(50)	58(50)	65(56)	60(52)	60(52)	60(52)	60(52)	60(52)	76(65)	
8	0(0)	262(225)	543(467)	456(392)	53(46)	355(305)	0(0)	231(199)	479(412)	402(346)	48(41)	313(269)	16
	85(73)	85(73)	85(73)	85(73)	85(73)	80(69)	87(75)	87(75)	87(75)	87(75)	87(75)	91(78)	
9	0(0)	236(203)	476(409)	371(319)	113(97)	542(466)	0(0)	215(185)	433(372)	337(290)	102(88)	492(423)	15
	107(92)	107(92)	107(92)	107(92)	107(92)	90(77)	113(97)	113(97)	113(97)	113(97)	113(97)	107(92)	
10	0(0)	158(136)	319(274)	227(195)	7(6)	686(590)	0(0)	145(125)	292(251)	208(179)	7(6)	629(541)	14
	120(103)	120(103)	120(103)	120(103)	120(103)	87(75)	127(109)	127(109)	127(109)	127(109)	127(109)	109(94)	
11	0(0)	53(46)	117(101)	74(64)	1(1)	775(666)	0(0)	49(42)	109(94)	69(59)	1(1)	718(617)	13
	128(110)	128(110)	128(110)	128(110)	128(110)	88(76)	138(119)	138(119)	138(119)	138(119)	138(119)	115(99)	
12	0(0)	0(0)	0(0)	0(0)	1(1)	811(697)	0(0)	0(0)	0(0)	0(0)	1(1)	751(646)	12
	133(114)	133(114)	133(114)	133(114)	133(114)	91(78)	141(121)	141(121)	141(121)	141(121)	141(121)	114(98)	
13	0(0)	0(0)	0(0)	0(0)	1(1)	775(666)	0(0)	0(0)	0(0)	0(0)	1(1)	718(617)	11
	128(110)	128(110)	128(110)	128(110)	128(110)	88(76)	138(119)	138(119)	138(119)	138(119)	138(119)	115(99)	
14	0(0)	0(0)	0(0)	0(0)	7(6)	686(590)	0(0)	0(0)	0(0)	0(0)	7(6)	629(541)	10
	120(103)	120(103)	120(103)	120(103)	120(103)	87(75)	127(109)	127(109)	127(109)	127(109)	127(109)	109(94)	
15	0(0)	0(0)	0(0)	0(0)	113(97)	542(466)	0(0)	0(0)	0(0)	0(0)	102(88)	492(423)	9
	107(92)	107(92)	107(92)	107(92)	107(92)	90(77)	113(97)	113(97)	113(97)	113(97)	113(97)	107(92)	
16	0(0)	0(0)	0(0)	0(0)	53(46)	355(305)	0(0)	0(0)	0(0)	0(0)	48(41)	313(269)	8
	85(73)	85(73)	85(73)	85(73)	85(73)	80(69)	87(75)	87(75)	87(75)	87(75)	87(75)	91(78)	
17	0(0)	0(0)	0(0)	0(0)	85(73)	149(128)	0(0)	0(0)	0(0)	0(0)	72(62)	127(109)	7
	58(50)	58(50)	58(50)	58(50)	58(50)	65(56)	60(52)	60(52)	60(52)	60(52)	60(52)	76(65)	
18	0(0)	0(0)	0(0)	0(0)	70(60)	12(10)	0(0)	0(0)	0(0)	0(0)	50(43)	9(8)	6
	24(21)	24(21)	24(21)	24(21)	24(21)	35(30)	22(19)	22(19)	22(19)	22(19)	22(19)	33(28)	
朝向	S	SW	W	NW	N	H	S	SW	W	NW	N	H	朝向

续表

透明度等级	5						6						透明度等级
朝向	S	SE	E	NE	N	H	S	SE	E	NE	N	H	朝向
辐射照度	上行——直接辐射 下行——散射辐射						上行——直接辐射 下行——散射辐射						辐射照度
时刻(地方太阳时) 6	0(0)	52(45)	136(117)	130(112)	36(31)	6(5)	0(0)	36(31)	93(80)	88(76)	24(21)	5(4)	18 时刻(地方太阳时)
	19(16)	19(16)	19(16)	19(16)	19(16)	28(24)	17(15)	17(15)	17(15)	17(15)	17(15)	28(24)	
7	0(0)	160(138)	359(309)	323(278)	62(53)	107(92)	0(0)	130(112)	271(250)	261(224)	50(43)	87(75)	17
	63(54)	63(54)	63(54)	63(54)	63(54)	81(70)	62(53)	62(53)	62(53)	62(53)	62(53)	85(73)	
8	0(0)	206(177)	426(366)	358(308)	42(36)	278(239)	0(0)	172(148)	357(307)	300(258)	36(31)	234(201)	16
	93(80)	93(80)	93(80)	93(80)	93(80)	106(91)	95(82)	95(82)	95(82)	95(82)	95(82)	120(103)	
9	0(0)	199(171)	401(345)	313(269)	95(82)	456(392)	0(0)	172(148)	347(298)	271(233)	83(71)	395(340)	15
	120(103)	120(103)	120(103)	120(103)	120(103)	126(108)	129(111)	129(111)	129(111)	129(111)	129(111)	150(129)	
10	0(0)	135(116)	273(235)	194(167)	6(5)	587(505)	0(0)	120(103)	242(208)	172(148)	6(5)	521(448)	14
	136(117)	136(117)	136(117)	136(117)	136(117)	131(113)	148(127)	148(127)	148(127)	148(127)	148(127)	162(139)	
11	0(0)	45(39)	101(87)	64(55)	1(1)	665(572)	0(0)	41(35)	91(78)	57(49)	1(1)	597(513)	13
	147(126)	147(126)	147(126)	147(126)	147(126)	136(117)	156(134)	156(134)	156(134)	156(134)	156(134)	163(140)	
12	0(0)	0(0)	0(0)	0(0)	0(0)	692(595)	0(0)	0(0)	0(0)	0(0)	0(0)	627(539)	12
	149(128)	149(128)	149(128)	149(128)	149(128)	137(118)	164(141)	164(141)	164(141)	164(141)	164(141)	171(147)	
13	0(0)	0(0)	0(0)	0(0)	1(1)	665(572)	0(0)	0(0)	0(0)	0(0)	1(1)	597(513)	11
	147(126)	147(126)	147(126)	147(126)	147(126)	136(117)	156(134)	156(134)	156(134)	156(134)	156(134)	163(140)	
14	0(0)	0(0)	0(0)	0(0)	6(5)	587(505	0(0)	0(0)	0(0)	0(0)	6(5)	521(448)	10
	136(117)	136(117)	136(117)	136(117)	136(117)	131(113)	148(127)	148(127)	148(127)	148(127)	148(127)	162(139)	
15	0(0)	0(0)	0(0)	0(0)	95(82)	456(392)	0(0)	0(0)	0(0)	0(0)	83(71)	395(340)	9
	120(103)	120(103)	120(103)	120(103)	120(103)	126(108)	129(111)	129(111)	129(111)	129(111)	129(111)	150(129)	
16	0(0)	0(0)	0(0)	0(0)	42(36)	278(239)	0(0)	0(0)	0(0)	0(0)	36(31)	234(201)	8
	93(80)	93(80)	93(80)	93(80)	93(80)	106(91)	95(82)	95(82)	95(82)	95(82)	95(82)	120(103)	
17	0(0)	0(0)	0(0)	0(0)	62(53)	107(91)	0(0)	0(0)	0(0)	0(0)	50(43)	87(75)	7
	63(54)	63(54)	63(54)	63(54)	63(54)	87(70)	62(53)	62(53)	62(53)	62(53)	62(53)	85(73)	
18	0(0)	0(0)	0(0)	0(0)	36(31)	6(5)	0(0)	0(0)	0(0)	0(0)	24(21)	5(4)	6
	19(16)	19(16)	19(16)	19(16)	19(16)	28(24)	17(15)	17(15)	17(15)	17(15)	17(15)	28(24)	
朝向	S	SW	W	NW	N	H	S	SW	W	NW	N	H	朝向

北纬 25°透过标准窗玻璃的太阳辐射照度（W/m²）[kcal/(m²·h)] 表 1-3-9（2）

透明度等级		1						2						透明度等级
朝向		S	SE	E	NE	N	H	S	SE	E	NE	N	H	朝向
辐射照度		上行——直接辐射 下行——散射辐射						上行——直接辐射 下行——散射辐射						辐射照度
时刻（地方太阳时）	6	0(0)	183(157)	462(397)	437(376)	115(99)	31(27)	0(0)	150(127)	379(326)	359(309)	94(81)	27(23)	18
		27(23)	27(23)	27(23)	27(23)	27(23)	33(28)	28(24)	28(24)	28(24)	28(24)	28(24)	37(32)	
	7	0(0)	312(268)	654(562)	570(490)	88(76)	212(182)	0(0)	276(237)	579(498)	505(434)	78(67)	187(161)	17
		55(47)	55(47)	55(47)	55(47)	55(47)	48(41)	56(48)	56(48)	56(48)	56(48)	56(48)	53(46)	
	8	0(0)	352(303)	657(565)	522(449)	36(31)	440(378)	0(0)	323(278)	602(518)	478(411)	33(28)	402(346)	16
		77(66)	77(66)	77(66)	77(66)	77(66)	52(45)	81(70)	81(70)	81(70)	81(70)	81(70)	67(58)	
	9	0(0)	322(277)	554(476)	383(329)	5(4)	636(547)	0(0)	300(258)	515(443)	356(306)	4(3)	593(510)	15
		98(84)	98(84)	98(84)	98(84)	98(84)	57(49)	100(86)	100(86)	100(86)	100(86)	100(86)	68(59)	
	10	1(1)	236(203)	364(313)	204(175)	0(0)	785(675)	1(1)	222(191)	342(294)	191(164)	0(0)	739(635)	14
		101(95)	101(95)	101(95)	101(95)	101(95)	56(48)	119(102)	119(102)	119(102)	119(102)	119(102)	77(66)	
	11	10(9)	108(93)	133(114)	42(36)	0(0)	876(753)	10(9)	102(88)	126(108)	40(34)	0(0)	825(709)	13
		120(103)	120(103)	120(103)	120(103)	120(103)	58(50)	124(107)	124(107)	124(107)	124(107)	124(107)	73(63)	
	12	15(13)	8(7)	0(0)	0(0)	0(0)	906(779)	15(13)	7(6)	0(0)	0(0)	0(0)	857(737)	12
		119(102)	119(102)	119(102)	119(102)	119(102)	51(44)	124(107)	124(107)	124(107)	124(107)	124(107)	69(59)	
	13	10(9)	0(0)	0(0)	0(0)	0(0)	876(753)	10(9)	0(0)	0(0)	0(0)	0(0)	825(709)	11
		120(103)	120(103)	120(103)	120(103)	120(103)	58(50)	124(107)	124(107)	124(107)	124(107)	124(107)	73(63)	
	14	1(1)	0(0)	0(0)	0(0)	0(0)	785(675)	1(1)	0(0)	0(0)	0(0)	0(0)	739(635)	10
		101(95)	101(95)	101(95)	101(95)	101(95)	56(48)	119(102)	119(102)	119(102)	119(102)	119(102)	77(66)	
	15	0(0)	0(0)	0(0)	0(0)	5(4)	636(547)	0(0)	0(0)	0(0)	0(0)	4(3)	593(510)	9
		98(84)	98(84)	98(84)	98(84)	98(84)	57(49)	100(86)	100(86)	100(86)	100(86)	100(86)	68(59)	
	16	0(0)	0(0)	0(0)	0(0)	36(31)	440(378)	0(0)	0(0)	0(0)	0(0)	33(28)	402(346)	8
		77(66)	77(66)	77(66)	77(66)	77(66)	52(45)	81(70)	81(70)	81(70)	81(70)	81(70)	67(58)	
	17	0(0)	0(0)	0(0)	0(0)	88(76)	212(182)	0(0)	0(0)	0(0)	0(0)	78(67)	187(161)	7
		55(47)	55(47)	55(47)	55(47)	55(47)	48(41)	56(48)	56(48)	56(48)	56(48)	56(48)	53(46)	
	18	0(0)	0(0)	0(0)	0(0)	115(99)	31(27)	0(0)	0(0)	0(0)	0(0)	94(81)	27(23)	6
		27(23)	27(23)	27(23)	27(23)	27(23)	33(28)	28(24)	28(24)	28(24)	28(24)	28(24)	37(32)	时刻（地方太阳时）
朝向		S	SW	W	NW	N	H	S	SW	W	NW	N	H	朝向

续表

透明度等级		3						4						透明度等级
朝向		S	SE	E	NE	N	H	S	SE	E	NE	N	H	朝向
辐射照度		上行——直接辐射 下行——散射辐射						上行——直接辐射 下行——散射辐射						辐射照度
时刻（地方太阳时）	6	0(0)	121(104)	308(265)	290(250)	77(66)	21(18)	0(0)	92(79)	234(201)	221(190)	58(50)	16(14)	18
		30(26)	30(26)	30(26)	30(26)	30(26)	42(36)	29(25)	29(25)	29(25)	29(25)	29(25)	42(36)	
	7	0(0)	243(209)	511(439)	445(383)	69(59)	165(142)	0(0)	208(179)	436(375)	380(327)	59(51)	141(121)	17
		60(52)	60(52)	60(52)	60(52)	60(52)	66(57)	64(55)	64(55)	64(55)	64(55)	64(55)	77(66)	
	8	0(0)	294(253)	548(471)	435(374)	30(26)	366(315)	0(0)	259(223)	484(416)	384(330)	27(23)	323(278)	16
		87(75)	87(75)	87(75)	87(75)	87(75)	81(70)	88(76)	88(76)	88(76)	88(76)	88(76)	92(79)	
	9	0(0)	278(239)	477(410)	445(383)	4(3)	549(472)	0(0)	252(217)	434(373)	300(258)	4(3)	500(430)	15
		108(93)	108(93)	108(93)	108(93)	108(93)	90(77)	114(98)	114(98)	114(98)	114(98)	114(98)	107(92)	
	10	1(1)	207(178)	319(274)	178(153)	0(0)	687(591)	1(1)	190(163)	292(251)	163(140)	0(0)	632(543)	14
		120(103)	120(103)	120(103)	120(103)	120(103)	87(75)	127(109)	127(109)	127(109)	127(109)	127(109)	109(94)	
	11	9(8)	95(82)	117(101)	37(32)	0(0)	773(665)	8(7)	88(76)	109(94)	34(29)	0(0)	715(615)	13
		128(110)	128(110)	128(110)	128(110)	128(110)	88(76)	138(119)	138(119)	138(119)	138(119)	138(119)	115(99)	
	12	14(12)	7(6)	0(0)	0(0)	0(0)	804(691)	13(11)	7(6)	0(0)	0(0)	0(0)	745(641)	12
		129(111)	129(111)	129(111)	129(111)	129(111)	86(74)	138(119)	138(119)	138(119)	138(119)	138(119)	110(95)	
	13	9(8)	0(0)	0(0)	0(0)	0(0)	773(665)	8(7)	0(0)	0(0)	0(0)	0(0)	715(615)	11
		128(110)	128(110)	128(110)	128(110)	128(110)	88(76)	138(119)	138(119)	138(119)	138(119)	138(119)	115(99)	
	14	1(1)	0(0)	0(0)	0(0)	0(0)	687(591)	1(1)	0(0)	0(0)	0(0)	0(0)	632(543)	10
		120(103)	120(103)	120(103)	120(103)	120(103)	87(75)	127(109)	127(109)	127(109)	127(109)	127(109)	109(94)	
	15	0(0)	0(0)	0(0)	0(0)	4(3)	549(472)	0(0)	0(0)	0(0)	0(0)	4(3)	500(430)	9
		108(93)	108(93)	108(93)	108(93)	108(93)	90(77)	114(98)	114(98)	114(98)	114(98)	114(98)	107(92)	
	16	0(0)	0(0)	0(0)	0(0)	30(26)	366(315)	0(0)	0(0)	0(0)	0(0)	27(23)	323(278)	8
		87(75)	87(75)	87(75)	87(75)	87(75)	81(70)	88(76)	88(76)	88(76)	88(76)	88(76)	92(79)	
	17	0(0)	0(0)	0(0)	0(0)	69(59)	165(142)	0(0)	0(0)	0(0)	0(0)	59(51)	141(121)	7
		60(52)	60(52)	60(52)	60(52)	60(52)	66(57)	64(55)	64(55)	64(55)	64(55)	64(55)	77(66)	
	18	0(0)	0(0)	0(0)	0(0)	77(66)	21(18)	0(0)	0(0)	0(0)	0(0)	58(50)	16(14)	6
		30(26)	30(26)	30(26)	30(26)	30(26)	42(36)	29(25)	29(25)	29(25)	29(25)	29(25)	42(36)	时刻（地方太阳时）
朝向		S	SW	W	NW	N	H	S	SW	W	NW	N	H	朝向

续表

透明度等级	5						6						透明度等级
朝向	S	SE	E	NE	N	H	S	SE	E	NE	N	H	朝向
辐射照度	上行——直接辐射 下行——散射辐射						上行——直接辐射 下行——散射辐射						辐射照度
时刻(地方太阳时) 6	0(0)	69(59)	176(151)	166(143)	44(38)	12(10)	0(0)	48(41)	120(103)	113(97)	30(26)	8(7)	18
	27(23)	27(23)	27(23)	27(23)	27(23)	40(34)	24(21)	Z4(21)	24(21)	24(21)	24(21)	37(32)	
7	0(0)	177(152)	372(320)	324(279)	50(43)	120(103)	0(0)	144(124)	302(260)	264(227)	41(35)	98(84)	17
	66(57)	66(57)	66(57)	66(57)	66(57)	62(53)	67(58)	67(58)	67(58)	67(58)	67(58)	92(79)	
8	0(0)	231(199)	431(371)	343(295)	23(20)	288(248)	0(0)	194(167)	363(312)	288(248)	20(17)	242(208)	16
	94(81)	94(81)	94(81)	94(81)	94(81)	108(93)	98(84)	98(84)	98(84)	98(84)	98(84)	121(104)	
9	0(0)	235(202)	402(346)	278(239)	4(3)	463(398)	0(0)	204(175)	349(300)	241(207)	2(2)	402(346)	15
	121(104)	121(104)	121(104)	121(104)	121(104)	126(108)	130(112)	130(112)	130(112)	130(112)	130(112)	151(130)	
10	1(1)	177(152)	273(235)	152(131)	0(0)	588(506)	1(1)	157(135)	242(208)	135(116)	0(0)	522(449)	14
	136(117)	136(117)	136(117)	136(117)	136(117)	131(113)	148(127)	148(127)	148(127)	148(127)	148(127)	162(139)	
11	8(7)	83(71)	101(87)	31(27)	0(0)	664(571)	7(6)	73(63)	91(78)	28(24)	0(0)	595(512)	13
	147(126)	147(126)	147(126)	147(126)	147(126)	137(118)	156(134)	156(134)	156(134)	156(134)	156(134)	164(141)	
12	12(10)	6(5)	0(0)	0(0)	0(0)	687(591)	10(9)	6(5)	0(0)	0(0)	0(0)	621(534)	12
	147(126)	147(126)	147(126)	147(126)	147(126)	133(114)	159(137)	159(137)	159(137)	159(137)	159(137)	165(142)	
13	8(7)	0(0)	0(0)	0(0)	0(0)	664(571)	7(6)	0(0)	0(0)	0(0)	0(0)	595(512)	11
	147(126)	147(126)	147(126)	147(126)	147(126)	137(118)	156(134)	156(134)	156(134)	156(134)	156(134)	164(141)	
14	1(1)	0(0)	0(0)	0(0)	0(0)	588(506)	1(1)	0(0)	0(0)	0(0)	0(0)	522(449)	10
	136(117)	136(117)	136(117)	136(117)	136(117)	131(113)	148(127)	148(127)	148(127)	148(127)	148(127)	162(139)	
15	0(0)	0(0)	0(0)	0(0)	4(3)	463(398)	0(0)	0(0)	0(0)	0(0)	2(2)	402(346)	9
	121(104)	121(104)	121(104)	121(104)	121(104)	126(108)	130(11Z)	130(11Z)	130(112)	130(112)	130(112)	151(130)	
16	0(0)	0(0)	0(0)	0(0)	23(20)	288(248)	0(0)	0(0)	0(0)	0(0)	20(17)	242(208)	8
	94(81)	94(81)	94(81)	94(81)	94(81)	108(93)	98(84)	98(84)	98(84)	98(84)	98(84)	121(104)	
17	0(0)	0(0)	0(0)	0(0)	50(43)	120(103)	0(0)	0(0)	0(0)	0(0)	41(35)	98(84)	7
	66(57)	66(57)	66(57)	66(57)	66(57)	62(53)	67(58)	67(58)	67(58)	67(58)	67(58)	92(79)	
18	0(0)	0(0)	0(0)	0(0)	44(38)	12(10)	0(0)	0(0)	0(0)	0(0)	30(26)	8(7)	6 时刻(地方太阳时)
	27(23)	27(23)	27(23)	27(23)	27(23)	40(34)	24(21)	24(21)	24(21)	24(21)	24(21)	37(32)	
朝向	S	SW	W	NW	N	H	S	SW	W	NW	N	H	朝向

表 1-3-9（3）

北纬 30°透过标准窗玻璃的太阳辐射照度（W/m²）［kcal/(m²·h)］

透明度等级		1						2						透明度等级
朝向		S	SE	E	NE	N	H	S	SE	E	NE	N	H	朝向
辐射照度		上行——直接辐射 下行——散射辐射						上行——直接辐射 下行——散射辐射						辐射照度
时刻（地方太阳时）	6	0(0)	204(175)	499(429)	466(401)	116(100)	48(41)	0(0)	172(148)	422(363)	394(339)	98(84)	41(35)	18
		31(27)	31(27)	31(27)	31(27)	31(27)	37(32)	31(27)	31(27)	31(27)	31(27)	31(27)	40(34)	
	7	0(0)	338(291)	664(571)	559(481)	67(58)	229(197)	0(0)	300(258)	590(507)	497(427)	59(51)	204(175)	17
		57(49)	57(49)	57(49)	57(49)	57(49)	48(41)	58(50)	58(50)	58(50)	58(50)	58(50)	56(48)	
	8	0(0)	390(335)	659(567)	490(421)	13(11)	450(387)	0(0)	358(308)	605(520)	450(387)	12(10)	414(356)	16
		78(67)	78(67)	78(67)	78(67)	78(67)	52(45)	83(71)	83(71)	83(71)	83(71)	83(71)	67(58)	
	9	1(1)	371(319)	554(476)	332(286)	0(0)	637(548)	1(1)	345(297)	515(443)	311(267)	0(0)	593(510)	15
		98(84)	98(84)	98(84)	98(84)	98(84)	58(50)	100(86)	100(86)	100(86)	100(86)	100(86)	68(59)	
	10	31(27)	292(251)	364(313)	144(128)	0(0)	780(671)	29(25)	274(236)	342(294)	140(120)	0(0)	734(631)	14
		110(95	110(95)	110(95)	110(95)	110(95)	57(49)	119(102)	119(102)	119(102)	119(102)	119(102)	78(67)	
	11	53(46)	164(141)	133(114)	13(11)	0(0)	866(745)	50(43)	155(133)	126(108)	12(10)	0(0)	815(701)	13
		117(101)	117(101)	117(101)	117(101)	117(101)	56(48)	123(106)	123(106)	123(106)	123(106)	123(106)	72(62)	
	12	65(56)	85(73)	0(0)	0(0)	0(0)	896(770)	62(53)	80(69)	0(0)	0(0)	0(0)	846(727)	12
		117(101)	117(101)	117(101)	117(101)	117(101)	51(44)	123(106)	123(106)	123(106)	123(106)	123(106)	67(58)	
	13	53(46)	0(0)	0(0)	0(0)	0(0)	866(745)	50(43)	0(0)	0(0)	0(0)	0(0)	815(701)	11
		117(101)	117(101)	117(101)	117(101)	117(101)	56(48)	123(106)	123(106)	123(106)	123(106)	123(106)	72(62)	
	14	31(27)	0(0)	0(0)	0(0)	0(0)	780(671)	29(25)	0(0)	0(0)	0(0)	0(0)	734(631)	10
		110(95)	110(95)	110(95)	110(95)	110(95)	57(49)	119(102)	119(102)	119(102)	119(102)	119(102)	78(67)	
	15	1(1)	0(0)	0(0)	0(0)	0(0)	637(548)	1(1)	0(0)	0(0)	0(0)	0(0)	593(510)	9
		98(84)	98(84)	98(84)	98(84)	98(84)	58(50)	100(86)	100(86)	100(86)	100(86)	100(86)	68(59)	
	16	0(0)	0(0)	0(0)	0(0)	13(11)	450(387)	0(0)	0(0)	0(0)	0(0)	12(10)	414(356)	8
		78(67)	78(67)	78(67)	78(67)	78(67)	52(45)	83(71)	83(71)	83(71)	83(71)	83(71)	67(58)	
	17	0(0)	0(0)	0(0)	0(0)	67(58)	229(197)	0(0)	0(0)	0(0)	0(0)	59(51)	204(175)	7
		57(49)	57(49)	57(49)	57(49)	57(49)	48(41)	58(50)	58(50)	58(50)	58(50)	58(50)	56(48)	
	18	0(0)	0(0)	0(0)	0(0)	116(100)	48(41)	0(0)	0(0)	0(0)	0(0)	98(84)	41(35)	6
		31(27)	31(27)	31(27)	31(27)	31(27)	37(32)	31(27)	31(27)	31(27)	31(27)	31(27)	40(34)	时刻（地方太阳时）
朝向		S	SW	W	NW	N	H	S	SW	W	NW	N	H	朝向

续表

透明度等级	3						4						透明度等级
朝向	S	SE	E	NE	N	H	S	SE	E	NE	N	H	朝向
辐射照度	上行——直接辐射 下行——散射辐射						上行——直接辐射 下行——散射辐射						辐射照度
时刻(地方太阳时) 6	0(0)	143(123)	350(301)	328(282)	81(70)	34(29)	0(0)	112(96)	273(235)	256(220)	64(55)	27(23)	18
	35(30)	35(30)	35(30)	35(30)	35(30)	47(40)	35(30)	35(30)	35(30)	35(30)	35(30)	50(43)	
7	0(0)	265(228)	520(447)	438(377)	52(45)	180(155)	0(0)	227(195)	445(383)	376(323)	45(39)	155(133)	17
	62(53)	62(53)	62(53)	62(53)	62(53)	67(58)	65(56)	65(56)	65(56)	65(56)	65(56)	78(67)	
8	0(0)	326(280)	551(474)	409(352)	10(9)	377(324)	0(0)	288(248)	487(419)	362(311)	9(8)	333(286)	16
	88(76)	88(76)	88(76)	88(76)	88(76)	83(71)	90(77)	90(77)	90(77)	90(77)	90(77)	92(79)	
9	1(1)	320(275)	477(410)	287(247)	0(0)	549(472)	1(1)	292(251)	435(374)	262(225)	0(0)	500(430)	15
	108(93)	108(93)	108(93)	108(93)	108(93)	90(77)	114(98)	114(98)	114(98)	114(98)	114(98)	108(93)	
10	28(24)	256(220)	319(274)	130(112)	0(0)	683(587)	26(22)	235(202)	292(251)	120(103)	0(0)	626(538)	14
	120(103)	120(103)	120(103)	120(103)	120(103)	88(76)	127(109)	127(109)	127(109)	127(109)	127(109)	109(94)	
11	47(40)	145(125)	117(101)	10(9)	0(0)	764(657)	43(37)	134(115)	108(93)	10(9)	0(0)	706(607)	13
	127(109)	127(109)	127(109)	127(109)	127(109)	87(75)	137(118)	137(118)	137(118)	137(108)	137(108)	114(98)	
12	58(50)	76(65)	0(0)	0(0)	0(0)	793(682)	53(46)	70(60)	0(0)	0(0)	0(0)	734(631)	12
	128(110)	128(110)	128(110)	128(110)	128(110)	85(73)	137(118)	137(118)	137(118)	137(118)	137(118)	110(95)	
13	47(40)	0(0)	0(0)	0(0)	0(0)	764(657)	43(37)	0(0)	0(0)	0(0)	0(0)	706(607)	11
	127(109)	127(109)	127(109)	127(109)	127(109)	87(75)	137(118)	137(118)	137(118)	137(118)	137(118)	114(98)	
14	28(24)	0(0)	0(0)	0(0)	0(0)	683(587)	26(22)	0(0)	0(0)	0(0)	0(0)	626(538)	10
	120(103)	120(103)	120(103)	120(103)	120(103)	88(76)	127(109)	127(109)	127(109)	127(109)	127(109)	109(94)	
15	1(1)	0(0)	0(0)	0(0)	0(0)	549(472)	1(1)	0(0)	0(0)	0(0)	0(0)	500(430)	9
	108(93)	108(93)	108(93)	108(93)	108(93)	90(77)	114(98)	114(98)	114(98)	114(98)	114(98)	108(93)	
16	0(0)	0(0)	0(0)	0(0)	10(6)	377(324)	0(0)	0(0)	0(0)	0(0)	9(8)	333(286)	8
	88(76)	88(76)	88(76)	88(76)	88(76)	83(71)	90(77)	90(77)	90(77)	90(77)	90(77)	92(79)	
17	0(0)	0(0)	0(0)	0(0)	52(45)	180(155)	0(0)	0(0)	0(0)	0(0)	45(39)	155(133)	7
	62(53)	62(53)	62(53)	62(53)	62(53)	67(58)	65(56)	65(56)	65(56)	65(56)	65(56)	78(67)	
18	0(0)	0(0)	0(0)	0(0)	81(70)	34(29)	0(0)	0(0)	0(0)	0(0)	64(55)	27(23)	6 时刻(地方太阳时)
	35(30)	35(30)	35(30)	35(30)	35(30)	47(40)	35(30)	35(30)	35(30)	35(30)	35(30)	50(43)	
朝向	S	SW	W	NW	N	H	S	SW	W	NW	N	H	朝向

续表

透明度等级	5						6						透明度等级
朝向	S	SE	E	NE	N	H	S	SE	E	NE	N	H	朝向
辐射照度	上行——直接辐射 下行——散射辐射						上行——直接辐射 下行——散射辐射						辐射照度
时刻(地方太阳时) 6	0(0)	86(74)	213(183)	199(171)	49(42)	21(18)	0(0)	59(51)	147(126)	136(117)	34(29)	14(12)	18 时刻(地方太阳时)
	34(29)	34(29)	34(29)	34(29)	34(29)	49(42)	29(25)	29(25)	29(25)	29(25)	29(25)	44(38)	
7	0(0)	194(167)	383(329)	322(277)	38(33)	133(114)	0(0)	159(137)	313(269)	264(227)	31(27)	108(93)	17
	69(59)	69(59)	69(59)	69(59)	69(59)	87(75)	71(61)	71(61)	71(61)	71(61)	71(61)	97(83)	
8	0(0)	258(222)	435(374)	323(278)	8(7)	298(256)	0(0)	216(186)	366(315)	272(234)	7(6)	250(215)	16
	96(83)	96(83)	96(83)	96(83)	96(83)	109(94)	99(85)	99(85)	99(85)	99(85)	99(85)	122(105)	
9	1(1)	270(232)	404(347)	243(209)	0(0)	464(399)	1(1)	235(202)	350(301)	211(181)	0(0)	402(346)	15
	121(104)	121(104)	121(104)	121(104)	121(104)	126(108)	130(112)	130(112)	130(112)	130(112)	130(112)	151(130)	
10	23(20)	219(188)	272(234)	112(96)	0(0)	585(503)	21(18)	194(167)	242(208)	99(85)	0(0)	518(445)	14
	136(117)	136(117)	136(117)	136(117)	136(117)	131(113)	148(127)	148(127)	148(127)	148(127)	148(127)	162(139)	
11	41(35)	124(107)	101(87)	9(8)	0(0)	656(564)	36(31)	112(96)	90(77)	8(7)	0(0)	587(505)	13
	145(125)	145(125)	145(125)	145(125)	145(125)	135(116)	155(133)	155(133)	155(133)	155(133)	155(133)	163(140)	
12	50(43)	65(56)	0(0)	0(0)	0(0)	679(584)	45(39)	58(50)	0(0)	0(0)	0(0)	612(526)	12
	145(125)	145(125)	145(125)	145(125)	145(125)	133(114)	157(135)	157(135)	157(135)	157(135)	157(135)	163(140)	
13	41(35)	0(0)	0(0)	0(0)	0(0)	656(564)	36(31)	0(0)	0(0)	0(0)	0(0)	587(505)	11
	145(125)	145(125)	145(125)	145(125)	145(125)	135(116)	155(133)	155(133)	155(133)	155(133)	155(133)	163(140)	
14	23(20)	0(0)	0(0)	0(0)	0(0)	585(503)	21(18)	0(0)	0(0)	0(0)	0(0)	518(445)	10
	136(117)	136(117)	136(117)	136(117)	136(117)	131(113)	148(127)	148(127)	148(127)	148(127)	148(127)	162(139)	
15	1(1)	0(0)	0(0)	0(0)	0(0)	464(399)	1(1)	0(0)	0(0)	0(0)	0(0)	402(346)	9
	121(104)	121(104)	121(104)	121(104)	121(104)	126(108)	130(112)	130(112)	130(112)	130(112)	130(112)	151(130)	
16	0(0)	0(0)	0(0)	0(0)	8(7)	298(256)	0(0)	0(0)	0(0)	0(0)	7(6)	250(215)	8
	96(83)	96(83)	96(83)	96(83)	96(83)	109(94)	99(85)	99(85)	99(85)	99(85)	99(85)	122(105)	
17	0(0)	0(0)	0(0)	0(0)	38(33)	133(114)	0(0)	0(0)	0(0)	0(0)	31(27)	108(93)	7
	69(59)	69(59)	69(59)	69(59)	69(59)	87(75)	71(61)	71(61)	71(61)	71(61)	71(61)	97(83)	
18	0(0)	0(0)	0(0)	0(0)	49(42)	21(18)	0(0)	0(0)	0(0)	0(0)	34(29)	14(12)	6
	34(29)	34(29)	34(29)	34(29)	34(29)	49(42)	29(25)	29(25)	29(25)	29(25)	29(25)	44(38)	
朝向	S	SW	W	NW	N	H	S	SW	W	NW	N	H	朝向

北纬35°透过标准窗玻璃的太阳辐射照度（W/m²）[kcal/(m²·h)] 表 1-3-9（4）

透明度等级	1						2						透明度等级
朝向	S	SE	E	NE	N	H	S	SE	E	NE	N	H	朝向
辐射照度	上行——直接辐射 下行——散射辐射						上行——直接辐射 下行——散射辐射						辐射照度
时刻（地方太阳时） 6	0(0)	223(192)	529(455)	488(420)	113(97)	62(53)	0(0)	191(164)	450(387)	415(357)	95(82)	53(46)	18
	35(30)	35(30)	35(30)	35(30)	35(30)	40(34)	35(30)	35(30)	35(30)	35(30)	35(30)	43(37)	
7	0(0)	365(314)	672(578)	547(470)	47(40)	245(211)	0(0)	324(279)	598(514)	486(418)	40(35)	219(188)	17
	58(50)	58(50)	58(50)	58(50)	58(50)	49(42)	60(52)	60(52)	60(52)	60(52)	60(52)	58(50)	
8	0(0)	427(367)	659(567)	456(392)	1(1)	453(390)	0(0)	392(337)	607(522)	419(360)	1(1)	418(359)	16
	78(67)	78(67)	78(67)	78(67)	78(67)	51(44)	84(72)	84(72)	84(72)	84(72)	84(72)	67(58)	
9	44(34)	420(361)	552(475)	285(245)	0(0)	632(543)	37(32)	392(337)	515(443)	265(228)	0(0)	588(506)	15
	97(83)	97(83)	97(83)	97(83)	97(83)	57(49)	99(85)	99(85)	99(85)	99(85)	99(85)	69(59)	
10	74(64)	350(301)	363(312)	99(85)	0(0)	768(660)	70(60)	329(283)	342(294)	93(80)	0(0)	722(621)	14
	110(95)	110(95)	110(95)	110(95)	110(95)	58(50)	119(102)	119(102)	119(102)	119(102)	119(102)	80(69)	
11	121(104)	224(193)	133(114)	0(0)	0(0)	847(728)	114(98)	211(181)	124(107)	0(0)	0(0)	797(685)	13
	114(98)	114(98)	114(98)	114(98)	114(98)	53(46)	120(103)	120(103)	120(103)	120(103)	120(103)	71(61)	
12	138(119)	74(64)	0(0)	0(0)	0(0)	877(754)	130(112)	71(61)	0(0)	0(0)	0(0)	825(709)	12
	120(103)	120(103)	120(103)	120(103)	120(103)	57(49)	124(107)	124(107)	124(107)	124(107)	124(107)	73(63)	
13	121(104)	0(0)	0(0)	0(0)	0(0)	847(728)	114(98)	0(0)	0(0)	0(0)	0(0)	797(685)	11
	114(98)	114(98)	114(98)	114(98)	114(98)	53(46)	120(103)	120(103)	120(103)	120(103)	120(103)	71(61)	
14	74(64)	0(0)	0(0)	0(0)	0(0)	768(660)	70(60)	0(0)	0(0)	0(0)	0(0)	722(621)	10
	110(95)	110(95)	110(95)	110(95)	110(95)	58(50)	119(102)	119(102)	119(102)	119(102)	119(102)	80(69)	
15	40(34)	0(0)	0(0)	0(0)	0(0)	632(543)	37(32)	0(0)	0(0)	0(0)	0(0)	588(506)	9
	97(83)	97(83)	97(83)	97(83)	97(83)	57(49)	99(85)	99(85)	99(85)	99(85)	99(85)	69(59)	
16	0(0)	0(0)	0(0)	0(0)	1(1)	453(390)	0(0)	0(0)	0(0)	0(0)	1(1)	418(359)	8
	78(67)	78(67)	78(67)	78(67)	78(67)	51(44)	84(72)	84(72)	84(72)	84(72)	84(72)	67(58)	
17	0(0)	0(0)	0(0)	0(0)	47(40)	245(211)	0(0)	0(0)	0(0)	0(0)	40(35)	219(188)	7
	58(50)	58(50)	58(50)	58(50)	58(50)	49(42)	60(52)	60(52)	60(52)	60(52)	60(52)	58(50)	
18	0(0)	0(0)	0(0)	0(0)	113(97)	62(53)	0(0)	0(0)	0(0)	0(0)	95(82)	53(46)	6 时刻（地方太阳时）
	35(30)	35(30)	35(30)	35(30)	35(30)	40(34)	35(30)	35(30)	35(30)	35(30)	35(30)	43(37)	
朝向	S	SW	W	NW	N	H	S	SW	W	NW	N	H	朝向

续表

透明度等级	3						4						透明度等级
朝向	S	SE	E	NE	N	H	S	SE	E	NE	N	H	朝向
辐射照度	上行——直接辐射 下行——散射辐射						上行——直接辐射 下行——散射辐射						辐射照度
时刻（地方太阳时） 6	0(0)	160(138)	380(327)	351(302)	80(69)	44(38)	0(0)	128(120)	304(261)	280(241)	64(55)	36(31)	18 时刻（地方太阳时）
	40(34)	40(34)	40(34)	40(34)	40(34)	52(45)	40(34)	40(34)	40(34)	40(34)	40(34)	55(47)	
7	0(0)	287(247)	529(455)	430(370)	36(31)	193(166)	0(0)	247(212)	455(391)	370(318)	31(27)	166(143)	17
	64(55)	64(55)	64(55)	64(55)	64(55)	67(58)	67(58)	67(58)	67(58)	67(58)	67(58)	79(68)	
8	0(0)	357(307)	552(475)	381(328)	1(1)	380(327)	0(0)	316(272)	488(420)	337(290)	1(1)	336(289)	16
	88(76)	88(76)	88(76)	88(76)	88(76)	83(71)	91(78)	91(78)	91(78)	91(78)	91(78)	93(80)	
9	34(29)	362(311)	476(409)	245(211)	0(0)	544(468	31(27)	329(283)	433(372)	323(192)	0(0)	495(426)	15
	107(92)	107(92)	107(92)	107(92)	107(92)	90(77)	113(97)	113(97)	113(97)	113(97)	113(97)	107(92)	
10	65(56)	306(263)	317(273)	87(75)	0(0)	671(577)	59(51)	280(241)	291(250)	79(68)	0(0)	615(529)	14
	120(103)	120(103)	120(103)	120(103)	120(103)	90(77)	127(109)	127(109)	127(109)	127(109)	127(109)	110(95)	
11	106(91)	198(170)	116(100)	0(0)	0(0)	745(641)	98(84)	183(157)	108(93)	0(0)	0(0)	688(592)	13
	123(106)	123(106)	123(106)	123(106)	123(106)	85(73)	134(115)	134(115)	134(115)	134(115)	134(115)	110(92)	
12	122(105)	66(57)	0(0)	0(0)	0(0)	773(665)	113(97)	62(53)	0(0)	0(0)	0(0)	716(616)	12
	128(110)	128(110)	128(110)	128(110)	128(110)	85(76)	138(119)	138(119)	138(119)	138(119)	138(119)	115(99)	
13	106(91)	0(0)	0(0)	0(0)	0(0)	745(641)	98(84)	0(0)	0(0)	0(0)	0(0)	688(592)	11
	123(106)	123(106)	123(106)	123(106)	123(106)	85(73)	134(115)	134(115)	134(115)	134(115)	134(115)	110(95)	
14	65(56)	0(0)	0(0)	0(0)	0(0)	671(577)	59(51)	0(0)	0(0)	0(0)	0(0)	615(529)	10
	120(103)	120(103)	120(103)	120(103)	120(103)	90(77)	127(109)	127(109)	127(109)	127(109)	127(109)	110(95)	
15	34(29)	0(0)	0(0)	0(0)	0(0)	544(468)	31(27)	0(0)	0(0)	0(0)	0(0)	495(426)	9
	107(92)	107(92)	107(92)	107(92)	107(92)	90(77)	113(97)	113(97)	113(97)	113(97)	113(97)	107(92)	
16	0(0)	0(0)	0(0)	0(0)	1(1)	380(327)	0(0)	0(0)	0(0)	0(0)	1(1)	336(289)	8
	88(76)	88(76)	88(76)	88(76)	88(76)	83(71)	91(78)	91(78)	91(78)	91(78)	91(78)	93(80)	
17	0(0)	0(0)	0(0)	0(0)	36(31)	193(166)	0(0)	0(0)	0(0)	0(0)	31(27)	166(143)	7
	64(55)	64(55)	64(55)	64(55)	64(55)	67(58)	67(58)	67(58)	67(58)	67(58)	67(58)	79(68)	
18	0(0)	0(0)	0(0)	0(0)	80(69)	44(38)	0(0)	0(0)	0(0)	0(0)	64(55)	36(31)	6
	40(34)	40(34)	40(34)	40(34)	40(34)	52(45)	40(34)	40(34)	40(34)	40(34)	40(34)	55(47)	
朝向	S	SW	W	NW	N	H	S	SW	W	NW	N	H	朝向

续表

透明度等级	5						6						透明度等级
朝向	S	SE	E	NE	N	H	S	SE	E	NE	N	H	朝向
辐射照度	上行——直接辐射 下行——散射辐射						上行——直接辐射 下行——散射辐射						辐射照度
时刻(地方太阳时) 6	0(0)	102(88)	241(207)	222(191)	51(44)	28(24)	0(0)	72(62)	171(147)	158(136)	36(31)	20(17)	18
	39(33)	39(33)	39(33)	39(33)	39(33)	55(47)	35(30)	35(30)	35(30)	35(30)	35(30)	52(45)	
7	0(0)	212(182)	391(336)	317(273)	27(23)	143(123)	0(0)	174(150)	322(277)	262(225)	2Z(19)	117(101)	17
	69(60)	69(60)	69(60)	69(60)	69(60)	90(77)	74(64)	74(64)	74(64)	74(64)	74(64)	100(86)	
8	0(0)	283(243)	437(376)	302(260)	1(1)	301(259)	0(0)	238(205)	369(317)	254(219)	1(1)	254(218)	16
	97(83)	97(83)	97(83)	97(83)	97(83)	109(94)	100(86)	100(86)	100(86)	100(86)	100(86)	123(106)	
9	29(25)	305(262)	401(345)	207(178)	0(0)	459(395)	24(21)	264(227)	348(299)	179(154)	0(0)	398(342)	15
	121(104)	121(104)	121(104)	121(104)	121(104)	126(108)	129(111)	129(111)	129(111)	129(111)	129(111)	150(129)	
10	56(48)	262(225)	272(234)	77(64)	0(0)	575(494)	49(42)	231(199)	241(207)	66(57)	0(0)	508(437)	14
	136(117)	136(117)	136(117)	136(117)	136(117)	133(114)	148(127)	148(127)	148(127)	148(127)	148(127)	163(140)	
11	91(78)	170(146)	100(86)	0(0)	0(0)	640(560)	81(70)	151(130)	90(77)	0(0)	0(0)	571(491)	13
	142(122)	142(122)	142(122)	142(122)	142(122)	133(114)	152(131)	152(131)	152(131)	152(131)	152(131)	160(138)	
12	105(90)	57(49)	0(0)	0(0)	0(0)	664(571)	94(81)	51(44)	0(0)	0(0)	0(0)	595(512)	12
	147(126)	147(126)	147(126)	147(126)	147(126)	136(117)	156(134)	156(134)	156(134)	156(134)	156(134)	164(141)	
13	91(78)	0(0)	0(0)	0(0)	0(0)	640(550)	81(70)	0(0)	0(0)	0(0)	0(0)	571(491)	11
	142(122)	142(122)	142(122)	142(122)	142(122)	133(114)	152(131)	152(131)	152(131)	152(131)	152(131)	160(138)	
14	56(48)	0(0)	0(0)	0(0)	0(0)	575(494)	49(42)	0(0)	0(0)	0(0)	0(0)	508(437)	10
	136(117)	136(117)	136(117)	136(117)	136(117)	133(114)	148(127)	148(127)	148(127)	148(127)	148(127)	163(140)	
15	29(25)	0(0)	0(0)	0(0)	0(0)	459(395)	24(21)	0(0)	0(0)	0(0)	0(0)	398(342)	9
	121(104)	121(104)	121(104)	121(104)	121(104)	126(108)	129(111)	129(111)	129(111)	129(111)	129(111)	150(129)	
16	0(0)	0(0)	0(0)	0(0)	1(1)	301(259)	0(0)	0(0)	0(0)	0(0)	1(1)	254(218)	8
	97(83)	97(83)	97(83)	97(83)	97(83)	109(94)	100(86)	100(86)	100(86)	100(86)	100(86)	123(106)	
17	0(0)	0(0)	0(0)	0(0)	27(23)	143(123)	0(0)	0(0)	0(0)	0(0)	22(19)	117(101)	7
	69(60)	69(60)	69(60)	69(60)	69(60)	90(77)	74(64)	74(64)	74(64)	74(64)	74(64)	100(86)	
18	0(0)	0(0)	0(0)	0(0)	51(44)	28(24)	0(0)	0(0)	0(0)	0(0)	36(31)	20(17)	6
	39(33)	39(33)	39(33)	39(33)	39(33)	55(47)	35(30)	35(30)	35(30)	35(30)	35(30)	52(45)	时刻(地方太阳时)
朝向	S	SW	W	NW	N	H	S	SW	W	NW	N	H	朝向

北纬 40°透过标准窗玻璃的太阳辐射照度（W/m²）[kcal/(m² · h)] **表 1-3-9（5）**

透明度等级	1						2						透明度等级
朝向	S	SE	E	NE	N	H	S	SE	E	NE	N	H	朝向
辐射照度	上行——直接辐射 下行——散射辐射						上行——直接辐射 下行——散射辐射						辐射照度
时刻（地方太阳时） 6	0(0)	245(211)	558(480)	507(436)	106(91)	83(71)	0(0)	211(181)	477(410)	434(373)	91(78)	71(61)	18 时刻（地方太阳时）
	37(32)	37(32)	37(32)	37(32)	37(32)	41(35)	38(33)	38(33)	38(33)	38(33)	38(33)	45(39)	
7	0(0)	392(337)	679(584)	530(456)	72(62)	259(223)	0(0)	349(300)	605(520)	472(406)	64(55)	231(199)	17
	59(51)	59(51)	59(51)	59(51)	59(51)	49(42)	63(54)	63(54)	63(54)	63(54)	63(54)	59(51)	
8	2(2)	463(398)	659(567)	420(361)	0(0)	454(390)	2(2)	424(365)	606(521)	385(331)	0(0)	418(359)	16
	78(67)	78(67)	78(67)	78(67)	78(67)	51(44)	84(72)	84(72)	84(72)	84(72)	84(72)	67(58)	
9	57(49)	466(401)	551(474)	238(205)	0(0)	620(533)	53(46)	434(373)	513(441)	222(191)	0(0)	577(496)	15
	95(82)	95(82)	95(82)	95(82)	95(82)	56(48)	98(84)	98(84)	98(84)	98(84)	98(84)	69(59)	
10	138(119)	406(349)	362(311)	58(50)	0(0)	748(643)	130(112)	380(327)	340(292)	55(47)	0(0)	702(604)	14
	108(93)	108(93)	108(93)	108(93)	108(93)	57(49)	115(99)	115(99)	115(99)	115(99)	115(99)	77(66)	
11	200(172)	283(243)	133(114)	0(0)	0(0)	822(707)	188(162)	266(229)	124(107)	0(0)	0(0)	773(665)	13
	112(96)	112(96)	112(96)	112(96)	112(96)	52(45)	119(102)	119(102)	119(102)	119(102)	119(102)	71(61)	
12	222(191)	124(107)	0(0)	0(0)	0(0)	848(729)	209(180)	117(101)	0(0)	0(0)	0(0)	798(686)	12
	114(98)	114(98)	114(98)	114(98)	114(98)	53(46)	120(103)	120(103)	120(103)	120(103)	120(103)	71(61)	
13	200(172)	7(6)	0(0)	0(0)	0(0)	822(707)	188(162)	6(5)	0(0)	0(0)	0(0)	773(665)	11
	112(96)	112(96)	112(96)	112(96)	112(96)	52(45)	119(102)	119(102)	119(102)	119(102)	119(102)	71(61)	
14	138(119)	0(0)	0(0)	0(0)	0(0)	748(643)	130(112)	0(0)	0(0)	0(0)	0(0)	702(604)	10
	108(93)	108(93)	108(93)	108(93)	108(93)	57(49)	115(99)	115(99)	115(99)	115(99)	115(99)	77(66)	
15	57(49)	0(0)	0(0)	0(0)	0(0)	620(533)	53(46)	0(0)	0(0)	0(0)	0(0)	577(496)	9
	95(82)	95(82)	95(82)	95(82)	95(82)	56(48)	98(84)	98(84)	98(84)	98(84)	98(84)	69(59)	
16	2(2)	0(0)	0(0)	0(0)	0(0)	454(390)	2(2)	0(0)	0(0)	0(0)	0(0)	418(359)	8
	78(67)	78(67)	78(67)	78(67)	78(67)	51(44)	84(72)	84(72)	84(72)	84(72)	84(72)	67(58)	
17	0(0)	0(0)	0(0)	0(0)	7Z(62)	259(223)	0(0)	0(0)	0(0)	0(0)	64(55)	231(199)	7
	59(51)	59(51)	59(51)	59(51)	59(51)	49(42)	63(54)	63(54)	63(54)	63(54)	63(54)	59(51)	
18	0(0)	0(0)	0(0)	0(0)	106(91)	83(71)	0(0)	0(0)	0(0)	0(0)	91(78)	71(61)	6
	37(32)	37(32)	37(32)	37(32)	37(32)	41(35)	38(33)	38(33)	38(33)	38(33)	38(33)	45(39)	
朝向	S	SW	W	NW	N	H	S	SW	W	NW	N	H	朝向

续表

透明度等级		3						4						透明度等级	
朝向		S	SE	E	NE	N	H	S	SE	E	NE	N	H	朝向	
辐射照度		上行——直接辐射 下行——散射辐射						上行——直接辐射 下行——散射辐射						辐射照度	
时刻(地方太阳时)	6	0(0)	180(155)	409(352)	371(319)	78(67)	60(52)	0(0)	145(125)	331(285)	301(259)	63(54)	49(42)	18	时刻(地方太阳时)
		43(37)	43(37)	43(37)	43(37)	43(37)	56(48)	43(37)	43(37)	43(37)	43(37)	43(37)	58(50)		
	7	0(0)	309(266)	536(461)	419(360)	57(49)	205(176)	0(0)	266(229)	462(397)	361(310)	49(42)	177(152)	17	
		65(56)	65(56)	65(56)	65(56)	65(56)	69(59)	67(58)	67(58)	67(58)	67(58)	67(58)	79(68)		
	8	2(2)	387(333)	552(475)	351(302)	0(0)	379(326)	2(2)	342(294)	488(420)	311(267)	0(0)	336(289)	16	
		88(76)	88(76)	88(76)	88(76)	88(76)	83(71)	90(77)	90(77)	90(77)	90(77)	90(77)	93(80)		
	9	49(42)	401(345)	475(408)	205(176)	0(0)	533(458)	44(38)	364(313)	430(370)	186(160)	0(0)	484(416)	15	
		106(91)	106(91)	106(91)	106(91)	106(91)	88(76)	112(96)	112(96)	112(96)	112(96)	112(96)	106(91)		
	10	121(104)	354(304)	315(271)	50(43)	0(0)	652(561)	110(95)	324(279)	288(248)	47(40)	0(0)	598(514)	14	
		117(101)	117(101)	117(101)	117(101)	117(101)	90(77)	124(107)	124(107)	124(107)	124(107)	124(107)	109(94)		
	11	176(151)	248(213)	116(100)	0(0)	0(0)	722(621)	162(139)	224(197)	107(92)	0(0)	0(0)	665(572)	13	
		121(104)	121(104)	121(104)	121(104)	121(104)	84(72)	130(112)	130(112)	130(112)	130(112)	130(112)	108(93)		
	12	195(168)	114(95)	0(0)	0(0)	0(0)	747(642)	180(155)	101(87)	0(0)	0(0)	0(0)	688(592)	12	
		123(106)	123(106)	123(106)	123(106)	123(106)	85(73)	134(115)	134(115)	134(115)	134(115)	134(115)	110(95)		
	13	176(151)	6(5)	0(0)	0(0)	0(0)	722(621)	162(139)	6(5)	0(0)	0(0)	0(0)	665(572)	11	
		121(104)	121(104)	121(104)	121(104)	121(104)	84(72)	130(112)	130(112)	130(112)	130(112)	130(112)	108(93)		
	14	121(104)	0(0)	0(0)	0(0)	0(0)	652(561)	110(95)	0(0)	0(0)	0(0)	0(0)	598(514)	10	
		117(101)	117(101)	117(101)	117(101)	117(101)	90(77)	124(107)	124(107)	124(107)	124(107)	124(107)	109(94)		
	15	49(42)	0(0)	0(0)	0(0)	0(0)	533(458)	44(38)	0(0)	0(0)	0(0)	0(0)	484(416)	9	
		106(91)	106(91)	106(91)	106(91)	106(91)	88(76)	112(96)	112(96)	112(96)	112(96)	112(96)	106(91)		
	16	2(2)	0(0)	0(0)	0(0)	0(0)	379(326)	2(2)	0(0)	0(0)	0(0)	0(0)	336(289)	8	
		88(76)	88(76)	88(76)	88(76)	88(76)	83(71)	90(77)	90(77)	90(77)	90(77)	90(77)	93(80)		
	17	0(0)	0(0)	0(0)	0(0)	57(49)	205(176)	0(0)	0(0)	0(0)	0(0)	49(42)	177(152)	7	
		65(56)	65(56)	65(56)	65(56)	65(56)	69(59)	67(58)	67(58)	67(58)	67(58)	67(58)	79(68)		
	18	0(0)	0(0)	0(0)	0(0)	78(67)	60(52)	0(0)	0(0)	0(0)	0(0)	63(54)	49(42)	6	
		43(37)	43(37)	43(37)	43(37)	43(37)	56(48)	43(37)	43(37)	43(37)	43(37)	43(37)	58(50)		
朝向		S	SW	W	NW	N	H	S	SW	W	NW	N	H	朝向	

续表

透明度等级		5						6						透明度等级	
朝向		S	SE	E	NE	N	H	S	SE	E	NE	N	H	朝向	
辐射照度		上行——直接辐射 下行——散射辐射						上行——直接辐射 下行——散射辐射						辐射照度	
时刻（地方太阳时）	6	0(0)	117(101)	267(230)	243(209)	51(44)	40(34)	0(0)	86(74)	194(167)	177(152)	37(32)	29(25)	18	时刻（地方太阳时）
		42(36)	42(36)	42(36)	42(36)	42(36)	58(50)	40(34)	40(34)	40(34)	40(34)	40(34)	58(50)		
	7	0(0)	229(197)	398(342)	311(267)	42(36)	152(131)	0(0)	190(163)	329(283)	257(221)	35(30)	126(108)	17	
		72(62)	72(62)	72(62)	72(62)	72(62)	91(78)	77(66)	77(66)	77(66)	77(66)	77(66)	104(89)		
	8	1(1)	306(263)	437(376)	278(239)	0(0)	300(258)	1(1)	258(222)	368(316)	234(201)	0(0)	254(218)	16	
		96(83)	96(83)	96(83)	96(83)	96(83)	109(94)	100(86)	100(86)	100(86)	100(86)	100(86)	123(106)		
	9	41(35)	337(290)	398(342)	172(148)	0(0)	448(385)	36(31)	291(250)	344(296)	149(128)	0(0)	387(333)	15	
		119(102)	119(102)	119(102)	119(102)	119(102)	124(107)	128(110)	128(110)	128(110)	128(110)	128(110)	149(128)		
	10	104(89)	302(260)	270(232)	43(37)	0(0)	557(479)	91(78)	266(229)	237(204)	38(33)	0(0)	492(423)	14	
		133(114)	133(114)	133(114)	133(114)	133(114)	131(113)	144(124)	144(124)	144(124)	144(124)	144(124)	160(138)		
	11	150(129)	213(183)	100(86)	0(0)	0(0)	619(532)	134(115)	190(163)	88(76)	0(0)	0(0)	551(474)	13	
		138(119)	138(119)	138(119)	138(119)	138(119)	130(112)	149(128)	149(128)	149(128)	149(128)	149(128)	159(137)		
	12	167(144)	94(81)	0(0)	0(0)	0(0)	641(551)	150(129)	85(73)	0(0)	0(0)	0(0)	572(492)	12	
		142(122)	142(122)	142(122)	142(122)	142(122)	133(114)	152(131)	152(131)	152(131)	152(131)	152(131)	160(138)		
	13	150(129)	5(4)	0(0)	0(0)	0(0)	619(532)	134(115)	5(4)	0(0)	0(0)	0(0)	551(474)	11	
		138(119)	138(119)	138(119)	138(119)	138(119)	130(112)	149(128)	149(128)	149(128)	149(128)	149(128)	159(137)		
	14	104(89)	0(0)	0(0)	0(0)	0(0)	557(479)	91(78)	0(0)	0(0)	0(0)	0(0)	492(423)	10	
		133(114)	133(114)	133(114)	133(114)	133(114)	131(113)	144(124)	144(124)	144(124)	144(124)	144(17.4)	160(138)		
	15	41(35)	0(0)	0(0)	0(0)	0(0)	448(385)	36(31)	0(0)	0(0)	0(0)	0(0)	387(333)	9	
		119(102)	119(102)	119(102)	119(102)	119(102)	124(107)	128(110)	128(110)	128(110)	128(110)	128(110)	149(128)		
	16	1(1)	0(0)	0(0)	0(0)	0(0)	300(258)	1(1)	0(0)	0(0)	0(0)	0(0)	254(218)	8	
		96(83)	96(83)	96(83)	96(83)	96(83)	109(94)	100(86)	100(86)	100(86)	100(86)	100(86)	123(106)		
	17	0(0)	0(0)	0(0)	0(0)	42(36)	152(131)	0(0)	0(0)	0(0)	0(0)	35(30)	126(108)	7	
		72(62)	72(62)	72(6Z)	72(62)	72(62)	91(78)	77(66)	77(66)	77(66)	77(66)	77(66)	104(89)		
	18	0(0)	0(0)	0(0)	0(0)	51(44)	40(34)	0(0)	0(0)	0(0)	0(0)	37(32)	29(25)	6	
		42(36)	42(36)	42(36)	42(36)	42(36)	58(50)	40(34)	40(34)	40(34)	40(34)	40(34)	58(50)		
朝向		S	SW	W	NW	N	H	S	SW	W	NW	N	H	朝向	

北纬45°透过标准窗玻璃的太阳辐射照度（W/m^2）[kcal/(m^2·h)] 表 1-3-9（6）

透明度等级	1						2						透明度等级
朝向	S	SE	E	NE	N	H	S	SE	E	NE	N	H	朝向
辐射照度	上行——直接辐射 下行——散射辐射						上行——直接辐射 下行——散射辐射						辐射照度
时刻（地方太阳时） 6	0(0)	269(231)	584(502)	521(448)	97(83)	100(86)	0(0)	230(198)	502(432)	448(385)	84(72)	86(74)	18
	40(34)	40(34)	40(34)	40(34)	40(34)	41(35)	41(35)	41(35)	41(35)	41(35)	41(35)	45(39)	
7	0(0)	418(360)	685(589)	514(442)	14(12)	266(229)	0(0)	373(321)	611(525)	458(394)	13(11)	238(205)	17
	60(52)	60(52)	60(52)	60(52)	60(52)	49(42)	64(55)	64(55)	64(55)	64(55)	64(55)	59(51)	
8	16(14)	497(427)	658(566)	383(329)	0(0)	449(386)	15(13)	456(392)	605(520)	351(302)	0(0)	413(355)	16
	78(67)	78(67)	78(67)	78(67)	78(67)	52(45)	83(71)	83(71)	83(71)	83(71)	83(71)	67(58)	
9	105(90)	511(439)	548(471)	193(166)	0(0)	599(515)	98(84)	475(408)	511(439)	180(155)	0(0)	558(480)	15
	92(79)	92(79)	92(79)	92(79)	92(79)	55(47)	97(83)	97(83)	97(83)	97(83)	97(83)	69(59)	
10	209(180)	458(394)	359(309)	117(101)	0(0)	720(619)	197(169)	429(369)	336(289)	109(94)	0(0)	675(580)	14
	105(90)	105(90)	105(90)	105(90)	105(90)	57(49)	110(95)	110(95)	110(95)	110(95)	110(95)	73(63)	
11	280(241)	341(293)	131(113)	0(0)	0(0)	790(679)	264(227)	321(276)	123(106)	0(0)	0(0)	743(639)	13
	110(95)	110(95)	110(95)	110(95)	110(95)	55(47)	119(102)	119(102)	119(102)	119(102)	119(102)	76(65)	
12	305(262)	180(155)	0(0)	0(0)	0(0)	814(700)	287(247)	170(146)	0(0)	0(0)	0(0)	766(659)	12
	110(95)	110(95)	110(95)	110(95)	110(95)	53(45)	119(102)	119(102)	119(102)	119(102)	119(102)	72(62)	
13	280(241)	137(118)	0(0)	0(0)	0(0)	790(679)	264(227)	129(111)	0(0)	0(0)	0(0)	743(639)	11
	110(95)	110(95)	110(95)	110(95)	110(95)	55(47)	119(102)	119(102)	119(102)	119(102)	119(102)	76(65)	
14	209(180)	0(0)	0(0)	0(0)	0(0)	720(619)	197(169)	0(0)	0(0)	0(0)	0(0)	675(580)	10
	104(90)	104(90)	104(90)	104(90)	104(90)	57(49)	110(95)	110(95)	110(95)	110(95)	110(95)	73(63)	
15	105(90)	0(0)	0(0)	0(0)	0(0)	599(515)	98(84)	0(0)	0(0)	0(0)	0(0)	558(480)	9
	92(79)	92(79)	92(79)	92(79)	92(79)	55(47)	97(83)	97(83)	97(83)	97(83)	97(83)	69(59)	
16	16(14)	0(0)	0(0)	0(0)	0(0)	449(386)	15(13)	0(0)	0(0)	0(0)	0(0)	413(355)	8
	78(67)	78(67)	78(67)	78(67)	78(67)	52(45)	83(71)	83(71)	83(71)	83(71)	83(71)	67(58)	
17	0(0)	0(0)	0(0)	0(0)	14(12)	266(229)	0(0)	0(0)	0(0)	0(0)	13(11)	238(205)	7
	60(52)	60(52)	60(52)	60(52)	60(52)	49(42)	64(55)	64(55)	64(55)	64(55)	64(55)	59(51)	
18	0(0)	0(0)	0(0)	0(0)	97(83)	100(86)	0(0)	0(0)	0(0)	0(0)	84(72)	86(74)	6 时刻（地方太阳时）
	40(34)	40(34)	40(34)	40(34)	40(34)	41(35)	41(35)	41(35)	41(35)	41(35)	41(35)	45(39)	
朝向	S	SW	W	NW	N	H	S	SW	W	NW	N	H	朝向

续表

透明度等级		3						4						透明度等级
朝向		S	SE	E	NE	N	H	S	SE	E	NE	N	H	朝向
辐射照度		上行——直接辐射 下行——散射辐射						上行——直接辐射 下行——散射辐射						辐射照度
时刻(地方太阳时)	6	0(0)	200(172)	435(374)	388(334)	72(62)	77(64)	0(0)	165(142)	358(308)	320(275)	59(51)	62(53)	18
		45(39)	45(39)	45(39)	45(39)	45(39)	57(49)	45(39)	45(39)	45(39)	45(39)	45(39)	61(52)	
	7	0(0)	330(284)	541(465)	406(349)	10(9)	211(181)	0(0)	285(245)	466(401)	350(301)	9(8)	181(156)	17
		65(56)	65(56)	65(56)	65(56)	65(56)	69(59)	69(59)	69(59)	69(59)	69(59)	69(59)	79(68)	
	8	14(12)	415(357)	550(473)	320(275)	0(0)	376(323)	12(10)	366(315)	486(418)	283(243)	0(0)	331(285)	16
		88(76)	88(76)	88(76)	88(76)	88(76)	83(71)	90(77)	90(77)	90(77)	90(77)	90(77)	92(79)	
	9	91(78)	438(377)	471(405)	163(143)	0(0)	515(443)	81(70)	397(341)	427(367)	150(129)	0(0)	465(400)	15
		105(90)	105(90)	105(90)	105(90)	105(90)	88(76)	108(93)	108(93)	106(93)	106(93)	108(93)	104(89)	
	10	183(157)	399(343)	312(268)	101(87)	0(0)	626(538)	166(143)	365(314)	286(246)	93(80)	0(0)	572(492)	14
		114(98)	114(98)	114(98)	114(98)	114(98)	88(76)	121(104)	121(104)	121(104)	121(104)	121(104)	109(94)	
	11	245(211)	299(257)	115(99)	0(0)	0(0)	692(595)	226(194)	274(236)	106(91)	0(0)	0(0)	635(546)	13
		120(103)	120(103)	120(103)	120(103)	120(103)	87(75)	127(109)	127(109)	127(109)	127(109)	127(109)	108(93)	
	12	267(230)	158(136)	0(0)	0(0)	0(0)	714(614)	247(212)	145(125)	0(0)	0(0)	0(0)	657(565)	12
		121(104)	121(104)	121(104)	121(104)	121(104)	85(73)	129(111)	129(111)	129(111)	129(111)	129(111)	108(93)	
	13	245(211)	120(103)	0(0)	0(0)	0(0)	692(695)	226(194)	110(95)	0(0)	0(0)	0(0)	635(546)	11
		120(103)	120(103)	120(103)	120(103)	120(103)	87(75)	127(109)	127(109)	127(109)	127(109)	127(109)	108(93)	
	14	183(157)	0(0)	0(0)	0(0)	0(0)	626(538)	166(143)	0(0)	0(0)	0(0)	0(0)	572(492)	10
		114(98)	114(98)	114(98)	114(98)	114(98)	88(76)	121(104)	121(104)	121(104)	121(104)	121(104)	109(94)	
	15	91(78)	0(0)	0(0)	0(0)	0(0)	515(443)	81(70)	0(0)	0(0)	0(0)	0(0)	465(400)	9
		105(90)	105(90)	105(90)	105(90)	105(90)	88(76)	108(93)	108(93)	108(93)	108(93)	108(93)	104(89)	
	16	14(12)	0(0)	0(0)	0(0)	0(0)	376(323)	12(10)	0(0)	0(0)	0(0)	0(0)	331(285)	8
		88(76)	88(76)	88(76)	88(76)	88(76)	83(71)	90(77)	90(77)	90(77)	90(77)	90(77)	92(79)	
	17	0(0)	0(0)	0(0)	0(0)	10(9)	211(181)	0(0)	0(0)	0(0)	0(0)	9(8)	181(156)	7
		65(56)	65(56)	65(56)	65(56)	65(56)	69(59)	69(59)	69(59)	69(59)	69(59)	69(59)	79(68)	
	18	0(0)	0(0)	0(0)	0(0)	72(62)	77(64)	0(0)	0(0)	0(0)	0(0)	59(51)	62(53)	6
		45(39)	45(39)	45(39)	45(39)	45(39)	57(49)	45(39)	45(39)	45(39)	45(39)	45(39)	61(52)	时刻(地方太阳时)
朝向		S	SW	W	NW	N	H	S	SW	W	NW	N	H	朝向

续表

透明度等级	5						6						透明度等级
朝向	S	SE	E	NE	N	H	S	SE	E	NE	N	H	朝向
辐射照度	上行——直接辐射 下行——散射辐射						上行——直接辐射 下行——散射辐射						辐射照度
时刻（地方太阳时） 6	0(0)	135(116)	293(252)	262(225)	49(42)	50(43)	0(0)	100(86)	216(186)	193(166)	36(31)	37(32)	18 时刻（地方太阳时）
	44(38)	44(38)	44(38)	44(38)	44(38)	62(53)	44(38)	44(38)	44(38)	44(38)	44(38)	64(55)	
7	0(0)	247(212)	402(346)	302(260)	8(7)	157(135)	0(0)	204(175)	334(287)	256(215)	7(6)	130(112)	17
	73(63)	73(63)	73(63)	73(63)	73(63)	91(78)	78(67)	78(67)	78(67)	78(67)	78(67)	105(90)	
8	10(9)	328(282)	435(374)	252(217)	0(0)	297(255)	9(8)	276(237)	366(315)	213(183)	0(0)	249(214)	16
	95(82)	95(82)	95(82)	95(82)	95(82)	109(94)	99(85)	99(85)	99(85)	99(85)	99(85)	122(105)	
9	76(65)	365(314)	393(338)	138(119)	0(0)	429(369)	65(56)	315(271)	338(291)	120(103)	0(0)	370(318)	15
	116(100)	116(100)	116(100)	116(100)	116(100)	122(105)	124(107)	124(107)	124(107)	124(107)	124(107)	145(125)	
10	156(134)	341(293)	266(229)	87(75)	0(0)	534(459)	136(117)	299(257)	234(201)	77(66)	0(0)	469(403)	14
	130(112)	130(112)	130(112)	130(112)	130(112)	129(111)	141(121)	141(121)	141(121)	141(121)	141(121)	158(136)	
11	211(181)	256(220)	99(85)	0(0)	0(0)	593(510)	186(160)	227(195)	87(75)	0(0)	0(0)	526(452)	13
	136(117)	136(117)	136(117)	136(117)	136(117)	131(113)	148(127)	148(127)	148(127)	148(127)	148(127)	160(138)	
12	229(197)	136(117)	0(0)	0(0)	0(0)	613(527)	204(175)	121(104)	0(0)	0(0)	0(0)	544(468)	12
	138(119)	138(119)	138(119)	138(119)	138(119)	130(112)	149(128)	149(128)	149(128)	149(128)	149(128)	159(137)	
13	211(181)	104(89)	0(0)	0(0)	0(0)	593(510)	186(160)	92(79)	0(0)	0(0)	0(0)	526(452)	11
	136(117)	136(117)	136(117)	136(117)	136(117)	131(113)	148(127)	148(127)	148(127)	148(127)	148(127)	160(138)	
14	156(134)	0(0)	0(0)	0(0)	0(0)	534(459)	136(117)	0(0)	0(0)	0(0)	0(0)	469(403)	10
	130(112)	130(112)	130(112)	130(112)	130(112)	129(111)	141(121)	141(121)	141(121)	141(121)	141(121)	158(136)	
15	76(65)	0(0)	0(0)	0(0)	0(0)	429(369)	65(56)	0(0)	0(0)	0(0)	0(0)	370(318)	9
	116(100)	116(100)	116(100)	116(100)	116(100)	122(105)	124(107)	124(107)	124(107)	124(107)	124(107)	145(125)	
16	10(9)	0(0)	0(0)	0(0)	0(0)	297(255)	9(8)	0(0)	0(0)	0(0)	0(0)	249(214)	8
	95(82)	95(82)	95(82)	95(82)	95(82)	109(94)	99(85)	99(85)	99(85)	99(85)	99(85)	122(105)	
17	0(0)	0(0)	0(0)	0(0)	8(7)	157(135)	0(0)	0(0)	0(0)	0(0)	7(6)	130(112)	7
	73(63)	73(63)	73(63)	73(63)	73(63)	91(78)	78(67)	78(67)	78(67)	78(67)	78(67)	105(90)	
18	0(0)	0(0)	0(0)	0(0)	49(42)	50(43)	0(0)	0(0)	0(0)	0(0)	36(31)	37(32)	6
	44(38)	44(38)	44(38)	44(38)	44(38)	62(53)	44(38)	44(38)	44(38)	44(38)	44(38)	64(55)	
朝向	S	SW	W	NW	N	H	S	SW	W	NW	N	H	朝向

北纬 50°透过标准窗玻璃的太阳辐射照度（W/m²）［kcal/(m²·h)］ 表 1-3-9（7）

透明度等级	1						2						透明度等级
朝向	S	SE	E	NE	N	H	S	SE	E	NE	N	H	朝向
辐射照度	上行——直接辐射 下行——散射辐射						上行——直接辐射 下行——散射辐射						辐射照度
时刻（地方太阳时） 6	0(0)	291(250)	605(520)	528(454)	85(73)	116(100)	0(0)	251(216)	522(449)	457(393)	73(63)	100(86)	18 时刻（地方太阳时）
	42(36)	42(36)	42(36)	42(36)	42(36)	42(36)	43(37)	43(37)	43(37)	43(37)	43(37)	47(40)	
7	0(0)	442(382)	687(591)	494(425)	3(3)	276(237)	0(0)	397(341)	613(527)	441(379)	3(3)	245(211)	17
	60(52)	60(52)	60(52)	60(52)	60(52)	49(42)	64(55)	64(55)	64(55)	64(55)	64(55)	60(52)	
8	40(34)	527(453)	657(565)	345(297)	0(0)	437(376)	36(31)	484(416)	601(517)	316(272)	0(0)	401(345)	16
	77(66)	77(66)	77(66)	77(66)	77(66)	52(45)	81(70)	81(70)	81(70)	81(70)	81(70)	66(57)	
9	160(138)	549(472)	545(469)	150(129)	0(0)	576(495)	149(128)	511(439)	507(436)	140(120)	0(0)	555(460)	15
	90(77)	90(77)	90(77)	90(77)	90(77)	52(45)	94(81)	94(81)	94(81)	94(81)	94(81)	69(59)	
10	278(239)	507(436)	356(306)	7(6)	0(0)	685(589)	261(224)	475(408)	333(286)	7(6)	0(0)	640(550)	14
	102(88)	102(88)	102(88)	102(88)	102(88)	58(50)	105(90)	105(90)	105(90)	105(90)	105(90)	71(61)	
11	359(309)	398(342)	130(112)	0(0)	0(0)	751(646)	337(290)	373(321)	123(106)	0(0)	0(0)	706(607)	13
	108(93)	108(93)	108(93)	108(93)	108(93)	58(50)	115(99)	115(99)	115(99)	115(99)	115(99)	78(67)	
12	388(334)	235(202)	0(0)	0(0)	0(0)	773(665)	365(314)	221(190)	0(0)	0(0)	0(0)	727(625)	12
	110(95)	110(95)	110(95)	110(95)	110(95)	58(50)	119(102)	119(102)	119(102)	119(102)	119(102)	79(68)	
13	359(309)	62(53)	0(0)	0(0)	0(0)	751(646)	337(290)	57(49)	0(0)	0(0)	0(0)	706(607)	11
	108(93)	108(93)	108(93)	108(93)	108(93)	58(50)	115(99)	115(99)	115(99)	115(99)	115(99)	78(67)	
14	278(239)	0(0)	0(0)	0(0)	0(0)	685(589)	261(224)	0(0)	0(0)	0(0)	0(0)	640(550)	10
	102(88)	102(88)	102(88)	102(88)	102(88)	58(50)	105(90)	105(90)	105(90)	105(90)	105(90)	71(61)	
15	160(138)	0(0)	0(0)	0(0)	0(0)	576(495)	149(128)	0(0)	0(0)	0(0)	0(0)	555(460)	9
	90(77)	90(77)	90(77)	90(77)	90(77)	52(45)	94(81)	94(81)	94(81)	94(81)	94(81)	69(59)	
16	40(34)	0(0)	0(0)	0(0)	3(3)	437(376)	36(31)	0(0)	0(0)	0(0)	0(0)	401(345)	8
	77(66)	77(66)	77(66)	77(66)	77(66)	52(45)	81(70)	81(70)	81(70)	81(70)	81(70)	66(57)	
17	0(0)	0(0)	0(0)	0(0)	3(3)	276(237)	0(0)	0(0)	0(0)	0(0)	3(3)	245(211)	7
	60(52)	60(52)	60(52)	60(52)	60(52)	49(42)	64(55)	64(55)	64(55)	64(55)	64(55)	60(52)	
18	0(0)	0(0)	0(0)	0(0)	85(73)	116(100)	0(0)	0(0)	0(0)	0(0)	73(63)	100(86)	6
	42(36)	42(36)	42(36)	42(36)	42(36)	42(36)	43(37)	43(37)	43(37)	43(37)	43(37)	47(40)	
朝向	S	SW	W	NW	N	H	S	SW	W	NW	N	H	朝向

续表

透明度等级	3						4						透明度等级
朝向	S	SE	E	NE	N	H	S	SE	E	NE	N	H	朝向
辐射照度	上行——直接辐射 下行——散射辐射						上行——直接辐射 下行——散射辐射						辐射照度
时刻（地方太阳时） 6	0(0)	219(188)	456(392)	398(342)	64(55)	87(75)	0(0)	181(156)	378(325)	330(284)	53(46)	73(63)	18
	49(42)	49(42)	49(42)	49(42)	49(42)	59(51)	49(42)	49(42)	49(42)	49(42)	49(42)	64(55)	
7	0(0)	351(302)	544(468)	391(336)	3(3)	217(187)	0(0)	304(261)	470(404)	337(290)	2(2)	188(162)	17
	66(57)	66(57)	66(57)	66(57)	66(57)	69(59)	70(60)	70(60)	70(60)	70(60)	70(60)	80(69)	
8	33(28)	440(378)	547(470)	287(247)	0(0)	364(313)	29(25)	387(333)	483(415)	254(218)	0(0)	321(276)	16
	87(75)	87(75)	87(75)	87(75)	87(75)	81(70)	88(76)	88(76)	88(76)	88(76)	88(76)	92(79)	
9	137(118)	470(404)	468(402)	129(111)	0(0)	493(424)	123(106)	423(364)	421(362)	116(100)	0(0)	444(382)	15
	102(88)	102(88)	102(88)	102(88)	102(88)	87(75)	105(90)	105(90)	105(90)	105(90)	105(90)	101(87)	
10	241(207)	440(378)	308(265)	6(5)	0(0)	593(510)	221(190)	402(346)	281(242)	6(5)	0(0)	543(467)	14
	112(96)	112(96)	112(96)	112(96)	112(96)	90(77)	119(102)	119(102)	119(102)	119(102)	119(102)	109(94)	
11	314(270)	347(298)	114(98)	0(0)	0(0)	656(564)	287(247)	317(273)	105(90)	0(0)	0(0)	601(517)	13
	117(101)	117(101)	117(101)	117(101)	117(101)	90(77)	124(107)	124(107)	124(107)	124(107)	124(107)	109(94)	
12	340(292)	206(177)	0(0)	0(0)	0(0)	676(581)	312(268)	188(162)	0(0)	0(0)	0(0)	620(533)	12
	120(103)	120(103)	120(103)	120(103)	120(103)	90(77)	127(109)	127(109)	127(109)	127(109)	127(109)	109(94)	
13	314(270)	53(46)	0(0)	0(0)	0(0)	656(564)	287(247)	49(42)	0(0)	0(0)	0(0)	601(517)	11
	117(101)	117(101)	1t7(101)	117(101)	117(101)	90(77)	124(107)	124(107)	124(107)	124(107)	124(107)	109(94)	
14	241(207)	0(0)	0(0)	0(0)	0(0)	593(510)	221(190)	0(0)	0(0)	0(0)	0(0)	543(467)	10
	112(96)	112(96)	112(96)	112(96)	112(96)	90(77)	119(102)	119(102)	119(102)	119(102)	119(102)	109(94)	
15	137(118)	0(0)	0(0)	0(0)	0(0)	493(424)	123(106)	0(0)	0(0)	0(0)	0(0)	444(382)	9
	102(88)	102(88)	102(88)	102(88)	102(88)	87(75)	105(90)	t05(90)	105(90)	105(90)	105(90)	101(87)	
16	33(28)	0(0)	0(0)	0(0)	0(0)	364(313)	29(25)	0(0)	0(0)	0(0)	0(0)	321(276)	8
	87(75)	87(75)	87(75)	87(75)	87(75)	81(70)	88(76)	88(76)	88(76)	88(76)	88(76)	92(79)	
17	0(0)	0(0)	0(0)	0(0)	3(3)	217(187)	0(0)	0(0)	0(0)	0(0)	2(2)	188(162)	7
	66(57)	66(57)	66(57)	66(57)	66(57)	69(59)	70(60)	70(60)	70(60)	70(60)	70(60)	80(69)	
18	0(0)	0(0)	0(0)	0(0)	64(55)	87(75)	0(0)	0(0)	0(0)	0(0)	53(46)	73(63)	6 时刻（地方太阳时）
	49(42)	49(42)	49(42)	49(42)	49(42)	59(51)	49(42)	49(42)	49(42)	49(42)	49(42)	64(55)	
朝向	S	SW	W	NW	N	H	S	SW	W	NW	N	H	朝向

续表

透明度等级	5						6						透明度等级
朝向	S	SE	E	NE	N	H	S	SE	E	NE	N	H	朝向
辐射照度	上行——直接辐射 下行——散射辐射						上行——直接辐射 下行——散射辐射						辐射照度
时刻（地方太阳时） 6	0(0)	150(129)	312(268)	273(235)	44(38)	60(52)	0(0)	113(97)	236(203)	206(177)	33(28)	45(39)	18 时刻（地方太阳时）
	48(41)	48(41)	48(41)	48(41)	48(41)	65(56)	48(41)	48(41)	48(41)	48(41)	48(41)	69(59)	
7	0(0)	262(225)	406(349)	292(251)	2(2)	163(140)	0(0)	217(187)	336(289)	242(208)	2(2)	135(116)	17
	73(63)	73(63)	73(63)	73(63)	73(63)	92(79)	79(68)	79(68)	79(68)	79(68)	79(68)	106(91)	
8	26(22)	345(297)	430(370)	227(195)	0(0)	287(247)	22(19)	291(250)	362(311)	191(164)	0(0)	241(207)	16
	94(81)	94(81)	94(81)	94(81)	94(81)	108(93)	98(84)	98(84)	98(84)	98(84)	98(84)	121(104)	
9	113(97)	388(334)	386(332)	107(92)	0(0)	408(351)	98(84)	334(287)	331(285)	91(78)	0(0)	349(300)	15
	113(97)	113(97)	113(97)	113(97)	113(97)	121(104)	120(103)	120(103)	120(103)	120(103)	120(103)	141(121)	
10	206(177)	374(322)	263(226)	6(5)	0(0)	506(435)	179(154)	337(281)	229(197)	5(4)	0(0)	442(380)	14
	127(109)	127(109)	127(109)	127(109)	127(109)	128(110)	137(118)	137(118)	137(118)	137(118)	137(118)	156(134)	
11	269(231)	297(255)	98(84)	0(0)	0(0)	561(482)	236(203)	262(225)	86(74)	0(0)	0(0)	495(426)	13
	134(115)	134(115)	134(115)	134(115)	134(115)	131(113)	145(125)	145(125)	145(125)	145(125)	145(125)	162(139)	
12	291(250)	177(152)	0(0)	0(0)	0(0)	579(498)	257(221)	156(134)	0(0)	0(0)	0(0)	513(441)	12
	136(117)	136(117)	136(117)	136(117)	136(117)	133(114)	148(127)	148(127)	148(127)	148(127)	148(127)	163(140)	
13	269(231)	45(39)	0(0)	0(0)	0(0)	561(482)	236(203)	41(25)	0(0)	0(0)	0(0)	495(426)	11
	134(115)	134(115)	134(115)	134(115)	134(115)	131(113)	145(125)	145(125)	145(125)	145(125)	145(125)	162(139)	
14	206(177)	0(0)	0(0)	0(0)	0(0)	506(435)	179(154)	0(0)	0(0)	0(0)	0(0)	442(380)	10
	127(109)	127(109)	127(109)	127(109)	127(109)	128(110)	137(118)	137(118)	137(118)	137(118)	137(118)	156(134)	
15	113(97)	0(0)	0(0)	0(0)	0(0)	408(351)	98(84)	0(0)	0(0)	0(0)	0(0)	349(300)	9
	113(97)	113(97)	113(97)	113(97)	113(97)	121(104)	120(103)	120(103)	120(103)	120(103)	120(103)	141(121)	
16	26(22)	0(0)	0(0)	0(0)	0(0)	287(247)	22(19)	0(0)	0(0)	0(0)	0(0)	241(207)	8
	94(81)	94(81)	94(81)	94(81)	94(81)	108(93)	98(84)	98(84)	98(84)	98(84)	98(84)	121(104)	
17	0(0)	0(0)	0(0)	0(0)	2(2)	163(140)	0(0)	0(0)	0(0)	0(0)	2(2)	135(116)	7
	73(63)	73(63)	73(63)	73(63)	73(63)	92(79)	79(68)	79(68)	79(68)	79(68)	79(68)	106(91)	
18	0(0)	0(0)	0(0)	0(0)	44(38)	60(52)	0(0)	0(0)	0(0)	0(0)	33(28)	45(39)	6
	48(41)	48(41)	48(41)	48(41)	48(41)	65(56)	48(41)	48(41)	48(41)	48(41)	48(41)	69(59)	
朝向	S	SW	W	NW	N	H	S	SW	W	NW	N	H	朝向

（一）供暖室外计算温度 t_{wn}（℃）

$$t_{wn} = 0.57t_{lp} + 0.43t_{p.min} \tag{1-3-2}$$

式中，t_{lp} ——累年最冷月平均温度（℃）；

$t_{p.min}$ ——累年最低日平均温度（℃）。

（二）冬季空调室外计算温度 t_{wk}（℃）。

$$t_{wk} = 0.3t_{lp} + 0.7t_{p.min} \tag{1-3-3}$$

（三）夏季通风室外计算温度 t_{wf}（℃）

$$t_{wf} = 0.71t_{rp} + 0.29t_{max} \tag{1-3-4}$$

式中，t_{rp} ——累年最热月平均温度（℃）；

t_{max} ——累年极端最高温度（℃）。

（四）夏季空调室外计算干球温度 t_{wg}（℃）。

$$t_{wg} = 0.47t_{rp} + t_{max} \tag{1-3-5}$$

（五）夏季空调室外计算湿球温度 t_{ws}（℃）

北部地区：$$t_{ws} = 0.72t_{s,rp} + 0.28t_{s,max} \tag{1-3-6}$$

中部地区：$$t_{ws} = 0.75t_{s,rp} + 0.25t_{s,max} \tag{1-3-7}$$

南部地区：$$t_{ws} = 0.80t_{s,rp} + 0.20t_{s,max} \tag{1-3-8}$$

式中，$t_{s,rp}$ ——与累年最热月平均温度和平均相对湿度对应的湿球温度（℃）；

$t_{s,max}$ ——与累年极端最高温度和最热月平均相对湿度对应的湿球温度（℃）；

$t_{s,rp}$ 和 $t_{s,max}$ 值可在当地大气压力下的焓湿图上查到。

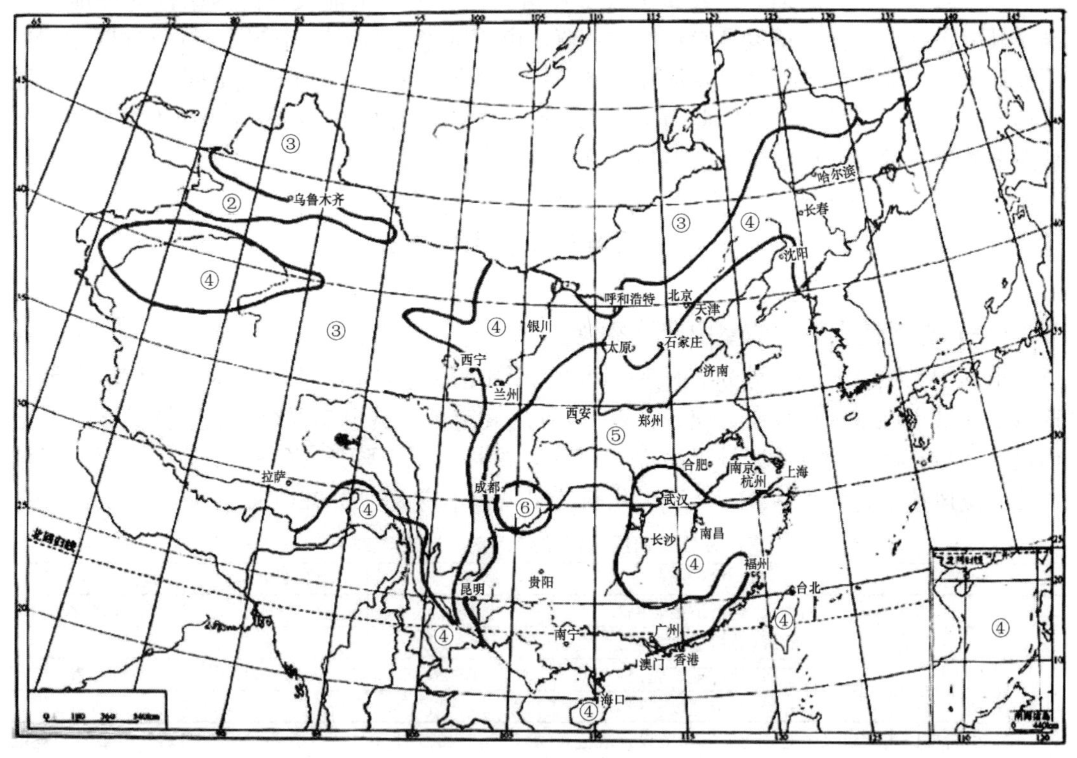

图 1-3-1　夏季大气压力

(六) 夏季空调室外计算日平均温度 t_{wp} (℃)

$$t_{wp} = 0.80t_{rp} + 0.20t_{max} \quad (1\text{-}3\text{-}9)$$

第四节　室内计算参数

室内计算参数包括：室内温度、湿度及其允许波动范围；室内空气的流速、洁净度等级、噪声等。民用建筑空调室内空气设计参数的确定，主要取决于房间使用功能对舒适性的要求，以及综合考虑地区、经济条件与节能要求等因素。

一、建筑节能及其对室内参数的要求

建筑节能是创建我国节约型社会的重要组成部分，也是建筑空调设计中必须要考虑的重要组成部分。其直接目的是在改善建筑室内热环境的同时，提高空调系统的能源利用效率，从而在总体上实现国家节约能源和保护环境的战略目标。

室内设计温湿度的取值，与能耗有密切关系。据《公共建筑节能设计标准》GB 50189—2005 条文说明中指出：在供热工况下，室内计算温度每降低 1℃，能耗可减少 5%～10%；在供冷工况下，室内计算温度每升高 1℃，能耗可减少 8%～10%。为节省能源，应避免冬季采用过高的室内温度，夏季采用过低的室内温度。因此，考虑建筑节能的要求，在供热工况下，宜选用规定温度范围的下限值作为设计温度进行设计计算；在供冷工况下，宜选用规定温度范围的上限值进行设计计算。

近年来，国家和各地分别发布了公共建筑与居住建筑节能设计的国家标准和地方标准，其中包括了室内空调设计参数的推荐值。由于国家标准为涵盖全国不同气候区域的通用设计标准，而我国各地气候特征和经济发展水平各不相同，因而各地的建筑节能设计地方标准会存在一定的差异。因此为了选取合适的空调室内参数，在设计中应主要参照当地建筑节能设计的地方标准进行选择与计算。

二、民用建筑的室内参数

(一) 舒适性空气调节室内计算参数

根据国家标准《民用建筑供暖通风与空气调节设计规范》GB 50736—2012，人员长期逗留区域空调室内计算参数应符合表 1-4-1 的规定；人员短期逗留区域空调供冷工况室内设计参数宜比长期逗留区域提高 1℃～2℃，供热工况宜降低 1℃～2℃。短期逗留区域供冷工况风速不宜大于 0.5m·s^{-1}，供热工况风速不宜大于 0.3m·s^{-1}。

人员长期逗留区域空调室内计算参数　　**表 1-4-1**

类别	热舒适等级	温度(℃)	相对湿度(%)	风速(m·s^{-1})
供热工况	Ⅰ级(热舒适度较高)	22～24	≥30	≤0.2
	Ⅱ级(热舒适度一般)	18～22	—	≤0.2
供冷工况	Ⅰ级(热舒适度较高)	24～26	40～60	≤0.25
	Ⅱ级(热舒适度一般)	26～28	≤70	≤0.3

注：引自《民用建筑供暖通风与空气调节设计规范》GB 50736—2012。表中关于热舒适等级的划分可参照该规范的相关条文。

供暖通风与空气调节设计规范中给出的数据具有通用性。对于具体的民用建筑而言，由于各空调房间的使用功能各不相同，而其室内空调设计计算参数也会有较大差异。因此，各种不同用途房间的室内空调设计计算参数，应参照相应专用设计规范。

（二）旅馆建筑

旅馆建筑空气调节室内计算参数应符合下表的规定：

旅馆建筑空气调节室内计算参数　　表 1-4-2

参数\位置\季节\建筑等级		一级		二级		三级		四级		五级		六级	
		夏季	冬季	夏季	冬季	夏季	冬季	夏季	冬季	夏季	冬季	夏季	冬季
温度(℃)	客房	24～25	22	25～26	22	26～27	20	27～28	20	—	18	—	18
	餐厅、宴会厅	24～25	22	24～25	22	26～27	20	26～27	20	—	18	—	18
相对湿度(%)	客房	50～60	40～50	55～65	40～50	<65	≥40	—					
	餐厅、宴会厅	50～60	40～50	55～65	40～50	<65	≥40						
新风量[m^3/(h·人)]	客房	50		40		30		—					
	餐厅、宴会厅	25		20		20							
停留区风速(m/s)	客房	≤0.25	≤0.15	≤0.25	≤0.15	≤0.25	≤0.15	—					
	餐厅、宴会厅	≤0.25	≤0.15	≤0.25	≤0.15	—							
空气含尘量(mg/m^3)	客房	<0.20		<0.35				—					
	餐厅、宴会厅	<0.35											
噪声标准(NR)	客房	30		35		35		50		—			
	餐厅、宴会厅	35		40		40		55					

* 引自《旅馆建筑设计规范》JGJ 62—90

（三）图书馆建筑

图书馆空气调节室内计算参数应符合下表的规定：

图书馆空气调节室内计算参数　　表 1-4-3

房间名称			材质	干球温度(℃)		相对湿度(%)		风速(m/s)	
				冬	夏	冬	夏	冬	夏
特藏库	舆图、珍善本书库			12～24±2		45～60		—	—
	缩微资料库	母片及永久保存库（长期保存环境）	银盐醋酸片基	≤20		15～40		—	—
			银盐聚酯片基	≤20		30～40		—	—
		一般胶片库（中期保存环境）	银盐醋酸片基	≤25		15～60		—	—
			银盐聚酯片基	≤25		30～60		—	—
		彩色胶片库（长期保存环境）	银盐醋酸片基	≤2		15～30		—	—
			银盐聚酯片基	≤2		25～30		—	—
		彩色胶片库（短期保存环境）	银盐醋酸片基	≤10		15～60		—	—
			银盐聚酯片基	≤10		25～60		—	—
	唱片、光盘库			≤10		40～60		—	—
	磁带库		醋酸、聚酯	≤10		40～60		—	—

续表

房间名称	材质	干球温度(℃)		相对湿度(%)		风速(m/s)	
		冬	夏	冬	夏	冬	夏
少年儿童阅览室		18～20	24～28	40～60	40～65	<0.2	<0.3
普通阅览室							
装裱修整							
研究室							
目录厅、出纳厅							
视听室							
报告厅							
会议室							
缩微阅览室							
电子阅览室							
普通书库							
公共活动空间							
内部业务办公							
电子计算机机房							
美工室		20～22					

*引自《图书馆建筑设计规范》JGJ 38—99

(四) 档案馆建筑

档案馆建筑主要包括纸质档案库、特殊档案库、技术用房和对外服务用房等。其室内计算参数应符合表 1-4-4 的规定。其中，档案库的室内设计温、湿度确定后，每昼夜温度波动幅度不得大于±2℃，相对湿度波动幅度不得大于±5%。

档案馆建筑空气调节室内计算参数　　表 1-4-4

用房名称		干球温度(℃)	相对湿度(%)
纸质档案库		14～24	45～60
特藏库		14～20	45～55
音像磁带库		14～24	40～60
胶片库	拷贝片	14～24	40～60
	母片	13～15	35～45
裱糊室		18～28	50～70
保护技术试验室		18～28	40～60
复印室		18～28	50～65
音像档案阅览室		20～25	50～60
阅览室		18～28	—
展览厅		14～28	45～60
工作间(拍照、拷贝、校对、阅读)		18～28	40～60

*引自《档案馆建筑设计规范》JGJ 25—2010

(五) 博物馆建筑

设置空气调节设备的藏品库房冬季温度不应低于 10℃，夏季温度不应高于 26℃，相对湿度应保持基本稳定，并根据藏品材质类别确定参数推荐值参照下表：

博物馆建筑藏品相对湿度　　表 1-4-5

藏品、展品类型	相对湿度(%)
金银器、青铜器、古钱币、陶瓷、石器、玉器、玻璃等	40～50
纸质书画、纺织品、腊叶植物标本等	50～60
竹器、木器、藤器、漆器、骨器、象牙、古生物化石等	55～65
墓葬壁画等	45～55
一般动、植物标本等	40～60

*引自《博物馆建筑设计规范》JGJ 66—91

（六）剧场建筑

剧场空气调节室内计算参数应符合下表的规定：

剧场建筑空气调节室内计算参数　　表 1-4-6

参数名称	夏季	冬季
干球温度(℃)	24～26	16～20
相对湿度(%)	50～70	≥30
平均风速(m/s)	0.2～0.5	0.2～0.3

室内稳定状态下的 CO_2 允许浓度应小于 0.25%我国人体散发的 CO_2 量可按 0.02m³/人·h 计算。

剧场最小新风量不应小于：甲等 15m³/人·h；乙等 12m³/人·h；丙等 10m³/人·h。

通风或空气调节系统，应采取消声减噪措施，通过风口传入观众席和舞台面的噪声应比室内允许噪声标准低 5dB。

通风、空气调节及制冷机房与观众厅和舞台邻近时，应采取隔声措施，其隔声能力应使传递到观众厅和舞台的噪声比允许噪声标准低 5dB（A）。对动力设备应采取减振措施。

* 引自《剧场建筑设计规范》JGJ 57—2000

（七）电影院建筑

观众厅空气调节室内计算参数应符合下表的规定。

电影院观众厅空气调节室内计算参数　　表 1-4-7

参数名称	夏季	冬季
干球温度(℃)	24～26	16～20
相对湿度(%)	50～70	≥30
平均风速(m/s)	0.2～0.5	0.2～0.3

不同等级电影院的观众厅最小新风量不应小于下列规定：

电影院的观众厅最小新风量　　表 1-4-8

电影院等级	特级	甲级	乙级	丙级
新风量[m³/(人·h)]	25	20	18	15

通风或空气调节系统应采取消声减噪措施，应使通过风口传入观众厅的噪声比厅内允许噪声低 5dB（A）。

通风、空气调节和冷冻机房与观众厅紧邻时应采取隔声减振措施，其隔声及减振能力应使传到观众厅的噪声比厅内允许噪声低 5dB（A）。

* 引自《电影院建筑设计规范》JGJ 58—2008

（八）办公建筑

设置空气调节及集中供暖的办公建筑，室内计算参数可参照下表的规定选取：

办公建筑空气调节室内计算参数　　表 1-4-9

房间名称	夏季		冬季		噪声标准声级 dB(A)	NC 数
	温度(℃)	相对湿度	温度(℃)	相对湿度		
一般办公室	26～28	<65%	18～20	不规定	40～55	40～50
高级办公室	24～27	<60%	20～22	≥35%	30～40	25～35
会议室接待室	25～27	<65%	16～18	不规定	40～50	35～45
电话总机房	25～27	<65%	16～18	不规定	55～60	50～55
计算机房	24～28	≤60%	18～20	不规定	55～65	50～60
复印机房	24～28	≤55%	18～20	不规定	55～60	50～55

办公室每人新鲜空气供给量按下值采用。

(1) 一般办公室：20～30m³/h·人；

(2) 高级办公室：30～50m³/h·人 。

* 引自《办公建筑设计规范》JGJ 67—2006

（九）商店建筑

当商店营业厅设置空气调节时，室内计算参数应符合下表规定：

商店建筑空气调节室内计算参数　　**表 1-4-10**

参数名称	夏季		冬季
	人工冷源	天然冷源	
干球温度(℃)	26～28	28～30	16～18
相对湿度(%)	55～65	65～80	30～50
平均风速(m/s)	0.2～0.5	>0.5	0.1～0.3

商店营业厅通风设备允许噪声，顶层宜取 45～55dB（A），底层宜取 55～60dB（A）；当周围环境噪声级较低时，采用下限允许值，当周围环境噪声级较高时，采用上限允许值。

＊引自《商店建筑设计规范》JGJ 48—88（试行）

（十）饮食建筑

一级餐馆的餐厅、一级饮食店的饮食厅和炎热地区的二级餐馆的餐厅宜设置空调，室内计算参数应符合下表的规定：

餐厅空气调节室内计算参数　　**表 1-4-11**

房间名称	设计温度(℃)	相对湿度(%)	噪声标准 dB(A)	新风量(m^3/h·人)	工作地带风速(m/s)
一级餐厅、饮食厅	24～26	<65	NC40	25	<0.25
二级餐厅	25～28	<65	NC50	20	<0.3

＊引自《饮食建筑设计规范》JGJ 64—89

（十一）体育建筑

比赛大厅空气调节室内计算参数宜按下表确定：

体育建筑比赛大厅空调计算参数　　**表 1-4-12**

房间名		夏季			冬季		
		温度(℃)	相对湿度(%)	气流速度(m/s)	温度(℃)	相对湿度(%)	气流速度(m/s)
体育馆		26～28	55～65	≯0.5 <0.2①	16～18	≮30	0.2①
游泳馆	观众区	26～29	60～70	≯0.5	22～24	45～60	≯0.5
	池区	26～29	60～70 ≯75	≯0.2③	26～28	60～70 ≯75	≯0.2

注：① 乒乓球、羽毛球比赛时的风速为建议值，乒乓球的高度范围取距地 3 米以下，羽毛球的高度范围取距地 9 米以下；

② 新风量按厅内不准吸烟计；

③ 游泳馆池区气流速度主要是距地 2.4m 以内，跳水区包括运动员活动的所有空间在内。

通风或空气调节系统必须采取消声减振措施，通过风口传入观众席和比赛厅的噪声应比室内允许的背景噪声标准低 5dB（A）。

＊引自《体育建筑设计规范》JGJ 31—2003/J 265—2003

（十二）医疗建筑

医疗建筑空气调节室内计算参数　　**表 1-4-13**

夏季计算温度(℃)	相对湿度(%)	气流速度
25～27	60 左右	采用空调的手术室、产房工作区和灼伤病房的气流速度宜为≤0.2m/s

＊引自《综合医院建筑设计规范》JGJ 49—88

（十三）电子信息系统机房

电子信息系统机房空气调节室内计算参数应满足下列要求：

主机房和辅助区内的温度、相对湿度应满足电子信息设备的使用要求；无特殊要求时，应根据电子信息系统机房的等级，按下表确定：

洁净手术部用房主要技术指标　　　　表 1-4-14

名称	最小静压差(Pa)		换气次数(次/h)	手术区手术台(或局部100级工作区)工作面高度截面平均风速(m/s)	自净时间(min)	温度(℃)	相对湿度(%)	最小新风量		噪声dB(A)	最低照度(lx)
	程度	对相邻低级别洁净室						(m^3/h·人)	(次/h)		
特别洁净手术室 特殊实验室	++	8	—	0.25～0.30	≤15	22～25	40～60	60	6	≤52	≥350
标准洁净手术室	++	8	30～36	—	≤25	22～25	40～60	60	6	≤50	≥350
一般洁净手术室	+	5	18～22	—	≤30	22～25	35～60	60	4	≤50	≥350
准洁净手术室	+	5	12～15	—	≤40	22～25	35～60	60	4	≤50	≥350
体外循环灌注专用准备室	+	5	17～20	—	—	21～27	≤ 60	—	3	≤60	≥150
无菌敷料、器械、一次性物品室和精密仪器存放室	+	5	10～13	—	—	21～27	≤ 60	—	3	≤60	≥150
护士站	+	5	10～13	—	—	21～27	≤60	60	3	≤60	≥150
准备室（消毒处理）	+	5	10～13	—	—	21～27	≤60	30	3	≤60	≥200
预麻醉室	——	−8	10～13	—	—	22～25	30～60	60	4	≤55	≥150
刷手间	0～+	>0	10～13	—	—	21～27	≤65	—	3	≤55	≥150
洁净手廊	0～+	>0	10～13	—	—	21～27	≤65	—	3	≤52	≥150
更衣室	0～+	—	8～10	—	—	21～27	30～60	—	3	≤60	≥200
恢复室	0	0	8～10	—	—	22～25	30～60	—	4	≤50	≥200
清洁走廊	0～+	0～+5	8～10	—	—	21～27	≤65	—	3	≤55	≥150

* 引自《医院洁净手术部建筑技术规范》GB 50333—2002

电子信息机房空气调节室内计算参数　　　　表 1-4-15

项目\级别	A级	B级	C级	备注
主机房温度(开机时)	23℃±1℃		18～28℃	不得结露
主机房相对湿度(开机时)	40%～ 55%		35%～75%	
主机房温度(停机时)	5℃～35℃			不得结露
主机房相对湿度(停机时)	40%～70%		20%～80%	
主机房与辅助区温度变化率(开、停机时)	<5℃/h		<10℃/h	
辅助区温度、相对湿度(开机时)	18～28℃、35%～75%			
辅助区温度、相对湿度(停机时)	5～35℃、20%～80%			
不间断电源系统电池室温度	15～25℃			

A级和B级主机房的含尘浓度，在静态条件下测试，每升空气中大于或等于 0.5μm 的尘粒数应少于 18000 粒。

空调系统的新风量应取下列二项中的大值：

(1) 按工作人员计算，每人 $40m^3/h$；

(2) 维持室内正压所需风量。

* 引自《电子信息系统机房设计规范》GB 50174——2008

(十四) 客运站建筑

港口客运站空气调节室内计算参数　　　　表 1-4-16

夏季计算温度(℃)
24～28(二等舱候船厅和国际候检厅)

* 引自《港口客运站建筑设计规范》JGJ 86—92

铁路旅客车站候车室及售票厅空气调节室内计算参数　　表 1-4-17

冬季		夏季	
温度(℃)	相对湿度(%)	温度(℃)	相对湿度(%)
18～20	≮40	26～28	40～65

*引自《铁路旅客车站建筑设计规范》GB 50226—2007

(十五) 殡仪馆建筑

殡仪馆空气调节室内计算参数　　表 1-4-18

夏季计算温度(℃)	相对湿度(%)
24～26	60～65 (骨灰寄存室相对湿度不宜大于 60)

*引自《殡仪馆建筑设计规范》JGJ 124—99

三、工业建筑的室内参数

与民用建筑对空调的舒适性要求不同，工业建筑的空调通常以产品或能源的生产为服务对象，因此具有较强的工艺性要求。在工业建筑的空调设计中，为明确室内设计参数，需根据具体项目，对生产产品和设备的使用环境进行详细地了解，从而得出其对室内空气参数的要求，并据此进行空调设计。

因各类产品种类繁多，加工工艺各不相同，即使同一产品，其工艺要求也会随着加工精度、生产周期、原材料等因素而改变，故在设计中还应以具体工艺的实际情况或建设方提供的资料为准。

以下列举机械、光学仪器、电子、纺织、化学、医药、造纸、橡胶、水泥等工业和洁净厂房中部分空调车间对空气温湿度及其允许波动范围的要求。这些资料只供参考，不能作为确定室内温湿度及其允许波动范围的依据。

(一) 机械工业

机械工业中部分精密加工车床、各种计量室的使用环境空气温湿度基数及其允许波动范围见表 1-4-19 和表 1-4-20。

(二) 光学仪器工业

光学仪器工业室内空气温湿度基数及其允许波动范围见表 1-4-21。

(三) 电子工业

电子工业部分车间内空气温湿度基数及其允许波动范围见表 1-4-22。

机械工业部分使用环境的室内参数要求　　表 1-4-19

工作类别	空气温度基数及其允许波动范围(℃)		空气相对湿度范围(%)	备注
	夏季	冬季		
Ⅰ级坐标镗床、大型高精度分度蜗轮滚齿机、量具半精研及手工研磨等	20±1	20±1	40～65	
Ⅰ级坐标镗床、精密丝杠车床、精密滚齿机、精密轴承的装配、分析天平(感量$\frac{1}{10万}$克)	23±1	17±1	40～65	

续表

工作类别	空气温度基数及其允许波动范围(℃)		空气相对湿度范围(%)	备注
	夏季	冬季		
精密轴承精加工	16～27		40～65	
高精度外圆磨床、高精度平面磨床	16～24		40～65	
高精度刻线机(机械刻划法)	20±0.1～0.2		40～65	加工精密线纹尺(或分度盘)
高精度刻线机(光电瞄准并联机械刻划法)	18～22		40～65	
光学量仪的装配	17～23			

*引自《空调车间建筑设计》原第一机械工业部第六设计院编

各种计量室的室内空气参数要求　　表 1-4-20

工作类别	空气温度基数及其允许波动范围(℃)		空气相对湿度范围(%)	备注
	夏季	冬季		
1 热学计量室 标准热电偶 压力计、真空表	 20±1～2 20±2～5		<70	
2 力学计量室 检定 1～3 级天平,一等砝码 检定 4～6 级天平,二等砝码	 (17～23)±0.5 (17～23)±2		50～60	
3 电学计量室 检定一、二等标准电池 检定直流高阻、低阻电位计 检定 0.01～0.02 级电桥	 20±2 20±1 20±1		<70	
4 长度计量室 检定一等量块 检定三等量块 检定五等量块 检定一级精度 4 分尺式内卡规 检定二级精度 4 分尺式内卡规	 20±0.2 20±1 20±4 20±2 20±3		50～60	

*引自《空调车间建筑设计》原第一机械工业部第六设计院编

光学仪器工业室内参数要求　　表 1-4-21

工作类别	空气温度基数及其允许波动范围(℃)	空气相对湿度范围(%)	备注
抛光间、细磨间、镀膜(或镀银)间、胶合间、照明复制间、光学系统装配和调整间	(22～24)±2(夏季)	<65	室内空气有较高的净化要求
精密刻划间	20±0.1～0.5	<65	

电子工业部分工作间内空气温湿度基数及允许波动范围 表 1-4-22

工作间名称	空气温度基数及其允许波动范围(℃)		空气相对湿度范围(%)	备注
	夏季	冬季		
1 无线电元件工厂 电解电容器、薄膜电容器车间	26～28	16～18	40～60	这些车间主要是控制室内空气的含湿量
2 仓库 密封性成品 非密封性成品	 ≯28	 ≮5	 ≯70 ≯70	
3 无线电整机工厂 部装车间的密封焊接间 部装车间的精密部件装配间 总装车间的测试间 成品包装间 精密铸造的制模及涂料间	 25^{+3}_{-8} 20±5 20±5 23^{+3}_{-8} 18～25	 16～18 16～18 16～18 16～18 18～25	 50±10 50±10 60±10 60±10 50±10	
4 厂仪器室 仪器校准室 仪器储存室 电气测量实验室	 20±2 25^{+3}_{-8} 20±1	 20±2 16～18	 50±10 50±10 50±10	
5 半导体器件工厂 精缩间 翻版间 光刻间 扩散间 蒸发、钝化 外延	 22±1 22±1 22±1 23±5 23±5 23±5	 22±1 22±1 22±1 23±5 23±5 23±5	 50～60 50～60 50～60 60～70 60～70 60～70	有很高的洁净要求

(四) 医药工业

医药工业中抗菌素制造车间中需空调，其室内空气的温湿度要求见表 1-4-23。

医药工业室内空气参数要求 表 1-4-23

工作类别	空气温度(℃)		空气相对湿度(%)	备注
	夏季	冬季		
1 抗菌素无菌分装车间青霉素、链霉素分装，菌落试验，无菌鉴定，无菌衣更衣室等房间	≯22(盖瓶塞的工艺操作) ≯25(灌装安瓿等发热量较大的)	20	≯55	这些房间内的空气温度主要是满足人的舒适要求。夏季穿两套无菌工作服，冬季无菌工作服内不能穿毛衣等内衣
2 针剂及大输液车间调配、灌装等属于半无菌操作的房间	25	18	≯65	穿一件无菌工作服
3 青霉素片剂车间	一般	一般	≯55	

(五) 化学工业

化学工业中部分生产厂房的空调室内温、湿度基数及允许波动范围见表 1-4-24。

化学工业中部分生产厂房室内温、湿度基数及允许波动范围　　表 1-4-24

工作类别		空气温度基数及其允许波动范围(℃)	空气相对湿度(%)	备注
塑料加工工业	一般塑料薄膜加工车间	20±3	60±5	
	聚苯乙烯塑料			对空气洁净度有要求
	聚四氟乙烯	20±1	<60	原料工段要求净化
胶片工业		20±2	60±5	对空气洁净度有要求

(六) 洁净厂房

在光学仪器、电子、医药及化学等工业建筑中，若有洁净度要求的生产厂房时，其洁净室（区）的温、湿度范围应符合表 1-4-25 的规定。

洁净厂房内各洁净室（区）的温、湿度范围　　表 1-4-25

房间性质	温度(℃)		相对湿度(%)	
	冬季	夏季	冬季	夏季
生产工艺有温、湿度要求的洁净室	按生产工艺要求确定			
生产工艺无温、湿度要求的洁净室	20～22	24～26	30～50	50～70
人员净化及生活用室	16～20	26～30	—	—

＊引自《洁净厂房设计规范》GB 50073—2013，《电子工业洁净厂房设计规范》GB 50472—2008

(七) 纺织工业[1]

1. 棉纺织工业：棉纺织工业是以纯棉或棉与化学纤维混纺为原料的加工业。棉纤维具有吸湿和放湿性能，对空气湿度比较敏感。棉纤维的含湿量直接影响纤维强度，也影响纤维之间和纤维与机械之间相互摩擦产生的静电大小，对纺织工艺和产品质量关系密切。棉纤维外表面有一层棉蜡，当温度低于 18.3℃时棉蜡硬化，影响纺纱工艺；当温度高于 18.3℃后棉蜡软化，纤维变得润滑柔软，可纺性增强。化纤原料中除纤维素、人造纤维（粘胶纤维）吸湿性较强外，合成纤维吸湿功能较差。因此，纯棉与混纺生产车间的温湿度要求有一定的差别。总之，纺织车间温湿度以保证工艺需要的相对湿度为主，温度则以满足工人劳动卫生需要、保持相对稳定即可。

棉纺织工业生产车间的空气温湿度要求见表 1-4-26。

2. 人造纤维工业：生产人造纤维（粘胶纤维）的溶剂 CS_2 是有毒气体，所以要考虑车间局部排毒和全室换气。黄化工段为防静电，需要保持较高的相对湿度。纺丝工段为防止芒硝结晶，也需要保持较高的相对湿度。人造纤维工厂各工段的空气温湿度要求见表 1-4-27。

3. 合成纤维工业：合成纤维的主要品种有锦纶、涤纶、维纶和腈纶等。合成纤维工业生产车间的空气温湿度要求见表 1-4-28。

(八) 服装制造工业

服装工厂的温湿度、换气次数等设计参数可根据服装生产的工艺要求确定。生产工艺

[1] 本部分内容由原中国纺织工业设计院 1994 年 3 月提供。

棉纺织工业生产车间的空气温湿度要求　　表 1-4-26

车间名称	夏季		冬季	
	温度(℃)	相对湿度(%)	温度(℃)	相对湿度(%)
1 纯棉纺织				
清棉	29～31	55～65	20～22	55～65
梳棉	29～31	55～60	22～24	55～60
精梳	28～30	55～60	22～24	55～60
并条	29～31	60～70	22～24	60～70
粗纱	29～31	60～70	22～24	60～70
细纱	30～32	55～60	24～26	55～60
捻线	30～32	60～65	23～25	60～65
织布准备	29～31	65～70	20～23	65～70
织布	28～30	70～75	22～25	70～75
整理	28～30	55～65	18～20	55～65
2 涤棉混纺织				
清棉	29～31	60～70	20～22	60～70
梳棉	29～31	55～60	22～24	55～60
精梳	28～30	55～60	22～24	55～60
并条	29～31	55～60	22～24	55～60
粗纱	29～31	55～60	22～24	55～60
细纱	30～32	50～55	24～26	50～55
捻线	30～32	55～60	23～25	55～60
织布准备	28～30	60～65	20～23	60～65
织布	28～30	70～75	22～25	70～75
整理	28～30	55～65	18～20	55～65

人造纤维工厂各工段的空气温湿度要求　　表 1-4-27

车间名称	夏季		冬季	
	温度(℃)	相对湿度(%)	温度(℃)	相对湿度(%)
黄化	<32	>65	>16	>65
熟成、过滤	(16～22)±0.5	—	(16～22)±0.5	—
长丝、纺丝	(25～31)±1	70～85	(25～31)±1	70～85
筒绞,分级包装	27±1	60～70	25±1	60～70
短纤维纺丝	<32	—	>16	—
计量泵校验	20±1	—	20±1	—
物理检验	20±2	65±3	20±2	65±3

合成纤维工业生产车间的空气温湿度要求　　表 1-4-28

车间名称	夏季		冬季	
	温度(℃)	相对湿度(%)	温度(℃)	相对湿度(%)
1 锦纶 66 长丝				
纺丝	<33		>18	
卷绕	23±0.5	71±5	23±0.5	71±5
牵伸	22±2	65±5	22±2	65±5
平衡	21±2	65±6	21±2	65±5
络筒	19±1	60±5	19±1	60±5
倍捻	21±1	65±5	21±1	65±5
计量泵校验	20±2		20±2	

续表

车间名称	夏季		冬季	
	温度(℃)	相对湿度(%)	温度(℃)	相对湿度(%)
侧吹风	22.5±0.5	70±5	22.5±0.5	70±5
2 涤纶长丝(高速纺)				
纺丝	<30		>20	
卷绕	(24～26)±2	65±5	(24～26)±2	65±5
平衡	(24～26)±2	65±5	(24～26)±2	65±5
拉伸丝架	(24～26)±2	65±5	(24～26)±2	65±5
拉伸	<32	<70	<32	<70
拉伸变形	(24～26)±2	65±5	(24～26)±2	65±5
分级包装	<28	40～70	>20	40～70
计量泵校验	25±2		25±2	
侧吹风	(18～26)±1	(65～80)±3～5	(18～26)±1	(65～80)±3～5
3 维纶				
原液	自然	自然		
纺丝及热处理:				
(1)纺丝	33±3	55～65	33±3	55～65
(2)热处理	38±3	<45	38±3	<45
(3)冷却切断	34±2	～50	20±2	～50
整理	34±2	～50	20±2	～50
4 腈纶				
聚合	≤33	>65	≥16	>65
纺丝	≤33		≥18	
毛条	28±1	65±5	22±1	65±5
物理检验	20±2	65±2、3、5	20±2	65±2、3、5
仪表控制	≤28	<70	18	<70

无特殊要求时，车间空气温度及换气量可按表 1-4-29 采用。其中，炎热地区的服装生产车间可选用表中较高的温度数值，寒冷地区的服装生产车间可选用表中较低的温度数值；室内外温差小时，可选用表中较高的换气次数，室内外温差大时可选用表中较低的换气次数。

服装工厂车间空气温度及换气量要求 **表 1-4-29**

车间类别	温度(℃)		换气次数(1/h)
	夏季	冬季	
裁剪、缝制车间	26～30	16～19	5～6
熨烫车间	27～31	17～20	10～12
电脑设计室	26～28	18～19	7～10

* 引自《服装工厂设计规范》GB 50705—2012

（九）造纸工业

在薄型纸（如电容器纸等）和高级纸（如晒图纸、印钞票用纸等）的完成工段内，如果空气温湿度不合适，就会在轧光或分切时引起变形、折皱、断头而致报废。造纸工业中有关工段室内空气温湿度基数及允许波动范围见表 1-4-30。

造纸工业室内空气参数要求　　表 1-4-30

工作类别	空气温度基数及允许波动范围(℃)		空气相对湿度及允许波动范围(%)		
	夏季	冬季	夏季	冬季	
薄型纸完成(分切)工段	25±1	20±1	65±5		
高级纸完成工段	26±2		65±5		
物理性能检验室	20±0.5～2		(60～65)±2～3		
薄型纸的打浆、抄纸、复卷、湿润等工段	≯30	≯18	≯70	≯75	打浆工段冬季室温要求一般为20℃

(十) 橡胶工业

橡胶工业有关车间内空气温湿度基数及允许波动值见表 1-4-31。

橡胶工业有关车间内空气温湿度基数及允许波动范围　　表 1-4-31

车间(工作间)名称	空气温度基数及其允许波动范围(℃)	空气相对湿度(%)
钢丝锭子室	25±1	<40
高压胶管钢丝编织室	23±2	62.5±2.5
成型车间	18～28	～70
实验室(部分)	20±1	～60
中心控制室	22±1	～60
混炼胶(丁腈胶)存放	20±3	

(十一) 水泥工业

水泥工厂建筑物内有空气调节要求的房间，其室内计算温、湿度参数及允许波动范围宜按表 1-4-32 确定。

水泥工厂室内计算温、湿度参数及允许波动范围　　表 1-4-32

名　称		温度(℃)	相对湿度(%)
中央控制室	控制室	20±2	70±10
	计算机室	20±2	70±10
	X 射线分析仪室	20±2	70±10
中央化验室	成型室	21±4	>50
	养生室	20±2	>90
	养护箱	20±3	>90
	天平室、强度室、凝结蒸煮、煤工业分析及精度较高的仪器室	17～25	—
各主要生产车间电力室的 PC 室		17～25	—
计算管理监测站		20±2	—
主要生产车间及辅助车间控制室		17～25	—
轨道衡、汽车衡、电话站		17～25	—
办公楼、招待所、食堂等舒适性空调		26	—

* 引自《水泥工厂设计规范》GB 50295—2008

第五节　建筑基础资料

除上述的室外、室内空气参数等资料外，尚需收集环境、土建、动力、空调通风设备、作息等其他必要的基础资料，对于工业建筑，还需收集工艺要求等基础资料。

一、环境资料

1. 建筑周围的地形及建筑群特点（高度、体量等）、太阳照射阴影及周围环境的背景噪声水平；

2. 建筑周围的地面特征，包括道路、水面、植被等；

3. 周围有无工厂、锅炉房、厨房等建筑设施。

二、土建资料

土建资料包括空调房间围护结构的构造、传热系数、门窗结构尺寸、门窗热工性能等资料。并分析及校核是否符合空调及节能的要求。

三、动力资料

1. 热源（蒸汽、热水、燃气、燃油、电等）、热源参数（温度、压力等）及工作制度；

2. 冷源

（1）深井水的水质情况和炎热季节的水温、水量、可用的水压等资料；

（2）冷冻设备的制冷能力、冷冻水供水温度、供水和回水情况、炎热季节供至冷凝器的冷却水温、水质和水量等资料。

四、空调通风设备资料

了解并收集经济适用的空气处理设备、冷源设备、热源设备、冷却塔设备、控制设备仪表等的性能、安装、价格等资料。

对于在既有建筑物内设计或改建原有空调系统时，应取得工艺、土建、动力、空调等方面的有关竣工图（或与现状核对过的施工图）及原有空调等系统使用时存在的问题、改进建议等。

五、作息及工艺资料

对于民用建筑，除上述资料外，还应包括室内人员作息制度、内部热源情况、运行管理及控制要求等资料。

1. 建筑物内的人员数量、使用时间；

2. 室内的照度，电子设备及其他发热设备；

3. 室内卫生标准涉及的有害气体状况；

4. 空调运行管理水平，维修更换标准；

5. 空调系统投资金额，回收年限。

对于工业建筑，除上述资料外，还应包括生产工艺和流程对室内环境的要求等资料。

1. 空调车间内的工艺过程，室内空气参数的变化对工艺的影响；

2. 工作班次、每班工作时间和人数；非工作班次内，空调车间室内空气参数要求等；

3. 散热设备，如电动机、仪表、电热设备、照明等的安装功率和各种系数。气体燃烧点的数量、每班最大及平均气体消耗量、气体的热值等资料；

4. 散湿设备的液面尺寸、液体温度等资料；

5. 相邻非空调房间的工艺特性、室内空气温度、湿度、噪声等资料；

6. 工艺过程发尘情况的调查；

7. 散发的有害物性质及散发量等资料。

第六节 常用计量单位及换算

一、法定计量单位及使用规则

(一) 法定计量单位

我国的法定计量单位包括：

1. 国际单位制（SI）基本单位，见表 1-6-1；
2. 国际单位制的辅助单位，见表 1-6-2；
3. 国际单位制中具有专门名称的导出单位，见表 1-6-3；
4. 国家选定的非国际单位制单位，见表 1-6-4；
5. 由以上单位构成的组合形式的单位；
6. 由词头和以上单位构成的十进倍数和分数单位，词头见表 1-6-5。

国际单位制的基本单位　　**表 1-6-1**

量的名称	单位名称	单位符号	量的名称	单位名称	单位符号
长度	米	m	热力学温度	开[尔文]	K
质量	千克(公斤)	kg	物质的量	摩[尔]	mol
时间	秒	s	发光强度	坎[德拉]	cd
电流	安[培]	A			

注：[ ] 内的字，是在不致引起混淆的情况下，可省略的字。
( ) 内的字，是前者的同义语。

国际单位制的辅助单位　　**表 1-6-2**

量的名称	单位名称	单位符号
平面角	弧度	rad
立体角	球面度	sr

国际单位制中具有专门名称的导出单位 **表 1-6-3**

量的名称	单位名称	单位符号	其他表示示例
频率	赫[兹]	Hz	s^{-1}
力;重力	牛[顿]	N	$kg \cdot m/s^2$
压力;压强;应力	帕[斯卡]	Pa	N/m^2
能量;功;热	焦[耳]	J	$N \cdot m$
功率;辐射通量	瓦[特]	W	J/s
电荷量	库[仑]	C	$A \cdot s$
电位;电压;电动势	伏[特]	V	W/A
电容	法[拉]	F	C/V
电阻	欧[姆]	Ω	V/A
电导	西[门子]	S	A/V
磁通量	韦[伯]	Wb	$V \cdot s$
磁通量密度;磁感应强度	特[斯拉]	T	Wb/ m^2
电感	亨[利]	H	Wb/A
摄氏温度	摄氏度	℃	
光通量	流[明]	lm	$cd \cdot sr$
光照度	勒[克斯]	lx	lm/m^2
放射性活度	贝可[勒尔]	Bq	s^{-1}
吸附剂量	戈[瑞]	Gy	J/kg
剂量当量	希[沃特]	Sv	J/kg

国家选定的非国际单位制单位 **表 1-6-4**

量的名称	单位名称	单位符号	换算关系和说明
时间	分	min	1min=60s
	[小]时	h	1h=60min=3600s
	天(日)	d	1d=24h=86400s
平面角	[角]秒	(″)	$1''=(\pi/648000)$rad
	[角]分	(′)	$1'=60''=(\pi/10800)$rad
旋转速度	度	(°)	$1°=60'=(\pi/180)$rad
	转每分	r/min	$1r/min=(1/60)s^{-1}$
长度	海里	n mile	1n mile=1852m(只用于航程)
速度	节	kn	1kn=1n mile/h(只用于航行)
质量	吨	t	$1t=10^3kg$
体积	原子质量单位	u	$1u \approx 1.6605655 \times 10^{-27}kg$
	升	L,(l)	$1L=1dm^3=10^{-3}m^3$
能	电子伏	eV	$1eV \approx 1.6021892 \times 10^{-19}J$
级差	分贝	dB	
线 密 度	特[克斯]	tex	1tex=1g/km

注：1. 角度单位度分秒的符号不处于数字后时，用括号。

2. 升的符号中，小写字母 l 为备用符号。

3. 人民生活和贸易中，质量通常称为重量。

4. r 为“转”的符号。

5. 公里为千米的俗称，符号为 km。

用于构成十进倍数和分数单位的词头 **表 1-6-5**

所表示的因数	词头名称	词头符号	所表示的因数	词头名称	词头符号
10^{18}	艾[可萨]	E	10^{-1}	分	d
10^{15}	拍[它]	P	10^{-2}	厘	c

续表

所表示的因数	词头名称	词头符号	所表示的因数	词头名称	词头符号
10^{12}	太[拉]	T	10^{-3}	毫	m
10^{9}	吉[咖]	G	10^{-6}	微	μ
10^{6}	兆	M	10^{-9}	纳[诺]	n
10^{3}	千	k	10^{-12}	皮[可]	p
10^{2}	百	h	10^{-15}	飞[母托]	f
10^{1}	十	da	10^{-18}	阿[托]	a

注：10^4称为万，10^8称为亿，10^{12}称为万亿，这类数词的使用不受词头名称的影响，但不应与词头混淆。

（二）法定计量单位的使用规则

1. 单位和词头符号

（1）单位和词头推荐使用国际符号，中文符号只用于通俗出版物之中。

（2）在叙述性文字中也可使用符号表示单位，不要求一定要用单位名称。

（3）单位和词头的符号所用字母一律为正体。

例如：毫米 mm 不应为 *mm*

微米 μm 不应为 *μm*

（4）单位符号字母一般为小写体，但对来源于人名者，符号的第一个字母应大写。

例如：秒　　s

分　　min

赫［兹］　Hz

瓦［特］　W

帕［斯卡］　Pa

（5）词头符号字母，当表示的因数小于 10^6 时为小写体，大于或等于 10^6 时为大写体。

例如：千 10^3　k

兆 10^6　M

（6）由单位相乘构成的组合单位，其符号字母可采用下列两种形式，以电能单位“千瓦小时”的符号为例：kWh 或 kW·h。

（7）相乘形式的组合单位次序无原则规定，但不能使用词头的单位不应放在最前面。另外，若组合单位符号中某单位符号同时又是词头符号并有可能发生混淆时，应尽量将其置于右侧。

例如：力矩单位“牛顿米”应写成“N·m”，而不应写成“mN”，后者易误认为“毫牛顿”。

（8）两个以上单位相除构成的组合单位，其符号字母可采用下列两种形式，以密度单位“千克每立方米”的符号为例：kg/m^3 或 $kg \cdot m^{-3}$。

（9）当分母中包含两个以上单位相乘时，整个分母一般应加圆括号。

例如：比热容的单位“焦耳每千克开尔文”的符号应为 J/(kg·K)，而不应为J/kg·K。

（10）在组合单位的符号中，表示除号的斜线不应多于一条。不得已出现两条或多于两条时，必须有括号避免混淆。

例如：传热系数的单位“瓦［特］每平方米开［尔文］”的符号应为 $W/(m^2 \cdot K)$，

而不应为 W/m²/K。

（11）词头和单位符号之间不应有间隔，也不应加表示相乘的其他符号。

2. 单位和词头的使用规则

（1）单位和词头的名称和简称，一般只用于叙述性文字之中，不能用于公式、数表、曲线图、刻度盘等场合。

（2）单位和词头的符号，可用于一切场合。

（3）单位名称或符号，必须作为一个整体使用而不得拆开。

例如：以摄氏度表示的量值，应写成“20 摄氏度”或“20℃”，而不应写成“摄氏 20 度”。

（4）单位的名称和符号，应置于整个数值之后。

例如：5572±5mm，不得写成 5572mm±5mm。

（5）十进制的单位一般在一个量值中只应使用一个单位。

例如：1.75m 不应写成 1m75cm。

（6）选用的倍数和分数单位，一般应使数值处于 0.1～1000 范围内。

例如：1.2×10^{4}N 可写成 12kN

0.00394m 可写成 3.94mm

11401Pa 可写成 11.401kPa

3.1×10^{-8}s 可写成 31ns

注：某些场合习惯使用的单位不受上述限制。

（7）不得重叠使用词头。

（8）相乘形式的组合单位，在加词头构成倍数和分数单位时，词头一般加在第一个单位上。

例如：力矩的单位为 N·m，它的倍数和分数单位可为 kN·m、mN·m 等，而不能在 m 前加词头。

（9）相除形式的组合单位，在加词头构成倍数和分数单位时，词头一般加在分子的第一个单位上。

例如：热容的单位为 J/K，它的倍数单位应为 kJ/K，而不应为 J/m·K。

（10）一般不在组合单位中采用两个有词头的单位，也不在分子与分母中同时采用词头。

二、常用计量单位及换算

法定单位与非法定单位的换算见表 1-6-6。

法定单位与非法定单位换算表 **表 1-6-6**

类　别	法定单位	非法定单位	每 1 法定单位相当于	每 1 非法定单位相当于
长度	m	英尺 (ft)	3.281	0.3048
		英寸 (in)	39.3701	0.0254
		码 (yd)	1.0936	0.9144

续表

类　别	法定单位	非法定单位	每 1 法定单位相当于	每 1 非法定单位相当于
		英里 (mile)	6.21×10^{-4}	1609.344
面积	m^2	公顷 (ha)	1×10^{-4}	10000
		平方英尺 (ft^2)	10.7639	0.0929
		平方英寸 (in^2)	1550.00	6.4516×10^{-4}
体积、	m^3	立方英尺 (ft^3)	35.3147	0.0283
容积		立方英寸 (in^3)	61023.7	1.6387×10^{-5}
		英加仑 (UKgal)	219.969	4.5461×10^{-3}
		美加仑 (USgal)	264.172	3.7854×10^{-3}
质量	kg	吨 (t)	0.001	1000
		磅 (lb)	2.2046	0.4536
速度	m/s	英尺每秒 (ft/s)	3.2808	0.3048
力	N	千克力 (kgf)	0.10197	9.8067
力矩	N·m	千克力米 (kgf·m)	0.10197	9.8067
压强、	Pa	千克力每平方厘米 (kgf/cm^2)	1.0197×10^{-5}	9.8067×10^{4}
压力、		毫米水柱 (mmH_2O)	0.10197	9.8067
应力		毫米汞柱 (mmHg)	7.50×10^{-3}	133.322
		巴 (bar)	1×10^{-5}	1×10^{5}
		标准大气压 (atm)	9.8692×10^{-6}	101325
		英寸水柱 (in H_2O)	4.0146×10^{-3}	249.089
能、功、热	J	千瓦小时 (kW·h)	2.78×10^{-7}	3.6×10^{6}
		千克力米 (kgf·m)	0.10197	9.8067
		卡 (cal)	0.2389	4.186
		英热单位 (Btu)	9.478×10^{-4}	1055.06
		英马力小时 (Hp·h)	3.73×10^{-7}	2.68×10^{6}
功率、	W	千焦每小时 (kJ/h)	3.6	0.2778
热通量		千卡每小时 (kcal/h)	0.8599	1.163
		英热单位每小时 (Btu/h)	3.4121	0.2931
		英马力 (Hp)	1.34×10^{-3}	745.7
导热系数	W/(m·℃)	kcal/(m·h·℃)	0.8599	1.163
		Btu/(ft·h·°F)	0.5778	1.7307
传热系数	W/(m^2·℃)	kcal/(m^2·h·℃)	0.8599	1.163
		Btu/(ft^2·h·°F)	0.1761	5.678
比 热 容	J/(kg·℃)	kcal/(kg·℃)	0.2389×10^{-3}	4186.8
		Btu/(lb·°F)	0.2389×10^{-3}	4186.8
冷量	W	英冷吨 (RT)	2.61×10^{-4}	3837.9
		美冷吨 (U.S.RT)	2.84×10^{-4}	3516.9
		日冷吨	2.66×10^{-4}	3756.5

第二章　室内负荷及风量计算

室内冷负荷和湿负荷是决定空调系统风量、空调装置容量等的依据。负荷量的大小与建筑布置和围护结构的热工性能有很大关系。在设计时，首先要使建筑布置和围护结构的热工性能合理并满足节能要求。

需要供冷量消除的室内负荷，一般称冷负荷。冷负荷是由空调房间的下列热量经房间蓄热后转化而成：

1. 透过外窗的日射得热量；即进入的太阳辐射热量；
2. 通过围护结构（窗、墙、楼板、屋盖、地板等）传入室内的热量；
3. 渗透空气带入室内的热量；
4. 设备、器具、管道其他热源散入室内的热量；
5. 人体散热量；
6. 照明散热量；
7. 热物料和食品等的散热量；
8. 各种散湿的潜热散热量（即伴随着各种散湿过程的潜热量）。

需要消除的室内产湿量称为湿负荷。空调湿负荷的构成：

1. 渗透空气带入室内的湿量；
2. 人体散湿量；
3. 设备、器具的散湿量；
4. 各种潮湿表面、液面的散湿量；
5. 物料和食物的散湿量。

本章仅介绍室内负荷计算，当计算系统负荷时，还要计算下列负荷：

1. 风机、风管的温升；
2. 新风的冷负荷和湿负荷；
3. 冷水泵、冷水管和冷水箱等温升的附加冷负荷；
4. 其他冷损失（例如混合损失）。

第一节　建筑布置和热工要求

一、空调房间的位置选择

空调房间的位置，不宜选在严重散发粉尘、烟气、腐蚀性气体和污染源多的区域，应尽量远离铸造、锻造、冶炼、酸洗电镀、粉碎等车间和煤气站，锅炉房等站房，且应位于产生有害物的建筑的最多风向上风侧。

二、空调房间建筑布置和热工要求

1. 空调房间应尽量集中布置。室内温度、湿度基数、使用班次和消声等要求相近的空调房间宜相邻布置（包括上、下层对应布置）。多房间空调时，宜将其集中在一起，成一个区域，在其共用走廊的端头设置门斗和保温门，从而减少每个空调房间的内门斗和保温门，并可以采用走廊回风，节省回风管道。

2. 空调房间不要靠近产生大量灰尘或腐蚀性气体的房间，不要靠近高温高湿的房间。要求振动和噪声小的房间不要靠近振动和噪声大的房间；无有害物的车间要布置在散发有害气体车间的上风向。

3. 空调房间应尽量避免布置在有两面相邻外墙的转角处和有伸缩缝的地方。

4. 空调房间的高度，在满足生产、建筑、气流组织、管道布置和人体舒适等要求的条件下，尽可能降低。

5. 工艺性空调房间的外墙、外墙朝向及所在层次可按表 2-1-1 选用。

外墙、外墙朝向及所在层次 **表 2-1-1**

室温允许波动范围(℃)	外墙	外墙朝向	层次
≥±1.0	宜减少外墙	宜北向	宜避免顶层
±0.5	不宜有外墙	如有外墙时，宜北向	宜底层
±0.1～±0.2	不应有外墙	—	宜底层

（1）表中规定的“北向”，适用于北纬 23.5°以北的地区。对于北纬 23.5°附近及以南的地区，北向与南向的太阳辐射强度相差不大，也可相应的采用南朝向。

（2）空调房间有东、西向外墙时，对于大于或等于 1℃的空调房间可以保证参数要求，但从减少传入室内热量出发，应尽量减少西向和东向外墙。

（3）屋顶受太阳辐射热的作用后，能使屋顶表面温度较室外气温高 30～40℃，因此，空调房间应尽量避免设在顶层，如在顶层则应考虑设通风屋顶、吊顶、带通风窗的顶棚（通风窗冬季应能关闭）等措施。小于或等于±0.5℃的空调房间在单层建筑物内时，最好设通风屋顶。

（4）对于小于或等于±0.5℃的空调房间，尽量布置在室温允许波动范围较大的空调房间之中，若其邻室不能布置一般空调房间时，可采用回风走廊（回风夹道）。

6. 空调房间的外窗、外窗朝向和窗层数可按表 2-1-2 选用。

（1）空气调节房间的外窗面积应尽量减少，并应采取遮阳措施。根据实测，北向外窗对室内温度的影响范围如下：双层毛玻璃，对±0.5℃的空调房间，影响范围在 200mm 以内（室内外温差为 9.4℃时）；三层普通玻璃木窗对±0.2℃的空调房间，影响范围在 550～600mm 内，对±0.1℃空调房间，在 1000～1050mm 内（室内外温差为 7℃时）。东西向外窗的日照能直接射入工作区，有时甚至使房间内最高和最低温度差达 4℃（包括区域偏差）。

外窗的传热量和太阳辐射热占围护结构传热量的比例很大，对室温波动的影响也是主要因素之一，因此要尽量减少外窗面积（考虑照明的要求，一般不超过房间面积的 17%），并采用有效的遮阳措施。东西向外窗最好采用外遮阳。内遮阳一般采用窗帘，有条件可采用活动百叶窗遮阳。

外窗、外窗朝向和窗层数　　　　表 2-1-2

室温允许波动范围（℃）	外窗及外窗朝向	外窗层数	内窗层数 窗两侧温差	
			≥5℃	<5℃
≥±1	尽量北向，并能部分开启，±1℃时不应有东西向外窗	双层	双层	单层
±0.5	不宜有，如有应北向	双层	双层	单层
±0.1～±0.2	不应有	—	可有小面积的双层窗	双层
舒适性空气调节	尽量南北向，并能部分开启	有条件时，用双层，亦可用单层	单层	单层

（2）空调房间的外窗最好大部分不能开启，以减少窗渗漏空气，但应有部分可开启的外窗，以便在空调系统尚未投产运行或停止运行时开窗换气；在过渡季，当室外气象条件合适，就有可能采用开窗换气维持正常生产和生活。

（3）窗缝应有良好的密封，以防渗透风进入。双层窗一般用双框。

7. 空调房间的门和门斗可按表 2-1-3 选用。

（1）外门门缝应严密，以防外风的侵入。

（2）当门两侧温差≥7℃时，应采用保温门。门的传热系数可以稍大于安装门的这面墙的传热系数。设门斗的外门要在保温的墙上设保温门，另一个门可不保温。小于或等于±0.5℃的空调房间的内门上宜做观察窗。空调房间保持正压时，门应向内开。

（3）在运输频繁的情况下，可结合工艺生产的条件，采用传递窗运输物件。

门和门斗　　　　表 2-1-3

室温允许波动范围（℃）	外门和门斗	内门和门斗
≥±1	不宜有外门，如有经常开启的外门时，应设门斗	门两侧温差≥7℃时宜设门斗
±0.5	不应有外门，如有外门时，必须设门斗	门两侧温差大于 3℃时，宜设门斗
±0.1～±0.2	严禁有外门	内门不宜通向室温基数不同或室温允许波动范围大于±1.0℃的邻室
舒适性空气调节	开启频繁的外门应设门斗，必要时可设空气幕	无要求

8. 围护结构传热系数应根据建筑物的用途和空气调节类别，通过技术经济比较确定，但最大传热系数不宜大于表 2-1-4 所规定的值。

9. 当室温允许波动范围小于或等于±0.5℃时，其围护结构热惰性指标不宜小于表 2-1-5的规定。

10. 为了防止向保温层内渗透水汽，降低保温性能，空调房间设有保温层的外墙和屋盖，一般在保温层外侧设隔气层，并应注意排除施工时材料内的水分。屋盖已有防水层或外墙有外粉刷时，可不再设隔气层。

围护结构最大传热系数 [W/(m^2·℃)]　　表 2-1-4

围护结构名称	工艺性空气调节			舒适性空气调节
	室内允许波动范围(℃)			
	±0.1～0.2	0.5	≥±1.0	
屋盖	—	—	0.8	0.3～0.9
顶棚	0.5	0.8	0.9	—
外墙	—	0.8	1.0	0.4～0.9
内墙和楼板	0.7	0.9	1.2	≤1.5

注：1. 表中内墙和楼板的有关数值，仅适用于相邻房间的温差大于3℃时。
2. 确定围护结构的传热系数时，尚应符合围护结构最小传热热阻的规定。
3. 舒适性空气调节数据根据设计项目所处地区及其建筑的体形系数确定，详见有关节能规范。

围护结构最小热惰性指标　　表 2-1-5

围护结构名称	室温允许波动范围(℃)	
	±0.1～0.2	±0.5
外墙	—	4
屋顶	—	3
顶棚	4	3

11. 符合下列情况的应做保温楼板：

(1) 空调房间与非空调房间之间的楼板；

(2) 上下层空调房间之间温差≥7℃。

12. 地面：空调房间的地面一般可不做保温，但要求外墙保温延伸至墙基防潮层处。符合下列情况者，宜在靠近外墙2m以内的地面设局部保温层。

(1) ≤±0.5℃的恒温室，有外墙时；

(2) <30m^2的±1℃恒温室，有两边外墙时；

(3) 在夏季炎热或冬季严寒地区，工艺对地板温度有较高要求时。

保温层保温材料的导热系数一般小于0.58W/(m·℃)，保温后的传热系数一般达到0.35W/(m^2·℃) 左右。保温后的传热系数按下式计算：

$$K=\frac{1}{\frac{1}{K_0}+\frac{\delta}{\lambda}} \tag{2-1-1}$$

式中　K_0——非保温地面的传热系数 [W/(m^2·℃)]，靠外墙2m以内时 $K_0=0.47$；

δ——保温层厚度 (m)；

λ——保温材料的导热系数 [W/(m·℃)]。

13. 为了节省能耗，民用建筑的体形系数不能大于0.4，其值的确定根据项目所处地区按有关节能规范要求等要求取值，外表面尽量做浅色处理。

14. 间歇使用的空调房间，其围护结构内侧采用轻质材料；连续使用的空调房间，其围护结构内侧宜采用重质材料。

三、围护结构的经济传热系数

墙、屋盖和楼板的经济传热系数是指空调冷冻投资、维护费用和围护结构的保温费用三者综合最小时的传热系数。可用下式计算。

$$K=\sqrt{\frac{\lambda Y}{(t_z-t_n)(M_1+ZM_2)}} \tag{2-1-2}$$

式中 K——围护结构的经济传热系数 [W/(m^2·℃)]；

λ——保温材料的导热系数 [W/(m·℃)]；

Y——保温材料价格（包括施工安装费和随保温材料增加而增加的辅助材料费）（元/m^2）；

M_1、M_2——初投资费用（元/W）和年维护费用 [元/(年·W)] 系数，即通过围护结构每传入 1W 热量所需的设备初投资费用和每年所需的维护费用；

Z——保温材料初投资回收年限（年），一般取 5 年；

t_n——夏季空调房间的计算温度（℃）；

t_z——夏季空调室外计算综合温度（℃），屋盖和外墙可按下式计算：

$$t_z=t_{wp}+\frac{J_p\rho}{\alpha_w} \tag{2-1-3}$$

t_{wp}——夏季空调室外计算日平均温度（℃），见表 1-3-4；

J_p——太阳总辐射日平均照度（W/m^2），见表 2-1-6；

ρ——围护结构外表面太阳辐射热吸收系数，见表 2-1-7；

α_w——围护结构外表面换热系数 [W/(m^2·℃)]，见表 2-1-8。

太阳总辐射日平均照度 J_p（W/m^2） **表 2-1-6**

纬度（北纬）	透明度等级	朝向					
		S	SE SW	E W	NE NW	N	H(水平)
20°	4	63	120	164	149	104	330
	5	66	117	156	142	101	317
25°	2	68	143	191	163	97	369
	3	70	138	180	154	94	353
	4	73	132	168	146	92	335
	5	76	128	160	139	91	322
30°	1	87	163	205	166	91	388
	2	88	156	194	157	89	372
	4	90	143	171	141	86	338
	5	92	139	163	135	86	325
	6	93	132	151	128	86	304
35°	1	110	176	207	158	85	388
	2	110	169	197	150	84	372
	3	109	162	185	143	83	355
	4	108	154	173	136	83	337
	5	109	149	165	130	84	324
40°	2	133	183	198	144	79	369
	3	130	174	186	138	79	351
	4	128	165	174	131	79	333
	5	127	159	166	127	80	320
45°	2	157	195	198	138	77	362
	3	152	186	187	133	77	345
	4	148	176	174	126	77	326
	5	145	169	166	122	79	314
50°	3	172	198	187	128	73	336
	4	165	185	174	121	73	317

注：各城市大气透明度等级见表 2-2-3。

上述经济 K 值是按保温材料选定之后进行比较的。保温材料要选用造价低且导热系数小的材料，一般 λY 值越小越经济。

上述比较没有考虑外墙保温材料厚度占掉空调面积及顶棚、屋盖等由于保温材料重量增加对建筑结构造价的影响，故 K 值可较上述公式算出的数值适当放大。

围护结构外表面的太阳辐射热吸收系数 ρ　　表 2-1-7

面层类别	表面性质	表面颜色	吸收系数	面层类别	表面性质	表面颜色	吸收系数
金属：				红砖墙	旧	红色	0.72～0.78
白铁屋面		灰黑色	0.86	硅酸盐砖墙	不光滑	青灰色	0.41～0.60
抛光铝反射板	光滑，旧	浅色	0.12	混凝土块墙		灰色	0.65
粉刷：				屋面：			
拉毛水泥墙面		灰色或米黄色	0.63～0.65	红瓦屋面	旧	红色	0.56
石灰粉刷	粗糙，旧	白色	0.48	红褐色瓦屋面	旧	红褐色	0.65～0.74
陶石子墙面	光滑，新	浅灰色	0.68	灰瓦屋面	旧	浅灰色	0.52
水泥粉刷墙面	粗糙，旧	浅蓝色	0.56	石板瓦	旧	银灰色	0.75
砂石粉刷墙	光滑，新	深色	0.57	水泥屋面	旧	青灰色	0.74
浅色饰面砖		浅黄、淡绿色	0.50	浅色油毛毡	粗糙，新	浅黑色	0.72
				黑色油毛毡	粗糙，新	深黑色	0.86

围护结构外表面的换热系数 α_w ［W/(m² · ℃)］　　表 2-1-8

室外平均风速(m/s)	1.0	1.5	2.0	2.5	3.0	3.5	4.0
换热系数 α_w	14.0	17.5	19.8	22.1	24.4	26.1	27.9

（一）初投资费用系数 M_1

M_1应包括空调、冷冻、锅炉、供热系统设备和管道等的单位传热量的初投资。由于保温层的变化对锅炉、供热系统影响不大，所以一般只考虑空调、冷冻的初投资费用。

$$M_1 = a_1\beta_c \tag{2-1-4}$$

式中　a_1——计算条件下传入每 W 热量所需要的制冷量（W/W）。

β_c——空调、冷冻单位制冷量造价（元/W）。

（二）年维护费用系数 M_2

M_2一般包括通风机、冷冻机、喷水泵、冷却水泵等的电费和冬季燃料费。另有冷冻、空调、锅炉、围护结构等的管理、维修费用，K 值的变化对其影响不大，可不计算。则：

$$M_2 = (\beta_f n_f + \beta_l n_l + \beta_b n_b + \beta_s n_s) j_d + \beta_r n_r j_r \tag{2-1-5}$$

式中　j_d、j_r——电价［元/(kW · h)］和热价［元/(kW · h)］；

β_f、β_l、β_b、β_s——传入每 W 热量时，通风机、冷冻机、喷水泵（闭式系统为冷水泵）和冷却水泵的耗电量（kW/W）；

β_r——传入每 W 冷量时，冬季的耗热量（kW/W）；

n_f、n_l、n_b、n_s、n_r——通风机、冷冻机、喷水泵、冷却水泵和锅炉的年工作时间（h/年）。

1. 对于定风量系统，β_f 按下式计算

$$\beta_f = \frac{G_d H}{1000\eta\eta_m\rho} \tag{2-1-6}$$

式中　G_d——每 W 传热量的送风量［kg/(s · W)］；

$$G_d=\frac{1}{1000c\Delta t_s} \tag{2-1-7}$$

ρ'——空气密度（kg/m^3），一般可取 1.2；

c——空气定压比热容，可取 $c=1.01kJ/(kg\cdot℃)$；

H——风机风压，如有回风机应为送、回风机风压的总和（Pa）；

η、η_m——风机的全压效率和机械效率。

如 $\Delta t_s=6℃$、$\eta=0.7$、$\eta_m=0.95$，$H=700Pa$ 时，$\beta_f=1.45\times10^{-4}kW/W$；

2. β_l按下式计算

$$\beta_l=a_1\alpha_1 b_1 \tag{2-1-8}$$

式中 α_1——单位制冷量的冷冻机耗电量（kW/W）；

$$\alpha_1=\frac{1}{q_z\eta_z\eta_s} \tag{2-1-9}$$

b_1——综合温差修正系数；

$$a_1b_1=\frac{t_p+\frac{J_p\rho}{\alpha_w}-t_n}{t_z-t_n}$$

q_z——单位功率制冷能力（W/kW）；

η_z——冷冻机的指示效率；

η_s——冷冻机的机械效率；

t_p——冷冻机工作期间的室外平均温度（℃）。

3. β_b当为喷水泵时，按下式计算

$$\beta_b=\frac{\mu G_d h}{102\eta_s}=\frac{9.7\times10^{-6}\mu h}{\eta_s} \tag{2-1-10}$$

式中 μ——水气比（kg/kg）；

h——水泵扬程（m）；

η_s——水泵全压效率。

β_b 当为闭式循环的冷水泵时，按下式计算：

$$\beta_b=\frac{a_1b_1h_1}{1000\times102\eta_s c_s\Delta t_c} \tag{2-1-11}$$

式中 c_s——水的比热容可取 $c_s=4.19kJ/(kg\cdot℃)$；

Δt_c——冷水（或冷却水）的供回水温差（℃）。

4. β_s 按下式计算：

$$\beta_s=\frac{1.2a_1b_1h}{1000\times102\eta_s c_s\Delta t_c} \tag{2-1-12}$$

式中 1.2——压缩机冷凝器的冷却水附加系数。

5. β_r 按下式计算

$$\beta_r=\frac{1.16(t_{nd}-t_{wd})}{1000(t_z-t_n)} \tag{2-1-13}$$

式中 1.16——为平均风力及方向等附加系数；

t_{wd}——供暖期室外空气平均温度（℃）；

t_{nd}——冬季空调室内计算温度（℃）。

分母的 t_z、t_n均为夏季参数，见公式（2-1-2）。

第二节　围护结构的负荷计算

冬季围护结构的负荷计算方法与供暖的计算方法相同。但冬季室外计算温度一般采用冬季空气调节室外计算温度，即采用历年平均不保证 1d 的日平均温度。对于要求不高的民用建筑以及当冬季不用空气调节系统，用供暖散热器保证室温的空调房间，亦可采用供暖室外计算温度，即采用历年平均不保证 5d 的日平均温度。

冬季空气调节系统能保持正压时，可不考虑冷风渗透的附加。

对于高层建筑，冬季的负荷计算应考虑以下几个因素：

1. 由于风速随建筑高度的增加而增加，表面换热系数因风速增加而增大，高层建筑的围护结构的耗热量亦随之增加。

2. 由于热压作用，中和面以下为负压，中和面以上各层为正压，使中和面以下各层的热损失加大，中和面以上热损失有所降低，与风压共同作用下，低层和高层的渗透耗热量均不相同。

3. 高层建筑如独立地伸向天空，以长波向大气发散辐射，同时接受大气辐射，两者之差称为有效辐射。在夜间，冬季室温较大气温度高，其夜间有效辐射量可占耗热量的10%以上，尤其窗子的有效辐射量更不容忽视，计算时应考虑这部分的热损失。低层部分，可以认为建筑间互相辐射抵消。

本节下面介绍的是夏季最大负荷的计算方法。

一、透过玻璃窗的日射得热和冷负荷

（一）日射得热

1. 夏季透过标准窗玻璃的太阳辐射照度

将 3mm 厚的普通玻璃（不包括窗框）定义为标准窗玻璃。太阳辐射透过单位标准窗玻璃的热量称为透过标准窗玻璃的太阳辐射照度。

太阳辐射照度包括直射辐射照度和散射辐射照度。

透过窗玻璃的直射辐射照度 J_{cz}（W/m^2）按下式求得：

$$J_{cz}=\mu_z J_z \qquad (2\text{-}2\text{-}1)$$

透过窗玻璃的散射辐射照度 J_{cs}（W/m^2）按下式求得：

对于垂直面：
$$J_{cs}=\mu_s \frac{(J_s+J_D)}{2} \qquad (2\text{-}2\text{-}2)$$

对于水平面：
$$J_{cs}=\mu_s J_s \qquad (2\text{-}2\text{-}3)$$

式中　μ_z——直射入射率，见表 2-2-1；

$$\mu_z=\lambda+N a_z \qquad (2\text{-}2\text{-}4)$$

λ——直射透过率，见表 2-2-1；

a_z——直射吸收率，见表 2-2-1；

N——吸收部分传向室内的比例；

$$N=\frac{\alpha_n}{\alpha_n+\alpha_\omega}=0.319$$

α_n——窗玻璃的内表面放热系数，一般取 $\alpha_n=8.7\text{W}/(\text{m}^2\cdot℃)$；

α_ω——窗玻璃外表面放热系数，一般取 $\alpha_\omega=18.6\text{W}/(\text{m}^2\cdot℃)$；

J_z——直射日射照度在玻璃法线上的分量，与所处的纬度、日期、时刻、大气透明度、朝向等因素有关（W/m^2）；

μ_s——散射入射率；

$$\mu_s=\lambda_s+Na_s \tag{2-2-5}$$

λ_s、a_s——散射透过率和吸收率，取入射角为45°时的散射透过率和吸收率的值，即 $\lambda_s=0.781$，$a_s=0.131$；

J_s——水平面上接受的散射辐射照度（W/m^2）；

J_D——地面反射辐射照度（W/m^2）。

太阳辐射的直射透过率、吸收率和入射率　　表 2-2-1

项目＼入射角	0°	15°	30°	45°	60°	70°	80°	90°
直射透过率 λ	0.811	0.809	0.802	0.781	0.595	0.595	0.354	0
直射吸收率 a_z	0.117	0.119	0.124	0.131	0.143	0.143	0.139	0
直射入射率 μ_z	0.848	0.847	0.842	0.823	0.757	0.641	0.398	0

《供暖通风与空气调节设计规范》GBJ 19—87 按上述方法，列出了夏季（7月21日）、北纬20°、25°、30°、35°、40°、45°和50° 7个纬度，每个纬度分6个大气透明度等级的9个朝向逐时透过窗玻璃的太阳辐射照度的 J_{cz} 和 J_{cs}。具体数据详见该规范的附录五。北纬40°透明度等级为4级的透过标准窗玻璃的太阳辐射照度见表2-2-2。

北纬40°透明度4级的透过标准窗玻璃的太阳辐射照度（W/m^2）　　表 2-2-2

朝向		S	SE	E	NE	N	H		
辐射照度		上行——直射辐射 下行——散射辐射							
时刻（当地太阳时）	6	0 43	145 43	331 43	301 43	63 43	49 58	18	时刻（当地太阳时）
	7	0 67	266 67	462 67	361 67	49 67	177 79	17	
	8	2 90	342 90	488 90	311 90	0 90	336 93	16	
	9	44 112	364 112	430 112	186 112	0 112	484 106	15	
	10	110 124	324 124	288 124	47 124	0 124	598 109	14	
	11	162 130	224 130	107 130	0 130	0 130	665 108	13	
	12	180 134	101 134	0 134	0 134	0 134	688 110	12	
	13	162 130	6 130	0 130	0 130	0 130	665 108	11	

续表

朝向		S	SE	E	NE	N	H		
辐射照度		上行——直射辐射 下行——散射辐射							
时刻（当地太阳时）	14	110 124	0 124	0 124	0 124	0 124	598 109	10	时刻（当地太阳时）
	15	44 112	0 112	0 112	0 112	0 112	484 106	9	
	16	2 90	0 90	0 90	0 90	0 90	336 93	8	
	17	0 67	0 67	0 67	0 67	0 67	177 79	7	
	18	0 43	0 43	0 43	0 43	0 43	49 58	6	
		S	SW	W	NW	N	H	朝向	

在暖通规范的附录六中给出了大气透明度分布图，并在规范的正文表 2-3-4 中给出了按大气压不同的修正表。现将该规范所列的大气透明度等级级别分纬度列于表 2-2-3 中，表 2-2-3中的纬度包括了±2°30′的纬度，例如北纬 22°29′属于北纬 20°，32°31′属北纬 35°。

各城市大气透明度等级 **表 2-2-3**

纬度（北纬）	透明度等级	城市的省市（县）
20°	4	台湾：恒春；海南：西沙
	5	广东：阳江、湛江；海南：海口；广西：北海；云南：景洪；香港
25°	2	云南：昆明、丽江
	3	云南：昭通、腾冲、蒙自、思茅
	4	贵州：毕节、成宁、安顺、兴仁；福建：南平、福州、永安；江西：吉安、赣州；湖南：衡阳、郴州；台湾：台北、花莲
	5	福建：建阳、上杭、漳州、厦门；湖南：芷江、邵阳、零陵；广东：韶关、汕头、广州；广西：桂林、柳州、百色、梧州、南宁；贵州：独山
30°	1	西藏：索县、那曲、拉萨；四川：甘孜
	2	西藏：昌都、林芝、日喀则；四川：西昌
	4	浙江：舟山、宁波、金华、衢州、温州；安徽：六安；江西：九江、景德镇、德兴、南昌、上饶、萍乡；湖北：武汉、江陵、黄石；湖南：长沙、株洲
	5	上海：上海、崇明、金山；江苏：南通、南京、武进；浙江：杭州；安徽：合肥、芜湖、安庆、屯溪；河南：信阳；湖北：光化、宜昌、恩施；四川：广元、万县、重庆、宜宾；贵州：思南、遵义；湖南：岳阳、常德
	6	四川：南充、成都
35°	1	青海：玛多、玉树
	2	青海：西宁、格尔木、都兰、共和
	3	甘肃：兰州、平凉；宁夏：固原
	4	河北：邢台；山西：介休；甘肃：天水、武都
	5	山西：阳城、运城；江苏：连云港、徐州、淮阴；安徽：亳县、蚌埠；山东：德州、莱阳、淄博、潍坊、济南、青岛、菏泽、临沂；河南：安阳、新乡、三门峡、开封、郑州、洛阳、商丘、许昌、平顶山、南阳、驻马店；陕西：延安、宝鸡、西安、汉中、安康
40°	2	甘肃：酒泉
	3	内蒙古：呼和浩特；甘肃：敦煌、山丹；宁夏：盐池、中卫；新疆：喀什、和田
	4	北京：北京、延庆、密云；河北：承德、张家口、唐山、保定、石家庄；山西：大同、阳泉、太原；内蒙古：赤峰；辽宁：丹东；吉林：通化；宁夏：石嘴山、银川、吴忠；陕西：榆林
	5	天津：天津、蓟县、塘沽；辽宁：阜新、抚顺、沈阳、朝阳、本溪、锦州、鞍山、营口、大连；山东：烟台

续表

纬度（北纬）	透明度等级	城市的省市（县）
45°	2	新疆：伊宁
	3	内蒙古：锡林浩特、二连浩特；新疆：克拉玛依、乌鲁木齐、吐鲁番、哈密
	4	内蒙古：通辽；吉林、通榆、吉林、长春、四平、延吉；黑龙江；鹤岗、佳木斯、安达、哈尔滨、牡丹江、绥芬河、鸡西
	5	辽宁：开原
50°	3	内蒙古：海拉尔；黑龙江：爱辉；新疆：阿勒泰
	4	黑龙江：伊春

2. 单位面积窗玻璃的日射得热量

单位面积窗玻璃的日射得热量为透过标准窗玻璃的太阳辐射的直射照度和散射照度之和，即：

$$J_c = J_{cz} + J_{cs} \tag{2-2-6}$$

式中　J_c——单位面积窗玻璃的日射得热量（W/m^2）。

J_c 在不同纬度、不同大气透明度、不同朝向、不同时间均有不同的数值。为简化计算，在计算玻璃窗的冷负荷时，仅用夏季单位面积标准（单层）窗玻璃日射得热量的最大值 $J_{c \cdot max}$，简称“窗日射得热量最大值”。如南向和水平用中午 12 时的数值，东向用上午 8 时或 7 时的数值等。其他情况和其他时间用系数修正。

窗日射得热量最大值 $J_{c \cdot max}$ 列于表 2-2-4 中。

窗日射得热量最大值 $J_{c \cdot max}$（W/m^2）　　表 2-2-4

北纬	透明度等级	朝向								
		S	SE	E	NE	N	NW	W	SW	H（水平）
20°	4	141	328	566	489	215	489	566	328	865
	5	149	319	521	451	215	451	521	319	819
25°	2	139	404	683	561	124	561	683	404	926
	3	143	386	645	553	129	553	645	386	890
	4	151	366	572	472	138	472	572	366	855
	5	159	356	525	437	147	437	525	356	820
30°	1	182	469	737	616	117	616	737	469	947
	2	185	445	688	555	123	555	688	445	913
	4	190	406	577	452	137	452	577	406	844
	5	195	391	531	419	145	419	531	391	812
	6	202	365	480	369	157	369	480	365	775
35°	1	258	517	737	634	120	634	737	517	934
	2	254	491	691	546	124	546	691	491	898
	3	250	469	640	469	128	469	640	469	858
	4	251	441	579	437	138	437	579	441	831
	5	252	426	534	399	147	399	534	426	800
40°	2	329	533	690	535	120	535	690	533	869
	3	318	507	640	484	123	484	640	507	832
	4	314	476	578	428	134	428	578	476	798
	5	307	456	533	383	142	383	533	456	774
45°	2	406	572	688	522	119	522	688	572	838
	3	388	543	638	471	121	471	638	543	799
	4	376	505	576	419	129	419	576	505	765
	5	367	481	520	375	138	375	520	481	743
50°	3	460	572	634	457	120	457	634	572	766
	4	439	528	571	407	127	407	571	528	729

(二) 无外遮阳玻璃窗的日射冷负荷

透过玻璃窗的得热，一部分变为对流热，立即成为房间的冷负荷，另一部分以辐射形式辐射到房间的墙、楼板和器具上，其中有的被这些物体吸收、储存，然后再逐渐散入室内空气中，成为滞后的负荷。由于滞后的原因，负荷在每天 24h 的分布和 24 小时得热的分布不同，负荷的最大值较得热的最大值要小一些。

1. 冷负荷的计算公式

对于中、重型结构各小时的冷负荷按下式计算，对于轻型结构和间歇工作的空调系统，需另行附加安全系数，见本节第七部分。

$$Q_c = F_c x_m x_b x_z J_{c \cdot max} C_{CL} \tag{2-2-7}$$

式中 Q_c——各小时的日射冷负荷（W）；

F_c——包括窗框的窗的面积（m^2）；

x_m——窗的有效面积系数，见表 2-2-5；

x_b——窗玻璃修正系数，即窗不是 3mm 厚的单层普通玻璃时的修正系数，见表2-2-6；

x_z——窗的内遮阳的遮阳系数，无内遮阳时 $x_z=1$，见表 2-2-7；

$J_{c \cdot max}$——窗日射得热量最大值（W/m^2），见表 2-2-4；

C_{CL}——冷负荷系数，分无内遮阳和有内遮阳，按纬度给出，见表 2-2-8。

窗的有效面积系数 x_m 表 2-2-5

窗的类型	单层		双层		三层	
	木	钢	木	钢	木	钢
x_m	0.7	0.85	0.6	0.75	0.55	0.7

窗玻璃修正系数 x_b 表 2-2-6

窗的类型	x_b
标准玻璃	1.00
5mm 厚普通玻璃	0.93
6mm 厚普通玻璃	0.89
3mm 厚吸热玻璃	0.96
5mm 厚吸热玻璃	0.88
6mm 厚吸热玻璃	0.83
双层 3mm 厚普通玻璃	0.86
双层 5mm 厚普通玻璃	0.78
双层 6mm 厚普通玻璃	0.74

窗的内遮阳系数 x_z 表 2-2-7

内遮阳类型	朝阳面颜色	x_z
布内窗帘	白 色	0.55
布内窗帘	中间色	0.65
布内窗帘	深 色	0.75
内活动百叶	浅 色	0.65
内活动百叶	中间色	0.75

标准窗玻璃冷负荷系数 C_{CL} 表 2-2-8

纬度	北纬20°~27.5°																	
遮阳	无内遮阳									有内遮阳								
朝向/时刻	S	SE	E	NE	N	NW	W	SW	H	S	SE	E	NE	N	NW	W	SW	H
0	0.17	0.11	0.10	0.10	0.22	0.15	0.15	0.15	0.16	0.09	0.06	0.05	0.05	0.12	0.08	0.08	0.08	0.08
1	0.16	0.10	0.09	0.09	0.20	0.14	0.13	0.14	0.14	0.08	0.05	0.05	0.05	0.10	0.07	0.07	0.07	0.07
2	0.14	0.09	0.08	0.08	0.18	0.12	0.12	0.12	0.13	0.07	0.05	0.04	0.04	0.09	0.06	0.06	0.07	0.07
3	0.13	0.08	0.07	0.07	0.16	0.11	0.11	0.11	0.11	0.07	0.04	0.04	0.04	0.08	0.06	0.06	0.06	0.06
4	0.11	0.07	0.06	0.07	0.15	0.10	0.10	0.10	0.10	0.06	0.04	0.03	0.03	0.08	0.05	0.05	0.05	0.05
5	0.10	0.07	0.06	0.06	0.13	0.09	0.09	0.09	0.09	0.05	0.04	0.03	0.03	0.07	0.05	0.05	0.05	0.05
6	0.17	0.18	0.22	0.24	0.33	0.11	0.10	0.11	0.11	0.17	0.22	0.30	0.34	0.40	0.09	0.08	0.10	0.09
7	0.27	0.36	0.43	0.46	0.47	0.14	0.13	0.16	0.17	0.34	0.51	0.62	0.66	0.62	0.15	0.13	0.17	0.20
8	0.36	0.49	0.54	0.55	0.51	0.17	0.15	0.19	0.29	0.47	0.69	0.76	0.76	0.64	0.19	0.16	0.23	0.38
9	0.46	0.57	0.58	0.55	0.56	0.20	0.18	0.23	0.41	0.60	0.78	0.78	0.72	0.70	0.24	0.20	0.28	0.56
10	0.53	0.56	0.53	0.48	0.62	0.22	0.19	0.26	0.51	0.69	0.71	0.65	0.57	0.76	0.26	0.22	0.32	0.68
11	0.61	0.50	0.42	0.39	0.68	0.24	0.21	0.29	0.59	0.78	0.57	0.45	0.40	0.83	0.29	0.24	0.35	0.77
12	0.66	0.42	0.35	0.36	0.72	0.25	0.22	0.31	0.64	0.82	0.42	0.31	0.35	0.85	0.29	0.25	0.37	0.81
13	0.68	0.41	0.34	0.36	0.74	0.29	0.31	0.41	0.67	0.82	0.41	0.31	0.35	0.87	0.35	0.38	0.52	0.81
14	0.66	0.40	0.32	0.35	0.74	0.41	0.45	0.54	0.65	0.76	0.39	0.29	0.33	0.83	0.53	0.61	0.70	0.76
15	0.64	0.38	0.31	0.33	0.72	0.54	0.58	0.62	0.61	0.70	0.36	0.27	0.30	0.78	0.72	0.78	0.80	0.66
16	0.58	0.34	0.28	0.30	0.71	0.62	0.62	0.62	0.52	0.58	0.31	0.23	0.26	0.75	0.80	0.80	0.76	0.50
17	0.50	0.30	0.24	0.26	0.72	0.61	0.59	0.55	0.40	0.46	0.25	0.19	0.21	0.75	0.74	0.71	0.61	0.32
18	0.39	0.24	0.20	0.21	0.59	0.45	0.42	0.39	0.32	0.29	0.16	0.13	0.14	0.54	0.44	0.40	0.33	0.20
19	0.30	0.19	0.16	0.17	0.38	0.25	0.25	0.26	0.26	0.16	0.10	0.09	0.09	0.20	0.13	0.13	0.14	0.14
20	0.27	0.17	0.15	0.15	0.34	0.23	0.23	0.23	0.24	0.14	0.09	0.08	0.08	0.18	0.12	0.12	0.12	0.12
21	0.24	0.16	0.13	0.14	0.30	0.21	0.20	0.21	0.21	0.13	0.08	0.07	0.07	0.16	0.11	0.11	0.11	0.11
22	0.22	0.14	0.12	0.12	0.27	0.19	0.18	0.19	0.19	0.11	0.07	0.06	0.07	0.14	0.10	0.10	0.10	0.10
23	0.19	0.13	0.11	0.11	0.25	0.17	0.17	0.17	0.17	0.10	0.07	0.06	0.06	0.13	0.09	0.09	0.09	0.09

纬度	北纬27.5°~37.5°																	
遮阳	无内遮阳									有内遮阳								
朝向/时刻	S	SE	E	NE	N	NW	W	SW	H	S	SE	E	NE	N	NW	W	SW	H
0	0.16	0.11	0.10	0.10	0.21	0.16	0.15	0.16	0.16	0.08	0.06	0.05	0.05	0.12	0.08	0.08	0.08	0.08
1	0.14	0.10	0.09	0.09	0.19	0.14	0.14	0.14	0.14	0.08	0.05	0.05	0.05	0.10	0.07	0.07	0.07	0.08
2	0.13	0.09	0.08	0.08	0.17	0.13	0.12	0.13	0.13	0.07	0.05	0.04	0.04	0.09	0.07	0.07	0.07	0.07
3	0.12	0.08	0.07	0.07	0.16	0.11	0.11	0.11	0.12	0.06	0.04	0.04	0.04	0.08	0.06	0.06	0.06	0.06
4	0.10	0.07	0.06	0.07	0.14	0.10	0.10	0.10	0.10	0.06	0.04	0.03	0.04	0.08	0.05	0.05	0.05	0.06
5	0.09	0.07	0.06	0.06	0.13	0.09	0.09	0.09	0.09	0.05	0.03	0.03	0.03	0.07	0.05	0.05	0.05	0.05
6	0.16	0.20	0.28	0.29	0.38	0.13	0.11	0.12	0.12	0.17	0.26	0.35	0.42	0.46	0.11	0.09	0.10	0.10
7	0.24	0.36	0.45	0.48	0.42	0.16	0.13	0.16	0.20	0.29	0.50	0.63	0.70	0.59	0.16	0.13	0.17	0.23
8	0.31	0.49	0.55	0.56	0.45	0.19	0.16	0.19	0.30	0.40	0.68	0.76	0.77	0.59	0.21	0.17	0.21	0.40
9	0.39	0.57	0.58	0.54	0.54	0.22	0.18	0.22	0.42	0.50	0.78	0.78	0.70	0.68	0.26	0.20	0.26	0.57
10	0.49	0.59	0.53	0.46	0.61	0.24	0.19	0.25	0.52	0.64	0.75	0.64	0.52	0.77	0.29	0.22	0.29	0.69
11	0.58	0.54	0.42	0.37	0.66	0.26	0.21	0.27	0.59	0.76	0.63	0.44	0.37	0.83	0.31	0.23	0.32	0.77
12	0.64	0.45	0.35	0.36	0.70	0.27	0.22	0.35	0.64	0.81	0.46	0.31	0.36	0.85	0.32	0.24	0.44	0.81
13	0.66	0.39	0.34	0.36	0.72	0.28	0.30	0.43	0.67	0.80	0.36	0.31	0.35	0.86	0.32	0.37	0.55	0.81
14	0.63	0.38	0.32	0.35	0.73	0.36	0.45	0.55	0.66	0.72	0.35	0.29	0.34	0.83	0.44	0.60	0.72	0.76
15	0.56	0.36	0.31	0.33	0.70	0.50	0.57	0.63	0.61	0.59	0.32	0.27	0.31	0.77	0.65	0.76	0.80	0.67
16	0.51	0.32	0.28	0.30	0.65	0.61	0.62	0.62	0.53	0.50	0.28	0.23	0.27	0.70	0.80	0.80	0.76	0.52
17	0.45	0.29	0.25	0.27	0.64	0.64	0.60	0.55	0.43	0.40	0.23	0.19	0.22	0.71	0.79	0.72	0.61	0.35
18	0.36	0.24	0.21	0.22	0.63	0.54	0.48	0.41	0.33	0.27	0.17	0.14	0.16	0.60	0.59	0.50	0.36	0.22
19	0.27	0.19	0.16	0.17	0.36	0.27	0.26	0.26	0.27	0.14	0.10	0.09	0.09	0.20	0.14	0.14	0.14	0.14
20	0.24	0.17	0.15	0.16	0.33	0.24	0.23	0.24	0.24	0.13	0.09	0.08	0.08	0.18	0.13	0.12	0.13	0.13
21	0.22	0.15	0.13	0.14	0.29	0.22	0.21	0.21	0.22	0.12	0.08	0.07	0.07	0.16	0.11	0.11	0.11	0.12
22	0.20	0.14	0.12	0.13	0.26	0.19	0.19	0.19	0.20	0.10	0.07	0.06	0.07	0.14	0.10	0.10	0.10	0.10
23	0.18	0.12	0.11	0.11	0.24	0.17	0.17	0.17	0.18	0.09	0.07	0.06	0.06	0.13	0.09	0.09	0.09	0.09

续表

纬度	北纬37.5°～50°																	
遮阳	无内遮阳									有内遮阳								
时刻＼朝向	S	SE	E	NE	N	NW	W	SW	H	S	SE	E	NE	N	NW	W	SW	H
0	0.13	0.11	0.09	0.09	0.23	0.15	0.15	0.16	0.17	0.07	0.06	0.05	0.05	0.12	0.08	0.08	0.09	0.09
1	0.12	0.10	0.08	0.09	0.21	0.14	0.14	0.15	0.15	0.06	0.05	0.04	0.04	0.11	0.07	0.07	0.08	0.08
2	0.11	0.09	0.07	0.08	0.19	0.12	0.12	0.13	0.14	0.06	0.05	0.04	0.04	0.10	0.06	0.07	0.07	0.07
3	0.10	0.08	0.07	0.07	0.17	0.11	0.11	0.12	0.12	0.05	0.04	0.04	0.04	0.09	0.06	0.06	0.06	0.06
4	0.09	0.07	0.06	0.06	0.15	0.10	0.10	0.11	0.11	0.05	0.04	0.03	0.03	0.08	0.05	0.05	0.06	0.06
5	0.08	0.07	0.05	0.06	0.14	0.09	0.09	0.10	0.10	0.04	0.03	0.03	0.03	0.07	0.05	0.05	0.05	0.05
6	0.12	0.24	0.35	0.40	0.46	0.12	0.11	0.12	0.16	0.12	0.32	0.52	0.59	0.62	0.11	0.09	0.11	0.16
7	0.15	0.38	0.48	0.52	0.53	0.14	0.13	0.14	0.24	0.17	0.53	0.69	0.75	0.69	0.15	0.12	0.14	0.29
8	0.19	0.50	0.56	0.54	0.48	0.17	0.14	0.16	0.34	0.23	0.69	0.77	0.73	0.57	0.19	0.15	0.17	0.44
9	0.30	0.58	0.57	0.48	0.57	0.20	0.16	0.18	0.44	0.39	0.78	0.74	0.58	0.70	0.23	0.18	0.19	0.58
10	0.43	0.61	0.51	0.37	0.63	0.21	0.17	0.20	0.53	0.59	0.77	0.60	0.39	0.77	0.25	0.19	0.21	0.70
11	0.54	0.57	0.40	0.33	0.68	0.23	0.18	0.29	0.61	0.73	0.68	0.40	0.32	0.82	0.26	0.20	0.38	0.78
12	0.61	0.48	0.32	0.34	0.72	0.24	0.19	0.34	0.65	0.79	0.51	0.28	0.32	0.85	0.27	0.21	0.44	0.82
13	0.62	0.46	0.31	0.33	0.74	0.24	0.27	0.47	0.68	0.77	0.46	0.27	0.32	0.85	0.27	0.34	0.62	0.82
14	0.58	0.36	0.30	0.32	0.74	0.29	0.41	0.58	0.67	0.66	0.30	0.26	0.31	0.83	0.35	0.56	0.76	0.77
15	0.48	0.34	0.28	0.31	0.72	0.43	0.54	0.63	0.63	0.49	0.28	0.24	0.28	0.78	0.56	0.73	0.81	0.68
16	0.38	0.31	0.26	0.28	0.66	0.56	0.61	0.63	0.56	0.33	0.25	0.21	0.25	0.67	0.74	0.79	0.76	0.56
17	0.34	0.28	0.23	0.25	0.75	0.62	0.61	0.57	0.47	0.26	0.21	0.18	0.21	0.80	0.80	0.75	0.63	0.41
18	0.29	0.24	0.20	0.22	0.73	0.58	0.53	0.46	0.38	0.21	0.17	0.14	0.16	0.76	0.68	0.58	0.44	0.27
19	0.22	0.19	0.16	0.16	0.39	0.25	0.26	0.27	0.29	0.12	0.10	0.08	0.08	0.21	0.13	0.14	0.14	0.15
20	0.20	0.17	0.14	0.14	0.35	0.23	0.23	0.25	0.26	0.11	0.09	0.07	0.08	0.19	0.12	0.12	0.13	0.14
21	0.18	0.15	0.13	0.13	0.32	0.21	0.21	0.22	0.23	0.10	0.08	0.07	0.07	0.17	0.11	0.11	0.12	0.12
22	0.16	0.14	0.11	0.12	0.29	0.19	0.19	0.20	0.21	0.09	0.07	0.06	0.06	0.15	0.10	0.10	0.11	0.11
23	0.15	0.12	0.10	0.11	0.26	0.17	0.17	0.18	0.19	0.08	0.07	0.05	0.06	0.14	0.09	0.09	0.09	0.10

2. 冷负荷系数 C_{CL}

冷负荷系数 C_{CL}是用下列方法，由计算机算出后列出表格的。

将窗的日射得热量 J_c 分成辐射和对流两部分，其中辐射部分按下式计算：

$$J_{cf}=J_c-J_{cd} \tag{2-2-8}$$

式中 J_{cf}——窗玻璃日射得热量的辐射部分（W/m²）；

J_{cd}——窗玻璃日射得热量的对流部分（W/m²）。

（1）无内遮阳时：

由式（2-2-1）、（2-2-4）可知，直射辐射照度由两部分组成，一部分为 λJ_z 直接透过，全为辐射热，另一部分为 Na_zJ_z 被玻璃吸收后传向室内的热量，以对流和辐射两种形式传向室内。直射辐射玻璃吸收所占的比例为 $Na_z/(\lambda+Na_z)$，当入射角<45°时为4.3%～5.1%，>45°时为5.1%～11.1%，而散射辐射，玻璃吸收部分所占的比例均为5.1%。由于入射角>45°时直射热量较少，并考虑被玻璃吸收的部分也有一部分以辐射形式散入室内，故统一按5%作为对流部分，直接成为负荷，已足够安全。故取 $J_{cd}=0.05J_c$，即$J_{cf}=0.95J_c$。

（2）有内遮阳时：

有内遮阳时，透过窗子的辐射一部分加热内遮阳（窗帘等），然后由遮阳再以辐射和对流方式散入室内，一部分辐射热透过内遮阳直接进入室内。其对流部分所占的比例与窗帘的密实厚薄程度和窗帘附近的风速等因素有关，一般取 $J_{cd}=0.5J_c$。

（3）冷负荷系数 C_{CL}的计算公式

$$C_{CL(n)}=\frac{q_{c(n)}}{J_{c\cdot max}}=\frac{q_{cf(n)}+J_{cd(n)}}{J_{c\cdot max}} \tag{2-2-9}$$

$$q_{cf(n)}=V_0J_{cf(n)}-V_1J_{cf(n-1)}+W_1Q_{cf(n-1)} \tag{2-2-10}$$

式中 q_c——单位面积窗玻璃的冷负荷（W/m²）；

q_{cf}——窗的辐射部分的冷负荷（W/m²）；

$J_{c\cdot max}$——该朝向窗日射得热量的最大值（W/m²），见表 2-2-4；

V_0、V_1、W_1——与围护结构重量、室内器具情况有关的系数，对于中、重型结构可取 $V_0=0.4$，$V_1=0.3$，$W_1=0.9$；

(n)、$(n-1)$——表示当地太阳时的计算时间（n＝0、1、2、3…23）和计算时间前一小时的数值。

J_{cf}、J_{cd}与式（2-2-8）相同。

V_0、V_1、W_1 为日本《空气调和·卫生工学》推荐的数据折合而得，对照国内的实测资料，计算的最大值与实测最大值接近，其他时间也相差不大。

（三）有外遮阳玻璃窗的日射冷负荷

外遮阳所造成的阴影部分，挡住了全部直射辐射热，外遮阳安排得适当，对减少日射辐射热较内遮阳更有效。

1. 玻璃窗被遮部分的阴影面积

（1）顶部和侧面突出物遮挡的各尺寸见图 2-2-1。玻璃窗被遮挡部分的阴影面积 F_1 按下式计算：

$$F_1=B(l\tan\varphi-l')+H(b\tan\theta-b')-(l\tan\varphi-l')(b\tan\theta-b') \tag{2-2-11}$$

式中 $\tan\varphi$——见到的太阳高度角的正切，即太阳光线与水平遮阳造成的阴影角度的正切；

$\tan\theta$——墙的方位角的正切，即太阳光线与垂直遮阳板造成的阴影角度的正切。

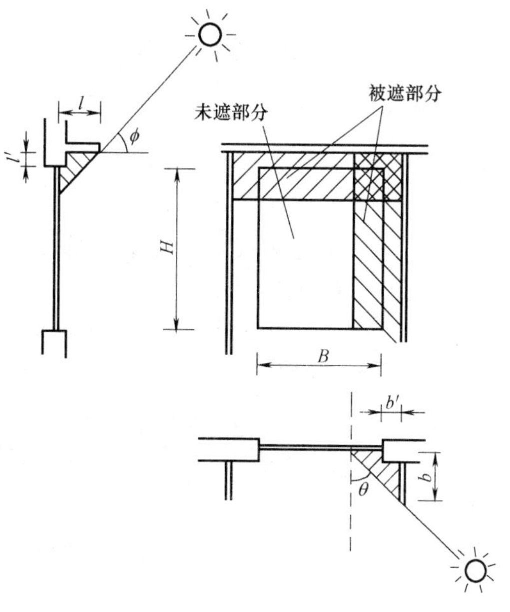

图 2-2-1 窗的遮阳面积

公式（2-2-11）中括号内的数据小于零时，表示玻璃窗上没有某个方向遮阳的阴影，取括号内的数据为零。如（$l\tan\varphi-l'$）<0，则取（$l\tan\varphi-l'$）＝0。如（$b\tan\theta-b'$）<0，则取（$b\tan\theta-b'$）＝0。$F_1>BH$ 时，取 $F_1=BH$。

表 2-2-9、2-2-10 列出了各纬度 7 月 21 日和 8 月 21 日的 $\tan\varphi$ 和 $\tan\theta$。由于冷负荷在 7 月和 8 月都较大，为安全计，建议 $\tan\varphi$ 和 $\tan\theta$ 取 7 月和 8 月中的较小值。表中 $\tan\theta$ 括号内的数值是右侧（由室内向外看）有遮挡物，无括号为左侧有遮挡物用的，当窗的两侧遮挡物不对称时，应注意此点。

（2）对于有前景物的遮挡，例如靠近处有建筑物的遮挡，其各有关尺寸见图 2-2-2，可按下式计算：

$$F_1=(H'-A\tan\varphi)B \tag{2-2-12}$$

式中的 H' 是窗框下沿距前景物顶端的距离，A 是前景物距窗的距离。F_1 是遮挡面积

(m²)，当 $F_1>$窗面积时是全遮挡；当 $F_1\leqslant 0$ 时，是无遮挡。

当有前景物和侧面遮挡时：

$$F_1=B(H'-A\tan\varphi)+H(b\tan\theta-b')-(H'-A\tan\varphi)(b\tan\theta-b') \qquad (2\text{-}2\text{-}13)$$

式（2-2-13）中，括号内数据小于零时，则取括号内数据为零。

2. 有外遮阳时的日射冷负荷计算

当外遮阳在有日射进入的各时间（早 6 时至晚 18 时全部时间）均可全部遮挡时，则该窗的负荷在北纬 20°、25°时按南向计算，在北纬 30°～50°的地区按北向计算。

当外遮阳仅能部分遮挡时，情况比较复杂。精确的办法是按遮挡部分的直射辐射为零，计算整个窗子的逐时得热，然后按公式（2-2-10）算出逐时负荷，再乘以 $x_m \cdot x_b \cdot x_z$。在手算的条件下是很麻烦的。

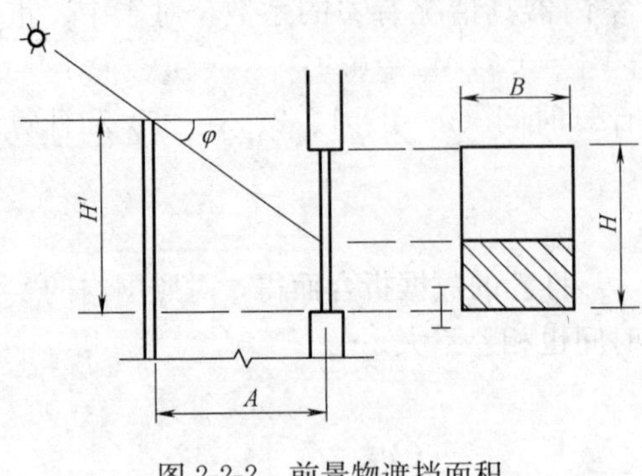

图 2-2-2　前景物遮挡面积

故建议用下式计算：

$$Q_c=(F_c-0.7F_1)x_m \cdot x_b \cdot x_z \cdot J_{c\cdot\max}C_{CL}+0.7F_1 x_m \cdot x_b \cdot x_z (J_{c\cdot\max})_N (C_{CL})_N \qquad (2\text{-}2\text{-}14)$$

式中　F_1——该时刻玻璃窗被遮挡部分的面积（m²），按式（2-2-11）、（2-2-12）或（2-2-13）求得；

$(J_{c\cdot\max})_N$——北向（北纬 20°、25°地区为南向）日射得热量的最大值（W/m²）；

$(C_{CL})_N$——该时刻北向（北纬 20°、25°为南向）的冷负荷系数。

其余符号与式（2-2-7）相同。

式中的 0.7 是另外的 30% 仍按有直射辐射考虑，以补充其他小时的辐射热对该时刻的影响。

见到的太阳高度角正切 tanφ　　**表 2-2-9**

	北纬 20°　上行:7 月,下行:8 月								北纬 25°　上行:7 月,下行:8 月								
朝向／斜点	SSE	SE	ESE	E	ENE	NE	NNE	N	SSE	SE	ESE	E	ENE	NE	NNE	N	
6	2.06	0.27	0.16	0.13	0.12	0.13	0.18	0.36	2.14	0.33	0.20	0.16	0.15	0.17	0.23	0.47	18
	0.37	0.13	0.09	0.07	0.07	0.09	0.13	0.36	0.45	0.16	0.11	0.09	0.09	0.11	0.16	0.47	
7	2.84	0.74	0.47	0.38	0.37	0.43	0.61	1.43	2.43	0.75	0.49	0.40	0.40	0.46	0.68	1.73	17
	1.19	0.52	0.37	0.33	0.34	0.42	0.67	2.80	1.12	0.52	0.38	0.34	0.35	0.44	0.73	3.83	
8	3.55	1.22	0.81	0.69	0.69	0.81	1.21	3.38	2.81	1.16	0.81	0.70	0.72	0.87	1.37	4.92	16
	1.79	0.92	0.69	0.63	0.67	0.86	1.51	17.89	1.57	0.87	0.67	0.63	0.69	0.91	1.72	—	
9	4.57	1.86	1.29	1.12	1.14	1.38	2.15	7.47	3.32	1.66	1.23	1.11	1.18	1.50	2.58	—	15
	3.40	1.40	1.10	1.04	1.16	1.56	3.16	—	1.99	1.27	1.05	1.03	1.19	1.72	4.20	—	
10	6.54	2.96	2.13	1.88	1.95	2.41	3.94	—	4.28	2.51	1.99	1.88	2.09	2.84	5.78	—	14
	3.18	2.11	1.78	1.27	2.08	3.10	8.55	—	2.50	1.84	1.68	1.75	2.21	3.77	26.76	—	
11	12.43	6.05	4.45	4.00	4.21	5.30	9.00	—	6.19	4.40	3.86	3.99	4.88	7.58	32.64	—	13
	4.50	3.58	3.31	3.79	5.17	10.68	—	—	3.26	2.89	3.01	3.75	6.14	30.47	—	—	
12	—	—	—	—	—	—	—	—	13.16	17.19	31.82	—	—	—	—	—	12
	7.80	10.20	18.83	—	—	—	—	—	4.72	6.17	11.41	—	—	—	—	—	
13	—	—	—	—	—	—	—	—	—	—	—	—	—	—	—	—	11
	—	—	—	—	—	—	—	—	9.79	—	—	—	—	—	—	—	
	SSW	SW	WSW	W	WNW	NW	NNW	N	SSW	SW	WSW	W	WNW	NW	NNW	N	

续表

	北纬 30°tanφ 上行:7月,下行:8月								北纬 35°tanφ 上行:7月,下行:8月								
	S	SSE	SE	ESE	E	ENE	NE	NNE	S	SSE	SE	ESE	E	ENE	NE	NNE	
6	—	2.13	0.38	0.23	0.18	0.18	0.20	0.27	—	2.07	0.43	0.26	0.21	0.20	0.23	0.32	18
	—	0.51	0.19	0.13	0.11	0.11	0.13	0.19	—	0.56	0.21	0.14	0.12	0.12	0.15	0.23	
7	—	2.12	0.75	0.50	0.42	0.42	0.50	0.75	—	1.87	0.74	0.51	0.44	0.45	0.54	0.83	17
	—	1.04	0.52	0.38	0.34	0.36	0.46	0.79	—	0.97	0.50	0.38	0.35	0.37	0.48	0.85	
8	—	2.32	1.10	0.80	0.71	0.75	0.93	1.56	—	1.96	1.03	0.78	0.72	0.77	1.00	1.80	16
	8.40	1.38	0.85	0.65	0.62	0.70	0.95	1.99	—	1.23	0.77	0.63	0.61	0.70	1.00	2.33	
9	23.96	2.65	1.52	1.20	1.13	1.24	1.67	3.32	7.74	2.17	1.38	1.14	1.12	1.29	1.85	4.50	15
	4.28	1.69	1.16	1.00	1.02	1.22	1.89	6.23	3.05	1.45	1.06	0.95	0.99	1.24	2.08	12.09	
10	8.30	3.16	2.16	1.85	1.87	2.23	3.41	3.65	4.76	2.49	1.88	1.72	1.84	2.38	4.26	74.41	14
	3.46	2.04	1.62	1.54	1.73	2.33	4.80	—	2.59	1.70	1.43	1.43	1.66	1.48	6.58	—	
11	6.28	4.10	3.43	3.39	3.95	5.77	15.02	—	4.00	2.03	2.78	2.99	3.88	7.02	—	—	13
	3.17	2.53	2.40	2.17	3.65	7.52	—	—	2.42	2.04	2.03	2.38	3.53	9.69	—	—	
12	5.85	6.34	8.28	15.30	—	—	—	—	3.81	4.13	5.39	9.95	—	—	—	—	12
	3.10	3.35	4.38	8.09	—	—	—	—	2.37	2.56	3.35	6.18	—	—	—	—	
13	6.28	19.95	—	—	—	—	—	—	4.00	7.55	—	—	—	—	—	—	11
	3.17	5.37	34.72	—	—	—	—	—	2.42	3.65	10.80	—	—	—	—	—	
	S	SSW	SW	WSW	W	WNW	NW	NNW	S	SSW	SW	WSW	W	WNW	NW	NNW	

	北纬 40°tanφ 上行:7月,下行:8月								北纬 45°tanφ 上行:7月,下行:8月								
	S	SSE	SE	ESE	E	ENE	NE	NNE	S	SSE	SE	ESE	E	ENE	NE	NNE	
6	—	1.97	0.47	0.29	0.24	0.23	0.26	0.37	—	1.85	0.50	0.32	0.26	0.26	0.29	0.42	18
	—	0.60	0.23	0.16	0.14	0.14	0.17	0.26	—	0.62	0.25	0.18	0.15	0.15	0.19	0.29	
7	—	1.66	0.72	0.51	0.45	0.46	0.57	0.91	—	1.50	0.71	0.52	0.46	0.48	0.60	1.01	17
	—	0.90	0.49	0.38	0.35	0.38	0.49	0.91	—	0.84	0.47	0.37	0.35	0.38	0.51	0.98	
8	—	1.69	0.97	0.76	0.71	0.79	1.06	2.09	6.69	1.48	0.91	0.74	0.71	0.80	1.12	2.50	16
	—	1.09	0.72	0.61	0.60	0.70	1.04	1.80	2.50	0.98	0.67	0.58	0.58	0.70	1.08	3.49	
9	4.55	1.82	1.25	1.08	1.10	1.33	2.06	6.93	3.19	1.55	1.14	1.02	1.03	1.35	2.30	15.14	15
	2.34	1.26	0.96	0.89	0.96	1.25	2.31	—	1.87	1.10	0.87	0.83	0.92	1.35	2.57	—	
10	3.30	2.03	1.65	1.59	1.80	2.52	2.62	—	2.49	1.70	1.45	1.47	1.75	2.67	3.28	—	14
	2.04	1.45	1.27	1.31	1.60	2.57	10.54	—	1.66	1.24	1.12	1.20	1.53	2.67	27.63	—	
11	2.90	2.38	2.32	2.65	3.78	8.89	—	—	2.24	1.93	1.96	2.36	3.65	12.14	—	—	13
	1.92	1.68	1.73	2.12	3.39	13.65	—	—	1.57	1.41	1.49	1.89	3.22	23.37	—	—	
12	2.79	3.02	3.59	7.30	—	—	—	—	2.17	2.35	3.06	5.68	—	—	—	—	12
	1.89	2.04	2.69	4.94	—	—	—	—	1.55	1.67	2.19	4.04	—	—	—	—	
13	2.90	4.59	17.56	—	—	—	—	—	2.24	3.25	8.22	—	—	—	—	—	11
	1.92	2.72	6.27	—	—	—	—	—	1.37	2.13	4.33	—	—	—	—	—	
	S	SSW	SW	WSW	W	WNW	NW	NNW	S	SSW	SW	WSW	W	WNW	NW	NNW	

墙的方位角正切 tanθ 表 2-2-10

北纬 20° 上行:7月,下行:8月																	
	SSE	SE	ESE	E	ENE	NE	NNE	N		N	NNW	NW	WNW	W	WSW	SW	SSW
6	17.19	2.07	0.89	0.35	(0.06)	(0.48)	(1.12)	(2.88)	12	0.00	(0.41)	(1.00)	(2.41)	—	—	—	—
	5.09	1.50	0.67	0.20	(0.20)	(0.86)	(1.49)	(4.96)		—	—	—	—	—	2.41	1.00	0.41
7	7.61	1.72	0.77	0.27	(0.13)	(0.58)	(1.30)	(3.73)	13	15.02	2.02	0.88	0.34	(0.07)	(0.49)	(1.14)	(29.46)
	3.53	1.26	0.56	0.12	(0.28)	(0.79)	(1.79)	(8.55)		—	—	2.99	1.15	0.50	(0.07)	(0.33)	(0.87)
8	5.16	1.51	0.68	0.20	(0.19)	(0.66)	(1.48)	(4.90)	14	9.73	1.85	0.81	0.30	(0.10)	(0.15)	(1.23)	(3.35)
	2.68	1.07	0.46	0.04	(0.37)	(0.93)	(2.19)	(28.49)		—	4.80	1.47	0.66	0.19	(0.21)	(0.68)	(1.53)
9	4.01	1.35	0.60	0.15	(0.25)	(0.74)	(1.66)	(6.67)	15	6.67	1.66	0.74	0.25	(0.15)	(0.60)	(1.35)	(4.01)
	2.07	0.89	0.35	(0.06)	(0.48)	(1.12)	(2.87)	—		—	2.87	1.12	0.48	(0.06)	(0.35)	(0.89)	(2.07)
10	3.35	1.23	0.15	0.10	(0.30)	(0.81)	(1.85)	(9.73)	16	4.90	1.48	0.66	0.19	(0.20)	(0.68)	(1.51)	(5.16)
	1.53	0.68	0.21	(0.19)	(0.66)	(1.47)	(4.80)	—		28.49	2.19	0.93	0.37	(0.04)	(0.46)	(1.07)	(2.68)
11	29.96	1.14	0.49	0.07	(0.34)	(0.88)	(2.02)	(15.02)	17	3.73	1.30	0.58	0.13	(0.27)	(0.77)	(1.72)	(7.61)
	0.87	0.33	0.07	(0.50)	(1.15)	(2.99)	—	—		8.55	1.79	0.79	0.28	(0.12)	(0.56)	(1.26)	(3.53)
12	—	—	—	—	2.41	1.00	0.41	0.00	18	2.88	1.12	0.48	0.06	(0.35)	(0.89)	(2.07)	(17.09)
	(0.41)	(1.00)	(2.41)	—	—	—	—	—		4.96	1.49	0.86	0.20	(0.20)	(0.67)	(1.50)	(5.09)

北纬 25°tanθ　上行:7 月,下行:8 月

	SSE	SE	ESE	E	ENE	NE	NNE	N		N	NNW	NW	WNW	W	WSW	SW	SSW
6	14.41	2.01	0.87	0.34	(0.07)	(0.50)	(1.15)	(2.98)	11	—	—	—	—	—	—	—	—
	4.92	1.43	0.66	0.19	(0.21)	(0.67)	(1.51)	(5.14)		—	—	—	—	—	—	—	3.26
7	6.08	1.61	0.72	0.23	(0.16)	(0.62)	(1.39)	(4.28)	12	—	—	—	—	—	2.41	1.00	0.41
	3.18	1.19	0.52	(0.09)	(0.31)	(0.84)	(1.92)	(11.38)		—	—	—	—	—	2.41	1.00	0.41
8	3.91	1.33	0.59	0.14	(0.26)	(0.75)	(1.69)	(6.99)	13	—	8.44	1.78	0.79	0.28	(0.12)	(0.56)	(1.27)
	2.29	0.96	0.39	(0.02)	(0.44)	(1.04)	(2.56)	—		—	—	10.52	1.89	0.83	0.31	(0.10)	(1.93)
9	2.81	1.11	0.48	0.05	(0.36)	(0.90)	(2.10)	(19.41)	14	—	2.91	1.13	0.49	(0.06)	(0.34)	(0.88)	(2.05)
	1.67	0.74	0.25	(0.15)	(0.60)	(1.35)	(3.98)	—		—	16.12	2.05	0.88	0.34	(0.06)	(0.49)	(1.13)
10	2.05	0.88	0.34	0.06	(0.49)	(1.13)	(2.91)	—	15	19.41	2.10	0.90	0.36	(0.05)	(0.48)	(1.11)	(2.81)
	1.13	0.49	0.06	(0.34)	(0.88)	(2.05)	(16.12)	—		—	3.98	1.35	0.60	0.15	(0.25)	(0.74)	(1.67)
11	1.27	0.56	0.12	(0.28)	(0.79)	(1.78)	(8.44)	—	16	6.99	1.69	0.75	0.26	(0.14)	(0.59)	(1.33)	(3.91)
	0.93	0.10	(0.31)	(0.83)	(1.89)	(10.52)	—	—		—	2.56	1.04	0.44	0.02	(0.39)	(0.96)	(2.29)
12	(0.41)	(1.00)	(2.41)	—	—	—	—	—	17	4.28	1.39	0.62	0.16	(0.23)	(0.72)	(1.61)	(6.08)
	(0.41)	(1.00)	(2.41)	—	—	—	—	—		11.38	1.92	0.84	0.31	0.09	(0.52)	(1.19)	(3.18)
13	—	—	—	—	—	—	—	—	18	2.98	1.15	0.50	0.07	(0.34)	(0.87)	(2.01)	(14.41)
	(3.26)	—	—	—	—	—	—	—		5.14	1.51	0.67	0.21	(0.19)	(0.66)	(1.43)	(4.92)

北纬 30°tanθ　上行:7 月,下行:8 月

	S	SSE	SE	ESE	E	ENE	NE	NNE		NNW	NW	WNW	W	WSW	SW	SSW	S
6	—	12.06	1.94	0.85	0.32	(0.08)	(0.51)	(1.18)	10	—	—	—	—	—	—	—	4.44
	—	4.71	1.46	0.65	0.19	(0.21)	(0.69)	(1.54)		—	—	—	—	—	—	14.98	2.02
7	—	5.00	1.49	0.67	0.20	(0.20)	(0.67)	(1.50)	11	—	—	—	—	—	—	5.89	1.59
	—	2.88	1.12	0.48	0.06	(0.35)	(0.89)	(2.07)		—	—	—	—	—	—	2.01	0.87
8	—	3.10	1.18	0.51	0.08	(0.32)	(0.85)	(1.95)	12	—	—	—	—	2.41	1.00	0.41	0.00
	13.46	1.98	0.86	0.33	(0.07)	(0.50)	(1.16)	(3.03)		—	—	—	—	2.41	1.00	0.41	0.00
9	21.28	2.23	0.91	0.36	(0.05)	(0.47)	(1.10)	(2.78)	13	—	4.38	1.41	0.63	(0.17)	(0.23)	(0.71)	(1.59)
	4.56	1.38	0.62	0.16	(0.24)	(0.72)	(1.62)	(6.22)		—	—	2.98	1.15	0.50	0.07	(0.34)	(0.87)
10	4.44	1.42	0.63	0.17	(0.23)	(0.71)	(1.58)	(5.79)	14	5.79	1.58	0.71	0.23	(0.17)	(0.63)	(1.42)	(4.44)
	2.02	0.87	0.34	(0.07)	(0.49)	(1.14)	(2.96)	—		—	2.96	1.14	0.49	0.07	(0.34)	(0.87)	(2.02)
11	1.59	0.71	0.23	0.17	(0.63)	(1.41)	(4.38)	—	15	2.78	1.10	0.47	0.05	(0.36)	(0.91)	(2.23)	(21.28)
	0.87	0.34	(0.07)	(0.50)	(1.15)	(2.98)	—	—		6.22	1.62	0.72	0.24	(0.16)	(0.62)	(1.38)	(4.56)
12	0.00	(0.41)	(1.00)	(2.41)	—	—	—	—	16	1.95	0.85	0.32	(0.08)	(0.51)	(1.18)	(3.10)	—
	0.00	(0.41)	(1.00)	(2.41)	—	—	—	—		3.03	1.16	0.50	0.07	(0.33)	(0.86)	(1.98)	(13.46)
13	(1.59)	(5.89)	—	—	—	—	—	—	17	1.50	0.67	0.20	(0.20)	(0.67)	(1.49)	(5.00)	—
	(0.87)	(2.01)	(14.45)	—	—	—	—	—		2.07	0.89	0.35	(0.06)	(0.48)	(1.12)	(2.88)	—
14	(4.44)	—	—	—	—	—	—	—	18	1.18	0.51	0.08	(0.32)	(0.85)	(1.94)	(12.06)	—
	(2.02)	(14.98)	—	—	—	—	—	—		1.54	0.69	0.21	(0.19)	(0.65)	(1.46)	(4.71)	—

北纬 35°tanθ　上行:7 月,下行:8 月

	S	SSE	SE	ESE	E	ENE	NE	NNE		NNW	NW	WNW	W	WSW	SW	SSW	S
6	—	10.13	1.87	0.82	0.30	(0.10)	(0.53)	(1.22)	10	—	—	—	—	—	—	—	2.58
	—	4.47	1.43	0.64	0.18	(0.22)	(0.70)	(1.57)		—	—	—	—	—	—	5.55	1.56
7	—	2.31	1.38	0.64	0.16	(0.24)	(0.72)	(1.63)	11	—	—	—	—	—	—	2.52	1.03
	—	2.62	0.99	0.45	0.03	(0.38)	(0.95)	(2.23)		—	—	—	—	—	5.34	1.53	0.68
8	—	2.55	1.04	0.44	0.02	(0.39)	(0.96)	(2.29)	12	—	—	—	—	2.41	1.00	0.41	0.00
	7.78	1.74	0.77	0.27	(0.13)	(0.57)	(1.29)	(3.69)		—	—	—	—	2.41	1.00	0.41	0.00
9	6.90	1.68	0.75	0.25	0.14	(0.59)	(1.34)	(3.94)	13	—	65.1	2.31	0.97	0.40	(0.02)	(0.43)	(1.03)
	3.07	1.17	0.51	0.08	(0.33)	(0.85)	(1.96)	(12.76)		—	—	4.76	1.46	0.65	0.19	(0.21)	(0.68)
10	2.58	1.05	0.44	0.02	(0.39)	(0.95)	(2.27)	(43.40)	14	43.40	2.27	0.95	0.39	(0.02)	(0.44)	(1.05)	(2.58)
	1.56	0.69	0.22	(0.18)	(0.64)	(1.44)	(4.59)	—			4.59	1.44	0.64	0.18	(0.22)	(0.69)	(1.56)

续表

北纬 35°tanθ 上行：7 月，下行：8 月

	S	SSE	SE	ESE	E	ENE	NE	NNE		NNW	NW	WNW	W	WSW	SW	SSW	S
11	1.03	0.43	0.02	(0.40)	(0.97)	(2.31)	(65.1)	—	15	3.94	1.34	0.59	(0.14)	(0.25)	(0.75)	(1.68)	(6.90)
	0.68	0.21	(0.19)	(0.65)	(1.46)	(4.76)	—	—		12.76	1.96	0.85	0.33	(0.08)	(0.51)	(1.17)	(3.07)
12	0.00	(0.41)	(1.00)	(2.41)	—	—	—	—	16	2.29	0.96	0.39	(0.02)	(0.44)	(1.04)	(2.55)	—
	0.00	(0.41)	(1.00)	(2.41)	—	—	—	—		3.69	1.29	0.57	0.13	(0.27)	(0.77)	(1.74)	(7.78)
13	(1.03)	(2.52)	—	—	—	—	—	—	17	1.63	0.72	0.24	(0.16)	(0.64)	(1.38)	(2.31)	—
	(0.68)	(1.53)	(5.34)	—	—	—	—	—		2.23	0.95	0.38	(0.03)	(0.45)	(0.99)	(2.62)	—
14	(2.58)	—	—	—	—	—	—	—	18	1.22	0.53	0.10	(0.30)	(0.82)	(1.87)	(10.13)	—
	(1.56)	(5.55)	—	—	—	—	—	—		1.57	0.70	0.22	(0.18)	(0.64)	(1.43)	(4.47)	—

北纬 40°tanθ 上行：7 月，下行：8 月

	S	SSE	SE	ESE	E	ENE	NE	NNE		NNW	NW	WNW	W	WSW	SW	SSW	S
6	—	8.54	1.79	0.79	0.28	(0.12)	(0.56)	(1.27)	10	—	—	—	—	—	—	9.27	1.83
	—	4.27	1.39	0.62	0.16	(0.23)	(0.78)	(1.61)		—	—	—	—	—	—	1.28	1.27
7	—	3.58	1.28	0.56	0.12	(0.28)	(0.78)	(1.77)	11	—	—	—	—	—	7.58	1.73	0.77
	—	2.40	1.00	0.41	0.00	(0.42)	(1.00)	(2.43)		—	—	—	—	—	3.62	3.57	0.57
8	22.8	2.14	0.91	0.36	(0.04)	(0.47)	(1.09)	(2.75)	12	—	—	—	—	2.41	1.00	0.41	1.00
	5.51	1.55	0.69	0.22	(0.18)	(0.64)	(1.44)	(4.70)		—	—	—	—	2.41	1.00	0.41	0.00
9	4.13	1.37	0.61	0.16	(0.24)	(0.73)	(1.64)	(6.39)	13	—	—	3.74	1.30	0.58	0.13	(0.27)	(0.77)
	2.44	1.01	0.42	0.00	(0.41)	(0.99)	(2.39)	—		—	—	8.10	1.76	0.77	0.28	(0.12)	(0.57)
10	1.83	0.81	0.29	(0.11)	(0.55)	(1.24)	(3.41)	—	14	—	3.41	1.24	0.55	0.11	(0.29)	(0.81)	(1.83)
	1.27	0.56	0.12	(0.28)	(0.78)	(1.78)	(8.30)	—		—	8.30	1.78	0.78	0.28	(0.12)	(0.56)	(1.27)
11	0.77	0.27	(0.13)	(0.58)	(1.30)	(3.74)	—	—	15	6.39	1.64	0.73	0.24	(0.16)	(0.61)	(1.37)	(4.13)
	0.57	0.12	(0.28)	(0.77)	(1.76)	(8.10)	—	—		—	2.39	0.99	0.41	0.00	(0.42)	(1.01)	(2.44)
12	1.00	(0.41)	(1.00)	(2.41)	—	—	—	—	16	2.75	1.09	0.47	0.04	(0.36)	(0.91)	(21.4)	(22.8)
	0.00	(0.41)	(1.00)	(2.41)	—	—	—	—		4.70	1.44	0.64	0.18	(0.22)	(0.69)	(1.55)	(5.51)
13	(0.77)	(1.73)	(7.58)	—	—	—	—	—	17	1.77	0.78	0.28	(0.12)	(0.56)	(1.28)	(3.58)	—
	(0.57)	(3.57)	(3.62)	—	—	—	—	—		2.43	1.00	0.42	0.00	(0.41)	(1.00)	(2.40)	—
14	(1.83)	(9.27)	—	—	—	—	—	—	18	1.27	0.56	0.12	(0.28)	(0.79)	(1.79)	(8.54)	—
	(1.27)	(1.28)	—	—	—	—	—	—		1.61	0.72	0.23	(0.16)	(0.62)	(1.39)	(4.27)	—

北纬 45°tanθ 上行：7 月，下行：8 月

	S	SSE	SE	ESE	E	ENE	NE	NNE		NNW	NW	WNW	W	WSW	SW	SSW	S
6	—	7.26	1.71	0.16	0.26	(0.14)	(0.59)	(1.32)	10	—	—	—	—	—	—	4.49	1.43
	—	4.05	1.36	0.60	0.15	(0.25)	(0.74)	(1.66)		—	—	—	—	—	—	2.72	1.09
7	—	3.11	1.18	0.51	0.08	(0.32)	(0.85)	(1.95)	11	—	—	—	—	—	4.18	1.38	0.61
	—	2.21	0.94	0.38	(0.03)	(0.45)	(1.07)	(0.65)		—	—	—	—	—	2.90	1.13	0.49
8	9.42	1.84	0.81	0.30	0.11	(0.54)	(1.24)	(3.39)	12	—	—	—	—	2.41	1.00	0.41	0.00
	4.29	1.40	0.62	0.17	(0.23)	(0.72)	(1.61)	(6.06)		—	—	—	—	2.41	1.00	0.41	0.00
9	2.97	1.15	0.50	0.07	(0.34)	(0.87)	(2.02)	(14.78)	13	—	—	6.28	1.63	0.73	0.24	(0.16)	(0.61)
	2.03.	0.88	0.34	(0.07)	(0.49)	(1.14)	(2.94)	—		—	—	18.06	2.05	0.89	0.34	(0.06)	(0.49)
10	1.43	0.64	0.15	(0.22)	(0.70)	(1.57)	(5.70)	—	14	—	5.70	1.57	0.70	0.22	(0.15)	(0.64)	(1.43)
	1.09	0.46	0.04	(0.37)	(0.92)	(2.16)	(24.47)	—		—	24.47	2.16	0.92	0.37	(0.04)	(0.46)	(1.09)
11	0.61	0.16	(0.24)	(0.73)	(1.63)	(6.28)	—	—	15	14.78	2.02	0.87	0.34	(0.07)	(0.50)	(1.15)	(2.97)
	0.49	0.06	(0.34)	(0.89)	(2.05)	(18.06)	—	—		—	2.94	1.14	0.49	0.07	(0.34)	(0.88)	(2.03)
12	0.00	(0.41)	(1.00)	(2.41)	—	—	—	—	16	3.39	1.24	0.54	(0.11)	(0.30)	(0.81)	(1.84)	(9.42)
	0.00	(0.41)	(1.00)	(2.41)	—	—	—	—		6.06	1.61	0.72	0.23	(0.17)	(0.62)	(1.40)	(4.29)
13	(0.61)	(1.38)	(4.18)	—	—	—	—	—	17	1.95	0.85	0.32	(0.08)	(0.51)	(1.18)	(3.11)	—
	(0.49)	(1.13)	(2.90)	—	—	—	—	—		0.65	1.07	0.45	0.03	(0.38)	(0.94)	(2.21)	—
14	(1.43)	(4.49)	—	—	—	—	—	—	18	1.32	0.59	0.14	(0.26)	(0.16)	(1.71)	(7.26)	—
	(1.09)	(2.72)	—	—	—	—	—	—		1.66	0.74	0.25	(0.15)	(0.60)	(1.36)	(4.05)	—

注：不带括号为左侧（由内向外看）有遮挡物，带括号为右侧有遮挡物。

【例 2-2-1】 已知窗高 $H=2.4\text{m}$、宽 $B=1.8\text{m}$，面积 $F=BH=4.32\text{m}^2$，顶部遮阳 $l=1.0\text{m}$、$l'=0.3\text{m}$，双面侧部遮阳 $b=0.5\text{m}$、$b'=0.3\text{m}$，双层钢窗，普通 3mm 玻璃，无内遮阳；求北京地区东窗 8～12 时窗的日射冷负荷。

【解】 ［1］ 查表 2-2-3，北京属北纬 40°，大气透明度 4 级。

［2］ 按北纬 40°、4 级查表 2—12 得：东向 $J_{c\cdot\max}=578\text{W/m}^2$，北向 $J_{c\cdot\max}=134\text{W/m}^2$。

［3］ 查表 2-2-5，双层钢窗 $x_m=0.75$；查表 2-2-6，$x_b=0.86$；无内遮阳 $x_z=1$。

［4］ 查表 2-2-9 和 2-2-10 得 7 月和 8 月东向的 $\tan\varphi$ 和 $\tan\theta$，并按公式（2-2-11）计算 F_1，列入表 2-2-11 中；其中 12 时无 $\tan\varphi$ 和 $\tan\theta$ 数据，表示太阳照不到，$F_1=BH=4.32\text{m}^2$。

［5］ 计算出的 F_1，8 月份较小，按 8 月份的 F_1 取值计算冷负荷。

［6］ 在表 2-2-8 查出北纬 37.5°～50°东向和北向的冷负荷系数 C_{CL}；按公式（2-2-14）算出冷负荷。列入表 2-2-11 中。表 2-2-11 中：

$$A_N=x_m x_b x_z(J_{c\cdot\max})_N=0.75\times0.86\times1\times134=86.5$$

$$A_E=x_m x_b x_z(J_{c\cdot\max})_E=0.75\times0.86\times1\times578=372.8$$

外遮阳计算示例 **表 2-2-11**

项目	当地太阳时	8	9	10	11	12
7 月	$\tan\varphi$	0.71	1.10	1.80	3.78	—
	$B(l\tan\varphi-l')$	0.74	1.44	2.70	6.26	—
	$\tan\theta$	0.04	0.24	0.55	1.30	—
	$H(b\tan\theta-b')$	<0	<0	<0	0.84	—
	$(l\tan\varphi-l')(b\tan\theta-b')$	0	0	0	1.22	—
	F_1	0.74	1.44	2.70	$>BH$ 取 4.32	4.32
8 月	$\tan\varphi$	0.60	0.96	1.60	3.39	—
	$B(l\tan\varphi-l')$	0.54	1.19	2.34	5.56	—
	$\tan\theta$	0.18	0.41	0.78	1.76	—
	$H(b\tan\theta-b')$	<0	<0	0.22	1.39	—
	$(l\tan\varphi-l')(b\tan\theta-b')$	0	0	0.12	1.79	—
	F_1	0.54	1.19	2.44	$>BH$ 取 4.32	4.32
北向$(C_{CL})_N$		0.48	0.57	0.63	0.68	0.72
$0.7F_1A_N(C_{CL})_N$		15.7	41.1	93.1	177.9	188.3
东向$(C_{CL})_E$		0.56	0.57	0.51	0.40	0.32
$F_c-0.7F_1=4.32-0.7F_1$		3.94	3.49	2.61	1.30	1.30
$(F_c-0.7F_1)A_E(C_{CL})_E$		822.5	741.6	496.2	193.9	155.1
冷负荷 Q_c(W/m²)		838.2	782.7	589.3	371.8	343.4

二、玻璃窗传热的冷负荷

玻璃窗传到室内的热量，也按对流和辐射两种方式放入室内。由于玻璃窗传热温差的波动幅度较太阳幅射热的波动幅度小得很多，因而室内蓄热的温度波衰减对冷负荷影响很小，故可以认为玻璃窗传热的得热即为冷负荷。按下式计算：

$$Q_2 = x_k K_c F_c (t_{\omega p} + \Delta t_k - t_n) \tag{2-2-15}$$

式中 Q_2——玻璃窗传热的冷负荷（W）；

K_c——窗玻璃的传热系数［W/(m^2 · ℃)］，见表 2-2-13；

Δt_k——夏季室外逐时温差（℃），见表 2-2-12。

$$\Delta t_k = \beta \Delta t_r \tag{2-2-16}$$

β——室外温度逐时变化系数，按表 1-3-2 采用；

Δt_r——夏季室外计算平均日较差（℃），按式（1-3-1）计算，可取整数，按表 2-2-12 查出 Δt_k；

$t_{\omega p}$——夏季空气调节室外计算日平均温度（℃），见表 1-3-4；

x_k——玻璃窗传热系数的修正系数，见表 2-2-14；

F_c——包括窗框的窗的面积（m^2）；

t_n——室内计算温度。

夏季室外逐时温差 Δt_k（℃） **表 2-2-12**

当地太阳时		0	1	2	3	4	5	6	7	8	9	10	11
夏季室外计算平均日较差 Δt_r（℃）	4	-1.0	-1.4	-1.5	-1.7	-1.8	-1.9	-1.6	-1.1	-0.5	0.1	0.6	1.2
	5	-1.3	-1.8	-1.9	-2.1	-2.3	-2.4	-2.1	-1.4	-0.6	0.2	0.8	1.5
	6	-1.6	-2.1	-2.3	-2.5	-2.7	-2.8	-2.5	-1.7	-0.7	0.2	1.0	1.7
	7	-1.8	-2.5	-2.7	-2.9	-3.2	-3.3	-2.9	-2.0	-0.8	0.2	1.1	2.0
	8	-2.1	-2.8	-3.0	-3.4	-4.5	-3.8	-3.3	-2.2	-1.0	0.2	1.3	2.3
	9	-2.3	-3.1	-3.4	-3.8	-4.1	-4.2	-3.7	-2.5	-1.1	0.3	1.4	2.6
	10	-2.6	-3.5	-3.8	-4.2	-4.5	-4.7	-4.1	-2.8	-1.2	0.3	1.6	2.9
	11	-2.9	-3.9	-4.2	-4.6	-5.0	-5.2	-4.5	-3.1	-1.3	0.3	1.8	3.2
	12	-3.1	-4.2	-4.6	-5.8	-5.4	-5.6	-4.9	-3.4	-1.4	0.4	1.9	3.5
当地太阳时		12	13	14	15	16	17	18	19	20	21	22	23
夏季室外计算平均日较差 Δt_r（℃）	4	1.6	1.9	2.1	2.0	1.7	1.6	1.1	0.6	0.0	-0.4	-0.7	-0.9
	5	2.0	2.4	2.6	2.6	2.2	2.0	1.4	0.7	0.0	-0.5	-0.9	-1.2
	6	2.4	2.9	3.1	3.1	2.6	2.3	1.7	0.8	0.0	-0.6	-1.0	-1.4
	7	2.8	3.4	3.6	3.6	3.0	2.7	2.0	1.0	0.0	-0.7	-1.2	-1.6
	8	3.2	3.8	4.2	4.1	3.4	3.1	2.2	1.1	0.0	-0.8	-1.4	-1.8
	9	3.6	4.3	4.7	4.6	3.9	3.5	2.5	1.3	0.0	-0.9	-1.5	-2.1
	10	4.0	4.8	5.2	5.1	4.3	3.9	2.8	1.4	0.0	-1.0	-1.7	-2.3
	11	4.4	5.3	5.7	5.6	4.7	4.3	3.1	1.5	0.0	-1.1	-1.9	-2.5
	12	4.8	5.8	6.2	6.1	5.2	4.7	3.4	1.7	0.0	-1.2	-2.0	-2.8

对于一般建筑，单层窗玻璃取 $K_c = 5.94$W/(m^2 · ℃)，双层玻璃取 $K_c = 3.01$W/(m^2 · ℃)；即按 $\alpha_\omega = 18.6$W/(m^2 · ℃)、$\alpha_n = 8.7$W/(m^2 · ℃) 按表 2-2-13 取值。

对于建筑在不避风的高地、河边、海岸、旷野上的建筑物，可按其夏季平均风速由表 2-1-8 查得 α_ω，再由表 2-2-13 中查得 K_c 值。

对于高层建筑的 α_ω 值，见本节第六部分。

内表面换热系数 α_n 可一律取 $\alpha_n = 8.7$W/(m^2 · ℃)。对于热流向下（例如屋面有窗）的内表面，在同样风速的情况下 α_n 要小一些，考虑到空调房间一般为上送风，顶部风速较其他面都大一些，取 $\alpha_n = 8.7$ 不会有大的误差。

窗玻璃的传热系数 K_c **表 2-2-13**

α_ωW/(m^2·℃)		11.6	12.8	14.0	15.1	16.3	17.4	18.6	19.8	20.9	22.1	23.3	24.4	25.6	26.7	27.9	29.1
当 α_n=8.7W/(m^2·℃)时 K_c	单层玻璃	4.99	5.19	5.37	5.54	5.68	5.82	5.94	6.05	6.15	6.26	6.34	6.43	6.50	6.58	6.64	6.71
	双层玻璃	2.67	2.80	2.86	2.91	2.94	2.98	3.01	3.05	3.07	3.09	3.12	3.14	3.15	3.17	3.19	3.20

玻璃窗传热系数的修正系数 x_k **表 2-2-14**

窗的类型	单层窗		双层窗	
	无窗帘		有窗帘	
全部玻璃	1.00	0.75	1.00	0.85
木窗框,80%玻璃	0.90	0.68	0.95	0.81
木窗框,60%玻璃	0.80	0.60	0.85	0.72
金属窗框,80%玻璃	1.00	0.75	1.20	1.00

三、外墙和屋盖的得热和冷负荷

(一) 外墙和屋盖的冷负荷

1. 冷负荷计算公式

外墙和屋盖的冷负荷按下式计算：

$$Q_\omega=K_\omega F_\omega(t_{\omega p}+\Delta t_{fp}+\Delta t_\omega-t_n) \tag{2-2-17}$$

式中 Q_ω——屋盖（或外墙）“计算时间”的冷负荷（W）；

K_ω——屋盖（或外墙）的传热系数［W/（m^2·℃)］；

F_ω——屋盖（或外墙）的面积（m^2）；

$t_{\omega p}$——夏季空气调节室外计算日平均温度（℃），见表 1-3-4；

Δt_{fp}——屋盖（或外墙）外表面辐射热平均温升（℃），当 α_ω=18.6W/(m^2·℃)、ρ=0.75 或 ρ=0.9 时的 Δt_{fp} 值见表 2-2-15；

$$\Delta t_{fp}=\frac{J_p\rho}{\alpha_\omega} \tag{2-2-18}$$

J_p——太阳总辐射日平均照度（W/m^2），见表 2-1-6；

ρ——围护结构外表面的太阳辐射热吸收系数，见表 2-1-7；

α_ω——围护结构外表面的放热系数，见表 2-1-8，一般可取 α_ω = 18.6W/(m^2·℃)；

Δt_ω——屋盖（或外墙）“作用时间”室外温度波动部分的综合负荷温差（℃），屋盖见表 2-2-16，外墙见表 2-2-17；

t_n——室内计算温度（℃）。

查表 2-2-15、2-2-16、2-2-17 时，各城市的纬度和大气透明度等级见表 2-2-3；查表 2-2-16、2-2-17 时，β 值按下式计算：

$$\beta=\frac{\alpha_n\rho}{K_\omega\nu} \tag{2-2-19}$$

式中 β——衰减倍数；

ν——围护结构温度波的衰减度。

"作用时间"指综合温度波作用到围护结构外表面的时间，"计算时间"指成为室内负荷的时间。温度波作用到外表面到成为负荷有一个时间延迟，称为延迟时间 ξ。如按式（2-2-17）计算 14 时的冷负荷，延迟时间 ξ=5 小时，则"作用时间"为 14－5＝9 时，应查表 2-2-16 或表 2-2-17 中的 9 时的 Δt_{ω}，并按式（2-2-17）计算。

一些屋盖和外墙的 K_{ω}、ν、ξ 见表 2-2-18、表 2-2-19。当墙或屋盖的构造与表 2-2-18、表2-2-19所列相差较大时，ν、ξ 的计算见本节第八部分。

墙和屋盖的外表面辐射热平均温升 $\Delta t_{fp}=\dfrac{J_p\rho}{\alpha_{\omega}}$ **表 2-2-15**

采用数据		ρ=0.75，α_{ω}=18.6W/(m²·℃)						ρ=0.9，α_{ω}=18.6W/(m²·℃)					
北纬	透明度等级	朝向						朝向					
		S	SW SE	W E	NW NE	N	H	S	SW SE	W E	NW NE	N	H
20°	4	2.5	4.8	6.6	6.0	4.2	13.3	3.0	5.8	7.9	7.2	5.0	16.0
	5	2.7	4.7	6.3	5.7	4.1	12.8	3.2	5.7	7.5	6.9	4.9	15.3
25°	2	2.7	5.8	7.7	6.6	3.9	14.9	3.3	6.9	9.2	7.9	4.7	17.9
	3	2.8	5.6	7.3	6.2	3.8	14.2	3.4	6.7	8.7	7.5	4.5	17.0
	4	2.9	5.3	6.8	5.9	3.7	13.5	3.5	6.4	8.1	7.1	4.5	16.2
	5	3.1	5.2	6.5	5.6	3.7	13.0	3.7	6.2	7.7	6.7	4.4	15.6
30°	1	3.5	6.6	8.3	6.7	3.7	15.6	4.2	7.9	9.9	8.0	4.4	18.8
	2	3.5	6.3	7.8	6.3	3.6	15.0	4.3	7.5	9.4	7.6	4.3	18.0
	4	3.6	5.8	6.9	5.7	3.5	13.6	4.4	6.9	8.3	6.8	4.2	16.4
	5	3.7	5.6	6.6	5.4	3.5	13.1	4.5	6.7	7.9	6.5	4.2	15.7
	6	3.8	5.3	6.1	5.2	3.5	12.3	4.5	6.4	7.3	6.2	4.2	14.7
35°	1	4.4	7.1	8.3	6.4	3.4	15.6	5.3	8.5	10.0	7.6	4.1	18.8
	2	4.4	6.8	7.9	6.0	3.4	15.0	5.3	8.2	9.5	7.3	4.1	18.0
	3	4.4	6.5	7.5	5.8	3.3	14.3	5.3	7.8	9.0	6.9	4.0	17.2
	4	4.4	6.2	7.0	5.5	3.3	13.6	5.2	7.5	8.4	6.6	4.0	16.3
	5	4.4	6.0	6.6	5.2	3.4	13.1	5.3	7.2	8.0	6.3	4.1	15.7
40°	2	5.4	7.4	8.0	5.8	3.2	14.9	6.4	8.9	9.6	7.0	3.8	17.9
	3	5.2	7.0	7.5	5.6	3.2	14.2	6.3	8.4	9.0	6.7	3.8	17.0
	4	5.2	6.7	7.0	5.3	3.2	13.4	6.2	8.0	8.4	6.3	3.8	16.1
	5	5.1	6.4	6.7	5.1	3.2	12.9	6.1	7.7	8.0	6.1	3.9	15.5
45°	2	6.3	7.9	8.0	5.6	3.1	14.6	7.6	9.4	9.6	6.7	3.7	17.5
	3	6.1	7.5	7.5	5.4	3.1	13.9	7.4	9.0	9.0	6.4	3.7	16.7
	4	6.0	7.1	7.0	5.1	3.1	13.1	7.2	8.5	8.4	6.1	3.7	15.8
	5	5.8	6.8	6.7	4.9	3.2	12.7	7.0	8.2	8.0	5.9	3.8	15.2
50°	3	6.9	8.0	7.5	5.2	2.9	13.5	8.3	9.6	9.0	6.2	3.5	16.3
	4	6.7	7.5	7.0	4.9	2.9	12.8	8.0	9.0	8.4	5.9	3.5	15.3

屋面"作用时间"的综合负荷温差 Δt_{ω}(℃) **表 2-2-16**

纬度	透明度等级	$\beta=\frac{\alpha_n\rho}{K_{\omega}\nu}$	作用时间(当地太阳时)																							
			0	1	2	3	4	5	6	7	8	9	10	11	12	13	14	15	16	17	18	19	20	21	22	23
北纬20°～27.5°	1～3	0.2～0.3	−7.2	−7.6	−7.9	−8.1	−8.3	−8.5	−7.4	−5.1	−2.4	0.1	2.3	3.6	4.8	5.0	4.6	3.3	1.4	−1.0	−3.4	−5.1	−5.7	−6.2	−6.6	−7.0
		0.3～0.4	−8.9	−9.5	−9.8	−10.1	−10.4	−10.7	−9.2	−5.9	−2.1	1.3	4.4	6.3	7.9	8.2	7.7	5.8	3.1	−0.2	−3.6	−5.9	−6.7	−7.4	−8.0	−8.5
		0.4～0.5	−10.6	−11.3	−11.8	−12.2	−12.6	−12.9	−10.9	−6.8	−1.9	2.5	6.5	8.9	11.0	11.4	10.7	8.3	4.9	0.6	−3.8	−6.7	−7.8	−8.7	−9.4	−10.1
		0.5～0.6	−12.3	−13.2	−13.7	−14.2	−14.7	−15.0	−12.7	−7.6	−1.7	3.7	8.6	11.6	14.1	14.6	13.8	10.8	6.6	1.5	−4.0	−7.5	−8.9	−10.0	−10.9	−11.7
		0.6～0.7	−14.0	−15.0	−15.7	−16.3	−16.8	−17.2	−14.5	−8.4	−1.4	4.9	10.8	14.3	17.2	17.8	16.8	13.3	8.3	2.3	−4.1	−8.4	−9.9	−11.3	−12.3	−13.3
	4～6	0.2～0.3	−6.8	−7.1	−7.3	−7.6	−7.8	−8.0	−7.2	−5.1	−2.7	−0.3	1.7	3.2	4.0	4.4	3.9	2.8	0.8	−1.2	−3.5	−4.7	−5.3	−5.8	−6.2	−6.5
		0.3～0.4	−8.3	−8.8	−9.1	−9.4	−9.7	−9.9	−8.8	−5.9	−2.6	0.8	3.6	5.7	6.9	7.3	6.7	5.1	2.3	−0.5	−3.6	−5.4	−6.2	−6.9	−7.4	−7.9
		0.4～0.5	−9.8	−10.4	−10.8	−11.2	−11.6	−11.9	−10.5	−6.8	−2.5	1.9	5.5	8.2	9.7	10.3	9.5	7.4	3.8	0.2	−3.8	−6.1	−7.2	−8.0	−8.7	−9.3
		0.5～0.6	−11.3	−12.1	−12.6	−13.1	−13.5	−13.8	−12.2	−7.6	−2.4	3.0	7.4	10.6	12.5	13.2	12.3	9.7	5.3	0.9	−4.0	−6.8	−8.1	−9.1	−9.9	−10.7
		0.6～0.7	−12.8	−13.7	−14.3	−14.9	−15.1	−15.8	−13.8	−8.4	−2.3	4.1	9.2	13.1	15.3	16.2	15.0	12.1	6.9	1.6	−4.2	−7.5	−9.0	−10.2	−11.2	−12.1
北纬27.5°～37.5°	1～3	0.2～0.3	−7.3	−7.6	−7.9	−8.1	−8.3	−8.5	−7.2	−4.9	−2.3	0.0	2.2	3.7	4.6	4.9	4.6	3.2	1.4	−0.8	−3.2	−5.1	−5.7	−6.2	−6.6	−7.0
		0.3～0.4	−9.0	−9.5	−9.8	−10.2	−10.5	−10.7	−8.9	−5.6	−2.1	1.2	4.3	6.3	7.6	8.1	7.6	5.7	3.2	0.1	−3.3	−5.9	−6.8	−7.5	−8.1	−8.6
		0.4～0.5	−10.8	−11.4	−11.8	−12.2	−12.6	−12.9	−10.6	−6.4	−1.8	2.5	6.4	9.0	10.7	11.2	10.6	8.2	4.9	1.0	−3.4	−6.7	−7.8	−8.7	−9.5	−10.2
		0.5～0.6	−12.4	−13.2	−13.8	−14.3	−14.7	−15.1	−12.3	−7.2	−1.5	3.8	8.5	11.7	13.7	14.4	13.6	10.7	6.7	1.8	−3.5	−7.6	−8.9	−10.0	−10.9	−11.8
		0.6～0.7	−14.1	−15.1	−15.7	−16.3	−16.9	−17.3	−13.9	−7.9	−1.2	4.9	10.6	14.4	16.7	17.5	16.6	13.2	8.5	2.7	−3.6	−8.4	−10.0	−11.3	−12.4	−13.1
	4～6	0.2～0.3	−0.8	−7.1	−7.4	−7.6	−7.8	−8.0	−7.0	−5.0	−2.7	−0.2	1.7	3.1	3.9	4.2	3.9	2.8	0.8	−1.1	−3.3	−4.8	−5.3	−5.8	−6.2	−6.5
		0.3～0.4	−8.3	−8.8	−9.1	−9.4	−9.7	−9.9	−8.5	−5.7	−2.5	0.9	3.5	5.5	6.7	7.1	6.6	5.1	2.4	−0.4	−3.4	−5.5	−6.3	−6.9	−7.5	−7.9
		0.4～0.5	−9.8	−10.5	−10.9	−11.3	−11.6	−11.9	−10.1	−6.5	−2.4	2.0	5.4	7.9	9.4	10.0	9.4	7.4	3.9	0.4	−3.5	−6.2	−7.2	−8.0	−8.7	−9.3
		0.5～0.6	−11.3	−12.1	−12.6	−13.1	−13.6	−13.9	−11.7	−7.3	−2.2	3.1	7.3	10.4	12.2	12.9	12.1	9.7	5.5	1.1	−3.6	−6.7	−8.1	−9.1	−10.0	−10.8
		0.6～0.7	−12.8	−13.8	−14.4	−15.0	−15.5	−15.9	−13.3	−8.1	−2.1	4.2	9.1	12.8	15.0	15.8	14.8	12.0	7.0	1.9	−3.7	−7.6	−9.0	−10.3	−11.3	−12.2
北纬37.5°～50°	1～3	0.2～0.3	−7.2	−7.6	−7.9	−8.1	−8.3	−8.5	−6.7	−4.5	−2.2	−0.1	1.9	3.3	4.2	4.5	4.2	3.0	1.4	−0.5	−2.8	−5.0	−5.7	−6.2	−6.6	−6.9
		0.3～0.4	−8.9	−9.4	−9.8	−10.1	−10.4	−10.7	−8.2	−5.2	−1.9	1.1	3.9	5.8	7.0	7.5	7.0	5.4	3.2	0.4	−2.7	−5.9	−6.7	−7.4	−8.0	−8.5
		0.4～0.5	−10.6	−11.3	−11.7	−12.2	−12.5	−12.9	−9.7	−5.8	−1.6	2.3	5.9	8.3	9.9	10.4	9.9	7.8	4.9	1.4	−2.6	−6.7	−7.8	−8.7	−9.4	−10.1
		0.5～0.6	−12.3	−13.1	−13.7	−14.2	−14.7	−15.0	−11.7	−6.4	−1.2	3.5	7.8	10.8	12.7	13.4	12.7	10.2	6.7	2.4	−2.5	−7.5	−8.8	−9.9	−10.9	−11.7
		0.6～0.7	−14.0	−15.0	−15.6	−16.2	−16.8	−17.2	−12.7	−7.0	−0.9	4.7	9.8	13.4	15.6	16.4	15.6	12.7	8.5	3.4	−2.4	−8.3	−9.9	−11.2	−12.3	−13.3
	4～6	0.2～0.3	−6.7	−7.2	−7.5	−7.7	−7.9	−8.0	−6.5	−5.1	−2.4	−0.3	1.5	2.8	3.7	4.0	3.6	2.7	1.0	−0.8	−2.8	−4.8	−5.4	−5.9	−6.2	−6.6
		0.3～0.4	−8.4	−8.9	−9.2	−9.6	−9.8	−10.1	−7.9	−6.0	−2.2	0.8	3.3	5.2	6.4	6.7	6.3	4.9	2.6	0.1	−2.7	−5.5	−6.3	−7.0	−7.5	−8.0
		0.4～0.5	−9.9	−10.6	−11.0	−11.4	−11.8	−12.1	−9.3	−6.8	−2.0	1.9	5.1	7.5	9.1	9.5	9.0	7.2	4.2	0.9	−2.6	−6.2	−7.3	−8.1	−8.8	−9.5
		0.5～0.6	−11.5	−12.3	−12.8	−13.3	−13.7	−14.1	−10.7	−7.6	−1.8	3.0	6.9	9.8	11.8	12.3	11.6	9.4	5.8	1.8	−2.5	−7.0	−8.2	−9.3	−10.1	−10.9
		0.6～0.7	−13.0	−14.0	−14.6	−15.2	−15.7	−16.1	−12.1	−8.5	−1.6	4.1	8.7	12.2	14.5	15.1	14.3	11.7	7.4	2.7	−2.4	−7.7	−9.2	−10.4	−11.4	−12.3

外墙“作用时间”的综合负荷温差 Δt_w（℃） 表 2-2-17

纬度		北纬 20°～27.5°							
$\beta=\frac{\alpha_n\rho}{K_w\nu}$	作用时间	朝向							
		S	SE	E	NE	N	NW	W	SW
0.2～0.3	0	−1.5	−2.2	−2.7	−2.4	−1.7	−2.1	−2.3	−2.0
	1	−1.8	−2.5	−3.0	−2.7	−2.0	−2.5	−2.7	−2.4
	2	−2.0	−2.7	−3.2	−2.9	−2.1	−2.7	−2.9	−2.6
	3	−2.1	−2.9	−3.4	−3.1	−2.3	−2.9	−3.2	−2.8
	4	−2.3	−3.1	−3.5	−3.2	−2.5	−3.1	−3.3	−2.9
	5	−2.4	−3.2	−3.7	−3.4	−2.6	−3.2	−3.5	−3.1
	6	−2.0	−1.7	−1.0	−0.8	−1.4	−2.8	−3.1	−2.7
	7	−1.2	0.7	2.5	2.2	−0.2	−2.0	−2.3	−1.9
	8	−0.4	2.4	4.4	3.6	0.4	−1.2	−1.5	−1.1
	9	0.4	3.6	5.2	4.1	0.7	−0.5	−0.8	−0.3
	10	1.3	3.8	4.8	3.6	1.0	0.1	−0.2	0.3
	11	2.2	3.4	3.5	2.6	1.5	0.7	0.4	0.9
	12	2.8	2.4	1.8	1.9	1.9	1.1	0.8	1.7
	13	3.0	2.2	2.0	2.1	2.2	2.6	3.3	3.5
	14	2.8	2.2	1.9	2.1	2.3	4.3	5.4	4.8
	15	2.5	2.0	1.7	1.9	2.5	5.7	6.8	5.5
	16	2.0	1.5	1.2	1.3	2.6	6.0	6.9	5.0
	17	1.5	1.0	0.6	0.8	2.5	5.4	5.9	3.9
	18	0.7	0.2	−0.2	0.0	1.4	2.7	2.7	1.6
	19	0.0	−0.6	−1.0	−0.8	−0.1	−0.2	−0.3	−0.2
	20	−0.5	−1.1	−1.5	−1.3	−0.6	−0.8	−0.9	−0.7
	21	−0.8	−1.5	−1.9	−1.6	−0.9	−1.2	−1.4	−1.2
	22	−1.1	−1.8	−2.2	−1.9	−1.2	−1.5	−1.7	−1.5
	23	−1.3	−2.0	−2.5	−2.2	−1.5	−1.9	−2.1	−1.8
0.3～0.4	0	−2.0	−3.0	−3.6	−3.2	−2.2	−2.8	−3.1	−2.7
	1	−2.4	−3.4	−4.0	−3.6	−2.6	−3.3	−3.6	−3.1
	2	−2.6	−3.6	−4.2	−3.8	−2.9	−3.6	−3.9	−3.4
	3	−2.9	−3.9	−4.5	−4.1	−3.1	−3.8	−4.2	−3.7
	4	−3.1	−4.1	−4.7	−4.3	−3.3	−4.1	−4.5	−4.0
	5	−3.2	−4.3	−4.9	−4.5	−3.5	−4.3	−4.7	−4.3
	6	−2.6	−2.4	−1.3	−1.0	−1.9	−3.7	−4.1	−3.6
	7	−1.5	0.9	3.4	3.0	−0.2	−2.7	−3.1	−2.5
	8	−0.5	3.3	5.9	4.8	0.5	−1.7	−2.1	−1.5
	9	0.6	4.8	7.0	5.5	0.9	−0.6	−1.0	−0.4
	10	1.7	5.1	6.3	4.8	1.3	0.2	−0.2	0.4
	11	2.9	4.5	4.7	3.5	2.1	1.0	0.5	1.2
	12	3.7	3.2	2.4	2.5	2.6	1.5	1.1	2.3
	13	4.0	2.9	2.6	2.8	3.0	3.4	4.3	4.7
	14	3.7	2.9	2.6	2.8	3.1	5.8	7.2	6.5
	15	3.3	2.7	2.3	2.5	3.4	7.5	9.1	7.3
	16	2.6	2.0	1.5	1.8	3.5	7.9	9.2	6.6
	17	2.0	1.3	0.8	1.1	3.4	7.2	7.8	5.1
	18	1.0	0.2	−0.3	0.0	1.8	3.6	3.6	2.1
	19	0.0	−0.9	−1.4	−1.1	−0.2	−0.3	−0.4	−0.3
	20	−0.6	−1.5	−2.0	−1.7	−0.8	−1.0	−1.2	−1.0
	21	−1.1	−2.0	−2.5	−2.2	−1.2	−1.6	−1.8	−1.5
	22	−1.4	−2.4	−2.9	−2.6	−1.6	−2.1	−2.3	−2.0
	23	−1.8	−2.7	−3.3	−2.9	−2.0	−2.5	−2.8	−2.4

续表

纬　度		北纬 20°～27.5°							
$\beta=\frac{\alpha_n \rho}{K_w \nu}$	作用时间	朝　向							
		S	SE	E	NE	N	NW	W	SW
0.4～0.5	0	−2.5	−3.7	−4.5	−4.0	−2.8	−3.5	−3.9	−3.4
	1	−3.0	−4.2	−5.0	−4.5	−3.3	−4.1	−4.5	−3.9
	2	−3.3	−4.5	−5.3	−4.8	−3.6	−4.4	−4.9	−4.3
	3	−3.6	−4.8	−5.6	−5.1	−3.9	−4.8	−5.3	−4.6
	4	−3.8	−5.1	−5.9	−5.4	−4.2	−5.1	−5.6	−4.9
	5	−4.0	−5.3	−6.1	−5.6	−4.4	−5.4	−5.8	−5.2
	6	−3.3	−2.8	−1.6	−1.3	−2.3	−4.7	−5.2	−4.5
	7	−1.9	1.2	4.2	3.7	−0.3	−3.4	−3.9	−3.1
	8	−0.6	4.2	7.3	6.1	0.7	−2.1	−2.6	−1.8
	9	0.7	6.0	8.7	6.8	1.2	−0.8	−1.3	−0.5
	10	2.1	6.4	7.9	6.0	1.6	0.2	−0.3	0.5
	11	3.7	5.7	5.9	4.4	2.6	1.2	0.7	1.5
	12	4.6	4.0	3.0	3.1	3.2	1.8	1.3	2.9
	13	5.0	3.7	3.3	3.5	3.7	4.3	5.4	5.9
	14	4.6	3.7	3.2	3.5	3.9	7.2	9.0	8.1
	15	4.1	3.4	2.9	3.1	4.2	9.4	11.4	9.1
	16	3.3	2.5	1.9	2.2	4.3	9.9	11.5	8.3
	17	2.5	1.6	1.1	1.4	4.2	8.9	9.8	6.4
	18	1.2	0.3	−0.4	0.0	2.3	4.4	4.5	2.7
	19	−0.1	−1.1	−1.7	−1.3	−0.2	−0.4	−0.5	−0.4
	20	−0.8	−1.8	−2.5	−2.1	−1.0	−1.3	−1.5	−1.2
	21	−1.3	−2.5	−3.2	−2.7	−1.6	2.0	−2.3	−1.9
	22	−1.8	−3.0	−3.7	−3.2	−2.0	−2.0	−2.9	−2.5
	23	−2.2	−3.4	−4.2	−3.7	−2.5	−3.1	−3.5	−3.0
0.5～0.6	0	−3.0	−4.4	−5.4	−4.8	−3.4	−4.2	−4.6	−4.0
	1	−3.6	−5.0	−6.0	−5.4	−4.0	−5.0	−5.4	−4.8
	2	−4.0	−5.4	−6.4	−5.8	−4.1	−5.4	−5.8	−5.2
	3	−4.2	−5.8	−6.8	−6.2	−4.6	−5.8	−6.4	−5.6
	4	−4.6	−6.2	−7.0	−6.4	−5.0	−6.2	−6.6	−5.8
	5	−4.8	−6.4	−7.4	−6.8	−5.2	−6.4	−7.0	−6.2
	6	−4.0	−3.4	−2.0	−1.6	−2.8	−5.6	−6.2	−5.4
	7	−2.4	1.4	5.0	4.4	−0.4	−4.0	−4.6	−3.8
	8	−0.8	4.8	8.8	7.2	0.8	−2.4	−2.6	−2.2
	9	0.8	7.2	10.4	8.2	1.4	−1.0	−1.6	−0.6
	10	2.6	7.6	9.6	7.2	2.0	0.2	−0.4	0.3
	11	4.4	6.8	7.0	5.2	3.0	1.4	0.8	1.8
	12	5.6	4.8	3.6	3.8	3.8	2.2	1.6	3.4
	13	6.0	4.4	4.0	4.2	4.4	5.2	6.6	7.0
	14	5.6	4.4	3.8	4.2	4.6	8.6	10.8	9.6
	15	5.0	4.0	3.4	3.8	5.0	11.4	13.6	11.0
	16	4.0	3.0	2.4	2.6	5.2	12.0	13.8	10.0
	17	3.0	2.0	1.2	1.6	5.0	10.8	11.8	7.8
	18	1.4	0.4	−0.4	0.0	2.8	5.4	5.4	3.2
	19	0.0	−1.2	−2.0	−1.6	−0.2	−0.4	−0.6	−0.4
	20	−1.0	−2.2	−3.0	−2.6	−1.2	−1.6	−1.8	−1.4
	21	−1.6	−3.0	−3.8	−3.2	−1.8	−2.4	−2.8	−2.4
	22	−2.2	−3.6	−4.4	−3.8	−2.4	−3.0	−3.4	−3.0
	23	−2.6	−4.0	−5.0	−4.4	−3.0	−3.8	−4.1	−3.6

续表

纬度		北纬 20°～27.5°							
$\beta=\frac{\alpha_n\rho}{K_w\nu}$	作用时间	朝向							
		S	SE	E	NE	N	NW	W	SW
0.6～0.7	0	−3.5	−5.2	−6.3	−5.6	−3.9	−4.9	−5.4	−4.7
	1	−4.2	−5.9	−7.0	−6.3	−4.6	−5.8	−6.3	−5.5
	2	−4.6	−6.3	−7.4	−6.7	−5.0	−6.3	−6.8	−6.0
	3	−5.0	−6.8	−7.9	−7.2	−5.4	−6.7	−7.4	−6.5
	4	−5.4	−7.2	−8.2	−7.5	−5.8	−7.2	−7.8	−6.9
	5	−5.6	−7.5	−8.6	−7.9	−6.1	−7.5	−8.2	−7.4
	6	−4.6	−4.1	−2.3	−1.8	−3.1	−6.5	−7.2	−6.3
	7	−2.7	1.6	5.9	5.2	−0.4	−4.7	−5.4	−4.4
	8	−0.9	5.7	10.1	8.4	0.9	−2.9	−3.6	−2.6
	9	1.0	8.4	12.2	9.6	1.6	−1.1	−1.8	−0.7
	10	3.0	8.9	11.1	8.4	2.3	0.3	−0.4	0.7
	11	5.1	7.9	8.2	6.1	3.6	1.7	0.9	2.1
	12	6.5	5.6	4.2	4.4	4.5	2.6	1.9	4.0
	13	7.0	5.1	4.6	4.9	5.2	6.0	7.6	8.2
	14	6.5	5.1	4.5	4.9	5.4	10.1	12.6	11.3
	15	5.8	4.7	4.0	4.4	5.9	13.2	15.9	12.8
	16	4.6	3.5	2.7	3.1	6.1	13.9	16.1	11.6
	17	3.5	2.3	1.4	1.9	5.9	12.6	13.7	9.0
	18	1.7	0.4	−0.5	0.0	3.2	6.3	6.3	3.7
	19	0.0	−1.5	−2.4	−1.9	−0.3	−0.5	−0.7	−0.5
	20	−1.1	−2.6	−3.5	−3.0	−1.4	−1.8	−2.1	−1.7
	21	−1.9	−3.5	−4.4	−3.8	−2.1	−2.8	−3.2	−2.7
	22	−2.5	−4.2	−5.1	−4.5	−3.8	−3.6	−4.0	−3.5
	23	−3.1	−4.7	−5.8	−5.1	−3.5	−4.4	−4.9	−4.2

纬度		北纬 27.5°～37.5°							
$\beta=\frac{\alpha_n\rho}{K_w\nu}$	作用时间	朝向							
		S	SE	E	NE	N	NW	W	SW
0.2～0.3	0	−1.7	−2.4	−2.7	−2.3	−1.6	−2.0	−2.3	−2.1
	1	−2.0	−2.7	−3.0	−2.7	−1.9	−2.4	−2.7	−2.5
	2	−2.2	−2.9	−3.2	−2.8	−2.1	−2.6	−2.9	−2.7
	3	−2.4	−3.1	−3.4	−3.0	−2.3	−2.8	−3.2	−2.9
	4	−2.5	−3.2	−3.6	−3.2	−2.4	−3.0	−3.4	−3.1
	5	−2.6	−3.4	−3.7	−3.3	−2.5	−3.2	−3.5	−3.2
	6	−2.1	−1.5	−0.5	−0.2	−1.1	−2.7	−3.0	−2.7
	7	−1.4	0.8	2.7	2.3	−0.2	−1.9	−2.3	−1.9
	8	−0.6	2.6	4.5	3.5	0.1	−1.2	−1.6	−1.2
	9	0.4	3.8	5.2	3.8	0.4	−0.4	−0.8	−0.5
	10	1.7	4.2	4.7	3.2	1.0	0.2	−0.2	0.1
	11	2.7	3.8	3.5	2.1	1.6	0.8	0.3	0.7
	12	3.4	2.9	1.7	1.8	2.0	1.2	0.7	2.1
	13	3.6	2.1	1.9	2.0	2.3	2.1	3.2	3.9
	14	3.3	2.1	1.9	2.1	2.4	3.9	5.3	5.2
	15	2.6	1.9	1.7	1.9	2.3	5.3	6.8	5.7
	16	1.9	1.4	1.1	1.4	2.3	5.7	6.9	5.2
	17	1.4	0.9	0.6	0.9	2.4	5.4	6.0	4.0
	18	0.7	0.1	−0.2	0.1	1.6	3.2	3.2	1.9
	19	−0.2	−0.8	−1.1	−0.8	−0.1	−0.2	−0.3	−0.3
	20	−0.6	−1.2	−1.5	−1.2	−0.5	−0.7	−0.9	−0.8
	21	−1.0	−1.6	−1.9	−1.6	−0.9	−1.1	−1.4	−1.2
	22	−1.3	−1.9	−2.2	−1.9	−1.2	−1.5	−1.8	−1.6
	23	−1.5	−2.2	−2.5	−2.1	−1.4	−1.8	−2.1	−1.9

续表

纬度		北纬 27.5°～37.5°							
$\beta=\frac{\alpha_n\rho}{K_w\nu}$	作用时间	朝向							
		S	SE	E	NE	N	NW	W	SW
0.3～0.4	0	−2.3	−3.2	−3.6	−3.1	−2.1	−2.7	−3.1	−2.8
	1	−2.7	−3.6	−4.0	−3.6	−2.5	−3.2	−3.6	−3.3
	2	−2.9	−3.9	−4.3	−3.7	−2.8	−3.5	−3.9	−3.6
	3	−3.2	−4.1	−4.5	−4.0	−3.1	−3.7	−4.3	−3.9
	4	−3.3	−4.3	−4.8	−4.3	3.2	−4.0	−4.5	−4.1
	5	−3.5	−4.5	−4.9	−4.4	−3.3	−4.3	−4.7	−4.3
	6	−2.8	−2.0	−0.7	−0.3	−1.5	−3.6	−4.0	−3.6
	7	−1.9	1.1	3.6	3.1	−0.3	−2.5	−3.1	−2.5
	8	−0.8	3.5	6.0	4.7	0.1	−1.6	−2.1	−1.6
	9	0.5	5.1	6.9	5.1	0.5	−0.5	−1.1	−0.7
	10	2.3	5.6	6.3	4.3	1.3	0.3	−0.3	0.2
	11	3.6	5.1	4.7	2.8	2.1	1.1	0.4	0.9
	12	4.5	3.9	2.3	2.4	2.7	1.6	0.9	2.8
	13	4.8	2.8	2.5	2.7	3.1	2.8	4.3	5.2
	14	4.4	2.8	2.5	2.8	3.2	5.2	7.1	6.9
	15	3.5	2.5	2.3	2.5	3.1	7.1	9.1	7.6
	16	2.5	1.9	1.5	1.9	3.1	7.6	9.2	6.9
	17	1.9	1.2	0.8	1.2	3.2	7.2	8.0	5.3
	18	0.9	0.1	−0.3	0.1	2.1	4.3	4.3	2.5
	19	−0.3	−1.1	−1.5	−1.1	−0.1	−0.3	−0.4	−0.4
	20	−0.8	−1.6	−2.0	−1.6	−0.7	−0.9	−1.2	−1.1
	21	−1.3	−2.1	−2.5	−2.1	−1.2	−1.5	−1.9	−1.6
	22	−1.7	−2.5	−2.9	−2.5	−1.6	−2.0	−2.4	−2.1
	23	−2.0	−2.9	−3.3	−2.8	−1.9	−2.4	−2.8	−2.5
0.4～0.5	0	−2.8	−4.0	−4.5	−3.9	−2.7	−3.4	−3.9	−3.6
	1	−3.3	−4.5	−5.1	−4.4	−3.2	−4.0	−4.5	−4.2
	2	−3.6	−4.8	−5.4	−4.7	−3.5	−4.4	−4.9	−4.5
	3	−3.9	−5.1	−5.7	−5.0	−3.8	−4.7	−5.3	−4.9
	4	−4.2	−5.4	−6.0	−5.3	−4.0	−5.0	−5.6	−5.2
	5	−4.4	−5.6	−6.2	−5.5	−4.2	−5.3	−5.9	−5.4
	6	−3.5	−2.6	−0.8	−0.3	−1.9	−4.4	−5.2	−4.6
	7	−2.3	1.3	4.5	3.9	−0.3	−3.2	−3.9	−3.3
	8	−1.0	4.3	7.5	5.9	0.2	−1.9	−2.6	−2.1
	9	0.7	6.4	8.7	6.4	0.7	−0.6	−1.3	−0.8
	10	2.8	7.0	7.9	5.3	1.7	0.4	−0.3	0.2
	11	4.6	6.4	5.8	3.5	2.6	1.3	0.6	1.1
	12	5.6	4.8	2.9	3.1	3.3	1.9	1.2	3.5
	13	6.0	3.5	3.2	3.4	3.8	3.4	5.3	6.5
	14	5.6	3.5	3.2	3.5	4.0	6.4	8.9	8.7
	15	4.3	3.2	2.8	3.2	3.8	8.8	11.3	9.6
	16	3.2	2.3	1.9	2.3	3.8	9.6	11.5	8.6
	17	2.4	1.5	1.1	1.5	4.0	9.0	10.0	6.7
	18	1.1	0.2	−0.3	0.2	2.6	5.3	5.4	3.1
	19	−0.3	−1.3	−1.8	−1.3	−0.1	−0.3	−0.5	−0.5
	20	−1.0	−2.0	−2.6	−2.0	−0.9	−1.2	−1.5	−1.4
	21	−1.6	−2.6	−3.2	−2.6	−1.5	−1.9	−2.3	−2.1
	22	−2.1	−3.2	−2.7	−3.1	−1.9	−2.5	−2.9	−2.7
	23	−2.5	−3.6	−4.1	−3.6	−2.4	−3.0	−3.5	−3.2

纬　度		北纬 27.5°～37.5°							
$\beta=\frac{\alpha_n\rho}{K_w\nu}$	作用时间	朝　向							
		S	SE	E	NE	N	NW	W	SW
0.5～0.6	0	−3.4	−4.8	−5.4	−4.6	−3.2	−4.0	−4.6	−4.2
	1	−4.0	−5.4	−6.0	−5.4	−3.8	−4.8	−5.4	−5.0
	2	−4.4	−5.8	−6.4	−5.6	−4.2	−5.2	−5.8	−5.4
	3	−4.8	−6.2	−6.8	−6.0	−4.6	−5.6	−6.4	−5.8
	4	−5.0	−6.4	−7.2	−6.4	−4.8	−6.0	6.8	−6.2
	5	−5.2	−6.8	−7.4	−6.6	−5.0	−6.4	−7.0	−6.4
	6	−4.2	−3.0	−1.0	−0.4	−2.2	−5.4	−6.0	−5.4
	7	−2.8	1.6	5.4	4.6	−0.4	−3.8	−4.6	−3.8
	8	−1.2	5.2	9.0	7.0	0.2	−2.4	−3.2	−2.4
	9	0.8	7.6	10.4	7.6	0.8	−0.8	−1.6	−1.0
	10	3.4	8.4	9.4	6.4	2.0	0.4	−0.4	0.3
	11	5.4	7.6	7.0	4.2	3.2	1.6	0.6	1.4
	12	6.8	5.8	3.4	3.6	4.0	2.4	1.4	4.2
	13	7.2	4.2	3.8	4.0	4.6	4.2	6.4	7.8
	14	6.6	4.2	3.8	4.2	2.8	7.8	10.6	10.4
	15	5.2	3.8	3.4	3.8	4.6	10.6	13.6	11.4
	16	3.8	2.8	2.2	2.8	4.6	11.4	13.8	10.4
	17	2.8	1.8	1.2	1.8	2.8	10.8	12.0	8.0
	18	1.4	0.2	−0.4	0.2	3.2	6.4	6.4	3.8
	19	−0.4	−1.6	−2.2	−1.6	−0.2	−0.4	−0.6	−0.6
	20	−1.2	−2.4	−3.0	−2.4	−1.0	−1.4	−1.8	−1.6
	21	−2.0	−3.2	3.8	−3.2	−1.8	−2.2	−2.8	−2.4
	22	−2.6	−3.8	−4.4	−3.8	−2.4	−3.0	−3.6	−3.2
	23	−3.0	−4.4	−5.0	−4.2	−2.8	−3.6	−4.2	−3.6
0.6～0.7	0	−3.9	−5.6	−6.3	−5.4	−3.7	−4.7	−5.4	−4.9
	1	−4.7	−6.3	−7.0	−6.2	−4.4	−5.6	−6.3	−5.8
	2	−5.1	−6.8	−7.5	−6.6	−4.9	−6.1	−6.8	−6.3
	3	−5.6	−7.2	−7.9	−7.0	−5.4	−6.5	−7.5	−6.8
	4	−5.8	−7.5	−8.4	−7.5	−5.6	−7.0	−7.9	−7.2
	5	−6.1	−7.9	−8.6	−7.7	−5.8	−7.5	−8.2	−7.5
	6	−4.9	−3.5	−1.2	−0.5	−2.6	−6.3	−7.0	−6.3
	7	−3.3	1.9	6.3	5.4	−0.5	−4.4	−5.4	−4.4
	8	−1.4	6.1	10.5	8.2	0.2	−2.8	−3.7	−2.8
	9	0.9	8.9	12.1	8.9	0.9	−0.9	−1.9	−1.2
	10	4.0	9.8	11.0	7.5	2.3	0.5	−0.5	0.3
	11	6.3	8.9	8.2	10.4	3.7	1.9	0.7	1.6
	12	7.9	6.8	4.0	4.2	4.7	2.8	1.6	4.9
	13	8.4	4.9	4.4	4.7	5.4	4.9	7.5	9.1
	14	7.7	4.9	4.4	4.9	5.6	9.1	12.4	12.1
	15	6.1	4.4	4.0	3.4	5.4	12.4	15.9	13.3
	16	4.4	3.3	2.6	3.3	5.4	13.3	16.1	12.1
	17	3.3	2.1	1.4	2.1	5.6	12.6	14.0	9.3
	18	1.6	0.2	−0.5	0.2	3.7	7.5	7.5	4.4
	19	−0.5	−1.9	−2.6	−1.9	−0.2	−0.5	−0.7	−0.7
	20	−1.4	−2.8	−3.5	−2.8	−1.2	−1.6	−2.1	−1.9
	21	−2.3	−3.7	−4.4	−3.7	2.1	−2.6	−3.3	−2.8
	22	−3.0	−4.4	−5.1	−4.4	−2.8	−3.5	−4.2	−3.7
	23	−3.5	−5.1	−5.8	−4.9	−3.3	−4.2	−4.9	−4.4

续表

纬度		北纬37.5°～50°							
$\beta=\frac{\alpha_n\rho}{K_w\nu}$	作用时间	朝向							
		S	SE	E	NE	N	NW	W	SW
0.2～0.3	0	−2.2	−2.7	−2.9	−2.3	−1.5	−1.9	−2.4	−2.4
	1	−2.5	−3.1	−3.2	−2.6	−1.8	−2.3	−2.8	−2.8
	2	−2.6	−3.2	−3.4	−2.8	−2.0	−2.5	−3.1	−3.0
	3	−2.9	−3.4	−3.6	−3.0	−2.2	−2.8	−3.3	−3.2
	4	−3.0	−3.6	−3.8	−3.1	−2.3	−2.9	−3.5	−3.4
	5	−3.2	−3.7	−3.9	−3.2	−2.5	−3.1	−3.7	−3.6
	6	−2.5	−1.0	1.1	1.3	−0.5	−2.5	−2.6	−2.5
	7	−1.9	1.4	3.7	3.1	−0.3	−1.9	−2.5	−2.3
	8	−1.0	3.2	5.0	3.6	−0.4	−1.1	−1.8	−1.7
	9	0.9	4.6	5.5	3.3	0.4	−0.5	−1.1	−1.0
	10	2.5	5.0	4.8	2.2	1.0	0.1	−0.5	−0.4
	11	3.8	4.7	3.4	1.3	1.4	0.6	0.0	0.5
	12	4.6	3.8	1.6	1.7	1.9	1.0	0.4	2.8
	13	4.7	2.2	1.7	1.9	2.2	1.3	2.9	4.6
	14	4.4	1.9	1.7	1.9	2.3	2.8	5.2	5.9
	15	3.4	1.6	1.4	1.7	2.2	4.6	6.8	6.4
	16	1.9	1.1	0.9	1.3	1.7	5.6	7.3	5.9
	17	1.2	0.7	0.5	0.9	2.2	5.8	6.9	4.7
	18	0.5	0.0	−0.2	0.2	2.1	4.6	4.9	2.7
	19	−0.5	−1.0	−1.2	−0.7	0.0	−0.1	−0.3	−0.4
	20	−1.0	−1.6	−1.7	−1.2	−0.5	−0.7	−0.9	−1.0
	21	−1.3	−1.9	−2.1	−1.6	−0.8	−1.1	−1.4	−1.4
	22	−1.7	−2.2	−2.4	−1.9	−1.1	−1.4	−1.8	−1.8
	23	−1.9	−2.5	−2.7	−2.1	−1.3	−1.7	−2.1	−2.1
0.3～0.4	0	−2.9	−3.6	−3.8	−3.0	−2.0	−2.6	−3.2	−3.2
	1	−3.3	−4.1	−4.2	−3.4	−2.4	−3.1	−3.8	−3.7
	2	−3.5	−4.3	−4.6	−3.7	−2.6	−3.4	−4.1	−4.0
	3	−3.8	−4.6	−4.8	−4.0	−2.9	−3.7	−4.4	−4.3
	4	−4.0	−4.8	−5.0	−4.2	−3.1	−3.9	−4.6	−4.6
	5	−4.2	−5.0	−5.2	−4.3	−3.4	−4.2	−4.9	−4.8
	6	−3.4	−1.3	1.4	1.8	−0.7	−3.3	−4.1	−4.0
	7	−2.5	1.8	5.0	4.1	−0.4	−2.5	−3.3	−3.1
	8	−1.3	4.3	6.7	4.8	−0.5	−1.5	−2.4	−2.2
	9	1.2	6.1	7.3	4.4	0.5	−0.6	−1.4	−1.3
	10	3.4	6.5	6.3	3.0	1.3	0.2	−0.7	−0.6
	11	5.0	6.2	4.6	1.8	1.9	0.8	−0.1	0.6
	12	6.1	5.0	2.1	2.2	2.5	1.4	0.5	3.7
	13	6.3	2.9	2.2	2.5	2.9	1.8	3.9	6.2
	14	5.8	2.5	2.2	2.6	3.0	3.8	7.0	7.9
	15	4.6	2.2	1.7	2.3	2.9	6.1	9.1	8.6
	16	2.5	1.4	1.2	1.7	2.3	7.4	9.8	7.9
	17	1.6	0.9	0.6	1.2	2.9	7.7	9.2	6.3
	18	0.7	−0.1	−0.2	0.3	2.8	6.2	6.6	3.6
	19	−0.6	−1.4	−1.6	−1.0	0.0	−0.2	−0.4	−0.6
	20	−1.3	−2.1	−2.2	−1.6	−0.6	−0.9	−1.2	−1.3
	21	−1.8	−2.6	−2.8	−2.1	−1.0	−1.4	−1.8	−1.9
	22	−2.2	−3.0	−3.2	−2.5	−1.4	−1.9	−2.4	−2.4
	23	−2.6	−3.4	−3.6	−2.8	−1.8	−2.3	−2.9	−2.9

续表

纬度		北纬 37.5°～50°							
$\beta=\frac{\alpha_n\rho}{K_w\nu}$	作用时间	朝向							
		S	SE	E	NE	N	NW	W	SW
0.4～0.5	0	−3.6	−4.5	−4.8	−3.8	−2.5	−3.2	−4.0	−4.0
	1	−4.1	−5.1	−5.3	−4.3	−3.0	−3.9	−4.7	−4.6
	2	−4.4	−5.4	−5.7	−4.6	−3.3	−4.2	−5.1	−5.0
	3	−4.8	−5.7	−6.0	−5.0	−3.6	−4.6	−5.5	−5.4
	4	−5.0	−6.0	−6.3	−5.2	−3.9	−4.9	−5.8	−5.7
	5	−5.3	−6.2	−6.5	−5.4	−4.2	−5.2	−6.1	−6.0
	6	−4.2	−1.6	1.8	2.2	−0.9	−4.1	−5.1	−5.0
	7	−3.1	2.3	6.2	5.1	−0.5	−3.1	−4.1	−3.9
	8	−1.6	5.4	8.4	6.0	−0.6	−1.9	−3.0	−2.8
	9	1.5	7.6	9.1	5.5	0.6	−0.8	−1.8	−1.6
	10	4.2	8.3	8.0	3.7	1.6	0.2	−0.9	−0.7
	11	6.3	7.8	5.7	2.2	2.4	1.0	−0.1	0.8
	12	7.6	6.3	2.6	2.8	3.1	1.7	0.6	4.6
	13	7.9	3.6	2.8	3.1	3.6	2.2	4.9	7.7
	14	7.3	3.1	2.8	3.2	3.8	4.7	8.7	9.9
	15	5.7	2.7	2.4	2.9	3.6	7.6	11.4	10.7
	16	3.1	1.8	1.5	2.1	2.9	9.3	12.2	9.9
	17	2.0	1.1	0.8	1.5	3.6	9.6	11.5	7.9
	18	0.9	−0.1	−0.3	0.4	3.5	7.7	8.2	4.5
	19	−0.8	−1.7	−2.0	−1.2	0.0	−0.2	−0.5	−0.7
	20	−1.6	−2.6	−2.8	−2.0	−0.8	−1.1	−1.5	−1.6
	21	−2.2	−3.2	−3.5	−2.6	−1.3	−1.8	−2.3	−2.4
	22	−2.8	−3.7	−4.0	−3.1	−1.8	−2.4	−3.0	−3.0
	23	−3.2	−4.2	−4.5	−3.5	−2.2	−2.9	−3.6	−3.6
0.5～0.6	0	−4.4	−5.4	−5.8	−4.6	−3.0	−3.8	−4.8	−4.8
	1	−5.0	−6.2	−6.2	−5.2	−3.6	−4.6	−5.6	−5.6
	2	−5.2	−6.4	−6.8	−5.6	−4.0	−5.0	−6.2	−6.0
	3	−5.8	−6.8	−7.2	−6.0	−4.4	−5.6	−6.6	−6.4
	4	−6.0	−7.2	−7.6	−6.2	−4.6	−5.8	−7.0	−6.8
	5	−6.4	−7.4	−7.8	−6.4	−5.0	−6.2	−7.4	−7.2
	6	−5.0	−2.0	2.2	2.6	−1.0	−5.0	−5.2	−5.0
	7	−3.8	2.8	7.4	6.2	−0.6	−3.8	−5.0	−4.6
	8	−2.0	6.4	10.0	7.2	−0.8	−2.2	−3.6	−3.4
	9	1.8	9.2	11.0	6.6	0.8	−1.0	−2.2	−2.0
	10	5.0	10.0	9.6	4.4	2.0	0.2	−1.0	−0.8
	11	7.6	9.4	6.8	2.6	2.8	1.2	−0.1	1.0
	12	9.2	7.6	3.2	3.4	3.8	2.0	0.8	5.6
	13	9.4	4.4	3.4	3.8	4.4	2.6	5.8	9.2
	14	8.8	3.8	3.4	3.8	4.6	5.6	10.4	11.8
	15	6.8	3.2	2.8	3.4	4.4	9.2	13.6	12.8
	16	3.8	2.2	1.8	2.6	3.4	11.2	14.6	11.8
	17	2.4	1.4	1.0	1.8	4.4	11.6	13.8	9.4
	18	1.0	−0.1	−0.4	0.4	4.2	9.2	9.8	5.4
	19	−1.0	−2.0	−2.4	−1.4	0.0	−0.2	−0.6	−0.8
	20	−2.0	−3.2	−3.4	−2.4	−1.0	−1.4	−1.8	−2.0
	21	−2.6	−3.8	−4.1	−3.2	−1.6	−2.2	−2.8	−2.8
	22	−3.4	−4.4	−4.8	−3.8	−2.2	−2.8	−3.6	−3.6
	23	−3.8	−5.0	−5.4	−4.2	−2.6	−3.4	−4.1	−4.1

续表

纬度		北纬 37.5°～50°							
$\beta=\frac{\alpha_n\rho}{K_w\nu}$	作用时间	朝向							
		S	SE	E	NE	N	NW	W	SW
0.6～0.7	0	−5.1	−6.3	−6.6	−5.3	−3.5	−4.5	−5.6	−5.6
	1	−5.8	−7.2	−7.4	−6.0	−4.2	−5.4	−6.6	−6.5
	2	−6.2	−7.5	−8.0	−6.5	−4.6	−5.9	−7.2	−7.0
	3	−6.7	−8.0	−8.4	−7.0	−5.1	−6.5	−7.7	−7.5
	4	−7.0	−8.4	−8.8	−7.3	−5.4	−6.8	−8.1	−8.0
	5	−7.4	−8.7	−9.1	−7.5	−5.9	−7.3	−8.6	−8.4
	6	−5.9	−2.3	2.5	3.1	−1.2	−5.8	−6.7	−6.5
	7	−4.4	3.2	8.7	7.2	−0.7	−4.4	−5.8	−5.4
	8	−2.3	7.5	11.7	8.4	−0.9	−2.6	−4.4	−3.9
	9	2.1	10.7	12.8	7.7	0.9	−1.1	−2.5	−2.3
	10	5.9	11.5	11.1	5.2	2.3	0.3	−1.2	−1.0
	11	8.8	10.9	8.0	3.1	3.3	1.4	−0.1	1.1
	12	10.7	8.8	3.7	3.9	4.4	2.4	0.9	6.5
	13	11.0	5.1	3.9	4.4	5.1	3.1	6.8	10.8
	14	10.2	4.4	3.9	4.5	5.3	6.6	12.2	13.8
	15	8.0	3.8	3.1	4.0	5.1	10.7	15.9	15.0
	16	4.4	2.5	2.1	3.0	4.0	13.0	17.1	13.8
	17	2.8	1.6	1.1	2.1	5.1	13.5	16.1	11.0
	18	1.2	−0.1	−0.4	0.5	4.9	10.8	11.5	6.3
	19	−1.1	−2.5	−2.8	−1.7	0.0	−0.3	−0.7	−1.0
	20	−2.3	−3.7	−3.9	−2.7	−1.1	−1.6	−2.1	−2.3
	21	−3.1	−4.5	−4.9	−3.7	−1.8	−2.5	−3.2	−3.3
	22	−3.9	−5.2	−5.6	−4.4	−2.5	−3.3	−4.2	−4.2
	23	−4.5	−5.9	−6.3	−4.9	−3.1	−4.0	−5.0	−5.0

屋盖的夏季热工指标（$\alpha_w=18.6$；$\alpha_n=8.7$） 表 2-2-18

序号	构造	保温材料	δ	K_w	$\frac{\alpha_n}{K_w\nu}$	ν	ξ
1	保温屋盖 20 δ 15 1. 防水层加小豆石 2. 水泥砂浆找平层 3. 保温层 4. 隔汽层 5. 承重层 6. 内粉层	加气混凝土	200	0.79	0.31	35.03	10.1
2			170	0.90	0.37	26.68	9.0
3			140	1.02	0.42	20.37	8.0
4			110	1.20	0.47	15.50	7.0
5			90	1.36	0.50	12.8	6.4
6		水泥膨胀珍珠岩	200	0.49	0.33	52.91	10.1
7			150	0.63	0.42	33.51	8.3
8			120	0.74	0.46	25.45	7.3
9			90	0.93	0.50	18.91	6.5
10			70	1.10	0.52	15.15	5.9
11			60	1.22	0.54	13.36	5.7
12			50	1.36	0.55	11.63	5.4
13		沥青膨胀珍珠岩	160	0.49	0.37	47.36	9.3
14			120	0.63	0.44	31.57	7.8
15			90	0.79	0.48	22.96	6.8
16			70	0.94	0.51	18.10	6.2
17			60	1.05	0.52	15.83	5.9
18			50	1.19	0.54	13.65	5.6
19			40	1.24	0.56	11.54	5.3

续表

序号	构　造	保温材料	δ	K_w	$\frac{\alpha_n}{K_w\nu}$	ν	ξ
20	通风屋盖 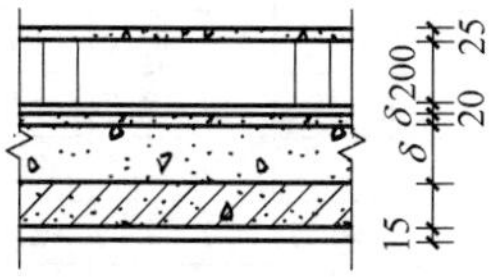 1. 细石混凝土板 2. 通风层 3. 防水层 4. 水泥砂浆找平层 5. 保温层 6. 隔汽层 7. 承重层 8. 石膏板	加气混凝土	200	0.63	0.20	70.15	12.2
21			170	0.70	0.24	53.05	11.2
22			140	0.77	0.28	40.12	10.1
23			110	0.86	0.33	30.30	9.0
24			90	0.94	0.37	25.08	8.3
25		水泥膨胀珍珠岩	200	0.43	0.22	94.82	12.4
26			150	0.52	0.28	59.30	10.6
27			120	0.60	0.33	44.61	9.6
28			90	0.71	0.37	33.14	8.6
29			70	0.81	0.40	26.77	7.9
30			60	0.87	0.42	23.89	7.6
31			50	0.94	0.44	21.19	7.3
32		沥青膨胀珍珠岩	160	0.43	0.25	82.92	11.7
33			120	0.52	0.31	54.55	10.1
34			90	0.63	0.35	39.40	9.0
35			70	0.72	0.39	31.19	8.3
36			60	0.78	0.41	27.51	7.9
37			50	0.86	0.42	24.08	7.5
38			40	0.94	0.44	20.86	7.2
39	吊顶屋盖(一) 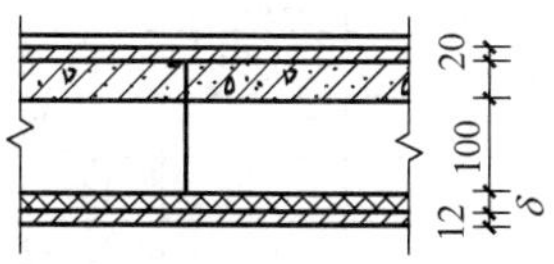 1. 防水层加小豆石 2. 水泥砂浆找平层 3. 屋面板 4. 吊顶空间 5. 保温层 6. 隔汽层 7. 石膏板	脲醛泡沫塑料	80	0.44	0.50	39.83	5.0
40			60	0.53	0.51	31.89	4.9
41			50	0.60	0.51	27.94	4.8
42			40	0.70	0.52	23.99	4.8
43			30	0.83	0.53	20.05	4.7
44		膨胀珍珠岩粉	100	0.44	0.49	40.68	5.7
45			80	0.51	0.50	33.91	5.4
46			60	0.63	0.51	27.35	5.1
47			50	0.70	0.52	24.12	5.0
48			40	0.79	0.53	20.92	4.9
49			30	0.92	0.54	17.74	4.7
50			25	1.00	0.54	16.16	4.7
51		沥青玻璃棉毡	100	0.44	0.49	40.58	5.6
52			80	0.51	0.50	33.86	5.3
53			60	0.63	0.51	27.33	5.1
54			50	0.70	0.52	24.11	5.0
55			40	0.79	0.53	20.91	4.8
56			30	0.92	0.54	17.74	4.7
57			25	1.00	0.54	16.16	4.7

续表

序号	构　造	保温材料	δ	K_w	$\frac{\alpha_n}{K_w\nu}$	ν	ξ
58	吊顶屋盖(一) 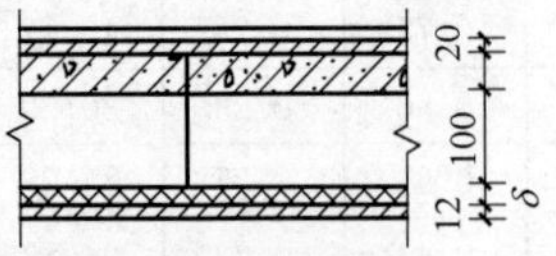 20 100 12 δ 1. 防水层加小豆石 2. 水泥砂浆找平层 3. 屋面板 4. 吊顶空间 5. 保温层 6. 隔汽层 7. 石膏板	膨胀蛭石	120	0.44	0.48	41.59	6.2
59			90	0.53	0.50	32.61	5.6
60			70	0.64	0.51	26.98	5.3
61			60	0.70	0.52	24.24	5.1
62			50	0.78	0.52	21.53	5.0
63			40	0.87	0.53	18.84	4.9
64			30	1.00	0.54	16.18	4.7
65		沥青矿渣棉毡	120	0.44	0.48	42.00	6.3
66			90	0.53	0.50	32.77	5.7
67			70	0.64	0.51	27.06	5.4
68			60	0.70	0.51	24.29	5.2
69			50	0.78	0.52	21.56	5.0
70			40	0.87	0.53	18.86	4.9
71			30	1.00	0.54	16.19	4.7
72	吊顶屋盖(二) 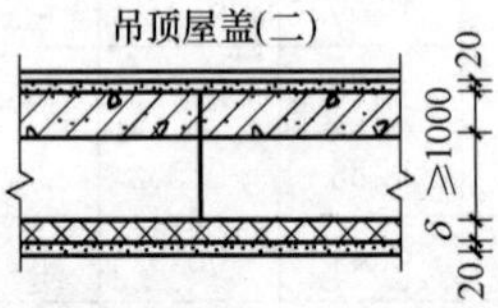 20 ≥1000 δ 20 1. 防水层加小豆石 2. 水泥砂浆找平层 3. 屋面板 4. 吊顶空间 5. 保温层 6. 隔汽层 7. 钢板网抹灰油漆	脲醛泡沫塑料	80	0.44	0.48	41.34	6.0
73			60	0.55	0.49	32.94	5.8
74			50	0.62	0.49	28.77	5.8
75			40	0.71	0.50	24.60	5.7
76			30	0.84	0.51	20.44	5.6
77		膨胀珍珠岩粉	100	0.44	0.47	42.35	6.6
78			80	0.52	0.48	35.16	6.3
79			60	0.64	0.49	28.20	6.0
80			50	0.71	0.49	24.78	5.9
81			40	0.81	0.50	21.39	5.7
82			30	0.94	0.51	18.03	5.6
83			25	1.02	0.52	16.35	5.5
84		沥青玻璃棉毡	100	0.44	0.47	42.24	6.6
85			80	0.52	0.48	35.10	6.3
86			60	0.64	0.49	28.17	6.0
87			50	0.71	0.50	24.76	5.9
88			40	0.81	0.50	21.38	5.7
89			30	0.94	0.51	18.02	5.6
90			25	1.02	0.52	16.35	5.5
91		膨胀蛭石	120	0.44	0.46	43.35	7.1
92			90	0.55	0.47	33.82	6.5
93			70	0.65	0.49	27.84	6.2
94			60	0.71	0.49	24.92	6.0
95			50	0.79	0.50	22.05	5.9
96			40	0.90	0.51	19.20	5.7
97			30	1.02	0.52	16.39	5.6
98		沥青矿棉毡	120	0.44	0.45	43.79	7.2
99			90	0.55	0.47	34.00	6.6
100			70	0.65	0.48	27.93	6.2
101			60	0.71	0.49	24.98	6.1
102			50	0.79	0.50	22.09	5.9
103			40	0.90	0.51	19.23	5.8
104			30	1.02	0.52	16.40	5.6

续表

序号	构造	保温材料	δ	K_w	$\frac{\alpha_n}{K_w \nu}$	ν	ξ
105	吊顶屋盖(三) 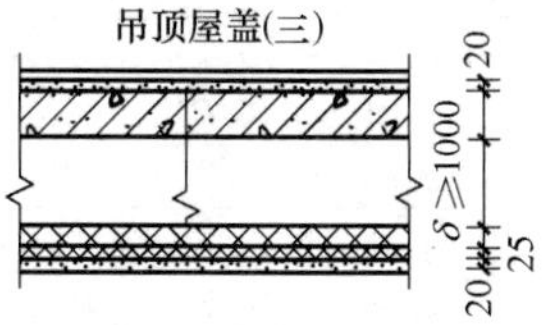 1. 防水层加小豆石 2. 水泥砂浆找平层 3. 屋面板 4. 吊顶空间 5. 保温层 7. 木丝板 8. 钢丝网抹灰油漆	脲醛泡沫塑料	80	0.42	0.44	47.79	7.0
106			60	0.50	0.45	38.59	6.8
107			40	0.64	0.46	29.47	6.6
108			35	0.69	0.47	27.21	6.6
109			25	0.81	0.48	22.69	6.5
110		膨胀珍珠岩粉	95	0.43	0.43	47.30	7.6
111			70	0.52	0.44	37.40	7.2
112			55	0.60	0.45	31.67	6.9
113			40	0.72	0.46	26.05	6.7
114			30	0.83	0.47	22.36	6.6
115			25	0.88	0.48	20.53	6.5
116		沥青玻璃棉毡	95	0.43	0.43	47.16	7.5
117			70	0.52	0.44	37.34	7.1
118			55	0.60	0.45	31.63	6.9
119			40	0.72	0.46	26.03	6.7
120			30	0.83	0.47	22.35	6.5
121			25	0.88	0.48	20.53	6.5
122		膨胀蛭石	115	0.43	0.42	48.98	8.0
123			85	0.52	0.44	38.31	7.5
124			65	0.62	0.45	31.66	7.1
125			50	0.71	0.46	26.86	6.9
126			40	0.79	0.47	23.70	6.7
127			30	0.88	0.48	20.60	6.5
128		沥青矿渣棉毡	115	0.43	0.41	49.56	8.2
129			85	0.52	0.43	38.55	7.6
130			65	0.62	0.45	31.79	7.2
131			50	0.71	0.46	26.92	6.9
132			40	0.79	0.47	23.75	6.7
133			30	0.88	0.48	20.62	6.6

外墙的夏季热工指标（α_w＝18.6；α_n＝8.7） **表 2-2-19**

序号	构造	保温材料	δ	K_w	$\frac{\alpha_n}{K_w \nu}$	ν	ξ
1	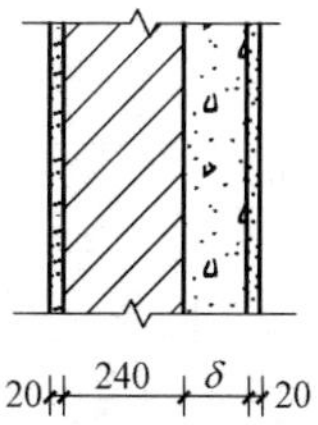 保温外墙(一) 1. 水泥砂浆抹灰加浅色喷浆 2. 砖墙 3. 保温层 4. 内粉刷加油漆	加气混凝土	250	0.59	0.08	177.94	16.8
2			190	0.71	0.12	102.30	14.6
3			150	0.81	0.15	71.25	13.2
4			120	0.93	0.17	54.36	12.2
5			90	1.07	0.20	41.09	11.3
6			70	1.19	0.22	33.61	10.7
7		水泥膨胀珍珠岩	140	0.58	0.16	96.48	12.8
8			110	0.69	0.17	73.05	11.9
9			80	0.84	0.19	53.85	11.0
10			60	0.98	0.21	42.51	10.5
11			50	1.07	0.22	37.14	10.2
12			40	1.17	0.23	31.92	10.0
13		沥青膨胀珍珠岩	160	0.45	0.13	149.03	14.2
14			110	0.59	0.16	89.62	12.3
15			80	0.73	0.19	64.57	11.3
16			65	0.83	0.20	53.64	10.8
17			50	0.95	0.21	43.38	10.4
18			40	1.07	0.22	36.83	10.1

续表

<table>
<tr><th>序号</th><th>构　造</th><th>保温材料</th><th>δ</th><th>K_w</th><th>$\frac{\alpha_n}{K_w\nu}$</th><th>ν</th><th>ξ</th></tr>
<tr><td>19</td><td rowspan="30"> 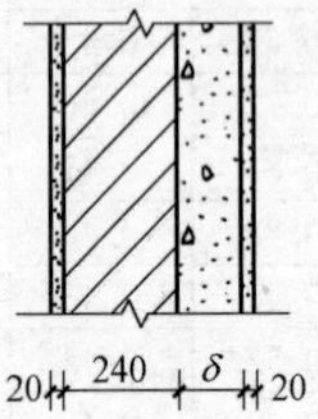保温外墙(二)
1. 外粉刷加浅色喷浆
2. 砖墙
3. 保温层
4. 木丝板
5. 钢板网抹灰加油漆</td><td rowspan="6">沥青矿渣棉毡</td><td>100</td><td>0.48</td><td>0.16</td><td>115.12</td><td>12.3</td></tr>
<tr><td>20</td><td>80</td><td>0.56</td><td>0.17</td><td>94.81</td><td>12.0</td></tr>
<tr><td>21</td><td>70</td><td>0.60</td><td>0.17</td><td>85.01</td><td>11.8</td></tr>
<tr><td>22</td><td>50</td><td>0.73</td><td>0.18</td><td>65.99</td><td>11.4</td></tr>
<tr><td>23</td><td>40</td><td>0.81</td><td>0.19</td><td>56.71</td><td>11.2</td></tr>
<tr><td>24</td><td>30</td><td>0.93</td><td>0.20</td><td>47.59</td><td>11.0</td></tr>
<tr><td>25</td><td rowspan="6">塑料袋装膨胀蛭石</td><td>100</td><td>0.48</td><td>0.16</td><td>114.28</td><td>12.2</td></tr>
<tr><td>26</td><td>80</td><td>0.56</td><td>0.17</td><td>94.35</td><td>11.9</td></tr>
<tr><td>27</td><td>70</td><td>0.60</td><td>0.17</td><td>84.68</td><td>11.7</td></tr>
<tr><td>28</td><td>50</td><td>0.73</td><td>0.18</td><td>65.83</td><td>11.4</td></tr>
<tr><td>29</td><td>40</td><td>0.81</td><td>0.19</td><td>56.61</td><td>11.2</td></tr>
<tr><td>30</td><td>30</td><td>0.93</td><td>0.20</td><td>47.53</td><td>11.0</td></tr>
<tr><td>31</td><td rowspan="6">塑料袋装膨胀珍珠岩粉</td><td>85</td><td>0.48</td><td>0.16</td><td>113.92</td><td>11.9</td></tr>
<tr><td>32</td><td>60</td><td>0.59</td><td>0.17</td><td>85.70</td><td>11.6</td></tr>
<tr><td>33</td><td>50</td><td>0.66</td><td>0.18</td><td>74.58</td><td>11.4</td></tr>
<tr><td>34</td><td>40</td><td>0.74</td><td>0.18</td><td>63.59</td><td>11.3</td></tr>
<tr><td>35</td><td>30</td><td>0.86</td><td>0.19</td><td>52.74</td><td>11.1</td></tr>
<tr><td>36</td><td>25</td><td>0.93</td><td>0.20</td><td>47.37</td><td>11.0</td></tr>
<tr><td>37</td><td rowspan="6">沥青玻璃棉毡</td><td>85</td><td>0.48</td><td>0.16</td><td>114.17</td><td>12.0</td></tr>
<tr><td>38</td><td>60</td><td>0.59</td><td>0.17</td><td>85.60</td><td>11.6</td></tr>
<tr><td>39</td><td>50</td><td>0.66</td><td>0.18</td><td>74.51</td><td>11.4</td></tr>
<tr><td>40</td><td>40</td><td>0.74</td><td>0.18</td><td>63.55</td><td>11.2</td></tr>
<tr><td>41</td><td>30</td><td>0.86</td><td>0.19</td><td>52.71</td><td>11.1</td></tr>
<tr><td>42</td><td>25</td><td>0.93</td><td>0.20</td><td>47.35</td><td>10.9</td></tr>
<tr><td>43</td><td rowspan="6">塑料袋装脲醛泡沫塑料</td><td>70</td><td>0.47</td><td>0.16</td><td>114.40</td><td>11.5</td></tr>
<tr><td>44</td><td>60</td><td>0.51</td><td>0.17</td><td>100.80</td><td>11.4</td></tr>
<tr><td>45</td><td>50</td><td>0.58</td><td>0.17</td><td>87.27</td><td>11.3</td></tr>
<tr><td>46</td><td>35</td><td>0.71</td><td>0.18</td><td>67.10</td><td>11.2</td></tr>
<tr><td>47</td><td>25</td><td>0.84</td><td>0.19</td><td>53.76</td><td>11.0</td></tr>
<tr><td>48</td><td>20</td><td>0.93</td><td>0.20</td><td>47.15</td><td>10.9</td></tr>
<tr><td>49</td><td rowspan="18"> 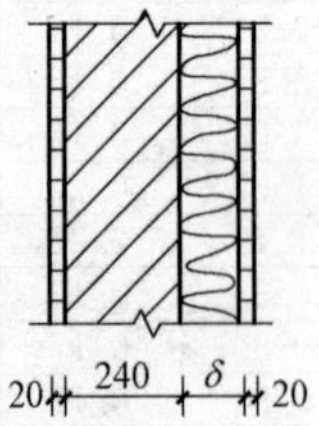保温外墙(三)
1. 外粉刷加浅色喷浆
2. 砖墙
3. 保温层
4. 钢板网抹灰加油漆</td><td rowspan="6">沥青矿渣棉毡</td><td>110</td><td>0.49</td><td>0.17</td><td>106.20</td><td>11.5</td></tr>
<tr><td>50</td><td>80</td><td>0.60</td><td>0.18</td><td>78.82</td><td>10.9</td></tr>
<tr><td>51</td><td>50</td><td>0.83</td><td>0.20</td><td>52.90</td><td>10.4</td></tr>
<tr><td>52</td><td>40</td><td>0.93</td><td>0.21</td><td>44.48</td><td>10.3</td></tr>
<tr><td>53</td><td>30</td><td>1.08</td><td>0.22</td><td>36.17</td><td>10.1</td></tr>
<tr><td>54</td><td>25</td><td>1.17</td><td>0.23</td><td>32.05</td><td>9.9</td></tr>
<tr><td>55</td><td rowspan="6">塑料袋装膨胀蛭石</td><td>110</td><td>0.49</td><td>0.17</td><td>105.47</td><td>11.4</td></tr>
<tr><td>56</td><td>80</td><td>0.60</td><td>0.18</td><td>78.53</td><td>10.9</td></tr>
<tr><td>57</td><td>50</td><td>0.83</td><td>0.20</td><td>52.81</td><td>10.4</td></tr>
<tr><td>58</td><td>40</td><td>0.93</td><td>0.21</td><td>44.42</td><td>10.2</td></tr>
<tr><td>59</td><td>30</td><td>1.08</td><td>0.22</td><td>36.13</td><td>10.1</td></tr>
<tr><td>60</td><td>25</td><td>1.17</td><td>0.23</td><td>32.03</td><td>9.9</td></tr>
<tr><td>61</td><td rowspan="6">塑料袋装膨胀珍珠岩粉</td><td>95</td><td>0.47</td><td>0.17</td><td>107.25</td><td>11.1</td></tr>
<tr><td>62</td><td>70</td><td>0.59</td><td>0.18</td><td>81.22</td><td>10.7</td></tr>
<tr><td>63</td><td>50</td><td>0.73</td><td>0.19</td><td>60.91</td><td>10.4</td></tr>
<tr><td>64</td><td>40</td><td>0.85</td><td>0.20</td><td>50.89</td><td>10.3</td></tr>
<tr><td>65</td><td>30</td><td>0.99</td><td>0.22</td><td>40.97</td><td>10.1</td></tr>
<tr><td>66</td><td>25</td><td>1.08</td><td>0.23</td><td>36.04</td><td>10.0</td></tr>
</table>

续表

序号	构造	保温材料	δ	K_w	$\frac{\alpha_n}{K_w\nu}$	ν	ξ
67	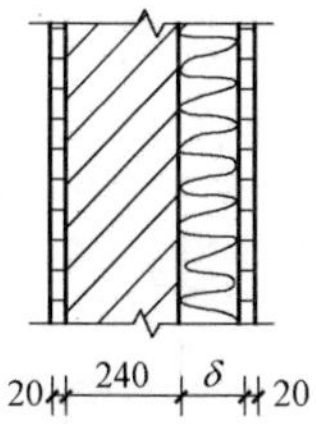 20 240 δ 20 保温外墙(三) 1. 外粉刷加浅色喷浆 2. 砖墙 3. 保温层 4. 钢板网抹灰加油漆	沥青玻璃棉毡	95	0.47	0.17	107.03	11.1
68			70	0.59	0.18	81.13	10.7
69			50	0.73	0.20	60.87	10.4
70			40	0.85	0.20	50.87	10.3
71			30	0.99	0.22	40.95	10.1
72			25	1.08	0.23	36.03	10.0
73		塑料袋装脲醛泡沫塑料	75	0.48	0.18	103.86	10.6
74			65	0.52	0.18	91.40	10.5
75			55	0.59	0.19	78.99	10.4
76			40	0.73	0.20	60.44	10.3
77			30	0.87	0.21	48.13	10.2
78			25	0.97	0.22	42.01	10.1
79	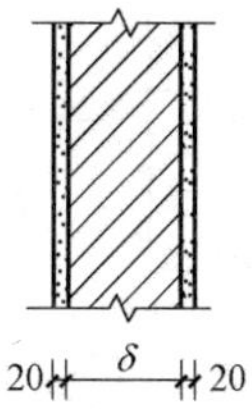 20 δ 20 砖墙 1. 外粉刷 2. 砖墙 3. 内粉刷		370	1.49	0.15	38.6	12.7
80			240	1.94	0.35	12.9	8.5
81	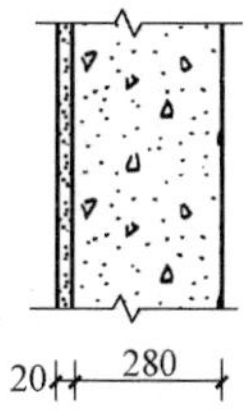 20 280 陶粒页岩混凝土大板 280 1. 外粉刷 2. 陶粒页岩混凝土 3. 大白浆			1.59	0.35	15.8	8.9
82	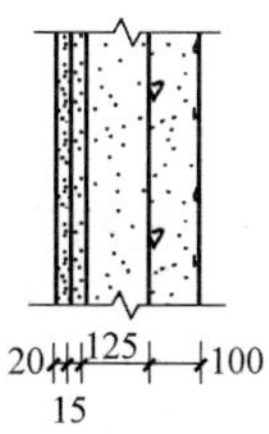 20 125 100 15 混凝土、加气混凝土复合板 240 1. 外粉刷 2. 混凝土 3. 加气混凝土 4. 混凝土、大白浆	加气混凝土		1.30	0.47	14.4	7.1
83	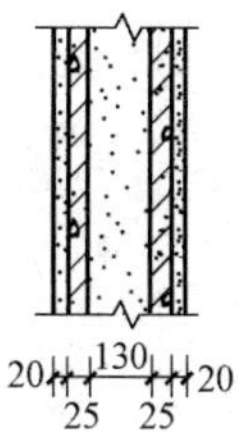 20 130 20 25 25 填泡沫混凝土的钢筋混凝土墙板 180 1. 外粉刷 2. 钢筋混凝土空心板填充泡沫混凝土 3. 内粉刷	泡沫混凝土		1.45	0.60	10.0	6.5

续表

序号	构造	保温材料	δ	K_w	$\frac{\alpha_n}{K_w\nu}$	ν	ξ
84	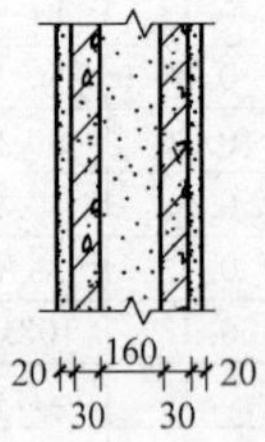 20 30 160 30 20 填泡沫混凝土的钢筋混凝土墙板 220 1. 外粉刷 2. 钢筋混凝土空心板填充泡沫混凝土 3. 内粉刷	泡沫混凝土		1.26	0.49	14.2	7.9
85	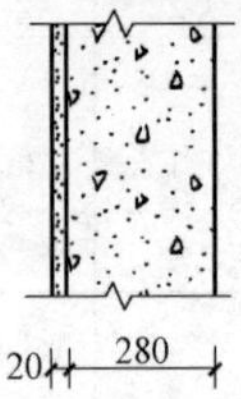 20 280 膨珠混凝土大板 280 1. 外粉刷 2. 膨珠混凝土 3. 大白浆			1.70	0.25	20.6	10.3
86	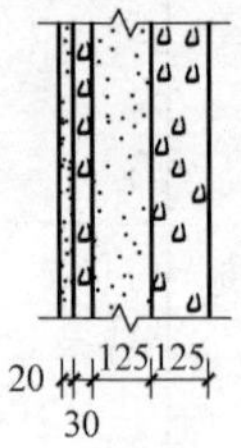 20 30 125 125 混凝土、加气混凝土复合板 280 (一) 1. 外粉刷 2. 混凝土 3. 加气混凝土 125 4. 混凝土板 125、喷白浆	加气混凝土		1.26	0.36	19.2	8.4
87	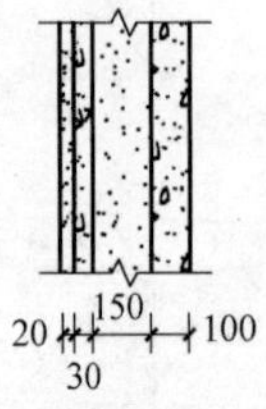 20 30 150 100 混凝土、加气混凝土复合板 280 (二) 1. 外粉刷 2. 混凝土 3. 加气混凝土 150 4. 混凝土板 100、喷白浆	加气混凝土		1.14	0.41	18.8	8.3
88	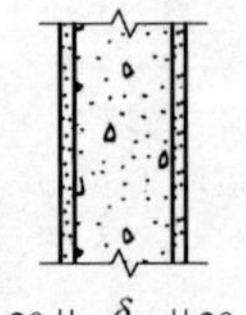 20 δ 20 纯加气混凝土大板 1. 外粉刷 2. 加气混凝土 3. 内粉刷	加气混凝土	200	0.86	0.68	15.0	5.9
89			175	0.95	0.75	12.2	5.1

续表

序号	构造	保温材料	δ	K_w	$\frac{\alpha_n}{K_w \nu}$	ν	ξ
90	矿棉轻质复合板 182 1. 钢丝网水泥板 2. 矿棉板 3. 石膏板 15 155 12	矿 棉 板		0.41	0.88	24.1	3.5
91	矿棉轻质复合板 98 1. 石棉水泥板 2. 矿棉板 3. 石膏板 6 80 12	矿棉板		0.73	0.98	12.2	1.3
92	钢筋混凝土剪力墙 1. 釉面砖 2. 水泥砂浆 3. 钢筋混凝土 4. 内粉刷 5 δ 20 25		400	2.15	0.14	29.49	12.0
93			350	2.30	0.18	20.97	10.7
94			300	2.48	0.24	14.90	9.4
95			250	2.67	0.31	10.58	8.1
96			200	2.92	0.40	7.47	6.8

2. 外墙的简化计算

当窗面积占外墙面积 1/7 以上，且外墙厚在 240mm 砖墙以上时（即延迟时间 $\xi>8$ 小时，衰减度 $\nu>12$），由于最大负荷出现时间不会与外墙最大值出现时间相同，其$\triangle t_w$值一般小于零，取$\triangle t_w=0$ 对负荷计算影响很小，偏于安全，即墙体按稳定传热计算：

$$Q_w=K_w F_w(t_w p+\Delta t_{fp}-t_n) \tag{2-2-20}$$

由于墙用稳定传热计算，不参加负荷最大值比较，在计算时，可以节约很多计算时间。Δt_{fp}由表 2-2-15 查得。

（二）外墙和屋盖的得热

式（2-2-17）的冷负荷，是根据围护结构的得热，并考虑得热变成负荷得出的“计算时间”的得热按下式计算：

$$D_w=K_w F_w\left(t_{wp}+\Delta t_{fp}+\frac{\alpha_n}{K_w \nu}\Delta t_f+\frac{\alpha_n}{K_w \nu}\Delta t_k+\frac{\varepsilon\Delta R}{\alpha_w}-t_n\right) \tag{2-2-21}$$

式中 D_w——屋盖（或外墙）计算时间的得热量（W）；

Δt_f——由于太阳辐射在“作用时间”的当量温度波动值（℃）；

$$\Delta t_f=(J-J_p)\frac{\rho}{\alpha_w} \tag{2-2-22}$$

J——该朝向“作用时间”的太阳总辐射照度（W/m²），可由《供暖通风与空气调节设计规范》GB 50019—2003 中查到；

Δt_k——“作用时间”的夏季室外逐时温差（℃），见表 2-2-12；

α_n——围护结构内表面换热系数，一般取 $\alpha_n=8.7\text{W/(m}^2\cdot℃)$；

ε——表面的半球辐射率；

ΔR——由天空和周围环境入射到外围护结构表面上的长波辐射照度和围护结构外表面向外界发射的辐射照度两者的差值（W/m^2）。

其他符号与式（2-2-17）相同。

对于水平面围护结构（屋盖）取 $\varepsilon\Delta R/\alpha_w=3℃$，对于垂直围护结构（外墙）取 $\varepsilon\Delta R/\alpha_w=0$。

（三）综合负荷温差 Δt_w 的求法

式（2-2-21）中的波动部分为第三和第四项，只有这部分才有延迟、衰减和蓄热问题，令

$$\Delta t_D=\frac{\alpha_n}{K_w\nu}\Delta t_f+\frac{\alpha_n}{K_w\nu}\Delta t_k=\frac{\alpha_n\rho}{K_w\nu}\left(\frac{J-J_p}{\alpha_w}+\frac{\Delta t_k}{\rho}\right)=\beta\left(\frac{J-J_p}{\alpha_w}+\frac{\Delta t_k}{\rho}\right) \tag{2-2-23}$$

式中 Δt_D——“计算时间”的综合温度波动值（℃）。

Δt_w 采用与式（2-2-10）相同的形式，按下式求的：

$$\Delta t_{w(n)}=0.68\Delta t_{D(n)}-0.55\Delta t_{D(n-1)}+0.87\Delta t_{w(n-1)} \tag{2-2-24}$$

式中（n）为计算时间，（$n-1$）为计算时间前一小时的数据。

表 2-2-16、2-2-17 中的 Δt_w 的数据是按式（2-2-23）和（2-2-24）求得的。其中 $\alpha_w=18.6\text{W/(m}^2\cdot℃)$，$\rho=0.75$，$\Delta t_k$ 按夏季室外平均日较差 $\Delta t_r=9℃$。当 ρ 和 Δ_{tr} 为其他数据时，可不必校正。屋盖的 Δt_w 已减去 $\varepsilon\Delta R/\alpha_w=3℃$。

四、内墙、内窗、楼板、地面的冷负荷

1. 内墙、内窗、楼板等围护结构，当邻室为非空气调节房间时，邻室温度采用邻室平均温度，其冷负荷按下式计算：

$$Q_4=KF(t_{wp}+\Delta t_{ls}-t_n) \tag{2-2-25}$$

式中 Q_4——内墙或楼板的冷负荷（W）；

K——内墙或楼板的传热系数［$\text{W/(m}^2\cdot℃)$］；

F——内墙或楼板的面积（m^2）；

Δt_{ls}——邻室平均温度与夏季空气调节室外计算日平均温度的差值（℃），当邻室有较好通风时，见表 2-2-20。

2. 内墙、内窗、楼板等其邻室为空气调节房间时，其室温基数差小于 3℃时，不计算冷负荷，当其温差大于或等于 3℃时，按下式计算：

$$Q_4=KF(t_{ls}-t_n) \tag{2-2-26}$$

式中 t_{ls}——邻室室内计算温度（℃）。

邻室室内计算温差 Δt_{ls} **表 2-2-20**

邻室散热量	Δt_{ls} （℃）
很少（如办公室、走廊）	0～2
＜23W/m^2	3
23～116W/m^2	5
＞116W/m^2	7

3. 地面的冷负荷，舒适性空调房间夏季地面冷负荷可不必计算。对于工艺性空调房间，有外墙时，仅计算距外墙 2m 以内的地面传热（墙角处面积应重复计算两次）作为冷负荷。即：

$$Q_D = K_D F_D (t_{\omega p} - t_n) \tag{2-2-27}$$

式中 Q_D——地面冷负荷（W）；

K_D——地面传热系数，无保温地面取 $K=0.47W/(m^2 \cdot ℃)$；

F_D——距外墙 2m 以内的地面面积（m^2）。

五、围护结构的总冷负荷

空调房间的总冷负荷应采用房间各项冷负荷同时出现的综合最大值。由于有些计算负荷在一天 24 小时内各不相同，需逐时进行比较，看哪个小时综合最大。需逐时进行比较的冷负荷有：

1. 窗的辐射热和窗的传热冷负荷；
2. 屋盖的传热冷负荷；
3. 外墙的传热冷负荷；
4. 人体、照明和设备的冷负荷。

其他冷负荷可以认为是稳定的，各小时均相等，不必参加比较。

其中，人体、照明和设备的冷负荷，在设计时很难确定什么时间有多少人在室内，什么时间开多少台设备，照明也只能确定白天开不开灯，开多少灯。因此精确计算很困难。如有确切资料，也可逐时比较。如无确切资料，也只能按稳定冷负荷计算。所以在一般情况下，只要求出围护结构的综合最大冷负荷，加上其他稳定的冷负荷即可。

对于围护结构的综合最大冷负荷（即总冷负荷）可以按下述方法，求出最大值出现时间，计算该时间的冷负荷即可，不再逐时进行比较。

1. 当一个房间仅有一面外窗和一面外墙时，如窗面积占墙面积的 1/7 以上时，则可按窗的辐射热最大值出现的时间计算冷负荷即可。如外墙采用简化计算方法，按式（2-2-20）计算，则取得的数据偏于安全。

2. 当有两面外窗和两面外墙，且两面外窗的层数和内遮阳情况相同时，可按 $m=F_1/F_2$ 即两个窗的面积比，按表 2-2-21 求出最大值出现时间。外墙按式（2-2-20）计算。

3. 当房间在顶层，有屋盖和一面外窗和外墙时，外墙按式（2-2-20）计算。其最大值出现时间按窗和屋盖的负荷基数比 m（℃）由表 2-2-22 查得。

$$m = \frac{F_c x_m x_b x_z J_{c \cdot max}}{\beta K_\omega F_\omega} \tag{2-2-28}$$

式中各符号与式（2-2-7）（2-2-17）（2-2-19）相同。

上述最大值出现时间均是按没有外遮阳，墙体可以按稳定方法计算时的数据。如有外遮阳或墙体很薄，只好逐时计算。

当有三面或三面以上外窗或有屋盖并有两面以上外窗时，需逐时计算，如采用上述方法两两进行比较，也可以减少比较的小时数。例如房间有东、南、西三面外窗，按东、南两面窗面积比查出最大值出现时间为 11 时，南、西两面窗最大值出现时间为 14 时，则其综合最大值必在 11～14 时之间，其他时间的冷负荷数字则不必比较。

两种朝向外窗综合最大值出现时间 表 2-2-21

最大值出现时间		9	10	11	12	13	13	14	15	16
内遮阳	纬度°(北纬)	东窗和南窗,面积比					南窗和西窗,面积比			
无	20～27.5	>3.2	1.7～3.2	—	—	<1.7	—	>4.6	4.6～0.4	<0.4
	27.5～37.5	>3.5	3.5～1.6	—	—	<1.6	>8.4	8.4～1.9	1.9～0.5	<0.5
	37.5～50	>3.2	3.2～1.5	—	—	<1.5	>3.6	3.6～1.4	1.4～0.6	<0.6
有	20～27.5	>1.3	1.3～0.9	—	—	<0.9	>4.9	4.9～2.6	2.6～0.1	<0.1
	27.5～37.5	>1.6	1.6～0.9	—	—	<0.9	>3.4	3.4～1.3	1.3～0.2	<0.2
	37.5～50	>1.7	1.7～0.9	—	<0.9	—	>2.2	2.2～1.4	1.0～0.4	<0.4
内遮阳	纬度°(北纬)	东窗和北窗,面积比					北窗和西窗,面积比			
无	20～27.5	>2.9	2.9～1.6	—	—	<1.6	—	>7.3	7.3～0.8	<0.8
	27.5～37.5	>3.1	3.1～1.5	—	—	<1.5	>20.1	20.1～4.4	4.4～0.5	<0.5
	37.5～50	>2.5	2.5～1.4	—	—	<1.4	—	>5.1	5.1～0.6	<0.6
有	20～27.5	>1.1	1.1～0.8	—	—	<0.8	>11.3	11.3～3.6	3.6～0.2	<0.2
	27.5～37.5	>1.3	1.3～0.8	—	—	<0.8	>20.7	20.7～2.5	2.5～0.2	<0.2
	37.5～50	>1.2	1.2～0.8	—	—	<0.8	—	>3.0	3.0～0.4	<0.4

最大值出现时间		9	15	16	8	9	15	16	17
内遮阳	纬度°(北纬)	东窗和西窗,面积比			东北窗和西北窗,面积比				
无	20～27.5	>2.0	2.0～0.9	<0.9	—	>2.5	2.5～1.5	<1.5	—
	27.5～37.5	>2.0	2.0～1.0	<1.0	—	>2.6	2.6～2.0	2.0～0.1	<0.1
	37.5～50	>1.8	—	<1.8	>2.4	—	—	2.4～1.7	<1.7
有	20～27.5	>1.4	1.4～0.3	<0.3	>5.1	5.1～1.6	1.6～1.2	<1.2	—
	27.5～37.5	>1.4	1.4～0.4	<0.4	>1.7	—	—	<1.7	—
	37.5～50	>1.4	—	<1.4	>1.6	—	—	1.6～1.2	<1.2

最大值出现时间		13	14	8	9	10	15	16	17
内遮阳	纬度°(北纬)	南窗和北窗,面积比		东北窗和东南窗,面积比			西南窗和西北窗,面积比		
无	20～27.5	—	√	—	>0.2	<0.2	>6.0	<6.0	—
	27.5～37.5	>0.5	<0.5	—	>0.3	<0.3	>14.0	14.0～0.1	<0.1
	37.5～50	>0.5	<0.5	>0.9	<0.9	—	>12.0	12.0～0.9	<0.9
有	20～27.5	√	—	>11	<11	—	>0.5	<0.5	—
	27.5～37.5	√	—	>2.2	<2.2	—	>1.7	<1.7	—
	37.5～50	√	—	>0.9	<0.9	—	>3.4	3.4～0.4	<0.4

最大值出现时间		9	10	15	16	17	8	9	15
内遮阳	纬度°(北纬)	东南窗和西北窗,面积比					东北窗和西南窗,面积比		
无	20～27.5	—	>2.8	2.8～1.2	<1.2	—	—	>2.7	<2.7
	27.5～37.5	—	>2.1	2.1～2.0	2.0～0.2	<0.2	—	>3.1	<3.1
	37.5～50	>1.5	—	—	—	<1.5	>3.3	—	<3.3
有	20～27.5	>1.75	—	1.75～1.0	<1.0	—	>9.0	9.0～1.7	<1.7
	27.5～37.5	>2.5	2.5～1.5	—	<1.5	—	>3.6	3.6～2.1	<2.1
	37.5～50	>1.1	—	—	1.1～1.0	<1.0	>2.1	—	<2.1

屋盖与一面外窗在各种 m 值时综合最大值出现时间 表 2-2-22

屋盖与南窗(无内遮阳)

最大值出现时间		13	14	15	16	17	18	19	20	21	22	23
纬度°	延迟时间 ξ(h)	$m=\frac{F_c x_m x_b x_z J_c \cdot \max}{\beta K_\omega F_\omega}$										
北纬 20～27.5	3	—	>124	124～15	<15							
	4	—	>221	221～38	38～15	<15						
	5	—	>290	290～67	67～38	38～9	<9					
	6	—	>367	367～88	88～67	67～22	22～9	<9				
	7	—	>348	348～111	111～88	88～39	39～23	23～17	<17			
	8	—	>308	308～108	—	108～51	51～42	—	42～21	<21		
	9	—	>112	112～99	—	99～65	65～62	—	62～54	54～27	<27	
	10	—	>68	—	—	—	—	—	—	—	68～31	<31

续表

最大值出现时间		13	14	15	16	17	18	19	20	21	22	23
纬度°	延迟时间 ξ(h)	$m=\frac{F_c x_m x_b x_z J_c \cdot \max}{\beta K_{\omega} F_{\omega}}$										
北纬 27.5～37.5	3	>313	313～51	51～17	<17							
	4	>422	422～86	86～45	45～18	<18						
	5	>533	533～116	116～76	76～45	45～11	<11					
	6	>508	508～147	147～103	103～77	77～28	28～10	<10				
	7	>443	443～140	140～130	130～104	104～48	48～25	25～19	<19			
	8	>219	219～126	—	—	126～64	64～44	—	44～24	<24		
	9	>89	—	—	—	89～81	81～65	—	66～62	62～31	<31	
	10	>71	—	—	—	—	—	—	—	—	71～35	<35
北纬 37.5～50	3	>131	131～39	39～10	<10							
	4	>175	175～59	59～35	35～19	<19						
	5	>212	212～78	78～58	—	58～15	<15					
	6	>212	212～95	95～82	—	82～53	53～10	<10				
	7	>187	187～101	—	—	101～81	81～35	35～21	<21			
	8	>150	150～104	—	—	—	104～60	—	60～26	<26		
	9	>87	—	—	—	—	—	—	—	87～32	<32	
	10	>80	—	—	—	—	—	—	—	—	80～36	<36

屋盖与东窗(有内遮阳)

最大值出现时间		13	14	15	16	17	18	19	20	21	22	23
纬度°	延迟时间 ξ(h)	m										
北纬 20～27.5	3	>128	128～52	52～9	<9							
	4	>168	168～93	93～23	23～9	<9						
	5	>213	213～122	122～41	41～24	24～6	<6					
	6	>201	201～154	154～53	53～43	43～15	15～7	<7				
	7	>178	178～146	146～68	68～56	56～27	27～18	—	<18			
	8	>102	—	102～67	—	67～35	—	—	35～23	<23		
	9	>51	—	—	—	51～50	—	—	—	50～31	<31	
	10	>47	—	—	—	—	—	—	—	—	47～36	<36
北纬 27.5～37.5	3	>84	84～26	26～11	<11							
	4	>114	114～45	45～28	28～12	<12						
	5	>144	144～60	60～48	48～30	30～8	<8					
	6	>137	137～76	76～65	65～51	51～20	20～7	<7				
	7	>119	119～77	—	77～68	68～33	33～19	—	<19			
	8	>73	—	—	—	73～45	45～37	—	37～27	<27		
	9	>53	—	—	—	—	—	—	—	53～36	<36	
	10	>50	—	—	—	—	—	—	—	—	50～41	<41
北纬 37.5～50	3	>51	51～21	21～6	<6							
	4	>68	68～32	32～22	22～14	<14						
	5	>83	83～43	43～39	—	39～12	<12					
	6	>83	83～53	—	—	53～41	41～7	<7				
	7	>73	73～62	—	—	—	62～26	26～23	<23			
	8	>65	—	—	—	—	65～50	—	50～31	<31		
	9	>58	—	—	—	—	—	—	—	58～40	<40	
	10	>56	—	—	—	—	—	—	—	—	56～46	<46

屋盖与东南窗(无内遮阳)

最大值出现时间		10	11	14	15	16	17	18	19	20	21	22	23
纬度°	延迟时间 ξ(h)	m											
北纬 20～27.5	3	>305	—	305～157	157～27	<27							
	4	>327	—	327～280	280～68	68～28	<28						
	5	>297	—	—	297～121	121～70	70～17	<17					
	6	>231	—	—	231～159	159～124	124～44	44～19	<19				
	7	>163	—	—	—	—	163～78	78～47	47～32	<32			
	8	>125	—	—	—	—	125～103	103～84	84～81	81～40	<40		
	9	>99	—	—	—	—	—	—	—	—	99～50	<50	
	10	>91	—	—	—	—	—	—	—	—	—	91～56	<56

续表

最大值出现时间		10	11	14	15	16	17	18	19	20	21	22	23
纬度°	延迟时间 ξ(h)	*m*											
北纬 27.5～37.5	3	＞253	—	253～150	150～29	＜29							
	4	＞256	—	256～255	255～74	74～29	＜29						
	5	＞245	—	—	245～125	125～75	75～20	＜20					
	6	＞192	—	—	192～169	169～127	127～50	50～18	＜18				
	7	＞150	—	—	—	—	150～85	85～45	45～33	＜33			
	8	＞116	—	—	—	—	116～115	115～79	—	79～41	＜41		
	9	＞96	—	—	—	—	—	—	—	—	96～50	＜50	
	10	＞88	—	—	—	—	—	—	—	—	—	88～57	＜57
北纬 37.5～50	3	＞249	249～132	—	132～25	＜25							
	4	＞219	219～160	—	160～90	90～27	＜27						
	5	＞176	176～172	—	172～137	137～95	95～21	＜21					
	6	＞144	—	—	—	—	144～74	74～14	＜14				
	7	＞124	—	—	—	—	124～112	112～50	50～29	＜29			
	8	＞104	—	—	—	—	—	104～84	—	84～35	＜35		
	9	＞92	—	—	—	—	—	—	—	—	92～43	＜43	
	10	＞84	—	—	—	—	—	—	—	—	—	84～49	＜49

屋盖与东南窗(有内遮阳)

最大值出现时间		9	10	11	14	15	16	17	18	19	20	21	22	23
纬度°	延迟时间 ξ(h)	*m*												
北纬 20～27.5	3	＞224	224～131	—	131～104	104～19	＜19							
	4	＞138	—	—	—	138～48	48～20	＜20						
	5	＞117	—	—	—	117～85	85～50	50～13	＜13					
	6	＞94	—	—	—	—	94～89	89～32	32～15	＜15				
	7	＞79	—	—	—	—	—	79～58	58～38	38～36	＜36			
	8	＞65	—	—	—	—	—	—	—	—	65～47	＜47		
	9	＞60	—	—	—	—	—	—	—	—	—	—	＜60	
	10	＞47	—	—	—	—	—	—	—	—	—	—	—	＜47
北纬 27.5～37.5	3	＞415	415～107	—	—	107～21	＜21							
	4	＞206	206～121	—	—	121～54	54～22	＜22						
	5	＞108	—	—	—	108～91	91～55	55～15	＜15					
	6	＞90	—	—	—	—	—	90～38	38～14	＜14				
	7	＞76	—	—	—	—	—	76～64	64～36	—	＜36			
	8	＞64	—	—	—	—	—	—	—	—	64～49	＜49		
	9	＞60	—	—	—	—	—	—	—	—	—	—	＜60	
	10	＞47	—	—	—	—	—	—	—	—	—	—	—	＜47
北纬 37.5～50	3	—	＞86	86～77	—	77～20	＜20							
	4	—	＞89	—	—	89～72	72～22	＜22						
	5	—	＞92	—	—	—	92～77	77～17	＜17					
	6	—	＞83	—	—	—	—	83～61	61～11	＜11				
	7	—	＞73	—	—	—	—	—	73～39	39～34	＜34			
	8	—	＞64	—	—	—	—	—	—	—	64～43	＜43		
	9	—	＞61	—	—	—	—	—	—	—	—	61～56	＜56	
	10	—	＞58	—	—	—	—	—	—	—	—	—	—	＜58

屋盖与东窗(无内遮阳)

最大值出现时间		9	10	14	15	16	17	18	19	20	21	22	23
纬度°	延迟时间 ξ(h)	*m*											
北纬 20～27.5	3	＞219	219～198	198～168	168～35	＜35							
	4	＞197	—	—	197～88	86～36	＜36						
	5	＞168	—	—	168～156	156～91	91～24	＜24					
	6	＞143	—	—	—	—	143～60	60～25	＜25				
	7	＞120	—	—	—	—	120～107	107～64	64～42	＜42			
	8	＞101	—	—	—	—	—	—	—	101～52	＜52		
	9	＞93	—	—	—	—	—	—	—	—	93～63	＜63	
	10	＞70	—	—	—	—	—	—	—	—	—	—	＜70

续表

最大值出现时间		9	10	14	15	16	17	18	19	20	21	22	23
纬度°	延迟时间 ξ(h)	m											
北纬 27.5～37.5	3	>198	198～192	192～166	166～35	<35							
	4	>193	—	—	193～91	91～36	<36						
	5	>166	—	—	166～155	155～93	93～25	<25					
	6	>142	—	—	—	—	142～64	64～23	<23				
	7	>120	—	—	—	—	120～110	110～59	59～41	<41			
	8	>100	—	—	—	—	—	—	—	100～51	<51		
	9	>92	—	—	—	—	—	—	—	—	92～62	<62	
	10	>70	—	—	—	—	—	—	—	—	—	—	<70
北纬 37.5～50	3	>169	—	—	169～30	<30							
	4	>179	—	—	179～106	106～32	<32						
	5	>156	—	—	—	156～112	112～23	<23					
	6	>137	—	—	—	—	137～87	87～17	<17				
	7	>119	—	—	—	—	—	119～60	60～34	<34			
	8	>101	—	—	—	—	—	—	—	101～42	<42		
	9	>92	—	—	—	—	—	—	—	—	92～51	<51	
	10	>71	—	—	—		—	—	—	—	—	71～58	<58

屋盖与东窗(有内遮阳)

最大值出现时间		9	15	16	17	18	19	20	21	22	23
纬度°	延迟时间 ξ(h)	m									
北纬 20～27.5	3	>100	100～26	<26							
	4	>100	100～67	67～28	<28						
	5	>88	—	88～70	70～18	<18					
	6	>79	—	—	79～46	46～21	<21				
	7	>68	—	—	—	68～54	54～49	<49			
	8	>63	—	—	—	—	—	—	<60		
	9	>60	—	—	—	—	—	—	—	<60	
	10	>47	—	—	—	—	—	—	—	—	<47
北纬 27.5～37.5	3	>98	98～27	<27							
	4	>99	99～70	70～28	<28						
	5	>88	—	88～72	72～20	<20					
	6	>79	—	—	79～50	50～18	<18				
	7	>69	—	—	—	69～48	—	<48			
	8	>63	—	—	—	—	—	—	<63		
	9	>60	—	—	—	—	—	—	—	<60	
	10	>47	—	—	—	—	—	—	—	—	<47
北纬 37.5～50	3	>91	91～24	<24							
	4	>97	—	97～26	<26						
	5	>88	—	—	88～21	<21					
	6	>80	—	—	—	80～13	<13				
	7	>72	—	—	—	72～47	47～40	<40			
	8	>65	—	—	—	—	—	65～52	<52		
	9	>61	—	—	—	—	—	—	—	<61	
	10	>49	—	—	—	—	—	—	—	—	<49

屋盖与东北窗(无内遮阳)

最大值出现时间		8	9	14	15	16	17	18	19	20	21	22	23
纬度°	延迟时间 ξ(h)	m											
北纬 20～27.5	3	—	>286	286～172	172～32	<32							
	4	—	>271	—	271～80	80～32	<32						
	5	—	>230	—	230～142	142～82	82～21	<21					
	6	—	>180	—	—	180～146	146～53	53～22	<22				
	7	—	>146	—	—	—	146～94	94～56	56～38	<38			
	8	—	>114	—	—	—	—	114～100	100～96	96～47	<47		
	9	—	>100	—	—	—	—	—	—	—	100～58	<58	
	10	—	>75	—	—	—	—	—	—	—	—	75～66	<66

续表

最大值出现时间		8	9	14	15	16	17	18	19	20	21	22	23
纬度°	延迟时间ξ(h)	m											
北纬27.5～37.5	3	—	＞319	319～171	171～32	＜32							
	4	—	＞306	306～291	291～81	81～32	＜32						
	5	—	＞261	—	261～138	138～82	82～21	＜21					
	6	—	＞203	—	203～187	187～140	140～54	54～19	＜19				
	7	—	＞159	—	—	—	159～93	93～49	49～36	＜36			
	8	—	＞122	—	—	—	—	122～86	—	86～45	＜45		
	9	—	＞102	—	—	—	—	—	—	—	102～55	＜55	
	10	—	＞76	—	—	—	—	—	—	—	—	76～63	＜63
北纬37.5～50	3	＞318	—	318～213	213～27	＜27							
	4	＞280	—	—	280～95	95～28	＜28						
	5	＞240	—	—	240～144	144～100	100～21	＜21					
	6	＞188	—	—	—	188～152	152～73	73～14	＜14				
	7	＞155	—	—	—	—	155～112	112～48	48～29	＜29			
	8	＞122	—	—	—	—	—	122～82	—	82～36	＜36		
	9	＞83	—	—	—	—	—	—	—	—	83～45	＜45	
	10	＞76	—	—	—	—	—	—	—	—	—	76～51	＜51

屋盖与东北窗(有内遮阳)

最大值出现时间		8	9	14	15	16	17	18	19	20	21	22	23
纬度°	延迟时间ξ(h)	m											
北纬20～27.5	3	＞224	224～130	130～122	122～23	＜23							
	4	＞122	—	—	122～57	57～24	＜24						
	5	＞103	—	—	103～102	102～61	61～16	＜16					
	6	＞89	—	—	—	—	89～39	39～18	＜18				
	7	＞75	—	—	—	—	75～70	70～46	46～43	＜43			
	8	＞65	—	—	—	—	—	—	—	65～56	＜56		
	9	＞50	—	—	—	—	—	—	—	—	—	＜50	
	10	＞49	—	—	—	—	—	—	—	—	—	—	＜49
北纬27.5～37.5	3	＞137	—	137～118	118～23	＜23							
	4	＞124	—	—	124～58	58～23	＜23						
	5	＞106	—	—	106～99	99～60	60～16	＜16					
	6	＞90	—	—	—	—	90～41	41～15	＜15				
	7	＞76	—	—	—	—	76～69	69～39	—	＜39			
	8	＞64	—	—	—	—	—	—	—	64～53	＜53		
	9	＞50	—	—	—	—	—	—	—	—	—	＜50	
	10	＞47	—	—	—	—	—	—	—	—	—	—	＜47
北纬37.5～50	3	＞137	—	—	137～19	＜19							
	4	＞125	—	—	125～69	69～21	＜21						
	5	＞107	—	—	107～105	105～74	74～16	＜16					
	6	＞93	—	—	—	—	93～57	57～10	＜10				
	7	＞80	—	—	—	—	—	80～36	36～32	＜32			
	8	＞67	—	—	—	—	—	—	—	67～42	＜42		
	9	＞52	—	—	—	—	—	—	—	—	—	＜52	
	10	＞49	—	—	—	—	—	—	—	—	—	—	＜49

屋盖与北窗(无内遮阳)

最大值出现时间		14	15	16	17	18	19	20	21	22	23
纬度°	延迟时间ξ(h)	m									
北纬20～27.5	3	＞195	195～32	＜32							
	4	＞347	347～91	—	＜91						
	5	＞455	455～181	—	181～8	＜8					
	6	＞577	577～267	—	267～20	20～5	＜5				
	7	＞546	546～344	—	344＜36	36～13	—	＜13			
	8	＞483	483～374	—	374～47	47～26	—	26～18	＜18		
	9	＞301	—	—	301～59	59～39	—	—	39～23	＜23	
	10	＞156	—	—	156～56	56～55	—	—	—	55～26	＜26

续表

最大值出现时间		14	15	16	17	18	19	20	21	22	23
纬度°	延迟时间 ξ(h)	m									
北纬 27.5～37.5	3	>116	116～19	<19							
	4	>198	198～64	—	<64						
	5	>267	267～124	—	124～12	<12					
	6	>337	337～183	—	183～30	30～1	<1				
	7	>322	322～238	—	238～52	52～12	12～11	<11			
	8	>280	280～260	—	260～70	70～23	—	23～18	<18		
	9	>209	—	—	209～88	88～35	—	—	35～23	<23	
	10	>112	—	—	112～84	84～49	—	—	—	49～26	<26
北纬 37.5～50	3	>143	143～11	<11							
	4	>218	218～175	—	<175						
	5	>318	—	—	318～15	<15					
	6	>421	—	—	421～53	53～3	<3				
	7	>487	—	—	487～80	80～9	—	<9			
	8	>497	—	—	497～107	107～18	—	18～13	<13		
	9	>447	—	—	447～130	130～28	—	—	28～16	<16	
	10	>261	—	—	261～130	130～39	—	—	—	39～18	<18

屋盖与北窗(有内遮阳)

最大值出现时间		13	14	15	16	17	18	19	20	21	22	23
纬度°	延迟时间 ξ(h)	m										
北纬 20～27.5	3	>295	295～17	71～19	<19							
	4	>386	386～127	127～53	—	<53						
	5	>490	490～166	166～106	—	106～5	<5					
	6	>464	464～211	211～157	—	157～13	13～3	<3				
	7	>411	411～202	—	—	202～23	23～9	—	<9			
	8	>198	—	—	—	198～30	30～19	—	—	<19		
	9	>130	—	—	—	130～38	38～31	—	—	31～27	<27	
	10	>64	—	—	—	64～42	—	—	—	—	42～31	<31
北纬 27.5～37.5	3	>517	517～50	50～11	<11							
	4	>697	697～85	85～40	—	<40						
	5	>881	881～114	114～78	—	78～8	<8					
	6	>840	840～145	145～115	—	115～20	20～3	<3				
	7	>731	731～145	—	—	145～34	34～8	—	<8			
	8	>363	363～147	—	—	147～46	46～17	—	—	<17		
	9	>106	—	—	—	106～58	58～27	—	—	27～26	<26	
	10	>55	—	—	—	—	55～39	—	—	—	39～30	<30
北纬 37.5～50	3	—	>60	60～7	<7							
	4	—	>107	—	—	<107						
	5	—	>173	—	—	173～10	<10					
	6	—	>229	—	—	229～34	34～2	<2				
	7	—	>265	—	—	265～52	52～6	—	<6			
	8	—	>271	—	—	271～70	70～13	—	—	<13		
	9	—	>243	—	—	243～85	85～20	—	—	20～19	<19	
	10	—	>142	—	—	142～85	85～29	—	—	—	29～22	<22

续表

屋盖与西北窗(无内遮阳)									
最大值出现时间		16	17	18	19	20	21	22	23
纬度°	延迟时间 ξ(h)	m							
北纬 20～27.5	3	√							
	4	>100	<100						
	5	>252	252～7	<7					
	6	>448	448～19	19～6	<6				
	7	>588	588～33	33～19	—	<19			
	8	>745	745～44	44～37	—	—	<37		
	9	>705	705～57	—	—	—	57～45	<45	
	10	>625	625～73	—	—	—	—	73～50	<50
北纬 27.5～37.5	3	<13	>13						
	4	—	√						
	5	—	>9	<9					
	6	—	>23	23～5	<5				
	7	—	>38	38～16	—	<16			
	8	—	>52	52～31	—	—	<31		
	9	—	>66	66～50	—	—	50～42	<42	
	10	—	>70	—	—	—	—	70～18	<18
北纬 37.5～50	3	<17	>17						
	4	—	√						
	5	—	>16	<16					
	6	—	>57	57～3	<3				
	7	—	>87	87～12	—	<12			
	8	—	>116	116～23	—	—	<23		
	9	—	>141	141～38	—	—	38～33	<33	
	10	—	>141	141～55	—	—	—	55～38	<38

屋盖与西北窗(有内遮阳)									
最大值出现时间		16	17	18	19	20	21	22	23
纬度°	延迟时间 ξ(h)	m							
北纬 20～27.5	3	√							
	4	>22	<22						
	5	>55	55～4	<4					
	6	>97	97～11	11～4	<4				
	7	>127	127～19	19～13	—	<13			
	8	>162	162～23	—	—	—	<23		
	9	>153	153～39	—	—	—	—	<39	
	10	>135	135～50	—	—	—	—	—	<50
北纬 27.5～37.5	3	√							
	4	>39	<39						
	5	>101	101～5	<5					
	6	>171	171～12	12～3	<3				
	7	>231	231～21	21～10	—	<10			
	8	>292	292～29	29～22	—	—	<22		
	9	>279	279～36	—	—	—	—	<36	
	10	>243	243～47	—	—	—	—	—	<47
北纬 37.5～50	3	<20	>20						
	4	—	√						
	5	—	>7	<7					
	6	—	>26	26～2	<2				
	7	—	>40	40～7	—	<7			
	8	—	>53	53～15	—	—	<15		
	9	—	>64	64～26	—	—	—	<26	
	10	—	>64	64～38	—	—	—	—	<38

续表

屋盖与西窗（无内遮阳）									
最大值出现时间		16	17	18	19	20	21	22	23
纬度°	延迟时间 ξ(h)	*m*							
北纬 20～27.5	3	√							
	4	＞35	＜35						
	5	＞89	89～7	＜7					
	6	＞158	158～19	19～7	＜7				
	7	＞207	207～33	33～21	—	＜21			
	8	＞262	262～44	44～41	—	41～40	＜40		
	9	＞248	248～62	—	—	—	62～47	＜47	
	10	＞220	220～78	—	—	—	—	78～53	＜53
北纬 27.5～37.5	3	√							
	4	＞14	＜14						
	5	＞37	37～5	＜5					
	6	＞63	63～12	12～4	＜4				
	7	＞85	85～21	21～12	—	＜12			
	8	＞108	108～28	28～26	—	—	＜26		
	9	＞103	103～40	—	—	—	—	＜40	
	10	＞90	90～52	—	—	—	—	—	＜52
北纬 37.5～50	3	√							
	4	—	√						
	5	—	＞10	＜10					
	6	—	＞37	37～4	＜4				
	7	—	＞56	56～14	—	＜14			
	8	—	＞75	75～22	—	—	＜22		
	9	—	＞91	91～46	—	—	46～36	＜36	
	10	—	＞91	91～65	—	—	—	65～40	＜40

屋盖与西窗（有内遮阳）									
最大值出现时间		16	17	18	19	20	21	22	23
纬度°	延迟时间 ξ(h)	*m*							
北纬 20～27.5	3	√							
	4	＞13	＜13						
	5	＞33	33～4	＜4					
	6	＞59	59～11	11～5	＜5				
	7	＞77	77～19	19～15	—	＜15			
	8	＞98	98～28	—	—	—	＜28		
	9	＞93	93～42	—	—	—	—	＜42	
	10	＞82	82～54	—	—	—	—	—	＜54
北纬 27.5～37.5	3	√							
	4	＞43	＜43						
	5	＞109	109～9	＜9					
	6	＞186	186～22	22～6	＜6				
	7	＞251	251～37	37～18	—	＜18			
	8	＞317	317～50	50～36	—	—	＜36		
	9	＞303	303～63	63～57	—	—	57～16	＜16	
	10	＞263	263～76	—	—	—	—	76～52	＜52
北纬 37.5～50	3	√							
	4	＞23	＜23						
	5	＞81	81～5	＜5					
	6	＞123	123～19	19～2	＜2				
	7	＞164	164～29	29～9	—	＜9			
	8	＞199	199～39	39～19	—	—	＜19		
	9	＞200	200～47	47～32	—	—	—	＜32	
	10	＞176	176～47	47～46	—	—	—	—	＜46

续表

屋盖与西南窗(无内遮阳)										
最大值出现时间		15	16	17	18	19	20	21	22	23
纬度°	延迟时间 ξ(h)	m								
北纬 20～27.5	3	>107	<107							
	4	>270	270～17	<17						
	5	>480	480～44	44～7	<7					
	6	>629	629～78	78～18	18～9	<9				
	7	>798	798～102	102～33	33～24	—	<24			
	8	>756	756～130	130～45	—	—	45～34	<34		
	9	>669	669～123	123～65	—	—	—	65～41	<41	
	10	>243	243～109	109～81	—	—	—	—	81～49	<49
北纬 27.5～37.5	3	>86	<86							
	4	>221	221～17	<17						
	5	>377	377～43	43～8	<8					
	6	>509	509～73	73～20	20～8	<8				
	7	>643	643～98	98～35	35～22	—	<22			
	8	>613	613～121	121～47	47～43	—	43～34	<34		
	9	>534	534～118	118～64	—	—	—	64～41	<41	
	10	>265	265～103	103～81	—	—	—	—	81～46	<46
北纬 37.5～50	3	>90	<90							
	4	>316	316～15	<15						
	5	>482	482～54	54～8	<8					
	6	>642	642～82	82～27	27～5	<5				
	7	>780	780～109	109～41	41～19	—	<19			
	8	>781	781～133	133～55	55～38	—	38～28	<28		
	9	>688	688～133	133～67	67～59	—	—	59～33	<33	
	10	>552	552～117	117～78	—	—	—	—	78～38	<38

屋盖与西南窗(有内遮阳)										
最大值出现时间		15	16	17	18	19	20	21	22	23
纬度°	延迟时间 ξ(h)	m								
北纬 20～27.5	3	>24	<24							
	4	>59	59～9	<9						
	5	>106	106～22	22～4	<4					
	6	>139	139～39	39～11	11～6	<6				
	7	>176	176～51	51～20	20～18	—	<18			
	8	>167	167～65	65～31	—	—	—	<31		
	9	>147	147～61	61～46	—	—	—	—	<46	
	10	>58	—	—	—	—	—	—	—	<58
北纬 27.5～37.5	3	>21	<21							
	4	>55	55～8	<8						
	5	>93	93～21	21～2	<2					
	6	>126	126～37	37～12	12～5	<5				
	7	>159	159～49	49～21	21～16	—	<16			
	8	>152	152～62	62～31	—	—	—	<31		
	9	>132	132～59	59～46	—	—	—	—	<46	
	10	>66	66～57	—	—	—	—	—	—	<57
北纬 37.5～50	3	>18	<18							
	4	>63	63～7	<7						
	5	>95	95～26	26～4	<4					
	6	>127	127～39	39～16	16～3	<3				
	7	>154	154～52	52～24	24～14	—	<14			
	8	>154	154～64	64～32	32～27	—	—	<27		
	9	>136	136～64	64～43	—	—	—	—	<43	
	10	>109	109～56	56～55	—	—	—	—	55～53	<53

【例 2-2-2】 济南地区有两个顶层的空调房间，如图 2-2-3 所示。房间净高 3.3m；窗高 2.5m，为 5mm 厚普通玻璃的单层钢框外窗，内挂尼龙绸白色窗帘，无外遮阳；屋盖如表 2-2-18 的序号 45；表面深色，$\rho=0.9$；外墙如表 2-2-19 的序号 80，取 $\rho=0.75$；走廊及邻室均为空调房间；楼下为非空调房间，散热量小于 $23W/m^3$，楼板 $K_w=1.33W/(m^2\cdot℃)$；人员、设备、灯具发热均按稳定传热计算（另行计算），求房间围护结构冷负荷。

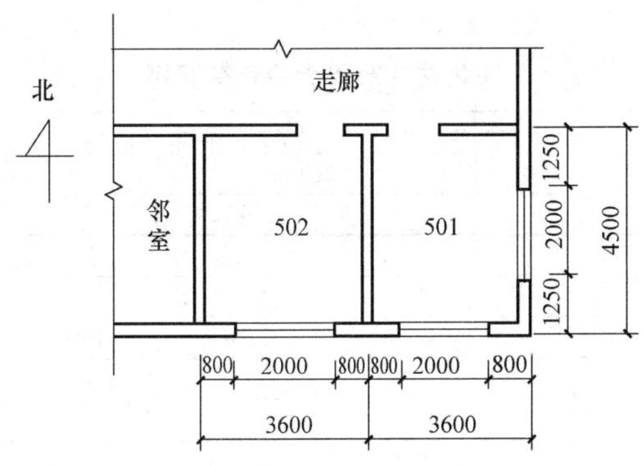

图 2-2-3 例 2-2-2 的房间平面图

【解】 [1] 查出所需要的数据

1 查表 2-2-3，济南属北纬 35°、5 级。

2 查表 1-3-4，夏季室外计算日平均温度 $t_{wp}=31.3℃$，平均日较差 $\Delta t_r=6.7℃$ 取 7℃。

3 查表 2-2-4，窗日射得热量最大值：南向 $J_{c\cdot max}=252W/m^2$；东向 $J_{c\cdot max}=534W/m^2$。

4 查表 2-2-5、表 2-2-6、表 2-2-7，$x_m=0.85$；$x_b=0.93$；$x_z=0.55$。

5 查表 2-2-13、表 2-2-14，取 $k_c=5.94$，$x_k=0.75$。

6 查表 2-2-15，东墙 $\Delta t_{fp}=6.6℃$，南墙 $\Delta t_{fp}=4.4℃$，屋盖 $\Delta t_{fp}=15.7℃$。

7 查表 2-2-22、表 2-2-23 得：

项　目	K_w	ν	ξ	$\beta=\frac{\alpha_n\rho}{K_w\nu}$
屋　盖	0.51	33.91	5.4	0.45
外　墙	1.94	12.9	8.5	0.26

不是轻质材料，按中、重型计算。

[2] 计算围护结构面积

1 每个窗面积 $F_c=2\times2.5=5m^2$

2 每间屋盖楼板面积 $F_w=3.6\times4.5=16.2m^2$

3 南墙面积 $F_w=3.6\times3.3-5=6.88m^2$

4 东墙面积 $F_w=4.5\times3.3-5=9.85m^2$

[3] 按简化方法计算

按式（2-2-28）求负荷基数比（南窗和屋盖）：

$$m=\frac{F_c x_m x_b x_z J_{c\cdot max}}{\beta K_w F_w}=\frac{5\times0.85\times0.93\times0.55\times252}{0.45\times0.51\times16.2}=147.3$$

查表 2-2-22 屋盖与南窗，无内遮阳，北纬 27.5～37.5°，$\xi=5$，m>144，最大值出现时间为 13 时（计算时间）。对于 502 房间，仅计算 13 时即可。

对于 501 房间，因有两面外窗和屋盖，还需计算窗面积比。按东窗与南窗面积比为 1 查表 2-2-21，最大值出现时间为 10 时。因此 501 房间最大值出现时间为 10～13 时。由表 2-2-21 看出 11、12 时，不可能出现最大值，故仅比较 10 时和 13 时即可。

负荷计算列入表 2-2-23、表 2-2-24。

简化法计算最大冷负荷算例 **表 2-2-23**

项目		房间编号			备注
		501		502	
计算时间		10	13	13	
南外窗日射	F_c	5.0	5.0	5.0	
	$x_m x_b x_z J_{c\cdot max}$	109.6	109.6	109.6	表 2-2-4～7
	C_{CL}	0.64	0.80	0.80	表 2-2-8
	Q_c	351	438	438	式(2-2-9)
东外窗日射	F_c	5.0	5.0		
	$x_m x_b x_z J_{c\cdot max}$	232.2	232.2		
	C_{CL}	0.64	0.31		
	Q_c	743	360		
东或南外窗传热	$x_k K_c F_c$	22.3	22.3	22.3	表 2-2-13、14
	$t_{wp}-t_n$	4.3	4.3	4.3	表 1-3-4
	Δt_k	1.12	3.36	3.36	表 2-2-12
	Q_2	2×121	2×171	171	式(2-2-15)
屋面传热 $\zeta=5$	作用时间	5	8	8	计算时间减 ξ
	$K_w F_w$	8.3	8.3	8.3	
	$t_{wp}-t_n$	4.3	4.3	4.3	
	Δt_{fp}	15.7	15.7	15.7	表 2-2-15
	Δt_w	−11.9	−2.4	−2.4	表 2-2-16
	Q_w	67	146	146	式(2-2-17)
冷负荷小计(W)	ΣQ	1403	1286	755	

稳定部分的计算例 **表 2-2-24**

项目	K_w	F_w	Δt_{fp} 或 Δt_{ls}	$t_{wp}-t_n$	Q	备注
东外墙	1.94	9.85	6.6	4.3	208	式(2-2-20)
南外墙	1.94	6.88	4.4	4.3	103	式(2-2-20)
楼板	1.33	16.2	2	4.3	136	式(2-2-25)

501 小计　447W

502 小计　239W

501 房间最大冷负荷 $\Sigma Q=1403+447=1850$W

502 房间最大冷负荷 $\Sigma Q=755+239=994$W

4. 逐时计算冷负荷

把与时间无关的数据先计算出来，然后再逐时计算冷负荷。查表 2-2-8，东向 9 点最大；屋面作用时间均为 13 点最大，其计算时间为：$13+\xi=18$ 点最大；南墙 13 点最大，其计算时间为 $13+\xi=13+8=21$ 点最大。故应比较 9～21 点逐时值。如牺牲一些准确度亦可仅比较 9、11、13、15、17、19、21 点。计算表见表 2-2-25。

逐时计算冷负荷算例 **表 2-2-25**

序号	项目		计算时间												
			9	10	11	12	13	14	15	16	17	18	19	20	21
1	南外窗日射	C_{CL}	0.50	0.64	0.76	0.81	0.80	0.72	0.59	0.50	0.40	0.27	0.14	0.13	0.12
	$F_c x_m x_b x_z J_c \cdot$ max=548	Q_c	274	351	416	444	438	395	323	274	219	148	77	71	66
2	东外窗日射	C_{CL}	0.78	0.64	0.44	0.31	0.31	0.29	0.27	0.23	0.19	0.14	0.09	0.08	0.07
	$F_c x_m x_b x_z J_c \cdot$ max=1161	Q_c	906	743	511	360	360	337	313	267	221	163	104	93	81
3	东或南窗的传热	Δt_k	0.21	1.12	2.03	2.8	3.36	3.64	3.57	3.01	2.73	1.96	0.98	0.00	−0.70
	$x_k K_c F_c=22.3$, $t_{wp}-t_n=4.3$	Q_2	100	121	141	158	171	177	176	163	157	140	118	96	80
4	屋盖传热 $\xi=5$	作用时间	4	5	6	7	8	9	10	11	12	13	14	15	16
	$K_w F_w=8.3$, $\beta=0.45$	Δt_w	−11.6	−11.9	−10.1	−6.5	−2.4	2.0	5.4	7.9	9.4	10.0	9.4	7.4	3.9
	$t_{wp}-tn+\Delta t_{fp}=2.0$	Q_w	70	67	82	110	146	183	211	232	244	249	244	227	198
5	东外墙传热 $\xi=8$	作用时间	1	2	3	4	5	6	7	8	9	10	11	12	13
	$K_w F_w=19.1$, $\beta=0.26$	Δt_w	−3.0	−3.2	−3.4	−3.6	−3.7	−0.5	2.7	4.5	5.2	4.7	3.5	1.7	1.9
	$t_{wp}-tn+\Delta t_{fp}=10.9$	Q_w	151	147	143	139	138	199	260	294	308	298	275	241	244
6	南外墙传热 $\xi=8$	作用时间	1	2	3	4	5	6	7	8	9	10	11	12	13
	$K_w F_w=13.3$, $\beta=0.26$	Δt_w	−2.0	−2.2	−2.4	−2.5	−2.6	−2.1	−1.4	−0.6	−0.4	1.7	2.7	3.4	3.6
	$t_{wp}-t_n+\Delta t_{fp}=8.7$	Q_w	89	86	84	82	81	88	97	108	121	138	152	161	164
7	501 小计 序号 1、2、4、5、6 加二倍 3	ΣQ	1690	1636	1518	1451	1505	1556	1556	1501	1427	1276	1088	985	913
8	502 小计 序号 1、3、4、6 相加	ΣQ				794	836	843	807	777	741	675	591	555	508

房间最大冷负荷，需再加上表 2-2-19 楼板的负荷。

501 房间 $\Sigma Q=1690+136=1826\text{W}$

502 房间 $\Sigma Q=843+136=979\text{W}$

由于制表所取的数据与例题有所误差，所以最大值出现时间稍有差异，但不影响计算结果。

两种方法之差 501 房间为 (1850－1826)/1826＝1.3%，502 房间为 (994－979)/979＝1.5%。

六、高层建筑冷负荷特点

1. 外表面放热系数的增大

气象资料所给的夏季平均风速，是气象台站地面上 10～15m 处测得的风速，高度在 20m 以内可以按该速度考虑，不必进行修正。如果高度再高，风速会增大，从而外表面放热系数 α_W 就会相应增大。

(1) 高度与风速的关系，可按下式计算：

$$v=v_0\left(\frac{h}{h_0}\right)^n \tag{2-2-29}$$

式中 v——高度为 h（m）处的风速（m/s）；

v_0——基准高度 h_0=10m 处的风速（m/s），可取当地气象台站的夏季室外平均风速作冷负荷计算用，见表 1-3-4；

h——指数，当地气象台站在空旷或临海地区，取 $n=0.14$；在市郊取 $n=0.2$；在市区取 $n=0.33$。

(2) 外表面放热系数

外表面放热系数 α_w［W/(m^2·℃)］由下式确定：

$$\alpha_w=\alpha_d+\alpha_f \tag{2-2-30}$$

式中 α_d——对流放热系数［W/(m^2·℃)］；

当 $v\leqslant5$m/s 时，$\alpha_d=N_1+3.95v$

当 $v>5$m/s 时，$\alpha_d=N_2v^{0.78}$

N_1、N_2——由外表面状况决定的系数；

对光滑表面：取 $N_1=5.58$，$N_2=7.12$

对中等粗糙表面：$N_1=5.82$，$N_2=7.14$

对粗糙表面：$N_1=6.16$，$N_2=7.52$

α_f——辐射放热系数，与外表面温度和表面黑度有关，对于玻璃窗可取 $\alpha_f=4.56$W/(m^2·℃)。

(3) 玻璃窗在计算传热时，可按 α_w 查表 2-2-13 得出的 K_c。

α_w 加大，窗的直射和散射的透过率略有降低，使玻璃窗的冷负荷略有减少，因而可按上述方法计算，不必修正。

对于外墙和屋盖，外表面放热系数 α_w 增大会使传热系数增大，同时使室外综合温度降低，一般会使冷负荷降低一些，在工程计算上可以认为二者相互抵消。

2. 太阳辐射照度增大

由于高处空气较低处稀薄，气压较低，大气透明度高一些，另外会受到其他低层建筑物屋顶（尤其是斜屋顶）的反射，会使太阳辐射照度增大。规范给出的垂直面的照度值，考虑了地面反射，如地面绿化面积大，对屋面的反射照度要小一些。此项热量，据日本人在东京测定，可达 16～23W/m^2。此项因素变化复杂，尚无成熟的计算方法，建议在裙房上面的几层易受屋面反射影响的房间，冷负荷加一些安全系数。

七、间歇和轻型结构附加

1. 间歇附加

办公楼、研究室、剧场、影院、单班制的工厂等，一般仅在一定时间内工作，在不工作时不开空气调节设备。因此，开机时要负担开机以前的房间蓄热量。

对于设备、人员发热较大的房间，其设备和人员的发热如按稳定传热计算时，如预冷（工作前开机）0.5～1 小时或更多一点时间，则不需附加。对于以围护结构负荷为主的房间（例如办公楼），则需将计算出的冷负荷乘以间歇负荷系数，见表 2-2-26。

空调房间的间歇负荷系数 **表 2-2-26**

围护结构情况	预冷时间(h)	窗的朝向	单层窗		双层窗	
			有遮阳	无遮阳	有遮阳	无遮阳
有一面外窗和外墙	0.5	东	1.30	1.00	1.40	1.25
		西	1.05	1.00	1.10	1.05
		南	1.10	1.00	1.15	1.10
		北	1.30	1.20	1.35	1.30
	1.0	东	1.15	1.00	1.20	1.10
		西	1.00	1.00	1.00	1.00
		南	1.10	1.00	1.10	1.05
		北	1.15	1.10	1.20	1.20
有两面外墙和单面窗	1.0	东	1.15	1.00	1.20	1.00
		西	1.00	1.00	1.00	1.00
		南	1.05	1.00	1.15	1.05
		北	1.10	1.10	1.20	1.30
有一面外窗、外墙并有屋盖	1.0	东	1.20	1.00	1.30	1.15
		西	1.00	1.00	1.00	1.00
		南	1.10	1.00	1.20	1.00
		北	1.10	1.00	1.25	1.25

2. 轻型结构附加

（1）每 m^2 空调面积的围护结构的材料重量小于 150kg 的称为轻型结构。轻型结构的材料重量按下列方法计算：

顶层：[外墙重量＋屋盖重量＋$\frac{1}{2}$(隔墙、楼板和吊顶重量)]÷房间地板面积(m^2)；

中间层：[外墙重量＋$\frac{1}{2}$(隔墙、上下楼板和吊顶重量)]÷房间地板面积(m^2)；

底层：[外墙重量＋地板重量(不保保温地板按 200mm 计算)＋$\frac{1}{2}$(隔墙、楼板及吊顶的重量)]÷房间地板面积(m^2)。

（2）由于轻型结构的蓄热能力小，对波动负荷衰减少，故需增加一个附加系数，见表 2-2-27。表 2-2-27 的附加系数仅加在变动负荷的综合最大值上（按稳定传热计算者不附加）。

轻型结构的附加系数表 **表 2-2-27**

有单面外窗、外墙		有单面外窗、外墙和屋盖或有多面外窗、外墙		仅有屋盖无外窗
有内遮阳	无内遮阳	有内遮阳	无内遮阳	
1.12	1.20	1.06	1.10	1.10

八、围护结构温度波衰减度 ν 和延迟时间 ξ 的计算

室外空气和太阳辐射热的综合温度可以认为是成周期波动的（每 24 小时为一波动周期），综合温度波 Δt_z 通过围护结构时，其波幅被衰减，并产生相位延迟。衰减度 ν 表示温度波到达内表面时，其波动幅度较与其相应的围护结构外表面接受温度波幅（Δt_z）减少的倍数。延迟时间 ξ，表示温度波到达内表面时，较与其相应的外表面接受的温度波的

时间延迟（小时）。一些围护结构的衰减度 ν 和延迟时间 ξ 见表 2-2-22、2-2-23。如果不是表中所列的结构。可按以下公式进行计算。

（一）衰减度 ν 按下式计算

$$\nu=0.9e^{\Sigma D/\sqrt{2}}\times\frac{S_1+\alpha_n}{S_1+Y1}\times\frac{S_2+Y_1}{S_2+Y_2}\cdots\cdots\frac{Y_{k-1}}{Y_k}\cdots\cdots\times\frac{S_m+Y_{m-1}}{S_m+Y_m}\times\frac{Y_m+\alpha_w}{\alpha_w}\quad(2\text{-}2\text{-}31)$$

式中 D——材料热惰性指标，$D=RS$；

R——材料的热阻（$m^2\cdot K/W$）；

S——材料的蓄热系数［$W/(m^2\cdot K)$］，以 24 小时为周期；其注脚符号为所在层的编号，其编号顺序与热流方向相反，当热流由室外向室内时（夏季），靠近室内表面的材料层为第一层，而靠近室外表面的材料为第 m 层（共有 m 层材料）；

$$S=\sqrt{\frac{2\pi\lambda c\rho}{24\times3600}}=8.53\times10^{-3}\sqrt{\lambda c\rho}\quad(2\text{-}2\text{-}32)$$

λ——材料导热系数［$W/(m^2\cdot ℃)$］；

c——材料的比热容［$J/(kg\cdot ℃)$］；

ρ——材料的密度（kg/m^3）；

α_n、α_w——内外表面的放热系数［$W/(m^2\cdot ℃)$］，一般取 $\alpha_n=8.7$，$\alpha_w=19.0$；

Y——表面蓄热系数［$W/(m^2\cdot ℃)$］，其注脚方法与 S 相同。编号 k 为空气间层的编号次序。

对于第一层表面蓄热系数 Y_1：

当 $R_1S_1\geqslant1$ 时　　$Y_1=S_1$

当 $R_1S_1<1$ 时　　$Y_1=\frac{R_1S_1^2+\alpha_n}{1+\alpha_nR1}$

对于第二层到最后一层（m 层）的表面蓄热系数 Y_2、Y_3……Y_m：

当 $R_nS_n\geqslant1$ 时　　$Y_n=S_n$

当 $R_nS_n<1$ 时　　$Y_n=\frac{R_nS_n^2+Y_{n-1}}{1+Y_{n-1}R_n}$

注脚符号 n 表示任一材料层的编号顺序。

对于空气间层的表面蓄热系数 Y_k：

$$Y_k=\frac{Y_{k-1}}{1+Y_{k-1}R_k}$$

R_k——空气间层的热阻（$m^2\cdot ℃/W$），见表 2-2-28。

空气间层的热阻 R_k（$m^2\cdot ℃/W$）　　表 2-2-28

空气层的位置和热流流动方向	空气层的厚度(m)					
	0.01	0.02	0.03	0.05	0.10	0.15～0.19
垂直的空气层和热流由下向上的水平空气层	0.12	0.14	0.15	0.16	0.16	0.16
热流由上向下的水平空气层	0.14	0.16	0.17	0.18	0.20	0.21

（二）延迟时间 ξ（h）按下式计算

$$\xi=\frac{1}{15}\left(40.5\Sigma D-\arctan\frac{\alpha_n}{\alpha_n+\sqrt{2}Y_{1\cdot\xi}}+\arctan\frac{Y_tR_k}{\sqrt{2}+Y_tR_k}+\arctan\frac{Y_m}{Y_m+\sqrt{2}\alpha_w}\right)$$

(2-2-33)

式中　　Y_t——空气间层条件蓄热系数：

$$Y_t=\frac{Y_k-1Y_{k+1\cdot\xi}}{Y_{k-1}+Y_{k+1\cdot\xi}} \tag{2-2-34}$$

$Y_{1\cdot\xi}$、$Y_{k+1\cdot\xi}$——计算延迟时间用的第一层和第 $k+1$ 层（即与空气层相接触的靠室外侧的一层）的表面蓄热系数［W/(m² · ℃)］，其脚注号顺序与式（2-2-31）相同。

其余符号与式（2-2-31）相同。

$Y_{1\cdot\xi}$、$Y_{k+1\cdot\xi}$按下述方法求出：

当 $R_1S_1\geqslant1$ 时，$Y_{1\cdot\xi}=S_1$；

当 $R_{k+1}S_{k+1}\geqslant1$ 时，$Y_{k+1\cdot\xi}=S_{k+1}$；

当 $R_1S_1<1$ 或 $R_{k+1}S_{k+1}<1$ 时，应与上述计算 ν 时 Y 值的顺序相反计算（即按与热流相同的方向计算），先计算 $R_nS_n\geqslant1$ 的一层，如各层的 RS 均小于 1，则由第 m 层算起，最后得出 $Y_{1\cdot\xi}$或 $Y_{k+1\cdot\xi}$。即当 $R_mS_m<1$，$R_nS_n<1$，$R_{k+1}S_{k+1}<1$ 时，

$$Y_{m\cdot\xi}=\frac{R_mS_m^2+\alpha_w}{1+\alpha_wR_m}$$

$$Y_{n\cdot\xi}=\frac{R_nS_n^2+Y_{n+1\cdot\xi}}{1+Y_{n+1\cdot\xi}R_n}$$

$$Y_{1\cdot\xi}=\frac{R_1S_1^2+Y_{2\cdot\xi}}{1+Y_{2\cdot\xi}R_1}$$

$$Y_{k+1\cdot\xi}=\frac{R_k+1S_{k+1}^2+Y_{k+2\cdot\xi}}{1+Y_{k+2\cdot\xi}R_{k+2}}$$

对于 Y_{k-1}和 Y_m其计算顺序与方法与衰减度 ν 值计算时相同。

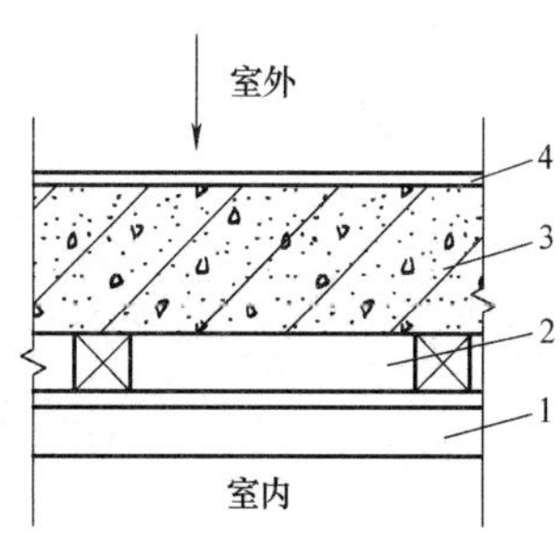

图 2-2-4　例 2-2-3 中的屋盖结构
1—石膏板；2—空气间层；
3—钢筋混凝土板；4—沥青油毡

【例 2-2-3】 设有一层盖，其结构如图 2-2-4，每层材料的热工性能和 Y 值计算见表 2-2-29，热流由室外流向室内，取 $\alpha_n=8.7$W/(m² · ℃)，$\alpha_w=18.6$W/(m² · ℃)，求其衰减度 ν 和延迟时间 ξ。

例 2-2-3　各层材料的热工性能和 Y 值计算　　表 2-2-29

层次	厚度 δ (m)	导热系数 λ[W/(m² · ℃)]	蓄热系数 $S_{(24)}$[W/(m² · ℃)]	热阻 $R=\frac{\delta}{\lambda}$ (m² · ℃/W)	热惰性指标 D=RS	表面蓄热系数 Y [W/(m² · ℃)]
1	0.03	0.76	9.44	0.04	0.38 <1	$Y_1=\frac{R_1S_1^2+\alpha_n}{1+\alpha_nR_1}=\frac{0.04\times9.44^2+8.7}{1+8.7\times0.04}=9.10$
2	0.10	—	0	0.20	0	$Y_2=Y_k=\frac{Y_1}{1+Y_1R_2}=\frac{9.10}{1+9.10\times0.2}=3.23$
3	0.12	1.74	17.20	0.07	1.20 >1	$Y_3=S_3=17.20$
4	0.01	0.17	3.33	0.06	0.20 <1	$Y_4=\frac{R_4S_4^2+Y_3}{1+Y_3R_4}=\frac{0.06\times3.33^2+17.20}{1+17.20\times0.06}=8.79$

$$\sum D=1.78$$

【解】 根据表 2-2-24 求出的 Y 值计算衰减度 ν：

$$\nu=0.9e^{\Sigma D/\sqrt{2}}\times\frac{S_1+\alpha_n}{S_1+Y_1}\times\frac{Y_1}{Y_k}\times\frac{S_3+Y_2}{S_3+Y_3}\times\frac{S_4+Y_3}{S_4+Y_4}\times\frac{Y_4+\alpha_w}{\alpha_w}$$

$$=0.9e^{1.78/\sqrt{2}}\times\frac{9.44+8.7}{9.44+9.10}\times\frac{9.1}{3.23}\times\frac{17.2+3.23}{17.2+17.2}\times\frac{3.33+17.2}{3.33+8.79}\times\frac{8.79+18.6}{18.6}$$

$$=12.94$$

延迟时间 ξ 的计算：

[1] 计算 $Y_{1\cdot\xi}$

由于 $R_3S_3=1.2>1$，由第三层按热流进入方向计算 $Y_{1\cdot\xi}$

$$Y_{3\cdot\xi}=S_3=17.20$$

$$Y_{2\cdot\xi}=\frac{R_2S_2^2+Y_{3\cdot\xi}}{1+Y_{3\cdot\xi}R_2}=\frac{0.2\times0+17.2}{1+17.2\times0.2}=3.87$$

$$Y_{1\cdot\xi}=\frac{R_1S_1^2+Y_{2\cdot\xi}}{1+Y_{2\cdot\xi}R_1}=\frac{0.04\times9.44^2+3.87}{1+3.87\times0.04}=6.44$$

[2] 计算 Y_t

由于 $R_{k+1}S_{k+1}=R_3S_3=1.2>1$

故 $Y_{k+1\cdot\xi}=S_{k+1}=S_3=17.20$

又 $Y_{k-1}=Y_1=9.10$

$$Y_t=\frac{Y_{k-1}\cdot Y_{k+1\cdot\xi}}{Y_{k-1}+Y_{k+1\cdot\xi}}=\frac{9.10\times17.20}{9.10+17.20}=5.95$$

$$\xi=\frac{1}{15}\left(40.5\times1.78-\arctan\frac{8.7}{8.7+6.44\sqrt{2}}+\arctan\frac{5.95\times0.2}{\sqrt{2}+5.95\times0.2}+\arctan\frac{8.79}{8.79+18.6\sqrt{2}}\right)$$

$$=5.64\text{h}$$

九、空气渗透的冷负荷

在计算渗透冷负荷时，如房间有正压，且大于 0.5 次换气时，则可不计算房间渗透风量；如房间为负压，且大于 0.5 次换气，则只计算负压的补充风量作为渗透量；负压小于 0.5 次换气，则应另外考虑一部分渗透风量；如房间为平压，则可按 0.2～0.5 次新风换气作为渗透风量，其中较小数字为窗缝较少且为单面外窗时，大的数字为窗缝较多且为多面外窗时。

上述估算数据为窗缝有较好密封时，如密封不良，则换气次数应适当加大。

空调房间外门的渗透空气量，可按下式估算：

$$L=n_1V_1 \tag{2-2-35}$$

式中 L——门渗透空气量（m^3/h）；

n_1——每小时通过的人数（h^{-1}）；

V_1——每进入一人渗入的空气量（m^3）。

普通单层门，无空气幕时，$V_1=3.0m^3$

普通单层门，有空气幕时，$V_1=1.0m^3$

有门斗时 $V_1=1.5\text{m}^3$

转门 $V_1=1.0\text{m}^3$

1. 渗透空气量的显冷负荷 Q_5（W），按下式计算：

$$Q_5=\frac{1}{3.6}c_p\rho_w L(t_w-t_n) \tag{2-2-36}$$

式中 ρ_w——夏季空调室外计算干球温度下的空气密度，一般可取 $\rho_w=1.13\text{kg/m}^3$；

c_p——空气定压比热（J/kg·℃）

L——渗入室内的总空气量（m^3/h）；

t_w——夏季空调室外计算干球温度（℃）；

t_n——室内计算温度（℃）。

2. 渗透空气量的全冷负荷 Q_{5q}（W）按下式计算：

$$Q_{5q}=\frac{1}{3.6}\rho_w L(h_w-h_n) \tag{2-2-37}$$

式中 h_w——在夏季室外计算参数时的焓值（kJ/kg）；

h_n——室内空气的焓值（kJ/kg）。

渗透空气的潜冷负荷的 $Q_{5q}-Q_5$。

3. 渗透空气的湿负荷 W_5（kg）按下式计算：

$$W_5=\frac{1}{1000}\rho_w L(d_w-d_n) \tag{2-2-38}$$

式中 d_w——在夏季室外计算参数时的含湿量（g/kg）；

d_n——室内空气含湿量（g/kg）。

十、能耗模拟计算

（一）能耗分析软件

建筑环境是由室内外气候条件、室内各种热源的发热状况以及室内外通风状况所决定。建筑环境控制系统的运行状况也必须随着建筑环境的变化而不断进行相应的调节，以实现满足舒适性及其他要求的建筑环境。由于建筑环境变化是由众多因素所决定的一个复杂过程，因此只有通过计算机模拟计算的方法才能有效地预测建筑环境在各种控制条件下可能出现的状况，例如室内温湿度随时间的变化、供暖空调系统的逐时能耗以及建筑物全年环境控制所需要的能耗等。

能耗模拟分析软件主要应用在两方面：建筑物的能耗预测与优化、空调系统性能预测。

目前应用最为广泛的能耗模拟软件有 DeST（Designer's Simulation Toolkit）和 DOE-2，以下将对这两种模拟软件进行详细的介绍。

1. DeST 软件简介

（1）简介

DeST（Designer's Simulation Toolkit）是清华大学建筑技术科学系在自主知识产权基础上经十多年研究开发出来的建筑环境系统设计模拟分析软件，它汇聚了我国暖通界在建筑环境系统设计模拟分析领域的研究成果，目前已成为比较完善的设计分析软件，并在国内外得到较多应用。到目前为止，已有 $10\times10^6 m^2$ 以上的住宅建筑和公共建筑应用 DeST 进行过相关模拟计算分析。

1）DeST 各版本简介

DeST 不是一个单一软件，而是基于同一软件平台、针对各种建筑能耗与建筑环境设计与分析问题的系列应用软件。针对不同类型建筑物、不同模拟分析目的，DeST 目前已经开发了 DeST-c、DeST-r、DeST-d、DeST-h、DeST-e、DeST-i 和 DeST-s 共 7 个软件版本，它们的特点、功能和应用详见表 2-2-30。

DeST 不同版本的特点、功能和应用 **表 2-2-30**

版本名称	特点	功能	应用
DeST-c 商业建筑热环境模拟工具包	专用于采用中央空调的商业建筑空调系统方案辅助设计与分析	建筑设计方案模拟分析 空调系统方案模拟分析 空气处理设备方案模拟分析 冷热源模拟分析 输配系统模拟分析 经济性分析	辅助国家大剧院、深圳文化中心、西西工程等大型商业建筑的设计，辅助中央电视台、解放军总医院、北京城乡贸易中心、发展大厦等多栋建筑空调系统改造设计
DeST-r 公共建筑节能评估版	专用于公共建筑节能评估 针对公共建筑节能评估标准开发	围护结构热工性能、空气处理合理用能和自然采光性能（建筑物本身的节能及用能需求的合理性） 空调冷热源、生活热水热源、风机水泵、照明和其他用电（机电设备系统的节能） 可再生能源利用	国家游泳中心、奥运信息中心等所有奥运建筑，中央与北京市政府机构在内的数十座大型公共建筑的节能评审
DeST-d 建筑能耗分析软件	建筑耗电模拟和分析	预测建筑物运行用电 辅助建筑物用电分析 辅助建筑物用电诊断	中央与北京市政府机构在内的数十座大型公共建筑的用能分析
DeST-h 住宅建筑热环境模拟工具包	住宅类建筑的设计、性能预测的辅助设计	住宅建筑热特性的影响因素分析、住宅建筑热特性指标的计算、住宅建筑的全年动态负荷计算、住宅室温计算、末端设备系统经济性分析	400 万 m^2 住宅建筑优化设计
DeST-e 住宅建筑节能评估版	专用于住宅类建筑节能评估	住宅建筑供暖空调能耗模拟 根据各地方住宅建筑节能设计标准计算各种能耗指标	200 万 m^2 住宅建筑节能评估
DeST-i 住宅建筑能耗标识版	专用于住宅类建筑的能耗标识	根据建筑实际使用状况进行住宅建筑能耗预测，标识建筑能耗水平	30 万 m^2 住宅建筑能耗标识
DeST-s 太阳能建筑能耗分析软件	用于太阳能建筑热环境模拟分析	太阳能建筑主体节能分析、太阳能建筑热环境评价、太阳能建筑常规能源体系的优化利用分析	

2）DeST 的工作界面

DeST 的界面是基于 AutoCAD 开发的，如图 2-2-5 所示。该界面可在 WINDOWS 操作系统下运行，DeST 支持用户实现各种复杂建筑形式（如多座建筑、天窗、斜墙、地下层、回形分隔等）的计算。在 DeST 软件中，与建筑物相关的各种数据（材料、几何尺寸、内扰等）通过数据库接口与界面相连，用户可直接在界面上进行建筑及其环境控制系统的建模、参数设定和模拟计算。

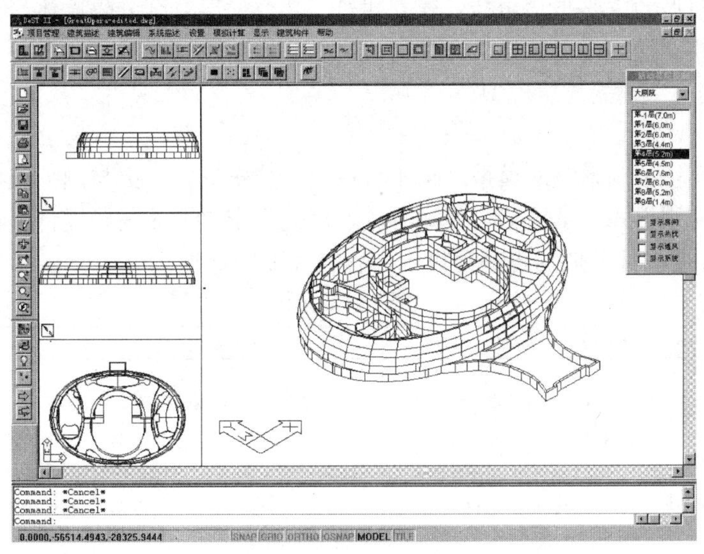

图 2-2-5　DeST 图形化界面

3）DeST 的基础数据库

DeST 的基础数据库　　　　**表 2-2-31**

数据库名称	数据说明	备　注
气象数据库	1. 包括全国 270 个台站，覆盖了各种不同气候区的主要城市； 2. 来源于 DeST 与中国气象局气象信息中心气象资料室合作编制的基于实测气象数据的全年逐时气象数据； 3. 气象要素涵盖与建筑热环境分析直接相关的所有参数：空气温度、空气湿度、太阳辐射强度、地表温度、天空有效温度以及风速风向； 4. 根据夏热冬冷地区居住建筑节能设计标准（JCJ 134—2001）的规定选取典型气象年； 5. 同时提供设计典型年（温度极高年、温度极低年、太阳辐射极大年、太阳辐射极小和焓值极高年）的逐时气象数据	源数据来自唯一官方机构
建筑构件库	包括外墙，内墙，屋顶，楼梯，楼板，窗户，门、遮阳等建筑构件	开放式，可直接选用、可扩充、可自定义
建筑材料库	包括普通材料和透光材料，普通材料如混凝土、金属、木材及其制品、石材、塑料、多孔材料、砌体、各种保温材料等，透光材料如不同厚度的平板玻璃等，DeST 已经内置数十个大类近千种材料	
设备数据库	包括各种供暖空调设备，例如各种冷热源设备（包括集中冷热源设备、分散冷热源设备）、冷却塔、各种空气处理设备、输配设备（风机水泵等）等，设备数据主要是指设备的性能参数	
概算定额库	包括全国统一预算定额和部分地方概算定额，用于各阶段设计的经济性分析	

（2）DeST 使用简介

DeST 的使用过程，可分为以下三个步骤：

1）建立建筑模型

建立建筑模型就是在 DeST 的界面上画出建筑的简化图，这一过程是建筑图的简化，在不对建筑热环境模拟造成明显影响的前提下，用户可根据模拟的要求进行不同程度的简化。建立建筑模型的主要步骤包括：建立建筑、建立楼层、画分隔墙体、识别房间、添加门窗、房间标注。最后全楼拓扑检查，通过后即确定建筑构图形式。另外，用户也可通过衬 CAD 底图的方法建立建筑模型。

2）设定参数

建筑及其环境控制系统的模拟结果不仅取决于建筑形式，更与围护结构物性、空调系统形式、建筑使用方式、系统运行模式有关，因此设定参数的正确性将影响计算结果的正确性。DeST 辅助设计模拟的各部分设定内容如表 2-2-32 所示。

DeST 设定参数 **表 2-2-32**

阶段	定义设计参数和设计方案	定义使用状况及运行状况	定义运行调节方式和控制策略
建筑物本体设计	1. 各部分围护结构的做法及热工参数； 2. 房间温湿度设计要求； 3. 房间内人员、灯光、设备的产热产湿量； 4. 新风量设计要求	1. 房间空调作息（房间需要供暖或空调的作息时间表）； 2. 房间内人员、灯光、设备的作息时间表； 3. 房间通风量及渗透风量	智能围护的控制，如通风窗的风量控制，遮阳控制
空调系统方案设计	1. 空调系统形式，包括全空气系统、空气－水系统、全水系统、直接蒸发机组系统； 2. 冷水系统的管路形式，例如两管制、四管制； 3. 空调系统分区方式：例如按照朝向分区，按照功能分区； 4. 系统设计参数，如定风量系统的送风量，变风量系统的送风量变化范围等； 5. 末端再热装置的容量	1. 空调系统运行时间表； 2. 全年冷热水供应的时间表	1. 系统送风量运行调节和控制方式； 2. 系统送风温湿度的控制调节策略； 3. 变风量系统的控制方式
空气处理设备方案设计	1. 空气处理设备的组合方式，例如显热热回收器＋混风段＋表冷器＋加湿器＋再热器，例如二次回风系统； 2. 空气处理设备（包括送风机等）的台数、容量、性能参数； 3. 空气处理设备供水温度	1. 空气处理设备作息时间表； 2. 全年冷热水供应的时间表	1. 空气处理设备水量调节和控制； 2. 系统新风量控制调节方式； 3. 热回收装置的使用时间； 4. 冷热水供水温度的变化

续表

阶段	定义设计参数和设计方案	定义使用状况及运行状况	定义运行调节方式和控制策略
冷热源和水系统设计	1. 冷源形式，如电制冷离心机组、吸收制冷直燃溴化锂机组、风冷热泵机组等； 2. 冷源设备（包括冷机、冷却塔）的台数、容量和设备性能参数； 3. 热源形式，如燃气锅炉、燃油锅炉、城市热网等； 4. 热源设备的台数、容量和设备性能参数； 5. 水系统管网形式，如一次泵系统、二次泵系统； 6. 水泵的台数、容量和设备性能参数		1. 冷机运行调节和控制，如冷机开停调节策略，冷机出水温度控制； 2. 冷却塔运行调节和控制，如台数控制、一机对一塔、风机变频等； 3. 水泵运行调节和控制，如台数控制、变频控制等

说明：

围护结构热物性参数的定义通过从 DeST 的建筑构件库或材料库中选择相应的构件、材料而完成。

① 为方便用户进行定义，DeST 将不同使用状况的房间进行归纳得到不同的房间功能类型。每种房间功能类型集成了房间设计参数，室内人员、灯光、设备的产热产湿量与作息，房间空调作息等房间信息。用户可以直接从 DeST 的房间库里选择已有的房间类型（如办公室、卧室、餐厅等等），在其基础上进行参数调整，也可以自定义新的房间类型。

② 在 DeST 不同版本中，要求对通风的描述不同，计算分析模式也不同。通风描述定义每个房间从室外或从其他房间通过通风通道（如门缝，窗缝等）进入的空气。按照以该房间体积为基础的换气次数为单位定义。通过设定作息时间表可以使换气量在全年逐时变化；还可以定义换气量在一定的范围内根据室内外温度的不同而在一定范围内变化，从而模拟根据室内外环境状况人为的开窗关窗造成的影响。

③ 在进行空调系统方案设计、空气处理设备的方案设计以及冷热源和水系统的设计时，用户通过对系统、设备、控制等方面的灵活定义，可以组合得到各种系统形式和控制方式，这些系统形式和控制方式可以保存在 DeST 数据库中备用。

另外，DeST 的全过程经济性分析模块 EAM，根据表 2-2-28 中不同设计阶段的设计工作深度，提供不同细化程度的初投资、运行费和寿命周期费用估算结果。进行经济性分析时，用户只需确认或重新设定设备价格、能源价格，EAM 自动对方案的全面造价（包括设备材料的购置费、安装费以及各种取费和税金）、运行费用、寿命周期费用进行详细估算。

3）模拟计算及输出

完成了建立建筑模型和设定参数的工作，即可选择进行不同项目的计算。各版本的模拟计算选项和 DeST 的输出内容如表 2-2-33 所示。

各版本目前提供的模拟计算选项和软件输出内容　　表 2-2-33

版本	DeST-c	DeST-r	DeST-h、DeST-i、DeST-s	DeST-e	DeST-d
模拟计算选项	1. 建筑阴影计算 2. 建筑采光计算 3. 建筑室温计算 4. 建筑负荷计算 5. 系统送风量计算 6. 系统方案分析 7. 风网计算 8. 全年风网计算 9. 水网计算 10. 全年水网计算 11. 空气处理室模拟 12. 水系统模拟	1. 被评建筑负荷及自然采光计算 2. 参考建筑负荷及自然采光计算 3. 被评建筑空调系统负荷计算 4. 被评建筑空调系统冷热源计算 5. 被评建筑输配系统计算	1. 建筑阴影计算 2. 建筑采光计算 3. 建筑室温计算 4. 负荷分析	1. 被评建筑能耗计算 2. 参考建筑能耗计算	1. 照明电耗计算 2. 室内电器电耗计算 3. 电梯电耗计算 4. 输水泵电耗计算 5. 公用生活类电器（如洗衣机、餐厨电器、电开水器等）电耗计算 6. 通风系统电耗计算 7. 空调系统电耗计算

续表

版本		DeST-c	DeST-r	DeST-h、DeST-i、DeST-s	DeST-e	DeST-d
输出	详细数据 excel 报表		气象数据、阴影计算结果、采光计算结果、房间温度、房间负荷、系统负荷、系统方案分析结果、空气处理设备方案分析结果、冷热源模拟结果、风机水泵模拟结果、各分项电耗逐时计算结果			
	统计数据 excel 报表		围护统计结果、负荷统计结果、各分项电耗统计结果			
	经济性分析 excel 报表		各阶段的经济性分析报表，其中包括初投资报表、运行费用报表、寿命周期费用报表			
	Word 报告		标准格式的节能评估报告			

2. DOE-2 软件简介

DOE-2 是一个在一定的气象参数、建筑结构、运行周期、能源费用和暖通空调设备条件下，逐时计算能耗和计算居住和商用建筑能源费用的软件。DOE-2 程序有完备的技术文档，能够提供新型建筑设计的分析比较，适于研究交流。它的源代码采用 FORTRAN 语言编写，可以在 UNIX、SUN 和 PC 等多种操作系统平台上运行。用该软件，设计者可以迅速选择改善措施，通过程序计算，得到相应的建筑耗能量特性、保持室内舒适状况和能耗费用。

(1) DOE-2 的软件结构简介（见图 2-2-6）

下图显示了 DOE-2 的程序计算流程。一般来讲，DOE-2 包含一个子程序——建筑描述语言处理器 BDL Processor、4 个子程序模块（LOADS，SYSTEMS，PLANT and ECON）。模拟管理器控制整个模拟过程：热平衡模拟 LOADS 模块计算热湿负荷；建筑系统模拟 SYSTEMS 模块管理热平衡计算结果与暖通空调的空气回路和水回路的能耗计算和数据通信。机房设备模拟 PLANT 模块管理冷热源（制冷机、锅炉等）及相应附机之间的能耗计算和数据通信。LOADS，SYSTEMS 和 PLANT 按顺序单向执行，前一个模块的输出成为后一个模块的输入，没有反馈。即所谓的 “sequence execution, not feed back”。用户不需要自己来 “搭建” 实际的系统，而是选择预先设置好的系统形式。这种方式对使用者使用比较方便，不用考虑各个模块之间的信号连接，但另一方面，可供选择的系统方案就相对较少。

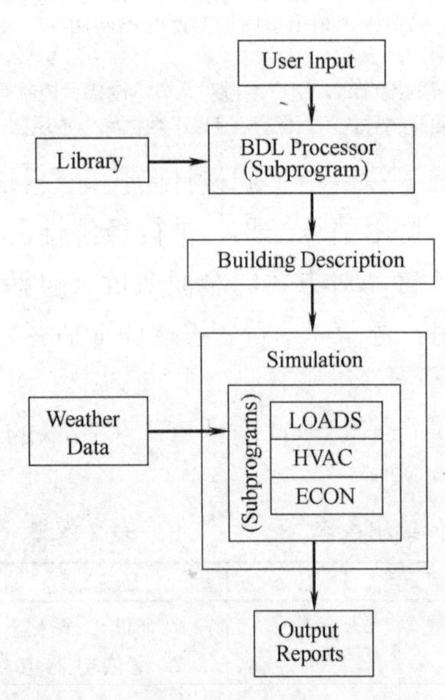

图 2-2-6 DOE-2 的软件总体结构图

1) 建筑描述语言处理器 BDL Processor

建筑描述语言（BDL，Building Description Language）处理器将使用者的任意格式的输入数据转换成计算机认可的格式。处理器还要计算出墙体的热反应系数以及房间的热反应权系数。

在 DOE-2 的早期版本中，建筑描述语言是它的一大特色。DOE-2 将建筑构件变量直接用英语单词或词组来表示，从而简化了冗长繁杂的输入。这一特色明显带有 DOS 操作系统的时代烙印。

2) 负荷模拟子程序 LOADS

假定对象房间处于用户设定的室内温湿度状态条件下，LOADS 逐时计算供暖和供冷的显热和潜热负荷。LOADS 会从气象资料数据库中读取当地的逐时气象参数和太阳辐射数据。而用户要设定室内人员、照明和设备的运行时间表。负荷计算采用权系数法。

3）暖通空调系统模拟子程序 HVAC

HVAC 子程序分成两部分：SYSTEMS 子程序和 PLANT 子程序。SYSTEMS 子程序处理二次系统；PLANT 子程序处理一次系统。SYSTEMS 计算空气侧设备（如风机、盘管和风道）的特性，根据房间的新风需求、设备运行时间表、设备控制策略以及恒温控制器的设定点，修正由 LOADS 计算出的恒温负荷。SYSTEMS 的输出是风量和盘管负荷。PLANT 计算锅炉、冷水机组、冷却塔和蓄热槽等设备在满足二次系统盘管负荷时的状态。为了计算建筑的电力和燃料耗量，PLANT 也考虑了一次设备的部分负荷效率。

4）经济分析子程序 ECON

ECONOMICS 子程序用来计算能源费用。它也可以用来比较不同建筑设计的成本-效益；计算既有建筑节能改造所能产生的经济效益。

5）气象数据 Weather Data

DOE-2 可以读入包括典型气象年 TMY2 在内的许多气象数据。一个地区的典型气象年参数应包括室外干球温度、湿球温度、大气压、风速和风向、云量以及太阳辐射。DOE-2 提供了世界各国的部分城市典型气象年参数，其中包括中国的北京、上海、南京、成都、西安、哈尔滨和乌鲁木齐等省会城市的全年气象参数。

另外，我国科研工作者也正在与气象部门合作，开发适用于我国气候特点的建筑能耗计算用气象数据。届时，我国绝大多数城市的气象数据可供用户使用。

6）建筑材料数据库 Library

DOE-2 提供建筑材料的各种性能数据，包括墙体材料、墙体分层构造和门窗。

(2) DOE-2 功能及版本简介

DOE-2 软件作为美国能源部（DOE）支持下，劳伦斯伯克利国家实验室（LBNL）、Los Alamos 国家实验室（LASL）和加州大学等研究机构共同开发的大型能耗计算软件，历经二十余载，不断进行版本升级。主要可以进行建筑方案设计及节能方案的基础研究。

1）建筑方案的概念设计；

2）围护结构材料的热工性能及保温构造的优化设计分析，建筑物蓄热特性与 HVAC 系统的耦合关系模拟分析；

3）分析建筑物内遮阳与外遮阳的节能效果，以及不同类型玻璃（镀膜玻璃、热反射玻璃）的节能效果对比；

4）室内热源（人员、照明和设备）运行模式的影响分析，判断建筑物本身的节能及用能需求的合理性；

5）HVAC 设备的间歇运行模式的影响分析；

6）最小新风需求和过渡季节免费供冷的节能效果分析；

7）不同空气处理系统、冷热源设备的性能特点分析；

8）不同机电设备系统（空调冷热源、生活热水热源、风机水泵、照明）的节能潜力分析。

由于 DOE-2 在人机界面方面的局限，使许多民营研究机构和商业公司以 DOE-2 为核心进行二次开发，给它加上易于操作的界面投入商业化经营。DOE 和 LBNL 也曾致力于改进 DOE-2，因为这毕竟有利于建筑节能事业的发展。一部分经二次开发的产品见下表。一些其他国家也将 DOE-2 结合到本国的商用建筑设计、分析软件之中。例如欧盟的 COMBINE 软件、芬兰的 RIUSKA 软件。

以 DOE-2 为核心开发出的一部分软件产品　　表 2-2-34

ADM-DOE2 Compare-IT COMPLY-24 DesiCalc	DOE-Plus EnergyGauge USA EnergyPro	EZ-DOE FTI/DOE Home Energy Saver (LBNL) Perform 95	PRC-DOE2 RESFEN 3.0 VisualDOE

从 1995 年开始，美国能源部开始规划开发新一代建筑模拟工具。经过对各种已有模拟工具的用户和开发人员的调查，了解了能耗模拟的需求和建议，确定在 DOE-2 软件和 BLAST 软件基础上开发新一代软件 EnergyPlus。

由于 DOE-2 软件经过多次实测验证、在美国的应用有不俗的业绩（例如，曾用 DOE-2 为白宫和已经倒塌的纽约世贸中心等标志性建筑进行能耗分析），加上强大的开发和技术支持背景，因此逐渐被世界各国所接受，成为最具权威性的建筑能耗分析软件。美国和其他一些国家的建筑节能国家标准，都是用 DOE-2 软件作为技术支撑。我国《夏热冬冷地区居住建筑节能设计标准》JGJ 134—2001、《夏热冬暖地区居住建筑节能设计标准》JGJ 75—2003 以及《公共建筑节能设计标准》GB 50189-2005 在编制中也大量引用了 DOE-2 的计算成果。

(3) DOE-2 应用程序的使用

用户运用 DOE-2 应用程序进行建筑物的能耗计算，首先应明确 DOE-2 所要求的工作：遵循 DOE-2 应用程序的约定，以 DOE-2 定义的输入方式，对将要进行能耗计算的建筑物进行描述——输入建筑物的构成。

DOE-2 进行建筑物的能耗计算，按照下面的顺序进行：

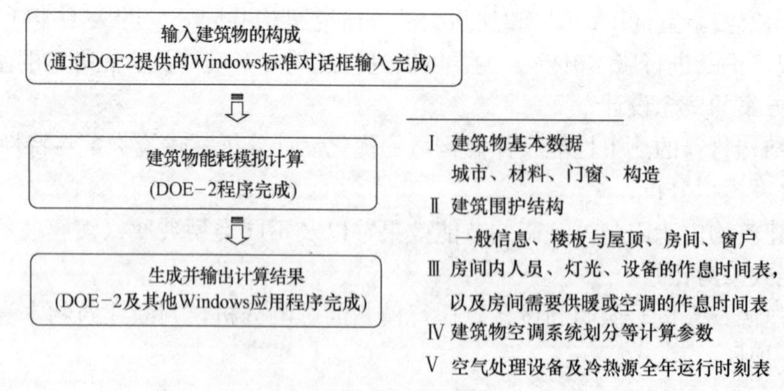

图 2-2-7　DOE-2 建筑物能耗计算流程

流程图中的第一步建筑物的构成包括三部分信息：建筑物的基本数据、围护结构构成、建筑物的空调系统划分等其他计算参数的设定。这三部分的信息需要用户输入按照 DOE-2 规定的顺序进行输入。

1）建筑物的基本数据：建筑物所处城市、建筑物所用到的材料、建筑物的门窗、建筑物的外墙板、内墙板、地面板、楼板、屋顶板的分层构造。

这四类数据的输入都是在相应的对话框中进行，输入较为简单。

2）建筑物围护结构的输入：这一步中需要用户依次输入建筑物的一般信息、建筑物的楼板与屋顶、建筑物的房间、建筑物外墙上的窗户或遮阳。

运用 DOE-2 应用程序对一个建筑物进行能耗计算时，这一步的输入是最为重要的一个环节。虽然实际工程中建筑物形式的复杂多变将导致输入工作量的增加，但只要用户遵循 DOE-2 应用程序的约定，充分利用 DOE-2 提供的简化命令，将极大地提高输入工作的效率。关于这部分的输入方法与技巧请参见 DOE-2 使用手册中给出的详细说明。

3）建筑物空调系统划分等计算参数的设定：划分建筑物的空调系统、设定建筑物的室内负荷强度、照明时间表、供暖空调系统的运行时间表。

实际上这几项参数中需要用户操作的只有第一项划分系统，划分系统在 DOE-2 提供的供暖空调系统划分对话框中进行；而后面三项参数使用 DOE-2 提供的缺省值即可，一般情况下并不需要用户输入，除非用户要自行设定相应的参数数值。

（二）建筑能耗动态分析与计算

1. DeST 软件建筑能耗动态分析计算

（1）实例已知条件

北京市的一栋高档写字楼，建筑面积约 33000m^2，共 30 层，建筑标准层平面及立体的 DeST 模型如图 2-2-8 所示。标准层除了中心的电梯间卫生间用房外，其他房间基本上都是办公室用房。建筑进深达 13 米，根据内区、外区的划分，建筑内部隔断如平面图所示。建筑主要功能房间的使用情况及空调设计参数见表 2-2-35、图 2-2-9、表 2-2-36，建筑主要围护结构参数见表 2-2-37。

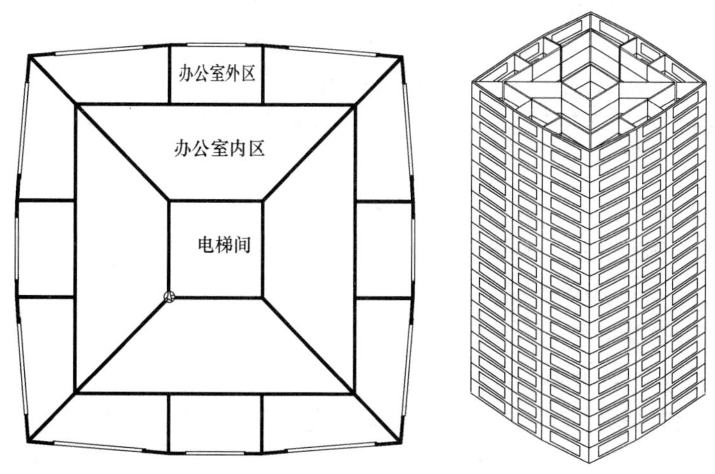

图 2-2-8　建筑平面、立体示意图

建筑主要功能房间设计用参数　　　　**表 2-2-35**

房间功能	最多人数(人/m^2)	灯光产热(W/m^2)	设备产热(W/m^2)	最低新风量(m^3/人)
办公室	0.1	10	20	30
会议室	0.3	15	—	30
门厅、走廊	0.05	5	—	20

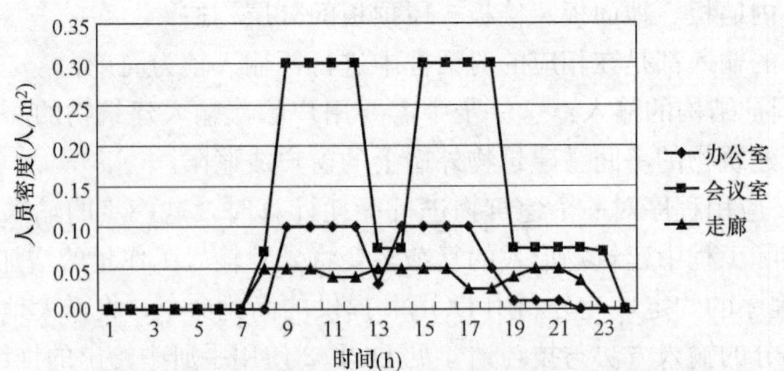

图 2-2-9 建筑主要功能房间人员作息（工作日）

建筑主要功能房间环境控制参数 **表 2-2-36**

房间名称	夏季		冬季	
	温度(℃)	相对湿度	温度(℃)	相对湿度
办公室	24～26	50%～60%	20～22	—
会议室	24～26	50%～60%	20～22	—
走廊	25～28	55%～60%	20～22	—

围护结构热工参数 **表 2-2-37**

类别	方案	传热系数($W/m^2 \cdot K$)
外墙	240mm 重砂浆黏土砖＋60mm 聚苯板	0.60
屋顶	200mm 多孔混凝土＋130mm 钢筋混凝土	0.8
外窗	中空双玻窗	3.1(遮阳系数 SC＝0.67)

（2）动态分析计算

DeST 商建版融合了实际设计过程的阶段性特点，将模拟划分为：①建筑方案设计；②空调系统方案设计；③空气处理设备设计；④冷热源设计；⑤输配系统设计共 5 个阶段，每个阶段可分别进行模拟计算，同时还配备全过程的经济性分析模块 EAM，这样设计者可以通过 DeST 获得建筑及空调系统设计的各个阶段的热环境、能耗、投资、运行费计算结果。

1）建筑方案设计

在进行建筑方案设计时，DeST 可以模拟出建筑物全年逐时的采光状况、室内热状况和供暖空调的负荷需求，并估算出方案的初投资和运行费。通过改变如下设定，设计者可以获得不同的设计方案：

A. 建筑平面布局和内部隔断；

B. 外墙、外窗的构件和材料，例如外墙做法、内外保温，外窗形式；

C. 窗墙比；

D. 内外遮阳。

图 2-2-10 给出了实例建筑在两种窗墙比（0.7 和 0.4）方案下外区房间的耗冷量、耗热量。图 2-2-11 给出了两种窗墙比方案下建筑总体的耗热量耗冷量及最大负荷情况。

根据模拟结果，以下模拟就采用窗墙比为 0.4 的方案进行。

2）空调系统方案设计

DeST 辅助空调系统方案设计时，可以帮助设计者分析不同系统形式、不同系统分

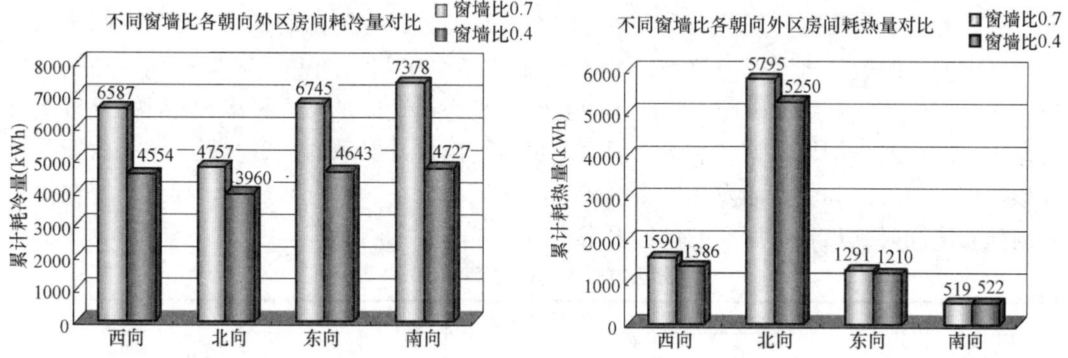

图 2-2-10　不同窗墙比外区房间的冷热负荷对比

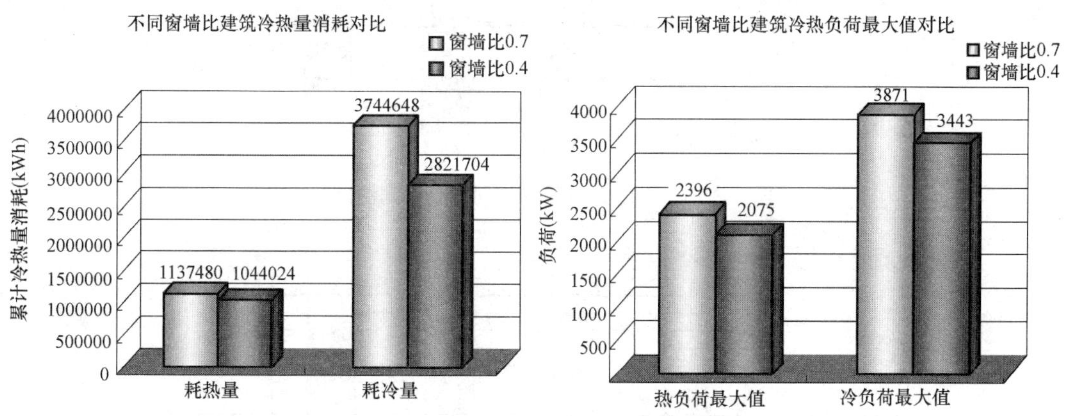

图 2-2-11　不同窗墙比建筑的冷热负荷对比

区、不同系统参数下系统所能达到的环境控制效果。

实例建筑的空调系统形式全部采用全空气变风量空调系统，各房间的送风量范围为 4～8 次/小时。下面利用 DeST 分析比较采用图 2-2-12 所示的三种分区方式时空调系统满足设计要求的情况。

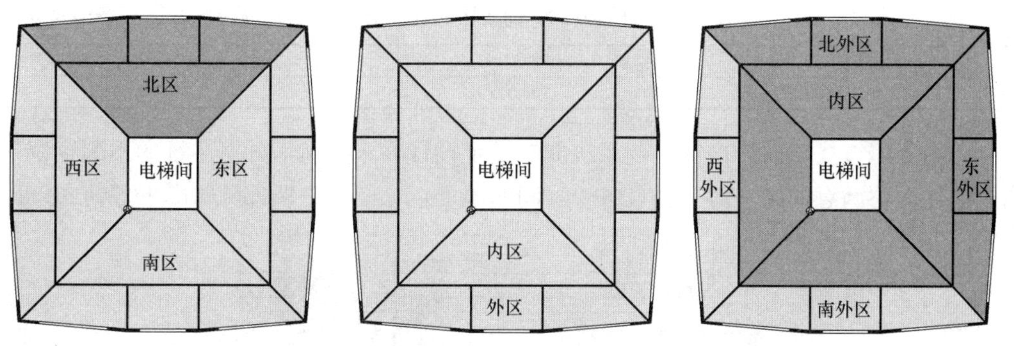

图 2-2-12　三种不同的分区方式

通过 DeST 的空调系统方案模拟计算，可以计算得到三种分区方式下各系统的全年运行状况，分述如下：

A. 分区方式 1 的模拟结果

分区方式 1 是将每一层分为东南西北四个区，表 2-2-38 给出的是这 4 个区系统不满足设计要求的小时数。查看某一系统不满意时刻的各个房间室温和送风量情况，如图 2-2-13、图 2-2-14。此时系统供冷，有些房间温度已经达到设计要求的室温下限同时风量调整为最小，而有些房间风量调整到最大但温度仍然高出设计要求的室温上限，这是由于受外界影响较大的外区和受室内发热量影响较大的内区划分在一个分区之中，导致系统在很多时刻都无法同时满足各个房间的设计要求。

分区方式 1 的各区满意状况 **表 2-2-38**

系统	西向分区	北向分区	东向分区	南向分区
不满意小时数	794h	225h	640h	546h

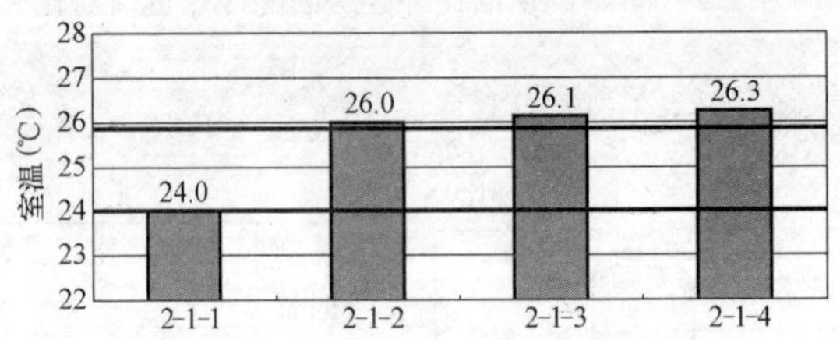

图 2-2-13 西区某不满意时刻各个房间温度状况

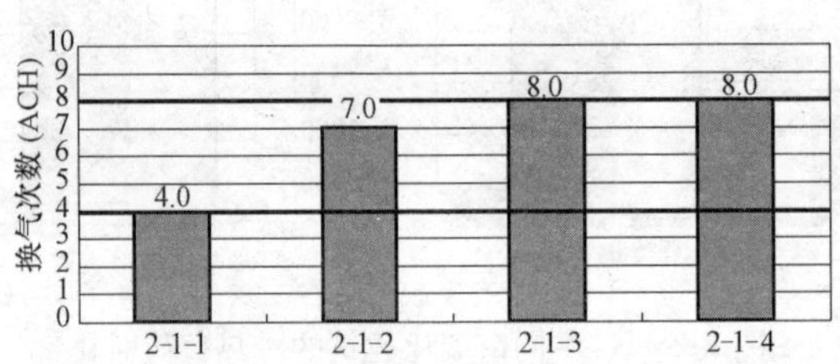

图 2-2-14 西区某不满意时刻各个房间换气次数

B. 分区方式 2 的模拟结果

分区方式 2 是将每一层分为内外两个区，两个分区的空调系统不满足设计要求的小时数见表 2-2-39。

分区方式 2 的各区满意状况 **表 2-2-39**

系统编号	内区	外区
不满意小时数	0h	771h

采用分区方式 2 时，内区空调系统能够满足设计要求，然而外区系统的不满意率仍较高，取外区不满意的某一时刻查看各个房间的温度，见图 2-2-15，可知由于各朝向外区房

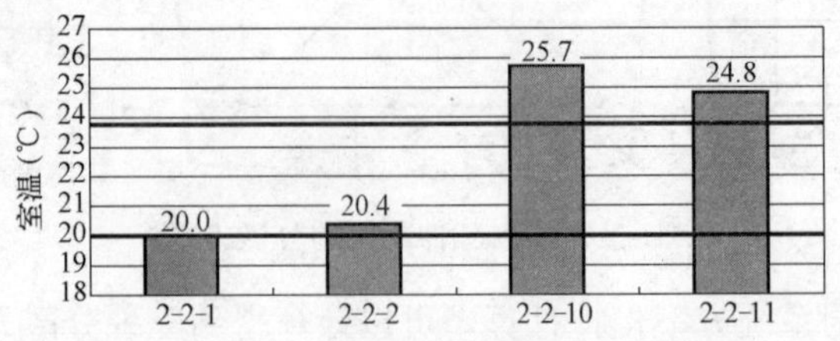

图 2-2-15 外区某不满意时刻各个房间温度

间的热状况不同，导致温度差异很大，系统难以同时满足各朝向房间的设计要求。

C. 分区方式 3 的模拟结果

分区方式 3 将外区房间按照东北和西南划分为两个分区，这时 3 个分区的系统不满足设计要求的小时数见表 2-2-40。

分区方式 3 的各区满意状况 **表 2-2-40**

系统编号	内区	东、北外区	西、南外区
不满意小时数	0h	3h	505h

由表 2-2-36 可以看到，外区分为两个区之后，内区和外区东北朝向的空调系统能够很好地满足设计要求，然而外区西南朝向的不满意率仍然较高，如图 2-2-16 所示，仍然是各房间冷热状况不同导致。

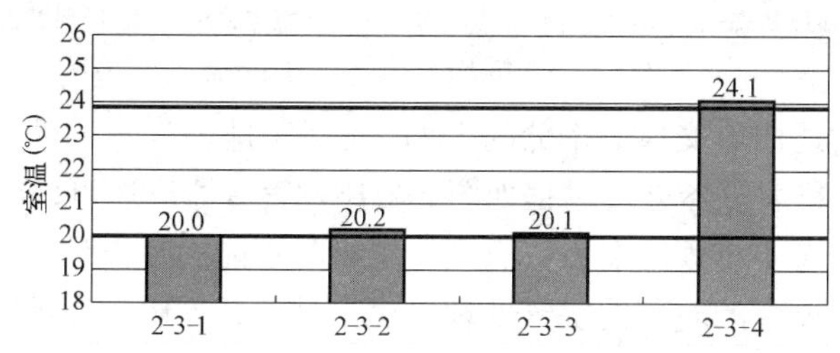

图 2-2-16 外区某不满意时刻各个房间温度

为了进一步降低外区西南朝向分区的不满意率，在分区方式 3 的基础上，将外区西南朝向分区房间的送风量范围加大为 4～10 次/小时，这时得到各区系统满意状况如表 2-2-41所示。

分区方式 3 调整西南区送风量范围的满意状况 **表 2-2-41**

系统编号	内区	东、北外区	西、南外区
不满意小时数	0h	3h	294h

由表 2-2-37 可以看到，加大外区西南朝向分区的送风量范围后，该区系统不满意时刻明显减少。

综合比较并分析不同分区方式的模拟结果可以帮助设计人员确定系统的分区方式。基于前文的分析，下述模拟采用分区方式 3，并将西南外区的房间风量范围调整为 4～10 次/小时。

3）空气处理设备设计

空调系统方案模拟可以确定各个空调系统的逐时送风量和送风温度，在空气处理设备方案设计阶段，DeST 主要是帮助设计者分析不同设备组合下的空气处理效果和能耗。

实例建筑南、西外区的空调系统的空气处理设备的初步方案为：空气处理段由混风室、表冷器（冷热两用）、加湿器组成，定新风量、无热回收设备，下面以表冷器选型、新风处理、热回收三个问题为例说明 DeST 的辅助分析作用。

A. 表冷器选型

根据系统的逐时送风量要求，初步选用 JW10-4 型 8 排表冷器。利用 DeST-c 可对方案全年运行状况进行逐时模拟计算。计算得到：初选设备有 304 个小时不能满足设计送风状态的要求。查看某一不满足时刻设备的空气处理过程，如图 2-2-17，设备的处理效果是：送风温度基本满足要求而除湿量可能减少。

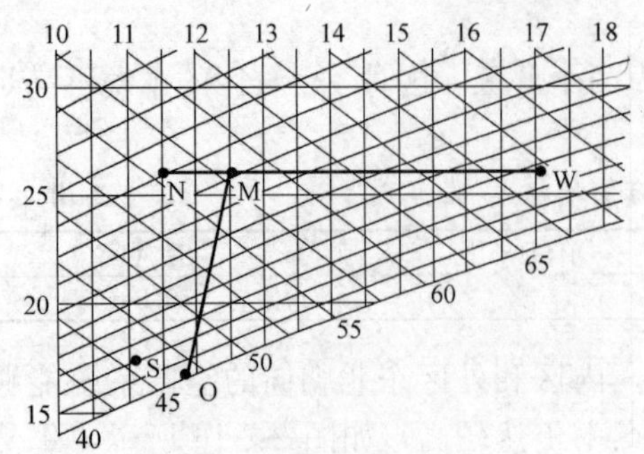

图 2-2-17　8 排表冷器空气处理过程

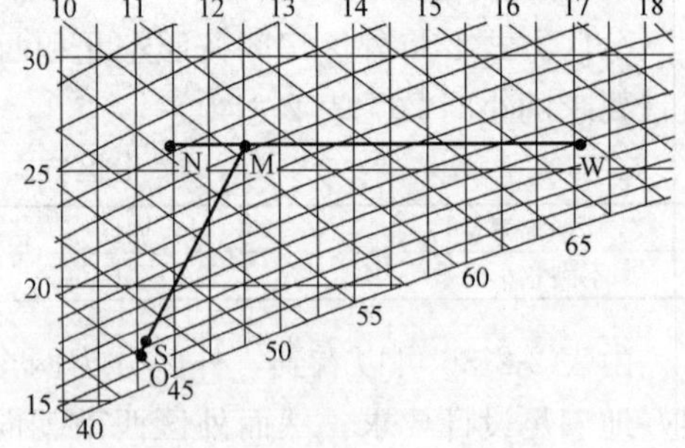

图 2-2-18　4 排表冷器空气处理过程

W：新风状态点；M：混合状态点；N：室内状态点；S：要求送风状态点；

O：经空调箱表冷段处理后的状态点

通过分析，改用通用热交换效率低的 JW10-4 型 4 排表冷器，模拟其运行效果。对应图 2-2-17 的状态，4 排表冷器处理过程如图 2-2-18，表冷器已经可以将空气处理到送风状态点。统计表明，改选 4 排表冷器后仍有 200 个小时不能满足设计送风状态的要求。

查看仍然不满足要求的时刻的空气处理过程，见图 2-2-19。分析后考虑采用带旁通的表冷器，再次模拟其运行效果。对应图 2-2-19 的状态，改用带旁通表冷器时的空气处理过程见图 2-2-20，此时旁通比为 0.16，表冷器把未旁通的空气处理到 O_2 点，然后与旁通的未经处理的 M 点空气混合到 O 点，基本满足送风状态要求。统计表明，改用带旁通表冷器后仅有 15 个小时不能满足设计送风状态的要求。

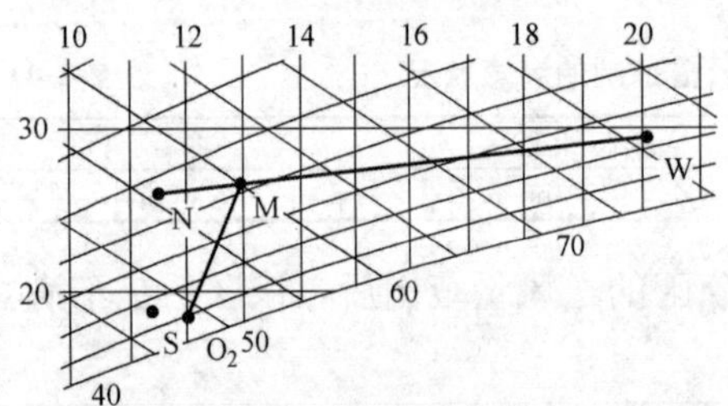

图 2-2-19　4 排表冷器无旁通时空气处理过程

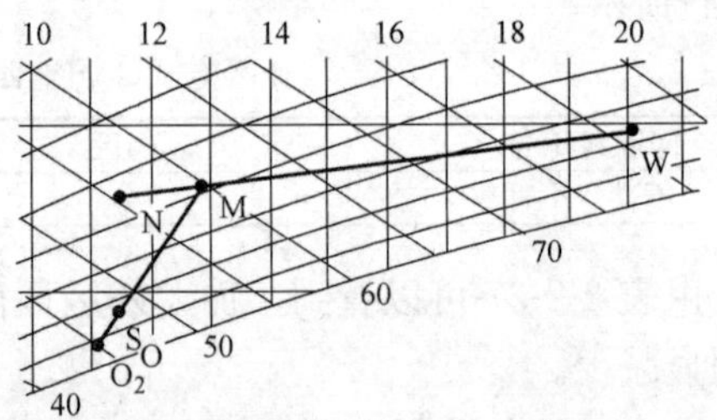

图 2-2-20　4 排表冷器有旁通时空气处理过程

W：新风状态点；M：混合状态点；N：室内状态点；S：要求送风状态点；

O：经空调箱表冷段处理后的状态点

经过对表冷器型式的模拟分析，此系统确定采用 JW10-4 型 4 排带旁通的表冷器。

B. 新风处理方案

采用变新风运行是减小空调系统运行能耗的有效手段。采用变新风时，新风量变化范围为卫生要求的最小新风量～全新风。图 2-2-21 所示为过渡季某日不同新风方案的新风比变化情况，对于变新风系统，当新风温度低于室内温度而高于送风温度时，全新风运行，而当新风温度低于送风温度时，调整新回风比使得空气处理能耗最低，此时新风量处于最小新风量和全新风之间。

对实例建筑，模拟比较变新风与定新风量运行的系统能耗，结果见图 2-2-22。

可见该系统变新风运行比定新风量运行减少了近 20％的冷热量消耗，从能耗角度考虑，实例建筑的空调系统采用变新风运行方案。

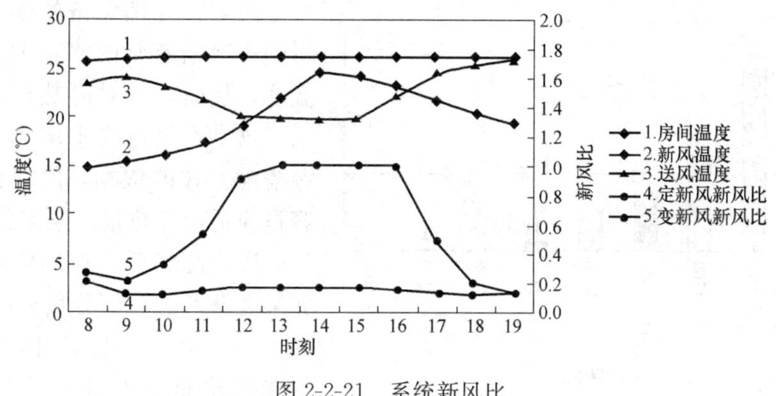

图 2-2-21　系统新风比

图 2-2-22　不同新风运行方式系统冷热量消耗比较

C. 热回收处理方案

为了确定热回收处理方案，下面分别对不设新排风换热器、设置显热回收器、设置全热回收器三种方案进行模拟，比较能耗情况。显热回收器额定的温度效率为 0.7；全热回收器额定的温度效率和湿度效率为 0.7。模拟结果如图 2-2-23 所示。

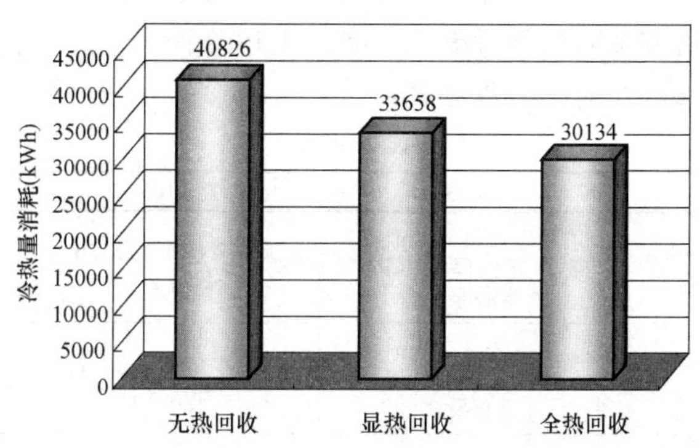

图 2-2-23　不同热回收方案系统冷热量消耗

从能耗角度考虑，实例建筑确定采用全热回收方案。

综上，通过模拟分析，确定了如下空气处理设备方案：空气处理室由混风室、表冷器(冷热两用)、加湿器、全热回收器组成；选用 JW10-4 型 4 排带旁通的表冷器，变新风量运行。

4）冷热源方案设计

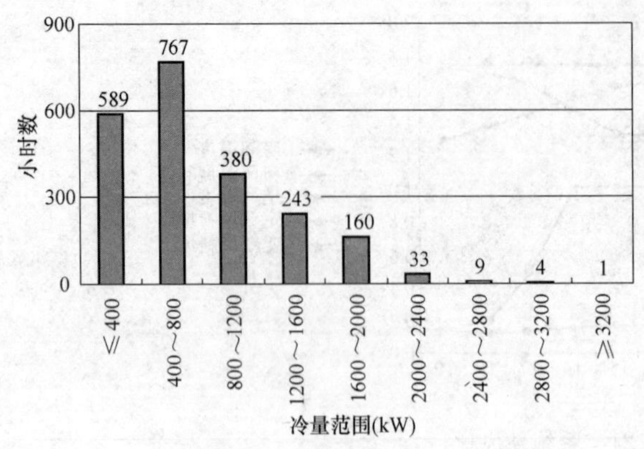

图 2-2-24 实例建筑空调系统耗冷量分布

由空气处理设备的模拟分析可以得到表冷器盘管的水量要求与供回水温度，从而得到对冷热源的冷热量要求。这一冷热量要求应作为确定冷热源搭配方式的依据，冷热源的台数和容量应适应冷热量的全年分布情况。

以冷源为例，在确定冷机搭配时如果能够考虑到部分负荷的分布情况，使得冷机大部分时刻工作于较高 COP，就能够降低运行能耗。如图 2-2-24，实例建筑的冷量需求在低于 2000kW 的范围内比较集中，尤其是冷量需求低于 800kW 的小时数占到需要开启冷机的总小时数的 62%。

实例建筑的最大冷量需求为 3510kW，结合图 2-2-24 的信息，选择以下三种冷机搭配方案进行模拟：

A. 额定冷量 1800kW 离心机 2 台；

B. 额定冷量 1200kW 离心机 3 台；

C. 额定冷量 1440kW 离心机 2 台，额定冷量 720kW 离心机 1 台。

由于冷机的工作状况与水系统直接相关，因此对冷机搭配方案的模拟分析需要与水系统模拟分析一起进行。实例建筑采用的是二次泵水系统形式，如图 2-2-25。

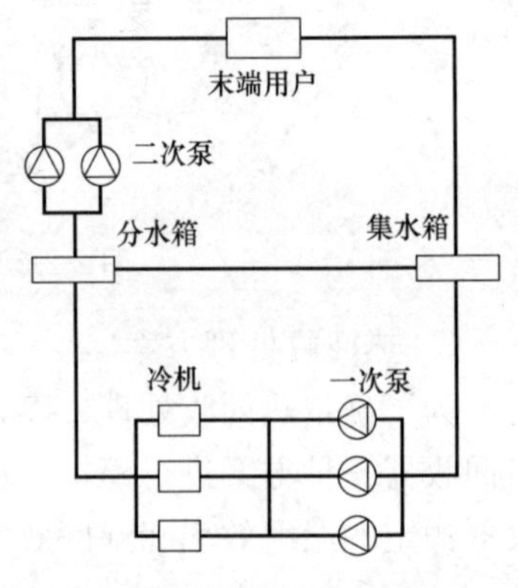

图 2-2-25 水系统形式示意

不同冷机搭配方案对应的冷水一次泵、冷却塔、冷却水泵选型与搭配也有所不同，而冷冻水的二次泵与冷机搭配无关，因此分析冷机方案时暂不考虑二次泵。上述三种搭配方案选择的设备参数及对应台数见表 2-2-42。

设备列表 **表 2-2-42**

方案	冷水机组	冷水一次泵	冷却塔	冷却水泵
1	额定冷量 1800kW 离心机 2 台	额定流量 309m³/h 额定扬程 120kPa 离心泵 2 台	额定水量 404 m³/h 冷却塔 2 台	额定流量 404 m³/h 额定扬程 250kPa 离心泵 2 台
2	额定冷量 1200kW 离心机 3 台	额定流量 206m³/h 额定扬程 120kPa 离心泵 3 台	额定水量 269 m³/h 冷却塔 3 台	额定流量 269 m³/h 额定扬程 250kPa 离心泵 3 台
3	额定冷量 1440kW 离心机 2 台， 额定冷量 720kW 离心机 1 台	额定流量 247 m³/h 额定扬程 120kPa 离心泵 2 台， 额定流量 123 m³/h 额定扬程 120kPa 离心泵 1 台	额定水量 323 m³/h 冷却塔 2 台， 额定水量 162 m³/h 冷却塔 1 台	额定流量 323 m³/h 额定扬程 250kPa 离心泵 2 台， 额定流量 162 m³/h 额定扬程 250kPa 离心泵 1 台

三种方案冷机的总额定制冷量相同，均可满足系统的逐时冷量需求，系统运行时根据末端的冷量需求确定冷机开启台数，由于冷机搭配不同，三种方案的运行能耗会有差别。

表 2-2-43 所示为某一时刻，不同冷机方案的工作状况比较。三种方案的冷冻泵、冷却泵、冷却塔电耗结果见表 2-2-44。方案 3 的冷机全年运行电耗最小，比方案 1 小 10.2%。

某部分负荷时刻不同冷机方案工作状况比较　　表 2-2-43

方案号	时刻 h	冷机开启状态	冷机制冷量 kW	冷机 COP	电耗 kWh
方案 1	5276	额定制冷量 1800kW 的离心机开一台	407.14	4.15	98.03
方案 2	5276	额定制冷量 1200kW 的离心机开一台	407.14	5.47	74.49
方案 3	5276	额定制冷量 720kW 的离心机开一台	407.14	6.44	63.20

注：5276h 为 8 月 8 日下午六点。

三种方案设备的年耗电量计算结果　　表 2-2-44

方案	年耗电量(kWh/a)				
	冷机	冷冻一次泵	冷却泵	冷却塔	合计
1	324674	32136	87642	24057	468509
2	298310	24950	68046	19103	410409
3	291690	20157	54951	18854	385652

再对三种方案进行经济性分析的模拟计算，结果见表 2-2-45，方案 3 的寿命周期费用最小，比方案 1 减少约 48.5 万元。

三种冷机搭配方案的经济性分析　　表 2-2-45

方案	初投资(万元)	运行费(万元/年)	寿命周期费用(万元)	寿命周期费用差异(万元)
1	293.32	40.29	594.28	—
2	296.49	35.30	560.13	−34.15
3	298.05	33.17	545.78	−48.50

注：电价按 0.86 元/度计算。

根据不同方案的运行能耗及寿命周期费用，实例建筑采用方案 3 的冷机搭配方式。

5）输配系统设计

如前述，建筑水系统采用二次泵系统。二次泵系统有两种常见的运行方式：根据用户流量需要进行台数控制，根据供回水压差进行变频控制。利用 DeST 模拟出这两种运行方式下二次水泵的全年工作状况见图 2-2-26、图 2-2-27。图 2-2-28、图 2-2-29 给出了两种运行方式下二次水泵的运行效率分布和运行电耗的比较。

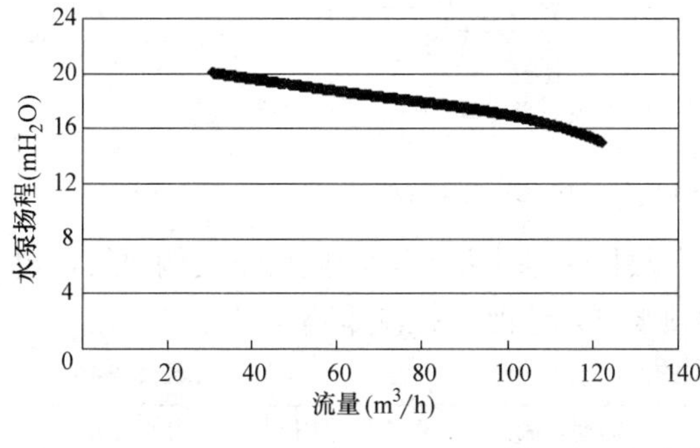

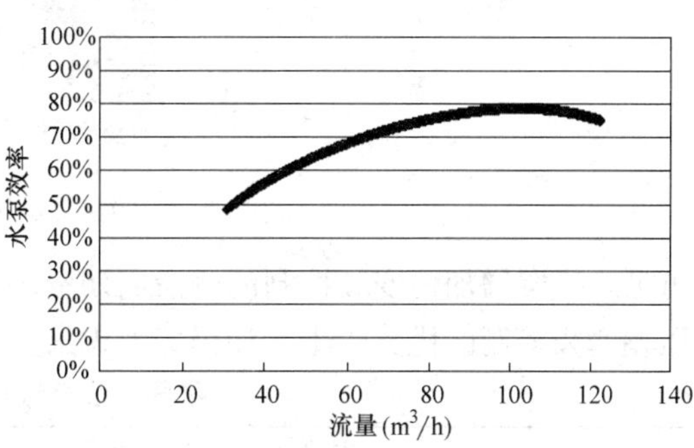

图 2-2-26　台数控制水泵工作点

由模拟结果可见，定压差变频控制时二次泵的工作点扬程维持在 15 米，而台数控制时水泵的工作点扬程大部分时刻高于 15 米，变频控制下的水泵电耗较低。利用 DeST 的经济性分析模块对两种方案的二次泵初投资及生命周期费用进行计算，结果见表 2-2-46，

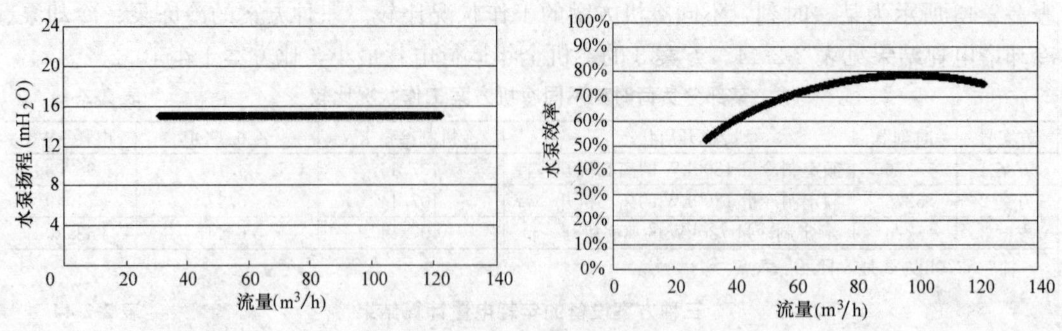

图 2-2-27 定压差变频控制水泵工作点

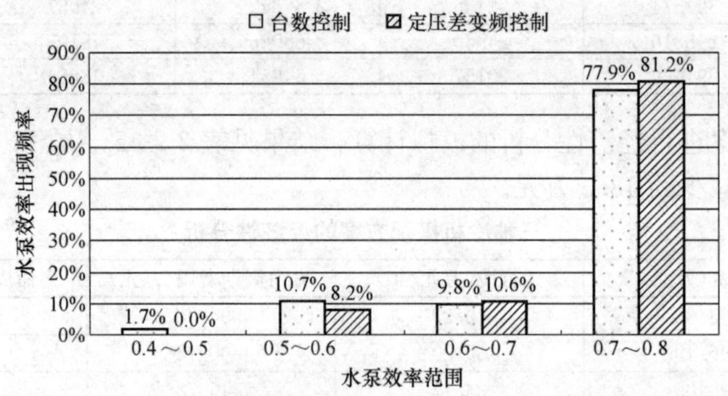

图 2-2-28 二次泵不同控制方式水泵工作状况比较

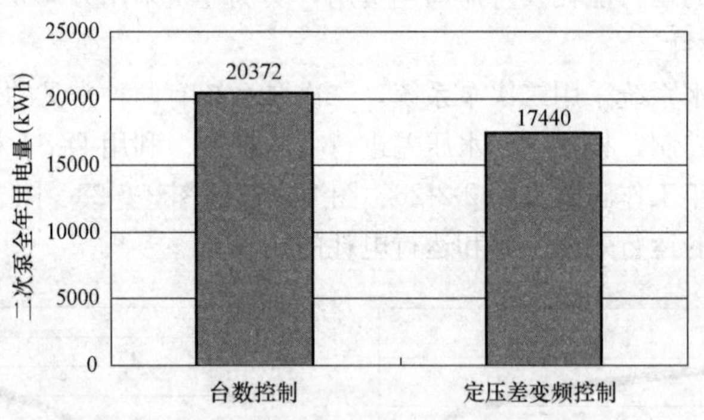

图 2-2-29 二次泵不同控制方式全年耗电量比较

可见，投资增加使变频控制的寿命周期费用与台数控制基本持平，因此对于实例建筑，定压差变频控制的优势较小。如仍然考虑采用变频水泵，应改善控制策略。

不同水泵控制方式的经济性分析 **表 2-2-46**

方案	初投资（万元）	运行费（万元/年）	寿命周期费用（万元）	寿命周期费用差异(万元)	增加投资回收期(年)
台数控制	1.56	1.75	14.65	—	—
定压差变频控制	3.31	1.50	14.51	−0.14	6.94

综上，围绕商业建筑及其环境控制系统的设计介绍了系列软件 DeST 的主要功能和应用。如何准确预测设计方案的效果、能耗、经济性，是所有设计人员面临的一个重要问

题，希望通过上述介绍，设计人员能了解模拟软件的作用，熟悉利用 DeST 辅助设计的方法，在设计实践中更有效地发挥模拟分析技术的作用，解决各种实际设计问题。

2. DOE-2 软件建筑能耗动态分析计算

(1) 围护结构权衡判断计算

1) 围护结构权衡判断计算的原则

在建筑节能设计标准使用过程中，大量采取能耗分析软件的主要原因在于：标准对性能化设计方法的要求以及权衡判断（Trade-off）节能指标法的引入。建筑设计时往往着重考虑建筑使用功能和外形立面，有时难以完全满足节能设计标准中规定性条款的要求，尤其是建筑的体型系数、窗墙面积比和对应的玻璃热工性能很可能突破节能设计标准规定性指标的限制。为了尊重建筑师的创造性工作，同时又使所设计的建筑能够符合节能设计标准的要求，引入建筑围护结构的总体热工性能是否达到要求的权衡判断法。围护结构权衡判断法不拘泥于建筑局部的热工性能，而是着眼于总体热工性能是否满足节能标准的要求。

权衡判断法（Trade-off）是先构想出一栋虚拟的参照建筑，然后分别计算参照建筑和实际设计的建筑的全年供暖和空调能耗，并依照这两个能耗的比较结果作出判断。权衡判断法的核心是对参照建筑和实际所设计的建筑的供暖和空调能耗进行比较并作出判断。

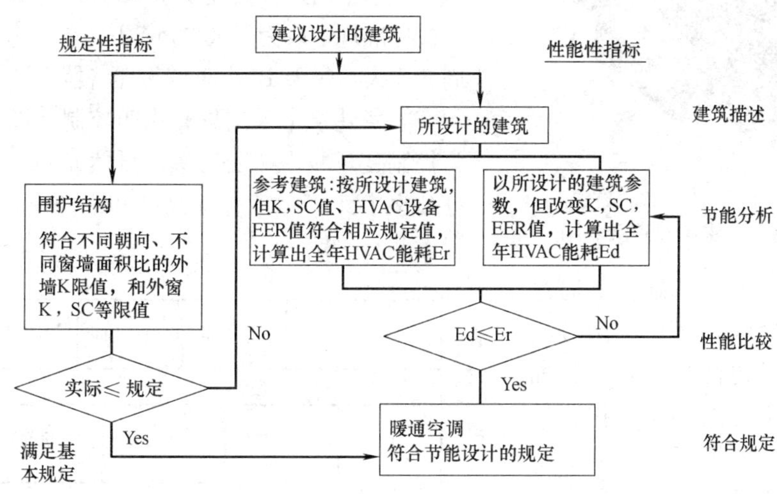

图 2-2-30 权衡判断法（Trade-off）评价流程

用动态方法计算建筑的供暖和空调能耗是一个非常复杂的过程，很多细节都会影响能耗的计算结果。因此，为了保证计算的准确性，必须做出许多具体的规定。权衡判断法（Trade-off）需注意的几条原则：

A. 每一栋实际设计的建筑都对应一栋参照建筑。与实际设计的建筑相比，参照建筑除了在实际设计建筑不满足标准的一些重要规定之处作了调整外，其他方面都相同。参照建筑在建筑围护结构的各个方面均应完全符合本节能设计标准的规定。

B. 当所设计建筑的体形系数大于条文规定时，权衡判断法要求缩小参照建筑每面外墙尺寸，而参照建筑的体形系数不做调整。这只是一种计算措施，并不真正去调整所设计建筑的体形系数。

C. 当所设计建筑的体形系数小于条文规定时，且其窗墙面积比也小于70%的最大限值规定时，参照建筑也不做窗墙面积比的调整。

D. 实施权衡判断法时，计算出的并非是实际的供暖和空调能耗，而是某种“标准”工况下的能耗。标准在规定这种“标准”工况时尽量使它接近实际工况。

2）透明围护结构总体性能变化的影响分析

节能设计标准中对外窗（包含透明幕墙）的总体性能的规定是通过优化计算得出的。主要考虑玻璃的传热系数、窗户的遮阳系数及窗墙面积比等项因素。其总体性能的确定能够有利于围护结构节能目标的实现。这里选择一幢典型办公建筑为参考建筑模型进行说明，该建筑概况如下：

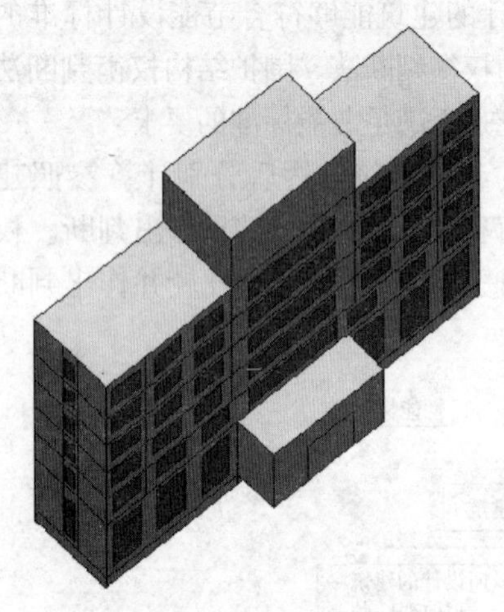

图 2-2-31　参考建筑示意图

6层板式办公建筑面积为7000m²，参考建筑窗墙面积比取30%。办公区人员密度平均5～8 m²/人；会议室人员密度平均2.5 m²/人；办公区照明密度LPD取13 W/m²，走廊及生活区7 W/m²；设备主要为PC机、办公设备和少量电热设备，EPD取为10～15 W/m²。送风方式为风机盘管＋独立新风，冬季室内设计温度要求18℃，夏季26℃；新风量按标准规定取为每人30m³/h；空调运行时间为每周5.5天，每天12小时。无经济器。

参考建筑中采用昼光流明控制，以室内照度作为控制变量减少照明功率。自然光照度水平由每个办公室中0.75m工作面高度和距外窗2.5m进深的参考测点决定。

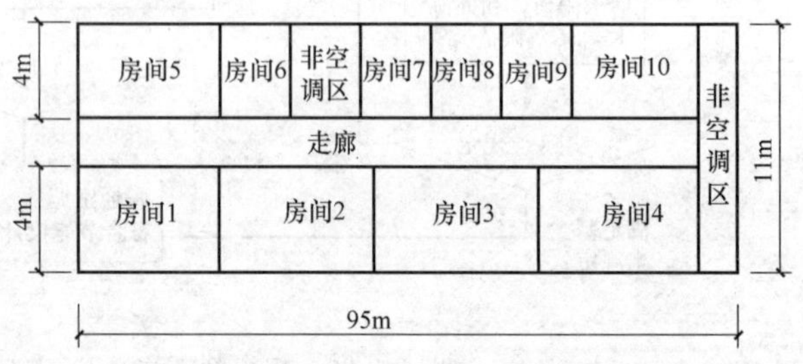

图 2-2-32　参考建筑标准层平面图

在参考建筑的基础上，通过变化外窗的参数和面积比例分析空调系统能耗的情况。某个立面即使是采用全玻璃幕墙，扣除掉各层楼板以及楼板下面梁的面积（楼板和梁与幕墙之间的间隙必须放置保温隔热材料），窗墙比一般不会再超过0.7。因此计算时将窗墙比由10%变化到70%，间隔10%。分析如下不同传热系数与遮阳系数的外窗的组合。

不同传热系数与遮阳系数的外窗的组合　　　　**表 2-2-47**

算　例	窗　类　型		算　例	窗　类　型	
1	K(W/m²·K)	1.7	6	K(W/m²·K)	2.6
	SC	0.62		SC	0.51
2	K(W/m²·K)	2.5	7	K(W/m²·K)	3.0
	SC	0.7		SC	0.62
3	K(W/m²·K)	3.09	8	K(W/m²·K)	4.2
	SC	0.81		SC	0.75

续表

算例	窗类型		算例	窗类型	
4	K(W/m²·K)	3.67	9	K(W/m²·K)	4.92
	SC	0.9		SC	0.81
5	K(W/m²·K)	4.5	10	K(W/m²·K)	5.55
	SC	0.95		SC	0.89

这里以无因次指标以综合分析评价外窗性能及窗墙面积比对能耗量影响指标。无因次指标的定义为

$$HCLR=\frac{HCLs_{\mathrm{i}}-HCLs_{\mathrm{ref}}}{HCLs_{\mathrm{ref}}}\times 100\%$$

式中 $HCLs_{\mathrm{ref}}$——参考建筑空调供热供冷照明总能耗；

$HCLs_{\mathrm{i}}$——实际建筑空调供热供冷照明总能耗。

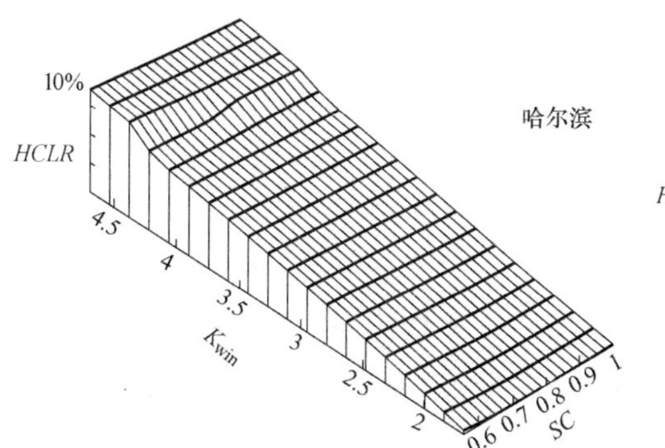

图 2-2-33a 严寒地区无因次能耗指标变化

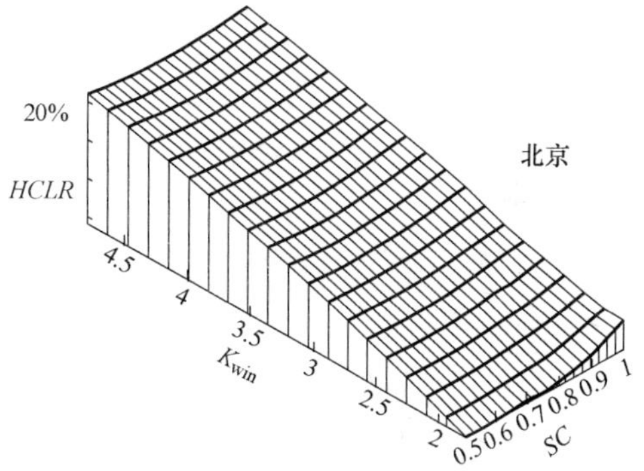

图 2-2-33b 寒冷地区无因次能耗指标变化

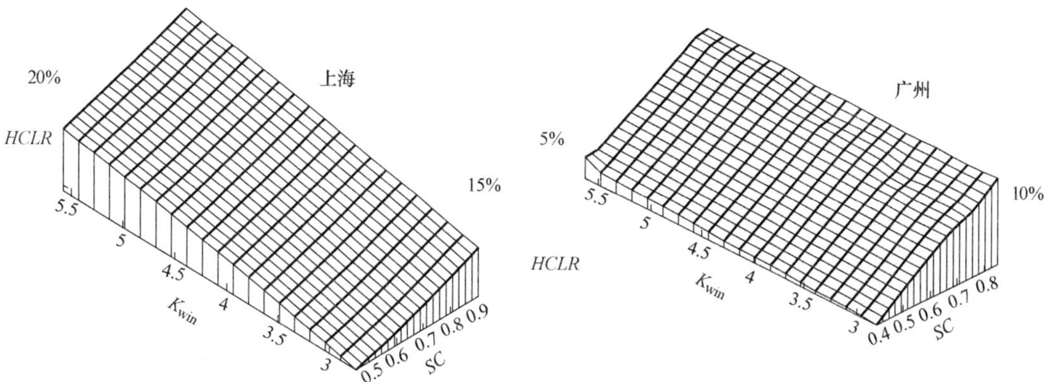

图 2-2-33c 夏热冬冷地区无因次能耗指标变化　图 2-2-33d 夏热冬暖地区无因次能耗指标变化

A. 北方地区建筑供暖空调能耗指标随窗户 K_{win} 变化较大，而遮阳系数 SC 对能耗指标的影响要小于窗户传热系数 K_{win} 的影响。

B. 南方地区遮阳系数 SC 对能耗指标的影响逐渐增大，广州与哈尔滨相比，遮阳系数 SC 的影响更突出。

(2) 冷水机组的部分负荷系数计算

1) DOE2 冷水机组多项式模型建立

冷水机组由于其结构和控制方式的互相作用，很难得到精确模型。然而对于机械设计师，机组运行管理人员和节能服务承包商来说，需要综合考虑设备的设计工况（如设计温度或流量），运行设定点和控制逻辑等方面，去优化冷机性能。对于某一特定机组，其冷却水控制设定点优化，变频电机的费用效能分析和冷却水流量的 LCC 费用-效能分析，很大程度上依赖于部件的性能，管路的配置和控制系统设计。这些设计和操作的效果只有经过动态模拟分析才能被清楚地看到。图 2-2-34 是上海地区办公楼建筑的水冷离心式冷水机组的负荷频率曲线，横坐标为部分负荷率 PLR，纵坐标为部分负荷系数 PLF，代表冷水机组部分负荷工况下效率趋近于额定工况效率的程度。从图中可以看出水冷离心式冷水机组在 80%～85%负荷率时效率最高。这里详细说明通过 DOE2 的多项式模型进行冷水机组模拟计算。

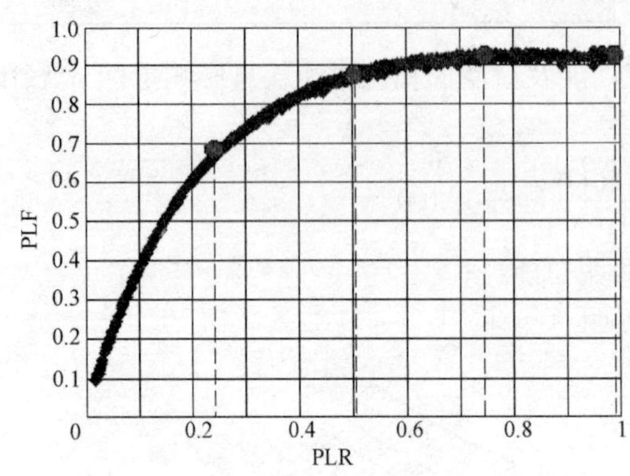

图 2-2-34　上海地区办公建筑负荷频率曲线

多项式模型用来计算冷机冷量 Qevap、压缩机耗电量 Ecomp。DOE2 模型中根据设备的部分负荷性能，以二次多项式的形式预测耗电量 Ecomp：

$$E_{\rm comp}=a+bQ_{\rm evap}+cT_{\rm cond}^{\rm in}+dT_{\rm evap}^{\rm out}+eQ_{\rm evap}^{2}+fT_{\rm cond}^{\rm in\,2}+gT_{\rm cond}^{\rm out\,2}+hQ_{\rm evap}T_{\rm cond}^{\rm in}+$$
$$iT_{\rm cond}^{\rm out}Q_{\rm evap}+jT_{\rm cond}^{\rm in}T_{\rm evap}^{\rm out}+kQ_{\rm evap}T_{\rm cond}^{\rm in}T_{\rm cond}^{\rm out}$$

多项式回归方法的优点在于：一直被 ASHRAE Handbook 所采用，而且也作为 ASHRAE HVAC Primary Toolkit 的基础；适用于绝大多数的冷机类型，所需参数量不大。但对变频变速冷水机组及一次泵变流量系统不适用。

这种模型有 11 个参数需要待定。虽然从实际工程应用出发，不太可能对联立方程组求解一次将其全部确定，但可以在已给定的模型中通过逐步回归，逐次确定参数的最优解集区间。最终回归出的模型形式仍采用多项式。如果采用逐步回归方式，每台冷水机组都应有 3 条性能曲线来表征其满负荷和部分负荷工况下的动态特性：

A. *EIR-FPLR* 部分负荷功耗百分率函数，它不考虑部分负荷情况下冷却水的温降；

B. *CAP-FT* 实际冷量修正函数；

C. *EIR-FT* 满负荷功耗修正函数。

这种方法需要较多的数据（20-30 组数据量），且数据范围能够涵盖整个工况。可采用最小二乘法回归整理，倘若数据范围很窄，则工况外推时可能不准确。一般情况下需要确定 15 个回归系数。参照相关文献，计算时采用两种方式相结合：首先是当数据量较多时，能够区分全部满负荷和部分负荷工况，采用标准最小二乘线性回归法直接从已知数据反演出模型的系数，得到特性曲线。当数据量较少或满负荷-部分负荷的数据相混杂时，根据已做好的冷机的回归曲线对冷机的性能进行外推，超过所需待检定参数（冷凝温度、蒸发温度）的范围。可以说参考曲线法用较少的数据量得到较完整的特性曲线。这种方法的步骤：

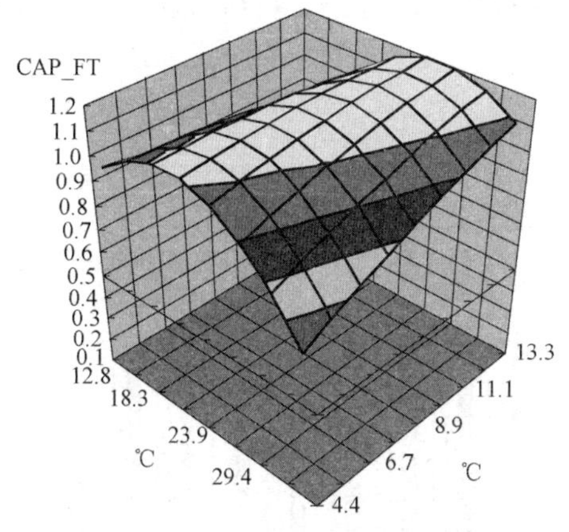

图 2-2-35　*CAP-FT* 曲面示意图

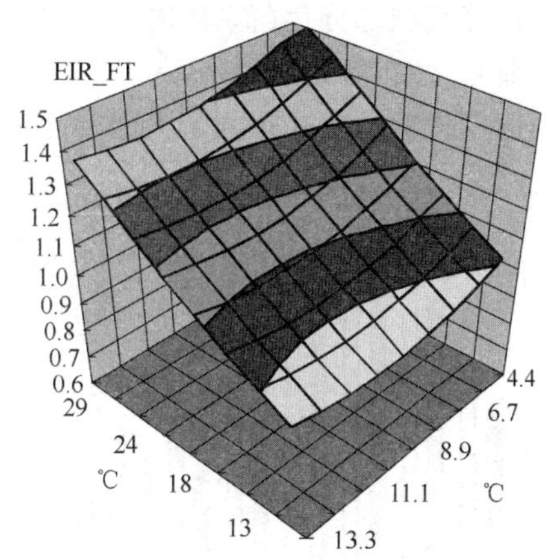

图 2-2-36　*EIR-FT* 曲面示意图

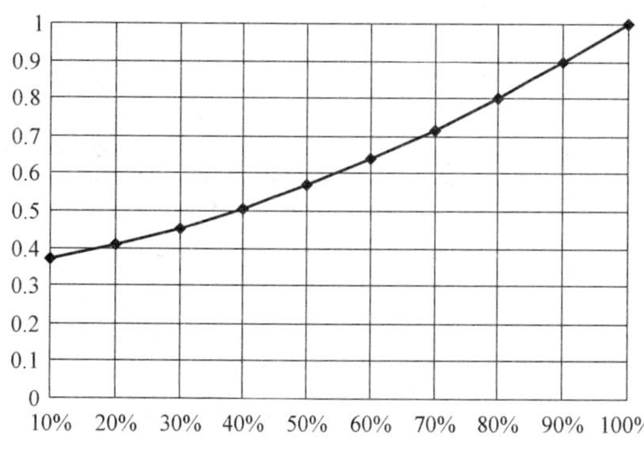

图 2-2-37　EIR-FPLR 示意图

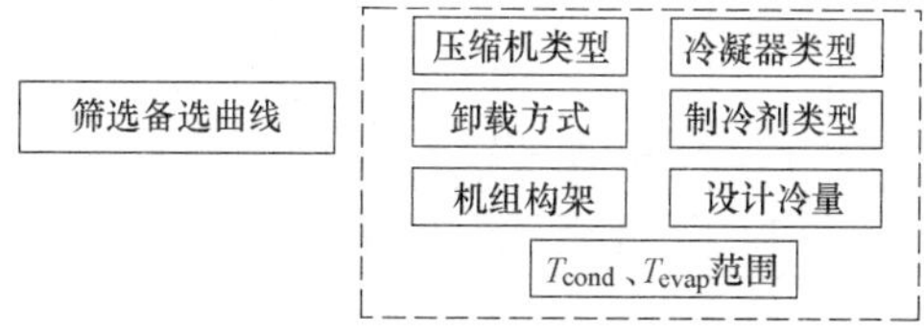

图 2-2-38　冷水机组参考性能曲线

a. 从数据库中筛选一些待测冷机的被选曲线子集；

b. 计算每个子集中曲线所对应的冷量 Q_{ref}；

c. 计算每个子集中曲线所对应的耗功 P_{ref}；

d. 计算每个子集中曲线所对应的耗功预期误差；

e. 选择误差最小的曲线。

正如前面提到的那样，参考曲线法进行外推时，依赖于已有回归曲线的数据库。如果没有足够的数据支持，使用者须根据已公开的曲线得到其回归系数，然后再通过变换的方式使曲线通过参考点，一般情况下参考点都选在 ARI550/590-98 标准工况和 GBT 18430.1-2001 标准工况。

2）公建标准中 IPLV 限值的计算

冷水机组的部分负荷系数（IPLV）的计算是从建筑（功能和负荷特性）的角度来看待冷水机组。IPLV 的计算有三大技术要素：气象参数、建筑负荷特性及冷水机组的特性曲线。我国冷水机组 IPLV 指标不能直接引用美国 ARI 标准的主要的原因是，美国的气象条件和气候分区同中国的实际情况有许多区别，冷水机组效率的两个重要参数（冷却水进水温度 ECWT 或进风的干球温度 EDB）也与国外不同。因此美国 ARI 标准所给数值不能真正反映出我国建筑的负荷分布和冷水机组特性。

计算我国部分负荷系数时，考虑了 7 种可能的影响因素：地点、负荷特性（楼层和内热负荷）、装机容量、冷机 COP、设计冷却水温、冷机台数、附机（Tower、Pump）。并采用逐次排除的方式来固定上面的因素。

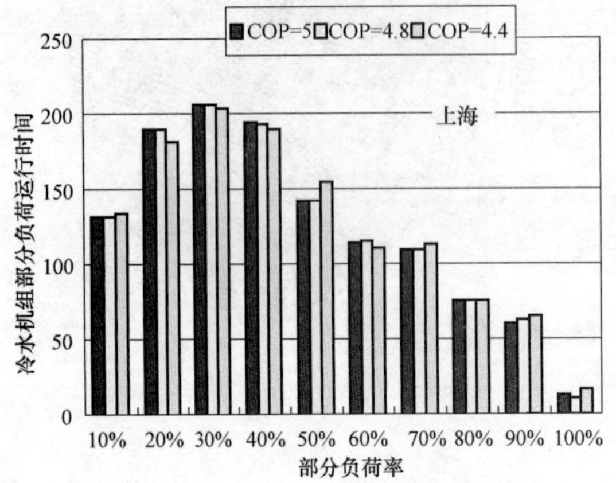

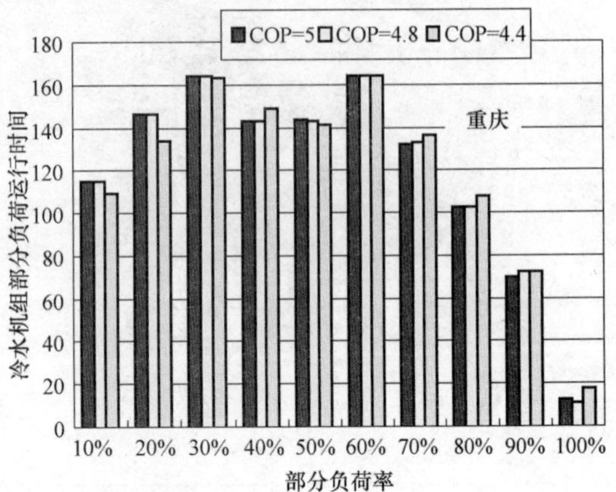

图 2-2-39 不同地区典型办公楼冷水机组部分负荷时间分布

不同楼层典型办公楼冷水机组部分负荷时间分布 **表 2-2-48**

楼层	城市	COP	空调制冷机组类型	冷水机组部分负荷时间分布(hrs)										合计开机时数(hrs)
				10%	20%	30%	40%	50%	60%	70%	80%	90%	100%	
13 层	上海	4.81	水冷离心	143	142	200	220	189	134	121	111	79	46	1385
		4.81	水冷螺杆	141	124	178	206	198	148	112	115	75	88	1385
7 层		4.81	水冷离心	153	136	197	218	186	138	117	111	76	53	1385
		4.81	水冷螺杆	143	134	180	204	189	152	112	114	74	83	1385

根据我国各气候区平均湿球温度（MCWB）的频率变化分布，通过大量计算，分别得到 4 个气候区的标准办公建筑冷机部分负荷时间随负荷率的分布：

不同气候区冷水机组的部分负荷运行时间分布 **表 2-2-49**

	冷机的部分负荷时间分布(hrs)										总运行时间(hrs)
	10%	20%	30%	40%	50%	60%	70%	80%	90%	100%	
严寒地区	192	129	163	182	178	171	119	87	39	13	1273
寒冷地区	131	109	163	210	232	211	156	87	29	9	1337
夏热冬冷地区	163	124	167	181	173	162	157	126	83	31	1366
夏热冬暖地区	245	187	217	233	270	292	317	284	115	16	2174

按照 ARI550/590-98 标准所采用的％Ton-Hour 方法，对 4 个气候区的部分负荷进行整理，得到我国气候条件下 IPLV 的系数。由于篇幅所限，这里仅给出夏热冬冷地区的％Ton-Hour 计算及作图过程，如下图所示。

可得夏热冬冷地区的 IPLV 计算公式：

$$IPLV = 2.3\% \times A + 38.6\% \times B + 47.1\% \times C + 11.9\% \times D$$

3）冷水机组台数控制

实际空调工程中，一般会选用两台甚至更多的冷水机组作冷源。台数控制（冷水机组群控）使机组提供的制冷能力与用户所需的制冷量相适应，实时地检测、判断用户的制冷量需求以确定投入运行主机台数，让设备尽可能处于高效运行。这里以一种典型的控制方式分析台数控制。

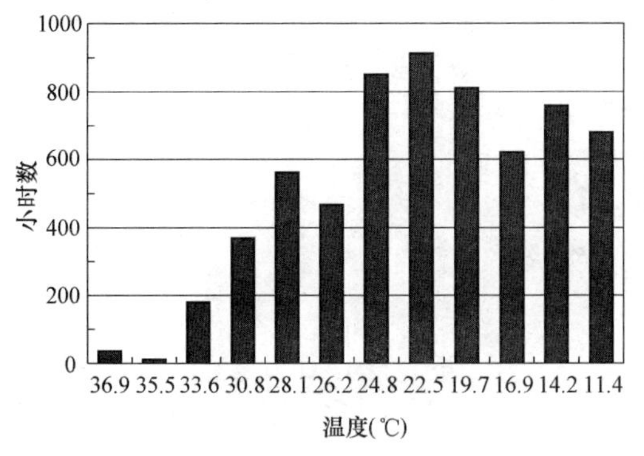

图 2-2-40　室外温度频率图

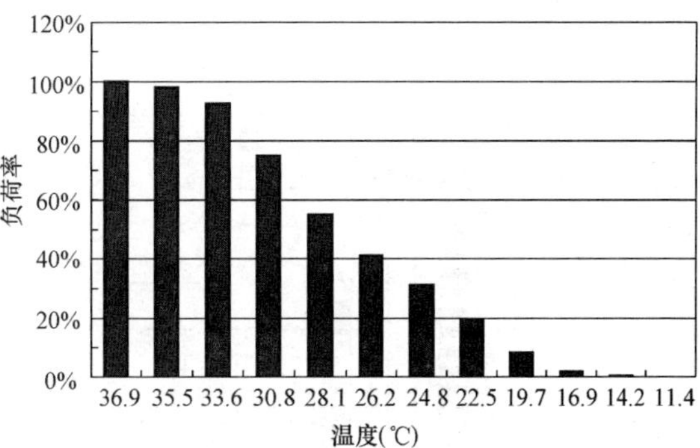

图 2-2-41　标准办公楼负荷率图

若 $Q<q_{max}N$（单机的最大制冷量为 q_{max}，运行台数为 N），表明主机尚有部分余力没有发挥出来，通过能量调节机构卸载了部分制冷量，使其与用户所需制冷量相匹配。主机提供的制冷量能满足用户侧低负荷运行的需求。

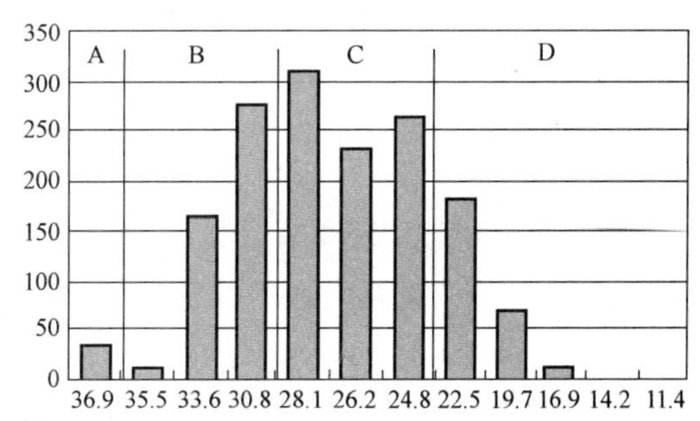

图 2-2-42　标准办公楼负荷温频（%Ton-Hour）分布图

若 $Q=q_{max}N$，则表明在运行的主机已全部达到满负荷状态工作。它此时既可能是供需双方平衡，也可能是“供不应求”的局面。具体是哪种状态需通过其他系统参数作判断。实际运行过程中是通过冷冻水出水温度测量值与设定值的差值来判别。若在一段时间 Δt 内，出水温度总是高于出水温度设定值，这是由于供冷量不足导致回水温度过高造成的，表明总制冷量不能满足用户要求。Δt 可取 15～20min。为可靠起见，可将不确定关系的转变点的判别式由 $Q=q_{max}N$ 改为 $Q<0.95q_{max}N$。上述台数控制的规则即为：

a. 若 $Q\leqslant q_{max}(N-1)$，刚关闭一台冷冻机及相应循环水泵。

b. 若 $Q\geqslant 0.95q_{max}N$，且冷冻机出水温度在 Δt 时间内高于设定值，则开启一台主机及相应循环泵。

c. 若 $q_{max}(N-1)<Q<0.95q_{max}N$ 则保持现有状态。

针对标准办公建筑，考虑下面 4 种配置：

A. 单台机——950kW×1；

B. 两台机 a——480kW×2；

C. 两台机 b——630kW×1，320kW×1；

D. 三台机——320kW×3。

这样对应于不同台数控制时，冷水机组部分负荷运行时间分布及 IPLV 系数的变化情况如下：

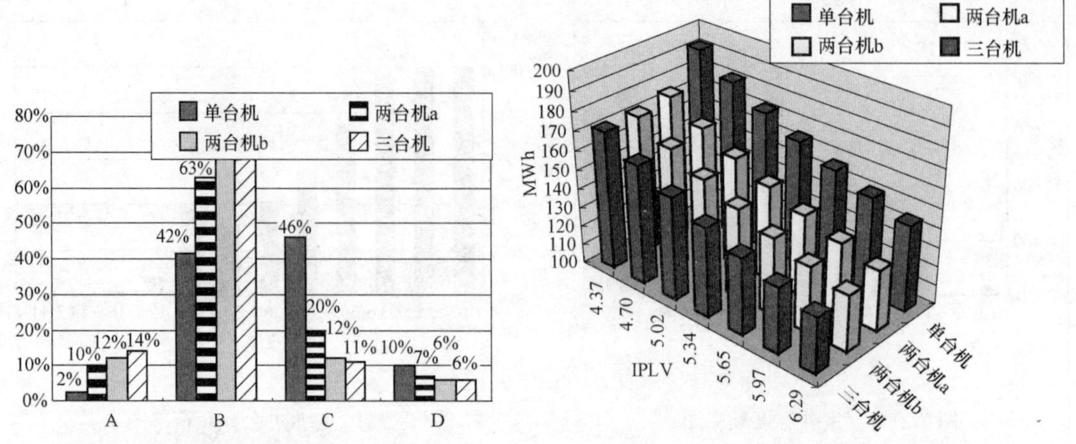

图 2-2-43　台数控制时多台冷机 IPLV 系数的变化　图 2-2-44　台数控制时空调水系统耗电量比较

ⓐ 可以看出，适用于单台机的 IPLV 公式推广到多台机组制冷时，式中 A、B、C、D 的权重（运行时间百分比）将向高负荷区偏移，偏移程度与冷冻机台数、单机制冷量分配有关。多台大机组同时运行时的时间范围比单台的运行范围较宽，但相对满负荷运行时间要“窄”一些。

ⓑ 从耗电量比较情况来看，冷水机组台数控制对整个冷水系统（冷机、冷冻水泵、冷却水泵和冷却塔）的耗电量的确有影响，而冷水机组效率 COP（IPLV）对整个冷水系统耗电量的影响更大。

ⓒ 通过分析也可以看出与单台机组运行能耗情况相似，冷却水进口温度是影响冷水机组效率变化的主要因素，而负荷变化对台数控制中单台机组影响很小。

总之，人们已越来越认识到建筑能耗逐时动态模拟软件对建筑节能设计、方案优化及节能标准效果评价的极其重要性。因为建筑能耗影响因素太多，且各因素相互耦合，只有通过逐时动态模拟才能把握全年建筑能耗的变化规律。希望通过上述几个问题的介绍，设计人员能了解 DOE2 模拟软件的用途，理解建筑节能设计标准的使用，解决各种实际设计问题。

第三节　设备、化学反应、人体、照明等的负荷计算

设备和化学反应等的散热量和散湿量，是空调系统中热湿负荷计算的重要组成部分，很多情况下是起决定作用的因素，在设计过程中应深入现场，详细了解设备的使用情况及保温、排热、除湿等措施，并尽可能实测，取得可靠资料，以便经济合理地确定其散热、散湿量。

在冬季，要考虑设备停止运行及人员减少等因素，为了使加热设备的能力与供热负荷在绝大部分时间内保证室内设计温度，一般可按以下原则采用：

当空调房间为 24h 连续工作时（三班制），冬季设备、化学反应、人体、照明等应按最小负荷班的散热、散湿量采用。不经常的散热量可不计算，经常不稳定的散热量，采用小时平均值。

当空调房间为一班或二班工作，为了使第三班房间温度不剧烈下降，一般可以不考虑

设备、化学反应、人体及照明的散热散湿量。

本节下述各部分均为夏季冷、湿负荷的计算数值。

一、设备冷负荷

1. 热设备及热表面散热形成的计算时刻冷负荷 Q_τ（W），可按下式计算：

$$Q_\tau = Q_s \cdot X_{\tau-T} \tag{2-3-1}$$

式中　T——热源投入使用的时刻（点钟）；

$\tau-T$——从热源投入使用的时刻算起到计算时刻的时间（h）；

$X_{\tau-T}$——$\tau-T$ 时间设备、器具散热的冷负荷系数，对于中、重型结构见表 2-3-1、表 2-3-2，轻型结构按表 2-2-23 附加；

Q_s——热源的计算散热量（W）。

有罩设备和用具显热散热冷负荷系数　　表 2-3-1

连续使用小时数	开始使用后的小时数																							
	1	2	3	4	5	6	7	8	9	10	11	12	13	14	15	16	17	18	19	20	21	22	23	24
2	0.27	0.40	0.25	0.18	0.14	0.11	0.09	0.08	0.07	0.06	0.05	0.04	0.04	0.03	0.03	0.03	0.02	0.02	0.02	0.02	0.01	0.01	0.01	0.01
4	0.28	0.41	0.51	1.59	0.39	0.30	0.24	0.19	0.16	0.14	0.12	0.10	0.09	0.08	0.07	0.06	0.05	0.05	0.04	0.04	0.03	0.03	0.02	0.02
6	0.29	0.42	0.52	0.59	0.65	0.70	0.48	0.37	0.30	0.25	0.21	0.18	0.16	0.14	0.12	0.11	0.09	0.08	0.07	0.06	0.05	0.05	0.04	0.04
8	0.31	0.44	0.54	0.61	0.66	0.71	0.75	0.78	0.55	0.43	0.35	0.30	0.25	0.22	0.19	0.16	0.14	0.13	0.11	0.10	0.08	0.07	0.06	0.06
10	0.33	0.46	0.55	0.62	0.68	0.72	0.76	0.79	0.81	0.84	0.60	0.48	0.39	0.33	0.28	0.24	0.21	0.18	0.16	0.14	0.12	0.11	0.09	0.08
12	0.36	0.49	0.58	0.64	0.69	0.74	0.77	0.80	0.82	0.85	0.87	0.88	0.64	0.51	0.42	0.36	0.31	0.26	0.23	0.20	0.18	0.15	0.13	0.12
14	0.40	0.52	0.61	0.67	0.72	0.76	0.79	0.82	0.84	0.86	0.88	0.89	0.91	0.92	0.67	0.54	0.45	0.38	0.32	0.28	0.24	0.21	0.19	0.16
16	0.45	0.57	0.65	0.70	0.75	0.78	0.81	0.84	0.86	0.87	0.89	0.90	0.92	0.93	0.94	0.94	0.69	0.56	0.46	0.39	0.34	0.29	0.25	0.22
18	0.52	0.63	0.70	0.75	0.79	0.82	0.84	0.86	0.88	0.89	0.91	0.92	0.93	0.94	0.95	0.95	0.96	0.56	0.71	0.58	0.48	0.41	0.35	0.3

无有罩设备和用具显热散热冷负荷系数　　表 2-3-2

连续使用小时数	开始使用后的小时数																							
	1	2	3	4	5	6	7	8	9	10	11	12	13	14	15	16	17	18	19	20	21	22	23	24
2	0.56	0.64	0.15	0.11	0.08	0.07	0.06	0.05	0.04	0.04	0.03	0.03	0.02	0.02	0.02	0.02	0.01	0.01	0.01	0.01	0.01	0.01	0.01	0.01
4	0.57	0.65	0.71	0.75	0.23	0.18	0.14	0.12	0.10	0.08	0.07	0.06	0.05	0.05	0.04	0.04	0.03	0.03	0.02	0.02	0.02	0.02	0.01	0.01
6	0.57	0.65	0.71	0.76	0.79	0.82	0.29	0.22	0.18	0.15	0.13	0.11	0.10	0.08	0.07	0.06	0.06	0.05	0.04	0.04	0.03	0.03	0.03	0.02
8	0.58	0.66	0.72	0.76	0.80	0.82	0.85	0.87	0.33	0.26	0.21	0.18	0.15	0.13	0.11	0.10	0.09	0.08	0.07	0.06	0.05	0.04	0.04	0.03
10	0.60	0.68	0.73	0.77	0.81	0.83	0.85	0.87	0.89	0.90	0.36	0.29	0.24	0.20	0.17	0.15	0.13	0.11	0.10	0.08	0.07	0.07	0.06	0.05
12	0.62	0.69	0.75	0.79	0.82	0.84	0.86	0.88	0.89	0.91	0.92	0.93	0.38	0.31	0.25	0.21	0.18	0.16	0.14	0.12	0.11	0.09	0.08	0.07
14	0.64	0.71	0.76	0.80	0.83	0.85	0.87	0.89	0.90	0.90	0.92	0.93	0.94	0.95	0.0	0.32	0.27	0.23	0.19	0.17	0.15	0.13	0.11	0.10
16	0.67	0.74	0.79	0.82	0.85	0.87	0.89	0.90	0.91	0.92	0.93	0.94	0.95	0.96	0.96	0.97	0.42	0.34	0.28	0.24	0.20	0.18	0.15	0.13
18	0.71	0.78	0.82	0.85	0.87	0.89	0.90	0.92	0.93	0.94	0.94	0.95	0.96	0.96	0.97	0.97	0.97	0.98	0.43	0.35	0.29	0.24	0.21	0.18

2. 热设备及热表面散热形成的冷负荷 Q（W），当不能确定连续使用小时数时，可按下式估算：

$$Q=Q_s \cdot n_4 \tag{2-3-2}$$

式中 n_4——蓄热系数，热源的冷负荷与计算散热量之比。

蓄热系数 n_4 可概略取下列数据：

当三班制工作时：

热源经常稳定运行时，n_4＝0.9～1.0

热源间断运行时，n_4＝0.7～0.8

当一班制工作时：

热源经常稳定运行时，n_4＝0.7～0.75

热源间断运行时，n_4＝0.5～0.65

工作班次二班可取工作班次三班的较小值。

3. 热源的计算散热量 Q_s 的计算

（1）电动设备的散热量

电动设备系指由电动机带动的工艺设备。按下列方法计算：

1）电动机和工艺设备均在空调房间内时，

$$Q_s=1000 n_1 n_2 n_3 \frac{N}{\eta} \tag{2-3-3}$$

式中 Q_s——电动设备散热量（W）；

N——电动设备的安装功率（kW）；

n_1——安装系数。电动设备设计轴功率与安装功率之比，一般可取 0.7～0.9；

n_2——负荷系数。电动设备小时的平均实耗功率与设计轴功率之比，根据设备运转的实际情况而定。例如机床，设计轴功率是最大进刀量时的轴功率，在加工中有安装工件停转、空载、小进刀量、大进刀量几种，小时平均实耗功率较设计轴功率小。对精密机床可取 0.15～0.4，对普通机床可取 0.5 左右；另对于有效功使物体获得势能或动能，或转换为提升设备高度的功率，由于它转化为原动力，没有转化成热能，如各类提升机、各类泵和风机，以及空压机等，故计算中要将这部分扣除。

n_3——同时使用系数。房间内电动设备同时使用的安装功率与总安装功率之比。根据工艺过程的设备使用情况而定；

η——电动机效率。与电机型号、负荷情况有关，可由电动机产品样本查得，也可参照表 2-3-3 中的数据采用。

Y 系列三相异步电动机的效率 **表 2-3-3**

功率 N(kW)	0.75	1.0～1.5	2.2～3.0	4.0～5.5	7.5～15	18.5～22
效率 η(%)	75	77	82	85	87	89

2）工艺设备在空调房间内，而电机不在空调房间内时，

$$Q_s=1000 n_1 n_2 n_3 N \tag{2-3-4}$$

3）工艺设备不在空调房间内，而电动机在空调房间内时，

$$Q_s=1000 n_1 n_2 n_3 \frac{1-\eta}{\eta} \tag{2-3-5}$$

如有工件被加热后拿出房间或者有水冷、通风将热量带走，则应适当将其热量扣除。

表 2-3-4 是原机械工业部第六设计研究院实测的一些精密机床输入功率的实测数据，输入功率包括电机发热和机床所需的功率。

$$\frac{Ni}{N}=\frac{n_1 n_2}{\eta}$$

式中 N_i——实测的输入功率（kW）。

根据 n_2 的定义，输入功率应采用较空载大一些的数据（一般精密机床可加 10%～20%）。

精密机床输入功率实测数据 **表 2-3-4**

序号	机床名称	制造厂	安装功率 N (kW)	实测输入功率 N_i(kW)	$\frac{Ni}{N}=\frac{n_1 n_2}{\eta}$	加工情况
1	T4240 坐标镗床 400×560(两台机床，不同地点测得)	国产	1.6 1.6	0.69 0.485	0.43 0.303	空载 空载及加工 Φ1820
2	T4613 单柱坐标镗床	国产	2.52 7.045 7.045	0.433 1.565 1.58	0.17 0.222 0.224	空载、直流电机 未开空载 镗 Φ42 孔
3	BL5 坐标镗床	进口	5.33	0.62	0.116	空载
4	BL2 坐标镗床	进口	3.5	0.96	0.274	空载
5	Di×i60 坐标镗床	进口	6.72	2.5	0.37	空载
6	BuA31 万能磨床	进口	8.9	2.2	0.247	
7	Y7520K 丝杠磨床 Φ105×1500	国产	10.31 10.31	1.372 1.535	0.133 0.149	空载,吸尘器电机未开, 进刀量 0.02mm
8	Y7520K 丝杠磨床	国产	9.22 9.22	2.51 2.56	0.272 0.278	磨 MM582 纵向丝杠 空载(转速快)
9	Y7520K 丝杠磨床 Φ200×1500	国产	7.08 7.08	1.08 0.77	0.153 0.109	进刀量 0.03mm,未装吸尘器 空载未装吸尘器
10	Y7430 高精度丝杠磨床 Φ300×1000	国产	6.75 6.75	0.552 0.684	0.082 0.102	空载 精磨
11	Y7520 丝纹磨床	国产	9.82	1.6	0.162	空载
12	Y7520 丝纹磨床 Φ200	国产	9.82 9.82	2 2.4	0.204 0.245	空载 进刀量 0.01～0.03mm
13	NRK 螺纹磨床 Φ200×700	进口	5.08 5.08	1.722 1.759	0.34 0.35	空载 进刀量 0.03～0.04mm
14	US 螺纹磨床 Φ250×870	进口	8.2 8.2	2.785 2.925	0.34 0.36	空载 进刀量 0.005～0.01mm
15	NRK 螺纹磨床 ι=450	进口	5.072 5.072	2.02 2.035	0.398 0.401	空载 加工
16	MM582 螺纹磨床	进口	12.8	1.845	0.144	加工蜗杯
17	MM582 螺丝磨床	进口	12.8	3.1	0.242	空载
18	BK-5 外圆磨床	捷克	7.605 7.605	2.105 2.105	0.277 0.379	空载 半精磨 MM580 丝杠外圆
19	NO47 蜗杆磨床	进口	4.52	0.429	0.095	空载
20	NRK 蜗杆磨床	进口	5.08 5.08	0.96 0.83	0.19 0.173	空载(快转) 空载(慢转)
21	HSS30x 齿轮磨床	进口	4.725	2.63	0.556	空载
22	Y7131 磨齿机	进口	4.574	0.928	0.203	
23	ZWF15 滚齿机	进口	11.5 11.5	1.4 1.6	0.122 0.139	空载 进刀量 0.15mm

续表

序号	机床名称	制造厂	安装功率 N (kW)	实测输入功率 N_i(kW)	$\frac{Ni}{N}=\frac{n_1 n_2}{\eta}$	加工情况
24	ZWF10 滚齿机	进口	7	1.08	0.154	空载
25	滚柱研磨机	国产	1.12	0.35	0.312	
26	Y38A 滚齿机 Φ800×8	国产	3.8	0.935	0.25	空载,冷却泵电机未开
27	FO-6 滚齿机	进口	3.73 3.73	1.36 1.48	0.364 0.397	空载 加工 7 级精度 Φ31.5 齿轮
28	S114 丝杠车床 Φ125×1500	国产	3.0	0.607	0.21	空载,冷却泵电机未开
29	精密丝杠车床 Φ100×1500	国产	3.125	0.58	0.186	空载
30	J_i-014 丝杠车床	国产	2.125	0.4	0.188	
31	C618 精加工车床	国产	3.5	1	0.286	
32	C8955 铲床	国产	3.6	1.36	0.378	
33	K96 铲床	进口	3 3	0.61 0.52	0.203 0.173	空转(快转),油泵未开 空转(慢转),油泵未开

(2) 工业炉的散热量

当已测得工业炉的外表温度时可按下式计算：

$$Q_s=\alpha_w(t_w-t_n)F \tag{2-3-6}$$

式中 Q_s——工业炉散热量（W）；

α_w——外表面散热系数，当室内风速为 0.2～0.3m/s 时可取 11.63W/m^2·℃，当炉表面风速较大，可按表 2-1-8 采用。

t_w——炉外表面温度（℃）；

t_n——室内温度（℃）；

F——炉体外表面积（m^2）。

同时应考虑炉口敞开时的散热量。

当已知炉内温度时，可按炉子的保温层的热阻，内、外表面热阻，炉内平均温度和室内温差计算。敞开炉口散热量及已知炉内温度的散热量见有关供暖通风手册。

(3) 电热设备散热量

对于无保温密闭壳罩的电热装置按下式计算，有保温壳罩的按工业炉的方法计算，有时虽有保温但无实测数据，也可按下式计算

$$Q_s=1000n_1n_3n_5N \tag{2-3-7}$$

式中 n_1、n_3 的意义与前相同

n_5——通风保温系数，见表 2-3-5；

N——工业炉保温时所用功率（根据工业炉升温所用时间及运行状况有些工程需考虑部分升温时所发生热量）

通风保温系数 **表 2-3-5**

保温情况	系数 n_5	
	有局部排风时	无局部排风时
设备无保温时	0.4～0.6	0.8～1.0
设备有保温时	0.3～0.4	0.6～0.7

（4）电子设备发热量按下式计算

$$Q_s = 1000 n_1 n_2 n_3 N \tag{2-3-8}$$

公式中符号代表意义与前相同。

对于电子计算机，产品一般都给出设备发热，可按其给出的数字计算；对于部分产品未提供设备发热时，可暂采用 $n_1=0.7$，$n_2=0.7$，主机 $n_3=1.0$；外部设备 $n_3=0.5$。

对于小型计算机，产品规格类型较多，一般未给出设备发热，根据使用状况，可采用 $n_2=0.5\sim0.55$。

对于数据中心来讲，机房内多数是 IT 设备（应用服务器；电源机架；数据存储设备），如 IT 设备通过数据线传输的能量可以忽略不计，其所有电力都转化为热量（即 IT 设备的发热量几乎等同于该设备的电力消耗量）。根据数据中心服务对象；设备布局状况，可采用 $n_2=0.8\sim1.0$。

对于一般测试仪表，与仪表的工作情况有关，一般 $n_2=0.3\sim0.7$。

（5）室内器具的散热量

通常发热炊具上设有排气罩，从炊具散发的热量中产生水蒸气、潜热常由排气罩排出，从炊具发出的显热中，只有辐射热向室内辐射。几种器具的散发热量见表 2-3-6。

室内器具的发热量 **表 2-3-6**

	器具名称	容量	大小 $W\times L\times H$（mm）	热源容量（W）	负荷热量(W)			
					无抽风罩			有抽风罩
					显热	潜热	合计	显热
电气用器具	咖啡器具				226	67	298	
	咖啡壶				1128	366	1498	
	咖啡壶				1523	469	1992	
	烹饪锅炉				334	222	556	100
	炸东西的锅	19L			878	1930	2808	465
	烤面包器	30L			653	577	1230	616
	理发吹风机		250×315×625		674	116	791	176
	（鼓风机形）		315×550×250					878
	理发吹风机	4 个	300×275×225		548	97	644	381
	（钢盔形）							
	烫发器				249	44	293	
燃气用器具	咖啡器具			1605	513	220	733	147
	咖啡壶	19L	Φ350	4395	1535	659	2194	440
	咖啡壶	30L	Φ625	5872	2052	901	2930	586
	炸东西的锅	6.8kgf 油	350×525×875	8779	2195	2198	4395	879
蒸汽用器具	咖啡壶	19L		2930	965	498	1463	465
	咖啡壶	30L		3872	1276	660	1935	616

4. 食物的冷负荷

（1）食物的显热散热冷负荷

计算餐厅负荷时，食物散热量形成的冷负荷，可按每位就餐人员 9W 考虑。

（2）食物散湿形成的潜热冷负荷

计算时刻食物散湿形成的潜热冷负荷 Q_s（W），可按下式计算：

$$Q_s = 700Ds$$

式中 Ds——食物的散湿量计算见公式（2-3-18）。

二、照明冷负荷

1. 照明设备散热形成的计算时刻的冷负荷 Q_τ（W），可按下式计算：

$$Q_\tau = Q_s X_{\tau-T} \tag{2-3-9}$$

式中　T——开灯时刻（点钟）；

$\tau-T$——从开灯时刻算起到计算时刻的时间（h）；

$X_{\tau-T}$——$\tau-T$ 时间照明散热的冷负荷系数，对于中、重型结构按表 2-3-7，轻型结构按表 2-2-23 附加；

Q_s——照明设备的散热量（W）。

照明散热冷负荷系数　　**表 2-3-7**

灯具类型	空调设备运行时数(h)	开灯时数(h)	开灯后的小时数											
			0	1	2	3	4	5	6	7	8	9	10	11
明装荧光灯	24	13	0.37	0.67	0.71	0.74	0.76	0.79	0.81	0.83	0.84	0.86	0.87	0.89
	24	10	0.37	0.67	0.71	0.74	0.76	0.79	0.81	0.83	0.84	0.86	0.87	0.29
	24	8	0.37	0.67	0.71	0.74	0.76	0.79	0.81	0.83	0.84	0.29	0.26	0.23
	16	13	0.60	0.87	0.90	0.91	0.91	0.93	0.93	0.94	0.94	0.95	0.95	0.96
	16	10	0.60	0.82	0.83	0.84	0.84	0.84	0.85	0.85	0.86	0.88	0.90	0.32
	16	8	0.51	0.79	0.82	0.84	0.85	0.87	0.88	0.89	0.90	0.29	0.26	0.23
	12	10	0.63	0.90	0.91	0.93	0.93	0.94	0.95	0.95	0.95	0.96	0.96	0.37
暗装荧光灯或明装白炽灯	24	10	0.34	0.55	0.61	0.65	0.68	0.71	0.74	0.77	0.79	0.81	0.83	0.39
	16	10	0.58	0.75	0.79	0.80	0.80	0.81	0.82	0.83	0.84	0.86	0.87	0.39
	12	10	0.69	0.86	0.89	0.90	0.91	0.91	0.92	0.93	0.94	0.95	0.95	0.50

灯具类型	空调设备运行时数(h)	开灯时数(h)	开灯后的小时数											
			12	13	14	15	16	17	18	19	20	21	22	23
明装荧光灯	24	13	0.90	0.92	0.29	0.26	0.23	0.20	0.19	0.17	0.15	0.14	0.12	0.11
	24	10	0.26	0.23	0.2	0.19	0.17	0.15	0.14	0.12	0.11	0.10	0.09	0.08
	24	8	0.2	0.19	0.17	0.15	0.14	0.12	0.11	0.10	0.09	0.08	0.07	0.06
	16	13	0.96	0.97	0.29	0.26								
	16	10	0.28	0.25	0.23	0.19								
	16	8	0.2	0.19	0.17	0.15								
	12	10												
暗装荧光灯或明装白炽灯	24	10	0.35	0.31	0.28	0.25	0.23	0.20	0.18	0.16	0.15	0.14	0.12	0.11
	16	10	0.35	0.31	0.28	0.25								
	12	10												

2. 当不能确定照明灯开关的确切时间时，照明的冷负荷亦可按下式估算：

$$Q = Q_s \cdot n_4 \tag{2-3-10}$$

式中　Q_s——照明设备的散热量（W），对于有窗的房间，当围护结构的综合最大负荷出现在白天时，可仅计算白天开灯的散热量；

n_4——蓄热系数，明装荧光灯可取 0.9，暗装的荧光灯或明装的白炽灯可取 0.85。

3. 照明设备的散热量 Q_s 的计算

对于明装白炽灯

$$Q_s = 1000N \cdot n_3 \quad (W) \tag{2-3-11}$$

对于荧光灯

$$Q_s = 1000 n_3 n_6 n_7 N \quad (W) \tag{2-3-12}$$

式中　N——照明设备的安装功率（kW）；

n_3——同时使用系数，一般为 0.5～0.8；

n_6——整流器消耗功率的系数，当整流器在空调房间内时取 1.2；当整流器在吊顶内时取 1.0；

n_7——安装系数，明装时取 1.0；暗装且灯罩上部穿有小孔时取 0.5～0.6；暗装灯罩上无孔时，视吊顶内通风情况取 0.6～0.8；灯具回风时可取 0.35。

三、人体的冷负荷和湿负荷

1. 人体显热冷负荷

人体的显热散热其辐射部分约占 2/3，也有蓄热滞后的问题。

人体显热散热形成的计算时刻冷负荷 Q_τ 可按下式计算：

$$Q_\tau = Q_s X_{\tau-T} \tag{2-3-13}$$

式中　Q_s——人体的显热散热量（W）；

T——人员进入空调房间的时刻（点钟）；

$\tau-T$——从人员进入房间时算起到计算时刻的时间（h）；

$X_{\tau-T}$——$\tau-T$ 时间人体显热散热量的冷负荷系数，见表 2-3-8。

对于人员特别密集的场所，如电影院、剧院、会堂等，人体对围护结构和室内家具的辐射热量相应较少，可取 $X_{\tau-T}=1$。对于轻型结构，亦可取 $X_{\tau-T}=1$。

对于单位体积内人员很少，人体冷负荷占总负荷的比例很少，如人员数取最大班平均人数，则也可取 $X_{\tau-1}=1$，即按稳定负荷计算：

$$Q_\tau = Q_s \tag{2-3-14}$$

人体显热散热量 Q_s 可按下式计算

$$Q_s = n\Phi q_x \tag{2-3-15}$$

式中　n——空调房间内总人数；

Φ——群集系数，男子、女子、儿童折合成成年男子的散热比例，见表 2-3-9；

q_x——每名成年男子的显热散热量（W），见表 2-3-10。

表 2-3-10 中的劳动强度定义如下：

（1）静坐：人体静坐，基本无活动，如影剧院、会堂、阅览室的观众、读者。

（2）极轻：只有手与手臂工作，以坐为主的工作人员，如办公室、旅馆、计量室、手表装配、电子元件制造工作人员和旅客。

（3）轻：站着和少量走动为主的工作，如商店、实验室、电子计算机房的工作人员。

（4）中等：手脚活动量较大的站立工作或以走动为主的工作，如纺织、印刷、机加工人。

（5）重：断续的重体力劳动，如炼钢、铸造工人和进行舞蹈、练功等运动的人员。

人体显热散热冷负荷系数 $X_{\tau-T}$　　表 2-3-8

在室内的总小时数	每个人进入室内后的小时数											
	1	2	3	4	5	6	7	8	9	10	11	12
2	0.49	0.58	0.17	0.13	0.10	0.08	0.07	0.06	0.05	0.04	0.04	0.03
4	0.49	0.59	0.66	0.13	0.27	0.21	0.16	0.14	0.11	0.10	0.08	0.07
6	0.50	0.60	0.67	0.71	0.76	0.79	0.34	0.26	0.21	0.18	0.15	0.13
8	0.51	0.61	0.67	0.72	0.76	0.80	0.82	0.84	0.38	0.30	0.25	0.21
10	0.53	0.62	0.69	0.74	0.77	0.80	0.83	0.85	0.87	0.89	0.42	0.34
12	0.55	0.64	0.70	0.75	0.79	0.81	0.84	0.86	0.88	0.89	0.91	0.92
14	0.58	0.66	0.72	0.77	0.80	0.83	0.85	0.87	0.89	0.90	0.91	0.92
16	0.62	0.70	0.75	0.79	0.82	0.85	0.87	0.88	0.90	0.91	0.92	0.93
18	0.66	0.74	0.79	0.82	0.85	0.87	0.89	0.90	0.92	0.93	0.94	0.94
在室内的总小时数	每个人进入室内后的小时数											
	13	14	15	16	17	18	19	20	21	22	23	24
2	0.03	0.02	0.02	0.02	0.02	0.01	0.01	0.01	0.01	0.01	0.01	0.01
4	0.06	0.06	0.05	0.04	0.04	0.03	0.03	0.03	0.02	0.02	0.02	0.01
6	0.11	0.10	0.08	0.07	0.06	0.06	0.05	0.04	0.04	0.03	0.03	0.03
8	0.18	0.15	0.13	0.12	0.1	0.09	0.08	0.07	0.06	0.05	0.05	0.04
10	0.28	0.23	0.20	0.17	0.15	0.13	0.11	0.10	0.09	0.08	0.07	0.06
12	0.45	0.36	0.30	0.25	0.21	0.19	0.16	0.14	0.12	0.11	0.09	0.08
14	0.93	0.94	0.47	0.38	0.31	0.26	0.23	0.20	0.17	0.15	0.13	0.11
16	0.94	0.95	0.95	0.96	0.49	0.39	0.33	0.28	0.24	0.20	0.18	0.16
18	0.95	0.96	0.96	0.97	0.97	0.97	0.5	0.40	0.33	0.28	0.24	0.21

某些工作场所的群集系数 Φ　　表 2-3-9

工作场所	群集系数	工作场所	群集系数
影剧院	0.89	旅馆	0.93
百货商场(售货)	0.89	图书馆阅览室	0.96
纺织厂	0.9	铸造车间	1.0
体育馆	0.92	炼钢车间	1.0

不同温度条件下的成年男子散热、散湿量　　表 2-3-10

劳动强度	热湿量	温度(℃)														
		16	17	18	19	20	21	22	23	24	25	26	27	28	29	30
静坐	显热	99	93	90	87	84	81	78	74	71	67	63	58	53	48	43
	潜热	17	20	22	23	26	27	30	34	37	41	45	50	55	60	65
	全热	116	113	112	110	110	108	108	108	108	108	108	108	108	108	108
	散湿量	26	30	33	35	38	40	45	50	56	61	68	75	82	90	97
极轻劳动	显热	108	105	100	97	90	85	79	75	70	65	61	57	51	45	41
	潜热	34	36	40	43	47	51	56	59	64	69	73	77	83	89	93
	全热	142	141	140	140	137	136	135	134	134	134	134	134	134	134	134
	散湿量	50	54	59	64	69	76	83	89	96	102	109	115	123	132	139
轻劳动	显热	117	112	106	99	93	87	81	76	70	64	58	51	47	40	35
	潜热	71	74	79	84	90	94	100	106	112	117	123	130	135	142	147
	全热	188	186	185	183	183	181	181	182	182	181	181	181	182	182	182
	散湿量	105	110	118	126	134	140	150	158	167	175	184	194	203	212	220
中等劳动	显热	150	142	134	126	117	112	104	97	88	83	74	67	61	52	45
	潜热	86	94	102	110	118	123	131	138	147	152	161	168	174	183	190
	全热	236	236	236	236	235	235	235	235	235	235	235	235	235	235	235
	散湿量	128	141	153	165	175	184	196	207	219	227	240	250	260	273	283
重劳动	显热	192	186	180	174	169	163	157	151	145	140	134	128	122	116	110
	潜热	215	221	227	233	238	244	250	256	262	267	273	279	285	291	297
	全热	407	407	407	407	407	407	407	407	407	407	407	407	407	407	407
	散湿量	321	330	339	347	356	365	373	382	391	400	408	417	425	434	443

注：1. 表中显热、潜热和全热单位为 W，散湿量的单位为 g/h；

2. 成年女子的散热、散湿量为成年男子的 0.84，儿童散热、散湿量为成年男子的 0.75。

2. 人体全热冷负荷

全热冷负荷为显热冷负荷与潜热冷负荷之和。潜热冷负荷按即时负荷考虑，即与潜热散热量相等。人体传热冷负荷 Q（W）按下式计算：

$$Q=Q_{\tau}+Q_{q}=Q_{\tau}+n\Phi q_{q} \tag{2-3-16}$$

式中 Q_q——人体潜热冷负荷（W）；

q_q——每名男子的潜热散热量（W），见表 2-3-10。

其余符号与公式（2-3-13）、（2-3-15）相同。

3. 人体的湿负荷 W_r（kg/h）可按下式计算：

$$W_{r}=\frac{1}{1000}n\Phi\omega \tag{2-3-17}$$

式中 ω——每名成年男子的散湿量（g/h），见表 2-3-10。

4. 餐厅食物的散湿量

计算时刻餐厅食物散湿量 Ds（kg/h），按下式计算：

$$Ds=0.12\Phi n_{\tau} \tag{2-3-18}$$

式中 Φ——群集系数（可取 0.9～0.95）；

n_{τ}——计算时刻的就餐总人数。

四、化学反应的冷负荷和湿负荷

1. 两种或多种原料参加化学反应，产生热量成为室内负荷，其冷负荷 Q（W）按下式计算：

$$Q=\frac{1}{3.6}n_{4}Gq \tag{2-3-19}$$

式中 G——某一种原料的每小时投入量（kg/h 或 m^3/h）；

q——每投入 1kg 或 $1m^3$ 该种原料产生的热量（kJ/kg 或 kJ/m^3）；

n_4——蓄热系数，可按式（2-3-2）取值。

2. 气体燃烧的冷负荷和湿负荷

当空调房间内需要用煤气或氢气等加热或焊接时，其冷负荷 Q（W）按下式计算：

$$Q=\frac{1}{3.6}n_{1}n_{2}n_{4}Gq \tag{2-3-20}$$

式中 n_1——考虑不完全燃烧的系数，可取 0.95；

n_2——负荷系数，空调房间内各燃烧点在一小时内的平均消耗量与各燃烧点最大消耗量之比；

n_4——蓄热系数，可按式（2-3-2）取值；

G——空调房间各燃烧点最大消耗量之和（m^3/h）

q——燃料的热值（kJ/m^3），可见表 2-3-11。

上述计算之热量为全热量，如需计算显热量，则需减去潜热量，即潜热量 $Q_x=Q-628W_y$。W_y 为燃料燃烧的散湿量（湿负荷），W_y（kg/h）按下式计算：

$$W_{y}=n_{1}n_{2}Gw \tag{2-3-21}$$

式中 w——燃料燃烧的单位散湿量（kg/m^3），见表 2-3-11。

气体燃烧的热值和单位散湿量　　表 2-3-11

燃料名称	热值 q(kJ/m³)	单位散湿量 w(kg/m³)
乙炔	56450	0.7
氢气	12790	0.7
水煤气	10000～11000	0.4
干馏煤气	15900～18800	0.65
天然气	36553～40337	1.99
液化石油气	114875～123477	4.09

其他符号与式（2-3-19）相同。

式（2-3-19）和（2-3-20）如有局部排风时，应乘以 0.5～0.7 的系数。

五、水槽、设备、食品的湿负荷和潜热冷负荷

1. 敞开水面的水槽

湿负荷 W_1（kg/h）按下式计算

$$W_1 = Fg \tag{2-3-22}$$

潜热冷负荷 Q_q（W）按下式计算

$$Q_q = \frac{1}{3.6} r W_1 \tag{2-3-23}$$

式中 F——水槽蒸发表面积（m²）；

g——单位水面蒸发量［kg/(m²·h)］，见表 2-3-12；

r——汽化潜热（kJ/kg），见表 2-3-12。

敞开水表面单位蒸发量［kg/(m²·h)］　　表 2-3-12

室温(℃)	室内相对湿度(%)	水温(℃)								
		20	30	40	50	60	70	80	90	100
20	40	0.286	0.676	1.61	3.27	6.02	10.48	17.8	29.2	49.1
	45	0.262	0.654	1.57	3.24	5.97	10.42	17.8	29.1	49.0
	50	0.238	0.627	1.55	3.20	5.94	10.40	17.7	29.0	49.0
	55	0.214	0.603	1.52	3.17	5.90	10.35	17.7	29.0	48.9
	60	0.19	0.58	1.49	3.14	5.86	10.30	17.7	29.0	48.8
	65	0.167	0.556	1.46	3.10	5.82	10.27	17.6	28.9	48.7
24	40	0.232	0.622	1.54	3.20	5.93	10.40	17.7	29.2	49.0
	45	0.203	0.581	1.50	3.15	5.89	10.32	17.7	29.0	48.9
	50	0.172	0.561	1.46	3.11	5.86	10.30	17.6	28.9	48.8
	55	0.142	0.532	1.43	3.07	5.78	10.22	17.6	28.8	48.7
	60	0.112	0.501	1.39	3.02	5.73	10.22	17.5	28.8	48.6
	65	0.083	0.472	1.36	3.02	5.68	10.12	17.4	28.8	48.5
28	40	0.168	0.557	1.46	3.11	5.84	10.30	17.6	28.90	48.9
	45	0.130	0.518	1.41	3.05	5.77	10.21	17.6	28.80	48.8
	50	0.091	0.480	1.37	2.99	5.71	10.12	17.5	28.75	48.7
	55	0.053	0.442	1.32	2.94	5.65	10.00	17.4	28.70	48.6
	60	0.015	0.404	1.27	2.89	5.60	10.00	17.3	28.60	48.5
	65	0.033	0.364	1.23	2.83	5.54	9.95	17.3	28.50	48.4
汽化潜热(kJ/kg)		2458	2435	2414	2394	2380	2363	2336	2303	2265

注：制表条件为，水面风速 v=0.3m/s；大气压力 B=101325Pa，当所在地点大气压力为 b 时，表中所列数据应乘以修正系数 B/b。

2. 使用乳化冷却液的设备

湿负荷（W_2）按下式计算：

$$W_2 = 0.15 n_3 N \quad (\text{kg/h}) \tag{2-3-24}$$

潜热冷负荷 Q_q（W）按下式计算

$$Q_q = 680 W_2 \tag{2-3-25}$$

式中 n_3——同时使用系数；

N——使用乳化液的设备的安装功率（kW）。

3. 餐厅的食品的散湿量可按就餐总人数每人 10g/h 考虑。其潜热冷负荷与式（2-3-24）相同。

主要参考资料

1. 单寄平主编．空调负荷实用计算法．中国建筑工业出版社，1989
2. 钱以明编著．高层建筑空调与节能．同济大学出版社，1990
3. 陆耀庆主编．实用供暖空调设计手册．中国建筑工业出版社，2007
4. 采暖通风与空气调节设计规范（GB 50019—2003），中国计划出版社，2003
5. 公共建筑节能设计标准（GB 50189—2005），中国建筑工业出版社，2005

第三章 空调系统

第一节 空调系统的分类

空调系统的分类方法并不完全统一，一般有下列几种分法。

一、按空气处理设备的设置情况分

（一）集中式系统

空气处理设备（过滤、冷却、加热、加湿设备和风机等）集中设置在空调机房内，空气处理后，由风管送入各房间的系统。也有把除集中处理外，分房间另设有室温调节加热器或过滤器的系统亦称为集中式系统。

1. 集中式系统按送风量是否变化分：

（1）定风量系统　风量不随室内热湿负荷变化而变化，送入各房间的风量保持一定的系统；

（2）变风量系统　风量随室内热湿负荷变化而变化，当热湿负荷大时，送入较多风量，热湿负荷小时，送入较少的风量，详见第四章。

2. 集中式系统按送入每个房间的送风管的数目分：

（1）单风管系统　仅有一个送风管，夏天送冷风，冬季送热风；

（2）双风管系统　空气经处理后分别用两个风管送出，其中一个为风温较高的热风管，另一个为风温较低的冷风管，两个风管接入混合装置，经混合后送入房间。当负荷变化时，调整二者的风量比。

（二）分散式系统（也称局部系统）

将整体组装的空调器（带冷冻机的空调机组、热泵机组、不设集中新风系统的风机盘管机组等）直接放在空调房间内或放在空调房间附近，每个机组只供一个或几个小房间的，或者一个房间内放几个机组的系统。

还有一种分散式空调是多联机系统，即一个大房间或几个小房间，或者一层、几层的房间由一个压缩冷凝机组集中供给制冷剂，通过冷媒管路将制冷剂输送至各个房间的室内机，再通过装在室内的温控器来调节进入室内的机制冷剂流量。

（三）半集中式系统

集中处理部分或全部风量，然后送往各房间（或各区），在各房间（或各区）再进行处理的系统。包括集中处理新风，经诱导器（全空气或另加冷热盘管）送入室内或各室有风机盘管的系统（即风机盘管与风道并用的系统），也包括分区机组系统等。

二、按处理空调负荷的输送介质分

（一）全空气系统

房间的全部负荷均由集中处理后的空气负担。属于全空气系统的有：定风量或变风量的单风管或双风管集中式系统（再热系统除外）、全空气诱导系统等。

（二）空气-水系统

空气调节房间的负荷由集中处理的空气负担一部分，其他负荷由水作为介质在送入空调房间时对空气进行再处理（加热、冷却等）的系统。属于空气-水系统的有：再热系统（另设有室温调节加热器的系统）、带盘管的诱导系统、风机盘管机组和新风道并用的系统等。

（三）全水系统

房间负荷全部由集中供应的冷、热水负担。如风机盘管系统、辐射板系统等。

（四）直接蒸发机组系统

室内负荷由制冷和空调机组组合在一起的小型设备负担。直接蒸发机组按冷凝器冷却方式不同可分为风冷式、水冷式等；按安装组合情况可分：窗式（安装在窗或墙上）、立柜式（制冷和空调设备组装在同一立柜式箱体内）和分体式（一般压缩机和冷凝器为室外机组，蒸发器为室内机组）等。

多联机空调系统　多联机空调系统属于直接蒸发机组系统，通过控制压缩机的制冷剂循环量和进入室内换热器的制冷剂流量，适时地满足室内冷热负荷要求的高效率冷剂空调系统。

三、按送风管风速分

（一）低速系统

一般指主风管风速低于 15m/s 的系统；对于民用建筑主风管风速一般不超过 10m/s。

（二）高速系统

一般指主风管风速高于 15m/s 的系统；对于民用建筑，主风管风速大于 12m/s 的也称为高速系统。

四、按送风温度分

（一）低温送风系统

一般指送风温度为 4～10℃的空调系统。

（二）常温送风系统

一般指送风温度为 10～15℃的空调系统。

五、按使用目的分

（一）舒适性空调

要求温度适宜，环境舒适，对温湿度的调节精度无严格要求。

（二）工艺空调

对温湿度有一定的调节精度要求，另外有时对空气的洁净度也有较高要求。

六、按新风量的多少来分

（一）全新风（直流式）系统

空调器处理的空气为全新风，送到各房间进行热湿交换后全部排放到室外，没有回风管。这种系统卫生条件好，能耗大，经济性差，只在有特殊要求的放射性实验室、散发大量有毒有害物质或易燃易爆气体的车间及无菌手术室等场合应用。

（二）闭式系统

空调系统处理的空气全部再循环，不补充新风的系统。这种系统能耗小，但卫生条件差，主要用于工艺设备内部的空调和很少有人员出入但对温、湿度有要求的物资仓库等。

（三）混合式系统

空调器处理的空气由回风和新风混合而成。它兼有直流式和闭式的优点，应用比较普遍。混合式系统又可分为一次回风系统和一、二次回风系统。

七、按热量传递（移动）的原理来分

（一）对流式空调系统

空气调节区热量传递（移动）的形式是以对流方式。集中式全空气系统，半集中式空气-水系统及多联机空调系统都属于对流式空调系统。

（二）辐射式空调系统

空气调节区热量传递（移动）的形式是以辐射方式。冷辐射板加新风系统属于辐射式空调系统。

对于风机盘管等的供、回水管，也可分为二管式、三管式和四管式等。

第二节　空调系统的比较和选择

一、确定空调系统方案的因素

空调系统的方案确定与很多因素有关，在设计时，应与建筑、结构、工艺等专业密切配合，并与用户协商确定。确定方案以前，要了解下列内容：

（一）外部环境

1. 气象资料：建筑物所处的地点，纬度，海拔高度，室外气温、相对湿度、风向、平均风速，冬季和夏季的日照率等。

2. 周围环境：建筑物周围有无有害气体放散源、灰尘放散源；周围噪声的要求 ；属于住宅区、混合区还是工业区；周围建筑的位置、规模和高度；环保、防火和城市规划等部门对本建筑的要求等。

（二）所设计的建筑物的特点

1. 规模：需要空调的面积，所在的位置。

2. 用途：目前的用途，今后可能的改变，例如需扩建等；用户对该建筑物空调标准的要求；对能源计量的要求，如高层或大面积空调是否分区计量核算；各不同用途的房间使用空调的时间和工作时间。

3. 室内参数要求：要求的温度、相对湿度及其允许波动范围，有无区域温差要求；允许的工作区气流速度和均匀度；房间的净化要求；需不需过滤、需要的洁净等级；噪声的控制要求；房间的电磁屏蔽要求等。

4. 负荷情况：房间朝向、围护结构的构造，窗的构造和尺寸；设备的发热、发湿情况，人员及其流动情况，照明等发热情况；排风量。

5. 能源：有无区域供热、供冷及其压力、温度，可供应的量、价格等；区域内有无地热可以利用；在扩建时，原有的锅炉和冷冻设备的情况；电力供应的可靠性、用量有无限制、价格。

二、各种空调方式的比较和选择

（一）各种空调方式的比较

各种空调方式有不同的优缺点和适用范围，各种空调方式的概略比较见表 3-2-1。

各种空调方式的比较　　表 3-2-1

空调方式	初投资	电力消耗	机房面积	风、水管占有空间	各房间的个别控制	可达到的温、湿度精度	采用全新风	维修简繁	设计和施工技术	达到较低噪声	冷热混合损失	室内排风量大时
定风量、单风管、低速	中	中	中-大	中-大	难	中	可	简	中	可	小-中	可
定风量、单风管、高速	小-中	大	中	中	难	中	可	简	高	较难	小-中	可
变风量、低速	中-大	大	中-大	中-大	可	中-高	可	简-中	高	可	小	可
双风道、低速	大	中-大	大	大	可	高	可	简	高	可	中	可
定风量、单风管、再热	中-大	中	中-大	中-大	可	高	可	简	中	可	大	可

续表

空调方式	初投资	电力消耗	机房面积	风、水管占有空间	各房间的个别控制	可达到的温、湿度精度	采用全新风	维修简繁	设计和施工技术	达到较低噪声	冷热混合损失	室内排风量大时
风机盘管加新风（二水管制）	小	小-中	小	小	冬、夏可	中	不可	繁	中	可	小	不可
同上（四水管制）	小-中	小	小	小	可	中	不可	繁	中	可	小	不可
诱导式系统	小	小	小	小	难	中	不可	中	中	难	小-中	不可
窗式空调、柜式空调	小	小-中	小	小	可	低-中	不可	繁	简	不可	小-中	不可
带风管的整体式空调机	小-中	小-中	中	中	难	中	一般不行	中	简	可	小-中	新风机组可
分体式空调机组	小	小-中	小	小	难	中	一般不行	中	简	可	小-中	新风机组可
多联机空调系统	中	小-中	小	小	可	中	不可	繁	中	可	小	不可

（二）空调方式的选择和适用条件

1. 仅需夏季降温、房间总面积较少宜采用窗式空调机、分体式空调机或带风管的整体式空调机；

2. 对于大面积空调的旅馆、办公楼等排风量少、要求舒适的房间，宜采用风机盘管或多联机空调系统。要求固定新风量的，应另设新风系统；风机盘管系统一般采用两管制，当两管制不能满足要求时，可采用四管制；

3. 对于允许温度波动≤±1℃或相对湿度允许波动范围≤±10%的系统，或具有大量排风，或室内风量按洁净度要求确定的洁净室宜采用单风管定风量系统；

4. 对于室内温湿度有一定要求，房间内负荷变化较大，特别是多房间共用一个系统时，宜采用变风量系统；

5. 负荷变化比较小或间歇供冷风、供热风的，如大型建筑的内区、影剧院、商场等，宜采用单风管集中式系统；小面积或认为经济合理时，亦可采用带风管的整体式空调机组。

6. 对于地下建筑及潜艇等的空调，一般采用闭式系统。

7. 对于有大量有毒、有害气体或易燃、易爆气体产生的场合，或工艺生产不允许回风的场合一般采用直流系统。

第三节　单风管集中式系统

本节所述的单风管集中式系统，系指全空气、定风量的集中系统（不包括另设室温调节加热器的再热系统）。单风管集中式系统按回风的利用情况分为直流式系统，闭式系统，一次回风系统和一、二次回风系统。

单风管集中式系统的优点是设备简单，初投资较省。其缺点是，当一个集中式系统供给多个房间，各房间负荷变化不一致时，无法进行精确调节，各种集中式均有设备集中、易于管理的优点，但也均有风管尺寸大、占有空间大的缺点。

单风管集中式系统适用于：

1. 空调房间比较大，房间各区域热湿负荷变化情况相类似，当集中控制时，其温湿度波动范围不会超过允许波动范围时；

2. 用一个系统供给几个房间，各房间的热湿负荷变化所引起的室内温湿度波动不会超过各房间的允许波动范围时。

一、系统划分

（一）系统划分的原则

1. 能保证室内要求的参数。即在设计条件和动态条件下均能保证达到室内温度、相对湿度、洁净度等要求；

2. 初投资和运行费用综合起来较为经济；

3. 便于管理和维护简单；

4. 尽量减少一个系统内的各房间相互的不利影响；

5. 要尽量减少风管长度和风管重叠；要便于施工、管理、调试和维护。空调系统所负担的房间不宜过多，以便于调节、使用灵活和减少噪声。

（二）单风管集中式系统的划分

1. 室温允许波动范围大于±0.5℃和相对湿度允许波动范围大于±5%的各空调房间，当各房间相互邻近且室内温湿度基数、单位送风量的热湿扰量、使用班次和运行时间接近时，宜划为同一系统。

温湿度基数不同的房间有时也可划为同一系统，如房间要求温度低，相对湿度大，与房间要求温度高，相对湿度小的，采用共同送风参数、不同送风温差均可以达到两类房间的要求，亦可合为一个系统。例如一些房间要求20℃、60%，而另一些房间要求23℃、<60%，可合为同一系统。

对于有室温调节加热器（冷却器）的再热（再冷）系统，单位送风量的热扰量不同亦可在同一系统，例如各房间的设备发热的负荷变化较大或朝向不同的各房间。其热扰由室温加热器（冷却器）消除。当室内仅有一个参数（温度或相对湿度）要求严格，另一个参数可以有较大的变化时，热湿扰量不同的亦可划为同一系统。

使用班次是指空调设备的运行班次，例如仓库，其工作班次可能是单班制，但产品要求三班保持温湿度参数，则使用班次为三班。运行时间是指各空调房间是否同时运行，例如某一条生产线在生产，而另一条生产线不一定生产；一些房间可能白天需要空调，而另一些房间要晚上空调，则其运行时间是不一致的。使用班次或运行时间不一致的房间划为同一系统时，运行上是不经济的。

2. 室温允许波动范围为±0.1～0.2℃的房间，由于其送风温差较小，一般运行时间较长，单独设系统较为有利；但当其面积较小，其附近又有使用班次相同，温湿度要求适合的房间，也可划为同一系统。

3. 产生易燃、易爆和有毒、有害物质的房间，如采用回风时会影响其他一般房间，风机停止运动时通过风管也会串通易燃、易爆和有毒、有害气体，因此，不宜和一般房间合为一个系统；但当产生易燃、易爆和有毒、有害物质较少，且在局部地区，用局部排风又可以基本排除时，也可合为同一系统。

4. 有消声要求的房间不宜和产生噪声的房间划为同一系统，如划为同一系统时，应作局部消声处理。

5. 空调房间很大；室内温湿度允许波动范围和区域温差要求严格且室内各区热湿扰量相差较大时，宜分区设系统或分区设局部处理装置（采用再热、再冷或再加湿系统，分区机组系统等）。

6. 有洁净度要求的房间不宜和一般空调房间划为同一系统。因一般空调房间的回风含尘浓度高，会缩短高、中效过滤器的寿命。另外有洁净要求的房间与一般空调房间末端装置所要求的送风压头相差悬殊。

7. 洁净室的风量主要取决于洁净的要求。洁净要求的风量一般比消除余热的风量大，当按洁净要求计算出的送风温差不一致时，一般调整送风量或调整室内参数使其送风温差相同，如调整后仍相差较大，则不宜合在同一系统内。不同级别的洁净室，尤其是单向流洁净室和非单向流洁净室，由于其换气次数相差很大，往往送风温差相差很大，因此宜分别设系统。

8. 民用建筑宜按其朝向和位置划分内、外区系统；并宜内区和外区分设系统。

二、系统分类及其使用条件

集中式系统可分为以下几类，即全新风系统，一次回风系统，一、二次回风系统。

无论冬季或夏季利用回风均可节约能量；当室内负荷变动时，全年使用二次回风均可节约能量。

各种系统的采用条件为：

（一）全新风系统

1. 系统内各房间的排风量大于冷、热、湿负荷计算出的送风量时；

2. 系统内各房间为生产或贮存有毒、有害物质或火灾危险性物质，卫生及防火要求不允许空气循环使用时；

3. 风机盘管补新风的系统；

4. 净化空调系统新风需集中处理时；

5. 其他情况下新风集中处理系统。

（二）一次回风系统

1. 仅作为降温的系统，可以间断的使用调节室温时；

2. 室内散湿量大或室内散湿量变化大，使用二次回风影响室内相对湿度稳定时；

3. 室内冷负荷变化小（例如大型建筑的内区；连续生产发热稳定的工艺性生产且围护结构冷负荷小时），并可用最大送风温差时。

（三）一、二次回风系统

1. 室温允许波动范围≤±1℃，按表 5-1-1 确定的送风温差小于可能最大的送风温差时；在室温允许波动范围≤±0.5℃或相对湿度允许波动范围≤±5%时，为避免加大送风扰量，宜采用固定比例的一、二次回风系统；

2. 洁净室按洁净要求确定的风量大于按冷、热、湿负荷计算的风量，应采用固定比例的一、二次回风系统或变动比例的一、二次回风系统；

3. 全年使用的空调系统，且室内温湿度允许波动范围较大、室内冷、热负荷变化较大时，宜采用变动比例的一、二次回风系统，至少要有变动一、二次回风比例的可能性。

对于有回风的系统，又可分为新风可变和新风不变两种。

对于全年运行的系统，采用新风可变的系统是经济的，系统设计时应考虑100％新风运行的可能性。但对于室温允许波动范围≤±0.5℃的系统，宜采用新风不变的系统，否则系统不够稳定，难于获得较好的控制精度。

各类系统的特点与计算工况除与回风情况有关外，与冷却加湿情况也有关，主要有：采用喷水冷却和加湿、采用冷水表面冷却器冷却和蒸汽加湿、采用直接蒸发表面冷却器冷却和蒸汽加湿、采用冷水表面冷却器冷却和喷水加湿等。

三、各类系统的特点

（一）一次回风系统

1. 一次回风的喷水系统和带喷水的冷水表面冷却器系统带喷水的表冷系统与喷水系统 h-d 图和调节方法相同。一次回风的喷水系统示例见图 3-3-1。

图中新风阀分成最小新风阀和最大新风阀是为了易于控制新风量，最大新风阀作为过渡季采用大量新风时使用，在调节过程中，最大新风阀全关时，仍可保证最小新风量。当仅用一个新风阀时，应有最小开度的限位。当有回风机（9）时，可不控制新风阀，仅控制回风阀和排风阀（10 和 11）调节新回风比例。当固定新回风比时，只需用一个新风阀。回风机（9）是否采用要根据具体情况确定。

图 3-3-1 所示系统计算工况下的 h-d 图见图 3-3-2。图中表示的冬季送风参数点 S' 低于室内参数点 N'，为室内有余热的情况，当围护结构热损失大于室内余热量时，点 S' 应在点 N' 的左上方，即 $t_{S'}>t_{N'}$。计算的加热量、耗冷量按下列公式计算：

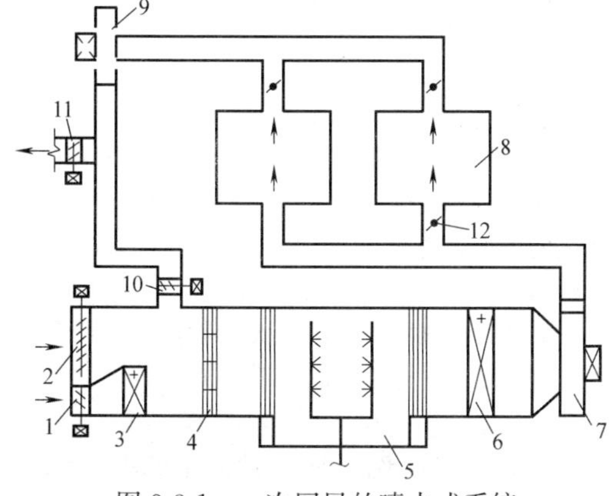

图 3-3-1　一次回风的喷水式系统

1—最小新风阀；2—最大新风阀；3—预热器（第一次加热器）；4—过滤器；5—喷水室；6—第二次加热器；7—送风机；8—空调房间；9—回风机；10—一次回风阀；11—排风阀；12—调节阀门

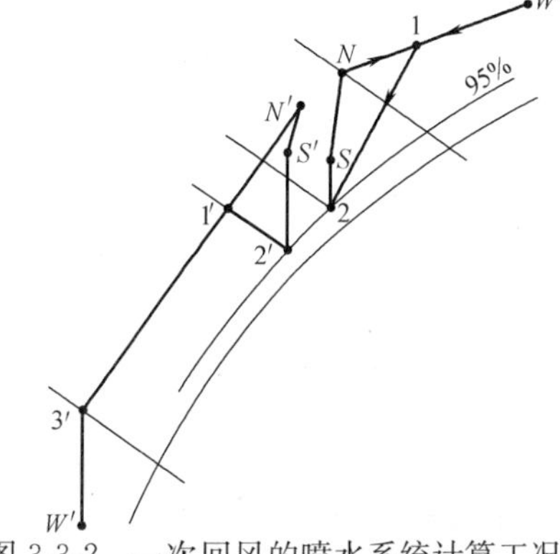

图 3-3-2　一次回风的喷水系统计算工况 h-d 图

（图中不带“′”的为夏季计算参数点，带“′”的为冬季计算参数点）

W、W'—室外参数点；N、N'—室内参数点；1、1′—一次回风和新风的混合点；2、2′—经冷却或加湿后的“露点”；S、S'—送风参数点；3′—一次加热后的参数点

冬季一次加热量 Q_1(W)：

$$Q_1=\frac{G_X}{3.6}(h_{3'}-h_{w'})=\frac{G_X c}{3.6}(t_{3'}-t_{w'}) \tag{3-3-1}$$

冬季二次加热量 Q_2(W)：

$$Q_2=\frac{G}{3.6}(h_{S'}-h_{2'})=\frac{Gc}{3.6}(t_{S'}-t_{2'}) \tag{3-3-2}$$

夏季耗冷量 Q_t(W)：

$$Q_t=\frac{G}{3.6}(h_1-h_2) \tag{3-3-3}$$

式中 G、G_X——总送风量和新风量（kg/h）；

h——各参数的焓（kJ/kg），下标为各参数点的编号；

t——各参数点的温度（℃）；

c——空气定压比热容［kJ/(kg·℃)］，可取 $c=1.01$。

各参数点见图 3-3-2。冬季室外空气（W'）加热到 $3'$，再与室内循环空气混合到 $1'$，经喷水后到 $2'$，二次加热到 S'送入室内，吸收余热后到 N'点。如先混合后一次加热，h-d 图与图 3-3-2 不同，但一次加热量相同。夏季室外空气（W 点）与循环空气（N）混合到 1 点，经喷水冷却到“露点”（2），经风机、风管温升到 S 送入室内，经吸收室内余热后，达到室内参数点 N。

2. 一次回风的表冷系统

采用冷水或直接蒸发表面冷却器冷却的一次回风系统的示例见图 3-3-3。与喷水系统不同的是用表面冷却器代替喷水室作为夏季降焓降湿或仅作为降温用；需要加湿时，用蒸汽加湿（包括直接喷蒸汽或采用电热、电极式加湿器等）或高压喷雾、高压微雾、湿膜等方式加湿。其他与喷水系统均相同。当仅用作夏季降温除湿或湿度没有下限要求（例如只要求相对湿度小于 60%）可以不设加湿器。

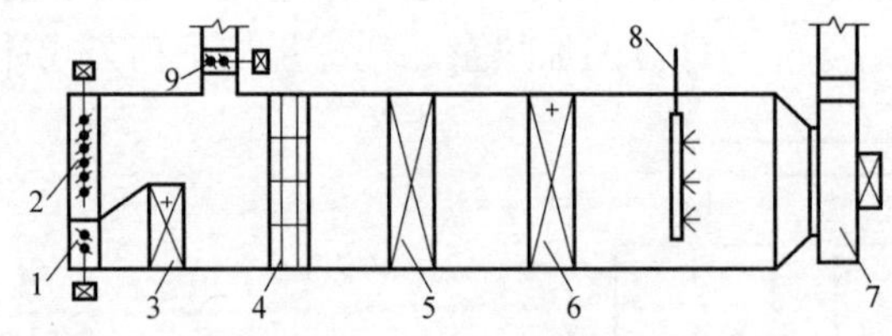

图 3-3-3 一次回风的表冷系统

1—最小新风阀；2—最大新风阀；3—预热器（第一次加热器）；4—过 滤器；
5—表面式冷却器；6—第二次加热器；7—送风机；8—加湿器；9—一次回风阀

系统计算工况的 h-d 图见图 3-3-4。

表冷系统一般不设预热器 3，h-d 图如图 3-3-4b 所示，先二次加热，后加湿。不设预热器的系统，在寒冷地区冬季应将表面冷却器内的水放光，以防冻裂。在寒冷地区，当不设预热器混合点 $1'$在相对湿度线 100% 的下面（即可能产生雾状凝结物）时，应设预热器，h-d 图如图 3-3-4a 所示。

表冷系统和喷水系统夏季计算 h-d 图相同。其“露点”参数 2 由计算确定。

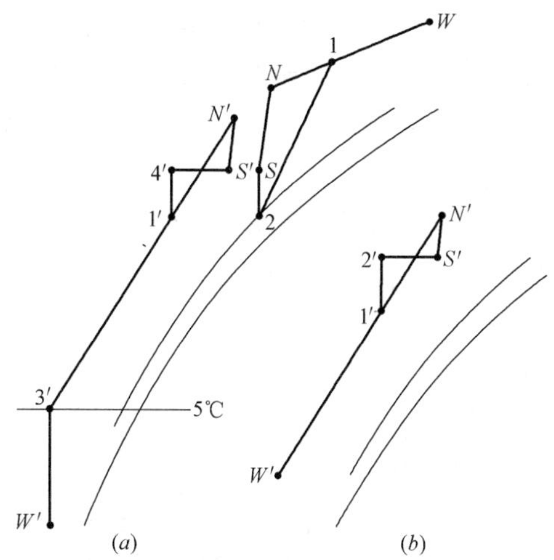

图 3-3-4　一次回风的表冷系统计算工况 h-d 图

（图中不带“′”的为夏季计算参数点，带“′”的为冬季计算参数点）

（a）有预热加热器时；（b）无预热加热器时。W、W'—室外参数点；

N、N'—室内参数点；1、1′—一次回风和新风的混合点；

2、2′—经冷却或降湿后的“露点”；S、S'—送风参数点；

3′—一次加热后的参数点；

4′—二次加热后的参数点

冬季采用高压喷雾、高压微雾、湿膜方式加湿时，为等焓过程。采用蒸汽加湿时，接近等温过程，实际为略有升温的过程，可按下式计算：

$$t_{4'}=t_{S'}-\frac{d_{s'}-d_{4'}}{1010}(h_0-2500-1.84t_{S'}) \tag{3-3-4}$$

式中　$t_{4'}$、$d_{4'}$——冬季二次加热后（即加湿前）的温度（℃）和含湿量（g/kg）；

$t_{s'}$、$d_{s'}$——送风（即加湿后）温度（℃）和含湿量（g/kg）；

h_0——所喷蒸汽的焓（kJ/kg）。

当蒸汽压力为 100kPa 时，$h_0=2675$kJ/kg；200kPa 时，$h_0=2707$kJ/kg；300kPa 时，$h_0=2724$kJ/kg。

有预热时，一次加热量 Q_1（W）：

$$Q_1=\frac{1}{3.6}G_xc(t_{3'}-t_{w'}) \tag{3-3-5}$$

冬季二次加热量 Q_2（W）：

$$Q_2=\frac{1}{3.6}Gc(t_{4'}-t_{1'}) \tag{3-3-6}$$

冬季加湿量 W：

$$W=G(d_{s'}-d_{1'})/1000 \tag{3-3-7}$$

耗冷量与公式（3-3-3）相同。预热器通常只加到 5℃，故 $t_{3'}=5$℃。

式中　W——加湿量（kg/h）；

d——各参数点的含湿量（g/kg），下标为各参数点在 h-d 图上的编号。

喷水系统和表冷系统在冬季计算工况时的总加热量（表冷系统包括喷蒸汽所加的热量）是相等的。如采用蒸汽加热和加湿，则所耗的蒸汽量略有不同。因加湿时可以利用蒸汽的全部焓值，而表面式加热器仅能利用其潜热。但当采用干蒸汽加湿时，为了制造干蒸汽还会有 20%～30%的热损失。所以二者耗汽量也相差不大。蒸汽加湿的凝结水量少，因而增加了锅炉房的水处理量。

（二）一、二次回风系统

无论采用喷水或表面冷却，一次回风系统在夏季和接近夏季的过渡季工况下，为了降低湿度都要将空气冷却到“露点”，然后再加热到室内温度。这样，由于冷、热量抵消、既浪费了冷量又浪费了热量。这是一种无效的损耗。采用一、二次回风系统可以减少无效损耗。

一、二次回风系统，除了有一次回风外，还另将一部分回风与冷却处理后的空气混合。

1. 固定比例的一、二次回风系统

实际送风温差要求比可以达到的送风温差小时，才能采用固定比例的一、二次回风系统。固定比例的一、二次回风系统，指二次回风固定，一次回风和新风的比例仍然可以变化。采用固定二次回风比例减少了处理风量，从而使处理设备变小（风机不变）。

图 3-3-5 是固定一、二次回风比的冬季计算工况，冬季采用二次回风不能节约热量。图 3-3-6 是夏季固定一、二次回风比与仅有一次回风的比较（虚线表示一次回风与一、二次回风不同处）。

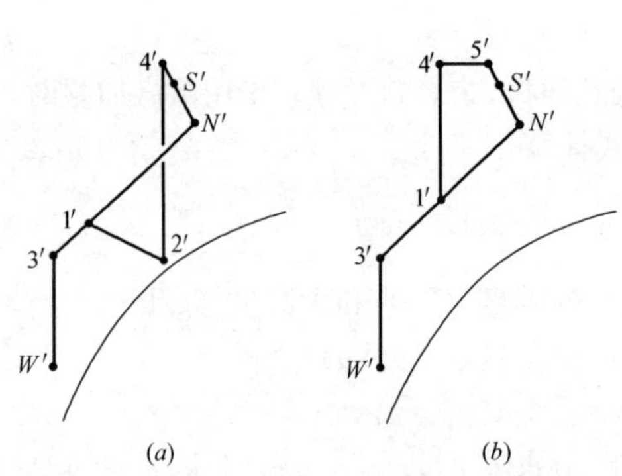

图 3-3-5　固定一、二次回风比的冬季工况

（a）冬季喷水处理时；（b）冬季蒸汽加湿时

S′—二次混合后送风参数点；5′—蒸汽加湿后参数点；其他与图 3-3-2、3-3-4 相同

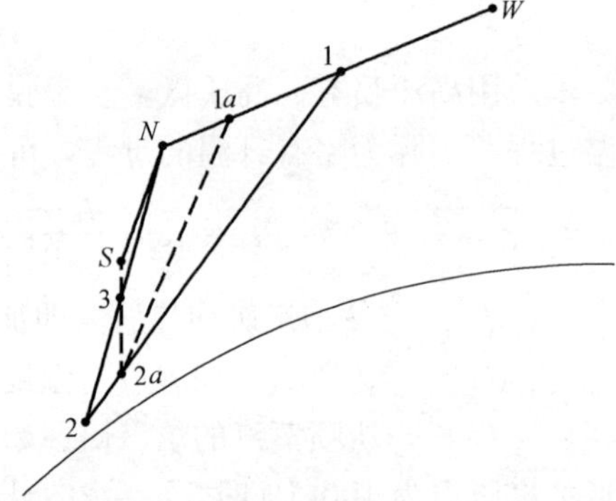

图 3-3-6　一次回风系统和固定二次回风比的系统的比较

3—二次加热或二次混合后的参数点；其他与图 3-3-2 相同

冬季一次加热量与公式（3-3-1），（3-3-5）相同。冬季二次加热量 Q_2（W）

对于喷水系统

$$Q_2=\frac{1}{3.6}(1-n_2)Gc\,(t_{4'}-t_{2'}) \tag{3-3-8}$$

对于表冷系统

$$Q_2=\frac{1}{3.6}(1-n_2)Gc\,(t_{4'}-t_{1'}) \tag{3-3-9}$$

夏季耗冷量 Q_l(W)：

$$Q_l=\frac{(1-n_2)G}{3.6}(h_1-h_2) \tag{3-3-10}$$

表冷系统冬季蒸汽加湿量 W(kg/h)：

$$W=(1-n_2)G(d_{5'}-d_{4'})/1000 \tag{3-3-11}$$

在公式（3-3-8）～（3-3-11）中

n_2——二次回风占总风量的比例，以小数计；

G——系统的总风量（kg/h）；

c——空气定压比热容，可取 1.01kJ/(kg·℃)；

$t_{1'}$、$t_{2'}$、$t_{4'}$——图 3-3-5（b）中的一次混合后参数点、图 3-3-5（a）中的喷水后参数点和图 3-3-5 中的二次加热后的参数点的温度（℃）；

$d_{4'}$、$d_{5'}$——冬季蒸汽加湿前、后的参数点［见图 3-3-5（b）］的含湿量（g/kg）；

h_1、h_2——夏季一次回风混合后和冷却处理后（见图 3-3-6 ）的焓（kJ/kg）。

【例 3-3-1】 已知室内温湿度基数为 20℃、50%；风量 G＝20000kg/h；新风量 3000kg/h；送风温差 Δt_s＝4.0℃；送风机和送风管温升（t_s-t_3）＝2℃；室内负荷的热湿比 ε＝20000kJ/kg；夏季室外计算参数为 t_w＝33℃，h_w＝80.5kJ/kg；当地大气压为 1013hPa。求采用一次回风和采用固定比例的一、二次回风的耗冷量及后者较前者节约的百分比。

【解】 h-d 图上各参数点见图 3-3-6。

［1］仅采用一次回风

1 求送风参数

由 h-d 图中查出，当 t_n＝20℃，φ_n＝50%时，h_n＝38.5kJ/kg。

由 N 点作 ε＝20000 线到 t_s＝20－4＝16℃，得 h_s＝33.8kJ/kg，d_s＝7.0g/kg。

2 求“露点”参数

取 φ_{2a}＝93%，又 $d_{2a}=d_s$＝7.0g/kg，查 h-d 图得 t_{2a}＝10℃，h_{2a}＝27.8kJ/kg。

3 求混合点参数

按新风比 n_x＝3000/20000＝0.15，W 点和 N 点，按线段比例求出混合点（1a)，或按下式求出 h_{1a}：$h_{1a}=h_n+(h_w-h_n)\times n_x=38.5+(80.5-38.5)\times0.15=44.8$kJ/kg

4 求耗冷量

$$Q_l=G(h_{1a}-h_{2a})/3.6=20000(44.8-27.8)/3.6=94444\text{W}=94.4\text{kW}$$

［2］采用固定比例的一、二次回风

1 送风参数同一次回风系统。

2 求二次回风混合点参数

$$t_3=t_s-2=16\text{-}2=14℃$$

$$d_3=d_s=7\text{g/kg}$$

3 求“露点参数”

取 φ_2＝93%，联 N－3 线交 93%线上得：

$$t_2=9.8℃,h_2=27\text{kJ/kg}$$

4 求二次回风混合比 n_2

$$n_2=(t_3-t_2)/(t_n-t_2)=(14-9.8)/(20-9.8)=0.41$$

5 求一次混合点参数

$$h_1 = h_n + \frac{G_x}{G(1-n_2)}(h_w - h_n) = 38.5 + \frac{3000}{20000(1-0.41)}(80.5-38.5) = 49.18\text{kJ/kg}$$

⑥ 求耗冷量 Q_l

$$Q_l = \frac{(1-n_2)G}{3.6}(h_1 - h_2) = 38.5 + \frac{(1-0.41)\times 20000}{3.6}(49.18-27) = 72.7\text{kW}$$

[3] 节约百分比 b

$$b = \frac{94.4-72.7}{94.4} = 23.6\%$$

同时节约相同数量的二次加热量和节约了 41%的通过冷却设备的风量，使处理设备变小。节约了一次附加运行费用。

固定一、二次回风比的系统，为节约处理设备断面，二次回风应放在二次加热和送风机之间（与图 3-3-7 的接法不同）。

2. 变动比例的一、二次回风系统

可以采用固定比例二次回风系统，亦可在室内负荷小时，进一步加大二次回风比例成为变动比例的一、二次回风系统。其冷热量计算方法与固定比例的一、二次回风系统相同。

当可以采用最大送风温差，且室内负荷变化较大时，宜采用变动比例的一、二次回风系统。

由于在其最大负荷时，二次回风阀需完全关死，因此二次回风阀应严密，应采用带有密封装置的阀门，并应考虑阀门漏风对计算的影响。必要时，可另加一个插板阀。

设计二次回风的管路和阀门时，要注意在改变一、二次风量混合比时不致引起总风量有较大的变动，总风量变动不要超过 10%；二次回风管风速要大一些，以便平衡。

（1）变动一、二次回风混合比的喷水系统可以分为新风可变的（即可采用全新风）和新风不变的（全年新风量不变）两种。其构件组合示例见图 3-3-7。

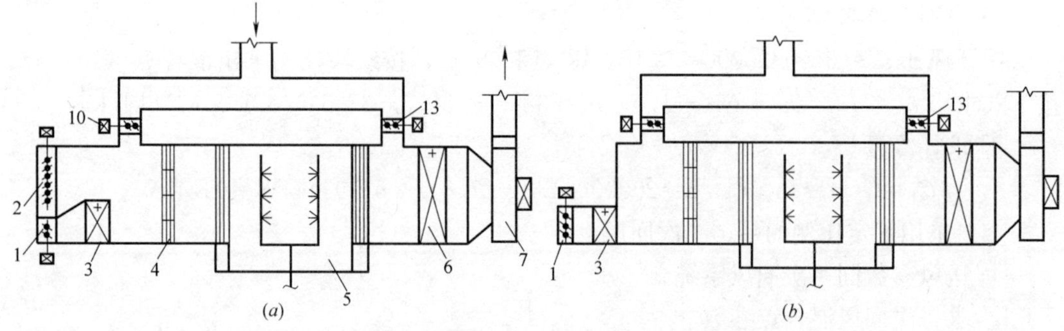

图 3-3-7　变动一、二次回风比的喷水系统

（a）新风可变的；（b）新风不变的

13—二次风阀；其他符号与图 3-3-1 相同

计算工况下的 h-d 图与图 3-3-2 相同。

对于全年运行的一般空调系统，在过渡季室外气象条件适当时，如采用全新风或增加新风的比例，以充分利用室外空气节约冷、热量经济合理时，应采用新风可变的系统。

当系统较小，或室内参数要求严格，为减少调节的复杂性，或为减少室内温湿度波动多采用新风不变的系统。对于有洁净要求的净化系统，为了保持房间正压的稳定和减少过滤器的负荷，也多采用新风不变的系统。

新风不变的系统，由于过渡季不能充分利用新风，因而开冷冻机的时间较长，经常运行的耗冷量要多。

（2）变动一、二次回风比的表冷系统其构件组合示例与图 3-3-3 基本相同，仅在冷却器和加热器之间增加一个二次回风管即可。也可分为新风可变和新风不变的两种。在计算条件下采用最大送风温差时，其计算工况 h-d 图与图 3-3-4 相同。

（三）全新风（直流式）系统

全新风系统即不采用回风的系统，可以认为是一次回风系统的特例（一次回风为零时）。

全新风系统是冷、热量消耗最大的系统。采用全热交换器或显热交换器进行冷、热量回收可以取得很大的经济效益。

1. 全新风喷水系统

冬季室外新风（W'）经一次加热到 $t_{3'}$ 再喷循环水到“露点”2，经二次加热到送风点 t_s 送入室内。夏季室外新风（W）喷冷水达到“露点”2，经二次加热到送风点 S 送入室内。

一次加热量 Q_1（W）：

$$Q_1=\frac{1}{3.6}Gc(t_{3'}-t_{w'}) \qquad (3\text{-}3\text{-}12)$$

二次加热量 Q_2（W）：

$$Q_2=\frac{1}{3.6}Gc(t_{s'}-t_{2'}) \qquad (3\text{-}3\text{-}13)$$

一次加热量 Q_1（W）：

$$Q_1=\frac{1}{3.6}G(h_w-h_2) \qquad (3\text{-}3\text{-}14)$$

2. 全新风表冷系统

表冷器可能冻结时设一次加热，表冷器不可能冻结时，不设一次加热。一次加热一般加热到 5℃。

冬季经二次或一、二次加热后（到 $4'$点），加湿（接近等温）到送风参数（S'点），送入室内，达到室内参数。夏季新风经冷却到“露点”2，再经二次加热到送风点（S），送入室内，吸收室内余热后达到室内参数。

有一次、二次加热时，

一次加热量 Q_1（W）：

$$Q_1=\frac{1}{3.6}Gc(t_{3'}-t_{w'}) \qquad (3\text{-}3\text{-}15)$$

二次加热量 Q_2（W）：

$$Q_2=\frac{1}{3.6}Gc(t_{s'}-t_{3'}) \qquad (3\text{-}3\text{-}16)$$

仅有二次加热时，加热量 Q_2（W）：

$$Q_2=\frac{1}{3.6}G(t_{s'}-t_{w'}) \qquad (3\text{-}3\text{-}17)$$

耗冷量 Q_l（W）：

$$Q_l=\frac{1}{3.6}G(h_w-h_2) \quad (3\text{-}3\text{-}18)$$

加湿量 W（kg/h）：

$$W=G(d_{s'}-d_{w'})/1000 \quad (3\text{-}3\text{-}19)$$

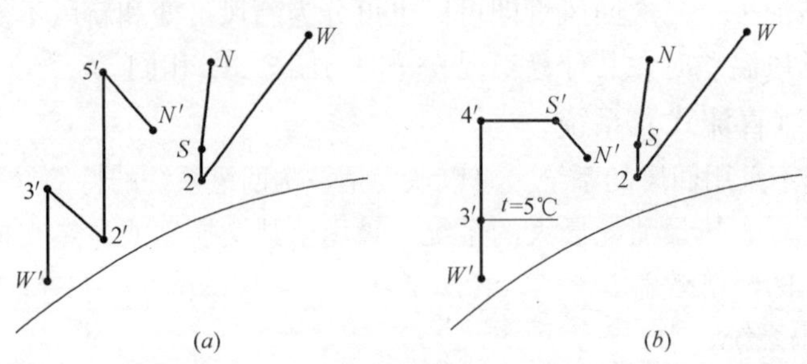

图 3-3-8　全新风系统计算工况 h-d 图

（a）全新风喷水系统；（b）全新风表冷系统

全新风系统的 h-d 图见图 3-3-8。公式（3-3-12）～（3-3-19）中，t 为温度（℃），h 为焓，其注脚号码为图 3-3-8 中各参数点的编号；G 为送风量（kg/h），C 为空气定压比热容，一般取 1.01kJ/(kg·℃)。

四、系统的调节方法

室外气象条件（温度、相对湿度等）每时每刻都在变化，室内设备、人员、照明等发热量也会变化。即室内散热、散湿量变化，室外新风参数也变化。为了保证室内规定的参数和经济合理地运行，在设计时应确定系统的调节方法，并反映到设计文件中去。

采用的调节方法与室内参数要求、采用的控制方法（自动或手动）、室内热湿扰量等因素有关，可以根据具体情况分析确定。本手册仅介绍全年运行的系统，在保持控制点温度一定的条件下的一些调节方法。供对空调系统分析时参考。

（一）系统调节的原则

1. 保持系统内各房间的温、湿度等参数在要求的范围内。

2. 系统运行经济。

3. 控制、调节的环节少，调节方法简单。环节少，对于自动控制的系统可以少用自动控制、调节的仪表，减少投资和便于维修；对于手动调节则易于掌握，便于调节。

下面介绍的分区方法，是在保持控制点温、湿度一定的条件下，主要从运行经济考虑的分区方法。如果控制点的参数可以有较大的波动范围，则可有不同的分区方法。如果室外参数在某个区内出现的机率很少，则可将那个区合并在其他区，使控制方法简化。

（二）喷水系统的调节方法

由于喷水加湿是一个等焓（严格说来是等湿球温度）过程，因此，按焓值或湿球温度值来分区较为恰当。

1. 一次回风系统　一次回风系统一般分四个区，Ⅰ区是当室外空气焓值（h_W）低于按最小新风比确定的一次加热后的焓值（$h_{3'}$）时。此时，需一次加热开动，固定最小新风混合比，喷循环水加湿到"露点"，加热到送风参数后送入室内。调节一次加热量保持室内相对湿度（室内相对湿度偏低，加大一次加热量，偏高减少一次加热量），调节二次加热量保持室内温度。Ⅱ区是当 $h_W > h_3$ 且低于"露点"焓值（$h_{2'}$）时，不再需要一次加热，调整新回风混合比，保持室内相对湿度（相对湿度偏高增加新风量），其他处理方法与Ⅰ区相同。Ⅱ′区是当冬季和夏季要求参数不同时才有的区域，即室外焓值在冬、夏的"露点"焓值之间时。此时，应将室内控制点的整定值调节到夏季的参数，这样就可以用Ⅱ区的同样方法处理空气，减少用冷时间。当室外空气焓值在夏季"露点"焓值（h_2）和室内空气焓值（h_N）之间时为Ⅲ区，在Ⅲ区采用全新风经济，用冷水将室外新风降到"露点"保持室内相对湿度，用二次加热保持室内温度（即补偿室内发热量的变化）。当 $h_W > h_N$ 时为Ⅳ区，Ⅳ区和Ⅲ区不同之处为：采用最小新风比为经济，因此，采用最小新风比，用冷水将混合后的空气降到"露点"保持室内相对湿度。

一次回风的喷水系统的分区和处理过程的 h-d 图见图 3-3-9，其调节方法，见表3-3-1。这种控制方法，自动控制很简单。温度控制全年均采用二次加热。湿度控制可采用三分程仪表，其控制顺序为：

一次回风的喷水系统调节方法　　　　**表 3-3-1**

属区	室外空气焓值	房间相对湿度的控制	房间温度的控制	各可调对象的工作状态					转换方法示例
				一次加热	二次加热	新风排风	回风	冷水	
Ⅰ	$h_w < h_{3'}$	一次加热	二次加热	$\varphi_{N'}$↑ 量↓	$t_{N'}$↑ 量↓	最小	最大	喷循环水	一次加热停后转Ⅱ区
Ⅱ	$h_{3'} \leqslant h_W \leqslant h_{2'}$	新风和回风的比例	二次加热	停	$t_{N'}$↑ 量↓	$\varphi_{N'}$↑ 量↑	$\varphi_{N'}$↑ 量↓	喷循环水	新风最小后转Ⅰ区；回风全关后转Ⅲ区
Ⅲ	$h_2 \leqslant h_W \leqslant h_N$	喷水温度	二次加热	停	$t_{N'}$↑ 量↓	全开	全关	$\varphi_{N'}$↑ 水温↓	冷水全关转Ⅱ′区(或Ⅱ区)；$h_W > h_N$ 转Ⅳ区
Ⅳ	$h_w > h_N$	喷水温度	二次加热	停	$t_{N'}$↑ 量↓	最小	最大	$\varphi_{N'}$↑ 水温↓	$h_W \leqslant h_N$ 转Ⅲ区

注：① $t_N(t_{N'})$、$\varphi_N(\varphi_{N'})$ 为房间温度和相对湿度的整定值；↑表示升高或增加；↓表示降低或减少；例如"t_N↑量↓"表示当室温高于整定值时，其热量（或风量）要减少；

② 当室外空气 $h_w > h_{2'}$ 采用夏季整定值（t_N、φ_N），$h_w < h_{2'}$ 采用 $t_{N'}$、$\varphi_{N'}$。Ⅱ′区（$h_{2'} < h_w \leqslant h_2$）调节方法与Ⅱ区相同。

当湿度偏低时：关小冷水阀→调新回风比减少新风量到最小新风→加湿

当湿度偏高时：减少加湿量→增加新风比→开冷水阀

当 $h_w > h_N$ 时，用最小新风比，$h_w < h_N$ 时用全新风。必要时，按室外参数调节冬、夏季的室内参数整定值。

上述方式为定水量变水温的调节方法。当采用变水量调节方法时，与上述方法有所不同。

2. 变动一、二次回风比的系统

（1）新风可变时　新风可变的一、二次回风系统的分区和各区的空气处理见图 3-3-10 和图 3-3-11，其调节方法见表 3-3-2。

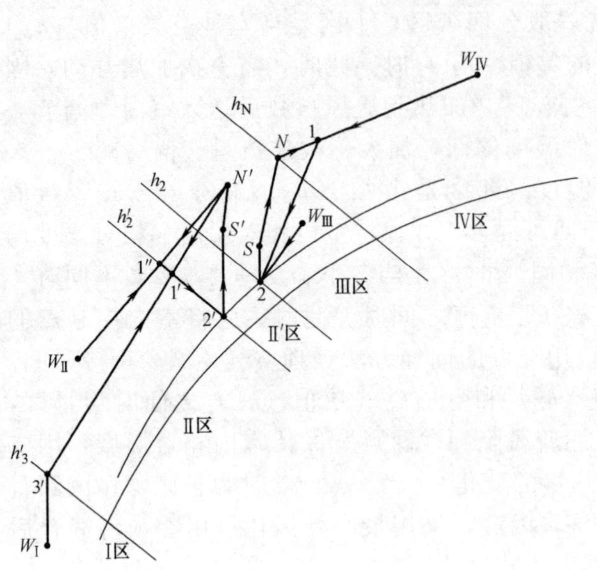

图 3-3-9　一次回风的喷水系统各区的处理过程

$W_{Ⅰ}$、$W_{Ⅱ}$、$W_{Ⅲ}$、$W_{Ⅳ}$—Ⅰ、Ⅱ、Ⅲ、Ⅳ区的室外参数点；1′、1″、1—Ⅰ、Ⅱ、Ⅳ区的新风混合点；N、N′—冬、夏季室内参数点；S、S′—冬、夏季送风参数点；3′—一次加热后参数点；h—焓值

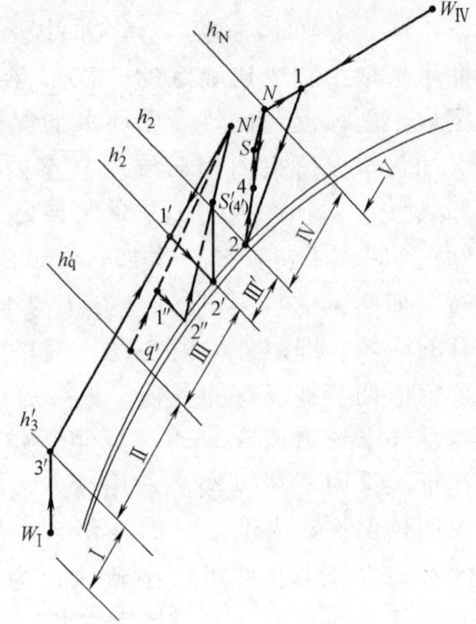

图 3-3-10　新风可变的一、二次回风的喷水系统的分区

4′、4—冬、夏季二次混合后的参数点；$_q$′—Ⅱ区和Ⅲ区的分界的焓；其他与图 3-3-12 相同

变动一、二次回风比的喷水系统调节方法　　表 3-3-2

属区	室内空气焓值	室内温湿度整定值	室内温度控制环节	室内相对湿度控制环节	各可调对象的工作状态						转换方法示例
					一次加热	二次加热	新风和排风	一次回风	二次回风	冷水	
Ⅰ	$h_w < h_{3'}$ $\left(h_{3'}=h_{N'}-\frac{h_{N'}-h_{2'}}{n_x}\right)$	冬季参数	二次加热	一次加热	$\varphi_{N'}$↑ 量↓	$t_{N'}$↑ 量↓	最小	最大	全关	喷循环水	一次加热全关转Ⅱ区
Ⅱ	$h_{3'} \leqslant h_W < h_{q'}$ $\left(h_{q'}=h_{N'}-\frac{h_{N'}-h_{4'}}{n_x}\right)$	冬季参数	二次加热	一、二次回风比	停	$t_{N'}$↑ 量↓	最小	$\varphi_{N'}$↑ 量↑	$\varphi_{N'}$↑ 量↓	喷循环水	二次回风全关转Ⅰ区；二次加热全关转Ⅲ区
Ⅲ	$h_{q'} \leqslant h_W < h_{2'}$	冬季参数	新风量	一、二次回风比	停	停	$t_{N'}$↑ 量↑	$\varphi_{N'}$↑ 量↑	$\varphi_{N'}$↑ 量↓	喷循环水	新风最小转Ⅱ区；一次回风全关转Ⅳ区或自动转为夏季参数
Ⅲ′	$h_{2'} \leqslant h_W < h_2$	夏季参数	新风量	一、二次回风比	停	停	t_N↑ 量↑	φ_N↑ 量↑	$\varphi_{N'}$↑ 量↓	喷循环水	一次回风全关转Ⅳ区；新风最小转Ⅱ区或自动转为冬季参数

续表

属区	室内空气焓值	室内温湿度整定值	室内温度控制环节	室内相对湿度控制环节	各可调对象的工作状态						转换方法示例
					一次加热	二次加热	新风和排风	一次回风	二次回风	冷水	
Ⅳ$_1$	$h_2 \leqslant h_W \leqslant h_N$	夏季参数	新风与二次回风比	喷水温度（冷水量）	停	停	t_N↑ 量↑	全关	$t_{N'}$↑ 量↓	φ_N↑ 量↑	冷水全关转Ⅲ′区；$h_w > h_N$ 转 V$_1$ 区；二次回风全开转Ⅳ$_2$ 区；冷水全开转Ⅳ$_3$ 区
Ⅳ$_2$			二次加热	喷水温度（冷水量）	停	t_N↑ 量↓	最小	全关	最大	φ_N↑ 量↑	二次加热停转Ⅳ$_1$ 区；$h_w > h_N$ 转 V$_2$ 区；冷水全关转Ⅲ′区；冷水全开转Ⅳ$_3$ 区
Ⅳ$_3$			新风与二次回风比	二次加热	停	φ_N↑ 量↑	t_N↑ 量↑	全关	t_N↑ 量↓	全开	二次加热全关转Ⅳ$_1$ 区；二次回风全开转Ⅳ$_2$ 区；$h_w > h_N$ 转 V$_3$ 区
V$_1$	$h_w > h_N$	夏季参数	一、二次回风比	喷水温度（冷水量）	停	停	最小	t_N↑ 量↑	t_N↑ 量↓	φ_N↑ 量↑	$h_w < h_N$ 转Ⅳ$_1$ 区；冷水全关转Ⅲ′区；二次回风全开转 V$_2$ 区；冷水全开转 V$_3$ 区
V$_2$			二次加热	喷水温度（冷水量）	停	t_N↑ 量↓	最小	全关	最大	φ_N↑ 量↑	二次加热全关转 V$_1$ 区；$h_w < h_N$ 转Ⅳ$_2$ 区；冷水全开转 V$_3$ 区；冷水全关转Ⅲ′区
V$_3$			一、二次回风比	二次加热	停	φ_N↑ 量↑	最小	t_N↑ 量↑	t_N↑ 量↓	全开	二次加热全关转 V$_1$ 区；二次回风全开转 V$_2$ 区；$h_w < h_N$ 转Ⅳ$_3$ 区

注：① 表中 n_x 为新风占总风量的比例，h 为焓值，h_w 表示室外实际的空气焓值。

② Ⅳ区与Ⅴ区的相互转换，亦可采用相应的湿球温度；

③ 其他与表 3-3-1 的注①相同。

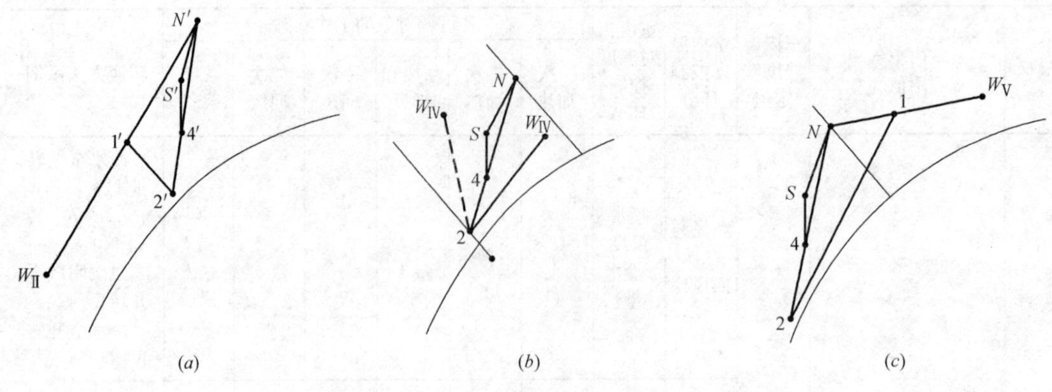

图 3-3-11　一、二次回风的喷水系统的各区 h-d 图

（a）Ⅱ、Ⅲ区；（b）Ⅳ区；（c）区

图 3-3-11 的冬、夏季送风参数点 S 和 S' 都是随室内负荷变化而变化的。因此二次回风比也随室内负荷变化而变化。在Ⅳ区和Ⅴ区可能发生以下变化：

1）当室内热湿比很小，即室内发湿量大，发热量小，这样就要求“露点”2 降得很低，并且二次回风比很大才能满足室内温湿度要求。由于冷水温度是一定的，“露点”温度有一个下限值，不能降得太低，二次回风比也不能无限制地加大。因此，当冷水阀全开后室内相对湿度仍偏大时，说明“露点”温度已到下限，应改变调节方法，即由$Ⅳ_1$或$Ⅴ_1$区分别转入$Ⅳ_3$和$Ⅴ_3$区，除保持冷水阀全开外，增加二次加热以降低相对湿度；当二次回风阀开到最大，一次回风阀全关时，说明室内冷负荷太小，需采用二次加热，即由$Ⅳ_1$区或$Ⅴ_1$区分别转入$Ⅳ_2$区和$Ⅴ_2$区，保持最大二次回风比，开动二次加热器以补充室内冷负荷的不足。

2）当室内仅发热量很小时，也可能产生二次回风比最大，室温仍偏低，也应转入$Ⅳ_2$或$Ⅴ_2$区。

Ⅳ区和Ⅴ区分成小区是由于室内负荷变化造成的，即由送风参数变化造成的，与室外参数无关。因此，以室外参数分区的 h-d 图上，不能明确表示其分区位置。

当室内发湿量不可能很大（例如仅有人员发湿的工厂）则可不考虑$Ⅳ_3$和$Ⅴ_3$区；当夏季冷负荷比较稳定时，可不考虑$Ⅳ_2$和$Ⅴ_2$区；当室内参数允许短期内有所波动时，可仅设$Ⅳ_1$和$Ⅴ_1$区，不设$Ⅳ_2$、$Ⅳ_3$、$Ⅴ_2$、$Ⅴ_3$区。

Ⅰ区利用二次回风和利用一次回风的耗热量相等，因此不采用二次回风。当冬季室外计算温度较高和新风比较少时，则可能没有Ⅰ区。

（2）新风不变时　新风不变的一、二次回风喷水系统的分区 h-d 图见图 3-3-12。由于新风不变，因而新风可变系统的Ⅲ、Ⅳ区的调节方法不能采用。当 $h_{w'}>H_{q'}$ 时应采用夏季整定值。Ⅰ、Ⅱ区的调节方法与新风可变的调节方法相同。$H_{q'}<h_w\leqslant h_q$ 为Ⅱ′区，采用夏季整定值，调节方法与Ⅱ区相同。$h_w>h_q$ 时均为Ⅲ区，采用新风可变的Ⅴ区的调节方法。

3. 全新风喷水式系统仅能采用两种调节方法，当室外空气焓值 h_w 小于“露点”焓值 h_2 时，采用一次加热、喷循环水、二次加热的调节方法。当 $h_w>h_2$ 时，喷冷水保持“露点”温度，用二次加热保证室内温度。

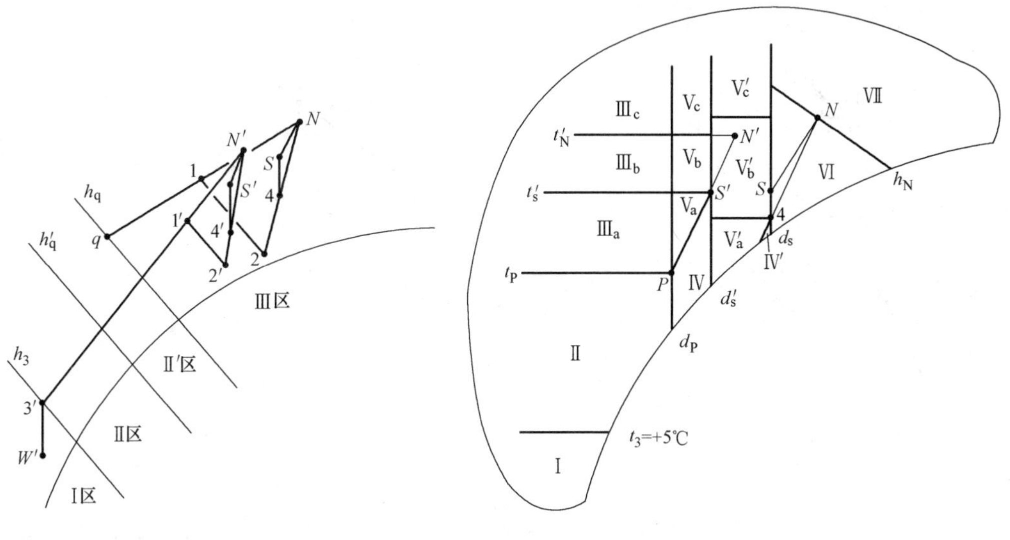

图 3-3-12　新风不变的一、二次回风喷水系统的分区

图 3-3-13　一次回风表冷系统分区

（三）表冷系统的调节方法

采用蒸汽加湿，并采用冷水表面冷却器的表冷系统，全年运行时，可以保持较严格的参数。

下列的分区和调节方法系指采用蒸汽加湿和冷水表面冷却器的表冷系统。带喷水的冷水表面冷却器的系统，与喷水系统的调节方法相同。

由于采用蒸汽加湿接近于等温过程，加热和干式冷却（在冷水水温较高或冷水量较少时，一般为干式冷却）为等含湿量过程，所以其分区调节应以室外新风温度和含湿量大小划线。

1. 一次回风系统　一次回风的表冷系统的分区见图 3-3-13，各区的处理方法见图 3-3-14。

图 3-3-13 中的 P 点是 $N'S'$ 延长线上的一点，且线段$\overline{N'S'}$与$\overline{N'P}$之比等于最小新风比。点 4 是二次加热后的参数点，点 4 至点 S 为风机和风管温升。

当室外空气含湿量 $d_w<d_p$（Ⅰ～Ⅲ区）且采用最小新风比时，需要加湿，均可采用调节加湿量保持室内相对湿度。

Ⅰ、Ⅱ区的区别是Ⅰ区有预热，Ⅱ区不用预热。两个区均采用调节二次加热量保持室温。

Ⅲ区（Ⅲa、Ⅲb、Ⅲc）可采用最小新风比混合。由于 $t_w>t_p$，则混合后的温度均高于送风温度 $t_s{}'$，需冷却到送风温度，用调节冷却量保持室温。冷却不需减湿，需保持冷却器为干式冷却。

Ⅳ区和Ⅴ区均采用改变混合比调节送风含湿量，Ⅳ区用二次加热、Ⅴ区用干式冷却达到送风温度以保持室温。当室外空气含湿量 d_w 大于送风含湿量时，室内参数整定值改为夏季整定值，所出现的Ⅳ′区和Ⅴ′区按Ⅳ和Ⅴ区的处理方法处理。

当 $d_w>d_s$，$h_w<h_N$ 时为Ⅵ区；$d_w>d_s$，$h_w>h_N$ 为Ⅶ区，其处理方法与一次回风的喷水系统的Ⅲ区和Ⅳ区相同，只是用调节通过表冷器的水量代替调节喷水室的水温。

按上述处理的调节方法列于表 3-3-3 中。

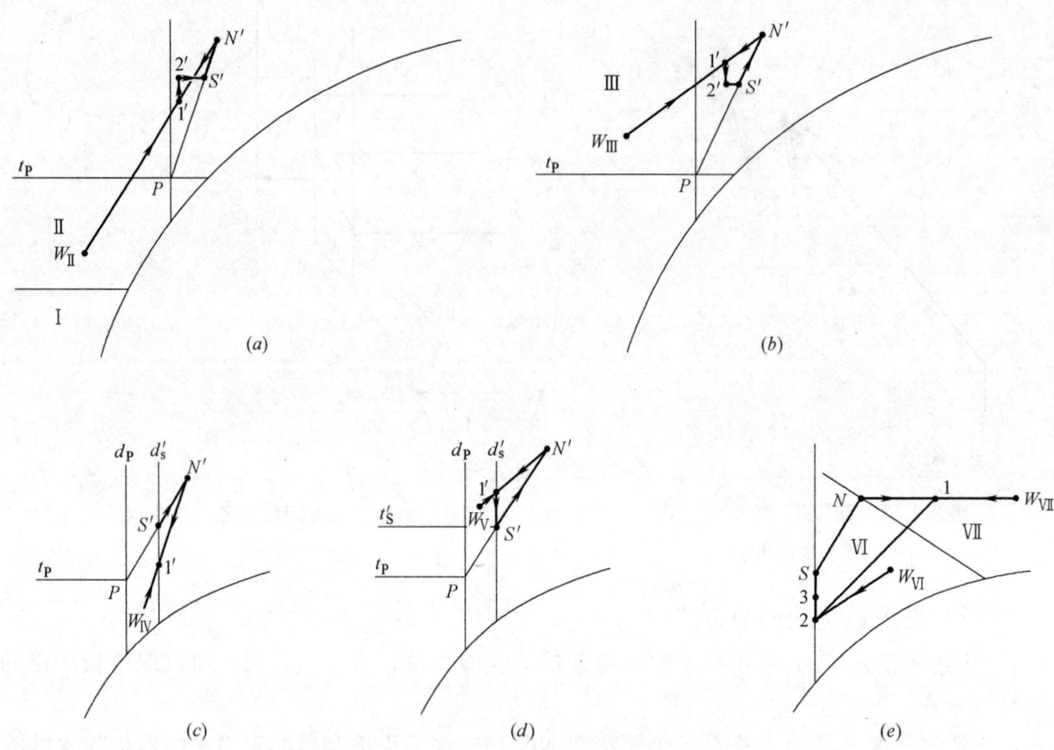

图 3-3-14 一次回风的表冷系统各区的处理（一）

（a）Ⅱ区；（b）Ⅲ区；（c）Ⅳ区；（d）Ⅴ区；（e）Ⅵ；Ⅶ区

采用表 3-3-3 和表 3-3-4 的处理办法，可以用分程控制实现。相对湿度控制：当室内相对湿度偏高时按减少加湿量→增加新风量（同时减少回风量）→打开冷水阀加大冷水量顺序动作；偏低时，相反方向动作。室温控制：当室温高于整定值时，按关小二次加热器水阀→开大冷水阀门的顺序动作；低于整定值则相反动作。一次加热单独控制加热到 5℃。

一次回风的表冷系统调节方法（一） **表 3-3-3**

属区	室外参数范围		房间相对湿度的控制	房间温度的控制	各可调对象的工作状态						转换方法示例
	含湿量	温度(焓)			一次加热	二次加热	加湿	新风	回风	冷水	
Ⅰ	$d_w<d_p$	$t_w<5℃$	加湿	二次加热	加热到 5℃	$t_{N'}$↑ 量↓	$\varphi_{N'}$↑ 量↓	最小	最大	停	一次加热全停转Ⅱ区
Ⅱ		$t_p>t_w\geqslant 5℃$	加湿	二次加热	停	$t_{N'}$↑ 量↓	$\varphi_{N'}$↑ 量↓	最小	最大	停	一次加热后不到5℃转Ⅰ区 二次加热全停转Ⅲ区 加湿全停转Ⅳ区
Ⅲ		$t_w>t_p$	加湿	冷却	停	停	$\varphi_{N'}$↑ 量↓	最小	最大	$t_{N'}$↑ 量↑	冷却全停转入Ⅱ区 加湿全停转入Ⅴ区 冷却、加湿均停转入Ⅳ区

一次回风的表冷系统调节方法（一） **表 3-3-4**

属区	室外参数范围		房间相对湿度的控制	房间温度的控制	各可调对象的工作状态						转换方法示例
	含湿量	温度(焓)			一次加热	二次加热	加湿	新风	回风	冷水	
Ⅳ	$d_{s'}>d_w>d_p$	$S'P$ 线以下	新风和回风的比例	二次加热	停	$t_{N'}$ ↑ 量 ↓	停	$\varphi_{N'}$ ↑ 量 ↑	$\varphi_{N'}$ ↑ 量 ↓	停	新风最小转入Ⅱ区 新风全开转入Ⅵ区 二次加热全停转入Ⅴ区
Ⅴ		$S'P$ 线以上	新风和回风的比例	冷却	停	停	停	$\varphi_{N'}$ ↑ 量 ↑	$\varphi_{N'}$ ↑ 量 ↓	$t_{N'}$ ↑ 量 ↑	新风最小后转入Ⅲ区 新风全开转入Ⅵ区 冷却全停转入Ⅳ区
Ⅵ	$d_w>d_s$	$h_w \leqslant h_N$	冷却	二次加热	停	t_N ↑ 量 ↓	停	全开	全关	φ_N ↑ 量 ↑	冷却全停转入Ⅳ区 $h_w>h_N$ 转Ⅶ区
Ⅶ		$h_w>h_N$	冷却	二次加热	停	t_N ↑ 量 ↓	停	最小	最大	φ_N ↑ 量 ↑	$h_w \leqslant h_N$ 转入Ⅵ区 冷却或二次加热转Ⅴ区

注：① 同表 3-3-1 的注①；

② 当室外空气含湿量 $d_w>d_{s'}$ 时，t_N、φ_N 采用夏季整定值。

其中冷水量用于控制温度也用于控制相对湿度，在室外温湿度变化很突然的情况下可能出现两个信号互相干扰，应加个选择器，首先控制偏离大的参数。

除了上述方法外，对于Ⅲ区和Ⅴ区还可以采用另一些办法，以进一步节约冷量和减少开冷冻机时间。其处理方法见表 3-3-5 和图 3-3-15。

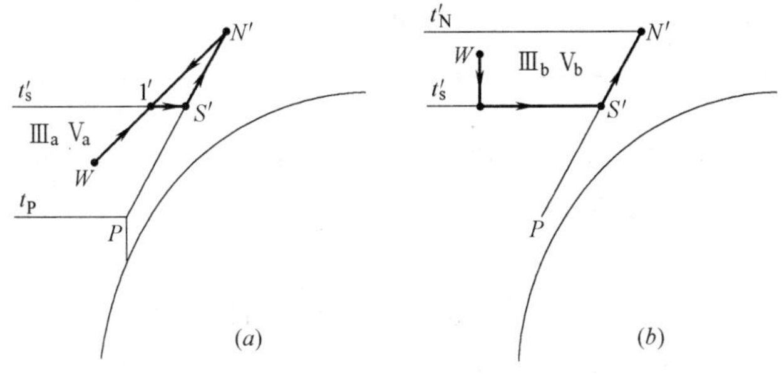

图 3-3-15 一次回风的表冷系统各区的处理

(a) Ⅲa、Ⅴa 区；(b) Ⅲb、Ⅴb 区

一次回风的表冷系统调节方法（二） **表 3-3-5**

属区	室外参数范围		房间相对湿度的控制	房间温度的控制	各可调对象的工作状态						转换方法示例
	含湿量	温度(焓)			一次加热	二次加热	加湿	新风	回风	冷水	
Ⅰ	$d_w \leqslant d_p$	$t_w<5$℃	加湿	二次加热	加热到 5℃	$t_{N'}$ ↑ 量 ↓	$\varphi_{N'}$ ↑ 量 ↓	最小	最大	停	一次加热全停转Ⅱ区
Ⅱ		$t_p>t_w \geqslant 5$℃	加湿	二次加热	停	$t_{N'}$ ↑ 量 ↓	$\varphi_{N'}$ ↑ 量 ↓	最小	最大	停	加热后＜5℃转Ⅰ区； 二次加热停转Ⅲa区； 加湿停转Ⅳ区

续表

属区	室外参数范围		房间相对湿度的控制	房间温度的控制	各可调对象的工作状态						转换方法示例
	含湿量	温度(焓)			一次加热	二次加热	加湿	新风	回风	冷水	
Ⅲ$_a$、Ⅴ$_a$	$d_w \leqslant d_{s'}$	$t_{s'} \geqslant t_w > t_p$ 且$\overline{SP}$线以上	加湿	新风和回风比例	停	停	$\varphi_{N'}\uparrow$ 量$\downarrow$	$t_{N'}\uparrow$ 量$\uparrow$	$t_{N'}\uparrow$ 量$\downarrow$	停	新风量最小后转Ⅱ区；新风全开转Ⅲ$_b$区；加湿最大转Ⅲ$_c$区；加湿停转Ⅳ区
Ⅲ$_b$、Ⅴ$_b$	$d_w \leqslant d_{s'}$	$t_{N'} \geqslant t_w > t_{s'}$	加湿	冷却	停	停	$\varphi_{N'}\uparrow$ 量$\downarrow$	全开	全关	$t_{N'}\uparrow$ 量$\uparrow$	冷却停转Ⅲ$_a$、Ⅴ$_a$区；加湿停转入Ⅵ区；加湿最大转Ⅲ$_c$区；$t_w > t_{N'}$转入Ⅲ$_c$区
Ⅲ$_c$	$d_w \leqslant d_p$	$t_w > t_{N'}$	加湿	冷却	停	停	$\varphi_{N'}\uparrow$ 量$\downarrow$	最小	最大	$t_{N'}\uparrow$ 量$\uparrow$	加湿停转入Ⅴ$_c$区；$t_w < t_{N'}$转入Ⅲ$_b$区
Ⅴ$_c$	$d_p < d_w \leqslant d_{s'}$	$t_w > t_{N'}$	新风和回风的比例	冷却	停	停	$\varphi_{N'}\uparrow$ 量$\downarrow$	$\varphi_{N'}\uparrow$ 量$\uparrow$	$\varphi_{N'}\uparrow$ 量$\downarrow$	$t_{N'}\uparrow$ 量$\uparrow$	$t_w < t_{N'}$转入Ⅴ$_b$区；加湿停转入Ⅶ区；新风最小转入Ⅲ$_c$区
Ⅳ	$d_p < d_w \leqslant d_{s'}$	$\overline{SP}$线以下	新风和回风的比例	二次加热	停	$t_{N'}\uparrow$ 量$\downarrow$	停	$\varphi_{N'}\uparrow$ 量$\uparrow$	$\varphi_{N'}\uparrow$ 量$\downarrow$	停	新风全开后转入Ⅵ区；新风最小转入Ⅱ区；二次加热停转Ⅲ$_a$、Ⅴ$_a$区
Ⅵ	$d_w > d_s$	$h_w \leqslant h_N$	冷却	二次加热	停	$t_N\uparrow$ 量$\downarrow$	停	全开	全关	$\varphi_N\uparrow$ 量$\uparrow$	按$h_w \leqslant h_N$或$h_w > h_N$两区相互转换；冷却全停转Ⅳ区；二次加热停转Ⅲ$_b$、Ⅴ$_b$区
Ⅶ	$d_w > d_s$	$h_w > h_N$	冷却	二次加热	停	$t_N\uparrow$ 量$\downarrow$	停	最小	最大	$\varphi_N\uparrow$ 量$\uparrow$	

注：同表 3-3-3 的注。

在室外相对湿度较大的地区（例如我国南方）Ⅲc、Ⅴc 区的参数每年出现次数很少，可以不用Ⅲc、Ⅴc 区的调节方法，Ⅲc 、Ⅴc 区亦采用Ⅲ$_b$、Ⅴ$_b$ 区的调节方法。采用此法时，其冬季加湿量应按Ⅲc 区的不利参数全新风加湿计算。

表 3-3-6 的方法较表 3-3-5 节约了冷量，但增大了加湿量，也增加了调节环节。

2. 变动一、二次混合比的表冷系统　变动一、二次混合比的表冷系统的分区和一次回风表冷系统（图 3-3-13）相同。

当处理空气不能直接达到送风点，只能达到“露点”经冷却以后还要经过加热才能达到送风点时，就增加了无作用的冷、热损耗。采用二次回风是为了节约这部分损耗。对于一次回风的Ⅰ～Ⅴ区，空气可以直接处理到送风点 S'，因而采用二次回风不能节约冷、热和加湿量。换句话说在Ⅰ～Ⅴ区。采用一次回风没出现冷却再加热、减湿再加湿的情况，因此采用二次回风并无经济意义。对于各区的冷热量分析也可以得出相同的结论。因此，在Ⅰ～Ⅴ区可仅采用一次回风。其调节方法与一次回风的表冷系统相同，可按表 3-3-5 或表 3-3-6 的Ⅰ～Ⅴ区的方法处理。二次回风阀全关。

Ⅵ区和一、二次回风喷水系统的Ⅳ区相同，Ⅶ区和一、二次回风喷水系统Ⅴ区的调节方法相同。调节通过表冷器的冷水量或冷水温度均可达到相同效果。当冷水全关时，转入Ⅴ区。

第四节　单风管再热系统和分区机组系统

一、单风管再热系统

单风管是风量系统供应多房间时，各房间由于朝向和设备发热的变化（热扰量）不同，系统仅能保证某些房间的温、湿度在允许范围内，而其他房间不能满足室温参数要求时，可采用再热系统。定风量再热系统的室温调节加热器的再热部分，在夏季都是无效的冷热抵消的损耗。如有条件采用其他节能系统（如变风量系统），不宜采用再热系统。

再热系统即分房间或分区域设室温调节加热器的系统。其集中处理部分与单风管集中式系统相同，其原理见图 3-4-1。

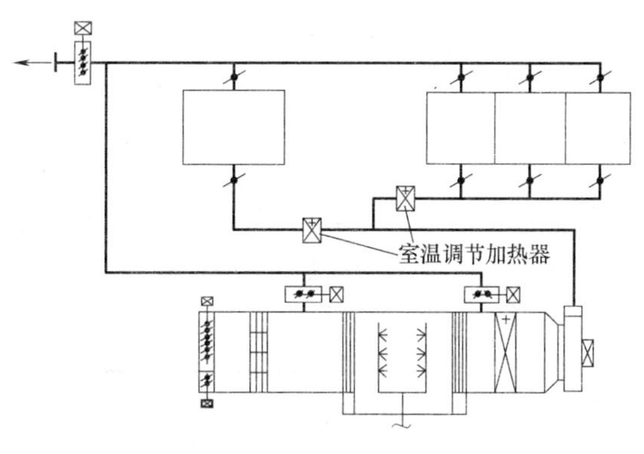

图 3-4-1　再热系统原理

分区可以有二种，一种是当系统供应多个小房间时，如各房间室内设备和人等的发热量比较稳定，但由于朝向不同，辐射和传热的扰量变化较大，可以几个同朝向的房间为一个区域，合用一个室温调节加热器。另一种是一个大房间内各区域的热扰量相差较大，在一个房间内分几个区域，分别设室温调节加热器。

再热系统可以设二次加热或不设二次加热。当室温调节加热器为电加热器而二次加热可采用热水或蒸汽加热时，为节约用电应设二次加热。如二者能源相同时，可不设二次加热。

再热系统有时也以各房间的相对湿度来控制，但前提是：各房间散湿量不大，且房间的相对湿度允许波动范围要求严于温度允许波动范围要求。

再热系统集中控制的温、湿度敏感元件放置地点：

1. 湿度敏感元件放在相对湿度要求严格的房间或采用喷水处理时，放在喷水室后，控制“露点”温度。

2. 温度敏感元件安装地点可采用下述的一种。

(1) 选择一个房间，这个房间应是变化最小的，例如北向且设备发热小的房间，这个房间不设室温调节加热器，用这个房间的温度控制集中系统的二次加热器等。这个方法的缺点是，如果该房间选择得不适当，则其他房间还有过热的可能。

(2) 采用一个选择器自动选择一个房间，作为控制集中系统的温度控制点。该房间的特点是室温加热器供水（供汽）的自动阀门全部关死后，室温仍偏高。

(3) 用送风管内温度控制集中系统。该温度的冬、夏和过渡季的整定值应不同。调整整定值麻烦，如整定值不适当也会造成过热或浪费冷热量。

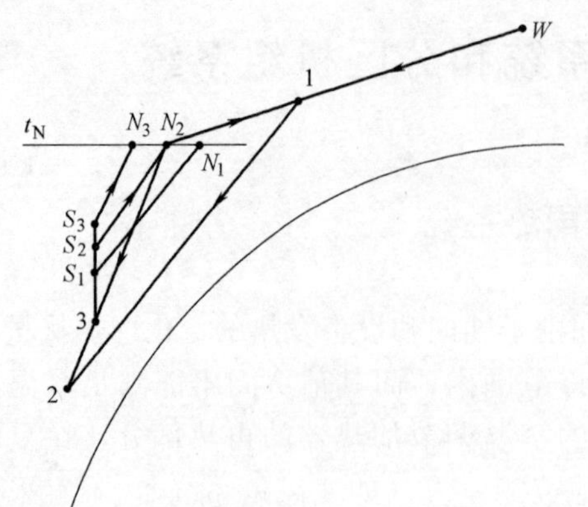

图 3-4-2　再热系统 h-d 图

W—室外参数点；2—“露点”参数；3—二次混合后的参数；S_1、S_2、S_3—第一、二、三个房间的送风参数点；N_1、N_2、N_3—各房间的室内参数

再热系统的 h-d 图见图 3-4-2。

二、分区机组系统

(一) 系统特点

当一个集中空调器供应各空调区域使用，各空调区域冷热负荷变化不定，特别是高层和大面积空调时，采用各区域各层另设二次空调机组有其优点。分区机组如图 3-4-3 所示。

图 3-4-3（a）是一次空调器处理新风，然后送至各区，二次空调器（由过滤器、冷热交换器和风机组成）处理循环空气，与一次空调器处理的新风混合后送入各区。图 3-4-3（b）是循环空气和新风均经过一次空调器处理后再经二次空调器（冷热交换器）加热或冷却处理。前一种系统与集中送新风的风机盘管系统类似；后一种系统比再热系统增加了冷却处理的可能性。

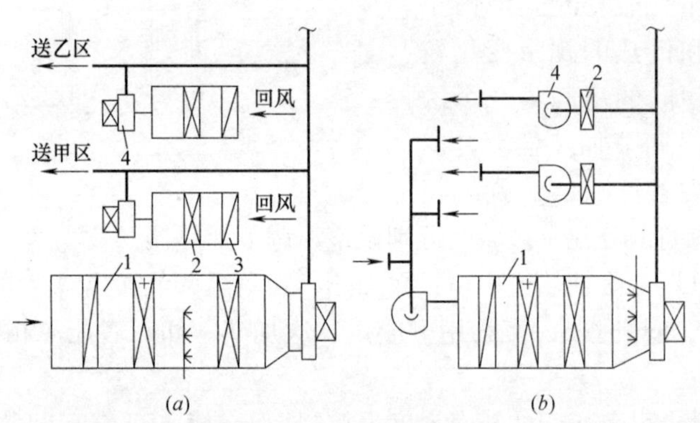

图 3-4-3　分区机组系统

1—一次空调器；2—冷热交换器；3—过滤器；4—风机

图 3-4-3 的（a）和（b）的优缺点为：

1.（a）的风管仅输送新风，其断面小；而（b）的断面与单风道系统相同。

2. 在过渡季，（a）的方式送入的室外新风量与冬、夏季相同，因而不能利用有利条件增加新风量和减少冷热负荷；而（b）的方式可以供给全部新风量，能达到运行经济的目的。

3.（a）的方式可以保证各区所需的室外新风量。（b）的方式室外新风百分比全系统是一样的，除了过渡季外，各区所需的新风量有的超过，有的不足。如各区均能保证所需的新风量，则总新风量要较（a）的新风量多，从而消耗较多的冷热量。

4.（a）的方式要分区设过滤器，因而较（b）的方式过滤器造价高，且维护管理复杂一些。

5. 对于高层建筑来说，由于立面要求，进风口面积不可能太大，采用（a）进风面积可以小。

6. 分区机组系统均有利于分区单独核算。（a）的优点是当一个区不工作时，可关掉该区的风机，可节约能量。

（二）处理方法

由于空气经过两次处理，需确定一次和二次空气处理如何分配。

1. 一次空调器仅处理新风的分区机组［图 3-4-3（a）］。

（1）夏季一次空调器处理后的新风温度较送风温度高。其 h-d 图见图 3-4-4（未考虑风机风管温升）。

如果用一次风送风管内的温度控制一次空调器的冷却量，则一次风处理后的温度一定。二次风由室内温度控制，当由于室外温度降低等原因，室内冷负荷减少时，则二次表冷器的通水量减少，降湿能力减弱，如图 3-4-4，一次处理仍在 1 点，二次机组由 N'处理到 $2'$，混合到 S'送入室内，如室温 $t_{N'}$与 t_N 相同，则 N'的相对湿度会相应增大。因此，这种方法只能适用于相对湿度无严格要求的降温系统。

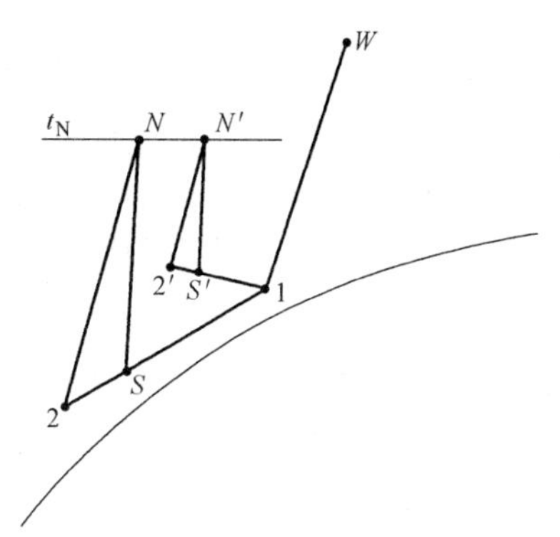

图 3-4-4　分区机组夏季处理 h-d 图
W、N—室外、室内参数点；
1、2——一次机组和二次机组冷却后的参数

如果夏季以某房间的相对湿度控制一次冷却量，当室外参数变低时，一次处理后的 1 点也相应降低，则室内相对湿度可变动小一些。

（2）夏季一次空调器处理后的新风温度较送风温度低，即处理后点 1 的含湿量低于室内含湿量。湿负荷基本由一次空调器承担。则可保持室内相对湿度变化不大。但一次空调器处理的焓差大，有时一组八排表冷器也满足不了要求。

2. 一次空调器处理全部风量的分区机组［图 3-4-3（b）］。一次空调器负担处理稳定的负荷，二次空调器负担处理变动的负荷。一次风的冷却量和加热量可由风管内的温度控制。夏季一次和二次空调器均可除去一部分湿量，当负荷变动时，相对湿度也会有所变动。这种系统也相当于再热系统，但夏季减少了无效的冷热损耗。

也可使二次空调器用一部分回风，以减少一次风的风管断面。

第五节　低温送风系统

低温送风系统与流行的常温送风系统相比较是以较低的温度向空调房间送风，这些系统有时称为低温送风系统，一般送风温度为 4°～10℃。这种送风温度与大多数常温送风系统不同，常温送风系统一般采用 10°～15℃的名义温度送风。

采用低温送风系统可以减少系统的初投资费用，降低能耗和改善热舒适性。

目前的“常规”13℃送风标准是由希望保持房间相对湿度 50%～60%，但又要使冷冻水供水温度尽量高，以提高制冷机效率演变而来的。对于一般具有 0.8～0.9 显热比的办公室来说，13℃的进风温度为24℃室温提供了55%～60%的房间相对湿度。这样的送风温度还给冷却盘管的选择提供了灵活性，因为对于6℃～7℃的冷冻水供水温度可有许多种选择方案。然而，这些“标准”设计参数不一定是最舒适的，且无论是一次费用，或者运行费用不一定是最省的。这种“标准”设计参数多半是出于方便的需要而发展起来，并且已经在今天的HVAC行业中变成根深蒂固的了。

在20世纪80年代，当人们对冰蓄冷供冷系统重新产生兴趣时，降低送风温度的优点就渐渐显现了，由于从蓄冰槽那里可得到1℃～4℃的冷介质温度，所以就能容易地达到4°～9℃的送风温度，使空气输配系统费用与能耗有显著的节省。在降低了的相对湿度水平下，居住舒适性也被公认为有了提高。

一、低温送风系统的优点及局限性

（一）低温送风系统有以下优点：

1. 降低了机械系统费用　较低的送风温度减少了所要求的送风量。同时减小了风机、风管、配件等的尺寸，导致较低的机械系统费用。在某些情况下，由于采用低温送风系统而造成的费用节省可以补偿增加蓄冰槽所增加的费用。

2. 降低了楼层高度要求　较小的风管尺寸可以降低楼层层高要求，使建筑结构、围护结构及其他一些建筑系统费用有了显著节省。低温送风系统还有助于使设计者在管道空间受到严格限制的工程中，如在一些旧建筑改造中，有更多的选择方案。

3. 较低的房间相对湿度提高了热舒适　通过低温送风系统所维持的较低相对湿度改善了热舒适性及室内空气品质。实验室研究表明在较低的湿度下，受试者感觉更为凉快和舒适，认为空气比较新鲜，空气品质更可接受。同时较低的相对湿度下可以使室内温度相应地提高，室内人员外出时可以很快适应外部环境，避免“空调病”的产生。

4. 减少了风机的电耗与电力需求　低温送风系统还可以节省能源费。由于减少了风量，送风机能耗可以降低30%～40%。另外在蓄冷条件下采用低温送风系统，制冷系统减少了价格高的高峰时段电能消耗，当然，由于冷冻水温度降低，制冷系统的电能消耗会有所增加，但所增加的电能是电价便宜的非尖峰用电时段的电能，所以总体来讲，能源费用消耗大大降低。

5. 提高了现有送风系统的供冷能力　低温送风系统可能对于那些冷负荷超过了现有空气处理机组与管网能力的系统特别有效。通过降低送风温度，业主们可以避免更换或添加现有的空调系统设备的开支。

（二）低温送风系统的局限性：低温送风系统有诸多优点，但不是适用于所有情况，在某些工程中，采用低温送风系统应慎重。这些工程包括了以下几种情况：

1. 无法制取1℃～4℃的冷媒；

2. 房间相对湿度必须保持高于40%；

3. 需要较大的通风换气量；

4. 全年中有较长时间，可以利用7℃～13℃的室外空气自然供冷。

二、低温送风系统的设计原则

（一）室内计算参数

当采用低温送风系统时，室内计算参数夏季温度宜为 24℃～27℃，相对湿度宜为 30%～60%，并充分考虑由于采用这种系统而带来的好处，节省能源、改善室内空气品质。

1. 采用低温送风时，室内设计干球温度宜比常规空调系统提高 1℃。

2. 室内空气的温度和湿度不仅影响人体的热感觉，而且影响人体对室内空气品质的感觉，随着室内空气温度和湿度的降低，人体对室内空气品质的可接受程度增加，新风量可以相应减少。

3. 低温送风时，室内风速对人体舒适感的影响，依然可以采用国际上通用的有效吹风感温度（EDT）和空气分布性能系数（ADPI）进行评价。

4. 采用低温送风空调系统时，合理的气流组织设计和计算，可以确保低温送风系统的 ADPI 、空气龄、空气扩散效率、通风效率与常规空调系统相同，不受风口形式的影响，因此可以采用常规风口直接送风，诱导风口可以避免空调房间在空调系统启动以及湿负荷突然增加时可能出现的凝露现象。

5. 当采用向房间直接送低温冷风的送风口时，应采取措施使送风温度能够在系统开始运行时逐渐降低。

（二）空气处理过程

低温送风空调系统的空气处理过程具有以下特点：

1. 空调机组采用低温冷水（1℃～4℃），因此空调机组的机器露点温度较低（4℃～7℃）；

2. 空调机组同时采用冷水侧大温差（8℃～15℃）和空气侧大温差（15℃～20℃）技术；

3. 空调机组一般采用压入式布置方式；

4. 风机温升和风管温升必须予以考虑；

5. 必须准确计算空调机组的出风状态参数；

6. 应正确确定进入空调机组的回风参数；

7. 根据热工计算和经济分析，表冷器排数一般不宜超过 10 排；

8. 为了控制的方便和运行可靠，一般采用定机器露点设计法进行设计。

（三）低温送风系统的空气处理过程的设计步骤

低温送风空调系统的典型空气处理过程如图 3-5-1 所示。根据上述特点，低温送风系统的空气处理过程的设计步骤为：

1. 根据设计规范和工艺要求确定室内空气状态点 N 的干球温度，并假设室内空气的相对湿度：办公室，35% ；会议室、商场、教室，50%。

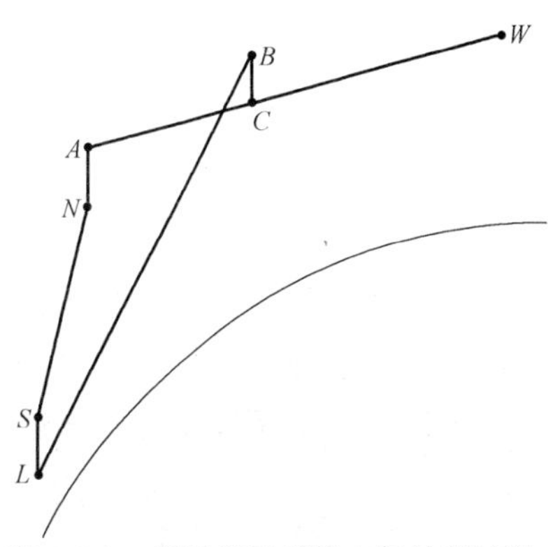

图 3-5-1 低温送风系统空气处理过程

L—机器露点；S—送风状态；N—室内状态点；A—回风状态点；B—进风状态点；C—混风状态点；W—室外状态点

2. 假设空调机组机器露点 L 点的参数：根据空调机组表冷器的排数、冷水初温和冷水温升，由表 3-5-1 查得空调机组的出风参数，即机器露点 L 点的参数。

低温送风大温差空调机组出风参数 **表 3-5-1**

表冷器排数	冷水初温（℃）	冷水温升（℃）	出风干（湿）球温度（℃）	迎面风速（m/s）	管内流速（m/s）	空气阻力（Pa）	水阻力（kPa）
8	2	10	5(4.85)	1.84	1.29	132	59
		15	6.5(6.38)	1.66	0.95	112	48
	3	10	6(5.86)	1.76	1.1	123	46
		15	7.5 (7.41)	1.62	0.89	108	43
	4	10	7(6.86)	1.75	1.04	120	42
		15	8.5(8.4)	1.57	0.82	102	38
10	2	10	4(3.9)	1.77	1.1	161	45
		15	5.5(5.42)	1.86	1.01	135	50
	3	10	5(4.89)	1.75	1.05	150	41
		15	6.5(6.41)	1.8	0.95	130	58
	4	10	6(5.9)	1.72	0.99	146	37
		15	7.5(7.42)	1.73	0.89	124	52

3. 计算风管得热和送风温升，根据风管温升确定送风状态点 S 的空气参数。低温送风空调系统由于风管内的空气温度远低于房间及环境温度，因此即使有保冷措施，风管内的空气仍然会有温升，必须进行计算，而不能像设计常规空调系统那样，或是不计算，或是根据经验进行假设。风管得热量按以下公式进行计算：

$$Q_f=\frac{K_f P_f L_f}{1000}\left[t-\frac{t_2+t_1}{2}\right] \tag{3-5-1}$$

式中 Q_f——通过风管管壁的得热（kW）；

K_f——风管管壁总的传热系数［W/(m^2·℃)］；

P_f——风管保冷层的外表面周长（mm）；

L_f——风管长度（m）；

t——风管四周的空气温度（℃）；

t_1——进入风管的空气初温（℃）；

t_2——离开风管的空气终温（℃）。

$$t_2=\frac{t_1(y-1)+2t}{y+1} \tag{3-5-2}$$

$$y=2.01vD_v\frac{\rho}{4P_f L_f} \tag{3-5-3}$$

式中 v——平均风速（m/ s）；

D_v——风管速度当量直径（mm）；

ρ——空气的密度（kg/m^3）。

$$D_v=\frac{2ab}{a+b} \tag{3-5-4}$$

式中 a——风管宽度（mm）；

b——风管高度（mm）。

4. 计算房间热、湿负荷，确定房间热湿比 ε。

5. 确定房间实际的相对湿度。过送风状态点 S 作热湿比 ε 线，与房间设计干球温度线相交，可确定房间实际相对湿度。

6. 计算空调送风量。

$$G=\frac{Q_n}{3.6(h_n-h_s)}=\frac{W_n}{1000(d_n-d_s)} \tag{3-5-5}$$

式中 G——空调系统送风量（kg/h）；

Q_n——室内空调负荷（W）；

W_n——室内湿负荷（kg/h）；

h_n、d_n——室内空气的焓（kJ/kg）和含湿量（g/kg）；

h_s、d_s——送风空气的焓（kJ/kg）和含湿量（g/kg）。

7. 计算回风温升，确定进入空调机组的回风（状态点 A ）的参数。根据规定的新风量和计算所得的送风量，确定新回风混合点 C 的参数。

8. 计算送风机温升，确定进入空调机组空气（状态点 B）的参数。在常规空调系统设计中，处理风机和管道温升的一般方法是：或不考虑，或简单假定为 1～1.5℃，低温送风空调系统的风机温升计算方法与常规空调系统相同，风机温升可由下式确定：

$$\Delta t=\frac{P\eta}{\rho c\eta_1\eta_2} \tag{3-5-6}$$

式中 Δt——风机温升（℃）；

p——风机全压（Pa）；

η——电动机安装位置修正系数，当电动机在气流内时，$\eta=1$，当电动机在气流外时，$\eta=2$；

ρ——空气的密度（kg/m^3）；

c——空气比热容，一般取 1.01kJ/(kg·℃)；

η_1——风机的全压效率，国产后倾叶片离心风机的全压效率可取 0.85，国产前倾叶片离心风机的全压效率可取 0.72；

η_2——为电动机的效率，国产电动机的效率可取 0.8 。

（四）空调机组选择计算

1. 由于低温送风空调系统冷水温度低（2°～4℃），温差大（8°～15℃），因此不能采用常规的空调机组，必须采用低温送风大温差空调机组。

2. 低温送风大温差空调机组的送风机宜采用压入式布置，风机出口和表冷器之间应保持大于或等于 500mm 的间距，离送风机出口 100mm 处应设置穿孔率大于 80%的孔板，孔板面积等于风机出口面积。

3. 当送风机采用压入式布置时，应准确计算送风机得热导致的空气温升，以便确定表冷器进风空气状态参数。当送风机采用吸入式布置时，应计算送风机得热导致的空气温升，以便确定空调机组出风空气状态参数。

4. 表冷器迎风面风速宜采用 1.5～2.3m/s，表冷器肋片间距宜采用 2.5 或 3.175mm（每英寸 10 片或 8 片），表冷器排数宜采用 8 排或 10 排。

5. 表冷器的空气与水（或载冷剂）应逆向流动，表冷器水初温宜采用 2～5℃，水温升可以为 8°～15℃，一般采用 10℃，管内流速应控制在 0.6～1.8m/s，表冷器出风温度与水的进口温度之间的温差不宜小于3℃，出风温度宜采用5°～10℃。

6. 低温送风大温差空调机组的表冷器不能采用常规空调表冷器的实验公式计算，而应采用在低温送风参数下得到的实验公式计算。

7. 当低温送风空调系统处于部分负荷工况时，可以通过调节风量来控制室温，但是送风口必须采用变风量诱导风口；也可以采取控制空调机组的水初温或水流量从而调节空调机组送风温度来控制室温。

变风量控制适合多室且需要对单间房间室温进行独立控制的场合；水初温或水流量控制适合单室或房间空调负荷变化规律相近的多室，且无需对单间房间室温进行独立控制的场合。

8. 低温送风空调系统与冰蓄冷结合使用时，必须注意冰蓄冷系统的融冰特性，特别是融冰末期的水初温对系统的影响，过高的水初温可能导致空调送风温度无法满足设计要求。

9. 在相同设计冷量下，表冷器的载冷剂采用乙烯乙二醇水溶液时，乙烯乙二醇的初温应比水初温低1℃，乙烯乙二醇溶液量应为水量的1.1倍，这时溶液阻力将增加1.2～1.3倍，这是由乙烯乙二醇和水的物性决定的。

10. 空调机组表冷器的乙烯乙二醇溶液的阻力不宜超过0.12MPa，水阻力不宜超过0.09MPa。低温送风大温差空调机组空气侧的冷凝水水量大于常规空调机组，凝结水管直径可按常规空调系统（送风温度13℃）的两倍考虑。

（五）低温送风系统其他应考虑的问题

1. 送风机的位置和风机得热

空调机组的送风机在空调机组内有两种布置方式，一种是置于表冷器前，称为压入式；一种是置于表冷器后，称为吸入式。为了使通过表冷器的空气更均匀，常规空调机组一般采用后者，风机得热传给从表冷器出来的空气，空气温度升高，减小了送风温差，房间送风量增加，空调机组的风量相应增加。为了获得尽可能大的送风温差，低温送风空调系统一般采用压入式风机布置方式，这时，风机得热提高了进入表冷器的空气的温度，只要表冷器的空气处理能力足够，这种风机布置方式就更为经济。但必须注意，压入式风机布置方式，机组会有更多可能性在下游的一些壁面上产生凝结，尤其是如果离开盘管的空气温度有波动的话。而在吸入式配置中，附加给进风的风机热量成为减少在下游空气出现凝结可能性的安全系数。

2. 表冷器设计

(1) 表冷器的排数、迎面风速和肋片间距

常规空调机组所用的表冷器一般为4，6或8排，在标准工况下（空气进风参数为27℃/19.5℃，冷水初温为7℃，温升为5℃），满足国家标准焓降下限要求（不小于16.76kJ/kg）时的出风温度分别为14.7℃，12.1℃和10℃，无法满足低温送风空调系统的要求。建议表冷器采用8，10或12排。但是，实验和计算结果均表明，即使是将表冷器的排数增加到12排，由于采用了水侧大温差，空调机组的出风温度仍然无法达到理想的低温。同时由于低温送风使表冷器除湿量大增，因此即使是采用常规的2.5m/s的迎面风速，当风机布置采用压入式时，也可能有冷凝水溅出，因此一般将低温送风空调机组用表冷器的迎风面风速限制在1.5～2.3m/s。当需要通过增加表冷器的传热面积来提高表冷器的冷量时，可以采用增加表冷器的排数或迎风面积（减小迎风面风速）的方法来实现，而实验结果和经济分析结果表明，在空间尺寸允许的前提下，采用增加迎风面积的方法优

于增加排数的方法。由于表冷器的排数增加到12排时，空气阻力会很大，且出风温度与冷水进口初温的温差只有2℃，不能满足设计规范不宜小于3℃的规定，同时清洗也困难，因此在低温送风空调系统中建议不要采用12排的表冷器。

(2) 表冷器管程数和管内流速

管程数是换热器设计中的一个重要参数，当表冷器的流量一定时，管程数决定了管内流速和水温升，因此管程数设计是低温送风大温差空调机组设计中的关键。对于一台迎风面风速、排数、表面管数、表面管长一定的表冷器，有多个管程数可供选择，满足设计要求的水温差、出口空气状态参数的最优管程数则必须利用计算机反复迭代计算才能确定。

《工业建筑供暖通风与空气调节设计规范》对空调机组表冷器的管内流速范围进行了规定，即管内流速应控制在0.6～1.5m/s范围内，其原因是：当管内流速低于0.6m/s时，管内流体呈层流状，表冷器的传热效果恶化，而当流速高于1.5m/s时，管内流速增加导致的表冷器冷量上升趋势趋于平缓，但管内流体阻力却急剧加大。

虽然管内流速对表冷器冷量有着明显的影响，但是通过调整表冷器管程数（即调整冷水流速）来提高大温差表冷器冷量的作用是有限的，这是因为：表冷器可供选择的管程数是有限的，而表冷器管程数的增大必然导致管内阻力增大，这样表冷器的水阻力就有可能超出合理的范围。低温送风空调机组表冷器设计的一个重要步骤就是在表冷器优化设计过程中，确定最佳的管程数。

3. 空调机组的水初温和温差

低温送风空调系统一个最显著的特点就是冷水的温度低，一般为1°～4℃，由于低温送风空调系统主要是与冰蓄冷系统结合使用，因此必须注意水温的变化，无论是静态制冰还是动态制冰，其融冰温度都不可能不变。通常情况下各种冰蓄冷系统的出液温度都随着融冰时间的增加而升高，融冰末期达到最大值；不同的蓄冰方式的区别主要在于温度上升幅度的不同，一般动态制冰要明显低于静态制冰。在进行低温送风空调系统设计时应特别注意这一点，尤其是当空调设计负荷的高峰出现在融冰末期（如商场、超市等），更是不得不考虑，如果这时出液温度达到6°～7℃，就很可能会出现空调机组供冷量不足的现象。根据国内已经投入运行的冰蓄冷工程的运行记录来看，有相当一部分冰蓄冷系统，融冰末期的出液温度达到了7℃甚至更高。

大温差是低温送风空调系统另一大特点，除了空气侧外，水侧通常也采用大温差技术，这是低温送风系统能获得显著经济效益的重要手段，在实际工程中，对于单体建筑的空调系统或中小型空调系统多采用10℃温差，对于区域供冷等大型工程则常常将温差加大到15℃，甚至更高。最佳温差的选择存在一个优化过程，水温差加大，虽然节省了泵和管道系统的投资，但与此同时，空调机组的送风温度也随之增加，风量加大，风系统的经济效益下降，因此对于一项工程必须进行具体的经济比较才能确定其最合理的水温差。

第六节　温湿度独立控制空调系统

一、系统基本形式

空调系统的基本任务是满足建筑室内温度、湿度及空气品质等的需求，特别是当应用到工艺性生产用房等工业建筑中时，由于对室内的温湿度参数、空气质量参数等具有严格的要求，就需要空调系统在空气处理过程及室内参数控制中满足严格的工艺生产需求。对于湿度控制，必须通过通风换气的方式实现，将干燥的空气送入室内才能完成排除室内产湿的任务。对于室内空气品质的调节，也需要通过送入干净空气借助通风换气的方式实现，例如在很多工艺性生产过程中，空气处理过程设置了多个净化过滤环节来满足室内空气质量需求。而对于室内温度控制，则可通过多种手段来实现，并不一定完全依赖通风换气的方式来满足室内温度调节需求。从上述满足建筑室内温度、湿度和空气质量调节需求的基本手段出发，可以看出室内湿度调节、室内空气品质调节的需求均需要通过通风换气的方式来实现，而对于室内温度调节，则可利用其他方式（辐射、自然对流换热等）来完成，即室内温度、湿度与空气质量分别进行处理，这与传统的空调系统中利用同一方式实现室内多种参数调节的方式完全不同。在这种新的方式下，可以通过通风换气、显热换热方式来分别满足室内湿度与空气品质、温度调节的需求，而这种思路也就是温湿度独立控制空调系统的基本理念。

目前常规空调方式均通过表冷器同时对空气进行冷却和冷凝除湿，产生冷却干燥的送风，实现排热排湿的目的。这种热湿联合处理的空调方式存在的主要问题为：

1. 热湿联合处理所造成的能源浪费。排除余湿要求冷源温度低于室内空气的露点温度，而排除余热仅要求冷源温度低于室温。占总负荷一半以上的显热负荷本可以采用高温冷源带走，却与除湿一起共用7℃的低温冷源进行处理，造成能量利用品位上的浪费。而且，经过冷凝除湿后的空气虽然湿度满足要求，但温度过低，有时还需要再热，造成了能源的进一步浪费。

2. 空气处理的显热潜热比难以与室内热湿比的变化相匹配。通过冷凝方式对空气进行冷却和除湿，其吸收的显热与潜热比只能在一定的范围内变化，而建筑物实际需要的热湿比却在较大的范围内变化。当不能同时满足温度和湿度的要求时，一般是牺牲对湿度的控制，通过仅满足温度的要求来妥协，造成室内相对湿度过高或过低的现象。过高的结果是不舒适，进而降低室温设定值，来改善热舒适，造成能耗不必要的增加；相对湿度过低也将导致室内外焓差增加使新风处理能耗增加。在对室内温湿度参数要求严格的工业性生产过程中，一般采用先冷凝除湿、然后进行再热的方式以满足室内需求的参数，但造成严重的冷热抵消。

空调系统承担着排除室内余热、余湿、CO_2 与异味的任务。在普通的民用建筑中，由于排除室内余湿与排除 CO_2、异味所需要的新风量与变化趋势一致，因此可以通过新风同时满足排除余湿、CO_2 与异味的要求；而排除室内余热的任务则通过其他的系统（独立的温度控制方式）实现。由于无需承担除湿的任务，因而可用较高温度的冷源即可实现排除余热的控制任务。温湿度独立控制空调系统的特点是：采用温度与湿度相独立的空调控制系统，分别控制、调节室内的温度与湿度。温湿度独立控制空调系统可以避免常规空调系统中热湿联合处理所带来的损失，当应用于工业建筑场合时，有助于从根本上取消蒸汽再热等再热环节，具有很大的节能潜力；可克服常规空调系统中难以同时满足温、湿度参数要求的致命弱点，能有效地避免出现室内湿度过高或过低的现象。

在湿度处理系统中，将新风处理到足够干燥的程度，以排除室内人员和其他产湿源产生的水分，同时还作为新风承担排除 CO_2、室内异味等保证室内空气质量的任务。一般来说，对于民用建筑，这些排湿、排有害气体的负荷仅随室内人员数量而变化，因此可采用变风量方式，根据室内空气的湿度或 CO_2 浓度调节风量；对于工业建筑，室内湿负荷、空气品质调节需求等与工艺生产过程密切相关，但同时所需求的通风换气量等也随工艺生产过程呈一定的比例关系，从通风换气的需求来看，可以在满足通风换气需求的基础上通过送入干燥、洁净的空气来同时满足室内湿度调节和空气品质调节需求；而室内的显热则通过另外的系统来排除（或补充），由于这时只需要排除显热，因此就可以采用较高温度的冷源通过辐射、对流等多种方式实现。

温湿度独立控制空调系统由温度调节与湿度调节的两个子系统组成，两个系统独立调节，分别控制室内的温度与湿度，如图 3-6-1 所示。

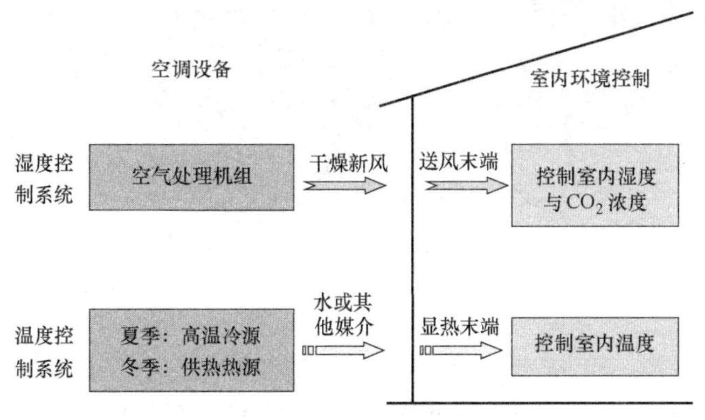

图 3-6-1　温湿度独立控制空调原理图

（1）调节温度的系统：包括高温冷源、消除余热的末端装置。需求的冷源温度不再是常规冷凝除湿空调系统中的 7℃，而可以提高到 15°～18℃左右，从而为天然冷源的使用提供了条件，即使采用机械制冷方式，制冷机的性能系数也有大幅度的提高。消除余热的末端装置可以采用辐射板、干式风机盘管等多种形式，由于供水温度高于室内空气的露点温度，因而不存在结露的危险。

（2）调节湿度的系统：排除室内余湿，同时承担去除室内 CO_2、异味等保证室内空气质量的任务。该系统通常由新风处理机组、送风末端装置组成，采用处理后的新风作为能量输送的媒介。在这个湿度调节的子系统中，由于不需要承担温度调节任务，因而湿度的处理可有新的节能高效方法。

我国幅员辽阔各地气候存在着显著差异，图 3-6-2 给出了我国典型城市的最湿月平均含湿量。以平均含湿量 12g/kg 为界，可以分为西北干燥地区和东南潮湿地区。在西北干燥地区（图示Ⅰ区），室外空气比较干燥，空气处理过程的核心任务是对空气的降温处理过程。而在东部潮湿地区（图示Ⅱ区），室外空气非常潮湿，需要除湿之后才能送入室内，空气处理过程的核心任务是对新风的除湿处理过程。

温湿度独立控制空调系统的主要组成部件有：（1）用于调节室内温度的高温冷源，如深井水、土壤源换热器等天然冷源、制备高温冷水（出水温度为 15°～18℃）的制冷机组等；（2）调节室内湿度的干燥新风处理系统，如溶液除湿、转轮除湿等方式处理新风；以及去除显热的室内末端装置（如辐射板方式、干式风机盘管等）和末端送风系统。

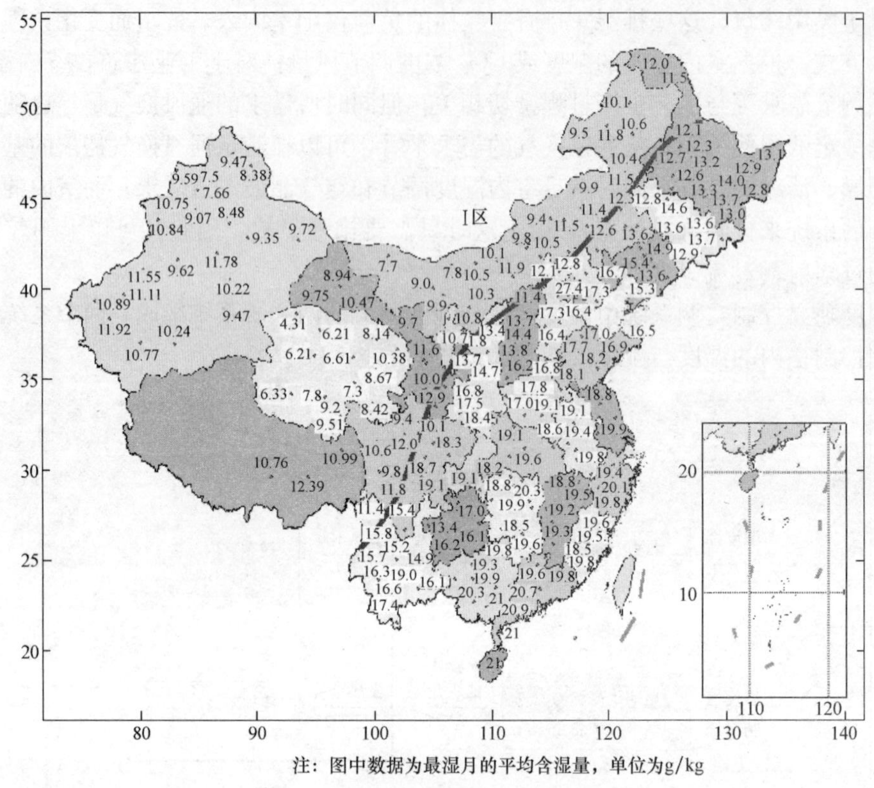

注：图中数据为最湿月的平均含湿量，单位为g/kg

图 3-6-2　各城市的建筑气候分区示意

二、核心部件：高温冷源设备

由于除湿的任务由处理潜热的系统承担，因而显热系统的冷水供水温度由常规空调系统中的7℃提高到15°～18℃左右。此温度的冷水为天然冷源的使用提供了条件，如地下水、土壤源换热器等。在西北干燥地区，可以利用室外干燥空气通过直接蒸发或间接蒸发的方法获取15°～18℃冷水。即使没有地下水等自然冷源可供利用，需要通过机械制冷方式制备出15°～18℃冷水时，由于供水温度的提高，制冷机组的性能系数也有明显提高。

（一）深井回灌供冷技术

研究表明：10米以下的地下水水温一般接近当地的年均温，如果当地的年均温低于15°C，通过抽取深井水作为冷源，使用后再回灌到地下的方法就可以不使用制冷机而获得高温冷源。表3-6-1列出了我国一些城市的年平均温度。当采用这种方式时，一定要注意必须严格实现利用过的地下水的回灌，否则将造成巨大的地下水资源浪费。

我国一些城市年平均温度（℃）　　表 3-6-1

城市名称	哈尔滨	长春	西宁	乌鲁木齐	呼和浩特	拉萨	沈阳	银川	兰州	太原
年平均温度	3.6	4.9	5.7	5.7	5.8	7.5	7.8	8.5	9.1	9.5
城市名称	北京	天津	石家庄	西安	郑州	济南	洛阳	昆明	南京	贵阳
年平均温度	11.4	12.2	12.9	13.3	14.2	14.2	14.6	14.7	15.3	15.3
城市名称	上海	合肥	成都	杭州	武汉	长沙	南昌	重庆	福州	广州
年平均温度	15.7	15.7	16.2	16.2	16.3	17.2	17.5	18.3	19.6	21.8

（二）通过土壤换热器获取高温冷水

可以直接利用土中埋管构成土壤源换热器，让水通过埋管与土壤换热，使水冷却到 15°～18℃以下，使其成为排除室内显热的冷源，参见图 3-6-3。土壤源换热器可以为垂直埋管形式，也可以是水平埋管方式。当采用垂直埋管形式时，埋管深度一般在 100m 左右，管与管间距在 5m 左右。当采用土壤源方式在夏季获取冷水时，一定注意要同时在冬季利用热泵方式从地下埋管中提取热量，以保证系统（土壤）全年的热平衡。否则长期抽取冷量就会使地下逐年变热，最终不能使用。当采用大量的垂直埋管时，土壤源换热器成为冬夏之间热量传递蓄热型换热器。此时夏季的冷却温度就不再与当地年平均气温有关，而是由冬夏的热量平衡和冬季取热蓄冷时的蓄冷温度决定。只要做到冬夏间的热量平衡，在南方地区也可以通过这一方式得到合适温度的冷水。

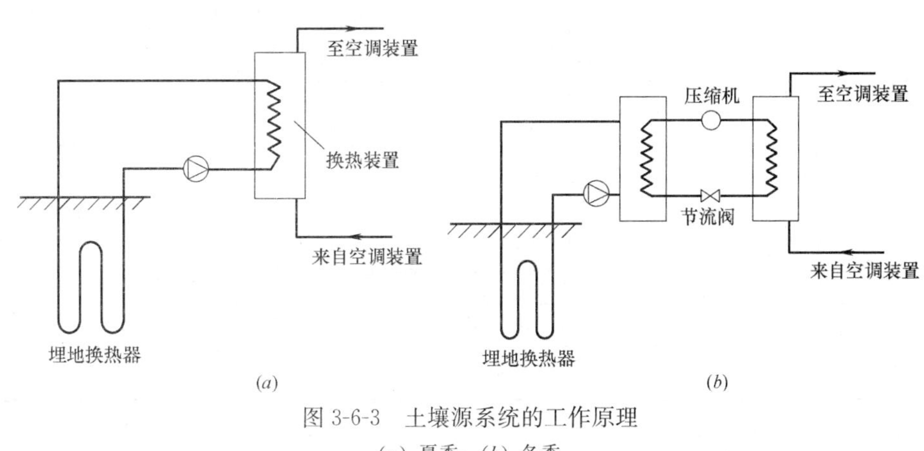

图 3-6-3　土壤源系统的工作原理

（a）夏季；（b）冬季

（三）应用于西北干燥地区的间接蒸发冷却冷水机组

间接蒸发冷水机组的原理如图 3-6-4 所示。其中 W 为室外空气状态，排风状态为 E。室外空气 W 通过空气-水逆流换热器与 W_s 点的冷水换热后其温度降低至 W'点，状态为 W'的空气与 W_r 状态的水通过蒸发冷却过程进行充分的热湿交换，使空气达到 E 点。W_s 点状态的液态水一部分作为输出冷水，一部分进入空气-水逆流换热器来冷却空气。经过逆流换热器后水的出口温度接近进口空气 W 的干球温度，与从用户侧流回的冷水混合后达到 W_r 状态后再从空气-水直接接触的逆流换热器的塔顶喷淋而下，与 W'状态的空气直接接触进行逆流热湿交换。这种间接蒸发冷却制取冷水的装置，其核心是空气与水之间的逆流传热、传质，以获得较低的冷水温度。

利用此间接蒸发冷水机组，在理想工况下出水温度可接近室外空气的露点温度。实际开发的间接蒸发冷却冷水机组的供冷水温度低于室外湿球温度，约为室外湿球温度和露点温度的平均值，参见表 3-6-2。由于间接蒸发冷水机组产生冷量的过程，只需花费空气、水间接和直接接触换热过程所需风机和水泵的电耗，和常规机械压缩制冷方式相比，不使用压缩机，因而机组的性能系数 *COP*（设备获得冷量/机组内风机和水泵电耗）很高。在乌鲁木齐的气象条件下，实测机组 *COP* 约为 10～15。室外空气越干燥，获得冷水的温度越低，间接蒸发冷水机组的 *COP* 越高。

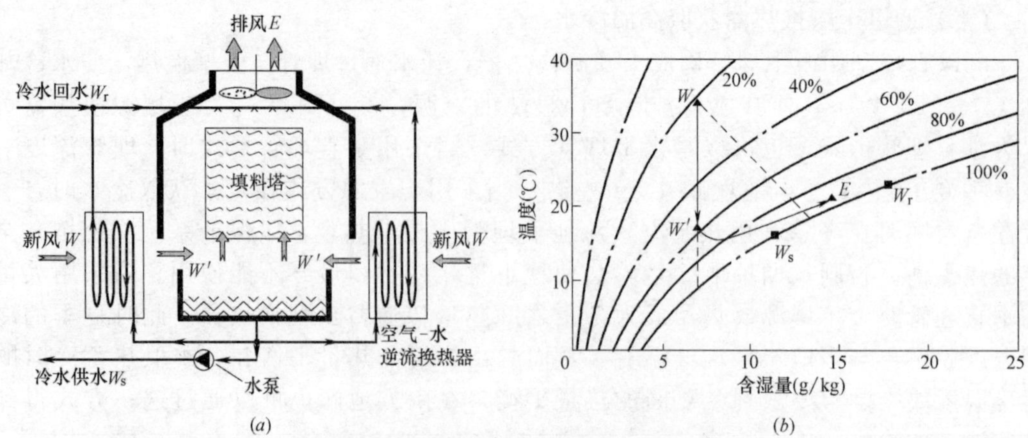

图 3-6-4 间接蒸发冷却冷水机组流程图

(*a*) 间接蒸发冷水机组原理图；(*b*) 焓湿图表示产生冷水产生过程

间接蒸发冷却冷水机组的设计出水温度 **表 3-6-2**

地点	夏季室外计算参数			间接蒸发冷却冷水机组的设计出水温度(℃)
	干球温度(℃)	湿球温度(℃)	露点温度(℃)	
阿勒泰	30.6	18.7	12.6	15.7
克拉玛依	34.9	19.1	9.4	14.3
伊宁	32.2	21.4	15.7	18.6
乌鲁木齐	34.1	18.5	7.5	13.0
吐鲁番	40.7	23.8	12.3	18.1
哈密	35.8	20.2	11.3	15.8
喀什	33.7	19.9	13.4	16.7
和田	34.3	20.4	13.6	17.0

数据来源：新疆绿色使者环境技术有限公司

(四) 高温冷水机组

在无法利用地下水等天然冷源或冬蓄夏取技术获取冷水时，即使采用机械制冷方式，由于要求的水温高，制冷压缩机需要的压缩比很小，制冷机的性能系数也可以大幅度提高。如果将蒸发温度从常规冷水机组的 4°～6℃提高到 14°～16℃，当冷凝温度恒为 40℃时，卡诺制冷机的 *COP* 将从 7.7～8.2 提高到 11.0～12.0。对于实际开发的离心式高温冷水机组，当制取 16℃冷冻水、冷却水进口温度为 30℃、冷水时机组 100%负荷时，高温冷水机组的 *COP* 为 8.58，参见表 3-6-3。在部分负荷条件下或冷却水温度降低时，其性能则更为优越。

离心式高温冷水机组性能测试结果（出水温度 16℃） **表 3-6-3**

项目	参数名称	单位	负荷率			
			100%	75%	50%	25%
测试工况	冷冻水出水温度	℃	16	16	16	16
	冷冻水流量	m^3/h	688	688	688	688
	冷却水进水温度	℃	30	26	23	19
	冷却水流量	m^3/h	860	860	860	860
测试结果	制冷量	kW	3826	2953	2034	1123
	性能系数 *COP*	W/W	8.58	10.10	9.52	6.88
	IPLV	W/W	9.47			

数据来源：珠海格力电器股份有限公司

三、核心部件：干燥新风的制备装置

对于我国西北干燥地区，夏季室外新风的含湿量很低，新风处理机组的核心任务是实现对新风的降温处理过程。对于我国东部潮湿地区，夏季室外新风的含湿量很高，新风处理机组的核心任务是实现对新风的除湿处理过程。对新风的除湿处理可采用冷凝除湿、溶液除湿、转轮除湿等方式。采用低温冷冻水（约 7℃）的冷凝除湿方式此处不再赘述。转轮的除湿过程接近等焓过程，除湿后的空气温度显著升高需要进一步通过高温冷源（15°～18℃左右）冷却降温。溶液除湿新风机组以吸湿溶液为介质，可采用热泵（电）或热能作为其驱动能源。

热泵驱动的溶液除湿新风机组，夏季实现对新风的降温除湿处理功能，冬季实现对新风的加热加湿处理功能。图 3-6-5 为一种热泵驱动的溶液调湿新风机组流程图，它由两级全热回收模块和两级再生/除湿模块组成。热泵的蒸发器对除湿浓溶液进行冷却，以增强溶液除湿能力并吸收除湿过程中释放的潜热；热泵冷凝器的排热量用于溶液的浓缩再生。该新风机组冬夏的性能系数（新风获得冷/热量与压缩机和溶液泵耗电量之比）均超过 5，表 3-6-4 给出了新风机组的性能测试结果。

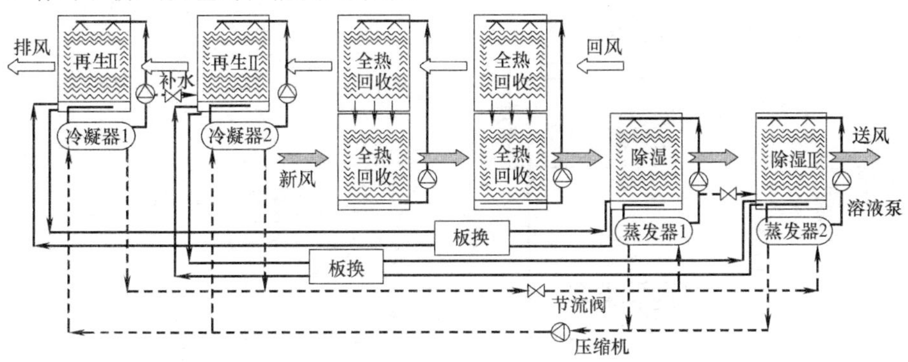

图 3-6-5 热泵驱动的溶液调湿新风机组流程图

热泵驱动的溶液调湿新风机组性能测试结果 **表 3-6-4**

	新风温度 ℃	新风含湿量 g/kg	送风温度 ℃	送风含湿量 g/kg	回风温度 ℃	回风含湿量 g/kg	排风温度 ℃	排风含湿量 g/kg	COP
除湿工况	36.0	25.8	17.3	9.1	26.0	12.6	39.1	38.6	5.0
除湿工况	30.0	17.4	17.3	9.6	26.0	12.7	39.1	26.6	5.9
全热回收工况	35.9	26.7	30.4	19.5	26.1	12.1	32.6	20.3	62.5%
除湿工况	6.4	2.1	22.5	7.2	20.5	4.0	7.0	2.7	6.2

数据来源：北京华创瑞风空调科技有限公司

溶液除湿新风机组还可采用太阳能、城市热网、工业废热等热源驱动（≥70℃）来再生溶液。图 3-6-6 给出了一种形式的溶液新风机组的工作原理，利用排风蒸发冷却的冷量通过水-溶液换热器来冷却下层新风通道内的溶液，从而提高溶液的除湿能力。室外新风依次经过除湿模块 A、B、C 被降温除湿后，继而进入回风模块 G 所冷却的空气-水换热器被进一步降温后送入室内。此形式的溶液除湿系统由于回收了室内排风的冷量，因而其性能系数（新风获得冷量/再生消耗热量）大于 1，在 1.0～1.5 范围内。在余热驱动的溶液

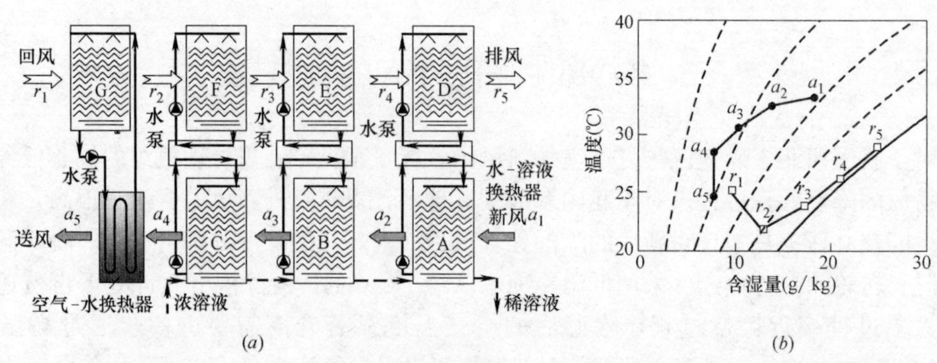

图 3-6-6 利用排风蒸发冷却的溶液除湿新风机组原理图（余热驱动）

（a）原理图；（b）空气状态变化

除湿系统中，一般采用分散除湿、集中再生的方式，将再生浓缩后的浓溶液分别输送到各个新风机中，参见图 3-6-7。在新风除湿机与再生器之间，经常设置储液罐，除了起到存储溶液的作用外，还能实现高能力的能量蓄存功能（蓄能密度超过 500MJ/m^3），从而缓解再生器对于持续热源的需求，也可降低整个溶液除湿空调系统的容量。

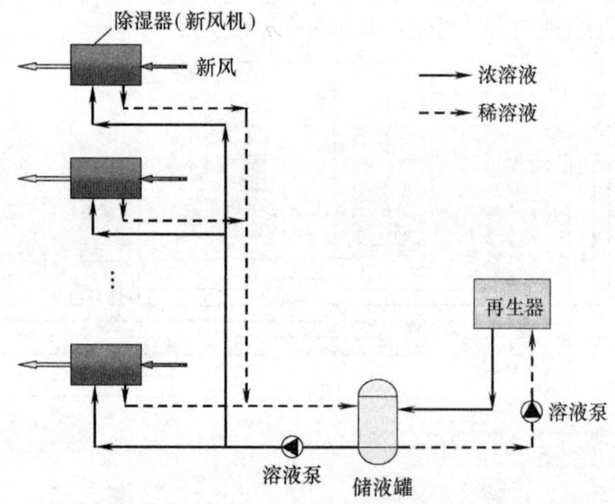

图 3-6-7 余热驱动的溶液除湿空调系统

四、系统设计与性能分析

新风量应满足卫生要求和除湿的需要，按二者计算结果取较大值。新风送风量和送风含湿量应按以下关系式确定：

$$d_o = d_n - \frac{D}{\rho \cdot L} \tag{3-6-1}$$

式中 d_o——新风送风的含湿量（g/kg）；

d_n——室内设计含湿量（g/kg）；

D——室内总湿负荷（g/h）；

ρ——空气密度（kg/m^3）；

L——新风送风量（m^3/h）。

在负荷计算时，需要将建筑的湿负荷与显热负荷分开计算。在温湿度独立控制空调系统中，新风机组承担了所有的建筑室内湿负荷。当新风的送风温度低于室内温度时，新风机组承担的负荷为：新风负荷＋室内湿负荷＋部分室内显热负荷；此时需要高温冷水机组承担的负荷＝室内显热负荷－新风承担的部分室内显热负荷。当新风送风温度高于室内温度时，高温冷水机组承担的冷量应增加新风送风带入的显热负荷。

表 3-6-5 以潮湿地区的空调系统为例，给出了温湿度独立控制空调系统与常规空调系统冷热源部分（未包括输配系统）的运行能耗比较的几个分析案例。常规空调系统是指：采用电动制冷冷水机组制备 7℃冷水，同时去除显热负荷与湿负荷（不考虑再热），常规空调系统的耗电量 E'_{W} 为：

$$E'_{\mathrm{W}}=\frac{L_{\mathrm{tol}}}{COP'_{\mathrm{R}}} \tag{3-6-2}$$

温湿度独立控制空调系统与常规空调系统运行能耗比较　　表 3-6-5

系统	温湿度独立控制空调系统	温湿度独立控制系统与常规系统运行能耗比较	备注
1	湿负荷：热泵驱动的溶液除湿新风机组，机组耗电量 $E_{\mathrm{air}}=\frac{x_1\cdot L_{\mathrm{tol}}}{COP_{\mathrm{air}}}$ 显热负荷：电动制冷机制备 17℃冷冻水，组耗电量 $E_{\mathrm{air}}=\frac{x_2\cdot L_{\mathrm{tol}}}{COP_{\mathrm{air}}}$	$R_{\mathrm{E}}=R_{\mathrm{Z}}=x_1\cdot\frac{COP'_{\mathrm{R}}}{COP_{\mathrm{air}}}+x_2\cdot\frac{COP'_{\mathrm{R}}}{COP_{\mathrm{R}}}$	$COP'_{\mathrm{R}}=5$；$COP_{\mathrm{R}}=8.5$；$COP_{\mathrm{air}}=5.0$ 当 $x_1=0.3$ 时，$R_{\mathrm{E}}=R_{\mathrm{Z}}=0.71$； 当 $x_1=0.5$ 时，$R_{\mathrm{E}}=R_{\mathrm{Z}}=0.79$。 [如果显热负荷由土壤源换热器或地下水等天然冷源提供，则当 $x_1=0.3$ 或 0.5 时，$R_{\mathrm{E}}=R_{\mathrm{Z}}=0.3$ 或 0.5]
2	湿负荷：75℃热水驱动的溶液除湿新风机组，机组耗热量 $Q_{\mathrm{air}}=\frac{x_1\cdot L_{\mathrm{tol}}}{COP_{\mathrm{air}}}$ 显热负荷：同系统 1	$R_{\mathrm{E}}=x_2\cdot\frac{COP'_{\mathrm{R}}}{COP_{\mathrm{R}}}$ $R_{\mathrm{Z}}=\frac{x_1}{R_{\mathrm{J}}}\cdot\frac{COP'_{\mathrm{R}}}{COP_{\mathrm{air}}}+x_2\cdot\frac{COP'_{\mathrm{R}}}{COP_{\mathrm{R}}}$	$COP'_{\mathrm{R}}=5$；$COP_{\mathrm{R}}=8.5$；$COP_{\mathrm{air}}=1.2$；$R_{\mathrm{J}}=5$ 当 $x_1=0.3$ 时，$R_{\mathrm{E}}=0.41$，$R_{\mathrm{Z}}=0.66$； 当 $x_1=0.5$ 时，$R_{\mathrm{E}}=0.29$，$R_{\mathrm{Z}}=0.71$。 [如果溶液的再生热量可以免费得到时，当 $x_1=0.3$ 或 0.5 时，$R_{\mathrm{Z}}=0.41$ 或 0.29]
3	湿负荷：转轮除湿机组，采用电加热再生方式，机组耗电量 $E_{\mathrm{air}}=\frac{x_1\cdot L_{\mathrm{tol}}}{COP_{\mathrm{air}}}$ 显热负荷：同系统 1	$R_{\mathrm{E}}=R_{\mathrm{Z}}=x_1\cdot\frac{COP'_{\mathrm{R}}}{COP_{\mathrm{air}}}+x_2\cdot\frac{COP'_{\mathrm{R}}}{COP_{\mathrm{R}}}$	$COP'_{\mathrm{R}}=5$；$COP_{\mathrm{R}}=8.5$；$COP_{\mathrm{air}}=0.7$ 当 $x_1=0.3$ 时，$R_{\mathrm{E}}=R_{\mathrm{Z}}=2.5$； 当 $x_1=0.5$ 时，$R_{\mathrm{E}}=R_{\mathrm{Z}}=3.9$。 [如果转轮除湿采用蒸汽再生，而且蒸汽可以免费得到时，当 $x_1=0.3$ 或 0.5 时，$R_{\mathrm{Z}}=0.41$ 或 0.29]

符号说明：L_{tol}—空调系统总负荷；COP'_{R}—制备 7℃冷水的电动制冷机的性能系数；COP_{R}—制备 17℃冷水的电动制冷机的性能系数；COP_{air}—新风处理机组的性能系数；R_{E}—温湿度独立控制系统与常规空调系统的耗电量之比；R_{Z}—温湿度独立控制系统与常规空调系统的运行费用之比；R_{J}—电价与热价之比；x_1—新风机组所承担的负荷占总负荷的比例；x_2—高温冷水机组承担显热负荷占总负荷的比例，$x_1+x_2=1$。

第七节　蒸发冷却空调系统

一、概述

蒸发冷却空调技术是一种采用水作为制冷剂通过水分蒸发吸热的制冷技术。这项技术不仅具有节能、环保和经济的特点，而且具有调节空气干球温度、相对湿度满足居住者舒适性要求和生产工艺性要求的特点，广泛应用于工业和民用建筑中，收到了良好的社会效益和经济效益。

由于节能、环保和经济的特点，使蒸发冷却空调技术成为新世纪最具节能潜力和发展前景的空调技术之一。欧美、印度等国家都大力发展蒸发冷却空调技术，尤其随着能源的日益紧缺，蒸发冷却空调技术得到了空前的发展，并形成了一定的产业规模。国内在20世纪60年代开始关注这项技术，到了80-90年代，国内很多所高校对该技术投入了研发力度，开展了研究工作，并取得了可喜的成果。随着企业项目的启动和投入的增加，加快了该空调技术产业的发展速度，目前蒸发冷却空调技术已广泛应用于我国西北干燥地区和广东、福建等沿海城市。

二、蒸发冷却空调系统热工计算

（一）蒸发冷却器热工计算

1. 直接蒸发冷却器热工计算与性能评价

（1）直接蒸发冷却器热工计算

直接蒸发冷却器是利用淋水填料层直接与待处理的空气接触来冷却空气。这时由于喷淋水的温度一般都低于待处理空气（即准备送入室内的空气）的温度。空气将会因不断地把自身的显热传递给水而得以降温；与此同时，淋水也会因不断吸收空气中的热量作为自身蒸发所耗，而蒸发后的水蒸气随后又会被气流带走。于是空气既得以降温，又实现了加湿。所以，这种用空气的显热换得潜热的处理过程，既可称为空气的直接蒸发冷却，又可称为空气的绝热降温加湿。故适用于低湿度地区，如我国海拉尔——锡林浩特——呼和浩特——西宁——兰州——甘孜一线以西的地区（如甘肃。新疆、内蒙古、宁夏等省区）。

目前，直接蒸发冷却器主要有两种类型：一类是将直接蒸发冷却装置与风机组合在一起，成为单元式空气蒸发冷却器；另一类是将该装置设在组合式空气处理机组内作为直接蒸发冷却段。直接蒸发冷却器的热工设计计算见表3-7-1。

直接蒸发冷却器热工设计计算 **表 3-7-1**

计算步骤	计算内容	计算公式
1	预定直接蒸发冷却器的出口温度 t_{g2}，计算换热效率 η_{DEC}	$\eta_{DEC}=\frac{t_{g1}-t_{g2}}{t_{g1}-t_{s1}}$ (3-7-1)
2	计算送风量 L，υ_y 按 2.7m/s 计算，计算填料的迎风断面积 F_y	$L=\frac{Q}{1.212(t_n-t_o)}$；$F_y=\frac{L}{\upsilon_y}$ (3-7-2)
3	计算填料的厚度 δ	$\eta_{DEC}=1-\exp(-0.029t_{g1}^{1.678}t_{s1}^{-1.855}\upsilon_y^{-0.97}\xi\delta)$ (3-7-3)
4	根据填料的迎风面积和厚度，设计填料的具体尺寸	
5	如果填料的具体尺寸能够满足工程实际的要求，计算完成，否则重复步骤 1-5	

表中符号：

η_{DEC}——直接蒸发冷却器的换热效率；

t_{g1}、t_{g2}——直接蒸发冷却器进、出口干球温度，℃；

t_{s1}——直接蒸发冷却器进口湿球温度，℃；

L——直接蒸发冷却段的送风量，m^3/h；

Q——空调房间总的的冷负荷，kW；

t_o——空调房间的送风温度，℃；

t_n——空调房间的干球温度，℃；

υ_y——直接蒸发冷却器的迎面风速，m/s；

F_y——填料的迎风面积，m^2；

ξ——填料的比表面积，m^2/m^3。

CELdek 填料的特性曲线见图 3-7-1 和图 3-7-2。

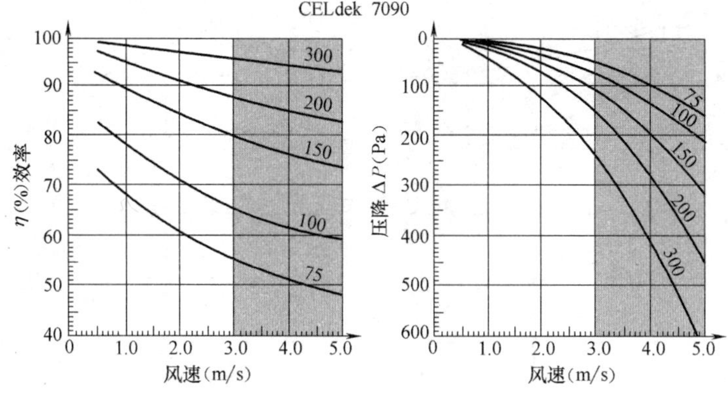

图 3-7-1 CELdek 填料的特性曲线

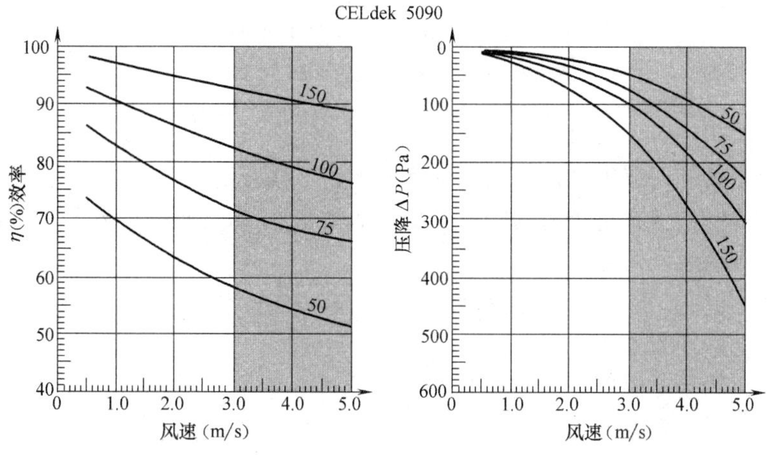

图 3-7-2 CELdek 填料的特性曲线

图 3-7-3 所示的是迎面风速为 2.0m/s 时两种类型的 CELdek 填料冷却效率与厚度间的关系。可见，当填料厚度增加时，空气与水的热湿交换时间增加，冷却效率增大。由于空气出口的干球温度最低只能达到入口空气的湿球温度，当填料厚度增加到一定数值时，空气的出口温度已基本接近入口空气的湿球温度，此时，再增加填料的厚度，效率也不会再继续提高，反而会大幅度增大空气阻力。因此，通常选择 CELdek 填料的最佳厚度为 300mm。

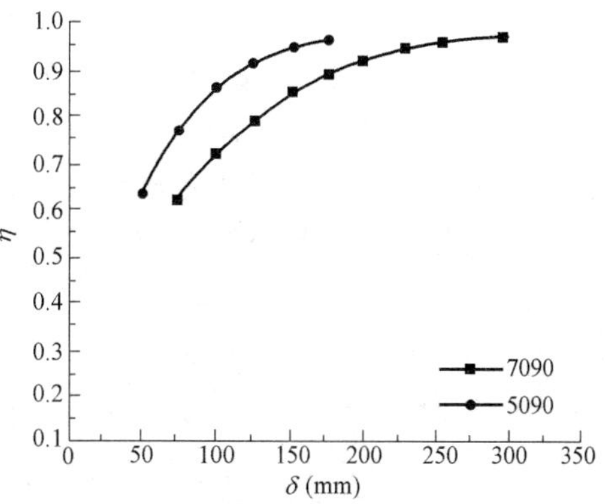

图 3-7-3 冷却效率与填料厚度间的关系

GLASdek 填料的特性曲线见图 3-7-4。

(2) 直接蒸发冷却器性能评价

直接蒸发冷却是空气直接通过与湿表面接触使水分蒸发而达到冷却的目的，其主要特

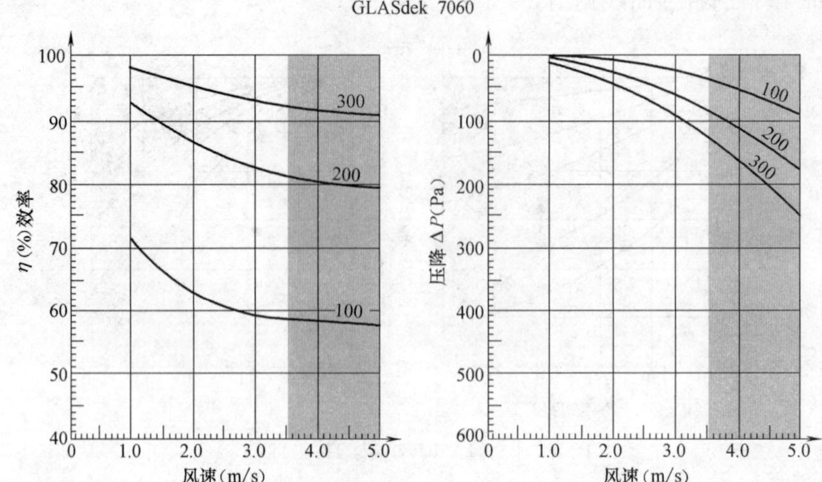

图 3-7-4　GLASdek 填料的特性曲线
（当风速曲线在阴影范围内时须加装挡水板）
金属填料的蒸发冷却效率一般在 60%～90%，空气侧阻力约为 30～90Pa。

点是空气在降温的同时湿度增加，而水的焓值不变，其理论最低温度可达到被冷却空气的湿球温度。被冷却空气在整个过程的焓湿变化如图 3-7-5，温度由 t_{g1} 沿等焓线降到 t_{g2}，其换热效率（饱和效率）为：

$$\eta_{DEC}=(t_{g1}-t_{g2})/(t_{g1}-t_{s1}) \tag{3-7-4}$$

式中　t_{g1}——进风干球温度；

t_{g2}——出风干球温度；

t_{s1}——进风湿球温度。

直接蒸发冷却空调的经济性能评价指标，即能效比 EER_{DEC}，可表述为下式：

$$EER_{DEC}=EER\cdot\frac{\Delta t_{des}}{\Delta t_{avr}} \tag{3-7-5}$$

式中　EER——按常规制冷模式计算的直接蒸发冷却空调的能效比；

Δt_{avr}——供冷期平均干湿球温度差；

Δt_{des}——当地设计干湿球温度差。

对于直接蒸发冷却空调系统来说，仅有上述经济指标还不够。一般来讲，蒸发冷却空调的送风温差不如常规制冷的大，这时就要求送风量就要很大，因此冷风在送入的过程中会有很大一部冷量损失，要想全面而准确的评价直接蒸发冷却空调系统的经济性能必须考虑这部分冷损失。

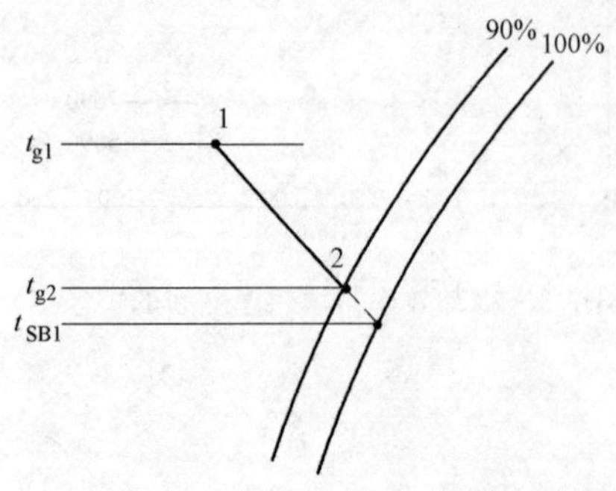

图 3-7-5　直接蒸发冷却过程焓湿图

不管制冷效果如何，常规制冷与蒸发冷却制冷传送过程中都要承担一定的热量和风量损失。它由三部分组成：①在管道中由于渗漏、吸热和摩擦引起的损失；②在房间内，由于冷风会被过滤后的或用来通风的室外空气稀释而引起的损失；③由回风的吸热和渗漏引起的损失（对于有回风的系统）。如果考虑总的管道冷损失和渗漏损失（按5%计算），与因通风引起的损失算在一起，常规制冷损失为0～25%，蒸发冷却系统损失为0～90%。蒸发冷却冷风损失较常规系统要大一些，因为常规制冷有回风，而蒸发冷却的冷风送入房间，进行热湿交换后，直接被排出室外。由此产生的损失与室外干湿球温度差、送风量成正比关系，而与送风温差成反比。在选择直接蒸发冷却设备时，我们必须借助于表3-7-2，这个表是根据美国某纺织厂的直接蒸发冷却空调系统，经多年实验得出来的。反映了有效冷量的百分比（即冷空气到达空调区的冷量占空调机组产生的总冷量的百分比）同室外干湿球温度差的变化关系。通常情况下，所有的管道损失和渗漏损失都包括在这个百分数中。送风温度差越大，冷损失就越小。因为较小的冷风量就能满足室内负荷。相反，送风温度差越小，所需的风量越大，这又导致额外的通风损失。在效果上，如果室内温度场均匀，那么室内温度略微比送风温度高。相反，室内大的干湿球温度差将使送风量减小，送风温差增大。在效果上，送风口附近温度明显低。而在排风口处，温度又明显高。

在表的左边，粗体阶梯线左下方表示大风量情况，它适合在以通风为主的情况下。能量损失大约在61%～90%之间。在表中间，粗体阶梯线右上方，代表房间的送风量不是很足，温度场不均匀的情况，从冷风进入到排出，温度是明显上升的，这仅适合用于较小的房间中，冷损失低，在0～38%之间。在表中部的粗体阶梯线与细体阶梯线之间是推荐工作区，在细阶梯线附近，很容易达到舒适的要求，送风温差在4.4℃左右。冷损失在43%～60%之间。一般情况下，如果室内负荷以显热为主、房间较小、通风要求不高时，适当提高送风温差是可行的。当室内空气对流不佳时，可以在顶棚上装一个风扇，就可以增大对流换热，且费用很低。相反，若负荷以潜热为主，可适当降低送风温差。当然，在实际的使用当中，还应针对我国的具体情况酌情考虑。

直接蒸发冷却器输出有效冷量百分比 **表3-7-2**

被处理空气的干、湿球温差(℃)	送风温差(℃)													
	1.7	2.2	2.8	3.3	3.9	4.4	5.0	5.6	6.1	6.7	7.2	7.8	8.3	8.9
6.7	31	42	52	63	73	84	94%							
7.8	27	36	45	54	63	71	80	89	98%					
8.9	23	31	39	47	55	62	70	78	86	94%				
10.0	21	28	35	42	49	56	63	69	76	84	90	97%		
11.1	19	25	31	37	44	50	56	62	69	75	81	88	94	100%
12.2	17	23	28	34	40	45	51	57	62	68	74	80	85	91%
13.3	16	21	26	31	36	42	47	52	57	63	68	73	78	83%
14.4	14	19	24	29	34	38	43	48	53	58	63	67	72	77%
15.6	13	18	22	27	31	36	40	45	49	54	58	63	67	71%
16.7	12.5	17	21	25	29	33	37	42	46	50	54	58	62	67%
17.8	12	16	20	23	27	31	35	39	43	47	51	55	59	62%
18.9	11	15	18	22	26	29	33	37	40	44	48	51	55	59%
20.0	10	14	17	21	24	28	31	35	38	42	45	49	52	56%
21.1		13	16.5	20	23	26	30	33	36	40	43	46	49	53%
22.2		12.5	16	19	22	25	29	31	34	38	41	44	47	50%
23.3		12	15	18	21	24	27	30	33	36	39	42	45	48%

经准许，摘自：J.R. Watt：蒸发冷却空调手册，第二版，版权1986 Chapman和Hall，纽约。

2. 间接蒸发冷却器热工计算与性能评价

(1) 间接蒸发冷却器热工计算

在某些情况下，当对待处理空气有进一步的要求，如果要求较低含湿或焓时，就不得不采用间接蒸发冷却技术，间接蒸发冷却技术是利用一股辅助气流先经喷淋水（循环水）直接蒸发冷却，温度降低后，再通过空气-空气换热器来冷却待处理空气（即准备进入室内的空气），并使之降低温度。由此可见，待处理空气通过间接蒸发冷却所实现的便不再是等焓加湿降温过程，而是减焓等湿降温过程，从而得以避免由于加湿，而把过多的湿量带入室内。故这种间接蒸发冷却器，除了适用于低湿度地区外，在中等湿度地区，如我国哈尔滨-太原-宝鸡-西昌-昆明一线以西地区，也有应用的可能性。

间接蒸发冷却器的核心构件是空气-空气换热器。与直接蒸发冷却器不同的是它不增加被处理空气的湿度。当空气通过换热器的一侧时，用水蒸发冷却换热器的另一侧，则温度降低。通常我们称被冷却的干侧空气为一次空气，而蒸发冷却发生的湿侧空气称为二次空气。目前，这类间接蒸发冷却器主要有板翅式、管式和热管式三种。不论哪种换热器都具有两个互不连通的空气通道。让循环水和二次空气相接触产生蒸发冷却效果的是湿通道（湿侧），而让一次空气通过的是干通道（干侧）。借助两个通道的间壁，使一次空气得到冷却。

间接蒸发冷却器热工设计计算 **表 3-7-3**

计算步骤	计算内容	计算公式
1	给定要求的热交换效率 η_{IEC}（小于75%），计算一次空气出风干球温度 t'_{g2}	$\eta_{IEC}=\frac{t'_{g1}-t'_{g2}}{t'_{g1}-t''_{s1}}$ (3-7-6)
2	根据室内冷负荷或对间接蒸发冷却器制冷量的要求和送风温差计算机组送风量 L'，根据 M''/M' 的最佳值计算 L''	$L'=\frac{Q}{1.2(t_n-t_o)\cdot c_p}$ (3-7-7)
3	按照一次风迎面风速 v' 为 2.7m/s，M''/M' 在 0.6～0.8 之间，计算一、二次风道迎风断面积 F_y'、F_y''	$L''=(0.6\sim0.8)L'$；$F_y'=\frac{L'}{v'}$；$F_y''=\frac{L''}{v''}$
4	预算具体尺寸，即一、二次通道的宽度 B'、B''（5mm 左右）和长度 l'（1m 左右）、l''，计算一、二次通道的当量直径 d_e'、d_e'' 和空气流动的雷诺数 Re'、Re''	$d_e=\frac{4f}{U}$；$Re'=\frac{v'd_e'}{\nu}$；$Re''=\frac{v''d_e''}{\nu}$
5	一次空气在单位壁面上的对流换热热阻 $\frac{1}{\alpha'}$，二次空气侧的对流换热系数 α''	$\frac{1}{\alpha'}=\frac{d_e'^{0.2}}{0.023\left(\frac{v'}{\nu}\right)^{0.8}\cdot Pr^{0.3}\cdot\lambda}$；$\alpha''=\frac{0.023\left(\frac{v'}{\nu}\right)^{0.8}\cdot Pr^{0.3}\cdot\lambda}{d_e''^{0.2}}$
6	根据间接蒸发冷却器所用材料计算间隔平板的导热热阻 $\frac{\delta_m}{\lambda_m}$	
7	计算以二次空气干、湿球温度差表示的相界面对流换热系数 α_w	$\alpha_w=\alpha''\left(1.0+\frac{2500}{c_p\cdot k}\right)$ (3-7-8)
8	根据实验确定的最佳淋水密度 Γ 为 4.4×10^{-3} kg/m·s，计算得到 δ_w 为 0.51mm，计算 $\frac{\delta_w}{\lambda_w}$	
9	计算板式间接蒸发冷却器平均传热系数 K	$K=\left[\frac{1}{\alpha'}+\frac{\delta_m}{\lambda_m}+\frac{\delta_w}{\lambda_w}+\frac{1}{\alpha_w}\right]^{-1}$ (3-7-9)

续表

计算步骤	计算内容	计算公式
10	给出关于总换热面积 F 的 NTU 表达式	$$NTU=\frac{KF}{M'c_p} \quad (3\text{-}7\text{-}10)$$
11	根据当地大气压下的焓湿图，分别计算湿空气饱和状态曲线的斜率 k 和以空气湿球温度定义的湿空气定压比热 c_{pw}	$k=\frac{\overline{t_s-t_l}}{\overline{d_b-d}}$；$c_{pw}=1.01+2500\cdot\frac{\overline{d_b-d}}{\overline{t_s-t_l}}$
12	根据步骤1预定的 η_{IEC}，计算板式间接蒸发冷却器的总换热面积 F	$$\eta_{IEC}=\left[\frac{1}{1-\exp(-NTU)}+\frac{\frac{M'c_p}{M''c_{pw}}}{1-\exp\left(-\frac{M'c_p}{M''c_{pw}}\cdot NTU\right)}-\frac{1}{NTU}\right]^{-1} \quad (3\text{-}7\text{-}11)$$
13	按照 F，确定间接蒸发冷却器的具体尺寸，如果尺寸和换热效率同时满足工程要求，则计算完成，否则重复步骤(1)～(12)	

表中符号：

η_{IEC}—间接蒸发冷却却器的换热效率；

t'_{g1}、t'_{g2}—间接蒸发冷却器一次空气的进、出口干球温度，℃；

t''_{s1}—二次空气的进口湿球温度，℃；

Q—空调房间总冷负荷，kW；

t_o—空调房间的送风温度，℃；

t_n—空调房间的干球温度，℃；

L'、L''—一、二次风量，m^3/h；

F'_y—一次空气通道总的迎风面积，m^2；

v'、v''—一、二次空气通道的空气流速，m/s；

B'、B''—一、二次空气通道宽度，m；

l'、l''—一、二次通道沿空气流动方向的长度，m；

d_e—当量直径，m；

f—通道的内断面面积，m^2；

U—湿周，m；

Re—雷诺（Reynolds）准则；

ν—运动粘度，m^2/s；

$\frac{1}{\alpha'}$—一次空气在单位壁表面积上的对流换热热阻，$m^2\cdot$℃/W；

α''—二次空气侧显热对流换热系数，$W/m^2\cdot$℃；

Pr—普朗特（Prandtl）准则；

λ—空气的导热系数，W/m·℃；

α_w—以二次空气干、湿球温度差表示的相界面对流换热系数，$W/m^2\cdot$℃；

c_p——干空气的定压比热，kJ/(kg·℃)；

k—湿空气饱和状态曲线的斜率；

K—板式间接蒸发冷却器平均传热系数，$W/m^2\cdot$℃；

δ_m—板材的厚度，m；

λ_m—板材的导热系数，W/m·℃；

δ_w—水膜厚度，m；

λ_w—水的导热系数，W/m·℃；

NTU—传热单元数；

F—间接蒸发冷却器总传热面积，m^2；

M'、M''—一、二次空气的质量流速，kg/s；

t_s—空气的湿球温度，℃；

t_l—空气的露点温度，℃；

d_b—空气饱和状态含湿量，kg/kg；

d—空气的含湿量，kg/kg；

c_{pw}—以空气湿球温度定义的空气定压比热容，kJ/(kg·℃)；

μ——水的动力粘度，kg/s·m

ρ—水的密度，kg/m^3；

g—重力加速度，m/s^2；

Γ—单位淋水长度上的淋水量，kg/m；

（2）间接蒸发冷却器性能评价

间接蒸发冷却（*IEC*）是通过换热器使被冷却空气（一次空气）不与水接触，利用另一股气流（二次空气）与水接触让水分蒸发吸收周围环境的热量而降低空气和其他介质的温度。一次气流的冷却和水的蒸发分别在两个通道内完成，因此间接蒸发冷却的主要特点是降低了温度并保持了一次气流的湿度不变，其理论最低温度可降至蒸发侧二次空气流的湿球温度。一次气流在整个过程的焓湿变化如图 3-7-6，温度由 t_{g1} 沿等湿线降到 t_{g2}，其换热效率为：

$$\eta_{IEC}=(t'_{g1}-t'_{g2})/(t'_{g1}-t_{s1}) \tag{3-7-12}$$

式中　t'_{g1}——一次空气进口干球温度；

t'_{g2}——一次空气出口干球温度；

t''_{s1}——二次空气进口湿球温度。

(二) 一级蒸发冷却空调系统

1. 一级蒸发冷却空调系统处理过程

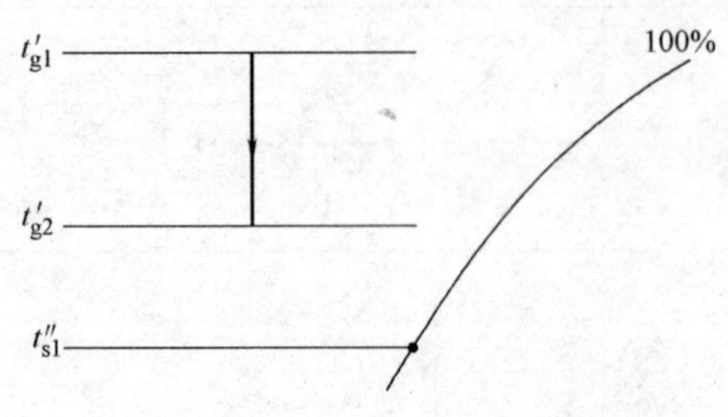

图 3-7-6　间接蒸发冷却过程焓湿图

一级（直接）蒸发冷却系统　蒸发冷却最常用的方式是由单元式空气蒸发冷却器或只有直接蒸发冷却段的组合式空气处理机组所组成的一级（直接）蒸发冷却系统。该系统制造技术和工艺都相对成熟，初投资和运行费用低，占地空间小，安装方便。在低湿球温度地区，一级（直接）蒸发冷却空调系统相对于机械制冷系统而言，能源消耗可节约 60%～80%。直接蒸发冷却实际上是一个等焓（绝热）加湿过程。

首先确定夏季室外空气状态点 $W_x(t_{Wx}, t_{Ws})$，然后从 W_x 作等焓线与 $\varphi=95\%$线相交于 L_x 点（机器露点，送风状态点），通过 L_x 点作空调房间的热湿比线 $\varepsilon_x=\frac{\Sigma Q}{\Sigma W}$，该线与室内设计温度 t_{Nx}相交于 N_x，此为室内空气状态点。检查室内空气的相对湿度 φ_{Nx}是否满足要求，$\Delta t_O=t_{Nx}-t_{Lx}$是否符合规范要求。如果符合，则 h-d 图绘制完毕，见图 3-7-7。

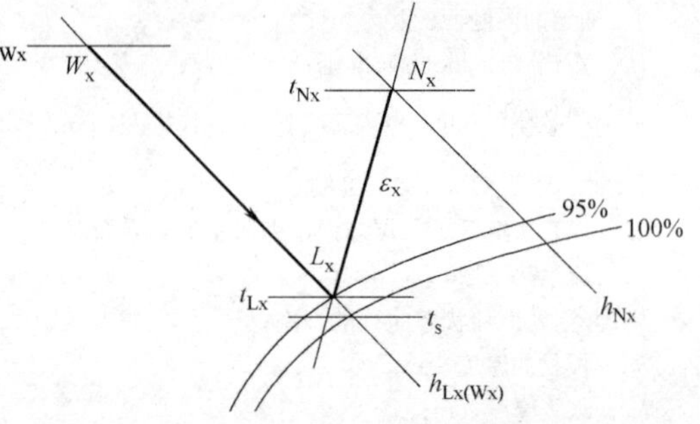

图 3-7-7　一级蒸发冷却系统夏季空气处理过程

空气处理过程为

$$W_x \xrightarrow[\text{直接蒸发冷却器}]{\text{绝热加湿}} L_x \xrightarrow{\varepsilon_x} N_x \longrightarrow \text{排至室外}$$

空调房间的送风量 q_m(kg/s) 为

$$q_m=\frac{\Sigma Q}{h_{Nx}-h_{Lx}} \tag{3-7-13}$$

直接蒸发冷却器处理空气所需显热冷量 Q_0(kW) 为

$$Q_0=q_mC_p(t_{Wx}-t_{Lx}) \tag{3-7-14}$$

式中　$C_p=1.01$ (kJ/kg·K)；

t_{Wx}、t_{Lx}——夏季室外干球温度、夏季机器露点温度（℃）。

直接蒸发冷却器的加湿量 W(kg/s) 为

$$W=q_m\left(\frac{d_{Lx}}{1000}-\frac{d_{Wx}}{1000}\right) \tag{3-7-15}$$

2. 一级蒸发冷却空调系统设计实例

【例 3-7-1】　西藏自治区昌都县一办公楼，室内设计状态参数为：$t_{Nx}=24$℃，$\varphi_{Nx}=60\%$，夏季室外空气设计状态参数为：$t_{Wx}=26$℃，$d_{Wx}=11.22$g/kg(干空气)，$t_{Ws}=14.8$℃。室内余热量为 100kW，室内余湿量为 36kg/h (0.01kg/s)。

求　采用一级直接蒸发冷却空调的换热效率，送风量与制冷量。

【解】

［1］确定 W_x 点，过 W_x 点画等焓线与 $\varphi=90\%$ 线相交于 O 点，该点为机器露点，也是送风状态点。从 O_x 点作 $\varepsilon=\dfrac{Q}{W}=\dfrac{100}{0.01}=10000\text{kJ/kg}$ 线与室内设计温度 $t_{Nx}=24℃$ 交于 N_x 点。经查 $P=68133\text{Pa}$ 的 h-d 图（见图 3-7-8），知：$t_{Ox}=15.2℃$，$d_{Ox}=15.72\text{g/kg}_{(干空气)}$

［2］直接蒸发冷却空调的换热效率：

$$\eta_{DEC}=\frac{t_{Wx}-t_{ox}}{t_{Wx}-t_{ws}}=\frac{26-15.2}{26-14.8}=0.96$$

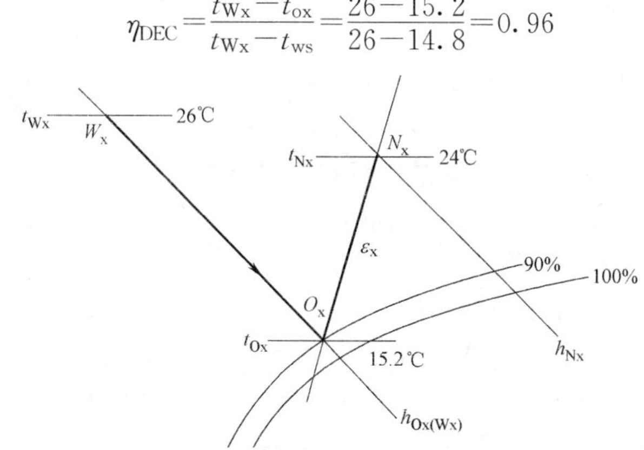

图 3-7-8　单级蒸发冷却例题 h-d 图

［3］送风量

$$q_m=\frac{\Sigma Q}{h_{Nx}-h_{Ox}}\approx\frac{\Sigma Q_{显}}{C_p(t_{Nx}-t_{Ox})}=\frac{100}{1.01\times(24-16.5)}=13.2\text{kg/s}$$

［4］制冷量：

$$Q=q_mC_p(t_{Wx}-t_{Ox})=13.2\times1.01\times(26-16.5)=126.7\text{kW}$$

（三）二级蒸发冷却空调系统

1. 二级蒸发冷却空调系统处理过程

二级（间接＋直接）蒸发冷却系统

单级（直接）蒸发冷却系统受气候和地域等条件的诸多限制，存在空气调节区湿度偏大，温降有限，不能满足要求较高的场合使用等问题。因此，提出了间接蒸发冷却与直接蒸发冷却复合的二级蒸发冷却系统。间接蒸发冷却是一个等湿降温的过程，不会增加空调送风的含湿量，而间接＋直接蒸发冷却两级的总温（焓）降大于单级直接蒸发冷却。目前，该系统在实际工程中应用最广。如图 3-7-9 所示。

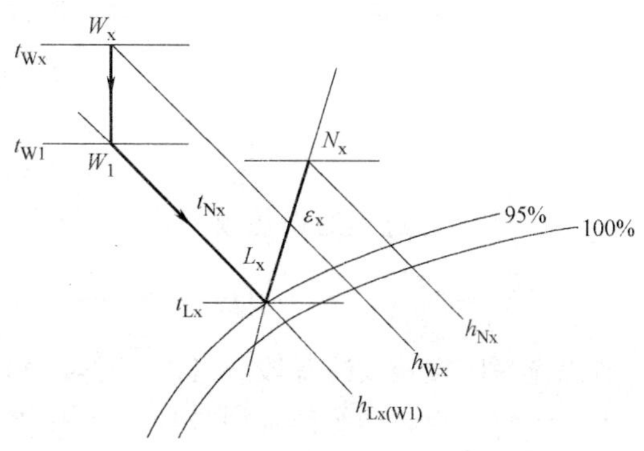

图 3-7-9　二级蒸发冷却系统夏季空气处理过程

首先确定室内空气状态点 $N_x(t_{Nx}，\varphi_{Nx})$ 和夏季室外空气设计状态点 $W_x(t_{Wx}，t_{Ws})$，过 N_x 点作空调房间的热湿比线 $\varepsilon_x=\dfrac{\Sigma Q}{\Sigma W}$，该线与 $\varphi=95\%$ 线相交于 L_x，该点为机器露点

和送风状态点。从 W_x 向下作等含湿量线，从 L_x 点作等焓线，这两条线相交于 W_1 点，该点为室外新风经间接蒸发冷却器冷却后的状态点，也是进入直接蒸发冷却器的初状态点。空气处理过程为

$$W_x \xrightarrow[\text{间接蒸发冷却器}]{\text{等湿冷却}} W_1 \xrightarrow[\text{直接蒸发冷却器}]{\text{绝热加湿}} L_x \xrightarrow{\varepsilon_x} N_x \longrightarrow \text{排至室外}$$

空调房间的送风量 q_m(kg/s) 为

$$q_m = \frac{\Sigma Q}{h_{Nx} - h_{Lx}} \tag{3-7-16}$$

间接蒸发冷却器处理空气所需显热冷量 Q_{01}(kW) 为

$$Q_{01} = q_m(h_{Wx} - h_{Lx}) \tag{3-7-17}$$

直接蒸发冷却器处理空气所需显热冷量 Q_{02} (kW) 为

$$Q_{02} = q_m C_p(t_{Wx1} - t_{Lx}) \tag{3-7-18}$$

式中 C_p＝1.01kJ/kg·K。

2. 二级蒸发冷却空调系统设计实例

【例 3-7-2】 已知乌鲁木齐市某栋二层高级办公楼 1800m^2，其室内设计参数为：t_{Nx}＝26℃，φ_{Nx}＝60％，h_{Nx}＝61.2kJ/kg。乌鲁木齐市室外干球温度 t_{Wx}＝34.1℃，湿球温度 t_{Ws}＝18.5℃，室外空气焓值 h_{Wx}＝56.0kJ/kg，经计算夏季室内冷负荷 Q＝126kW，室内散湿量 W＝45kg/h(0.0125kg/s)，热湿比 $\varepsilon = Q/W$＝10080kJ/kg。

确定夏季机组功能段，并求系统送风量及设备总显热制冷量。

【解】

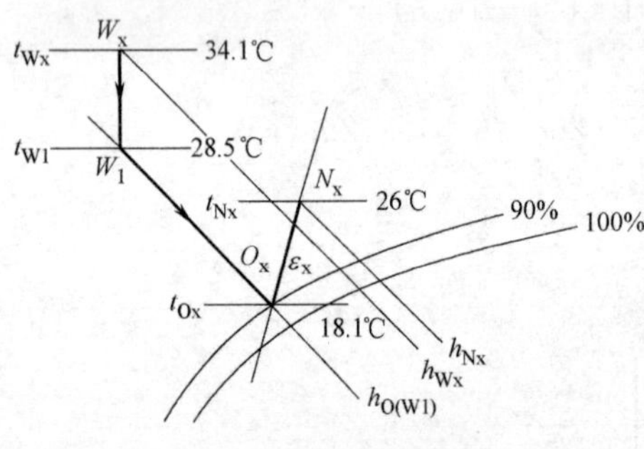

图 3-7-10　二级蒸发冷却例题 h-d 图

[1] 空气处理过程及 h-d 图（见图 3-7-10）：根据已知条件，室外空气焓值小于室内焓值，故采用直流式系统。

室外状态 W_x(t_{Wx}＝34.1℃，t_{Ws}＝18.5℃) 等含湿量冷却处理至 W_1(t_{W1}＝28.5℃，h_{W1}＝50.2kJ/kg，t_{W1s}＝16.9℃) 点，再经绝热加湿处理至与 ε 线相应的机器露点 L_x 点，此点就是送风状态点 O_x (t_{Ox}＝18.1℃，h_{Ox}＝h_{W1}，t_{Os}＝t_{W1s})。

$W_x \longrightarrow W_1$ 点过程的换热效率：

$$\frac{\eta_{IEC}}{I_{EC}} = (t_{Wx} - t_{W1})/(t_{Wx} - t_{Ws}) = (34.1-28.5)/(34.1-18.5) = 0.36$$

所以选择间接蒸发冷却段或者冷却塔空气冷却器冷却段都可以。

$W_1 \longrightarrow O_x$ 点，为绝热加湿过程，选用直接蒸发冷却段即可。相应加湿换热效率：

$$\eta_{DEC} = (t_{W1} - t_{Ox})/(t_{W1} - t_{W1x}) = (28.5-18.1)/(28.5-16.9) = 90\%$$

符合要求。机组功能段为：混合进风段——过滤段——空气冷却器段——中间段——间接蒸发冷却段——中间段——直接蒸发冷却段——中间段——风机段；或为：混合进风段——过滤段——冷却塔空气冷却器段——中间段——直接蒸发冷却段——中间段——风机段。

[2] 系统送风量

$$q_m = \frac{Q}{(h_{Nx} - h_{Ox})} = \frac{126}{(60.8-50.2)}\text{kg/s} = 11.9\text{kg/s}$$

[3] 总显热冷量

① 由于 $W_x \longrightarrow W_1$ 过程的换热效率 $E=0.36$，其显热冷量按下式计算：

$$Q_1 = q_m C_p (t_{Wx} - t_{W1}) = 11.9 \times 1.01 \times (34.1-28.5)\text{kW} = 67.3\text{kW}$$

② 由于 $W_1 \rightarrow O_x$ 点的冷却加湿过程显热量应按公式计算：

$$Q_2 = q_m C_p (t_{W1} - t_{Ox}) = 11.9 \times 1.01 \times (28.5-18.1)\text{kW} = 125.0\text{kW}$$

机组提供的总显热量：$Q_o = Q_1 + Q_2 = (67.3+125.0)\text{kW} = 192.3\text{kW}$

(四) 三级蒸发冷却空调系统

1. 三级蒸发冷却空调系统处理过程

三级（二级间接 + 一级直接）蒸发冷却系统（如图 3-7-11 所示）虽然二级蒸发冷却系统在大部分应用场合得到广泛应用，取得了一定的效果，但在有些特定地区和场合，使用这种系统仍存在一些问题。主要表现在部分中湿度地区如果达到室内空气状态点，需要的送风量较大，从经济上来讲不合算，占地空间也较大，对于一些室内空气条件要求较高的场所（如星级宾馆、医院等）达不到送风要求。因此，又提出了两级间接蒸发冷却与一级直接蒸发冷却复合的三级蒸发冷却系统。典型的三级蒸发冷却系统有两种类型：第一种是一级和二级均为板翅式间接蒸发冷却器，第三级为直接蒸发冷却器；第二种是第一级为冷却塔＋空气冷却器所构成的间接蒸发冷却器，第二级为板翅式间接蒸发冷却器，第三级为直接蒸发冷却器。目前，该系统正在推广应用。

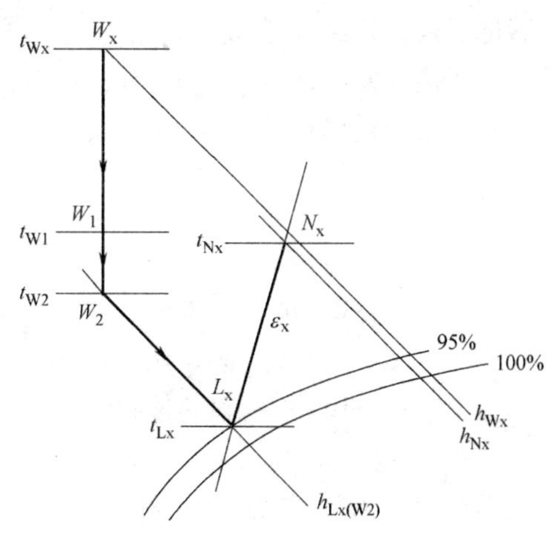

图 3-7-11　三级蒸发冷却系统夏季空气处理过程

空气处理过程为

$$W_x \xrightarrow[\text{直接蒸发冷却器}]{\text{绝热加湿}} L_x \xrightarrow{\varepsilon_x} N_x \longrightarrow \text{排至室外}$$

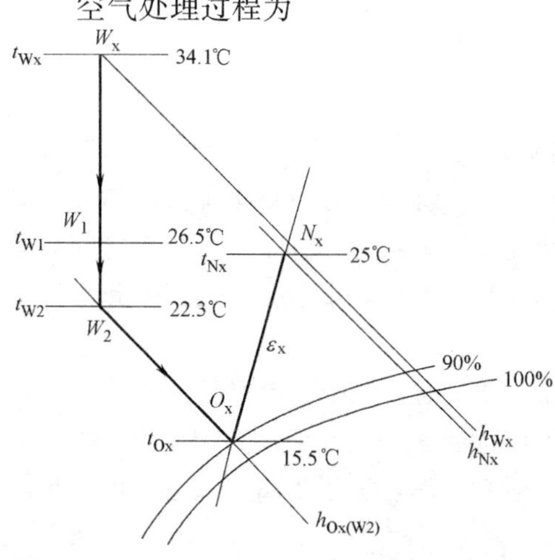

图 3-7-12　三级蒸发冷却例题 h-d 图

2. 三级蒸发冷却空调系统设计实例

【例 3-7-3】 其他条件同实例 2，仅提高室内舒适标准：$t_{Nx}=25℃$，$\varphi_{Nx}=55\%$，$h_{Nx}=55\text{kJ/kg}$。确定夏季机组功能段，并求系统送风量及设备总显热制冷量。

【解】

[1] 空气处理过程及 h-d 图（见图 3-7-12）：根据已知条件，室外空气焓值（$h_W=56.0\text{kJ/kg}$）与室内焓值（$h_{Nx}=55.0\text{kJ/kg}$）几乎相等。可以使用 100%新风。

假设机组提供的冷量能满足最大冷量要求，送风状态点 O_x（t_{Ox}＝15.5℃，h_O＝43.0kJ/kg，t_{Os}＝14.6℃）仍为机器露点 L。室外状态 W_x（t_{Wx}＝34.1℃，t_{Ws}＝18.5℃）等含湿量冷却处理至 W_2（t_{W2}＝22.3℃，$h_{W2}=h_{Ox}$，$t_{W2s}=t_{Os}$）点，经绝热加湿至送风状态 O_x。

$W_x \longrightarrow W_2$ 点的冷却效率：

$$\eta_{IEC}=(t_{Wx}-t_{W2})/(t_{Wx}-t_{Ws})=(34.1-22.3)/(34.1-18.5)=76.1\%>60\%$$

所以仅靠间接蒸发冷却段处理空气，制冷能力难以达到。所以要靠三级蒸发冷却处理空气才能把室外空气处理至送风状态 O 点。根据冷却塔空气冷却器冷却段处理空气的终状态 W_1（t_{W1}＝26.5℃，t_{W1s}＝16.4℃，h_{W1}＝48.0kJ/kg），

相应换热效率：

$$\eta_{DEC}=(t_{W1}-t_{W2})/(t_{W1}-t_{W1s})=(26.5-22.3)/(26.5-16.4)=41.6\%<60\%$$

也满足要求。机组功能段为：混合进风段——过滤段——冷却塔空气冷却器段——中间段——间接蒸发冷却段——中间段——直接蒸发冷却段——中间段——风机段。

［2］系统送风量：

$$q_m=\frac{Q}{(h_{Nx}-h_{Ox})}=\frac{126}{(55.0-43.0)}\text{kg/s}=10.5\text{kg/s}$$

［3］总显热冷量：

① $W_x \longrightarrow W_1$ 的显热冷量：

$$Q_1=q_m C_p(t_{Wx}-t_{W1})=10.5\times1.01\times(34.1-26.5)\text{kW}=80.6\text{kW}$$

② $W_1 \longrightarrow W_2$ 点的显热冷量：

$$Q_2=q_m C_p(t_{W1}-t_{W2})=10.5\times1.01\times(26.5-22.3)\text{kW}=44.5\text{kW}$$

③ $W_1 \longrightarrow O_x$ 点的显热冷量：

$$Q_3=q_m C_p(t_{W2}-t_{Ox})=10.5\times1.01\times(22.3-15.5)\text{kW}=72.1\text{kW}$$

机组提供的总显热冷量：$Q_o=Q_1+Q_2+Q_3=$（80.6＋44.5＋72.1）kW＝197.2kW

3. 三级蒸发冷却空调系统的运行方式

三级蒸发冷却空调系统可根据室外参数和建筑物使用特点等采用不同的运行方式。为简单表示不同段组合的效果，将冷却塔加盘管供冷的这一段称为表冷段，将板式间接蒸发冷却段称为板式间冷段，将直接蒸发冷却段称为直冷段。

（1）表冷段＋板式间冷段＋直冷段

图 3-7-13 是在不同的进口状态下三段合开的制冷效果。

从图中可看出，当进口湿球温度不变时，出口空气干球温度随进口干球温度增加反而降低，温降增大。这是因为湿球温度不变，干球温度增加的同时增强了空气与水之间热湿交换的推动力。对于给定的 *DEC* 和 *IEC*，效率不随进口干、湿球温度变化。因此，进口干、湿球温差增大，温降也增大。

当室外空气湿球温度 $t_{wb}\leqslant$18℃，干球温度 $t_{db}>$28℃时，系统送风温度 t 达到 16℃以下，完全可以替代传统机械制冷空调，适用于室内设计温、湿度要求较高的场所。

当 t_{wb}＝20℃时，送风温度 $t<$19℃时，对于舒适性空调，适当提高送风量也可满足舒适性要求。

当 t_{wb}＝22℃时，$t_{db}>$30℃时，送风温度 $t<$21℃。这种系统只能用于室内温度稍高

（28℃～29℃）及湿度稍大（<70%）的场合。

当 t_{wb}＝24℃，t_{db}>32℃时，机组温降>8℃。此时，可以通过对机组进行优化设计或辅助以其他手段来提高其冷却能力，但需要对系统进行运行能耗和经济性分析。

（2）板式间冷段＋直冷段

图 3-7-14 是在不同进口状态下开启板式间冷段和直冷段的效果。

对比图 3-7-13 和图 3-7-14，后者的曲线比前者平缓。当干球温度在 28℃～40℃之间变化时，送风温度变化在 3℃以内。相比于干球温度，湿球温度对送风状态的影响显著。

当 t_{wb}≤20℃，t_{db}>30℃时，板式间冷段＋直冷段的组合可以为用户提供 19℃以下的新鲜空气，维持舒适的室内环境。

当 t_{wb}≥22℃时，这种组合不能满足一般的舒适性空调要求。

（3）表冷段＋直冷段

图 3-7-15 是在不同进口状态下开启表冷段和直冷段的效果。

图 3-7-15 与图 3-7-13 和图 3-7-14 相比，送风温度曲线更为平缓，送风温度变化在 2℃以内；而湿球温度每增加 2℃，送风温度提高约 2.3℃。由此可见，湿球温度对这种系统送风温度的影响较前两者大。

图 3-7-15 与图 3-7-14 相似，说明表冷段＋直冷段的组合与板式间冷段＋直冷段的组合效果差异不大。当 t_{wb}<18℃时，送风温度 t<18℃，能满足舒适性空调要求。

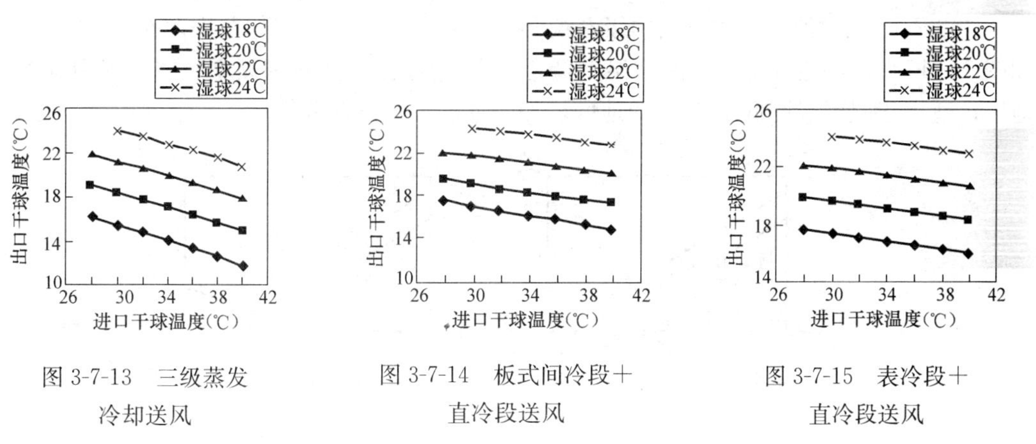

图 3-7-13　三级蒸发冷却送风

图 3-7-14　板式间冷段＋直冷段送风

图 3-7-15　表冷段＋直冷段送风

（4）几种运行方式的对比

图 3-7-16 是上述三种组合方式在相同进口条件下的冷却效果。将表冷段＋板式间冷段＋直冷段的组合称为方式一，板式间冷段＋直冷段的组合称为方式二，表冷段＋直冷段的组合称为方式三。

图 3-7-16 明显地表示出三级系统和两级系统供冷效果的差异。由于增加了预冷段，三级系统的送风温度低于两级系统。随着进口干球温度的增加，三级和两级系统送风温度的差值增大，预冷段的作用更显著。当进口干、湿球温差减小时，三种运行方式送风温度的差值减小。因此，这种三级系统适宜在室外空气干、湿球温差较大的地区使用。

方式二和方式三出口温度曲线很接近。方式三的出口温度比方式二略高，这是因为冷却塔加表冷器的间接蒸发预冷段效率比板式间接蒸发冷却段低。

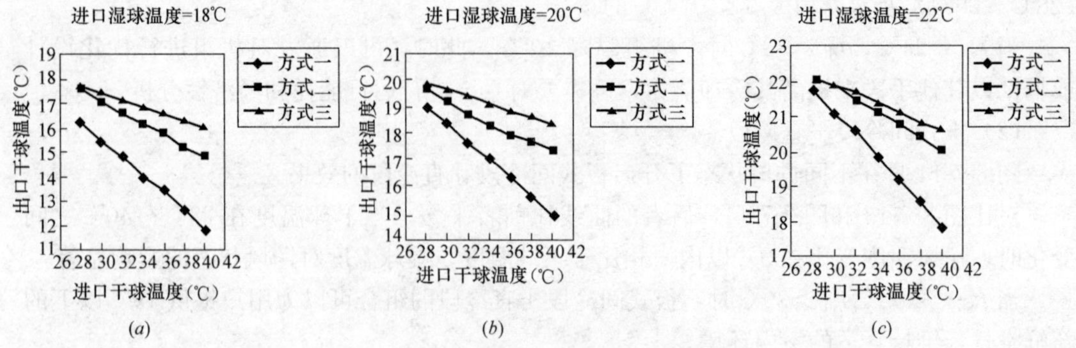

图 3-7-16 几种运行方式冷却效果的对比

对比（a）、（b）、（c）三幅图，随着进口湿球温度升高，方式一与方式二的送风温度曲线越接近，预冷段的作用则减弱。

根据上述三种组合方式所能提供的送风温度，若室内设计温度为 27℃，相对湿度不超过 60%，以不小于 6℃的送风温差作为适用范围（对应送风温度 t<21℃），以不小于 9℃的送风温差作为适宜范围（对应送风温度 t<18℃），则可绘出影响三级系统和两级系统使用的气象条件。由于方式二和方式三的效果相差不大，以方式二作为两级系统与三级系统进行比较，如图 3-7-17 所示。

图 3-7-17 在焓湿图上表示出两级系统和三级系统适宜和适用的范围。对于两级系统，如图 3-7-17（a），适宜使用在湿球温度低于 20℃的地区，如我国新疆、青海及甘肃部分地区；适用于湿球温度低于 22℃的地区，如云南、宁夏、内蒙等地。

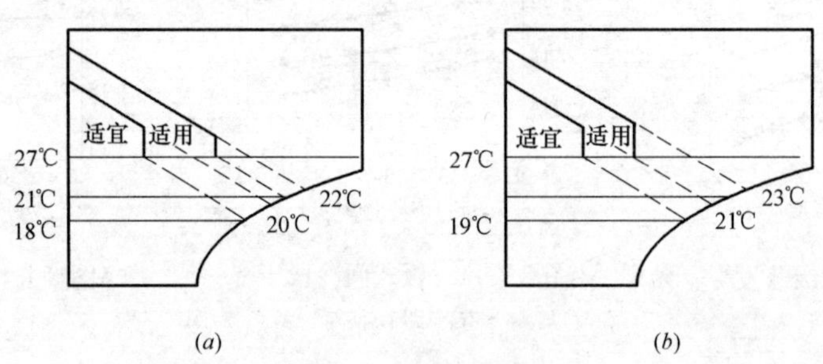

图 3-7-17 两级系统与三级系统使用范围的比较
（a）两级系统；（b）三级系统

对于三级系统，如图 3-7-17（b），适宜使用在湿球温度低于 21℃的地区，如我国新疆、青海、甘肃、内蒙古等地区；适用于湿球温度低于 23℃的地区，如云南、贵州、宁夏、黑龙江北部、陕西北部的榆林、延安等地。

从焓湿图上来看，三级系统比两级系统的使用范围更广。当湿球温度低于 18℃时，三级系统甚至可以完全替代传统机械制冷，用于室内设计温度低或湿负荷较大的空调场所。

（五）除湿与蒸发冷却联合空调系统

对于潮湿地区，可以采用除湿与蒸发冷却联合系统，如图 3-7-18（a）所示。空气处理过程表示于图 3-7-18（*b*）上。室外空气（*O* 点）与部分回风（*R* 点）混合到 *M* 点，经转轮式除湿机除湿。这是一个增焓去湿过程，即过程 *M*-1。然后利用室外空气经空气/空气换热器（板翅式换热器）将状态 1 的空气冷却到 2；这部分室外空气可利用作转轮式除湿机的再生空气，但需在空气加热器继续进行加热。因此，通过空气/空气换热器回收了一部分热量。状态 2 的空气在两级蒸发冷却器进行冷却，即 2-3-*S*。间接蒸发冷却器的二次空气可直接应用室内的排风。由于排风的含湿量与比焓均小于室外空气的含湿量与比焓，因此可获得比较低的 *IEC* 出口空气（即 3 点）温度。这个系统除了泵、风机等消耗电能外，还需要消耗再生空气的加热量。如果再生能量采用废热和太阳能等可再生能源，这种联合系统具有节能意义。

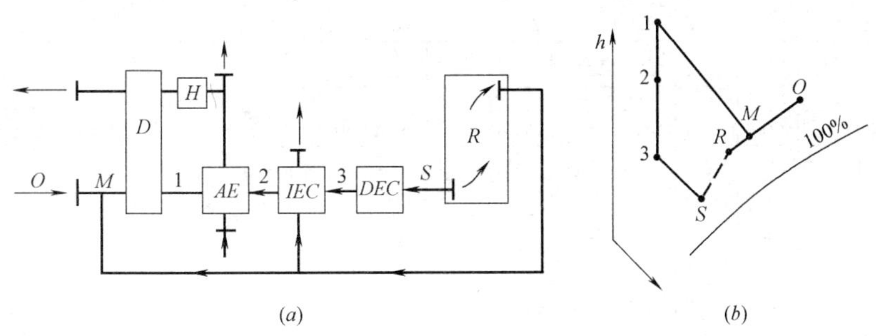

图 3-7-18　除湿与蒸发冷却联合系统

（六）蒸发冷却空调系统的设计选用原则

《公共建筑节能设计标准》GB 50189—2005 中 5.3.24 规定在满足使用要求的前提下，对于夏季空气调节室外计算湿球温度较低、温度的日较差大的地区，空气的冷却过程，宜采用直接蒸发冷却、间接蒸发冷却或直接蒸发冷却与间接蒸发冷却相结合的二级或三级冷却方式。

我国各地区的夏季室外设计参数差异很大，在不同的夏季室外空气设计干、湿球温度下，所采用的蒸发冷却机组的功能段是不同的。图 3-7-19 将不同的夏季室外空气状态点在 *h*-*d* 图划分了五个区域，其中点 *N*、*O* 分别代表室内空气状态点、理想的送风状态点。表 3-7-4 给出了在 12 种不同室外空气状态参数下直接蒸发冷却器可达到的理论出风温度；表 3-7-5 给出了西北地区适合采用蒸发冷却空调地区的参数及理论出风温度。

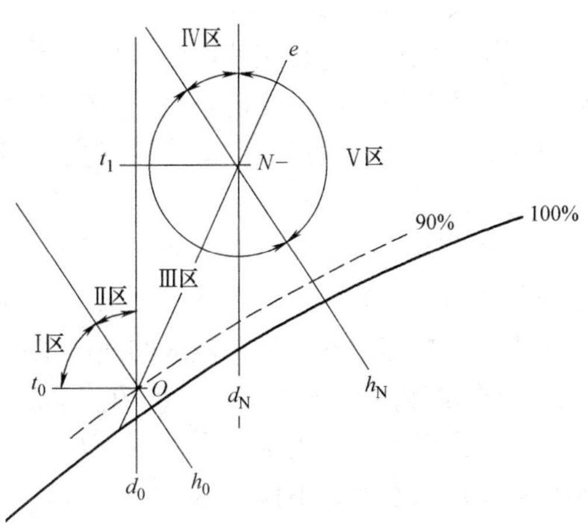

图 3-7-19　适合应用蒸发冷却的室外气象区

1. 夏季室外空气设计状态点 *W* 在象限Ⅰ区，即室外空气焓值小于送风焓值，室外空气含湿量小于送风状态点的含湿量（$h_w < h_0$，$d_w < d_0$），经等焓加湿即可达到要求的送风

状态点，应使用直接蒸发冷却空调，并且是100%的全新风，落在该区的地区不多，见表3-7-5。

2. 状态点 W 在象限Ⅱ区，即室外空气焓值大于送风焓值，室外空气含湿量小于送风含湿量（$h_W > h_0$，$h_W \leqslant h_0$），需先经一次或两次等湿冷却，再经一次等焓加湿即可达到要求的送风状态点，应使用二级或三级蒸发冷却，此时室外空气焓值小于室内空气焓值，所以也是100%的全新风，落在该区的地区比较多，见表3-7-5。

在不同室外空气状态参数下直接蒸发冷却器可达到的理论出风温度。

室外空气相对湿度（%） **表 3-7-4**

室外空气温度(℃)	2	5	10	15	20	25	30	35	40	45	50	55	60	65	70	75	80
23.9	12.2	12.8	13.9	14.4	15	16.1	16.7	17.2	17.8	18.3	18.9	19.4	20	20.6	21.1	23.9	22.2
26.7	13.9	14.4	15.6	16.7	17.2	17.8	18.9	19.4	20	20.6	21.7	22.2	22.8	23.3	24.4	26.7	25
29.4	1.6.1	16.7	17.2	18.3	19.4	20	21.1	21.7	22.2	22.8	23.3	23.9	24.4	25	26.1	29.4	
32.2	17.8	18.3	19.4	20.6	21.1	22.2	23.3	24.4	25	25.6	26.1	27.2	27.8	28.3	28.9	30	
35	19.4	20	21.1	22..2	23.3	24.4	25.6	26.1	27.2	27.8	28.9	29.4	30.6				
37.8	20.6	21.7	22.8	24.4	25.6	26.7	27.8	28.3	29.4	30.6	31.1						
40.6	22.2	23.3	25	26.1	27.2	28.9	30	31.1	31.7								
43.3	23.9	25	26.6	28.3	29.4	30.6	32.2	33.3									
46.1	25.5	26.7	28.3	30	31.7	32.8	34.4										
48.9	27.2	28.3	30	32.2	33.9	35											
51.7	28.3	30	32.2	33.9	35.6												

（例如：室外空气温度是35℃，相对湿度是15%，那么蒸发冷却器的出口温度应该是22.2℃。任何比灰框里的数据小的出口温度应该是舒适的，比灰框里的数据大的出口温度应该是不舒适的。）

3. 状态点 W 在象限Ⅲ区，即室外空气焓值大于送风焓值，室外空气含湿量大于送风含湿量（$h_W > h_0$，$d_W \geqslant d_0$），在西北地区很少有该区的，所以这里不作讨论。

4. 状态点 W 在象限Ⅳ区，即室外空气焓值大于室内空气的焓值，室外空气含湿量小于室内空气含湿量（$h_W > h_N$，$d_W \leqslant d_N$），为了回收室内的冷量，一般不能使用100%新风，而应采用回风，而且应使用回风作二次排风。但如果新回风的混合状态点使得送风温度较高，达不到要求时，还需采用100%的全新风，在例题中已有所体现。应使用一级或二级间接蒸发冷却（间接蒸发冷却器或表冷器+间接蒸发冷却器）。当室内外空气温差较大时，还可以考虑将室内排风和室外新风通入一台气—气换热器中将室外新风预冷；如果经过二级蒸发冷却空调机组处理后的送风温差达不到要求，可附加选用新风冷却换热机组。需要指出，当室外空气状态点距离 d_N 太近时，还会出现处理的送风温度太高，不能单独使用蒸发冷却空调，落在该区的地区最多。

5. 夏季设计室外空气状态点 W 在象限Ⅴ区，即室外空气焓值大于室内空气的焓值，室外空气含湿量大于室内空气含湿量（$h_W > h_N$，$d_W > d_N$），此时相对湿度较大，不能单独使用蒸发冷却空调，不作讨论。

（七）蒸发冷却空调系统设计要点

1. 舒适性问题

人体舒适与否与人体周围的气流速度紧密相关，在其他条件不变的情况下，蒸发冷却空调系统的送风量一般较传统机械制冷空调系统的送风量大，室内空气流速相应也大，根据 ASHRAE Systems Handbook（1980）舒适图介绍：蒸发冷却空调系统室内空气设计干球温度比传统空气温度舒适区高2～3℃。

西北地区适合采用蒸发冷却空调地区的参数及理论出风温度　　表 3-7-5

序号	城市	夏季室外空气计算参数				SZHJ-Ⅱ$_2$		SZHJ-Ⅱ$_1$		SZHJ-Ⅲ		分区
		大气压	干球温	湿球温	空气焓值	直接蒸发换热效率		直接蒸发换热效率		直接蒸发换热效率		
		(Pa)	度(℃)	度(℃)	(kJ/kg)	70%	90%	70%	90%	70%	90%	
1	乌鲁木齐	90700	34.1	18.5	56.0	17.7	15.9	18.0	16.1	15.0	13.8	Ⅱ区
2	西宁	77400	25.9	16.4	55.3	16.1	15.0	16.4	15.3	14.5	13.9	
3	杜尚别	91000	34.3	19.4	59.1	18.6	17.0	19.2	17.5	15.5	14.6	
4	克拉玛依	95800	35.4	19.3	56.6	18.4	16.5	18.7	16.8	15.4	14.3	
5	阿尔泰	92500	30.6	18.7	55.8	18.2	16.9	18.6	17.2	16.0	15.2	
6	库车	88500	34.5	19.0	58.8	18.5	16.7	18.8	16.9	15.8	14.8	
7	酒泉	84667	30.5	18.9	60.9	18.6	17.3	19.5	18.0	16.5	15.8	
8	山丹	81867	30.0	17.1	55.7	16.6	15.2	17.7	16.0	14.8	13.8	
9	阿拉木图	93000	27.6	17.5	52.1	16.9	15.8	17.2	16.0	15.2	14.5	
10	且末	86800	34.1	19.4	61.1	18.8	17.2	19.4	17.7	16.4	15.5	
11	兰州	84300	30.5	20.2	65.8	19.8	18.7	20.0	18.9	18.2	17.5	Ⅳ区
12	呼和浩特	88900	29.9	20.8	65.1	20.6	19.7	20.9	19.9	19.2	18.7	
13	塔什干	93000	33.2	19.6	59.0	19.1	17.6	19.4	17.8	16.4	15.5	
14	石河子	95700	32.4	21.6	65.3	21.3	20.2	21.6	20.4	19.6	18.9	
15	伊宁	98400	32.4	21.4	65.7	20.9	19.7	21.2	19.9	19.1	18.3	
16	博乐	94800	31.7	21.0	63.5	20.7	19.6	21.0	19.8	18.9	18.2	
17	塔城	94800	31.1	20.3	60.9	19.8	18.4	20.0	18.7	17.9	17.2	
18	呼图避	94800	33.6	20.8	62.6	20.7	19.2	20.3	18.9	18.1	17.3	
19	米泉	94000	33.8	20.4	61.6	20.1	18.7	20.4	18.9	17.8	16.9	
20	昌吉	94400	32.7	20.9	63.2	20.5	19.2	20.8	19.5	18.6	17.9	
21	吐鲁番	99800	41.1	23.8	71.5	23.3	21.5	23.4	21.8	20.5	19.4	
22	鄯善	96100	37.0	21.3	63.7	20.4	18.6	20.9	19.0	17.6	16.4	
23	哈密	92100	36.5	19.9	60.3	19.3	17.4	19.7	17.8	16.3	15.2	
24	库尔勒	90100	33.8	21.6	68.0	21.4	20.1	21.7	20.4	19.2	18.4	
25	喀什	86500	33.2	20.0	63.6	19.8	18.4	20.2	18.7	17.7	16.9	
26	和田	85600	33.8	20.4	65.7	20.1	18.7	20.5	19.0	18.0	17.2	
27	昌都	86133	26.0	14.8	54.9	14.4	13.2	15.3	13.8			Ⅰ区
28	林芝	70533	22.5	15.3	55.4	15.1	14.3	15.6	14.7	14.1	13.6	
29	日喀则	63867	22.6	12.3	48.5	11.9	10.8	12.7	11.4			
30	拉萨	65200	22.8	13.5	37.5	12.6	11.4	12.9	11.6			

（表中 SZHJ-Ⅱ$_1$为冷却塔间接＋直接两级蒸发冷却；SZHJ-Ⅱ$_2$为板翅式间接＋直接两级蒸发冷却；SZHJ-Ⅲ为三级蒸发冷却。）

2. 湿度问题

在餐厅、舞厅、会议厅等高密度人流场所等工程中，直接蒸发换热效率太高（$E \geqslant 90\%$），会使室内湿度太大，造成人体的不舒适，这是人们对蒸发冷却空调常提出的一个质疑。为避免室内湿度过大，采用多级蒸发冷却，降低了送风的空气含湿量，增强了送风的除湿能力，可有效降低室内相对湿度。在对湿度精度要求很高的系统中，选用室内湿度传感器（H7012A）准确控制室内空气相对湿度。

3. 冬季使用问题

为满足冬季室内新风量的要求，由蒸发冷却空调机组提供经过滤加湿的预热新风，并对回风进行处理，以保持室内空气品质的良好。需要指出，在冬季室内热负荷由专门的供暖系统来承担，蒸发冷却空调机组只起到新风换气和净化回风的作用。进出蒸发冷却空调机组加热器的热水温度一般为 60～50℃或 95～70℃。全年使用的二级、三级蒸发冷却机组在二次排风处，必须设密封效果好的密闭阀门。

4. 送风量问题

不得按一般资料介绍的换气次数法（N）确定系统送风量，其大小与建筑物性质、室外空气状态、舒适性空调，蒸发冷却空调机组处理空气的送风状态等因素相关，应根据热、湿平衡公式进行准确计算。

由于蒸发冷却空调的送风温度由当地的干湿球温差决定，从对西北地区适宜或适用蒸发冷却空调的计算来看，理论送风温度绝大多数在16～20℃之间，详见表3-7-6，这样必然使得室内空气流速较大，但同时弥补了送风温差较小带来舒适度不高的缺陷。

西北地区适宜或适用蒸发冷却空调的范围 表3-7-6

地区参数范围	送风温度	所属类别	备注
$t_{wb}\leqslant18$℃，$t>28$℃	16℃以下	适宜	用于室内设计温度较高的场所
18℃$<t_{wb}<$22℃	19℃以下	适用	一般舒适性空调
$t_{wb}=22$℃ $t>30$℃	21℃以下	可用	只能用于室内温度稍高(28～29℃)及湿度稍大(<70%)的场所

5. 能效比的问题

一般来讲，蒸发冷却空调的能效比是机械制冷空调能效比的2.5～5倍，从技术经济和工程实践角度考虑，应尽可能地采用二级蒸发冷却空调系统，对室内空气舒适度要求较高的场所，可以采用三级或多级蒸发冷却空调系统。

6. 间接蒸发冷却器的一、二次风量比的问题

一、二次风量比对间接蒸发冷却器的效率影响较大，实践表明，二次风量为送风量的60%～80%之间时，换热效率较高，系统运行最经济，所以总进风量应考虑为送风量的1.6～1.8倍。目前工程中常用的二次风参数与一次风参数相同，但也可以考虑当室内回风焓值小于一次风焓值时用回风作为二次风，效果会更好。也就是二次进风口与回风管道相连，此时间接蒸发冷却器的总送风量就是实际的送风量。

7. 热回收问题

一般情况下，蒸发冷却空调系统采用全新风直流式，当夏季室外空气焓值大于要求的室内空气焓值时利用排风做二次空气冷却一次空气，在冬季采用排风对新风进行预热，以达到热回收的目的，利于节能。

8. 机房设计问题

蒸发冷却机房设计需要配合的专业有电气、给排水、土建，特别是多级蒸发制冷。机房设计时，除要考虑机组的新风进口、送风、冬季回风的土建配合外，还必须考虑二次空气的进口与排风的土建配合（二次空气大概为送风量的60%，则新风进口应考虑1.6倍送风量。）

9. 设计参数的选择问题

(1) 蒸发冷却器的迎面风速一般采用2.2～2.8m/s，通常每平方米迎风面积按10000m^3/h设计，即对应的额定迎面风速为2.7m/s。

(2) 蒸发冷却空调送风系统风管内的风速按主风管：6～8m/s，支风管：4～5m/s，末端风管：3～4m/s选取。

(3) 蒸发冷却空调送风系统送风口喉部平均风速按4～5m/s设计。送风口出口风速

按居室：4～5m/s；办公室、影剧院：5～6m/s；储藏室、饭店：6～7m/s；工厂、商场：7～8m/s 选取。

（4）蒸发冷却空调房间的换气次数按一般环境：25～30 次/h；人流密集的公共场所：30～40 次/h；有发热设备的生产车间：40～50 次/h；高温及有严重污染的生产车间：50～60 次/h 选取。在较潮湿的南方地区，换气次数应适当增加。而较炎热干燥的北方地区则可适当减少换气次数。

（5）直接蒸发冷却器的淋水密度按 6000kg/(m^2 · h）设计；间接蒸发冷却器的淋水密度按 16kg/(m^2 · h）设计。

10. 蒸发冷却空调的水质问题

（1）蒸发冷却不会引发军团病

军团病的感染是因为人吸入了载有大量军团菌的气溶胶微粒沉淀，进入呼吸系统的深处而引起的。军团菌在进行细胞繁殖时也需要营养和最适宜的水温。在温度为 20℃到 45℃的范围具有活性，最适宜的生长条件为 37℃至 41℃（如图 3-7-20）。而蒸发冷却器在大多数运行情况下低于 24℃（75℉），或稍高于湿球温度，大多数情况下低于 20℃（68℉），在这种情况下军团菌没有活性。

军团菌外形为杆状，1×3 微米大小，能够被悬浮颗粒俘获并传送，但仅当悬浮颗粒粒径在 1 到 5 微米之间才会被深深的吸入肺部。而蒸发冷却器通常产生的水滴太重，并且太大，因此不能被人体吸入肺部。蒸发冷却器不会提供军团菌生长的条件，而且通常不会释放出气溶胶微粒。

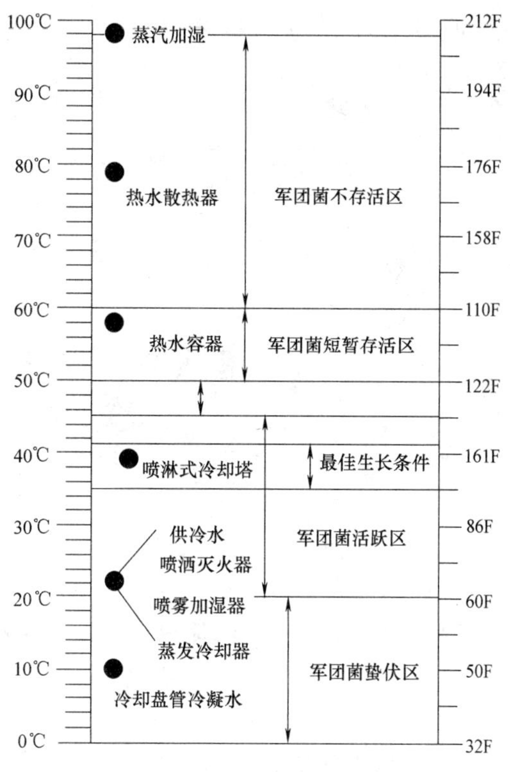

图 3-7-20 温度对军团菌的影响

由于蒸发冷却器不具有军团菌的生长条件，也不具有传播军团菌的条件，因此蒸发冷却器不会引发军团病。尽管如此，我们也应当加强对其水质的管理和系统的维护。

（2）防止蒸发冷却器结水垢的措施

用补充新鲜水可以保持水质稳定，从而减少水垢的生成。图 3-7-21 是被广泛应用于蒸发冷却器生产中对流失水的估算。从图中我们可以得出，在不同的给水硬度下，流失水的速率（B）和蒸发速率（E）的关系，设 B=aE

补充水的速率（A）为：　A=B+E

所以补水速率和流失水速率的比例为：A/B=(1+a)/a　　(3-7-19)

其中 a 为给水的硬度，一般以 $CaCO_3$ 为当量。

通过（3-7-19）式得到的比例，可以更好地控制蒸发冷却水系统的硬度，以减少水垢的产生。

（3）蒸发冷却器耗水量与湿球温降的关系

详见图 3-7-22。

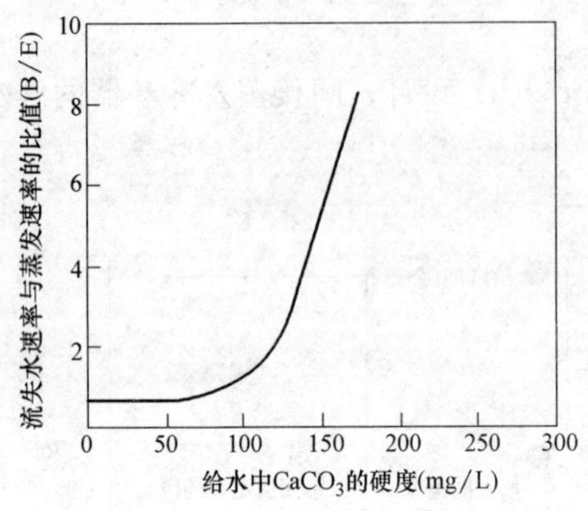

图 3-7-21 B/E 与给水 $CaCO_3$ 的硬度的关系

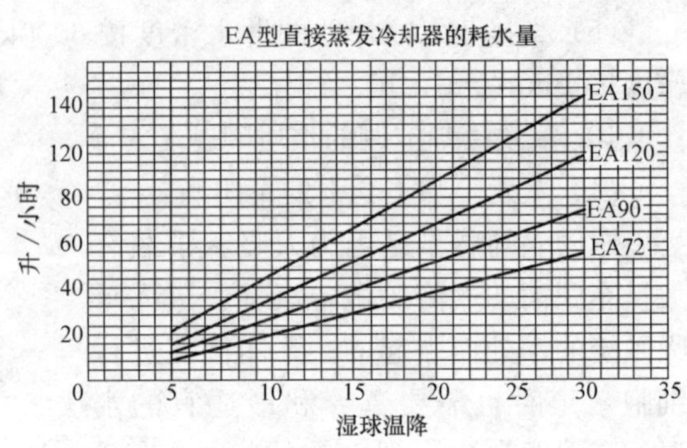

图 3-7-22 蒸发冷却器耗水量与湿球温降的关系

第八节 空气调节的风系统

一、风机

（一）风机选型

目前风机共有三种，轴流风机、离心风机和贯流风机。贯流风机仅用于某些风机盘管上。

1. 轴流风机

轴流风机的特点是占地面积小、便于维修、风压较低、噪声较高、耗电较少。多用于噪声要求不高、空气处理室阻力较小的大风量系统。纺织厂多采用轴流式风机。

2. 离心式风机

离心式风机可以用于低压或高压送风系统，特别用于要求低噪声和高风压的系统。离心风机还分为有蜗壳和无蜗壳型，无蜗壳型离心风机一般与配变频调速装置的电机直联连接，通常应用于要求防微振、低噪声的场合。

通风机选择时，要考虑在接近最高效率点正常工作，当选不到适当的风机时，应调整系统阻力。

最好选用噪声小且性能稳定的风机。

选用风机时，应考虑耗电少、体型小。

（二）单风机和双风机系统

对集中式空调器可采用有送风机和回风机的双风机系统（参看图 3-3-1），亦可采用仅有送风机的单风机系统（在图 3-3-1 中无回风机 9）。

1. 单风机系统

（1）单风机系统的优点：

1）占地少

2）一次投资省

3）经常运转的耗电量少。

（2）单风机系统缺点：

1）当过渡季采用全新风，而冬、夏季采用少量新风时，调节比较困难。采用单风机系统时，图 3-3-1 中的阀门 2 在关闭时应严密；由于空调器内有较大的负压，因此空调器的不严密处也会有风渗入；新风漏风太大，则冬夏季的回风比就达不到要求，使设计的冷、热量不够。

当房间不严密，排风口 11 可能成为进风口。如取消排风口 11，则当大量使用新风时，空调房间内正压可能过大。

2）单风机由于其风压高噪声也高一些的原因，需要消声时，消声器也要多些。

当空调房间由于局部排风多而回风量很少时，用送风机负担回风风压是不经济的，而按小回风量和回风管阻力选用回风机的双风机系统较采用单风机系统经济合理

3）单风机系统如无适当的排风出路（例如，无适当的排风口），当过渡季采用大量新风时，会使室内正压加大，门不易开启；停用后，突然开动风机时，突然增压会使耳膜受震。

（3）单风机系统适用于：

1）全年新风量不变的系统；

2）空调房间严密性差（例如一些纺织厂），当全部使用新风时，由门窗缝隙排风室内也不会造成过大正压的系统；

3）室内有排风系统，当新风量变化时，排风量也能相应变化的系统。

2. 双风机系统

双风机系统适用于在不同季节新风量变化较大，其他排风出路不能适应风量变化的要求时，或仅有少量回风的系统。

（三）风机的安装位置

对集中空调器按风机位置可以分为吸入式和压入式。

风机放在主要处理设备之后称为吸入式；放在主要处理设备之前称为压入式。

1. 吸入式

由于处理设备在吸入段，因而通过处理设备的气流比较均匀。但通风机也是一个热源，起到将处理后空气加热的作用，减少了送风温差。特别对于希望送入低温高湿空气的房间，采用吸入式系统不利。吸入式系统，风机在潮湿空气段，如有可能积水时，应设水封。

2. 压入式

压入式系统处理后的潮湿空气不通过风机，故气流内有电机的系统，对电机有利。压入式的风机发热是增加了处理前的负荷，当同样的冷源时，压入式可以得到较大的送风温差。单风机系统采用压入式时，不能用二次回风。为使压入式系统通过处理设备时气流均

匀，风机装在空调器内时，风机出口后应有均流措施。压入式系统喷水室的门要防止将水喷出，各正压段的门最好向内开。

(四) 风量风压附加

风机风量附加对吸入式系统仅考虑送风管的漏风附加，对压入式还要考虑处理设备的漏风附加。当风管很短或风管长，但风管走在空调房间（该系统负担的）内时，可不附加风管的漏风。可视风管长短、施工水平等情况，风量附加 0～10%。

选择加热器、冷却器和过滤器等设备时，也应附加风管的漏风量。

风压附加考虑由于附加风量风管所增加的压力损失以及施工中未可预见的压力损失。

二、风管

(一) 风管形状和材料

1. 风管材料

一般采用薄钢板涂漆或镀锌钢板，利用建筑空间或地沟的也可采用钢筋混凝土或砖砌风道；其表面应抹光，要求高的还要刷漆。地沟风道要作防水处理。设置在有腐蚀气体房间的风管可采用塑料或玻璃钢。

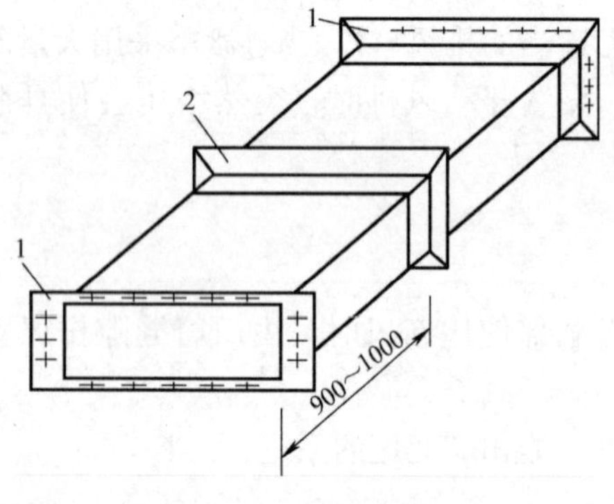

图 3-8-1 风管加固

1—原有法兰；2—加固框（角钢）

2. 风管的形状

一般为圆形和矩形。圆形风管强度大耗钢量小，但占有效空间大，其弯管与三通需较长距离。矩形风管由于占有效空间较小、易于布置、明装较美观等特点，故空调风管多采用矩形风管。矩形风管高宽比宜在 2.5 以下。高速风管宜采用圆形螺旋风管。

椭圆形螺旋风管具有圆形和矩形风管的优点，是一种理想的风管，但由于需要专门的设备加工，目前用的较少。

3. 风管的尺寸应按《全国通用通风管道计算表》规定的尺寸选用，以便于机械化加工风管和法兰，也便于配置标准阀门与配件。风管的尺寸（钢板风管）以外径或外边长为标准。

4. 风管的壁厚可按表 3-8-1 选用。

钢板风管的壁厚（mm） **表 3-8-1**

圆形风管的直径或矩形风管的大边边长(mm)	≤200	220～500	560～1120	1250～2000
低速风管	0.5	0.75	1.0	1.2
高速风管	0.8	0.8	1.0	1.2

5. 当每段矩形风管大边边长大于 1m 且风管较长时，应采取如图 3.8-1 或其他形式的加固措施。

6. 风管法兰可按表 3-8-2 采用。

钢板风管法兰　　表 3-8-2

矩形风管大边边长(mm)	≤630	800～1500	1600～2500	2600～4000	
法兰的材料规格(mm)	∟25×3	∟30×3	∟40×4	∟50×5	
圆形风管直径(mm)	≤140	150～280	300～630	800～1250	1320～2000
法兰的材料规格(mm)	−20×4	−25×4	∟25×3	∟30×4	∟40×4

（二）风管内风速

风速建议数据见表 3-8-3 和表 3-8-4。也可按第十三章允许的风速附加噪声确定。

低速风管内的风速（m/s）　　表 3-8-3

室内允许噪声级 dB(A)	主管风速	支管风速	新风入口
25～35	3～4	≤2	3
35～50	4～7	2～3	3.5
50～65	6～9	2～5	4～4.5
65～85	8～12	5～8	5

高速风管的最大风速表　　表 3-8-4

风量范围(m^3/h)	最大风速(m/s)	风量范围(m^3/h)	最大风速(m/s)
1700～5000	12.5	25500～42500	22.5
5000～10000	15	42500～68000	25
10000～17000	17.5	68000～100000	30
17000～25500	20		

高速送风的新风进风管、空气处理设备和消声静压箱后的支风管内的风速与低速送风相同。

（三）风管的布置和制作要求

1. 风管应注意布置整齐、美观和便于检修、测试。应与其他管道统一考虑，要防止冷热管道间的不利影响。设计时，应考虑各种管道的装拆方便；

2. 风管布置时，要尽量减少局部阻力。弯管的中心曲率半径不宜小于其风管直径或边长，一般可采用 1.25 倍直径或边长。大断面风管，为减少阻力，可以采用导流叶片，导流叶片以流线型为佳，为了方便也可作成单片式。其尺寸可按图 3-8-2 制作；

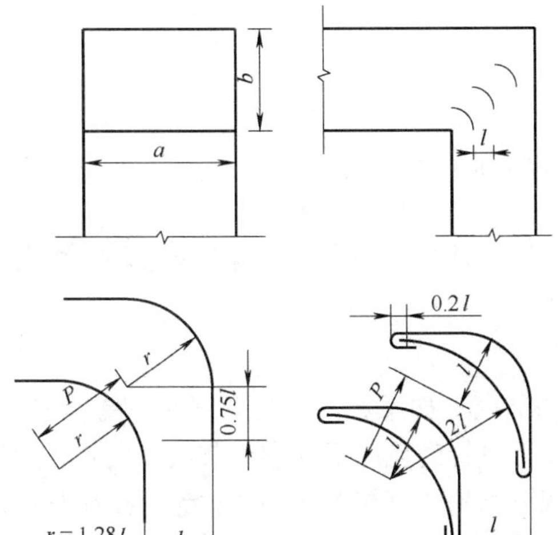

片　数	$n=\frac{6b}{a}-1$
片 间 距	$l=\frac{b}{n+1}$
圆 心 距	$P=1.41l$

图 3-8-2　直角弯管导流叶片

其局部阻力系数，流线型叶片 $\xi=0.1$，单片式 $\xi=0.35$。

对于圆风管，三通或四通的夹角不宜大于 45°；对于方风管，三通或四通的弯管应有与弯管相同的曲率半径。弯管和三通的后面，以有 4～5 个当量直径的直管再接支管为好，如不可能，将弯管和三通作成带导流叶片的，以防阻力过大和气流偏斜。

矩形风管的三通安装是否正确，示例于图 3-8-3 中。

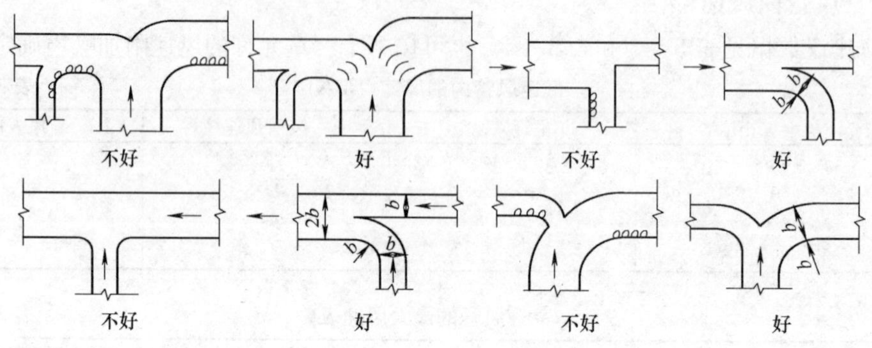

图 3-8-3 矩形风管的三通接法

风管的变径宜作成渐扩管和渐缩管，渐扩管每边扩展角度不宜大于 15°，渐缩管每边收缩角度不宜大于 30°。

风机出口宜顺风机叶片转向接弯管，当需要逆叶轮转向或旁接弯管时，弯管内应有导流叶片。

3. 风管法兰间应设置具有弹性的垫片，如橡胶板、闭孔海绵橡胶等，以防漏风。

不宜采用石棉绳做垫片。风管以及风管接口不应有看得见的缝隙。

(四) 风管涂漆

1. 薄钢板风管内表面和需要保温的风管外表面涂防锈底漆（红丹防锈漆、铁红防锈漆、铝粉铁红防锈漆均可）二道。薄钢板风管不保温的外表面涂一道防锈底漆和二道油性调和漆；油漆的颜色要与所在房间的粉刷装修协调。

2. 镀锌薄钢板可以不涂漆。但咬口损坏处要涂漆，施工时已发现锈蚀时要涂漆。

3. 涂漆前要把锈蚀的锈和油除掉。

4. 洁净室的风管涂漆要求见第九章。

三、风管阀门

风管阀门按其用途可分为一次性调节阀、经常开关调节阀、自动调节阀、防火阀和排烟防火阀等几种。

(一) 一次性调节阀

如系统不平衡，为达到所需风量设的调节阀。如果系统风压平衡的误差可达 10%～15%以内，在分支管上可不设调节阀。实际上风管的风压平衡靠调节风管尺寸等达到是很困难的，所以要设一次性调节阀。一次性调节阀构造可简单一些，也无密封性要求，可以采用插板阀（支风管可在风管法兰处插入 2mm 厚的钢板作一次调节）、蝶阀、多叶调节阀和三通阀等。

1. 通风机进口设瓣式或光圈式调节阀，或在出口处设多叶式调节阀以调节系统总风量。风机入口设阀门可以节约风机的耗电量。对于功率在 75kW 以下的中、低压风机，采用降压启动，开风机时阀门不需关闭。对于大功率风机和高压风机要设启动阀门。启动阀门和调节阀门最好分设，以免系统风量变化。

2. 在三通分支处设三通调节阀，或在分支管上设调节阀。明显不利的环路可不设调节阀。在回风口或回风支管上设调节阀时，回风的各三通处可不设调节阀。

三通阀的阀板和拉杆必须坚固，不然将增加噪声和调节不灵。

3. 在需设防火阀处可用防火调节阀替代调节阀。

4. 送风口处，百叶风口宜用带调节阀的送风口。要求不高的可采用双层百叶风口，用调节风口角度调节风量。

（二）经常开关的调节阀

对于集中式系统主要有新风阀、一次和二次回风阀、排风阀（包括全面排风和局部排风的排风阀）。其中新风阀和排风阀要求在系统停止时关闭，以防止夏季热空气侵入，当室内外空气含湿量之差很大，侵入的空气会造成金属表面和墙上结露；也防止冬季冷空气侵入，使室温降低，且冻坏空调机组盘管。二次回风阀，在夏季采用最大送风温差时，要关闭严密。

手动的一次回风阀要求调节方便、灵活。其他阀门除要求调节方便、灵活外，还要关闭严密。新风阀和排风阀最好采用电动阀，并与送风机连锁，以防止误操作。

（三）自动调节阀

自动调节阀主要用在新风、一次回风和二次回风的自动调节上。除应符合经常开关的调节阀的要求外，还应有良好的调节特性。

1. 阀门特性

阀门在各种开启角度下的阻力主要与阀门类型有关（如是对开式还是顺开式），与阀门的结构情况也有关（叶片数、阀门大小、阀门的密封情况等）。《国家标准图》中对开多叶阀的阀门阻力系数见表 3-8-5，密闭对开多叶阀的特性曲线见图 3-8-4，非密闭对开多叶阀的特性曲线见图 3-8-5。顺开的多叶阀的阀门特性曲线可参见图 3-8-6。

对开多叶阀的阻力系数 **表 3-8-5**

叶片开启角度	90°	80°	70°	60°	50°	40°	30°	20°	10°	0°
密闭阀	0.107	0.47	1.23	2.96	7.4	21	61	450	7500	14000
非密闭阀	0.3	1.2	3.4	8.6	19	42	90	200	590	2600

在图 3-8-4～5 中，风量的变化（L'/L）和局部阻力系数比可按下式换算：

$$\frac{L'}{L}=\sqrt{\frac{1}{(\xi/\xi_k-1)\overline{H}+1}} \tag{3-8-1}$$

式中 L、ξ_k——阀门全开时的风量和阻力系数；

L'、ξ——相应开启角度的风量和阻力系数；

$\overline{H}$——相对阻力；

$$\overline{H}=H_k/H \tag{3-8-2}$$

H_k——阀门全开时的阻力；

H——阀门所调节管段的总阻力。

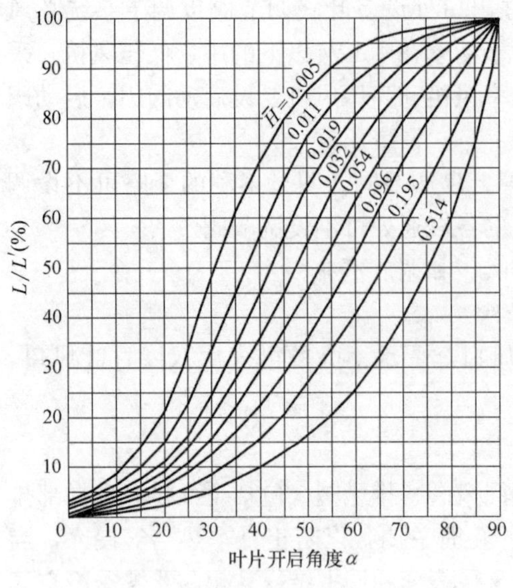

图 3-8-4　密闭对开多叶阀特性曲线

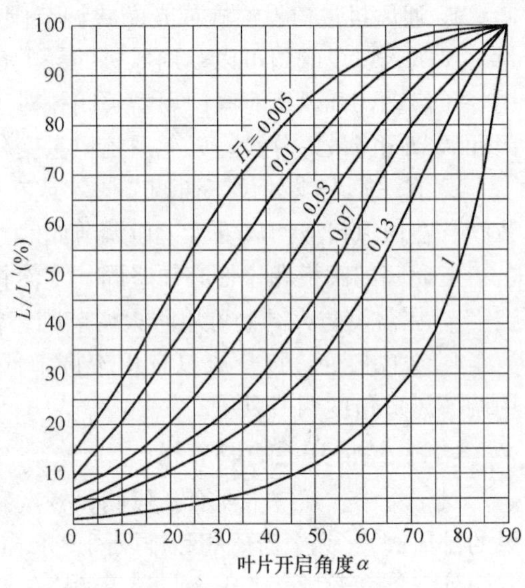

图 3-8-5　非密闭对开多叶阀特性曲线

调节管段指阀门所在的管段，即由定压点（或基本压力稳定点）经阀门到另一定压点之间的管段；如为支管调节阀门，其 H 值仅为支管段的总阻力；如为调节系统总风量，则其 H 值一般为系统的总阻力。总阻力中包括该阀门全开时的阻力。

2. 理想的阀门特性　当执行机构的行程与开启角度成正比变化时，如开启角度和风量的变化（L'/L）成正比，即二者呈线性关系时阀门特性最好，为理想阀门特性。因为从调节角度上看，当敏感元件测得的热、湿量等变化大时，执行机构动作大，与其成正比的关系，如果风量变化与执行机构变化也成正比，则会得到良好的调节效果。当采用两个阀门调节其风量混合比时，如两个阀门都是相同的线性阀门，则两个阀门连动时，其风量变化成比例，总风量不会改变，就会得到良好的调节效果。

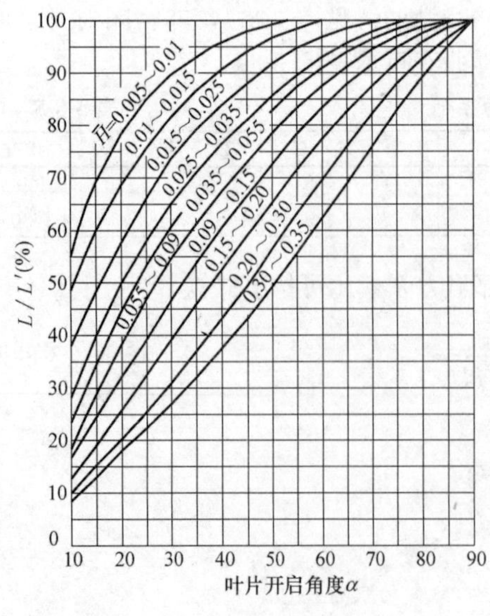

图 3-8-6　顺开多叶阀特性曲线

从阀门的特性曲线可知，对开阀当 $\overline{H}=0.03\sim0.05$ 时，阀门近线性（在常调节的范围内）；顺开阀当 $\overline{H}=0.08\sim0.2$ 时接近线性；因此，当阀门的调节管段阻力大时选用对开阀，调节管段阻力小时采用顺开阀，阀门特性较为理想。

(四) 防火阀、排烟防火阀

在防火隔断处应根据《建筑设计防火规范》的要求在风管上设防火阀，如该管段同时承担排烟功能，则应装设排烟防火阀。防火阀和排烟防火阀应坚固，并开、关灵活。防火阀、排烟防火阀和防火隔断间的风管应采用不燃材料保温，最好加水泥保护壳。

防火阀应采用防火部门认可的产品。兼作一次性调节性的防火阀，应采用防火调节阀。

防火调节阀应能有任意开启角度。

四、新风入口

（一）新风进口位置

1. 应设在室外较洁净的地点，进风口处室外空气有害物的含量不应大于室内作业地点最高容许浓度的30%。

2. 布置时要使排风口和进风口尽量远离。进风口应尽量放在排风口的上风侧（指进、排风同时使用季节的主要风向的上风侧），且进风口应低于排出有害物的排风口。

3. 为了避免吸入室外地面灰尘，进风口的底部距室外地坪不宜低于2m；布置在绿化地带时，也不宜低于1m。

4. 为使夏季吸入的室外空气温度低一些，进风口宜设在建筑物的背阴处，宜设在北墙上，避免设在屋顶和西墙上。

（二）新风口的其他要求

1. 进风口应设百叶窗以防雨水进入，百叶窗应采用固定百叶窗，在多雨的地区，宜采用防水百叶窗。

2. 为防止鸟类进入，百叶窗内宜设金属网。

3. 过渡季使用大量新风的集中式系统，宜设两个新风口，其中一个为最小新风口，其面积按最小新风量计算；另一个为风量可变的新风口，其面积按系统最大新风量减去最小新风量计算（其风速可以取得大一些）。

五、空调机房

（一）机房的位置

1. 空调机房应尽量靠近空调房间，并宜设在负荷中心，但应远离要求振动、噪声等严格的房间。

2. 高层建筑的集中式系统，机房宜设在设备技术层内，以便集中管理。20层以内的高层建筑宜在上部或下部设一个技术层，如上部为办公或客房，下部为商场、厨房、餐厅等则技术层宜设在下部。20～30层的高层建筑宜在上、下部各设一个技术层。30层以上时，其中部应增加一、二个技术层。

3. 空气—水系统（例如带新风的风机盘管系统）用于高层建筑时，其新风机房宜每层或几层（一般不应超过5层）设一个新风机房。当新风量较小，吊顶内可以设置空调机时，也可将新风机组悬挂在吊顶内。

4. 空调机房宜有非正立面的外墙，以便新风进入。如设置在地下室或大型建筑的内区，应有足够断面的新风竖井或新风通道。

（二）机房的面积和高度

1. 机房的面积与采用的空调方式、系统的风量大小、空气处理的要求等有关。即与空调机房内放置设备的数量和占地面积有关。一般全空气集中式系统，当有净化要求或参数要求严格时，约为空调面积的10%～20%；民用和一般降温系统，约为5%～10%。仅送新风的空气一水系统，新风机房约占空调面积的1%～2%。

2. 机房的高度应按空调器的高度及风管、水管和电线管高以及检修空间决定。一般净高为4～6m。

3. 风管布置应尽量避免交叉，以减少空调机房和吊顶的高度。

(三) 机房内布置

1. 大型机房设单独的管理人员值班室，值班室应设在便于观察机房的位置，自动控制屏宜设置在值班室内；

2. 机房最好有单独的出入口，以防止人员、噪声等对空调房间的影响；

3. 经常操作的操作面宜有不小于1m的距离（净距），需要检修的设备旁要有不小于700mm的检修距离；

空气调节机房的门和装拆、搬运设备的通道应考虑能顺利地运入最大空调构件的可能，如构件不能由门搬入，则应预留安装孔洞和通道，并应考虑拆换的可能；

4. 过滤器如需定期清洗时，过滤器小室的隔间和门应考虑搬运过滤器的方便。对于可清洗的过滤器还应考虑洗、晾的场地；

5. 经常调节的阀门应设置在便于操纵的位置；

6. 空气调节器、自动控制仪表等的操作面应有充足的光线，最好是自然光线。需要检修的地点应设置检修照明；

7. 当机房与冷冻站分设或机房对外有较多联系时，应设电话。

(四) 整体机组的布置

在下列情况下，机组不能直接设置在空调房间内，应隔开。

1. 室温允许波动范围小于±1℃的系统；

2. 机组的噪声或振动影响生产或生活时；

3. 机组影响室内清洁或操作时；

4. 机组的水系统的发湿量造成对工艺生产不利时。

六、检查、调试和维修

在设计时，应考虑试压、调试、试运转及长期运行时的维修、更换方便，主要有下列内容：

(一) 预留的检查孔洞

设置在吊顶上的阀门等需操作的部件，如吊顶不能上人，则需在每个阀门附近设检查孔，以便在吊顶下可以操作；如吊顶较高且可以上人，则应预留上人的孔洞，并在吊顶内设人行通道（固定的或可临时搭成的）。

(二) 设置在机房内需经常调节的阀门

如所处位置很高，则宜搭平台，至少要有活动的三角梯。

(三) 在风管内安装的需定期检查的设备或构件（如电加热器、防火阀等）

应设检查孔。如有必要对风管定期清扫、消毒时，也要在风管上设检查孔。

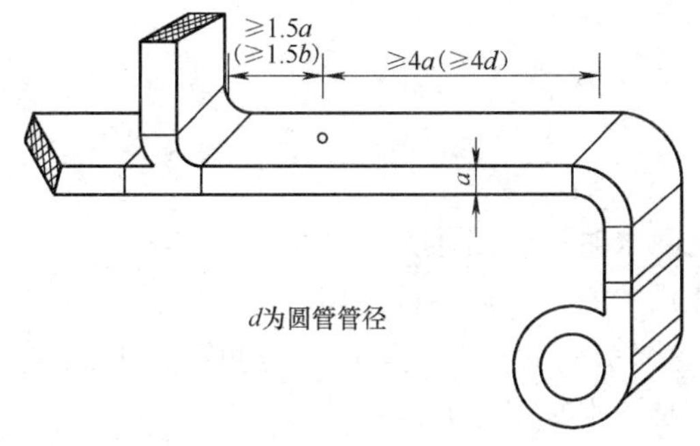

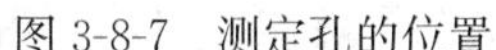

图 3-8-7　测定孔的位置

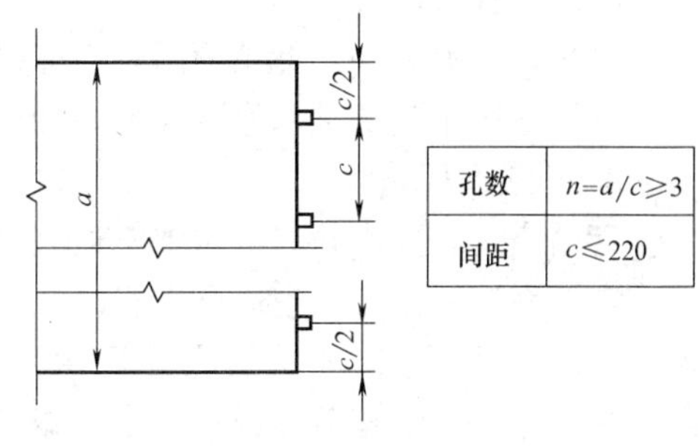

孔数	$n=a/c\geqslant3$
间距	$c\leqslant220$

图 3-8-8　测定孔的间距

(四) 测定孔

测定孔分温度测定孔和风量测定孔两种。对于非保温风管可以不预留测定孔，在测定时按需要钻孔。保温风管现场钻孔会破坏保温层，因而要预留测定孔。

温度测定孔要钻在气流比较稳定的地点。风量测定孔的位置可参照图 3-8-7 留孔。

对于圆风管，在便于操作的地点预留互相垂直的两个风量测定孔。对于矩形风管可按图 3-8-8，在风管的一边留孔。

第九节　空气调节的水系统

空气调节的冷却水系统和冷冻水系统有关冷冻站的部分见第十章，诱导器、风机盘管的水系统见第四章。本节仅为上述两章未提到的部分。

一、水系统的分类

(一) 闭式循环和开式循环

1. 闭式循环系统

管路系统不与大气接触，在系统最高点设膨胀水箱并有排气和泄水装置的系统。当空调系统采用风机盘管、诱导器和水冷式表冷器作冷却用时，冷水系统宜采用闭式系统。高层建筑宜采用闭式系统。

闭式冷水系统冷冻机的蒸发器应为闭式的，且冷冻机的能量调节应能满足空调负荷的变化。一般空调系统的负荷变化在 100%～20%之间，在选用冷冻机台数和单台的能量调节时，要考虑此问题。

热水系统，一般均为闭式系统。在设计时应考虑锅炉房或热网在低负荷时供热的可能性。如低负荷时，不可能供热，则应考虑其他措施（如电加热等）。

闭式循环的优点：

(1) 管道与设备不易腐蚀；

(2) 不需为提升高度的静水压力，循环水泵扬程低，从而水泵功率小；

(3) 由于没有贮水箱、不需重力回水、回水不需另设水泵等，因而投资省、系统简单。

闭式循环的缺点：

(1) 蓄冷能力小，低负荷时，冷冻机也需经常开动。

(2) 膨胀水箱的补水有时需另加加压水泵。

2. 开式循环系统

管路之间有贮水箱（或水池）通大气，自流回水时，管路通大气的系统。

空调系统采用喷水室冷却空气时，宜采用开式系统。空调系统采用冷水表冷器，冷水温度要求波动小或冷冻机的能量调节不能满足空调系统的负荷变化时，也可采用开式系统。当采用开式水箱蓄冷或贮水以削减高峰负荷时，也宜采用开式系统。

开式系统的优点是冷水箱有一定的蓄冷能力，增加能量调节能力，且冷水温度波动可以小一些。

其缺点为：

(1) 冷水与大气接触，易腐蚀管路；

(2) 喷水室如较低，不能直接自流回到冷冻站时，则需增加回水池和回水泵；

(3) 用户（喷水室、表冷器）与冷冻站高差较大时，水泵则需克服高差造成的静水压力，耗电量增大。

(4) 采用自流回水时，回水管径大，因而投资高一些。

(二) 两管制、三管制、四管制

对于风机盘管、诱导器、冷热共用的表冷器的热水和冷水供应分为两管制、三管制和四管制。

1. 仅要求冬季加热和夏季降温的系统；以及全年运行的空调系统，整个水系统内不同时存在有的房间加热，有的房间冷却，可以按季节进行冷却和加热的转换时，应采用两管制闭式系统。

2. 当冷却和加热工况交替频繁或不同房间同时要求冷却和加热时，可采用四管制系统。

3. 三管制由于冷热损失大，控制较复杂，一般不采用。

4. 对于工艺性有严格温、湿度要求的空调系统，一般冷热水系统均分开设置。

(三) 定水量和变水量

1. 定水量系统

系统中循环水量为定值，或夏季和冬季分别采用两个不同的定水量，负荷变化时，减少制冷量或热量，改变供、回水温度的系统。

定水量系统简单，不需要变水量定压控制。用户采用三通阀，改变通过表冷器的水量，各用户之间不互相干扰，运行较稳定。

其缺点是水量均按最大负荷确定的，而最大负荷出现时间很短，即使在最大负荷时，各朝向的峰值也不会在同一时间内出现，绝大多数时间供水量都大于所需要的水量，因此泵无效耗能很大。另外，如采用多台冷冻机和多台水泵供水，负荷小时，有的冷冻机停止运行，而水泵却全部运行，则供水温度升高，使风机盘管等降湿能力降低，会加大室内相对湿度。

通常，采用多台冷冻机和多台水泵的系统，当冷冻机停止运行时，相应的水泵也停止运行。这样节约了水泵的能耗，但水量也随之变化，成为阶梯式的定水量系统。

定水量系统，一般适用于间歇性降温的系统（如影院、剧场、大会议厅等）和空调面积小，只有一台冷冻机和一台水泵的系统。

2. 变水量系统

保持供水温度在一定范围内，当负荷变化时，改变供水量的系统为变水量系统。

变水量系统的水泵能耗随负荷减少而降低，系统的最大水量亦可按综合最大负荷计算，因而水泵运行能量可大为降低，管路和水泵的初投资亦可降低。但需采用供、回水压差进行台数和流量控制，自控系统较复杂。

变水量系统适用于大面积空调全年运行的系统。变水量系统的各用户流量应采用自动控制。

（四）同程式和异程式

室内管网，尤其是带有吊顶的高层的室内管网，当采用风机盘管时，用水点很多，利用调节管径的大小，进行平衡，往往是不可能的。采用平衡阀或普通阀门进行水量调节则调节工作量很大。因此，水管路宜采用同程式，即使通过每一用户的供、回水管路长度相同。如能使每米长管路的阻力损失接近相等，则管网阻力不需调节即可平衡。

采用同程式较异程式增加了回程的跑空管路，增加了投资和水管占有的空间。

对于外网，各大环路之间、用水点少的系统，为节约管道，可采用异程式；每个支路都有自动调节阀调节水量时，亦可采用异程式。

二、高层建筑水系统分区

（一）系统的承压

高层建筑按层数分几个区与系统内管路、设备、部件所能承受的压力有关。

1. 系统的最高压力：在系统的最低处或水泵出口处，设计时应对各点的压力进行分析，以选择合适的构件和设备。在图 3-9-1 所示的系统中分析下列三种情况：

（1）系统停止运行时，A 点承压最大：

$$P_A = 9.81h \tag{3-9-1}$$

（2）系统正常运行时，A 点和 B 点均可能承压最大：

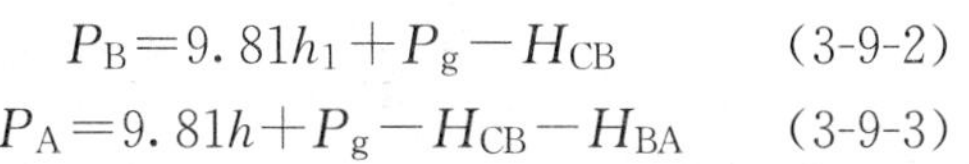

$$P_B = 9.81h_1 + P_g - H_{CB} \tag{3-9-2}$$

$$P_A = 9.81h + P_g - H_{CB} - H_{BA} \tag{3-9-3}$$

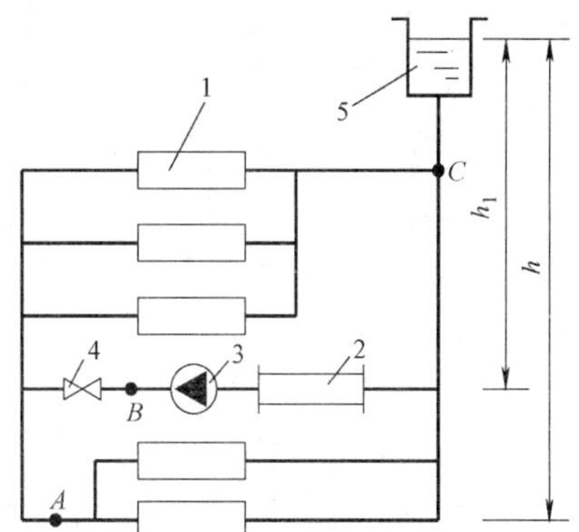

图 3-9-1　水系统承压分析

1—用户；2—蒸发器或热交换器；3—循环泵；4—阀门；5—水箱

（3）当系统开始运行时，阀门 4 可能处于关闭状态，则 B 点的压力最大：

$$P_B = 9.81h_1 + P \tag{3-9-4}$$

式中　P_A、P_B——A 点和 B 点处的静压（kPa）；

h、h_1——水箱液面至 A 点、B 点的垂直距离（m）；

H_{CB}——C 点至 B 点的摩擦和局部阻力之和（kPa）；

H_{BA}——B 点至 A 点的摩擦和局部阻力之和；

P_g、P——水泵的静压和全压（kPa）；

$$P_g = P - v^2/2 \tag{3-9-5}$$

v——B 点处管内流速（m/s）。

设备、构件的承压能力应按上述一、二项的最大值并加一定安全因素考虑，并能承受第三项压力。设备、构件所处的层次不同，其所承受的压力也不同。

2. 设备构件的承压：

（1）管道，水煤气管≤1MPa、加厚的和螺旋焊接管≤1.5MPa，无缝钢管≤6MPa。

（2）阀门，1.0、1.6、2.5～100MPa 均有产品，可根据需要选用。

（3）风机盘管、冷水表冷器等一般均按≤1.0MPa 出厂，有的产品可达 1.7MPa。

（二）水系统的分区

1. 如层高不高，可仅有一个区，冷源和热源设置在底层或地下室内，振动和噪声均易于处理。

2. 如按承压需两个区

（1）一个冷、热源设置在塔楼的屋顶或顶层，负责上区；另一个冷、热源设置在地下室内，负责下区。

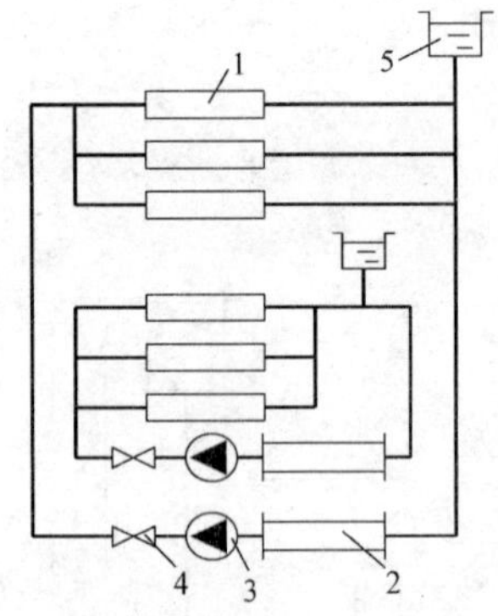

图 3-9-2　冷热源在底层分两个区
1～5 与图 3-9-1 相同

（2）两个区的制冷和热源设备均设置在裙房的屋面上，一个负责上区，另一个负责下区。

（3）两个区的制冷和热源设备均设置在塔楼的设备层内，或其中一个区在设备层，另一个区在地下室内。

（4）如冷冻机、换热设备承压高，其他设备、构件承压低，则可把冷冻、换热设备设置在地下室内，分两个区，一个供应上区，一个供应下区，如图 3-9-2 所示。

（5）在底层或地下室设置制冷机等冷热源，在设备层设水一水换热器供上区，地下室冷热源直接供下区。

3. 如按承压需分三个区，下面两个区可按上述分法，上面一个区在南方地区可设风冷热泵机组，放在顶层或靠近顶层的技术层内；在冬季室外温度很低不适用热泵的地区，夏季可用风机机组，冬季最上一个区可用换热器供热。

三、管路设计

（一）水的流速

1. 压力水管的水流速主要是经济和噪声两个因素。管内的水速太大，对环路的平衡不利，故总管流速可以取得大一些，而分支管路可以小一些。

管内最大流速建议按表 3-9-1 采用。

2. 自流回水按坡度、高差计算。

3. 风机盘管和表冷器的冷凝水管管径，应根据冷凝水流量和冷凝水管的最小坡度，为计算方便，可按冷负荷确定冷凝水管径，每 1kW 冷负荷最大冷凝水量一般为0.4～0.8kg。

冷凝水管的管径，可按表 3-9-2 选用。

冷热水管最大流速（m/s） **表 3-9-1**

公称直径(mm)	15	20	25	32	40	50	>50
一般管网	0.8	1.0	1.2	1.4	1.7	2.0	3.0
有特安静要求的室内管网	0.5	0.65	0.8	1.0	1.2	1.3	1.5

冷凝水管径选择表 **表 3-9-2**

管道最小坡度	冷负荷(kW)							
0.001	<7	7.1~17.6	17.1~100	101~176	177~598	599~1055	1056~1512	1513~12462	>12462
0.003	<7	17~42	42~230	230~400	400~1100	1100~2000	2000~3500	3500~15000	>15000
管道公称直径(mm)	*DN*20	*DN*25	*DN*32	*DN*40	*DN*50	*DN*80	*DN*100	*DN*125	*DN*150

(二) 管材

低压系统，≤*DN*50 的可用焊接钢管，>*DN*50 的用无缝钢管，高压系统可一律采用无缝钢管。

冷凝水管可采用镀锌钢管或塑料管，不宜采用焊接钢管。

管道一般都需保温，管道保温前要刷两道防锈底漆。

(三) 变水量系统的水流量

定流量系统的总水量按最大负荷计算：

$$W=\frac{Q}{c\rho(t_h-t_j)} \tag{3-9-6}$$

变水量水系统的总水量按下式计算：

$$W=\frac{n_1Q_1}{c\rho(t_h-t_j)}=\frac{n_1n_2Q}{c\rho(t_h-t_j)} \tag{3-9-7}$$

式中 W——冷水总水量（m^3/s）；

Q——各空调房间设计工况时的负荷总和（kW）；

Q_1——各空调房间设计工况的综合最大负荷（kW），可以按第四章变风量系统计算方法计算出较准确的数值；

c——水的比热容，可取 4.19kJ/(kg·℃)；

ρ——水的密度，可取 1000kg/m^3；

t_h——回水的平均温度（℃）；

t_j——供水温度（℃）；

n_1——同时使用系数，例如旅馆，可取 $n_1=0.7\sim0.8$；

n_2——负荷系数，如不仔细计算，以围护结构负荷为主的，可取 $n_2=0.7\sim0.8$。

四、水系统设计

(一) 放气和泄水

1. 闭式系统热水管和冷水管均应有 0.003 的坡度，最小坡度不应小于 0.002。当多管在一起敷设时，各管路坡向最好相同，以便采用共用支架。

如因条件限制，热水和冷水管道可无坡度敷设，但管内水流速不得小于0.25m/s，并应考虑在变水量调节时，也不应小于此值。

2. 闭式系统在热水和冷水管路的每个最高点（当无坡度敷设时，在水平管水流的终点）设排气装置（集气罐或自动排气阀）。对于自动排气阀应考虑其损坏或失灵时易于更换的关断措施，即在其与管道连接处设一个阀门。手动集气罐的排气管应接到水池或地漏，排气管上的阀门应便于操作；自动排气阀的排气管也最好接至室外或水池等，以防止其失灵漏水时，流到室内或顶棚上。

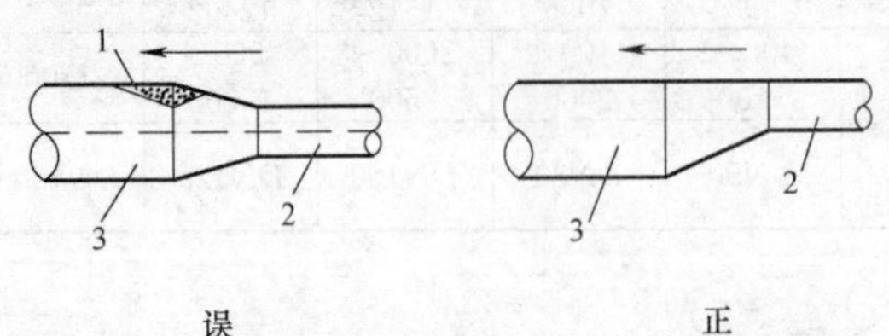

图 3-9-3　水泵吸入口或小管与大管的接法

1—气囊；2—水泵吸入口或小管；3—大管

3. 与水泵接管及大管与小管连接时，应防止气囊产生。大管需由小管排气时，大管与小管的连接应为顶平，以防大管中产生气囊，如图 3-9-3 所示。

4. 系统的最低点和需要单独放水的设备（如表冷器、加热器等）的下部应设带阀门的放水管，并接入地漏或漏斗。作为系统刚开始运行时冲刷管路和管路检修时放水之用。

5. 空调器、风机盘管等的表冷器（冷盘管），其冷凝水的排水管应有水封。当表冷器冷凝水的排出口处于负压时，水封做法见图 3-9-4（a）。当表冷器冷凝水的排出口处于正压时，水封做法见图 3-9-4（b）。

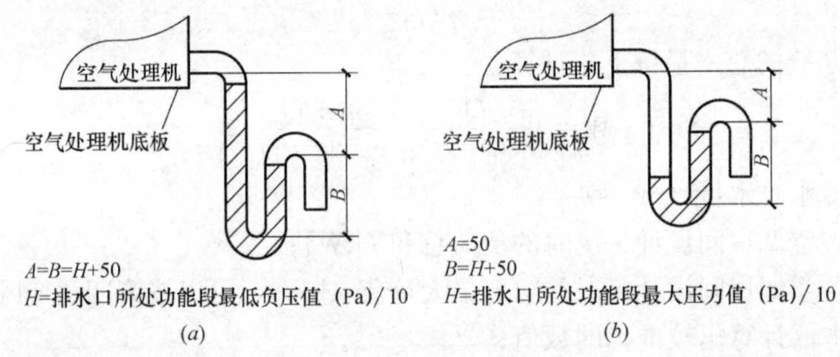

图 3-9-4　凝结水水封

6. 空调机房内应设地漏，以排出喷水室的放水，水泵、阀门可能的漏水和表冷器的凝结水。地面的坡度应坡向地漏，地面应作防水处理。或者将可能有水的地方周围设堰，围堰内设地漏，地面要防水。

（二）膨胀水箱

采用闭式水系统时，为容纳水系统的膨胀量应设置膨胀水箱。水箱容积按下式计算：

$$V=\left(\frac{1}{\rho_2}-\frac{1}{\rho_1}\right)V_c Q \tag{3-9-8}$$

式中　V——水箱容积（L）；

ρ_2——系统在高温时水的密度（kg/L），热水时，为热水供水的温度，冷水时，为系统运行前水的最高温度，可取35℃；

ρ_1——系统在低温时水的密度（kg/L），热水时，可取20℃；冷水时，为冷水供水温度，可取7℃；

V_c——系统内单位水容量（L/kW）之和，与进、回水温差，水通路的长短等有关，见表3-9-3；

Q——系统的总冷量或总热量（kW）。

按上述数据，公式（3-9-9）可改写为下面几个公式：

当仅为冷水水箱时：

$$V=0.006V_cQ \qquad (3\text{-}9\text{-}9)$$

当用60～40℃热水供热时：

$$V=0.015V_cQ \qquad (3\text{-}9\text{-}10)$$

当用95～70℃热水供热时

$$V=0.038V_cQ \qquad (3\text{-}9\text{-}11)$$

每供1kW冷量或热量的水容量 V_c（L/kW） **表3-9-3**

系统的管路或设备	V_c
室内机械循环供热管路(温差20～25℃)	7.8
室外机械循环供热管路(温差20～25℃)	5.8
室内机械循环供冷(温差5℃)或冷热两用	31.2
室外机械循环供冷(温差5℃)或冷热两用	23.2
锅炉	2～5
制冷机的壳管式蒸发器	1
蒸汽—水或水—水热交换器	1
表冷器(冷、热盘管)	1

注：① 室内管路按平均水流程400m（温差25℃为500m）、管内平均流速为0.5m/s考虑的；室外管路按平均水流程600m（温差25℃为700m）、管内平均流速为lm/s考虑的。

② 水容量 V_C 与平均水流程成正比与流速成反比，实际情况与注①相差较大时，可以修正，一般可不修正。

膨胀水箱的构造及尺寸见国家标准图。膨胀水箱底部至少比系统内管路最高点高出1.5m。

膨胀水箱共有下列接管：

1. 溢水管，超容量溢水用，可接至附近下水道或雨水道。

2. 排水管，清洗放空用，与溢水管接在一起。

3. 膨胀管，机械循环接至定压点，最好接至循环水泵入口；当水箱距水泵入口较远时，可接至该建筑内的回水总管上，但运行时，回水总管和水泵入口间不应有关断的阀门。

4. 循环管，为防止水箱结冰之用，接在距膨胀管2m左右之处，仅为夏季供冷或不可能结冰的水箱可不设此管。

5. 检查管，检查膨胀水箱内是否有水，一般接至底层洗手盆或锅炉房内。当采用自动观察仪表并自动发出电讯号时，可不设此管。

6. 当有合适的水质、水压可直接向水箱补水时，要设带浮球阀的自动补水管，球浮阀应保持最低水位。自动补水的水量可按系统循环水量的1%考虑。

系统内的水，当为热水或冷热两用时，应采用软化水，当软化水压力不能直接供入水箱时，应另设水泵补水，补水泵宜采用按水箱水位自动控制，直接补入循环水泵入口处。

（三）管路伸缩和固定

1. 管道伸缩量；管道因温度升高或降低而伸缩，对于普通钢管：

$$\Delta L=0.012(t_1-t_2)L \qquad (3\text{-}9\text{-}12)$$

式中 ΔL——管道的热伸长量，即管道热与冷时的长度差（mm）；

t_1——管道在最热时的温度（℃），热管或冷热两用管为热媒温度，冷管道为环境最高温度；

t_2——管道在最冷时的温度（℃），冷媒温度或环境最低温度；

0.012——管道的膨胀系数［mm/(m·℃)］。

2. 补偿器：补偿器尽可能利用管道的转弯进行补偿，不足时可采用方型伸缩器、波形补偿器等补偿。对于高层建筑的立管，宜采用波形补偿器。方形伸缩器可采用国家标准图，波形补偿器可按厂家的产品样本选用。

3. 管道固定：水平管和立管均应有活动支架和固定支架。对于高层建筑要特别注意其固定支架的坚固性，其作用力往往可达1万至几万 kg，在建筑结构上要考虑这项荷重，冷水管道虽然伸缩量小，但其固定支架的作用力却很大。管道支架的距离、作用力的计算见有关供热方面的手册。

(四) 过滤器（除污器）

在水系统中的水泵、换热器、孔板以及表冷器（冷热盘管）、加热器等入口上设过滤器。对于表冷器和加热器可在总入口或分支管路上设过滤器。以防止系统中大颗粒杂物（如铁锈等）堵塞。常用Y型过滤器，其外形小，易于安装。也可采用国家标准图的除污器。Y型过滤器的阻力系数，可取 $\xi=2.2$。

(五) 阀门

水管的阀门可采用闸阀、球阀，对于大管路宜采用蝶阀，蝶阀外形小，开关灵活。阀门垫片宜采用不易生锈的材料，对于闸阀和球阀宜采用不锈钢垫片。选用阀门时，应和系统的承压能力相适应。

阀门的作用一为检修时关断用，一为调节用。当需定量调节流量时，可采用平衡阀。平衡阀可以兼作流量测定、流量调节、关断和排污用。

一般在下列地点设阀门：

1. 水泵的进口和出口；
2. 系统的总入口、总出口；各分支环路的入口和出口；
3. 热交换器、表冷器、加热器、过滤器的进出水管；
4. 自动控制阀二通阀的两端、三通阀的三端，以及为手动运行的旁通阀上；
5. 放水及放气管上；
6. 压力表的接管上。

(六) 温度计与压力表、流量计

一般在每个建筑物的入口和出口水管上设温度计和压力表。必要时，在分支环路和每个集中式系统设温度计和压力表。

需要分别计量的环路上设流量计。

第十节　管道和设备的保温及冷热损耗

一、管道和设备的保温

(一) 保温的作用及需保温的管道、设备

空调管道和设备在下列情况下要保温：

1. 不保温冷、热损耗量大，且不经济时；

2. 由于冷、热损失使介质温度达不到要求温度，从而达不到规定的室内参数时；

3. 当管道通过要求参数严格的空调房间，由于管道散出的冷热量对室内参数有不利影响时；

4. 防止管道的冷表面结露或防止管道热表面造成可燃物燃烧时。

一般情况下，需保温的管道、设备有：冷水的供、回水管道，供热管道，管道附件，空调器，空调的送、回风机，冷热水箱，不在空调房间的送、回风管，可能在外表面结露的新风管，制冷压缩机的吸气管道、膨胀阀至蒸发器的液体管道，蒸发器水箱，不凝性液体分离器等。在空调房间内的风管如果太长，对室内参数有不利影响时，也应保温。

冷管道或设备的保温层厚度取防止结露的最小厚度和经济厚度二者中的较大值。热管道除计算经济厚度外，还应考虑其外表面温度不致影响所在房间的室内参数和满足防火要求。当对冷、热媒的温升或温降有严格要求时，还应校核其是否满足要求。

（二）按防止结露的保温层厚度

防止结露指绝大多数时间不结露。例如设置在和室外大气有良好接触的房间内的冷管道，当室外相对湿度达到95%以上且温度较高时不结露是很难做到的，也是不必要的。

1. 平面的保温厚度

对于矩形管道、设备，以及外径>400mm的圆形管道，可按平面保温考虑。按下式计算其最小保温层厚度：

$$\delta=\frac{\lambda}{\alpha_{wg}}\left(\frac{t_l-t_{ng}}{t_{wg}-t_l}\right)=\frac{\lambda}{\alpha_{wg}}\left(\frac{t_{wg}-t_{ng}}{t_{wg}-t_l}-1\right) \tag{3-10-1}$$

2. 圆管可按下式计算：

$$(d+2\delta)\ln\left(\frac{d+2\delta}{d}\right)=\frac{2\lambda}{\alpha_{wg}}\left(\frac{t_l-t_{ng}}{t_{wg}-t_l}\right) \tag{3-10-2}$$

式中 δ——防止结露保温层的最小厚度（m）

t_{wg}——保温层外的空气温度（℃），需保温的管道或设备不在空调房间内或在室外时，取室外最热月历年平均温度，具体数值见第一章；

t_l——保温层外的空气露点温度（℃），不在空调房间内或在室外时，按 t_{wg} 和室外最热月历年月平均相对湿度确定；

t_{ng}——管内介质温度（℃）；

λ——保温材料的导热系数［W/(m·℃)］；

α_{wg}——保温层外表面换热系数［W/(m²·℃)］，一般为5.8～11.6，室内管道可取8.1；

d——保温前的管道外径。

对于圆管，计算出$\frac{2\lambda}{\alpha_{wg}}\left(\frac{t_l-t_{ng}}{t_{wg}-t_l}\right)$后，保温层厚度可由表3-10-1中查出。

圆管保温层厚度计算表 **表 3-10-1**

水管直径		$A=(d+2\delta)\ln\left(\frac{d+2\delta}{d}\right)$							
公称直径	外径								
15	23	0.027	0.064	0.107	0.155	0.206	0.262	0.320	0.380
20	28	0.026	0.061	0.101	0.146	0.195	0.245	0.301	0.358

续表

水管直径		$A=(d+2\delta)\ln\left(\frac{d+2\delta}{d}\right)$							
公称直径	外径								
25	34	0.025	0.058	0.096	0.138	0.184	0.233	0.284	0.338
32	43	0.024	0.055	0.090	0.130	0.172	0.217	0.265	0.315
40	48	0.024	0.054	0.088	0.126	0.167	0.211	0.257	0.305
50	60	0.023	0.051	0.083	0.119	0.157	0.198	0.241	0.286
65	73	0.023	0.050	0.080	0.113	0.150	0.188	0.228	0.271
80	89	0.022	0.048	0.077	0.109	0.143	0.179	0.217	0.256
100	108	0.022	0.047	0.074	0.105	0.137	0.171	0.206	0.244
150	159	0.021	0.045	0.070	0.098	0.127	0.157	0.189	0.222
200	219	0.021	0.044	0.068	0.093	0.120	0.148	0.178	0.209
250	273	0.021	0.043	0.066	0.091	0.116	0.143	0.171	0.200
300	325	0.021	0.042	0.065	0.089	0.114	0.140	0.167	0.194
保温层厚度(mm)		10	20	30	40	50	60	70	80

【例 3-10-1】 已知 $t_{wg}=29$℃，$\varphi_{wg}=77\%$，由 h-d 图查得 $t_l=24.5$℃；管内温度 $t_{ng}=5$℃；保温材料导热系数 $\lambda=0.04$W/(m·℃)；$\alpha_{wg}=8.1$W/(m^2·℃)；求管外径 D108mm 的圆管防止结露的最小厚度。

【解】 [1] $\frac{2\lambda}{\alpha_{wg}}\left(\frac{t_l-t_{ng}}{t_{wg}-t_l}\right)=\frac{2\times0.04}{8.1}\left(\frac{24.5-5}{29-24.5}\right)=0.043$

[2] 按公式求：

$$(d+2\delta)\ln\left(\frac{d+2\delta}{d}\right)=0.043$$

$$(0.108+2\delta)\ln\left(\frac{0.108+2\delta}{0.108}\right)=0.043$$

公式左面：当 $\delta=0.01$ 时，为 0.022

当 $\delta=0.02$ 时，为 0.047

0.043 所需厚度 δ 在 0.01～0.02m 之间，可取 0.02m 即 20mm。

[3] 按表 3-10-1 查，得同样结果。

(三) 保温的经济厚度

保温材料的年折旧费用随保温层厚度增加而增加，其冷热损失费用随保温层厚度增加而减少，年总费用（上述二者之和）有一个经济值。其经济保温厚度可以由计算求得。

对于平面和≥400mm 的圆管保温，其经济厚度可以按下式计算：

$$\delta_1=\sqrt{\frac{\lambda\Delta tn\beta}{bY}}-\frac{\lambda}{\alpha_{wg}} \tag{3-10-3}$$

对于＜400mm 圆管保温，按下式计算：

$$(d+2\delta_1)\ln\frac{d+2\delta_1}{d}=2\sqrt{\frac{\lambda\Delta tn\beta\left[1-\frac{2\lambda}{\alpha_{wg}(d+2\delta_1)}\right]}{b\left(Y_1+\frac{2Y_2}{d+2\delta_1}\right)}}-\frac{2\lambda}{\alpha_{wg}} \tag{3-10-4}$$

式中 δ_1——保温层经济厚度（m）；

Δt——运行期的管外平均温度与管内平均温度的温差（℃）；

n——输送冷媒或热媒的年工作时间（h/a）；

β——热价或冷价［元/(W·h)］，对于集中供热、供冷，按收费价格；对于自建锅炉房和冷冻站应包括初投资的折旧、电费、维修费等；

b——保温材料的年折旧率，一般取0.2～0.25/年；

Y——包括保护层的保温材料价格（元/m^3），包括施工费用；

Y_1——不包括保护层的保温材料价格（元/m^3），包括施工费用；

Y_2——保护层的价格（元/m^2），包括施工费用。

计算公式（3-10-4）时，由于公式两端都有δ_1，可以先假定几个δ_1算出右端数值，再查表3-10-1，找出相应的厚度δ_1。

【例3-10-2】 计算例3-10-1的冷水管的经济保温层厚度，已知用冷时间5个月，n=2400h/a；冷价$\beta=2.5\times10^{-4}$元/(W·h)；保温材料$Y_1=600$元/m^3，保护层$Y_2=15$元/m^2，运行时间管外平均温度为24℃，管内温度5℃，$\Delta t=19$℃。

【解】 按$\lambda=0.04$W/(m·℃)、$\alpha_{wg}=8.1$W/(m^2·℃)，取$b=0.2$。则公式（3-10-4）的右面为：

$$A=\sqrt{\frac{0.04\times19\times2400\times2.5\left[1-\dfrac{2\times0.04}{8.1(0.108+2\delta_1)}\right]\times10^{-4}}{0.2\left(600+\dfrac{2\times15}{0.108+\delta_1}\right)}}-\frac{2\times0.04}{8.1}$$

$$=\sqrt{\frac{0.456\left[1-\dfrac{2\times0.04}{101.25(0.108+2\delta_1)}\right]}{120+\dfrac{6}{(0.108+2\delta_1}\Big)}}-0.00988$$

当$\delta_1=0.03$m时，$A=0.095$

$\delta_1=0.04$m时，$A=0.097$

查表3-10-1，$\delta_1=30$mm，公式左面$A=0.074$

$\delta_1=40$mm，公式左面$A=0.105$

经济厚度δ_1在30～40mm之间，接近40mm，可取40mm。

由上例可以看出，δ_1对公式右面的数值变化影响不大。所以只要假定一个相近似的厚度，计算出公式右面的数值，再查表3-10-1即可求出经济厚度。

（四）按保温后的外表面温度确定保温层厚度

对于平面（矩形管和≥400mm的圆管）其保温层厚度，可按下式计算

$$\delta_2=\frac{\lambda}{\alpha_{wg}}\left(\frac{t_{ng}-t_{wb}}{t_{wb}-t_{wg}}\right)\tag{3-10-5}$$

对于小于400mm的圆管，可按下式计算：

$$(d+2\delta_2)\ln\left(\frac{d+2\delta_2}{d}\right)=\frac{2\lambda}{\alpha_{wg}}\left(\frac{t_{ng}-t_{wb}}{t_{wb}-t_{wg}}\right)\tag{3-10-6}$$

式中 t_{wb}——保温后的外表面温度（℃）；

δ_2——按保温后的外表面温度确定的保温层厚度（m）。

对于圆管，也可在计算出公式右端后，查表3-10-1确定保温层厚度。

【例3-10-3】 有一$DN50$的管子，管内介质温度为130℃，管外温度为20℃，保温材料$\lambda=0.05$W/(m^2·℃)，要求保温层外表面温度不大于30℃，求保温层厚度δ_2。

【解】 取 $\alpha_{wg}=10W/(m^2 \cdot ℃)$

$$A=\frac{2\lambda}{\alpha_{wg}}\left(\frac{t_{ng}-t_{wb}}{t_{wb}-t_{wg}}\right)=\frac{2\times0.05}{10}\left(\frac{130-30}{30-20}\right)=0.10$$

查表 3-10-1，当 $DN50$ 时，当保温层厚度为 40mm 时，$A=0.119>0.10$，采用 40mm 即可满足要求。

(五) 保温材料的选择

保温材料应根据因地制宜，就地取材的原则，选取来源广泛、价廉、保温性能好、易于施工、耐用的材料。具体有以下要求：

1. 导热系数低、价格低。一般说来，二者乘积最小的材料较经济。在二者乘积相差不大时，导热系数小的经济。

2. 容重小、多孔性材料。这类材料不但导热系数小，而且保温后的管道轻，便于施工，也减少荷重。

3. 保温后不易变形并具有一定的抗压强度。最好采用板状和毡状等成型材料；采用散状材料时，要采取防止其由于压缩等原因变形的措施。

4. 保温材料不宜采用有机物和易燃物，以免生虫、腐烂、生菌、引鼠或发生火灾。当采用上述材料时，要进行处理。

5. 宜采用吸湿性小、存水性弱、对管壁无腐蚀作用的材料，特别对冷管道保温，如保温材料含水多则易产生凝结水，造成对管壁等的腐蚀，保温材料也易于损坏。冷管道和设置在地沟内的管道，不宜采用含有硫化物的材料。

6. 保温材料应采用非燃和难燃材料，必须符合《建筑设计防火规范》等规定的防火要求。对于电加热器等的保温，必须采用非燃材料。

冷管道在保温层外应设防潮层，以防管外的水分和潮湿空气侵入保温层内部使保温层内结露。

设置在室内的管道应注意外表面光滑和美观。隐蔽在技术夹层内的管道可以在外表面涂沥青作为防潮层，不加保护壳。

室外冷管道避免架空敷设，如架空应有防止辐射热的措施。

常用的保温结构由防腐层（一般刷防腐漆）、保温层、防潮层（包油毡、塑料布或刷沥青）和保护层组成。保护层随敷设地点和当地材料不同可采用水泥保护层、镀锌钢板保护层、铝板保护层、玻璃布或塑料布保护层、木板或胶合板保护层等。

保温结构的具体做法，详见国家标准图。

二、空调系统的冷热损耗

空调系统的冷热损耗包括由于风管、通风机、空调器、水泵、冷水箱和冷水管（或冷媒管路）、热媒管路的外表面传热的冷热损耗，以及机械能转换为热能的冷损耗。这是一种无效的损耗，应设法减少这些损耗。除适当选用保温层外，还要尽量减少管路长度、选用效率较高的通风机和水泵，并使风机和水泵经常在效率较高的工况下工作。

在计算系统的冷热量时，要计算下列的冷热量损耗。

（一）管道的温升或温降（管道的冷热损耗）

对于平面（矩形风管等）按下式计算：

$$\Delta t_{g}=(t_{w}-t_{1})(1-e^{-\frac{Nl}{cGR}}) \tag{3-10-7}$$

当其温升（或温降）较小时，可近似地按下式计算：

$$\Delta t_{g}=\frac{Nl}{cGR}(t_{w}-t_{1}) \tag{3-10-8}$$

对于圆管，按下式计算：

$$\Delta t_{g}=(t_{w}-t_{1})(1-e^{-\frac{l}{cGR}}) \tag{3-10-9}$$

温升或温降较小时，可用下式近似计算：

$$\Delta t_{g}=\frac{l}{cGR}(t_{w}-t_{1}) \tag{3-10-10}$$

管道的冷损耗（负值时为热损耗）：

$$Q=cG\Delta t_{g} \tag{3-10-11}$$

式中 Δt_{g}——管道的温升（负值时为温降）（℃）；

t_{w}——管外温度，当管道设置在非空调房间时，按空调房间邻室温度的计算方法计算，见第二章；

t_{1}——管道内介质的初始温度（℃）；

N——管道保温后的平均周长（m）；

l——管长（m）；

c——管道内介质的定压比热容［J/(kg · ℃)］；

G——介质的流量（kg/s）；

R——管子的热阻；

对于平面：

$$R=\frac{1}{\alpha_{ng}}+\sum\frac{\delta}{\lambda}+\frac{1}{\alpha_{wg}}(\mathrm{m^{2}\cdot ℃/W}) \tag{3-10-12}$$

对于圆管：

$$R=\frac{1}{\pi}\left(\frac{1}{\alpha_{ng}d_{0}}+\frac{1}{2\lambda_{0}}\ln\frac{d_{1}}{d_{0}}+\frac{1}{2\lambda_{1}}\ln\frac{d_{2}}{d_{1}}+\cdots\cdots+\frac{1}{2\lambda_{n}}\ln\frac{d_{n+1}}{d_{n}}+\frac{1}{\alpha_{ng}d_{n+1}}\right)(\mathrm{m\cdot ℃/W}) \tag{3-10-13}$$

式中 α_{ng}——内壁的换热系数［W/(m² · ℃)］；

α_{wg}——保温层最外表面的换热系数［W/(m² · ℃)］；

δ——保温层厚度（m）；

d_{0}、d_{1}、d_{2}……——各层的直径（m），见图 3-10-1；

λ_{1}、λ_{2}、λ_{3}……——各层材料的导热系数［W/(m · ℃)］；

对于地沟内的管道，地沟可采用当量直径：

$$d=\frac{4F_{n}}{s} \tag{3-10-14}$$

F_{n}——地沟壁的横断面积（m²）

S——地沟壁周长（m）。

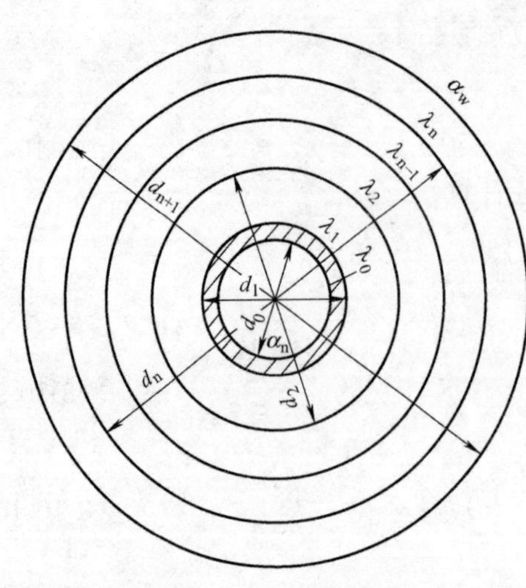

图 3-10-1 多层保温的圆管

对于直接埋地和地沟敷设时，土壤也是一个保温层，其 d 值按其埋深（由管中心至地面的高度）的两倍计算。其 λ 值，砂土可取 1.8；砂质黏土取 1.4；多石土取 2.7。

【例 3-10-4】 矩形风管 1000×630mm，风量 G=20000m^3/h（5.56m^3/s），保温材料 λ=0.05W/(m·℃)，δ=40mm，进入风管风温为 12℃，管道长度 l=100m，管外计算温度为 30℃，求风管温升。

【解】 ［1］求热阻 R

取 α_{wg}=8.1W/(m²·℃)，忽略内表面和管壁热阻，

$$R=\frac{\delta}{\lambda}+\frac{1}{\alpha_{wg}}=\frac{0.04}{0.05}+\frac{1}{8.1}=0.923\text{m}^2\cdot℃/\text{W}$$

［2］求管道温升

$$\Delta t_g=\frac{Nl}{cGR}(t_w-t_1)=\frac{2(1.0+0.63+2\times0.04)\times100}{1010\times5.56\times0.923}(30-12)=1.19℃$$

【例 3-10-5】 冷水管外径 108mm，保温层厚 40mm，保温层导热系数 λ=0.04W/(m·℃)，管外温度 30℃，管内温度 5℃，管长 100m，水量 40t/h（11.11kg/s），求水管温升。

【解】 ［1］求热阻

取 α_{wg}=8.1W/(m²·℃)，忽略内表面和管壁热阻，

$$\begin{aligned}R&=\frac{1}{\pi}\left(\frac{1}{2\lambda}\ln\frac{d_2}{d_1}+\frac{1}{\alpha_{wg}d_2}\right)\\&=\frac{1}{\pi}\left[\frac{1}{2\times0.04}\ln\frac{0.108+0.04\times2}{0.108}+\frac{1}{8.1\times(0.108+0.04\times2)}\right]=2.42\text{m}\cdot℃/\text{W}\end{aligned}$$

［2］计算水管温升

$$\Delta t_g=\frac{l}{cGR}(t_w-t_1)=\frac{100}{4187\times11.11\times2.42}(30-5)=0.022℃$$

(二) 通风机的温升

经过通风机由机械能转为热能的温升（℃）按下式计算：

$$\Delta t_f=\frac{H\eta_3}{\rho c\eta_1\eta_2} \tag{3-10-15}$$

H——通风机的全压（Pa）；

ρ——空气密度（kg/m³）；

c——空气比热容，一般可取 1010J/(kg·℃)；

η_1——通风机的全压效率；

η_2——电动机效率；

η_3——电动机安装位置修正系数，当电动机在气流内时 η_3=1，当电动机在气流外时，$\eta_3=\eta_2$。

当 ρ=1.2kg/m^3，c=1010J/(kg·℃）时的风机温升见表 3-10-2。

风机在气流外时，其外壳的冷、热损失，可按计算风管的方法计算。

通风机的温升 Δt_f（℃） **表 3-10-2**

通风机全压 (Pa)	电动机在气流内 η_2=0.8				电动机在气流外			
	η_1=0.5	η_1=0.6	η_1=0.7	η_1=0.8	η_1=0.5	η_1=0.6	η_1=0.7	η_1=0.8
300	0.62	0.52	0.44	0.39	0.50	0.41	0.35	0.31
400	0.83	0.69	0.59	0.52	0.66	0.55	0.47	0.41
500	1.03	0.86	0.74	0.64	0.83	0.69	0.59	0.52
600	1.24	1.03	0.88	0.77	0.99	0.83	0.71	0.62
700	1.44	1.20	1.03	0.90	1.16	0.96	0.83	0.72
800	1.65	1.38	1.18	1.03	1.32	1.10	0.94	0.83
1000	2.06	1.72	1.47	1.29	1.65	1.38	1.18	1.03
1200	2.48	2.06	1.77	1.55	1.98	1.65	1.41	1.24
1400	2.89	2.41	2.06	1.80	2.31	1.93	1.65	1.44

（三）水泵温升

经过水泵由机械能转为热能的温升 Δt_s（℃）按下式计算：

$$\Delta t_s=\frac{H_s}{\rho_s c_s \eta_s} \tag{3-10-16}$$

式中 H_s——水泵全压（kPa）；

ρ_s——水的密度，可取 1000kg/m^3；

c_s——水的比热容，可取 4.19kJ/(kg·℃)；

η_s——水泵的效率。

水泵温升可由表 3-10-3 查出。

水泵温升 Δt_s（℃） **表 3-10-3**

水泵效率	水泵全压(kPa)							
η_s	100	150	200	250	300	350	400	450
0.5	0.048	0.071	0.095	0.119	0.143	0.167	0.190	0.214
0.6	0.040	0.060	0.079	0.099	0.119	0.139	0.159	0.179
0.7	0.034	0.051	0.068	0.085	0.102	0.119	0.136	0.153
0.8	0.030	0.045	0.060	0.074	0.089	0.104	0.119	0.134

第十一节 空调自动控制和调节

一、自动控制和调节的内容和目的

（一）自动控制和调节的内容

1. 检测被调房间内的温度、相对湿度等参数，通过调节水阀、风阀、电加热器、变频调速器等设备，保持被调房间内各参数稳定；

2. 当春、夏、秋、冬各季节被控参数不同时，实现工况的自动转换；

3. 当空调设备与其他设备（如冷冻机组、冷却塔）或系统（如消防系统）存在逻辑关系时，实现设备的连锁与自动保护；

4. 当空调系统消耗的能源需要计量时，实现电、水、蒸汽等参数的测量、累积和记录；

5. 当空调设备较多，且分散布置时，可以采用集散控制系统，达到集中管理、分散控制的目的。

（二）自动控制和调节的目的

1. 防止事故发生、保证设备的运行安全。如发生火灾时，控制系统发出连锁信号，通过配电系统自动停止空调风机（有较高洁净度要求的房间，确认火灾后，人工手动切断空调风机的电源）；电加热器无风断电保护；制冷压缩机的高压、低压、油压保护；具有逻辑关系的设备之间的连锁等。

2. 保持室内参数稳定。当被控房间内的冷热负荷、湿负荷或室外温度参数发生变化时，自动调节热水、冷水阀或送风量，实现稳定室内被控参数的目的。对有洁净度要求的房间，当室内外压差发生变化时，自动调节送风、回风和排风量，保持室内外压差稳定。

3. 自动控制节约能源。对于大面积空调，采用自动控制防止过热、过冷，最大限度地利用新风和一、二次回风防止冷热抵消，尤其对室内温湿度要求不严的系统，其节能的效果是显著的。

采用自动控制可以减少工人劳动强度、减少管理人员，防止误操作。但自动控制环节不宜太多，自控仪表要稳定可靠，便于维修。

自动控制采用何种水平，要根据室内参数要求等情况与用户协商确定。

二、自动调节

自动调节可以保持室内参数稳定和节约能源，是自动控制的主要组成部分。自动调节主要由检测元件、调节器、执行机构和调节机构组成（执行机构和调节机构组成调节阀）。方框图见图 3-11-1。

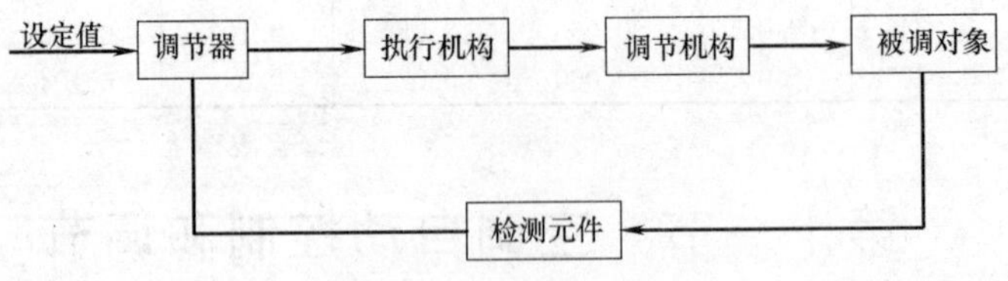

图 3-11-1　自动调节方框图

当被调对象（例如房间的温度或相对湿度）受到外界干扰（房间的热负荷或湿负荷变化）参数发生变化时，检测元件将被调对象参数的变化反馈至调节器，调节器将反馈信号与设定值比较，经过 PID 运算后向执行机构发出调节信号，执行机构操纵调节机构进行调节，使调节对象达到设定的参数值。

（一）室温调节

室温调节一般通过改变送风温度和送风量来实现。改变送风量大小为变风量系统的主要措施。

定风量单风管系统，采用改变送风温度的方法一般有以下几种：

1. 传热介质为冷水或热水时，对于表冷器和加热器一般采用双通或三通调节阀调节冷水或热水的流量。采用双通阀时，冷冻站、换热站的供水总管宜采用定压措施，使供回水压差保持稳定，以避免调节阀的相互干扰。采用这种方法运行经济，水量需要少时，可以停开一些水泵。

采用三通调节阀时，系统水量不变，但运行不经济。采用三通调节阀，系统中不会互相干扰。

调节阀的选择必须满足介质的工况要求，并通过计算选定阀门。一般都需缩径。

图 3-11-2 为采用双通阀和三通阀的安装图。采用自动阀门时，应考虑自动阀门检修时，仍能手动运行。

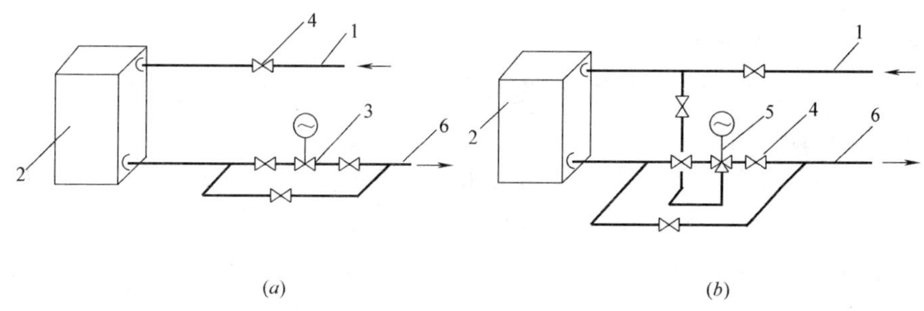

图 3-11-2 双通阀和三通阀的安装

(a) 双通阀安装；(b) 三通阀安装

1—冷水或热水进水；2—表冷器或加热器；3—双通调节阀；4—普通水阀；5—三通调阀；6—冷水回水或热水回火

对于水系统，自动调节阀宜放在回水管路上，这样不易损坏调节阀的密封。

2. 传热介质为蒸汽时，一般在蒸汽管上设双通调节阀。调节阀全关时，要求调节阀密封性能良好。

3. 对于喷水室，一般采用三通调节阀，保持水量一定，调节水温，运行较为稳定。也有采用双通调节阀调节水量的。

4. 采用电加热器对室内温度进行调节时，可采用位式调节或可控硅无级调节方式，对于室内温度允许波动范围要求不高的，可采用双位或多位调节方式，利用电源通断调节加热量；对于室内温度允许波动范围要求严格的，可采用可控硅调压等无级调节方式，利用改变电加热器的电压来调节加热量。需要强调的是，采用电加热器时，必须有断风保护措施。

5. 小型直接蒸发的表冷器（蒸发器），一般采用开停冷冻机调节送风温度。对于大型采用多缸冷冻机供冷的蒸发器，可用调节运行缸数调节送风温度。

6. 调节旁通风量，对于喷水室或表冷器采用旁通代替二次回风，对于室内相对湿度要求不高的系统，在过渡季较二次回风可更多节约一些能量。对于蒸汽加热器，在低负荷时，较调节蒸汽自动双通阀效果好一些。

7. 调节一、二次回风混合比、调节新风和一次回风混合比、调节新风和二次回风混合比，在某些室外气象条件下，均可有较好的节能效果。

8. 在中国北方含新风的水系统必须考虑防冻措施。

9. 调节阀的合理选择

调节阀通过改变自身阻力对水流量进行控制。在空调自控系统中，调节阀及驱动器的选择至关重要，其流量特性、尺寸大小、控制精度、响应速度以及其他相关参数都直接影响整个 HVAC 系统的性能、能耗和使用寿命。

（1）调节阀的选择应注意以下问题：

1）调节阀尺寸过小将导致流体无法达到设计流量，空调系统在极端气候下供冷或供热不足。同时由于阀体两端压降过大，气蚀和噪声现象都会更加严重。

2）调节阀尺寸过大致使阀体仅在接近全关的位置才对流体具有控制力，浪费了大量阀杆行程，控制精度下降，甚至出现介质流量不断波动的现象。此外，调节阀尺寸过大还会增加建设成本和运行噪声。

3）调节阀驱动器的驱动力不足将导致阀体打不开或关不死。

4）调节阀流量特性及驱动器控制精度或响应速度将影响设备控制品质。

（2）调节阀的耐压等级

调节阀首先需要保证能够承受系统最大水压。调节阀的耐压等级用公称压力 PN 表示。阀体公称压力由阀体及密封装置共同决定。所选阀门的公称压力必须大于系统静压、加压设备施予的压力、水泵全速扬程之和，以保证阀门不会漏水或爆裂。

工程中阀体所需要的公称压力主要由楼层高度决定。根据工程经验，如果楼层在 25 层以下一般需要阀体的公称压力为 $PN16$（最大耐压约为 1.6MPa）；如果楼层在 30 层以上，且一泵到顶，公称压力需要 $PN25$；超过 45 层一泵到顶应考虑 $PN40$ ；而对于一些厂区，因楼层较低，往往 $PN10$ 即可满足需求。

随着 PN 等级升高，阀体及相应管路的价格也将上升，水锤等现象将十分严重。因此很多高层建筑都会采用中间水箱或热交换器对水路系统进行接力，从而降低 PN 等级需求。因此实际工程中 $PN16$ 的调节阀最为常用。

（3）调节阀的流量特性

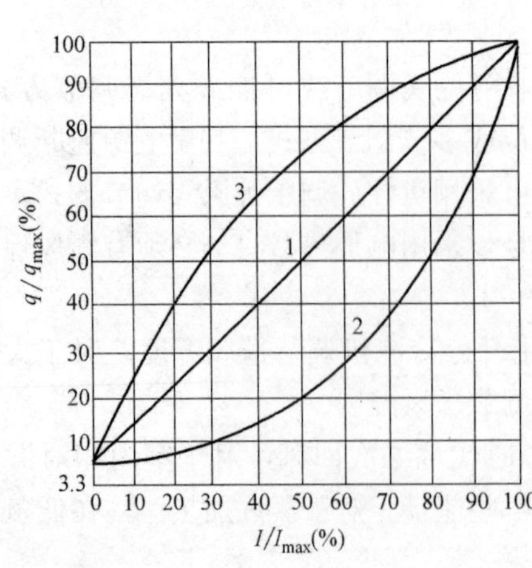

图 3-11-3　水阀的三种流量特性

1—线性；2—对数（等百分比）；3—快开

调节阀的静特性有时也叫做调节阀的特性，是指在调节阀前后压差一定的情况下，流过的介质流量与阀开度之间的函数关系。常用的调节阀其静特性有线性特性、对数特性（等百分比特性）和快开特性等三种，如图 3-11-3 所示。

快开特性阀在开度比较小时，流量比较大，故称为快开。一般用于位式调节系统和程序控制系统。

线性特性阀的 $Q/Q_{最大}$ 同 l/L 的关系用数学式表达为

$$Q/Q_{最大}=1/R[1+(R-1)l/L] \tag{3-11-1}$$

其中　　$R=Q_{最大}/Q_{最小}$

式中　L——阀门的最大开度；

l——阀门的开度；

$Q_{最大}$——阀门在最大开度下的流量；

$Q_{最小}$——阀门的最小流量，即泄漏流量；

Q——阀门在 l 开度下的流量。

式（3-11-1）表示在直角坐标图中是一条直线。

对数特性阀的 Q/Q 最大与 l/L 之间的关系为

$$Q/Q_{最大}=R^{(l/L-1)} \tag{3-11-2}$$

式（3-11-2）表示在直角坐标图中是一条指数曲线。对式（3-11-2）两边求对数得

$$\lg(Q/Q_{最大})=(l/L-1)\lg R \tag{3-11-3}$$

上式中 $Q_{最大}$、L 和 R 均是常数，故此式指出了 lg（$Q/Q_{最大}$）与 l/L 为线性关系。

上式也可以改写为

$$\mathrm{d}Q/Q=\lg R/L\mathrm{d}l \tag{3-11-4}$$

式（3-11-4）指出，流量变化的相对值（或百分数）正比于阀门开度的变化。或者说，对相同的开度变化 dl，流量变化的百分数（dQ/Q）相等。所以对数流量特性又叫做等百分比流量特性。

线性特性和对数特性的调节阀广泛应用于自动调节系统中，对需要调节下限侧流量的系统用对数特性阀较好。

（4）阀门流通能力

阀门流通能力 K_v 是指在 100kPa 压差下，流经全开阀门的常温水流量。它是水阀尺寸选择过程中主要需要确定的参数对象，由以下公式进行计算。

$$K_v=\frac{Q_d}{\sqrt{\frac{\Delta P_{100\%}}{100}}} \tag{3-11-5}$$

式中　Q_d——设计流量，即当阀门全开时希望阀体流过的最大流量；

$\Delta P_{100\%}$——阀门全开且流过设计流量时，阀门两端的压差。

注：许多工程中也用 C_v 值表示阀门流通能力。C_v 与 K_v 主要是测量条件不同，其换算关系为 $C_v=1.17K_v$。

上式中 Q_d 可根据暖通设备（如冷水机组或换热盘管等）的最冷/热量以及供回水温差计算获得。计算 K_v 的难点在于确定 $\Delta P_{100\%}$。

理论上 $\Delta P_{100\%}$ 需要根据众多暖通设计或设备运行参数进行计算，如变流量回路工作压差范围、暖通设备及相关管路在设计流量下的压降等。然而这些参数在实际工程选型中往往难以获得，因此本文推荐采用工程计算法确定 $\Delta P_{100\%}$。表 3-11-1 描述了 HVAC 中常见的阀门应用场合及工程计算方法。

对于具体的调节阀产品而言，阀门流通能力 K_v 并非一个连续量，而是呈级数增加的。对于按照公式（3-11-5）计算获得的 K_v 值，绝大多数情况下无法找到完全对应的阀体，而是落在两个尺寸相邻的阀体之间，此时一般选择较大的阀体口径，如果不能够满足需求，则转而选择口径较小的阀体。

（5）闭合压差

HVAC 中常见的阀门应用场合及工程计算方法　　表 3-11-1

控制阀类型	两通控制阀		三通控制阀		
控制类型	开关型	调节型	开关型	调节型	
管路示意	M 盘管 M 盘管	M 盘管 M 盘管	冷冻水供水 M 空调热水供水 换热末端 冷冻水回水 M 空调热水回水 末端回水	出水 回水 M 冷热源设备或换热盘管	M 盘管 分流应用 盘管 M 合流应用
典型应用	区域冷热控制，如风机盘管、VAV末端再热等	最常见的应用形式，如空调机组、新风机组、热交换器等	管路切换，如冬夏转换等	总进出水恒定，采用三通阀控制旁通比例，如带独立水泵的热换装置	通过分流或合流三通阀改变控制区域流量，如盘管、冷却塔、二级水系统等
三程计算	按管径选取或取 $\Delta P_{100\%}=10\%\Delta P_{VC}$。实际工程中为节约安装成本，一般直接按管径选取	取 $\Delta P_{100\%}=50\%\Delta P_{VC}$，且不小于 30～35kPa。实际工程中如果具体参数未知，可直接取 30～35kPa	阀门口径一般按照管径直接选取	取 $\Delta P_{100\%}=20\%\Delta P_{VC}$，或者取换热设备在设计流量下压降的 25%	此类应用采用与调节型二通控制阀相同的方法对 $\Delta P_{100\%}$ 进行计算

注：ΔP_{vc}表示变流管路的系统压差。

为特定阀体选择配套驱动器，除驱动方式、机械连接、行程等匹配外，还需考虑一个重要参数——闭合压差。

如图 3-11-4 所示，在水流控制中，入口压力 $P1$ 与出口压力 $P2$ 分别作用于阀芯上下两端。由于 $P1$ 与 $P2$ 之间存在压差 ΔP，形成对阀芯的作用力 F。驱动器要控制水阀体开度就必须能够提供大于 F 的驱动力。如果驱动力不够，则对于图 3-11-4（*a*）所示的阀芯结构，阀门将打不开；图 3-11-4（*b*）所示阀芯接口，阀门无法关死。

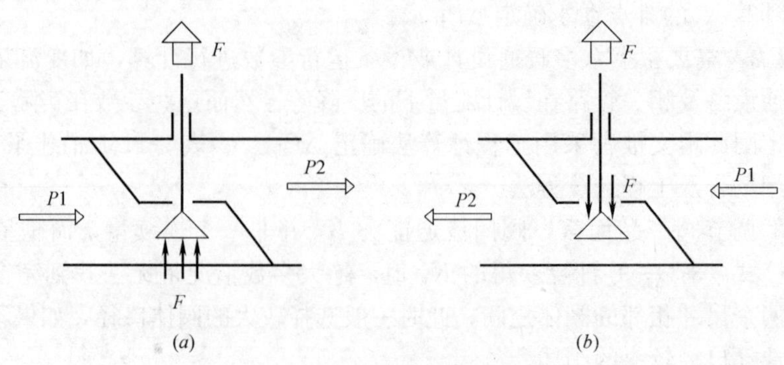

图 3-11-4　阀芯受力分析

驱动力需求 $F\approx\Delta P\times A$。其中，ΔP 随阀门开度的变化而变化，在阀门完全关断时最大，此时在接近水泵的楼层近似于水泵扬程；A 为阀芯受力面积，对于同样的阀芯结构，口径越大，受力面积就越大。

阀体配合驱动器后，保证正常工作所能承受的阀前后最大压差 ΔP_c 称为闭合压差。闭合压差由阀芯结构、阀芯受力面积、驱动器驱动力以及阀芯材料共同决定。显然工程中，水泵扬程越高，对关断压力的要求就越高；而为满足关断压力需求，对于相同阀芯结构，阀门口径越大，对驱动器的驱动力要求也就越高。值得注意的是，在大口径应用中，如采用常规单座阀阀芯结构，为保证闭合压差，阀体对驱动器的驱动力需求会急剧上升，达到数千牛顿，以致驱动器价格昂贵、安装空间要求高、运行噪声大。因此对于大口径应用，推荐采用平衡阀芯结构，以降低驱动力需求。

（二）室内相对湿度调节

1.“露点”控制适用以下情况：

（1）采用喷水室冷却和加湿的系统，定水量喷水，且室内湿负荷变化小时；

（2）仅作夏季降温、降湿的冷水表冷器系统，当室内湿负荷变化小时；

（3）采用表冷器降温、降湿，且采用喷水加湿或采用超声波加湿器等等焓加湿的系统，当室内湿负荷变化小时。

将温度敏感元件放在喷水室的挡水板后或表冷器后，保持处理后的温度，从而保持室内相对湿度。由于采用测温敏感元件代替测湿的敏感元件，因而造价较低，元件寿命长。

“露点”控制采用改变喷水温度（用三通阀调节冷水和循环水的比例）或改变通过表冷器的冷水量来实现。

2. 相对湿度控制　各类系统均可采用室内相对湿度控制。室内相对湿度可通过改变送风的含湿量或送风量来实现。改变送风含湿量的方法可以采用上述改变送风温度的方法，也可采用喷干蒸汽加湿等方法。

三、检测、信号与连锁

（一）检测和信号

1. 根据用户的要求等具体情况，可对下列全部或部分参数进行测量。检测仪表可就地设置，也可集中在控制室内。当需检测参数多时，可采用多点转换开关遥测或自动巡回检测。有必要时，采用计算机集中管理并将测得的主要数据打印记录。

（1）各空调房间的温度和相对湿度；

（2）室外空气的温度和相对湿度；

（3）送风和回风温度；

（4）喷水室或表面冷却器处理后的空气温度；

（5）加热器后的空气温度；

（6）一、二次混合后的风温；

（7）喷水室或表面冷却器进出口的冷水温度和进口的压力；

（8）加热器热水进出口的温度和压力或蒸汽的压力；

（9）空气过滤器和水过滤器的进出口静压差，

(10) 变风量系统风管内静压；

(11) 室内正、负压要求严格时，空调房间内的静压或与室外的静压差；

(12) 其他特殊要求检测的参数。

2. 根据具体情况，可在下列地点设声、光信号：

(1) 风机、水泵、电加热器等开关信号；

(2) 可能发生故障设备的报警信号；

(3) 各种执行机构的阀位开关信号。

(二) 连锁和自动保护

1. 空调系统的电加热器应与风机连锁，并应设无风断电保护；

2. 装电加热器的金属风管或输送可燃性气体的风管应接地；

3. 新风设电动阀时，其电动阀应与送风机连锁。在空调系统停止运行，且不供应冷水和热媒时，夏季热空气进入房间会使金属表面和墙壁凝水；冬季冷空气进入可能冻坏加热器和表冷器，也会使室温降低；

4. 在停电时或空调送风机停止时，蒸汽加湿器的阀门必须处于关闭位置，其他的冷水自动阀、热水自动阀和蒸汽阀亦宜处于关闭位置，以节约能量。但寒冷地区冬季的一次加热的防冻阀门应开启。靠近风机电机的加热器，在风机停开时，其供热阀门应关闭，以防止局部过热，影响电机寿命；

5. 对于室内参数要求严格的系统，空调系统宜设计成开停顺序连锁。一般为先开喷水泵、表冷器阀门、加热器阀门，再开送风机、新风阀，最后开排风机。停止时，其顺序应相反。

四、敏感元件的装设位置

供调节控制和检测用的敏感元件的装设位置，对测量精度和保证房间的参数要求有很大的影响。

1. 室内空气温度和相对湿度的敏感元件，应设在不受局部热源干扰、空气流通的地点。

仅有局部地区要求严格时，应装在要求严格的地点；如房间各处参数要求相同，可装在回风处。

2. 敏感元件放在风管或水管内时，应放在中心位置。压力敏感元件应放在直管段上，远离有局部阻力的部件的截面中心。

3. 敏感元件放在表冷器后、喷水室后、加热器前后时（有挡水板时，应放在挡水板后），应放在具有代表性的位置，一般放在靠近中部。如可能有水滴、辐射热或回风的影响时，应设弧形挡板或留出安装空段，以避免或减少其影响。

4. 敏感元件的位置应便于检查和更换，且应避免振动、腐蚀等影响。

五、VAV 变风量空调控制系统

VAV（Variable Air Volume）变风量集中空调系统的基本原理是通过改变送入被控

房间的风量（送风温度不变）来消除室内的冷、热负荷，保证房间的温度达到设定值并保持恒定。例如，夏季当室内温度高于设定值时就提高送风量，反之减小送风量；冬季当室内温度高于设定值时就减小送风量，反之提高送风量。这种空调方式可以显著的降低空调系统的能耗和改善空调系统的性能，提高空调系统的舒适度。

1. 水系统的自动控制

空调冷冻水系统循环泵，由一级泵和二级泵组成。一级泵为定频泵，其流量只需满足冷水机组的额定流量。二级泵采用变频泵，根据供回水之间的压差 ΔP 控制水泵电机转速，从而改变水泵的供水量。

当空调负荷逐渐减小，空调机组送风温度达到设定值时，现场 DDC 控制器自动将空调机组的回水电动阀开度减小，以减少机组水流量，此时系统供回水压差 ΔP 随之增大。通过 DDC 控制器自动调节变频器的输出频率使水泵转速下降，从而减小系统水流量。同理，当空调负荷增大时，相应的增大系统的水流量。当二级泵 $B1$ 满负荷运转时，流量仍不能满足空调系统需要时，DDC 控制器自动开启二级泵 $B2$。此时二级泵的流量大于一级泵的流量，系统回水通过旁通管回到二级泵进口，旁通的水量通过流量计进行检测。如果旁通的水量大于某一设定值时，说明一台制冷机的制冷量不能满足负荷的需要。同时系统自动启动第二台制冷机。反之，停止一台制冷机。上述过程中电动阀、系统压差均采用 PID 的调节方式。控制系统中干扰量是空调负荷，检测变送装置是温度传感器、压差传感器，控制器是 DDC，执行器是电动阀、变频水泵。由于空调负荷的滞后性、每个房间空调负荷的不均匀性，使得末端空调机组电动阀不可能同时开大或同时关小，从而造成水系统压差的不稳定性。采用 PID 的调节方式可以实现超前调节、积分调节，使系统控制更加平稳。

2. 空调末端变风量系统的自动控制

变风量空调系统中的空调机组采用变频风机，送入每个房间的风量由变风量末端装置 VAVbox 控制，每个变风量末端装置可根据房间的布局设置几个送风口。

室内温度通过末端装置设在房间的温控器进行设定，温控器本身自带温度检测装置，当房间的空调负荷发生变化实际值偏离设定值时，VAVbox 根据偏离程度通过系统计算，确定送入房间的风量。送入房间的实际风量可以通过 VAVbox 的检测装置进行检测，如果实际送风量与系统计算的送风量有偏差，则 VAVbox 自动调整进风口风阀以调整送风量。例如夏季，当室内温度高于设定值时，VAVbox 将开大风阀提高送风量，此时主送风道的静压 P 将下降，并通过静压传感器把实测值输入到现场 DDC 控制器，控制器将实测值与设定值进行比较后，控制变频风机提高送风量，以保持主送风道的静压。如果室内温度低于设定值时 VAVbox 将减小送风量。冬季和夏季的调节方式相同，但调节过程相反。

上述控制过程中，控制对象为室内温度、主送风道静压 P，检测装置为静压传感器，调节装置是现场 DDC 控制器，执行器是变频风机，干扰量是 VAVbox 风阀开度、空调负荷。另外，送风道的严密性也是不可避免的干扰量，但可以通过改善施工工艺使之减小到最小程度。由泵与风机的相似律可知，变频风机和变频水泵的节能原理是一样的，不再重复叙述。

由于变风量系统在调节风量的同时保持送风温度不变，因此在实际运行过程中必须根据空调负荷合理的确定送风温度。例如夏季，当送风温度定得过高，空调机组冷量不能平衡室内负荷时，空调机组可能大风量工频运转，此时起不到节能效果。空调机组的送风温度可以通过现场 DDC 控制器进行设定，并且通过控制空调机组回水电动阀，对送风温度进行有效的控制，控制过程如前所述。

为了使变风量系统更加稳定地工作、充分发挥节能效果，保持良好的室内空气品质。现场 DDC 可以对空调机组进行启停控制，通过设定时间表，使机组按时工作按时停止。对于有几十台甚至上百台空调机组的工程来说，可以节省很多人工。DDC 控制器通过监测新风与回风的焓值，确定新风与回风的混合比。在保持最小新风量的同时充分利用回风，以减少制冷机组能耗。DDC 控制器还可以对空调机组过滤器前后的压差进行监测。当过滤器出现堵塞时会及时报警，以免长时间影响机组送风量。各个现场的 DDC 控制器通过网络控制器与中央控制室之间进行信息交换，实现整个系统的集中控制。

空调系统的设计负荷，是考虑在最不利环境下的最大负荷。在实际运行的过程中，处于最大负荷运行状态的比例很小，所以采用变风量空调系统可以取得良好的节能效果。

参考文献

[1] 殷平 冰蓄冷低温送风系统设计方法（1）：室内计算参数、舒适感、室内空气品质

[2] 殷平 冰蓄冷低温送风系统设计方法（2）：焓湿图分析和空调机组选择计算

第四章　空气调节末端系统

第一节　风机盘管系统

一、风机盘管机组空调方式的特点

（一）系统发展概况及工作原理

风机盘管机组空调系统在国外广泛用于旅馆、公寓、医院和办公楼等高层建筑物中，同时也用于小型多室住宅建筑的集中空调场合。在我国，早年用于高层宾馆、办公楼和医院病房，以及空间不大负荷密度高的场合，现阶段其应用愈来愈广泛，已成为我国最常见的空调系统之一。

风机盘管机组是空调系统常用的末端机组之一，见图 4-1-1。

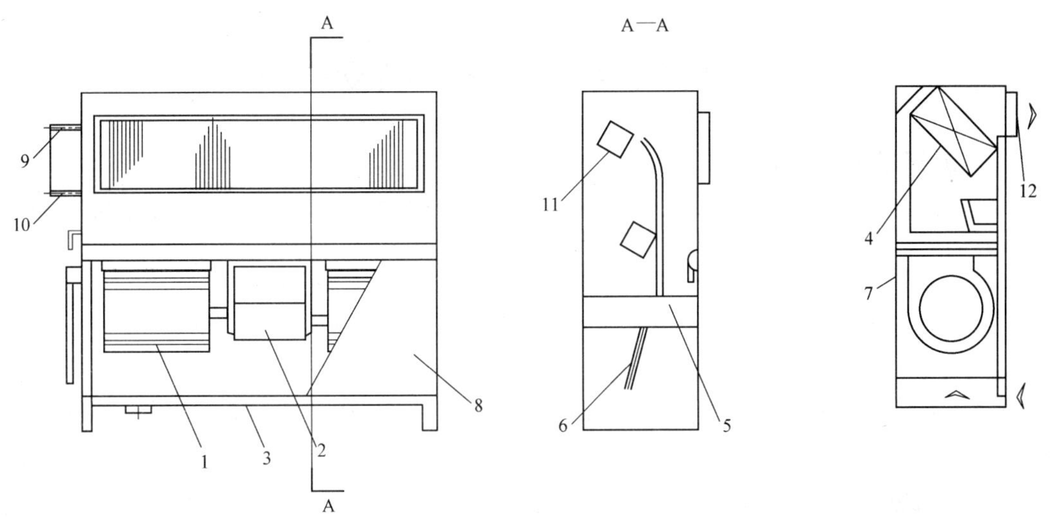

图 4-1-1　FP 系列立式暗装机组

1—风机；2—电机；3—过滤器；4—热交换器；5—凝水盘；6—凝水管；7—保温结构；8—机体；9—出水管；10—进水管；11—手动放气门；12—出风口

工作原理是机组内不断地循环所在房间的空气，通过供冷水或热水的盘管 4 冷却或加热空气，保持房间的温度。机组内的空气过滤器 3 不仅改善房间的卫生条件，同时也保护盘管不被尘埃堵塞，在夏季机组还可以除去房间的湿气，维持房间较低的湿度。盘管表面的凝结水滴入水盘 5 内，然后不断地被排到下水道中。

（二）主要优缺点

1. 优点：

（1）噪声较小。对于旅馆客房，夜间低档运行的风机盘管机组，室内环境一般在30～40dB（A）。

（2）单机控制灵活。风机盘管机组的风机速度可调，可分为高、中、低三档；水路系统采用冷热水自动控制温度调节器等，可灵活地调节各房间的温度；室内无人时机组可停止运行，运转经济、节能。

（3）系统分区进行调节控制容易。按房间朝向、使用目的，使用时间等把系统冷热负荷分割为若干区域系统，进行分区控制。

（4）机组体积小，布置和安装方便。

2. 缺点：

（1）机组设在室内，有时与建筑布局产生矛盾，需要建筑上的协调与配合。

（2）机组分散设置，台数较多时，维修管理工作量较大。

（3）需与单独设置的新风系统结合，在过渡季和冬季利用室外空气降温的时间较短。

（4）由于风机的静压小，在机组中不可能使用高性能的空气过滤器，空气洁净度不高。

（5）由于风机盘管机组有运动部件（风机、电动机），对加工工艺质量的要求较高。

（6）供给机组的水系统管道的保温必须严格保证施工质量，防止系统运转时凝结水滴下。

二、风机盘管机组构造、分类及特点

（一）风机盘管机组构造

风机盘管机组包括风机、电动机、盘管、空气过滤器、室温调节装置和箱体等。机组的主要构造如下：

1. 风机

采用的风机一般有两种形式，即离心多叶风机和贯流式风机，叶轮直径一般在150mm 以下，静压在 100Pa 以下。风机盘管机组的风机大多采用多叶离心风机。风机叶轮由镀锌钢板、铝板或者 ABS 工程塑料制成。从防火或受热变形上考虑，目前大多使用金属叶轮。

2. 风机电动机

一般采用电容式电机，运转时可以采用改变电动机输入端电压的方式来调速。国内FP 系列机组采用含油轴承，平时不加油，能保证运转 10000 小时以上，近年随着建筑节能要求的提高，风机盘管电动机也采用直流无刷电动机，与传统交流电动机相比，电机具有体积小、质量轻、温升低和能效高的特点。

3. 盘管

一般采用铜管串波纹或开窗铝片制作而成。铜管外径 10mm，管壁厚 0.5mm，铝片厚 0.15～0.2mm，片距 2～2.3mm。在工艺上，均采用胀管工序，保证铜管与肋片之间紧密接触，提高导热性能。盘管的排数有二排和三排。

4. 空气过滤器

过滤材料采用粗孔泡沫塑料，纤维织物或尼龙编织物等制作。

5. 调节装置

一般采用电容式电机的风机盘管机组配有三档变速开关（高、中、低三档）调节风量，调节风量范围为100%、75%、50%左右。根据用户的要求，配带室温自动调节装置，调节室温。配有直流无刷电动机的风机盘管机组通过交直流转换器连续调速。

（二）风机盘管机组的分类及其特点

风机盘管机组的分类及其特点见表4-1-1。

风机盘管机组的分类及特点　　表4-1-1

分类	形式	特点
风机类型	离心式风机	前向多翼型，效率较高，每台机组风机单独控制
	贯流式风机	前向多翼型，风机效率较低（η=30%～50%），进、出风口易与建筑相配合，调节方法同上
结构形式	卧式（W）	节省建筑面积，可与室内建筑装饰布置相协调，暗装须用吊顶与安装管道空间，明装机组吊在顶棚下，维护方便
	立式（L） （含低矮式LD）	1. 明装、暗装结构紧凑，可装在窗台下，有前、上、斜出风之分； 2. 冬季送热风时，可防止玻璃窗内表面下降冷气流的发生，室内上下温度差较小； 3. 拆卸容易，检修方便
	柱式（LZ）	1. 占地面积小； 2. 安装、维修、管理方便； 3. 冬季可靠机组自然对流散热； 4. 可节省吊顶与安装管道空间，造价较贵
	卡式K	1. 安装预制化：先装机组、配管和新风管。顶棚装修完毕，安装进出风口面板即可； 2. 检修简单，打开送回风面板，即可检修； 3. 备有新风接口，确保新风量； 4. 有四面送风、双面送风与单面送风类型，供不同形式房间使用； 5. 可安装凝结水提升泵； 6. 铝合金面板可与室内装饰协调
	壁挂式（B）	1. 节省建筑面积，安装、维修、管理方便； 2. 凝结水管布置需与室内装饰协调
出口静压	低静压型	在额定风量下，带风口和过滤器的机组出口静压为零，不带风口和过滤器的机组出口静压为12Pa
	高静压型	在额定风量下出口静压不小于30Pa的机组
盘管配置	单盘管	机组内一个盘管，冷、热兼用
	双盘管	机组内有两个盘管，能同时实现供冷或供热，造价高，体积大
进水方位	左式	面对机组出风口，供回水管在左侧，代号Z
	右式	面对机组出风口，供回水管在右侧，代号Y

三、风机盘管机组产品标准及技术性能要求

（一）产品标准要求及规格型号的表示方法

依据《风机盘管机组》GB/T 19232—2003标准，风机盘管机组为外供冷水、热水，

由风机和盘管组成的机组，对房间直接送风，具有供冷、供热或分别供冷和供热功能，其送风量在 2500m^3/h 以下，出风口静压小于 100Pa。

风机盘管机组的规格和型号规定：

1. 按结构形式

(1) 卧式，代号为 W；

(2) 立式，代号为 L；立式含柱式和低矮式，代号为 LZ、LD；

(3) 卡式，代号为 K；

(4) 壁挂式，代号为 B。

2. 按安装形式

(1) 明装，代号为 M；

(2) 暗装，代号为 A。

3. 按进水方位

(1) 左式：面对机组出风口，供回水管在左侧，代号 Z；

(2) 右式：面对机组出风口，供回水管在右侧，代号 Y。

4. 按出口静压

(1) 低静压型，代号省略；

(2) 高静压型，代号为 G30 或 G50。

5. 按特征

(1) 单盘管机组：机组内 1 个盘管，冷、热兼用，代号省略；

(2) 双盘管机组：机组内有 2 个盘管，分别供冷和供热。代号为 ZH。

风机盘管机组的规格型号表示法如下：

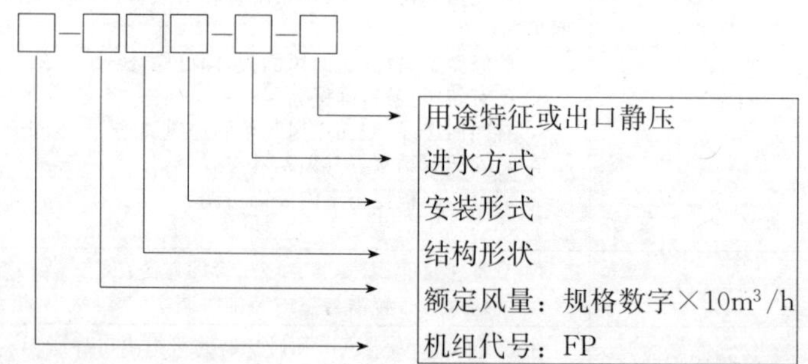

示例

• FP-68LM-Z-ZH

表示额定风量为 680m^3/h 的立式明装、左进水、低静压、双盘管机组。

• FP-51WA-Y-G30

表示额定风量为 510m^3/h 的卧式暗装、右进水、高静压 30Pa 单盘管机组。

• FP-85K-Z

表示额定风量为 850m^3/h 的卡式、左进水、低静压、单盘管机组。

(二) 标准规定的基本规格和要求

1. 机组在高档转速下的基本规格应符合表 4-1-2 和表 4-1-3 的规定。

(1) 机组的电源为单相 220V，频率为 50Hz；

（2）机组供冷量的空气焓降一般为 15.9kJ/kg；

（3）单盘管机组的供热量一般为供冷量的 1.5 倍。

基本规格　　表 4-1-2

规格	额定风量(m^3/h)	额定供冷量(W)	额定供热量(W)
FP-34	340	1800	2700
FP-51	510	2700	4050
FP-68	680	3600	5400
FP-85	850	4500	6750
FP-102	1020	5400	8100
FP-136	1360	7200	10800
FP-170	1700	9000	13500
FP-204	2040	10800	16200
FP-238	2380	12600	18900

基本规格的输入功率、噪声和水阻　　表 4-1-3

规格	风量(m^3/h)	输入功率(W)			噪声[dB(A)]			水阻(kPa)
		低静压机组	高静压机组		低静压机组	高静压机组		
			30Pa	50Pa		30Pa	50Pa	
FP-34	340	37	44	49	37	40	42	30
FP-51	510	52	59	66	39	42	44	30
FP-68	680	62	72	84	41	44	46	30
FP-85	850	76	87	100	43	46	47	30
FP-102	1020	96	108	118	45	47	49	40
FP-136	1360	134	156	174	46	48	50	40
FP-170	1700	152	174	210	48	50	52	40
FP-204	2040	189	212	250	50	52	54	40
FP-238	2380	228	253	300	52	54	56	50

2. 机组的试验工况参数满足下列要求：

（1）机组额定风量和输入功率的试验工况参数按表 4-1-4 的要求；

（2）机组额定供冷量、供热量的试验工况参数应按表 4-1-5 的要求，其他性能试验参数应按表 4-1-6 的要求。

额定风量和输入功率的试验参数　　表 4-1-4

项目			试验参数
机组进口空气干球温度(℃)			14～27
供水状态			不供水
风机转速			高档
出口静压(Pa)	低静压机组	带风口和过滤器等	0
		不带风口和过滤器等	12
	高静压机组	不带风口和过滤器等	30 或 50
机组电源	电压(V)		220
	频率(Hz)		50

额定供冷量、供热量的试验工况参数　　表 4-1-5

项目		供冷工况	供热工况
进口空气状态	干球温度(℃)	27.0	21.0
	湿球温度(℃)	19.5	—

续表

<table>
<tr><td colspan="3">项目</td><td>供冷工况</td><td>供热工况</td></tr>
<tr><td colspan="2" rowspan="3">供水状态</td><td>供水温度(℃)</td><td>7.0</td><td>60.0</td></tr>
<tr><td>供回水温差(℃)</td><td>5.0</td><td>—</td></tr>
<tr><td>供水量(kg/h)</td><td>按水温差得出</td><td>与供冷工况通</td></tr>
<tr><td colspan="3">风机转速</td><td colspan="2">高档</td></tr>
<tr><td rowspan="3">出口静压(Pa)</td><td rowspan="2">低静压机组</td><td>带风口和过滤器等</td><td colspan="2">0</td></tr>
<tr><td>不带风口和过滤器等</td><td colspan="2">12</td></tr>
<tr><td colspan="2">高静压机组</td><td colspan="2">30 或 50</td></tr>
</table>

其他性能试验工况参数 **表 4-1-6**

<table>
<tr><td colspan="3">项目</td><td>凝露试验</td><td>凝结水处理试验</td><td>噪声试验</td></tr>
<tr><td colspan="2" rowspan="2">进口空气状态</td><td>干球温度(℃)</td><td>27.0</td><td>27.0</td><td rowspan="2">常温</td></tr>
<tr><td>湿球温度(℃)</td><td>24.0</td><td>24.0</td></tr>
<tr><td colspan="2" rowspan="3">供水状态</td><td>供水温度(℃)</td><td>6.0</td><td>6.0</td><td>/</td></tr>
<tr><td>供回水温差(℃)</td><td>3.0</td><td>3.0</td><td>/</td></tr>
<tr><td>供水量(kg/h)</td><td>/</td><td>/</td><td>不通水</td></tr>
<tr><td colspan="3">风机转速</td><td>低档</td><td>高档</td><td>高档</td></tr>
<tr><td rowspan="3">出口静压(Pa)</td><td rowspan="2">低静压机组</td><td>带风口和过滤器等</td><td>0</td><td>0</td><td>0</td></tr>
<tr><td>不带风口和过滤器等</td><td rowspan="2">按低档风量时的静压值</td><td>12</td><td>12</td></tr>
<tr><td colspan="2">高静压机组</td><td>30 或 50</td><td>30 或 50</td></tr>
</table>

3. 机组的结构满足下列要求：

(1) 机组有足够的强度和刚度，所有钣金件、零配件等有良好的防锈措施；

(2) 机组的隔热保温材料具有无毒、无异味、吸湿性小、并符合建筑防火规范的要求，粘贴平整牢固；

(3) 凝结水盘有足够长度和坡度，确保凝结水排除畅通和机组凝露水滴入盘内；

(4) 机组在盘管管路有效排除管内滞流空气处设置放气阀。

四、风机盘管机组空调系统方案及控制

风机盘管空调系统的方案一般包含机组的选型和布置方式；空调房间采用的新风补给方式；风机盘管机组的水系统；冷源和热源；建筑用途和形式；控制方式等。

(一) 风机盘管机组的选型

1. 风机盘管机组加单独新风系统空调方式，根据新风处理状态的不同，风机盘管机组与新风机组冷负荷的分配及系统的特点不同，设计选用时应注意考虑：

(1) 当采用新风出风空气参数与室内空气干球温度相同的方案时，风机盘管机组负担室内冷负荷和部分新风冷负荷、部分新风湿负荷，新风机组负担部分新风冷负荷和部分新风湿负荷。该方案新风机组处理焓差小，风机盘管机组处理负荷大，新风温度控制可通过室内干球温度控制新风机组的两通阀或三通阀实现。

(2) 当采用新风出风空气参数与室内空气焓值相同的方案时，风机盘管机组负担室内

冷负荷、室内湿负荷和部分新风湿负荷，新风机组负担新风冷负荷和部分新风湿负荷。该方案风机盘管机组处理负荷大，新风出风空气焓值控制可通过室内空气焓值控制。

(3) 当采用新风出风空气参数处理到与室内空气含湿量相同的方案时，风机盘管机组负担部分室内冷负荷、室内湿负荷，新风机组负担新风冷负荷和新风湿负荷以及部分室内冷负荷。

(4) 当采用新风出风空气参数处理到低于室内空气含湿量的方案时，风机盘管机组负担围护结构、照明和人员的显热冷负荷，新风机组负担新风冷负荷和室内湿负荷。该方案风机盘管机组负荷小，可干工况运行，卫生条件好，但新风机组焓差大。

2. 在选用机组时，应考虑实际性能与额定值的偏差，并注意以下特点：

(1) 机组额定供冷量一般是在空气焓降值等于 15.9kJ/kg 条件下的测试值；

(2) 机组额定供热量一般为额定供冷量的 1.5 倍；

(3) 额定值各项参数均为风机在高档转速下的值；

(4) 机组额定制热能力是在进水温度为 60℃的值。

3. 对低温、蓄冷空调系统，应选用大温差机组。

4. 选用产品时，应注意噪声、凝露以及配用电机质量三个问题。

(二) 风机盘管机组安装和新风补给方式

1. 机组的选型和布置方式与房间的形式很有关系，对于宾馆的客房，一般布置在进门过道的吊顶内，如图 4-1-2，常采用卧式暗装机组，不占用房间有效面积，噪声小。对于医院病房、门诊室、办公室等，如果顶棚无安装位置时，采用立式机组布置在外墙窗下，如图 4-1-3。立式机组对冬季送热风效果较好，维修也较方便。缺点是需占用有效面积。

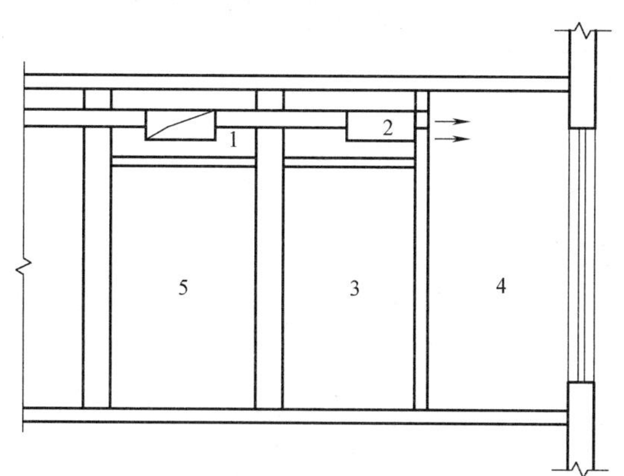

图 4-1-2　卧式风机盘管机组和独立新风系统并用方式

1—新风道；2—机组；3—过道；4—客室；5—走廊

2. 风机盘管机组系统新风的补给方式可见表 4-1-7。

(三) 风机盘管空调系统的水系统

风机盘管机组的供水系统分为双管系统、三管系统和四管系统三种。

1. 双管系统

这种系统冬季供热水、夏季供冷水都在同一管路中进行，如图 4-1-4。特点是系统简单，初投资低。

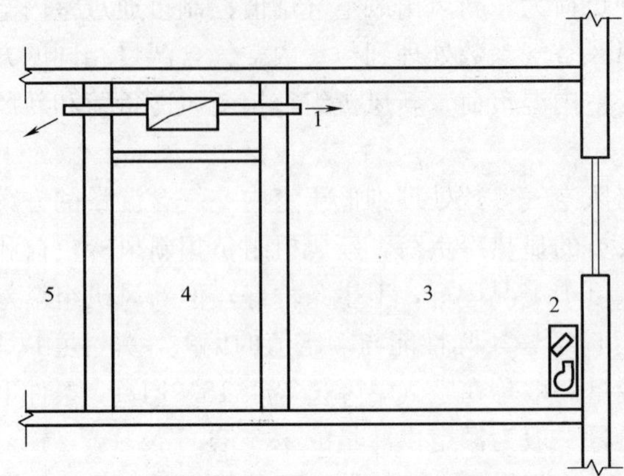

图 4-1-3　立式风机盘管机组和独立新风系统并用方式

1—新风口；2—机组；3—客室；4—走廊；5—周边房间

风机盘管新风供给方式　　**表 4-1-7**

新风供给方式	示意图	特点	适用范围
房间缝隙自然渗入		1. 无组织渗透风，室温不均匀； 2. 简单； 3. 卫生条件差； 4. 新风系统初投资与运行费低； 5. 机组承担新风负荷，长时间在湿工况下工作	1. 人少、无正压要求、清洁度要求不高的空调房间； 2. 要求节省投资与运行费用的房间； 3. 新风系统布置有困难或旧有建筑改造
机组背面墙洞引入新风		1. 新风口可调节，在冬、夏季最小新风量，在过渡季大新风量； 2. 随新风负荷的变化，室内温湿度直接受到影响； 3. 初投资与新风系统运行费节省； 4. 须作好防尘、防噪声、防雨、防冻措施； 5. 机组长时间在湿工况下工作	1. 人少、要求低的空调房间； 2. 要求节省投资与运行费用的房间； 3. 新风系统布置有困难或旧有建筑改造
单设新风系统，独立供给室内		1. 单设新风机组，可随室外气象变化进行调节，保证室内湿度与新风量要求； 2. 投资大； 3. 占空间多； 4. 新风口可与风机盘管出风口共用，也可不在一处	1. 有严格的卫生条件要求房间； 2. 是空调系统设计常用的方式

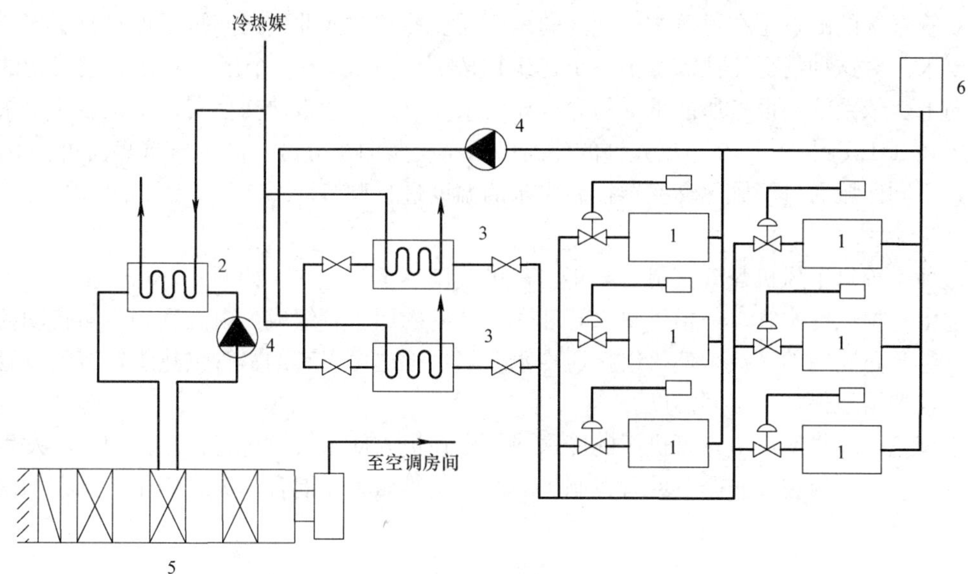

图 4-1-4 双管控制风机盘管系统（独立新风系统）

1—风机盘管；2—冷冻机组的蒸发器；3—蒸汽-水、水-水换热器；
4—水泵；5—新风机组；6—膨胀水箱

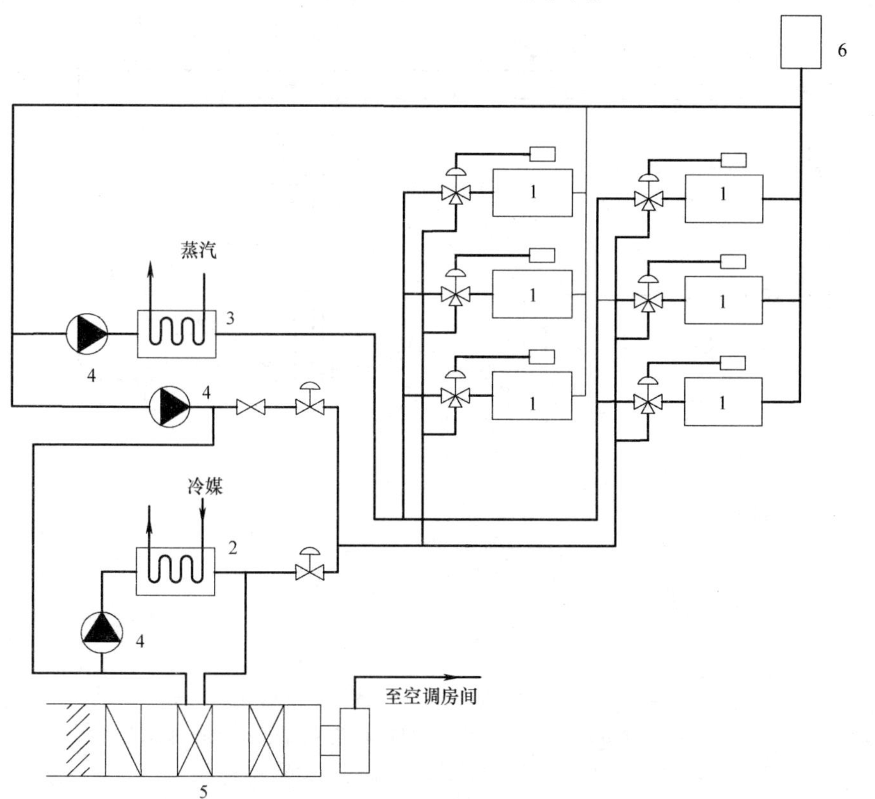

图 4-1-5 三管控制风机盘管空调系统（独立新风系统）

1—风机盘管；2—冷冻机组的蒸发器；3—热源换热器；
4—水泵；5—新风机组；6—膨胀水箱

双管系统的缺点是在过渡季出现南向房间需要冷却、而北向房间需要加热时不能全部满足要求。对这种情况往往需要把整个建筑物按朝向分成 2～4 个区；另外在建筑物的垂直方向上，依系统内设备所能承受的允许压力来划分区。通常热交换器、水泵、冷水机组等耐压在 981kPa 左右，在耐压允许的建筑中水系统竖向不分区，高层建筑竖向可分 2～3 个区，不同区域通过区域热交换器控制供水的温度进行调节。

2. 三管系统

这种系统每个风机盘管机组在全年内都可使用热水和冷水，如图 4-1-5。

它由一根供冷水管、一根供热水管和一根公共的回水管组成。由温度调节器自动控制每个机组水路阀门的转换，使机组接通冷水或热水，也可以有的盘管供热水，有的盘管供冷水，较严格地保持各房间温度。

在理论上，供给风机盘管机组的冷水或热水在进入回水管时进行程序控制，不发生冷热水混合损失，但在过渡季节或者控制失灵时，很难做到无混合损失，使用案例在国内外不多。

3. 四管系统

这种系统的冷水和热水由二根管道分别输送，回水管也是分开的，如图 4-1-6。

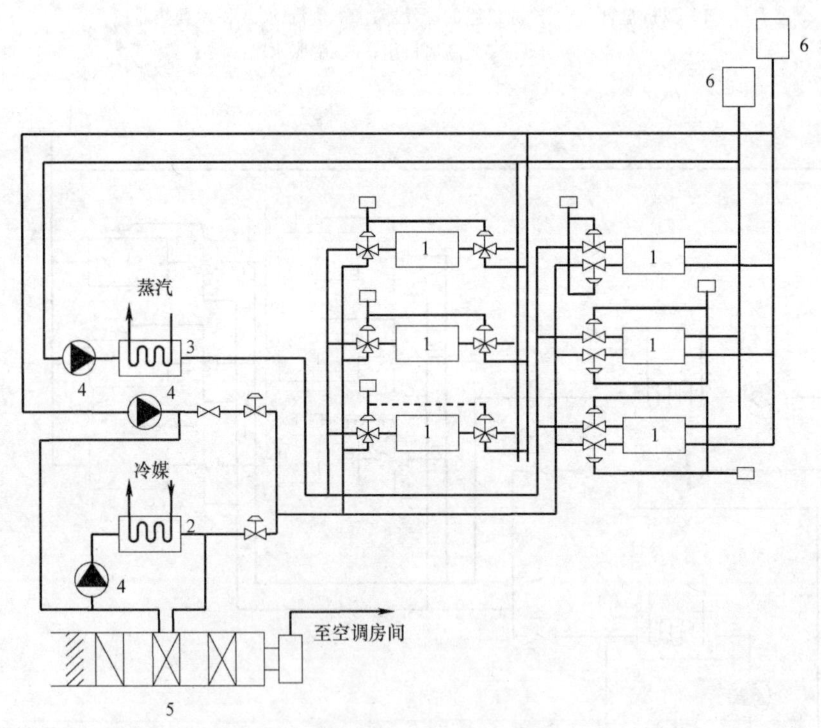

图 4-1-6 四管个别控制风机盘管空调系统（独立新风系统）

1—风机盘管；2—冷冻机组的蒸发器；3—蒸汽-水、水-水换热器；

4—水泵；5—新风机组表冷器；6—膨胀水箱

这种系统与三管系统一样可以全年内使用冷水和热水，对空调房间温度实现灵活调节，同时又克服了三管系统存在的回水管混合损失问题。四管系统的缺点是一次性投资大，管道占空间也多。

风机盘管机组的水系统配管方式比较见表 4-1-8。以上三种系统选择何种合适，要作全面综合比较后确定。

风机盘管机组配管方式比较 **表 4-1-8**

配管方式	双管式	三管式	四管式
设备费	小	中	大
配管空间	小	中	大
冷热同时运转	不能	可能	可能
热量损失	无	大	小
对环境控制性	良	优	优

（四）室温控制

风机盘管机组系统的室温控制有风量控制和水量控制两种方法。

风量控制方法是采用三档（高、中、低）转换开关手动或自动改变风机电机转速来增加或减少送风量。自动调节送风量是靠室温调节器控制风机开停或改变转速实现的。这种方式的缺点是当送风机停止运转时，冷水还在盘管中流动，机壳表面较容易结露，特别是安装在顶棚内的机组。另外，当减少送风量后，也会引起气流分布方面的问题。由于这种控制室温的方法简单且投资少，所以应用十分普遍。

水量控制的方法比风量控制方法所需的费用高，不存在气流分布的问题，一般在室温控制要求较高的场合采用。水量控制方式，有以机组为单元或以室为单元的个别控制方式和分区进行区域控制的方式；有使用二通阀改变水流量的变流量方式和使用三通阀的定流量方式。

（五）风机盘管空调的气流分布

为了降低风机盘管机组的噪声，机组出口风速要小，此时应注意室内的气流分布，当机组高档运行时，出风速度一般在 1.7～2.7m/s。

室内气流分布，随着机组的布置、风量、送风温差的不同而变化。室内负荷的大小，对气流分布也有影响。室内的梁和灯具等突起物对气流分布的影响也是明显的。

对于立式明装机组，应注意送风风速和送风方向的正确，防止送冷风时发生气流短路现象和冷气流不能到达预期的距离。可以详见表 4-1-9。

风机盘管机组设置方式不同时的温度气流分布与评价 **表 4-1-9**

不同负荷		风机盘管风量 风机盘管设置方式		(970m^3/h) 20.7 次/h	(660m^3/h) 14.1 次/h	(660m^3/h) 9.8 次/h	(310m^3/h) 6.6 次/h
空调制冷	a. 负荷 2823W	A 方式	温度	上下差 0.5℃ 平面差 1.0℃	上下差 1.0℃ 平面差 1.0℃	平面差 2.5℃	—
			气流	地板面气流 0.3m/s	地板面气流 0.15m/s	室内墙角空气停滞	
			评价	良好	良好	可	
		B 方式	温度	上下差 2.0℃ 平面差 1.0℃	上下差 1.0℃ 平面差 3.0℃	平面差 3.0℃	—
			气流	地面气流 0.3m/s	地面气流 0.15m/s	居住区 0.5m/s	
			评价	良好	良好	可	

续表

不同负荷		风机盘管风量 风机盘管设置方式		(970m³/h) 20.7次/h	(660m³/h) 14.1次/h	(660m³/h) 9.8次/h	(310m³/h) 6.6次/h
空调制冷	b. 负荷 1300W	A方式	温度	几乎无温度差	几乎无温度差	上下差1.0℃，平面差2.0℃	上下差1.0℃，平面差无
			气流	地面气流 0.3m/s	地面气流 0.15m/s	比a负荷好	地面气流 0.15m/s
			评价	良好	良好	良好	良好
		B方式	温度	几乎无温差	几乎无温差	几乎无温差	上下差1.0℃，平面差无
			气流	地面气流 0.3m/s	地面气流 0.15m/s	/	地面气流 0.1m/s
			评价	良好	良好	良好	良好
空调供暖	c. 负荷 1386W	A方式	温度	上下差1.0～1.5℃，平面差0.5℃	上下差5～6℃，平面差1.0℃	上下差6.0℃，平面差1.0℃	上下差7.0℃，平面差1.0℃
			气流	地面气流 0.1m/s	无问题	地面气流 0.1m/s	气流停滞
			评价	良好	良好	可	可
		B方式	温度	上下差2.0℃，平面差无	上下差3.0℃，平面差无	上下差3.0℃，平面差1.5℃	上下差1.0℃，平面差1.0℃
			气流	地面气流 0.1m/s	地面气流 0.1m/s	地面气流 0.01m/s	气流停滞
			评价	良好	良好	良	可

注：

① 上下差：地面与顶棚附近的温度差；平面差：距地面1500mm的平面的温度差。

② 上表是模型间（4500L×4000W×2600H）中，在相应的冷、暖负荷时概略确定的温度、气流分布。

③ A方式：在周边区设置立式风机盘管机组。

④ B方式：在内部区设置吊顶（卧）式风机盘管机组。

五、风机盘管机组选择计算

风机盘管机组的计算一般包括以下步骤：

1. 根据房间的用途确定室内空气参数指标。

2. 计算空调房间的空调冷负荷：

$$Q=Q_1+Q_2+Q_3+Q_4+Q_5 \tag{4-1-1}$$

式中 Q_1——室内人员负荷（w）；

Q_2——室内灯光、电气等冷负荷（w）；

Q_3——太阳辐射热及围护结构传热冷负荷（w）；

Q_4——房间空气渗透进入冷负荷（w）；

Q_5——送入新风的负荷（w）。

风机盘管机组加新风系统，新风的处理方式不同，上述公式的分量不同。

（1）新风通过渗透或墙洞引入时，上式的 Q 值即为风机盘管机组的冷负荷。

（2）新风处理到室内空气状态时，风机盘管机组不负担新风负荷，冷负荷为：

$$Q'=Q_1+Q_2+Q_3+Q_4 \tag{4-1-2}$$

3. 考虑机组盘管用后积尘对传热的影响，根据维护保养的状态，应对选型容量乘以不大于 1.2 的修正系数。

4. 根据空调负荷选择机组台数，确定温度和流量。

5. 计算水阻力。

6. 一般冬季机组的加热量仅作校核计算，冬季机组水流量与夏季水流量相同，通过调整供水温度或间歇运行控制室内温度。

六、风机盘管机组空调方式在设计、安装和运行中的注意事项

1. 选用机组型号应由房间冷、热负荷以及空气处理过程热湿比等因素确定。

2. 国内外风机盘管机组标记方法不同，设计选型需注意和区别。

3. 选用产品时，应注意噪声、凝露以及配用电机质量问题。

4. 水系统一般采用两管制、闭式系统；对于全年运行的系统，技术经济比较合理时，才考虑选用四管制闭式系统。

5. 水系统的竖向分区，应根据设备和管道及附件的承压能力确定；两管制系统还应按建筑物朝向分区布置；为使水量分配均匀，对压差悬殊的环路应设置平衡阀。

6. 风机盘管用于高层建筑时，其水系统应采用闭式循环系统，膨胀管应接在回水管上。

7. 风机盘管机组的安装可参见国家建筑标准设计图集 01K403《风机盘管安装》。

8. 机组应设独立支、吊架，安装的位置、高度及坡度应正确，固定牢固。

9. 机组与风管回风箱或风口的连接应严密、可靠。

10. 机组与管道的连接，采用弹性接管或软接管（金属或非金属软管），其耐压值应大于等于 1.5 倍的工作压力。软管的连接应牢固，不得有强扭或瘪管。

11. 机组供水入口处应设过滤器和关断阀，在冲洗水系统干管时，污水不应通过盘管。

12. 风机盘管凝结水盘的泄水管坡度，不宜小于 0.01。

13. 风机盘管水系统水平管段和盘管接管的最高点应设排气装置，最低点应设排污泄水阀。

14. 为保持盘管的空气侧清洁，机组上应设有空气过滤器，要注意定期清洗或更换。

第二节　变风量末端系统

一、变风量末端空调方式的特点

（一）系统工作原理

变风量空调技术经过多年的发展及改进，在技术上日益成熟，应用范围不断扩展，在国内外的实际工程中得到了普遍的应用。

变风量系统在空调系统分类上属全空气系统，具有全空气系统的特点，例如可在适当

的室外气候条件下，利用室外空气消除室内负荷，不仅节能而且可以改善室内空气质量。

采用变风量空调系统向室内送冷风，送入室内的显冷量按下式确定：

$$Q=L\cdot\rho\cdot c\cdot(t_n-t_s) \tag{4-2-1}$$

式中 L——送风量（m^3/s）；

ρ——空气密度（kg/m^3）；

c——空气的比热容［kJ/(kg·℃)］；

t_n——室内温度（℃）；

t_s——送风温度（℃）；

Q——吸收室内的显热量（kW）。

加热效果计算时，公式（4-2-1）的计算温差为 t_s-t_n。

公式（4-2-1）表明，在送风量 L 不变的情况下，改变送风温度 t_s，t_s值越低，Q 值越大，因此，可以通过改变送风温度 t_s以适应室内负荷的变化，维持设定的室温，这种方法是一般意义上的定风量系统。如果把送风温度设为常数，改变送风量 L，也可以得到不同的 Q 值，来维持室温不变。这种通过改变送风量以适应不同的室内负荷、维持室温恒定的空调系统称为变风量系统。变风量系统区域或房间送风量的调整变化通过专用的变风量末端设备来实现，而定风量空调系统的区域或房间送风温度的调整变化要开启房间再热器来补偿。变风量系统可避免冷热抵消造成的双重能量消耗，通过设置合理的风量控制系统控制系统风量的变化，又可实现风机运行的节能；在系统设备的选择上可以考虑同时使用系数，从而降低空气处理机组的容量。

（二）变风量系统的主要优缺点

变风量系统与定风量系统相比，主要存在以下优缺点（也可见表 4-2-1）。

1. 优点：

（1）采用适当的变风量末端设备，用改变区域或房间送风量的方法补偿负荷变化，避免了因再加热造成的冷热抵消，节省了能耗。

（2）系统的灵活性很高，易于改、扩建，特别适用于空调区域用途多变的建筑物，当室内参数改变或重新隔断时，无需重大变动，甚至只需重调室内恒温器的设定值即可。

（3）可采用多种送风方式，保持良好的风速与温度的综合效果，有与定风量系统相同的舒适度，不会产生“吹风”感。

2. 缺点：

（1）室内相对湿度控制质量不如定风量再热系统精确。

（2）房间或空调分区增设变风量末端设备，设备投资有所提高，但从节能的收益中可很快回收。

常用集中冷热源舒适性空调系统的比较 **表 4-2-1**

比较项目	全空气系统		空气-水系统
	变风量空调系统	定风量空调系统	风机盘管＋新风系统
优点	1. 区域温度可控制，空气过滤等级高，空气品质好 2. 部分负荷时风机可实现变频调速节能运行 3. 可变新风比，利用低温新风冷却节能	1. 空气过滤等级高，空气品质好 2. 可变新风比，利用低温新风冷却节能 3. 初投资较小	1. 区域温度可控 2. 空气循环半径小，输送能耗低 3. 初投资小 4. 安装所需空间小

续表

比较项目	全空气系统		空气-水系统
	变风量空调系统	定风量空调系统	风机盘管+新风系统
缺点	1. 初投资大 2. 设计、施工和管理较复杂 3. 调节末端风量时对新风量分配有影响	1. 系统内各区域温度一般不可单独控制 2. 部分负荷时风机不可实现变频调速节能 3. 达到高舒适度要求，需要再热，能耗高	1. 空气过滤等级低，空气品质差 2. 新风量一般不变，难以利用低温新风冷却节能 3. 室内风机盘管有孳生细菌、霉菌的可能性 4. 空调区域吊顶内有发生“水患”的可能性，使用区域造成的损失大
适用范围	1. 空调区域用途多变，区域温度控制要求高 2. 空气品质要求高 3. 高等级办公、商业场所 4. 大、中、小型空间	1. 区域温控要求不高 2. 空气品质要求高 3. 大厅、商场、餐厅等场所 4. 大、中型空间	1. 室内空气品质要求不高 2. 有区域温度控制要求 3. 普通等级办公、商业场所 4. 中、小型空间

二、变风量末端装置的构造、基本参数、主要组成部件

变风量系统组成除了增加系统风量控制设备和以变风量末端设备代替室内再热器外，与定风量系统各功能段的组成是相同的。

变风量末端装置是变风量系统中的关键设备，变风量系统的特性和舒适程度在很大程度上取决于末端设备的特性，为了设计一个合理的变风量系统，应根据建筑物的内部布局及使用特点选用适当的末端设备。

（一）变风量末端设备的功能

变风量末端装置补偿室内负荷变动，调节房间送风量以维持室温，具有如下的功能：

1. 接收室内温控器或大楼自动管理系统（BAS）的指令，根据室温高低自动调节送风量。

2. 有“上限”和“下限”控制，即当送风量达到设定的最大值时，风量不再增加，送风量达到最小值时，不再进一步减小，以维持室内最小的换气量要求。

3. 通过和各种空气分布器的结合，实现良好的空气分布功能，同时与送风口集成一体化的变风量末端设备，自身具有良好的空气分布特性。

（二）变风量末端装置分类及基本性能

1. 分类

变风量末端装置有很多类型，不同的生产厂家各具特色，总体上可按两类划分：

（1）按改变送风量的方式来分，有节流型和旁通型两类，前者系利用一个节流设备（如风阀）调节送风量；后者则再专设一旁通通道与回风顶棚相通，在主通道和旁通通道之间设一风阀，供调节房间风量之用。多余风量通过旁通通道进入回风吊顶中。

（2）按是否受到一次送风压力变化的影响来分，有压力相关型和压力无关型两类，前者房间送风量变化由房间恒温器控制，但当系统压力变化时送风量会受到影响而变化，后者当系统压力变化时末端设备具有压力补偿能力，房间送风量变化仅由房间温控器控制，

这种设备构造复杂，价格也较高，运行较稳定。压力相关型的末端设备构造简单，价格较低，只要房间温控器有足够的精度和灵敏度，可将室温维持在±1.0℃以内，但当系统压力变化过大时，因其缺少压力补偿功能，可能造成房间送风量波动，因此，压力相关的末端设备多用于低中压系统中。

表 4-2-2 列举了更为详细的分类方式。

变风量末端装置分类 **表 4-2-2**

分类名称	类　型
末端形式	单风管型、双风管型、诱导型、旁通型、串联式风机动力型、并联式风机动力型、节流型
再热方式	无再热型、热水再热型、电热再热型
压力相关性	压力相关型、压力无关型
调节阀	单叶平板式、多叶平板式、文丘里管式、皮囊式
风量检测	毕托管式、风车式、热线热膜式、超声波式
控制方式	电子模拟控制、DDC 控制
箱体	圆形、矩形、风口型
保温消声	保温型、非保温型、消声型、非消声型

2. 几种常用变风量末端装置和气流分布器的基本性能

(1) 侧送系列变风量末端设备

一般的变风量末端设备仅适用于装有吊顶的房间，形成水平贴附射流。如果用于侧送，当送风量随着负荷减少而减少时，气流射程变短，冷气流提前下降，造成使用区中的吹风感；在送风口的对面常常是外窗外墙等高负荷区无冷空气送到，形成局部高温区，舒适条件遭到破坏，为此，要求有一种专门适用于侧送场合的变风量末端设备。当这种设备的风量减少时，气流射程可基本保持不变。

侧送系列变风量末端设备具备上述功能，属电动节流型，这种设备采取变风量箱体与风口一体化方案。送风口采用铝合金双层活动百叶风口，可调成水平贴附射流。

(2) 顶送条形散流器

这种散流器在变风量运行时有良好的空气分布性能。条形散流器常与送风静压箱作成一个整体。箱体由镀锌薄钢板制成，内贴保温吸声材料，送风管为圆形，设于侧壁上出风口即条形散流器位于箱体下方。条形散流器由铝合金材料制成，送风口有一、二、三“条”三种，每条中均有可调整的叶瓣两枚，可从外面调整叶瓣角度，使送风的流型成“平送”或“下送”以适应不同季节不同场所的需要。

条形散流器的外形见图 4-2-1，尺寸见表 4-2-3，性能见表 4-2-4。

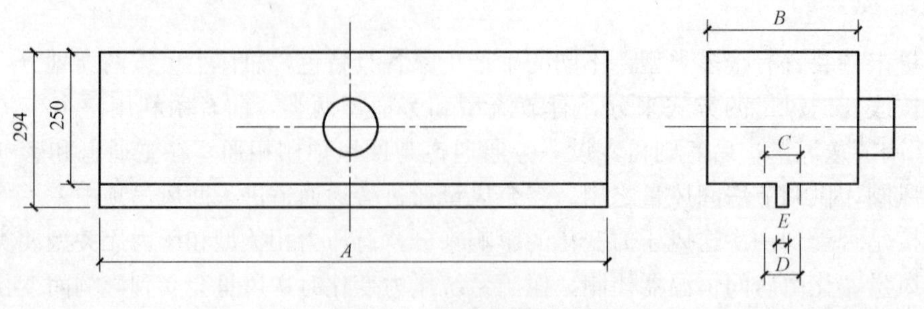

图 4-2-1　条形散流器外形

条形散流器外形尺寸 **表 4-2-3**

型号	逆风条数	外形尺寸(mm)					
		A	B	C	D	E	直径
TS-1	1	1000	100	40	75	19	150
TS-2	2	1000	156	78.5	113.5	19×2	200
TS-3	3	1000	180	117	152	19×8	250

条形散流器（带静压箱）的空气动力特性 **表 4-2-4**

型号	风量(m^3/h)	气流射程(m)		压力降(Pa)	
		水平射流	垂直射流	水平流型	垂直流型
TS-1	85	2.6	2.1	12	10
	110	3.9	3.4	16	13
	140	5.3	4.8	26	22
	170	6.4	5.7	36	30
TS-2	170	4.5	3.9	12	10
	225	5.9	5.3	16	13
	285	7.1	6.5	26	22
	335	8.0	7.3	36	30
TS-3	335	7.2	6.4	16	13
	390	8.1	7.3	26	22
	450	8.6	7.7	34	28
	505	9.2	8.3	36	30

（3）串联式风机动力型变风量末端

串联式风机动力型变风量末端如图 4-2-2 所示。系统运行时由变风量空调箱送出的一次风，经末端内置的一次风风阀调节，再与吊顶内二次回风混合后通过末端风机增压送入空调区域。此类末端也可增设热水或电热加热器，用于外区冬季供热和区域过冷再热。

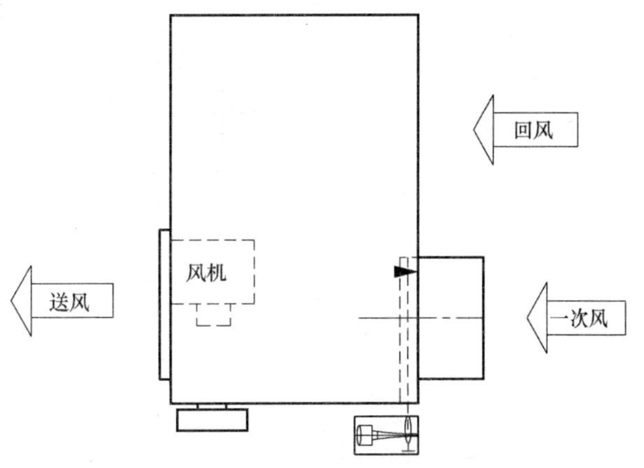

图 4-2-2 串联式变风量末端装置

供热时一次风保持最小风量，末端装置运行性能随负荷变化的情况见图 4-2-3。图中有加热过程线 1、2、3，当加热量采用双位调节时（如电加热器）为水平线 1（开启时）或 2（关闭时），出风口温度成阶跃变化。当采用比例调节时（如热水盘管）为斜线 3，出风口温度呈连续变化。供热时，二次回风有两个作用，一是保持足够的风量，减小送风温差，防止热风分层；二是可以减少一次风的再热损失。当一次冷风调到最小值后，区域仍有过冷现象时，必须再热，二次回风可以利用吊顶内部分照明产生的热量（约高于室内 2℃）抵消一次风部分供冷量，以减少区域的过冷再热量。

供冷时，一、二次风混合可提高出风温度，适用于低温送风，风量稳定，即使采用普通送风口也可防止冷风下沉，以保持室内气流分布均匀性。

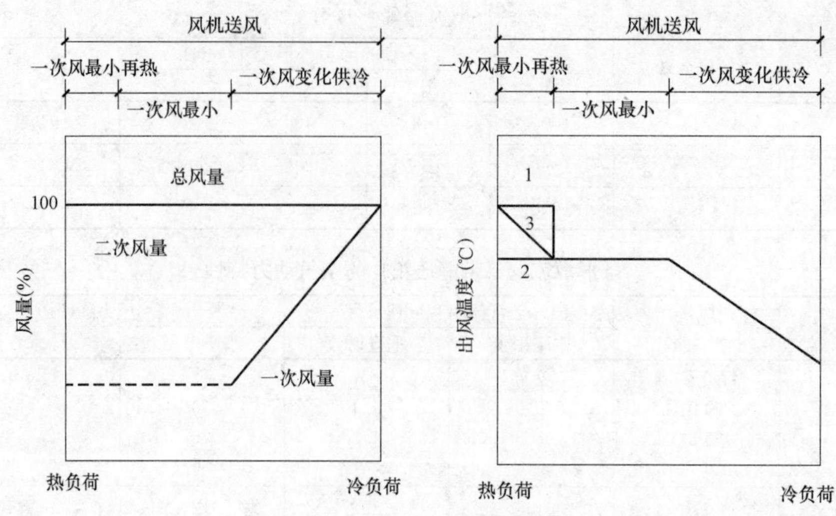

图 4-2-3　串联式运行性能图

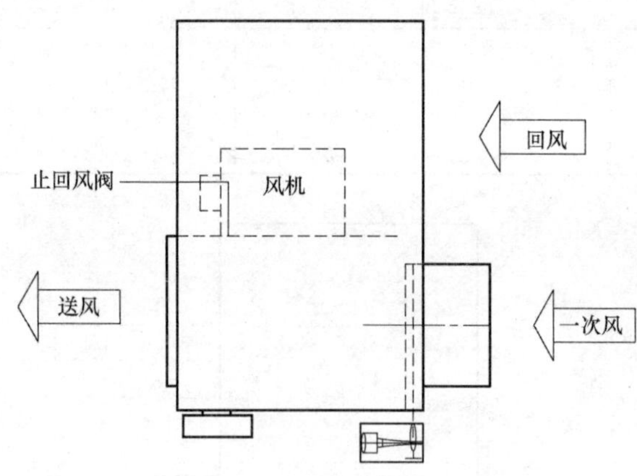

图 4-2-4　并联式变风量末端装置

(4) 并联式风机动力型变风量末端

并联式风机动力型变风量末端如图 4-2-4 所示。系统运行时由变风量空调箱送出的一次风，经末端内置的一次风风阀调节后，直接送入空调区域。大风量供冷时末端风机不运行，风机出口止回阀关闭。此类末端常常带热水或电热加热器，用于外区冬季供热和区域过冷再热。供热时一次风保持最小风量。在最小风量供冷或供热时，启动末端风机吸入二次回风，与一次风混合后送入空调区域。和串联式一样，二次回风加大了送风量，保证了供热和室内气流组织的需要。对于区域过冷现象，二次回风可以利用吊顶内部照明产生的热量（约高于室内 2℃）抵消一次风的部分供冷量，以减少区域过冷再热量。该型末端装置运行性能随负荷变化情况见图 4-2-5。图中加热过程线 1、2、3 的含义同串联式风机动力型末端。

并联式的风机也可在热工况下连续运行，用于小温差送风系统。并联式的风机也可变风量运行，与一次风量反比调节，用以保持末端送风量稳定、室内气流分布均匀。

(5) 单风管型变风量末端

单风管型变风量末端运行时，由变风量空调箱送出的一次风，经末端内置的风阀调节后送入空调区域。单风管型末端可细分为三种型式：单冷型、单冷再热型和冷热型。前两种类型运行性能见图 4-2-6。供冷时送风量随室温降低（冷负荷减小）而减小，直至最小风量。单冷再热型加热器有电热式和热水式之分，供热时末端保持最小风量。图中加热过程线 1、2、3 的含义同串联式风机动力型末端。受送风温度和一次风量的限制，单冷再热型末端供热量有限，仅适合于室内热负荷小且人员密集的房间（如会议室）的区域过冷再

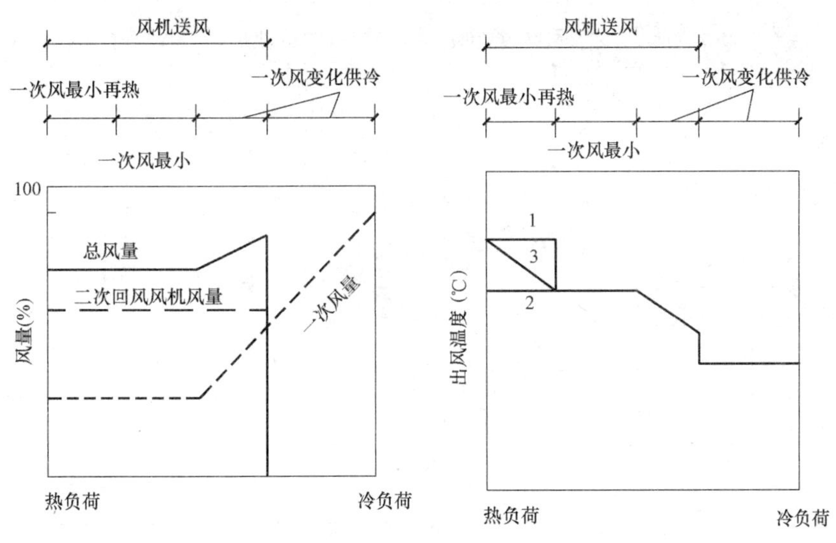

图 4-2-5　并联式变风量末端装置运行性能图

热，用以调节送风温度。单冷再热型末端也可用于冬季外围护结构热负荷很小的夏热冬暖地区的外区供冷。除此之外，一般单风管型变风量末端宜与其他空调措施（如外区风机盘管机组）结合，分别处理冬季的冷、热负荷。冷热型单风管末端是依靠系统送来的冷风或热风实现供冷或供热。与前述供冷工况相反，供热时送风量随室温降低（热负荷增大）而增大，运行性能见图 4-2-7。这种形式多用于不分内、外区的夏季送冷风、冬季送热风的空调系统中。

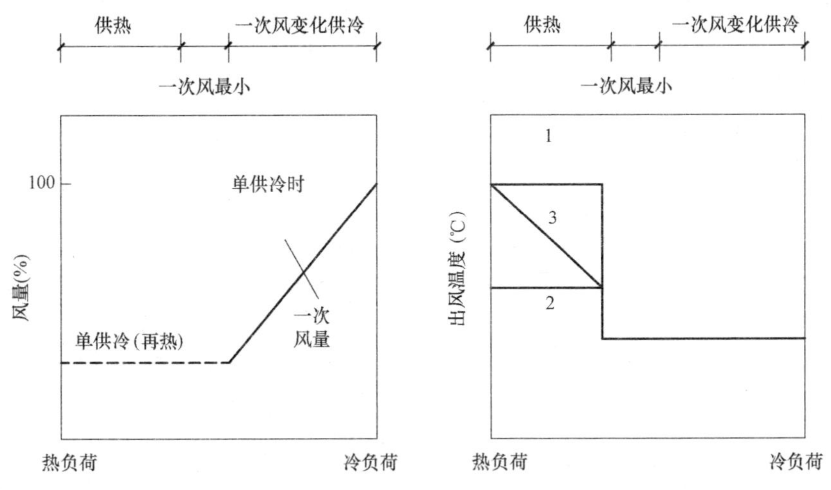

图 4-2-6　单风管单冷再热型末端性能运行图

单风管型变风量末端，如不按室温要求调节，人为确定一次风量的设定值，则末端装置起到稳定送风量的作用，便成为定风量末端装置，常用于新、排风系统控制风量。

常用变风量末端装置的特点与适用范围见表 4-2-5。

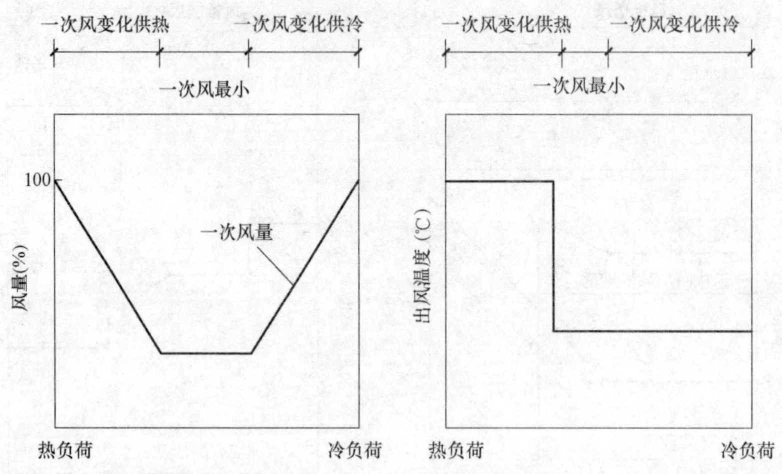

图 4-2-7　单风管冷热型末端性能运行图

常用变风量末端的特点与适用范围　　表 4-2-5

项　　目	串联式变风量末端	并联式变风量末端	单风管型变风量末端
风机	供冷、供热期间连续运行	仅在一次风小风量供冷和供热时运行	无风机
出口送风量	恒定	供冷时变化，非供冷时恒定	变化
出口送风温度	供冷时因一、二次风混合，送风温度变化；供热时送风温度呈阶跃或连续变化	大风量供冷时因仅送一次风，故送风温度不变。小风量供冷和供热时风机运行，一、二次风混合，故送风温度变化。供热时送风温度呈阶跃或连续变化	一次风供冷、供热时送风温度不变；再加热时送风温度呈阶跃或连续变化
风机风量	一般为一次风量设计值的100%～130%	一般为一次风量设计值的60%	无
箱体占用空间	大	中	小
风机耗电	大	小	无
噪声源	风机连续噪声＋风阀噪声	风机间歇噪声＋风阀噪声	仅风阀噪声
适用范围	可用于内区或外区，供冷或供热工况	可用于外区供冷或供热工况	可用于内区或外区，主要用于供冷工况

（三）变风量末端装置的主要组成部件及其性能

1. 压力相关与压力无关控制器

压力相关型末端：末端不设风量检测装置，风阀开度仅受室温控制器调节，在一定开度下，末端送风量随主风管内静压波动而变化，室内温度不稳定，其控制原理见图 4-2-8。

压力无关型末端：末端增设风量检测装置，由测出室温与设定室温之差计算出所需求的风量，按其与检测风量之差计算出风阀开度的调节量。主风管内静压波动引起的风量变化将立即被检测并反馈到末端控制器，控制器通过调节风阀开度来补偿风量的变化。因此，末端送风量与主风管内静压的波动无关，室内温度比较稳定，其控制原理见图 4-2-9。目前国内除少数压力相关型变风量风口外，常用的变风量末端几乎都是压力无关型。

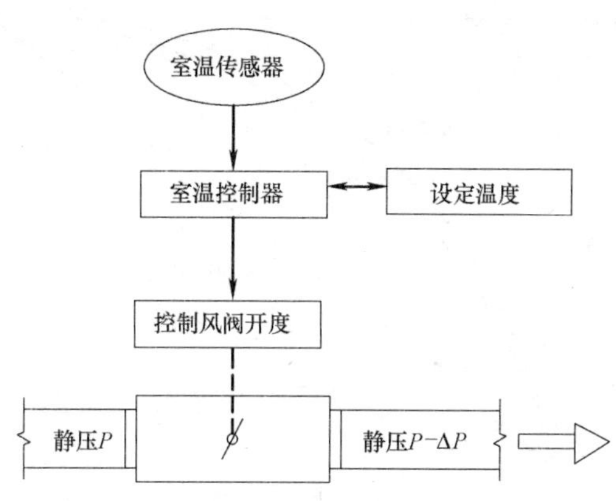

图 4-2-8 压力相关型末端控制原理图

2. 风量检测装置

采用欧美技术的末端，常用毕托管型风量检测装置，其优点是结构简单、价格便宜；缺点是只输出压差（即全压与静压之差，或称为动压）信号，再由气电转换器转换为电信号。因受普通型压差传感器精度限制，它不能检测较低风速。采用日本技术的末端，常用风车型、热线热膜型、超声波型等风量检测装置，可直接输出电信号，能检测较低风速，缺点是价格较贵。各种风量检测装置的性能比较见表 4-2-6。

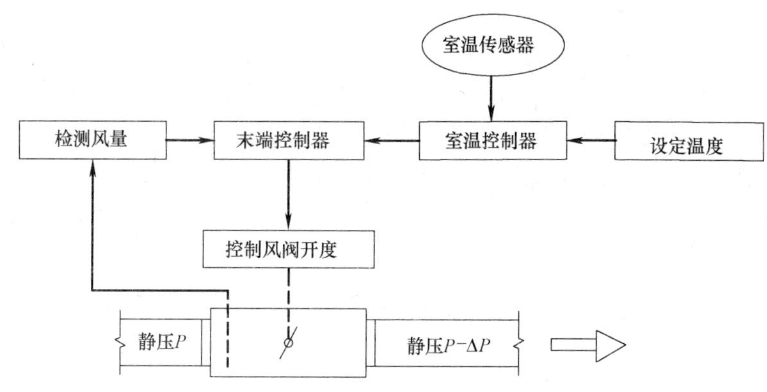

图 4-2-9 压力无关型末端控制原理图

风量检测装置性能 **表 4-2-6**

名　称	原　理	流速范围	精度
压力式流速传感器(毕托管等)	根据伯努利定理，测得动压值，求出截面风速	3m/s 以上	1.0%
风车型流速传感器	根据流体推动叶轮旋转次数，求出截面风速	0.1～70m/s	1.5%
热线热膜风速传感器	根据惠斯顿电桥平衡原理测出电流和电阻值求得截面风速	0.1～200m/s	2.0%
超声波风速传感器	根据声波的发送与反射，测出声波的时间差、位相差、频率差以及涡流频率等求得截面风速	0～45m/s	1.0%～3.0%

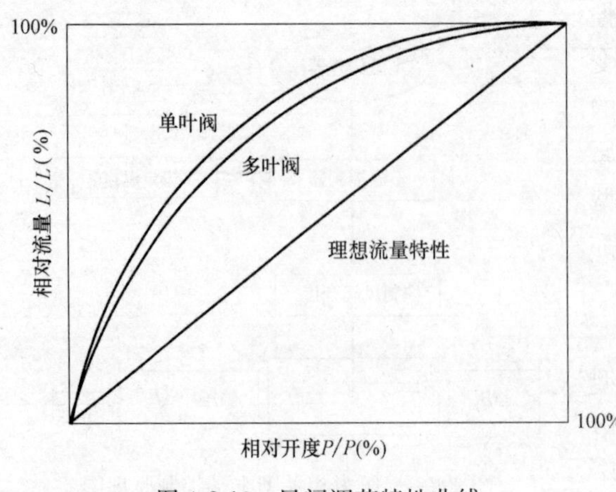

图 4-2-10　风阀调节特性曲线

3. 风量调节阀

早期变风量末端的风量调节依赖机械装置，追求调节阀的流量随开度线性变化，如文丘里管型调节阀、皮囊式调节阀等。随着 DDC 控制技术的发展，风量调节阀日趋简单，多采用单叶或多叶平板调节阀。单叶阀为快开流量特性，多叶阀设计得好可接近理想流量特性，它们的调节特性曲线见图 4-2-10。

4. 加热器

变风量末端的辅助加热器有热水型和电热型两种。对大中型系统，热水加热器在经济性和消防安全性方面都优于电加热器。

5. 末端风机

风机动力型变风量末端的风机，一般采用单相交流外转子电机，电机效率 η 较低（η=30％～40％）；有些也有采用直流无刷电机，电机效率提高至 η=70％～80％。提高电机效率不仅可节电，而且可以减少风机散热量。由于直流无刷电机价格较贵，工程中实用尚少。末端风机一般设有电子调速器，供现场调试使用以达到设计风量与风压。也有的末端风机设计时可选择高、中、低不同转速，出厂先粗定转速，现场再由电子调速器细调。

三、变风量末端装置的产品标准及技术特性

（一）变风量末端装置的产品标准要求

在全空气空调系统中，自动调节空调管道系统中送风量和（或）空气温度，以保持室内空气所需参数的空调末端设备，称为空调变风量末端装置。其一般由流量测量、流量调节、空气热交换、空气输送、控制执行器等组成，可以借助以下的一种或几种方法控制空气流量和（或）空气温湿度：

1. 固定或可调节导向的叶片；
2. 压力相关流量调节阀或关断阀；
3. 压力无关流量调节阀或关断阀；
4. 风机开关控制；
5. 风机变速控制；
6. 热交换器交换热量。

（二）变风量末端装置的技术特性

变风量末端装置的进口尺寸及额定风量、倍频带噪声允许偏差等基本性能要求见表 4-2-7，表 4-2-8，表 4-2-9。

VAV 进口尺寸及额定风量 **表 4-2-7**

进口风道直径(mm)	额定风量(m^3/h)
100	280
120	410
140	550
160	720
180	920
200	1130
220	1370
250	1770
280	2220
320	2890
360	3660
400	4520
450	5720
500	7070
560	8860
630	11220
700	13850

备注：

① 其他尺寸 VAV 末端装置的额定风量按进口风道尺寸对应面积(m^2)乘以 10m/s 的风速确定；

② 对串联式风机动力 VAV 末端装置，一次风额定风量应小于风机额定风量或依据表中数据；

③ 可调散流器型变风量末端额定风量取喉部风速为 4m/s 的流量。

倍频带噪声允许偏差 **表 4-2-8**

倍频程中心频率(Hz)	额定允差[dB(A)]
125	6
250	4
500	3
1000	3
2000	3
4000	3

VAV 末端装置的基本性能要求 **表 4-2-9**

序号	检验项目名称	要　求
1	启动与运转	零部件无松动、杂声和发热等异常现象
2	静压损失	≤额定值的 105%
	一次空气风量、诱导风量	≥额定风量的 95%
	输入功率	≤额定值的 110%
3	一次空气阀门、箱体泄漏量	阀门泄漏量≤额定风量的 0.5%； 箱体泄漏量≤额定风量的 1%
4	一次空气阀最小工作压力	给出风量、最小工作压力曲线
5	压力补偿控制性能	给出 100%、50%额定风量的变化关系 风量变化≤5%
6	进风口空气流量传感器性能	调节范围内，传感器测量风量值与名义风量值的差≤5%
7	温度混合性能	给出温度混合效率
8	凝露	外壳不应有凝结水滴下
9	噪声	倍频带噪声偏差不超过表 4-2-8 中的数值
10	泄漏电流	应符合国家标准 GB 4706.1—2005 中 13.2、16.2 的规定
11	电气强度试验	应符合国家标准 GB 4706.1—2005 中 13.3、16.3 的规定
12	绝缘电阻	≥2MΩ
13	绕阻温升	应符合国家标准 GB 755—2000 中表 6 的规定
14	接地电阻	其外露金属部分与接地端之间的电阻值应≤0.1Ω

四、变风量系统方案及设计

（一）变风量末端的设计与计算选择

1. 风量计算

（1）一次风最大风量：通过各温度控制区域内最大显热冷、热负荷与相应的送风温度差计算出一次风最大冷、热风量，不计各空调温控区内的潜热负荷。取冷、热一次风最大风量中较大值为选择设备用的一次风最大风量。

（2）一次风最小风量：综合考虑新风量和气流组织确定。

（3）保证新风需求的送风量：对于设备发热量小、人员多的区域（如会议室），应校核一次风最大风量是否满足新风需求，若不满足应增加送风量，提高送风量后，如房间温度不能满足要求，则局部采取再热措施，提高送风温度。

（4）串联式变风量末端风机的风量一般为一次风最大风量的1.0～1.3倍；并联式变风量末端风机风量一般为一次风最大风量的0.6倍；也可按一、二次风温度计算确定。

末端风量计算公式表 **表 4-2-10**

项　目	单位	串联式 FPB	并联式 FPB	单风管 VAV
一次风最大冷风量 G_s	kg/s	$G_s=\frac{Q_{ss}}{1.01(t_n-t_{ss})}$		
一次最大热风量 G_w	kg/s	—	—	$G_w=\frac{Q_{sw}}{1.01(t_{sw}-t_n)}$
一次风最小风量 G_{min}	kg/s	$G_{min}\geqslant 0.3G_s$	$G_{min}\geqslant 0.4G_s$	
保证新风量的最小送风量 G_v	kg/s	$G_v=\frac{G_x}{X_0/100}$		
风机风量 G_f	kg/s	$G_f=\frac{t_n-t_{ss}}{t_n-t_{sm}}G_s$ 或$=1.0\sim1.3G_s$	$G_f=\frac{t_{sm}-t_{ss}}{t_n-t_{sm}}G_s$ 或$=0.6G_s$	—

各式中：G_x——区域设计新风量，kg/s；

Q_{ss}、Q_{sw}——分别为最大显热冷负荷、最大显热热负荷，kW；

t_n、t_{ss}、t_{sw}——分别为室内干球温度、一次风冷风送风温度、热风送风温度，℃；

t_{sm}——变风量末端下游送风温度，根据室内气流组织要求与风口形式确定，℃；

X_0——全风量下新风比，%。

2. 变风量末端选型

变风量末端选型应根据计算得到的各种参数，参照产品样本进行，并应注意下列几点：

（1）空调区域的设备余量：在计算空气处理机组的盘管时，送风温度宜留有0.5～1.0℃的余量。各末端可按一次风量最大风量选型，风量不宜放大作为余量，否则影响末端的风量调节性能。

（2）某些进口产品样本中的风机风量、风压是60Hz电源的数据，用于国内50Hz电源时，应根据供应商提供的50Hz下的相应数据或试验台实测数据选型。

（3）变风量末端有调节风阀在高速气流作用下的气流噪声和风机动力末端风机噪声两

个噪声源，传播途径有辐射噪声和出风口噪声，变风量末端装置直接设置于空调区域中，其噪声控制是变风量末端系统设计的重点与难点。

（4）变风量末端噪声校核计算可利用样本提供的声功率级，结合建筑特点，进行声学校核计算，求得房间声压级后校核是否符合要求的 NC 曲线。

（二）变风量系统的组合形式

为了适应室内负荷的变化及用户对室内温湿度提出的不同要求，变风量系统需与定风量系统或风机盘管系统组成组合系统。常用的有四种系统，现就其特点及适用条件分述如下：

1. 单风道简易变风量系统

包括节流型及旁通型，这是变风量系统中最简单的一种。仅有一条送风道通过末端设备及送风口向室内送风，送风量根据负荷大小由室温调节器调节，以维持室温在要求的范围内。

这种系统对各房间来说，只能同时加热或同时冷却，而无法满足部分房间需要加热同时另外一些房间需要冷却的需求。另外，当显热负荷减少时，室内相对湿度也不易控制。因此，这种系统仅适用于室内负荷比较稳定、玻璃窗的负荷比例较小、室内相对湿度无严格要求或室内发湿量很少的场合。

节流型的单风道变风量系统的房间风量和系统风量均可改变，在大型系统中能节约较多的能量。在系统设计中需设置系统的风量控制和送风机、回风机的平衡控制。对室温、室内最大风量及最小风量的控制，均由末端设备完成。

旁通型的单风道系统只改变房间风量，多余风量直接排放在吊顶空间或回风道中，整个系统风量保持不变，因而，不需设计系统的风量控制和送风机、回风机的平衡控制，但也不存在风机的运行节能。

2. 周边风机盘管和变风量系统的组合系统

变风量系统采用简单的单风道系统，主要用于夏季冷却。为了补偿负荷变化，可利用供冬季使用的周边风机盘管系统在夏季运行。这样，当室内负荷减少时就可自动或手动开启风机盘管向室内补充热量；同时也可以满足有的房间加热，有的房间冷却的要求，最小风量和室内的相对湿度也得到了相应的控制。这种系统的设备费和运行费都很低，而造成的室内环境则比较令人满意。

3. 周边定风量和内区变风量系统的组合系统

这种系统的功能与上述的周边风机盘管和变风量组合系统相似，只是用一套定风量系统补偿温差传热和太阳辐射负荷。内区用一套变风量系统，消除灯具、人和设备负荷。系统图见图 4-2-11。

周边定风量系统一般可用再热系统、风机盘管或再热器等，也有的从内区变风量系统接一支风道并装再热器，用来补偿周边变化的负荷，但值班供暖使用时要开启系统全部风机，增加运行费用。应用较多的是设置单独风机的周边定风量系统，定风量系统不必补新风。如在高照度房间可利用照明热量来补偿周边失热。周边系统一般不由室温控制，周边系统的送风温度仅根据室外温度由补偿温度调节器或温差温度调节器控制。

4. 再热式或双风道变风量系统

当房间送风量随负荷减小而达到最小风量时，就开启再热器或热风阀向房间补充热

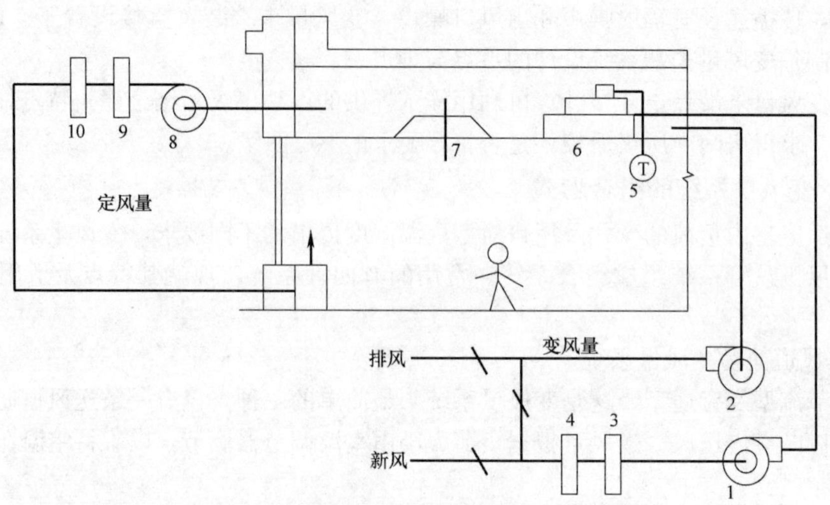

图 4-2-11　定风量与变风量的组合系统

1—变风量送风机；2—变风量回风机；3—冷却器；4—过滤器；5—室温调节器；6—末端设备和送风口；7—灯具；8—定风量风机；9—冷却器；10—加热器

量。这种系统适应负荷变化的能力很强，适用于负荷变化幅度大或要求同时有的房间加热、有的房间冷却的场合。由于负荷得到补偿，最小风量得到控制，室内相对湿度也保持在较好的水平上。

双风道变风量末端设备较复杂，再热式单风道变风量末端设备一般是在变风量末端设备的出口端设一再热器，与末端设备作成一个整体，构造也较复杂；另外还需敷设热水管或增加一条风道，设备费和运行费都较高，只有要求较高的地方才用。

（三）变风量空调系统负荷分析

变风量空调系统冷、热负荷的基本计算方法与其他空调系统相同，负荷分析的目的是为了选择合适的变风量末端设备和系统形式。

首先，根据建筑物所在地点，对建筑物内不同朝向的房间进行 24 小时的动态负荷计算，求出每一房间计算日的最大负荷及最小负荷，以便选用变风量的末端设备。

在计算条件下，24 小时的建筑围护结构形成的冷负荷变化幅度很高，在人员密度很低的办公室或客房，其主要负荷是由围护结构组成的，对变风量系统来说冷负荷的变化率也近似地认为是送风量的变化率，可见，变风量系统的节能是十分可观的。在人员密度大，内部设备和照明负荷成为主要负荷时，负荷变化常常具有随机性，一日的负荷变化宜采用统计方法获得。

其次，各房间同一时刻负荷累加，便可求得 24h 的整栋建筑物的动态负荷，同时也就得到了建筑物的最大负荷及最小负荷，以便确定空调机组设备。

最大负荷变化率用下式表示

$$B_{max}=\frac{Q_{max}-Q_{min}}{Q_{max}}\times100\% \tag{4-2-2}$$

式中　B_{max}——建筑物（或房间）的最大负荷变化率（%）；

Q_{max}——建筑物（或房间）的最大负荷（W）；

Q_{min}——建筑物（或房间）的最小负荷（W）。

（四）变风量空调系统空调分区

为提高房间的热舒适性和新风分布均匀性，变风量空调系统设计的基本思路是对各类负荷分别处理，即内、外区负荷分别处理；冷、热负荷分别处理；不同温度控制区域负荷分别处理。因此，根据建筑使用功能和负荷情况恰当地进行空调分区十分重要。

在同一个建筑物中，各分区围护结构在构造、朝向和计算时间上的差异产生了不同的围护结构瞬时负荷，各区域功能和使用情况的差异也造成不同的内热负荷。在负荷分析的基础上，根据空调负荷差异性，恰当地把空调系统划分为若干温度控制区域，称为空调分区。分区的目的在于使空调系统能更方便地跟踪负荷变化，改善室内热环境和降低空调能耗。

1. 内区和外区

空调最基本的分区是内区（内部区）和外区（周边区）。

外区是直接受到外围护结构日射得热、温差传热和空气渗透等负荷影响的区域。

内区是与建筑物外边界相隔离，具有相对稳定的内边界温度条件，不直接受来自外围护结构的日射得热、温差传热和空气渗透等负荷影响的区域。内区空调负荷全年主要是内热冷负荷，它随区内照明、设备和人员发热量变化而变化，通常全年需要供冷。

外墙、外窗的绝热性和外窗的遮阳系数，可以直接影响其内表面温度，从而影响辐射换热，当外围护结构内表面温度接近室内温度时，负荷比较稳定，几乎没有外区。另外，进深小于 8m 的房间无明显的内、外分区现象，可不设内区，都按外区处理。

依据朝向和建筑平面布置，外区一般可分为 2-4 种类型，如图 4-2-12。每个类型的分区可按使用情况细分为若干个不同的温度控制区域。内区也可根据使用情况细分为若干个不同的温度控制区域（筒芯）。

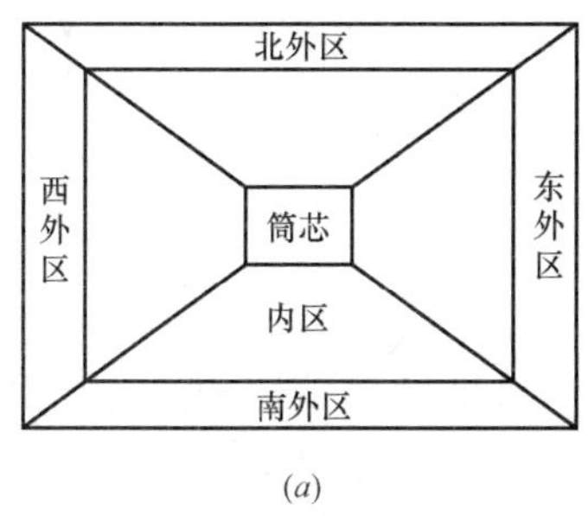

(*a*)

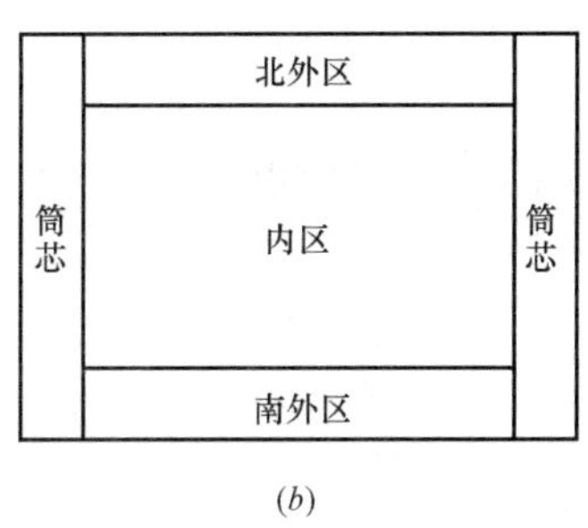

(*b*)

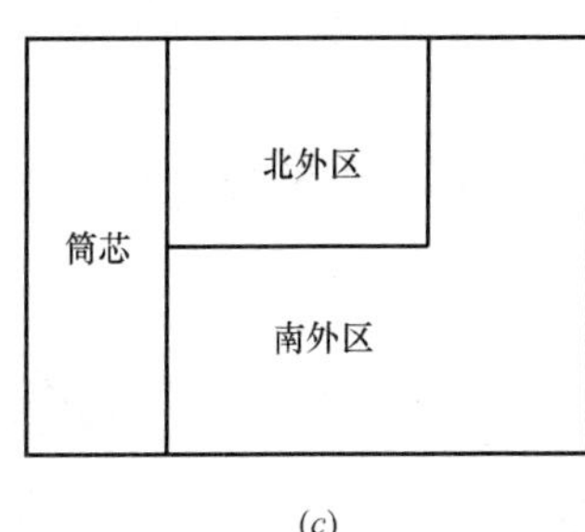

(*c*)

图 4-2-12 平面分区示意图

(*a*) 大型建筑 4 个外区＋内区；(*b*) 大型建筑 2 个外区＋内区；(*c*) 小型建筑不设内区

2. 外区进深

外区空调负荷冷、热交替变化很大。跟踪并处理好外区空调负荷是变风量系统设计的难点之一。特别是在冬季的同一个房间内，内、外区要进行供冷、供热两种完全不同的空气处理过程。供冷、供热量的计算是否符合实际情况，都与外区进深有关。因此恰当地确定外区进深对于后续设计计算，系统布置和设备选择都十分重要。

影响外区进深的主要因素有：

（1）气候条件；

（2）外围护结构热工性能；

（3）内、外区空调系统情况；

（4）受风口设置影响的室内气流组织。

外区进深与内、外区空调系统设置有关。简单的确定方法是：在满足《公共建筑节能设计标准》对各气候分区建筑热工设计标准的前提下，如果外围护结构绝热和遮阳性能很好，使外围护结构内表面温度比较接近室内空气温度，则外区进深可按 2－3m 确定，否则一般可按 3～5m 确定。

由于外区进深的划分直接影响新风供给、气流组织和末端选择，故划分应以建筑平面功能和空调负荷分析为基础，并尽可能使末端风量在各种工况下比较均衡，避免出现大幅度的风量调节。

（五）变风量系统的气流组织

由于风量的变化引起气流流型的变化，直接影响到室内温度和风速的分布，这也是在设计应用变风量系统时需要特殊考虑的问题。

正确地选用送风口型式，可减少由于风量变化造成的气流参数特别是气流射程的变化，改善使用区中的空气温度和风速分布，以提高舒适度，节省投资，协调室内装修，选用原则如下：

1. 顶棚“平送”风口优先选用条形散流器，当冬季需送热风时，应选用带调节瓣的条形散流器，以便调整气流方向。

2. 变风量空调的送风方式，一般不宜采用“侧送”。因为这种送风方式当风量减少时，气流射程迅速降低，形成空气“停滞区”。在需采用“侧送”的场所，应选用专用的“侧送”变风量末端设备及送风口。

3. 在使用区中应造成良好的温度和风速分布，满足多数居住者的卫生和舒适要求。

4. 吊顶空间上面的楼板如非空调房间应保温，吊顶空间中不要产生灰尘、潮气及不良气味。

（六）变风量空调系统室内相对湿度分析

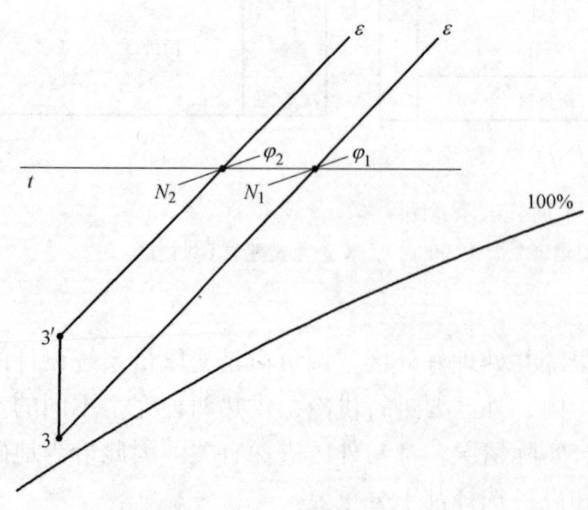

图 4-2-13　ε 不变时定风量再热系统与变风量系统室内相对湿度的比较

度当变风量系统的室内显冷负荷减少时，送风量也相应减少，致使除湿能力降低，与定风量再热系统相比，相对湿可能有所增加。但选用正确的组合系统并加以适当的控制，仍可以把相对湿度控制在一定的范围内，满足一般的使用要求。现在分析以下几种情况：

1. 室内的热湿负荷成比例地减少，即热湿比 ε 不变，室内空气状态变化如图 4-2-13 所示，图中点 3 表示定风量再热系统与变风量系统相同的送风状态，N_1 表示室内要求的状态。当室内热湿负荷成比例减少时，变风量系统送风状态仍保持点 3，仅减少送风量，因 ε 不变，

室内仍保持原来的 N_1点，即室内温、湿度都不变。

定风量系统因负荷减少，受再热影响开启再热器，送风状态由原来的点 3 变到 3′送入室内，因 ε 不变，室内状态达到 N_2，这时，$t_1=t_2$，但 $\varphi_2<\varphi_1$，这不但多耗费了除湿能量，而且室内相对湿度过低，对卫生和生产也都是不利的。

2. 仅显热减少，散湿量不变，即热湿比 ε 值减小到ε′，这时，由于变风量系统送风量减少，相对湿度增加，如图 4-2-14 中 N_2所示，$\varphi_2>\varphi_1$；对于定风量再热系统，再热器补偿的热量恰好等于室内减少的热量，送风状态点变为 3′，室内仍维持要求的 N_1状态。

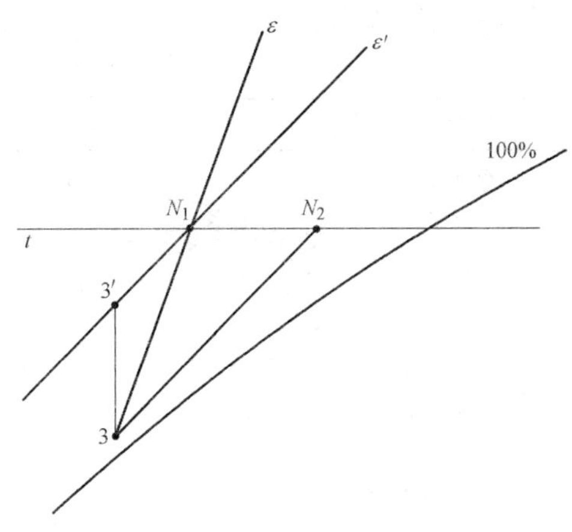

图 4-2-14　ε 改变时定风量再热系统与变风量系统室内相对湿度的比较

(七) 变风量空调系统选用

1. 前面介绍的变风量空调系统的各种组合形式及负荷分析方法，是为了选用合理的系统形式。在现代化办公建筑中，由内热负荷构成的内区负荷全年为冷负荷，且相对稳定，变风量空调方式比较容易跟踪处理，末端形式也比较单一；外区负荷受外围护结构形式、朝向、季节等的影响，冷、热交替很不稳定。另外，由于新风是按负荷（风量）比例分配的，外区末端在跟踪负荷的同时还必须兼顾新风分配和气流组织，难度较大。因此，变风量空调系统常结合其他空调方式共同处理外区负荷。选择好外区空调方式是变风量空调系统设计的一个重点和难点，必须予以重视。需在分析计算和技术经济比较后慎重选择。现就选用系统应该考虑的几个问题，说明如下：

(1) 室温允许波动范围。从试验到工程实测，都说明变风量系统可以达到较小的室温波动范围。当然，与控制方式以及扰量的大小有关。在一般条件下，用简易的位式调节，可满足±1℃的要求。

(2) 室内相对湿度控制，应引起注意。在室内显热负荷减少后，送风量相应减少，故除湿能力也相应地减弱，可能会造成室内相对湿度的增加，增加的幅度与变风量系统形式有关，在选用时应予注意。

(3) 选用节流型还是旁通型系统，需根据经济比较决定。节流型的变风量可节约一部分风机运转的能量，但需增加系统静压控制。

(4) 在同一系统中，有某些房间或某一区有停用的可能，这些房间或区域的末端设备应设计成可“全闭”型，并在房间和机房中设有控制开关。

(5) 在全年中存在余热，而周边负荷剧烈变化的大型建筑物中，温差传热及太阳辐射热作为周边负荷，用可变定风量末端、风机盘管或诱导器处理；照明、设备及人员作为内区负荷，用变风量末端来处理。

2. 风机动力型变风量空调系统

串联式与并联式风机动力型变风量末端功能不同，在实际工程中有几种常见的应用模式，它们的空气处理过程、焓湿图分析、配置图式、特点与适用性见表 4-2-11。

风机动力型变风量系统设计举例　　　　表 4-2-11

	1. 外区串联式＋内区串联式	2. 外区并联式＋内区单风管
空气处理过程	冬外区： $\left.\begin{matrix}W\\N\end{matrix}\right\rangle O_1 \xrightarrow{冷却} L \xrightarrow{AHU风机温升}$ $\left.\begin{matrix}S_1\\N\end{matrix}\right\rangle O_{2w} \xrightarrow{加热+末端风机温升} S_{2w} \xrightarrow{\varepsilon_w} N$ $\left.\begin{matrix}W\\N\end{matrix}\right\rangle O_1 \xrightarrow{冷却} L \xrightarrow{AHU风机温升}$ $\left.\begin{matrix}S_1\\N\end{matrix}\right\rangle O_{2n} \xrightarrow{末端风机温升} S_{2n} \xrightarrow{\varepsilon_n} N$ 夏季： $\left.\begin{matrix}W\\N\end{matrix}\right\rangle O_1 \xrightarrow{冷却} L \xrightarrow{AHU风机温升}$ $\left.\begin{matrix}S_1\\N\end{matrix}\right\rangle O_2 \xrightarrow{末端风机温升} S_2 \xrightarrow{\varepsilon} N$	冬外区： $\left.\begin{matrix}W\\N\end{matrix}\right\rangle O_1 \xrightarrow{冷却} L \xrightarrow{AHU风机温升}$ $\left.\begin{matrix}S\\N\end{matrix}\right\rangle O_{2w} \xrightarrow{加热+末端风机温升} S_{2w} \xrightarrow{\varepsilon_w} N$ 冬内区： $\left.\begin{matrix}W\\N\end{matrix}\right\rangle O_1 \xrightarrow{冷却} L \xrightarrow{AHU风机温升} S \xrightarrow{\varepsilon_n} N$ 夏季： $\left.\begin{matrix}W\\N\end{matrix}\right\rangle O_1 \xrightarrow{冷却} L \xrightarrow{AHU风机温升} S \xrightarrow{\varepsilon_w} N$
焓湿图分析	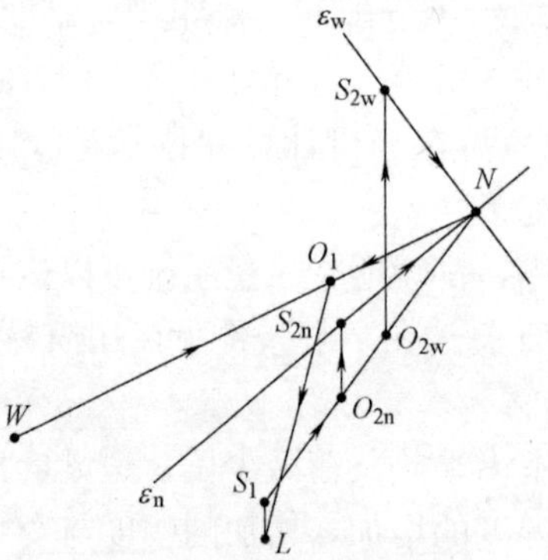 冬季 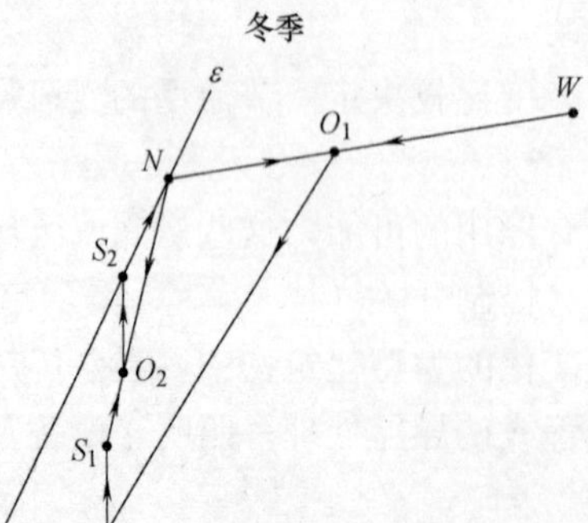 夏季	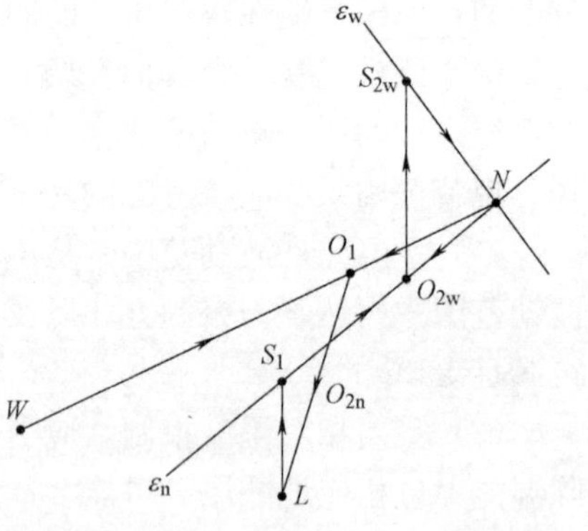 冬季 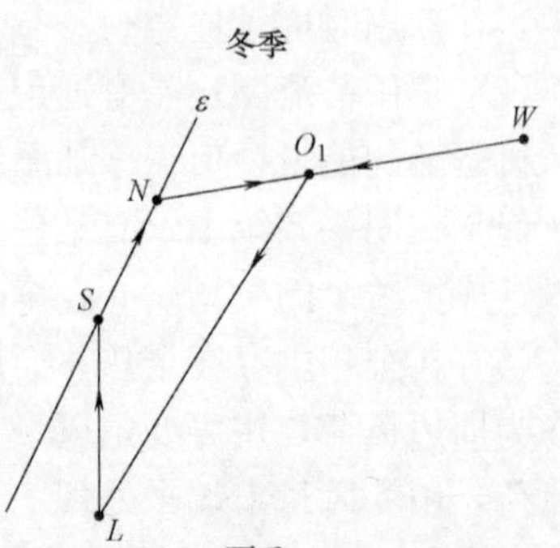 夏季

续表

	1. 外区串联式+内区串联式	2. 外区并联式+内区单风管
配置图式	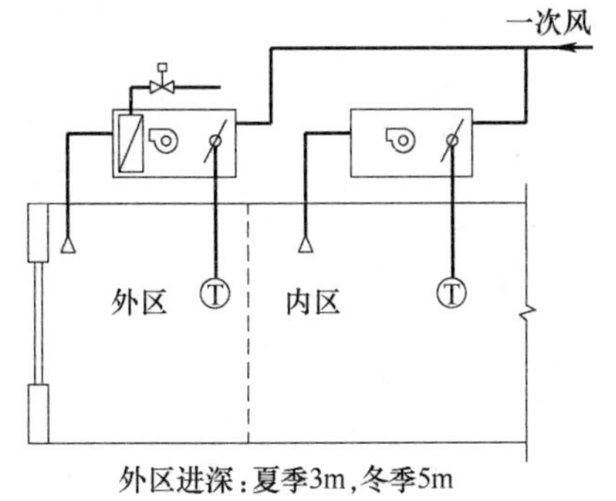	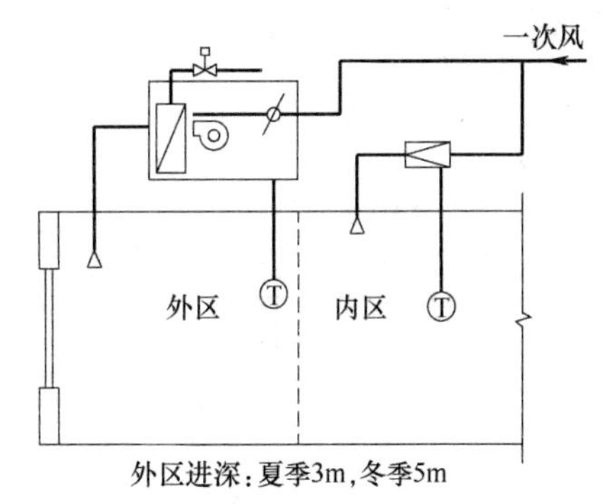
特点与适用性	1. 系统全年送冷风。 2. 外区设带加热器的串联式变风量末端装置，处理冷、热负荷兼送新风。 3. 冬季外区内的外围护结构热负荷、内部发热量和含新风的最小一次冷风在冷、热抵消后余值为热负荷时，由加热器供暖；余值为冷负荷时则增加冷风送风量。由于采用了冷、热负荷的混合处理方法，外围护结构热负荷向内延伸，外区进深为5m。 4. 夏季外区一般设窗边顶送风，能就近处理外围护结构冷负荷，故外区进深约3m。考虑到兼顾冬、夏季工况且夏季内、外区皆为供冷，可统一按冬季时的5m分区。 5. 内区设串联式变风量末端装置，处理内热负荷兼送新风。 6. 外区新风量夏季偏大，冬季偏小，需复核区域内新风量能否满足标准要求。 7. 冬季外区末端的一次冷风和二次风混合后再热供暖，存在风系统内冷热抵消。 8. 末端小风机采用单相交流电机的效率低，如果采用直流无刷电机，价格贵。 9. 适用于低温送风系统，新风易均布的大空间办公及气流组织要求较高的场合	1. 系统全年送冷风。 2. 外区设带加热器的并联式变风量末端装置，处理冷、热负荷兼送新风。 3. 冬季外区内的外围护结构冷负荷、内部发热量和含新风的最小一次冷风在冷热抵消后，余值为热负荷时，由加热器供暖；余值为冷负荷时则增加冷风送风量。由于采用了冷热负荷混合处理的方法，外围护结构热负荷向内延伸，外区进深扩大到5m。 4. 夏季外区一般设窗边顶送风，能就近处理外围护结构冷负荷，故外区进深约3m。考虑到兼顾冬、夏季工况且夏季内、外区皆为供冷，可统一按冬季时的5m分区。 5. 内区因无需加热且并联式变风量末端装置送冷风时一般不启动风机，故可设单风道末端，处理内热负荷并兼送新风。 6. 外区新风量夏季偏大，冬季偏小，需复核区域内新风量能否满足标准要求。 7. 冬季外区末端的一次冷风和二次风混合后再热供暖，存在风系统内冷热抵消。 8. 并联变风量末端装置末端外形尺寸比串联小，风机功率也小，且仅在供冷小风量时及供暖时运行，能耗较少。 9. 适用于常温送风系统，新风易均布的大空间办公及气流组织要求不高的场合

3. 单风道变风量空调系统

（1）单风道变风量末端自身结构简单，单风道变风量空调系统常与其他空调装置结合应用，以使空调房间获得较好的热舒适性。表4-2-12为该系统各种不同结合应用时的性能比较。

单风道变风量系统各种不同结合应用时的性能比较　　表 4-2-12

图　　式	特点与适用性
1. 单风道＋风机盘管系统 外区：风机盘管＋VAV 内区：VAV 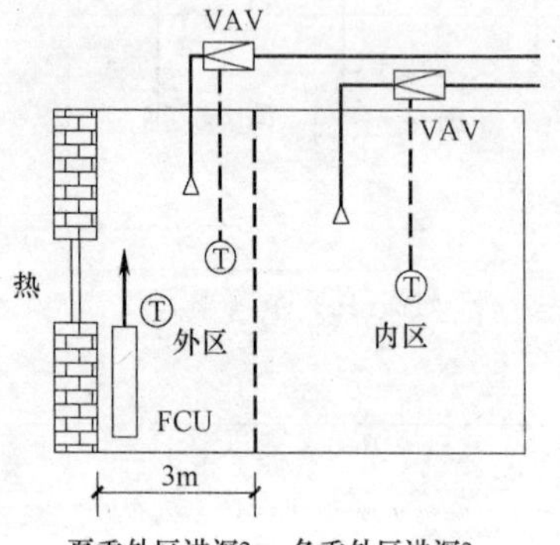 夏季外区进深3m，冬季外区进深3m	1. 外区设冷、热兼用风机盘管(FCU)，处理外围护结构冷、热负荷。 2. FCU 的温度传感器设于外墙侧。由于负荷在窗边即被处理，外区进深被缩小到 3m，热舒适性提高。 3. 外区内侧距窗边 3m 处另设外区 VAV 末端顶送风口，处理内热负荷兼送新风。因内热负荷与人员密度相关且相对稳定，故送风量比较稳定，新风分布也比较均匀。 4. 内区设 VAV 末端，处理内热负荷。 5. VAV 系统仅处理内热负荷，需求风量较小。但因采用风机盘管，“水患”与“易孳生细菌和霉菌”等缺点依然存在。 6. 冬季冷、热负荷分别处理和温度控制。外围护结构热负荷可抵消部分内热冷负荷，形成混合得益，减少了供冷、供热量，经济性提高。同时应注意由于减少了 VAV 送风量，新风量也会减小。 7. 适宜于建筑负荷变化大，空调机房小，VAV 空调系统风量受限制的场合
2. 单风道＋加热器系统 外区：散热器＋VAV 内区：VAV 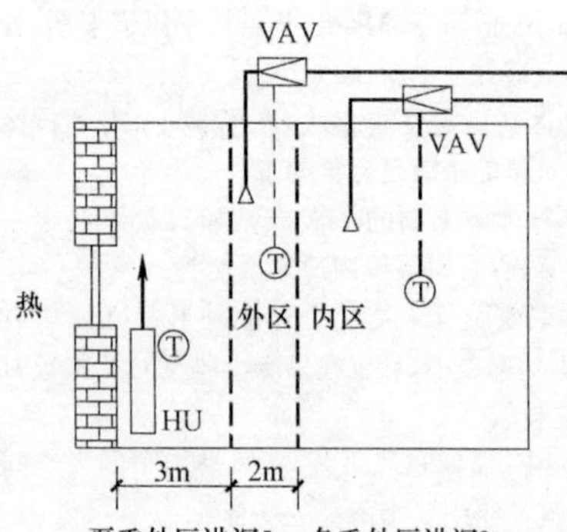 夏季外区进深5m，冬季外区进深3m	1. 为避开冬季窗边加热器的热风，系统外区 VAV 末端(冷风)送风口一般设在距离窗边 3m 处，使夏季外围护结构冷负荷向内延伸，外区进深为 5m. 外区 VAV 末端兼处理外围护结构负荷和内热负荷，系统风量较大。 2. 外区设热水散热器或电加热器(HU)处理冬季围护结构热负荷。由于负荷在窗边即被处理，使冬季外区进深缩小到 3m，外区的 VAV 末端的送风口处在内、外区的交界处，处理内热负荷并兼送新风。 3. 采用电加热器或水加热器可全部或部分解决了“水患”和“易孳生细菌和霉菌”问题。 4. 冬季冷、热负荷分别处理和温度控制，外围护结构热负荷可抵消部分内热负荷，形成混合得益，减少了供冷、供热量，经济性提高。同时应注意由于减少了 VAV 送风量，新风量也会减少。 5. 内区设 VAV 末端处理内热负荷。 6. 由于 VAV 在夏季处理波动较大的外围护结构负荷，为避免末端风量大幅度调节使系统稳定性差，宜按朝向划分出若干 VAV 系统，且采用不同的送风温度。 7. 外区的 VAV 末端冬、夏的风量相差较大，相应夏季新风量也较大，冬季较小，需复核冬季区域内新风量。 8. 电加热经济性差，仅适宜于外窗热工性能良好，每米长外围护结构热负荷在 100W 以下的场合，并以辐射型为优。 9. 热水散热器适宜于每米长外围护结构热负荷在 100～200W 的场合。 10. 本系统适宜于办公人员密度低，建筑设计标准高，空调系统多，机房较富裕的场合

续表

图　　式	特点与适用性
3. 内外区单风道系统 外区：VAV 内区：VAV 夏季外区进深3m，冬季外区进深5m	1. 内、外区分设变风量空调（风）系统，真正消除了“水患”与“易孳生细菌和霉菌”的问题。 2. 冬季外区中外围结构热负荷、内热冷负荷和 VAV 系统提供含新风的最小一次冷风量在冷、热抵消后仍为冷负荷时系统供冷风；为热负荷时系统供热风。冷热负荷的混合处理使外围护结构热负荷向内扩散，外区进深扩大到 5m。 3. 夏季内、外区全部供冷。当外区采用窗边顶送风时，由于外围护结构负荷在窗边即被处理，夏季外区进深约为 3m。考虑到兼顾冬、夏季工况且夏季内、外区皆为供冷，可统一按冬季时的 5m 分区。 4. 内区设 VAV 末端处理内热负荷。 5. 外区不同温度控制区域需要同时供冷和供热将无法应对，一般需按朝向设置不同的系统。 6. 外区变风量系统供热时温度控制与保证新风量有矛盾（如：外围护结构热负荷越小或者人越多、内热越大，送风量就越少，新风量也越少），末端在最小风量时新风量最少，需留意新风量问题。 7. 因外区要求按朝向和使用功能分设变风量系统，故空调系统多，机房要求大
4. 全内区单风道系统 外区：改善窗际热环境 内区：VAV 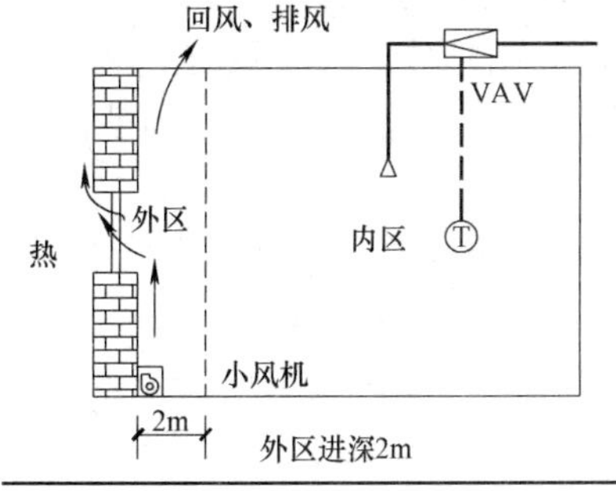	1. 外区采用双层围护结构（double skin facade）、多层通风外窗（air flow window）、空气阻挡层（air barrier）等改善窗际环境的措施，使外围护结构冷、热负荷减少，内表面温度接近室内温度，外区进深缩短到 2m，可不再设置其他空调措施。 2. 变风量空调系统仅处理内区内热负荷，冬季内区室温如高于外区 1～2℃，可形成混合得益，节能性好。 3. 内热负荷与人员数量相关且相对稳定，故新风量易保证。 4. 双层围护结构、多层通风外窗等改善窗际热环境措施涉及外窗和玻璃幕墙整体设计，投资大、建筑设计难度高，仅在少数高标准工程中有应用

(2) 单风道变风量系统设计计算

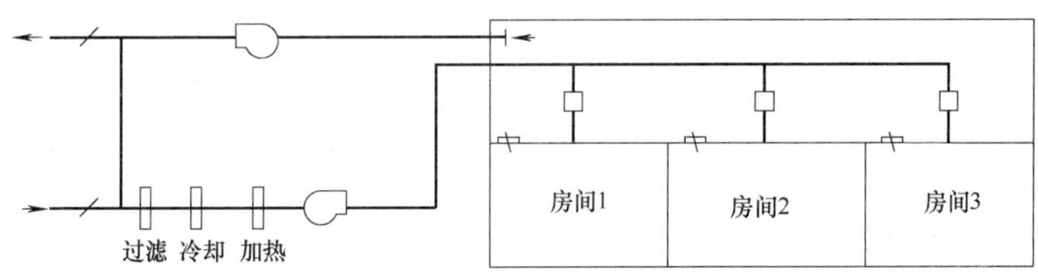

图 4-2-15　单风道变风量系统

采用节流型末端设备的单风道变风量系统组成见图 4-2-15。它由末端设备、送、回风机、空气过滤器、冷却器、加热器及风阀组成。回风经过吊顶在吊顶空间集中后，返回空调机房，必要时周边布置热水供暖系统。

图 4-2-15 所示的系统，采用装有热水供暖系统，并考虑全年运行，热水供暖系统的

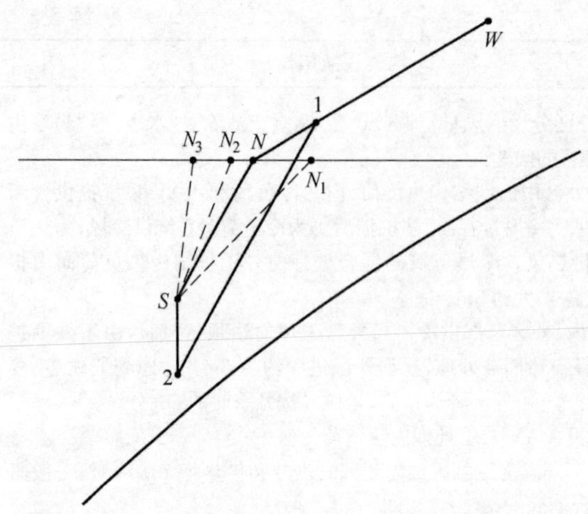

图 4-2-16 单风道变风量系统空气状态变化过程

热源可由锅炉房或太阳能集热器供给，在寒冷地区，新风常需预热。系统处于最小风量下运行，需满足最小新风的要求。

单风道变风量系统室内空气参数的变化过程和空气处理过程见图 4-2-16。

在夏季满负荷运行中，系统按同时最大值风量进行混合、冷却处理，“露点”由系统的平均热湿比 ε_p 值确定（这样确定的露点温度比较经济）。如果按最小热湿比 ε_{min} 确定“露点”温度则较低，使多数房间的相对湿度比要求的状态低。至于个别要求严格控制相对湿度且热湿比低于系统平均热湿比的房间，可按消除余湿确定风量，不足热量由供暖或局部热源解决。

在图 4-2-16 中，状态点 2 为按系统的平均热湿比 ε_p 确定的“露点”，送风状态及室内状态分别以 S 点及 N 点表示。对于一个多房间的系统来说，每个房间的热湿比 ε 并不相同。这样就出现了各房间相对湿度各不相同的现象，有的房间的 ε 值高于系统平均值，则相对湿度低于设计值，如虚线 S-N_2、S-N_3。有的房间 ε 小于平均值，则相对湿度高于设计值，如虚线 S-N_1 所示。对于舒适性空调或一般的科研生产建筑，相对湿度维持在 40%～65%之间均可满足使用要求，可不必增加另外的措施。对于多房间的全空气系统，房间相对湿度各不相同（定风量系统也存在这种现象），只要不超过控制范围就可满足使用要求。

在夏季，某房间负荷减少，室温调节器控制末端设备减少送风量，以维持室温不变，这时的相对湿度可能不变，也可能有所增加。如果房间负荷进一步降低，风量达到了最小值，则需自动或手动启动暖气或补偿热源。如果整个系统负荷也降低，且风量已经达到最小值，为节省能源及维持必要的室内空气参数，可在室外温度与送风温度之间，设计补偿控制，以适当提高送风温度。

冬季供暖系统的供水温度根据室外气温来调整，用以补偿围护结构的失热；室温由变风量末端设备来维持，送风温度多在室温以下，这样对变风量的气流流型稳定和保持最小新风都较有利。

不论在夏季或冬季运行，有些不使用的房间的末端设备应设置完全关掉送风的设备。

单风道变风量系统的主要计算公式如下：

1）房间的最大空气量

每一房间的空气量应满足夏季和冬季的热湿负荷要求，同时还要核对排风量及新风量等要求。

夏季按室内最大冷负荷和湿负荷计算风量，见公式（4-2-3）、（4-2-4）。

$$L=\frac{3600Q_q}{\rho(h_n-h_s)}=\frac{3600Q_x}{\rho c(t_n-t_s)}(\mathrm{m^3/h}) \tag{4-2-3}$$

$$L=\frac{1000W}{\rho(d_n-d_s)}(\mathrm{m^3/h}) \tag{4-2-4}$$

补偿冬季所需热量的风量按下式计算：

$$L_{\mathrm{S}}^{\mathrm{D}}=\frac{3600Q_{\mathrm{S}}^{\mathrm{D}}}{\rho c(t_{\mathrm{s}}-t_{\mathrm{n}})}(\mathrm{m}^3/\mathrm{h}) \tag{4-2-5}$$

式中：

Q_q、Q_x——夏季室内全热负荷、显热负荷（kW）；

ρ——空气密度（kg/m^3）；

c——空气定压比热容，可取 1.01kJ/(kg·℃)；

h_n、h_s——室内状态点和送风状态点的焓值［kJ/(kg 干)］；

t_n、t_s——室内状态点和送风状态点的温度（℃）；

d_n、d_s——室内状态点和送风状态点的含湿量［g/(kg 干)］；

W——夏季室内湿负荷（kg/h）；

$Q_{\mathrm{S}}^{\mathrm{D}}$——冬季室内最大显热负荷（kW）；

从公式（4-2-3）、（4-2-4）和（4-2-5）中，选用最大值作为计算空气量。

2）系统的最大风量

在满负荷时系统的最大风量为：

$$L_{\max}=\sum L_{\mathrm{s}}^{\mathrm{x}}+\sum L_{\mathrm{m}}^{\mathrm{x}}(\mathrm{m}^3/\mathrm{h}) \tag{4-2-6}$$

$$L_{\max}=\sum L_{\mathrm{s}}^{\mathrm{D}}+\sum L_{\mathrm{m}}^{\mathrm{x}}(\mathrm{m}^3/\mathrm{h}) \tag{4-2-7}$$

式中　$\sum L_s^x$、$\sum L_s^D$——分别为按夏季、冬季显热负荷决定的各房间同时最大风量的总和（不是每个房间的最大风量的总和）。在$\sum L_s^x$或$\sum L_s^D$中不包括按照散湿量决定的各房间的风量；

$\sum L_m^x$——按照夏季散湿量决定的某些房间风量的总和，并近似认为全年相同，这一项风量仅在要求除湿房间的尖峰负荷和系统的尖峰负荷同时出现时，才需单独计算，否则公式（4-2-6）和（4-2-7）中$\sum L_m^x$项可以不计，因为系统不处于尖峰负荷，系统的剩余风量，可补充除湿房间所需的多余风量，这样，除湿房间的风量也可按消除显热来处理。

$\sum L_s^x$ 和$\sum L_s^D$ 是系统各房间的同时最大值，小于各单独房间最大值的总和。例如某一建筑可能有东西南北各个朝向的房间，南向房间最大负荷出现在 12 点，西向最大负荷发生在 17 点，这样就可利用系统中某些房间的剩余风量供另一些房间使用，这是变风量系统的优点之一。系统的最大风量的确定，主要取决于朝向、建筑规模、房间性质和使用情况，需要由设计者充分调查决定。

公式（4-2-6）和（4-2-7）不能用于旁通型的变风量系统，因为这种系统各房间剩余风量排放在吊顶空间返回空调机，不能被其他房间利用。旁通型变风量系统的系统最大风量应按定风量系统的方法确定。

3）最小风量

房间最小风量应满足控制室内相对湿度、最小新风以及气流组织等要求。

在一般的运行条件下，风量越小，能量消耗越小，但过小易造成风机运行不稳定，同时能量节约率也逐渐降低，为此系统最小风量不宜低于系统的最大风量的 50%。

4）系统温度

变风量系统的送风温度、混合温度、冷却器及加热器的出口温度的计算方法同定风量系统。

（八）变风量空调系统风机及管道设计

1. 风机

（1）风机的选择

空气处理机组（简称 AHU）风机的最大风量 G_{max} 即为系统风量 G；风机最小风量 G_{min} 理论上应为系统最小显热负荷下的风量、保证区域新风量、区域良好气流组织要求风量、末端最小限制风量间比较后的最大值，末端风量不可太小，故相应的 AHU 风机最小风量一般为最大风量的 30％～40％，即 $G_{min}=(0.3\sim0.4)G_{max}$。

风机余压应为 AHU 设计最大风量下的阻力、风管设计最大风量下的阻力及末端消耗的压力降之和。在厂商样本中，一般会有末端在各种不同风量下的入口最小静压差（MinΔP_s），其含义是空气在末端风阀全开时流经末端的静压力降，最大风量时该值一般在 60Pa 左右。由单叶调节风阀的快开流量特性可知，要有较好的调节性能，末端风阀应该在较小开度下工作。风阀较小开度下最大风量流经末端的空气全压差称为末端的全压降。根据国外资料，在综合考虑了初投资、能耗和全寿命周期后，末端所需的全压降建议取 125～150Pa。

风机应根据 G_{max} 和 G_{min} 以及系统最大阻力选择。变风量空气处理机组的送风机一般为离心式风机。风机叶轮有前向、后向之别。前向式风机噪声低、体积小、价格低，但效率低、风量风压小；后向式风机效率高、风量风压大、曲线平滑，但价格高、体积大、噪声高，变风量系统常在部分风量下工作，一般宜以系统额定风量的 80％值作为风机最好效率选择点。

（2）改变风机风量的必要性

随着负荷的减少，末端设备节流程度逐渐加强，使管道特性曲线变陡，如不改变风机风量将会造成以下问题：

1）浪费能量。这时风机运行在小风量下就能满足要求，由于风机本身无风量控制，靠末端设备节流，多耗费了能量；

2）增加了房间和系统的噪声级；

3）风机运行不稳定，易形成喘振，可能造成系统颤动；

4）破坏末端设备的正常工作。末端设备控制风量的特性都是在一定压力下取得的，超过了规定的压力范围，就失去风量控制的精确性，甚至根本不能控制；

5）由于系统压力增高，造成系统的漏风量增加。

为此，对于变风量系统控制系统风量是必要的。特别是中高压系统更不可少。

（3）改变风机风量的方法

目前，多采用控制系统静压的方法，以改变系统风量。常用的控制系统静压方法有以下几种：

1）改变风机入口导向叶片（即入口阀）的角度

风机入口导向叶片位于不同的角度，就可得出不同的风机特性曲线，见图 4-2-17，图中最上面的一条曲线表示叶片全开时的风机特性，最下面的一条曲线表示叶片接近关闭时的风机特性，图中的每一条曲线都代表风机一种新的特性曲线。

这种控制方法的特点是：降低风机的能量消耗、一次费用低、有较宽的风量调节范围。

图中 4-2-17 中 A_1、A_2、A_3……表示新的工作点。

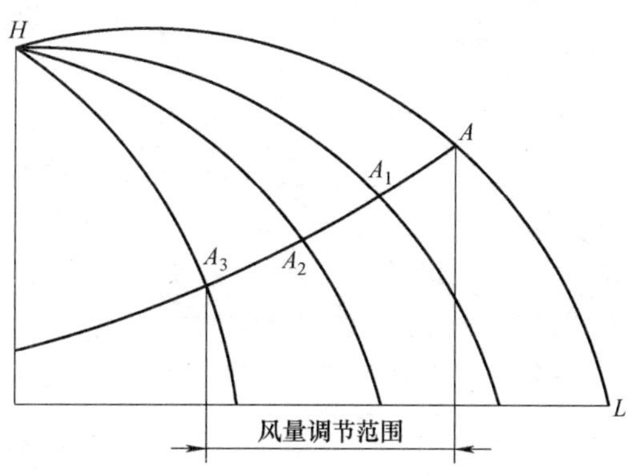

图 4-2-17 风机入口导向叶片调节特性曲线

2）改变风机转数

这种方法根据下列关系改变风量并获得能量节约：

$$\frac{n_1}{n_2}=\frac{L_1}{L_2} \tag{4-2-8}$$

$$\left(\frac{n_1}{n_2}\right)^2=\frac{P_{j1}}{P_{j2}} \tag{4-2-9}$$

$$\left(\frac{n_1}{n_2}\right)^3=\frac{N_1}{N_2} \tag{4-2-10}$$

式中 n_1、n_2——改变前后的风机转数；

L_1、L_2——改变前后的风量；

P_{j1}、P_{j2}——改变前后的风机静压；

N_1、N_2——改变前后的风机消耗功率。

改变风机转数时的调节特性曲线见图 4-2-18。

这种调节方法的特点是：降低能量消耗、风量调节范围宽、降低噪声、一次费用高。

3）改变风机出口阀的开度

在某些小型系统中，为了消除过高的系统静压，可在风机的出口侧安装调节阀，相当于给风道附加一个阻力，把风机的剩余压头消耗掉，以降低阀后的压力。同时，也减少了风量。这种调节方法，使风道特性曲线变陡（图 4-2-19）。易于进入喘振区，在设计中应予注意。

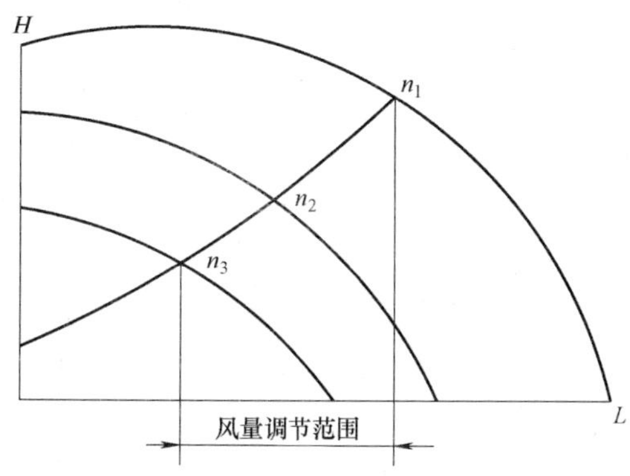

图 4-2-18 改变风机转数的调节特性曲线

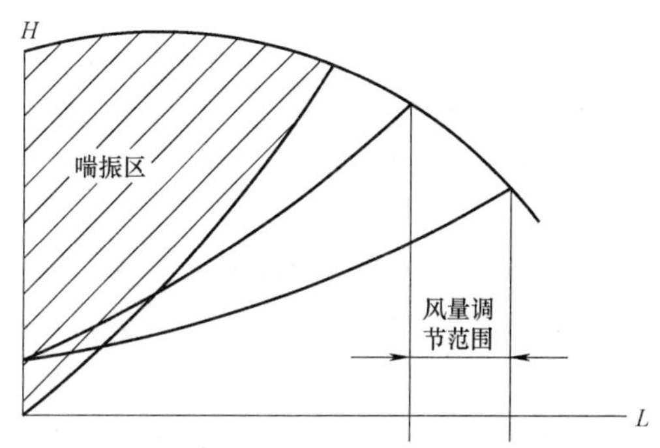

图 4-2-19 风机出口阀调节特性曲线

这种调节方法的特点是：能在较小的范围内调节风量和压力、能量节约较少或无节约、容易造成风机运行时波动。

调节风机入口阀、风机变转数及调节风机出口阀这三种方式在调节过程中的能量节约比较见图 4-2-20，可见变转数节能效果最好，调节入口阀次之，调节出口阀节能最少。

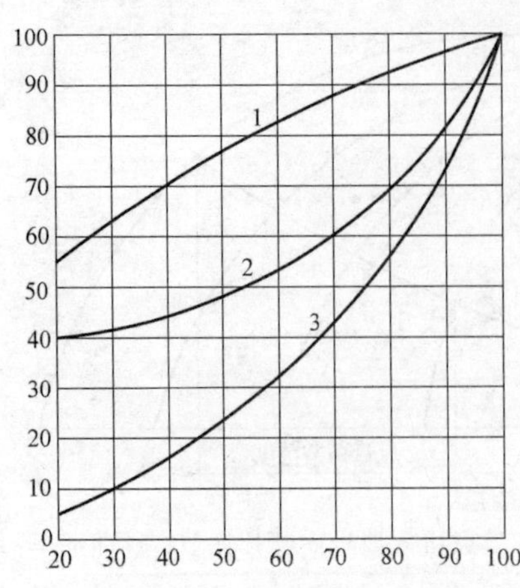

图 4-2-20 几种不同的调节方法的节能比较

1—调节出口阀；2—调节入口导向阀；3—风机变转速

图 4-2-20 上值得注意的是风机变转数和调节入口阀的节能效果，仅在风量变化范围很大时才相差悬殊，例如都控制风量达到额定风量的 50%，变风机转数控制耗能为满负荷时的 28%，而入口阀调节则为 48%；如风量为额定风量的 80%时，变转数控制耗能则为满负荷时的 65%，而入口阀控制耗能为满负荷的 68%；风量达 80%以上时，则变转数与入口阀两种控制方法节能趋向一致。在实际运行中，风量多在 50%～100%之间变化，在这段变化范围内，两种控制方法的节能效果相差不大，但一次投资相差很大。

2. 管道系统设计

(1) 风管计算方法

变风量空调系统风管计算方法与定风量空调系统基本相同，常用的有：

1) 等摩阻法（流速控制法）

2) 静压复得法

3) 优化设计法（ASHRAE T-METHOD）

空调通风设计中，通常把风速 $v \geqslant 12$m/s 者称为高速风管，$v < 12$m/s 者称为低速风管。高速风管可减小风管截面，节省建筑空间，但增加了风管阻力和风机压力，适用于大型系统。高速系统需采用静压复得法计算，以保证管内各点静压接近。低速风管截面相对较大，但降低了风管阻力和风机压力，适用于中小型系统。北美国家的设计常采用几十万 m^3/h 以上的大型空调高速送风系统，送风管采用静压复得法计算，回风道采用等摩阻法。亚洲国家，如我国和日本比较重视节能，一般都采用几千到几万 m^3/h 的中小型空调低速送风系统，送回风风管都采用等摩阻法计算。目前国内的变风量空调系统大多为低速风管，系统采用等摩阻法计算。

低速送风系统等摩阻法计算推荐的设计比摩阻为 1Pa/m，设计时可按此值选用送风管的风速。变风量系统一般不设回风末端，故各房间无回风量调节功能。为使各房间回风量比较平衡，宜减少回风管阻力，比摩阻可取 0.7～0.8Pa/m。此外，也常用采用吊顶集中回风。

在末端下游送风管的阻力不宜过大，以免降低单风管末端上的调节风阀的阀权度，影响风阀的调节特性。风速应该控制在 4～5m/s。末端下游送风管也有采用铝箔玻璃纤维风管，以强化消声功能。

末端下游送风管与送风口间常采用软管连接，能起消声和接驳作用。由于软管摩阻较大，直软管 3m/s 风速的比摩阻相当于同径内表面光滑风管 8m/s 风速下的比摩阻，因此软管长度不宜大于 2m 和小半径弯曲，应直而短。

(2) 风管布置特点

送风系统采用环形风管，如图 4-2-21。

这些布置的特点是：可使气流从多通道流向末端，从而降低并均化了风管内静压。降

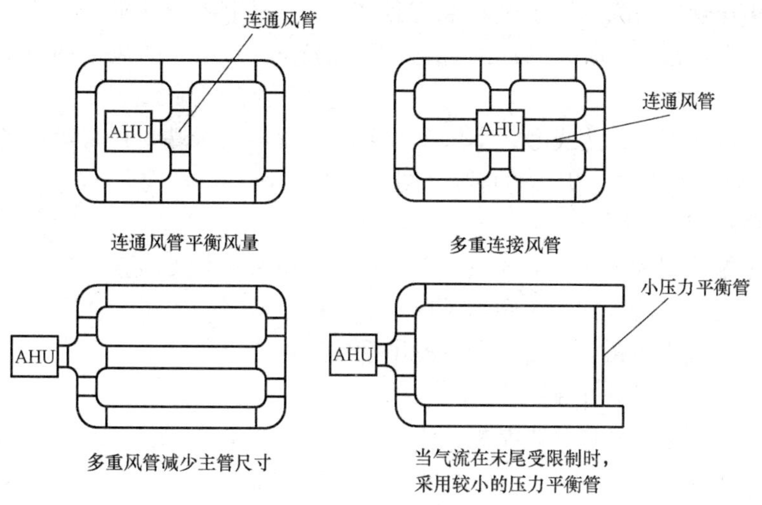

图 4-2-21　不同的接管方式

低静压可降低出口噪声，并为将来可能增加个别末端提供了方便。缺点是增大了风道尺寸和投资。

1）在办公建筑中，变风量空调系统常采用吊顶回风，吊顶上部空间形成一个大的静压箱，使吊顶内静压相对稳定，各点静压差约在 10～20Pa 间。当各末端送风量变化时，自然形成室内静压变化，使回风量随着改变，吊顶静压箱有利于自然平衡室内送回风量使室内压力不受送风量变化的干扰。

2）变风量末端支风管接出处不宜安装手动调节风阀。因手动风阀仅能在设计工况下保持平衡，而变风量系统却随时随刻在改变风量，以达到新的平衡。在这种动态平衡过程中，若设置支风管手动阀会降低末端调节阀的阀权度，起了阻碍调节的作用。

3）对于顶部送风口，应选择诱导比大、风量变化时水平和垂直送风距离变化不大的风口。

4）几个重要节点：

A. 末端上游支风管接出处，圆形或矩形风管均需扩大接驳口（图 4-2-22）；

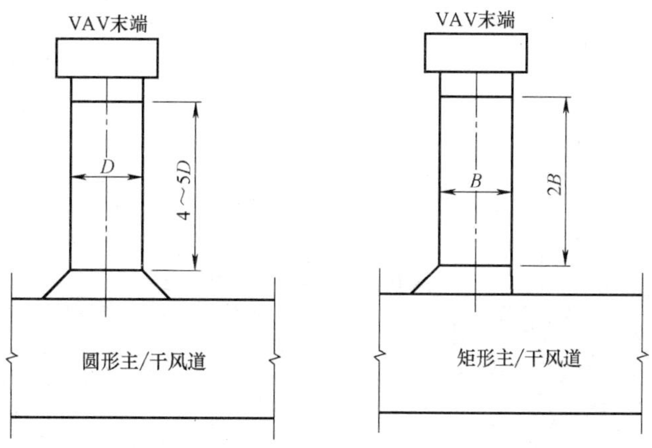

图 4-2-22　圆形接管和矩形接管示意图

B. 由于毕托管压差测速要求气流稳定且在 5m/s 以上才较准确，因此，末端圆形进风口需接驳与其等径长度为 4～5D 的直管，并保持 5～15m/s 的风速调节范围（图 4-2-22）；

C. 对于采用超声波、热线型、小风车等风速传感器的末端，在其矩形进风口上接驳等尺寸且长度为 2 倍长边（2B）的直管（图 4-2-22）。

（3）风系统设计步骤

1）确定末端位置和末端最大风量、空调箱位置和系统最大风量；

2）布置好送回风管走向，风阀与风口等附件；

3）按各末端最大风量累计乘以同时使用系数后初选风道尺寸；

4）校核送风管变径处比摩阻值；

5）按末端最大风量和风速限制配置支风管，末端下游送风管、软管、送风静压箱和送风口；

6）噪声计算。

（九）变风量空调系统新风设计

1. 变风量空调系统的新风处理方式除了采用传统的组合式空调机组的方式外，还可有各种较为独立的新风处理方式，见表 4-2-13。

变风量空调系统的新风处理方式　　表 4-2-13

图　式	特点与适用性
1. 新风分散处理方式 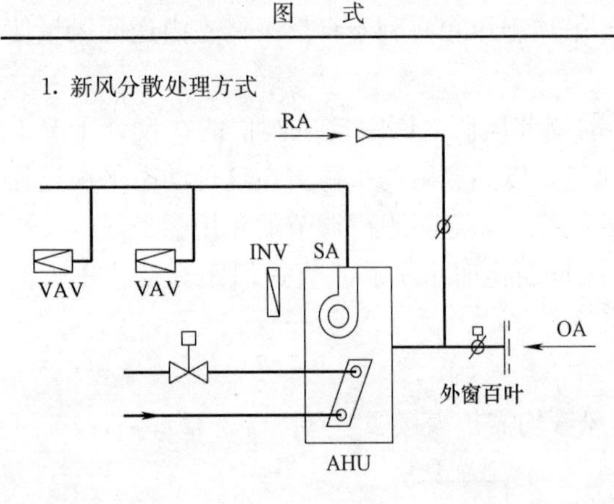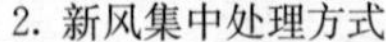	1. 新风由独立新风变风量空调箱（单、双风机系统均可）从外围结构上的百叶窗口吸入并进行处理。 2. 在满足排风量与新风量平衡的条件下可实现变新风比运行。 3. 空调箱风机变频减小风量时，进口负压值也会减小，为防止新风量减小，常在新风进风管上设流量计，反馈偏差，再由新风调节阀补偿。最小新风和全新风运行流速差别大，建议分别设置进风管和流量计。 4. 需有直接对外的百叶进风。
2. 新风集中处理方式 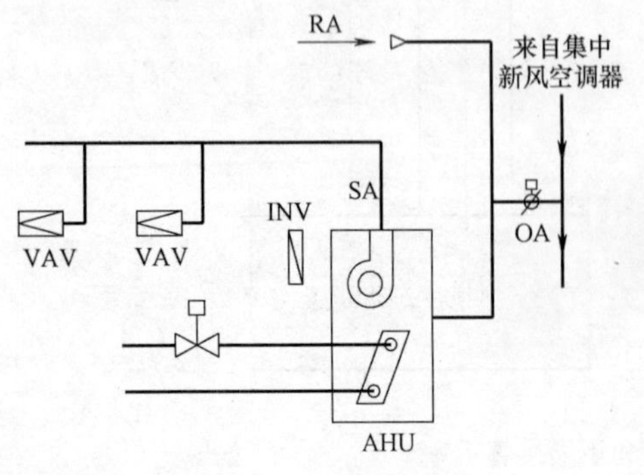	1. 高层办公楼的空调机房多设于核心筒内，无直接对外新风百叶，常采用新风集中处理方式。 2. 集中新风系统负担了大部分新风负荷，使楼层空调箱负荷比较稳定。 3. 楼层空调箱变频调速时，对本系统新风量有影响。 4. 受集中新风系统风道尺寸限制，难以实现较大幅度的变新风比运行。

续表

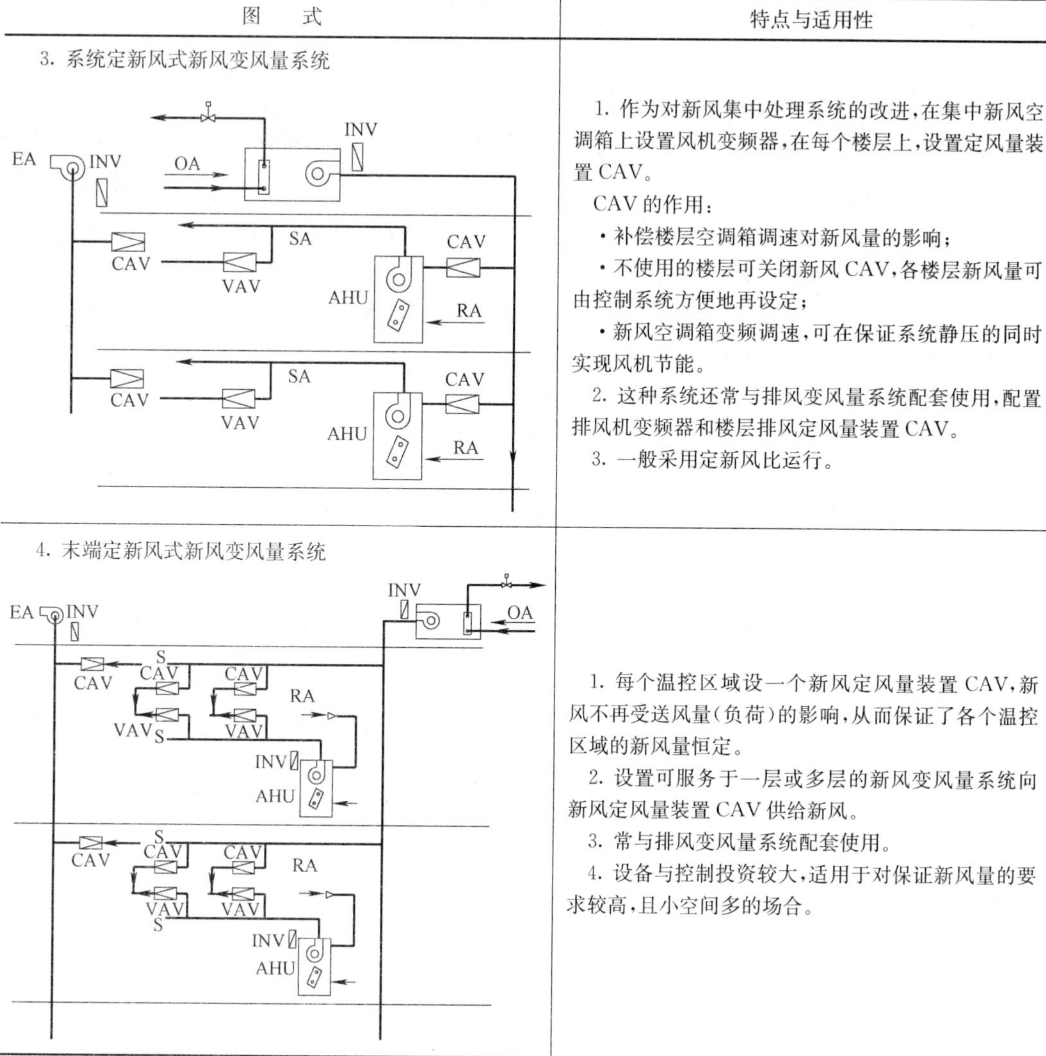

图　　式	特点与适用性
3. 系统定新风式新风变风量系统	1. 作为对新风集中处理系统的改进，在集中新风空调箱上设置风机变频器，在每个楼层上，设置定风量装置 CAV。 CAV 的作用： ·补偿楼层空调箱调速对新风量的影响； ·不使用的楼层可关闭新风 CAV，各楼层新风量可由控制系统方便地再设定； ·新风空调箱变频调速，可在保证系统静压的同时实现风机节能。 2. 这种系统还常与排风变风量系统配套使用，配置排风机变频器和楼层排风定风量装置 CAV。 3. 一般采用定新风比运行。
4. 末端定新风式新风变风量系统	1. 每个温控区域设一个新风定风量装置 CAV，新风不再受送风量（负荷）的影响，从而保证了各个温控区域的新风量恒定。 2. 设置可服务于一层或多层的新风变风量系统向新风定风量装置 CAV 供给新风。 3. 常与排风变风量系统配套使用。 4. 设备与控制投资较大，适用于对保证新风量的要求较高，且小空间多的场合。

2. 新风存在的问题及对策

变风量空调系统中，新风需求量与人数成正比，新风供给量与送风量（负荷）成正比，但人数与送风量不一定成正比，于是产生了新风需求与供给的矛盾。

（1）夏季外区新风问题

夏季内外区都供冷，内区仅有较为稳定的内热冷负荷，且与滞留人数成正比。因此可以认为内区末端送风量能够基本保证人均新风量。除了内热冷负荷外，外区 VAV 末端还负担围护结构冷负荷，它多处理了一部分含有新风的送风。如果仍按系统总人数×新风标准来确定总新风量，内区新风量会相对不足。对于分隔成小房间的系统，因相互间空气不流动，新风供给更为不利，因此夏季应增加附加新风量。

$$G_{OS}=G_a\times\frac{G_O}{G_n} \tag{4-2-11}$$

式中　G_{OS}——夏季附加新风量（kg/s）；

G_a——消除围护结构冷负荷的风量（kg/s）；

G_O——新风量（人均新风标准×总人数）（kg/s）。

G_n——消除内外区全部内热负荷的送风量（kg/s）。

（2）风机动力型变风量系统冬季新风问题

冬季外区的风机动力型末端处理负荷的逻辑是：如围护结构热负荷、内热冷负荷和最小送风量（冷风）在冷热抵消后余值为冷负荷，则末端增加送冷风量；若为热负荷，末端保持最小送风量（冷风），同时再热供暖。由于内热负荷被全部或部分抵消，两种情况下冷风送风都会减小，新风量可能不足，设计时应作具体分析和处理。

冬季供暖时外区末端最小风量的新风量，也可采用公式（4-2-12）计算出末端需求最小风量比 Y。只要外区实际的最小风量比大于 Y 值，便可保证外区新风量。

$$Y=\frac{G_i \times G_{OP}}{G_P(G_t-G_{OP})} \tag{4-2-12}$$

式中 Y——末端最小风量比（最小风量、最大风量）；

G_i——内区末端最大送风量累计值（kg/s）；

G_t——系统总新风量（新风量＋夏季附加新风量）（kg/s）；

G_{OP}——外区最小新风量（人均新风标准×外区人数）（kg/s）；

G_P——外区各末端最大风量累计值（kg/s）。

如外区末端最小风量比 Y 过大，会增大冷热混合损失，此时应考虑适当调整内、外区最大送风量之比 G_i/G_P 或增加总新风量 G_t，以减少 Y 值，使外区实际新风量满足卫生要求。

（3）单风管变风量系统冬季新风问题

单风管系统对冬季外区负荷有两种处理方法：第一种方法是建筑热负荷和内热产生的冷负荷由加热装置和 VAV 末端分别处理。由于含新风的送风量与内热冷负荷成正比，冬季新风量比较有保证。第二种方法与风机动力型末端情况类似，用供冷风或供热方式分别处理区域内冷热负荷抵消后的剩余负荷，外围护结构热负荷越小或者人越多内热越大，送风量需求就少，新风量也少，有新风不足的问题，宜将外围护结构热负荷差别较大的外区划分为不同的系统。另外可采用较大的末端最小风量比。

（4）局部区域新风不足问题

对于有些内热负荷小、人员密集等会产生新风不足的局部区域（如会议室、阅览室），可采用局部增加送风量，并增设再热器，提高送风温度等措施解决。

（5）加强空气循环

上述提出的主要是新风分配问题，并非新风总量不够，因此，在大空间的情况下也可以采取加强空气循环的措施，如设置循环小风机等（串联式风机动力型末端也具有一些循环作用），以促使新风量分布均匀。

（十）变风量空调系统布置及注意事项

1. 系统规模

办公建筑变风量空调系统的规模相差很大，北美国家的设计基于再热理念，采用系统整体供冷，末端风量调节。如因各区域的冷、热要求，需要调节区域送风温度，则进行末端再热。因此，通常设计较为便宜的大型系统。日本设计从节能出发，倾向于按朝向划分小型系统，采用不同的系统送风温度来满足各区域不同的冷、热需求。外区常有其他辅助空调措施，力求避免系统再热。此外，小系统启动灵活，适应“不用即关”的节能理念。表 4-2-14 列举了大、中、小型系统各自的特点。

各种规模系统比较 **表 4-2-14**

类　别	大型系统	中型系统	小型系统
系统规模	多层乃至十余层设一个由多台 AHU 组成的系统	每层设一个 AHU 系统	每层设多个 AHU 系统
系统风量	几十万 m^3/h	2～4 万 m^3/h	1～2 万 m^3/h
送风温度	常采用低温送风	常温或低温送风	常采用常温送风
风管设计	高速风道、静压复得法计算	低速、等摩阻法计算	低速、等摩阻法计算
优点	1)系统简单、数量少。 2)设备和控制投资省。 3)机房常设在设备层，占用楼面业务的面积少。 4)维修简单	居于大小型系统之间	1)风系统循环半径小，无需高压送风，输送能耗低。 2)按朝向划分系统，末端风量调节范围小，冷、热抵消少。 3)不用的系统可方便关闭
缺点	1)风系统循环半径大，需要高压送风，输送能耗高。 2)因朝向因素要求，末端风量调节范围较大。 3)为满足不同的送风温度要求，需再热处理，节能性差。 4)不使用区域难以灵活关闭。 5)系统大，调试相对复杂	居于大小型系统之间	1)系统数量多。 2)设备和控制投资高。 3)机房占用面积大，减少了楼面业务用面积。 4)维修复杂
应用情况	国内采用较少	国内常用	多见于日本，国内有采用

2. 典型系统布置方式简介

除了大型系统外，表 4-2-15 介绍了目前国内常用的中小型系统的典型布置方式、特点及注意事项。

典型系统布置方式简介表 **表 4-2-15**

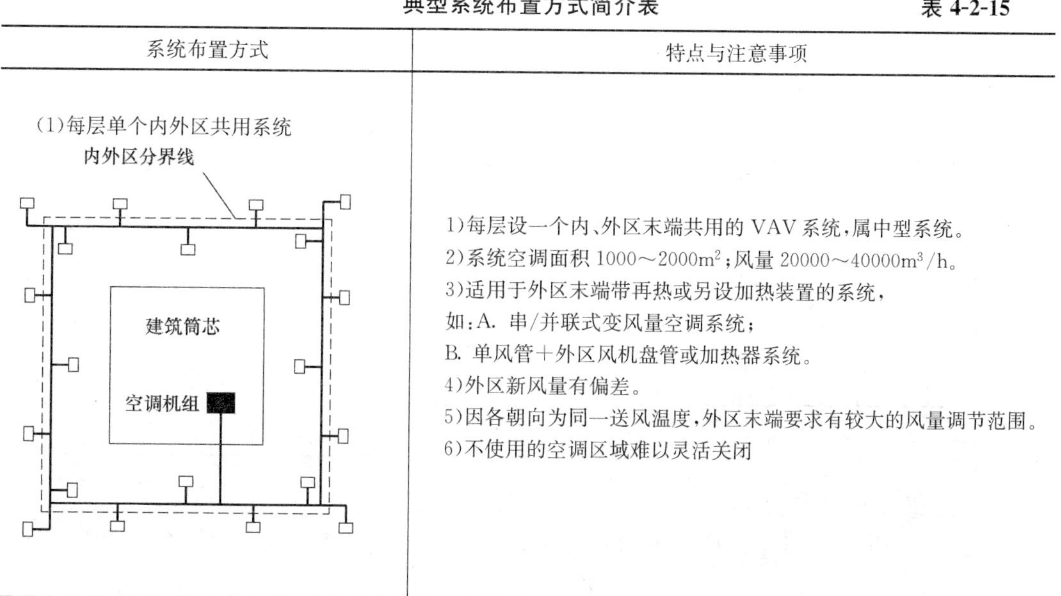

系统布置方式	特点与注意事项
(1)每层单个内外区共用系统	1)每层设一个内、外区末端共用的 VAV 系统，属中型系统。 2)系统空调面积 1000～2000m^2；风量 20000～40000m^3/h。 3)适用于外区末端带再热或另设加热装置的系统， 如：A. 串/并联式变风量空调系统； B. 单风管＋外区风机盘管或加热器系统。 4)外区新风量有偏差。 5)因各朝向为同一送风温度，外区末端要求有较大的风量调节范围。 6)不使用的空调区域难以灵活关闭

续表

系统布置方式	特点与注意事项
(2)每层多个内外区共用系统 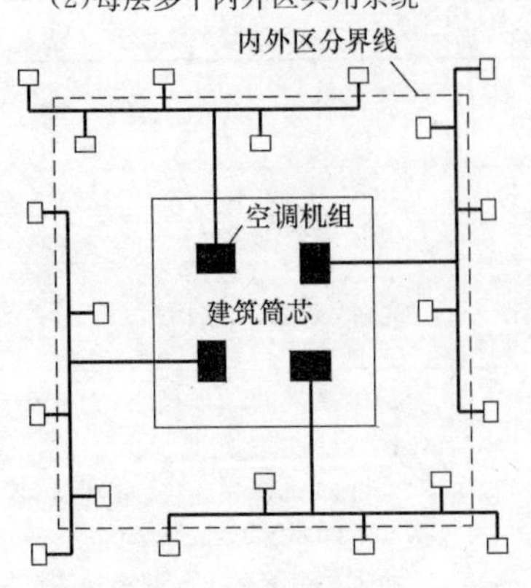	1)每层2～4个内、外区末端共用的VAV系统，属小型系统。 2)系统空调面积500～1000m²；风量10000～20000m³/h。 3)常用于单风管+外区风机盘管或加热器系统。 4)外区新风量有偏差。 5)因按朝向划分了系统，各系统送风温度可调节，外区末端调节范围可减小。 6)不使用的空调区域可灵活关闭
(3)每层多个内外区分设系统 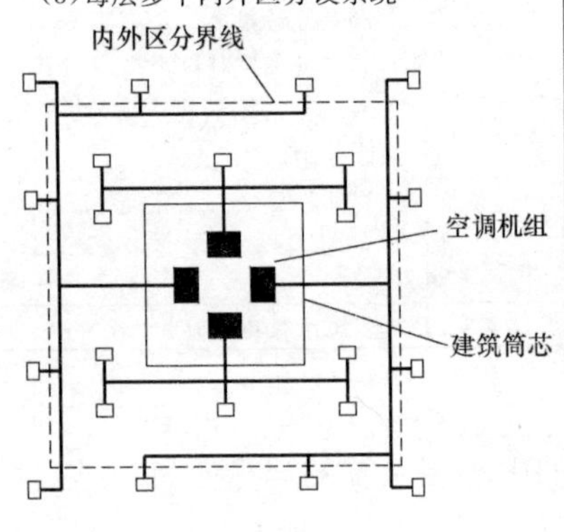	1)每层设4～8个VAV系统，并划分为内区和外区系统，属小型系统。 2)系统空调面积300～500m²；风量6000～10000m³/h。 3)适用于内、外区分别设置的VAV空调系统。 4)外区单风道末端必须按朝向分区，否则难以满足各朝向不同的冷热要求。 5)外区末端风量调节范围可减小。 6)不使用的空调区域可灵活关闭
(4)内区专用系统 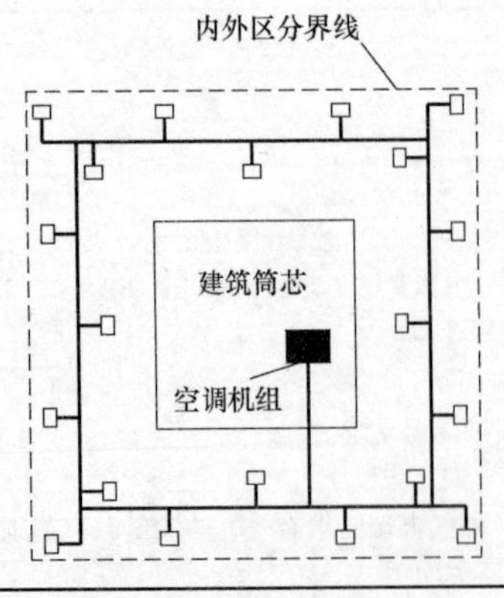	1)每层设单个或多个内区专用VAV系统，属中小型系统。 2)系统空调面积1000～2000m²；风量20000～40000m³/h。 3)VAV系统只用于内区，采用改善窗际热环境方式处理外围护结构负荷。 4)各区域新风量稳定、均匀。 5)各末端风量调节范围可减小。 6)如采用多个系统，不使用的空调区域可灵活关闭

3. 注意事项

在具体的工程设计中，应根据实际情况有侧重地考虑下述注意事项，合理地选择和布置系统：

(1) 末端的风量调节范围不应过大。

(2) 尽可能使各区域新风量均匀。

(3) 减少风系统内因再热引起的冷、热混合损失。

(4) 缩短风系统输送半径，节省输送能耗。

(5) 减小末端风机能耗。

(6) 减少室内冷、热空气混合损失。

(7) 在节能的前提下控制空调系统数量，以节省投资和设备占用空间。

(8) 在保证气流组织和热舒适性前提下减少系统送风量。

(9) 有效地控制噪声与振动。

(10) 注意提高室内温度控制和系统控制精度和稳定性。

五、变风量末端装置系统自动控制

(一) 自动控制的特点和要点

变风量空调系统房间送风量和系统送风量都随着负荷变化而不断地变化，与定风量系统相比，控制环节较多也较复杂，包括末端设备的控制、控制器的选择、系统风量的控制、回风机的控制、多区的风量控制等。

变风量的控制环节虽较多，但是近年来由于控制技术的发展特别是微电子和计算机技术的发展，使控制仪表走向智能化，功能大大增加，为变风量空调技术的发展和实际应用提供了可靠的保证。

(二) 末端设备的控制

1. 压力相关型的末端设备控制

原理图见图 4-2-23，在送风温度一定时，室温由室内温控器控制变风量末端设备中的风阀开度来维持。

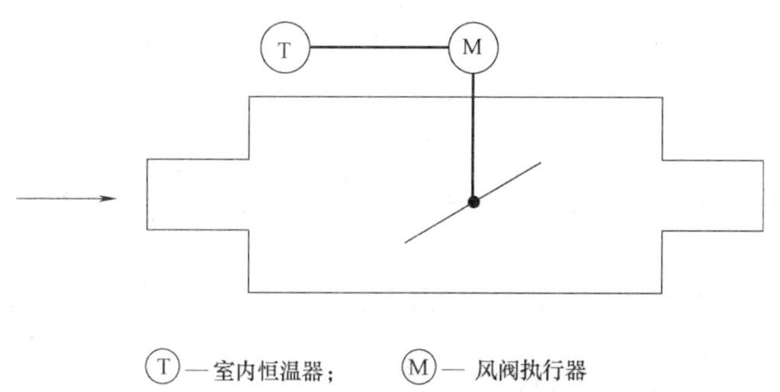

图 4-2-23 压力相关型的末端设备控制原理图

2. 压力无关型的末端设备控制

如图 4-2-24。这一类变风量末端设备在室温控制上与压力相关型相同，但入口处配置一台压差（或风量）检测装置，当发生系统静压变化造成末端设备空气入口的静压（或风量）变化时，信号传到控制器，适量调节风阀开度以维持原来的风量不变。这种设备明显增加了设备投资，但功能增多，可用于系统风量变化剧烈的系统中。

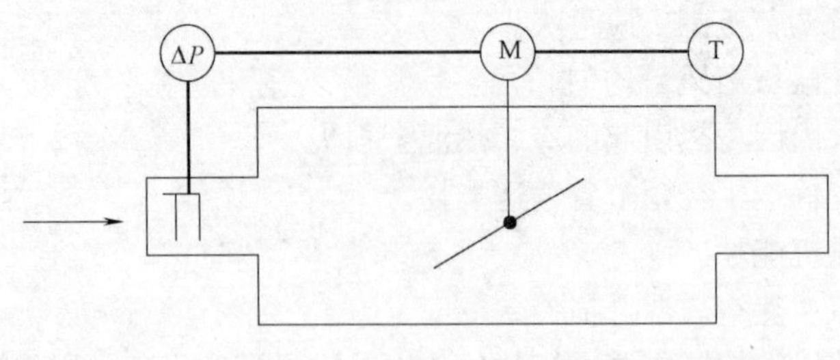

图 4-2-24　压力无关型末端设备控制原理图

图 4-2-25 列出了室内（区域）温度控制的主要内容：

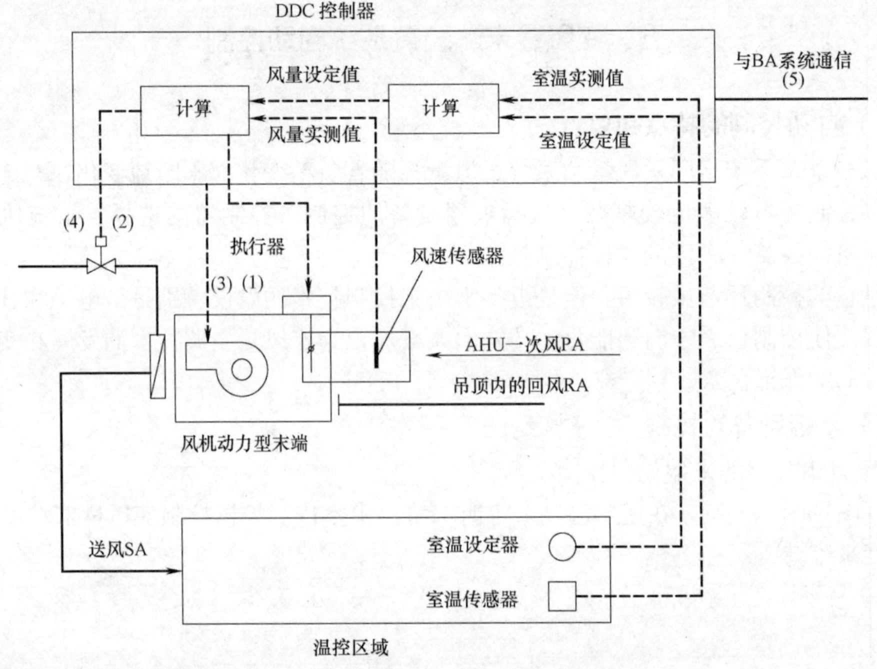

图 4-2-25　变风量末端的主要控制原理图

（1）根据室温设定值与实测值的偏差信号及风量设定值与实测值的偏差信号，比例积分调节送风量。

（2）供热工况时，风机动力型末端维持最小送风量，比例或双位调节热水或电热加热器。

（3）风机动力型末端连锁启停风机。

（4）带再热装置的单风管末端维持一定风量，比例或双位调节热水或电热加热器。

（5）与 BA 中央监控系统通信。

（三）控制器的选择和设置

1. 控制器的功能是检测室内温度，常见有两种形式：

（1）墙式温感器：兼有温度等各种信息显示、参数设定、末端启停等功能。它能感应工作区温度，使用灵活。缺点是易被非专业人员随意拨弄，造成控制混乱，价格较高。

（2）吊顶式温感器：设在吊顶回风口内，仅有感温功能，其他功能如设定温度、启停末端等由 BA 系统统一操作管理。它价格便宜，缺点是只能感应吊顶内温度而非工作区温度，使用区无法进行显示、设定和启停操作。适用于管理水平高的大型系统。

2. 末端与 DDC 控制器的组合与整定

压力无关型变风量末端风量检测的准确性对室内温度控制十分重要。末端风速传感器自身精度、安装位置、DDC 控制器中的电气转换器性能都会影响到风量检测的准确性，原则上 DDC 控制器应在末端生产线上逐台组装，并经整定、调试，作为一个机电一体化的产品送到现场，而不应在现场进行组装调试。

（四）变风量系统控制

变风量系统在空调系统的分类上属于全空气系统，与全空气系统的控制特性不同之处如下：

1. 定静压法

在距空调器出口送风管 2/3 处设静压传感器，变频器调节风机转速维持静压稳定（图 4-2-26）。图 4-2-27 中显示了在定静压法控制下风机变频调速工作点的轨迹。

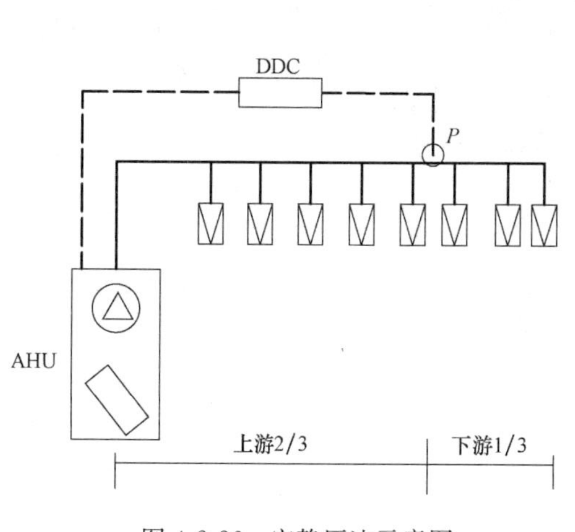

图 4-2-26　定静压法示意图

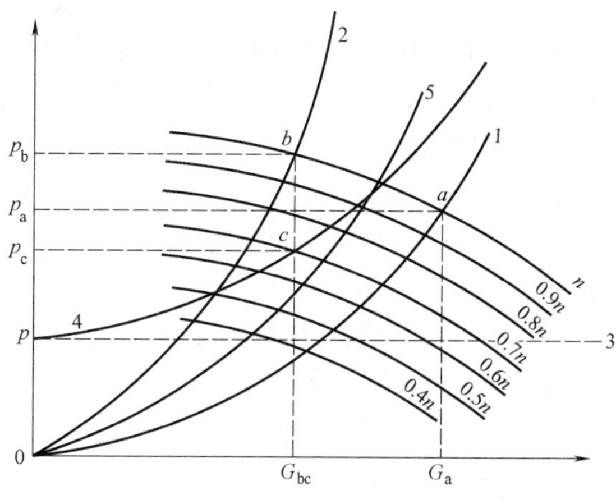

图 4-2-27　定静压法风量风压分析图

1—末端全开时管道曲线；2—末端关小时管道曲线；3—设定静压值线；4—定静压法控制下的风机工作点轨迹；5—定静压法控制下的瞬时管道曲线

a—设计点；*b*—末端关小，转速不变；*c*—末端关小，定静压调速

定静压控制法是变风量空调系统最经典的风量控制方法。其基本原理是在送风管中的最小静压处设置静压传感器，当各温度控制区的显热负荷减小、变风量末端装置调节风阀调到最小风量时，如图 4-2-27，管道的阻力曲线由 1 变化到 2，风机工作点由 a 点移动到 b 点，此时风机输出全压为 P_b，而实际需要全压仅为 P_c，它使静压实测值远大于设定值。系统 DDC 控制器根据静压测定值与设定值的差值变频调节风机的转速，使风机工作点由 b 点移动到 c 点，此时风机输出全压由 P_b 下降为 P_c，静压实测值接近设定值。由于主风管的静压降低，各变风量末端装置在同样的送风量下风阀开度增大，系统管道阻力曲线再

由 2 变化到 5 后稳定下来。风机转速下降，使风机在较小风量时输出全压减小，运行功率也随之减小。根据国外文献记载，当系统静压设定值为总设计静压值的三分之一，系统风量为设计风量的 50%时，风机运行功率仅为设计功率的 30%。

定静压控制法的难点在于如何找到稳定、合适的最低静压点。ASHRAE 标准 90.1—2001 提出："除了变静压控制法外，设计工况下变风量空调系统静压传感器所在位置的设定静压不应大于风机总设计静压的 1/3"。

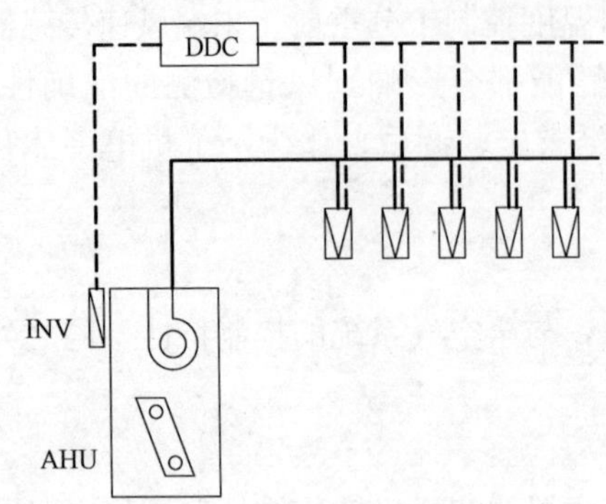

图 4-2-28　变静压法示意图

静压设定点为设计工况下系统的最低控制静压点，在静压设定点下游，因风速降低，动能减小，静压复得，风管内静压值会略有升高。因此，设计时应分析系统在设计工况下的静压分布，确定静压最低点位置与静压设定值。

2. 变静压法

BA 系统与每个末端控制器联网，读取风量需求值和阀位开度（图 4-2-28），工程调试获取末端全开时 AHU 风量与风机转速对照表。根据各末端需求风量累计值 G_0 及 AHU 风量与风机转速对照表可初步设定转速 n_0（前馈控制量）。当前馈控制改变很小时不作前馈控制。

变静压法的控制原理见图 4-2-29。根据各末端风阀开度，修正风机转速：当风阀开度小于 85%时，降低转速；当风阀开度为 100%，提高转速，当风阀在 85%～99%时，维持转速不变。变静压法比定静压法更节能，但要求末端能输出阀位信号。

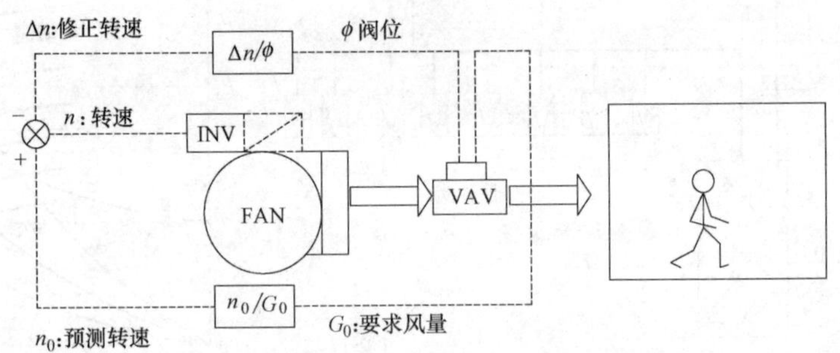

图 4-2-29　变静压法控制原理图

3. 总风量法

BA 系统与每个末端联网，读取各末端的要求风量并累计。当管网阻力特性曲线不变时，有：

设定转速/设计转速＝要求风量/设计风量

由于变风量系统管网阻力特性曲线是变化的，且末端风量变化并不均衡，因此用（$1+\sigma K$）作为考虑末端风量不均衡性的安全系数。据此，就可以按下式求得风机运行时设定转速。

$$N_s = \frac{\sum_{i=1}^{n} G_{s_i}}{\sum_{i=1}^{n} G_{d_i}} N_d (1+\sigma K) \tag{4-2-13}$$

式中　N_s，N_d——风机运行的设定转速和设计转速（r/min）；

G_{s_i}，G_{d_i}——第 i 个末端要求风量和设计风量（kg/s）；

$1+\sigma K$——考虑末端风量的不均衡的安全系数，n 为末端个数。

4. 系统控制要求实例

图 4-2-30 是一个比较完整的控制要求实例，按下列内容提出控制要求：

（1）根据某一种风量控制法，通过变频器比例调节送（回）风机转速。这时必须注意回风机的风量应保持同步，否则会使室内压力失控。

（2）比例积分调节冷（热）水调节阀，维持送风温度不变，或使其按一定规律变化。

（3）根据新排风设定值与检测值偏差，比例调节新风、回风、排风电动调节阀，实现最小新风量控制，某些季节可实现变新风比控制。

（4）过滤器压差报警。

（5）根据回风湿度双位调节加湿装置。

（6）与 BA 中央监控系统通信。

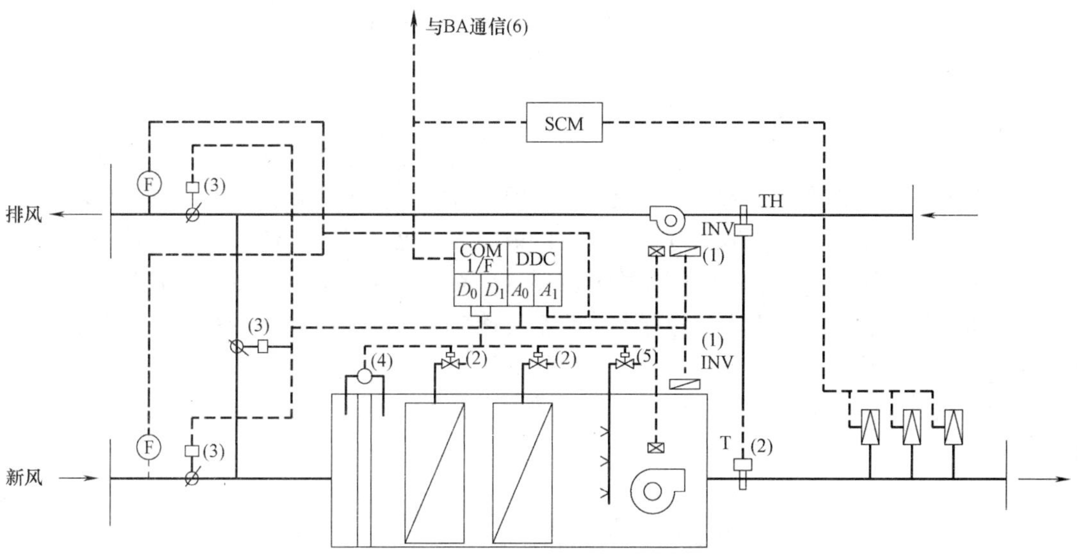

图 4-2-30　变风量空调系统控制原理图

主要参考资料：

1. 陆耀庆主编《实用供热空调设计手册》北京 中国建筑工业出版社 2008

2. GB/T 14294—2008《组合式空调机组》

3. JG/T《变风量工程技术规程》报批稿

第三节　诱导器系统

一、诱导器和诱导器系统

（一）诱导器和诱导器系统简介

采用诱导器做末端装置的空调系统称为诱导器系统。

诱导器由外壳、热交换器（盘管）、喷嘴、静压箱和一次风联接管等组成，见图4-3-1。

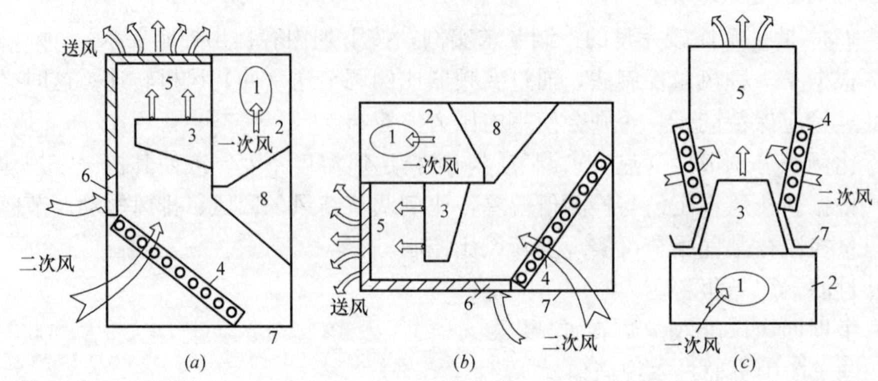

图 4-3-1　诱导器的结构示意

（a）立式；（b）卧式；（c）立式双面

1—一次风连接管；2—静压箱；3—喷嘴；4—二次盘管；5—混合段；6—旁通风门；7—凝水盘；8—导流板

经过集中处理的一次风首先进入诱导器的静压箱，然后以很高的速度从喷嘴喷出，在喷射气流的作用下，诱导器内部将形成负压，因而可将二次风诱导进来，再与一次风混合形成空调房间的送风。二次风经过盘管时可以被加热，也可以被冷却或冷却减湿。

上面介绍的这种带盘管的诱导器称为冷热诱导器或空气—水诱导器。在工程上有时也使用不带盘管的诱导器称为简易诱导器或全空气诱导器。简易诱导器不能对二次风进行冷热处理，但可以减小送风温差，加大房间换气次数。

诱导器系统由一次风系统、诱导器及二次风盘管的水系统组成。图 4-3-2 是诱导器系统的示意图。

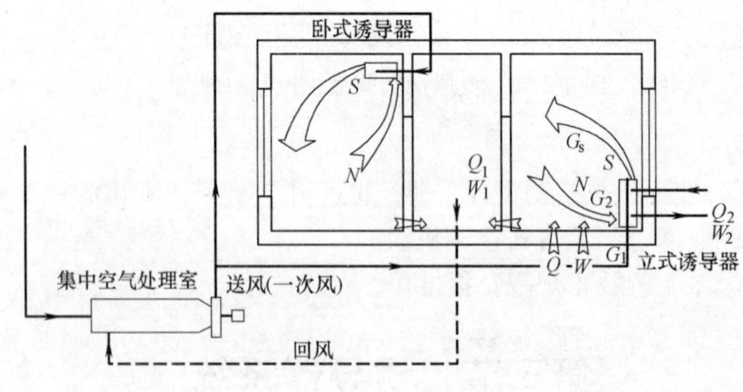

图 4-3-2　诱导器系统示意

在图 4-3-2 中左面房间装的是简易诱导器、右面房间装的是冷热诱导器。

在装有冷热诱导器的空调系统中，空气状态变化过程可分为图 4-3-3 所示的三种情况。图中 Q_2、W_2 为盘管的冷（热）负荷和湿负荷。下面加以详细说明。

1. 一次风（可以全部是新风，也可以是新风与室内回风的混合风）在集中的空气处

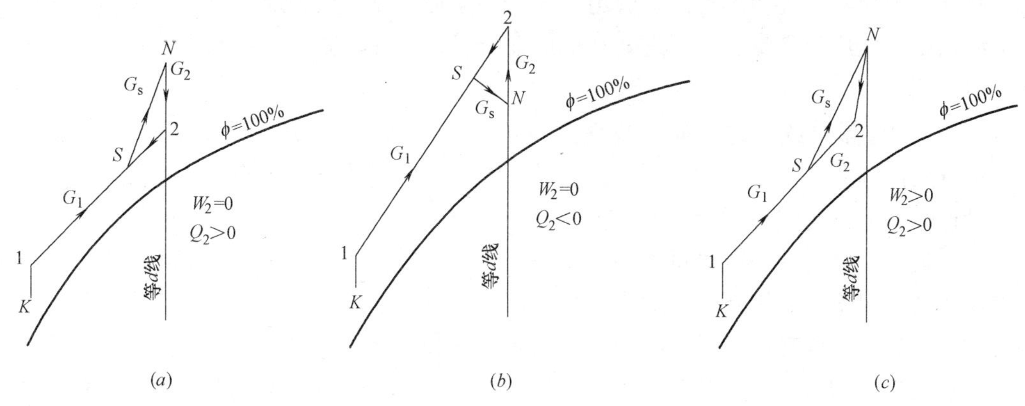

图 4-3-3　诱导系统的空气状态变化过程在 h-d 图中的表示

（a）二次风等湿冷却；（b）二次风等湿加热；（c）二次风减湿冷却

理室中被处理到机器露点 K，然后再输送至安装在各空调房间的诱导器。由于有风机、风道温升，所以状态 1 是指送入诱导器的一次风实际状态。需要时，对一次风也可以进行加热处理。

2. 一次风（风量为 G_1）通过诱导器静压箱的喷嘴高速喷出，形成诱导能力，使状态为 N 的室内空气（即二次风，风量为 $G_2=nG_1$）经过冷（热）盘管处理成状态 2，并与一次风混合。这里 $n=G_2/G_1$。比值 n 称为诱导器的诱导比，它与诱导器的型式、规格及是否加外罩等有关。

3. 一次风和二次风混合后成为状态为 S 的空调送风送入室内（风量为 G_3），吸收房间的余热 Q、余湿 W 以后达到了室内状态 N。在这里诱导器也起到了送风口的作用。

4. 一部分 N 状态的回风被抽回至集中处理室重复使用。如果使用集中回风的经济意义不大，诱导器系统可不设回风管道，而是将多余的室内空气直接排至大气（利用房间正压）。

二次水系统可分为双水管（一供一回、冷热媒转换）、三水管（一管供冷水、一管供热水、一管回水）和四水管（冷 、热水各有独立的供、回水管）系统。

（二）诱导器系统的优缺点及适用条件

由于诱导器系统能在房间就地回风，不必或较少需要再把回风抽回到集中处理室处理，这就使需要集中处理和来回输送的空气量减少了很多，因而有风道断面小、空气处理室小、空调机房占地少、风机耗电量少的优点。当一次风全部是室外风时，回风只经过诱导器，不经过风机，因而在防爆和卫生方面都有优越性。此外，使用立式诱导器的系统，冬季不送一次风，只送热水便成了自然对流的供暖系统 ，显然它要比另设一套供暖系统节省投资。从这个意义上讲，诱导器系统更适于夏季需要空调，冬季仅需要供暖的建筑物。

诱导器系统适用于多层、多房间且同时使用的公共建筑（如办公楼、旅馆、医院、商场等）及某些工业建筑。它也适用于空间有限的改建工程、地下工程、船舱和客机以及各房间的空气不允许互相串通的地方。

室内局部排风量大和房间同时使用性小时不宜采用诱导器系统。

此外，诱导器系统初投资高、管道复杂，即使在过渡季也不能大量使用新风，所以这种空调系统的使用越来越少。不过，在能够充分发挥诱导器系统优点的地方，还应采用这种空调系统。

（三）诱导器系统的设计原则及注意事项

1. 设计原则

设计诱导器系统应遵循以下原则；

（1）诱导器系统的一次风量必须满足卫生、正压和补充局部排风要求，一次风量占总风量比例过大时不要全用新风，而应使用一部分回风。

（2）诱导器的选择应满足消除空调房间余热量和余湿量的要求。

（3）诱导器的工作压力（即诱导器入口处一次风的压力）和水阻力必须适当，同一系统中各诱导器的一次风压力值应接近，水阻力也应接近。

（4）诱导器产生的噪声应低于空调房间允许的噪声级。

（5）合理的划分系统分区，即将用途和负荷性质相同或相近的房间合并为一个系统或一个分区，以便于设计和运行调节。

（6）对于全年运行的诱导器系统，设计时必须考虑全年运行调节问题。

2. 设计诱导器系统的一般注意事项

（1）一次风系统

一次风系统与一般空调系统有相同之处外，还应注意以下几点：

1）无论一次风系统是全部用新风，还是用新风与部分回风混合，新风量的比总是很大，因此在冬季室外气温低于 0℃的地区，应装新风预热器；

2）由于经过诱导器的回风一般不加过滤，为了弥补这一不足，并保持房间有与一般空调系统相同的清洁度，应对一次新风进行比一般空调系统要求更高的过滤；

3）为了便于分区控制并减小一次风处理室的尺寸，可以分区设置空气处理室（或箱），悬挂在各区的辅助房间上部，不占有效面积；

4）由于诱导系统送风机的风压比一般空调系统高，为了减少风机温升、噪声与振动等不利影响，应在最高效率区选择风量，而且可以把风机布置在空气处理室前（压出式），并设置在地下室或底层；

5）与一般空调系统一样，应按经济流速设计风道，除非在建筑上由于降低层高可以有较大节约时，一般不设计 15m/s 以上的高速风道；

6）系统较大，诱导器较多时，为了初调整时调节一次风量的方便应装一次风调节阀；

7）由于风机风压较高，为了防止漏风和产生噪声，风道应尽可能做得严密；

8）立式诱导器像暖气片一样，最好布置在窗台下面，此时风道系统的布置可与暖气系统的管道相似；如果风道干管布置在走廊吊顶内，则一次风道的支管最好穿过地板经过下层房间的吊顶与干管相连。显然靠内墙布置的卧式诱导器更宜于采用这种管道布置方式。

（2）诱导器

1）选择诱导器时应注意是否要外罩，如果用建筑装修作为外罩，其构造应便于诱导器的拆卸和维修。此时，吸风口的有效面积应是诱导器回风口面积的 1.2～1.5 倍，以保证诱导比不变；

2）选用立式双面回风的诱导器时，必须保证靠墙的一面与墙之间的距离不少于50mm，选用卧式双面诱导器同样必须保证诱导器与楼板之间有足够的距离；

3）选用诱导器时必须确定其冷（热）量的调节方法（主要用二次风旁通风门和二次水调节阀）及考虑调节性能。

（3）二次水系统

1）在我国目前宜采用投资较省的双水管系统，有条件时也可以采用运行调节比较简单方便的三水管和四水管系统；

2）二次水系统与处理一次风的一次水系统可以各有自己的机械制冷系统，也可以共用一个机械制冷系统，后者又分为混合控制式（图 4-3-4）和独立环路式（图 4-3-5）；

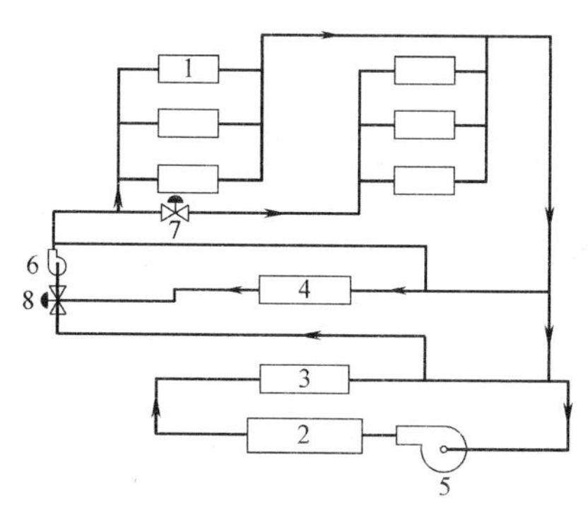

图 4-3-4　混合控制式双管水系统

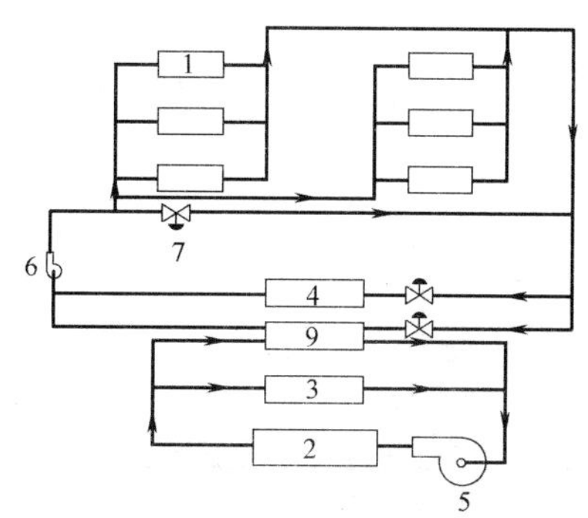

图 4-3-5　独立环路式双管水系统

1—诱导器；2—冷冻机的蒸发器；3—一次风的表冷器；4—热水加热器；5—一次水泵；6—二次水泵；7—旁通阀门；8—二次水混合阀；9—冷水换热器

3）供回水管系统应尽量做成同程式，以利水量的调整；

4）诱导器盘管虽有排气装置，但为了集中排气，还应注意水管坡度和设置集中排气装置。冬季用于供暖的诱导系统尤须注意这一点；

5）为了防止盘管结垢、堵塞，必须使用软水，并装有滤水装置。初运行冲洗干管时，污水不应通过盘管，为此要安装旁通管；

6）为了保证凝结水的顺利排除、防止发生溢水事故，应注意凝结水盘和凝结水管的坡度及泄水孔的清洁度；

7）为了便于调节和拆卸诱导器，连接支管上应装阀门；

8）经过室内的冷水管应保温，以防止其表面产生凝结水。

二、诱导器各种工况的特点及判别式

正如图 4-3-3 所示，在诱导器中可能发生等湿加热、等湿冷却和减湿冷却三种工况。

等湿冷却（干冷）工况推荐用于室内相对湿度要求严格，但室内余热量和余湿量（即热湿负荷）较小以及夏季可由天然冷源取得二次冷水（如深井水、山涧水等）的地方。

减湿冷却（湿冷）工况推荐用于室内热湿负荷较大，室内相对湿度要求严格或不严格的地方。

等湿加热工况可用于冬季需要供暖或其他室内需要加热的场合。

为了得到干冷或湿冷工况，设计时可参考下列条件确定二次水的初温 t_j。

对于干冷工况：取 $t_j \geqslant t_1$；

对于湿冷工况：取 $t_j = t_1 -$（4～8）℃

这里 t_1 是室内空气的露点湿度。

由于盘管的干球温度效率

$$E_g = \frac{t_n - t_2}{t_n - t_j} \tag{4-3-1}$$

和接触系数

$$E_0 = \frac{t_n - t_2}{t_n - t_0} \approx 1 - \frac{t_2 - t_{s2}}{t_n - t_{sm}} \tag{4-3-2}$$

两式相比并用 a'（见表 4-3-1）考虑积尘垢等影响可得［即用 $a'E_g$ 代替公式（4-3-1）中的 E_g］：

诱导器盘管积尘结垢的影响系数 **表 4-3-1**

工作条件	a	a'	a^n
只作冷却用	0.85～0.9	0.89～0.93	1.1～1.15
只作加热用	0.80～0.85	0.85～0.89	1.15～1.20
冷热两用	0.75～0.80	0.81～0.85	1.20～1.25

注：1. 积尘结垢增加了盘管管壁热阻，会使传热系数减小，其影响用 a 表示。为方便起见，将这个影响换算为对效率 E_g，用 a' 表示。由于积尘结垢对外表面换热系数，因而也对接触系数（E_0）影响甚微，因此 E_0 影向甚微，故 E_0 不必修正，结垢使水阻力增加的影响用 a'' 表示；

2. 当水质好时，a、a' 取较大值，a'' 取较小值。

$$\frac{a'E_g}{E_0} = \frac{t_n - t_0}{t_n - t_j} \tag{4-3-3}$$

式中 t_n、t_{sn}——室内空气的干、湿球温度（℃）；

t_2、t_{s2}——盘管出口处的二次风干、湿球温度（℃）；

t_0——盘管表面平均温度（℃）。

设 $T_p = (t_n - t_{1n})/(t_n - t_j)$ 并与公式（4-3-3）比较则可得干工况（$t_0 > t_i$）的判别式为

$$T_p > \frac{a'E_g}{E_0} \tag{4-3-4}$$

湿工况（$t_0 < t_{1n}$）的判别式为

$$T_p < \frac{a'E_g}{E_0} \tag{4-3-5}$$

临界工况（$t_0 > t_{1n}$）的判别式为

$$T_p = \frac{a'E_g}{E_0} \tag{4-3-6}$$

在进行诱导器的校核计算时，可用公式（4-3-4）～（4-3-6）来判别工况。显然，如果盘管的进水温度比室内空气露点温度高，则无须用（4-3-4）式判别就可以肯定为干工况。如果判别结果为临界工况，说明按干、湿工况计算均可以，但以按干工况计算更为方便。

三、诱导器系统的计算

(一) 简易诱导器系统

采用这种空调系统时，室内的热湿负荷全部由一次风承担。此时，一次风状态点 1 应该落在过室内状态点 N 与送风状态点 S 联线的延长线上（图 4-3-6）。点 1 与一次风机器器露点 K 的含湿量相同，二者的温差等于一次风的风机温升 Δ_{ft}。根据送风温差确定的送风状态点 S 将$\overline{N1}$线分为两段，两段长度之比为诱导比 n，即

$$n=\frac{G_2}{G_1}=\frac{\overline{S1}}{\overline{NS}} \tag{4-3-7}$$

如果所选择的诱导器实际诱导比大于 n，则实际的送风温差将比要求的送风温差 Δt_s 小，这对保证房间空调精度来说并无坏处；如果实际的诱导比小于 n，则因为实际的送风温差大于 Δt_s，房间空调精度不能保证，所以必须选用诱导比大于 n 的诱导器。

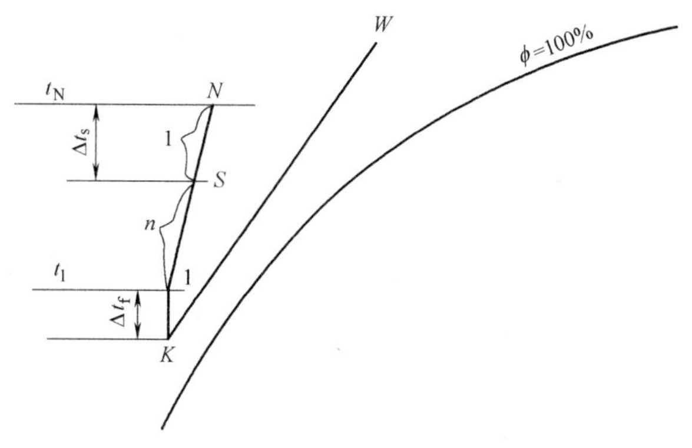

图 4-3-6　简易诱导器系统的空气状态变化过程

简易诱导器系统的一次风量 G_1 (kg/h)，可依房间冷负荷 Q(W) 按下式计算

$$G_1=\frac{3.6Q}{h_n-h_1} \tag{4-3-8}$$

式中　h_n、h_1——室内和一次风状态点的焓值 (kJ/kg)。

(二) 冷热诱导器系统

在冷热诱导器系统中，室内的热湿负荷由一次风及二次水共同承担。因为二次盘管承担了一定量的冷负荷 q(W)，所以一次风量计算式变成以下形式

$$G_1=\frac{3.6(Q-q)}{h_n-h_1} \tag{4-3-9}$$

式 (4-3-8) 与式 (4-3-9) 比较，可以看出对冷负荷相同的房间来说，采用冷热诱导器可以进一步减速少一次风量。

在冷热诱导器中，送风状态点 S 是由一次风（状态点 1）及经盘管处理后的二次风（状态点 2）混合而得（图 4-3-7)，而线段长度之比$\frac{\overline{S1}}{\overline{2S}}=\frac{G_2}{G_1}=n$。根据这一原则，利用几何学原理作图，也可以求出夏季与冬季的一次风及二次风状态点（延长热湿比线$\overline{NS}$，并作辅助点 M，使$\frac{\overline{MS}}{\overline{NS}}=n$)，不过在减湿冷却情况下，直线$\overline{N2}$的方向应根据冷冻水温等事先确定，因为作图法中辅助点 M 的$\overline{M1}$线与$\overline{N2}$线必须平行。

如果所选诱导器的诱导比 n 已经确定，则也可根据送风焓差，依下试确定一次风量：

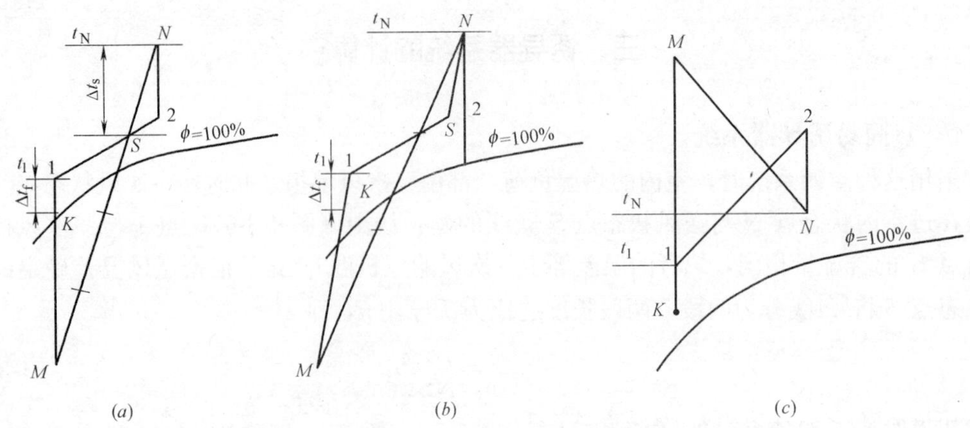

图 4-3-7　冷热诱导器系统空气状态变化过程

(a) 等湿冷却；(b) 减湿冷却；(c) 等湿加热

$$G_3 - \frac{3.6Q}{(1+n)(h_n - h_s)} \tag{4-3-10}$$

在 h-d 图上确定了诱导器的工作过程之后便可依据所需诱导比、一次风量和二次盘管冷量按产品样本选择诱导器。选择诱导器时还要使其工作压力和噪声等也符合设计要求。

应该指出，在二次风量和二次风的处理过程 $\overline{N2}$ 确定之后，诱导器的热工计算也就成了二次盘管的热工计算。因此表冷器的热工计算方法以及表冷器做加热用时的热工计算方法在这里都适用，详见本手册水冷表冷器热工计算的内容。

四、诱导器系统的全年运行调节

对于全年只在最热季或最热、最冷两季才运行的诱导器系统，当室内负荷发生变化时，只要对诱导器的冷（热）量做相应的调节，就能保证室内参数始终满足设计要求不必进行全年运行分析，而对全年都运行的诱导器系统，则必须结合全年运行分析来选择诱导器、进行诱导器系统的设计。所以下面介绍这类诱导器系统的全年运行调节问题。

下面要介绍的诱导器系统全年运行调节问题主要是指如何在全年内都保证室内温度的设计要求，至于保证相对湿度的原理则与一般空调系统一致。

由于保证室温要求的全年运行调节只涉及到房间冷负荷中的显热部分，所以下面先从这种负荷分析谈起。

（一）空调房间冷负荷的分析及克服干扰的方法

一般可把空调房间的冷负荷分为瞬变及渐变两部分：瞬变负荷 Q_{cs} 指的是通过玻璃窗的太阳辐射热、变化较快（随时可以开、停）的那部分设备（包括照明设备）的发热量及人体散热量等。它们的大小和变化规律因房间性质及使用情况而异，因此由这种负荷变化造成的干扰不能用集中调节一次风温度的方法来克服，而只能用局部调节各房间诱导器的二次冷量方法来克服。调节方法是调节通过盘管的水温或水量，或者调节二次盘管的旁通风门。

渐变负荷 Q_{cj} 是指通过房间围护结构（外墙、外门、窗、屋顶）的室内外温差传热。随着室外温度逐渐下降，这部分传热量也逐渐减少，天气较冷时就变成负值。对于所有房间渐变负荷都有一致的变化规律，因此由这种负荷变化造成的干扰既可以用上面说的调节诱导器二次冷（热）量的方法来克服，也可以用集中调节一次风温度的方法来克服。

由于有时将室内不变的负荷 Q_0（例如房间内最少要保持的人员散热量等）也归纳在渐变负荷中，并将它们用相当于 m℃的室内外温差传热来表示（即 $Q_0=qm$），所以可以将渐变负荷写成

$$Q_{CJ}=q(t_W-t_n)+qm=q(t_W-t_n+m)\text{W} \tag{4-3-11}$$

式中 q——室内外温差为1℃时通过所有围护结构的传热冷负荷（W/℃）；

t_W——室外温度（℃）；

t_n——室内温度（℃）。

（二）集中调节一次风温度的方法

当使用集中调节一次风温度的方法时，可以让一次风处理的显热量 Q_1 与渐变负荷 Q_{cj} 相等，即

$$Q_1 = Q_{CJ}$$

亦即 $\dfrac{1}{3.6}G_1c_p(t_n-t_1)=q(t_W-t_n+m)$

式中 G_1——一次风量（kg/h）；

c_p——空气的定压比热，可取 $c_p=1.01$（kJ/kg·℃）。

由此可得

$$\frac{G_1}{q}=\frac{t_W-t_n+m}{\dfrac{1}{3.6}c_p(t_n-t_1)} \tag{4-3-12}$$

由式（4-3-12）可见，对同一诱导器系统的各房间，由于 t_W、t_n、t_1 和 m 值相同（通常可取 $m=5\sim10$℃），因此该系统的 $\dfrac{G_1}{q}$ 等于常数，可见为了使用集中调节一次风温度的方法，对同一系统各房间应取统一的 $\dfrac{G_1}{q}$ 比值。

式（4-3-12）也可整理成

$$t_1=t_n-\frac{1}{\dfrac{1}{3.6}c_p\left(\dfrac{G_1}{q}\right)}(t_W-t_n+m) \tag{4-3-13}$$

上式是一直线方程，它表明了一次风温度随室外空气温度变化的规律，进行全年运行调节时就可以根据这个规律调节一次风的温度。

由于在实际工程中，系统各房间的 $\dfrac{G_1}{q}$ 比值不一定都相同，设计时可以按以下原则来取得统一的 $\dfrac{G_1}{q}$ 比。

1. 由于诱导系统各房间的一次风量 G_1 必须大于或等于满足卫生、正压要求和补充排风要求的新风量 G'_1，因此对于围护结构蓄热性能差的建筑物（例如有大面积玻璃窗和轻

型结构墙)，就取各房间中最大的 $\left(\frac{G_1}{q}\right)_{\max}$ 进行系统设计，而对于 $\frac{G_1}{q}$ 比小于 $\left(\frac{G_1}{q}\right)_{\max}$ 的房间都按 $\left(\frac{G_1}{q}\right)_{\max}$ 的 q 来加大该房的一次风量 G_1，从而要加大整个系统的一次风量；

2. 对于围护结构蓄热性能好的建筑物（例如有重型结构墙)，可以将整个系统的 $\left(\frac{G_1}{q}\right)$ 取为 $\left(\frac{G_1}{q}\right)=0.7\left(\frac{G'_1}{q}\right)_{\max}$，对于那些 $\frac{G_1}{q}<0.7\left(\frac{G'_1}{q}\right)_{\max}$ 的房间仍用原来的一次风量。这样，有些房间由于集中调 节一次风温度不合适而造成的后果可以用房间的热惰性好来弥补，并能减少整个系统的一次风量；

3. 如果个别房间有比其他房间大得多的 $\left(\frac{G'_1}{q}\right)$ 比，则最好不按这个最大比值来统一所有房间的 $\left(\frac{G_1}{q}\right)$ 比，以免使整个系统一次风量增加得太多。在这种情况下，应对个别房间采取其他措施，如另设系统或不将一次风全部送入诱导器等；

4. 采取一次风分区再热的办法，允许各分区有不同的 $\left(\frac{G_1}{q}\right)$，从而可有不同的一次风温度调节规律。由此可见将负荷性质和变化规律相同或相近的房间划为一个系统或分区是十分必要的。

(三) 诱导系统的全年运行调节方式

前面已经指出，对全年只在最热季或最热和最冷两季才运行的诱导系统，设计时不必考虑全年的运行调节问题。就是对于全年都运行的三、四水管系统，由于各房间诱导器都可用随时转换成冷却或加热工况来克服全年负荷变化造成的干扰，所以也不必采用集中调节一次风温度的方法，而仅采用局部调节二次冷（热）量的方法。

对于全年运行的双水管诱导系统可以有两种运行调节方式，现分述如下：

1. 不转换运行方式　不转换运行方式的做法是全年都用集中调节一次风的温度 t_1 来克服渐变负荷造成的干扰，而用局部调节诱导器的二次冷量来克服瞬变负荷造成的干扰，全年二次水的冷水温度 t_j 不变。这种运行方式的优点是运行调节简单，缺点是全年都需要冷冻二次水，冬季会有冷热抵消的现象，因此推荐用于冬季能从自然冷源取得冷水的地方。

进行这种运行调节方式的设计，需要制定运行调节图，其具体形式可参考图 4-3-8

2. 转换运行方式　转换运行方式的做法是夏季调节一次风温度 t_j（随负荷逐渐减少，一次风温度逐渐提高）和调节盘管二次冷量（二次水水温 t_j 不变，随负荷减少，逐渐减少冷水量)，与不转换运行方式的调节方法相同。而冬季则转换为用未经再热的一次风（风温不变）和热二次水（水温不变)，用调节盘管供热量的方法来克服全部负荷变化造成的干扰，满足室温要求。这种运行方式的优点是冬季无冷热抵消现象，因而能够节能；缺点是运行中增加了转换的麻烦，推荐用于冬季也不能从自然冷源取得冷水的地方。这种方式的运行调节图形式可参考图 4-3-9。在该图中说明了全年运行调节情况下一次风温度 t_1 和二次水初温 t_j 的变化情况：

外温由夏至冬变化时，t_1 按 1→2→3→4 变化

t_j 按 5→6→7→8 变化

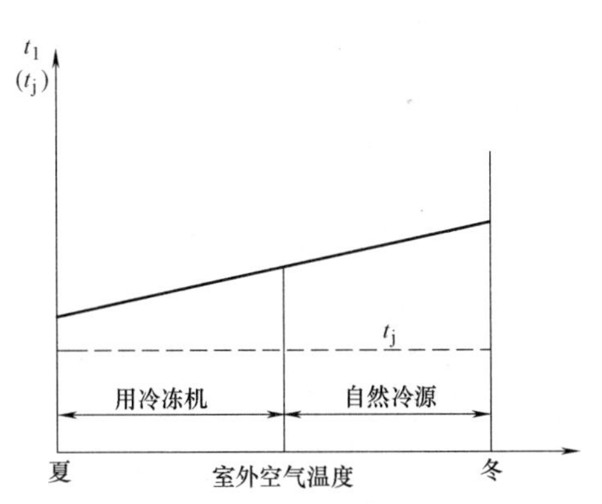

图 4-3-8　不转换运行调节方式

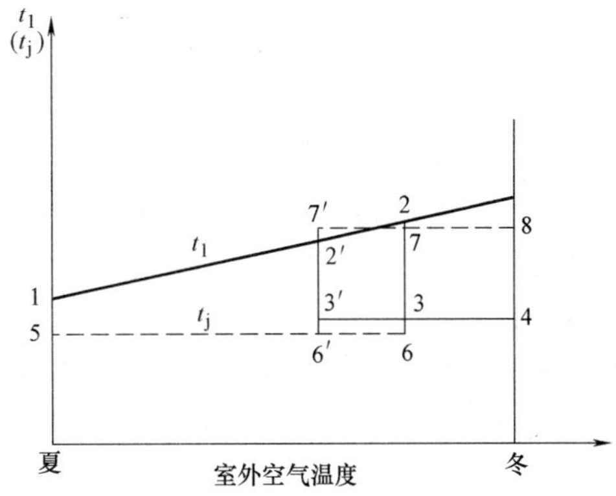

图 4-3-9　转换运行调节方式

外温由冬至夏变化时，t_1 按 4→3′→2′→1 变化

t_j 按 8→7′→6′→5 变化

进行转换时的室外空气温度称为转换温度 t'_w。因为转换的条件是全部热冷负荷已能完全由一次风来承担，所以可列出转换时的热平衡式

$$\frac{1}{3.6}G_1 c_p(t_n - t_{ld}) = q(t'_w - t_n) + Q'_c$$

由此可求出转换温度

$$t'_w = t_n - \frac{Q'_c - \frac{1}{3.6}G_1 c_p(t_n - t_{ld})}{q} \tag{4-3-14}$$

式中　t_{ld} ——冬季一次风温度；

Q'_c ——在转换温度时，除通过围护结构温差传热之外的所有室内显热冷负荷，即室内设备、人员产热量和进入房间的太阳辐射热量之和。

Q'_c 值一般可按夏季计算值的 40%考虑。

显然，由于各房间的 Q'_c 不同，所以即使 G_1、t_n、t_{ld} 和 q 相同，也会得到不同的 t'_w 值。然而同一个诱导系统，只能在一个 t'_w 下进行转换，这个 t'_w 一般应取根据各类房间计算得到的最低转换温度。但是这样做的结果，原来已经在较高温度下就可以转换的房间，却因为系统转换温度低而要继续使用冷二次水，对节约运行费不利。如果这类房间并不多，则可以用加大它们一次风量 G_1 的办法来提高 t'_w，即按最后确定的系统转换温度，依下式求出它们的一次风量：

$$G_1 = \frac{Q'_c - q(t_n - t'_w)}{\frac{1}{3.6}c_p(t_n - t_{ld})} \tag{4-3-15}$$

一般比较合适的转换温度可取 t'_w =4～5℃。

为了减少气温波动时来回转换的麻烦，系统可在下列室外温度下再进行转换：

由夏至冬：$t_w = t'_w - \Delta t_w$（℃）；

由冬至夏：$t_w = t'_w + \Delta t_w$（℃）；

一般可取 $\Delta t_w = 2 \sim 5$℃。

综上所述，调整房间的一次风量，无论是对统一一次风温度调节规律，还是对统一转换温度都是必要的。

由此可见，不转换运行调节方法比较简单，但是全年都需要有冷二次水，冬季还有冷热抵消现象，浪费能量，一般适用于冬季能从天然冷源取得冷水的场合；转换运行调节方法在冬季无冷热抵消现象，因而节能，但是运行中增添了转换的麻烦，一般适用于冬季无条件从天然冷源获取冷水的场合。选用转换或不转换运行调节方式最好进行技术经济比较，考虑的主要原则是节省运行费用，在较冷季节，应尽量少用或不用人工制冷设备。

第四节　吊顶辐射供冷系统

一、吊顶辐射空调方式的特点

（一）系统发展概况及工作原理

吊顶辐射供冷是一种主要利用辐射来传递冷量的供冷方式，通常与新风系统匹配，能够提高人体热舒适性，并且具有明显的节能效果。辐射吊顶供冷空调系统于20世纪70年代起源于欧洲，后来逐渐在美国、大洋洲等国家和地区进行推广应用。目前我国辐射吊顶的推广较缓慢，仅用于一些高档楼盘和办公楼。随着温湿度独立控制理念的提出，辐射吊顶作为干式末端受到了越来越多的关注。

吊顶辐射供冷的工作原理是：冷媒将能量传递到辐射板表面，辐射板表面再通过对流和辐射、并以辐射为主的方式直接与室内环境进行换热，从而极大地简化了能量从冷源到终端用户室内环境之间的传递过程。由于辐射的“超距”作用、可不经过空气而在表面之间直接换热，因此各种室内余热以短波辐射和长波辐射方式被冷辐射表面吸收后，转化为辐射板内能或通过辐射板导热传递给冷媒、被吸收并带离室内环境，直接成为空调系统负荷。这一过程减少了室内余热排出室外的环节，这是辐射冷却这一温度独立控制末端装置与现有常用空调方式的最大不同。辐射冷却末端与周围的能量交换参见图4-4-1。

（二）吊顶辐射供冷系统的主要优缺点

1. 优点：

（1）吊顶辐射供冷弥补了传统空调中以对流制冷为主的不足，增加了人体的辐射热量，有助于提高人体舒适度；另外，冷吊顶使人的头部冷、脚部暖，更符合人体的舒适性。

（2）采用冷吊顶时，用户可在相对较高的室内温度下感到舒适，室内冷负荷减小；辐射吊顶的供水温度一般为16～20℃，采用高温冷水机组可提高机组的制冷效率，节省能耗。

（3）室内空气的流速很低，管内水流速较慢，系统运行噪声低。

（4）房间温度均匀性好，舒适分布均匀，不会出现局部过冷或过热的现象。

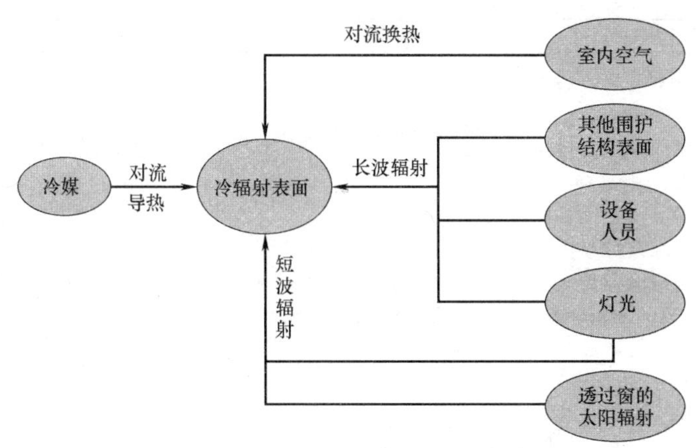

图 4-4-1 辐射板与周围的能量交换

(5) 辐射吊顶占用建筑空间较小，且易与装修配合。

(6) 吊顶辐射供冷没有潮湿表面，避免细菌孳生，房间卫生条件好。

2. 缺点：

(1) 在空调系统刚刚启动、门窗偶然开启、室内湿负荷突然增大等情况下，辐射冷吊顶表面有结露的风险。

(2) 设备初投资较高。

二、吊顶辐射空调末端的分类及特点

辐射冷吊顶主要有三种：混凝土板预埋管冷吊顶、毛细管网栅冷吊顶和金属辐射吊顶。这几种冷吊顶的特点比较见表 4-4-1。

几种冷吊顶的特点比较 **表 4-4-1**

类别	混凝土板预埋管冷吊顶	毛细管网栅冷吊顶	金属辐射吊顶
结构图			
结构特点	将特制的塑料管或不锈钢管在楼板浇注之前将其排布并固定在钢筋网上，浇注混凝土后，就形成“水泥核心”结构	毛细管网栅为毛细管的模块化产品，可根据安装应用需求做成相应尺寸，其材质为聚丙烯	金属辐射吊顶是以金属为主要材料的模块化产品，辐射面板一般采用具有小孔的金属板，用来增强对流，同时具有吸声功能
供冷能力	30～45W/m^2	55～95W/m^2	80～110W/m^2
造价	约 40 元/m^2	约 300 元/m^2	进口约 2000 元/m^2 国产约 800 元/m^2

续表

类别	混凝土板预埋管冷吊顶	毛细管网栅冷吊顶	金属辐射吊顶
安装维护	施工需与土建承建方配合交叉作业;在施工过程中需加强对管材的保护工作;需及时做好压力测试,发现问题及时处理。由于现浇混凝土楼板无法凿开或换掉,出现问题维修是很困难的,因此施工质量非常重要	毛细管网栅可直接安装在石膏板顶棚里或直接用水泥砂浆抹平。毛细管损坏时,可用热熔方式封闭受损的毛细管	出厂前金属冷却管道单元与金属板预安装好,形成金属板模块,各模块之间通过螺栓连接,形成金属板吊顶。模块具有可旋转的支撑机构,打开方便,可在不影响系统运行的情况下进行局部检修和维护。金属辐射吊顶的上部需安装热绝缘层
优点	1)造价低。 2)有一定的蓄热能力,可在一定程度上减少系统的峰值负荷。 3)结露风险小	1)制冷能力较大。 2)控制调节响应较快。 3)安装相对简单,维护维修方便。 4)既能用于新建项目,也能用于改造项目	1)制冷能力大。 2)动态响应快,可实现灵活的控制和调节。 3)安装简单,维修维护方便。 4)既能用于新建项目,也能用于改造项目
缺点	1)系统惯性大,启动时间长,动态响应慢,不利于控制调节。 2)制冷能力小。 3)施工需与土建承建方配合交叉作业,若使用中出现问题很难维修。 4)只能用于新建项目	1)造价较高。 2)结露风险大	1)造价高。 2)结露风险大

三、辐射冷吊顶的性能参数

(一) 毛细管辐射板

毛细管辐射板是采用 Φ3.4×0.55mm 或者 Φ4.3×0.8mm 的塑料毛细管组成间距为 10～30mm 的网栅，在网栅中液体流速在 0.05～0.2m/s 之间，充满水的网栅质量不到 $1kg/m^2$。毛细管网栅的基本结构见图 4-4-2。

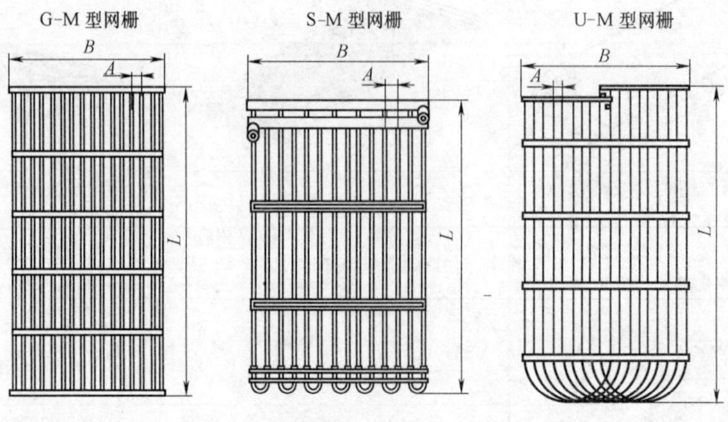

图 4-4-2　毛细管网栅的基本结构

图 4-4-3 给出了不同安装形式的毛细管网栅的供冷性能，图 4-4-4 为毛细管网栅的水阻力情况，数据来源为德国 Clina 公司的中国代理一开思拓空调技术有限公司。

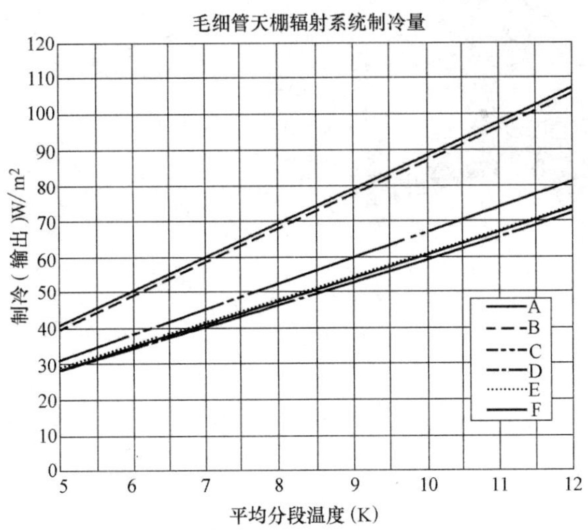

A　钢制孔板吊顶，毛细管网卡在指定位置
B　抹灰吊顶，10～15mmMP75，毛细管网用找平层固定
C　干结构吊顶，无孔，CSP-S:10mm 石膏板（λ=0.4W/m·K）；毛细管网粘在石膏板上方
D　干结构吊顶，有孔，CSP-λ；12.5mm 石膏板（λ=0.21W/m·K）毛细管网粘在石膏板上方
E　干结构吊顶，有孔，CSP-A;12.5mm 干板（λ=0.21W/m·K）加 3mm 消声涂层；毛细管网粘在石膏板上方
F　抹灰吊顶加 8～10mm 消声涂层，毛细管埋在找平层内

图 4-4-3　不同安装形式的毛细管网栅的供冷性能

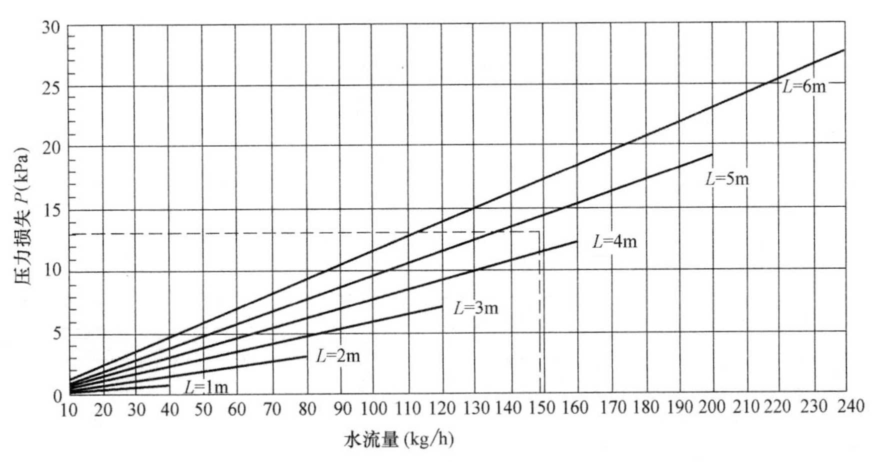

图 4-4-4　毛细管网栅的水阻力情况（Φ4.3×0.8mm，供回水温度 16/18℃）

（二）金属辐射板

以德国 Trox 公司生产的金属辐射板为例，介绍其供冷性能。图 4-4-5 是辐射供冷平顶的基本构造，吊顶冷却单元内含一块基座孔板，上面紧贴 Φ10mm 的铜质盘管，盘管压

图 4-4-5　辐射冷却吊顶的基本构造

成扁平形，目的是使盘管与基座孔板能保持良好的接触，最大限度降低接触热阻。

根据安装方式不同，冷却吊顶有多种结构形式：

1. 带孔平板；
2. 带孔平板＋绝缘层；
3. 背侧贴有纤维层的带孔平板；
4. 背侧贴有纤维层的带孔平板＋绝缘层；
5. 正面贴有纤维层的带孔平板；
6. 正面贴有纤维层的带孔平板＋绝缘层。

冷却吊顶通常由多个冷却单元组成，相互间以软管连接。冷却单元的供冷量 q（W/m^2）按下式确定：

$$q = q_B \cdot (1 + k_B + k_L + k_S) \tag{4-4-1}$$

式中　q_B——冷却单元的基本供冷量（W/m^2）；

k_B——平顶覆盖修正系数（%）；

k_L——室内气流组织形式的修正系数（%）；

k_S——平顶板留缝修正系数（%）。

表 4-4-2 和表 4-4-3 是德国妥思 Trox 公司 WK-D-UM 系列冷却单元的基本供冷量以及修正系数。表中 Δt 是室内温度与供回水平均温度的之差，℃。

辐射吊顶基本供冷量 q_B（W/m^2）　　表 4-4-2

Δt	钢板吊顶						铝板吊顶			
(℃)	形式 1	形式 2	形式 3	形式 4	形式 5	形式 6	形式 1	形式 2	形式 3	形式 4
10	78	71	63	63	67	67	84	80	65	65
9	69	63	56	56	60	60	75	71	58	58
8	61	56	50	50	52	52	66	63	51	51
7	53	48	43	43	45	45	57	54	44	44
6	45	41	36	36	38	38	48	46	38	38
5	37	33	30	30	32	32	40	38	31	31

辐射吊顶供冷量的修正系数　　表 4-4-3

安装形式	形式 1	形式 2	形式 3	形式 4	形式 5	形式 6
修正系数 $k_B = A_e/A_c \times 100\%$，其中 A_e—有效面积、A_c—平顶面积						
k_B=90%	0.05	0.02	0.05	0.02	0.05	0.02
k_B=80%	0.08	0.03	0.08	0.03	0.08	0.03
k_B=70%	0.11	0.04	0.11	0.04	0.11	0.04
k_B=60%	0.15	0.05	0.15	0.05	0.15	0.05
k_B=50%	0.19	0.06	0.19	0.06	0.19	0.06
修正系数 k_L						
混合送风	0.15	0.15	0.08	0.08	0.15	0.15
置换送风	0.05	0.05	0.03	0.03	0.05	0.05

续表

安装形式	形式1	形式2	形式3	形式4	形式5	形式6
修正系数 $k_S = A_S/A_e \times 100\%$，其中 A_s—缝的面积						
$k_S \geqslant 1.5\%$	0.00	0.00	0.00	0.00	0.00	0.00
3%	0.08	0.03	0.10	0.03	0.10	0.03
6%	0.20	0.07	0.24	0.07	0.24	0.07
10%	0.26	0.10	0.30	0.10	0.30	0.10

四、辐射冷吊顶的传热量

（一）辐射冷吊顶传热量的计算

辐射冷吊顶的综合传热量 q（W/m²），实际上是单位辐射传热量 q_r 与单位对流传热量 q_c 之和：

$$q = q_r + q_c \tag{4-4-2}$$

单位面积辐射板的净辐射传热量 q_r（W/m²）为：

$$q_r = J_p - \sum_{j=1}^{n} F_{pj} J_j \tag{4-4-3}$$

式中 J_p——辐射板表面的总辐射量（W/m²）；

J_j——来自室内另一表面的辐射量（W/m²）；

F_{pj}——辐射板表面与室内另一表面之间的辐射角系数；

n——除辐射板外室内的表面数。

对两个围护结构的表面进行评价时，平均辐射温度方程可以写成：

$$q_r = \sigma F_r (T_p^4 - T_r^4)\text{，其中 } T_r = \frac{\sum\limits_{j \neq p}^{n} A_j \varepsilon_j T_j}{\sum\limits_{j \neq p}^{n} A_j \varepsilon_j} \tag{4-4-4}$$

式中 σ——斯蒂芬-玻尔兹曼常数，$\sigma = 5.67 \times 10^{-8}$ W/(m²·K⁴)；

F_r——辐射换热系数；

T_p——辐射板表面的有效温度（K）；

T_r——非供冷表面的有效温度（K）；

A_j——除辐射板外的表面面积（m²）；

ε_j——除辐射板外的热发射率。

表面辐射换热的辐射系数，可用下式计算：

$$F_r = \frac{1}{\frac{1}{F_{p-r}} + \left(\frac{1}{\varepsilon_p} - 1\right) + \frac{A_p}{A_r}\left(\frac{1}{\varepsilon_r} - 1\right)} \tag{4-4-5}$$

式中 F_{p-r}——辐射板对非供冷表面的辐射角系数，对于平板可取1；

A_p，A_r——辐射板表面和非供冷表面的面积（m²）；

ε_p，ε_r——辐射板表面和非供冷表面的热发射率，非金属或刷油漆的非反射表面的热发射率大约为0.9。

当围护结构表面的发射系数比较接近相等，且接受辐射的表面几乎没有冷却时，式(4-4-4) 中的 T_r 就成为室内非冷却表面的加权平均温度 AUST。结合上述简化假设条件，辐射供冷的辐射方程可改写为：

$$q_r = 5 \times 10^{-8}[(t_p + 273)^4 - (AUST + 273)^4] \tag{4-4-6}$$

式中 t_p——有效辐射板的表面温度（℃）；

$AUST$——除辐射板以外室内其余表面的加权平均温度（℃）。

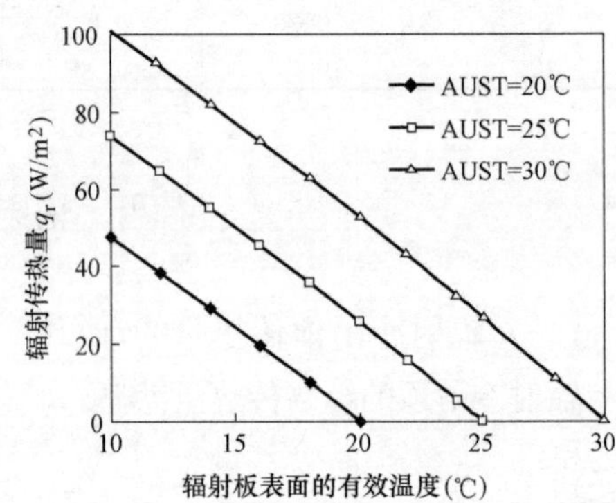

图 4-4-6 供冷板的辐射传热量

图 4-4-6 是辐射吊顶供冷时的辐射传热量。

辐射板的对流传热量 q_c（W/m^2）可用下式进行计算：

$$q_c = 2.42 \times \frac{|t_p - t_a|^{0.31}(t_p - t_a)}{D_e^{0.08}} \tag{4-4-7}$$

式中 t_p——辐射板表面的有效温度（℃）；

t_a——空气的温度（℃）；

D_e——辐射板的当量直径，$D_e = 4A/L$（A——板面积，m^2；L——板周长，m）。

辐射板的表面有效温度与进入辐射板冷媒的温度有一定差异，这其中包含从辐射板内冷媒到辐射板表面的各项传热热阻。从提高供冷效率而言，应优先选择热阻小的材料做面层。

（二）辐射板传热量的简化估算

能量平衡是分析室内长波辐射换热过程的基本方法，具体包括有效辐射法、平均辐射温度法以及等效辐射换热系数方法等。其中，等效辐射换热系数和对流—辐射综合换热系数方法，极大地简化了辐射冷却表面能量平衡计算，因此为工程设计人员所接受。通常情况下，冷辐射表面的实际出力，即与室内环境的总换热量，可以写做如下形式：

$$q = a\,(T_{RC} - T_{room})^b \tag{4-4-8}$$

式（4-4-8）中，a 和 b 通常需要经过试验测定或拟合得到，与室内空气流动状态、室内发热量的对流辐射特性等有关；T_{RC} 为冷辐射表面的定性温度，可选冷辐射表面平均温度，也可选进入冷辐射表面处的冷媒入口温度；T_{room} 为室内空间定性温度，可以是空气温度，也可以是综合温度。但选择不同参考温度时，系数 a 和 b 的取值也有相应变化，应慎重选择参考温度，选择不慎则会引起错误。

等效辐射换热系数方法也被写入相应的空调系统设计规范中。例如 2001 年修订的欧洲标准 EN1264 中给出顶板辐射供冷时表面总换热量的计算公式和图表，如式（4-4-9）和图 4-4-7 所示。

$$q = 8.92\,(\theta_{s,m} - \theta_i)^{1.1} \tag{4-4-9}$$

式中 q——供冷顶板表面总换热量（W/m^2）；

$\theta_{s,m}$——供冷顶板表面温度；

θ_i——室内环境设计温度，一般为热舒适综合温度或操作温度。

同时，标准中还规定了辐射顶板供冷时的表面温度限值：人员静坐区，冷辐射顶板表面温度不能低于 20℃；对于人员经常走动、活动量较大的情况，冷辐射顶板表面温度不能低于 18℃；任何情况下，冷辐射顶板表面温度应高于室内露点温度；不能超过热辐射不对称性（Thermal Radiation Asymmetry）限值。

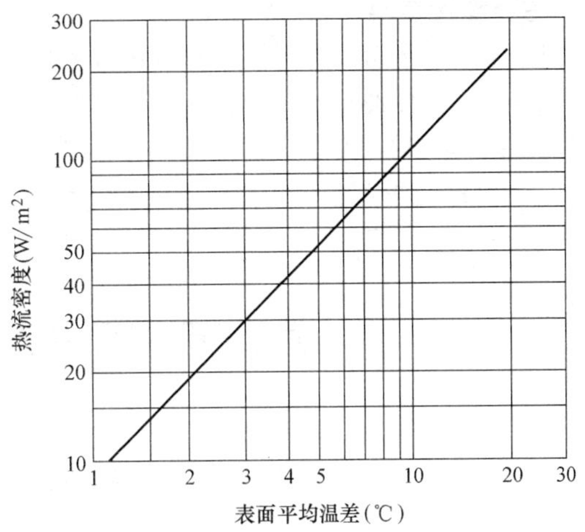

图 4-4-7　辐射顶板供冷时表面换热量计算图表

五、效果衡量与应用中需注意的问题

在对流供冷系统中，通常采用室内空气的干球温度来评价其效果。在辐射供冷时，由于辐射和对流共同发挥作用，因而不能单一的用室内温度来衡量，而是需要采用平均辐射温度和作用温度来评价室内辐射供冷时的舒适性。平均辐射温度需要采用传热学的基本公式来计算，在辐射供冷工程设计中，可近似地认为平均辐射温度等于房间围护结构内表面的面积加权平均温度。作用温度是平均辐射温度和环境温度的加权平均值。当室内空气流速低于 0.2m/s，平均辐射温度与室内空气温度的差异小于 4℃时，可近似认为作用温度等于室内空气温度和平均辐射温度的平均值。

为了保持人体的热舒适感，必须使室内温度和辐射强度保持在一定的比例范围之内。在辐射供冷环境中，由于辐射的结果，室内诸表面有较低的表面温度，因此人体的辐射散热有所增加，人的实际感觉温度比相同室内温度对流供冷时低。在相同人体舒适情况下，辐射供冷方式的作用温度可比周围空气温度低 1～3℃，即辐射供冷时的空气温度可以稍高于对流供冷时的空气温度。

在应用辐射板供冷时，除了标准中规定的辐射表面温度限值、热辐射不对称性限值外，还有一些问题需要引起注意：

1. 辐射供冷板的表面温度必须高于室内空气的露点温度，否则会有结露危险。辐射板的供冷量与辐射板表面的平均温度密切相关，而结露是与辐射板表面最低温度有关。因而在同样的表面平均温度下，辐射板表面温度分布越均匀、结露危险就越小，这是辐射供冷板通常选择大流量小温差的原因所在。

2. 当围护结构大量采用透明玻璃幕墙而室外温度又很高时，由于太阳辐射得热很大，会导致围护结构内表面温度的升高，这时辐射供冷量会增高。

3. 辐射供冷板仅能承担显热负荷，因而还需要额外的空调系统来承担建筑的潜热负荷。例如辐射板与新风系统形成的温湿度独立控制空调系统，辐射板承担室内降温的任务，干燥新风承担建筑所有的潜热负荷。

4. 由于辐射板敷设面积和单位面积供冷量（一般低于 100W/m²）的影响，在建筑高显热负荷的区域，不能仅依靠辐射板承担显热负荷，还需要辅助风机盘管等末端装置。

5. 辐射式供冷末端可以有多种安装形式，但是安装形式不同，其供冷能力也发生变化。

主要参考资料：

1. 陆耀庆主编《实用供热空调设计手册》北京 中国建筑工业出版社 2008

2. GB/T 1923—2003《风机盘管机组》

3. JG/T 295—2010《变风量空调末端装置》

4. 张旭，隋学敏．辐射吊顶的技术特性及应用［J］. 中国建设信息供热制冷，2008（9）：32～35.

第五节　组合式空调机组系统

一、组合式空调机组空调系统

组合式空调机组一般用于全空气空调系统，是全空气空调系统的主要空气处理设备之一，机组自身不带冷热源，冷媒为水，热媒为水或蒸汽，由多个功能段组成，包括空气处理中混合、冷却、加热、去湿、新、排风、过滤、送、回风、消声、能量回收等功能段，可灵活选择相应的功能段组装在一起，从而满足空调区域对空气温度、湿度、洁净度、流速以及卫生等各种不同要求。

在我国组合式空调机组系统广泛用于宾馆、办公、医院、文娱体育场馆、会议中心等民用建筑和机械、化工、轻工、电子、纺织、制药、食品、造纸等工业用建筑集中空调系统的空气处理中，通过功能段中的空气处理部件，对空气进行处理。

近年来随着自动化水平要求的提高和节能减排的需求，机电一体化组合式空调机组的使用也逐渐增多，使得机组不仅可实现送风温、湿度，送风压力、送风量、水系统的流量、新回风比例等自动调节，还具备过滤器阻力超值报警和多种连锁保护功能，可以减轻管理人员工作量。与楼宇自动化系统对接，还可实现节能控制与监测。

二、组合式空调机组的构造、基本参数

国标 GB/T 14294 指组合式空调机组是适用于不带冷、热源，冷媒为水，热媒为水或蒸汽，以功能段为组合单元，能够完全完成空气输送、混合、加热、冷却、去湿、加湿、过滤、消声等功能集中处理的机组。机组每个组合功能段是具有对空气进行一种或几种处理功能的单元体，机组功能段可包括：空气混合、均流、粗效过滤、中效过滤、高中效或亚高效过滤、冷却、一次和二次加热、加湿、送风机、回风机、中间、喷水、消声等

组合式空调机组的规格及技术要求

1. 组合式空调机组的基本规格

组合式空调机组形式和代号　　**表 4-5-1**

	形式		代号
1	结构形式	立式	L
		卧式	W
		吊挂式	D

续表

	形式		代号
2	用途特征	通用机组	T
		新风机组	X
		净化机组	J
		专用	Z

组合式空调机组基本规格 **表 4-5-2**

规格代号	2	3	4	5	6	7	8
额定风量（m^3/h）	2000	3000	4000	5000	6000	7000	8000
规格代号	9	10	15	20	25	30	40
额定风量（m^3/h）	9000	10000	15000	20000	25000	30000	40000
规格代号	50	60	80	100	120	140	160
额定风量（m^3/h）	50000	60000	80000	100000	120000	140000	160000

2. 组合式空调机组产品的性能要求

（1）组合式空调机组的额定风量、全压、供冷量、供热量等基本参数，在规定的试验工况下机组风量实测值不低于额定值的 95%，机外静压干工况时不低于额定值的 90%，机组供冷量和供热量不低于额定值的 95%，功率实测值不超过额定值的 10%。

（2）机组内静压保持正压段 700Pa、负压段－400Pa 时，机组漏风率不大于 2%；用于净化空调系统的机组，机组内静压保持 1000Pa 时，机组漏风率不大于 1%。

（3）机组风量≥30000m^3/h，机组内静压保持 1000Pa 时，箱体变形率不超过 4mm/s。

（4）机组内气流应均匀流经过滤器、换热器（或喷水室）和消声器，以充分发挥这些装置的作用，机组横断面上的风速均匀度应大于 80%。

（5）喷水段应有观察窗、挡水板和水过滤装置。喷水段的喷水压力小于 245kPa 时，其空气热交换效率不得低于 80%。喷水段的本体及其检查门不得漏水。

（6）热交换盘管水压试验压力应为设计压力的 1.5 倍，保持压力 3min 不漏；气压试验压力应为设计压力的 1.2 倍，保持压力 1min 不漏。

（7）机组箱体保温层与壁板应结合牢固、密实。壁板保温的热阻不小于 $0.74m^2 \cdot K/W$，箱体应有防冷桥措施。

（8）通过冷却盘管的迎面风速超过 2.5m/s［即 $3.0kg/(m^2 \cdot s)$］时，在冷却器后设挡水板。

（9）机组的振幅在垂直方向不大于 15μm。

（10）水阻不超过额定值的 10%。

（11）机组的风机出口应有柔性短管，风机应设隔振装置。

（12）各功能段的箱体应有足够的强度，在运输和启动、运行、停止后不应出现凹凸变形。机组外表面应无明显划伤、锈斑和压痕，表面光洁，喷涂层均匀，色调一致，无流痕、气泡和剥落。机组应清理干净，箱体内无杂物。

（13）机组内配置的风机、冷、热盘管、过滤器、加湿器以及其他零部件应符合国家有关标准的规定。

三、组合式空调机组空调方式的特点

（一）组合式空调系统的特点

组合式空调机组一般用于全空气空调系统，将多种空气处理设备集中设置在一个机组中，设备结构紧凑、体积较小、安装简便。设备放在机房内，便于维护。空气经过多级过滤，过滤器效率高，无空调水管道进入空调区内，避免冷凝水造成的滴水、滋生微生物和病菌等对系统空气质量造成的影响，有利于室内空气质量要求较高场所的应用，同时可通过改变系统新风比来实现利用室外新风进行自然冷却节能的目的，配以变风量系统的设计还能有效减小空气输配能耗。

但组合式空调机组全空气系统与其他空调系统相比，投资较大、自动控制较复杂；与风机盘管加新风系统相比，其占用空间也较大，这也是其应用受到限制的主要原因之一。

（二）组合式机组的使用特点

组合式空调机组的类型　　表 4-5-3

项目	类型		特点
材料	金属	钢板或镀锌、复合钢板、合金铝板、不锈钢板	1. 体积小、重量轻； 2. 设计施工安装方便，容易保证装配质量和施工进度； 3. 可工厂化批量生产，有利于提高制造质量和降低生产成本
	非金属	玻璃钢	1. 节省钢材； 2. 耐腐蚀
安装形式	卧式		1. 安装、使用、维护方便； 2. 适用于大风量空调机组
	立式		1. 充分利用空间，节省占地面积； 2. 安装、使用、维护不如卧式方便； 3. 适用于较小风量
	吊挂式		1. 适用于小风量空调机组； 2. 节省占地面积； 3. 安装、使用、维护不方便
结构	框架式结构		1. 型钢框架与钢板壁体组合成空调机组； 2. 非标准构件规格多，生产、安装、运输均不便，提高成本； 3. 整体性与刚性较好； 4. 框架部分存在“热桥”
	板式结构		1. 采用模数制和组合构件标准化，便于工业化、系列化批量生产，安装与运输方便，降低成本； 2. 无框架，无加固件，只靠板件搭接组合，整体性与刚性比框架结构差
系统	直流式		1. 处理的空气全部来自室外； 2. 适用于散发大量有害物质而不能利用再循环空气的空调房间； 3. 宜采用热回收装置回收排风中的冷热量用于处理新风
	封闭循环式		1. 处理的空气全部来自空调房间本身，无新风； 2. 冷热耗量最省，卫生条件最差； 3. 适用于很少有人进出的场所
	混合式		1. 部分回风与部分新风混合，满足卫生要求，经济合理； 2. 适用于绝大部分空调房间； 3. 根据不同要求，选用一次回风或一、二次回风系统

续表

项目	类　型	特　点
冷却装置	喷水室	1. 可以实现空气的加热、冷却、加湿和减湿等多种空气处理过程，可以保证较严格的相对湿度要求； 2. 耗金属少； 3. 水质要求高，水系统复杂； 4. 占地大； 5. 耗电多； 6. 采用金属空调机组时，易腐蚀
	表面冷却器	1. 可以实现等湿冷却或减湿冷却过程； 2. 难以保证较严格的相对湿度要求； 3. 耗金属多； 4. 冷水不污染空气，水系统简单； 5. 节省机房面积，易施工； 6. 耗电少
过滤器	粗效	1. 有效捕集≥2μm 直径的尘粒； 2. 计数效率 $E(\%)$ 为 $20\leqslant E<50$； 3. 阻力≤100Pa
	中效	1. 有效捕集≥0.5μm 直径的尘粒； 2. 计数效率 $E(\%)$ 为 $20\leqslant E<70$； 3. 阻力≤160Pa
	高中效	1. 有效捕集≥0.5μm 直径的尘粒； 2. 计数效率 $E(\%)$ 为 $70\leqslant E<95$； 3. 阻力≤200Pa
	亚高效	1. 有效捕集≥0.5μm 直径的尘粒； 2. 计数效率 $E(\%)$ 为 $95\leqslant E<99.9$； 3. 阻力≤240Pa
风机	离心风机	1. 可采用定风量或变风量离心风机； 2. 风机段常采用双进风风机，也可采用无蜗壳风机； 3. 电动机放在箱体外时可节省电机发热能耗； 4. 必须采用隔振基础，软接头； 5. 适用于较大风压的场所； 6. 噪声较小
	轴流风机	1. 可以 2～4 台并联；常采用变节距调节或改变叶片角度调节；根据空调负荷变化，实现变风量； 2. 体积小，长度短，可缩短机组长度； 3. 适用于较大风量、较小风压、要求减小机房长度的场所； 4. 噪声较大

四、组合式空调机组在设计、安装和运行时应注意的问题

（一）机组设计选用要点

应用组合式空调机组的全空气空调系统的划分和功能段的设计详见本手册各章节。

1. 空气冷却装置的选择，应符合下列要求：

（1）采用循环水蒸发冷却或采用江水、湖水、地下水作为冷源时，宜采用喷水室；采用地下水等天然冷源且温度条件适宜时，宜选用两级喷水室。

(2) 采用人工冷源时，宜采用空气冷却器、喷水室。当采用循环水进行绝热加湿或利用喷水提高空气处理后的饱和度时，可采用带喷水装置的空气冷却器。

2. 空气冷却器的冷媒进口温度，应比空气的出口干球温度至少低3.5℃，冷媒的温升宜采用5～10℃，其流速宜采用0.6～1.5m/s。

3. 采用人工冷源喷水室处理空气时，冷水的温升宜采用3～5℃；采用天然冷源喷水室处理空气时，其温升应通过计算确定。

4. 在进行喷水室热工计算时，应进行挡水板过水量对处理后空气参数影响的修正，挡水板的过水量要求不超过0.4g/kg。挡水板与壁板间的缝隙，应封堵严密，挡水板下端的应伸入水池液面下。

5. 加热空气的热媒宜采用热水。对于工艺性空调系统，当室温允许波动范围要求小于±1.0℃时，送风末端精调加热器宜采用电加热器。

6. 空调系统的新风和回风管应设过滤器，过滤效率和出口空气洁净度应符合现行标准，当采用粗效过滤器不能满足要求时，应设置中效过滤器。空气过滤器的阻力应按终阻力计算。

7. 一般大、中型恒温恒湿类空调系统和相对湿度有上限控制要求的空调系统，其空气处理的设计，应采取新风预先单独处理，除去多余的含湿量，在随后的处理中取消再热过程，杜绝冷热抵消现象。

8. 对于冷水大温差系统，采用常规空调机组难于满足要求，将使空气冷却器产冷量下降，出风温度上升。冷水大温差专用机组可以采取增加空气冷却器排数、增加传热面积、降低冷水初温、改变管程数、改变肋片材质等措施来实现。空气冷却器加大换热面积可以增大产冷量，比增加排数的效果更好（一般在8排以内比较合适），缩小翅片片距来增大换热面积，可以不加大机组尺寸，但会增加造价，增大空气阻力，容易脏，容易堵塞。采用增加迎风面积来保持空气冷却器出风温度和供冷量不变，则空气阻力、迎面风速均会减小，但会加大机组尺寸，增加造价，增大机房面积。降低进水温度，可以加大产冷量。但冷水机组的蒸发温度下降，将使制冷量下降。加大管程数，提高水流速，明显加大产冷量，但水速过高，会使水阻力过大。翅片涂亲水膜，可促使冷水迅速流走，使产冷量加大。

9. 空调机组选用应按最不利的条件来确定，应考虑最大限度地利用回风以及过渡季节全新风运行。

10. 新风机应采取措施，以防止冬季新风把盘管冻裂。

11. 机组内宜设置必要的气温遥测点（包括新风、混合风、机器露点、送风等）；过滤器宜设压差检测装置；各功能段根据需要设检查门、检测孔和测试仪表接口；检查门应严密，内外均可灵活开启，并能锁紧。

12. 当机组安装在室外时，应重新核算保温层厚度。

13. 设计选用空调机组应注意电源引入的位置，以及与电源的连接方式，并应有低压（24V/36V）的电源。

14. 空调机组水系统的入口，出口管道上宜装设压力表、温度计，入口管道上宜加装过滤器。

15. 选用干蒸汽加湿器时，要说明供汽压力和控制方法（手动、电动或气动），并应注意蒸汽管末端的疏水措施。

（二）施工安装要点

1. 组合式空调机组可安装在混凝土平台上或型钢制作的底座上。距地面的高度应能保证冷凝水通畅排出。并应设排水沟（管）、地漏，以排除冷凝水，放空空调机底部存水。

2. 现场组装空调机组应注意：

1）机组四角及底板、检修门的密封；

2）密封材料的质量。

3. 安装前应检查冷却段、喷淋段下部滴水盘排水坡度是否足够，排水点的水封是否可靠。

4. 应检查机组保温层厚度是否符合要求，保温材料的铺垫是否均匀，各功能段连接处是否出现冷桥，以防止外壳出现结露现象。

5. 核查机组保温材料是否符合防火要求，保温材料应是难燃或不燃材料，并应有消防主管部门的审批证明。

6. 机组安装后应检查端面的风速分布是否均匀，在冷却盘管或喷水段后面局部是否有带水现象。应尽量避免这种现象的出现。

7. 空调机组若安装在室外时，应采用相应的防雨措施，其顶部应加设整体防雨盖。

8. 机组应设排水口，运行中排水应畅通，无溢出和渗漏。

9. 应按产品说明书中的规定，确定检查门位置及接管方式（左、右式）。

10. 选用机组时，应注意机组管道连接方式是否合理，冷凝水排放是否顺畅且不容易溢出。

11. 应考虑空调机组检修方式及检修面的最小检修尺寸。

主要参考资料：

1. 陆耀庆主编《实用供热空调设计手册》北京 中国建筑工业出版社 2008

2. GB/T 14294—2008《组合式空调机组》

第五章 气流组织

第一节 气流组织基本要求

气流组织是室内空气调节的一个重要环节，它直接影响着空调系统的使用效果。因为只有合理的室内气流组织才能充分发挥送风的冷却和加热作用，均匀地消除室内余热和余湿，并能更有效地排除有害气体和悬浮在空气中的灰尘。因此，不同性质的空调房间，对气流组织具有不同的要求。

一、基本要求

一般空调房间或舒适性空调房间，主要是要求在工作区内保持比较均匀而稳定的温湿度，而工作区风速有严格要求的房间，主要保证工作区域内风速均匀且不超过规定值。

室内温湿度允许波动范围有要求的空调房间，主要是在工作区域内满足温湿度基数及其允许波动范围、区域温差的要求。区域温差是指工作区域内无局部热源时，由于送风气流而形成的不同地点的温差。

有洁净要求的空调房间，气流组织主要使工作区域内保持应有的洁净度和室内正压或负压。

高大空间的室内气流组织，除了保证工作区达到应有的温湿度、风速、洁净度外，还应合理地组织气流，以满足节能的要求。

气流组织的基本要求见表 5-1-1。

气流组织的基本要求 **表 5-1-1**

<table>
<tr><th rowspan="2">空调类型</th><th colspan="3">工作区</th><th rowspan="2">送风温差
(℃)</th><th rowspan="2">送风速度
(m/s)</th><th rowspan="2">换气次数
(次/h)</th></tr>
<tr><th>温度
(℃)</th><th>相对湿度(%)</th><th>风速
(m/s)</th></tr>
<tr><td>舒适性空调</td><td>冬季 18～24
夏季 22～28</td><td>30～60
40～65</td><td>≤0.2
≤0.3</td><td>* H≤5m,≤10
H>5m,≤15</td><td>2～5
喷口送风
4～10</td><td>≥5,高大空间按计算</td></tr>
<tr><td rowspan="4">工艺性空调</td><td colspan="2">室温允许波动范围
>±1.0</td><td rowspan="4">0.2～0.5</td><td>≤15</td><td rowspan="4">2～5</td><td>≥5</td></tr>
<tr><td colspan="2">±1.0</td><td>6～10</td><td>≥5</td></tr>
<tr><td colspan="2">±0.5</td><td>3～6</td><td>≥8</td></tr>
<tr><td colspan="2">±0.1～±0.2</td><td>2～3</td><td>≥12</td></tr>
</table>

注：H 为送风高度（m）。

二、常用风口形式、特征和适用范围

常用风口特征和适用范围　　表 5-1-2

类型	名　　称	特　　性	适用范围
百叶风口	格栅风口	有叶片固定和可调两种。属于圆射流，不能调节风量	用于一般空调工程，常用作回风口
	单层百叶风口	叶片有横装和竖装，属于圆射流，能调节风量	用于舒适性和一般精度空调工程
	双层百叶风口	属于圆射流，可调节风量，可调仰角或俯角以及扩散角并可调节风量	适用于有精度空调工程
	条缝形百叶风口	属于平面射流，长宽比大于10，可调节上、下倾角，必要时也可调节风量	用于舒适性空调工程
散流器	方(矩)形散流器	平送贴附流型，能调节风量	用于公共建筑舒适性空调
	圆盘形散流器	圆盘调节，可呈平送贴附流型或下送流型，能调节风量	
	流线形散流器	下送气流流型，一般采用密集布置	可用于工艺性空调
喷口	圆形喷口	属于圆射流，不能调节风量	用于高大空间的空调工程
	矩形和扁平喷口	属于圆射流，与干管流量调节板配合使用，可调节风量	
	球形旋转喷口	属于圆射流，既能调节气流方向，又能调节风量	用于高大空间、公共建筑空调工程或岗位送风
旋流风口	圆柱形旋流风口	向下吹出流型	用于公共建筑和工业厂房一般空调
	旋流吸顶风口	可调成吹出流型和贴附流型	
	旋流凸缘风口	可调成吹出流型和贴附流型	
条形风口	条形风口	长宽比很大，属于平面射流，有固定直叶片和可调活叶片两种，后者可调成平送和下送流型	用于公共建筑舒适性空调工程
高效过滤风口	扩散形孔板风口	由铝合金孔板和高效过滤器组成送风口	用于净化空调工程

第二节　气流组织的方式和适用范围

国内空调房间常用气流组织的送风方式，按其特点主要可以归纳为侧送（图 5-2-1）、孔板送风（图 5-2-2）、散流器或旋流风口送风（图 5-2-3）、条缝送风（图 5-2-4）、喷口送

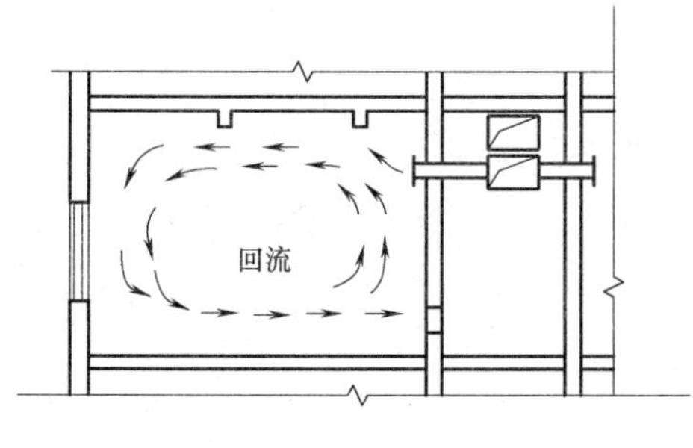

图 5-2-1　侧送

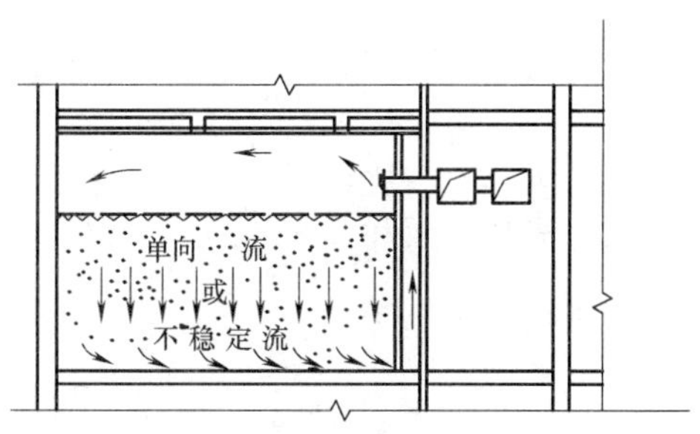

图 5-2-2　孔板送风

风（图 5-2-5）等。对室内温度允许波动范围有要求的空调房间的气流组织方式，目前常用的为前三种，其主要的性能见表 5-2-1。

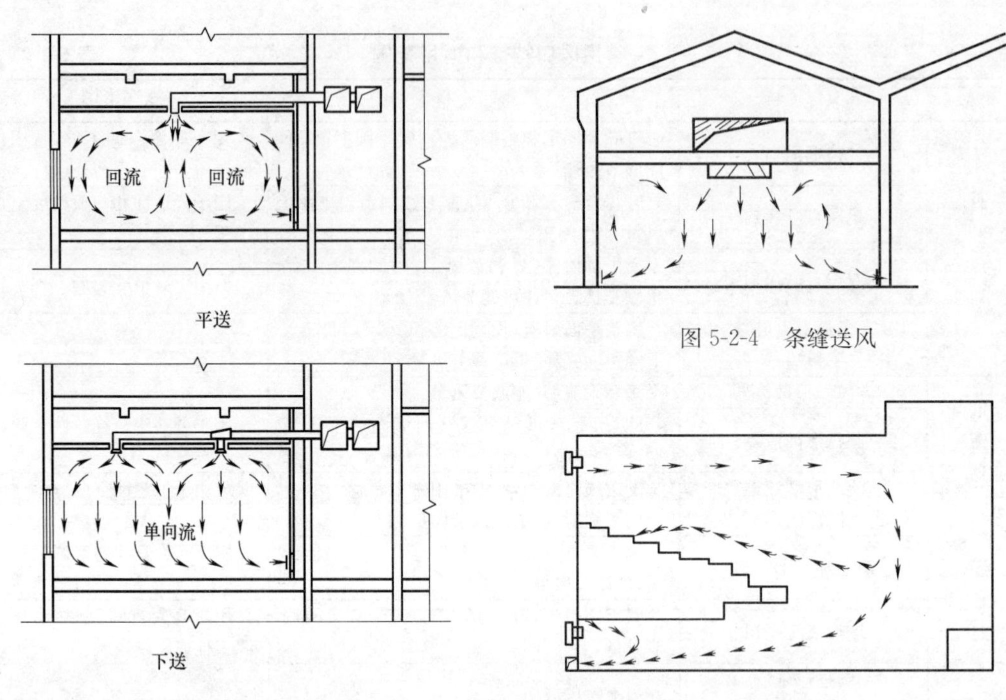

图 5-2-3 散流器送风（平送和下送）

图 5-2-4 条缝送风

图 5-2-5 喷口送风

三种气流组织方式的性能 表 5-2-1

项目	单位	侧送	散流器		孔板送风
			平送	下送	
送风口位置	/	侧上方	顶棚	顶棚	顶棚
回风口位置	/	侧下方或上方	侧下方、上方或顶棚	侧下方	侧下方或地板
工作区流型	/	回流	回流	单向流	不稳定流或单向流
混合层高度	m	0.3～0.5	0.2～0.5	1.0～3.0	0.15～0.3
房高下限	m	2.5～3.0	2.5～3.0	3.0～4.0	2.2～2.5
区域温差	℃	较小	较小	较大	很小
工作区平均风速	m/s	0.05～0.4	0.05～0.4	0.02～0.2	0.02～0.1

注：1. 本表提供数据，单位面积风量分别如下：

侧送与散流器平送 $20\sim60m^3/m^2\cdot h$

散流器下送 $40\sim150m^3/m^2\cdot h$

孔板送风 $40\sim100m^3/m^2\cdot h$

2. 回流指由于送风射流的诱导作用而引起回旋流动气流，其温度与速度一般比较均匀；不稳定流指流向不稳定的气流流动，气流速度很小，温度分布较均匀；单向流指同一方向流动的气流。

一、侧送

侧送是空调房间中最常用的一种气流组织方式。一般以贴附射流形式出现，工作区通常是回流。对于室温允许波动范围有要求的房间，一般能够满足区域温差的要求。因此除了区域温差和工作区风速要求很严格，以及送风射程很短，不能满足射流扩散和温差衰减的要求外，通常宜采用这种方式。

二、孔板送风

孔板送风的特点是射流的扩散和混合较好，射流的混合过程很短，温差和风速衰减快，因而工作区温度和速度分布较均匀。按照送冷风还是送热风、送风温差和单位送风量大小等条件，在工作区域内气流流型有时是不稳定流，有时是单向流，且风速均匀而较小，区域温差亦很小。因此，对于区域温差和工作区风速要求严格，单位面积风量比较大，室温允许波动较小的空调房间，宜采用孔板送风方式。

三、散流器平送和下送

散流器平送和侧送一样，工作区总是处于回流，只是送风射流的射程和回流的流程都比侧送短。空气由散流器送出时，通常贴着顶棚和墙形成贴附射流，射流扩散较好，区域温差一般能满足要求。由于应用散流器平送时，应当设置吊顶，管道暗装在吊顶或技术夹层内，一般在可设置吊顶的空调房间中应用。

散流器下送，只有采用顶棚密集布置向下送风时，工作区风速才能均匀，有可能形成平行流，对有洁净度要求的房间有利。单位面积风量一般都比较大。由于下送射流的射程短，工作区内有较大的横向区域温差；又由于顶棚密集布置散流器，使管道布置较复杂。因此，仅适用于少数工作区要求保持平行流和层高较高的一些空调房间。

四、喷口送风

喷口送风是大型体育馆、礼堂、剧院、通用大厅以及高大空间工业厂房与公共建筑等常用的一种送风方式。由高速喷口送出的射流诱导室内空气进行强烈混合，使射流流量成倍地增加，射流截面不断扩大，速度逐渐衰减，室内形成较大的回旋气流，工作区一般为回流。由于这种送风方式具有射程远、系统简单、投资较省、一般能满足工作区舒适条件。因此，在高大空间要求舒适性的空调建筑中，宜采用喷口送风方式。

五、条缝送风

条缝送风属于扁平射流，常采用顶送布置。与喷口送风相比，射程较短，温度和速度衰减较快。舒适性空调宜采用这种送风方式。对于一些高级民用和公共建筑，还可与灯具配合布置采用条缝送风方式。

六、旋流风口送风

旋流风口送风特点为风速和温度衰减快，工作区的风速和温度分布较均匀，可直接向工作区送风，通常为顶送布置。适合用于空间较大的公共建筑和舒适性空调工程。

总之，在选择空调房间合宜的气流组织方式时，根据工艺的特点和建筑条件等因素，应本着节能节约投资原则，综合考虑确定。

第三节　侧送

一、侧送方式

侧送方式通常有下列四种（图 5-3-1）

1. 单侧上送上回、下回或走廊回风
2. 双侧内送上回、下回
3. 双侧外送上回
4. 中部双侧内送，下回，上部排风

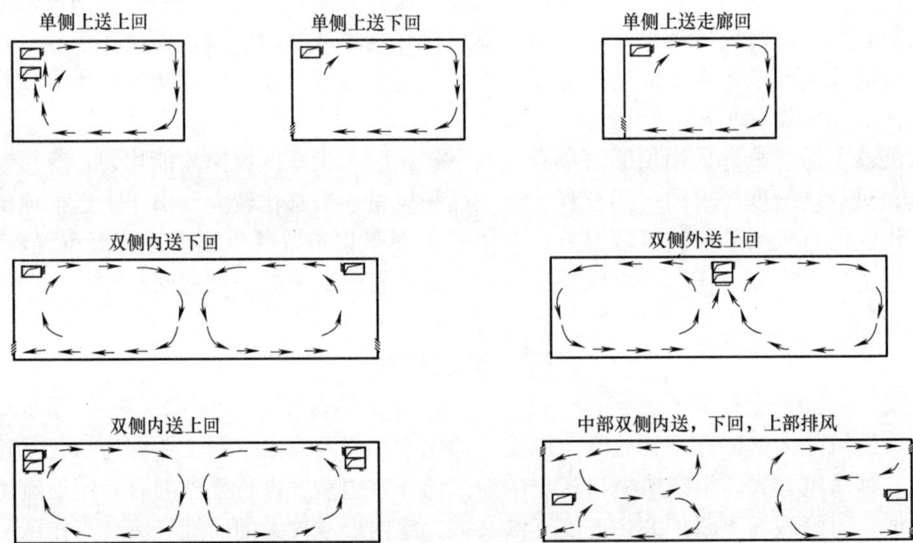

图 5-3-1　侧送几种送风方式

二、侧送方式设计要点

（一）设计气流流型

侧送方式的气流流型宜设计为贴附射流，在整个房间内形成较大的回旋气流，这就要求射流有足够射程，避免射流中途进入工作区，整个工作区为回流。侧送贴附射流流型如图 5-3-2 所示。

贴附射流设计，应使射流有足够射程，在进入工作区前其风速和温度可充分衰减，使工作区达到较均匀的温度和速度，减小区域温差。因此，在空调房间中，通常设计这种流型。

贴附射流的贴附长度主要取决于阿基米德数 Ar：

$$Ar=\frac{gd_s\Delta t_s}{v_s^2 T_n} \tag{5-3-1}$$

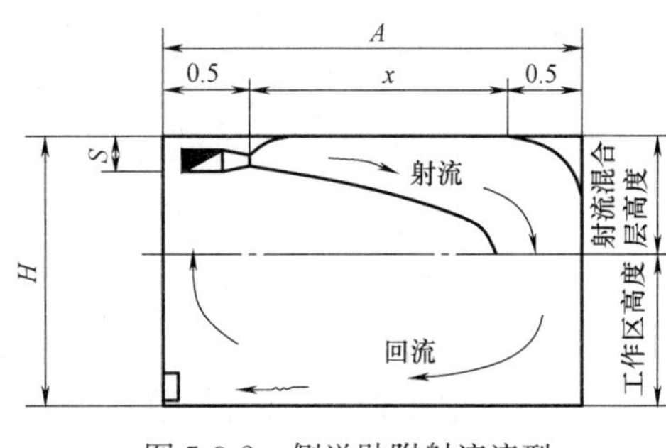

图 5-3-2 侧送贴附射流流型

式中 Δt_s——送风温差（℃）；

d_s——送风口当量直径（m）；

g——重力加速度，$g=9.81$（m/s^2）；

v_s——送风速度（m/s）；

T_n——工作区绝对温度（K），$T_n=273.15+t_n$；

t_n——工作区平均温度（℃）。

侧送风口与顶棚距离越近，且又以 15°～20°的仰角送风时，则可加强贴附，并增加射程。

因此，为了使射流在整个射程中能贴附于顶棚，就需控制阿基米德数小于一定数值，一般当 $Ar\leqslant 0.0097$ 时，就能贴附于顶棚，阿基米德数与贴附长度的关系见表 5-3-1，设计时需选取适宜的 Δt_S、v_s、d_s 等，使 x/d_s 数小于表 5-3-1 中 22 以下即可。

相对射程 x/d_s 和阿基米德数 Ar 关系 **表 5-3-1**

$Ar(\times 10^{-3})$	0.2	1.0	2.0	3.0	4.0	5.0	6.0	7.0	8.0	9.0	10.0	11.0	12.0	13.0	15.0
x/d_s	80	50	40	35	32	30	28	26	25	23	22	21	20	19	15

（二）射流的温差衰减计算

设计侧送方式除了设计气流流型外，还要进行射流温差衰减的计算，要使射流进入工作区时，其轴心与室内温度之差 Δt_x 小于要求的室温允许波动范围。

射流温差的衰减与送风口紊流系数 a，射流自由度 $\sqrt{F}/d_s$ 等因素有关。对于室温允许波动范围大于或等于±1℃的空调房间，可忽略上述影响，查表 5-3-2。对于室温允许波动范围小于±1℃的空调房间，则必须考虑上述因素，其轴心温差衰减查图 5-3-3。

表 5-3-2 和图 5-3-3 符号说明如下：

Δt_x 为射流进入工作区前轴心与室内温度之差（℃）；

$\sqrt{F}/d_s$ 为射流自由度，其中 F 为每个送风口所管辖的房间横截面面积（m^2）；

x/d_s 为相对射程；

a 为送风口紊流系数。

非等温受限射流轴心温度衰减 **表 5-3-2**

x/d_s	5	10	15	20	25	30	35	40	45
$\Delta t_x/\Delta t_s$	0.35	0.24	0.175	0.14	0.125	0.10	0.075	0.05	0.02

1. 设计计算时，射流轴心与室温之差 Δt_x 的取值范围

当生产工艺对区域温差有要求时，房间温度允许波动范围（即空调精度）$\Delta t_J\leqslant 0.5$℃，取 Δt_x 为（0.4～0.5）Δt_J；当 $\Delta t_J>0.5$℃时，取 Δt_x 为（0.5～0.9）Δt_J。

当生产工艺对区域温差无要求时，取 Δt_x 等于 Δt_J。

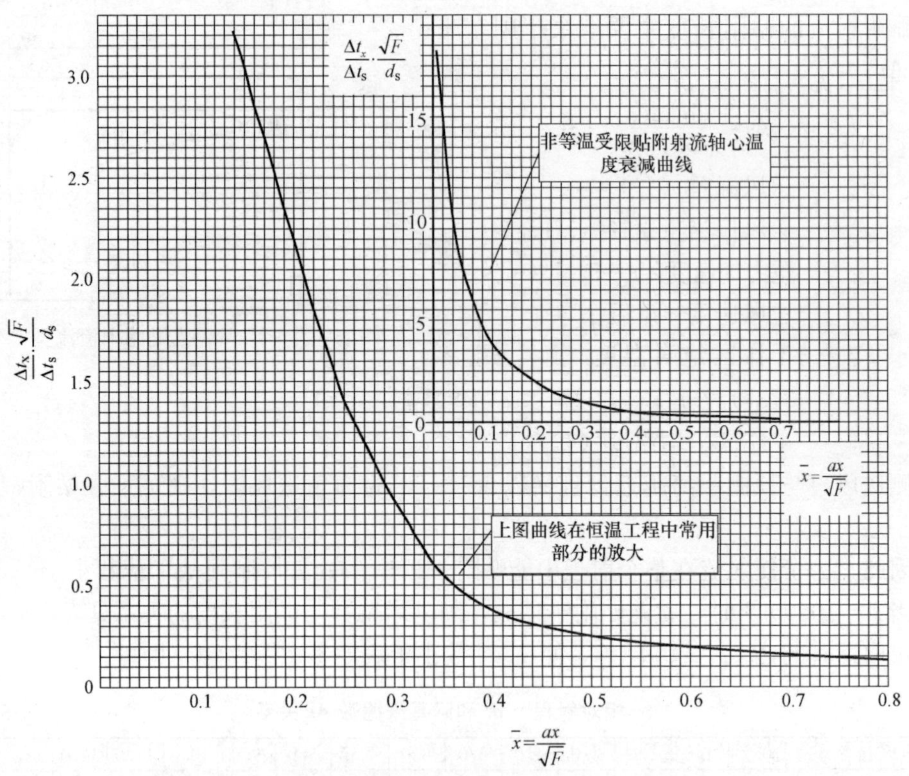

图 5-3-3　非等温受限射流轴心温差衰减曲线

2. 根据已知室内余热量 Q、总送风量 L_S、房间尺寸长（A）×宽(B)×高(H)、射程 x、送风口紊流系数 a 等项，计算满足射流温差要求的送风口尺寸 d_s、个数 n、送风速度 v_s 等。按公式（5-3-1）算出 Ar 数，查表 5-3-1 校核贴附长度，以满足射程的要求。计算方法如下：

（1）送风速度 v_s 的确定：如果 v_s 取较大值，对射流温度衰减有利，但会造成回流平均风速即要求的工作区风速 v_h 太大。根据实验得出下列关系式：

$$v_h=\frac{0.69v_s}{\sqrt{F}/d_s}\qquad(\mathrm{m/s})\tag{5-3-2}$$

为防止送风口产生噪声，建议送风速度 v_s 取 2～5m/s，当 v_h＝0.25m/s 时，其允许送风速度见表 5-3-3。

最大允许送风速度　　**表 5-3-3**

射流自由度$\sqrt{F}d_s$	5	6	7	8	9	10	11	12	13	15	20	25	30
最大允许送风速度(m/s)	1.81	2.17	2.54	2.88	3.26	3.62	4.0	4.35	4.71	5.4	7.2	9.8	10.8
建议采用(m/s)v_s	2.0				3.5				5.0				

（2）确定送风口个数 n：

$$\because\frac{ax}{\sqrt{F}/d_s}=\bar{x}\quad,\sqrt{F}=\sqrt{\frac{B}{n}H}=\frac{ax}{\bar{x}}$$

$$\therefore n=\frac{BH}{\left(\frac{ax}{\bar{x}}\right)^2}\ (\text{个}) \tag{5-3-3}$$

公式中 $\bar{x}$ 由图 5-3-3 查得。

（3）确定送风口直径 d_s

根据送风口个数，总送风量 L_s，建议的送风速度 v_s，可计算送风口面积 f_s，根据 f_s 确定送风口直径 d_s。

$$f_s=\frac{L_s}{3600\times 0.95v_s\times n}\quad (\text{m}^2) \tag{5-3-4}$$

$$d_s=1.128\sqrt{f_s}\qquad (\text{m}^2) \tag{5-3-5}$$

式中 L_s——总送风量（m^3/h）

0.95——送风口有效断面系数。一般送风口为 0.95，也可根据实际情况计算确定。

（4）自由度 $\sqrt{F}/d_s$ 的确定

$$\because \sqrt{F}=\sqrt{\frac{BH}{n}}\qquad Q=\frac{\pi}{4}d_s{}^2v_sn\rho c\Delta t_s$$

当 $\rho=1.2\text{kg/m}^3$，$c=1.01\text{kJ/kg}\cdot℃$，

$$d_s=1.025\sqrt{\frac{Q}{\Delta t_s\cdot v_s\cdot n}}$$

$$\therefore \frac{\sqrt{F}}{d_s}=0.976\sqrt{\frac{BH\Delta t_sv_s}{Q}} \tag{5-3-6}$$

（5）空调房间高度的校核计算

为使侧送射流不直接进入工作区，需要一定的射流混合高度，因此空调房间最小高度（见图 5-3-2）。

$$H=h+S+0.07x+0.3\quad (\text{m}) \tag{5-3-7}$$

式中 h——工艺要求的工作区高度（m）；

S——送风口下缘到顶棚的距离（m）；

0.3——安全系数。

（三）对侧送风口的要求

设计时，根据不同的室温允许波动范围的要求，选择不同结构的侧送风口，以满足现场运行调节的要求。几种侧送风口调节性能列于表 5-3-4。

对于室温允许波动范围有要求的空调，侧送风口应满足下列调节要求：

1. 各风口应能风量调节；
2. 射流轴线水平方向的调节，使送风口速度均匀，射流轴线不偏斜；
3. 竖向仰角的调节，一般以向上 10°～20°的仰角，加强贴附，增加射程；
4. 水平面扩散角的调节。

几种侧送风口调节性能　　表 5-3-4

序号	风口名称	简图	射流类别	调节性能	出口速度场	射流出口方向
1	风口侧壁孔口送风口	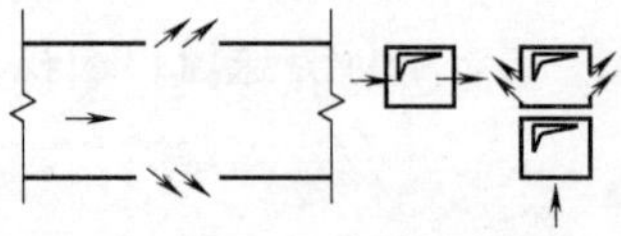	圆射流	1. 风量不能调节 2. 射流出口方向偏斜，不能调节 3. 水平、竖向角不能调节。设有向上倾斜挡板的孔口，可使冷射流上倾，贴附在顶棚下，射流温度衰减则好些	前后孔口送风速度不均匀，第一个孔口或前几个孔口还可能产生吸风现象	偏斜： 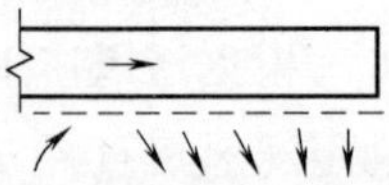 结果：区域温差较大
2	矩形送风口	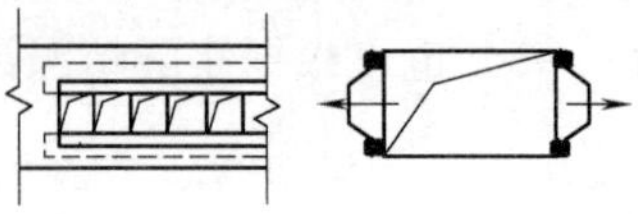	扁平射流	1. 风量调节均匀困难 2. 当局部热源布置不均匀时，难以分配风量 3. 竖向仰角不能调节 4. 水平扩散角不能调节	1. 用于等截面送风管时，孔口送风速度不均匀 2. 用于均匀风管时，送风速度可均匀	偏斜： 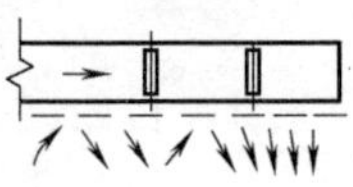
3	带调节板活动百叶送风口	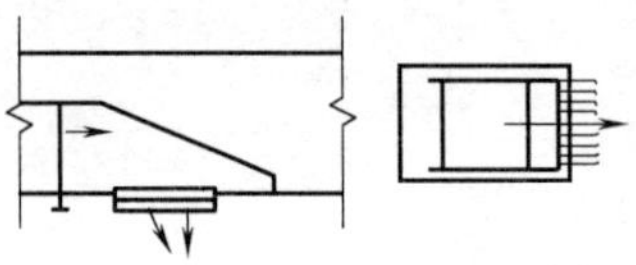	圆射流	1. 风量可适当调匀 2. 根据冷热不均匀程度适当分配风量 3. 竖向仰角可调 4. 出口扩散角不能调	基本均匀	有偏斜现象但比矩形好
4	双层、三层百叶风口	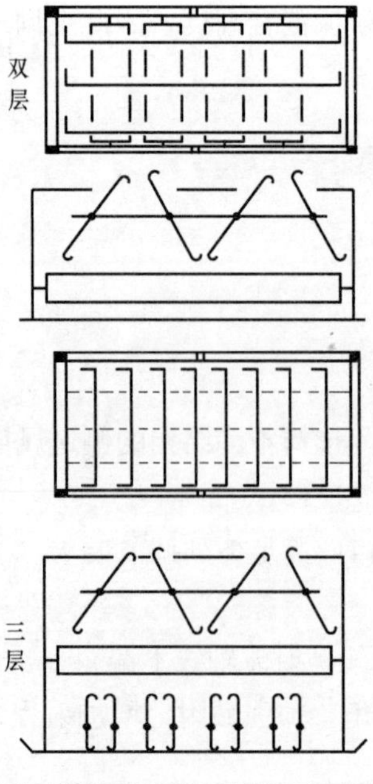 双层 三层	圆射流	1. 各风口的风量，可基本调匀，或可根据热源不均匀程度进行风量分配 2. 三层百叶风口可将水平面出口速度场适当调匀 3. 三层百叶风口可基本将射流出口方向调垂直，不倾斜 4. 可调节竖向仰角 5. 可略调水平扩散角	调整后，比较均匀，三层百叶风口可调得更均匀些，各风口的风量也易分配均匀	三层百叶风口调整后，将射流基本与孔口垂直

三、侧送气流组织设计方法

(一) 室温允许波动范围$\geqslant\pm1$℃的侧送方式设计

1. 计算步骤

(1) 选取送风温差 Δt_s 一般可选取 6℃～10℃。根据已知室内冷负荷，确定总送风量 L_s；

(2) 根据要求的室温允许波动范围查表 5-3-2，求出 x/d_s；

(3) 选取送风速度 v_s，计算每个送风口的送风量 l_s，除高大房间外，一般 v_s 取 2～5m/s；

(4) 根据总送风量 L_s 和每个送风口送风量 l_s，计算送风口个数 n；

(5) 贴附长度校核计算。按公式 (5-3-1) 计算阿基米德数 Ar，查表 5-3-1 求得射程 x，使其大于或等于要求的贴附长度，如果不符合，则重新假设 Δt_s、v_s 进行计算，直至满足要求为止；

(6) 用公式 (5-3-6) 校核房间高度。

2. 风口选择

表 5-3-4 列出几种常用的侧送风口结构形式，供设计时参考。侧送风口型式较多，可参照生产企业样本和《采暖通风国家标准图集》选用。

【例 5-3-1】 已知房间尺寸 $A=6$m，$B=16$m，$H=6$m，单位面积冷负荷 $q_0=0.07\text{kW/m}^2$，室温要求 20℃±1℃（对区域温差无要求）

【解】

[1] 选取送风温差 $\Delta t_s=6$℃，确定总送风量 L_s

$$L_s=\frac{3600Q}{1.2\times1.01\Delta t_s}=\frac{3600\times6\times16\times0.07}{1.2\times1.01\times6}=3327\text{m}^3/\text{h}$$

[2] 根据 $\Delta t_x=1$℃，

$\dfrac{\Delta t_x}{\Delta t_s}=\dfrac{1}{6}=0.167$，查表 5-3-2 得$\dfrac{x}{d_s}=17$

[3] 取 $v_s=2.5$m/s，计算每个送风口送风量 l_s

$$d_s=\frac{x}{17}=\frac{5}{17}=0.29\text{m}$$

$f_s=\dfrac{\pi}{4}d_s^2=0.066\text{m}^2$　选取送风口尺寸为 200×330mm

$$l_s=3600\times0.95f_sv_s=3600\times0.95\times0.066\times2.5=564\text{m}^3/\text{h}$$

[4] 计算送风口个数 n

$n=\dfrac{L_s}{l_s}=\dfrac{3327}{564}=5.9$ 个　取 6 个

实际 $v_s=\dfrac{3327}{3600\times0.95\times0.066\times6}=2.45$m/s

[5] 校核贴附长度

用公式 (5-3-1) 计算阿基米德数 Ar

$$Ar=\frac{g\Delta t_s d_s}{v_s T_n}=\frac{9.81\times 6\times 0.29}{2.45^2\times 293}=0.009706$$

查表 5-3-1 得 $\frac{x}{d_s}=22.5$ $x=22.5\times 0.29=6.5\text{m}$

要求贴附长度 5m，满足要求。

[6] 用公式（5-3-6）校核房间高度 H

$$\begin{aligned}H&=h+s+0.07x+0.3\\&=2+0.3+0.07\times 5+0.3\\&=2.95\text{m}\end{aligned}$$

现房高为 6m，满足要求。

(二) 室温允许波动范围<±1℃的侧送方式设计

由于室温允许波动范围有一定的要求，宜根据设计要点进行。为了满足现场运行调节的要求，一般采用可调三层矩形百叶送风口。

1. 设计步骤

(1) 选取送温差 Δt_s，一般可按表 5-1-1 选取。根据已知室内冷负荷 Q，计算总送风量 L_s 及换气次数 N；

(2) 确定送风速度 v_s 和自由度 $\sqrt{F}/d_s$。先假设 v_s，用公式（5-3-5）算出 $\sqrt{F}/d_s$，查表 5-3-4 得 v_s，如果与假设 v_s 不一致，重新假设 v_s，直至两者相接近为止；

(3) 按公式（5-3-3）计算送风口个数 n；

式中 $\bar{x}$ 由图 5-3-3 查得

(4) 用公式（5-3-4）和公式（5-3-5）求得送风口面积 f_s 和直径 d_s，确定送风口尺寸；

(5) 贴附长度（射程）校核计算。用公式（5-3-1）算出 Ar 数，查表 5-3-1 得 x/d_s，求出贴附长度 x，如果 x 大于要求的数值（房间长度减去 1m），则满足要求；如果不符合，则重新选取 v_s 和 Δt_s，重新计算，直至满足贴附长度的要求为止；

(6) 用公式（5-3-7）校核房间高度。

【例 5-3-2】 已知房间尺寸 $A=6\text{m}$，$B=3.6\text{m}$，$H=3.2\text{m}$，室内余热量 0.5kW，室温要求 20℃±0.2℃。

【解】

[1] 选取 Δt_s 值，按要求室温允许波动范围±0.2℃，查表 5-1-1，取 $\Delta t_s=3$℃

$$L_s=\frac{3600Q}{1.2\times 1.01\Delta t_s}=\frac{3600\times 0.5}{1.2\times 1.01\times 3}=495\text{m}^3/\text{h}$$

$$N=\frac{495}{6\times 3.6\times 3.2}=7.2\text{ 次/h}$$

[2] 假设 $v_s=5\text{m/s}$，用式（5-3-6）计算 $\sqrt{F}/d_s$

$$\frac{\sqrt{F}}{d_s}=0.976\sqrt{\frac{BH\Delta t_s v_s}{Q}}=0.976\sqrt{\frac{3.6\times 3.2\times 3\times 5}{0.5}}=18.14$$

查表 5-3-4 $v_s=5\text{m/s}$ 和假设一致。

[3] 按公式（5-3-3）计算送风口个数 n

$$\frac{\Delta t_x}{\Delta t_s} \cdot \frac{\sqrt{F}}{d_s} = \frac{0.1}{3} \times 18.14 = 0.605$$

查图 5-3-3 得 $\bar{x}=0.35$，选 $a=0.14$

$$n = \frac{BH}{\left(\frac{ax}{\bar{x}}\right)^2} = \frac{3.2 \times 3.6}{\left(\frac{0.14 \times 5}{0.35}\right)^2} = 2.88 \text{ 个，取 3 个}$$

［4］按公式（5-3-4）和（5-3-5）计算 f_s 和 d_s

$$f_s = \frac{L_s}{3600 \times 0.95 \times v_s n} = \frac{495}{3600 \times 0.95 \times 5 \times 3} = 0.00965\text{m}^2$$

选取风口尺寸 160×60mm（$f_s=0.0096\text{m}^2$）

$$d_s = 1.128\sqrt{f_s} = 1.128\sqrt{0.0096} = 0.1105\text{m}$$

［5］贴附长度校核计算

$$Ar = \frac{g\Delta t_s d_s}{v_s^2 T_n} = \frac{9.81 \times 3 \times 0.1105}{5^2 \times 293} = 0.0004439$$

查表 5-3-1 得 $x/d_s=65$ $x=65\times0.1105=7.18\text{m}$

要求贴附长度 6－1＝5m 满足要求。

［6］用公式（5-3-7）校核房间高度 H

$h=2\text{m}$，$s=0.4\text{m}$，$x=6-1=5\text{m}$

$$H = h + s + 0.07x + 0.3 = 2 + 0.4 + 0.07 \times 5 + 0.3 = 3.05\text{m}$$

现房间高度 3.2m，满足要求。

2. 送风口布置

一般情况下，送风口布置在房间短边可增加射程，对温度衰减有利，所需送风口个数也较少，但回流流程加大，对有严格要求的区域温差不利。当送风口布置在房间长边时，对区域温差有利，但由于射程较短，要满足温度衰减，送风口个数将大大增加。因此，应从工艺设备布置、局部热源和工艺要求综合考虑，使送风口尽量布置在房间较窄一边。如果房间长度很长，可以采用双侧内送或布置在房间长边。

此外，在送风射流前方不得有阻挡物，如果顶棚有梁，尽量使送风口与梁平行布置。

第四节　孔板送风

在室温允许波动范围较小的空调房间中通常采用孔板送风方式。这种送风方式的特点是在房间高度为 3～5m，而换气次数较大的情况下，亦能保证工作区具有均匀而较小的气流速度。如果气流组织无特殊要求，还可以与加热、冷却、消声、照明以及建筑处理结合进行设置。

一、孔板送风分类与气流流型

孔板送风可分为全面孔板和局部孔板送风，其流型为单向流和不稳定流。

（一）全面孔板送风

在顶棚上均匀的全面布置孔板称为全面孔板送风。其流型见图 5-4-1。

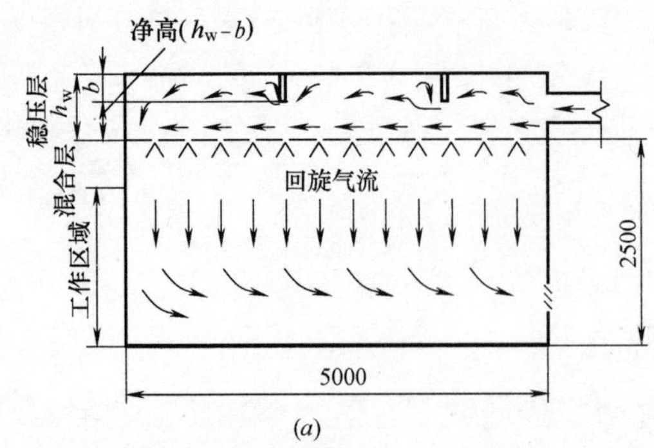

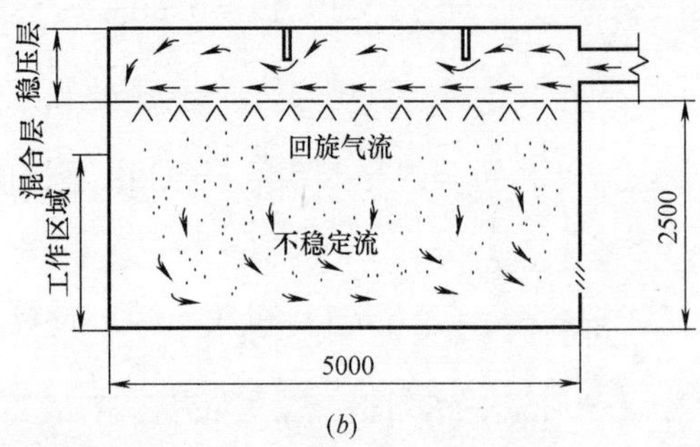

图 5-4-1　全面孔板流型

(a) 单向流；(b) 不稳定流

全面孔板送风时，如果孔眼送风速度 v_s 在 3m/s 以上，送冷风的送风温差 $\Delta t_s \geqslant 3$℃，单位送风量超过 $60m^3/(m^2 \cdot h)$，并且是均匀送风下回风时，一般会在孔板下方形成下送单向流见图 5-4-1 (a)。适用于高洁净度房间。

当孔眼送风速度 v_s 和送风温差较小（送热风或冷风）时，孔板下方形成不稳定流见图 5-4-1 (b)。不稳定流的区域温差很小，适用于室温允许波动范围较严格和气流速度要求较小的空调房间。这时，孔眼形状对气流影响不大，因此也可采用局部孔板送风。

（二）局部孔板送风

顶棚上有一块或多块有孔眼的或条缝状的送风孔板，送出气流流型见图 5-4-2 (a)，工作区一般为不稳定流，局部孔板下送风气流分区见图 5-4-2 (b)。

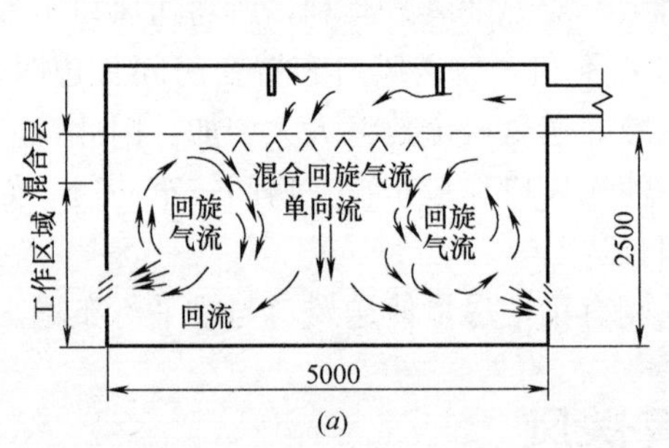

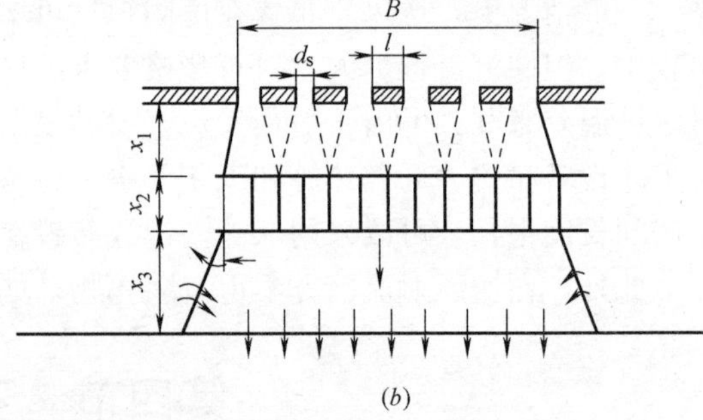

图 5-4-2　局部孔板送风

(a) 局部孔板流型；(b) 局部孔板下送风气流分区

图 5-4-2 注：

x_1：一次射流区（称为核心区），$x_1=8d_s$；x_2：过渡区，$x_2=25\sim100d_s$；

x_3：二次射流区，此区气流充分混合，速度急剧衰减至此区结束时，气流速度相当于室内工作区断面气流平均风速。

二、孔板送风设计计算

（一）选择气流流型

根据工艺的要求进行选择，对于有高洁净度要求的房间可采用全面孔板单向流，对有室温允许波动范围要求的空调房间，可根据需要选择全面孔板不稳定流和局部孔板的方式。

当室内局部地区有热源或孔板上各孔眼速度不均匀时，均会使室内气流产生局部回旋流。因此，设计时应采取措施，选择合宜送风速度使送风均匀，特别要注意稳压层的设计，以避免产生回旋流。

（二）选择孔眼送风速度

孔眼送风速度 v_s 对均匀送风有显著影响。当送风速度较大时，稳压层中静压变化对送风气流方向影响也小。同时送热风时 v_s 大，容易送到工作区。但送风速度大于7～8m/s，孔口处会产生噪声，因此，一般采用2～5m/s。送热风时选择较大值，加大送风量，减小送风温差以避免气流受到热浮力而上升，形成分层现象。

（三）选择送风温差计算风量

孔板送风由于射流扩散得好，轴心温度与速度迅速衰减，见表5-4-1。

孔板下送孔口中心无因次速度和温度衰减　　表5-4-1

x/d_s	5	10	15	20	25	30	35	40	50	60	70～120
v_x/v_s	0.5	0.25	0.15	0.13	0.10	0.08	0.06	0.05	0.04	0.03	0.02
$\Delta t_x/\Delta t_s$	0.7	0.5	0.35	0.25	0.18	0.14	0.10	0.07	0.05	0.05	0.05

在没有局部热源的情况下，区域温差也不大，因此，一般空调房间采用孔板送风时，可以结合室内相对湿度要求，采用6℃～10℃送风温差计算送风量。室温允许波动范围较小的房间，Δt_s 采用2℃～6℃，确定 Δt_s 后，可进行风量计算。

（四）确定孔眼直径 d_s 和中心距 l

孔板孔眼面积 A_0 用下式计算

$$A_0=\frac{L}{3600v_s\times\alpha} \tag{5-4-1}$$

孔板孔眼面积与孔板面积之比 C_m 是确定孔板特性尺寸的主要因素。

$$C_m=\frac{A_0}{A}=\frac{\pi d_s{}^2}{4l^2}=\frac{L_s}{3600v_s\alpha} \tag{5-4-2}$$

$$C_m=0.785\left(\frac{d_s}{l}\right)^2 \tag{5-4-3}$$

式中　A_0——孔板开孔的净面积，即孔眼面积（m^2）；

A——孔板面积（m^2），对于全面孔板则等于顶棚面积；

对于局部孔板则对于有孔眼部分的孔板面积；

α——流量系数，一般为0.74～0.82，可取0.8；

L_s——按孔板顶棚面积计算的单位面积风量［$m^3/(m^2\cdot h)$］；

l——孔与孔之间的中心距（m）；

$$l=47.5\sqrt{\frac{v_s}{L_s}}=0.886\frac{d_s}{\sqrt{C_m}} \tag{5-4-4}$$

d_s——孔板孔眼直径（m）。

当 C_m 和 d_s 确定后，孔的中心距 l 可由图5-4-3查得。

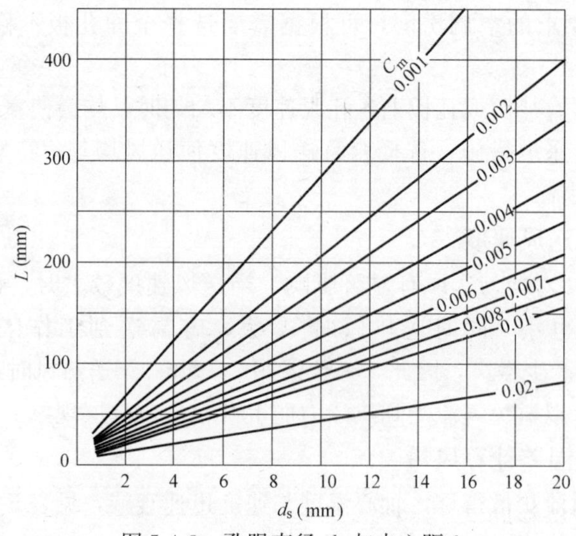

图 5-4-3　孔眼直径 d_s 与中心距 l

（五）计算孔眼数 N 和孔眼排列布置

$$N=\frac{A\times C_m}{\frac{\pi}{4}\times d_s^{2}}\text{（个）} \tag{5-4-5}$$

其中，$A=Nl^2$ 则 $N=\dfrac{A}{l^2}$ (5-4-6)

孔板的孔眼可根据已确定的孔板面积 A，孔眼数 N 和孔中心距进行排列布置。

$$N=n_s n_B \tag{5-4-7}$$

$$n_s=\frac{s}{l};\ n_B=\frac{B}{l}\text{（个）} \tag{5-4-8}$$

式中　n_s——孔板长度方向孔眼数（个）；

n_B——孔板宽度方向孔眼数（个）；

S——孔板长度，对于全面孔板等于房间或顶棚长度（m）；

B——孔板宽度，对于全面孔板等于房间或顶棚宽度（m）。

对于局部孔板的排列，可将总孔数 N 分成若干块孔板，根据需要布置成带形、梅花形或棋盘形（见图 5-4-4）。对于每块孔板的孔眼的排列也可有两种，见图 5-4-5。

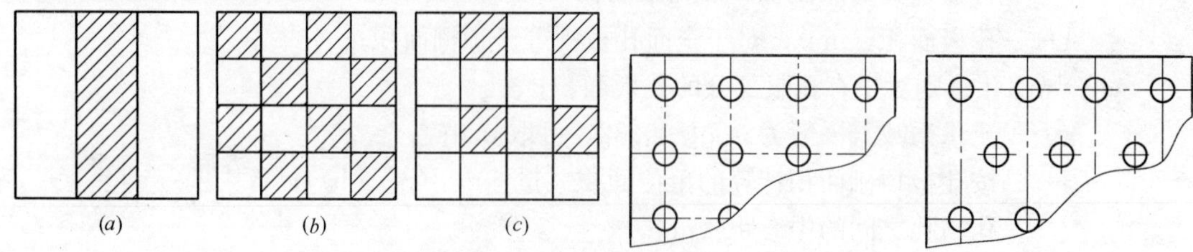

图 5-4-4　孔板布置

（a）带形；（b）梅花形；（c）棋盘形

图 5-4-5　孔眼排列

（六）计算工作区气流速度 v_c

局部孔板送风气流分布如图 5-4-6 所示。根据孔板送风处和距风口距离 x 处（工作区域内）的动量守恒，推导出工作区气流最大速度 v_c 的计算公式如下：

$$\frac{v_c}{v_s}=\frac{\sqrt{\alpha C_m}}{K_1\left[1+\sqrt{\pi}(\tan\theta)\frac{x}{\sqrt{A}}\right]} \tag{5-4-9}$$

式中　K_1——距风口 x 处的气流平均速度 v_x 和最大速度 v_c 之比

$$K_1=\frac{v_x}{v_c}\text{，}K_1\leqslant 1$$

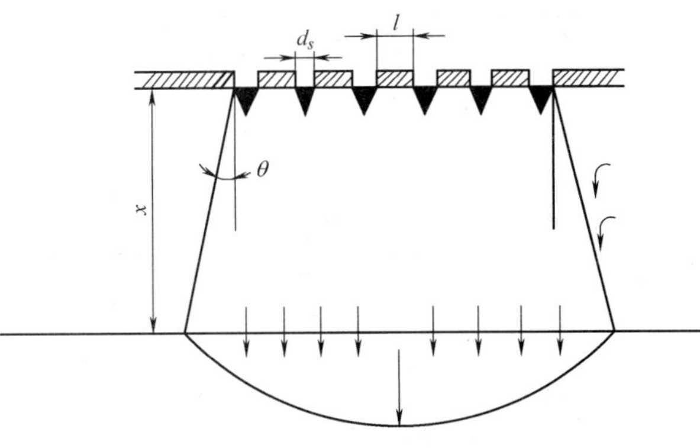

图 5-4-6　孔板送风速度分布

θ——孔板的扩张角，与射流扩散角相同，一般为 10°～13°左右。

实际计算时，局部孔板可采用图 5-4-7 进行计算。图中 $t/d_s\leqslant 1$ 为薄孔板，$t/d_s>1$ 为厚孔板，t 为孔板的厚度。

若计算所得 v_c 大于工作区要求的气流速度，需要重新选定送风速度进行计算，直至满足要求为止。

若设计为全面孔板时，当 $\theta=0$，$x\geqslant 100d_s$ 时，孔板下送气流已很均匀，则 $v_c\approx v_x$，此时用表 5-4-1 查出 v_x/v_s 值，求出 v_x。

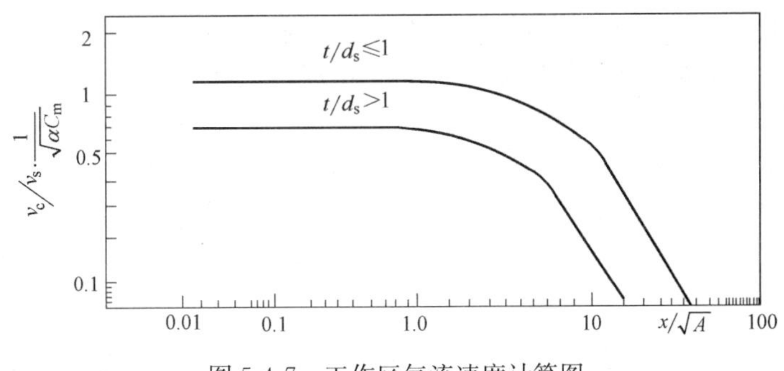

图 5-4-7　工作区气流速度计算图

（七）校核工作区区域温度

计算出 x/d_s 值，查表 5-4-1 得 $\Delta t_x/\Delta t_s$ 值，根据已知送风温差 Δt_s 计算得轴心温差 Δt_x，Δt_x 小于或等于所要求的区域温差，则满足要求。Δt_x 为室内温度与距风口 x 处的轴心温度之差。

（八）孔板稳压层设计

在实际工程中，孔板常用铝板。也有用五合板、硬纤维板和石膏板等，但在相对湿度大于 60%的场合，不应采用，长期使用会受潮而变形。

为了能使孔板均匀下送风，设计稳压层应解决下列问题：

1. 稳压层管道布置。当房间面积不大时，稳压层内不设管道。对区域温差要求高的大面积空调房间，稳压层内气流流程又较长时，稳压层内应设管道，管道在稳压层内可全区送，也可分区送，一般气流从管道内向顶上部送出再压下。

2. 稳压层高度 h，如果孔板很薄 $t/d_s\approx 0.1\sim 0.5$，除端部外，送出气流会斜着离开顶

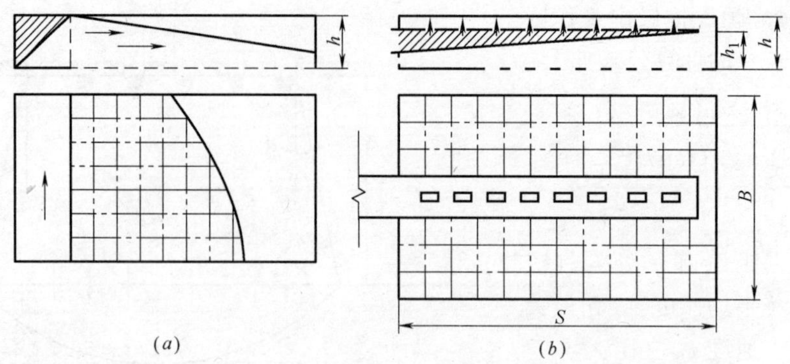

图 5-4-8 稳压层管道布置

(a) 不设管道；(b) 设分布管道

部，因此，要求 t/d_s 尽可能大。若 t/d_s 达不到要求，可以降低稳压层中水平速度 v_z，满足对气流的要求，即：

$$\frac{v_z}{v_s}\leqslant 0.25 \tag{5-4-10}$$

稳压层高度用下式计算

$$h=\frac{0.0011L_sS}{v_s}\quad(\text{m}) \tag{5-4-11}$$

式中 h——稳压层高度（m），当有梁时，应减去梁高；

L_s——按空调房间面积计算的单位风量 [$m^3/(m^2\cdot h)$]；

S——稳压层中有孔板部分的最大流程（m）。

为了安装和使用，稳压层净高不应低于 0.2m。图 5-4-8（b）中 h_1 也不应低于 0.2。图中相对尺寸要求 $h_1/h\geqslant 0.3$；$S/B\leqslant 5$。如果稳压层内不能满足 $v_z/v_s\leqslant 0.25$ 的要求，而稳压层高度又不能给增加，此时，可增加水平气流阻力，如在顶棚内加隔板等方法减小气流水平流速。

3. 当送冷热风时，需在稳压层侧面及顶部加保温措施，并有良好的气密性。

孔板送风方式的回风口一般均设置在房间下部，尤其是孔板下送单向流时，一定将回风口设在房间下部。

有关资料推荐，除要求工作区全部为单向流的洁净房间外，一般宜采用局部孔板送风方式，并可与照明，排风相结合布置。

【例 5-4-1】 一个 3.6×6×4m 的计量室，要求室内温度及允许波动范围为 20℃±0.2℃，工作区气流速度要求不超过 0.2m/s。夏季最大冷负荷为 0.035kW/m² 冬季不送热风。试确定采用孔板下送风时各有关参数。

【解】 设计时具体步骤如下：

方案一 全面孔板

[1] 选择全面孔板下送不稳定流型；

[2] 选择送风速度 $v_s=4\text{m/s}$，并选择孔板孔眼直径 $d_s=5\text{mm}$；

[3] 选取送风温差 $\Delta t=4$℃，计算单位面积送风量 L_s；

$$L_s=\frac{3600\times0.035}{4\times1.2\times1.01}=25.99\approx26\text{m}^3/(\text{m}^2\cdot\text{h})$$

[4] 用式（5-4-1）计算开孔面积 A_0；

$$A_0=\frac{L}{3600v_s\alpha}=\frac{26\times3.6\times6}{3600\times4\times0.75}=0.052\text{m}^2$$

式中 $\alpha=0.75$

$$C_m=\frac{A_0}{A}=\frac{0.052}{3.6\times6}=0.0024$$

[5] 用式（5-4-4）计算孔眼中心距 l

$$l=0.886\frac{d_s}{\sqrt{C_m}}=0.886\frac{5}{\sqrt{0.0024}}=90.42\text{mm}$$

查图 5-4-3，当 $C_m=0.0024$、$d_s=5$mm 时，$l=90$mm

[6] 用式（5-4-6）计算孔板孔眼数 N

$$N=\frac{A}{l^2}=\frac{3.6\times6}{0.09^2}=2666\text{（个）}$$

孔眼排列 $N=n_s\times n_B=40\times66$ （个）

[7] 计算工作区平均速度 v_x

工作区高度为 1.8m，$x=4-1.8=2.2$m

$$\frac{x}{d_s}=\frac{2.2}{0.005}=440$$

查表 5-4-1 得 $\frac{v_x}{v_s}=0.02$ $v_x=0.02\times4=0.08$m/s

满足工作区风速要求

[8] 校核工作区域温差 Δt_x

查表 5-4-1$\Delta t_x/\Delta t_s=0.05$，$\Delta t_x=0.05\times4=0.2$℃

[9] 设计稳压层高度 h

用式（5-4-11）计算 $h=\frac{0.0011\times26\times6}{4}=0.043$m

为安装和气流扩散要求，稳压层高度不小于 0.2m，取 $h=0.2$m。

方案二 采用 2×6m 带状形局部孔板布置，要满足工作区±0.2℃的要求。

[1] 孔板面板 $A=2\times6=12\text{m}^2$

[2] 同方案一，选取 $\Delta t_s=4$℃

$$L_s=\frac{3600\times0.035}{1.01\times1.2\times4}=26\text{m}^3/(\text{m}^2\cdot\text{h})$$

[3] 同方案一，$v_s=4$m/s，$d_s=5$mm

$A_0=0.052\text{m}^2$；$x=4-1.8=2.2$m

[4] $C_m=\frac{0.052}{12}=0.00433$

[5] $l=0.886\frac{d_s}{\sqrt{C_m}}=\frac{0.886\times5}{\sqrt{0.00433}}=67.3$mm 取 $l=70$mm

[6] $N=\frac{A}{l^2}=\frac{12}{0.07^2}=2449$（个）

$$n_s=\frac{6}{0.07}=86\text{（个）},\ n_b=\frac{2}{0.07}=29\text{（个）}$$

[7] 计算局部孔板工作区最大速度 v_c

$$\frac{x}{\sqrt{A}}=\frac{2.2}{\sqrt{12}}=0.635$$

查图 5-4-7 得：$\frac{v_c}{v_s}\times\frac{1}{\sqrt{\alpha C_m}}=1.1$

$$v_c=1.1\times4\times\frac{1}{\sqrt{0.75\times0.00433}}=1.1\times4\times0.057=0.25\text{m/s}$$

[8] 区域温差 Δt_x

查表 5-4-1 的 $\Delta t_x/\Delta t_s=0.05$，$\Delta t_x=0.05\times4=0.2$℃

[9] 稳压层高度 h

采用稳压层内不设管道，按式（5-4-11）计算 $h<0.2$m，因此取 $h=0.2$m。

第五节　散流器送风

散流器送风方式有平送和下送两种。散流器平送一般为贴附射流，送风射流沿着顶棚径向流动形成贴附射流，以保证工作区稳定而均匀的温度和风速，因此，一般用于层高较低且有技术夹层的空调房间。散流器下送一般为单向流。采用顶棚密集布置散流器方式，送出射流扩散角为 20°～30°，才能保证形成向下的单向流，一般用于有洁净度要求的空调房间。

一、散流器平送

（一）散流器平送型式与选择

散流器平送有盘式散流器，圆形和方形直片式散流器、方形直片送、吸式散流器。在工程中应按具体要求和产品样本进行选择。一般应采用结构简单、投资省的散流器，如方形片式散流器和盘式散流器。

（二）散流器平送的计算

采用散流器平送的空调房间，根据室内所需温、湿度，按表 5-1-1 选取送风温差来计算送风量。为保证贴附射流有足够射程，并不产生噪声，建议散流器喉部风速 $v_s=2\sim5$m/s，最大风速不得超过 6m/s，送热风时可取较大值。

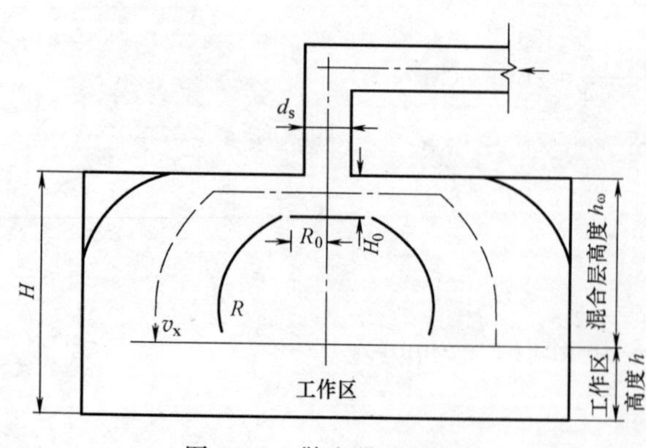

图 5-5-1　散流器平送流型

散流器平送流型如图 5-5-1 所示

散流器平送射流速度衰减即无因次轴心速度可按下式计算：

$$\frac{v_x}{v_s}=\frac{\sqrt{K\frac{H_0}{R_0}\left(K\frac{H_0}{R_0}+1\right)}}{\frac{\sqrt{R(R-R_0)}}{R_0}} \tag{5-5-1}$$

令 $C=\sqrt{K\frac{H_0}{R_0}\left(K\frac{H_0}{R_0}+1\right)}$

由于散流器平装在顶棚上，形成贴附射流，因此，仅在射流的一侧会产生诱导作用，则使式（5-5-1）算出的无因次轴心速度增大$\sqrt{2}$倍，则

$$\frac{\sqrt{2}v_x}{v_s}=\frac{C}{\frac{\sqrt{R(R-R_0)}}{R_0}} \tag{5-5-2}$$

对于某一给定的散流器，在距送风口$(R-R_0)$即接近R时，则式（5-5-1）可为：

$$\frac{v_x}{v_s}=\frac{C}{\sqrt{2}\frac{R}{R_0}} \tag{5-5-3}$$

令 $C_K=\frac{C}{\sqrt{2}}$

$$\frac{v_x}{v_s}=\frac{C_K R_0}{R} \tag{5-5-4}$$

式中 v_x——流程在R处的射流轴心速度（m/s）；

v_s——散流器喉部风速（m/s）；

d_s——散流器喉部直径（m）；

H_0——送风口和喉部的距离，一般 $H_0=\frac{d_s}{2}$（m）；

D_0——圆盘直径（m）；

R_0——圆盘半径（m）；

R——流程，沿射流轴心线由送风口到射流速度为 v_x 的距离（m）；

当房间高度 $H\leqslant 3$m 时，$R=0.5l$

当房间高度 $H>3$m 时，$R=0.5l+(H-3)$ (5-5-5)

l——散流器中心之间的距离（m），散流器距墙距离为 0.5l（m），若在两个方向距离不等时，应取平均数；

C、C_K——扩散系数，与散流器型式等因素有关，通常通过试验方法来确定。

根据实验，对于盘式散流器 $C_K=0.7$，对于圆形和方形直片式散流器 $C_K=0.5$ 左右。

对于散流器平送，其温差衰减近似地取$\frac{\Delta t_x}{\Delta t_s}\approx\frac{v_x}{v_s}$。

为便于计算，按下列条件制成计算表格表 5-5-1 和表 5-5-2。

1. 表 5-5-1 中 $R_0=d_s$，$H_0=\frac{1}{2}d_s$；

表 5-5-2 为圆形和方形直片式散流器性能。

2. 射流末端轴心速度为 0.2～0.4m/s；

盘式散流器性能 **表 5-5-1**

R流程 / 性能 / 喉部直径 d_S(mm)	1.5m(间距 3m)				2m(间距 4m)				2.5m(间距 5m)				3m(间距 6m)				4m(间距 8m)				5m(间距 10m)			
	v_x (m/s)	L_s (m^3/h)	l_s [m^3/(m^2·h)]	$\frac{v_x}{v_s}$ $\frac{\Delta t_x}{\Delta t_s}$	v_x (m/s)	L_s (m^3/h)	l_s [m^3/(m^2·h)]	$\frac{v_x}{v_s}$ $\frac{\Delta t_x}{\Delta t_s}$	v_x (m/s)	L_s (m^3/h)	l_s [m^3/(m^2·h)]	$\frac{v_x}{v_s}$ $\frac{\Delta t_x}{\Delta t_s}$	v_x (m/s)	L_s (m^3/h)	l_s [m^3/(m^2·h)]	$\frac{v_x}{v_s}$ $\frac{\Delta t_x}{\Delta t_s}$	v_x (m/s)	L_s (m^3/h)	l_s [m^3/(m^2·h)]	$\frac{v_x}{v_s}$ $\frac{\Delta t_x}{\Delta t_s}$	v_x (m/s)	L_s (m^3/h)	l_s [m^3/(m^2·h)]	$\frac{v_x}{v_s}$ $\frac{\Delta t_x}{\Delta t_s}$
150	5	318	35	0.07																				
	4	254	28	0.07																				
	3	191	21	0.07																				
200	4	452	50	0.10	5	565	35	0.07																
	3	339	38	0.10	4	452	28	0.07																
	2	226	25	0.10	3	339	21	0.07																
250					4	707	44	0.09	5	883	35	0.07												
					3	530	33	0.09	4	707	28	0.07												
					2.5	442	28	0.09	3	530	21	0.07												
300					3.5	890	56	0.11	4	1017	41	0.08	5	1272	35	0.07								
					3	763	48	0.11	3	763	31	0.08	4	1017	28	0.07								
					2.5	636	40	0.11	2.5	636	25	0.098	3	763	21	0.07								
350									4	1385	55	0.10	4	1385	38	0.08								
									3	1039	42	0.10	3	1039	29	0.08								
									2	692	28	0.10	2.5	865	24	0.08								
400													4	1809	50	0.09	5	2261	35	0.07				
													3	1356	38	0.09	4	1809	28	0.07				
													2	904	25	0.09	3	1356	21	0.07				
500																	4	2826	44	0.09	5	3533	35	0.07
																	3	2120	33	0.09	4	2826	28	0.07
																	2	1413	22	0.09	3	2120	21	0.07
600																	3.5	3560	56	0.11	4	4069	41	0.08
																	3	3052	48	0.11	3	3052	31	0.08
																	2	2034	32	0.11	2	2034	20	0.08
700																					4	5539	55	0.10
																					3	5154	42	0.10
																					2	2769	28	0.10

表 5-5-2

圆形直片式散流器性能

R流程 / 性能 / 喉部直径 d_S(mm)	1.25m(间距2.5m)				1.5m(间距3m)				1.75m(间距3.5m)				2m(间距4m)				2.5m(间距5m)				3m(间距6m)			
	v_x (m/s)	L_s (m^3/h)	l_s [m^3/(m^2·h)]	$\frac{v_x}{v_s}$ $\frac{\Delta t_x}{\Delta t_s}$	v_x (m/s)	L_s (m^3/h)	l_s [m^3/(m^2·h)]	$\frac{v_x}{v_s}$ $\frac{\Delta t_x}{\Delta t_s}$	v_x (m/s)	L_s (m^3/h)	l_s [m^3/(m^2·h)]	$\frac{v_x}{v_s}$ $\frac{\Delta t_x}{\Delta t_s}$	v_x (m/s)	L_s (m^3/h)	l_s [m^3/(m^2·h)]	$\frac{v_x}{v_s}$ $\frac{\Delta t_x}{\Delta t_s}$	v_x (m/s)	L_s (m^3/h)	l_s [m^3/(m^2·h)]	$\frac{v_x}{v_s}$ $\frac{\Delta t_x}{\Delta t_s}$	v_x (m/s)	L_s (m^3/h)	l_s [m^3/(m^2·h)]	$\frac{v_x}{v_s}$ $\frac{\Delta t_x}{\Delta t_s}$
110	5	171	27	0.05																				
	4	137	22	0.05																				
140	5	278	44	0.07																				
	4	222	36	0.07	5	278	31	0.05																
	3	166	27	0.07	4	222	25	0.05																
170	3	240	38	0.10	5	408	45	0.07																
	2.5	204	33	0.10	4	327	36	0.07	5	408	33	0.05												
	2	163	26	0.10	3	245	27	0.07	4	327	27	0.05												
200					3	339	38	0.10	5	565	46	0.07												
					2.5	283	31	0.10	4	452	37	0.07	5	565	35	0.05								
					2	226	25	0.10	3	339	28	0.07	4	452	28	0.05								
240									3	488	40	0.10	4.5	732	46	0.08								
									2.5	407	33	0.10	4	651	41	0.08								
									2	326	27	0.10	3	488	31	0.08								
260													3	573	36	0.10								
													2.5	478	30	0.10	5	955	38	0.05				
													2	382	24	0.10	4	764	31	0.05				
310																	4.5	1222	49	0.08				
																	4	1086	43	0.08				
																	3	815	33	0.08				
365																	3	1068	43	0.12	4.5	1603	45	0.08
																	2.5	890	36	0.12	4	1425	40	0.08
																	2	705	28	0.12	3	1068	30	0.08
360																					3	1100	31	0.10
																					2.5	916	25	0.10
																					2	732	20	0.10

流程 R 按式（5-5-5）计算，$\frac{v_x}{v_s}$按式（5-5-4）计算。

3. 表中 L_s 为每个散流器的送风量，l_s 为每平方米空调面积的单位面积送风量，Δt_x 为射流轴心温度和室温之差。

(三）散流器的布置

根据空调房间的大小和室内要求的参数，选择散流器个数，一般按对称布置或梅花形布置。散流器中心线和侧墙的距离，一般不小于 1m。

布置散流器时，对于散流器之间的间距和离墙的距离，一方面应使射流有足够射程，另一方面应使射流扩散好。

【例 5-5-1】 某空调房间，其房间尺寸 6×3.6×3m，室内最大负荷 0.08kW/m²，室温要求 20℃±1℃，相对湿度 50%，并有 1m 高的技术夹层，试求各参数。

【解】 **方案一** 采用盘式散流器

[1] 按表 5-1-1 选取送风温差 $\Delta t_s=6$℃，在 $h-d$ 图上查得 $\Delta h_S=7$kJ/kg，单位面积的送风量为：

$$l_s=\frac{3600\times0.08}{1.2\times7}=34.28\text{m}^3/(\text{m}^2\cdot\text{h})$$

[2] 根据房间尺寸为 6m×3.6m，因此选择 2 个盘式散流器。

散流器的中心距 $l=\frac{6}{2}=3$m

房间高度 $H=3$m，$R=0.5l=0.5\times3=1.5$m

[3] 由 R 和 l_s 查表 5-5-1 得：

$$v_x=3\text{m/s}, d_s=250\text{mm}, v_x/v_s=0.09, \Delta t_x/\Delta t_s=0.09$$

$$D_0=2d_s=2\times250=500\text{mm}$$

$$H_0=\frac{d_s}{2}=\frac{1}{2}\times250=125\text{mm}$$

[4] $v_x=0.09\times3=0.27$m/s，$\Delta t_x=0.09\times6=0.54$℃，满足设计要求。

方案二 选取两个圆形直片式散流器

按上式 R 和 l_s 查表 5-5-2 得：

$v_x=3$m/s，$d_s=250$mm，$v_x/v_s=0.1$，$\Delta t_x/\Delta t_s=0.1$

则：$v_x=0.1\times3=0.3$m/s

$\Delta t_x=0.1\times6=0.6$℃

满足设计要求。

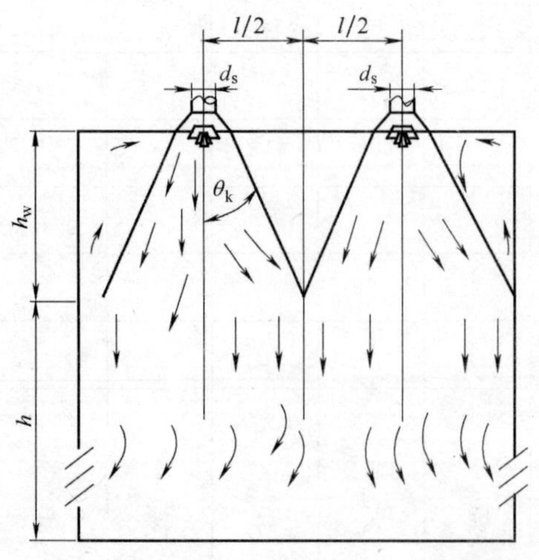

图 5-5-2 顶棚密集散流器下送的流型和混合层高度（h_w）

二、散流器下送

散流器下送的流型如图 5-5-2 所示。一般应设计为顶棚密集布置，且应选用可调节叶片间距的散流器。设计计算步骤为：

1. 布置散流器，确定散流器之间的间距 l，计算混合层高度 h_w

采用顶棚密集布置散流器时，应使回旋气流的混合层位于工作区（h）之上，使工作区为单向流或不稳定流。

混合高度 h_w 可用下式计算

$$h_w=\frac{1}{2\tan\theta_k}(l-2d_s)(m) \tag{5-5-6}$$

式中 l——散流器之间的间距（m）；

θ_k——散流器扩散角度。

散流器下送在不同间距时的混合层高度列于表 5-5-3。

散流器下送在不同间距时的混合层高度 h_w（m） **表 5-5-3**

喉部直径 d_s（mm）	散流片的竖向间距（cm）	扩散角 θ_k（度）	散流器之间的间距 l(m)							
			1.50	1.75	2.00	2.25	2.50	2.75	3.00	3.25
300	6660	23	1.1	1.4	1.7	1.9	2.3	—	—	—
	5550	30	0.8	1.0	1.2	1.4	1.9	1.9	2.1	2.3
250	6660	22	1.3	1.6	1.9	2.2	2.5	—	—	—
	5550	25	1.1	1.3	1.6	1.9	2.2	2.4	2.7	2.9
200	5550	20	1.5	1.9	2.2	2.6	—	—	—	—
	4440	23	1.3	1.6	1.9	2.2	2.5	2.8	3.1	—
150	3330	25	1.3	1.6	1.9	2.1	—	—	—	—

表 5-5-3 中散流片竖向间距是指散流片下缘之间的竖向距离，单位为（cm）。

例如 5550 就表示外片和第二片、第二片和第三片，第三片和第四片的竖向距离均为 5cm，第四片和内片的竖向距离为 0。

选择散流器时，应取扩散角大的，散流器之间的间距包括对角斜向间距在内，不宜超过 3m，散流器中心线离墙距离不宜超过 1m。否则就难于形成单向流流型。

有洁净度要求的房间净高 H，应为工作区高度 h 和混合层高度之和，即

$$H=h+h_w(m) \tag{5-5-7}$$

一般房间高度 3.5～4m 为宜。

2. 根据工作区要求风速，确定喉部风速 v_s（m/s）

$$\frac{v_x}{v_s}=\frac{c}{\dfrac{Z}{d_s}} \tag{5-5-8}$$

式中 Z——射程，沿中心线从送风口至射流速度为 v_x 的距离（m）；

c——扩散系数，可取 0.6。

3. 根据房间尺寸和工作区高度，选用散流器喉部直径 d_s 计算单个散流器送风量 l_s。

4. 根据室内冷负荷确定送风温差 Δt_s，计算总送风量 L_s 和风口个数 n。

5. 校核区域温差 Δt_{zh}

$$\Delta t_{zh}=\frac{C_z\cdot\Delta t_s}{\dfrac{Z}{d_s}}(℃) \tag{5-5-9}$$

式中 C_z——实验系数。当横向间距 l_1=2m 时，C_z=1.3；l_1=3m 时，C_z=3.5。

如果区域温差不能满足要求，首先应减小散流器之间的间距，必要时方可加大送风量，减小送风温差，来达到缩小区域温差。

【例 5-5-2】 某一车间面积4.2×6m，夏季室内冷负荷为0.14kW/m²，室温要求20±2℃，工作区高度1.5m，要求工作区风速小于0.2m/s，采用密集布置散流器，试设计有关参数。

【解】 [1] 布置散流器，计算混合层高度 h_w

选用流线型散流器，布置斜向间距 l 为3m，横向间距为2.2m，距墙为1m，则要用6个散流器。

如果选用 $d_s=300$mm，查表 5-5-3 得 $h_w=2.1$m，则房间净高应不低于 $H=2.1+1.5=3.6$m。

[2] 根据工作区要求的风速，按式（5-5-9）计算速度 v_s

$$\frac{v_x}{v_s}=\frac{c}{z/d_s},\frac{0.2}{v_s}=\frac{0.6}{2.1/0.3},v_s=2.3\text{m/s}$$

若取 $v_s=2$m/s，则

$v_x=\dfrac{0.6}{2.1/0.3}\times2=0.17$m/s　符合 $v_x<0.2$m/s 要求。

[3] 按计算单个散流器的送风量 l_s，根据个数确定总送风量 L_s

$$l_s=3600\times\frac{\pi}{4}d_s{}^2v_s=3600\times\frac{3.1416}{4}\times0.3^2\times2=508.94\text{m}^3/\text{h}$$

$L_s=6\times508.94=3053.6$，取 3054m³/h

[4] 按 L_s 和室内冷负荷计算送风温差 Δt_s

$$\Delta t_s=\frac{3600\times0.14\times4.2\times6}{3054\times1.2\times1.01}=3.43℃$$

[5] 用式（5-5-10）校核区域温差 Δt_{zh}

$$\Delta t_{zh}=\frac{C_z\Delta t_s}{\dfrac{z}{d_s}}=\frac{1.75\times3.43}{\dfrac{2.1}{0.3}}=0.86℃$$

小于室温允许波动范围±2℃的一半，满足要求。

[6] 为了调节风量和保持四周出风均匀，散流器喉部宜设风阀。如果散流器连接管比较短，一般也应在喉部安装导流片，安装导流片时，喉部的高度宜为喉部直径的1～2倍。

第六节　喷口送风

一、喷口送风方式

（一）喷口型式

喷口有圆形和扁形（高宽比为1：10～1：20扁喷口）两种型式。圆形喷口的尺寸如图 5-6-1 所示。

由于国内外对圆喷口的试验比其他类型送风口要多，且试验研究及其分析也较满意，因此应用广泛。圆喷口紊流系数较小，$a=0.07$，射程较远，速度衰减亦较慢，而扁喷口在水平方向扩散要比圆形快些，但在一定距离后，则与圆喷口相似。

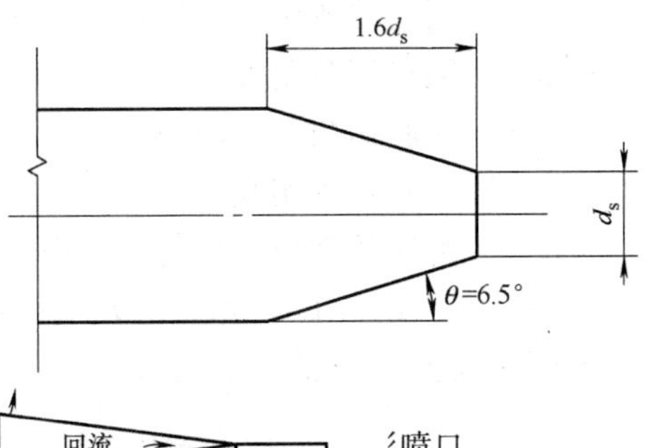

（二）喷口送风的气流流型

喷口送风的流型如图 5-6-2 所示：

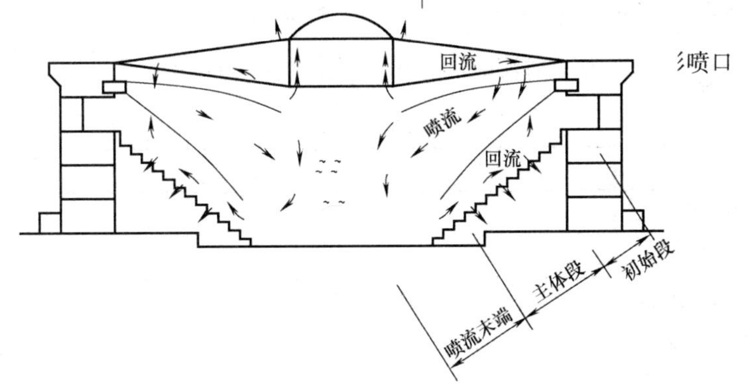

图 5-6-2　喷口送风流型

喷流的形状主要取决于喷口位置和阿基米德准数 Ar 即喷口直径 d_s、喷口速度 v_s 和喷口角度 α 以及送风温差 Δt_s 等，回流的形状主要取决于喷流流型、建筑布置和回风口位置。

喷口速度 v_s 的大小直接影响喷流的射程，也影响涡流区的大小。v_s 越大，射程就越远，涡流区就越小。当 v_s 一定时，喷口直径越大，射程亦越远。因此，设计时应根据工程要求，选择合理的喷口速度。

当送风温度 t_s 低于室内温度 t_n 时为冷射流，当 t_s 大于 t_n 时为热射流。射流角度，根据试验，冷射流一般为 0°～15°，热射流大于 15°。

二、喷口送风设计方法

（一）圆喷口单股送风计算方法

非等温射流计算方法很多，世界各国所采用的计算公式基本相同，一般都是沿用美国 A. Koestel 单股非等温（包括水平和垂直）射流计算公式为基础，通过实验得出经验系数，因而公式差别仅在试验系数和指数上有所不同。

1. 计算公式

（1）非等温射流轨迹计算公式：

$$\bar{y}=\bar{x}\tan\alpha \pm K_1 Ar\left(\frac{\bar{x}}{\cos\alpha}\right)^n \tag{5-6-1}$$

式中　$\bar{y}$——相对落差，$\bar{y}=y/d_s$；

$\bar{x}$——相对射程，$\bar{x}=x/d_s$；

x——射流的射程（m）；

y——射流轨迹中心距风口中心线的垂直距离（m）；

α——喷口安装角度；

n——实验指数，一般当 $v_s \geqslant 4$m/s 时，$n=3$；

K_1——系数，由实验而得 $K_1=0.42/K$，可参照表 5-6-1 选取。

K——为比例常数，即射流的相对等速核心长度，对于圆喷口，很多试验证明：$v_s>5$m/s，$d_s>150$mm 时，$K=6.0 \sim 6.5$。

对于边长比<40 的矩形风口，当 $v_s>5$m/s 时，$K=5.3$ 左右。

$K_1 Ar\left(\frac{\bar{x}}{\cos\alpha}\right)^n$—当为冷射流时为正值，热射流时为负值。

圆喷口 K_1 值　　**表 5-6-1**

实验者	送风速度(m/s)	K_1	备注
美国 A. 科斯特	≥5	0.065	冷射流
日本平山嵩	>4	0.066～0.084	圆形和矩形风口,冷射流
原苏联 Г. А. 阿勃拉莫维奇	/	0.052	
中国建筑科学研究院	≥5	0.10	* 变截面冷射流(圆形建筑)
中国西安冶金建筑学院		0.053	多变形建筑冷射流

* 表注：变截面是指射流在沿喷口轴线流动方向上，其截面是在变化，逐渐变小（如圆形和多边形建筑由四周向内送风）。

一般情况下，喷口送冷风时，$K_1=0.065$，$n=3$。当水平安装喷口即 $\alpha=0°$时，公式 (5-6-1) 改为

$$\bar{y}=\pm K_1 Ar\,(\bar{x})^3 \tag{5-6-2}$$

冷射流轨迹如图 5-6-3 所示。

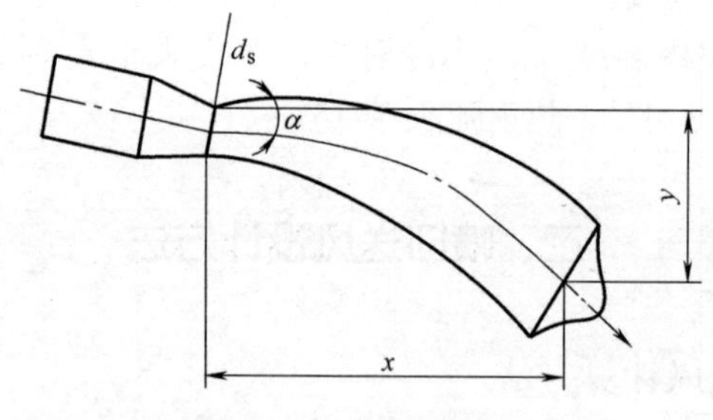

图 5-6-3　冷射流轨迹

(2) 射流轴心风速 v_x 与平均风速 v_p

$$\frac{v_x}{v_s}=\frac{K}{x/d_s} \tag{5-6-3}$$

回流平均风速即射流末端平均风速 v_p，根据试验一般为

$$v_p=\frac{1}{2}v_x(\text{m/s}) \tag{5-6-4}$$

2. 设计参数

(1) 射程 x　射程是指沿着喷口的中心轴线从喷口到气流风速等于 0.2m/s 左右截面

的水平距离，设计时按要求射程来确定送风速度 v_s 和喷口直径 d_s。

（2）送风温差 Δt_s　应用喷口送风时，一般宜在 6～12℃选取。

（3）送风速度 v_s　v_s 太小不能满足高速喷口长射程要求，v_s 太大在喷口处会产生噪声，因此，宜选取 $v_s=4\sim10$m/s，最大送风速度不应超过 12m/s。

（4）喷口直径 d_s　一般在 0.2～0.8m 之间。

（5）喷口角度 α　按计算确定，一般冷射流时，$\alpha=0°\sim15°$，热射流 $\alpha>15°$。

（6）喷口的位置即安装高度 h_s，应按工程具体要求而确定。h_s 太小，射流会直接进入工作区，影响舒适度，h_s 太大，回流末端风速太小，也不适宜。对于一些高大的公共建筑，一般在 6m～10m。

3. 计算步骤

（1）根据室内冷负荷，选取送风温差 Δt_s，计算总送风量 L_s；

（2）假设喷口直径 d_s 和喷口角度 α；

（3）按所要求的射程和喷口安装高度，求出 $\bar{y}$ 和 $\bar{x}$；

（4）按公式（5-6-1）或（5-6-2），求出 Ar 数；

（5）由 Ar 数计算得出送风速度 v_s；

（6）由 d_s、v_s、L_s 确定喷口个数 n（个）；

每个喷口送风量 $l_s=3600v_sf_s$（m³/h），$f_s=\pi d_s{}^2/4$（m²），$n=\dfrac{L_s}{l_s}=\dfrac{L_s}{2827v_sd_s{}^2}$（个）

（7）用公式（5-6-3）和（5-6-4）分别计算射流轴心风速 v_x 和工作区平均风速 v_p。

【例 5-6-1】 已知房间尺寸长 $A=30$m，宽 $B=12$m，高 $H=7$m。室内要求夏季温度 28℃，室内显热负荷 $Q=32.3$kW。采用安装在 6m 高的圆喷口对喷、下回风方式，保证工作区空调要求。

【解】

［1］选择送风温差 $\Delta t_s=8$℃，则总送风量 L_s

$$L_s=\frac{3600Q}{\rho c\Delta t_s}=\frac{3600\times32.3}{1.2\times1.01\times8}=11993\text{m}^3/\text{h}$$

两侧对喷，取每侧风量为 6000m³/h。

［2］假设 $d_s=0.25$m，$\alpha=0$，工作区高度 2.7m，$x=13$m

$$y=6-2.7=3.3\text{m}$$

［3］$\bar{y}=3.3/0.25=13.2$　　$\bar{x}=13/0.25=52$

［4］用公式（5-6-2）求得 Ar 数

$$Ar=\frac{\bar{y}}{0.065\bar{x}^3}=\frac{13.2}{0.065\times52^3}=0.00145$$

［5］用 Ar 数求得送风速度 v_s

$$v_s=\sqrt{\frac{gd_s\Delta t_s}{ArT_n}}$$

采用试插法，将计算结果列于表 5-6-2，取 $n=5$ 个，$d_s=260$mm，$v_s=6.28$m/s，每个喷口风量 $l_s=1200$m³/h。

［6］用公式（5-6-3）和（5-6-4）分别计算轴心风速 v_x 和平均风速 v_p。

$$\frac{v_x}{v_s}=\frac{K}{x/d_s}=\frac{6.5}{\frac{13}{0.26}}=0.13$$

$$v_x=0.13\times6.28=0.816\text{m/s}$$

$$v_p=\frac{1}{2}v_x=0.5\times0.816=0.408\text{m/s}$$

【例 5-6-1】计算结果 **表 5-6-2**

d_s(mm)	$\bar{y}$	$\bar{x}$	$0.065\bar{x}^3$	Ar	v_s(m/s)	n(个)
200	16.5	65	17850	0.00092	7.52	7.1
250	13.2	52	9140	0.00145	6.70	5.1
260	12.7	50	8120	0.00156	6.28	4.8
300	11.0	43.4	5277	0.00207	6.13	3.8

（二）多股平行非等温射流计算公式

对于高大空间的工业建筑、公共建筑（例如大型体育馆、礼堂、剧院、通用大厅、展览厅等），一般都采用多个喷口平行布置的非等温送风方式，当多个喷口之间的间距在（5～15）d_s 时、射流在（10～20）d_s 内相互叠加汇合形成一片气流，使射程加长，称这种为多股平行射流，其特点为射流汇合后的射流断面周界要小于汇合前各单股射流断面周界，因此，射流扩展和速度衰减均减慢，在同样末端速度时，其射流比单股射流要长，落差要小，这就是多股平行射流和单股射流的区别。

采用的风口有圆喷口、扁喷口、圆形和矩形风口等。

当风口高宽比小于 1∶10 时为矩形风口；

当风口高宽比为 1∶10～1∶20 时为扁喷口；

多股平行非等温射流计算公式是中国建筑科学研究院空调所的科研成果，经实验提出的经验计算公式。即

1. 圆喷口多股平行非等温射流计算公式：

射流轨迹公式：

$$\frac{y}{d_s}=\frac{x}{d_s}\tan\alpha+0.812Ar^{1.158}\left(\frac{x}{d_s\cos\alpha}\right)^{2.5} \tag{5-6-5}$$

轴心速度衰减公式：

$$\frac{v_x}{v_s}=3.347Ar^{-0.147}\left(\frac{x}{d_s\cos\alpha}\right)^{-1.151} \tag{5-6-6}$$

当水平送风时，则

$$\frac{y}{d_s}=0.812Ar^{1.158}\left(\frac{x}{d_s}\right)^{2.5} \tag{5-6-7}$$

$$\frac{v_x}{v_s}=3.347Ar^{-0.147}\left(\frac{x}{d_s}\right)^{-1.151} \tag{5-6-8}$$

将（5-6-7）和（5-6-8）式联立求解，并将 $Ar=\frac{g\Delta t_s d_s}{v_s{}^2 T_n}$ 代入则可得出：

$$d_s=0.064\left(\frac{T_n}{\Delta t_s}\right)^{0.615}x^{-0.302}y^{0.687}v_x{}^{1.23} \tag{5-6-9}$$

$$v_s = 4.295\left(\frac{T_n}{\Delta t_s}\right)^{-0.591} x^{1.124} y^{-0.533} v_x{}^{-0.182} \tag{5-6-10}$$

2. 扁喷口多股平行非等温射流计算公式：

$$\frac{y}{b_s} = 0.812(Ar')^{1.158}\left(\frac{x}{b_s}\right)^{2.5} \tag{5-6-11}$$

$$\frac{v_x}{v_s} = 3.347(Ar)^{-0.147}\left(\frac{x}{d_f}\right)^{-1.151} \tag{5-6-12}$$

式中

$$Ar' = \frac{g\Delta t_s b_s}{v_s{}^2 T_n},\ Ar = \frac{g\Delta t_s d_f}{v_s{}^2 T_n}$$

b_s——扁喷口的高，即短边（m）；

d_f——扁喷口的当量直径（m），$d_f = 1.128\sqrt{f_s}$；

f_s——风口面积（m^2）。

3. 矩形或圆形风口计算公式

$$\frac{y}{d_f} = 3.069Ar^{1.158}\left(\frac{x}{d_f}\right)^{2.5} a^{0.5} \tag{5-6-13}$$

$$\frac{v_x}{v_s} = 3.347Ar^{-0.147}\left(\frac{x}{d_f}\right)^{-1.151} \tag{5-6-14}$$

式中　$Ar = \dfrac{g\Delta t_s d_f}{v_s^2 T_n}$

a——风口紊流系数，圆风口 $a = 0.07$。

4. 设计计算步骤

（1）确定计算参数，即要求的射程 x 和落差 y、轴心速度 v_x 以及送风温差 Δt_s。

对于多股平行射流，一般$\dfrac{x}{d_s} = 30 \sim 50$ 范围内，工作区平均风速 v_h 等于或接近射流末端平均风速 v_p，$v_p/v_x = 0.5$，则 $v_x = 2v_p = 2v_h$。

按房间尺寸确定射程 x，而 $y = (1/16 \sim 1/4)x$，当射程长时取 1/16，射程短时取 1/4。

根据房间热湿负荷，按表 5-1-1 选取送风温差 Δt_s。

（2）根据采用风口型式，由公式（5-6-5）和（5-6-6）或（5-6-11）和（5-6-12）或（5-6-13）和（5-6-14）分别计算出风口直径 d_s（或 b_s 和 d_f）和送风速度 v_s。

采用圆喷口时也可按公式（5-6-9）和（5-6-10）算出 d_s 和 v_s，如果采用其他型式风口，可按下列公式计算出风口特性尺寸和送风速度。

对于扁喷口：

$$b_s = C_b \cdot d_s \tag{5-6-15}$$

$$v_b = C_v \cdot v_s \tag{5-6-16}$$

对于圆形或矩形风口：

$$d_f = C_a \cdot d_s \tag{5-6-17}$$

$$v_f = C_{va} \cdot v_s \tag{5-6-18}$$

式中 C_b 和 C_v 可查表 5-6-3，其他风口可查表 5-6-4。

扁喷口计算系数　　　　**表 5-6-3**

高宽比	1∶10	1∶11	1∶12	1∶13	1∶14	1∶15	1∶16	1∶17	1∶18	1∶19	1∶20
C_b	0.208	0.196	0.186	0.177	0.169	0.162	0.156	0.150	0.145	0.140	0.136
C_v	1.261	1.272	1.282	0.292	1.300	1.309	1.316	1.324	1.330	1.337	1.343

矩形或圆形风口计算系数 **表 5-6-4**

紊流	0.07	0.076	0.10	0.11	0.12	0.13	0.14	0.15	0.16
C_a	/	0.972	0.885	0.856	0.831	0.803	0.788	0.770	0.753
C_{va}	/	1.022	1.100	1.128	1.155	1.179	1.203	1.225	1.247

（3）检验计算结果，如果满足 $0.2 \leqslant d_s \leqslant 0.8$（m）和 $v_s \leqslant 12\text{m/s}$，则可进行下步计算，如果不满足，则重新设定 Δt_s 或 y，重复第（2）步计算，直至满足为止。

（4）计算每个风口的送风量 l_s（m^3/h）。

$$l_s = 3600 \times \frac{\pi}{4} d_s{}^2 v_s \quad (\text{m}^3/\text{h})$$

（5）根据室内空调负荷，计算总送风量 L_s（m^3/h）。

（6）确定风口个数，$n = \frac{L_s}{l_s}$，并取整数。

（7）按实际取整后的个数，计算出实际送风速度，然后再计算出 Ar 数，由射流轨迹公式和速度衰减公式求出实际的落差和轴心速度。

【例 5-6-2】 某机械加工厂，长 192m，跨距 30m，高 7m，3m 以下为工作区，要求工作区平均风速 0.25m/s，室内空调区的冷负荷 515kW，室温控制在 28℃±1℃，采用双侧水平对送方式，需确定风口型式、个数、尺寸和送风速度。见图 5-6-4。

［1］确定计算参数，风口设在长度方向距地 6.0m。

$$v_x = 2 \times 0.25 = 0.5\text{m/s}, x = 15 - 1 = 14\text{m}$$

$$y = \frac{1}{4} x = \frac{1}{4} \times 14 = 3.5\text{m}$$

按表 5-1-1 选取送风温差 $\Delta t_s = 8℃$，$\frac{T_m}{\Delta t_s} = \frac{273.15 + 8}{8} = 37.64$

［2］采用圆喷口按公式（5-6-9）和（5-6-10）计算

$$d_s = 0.064(37.64)^{-0.615}(14)^{-0.302}(3.5)^{0.687}(0.5)^{1.23} = 0.27\text{m}$$

$$v_s = 4.295(37.64)^{-0.591}(14)^{1.124}(3.5)^{-0.533}(0.5)^{-0.182} = 5.69\text{m/s}$$

［3］计算出 d_s 和 v_s 满足要求，可计算每个喷口送风量

$$l_s = 3600 \times \frac{\pi}{4} \times 0.27^2 \times 5.69 = 1173\text{m}^3/\text{h}$$

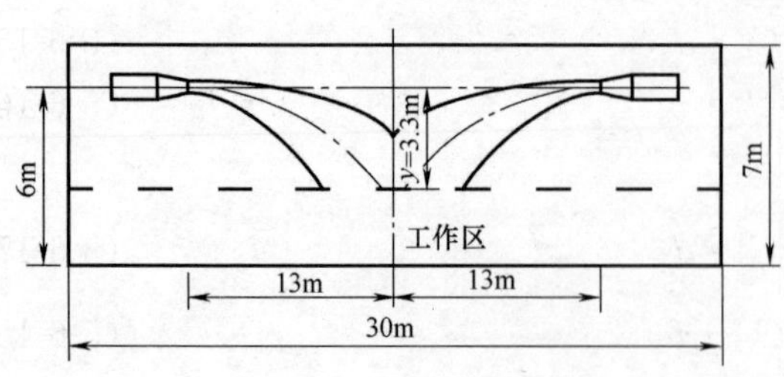

图 5-6-4 喷口送风例题图

［4］总送风量 L_s

$$L_s = \frac{3600 \times 515}{1.01 \times 1.2 \times 8} = 191212.9\text{m}^3/\text{h}$$

［5］风口个数 n

$$n = \frac{L_s}{l_s} = \frac{191212.9}{1173} = 163\text{个} \quad \text{取164}$$

［6］实际送风速度

$$v_s=\frac{4\times191212.9}{\pi\times0.27^2\times164\times3600}=5.66\text{m/s}$$

［7］计算 Ar

$$Ar=\frac{9.81\times8\times0.27}{5.66^2\times(273.15+28)}=0.0022$$

［8］将 Ar 数代入公式（5-6-7）和（5-6-8），求得：

$y/0.27=0.812(0.0022)^{1.158}\left(\frac{14}{0.27}\right)^{2.5}=13.15$

$y=13.15\times0.27=3.55\text{m}$

$v_x/5.69=3.347\times(0.0022)^{-0.147}\left(\frac{14}{0.27}\right)^{-1.151}=0.087\text{m/s}$

$v_x=5.69\times0.087=0.49\text{m/s}<0.5\text{m/s}$ 符合要求。

将【例 5-6-2】要求，采用其他型式风口送风，计算结果列于表 5-6-5，由表 5-6-5 可看出，达到同样要求时，采用圆喷口个数最少，最为经济。

不同型式风口计算结果　　表 5-6-5

风口型式	风口尺寸(mm)	送风速度(m/s)	风口个数(个)	Ar 数
圆喷口(收缩角 13°)$a=0.07$	$d_s=270$	5.66	164	0.0022
扁喷口(1∶16)	672×42	6.58	286	0.00114
扁喷口(1∶20)	740×37	6.72	288	0.00108
矩形风口(1∶3) $a=0.10$	370×120	5.50	217	0.00204

（三）设计中注意的问题

1. 喷口送风适用于下列特点的建筑物的空调方式

（1）建筑高大，高度在 6～7m 以上；

（2）由于喷口送风具有射程远、系统简单和投资较省的特点，对于有舒适度空调要求的公共建筑中的礼堂、体育馆、剧场、展厅、大厅等，采用这种方式最适宜。

2. 喷口送风的送风速度要均匀，接近相等，因此，连接喷口的风管应设计为均匀风管或等截面（起静压箱作用）风管。

3. 喷口风量应能调节，喷口角度亦能改变，以满足冬季送热风的要求。

第七节　条缝送风

条缝型送风口的宽长比大于 1∶20，可由单条缝、双条缝，或多缝组成，即单组型和多组型。其特点：气流轴心速度衰减快，适用于工作区允许风速 0.25～0.5m/s，温度波动范围±1℃～±2℃的场所（舒适性空调）。如果将条缝型风口与采光带相互配合布置，可使室内显得整洁美观，因此，在民用建筑（如办公室、会议室等）中得到广泛应用。

一、条缝送风口构造形式

在空调房间里，一般将条缝风口安装在顶棚上并与顶棚镶平，气流以水平方向向两侧送出，也可设置在距侧墙 150mm 处。

在槽内采用两个可调节叶片来控制气流方向，在长度方向根据安装需要，有单一段、中间段、端头段和角形段形成，供用户使用。

该种送风可调成平送贴附气流流型、垂直下送流型，也可使气流向一侧或两侧送出。送风速度一般 2～5m/s。

二、条缝送风设计计算

(一) 主要计算公式

根据 P. J. Jackman 实验总结经验公式，其速度衰减公式为：

$$\frac{v_x}{v_s}=K\left[\frac{b}{x+x_o}\right]^{\frac{1}{2}} \tag{5-7-1}$$

式中 v_x——距风口水平距离为 x 处的最大风速（m/s）；

v_s——条缝口送风速度（m/s）；

K——风口常数，条缝风口 $K=2.35$；

b——条缝口有效宽度（m）；

x_0——条缝口中心到主气流外观原点的距离，对于条缝口 $x_0=0$

因 $v_s=\frac{L_{s1}}{b}$，其中 L_{s1} 为单位长度条缝口的送风量 $[m^3/(s\cdot m)]$，

公式（5-7-1）可改为：

$$\frac{v_x}{L_{s1}}=\frac{K}{b^{\frac{1}{2}}}\left[\frac{1}{x+x_o}\right]^{\frac{1}{2}} \tag{5-7-2}$$

或

$$\left[\frac{L_{s1}}{v_x}\right]^2=\frac{b}{K^2}(x+x_o) \tag{5-7-3}$$

室内平均风速 v_p 是房间尺寸和主气流射程 x 的函数，可按下式得出：

$$v_p=0.25A_1\left[\frac{n}{A_1^2+H^2}\right]^{\frac{1}{2}}\ (m/s) \tag{5-7-4}$$

式中 H——房间高度（m）；

A_1——与射程有关的房间长度（见图 5-7-1）（m）；

A——房间（或区域）长度（m）；即条缝口主轴线相垂直的房间尺寸，如图 5-7-1。

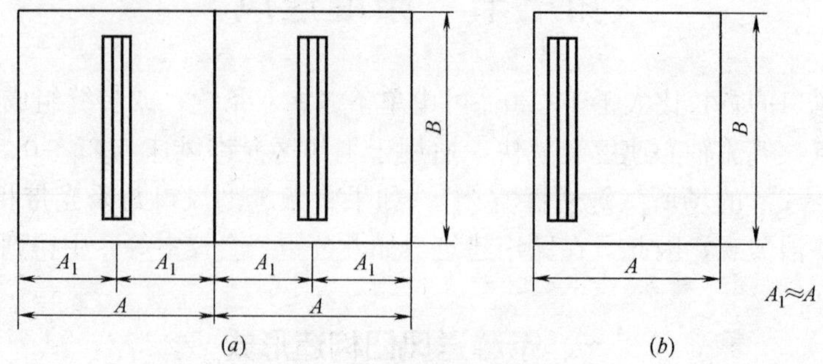

图 5-7-1 条缝口的布置

（*a*）条缝口装在房间（或区域）中央；（*b*）条缝口装在房间一端

对于安装在房间或区域中央［图 5-7-1（a）］的条缝口，

$$A_1=\frac{1}{2}A$$

对于安装在房间侧墙一端［图 5-7-2（b）］的条缝口，

$$A_1 \approx A$$

n——系数，$n=\frac{x}{A_1}$，x 为射程（m）。

若条缝口设在房间（或区域）中央，其射程到每个端墙的距离为 0.75，即 $x=0.75A_1$，则 $n=0.75$。

（二）计算表

根据 P. J. Jackman 实验公式编制的条缝送风口计算表 5-7-1，其中房间或区域长度（A）分别为 3.0、4.0、5.0、6.0、7.0、8.0、9.0 和 10.0m，可按表进行选择计算，也可按产品样本的数据选用。

表 5-7-1 编制说明

1. 表中室内平均速度按房间或区域长度和高度查得，而且是在等温条件下确定的值。当送冷风时应乘以修正系数 1.2，当送热风时应乘以 0.8。

2. 表中条缝口有效宽度是安装在房间（或区域）中央、向两个方向送出气流确定的，单位用（mm），即 $b=500\frac{L_{s1}}{v_s}$，并取整数。

3. 当条缝口设在房间一端向一个方向送出时，按表 5-7-1 选取的数值应作如下修正：

表中 A 值应为实际值的 2 倍即 $2A$；

表中 L_{s1} 值也应为实际值的 2 倍即 $2L_{s1}$；

用 $2A$ 和 $2L_{s1}$ 值选取 v_p、v_s 和 b 值。

4. 当采用多条缝的风口时，应将表中 L_{s1} 除以条缝数后的值，再去查表中相应值而得出 v_s 和 b 值。

（三）设计计算步骤

1. 根据房间实际尺寸（房间长度和宽度）划分的区域布置条缝送风口，如果按计算表 5-7-1 计算，尽量选取房间或区域长度最接近的 A 值。

2. 按公式（5-7-1）或计算表得出室内平均风速 v_p。

3. 根据室内的冷热负荷和送风温差，按公式（5-7-5）计算每米长条缝口的送风量 L_{s1}，双条缝除以 2。

$$L_{s1}=\frac{Q}{\rho \cdot c \cdot B \cdot \Delta t_s} \approx \frac{0.83Q}{B \cdot \Delta t_s} \tag{5-7-5}$$

式中 B——布置条缝口有效长度方向的宽度（m）；

ρ——1.2kg/m^3，c=1.01kJ/kg·℃；

Q——室内冷负荷（kW）。

4. 确定送风速度 v_s 和条缝口有效宽度 b，按 L_{s1} 和 A 值由表 5-7-1 查得 v_s 和 b。

5. 由确定的条缝口尺寸查产品样本，选取合宜型号，然后校核设计风量下的射程是否满足要求，从条缝口到端墙或分区边界的距离的 0.65～0.85 范围内。

6. 按公式（5-7-1）校核 v_x 能否满足舒适性空调要求，如 $v_x \leqslant 0.5$m/s。

7. 若计算得出的某些数超过规定范围，应考虑将区域划分小些，增加条缝口数目，并重复上述计算，直至合适为止。

条缝送风计算表 **表 5-7-1**

A=3.0m			A=4.0m		
H(m) 2.75 3.00 3.25 3.50 4.00 5.00			H(m) 2.75 3.00 3.25 3.50 4.00 5.00		
v_p(m/s) 0.10 0.10 0.09 0.09 0.08 0.06			v_p(m/s) 0.13 0.12 0.11 0.11 0.10 0.08		
L_{s1}[m³/(s·m)]	v_s (m/s)	b(mm)	L_{s1}[m³/(s·m)]	v_s (m/s)	b(mm)
0.032	3.18	5	0.036	3.77	5
			0.038	3.57	5
0.034	2.99	6	0.040	3.39	6
			0.042	3.23	7
0.036	2.83	6	0.044	3.08	7
			0.046	2.95	8
0.038	2.68	7	0.048	2.83	8
			0.050	2.71	9
0.040	2.54	8	0.052	2.61	10
			0.054	2.51	11
0.042	2.42	9	0.056	2.42	12
			0.058	2.34	12
0.044	2.31	10	0.060	2.26	13
			0.062	2.19	14
0.046	2.21	10	0.064	2.12	15
			0.066	2.05	16
0.048	2.12	11	0.068	2.00	17
0.050	2.03	12			
0.052	2.00	13			

A=5.0m			A=6.0m		
H(m) 2.75 3.00 3.25 3.50 4.00 5.00			H(m) 2.75 3.00 3.25 3.50 4.00 5.00		
v_p(m/s) 0.15 0.14 0.13 0.13 0.11 0.10			v_p(m/s) 0.16 0.15 0.15 0.14 0.13 0.11		
L_{s1}[m³/(s·m)]	v_s (m/s)	b(mm)	L_{s1}[m³/(s·m)]	v_s (m/s)	b(mm)
0.040～0.042	4.24～4.04	5	0.044～0.046	4.62～4.42	5
0.044～0.046	3.85～3.68	6	0.048～0.050	4.24～4.07	6
0.048～0.050	3.53～3.39	7	0.052～0.054	3.91～3.77	7
0.052	3.26	8	0.056～0.058	3.63～3.51	8

续表

A=5.0m			A=6.0m		
H(m) 2.75 3.00 3.25 3.50 4.00 5.00			H(m) 2.75 3.00 3.25 3.50 4.00 5.00		
v_p(m/s) 0.15 0.14 0.13 0.13 0.11 0.10			v_p(m/s) 0.16 0.15 0.15 0.14 0.13 0.11		
L_{s1}[m^3/(s·m)]	v_s (m/s)	b(mm)	L_{s1}[m^3/(s·m)]	v_s (m/s)	b(mm)
0.054～0.056	3.14～3.03	9	0.060～0.062	3.39～3.28	9
0.058	2.92	10	0.064	3.18	10
0.060～0.062	2.83～2.73	11	0.066～0.068	3.08～2.99	11
0.064	2.65	12	0.070	2.91	12
0.066	2.57	13	0.072～0.074	2.83～2.75	13
0.068～0.070	2.49～2.42	14	0.076～0.078	2.68～2.61	14～15
0.072	2.35	15	0.080～0.084	2.54～2.42	16～17
0.074	2.29	16	0.086～0.088	2.37～2.31	18～19
0.076	2.23	17	0.090～0.092	2.26～2.21	20～21
0.078	2.17	18	0.094	2.16	22
0.080	2.12	19	0.096	2.12	23
0.082	2.07	20	0.098	2.08	24
0.084	2.02	21	0.100	2.03	25

A=7.0m			A=8.0m		
H(m) 2.75 3.00 3.25 3.50 4.00 5.00			H(m) 2.75 3.00 3.25 3.50 4.00 5.00		
v_p(m/s) 0.17 0.16 0.16 0.15 0.14 0.12			v_p(m/s) 0.18 0.17 0.17 0.16 0.15 0.13		
L_{s1}[m^3/(s·m)]	v_s (m/s)	b(mm)	L_{s1}[m^3/(s·m)]	v_s (m/s)	b(mm)
0.050	4.75	5	0.050～0.055	5.42～4.93	5～6
0.055	4.31	6	0.060	4.52	7
0.060	3.96	8	0.065	4.17	8
0.065	3.65	9	0.070	3.87	9
0.070	3.39	10	0.075	3.62	10
0.075	3.16	12	0.080	3.39	12
0.080	2.97	13	0.085	3.19	13
0.085	2.79	15	0.090	3.01	15
0.090	2.64	17	0.095	2.85	17
0.095	2.50	19	0.100	2.71	18
0.100	2.37	21	0.105	2.58	20
0.105	2.26	23	0.110	2.47	22
0.110	2.16	25	0.115	2.36	24
0.115	2.06	28	0.120	2.26	27
			0.125	2.17	29
			0.130	2.09	31
			0.135	2.01	34

【例 5-7-1】 某一办公室的尺寸：长 4m，宽 4m，房高 2.75m，室内最大冷负荷 2kW，送风温差 $\Delta t_s=6℃$，试选用条缝送风方案进行设计。

方案一采用条缝风口设在房间中央，方案二条缝风口设在房间一端，如图所示：

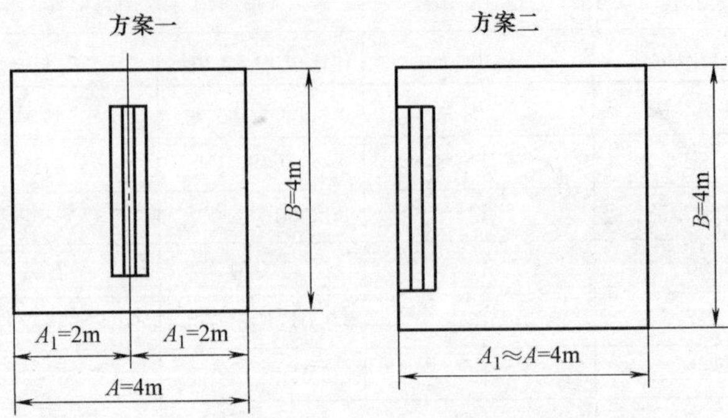

【解】 方案一

[1] 确定计算参数 $A=4m$，$A_1=2m$，$H=2.75m$

$$x=0.75A_1=0.75\times2=1.5m$$

[2] 按公式（5-7-5）计算每米长条缝口的送风量 L_{s1}

$$L_{s1}=\frac{0.83Q}{B\Delta t_s}=\frac{0.83\times2}{4\times6}=0.0692m^3/s\cdot m$$

采用双条缝，$L_{s1}=\frac{0.0692}{2}=0.0346m^3/s\cdot m$

[3] 按公式（5-7-4）或表 5-7-1 计算表得出室内平均速度 v_p

$$v_p=0.25A_1\left[\frac{n}{A_1{}^2+H^2}\right]^{\frac{1}{2}}=0.25\times2\times\left[\frac{\frac{1.5}{2}}{2^2\times2.75^2}\right]^{\frac{1}{2}}=0.127m/s$$

送冷风时 $v_p=1.2\times0.127=0.15m/s$

[4] 确定送风速度 v_s 和条缝口有效宽度 b

由 $A=4m$，$l_{s1}=0.0346m^3/s\cdot m$，查表 5-7-1 得出：

$v_s=3.77m/s$，$b=5mm$。

也可查产品样本中符合射程 1.5m 和 L_{s1} 接近值，得出条缝口有效宽度 b（mm）和送风速度 v_s（m/s）。

[5] 按公式（5-7-1）校核 v_x

$$v_x=Kv_s\left(\frac{b}{x}\right)^{\frac{1}{2}}=2.35\times3.77\times\left(\frac{0.005}{1.5}\right)^{\frac{1}{2}}=0.51m/s$$

计算结果符合舒适性空调要求。

【解】 方案二

[1] 确定计算参数 $A=4m$，$A_1=A=4m$

$$x=0.75\times4=3m$$

[2] 按公式（5-7-4）或表 5-7-1 计算得出平均风速 v_p

$$v_p=0.25\times4\left[\frac{\frac{3}{4}}{4^2\times2.75^2}\right]^{\frac{1}{2}}=0.178m/s$$

由于条缝口设在房间一端，查表 5-7-1 时，$A=2\times4=8\text{m}$ 得出 $v_p=0.18\text{m/s}$

送冷风时，$v_p=1.2\times0.178=0.213\text{m/s}$

[3] 确定 v_s 和 b

$$L_{s1}=\frac{0.83\times2}{4\times6}=0.0692\text{m}^3/(\text{s}\cdot\text{m})$$

采用双条缝 $$L_{s1}=\frac{0.0692}{2}=0.0346\text{m}^3/(\text{s}\cdot\text{m})$$

查表 5-7-1 时，应查 $A=8m$，$L_{s1}=0.0692\text{m}^3/(\text{s}\cdot\text{m})$ 表中相应数值即

$$b=9\text{mm},v_s=3.87\text{m/s}$$

[4] 校核 v_x

$$v_x=2.35\times3.87\times\left(\frac{0.009}{3}\right)^{\frac{1}{2}}=0.498\text{m/s}$$

计算结果 $v_x\leqslant0.5\text{m/s}$，符合舒适性空调要求。

第八节　地板送风

地板送风（UFAD）是利用地板静压箱（层），将处理后的空气经由地板送风口（地板散流器），送到人员活动区内的一种下送风方式。地板送风系统在房间内产生垂直温度梯度和热力分层，当散流器射程低于分层高度时，房间空气分布可以划为低（混合）区、中（分层）区和高（混合）区。当散流器射程高于分层高度时，高（混合）区已不存在。一旦房间内空气上升到分层面以上时，就不会再进入分层面以下的低区。设计时应将分层高度维持在室内人员呼吸区以上，一般为 1.2～1.8m。

UFAD 系统通过热力分层为供冷工况提供良好的节能机会，在人员活动区，保持热舒适和良好的空气品质，而让温度和洁净度差的空气处在头部以上的非人员活动区。

一、常见静压箱类型和送风口类型

（一）常见静压箱类型

经由地板静压箱将处理后的空气直接输送到工作人员活动区，是区分地板送风系统与上（顶）部混合送风系统的基本特征之一。设计地板送风静压箱时，主要目标是要确保送出所需的风量和保持要求的送风温度和湿度，而且在建筑物地板面以上的任何地方都达到所需的最小通风空气量。

设计地板送风静压箱时，利用静压箱输配空气有三种基本方法：

1. 有压静压箱

通过对空气处理机组（AHU）风机送风量的控制，使静压箱内维持（相对于空调房间）一个微小的正压值（一般为 12.5～25Pa）。在静压箱压力的作用下，将箱内空气通过设在架空地板平台上的各种被动式地板送风口（例如，格栅风口、旋流地板散流器和可调型散流器等）输送到室内人员活动区；也可以将箱内空气通过设在地板上的主动式风机动力型末端装置，或者利用柔性风管接到设在桌面和隔断中的主动式送风末端装置输送到室

内人员活动区。

2. 零压静压箱

AHU将处理后的空气（或是新风）送入静压箱内。由于静压箱内与房间压力几乎相等，因此需要就地设置（主动式）风机动力型末端装置，将空气送入人员活动区。就地的风机动力型送风口，在温控器或者个人的控制之下，能在较大的范围内按需要控制送风状况，以满足热舒适和个人对局部环境的偏爱。

3. 风管与空气通道

在某些系统中，利用设置在静压箱内的风管与空气通道，将处理后的空气直接输送到特定部位的被动式送风口或主动式风机动力型末端装置。它是控制静压箱内温度变化的另一种常用方法，因为通过风管来输送空气，可以隔绝气流的热力衰减。所谓“空气通道”是指以地板块的底面作为顶部，混凝土楼板作为底部，再以密封的钢板作为两个侧面而制作的矩形风道，其宽度一般为1.2m，相当于两块地板块的宽度。

(二) 常见地板送风口类型

常见地板送风口的类型主要包括地板散流器和格栅地板两大类，下面将简单介绍几种具体的送风口型式。

1. 地板散流器

图5-8-1展示了典型工作场所内，地板送风散流器的五种可能的布置位置和型式，通过该图可以比较清晰地看到主要的地板送风型式。

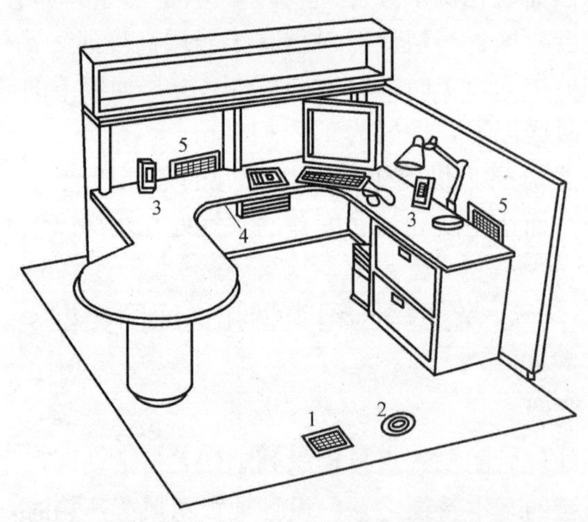

图5-8-1 典型工作场所内地板送风散流器的设置型式

1—矩形喷射型地板散流器；2—圆形旋流地板散流器；
3—桌面散流器；4—桌面下散流器；5—隔断上散流器

按照散流器的不同工作原理将其分类如下：

(1) 被动式散流器

被动式散流器是指依靠有压地板静压箱，将空气输送到建筑物空调房间内的送风散流器，主要包括以下几类：

1) 旋流型散流器

来自静压箱的空调送风，经由圆形旋流地板散流器，以旋流状的气流流型送至人员活动区，并与室内空气均匀混合。室内人员通过转动散流器或打开散流器并调节流量控制阀门，便可对送风量进行有限度的控制。大多数型号的地板散流器都配有收集污物和溅液的集污盆。

散流器的格栅面板有两种形式，一种是采用放射状条缝（如图 5-8-2 中右边一只），形成标准的旋涡气流流型；另一种是部分放射条缝（形成旋涡气流流型）和部分环形条缝（形成斜射流气流流型）（如图 5-8-2 中左边两只）。

图 5-8-2　被动式旋流地板散流器构件

2）可变面积散流器

该类型的散流器是为变风量空调系统而设计，采用自动（或手动）的内置风门来调节散流器的可活动面积。当风量减少时，它通过一个自动的内置风门使出风速度大致维持为定值。空气是通过地板上的方形条缝格栅以射流方式送出（见图 5-8-3）。室内人员可以调节格栅的方向，也可以通过区域温控器进行风量控制，或者由使用者单独调节送风量。

图 5-8-3　被动式可变面积散流器

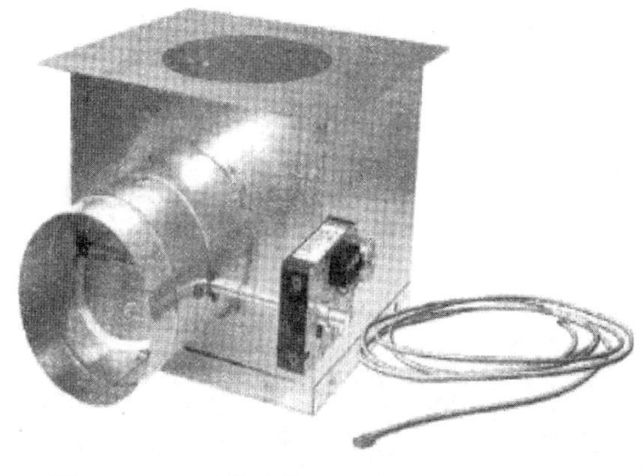

图 5-8-4　配以旋流散流器的 VAV 地板送风箱

图 5-8-4 所示为安装在架空地板下面，配置有圆形旋流散流器的 VAV 地板送风箱。位于入口处的圆形控制风门可以在 90°范围内旋转，使入口开度从全开调节到全闭，从而可以改变风量。送风可以直接送地板静压箱进入送风箱，也可以接风管从风机动力型末端装置输送到送风箱。

（2）主动式散流器

主动式散流器是指依靠就地风机，

将空气从零压静压箱或有压静压箱输送到建筑物空调房间内的送风散流器，主要包括以下几类：

1）地板送风单元

在单一的地板块上安装多个射流型出风格栅。格栅内固定叶片的倾斜角度为 40°，可以转动格栅来调节送风方向。风机动力型末端装置被直接安装在送风格栅的下面，利用风机转速组合控制器来控制风机的送风量。

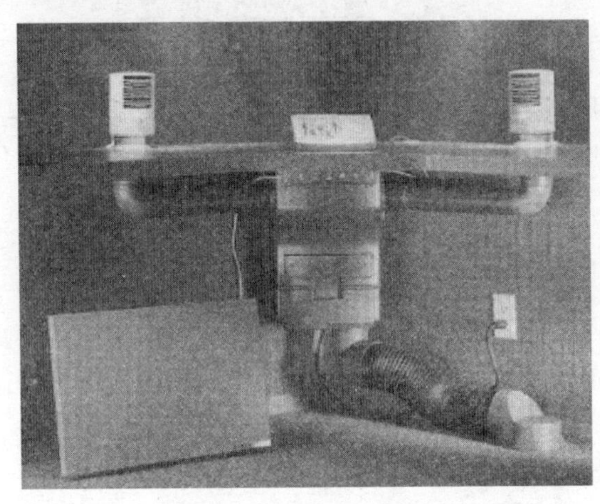

图 5-8-5　桌面送风柱

2）桌面送风柱

在桌面的后部位置上有两根送风柱（见图 5-8-5），可以调节送风量和送风方向，空气一般由混合箱送出。混合箱悬挂在桌子后部或转角处的膝部高度，然后再用柔性风管接至相邻的两个桌面的送风口。在混合箱中，利用小型变速风机将空气从地板静压箱内抽出，并通过桌面送风口以自由射流形式送出。

3）桌面下散流器

它是一个或多个能充分调节气流方向的格栅风口，安装在桌面稍下处，正好与桌面的前缘齐平（其他位置也可）。风机驱动单元既可邻近桌面，也可设在地板静压箱内，通过柔性风管将空气输送到格栅风口。

4）隔断散流器

送风格栅安装在紧靠桌子的隔断上，空气通过集成在隔断内的通道送到可控制的送风格栅。格栅风口的位置可正好在桌面之上，也可在隔断顶部之下。

2. 格栅地板

图 5-8-6　条缝型地板送风口

条缝型格栅地板风口是常见的此种类型，它带有多叶调节风门（见图 5-8-6），送风射流呈平面状，为了不让人们进行频繁的调节，一般不适合人员密集的内区。应将它布置在外区靠近外窗的地板面上。通常，设在静压箱内的风机盘管机组，通过风管将空气输送到外区的格栅风口处，并送入人员活动区。

二、气流组织设计方法

在下送风气流组织的设计中，由于送风温差较小，送风速度较低，送风直接进入工作区，无需计算射程和作用断面。而对于有空调精度要求的房间仍需要进行校核，其校核方法可按照一般的计算方法进行。因此，参照传统空调气流组织设计计算步骤，下送风气流组织中需要研究的几个问题，归纳起来主要有五个方面：

（1）选择合适的送风型式；

（2）合理的确定送风口位置（或到人体的距离）；

（3）确定合理的送风速度范围；

（4）确定合理的送风温度；

（5）校核空调精度。

在下送风条件下，对人体热舒适影响较为突出的室内环境指标中与气流组织密切相关的是工作区平均温度和风速。在下送风的气流组织中，影响以上两个指标的因素主要是送风口型式、位置、数目、送风速度和温度等，具体化为四个因素：送风口型式、送风口到人体距离、送风速度和送风温度。

根据下送风气流组织设计中的主要因素的影响程度，按照不同的侧重点，介绍以下两种气流组织设计方法。

（一）按因素重要性次序设计

下送风气流组织设计中四个因素对人体舒适性的影响主次关系为：送风口到人体距离、送风温度、送风速度、送风口型式，按照因素重要性次序进行设计的方法和步骤为：

1. 确定风口到人体的距离 s，计算风口间距 l，单位面积风口个数 n_0，和房间内所需风口个数 n。

2. 确定送风温度 t_s，按照工作区设计温度 t_n 计算送风温差 Δt，根据室内热负荷计算送风量 L。

3. 确定送风速度 v_s，根据 L 和 v_s 计算总送风面积 F。

4. 选择送风口类型，确定尺寸，根据 F 计算所需的风口数量 n_1，计算此时的风口间距 l_1 和风口到人体的距离 s_1。

5. 比较 n 与 n_1，若 $n_1 \leqslant n$，则按 n_1 进行设计，否则重复 2. 到 4. 步骤，改变相应的数值直至 $n_1 \leqslant n$ 为止。

6. 根据已定出的 l_1、v_s、t_s，利用下式计算皮温差 Δt_{sk}（皮温差是基于主观感觉又能较客观地反映肌体热平衡状况的生理指标，为胸温和踝温之差）：

$$\Delta t_{sk}=8.42-2.07\times s_1+0.83\times v_s-0.24\times t_s \tag{5-8-1}$$

若 $\Delta t_{sk} \leqslant 3$℃，则满足舒适要求，按以上参数进行设计，若不满足，则重复步骤 1. 到 5. 至满足要求为止。3℃是根据热舒适实验得到的满足人体热舒适的主要指标之一。

该设计方法计算步骤参见【例 5-8-1】

【例 5-8-1】 某空调房间 6×10×3.2（m^3），工作区冷负荷 100W/m^2，工作区平均温度保持 26℃，对其进行下送风气流组织设计。

【解】 ［1］确定风口到人体的距离 s。

参照推荐的取值范围 $s \geqslant 0.5$m，为减小送风口数目，s 取较大值 0.8m。按照风口均匀布置，设人体处于风口之间，则风口间距 l 约为两倍的 s，为 1.6m，每个风口所占的面积为 $1.6^2=2.56m^2$，单位面积风口个数 $n_0=1/2.56=0.39$ 个/m^2，房间所需风口个数 $n=6\times10\times0.39=23.4$ 个。

［2］确定送风温度 t_s。

参照推荐的取值范围 $t_s \geqslant 18℃$，取 $t_s=21℃$，则总送风量：

$$L=\frac{Q}{c_p\rho\Delta t}=\frac{6\times10\times100}{1.01\times10^3\times1.2\times5}=0.99\text{m}^3/\text{s}=3564\text{m}^3/\text{h}$$

[3] 确定送风速度 v_s。

考虑到 v_s 与 t_s 间影响的交互作用，t_s 未取最小值，因此，v_s 取值可适当增大取 $v_s=1.75\text{m/s}$，则送风面积 $F=L/v_s=0.99/1.75=0.566\text{m}^2$。

[4] 根据实际条件，选用圆形旋流风口，$d=200\text{mm}$ 则需风口数目为：

$$n_1=\frac{F}{\frac{\pi}{4}d^2}=\frac{0.566}{\frac{3.14}{4}\times0.2^2}=18\text{个}$$

此时单位面积风口个数为 $18/(6\times10)=0.3$ 个/m^2，每个风口服务的地面面积为 $1/0.3=3.33\text{m}^2$，风口间距 $l_1=1.82\text{m}$，到人体距离为 $s_1=0.91\text{m}$。

[5] 比较 n 与 n_1，有 $n_1\leqslant n$，因此按照 n_1 进行设计。

[6] 根据公式（5-8-1）计算此时的皮温差：

$$\Delta t_{sk}=8.42-2.07\times s_1+0.83\times v_s-0.24\times t_s=8.42-2.07\times0.91+0.83\times1.75-0.24\times21$$
$$=2.59℃$$

即 $\Delta t_{sk}\leqslant 3℃$，满足舒适要求。

按照该方案进行设计时的气流组织参数为：圆形旋流风口（$d=200\text{mm}$）18 个，送风温度 21℃，送风速度 1.75m/s，送风口到人体的距离为 0.91m。

（二）按照最佳舒适性设计

在有些对室内环境要求较高的情况下，按照（一）的方法进行设计时，计算繁琐且不易保证要求，为此改进因素取值范围，提高送风温度，减小送风速度，得到以下简单的设计方法，其方法和步骤为：

1. 确定送风温度 t_s，计算送风温差 Δt，按照取最佳舒适性原则，建议此时送风温度不低于 20℃。如室温 25℃，则送风温差为 5℃。

2. 根据室内负荷 Q，计算送风量 L。

3. 确定送风速度 C，计算送风面积 F，建议 v_s 不高于 1m/s。

4. 选定送风口的型式尺寸，计算房间内所需的风口数目 n。

5. 计算单位面积风口个数 n_0，建议 n_0 不大于 0.6 个/m^2，若 $n_0>0.6$ 则重复上述步骤，调整其他参数，直至满足要求为止。

按照该方法进行设计时，只要 n_0 在建议取值的范围内，可不进行皮温差计算检验，因为 $n_0=0.6$ 时单个风口服务面积为 1.67m^2，风口间距为 1.3m，风口到人体距离约为 0.65m，送风温度与送风速度同取较低值（20℃，1.0m/s）时，皮温差的计算值为 3.1℃，所以当 n_0 小于 0.6 时基本可满足人体舒适要求。其设计计算举例见【例 5-8-2】。

【例 5-8-2】 已知参数同【例 5-8-1】，进行下送风气流组织设计如下：

【解】 [1] 确定送风温度 $t_s=20℃$，则 $\Delta t=6℃$

[2] 送风量 $L=\frac{Q}{c_p\rho\Delta t}=\frac{6\times10\times100}{1.01\times10^3\times1.2\times6}=0.83\text{m}^3/\text{s}=2970\text{m}^3/\text{h}$

[3] 确定送风速度 $v_s=1\text{m/s}$，总送风面积 $F=L/v_s=0.83/1=0.83\text{m}^2$

[4] 考虑送风量较大风速较低，因此选用直径大些的旋流送风口，$d=250\text{mm}$，所需

的送风口个数为：$n_1=\dfrac{F}{\dfrac{\pi}{4}d^2}=\dfrac{0.83}{\dfrac{3.14}{4}\times 0.25^2}=16.9\approx 17$（个）。

［5］单位面积风口个数：$n_0=17/60=0.28$ 个/m²<0.6，满足要求。

按照该方案进行设计时的气流组织参数为：旋流风口（d=250mm）17 个，送风温度 20℃，送风速度 1m/s，送风量 2970m³/h。

最后需要说明的是：（一）的设计方法计算稍繁琐，适用于一般的设计；（二）的设计方法设计的气流组织虽然热舒适性较好，但相比于其他的方法不太经济，对于负荷较小、热舒适要求较高的房间，可以按照此方法进行。另外，对于像智能建筑这样的现代化办公室等空间，还可以按照置换通风的设计思路进行设计，按这种方法设计出的气流组织可形成较好的活塞流，因此室内空气品质更佳。

第九节　置换通风与岗位空调

一、通风原理

（一）置换通风的工作原理

置换通风的工作原理是以极低的送风速度（0.25m/s 以下）将新鲜的冷空气由房间底部送入室内，由于送入的空气密度大而沉积在房间底部，形成一个空气湖。当遇到人员、设备等热源时，新鲜空气被加热上升，形成热羽流并作为室内空气流动的主导气流，从而将热量和污染物等带至房间上部，脱离人的停留区。回（排）风口设置在房间顶部，热的、污浊的空气就从顶部排出。于是置换通风就在室内形成了低速、温度和污染物浓度分层分布的流场。图 5-9-1 给出了置换通风的原理示意图。

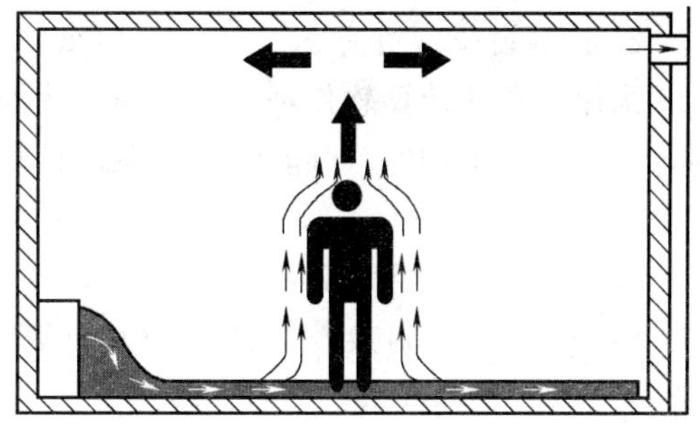

图 5-9-1　置换通风原理示意图

（二）岗位空调的工作原理

岗位空调完全改变了传统的对整个空间进行调节的理念，是专为个人提供局部热湿环境调节的送风方式，可以只送新风或加入少量回风，具有很高的通风效率，并能实现使用者根据个体需要进行自主调节。

采用岗位空调新鲜空气可以直接送到人的呼吸区，减少了与室内空气的混合，使人体吸入的空气尽可能地不受周围环境的污染，以保证较高的空气品质；通过局部的冷却或加热，能够达到每一位使用者满意的热感觉条件；同时，其独立调节手段可以减小个体差异对舒适性的影响，同时产生的心理作用也有助于提高空气品质。

当然，这种送风模式不适合工作位置不稳定的个人，而可在一般办公室内使用。如图 5-9-2 所示为个性化送风末端的示意图。

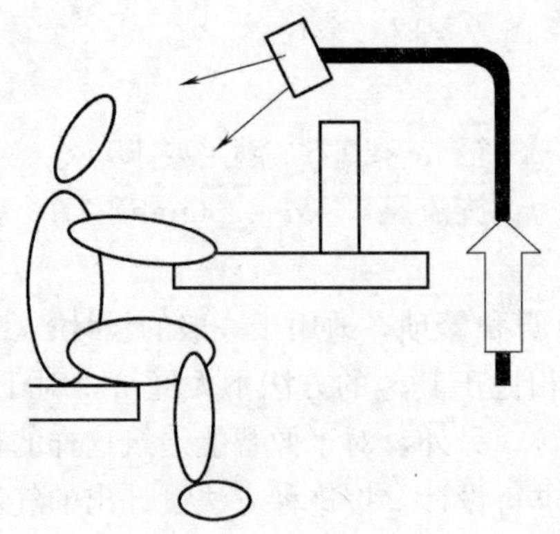

图 5-9-2 个性化送风末端示意图

二、置换通风设计方法

使用通风系统的目的就是为了能够提供一个健康舒适的室内环境，好的通风系统应该是初投资低而能效高。设计室内环境的主要工作就是要确定通风系统中的关键参数，如风量、风口位置和形式以及送风温度。置换通风的设计可按下面九个步骤进行。

1. 判断是否适合使用置换通风

置换通风适合于污染源和热源相联系且顶棚高度不低于 2.5m 的情况。

2. 计算夏季冷负荷

采用冷负荷计算软件或 ASHRAE 手册计算空间的夏季设计冷负荷。由于置换通风时，房间温度不均匀，可能的话，在用计算机计算负荷时在竖直方向假定一个 2℃/m 的温度梯度。

逐个计算下列冷负荷：

(1) 人员，台灯及设备热量，Q_{oe}（W）；

(2) 灯光热量，Q_l（W）；

(3) 围护结构传热及太阳辐射热量，Q_{ex}（W）。

3. 确定夏季制冷所需送风量

置换通风会导致温度分层。为了保证舒适，对静坐人员头和脚的设计温差 ΔT_{hf} 应该小于 2℃。所需换气次数 n 可由下式计算：

$$n=\frac{1}{\Delta T_{hf}\rho C_p HA}(a_{oe}Q_{oe}+a_l Q_l+a_{ex}Q_{ex}) \tag{5-9-1}$$

式中 n——换气次数（次/h）；

ΔT_{hf}——2℃；

ρ——空气密度（kg/m³）；

C_p——空气比热（J/kg·K）；

H——空间高度（m）；

A——地板面积（m²）。

a_{oe}，a_l 和 a_{ex} 分别为 0.295，0.132 和 0.185（系数表征的是进入静坐人员头与脚之间

区域的冷负荷的分数）。

ASHRAE 标准 55-1992 要求对于站立人员，头和脚间的温差不能超过 3℃。由于竖直方向上 1.1m 至 1.7m 间的温度梯度通常较 0.1m 至 1.1m 间的小，因此对于站立人员，用上述公式设计计算同样能获得较好的舒适性。

夏季制冷所需风量计算如下：

$$V_h = nAH/3600 \quad m^3/s \tag{5-9-2}$$

4. 确定满足室内空气品质所需的新风量

采用 ASHRAE 空气质量标准 ASHRAE62 确定满足室内空气品质所需的风量，V_r。该风量基于通风效率为 1 的混合通风确定。前面提到，置换通风的通风效率更高，因此对于同样的室内空气品质，置换通风所需的新风量较混合通风的少，其计算式如下：

$$V_f = V_r/\eta \tag{5-9-3}$$

其中 η 为呼吸区的通风效率，可由下式确定：

$$\eta = 3.4(1-e^{-0.28n})(Q_{oe}+0.4Q_l+0.5Q_{ex})/Q_t \tag{5-9-4}$$

5. 确定送风量

选取夏季制冷所需风量 V_h 和满足室内空气品质所需风量 V_f 中的大者作为设计风量 V：

$$V = \max\{V_f, V_h\} \tag{5-9-5}$$

当 $V=V_f$ 时，空调系统为全新风。

6. 确定送风温度

送风温度 T_s 可以通过地表温度 T_f 和无因次温度 θ_f 确定：

$$T_s = T_f - \theta_f Q_l/(\rho C_p V) \tag{5-9-6}$$

其中 $T_f = T_h - \Delta T_{hf}$；$T_h$ 为室内设计温度，ΔT_{hf} 计算如下：

$$\Delta T_{hf} = \frac{1}{\rho C_p V}(0.295Q_{oe}+0.132Q_l+0.185Q_{ex}) \tag{5-9-7}$$

无因次温度 θ_f 可由 Mundt’s 提出的公式计算：

$$\theta_f = \frac{1}{\frac{V\rho C_p}{A}\left(\frac{1}{\alpha_r}+\frac{1}{\alpha_{cf}}\right)+1} \tag{5-9-8}$$

式中 α_r——从顶棚到地面辐射热的等效传热系数 [W/(m^2·K)]；

α_{cf}——为从地面向房间内空气的传热系数 [W/(m^2·K)]。

对流和辐射传热系数约为 5 [W/(m^2·K)]，具体数值可以通过 ASHRAE 手册——基础篇查得。

通过整个房间的能量守恒，可以很容易地计算出排风温度 T_e：

$$T_e = T_s + \frac{Q_t}{\rho C_p V} \tag{5-9-9}$$

在实际系统中，通常是一个空气处理系统对 N 个房间（$N>1$）。为了便于控制，对应一个系统所有房间的送风温度应该相同。为了满足所有房间的热舒适，通常选取所有房间设计送风温度的最大值作为所有房间的送风温度。

$$T_{ss} = \max\{T_{s,i}\} i=1,\cdots\cdots N \tag{5-9-10}$$

式中 T_{ss}——所有房间的送风温度；

$T_{s,i}$——房间 i 的计算送风温度。

故各房间的送风量需要重新计算，如下：

$$V_i=\frac{Q_{t,i}}{\rho C_p(T_{e,i}-T_{ss})} \tag{5-9-11}$$

式中 $Q_{t,i}$——第 i 个房间的冷负荷；

$T_{e,i}$——第 i 个房间的计算排风温度。

由于 $T_{ss} \geqslant T_{s,i}$（$i=1$，……N），送风温度为 T_{ss}，较送风温度为 $T_{s,i}$时，所需送风量更大，头部与脚部温差更小。式（5-9-11）计算的送风量 V_i 并不精确，但是能够满足大多数设计要求。头部区域的温度需要重新计算，如果太高，则应当适当调高送风量 V_i，直至头部温度可以接受为止。最终的送风量应当通过式（5-9-6）和式（5-9-9）确定。

系统的总送风量为：

$$V_s=\sum_{i=1}^{N}V_i \tag{5-9-12}$$

当然，如果各 $T_{s,i}$间的差别超过 3℃，在设计时应当考虑采用两个送风温度。

7. 确定新风比

对于室内存在有毒气体的房间，如生物及化学实验室，置换通风系统应采用全新风（$r_f=100\%$），同时对排风实行热回收。对于其余空间，如办公室，对回风过滤后能够有效地节能，其新风比可由下式确定：

$$r_f=\max\left\{\frac{V_{f,i}}{V_i}\right\},i=1,\cdots,N \tag{5-9-13}$$

式中 $V_{f,i}$ 为满足室内空气品质所需新风量。

8. 选取送风口尺寸与数量

Chen 等的研究表明送风口出口风速最好小于 0.4m/s，否则就会造成吹风感。基于该出口风速，房间 i 所需的风口总面积为：

$$A_i=V_i/0.4[\mathrm{m}^2] \tag{5-9-14}$$

如果单个风口出风面积为 A_d，则送风口的数量为：

$$N_d=A_i/A_d \tag{5-9-15}$$

根据空间布局，风口的布置应遵循下列原则：

（1）风口附近无大尺寸的障碍物；

（2）风口应不在与外墙（窗）相对的墙上；

（3）风口可以布置在房间的中央；

（4）冷负荷高的区域应该多布置风口。

9. 复核冬季的供暖工况

对于供冷而言，置换通风是比较理想的。而对于供暖，由于浮升力的作用，导致热空气聚于顶棚处，有时要设置独立的供暖系统以承担外墙（窗）导致的热负荷。

三、岗位空调设计方法

大量学者对岗位空调下人体的热舒适性进行了广泛研究，并建议了一些比较重要的送风参数的取值范围。其中，背景空调的温度一般控制在 26～30℃之间，个性化送风口的送风温差一般不高于 6℃，送风温度不低于 18℃。岗位空调在工作区微环境调节方面可以有不同的设计方式，既可以仅用个性化送风口同时处理工作区热、湿负荷和提供新风，也可以用个性化送风口仅去除工作区的湿负荷和提供新风，而通过布置在工位周边的局部辐射板来处理工作区的冷负荷。由于目前个性化通风还处于研究阶段，尚未形成成熟的设计方法，因此，下面仅简单介绍一种基于温、湿度独立控制的个性化送风系统的设计方法，而实际设计各类个性化送风系统时，应根据个性化送风需要承担的热、湿负荷情况，合理地确定送风量，使之满足相应的要求，而此处介绍的整个的设计方法仍可参考使用。

在基于温、湿度独立控制的个性化送风系统的设计过程中，首先要依据除湿的要求确定所需送风风量，然后设计送风方式和出风口，确定输送管道的相关尺寸，最后选择合适的可调速风机。

(一) 确定送风量

系统送风量主要应满足两个要求：一是除去工作区余湿，二是保证人员所需新风量。

用于去除室内余湿的风量为：

$$L_W = \frac{W}{(d_n - d_s)\rho} \tag{5-9-16}$$

式中 L_W——送风量（m^3/h）；

W——人员散湿量（g/h）；

d_s——送风含湿量（g/kg）；

d_n——背景含湿量（g/kg）；

ρ——空气密度（kg/m^3）。

为保证人员所需的新风量为：

$$L_f = nq \tag{5-9-17}$$

式中 n——室内人员数；

q——每个人所需新风量。

q 可按房间需要确定，室内空气品质要求高，$q=50m^3/(h \cdot 人)$；室内空气品质要求中等，$q=35m^3/(h \cdot 人)$；室内空气品质要求低，$q=25m^3/(h \cdot 人)$。根据此要求，可结合实际情况同时兼顾人员所需新风和湿度控制的要求，选取合理的新风量 L_W，然后将 L_W 代入式（5-9-16），可以确定要求的送风含湿量 d_s，并与除湿设备能达到的能力进行校核。注意在式（5-9-16）中，人员散湿与活动状态有关。可结合建筑功能和人员活动情况，根据相关设计手册的数据确定散湿量。

(二) 确定送风方式

对于个体化送风，依据送风平均速度是否随时间变化，可以将其分为稳态送风和动态送风两种方式。

1. 稳态送风

基于人体热反应的投票实验，人体整体热感觉与个体送风的平均风速、环境背景温度、送风温差之间关系，可用式（5-9-18）表示：

$$GEN = 0.125T_{room} - 0.0726\Delta T - 0.676v - 3.51 \tag{5-9-18}$$

式中 GEN——整体热感觉；

T_{room}——背景温度（℃）；

ΔT——送风温差（℃），即个体送风温度与背景温度的差值；

v——送风速度（m/s）。

其适用范围为 T_{room}：26～30℃，ΔT：0～6℃，v：0.4～1.4m/s，且要求使用者着夏季薄质衣服，从事普通的办公活动。则在一定背景温度和送风温差条件下，满足一定热感觉所需要的送风速度为：

$$v=0.225T_{room}-0.107\Delta T-1.48GEN-5.20 \tag{5-9-19}$$

2. 动态送风

在动态化条件下，人体整体热感觉与平均风速、背景温度、送风温差之间关系，如式(5-9-20) 所示：

$$DGEN=0.152T_{room}-0.0726\Delta T-0.676v-3.66(p<0.001) \tag{5-9-20}$$

式中：$DGEN$ 为动态整体热感觉。上式的适用范围为 T_{room}：26～30℃，ΔT：0～6℃，v：0.4～1.4m/s，且要求使用者着夏季薄质衣服，从事普通的办公活动。则在一定背景温度和送风温差条件下，满足热中性所需要的动态送风平均速度为：

$$v=0.225T_{room}-0.107\Delta T-5.40 \tag{5-9-21}$$

(三) 确定风口

确定了风量和送风速度之后，即可以进一步确定风口的具体形式以及开口面积。个体化风口常使用孔板风口，为美观和使用安全考虑，以下以使用圆形孔板风口为例进行计算说明。

孔板射流的紊流系数很小，与周围空气的掺混也比较小，其射流的起始段长度 x_1 可以用以下经验公式来计算，其中 b 为矩形孔板的直径。

$$x_1=4.5b \tag{5-9-22}$$

在起始段内，射流核心速度没有明显变化，而之后的射流主体段，轴心速度随着距离出口断面距离的增加而减小。设计中，一般可选取送风口与人体距离在射流起始段之中。例如，对于直径大于 10cm 的孔板来说，射流起始段的长度大于 0.5m，选取送风口距离人体约在 0.4m 处，可以使得射流到达人体时仍然处于起始段，送到人体呼吸区的空气质量可以得到保证，同时到达人员的射流轴心风速可以认为约为送风轴心风速。

(四) 调节策略

个体化送风装置的最大特点即是个性化，突出由使用者自行调节。一方面，可通过采用多级变速风机，为末端风口送风，从而使得用户可以根据自己的需要，来选择适合自己所需的风速。此外，还可以设计风口可以适当移动，使得用户可以改变来流的方向；另一方面，用户还可自行调节冷辐射隔档的温度，来改变工位局部环境温度。

第十节　回　风　口

一、回风口的布置

1. 空调房间的气流流型主要取决于送风射流，回风口的位置对气流流型影响较小，对区域温差影响亦小。因此，除了高大空间或面积大而有较高区域温差要求的空调房间外，一般可以在一侧布置回风口。

2. 回风口不应设在射流区内。对于侧送方式，回风口一般在送风口同侧下方，下部回风对送热风有利。对于孔板送风和散热器送风形成单向流流型时，回风口应设在下侧。

3. 高大空间上部有一定余热量时，宜在上部增设排风口或回风口，以减少空调负荷。

4. 有走廊多间的空调房间，如洁净度和噪声要求不高，室内无有害气体排出时，可在走廊端头布置回风口集中回风，而各空调房间可在与走廊邻接的门或内墙下侧，宜设置可调百叶格栅回风口，走廊两端应设密闭性能好的门。

5. 影响空调区域效果的局部热源，可用排风罩或排风口型式进行隔离，如果排出空气的焓低于室外空气焓，则排风口可作为回风口接入回风管路系统。

二、回风口的回风速度与型式

1. 回风口的回风速度按表 5-10-1 选用

回风口速度　　表 5-10-1

回风口位置		最大回风速度(m/s)
房间上部		4.0～5.0
房间下部	不靠近操作位置	3.0～4.0
	靠近操作位置	1.5～2.0
	用于走廊回风	1.0～1.5

回风口风量需要调节时，调节阀可设在回风支管或回风口上，按调节方便决定。

2. 常用回风口型式

常用回风口型式有单层百叶风口，固定格栅风口，网板风口，篦孔或孔板风口以及与粗效过滤器组合的网格回风口等。

(1) 常用的回风口，其规格和风量按生产厂样本选取。

(2) 篦孔，网板，孔板等回风口全压损失可查表 5-10-2，其他型式可参考或查产品样本。

篦孔，网板，孔板等回风口全压损失　　表 5-10-2

风口名称	篦孔风口		孔板回风口		网板风口	
局部阻力	多叶阀全开	不装多叶阀	多叶阀全开	不装多叶阀	多叶阀全开	不装多叶阀
系数	8.41	8.20	10.84	10.61	4.31	3.96
连接管速度(m/s)	全压损失(Pa)					
1.0	5.06	4.94	6.53	6.39	2.59	2.38
1.5	11.39	11.11	14.68	14.37	5.84	5.36
2.0	20.25	19.75	26.10	25.55	10.38	9.51
2.5	31.64	30.85	40.79	39.92	16.22	14.90
3.0	45.57	44.43	58.73	57.48	23.35	21.46
3.5	62.02	60.47	79.94	78.24	31.78	29.20
4.0	81.01	78.98	104.41	102.20	41.51	38.14
4.5	102.52	99.96	132.15	129.34	52.54	48.27
5.0	126.57	123.41	163.14	159.68	64.87	59.60

摘自【实用供热与空调设计手册】第二版下册

第十一节　高大空间分层空调

一、分层空调基本原理和空调方式

（一）分层空调基本原理

在高大空间建筑中，实际需要空调的仅为下部工作区域，因此，可利用合理的气流组织，仅对下部空间进行空调，而对上部较大空间不予空调或采用通风排热，以实现垂直分区空调，称这种空调方式为“分层空调”。

采用分层空调与全室空调相比，可显著地节省冷负荷、初投资和运行能耗。根据国外文献介绍，最大可节省冷量50%，最少亦达14%，按国内的实验和工程实际运用，一般可节省冷量在30%左右。因此，对于高大空间建筑中，房间高度≥10m，容积＞10000m^3 的建筑，采用分层空调这种方式是非常适宜的。

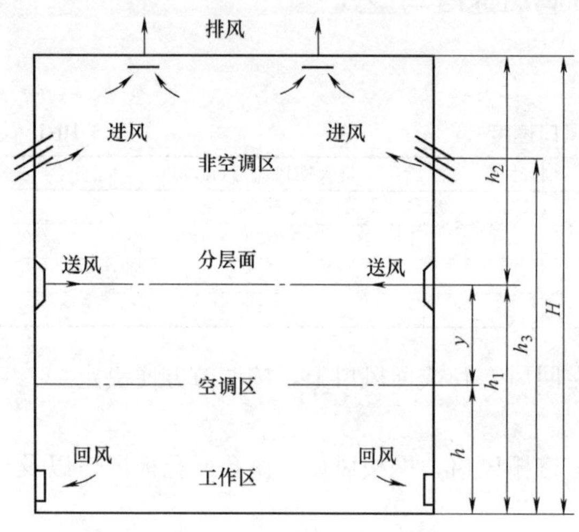

图 5-11-1　分层空调示意图

（二）分层空调方式

分层空调方式是以送风口中心线作为分层面，将建筑空间在垂直方向分为二个区域，分层面以下空间为空调区域，分层面以上空间为非空调区域。如图5-11-1所示。

空调区中的工作区高度 h，对于舒适性空调，一般可取 2m，其余按工艺要求而确定。空调区域高度 h_1 为送风射流垂直落差 y 和工作区高度 h 之和。

在满足空调区使用要求的各项参数下，分层高度 h_1 越低越节能。

二、分层空调负荷计算

（一）分层空调冷负荷的组成机理

分层空调的空调区的冷负荷由两大部分组成，即空调区本身得热形成的冷负荷和非空调区向空调区热转移形成的冷负荷。热转移负荷包括对流和辐射两部分。

当空调区送冷风时，非空调区的空气温度和内表面温度均高于空调区，由于送风射流卷吸作用，使非空调区部分热量转移到空调区直接成为空调负荷即对流热转移负荷。而非空调区辐射到空调区的热量，被空调区各个面接收后，其中只有以对流方式再放出的部分才转为空调负荷即辐射热转移负荷。

空调区负荷组成由下式计算：

$$q_{cl}=q_{1w}+q_{1n}+q_x+q_{sn}+q_d+q_f \quad (5\text{-}11\text{-}1)$$

式中 q_{cl}——空调区冷负荷（W）；

q_{1w}——空调区外围护结构得热形成的冷负荷（W）；

q_{1n}——空调区内部发热量（设备、照明和人等）引起的冷负荷（W）；

q_x——空调区室外新风形成的冷负荷（W）；

q_{sn}——空调区渗漏风形成的冷负荷（W）；

q_d——非空调区向空调区对流热转移负荷（W）；

q_f——非空调区向空调区辐射热转移负荷（W）。

式（5-11-1）中右边前四项与全室空调负荷计算方法相同，可用本手册第一章和第二章计算方法。

（二）对流热转移负荷 q_d

非空调区向空调区的对流热转移最本质的原因是送风射流卷吸作用，其作用大小取决表征送风射流特性的阿基米德准数 Ar 和送风口型式等。经试验结果得出，只要保持 Ar 在一定范围内，使送风射流上边界在工作区以上搭接，就能满足分层空调要求。

对流热转移负荷计算步骤如下：

1. 分别计算空调区和非空调区的热强度 q_1 和 q_2（W）

$$q_1=Q_1/V_1;q_2=Q_2/V_2 \quad (5\text{-}11\text{-}2)$$

$$Q_1=q_{1w}+q_{1n}+q_x+q_{sn}+q_f$$

$$Q_2=Q_{2W}+Q_{2n}-q_f \quad (5\text{-}11\text{-}3)$$

式中 q_1、q_2——空调区和非空调区热强度（W/m^3）；

V_1、V_2——空调区和非空调区体积（m^3）；

Q_{2w}、Q_{2n}——非空调区外围护结构和内部热源的热量（W）。

2. 计算非空调区排热量 Q_p（W）

$$Q_p=1.01V_2n_2\Delta t_p/3600\ (\text{kW}) \quad (5\text{-}11\text{-}4)$$

式中 n_2——非空调区换气次数（次/h），$n_2\leqslant 3$ 次/h 为宜；

Δt_p——进排风温差（℃），可取 2～3℃。

3. 按非空调区与空调区热强度比 q_2/q_1 和 Q_P/Q_2 查图 5-11-2 求得 q_d/Q_2，乘以 Q_2 得出对流热转移负荷 q_d。

$$q_d=(q_d/Q_2)\times Q_2 \quad (5\text{-}11\text{-}5)$$

（三）辐射热转移负荷 q_f

辐射热转移量 Q_f 的大小主要取决于各围护结构内表面温度 τ、表面材料黑度 ε 以及几何形状和相对位置即形态系数 φ。

对于高大空间建筑，在夏季，由于太阳辐射热作用到各外围护结构中，屋盖的内表面温度最高，而地板的内表面温度往往是最低的。通过计算可得出，非空调区各个面（包括透过窗进入空调区的）对地板的辐射热占辐射热转移热量 Q_f 的 70%～80%。可用下式计算

$$Q_f=C_1(\sum Q_{id}+\sum Q_{Fd}) \quad (5\text{-}11\text{-}6)$$

$$\sum Q_{id}=\sum\varphi_{id}F_i\varepsilon_i\varepsilon_dC_0\left[\left(\frac{T_i}{100}\right)^4-\left(\frac{T_d}{100}\right)^4\right] \quad (5\text{-}11\text{-}7)$$

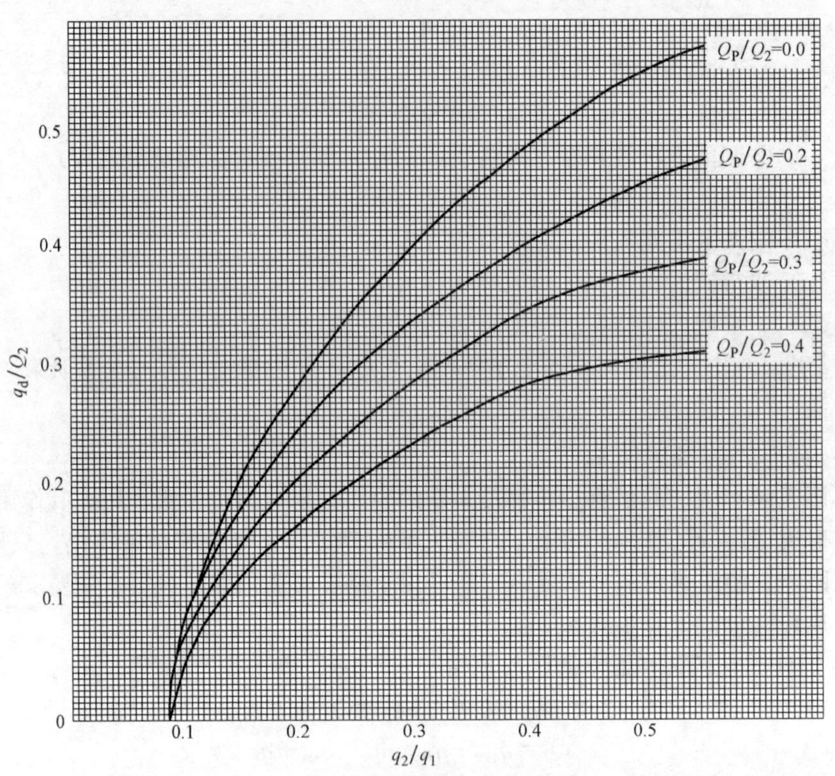

图 5-11-2 对流热转移负荷实验

$$\sum Q_{Fd}=\sum \rho_d \varphi_{cd} F_c J_c \tag{5-11-8}$$

式中 $\sum Q_{id}$——非空调区各个面向地板的辐射热量（W）；

$\sum Q_{Fd}$——透过非空调区玻璃窗被地板接受的日射热量（W）；

C_1——系数，取 1.3；

φ_{id}——非空调区各个面对地板的形态系数，查图 5-11-3 和图 5-11-4；

F_i——计算的表面积（m^2）；

ε_i、ε_d——非空调区各个面和地板的表面黑度，查表 5-11-1；

C_0——黑体的辐射系数，$C_0=5.68W/(m^2 \cdot K^4)$；

T_i、T_d——非空调区各个面和地板表面绝对温度（K）；

ρ_d——地板吸收率，见表 5-11-1；

φ_{cd}——非空调区外窗对地板的形态系数，查图 5-11-3 和图 5-11-4；

F_c——非空调区外窗的面积（m^2）；

J_c——透过非空调区外窗的太阳辐射强度（W/m^2）。

常用建筑材料黑度和吸收率 **表 5-11-1**

材料名称	玻璃	水泥地面	石灰粉刷	抹白灰墙	刷油漆结构	铝箔贴面
黑度 ε	0.94	0.88	0.94	0.92	0.92～0.96	0.05～0.20
吸收率 ρ	/	0.56～0.73	0.48	0.29	0.75	0.15

空调区接受辐射热量后，其中再放热部分才转变为空调区负荷即辐射热转移负荷 q_f。

$$q_f=C_2 Q_f \tag{5-11-9}$$

式中 C_2——冷负荷系数，根据实验 C_2 在 0.45～0.72 之间，对于一般空调可取 $C_2=0.5$。

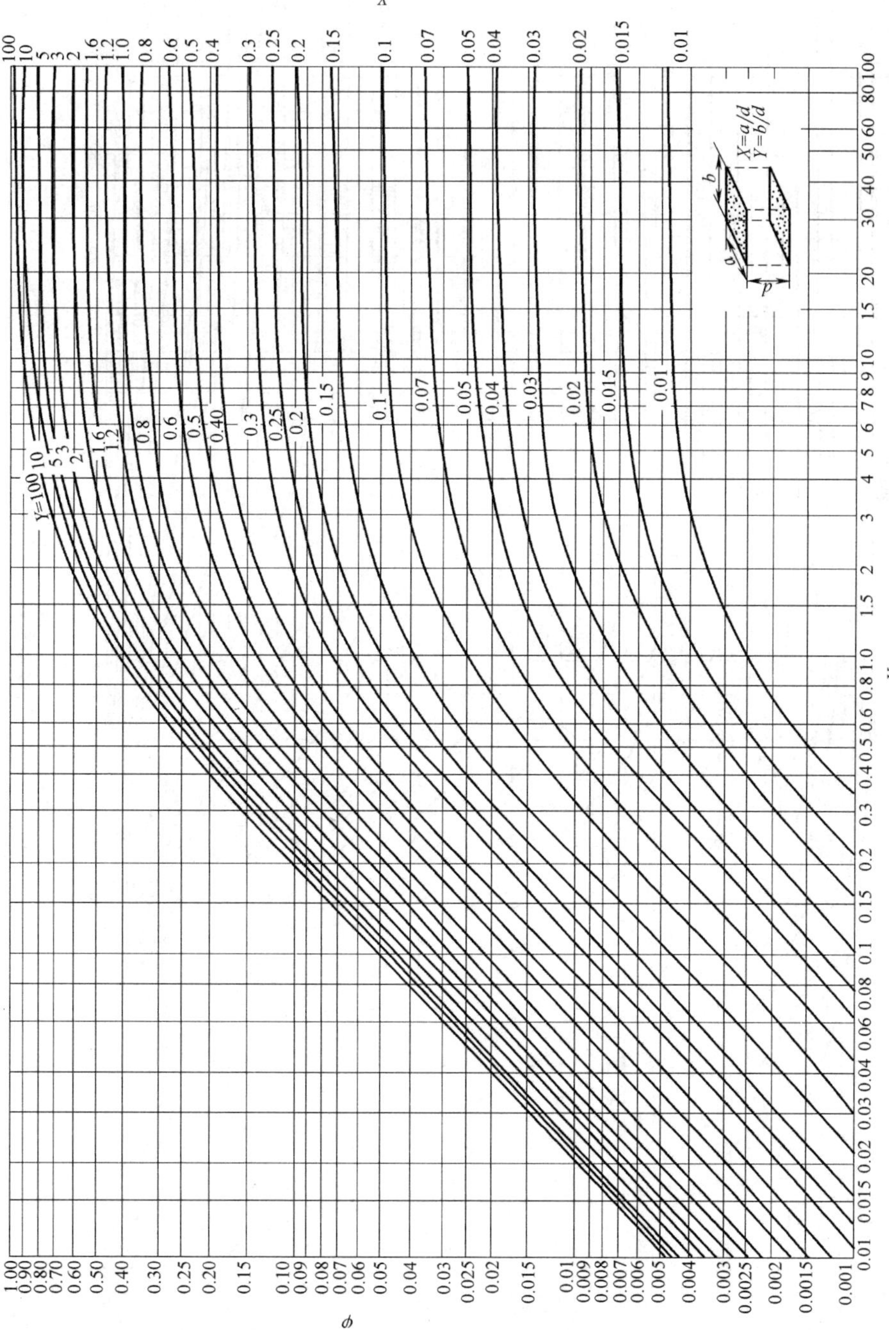

图 5-11-3　形态系数图（一）

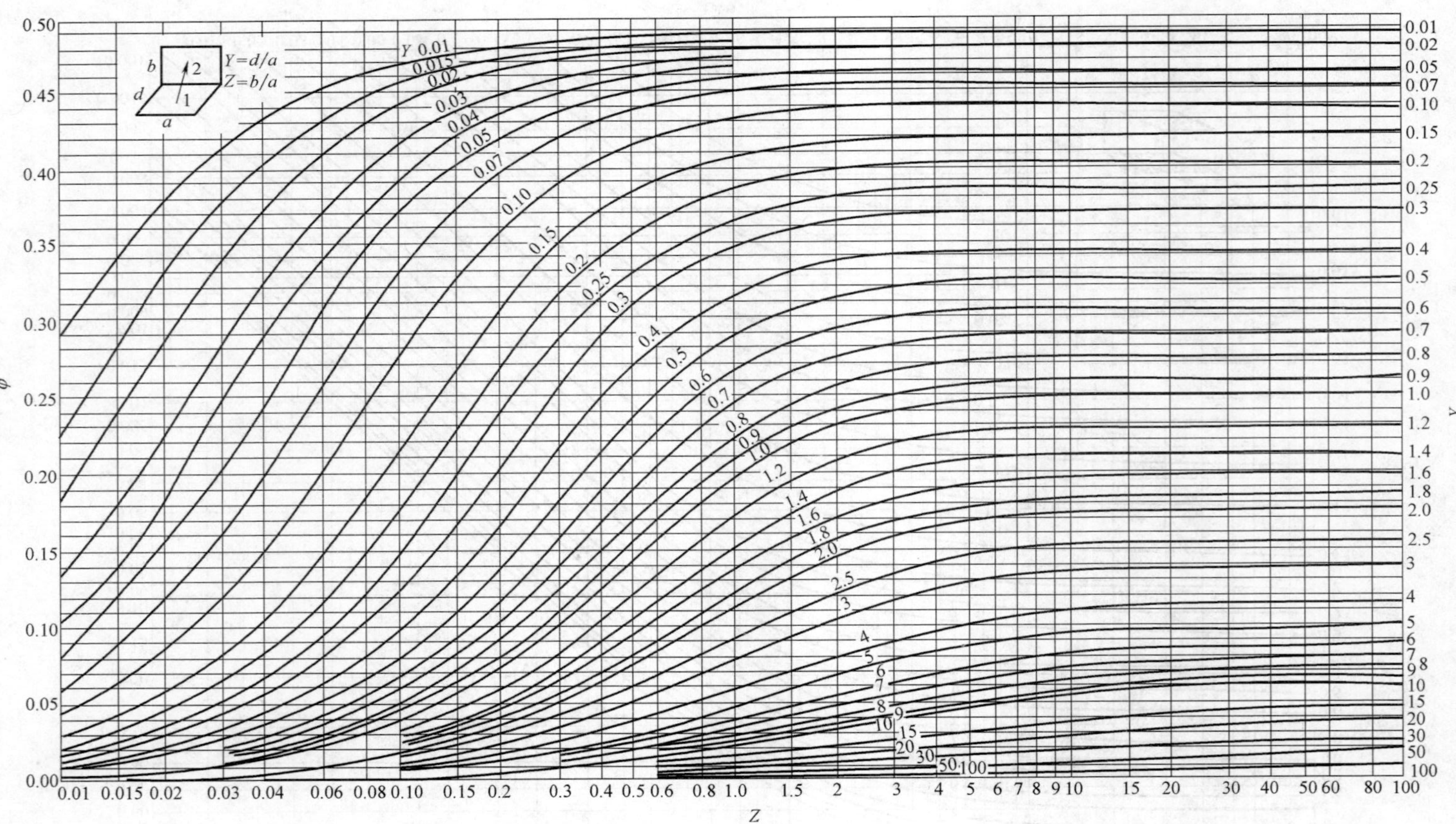

图 5-11-4　形态系数图（二）

(四) 分层空调负荷计算步骤

1. 确定设计计算参数

(1) 室外计算温度 t_w

(2) 室内计算温度，空调区温度 t_1 按工艺和设计规范确定；非空调区温度

$$t_2=\frac{1}{2}(t_1+t_3) \tag{5-11-10}$$

式中 t_3——屋盖下附近空气或排风温度，$t_3=t_w+(2\sim3)$℃；

(3) 围护结构热工指标及有关参数；

(4) 确定分层高度 $h_1=h+y+0.3$，送风射流落差由气流组织计算确定，一般 $y=\left(\frac{1}{16}\sim\frac{1}{4}\right)x$。射程较大时取小值，射程较小时取大值。

2. 分别计算空调区和非空调区围护结构进入热量和内部散热量。

3. 按（二）计算步骤计算对流热转移负荷 q_d。

4. 按（三）计算公式计算辐射热转移负荷 q_f。

5. 按式（5-11-1）得出空调区冷负荷 q_{cl}。

三、分层空调气流组织

(一) 分层空调气流组织形式和特征

具有一定能量的空气，经布置的多个风口送入大空间，形成前进方向一致的多股平行射流，如图 5-11-5 所示。当风口型式一定，雷诺数 $Re>5000$ 时，射流扩散角度变化不大，圆喷口收缩 $\theta=9°\sim13°$；扁喷口 $\theta=7.5°$；矩形百叶风口 $\theta=13°$。

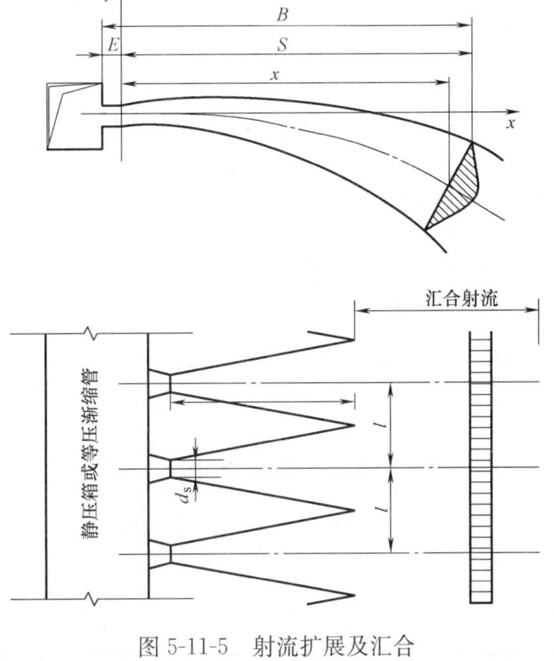

图 5-11-5 射流扩展及汇合

多股射流汇合后形成分层空间分层面，射流汇合点与喷口的水平距离 x_1，可由下式计算：

$$x_1=\frac{l-d_s}{2\mathrm{tg}\theta}\quad(\mathrm{m})\tag{5-11-11}$$

1. 气流组织型式

国内外常用分层空调气流组织形式见表 5-11-2。

2. 送风口型式

目前国内外常用各种风口型式及其特征如表 5-11-3 所示。

国内外分层空调气流组织形式 **表 5-11-2**

分层空调气流组织形式		应用实例
示意图	送、回风方式	
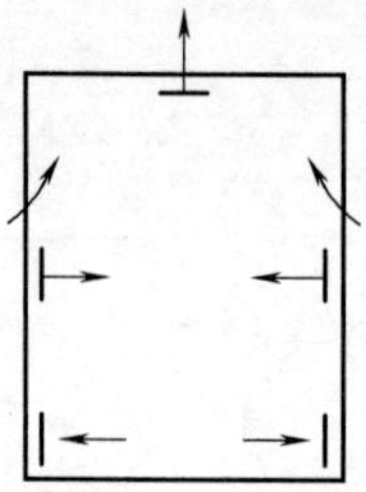	空调区：采用空调机组喷口送风、下部100%回风 非空调区：自然进室外空气，屋顶或上部机械排风	1. 美国维尔汽轮机厂 2. 美国维尔明核反应堆后处理厂 3. 中国南京汽轮电机厂
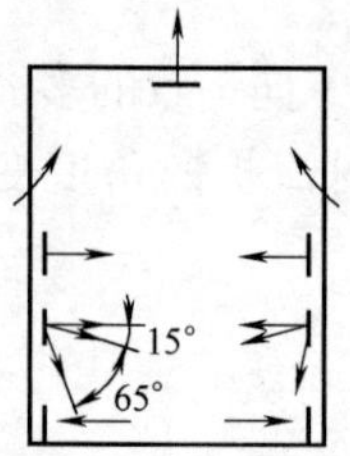 15° 65°	空调区：集中空调系统，诱导送风口。水平送风幕，向下 15°送工作区，65°为消除窗负荷 非空调区：自然进风机械排风	1. 日本大型精密机械加工场 2. 中国葛洲坝二江电厂发电机房
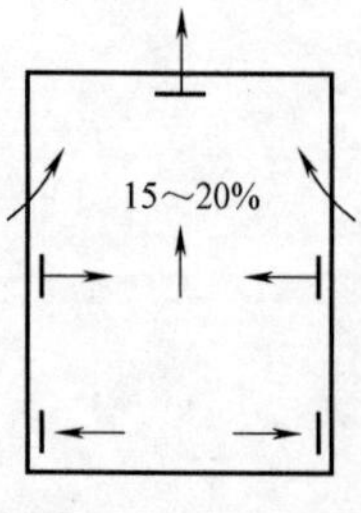 15～20%	空调区：集中空调系统，百叶送回风口送风，下部 80%回风 非空调区：15%～20%空调回风和高窗自然进风，屋顶机械排风	1. 中国天津第一机床厂 2. 美国什里波特变压器配电厂
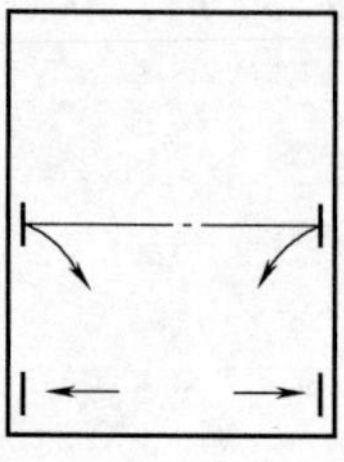	空调区：集中送风或空调机组送风，下部100%回风 非空调区：热强度<4.2W/m³ 时，可不设进排风	中国上海展览馆中央大厅

常用风口型式和特性系数 **表 5-11-3**

风口型式	风口常数		紊流系数 α
	K	K_1	
圆柱形风口	5.0		0.076
上下旋转喷口	5.0	5.7	0.10
球形旋转喷口	5.0		0.076
圆喷口(收缩角 13°)	6.5		0.07
扁喷口(高宽比≤1∶20)		6.5	0.10
扁风口		3.5	0.12
百叶式矩形风口			0.16
圆锥形诱导风口	可查生产厂样本选取		
矩形诱导风口			

(二) 分层空调气流组织设计计算

1. 计算参数确定

(1) 射流射程 $x=0.93S$，S 为射流作用距离，(见图 5-11-5)

(2) 工作区平均风速 v_p 及射流末端的轴心速度 v_x，一般 v_x 可取 0.15～0.25m/s。

(3) 射流落差 y 和分层面高度 h_1，y 可取 $\left(\frac{1}{16}\sim\frac{1}{4}\right)x$。

$$h_1=h+y+0.3 \quad (\mathrm{m})$$

(4) 送风温差 Δt_s，可按表 5-1-1 选取。为防止风管及风口结露，送风温度应不低于室内空气露点温度。

2. 确定风口尺寸和送风速度

采用圆喷口，可按式 (5-6-9) 和 (5-6-10) 求解得出送风口直径 d_s 和送风速度 v_s。

采用扁喷口，可按式 (5-6-11) 和 (5-6-12) 求得风口尺寸和送风速度 v_s。

采用矩形或圆形风口，可按式 (5-6-13) 和 (5-6-14) 求得风口尺寸和送风速度 v_s。

3. 检验计算结果，如果满足 $0.2d_s0.8$ (m) 和 $v_s\leqslant12$m/s，可进行下步计算。如果不满足，则重新选取 y 和 Δt_s，直至符合要求为止。

4. 计算每个风口的送风量 l_s

5. 根据确定分层高度 h_1，按上述计算得出的空调区负荷计算总送风量 L_s。

6. 确定风口个数 n，$n=L_s/l_s$，取整数，计算实际送风速度 v_s'。

7. 按求得的 v_s'，d_s，Ar，代入公式 (5-6-7) 和 (5-6-8)，检算 y 和 v_x，即：

$\Delta y=|y'-y|\leqslant0.2$m，$\Delta v_x=|v_x'-v_x|\leqslant0.05$m/s 则符合设计要求。

(三) 非空调区进排风方式

1. 非空调区进风口高度设计原则：应满足以下三点：

(1) 进风温度≤非空调区同高度处空气温度；

(2) 非空调区的进风气流不应干扰空调区的送风射流；

(3) 对于主要用于降低屋盖内表面温度的通风，进风口相对高度 $\bar{H}$ 不应低于 0.32。

$$\bar{H}=\frac{h_3-h_1}{h_2} \tag{5-11-12}$$

式中 h_3——非空调区进风口距地面高度 (m)；

h_2——非空调区高度 (m)，$h_2=H-h_1$；

h_1——空调区高度（送风口距地面高度）（m）；

H——房间高度（m）。

2. 非空调区换气次数，根据试验≤3 次/h。

四、分层空调系统

根据高大空间分层空调的特点，系统选择原则：

（一）对于高大厂房和车间

一般均有大型设备、吊车等，在选择空调系统时，应根据工艺生产性质和设备布置、热湿负荷特点、室内温湿度与洁净度要求、建筑面积（机房面积）、初投资和运行费用等进行综合技术经济分析确定。一般宜采用集中空调系统。当集中系统送回风管道布置困难时，可选用整体式空调机组和大型风机盘管机组。

（二）集中式空调机组用于分层空调的特点：

1. 可以实现全年多工况运行，运行方便；
2. 空气处理量大，能够满足工艺和舒适性空调要求；
3. 机房和风管占空间较大。

（三）整体式空调机组用于分层空调的特点：

1. 设备整套，可直接设在车间内，基本不设风管，易于安装，调节方便；
2. 可以分区控制；
3. 布置分散，维护管理不方便，室内噪声较大。

（四）大型风机盘管机组用于分层空调的特点：

1. 灵活性大，易于安装；布置调节容易，可以分区控制；
2. 机房和风管占地面积小；
3. 由于布置分散，维护管理不便。

【例 5-11-1】 某单层厂房，长度 30m，宽 12m，高度 15m，工作区高度 2.7m。两面外墙厚 240mm，南北外墙上各有高侧窗（1.5m×1.8m）6 个，北外墙上有下侧窗（1.5m×1.8m）16 个均为单层窗，工艺要求 5m 以下为空调区，设计分层空调。

屋盖传热系数　$K=1.02\text{W}/(\text{m}^2\cdot℃)$，$\varepsilon=0.88$；

墙传热系数　　$K=2.04\text{W}/(\text{m}^2\cdot℃)$，$\varepsilon=0.92$；

外窗传热系数　$K=6.4\text{W}/(\text{m}^2\cdot℃)$，$\varepsilon=0.94$；

地面传热系数　$K=0.47\text{W}/(\text{m}^2\cdot℃)$，$\varepsilon=0.88$，$\rho=0.63$。

【解】

[1] 计算分层空调负荷

1 计算辐射热转移负荷

① 确定设计计算参数

室外计算温度 $t_\text{w}=35.2℃$，空调区温度 $t_1=27℃$

非空调区温度 $t_2=\frac{1}{2}(t_1+t_{\text{d2}})$，$t_{\text{d2}}=35.2+3=38.2℃$，

$$t_2=\frac{1}{2}(27+38.2)=32.6℃$$

② 确定分层高度

送风气流落差 y 取$\frac{1}{8}x$，x 取 10m，则 $y=1.25$m

分层高度 $h_1=2.7+1.25+0.3=4.25$m

③ 分别计算空调区和非空调区得热量（计算过程略）

空调区：$q_{1w}=16459$W，非空调区：$q_{2w}=36860$W；

$q_{1n}=14235$W　　$q_{2n}=0$。

④ 分别计算空调区和非空调区表面温度 τ

$$\tau=t_n+K\Delta t_{zh}/\alpha_n \tag{5-11-13}$$

式中　t_n——室内计算温度，空调区为 t_1，非空调区为 t_2；

Δt_{zh}——综合温差；

α_n——外围护结构内表面放热系数，可取 8.72W/(m^2·℃)。

按式（5-11-13）计算结果如下：

非空调区：南窗 $\tau=32.6+\frac{6.4\times4.5}{8.72}=35.8℃$

北窗 $\tau=32.6+\frac{6.4\times4.5}{8.72}=35.8℃$

东墙 $\tau=32.6+\frac{2.04\times8.9}{8.72}=34.68℃$

西墙 $\tau=32.6+\frac{2.04\times8.9}{8.72}=34.68℃$

南墙 $\tau=32.6+\frac{2.04\times5.9}{8.72}=33.98℃$

北墙 $\tau=32.6+\frac{2.04\times4.4}{8.72}=33.63℃$

屋盖 $\tau=32.6+\frac{1.02\times29.28}{8.72}=36.02℃$

空调区：北窗 $\tau=27+\frac{5.5\times4.5}{8.72}=29.84℃$

地板 $\tau=27+\frac{0.47\times21}{8.72}=28.13℃$

⑤ 计算非空调区各个面对空调区地板形态系数，可查图 5-11-3 和图 5-11-4 得出：

屋盖对地板 $\varphi=0.225$；北墙对地板 $\varphi=0.148$；

南墙对地板 $\varphi=0.148$；东墙对地板 $\varphi=0.155$；

西墙对地板 $\varphi=0.155$；

北高侧窗对地板 $\varphi=0.148$；

南高侧窗对地板 $\varphi=0.148$。

⑥ 计算辐射热转移量 Q_f

用公式（5-11-6）、（5-11-7）和（5-11-8）计算得出：

$$Q_f=C_1(\Sigma Q_{id}+\Sigma Q_{Fd})=1.3(6194.77+1752.17)=10331\text{W}$$

⑦ 计算辐射热转移负荷 q_f

$$q_f = C_2 Q_f = 0.5 \times 10331 = 5165.5\text{W} \text{ 取} 5166\text{W}$$

[2] 计算对流热转移负荷 q_d

① 计算空调区和非空调区热强度 q_1 和 q_2

空调区：$Q_1 = q_{1w} + q_{1n} + q_x + q_f$

$= 16459 + 14236 + 0 + 5166$

$= 35860\text{W}$

非空调区：$Q_2 = Q_{2w} + Q_{2n} - q_f$

$= 36860 + 0 - 5166$

$= 26529\text{W}$

空调区体积：$V_1 = 30 \times 12 \times 4.25 = 1530\text{m}^3$

非空调区体积：$V_2 = 30 \times 12 \times 10.75 = 3870\text{m}^3$

$$q_1 = Q_1 / V_1 = 35860/1530 = 23.4\text{W/m}^3$$

$$q_2 = Q_2 / V_2 = 26529/3870 = 6.86\text{W/m}^3$$

② 计算非空调区排热量 Q_P 和排热率 Q_p/Q_2

取换气次数 $n=3$ 次/h，$\Delta t_p = 3$℃

$Q_P = 1.01\rho \cdot V_2 n_2 \Delta t_p / 3600$

$= 1.01 \times 1.2 \times 3870 \times 3 \times 3/3600 = 11.726\text{kW}$

$= 11726\text{W}$

$Q_p / Q_2 = 11726/26529 = 0.44$

$q_2 / q_1 = 6.86/23.4 = 0.29$

③ 由 q_2/q_1 和 Q_p/Q_2 查图 5-11-2 得 $q_d/Q_2 = 0.24$

④ 对流热转移负荷 $q_d = 0.24 \times 26529 = 6151\text{W}$

空调区冷负荷 $q_{cl} = 35860 + 6151 = 42011\text{W}$

【例 5-11-2】 建筑尺寸与上例相同，要求确定风口尺寸、送风速度和风口个数

【解】

[1] 根据厂房尺寸，设计流型，确定射程 x 和落差 y，厂房长度 30m，设计双侧水平对喷送风，射流在厂房中央搭接，取射程 $x=13\text{m}$，$y=3.3\text{m}$。

[2] 确定送风末端轴心速度 v_x，取回流平均速度 $v_p = 0.25\text{m/s}$，$v_x = 2v_p$，则 $v_x = 0.5\text{m/s}$。

[3] 根据负荷计算可按表 5-1-1，选取送风温差 $\Delta t_s = 8$℃，则总风量 $L = 12000\text{m}^3/\text{h}$。

[4] 用公式（5-6-9）求得送风口直径 d_s

$$d_s = 0.064\left(\frac{T}{\Delta t_s}\right)^{0.615} x^{-0.302} y^{0.687} v_x^{\ 1.23}$$

$$= 0.064\left(\frac{273.15+27}{8}\right)^{0.615} 13^{-0.302} 3.3^{0.687} 0.5^{1.23}$$

$$= 0.262\text{m}$$

采用圆喷口，取 $d_s = 0.26\text{m}$

[5] 用公式（5-6-10）计算送风速度 v_s

$$v_s=4.295\left(\frac{273.15+27}{8}\right)^{0.591}13^{1.124}3.3^{-0.533}0.5^{-0.182}$$

$$=5.376\text{m/s}\qquad 取\ v_s=5.4\text{m/s}$$

[6] 求风口个数 n

每个风口风量 $l_s=3600\times\frac{\pi}{4}(0.26)^2\times5.4=1032\text{m}^3/\text{h}$

风口个数 $n=\frac{L_s}{l_s}=\frac{12000}{1032}=11.6$ 个

取 $n=12$ 个

[7] 按上述得出 v_s、d_s、计算 Ar

$$Ar=\frac{g\Delta t_s d_s}{v_s^2 T}=\frac{9.81\times8\times0.26}{5.4^2\times300.15}=0.00233$$

[8] 将 v_s、d_s、Ar 代入公式（5-6-7）和（5-6-8）验算 y 和 v_x

$$\frac{y}{d_s}=0.812Ar^{1.158}\left(\frac{x}{d_s}\right)^{2.5}$$

$$=0.812\times(0.00233)^{1.158}\times\left(\frac{13}{0.26}\right)^{2.5}$$

$$=12.83$$

$$y=12.83\times0.26=3.33\text{m}$$

$$\Delta y=|3.33-3.3|=0.03\text{m}\qquad \Delta y<0.2\text{m}$$

$$\frac{v_x}{v_s}=3.347Ar^{-0.147}\left(\frac{x}{d_s}\right)^{-1.151}$$

$$=3.347\times(0.00233)^{-0.147}\times\left(\frac{13}{0.26}\right)^{-1.151}$$

$$=0.09$$

$$v_x=0.09\times5.4$$

$$=0.48\text{m/s}$$

$$\Delta v_x=|0.5-0.48|=0.02\text{m/s}$$

$$\Delta v_x<0.05\text{m/s}$$

Δy 和 Δv_x 均符合要求。

如果采用其他型式风口，可见第六节（二）的例题【例 5-6-2】。

第十二节　CFD 方法简介

CFD 是英文 Computational Fluid Dynamics（计算流体动力学）的简称，它是伴随着计算机技术、数值计算技术以及湍流模拟技术的发展而逐步发展起来的一种现代模拟仿真技术。简单地说，CFD 相当于在计算机上虚拟地做实验，用以模拟仿真实际的流体流动与传热情况，其基本思想可以归结为：将原来在时间域和空间域上连续的物理量的场，如速度场、压力场和温度场，离散为有限个离散点上的变量值的集合，通过一定的原则和方式将控制流体流动的连续的微分方程组离散为非连续的代数方程组，结合实际的边界条件在计算机上数值求解离散所得的代数方程组，用离散区域上的离散值来近似模拟实际的流体流动情况[11,12]。1933 年，英国人 Thom[13]首次用手摇计算机数值求解了二维黏性流体偏微分方程，计算流体力学由此诞生。1974 年，丹麦的 P. V. Nielsen[14]首次将 CFD 技术应用于室内通风空调领域，模拟室内空气流动情况，模拟结果所得的房间某些断面速度分布和射流轴心速度的衰减与实验数据对比表明，数值计算的结果是可信的。以后短短的 20 多年内，CFD 技术在暖通空调工程中的研究和应用取得了长足的进步和发展。如今，CFD 技术逐渐成为广大暖通空调工程师和建筑师分析工程问题的有力工具。

一、CFD 方法及其在暖通空调工程中的适用性

简而言之，CFD 方法可以看作是在流体流动基本方程（质量守恒方程、动量守恒方程、能量守恒方程）控制下对流体流动进行数值模拟的技术。通过这种数值模拟，我们可以得到极其复杂问题的流场内各个位置上的基本物理量（如速度、压力、温度、浓度等）的分布，以及这些物理量随时间的变化情况。

CFD 方法与传统的理论分析方法、实验测量方法组成了研究流体流动问题的完整体系。理论分析方法的优点是所得结果具有普遍性，各种影响因素清晰可见，是指导实验研究和验证新的数值计算方法的理论基础。但是，对于复杂的流体流动问题，理论分析方法往往无法得到解析结果。实验测量方法所得到的结果真实可信，是理论分析和数值方法的基础，其重要性不容低估。然而，实验往往受到模型尺寸、流场扰动、人身安全和测量精度的限制。此外，实验还会遇到经费投入、人力和物力的巨大消耗及周期长等困难。而 CFD 方法恰好克服了前面两种方法的弱点，在计算机上实现一个特定的计算，就好像在计算机上做了一次物理实验。通过计算结果的可视化处理，可以比较全面地展示流场的许多细节，形象地再现流动情景。

CFD 技术因流体流动问题的不同也会有所差别，如可压缩气体的亚音速流动、不可压缩气体的低速流动等。对于暖通空调领域内的流动问题，多为低速流动，流速一般在 20m/s 以下；流体温度或密度变化不大，故可将其看成是不可压缩流动，不必考虑可压缩流体高速流动下的激波等复杂现象；另外，暖通空调领域内的流体流动多为湍流流动，而湍流现象的数值模拟问题至今没有完全得到解决，现有方法主要依赖于湍流半经验理论来模拟湍流现象，这又给解决实际问题带来很大的困难。

CFD 在暖通空调工程中主要用于模拟预测室内外或设备内的空气或其他工质流体的流动情况。以预测室内空气分布为例，目前在暖通空调工程中采用的方法主要有四种：射流公式、区域模型（Zonal model）、CFD 以及模型实验。

由于建筑空间越来越向复杂化、多样化和大型化发展，实际空调通风房间的气流组织形式变化多样，而传统的射流理论分析方法采用的是基于某些标准或理想条件理论分析或试验得到的射流公式对空调送风口射流的轴心速度和温度、射流轨迹等进行预测，势必会带来较大的误差。并且，射流分析方法只能给出室内的一些集总参数性的信息，不能给出设计人员所需的详细资料，无法满足设计者详细了解室内空气分布情况的要求[15]。区域模型是将房间划分为一些有限的宏观区域，认为区域内的相关参数如温度、浓度相等，而区域间存在热质交换，通过建立质量和能量守恒方程并充分考虑了区域间压差和流动的关系来研究房间内的温度分布以及流动情况，因此，实际上模拟得到的还只是一种相对“精

确”的集总结果，且在机械通风中的应用还存在较多问题[16]。模型实验虽然能够得到设计人员所需要的各种数据，但需要较长的实验周期和昂贵的实验费用，搭建实验模型耗资很大，如文献［17］指出单个实验通常耗资3000～20000美元；对于不同的条件，可能还需要多个实验，耗资更多，周期也长达数月以上，难于在工程设计中广泛采用。

另一方面，CFD具有成本低、速度快、资料完备且可模拟各种不同的工况等独特的优点，故其逐渐受到人们的青睐，CFD方法也越来越多地应用于暖通空调领域。由表5-12-1给出的四种室内空气分布预测方法的对比可见[18]，就目前的三种理论预测室内空气分布的方法而言，CFD方法确实具有不可比拟的优点，且由于当前计算机技术的发展，CFD方法的计算周期和成本完全可以为工程应用所接受。尽管CFD方法还存在可靠性和对实际问题的可算性等问题，但这些问题已经逐步得到发展和解决。因此，CFD方法可应用于对室内空气分布情况进行模拟和预测，从而得到房间内速度、温度、湿度以及有害物浓度等各种物理量的详细分布情况。进一步而言，对于室外空气流动以及其他设备内的流体流动的模拟预测，一般只有模型实验或CFD方法可适用。表5-12-1的比较同样表明了CFD方法比模型实验的优越性。因此，CFD方法可作为解决暖通空调工程的流动和传热传质问题的强有力工具而推广应用。

四种暖通空调房间空气分布的预测方法比较　　表5-12-1

比较项目	预测方法			
	射流公式	Zonal model	CFD	模型实验
房间形状复杂程度	简单	较复杂	基本不限	基本不限
对经验参数的依赖性	几乎完全	很依赖	一些	不依赖
预测成本	最低	较低	较昂贵	最高
预测周期	最短	较短	较长	最长
结果的完备性	简略	简略	最详细	较详细
结果的可靠性	差	差	较好	最好
实现的难易程度	很容易	很容易	较容易	很难
适用性	机械通风，且与实际射流条件有关	机械和自然通风，一定条件	机械和自然通风	机械和自然通风

二、CFD进行气流组织设计的流程

运用CFD进行气流组织设计的流程可用图5-12-1表示[12]。如果所求解的问题是非稳态问题，则可将图中的过程理解为一个时间步的计算过程，循环这一过程求解下个时间步的解。下面对各求解步骤做一简要介绍。

（一）建立控制方程

建立控制方程是对所研究的流动问题进行数学描述，对于暖通空调工程领域的流动问题而言，通常是不可压缩流体的黏性流体流动的控制微分方程。另外，由于暖通空调领域的流体流动基本为湍流流动，所以一般情况下需要结合湍流模型增加湍流方程。如下式为黏性流体流动的通用控制微分方程，随着其中的变量ϕ的不同，如ϕ代表速度、焓及湍流参数等物理量时，该式代表流体流动的动量守恒方程、能量守恒方程以及湍流动能和湍流动能耗散方程。

$$\frac{\partial}{\partial t}(\rho\varphi)+div(\rho\vec{u}\varphi-\Gamma_{\varphi}grad\varphi)=S_{\varphi} \tag{5-12-1}$$

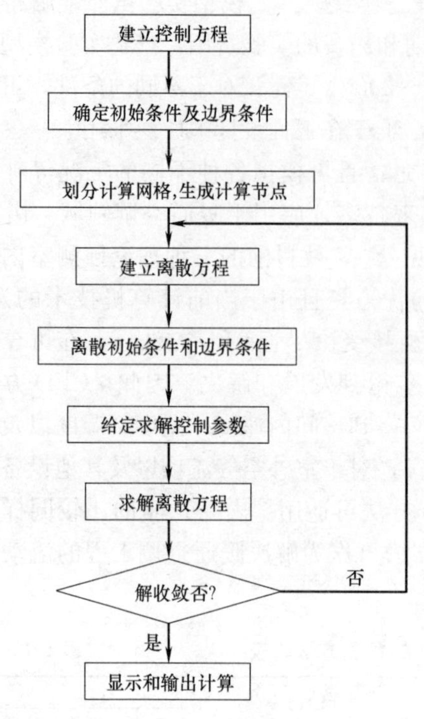

图 5-12-1 CFD 进行气流组织设计的流程

(二) 确定边界条件和初始条件

初始条件与边界条件是控制方程有确定解的前提，控制方程与相应的初始条件、边界条件的组合构成对一个物理过程完整的数学描述。

初始条件是所研究对象在过程开始时刻各个求解变量的空间分布情况。对于非稳态问题，必须给定初始条件。对于稳态问题，则不需要初始条件。边界条件是在求解区域的边界上所求解的变量或其导数随地点和时间的变化规律。无论是非稳态还是稳态问题，都需要给定边界条件。对于初始条件和边界条件的处理，直接影响计算结果的精度。

(三) 划分计算网格

采用数值方法求解控制方程时，需要将控制方程在空间区域上进行离散，然后求解得到的离散方程组。要想在空间域上离散控制方程，必须使用网格。现已发展出多种对各种区域进行离散以生成网格的方法，统称为网格生成技术。

目前各种 CFD 软件都配有专用的网格生成工具，如 FLUENT 使用 GAMBIT 生成网格。目前，网格分结构网格和非结构网格两大类。简单地讲，结构网格在空间上比较规范，如对四边形区域，网格往往是成行成列分布的，行线和列线比较明显。而对非结构网格在空间分布上没有明显的行线和列线。对于二维问题，常用的网格单元有三角形和四边形等形式；对于三维问题，常用的网格单元有四面体、六面体、三棱体等形式。在整个计算域上，网格通过节点联系在一起。

(四) 建立离散方程

对于在求解域内所建立的偏微分方程，理论上是有真解（或称精确解或解析解）的。但由于所处理的问题自身的复杂性，一般很难获得方程的真解。因此，就需要通过数值方法把计算域内有限数量位置（网格节点或网格中心点）上的因变量值当作基本未知量来处理，从而建立一组关于这些未知量的代数方程组，然后通过求解代数方程组来得到这些节点值，而计算域内其他位置上的值则根据节点位置上的值来确定。建立离散方程的常用方法有：有限差分法、有限元法和有限元容积法。目前这三种方法在暖通空调工程领域的 CFD 技术中均有应用。总体而言，对于暖通空调领域的低速、不可压缩流动和传热问题，采用有限元容积法进行离散的情形较多。它具有物理意义清楚，总能够满足物理量的守恒规律的特点。离散后的微分方程变成如下形式的代数方程组：

$$a_{P}\phi_{P}=a_{E}\phi_{E}+a_{W}\phi_{W}+a_{N}\phi_{N}+a_{S}\phi_{S}+a_{T}\phi_{T}+a_{B}\phi_{B}+b \tag{5-12-2}$$

或者

$$a_P\phi_P = \sum a_{nb}\phi_{nb} + b \tag{5-12-3}$$

其中，a 为离散方程的系数，ϕ 为各网格节点的变量值，b 为离散方程的源项。下标 P、E、W、N、S、T 和 B 分别表示本网格、东边网格、西边网格、北边网格、南边网格、上面网格和下面网格处的值，或者用 nb 表示 P 的相邻 6 个节点。

对于非稳态问题，除了在空间域上的离散外，还要涉及在时间域上的离散。离散后，将要涉及使用何种时间积分方案的问题。

（五）离散初始条件和边界条件

对于步骤（二）给定的连续性初始条件和边界条件，需要针对所生成的网格，将连续性的初始条件和边界条件转化为特定节点上的值。这样，连同步骤（四）在各节点处所建立的离散的控制方程，才能对方程组进行求解。

在商用 CFD 软件中，往往在完成了网格划分后，直接在边界上指定初始条件和边界条件，然后自动将这些初始条件和边界条件按离散的方式分配到相应的节点上去。

（六）给定求解控制参数

在建立了离散化的代数方程组，并施加离散化的初始条件和边界条件后，还需要给定流体的物理参数和湍流模型的经验系数等。此外，还要给定迭代计算的控制精度、瞬态问题的时间步长和输出频率等。

在 CFD 的理论中，这些参数并不值得去探讨和研究，但在实际计算时，它们对计算的精度和效率有着重要的影响。

（七）求解离散方程

在进行了上述设置后，生成了具有定解条件的代数方程组。对于这些方程组，数学上已有相应的解法。如线性方程组可采用 Gauss 消去法或 Gauss—Seidel 迭代法求解，而对非线性方程组．可采用 Newton—Raphson 方法。在商用 CFD 软件中．往往提供多种不同的解法，以适应不同类型的问题。

（八）判断解的收敛性

对于稳态问题的解，或是非稳态问题在某个时间步上的解，往往要通过多次迭代才能得到。有时，因网格形式或网格大小、对流项的离散插值格式等原因，可能导致解的发散。对于非稳态问题，若采用显式格式进行时间域上的积分，当时间步长过大时，也可能造成解的振荡或发散。因此，在迭代过程中，要对解的收敛性随时进行监视，并在系统达到指定精度后，结束迭代过程。这部分内容依赖于使用者的经验，需要针对不同情况进行分析。

（九）显示和输出计算结果

通过上述求解过程得出了各计算节点上的解后，为了直观地显示计算结果，便于工程技术人员或其他相关人员理解，需要通过计算机图形学等技术将计算结果的速度场、温度场或浓度场等形象，直观地表现出来。如图 5-12-2 所示为某报告厅的速度场和温度场。其中（*a*）矢量图中用箭头表示气流速度的大小和方向，（*b*）云图中用颜色的冷暖表示温度的高低。

可见，通过对计算结果可视化的后处理，可以将计算结果形象直观地表示出来，甚至

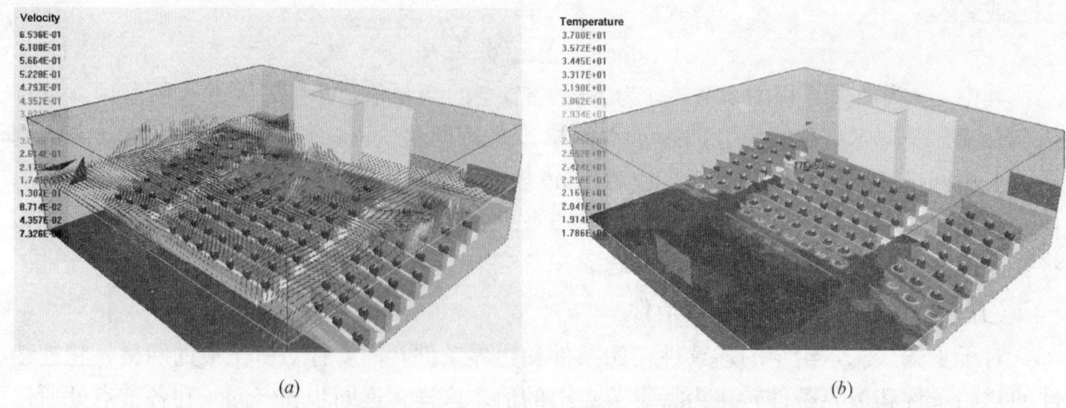

图 5-12-2 某报告厅的速度和温度分析

(a) 速度分布；(b) 温度分布

便于非专业人员理解。现在的商用 CFD 软件中提供了丰富的后处理功能，不仅能够显示静态的速度、温度场图片，而且能够实现流场的流线或迹线动画，非常形象生动。

三、常用的 CFD 软件

随着 CFD 技术在工程中的广泛应用，越来越多的商用 CFD 软件应运而生。这些商用软件通常配有大量的算例、详细的说明文档以及丰富的前处理和后处理功能。但是作为专业性很强的、高层次的知识密集度极高的产品，各种商用 CFD 软件之间也存在差异，下面将针对国内常见的一些商用 CFD 软件进行简单介绍[19]。

（一）PHOENICS

这是世界上第一个投放市场的 CFD 商用软件（1981 年），堪称 CFD 商用软件的鼻祖。由于该软件投放市场较早，因而曾经在工业界得到广泛的应用，其算例库中收录了 600 多个例子。为了说明 PHOENICS 的应用范围，其开发商 CHAM 公司将其总结为 A 到 Z，包括空气动力学、燃烧器、射流等等。

另外，目前 PHOENICS 也推出了专门针对通风空调工程的软件 FLAIRE，可以求解 PMV 和空气龄等通风房间专用的评价参数。

（二）FLUENT

这一软件是由美国 FLUENT 公司于 1983 年推出的，包含有结构化和非结构化网格两个版本。可计算的物理问题包括定常与非定常流动、不可压缩和可压缩流动、含有颗粒/液滴的蒸发、燃烧过程，多组分介质的化学反应过程等。

值得一提的是，FLUENT 公司还开发了专门针对暖通空调工程应用的软件包 Airpak，该软件具有风口模型、新零方程湍流模型等，并且可以求解 PMV、PPD 和空气龄等通风气流组织的评价指标。

（三）CFX

该软件前身为 CFDS-FLOW3D，是由 Computational Fluid Dynamics Services/AEA Technology 于 1991 年推出的。它可以基于贴体坐标、直角坐标以及柱坐标系统，可计算

的物理问题包括不可压缩和可压缩流动、耦合传热问题、多相流、颗粒轨道模型、化学反应、气体燃烧、热辐射等。

（四）STAR-CD

该软件是Computational Dynamics Ltd公司开发的，采用了结构化网格和非结构化网格系统，计算的问题涉及导热、对流与辐射换热的流动问题，涉及化学反应的流动与传热问题及多相流（气/液、气固、固液、液液）的数值分析。

（五）STACH-3

该软件是清华大学建筑技术科学系自主开发的基于三维流体流动和传热的数值计算软件，专门针对供热、通风与空气调节领域的传热和流动问题。在这个计算软件中，采用了经典的 k-ε 湍流模型和适于通风空调室内湍流模拟的MIT零方程湍流模型，用于求解不可压湍流流动的流动、传热、传质控制方程。同时，采用有限容积法进行离散，动量方程在交错网格上求解，对流差分格式可选上风差分、混合差分以及幂函数差分格式，算法为SIMPLE算法。具体的数学物理模型和数值计算方法见文献。该程序已经过大量的室内空气分布的实测数据验证[20~25]。

以上软件目前在我国的高校和一些研究机构都有应用，此外国际上还有将近50种商用CFD软件。

参 考 文 献

第一节～第八节

[1] 国家标准GB/T 50019—2003《采暖通风与空气调节设计规范》.

[2] WX型侧送的研究（包括测送计算方法），中国建筑科学研究院空调所科研报告，1964.

[3] HQ型散热器性能研究，中国建筑科学研究院空调所科研报告，1965年.

[4] 北京光学仪器厂刻线室（孔板送风），高精度恒温总结，中国建筑科学研究院空调所，1965年.

[5] 汪善国、邹月琴. 北京工人体育馆喷口送风［J］，1963年建筑学报.

[6] 邹月琴等. 多股平行非等温射流计算［J］，全国暖通空调制冷1982年学术年会论文集、16届国际制冷学会论文集. 1983.

[7] 邹月琴、贺绮华编著《体育建筑空调设计》［M］，中国建筑工业出版社，1991.

[8] P. J Jackman：HVRA Laboratory report No81，1973.

"Air masement in room with ceiling —mounted diffusers" Supplement B (Design procedures for linear diffusers).

第十一节

[1] 邹月琴、王师白、彭荣、杨纯华. 分层空调气流组织方法研究［J］. 暖通空调. 1983.2.

[2] 邹月琴、王师白、彭荣、杨纯华、戎子年. 分层空调热转移负荷计算方法的研究［J］. 暖通空调. 1983.3.

[3] 邹月琴. 多股冷射流影响因素探讨［J］. 全国暖通空调1986年年会论文集.

[4] 杨纯华、赵瑞祺执笔. 分层空调气流组织设计方法［J］. 中国建筑科学研究院空调所. 空调技术. 1983.2.

第十二节

[1] Fred S. Bauman. 地板送风设计指南［M］. 杨国荣等 译. 北京：中国建筑工业出版社，2006.

[2] Price Industries. 2002. Product information. Price Industries，Suwanee，Ga.，http：//www.price-hvac.com

[3] York International. 2002. Product information. York International，York，Pa.，http：// www.york.com.

[4] Johnson Controls. 2002. Product information. Johnson Controls, Milwaukee, WI, http: // www. jci. com.

[5] 连之伟，马仁民. 下送风空调原理与设计 [M]. 上海：上海交通大学出版社，2006.

[6] Lian Zhiwei, Wang Haiying. Experimental study on the factors affecting thermal comfort in an upward displacement air-conditioned room [J]. International Journal of HVAC&R Research. 2002, 8 (2): 191-200.

[7] 清华大学等编. 空气调节（第二版）[M]. 北京：中国建筑工业出版社，1986.

[8] 刘晓华，江亿等. 温湿度独立控制空调系统 [M]. 北京：中国建筑工业出版社，2006.

[9] Yuan X, Chen Q, Glicksman L R. Performance evaluation and design guidelines for displacement ventilation. In: ASHRAE Inc. ASHRAE Trans., New York, 1999, Vol. 105 Part 1. pg. 298, 12 pgs

[10] 李俊. 个体送风特性及人体热反应研究 [D]. 博士学位论文，清华大学，2004.

[11] 陶文铨. 数值传热学（第二版）[M]. 西安：西安交通大学出版社，2001.

[12] 王福军. 计算流体动力学分析——CFD 软件原理与应用 [M]. 北京：清华大学出版社，2004.

[13] Roache P J. Computational fluid dynamics [M]. United Kindom: Hermosa Publishers, 1980.

[14] Nielsen P V, Restivo A, Whitelaw J H. The velocity characteristics of ventilated rooms [J]. Trans. ASME Journal of Fluids Engineering. 1978, 100 (3): 291-298.

[15] Li Z H, Zhang J S, Zhivov A M, et al. Characteristics of diffuser air jets and airflow in the occupied regions of mechanically ventilated rooms-a literature review [J]. ASHRAE Transaction. 1993, 99 (2): 1119-1120.

[16] Rodriguez E A, Alvarez S, Coronel J F. Modeling stratification patterns in detailed building simulation codes [C] //Proceedings of European Conference on Energy Performance and Indoor climate in Buildings. Lyon, France, 1994.

[17] Nielsen P V. Numerical prediction of air distribution in rooms-status and potentials. Building systems: room air and air contaminant distribution [J]. ASHRAE. 1989.

[18] 赵彬，林波荣，李先庭，等. 室内空气分布预测方法及比较 [J]. 暖通空调. 2001，31（4）：82-86.

[19] 陶文铨. 计算传热学的近代进展 [M]. 北京：科学出版社，2000.

[20] Zhao B, Li X, Yan Q. A simplified system for indoor airflow simulation [J]. Building and Environment. 2003, 38 (4): 543-552.

[21] Zhao B, Li X, Lu J. Numerical simulation of air distribution in chair ventilated room by simplified methodology [J]. ASHRAE Transactions. 2002, 108: 1079-1083.

[22] 赵彬，李先庭，彦启森. 用零方程湍流模型模拟通风空调室内空气流动 [J]. 清华大学学报（自然科学版）. 2001，41（10）：109-113.

[23] 赵彬，李冬宁，李先庭，彦启森. 室内空气流动数值模拟的误差预处理法 [J]. 清华大学学报（自然科学版）. 2001，41（10）：114-117.

[24] 赵彬，曹莉，李先庭. 洁净室孔板型风口入流边界条件的处理方法 [J]. 清华大学学报（自然科学版）. 2003，43（5）：690-692.

[25] 赵彬，李先庭，彦启森. 室内空气流动数值模拟的 N 点风口模型 [J]. 计算力学学报. 2003，20（1）：64-70.

第六章　空气的冷却和加热

第一节　表冷器处理空气的优、缺点

在整体（分体）式空调机组、制冷除湿机、风机盘管、新风机组等空调设备中，广泛采用表面式冷却器进行空气处理；集中式空调系统中，在卧式组合空调机组内也大量采用表面式冷却器进行空气处理。

表面式冷却器空气处理分冷水表面式冷却器（以下简称冷水表冷器）空气处理和制冷剂直接膨胀蒸发表面式冷却器（以下简称直接蒸发表冷器）空气处理两种方式。

一、表冷器处理空气的优、缺点

冷水表冷器与喷水室相比，处理空气的能力相近，其优、缺点如下：

（一）优点

1. 由于冷水表冷器是采用封闭式水系统，可省去冷水箱和回水箱，水路系统也简单。
2. 设备体积小，所需机房面积小，安装也简便。
3. 输水系统的电能消耗低，表冷器虽增大了空气阻力，但处理空气的总耗电量一般都较低。
4. 冷水漏损量少，而喷水室因设计管理方面的原因，尤其是位于不同层高的多个喷水室，往往容易发生溢水事故。
5. 冷水与被处理空气不直接接触，互不污染。

（二）缺点

1. 金属消耗量较大，一般要消耗较多的有色金属。
2. 空气处理过程仅为湿式冷却（降焓、除湿）、干式冷却（等湿、降温）和热水温度≤60℃的加热。需加湿时要另设加湿器。
3. 无除尘、去味作用。

（三）弥补部分缺点的方法

选用带喷水的表冷器仍采用闭式冷水系统，再加循环喷水系统，适用于无蒸汽源或不能全天供给蒸汽的场所，以及不能用蒸汽加湿的场所。带喷水的表冷器，喷水仅作为加湿、除尘用。带喷水的表冷器与喷冷水的喷水室具有相同的热、湿交换功能。

二、直接蒸发表冷器处理空气的优、缺点

（一）优点

1. 直接蒸发表冷器是指制冷剂经膨胀阀在带翅片盘管内直接膨胀蒸发的蒸发器；并

将制冷机中的蒸发器直接作为空调机组内的空气表冷器。简化设备使空调机组体形变小，占地面积小，初投资也最省。

2. 制冷机组中的冷凝器分水冷式和风冷式两种方式，均适用于缺冷、热源的地方，后一种多用于缺水的地方。

(二) 缺点

1. 制冷剂的管路压力损失大，要求管路布置合理，密封严格，蒸发器与制冷压缩机的距离不宜拉得很远，一般是一台制冷机的蒸发器直接安装在一台空调制冷机组内的风系统中，多用于组成整体式空调机组。

2. 直接蒸发表冷器的冷量不易调节，不易保持严格的相对湿度，一般用于相对湿度无严格要求的空调系统。

(三) 弥补缺点的新技术

1. 随着制冷技术的发展与提高，直接蒸发表冷器在制冷空调系统中的组合形式更加多样化：

(1) 一台室外制冷机能拖带多个小型蒸发器配套组成的各种类型的多台小容量分体式室内空调机组。

(2) 一台室外制冷机或多台组合室外制冷机的大、中型蒸发器能拉到有相当长距离的空调机房内，去配套组成分体卧式组合空调机组。

2. 整个制冷空调系统组合形式改进后的优点：

(1) 各室内空调机能根据室内负荷的变化，独立进行节能控制。

(2) 室外制冷机能根据各室内空调机开关及使用负荷的不同变化进行总容量节能控制。

第二节 表冷器和加热器的应用

一、表冷器和加热器的选用

(一) 表冷器的选用要点

1. 冷水表冷器的排数：一般是四排、六排、八排。

2. 冷水表冷器盘管内的冷水流速，一般采用 0.6～1.8m/s。表冷器的冷水入口温度应比表冷器的空气出口干球温度至少低 3.5℃。冷水供水温度为 5～15℃，一般空调采用 7℃，计算机房空调宜用 12℃。冷水通过表冷器的温升为 5～10℃，一般采用 5℃。在技术可靠、经济合理的前提下，宜加大冷水供、回水温差。用于空气的冷却干燥过程时，冷水出口温度应比空气出口露点温度至少低 3.5℃。

3. 空气进表冷器前应预先经空气过滤器过滤，以减少肋片积尘。冷水表冷器迎风面的空气质量流速通常为 2.4～3.6kg/(m^2·s)，相当于迎风面风速 2.0～3.0 m/s。当迎风面的空气质量流速大于 3.0 kg/(m^2·s)，相当于迎风面风速大于 2.5 m/s 时，宜在表冷器后增设挡水板。对带喷水的表冷器，无论迎风面风速多少，一般都应在表冷器前设分风板，表冷器后设挡水板。

4. 为了加大表冷器盘管内的水流速度，并同时达到冷水与空气逆向交叉流动，以增大传热系数和热交换温差。表冷器盘管内的水流程，一般是串联流动。

当处理风量大时，采用多台表冷器按气流方向并联，并联表冷器的供、回水管也并联，见图 6-2-1。当处理空气的焓降差大时，采用一级表冷器处理空气的焓降达不到要求时，可采用两级表冷器沿气流方向串联，串联表冷器之间的供、回水管宜采用串联，见图 6-2-2。若处理空气的焓降仍满足不了要求时，串联表冷器之间的供、回水管改为并联，见图 6-2-3。

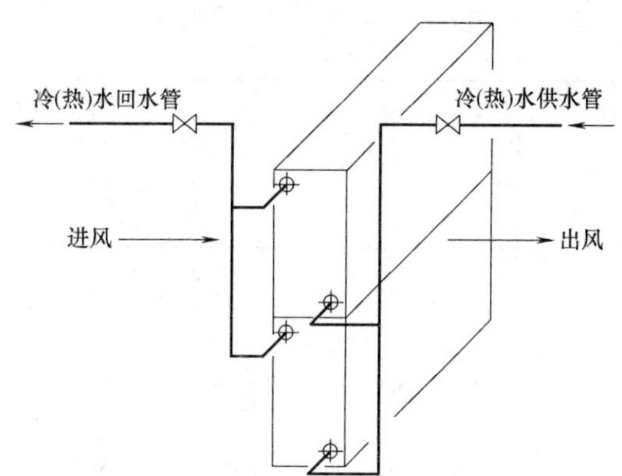

图 6-2-1　并联表冷器（加热器）的水管并联

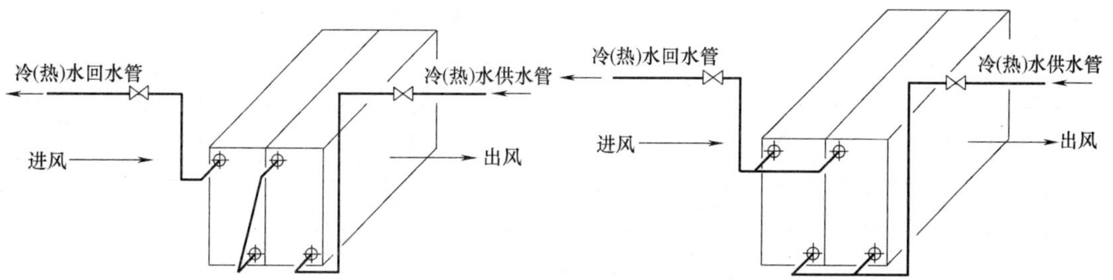

图 6-2-2　串联表冷器（加热器）的水管串联

图 6-2-3　串联表冷器（加热器）的水管并联

当处理空气量大，焓降差也大时，表冷器不仅要并联，还要串联组合，显而易见，供、回水管既要并联，也要串联，参见图 6-2-1 与图 6-2-2 进行组合连接。

5. 当要求冷水初温低于 0℃时，可采用盐水（NaCl 或 $CaCl_2$ 溶液）。实际运行表明，表冷器用盐水作冷媒时，水系统易腐蚀，表冷器的盘管易堵塞，不好清洗，要定期更换盘管，维护工作量大，一般不宜采用盐水作冷媒。但在某些特殊情况下，如在化工厂中，由于生产上的要求，往往采用低温盐水来冷却生产设备。此时，在不另外设置冷源的情况下，对于某些小型的空调系统，也可考虑适当地采用已有的低温盐水作冷媒。

由于盐水的凝固点、比重、比热等物理特性随盐水浓度变化而不同，因此，应当以系统的工作温度来确定盐水的浓度。一般选择盐水的浓度应使凝固点比制冷剂的蒸发温度低 5～8℃，（采用敞开式蒸发器时取 5～6℃，采用管壳式蒸发器时取 6～8℃）。

由于盐水对金属有腐蚀作用，因此在盐水系统中加入一定量的防腐剂（又叫缓蚀剂），常用含氢氧化钠（NaOH）的重铬酸钠（$Na_2Cr_2O_7$）为防腐剂。在 $1m^3$ 的氯化钠盐水中加入 3.2kg 的重铬酸钠和 0.89kg 氢氧化钠。使盐水略呈碱性（pH＝7～8.5）。盐水的物理性质，见表 6-2-1。

6. 在选用表冷器时，应考虑表冷器外表积尘，盘管内壁结构，肋片与盘管间的紧密度变化等因素对换热效果的影响，在冷量上宜附加 10%～15%的安全系数。冷量上的附加值，只作选用表冷器用，在系统的水阻力计算中不予考虑。

氯化钠水溶液的热物理性质　　表 6-2-1

质量浓度 ζ (%)	起始凝固温度 t_f(℃)	密度 ρ(15℃) (kg/m³)	温度 t (℃)	比热容 c [kJ/(kg·K)]	导热系数 λ [W/(m·K)]	动力黏度 $\mu\times10^3$ (Pa·s)	运动黏度 $\nu\times10^6$ (m²/s)	导温系数 $a\times10^7$ (m²/s)	普朗特数 Pr
7	−4.4	1050	20	3.843	0.593	1.08	1.03	1.48	6.9
			10	3.835	0.576	1.41	1.34	1.43	9.4
			0	3.827	0.559	1.87	1.78	1.39	12.7
			−4	3.818	0.556	2.16	2.06	1.39	14.8
11	−7.5	1080	20	3.697	0.593	1.15	1.06	1.48	7.2
			10	3.684	0.570	1.52	1.41	1.43	9.9
			0	3.676	0.556	2.02	1.87	1.40	13.4
			−5	3.672	0.549	2.44	2.26	1.38	16.4
			−7.5	3.672	0.545	2.65	2.45	1.38	17.8
13.6	−9.8	1100	20	3.609	0.593	1.23	1.12	1.50	7.4
			10	3.601	0.568	1.62	1.47	1.43	10.3
			0	3.588	0.554	2.15	1.95	1.41	13.9
			−5	3.584	0.547	2.61	2.37	1.39	17.1
			−9.5	3.580	0.540	3.43	3.13	1.37	22.9
16.2	−12.2	1120	20	3.534	0.573	1.31	1.20	1.45	8.3
			10	3.525	0.569	1.73	1.57	1.44	10.9
			−5	3.508	0.544	2.83	2.58	1.39	18.6
			−10	3.504	0.535	3.49	3.18	1.37	23.2
			−12.2	3.500	0.533	4.22	3.84	1.36	28.3
18.8	−15.1	1140	20	3.462	0.582	1.43	1.26	1.48	8.5
			10	3.454	0.566	1.85	1.63	1.44	11.4
			0	3.442	0.550	2.56	2.25	1.40	16.1
			−5	3.433	0.542	3.12	2.74	1.39	19.8
			−10	3.429	0.533	3.87	3.40	1.37	24.8
			−15	3.425	0.524	4.78	4.19	1.35	31.0
21.2	−18.2	1160	20	3.395	0.579	1.55	1.33	1.46	9.1
			10	3.383	0.563	2.01	1.73	1.44	12.1
			0	3.374	0.547	2.82	2.44	1.40	17.5
			−5	3.366	0.538	3.44	2.96	1.38	21.5
			−10	3.362	0.530	4.30	3.70	1.36	27.1
			−15	3.358	0.522	5.28	4.55	1.35	33.9
			−18	3.358	0.518	6.08	5.24	1.33	39.4
23.1	−21.2	1175	20	3.345	0.565	1.67	1.42	1.47	9.6
			10	3.333	0.549	2.16	1.84	1.40	13.1
			0	3.324	0.544	3.04	2.59	1.39	18.6
			−5	3.320	0.536	3.75	3.20	1.38	23.3
			−10	3.312	0.528	4.71	4.02	1.36	29.5
			−15	3.308	0.520	5.75	4.90	1.34	36.5
			−21	3.303	0.514	7.75	6.60	1.32	50.0

（二）加热器的选用要点

1. 当新风或新回风混合后的空气温度低于 5℃时，一般在表冷器之前设预加热器。

2. 加热器的排数：一般是 1 排、2 排、3 排。

3. 热水加热器的传热系数 k 值随热水流速的增加而提高，但增加到一定值后，其 k 值趋于极限而提高很少，而水流阻力急剧增加。因此，在低温热水加热系统中，取 w=

0.6～1.8m/s 较经济。

4. 通过加热器迎风面的空气质量流速为 3.0～5.0kg/(m^2 · s)，相当于迎风面风速 2.5～4.2m/s。

5. 通过加热器的风量大时，采用多台加热器按气流方向并联；被加热空气的温升大时，采用多台加热器沿气流方向串联。

加热器的热媒是热水时，其热水管道的连接方式一般有以下几种：①并联加热器的供、回水管并联；②串联加热器的供、回水管串联；③串联加热器的供、回水管并联。具体可参见图 6-2-1，图 6-2-2，图 6-2-3。

加热的热媒是蒸汽时，无论加热器是并联或串联，其加热器的供汽管、凝结水回水管均是并联，分别见图 6-2-4，图 6-2-5。

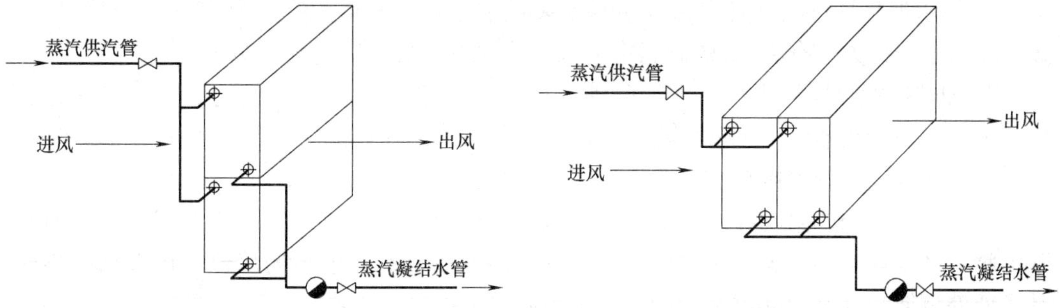

图 6-2-4　并联蒸汽加热器的汽、水管并联　　图 6-2-5　串联蒸汽加热器的汽、水管并联

6. 空调加热的热水供水温度 40～65℃，一般取 60℃；热水供、回水温差 5～15℃，一般取 10℃。

7. 在选择加热器时，应考虑加热器对外表面积尘和管内壁结构等因素对换热效果的影响，在热量上附加 10%～15%的安全系数。此附加值只作选加热器用，在系统的水阻力计算中不予考虑。

二、表冷器和加热器的安装

（一）表冷器的安装要点

1. 冷水表冷器一般是横向垂直安装、横向倾斜安装或水平安装，空气冷凝水沿表冷器肋片顺利流下。因空气经表冷器湿式冷却后，表冷器肋片上会出现一部分小水滴，冷凝水滞留在肋片上，不仅要降低传热性能还增加空气阻力，而且会导致送风含湿量的增加，在室内相对湿度要求严格时，应考虑带水量的影响而加装挡水板。

2. 冷水表冷器的底部应安装不锈钢托水盘和泄水管，泄水管排出口处应设水封，以防排水不畅。水封的做法见图 6-2-6。

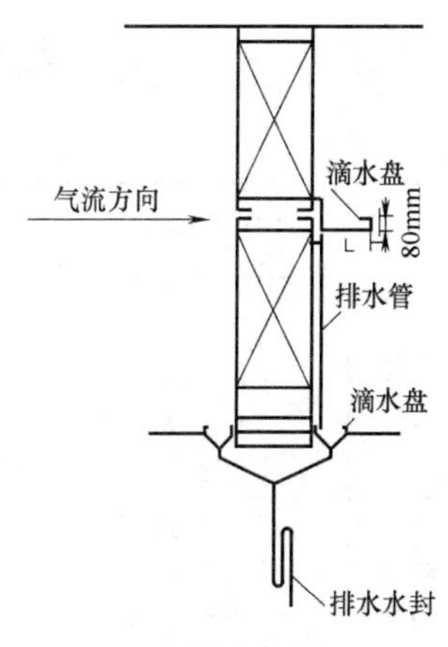

图 6-2-6　滴水盘安装示意图

当表冷器上、下叠装时，应在两个表冷器之间加装不锈钢滴水盘和排水管，中间的滴水盘深度采用 80mm，表冷器

迎风面风速 2～3m/s 时，宽度 L 则相应采用 150～300mm，见图 6-2-6。

3. 冷水与空气应逆向交叉流动，不仅提高了冷水表冷器的热交换效果，还使表冷器的出风参数稳定，便于调节。因此，冷水供水管应接在表冷器出风侧的下部；冷水回水管则接在表冷器进风侧的上部。见图 6-2-1～图 6-2-3。冷水供水管上装水过滤器、开关阀、温度计及压力表；冷水回水管上装电动二通或三通调节阀、旁通阀、开关阀、温度计及压力表。冷水供、回水管的高处或有空气聚集的部位应设自动排气阀；其最低处或可能积存水的部位及检修用的关断阀之前应设泄水装置。

表冷器底部应有排尽表冷器内部存水的措施。泄水管上的阀应装在便于操作的地点及高度，泄水管应接至允许排水处。

（二）加热器的安装要点

1. 热水加热器可以垂直安装、倾斜安装或水平安装。蒸汽加热器在水平安装时，应该向凝结水出口方向有≥1%的倾斜度，以便排除蒸汽加热器内的凝结水。

2. 加热器的热媒是热水时，热水与空气应逆向交叉流动，不仅提高了加热器的热交换效果，还使加热器的出风参数稳定，便于调节。因此，热水供水管应接在加热器出风侧的下部；热水回水管则接在加热器进风侧的上部。见图 6-2-1～图 6-2-3。热水供水管上装水过滤器、开关阀、温度计及压力表；热水回水管上装电动二通或三通调节阀、旁通阀、开关阀、温度计及压力表。热水供、回水管的高处或有空气聚集的部位应设自动排气阀；其最低处可能积存水的部位及检修用的关断阀之前设泄水装置。

加热器的热媒是蒸汽时，蒸汽与空气宜同向流动，供汽管应接在加热器进风侧的上部；凝结水管则接在出风侧的下部。见图 6-2-4、图 6-2-5。供汽管上装蒸汽过滤器；电动二通调节阀、旁通阀、开关阀及压力表；凝结水管上应装疏水器，疏水器前、后须安装开关阀、放水阀、旁通阀等，若凝结水管上返时，则应加装止回阀。

第三节　表冷器的结构与规格

一、表冷器结构特性

国产一些冷水表冷器的主要型号及其结构特性见表 6-3-1。

冷水表冷器的主要型号及其结构特性　　　　**表 6-3-1**

型号及名称		JW 型表冷器	UⅡ型空气热交换器	GLⅡ型空气热交换器	SXL-B 型冷热交换器	YG 型表冷器
肋片特性	型式	光滑绕片	皱折绕片	皱折绕片	镶片	套片
	材料	铝	紫铜	钢	铝	铝
	平均片厚(mm)	0.3	0.2	0.3	0.4	0.2
	片高(mm)	8	10	10	16	18
	片距(mm)	3.0	3.2	3.2	2.32	2.5
管子特性	材料	钢	紫铜	钢	钢	铜
	外径(mm)	16	16	18	25	16
	内径(mm)	12	14	14	19	15
	内截面积(cm^2)	1.13	1.54	1.54	2.83	1.77

续表

型号及名称		JW 型表冷器	UⅡ型空气热交换器	GLⅡ型空气热交换器	SXL-B 型冷热交换器	YG 型表冷器
每米肋管表面积（m^2/m）	总外表面积 S_w 内表面积 S_n	0.453 0.038	0.55 0.044	0.64 0.044	1.825 0.060	0.923 0.0471
肋化系数 S_w/S_n 肋通系数 α		11.9 12.25	12.3 15.8	14.56 15.8	30.4 28.5	19.59 24.72

注：1. 肋通系数 α=表冷器每排肋管外表面积 F_d/迎风面积 F_y；

2. 管簇排列方式均为叉排；

3. 肋管总外表面积即其每米管的散热面积。

二、几种冷水表冷器的外形、规格、尺寸

(一) JW 型表冷器

JW 型表冷器为钢管绕铝片肋管，能省用有色金属。

JW 型有四、六、八、十排四种产品，并分左式和右式，订购应注明左右式和传热介质。

JW 型的外形图见图 6-3-1，规格、尺寸见表 6-3-2。与 JW 型其他构件（中间室等）配套使用时，接管在空调器的背面，如需在空调器的前面接管时，如其他构件选用左式，则表冷器应选用右式。

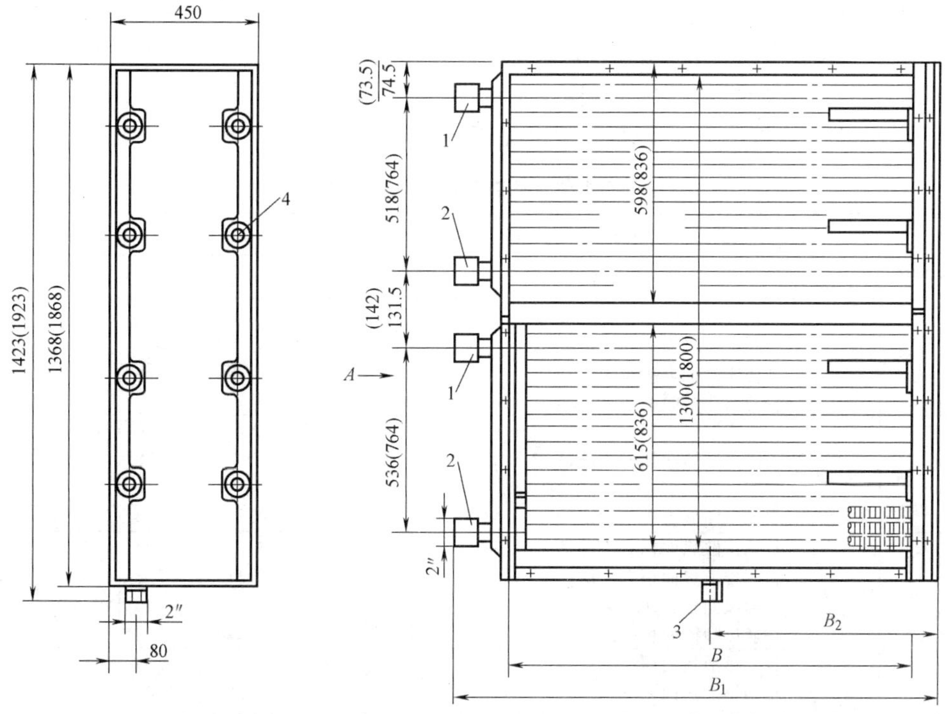

图 6-3-1 JW 型冷水表冷器外形

（括号外为 JW10-4、JW20-4、括号内为 JW30-4 和 JW40-4 的尺寸）

1—冷水进口，$\phi 2''$；2—冷水出口，$\phi 2''$；3—冷凝水出口，$\phi 2''$；4—测试孔

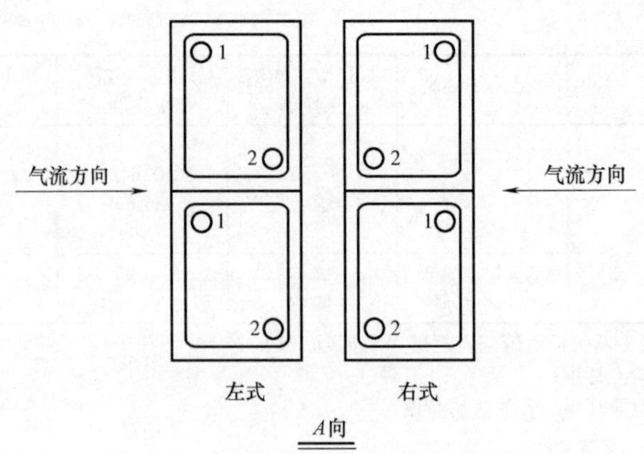

图 6-3-1 JW 型冷水表冷器外形（续）

JW 型冷水表冷器规格性能 **表 6-3-2**

型号	风量范围 (m^3/h)	每排散热面积 F_d(m^2)	迎风面积 F_y(m^2)	每台水管通水断面积 f(m^2)	尺寸		
					B	B_1	B_2
JW10-4	6000～9000	12.15	0.944	0.00407	776	1030	459
JW20-4	9000～18000	24.05	1.87	0.00407	1536	1790	839
JW30-4	18000～24000	33.40	2.57	0.00553	1536	1790	839
JW40-4	24000～33000	44.50	3.43	0.00553	2046	2300	1094

（二）GL Ⅱ型空气热交换器

GLⅡ型冷水表冷器为钢管绕皱折钢片肋管，不用有色金属，有二排、四排两种。

GLⅡ型编号方法为：

型号—排数—表面管数—表面管长（英寸）

如采用四排、表面管数为 10，管长为 42 英寸时，则为 GL Ⅱ-4-10-42。

GLⅡ型外形见图 6-3-2，规格、尺寸见表 6-3-3。

GLⅡ型空气热交换器规格尺寸 **表 6-3-3**

表面管数	B (mm)	通水管断面积 f(m^2)	表面管长(英寸)	24	30	42	54	78
			A(mm)	700	850	1150	1450	2050
6	318	0.00092	二排散热面积 F_2(m^2)	4.7	5.84	8.12		
			四排散热面积 F_4(m^2)	9.4	11.68	16.24		
			迎风面积 Fy(m^2)	0.157	0.196	0.273		
			通风净截面积(m^2)	0.083	0.104	0.145		
10	474	0.00154	二排散热面积 F_2(m^2)	7.82	9.72	13.56	17.42	25.08
			四排散热面积 F_4(m^2)	15.64	19.44	27.12	34.84	50.16
			迎风面积 Fy(m^2)	0.253	0.315	0.438	0.563	0.812
			通风净截面积(m^2)	0.134	0.167	0.233	0.298	0.430
15	669	0.00231	二排散热面积 F_2(m^2)	11.72	14.58	20.34	26.12	37.62
			四排散热面积 F_4(m^2)	23.44	29.16	40.68	52.24	75.24
			迎风面积 Fy(m^2)	0.372	0.463	0.645	0.828	1.192
			通风净截面积(m^2)	0.197	0.245	0.342	0.438	0.632
24	1020	0.00370	二排散热面积 F_2(m^2)	18.8	23.32	32.54	41.80	60.20
			四排散热面积 F_4(m^2)	37.6	46.64	65.08	83.60	120.40
			迎风面积 Fy(m^2)	0.585	0.729	1.016	1.307	1.881
			通风净截面积(m^2)	0.310	0.386	0.538	0.693	0.998

注：表面管数为 6、10 时，进出水管接头为 $DN25$；
表面管数为 15、24 时，进出水管接头为 $DN50$。

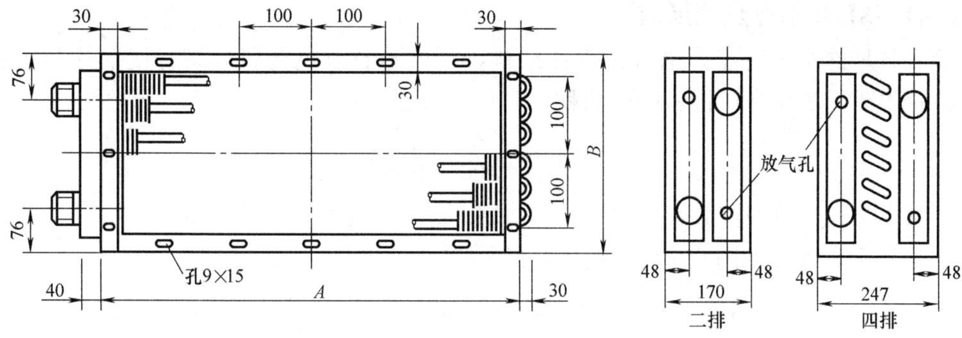

图 6-3-2　GLⅡ型空气热交换器外形

(三) UⅡ型空气热交换器

UⅡ型冷水表冷器为铜管绕折皱铜片肋管，有一排、二排两种。其编号方法同GLⅡ型。外形见图 6-3-3，规格尺寸见表 6-3-4。

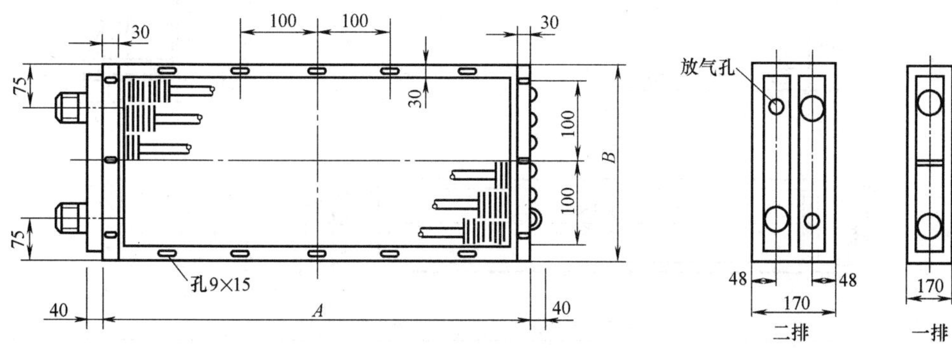

图 6-3-3　UⅡ型空气热交换器外形

UⅡ型空气热交换器规格尺寸　　表 6-3-4

表面管数	B (mm)	通水管断面积 f(m²)	表面管长(英寸)	24	30	42	54	78
			A(mm)	700	850	1150	1450	2050
4	224	0.00062	每排散热面积 Fd(m²) 迎风面积 Fy(m²) 通风净截面积(m²)	1.5 0.087 0.058	1.88 0.109 0.073	2.63 0.153 0.102		
8	366	0.00123	每排散热面积 Fd(m²) 迎风面积 Fy(m²) 通风净截面积(m²)	3 0.174 0.104	3.75 0.217 0.13	5.25 0.303 0.182		
12	510	0.00185	每排散热面积 Fd(m²) 迎风面积 Fy(m²) 通风净截面积(m²)	4.5 0.26 0.144	5.63 0.325 0.18	7.875 0.455 0.252	10.125 0.585 0.324	14.625 0.845 0.468
18	722	0.00277	每排散热面积 Fd(m²) 迎风面积 Fy(m²) 通风净截面积(m²)	6.75 0.39 0.216	8.44 0.488 0.27	11.815 0.684 0.378	15.19 0.88 0.486	21.94 1.272 0.702
24	934	0.00370	每排散热面积 Fd(m²) 迎风面积 Fy(m²) 通风净截面积(m²)	9 0.52 0.288	11.25 0.65 0.36	15.75 0.91 0.504	20.25 1.17 0.648	29.25 1.69 0.936

注：1. 表面管数为 4、8 时，进出水管接头为 DN25。
2. 表面管数为 12、18、24 时，进出水管接头为 DN50。

(四) SXL-B 型冷热交换器

SXL-B 型冷水表冷器为钢管镶铝片结构，既能节省有色金属，又有使铝片与钢管紧固接触的构造，产品有二排、四排两种，其编号方法为：

$$型号—\frac{A}{100}\times\frac{B}{100}$$

并取小于其分数的整数，如 $A=850$，$B=540$，则型号为 SXL-B-8×5

SXL-B 型之外形见图 6-3-4，规格尺寸见表 6-3-5。

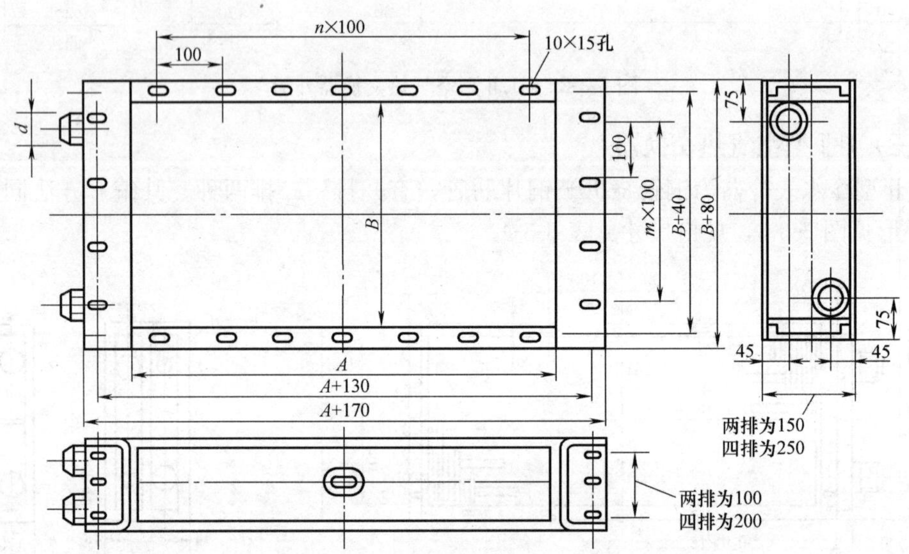

图 6-3-4 SXL-B 型冷热交换器外形

SXL-B 型冷热交换器规格尺寸 表 6-3-5

型号	断面尺寸(mm) A	断面尺寸(mm) B	迎风面积 Fy (m²)	每排散热面积 Fd (m²)	每台水管通水断面积 f (m²)	尺寸(mm) n	尺寸(mm) m	进水管接头 d (英寸)
SXL-B-4×3	400	360	0.144	4.00	0.00156	3	3	$1\frac{1}{4}$
SXL-B-5×3	550		0.198	5.50		5		
SXL-B-7×3	700		0.252	7.05		6		
SXL-B-7×5	700	540	0.378	10.90	0.00241	6	5	$1\frac{1}{2}$
SXL-B-8×5	850		0.459	13.20		8		
SXL-B-10×5	1000		0.540	15.50		9		
SXL-B-8×7	850	720	0.612	17.85	0.00326	8	7	$1\frac{1}{2}$
SXL-B-10×7	1000		0.720	21.00		9		
SXL-B-12×7	1200		0.864	25.20		11		
SXL-B-12×9	1200	900	1.080	31.80	0.00411	11	9	2
SXL-B-14×9	1400		1.260	37.10		13		
SXL-B-16×9	1600		1.440	42.40		15		
SXL-B-14×10	1400	1080	1.512	44.75	0.00496	13	10	2
SXL-B-16×10	1600		1.728	51.15		15		
SXL-B-18×10	1800		1.944	57.50		17		

(五) YG 型冷水表冷器

YG 型冷水表冷器，亦可作为加热器使用，用作加热器时有一排、两排、三排三种，用作冷水表冷器时，有四排、六排、八排三种。YG 型冷水表冷器外形图，见图 6-3-5.

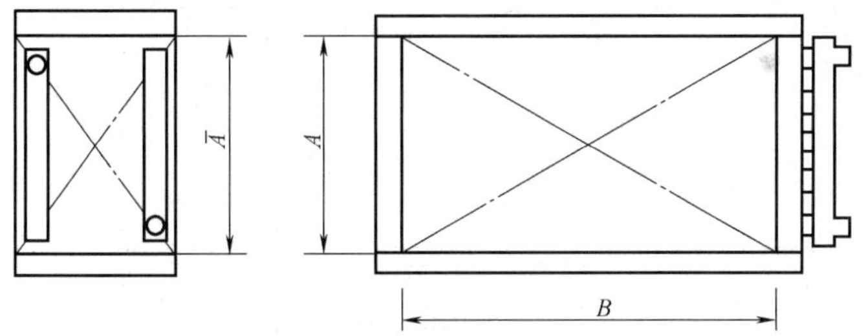

图 6-3-5　YG 型冷水表冷器外形图

技术性能尺寸见表 6-3-6。用于加热器时，其水管通水断面积为冷水表冷器的 1/2 左右。

YG 型冷水表冷器技术性能、尺寸表　　　　**表 6-3-6**

型号		YG1	YG1.5	YG2	YG2.5	YG3	YG4	YG5	YG6
净高 A(mm)		1178	1178	1520	1596	950×2	950×2	1254×2	950×3
净宽 B(mm)		800	1200	1200	1500	1500	2000	2000	2000
每排管根数		31	31	40	42	50	50	66	75
迎风面积 Fy(m^2)		0.94	1.41	1.82	2.39	2.85	3.8	5.0	5.7
散热面积(m^2)	4 排	91.1	136.7	185.2	231.5	275.6	367.5	485.1	551.3
	6 排	136.7	205.1	277.8	347.3	413.5	551.3	727.7	826.9
	8 排	182.3	223.4	390.4	463.1	551.3	735.0	970.3	1102.6
水管通水断面积 f($10^{-4}m^2$)		54.8	54.8	70.7	74.2	88.4	88.4	116.6	132.5

型号		YG6A	YG8	YG10	YG12	YG12A	YG14A	YG16
净高 A(mm)		950×2	1254×2	950×3	950×4	950×3	950×4	950×4
净宽 B(mm)		3000	3000	1600×2	3000	2000×2	1750×2	2000×2
每排管根数		50	66	150	100	150	200	200
迎风面积 Fy(m^2)		5.7	7.5	9.12	11.4	11.4	13.3	15.2
散热面积(m^2)	4 排	535.1	727.7	909.6	1102.6	1102.6	1286.3	1470
	6 排	802.5	1091.5	1364.4	1653.8	1653.8	1929.5	2205.1
	8 排	1102.6	1455.4	1819.2	2205.1	2205.1	2572.6	2940
水管通水断面积 f($10^{-4}m^2$)		176.8 132.6	233.4 175.1	265.1	353.4 265.1	265.1	353.4	353.4

注：YG6A、YG8、YG12 的 4 排和 8 排均为双流程〈冷水每次走二排〉，6 排为 1.5 流程〈冷水每次走 1.5 排〉，水管通水面积上行为 4、8 排，下行为 6 排。

第四节　冷水表冷器的计算

一、冷水表冷器作湿式冷却干燥（减焓除湿）用时的热工计算

冷水表冷器在空调工程中主要作湿式冷却干燥（减焓除湿）用，这时空气的温度和湿度同时发生改变，是双参数计算问题。空气和水的热交换过程在 $h-d$ 图上表示如图 6-4-1。冷水表冷器有几种计算方法，其计算结果相差不大，本手册仅介绍干球温度效率法。

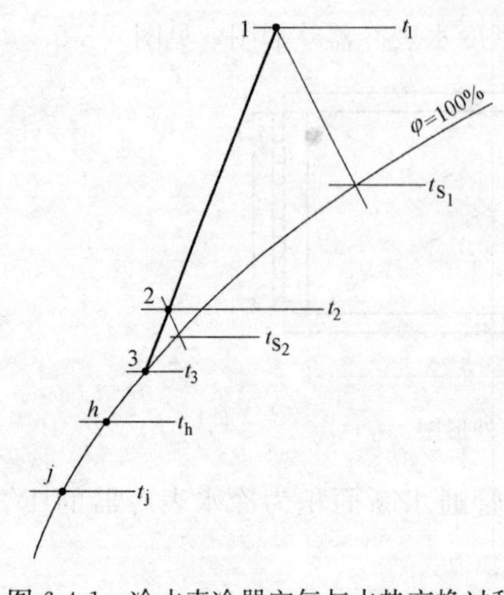

图 6-4-1 冷水表冷器空气与水热交换过程

（一）几个参数的定义

1. 干球温度效率 E_g：

$$aE_g=\frac{t_1-t_2}{t_1-t_j} \tag{6-4-1}$$

2. 接触系数 E_0

$$E_0=1-\frac{t_2-t_{s_2}}{t_1-t_{s_1}} \tag{6-4-2}$$

或由下式近似表示：

$$E_0=\frac{t_1-t_2}{t_1-t_3} \tag{6-4-3}$$

3. 析湿系数 ξ

$$\xi=\frac{h_1-h_2}{c_p(t_1-t_2)} \tag{6-4-4}$$

4. 传热单位数 B

$$B=\frac{\xi c_P G}{3.6KF} \tag{6-4-5}$$

5. 水当量比 D

$$D=\frac{\xi c_P G}{c_S W} \tag{6-4-6}$$

式中 a——考虑冷水表冷器内部结垢、外部积灰的安全系数，见表 6-4-1；

t_1、t_2——空气初干球温度和终干球温度（℃）；

t_j——冷水进水温度（℃）；

t_{s_1}、t_{s_2}——空气初湿球温度和终湿球温度（℃）；

t_3——1 到 2 直线的延长线与饱和线相交的温度，可以认为是冷水表冷器管外表面平均温度（℃）；

h_1、h_2——空气的初焓值和终焓值（kJ/kg）；

c_p——空气定压比热容［kJ/(kg·℃)］；

K——表冷器作冷却用时之传热系数［W/(m^2·℃)］一些产品样本冷水表冷器实测 K 值见表 6-4-2；

F——表冷器的散热面积（m^2）；

G——通过表冷器的风量（kg/h）；

c_s——冷水比热容［kJ/(kg·℃)］；

W——通过表冷器的冷水量（kg/h）；

干球效率的安全系数 a **表 6-4-1**

表冷器用途	a	约相当于 K 降低的百分数
仅作冷却用	0.94	10%
仅作加热用	0.92	15%
冷热两用或冷媒为盐水	0.90	20%

表 6-4-2 中的 K 值均按下式整理：

$$K=\left(\frac{1}{\alpha_w}+\frac{S_w/S_n}{\alpha_n}\right)^{-1} \tag{6-4-7}$$

$$\alpha_w=P\upsilon_y^n\xi^m \tag{6-4-8}$$

$$\alpha_n=qw^{0.8} \tag{6-4-9}$$

式中　α_w——冷水表冷器外侧（空气侧）换热系数［W/(m²·℃)］；

α_n——冷水表冷器内侧放热系数［W/(m²·℃)］；

υ_y——冷水表冷器的迎风面风速（m/s）；

w——冷水通过表冷器的水流速（m/s）；

P、q、m、n——系数和指数，表冷器结构一定时为常数；

S_w/S_n——肋化系数，见表 6-3-1。

几种表冷器的 K、ΔH 和 Δh 的试验公式　　**表 6-4-2**

型号	排数 n	作为冷却用之传热系数 K (W/m²·℃)	空气阻力 ΔH (Pa)
B（或 UⅡ型）	2	$K=\left[\frac{1}{34.3\upsilon_y^{0.78}\xi^{1.03}}+\frac{1}{207w^{0.8}}\right]^{-1}$	$\Delta H_s=20.99\upsilon_y^{1.39}$
B（或 UⅡ型）	6	$K=\left[\frac{1}{31.4\upsilon_y^{0.857}\xi^{0.87}}+\frac{1}{281.7w^{0.8}}\right]^{-1}$	$\Delta H_g=29.78\upsilon_y^{1.98}$ $\Delta H_s=38.95\upsilon_y^{1.84}$
GL（或 GLⅡ型）	6	$K=\left[\frac{1}{21.1\upsilon_y^{0.845}\xi^{1.155}}+\frac{1}{216.6w^{0.8}}\right]^{-1}$	$\Delta H_g=20.0\upsilon_y^{1.862}$ $\Delta H_s=32.08\upsilon_y^{1.695}$
JW	4	$K=\left[\frac{1}{39.7\upsilon_y^{0.52}\xi^{1.03}}+\frac{1}{302.4w^{0.8}}\right]^{-1}$	$\Delta H_g=11.96\upsilon_y^{1.72}$ $\Delta H_s=42.86\upsilon_y^{0.992}$
JW	6	$K=\left[\frac{1}{41.5\upsilon_y^{0.52}\xi^{1.02}}+\frac{1}{297.7w^{0.8}}\right]^{-1}$	$\Delta H_g=16.67\upsilon_y^{1.75}$ $\Delta H_s=62.27\upsilon_y^{1.1}$
JW	8	$K=\left[\frac{1}{35.5\upsilon_y^{0.58}\xi^{1.0}}+\frac{1}{323.3w^{0.8}}\right]^{-1}$	$\Delta H_g=23.83\upsilon_y^{1.74}$ $\Delta H_s=70.61\upsilon_y^{1.21}$
SXL-B	4	$K=\left[\frac{1}{27\upsilon_y^{0.425}\xi^{0.74}}+\frac{1}{157w^{0.8}}\right]^{-1}$	$\Delta H_g=17.36\upsilon_y^{1.54}$ $\Delta H_s=35.31\upsilon_y^{1.4}\xi^{1.83}$
YG	6	$K=\left[\frac{1}{37.8\upsilon_y^{0.463}\xi^{0.878}}+\frac{1}{188.5w^{0.8}}\right]^{-1}$	$\Delta H_g=24.85\upsilon_y^{1.63}$ $\Delta H_s=56.563\upsilon_y^{1.351}\xi^{0.339}$

型号	水阻力 Δh (kPa)	作为热水加热用之传热系数 K ［W/(m²·℃)］	测试用的型号
B（或 UⅡ型）	六排 $\Delta h=64.7w^{1.854}$ 单排 $\Delta h=10.8w^{1.854}$	$K=49.1\upsilon_y^{0.556}w^{0.0115}$	B-6R-8-24
GL（或 GLⅡ型）	$\Delta h=64.7w^{1.854}$	$K=46.3\upsilon_y^{0.46}w^{0.5}$	GL-6R-8-24
JW	$\Delta h=12.6w^{1.93}$	$K=31.9\upsilon_y^{0.48}w^{0.080}$	小型试验样品
JW	$\Delta h=14.5w^{1.95}$	$K=30.7\upsilon_y^{0.485}w^{0.058}$	小型试验样品
JW	$\Delta h=20.2w^{1.93}$	$K=27.3\upsilon_y^{0.58}w^{0.075}$	小型试验样品
SXL-B	$\Delta h=15.5w^{1.97}$	$K=\left[\frac{1}{21.5\upsilon_y^{0.526}}+\frac{1}{342.4w^{0.8}}\right]^{-1}$	
YG	$\Delta h=25.7w^{1.897}$		小型 6 排样品

（二）E_g 的计算

对于多排冷水表冷器，可以按空气和水完全逆向流动考虑。由热平衡基本方程式可以得到如下关系式：

$$E_g=\frac{1-e^{-(1-D)/B}}{1-De^{-(1-D)/B}} \tag{6-4-10}$$

图 6-4-2 是 E_g 和 B、D 值的关系图。

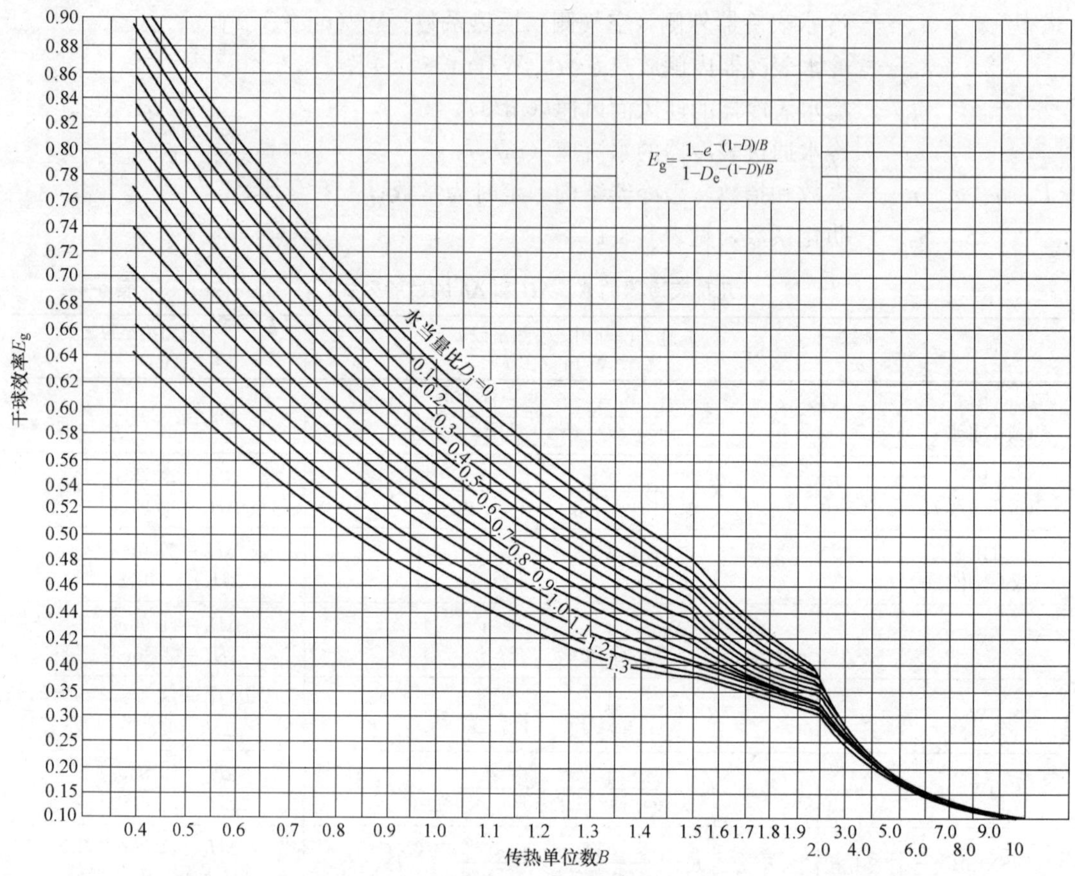

图 6-4-2 空气与冷媒逆向流动时表冷器干球温度效率 E_g 计算图

一般空调情况下，取干空气密度 ρ=1.2kg/m³，定压比热 c_p=1.01 kJ/(kg·℃)，则由于 $G=3600F_y v_y \rho=4320F_y v_y$，$W=3600\times1000fw$，取 $c_s=4.187$，公式（6-4-5），(6-4-6)可改写为：

$$B=1212\frac{\xi v_y}{K}\frac{F_y}{F} \tag{6-4-11}$$

$$D=0.000289\frac{\xi v_y}{w}\frac{F_y}{f} \tag{6-4-12}$$

式中 F_y——冷水表冷器迎风面面积（m^2）；

f——冷水表冷器水管通水断面积（m^2），F_y 和 f 均可由产品样本查得，一些产品见表 6-3-2～表 6-3-6。

由于$K=f(v_y、w、\xi)$，当表冷器结构形式、型号、排数一定时，则 F、F_y 和 f 均为定值（采用图 6-2-1～图 6-2-3 的连接方法），故 B 和 D 值也是v_y、w、ξ的函数，即 E_g 仅和 v_y、w、ξ 有关。

表 6-4-3 至表 6-4-10 为 YG2.5、3 等的四、六排，JW20-4S、30-4S 的四、六、八排，和 GLⅡ、UⅡ表面管长为 54 英寸，四、六排的 E_g 值。表中数字是根据生产厂家提供的资料制成，由于批量生产和测试样品之间有些差距，计算时应考虑一些安全因素。

YG2.5、3、6A、8、12 表冷器四排干球温度效率 E_g 表 6-4-3

ξ	v_y(m/s) / w(m/s)	1.25	1.50	1.75	2.00	2.25	2.50	2.75	3.00
1.0	0.6	0.836	0.795	0.756	0.721	0.689	0.659	0.632	0.607
	0.8	0.859	0.822	0.787	0.754	0.725	0.697	0.671	0.647
	1.0	0.873	0.838	0.806	0.776	0.748	0.721	0.697	0.674
	1.2	0.882	0.850	0.819	0.790	0.764	0.739	0.715	0.693
	1.4	0.889	0.858	0.829	0.801	0.776	0.751	0.729	0.708
	1.6	0.894	0.864	0.836	0.810	0.785	0.761	0.739	0.719
	1.8	0.898	0.869	0.842	0.816	0.792	0.769	0.748	0.728
	2.0	0.901	0.873	0.847	0.822	0.798	0.776	0.755	0.735
	2.5	0.907	0.880	0.855	0.831	0.809	0.787	0.767	0.749
1.2	0.6	0.811	0.766	0.724	0.687	0.653	0.622	0.594	0.569
	0.8	0.838	0.798	0.760	0.726	0.694	0.665	0.638	0.614
	1.0	0.855	0.818	0.783	0.750	0.721	0.693	0.668	0.644
	1.2	0.866	0.831	0.798	0.768	0.739	0.713	0.688	0.666
	1.4	0.875	0.841	0.810	0.780	0.753	0.728	0.704	0.692
	1.6	0.881	0.849	0.819	0.790	0.764	0.739	0.716	0.695
	1.8	0.886	0.855	0.826	0.798	0.772	0.748	0.726	0.705
	2.0	0.889	0.860	0.831	0.804	0.779	0.758	0.734	0.714
	2.5	0.897	0.868	0.842	0.816	0.792	0.770	0.749	0.729
1.4	0.6	0.786	0.738	0.695	0.656	0.621	0.590	0.561	0.535
	0.8	0.818	0.775	0.735	0.699	0.666	0.636	0.608	0.583
	1.0	0.838	0.798	0.761	0.727	0.695	0.667	0.640	0.616
	1.2	0.851	0.814	0.779	0.746	0.716	0.689	0.664	0.640
	1.4	0.861	0.825	0.792	0.761	0.732	0.706	0.681	0.658
	1.6	0.868	0.834	0.802	0.772	0.744	0.719	0.695	0.673
	1.8	0.874	0.841	0.810	0.781	0.754	0.729	0.706	0.684
	2.0	0.879	0.847	0.817	0.788	0.762	0.738	0.715	0.694
	2.5	0.887	0.857	0.829	0.802	0.777	0.754	0.732	0.712
1.6	0.6	0.763	0.712	0.667	0.627	0.591	0.560	0.531	0.505
	0.8	0.799	0.753	0.711	0.673	0.639	0.609	0.581	0.556
	1.0	0.821	0.776	0.740	0.704	0.672	0.647	0.615	0.591
	1.2	0.836	0.794	0.760	0.726	0.696	0.667	0.640	0.616
	1.4	0.847	0.810	0.775	0.742	0.712	0.685	0.660	0.634
	1.6	0.856	0.820	0.788	0.755	0.726	0.699	0.675	0.652
	1.8	0.863	0.828	0.795	0.765	0.737	0.711	0.687	0.665
	2.0	0.868	0.834	0.803	0.773	0.746	0.721	0.697	0.675
	2.5	0.878	0.846	0.816	0.788	0.763	0.738	0.716	0.695
1.8	0.6	0.740	0.688	0.641	0.600	0.564	0.532	0.504	0.478
	0.8	0.780	0.732	0.688	0.650	0.615	0.584	0.556	0.530
	1.0	0.805	0.760	0.719	0.683	0.650	0.620	0.592	0.567
	1.2	0.822	0.780	0.742	0.707	0.675	0.646	0.619	0.594
	1.4	0.835	0.795	0.758	0.724	0.694	0.665	0.639	0.616
	1.6	0.844	0.806	0.771	0.738	0.708	0.681	0.656	0.632
	1.8	0.852	0.815	0.781	0.749	0.720	0.694	0.669	0.646
	2.0	0.858	0.822	0.789	0.759	0.730	0.704	0.680	0.658
	2.5	0.869	0.836	0.805	0.776	0.749	0.724	0.701	0.679

续表

ξ	w(m/s) \ v_y(m/s)	1.25	1.50	1.75	2.00	2.25	2.50	2.75	3.00
2.0	0.6	0.719	0.664	0.617	0.576	0.539	0.507	0.479	0.454
	0.8	0.762	0.711	0.667	0.627	0.592	0.561	0.533	0.507
	1.0	0.789	0.742	0.700	0.663	0.629	0.598	0.570	0.545
	1.2	0.808	0.764	0.724	0.688	0.655	0.626	0.599	0.574
	1.4	0.822	0.780	0.742	0.707	0.676	0.647	0.621	0.596
	1.6	0.832	0.793	0.756	0.722	0.692	0.664	0.638	0.614
	1.8	0.841	0.803	0.767	0.735	0.705	0.677	0.652	0.629
	2.0	0.848	0.811	0.776	0.745	0.716	0.689	0.664	0.641
	2.5	0.860	0.825	0.793	0.763	0.736	0.710	0.686	0.664
2.2	0.6	0.698	0.642	0.594	0.553	0.516	0.485	0.457	0.432
	0.8	0.744	0.692	0.647	0.606	0.571	0.539	0.511	0.486
	1.0	0.774	0.725	0.682	0.644	0.609	0.578	0.550	0.525
	1.2	0.794	0.749	0.708	0.671	0.637	0.607	0.580	0.555
	1.4	0.809	0.766	0.727	0.691	0.659	0.629	0.603	0.578
	1.6	0.821	0.780	0.742	0.707	0.676	0.647	0.621	0.597
	1.8	0.830	0.790	0.754	0.720	0.690	0.662	0.636	0.613
	2.0	0.838	0.799	0.764	0.731	0.701	0.674	0.649	0.625
	2.5	0.852	0.816	0.782	0.751	0.723	0.697	0.673	0.650
2.4	0.6	0.678	0.621	0.573	0.531	0.495	0.464	0.436	0.411
	0.8	0.727	0.674	0.627	0.587	0.551	0.519	0.491	0.466
	1.0	0.759	0.709	0.665	0.625	0.591	0.559	0.531	0.506
	1.2	0.781	0.734	0.692	0.654	0.620	0.589	0.562	0.537
	1.4	0.797	0.753	0.712	0.676	0.643	0.613	0.586	0.561
	1.6	0.810	0.767	0.728	0.693	0.661	0.632	0.606	0.581
	1.8	0.820	0.779	0.741	0.707	0.676	0.647	0.621	0.597
	2.0	0.828	0.788	0.752	0.718	0.688	0.680	0.644	0.611
	2.5	0.843	0.806	0.772	0.740	0.711	0.684	0.660	0.637

YG2.5、3冷水表冷器六排干球温度效率 E_g **表 6-4-4**

ξ	w(m/s) \ v_y(m/s)	1.25	1.50	1.75	2.00	2.25	2.50	2.75	3.00
1.0	0.6	0.929	0.900	0.871	0.841	0.812	0.785	0.758	0.733
	0.8	0.944	0.920	0.896	0.871	0.846	0.822	0.793	0.776
	1.0	0.953	0.932	0.910	0.888	0.866	0.845	0.824	0.803
	1.2	0.958	0.940	0.920	0.900	0.880	0.850	0.836	0.821
	1.4	0.962	0.945	0.927	0.908	0.889	0.871	0.853	0.835
	1.6	0.964	0.949	0.932	0.914	0.900	0.879	0.862	0.845
	1.8	0.967	0.951	0.935	0.919	0.902	0.885	0.869	0.853
	2.0	0.968	0.954	0.938	0.923	0.906	0.890	0.875	0.859
	2.5	0.971	0.958	0.944	0.929	0.914	0.900	0.885	0.871
1.2	0.6	0.912	0.877	0.843	0.810	0.778	0.748	0.719	0.692
	0.8	0.931	0.903	0.874	0.846	0.818	0.792	0.766	0.742
	1.0	0.942	0.918	0.893	0.866	0.843	0.819	0.796	0.774
	1.2	0.949	0.920	0.903	0.882	0.860	0.838	0.816	0.796
	1.4	0.954	0.934	0.914	0.893	0.872	0.851	0.831	0.811
	1.6	0.958	0.938	0.920	0.900	0.880	0.861	0.842	0.824
	1.8	0.960	0.940	0.925	0.906	0.887	0.869	0.851	0.833
	2.0	0.962	0.946	0.929	0.911	0.893	0.875	0.858	0.841
	2.5	0.968	0.951	0.935	0.919	0.903	0.884	0.871	0.855

续表

ξ	v_y(m/s) / w(m/s)	1.25	1.50	1.75	2.00	2.25	2.50	2.75	3.00
1.4	0.6	0.893	0.854	0.816	0.779	0.745	0.713	0.683	0.654
	0.8	0.917	0.885	0.853	0.822	0.792	0.763	0.735	0.710
	1.0	0.931	0.904	0.875	0.848	0.821	0.794	0.766	0.746
	1.2	0.940	0.915	0.890	0.865	0.840	0.816	0.793	0.771
	1.4	0.946	0.924	0.900	0.877	0.854	0.832	0.810	0.789
	1.6	0.950	0.930	0.908	0.886	0.865	0.844	0.823	0.803
	1.8	0.954	0.934	0.914	0.893	0.878	0.853	0.833	0.814
	2.0	0.957	0.938	0.919	0.899	0.880	0.860	0.842	0.823
	2.5	0.961	0.945	0.927	0.909	0.891	0.874	0.857	0.840
1.6	0.6	0.874	0.831	0.789	0.750	0.714	0.680	0.649	0.620
	0.8	0.903	0.867	0.832	0.798	0.766	0.735	0.706	0.679
	1.0	0.920	0.889	0.858	0.828	0.798	0.770	0.744	0.719
	1.2	0.930	0.903	0.875	0.848	0.821	0.795	0.770	0.747
	1.4	0.938	0.913	0.887	0.862	0.837	0.813	0.790	0.767
	1.6	0.943	0.920	0.896	0.873	0.849	0.826	0.804	0.783
	1.8	0.947	0.926	0.903	0.881	0.859	0.837	0.816	0.796
	2.0	0.950	0.930	0.909	0.888	0.867	0.845	0.826	0.806
	2.5	0.956	0.938	0.919	0.900	0.880	0.861	0.843	0.825
1.8	0.6	0.855	0.808	0.763	0.732	0.684	0.649	0.617	0.588
	0.8	0.889	0.849	0.811	0.775	0.740	0.708	0.679	0.651
	1.0	0.908	0.874	0.841	0.808	0.777	0.747	0.719	0.693
	1.2	0.921	0.891	0.860	0.830	0.802	0.774	0.748	0.724
	1.4	0.929	0.902	0.874	0.847	0.820	0.794	0.770	0.747
	1.6	0.936	0.910	0.885	0.859	0.834	0.810	0.786	0.764
	1.8	0.941	0.917	0.893	0.869	0.845	0.822	0.800	0.778
	2.0	0.944	0.922	0.899	0.876	0.854	0.832	0.810	0.790
	2.5	0.951	0.931	0.911	0.890	0.869	0.849	0.830	0.811
2.0	0.6	0.836	0.785	0.738	0.695	0.656	0.620	0.588	0.559
	0.8	0.874	0.831	0.791	0.752	0.716	0.683	0.652	0.624
	1.0	0.896	0.859	0.823	0.789	0.755	0.725	0.696	0.669
	1.2	0.911	0.878	0.845	0.814	0.783	0.755	0.727	0.702
	1.4	0.921	0.891	0.861	0.832	0.804	0.777	0.751	0.727
	1.6	0.928	0.901	0.873	0.846	0.819	0.793	0.769	0.746
	1.8	0.934	0.908	0.882	0.856	0.831	0.807	0.783	0.761
	2.0	0.938	0.914	0.889	0.865	0.841	0.818	0.795	0.774
	2.5	0.946	0.925	0.902	0.880	0.859	0.837	0.817	0.797
2.2	0.6	0.816	0.763	0.714	0.670	0.630	0.594	0.561	0.532
	0.8	0.859	0.814	0.770	0.730	0.693	0.659	0.628	0.599
	1.0	0.884	0.845	0.806	0.770	0.735	0.704	0.674	0.645
	1.2	0.901	0.865	0.830	0.797	0.765	0.735	0.707	0.681
	1.4	0.912	0.880	0.848	0.817	0.787	0.759	0.732	0.707
	1.6	0.923	0.891	0.861	0.832	0.804	0.777	0.752	0.728
	1.8	0.927	0.899	0.871	0.844	0.817	0.792	0.768	0.745
	2.0	0.932	0.906	0.880	0.854	0.828	0.804	0.780	0.758
	2.5	0.841	0.918	0.894	0.871	0.848	0.826	0.804	0.783
2.4	0.6	0.797	0.742	0.691	0.645	0.605	0.569	0.536	0.507
	0.8	0.844	0.796	0.751	0.709	0.671	0.636	0.605	0.576
	1.0	0.872	0.830	0.789	0.751	0.718	0.683	0.653	0.625
	1.2	0.890	0.853	0.816	0.781	0.748	0.717	0.688	0.661
	1.4	0.903	0.869	0.835	0.802	0.771	0.749	0.715	0.689
	1.6	0.913	0.881	0.850	0.819	0.790	0.762	0.736	0.711
	1.8	0.920	0.890	0.861	0.832	0.804	0.778	0.752	0.728
	2.0	0.926	0.898	0.870	0.842	0.816	0.790	0.766	0.743
	2.5	0.936	0.911	0.886	0.861	0.837	0.814	0.792	0.770

JW20、30型冷水表冷器四排干球温度效率 E_g 表 6-4-5

ξ	w(m/s) \ v_y(m/s)	1.25	1.50	1.75	2.00	2.25	2.50	2.75	3.00
1.0	0.5	0.658	0.613	0.574	0.541	0.511	0.485	0.462	0.441
	0.8	0.698	0.657	0.622	0.591	0.563	0.538	0.516	0.496
	1.0	0.713	0.674	0.639	0.609	0.583	0.559	0.537	0.517
	1.6	0.736	0.699	0.668	0.640	0.615	0.592	0.572	0.553
	2.0	0.744	0.709	0.678	0.651	0.626	0.604	0.584	0.566
	2.5	0.751	0.716	0.686	0.660	0.636	0.615	0.595	0.577
1.2	0.5	0.637	0.590	0.550	0.516	0.486	0.459	0.436	0.415
	0.8	0.684	0.641	0.604	0.572	0.544	0.519	0.496	0.475
	1.0	0.701	0.660	0.625	0.594	0.566	0.542	0.519	0.499
	1.6	0.728	0.691	0.658	0.629	0.604	0.580	0.559	0.540
	2.0	0.738	0.702	0.670	0.642	0.617	0.595	0.574	0.556
	2.5	0.746	0.711	0.680	0.653	0.629	0.607	0.587	0.569
1.4	0.5	0.616	0.568	0.527	0.492	0.462	0.435	0.411	0.390
	0.8	0.670	0.625	0.587	0.554	0.525	0.499	0.476	0.456
	1.0	0.689	0.647	0.611	0.579	0.550	0.525	0.502	0.482
	1.6	0.721	0.682	0.649	0.619	0.592	0.569	0.547	0.528
	2.0	0.732	0.695	0.662	0.634	0.608	0.585	0.564	0.545
	2.5	0.741	0.705	0.674	0.646	0.621	0.599	0.579	0.560
1.6	0.5	0.596	0.547	0.505	0.470	0.439	0.413	0.389	0.369
	0.8	0.655	0.610	0.571	0.537	0.508	0.481	0.458	0.437
	1.0	0.677	0.634	0.596	0.564	0.539	0.509	0.486	0.465
	1.6	0.713	0.673	0.639	0.608	0.581	0.557	0.535	0.516
	2.0	0.726	0.688	0.654	0.625	0.599	0.575	0.554	0.535
	2.5	0.736	0.700	0.667	0.639	0.614	0.591	0.570	0.551
1.8	0.5	0.577	0.527	0.485	0.449	0.419	0.392	0.369	0.349
	0.8	0.641	0.595	0.555	0.521	0.491	0.464	0.441	0.420
	1.0	0.666	0.621	0.583	0.549	0.520	0.494	0.471	0.450
	1.6	0.705	0.665	0.629	0.598	0.571	0.546	0.524	0.504
	2.0	0.719	0.680	0.646	0.616	0.590	0.566	0.544	0.525
	2.5	0.731	0.694	0.661	0.632	0.606	0.583	0.562	0.543
2.0	0.5	0.599	0.508	0.465	0.430	0.400	0.373	0.351	0.330
	0.8	0.628	0.580	0.540	0.505	0.474	0.448	0.424	0.403
	1.0	0.654	0.608	0.569	0.535	0.506	0.479	0.456	0.435
	1.6	0.697	0.656	0.620	0.588	0.560	0.535	0.512	0.492
	2.0	0.713	0.673	0.638	0.608	0.581	0.556	0.534	0.515
	2.5	0.726	0.688	0.654	0.625	0.599	0.575	0.554	0.534
2.2	0.5	0.541	0.490	0.447	0.412	0.382	0.356	0.334	0.314
	0.8	0.614	0.566	0.525	0.490	0.459	0.432	0.409	0.388
	1.0	0.643	0.596	0.556	0.522	0.492	0.465	0.442	0.421
	1.6	0.690	0.647	0.610	0.578	0.550	0.524	0.501	0.481
	2.0	0.707	0.666	0.631	0.599	0.572	0.547	0.525	0.505
	2.5	0.721	0.682	0.648	0.618	0.591	0.567	0.545	0.526
2.4	0.5	0.524	0.473	0.430	0.395	0.366	0.340	0.318	0.299
	0.8	0.601	0.552	0.510	0.475	0.445	0.418	0.394	0.374
	1.0	0.631	0.584	0.543	0.509	0.478	0.452	0.428	0.407
	1.6	0.682	0.638	0.601	0.568	0.539	0.514	0.491	0.470
	2.0	0.700	0.659	0.623	0.591	0.563	0.538	0.516	0.495
	2.5	0.716	0.676	0.641	0.611	0.584	0.559	0.537	0.517

JW20、30 型冷水表冷器六排干球温度效率 E_g 表 6-4-6

ξ	v_y(m/s) / w(m/s)	1.25	1.50	1.75	2.00	2.25	2.50	2.75	3.00
1.0	0.5	0.795	0.751	0.711	0.675	0.642	0.612	0.584	0.559
	0.8	0.837	0.800	0.766	0.735	0.706	0.679	0.655	0.632
	1.0	0.850	0.817	0.785	0.756	0.729	0.704	0.681	0.659
	1.6	0.871	0.842	0.815	0.789	0.765	0.743	0.723	0.703
	2.0	0.878	0.851	0.825	0.801	0.778	0.757	0.738	0.719
	2.5	0.884	0.857	0.833	0.810	0.789	0.768	0.750	0.732
1.2	0.5	0.722	0.724	0.682	0.643	0.608	0.577	0.549	0.523
	0.8	0.822	0.782	0.746	0.713	0.682	0.654	0.628	0.605
	1.0	0.839	0.802	0.769	0.738	0.709	0.683	0.659	0.636
	1.6	0.864	0.833	0.804	0.777	0.753	0.729	0.708	0.687
	2.0	0.873	0.844	0.816	0.791	0.768	0.746	0.725	0.706
	2.5	0.879	0.852	0.826	0.802	0.780	0.759	0.740	0.721
1.4	0.5	0.749	0.698	0.653	0.613	0.577	0.545	0.516	0.490
	0.8	0.807	0.765	0.726	0.691	0.659	0.630	0.603	0.578
	1.0	0.827	0.788	0.753	0.720	0.690	0.662	0.637	0.613
	1.6	0.857	0.824	0.794	0.766	0.740	0.715	0.693	0.672
	2.0	0.867	0.836	0.808	0.782	0.757	0.734	0.713	0.693
	2.5	0.875	0.846	0.820	0.795	0.772	0.750	0.730	0.711
1.6	0.5	0.726	0.672	0.625	0.584	0.547	0.515	0.486	0.460
	0.8	0.792	0.747	0.707	0.670	0.636	0.606	0.579	0.553
	1.0	0.815	0.774	0.736	0.702	0.671	0.642	0.616	0.591
	1.6	0.849	0.815	0.783	0.754	0.726	0.701	0.678	0.656
	2.0	0.861	0.829	0.799	0.772	0.746	0.723	0.700	0.680
	2.5	0.870	0.840	0.813	0.787	0.763	0.740	0.719	0.700
1.8	0.5	0.704	0.648	0.599	0.557	0.520	0.487	0.458	0.433
	0.8	0.777	0.730	0.687	0.649	0.615	0.584	0.556	0.530
	1.0	0.802	0.759	0.720	0.684	0.652	0.622	0.595	0.570
	1.6	0.842	0.806	0.773	0.742	0.714	0.687	0.663	0.641
	2.0	0.855	0.822	0.791	0.762	0.736	0.711	0.688	0.667
	2.5	0.865	0.835	0.806	0.779	0.754	0.731	0.709	0.689
2.0	0.5	0.681	0.624	0.574	0.532	0.494	0.462	0.433	0.408
	0.8	0.762	0.712	0.668	0.629	0.594	0.562	0.534	0.508
	1.0	0.790	0.745	0.704	0.667	0.634	0.603	0.576	0.551
	1.6	0.834	0.796	0.762	0.730	0.701	0.674	0.649	0.626
	2.0	0.849	0.814	0.782	0.752	0.725	0.700	0.676	0.654
	2.5	0.860	0.829	0.799	0.771	0.745	0.721	0.699	0.678
2.2	0.5	0.660	0.601	0.551	0.508	0.471	0.439	0.410	0.386
	0.8	0.747	0.695	0.650	0.610	0.574	0.542	0.513	0.487
	1.0	0.778	0.731	0.688	0.650	0.616	0.585	0.557	0.532
	1.6	0.826	0.787	0.751	0.718	0.688	0.660	0.635	0.611
	2.0	0.842	0.807	0.773	0.743	0.714	0.668	0.664	0.642
	2.5	0.855	0.822	0.792	0.763	0.737	0.712	0.689	0.668
2.4	0.5	0.639	0.579	0.529	0.486	0.449	0.417	0.389	0.365
	0.8	0.732	0.679	0.632	0.591	0.555	0.522	0.494	0.468
	1.0	0.765	0.717	0.673	0.634	0.599	0.568	0.539	0.513
	1.6	0.818	0.778	0.740	0.707	0.675	0.647	0.621	0.597
	2.0	0.836	0.799	0.765	0.733	0.637	0.677	0.652	0.629
	2.5	0.850	0.816	0.785	0.755	0.728	0.703	0.679	0.657

JW20、30 型冷水表冷器八排干球温度效率 E_g 表 6-4-7

ξ	v_y(m/s) / w(m/s)	1.25	1.50	1.75	2.00	2.25	2.50	2.75	3.00
1.0	0.5	0.846	0.808	0.772	0.738	0.707	0.678	0.651	0.625
	0.8	0.881	0.851	0.823	0.796	0.771	0.747	0.724	0.703
	1.0	0.892	0.866	0.840	0.816	0.793	0.771	0.750	0.730
	1.6	0.909	0.887	0.865	0.845	0.826	0.808	0.790	0.773
	2.0	0.914	0.894	0.874	0.855	0.837	0.820	0.804	0.788
	2.5	0.919	0.899	0.881	0.863	0.846	0.830	0.815	0.800
1.2	0.5	0.824	0.782	0.742	0.706	0.672	0.641	0.612	0.585
	0.8	0.868	0.835	0.804	0.775	0.747	0.721	0.697	0.674
	1.0	0.882	0.853	0.825	0.799	0.774	0.750	0.727	0.706
	1.6	0.903	0.879	0.856	0.834	0.814	0.794	0.775	0.757
	2.0	0.909	0.887	0.866	0.846	0.827	0.809	0.792	0.775
	2.5	0.915	0.894	0.875	0.856	0.838	0.821	0.805	0.789
1.4	0.5	0.803	0.756	0.713	0.674	0.638	0.605	0.575	0.548
	0.8	0.855	0.819	0.785	0.754	0.724	0.696	0.670	0.646
	1.0	0.872	0.840	0.810	0.781	0.754	0.729	0.705	0.682
	1.6	0.896	0.871	0.847	0.823	0.801	0.780	0.760	0.741
	2.0	0.904	0.881	0.859	0.837	0.817	0.798	0.779	0.762
	2.5	0.911	0.889	0.868	0.849	0.830	0.812	0.795	0.779
1.6	0.5	0.781	0.731	0.685	0.644	0.606	0.572	0.542	0.514
	0.8	0.841	0.803	0.766	0.732	0.701	0.671	0.644	0.619
	1.0	0.861	0.827	0.795	0.764	0.735	0.708	0.683	0.659
	1.6	0.890	0.863	0.837	0.812	0.789	0.767	0.746	0.726
	2.0	0.899	0.875	0.851	0.828	0.807	0.787	0.767	0.749
	2.5	0.907	0.884	0.862	0.841	0.822	0.803	0.785	0.768
1.8	0.5	0.759	0.706	0.658	0.615	0.576	0.542	0.511	0.483
	0.8	0.828	0.786	0.748	0.712	0.678	0.648	0.619	0.593
	1.0	0.850	0.814	0.779	0.747	0.716	0.688	0.662	0.637
	1.6	0.883	0.855	0.827	0.801	0.776	0.753	0.731	0.710
	2.0	0.894	0.868	0.843	0.819	0.797	0.776	0.755	0.736
	2.5	0.902	0.879	0.856	0.834	0.814	0.794	0.775	0.757
2.0	0.5	0.737	0.681	0.631	0.587	0.548	0.513	0.482	0.455
	0.8	0.814	0.770	0.729	0.691	0.656	0.625	0.595	0.569
	1.0	0.839	0.800	0.764	0.730	0.698	0.668	0.641	0.615
	1.6	0.877	0.846	0.817	0.790	0.764	0.739	0.716	0.695
	2.0	0.889	0.861	0.835	0.810	0.787	0.764	0.743	0.723
	2.5	0.898	0.873	0.850	0.827	0.805	0.785	0.765	0.747
2.2	0.5	0.716	0.657	0.606	0.561	0.521	0.487	0.456	0.429
	0.8	0.800	0.753	0.710	0.671	0.635	0.603	0.573	0.545
	1.0	0.828	0.787	0.748	0.713	0.680	0.649	0.621	0.595
	1.6	0.870	0.838	0.807	0.779	0.751	0.726	0.702	0.679
	2.0	0.883	0.855	0.827	0.801	0.777	0.753	0.731	0.710
	2.5	0.984	0.868	0.843	0.820	0.797	0.776	0.755	0.736
2.4	0.5	0.694	0.634	0.582	0.536	0.497	0.462	0.432	0.405
	0.8	0.786	0.737	0.692	0.651	0.615	0.581	0.551	0.524
	1.0	0.817	0.773	0.733	0.696	0.662	0.630	0.601	0.575
	1.6	0.863	0.829	0.797	0.767	0.739	0.713	0.688	0.664
	2.0	0.878	0.848	0.819	0.792	0.766	0.742	0.719	0.698
	2.5	0.890	0.863	0.837	0.812	0.789	0.767	0.746	0.726

GLⅡ-4-X-54 型空气热交换器干球温度效率 E_g　　表 6-4-8

ξ	v_y(m/s) / w(m/s)	1.25	1.50	1.75	2.00	2.25	2.50	2.75	3.00
1.0	0.5	0.558	0.533	0.511	0.491	0.473	0.457	0.441	0.427
	0.8	0.589	0.568	0.549	0.532	0.517	0.503	0.489	0.477
	1.0	0.600	0.581	0.564	0.548	0.534	0.520	0.508	0.496
	1.6	0.619	0.602	0.587	0.574	0.562	0.550	0.540	0.530
	2.0	0.625	0.610	0.596	0.583	0.572	0.561	0.551	0.542
	2.5	0.631	0.616	0.603	0.591	0.580	0.571	0.562	0.553
1.2	0.5	0.548	0.521	0.497	0.475	0.456	0.438	0.422	0.406
	0.8	0.585	0.562	0.541	0.523	0.506	0.490	0.476	0.462
	1.0	0.598	0.577	0.558	0.541	0.526	0.511	0.497	0.485
	1.6	0.620	0.602	0.586	0.572	0.559	0.546	0.535	0.524
	2.0	0.628	0.612	0.597	0.583	0.571	0.559	0.549	0.539
	2.5	0.635	0.619	0.605	0.593	0.581	0.571	0.561	0.551
1.4	0.5	0.537	0.508	0.482	0.459	0.439	0.420	0.402	0.387
	0.8	0.579	0.554	0.532	0.512	0.494	0.477	0.462	0.447
	1.0	0.595	0.572	0.552	0.533	0.516	0.501	0.486	0.472
	1.6	0.621	0.601	0.584	0.568	0.554	0.541	0.528	0.517
	2.0	0.630	0.612	0.596	0.582	0.568	0.556	0.544	0.534
	2.5	0.638	0.621	0.606	0.593	0.580	0.569	0.558	0.548
1.6	0.5	0.526	0.495	0.467	0.443	0.422	0.402	0.384	0.368
	0.8	0.572	0.546	0.522	0.501	0.482	0.464	0.448	0.433
	1.0	0.590	0.566	0.544	0.524	0.506	0.490	0.474	0.460
	1.6	0.619	0.599	0.581	0.564	0.548	0.534	0.521	0.509
	2.0	0.630	0.611	0.594	0.579	0.565	0.551	0.539	0.528
	2.5	0.639	0.622	0.606	0.591	0.578	0.566	0.555	0.544
1.8	0.5	0.514	0.481	0.453	0.428	0.405	0.385	0.367	0.350
	0.8	0.565	0.537	0.512	0.490	0.469	0.451	0.434	0.418
	1.0	0.585	0.559	0.536	0.515	0.496	0.478	0.462	0.447
	1.6	0.617	0.596	0.576	0.559	0.542	0.527	0.513	0.500
	2.0	0.630	0.609	0.591	0.575	0.560	0.546	0.533	0.521
	2.5	0.640	0.621	0.604	0.589	0.575	0.563	0.551	0.539
2.0	0.5	0.502	0.468	0.439	0.413	0.390	0.369	0.351	0.334
	0.8	0.557	0.528	0.502	0.478	0.457	0.438	0.420	0.404
	1.0	0.579	0.551	0.527	0.505	0.485	0.467	0.450	0.435
	1.6	0.615	0.592	0.571	0.553	0.536	0.520	0.505	0.491
	2.0	0.628	0.607	0.588	0.571	0.555	0.540	0.527	0.514
	2.5	0.639	0.620	0.603	0.587	0.572	0.558	0.546	0.534
2.2	0.5	0.490	0.455	0.425	0.398	0.375	0.354	0.336	0.319
	0.8	0.549	0.518	0.491	0.467	0.445	0.425	0.407	0.390
	1.0	0.572	0.544	0.518	0.495	0.475	0.456	0.438	0.422
	1.6	0.612	0.588	0.566	0.546	0.528	0.512	0.496	0.482
	2.0	0.626	0.604	0.584	0.566	0.550	0.534	0.520	0.506
	2.5	0.639	0.618	0.600	0.583	0.568	0.554	0.540	0.528
2.4	0.5	0.479	0.442	0.411	0.384	0.361	0.340	0.321	0.305
	0.8	0.541	0.509	0.481	0.456	0.433	0.413	0.394	0.378
	1.0	0.566	0.536	0.509	0.486	0.464	0.445	0.427	0.410
	1.6	0.608	0.583	0.560	0.540	0.521	0.504	0.488	0.473
	2.0	0.624	0.601	0.580	0.561	0.544	0.528	0.513	0.499
	2.5	0.637	0.616	0.597	0.580	0.564	0.549	0.535	0.522

UⅡ-4-X-54 型空气热交换器干球温度效率 E_g 表 6-4-9

ξ	v_y(m/s) / w(m/s)	1.25	1.50	1.75	2.00	2.25	2.50	2.75	3.00
1.0	0.5	0.719	0.692	0.667	0.644	0.623	0.603	0.584	0.567
	0.8	0.754	0.733	0.713	0.695	0.678	0.661	0.646	0.631
	1.0	0.766	0.747	0.730	0.713	0.698	0.683	0.669	0.656
	1.6	0.786	0.770	0.756	0.743	0.730	0.719	0.708	0.697
	2.0	0.793	0.779	0.766	0.753	0.742	0.732	0.721	0.712
	2.5	0.798	0.785	0.773	0.762	0.752	0.742	0.733	0.724
1.2	0.5	0.693	0.663	0.636	0.611	0.588	0.567	0.547	0.528
	0.8	0.733	0.710	0.688	0.668	0.650	0.632	0.615	0.599
	1.0	0.748	0.727	0.708	0.690	0.673	0.657	0.642	0.627
	1.6	0.771	0.754	0.739	0.724	0.710	0.698	0.685	0.674
	2.0	0.779	0.764	0.750	0.736	0.724	0.713	0.702	0.691
	2.5	0.786	0.772	0.759	0.747	0.736	0.725	0.715	0.706
1.4	0.5	0.669	0.637	0.608	0.582	0.557	0.535	0.514	0.495
	0.8	0.714	0.689	0.666	0.644	0.624	0.605	0.587	0.571
	1.0	0.731	0.708	0.687	0.668	0.650	0.632	0.616	0.601
	1.6	0.757	0.739	0.722	0.707	0.692	0.678	0.665	0.653
	2.0	0.767	0.750	0.735	0.721	0.708	0.695	0.683	0.672
	2.5	0.775	0.759	0.745	0.733	0.721	0.709	0.698	0.688
1.6	0.5	0.646	0.612	0.582	0.554	0.529	0.506	0.485	0.465
	0.8	0.696	0.669	0.645	0.622	0.600	0.580	0.562	0.544
	1.0	0.715	0.691	0.668	0.647	0.628	0.610	0.593	0.577
	1.6	0.745	0.725	0.707	0.691	0.675	0.660	0.646	0.633
	2.0	0.755	0.738	0.721	0.706	0.692	0.679	0.666	0.654
	2.5	0.764	0.748	0.733	0.719	0.707	0.695	0.683	0.672
1.8	0.5	0.625	0.590	0.558	0.529	0.504	0.480	0.459	0.439
	0.8	0.680	0.651	0.625	0.601	0.578	0.558	0.538	0.521
	1.0	0.700	0.674	0.650	0.628	0.608	0.589	0.571	0.555
	1.6	0.733	0.712	0.693	0.675	0.659	0.643	0.628	0.615
	2.0	0.744	0.726	0.709	0.693	0.678	0.663	0.650	0.637
	2.5	0.754	0.737	0.722	0.707	0.694	0.681	0.669	0.657
2.0	0.5	0.605	0.568	0.536	0.507	0.480	0.456	0.435	0.415
	0.8	0.664	0.634	0.606	0.581	0.558	0.537	0.517	0.499
	1.0	0.686	0.658	0.634	0.611	0.589	0.570	0.551	0.534
	1.6	0.721	0.700	0.679	0.661	0.644	0.627	0.612	0.597
	2.0	0.734	0.714	0.696	0.680	0.664	0.649	0.635	0.622
	2.5	0.745	0.727	0.711	0.695	0.681	0.668	0.655	0.643
2.2	0.5	0.586	0.549	0.515	0.486	0.459	0.435	0.413	0.394
	0.8	0.649	0.617	0.589	0.563	0.539	0.517	0.497	0.478
	1.0	0.672	0.644	0.618	0.594	0.572	0.552	0.533	0.515
	1.6	0.711	0.688	0.667	0.647	0.629	0.612	0.596	0.581
	2.0	0.725	0.704	0.685	0.667	0.651	0.635	0.621	0.607
	2.5	0.736	0.717	0.700	0.684	0.669	0.655	0.642	0.630
2.4	0.5	0.569	0.530	0.496	0.466	0.439	0.415	0.394	0.374
	0.8	0.634	0.602	0.572	0.546	0.521	0.499	0.479	0.460
	1.0	0.659	0.629	0.603	0.578	0.555	0.534	0.515	0.497
	1.6	0.700	0.676	0.654	0.634	0.615	0.598	0.581	0.566
	2.0	0.715	0.694	0.674	0.656	0.638	0.622	0.607	0.593
	2.5	0.728	0.708	0.690	0.674	0.658	0.644	0.630	0.617

UⅡ-6-X-54 型空气热交换器干球温度效率 E_g 表 6-4-10

ξ	v_y(m/s) / w(m/s)	1.25	1.50	1.75	2.00	2.25	2.50	2.75	3.00
1.0	0.5	0.843	0.818	0.795	0.772	0.750	0.729	0.709	0.690
	0.8	0.873	0.856	0.839	0.823	0.807	0.791	0.776	0.761
	1.0	0.883	0.868	0.854	0.840	0.826	0.813	0.800	0.787
	1.6	0.899	0.887	0.876	0.866	0.856	0.846	0.836	0.827
	2.0	0.904	0.894	0.884	0.875	0.866	0.857	0.849	0.840
	2.5	0.908	0.899	0.890	0.882	0.874	0.866	0.859	0.851
1.2	0.5	0.819	0.791	0.764	0.738	0.714	0.690	0.668	0.647
	0.8	0.856	0.836	0.817	0.798	0.780	0.762	0.745	0.728
	1.0	0.869	0.851	0.835	0.818	0.803	0.787	0.773	0.758
	1.6	0.888	0.875	0.862	0.850	0.839	0.827	0.816	0.806
	2.0	0.894	0.883	0.872	0.861	0.851	0.841	0.831	0.822
	2.5	0.899	0.889	0.879	0.870	0.861	0.852	0.844	0.835
1.4	0.5	0.796	0.764	0.735	0.706	0.679	0.654	0.630	0.608
	0.8	0.840	0.817	0.795	0.774	0.754	0.734	0.715	0.697
	1.0	0.855	0.835	0.816	0.798	0.780	0.763	0.747	0.731
	1.6	0.877	0.863	0.849	0.835	0.822	0.810	0.797	0.785
	2.0	0.885	0.872	0.860	0.848	0.837	0.826	0.815	0.804
	2.5	0.891	0.880	0.869	0.858	0.848	0.839	0.829	0.820
1.6	0.5	0.774	0.739	0.707	0.676	0.647	0.621	0.596	0.572
	0.8	0.824	0.799	0.774	0.751	0.729	0.708	0.688	0.668
	1.0	0.841	0.819	0.798	0.778	0.759	0.741	0.723	0.705
	1.6	0.867	0.851	0.836	0.821	0.806	0.793	0.779	0.766
	2.0	0.876	0.862	0.848	0.835	0.823	0.811	0.799	0.788
	2.5	0.883	0.871	0.859	0.847	0.836	0.826	0.815	0.805
1.8	0.5	0.752	0.715	0.680	0.648	0.618	0.590	0.564	0.540
	0.8	0.808	0.781	0.755	0.730	0.706	0.683	0.662	0.641
	1.0	0.828	0.804	0.781	0.759	0.739	0.719	0.699	0.681
	1.6	0.857	0.840	0.823	0.807	0.791	0.776	0.762	0.748
	2.0	0.867	0.852	0.837	0.823	0.810	0.797	0.784	0.771
	2.5	0.876	0.862	0.849	0.837	0.825	0.813	0.802	0.791
2.0	0.5	0.731	0.692	0.655	0.621	0.590	0.562	0.535	0.511
	0.8	0.793	0.763	0.735	0.709	0.683	0.659	0.637	0.616
	1.0	0.815	0.789	0.765	0.741	0.719	0.698	0.677	0.658
	1.6	0.848	0.829	0.811	0.793	0.777	0.760	0.745	0.730
	2.0	0.859	0.842	0.827	0.811	0.797	0.783	0.769	0.756
	2.5	0.868	0.854	0.840	0.826	0.814	0.801	0.789	0.778
2.2	0.5	0.711	0.669	0.631	0.596	0.564	0.535	0.509	0.484
	0.8	0.778	0.747	0.717	0.689	0.662	0.637	0.614	0.592
	1.0	0.802	0.774	0.748	0.724	0.700	0.678	0.656	0.636
	1.6	0.838	0.818	0.799	0.780	0.762	0.745	0.728	0.713
	2.0	0.851	0.833	0.816	0.800	0.784	0.769	0.755	0.741
	2.5	0.861	0.845	0.831	0.816	0.803	0.790	0.777	0.765
2.4	0.5	0.692	0.648	0.609	0.573	0.541	0.511	0.485	0.460
	0.8	0.764	0.730	0.699	0.669	0.642	0.616	0.592	0.569
	1.0	0.790	0.760	0.733	0.707	0.682	0.658	0.636	0.615
	1.6	0.829	0.808	0.787	0.767	0.748	0.730	0.713	0.696
	2.0	0.843	0.824	0.806	0.789	0.772	0.756	0.741	0.726
	2.5	0.854	0.838	0.822	0.807	0.792	0.778	0.765	0.752

当采用表 6-4-3～表 6-4-10 中的类型相同的冷水表冷器，但其型号不同（表面管长不同）或排数不同、空气密度不同、$\xi>2.4$ 时，以及采用其他类型的冷水表冷器时，采用下列计算方法。

1. 类型相同的表冷器（例如同为 JW 型），排数相同，型号不同时，由于 K 值相同，F_y/F 基本相同，故 B 值相同。但 F_y/f 不同，故 D 值不同。

$$D=0.000289\frac{F_y}{f}\cdot\frac{\xi v_y}{w}=C\frac{\xi v_y}{w} \tag{6-4-13}$$

一些冷水表冷器的 C 值列于表 6-4-11 中

常数 C **表 6-4-11**

型号	YG1	YG1.5、2	YG2.5、3	YG4～6	YG6A 四、八排	YG6A 六排	YG8 四、八排
C 值	0.05	0.074	0.093	0.124	0.093	0.124	0.093
型号	YG8 六排	YG10	YG12 四、八排	YG12 六排	YG12A	YG14	YG16
C 值	0.124	0.099	0.093	0.124	0.124	0.109	0.124
型号	JW10	JW20	JW30	JW40			
C 值	0.067	0.133	0.133	0.179			
型号	UⅡ-24	UⅡ-30	UⅡ-42	UⅡ-54	UⅡ-78		
C 值	0.041	0.051	0.071	0.091	0.132		
型号	GLⅡ-24	GLⅡ-30	GLⅡ-42	GLⅡ-54	GLⅡ-78		
C 值	0.047	0.058	0.081	0.103	0.149		

先计算出制表的 D' 值，按表中得 E'_g 查图 6-4-2，查出 B 值；再算出同类型而不同型号的 D 值；按 D、B 查图 6-4-2，得出所求型号的 E_g 值。

【例 6-4-1】 已知：$\xi=2$，$v_y=2$m/s，$w=1$m/s 时，求解：JW10 型、八排的 E_g 值。

【解】 ［1］按 ξ、v_y、w 查表 6-4-8 得 JW20、30 的 $E'_g=0.730$（八排）；

［2］按公式（6-4-13）算：JW20、30 的 D' 值

$$D'=C\frac{\xi v_y}{w}=0.133\times\frac{2\times2}{1}=0.532$$

［3］按 $E'_g=0.730$，$D'=0.532$，查图 6-4-2 得：$B=0.575$

［4］所求 JW10 的 D 值：

$$D=0.067\times\frac{2\times2}{1}=0.268$$

［5］按 $B=0.575$、$D=0.268$，由图 6-4-2 得 JW10 型、八排 $E_g=0.783$。

2. 当类型相同、型号相同、排数不同时，用下述方法修正；

在上述条件下 D 值相同，B 值不同。先用公式（6-4-13）求 D 值，按与所求排数相近的排数查表得 E_g 值，由 E_g、B 在图 6-4-2 中查出 B 值，B 值按下式修正：

$$B=\frac{n'}{n}B' \tag{6-4-14}$$

式中 n'、B'——表内的排数和传热单位数（表上查出的 B 值）

n、B——所求的冷水表冷器的排数和 B 值。

按公式（6-4-14）求出的 B 值和前面计算出的 D 值查图 6-4-2 即可得出所求的 E_g 值。

3. 当地大气压力如低于 933.25hPa 时，公式（6-4-12）（6-4-13）中的空气密度 ρ 应修正，在查表时，相应对 v_y 进行修正：

$$v_y' = \frac{1.2}{\rho} v_y = \frac{1013}{B} v_y \tag{6-4-15}$$

式中 v_y、v_y'——实际和查表用的冷水表冷器迎风面风速（m/s）；

B——当地大气压力（hPa）；

ρ——实际空气密度（kg/m^3）。

考虑到如 ρ 值低时，E_g 值可能有所降低，故 v_y 值可不修正。

4. 当 $\xi > 2.4$ 时，将处理前参数（点 1）按等焓线上移，使 $\xi \leqslant 2.4$，求出处理前后焓差，然后确定处理后的参数。这是因为实验证明，当水速和风速一定时，在同一表冷器、同一进水参数条件下，空气初焓值相同时，其空气终焓值也相差不大，在计算时取其终焓相等（但终相对湿度不同）。具体修正方法见【例 6-4-4】。

5. 不属于表 6-4-3～表 6-4-10 的表冷器类型的计算方法

（1）设计计算方法

已知：处理风量、空气初、终参数，水初温等。

求解：选用表冷器排数 N 和水流速 w。

解：a. 计算出析湿系数 ξ 和确定表冷器迎风面风速 v_y；

b. 按式（6-4-1）求所需的干球温度效率 E_g 值；

c. 假定表冷器内水的流速 w=1.0m/s 和 1.8m/s，查出该表冷器迎风面积 F_y 和水管通水断面积 f，计算出水当量比 D 值；

d. 查图 6-4-2 或按下式求传热单位数 B 值；

$$B = \frac{1-D}{\ln\left(\frac{1-DE_g}{1-E_g}\right)} \tag{6-4-16}$$

e. 求散热面积 F

$$F = \frac{\xi c_p G}{3.6KB} \tag{6-4-17}$$

f. 确定表冷器排数 N 和水速 w。

具体计算方法见例题 6-4-3。

（2）校核计算方法

已知：处理风量、空气初参数、水初温、水量、表冷器型号、规格等。

求解：空气的终参数。

解：a. 计算迎风面风速 v_y、水速 w 并查出散热面积 F、迎风面积 F_y 和水管通水断面积 f；

b. 由公式（6-4-22）求温度准数 T_p、析湿系数 ξ；

c. 计算水当量比 D、传热单位数 B；

d. 按公式（6-4-10）或图 6-4-2 求干球温度效率 E_g；

e. 按公式（6-4-1）求空气处理后的干球温度 t_2；

f. 计算出接触系数 E_0，按公式（6-4-2）求空气处理后的湿球温度 t_{s2}；

g. 校核析湿系数 ξ。

具体计算方法与例题 6-4-6 基本相同。

(三) 接触系数 E_0 的计算表

如果认为公式（6-4-3）中 t_3 为表冷器的管外温度，则有

$$dQ=\alpha_w(t_1-t_3)dF \tag{6-4-18}$$

$$dQ=-Gdh \tag{6-4-19}$$

由公式（6-4-8），$\alpha_w=Pv_y^n\xi^m$，又：

$$\xi=\frac{h_1-h_2}{c_p(t_1-t_2)}=\frac{h-h_3}{c_p(t-t_3)}$$

由公式（6-4-18）、(6-4-19) 得：

$$\frac{Pv_y^n\xi^{m-1}}{c_p}(h-h_3)dF=-Gdh$$

移项积分后得：

$$\frac{h_2-h_3}{h_1-h_3}=e^{-\left(\frac{Pv_y^n\xi^{m-1}F}{c_pG}\right)}$$

$$E_0=\frac{t_1-t_2}{t_1-t_3}=\frac{h_1-h_2}{h_1-h_3}=1-e^{-\left(\frac{Pv_y^n\xi^{m-1}F}{c_pG}\right)} \tag{6-4-20}$$

公式（6-4-20）为 E_0 的理论推导近似公式，但由于假定 t_3 为定值等原因，按此计算与实测有差别。接触系数一般由实测取得，表 6-4-12 是根据实测和产品样本给出的接触系数 E_0 的数字。E_0 的准确性较差，一般不作主要计算用，只作为确定终状态相对湿度用。

冷水表冷器的接触系数 E_0 **表 6-4-12**

表冷器型号	排数	迎风面风速 v_y(m/s)			
		1.5	2.0	2.5	3.0
UⅡ型 GLⅡ型	2	0.543	0.518	0.499	0.484
	4	0.791	0.767	0.748	0.733
	6	0.905	0.887	0.875	0.863
	8	0.957	0.946	0.937	0.930
JW 型	4*	0.845	0.797	0.768	0.745
	6*	0.940	0.911	0.888	0.872
	8*	0.977	0.964	0.954	0.945
SXL-B 型	2	0.826	0.780	0.760	0.740
	4	0.970	0.952	0.942	0.932
	6	0.995	0.989	0.986	0.982
	8	0.999	0.997	0.996	0.995
YG 型	4	0.892	0.890	0.888	0.887
	6*	0.897	0.895	0.894	0.892
	8	0.900	0.898	0.896	0.895

注：表中有*号的为实验数据，无*号的系根据理论计算推算出来的。

(四) 计算方法和实例

冷水表冷器的计算方法分设计计算和校核计算两种类型：

1. 设计计算方法

这种计算方法多用于选择表冷器型号、规格以满足空气处理前后的初、终参数要求。

（1）已知当地大气压力 B，处理风量 G，空气初参数：t_1、t_{s1}、h_1、d_1 和空气处理后的终参数：t_2、t_{s2}、h_2、d_2 等。

按公式（6-4-2）算接触系数 $E_0=1-\dfrac{t_2-t_{s_2}}{t_1-t_{s_1}}$。

（2）根据 E_0，由表 6-4-12 确定表冷器型号、台数和排数 N。

（3）根据析温系数 $\xi=\dfrac{h_1-h_2}{C\rho\ (t_1-t_2)}$，迎风面风速 $v_y=\dfrac{G}{3600F_y\cdot\rho}$（m/s）和试取得水 $w=0.6\sim0.8$m/s，由表 6-4-3～6.4-10 查得干球温度效率 E_g 值。

由表 6-4-1 查得干球温度效率的安全系数 a 值。

（4）按公式（6-4-1）算冷水供水温度 $t_j=t_1-\dfrac{t_1-t_2}{aE_g}$（℃）。

注：冷水供水温度至少要低于空气处理后的干球温度 3.5℃。

如果在已知条件中给定了空气的初、终参数和冷水供水温度 t_j，则空气处理过程需要的 E_g 已定。热工计算的目的就在于通过调整迎风面风速 v_y（即改变通过表冷器的冷却风量）和表冷器排数 N（即改变表冷器的传热面积 F）或调整水的流速 w（即改变通过表冷器的水流量 W）等办法，使所选择的表冷器能达到空气处理过程所需的 E_g。

冷水表冷器冷却干燥的设计计算：空气处理后的相对湿度与表冷器的排数 N、空气初相对湿度有关。一般是 $\varphi_2=90\%\sim95\%$。四排表冷器可假定 $\varphi_2=90\%$，六排以上时，可假定 $\varphi_2=95\%$，若计算的 φ_2 值较假定的 φ_2 值小 7%以内时，可不必重新计算（考虑空气带水将产生等焓加湿）；若计算的 φ_2 值大于假定的 φ_2 值，表示可以冷却到原假定之"露点"。其冷量应按原假定 h_2 计算。这种方法称为"E_g-E_0"法。

2. 校核计算方法

这种计算方法多用于检查一定型号的表冷器，用已有的水量 W 和冷水初温 t_j，将具有一定初参数的空气量能处理到什么样的空气终参数及冷水终温 t_n，由于空气参数未求出之前，尚不知道过程的析湿系数 ξ，因此无法依公式（6-4-10）求出 E_g，在这种情况下，为了求解空气终参数和水的终温，需联解方程式（6-4-1）、（6-4-2）、（6-4-4）、（6-4-7）及热平衡方程式等求出。不过，解这些方程式很麻烦，实际工作中，多用试算法或图解法。本手册仅介绍先计算近似的 ξ 值，再计算 E_g 的方法。亦可采用等价干工况法。

对于各种类型的冷水表冷器均可按公式（6-4-21）近似计算。该公式是根据当冷水表冷器及其风速、水速、水初温均一定，空气初状态焓值相同时，其终状态焓值也相同时推导出来的。

$$\xi=\frac{1-T_p+\dfrac{c_p}{a'-c_p}}{\dfrac{c_p}{a'-c_p}-T_p\left(1-\dfrac{E_0}{E_{g\cdot\xi=1}}\right)} \tag{6-4-21}$$

式中　$T_p=\dfrac{t_1-t_{l1}}{t_1-t_j}$，称为温度准数；

c_p——空气定压比热容，取 1.01kJ/(kg/·℃)；

a'——空气初、终露点温度相对应的焓差与露点温差（$t_{l1}-t_{l2}$）的比值［kJ/(kg·℃)］，其概略值由表 6-4-13 查出；

$E_{g\cdot\xi=1}$——干工况（$\xi=1$ 时）的热交换效率，一般可由表 6-4-3 至表 6-4-10 查出；

t_{l_1}、t_{l_2}——空气初、终露点温度（℃）。

上述计算方法可称为"$E_g-\xi$"法。

露点焓差与温差比 a'　　　　**表 6-4-13**

表冷器排数	2	4	6	8	10
空气初露点温度 t_{l1}(℃)	a'[kJ/(kg·℃)]				
9.1～12	2.34	2.30	2.22	2.22	2.18
12.1～15	2.64	2.60	2.47	2.39	2.34
15.1～18	2.89	2.81	2.72	2.64	2.60
18.1～21	3.22	3.14	3.01	2.93	2.85
21.1～24	3.56	3.48	3.35	3.14	3.10
24.1～27	3.98	3.89	3.68	3.48	3.43

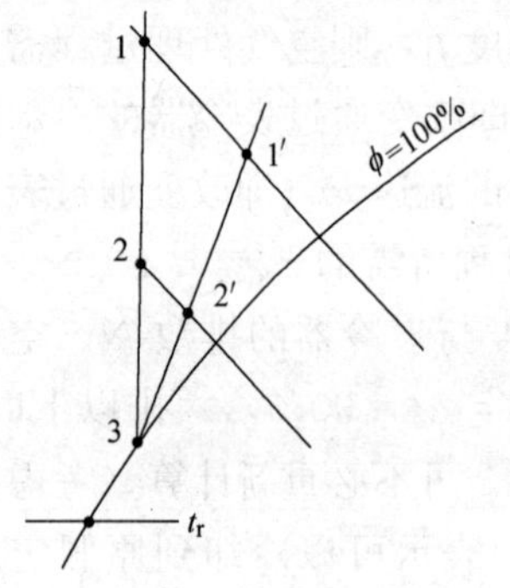

图 6-4-3　冷水表冷器湿工况的等价干工况

在空气处理过程的计算中，还常利用"等价工况"的概念。对于初状态的焓值相同、干球温度不同的各工况，如果某一干工况的 h_2、E_0 与一湿工况的 h_2、E_0 值相等，则称这干工况为该湿工况的等价干工况。图 6-4-3 中，干工况 1—2—3 为湿工况 1′—2′—3′的"等价干工况"。

采用等价干工况，则湿工况的计算可近似地用等价干工况的计算代替。计算时，需要事先判别干、湿工况。由图 6-4-3 可见，按干工况有：

$$\frac{t_1-t_2}{t_1-t_j}=aE_{g\cdot\xi=1}$$

又

$$\frac{t_1-t_2}{t_1-t_3}=E_0$$

且

$$T_p=\frac{t_1-t_{l1}}{t_1-t_j}$$

对于临界工况，因为 $t_{l1}=t_3$，所以

$$T_p=\frac{t_1-t_{l1}}{t_1-t_j}=\frac{t_1-t_3}{t_1-t_j}=\frac{t_1-t_2}{t_1-t_j}\Big/\frac{t_1-t_2}{t_1-t_3}=\frac{aE_{g\cdot\xi=1}}{E_0} \tag{6-4-22}$$

令 $D=\dfrac{aE_{g\cdot\xi=1}}{E_0}$，并称之为干、湿工况的界限判据，则当 $T_p=D$ 时为临界工况

$T_p<D$ 时为湿工况

$T_p>D$ 时为干工况

利用 $h-d$ 图找出某一湿工况（1′—2′—3）的等价干工况（1—2—3），然后按等价干工况参数计算空气处理过程需要的 E_g，并选择合适的冷水表冷器。值得注意的是，计算传热单位数 B 时，要用干工况的传热系数。

在计算冷水表冷器时，还需利用下列公式：

$$v_y=\frac{G}{3600F_y\cdot\rho} \tag{6-4-23}$$

$$W = 3600\rho_s \cdot w \cdot f \tag{6-4-24}$$

$$Q = \frac{1}{3.6}G(h_1 - h_2) \tag{6-4-25}$$

$$t_h = t_j + \frac{3.6Q}{c_s W} = t_j + \frac{G(h_1 - h_2)}{c_s W} \tag{6-4-26}$$

式中 ρ——空气密度（kg/m^3），一般取 ρ=1.2（kg/m^3）；

ρ_s——水的密度（kg/m^3），一般取 ρ_s=1000（kg/m^3）；

Q——耗冷量（W）；

t_h——冷水回水温度（℃）；

c_s——水的比热［kJ/（kg·℃）］，一般取 c_s=4.19kJ/(kg·℃)。

【例 6-4-2】 冷却干燥设计性计算（一）

已知：当地大气压力为 B=993.25hPa；处理风量 G=18000kg/h，空气的初参数：t_1=25℃，t_{s1}=20.4℃，h_1=59.46kJ/kg；采用冷水供水温度 t_j=5℃，要求空气处理后的终参数：t_2=11℃，φ_2=95%左右。

求解：选用合适的表冷器型号，并计算冷水量 W，冷量 Q 及回水温度 t_h 等。

【解】［1］按 t_2=11℃，φ_2=95%，由图 $h-d$ 图查得 h_2=31.19kJ/kg。

按公式（6-4-4）算析湿系数：

$$\xi = \frac{h_1 - h_2}{c_p(t_1 - t_2)} = \frac{59.46 - 31.19}{1.01(25 - 11)} = 2.0$$

［2］按迎风面风速范围 v_y=2～3m/s 选表冷器型号

根据风量 G＝18000kg/h，若选用 JW 型表冷器，可直接由表 6-3-2 选择 JW20-4 型，其迎风面积 F_y=1.87m^2。

按公式（6-4-23）算迎风面风速：

$$v_y = \frac{G}{3600F_y\rho} = \frac{18000}{3600 \times 1.87 \times 1.2} = 2.23\text{m/s}$$

［3］按公式（6-4-1）算干球温度效率 E_g：查表 6-4-1，仅作冷却用时，a=0.94，则：

$$E_g = \frac{t_1 - t_2}{a(t_1 - t_j)} = \frac{25 - 11}{0.94(25 - 5)} = 0.745$$

［4］按 ξ、v_y、E_g 查表 6-4-6 至 6-4-7，选 6 排时，效率达不到，则选用 8 排。按内插法，8 排时的水速 w=1.6m/s。

［5］按 t_2=11℃，φ_2=95%；由 $h-d$ 图查得 t_{s2}=10.5℃。查表 6-4-12 得 8 排时的 E_0=0.96。按公式（6-4-2）算空气处理后的湿球温度：

$$\begin{aligned} t_{s2} &= t_2 - (1 - E_0)(t_1 - t_{s1}) \\ &= 11 - (1 - 0.96)(25 - 20.4) = 10.82℃ \end{aligned}$$

$$\varphi_2 = 98\%$$

与原假定 φ_2=95%超过 3%，满足使用要求。

［6］按公式（6-4-24）算冷水量；由表 6-3-2 查得 f=0.00407m^2

$$\begin{aligned} W &= 3600\rho_s w f \\ &= 3600 \times 1000 \times 1.6 \times 0.00407 = 23440\text{kg/h} \end{aligned}$$

［7］按公式（6-4-25）算冷量：

$$Q=\frac{1}{3.6}G(h_1-h_2)$$

$$=\frac{18000}{3.6}(59.46—31.19)=141350\text{W}$$

［8］按公式（6-4-26）算冷水回水温度：

$$t_h=t_j+\frac{3.6Q}{c_s W}$$

$$=5+\frac{3.6\times141350}{4.19\times23440}$$

$$=5+5.18=10.18℃$$

【例 6-4-3】 冷却干燥设计性计算（二）

已知：当地大气压力为 $B=993.25$hPa；处理风量 $G=30000$kg/h；空气的初参数：$t_1=30℃$，$t_{s1}=24.6℃$，$h_1=75.4$kJ/kg；冷水供水温度 $t_j=12℃$；要求空气冷却处理后的终参数：$t_2=18℃$，$\varphi_2=95\%$，$h_2=49.4$kJ/kg，$t_{s2}=17.4℃$。

求解：选用合适的表冷器型号，并计算冷水量 W，冷量 Q 及冷水回水温度 t_h 等。

【解】 没有干球温度效率 E_g 表格的计算方法：

［1］按公式（6-4-4）算析湿系数：

$$\xi=\frac{h_1-h_2}{c_p(t_1-t_2)}=\frac{75.4-49.4}{1.01(30-18)}=\frac{26}{1.01\times12}=2.15$$

按 $v_y=2\sim3$m/s 算表冷器迎风面积：

$$F_y=\frac{G}{3600\rho v_y}=\frac{30000}{3600\times1.2(2\sim3)}=3.47\sim2.31\text{m}^2$$

查表 6-3-6，选 YG3 表冷器，得 $F_y=2.85\text{m}^2$，则迎风面的风速为：

$$v_y=\frac{G}{3600\rho F_y}=\frac{30000}{3600\times1.2\times2.85}=2.44\text{m/s}$$

［2］按公式（6-4-1）算干球温度效率 E_g：查表 6-4-1，仅作冷却用时，$a=0.94$，则：

$$E_g=\frac{t_1-t_2}{a(t_1-t_j)}=\frac{30-18}{0.94(30-12)}=0.71$$

［3］已知 $\xi=2.15$，$F_y=2.85\text{m}^2$，$v_y=2.44$m/s，由表 6-3-6 查得：$f=88.4\times10^{-4}\text{m}^2$，当 $w=1.0$m/s～1.8m/s 时，按公式（6-4-12）算水当量比：

$$D=0.000289\frac{\xi v_y F_y}{wf}$$

$$=0.000289\frac{2.15\times2.44\times2.85}{(1.0\sim1.8)\times88.4\times10^{-4}}=0.489\sim0.272$$

［4］求传热单位数：

根据 D＝0.489～0.272 和 $E_g=0.71$，按公式（6-4-16）算或由图 6-4-2 查得 $B=0.63\sim0.71$。

［5］求散热面积 F

根据表冷器型号查表 6-4-2，得传热系数值 K 公式：

$$K=\left[\frac{1}{37.8v_y^{0.463}\xi^{0.878}}+\frac{1}{188.5w^{0.8}}\right]^{-1}$$

$$=\left[\frac{1}{37.8\times2.44^{0.463}\times2.15^{0.878}}+\frac{1}{188.5\,(1.0\sim1.8)^{0.8}}\right]^{-1}$$

$$=70.2\sim81.6(\mathrm{W/m^2\cdot℃})$$

按公式（6-4-17）算表冷器的散热面积：

$$F=\frac{\xi c_\mathrm{p}G}{3.6KB}=\frac{2.15\times1.01\times30000}{3.6(70.2\sim81.6)(0.63\sim0.71)}$$

$$=409.2\sim312.3\mathrm{m^2}$$

查表 6-3-6，选用 6 排，$F=413.5\mathrm{m^2}>409.2\mathrm{m^2}$，取水速 $w=1.0\mathrm{m/s}$ 满足要求。

根据 $\xi=2.15$，$v_\mathrm{y}=2.44\mathrm{m/s}$，$w=1.0\mathrm{m/s}$ 时，按内插法查表 6-4-4，得干球温度效率 $E_\mathrm{g}=0.727>0.71$ 满足要求。

［6］校核空气处理后的湿球温度 t_{s2}：根据 $v_\mathrm{y}=2.44\mathrm{m/s}$、6 排。

由表 6-4-12 内查得接触系数 $E_0=0.894$。

按公式（6-4-2）算空气处理后的湿球温度：

$$t_{s2}=t_2-(1-E_0)(t_1-t_{s1})$$

$$=18-(1-0.894)(30-24.6)=17.4℃$$

与假定的 $t_{s2}=17.4℃$ 相等，可用。

［7］根据表冷器 YG3 型，由表 6-3-6 中查得水管通水断面积 $f=88.4\times10^{-4}\mathrm{m^2}$，按公式（6-4-24）算冷水量：

$$W=3600\rho_\mathrm{s}wf$$

$$=3600\times1000\times1.0\times88.4\times10^{-4}=31820\mathrm{kg/h}$$

［8］按公式（6-4-25）算冷量：

$$Q=\frac{1}{3.6}G(h_1-h_2)$$

$$=\frac{30000}{3.6}(75.4-49.4)=216670\mathrm{W}$$

［9］按公式（6-4-26）算冷水回水温度：

$$t_\mathrm{h}=t_\mathrm{j}+\frac{3.6Q}{c_\mathrm{s}W}$$

$$=12+\frac{3.6\times216670}{4.19\times31820}=17.85℃$$

【例 6-4-4】 冷却干燥设计性计算：（三）

已知：当地大气压力为 $B=1013.25\mathrm{hPa}$；处理风量 $G=30000\mathrm{kg/h}$；空气初参数：$t_1=24℃$，$t_{s1}=22.5℃$，$\varphi_1=88\%$，$h_1=66.57\mathrm{kJ/kg}$，冷水供水温度 $t_\mathrm{j}=9℃$；要求空气冷却处理后的终参数 $t_2=15℃$。

求解：选用 UⅡ型热交换器并计算各有关数据。

【解】 ［1］由于初相对湿度 $\varphi_1=88\%$大，则 $\varphi_2>95\%$，取 $\varphi_2>98\%$，则 $h_2=41.87\mathrm{kJ/kg}$。按公式（6-4-4）算析湿系数：

$$\xi=\frac{h_1-h_2}{c_\mathrm{p}(t_1-t_2)}=\frac{66.57-41.87}{1.01(24-15)}=2.72$$

当 $\xi>2.4$ 时的计算方法：

由于 $\xi>2.4$，在表中查不到 E_g 值，按空气处理前后焓值相等，按 $\xi=2.4$ 找出等效的 t_1、t_2。取 $\varphi_2=95\%$（等效终相对湿度取得小一些），$h_2=41.87$kJ/kg，则 $t_2=15.3$℃

按公式（6-4-4）算空气处理前的干球温度：

$$t_1=t_2+\frac{h_1-h_2}{c_p\xi}=15.3+\frac{66.57-41.87}{1.01\times2.72}=24.3℃$$

按 $t_1=24.3$℃，$t_2=15.3$℃，$\xi=2.4$ 计算表冷器。

[2] 按 $v_y=2\sim3$m/s，确定 UⅡ型表冷器型号：

由表 6-3-4 中选用 UⅡ-X-24-54 三台并联表冷器，每台迎风面积 $F_y=1.17\text{m}^2$。表冷器迎风面风速为：

$$v_y=\frac{G}{3600\times3F_y\times\rho}=\frac{30000}{3600\times1.17\times3\times1.2}=1.98\text{m/s}$$

[3] 按公式（6-4-1）算干球温度效率：查表 6-4-1，仅作干冷却用时，$a=0.94$，

则：
$$E_g=\frac{t_1-t_2}{a(t_1-t_j)}=\frac{24.3-15.3}{0.94(24.3-9)}=0.626$$

查表 6-4-10，选用 6 排，取 $w=0.8$m/s 时，则 $E_g=0.671>0.626$ 满足要求。即用三台 UⅡ-4-24-54 并联一组，三台 UⅡ-2-24-54 并联一组，将两组并联再串联而成。或共用 9 台 UⅡ-2-24-54 表冷盘管，先将 3 台并联成一组，再将 3 组串联组成所需的表冷器。

[4] 当 $v_y=2.0$m/s 六排时，由表 6-4-12 查得接触系数 $E_0=0.887$。求 $t_1=24.3$℃的 t_{s2}，按公式（6-4-2）算：

$$t_{s2}=15.3-(1-0.887)(24.3-22.5)=15.1℃$$

$$\varphi\approx97\%,h_2=42.7\text{kJ/kg}$$

达到的终焓值与原假定接近。

[5] 实际终参数

$$t_{s2}=15-(1-0.887)(24-22.5)=14.83℃$$

即空气处理后的终参数：$t_{s2}=14.83$℃，$t_2=15$℃，$\varphi_2=98\%$，$h_2=41.87$kJ/kg。

【例 6-4-5】 冷却干燥的校核性计算

已知：当地大气压力为 $B=1013.25$hPa；处理风量 $G=10000$ kg/h；空气的初参数，$t_1=33$℃，$t_{s1}=26.8$℃，$h_1=83.74$ kJ/kg，$t_{l1}=24.9$℃；冷水供水温度 $t_j=18$℃，冷水量 $W=21500$kg/h；表冷器为 UⅡ-6-24-54（三台 UⅡ-2-24-54 串联）。

求解：空气处理后的终参数 t_2、t_{s2}、h_2 和冷水回水温度 t_h。

【解】 [1] 由表 6-3-4 查出 UⅡ-2-24-54 表冷器的迎风面积 $F_y=1.17\text{m}^2$，通水管断面积 $f=0.0037\text{m}^2$。按公式（6-4-23）算表冷器迎风面风速 v_y

$$v_y=\frac{G}{3600\times F_y\rho}=\frac{10000}{3600\times1.17\times1.2}=1.98\text{m/s}$$

[2] 按公式（6-4-24）算表冷器内的水流速 w

$$w=\frac{W}{3600\rho_s f}=\frac{21500}{3600\times1000\times0.0037}=1.61\text{m/s}$$

[3] 根据 UⅡ型表冷器 6 排、迎风面风速 $v_y=1.98$m/s，由表 6-4-12 中查得 $E_0=0.887$。

当 $v_y=1.98$m/s，$w=1.61$m/s，$\xi=1$ 时，由表 6-4-10 中查得 $E_{g\cdot\xi=1}=0.866$。

[4] 按 $t_{l1}=24.9$℃、6 排表冷器，由表 6-4-13 中查得露点焓差与温差比 $a'=3.68$

[kJ/(kg·℃)]。

温度准数 $$T_p=\frac{t_1-t_{l1}}{t_1-t_j}=\frac{33-24.9}{33-18}=0.54$$

按公式（6-4-21）算析湿系数：

$$\xi=\frac{1-T_p+\frac{c_p}{a'-c_p}}{\frac{c_p}{a'-c_p}-T_p\left(1-\frac{E_0}{E_{g\cdot\xi=1}}\right)}=\frac{1-0.54+\frac{1.01}{3.68-1.01}}{\frac{1.01}{3.68-1.01}-0.54\left(1-\frac{0.887}{0.866}\right)}=2.14$$

[5] 按 $v_y=1.98\text{m/s}$，$\xi=2.14$，$w=1.61\text{m/s}$，由表 6-4-10 得 $E_g=0.784$。

[6] 表冷器仅作冷却用时，由表 6-4-1 中查得干球温度效率安全系数 $a=0.94$。按公式（6-4-1）算空气处里后的干球温度：

$$t_2=t_1-aE_g(t_1-t_j)=33-0.94\times0.784(33-18)=21.95℃$$

[7] 根据表冷器 UⅡ型、6 排、迎风面风速 $v_y=1.98\text{m/s}$，由表 6-4-12 中查得 $E_0=0.887$。按公式（6-4-2）算空气处理后的湿球温度：

$$\begin{aligned}t_{s2}&=t_2-(1-E_0)(t_1-t_{s1})\\&=21.95-(1-0.887)(33-26.8)\\&=21.25℃\end{aligned}$$

由 $h-d$ 图得 $h_2=61.55\text{kJ/kg}$。

[8] 校核析湿系数：

$$\xi=\frac{h_1-h_2}{c_p(t_1-t_2)}=\frac{83.74-61.55}{1.01(33-21.95)}=2.0$$

小于按公式（6-4-21）计算的 ξ 值，相差不大，更安全一些，不必重算；

[9] 按公式（6-4-26）求冷水回水温度

$$t_h=t_j+\frac{G(h_1-h_2)}{Wc_s}=18+\frac{10000(83.74-61.55)}{21500\times4.19}=20.46(℃)$$

二、冷水表冷器作干式冷却（等湿减焓）和加热的热工计算

（一）冷水表冷器作干式冷却

冷水表冷器作干式冷却时，首先用析湿系数 $\xi=1$ 时的干球温度效率 $E_{g\cdot\xi=1}$ 和接触系数 E_0 来判断是否是干冷工况，然后仅用 $E_{g\cdot\xi=1}$ 进行计算，判断方法见公式（6-4-22）。

【例 6-4-6】 干式冷却设计性计算

已知：当地大气压力 $B=1013.25\text{hPa}$；处理风量 $G=12000\text{kg/h}$；空气的初参数：干球温度 $t_1=28℃$，露点温度 $t_{l1}=16℃$；需将空气干冷却到 $t_2=19℃$；采用冷水供水温度 $t_j=14℃$ 的深井水。

求解：要求选用 YG 型表冷器，并计算有关参数。

【解】 [1] 根据处理风量 $G=12000\text{kg/h}$，冷水表冷器迎风面风速 $v_y=2\sim3\text{m/s}$ 算出冷水表冷器的迎风面积 F_y：

$$F_y=\frac{G}{3600\rho v_y}=\frac{12000}{3600\times1.2\times(2\sim3)}=1.39\sim0.93\text{m}^2$$

由表 6-3-6 选用 YG1·5 型冷水表冷器迎风面积 $F_y=1.41m^2$；水管通水断面积 $f=54.8\times10^{-4}m^2$。

YG1·5 型冷水表冷器的迎风面风速：

$$v_y=\frac{G}{3600F_y\rho}=\frac{12000}{3600\times1.41\times1.2}=1.97m/s$$

［2］按公式（6-4-1）算干球温度效率：

$$aE_g=\frac{t_1-t_2}{t_1-t_j}=\frac{28-19}{28-14}=0.643$$

仅作冷却用，由表 6-4-1 查得 $a=0.94$，则：

$$E_g=\frac{0.643}{0.94}=0.684$$

根据 $v_y=1.97m/s$，$\xi=1.0$，查表 6-4-3 中查得冷水表冷器四排，水速 $w=0.6m/s$ 时的 $E_{g\cdot\xi=1}=0.725$。

根据 $v_y=1.97m/s$，YG 型冷水表冷器四排，由表 6-4-12 中查得接触系数 $E_0=0.89$。

［3］校核是否干冷却

$$D=\frac{E_{g\cdot\xi=1}}{E_0}=\frac{0.725}{0.89}=0.815$$

$$T_p=\frac{t_1-t_{l1}}{t_1-t_j}=\frac{28-16}{28-14}=0.857>0.815$$

因 $T_p>D$，为干工况冷却，上述选择计算可用。

［4］按公式（6-4-24）算冷水量

$$W=3600\rho_s fw=3600\times1000\times54.8\times10^{-4}\times0.6=11837kg/h$$

［5］按公式（6-4-25）算冷量

$$Q=\frac{1}{3.6}Gc_\rho(t_1-t_2)=\frac{1}{3.6}\times12000\times1.01(28-19)=30300W$$

［6］按公式（6-4-26）算冷水回水温度

$$t_h=t_j+\frac{3.6Q}{c_sW}=14+\frac{3.6\times30300}{4.19\times11837}=16.2℃$$

（二）冷水表冷器作加热时的加热器计算

冷水表冷器作加热时的加热器计算，由于热媒和空气的温差较大，可以用平均温差代替对数温差，可采用下面公式计算：

$$Q=\frac{1}{3.6}c_pG(t_2-t_1) \tag{6-4-27}$$

$$Q=KF\left(t_p-\frac{t_2+t_1}{2}\right) \tag{6-4-28}$$

式中 Q——加热量（W）；

t_1、t_2——加热器前、后的空气温度（℃）；

K——冷水表冷器作加热时或加热器传热系数［W/(m²·℃)］，见产品样本，一些冷水表冷器作加热时的传热系数见表 6-4-2；

t_p——热媒的平均温度（℃）。热媒为蒸汽时，t_p 为蒸汽的饱和温度；热媒为热水时，t_p 为热水平均温度：

$$t_p=\frac{t_j+t_h}{2} \tag{6-4-29}$$

t_j、t_h——热水的进、回水温度（℃）；

F——散热面积（m^2）。

水量和水速按下列公式确定

$$W=\frac{3.6Q}{c_s(t_j-t_h)}=\frac{c_pG(t_2-t_1)}{c_s(t_j-t_h)} \tag{6-4-30}$$

$$w=\frac{W}{3600\rho_s f} \tag{6-4-31}$$

求出的散热面积应有15%～20%的安全因素。

【例 6-4-7】 已知：风量$G=18000kg/h$，需由0℃的空气加热到30℃，热水供水温度$t_j=60$℃，热水回水温度45℃，

求解：确定需JW20型加热器（表冷（加热）器）的排数N。

【解】 ［1］由表6-3-2查得JW20-4加热器的迎风面积$F_y=1.87m^2$，水管通水断面积$f=0.00407m^2$，按公式（6-4-23）算加热器的迎风面风速

$$v_y=\frac{G}{3600F_y\rho}=\frac{18000}{3600\times1.87\times1.2}=2.23m/s$$

［2］按公式（6-4-30）算热水量：

$$W=\frac{c_pG(t_2-t_1)}{c_s(t_j-t_h)}=\frac{1.01\times18000(30-0)}{4.19(60-45)}=8678kg/h$$

［3］按公式（6-4-31）算热水管内水速：

$$w=\frac{W}{3600\rho_s f}=\frac{8678}{3600\times1000\times0.00407}=0.59m/s$$

［4］按表6-4-2中JW型相关公式求传热系数：

$$K=31.9v_y^{0.48}w^{0.08}=31.9\times2.23^{0.48}\times0.59^{0.08}$$
$$=44.94W/(m^2\cdot℃)$$

［5］按公式（6-4-27）（6-4-28）算加热器的散热面积：

$$F=\frac{c_pG(t_2-t_1)}{3.6K\left(\frac{t_j+t_h}{2}-\frac{t_2+t_1}{2}\right)}=\frac{1.01\times18000(30-0)}{3.6\times44.94\left(\frac{60+45}{2}-\frac{30+0}{2}\right)}$$
$$=89.9m^2$$

因表冷器冷热两用，取20%的安全因素，则$F=89.9\times1.2=108m^2$

［6］由表6-3-2查得JW20型冷水表冷器每排散热面积$F_d=24.05m^2$，则冷水表冷器的排数$N=F/F_d=108/24.05=4.5$排。

夏季用于冷却时取六排，在冬季时则可作加热用

三、冷水表冷器空气阻力和水阻力计算

（一）空气阻力计算

对于干式冷却和湿式冷却的空气阻力是不同的，分别用ΔH_g和ΔH_s表示，新冷水表

冷器按下式计算：

干式冷却时 $$\Delta H_g = A v_y^m (\text{Pa}) \tag{6-4-32}$$

湿式冷却时 $$\Delta H_s = A' v_y^{m''} (\text{Pa}) \tag{6-4-33}$$

或 $$\Delta H_s = A' v_y^{m''} \xi^n (\text{Pa}) \tag{6-4-34}$$

式中 v_y——冷水表冷器迎风面风速（m/s）；

A、A'、m、m''、n——由冷水表冷器的型式和排数决定的实验常数。

一些冷水表冷器空气阻力的计算公式见表 6-4-2。一般可按图 6-4-4～图 6-4-9 的线算图查得。空气总阻力损失可按下式计算：

$$\Delta H = 1.1 b \Delta H_s (\text{Pa}) \tag{6-4-35}$$

$$\Delta H = 1.1 b \Delta H_g (\text{Pa}) \tag{6-4-36}$$

式中 1.1——考虑管外表面积灰等附加系数；

b——冷水表冷器串联排数与线算图中注明排数的比值；

ΔH_s、ΔH_g——图中查得一定排数下的湿式或干式冷却的空气阻力（Pa）。

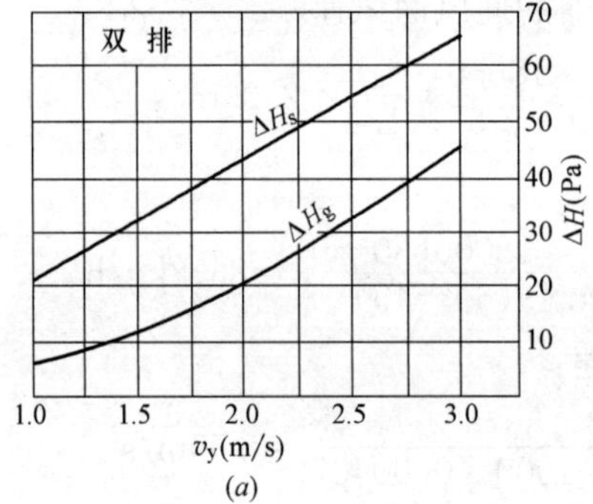

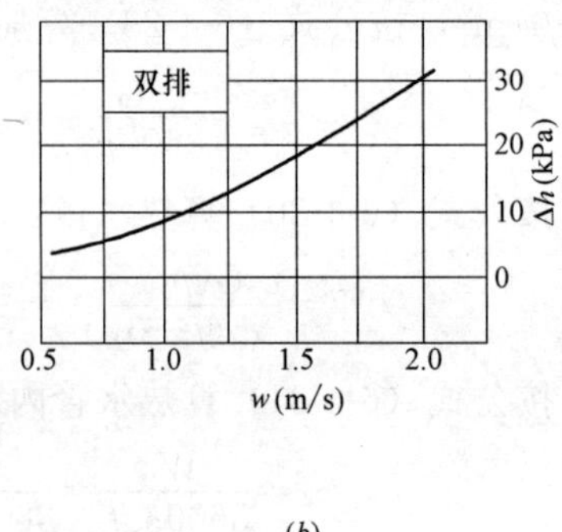

图 6-4-4 JW 型冷水表冷器空气阻力和水阻力

（a）空气阻力；（b）水阻力

（水阻力 Δh 为双排之数据，四排时应乘以 1.5，六排时乘以 1.8，八排时乘以 2.5，十排时乘以 3.0）

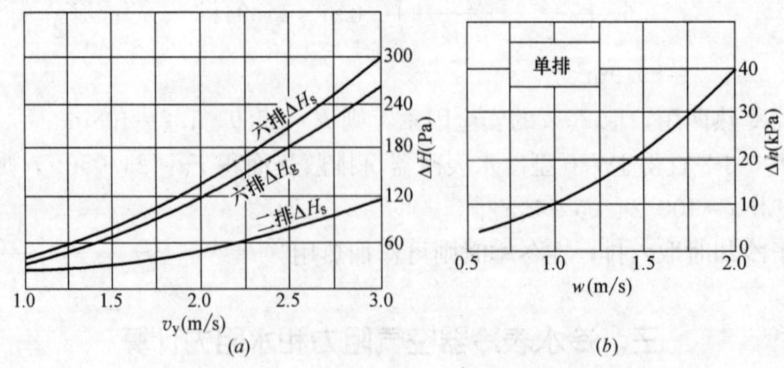

图 6-4-5 UⅡ型热交换器空气阻力和水阻力

（a）空气阻力；（b）水阻力

（二）水阻力计算

新冷水表冷器水阻力按下式计算：

$$\Delta h = Bw^{s}(\text{kPa}) \tag{6-4-37}$$

式中　w——冷水表冷器肋管内水流速（m/s）；

B、S——由冷水表冷器型式和排数决定的实验系数。

一些冷水表冷器的水阻力计算公式见表 6-4-2，一般可按图 6-4-4～图 6-4-7 查得。

冷水表冷器总水阻力损失可按下式求得：

$$\Delta h = 1.2b\Delta h_{s}(\text{kPa}) \tag{6-4-38}$$

式中　1.2——考虑肋管内表面结垢等因素的附加系数；

b——冷水表冷器串联排数与线算图中注明排数之比值（JW 型冷水表冷器见图 6-4-4，GLⅡ型热交换器空气阻力 b 值按图 6-4-6 的说明采用）；

Δh_{s}——图上查得一定排数下的水阻力（kPa）。

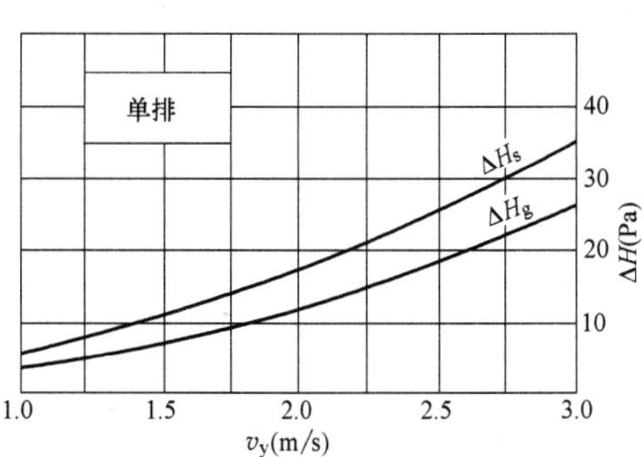

图 6-4-6　GLⅡ型冷水表冷器单排空气阻力

（水阻力 Δh 可按 UⅡ型计算）

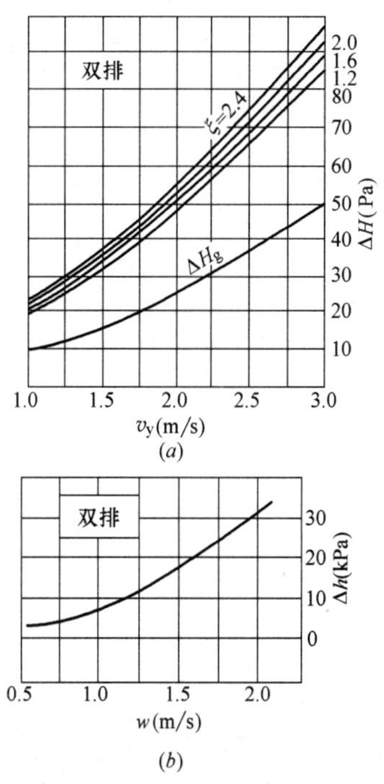

图 6-4-7　SXL-B 型冷热交换器空气阻力和水阻力

（a）空气阻力；（b）水阻力

【例 6-4-8】 已知：【例 6-4-2】中 JW20－4 型冷水表冷器的析湿系数 $\xi=2$，迎风面风速 $v_y=2.23$m/s、水管断面流速 $w=1.6$m/s。

求解：JW20 型冷水表冷器 6 排时的空气阻力和水阻力

【解】［1］求空气阻力

按 $v_y=2.23$m/s，查图 6-4-4a，得双排的空气阻力 $\Delta H_s=48$Pa，按公式（6-4-35）算 6 排的空气阻力：

$$\Delta H = 1.1 b \Delta H_s = 1.1 \times \frac{6}{2} \times 48 = 158.4\text{kPa}$$

注：b——为冷水表冷器串联排数 6 排与线算图中注明排数 2 排的比值。

［2］求水阻力

按 w＝1.6m/s 查图 6-4-4b，得双排得水阻力 Δh_s＝19kPa，并按图下说明：6 排时的 b＝1.8。

按公式（6-4-38）算 6 排的水阻力：

$$\Delta h = 1.2 b \Delta h_s = 1.2 \times 1.8 \times 19 = 41\text{kPa}$$

四、采用盐水为冷媒时的计算

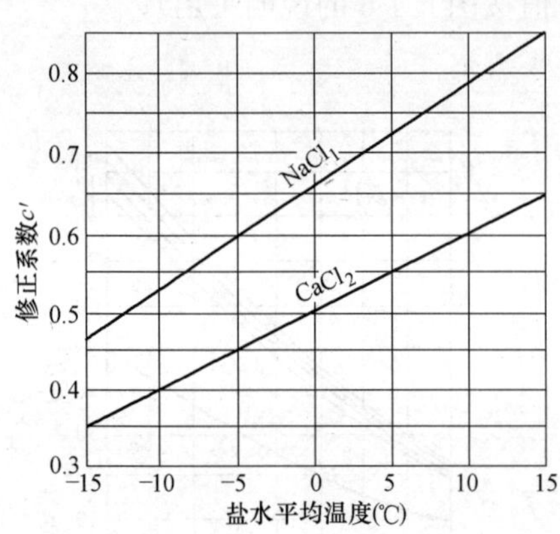

图 6-4-8　计算盐水水速修正系数 c' 曲线

表冷器采用盐水为冷媒时与冷水作冷媒时的热工计算方法基本相同，只是计算传热系数 K 值时其肋管内水速 w 时应乘以修正系数 c'，修正系数 c'值见图 6-4-8。在考虑水速的取用时应不小于图 6-4-9 中最低流速。小于最低流速则其流体动力性能和热交换性能都将会受严重的影响。另需考虑盐水与冷水比重不同，在没有盐水表冷器计算表时，需试算。

在计算盐水阻力时，可按未修正的水速在普通冷水下的阻力乘以图 6-4-10 中查得的修正系数算得。

具体计算方法见例 6-4-9。

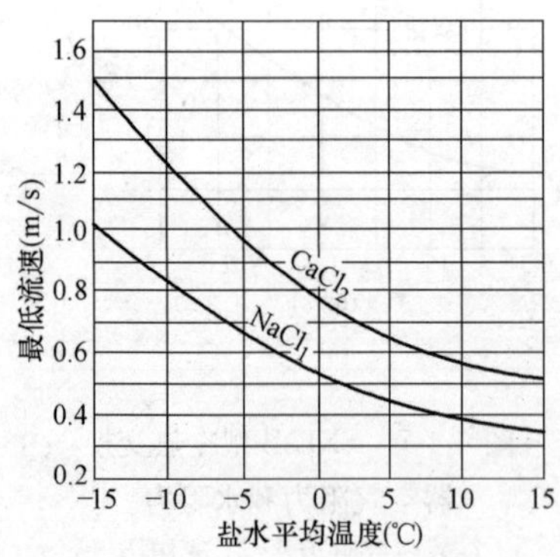

图 6-4-9　盐水最低流速曲线

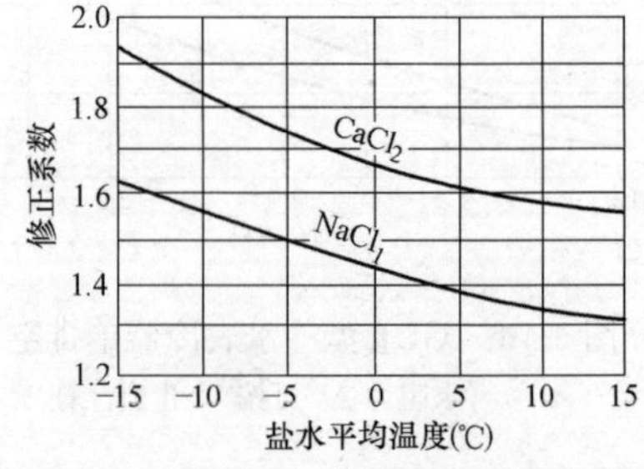

图 6-4-10　盐水水阻力修正系数曲线

【例 6-4-9】　已知当地大气压力 B＝1013.25hPa；处理风量 G＝22000kg/h；空气初参数：t_1＝30℃，t_{s1}＝24.8℃，h_1＝74.74kJ/kg；要求将空气冷却到 t_2＝8℃；冷媒采用－10℃的 NaCl 盐水（浓度为 20.9％）

求解：要求选用 JW 型表冷器，并计算各有关参数。

【解】［1］由表 6-3-2 选用 JW30-4 型表冷器，迎风面积 F_y＝2.57m²，水管通水断面

积 $f=0.00553\text{m}^2$。

［2］按公式（6-4-23）算表冷器迎风面风速：

$$v_y=\frac{G}{3600F_y\rho}=\frac{22000}{3600\times2.57\times1.2}=1.98(\text{m/s})$$

［3］在 h-d 图中，按 $t_2=8$℃与假设的 $\varphi_2=95\%$的交点查得：$h_2=24.08\text{kJ/kg}$，$t_{s2}=7.5$℃。按公式（6-4-4）算析湿系数：

$$\xi=\frac{h_1-h_2}{c_p(t_1-t_2)}=\frac{74.74-24.08}{1.01(30-8)}=2.28$$

［4］由表 6-4-1 查得冷媒为盐水时干球温度效率的安全系数 $a=0.9$，按公式（6-4-1）算干球温度效率：

$$E_g=\frac{t_1-t_2}{a(t_1-t_j)}=\frac{30-8}{0.9[30-(-10)]}=0.61$$

［5］按 $v_y=1.98\text{m/s}$，$\xi=2.28$ 和 $E_g=0.61$，查表 6-4-5～6-4-7。因为盐水计算的 K 值要修正减少，盐水 E_g 较清水 E_g 要小一些，故四排不够，需选用六排。

［6］根据 $v_y=1.98\text{m/s}$，六排时查表 6-4-12 得接触系数 $E_0=0.911$，按公式（6-4-2）算空气处理后的湿球温度：

$$\begin{aligned}t_{s2}&=t_2-(1-E_0)(t_1-t_{s1})\\&=8-(1-0.911)(30-24.8)=7.54℃\end{aligned}$$

与原假设 $\varphi_2=95\%$得的 $t_{s2}=7.5$℃接近，ξ 值不必重复计算。

［7］由表 6-2-1 查得浓度为 20.9%的 NaCl 的密度 $\rho_s=1158\text{kg/m}^3$，比热容为 $c_s=3.37\text{kJ/kg}\cdot℃$，按公式（6-4-24）算盐水量：

$$W=3600\rho_s wf=3600\times1158\times w\times0.00553=23050w(\text{kg/h})$$

［8］按公式（6-4-6）算水当量比：

$$D=\frac{\xi c_p\rho G}{c_sW}=\frac{2.28\times1.01\times22000}{3.37\times23050W}=\frac{0.652}{W}$$

［9］由表 6-4-5 查出的 w 值为 w' 值，以 $w'=c'w$，取进、回水温差 8℃，则平均温度为−6℃，按图 6-4-8 查得计算盐水水速的修正系数 $c'=0.58$。

则：$w'=c'w=0.5$ 时，$E_g=0.502$，$w=\dfrac{w'}{c'}=\dfrac{0.5}{0.58}=0.86$；

$w'=c'w=0.8$ 时，$E_g=0.605$，$w=\dfrac{w'}{c'}=\dfrac{0.8}{0.58}=1.38$；

$w'=c'w=1.0$ 时，$E_g=0.647$，$w=\dfrac{w'}{c'}=\dfrac{1.0}{0.58}=1.72$；

由于取 $w'=c'w$，对传热系数 K 值作了修正，故盐水的传热单位数 B 值已修正。由表 6-4-11 查得 JW30 型表冷器修正常数 $C=0.133$，则按公式（6-4-13）算水当量比：

$$D=C\frac{\xi v_y}{w'}=0.133\frac{2.28\times1.98}{w'}=\frac{0.6}{w'}$$

按 $w'=0.5$，$E_g=0.502$，$D=\dfrac{0.6}{w'}=\dfrac{0.6}{0.5}=1.2$，查图 6-4-2 得 $B=0.88$。

按 $B=0.88$，$D=\dfrac{0.652}{w}=\dfrac{0.652}{0.86}=0.758$，查图 6-4-2 得 $E_g=0.56<0.61$。

按 $w'=0.8$，$E_g=0.605$，$D=\frac{0.6}{w'}=\frac{0.6}{0.8}=0.75$，查图 6-4-2 得 $B=0.79$。

按 $B=0.79$，$D=\frac{0.652}{w}=\frac{0.652}{1.38}=0.472$，查图 6-4-2 得 $E_g=0.648>0.61$。

w'在 0.5～0.8 之间，按内插法得 $w'=0.67$m/s，即 $w=\frac{w'}{c'}=\frac{0.67}{0.58}=1.16$m/s。

[10] 算盐水量：

$W=23050w=23050\times1.16=26740$kg/h

[11] 按公式（6-4-25）算冷量：

$$Q=\frac{1}{3.6}G(h_1-h_2)=\frac{1}{3.6}\times22000(74.74-24.08)=309590\text{W}$$

[12] 按公式（6-4-26）算回水温度：

$$t_h=t_j+\frac{3.6Q}{c_sW}=-10+\frac{3.6\times309590}{3.37\times26740}=-10+12.37=2.37℃$$

盐水平均温度为（$-10+2.37$）/2＝-3.815℃，查图 6-4-8 得 $c'=0.61$ 值仍近于原假定的 $c'=0.58$ 值。

由图 6-4-9 查得：NaCl 盐水在－3.185℃时的最低流速为 0.61m/s，现为 1.16m/s，符合要求。如不满足要求，则需减少表冷器排数或增高进水温度。

[13] 算表冷器的空气阻力及水阻力：

按图 6-4-4 查得：$v_y=1.98$m/s，双排表冷器的空气阻力 $\Delta H_s=44$Pa；

$w=1.16$m/s，双排表冷器的水阻力 $\Delta h_s=11$Pa。

按公式（6-4-35）算六排表冷器的空气总阻力 $\Delta H=1.1b\Delta H_s=1.1\times3\times44=145.2$Pa；（注式中 $b=6$ 排/2 排＝3）

按公式（6-4-38）算六排表冷器的水总阻力，$\Delta h'=1.2b\Delta h_s=1.2\times1.8\times11=23.8$kPa，（注：式中 b 见图 6-4-4 下的六排排数比 $b=1.8$）

按图 6-4-10 查得：当盐水平均温度为－3.8℃时，NaCl 盐水的阻力修正系数为 1.49，则 6 排表冷器的盐水总阻力 $\Delta h'=1.49\Delta h_s'=1.49\times23.8=35.5$kPa。

第五节　喷水式空气处理

一、喷水式空调处理的优点、缺点、过程及分类

（一）喷水式空气处理的优缺点

1. 优点

（1）设备结构简单、制作比较容易，可在现场加工制作安装。若用非金属材料制作外壳，易于就地取材。

（2）在热交换性能上具有多样性：既可作减焓、降温、除湿用；也可作增焓、升温、加湿用。在不同的季节喷不同水温的水，均能达到一定的温、湿度要求。若采用表冷器处理空气时，冬季还需另设加湿设备；而用喷水室或喷水表冷器时，均不需另设加湿设备。

(3) 喷水室的金属消耗量和造价，均比冷水表冷器低。

(4) 喷水可除去空气中的尘粒，起到净化空气作用。如能经常换水，还可增加空气的清新，改善工作环境的空气质量。

2. 缺点

(1) 喷水室占地面积大，卧式喷水室最小长度为1.9m。一般还要增加水泵的占地面积，而表冷器占用的最大长度不超过0.9m。

(2) 喷水系统较为复杂，为了适应室外气象条件的变化，一般用改变喷水温度的方法；采用三通调节阀调节循环水与供冷（热）水的混合比来达到所需的喷水温度。因此，每一级喷水室都设水泵，水系统为开式系统，回水无压力，若回水不能靠重力流出或用作其他用途，则需设回水箱和回水泵。

(3) 喷出的水粒与空气直接接触，易受污染变脏。因此，除空气要先过滤外，还要定期换水，以保持喷水处理后的空气清新。一般要每周换一次水，经常耗水量大。喷水式空气处理一般用于采用天然水（深井水等）和辅助表冷器作加湿处理用。

(二) 喷水式空气处理的过程

1. 喷水温度低于空气湿球温度的冷水处理空气用于各种减焓过程：

(1) 减焓、降温、除湿过程；

(2) 减焓、降温、等湿过程；

(3) 减焓、降温、加湿过程。

2. 喷水温度等于空气湿球温度的循环水处理空气仅用于等焓过程：等焓、降温、加湿过程。

3. 喷水温度高于空气湿球温度的热水处理空气用于各种增焓过程；

(1) 增焓、降温、加湿过程；

(2) 增焓、等温、加湿过程；

(3) 增焓、升温、加湿过程。

喷水室的各种减焓和等焓过程，多用于舒适性空调和工业生产空调系统；喷水室的各种增焓过程，主要用于特殊产品老化试验环境等空调系统。

(三) 喷水式空气处理的分类

1. 按喷水室内的气流流速大小分：

(1) 低速的流速为2～3m/s，质量流速 $v_p=2.4\sim3.6\text{kg}/(\text{m}^2\cdot\text{s})$；

(2) 高速的流速为4.5～6m/s，质量流速 $v_p=5.4\sim7.2\text{kg}/(\text{m}^2\cdot\text{s})$。

目前的喷水室，多数为低速的喷水室。

2. 按喷水室内的气流方向分：

(1) 卧式空调机组的空气流向为水平方向，水流方向顺气流或逆气流方向喷射；

(2) 立式空调机组的空气流向无论是由下向上或由上向下方向，水流方向总是由上向下方向喷射。

立式空调机组可充分利用空间，少占地面积，一般用于小风量处理系统。

3. 按有无填料层分：

(1) 一般无填料层；

(2) 有填料层，有填料时虽增加一点阻力，但提高了喷水的热、湿交换效率，还可兼作滤尘作用（如胶片生产厂的空调系统中，采用玻璃丝盒喷水室）。

4. 按喷水室外壳材质分：

(1) 金属外壳；

(2) 非金属外壳，(如玻璃钢，塑料及砖砌混凝土结构等)。

二、喷水室的构造和构件

喷水室有单级喷水室和双级喷水室。单级喷水室中有二排喷水室和三排喷水室；双级喷水室为二个单级对喷的串联喷水室。喷水室一般由生产厂家提供成套定型装置，并保证其技术性能，喷水室构造原理图见图 6-5-1。二排喷水室的总图（低速、卧式、无填料）如图 6-5-2 所示（各生产厂家的具体尺寸略有不同）。

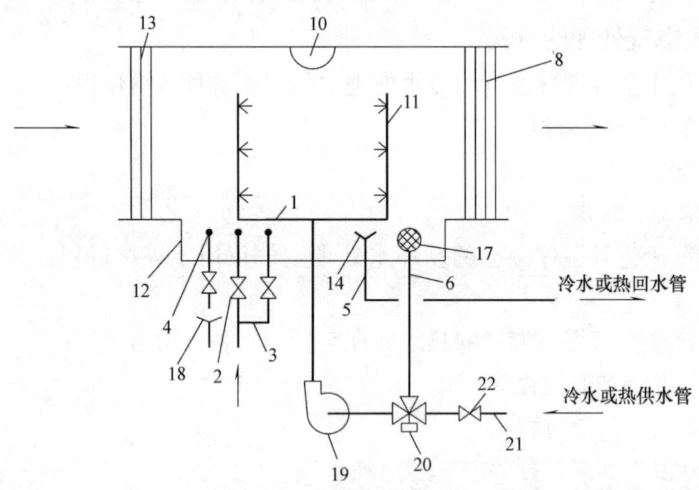

图 6-5-1 喷水室构造原理

本图注见图 6-5-2

当采用冷水减焓或热水增焓时，来自供水管 21 的冷水（或热水）经三通调节阀 20 与来自循环水管 6 的循环水混合后，经水泵 19 送入进水管 1，经喷嘴 11 喷出。空气经分风板 13 均流后，与喷出的水粒接触进行热湿交换处理，然后经挡水板 8 挡掉空气带走的大部分水滴而离开喷水室。喷水接触空气后落入水槽 12 内，一部分水经滤水器 17 过滤后，进循环水管 6 循环使用。多余的水经溢水器 14 流入溢回水管 5 作为冷水（或热水）的回水管，将回水回到制冷站冷却（或热交换器加热）处理。

当等焓加湿时，关掉冷水（或热水）阀 22，由循环水管 6 抽出的水经水泵送入喷水室内喷水。由于加湿空气损失掉的水，由自动补水管 3，经浮球阀 16 补充自来水，使水槽保持一定高的水位。

为了检修管路、分风板、挡水板、更换喷嘴等，设有密封检查门 9，低压防水照明灯 10，检修踏脚用的格栅 15 等。

为了清除水槽 12 内的污物，设置了快速充水管 2 和排水管 4，将污水排入地漏 18。

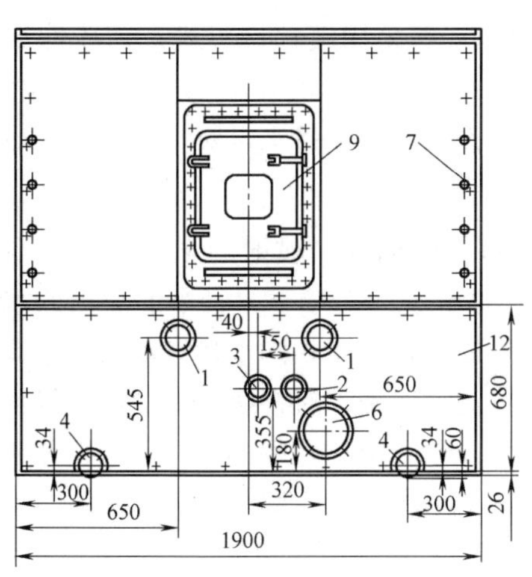

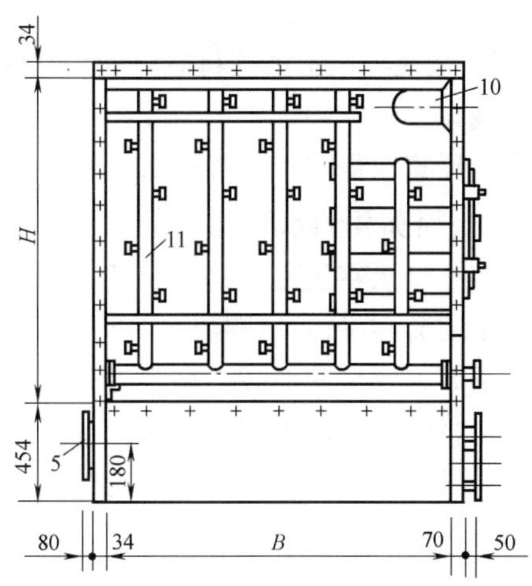

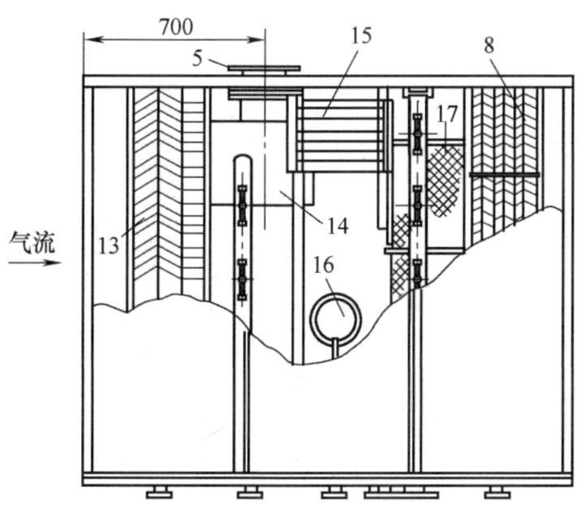

图 6-5-2　二排喷水室总图

上两图中：1—进水管；2—快速冲水管；3—补水管；4—排水管；5—溢水管；6—滤水管；7—测试孔；8—挡水板；9—密封门；10—防水灯；11—喷淋装置；12—水槽；13—分风板；14—溢水器；15—检修格栅；16—浮球阀；17—滤水器；18—地漏；19—水泵；20—三通阀；21—供水管；22—供水阀

(一) 分风板与挡水板

1. 分风板的作用是使空气进入喷水室的气流分布均匀，提高空气与喷水之间的热湿交换效率，并能挡住喷嘴逆喷所溅出的水滴和空调送风机停机时的返回气流，会使喷水室的水滴和水雾向分风板反冲。

挡水板的作用是使喷水处理的气流所带走的水滴和水雾减少，因带走的水滴和水雾会使处理后的空气含湿量增大，对除湿不利，应选用挡水效率高、空气阻力较小的挡水板。气流通过挡水板带走的水量称为挡水板的过水量。对除湿的空调系统，挡水板的过水量越少越好，好的挡水效率高达 99.98%，其过水量不应超过 0.4g/kg 干空气。

2. 分风板与挡水板的左、上、右三边应与喷水室壁、顶严格密封，底部应插入水槽的水位下面，不允许有大的水滴通过。挡水板挡住的水滴能顺利地流入水槽内，而不会被后来的气流吹散或带走。

3. 分风板与挡水板的材质应能防止锈蚀，一般采用镀锌钢板或采用改性聚氯乙烯塑料、玻璃钢等制作的带小沟槽波纹的S形大波纹板或蛇形波纹板等。选用挡水板结构时，应向生产厂家取得挡水板的过水量数据，并在设计时考虑过水量对空气湿度的影响。

（二）喷嘴和喷水管

喷嘴是喷水室的主要构件，要求喷出的水扩散面大，喷射的水雾均匀，不易堵塞喷嘴，便于安装与维修。喷嘴出口直径一般为3～5.5mm。喷嘴直径小的喷出的水滴细，与空气接触好，热湿交换效率高，但易于堵塞喷嘴，且喷出相同水量时，需要较高的供水压力。小口径喷嘴适用于空气清洁且有水过滤器的喷水室。对棉纺、毛纺车间等空调系统的回风带有纤维的喷水室，宜采用喷嘴出口径为6～8mm的喷嘴。

喷嘴一般采用离心式喷嘴，常用有y-1型、y-2型、FL型等。部分喷嘴的喷水量列于表6-5-1、表6-5-2。

y-1型离心式喷嘴每个喷嘴的喷水量（kg/h）　　表6-5-1

喷嘴前水压（kPa表示）		100	125	150	175	200	225	250	275	300
喷嘴出口直径 d_0(mm)	2.0	123	135	150	162	175	185	198	208	218
	2.5	150	167	181	200	218	230	242	255	270
	3.0	185	205	225	242	260	278	292	310	322
	3.5	210	235	260	282	305	320	345	360	380
	4.0	237	270	295	325	350	375	395	425	450
	4.5	264	300	330	360	381	412	450	475	500
	5.0	300	328	362	398	430	462	495	520	550
	5.5	330	370	405	450	480	510	550	575	600

FL型离心式喷嘴每个喷嘴的喷水量（kg/h）　　表6-5-2

喷嘴前水压（kPa表示）		100	125	150	175	200	225	250	275	300
喷嘴出口直径 d_0(mm)	3.0	125	139	153	166	178	188	197	206	214
	3.5	169	188	206	221	234	247	259	271	282
	4.0	213	236	259	275	290	305	320	335	350
	4.5	247	272	297	317	335	353	370	389	408
	5.0	280	308	335	358	380	400	420	443	465
	6.0	320	356	390	420	450	475	500	520	540
	8.0	735	820	902	983	1060	1132	1200	1266	1330

喷嘴的喷水压力：一般取100～200kPa（1～2 kg/cm^2），若压力小于50kPa（0.5kg/cm^2）时，喷出的水散不开，压力太大则耗能多。因此，不宜大于250 kPa。

喷嘴的密度：一般为13～24个/(m^2·排)，喷水量少时，应取13～18个/(m^2·排)，一般降温用18～24/(m^2·排)。

喷嘴的排数：仅用于加湿时，常采用一排逆喷或顺喷；用于减焓、降温、除湿时，常采用单级喷水室：两排对喷（第一排顺喷，第二排逆喷）；喷水量大时，采用三排（第一排顺喷，第二、三排逆喷）或四排（第一、二排顺喷，第三、四排逆喷）。在特定冷源条件下，为节能可采用双级喷水室。

喷水室最大处理焓降：二排喷水室约 37.68 kJ/kg；三排喷水室约 41.87 kJ/kg。最大进、回水温差约 6.3℃。

喷嘴的排间距：喷嘴直径 $d_0 \leqslant 5.5$mm，被喷水处理风量 $\leqslant 10 \times 10^4 m^3/h$ 时，可采用 600mm；风量大时，宜采用 1000～1200mm。

喷水管距分风板和挡水板的距离一般采用 200～300mm。

喷嘴要求耐磨、耐腐蚀、材料为黄铜、尼龙或玻璃钢等。

喷水管一般采用钢管，当处理有腐蚀性的气体时，宜采用不锈钢管。

（三）喷水室其他构件

1. 喷水室外壳　一般采用双层钢板内夹保温层制成，并应有角钢或弯曲钢板加固。有防腐蚀要求时，一般采用玻璃钢外壳、内夹保温层。也可采用 80～100mm 的钢筋混凝土现场浇制或水槽用钢筋混凝土，壁用砖砌、顶加钢筋混凝土盖板。用砖或混凝土外壳的喷水室要特别注意防止渗水的措施，并最好放在底层。喷水室外壳应保温、保温外表面要平整、美观。工厂生产的喷水室要自备保温层。为了能进入喷水室检修，喷水室排管间应有一个不小于 400×600 的密封检查门，为了便于观察喷水室情况，其检查门上应有玻璃观察孔。

分风板前和挡水板后也应有密封检查门，在该处下部应有排水地漏等措施，以防止该处积水影响空气参数和卫生。在喷水用水泵附近也应设地漏，以防积水。

喷水室水槽的深度一般为 400～600mm，主要考虑溢水器、溢水管、滤水器等的安装位置和能正常使用。

2. 循环水管　作为冬季等焓加湿时，由水槽内抽出循环水和夏季非高峰负荷时，抽一部分循环水来调节喷水温度之用。为了防止循环水中的杂质堵塞喷嘴孔口，常设有循环水滤水网。滤水网一般为圆筒形见图 6-5-3。

滤水网直径约为循环水管直径的两倍左右。对于喷嘴直径 $d_0 = 4 \sim 5.5$mm 的滤网网眼尺寸为 1.0×1.0mm～1.5×1.5mm，过滤能力可采用 15～30t/m²·h；

对于 $d_0 = 2.5 \sim 3.5$mm 的滤网网眼尺寸为 0.6×0.6mm～1.0×1.0mm，过滤能力可采用 10～25 t/m²·h。多孔均流管为使滤网流速均匀而设，若不设均流管则靠循环水管吸入口处有大量水进入，而远离吸入口的滤网不起实际滤水作用。

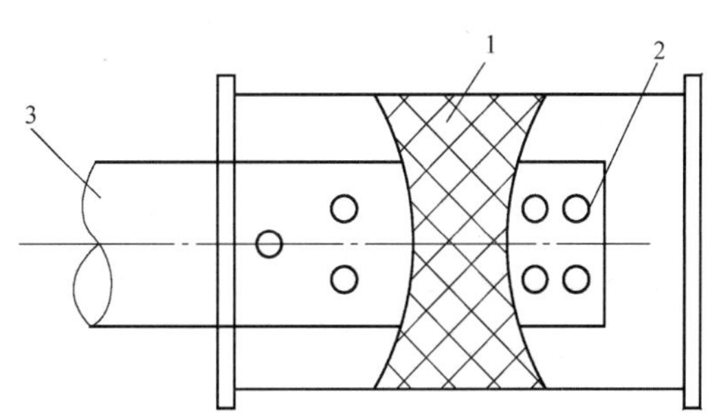

图 6-5-3　圆形滤水网

1—滤网；2—多孔均流管；3—循环管

3. 溢回水管　用于排除水槽内多余的水。当喷水室仅用于循环加湿时，可不设溢回水管。溢回水管接水槽内的溢水器，溢水器常做成矩形喇叭口见图 6-5-4，上加一水封罩 1，以防止循环水溢水器不溢水时，通过溢水管 4 漏风和喷水直接喷入溢水器。溢水器按最大可能的溢水量计算，并按溢水口 2 周边每米长溢水量 30～40 t/(m·h) 计算。

4. 快速充水管　为更换水槽内的水和清洗水槽之用，水槽内的水要定期更换，以保持水的清洁，改善卫生条件。更换水槽内的水量一般按 0.5～1h 充满水槽计算。更换底槽

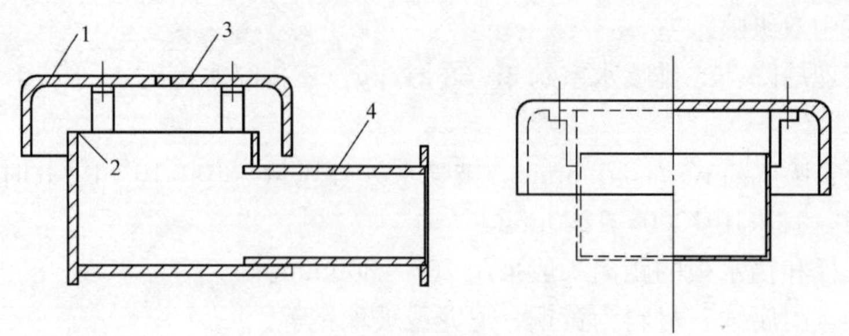

图 6-5-4　溢水器及溢水管

1—水封罩；2—溢水口；3—通气孔；4—溢水管

内的水也可由补充水管承担，不另设快速充水管，适当加大一些补充水管的管径。

5. 补充水管　为保持最低水位，补充加湿空气的水量，挡水板的过水量和其他漏失水量而设。补充水量按喷水量的2%～4%考虑。

6. 排水管　为清洗水槽排污之用，水槽底要有一定的坡度，坡向排水口，以便于排净水。排水管接至排水地漏。

各种压力水管的管径，可按管内水流速度为1～2m/s计算。各种自流水管的管径，应根据水位差和阻力值选择。

三、喷水室的热工计算

（一）热交换效率和接触系数

喷水室的热工计算，一般按试验资料整理的热交换效率 E 和接触系数 E' 进行计算。各种处理过程的 h-d 图见图 6-5-5（a）、（b）、（c），E 和 E' 的定义按下列公式计算：

对于各种减焓过程见图 6-5-5（a）：E

$$E = 1 - \frac{t_{s2} - t_h}{t_{s1} - t_j} \tag{6-5-1}$$

$$E' = 1 - \frac{t_2 - t_{s2}}{t_1 - t_{s1}} \tag{6-5-2}$$

对于等焓加湿过程见图 6-5-5（b）：$E = E'$

$$E = E' = \frac{t_1 - t_2}{t_1 - t_{s1}} = \frac{d_2 - d_1}{d_3 - d_1} \tag{6-5-3}$$

对于各种增焓过程见图 6-5-5（c）：E

$$E = 1 - \frac{t_h - t_{s2}}{t_j - t_{s1}} \tag{6-5-4}$$

$$E' = 1 - \frac{t_2 - t_{s2}}{t_1 - t_{s1}} \tag{6-5-5}$$

式中　E、E'——热交换效率和接触系数；

d_1、d_2、d_3——各点含湿量（g/kg）见图 6-5-5（b）；

t_1、t_2——处理前后的空气干球温度（℃）；

t_{s1}、t_{s2}——处理前后的空气湿球温度（℃）；

t_j——喷水室的进水（进喷嘴前的）温度（℃）；

t_h——喷水室的回水温度（℃）。

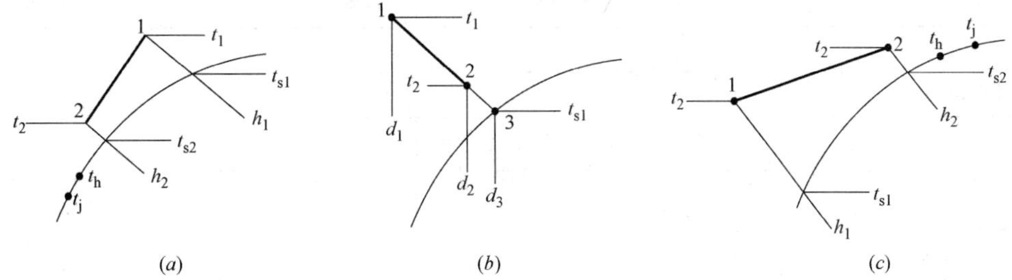

图 6-5-5　各种处理过程的 h-d 图

（a）各种减焓过程；（b）等焓加湿过程；（c）各种增焓过程

E 和 E' 由试验整理得到，主要是水气比 μ，质量流速 v_ρ [kg/(m² · s)] 的函数，与喷嘴的布置方法、喷嘴排数、喷嘴密度、喷嘴直径、喷水方向、处理过程等因素有关。有的还与空气初参数指标 T_0 有关。其中：

$$\mu = W/G \tag{6-5-6}$$

$$T_0 = (t_1 - t_{s1})/t_1 \tag{6-5-7}$$

$$v\rho = G/(3600F) \tag{6-5-8}$$

式中　W——喷水室的喷水量（kg/ h）；

G——通过喷水室的空气质量（kg/ h）；

v——喷水室的断面风速（m/s）；

ρ——空气密度（kg/m³）；

F——喷水室迎风面面积（m²）。

喷水室断面积为 0.306m²，采用 y-1 型喷嘴、喷嘴直径 d_0 = 5mm，喷嘴密度为每排 13 个/m²，喷水室断面积质量流速 v_ρ = 1.5～3.0kg/(m² · s)，水气比 μ：单排 0.5～1.2；双排为 0.8～2.3。热交换效率 E 和接触系数 E' 试验公式见表 6-5-3。

热交换效率 E 和接触系数 E' 试验公式（一）　　　　**表 6-5-3**

处理过程特性		一排顺喷	二排对喷
一级喷水室	减焓降温除湿	$E=0.635(v_\rho)^{0.245}\mu^{0.42}$ $E'=0.662(v_\rho)^{0.23}\mu^{0.67}$	$E=0.745(v_\rho)^{0.07}\mu^{0.265}$ $E'=0.755(v_\rho)^{0.12}\mu^{0.27}$
	减焓降温加湿		$E=0.76(v_\rho)^{0.124}\mu^{0.234}$ $E'=0.835(v_\rho)^{0.04}\mu^{0.23}$
	等焓降温加湿	$E=E'=0.8(v_\rho)^{0.25}\mu^{0.4}$	$E=E'=0.75(v_\rho)^{0.15}\mu^{0.29}$
	增焓降温加湿	$E=0.855\mu^{0.61}$ $E'=0.8(v_\rho)^{0.13}\mu^{0.42}$	$E=0.82(v_\rho)^{0.09}\mu^{0.11}$ $E'=0.84(v_\rho)^{0.05}\mu^{0.21}$
	增焓等温加湿	$E=0.87\mu^{0.05}$ $E'=0.89(v_\rho)^{0.06}\mu^{0.29}$	$E=0.81(v_\rho)^{0.1}\mu^{0.135}$ $E'=0.88(v_\rho)^{0.03}\mu^{0.15}$
	增焓升温加湿	$E=0.86\mu^{0.09}$ $E'=1.05\mu^{0.25}$	
双级喷水室	减焓降温除湿		$E=0.945(v_\rho)^{0.1}\mu^{0.36}$ $E'=(v_\rho)^{1.2}\mu^{0.09}\leqslant 1$

根据国内工程采用 y-1 型喷嘴试验数据整理的热交换效率 E 和接触系数 E' 试验公式见表 6-5-4。

热交换效率 E 和接触系数 E' 试验公式（二）　　表 6-5-4

喷嘴排数	2～3	4	2+2	
喷嘴直径(mm)	4～4.5	6	3～3.5	
喷水方向	对喷和一顺二逆	前二排顺喷，后二排逆喷。排间距分别为300,1200,600mm	双级第一级二排逆喷	双级第二级二排逆喷
喷嘴密度（个/m^2·排）	21	10	10～13	23～26
质量流速 v_ρ (kg/m^2·s)	1.58～2.86	1.5～3.0	1.6～3.7	1.6～3.7
喷嘴前水压（kPa 表压）	100～300	50～140	50～200	30～100
水气比 μ (kg/kg)	1.12～1.92	0.7～3.0	0.3～1.84	0.35～1.0
试验公式	$E=0.717(v_\rho)^{0.182}\mu^{0.154}$ $E'=0.87\mu0.097$	$E=0.58(v_\rho)^{0.243}\mu^{0.23}$	$E=0.69(v_\rho)^{0.21}\mu^{0.3}$	$E=1.1\mu^{0.424}$

对于一般的卧式和立式喷水室，建议采用表 6-5-5 所列的数据。采用定型产品，生产厂家有准确的试验数据时，可采用生产厂家提供的数据。

（二）各种减焓过程的热工计算

1. 单级喷水室

对于单级喷水室，减焓过程热平衡方程式为

$$Q=\frac{1}{3.6}G(h_1-h_2) \tag{6-5-9}$$

$$Q=\frac{1}{3.6}c_sW(t_h-t_j) \tag{6-5-10}$$

为了便于计算，令

$$b=\frac{h_1-h_2}{c_s(t_{s1}-t_{s2})} \tag{6.5-11}$$

由公式（6-5-1）、（6-5-6）、（6-5-9）、（6-5-10）和（6-5-11）可得：

$$E=\left(1+\frac{b}{\mu}\right)\left(\frac{t_{s1}-t_{s2}}{t_{s1}-t_j}\right) \tag{6-5-12}$$

令

$$\eta=\frac{t_{s1}-t_{s2}}{t_{s1}-t_j} \tag{6-5-13}$$

则

$$\eta=\frac{E}{1+\dfrac{b}{\mu}} \tag{6-5-14}$$

式中　Q——喷水室水气交换的冷量（W）；

h_1、h_2—喷水室前、后空气的焓值（kJ/kg）；

c_s——水的比热容，可取 $c_s=4.19$ kJ/(kg·℃)；

b——比例系数（与空气焓差、湿球温度差有关）；

η—湿球温度传热效率。

当 $v_\rho \geq 3kg/(m^2 \cdot s)$ 和喷嘴密度为 18～24 个/(m^2・排) 时单级喷水室的热交换效率　　表 6-5-5

空气处理过程	喷嘴排数	喷嘴直径(mm)	热交换效率	0.4	0.5	0.6	0.7	0.8	0.9	1	1.1	1.2	1.3	1.4	1.5	1.6	1.7	≥1.8
				当水气比 μ 为下列数值时的 E 和 E'														
等焓加湿	1	3.5	$E=E'$	0.65	0.71	0.77	0.77	0.77	0.77	0.77	0.77	0.77	0.77	0.77	0.77	0.77	0.87	0.77
		5	$E=E'$	0.58	0.63	0.68	0.72	0.77	0.825	0.84	0.84	0.84	0.84	0.84	0.84	0.84	0.84	0.84
	2 或 3	3.5	$E=E'$	—	0.71	0.76	0.80	0.82	0.86	0.89	0.91	0.935	0.96	0.96	0.96	0.96	0.96	0.96
		5	$E=E'$	—	—	—	—	0.75	0.77	0.79	0.82	0.84	0.85	0.865	0.89	0.89	0.90	0.92
各种减焓过程	1	5	E	—	0.50	0.53	0.57	0.60	0.63	0.66	0.66	0.66	0.66	0.66	0.66	0.66	0.66	0.66
			E'	—	0.425	0.48	0.54	0.59	0.635	0.68	0.68	0.68	0.68	0.68	0.68	0.68	0.68	0.68
	2 或 3	3.5	E	—	—	—	—	0.785	0.815	0.845	0.875	0.90	0.92	0.92	0.92	0.92	0.92	0.92
			E'	—	—	—	—	0.79	0.825	0.86	0.89	0.92	0.95	0.95	0.95	0.95	0.95	0.95
		4～4.5	E	—	—	—	—	0.73	0.75	0.78	0.80	0.81	0.82	0.83	0.84	0.85	0.96	0.87
			E'	—	—	—	—	0.76	0.78	0.80	0.82	0.84	0.86	0.87	0.88	0.89	0.90	0.91
		5	E	—	—	—	—	0.68	0.70	0.72	0.74	0.76	0.775	0.79	0.81	0.82	0.83	0.84
			E'	—	—	—	—	0.73	0.755	0.775	0.795	0.815	0.835	0.85	0.865	0.88	0.895	0.90
各种增焓过程	1	3.5	E	0.69	0.69	0.71	0.71	0.71	0.71	0.71	0.71	0.71	0.71	0.71	0.71	0.71	0.71	0.71
			E'	0.75	0.78	0.80	0.80	0.80	0.80	0.80	0.80	0.80	0.80	0.80	0.80	0.80	0.80	0.80
		5	E	—	0.65	0.66	0.67	0.675	0.68	0.69	0.69	0.69	0.69	0.69	0.69	0.69	0.69	0.69
			E'	—	0.55	0.60	0.64	0.67	0.705	0.74	0.74	0.74	0.74	0.74	0.74	0.74	0.74	0.74
	2 或 3	3.5	E	—	0.765	0.78	0.80	0.815	0.825	0.84	0.86	0.865	0.87	0.87	0.87	0.87	0.87	0.87
			E'	—	0.815	0.83	0.85	0.865	0.875	0.89	0.90	0.905	0.915	0.915	0.915	0.915	0.915	0.915
		5	E	—	—	—	—	0.80	0.82	0.83	0.84	0.85	0.85	0.85	0.86	0.87	0.875	0.88
			E'	—	—	—	—	0.785	0.79	0.81	0.82	0.83	0.845	0.86	0.87	0.88	0.89	0.89

注：当 $v_\rho < 3kg/(m^2 \cdot s)$ 时，表 6-5-5 中所列之 E 和 E' 值应乘以修正系数 χ_1。

v_ρ 与修正系数 x_1 之对应表　　表 6-5-6

v_ρ	2.8	2.6	2.4	2.2	2.0
χ_1	0.955	0.95	0.94	0.93	0.925

$v_\rho \geqslant 3$kg/(m^2 · s)、喷嘴密度每排 18～24 个/m^{2}的二排和三排喷水室的 η 值列于表 6-5-7～表 6-5-9 中的上面一行。当 $v_\rho < 3$kg/(m^2 · s) 时，表中查出的 η 表值应乘以表 6-5-10 中的修正系数 x_2后得 η 实值。

为了计算 b 值等，可先假定空气处理后的相对湿度 $\varphi_2 = 95\%$，（一般不会有较大的误差）。根据室内状态点，按热湿比线取送风温度状态点，按等湿线与相对湿度 95%线的交点为空气处理后的干求温度 t_2，沿等焓线与相对湿度 100%线的交点为空气处理后的湿球温度 t_{s2}及 h_2焓值。

【例 6-5-1】 已知当地大气压力 993hPa；处理前的空气参数：$t_1 = 26$℃、$t_{s1} = 19.8$℃、$h_1 = 57.5$kJ/kg；处理后的空气参数：$t_{s2} = 12.8$℃、$h_2 = 36.5$kJ/kg；喷嘴前供水温度 $t_j = 7$℃；处理风量 $G = 40000$kg/h。求解：选用喷水室结构，并计算各项参数。

【解】［1］选用低速喷水室

根据处理风量 G 和 2～3m/s 的断面流速，选用喷水室的断面积 $F = 4.1$m^2。

单级和双级喷水室的 η 值

$v_\rho \geqslant 3$kg/(m^2 · s)，$d_0 = 3.5$，喷嘴密度 18～24 个/(m^2 · 排)，每级 2～3 排　　表 6-5-7

μ (kg/kg)	单级的 E 值	当 b 为下列数值时的 η 值(上行：单级；下行：双级)								
		0.4	0.5	0.6	0.7	0.8	0.9	1.0	1.1	1.2
0.8	0.78	0.520	0.480	0.446	0.416	0.390	0.367	0.367	0.328	0.312
		0.734	0.484	0.639	0.598	0.561	0.528	0.498	0.470	0.446
0.9	0.81	0.561	0.521	0.486	0.456	0.429	0.405	0.384	0.364	0.347
		0.776	0.730	0.686	0.647	0.610	0.577	0.546	0.518	0.492
1.0	0.84	0.600	0.560	0.525	0.494	0.467	0.442	0.420	0.400	0.382
		0.813	0.770	0.730	0.691	0.656	0.622	0.592	0.563	0.537
1.1	0.87	0.638	0.598	0.563	0.532	0.504	0.478	0.456	0.435	0.416
		0.846	0.807	0.769	0.733	0.698	0.665	0.635	0.606	0.580
1.2	0.90	0.675	0.635	0.600	0.568	0.540	0.514	0.491	0.470	0.450
		0.875	0.840	0.805	0.770	0.737	0.706	0.676	0.647	0.621
1.3	0.92	0.704	0.664	0.629	0.598	0.570	0.544	0.520	0.498	0.478
		0.896	0.864	0.832	0.800	0.768	0.738	0.709	0.681	0.655
1.4	0.92	0.716	0.678	0.644	0.613	0.585	0.560	0.537	0.515	0.495
		0.905	0.876	0.846	0.816	0.786	0.758	0.730	0.703	0.678
1.5	0.92	0.726	0.690	0.657	0.627	0.600	0.575	0.552	0.531	0.511
		0.913	0.886	0.858	0.830	0.802	0.775	0.748	0.722	0.698
1.6	0.92	0.736	0.701	0.669	0.640	0.613	0.589	0.566	0.545	0.526
		0.919	0.894	0.868	0.842	0.816	0.790	0.765	0.740	0.716
1.7	0.92	0.745	0.711	0.680	0.652	0.626	0.602	0.579	0.559	0.539
		0.925	0.902	0.878	0.853	0.828	0.804	0.779	0.756	0.733
1.8	0.92	0.753	0.720	0.690	0.662	0.637	0.613	0.591	0.571	0.552
		0.930	0.908	0.886	0.863	0.839	0.816	0.793	0.770	0.748
1.9	0.92	0.760	0.728	0.699	0.672	0.647	0.624	0.603	0.583	0.565
		0.934	0.914	0.893	0.871	0.849	0.827	0.805	0.783	0.762

单级和双级喷水室的 η 值

$v_\rho \geqslant 3kg/(m^2 \cdot s)$，$d_0=4\sim4.5$，喷嘴密度 18～24 个/($m^2$·排)，每级 2～3 排 表 6-5-8

μ (kg/kg)	单级的 E 值	当 b 为下列数值时的 η 值(上行:单级;下行:双级)								
		0.4	0.5	0.6	0.7	0.8	0.9	1.0	1.1	1.2
0.8	0.73	0.487	0.449	0.417	0.389	0.365	0.344	0.324	0.307	0.292
		0.701	0.653	0.609	0.570	0.535	0.503	0.474	0.449	0.425
0.9	0.75	0.519	0.482	0.450	0.422	0.397	0.375	0.355	0.337	0.321
		0.737	0.692	0.650	0.612	0.577	0.545	0.517	0.490	0.466
1.0	0.78	0.557	0.520	0.487	0.459	0.433	0.411	0.390	0.371	0.355
		0.776	0.734	0.694	0.657	0.622	0.590	0.561	0.534	0.509
1.1	0.80	0.587	0.550	0.518	0.489	0.463	0.440	0.419	0.400	0.383
		0.805	0.765	0.728	0.692	0.659	0.627	0.598	0.571	0.546
1.2	0.81	0.608	0.572	0.540	0.512	0.486	0.463	0.442	0.423	0.405
		0.824	0.788	0.752	0.718	0.686	0.656	0.628	0.601	0.577
1.3	0.82	0.627	0.592	0.561	0.533	0.508	0.485	0.463	0.444	0.426
		0.842	0.808	0.775	0.743	0.712	0.683	0.655	0.629	0.605
1.4	0.83	0.646	0.612	0.581	0.553	0.528	0.505	0.484	0.465	0.447
		0.857	0.826	0.795	0.764	0.735	0.707	0.680	0.655	0.631
1.5	0.84	0.663	0.630	0.600	0.573	0.548	0.525	0.504	0.485	0.467
		0.871	0.842	0.813	0.784	0.757	0.730	0.704	0.679	0.656
1.6	0.85	0.680	0.648	0.618	0.591	0.567	0.544	0.523	0.504	0.486
		0.884	0.857	0.830	0.803	0.776	0.751	0.726	0.702	0.679
1.7	0.86	0.696	0.665	0.636	0.609	0.585	0.562	0.541	0.522	0.504
		0.896	0.871	0.845	0.820	0.795	0.770	0.746	0.723	0.700
1.8	0.87	0.712	0.681	0.652	0.626	0.602	0.580	0.559	0.540	0.522
		0.906	0.883	0.859	0.835	0.811	0.788	0.765	0.743	0.721
1.9	0.87	0.719	0.689	0.661	0.636	0.612	0.590	0.570	0.551	0.533
		0.911	0.889	0.867	0.844	0.821	0.779	0.777	0.755	0.734
2.0	0.87	0.725	0.696	0.669	0.644	0.621	0.600	0.580	0.561	0.544
		0.915	0.895	0.874	0.852	0.831	0.809	0.788	0.767	0.747
2.1	0.87	0.731	0.703	0.677	0.652	0.630	0.609	0.589	0.571	0.554
		0.919	0.900	0.880	0.859	0.839	0.818	0.798	0.778	0.758
2.2	0.87	0.736	0.709	0.684	0.660	0.638	0.617	0.598	0.580	0.563
		0.923	0.904	0.885	0.886	0.846	0.827	0.807	0.788	0.769
2.3	0.87	0.741	0.715	0.690	0.667	0.645	0.625	0.606	0.589	0.572
		0.926	0.908	0.890	0.872	0.853	0.834	0.816	0.797	0.779
2.4	0.87	0.746	0.720	0.696	0.674	0.653	0.633	0.614	0.597	0.580
		0.929	0.912	0.895	0.877	0.859	0.841	0.823	0.806	0.788

单级和双级喷水室的 η 值

$v_\rho \geqslant 3kg/(m^2 \cdot s)$，$d_0=5$，喷嘴密度 18～24 个/($m^2$·排)，每级 2～3 排 表 6-5-9

μ (kg/kg)	单级的 E 值	当 b 为下列数值时的 η 值(上行:单级;下行:双级)								
		0.4	0.5	0.6	0.7	0.8	0.9	1.0	1.1	1.2
0.8	0.68	0.453	0.418	0.389	0.363	0.340	0.320	0.302	0.286	0.272
		0.667	0.620	0.578	0.541	0.507	0.477	0.450	0.426	0.404
0.9	0.70	0.485	0.450	0.420	0.394	0.371	0.350	0.332	0.315	0.300
		0.703	0.659	0.619	0.582	0.549	0.519	0.491	0.466	0.443
1.0	0.72	0.514	0.480	0.450	0.424	0.400	0.379	0.360	0.343	0.327
		0.736	0.694	0.656	0.620	0.587	0.557	0.529	0.504	0.481
1.1	0.74	0.543	0.509	0.479	0.452	0.428	0.407	0.388	0.370	0.354
		0.766	0.726	0.690	0.655	0.623	0.593	0.566	0.540	0.517
1.2	0.76	0.570	0.536	0.507	0.480	0.456	0.434	0.415	0.397	0.380
		0.793	0.756	0.721	0.688	0.656	0.627	0.600	0.574	0.551

续表

μ (kg/kg)	单级的 E 值	当 b 为下列数值时的 η 值(上行:单级;下行:双级)								
		0.4	0.5	0.6	0.7	0.8	0.9	1.0	1.1	1.2
1.3	0.77	0.589	0.556	0.527	0.500	0.477	0.455	0.435	0.417	0.400
		0.811	0.776	0.743	0.712	0.682	0.653	0.627	0.602	0.578
1.4	0.79	0.614	0.582	0.553	0.527	0.503	0.481	0.461	0.442	0.425
		0.833	0.801	0.770	0.740	0.711	0.683	0.657	0.633	0.609
1.5	0.81	0.639	0.607	0.579	0.552	0.528	0.506	0.486	0.467	0.450
		0.854	0.824	0.795	0.766	0.739	0.712	0.686	0.662	0.639
1.6	0.82	0.656	0.625	0.596	0.570	0.547	0.525	0.505	0.486	0.469
		0.867	0.840	0.812	0.785	0.758	0.733	0.708	0.685	0.662
1.7	0.83	0.672	0.641	0.613	0.588	0.564	0.543	0.523	0.504	0.487
		0.880	0.854	0.828	0.802	0.777	0.752	0.728	0.706	0.683
1.8	0.84	0.687	0.657	0.630	0.605	0.582	0.560	0.540	0.521	0.504
		0.891	0.867	0.842	0.818	0.794	0.770	0.747	0.725	0.704
1.9	0.84	0.694	0.665	0.638	0.614	0.591	0.570	0.550	0.532	0.515
		0.896	0.873	0.850	0.827	0.804	0.781	0.759	0.738	0.717
2.0	0.84	0.700	0.672	0.646	0.622	0.600	0.579	0.560	0.542	0.525
		0.900	0.879	0.857	0.835	0.813	0.792	0.770	0.750	0.730
2.1	0.84	0.706	0.678	0.653	0.630	0.608	0.588	0.569	0.551	0.535
		0.904	0.884	0.863	0.842	0.821	0.801	0.780	0.761	0.741
2.2	0.84	0.711	0.684	0.660	0.637	0.616	0.596	0.577	0.560	0.544
		0.908	0.889	0.869	0.849	0.829	0.809	0.790	0.770	0.752
2.3	0.84	0.716	0.690	0.666	0.644	0.623	0.604	0.585	0.568	0.552
		0.911	0.893	0.874	0.855	0.836	0.817	0.798	0.780	0.761
2.4	0.84	0.720	0.695	0.672	0.650	0.630	0.611	0.593	0.576	0.560
		0.914	0.897	0.879	0.861	0.842	0.824	0.806	0.788	0.770

v_ρ<3kg/(m^2·s) 时 η 值的修正系数 x_2 **表 6-5-10**

v_ρ[kg/(m^2·s)]		2.8	2.6	2.4	2.2	2.0
x_2	单级喷水	0.955	0.95	0.94	0.93	0.925
	双级喷水	0.975	0.97	0.96	0.95	0.945

[2] 求实际质量流速 v_ρ

$$v_\rho=\frac{G}{3600F}=\frac{40000}{3600\times4.1}=2.71\text{kg/(m}^2\cdot\text{s)}$$

[3] 求比例系数 b

$$b=\frac{h_1-h_2}{c_s(t_{s1}-t_{s2})}=\frac{57.5-36.5}{4.19(19.8-12.8)}=0.716$$

[4] 求湿球温度传热系数 η

$$\eta=\frac{t_{s1}-t_{s2}}{t_{s1}-t_j}=\frac{19.8-12.8}{19.8-7}=0.547$$

由于 $v_\rho=2.71<3$，查表 6-9-10 中单级喷水取 $x_2=0.953$。则由表 6-5-8 中查得的值应乘以 0.953 修正系数得 η 实值。

[5] 求水气比 μ

选用喷嘴直径 $d_0=4\sim4.5$mm、喷嘴密度 18～24 个/(m^2·排)、单级两排对喷的喷水室。设 $\mu=1.6$ 时，用 $b=0.716$ 的插入法，在表 6-5-8 中的上一行求得 $\eta_{表}=0.587$，乘以 0.953 后才得 $\eta_{实}=0.559>0.547$，取 $\mu=1.6$ 能满足要求，否则应重取 μ 值。进行计算。

[6] 求喷水量

按公式（6-5-6）$W=\mu G=1.6\times40000=64000\text{kg/h}$

[7] 求冷量 Q

按公式（6-5-9）

$$Q=\frac{1}{3.6}G(h_1-h_2)=\frac{1}{3.6}40000(57.5-36.5)=233000\text{W}$$

[8] 求回水温度 t_h

按公式（6-5-10）$t_h=\frac{3.6Q}{c_sW}+t_j=\frac{3.6\times233000}{4.19\times64000}+7=10.13℃$

[9] 求喷嘴前水压 p

当喷嘴密度取 24 个/(m^2 · 排）时，二排喷水室共有 196 个喷嘴，每个喷嘴的喷水量：

$$q=\frac{64000}{196}=327\text{kg/h}$$

采用 y－1 型喷嘴，喷嘴直径 $d_0=4$ mm、由表 6-5-1 中得水压 $P<200\text{kPa}$，取 $P=200\text{kPa}$。

[10] 求处理后的空气干球温度 t_2

当喷水为 2～3 排，喷嘴直径 $d_0=4\sim4.5$ mm，$\mu=1.6$ 时，由表 6-5-5 查得：$E'_{表}=0.89$；因 $v_\rho=2.71<3\text{kg/(m}^3\cdot\text{s)}$，查表 6-5-6 取 $\chi_1=0.953$，实际的 $E'_{实}=0.89\times0.953=0.79$。

按公式（6-5-2）

$$\begin{aligned}t_2&=t_{s2}+(1-E'_{实})(t_1-t_{s1})\\&=12.8+(1-0.79)(26-19.8)\\&=14.1℃\end{aligned}$$

按 $t_2=14.1℃$、$t_{s2}=12.8℃$，从 993hPa 的 h-d 图中查得相对湿度 $\varphi_2\approx92\%$ 。

2. 双级喷水室

双级喷水室用于下列三种冷源情况：

(1) 利用天然冷水源降温，当能加大进回水温差，节约天然水（例如深水井）量时；

(2) 利用天然冷水源作为第一级喷水，用制冷水作第二级喷水，以节约人工制冷量时；

(3) 人工制冷、供冷水管路较长，采用双级串联喷水来加大进回水温差，节约输送水泵运行耗能量，减小输水管径以节省管材并减少管路的冷量损失，且经济合理时。

当双级喷水室第一级和第二级采用不同冷水源，可按单级喷水室计算方法计算。

先确定第一级的水气比 μ_1 和第一级的进水温度 t'_j，回水温度 t_h，在确定 E 值后，按公式（6-5-1），求第一级处理后的空气湿球温度 t'_s，再将 t'_s，作为第二级的初参数，按单级喷水室进行计算。

当两级风量相同，采用同一冷水源，且冷水源串联使用时，其各项参数如图 6-5-6 所示。

若忽略了第一级的水泵和水管的温升，则有下列公式成立：

$$\mu=\mu_1=\mu_2 \qquad (6\text{-}5\text{-}15)$$

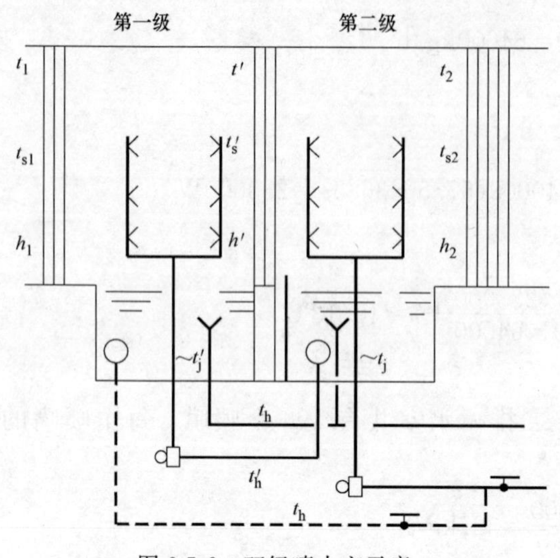

图 6-5-6　双级喷水室示意

$$E=E_1=E_2 \tag{6-5-16}$$

$$t_j'=t_h' \tag{6-5-17}$$

$$E=E_1=1-\frac{t_s'-t_h}{t_{s1}-t_j'} \tag{6-5-18}$$

$$E=E_2=1-\frac{t_{s2}-t_h'}{t_s'-t_j} \tag{6-5-19}$$

$$\mu=\mu_1=\frac{h_1-h'}{c_s(t_h-t_j')} \tag{6-5-20}$$

$$\mu=\mu_2=\frac{h'-h_2}{c_s(t_h'-t_j)} \tag{6-5-21}$$

$$\eta_1=\frac{t_{s1}-t_s'}{t_{s1}-t_j'} \tag{65-22}$$

$$\eta_2=\frac{t_s'-t_{s2}}{t_s'-t_j} \tag{6-5-23}$$

$$b_1=\frac{h_1-h'}{c_s(t_{s1}-t_s')} \tag{6-5-24}$$

$$b_2=\frac{h'-h_2}{c_s(t_s'-t_{s2})} \tag{6-5-25}$$

式中　μ_1、μ_2——第一级和第二级的水气比（kg/kg）；

E_1、E_2—第一级和第二级的热交换效率；

t_{s1}、t'_s、t_{s2}——双级喷水室处理前、两级之间和喷水室后的湿球温度（℃）；

t_j、t_j'——第二级和第一级喷水室的进水温度（℃）；

t_h、t_h'——第一级和第二级喷水室的回水温度（℃）；

h_1、h'、h_2—双级喷水室处理前、两级之间和喷水室后的焓（kJ/kg）；

η_1、η_2——第一级和第二级的湿球温度传热效率；

b_1、b_2——第一级和第二级的比例系数。

现令

$$\eta=\frac{t_{s1}-t_{s2}}{t_{s1}-t_j} \tag{6-5-26}$$

η 为双级喷水室总的湿球温度传热效率，则可由上列诸公式得出：

$$\eta=\frac{\eta_1\mu\left(1+\frac{\eta_2}{\eta_1}-E\right)}{\mu-\eta_1\eta_2 b_2} \tag{6-5-27}$$

为简化计算，令

$$b=\frac{h_1-h_2}{c_s(t_{s1}-t_{s2})} \tag{6-5-28}$$

且取 $b_1=b_2=b$，b 为双级总的比例系数，则：

$$\eta_1=\eta_2=\frac{E}{1+\frac{b}{\mu}} \tag{6-5-29}$$

公式（6-5-27）可简化为：

$$\eta=\frac{(2-E)\eta_1\mu}{\mu-b\eta_1^2} \tag{6-5-30}$$

用公式（6-5-30）计算出的数据较公式（6-5-27）偏小一些，偏于安全。按公式(6-5-30)计算出的 η 值列于表 6-5-7 至表 6-5-9 中下面一行，其修正系数 x_2 列于表 6-5-10 中。计算程序见【例 6-5-2】和【例 6-5-3】。

【例 6-5-2】 计算一个双级喷水室，已知处理前的空气参数为：$t_1=33.8$℃，$t_{s1}=26.5$℃，$h_1=82.9$kJ/kg；处理后要求达到的参数为：$t_{s2}=18$℃，$h_2=51.7$kJ/kg；处理风量 $G=42000$kg/h。

第一级喷水用深井水，喷嘴水前水温 $t'_j=19$℃；第二级用制冷水，喷嘴前水温 $t_j=10$℃，求解：选用喷水室并计算各项参数。

【解】 [1] 求喷水室的质量流速 v_ρ

选用喷水室断面积 4.1m²，喷嘴密度每排 18～24 个/m²，喷嘴直径 $d_0=4\sim4.5$mm，双级喷水，每级为两排对喷。

$$v_\rho=\frac{42000}{3600\times4.1}=2.85\text{kg/(m}^2\cdot\text{s)}$$

[2] 假定第一级喷水后的湿球温度 t'_s，t'_s一般要比出水温度高 1～2℃，现假定 $t'_s=23$℃，查 993hPah-d 图得 $h'=68.67$kJ/kg。

[3] 求 b_1，按公式（6-5-24）

$$b_1=\frac{h_1-h'}{(t_{s1}-t'_s)C_s}=\frac{82.9-68.67}{(26.5-23)4.19}=0.97$$

[4] 求 η_1，按公式（6-5-22）

$$\eta_1=\frac{t_{s1}-t'_s}{t_{s1}-t'_j}=\frac{26.5-23}{26.5-19}=0.467$$

查表得 6-5-10，按单级喷水 $v_\rho=2.85$，得 $x_2=0.966$。

[5] 求水气比 μ_1

选用单级喷水，当 $b_1=0.97$ 时，试取 $\mu_1=1.4$kg/kg。在表 6-5-8 中的上一行用插比法求 $\eta_{1表}=0.486$ 值，乘以 0.966 后才得，$\eta_{1实}=0.469>0.467$。取 $\mu_1=1.4$ 能满足要求。否则重取 μ_1 值进行计算。

[6] 求 b_2，按公式（6-5-25）

$$b_2=\frac{h'-h_2}{(t'_s-t_{s2})c_s}=\frac{68.67-51.7}{(23-18)4.19}=0.81$$

[7] 求 η_2，按公式（6-5-23）

$$\eta_2=\frac{t'_s-t_{s2}}{t'_s-t_j}=\frac{23-18}{23-10}=0.385$$

[8] 求水气比 μ_2，查表 6-5-10，按单级喷水、$v_\rho=2.85$ 取 $x_2=0.966$。

选用单级喷水，按 $b_2=0.81$，$\eta_2=0.385$，在表 6-5-8 中的上一行，试取 $\mu_2=1.0$，按 $b_2=0.81$ 插比法求 $\eta_{2表}=0.431$，乘以 0.966 后才得 $\eta_{2实}=0.416>0.385$。取 $\mu_2=1.0$ 能满足要求。否则要重取 μ_2 值进行计算。

[9] 求喷水量 W_1、W_2 按公式（6-5-6）

$$W_1=\mu_1\times G=1.4\times42000=58800\text{kg/h}$$

$$W_2=\mu_2\times G=1.0\times42000=42000\text{kg/h}$$

[10] 求冷量 Q_1、Q_2，按公式（6-5-9）

$$Q_1=\frac{1}{3.6}G(h_1-h')=\frac{1}{3.6}\times42000(82.9-68.67)=166000\text{W}$$

$$Q_2=\frac{1}{3.6}G(h'-h_2)=\frac{1}{3.6}\times42000(68.67-51.7)=197980\text{W}$$

[11] 求回水温度 t_{h1}、t_{h2} 按公式（6-5-10）

$$t_{h1}=\frac{3.6Q_1}{c_sW_1}+t_j'=\frac{3.6\times166000}{4.19\times5800}+19=2.43+19=21.43℃$$

$$t_{h2}=\frac{3.6Q_2}{c_sW_2}+t_j=\frac{3.6+197980}{4.19\times42000}+10=4.05+10=14.05℃$$

[12] 求喷嘴前水压 P_1、P_2

当喷嘴密度为 24 个/(m^2·排）时，二排对喷室共 196 个喷嘴，每个喷嘴的喷水量

$$q_1=\frac{58800}{196}=300\text{kg/h}$$

$$q_2=\frac{42000}{196}=214\text{kg/h}$$

查表 6-5-1，若采用 y-1 型喷嘴，$d_{01}=4.5$mm，水压 $P_1=125$kPa；$d_{02}=4.0$mm，水压 $P_2<100$kPa，取 $P_2=100$kPa。

[13] 求处理后的空气温度 t'、t_2

采用喷嘴 2～3 排，直径 $d_0=4$～4.5mm，在表 6-5-5 中，按 $\mu_1=1.4$ 查得 $E_1'=0.87$；按 $\mu_2=1.0$ 查得 $E'_2=0.8$，按 $v_\rho=2.85$，查表 6-5-6，取 $\chi_1=0.966$。实际的 E_1'实、E_2'实如下：

$$E'_{1实}=0.87\times0.966=0.84。$$

$$E'_{2实}=0.80\times0.966=0.77。$$

按公式（6-5-2）

$$t'=t_s'+(1-E'_{1实})(t_1-t_{s1}')=23+(1-0.84)(33.8-26.5)=24.2℃$$

$$t_2=t_{s2}+(1-E'_{2实})(t'-t_s')=18+(1-0.77)(24.2-23)=18.3℃$$

按 t_2、t_{s2} 查得相对湿度 $\varphi_2\approx98\%$

【例 6-5-3】 计算一个水串联使用的喷水室，第二级喷嘴前进水温度为 13℃，其他条件与【例 6-5-2】相同。

【解】 [1] 选用喷水室及 v_ρ 值同【例 6-5-2】。

[2] 求 η，按公式（6-5-26）

$$\eta=\frac{t_{s1}-t_{s2}}{t_{s1}-t_j}=\frac{26.5-18}{26.5-13}=0.63$$

[3] 求 b，按公式（6-5-28）

$$b=\frac{h_1-h_2}{c_s(t_{s1}-t_{s2})}=\frac{82.9-51.7}{4.19(26.5-18)}=0.876$$

[4] 求 $\eta_{实}$，按双级喷水，$v_\rho=2.85$ 时，由表 6-5-10 查得 $x_2=0.981$。在表 6-5-8 中的下一行，试取 $\mu=1.2$，按 $b=0.876$ 插比法求 $\eta_{表}=0.663$，乘以 0.981 后才得 $\eta_{实}=0.65>0.63$，满足要求，取 $\mu=\mu_1=\mu_2=1.2$kg/kg。否则重取 μ 值再计算。

[5] 求冷量 Q，按公式（6-5-9）

$$Q=\frac{1}{3.6}G(h_1-h_2)=\frac{1}{3.6}\times42000(82.9-51.7)=364000\text{W}$$

[6] 求每级水量 W，按公式（6-5-6）

$$W=\mu G=1.2\times42000=50400\text{kg/h}$$

[7] 求回水温度 t_h 按公式（6-5-10）

$$t_h=\frac{3.6Q}{c_s W}+t_j=\frac{3.6\times364000}{4.19\times50400}+13=19.21℃$$

[8] 双级喷水后的相对湿度接近于100%，可取98%，不必计算 E' 值。

[9] 中间参数 t'_s、h'、t'_j 等可不必计算。如果计算，可用公式（6-5-18）、（6-5-19）或用公式（6-5-20）、（6-5-21）联立方程计算。

（三）等焓加湿和各种增焓喷水室热工计算

1. 等焓加湿（喷循环水绝热加湿）

对于夏季和冬季都使用的喷水室，如无特殊的高相对湿度要求，按夏季计算的喷水室都可以满足冬季加湿要求，可不必计算冬季工况。仅用于冬季加湿的喷水室，可选用单排，顺喷或逆喷的喷水室，喷水压力要大于50kPa。

计算时，可用公式（6-5-3），并采用表6-5-5的数据。冬季室外空气需先预热、后喷水，调节预热量大小来满足加湿要求。

【例6-5-4】 已知当地大气压993hPa，处理前的空气含湿量 $d_1=3.1\text{g/kg}$，处理后的空气含湿 $d_2=6.9\text{g/kg}$，$v_\rho=2.8\text{kg/(m}^2\cdot\text{s)}$，水气比 $\mu=1.0\text{kg/kg}$，二排对喷，喷嘴密度每排18个/m²，喷嘴直径 $d_0=5$㎜。

求解：求空气处理前后的温度。

【解】 [1] 按 $\mu=1.0$，$v_\rho=2.8\text{kg/(m}^2\cdot\text{s)}$，$d_0=5\text{mm}$，由表6-9-5查得：

$E_{表}=E'_{表}=0.79$，再由表6-5-6取 $\chi_1=0.955$，则 $E_{实}=E'_{实}=0.79\times0.955=0.75$

[2] 求 d_3，按公式（6-5-3）

$$d_3=\frac{d_2-d_1}{E}+d_1=\frac{6.9-3.1}{0.75}+3.1=8.17\text{g/kg}$$

[3] 按 $d_3=8.17$，$\varphi=100\%$，在 $h-d$ 图上查得：

$$t_{s1}=t_{s2}=t_{s3}=10.6℃$$

按 t_{s1}、$d_1=3.1$ 查得 $t_1=23.6℃$，$\varphi_1=17\%$

按 t_{s2}、$d_2=6.9$ 查得 $t_1=14℃$，$\varphi_2=68\%$

2. 各种增焓过程

各种增焓过程是采用高于空气处理前的湿球温度的热水温度喷淋处理的过程。处理后的空气含湿量和焓值均增加。采用喷热水处理时，可以不用空气预热器，水的加热可采用蒸汽—水或水—水换热器，或在水槽内加盘管直接加热。调节喷水温度以达到需要的空气处理参数。喷水温度不宜超过60℃。

增焓过程的计算可采用公式（6-5-4）、（6-5-5）和（6-5-6），按表6-5-5查出 E 和 E' 值，并采用下列公式计算加热量和水温：

$$Q_R=\frac{1}{3.6}G(h_2-h_1) \tag{6-5-31}$$

$$\mu=\frac{h_2-h_1}{c_s(t_j-t_h)} \tag{6-5-32}$$

式中　Q_R——喷热水所需的热量（W）。

增焓过程中水气比 μ 的大小，对空气的加热量、加湿量影响不大；仅对处理后的空气相对湿度和热水进水温度有较大的影响。在设计时，可先确定水气比（或先假定处理后的空气参数，求得 E 值，确定 μ 值）进行计算。若冬夏均用的喷水室，可采用夏季的水气比。

【例 6-5-5】 已知当地大气压为 1013hPa，初参数 $t_1=2$℃，$t_{s1}=-2$℃，$h_1=6.28$kJ/kg；$v_\rho=2.8$kg/(m^2 · s)；设 $\mu=1.1$kg/kg；要求处理后的空气含湿量 $d_2=8$g/kg；喷嘴密度每排为 18 个/m^2，$d_0=5$mm，二排对喷。

求解：计算喷水室的各参数。

【解】［1］求 E 和 E' 值，按 $\mu=1.1$、$d_0=5$mm、二排、$v_\rho=2.8$kg/(m^2 · s) 查表 6-5-5及表 6-5-6 的修正系数 χ_1 得各种增焓过程：

$$E=0.84\times0.955=0.80$$

$$E'=0.82\times0.955=0.78$$

［2］求 t_1、t_{s2}，按公式（6-5-5）

$$t_1-t_{s2}=(1-E')(t_1-t_{s1})=(1-0.78)[2-(-2)]=0.88℃$$

按 $d_2=8$g/kg，$t_2-t_{s2}=0.88$ 查 h-d 图得：

$t_2=11.6$℃，$t_{s2}=10.7$℃，$h_2=31$kJ/kg。

［3］求 t_j、t_h，按公式（6-5-4）和（6-5-32）

$$\begin{aligned}t_j&=\frac{1}{E}\left(\frac{h_2-h_1}{c_s\mu}+t_{s2}-t_{s1}\right)+t_{s1}\\&=\frac{1}{0.8}\left(\frac{31-6.28}{4.19\times1.1}+10.7+2\right)-2\\&=20.6℃\end{aligned}$$

$$t_h=t_j-\frac{h_2-h_1}{c_s\mu}=20.6-\frac{31-6.28}{4.19\times1.1}=15.2℃$$

［4］若风量 $G=42000$kg/h，求加热量，按公式（6-5-31）

$$Q_R=\frac{1}{3.6}G(h_2-h_1)=\frac{1}{3.6}\times42000(31-6.28)=288400\text{W}。$$

四、喷水室的空气阻力

喷水室的空气阻力，在额定风量时，一般在 100Pa 左右。喷水室的空气阻力主要为分风板和挡水板阻力，喷嘴及排管阻力，逆喷水苗也增加阻力。喷水室阻力计算公式见表 6-5-11。

喷水室阻力计算公式　　**表 6-5-11**

计算项目	计算公式	计算项目	计算公式
分风板阻力 ΔP_1	$\Delta P_1=(2.3\sim3.2)\frac{\rho v^2}{2g}$ (6-5-33)	喷嘴、排管阻力 ΔP_2	$\Delta P_2=(1.1\sim1.6)\frac{\rho v^2}{2g}$ (6-5-34)

续表

计算项目	计算公式	计算项目	计算公式
水苗阻力 ΔP_3	$\Delta P_3=120\eta P\mu$ (6-5-35)	挡水板阻力 ΔP_4	$\Delta P_4=(3.8\sim5.4)\frac{\rho v^2}{2g}$ (6-5-36)

注：表 6-5-10 中符号说明：

ν——喷水室断面风速，m/s；

ρ——空气密度，kg/m³；

g——重力加速度，$g=9.81\text{m/s}^2$；

η——水苗的阻力系数，单排顺喷 $\eta=-0.22$，单排逆喷 $\eta=0.13$，对喷 $\eta=0.075$；

P——喷嘴前压力，Pa；

μ——水气比。

除了上述计算方法外，有些设备厂提供了设备性能曲线，可直接查图、表。

某厂生产的 YG 型空调器喷水室的空气阻力列于表 6-5-12。JW 型空调器样品实测性能见图 6-5-7。

YG 型喷水室空气阻力 ΔH（Pa） **表 6-5-12**

排数 \ 风速 ν(m/s)	1.8	2.0	2.2	2.4	2.6	2.8	3.0
二排	30	40	50	60	70	80	100
三排	40	55	65	75	90	100	110

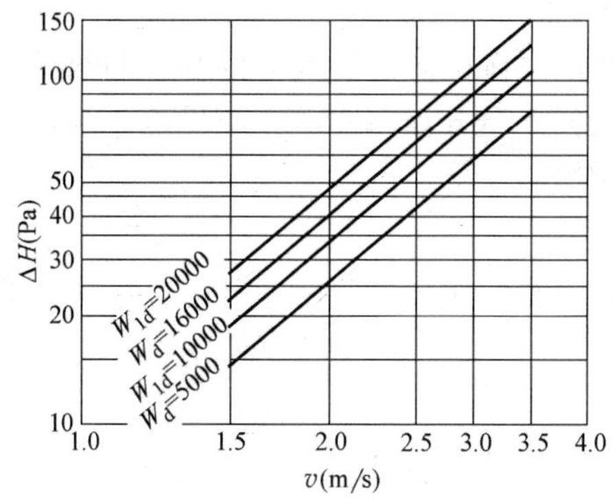

图 6-5-7 JW 型喷水室风速与阻力曲线

W_d—单位断面喷水量 [kg/(m²·h)]；

ΔH—空气阻力；ν—风速

第七章 空气除湿和加湿

在生产和生活环境里，空气相对湿度是个重要因素。湿度调节是关系到舒适条件，工农业生产条件，物资保管储存条件的重要问题。

潮湿和干燥都会给生产、生活带来影响，相对湿度超过75%时，锈蚀率趋向直线上升，机器设备和钢铁产品易于锈蚀，给生产与物资储存造成损失，相对湿度低于45%时，静电荷容易积聚，带来危害。湿度与人体健康密切相关，干燥易患呼吸道疾病，潮湿易患关节炎，正常的温湿度环境能提高工作效率。

湿度的变化给人的感受虽不如温度那样明显，但随着生活水平的提高和生产的不断发展，对湿度调节的要求也越来越高，舒适的环境，需要湿度调节。

对于只有一般除湿而无严格温湿度要求的房间、车间、仓库、地下建筑，用前几章所述的空调降温除湿，标准偏高，不够合理。应当区别情况，采用经济、合理的除湿方法和措施。

无论哪种除湿方法，都应有效控制湿源，尽量隔绝或减少散入房间的湿量。

1. 减少围护结构的湿传递

围护结构应有起好的防潮隔湿能力，不允许渗水、漏水是综合防潮的基本要求。

地下建筑应重视洞址选择，避开渗漏水源，疏导地面水，室内排水畅通，围护结构防渗防漏，并采取有效的防潮措施。

2. 减少空气的湿渗透

围护结构的门、窗应加密封措施，在可能条件下，设置门斗、软体密闭门、风幕等隔离设施，并要维持室内正压，减少空气的湿渗透。

3. 改进工艺生产方式

改进工艺生产方式，提高工艺设备的机械化、自动化水平，对于以降湿为主的车间，有条件时变湿法工艺为干法工艺。

4. 减少室内散湿

减少室内用水点，控制散湿表面的散湿，将大面积的湿源用风幕封闭，将散发湿量的设备密闭或用局部排风排湿。对湿度要求高的设备、仪器或区域，采取局部防潮、降湿措施。

对可能产生表面结露的冷表面采取保温处理，防止产生冷凝水。

减少室内经常性工作人员，避免雨具带入湿量，控制人为散湿。

第一节 除湿方法分类及特点

空气除湿的原理及方法有：升温降湿，冷却减湿，吸收或吸附除湿三类，而在有人工作的地点，必须通风换气。

空气除湿的具体方法很多，它们各有优缺点和适用的场合；表 7-1-1 汇总了空气的主要除湿方法及它们的优缺点和适用场合方面的资料，供设计参考。

各种除湿方法的比较　　表 7-1-1

方法	工作原理	优　点	缺　点	备　注
升温降湿	湿空气通过加热器，在含湿量不变的条件下进行显热交换，在温度升高的同时，相对湿度降低	简单易行，投资和运行费用都不高	降湿的同时，空气温度升高，且空气不新鲜	适用于对室内温度没有要求的场合
通风降湿	向潮湿空间输入较干燥(含湿量小)的室外空气，同时排出等量的潮湿空气	经济、简单	保证率较低，有混合损失	适用于室外空气干燥、室内要求不很严格的场合
冷冻除湿	湿空气流经低温表面，温度下降至露点温度以下，湿空气中的水蒸气冷凝析出	性能稳定，工作可靠，能连续工作	设备费和运行费较高，有噪声	适用于空气露点温度高于 4℃的场合
溶液除湿	依靠空气的水蒸气分压力 P_v 与除湿溶液表面的饱和蒸汽分压力 P_s 之差为推动力而进行质传递，由于 $P_v > P_s$，所以，水蒸气由气相向液相传递。随着质传递过程的进行，空气的含湿量减少	除湿效果好，能连续工作，兼有清洁空气的功能	设备比较复杂，初投资高，再生时需要有热源，冷却水耗量大	适用于除湿量大、室内显热比小于 60%、空气出口露点温度低于 5℃的系统
固体除湿	利用某些固体物质表面的毛细管作用，或相变时的蒸汽分压力差吸附或吸收空气中的水分	设备简单，投资和运行费用都较低	除湿性能不太稳定，并随时间的增加而下降；需要再生	适用于除湿量小，要求露点温度低于 4℃的场合
干式除湿	湿空气通过以吸湿材料加工成的载体，如氯化锂转轮，在水蒸气分压力差的作用下，吸收或吸附空气中的水分成为结晶水，而不变成水溶液；转轮旋转至另一半空间时，吸湿载体通过加热而被再生	吸湿面积大，性能稳定，能连续进行除湿，湿度可调，除湿量大，能全自动运行	设备较复杂，并需要再生	适用温度范围宽，特别适宜于低温、低湿状态下应用
联合除湿	综合利用以上所列某几种方法，联合进行工作			

一、升温通风降湿

(一) 升温降湿

相对湿度是指某一温度下，空气中水蒸气的饱和程度。它表征空气中水分的饱和度。由空气中的水蒸气分压力（以下简称水汽压）和饱和水汽压的比值决定：

$$\varphi=\frac{P_c}{P_{cb}}\times 100\% \tag{7-1-1}$$

式中　φ——空气相对湿度（%）；

P_c——空气中的水汽压（Pa）；

P_{cb}——空气的饱和水汽压（Pa），为温度的单值函数，温度升高 P_{cb} 增大。

从式（7-1-1）可看出，在 P_c 值不变条件下，温度升高，P_{cb} 值增大，φ 值则降低。例如水汽压为 1872Pa 的湿空气，温度为 16.5℃时，$\varphi=100\%$，温度为 20℃时，$\varphi=80\%$，不同温度下 φ 值见表 7-1-2。

水汽压为 **1872Pa** 时的相对湿度　　表 7-1-2

t(℃)	16.5	20	22	24	26	28	30	40	50
φ(%)	100	80	71.0	62.9	55.8	49.6	44.2	25.4	15.2

从表 7-1-2 可看出，一般情况下，在温度和水汽压一定的范围内、温度升高 1℃，相对湿度降低 4%～5%。

(二) 通风排湿

合理通风换气，能改善环境条件。用自然状况或经过处理的空气通风，可以排除湿气，防潮除湿。我国大部分地区每年通风排湿的有效期达半年以上，应很好加以利用。

室外空气状态在不断变化，只要进风含湿量低于室内含湿量，就能通风排湿，降低室内湿量。

$$W=G(d_n-d_j)/1000 \tag{7-1-2}$$

式中 W——排湿量（kg/h）；

G——通风量（kg/h）；

d_n——排风含湿量（g/kg）；

d_j——进风含湿量（g/kg）。

例如，某地下建筑，施工余水量 500t，使用的前两年共用 17.5t 氯化钙，吸出水 20t，但相对湿度仍在 80%以上，不能使用。以后利用干燥季节自然通风，一年中先后通风 102 天次，达 2000h，平均相对湿度降到 60%以下，共排除 470t 余水，平均通风排湿 235kg/h，取得良好的通风降湿效果和经济效益。

二、冷却除湿

空气冷却到露点温度以下，大于饱和含湿量的水汽会凝结析出，降低了空气的含湿量。

冷却除湿可用天然冷源或人工冷源，可采用冷水喷淋或冷表面冷却，以及用冷冻除湿机。

(一) 喷水式

喷水式处理空气可以实现减焓降湿等多种处理过程，利用低于空气露点温度的深井水，天然低温水或冷冻水，可以降低进风含湿量。

(二) 表面冷却式

利用人工冷源，以直接蒸发式表冷器或冷水表面冷却器集中处理进风，或在室内用风机盘管、诱导器等冷却空气，都可以降低空气含湿量，实现冷却除湿。

在有条件的地方，利用天然洞壁或地道处理进风，能收到实用经济的冷却除湿效果。

湖南某工程利用天然洞壁处理进风，夏季平均风量 156000kg/h，冷却除湿后降温 6.5℃，除湿 2g/kg，除湿量达 312kg/h。

山东剧院用地道风降温，夏季剧场温度能控制在 27～29℃，相对湿度小于 65%，进风除湿量达 231kg/h。该地道风实测数据见表 7-1-3。

地道风测定数据 表 7-1-3

日期＼地点＼参数		t (℃)	t_s (℃)	ϕ (%)	d (g/kg)	h (kJ/kg)	G (kg/h)	ΔW (kg/h)	ΔQ (kW)
8 月 2 日	室外	26.5	26.4	99	21.8	82.9	49300	231	184
	送风	23.3	23.0	97	171	69.5			
8 月 6 日	室外	32.1	27.6	70	21.1	86.7	29400	105	144
	送风	23.9	233	95	17.5	69.1			

(三) 冷冻除湿机

冷冻除湿机是用制冷机作冷源，以直接蒸发式冷却器作冷却设备的除湿机，它一般由压缩机、蒸发器、冷凝器、膨胀阀及风机等部件组成。

冷冻除湿机是目前生产多，发展快的一种除湿设备。国内外生产有不同类型、不同规格的冷冻除湿机。产品有立式和卧式，固定式和移动式，带风机和不带风机等形式，在除湿工程中应用广泛。

冷冻除湿机具有除湿效果好，房间相对湿度下降快，运行费用较低，不要求热源，也可不用冷却水，操作方便，使用灵活的优点。

冷冻除湿机在较低的环境温度下工作时，其除湿能力急剧下降，进风温度过低，蒸发

三、吸湿剂除湿

利用某些物质吸收或吸附水分的能力，可以除去空气中的部分水分。吸湿剂可分为吸收式与吸附式两类。吸收剂有溴化锂、氯化锂、氯化钙、三甘醇等，吸附剂有硅胶、活性炭、分子筛等。

常用液体吸湿剂性能见表 7-1-4。

常用固体吸湿剂性能见表 7-1-5。

常用液体吸湿剂 表 7-1-4

	溴化锂溶液	氯化锂溶液	氯化钙溶液	乙二醇	三甘醇
常用露点(℃)	−10～4	−10～4	−3～−1	−15～−10	−15～-10
浓度(%)	45～65	30～40	40～50	70～90	80～96
毒性	无	无	无	无	无
腐蚀性	中	中	中	小	小
稳定性	稳定	稳定	稳定	稳定	稳定
主要用途	空气调节除湿	空调杀菌低温干燥	城市气体吸湿	一般气体吸湿	空调、一般气体吸湿

常用固体吸湿剂 表 7-1-5

项目＼名称	活性炭		硅胶	氧化铝凝胶	分子筛(沸石类)	分子筛(碳)
	粒状	粉末				
真密度(g/cm^3)	2.0～2.2	1.9～2.2	2.2～2.3	3.0～3.3	2.0～2.5	1.9～2.0
粒密度(g/cm^3)	0.6～1.0		0.8～1.3	0.9～1.9	0.9～1.3	0.9～1.1
充填密度(g/cm^3)	0.35～0.6	0.15～0.6	0.3～0.85	0.5～1.0	0.6～0.75	0.55～0.65
微孔容积(cm^3/g)	0.5～1.1	0.5～1.4	0.3～0.8	0.3～0.8	0.4～0.6	0.3～0.6

续表

项目 \ 名称	活性炭		硅胶	氧化铝凝胶	分子筛（沸石类）	分子筛（碳）
	粒状	粉末				
孔隙率(%)	33～45	45～75	40～45	40～45	32～40	35～42
比表面积(cm^2/g)	700～1500	700～1600	200～600	150～350	400～750	450～550
平均孔径(Å)	12～40	15～40	20～120	40～150		
饱和吸水量(%)	40～65		40～80	20～25		22
再生温度(℃)	105～120		180～220	170～300		200～400
吸附热(kJ/kg)			2930	3018		3830～5023

1. 溴化锂溶液

溴化锂是一种稳定的物质，在大气中不变质、不挥发、不分解、极易溶于水，常温下是无色晶体，无毒、无臭、有点苦味，其特性见表 7-1-6。

溴化锂的特性 **表 7-1-6**

分子式	相对分子量	密度(kg/m^3)(25℃)	熔点(℃)	沸点(℃)
LiBr	86.856	3464	549	1265

溴化锂极易溶于水，20℃时食盐的溶解度为 35.9g，而溴化锂的溶解度是其 3 倍左右。溴化锂溶液的蒸汽压，远低于同温度下水的饱和蒸汽压，这表明溴化锂溶液有较强的吸收水分的能力。溴化锂溶液对金属材料的腐蚀，比氯化钠、氯化钙等溶液要小，但仍是一种有较强腐蚀性的介质。60%～70%浓度范围的溴化锂溶液在常温下溶液就结晶，因而溴化锂溶液浓度的使用范围一般不超过 70%。

2. 氯化锂

氯化锂是一种盐，白色、立方晶体，分子式 LiCl，分子量 42.4，在水中溶解度很大。

氯化锂水溶液无色透明，无毒无臭，黏性小，传热性能好，容易再生，化学稳定性好。在正常工作条件下，溶质（氯化锂）不分解，不挥发，溶液表面水汽压低，吸湿能力大，是一种良好的吸湿剂。在除湿应用中，其溶液浓度宜小于 40%，再生蒸汽压力为 0.25～0.4MPa，氯化锂溶液性质见表 7-1-7。

氯化锂对金属有一定的腐蚀性。钛和钛合金，含钼的不锈钢、镍铜合金，合成聚合物和树脂等都能承受氯化锂溶液的腐蚀。氯化锂溶液对非金属材料腐蚀性能见表 7-1-8，对金属材料的腐蚀性能见表 7-1-9。在氯化锂溶液中加入少量缓蚀剂，可以降低溶液对设备的腐蚀作用，国外还在溶液中加入少量中和剂以降低腐蚀。

氯化锂溶液性质 **表 7-1-7**

浓度(%)	比热容[J/(kg·℃)]	冰点(℃)	沸点(℃)	10℃时的密度(kg/m^3)	相对湿度(%)
15.5	3479	−21.2	105.28	1085	85
25.3	3093	−56	114.5	1150	68
33.6	2875	−40	128.1	1203	45
40.4	2708		136.57	1257	20

氯化锂溶液对非金属材料腐蚀性能 **表 7-1-8**

材质 \ 项目	允许使用温度℃(氯化锂饱和溶液)					备注
	25	50	75	100	>125	
水泥	耐	耐	耐	耐	耐	<0.2mm/年
陶瓷	耐	耐	耐	耐	耐	包括内衬玻璃搪瓷

续表

材质 \ 项目	允许使用温度℃(氯化锂饱和溶液)					备　注
	25	50	75	100	>125	
环氧玻璃钢	耐	耐	耐	耐	120℃	
酚醛树脂	耐	耐	耐	耐		对碱性较差
聚四氟乙烯	耐	耐	耐	耐	耐	
有机玻璃	耐	耐	耐			
聚丙烯	耐	耐	耐	耐		
聚乙烯	耐	耐	耐		110℃以下	
聚氯酯	不耐	不耐	不耐	不耐	不耐	软泡沫塑料

氯化锂溶液对金属材料的腐蚀性能　　表 7-1-9

材质 \ 项目	溶液浓度(%)	温度(℃)	腐蚀率(mm/年)	耐蚀性
碳钢	20～30	>25～30	>0.5	耐蚀较差
白铁板	30	50	>0.2	耐蚀较差
铝			>0.2	耐蚀较差
耐海水钢	20～30	>20～30	0.1～0.2	尚耐蚀
CCr13 钢	5～30	30～100	0.2～0.5	尚耐蚀
Cr17 钢	5～30	30～100	0.2～0.5	尚耐蚀
1Cr18Nil9 钢	40～80	30～100	0.01～0.05	耐蚀
Cr18Ni12M02Ti 钢	40～80	50～100	<0.01	完全耐蚀
硅铁	5～40	20～100	<0.1	耐蚀
镍及镍合金	20～30	20～100	<0.05	耐蚀
蒙乃尔(镍铜)	30	50	<0.01	很耐蚀
普通黄铜	5～30	50	<0.2	尚耐蚀(脱锌)
黄铜(22Zn-2A1-0.02As)	5～30	50	<0.1	耐蚀
磷青铜	5～30	20～100	<0.1	耐蚀
钛及钛台金	5～80	20～100	<0.01	完全耐蚀

3. 三甘醇

三甘醇是一种无色的有机液体。分子式为 $C_6H_{14}O_4$，能溶于水和醇，水溶液的平衡压力低，对金属无损害作用，它不电解，长期暴露于空气中不会转化成酸性，也无需缓蚀剂或 pH 值控制。

三甘醇是最早用于溶液除湿系统的除湿剂，但由于它是有机溶剂，黏度较大，在系统中循环流动时容易发生停滞，粘附于空调系统的表面，影响系统的稳定工作，而且乙二醇、三甘醇等有机物质易挥发，容易进入空调房间，对人体造成危害，上述缺点限制了它们在溶液除湿系统中的应用，已经被金属卤盐溶液所取代。溴化锂、氯化锂等盐溶液虽然具有一定的腐蚀性，但塑料等防腐材料的使用，可以防止盐溶液对管道等设备的腐蚀，而且成本较低，另外盐溶液不会挥发到空气中影响、污染室内空气，相反还具有除尘杀菌功能，有益于提高室内空气品质，所以盐溶液成为优选的溶液除湿剂。

4. 硅胶

硅胶是一种半透明的无毒无腐蚀固体。其化学式为 $SiO_2 \cdot xH_2O$，多孔呈结晶块，不溶于水，但溶于苛性钠溶液。硅胶含有大量的毛细孔，对水蒸气有很强的吸附性。

硅胶常以孔径大小来区分，通常将平均孔径为 15～20Å 的称粗孔硅胶，有的还把平均孔径在 100Å 以上的称特粗孔硅胶，把 8Å 以下的称特细孔硅胶。平均孔径 10Å 的细孔硅胶比 20Å 的粗孔硅胶吸附容量大（75％相对湿度以下）。20℃时吸水量见图 7-1-1，粗孔硅胶吸湿的时间较长，工程上应用广泛。

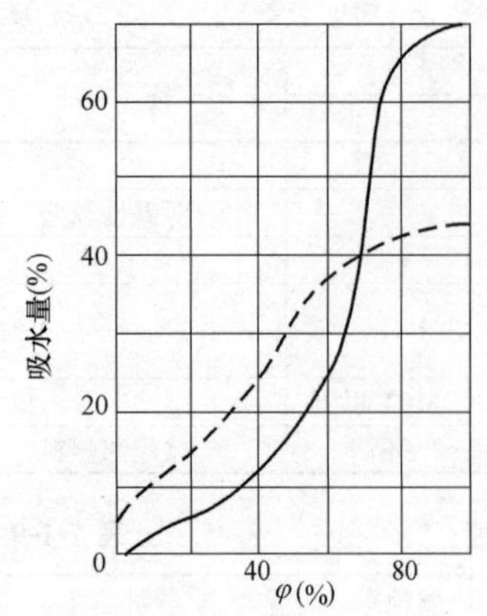

图 7-1-1　硅胶吸水等温线（20℃）
实线—粗孔硅胶；虚线—细孔硅胶

国产硅胶主要有白硅胶（原色硅胶）和蓝硅胶（变色硅胶），蓝硅胶通常用作白色硅胶吸湿程度的指示剂。氧化硅变色硅胶呈蓝色，吸收水分后，即由蓝色逐渐变为深蓝或浅灰→紫色→浅红→红色。当变成红色时，就标志着白色硅胶需进行更换或再生。

硅胶具有在气体含湿量大，相对湿度高时吸附容量大，再生加热温度较低，价格较低和机械强度较好的优点，但它在气体含湿量小，相对湿度低时，吸附能力大幅度降低，遇水滴后即行崩裂。硅胶吸附水汽时放出吸附热，使空气温度升高。

5. 氯化钙

氯化钙是一种无机盐，分子式为 $CaCl_2$，它有很强的吸湿性，吸收空气中的水蒸气后与之结合为水化合物。无水氯化钙白色，多孔，呈菱形结晶块，略带苦咸味，其密度为 2.15kg/m^3，熔点为 772℃，沸点为 1600℃，吸收水分时放出溶解热、水合热、稀释热和凝结热，但不产生氯化氢等有害气体，只有在 700～800℃高温时才稍有分解。

除湿应用中一般不用纯净氯化钙，而用工业纯氯化钙，其价格约为前者的 1/7，纯度为 70％，吸湿量为本身重量的 100％，吸湿后固体潮解为液体。氯化钙溶液仍有吸湿能力，但吸湿量显著减少，为重复使用氯化钙，可以将其溶液加热煮沸蒸发水分，再生为固体。再生次数的多少对吸湿性能没有影响。

氯化钙价格低廉，来源丰富，吸湿性能好，目前普遍作为一种简易除湿方法加以应用。

氯化钙溶液对金属有腐蚀性，所以其容器必须防腐。

四、联合除湿

在实际工程中要求多种多样，有时单一的除湿方法效果不佳，需要应用多种除湿方法，联合除湿可以取得好的效果。

某制药厂软胶囊机生产线，需要 $t=25$℃，$\varphi=35\%$环境条件。采用二级冷冻除湿，由于蒸发温度低，造成蒸发器严重结霜结冰，不能达到设计要求，采用冷冻除湿加氯化锂转轮的联合除湿，既达到设计要求，又提高了制冷的机器露点，节省了冷量和加热量，实现了节能，并取得较好的经济效益。

冷冻除湿空气处理过程

新风 W—→ 一级表冷 L_1—→混合 C—→ 二级表冷 L_2—→ 电加热 S—→ 室内 N
　　　　　　　　　　　　　↑
　　　　　　　　　　　　回风

空气处理 h-d 图表示见（图 7-1-2）新风经预冷与室内回风按新风比 m％混合至 C 点，经二级冷却、电加热与室内 ε 线交于 S 点，送入室内。

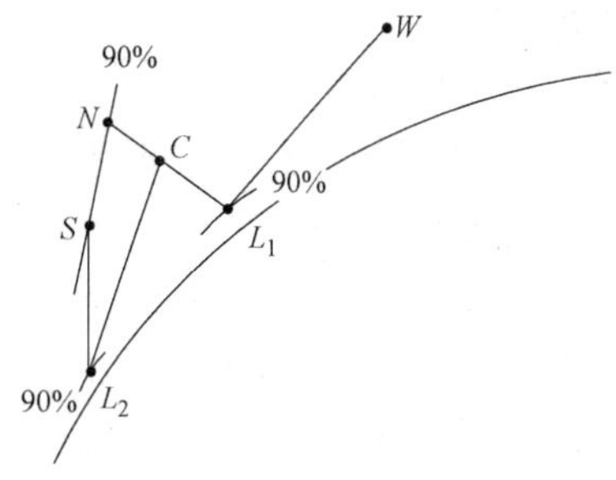

图 7-1-2　冷却除湿 h-d 图

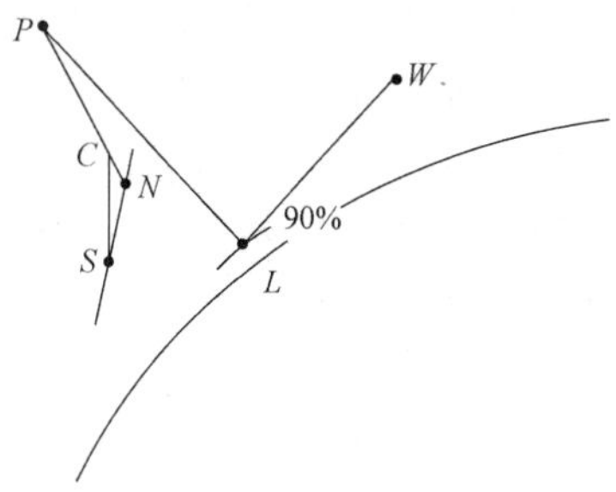

图 7-1-3　联合除湿 h-d 图

冷冻除湿加氯化锂转轮的联合除湿空气处理过程

新风 W ⟶ 表冷 L ⟶ 转轮除湿 P ⟶ 混合 C ⟶ 干表冷 S ⟶ 室内 N

↑

回风

空气处理 h-d 图表示见（图 7-1-3），新风经预冷及转轮除湿机去湿处理后与室内回风按新风比 m%混合至 C 点，并沿 C 点作垂线与室内 ε 线交于 S 点，送入室内。

第二节　降湿用气象资料

气象资料是暖通空调设计的基础性资料，对设计和运行管理有重要作用。

夏季空调对空气作减焓降湿处理时，空调冷负荷取决于处理风量及其焓降，用焓值作空调的设计参数，考虑了温度和湿度综合作用的影响，能反映空气处理中热湿交换的实质。

我国幅员广大，地域辽阔，各地气候差别客观存在，如室温无特殊要求，采用夏季通风室外计算温度计算时，则仅用温度来区分各地的气候特征，不能反映热、湿的差别。

用计算机统计温湿度和焓，可以看出温湿度和焓的分布差异。一般情况下，温度不保证小时数分布相对集中，水汽压不保证小时数分布较为分散，焓不保证小时数分布与湿球温度分布基本一致，取决于温度和水汽压分布。

在空调设计中，无论采用哪种不保证小时数都可认为：温度分布反映热负荷率分布，水汽压分布反映湿负荷率分布，焓分布反映新风负荷率分布。

一、温度、水汽压、焓分布及分类

温度、水汽压和焓从热量上代表显热、潜热和全热。其不保证小时数分布可以划分为三大类六种形式。掌握分析显热、潜热、全热的分布状况及规律，对空调设计及管理都有实际意义。

（一）tph 类型

这类地区温度，水汽压和焓分布相一致。

按平均每年不保证小时数统计温度（t），水汽压（p）和焓值（h），显热、潜热、全热不保证小时数（50h，110h，200h）集中出现在 14 时或 20 时，称 tph 类。这类地区显热起主导作用，用温度分布代表水汽压和焓分布不会出现大的误差。

上海、哈尔滨、营口、温州等地区不保证小时数集中分布在 14 时，为 tph-1 型地区。

吐鲁番等地区不保证小时数集中分布在 20 时，为 tph-2 型地区。

tph 类型地区，按传统的设计方法，以温度和湿球温度为设计参数，14 时为最大负荷计算时，计算结果偏于安全。按空调设计标准，实际上 tph-1 型地区 14 时的不保证小时数，温度为 50h，湿度为 16.5～49.5h，焓为 29～50h。tph-2 型地区 20 时的不保证小时数，温度为 25h，湿度为 45h，焓为 47h。tph 类有一半以上地区的湿度和焓的不保证小时数差别很大。且没有一个城市在同一统计时的湿度和焓的不保证小时数达到或接近 50h。

tph 类分布见表 7-2-1。

tph 类分布 **表 7-2-1**

地区	时 / 分布	2:00			8:00			14:00			20:00		
		50	110	200	50	110	200	50	110	200	50	110	200
上海	t(%)	0	0	0	0	0	3.6	100	99.4	94.3	0	0.6	2.1
	p(%)	11.3	14.0	16.9	27.5	31.4	27.7	33.7	26.1	22.5	27.5	28.5	32.9
	h(%)	1.4	3.4	4.9	15.2	18.6	23.0	66.7	62.3	54.1	16.7	15.7	18.0
哈尔滨	t(%)	0	0	0.7	0	0	2.0	100	97.4	92.3	0	2.6	5.0
	p(%)	6.8	9.2	11.6	16.8	24.1	27.9	48.7	37.8	31.6	27.7	28.9	28.9
	h(%)	3.4	5.7	6.0	11.8	20.7	22.9	61.9	50.7	46.8	22.9	22.9	24.3
营口	t(%)	0	0.3	0.2	0	1.8	4.1	100	95.2	87.7	0	2.7	8.0
	p(%)	13.6	16.3	19.0	18.4	17.4	21.6	38.4	37.9	31.4	29.6	28.4	27.4
	h(%)	7.2	8.3	12.4	13.7	14.0	17.4	58.1	52.6	42.2	21.0	25.1	28.0
温州	t(%)	0	0	0	0	0.4	1.2	100	99.6	98.2	0	0	0.6
	p(%)	1.7	5.6	9.5	7.7	11.5	13.5	82.1	69.3	60.0	8.5	13.6	17.0
	h(%)	0	0.4	2.5	1.6	5.0	10.0	98.4	88.4	77.5	0	6.2	10.0
蒙自	t(%)	0	0	0	0	0	0.4	99.1	99.6	95.9	0.9	0.4	3.7
	p(%)	6.0	7.0	10.3	4.3	7.5	9.6	53.0	50.9	46.0	36.7	34.6	34.1
	h(%)	0	0	0.2	0	0.8	0.8	93.2	87.9	82.3	6.8	11.7	16.7
吐鲁番	t(%)	0	0	0.4	0	0	0	49.6	48.7	50.1	50.4	51.3	49.5
	p(%)	0	1.6	5.2	1.6	4.9	10.2	8.2	14.0	20.1	90.2	79.5	64.5
	h(%)	0	0	0.2	0	0	0.2	6.6	18.0	26.1	93.4	82.0	73.5

（二）th 类型

这类地区温度、焓分布相一致，水汽压分布则不同。

按平均每年不保证小时数统计温度、水汽压和焓，显热、全热不保证小时数集中出现在 14 时，潜热不保证小时数集中出现在 20 时或 2 时，称 th 类。这类地区也可以认为是显热分布决定全热分布，可用温度分布代表焓分布，但不宜用温度分布代表水汽压分布。

北京、南宁、兰州、铜鼓等地区温度和焓不保证小时数集中分布在 14 时，水汽压不保证小时数以 20 时最多，为 th-1 型地区。

重庆、泸州等地区温度和焓不保证小时数集中分布在 14 时，水汽压不保证小时数以 20 时和 2 时最多，为 th-2 型地区。

th 类型地区，降湿用气象参数应与空调设计用气象参数相区别。以温度和湿球温度为设计参数，计算结果偏高。按空调设计标准，实际上 th 类地区 14 时的不保证小时数，温度为 35～50h，焓为 25～33h，湿度为 10～15h，以降湿为主的工程，设计参数宜用温度和水汽压，不保证小时数的统计标准可以降低。

th 类分布见表 7-2-2。

th 类分布 **表 7-2-2**

地区 \ 时	分布	2:00			8:00			14:00			20:00		
		50	110	200	50	110	200	50	110	200	50	110	200
北京	t(%)	0	0	0	0	0	0.2	96.8	94.6	91.6	3.2	5.4	8.2
	p(%)	10.0	13.3	9.2	15.0	16.3	17.0	29.1	28.5	27.8	45.9	41.9	40.0
	h(%)	5.6	7.3	9.0	7.2	10.8	13.6	50.1	44.1	39.8	37.1	37.8	37.6
南宁	t(%)	0	0	0	0	0	0	97.4	97.8	95.4	2.6	2.2	4.6
	p(%)	19.0	21.7	22.2	24.4	23.5	25.4	20.4	21.0	22.1	36.2	33.8	30.3
	h(%)	4.1	5.1	4.8	2.8	5.1	7.9	58.0	59.0	58.5	35.1	30.8	28.8
兰州	t(%)	0	0	0	0	0	0	69.6	68.7	61.8	30.4	31.3	38.2
	p(%)	29.2	27.8	27.0	20.8	23.4	22.2	19.2	20.8	24.0	30.8	28.0	26.8
	h(%)	2.8	8.6	12.1	0.9	5.8	7.4	53.2	45.3	44.9	43.1	40.3	35.6
铜鼓	t(%)	0	0	0	0	0	0	100	100	99.8	0	0	0.2
	p(%)	5.6	12.5	13.6	2.4	5.5	10.2	20.0	17.6	18.2	72.0	64.4	58.0
	h(%)	0	0	1.0	0	1.2	1.2	64.3	57.4	54.7	35.7	41.4	43.1
泸州	t(%)	0	0	0.3	0	0	0	88.0	79.6	71.8	12.0	20.4	27.9
	p(%)	26.6	30.3	27.9	18.0	15.7	20.2	24.1	27.4	27.0	31.3	26.6	24.9
	h(%)	11.1	12.1	14.9	5.0	7.1	6.7	51.2	50.2	50.8	32.6	30.6	27.6
重庆	t(%)	0	0.4	0.3	0	0	0	96.0	86.6	75.7	4.0	13.4	24.1
	p(%)	32.7	31.5	32.0	23.6	27.8	27.4	20.0	19.0	15.7	23.7	21.7	24.9
	h(%)	6.5	10.2	13.5	9.3	9.7	11.7	52.3	46.5	43.3	32.0	33.4	31.5

（三）ph 类型

这类地区水汽压和焓分布相一致，与温度分布不同。

按平均每年不保证小时数统计温度、水汽压和焓，显热不保证小时数集中出现在 14 时，潜热和全热不保证小时数集中出现在 2 时与 20 时，称 ph 类。这类地区潜热起主导作用，水汽压分布决定焓分布，具有以湿为主的气象特征。不宜用温度分布代表水汽压和焓分布。

武汉、长沙、成都等地区温度不保证小时数集中分布在 14 时，水汽压和焓不保证小时数以 20 时最多，为 ph-1 型地区。

南昌等地区温度不保证小时数集中分布在 14 时，水汽压和焓不保证小时数以 2 和 20 时最多，为 ph-2 型地区。

ph 类地区，降湿用气象参数不宜用空调设计参数。以温度和湿球温度为设计参数，14 时为最大负荷计算时，计算结果与实际情况不符。按空调设计标准，实际上这类地区 14 时的不保证小时数，温度为 46～50h，湿度为 3～9h，焓为 11～19h，20 时的不保证小时数，温度为 0～4h，湿度为 15～35h，焓为 17～29h。传统的设计方法将产生大的负荷偏差。

空调设计也应考虑到这类地区以湿为主的气候特点，最大负荷计算时间有可能调整为 20 时，使新风参数、传热计算参数、空调冷负荷都发生变化。

ph 类分布见表 7-2-3。

ph 类分布 **表 7-2-3**

地区＼时／分布		2:00			8:00			14:00			20:00		
		50	110	200	50	110	200	50	110	200	50	110	200
武汉	t(%)	0	0	0	0	0	0	100	100	96.1	0	0	3.9
	p(%)	17.0	22.0	21.4	34.1	26.9	26.7	6.2	8.8	13.1	42.7	42.3	38.8
	h(%)	5.0	6.6	9.1	27.5	23.2	22.3	33.7	33.3	33.9	33.8	36.9	34.7
成都	t(%)	0	0	0	0	0	0	100	92.7	85.6	0	7.3	14.4
	p(%)	14.7	15.0	19.0	0	1.9	7.0	15.6	16.8	16.8	69.7	66.3	57.2
	h(%)	4.8	6.2	7.0	0	0	1.2	38.0	32.8	35.8	57.2	61.0	56.0
长沙	t(%)	0	0	0	0	0	0	100	99.2	95.6	0	0.8	4.4
	p(%)	22.3	20.2	22.5	11.1	14.6	15.6	18.0	16.0	18.4	48.6	49.2	43.5
	h(%)	6.7	8.2	9.0	5.0	2.8	5.7	32.8	40.0	43.4	55.5	49.0	41.9
南昌	t(%)	2.6	5.2	3.4	1.6	2.5	2.0	93.3	87.1	82.8	2.5	5.2	11.8
	p(%)	43.4	40.8	34.8	17.2	22.2	21.8	9.0	6.3	9.7	30.4	30.7	33.7
	h(%)	18.5	21.2	21.4	16.7	16.4	17.1	21.9	24.0	27.6	42.9	38.4	33.9

二、降湿用气象参数

降湿用气象参数，暖通规范未统一规定，建议采用下列方法确定。

1. 冷却除湿和吸湿剂除湿

夏季除湿用室外计算温度，采用历年平均不保证 200h 的干球温度；

夏季除湿用室外计算水汽压，采用历年平均不保证 200h 的水汽压。

2. 升温通风降湿

夏季升温通风降湿用室外计算温度，采用历年最湿旬的平均温度；

夏季升温通风降湿用室外计算水汽压，采用历年最湿旬平均水汽压。

3. 冬季用气象参数

冬季加湿用室外计算温度，采用历年最冷旬平均温度；

冬季加湿用室外计算水汽压，采用历年最冷旬平均水汽压。

部分城市降湿用气象参数见表 7-2-4。

降湿用气象参数 **表 7-2-4**

地名	平均每年不保证 200h		最湿旬		最冷旬	
	t_{200} (℃)	p_{200} (Pa)	t_{ux} (℃)	p_{ux} (Pa)	t_{1x} (℃)	p_{1x} (Pa)
北京	30.5	2990	26.1	2740	−5.1	160
天津	30.8	3090	26.9	2866	−4.4	220
唐山	30.2	2960	25.9	2760	−6.1	160
石家庄	31.6	3000	27.1	2760	−3.0	220
太原	28.3	2440	23.7	2221	−7.2	160
呼和浩特	26.8	2010	21.3	1800	−14.4	110
沈阳	28.7	2770	25.1	2550	−13.6	150
营口	27.9	2850	25.6	2650	−10.2	190
丹东	26.5	2890	24.7	2612	−9.5	190
大连	26.2	2890	24.8	2710	−5.8	240

续表

地名	平均每年不保证 200h		最湿旬		最冷旬	
	t_{200} (℃)	p_{200} (Pa)	t_{ux} (℃)	p_{ux} (Pa)	t_{1x} (℃)	p_{1x} (Pa)
长春	27.5	2530	23.1	2330	−17.6	120
哈尔滨	27.4	2450	22.9	2250	−20.2	100
上海	31.6	3380	28.6	3180	2.7	550
南通	30.5	3400	28.2	3250	1.9	530
南京	31.9	3390	29.2	3226	1.5	480
杭州	32.3	3420	29.5	3100	3.1	600
定海	29.8	3270	27.0	3080	4.9	600
温州	30.9	3430	28.3	3190	6.7	730
蚌埠	33.5	3350	29.4	3140	0.8	420
合肥	32.2	3400	29.5	3240	2.0	500
安庆	32.4	3380	29.6	3170	3.2	550
南平	33.9	3090	28.1	2870	8.0	840
福州	32.2	3240	29.1	3117	9.9	910
厦门	31.5	3270	28.5	3183	11.9	1030
南昌	33.4	3390	29.8	3080	5.1	670
宜春	33.3	3200	28.7	2940	5.2	730
吉安	34.2	3240	29.5	2950	5.7	640
赣州	33.1	3110	29.3	2890	7.2	760
济南	32.0	3040	27.7	2860	−1.5	240
青岛	29.1	3100	26.6	2924	−3.0	310
郑州	34.1	3170	28.1	2860	−0.5	290
许昌	32.8	3240	28.7	3010	0.6	350
卢氏	31.9	2780	26.7	2540	−1.6	310
南阳	33.0	3310	28.7	3068	0.9	400
信阳	32.5	3280	29.1	3090	1.7	460
宜昌	33.6	3310	29.3	3130	4.7	620
武汉	32.9	3420	29.9	3273	2.4	540
常德	33.1	3450	30.1	3269	4.8	650
长沙	33.5	3320	30.0	3020	4.7	760
芷江	31.9	3090	27.4	2950	4.7	660
衡阳	33.5	3150	29.7	2920	5.7	710
广州	31.6	3450	28.4	3327	12.6	1040
湛江	32.0	3390	28.5	3230	15.2	1330
海口	31.7	3350	28.7	3259	16.2	1620
桂林	31.8	3250	27.7	3000	7.6	730
柳州	33.8	3250	28.2	3060	9.9	890
百色	34.2	3270	28.0	3080	12.5	1060
梧州	32.8	3280	27.5	3060	11.3	990
南宁	32.4	3350	27.7	3120	12.2	1060
绵阳	30.3	3080	26.7	2947	4.6	650
南充	32.7	3110	28.8	2978	6.2	760
万县	33.0	3400	29.7	3247	6.8	800
成都	29.7	3100	26.0	2870	5.0	710
重庆	34.4	3140	29.9	3007	7.1	820
宜宾	31.6	3210	27.1	2900	7.4	870
贵阳	27.8	2440	23.5	2290	4.3	650
安顺	26.4	2310	22.1	2221	3.3	650

续表

地　名	平均每年不保证 200h		最湿旬		最冷旬	
	t_{200} (℃)	p_{200} (Pa)	t_{ux} (℃)	p_{ux} (Pa)	t_{1x} (℃)	p_{1x} (Pa)
昆明	23.5	2060	20.2	1987	6.7	660
蒙自	27.0	2310	23.0	2200	10.9	890
昌都	24.0	1310	15.2	1200	−1.9	160
拉萨	19.5	1310	15.4	1195	−3.1	110
宝鸡	30.7	2530	26.2	2356	−1.2	330
西安	33.5	2810	27.5	2530	−1.1	330
兰州	28.4	1860	22.4	1620	−8.1	180
平凉	26.6	2120	21.1	1880	−5.6	200
西宁	23.3	1450	17.6	1321	−9.3	130
银川	28.1	2210	23.6	1988	−9.5	170
乌鲁木齐	29.5	1500	25.8	1315	−16.1	150
吐鲁番	38.7	1960	32.1	1520	−10.3	140
喀什	30.9	1520	25.8	1230	−6.7	230
和田	31.3	1590	25.6	1330	−6.0	200

三、简化统计法

按照概率论和数理统计方法，根据一些城市温湿度统计及其频数分析结果，夏季室外空气计算温度各种不保证小时数的统计值可用下列公式近似计算确定：

$$t_{200}=0.40t_{s.mix}+0.60t_{s.rp} \tag{7-2-1}$$

$$t_{400}=0.23t_{s.mix}+0.77t_{s.rp} \tag{7-2-2}$$

式中　$t_{s.mix}$——累年极端最高温度（℃），即历年最高温度的平均温度；

$t_{s.rp}$——累年最热月的平均温度（℃）；

t_{200}、t_{400}——历年平均每年不保证 200h 和 400h 的计算温度。

夏季室外空气计算水汽压各种不保证小时数的统计值可用下式近似计算确定：

$$P_n=a+b_1p_{z.p}+b_2p_y \tag{7-2-3}$$

式中　P_n——历年平均每年不保证 50，200，400h 与最湿旬的计算水汽压（Pa）；

P_x——历年最湿旬平均水汽压（Pa）；

$p_{z.p}$——历年水汽压极大值的平均值（Pa）；

p_y——历年水汽压最大月平均水汽压的平均值（Pa）；

a、b_1、b_2——计算系数见表 7-2-5。

水汽压计算系数　　**表 7-2-5**

系数	p_{50}	p_{200}	p_{400}	p_x
a	6.0	3.2	2.6	1
b_1	0.71	0.38	0.19	0.18
b_2	0.26	0.62	0.81	0.82

第三节　升温通风降湿

升温通风降湿是防潮降湿的基本方法，经济适用、应用甚广。

一、应用状况

（一）地面建筑

暖通规范（GB 50019—2003）第 3.1.5 条规定：当工艺无特殊要求时，生产厂房夏季工作地点的温度，应根据夏季通风室外计算温度及其与工作地点温度的允许温差，按表 7-3-1 确定：

夏季工作地点温度（℃） 表 7-3-1

夏季通风室外计算温度	≤22	23	24	25	26	27	28	29～32	≥33
允许温差	10	9	8	7	6	5	4	3	2
工作地点温度	≤32	32						32～35	35

升温可以降湿，一般生产厂房工作地点只要升高进风温度，相对湿度就能降低。按照表 7-3-1 中允许温差升温，用升温通风降湿法在我国大部分地区室内相对湿度可调控在 75％以下。实际上地面建筑夏季很少人为的加热，一般只以通风来改善室内温湿度条件。

对于库房，贮存物资有一定的温湿度要求，物资贮存温湿度见表 7-3-2，建筑材料平衡含水率见表 7-3-3，粮食平衡水分见表 7-3-4。只要进风的水分低于物资的平衡水分，通风就可以降湿。采用密闭与升温通风降湿相结合，能有效改善贮存物资的温湿度条件。

物资贮存温湿度 表 7-3-2

名　称	温度（℃）	相对湿度（％）	备　注
稻谷	＜25	70	安全含水量＜15％
大米	＜25	65	安全含水量 13％～13.5％
小麦	＜30	68	安全含水量＜13％
面粉	＜25	60	安全含水量 12％～13％
饼干	＜25	50～75	
干燥果实	10～13	50	
植物油	4～6		安全含水量 0.2％～0.3％
食糖	＜25	60～70	安全含水量红糖 3％～8％，砂糖 1％
巧克力原料	16～24	40～50	
棉制品	≤30	≤75	安全含水量 7％
橡胶制品	14～25	50～80	
竹木制品	20	50～65	
塑料制品	5～25		
皮革制品	≤30	60～70	安全含水量 14％～18％
毛皮品	≤25	≤70	安全含水量 14％
毛织品	≤25	55～65	安全含水量 12％
弹药及火工制品	−20～30	45～70	
武器及金属制品		≤70	
合成纤维	≤30		
电子管、广播通讯元件	16～30	≯70	
仪器、	8～20	65	
胶片	16～27	45～50	
药品	≤25	60～65	

续表

名　　称	温度（℃）	相对湿度（%）	备　　注
低压电器元件	≤40	≯75	
特殊电工产品	0～40	80	热带和湿热带电工产品
档案纸张	15～20	50±5	
火柴	15	50	
散装尿素		<60	
钢板		<40	

建筑材料平衡含水率（%）　　**表 7-3-3**

材料名称	干密度（kg/m^3）	温度（℃）	相对湿度（%）						
			40	50	60	70	80	90	100
木材（松木）	500	5	8.78	10.35	11.95	13.95	16.75	21.73	31.30
		10	8.52	10.10	11.70	13.73	16.50	21.45	31.00
		15	8.26	9.85	11.45	13.52	16.25	21.13	30.70
		20	8.00	9.60	11.20	13.30	16.00	20.90	30.40
木质纤维板	200	20	5.00	5.70	7.00	8.90	11.50	15.80	26.00
刨花板	325	0～35	7.70	9.40	11.40	14.20	18.80	25.40	34.80
	200	20	5.00	5.70	7.00	8.90	11.50	5.80	24.00
软木	200	0	4.20	5.20	6.20	7.40	8.90	11.00	14.10
		35	3.40	4.10	4.90	6.10	7.60	9.70	12.80
软木板	160	20	1.90	2.20	2.55	2.95	3.50	4.20	5.60
焦油锯末板	320	20	5.00	5.70	7.00	9.50	13.00	18.20	30.00
毛毡	120	0	8.80	10.00	11.20	12.90	15.90	23.10	36.60
		17	6.70	7.50	8.30	9.60	12.60	19.80	33.30
夹层棉麻毡	130	20	4.80	6.10	7.60	9.40	11.80	14.90	18.50
石灰岩	1300	0～35	0.06	0.07	0.08	0.11	0.17	0.26	0.37
红砖	1700	0～35	0.06	0.07	0.10	0.16	0.25	0.37	0.53
硅酸盐砖	1780		0.30	0.35	0.40	0.45	0.55	0.70	0.90
矿棉	150	20	0.08	0.09	0.11	0.12	0.14	0.18	0.60
硅藻土砖	480	0～35	1.05	1.25	1.55	2.00	2.85	4.45	7.10
矿棉毡	150	20	0.05	0.07	0.10	0.18	0.32	0.50	0.75
矿棉板	350	20	0.25	0.30	0.40	0.55	0.75	1.10	1.90
硬泡沫塑料	18	20	8.80	10.00	10.90	12.50	16.10	24.50	35.50
矿渣混凝土	920	0	1.25	1.47	1.70	1.95	2.25	2.75	3.65
		35	1.03	1.25	1.48	1.70	2.03	2.53	3.43
石棉水泥板	290	20	2.00	2.20	2.40	2.90	3.80	5.50	9.50
	415	20	2.30	2.60	2.90	3.40	4.50	6.80	13.50
黏土-稻草	1350	0	1.64	2.07	2.50	2.95	3.57	4.38	5.55
		35	1.34	1.69	2.05	2.51	3.12	3.93	5.10
泡沫混凝土	345	0～35	2.55	3.05	3.60	4.20	5.20	6.50	8.30
	660	20	2.00	2.30	2.85	3.60	4.75	6.20	10.00
	850	20	3.50	4.05	4.70	5.50	6.50	8.10	13.50
泡沫玻璃	375	0	4.20	5.20	6.20	7.40	8.90	11.00	14.10
		20	0.05	0.08	0.11	0.15	0.30	0.80	3.90
泥煤板	225	0	8.90	10.90	13.00	15.10	17.90	22.20	28.40
		35	7.10	9.10	11.20	13.30	16.10	20.40	26.60
水泥砂浆 1∶4	1800	20	1.00	1.05	1.10	1.30	1.75	2.35	3.30
锅炉炉渣	725	0	1.35	1.60	1.85	2.10	2.42	2.85	3.40
		35	0.95	1.17	1.40	1.65	1.97	2.40	2.95

粮食平衡水分（%） **表 7-3-4**

粮种	温度(℃)	相对湿度(%)							
		20	30	40	50	60	70	80	90
大麦	30	7.50	8.9	10.3	11.6	12.5	14.1	16.3	20.0
	25	7.55	9.0	10.3	11.65	12.8	14.2	15.85	19.7
小麦	20	8.1	9.2	10.8	12.0	13.2	14.8	16.9	20.9
	10	8.3	9.65	10.85	12.0	13.2	14.6	16.4	20.5
稻谷	30	7.13	8.51	10.0	10.88	11.93	13.12	14.66	17.13
	25	7.4	8.8	10.2	11.15	12.2	13.4	14.9	17.3
	20	7.54	9.10	10.35	11.35	12.50	13.7	15.23	17.83
	10	7.9	9.5	10.7	11.8	12.55	14.1	15.95	18.4
大米	30	7.59	9.21	10.58	11.61	12.51	13.90	15.35	17.72
	25	7.7	9.4	10.7	11.85	12.80	14.20	15.65	18.20
	20	7.98	9.59	10.90	12.02	13.01	14.57	16.02	18.70
	10	8.3	10.0	11.2	12.25	13.3	14.85	16.7	19.4
玉米	30	7.85	9.0	11.13	11.24	12.39	13.0	15.85	18.3
	25	8.0	9.2	10.35	11.5	12.7	14.25	16.25	18.6
	20	8.23	9.4	10.7	11.9	13.1	14.0	16.92	19.20
	10	8.8	10.0	11.1	12.25	13.5	15.4	17.2	19.6
黍子	30	7.21	8.66	10.15	11.0	12.0	13.6	15.32	17.72
	25	7.5	8.85	10.3	11.3	12.4	13.85	15.6	18.3
	20	7.75	9.05	10.5	11.56	12.7	14.3	15.9	18.25
	10	8.8	9.6	11.0	12.0	13.15	14.8	16.5	18.9
黄豆	30	5.0	5.72	6.4	7.17	8.86	10.63	14.51	20.15
	25	6.35	8.0	9.0	10.45	11.8	14.0	16.55	19.4
	20	5.4	6.45	7.1	8.0	9.5	11.5	15.29	20.26
	10	7.2	8.7	9.9	11.3	12.4	14.8	17.3	20.2

安全贮粮，需要适当的温湿度。进风的水分低于粮食平衡水分，就可以通风降湿。当大气相对湿度较高时，也可以加热进风，升温 5～8℃，将相对湿度降至适于通风干燥的状态。

江西省丰城对高水分稻谷通风降湿，39 万 kg 水分为 16.7%的高水分晚谷，在粮温高于气温，粮堆水分平衡湿度高于大气湿度时，经过 3 次共 47h 通风，水分降至 14.7%，安全度过炎热的夏季，并保持了原有的品质。

江苏省无锡进行筒仓降水试验，1 月中至 6 月中在气温 3～26℃，相对湿度 32%～60%条件下，经过 29 次共 234h 通风，粮食平均水分由 17.1%降到 16.5%，7 月中旬，粮温急剧上升，筒仓锥底卸粮口以上 6.5m 部位，中心粮温最高 38℃，平均 34℃，通风 25h，全仓粮温降至 26～27℃，8 月中旬，9 月上中旬粮温回升时，再次间歇通风 79.5h，粮温下降为最高 25℃，平均 23.3℃，晚粳稻平均水分由 16.5%降低至 14.5%，取得较好的通风降湿效果。

（二）地下建筑

地下建筑由于具备较好的热湿调节能力，冬暖夏凉。为改善温湿度条件，采用比表 7-3-1 地面建筑夏季工作区允许温度降低 2～4℃的标准，相对湿度也能得到控制。

江西某厂地下生产车间，室外夏季通风计算温度 32℃，通风计算相对湿度 59%，最湿旬平均温度 27.5℃，旬平均水汽压 2890Pa，年降雨量 1756.6mm，利用机械送排风系统，换气次数为 8 次/h，升温通风降湿，实测 4～9 月温湿度见表 7-3-5。

升温通风降湿温湿度实测例　　表 7-3-5

参数 / 旬		室外			洞内		
		温度（℃）	相对湿度（%）	水汽压（Pa）	温度（℃）	相对湿度（%）	水汽压（Pa）
四月	上	12.9	81	1204	19.2	51	1134
	中	15.5	91	1602	20.0	64	1496
	下	18.4	91	1925	21.3	71	1798
五月	上	16.7	94	1786	19.9	76	1765
	中	19.8	90	2077	23.1	76	2147
	下	19.9	80	1997	21.9	78	2049
六月	上	24.0	83	2476	24.2	77	2325
	中	23.4	85	2446	24.6	78	2412
	下	26.8	82	2889	26.6	84	2925
七月	上	27.7	83	3082	27.6	81	2991
	中	26.1	84	2840	27.9	78	2931
	下	27.0	80	2852	28.2	73	2791
八月	上	25.9	90	3007	28.4	75	2901
	中	24.9	90	2833	28.3	75	2884
	下	26.6	84	2925	28.2	78	2982
九月	上	24.9	80	2518	27.2	71	2561
	中	22.5	83	2261	24.6	71	2195
	下	21.4	84	2140	23.6	75	2184

升温降湿，洞内温度升高，相对湿度下降，洞内平均温度低于当地通风计算温度，高于旬平均温度，相对湿度就能得到控制，明显好于地面建筑温湿度状况，满足防潮降湿要求。

广东某地下水电站，在综合防潮的基础上，用升温通风降湿改善生产条件。

为排除发电机层余热（180000kW），利用 145m 长的运输洞进风，高温季节可降温 1.5℃，夏季用上、下共三个排风系统，发电机层换气达 26 次/h，风速 0.5～1.8m/s，温度 28～32℃，经发电机层加热的大部分气流，从下部系统进入水轮机间、水泵室等，使这些低温冷车间的相对湿度平均下降 15%，再从母线洞排至室外。春秋季节开上、下二个排风系统或只开上部排风系统，冬季利用各排风洞自然通风，生产环境满足电站使用要求。

二、温湿度设计参数

升温通风降湿的室内温湿度，应满足防潮，保护人体健康，并有利于提高劳动生产率和经济运行的要求，它随室外季节和当地温湿度而变化。

地面建筑生产车间工作地点温度应符合表 7-3-1 规定的范围。

一般地下生产车间和平战结合的人防地下室，夏季工作时间洞内外平均温差不宜大于 7℃，可按经验公式式（7-3-1）确定。对于有条件利用非工作时间加热烘洞的地下建筑，工作时间及非工作时间的温度可分别用式（7-3-2）、（7-3-3）确定：

$$t_p = 22 + \frac{1}{2}(t_{wf} - 22) + \frac{1}{3}(t_{s.rp} - 18) \tag{7-3-1}$$

$$t_g=22+\frac{1}{2}(t_w-18) \tag{7-3-2}$$

$$t_f=t_{s.rp}+\frac{1}{2}(t_w-18) \tag{7-3-3}$$

式中 t_p——夏季洞内设计温度（℃）；

t_g——夏季洞内工作时间控制温度（℃）；

t_f——夏季洞内非工作时间烘洞温度（℃）；

t_{wf}——夏季室外通风计算温度（℃）；

t_w——夏季室外实际温度（℃）；

$t_{s.rp}$——夏季室外最热月平均温度（℃）。

冬季设计温度为16～～18℃。

设计相对湿度 φ（%）可由下式确定：

$$\varphi=\frac{P_{cp}}{P_{cb}}\times 100 \tag{7-3-4}$$

$$P_{cp}=P_c+\Delta P_c \tag{7-3-5}$$

$$\Delta P_c=\frac{B-P_c}{640}\Delta d \tag{7-3-6}$$

式中 P_{cp}——室内计算水汽压（Pa）；

P_c——室外计算水汽压（Pa）；

ΔP_c——室内外水汽压差，一般情况下，生产车间 $\Delta P_c=10\sim100$Pa，办公室、客房 $\Delta P_c=5\sim50$Pa；

B——当地平均大气压力（Pa）；

Δd——室内外计算含湿量差（g/kg）；

P_{cb}——夏季洞内设计温度 t_p 对应的饱和水汽压（Pa）。

三、通风量、加热量

1. 通风量

通风量可按排除余湿量方法进行计算：

$$G=1000\frac{W}{d_n-d_j} \tag{7-3-7}$$

式中 G——排除余湿的通风量（kg/h）；

W——计算湿负荷（kg/h）；

d_n——室内空气排风含湿量（g/kg）；

d_j——送风含湿量（g/kg）。

必须保证一定的通风换气次数才能满足使用要求，一般地下生产车间，平战结合的人防地下室，升温通风降湿的通风量宜采用6～9次/h换气次数。

2. 加热量

连续通风时，加热量 Q_1（kW）用下式计算：

$$Q_1=\frac{c}{3600}G\Delta t-Q \tag{7-3-8}$$

间歇通风时，加热量 Q_2（kW）用下式计算：

$$Q_2 = k \cdot \frac{t_f}{t_j} Q_1 = 2 \sim 6Q_1 \tag{7-3-9}$$

式中 G——通风量（kg/h）；

Δt——室内外计算温差（℃）；

c——空气定压比热容，可取 1.01kJ/(kg·℃)；

Q——室内余热量（kW），地下建筑围护结构夏季一般吸热，则 Q 为负值；

k——系数，一班制生产取 1.10～1.15，二班制生产取 1.05～1.10；

t_f——非工作时间，一班制为 16h，二班制为 8h；

t_j——非工作时间升温加热烘洞小时数，一班制取 3～8h，二班制取 3～4h。

加热是保证升温通风降湿效果的重要条件，必须具备可靠的热源，保证在春、夏季或非工作时间烘洞用热。加热量应使进风有 5℃以上的升温能力，才能取得好的升温通风降湿效果。

【例 7-3-1】 北京地区一地下建筑，洞宽 7.5m，高 6m，长 120m。洞表面积 3754m^2，体积 8040m^3，洞内 30 人，余热 $Q=-9.6$kW，余湿 $W=23.1$kg/h，计算确定升温通风降湿有关参数。

【解】 查饱和水汽压及表 7-2-2，得室外气象参数：

夏季平均大气压力 $B=99860$Pa；

夏季通风计算温度 $t_{wf}=30$℃；

最热月平均温度 $t_{s.rp}=25.8$℃

最湿旬平均温度 $t_y=26.1$℃

最湿旬平均水汽压 $P_c=2740$Pa

通风量 L 取 6 次/h 换气次数计算

$$L = 6 \times 8040 = 48240\text{m}^3/\text{h}$$

单位排湿量 $\Delta d = \frac{1000W}{G} = \frac{23100}{1.2 \times 48240} = 0.4\text{g/kg}$

室内外水汽压差 $\Delta P_c = \frac{B-P_c}{640}\Delta d = \frac{99860-2740}{640} \times 0.4 = 60.70\text{Pa}$

最湿旬设计温度 $t_p = 22 + \frac{1}{2}(t_{wf}-22) + \frac{1}{3}(t_{s.rp}-18)$

$$= 22 + \frac{1}{2}(30-22) + \frac{1}{3}(25.8-18)$$

$$= 28.60℃$$

28.6℃对应饱和水汽压 $P_{cb}=3905$Pa

计算相对湿度 $\varphi = \frac{P_{cp}}{P_{cb}} \times 100 = \frac{2740+60.7}{3905} \times 100 = 71.7$（%）

加热量 $Q_1 = \frac{c}{3600} G\Delta t - Q$

$$= \frac{1.01}{3600} \times 1.2 \times 48240 \times (28.6-26.1) + 9.6 = 50.2\text{kW}$$

一班制　$Q_2 = k \cdot \frac{t_f}{t_j} Q_1 = 1.1 \times \frac{16}{8} \times 50.2 = 110.44\text{kW}$

工作时间与非工作时间温度按式（7-3-2）、（7-3-3）计算，得出不同室外温度时的室内温度，见表7-3-6。较表7-3-1的允许温差小，环境条件改善。

洞内外温度对照表（℃）　　表7-3-6

室外温度	洞内工作时间控制温度		洞内非工作时间烘洞温度	
t_w	t_g	$\Delta t_g = t_g - t_w$	t_f	$\Delta t_f = t_f - t_w$
20	23	3	26.8	6.8
22	24	2	27.8	5.8
24	25	1	28.8	4.8
25	25.5	0.5	29.3	4.3
26	26	0	29.8	3.8
27	26.5	−0.5	30.3	3.3
28	27	−1	30.8	2.8
29	27.5	−1.5	31.3	2.3
30	28	−2	31.8	1.8
31	28.5	−2.5	32.3	1.3
32	29	−3	32.8	0.8
33	29.5	−3.5	33.3	0.3
34	30	−4	33.8	−0.2

第四节　冷冻除湿机通风降温

一、冷冻除湿机除湿原理

冷冻除湿机（以下简称为除湿机），由制冷系统和送风系统组成。

除湿机除湿原理见图7-4-1，除湿过程中空气参数的变化见图7-4-2。

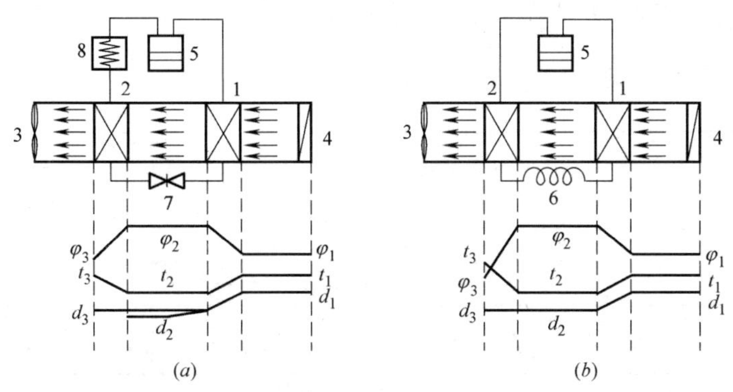

图7-4-1　除湿机原理

（a）调温除湿机；（b）除湿机

1—蒸发器；2—风冷冷凝器；3—通风机；4—过滤器；5—压缩机；6—毛细管；7—膨胀阀；8—水冷冷凝器

制冷系统：由压缩机5压出的高压、高温制冷剂气体流入水冷冷凝器8和风冷冷凝器2，将热量传给空气（或水）后，冷凝成高压液体，液体经贮液器，减压装置（毛细管6

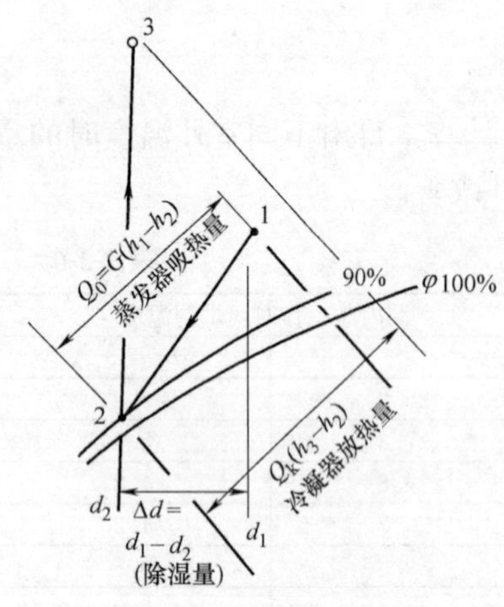

图 7-4-2 除湿过程中空气参数的变化

或膨胀阀 7)，吸收通过蒸发器 1 的空气中的热量，变成低温、低压气体，被吸回压缩机 5，如此往复循环。一般除湿机蒸发温度为 5℃。

送风系统：需除湿的空气在蒸发器 1 被制冷剂冷却到露点温度以下，在 h-d 图中由状态 1 到状态 2，析出凝结水，含湿量下降。凝结水流入集水盘被排走。湿空气再进入风冷冷凝器 2，吸收制冷剂的热量（部分可被水冷冷凝器 8 中的冷却水带走）而升温，相对湿度降低。变为状态 3，被风机 3 送入房间。

二、各类除湿机

（一）升温型除湿机

升温型整体式除湿机由全封闭压缩机，通风机等组成。各部件均装在一个立柜内，结构简单，气密性好，布置方便。具有移动式、管道式、分体式多种形式。

广东吉荣空调有限公司生产的 CY（G）F 系列整体式升温型除湿机外形尺寸见图 7-4-3；Y（G）F 系列性能参数见表 7-4-1。

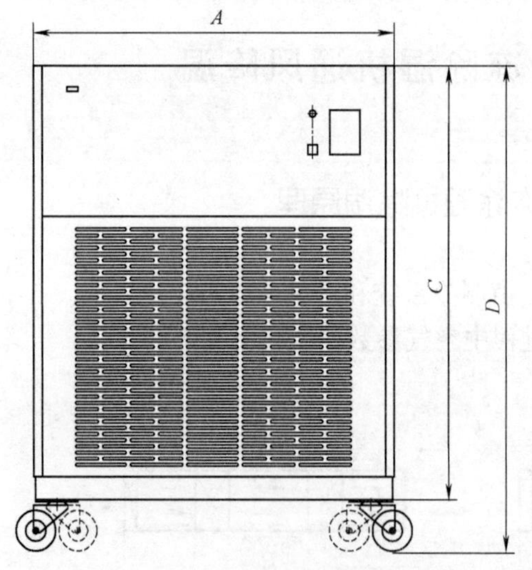

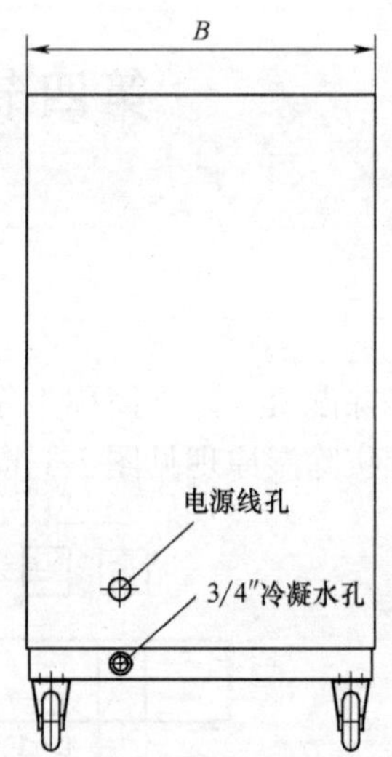

图 7-4-3 CY（G）F 系列外形尺寸

CY（G）F 系列除湿机性能参数表 **表 7-4-1**

<table>
<tr><td colspan="3">型号
项目</td><td colspan="2">CYF4
CYMF4</td><td colspan="2">CYF6
CYMF6</td><td colspan="2">CYF8
CYMF8</td><td colspan="2">CYF10
CYMF10</td><td colspan="2">CGF10
CMF10</td><td colspan="2">CGF16
CMF16</td></tr>
<tr><td colspan="2">名义除湿量</td><td>kg/h</td><td colspan="2">4</td><td colspan="2">6</td><td colspan="2">8</td><td colspan="2">10</td><td colspan="2">10</td><td colspan="2">16</td></tr>
<tr><td colspan="2">名义制冷量</td><td>kW</td><td colspan="2">6.6</td><td colspan="2">9.6</td><td colspan="2">13.2</td><td colspan="2">16.8</td><td colspan="2">16.8</td><td colspan="2">25.1</td></tr>
<tr><td rowspan="2">使用条件</td><td>温度</td><td>℃</td><td colspan="12">18～32</td></tr>
<tr><td>相对湿度</td><td>%</td><td colspan="12"><90</td></tr>
<tr><td colspan="2">额定风量</td><td>m³/h</td><td colspan="2">1100</td><td colspan="2">1600</td><td colspan="2">2200</td><td colspan="2">2800</td><td colspan="2">2800</td><td colspan="2">4200</td></tr>
<tr><td colspan="2">机外余压(静压)</td><td>Pa</td><td>*25</td><td>50</td><td>*25</td><td>50</td><td>*25</td><td>50</td><td>*25</td><td>50</td><td>*50</td><td>100</td><td>*50</td><td>120</td></tr>
<tr><td colspan="2">机组噪声</td><td>dB(A)</td><td colspan="2">57</td><td colspan="2">59</td><td colspan="2">60</td><td colspan="2">62</td><td>*60</td><td>64</td><td>*60</td><td>65</td></tr>
</table>

续表

项目 \ 型号			CYF4 CYMF4	CYF6 CYMF6	CYF8 CYMF8	CYF10 CYMF10	CGF10 CMF10	CGF16 CMF16
使用电源			AC 80V,50Hz(三相四线制)					
名义工况输入功率		kW	1.55	2.34	3.11	3.88	3.88	6.01
配电功率		kW	2.0	3.0	4.0	5.0	5.0	7.5
制冷剂	使用工质		R22					
	控制形式		外平衡式膨胀阀					
	注入量	kg	2.0	3.0	3.5	4.5	4.5	5.1
压缩机	类型		全封闭涡旋压缩机					
	台数×功率(HP)		1×2.0	1×3.0	1×4.0	1×5.0	1×5.0	1×7.5
	台数×功率(kW)		1×1.5	1×2.2	1×3.0	1×3.7	1×3.7	1×5.6
送风机	类型		离心式风机					
	功率	HP	0.2	0.2	0.45	0.45	1	*1.5 2
蒸发器	类型		铜管套铝翅片					
冷凝器	类型		铜管套铝翅片					
过滤器	粗效过滤		尼龙网					
外形尺寸	长(A)	mm	850	850	850	850	1200	1400
	宽(B)	mm	600	600	750	750	750	750
	高(C) 顶出风	mm	1100	1100	1300	1300	1600	1750
	高(C) 带风帽	mm	1320	1320	1520	1520	1870	2020
重量		kg	100	120	150	170	220	300

(二) 调温除湿机

调温除湿机可根据环境需要送出热风或冷风，可对送风温度进行调节，立柜式结构，具有体积小，重量轻，一机多用等特点。调温除湿机分风冷、水冷两种形式。

广东吉荣空调有限公司生产的 CGFTK 系列风冷整体式调温型除湿机外形尺寸见图 7-4-4；GFTK 风冷型调温除湿机性能参数见表 7-4-2；

CGFTK 风冷型调温除湿机性能参数表　　表 7-4-2

项目 \ 型号				CGFTK10 CGFJK10 CGFDK10	CGFTK16 CGFJK16 CGFDK16	CGFTK21 CGFJK21 CGFDK21	CGFTK25 CGFJK25 CGFDK25	CGFTK32 CGFJK32 CGFDK32
名义除湿量			kg/h	10	16	21	25	32
名义制冷量			kW	16.8	25.1	32.9	39.5	50.2
使用条件		温度	℃	18～32				
		相对湿度	%	＜90				
额定风量			m^3/h	2800	4200	5500	6600	8400
机外余压(静压)			Pa	*50　100	*50　120	*75　180	*75　200	250
机组噪声			dB(A)	*62　64	*63　65	*65　67	*66　68	70
使用电源				AC 80V,50Hz(三相四线制)				
名义工况输入功率			kW	4.26	6.75	8.80	10.30	14.19
配电功率			kW	5.5	8.8	11.2	13.5	19.0
制冷剂		使用工质		R22				
		控制形式		外平衡式膨胀阀				
		注入量	kg	5.5	6.6	8.5	10	14
室内机	压缩机	类型		全封闭涡旋压缩机				
		台数×功率(HP)		1×5	1×7.5	1×10	1×12	1×15
		台数×功率(kW)		1×3.7	1×5.6	1×7.5	1×9.0	1×11.2

续表

项目 \ 型号				CGFTK10 CGFJK10 CGFDK10	CGFTK16 CGFJK16 CGFDK16	CGFTK21 CGFJK21 CGFDK21	CGFTK25 CGFJK25 CGFDK25	CGFTK32 CGFJK32 CGFDK32
室内机	送风机	类型		离心式风机				
		功率	HP	1	1.5　2	2　3	3	4(3)
	蒸发器		类型	铜管套铝翅片				
	再热器		类型	铜管套铝翅片				
	过滤器	粗效过滤		尼龙网				
	外形尺寸	长	mm	1200	1400	1400	1580	1850
		宽	mm	750	750	750	750	850
		高 顶出风	mm	1600	1750	1950	1950	2150
		高 带风帽	mm	1870	2020	2220	2220	/
	重量		kg	220	300	360	420	500
室外机	风机	类型		轴流式风机				
		台数×风量	m^3/h	1×7600	1×10600	1×13500	1×13500	2×10600
	冷凝器		类型	铜管套铝翅片				
	外形尺寸（一台）	长	mm	675	1070	1070	1070	1800
		宽	mm	670	920	920	920	920
		高	mm	1180	1280	1280	1280	1280
	型号		HPN	5	7.5	10	12	15
	台数		台	1	1	1	1	1
	重量		kg	110	137	150	150	240

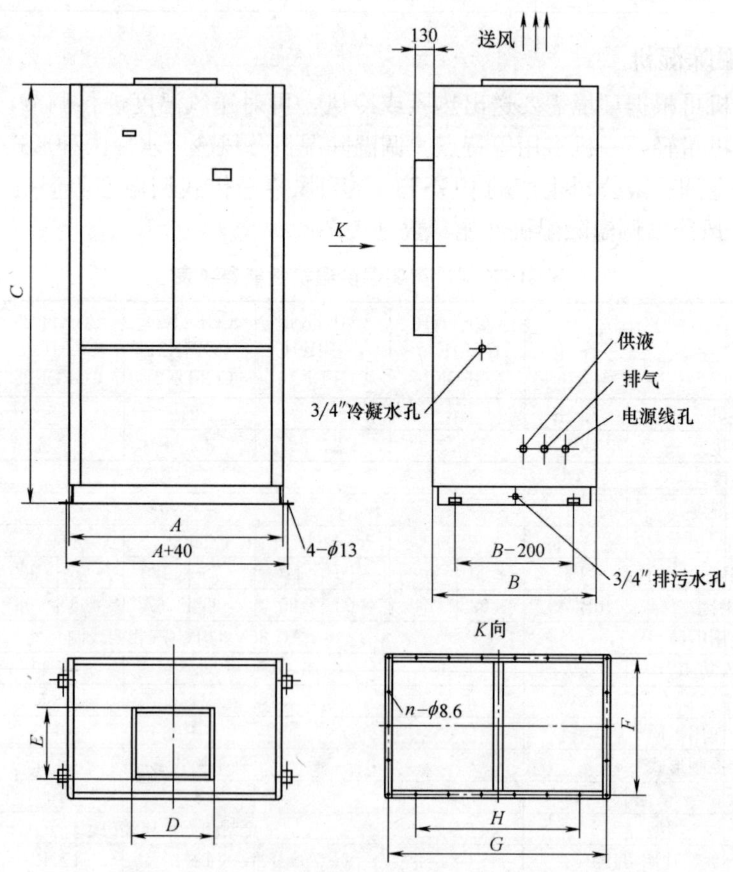

图 7-4-4　CGFTK 风冷型调温除湿机外形尺寸

广东吉荣空调有限公司生产的 CGFTS 系列水冷整体式调温型除湿机外形尺寸见图 7-4-5；GFTS 水冷型调温除湿机性能参数见表 7-4-3；

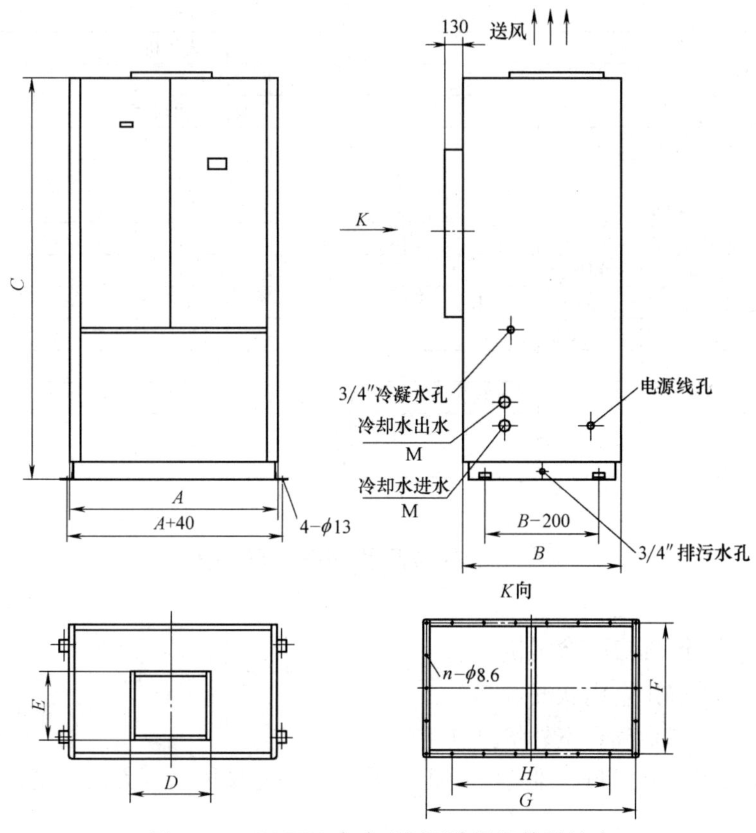

图 7-4-5　CGFTS 水冷型调温除湿机外形尺寸

CGFTS 水冷型调温除湿机性能参数表　　　　**表 7-4-3**

<table>
<tr><td colspan="3">型号
项目</td><td colspan="2">CGFTS10
CGFJS10
CGFDS10</td><td colspan="2">CGFTS16
CGFJS16
CGFDS16</td><td colspan="2">CGFTS21
CGFJS21
CGFDS21</td><td colspan="2">CGFTS25
CGFJS25
CGFDS25</td><td colspan="2">CGFTS32
CGFJS32
CGFDS32</td></tr>
<tr><td colspan="2">名义除湿量</td><td>kg/h</td><td colspan="2">10</td><td colspan="2">16</td><td colspan="2">21</td><td colspan="2">25</td><td colspan="2">32</td></tr>
<tr><td colspan="2">名义制冷量</td><td>kW</td><td colspan="2">16.8</td><td colspan="2">25.1</td><td colspan="2">32.9</td><td colspan="2">39.5</td><td colspan="2">50.2</td></tr>
<tr><td rowspan="2">使用条件</td><td>温度</td><td>℃</td><td colspan="10">18～32</td></tr>
<tr><td>相对湿度</td><td>%</td><td colspan="10"><90</td></tr>
<tr><td colspan="2">额定风量</td><td>m^3/h</td><td colspan="2">2800</td><td colspan="2">4200</td><td colspan="2">5500</td><td colspan="2">6600</td><td colspan="2">8400</td></tr>
<tr><td colspan="2">机外余压(静压)</td><td>Pa</td><td>*50</td><td>100</td><td>*50</td><td>120</td><td>*75</td><td>180</td><td>*75</td><td>200</td><td colspan="2">250</td></tr>
<tr><td colspan="2">机组噪声</td><td>dB(A)</td><td>*62</td><td>64</td><td>*63</td><td>65</td><td>*65</td><td>67</td><td>*66</td><td>68</td><td colspan="2">70</td></tr>
<tr><td colspan="3">使用电源</td><td colspan="10">AC 80V,50Hz(三相四线制)</td></tr>
<tr><td colspan="2">名义工况输入功率</td><td>kW</td><td colspan="2">4.26</td><td colspan="2">6.75</td><td colspan="2">8.80</td><td colspan="2">10.30</td><td colspan="2">14.20</td></tr>
<tr><td colspan="2">配电功率</td><td>kW</td><td colspan="2">5.2</td><td colspan="2">8.2</td><td colspan="2">10.8</td><td colspan="2">12.5</td><td colspan="2">17.0</td></tr>
<tr><td rowspan="3">制冷剂</td><td colspan="2">使用工质</td><td colspan="10">R22</td></tr>
<tr><td colspan="2">控制形式</td><td colspan="10">外平衡式膨胀阀</td></tr>
<tr><td>注入量</td><td>kg</td><td colspan="2">4.6</td><td colspan="2">6.0</td><td colspan="2">7.5</td><td colspan="2">8.5</td><td colspan="2">9.8</td></tr>
<tr><td rowspan="3">压缩机</td><td colspan="2">类型</td><td colspan="10">全封闭涡旋压缩机</td></tr>
<tr><td colspan="2">台数×功率(HP)</td><td colspan="2">1×5</td><td colspan="2">1×7.5</td><td colspan="2">1×10</td><td colspan="2">1×12</td><td colspan="2">1×15</td></tr>
<tr><td colspan="2">台数×功率(kW)</td><td colspan="2">1×3.7</td><td colspan="2">1×5.6</td><td colspan="2">1×7.5</td><td colspan="2">1×9.0</td><td colspan="2">1×11.2</td></tr>
</table>

续表

项目		型号	CGFTS10 CGFJS10 CGFDS10	CGFTS16 CGFJS16 CGFDS16	CGFTS21 CGFJS21 CGFDS21	CGFTS25 CGFJS25 CGFDS25	CGFTS32 CGFJS32 CGFDS32
送风机	类型		离心式风机				
	功率	HP	1	*1.5　2	*2　3	3	4(3)
蒸发器	类型		铜管套铝翅片				
再热器	类型		铜管套铝翅片				
过滤器	粗效过滤		尼龙网				
水冷冷凝器	型式		壳管式				
	水量	m^3/h	3.6	5.4	7.1	8.5	10.8
	水阻力	kPa	<50				
	进出水管	inch	1.5	1.5	1.5	2	2
外形尺寸	长	mm	1200	1400	1400	1580	1850
	宽	mm	750	750	750	750	850
	高　顶出风	mm	1600	1750	1950	1950	2150
	高　带风帽	mm	1870	2020	2220	2220	/
重量		kg	255	345	430	500	610

三、冷冻除湿机的选择计算

(一) 按计算负荷初选除湿机

根据使用要求确定室内状况点 N；

按降湿用气象参数确定室外状况点 W；

按每人所需最低新风量、维持室内正压风量、补充排风量等方法确定设计新风量 G_x（kg/h）；

计算新风负荷及系统负荷：

$$W_x=\frac{G_x}{1000}(d_w-d_n) \tag{7-4-1}$$

$$Q_x=\frac{G_x}{3600}(h_w-h_n) \tag{7-4-2}$$

$$W_s=W_n+W_x \tag{7-4-3}$$

$$Q_s=Q_n+Q_x \tag{7-4-4}$$

式中　G_x——新风量（kg/h）；

d_n——室内空气含湿量（g/kg）；

d_w——室外空气含湿量（g/kg）；

h_n——室内空气焓值（kJ/kg）；

h_w——室外空气焓值（kJ/kg）；

W_n——室内计算湿负荷（kg/h）；

W_x——新风计算湿负荷（kg/h）；

Q_n——室内计算冷负荷（kW）；

Q_x——新风计算冷负荷（kW）；

W_s——系统计算湿负荷（kg/h）；

Q_s——系统计算冷负荷（kW）。

用系统计算湿负荷 W_s，及除湿机标准工况选除湿机，得知除湿机选用性能：除湿量 W_j（kg/h），风量 L_j（m^3/h），装机功率 N_j（kW）。

进行热湿平衡分析：

$$\Delta Q = Q_n + Q_x + 0.8N_j \quad (kW) \tag{7-4-5}$$

$$\Delta W = W_j - W_s \quad (kg/h) \tag{7-4-6}$$

$\Delta W > 0$，说明除湿机除湿能力可以满足系统要求，应特别注意不能忽略新风湿负荷 W_x；

当 $\Delta Q \leqq 0$，说明系统热平衡，除湿机运行后室内设计温度变化不大；

当 $\Delta Q > 0$，说明系统有余热，除湿机运行后会使室内温度升高，ΔQ 值较大时，宜选用调温除湿机，用冷却水带走除湿系统多余热量；

当 $\Delta Q < 0$，说明系统热量不足，除湿机运行后，室温仍达不到设计温度，可能达不到除湿预期效果，ΔQ 值很小，宜考虑合理的补充热量措施。

分析热湿平衡后，若 ΔQ、ΔW 符合要求，对于直接放置在室内的小型机组，或室内温湿度要求不严格的系统，可不作以下的设计计算。

（二）计算送、回风参数

冷冻除湿系统空气处理过程见图 7-4-6。

1. 除湿机入口 H_1 参数

H_1 点通常应根据室外状况点 W、室内状况点 N 以及采用的新风比 n_x，按空调设计方法确定，并应按 H_1 点状况复核除湿机的除湿量 W_j。

为简化计算也可按除湿机标准工况，暂定 H_1 点参数，即 $t_{H1}=27℃$，$\varphi_H=70\%$。

2. 回风状况点 N 参数

如用除湿机标准工况暂定 H_1 点参数，应按照新风比和室外状况点 W 计算回风状况点，使其与系统设计参数相协调。

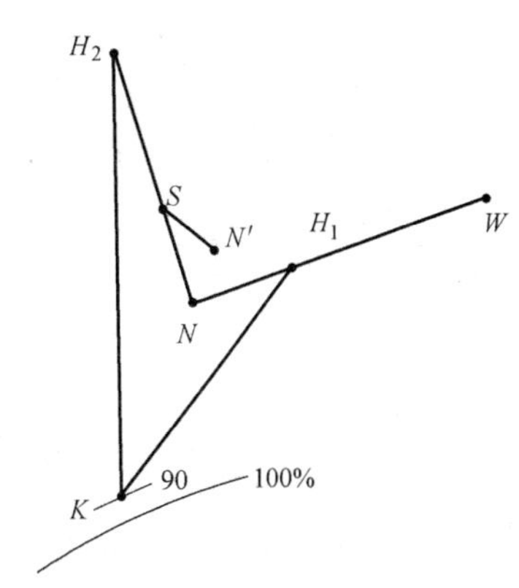

图 7-4-6 冷冻除湿系统空气处理过程
W—室外状态点；N—回风状态点；
H_1—除湿机入口状态点；K—除湿机露点；
H_2—除湿机出口状态点；
S—送风状态点，无二次回风时，S 点即为 H_2 点；
N′—室内状态点

新风比
$$n_x = \frac{L_x}{L_j} \tag{7-4-7}$$

计算回风状况点 N 参数

$$t_N = \frac{t_{H1} - t_w \cdot n_x}{1 - n_x} \quad (℃) \tag{7-4-8}$$

$$d_N = \frac{d_{H1} - d_w \cdot n_x}{1 - n_x} \quad (g/kg) \tag{7-4-9}$$

$$h_N = \frac{h_{H1} - h_w \cdot n_x}{1 - n_x} \quad (kJ/kg) \tag{7-4-10}$$

查 h-d 图得 φ_n

用计算的回风状况点 N 的参数，或用与 t_N、φ_n 相近的室内参数确定 d_N、h_N 值。

3. 除湿机露点 K 参数

单位除湿量 $$\Delta d_j=\frac{1000W_s}{G_j}\quad(\text{g/kg})\tag{7-4-11}$$

单位除湿量 Δd_j 应在除湿机单位除湿能力允许范围内。

$$d_k=d_{H1}-\Delta d_j\quad(\text{g/kg})\tag{7-4-12}$$

φ_K 取 90%，查 h-d 图，得出 h_K 值。

4. 除湿机出口 H_2 参数

$$d_{H2}=d_K\quad(\text{g/kg})\tag{7-4-13}$$

$$h_{H2}=0.35(h_{H1}-h_K)-\frac{3600Q_L}{G_j}+h_{H1}\quad(\text{kJ/kg})\tag{7-4-14}$$

式中 Q_L——冷却水带走的热量（kW）。

可查 h-d 图，得出 t_{H2}、φ_{H2} 值。

5. 送风状况点 S 参数

按换气次数或排除余湿方法确定系统风量 L，宜选用两种计算结果之大值。当 $L>L_j$ 值时，说明仅用除湿机风量不能满足室内气流组织要求，应考虑用二次回风系统；当 $L\leqslant L_j$ 值时，应采用 L_j 即除湿机设备风量，此时 S 点即为 H_2 点。

二次回风比 $$n_2=\frac{L-L_j}{L}\tag{7-4-15}$$

$$h_s=h_{H2}-(h_{H2}-h_N)\cdot n_2\quad(\text{kJ/kg})\tag{7-4-16}$$

$$d_s=d_{H2}-(d_{H2}-d_N)\cdot n_2\quad(\text{g/kg})\tag{7-4-17}$$

查 h-d 图，得出送风温度 t_s 值。

6. 复核室内参数点 N'，确定除湿机。

$$h_{N'}=h_S+\Delta h_{N'}\quad(\text{kJ/kg})\tag{7-4-18}$$

$$d_{N'}=d_S+\Delta d_{N'}\quad(\text{g/kg})\tag{7-4-19}$$

$$\Delta h_{N'}=\frac{3600\cdot Q_N}{G_j}\quad(\text{kJ/kg})\tag{7-4-20}$$

$$\Delta d_{N'}=\frac{1000\cdot W_N}{G_j}\quad(\text{g/kg})\tag{7-4-21}$$

用 $h_{N'}$、$d_{N'}$ 查 h-d 图，确定室内其他参数，并根据计算结果，合理选择除湿机，布置系统。

【例 7-4-1】 北京地区，室内余热 $Q_N=-9.6$kW，余湿 $W_N=23.1$kg/h，其他条件同例 7-3-1，选择冷冻除湿机系统。

【解】 [1] 按计算负荷初选除湿机

室内采用参数 $t_N=27$℃，$\varphi_N=72\%$，$d_N=16$g/kg，$h_N=68$kJ/kg；

查表 7-2-4，北京地区平均每年不保证 200h 温度 $t_w=30.5$℃，水汽压 $p_w=2990$Pa，$d_W=19.2$g/kg，$h_W=80$kJ/kg；

维持室内 0.5 次/h 换气的正压风量为 4020m³/h，计算新风量采用 $L_x=4020\text{m}^3/\text{h}$，即 $G_x=4824$kg/h，

新风湿负荷 $W_x=\frac{G_x}{1000}(d_W-d_N)=\frac{4824}{1000}(9.2-16)=15.44$kg/h

新风冷负荷 $Q_x=\frac{G_x}{1000}(h_W-h_N)=\frac{4824}{1000}(80-68)=16.08$kW

系统计算湿负荷　　$W_s=W_N+W_x=23.1+15.44=38.54\text{kg/h}$

系统计算冷负荷　　$Q_s=Q_N+Q_x=-9.6+16.08=6.48\text{kW}$

初选除湿量 $W=20\text{kg/h}$ 的除湿机 2 台，每台风量为 $6000\text{m}^3/\text{h}$，安装功率为 13kW。

热湿平衡分析

$$\Delta Q=Q_N+Q_W+0.8N_j=6.48+0.8\times 26=27.28\text{kW}$$

$$\Delta W=W_j-W_s=2\times 20-38.54=1.46\text{kg/h}$$

$\Delta W>0$，除湿能力符合要求，$\Delta Q>0$，除湿机运行后有余热，宜选用调温除湿机 2 台。

［2］ 计算送、回风参数

新风比 $$n_x=\frac{L_x}{L_j}=\frac{4020}{2\times 6000}=0.335$$

除湿机吸入口 H_1 点参数

$$t_{H1}=t_N+(t_w-t_N)\cdot n_x=27+(30.5127)\times 0.335=28.2℃$$

$$d_{H1}=d_N+(d_w-d_N)\cdot n_x=16+(19.2-16)\times 0.335=17.07\text{g/kg}$$

$$h_{H1}=h_N+(h_w-h_N)\cdot n_x=68+(80-68)\times 0.335=72\text{kJ/kg}$$

查 h-d 图得知 $\varphi_{H1}=67\%$，按调温除湿机性能，$t_{H1}=28.2℃$，$\varphi_{H1}=67\%$，除湿量 $W=26\text{kg/h}$。单位除湿能力 $\Delta d=3.6\text{g/kg}$。

［3］ 除湿机露点 K 参数

单位除湿量　$$\Delta d_j=\frac{1000W_s}{G_j}=\frac{1000\times 38.54}{2\times 1.2\times 6000}=2.68\text{g/kg}$$

露点含湿量　$d_K=d_{H1}-\Delta d_j=17.07-2.68=14.4\text{g/kg}$

φ_K 取 90%，查 h-d 图得 $h_K=57.8\text{kJ/kg}$。

［4］ 除湿机出口 H_2 参数

$$d_{H2}=d_K=14.4\text{g/kg}$$

冷却水带走热量取 $Q_L=\Delta Q=27.28\text{kW}$，

$$\Delta q_L=\frac{3600\cdot Q_L}{G_j}=\frac{3600\times 27.28}{14400}=6.82\text{kJ/kg}$$

$$h_{H2}=0.35(h_{H1}-h_K)-\Delta q_L+h_{H1}=0.35\times(72-57.8)-6.82+72=70.15\text{J/kg}$$

查 h-d 图得 $t_{H2}=33℃$、$\varphi_{H2}=46\%$

［5］ 送风状况点 S 参数

按换气次数 6 次/h 计算，送风量 $L=48240\text{m}^3/\text{h}$，按排除余湿计算，送风量 $L=8620\text{m}^3/\text{h}$。

计算风量若按排除余湿方法采用除湿机风量 $L_j=2\times 6000=12000\text{m}^3/\text{h}$，不设二次回风，$S$ 点与 H_2 点相同，此时室内参数为：

$$h_N=h_S+\Delta h_N=h_+\frac{3600\cdot Q_N}{G_j}=70.15+\frac{3600\times\ (-0.96)}{14400}=67.75\text{kJ/kg}$$

$$d_N=d_S+\Delta d_N=d_S+\frac{1000\cdot Q_N}{G_j}=14.4+\frac{1000\times 23.1}{14400}=16\text{g/kg}$$

查 h-d 图得 $t_N=27℃$、$\varphi_n=70\%$与设计采用参数相同。

若计算风量采用 $L=48240\text{m}^3/\text{h}$，则需设二次回风，其二次回风比 n_2 为：

$$n_2=\frac{L-L_j}{L}=\frac{48240-12000}{48240}=0.75$$

送风状态点 S：

$$h_S=h_{H2}-(h_{H2}-h_N)\cdot n_2=70.15-(70.15-68)\times 0.75=68.54\text{kJ/kg}$$

$$d_S=d_{H2}-(d_{H2}-d_N)\cdot n_2=14.4-(14.4-16)\times 0.75=15.6\text{g/kg}$$

室内状态点 N

$$h_N=h_S+\Delta h_N=h_S+\frac{3600\cdot Q_N}{\rho L}=68.54+\frac{3600\times(-0.96)}{1.2\times 48240}=67.94\text{kJ/kg}$$

$$d_N=d_S+\Delta d_N=d_S+\frac{1000\cdot W_N}{\rho L}=15.6+\frac{1000\times 23.1}{1.2\times 48240}=16\text{g/kg}$$

与不混合最后参数点一致，如考虑风机温升，可能温度稍高，可调水冷凝器的冷量解决。可满足要求。

第五节　固体吸湿剂通风降温

室内空气在正常温度下要求低相对湿度时（空气露点温度低于 4℃），用冷冻降湿效果不佳，可用固体吸湿剂。对于需要降湿的大型库房、洞室等用固体吸湿剂通风降湿也较为经济。

所有固体吸附剂本身都具有大量孔隙，因此孔隙内表面面积非常大。各孔隙内表面呈凹面，曲率半径小的凹面上水蒸气分压力比平液面上水蒸气分压力低，当被处理空气通过吸附材料时，空气的水蒸气分压力比凹面上水蒸气分压力高，因此空气中的水蒸气向凹面迁移，由气态变为液态并释放出汽化潜热。固体吸附除湿设备有固定式和转轮式两种，固定式采用周期性切换的方法，实现间歇式的吸湿再生；转轮式除湿可实现连续的除湿和再生，应用较为广泛。常用的固体吸附剂有硅胶、活性炭、分子筛、氧化铝凝胶等，其吸附性能见图 7-5-1。

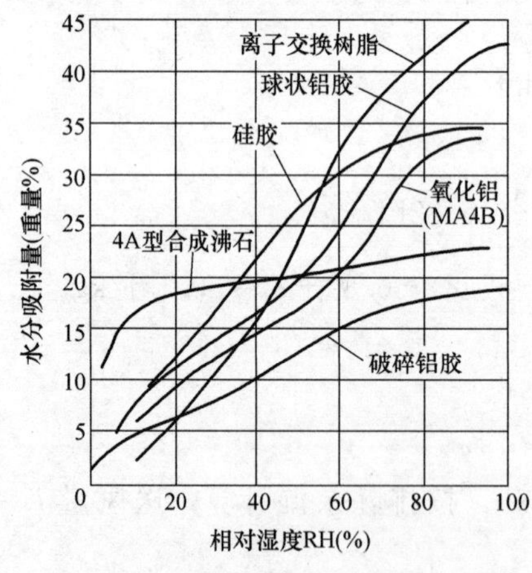

图 7-5-1　常用固体吸附剂的性能

固体吸湿剂降湿，一般分为静态吸湿和动态吸湿。室内空气以自然对流形式，与固体吸湿剂进行热湿交换，称为静态吸湿；在强制通风作用下，通过固体吸湿剂进行热湿交换，称为动态吸湿。

静态吸湿的设备简单，造价低，降湿缓慢，单位吸湿量占用的房间体积大，一般适用于降湿量小，且降湿设备对工艺操作影响不大的房间。动态吸湿能够快速降湿，适用于较大面积的降湿。

许多材料干燥后都可吸湿，利用材料的吸湿性，也可进行简易吸湿，解决局部区域的防潮。固体吸湿目前尚无定型产品。

一、氯化钙静态吸湿

氯化钙与空气接触面积越大，吸湿效果越好，吸湿速度越快。空气含湿量越大，吸湿量越大。

氯化钙粒径对吸湿影响较大，从表 7-5-1 可以看出，粒径为 50～70mm 的吸湿量最大，30～40mm 次之。

不同粒径无水氯化钙的吸水率　　**表 7-5-1**

粒径(mm)	10～20	30～40	50～70	80～110	110～130
吸水率(%)	135	155	162	137	125

氯化钙的再生次数及其放置高低对吸湿效果影响不大。

氯化钙静态吸湿的方法有：吊槽、硬槽、地槽、活动木架等。

对于一般库房，为使库房内的空气相对湿度降低到 70%以下，在密闭和维持 15 天的时间内，氯化钙用量按下式计算：

$$G=KV \tag{7-5-1}$$

式中　G——氯化钙用量（kg）；

K——库房单位体积用量（kg/m^3）按表 7-5-2 采用；

y——降湿库房的体积（m^3）。

氯化钙单位体积用量 K　　**表 7-5-2**

相对湿度(%)	70 以下	70～80	80～90	90 以上
单位体积用量 K(kg/m^3)	0.2～0.25	0.25～0.3	0.3～0.4	0.5 以上

根据使用经验，要保持库房相对湿度在 70%～75%范围，容器内每 kg 氯化钙与空气接触的表面积为 0.08～0.1m^2 吸湿效果较好。氯化钙总用量 G 与空气接触表面积 F_L（m^2）的关系为：

$$F_L=(0.08\sim0.1)G \tag{7-5-2}$$

若将氯化钙平放在筛盘上，筛盘下放贮液盘用以收集潮解后的溶液，氯化钙放置量以 1m^2 筛盘放 10kg 为宜。

二、氯化钙动态吸湿

（一）抽屉式吸湿器

抽屉式氯化钙吸湿器见图 7-5-2。由主体结构、抽屉式吸湿层和轴流风机等组成。抽屉内铺放粒径为 50～70mm 的固体氯化钙，吸湿层厚度 50～100mm，总面积约 1.2m^2，室内湿空气以 0.35m/s 的流速由各进风口进入吸湿层，然后由上部的轴流风机将处理后的空气送入房间。

室温为 27℃时，该吸湿器进口在不同的相对湿度时，吸湿量见图 7-5-3。

（二）整体式吸湿器

整体式吸湿器见图 7-5-4。

整体式吸湿器由轴流风机和氯化钙吸湿层组成。为移动方便在箱底装有 4 只小轮，配用直径 ϕ300mm 轴流风机，电动机功率为 40W。

吸湿层垂直设置，断面尺寸为 390×350mm（宽×高），厚度为 250mm，有效容积 0.034m^3，装填氯化钙 28kg，为 17h 吸湿的设计用量。

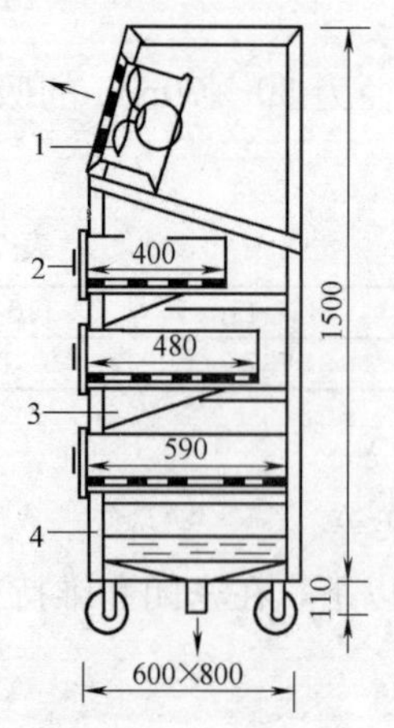

图 7-5-2　抽屉式氯化钙吸湿器

1—轴流风机；2—活动抽屉降湿层；3—进风口；4—主体骨架

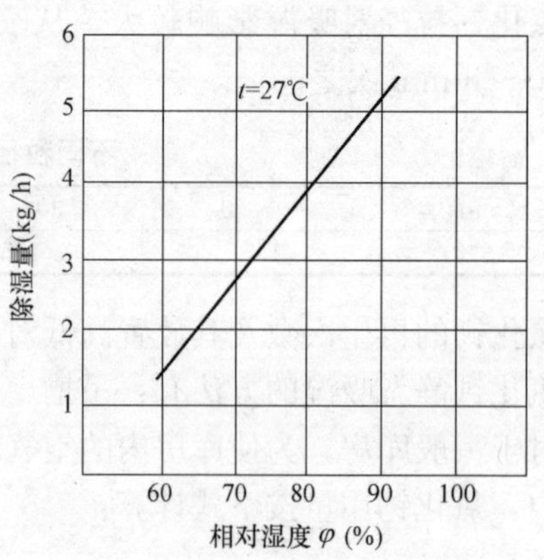

图 7-5-3　抽屉式氯化钙吸湿器不同进口相对湿度时的吸湿量

（进口空气温度为 27℃）

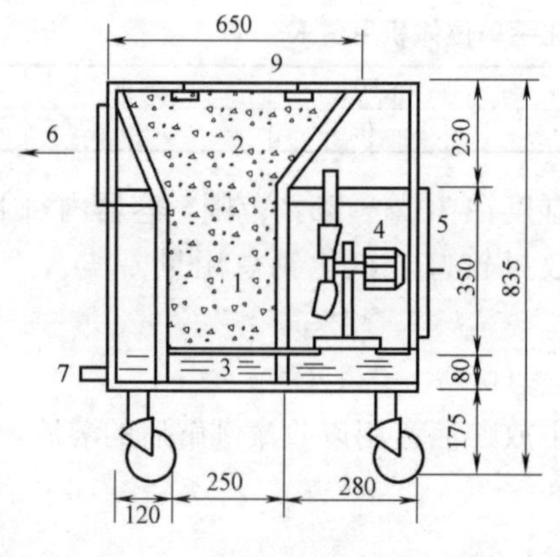

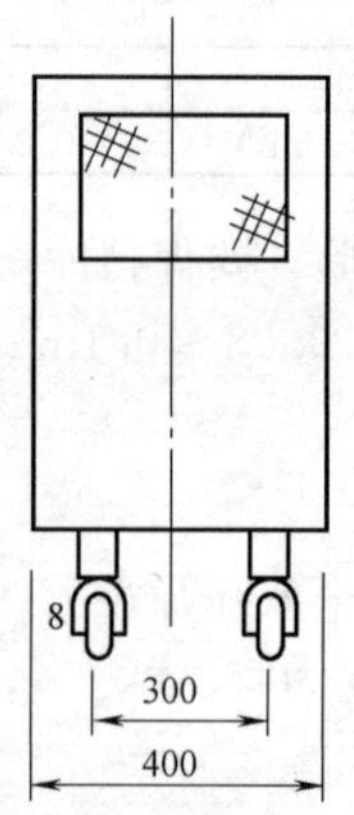

图 7-5-4　氯化钙整体式吸湿器

1—除湿层；2—存料箱；3—储液箱；4—通风机；5—进风口；6—出风口；7—放液口；8—小车轮；9—加料口

吸湿层上部的存料箱容积为 0.033m³，可存放氯化钙 26kg，按设计吸湿量 0.8kg/h，需氯化钙 1.6kg 计算，可供 16h 吸湿的补充用量。

贮液箱有效容积 0.016m³，可贮液 24kg，按设计吸湿量计算，可贮存连续工作 10h 所产生的氯化钙溶液。

整体式吸湿器性能见表 7-5-3。

整体式吸湿器性能　　**表 7-5-3**

风量 (m^3/h)	阻力 (Pa)	进风空气参数				出风空气参数				单位除湿量	总除湿量
		t_g (℃)	t_s (℃)	φ (%)	d_1 (g/kg 干空气)	t_g (℃)	t_s (℃)	φ (%)	d_2 (g/kg 干空气)	Δd (g/kg 干空气)	W (kg/h)
205		15.6	12.7	70	7.8	20.1	12.4	38	5.7	2.1	0.425
225		20.5	17.3	75	11.1	28.2	17.1	32	7.7	3.4	0.775
290		26.1	22.4	71	15.4	38.2	22.4	25	10.4	5.0	0.95

(三) 通风吸湿箱

氯化钙通风吸湿箱见图 7-5-5。

通风吸湿箱通风量 $G=1500\sim2000$kg/h，通风断面积 $F=1.2\text{m}^2$，吸湿层厚度 $\delta=500$mm，设计迎风面风速 $v=0.3\sim0.5$m/s，单位吸湿量 $\Delta d=6\sim7$g/kg，总吸湿量 $W=10\sim14$kg/h。

吸湿层为垂直式，有效容积为 0.6m^3，可装氯化钙近 500kg，为 20h 吸湿的设计用量。

吸湿层上部的存料箱容积为 0.25m^3，可存放氯化钙 215kg，氯化钙靠重力自动由存料箱补入吸湿层，可供 8h 吸湿的补充用量。

底部贮液箱，容积为 0.17m^3，可贮液 250kg，按最大吸湿量 14kg/h 计算，可贮存连续工作 8h 所产生的氯化钙溶液。

通风吸湿箱性能见表 7-5-4。

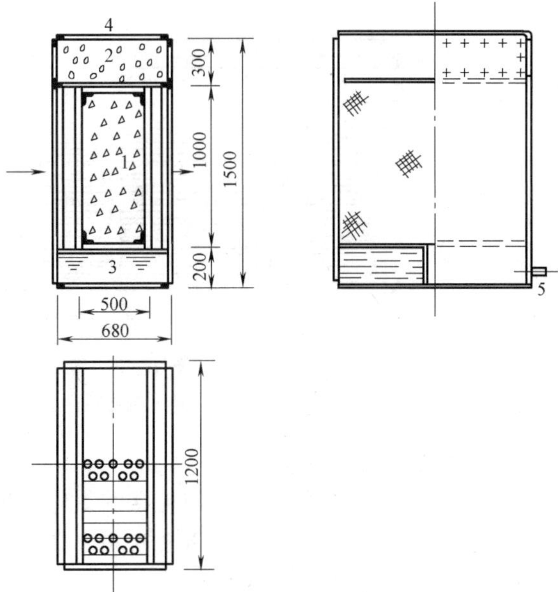

图 7-5-5　氯化钙通风吸湿箱

1—氯化钙吸湿层；2—氯化钙存料箱；3—氯化钙储液箱；4—氯化钙加料口；5—氯化钙溶液放液口

通风吸湿箱性能　　**表 7-5-4**

风速 (m/s)	风量 (m^3/h)	阻力 (Pa)	进风空气参数				出风空气参数				单位除湿量 Δd (g/kg 干空气)	总除湿量 W (kg/h)
			t_g (℃)	t_s (℃)	φ (%)	d_1 (g/kg 干空气)	t_g (℃)	t_s (℃)	φ (%)	d_1 (g/kg 干空气)		
0.42	1580	24.5	28.1	23.9	70	16.8	39.1	22.0	21	9.5	7.3	11.5
0.63	2420	76.4	30.7	24.5	61	17.0	40.6	22.6	22	9.4	7.6	18.4
1.2	4580	249.9	29.5	23.1	58	15.1	41.3	22.6	18	9.3	5.8	26.6

(四) 单元氯化钙吸湿

某工程设计研究局，为适应大型洞库的吸湿需要，采用了单元氯化钙吸湿。

氯化钙溶液在再生炉内熬煮至 168℃时，绝大部分水分已蒸发掉，将溶液状态的氯化钙浇注入模具内，待冷却凝固脱模后，即成为一定形状的单元氯化钙，图 7-5-6 为肋片形

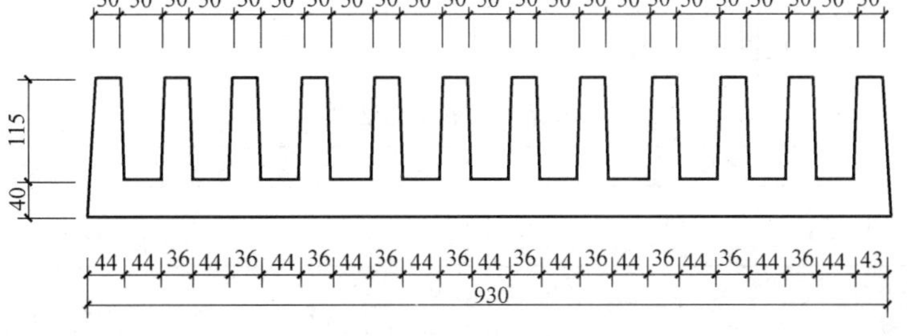

图 7-5-6　单元氯化钙

板块单元氯化钙（表面积 $4m^2$/块，净重 125kg/块），图 7-5-7 为 5 块单元氯化钙组成的一个吸湿单元。

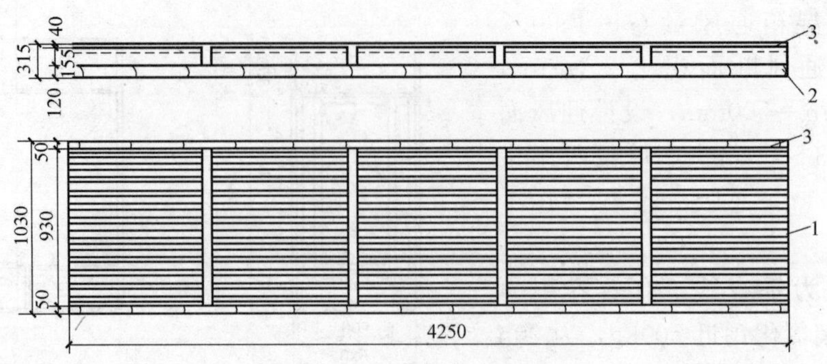

图 7-5-7　氯化钙吸湿单元

1—单元氯化钙；2—垫板；3—空隙

1. 单元氯化钙吸湿的特点

（1）便于实行机械化操作，与粒状的氯化钙相比能节省人力。

（2）将不同数量的吸湿单元重叠起来（最多不超过 8 个吸湿单元），组成大小不同吸湿装置，可适合不同容积的房间。

（3）通风阻力小，如由 8 个吸湿单元组成的吸湿装置，当迎风面风速为 2m/s 时（吸湿单元条缝中的平均风速为 5～8m/s）阻力为 40～60Pa。

（4）每个吸湿单元均由 5 块吸湿板块组成。在吸湿过程中，前 3 块为吸湿工作段，后 2 块为预备吸湿段，氯化钙的溶解状况如图 7-5-8 所示。湿空气从 A 断面进入吸湿装置，沿板块条缝流动，空气中水分不断被氯化钙吸收而变干燥，至 B 断面时，空气中水汽压与氯化钙表面饱和水汽压达到平衡而停止湿交换，当 A 断面溶解成锥形再向前推移时，B 断面也随之向前推移，直至整个吸湿装置的氯化钙全部变成溶液。

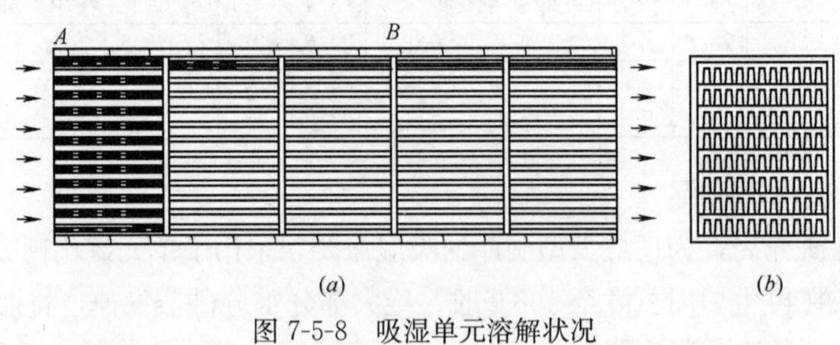

图 7-5-8　吸湿单元溶解状况

(a) 平面示意图；(b) 断面示意

2. 氯化钙吸湿单元性能见表 7-5-5 或图 7-5-9。

单元氯化钙吸湿性能　　**表 7-5-5**

风速 (m/s)	风量 (m^3/h)	阻力 (Pa)	进风空气参数				出风空气参数				单位除湿量 Δd (g/kg 干空气)	总除湿量 W (kg/h)
			t_g (℃)	t_s (℃)	φ (%)	d_1 (g/kg 干空气)	t_g (℃)	t_s (℃)	φ (%)	d_1 (g/kg 干空气)		
2	2336	39.6	30	28.7	90	24.6	38.2	26.0	37	15.6	9.0	25.2
2	2336	39.6	24	22.8	90	17.0	32.9	22.2	37	11.6	5.4	14.9
2	2336	39.6	15.3	12.9	76	8.3	19.1	12.5	46	6.3	2.0	5.6

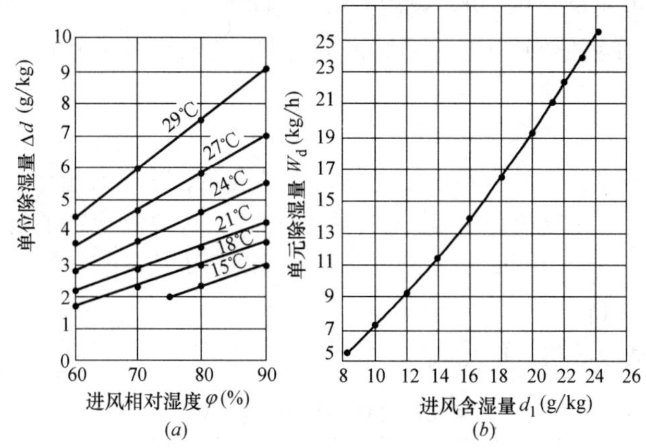

图 7-5-9　吸湿单元除湿性能曲线

3. 吸湿装置的计算

(1) 单元吸湿量

已知进口空气状态 t、φ、d_1 查图 7-5-9 得吸湿单元的吸湿量 W_d (kg/h)。

(2) 吸湿单元数量

$$n=\frac{W}{W_d} \tag{7-5-3}$$

式中　n——吸湿单元数量（个）；

W——计算余湿量（kg/h）；

W_d——吸湿单元的吸湿量（kg/h）。

(3) 氯化钙用量

$$G_c=n\cdot g_c \tag{7-5-4}$$

式中　G_c——氯化钙用量（kg）；

g_c——每个吸湿单元的氯化钙用量（kg），一般 $g_c=5\times125=625$（kg）。

(4) 吸湿单元组合条数

$$M=\frac{n}{n_g}\quad（条） \tag{7-5-5}$$

式中　M——组合条数（条）；

n_g——吸湿装置中每一条所含吸湿单元的数量，一般 $n_g\leqslant8$（个）。

(5) 风量

$$L=3600\cdot B\cdot H\cdot V\quad (m^3/h) \tag{7-5-6}$$

式中　L——风量（m^3/h）；

B——吸湿装置断面宽度，对图 7-5-7 的吸湿单元取 1.03（m）；

H——吸湿装置断面高度（m）；

V——迎风面风速，对图 7-5-7 的吸湿单元取 2m/s。

(6) 阻力为 40～60Pa。

4. 单元氯化钙集中吸湿

某工程实际应用单元氯化钙集中吸湿。该系统处理风量 $L=25000m^3/h$，吸湿量 $W=$

60kg/h，一次放入单元氯化钙 10t，设两条吸湿通道，每条通道放置 5 个吸湿装置，断面尺寸为 1×1.47m，在环形洞库内，用软件密闭门把进风与出风分开组织气流，形成无管道的送回风系统。

5. 单元氯化钙移动吸湿机

用轴流风机、单元氯化钙吸湿段、支撑架、贮液箱、拖车等组成移动吸湿机。

吸湿机一次放入单元氯化钙 14 块，共重 1750kg，每块氯化钙的吸湿面积近 $4m^2$，总吸湿面积为 $56m^2$，风量 $7700m^3/h$，风压 326Pa，电动机功率 $N=1.5kW$，贮液箱容积为 $1.85m^3$，可贮液 2600kg。

单元氯化钙移动吸湿机性能见表 7-5-6。

单元氯化钙移动吸湿机性能　　表 7-5-6

风速 (m/s)	风量 (m^3/h)	阻力 (Pa)	进风空气参数				出风空气参数				单位除湿量 Δd (g/kg 干空气)	总除湿量 W (kg/h)
			t_g (℃)	t_s (℃)	φ (%)	d_1 (g/kg 干空气)	t_g (℃)	t_s (℃)	φ (%)	d_1 (g/kg 干空气)		
2.14	7830		30.2	25.0	65	17.5	36.0	23.0	31	11.7	5.8	54.5
2.14	7830		27.2	22.6	67	15.3	34.1	22.2	34	11.5	3.8	35.7
2.17	8318	29.4	15.0	14.1	90	9.6	19.4	14.2	55	7.7	1.95	20.2

三、氯化钙的再生

氯化钙吸湿后潮解成液体，可用加热法再生。常用的氯化钙再生办法有：锅熬煮法，煤气还原炉法和燃油还原炉法等。

1. 锅熬煮法

用锅熬煮氯化钙溶液时，为节省热量，往往作成锅和烘干设备连在一起的炉灶，或带稀液预热板的氯化钙再生炉。

带稀液预热板的氯化钙再生炉性能见表 7-5-7。

稀液预热再生炉性能　　表 7-5-7

溶液重量 (kg)	再生时间 (h)	再生氯化钙重量 (kg)	每小时再生氯化钙重量 (kg/h)	蒸发水量 (kg)	耗煤量 (kg/h)	再生 1kg 氯化钙耗煤量 (kg/kg)	脱水比 (kg 水/kg 煤)
103	2.75	75	27.3	28	17.2	0.229	1.63
186	3.25	128	39.4	58	28.8	0.225	2.01
229	4.25	148	34.8	82	35.0	0.236	2.31

用锅熬煮这种方法再生，适用于中小型的吸湿工程，每小时吸湿量小于 100kg。

2. 煤气还原炉法

经过改进设计的煤气还原炉，还原锅长 2.2m，受热面积为 $11.7m^2$，最大蒸发面积 $2.5m^2$。使用时先将煤化成煤气，以提高燃烧效率，减轻烧煤的劳动强度。

试验证明，这种还原炉燃烧正常，效率较高，排烟为淡蓝色或无色，减轻对环境的污染，这种还原炉每再生 1kg 氯化钙的耗煤量约为 0.2～0.25kg，每耗煤 1kg 的脱水量为 2～2.6kg。

煤气还原炉再生氯化钙性能见表 7-5-8。

煤气再生炉性能 **表 7-5-8**

溶液重量（kg）	再生时间（h）	再生氯化钙重量（kg）	每小时再生氯化钙重量（kg/h）	蒸发水量（kg）	耗煤量（kg/h）	再生 1kg 氯化钙耗煤量（kg/kg）	脱水比（kg 水/kg 煤）
906	11.40	593	52.0	313	150	0.253	2.08
966	11.25	634	56.3	323	120	0.189	2.77
1008	6.25	655	104.8	353	130	0.199	2.71

煤气还原炉再生氯化钙适用于吸湿量大于 100kg/h 的大型工程。

3. 燃油再生炉法

氯化钙燃油再生炉由锅筒、炉体、燃油系统和引风设备等组成。

燃油再生炉容量较大。为了使液面不降至烟管束以下，采取蒸发与注入溶液断续交替的方法，使液面高度不变。当液面下降 0.15m 时，即启动泵加入溶液，依次反复 5 次，最后当液温达 168℃时，表示已成为含水氯化钙，可开启出液阀，液体放入模内凝结成型。再生用油为 10# 轻柴油。燃油再生炉性能见表 7-5-9。

燃油再生炉性能 **表 7-5-9**

溶液重量（kg）	再生时间（h）	再生氯化钙重量（kg）	每小时再生氯化钙重量（kg/h）	蒸发水量（kg）	耗煤量（kg/h）	耗电量（kW/h）	脱水比（kg 水/kg 油）	锅炉效率（%）
8540	15.5	5260	339.3	3280	22	2.6	9.6	64
7050	11.5	4410	383.4	2640	22	2.6	10.5	69
6840	10.7	4270	399.0	2570	22	2.6	10.9	68

为防止出液阀被氯化钙凝结而不能开启，在阀门的侧壁上开孔套丝、装入 ϕ8mm 铜管外接 ϕ15mm 的热水管，热水由装设在再生炉内的加热管供给，放液前将热水（或蒸汽）通入阀内，使阀门内的氯化钙溶化，氯化钙能从炉内放出。

铸模具用异形红砖制成。在注入氯化钙热溶液前，应先将砖模泡水浸湿，使砖模与氯化钙不致粘连。

为防止单元氯化钙吸湿液化减薄后，由于本身重量而产生塌陷，在浇铸氯化钙之前，在模具内放入钢筋骨架，使骨架与氯化钙浇铸粘连成一整体。当氯化钙吸湿溶化后，骨架可重复使用。

四、硅胶静态吸湿

硅胶静态吸湿，一般用于仪表运输或贮存，以及对防潮要求比较严格的某些工业生产的个别工序。用硅胶可使局部空间（如工作箱、仪表箱等）内的相对湿度保持在 15%～20%范围。

为使硅胶与空气有充分的接触面积，一般将硅胶平放在玻璃器皿或包装在纱布袋中。在密闭的工作箱内，当要求将箱内的空气相对湿度由 60%降低至 20%，并保持 7 天左右时，每 $1m^3$ 的箱体内可放硅胶 1～1.2kg。

五、硅胶动态吸湿

1. 抽屉式吸湿器

抽屉式吸湿器见图 7-5-10。

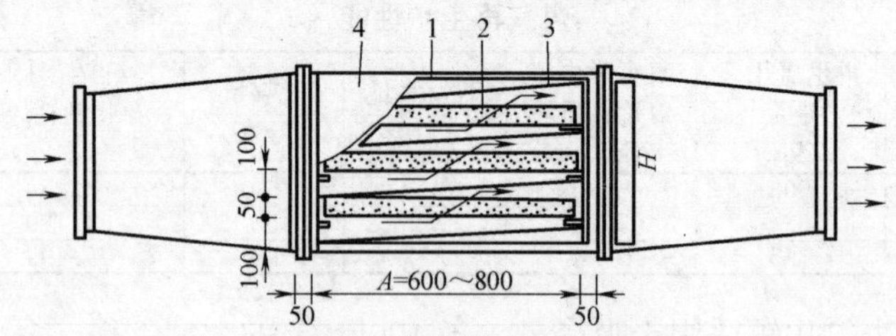

图 7-5-10　抽屉式硅胶吸湿器

1—外壳；2—抽屉式吸湿层；3—分风隔板；4—密封门

它由外壳，抽屉式硅胶吸湿层及分风隔板等部件组成，潮湿的空气在风机的强制作用下，由分风隔板的敞口进入硅胶吸湿层，处理后的干燥空气通过风管送入房间。

抽屉式硅胶吸湿器不宜用于大风量的吸湿系统，因为风量越大，硅胶用量越多。硅胶再生工作量也越大。抽屉式硅胶吸湿器性能见表 7-5-10。

抽屉式硅胶吸湿器性能　　**表 7-5-10**

风量 (m^3/h)	吸湿量 (kg/h)	抽屉尺寸 $A\times B$(mm)	抽屉数 (个)	高度 (mm)	硅胶量 (kg)
1000	4	600×500	2	400	16
2000	7	600×500	4	700	35
3000	10	800×700	3	550	50
4000	14	800×700	4	700	70

2. 固定转换式硅胶吸湿器见图 7-5-11。

该吸湿器的特点是设备比较简单，处理风量大，吸湿系统和再生系统分开，用转换阀门控制，易于管理，但设备占地面积较大。

3. 转筒式硅胶吸湿机

转筒式硅胶吸湿机见图 7-5-12。

转筒式硅胶除湿器由箱体 1、硅胶转筒 2、电加热器 3、密闭隔风板 4、湿空气进口 5、蒸发器 6、风机 7 和 10、干空气出口 8、再生空气进口 9 及再生空气出口 11 等构成。转筒

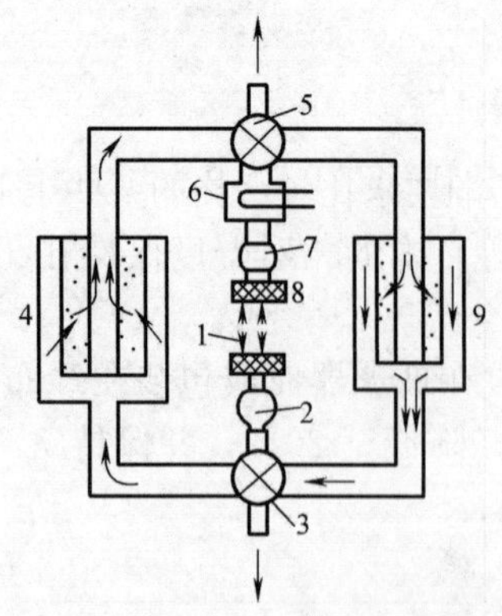

图 7-5-11　固定转换式硅胶吸湿器

1—湿空气入口；2、7—通风机；
3、5—转换开关；4、9—硅胶筒；
6—加热器；8—再生空气入口

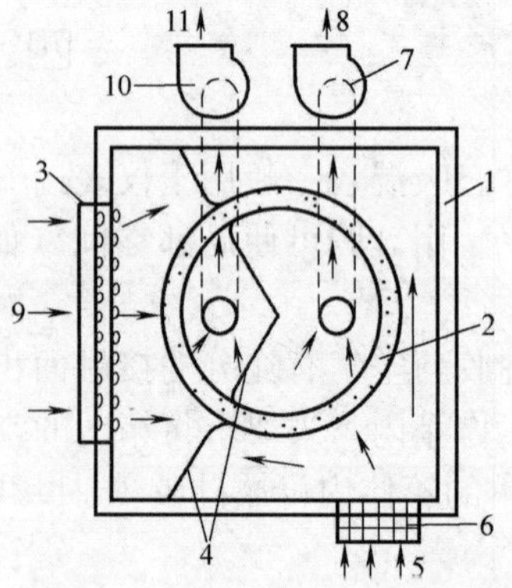

图 7-5-12　电加热转筒式硅胶吸湿器

1—箱体；2—硅胶转筒；3—电加热器；4—密闭隔风板；
5—湿空气进口；6—蒸发器；7、10—离心风机；
8—干空气出风口；9—再生空气进口；11—再生空气出口

由两层金属多孔板（内衬铜丝网）组成夹层，夹层内填充 50mm 厚硅胶。转筒直径为 800mm，长度为 380mm，以 2r/h（30min/r）的速度旋转，隔板将箱体分隔为吸湿区和再生区两个部分。湿空气经蒸发器冷却后进人吸湿区，流经转筒的硅胶吸湿层后，水分被除去，除湿后的空气由风机送出。吸附水分后的硅胶层旋转至再生区后，与经电加热器加热的热空气接触而再生。转筒式硅胶除湿器的主要性能见表 7-5-11，吸湿量见表 7-5-12。

转筒式硅胶吸湿机的主要技术性能　　表 7-5-11

名　称	内　容		
	除湿系统	再生系统	硅胶转筒
通风机风量(m^3/h)	1000	150～220	
电动机功率(kW)	0.4	0.25	0.8
电动机转数(r/min)	2800	1430	490
再生温度(℃)		150～160	
再生电加热功率(kW)		12	
一次硅胶加入量(kg)			28
外形尺寸(mm)	1100×1100×1600		

转筒式硅胶吸湿机的吸湿量　　表 7-5-12

进口空气的含湿量(g/kg)	1.5	2.5	3.5	4.5	5.5	6.5	7.5
吸湿量(kg/h)	0.9	1.5	2.0	2.4	2.9	3.3	3.8

六、动态吸湿的计算

1. 风量 L

$$L=\frac{1000W}{(d_1-d_2)\rho} \tag{7-5-7}$$

式中　W——室内湿负荷（kg/h）；

ρ——空气密度（kg/m^3）；

d_1——进风含湿量（g/kg）；

d_2——出风含湿量（g/kg）；

L——风量（m^3/h）。

2. 固体吸湿剂用量 G

$$G=\frac{WZ}{a}\quad(\text{kg}) \tag{7-5-8}$$

式中　a——吸湿剂平均吸湿量，即吸湿剂能力到显著降低需再生时，每 kg 吸湿剂的吸湿量。工业纯氯化钙 $a=0.55$（kg/kg），硅胶 $a=0.2\sim0.3$（kg/kg）；

Z——吸湿剂再生周期（h）。

3. 通风断面积 F（m^2）：

$$F=\frac{L}{3600v} \tag{7-5-9}$$

式中　v——空气通过吸湿层的断面流速：建议氯化钙 $v=0.6\sim0.8$m/s，硅胶 $v=0.3\sim0.5$m/s。

4. 吸湿层厚度 δ：

根据结构、吸湿量和采用风机的压力，氯化钙吸湿层 $\delta=250\sim500$mm，硅胶吸湿层 $\delta=40\sim60$mm。

5. 抽屉式吸湿器面积 F 及抽屉个数 n

$$F=A\cdot B \tag{7-5-10}$$

$$n=\frac{F}{f} \tag{7-5-11}$$

式中 A——抽屉长度，建议取 0.6～0.8（m）；

B——抽屉宽度，建议取 0.5～0.7（m）；

f——一个抽屉的面积（m^2）；

n——抽屉总个数。

6. 阻力

（1）氯化钙

$$H=K_1\cdot\delta\cdot v^2\quad(\text{Pa}) \tag{7-5-12}$$

式中 K_1——试验系数，如图 7-5-2 抽屉式吸湿器，建议 $K_1=2000$，如图 7-5-5 通风吸湿箱，建议 $K_1=400$；

δ——吸湿层厚度（m）；

v——空气通过吸湿层的速度（m/s）。

（2）硅胶

$$H=K_2\cdot\delta\cdot v^2\quad(\text{Pa}) \tag{7-5-13}$$

式中 K_2——试验系数，建议 $K_2=35\sim40$。

第六节 干燥转轮除湿机

一、干燥转轮除湿机的除湿原理、特点和用途

（一）除湿原理

干燥转轮除湿机是一种干式除湿设备。主要是利用吸湿剂的亲水性来吸收空气中的水分成为结晶水，而不变成水溶液。因而，不会产生吸湿剂水溶液腐蚀设备，不会出现空气带出离子损害工艺设备，也不需要补充吸湿剂。在当前，这是一种比较理想的除湿设备。

在吸湿原理上，主要依靠吸湿剂的吸收作用，即利用特制吸湿纸来吸收空气中的水分。常温时，吸湿纸的水蒸气分压力低于空气的水蒸气分压力，所以能够吸收空气中的水分。当高温时，吸湿纸的水蒸气分压力高于空气的水蒸气分压力，又可将吸收的水分放出来，能够如此反复循环使用。

（二）转轮的组成

干燥转轮除湿机的转轮是由含有吸湿剂的特种无机纤维纸（如玻璃纤维）组成的。首先，将含有吸湿剂的无机纤维纸压成波峰约 1.5mm 的波纹板，再在波纹板之间垫上同种材料而无波纹的夹层，并将各层牢固的粘接在一起，从而制成多层含有吸湿剂的波纹纸墩。最终，将纸墩根据设计尺寸需要，经过精密机械加工和拼接，制成蜂窝形状的转轮。

根据性能要求，转轮含有的吸湿剂种类主要有：氯化锂、高效硅胶、分子筛、硅酸盐、活性炭以及上述材料的复合体。早期多采用氯化锂转轮，由于氯化锂有易于吸水脱落和含水后带有腐蚀性等缺点，故近年来，大多数厂家主要采用的是性能更佳的高效硅胶转轮。至于分子筛转轮，只有在超低湿和极特殊的的条件下才采用。复合转轮则利用两种材料的不同优点，在特别需要的设计中使用，目前用量较少。

湿空气经过除湿转轮时，主要是一个传质过程。根据吸湿剂的吸附过程和特点，在常温情况下，吸湿剂的吸附微孔表面水蒸气分压力，较之空气的水蒸气分压力要小得多，因此，湿空气中的水蒸气向吸附微孔转移，湿空气得到干燥。同时，根据吸附的物理原理，吸附过程需要释放凝结潜热，从而转轮机体和干燥空气因受热会有升温。

转轮单位体积内的吸湿面积和吸附剂吸附比表面积很大，以常用的高效硅胶转轮为例，$1m^3$ 体积转轮纸芯的吸湿面积达 $3000m^2$；吸附剂是非结晶体型的二氧化硅，硅胶孔径范围 15～30Å，吸附面积约 $600m^2/g$。因此，转轮除湿能力很强，处理的空气很容易获得较低的露点。

吸附剂吸湿到一定程度就会饱和，吸湿过程将终止，为了能够保持吸湿剂的吸湿性能，必须将吸湿剂再生。再生过程是利用吸湿剂的另一个特性，即在高温下，吸湿剂的吸附微孔表面水蒸气分压力，较之再生空气的水蒸气分压力要高得多，这就给吸湿剂再生提供了有利条件，只要将吸湿后的吸湿剂简单加热，提供充足的汽化潜热，即能使得吸湿剂得到充分再生，从而达到不更换吸湿剂即可使吸湿剂连续除湿和连续再生。

（三）特点

在各类除湿方法中，转轮除湿机属于近代开发的性能优异的干法除湿机。与其他除湿方法比较，转轮除湿机有以下特点：

1. 除湿范围大，效率高。

与冷冻除湿机比较，使用的温度范围大，一般可在－30～＋40℃的范围内对空气进行除湿，且在低温低湿空气状态下的除湿效果更佳。当温度低于 0℃时，吸湿纸不会结冰，仍能与周围空气进行较好的湿交换。由于除湿过程属于干式吸附过程，除湿后不存在诸如“带水量”和由于相对湿度高需要后加热等缺点，所以，在一定温度范围内，转轮除湿机的除湿效率高于其他除湿方法。

2. 除湿能力强，可获得较低露点。

转轮除湿法明显优于单纯的冷却除湿法。冷却除湿过程，处理后的空气露点一般不低于 10～15℃，否则表冷器表面有结霜的危险。而转轮除湿机则可方便地使处理后的空气达到 10～－75℃的露点。

3. 机组构造简单，安装方便。

转轮除湿机主要组成为轻质的转轮芯、微型转轮电机、普通风机和小型电控盘等，没有压缩机等复杂的旋转设备，因此，机组结构较为简洁，总重量轻，配件少，工程安装方便，易于空调系统的除湿改造工程。

4. 易于操作，性能稳定，维护简便。

转轮除湿机采用的是物理吸附过程，设备可长期连续运转，吸附剂不需更换且可自动再生，机械本体需要经常更换的备件少，设备耐腐蚀，阻燃防火，对环境无污染，因此，操作和维护十分简便。

纸芯的主要材料为无机成分，性能稳定，使用年限较长。转轮使用寿命一般可达8～10年，根据设备运行情况，性能降低时，可以随时更换新的转轮芯。

5. 根据除湿性能要求，可以选择不同转轮。

目前，干燥转轮吸湿剂材料有硅胶、氯化锂、分子筛、金属硅酸盐、氧化铝凝胶、合成硅酸盐、活性炭或上述材料的组合。根据用户湿度参数的不同要求，可选择不同类型和规格的转轮芯。上述各种类型的转轮芯，可以安装在各种规格的转轮除湿机之中。

6. 运行费用低，有利节约和利用能源。

转轮除湿机主要的能耗在于转轮再生用的热量。转轮除湿机再生用热量，可以采用电热再生，也可以采用蒸汽或燃气加热再生，根据用户的具体条件确定。

转轮除湿与其他空调处理过程组合的除湿系统，更能扩大转轮除湿的应用范围。同时，热泵式转轮除湿机组和热回收转轮组合利用机组的出现，更可以在各种温、湿度参数的处理过程中，充分回收和利用能源。

(四) 用途

干式转轮除湿机的应用范围很广泛。

1. 一般有湿度控制要求的空调系统

特别适用于房间内要求相对湿度≤50%或新风量较大的空调系统中。新风系统采用转轮除湿机除湿后，将会节约冷量和提高系统湿度控制的稳定性。例如：电子工业厂房、光刻生产线、计算机房、冰场、滑雪场、宾馆新风系统等。

2. 产品对空气湿度有严格控制要求的生产厂房或仓库

对湿度敏感的产品，如药品、食品糖果、夹层玻璃、印刷制品等生产厂房或仓库，环境相对湿度按生产要求，应为20%～40%RH。

3. 对环境空气有超低露点要求的空调系统

锂电池生产、热塑性塑料树脂干燥，可实现1%以下的相对湿度以及－60℃的露点温度。

4. 生产中工艺干燥系统空气除湿

在许多工业生产中，如感光材料、化纤或聚酯薄膜、木材和食品加工等，均需要求提供干燥空气作为干空气来源。

5. 防腐、防潮工程

地下工程及对仪表、电器、钢铁有防腐、防锈要求的生产厂房或仓库，如仪器室、大型桥梁、船舶、军事、博物馆、图书馆、游泳馆、胶片仓库，对温度要求并不一定很严、而对最高湿度却有一定限制。

二、工作原理及构造

(一) 工作原理

转轮除湿机工作原理见图7-6-1。

转轮除湿机的主体结构是不断转动的蜂窝状干燥转轮。干燥转轮是除湿机中吸收水分的关键部件，它是由载有干燥剂的耐热波纹状介质材料制成的。这种设计，结构紧凑，而且可以提供为湿空气与吸湿介质充分接触的巨大表面积。从而大大提高了除湿机的除湿效率。

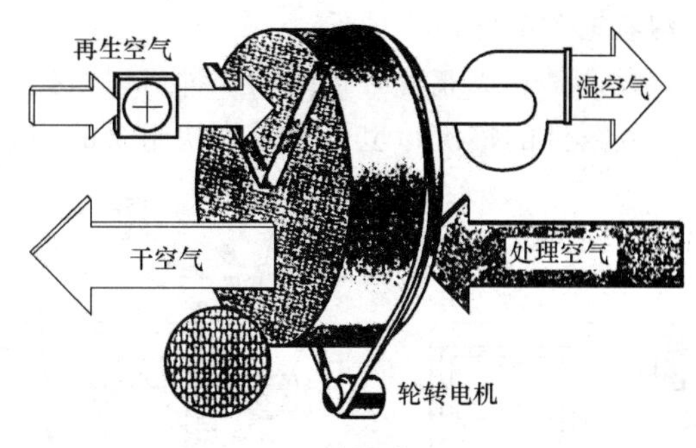

图 7-6-1 转轮除湿原理图

除湿转轮设计成可以在密封状态下旋转，转轮被两股气流反向通过。除湿转轮两侧，由具有高度密封性能的材料制成的隔板分为两个扇形区：一个为处理湿空气端的 270°扇形区域；另一个为再生空气端的 90°扇形区域。

需要除湿的潮湿空气（称处理空气）进入转轮 270°扇形区域时，空气中水分子被转轮内的吸湿剂吸收，干燥后的空气则通过处理风机送至干空气出口。

除湿转轮在除湿过程中，不断缓慢转动。在除湿过程中，处理空气区域的转轮扇面吸收水分后，自动旋转到再生空气端扇区，进入再生过程。

在再生过程中，再生空气（一般为室外空气）经约 120℃左右加热后，进入转轮再生区扇面，在高温状态下，转轮中的水分子被脱附，散失到再生空气中。

再生空气由于在脱附过程中获得了水分，损失了热量，自身温度降低，变成了含湿量较大的湿空气。湿空气（废气）则由再生风机排至室外。

转轮的转速很慢，一般 8～12 周/小时左右。在上述边除湿边再生的过程中，空气不断除湿，转轮不断再生。

为了使除湿过程安全、平稳地进行，转轮除湿机对于再生温度、再生温度的高温限制、再生风机延迟停机等，进行报警和控制。

（二）构造

干式转轮除湿机主要由除湿系统、再生系统和控制系统三部分组成。

除湿系统由吸湿转轮、减速传动装置、风机和过滤器等组成。再生系统除转轮箱体外，还有加热器、风机、过滤器和调风阀门等。加热器可以采取蒸汽、电、燃气等作为热源。

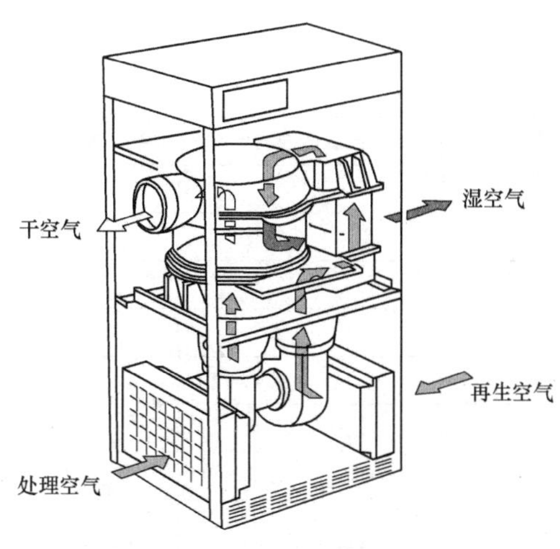

图 7-6-2 立式转轮除湿机构造图

控制系统由驱动电机控制、温度控制和保护装置组成。再生温度要进行高低温控制。过热保护装置用于当再生温度超过设定值时，自动关闭电加热器。为运行安全，电加热器与再生风机和转轮传动电机设有连锁装置和延时关闭装置。

（三）分类

从结构和功能两方面区分，可以将转轮除湿机划分为以下几类。

1. 按结构类型分

按照转轮除湿机的核心部件-转轮的安装方式，可以划分为立式和卧式两种类型。立式转轮除湿机构造见图 7-6-2，卧式转轮除湿机构造见图 7-6-3。

无论是立式或者卧式结构，都可以根据工艺和空间要求拓展出很多型号的设备，可以是无外露件的整机，也可以是模块组合的整机，甚至只有某一功能模块单元。

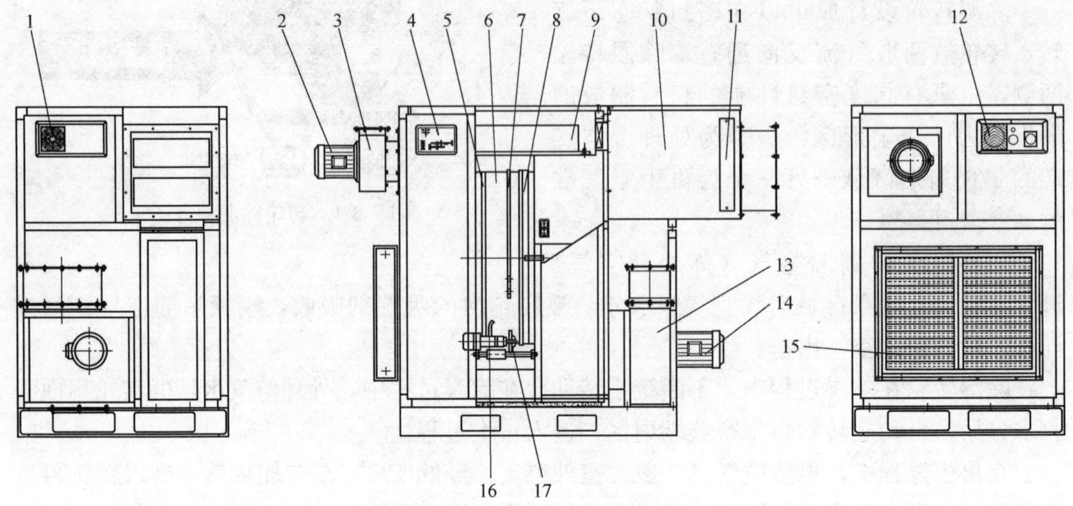

图 7-6-3　卧式转轮除湿机构造图

1—冷却风扇过滤器；2—再生风机电机；3—再生风机；4—控制面板和温度显示；5—径向密封；6—干燥转轮；7—转轮驱动带；8—周向密封带；9—控制盘；10—再生加热器；11—再生过滤器；12—冷却风扇过滤器；13—处理风机；14—处理风机电机；15—处理风过滤器；16—转轮驱动电机；17—转轮驱动带轮

瑞典 Munters 公司 M、I 系列转轮除湿机的型号及主要技术数据见表 7-6-1。

M、I 系列转轮除湿机主要技术数据　　表 7-6-1

型号	处理空气流量	加热功率	不同工况下出口参数(g/kg)		
	(m^3/h)	(kW)	20℃,40%	20℃,60%	20℃,80%
M 120	120	1.2	1.1	2.5	4.6
M 200	200	1.7	1.7	3.6	5.9
M 600	600	5	1.7	3.5	5.8
MG 50	50	0.4	3.6	5.9	8.5
MG 90	90	0.65	3.7	6	8.6
ML 180	180	1.8	1.1	2.4	4.3
ML 270	270	2.7	1	2.3	4.3
ML 420	420	4.2	0.9	2.2	4.2
ML 690	690	6.9	0.8	2.1	4.1
ML 1100	1100	11.1	0.9	2.1	4.1
ML 1350	1350	13.5	1	2.3	4.2
ML 17	1700	18	0.8	1.9	3.8
ML 23	2300	24.6	0.9	2.1	3.9

续表

型号	处理空气流量	加热功率	不同工况下出口参数(g/kg)		
	(m^3/h)	(kW)	20℃,40%	20℃,60%	20℃,80%
MLT 350	350	1.8	2.9	5.2	7.7
MLT 800	800	4.2	2.9	5.2	7.8
MLT 1400	1400	6.9	3	5.3	8
MLT 3000	3000	18	2.8	4.9	7.3
MX 1500	1500	15.3	1.3	2.7	4.9
MX 2100	2100	22.5	1	2.2	4.2
MXT 2100	2100	15.3	2.2	4.3	6.9
MXT 2700	2700	30.6	1	2.1	3.9
MXT 2800	2800	22.5	1.6	3.6	6
MX 3700	3700	37.8	1.2	2.5	4.6
MX 5000	5000	53.1	1.1	2.3	4.3
MXT 5000	5000	37.8	1.9	4	6.5
MX 6200	6200	67.5	1	2.2	4
MXT 7500	7500	53.1	2.1	4.1	7
MX 7600	7600	82.9	1.1	2.1	4.1
MXT 9000	9000	67.5	1.3	3.8	6.3
MT 2000	2000	22.5	0.8	1.9	3.8
MT 3000	3000	33	1.4	2.6	4.4
MT 4000	4000	42.6	1.2	2.4	4.3
MT 5000	5000	53.1	1.4	2.8	4.8
MT 6000	6000	62.7	1.3	2.72	4.6
MT 7000	7000	73.2	1.4	2.8	4.8
MT 8500	8500	90	1.7	3	5
MT 10000	10000	110.4	1.9	3.3	5.3
MT 15000	15000	172	1.1	2.2	3.9
MT 20000	20000	215	1.5	2.8	4.6
ICA 750	3400	38.9	0.6	1.7	3.4
ICA 1000	5100	59.0	0.5	1.2	3.0
ICA 1300	8500	98.4	0.5	1.2	3.2
ICA 1500	10200	117.9	0.5	1.4	2.5
ICA 2000	15300	176.9	0.5	1.3	3.1
ICA 2200	20400	235.8	0.5	1.2	2.9
ICA 2500	25500	294.8	0.5	1.3	2.9
ICA 3000	30600	353.7	0.5	1.0	2.9
ICA 3500	39100	452.1	0.5	0.8	2.8

注：1. 以上数据对应的再生空气入口温度为32℃，相对湿度70%。
2. 蒸汽压力400kPa。

2. 按功能分

为满足不同工程的处理空气参数和要求的送风参数不同，转轮除湿机可与其他空气处理设备组合使用。按使用功能可分为：单纯除湿用的单机型；有温度、湿度、洁净度、能耗要求的系统型等。在系统型里，通过不同的功能组合，可以形成不同的机型，如恒温恒湿型、节能型、低露点型等。

（1）恒温恒湿型

恒温恒湿型转轮除湿机是以单机为基础，再生系统不变，在除湿系统前后增加温度调节的单元，表面式空气冷却器、加热器等；在除湿系统旁通或者在除湿系统后增加加湿单元，如电极加湿器等；在控制系统上增加可调送风温湿度的控制设备，如温湿度传感器、变送器、执行器等。

（2）节能型

节能型转轮除湿机。顾名思义是将除湿过程中的剩余能源进行回收再利用，例如在再生系统上增加空气—空气热回收设备，以减小再生空气的加热量。一般采用没有水分传递的板式热回收器。对大型除湿机，采用再生进口空气和再生出口空气进行热回收。对送风要求冷却的空气处理系统，则采用再生进口空气和处理出口的干燥空气之间进行热回收。

另外，还可以充分利用制冷循环的冷凝器和蒸发器的高低温差异，配合除湿过程和再生过程的高低温要求，由压缩机替代热源，实现能量的充分利用，节能效果非常显著。瑞典 Munters 公司生产的 HCU 型除湿机流程图见图 7-6-4，主要技术参数见表 7-6-2。

当空气处于高湿的情况下，直接蒸发式盘管的除湿效率较高，因此把它作为机组的第一个处理过程，可以有效地除去空气中的水气；而经过直接蒸发式盘管之后的空气被冷却且接近饱和状态，对于这种状态的空气而言转轮的除湿效率较高。这样，集冷却除湿和转轮除湿于一身，并使其各自工作在最有效率的状态，最大限度地提高了机组的运行效率，使得 HCU 机组具有非常低的显热比；同时利用冷凝器产生的废热来再生转轮，极大地降低了机组的耗能，大幅提高了能效比。

HCU 机组主要技术参数 **表 7-6-2**

基本规格	HCUc3012	HCUc4020	HCUc6030	HCUc8040	HCUc1265	HCUc1685
额定风量(m^3/h)	5100	6800	10200	13600	20400	27200
制冷量(kW)	42.2	70.3	105.5	140.7	228.6	298.9
传统制冷量(kW)**	70.3	105.5	175.9	246.2	351.7	457.2
外形尺寸(L×W×H)(cm)	285×166×145	399×166×181	440×244×181	633×244×219	790×323×259	866×323×259
总重量(kg)±10%	1500	2040	2380	3560	6190	7620

** 表明用传统制冷方式达到 HCU 送风露点所需要的制冷量

处理空气流程：首先温暖潮湿的空气 1 经过滤器后进入制冷系统的蒸发器 2，冷却减湿后去除大部分水分，此时的冷湿气流进入转轮处理区域 3，被转轮干燥后的处理空气，可直接（或根据需要经后加热器 4）进入空调房间或现有的空调机组。

再生空气流程：转轮再生的空气 5，先经制冷系统的冷凝器 6 加热，再经过滤器，进入转轮再生区域 7。热的再生空气把转轮从处理区域吸收的水分蒸发并排出 8。制冷系统产生的多余的热量由冷凝风扇 9 排出。

(3) 低露点型

低露点型转轮除湿机是综合各种技术，如冷冻（表冷器）＋高效转轮（分子筛转轮）＋干空气再生(Purge)＋多级技术（双转轮）等，制造出绝对含湿量很低的空气，主要适用于锂电池、化纤行业聚酯切片的干燥、食品工业原料及药材的低温脱水处理等有特殊要求的除湿工程。

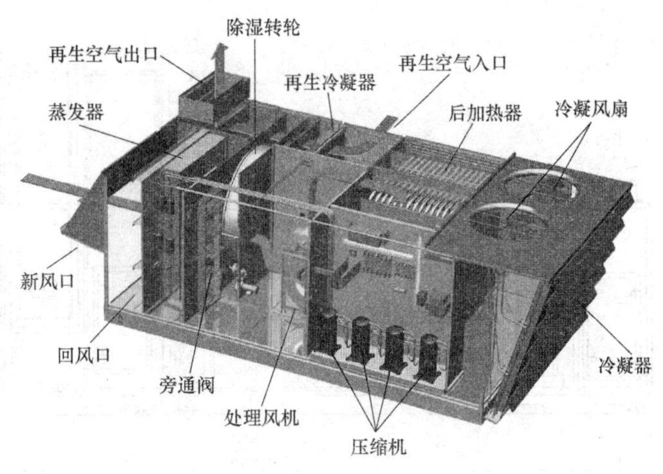

图 7-6-4　HCU 除湿机流程图

锂电池生产的干燥房湿度要求较高，为了保证锂电池质量，其生产环境的露点温度一般在－40～－60℃（具体露点要求与不同的生产工艺有关）；根据露点要求不同及节能方面考虑，选用不同的除湿设备，通常干燥房湿度露点要求控制在－45℃以上，则选用单转轮（分子筛转轮）系统的低露点除湿机即可满足要求，单转轮系统的送风点露点可达到－55～－60℃；若干燥房湿度露点要求控制在－50℃以下，则需要双转轮（硅胶转轮＋分子筛转轮）系统的超低露点除湿机才可满足要求，双转轮系统的送风点露点可达到－70℃以下；

低露点除湿机组（单转轮系统）处理过程：新风经粗效过滤后，经过一级表冷器降温，可将温度处理到 10～12℃（冬季时加前预热处理），与回风进行混合，混合后的空气经过二级表冷器降温，降到 10～12℃后处理空气经过分子筛转轮进行除湿，转轮出风露点降至－55～－60℃，转轮除湿后的干燥空气经过三级表冷器降温（冬季时经后加热升温）及中效过滤后送入干燥间；二级表冷器降温处理空气中的一部分作为再生空气经过转轮冷却区对转轮进行冷却，这部分空气冷却转轮的同时得到预热，预热后的再生空气经过再生加热器升温处理，之后对转轮进行再生。上海云懋空气处理设备有限公司生产的单转轮低露点除湿机组结构图及流程图见图 7-6-5 及图 7-6-6，单转轮低露点除湿机组主要技术参数见表 7-6-3。

单转轮低露点除湿机组主要技术参数　　表 7-6-3

季节	设备型号	DSL-16000 E/Plus							
	空气状态点	A	B	C	D	E	F	G	H
	气流名称	新风	一级表冷后	回风	混合后	二级表冷后	转轮除湿前	转轮除湿后	送风点
夏季	风量 m³/h	3700	3700	14650	18350	18350	16000	16000	16000
	干球温度℃	34.0	11.0	22.0	21.9	11.0	11.0	19.3	16.0
	含湿量 g/kg	28.8	7.81	0.069	1.73	1.73	1.73	0.011	0.011
冬季	风量 m³/h	3700	3700	14650	18350	18350	16000	16000	16000
	干球温度℃	−4.0	5.0	20.0	17.0	17.0	17.0	21.7	26.0
	含湿量 g/kg	2.075	2.075	0.069	0.47	0.47	0.47	0.001	0.001

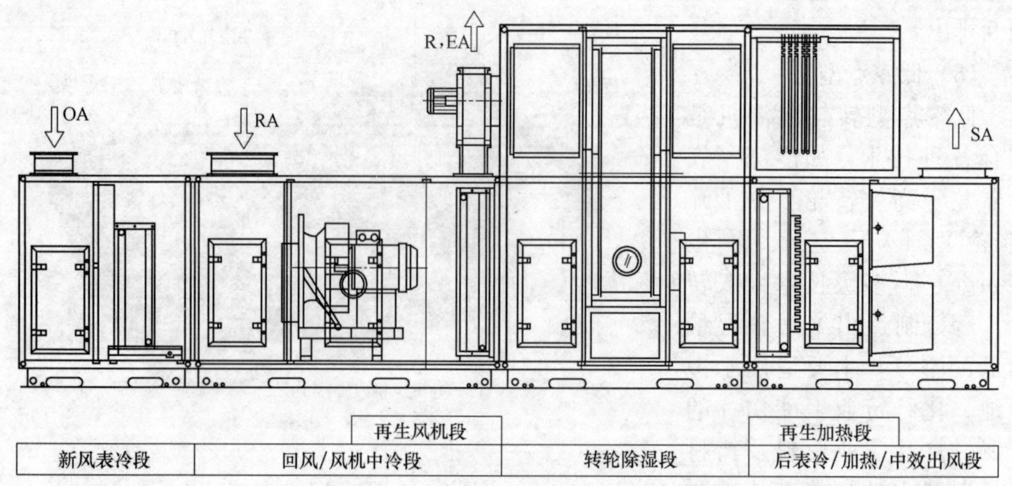

图 7-6-5　单转轮低露点除湿机组结构图

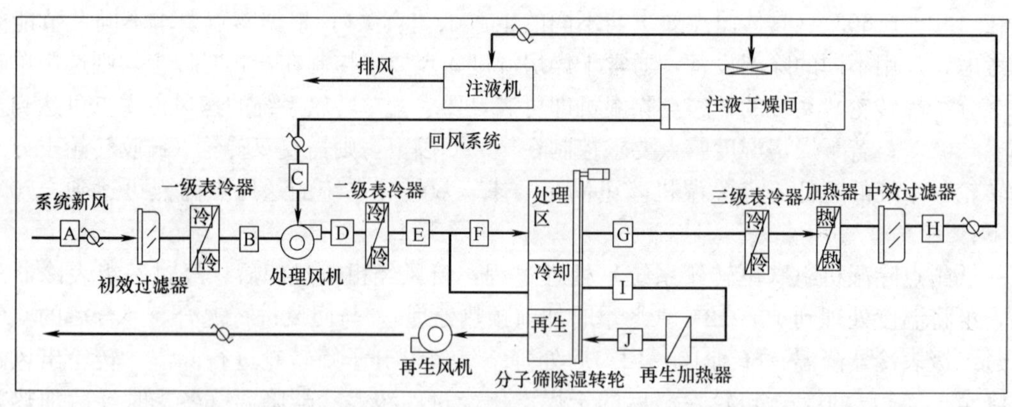

图 7-6-6　单转轮低露点除湿机组空气处理流程图

双转轮系统低露点除湿空气处理过程：新风经粗中效过滤段后，经过一级表冷器，将空气降至 10～12℃露点温度，再经一级转轮除湿机除湿，将空气露点降至－10℃，与回风混合后，经过二级表冷器和转轮除湿机再次除湿，降至－30～－75℃的露点温度。为了确保得到可靠的低露点，二级转轮的再生空气是从二级转轮处理空气出口中取的，也就是所谓的干空气再生（Purge），可以有效增加除湿能力。

双转轮低露点空气干燥机结构流程图见图 7-6-7，双转轮低露点干燥机组主要技术参数见表 7-6-4。

双转轮低露点干燥机组主要技术参数　　**表 7-6-4**

型号	HC 20000 EP Plus					
气流名称	新风	一级表冷后	一级除湿后	一级再生入	一级再生前	一级再生后	回风
风量(m^3/h)	6956	6956	6956	1330	1330	1330	29251
干球温度(℃)	33.20	13.00	30.00	33.20	129	48	23.00
含湿量(g/kg)	25.50	8.90	4.50	25.50	25.50	50.3	0.17

续表

型号	HC 20000 EP Plus						
气流名称	混合后	二级表冷后	二级除湿后	二级再生入	二级再生前	二级再生后	三级表冷
风量(m^3/h)	36207	36207	31250	4957	4957	4957	(备有)
干球温度(℃)	24.34	13.00	16.11	65.56	135.00	60.00	
含湿量(g/kg)	1.00	1.00	0.01	0.05	0.05	7.33	

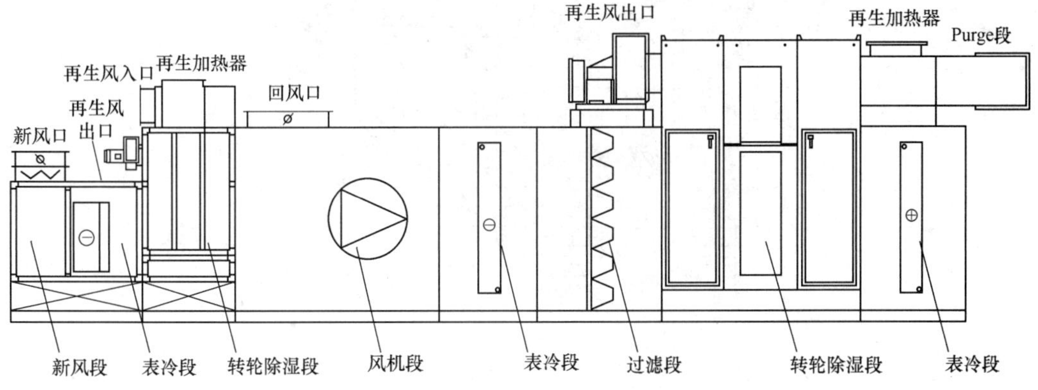

图 7-6-7　双转轮低露点空气干燥机结构流程图

三、主要技术性能

1. 机组的除湿量

机组的除湿量大小主要与处理空气量、含湿量、相对湿度、再生空气量、再生温度、转轮的转数，以及转轮的吸湿面积等参数有关，并随上述参数的变化而变化。机组的除湿量为处理空气的重量乘每 kg 空气的除湿量。不同处理前的空气参数下，机组每 kg 空气的除湿量（以下简称单位除湿量）见图 7-6-8 及图 7-6-9。

图 7-6-8 是当处理风量与再生风量的比例为 3∶1 时，再生空气温度 120℃，转轮的有效直径 960mm，厚度 350mm，转数为 6r/h 时测定的值。图中 Δd 曲线表示该空气状态下每 kg 空气的除湿量（g/kg），其余符号均同 h-d 图。

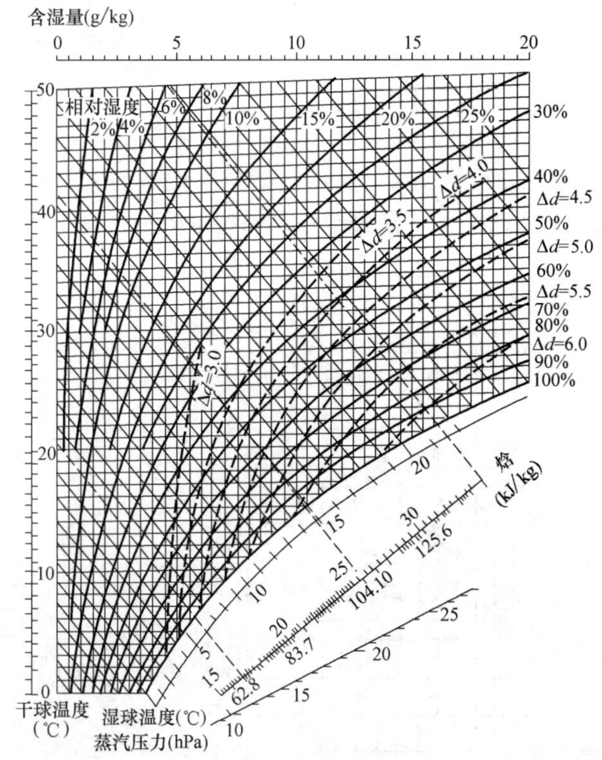

图 7-6-8　不同处理空气参数 F 除湿机的单位除湿量

图 7-6-9 是 Munters 公司的除湿机单位除湿量图，适用于 MA 系列标准除湿机（即转轮厚度 400mm，转数 10r/h，其处理空气与再生空气的进口状态相同，处理风量与再生风量比为 3∶1，再生温度为 120℃）。

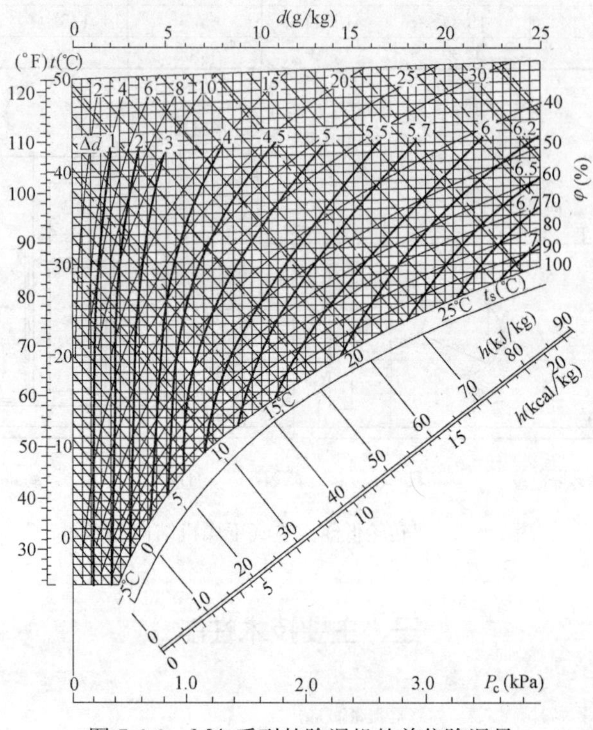

图 7-6-9　MA 系列的除湿机的单位除湿量

2. 处理空气的温升

处理空气经转轮除湿后，由于水蒸气的潜热转化成显热，以及再生时转轮的蓄热，所以处理空气的温升较大，其值与单位除湿量的大小和再生温度高低有关。当再生温度为 120℃时，处理空气的温升与单位除湿量的关系见图 7-6-10 及图 7-6-11。

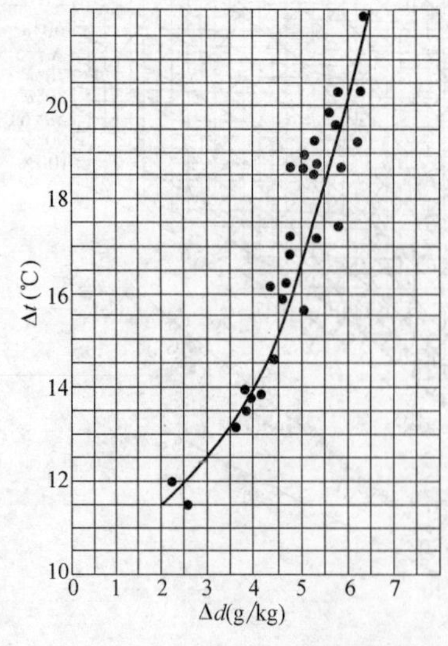

图 7-6-10　处理空气温升曲线

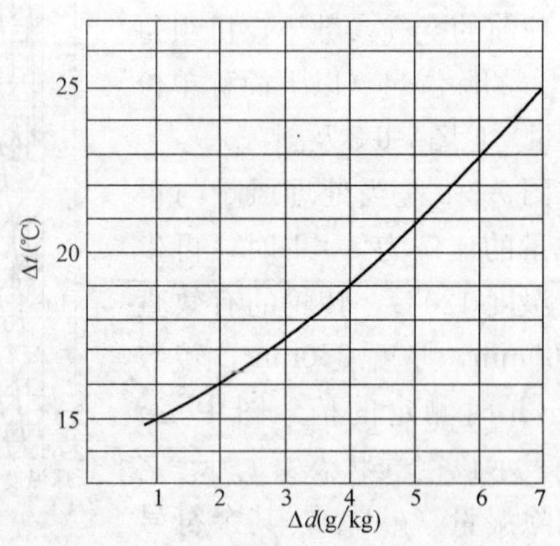

图 7-6-11　Munters 公司处理空气温升曲线

图 7-6-10 的使用条件同图 7-6-8

图 7-6-11 的使用条件同图 7-6-9

3. 设备阻力

空气通过转轮的阻力随面风速的增加而增加，额定风量为 3000m³/h 的卧式除湿机的处理侧空气流动阻力的试验曲线见图 7-6-12。由于再生空气温度高，在相同的面风速下，其空气流动阻力比处理侧大，其差值与再生温度的高低有关。当再生温度为 120℃时，再生侧的阻力为处理侧的 1.2 倍。

除湿机的设备阻力见表 7-6-5。

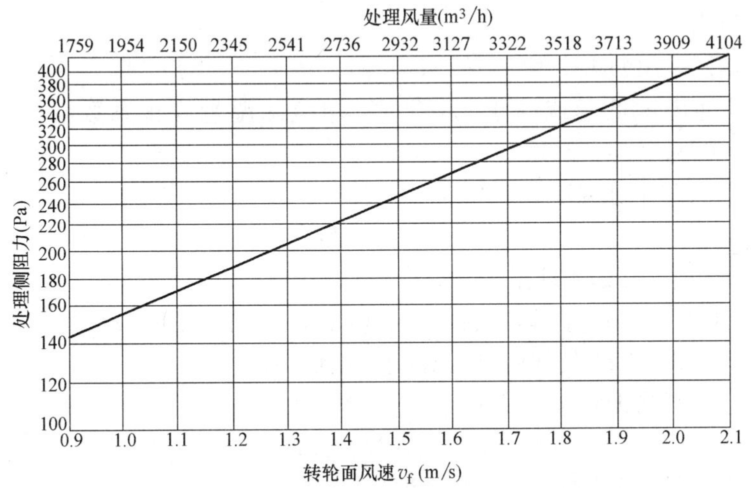

图 7-6-12 转轮处理侧空气流动阻力曲线

除湿机设备阻力 **表 7-6-5**

型号	处理空气转轮两侧			再生空气转轮两侧		
	流量 (m³/s)	流量 (m³/h)	压差 (Pa)	流量 (m³/s)	流量 (m³/h)	压差 (Pa)
MT2000	0.56	2000	83	0.19	670	123
MT3000	0.84	3000	135	0.31	1100	212
MT4000	1.12	4000	120	0.37	1330	170
MT5000	1.39	5000	156	0.47	1670	217
MT6000	1.67	6000	153	0.56	2000	202
MT7000	1.95	7000	184	0.65	2330	239
MT8500	2.37	8500	232	0.79	2830	294
MT10000	2.78	10000	282	0.93	3330	352

4. 再生温度对单位除湿量的影响

单位除湿量随再生温度增高而增大，成直线关系变化。与处理空气的含湿量无关，即处理空气的含湿量不同时，单位除湿量受再生温度变化的影响相同，均为 0.024g/(kg·℃)。

5. 改变处理风量对单位除湿量的影响

当处理空气的面风速在 1～3m/s 的范围内，再生空气 120℃，再生空气量等于处理空气量的 1/3 时，改变处理风量，其单位风量的除湿量随风速的增加略有减少，总除湿量随风量的增加而增加。

四、转轮除湿机的计算程序

选用时，可采用下列计算公式。

1. 处理后空气的含湿量 d_2（g/kg）：

$$d_2=d_1-[\Delta d-a(120-t_3)] \tag{7-6-1}$$

式中 d_1——处理前空气的含湿量（g/kg）；

Δd——每 kg 空气的除湿量（g/kg），根据处理前空气的参数查图 7-6-8、图 7-6-9 得出；

t_3——实际采用的再生温度（℃）；

a——再生温度低于或高于 120℃ 时，单位除湿量修正系数，本次试验取 $a=0.024$g/(kg·℃)。

2. 处理后空气的干球温度 t_2（℃）：

$$t_2=t_1+\Delta t \tag{7-6-2}$$

式中 t_1——处理前空气的干球温度（℃）；

Δt——处理后空气的温升，根据公式（7-6-1）中的 $[\Delta d-a(120-t_3)]$ 查图 7-6-10、图 7-6-11 处理后空气温升曲线（℃）。

3. 再生后空气的含湿量 d_4（g/kg）：

$$d_4=d_3+3[\Delta d-a(120-t_3)] \tag{7-6-3}$$

式中 d_3——再生前（或室外）空气的含湿量（g/kg）。

4. 再生后空气的干球温度 t_4（℃）：

$$t_4=t_3-3\Delta t \tag{7-6-4}$$

5. 处理风量 L_c(m^3/h)

$$L_c=\frac{W}{\rho[\Delta d-a(120-t_3)]} \tag{7-6-5}$$

式中 W——需要的除湿量（g/h）；

ρ——处理前空气的密度（kg/m^3）。

6. 再生风量 L_z（m^3/h）

$$L_z=\frac{1}{3}L_c \tag{7-6-6}$$

7. 再生加热量 Q_z（W）

$$Q_z=\frac{1}{3.6}L_z\rho_z\cdot c(t_3-t_w) \tag{7-6-7}$$

式中 ρ_z——加热前再生空气的密度（kg/m^3）；

c——空气的比热，可取 1.01kJ/(kg·℃)；

t_w——加热前再生空气温度，可取室外计算空气温度（℃）。

8. 再生电加热器的功率 N_Z(kW)

$$N_Z=\frac{Q_z}{0.9\times 1000} \tag{7-6-8}$$

【例 7-6-1】 用于恒温低湿工程

室内要求 $t_n=20℃$；$\phi_n=30\%$；$d_n=4.3g/kg$；室内总产湿量 $W_1=3280g/h$；室外空气参数

$t_w=30℃$；$\phi_w=60\%$；$d_w=16.25g/kg$；房间体积 $V=780m^3$；室内无余热量。

【解】 [1] 确定送风参数：

送风量按 5 次换气计算

$$L_s=5\times780=3900m^3/h$$

$$t_s=20℃$$

$$d_s=d_n-\frac{W_1}{\rho L_s}=4.3-\frac{3280}{1.2\times3900}=3.599g/kg$$

[2] 计算混合后空气参数 t_1'、d_1'

假设新风量为送风量的 30%，

$$L_w=0.3\times3900=1170m^3/h$$

$$L_n=L_s-L_w=3900-1170=2730m^3/h$$

$$t_1'=\frac{L_nt_n+L_wt_w}{L_s}=\frac{2730\times20+1170\times30}{3900}=23℃$$

$$d_1'=\frac{L_nd_n+L_wd_w}{L_s}=\frac{2730\times4.3+1170\times16.25}{3900}=7.885g/kg$$

[3] 计算总除湿量 W

新风带入的湿量 W_2

$$W_2=\rho L_w(d_w-d_n)=1.2\times1170(16.25-4.3)=16777.8g/h$$

$$W=W_1+W_2=3280+16777.8=20057.8g/h$$

[4] 计算单位除湿量 Δd，求处理前空气参数

$$\Delta d=\frac{W}{\rho L_s}=\frac{20057.8}{1.2\times3900}=4.286g/kg$$

用计算的混合点空气参数 t_1'、d_1' 查图 7-6-8，得 $\Delta d=3.75g/kg$ 小于计算的单位除湿量，因此，需先降温、后除湿，按 $d_1'=7.885g/kg$、$\Delta d=4.286g/kg$ 查上图得 $t_1=17℃$，故需先将 t_1' 沿等 d 线降至 t_1 后再通过转轮除湿。

[5] 计算再生风量 L_z

按公式（7-6-6）计算

$$L_z=\frac{1}{3}L_c=\frac{3900}{3}=1300m^3/h$$

[6] 计算再生加热量 Q_z 及再生电加热器功率 N_z。

按公式（7-6-7）及（7-6-8）计算

$$Q_z=\frac{1}{3.6}L_z\rho_z\cdot c(t_3-t_w)=\frac{1.01}{3.6}\times3600\times1.15(120-30)=37750W$$

$$N_z=\frac{Q_z}{0.9\times1000}=41.94kW$$

[7] 处理后空气参数

查图 7-6-8，当 $\Delta d=4.286g/kg$，$\Delta t=14.8℃$，按公式（7-6-1）、(7-6-2）计算

$$t_2=t_1+\Delta t=17+14.8=31.8℃$$

$$d_2=d_1-\Delta d=16.25-4.286=3.599\text{g/kg}$$

再生后空气参数按公式（7-6-3）、（7-6-4）计算

$$t_4=t_3-3\Delta t=120-3\times14.8=75.6℃$$

$$d_4=d_w+3\Delta d=16.25+3\times4.286=29.108\text{g/kg}$$

根据上述计算，处理前和处理后均需设置空气降温设备。

[8] 处理过程见图 7-6-13。

[9] 系统配置原理见图 7-6-14。

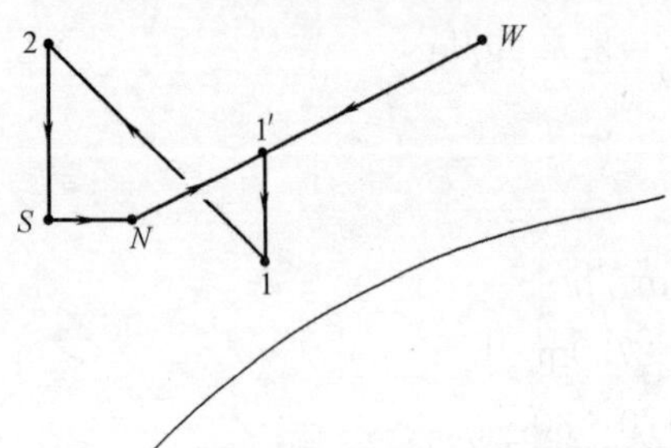

图 7-6-13 恒温低湿工程处理过程

W、N→1′—新风混合过程；1′→1—表冷器降温过程；1→2—除湿机除湿过程；2→S—表冷器降温过程；S→N—室内变化过程

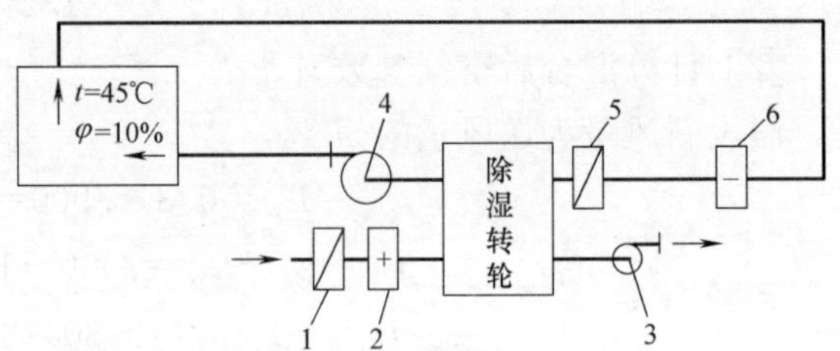

图 7-6-14 恒温低湿工程系统配置原理图

1—再生过滤器；2—电加热器；3—再生风机；4—处理风机；5—处理过滤器；6—表冷器

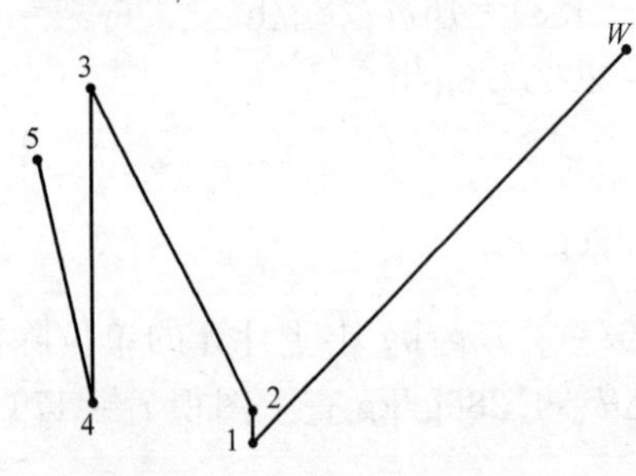

图 7-6-15 多级除湿处理过程

W→1—冷却除湿过程；1→2—风机温升；2→3—一级转轮除湿过程；3→4—冷却过程；4→5—二级转轮除湿过程

【例 7-6-2】 用于大湿差的多级处理。

需处理的空气参数 $t_w=35.2℃$；$d_w=22.8\text{g/kg}$ 要求的送风参数 $t_s=30℃$；$d_s\leqslant0.6\text{g/kg}$；$L_s=540\text{m}^3/\text{h}$。

【解】 该工程要求的空气单位除湿量 $\Delta d=d_w-d_n=2.2\text{g/kg}$，其露点温度为－20℃，只有采用多级除湿的组合设备才能满足要求。多级除湿的处理过程见图 7-6-15。

[1] 根据冷却除湿设备的性能，一般将空气的绝对含湿量处理到 7g/kg 左右（露点温度＋10℃）是不困难的，其处理计算参见手册有关章节，假设 $t_2=10℃$，$d_2=7\text{g/kg}$。

[2] 按 2 点的参数查图 7-6-9、图 7-6-11，可得转轮除湿机的最大单位除湿量 $\Delta d_1>5\text{g/kg}$，取 $\Delta d_1=5\text{g/kg}$，空气温升 $\Delta t_1=20.5℃$，经转轮除湿后的参数计算如下：

$$d_3=d_2-\Delta d_1=2\text{g/kg}$$

$$t_3=t_2+\Delta t_1=30.5℃$$

[3] 计算二级转轮的单位除湿量 Δd_z

$$\Delta d_2=d_3-d_s=1.4\text{g/kg}$$

[4] 按 3 点的参数查图 7-6-9，单位除湿量仅 1.2g/kg，小于要求值，需降温到点 4，

当 $t_3=14$℃，$d_1=2$g/kg 时，单位除温量 $\Delta d_2=1.6$g/kg，空气温升 $\Delta t_2=16$℃。

［5］计算送风参数

$$t_s=t_4+\Delta t_2=30℃$$

$$d_s=d_4-\Delta d_2=0.4\text{g/kg}$$

［6］处理设备配置原理见图 7-6-16。

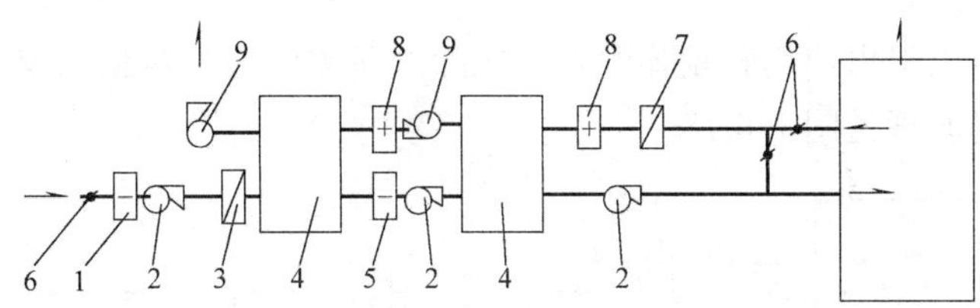

图 7-6-16　大湿差处理设备配置原理图

1—冷却除湿设备；2—处理风机；3—处理过滤器；4—除湿转轮；5—冷却降温设备；6—风量调节阀；7—再生过滤器；8—再生加热器；9—再生风机

【例 7-6-3】 用于干燥工艺

工艺要求的送风参数 $t_s=30\sim45$℃，$\varphi_s\leqslant12\%$；允许使用全循环空气；要求干燥的水分 3kg/h；工艺干燥的面积 $0.25\times2.0=0.5\text{m}^2$；送风量 $G=860$kg/h，$t_w=30$℃。

【解】 ［1］根据上述设计条件，每 kg 空气带走的湿量 $\Delta d=\frac{3000}{860}=3.488$g/kg，取 $\Delta d=3.5$g/kg

取送风参数：$t_s=45$℃；$\varphi_s=10\%$；$d_s=6.0$g/kg

如不考虑传热，干燥箱内无发热，干燥箱内按等焓加湿考虑，则排风参数为：$t_n=36$℃；$\varphi_n=26\%$；$d_n=9.5$g/kg

［2］根据 $d_1=d_n=9.5$g/kg，$\Delta d=3.5$g/kg 查图 7-6-8 得：$t_1=30$℃

［3］按公式（7-6-2）求处理后的空气干球温度，按 $\Delta d=3.5$g/kg 由图 7-6-10 查得 $\Delta t=13.2$℃

$$t_2=30+13.2=43.2℃$$

如再考虑 1.0℃以上的风机温升，正好达到送风参数点。

［4］再生空气加热量

$$Q_z=\frac{1}{3}\times\frac{1}{3.6}G_c(t_3-t_w)=\frac{1}{3}\times\frac{1}{3.6}\times860\times1.01\times(120-30)=7238\text{W}$$

［5］需冷量

$$Q=\frac{1}{3.6}G_c(t_n-t_1)=\frac{1}{3.6}\times860\times1.01\times(36-30)=1448\text{W}$$

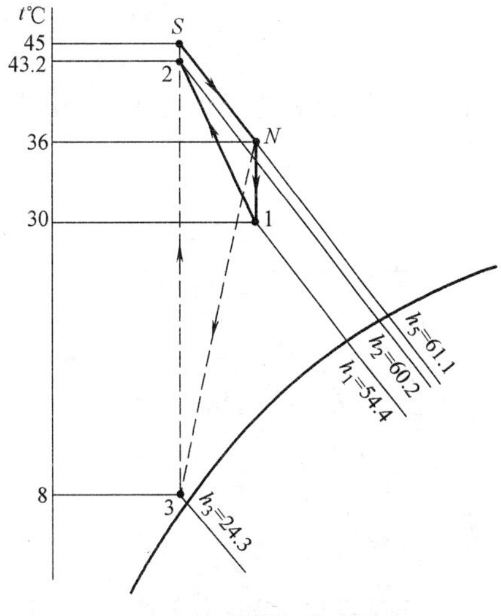

图 7-6-17　转轮除湿和冷冻除湿处理过程比较

S→N—工艺干燥过程；N→1—冷却过程；1→2—转轮除湿过程；2→S—风机温升过程；N→3—冷冻除湿过程；3→2—加热过程

［6］采用转轮除湿机除湿和冷冻除湿处理过程比较见图 7-6-17。

由图 7-6-17 可以看出，采用冷冻除湿时：

加热量：$Q_1=\frac{1}{3.6}G(h_2-h_3)=\frac{1}{3.6}\times860\times(60.2-24.3)=8576\text{W}$

需冷量：$Q_2=\frac{1}{3.6}G(h_N-h_3)=\frac{1}{3.6}\times860\times(61.1-24.3)=8791\text{W}$

从上述计算可以得出使用转轮除湿较冷冻除湿所需的冷、热量均少。

［7］系统配置原理见图 7-6-18。

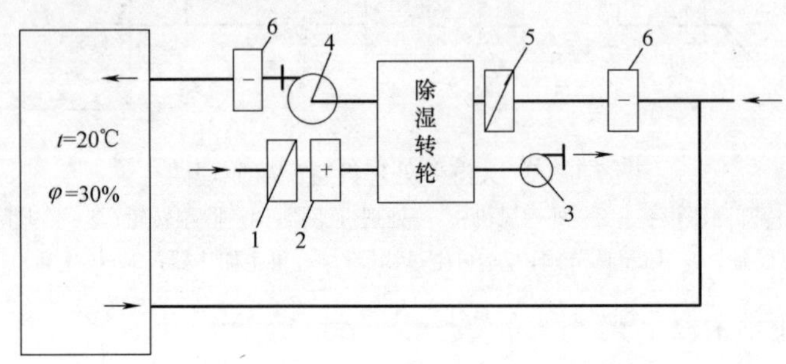

图 7-6-18　干燥工艺系统配置原理图

1—再生过滤器；2—电加热器；3—再生风机；
4—处理风机；5—处理过滤器；6—表冷器

五、MT 系列除湿机的除湿性能图

图 7-6-19 是根据 Munters 公司 MT5000 型号绘制的，其他型号除湿机可参考此图确定。

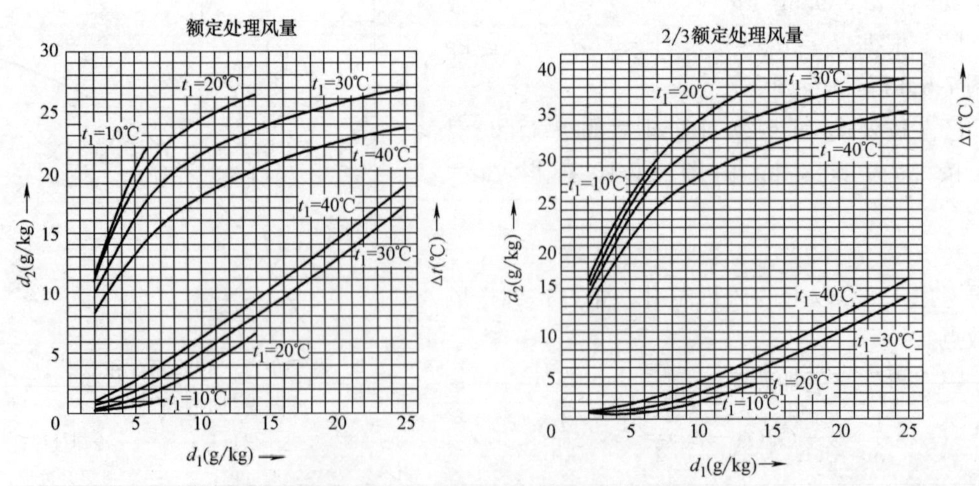

图 7-6-19　MT 系列除湿机除湿性能图

【例 7-6-4】 已知 MT5000 除湿机的处理空气量为 5000m³/h，处理空气的初参数为：$d_1=12\text{g/kg}$，$t_1=20℃$。求处理后干空气的含湿量、温升和温度。

【解】 在图 7-6-19 曲线图（额定处理风量）的横坐标上，取 d_1＝12g/kg，沿 d_1 坐标向上与 t_1＝20℃曲线交于一点，在左侧纵坐标上可得出处理后干空气的含湿量为 d_2＝5.1g/kg。继续向上，与上部的 t_1＝20℃曲线交于一点，在右侧纵坐标上可得出于空气的温升为 Δt＝25.5℃。由此，可求出干空气的温度为：t_2＝20＋25.5＝45.5℃

若处理风量为额定风量的 2/3，则由图 7-6-19 曲线图（2/3 额定处理风量）可得出：d_2＝3.0g/kg，Δt＝35.8℃，t_2＝20＋35.8＝55.8℃。

六、除湿系统设计注意事项

1. 处理空气系统

（1）除湿机是按照具体的处理空气风量设计的，因此在除湿机直接接入空调系统设计时，应充分考虑除湿机的处理空气风量。当转轮除湿机作为空调系统中空气处理过程的一个部件使用时，建议设置旁通风管，并在风管上配置能严密关闭的风阀，以保证不使用除湿机时空气能迂回过除湿机。

（2）转轮除湿机作为空调系统中空气处理过程的一个部件使用时，由于在除湿机之前已经装置有空气过滤器，所以，除湿机中的过滤器可以省去，不必重复设置。

2. 再生空气系统

（1）为了防止发生短路，除湿机的室外空气进口，应尽可能避免与再生空气排出口布置在同一方向侧，或者保证 2 米的间距。实践中如实在无法避免时，则应采取有效的防止短路措施。

（2）再生系统的风管，要选择采用耐热、耐湿、非燃或难燃材料制作。

（3）当室外空气直接引入除湿机时，进风口应该离地面有足够的高度以防止尘土和碎片的侵入。入口必须远离可能污染的污染源，如能源废气、蒸汽及有害气体。此外，管道设计中应考虑防止雨雪侵入除湿机。室外空气入口设计图见图 7-6-20。

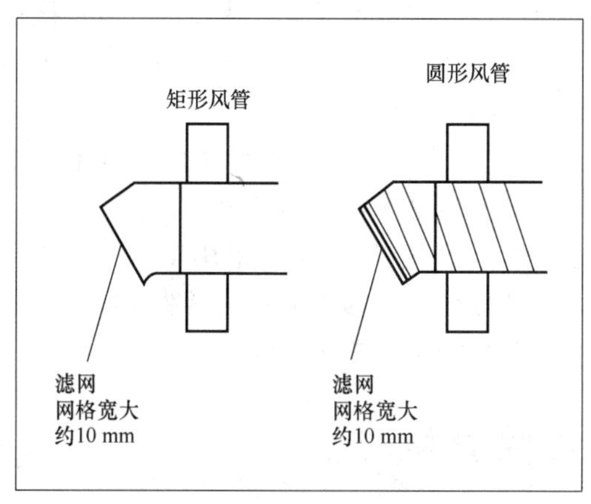

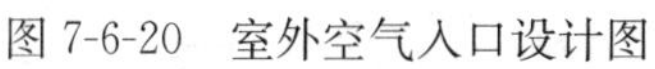
图 7-6-20　室外空气入口设计图

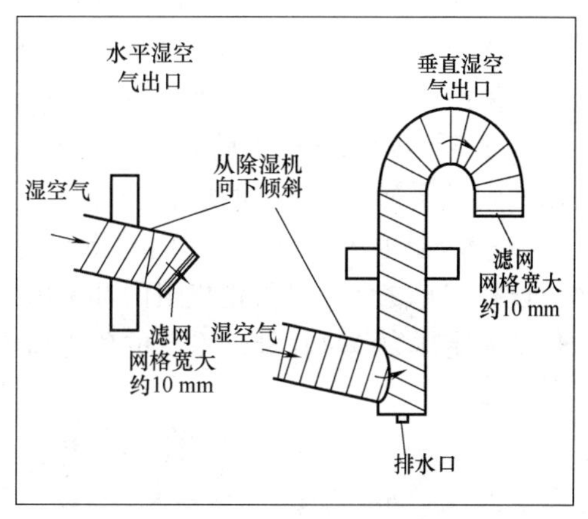

图 7-6-21　湿空气出口设计图

（4）再生后空气的排出管，长度不宜过长，并应做绝热处理。由于再生后空气的高含湿量，管道壁上容易结成凝结水，排出管应有不小于 2‰的坡度，坡向出口方向。当不能满足以上各项要求时，应在风管的最低点处设置凝水排出口；排水口应设置水封，以防止湿空气从排水口漏出。湿空气出口设计图见图 7-6-21。

（5）转轮除湿机中，真正用于再生（即蒸发吸湿剂所吸收水分）的热量，大约占总供热量的 50%左右，因此，还有大量热量随排出空气排入大气。对于除湿量大、运行时间长的工程，应考虑设置热回收器，对未利用的这部分热量予以回收（可以节能 15%～45%）。

3. 电气系统

（1）除湿机和除湿系统的控制应根据工程对湿度要求的高低区别对待：

1）对湿度仅有上限要求时，可采用简单的定时启停控制。

2）对湿度要求严格的工程，可采用旁路控制，即控制处理风量的大小，或控制再生温度的高低，调节机组的除湿量。

（2）当采用电加热方式时，除湿机需用可手动复位的高温保护断路器和温度控制器进行安全保护。

注：温度控制器的作用是使再生温度保持在固定范围内，当温度超过上限时，温控器断开，电加热器停止加热；直至温度降至设定的下限时，温控器闭合，电加热器开始加热。高温保护断路器的作用是当再生温度异常升高并超过设定值时，自动切断电路，使整个机组停止运行。在正常情况下，除湿机停止运行时，时间继电器使再生风机延续运行一段时间，直至电加热器完全冷却为止。

（3）电气连接须按照设备安装所在地的电气标准，由具有资格的人员负责执行。除湿机不可在超过制造范围的电压及频率下进行操作。在机组接通主电源前，应对电源进行检查，以确保所供电压波动范围不超过设备标明电压及频率的 10%。机组必须接地且设置熔断隔离开关以保证设备在检查和服务时与电源绝缘。隔离开关允许通过的额定电流必须与所使用型号的除湿机相适应。隔离开关应该安装在容易触及的除湿机控制板上。

（4）外接恒湿器

恒湿器应安装在方便检测到控制空间内具有代表性的相对湿度值的位置。恒湿器的安装位置不应使其处于干空气或湿空气直接影响的范围内。应避免靠近产热设备或者直接暴露在阳光下，因为温度的变化会直接影响相对湿度。当使用过长的导线时，会有电压损失，如果所测电压过小，必须安装一个由恒湿器控制的单独继电器。

4. 安装转轮除湿机的环境温度，应高于处理空气的露点温度，如无法保证满足这个要求，则必须对处理空气的风管进行绝热处理，以防产生凝水，损坏转轮。

5. 对于要求送风的空气绝对含湿量较低的工程，处理空气系统宜采用压入式，即将风机设在转轮之前，以防止机组内部窜风，造成对处理后空气的再加湿。当然，也可以采取保持一定压力差（让处理系统的压力高于再生系统）的方式来防止。

第七节 溶液除湿机

一、吸湿溶液的性质

在溶液除湿空调系统中，湿空气的除湿过程是依赖于除湿溶液较低的表面蒸汽压来进行的。在溶液吸湿剂为循环工质的除湿空调系统中，除湿剂的特性对于系统性能有着重要的影响，直接关系到系统的除湿效率和运行情况。所期望的除湿剂特性有：相同的温度、浓度下，除湿剂表面蒸汽压较低；除湿剂对于空气中的水分有较大的溶解度，这样可提高吸收率并减小溶液除湿剂的用量；除湿剂在对空气中水分有较强吸收能力的同时，对混合气体中的其他组分基本不吸收或吸收甚微，否则不能有效实现分离；低黏度，以降低泵的输送功耗，减小传热阻力；高沸点，高冷凝热和稀释热，低凝固点；除湿剂性质稳定，低挥发性、低腐蚀性，无毒性；价格低廉，容易获得。

在空气调节工程中，除湿剂分为有机溶液与无机溶液两种，有机溶液为三甘醇、二甘醇等，无机溶液为溴化锂、氯化锂、氯化钙溶液等。三甘醇是最早用于溶液除湿系统的除湿剂，但由于它是有机溶剂，黏度较大，在系统中循环流动时容易发生停滞，粘附于空调系统的表面，影响系统的稳定工作，而且二甘醇、三甘醇等有机物质易挥发，容易进入空调房间，上述缺点限制了它们在溶液除湿系统中的应用，已经逐渐被金属卤盐溶液所取代。溴化锂、氯化锂等盐溶液虽然具有一定的腐蚀性，但塑料等防腐材料的使用，可以防止盐溶液对管道等设备的腐蚀，而且成本较低，另外盐溶液不会挥发到空气中，影响和污染室内空气，相反还具有杀菌净化功能，有益于提高室内空气品质，所以盐溶液成为优选的溶液除湿剂。

当空气与吸湿性溶液（如溴化锂、氯化锂、氯化钙等溶液）直接接触时，会发生热量和水分的传递。空气与吸湿性溶液的温度差别是二者进行热量传递的驱动力；空气的水蒸气分压力与吸湿性溶液的表面蒸汽压之间的压差是二者进行水分传递的驱动力。当吸湿性溶液表面蒸汽压低于空气中的水蒸气分压力时，水分由空气传递到吸湿溶液中，即为图 7-7-1 所示的空气除湿过程；反之，水分由溶液传递到空气中，实现空气的加湿过程和溶液的浓缩再生过程。利用溶液与空气之间的热量与质量的传递过程，可以实现对空气的除湿与加湿处理过程。当被处理空气与除湿溶液接触达到平衡时，二者的温度与水蒸气分压力分别对应相等，由此可以定义与溶液状态平衡的等效湿空气状态，即湿空气的温度与水蒸气分压力分别与溶液相同。图 7-7-2 给出了溴化锂溶液、氯化锂溶液和氯化钙溶液这三种常用的吸湿盐溶液在湿空气焓湿图上的对应状态。从图中可以看出：相同质量浓度下，溶液的温度越低，其等效含湿量也越低，溶液的吸湿能力越强。盐溶液的等浓度线与湿空气的等相对湿度线基本重合，即 X=const 线与 φ_e=const 线基本重合。例如 40%相对湿度线所对应的溴化锂、氯化锂、氯化钙溶液的质量浓度分别为 46%、31%和 40%。由于盐溶液结晶线的限制，在焓湿图左侧有些区域，溶液的状态是达不到的。从图 7-7-2 可以看出：氯化钙溶液所能达到的空气处理区域最窄；而溴化锂、氯化锂溶液的处理区域类似，均可将空气处理到较低的含湿量范围；因而溴化锂溶液和氯化锂溶液具有更强的吸湿能力。

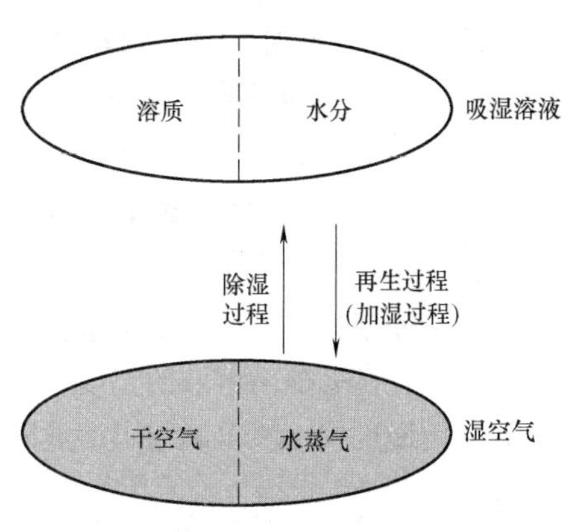

图 7-7-1 溶液除湿（再生）的基本原理

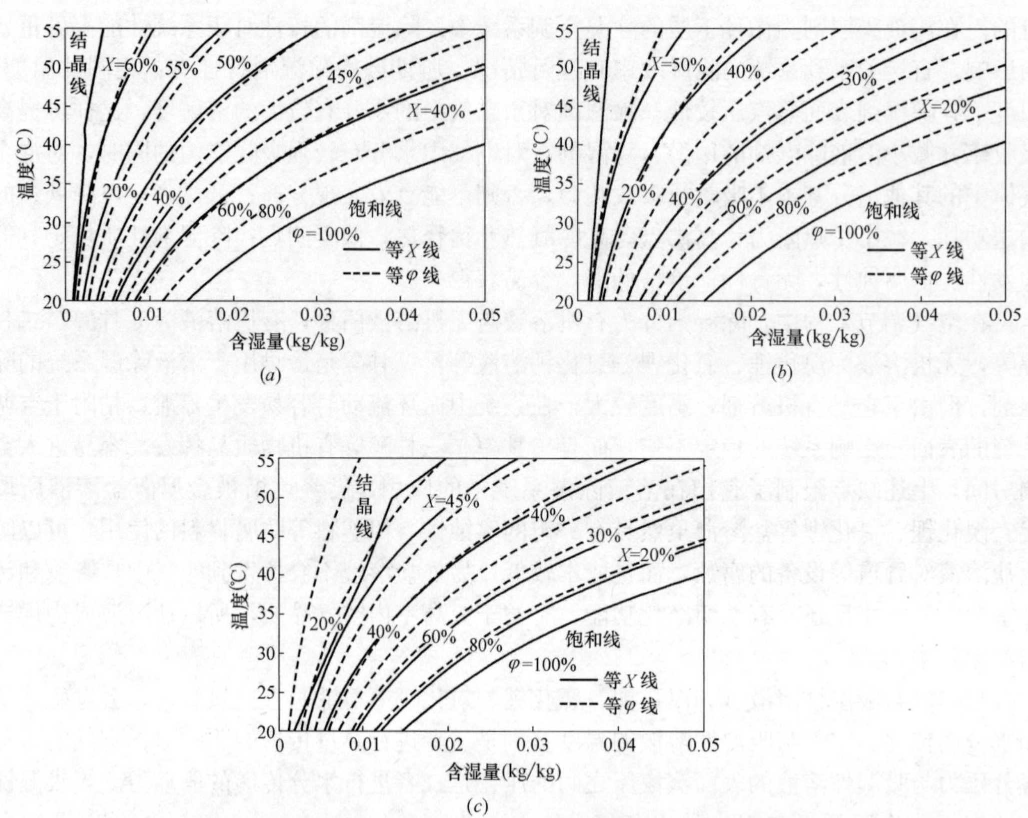

图 7-7-2　在焓湿图上表示的常用吸湿溶液状态

(*a*) 溴化锂溶液；(*b*) 氯化锂溶液；(*c*) 氯化钙溶液

二、溶液除湿机的基本单元模块

在溶液除湿处理过程中，伴随着水分在湿空气和吸湿溶液之间的传递过程会有大量热量释放出来，将会显著提高溶液的温度，从而大幅降低溶液的吸湿性能。这种传热传质相互耦合影响的传递过程，严重制约了溶液除湿空调系统的性能。为了使得传热过程向有利于传质过程的方向进行，清华大学建筑技术科学系提出了可调温的单元喷淋模块，其工作原理参见图 7-7-3。溶液从底部溶液槽内被溶液泵抽出，经过显热换热器与冷水（或热水）换热，吸收（或放出）热量后送入布液管。通过布液管将溶液均匀地喷洒在填料表面，与空气进行热质交换，然后由重力作用流回溶液槽。该装置有三股流体参与传热传质过程，分别为空气、溶液和提供冷量或热量的冷水或热水。通过在除湿/再生过

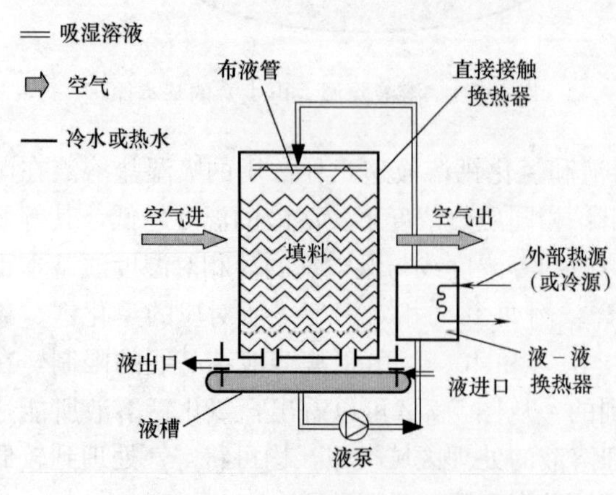

图 7-7-3　可调温的单元喷淋模块

程中，由外界冷热源排除/加入热量，从而调节喷淋溶液的温度，提高其除湿/加湿性能。在此可调温的单元喷淋模块中，空气出口湿度通过调节进口溶液浓度来实现，空气出口温度通过调节进入换热器的外部冷/热源来实现，从而实现了对于空气出口温度和湿度的共同调节。热泵驱动与余热驱动的溶液除湿机组即是由若干个可调温单元模块构成的。

三、热泵驱动的溶液除湿机

热泵驱动的溶液除湿机组是使用机组内置的热泵冷凝器的排热实现溶液的浓缩再生。一种电驱动型（热泵驱动）新风机组的工作原理如图 7-7-4 所示。夏季工况：高温潮湿的新风在全热回收单元中以溶液为媒介和回风进行全热交换，新风被初步降温除湿，然后进入除湿单元中进一步降温、除湿到达送风状态点。除湿单元中，调湿溶液吸收水蒸气后，浓度变稀，为重新具有吸水能力，稀溶液进入再生单元浓缩。热泵循环的制冷量用于降低溶液温度以提高除湿能力和对新风降温，冷凝器排热量用于浓缩再生溶液，能源利用效率很高。冬季工况：只需切换四通阀改变制冷剂循环方向，便可实现对新风的加热加湿功能。热泵驱动的溶液除湿机有两种应用形式：（1）适用于舒适性空调环境的溶液除湿新风机组 HVF，工作原理参见图 7-7-4；（2）适用于工业环境用深度除湿新风机组 HCA。机组性能数据来源为北京华创瑞风空调科技有限公司。

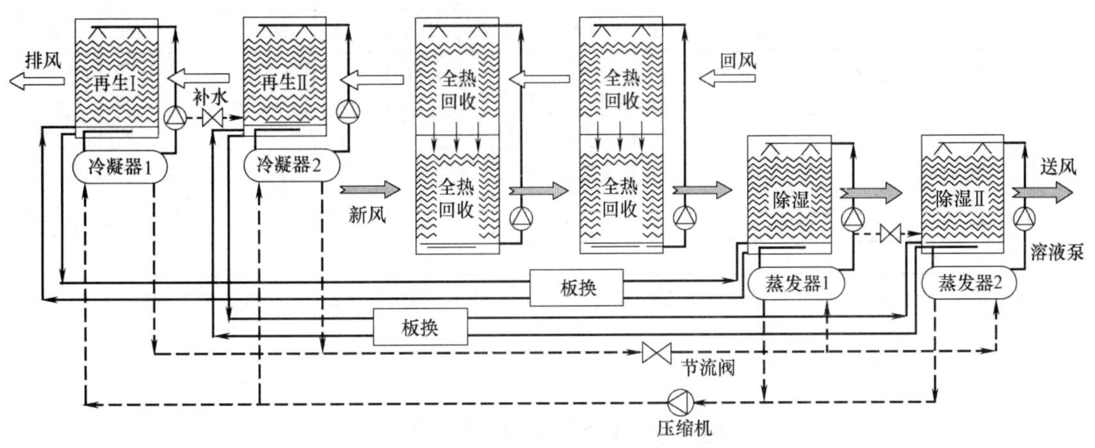

图 7-7-4 电驱动溶液热回收型新风机组原理图

（1）HVF 型热泵式溶液除湿新风机组的性能参数见表 7-7-1

热泵式溶液调湿新风机组是集冷热源、全热回气加湿、除湿处理段、过滤段、风机段为一体的新风处理设备，具备对空气冷却、除湿、加热、加湿、净化等多种功能，独立运行即可满足全年新风处理要求。机组的性能系数 COP 可达 5.5。

（2）HCA 型热泵式溶液深度除湿机的性能参数见表 7-7-2

热泵式溶液深度除湿机组可以将空气含湿量处理低至 2.0g/kg（露点温度－7.5℃）。机组内置热泵制冷系统，制冷量用于降低溶液温度以提高除湿能力，室内空气经溶液除湿后可保持干燥低湿要求。热泵冷凝排热量用于浓缩再生溶液，溶液从空气中吸收的水分经加热后释放出来，由室外新风带走，从而实现空气中的水分从室内到室外的转移。机组的性能系数 COP＝2.0～3.5。

HVF 型热泵式溶液调湿新风机性能参数表 **表 7-7-1**

型号	额定风量	制冷量	除湿量	制热量	加湿量	压缩机输入功率		装机功率	机外余压	噪声	外形尺寸		
						制冷	制热				长	宽	高
	m³/h	kW	kg/h	kW	kg/h	kW	kW	kW	Pa	dB(A)	mm	mm	mm
HVF-02	2000	39	40	26	13	6.0	4.5	9.3	150	55	2500	900	2620
HVF-03	3000	59	60	39	19	9.2	7.1	12.5	150	55	2500	1200	2620
HVF-04	4000	78	80	52	26	12.2	8.8	15.9	150	58	2500	1500	2620
HVF-05	5000	98	100	65	32	15.3	12.0	20.1	180	58	2500	1500	2620
HVF-06	6000	117	120	78	38	18.4	13.2	25.2	180	60	2600	1900	2700
HVF-08	8000	157	160	104	52	24.5	18.1	32.5	210	63	2700	2500	2700
HVF-10	10000	196	200	130	64	30.6	23.2	40.0	240	63	2900	2800	2700

注：1. 冷却除湿额定工况：新风干球温度 36℃，相对湿度 65%；回风干球温度 26℃，相对湿度 60%；送风干球温度 20℃，相对湿度 55%。

2. 加热加湿额定工况：新风干球温度－5℃，相对湿度 50%；回风干球温度 20℃，相对湿度 50%；送风干球温度 20℃，相对湿度 45%。

3. 额定工况下回风量等于送风量，实际运行时回风量不应小于送风量的 80%。

HCA 型热泵式溶液深度除湿机组性能参数表 **表 7-7-2**

型号	额定风量	制冷量	除湿量	电源	压缩机输入功率	装机功率	机外余压	噪声	外形尺寸			运行重量
									长	宽	高	
	m³/h	kW	kg/h	V/Ph/Hz	kW	kW	Pa	dB(A)	mm	mm	mm	kg
HCA-02	2000	14	9.6	380/3/50	5.6	5.6	250	56	4000	900	1660	400
HCA-03	3000	21	14.4		8.4	8.4	250	56	4000	1200	1660	580
HCA-04	4000	28	19.2		11.2	11.2	250	58	4200	1500	1660	700
HCA-05	5000	35	24.0		14.0	14.0	280	58	4200	1500	1660	1000
HCA-06	6000	42	28.8		16.8	16.8	280	62	4400	1900	1740	1100
HCA-08	8000	56	38.4		22.4	22.4	310	62	4600	2500	1740	1400
HCA-10	10000	70	48.0		28.0	28.0	340	63	4600	2800	1740	2100

注：额定工况：新风（用于再生）干球温度 36℃，相对湿度 65%；回风干球温度 26.0℃，相对湿度 38%；送风干球温度 16.5℃，相对湿度 35%。

四、余热驱动的溶液除湿机

溶液除湿新风机组还可采用太阳能、城市热网、工业废热等热源驱动（≥70℃）来再生溶液。图 7-7-5 给出了一种形式的溶液新风机组的工作原理，利用排风蒸发冷却的冷量通过水-溶液换热器来冷却下层新风通道内的溶液，从而提高溶液的除湿能力。室外新风依次经过除湿模块 A、B、C 被降温除湿后，继而进入回风模块 G 所冷却的空气-水换热器被进一步降温后送入室内。该种形式的溶液除湿系统的性能系数（新风获得冷量/再生消耗热量）为 1.2～1.5。在余热驱动的溶液除湿系统中，一般采用分散除湿、集中再生的方式，将再生浓缩后的浓溶液分别输送到各个新风机中，参见图 7-7-6。在新风除湿机与再生器之间，经常设置储液罐，除了起到存储溶液的作用外，还能实现高能力的能量蓄存功能（蓄能密度超过 500MJ/m³），从而缓解再生器对于持续热源的需求，也可降低整个溶液除湿空调系统的容量。余热驱动的溶液除湿空调系统可使我国北方大面积的城市热网在夏季也可实现高效运行，同时又减少电动空调用电量，缓解夏季用电紧张状况。

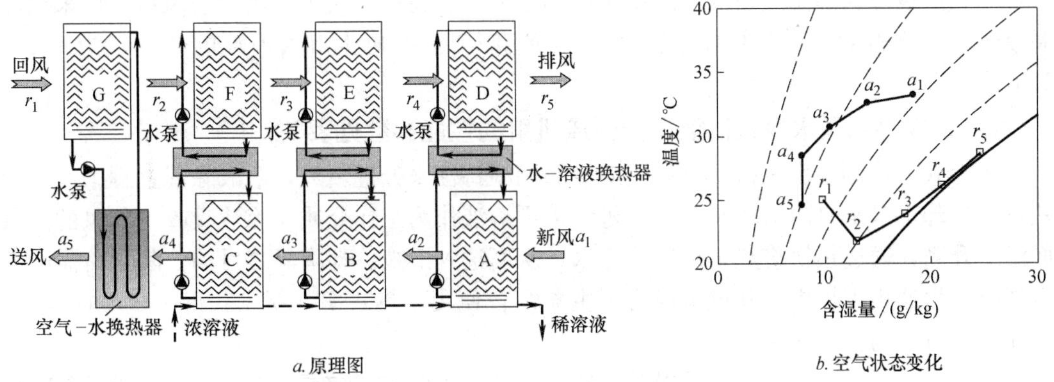

图 7-7-5　利用排风蒸发冷却的溶液除湿新风机组原理图（余热驱动）

余热驱动的溶液除湿机组（除湿器）必须与再生器配合使用。除湿机有使用室内排风冷却溶液形式的新风机组 ECVF，使用冷却水冷却除湿过程的新风机组 WCVF。溶液除湿机组性能数据来源为北京华创瑞风空调科技有限公司。

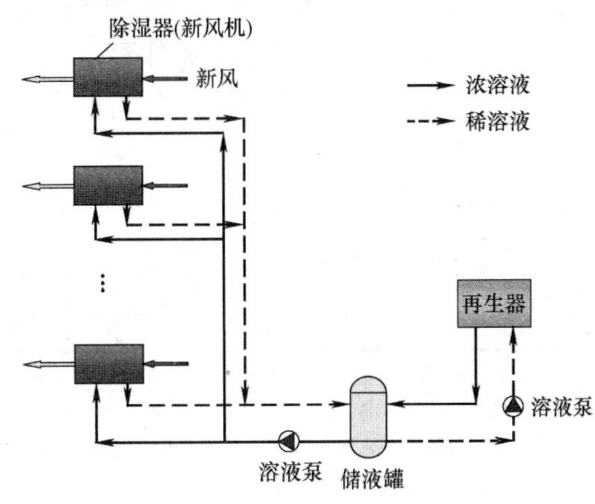

图 7-7-6　典型的余热驱动的溶液除湿空调系统

（一）ECVF 型蒸发冷却式溶液调湿新风机的性能参数见表 7-7-3

蒸发冷却式溶液调湿新风机组是利用溶液的调湿特性来处理新风，溶液除湿过程中产生的热量最终通过回风蒸发冷却带走。机组新、回风通道分别采用溶液和冷

ECVF 型蒸发冷却式溶液调湿新风机组性能参数表　　　　**表 7-7-3**

型号	额定风量	制冷量	除湿量	制热量	加湿量	浓溶液流量	装机功率	机外余压	噪声	外形尺寸			运行重量
										长	宽	高	
	m³/h	kW	kg/h	kW	kg/h	kg/h	kW	Pa	dB(A)	mm	mm	mm	kg
ECVF-02	2000	32	36	28	15	278	3.6	150	53	2500	1200	2100	500
ECVF-03	3000	47	54	43	21	417	3.6	150	53	2500	1500	2100	700
ECVF-04	4000	63	72	57	28	556	4.0	150	54	2500	1900	2100	850
ECVF-05	5000	79	90	71	36	695	5.1	180	54	2500	1900	2100	1200
ECVF-06	6000	94	108	86	42	834	7.2	180	56	2600	2300	2100	1400
ECVF-08	8000	125	144	114	56	1112	8.4	210	56	2700	2900	2100	1700
ECVF-10	10000	157	180	142	72	1390	9.8	240	58	2900	3200	2100	2400

注：1. 冷却除湿额定工况：新风干球温度 33.2℃，相对湿度 71%；回风干球温度 26℃，相对湿度 60%；送风干球温度 25℃，相对湿度 40%。
2. 加热加湿额定工况：新风干球温度－5℃，相对湿度 50%；送风干球温度 20℃，相对湿度 60%。
3. 冷却除湿工况下，溶液进口状态为：温度 32℃，浓度 55%；溶液出口状态为：温度 38℃，浓度 48.7%。
4. 加热加湿工况下，热水供/回水温度为 32℃/28℃；机组无需补充浓溶液，自动补水调节溶液浓度。
5. 额定工况下回风量等于送风量，实际运行时回风量不应小于送风量的 80%。

水作为工作介质，溶液将热量传递给冷水，回风与冷水接触后通过蒸发冷却将热量排至室外，达到溶液冷却降温之目的。除湿所需的浓溶液由再生器集中提供。新风机组可采用低温余热、废热驱动（≥70℃），热效率（新风获得冷量/再生溶液消耗的热量）为 1.2～1.5。

（二）WCVF 型水冷式溶液调湿新风机组的性能参数见表 7-7-4

水冷式溶液调湿新风机组是利用溶液的调湿特性来处理新风，溶液除湿过程中产生的热量由冷却水（来自冷却塔）带走。机组采用溶液作为工作介质，溶液吸收了新风的能量而温度升高，通过板换将热量传递给冷水，从而达到溶液冷却降温之目的。除湿所需的浓溶液由再生器集中提供。新风机组与再生器结合使用，热效率（新风获得冷量/再生溶液消耗的热量）约为 0.8～1.0。

WCVF 型水冷式溶液调湿新风机组性能参数表 表 7-7-4

型号	额定风量	制冷量	除湿量	制热量	加湿量	浓溶液流量	冷却水流量	装机功率	机外余压	噪声	外形尺寸		
											长	宽	高
	m^3/h	kW	kg/h	kW	kg/h	kg/h	t/h	kW	Pa	dB(A)	mm	mm	mm
WCVF-02	2000	26	36	28	15	250	8.5	1.9	150	48	2500	1200	1200
WCVF-03	3000	38	54	43	21	370	10.0	1.9	150	48	2500	1500	1200
WCVF-04	4000	51	72	57	28	490	10.0	2.1	150	50	2500	1900	1200
WCVF-05	5000	64	90	71	36	630	12.5	2.7	180	50	2500	1900	1200
WCVF-06	6000	76	108	86	42	740	12.5	3.8	180	53	2600	2300	1200
WCVF-08	8000	102	144	114	56	980	15.0	4.4	210	53	2700	2900	1200
WCVF-10	10000	128	180	142	72	1260	15.0	5.1	240	55	2900	3200	1200

注：1. 冷却除湿额定工况：新风干球温度 33.2℃，相对湿度 71%；送风干球温度 34℃，相对湿度 24%。
2. 加热加湿额定工况：新风干球温度－5℃，相对湿度 50%；送风干球温度 20℃，相对湿度 60%。
3. 冷却除湿工况下，冷却水供/回水温度为 32℃/36℃；溶液进口状态为：温度 32℃，浓度 55%；溶液出口状态为：温度 38℃，浓度 48%。
4. 加热加湿工况下，热水供/回水温度为 32℃/28℃；机组无需补充浓溶液，自动补水调节溶液浓度。

（三）WHSR 型溶液再生器的性能参数见表 7-7-5

溶液再生器是以低品位热能作为驱动能源，用于浓缩再生溶液的设备。溶液对新风进行除湿后，由于吸收了空气中的水分而浓度降低，稀溶液需要浓缩再生后才能循环使用。再生器利用低品位热源加热溶液，溶液升温后与室外空气接触，向空气中释放出水分，溶液因散失水分而浓度增大，从而实现了浓缩再生。浓缩再生后的溶液具有高效吸湿能力，可提供给溶液调湿新风机组用于空气湿度处理。溶液再生器可对多台新风机组产生的稀溶液进行集中再生，浓缩再生后的溶液通过泵再输送至各新风机组。

WHSR 型溶液再生器性能参数表 表 7-7-5

型号	浓溶液流量	热水流量	电源	装机功率	噪声	外形尺寸			运行重量
						长	宽	高	
	kg/h	t/h	V/Ph/Hz	kW	dB(A)	mm	mm	mm	kg
WHSR-600	600	11	80/3/50	4.2	55	3000	900	1800	450
WHSR-900	900	16		4.2	56	3000	1200	1800	650
WHSR-1200	1200	21		5.4	57	3000	1500	1800	800

注：1. 热水再生额定工况，热水供/回水温度为 70℃/63℃。
2. 溶液进/出口浓度为：48%/55%。

【例 7-7-1】 要求选择一台溶液除湿新风机组，用于满足某一空调区域的新风要求。空调设计的风系统形式为风机盘管加新风系统。该空调区域的室内设计参数 N 为 26℃、60%相对湿度，室外设计参数 O 为 33.2℃、57%相对湿度。总热负荷 Q 为 39kW（不包括新风负荷），其中潜热负荷 Q_w 为 11kW。满足卫生需求的新风量 $G_{f,h}$ 为 3000m^3/h，要求新风机组带走全部的湿负荷，该地夏季无热源可用。

【解】

［1］确定机组类型

由于系统中夏季无热源可用，因而选择 HVF 型热泵式溶液除湿新风机组。

［2］确定机组型号

根据表 7-7-1，机组额定送风干球温度 20℃，相对湿度 55%，计算出送风含湿量为 8g/kg；由室内设计参数计算出室内空气含湿量为 12.6g/kg。由于要求新风带走空调区域所有的潜热负荷 Q_w 为 11kW。这样得出为带走全部湿负荷所需要的新风量 $G_{f,w}$ 为：

$$G_{f,w}=\frac{3.6\times10^6 Q_w}{\rho_a\cdot r\cdot(d_N-d_f)}=\frac{3.6\times10^6\times11}{1.2\times2500\times(12.6-8)}=2870\text{m}^3/\text{h}$$

其中：ρ_a——空气密度，1.2kg/m^3；r——水的气化潜热，2500kJ/kg。

为满足卫生需求的新风量 $G_{f,h}$ 为 3000m^3/h。因而选取新风量 $G=\max(G_{f,h},G_{f,w})=$ 3000m^3/h。根据表 7-7-1，选择 HVF-03 型机组，额定风量为 3000m^3/h。

［3］机组承担负荷情况

由新风量与室内外的空气参数可以得到，将新风处理到室内状态的负荷为：新风显热负荷＝7.2kW，新风潜热负荷＝14.3kW，总新风负荷＝21.5kW。由题目的已知条件，除去新风负荷外，房间显热负荷＝28kW，房间潜热负荷＝11kW，房间总负荷＝39kW。因而，加上处理新风的负荷后，建筑的显热负荷＝新风显热负荷＋房间显热负荷＝35.2kW，建筑潜热负荷＝25.3kW，建筑总负荷＝60.5kW。在建筑总负荷中，将新风处理到室内状态的负荷占 36%，潜热负荷占建筑总负荷的 42%。

根据设计的要求，溶液除湿新风机组承担了建筑的全部潜热负荷（25.3kW）。此外，由于新风机组的送风温度低于室内设计温度，新风机组还承担了建筑的部分显热负荷：

$$Q_f=c_{p,a}\times\rho_a\times G\times(t_O-t_f)/3600=1.005\times1.2\times3000\times(33.2-20)/3600=13.3\text{kW}$$

因而，溶液除湿新风机组承担的建筑总负荷＝25.3kW 潜热＋13.3kW 显热＝38.6kW，占建筑总负荷的 64%。

风机盘管系统承担了剩余的显热负荷＝7.2＋28－13.3＝21.9kW，占建筑总负荷的 36%。

第八节　空 气 加 湿

一、概　　述

空气加湿是空调工程中热、湿处理的基本方法之一，根据热、湿交换理论，在实际工程中常用的集中加湿方法为下列两种：

1. 喷水室喷循环水加湿空气，即利用水吸收空气的显热进行蒸发加湿，这种加湿在 h-d 图上的变化过程为近似等焓过程。

2. 喷蒸汽加湿空气，即利用外界热源，使水制成蒸汽混入空气中进行加湿，这种加湿在 h-d 图上的变化过程为近似等温过程。

根据加湿方法，加湿器可分为：

（1）直接喷干蒸汽；

（2）加热蒸发式：电热式、电极式、PTC 蒸汽发生器；

（3）喷雾蒸发式：空调喷水室、加压式、离心式、超声波式、湿面蒸发式；

（4）红外式。

对于温湿度波动范围要求不太严格的空调系统，采用喷循环水处理空气，过渡季节将有一段或长或短的时间，可以停用制冷设备。而冬季喷循环水加湿空气，却消费了水泵动力用电。可见，喷循环水加湿空气，用于过渡季节可以大量节省能量，是其突出的优点；反之，用于冬季，却有水泵耗电，是其缺点：如有蒸汽源，冬季采用喷蒸汽加湿，就较经济、合理。

目前新设计的或有需作节能改造的空调工程：当其主要处理设备为喷水室并有蒸汽源时，则应在二次加热器后增装喷蒸汽加湿设施；当其主要处理设备为水冷式表冷器时，除安装喷蒸汽加湿设施外，又应在表冷器前面增装喷循环水设施。这是在不同季节发挥综合节能的好办法。

关于确定喷水室喷循环水加湿空气的等焓加湿过程的热工计算以及喷水室的选择，详见第六章。

喷蒸汽加湿空气的显著特点是不但节省动力用电，而且加湿迅速、均匀、稳定、不带水滴、不带细菌、设备简单、运行费用低，配用适当仪表，可以满足工艺对室内相对湿度波动范围小于±3%的要求，安装灵便，可设置在空气处理室内，也可设置在风道内。喷蒸汽加湿空气不仅适用于表冷器的空气处理系统冬季、过渡季节加湿空气，特别适用于工艺要求送风无菌、不带水滴、洁净或湿度波动范围要求比较严格的房间。如医院的手术室、生物培育试验室、电子计算机房，电子元器件制造车间和热湿试验室等。因此，只要有蒸汽源场合，有一定湿度要求的空调工程，至少在冬季和偏冷过渡季节可以优先采用喷蒸汽加湿。

上述加湿空气的蒸汽系集中热源提供的，与上不同的另一种，则由电能使水汽化的专用设备供给的，如电热式、电极式等，即通称为电加湿。加湿空气机理和技术效果两者大体相同，但后者最大的缺点是耗电大、运行费用高。采用电加湿的基本原则是：能不用就不用；能代用就代用；能少用的尽量少用；只有当工艺要求无菌、无水滴，且有一定的湿度要求，而又不能利用其他加湿措施或利用其他加湿措施更不经济时，才采用电加湿。并尽可能地缩小空间，压缩规模，减少容量。

另一种加湿器，与上述加湿器加湿空气的机理不同，即将水雾化为微小的水粒在空气中蒸发加湿的设备，如超声波加湿器、离心式加湿器等。它们的特点是耗电量小，运行费用低。但在设计及使用中应考虑是否有水滴降下和杂质析出。在空调器内及风管中加湿时一般与空气加热器同时使用。表 7-8-1 汇总了各种加湿器的加湿能力、电耗及优缺点。

各种加湿器的加湿能力、电耗及优缺点　　表 7-8-1

加湿器类型	加湿能力(kg/h)	电耗(W/kg)	优点	缺点
湿膜汽化	可设定	小	加湿段短(汽化空间等于湿膜厚度),饱和效率高,节电、省水;初投资和运行费用都较低	易产生微生物污染,加湿后尚需升温
板面蒸发	容量小	小	加湿效果较好,运行可靠,费用低廉;具有一定的加湿速度;板面垫层兼有过滤作用	易产生微生物污染,必须进行水处理,加湿后尚需升温
电极式	4～20	780	加湿迅速、均匀、稳定,控制方便灵活;不带水滴、不带细菌;装置简单,没有噪声;可以满足室内相对湿度波动范围≤±3%的要求	耗电量大,运行费高;不使用软化水或蒸馏水时,内部易结垢,清洗困难
电热式	可设定			
干蒸汽	100～300		加湿迅速、均匀、稳定;不带水滴、不带细菌;节省电能,运行费低;装置灵活;可以满足室内相对湿度波动范围≤±3%的要求	必须有蒸汽源,并伴有输汽管道;设备结构比较复杂,初投资高
间接蒸汽	10～200		加湿迅速、均匀、稳定;不带水滴、不带细菌;节省电能,运行费低;控制性能好,可以满足室内相对湿度波动范围≤±3%的要求	设备比较复杂,必须有蒸汽输送管道和加热盘管
红外线	2～20		加湿迅速、不带水滴、不带细菌;动作灵敏,控制性能好;装置较简单,能自动清洗	耗电量大,运行费高,使用寿命不长,价格高
PTC	2～80	750	蒸发迅速、效率高,运行平稳、安全,寿命长	耗电量大,运行费较高
高压喷雾	6～600	890	加湿量大,雾粒细,效率高,运行可靠,耗电量低	可能带菌,喷嘴易堵塞(对水未进行有效的过滤时),加湿后尚需升温
超声波	1.2～20	20	体积小,加湿强度大,加湿迅速,耗电量少,使用灵活,控制性能好,雾粒小而均匀,加湿效率高	可能带菌,单价较高,使用寿命短,加湿后尚需升温
离心式	2～5	50	安装方便,使用寿命长,耗电量低	水滴颗粒较大,不能完全蒸发,需要排水,加湿后需升温
喷水室	可设定		加湿量大,可以利用循环水,节省能源;装置简单,运行费低,稳定、可靠	可能带菌,水滴较大,加湿后需升温
高压微雾	100～1600	小	加湿量大,雾粒细,效率高,运行可靠,耗电量低,降温效果好,自动化程度高	喷嘴易堵塞(对水未进行有效的过滤时),加湿后尚需升温
天然气	70～～215		加湿量大,效率高,适用各种应用场合	设备比较复杂,必须设置保证安全使用的零部件

二、蒸汽式加湿器

1. 干蒸汽加湿器的构造

常用的干蒸汽加湿器构造如图 7-8-1 所示。

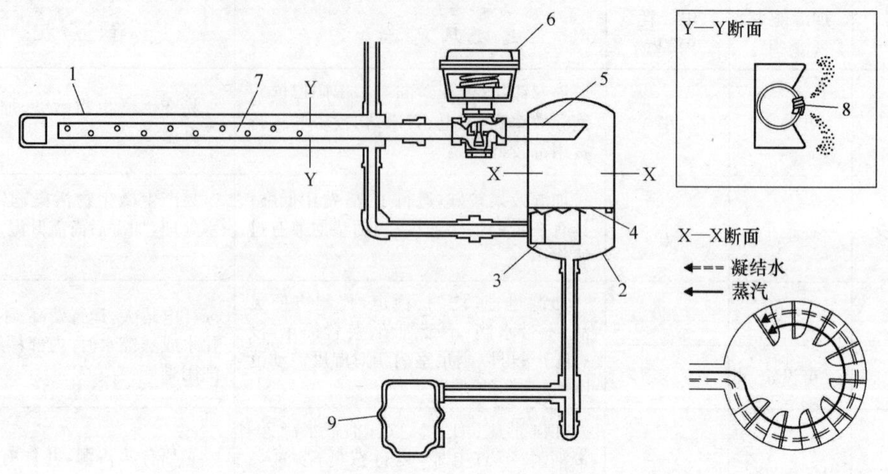

图 7-8-1　干蒸汽加湿器

1—蒸汽套管；2—汽水分离器；3—导流板；4—多折型导流板；5—内部干燥管；6—蒸汽调节阀；7—扩散管；8—热树脂短管；9—热树脂短管

2. 干蒸汽加湿器应用须知

采用干蒸汽加湿器时，为了确保加湿器的正常工作和保持良好的加湿性能，应注意和重视下列各点：

(1) 布置加湿器时，应注意保持由加湿器喷出的蒸汽能与气流进行迅速而良好的混合，并应防止喷出的蒸汽与冷壁面接触而冷凝。

(2) 喷管组件应优先考虑设置在空气处理室内，并应布置在空气加热器与送风机之间并尽可能靠近加热器和远离风机。当喷管组件必须布置在风管内时，应处于消声器之前，并应位于风管断面的中心部位。

(3) 当蒸汽压力 $p=0.05\sim0.1$MPa，蒸汽喷出方向与气流方向垂直时，喷管出口与前方障碍物之间必须保持的距离，不应小于图 7-8-2 的规定值。

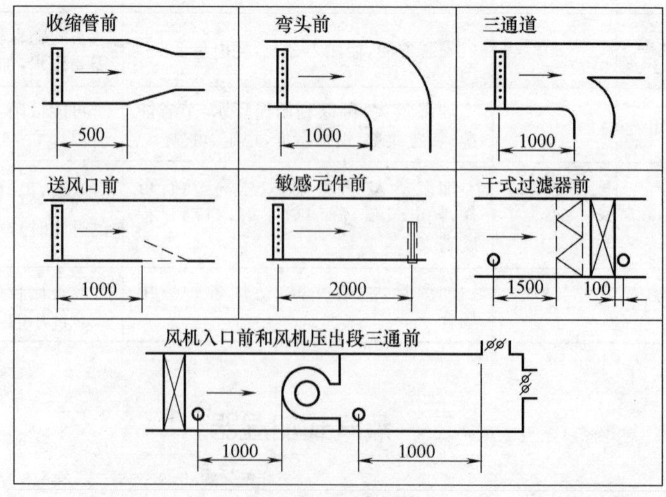

图 7-8-2　喷管出口与前方障碍物的最小间距

(4) 加湿量较大时，为了确保加湿效果，应采用多管式布置形式，如图 7-8-3 所示。

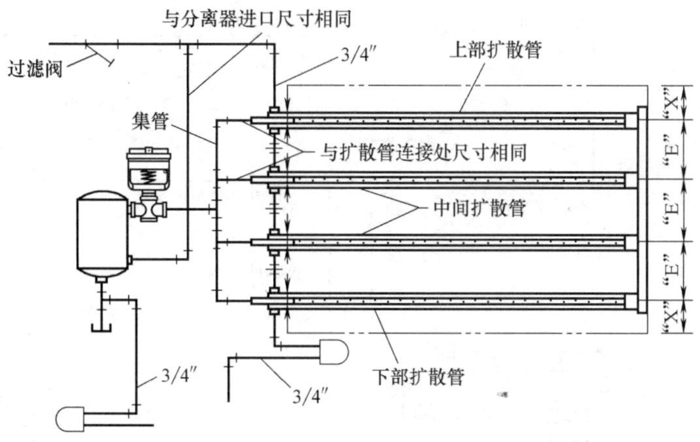

图 7-8-3　多组扩散管的布置

(5) 多组扩散管布置时，应保持 E＞X＞0.5E，如图 7-8-3 所示。喷管长度不应小于气流宽度的 90%，蒸汽应迎风喷射，若扩散管有保温，则扩散管应顺气流方向扩散。

(6) 配管布置时，应力求管路简洁，便于安装、检修以及定期拆卸除垢。

(7) 加湿器的安装要有助于加湿器内的蒸汽所夹带的冷凝水能顺利地分离和排出，且应避免分离后的冷凝水二次带入和加湿蒸汽。

(8) 管路布置时，要力求进入加湿器的蒸汽不带或少带沿程产生的冷凝水。接至加湿器的供汽支管，必须从干管的顶部引出。

(9) 干蒸汽加湿器宜水平安装，即自动调节阀立装在空气处理装置或风管侧。如采用垂直安装，则调节阀平置在风管的底部，不得平置在风管的顶部。

(10) 连接加湿器的蒸汽支管，长度越短越好。在连接支管上，应依次安装截止阀、过滤器、自动调节阀，调节阀应尽量靠近加湿器安装。当蒸汽压力高于加湿器的工作压力时，在过滤器与调节阀之间应设减压阀，在减压阀和自动阀的前后，均应装压力表。

(11) 蒸汽管道宜采用镀锌钢管，管道外部应采取良好的绝热措施，以便最大限度地减少冷凝水的产生。

三、间接蒸汽式加湿器

间接蒸汽式加湿器是一种利用锅炉产生的蒸汽作为热源，间接加热加湿器中的水，使之变成蒸汽的加湿器。这种加湿器的最大特点是不直接应用锅炉产生的蒸汽来进行加湿。目的是为了防止锅炉产生的蒸汽中含有水处理的化学物质。间接蒸汽加湿系统图见图 7-8-4。

选型和使用注意事项：

1. 作为热源必需有蒸汽源（一次蒸汽）。对加湿器的分支配管必须采用“上行供汽”。并要安装蒸汽疏水器等，以防止配管中的泄水流入加湿器里。

2. 每台加湿器要安装一个蒸汽控制阀。

3. 供给蒸汽量要设计为加湿器蒸汽发生量的 1.2 倍。

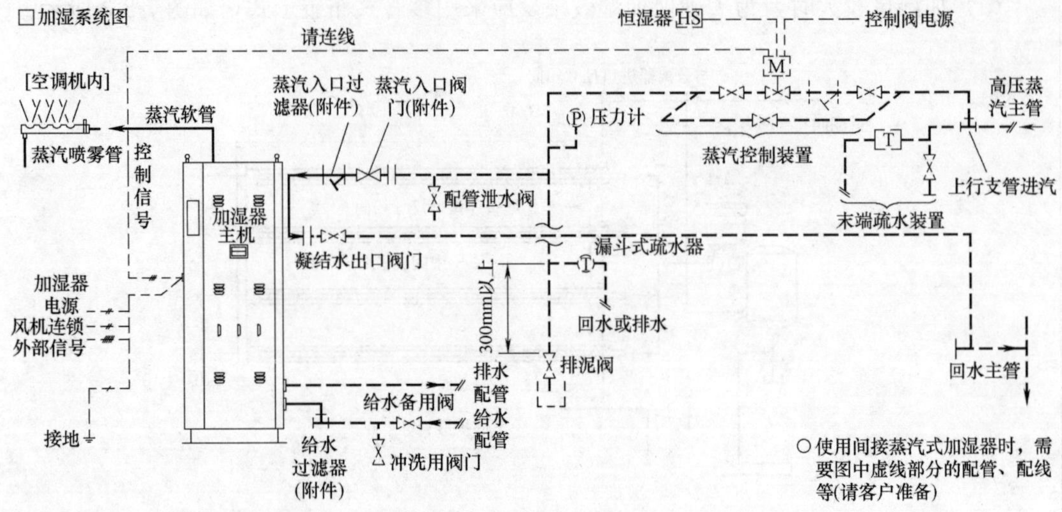

图 7-8-4　间接蒸汽加湿系统图

4. 加湿器不能与公共自来水管直接连接。

5. 应给每台加湿器都安装给水备用阀和电源总开关。

6. 配管应做保温处理。

7. 回水配管根据现场的回水方式设置配管，切勿安装疏水器。

8. 由加湿器接出来的回水管垂直高度只能在 5m 以内。但有时会使蒸汽发生量减少。因此，选型时要留有余量。

9. 通常的维修需要清洗过滤器，加热罐等。加热盘管为更换部件。运转时间满 8000 小时，必须要更换。

四、燃气加湿器

燃气加湿器使用天然气或丙烷为燃料，将其与空气混合后送入气体燃烧器。燃烧热通过换热器传给水，产生加湿用的常压蒸汽。燃烧气体必须按有关规定进行排放。燃气加湿器见图 7-8-5。此图为带离子床技术的 GFH 系列燃气、清洁加湿器。

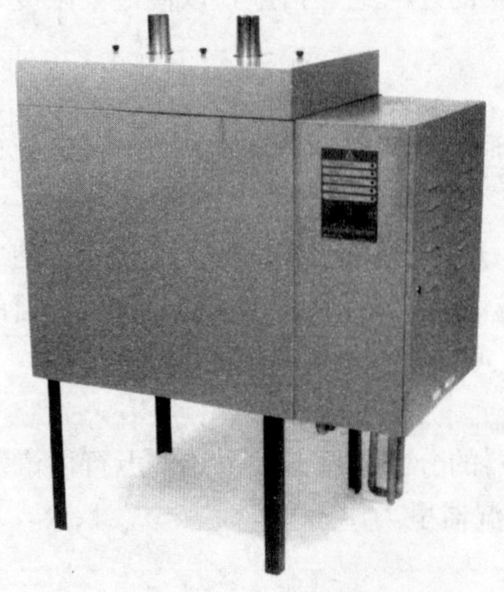

图 7-8-5　燃气加湿器

1. 特性

（1）使用天然气或丙烷加热，运行经济性好。比电加热加湿器节省能耗费用。

（2）加湿输出范围大，适合各种应用场合。

（3）调节控制蒸汽输出，真正的最小蒸汽输出调节比 5：1。

（4）低氮氧化物红外燃烧器，额定效率 82%。

（5）采用离子床技术，减少清洗和维修工作量。离子床由纤维介质构成，能在水温升高时吸附水中的固体，从而减少热交换器和水箱内壁的固体沉积。当离子床吸附足够固体时，加湿器能给出更换离子床的信息。更换离子床只需 15 分钟。

2. 离子床优点

(1) 减少水箱热交换器的清洗工作。排水过滤网能较长时间保持清洁，使水箱排污更有效。

(2) 保持加湿器的加湿能力，不需要使热交换器表面经受过度高温。

(3) 不需要频繁排污，不需表面撇渣，避免浪费水和能源，减少停修时间。

3. 燃气加湿器结构图见图 7-8-6

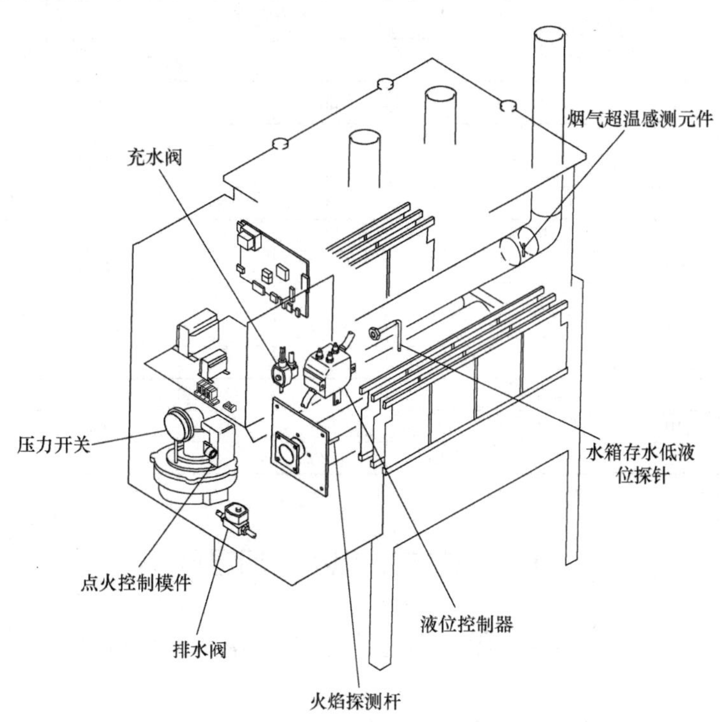

图 7-8-6　燃气加湿器结构图

4. 安全特性

压力开关：感测风机内的空气流动和风机的背压；点火控制模件：监测加湿器的燃烧；火焰探测杆：感测燃烧火焰；液位控制器：防止低水位；水箱低液位探针：存水防止低水位；烟气超温感测：防止过热；水箱隔热层：防止接触高温水箱表面；加湿季结束后排水端：防止不加湿期内积存水。

5. 天然气燃料 GHF 加湿能力见表 7-8-2，丙烷燃料 GHF 加湿能力见表 7-8-3，蒸汽布汽管技术要求见表 7-8-4。

天然气燃料 GHF 加湿能力　　**表 7-8-2**

型　　号	蒸汽加湿能力		最大热输入
	lb/h	kg/h	kW
GFH-150/GFH-150DI	155	70	62.5
GFH-300/GFH-300DI	315	143	123.1
GFH-450/GFH-450DI	475	215	184.6

丙烷燃料 GHF 加湿能力 **表 7-8-3**

型号	蒸汽加湿能力		最大热输入
	lb/h	kg/h	kW
GFH-150/GFH-150DI	150	68	62.5
GFH-300/GFH-300DI	308	140	117.2
GFH-450/GFH-450DI	465	211	175.8

蒸汽布汽管技术要求 **表 7-8-4**

蒸汽布汽管型号	蒸汽布汽管长度		风道宽度				重量	
			最小		最大			
	in	mm	in	mm	in	mm	lb	kg
DL-1	12	304	11	279	16	406	3	1.4
DL-1.5	18	457	17	432	22	559	3	1.4
DL-2	24	609	23	584	34	864	4	2
DL-3	36	914	35	889	46	1168	6	3
DL-4	48	1219	47	1194	58	1473	8	3.6
DL-5	60	1524	59	1499	70	1778	9	4
DL-6	72	1829	71	1803	82	2083	10	4.5
DL-7	84	2133	83	2108	94	2388	11	5
DL-8	96	2438	95	2413	106	2693	12	5.5
DL-9	108	2743	107	2718	118	2998	13	6
DL-10	120	3048	119	3023	130	3302	14	6.4

五、电热式、电极式加湿器

电热和电极式加湿器是用电能使水汽化，且蒸汽不经较长管道输送，将其直接混入空气中去的加湿设备。

加湿所需的功率 N（kW）可按下式计算：

$$N=\frac{W\Delta h}{3600}K \tag{7-8-1}$$

式中 W——最大需湿量（kg/h）；

Δh——蒸汽与进水的焓差，一般可取 $\Delta h=2635$（kJ/kg）；

K——考虑使用中元件结垢而影响效率的附加系数，一般情况下可按下列取值：

当采用蒸馏水时　　1.05；

当采用硬度较低的给水时　　1.10；

当采用硬度较高的给水时　　1.20。

一般空调系统不考虑备用安装容量，但对连续运行可靠性要求严格的空调系统，则应考虑相当于 25%～35%总安装容量的备用档容量。

（一）电极式加湿器

电极式加湿器如图 7-8-7 所示。用三根不锈钢棒（也可改用铜棒镀铬）作为电极，把它放在不易锈蚀的水容器中，以水当作电阻，金属容器接地。三相电源接通后，电流从水中通过，水被加热而产生蒸汽。蒸汽由排出管送到待加湿的空气中去。水容器内的水位越高，导电面积越大，则通过的电流越强，产生的蒸汽量就越多。因此，可以通过改变溢流管高低的办法来调节水位高低，从而调节最大加湿量。

国产小型恒温恒湿空调器，通常配用电极式加湿器，其最大额定容量约为 5kW、10kW 和 20kW。上述小中大三种容量基本能满足加湿量相当 6kg/h、12kg/h 和 24kg/h 的中、小规模的空调系统加湿需要。那些缺乏蒸汽源而工艺又有一定湿度要求的空调系统，应按最大加湿量所需的电功率，选用适当的定型电极式加湿器。电极式加湿器可向有关制造厂直接作为独立部件订购；其详细规格和技术数据，请参阅上述产品样本和使用说明。

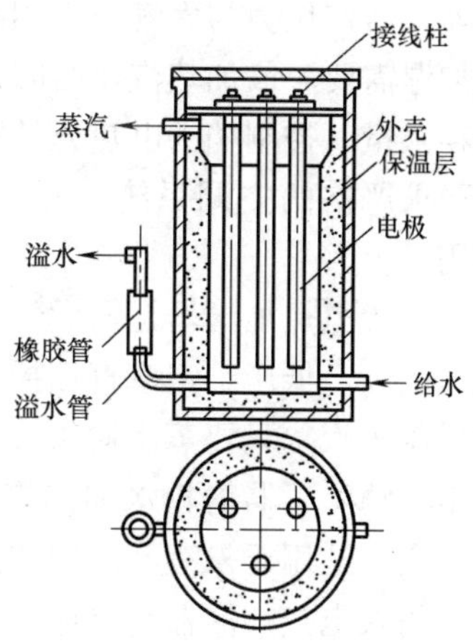

图 7-8-7　电极式加湿器结构图

电极式加湿器安装及使用注意事项：

1. 电极式加湿器的供电电源应装电流表，以便调整水位，并预防电流过载。

2. 电极式加湿器宜装在接近空气加湿处，而又便于观察和操作的地点（即使电加湿器置于整体空调器内，也须安装在符合上述要求的地点），以利必要的调整和应有的维护。

3. 电极式加湿器宜设专管供水，该管上应装一个启闭用的闸阀和电磁阀（与位式调节器的控制电极电源装置实行电气连锁），以减少水、热耗量和加湿滞后时间，上述闸阀与电磁阀之间增装一个 *DN*15 洗冲用的水龙头。

4. 电极式加湿器的底侧部应设排污管，并安装阀门。

5. 电极式加湿器应按样本要求良好接地。

6. 应采用蒸馏水或软化水或去离子水，不得采用纯水。应用软化水时，钠离子浓度不应过高，否则易产生泡沫，影响水位和加湿量的控制精度。

7. 电极式加湿器投用前，须标定最大允许额定电流下容器内的水位高度（一面注视电流表的指示值，一面逐步开大自带的进水阀开度，直至最大允许额定电流为止）与之同时，标出不少于 5 条水位线。使用时，结合需湿情况和控湿通断信号，酌情升降溢水管的高度，即调节最大加湿量，以减少调节频率，减小湿度的波动幅度。

8. 电极式加湿器使用中要经常排污。根据水质条件，排污周期有所不同，一般以累积工作时数 8 小时排污一次为宜。及时排除沉积在容器底部因水不断蒸发而浓缩的杂质和褐色胶状物，以减轻对电极和器壁的腐蚀。电极式加湿器使用中要定期清洗除垢，一般 2～3 个月清洗一次，将水渣、酥松水垢冲刷掉。

9. 必要时，可以在蒸汽出口后面再加一个电热式蒸汽过热器，通过加热使夹带的水滴蒸发，确保送出的是干蒸汽。

（二）电热式加湿器

电热式加湿器是将放置在水槽中的管状电加热元件通电后，使水加热沸腾产生蒸汽的加湿设备。这种加湿器可以在没有蒸汽源的条件下，实现加湿。不同厂家生产不同容量、电压，不同尺寸直形、U 型或蛇形管状电热元件。详细技术规格、性能，请查阅上述产品样本，可供设计选用。

电热式加湿器又有开式与闭式的两种。开式电热加湿器是与大气直接相通的非密闭的容器，蒸汽压力与大气压力相同。由于容器内常有一定的存水，从接到加湿指令到实际汽化加湿需要一段加热汽化时间，从而恶化调节品质，加大湿度波动范围。其热惰性与器内的存水量、控制挡的电热元件安装功率有关。由此可见，开式电热加湿器不宜用于湿度波动要求严格的空调系统。开式电热加湿器多属小容量，常与小型恒温恒湿空调器配套使用。

闭式电热加湿器是与大气不直接相通的密闭容器，蒸汽压力高于大气压力。由电接点压力表高、低压给定值直接控制电热元件电源的通断，使器内经常充满 0.01～0.03MPa 的低压蒸汽，只要蒸汽输送管道上的电动调节阀稍一启开，蒸汽就能迅速加湿空气。这从根本上消除了器内积水加热汽化这一滞后时间；有助于改善调节品质，减少湿度波动范围。通常适用于没有蒸汽源的湿度波动要求严格的空调系统。

闭式电热加湿器有整体机（额定加湿量为 4～96kg/h）及分体机（额定加湿量为 4～240kg/h）等机型。

电热加湿器的污水排放温度很高，接近 100℃，排水管道必须采用金属管道，如果原排水管道采用的是普通塑料管，则必须通过一个降温水箱先进行降温，然后再接到塑料管中。

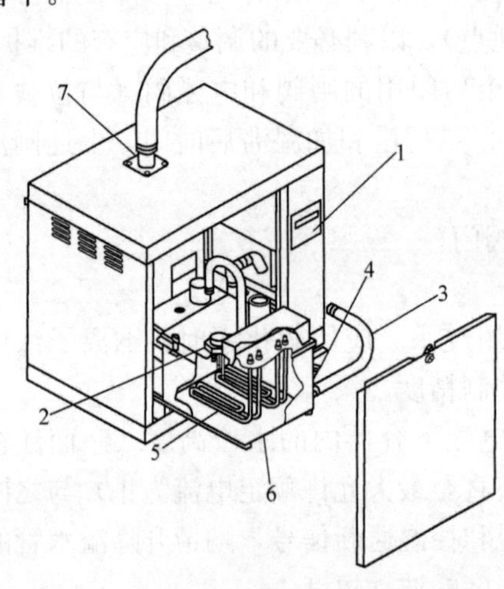

图 7-8-8　电热式加湿器结构图

1—控制器；2—水位探头；3—排水装置；4—表面除污（泡沫）装置；5—电热元件；6—可抽出式蒸发箱；7—蒸汽出口管

闭式电热加湿器较典型的结构如图 7-8-8 所示，各部件的功能特点：

1. 控制器，控制器中配有微处理器，通过它可以控制加湿器的全部过程。

2. 水位探头，用以控制与调节液位。

3. 排水装置，用以排除加湿器内的存水，通过控制器，可以设定排水周期和持续时间（一般停止加湿 72h 后，控制器将自动将水排空，以防止孳生微生物。再次需要加湿时，控制器能自动指挥进行充水和恢复加湿功能）。

4. 表面除污（泡沫）装置，它能及时而有效地除去蒸发小室水表面上的矿物质和气泡，动作周期可通过控制器进行设定。

5. 电热元件，用以对水进行加热产生蒸汽。

6. 可抽出式蒸发箱，沿着箱底下的固定滑道，可以很方便地将蒸发箱抽出，进行检查和维护。

7. 蒸汽出口管，可根据工程具体情况进行连接。

六、高压喷雾式加湿器

高压喷雾加湿器一般由加湿器主机、湿度控制器和喷头三部分组成。

加湿器主机如图 7-8-9 所示。加湿器主机的下部有进水口 15 与出水口 16，供与外界配管连接；加湿器主机应安装在空气处理设备的外部。湿度控制器和喷头等的连接，根据工程实际情况进行配置和设计。

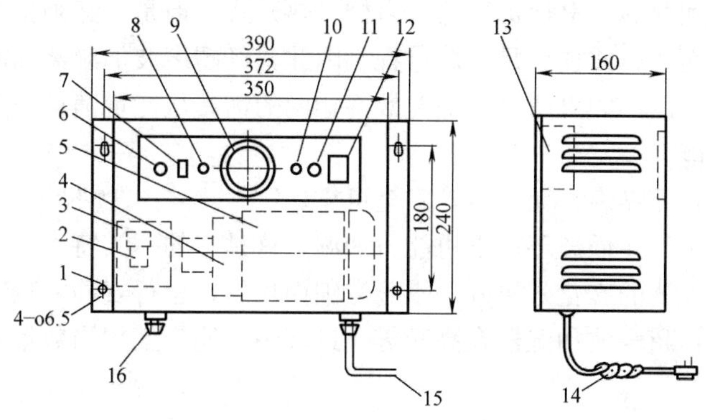

图 7-8-9 加湿器主机

1—机壳；2—电磁阀；3—水压控制器；4—高压加湿泵；5—电机；6—湿控接口；7—自控开关；8—工作指示灯；9—水压表；10—电源指示灯；11—保险盒；12—电源开关；13—电控盒；14—电源线；15—进水口；16—出水口

使用注意事项：

1. 安装高压喷雾式加湿器的机组内，必须装有挡水板。
2. 增压泵进水口、出水口分别装有过滤器，要定期清洗，以保证机器的正常工作。
3. 每台加湿器都配备有电源及进水阀，不能与公共水管直接连接。
4. 用于寒冷地区的机器，应注意防冻保温。
5. 主机安装在户外时，必须采取防雨措施。

七、超声波加湿器

1. 概述

超声波加湿器是利用水槽底部换能器（超声波振子）将电能转换成机械能，向水中发射 1.7MHz 超声波。水表面在空化效应作用下，产生直径为 3～5μm 的超微粒子。水雾粒子与气流进行热湿交换，对空气进行等焓加湿。

超声波加湿器组成，如图 7-8-10 所示。

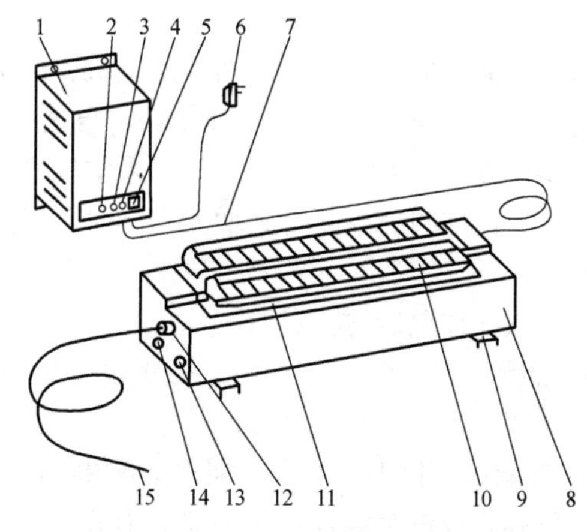

图 7-8-10 超声波加湿器的组成

1—加湿器电控箱；2—工作指示灯（绿）；3—电源指示灯（黄）；4—保险管座；5—电源开关；6—电源插头；7—主机电缆；8—加湿器主机；9—安装架；10—喷雾口；11—水槽；12—主机水嘴；13—溢流口；14—放水口；15—高压水管

2. 超声波加湿器的特点

（1）结构紧凑，安装方便，除需连接电源外，基本上不再需要配置其他设施。

（2）高效节电，与电极（热）式加湿器相比，可节省电能 70%～85%

左右。虽然超声波加湿器的电耗远远低于电极（热）式。但是，必须指出，电极（热）式加湿是等温过程，而超声波加湿是等焓过程。因此，经超声波加湿器加湿后的空气，还必须进行加热升温。所以，如果两者的加湿效率相同的话，从能量消耗角度来看，超波声加湿器省电但并不节能。

（3）控制灵敏，无噪声，无冷凝，安全可靠。

（4）超声波加湿器在低温环境下也能行加湿，这是它的一大特点。

（5）超声波加湿器的雾化效果好，水滴微细而均匀，运行安静，噪声低。

（6）根据报导：超声波加湿器在高频雾化过程中，能产生相当数量的负离子，有益于人体健康。

3. 超声波加湿器应用须知

（1）超声波加湿器本体及控制器必须直立安装，不得倾斜，以确保换能片上方的水面高度。

（2）空气经过加湿后，温度将有一定幅度的下降，所以尚需进行加热升温。

（3）加湿器的实际频率，往往会产生飘移，使加湿能力下降。选择加湿器时，宜考虑附加 10%～20%安全裕量。

（4）随着水温的提高，加湿器的加湿能力增大。不过随着水温的升高，加湿器的寿命将降低。一般水温不宜高于 35℃。

（5）注水容器中水位的高低，对加湿能力有一定影响，必须调整至产品规定的水位。

（6）超声波加湿元件的振子为更换部件，运转到规定的小时数后应及时更换。

（7）超声波加湿器因供水中含有杂质，容易产生白粉。为防止白粉的产生，建议使用专用纯水器。

八、高压微雾式加湿器

高压微雾式加湿器一般由加湿器主机、湿度控制器和喷头三部分组成。

高压泵将水增压后（约 0.7MPa），再通过高压水管传到“细微雾化”喷嘴，经雾化后产生非常细小的液滴，小液滴与干燥空气进行热交换，在空气中吸收热量，从液态变成气态．从而使空间的湿度得到增大，同时可以降低空气温度。高压微雾式加湿器组成见图 7-8-11。

高压微雾加湿器的特点：

1. 加湿量大：单机每小时加湿量可从 100kg 到 1600kg 调节。一台主机最多可带 300 个喷头。

2. 节能：雾化 1 公升水只需要 5W 电功率，是传统电热电极加湿器电功率的百分之一，是离心式或汽水混合式加湿器的十分之一。

3. 可靠：高压微雾加湿器主机采用进口柱塞泵，柱塞泵采用润滑式曲轴传动、耐磨损陶瓷柱塞、锻制黄铜缸体或不锈钢体，保证了连续长时间不间断工作，且维护简单方便。

4. 卫生：高压微雾加湿器的水源是密封非循环使用，不会导致细菌繁殖。

5. 加湿效率高：高达 98%，属等焓加湿。

6. 反应速度快：从静止状态到产生额定加湿量只需要 3 秒。

7. 高精细水过滤器：独特的进水、管路末端过滤方式。配有 1μs 和 10μs 双级过滤芯，精细高效过滤，有效提高水的质量，延长高压泵的使用寿命。

8. 高压供水管路高可靠性：无缝不锈钢管与双层不锈钢丝网作加强筋的橡胶软管配合使用，耐压可达 220kg/cm^2，安全可靠。旋塞紧固式接头便于安装且不渗漏，确保高压机的正常工作。

9. 自动化程度高：主机配置技术先进的 CPU 电脑控制板、高压力传感器、LG 变频器配合使用，自动化程度高。可根据额定加湿的大小自动调节电机功率，节约能源，保证恒压供水。

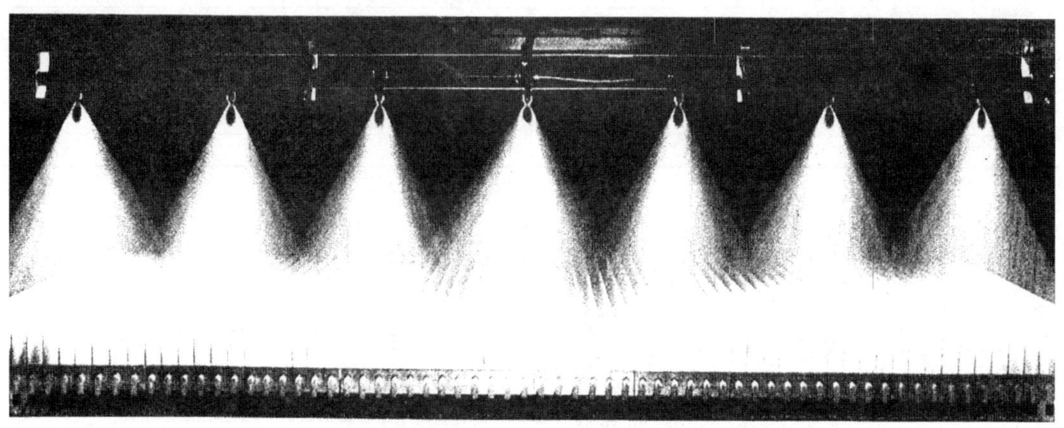

图 7-8-11 高压微雾加湿器

九、PTC 蒸汽加湿器

PTC 蒸汽加湿器是国外的一种新型加湿器产品，将 PTC 热电变阻器（氧化陶瓷半导体）发热元件直接放入水中，通电后，水被加热而产生蒸汽。

PTC 氧化陶瓷半导体在一定电压下，随温度的升高电阻加大。加湿器运行初期，由于水温较低启动电流为额定电流的 3 倍，水温很快上升，5 秒钟后达到额定电流，产生蒸汽。

PTC 蒸汽加湿器由 PTC 发热元件，不锈钢水槽，给水装置，排水装置，防尘罩及控制系统组成。加湿器本体设在空调器内部，操作盘在空调器外部。PTC 蒸汽加湿器控制分双位及比例控制两种，可根据使用要求选用。对于大容量的加湿器则分二段或三段分步启动。

PTC 蒸汽加湿器具有运行平稳、安全、蒸发迅速、不结露、高绝缘电阻、寿命长、比例控制简单、维修工作量小等特点，可用于温湿度要求较严格的中、小型空调系统。PTC 蒸汽发生器主要规格与技术参数见表 7-8-5。

PTC 蒸汽发生器主要规格与技术参数 **表 7-8-5**

型　号	加湿量(kg/h)	额定功率(kW)
UC-FSX15	2	1.5
UC-FSX30	4	3
UC-FSX45	6	4.5
UC-FSX60	8	6

续表

型　号	加湿量(kg/h)	额定功率(kW)
UC-FSX75	10	7.5
UC-FSX90	12	9
UC-FSX120	16	12
UC-FSX150	20	15
UC-FSX180	24	18
UC-FSX210	28	21
UC-FSX240	32	24
UC-FSX270	36	27
UC-FSX300	40	30
UC-FSX330	44	33
UC-FSX360	48	36
UC-FSX420	56	42
UC-FSX480	64	48
UC-FSX540	72	54
UC-FSX600	80	60

十、湿膜蒸发式加湿器

湿膜材料是一种亲水性材料，它能将吸收在其中的水分均匀地分布在材料表面，形成水的汽化层，当空气流经材料表面时，将汽化层中的水分蒸发汽化，吸收到空气中。根据这个原理，制成湿膜加湿器。湿膜加湿器工作原理图见图 7-8-12。

湿膜加湿器分为直供水湿膜加湿器及循环水湿膜加湿器。

注意事项：

(1) 加湿器应紧靠空气加热/冷却器的后面安装，其宽度应等于空气加热/冷却器的宽度，高度应等于空调箱的高度。

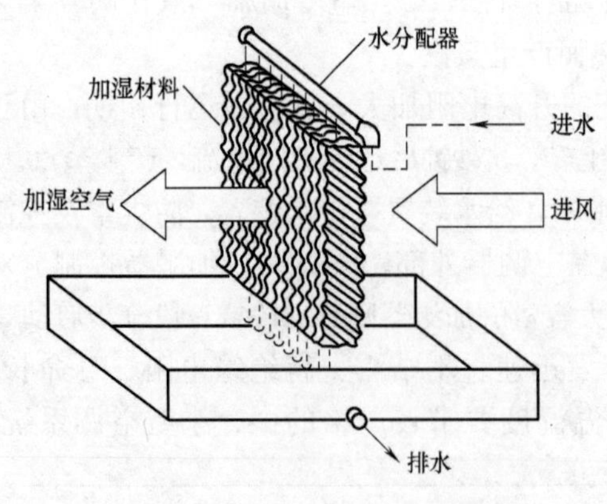

图 7-8-12　湿膜加湿器工作原理图

(2) 采用直流供水时，可按照图 7-8-13 进行配管。

(3) 采用循环供水时，可按照图 7-8-14 进行配管。

(4) 空气通过湿膜介质迎风面的质量流速应保持≤3.0m/s，以避免加装挡水板。

(5) 宜采用软化水，并应考虑选择有灭菌措施的产品。

(6) 应定期清洗。

(7) 应选择饱和效率高、加湿性能好、使用寿命长、吸水性好、耐温高、机械强度高、能反复清洗、耐粉尘、防霉菌效果好的湿膜材料。

(8) 加湿器前必须设置空气过滤器，供水管路上必须装设手动闸阀和水过滤器，水管路连接见图 7-8-15。

（9）在排水管路上，必须设置存水弯，存水弯的尺寸，可按下列规定确定（P—风机运行时加湿器后的负压值，换算为 mmH_2O）。$A = P + 25mm$；$B = A/2 + 25mm$；$\phi \geqslant 32mm$。

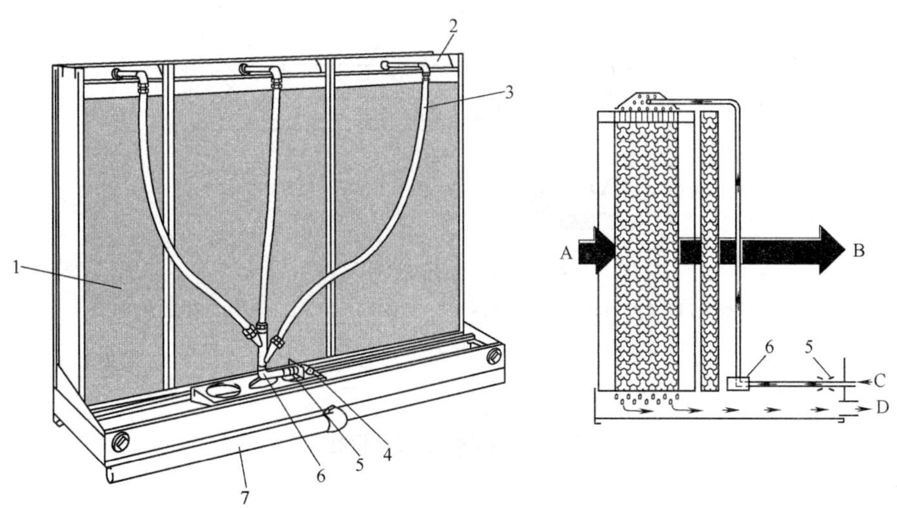

图 7-8-13　直流供水系统

A—加湿前空气；B—加湿后空气；C—管路供水；D—排水；
1—加湿器模块；2—输水器组件；3—输水管；4—管路供水接口；5—定流量阀门；6—分水器组件；7—排水管

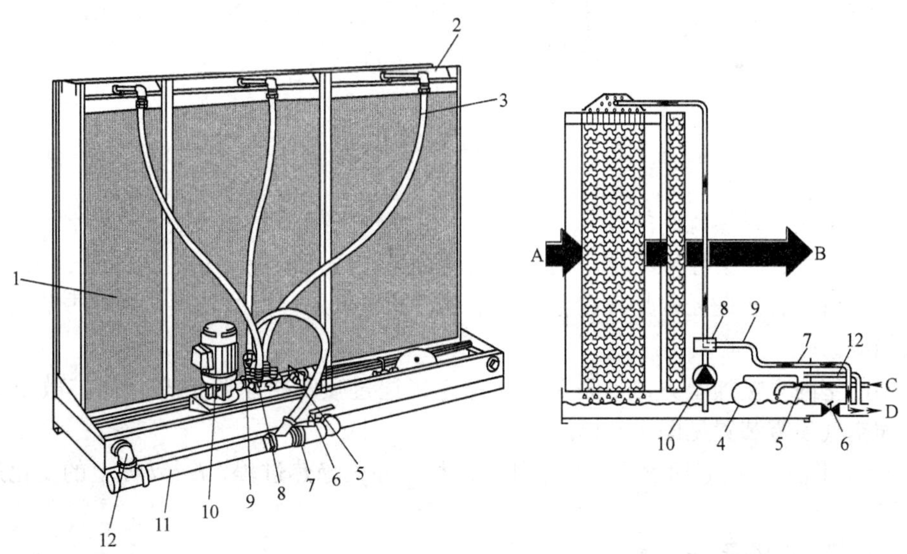

图 7-8-14　循环供水系统

A—加湿前空气；B—加湿后空气；C—管路供水；D—排水；
1—加湿器模块；2—输水器组件；3—输水管；4—浮球；5—浮球阀；6—水箱排水阀门；7—定量排放管；8—分水器组件；9—定量排放控制阀；10—水泵；11—排水管；12—溢流口

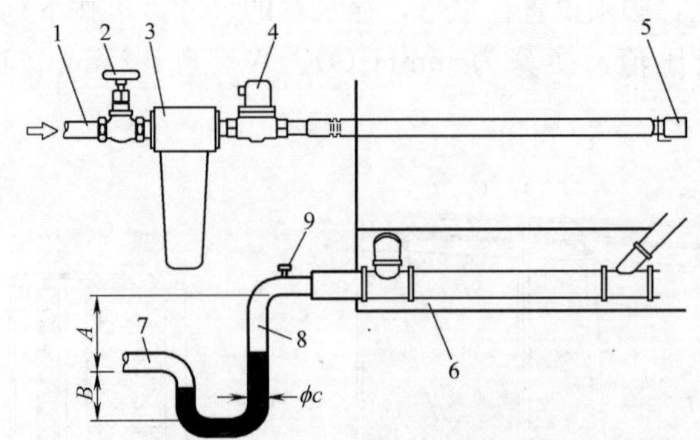

图 7-8-15　水管路连接

1—供水入口；2—闸阀；3—过滤器；4—电磁阀；5—定流量阀（用于直流供水系统）；6—水箱；7—排水；8—存水弯；9—注水塞

十一、红外线加湿器

红外线加湿器主要由红外灯管、反射器、水箱、水盘及水位自动控制阀等部件组成。红外线加湿器是使用红外线灯作热源，产生辐射热，温度达到 2200℃左右，水表面受辐射热蒸发，产生水蒸气，直接对空气进行加湿。其运行控制简单、动作灵敏、加湿迅速，产生的蒸汽无污染微粒，加湿用水可不做处理，能自动定期清洗、排水。但价格较高，耗电量较大。红外线加湿器适用于对温湿度控制要求严格，加湿量较小的中、小型空调系统及洁净空调系统。国外生产的红外线加湿器单台加湿量为 2.2～21.5kg/h，额定功率为 2～20kW。根据空调系统的容量可单台安装也可多台组装。

十二、二流体加湿

在散热量大、显热比高的场合，如果要求保持较高相对湿度，仅仅依靠空气处理机组进行加湿处理，有时会导致夏季空调露点温度偏高、送风温差偏小、送风量偏大的弊端。解决这个矛盾的有效途径，是仅在冬季利用空气处理机进行加湿处理，其他季节则采用室内直接加湿。

实用的室内直接加湿方法，是利用压缩空气通过喷嘴将水喷成雾状而扩散至室内空间，压缩空气喷雾装置见图 7-8-16。

在 $h-d$ 图上，喷雾加湿系一等焓加湿过程，亦称绝热过程，$h-d$ 图上的变化过程见图 7-8-17。

设　G——送风量，kg/s；

　　W——加湿过程中蒸发的水分，kg/s。

由图 7-8-17 可知：

$$W=G(d_2-d_4) \tag{7-8-2}$$

在绝热变化过程中，送风空气由点 5 沿等焓线（$h_2=h_5=const$）变化至点 2，这也相当于把送风温度提高至点 5。

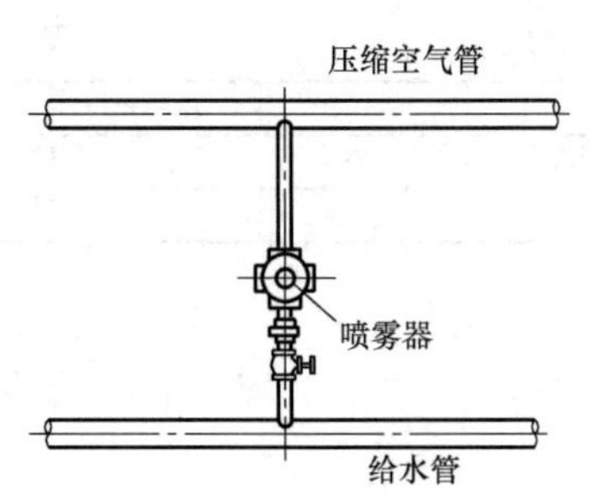

图 7-8-16　压缩空气喷雾装置

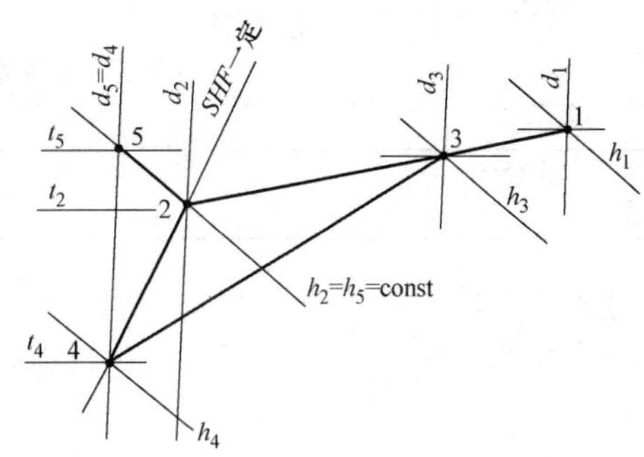

图 7-8-17　$h-d$ 图上的变化过程

所以
$$G=\frac{q_x}{1005\times(t_5-t_4)} \tag{7-8-3}$$

或
$$G=\frac{q_x-rW}{1005\times(t_2-t_4)} \tag{7-8-4}$$

这时，显热比为：

$$SHF=\frac{q_x-rW}{q_x+Wh_s} \tag{7-8-5}$$

热湿比为：

$$\varepsilon=\frac{q_x}{W}+h_s \tag{7-8-6}$$

式中　q_x——显热得热量（W）；

h_s——喷雾水的焓值（J/kg）；

r——汽化潜热，一般取 $r=2500000$（J/kg）。

当室内潜热得热 q_q 远小于显热得热 q_x 时，或允许忽略潜热时，可按式（7-8-3）确定送风量。不过，实际上室内总有潜热得热，因此

$$G(d_2-d_4)=\frac{q_q}{r}+W \tag{7-8-7}$$

$$c_pG(t_2-t_4)=q_x-rW \tag{7-8-8}$$

$$W=\frac{q_x(d_2-d_4)-c_p\dfrac{q_q}{r}(t_2-t_4)}{c_p(t_2-t_4)+r(d_2-d_4)} \tag{7-8-9}$$

这时
$$SHF=\frac{q_x-rW}{q_x+q_q+Wh_s} \tag{7-8-10}$$

式中　c_p——空气的比热容，一般可取 $c_p=1005$J/(kg·℃)。

喷嘴的喷水量，一般由制造商提供。当缺乏有关资料时，可参考表 7-8-6 确定。

单个喷嘴的喷水量（L/h）　　**表 7-8-6**

吸入高度	压缩空气的压力(kPa)			
(mm)	30	40	60	80
100	4.3	5.0	5.6	6.0
150	3.8	4.6	5.2	5.6
200	3.3	4.2	4.7	5.2
250	2.3	3.3	3.8	4.3

压缩空气喷雾装置的配管尺寸：一般可按表 7-8-7 确定。

压缩空气喷雾装置的配管尺寸表 **表 7-8-7**

喷嘴数	1～4	5～8	9～16	17～24	25～40	41～80	81～130
气管公称直径(mm)	32	40	50	65	80	100	125
水管公称直径(mm)	15	15	15	20	20	—	—

【例 7-8-1】 室外条件：$t_1=32℃$，$t'_1=27℃$；室内条件：$t_2=29℃$，$t'_2=23.7℃$，$d_2=0.0164\text{kg/kg}$，$\varphi_2=65\%$；空调负荷：$q_x=581500\text{W}$，$q_q=23260\text{W}$。求送风量、喷雾水量和喷咀数。

【解】

［1］假设喷水室空气的出口温度 $t_4=21℃$，$d_4=0.015\text{kg/kg}$。

［2］根据式（7-8-9）计算喷雾水量：

$$W=\frac{q_x(d_2-d_4)-c_p\dfrac{q_q}{r}(t_2-t_4)}{c_p(t_2-t_4)+r(d_2-d_4)}$$

$$=\frac{581500\times(0.0164-0.015)-1005\times\dfrac{23260}{2500000}\times(29-21)}{1005\times(29-21)+2500000\times(0.0164-0.015)}$$

$$=\frac{814.1-74.8}{8040+3500}=0.064\text{kg/s}$$

［3］将水量代入式（7-8-7）求送风量：

$$G=\frac{\dfrac{q_q}{r}+W}{d_2-d_4}=\frac{\dfrac{23260}{2500000}+0.064}{0.0164-0.015}=\frac{0.0733}{0.0014}=52.4\text{kg/s}$$

或代入式（7-8-8）：

$$G=\frac{q_x-rW}{c_p(t_2-t_4)}=\frac{581500-2500000\times0.064}{1005\times(29-21)}=\frac{421500}{8040}=52.4\text{kg/s}$$

［4］假设水温：$t_s=17℃$，则 $h_s=71400\text{J/kg}$，由式（7-8-10）得：

$$SHF=\frac{q_x-rW}{q_x+q_q+Wh_s}=\frac{581500-2500000\times0.064}{581500+23260+71400\times0.064}$$

$$=\frac{421500}{609300}=0.69\approx0.7$$

［5］连接图 7-8-17 中的点 2 和点 4，即为热湿比线，由于 0.69≈0.7，可以认为满足要求。即说明起初假设的条件（$t_4=21℃$，$d_4=0.015\text{kg/kg}$）符合设计要求。

［6］设喷雾效率 $\eta=0.80$，取压缩空气的压力 $P=30\text{kPa}$，吸入高度 $h=150\text{mm}$，则由表 7-8-6 可得单个喷嘴的喷水量 $w=3.8\text{L/h}$，故所需喷嘴数为：

$$n=\frac{W\cdot3600}{\eta\cdot W}=\frac{0.064\times3600}{0.80\times3.8}=75.8\approx76\text{ 个}$$

可以采用 4 个嘴的喷嘴 20 个。

第八章　空气处理装置

第一节　组合式空调机组系统

一、组合式空调机组空调系统

组合式空调机组一般用于全空气空调系统，是全空气空调系统的主要空气处理设备之一，机组自身不带冷热源，冷媒为水，热媒为水或蒸气，由多个功能段组成，包括空气处理中混合、冷却、加热、去湿、新、排风、过滤、送、回风机、消声、能量回收等功能段，可灵活选择相应的功能段组装在一起，从而满足空调区域对空气温度、湿度、洁净度、流速以及卫生等各种不同要求。

在我国组合式空调机组系统广泛用于宾馆、办公、医院、文娱体育场馆、会议中心等民用建筑和机械、化工、轻工、电子、纺织制药、食品、造纸等工业用建筑集中空调系统的空气处理中，通过功能段中的空气处理部件，对空气进行处理。

近年来随着自动化水平要求的提高和节能减排的需求，机电一体化组合式空调机组的使用也逐渐增多，使得机组不仅可实现送风温、湿度，送风压力、送风量、水系统的流量、新回风比例等自动调节，还具备过滤器阻力超值报警和多种连锁保护功能，可以减轻管理人员工作量。与楼宇自动化系统对接，还可实现节能控制与监测。

二、组合式空调机组的构造、基本参数

国标 GB/T 14294 指组合式空调机组是适用于不带冷、热源，冷媒为水，热媒为水或蒸汽，以功能段为组合单元，能够完全完成空气输送、混合、加热、冷却、去湿、加湿、过滤、消声等功能中集中处理的机组。机组每个组合功能段是具有对空气进行一种或几种处理功能的单元体，机组功能段可包括：空气混合、均流、粗效过滤、中效过滤、高中效或亚高效过滤、冷却、一次和二次加热、加湿、送风机、回风机、中间、喷水、消声等

1. 组合式空调机组的形式和代号见表 8-1-1。

2. 组合式空调机组的基本规格见表 8-1-2。

3. 组合式空调机组产品的性能要求

(1) 组合式空调机组的额定风量、全压、供冷量、供热量等基本参数，在规定的试验工况下机组风量实测值不低于额定值的 95%，机外静压干工况时不低于额定值的 90%，机组供冷量和供热量不低于额定值的 95%，功率实测值不超过额定值的 10%。

组合式空调机组形式和代号　　表 8-1-1

形式			代号
1	结构形式	立式	L
		卧式	W
		吊挂式	D
2	用途特征	通用机组	T
		新风机组	X
		净化机组	J
		专用	Z

组合式空调机组基本规格　　表 8-1-2

规格代号	2	3	4	5	6	7	8
额定风量(m^3/h)	2000	3000	4000	5000	6000	7000	8000
规格代号	9	10	15	20	25	30	40
额定风量(m^3/h)	9000	10000	15000	20000	25000	30000	40000
规格代号	50	60	80	100	120	140	160
额定风量(m^3/h)	50000	60000	80000	100000	120000	140000	160000

(2) 机组内静压保持正压段 700Pa、负压段－400Pa 时，机组漏风率不大于 2%；用于净化空调系统的机组，机组内静压保持 1000Pa 时，机组漏风率不大于 1%。

(3) 机组风量≥30000m^3/h，机组内静压保持 1000Pa 时，箱体变形率不超过 4mm。

(4) 机组内气流应均匀流经过滤器、换热器（或喷水室）和消声器，以充分发挥这些装置的作用，机组横断面上的风速均匀度应大于 80%。

(5) 喷水段应有观察窗、挡水板和水过滤装置。喷水段的喷水压力小于 245kPa 时，其空气热交换效率不得低于 80%。喷水段的本体及其检查门不得漏水。

(6) 热交换盘管水压试验压力应为设计压力的 1.5 倍，保持压力 3min 不漏；气压试验压力应为设计压力的 1.2 倍，保持压力 1min 不漏。

(7) 机组箱体保温层与壁板应结合牢固、密实。壁板保温的热阻不小于 0.74$m^2 \cdot K/W$，箱体应有防冷桥措施。

(8) 通过冷却盘管的迎面风速超过 2.5m/s［即 3.0$kg/(m^2 \cdot s)$］时，在冷却器后设挡水板。

(9) 机组的振幅在垂直方向不大于 15μm。

(10) 水阻不超过额定值的 10%。

(11) 机组的风机出口应有柔性短管，风机应设隔振装置。

(12) 各功能段的箱体应由足够的强度，在运输和启动、运行、停止后不应出现凹凸变形。机组外表面应无明显划伤、锈斑和压痕，表面光洁，喷涂层均匀，色调一致，无流痕、气泡和剥落。机组应清理干净，箱体内无杂物。

(13) 机组内配置的风机、冷、热盘管、过滤器、加湿器以及其他零部件应符合国家有关标准的规定。

三、组合式空调机组空调方式的特点

(一) 组合式空调系统的特点

组合式空调机组一般用于全空气空调系统，将多种空气处理设备集中设置在一个机组中，设备结构紧凑、体积较小、安装简便。设备放在机房内，便于维护。空气经过多级过滤，过滤器效率高，无空调水管道进入空调区内，避免冷凝水造成的滴水、滋生的微生物和病菌等对系统空气质量造成的影响，有利于室内空气质量要求较高场所的应用，同时可通过改变系统新风比来实现利用室外新风进行自然冷却节能的目的，配以变风量系统的设计还能有效减小空气输配能耗。

但组合式空调机组全空气系统与其他空调系统相比，投资较大、自动控制较复杂；与风机盘管加新风系统相比，其占用空间也较大，这也是其应用受到限制的主要原因之一。

（二）组合式机组的使用特点

组合式空调机组的类型　　表 8-1-3

项目	类　型		特　点
材料	金属	钢板或镀锌、复合钢板、合金铝板、不锈钢板	1. 体积小、重量轻； 2. 设计施工安装方便，容易保证装配质量和施工进度； 3. 可工厂化批量生产，有利于提高制造质量和降低生产成本
	非金属	玻璃钢	1. 节省钢材； 2. 耐腐蚀
安装形式	卧式		1. 安装、使用、维护方便； 2. 适用于大风量空调机组
	立式		1. 充分利用空间，节省占地面积； 2. 安装、使用、维护不如卧式方便； 3. 适用于较小风量
	吊挂式		1. 适用于小风量空调机组； 2. 节省占地面积； 3. 安装、使用、维护不方便
结构	框架式结构		1. 型钢框架与钢板壁体组合成空调机组； 2. 非标准构件规格多，生产、安装、运输均不便，提高成本； 3. 整体性与刚性较好； 4. 框架部分存在“热桥”
	板式结构		1. 采用模数制和组合构件标准化，便于工业化、系列化批量生产，安装与运输方便，降低成本； 2. 无框架，无加固件，只靠板件搭接组合，整体性与刚性比框架结构差
系统	直流式		1. 处理的空气全部来自室外； 2. 适用于散发大量有害物质而不能利用再循环空气的空调房间； 3. 宜采用热回收装置回收排风中的冷热量处理新风
	封闭循环式		1. 处理的空气全部来自空调房间本身，无新风； 2. 冷热耗量最省，卫生条件最差； 3. 适用于很少有人进出的场所
	混合式		1. 部分回风与部分新风混合，满足卫生要求，经济合理； 2. 适用于绝大部分空调房间； 3. 根据不同要求，选用一次回风或一、二次回风系统

续表

项目	类型	特点
冷却装置	喷水室	1. 可以实现空气的加热、冷却、加湿和减湿等多种空气处理过程，可以保证较严的相对湿度要求； 2. 耗金属少； 3. 水质要求高，水系统复杂； 4. 占地大； 5. 耗电多； 6. 采用金属空调机组时，易腐蚀
	表面冷却器	1. 可以实现等湿冷却或减湿冷却过程； 2. 耗金属多； 3. 冷水不污染空气，水系统简单； 4. 节省机房面积，易施工； 5. 耗电少
过滤器	粗效	1. 有效捕集≥2μm 直径的尘粒； 2. 计数效率 $E(\%)$ 为 $20\leqslant E<50$； 3. 阻力≤100Pa
	中效	1. 有效捕集≥0.5μm 直径的尘粒； 2. 计数效率 $E(\%)$ 为 $20\leqslant E<70$； 3. 阻力≤160Pa
	高中效	1. 有效捕集≥0.5μm 直径的尘粒； 2. 计数效率 $E(\%)$ 为 $70\leqslant E<95$； 3. 阻力≤200Pa
	亚高效	1. 有效捕集≥0.5μm 直径的尘粒； 2. 计数效率 $E(\%)$ 为 $95\leqslant E<99.9$； 3. 阻力≤240Pa
风机	离心风机	1. 可采用定风量或变风量离心风机； 2. 风机段常采用双进风风机，也可采用无蜗壳风机； 3. 电动机放在箱体外时可节省电机发热能耗； 4. 必须采用隔振基础，软接头； 5. 适用于较大风压的场所； 6. 噪声较小
	轴流风机	1. 可以 2～4 台并联；常采用变节距调节或改变叶片角度调节；根据空调负荷变化，实现变风量； 2. 体积小，长度短，可缩短机组长度； 3. 适用于较大风量、较小风压、要求减小机房长度的场所； 4. 噪声较大

四、组合式空调机组在设计、安装和运行时应注意的问题

（一）机组设计选用要点

应用组合式空调机组的全空气空调系统的划分和功能段的设计详见本手册各章节。

1. 空气冷却装置的选择，应符合下列要求：

(1) 采用循环水蒸发冷却或采用江水、湖水、地下水作为冷源时，宜采用喷水室；采用地下水等天然冷源且温度条件适宜时，宜选用两级喷水室。

(2) 采用人工冷源时，宜采用空气冷却器、喷水室。当采用循环水进行绝热加湿或利用喷水提高空气处理后的饱和度时，可采用带喷水装置的空气冷却器。

2. 空气冷却器的冷媒进口温度，应比空气的出口干球温度至少低 3.5℃，冷媒的温升宜采用 5～10℃，其流速宜采用 0.6～1.5m/s。

3. 采用人工冷源喷水室处理空气时，冷水的温升宜采用 3～5℃；采用天然冷源喷水室处理空气时，其温升应通过计算确定。

4. 在进行喷水室热工计算时，应进行挡水板过水量对处理后空气参数影响的修正，挡水板的过水量要求不超过 0.4g/kg。挡水板与壁板间的缝隙，应封堵严密，挡水板下端的应伸入水池液面下。

5. 加热空气的热媒宜采用热水。对于工艺性空调系统，当室温允许波动范围要求小于±1.0℃时，送风末端宜设置精调加热器或冷却器。

6. 空调系统的新风和回风管应设过滤器，过滤效率和出口空气洁净度应符合现行标准，当采用粗效过滤器不能满足要求时，应设置中效过滤器。空气过滤器的阻力应按终阻力计算。

7. 一般大、中型恒温恒湿类空调系统和相对湿度有上限控制要求的空调系统，其空气处理的设计，应采取新风预先单独处理，除去多余的含湿量，在随后的处理中取消再热过程，杜绝冷热抵消现象。

8. 对于冷水大温差系统，采用常规空调机组难于满足要求，将使空气冷却器产冷量下降，出风温度上升。冷水大温差专用机组可以采取增加空气冷却器排数、增加传热面积、降低冷水初温、改变管程数、改变肋片材质等措施来实现。空气冷却器加大换热面积可以增大产冷量，比增加排数的效果更好（一般在 8 排以内比较合适），缩小翅片片距来增大换热面积，可以不加大机组尺寸，但会增加造价，增大空气阻力，容易脏，容易堵塞。采用增加迎风面积来保持空气冷却器出风温度和供冷量不变，则空气阻力、迎面风速均会减小，但会加大机组尺寸，增加造价，增大机房面积。降低进水温度，可以加大产冷量，进水温度为 4.5℃（温升为 10℃）时产冷量与进水温度为 7℃（温升为 5℃）时的产冷量基本相同。但冷水机组的蒸发温度下降，将使制冷量下降。加大管程数，提高水流速，明显加大产冷量，但水速过高，会使水阻力过大。翅片涂亲水膜，可促使冷水迅速流走，使产冷量加大。

9. 空调机组选用应按最不利的条件来确定，应考虑最大限度地利用回风以及过渡季节全新风运行。

10. 新风机应采取措施，以防止冬季新风把盘管冻裂。

11. 机组内宜设置必要的气温遥测点（包括新风、混合风、机器露点、送风等）；过滤器宜设压差检测装置；各功能段根据需要设检查门、检测孔和测试仪表接口；检查门应严密，内外均可灵活开启，并能锁紧。

12. 当机组安装在室外时，应重新核算保温层厚度。

13. 选用空调机组应注意电源引入的位置，以及与电源的连接方式，并应有低压

(24V/36V）的电源。

14. 空调机组水系统的入口，出口管道上宜装设压力表、温度计，入口管道上宜加装过滤器。

15. 选用干蒸汽加湿器时，要说明供汽压力和控制方法（手动、电动或气动），并应注意蒸汽管末端的疏水措施。

（二）施工安装要点

1. 组合式空调机组可安装在混凝土平台上或型钢制作的底座上。距地面的高度应能保证冷凝水通畅排出。并应设排水沟（管）、地漏，以排除冷凝水，放空空调机底部存水。

2. 现场组装空调机组应注意：

（1）机组四角及底板、检修门的密封；

（2）密封材料的质量。

3. 安装前应检查冷却段、喷淋段下部滴水盘排水坡度是否足够，排水点的水封是否可靠。

4. 应检查机组保温层厚度是否符合要求，保温材料的铺垫是否均匀，各功能段连接处是否出现冷桥，以防止外壳出现结露现象。

5. 核查机组保温材料是否符合防火要求，保温材料应是难燃或不燃材料，并应有消防主管部门的审批证明。

6. 机组安装后应检查端面的风速分布是否均匀，在冷却盘管或喷水段后面局部是否有带水现象。应尽量避免这种现象的出现。

7. 空调机组若安装在室外时，应采用相应防雨措施，其顶部应加设整体防雨盖。

8. 机组应设排水口，运行中排水应畅通，无溢出和渗漏。

9. 应按产品说明书中的规定，确定检查门位置及接管方式（左、右式）。

10. 选用机组时，应注意机组管道连接方式是否合理，冷凝水排放是否顺畅且不容易溢出。

11. 应考虑空调机组检修方式及检修面的最小检修尺寸。

第二节　直接蒸发式空调机组设备

一、直接蒸发表冷式空调机组

（一）直接蒸发式空调机组的分类

直接蒸发表冷式空调机组是一种带有制冷压缩机、冷凝器、制冷剂直接膨胀蒸发器（空气冷却器）、通风机，空气过滤器及自控仪表等组成的空调机组。

制冷剂直接膨胀式空气冷却器的蒸发温度应比空气的出口干球温度至少低 3.5℃，在常温空调系统满负荷时，蒸发温度不宜低于 0℃，低负荷时，应设有防止蒸发器表面结霜的措施。

根据不同的依据可分成很多类型，其分类见表 8-2-1。

直接蒸发式空调机组的分类　　　　表 8-2-1

分类依据	形式	特　征
容量大小	卧式	制冷量一般在 14kW 以下，风量在 $2400m^3/h$ 以下，类似卧式风机盘管，适用于吊顶上暗装，吊顶下明装或楼板下吊装，以及内墙上挂装
	立式	制冷量一般在 7.5kW 以下，风量在 $1000m^3/h$ 以下，类似立式风机盘管，适用于窗台下或内墙下部安装；还有一种制冷量在 14kW 以下，风量在 $2000m^3/h$ 以下，类似于吊顶上边送、中回风的风机盘管，适用于吊顶上卡式安装
	柜式	制冷量在 7～8.4kW，风量在 $1500m^3/h$ 以下适用于舒适性民用空调；制冷量大于 14kW，风量大于等于 $2500m^3/h$，适用于工业降温或恒温恒湿空调，可放在空调房间或空调机房，余压大的可外接风管、风口等送风
结构形式	整体式	制冷机(压缩机、蒸发器、冷凝器)、加热器、加湿器、通风机、空气过滤器及自动控制仪表等组合在一个立柜内
	分体式(单联机及多联机)	压缩机和冷凝器及冷却冷凝器风机等组成室外机组，蒸发器、送风机及空气过滤器等组成室内机组，两部分各自独立安装。通常是一台室外机带一台室内机，也有时带二台室内机情况； 由于制冷技术的进步，室外机的容量可在 50%～110%范围内变频调节，配管最远长度 150m，等效长度 175m，配管总长度为 300m；室外机与室内机之间的高度差≤50m，一台室外机可以连接多台不同形式的小容量室内机的多联机系统
	组合式	压缩机和冷凝器组成压缩冷凝机组，蒸发器、通风机、加热器、加湿器、空气过滤器等组成空调机组。两部分机组可以安装在同一机房内或屋顶上，也可以分别装在不同的场所：室外机在屋顶上或室外平台上，室内机装在空调机房内，通过风系统向各空调房间送、回风
出风口方向	前侧上出	立柜式机组正面上侧用双层可调百叶风口向室内送风。这种空调机风量小，余压也小，多用于较大房间的舒适性降温空调
	顶上出	立柜式机组顶上接风管、风口送风。这种空调机风量较大，余压也较大，多用于工业上大房间的舒适性降温空调或恒温恒湿空调
	底下出	立柜式机组底下接风管、地板风口送风。这种空调机风量较大，余压也较大，多用于计算机房，通信机房空调。 卧式组合空调机组安装在屋面上向室内送风或安装在空调房间的上一层空调机房内，向下一层空调房间送风
冷却方式	水冷式	利用冷却塔或喷水池等冷却的水来冷却冷凝器内的制冷剂
	风冷式	利用室外空气来冷却冷凝器内的制冷剂
供热方式	电热式	以电为热源：通过电加热器加热空气
	热媒式	以外接热媒，蒸汽或热水通过空气加热器加热空气
	热泵式	在风冷式制冷中，冬季通过四通换向阀的阀向位改变，使冷凝器与蒸发器的功能转换而对送风进行加热。这时要注意室外机冷凝水的排放是否有影响
安装方式	移动式	整个空调机组的容量较小，使用过程中，根据需要可自由移动，但需要带一条排气软管，用以向室外排除冷凝器的热量
	固定式	整体空调机安装在一个固定位置上，通过拆卸才能变更其安装位置
使用功能	单冷型	仅用在夏季室内降温
	冷暖(电热)型、冷暖(热泵)型	根据使用要求：夏季送冷风降温，冬季送热风供暖
	恒温恒湿型	不仅对控制区域供冷或供热，还能对空调区域除湿或加湿。通过自动控制系统能使空调区域内的空气温度和相对湿度恒定在某一精度控制范围内
	净化恒湿恒温型	在恒温恒湿机组内，加上满足风机洁净度等级所需的各级空气过滤器，并在各级空气过滤器上安装微压差计，并设超压报警装置

注：在本手册中，带制冷的各种形式的风机盘管通称空调机组。

直接蒸发表冷式空调机组设备有：

1. 水冷式：恒温恒湿型机组、冷暖（电热）型机组、冷风型机组等；

2. 风冷式：恒温恒湿型机组、冷暖（电热）型机组、冷暖（热泵）型机组、冷风型机组、分体式风机盘管（冷风型和热泵型）等。

上述空调机组的品种规格很多，生产厂家也多，本手册仅列举一些产品。其他产品请见有关厂家的产品样本。

（二）直接蒸发式空调机组的共同特点

1. 结构紧凑，体积较小，占机房面积小，安装也简便。

2. 一般不带风管，如需接风管、风口、用户根据需要自配。

3. 恒温恒湿空调机组采用电接点水银温度计、铂电阻温度计、电子继电器等电控元件来自动控制空调房间的干、湿球温度。该设备只配有一套温湿度控制装置，如需分房间控制或要求达到更高的控制精度，则应另行设计自控系统。

4. 电加热器若装在风管上，电加热器应设无风超温断电保护，并接地良好；在电加热器周围必须用不燃绝缘板隔热，连接电加热器前、后的风管、法兰垫片，以及前后各800mm长度范围内的风管保温等均必须用不燃材料，防止过热而引起燃烧发生火灾；电加热器应与送风机连锁。

5. 冷凝器的冷却水均为一般淡水（自来水、井水、河水等），冷却水必须专管供应，防止水源突然断水或水量不足而引起的事故，水压应为0.15MPa左右。冷凝器的出水管应通到能见到出水的明沟或漏斗，也可在出水管上装转子流量计的办法观察出水情况。在冬季长期停止使用制冷机期间，应放尽冷凝器内所有的水，以避免结冰损坏。放水塞应在冷凝器两端的下面。

6. 空调机组无防振要求时，可放在一般地面上或混凝土基础上；有防振要求时，要作防振基础或垫橡胶垫，弹簧减振器等措施减振。

若空调机组安装在楼板上，则楼板荷载不应低于机组荷重，否则就应另做座架（有防振要求的要做减振座架）来增加空调机组底座面积，以满足楼板荷载要求。

7. 空调机组的冷凝水应接到地漏处，无论正（负）压时，均应在泄水管上加水封。

二、恒温恒湿空调机组和冷风空调机组

1. 恒湿恒温机组是由制冷系统、通风系统、电气控制系统和加热系统、加湿系统、空气过滤器等组成立柜式空调机组；风冷机组则由制冷系统、通风系统、电气控制系统和空气过滤器等组成立柜式机组。

2. 恒温恒湿机组的智能控制仪表，可按三种方式控制：

（1）精温恒湿控制，其温度控制精度±0.5℃，湿度控制精度±10%；

（2）精湿恒温控制，其湿度控制精度±5%，温度控制精度±1℃；

（3）精湿精温控制，其温度控制精度±0.5℃，湿度控制精度±5%。

3. 部分空调机组选用举例

空调机组的产品有很多种，现列出几种举例产品见表8-2-2，表8-2-3。为了简化选用方法，特将这部分空调机组作成性能选择图，见图8-2-1。

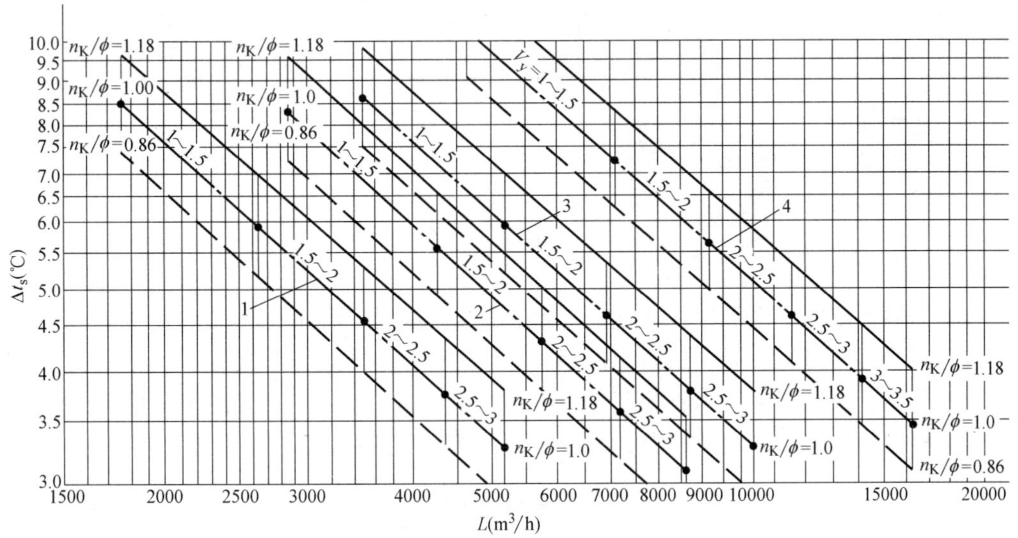

图 8-2-1　大气压力 B=1000hPa 时空调机组选择图

n_K—见表 8-3-2；ϕ—见表 8-3-6 或式（8-3-20）

恒温恒湿空调机组性能举例 　　　　表 8-2-2

项目	性能＼机组编号	H88	H103	H115	H135	H175	H200	H260
		HF78N	HF92N	HF100N	HF120N	HF158N	HF176N	HF230N
压缩机	制冷压缩机匹数 HP	30	36	40	48	60	72	96
	制冷剂及系统充注量(kg)	R407C/19.2	R407C/30	R407C/36	R407C/42	R407C/60	R407C/63	R407C/84
	配用电动机功率(kW)	28.41	32.1	33.35	40.3	56.82	60.7	79.6
	水冷/风冷铭牌制冷量 Q_1(kW)	89.8/77.9	105/92.3	118/96.9	133/119	173/162	195/186	270/248
	水冷/风冷标准制冷量 Q_0(kW)	89.8/77.9	105/92.3	118/96.9	133/119	173/162	195/186	270/248
蒸发器	形式	翅片式	翅片式	翅片式	翅片式	翅片式	翅片式	翅片式
	排数 N(排)	4	4	4	5	6	6	6
	迎风面积 F_y(m²)	2.04	2.23	2.79	2.79	3.08	4.62	5.58
通风机	形式	离心式	离心式	离心式	离心式	离心式	离心式	离心式
	转速(r/min)	951	1104	784	729	727	980	958
	铭牌风量 L(m³/h)	14000	18000	20000	22000	26000	35000	45000
	电机功率(kW)	5.5	7.5	7.5	11	15	18.5	30
	机外静压(Pa)	350	350	350	400	550	600	600
	机外余压(全压)(Pa)	478	454	462	486	626	686	741
	机组噪声 dB(A)	≤72	≤74	≤76	≤77	≤80	≤80	≤84
水(风)冷凝器	水冷/风冷型号	LNQ 系列	LNQ 系列	LNQ 系列	LNQ 系列	LNQ 系列	LNQ 系列	LNQ 系列
	进水(风)温度(℃)	进风 35℃,进水 30℃						
	冷却水(风)量(m³/h)	22	23	28	34.7	41.4	55.9	78
	风冷电机功率(kW)	0.55×3	0.75×3	0.55×4	0.75×4	0.55×6	0.75×6	0.75×8
电加热	kW	42	42	48	60	72	84	96
加湿量	kg/h	15	15	25	25	25	45	45
室内参数范围	温度调节范围及精度(℃)	18～28℃,±0.8℃						
	湿度调节范围及精度(%)	50%～70%,±5%						

续表

项目	机组编号	H88	H103	H115	H135	H175	H200	H260
	性能	HF78N	HF92N	HF100N	HF120N	HF158N	HF176N	HF230N
水冷机组重量(~kg)		1170	1170	1645	1800	1900	2200	3340
风冷机组重量(~kg)		1045+609	1045+840	1408+626	1600+966	1720+939	2040+1044	3050+1932

注：① 本性能表由广东申菱环境系统股份有限公司提供；
② 制冷量范围：24.6kW~261kW；
③ 可根据需要设计不同制冷剂的产品，详询厂家；
④ 其他厂家的产品均未列出。选用时，见厂家样本。

申菱恒温恒湿空调机采用智能化的控制模式，实现制冷、除湿、加热、加湿等功能，从而达到对室内环境温、湿度的精确控制。广泛适用于电子、光学设备、仪器仪表、化妆品、胶片车间、医疗卫生、生物制药、档案馆、博物馆、图书馆、食品房、精密机械、各类计量、检测及实验室等对空气温、湿度精度要求较高的场合。

风冷式空调机组性能举例　　表 8-2-3

项目	机组编号	L95/LD 95	L120/LD 120	L130/LD 130	L150/LD 150	L190/LD 190	L225/LD 225	L290/LD 290
	性能	LF85N/LFD85N	LF99N/LFD99N	LF110N/LFD110N	LF128N/LFD128N	LF170N/LFD170N	LF190N/LFD190N	LF260N/LFD260N
压缩机	制冷压缩机匹数 HP	30	36	40	48	60	72	96
	制冷剂及系统充注量(kg)	R407C/19.2	R407C/30	R407C/36	R407C/42	R407C/60	R407C/63	R407C/84
	配用电动机功率(kW)	28.5	32.1	36.56	42.8	57	60.7	85.6
	水冷/风冷铭牌制冷量 Q_1(kW)	97/85.3	120/99.7	131/112	150/133.4	188/175	218/200	286/267
	水冷/风冷标准制冷量 Q_0(kW)	97/85.3	120/99.7	131/112	150/133.4	188/175	218/200	286/267
蒸发器	形式	翅片式	翅片式	翅片式	翅片式	翅片式	翅片式	翅片式
	排数 N(排)	4	4	4	5	6	6	6
	迎风面积 F_y(m^2)	2.04	2.23	2.79	2.79	3.08	4.62	5.58
通风机	形式	离心式	离心式	离心式	离心式	离心式	离心式	离心式
	转速(r/min)	951	1104	784	729	727	980	958
	铭牌风量 L(m^3/h)	14000	18000	20000	22000	26000	35000	45000
	电机功率(kW)	5.5	7.5	7.5	11	15	18.5	30
	机外静压(Pa)	350	350	350	400	550	600	600
	机外余压(全压)(Pa)	478	454	462	486	626	686	741
	机组噪声 dB(A)	≤74	≤76	≤76	≤77	≤80	≤83	≤84
水(风)冷凝器	水冷/风冷型号	LNQ 系列	LNQ 系列	LNQ 系列	LNQ 系列	LNQ 系列	LNQ 系列	LNQ 系列
	进水(风)温度(℃)	进风 35℃,进水 30℃						
	冷却水(风)量(m^3/h)	22	25	28	34.7	41.4	48.9	70
	风冷电机功率(kW)	0.55×3	0.75×3	0.55×4	0.75×4	0.55×6	0.75×6	0.75×8
电加热	kW(选配)	48	48	54	72	90	108	144
室内参数范围	温度调节范围及精度(℃)	18~28℃,±2℃						
水冷机组重量(~kg)		1170	1400	1585	1630	1800	2150	3200
风冷机组重量(~kg)		980+609	1200+840	1408+626	1448+966	1700+939	2010+1044	2900+1932

注：① 本性能表由广东申菱环境系统股份有限公司提供；
② 制冷量范围：24.6kW~261kW；
③ 可根据需要设计不同制冷剂的产品，详询厂家；
④ 其他厂家的产品均未列出。选用时见厂家样本。

申菱风冷式空调机组可实现对室内温湿度的控制，具有制冷、除湿和加热等功能。结构紧凑，外形美观，可直接安装在使用的区域内，广泛适用于冶金、电力、化工、机械、军工、电子等工业领域，也可以用于宾馆、剧院、写字楼、展览馆等民用和商业建筑。

三、屋顶式空调机组

（一）屋顶式空调机组的特点

1. 屋顶式空调机组是一种自带冷源、风冷却、安装于室外的大、中型空调设备，其制冷、加热、加湿、送风、空气净化、电气控制等组装于卧式箱体中，因其多安装于屋顶，称屋顶式空调机组。

2. 屋顶式空调机组有单冷型、电加热型、热泵型、恒温恒湿型、恒温恒湿洁净型、全新风型等系列产品。

3. 机组在结构和表面积处理上，考虑了防暴晒、防暴雨、防腐蚀等措施，可安装在屋顶上或室外平台上，节省了空调机房面积和土建工程费用。

4. 机组无需冷却水及制冷水系统，省了冷却塔、冷却水泵、制冷水泵和相应管路及部分电控装置的投资，适用于水资源缺乏地区的大、中型厂房、车间的空调。

机组的制冷机采用全封闭涡旋式压缩机、泄漏量小、效率高、噪声低、可靠性好；蒸发器和冷凝器均采用强化传热技术，高效节能。机组的制冷工质为环保型制冷剂 R407C，可根据用户要求选用制冷剂 R134A。

5. 机组内的离心风机经过严格的静、动态平衡调校后，在风机、电机架下设置了弹簧减振器，接管处采用软连接隔振，有效地隔绝了振动及降低了噪声。机组提供 150～750Pa 的机外余压接风管系统。

6. 机组的制热方式：热泵制热、电加热、蒸气加热或热水加热；加湿方式：电极加湿或干蒸气加湿。

机组根据用户的温湿度及精度需要和当地热源条件所选的加热、加湿方式配带加热器及加湿器。

7. 机组根据用户的空气洁净度要求可增加均流段、中（高中）效过滤段、出风段。

8. 机组制冷量小于等于 260kW 时，采用整体式；大于等于 272kW 时，则采用分体式。整体式是将压缩冷凝段和空气过滤、蒸发（加热、加湿）、送风机组合段直连而成；分体式是将两段分开设置。

9. 设在屋顶上的常规机组均为水平回风、水平送风：侧回风、端送风；端回风、端送风。其余送、回风方式：底回风、底送风；底回风、端送风等，可根据用户要求作非标设计。为了简化风管安装、减少阻力、不宜选用顶回风、顶送风方式。若设在室外平台上，不受此限制。

10. 屋顶空调机组的系统设计为全空气系统，室外制冷机组、空气处理机组和室内送风管、风阀、风口两大部分，没有分体空调制冷剂铜管过长引起的制冷量衰减和回油问题，也没有风冷冷水机组在制冷剂与水，水与空气交换过程中的能量损失。用于顶层空调房间的风系统简短、阻力小、运行节能。

（二）屋顶式空调机组的产品

现列 WRF 系列热泵风冷型屋顶式空调机组的部分产品作选用计算方法举例，产品型号及性能参数见表 8-2-4（*a*）、表 8-2-4（*b*）。计算中的相关修正系数图、表见有关厂家样本。

WRF 系列热泵风冷型屋顶式空调机组性能参数　　表 8-2-4（*a*）

项目＼参数＼型号				WRF113H		WRF125H		WRF144H		WRF166H		WRF195H		WRF225H		WRF248H	
机组特性	制冷量		kW	113.3		125.4		143.6		166.1		194.9		225.4		248.3	
	制热量		kW	119		131.7		150.8		174.4		204.6		236.7		260.7	
	风量		m^3/h	20000		22000		25000		28000		32000		35000		40000	
	机外静压		Pa	400	550	450	600	500	650	500	650	550	700	550	700	600	750
	机组噪声		dB(A)	77	79	78	80	79	81	80	82	82	84	83	85	84	86
	温控范围及精度			18℃～30℃±0.1℃													
	电源			3 相,50Hz,380V													
	名义工况输入功率	制冷	kW	43.3	46.8	46.6	50.1	58	58	67.8	67.8	76	80	89.6	89.6	98.4	101.9
		制热	kW	41.9	45.4	50	50.5	58	58	68.7	68.7	76.6	80.6	90.2	90.2	98.7	102.2
制冷系统	制冷剂	工质名称		R407C													
		节流阀		外平衡式热力膨胀阀													
		充注量	kg	18×2		21×2		25×2		18×3		20×3		24×3		29×3	
	压缩机	类型		全封闭涡旋压缩机													
		匹数	HP	20×2		25×2		26×2		20×2		24×3		26×3		30×3	
	蒸发器	类型		套片式													
		翅片形式		铝波纹翅片													
	冷凝器	类型		套片式													
		翅片形式		铝波纹翅片													
通风系统	冷凝风机	形式		低噪声轴流式													
		驱动方式		直接驱动													
		电机功率	kW	0.55×4		0.75×4		0.75×4		0.55×6		0.37×9		0.55×9		0.55×9	
	蒸发风机	形式		低噪声双进风离心式													
		驱动方式		皮带传动													
		电机功率	kW	7.5	11	7.5	11	11	11	11	11	11	15	15	15	18.5	22
加热器（WLFD 系列）		类型		电热式													
		功率	kW	24		24		30		30		36		36		48	
空气过滤器				粗效													
外形尺寸		宽	mm	2160		2160		2160		2200		2200		2200		2200	
		深	mm	4000		4000		4000		4500		4900		4900		4900	
		高	mm	1980		2180		2180		2100		2540		2540		2540	
重量			kg	2800		3130		3300		4000		4650		4800		4950	

制热名义工况输入功率指热泵运行功耗，不含电加热。

WRF 系列热泵风冷型屋顶式空调机组性能参数　　表 8-2-4（*b*）

项目＼参数＼型号			WRF115H		WRF130H		WRF175H		WRF200H		WRF235H		WRF265H		WRF350H	
机组特性	制冷量	kW	117.2		133.2		175.8		199.8		234.4		266.4		347.3	
	制热量	kW	123.1		139.9		184.6		209.8		246.1		279.7		364.7	
	风量	m^3/h	20500		22000		26000		34000		35500		41000		51000	
	机外静压	Pa	550	300	550	350	600	400	650	400	650	400	700	500	750	550
	机组噪声≤	dB(A)	78	77.5	79	78.5	80.5	79.5	81.5	81	84	83.5	85.5	85	87	86.5
	温控范围及精度		18℃～30℃,±2℃													
	电源		380V,3 相,50Hz													

续表

项目		参数	单位	WRF115H		WRF130H		WRF175H		WRF200H		WRF235H		WRF265H		WRF350H	
机组特性	名义工况输入功率	制冷	kW	48.64	45.14	54.2	50.7	67.46	58.69	82.1	71.43	98.18	94.68	111.2	107.7	149.6	145.5
		制热	kW	42.32	39.27	47.15	44.11	67.46	58.69	78.6	68.38	85.42	82.37	96.74	93.7	130.15	126.59
制冷系统	制冷剂	工质名称		R407C													
		节流阀		膨胀阀													
		充注量	kg	36		42		54		63		80		96		120	
	压缩机	类型		涡旋式												螺杆式	
		匹数	HP	40		48		60		72		80		96		120	
	蒸发器	类型		翅片式													
		翅片形式		开槽/波纹铝翅片													
	冷凝器	类型		翅片式													
		翅片形式		开槽/波纹铝翅片													
通风系统	冷凝风机	形式		轴流式													
		驱动方式		直接驱动													
		电机功率	kW	0.55×4		0.75×4		0.55×6		0.75×6		0.75×6		1.5×6		1.5×6	
	蒸发风机	形式		离心式													
		驱动方式		皮带传动													
		电机功率	kW	5.5	5.5	11	11	15	11	18.5	15	18.5	15	22	18.5	30	22
加热器(WLFD系列)		类型		电加热													
		功率	kW	24		24		30		36		42		42		54	
空气过滤器				尼龙网													
外形尺寸		宽	mm	4600		4600		6000		6000		3409/3000		3409/3000		3962/3500	
		深	mm	2000		2000		2300		2300		2491/2100		2491/2100		3205/2100	
		高	mm	2223		2223		2373		2373		2444/2400		2444/2400		2546/2400	
重量			kg	2300		2430		3300		3640		2205+2400		2490+3200		2940+3600	

注：① 本性能表由广东申菱环境系统股份有限公司提供。

② 制冷量范围：25.5kW～590kW

③ 可根据需要设计不同制冷剂、功能模块的产品，详询厂家。

申菱屋顶式空调机组是采用智能化的控制模式，实现对机组制冷、除湿、加热、加湿等功能，从而达到对室内环境温、湿度的精确控制。屋顶式空调机组广泛适用于不便水系统安装和水资源缺乏地区的大空间的温、湿度和洁净度的控制。

(三) 屋顶式空调机组的设置要点

1. 屋顶式空调机组一般分为三段（空气过滤蒸发段、送风段和制冷压缩冷凝段）运抵现场组装。若用户有其他功能段要求，也分段运抵现场一起组装。

2. 机组四周的任何一边离女儿墙距离均不应小于 2000mm。

3. 机组的新风接口无论在顶上或侧面，接新风管的进风口朝向均要避开主导风向，进风口的风速要求小于 2m/s，并作好防雨防虫措施。新风管上除装手动对开多叶调节阀外，还应装电动密闭对开多叶阀。送、回风管穿屋面应做好防水，送、回风管做好保温层和隔汽层后，要外加镀锌薄钢板或铝板保护层。底回底送时，机组内底接风管处，要做脚踏安全格栅。

4. 如条件允许：将压缩冷凝段与过滤蒸发送风机等段之间拉开 600mm 以上距离，再安装软连接，会更方便使用维护。

5. 端面或侧面送、回风的屋顶空调机组，一般设在屋面水平平台上；底送、回风的屋顶空调机组，应将机组底座设在支撑点上的屋面架空平台上。屋顶空调机组最适用于顶层空调房间使用，既节省投资，又节能。

6. 随着制冷技术的进步，制冷剂配管的延长，使得屋顶空调机组能远距离分体设置；制冷部分仍在屋面或室外平台上，而空气处理部分按制冷剂配管长度限定范围可在顶层空调房间的屋顶上任何地方设置或设在屋内各楼层的空调机房内，扩大了缺水地区的空调使用场所。

（四）屋顶式空调机组制冷（热）量的名义工况及运行温度范围

1. 机组名义工况时的室内、外温度，见表 8-2-5。

屋顶式空调机组制冷（热）量名义工况温、湿度表　　表 8-2-5

工况名称	室内		室外	
	干球温度℃	湿球温度℃	干球温度℃	湿球温度℃
制冷工况	27	19	35	24
热泵制热工况	20	<15	7	6
电加热制热工况	20	<15	—	—
恒温恒湿工况	23	17	35	24
全新风工况	34	28	35	24

2. 机组运行室内、外温度范围，见表 8-2-6。

机组运行室内、外温度范围表　　表 8-2-6

运行类型	室内进风干球温度℃		室外进风干球温度℃	
	最高	最低	最高	最低
制冷时	32	16	43	18
制热时	27	—	21	−7

（五）屋顶式空调机组在设计工况下的各种修正系数

屋顶式空调机组在设计工况下的各种修正系数有下列几种：

1. 不同设计工况条件下，制冷机组的制冷量修正系数 β_1。

2. 不同设计工况条件下，热泵机组的制热量修正系数 β_2。

3. 蒸发送风段与压缩冷凝段的连接管等效长度对制冷量影响的修正系数 β_3。

4. 蒸发送风段与压缩冷凝段的连接管等效长度对制热量影响的修正系数 β_4。

5. 室外机在结霜和除霜过程中的制热量有所衰减，其幅度随室外湿球温度的变化而异，其修正系数 β_5。

各种修正系数的具体数值详见厂家样本。

（六）设计计算程序和计算实例

1. 设计计算程序

（1）根据空调系统的处理风量，并将风量的初状态参数处理到要求的终状态参数所需的冷（热）量，用 Q_{XL}（Q_{XR}）表示。

（2）根据空调系统的使用功能，选用合适的屋顶式空调机组类型；再根据 Q_{XL}

（Q_{XR}）值，选用屋顶式空调机组型号及相应的标准工况的制冷（热）量，若没有就取相应的名义工况下的制冷（热）量，用 Q_{ML}（Q_{MR}）表示。

（3）屋顶式空调机组中的制冷压缩冷凝段在设计工况下运行时，应对 Q_{ML} 修正得实际制冷量用 Q_{SL} 表示，则

$$Q_{SL}=Q_{ML}\cdot\beta_1(\mathrm{W}) \tag{8-2-1}$$

式中 β_1——不同设计工况条件下的制冷量修正系数。

（4）屋顶式空调机组中的制冷压缩冷凝段与直接蒸发表冷送风段分开设置时，在配管高差及等效长度中运行时，应对 Q_{SL} 修正得制冷压缩冷凝段供给直接蒸发表冷送风段的冷量，用 Q_{GL} 表示，则

$$Q_{GL}=Q_{SL}\cdot\beta_3(\mathrm{W}) \tag{8-2-2}$$

式中 β_3——直接蒸发表冷送风段与制冷压缩冷凝段之间的连接管等效长度对制冷量修正系数。

当制冷压缩冷凝段供给直接蒸发表冷送风段的冷量大于空调处理风量所需冷量，即 $Q_{GL}>Q_{XL}$，选用的机组型号满足要求。

（5）若是选用热泵风冷型屋顶式空调机组，在冬季运行制热时，还应对制热压缩蒸发段的制热量是否满足设计要求，进行校核计算。

1）在设计工况下运行时，应对 Q_{MR} 修正得制冷压缩蒸发段的实际制热量用 Q_{SR} 表示，则

$$Q_{SR}=Q_{MR}\cdot\beta_2(\mathrm{W}) \tag{8-2-3}$$

式中 β_2——不同设计工况条件下的制热量修正系数。

2）在配管高差及等效长度中运行时，应对 Q_{SR} 修正得制热压缩蒸发段供给冷凝加热送风段的热量，用 Q_{GR} 表示，则

$$Q_{GR}=Q_{SR}\cdot\beta_4(\mathrm{W}) \tag{8-2-4}$$

式中 β_4——冷凝加热送风段与制热压缩蒸发段之间的连接管等效长度对制热量修正系数。

3）制热压缩蒸发段在结霜除霜时，应对 Q_{GR} 修正得最终供热量，用 Q_{ZR} 表示，则

$$Q_{ZR}=Q_{GR}\cdot\beta_5(\mathrm{W}) \tag{8-2-5}$$

式中 β_5——结霜除霜影响最终制热量修正系数。

当制热压缩蒸发段最终供给冷凝加热送风段的热量大于等于空调加热量所需的热量，即 $Q_{ZR}\geqslant Q_{XR}$。选用的机组型号可满足要求。应注意：既要选用符合夏季冷量，又要符合冬季热量要求的节能屋顶式空调机组型号。

2. 计算实例

【例 8-2-1】 已知当地大气压力 B＝947.4hPa；室外干球温度：夏季 32.4℃，冬季－3℃；室外夏季湿球温度 26.3℃，冬季相对湿度 77％。室内干球温度：夏季 25℃，冬季 20℃；室内湿球温度：夏季 18℃。空调处理风量 G＝30000kg/h，初参数：t_1＝27.3℃，t_{S1}＝21.3℃，h_1＝62kJ/kg；终参数：t_1＝14℃，φ_2＝95％，h_2＝39.8kJ/kg。冬季加热前 $t_{1'}$＝13℃，加热后 $t_{2'}$＝23℃。制冷压缩冷凝段设在屋顶上，直接蒸发表冷送风段设在楼内空调机房内，两段高差 15m，之间的配管等效长度 46m。

求解：选用符合冷（热）量要求的热泵型屋顶式空调机组型号

【解】

［1］直接蒸发表冷送风段处理设计风量所需冷量 Q_{XL}，按公式（6-4-26）计算。

$$Q_{XL}=\frac{1}{3.6}G(h_1-h_2)=\frac{1}{3.6}30000(62-39.8)=185000\text{W}$$

［2］根据 Q_{XL} 在表 8-2-4（a）中，选用热泵风冷型屋顶式空调机组 WRF248H 型一台，其名义工况制冷量 Q_{ML}＝248300W；制热量 Q_{MR}＝260700W。

［3］制冷压缩冷凝段在设计工况下运行的实际制冷量 Q_{SL}。

制冷压缩冷凝段在室外进风干球温度 32.4℃，室内进风干球温度 25℃，湿球温度 18℃条件下运行的制冷量修正系数，查得 $\beta_1=0.974$。按公式（8-2-1）算：

$$Q_{SL}=Q_{ML}\cdot\beta_1=248300\times0.974=241840\text{W}$$

［4］制冷压缩冷凝段供给直接蒸发表冷送风段的冷量 Q_{GL}。

制冷压缩冷凝段设在屋顶上，直接蒸发表冷送风段设在楼内空调机房内，两段高度差 15m，之间的连接管等效总长度 46m，这种情况对制冷量的修正系数，查得 $\beta_3=0.808$。按公式（8-2-2）算：

$$Q_{GL}=Q_{SL}\cdot\beta_3=241840\times0.808=195410\text{W}$$

$Q_{GL}>Q_{XL}$，选用的屋顶式空调机组型号满足降温设计要求。

［5］热泵风冷型屋顶式空调机组在冬季运行制热时，要对已选用制冷机组的制热量进行校核计算：

①冷凝加热送风段加热设计风量所需的热量 Q_{XR}，按公式（6-4-28）算：

$$Q_{XR}=\frac{1}{3.6}C_\rho G(t_{1'}-t_{2'})=\frac{1}{3.6}1.01\times30000(23-13)=84170\text{W}$$

②已选用热泵风冷型屋顶式空调机组的名义工况制热量 Q_{MR}＝260700W。

③制热压缩蒸发段在设计工况下运行的实际制热量 Q_{SR}。

制热压缩蒸发段在室外进风湿球温度－3℃，室内进风干球温度 20℃条件下运行时，对制热量的修正系数，查得 $\beta_3=0.804$。

按公式（8-2-3）算：

$$Q_{SR}=Q_{MR}\cdot\beta_2=260700\times0.804=209600\text{W}$$

④制热压缩蒸发段供给冷凝加热送风段的热量 Q_{GR}。

因两段高度差 15m，两段之间的连接管等效总长度 46m，制热的修正系数，查得这种情况 $\beta_4=0.842$。

按公式（8-2-4）算：

$$Q_{GR}=Q_{SR}\cdot\beta_4=209600\times0.842=176480\text{W}$$

⑤机组结霜、除霜过程中最终供热量 Q_{ZR}。

根据室外湿球温度，查得制热量修正系数 $\beta_5=0.90$。按公式（8-2-5）算：

$$Q_{ZR}=Q_{GR}\cdot\beta_5=176480\times0.90=158830\text{W}$$

因 $Q_{ZR}>Q_{XR}=84170$，差值为 95970W 大得太多了，使得机组在冬季运行很不经济，再重新选用更符合冷（热）量要求的屋顶式空调机组型号。

为了使夏季制冷量、冬季制热量都满足设计要求外，还要便于调节、经济运行，在表 8-2-4（a）中改选用 WRF125H 型号二台。

［6］夏季制冷时：2 台 WRF125H 型并联运行：

□1 2 台名义制冷量 $Q_{ML}=125400\times2=250800$W

□2 制冷机组在设计工况下的实际制冷量 $Q_{SL}=250800\times0.974=244280$W

□3 制冷机组供给直接蒸发表冷送风段冷量 $Q_{GL}=244280\times0.808=197380$W

$Q_{GL}>Q_{XL}$ 即 197380W>185000W，满足制冷量要求，二台便于调节。

［7］冬季制热时：1 台 WRF125H 型运行，另一台备用。

□1 1 台名义制热量 $Q_{MR}=131700$W。

□2 制热机组在设计工况下的实际制热量 $Q_{SR}=131700\times0.804=105890$W。

□3 制热机组供给冷凝加热送风段热量 $Q_{GR}=105890\times0.842=89160$W。

□4 机组结霜、除霜过程中的最终供热量 Q_{ZR}，按公式（8-2-5）算：

$$Q_{ZR}=Q_{GR}\cdot\beta_5=89160\times0.90=80240\text{W}$$

而 $Q_{XR}=84170$W，选用的热泵风冷型屋顶式空调机组型号短时间差一点，基本满足设计要求。

四、多联机空调系统

由三菱电机空调影像设备（上海）有限公司生产的多联机，其中商用机 Y 系列设计系统分室外机组和室内机组两大组成部分。室外机组通过压缩机变频改变制冷剂总循环量，以适应若干个空调房间冷、热负荷变化，满足室内冷、热负荷要求，从而维持所需要的室内设计参数。

多联机空调系统常用于办公楼、宾馆、学校等建筑，特别适用于空调房间数量多，同层区域划分多或楼层数多的建筑。对夏热冬冷地区、干旱缺水地区的中小型建筑，可采用风冷式热泵型空调系统。对于严寒、寒冷地区，当建筑物内设有集中供暖时，多联机空调系统要按夏季冷负荷选用室内、外机型号；冬季的系统供热可作为建筑物集中供热的补充。

（一）多联机空调系统的特点

1. 采用变频技术，可用一台室外机组并联多台不同形式和容量的室内机，见图 8-2-2。

2. 灵活性大：由于各空调房间的室内单机具有开、关及负荷调节功能，通过控制器对某台或某个组群的室内单机进行独立的控制，能把不同的楼层和房间出租给不同用户使用。

3. 有效利用空间：除了多联机空调系统的制冷剂配管管径小以外，顶棚型暗装、嵌入式等室内机还配有冷凝水排水泵提高排水扬程，排水管坡度为 0.01，占用吊顶内的空间高度变小，降低了建筑层高。而且，这种系统无需设置专用的空调机房，节省了建筑使用面积。

4. 设计时间短：仅需按产品样本规定说明的配管尺寸选用，节省了设计时间。

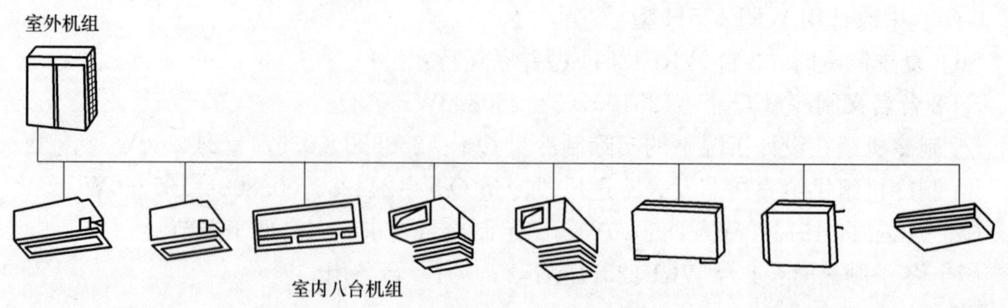

图 8-2-2　一台室外机组带多台不同形式的室内机

5. 安装时间短：由于制冷剂管和配管的管径小，配管的管道及管件均是标准的，能极其简单而迅速地进行安装，同时能一层一层的安装，且安装好的楼层可以提前交付使用，见图 8-2-3。

6. 运行费用低：各区域或各楼层的室内机，通过遥控器、组群控制器等能独立控制，室外机依据系统中各区域或各室内机总负荷的变化，可在 10%～100%范围内变频调节，仅需向需要空调的房间供冷、供暖，而对不需要空调的房间，系统可完全关闭这些室内机。多联机空调系统自低负荷至满负荷的全运转过程中，室内机及室外机均节能，见图 8-2-4。

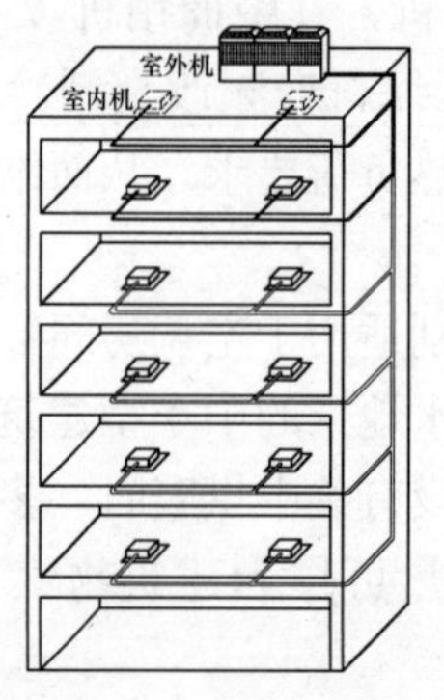

图 8-2-3　分层安装示意图图

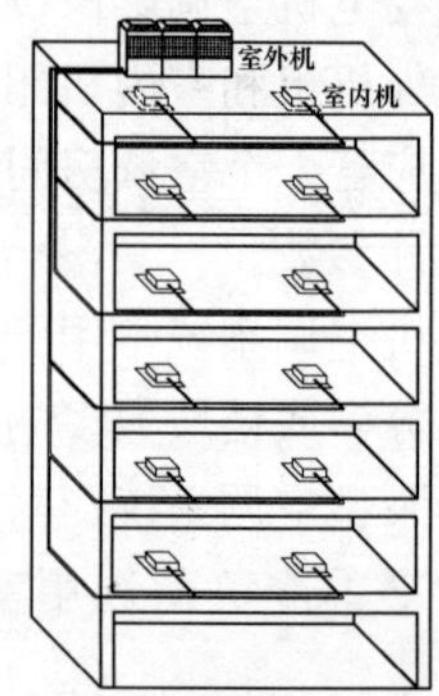

图 8-2-4　分房间或分层控制示意图

7. 更灵活的冷媒配管管长限制：单一系统中，室外机制冷配管最远长度可达 165m（等效配管长度 190m），室外机与室内机之间的高低差可达 90m，室内机之间的高低差可达 30m，第一分支管到最远室内机的配管长度可达 90m，见图 8-2-5。系统中总管路的最大长度为 1000m。

8. 室外机运转的环境温度范围大：夏季制冷运行温度范围为－5～46℃（OB），冬季制热运行温度范围为－20～15.5℃（WB），见图 8-2-6。宽广的运行温度范围能够满足办公室、宾馆和商场等建筑全年的使用要求。

9. 在布置室外机与室内机之间及各室内机之间的制冷剂配管时，应注意以下设计要点：

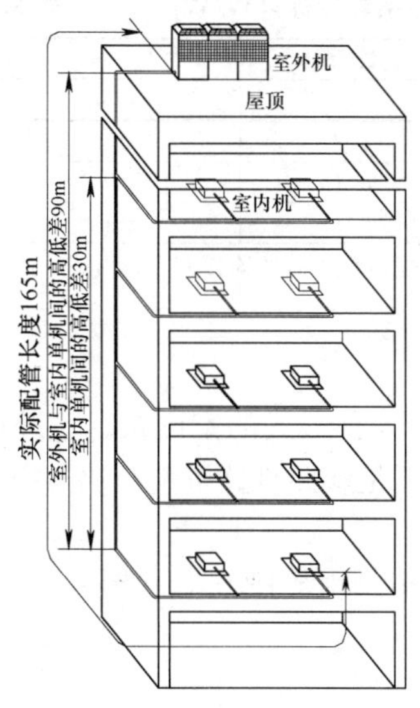

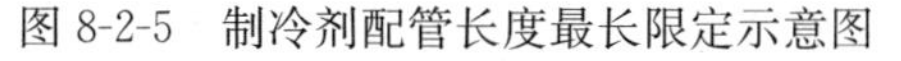
图 8-2-5　制冷剂配管长度最长限定示意图

注：①上图数值是根据室外机安装于室内机上面的条件取的；
②室外机位于室内机下面时的高度差最大为 40m；
③室内外机高低差默认 50m；室内机高低差默认为 15m。

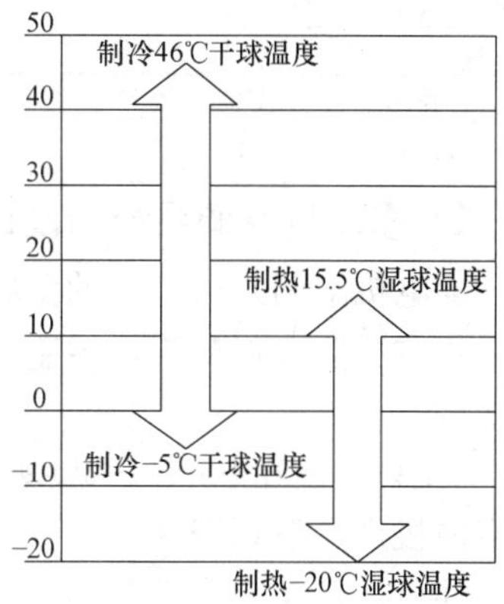

图 8-2-6　室外机运转的环境温度范围

注：室外机位于室内机下面时，室外机制冷的运转环境温度限制在 10～46℃干球温度。

（1）合理设置室外机的位置

室外机尽量靠近各室内机的作用域设置，以缩短室外机至各室内机的制冷剂总管的配管等效长度，及系统最不利环路的配管等效长度建议不超过 70m；对高层大型建筑，室外机一般要安装在不同的楼层，室外机与室内机之间的高低差建议不超过 50m。

（2）合理确定第一分支的位置

第一分支管的位置要尽量使各分支管环路的配管等效长度相差不大，并且最不利环路的配管等效长度建议不超过 55m；室内机之间的高低差建议不超过 15m。

（3）室外机与室内机之间及室内机之间的配管长度、高度差不应超过产品允许的最大限值，且尽量短。

（4）系统最不利环路配管等效长度过长要多损能耗，系统冷媒管等效长度应满足对应制冷工况下满负荷的性能系数。见表 8-2-7（*a*）中机组综合性能系数限定值及表 8-2-7（*b*）中能效等级的 3 级所对应的制冷综合性能系数［IPLV（C）］指标；节能评价值按表 8-2-7（*b*）中能效等级的 2 级所对应的制冷综合性能系数［IPLV（C）］指标，以判定制冷剂配管布置的合理性。

机组综合性能系数［IPLV（C）］限定值　　　　**表 8-2-7（*a*）**

名义制冷量 Q_{ML} （W）	制冷综合性能系数 ［IPLV(C)］/(W/W)
$Q_{ML} \leqslant 2800$	3.20
$2800 < Q_{ML} \leqslant 8400$	3.15
$Q_{ML} > 8400$	3.10

能源效率等级对应的制冷综合性能系数指标（W/W）　　　表 8.2.7（*b*）

名义制冷量 Q_{ML}(W)	能效等级				
	1	2	3	4	5
$Q_{ML}\leqslant 2800$	3.60	3.40	3.20	3.00	2.80
$2800<Q_{ML}\leqslant 8400$	3.55	3.35	3.15	2.95	2.75
$Q_{ML}>8400$	3.50	3.30	3.10	2.90	2.70

注：测试方法按照 GB/T 18837 的相关规定。安装时，其中分配器前、后的连接管长度为 5m 或按制造厂规定，分配器的形式不限。

（二）多联机空调系统的设计

三菱电机空调公司生产的多联机空调系统是由 13 种形式的室内机、室外单机或组合机组和相应的制冷剂配管，控制器及电路组成。以下是参照具体资料解决某空调方案的说明及实例。

注：下面只列出与计算有关的产品系列、修正系数等部分图、表，详细资料见有关厂家样本。

室内机产品系列表 8-2-9。

室外机产品系列表 8-2-10。

1. 室内机型号选择计算

（1）计算各空调房间所需的冷（热）负荷

根据各空调房间的温度要求及相关条件计算所需的冷（热）量，用 Q_{xl}（Q_{xr}）表示。

（2）各空调房间选用室内机的额定制冷（热）容量

根据各空调房间所需的冷（热）量 Q_{xl}（Q_{xr}）选用不同型号的室内机及台数，按空调房间的建筑构造、装潢条件、面积和形状、层高、用途和是否设吊顶等条件，确定室内机形式。为了使室内温度场均匀，室内单机容量不宜过大，应合理设置室内机台数及增加送风口。在表 8-2-9 室内机产品系列中选择最接近或大于空调房间所需冷（热）负荷的室内机额定制冷（热）量，用 Q_{el}（Q_{er}）表示。

2. 室外机型号选择计算

（1）各空调房间所选的室内机额定制冷、热容量是不同的，室内机形式及台数也是不定的。那么一个系统内所有室内机额定制冷（热）容量之和与室外机额定制冷（热）容量之比称为室内外机的容量配比系数，见表 8-2-8。

室内外机的容量配比系数　　　表 8-2-8

同时使用率	最大容量配比系数	同时使用率	最大容量配比系数
≤70%	125%～130%	81%～90%	100%～110%
71%～80%	110%～125%	≥91%	100%

一个空调系统中，按各空调房间室内机额定制冷容量的和小于等于室外机额定制冷容量的“规定配比系数”选用室外机或组合室外机组型号。若室外机在－5℃条件下还需制热时，则按各空调房间室内机额定制热容量的和等于室外机额定制热容量；复核所选室外机型号是否满足制热要求，否则，应重新选择室外机型号。

（2）室外机的额定制冷（热）量

根据各空调房间室内机额定制冷（热）量的和，在表 8-2-10 室外机产品系列表中，选用相应的室外单机或组合机组，其额定制冷（热）量，用 Q_{EL}（Q_{ER}）表示。

3. 室内外机型号修正计算

表 8-2-9

室内机产品系列

机型	P15	P20	P22	P25	P28	P32	P36	P40	P45	P50	P56	P63	P71	P80	P100	P125	P140	P200	P250
标称 HP	0.6HP	0.8HP	0.9HP	1.0HP	1.15HP	1.3HP	1.45HP	1.6HP	1.8HP	2.0HP	2.25HP	2.5HP	2.8HP	3.2HP	4.0HP	5.0HP	5.6HP	8.0HP	10.0HP
制冷能力：kW	1.7	2.2	2.5	2.8	3.2	3.6	4.0	4.5	5.0	5.6	6.3	7.1	8.0	9.0	11.2	14.0	16.0	22.4	28.0
制热能力：kW	1.9	2.5	2.8	3.2	3.6	4.0	4.5	5.0	5.6	6.3	7.1	8.0	9.0	10.0	12.5	16.0	18.0	25.0	31.5
顶棚型暗装式																			
PEFY-P-VMA-E-S｜中静压｜		●		●		●		●		●		●	●	●	●	●	●		
PEFY-P-VMSC-E｜超薄型｜	●	●	●	●	●	●	●	●	●	●	●	●							
PEFY-P-VMM-E-S｜中静压｜		●		●		●		●		●		●	●	●	●	●			
PEFY-P-VMH-E｜高静压｜								●		●		●	●	●	●	●	●	●	●
PEFY-P-VMH-E-F｜全新风｜														●			●	●	●
顶棚型嵌入式																			
PMFY-P-VBM-EC｜单向送风｜		●		●		●		●											
PLFY-P-VLMD-E｜双向送风｜		●		●		●		●		●		●		●	●	●			
PLFY-P-VBM-E-S｜四向送风｜						●		●		●		●		●	●	●			
吊顶型悬吊式																			
PCFY-P-VKM-EC								●				●			●	●			
壁挂型靠挂式																			
PKFY-P-VBM-EC	●	●		●															
PKFY-P-VHM-EC						●		●		●									
落地型明、暗装式																			
PFFY-P-VLEM-E｜明装式｜		●		●		●		●		●		●							
PFFY-P-VLRM-E｜暗装式｜		●		●		●		●		●		●							
新风处理器｜顶棚型内藏式或悬吊式｜																			
GUF-RDH3｜加湿类型｜						●													

（1）室外机的实际制冷（热）量

因为设计工况并非是额定工况，故室外机实际的制冷/制热容量需要根据实际设计工况下的温度、容量配比、冷媒配管长度、结霜和除霜等因素进行修正。

室外机运行时的实际制冷（热）量，用 Q_{SL}（Q_{SR}）表示。则：

$$Q_{SL}=Q_{EL}\cdot\beta_1\cdot\beta_3\cdot\beta_5\quad(W)\tag{8-2-6}$$

$$Q_{SR}=Q_{ER}\cdot\beta_2\cdot\beta_4\cdot\beta_6\quad(W)\tag{8-2-7}$$

式中 β_1、β_2——分别为室外机在不同设计温度下的制冷（热）量修正系数。

β_3、β_4——分别为室外机连接室内机容量多少的制冷（热）量修正系数。

β_5、β_6——分别为室外机在不同冷媒配管长度下的制冷（热）量修正系数。

（2）室外机的最终制热量

室外机冬季制热时，在结霜、除霜过程中的制热量会有降低，降低幅度随室外空气湿球温度的不同而异，室外机的最终制热量用 Q_{ZR} 表示。则：

$$Q_{ZR}=Q_{SR}\cdot\beta_7\quad(W)\tag{8-2-8}$$

式中 β_7——室外机结霜、除霜对制热量修正系数。

当室外机的最终制热量大于等于各室内机最终制热量之和，满足室外机设计要求，否则，应重新选择室外机型号。

（3）各空调房间室内机的实际制冷（热）量

室外机与各种室内机组合后，在不同设计温度条件下运行时，各室内机的实际制冷（热）量用 Q_{sl}（Q_{sr}）表示。

$$Q_{sl}=Q_{Sl}\cdot Q_{el}/\sum Q_{el}\quad(W)\tag{8-2-9}$$

$$Q_{sr}=Q_{SR}\cdot Q_{er}/\sum Q_{er}\quad(W)\tag{8-2-10}$$

注：①各室内机的最终制冷量均须大于等于该房间的所需冷负荷，即 $Q_{sl}\geqslant Q_{xl}$，计算合格。否则，要重新选择计算。

②若是选用热泵型机组，还要对已选用室内机的制热量进行校核计算选择，使各室内机的最终制热量均大于等于该房间的所需热负荷，即 $Q_{sr}\geqslant Q_{xr}$，计算合格，否则，重新选择计算。

③根据各空调房间内工作人员所需的新风量，是否有排风等因素，选用顶棚型暗装式（全新风）室内机，或选用带热回收新风处理器，向各空调房间送新风及补风。

④在冬季的各空调房间内有湿度要求的，可选用带加湿的热回收新风处理器，向空调房间送新风的同时也增加室内一部分湿度。

室外机产品系列　　**表 8-2-10**

室外机台数		单台室外机						二台组合室外机	
型号大小	组合室外机	200	250	300	350	400	450	500	550
	组合中的室外单机							250＋250	250＋300
标称马力（HP）	单台及组合室外机	8	10	12	14	16	18	20	22
	组合中的室外单机							10＋10	10＋12
制冷能力：kW		24.6	28.0	33.5	40.0	45.0	50.0	56.0	63.0
制热能力：kW		25.0	31.5	37.5	45.0	50.0	52.0	63.0	69.0
室外机型号	冷媒	规格							
PUHY-P-YKC-A	R410A	●	●	●	●	●	●		
PUHY-P-YSKC-A								●	●
所连接室内单机的台数		1～17	1～21	1～26	1～30	1～34	1～39	1～43	2～47

续表

室外机台数		二台组合室外机							三台组合室外机
型号大小	组合室外机	600	650	700	750	800	850	900	950
	组合中的室外单机	250＋350	300＋350	350＋350	350＋400	400＋400	400＋450	450＋450	250＋300＋400
标称马力（HP）	单台及组合室外机	24	26	28	30	32	34	36	38
	组合中的室外单机	10＋14	12＋14	14＋14	14＋16	16＋16	16＋18	18＋18	10＋12＋16
制冷能力：kW		69.0	73.0	80.0	85.0	90.0	93.0	101.0	108.0
制热能力：kW		76.5	81.5	88.0	95.0	100.0	102.0	104.0	119.5
室外机型号	冷媒	规格							
PUHY-P-YKC-A	R410A								
PUHY-P-YSKC-A		●	●	●	●	●	●	●	●
所连接室内单机的台数		2～50							

室外机台数		三台组合室外机					
型号大小	组合室外机	1000	1050	1100	1150	1200	1250
	组合中的室外单机	300＋300＋400	300＋350＋400	350＋350＋400	350＋400＋400	400＋400＋400	400＋400＋450
标称马力（HP）	单台及组合室外机	40	42	44	46	48	50
	组合中的室外单机	12＋12＋16	12＋14＋16	14＋14＋16	14＋16＋16	16＋16＋16	16＋16＋18
制冷能力：kW		113.0	118.0	124.0	130.0	136.0	140.0
制热能力：kW		127.0	132.0	140.0	145.0	150.0	150.0
室外机型号	冷媒	规格					
PUHY-P-YKC-A	R410A						
PUHY-P-YSKC-A		●	●	●	●	●	●
所连接室内单机的台数		2～50	3～50				
需连接室内单机的总容量 kW		500～1300	525～1365	550～1430	575～1495	600～1560	625～1625

室外机台数		单台室外机			二台组合室外机				
型号大小	单台及组合室外机	350	400	450	700	750	800	850	900
	组合中的室外单机				350＋350	350＋400	400＋400	400＋450	450＋450
标称马力（HP）	单台及组合室外机	14	16	18	28	30	32	34	36
	组合中的室外单机				14＋14	14＋16	16＋16	16＋18	18＋18
制冷能力：kW		40.0	45.0	80.0	80.0	85.0	90.0	96.0	101.0
制热能力：kW		45.0	50.0	88.0	88.0	95.0	100.0	108.0	113.0
室外机型号	冷媒	规格							
PUHY-P-YEKC-A	R410A	●	●	●					
PUHY-P-YSEKC-A					●	●	●	●	●
所连接室内单机的台数		1～30	1～34	1～39	2～50	2～50	2～50	2～50	2～50
需连接室内单机的总容量 kW		175～390	200～520	225～585	350～910	375～975	400～1040	425～1105	450～1170

室外机台数		三台组合室外机				
型号大小	单台及组合室外机	1050	1100	1150	1200	1250
	组合中的室外单机	300＋350＋400	350＋350＋400	350＋400＋400	400＋400＋400	400＋400＋450
标称马力（HP）	单台及组合室外机	42	44	46	48	50
	组合中的室外单机	12＋14＋16	14＋14＋16	14＋16＋16	16＋16＋16	16＋16＋18
制冷能力：kW		113.0	118.0	124.0	130.0	136.0
制热能力：kW		127.0	132.0	140.0	145.0	150.0
室外机型号	冷媒	规格				
PUHY-P-YEKC-A	R410A					
PUHY-P-YSEKC-A		●	●	●	●	●
所连接室内单机的台数		3～50				
需连接室内单机的总容量 kW		525～1365	550～1430	575～1495	600～1560	625～1625

(三) 多联机空调系统控制方式

遥控器及系统控制器的种类和功能：

1. 在小型空调系统中，用 MA 线控器、ME 线控器及无线遥控器等就能单台或群组控制各种形式的室内机经济运行。

2. 在大型空调系统中，有多种组合控制方式：

(1) 用各种遥控器配合组群控制器控制系统经济运行。

(2) 用各种遥控器配合组群开、关控制器控制系统经济运行。

(3) 用各种遥控器配合系统控制器控制系统经济运行。

(4) 用各种遥控器配合中央控制器控制系统经济运行。

(四) 设计多联机空调系统的选择计算实例

多联机空调系统实例示意图见图 8-2-7。

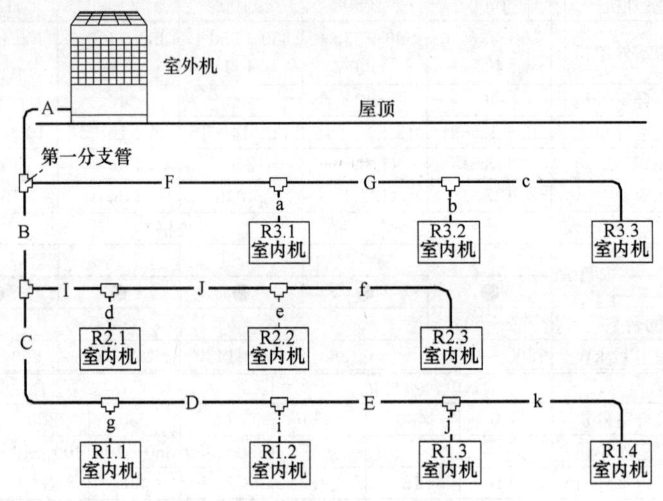

图 8-2-7 VRV 系统实例示意图

【例 8-2-2】 多联机空调系统的选择计算

多联机空调系统制冷容量的设计选择计算程序：

[1] 根据当地大气压力 B=998.6hPa；室外空调计算干球温度 33.2℃，湿球温度 26.4℃；室内空气干球温度 25℃，湿球温度 18℃。计算出各空调房间的冷负荷值列入表 8-2-11 中 1。

[2] 根据各空调房间的冷负荷值，在室内机产品系列表 8-2-9 中，选择略大于空调房间冷负荷值的室内机型号及相应的额定制冷容量，列入表 8-2-11 中 2。

[3] 根据各空调房间室内机额定制冷容量的和，在室外机产品系列表 8-2-10 中，选择与各室内机额定制冷容量总和值相近的室外机，额定制冷容量及相应的型号列入表 8-2-11中 3。

[4] 根据各室内机额定制冷量的总和 $\sum Q_{el}$ 与室外机额定制冷容量 Q_{EL} 之比，得出室内外机制冷容量配比系数。列入表 8-2-11 中 4。

[5] 根据所选室外机型号 P-YKC 及额定制冷容量 Q_{EL}，该室外机在设计工况：室外干球温度 33.2℃，室内湿球温度 18℃的环境中运行时，在相关图中查得制冷容量的修

表 8-2-11

多联机空调系统制冷容量的设计选择计算表

序号	房间编号	$R_{1.1}$	$R_{1.2}$	$R_{1.3}$	$R_{1.4}$	$R_{2.1}$	$R_{2.2}$	$R_{2.3}$	$R_{3.1}$	$R_{3.2}$	$R_{3.3}$	合计
1	冷负荷值 Q_{xl}(kW)	4.5	3.9	3.8	4.4	3.2	2.5	4	4.8	6.2	5.9	43.2
2	选室内机型号	P40	P36	P36	P40	P28	P22	P36	P45	P56	P56	
	额定制冷容量 Q_{el}(kW)	4.5	4	4	4.5	3.2	2.5	4	5	6.3	6.3	44.3
3	选室外机型号	P400YKC										
	额定制冷容量 Q_{EL}(kW)	45.0										
4	室内外机配比系数	98.44%										备注 1
5	室外机在设计工况下运行的温度修正系数 β_1	0.98										室外温度 33.2℃
6	室外机在设计工况下运行的容量修正系数 β_3	0.99										
7	室外机在设计工况下冷媒配管长度补偿系数 β_5	0.96										配管长度按 37m 计
8	室外机实际制冷容量 Q_{SL}(kW)	41.9										
9	室内机在设计工况下运行的实际制冷容量 Q_{sl}	4.3	3.8	3.8	4.3	3.0	2.4	3.8	4.7	6.0	6.0	41.9
因个别空调房间室内机的最终实际制冷容量小于该房间要求的冷负荷值，应重新选择计算：												
10	重选室内机型号	P50	P40	P40	P45	P32	P25	P40	P50	P63	P63	
	额定制冷容量 Q_{el}(kW)	5.6	4.5	4.5	5	3.6	2.8	4.5	5.6	7.1	7.1	50.3
11	重选室外机型号	P450YKC										
	额定制冷容量 Q_{EL}(kW)	48										
12	室内外机配比系数	104.79%										备注 1
13	室外机在设计工况下运行的温度修正系数 β_1	0.98										室外温度 33.2℃
14	室外机在设计工况下运行的容量修正系数 β_3	1										
15	室外机在设计工况下冷媒配管长度补偿系数 β_5	0.95										配管长度按 37m 计
16	室外机实际制冷容量 Q_{SL}(kW)	44.69										
17	室内机实际制冷容量 Q_{sl}(kW)	5.0	4.0	4.0	4.4	3.2	2.5	4.0	5.0	6.3	6.3	44.7
18	选择室内型式	根据室内装修及使用要求选用相适应型式的空调室内机										
备注 1：也可以用室内机型号之和与室外机型号的比值												

正系数 β_1；根据所选室内机型号之和，与所选室外机型号做比较，在相关图中查出室内机总能力补偿系数 β_3；根据所给出的示意图及图中数据，计算中该系统的等效配管长度 *，在相关图中查得冷媒配管长度补偿系数 β_5；将几个数据分别列入表 8-2-11 中 5、6、7。

$$等效配管长度=实际配管长度+\sum(不同管径下的弯管个数\times弯管等效长度)+(分歧管个数\times分歧管等效长度)$$

［6］根据以上数据，可以得出室外机实际制冷容量 Q_{SL}，列入表 8-2-11 中 8。以及各室内机的实际制冷容量 Q_{sl}，列入表 8-2-11 中 9。

与 Q_{x1}对比，如果 $Q_{sl} \geqslant Q_{x1}$，则室外机选择正确；如果 $Q_{sl} < Q_{x1}$，则需重新选择。

［7］按［2］条，重选室内机型号及相应的额定制冷容量列入表 8-2-11 中 10。

［8］按［3］条，重选确认已选室外机型号及相应的额定制冷容量列入表 8-2-11 中 11。

［9］按［4］条，算出重选室内机制冷容量配比系数，列入表 8-2-11 中 12。

［10］按［5］条，算出室外机在各设计工况条件下运行时的修正系数，列入表 8-2-11 中 13、14、15。

［11］按［6］条，可以得出室外机实际制冷容量 Q_{SL}，列入表 8-2-11 中 16。以及各室内机的实际制冷容量 Q_{sl}，列入表 8-2-11 中 17。

［12］室外机实际制冷容量大于各室内机最终实际制冷容量之和，且均大于各室内所需冷负荷的和，满足要求。

［13］根据室内使用功能要求，在表 8-2-9 中，选用合适的室内机型式。进行装修。

【例 8-2-3】 多联机空调系统制热量的校核选择计算

由于系统中计算出各空调房间内的冷、热负荷有差异，满足冷负荷要求选择的室内机型号不一定能满足热负荷的要求，因此在按冷负荷选择机组计算完成后，还应对已选机组的制热容量进行校核选择计算：

［1］根据当地大气压力 B=1020.4hPa，室外空气计算湿球温度−5℃，室内空气计算干球温度 20℃，计算出各空调房间的热负荷值。列入表 8-2-12 中 1。

［2］根据【例 8-2-2】中表 8-2-11 中 10 的室内机型号。在表 8-2-9 中查得相对应的型号及额定制热容量列入表 8-2-12 中 2。

［3］根据各空调房间室内机额定制热容量的和，复核所选室外机型号的额定制热容量。在表 8-2-10 中查得的室外机参数列入表 8-2-12 中 3。

［4］若室外机额定制热容量满足各室内机额定制热容量的和要求，则算出室内、外机制热容量配比系数。列入表 8-2-12 中 4。

［5］根据室外机型号及额定制热容量 Q_{ER}，该室外机在设计工况：室外空气湿球温度−5℃，室内空气干球温度 20℃，在相关图中查得制热温度修正系数 β_2；以及容量修正系数 β_4；还有管长修正系数 β_6；以及制热时涉及的除霜修正系数 β_7；列入表 8-2-12 中 5、6、7、8。

［6］根据以上所得数据，计算得出室外机实际制热容量 Q_{SR} 以及室内机的实际制热容量 Q_{sr}，与房间所需热负荷 Q_{xr} 比较，如果 $Q_{sr} > Q_{xr}$ 则系统成立，所选室内外机成立；如果 $Q_{sr} < Q_{xr}$，则需重新选择。

［7］按［3］条在表 8-2-10 中选用高能效比型或高容量型机组，将型号及额定制热量 Q_{ER}，列入表 8-2-13 中 3。

［8］按［5］条，计算出该室外机在设计工况下的温度修正系数 β_2；容量修正系数 β_4；管长修正系数 β_6；除霜修正系数 β_7；列入表 8-2-13 中 5、6、7、8。

［9］根据新计算数据，计算得出室外机实际制热容量 Q_{SR} 以及室内机的实际制热容量 Q_{sr}，与房间所需热负荷 Q_{xr} 比较，如果 $Q_{sr}>Q_{xr}$ 则系统成立，所选室内外机成立；如果 $Q_{sr}<Q_{xr}$，则需重新选择。

校核选择计算表 **表 8-2-12**

序号	房间编号	$R_{1\cdot1}$	$R_{1\cdot2}$	$R_{1\cdot3}$	$R_{1\cdot4}$	$R_{2\cdot1}$	$R_{2\cdot2}$	$R_{2\cdot3}$	$R_{3\cdot1}$	$R_{3\cdot2}$	$R_{3\cdot3}$	合计
1	热负荷值 Q_{xr}(kW)	4.3	3.6	3.5	4.2	3	2.3	3.5	4.6	5.6	5.4	40
2	选室内机型号	P50	P40	P40	P45	P32	P25	P40	P50	P63	P63	
	额定制热容量 Q_{er}(kW)	6.3	5	5	5.6	4	3.2	5	6.3	8	8	56.4
3	选室外机型号	P450YKC										
	额定制热容量 Q_{ER}(kW)	52										
4	室内外机配比系数	108.46%										备注 1
5	室外机在设计工况下运行的温度修正系数 β_2	0.82										室外温度−5℃
6	室外机在设计工况下运行的容量修正系数 β_4	1										
7	室外机在设计工况下冷媒配管长度补偿系数 β_6	0.98										配管长度按 37m 计算
8	室外机结霜、除霜制热量修正系数 β_7	0.94										
9	室外机实际制热容量 Q_{SR}(kW)	39.28										
10	室内机在设计工况下运行的实际制热容量 Q_{sr}(kW)	4.1	3.5	3.5	3.9	2.8	2.2	3.5	4.4	5.6	5.6	39.0
	各空调房间室内机的最终制热容量没有全部大于等于房间所需的热负荷值，不满足设计要求											
	室外机的最终制热量 $Q_{ZR}=Q_{sr}<$ 各房间所需热负荷的和 ΣQ_{xr}，不满足制热容量需求，应重新选择室外机型号											

多联机空调系统制热量的校核选择计算表 **表 8-2-13**

序号	房间编号	$R_{1\cdot1}$	$R_{1\cdot2}$	$R_{1\cdot3}$	$R_{1\cdot4}$	$R_{2\cdot1}$	$R_{2\cdot2}$	$R_{2\cdot3}$	$R_{3\cdot1}$	$R_{3\cdot2}$	$R_{3\cdot3}$	合计
1	热负荷值 Q_{xr}(kW)	4.3	3.6	3.5	4.2	3	2.3	3.5	4.6	5.6	5.4	40
2	选室内机型号	P50	P40	P40	P45	P32	P25	P40	P50	P63	P63	
	额定制热容量 Q_{er}(kW)	6.3	5	5	5.6	4	3.2	5	6.3	8	8	56.4
3	选室外机型号	P450YEKC										
	额定制热容量 Q_{ER}(kW)	56										
4	室内外机配比系数	100.71%										备注 1
5	室外机在设计工况下运行的温度修正系数 β_2	0.82										室外温度−5℃
6	室外机在设计工况下运行的容量修正系数 β_4	1										
7	室外机在设计工况下冷媒配管长度补偿系数 β_6	0.985										配管长度按 37m 计算
8	室外机结霜、除霜制热量修正系数 β_7	0.94										
9	室外机实际制热容量 Q_{SR}(kW)	42.52										
10	室内机在设计工况下运行的实际制热容量 Q_{sr}(kW)	4.7	3.8	3.8	4.2	3.0	2.4	3.8	4.7	6.0	6.0	42.5
各空调房间室内机的最终制热容量均大于等于房间所需的热负荷值满足设计要求												

续表

序号	房间编号	$R_{1\cdot1}$	$R_{1\cdot2}$	$R_{1\cdot3}$	$R_{1\cdot4}$	$R_{2\cdot1}$	$R_{2\cdot2}$	$R_{2\cdot3}$	$R_{3\cdot1}$	$R_{3\cdot2}$	$R_{3\cdot3}$	合计
	室外机的最终制热量＞各房间所需热负荷的和 ΣQ_{xr}，满足制热容量需求，如果不满足制热需求，则应重新选择室外机型号											
备注1：此值也可以是室内机型号之和与室外机型号的比值												

注：选用P450YEKC-A（高能效比型）是两台组合室外机，虽节能好调节，可安装室外机占地面积大一些。

第三节　空调机组的应用

空调机组的制冷部分、空气处理部分和控制部分等构成一种结构紧凑的组合式空调机组。由于这种机组具有体积较小，占用地面积小，现场安装工作量少，使用较灵活等优点，所以它在小、中型空调工程中、日益广泛采用。

一、空调机组的热平衡计算

在空调机组中，由于制冷压缩机的制冷量是通过制冷剂直接膨胀蒸发式表冷器（以下简称直接蒸发表冷器）对空调系统的进风直接进行降温除湿处理，直接蒸发表冷器既是空调处理系统的一部分，又是制冷系统的一部分。因此，空气处理过程是直接与制冷过程紧密联系在一起的，空调机组的热交换平衡工作点和相应的热工性能，既不能由制冷压缩机性能单独确定，也不能由直接蒸发表冷器性能单独确定，而必须由制冷压缩机、冷凝器、直接蒸发表冷器等联合工作点的热平衡来确定。

（一）压缩制冷部分

空调机组的铭牌冷量应是标准空调工况（即蒸发温度 t_Z＝5℃，冷凝温度 t_K＝40℃）下的冷量。

各空调机组的铭牌冷量：对于恒温恒湿机组，一般指直接蒸发表冷器的进风干球温度23℃，湿球温度17℃（相对湿度55%），机组冷量为铭牌风量时的冷量；也有按进风干球温度24.8℃，湿球温度19.3℃（相对湿度60%）状态下的冷量。对于降温除湿机组，一般指直接蒸发表冷器进风干球温度27℃，湿球温度19.5℃（相对湿度50%）或干球温度28.2℃，湿球温度22℃（相对湿度58%）状况下的冷量。

各生产厂家给出的空调机组铭牌冷量，其蒸发温度 t_Z 和冷凝温度 t_K 并无统一标准。因此，各空调机组中的铭牌冷量换算为其他空调设计工况下的冷量是很不方便的。故采用空调机组在标准工况（即 t_Z＝－15℃、t_K＝30℃）下的制冷量 Q_0 作为换算成各种空调设计工况下计算空调机组冷量的统一标准。

1. 在各空调设计工况下，制冷压缩机向直接蒸发表冷器提供的实际冷量 Q_1（W），可由标准制冷量 Q_0（W）按下式进行计算：

$$Q_1 = 0.9Q'_1 = 0.9K_1Q_0 \tag{8-3-1}$$

对于活塞式制冷压缩机用在空调制冷时，常用于空调范围的 K_1 值按下式计算：

$$K_1 = \frac{Q'_1}{Q_0} = 1.72n_K e^{0.0437t_Z} \tag{8-3-2}$$

将公式（8-3-2）代入公式（8-3-1）可得：

$$Q_1 = 1.548Q_0 n_K e^{0.0437t_Z} \quad (8\text{-}3\text{-}3)$$

式中 Q_1'——制冷压缩机在空调设计工况下的制冷量（W）；

Q_0——制冷压缩机在标准工况（$t_Z=-15$℃，$t_K=30$℃）下的制冷量（W）；由表 8-2-2 或产品样本及铭牌查得；

0.9——由制冷剂管路阻力等引起制冷量损耗的修正系数；

K_1——压缩机标准制冷量用于空调的换算系数，它只是蒸发温度 t_Z 和冷凝温度 t_K 的函数，见表 8-3-1；

n_K——冷凝温度系数，它与冷凝温度 t_K 有关，见表 8-3-2；

t_Z——蒸发温度（℃）。

压缩机标准制冷量的换算系数 K_1 **表 8-3-1**

蒸发温度 t_Z(℃)	冷凝温度 t_K（℃）					
	25	30	35	40	45	50
−10	1.41	1.31	1.21	1.11	1.03	0.96
−9	1.47	1.37	1.27	1.16	1.08	1.00
−8	1.54	1.43	1.32	1.21	1.13	1.04
−7	1.61	1.49	1.38	1.27	1.18	1.09
−6	1.68	1.56	1.44	1.32	1.23	1.14
−5	1.76	1.63	1.51	1.38	1.29	1.19
−4	1.83	1.70	1.57	1.44	1.34	1.24
−3	1.92	1.78	1.64	1.51	1.40	1.30
−2	2.00	1.86	1.72	1.58	1.47	1.36
−1	2.10	1.94	1.79	1.65	1.53	1.42
0	2.18	2.03	1.87	1.72	1.60	1.48
1	2.28	2.12	1.96	1.80	1.67	1.55
2	2.38	2.21	2.05	1.88	1.75	1.61
3	4.49	2.31	2.14	1.96	1.82	1.69
4	2.60	2.42	2.23	2.05	1.91	1.76
5	2.72	2.53	2.33	2.14	1.99	1.84
6	2.84	2.64	2.44	2.24	2.08	1.92
7	2.97	2.76	2.55	2.34	2.17	2.01
8	3.10	2.88	2.66	2.44	2.27	2.10
9	3.24	3.01	2.78	2.55	2.37	2.19
10	3.38	3.14	2.90	2.66	2.48	2.29

冷凝温度系数 **表 8-3-2**

冷凝温度 t_k(℃)	25	30	35	40	45	50
冷凝温度系数 n_k	1.27	1.18	1.09	1.00	0.93	0.86

2. 冷凝器的冷凝温度和冷却水量计算

(1) 冷凝器的冷凝温度 t_k（℃）

t_k值可根据冷凝器的不同冷却方式按下列公式计算确定：

$$水冷式\ t_k = \frac{t_{w_1} + t_{w_2}}{2} + 4 \sim 5 \quad (8\text{-}3\text{-}4)$$

$$风冷式\ t_k = t_1 + 15 \quad (8\text{-}3\text{-}5)$$

式中 t_{w_1}、t_{w_2}——冷却水进、出冷凝器的水温（℃）；

t_1——夏季空调室外计算干球温度（℃）。

(2) 冷凝器需要的冷却水量 W (kg/h)，可按下式计算确定：

$$W=\frac{3.6K_2Q_1}{c_s(t_{w_2}-t_{w_1})}=\frac{3.6K_2Q_1}{4.187\Delta t_w}=\frac{0.86K_2Q_1}{\Delta t_w} \tag{8-3-6}$$

式中 Q_1——制冷压缩机在空调设计工况下的实际供冷量（W），由公式（8-3-3）计算得出；

K_2——冷凝器的负荷系数，对于空调用的制冷装置，一般取1.15～1.2；

c_s——水的比热容，一般取 $c_s=4.18$kJ/(kg·℃)；

Δt_w——冷却水进、出冷凝器的温差（℃），Δt_w 值与冷却塔的冷却能力有关，一般取4～5℃。

3. 直接蒸发表冷器的选择计算

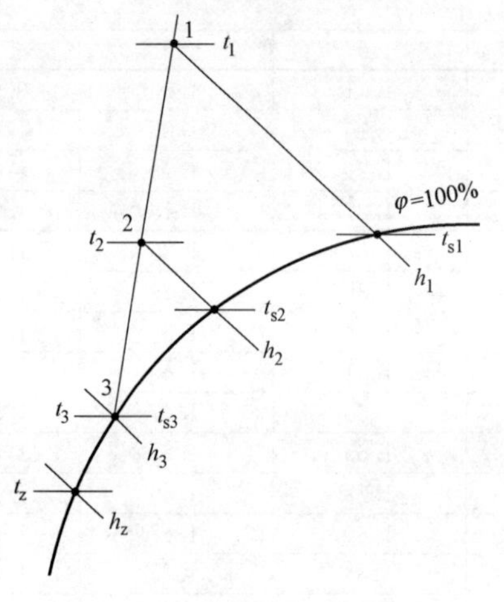

图 8-3-1 直接蒸发表冷器进行热工计算的 h-d 图

直接蒸发表冷器肋管内壁的换热情况较复杂，除研制定型产品需要传热原理进行结构设计计算。通常在工程设计中，一般只需根据生产厂在产品样本中提供的热工性能试验数据表或曲线图进行选择计算。

(1) 当利用湿球温度效率和接触系数对直接蒸发表冷器进行热工计算时，在 h-d 图上的变化过程见图 8-3-1。

直接蒸发表冷器的湿球温度效率 E_s

$$aE_s=\frac{t_{s1}-t_{s2}}{t_{s1}-t_z} \tag{8-3-7}$$

而蒸发温度 t_z 为

$$t_z=t_{s1}-\frac{t_{s1}-t_{s2}}{aE_s} \tag{8-3-8}$$

式中 t_{s1}、t_{s2}——空气经过直接蒸发表冷器进、出口处的湿球温度（℃）；

t_z——制冷剂在表冷器内的直接蒸发温度（℃）；

a——考虑直接蒸发表冷器内结垢，外壁积灰等因素的安全系数，一般取 $a=0.94$。

E_s值与直接蒸发表冷器的结构形式，排数 N，迎风面风速 V_y，制冷剂种类等有关，应由生产厂通过试验求得，并提供给用户。

ZF24、ZF48 型直接蒸发表冷器的 E_s 值，见图 8-3-2。与其结构类似的直接蒸发表冷器，也可采用图 8-3-2 中的 E_s 值。

对一定形式的直接蒸发表冷器来说，排数 N 和迎风面风速 v_y 一定时，湿球温度效率 E_s 也一定。蒸发温度 t_z 越低，则所需的 E_s 值越低。但制冷机的制冷量却随着蒸发温度 t_z 的降低而下降；同时会使直接蒸发表冷器表面结霜、结冰。因此，蒸发温度不能太低，一般宜取 t_z=0～7℃。

为了防止直接蒸发表冷器表面结霜、结冰，通常在运行过程中，蒸发温度应高于表 8-3-3 中所列的数值。

直接蒸发表冷器的接触系数 E_0，按下式计算：

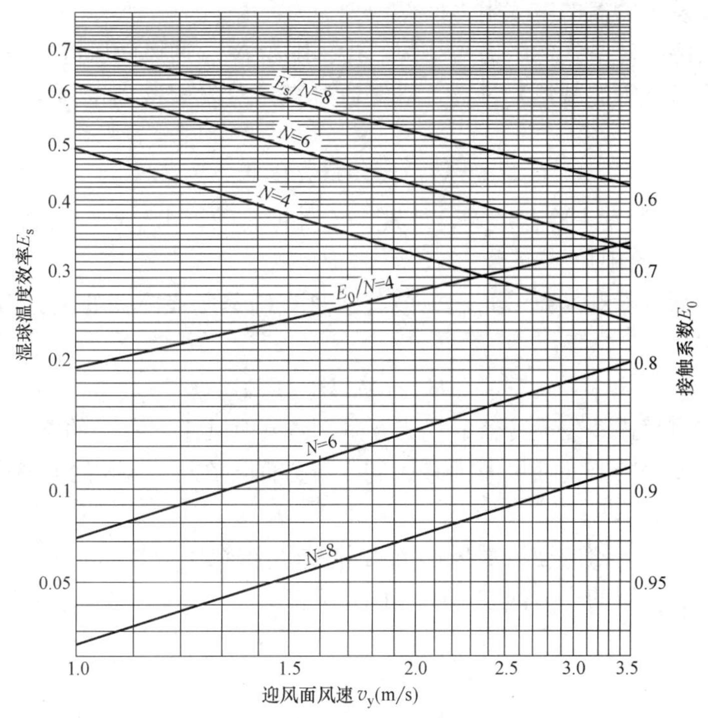

图 8-3-2　ZF24、ZF48 型直接蒸发表冷器之 E_s、E_0 值的计算图

$$E_0=1-\frac{t_2-t_3}{t_1-t_3} \tag{8-3-9}$$

防止直接蒸发表冷器表面结冰的最低蒸发温度（℃）　　**表 8-3-3**

出直接蒸发表冷器的空气湿球温度 t_{s2}（℃）	表冷器迎风面风速 v_y(m/s)		
	1.5	2.0	2.5
7.2	0	0	0
10.0	0	0	0
12.8	0	−0.6	−1.0
15.6	−2.8	−3.3	−4.0

如果在一定长度范围内忽略饱和曲线的曲率，把 $\varphi=100\%$ 的饱和曲线当作直线看，则上式可改写成下面的近似公式计算：

$$E_0=1-\frac{t_2-t_{s2}}{t_1-t_{s1}} \tag{8-3-10}$$

$$t_2=t_{s2}+(1-E_0)(t_1-t_{s1})\ (℃) \tag{8-3-11}$$

式中　t_1、t_2——空气经过直接蒸发表冷器进、出口处的干球温度（℃）；

t_{s1}、t_{s2}——空气经过直接蒸发表冷器进、出口处的湿球温度（℃）；

t_3——直接蒸发表冷器的表面平均温度（℃）。

E_0 值与 E_s 值类似，直接蒸发表冷器的接触系数 E_0 值也与直接蒸发表冷器的结构形式，排数 N、迎风面风速 v_y 有关，仍由生产厂通过试验求得，并提供给用户。

ZF24、ZF48 型直接蒸发表冷器的 E_0 值，见图 8-3-2。与其结构类似的直接蒸发表冷器，仍可采用图 8-3-2 中的 E_0 值。

(2) 直接蒸发表冷器的空气阻力计算

直接蒸发表冷器对空气的阻力与结构形式、排数 N、迎风面风速 v_y 有关。

对于干式冷却（等湿减焓）过程，空气通过直接蒸发表冷器的压力损失 ΔH_g (Pa)，按下式计算确定：

$$\Delta H_g = A v_y^m \text{ (Pa)} \tag{8-3-12}$$

式中 A、m ——与蒸发表冷器形式、排数 N 有关的常数，由生产厂通过试验求得，并提供给用户。

对于湿式冷却（除湿减焓）过程，空气通过直接蒸发表冷器的压力损失 ΔH_s (Pa)，按下式计算确定：

$$\Delta H_s = \psi \Delta H_g \text{ (Pa)} \tag{8-3-13}$$

式中 ψ ——与直接进蒸发表冷器的气流方向，迎风面风速 v_y 有关的修正系数。

根据直接蒸发表冷器的迎风面风速 v_y 和气流方向，在图 8-3-3 的上图中，直接查出 ψ 值，并乘以安全系数 1.1；

根据直接蒸发表冷器的迎风面风速 v_y 和排数 N，在图 8-3-3 的下图中，直接查出空气通过直接蒸发表冷器的压力损失 ΔH_g 值。

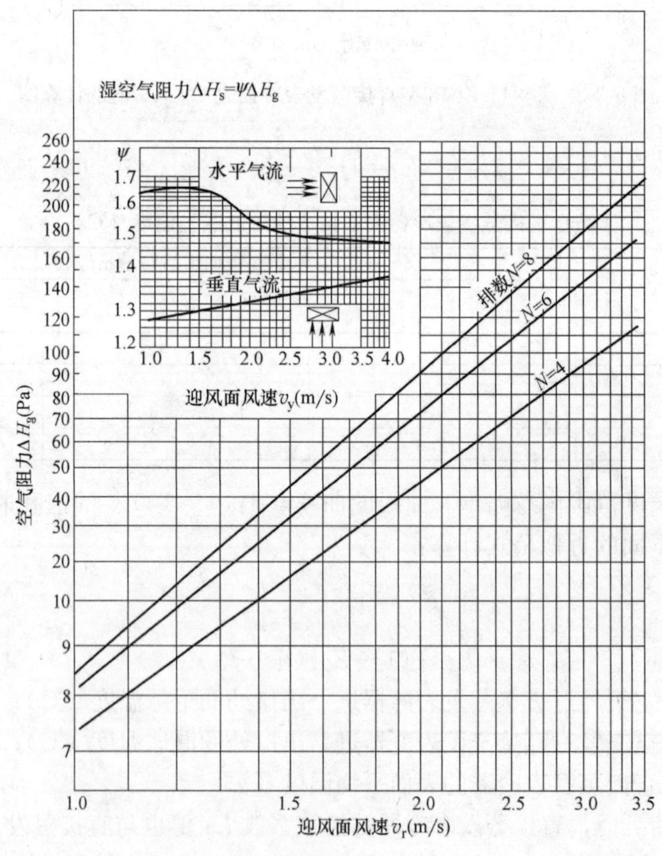

图 8-3-3 ZF24、ZF48 型直接蒸发表冷器的空气阻力 ΔH_g 及修正系数 ψ 值计算图

4. 直接蒸发表冷器的设计、安装注意事项

（1）为了能达到较大的对数平均温差，进行较好的换热效果，应使空气与制冷剂成逆向交叉流动，即使制冷剂入口处于出风侧，制冷剂出口处于进风侧，见图 8-3-4。

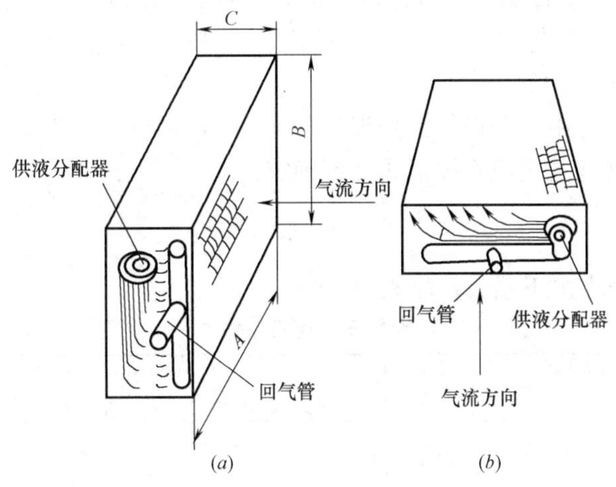

图 8-3-4　直接蒸发表冷器制冷剂接管安装图

（a）垂直安装；（b）水平安装

（2）由于直接蒸发表冷器在湿式冷却时，表冷器肋片上会经常出现冷凝水，当两个直接蒸发表冷器上、下叠装时，应分别配置收集冷凝水的托水盘，并将冷凝水引至排水管，以便能及时排出冷凝水，参见图 8-3-5。为了同样的目的，直接蒸发表冷器的安装可以平放（图 8-3-5*a*），横立放（图 8-3-5*b*），或横斜放（图 8-3-5*c*），但不宜竖放（图 8-3-5*d*），因竖放（即盘管上的肋片呈水平）不易排除冷凝水。

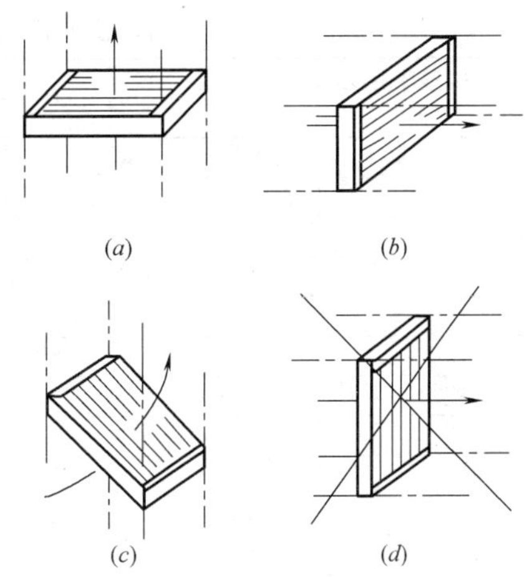

图 8-3-5　直接蒸发表冷器安装形式示意图

（3）空气在经过直接蒸发表冷器之前，应先经空气过滤器过滤，以减少肋片间的积尘对传热效果的影响。

（4）直接蒸发表冷器的迎风面风速 v_y，一般取 1.5～2.5m/s。

（5）直接蒸发表冷器的排数不宜超过 8 排。

（二）空气处理部分

被处理空气从直接蒸发表冷器得到的冷量 Q_2（W）为：

$$Q_2 = \frac{G(h_1 - h_2)}{3.6} = \frac{G\Delta h}{3.6} \tag{8-3-14}$$

取

$$b = \frac{h_1 - h_2}{t_{s1} - t_{s2}} = \frac{\Delta h}{\Delta t_s}$$

则

$$Q_2 = \frac{1}{3.6} G b \Delta t_s \tag{8-3-15}$$

式中　G——被处理空气量（kg/h）；

h_1、h_2——空气经过直接蒸发表冷器进、出口处的焓（kJ/kg）；

t_{s1}、t_{s2}——空气经过直接蒸发表冷器进、出口处的湿球温度（℃）；

b——空气经过直接蒸发表冷器进、出口处的焓差与湿球温度差之比（kJ/kg·℃）。

在工程实践中，常用空调进风湿球温度的范围 $t_{s1}=11\sim30$℃，这时的进、出口处的空气焓差与湿球温度差之比值 b 按下式计算确定：

$$b=\frac{\Delta h}{\Delta t_s}=1.754\xi\Delta t_s^{-0.126e^{0.0388t_{s1}}} \tag{8-3-16}$$

式中　ξ——大气压力修正系数，见表 8-3-4。

大气压力修正系数 ξ　　　　表 8-3-4

大气压力 B(hPa)	667	733	800	867	933	1000	1067	1133	1200	1267
修正系数 ξ	1.364	1.265	1.184	1.116	1.059	1.000	0.969	0.928	0.896	0.865

将公式（8-3-16）代入公式（8-3-15）得：

$$Q_2=0.487G\xi\Delta t_s^{0.874e^{0.0388t_{s1}}} \tag{8-3-17}$$

为了简化 b 值的计算，可由表 8-3-5 中查得。若实际工程的大气压力不是 1000（hPa）的情况，查出 b 值后应按表 8-3-4 中相应大气压力的修正系数 ξ 值进行修正。

常用空调范围的 b 值［kJ/(kg·℃)］　　　　表 8-3-5

进口空气的湿球温度 t_{s1}（℃）	进、出口空气的湿球温度差 Δt_s（℃）								
	4	5	6	7	8	9	10	11	12
11	2.257	2.194	2.144	2.103	2.068	2.038	2.011	1.987	1.965
12	2.346	2.281	2.229	2.187	2.150	2.119	2.091	2.065	2.043
13	2.439	2.372	2.318	2.273	2.235	2.202	2.173	2.147	2.124
14	2.535	2.465	2.409	2.363	2.324	2.289	2.259	2.232	2.208
15	2.636	2.563	2.505	2.457	2.415	2.380	2.349	2.320	2.295
16	2.740	2.664	2.604	2.554	2.511	2.474	2.441	2.412	2.386
17	2.848	2.770	2.707	2.655	2.610	2.572	2.538	2.508	2.480
18	2.961	2.879	2.814	2.760	2.714	2.674	2.638	2.607	2.579
19	3.078	2.993	2.925	2.869	2.821	2.780	2.743	2.710	2.681
20	3.200	3.112	3.041	2.983	2.933	2.890	2.851	2.817	2.787
21	3.327	3.235	3.161	3.100	3.049	3.004	2.964	2.929	2.897
22	3.458	3.363	3.286	3.223	3.169	3.123	3.082	3.044	3.011
23	3.595	3.496	3.416	3.351	3.295	3.246	3.203	3.165	3.131
24	3.737	3.634	3.551	3.483	3.425	3.375	3.330	3.290	3.255
25	3.885	3.778	3.692	3.621	3.560	3.508	3.462	3.420	3.383
26	4.039	3.927	3.838	3.764	3.701	3.647	3.600	3.556	3.517
27	4.199	4.083	3.990	3.912	3.848	3.791	3.741	3.696	3.656
28	4.365	4.244	4.148	4.068	4.000	3.941	3.889	3.842	3.801
29	4.538	4.412	4.312	4.229	4.158	4.097	4.043	3.994	3.951
30	4.717	4.587	4.482	4.396	4.323	4.259	4.203	4.152	4.108

（三）空调机组的热平衡计算

考虑制冷压缩机制冷量损耗后的 Q_1（即制冷部分向蒸发器提供的冷量）应等于被处理空气从直接蒸发表冷器得到的冷量 Q_2，即 $Q_1=Q_2$。由公式（8-3-3）和公式（8-3-17）可得：

$$\frac{3.6n_K Q_0}{G\xi} = 1.02\Delta t_s^{0.874} e^{0.0437(t_{s1}-t_Z)} \frac{e^{-0.0049t_{s1}}}{0.9} \quad (8\text{-}3\text{-}18)$$

在湿工况下，一般用效率 E_s 来进行直接蒸发表面冷却器的传热性能计算。由公式(8-3-7)、(8-3-18)得空调机组热平衡表达式：

$$\frac{n_K Q_0}{\phi G\xi} = 0.2831\Delta t_s^{0.874} e^{0.0437\Delta t_s/aE_s} \quad (8\text{-}3\text{-}19)$$

式中　ϕ——风量修正系数

$$\phi = \frac{e^{-0.0049t_{s1}}}{0.9} \quad (8\text{-}3\text{-}20)$$

ϕ 值接近于1，可取 $\phi = 1$ 。若精确计算时，ϕ 可按表 8-3-6 取值。如 t_{s1} 是未知数，可先取 $\phi = 1$ ，求出 t_{s1} 后，再查得 ϕ 值修正。

按公式（8-3-19）绘制成空调机组热平衡计算图见图 8-3-6。

风量修正系数　　**表 8-3-6**

t_{s1}（℃）	ϕ	t_{s1}（℃）	ϕ	t_{s1}（℃）	ϕ
11	1.053	18	1.017	25	0.983
12	1.048	19	1.012	26	0.978
13	1.043	20	1.007	27	0.973
14	1.037	21	1.002	28	0.969
15	1.032	22	0.998	29	0.964
16	1.027	23	0.993	30	0.959
17	1.022	24	0.988		

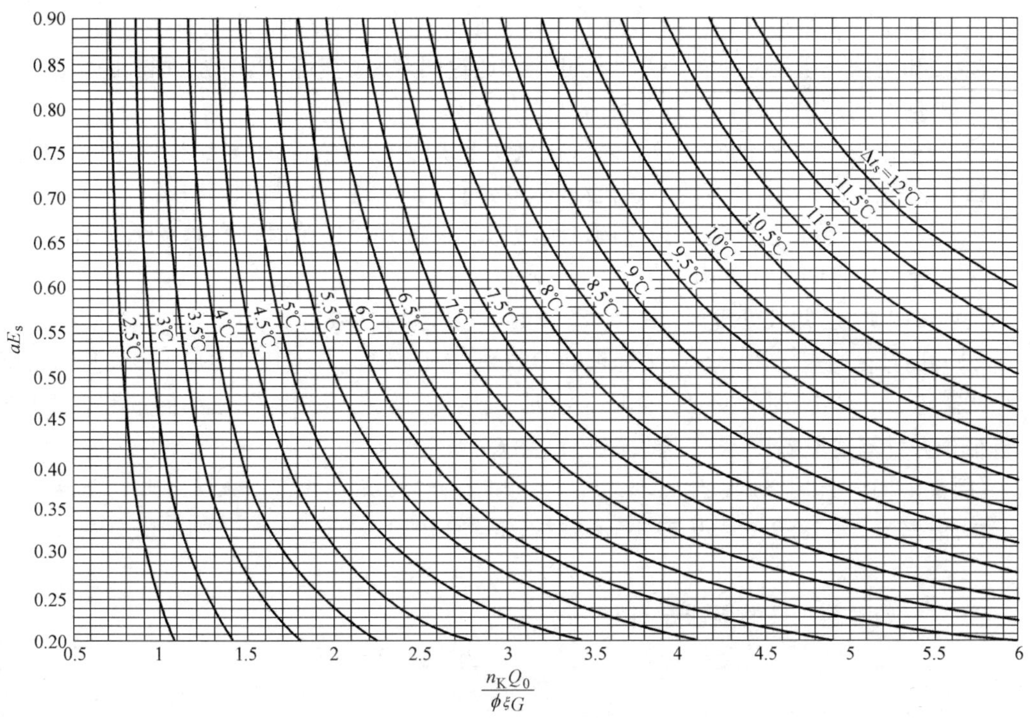

图 8-3-6　空调机组热平衡计算图

二、空调机组的选择图和计算程序

（一）选择图的绘制条件

公式（8-3-19）可以改写为：

$$\frac{n_K Q_0}{\phi L \xi \rho} = 0.2831 \Delta t_s^{0.874} e^{0.0437\Delta t_s / aE_s} \tag{8-3-21}$$

式中 L——被处理空气量（m^3/h）；

ρ——空气密度（kg/m^3）。

ξ、ρ 均和大气压力有关，当大气压力为 1000hPa 时，$\xi\rho = 1.2$；小于 1000hPa 时，$\xi\rho$ 值小于 1.2。一般大于 1.1，考虑到当空气密度 ρ 降低时，E_s 可能有所降低，故一律取 $\xi\rho = 1.2$。故公式（8-3-21）可改写为：

$$\frac{n_K Q_0}{\phi L} = 0.34 \Delta t_s^{0.874} e^{0.0437\Delta t_s / aE_s} \tag{8-3-22}$$

在公式（8-3-22）中，当机组型号一定时，Q_0 为定值，各类机组蒸发器排数为定值，如 L 也为定值时，则 v_y 为定值、E_s 为定值。所以 Δt_s 是 L 和 n_k/ϕ 的函数。据此，可作出空调机组选择图，如图 8-2-1。

（二）利用图 8-2-1 进行设计和校核计算

1. 已知被处理风量 G，空气被处理前、后的湿球温度 t_{s1}、t_{s2} 和大气压力 B。通过选择图 8-2-1 选用合适的空调机组型号和冷凝温度 t_K。

2. 已知空调机组型号，t_K、t_{s1}、t_{s2} 和 B。通过图 8-2-1 查到相应的 G。

3. 已知空调机组型号，t_K、G、t_{s1} 和 B。通过图 8-2-1 查得 Δt_s，从而得出 t_{s2}。

4. 根据不同初始条件，可按下列方法进行计算：

（1）选用图 8-2-1 中的空调机组时，按【例 8-3-1】或【例 8-3-2】的步骤进行计算；

（2）选用图 8-2-1 中没有的空调机组时，按【例 8-3-3】的步骤进行计算；

（3）图 8-2-1 除供设计时选择空调机组型号、参数外，还可以供空调系统运行中变风量、变冷凝温度之调节计算用。

【例 8-3-1】 已知被处理风量 G=9800kg/h，要求将参数 $t_1 = 24.4$℃，$t_{s1} = 18.2$℃，$h_1 = 51.5$kJ/kg 的空气初状态点 1 处理到参数 $t_2 = 13$℃，$t_{s2} = 12.2$、$h_2 = 35$kJ/kg 的空气终状态点 2。大气压力 B = 1000hPa，冷却水进水温度 $t_{w1} = 32$℃，$\Delta t_w = 5$℃，选用空调机组，并计算冷凝温度 t_K、蒸发温度 t_z 和 Q_1 等。

【解】 ［1］选用空调机组

1 根据 $t_{s1} = 18.2$℃，从表 8-3-6 查得：$\phi = 1.016$。

$$L = G/\rho = 9800/1.2 = 8167 \text{ m}^3/\text{h}$$

2 空气处理前、后的湿球温差为：

$$\Delta t_s = t_{s1} - t_{s2} = 18.2 - 12.2 = 6℃$$

3 求冷凝温度 t_K

$$t_K = \frac{t_{w1} + t_{w2}}{2} + 5 = \frac{32 + 37}{2} + 5 = 39.5 ℃$$

查表 8-3-2 得 $n_K \approx 1.00$，$n_K/\phi = 1.00/1.016 = 0.98$，根据 L、n_K/ϕ 查图 8-2-1，选用 4 号空调机组一台，$\Delta t_s = 6.3℃ > 6℃$，可用。

［2］求蒸发器的蒸发温度 t_z

① 根据 4 号空调机组，从表 8-2-2 查得：蒸发器迎风面积 $F_y = 1.3m^2$，排数 $N=6$ 排，制冷压缩机 6BF7W，标准制冷量 $Q_1 = 27000W$。

② 根据蒸发器迎风面风速

$$v_y = \frac{G}{3600F_y\rho} = \frac{9800}{3600 \times 1.3 \times 1.2} = 1.75m/s$$

由 $N=6$ 排，从图 8-3-2 查得 $E_s = 0.455$，$E_0 = 0.87$。

③ 根据公式（8-3-8）得：

$$t_z = t_{s1} - \frac{t_{s1} - t_{s2}}{aE_s} = 18.2 - \frac{6}{0.94 \times 0.455} = 4.17℃$$

［3］求制冷压缩机提供给蒸发器的冷量 Q_1

根据 $t_k = 39.5℃$ 和 $t_z = 4.17℃$，从表 8-3-1 查得：$K_1 = 2.05$，则由式（8-3-1）得：

$$Q_1 = 0.9K_1Q_1 = 0.9 \times 2.05 \times 27000 = 49815W$$

［4］按公式（8-3-11）校核 t_2

$$\begin{aligned} t_2 &= t_{s2} + (1 - E_0)(t_1 - t_{s1}) \\ &= 12.2 + (1 - 0.87)(24.4 - 18.2) \\ &= 13.01℃ \end{aligned}$$

与要求达到的参数 $t_2 = 13℃$ 基本一致。

［5］求冷却水量

$$W = \frac{3.6K_2Q_1}{c_s\Delta t_w} = \frac{3.6 \times 1.2 \times 49815}{4.187 \times 5} = 10280kg/h$$

［6］求蒸发器空气阻力

按 $N=6$ 排，$v_y = 1.75$ 查图 8-3-3 得 $\Delta H_g = 53Pa$，$\psi = 1.3$，$\Delta H_s = \psi\Delta H_g = 1.3 \times 53 = 69\ Pa$。

【例 8-3-2】 已知 2 号空调机组一台，处理风量 $G=5760kg/h$，空调初状态点 1 的参数：$t_1 = 27℃$，$t_{s1} = 20℃$，$h_1 = 57.78\ kJ/kg$；大气压力 $B = 1000hPa$；冷却水初温 $t_{w1} = 30℃$。求空气终状态点 2 的参数：t_2、t_{s2}、h_2，蒸发温度 t_K，冷量 Q_1、Q_2，冷凝温度 t_z 及冷却水量 W 等。

【解】 ［1］求冷凝温度 t_k

取冷却水温升 $\Delta t_w = 5℃$，则冷却水终温 t_{w2} 为：

$$t_{w_2} = t_{w_1} + \Delta t_w = 30 + 5 = 35℃$$

由公式（8-3-4）得：

$$t_K = \frac{t_{w1} + t_{w2}}{2} + 4 = \frac{30 + 35}{2} + 4 = 36.5℃$$

［2］2 号空调机组，从表 8-2-2 查得：蒸发器迎风面积 $F_y = 0.8m^2$；排数 $N=4$ 排，制冷压缩机 6FW7B 型的标准制冷量 $Q_0 = 13500W$。

［3］求空气被处理后的终状态点 2 的参数

①根据 $t_{s1}=20$ ℃，从表 8-3-6 查得：$\phi=1.007$，由表 8-3-2 查得 $n_K=1.063$。

则
$$\frac{n_K}{\phi}=\frac{1.063}{1.007}=1.056$$

从图 8-2-1 查得：$\Delta t_s=5$ ℃

则
$$t_{s2}=t_{s1}-\Delta t_s=20-5=15℃$$

由 B=1000hPa 的 h-d 图查得：$h_2=41.87$kJ/kg。

②根据蒸发器迎风面风速 $v_y=\dfrac{G}{3600F_y\rho}=\dfrac{5760}{3600\times0.8\times1.2}=1.67$m/s 和 N=4 排，从图 8-3-2 查得：$E_0=0.745$。

$$t_2=t_{s2}+(1-E_0)(t_1-t_{s1})$$
$$=15+(1-0.745)(27-20)=16.8℃$$

由 B=1000hPa 的 h-d 图查得：$\phi_2\approx84\%$

[4] 求空气从蒸发器得到的冷量 Q_2

$$Q_2=\frac{G(h_1-h_2)}{3.6}=\frac{5760(57.78-41.87)}{3.6}=25460\text{W}$$

[5] 求蒸发器的蒸发温度 t_z

①根据 $v_y=1.67$ m/s 和 N=4 排，由图 8-3-2 查得：$E_s=0.354$。

则
$$aE_s=0.94\times0.354=0.333$$

②根据公式（8-3-8）得：

$$t_z=t_{s1}-\frac{\Delta t_s}{aE_s}=20-\frac{5}{0.333}=5\text{ ℃}$$

[6] 求制冷压缩机提供给蒸发器的冷量 Q_1

根据 t_k=36.5℃和 t_z=5℃，从表 8-3-1 查得：K_1=2.28，则由公式（8-3-1）得：

$$Q_1=0.9K_1Q_0=0.9\times2.28\times13500=27700\text{W}$$

[7] 求冷却水量 W

从公式（8-3-6）算得：

$$W=\frac{3.6K_2Q_1}{c_s(t_{w2}-t_{w1})}=\frac{3.6\times1.18\times27700}{4.187(35-30)}$$
$$=5620\text{kg/h}$$

【例 8-3-3】 已知 4 号空调机组一台，处理风量 G=9800kg/h，要求将参数 $t_1=24.4$℃、$t_{s1}=18.2$℃、$h_1=51.5$kJ/kg 的空气初状态点 1 处理到参数为 $t_2=11.8$ ℃，$t_{s2}=11.2$ ℃，$h_2=32.24$ kJ/kg 的空气终状态点 2；大气压力 1000hPa；冷凝温度 $t_k=30$ ℃。求蒸发温度 t_z、机组冷量 Q_1 和实际的空气终参数。

【解】 [1] 根据 4 号空调机组，从表 8-2-2 查得：蒸发器迎风面积 $F_y=1.3$ m^2，排数 $N=6$ 排，制冷压缩机 6FW7B 型的标准制冷量 Q_0=27000W。

[2] 求蒸发器的湿球温度效率 E_s

根据蒸发器迎风面风速 $v_y=\dfrac{9800}{3600F_y\rho}=\dfrac{9800}{3600\times1.3\times1.2}=1.75$m/s 和 $N=6$ 排，

从图 8-3-2 查得：$E_s = 0.455$，并取安全系数 $a = 0.94$，则 $aE_s = 0.94 \times 0.455 = 0.428$。

［3］求实际的空气终状态点 2 的参数

①根据 $t_k = 30℃$，$B = 1000$ hPa 和 $t_{s1} = 18.2℃$，分别从表 8-3-2、表 8-3-4、表 8-3-6 查得：$n_K = 1.18$，$\xi = 1$，$\phi = 1.016$。

则：

$$\frac{n_K Q_0}{\phi\xi G} = \frac{1.18 \times 27000}{1.016 \times 1 \times 9800} = 3.2$$

又 $aE_s = 0.428$，从图 8-3-6 查得：$\Delta t_s = 7℃$，则 $t_{s2} = t_{s1} - \Delta t_s = 18.2 - 7 = 11.2℃$

$B = 1000$ hPa 的 $h-d$ 图查得：$h_2 = 32.24$kJ/kg

②根据 $v_y = 1.75$ m/s 和 $N = 6$ 排，从图 8-3-2 查得：$E_0 = 0.87$。

则

$$\begin{aligned} t_2 &= t_{s2} + (1 - E_0)(t_1 - t_{s1}) \\ &= 11.2 + (1 - 0.87)(24.4 - 18.2) \\ &= 12℃ \end{aligned}$$

由 $B = 1000$hPa 的 h-d 图查得：$\phi_2 = 93\%$

［4］求被处理空气从蒸发表冷器得到的冷量 Q_2

$$Q_2 = \frac{G(h_1 - h_2)}{3.6} = \frac{9800(51.5 - 32.24)}{3.6} = 52430\text{W}$$

［5］求蒸发器的蒸发温度 t_z

根据公式（8-3-8）得：

$$t_z = t_{s1} - \frac{\Delta t_s}{aE_s} = 18.2 - \frac{7.0}{0.428} = 1.84℃$$

［6］求制冷压缩机提供给蒸发器的冷量 Q_1

根据 $t_k = 30℃$ 和 $t_z = 1.84℃$，从表 8-3-1 查得：$K_1 = 2.21$。

则由公式（8-3-1）得：

$$Q_1 = 0.9 K_1 Q_0 = 0.9 \times 2.21 \times 27000 = 53700\text{W}$$

第四节　直接蒸发表冷式空调系统的调节方法和调节计算

一、直接蒸发表冷式空调系统的调节方法

（一）从制冷压缩机方面控制冷量

1. 控制压缩机的工作缸数（跳缸）；

2. 控制压缩机直接蒸发表冷器的蒸发温度和冷凝器的冷凝温度。

（二）从直接蒸发表冷器方面控制冷量

1. 控制直接蒸发表冷器的排数；

2. 控制直接蒸发表冷器的迎风面积。

（三）从处理空气方面控制冷量

1. 控制通过直接蒸发表冷器的风量

（1）调节旁通风阀；

(2) 变速电机；

2. 控制新、回风比。

二、直接蒸发表冷式空调系统的调节计算

调节缸数和开停见【例 8-4-1】，调节旁通风量见【例 8-4-2】。

【例 8-4-1】 已知夏季室外空气计算参数：$t_w=33.8℃$、$t_{sw}=26.5℃$、$h_w=82.69kJ/kg$，室内空气计算参数：$t_n=23℃$，$\varphi_n=50\%$，$h_n=45.22kJ/kg$，大气压力 $B=1013.25hPa$，冷凝温度 $t_K=40℃$，室内的显热余热量 $Q_n=19440W$，热湿比 $\varepsilon=10000kJ/kg$，室内需补新风量 $L_w=2200m^3/h$。

求解：现有 4 号空调机组在夏季怎样变缸或开停机调节？

【解】 [1] 空调设计性计算

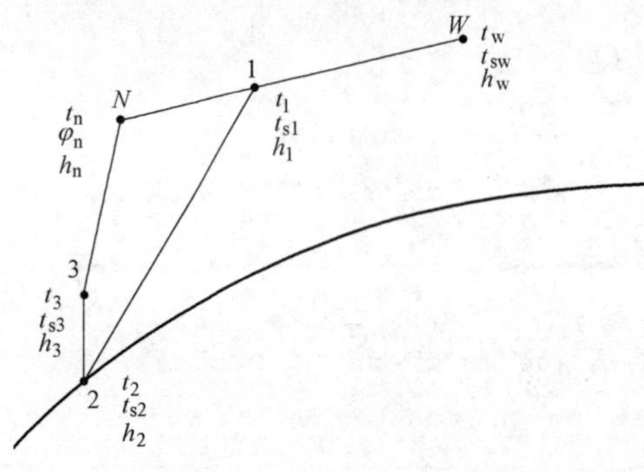

图 8-4-1 空调计算 h-d 图

①根据 4 号空调机组，从表 8-2-2 查得：$F_y=1.3m^2$，$N=6$ 排，标准制冷量 $Q_0=27000W$，铭牌风量为 8000 ~ 10000m³/h。

②最大允许送风温度差 $\Delta t=7℃$，则送风点 3 的参数：(见图 8-4-1)

$$t_3=16℃$$
$$t_{s3}=13.1℃$$
$$h_3=36.85kJ/kg$$

室内送风量为：

$$L_S=\frac{3.6Q_n}{c\rho\Delta t}=\frac{3.6\times19440}{1.01\times1.2\times7}=8250m^3/h$$

新风量为总送风量的百分比为：

$$\frac{L_w}{L_s}=\frac{2200}{8250}=26.7\%$$

在 h-d 图上求得新、回风混合点 1 的参数（即空气进直接蒸发表冷器前的参数）：$t_1=25.8℃$、$t_{s1}=19.3℃$、$h_1=55.27kJ/kg$。

③空气出直接蒸发表冷器的参数（即“露点”2 的参数）

根据 $t_{s1}=19.3℃$，从表 8-3-6 查得：$\phi=1.01$，又 $t_k=40℃$，由表 8-3-2 得 $n_K=1$，则 $n_K/\phi=0.99$。

按 4 号，从图 8-2-1 查得 $\Delta t_s=6.4℃$。则 $t_{s2}=t_{s_1}-\Delta t_s=19.3-6.4=12.9℃$。从 h-d 图上得：$h_2=36.64kJ/kg$。

在 h-d 图上，由送风状态点 3 作等湿度线与 h_2 焓线相交得：$t_2=14.3℃$，$\varphi_2=85\%$。

④考虑风机风管温升 1.7℃，可达到送风点 3 的参数，二次加热器不开。

⑤被处理空气从直接蒸发表冷器得到的实际冷量 Q_2

$$Q_2=\frac{L_s\rho(h_1-h_2)}{3.6}=\frac{8250\times1.2(55.27-36.64)}{3.6}=51230W$$

4号空调机组的冷量调节计算 **表 8-4-1**

编号	室外空气焓的变化范围	室外空气参数 t_w(℃) φ_{sw}(%) h_w(kJ/kg)	室内空气参数 t_N(℃) φ_N(%) h_N(kJ/kg)	室内送风量 L_s (m^3/h)	室内需补新风量 L_w (m^3/h)	调节新风比 (%)	空气进直接蒸发表冷器前的参数 t_1(℃) t_{s1}(℃) h_1(kJ/kg)	空气出直接蒸发表冷器的参数 t_2(℃) t_{s2}(℃) h_2(kJ/kg) φ_2(%)	空气从直接蒸发表冷器得到的冷量 Q_2(W)	需制冷压缩机提供的冷量 Q_1(W)	冷量变化的百分比 (%)	调节制冷压缩机的工作缸数	备注
1	$h_w>h_N$	$t_{w1}=33.8$ $t_{sw1}=26.5$ $h_{w1}=82.69$	$t_N=23$ $\varphi_N=50$ $h_N=45.22$	8250	2200	26.7	$t_{1\cdot1}=25.8$ $t_{s1\cdot1}=19.3$ $h_{1\cdot1}=55.27$	$t_{2.1}\approx14.3$ $t_{s2.1}\approx12.9$ $h_{2.1}\approx36.64$ $\varphi_{2.1}\approx85$	51230	51270	100	六缸	
2		$t_{w1}=25$ $t_{sw1}=20.75$ $h_{w1}=59.87$	$t_N\approx22.75$ $\varphi_N\approx50.5$ $h_N=45.22$	8250	2200	固定新风比不变	$t_{1\cdot2}=23.5$ $t_{s1\cdot2}=17.5$ $h_{1\cdot2}=49.16$	$t_{2.2}\approx13.02$ $\varphi_{2.2}\approx90.5$	39800	39870	77.8	六缸间断	
3		$t_{w1}=23$ $t_{sw1}=20$ $h_{w1}=57.36$	$t_N\approx22.7$ $\varphi_N\approx51.5$ $h_N=45.22$	8250	2200	固定新风比不变	$t_{1\cdot3}=23$ $t_{s1\cdot3}=17.25$ $h_{1\cdot3}=48.40$	$t_{2.3}\approx13$ $\varphi_{2.3}\approx90.9$	33550	33600	65.5	六缸转四缸	
4		$t_{w1}=21$ $t_{sw1}=17.2$ $h_{w1}=48.57$	$t_N\approx22.75$ $\varphi_N\approx50.5$ $h_N=45.22$	8250	2200	固定新风比不变	$t_{1\cdot4}=22.5$ $t_{s1\cdot4}=16.4$ $h_{1\cdot4}=45.85$	$t_{2.4}\approx13.02$ $\varphi_{2.4}\approx90.5$	30970	31450	61.3	四缸间断	
5	$h_N\geqslant h_w>h_s$	$t_{w1}=20.5$ $t_{sw1}=16.1$ $h_{w1}=45.22$	$t_N\approx22.45$ $\varphi_N\approx52.8$ $h_N=45.22$	8250	8250	全部进新风	同室外空气参数	$t_{2.5}\approx12.75$ $\varphi_{2.5}\approx93.2$	30540	30600	59.2	四缸间断	
6		$t_{w1}=19.5$ $t_{sw1}=14.50$ $h_{w1}=39.8$	$t_N\approx22.5$ $\varphi_N\approx52.5$ $h_N=45.22$	8250	8250	全部进新风	同室外空气参数	$t_{2.6}\approx12.8$ $\varphi_{2.6}\approx92.4$	16470	16520	32.3	四缸转二缸	
7		$t_{w1}=18.5$ $t_{sw1}=14.15$ $h_{w1}=39.78$	$t_N\approx22.4$ $\varphi_N\approx53$ $h_N=45.22$	8250	8250	全部进新风	同室外空气参数	$t_{2.7}\approx12.72$ $\varphi_{2.7}\approx93.4$	14210	14280	27.9	二缸间断	

注：① 调节计算中只考虑室外空气参数的变化，调节二次加热满足室内温度，调节压缩机工作缸数满足室内相对湿度；
② 固定露点温度 $t_{s2}=12.15$℃（即 $h_2=34.54$kJ/kg 不变），若热湿热比 ε 不变，由于 φ_2的变化影响 φ_n的变化。

⑥制冷压缩机提供给直接蒸发表冷器的冷量 Q_1

求直接蒸发表冷器的蒸发温度 t_k

通过直接蒸发表冷器的迎风面风速 $v_y=\frac{L_s}{3600F_y}=\frac{8250}{3600\times1.3}=1.76\text{m/s}$，$N=6$ 排，从图 8-3-2 查得：$E_s=0.454$。

取直接蒸发表冷器安全系数 $a=0.94$，则

$$aE_s=0.94\times0.454=0.427$$

由公式（8-3-8）得：

$$t_z=t_{s1}-\frac{\Delta t_s}{aE_s}=19.3-\frac{6.4}{0.427}=4.31℃$$

根据 t_k 和 t_z 值，从表 8-3-1 查得：$K_1=2.11$。

由公式（8-3-1）得：

$$Q_1=0.9K_1Q_0=0.9\times2.11\times27000=51270\text{W}$$

［2］空调调节计算

空调调节计算，见表 8-4-1。

【例 8-4-2】 已知处理空气进直接蒸发表冷器前的参数：$t_1=24℃$，$t_{s1}=18.2℃$，$h_1=51.5\text{kJ/kg}$，大气压力 $B=1013.25\text{hPa}$，采用 H21-I 型空调机组一台，由表 8-2-2 查得：直接蒸发表冷器迎风面积 $F_y=0.8\text{m}^2$，$N=4$ 排，标准制冷量 $Q_0=13500\text{W}$，取冷凝温度 $t_k=40℃$，铭牌风量 $L=4800\text{m}^3/\text{h}$。

求解：现有一台 2 号空调机组在夏季怎样用风量调节？

【解】 采用控制旁通阀，改变通过直接蒸发表冷器的风量（即改变直接蒸发表冷器的迎风面风速 v_y），见表 8-4-2。

改变蒸发器风量调节的计算 **表 8-4-2**

计算项目	数值				
1. 直接蒸发表冷器迎风面风速 v_y(m/s)	3.0	2.5	2.0	1.5	1.0
2. 旁通风量百分数(%)	0	16.6	33.3	50	66.7
3. 通过直接蒸发表冷器的风量百分数(%)	100	83.4	66.7	50	33.3
4. 通过直接蒸发表冷器风量 $L(\text{m}^3/\text{s})$	8640	7200	5760	4320	2880
5. 根据 v_y,N 由图 8-3-2 查得的效率 E_s 取 $a=0.94$,$aE_s=0.94E_s$	0.257 0.242	0.283 0.266	0.32 0.30	0.374 0.352	0.485 0.456
6. 根据 t_{s1} 由表 8-3-6 查得 $Ø=1.016$,则 n_K/ϕ	0.98	0.98	0.98	0.98	0.98
7. 根据 n_K/ϕ、2 号和 L 从图 8-2-1 查得 Δt_s(℃)	3.02	3.50	4.26	5.50	8.15
8. 空气处理后的湿球温度 $t_{s2}=t_{s1}-\Delta t_s$(℃) 由 h-d 图查得 h_2kJ/kg	15.18 42.5	14.70 41.45	13.94 38.94	12.70 35.17	10.05 29.31
9. 根据 v_y,N 由图 8-3-2 查得接触系数 E_0	0.68	0.70	0.724	0.757	0.807
10. 由公式(8-3-11)得:$t_2=t_{s2}+(1-E_0)(t_1-t_{s1})$(℃)由 h-d 图查得 φ_2(%)	17.0 85	16.4 86	15.6 87	14.1 88	11.1 89
11. 直接蒸发表冷器之蒸发温度 $t_z=t_{s1}-\frac{\Delta t_s}{aE_s}$(℃)	5.80	5.23	4.03	2.58	0.33
12. 根据 t_{s1}、Δt_s 从表 8-3-5 查得 b 值	3.10	3.05	3.02	2.92	2.72
13. 处理空气从直接蒸发表冷器得到的冷量 $Q_2=\frac{b}{3.6}L\cdot\rho\cdot\Delta t_s$(W)	26960	25620	24700	23130	21280

续表

计算项目	数值				
14. 根据 $t_k \cdot t_z$ 从表 8-3-1 查得 K_1	2.22	2.13	2.05	1.92	1.77
15. 制冷压缩机供给直接蒸发表冷器的冷量 $Q_1=0.9K_1 Q_0$(W)	27090	25880	24910	23330	21510
16. 旁通风量与处理风量混合后的空气参数，由 h-d 图得：					
t_c (℃)	16.8	17.42	18.13	18.85	19.5
d_c (g/kg)	9.6	9.5	9.45	9.2	8.95
φ_c (%)	81	78	72.5	68	64

注：按此调节方法，需加大风机的铭牌风量，不然调节范围更小。

三、空调机组常用调节方法

由于冷却水的水源选定以后，其冷却水的初温是很难调节的（冷却水的初温不可能是任意的）。冷却水的水量是可调的。减少冷却水量可以使冷凝温度提高而降低制冷量。但制冷剂压缩机的冷凝温度不应超过 50℃，为安全起见，最好不要超过 45℃，因此用调节冷却水量来调节制冷量也是很有限的，故一般不采用调冷却水量的方法调节制冷量。

改变通过直接蒸发表冷器的风量，包括控制直接蒸发表冷器的迎风面积、调节旁通风阀等。当冷凝温度不变时，由表 8-4-2 可以看出，其最大冷量变化约为 20%，而且房间相对湿度会随冷量调整而有所变化。对于目前国产直接蒸发式空调机组，改变通过直接蒸发表冷器的风量也是困难的。因此，这种方法也很少采用。

夏季调节新回风比不经济。一般不采用。

常用的调节方法有两种：

1. 用调节膨胀阀降低蒸发温度减少制冷量。当蒸发压力低于规定的低压时，停机或跳缸（例如由六缸运行变为四缸运行）。

当冷凝温度不变时，膨胀阀节流后会使压缩机吸气压力降低，冷媒的流量减少，从而使蒸发温度降低，压缩机制冷能力降低，直接蒸发表冷器的后排会过热，直接蒸发表冷器的能力也随之降低。由于蒸发温度的降低，会使直接蒸发表冷器前排（直接蒸发表冷器的冷媒入口处）产生结霜或结冰。因此，其调节能力是有限的，据计算，其最大调节能力不超过 20%。当负荷继续下降时，就要停机或跳缸。停机和跳缸以后，如能量不够，由于新风的进入和风机温升将使室温有较快的升高，如室内参数要求严格时，则开停次数频繁。

2. 当仅有降温要求时，可采用开、停制冷压缩机的方法调节制冷量。例如房间温度要求在 24～28℃之间，当房间温度升为 28℃时开压缩机，降到 24℃时停止。如房间又无正压等要求时，则风机还可与制冷压缩机同时开、停。这样运行的室温比较稳定，开停也不频繁，但在调节过程中，要适当加大新风量，以满足室内新风的要求。

对于要求参数不严格的系统，在降温季节可以不采用自动调节压缩机和直接蒸发表冷器，用手动跳缸。使供冷量始终大于冷负荷，处理后的含湿量低于要求的含湿量。由加热器和加湿器调节室内温湿度。可这种方法运行不经济。

采用直接蒸发式表冷系统，初投资往往是较少的。但对于大面积空调且参数要求较严格时，其调节和运行不如水冷式表冷系统和喷水式系统经济。

第五节　扩大空调机组的应用范围

常用的立式空调机组均是考虑大量循环室内风量的条件下配备的制冷结构，其设计工况焓降一般均为 $\Delta h < 21\mathrm{kJ/kg}$，可见新风比受到较大的限制。但在实际工程中，经常会碰到空调房间因工艺或卫生要求需增大新风比，有时甚至需全进新风量的情况。

由于空气处理焓差增加过大，采用调节通过直接蒸发表冷器风量的方法满足不了增大焓差的要求，而改用"循环混合"方法，能在一定范围内增大新风比，仍可使用现有空调机组的额定风量及冷量来满足新风量增大的焓差处理要求，从而扩大了空调机组的应用范围。

一、"循环混合"方法的处理过程

"循环混合"方法是利用已选定空调机组的余额风量及冷量，在混合箱内以直接混合的方式，对新风和回风预冷处理，或只对新风预冷处理；预冷后的风进入空调机组内再经直接蒸发表冷器冷却处理，这样能扩大空调机组处理空气焓差的范围。

利用现有空调机组的余额风量及冷量为空调房间加大新风比，满足工艺生产环境要求和改善室内卫生条件提供了较为合理的解决方法。

(一) 加热器设在空调机组外的"循环混合"方法

"循环混合"方法的系统示意图见图 8-5-1。"循环混合"方法在 h-d 图上的处理过程见图 8-5-2。

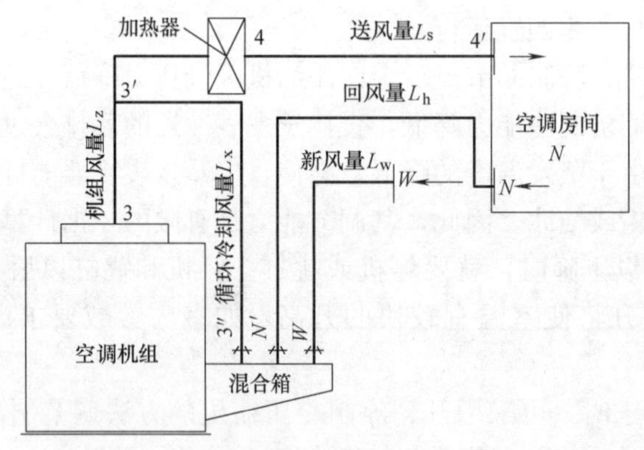

图 8-5-1 "循环混合"方法的系统示意图（加热器设在送风管内）

1. 有一次回风系统的"循环混合"处理过程：

新风 W 点与回风 N' 点在混合箱内先混合为 1 点，再与循环冷风 3″点混合预冷得 2 点，这是在混合箱内进行的预冷处理；预冷后的混合风进入空调机组内，再经直接蒸发表冷器的冷却处理；由 2 点冷却除湿至 3 点；经风机温升到 3′点；经加热器加热至 4 点，经送风管温升至 4′点送入空调房间扩散到 N 点。

2. 全新风系统（直流系统）的"循环混合"处理过程：

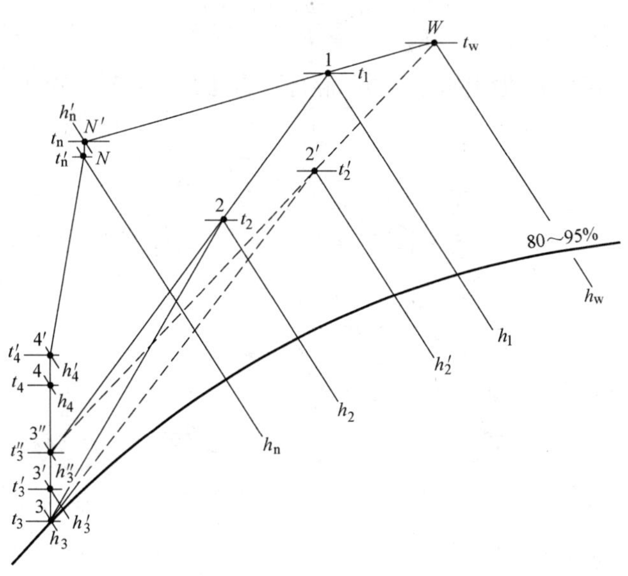

图 8-5-2　加热器设在空调机组外的“循环混合”处理过程

新风 W 点与循环冷风 $3''$点，在混合箱内混合得 $2'$点，经空调机组内的直接蒸发表冷器冷却除湿至 3 点，经风机温升至 $3'$点，经加热器加热至 4 点，经送风管温升至 $4'$点送入空调房间扩散到 N 点。

注：回风管将温升 N 点至 N'点；循环冷风管温升 $3'$点至 $3''$点；送风管温升 4 点至 $4'$点等。风管短的可不考虑风管温升的影响。

3. 空调机组的风量平衡

$$L_z = L_s + L_x = L_h + L_w + L_x \tag{8-5-1}$$

$$L_s = L_h + L_w \tag{8-5-2}$$

式中　L_z——通过直接蒸发表冷器的风量（m^3/h），应小于等于空调机组的铭牌风量；

L_s——空调房间送风量（m^3/h）；

L_x——循环混合冷风量（m^3/h）；

L_h——空调房间回风量（m^3/h）；

L_w——室外新风量（m^3/h）。

4. 一些参数的计算公式

（1）有一次回风的空调处理系统

$$h_1 = h_3'' + \frac{L_z}{L_s}(h_2 - h_3'') \tag{8-5-3}$$

$$t_1 = \frac{L_w}{L_s} t_w + \frac{L_h}{L_s} t_n' = \frac{L_w}{L_s} t_w + \left(1 - \frac{L_w}{L_s}\right) t_n' \tag{8-5-4}$$

$$\frac{L_w}{L_s} = \frac{h_1 - h_n'}{h_w - h_n'} \tag{8-5-5}$$

$$t_2 = t_3'' + \frac{L_s}{L_z}(t_1 - t_3'') \tag{8-5-6}$$

（2）全新风的空调处理系统

$$\frac{L_w}{L_z}=\frac{h_2'-h_3''}{h_w-h_3''}=\frac{t_2'-t_3''}{t_w-t_3''} \tag{8-5-7}$$

（二）加热器设在空调机组内的"循环混合"方法在 h-d 图上的处理过程见图 8-5-3。

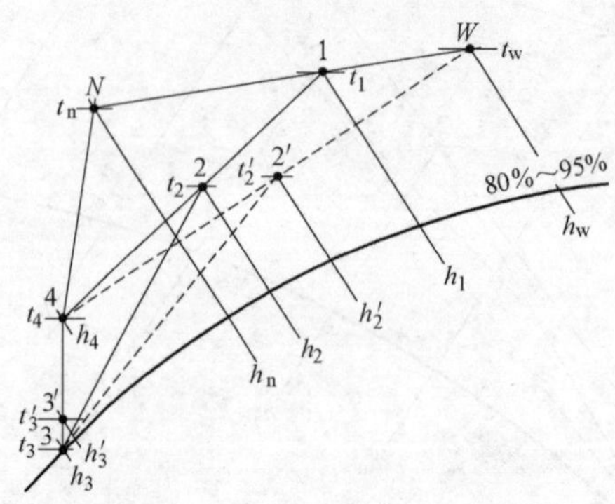

图 8-5-3　加热器设在空调机组内的"循环混合"处理过程

1. 有一次回风的空调处理系统

通过机组的全部风量 L_z 都必须先经过加热器，风机温升后，才作"循环冷混合"处理。在 h-d 图上的表中不考虑风管温升的影响。其计算公式为：

$$h_1=h_4+\frac{L_z}{L_s}(h_2-h_4) \tag{8-5-8}$$

$$t_1=\frac{L_w}{L_s}t_w+\left(1-\frac{L_w}{L_s}\right)t_n \tag{8-5-9}$$

$$\frac{L_w}{L_s}=\frac{h_1-h_n}{h_w-h_n} \tag{8-5-10}$$

$$t_2=t_4+\frac{L_s}{L_z}(t_1-t_4) \tag{8-5-11}$$

2. 全新风的空调处理系统

$$\frac{L_w}{L_z}=\frac{h_2'-h_4}{h_w-h_4}=\frac{t_2'-t_4}{t_w-t_4} \tag{8-5-12}$$

说明：

在计算条件下，一般不采用二次加热，则 $t_3''=t_4$，$h_3''=h_4$；

当风管较短时，风管温升不计时，则 $t_n=t_n'$，$h_n=h_n'$；

在上述条件下，公式（8-5-3）～（8-5-7）分别可用公式（8-5-8）～（8-5-12）代替。

上述各式中，t 为干球温度，h 为焓值，注脚符号为 h-d 图中各空气状态点的标号。

二、计算例题

【例 8-5-1】　有一次回风系统，已知夏季空调室外计算参数：$t_w=33.8$℃，$t_{ws}=26.5$℃，$h_w=82.69$kJ/kg；室内空调计算参数；$t_n=23$℃，$\varphi_n=50\%$，$h_n=45.22$kJ/kg；大气压力 $B=1013.25$hPa；室内显热余热量 $r=5926$W；热湿比 $\varepsilon=25120$kJ/kg；最小新风量 $L_w=1200\text{m}^3/\text{h}$。现有一台 3 号空调机组，冷凝温度 $t_k=40$℃是否能满足要求？

【解】　本例计算用的 h-d 图见图 8-5-4。

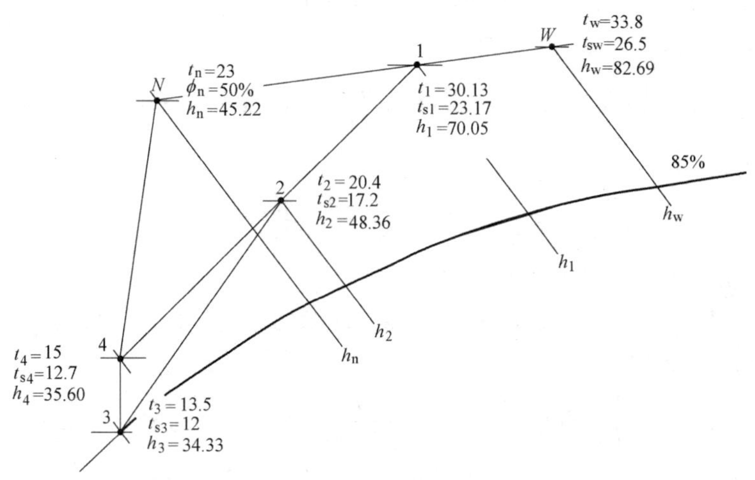

图 8-5-4 【例 8-5-1】的 h-d 图

［1］由表 8-2-2 厂家样本查得；3 号空调机组直接蒸发表冷器的迎风面积 $F_y=0.97m^2$，排数 $N=4$ 排，标准制冷量 $Q_0=17900W$，铭牌风量为 $6200m^3/h$；

［2］取风机和风管温升 1.5℃，4 排直接蒸发表冷器后的相对湿度一般为 80～90%，假定 $\varphi_3=85\%$，由室内 N 点按热湿比 ε＝25120kJ/kg 画线，先描出 1.5℃温升后，可能有最大 8℃温差，根据室温允许波动范围和送风方式能取送风温差 $\Delta t_s=8$℃；室内送风量为：

$$L_s=\frac{3.6Q_r}{\rho c\Delta t_s}=\frac{3.6\times5926}{1.2\times1.01\times8}=2200m^3/h$$

［3］由热湿比 ε＝25120，送风温差 $\Delta t_s=8$℃，确定送风参数：$t_4=23-8=15$℃，$t_{s4}=12.7$℃，$h_4=35.60$ kJ/kg；

［4］按风机风管温升为 1.5℃，确定直接蒸发表冷器冷却后的参数点 3；$t_3=15-1.5=13.5$℃，$h_3=34.00$kJ/kg；$t_{s3}=12$℃；

［5］如果不采用循环混合法，风量为 $2200m^3/h$，风速为 0.63m/s 不到 1m/s，直接蒸发表冷器的冷却效率降低。若采用 1.5m/s，风量约为：$5240m^3/h$，按 $\varphi=1$，查图 8-2-6、$\Delta t_s=5.1$℃，新风量 $L_w=1200m^3/h$，新风比 1200/5240＝22.9%，$h_1=0.229h_w+0.771h_n=0.229\times82.69+0.771\times45.22=53.8$ kJ/kg，相应湿球温度 $t_{s1}=18.9$℃，则 $\Delta t_s=t_{s1}-t_{s3}=18.9\text{-}12=6.9$℃，大于机组处理能力 5.1℃，不能使用。

［6］采用“循环混合”方法，取通过直接蒸发表冷器的风量等于铭牌风量 $L_z=6200m^3/h$，则直接蒸发表冷器的迎风面风速：

$$v_y=\frac{L_z}{3600F_y}=\frac{6200}{3600\times0.97}=1.78m^3/h$$

［7］先假定 $\varphi=1$，按 $L=6200m^3/h$，$t_k=40$℃CH30-1 型机组，查图 8-2-6，得 $\Delta t_s=5.1$℃，则

$$t_{s2}=t_{s3}+5.1=12+5.1=17.1℃$$

按 17.1℃查表 8-3-6，得 $\varphi=1.0215$

$n_k/\varphi=11.0215=0.979$，查图 8-2-1 得 $\Delta t_s=5.2$℃

则 $t_{s2}=12+5.2=17.2℃$，相应的 $h_2=48.36kJ/kg$；

[8] 求 h_1

$$h_1=h_4+\frac{L_s}{L_z}(h_2-h_4)=35.60+\frac{6200}{2200}(48.36-35.60)=70.05kJ/kg$$

[9] 求 L_w、t_1

$$\frac{L_w}{L_s}=\frac{h_1-h_n}{h_w-h_n}=\frac{70.05-45.22}{82.69-45.22}=0.66$$

$L_w=0.66\times2200=1450m^3/h$

满足新风量要求：$t_1=0.66t_w+0.34t_n=0.66\times33.8+0.34\times23=30.13℃$

[10] 求 t_2、校核 t_3

$$t_2=t_4+\frac{L_s}{L_z}+(t_1-t_4)=15+\frac{2200}{6200}\times(30.13-15)=20.4℃$$

按 $v_y=1.78m^3/h$，$N=4$ 排，查图 8-3-2 得 $E_0=0.739$

由公式（8-3-11）

$$\begin{aligned}t_3&=t_{s3}+(1-E_0)(t_2-t_{s2})\\&=12+(1-0.739)(20.4-17.2)\\&=12.84℃\end{aligned}$$

查 h-d 图得 $\varphi=88\%$，大于原假定 85%、可用。

主要参考资料

1. 陆耀庆主编 《实用供热空调设计手册》北京中国建筑工业出版社 2008

2. GB/T 14294-2008《组合式空调机组》

第九章　空气净化和洁净室

第一节　概　　述

空气净化和洁净室技术是二十世纪五十年代逐渐形成和发展起来的一门综合性和系统性的新兴技术。它是研究产品工艺和科学实验与其环境的关系，防止产品的生产以及科研的成果受其环境因素的干扰和影响，保护被加工的产品和科研的成果不受有害的污染物质（气体，液体，固体等粒子以及有生命和无生命的粒子）污染的专门技术。对于生物洁净技术而言，不仅仅是保护被加工的产品和科研成果，还要保护操作人员的安全和周围环境的安全。

随着科学技术，现代工业特别是电子工业（微电子，光电子等），制药工业，食品工业，机械工业，化工工业，光学、遥感技术、纳米技术、激光技术、国防工业，航天事业，医疗事业以及生物工程技术等行业的飞速发展，空气净化和洁净室特殊环境的控制技术在国民经济各行各业的生产和科研中的重要作用和重要地位正日益突出，各行各业的生产和科研对其洁净室及其受控环境的要求也日趋严格，对其环境的依赖性也日趋增强。特种洁净的受控环境已成为现代科学技术和现代工业的发展不可忽视，不可缺少的重要条件。

本章就是对空气净化和洁净室技术的发展和应用以及洁净室的设计进行阐述

第二节　洁净室的基础知识及其分类

一、洁净室的定义

什么是洁净室。根据我国国家标准 GB/T 25915-1/ISO 14644-1 和我国国家标准《洁净厂房设计规范》GB 50073 中名词解释，洁净室就是“室内空气中的悬浮粒子（灰尘、微生物……）浓度受控的房间。它的建造和使用应减少室内诱入、产生和滞留粒子。同时，还要根据不同生产工艺的要求对室内的温度、湿度、压力、静电、振动、噪声等各种参数也要进行控制的房间。”

洁净室已广泛地应用在电子（微电子、光电子等）、航天、机械、化工、农业、制药、医疗、食品、实验动物饲养、生物安全和生物工程等各行各业。并且，随着科学技术和国民经济的迅猛发展，洁净室和洁净技术的应用将越来越广泛、越深入、越重要。

二、洁净室四大技术要素

从洁净室的建造和维护而言，洁净室有四大技术要素：

（一）洁净室的净化空调系统至少应有粗效、中效和高效过滤器三级过滤措施。尤其是在终端应有高效过滤器（HEPA）或超高效过滤器（ULPA）。

（二）洁净室送风应有足够的空调和净化的送风量。其送风量不仅能满足消除室内的余热和余湿，保证室内的温度和相对湿度的空调送风量，同时还应满足消除或稀释室内的粒子污染的净化送风量，保证室内的洁净度要求。

（三）洁净室必须建立和维持必要的相对压差（正压或负压）。

（四）洁净室应有合理的气流流型，以保证其室内的洁净度和温、湿度等参数。

三、洁净室的洁净度等级

（一）洁净室洁净度等级的划分

在我国《洁净厂房设计规范》GB 50073 中对洁净室洁净度等级已做出了规定（见表9-2-1），这一规定的洁净室洁净度等级标准等同于国际标准 ISO 14644-1 中的洁净度等级。现在，我国、美国、欧盟、日本、俄罗斯等国家和地区洁净室的洁净度等级均采用或参照上述国际标准来制订本国或本地区的洁净室洁净度的等级标准。美国的 FS 209E 已宣布作废，其洁净度等级标准也等同于国际标准 ISO 14644-1 标准。

洁净室及洁净区空气中悬浮粒子的洁净度等级（ISO 14644-1）　　表 9-2-1

空气洁净度等级(N)	≥表中粒径的最大浓度限值(个/m^3)					
	0.1μm	0.2μm	0.3μm	0.5μm	1μm	5μm
1	10	2	/	/	/	/
2	100	24	10	4	/	/
3	1000	237	102	35	8	/
4	10,000	2370	1020	352	83	/
5	100,000	23700	10,200	3,520	832	29
6	1,000,000	237000	102,000	35,200	8320	293
7	/	/	/	352,000	83,200	2,930
8	/	/	/	3,520,000	832,000	29,300
9	/	/	/	35,200,000	8,320,000	293,000

注：① 每点至少采样 3 次；

② 本标准不适用表征悬浮粒子的物理、化学、放射及生命性；

③ 根据工艺要求可确定 1～2 个粒径；

④ 根据要求粒径 D 的粒子最大允许浓度由下式确定（粒径 0.1μm～5μm）

$$C_N=10^N\times(0.1/D)^{2.08}$$

式中：N——为洁净度等级可在 1～9 级中间以 0.1 为最小单位递增量插入；

C_N——大于或等于要求粒径的粒子最大允许浓度（个/m^3），以四舍五入至近似的整数，有效位数不超过三位数；

D——要求的粒径（μm）；

0.1——常数（μm）。

(二) 各国洁净度等级标准和国际标准的比较（表 9-2-2）

各国洁净度等级标准与国际标准 ISO 14644 的比较　　　　表 9-2-2

国家	国际标准 ISO 14644	中国标准 GB 50073	美国标准	俄国标准 ГОСТ Р 50766	日本标准 TIS 9920	德国标准 VDI 2083 (1μm)	英国标准 BS 5295	法国标准 AFN 4410 (0.5μm)	韩国标准 IS (0.3μm)	澳大利亚 AS 1386 (0.5μm)
洁净度等级 (N)	/	/	/	P0	/	/	/	/	/	/
	1	1	1	P1	1		/	/	M1	/
	2	2	2	P2	2	0	/	/	M10	/
	3	3	3	P3	3	1	C	/	M100	35
	4	4	4	P4	4	2	D	/	M1000	350
	5	5	5	P5	5	3	E 或 F	4000	M10,000	3500
	6	6	6	P6	6	4	G 或 H	/	M100,000	35000
	7	7	7	P7	7	5	I	400,000	M1,000,000	350000
	8	8	8	P8	8	6	J	4,000,000	M10,000,000	3500000
	9	9	9	P9	/	/	K	/	/	/
年限		2002	2005	1995	1989	1990	1989		1991	1989

四、洁净室的应用及其分类

洁净室的分类一般可按气流流型来分，还可按使用用途和主要控制对象来分。

(一) 洁净室按气流流型分类

洁净室按气流流型来分类可分为单向流洁净室、非单向流洁净室、混合流洁净室和矢流洁净室。

1. 单向流洁净室

单向流洁净室的净化原理是活塞、挤压和置换原理，洁净气流将室内产生的粒子由一端向另一端以活塞形式挤压出去，用洁净气流充满洁净室。单向流洁净室又可分为垂直单向流洁净室和水平单向流洁净室（图 9-2-1）。

(1) 垂直单向流洁净室是在其吊顶上满布（≥80%）高效空气过滤器或风机过滤器机组（FFU），经其过滤的洁净气流从吊顶用活塞形式以≥0.25m/s 的速度，气流的偏斜角度小于 14°，把室内的污染粒子由上向地面挤压，被挤压的污染空气通过地板格栅排出洁净室，这样不断地进行循环运行来实现洁净室的高洁净度等级。垂直单向流洁净室可创造极高的洁净度（1 级～5 级）但是，它的初投资最高、运行费最贵。

(2) 水平单向流洁净室是在其送风墙上满布（≥80%）高效空气过滤器，被其过滤的洁净空气以≥0.3m/s 的速度用活塞形式将污染粒子挤压到对面的回风墙，由回风墙排出洁净室，这样不断循环来实现高的洁净度等级。水平单向流可创造 5 级的洁净度等级。其初投资与运行费用也低于垂直单向流洁净室。水平单向流洁净室与垂直单向流洁净室比较，其最大的区别是垂直单向流气流是由吊顶顶棚流向地面，所有工作面全部被洁净的气流覆盖。而水平单向流洁净室的气流是由送风墙流向回风墙，因此，气流在第一工作面洁净度最高，后面的工作面的洁净度会越来越差。

2. 非单向流洁净室

非单向流洁净室的净化原理是稀释原理。是用一定量的洁净空气来冲淡稀释室内产生

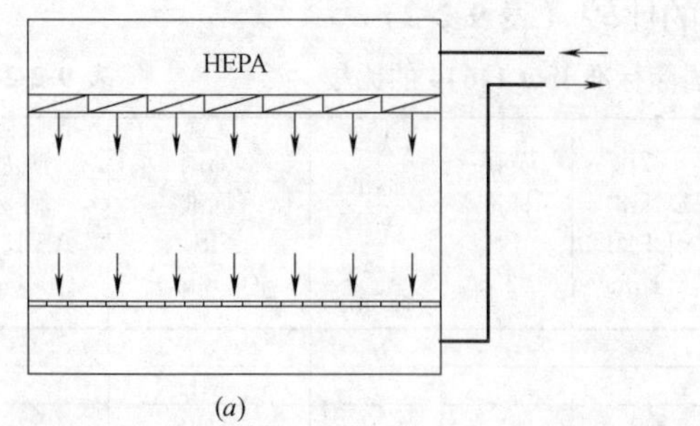

(a)

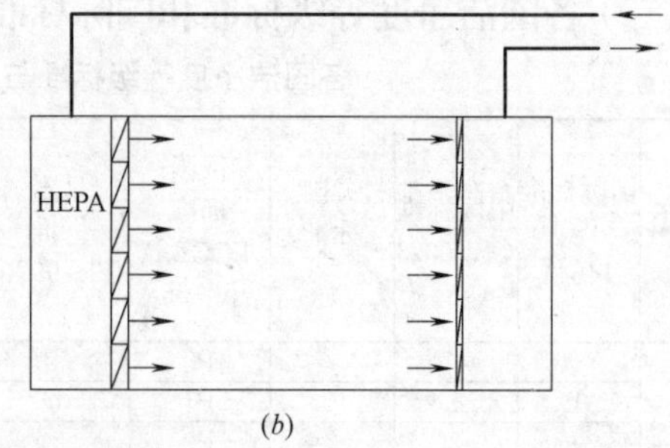

(b)

图 9-2-1 单向流气流流型
（a）垂直单向流；（b）水平单向流

的污染粒子。洁净空气量越多稀释后的洁净度等级就越高。因此洁净的送风量（换气次数）不同，室内空气的洁净度等级也不相同。在《洁净厂房设计规范》50073 中规定：6 级洁净室的换气次数为 50～60 次/时；7 级洁净室的换气次数为 15～25 次/时；8 级和 9 级洁净室的换气次数为 10～15 次/时。洁净度等级不同其初投资和运行费也不相同。最常用的非单向流洁净室的气流流型主要有顶送下回、顶送下侧回和顶送顶回（图 9-2-2）。

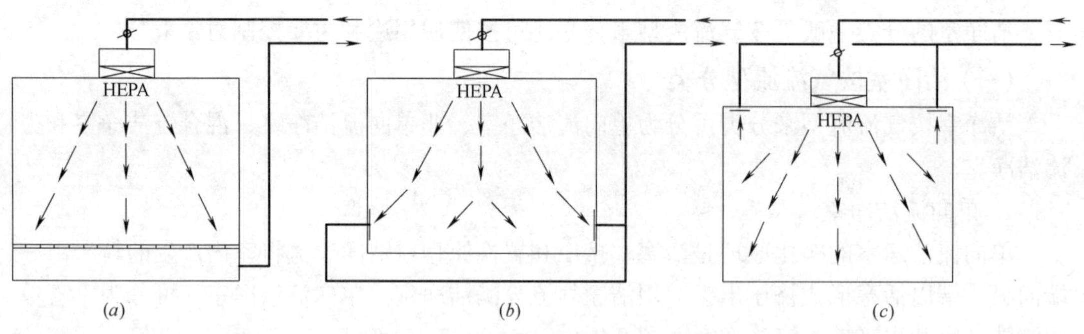

图 9-2-2 非单向流气流流型
（a）顶送下回；（b）顶送下侧回；（c）顶送顶回

3. 混合流洁净室

混合流洁净室是将垂直单向流和非单向流两种形式的气流组合在一个洁净室中。混合流洁净室可大大压缩垂直单向流的面积，只将其应用在必要的关键工序和关键部位中，用大面积的非单向流来替代垂直单向流。这样不仅大大地节省建造投资而且也大大地节省了运行费用。这种混合流洁净室目前广泛地应用在微电子（超大规模集成电路）的光电子（液晶显示器 LCD、等离子 PDP、发光二极管 LED 和薄膜晶体管有源矩阵液晶显示器 TFT-LCD）等大面积高洁净度等级的电子工业洁净厂房中（图 9-2-3）。

4. 矢流洁净室

矢流洁净室是用圆弧形高效空气过滤器构成的圆弧形送风装置，经圆弧形高效过滤器送出的气流是放射形的洁净气流，流线之间不产生交叉，灰尘粒子也是被放射形气流带到回风口，回风口设在对面墙的下侧。矢流洁净室可用较少量的洁净送风来实现较高洁净度级别（5 级）的洁净室。这种气流流型多用在小型的洁净室和特殊要求的洁净实验室中。

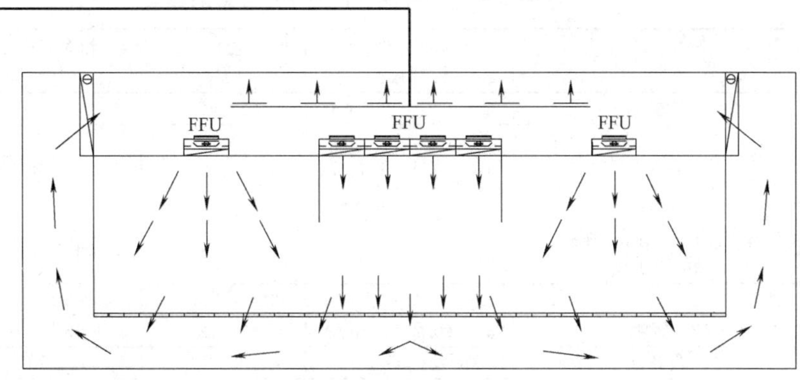

图 9-2-3　混合流气流流型

在美国和日本较多（在日本称为对角流），而我国在工程中应用较少（图 9-2-4）。

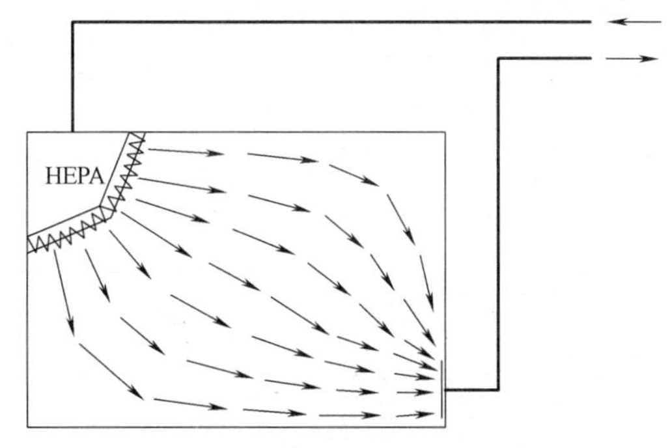

图 9-2-4　矢流气流流型

（二）洁净室按用途和主要控制对象来分类

按使用用途和主要控制对象洁净室又可分为工业洁净室、生物洁净室和生物安全实验室。

1. 工业洁净室

工业洁净室的主要控制对象是灰尘粒子。它广泛应用于电子工业、光电子工业、机械化工工业、光学工业、航空、航天事业等。

在电子工业中微电子（集成电路）工业对洁净室的洁净度等级要求最高。而且，随着微电子技术的不断发展，集成度的不断提高，光刻线宽的不断变小对洁净室洁净度等级的要求也越来越高。根据国际半导体工业协会（SIA）对未来集成电路发展趋势，以及对洁净生产环境中尘粒控制的趋势预测可以看到微电子工业对洁净室洁净度的要求（表 9-2-3 及表 9-2-4）。

SIA 对集成电路发展和对洁净生产环境控制趋势的预测　　表 9-2-3

年代 项目	1995	1998	2001	2004	2007	2010
集成度	64M	256M	1G	4G	16G	64G
线宽(μm)	0.35	0.25	0.18	0.13	0.10	0.07
控制粒径(μm)	0.035	0.025	0.018	0.013	0.01	0.007
空气中含尘浓度 (个/m^3　0.1μm)	114	64	35	20	12	8
洁净度等级(推荐)	2	1.5	1.5	1	1	0.5

电子、光电子产品生产对生产环境的要求 **表 9-2-4**

产品工序		空气洁净度等级（控制粒径）	温度（℃）	相对湿度（%）	相对低级别洁净室的正压（Pa）
半导体材料	拉单晶	6～8(0.3～0.5μm)	23±2	45±5	≥5
	切、磨、抛	5～7(0.3～0.5μm)	23±2	45±5	≥5
	清洗	4～6(0.3～0.5μm)	23±2	45±5	≥5
	外延	4～6(0.3～0.5μm)	23±2	45±5	≥5
芯片制造（前工序）	氧化、扩散、清洗、刻蚀、薄膜，离子注入	2～5(0.1～0.5μm)	23±1	45±5	≥5
	光刻	1～5(0.1～0.5μm)	22±0.123±1	45±5	≥5
	检测	3～6(0.2～0.5μm)	23±2	45±5	≥5
	设备区	6～8(0.5μm)	23±5	45±10	≥5
封装（后工序）	划片，键合	5～7(0.3～0.5μm)	21±1	50±5	≥5
	封装	6～8(0.5μm)	23±1	50±5	≥5
TFT-LCD	阵列板（薄膜、光刻、刻蚀、剥离）	2～5(0.2～0.5μm)	23±1	45±10	≥5
	成盒（涂复、摩擦、液晶注入、切边、磨边）	3～6(0.2～0.5μm)	23±1	45±10	≥5
	模块	4～6(0.3～0.5μm)	23±2	45±10	≥5
	彩膜板	2～5(0.2～0.5μm)	23±2	45±10	≥5
STN-LCD		6～7（局部5级）(0.3～0.5μm)	23±2	45±5	≥5
HDD	制造区	3～4(0.1～0.3μm)	23±1	45±5	≥5
	其他区	6～7(0.5μm)	23±1	45±10	≥5
PDP	核心区	6～7(0.5μm)	23±1	45±5	≥5
	支持区	7～8(0.5μm)	23±2	45～60	≥5
锂电池	干工艺区	6～7(0.5μm)	23±2	2	≥5
	其他区	7～8(0.5μm)	23±2	15	≥5
彩色显像管	涂屏电子枪装配荧光粉	7(0.5μm)	23±2	45±5	≥5
	锥子墨涂复荫罩	8(0.5μm)	23±2	45±5	≥5
电子仪器	微型计算机装配	8(0.5μm)	20～23±2	/	≥5
印制线路板	照相、制版，干膜	7～8(0.5μm)	22±2	40～60	≥5
光导纤维	预制棒	6～7(0.5μm)	24±2	50±5	≥5
	拉丝	5～7(0.3～0.5μm)	22±1	50±5	≥5
	光盘制造	6～8(0.3～0.5μm)	23±1	50±10	≥5
	高密度磁带制造	6～8(0.5)（局部5级）(0.3～0.5μm)	23±1	50±10	≥5
磁头生产	核心区	5(0.3～0.5μm)	23±2	60±5	≥5
	清洗区	6(0.5μm)	21±2	＜70	≥5

注：此表摘自《电子工业洁净厂房设计规范》

2. 生物洁净室

生物洁净室主要的控制对象是微生物、病菌、病毒等活的有生命的粒子，是不断地生长、繁殖的粒子。它所产生的污染不仅仅是微生物本身，而且，还有它们新陈代谢产生的二次污染。生物洁净室主要应用在医疗、制药、食品、生物工程、实验动物饲养以及生物安全等行业之中。

随着党中央“以人为本”方针的深入贯彻，党和国家更加重视广大人民的衣、食、住、行和身体健康。同时，随着全国人民生活水平的不断提高，人们也更加重视饮食的质量和卫生的状况，更加关心身体的健康和医疗、医药的质量和水平。为了确保医疗、医药、食品的质量卫生，为其服务的生物洁净室，生物洁净技术就是必须的环境条件。

下面举例说明生物洁净室在医药、实验动物饲养、食品，医疗等行业中的应用。

（1）医药行业

《药品生产质量管理规范》2010（GMP）中规定：药品生产的洁净厂房内的生产环境参数如：温度和相对湿度以及压差等均是由生产工艺决定的，一般温度为18℃～24℃，相对湿度为45%～65%。在《药品生产质量管理规范》2010（GMP）的附录和实施指南中规定得比较具体。即药品生产洁净厂房中的温度和相对湿度是以穿洁净工作服的操作人员不产生不舒服、不舒适为基准的。一般情况下如表9-2-5和表9-2-6所示。

洁净室（区）空气温、湿度　　　　表9-2-5

药品生产的洁净度(级)	温度(℃)	相对湿度(%)
A级	20～24	45～65
B级	20～24	45～65
C级	18～28	50～65
D级	18～28	50～65

洁净室（区）空气洁净度等级　　　　表9-2-6

洁净度等级(级)	静态尘粒最大允许浓度数(个/m^3)		动态尘粒最大允许浓度数(个/m^3)	
	≥0.5μm	≥5.0μm	≥0.5μm	≥5.0μm
A级	3520	20	3520	20
B级	3520	29	352000	2900
C级	352000	2900	3520000	29000
D级	3520000	29000	/	/

注：此表摘自《药品生产质量管理规范》2010。

代表欧洲多数国家的比利时JANSSEN制药国际公司指南（911001）中规定了药品生产洁净厂房中的温度和相对湿度见表9-2-7。

药品生产洁净厂房中的温度和相对湿度　　　　表9-2-7

车间名称	温度(℃)	相对湿度(%)
固体制剂车间	20～25	35～65
非固体制剂车间	20～25	/
包装车间	20～25	35～55
车间内仓库	20～25	35～55
车间外仓库	16～30	/
辅助用房,办公	20～25	/

（2）实验动物饲养

实验动物繁殖，生产设施以及动物实验设施（设备）的环境要求如表9-2-8及表9-2-9。

动物生产区的环境指标　　　　表9-2-8

参数	指标						
	小鼠、大鼠、豚鼠、地鼠			犬、猴、猫、兔、小型猪			鸡
	普通环境	屏障环境	隔离环境	普通环境	屏障环境	隔离环境	隔离环境
温度(℃)	18～29	20～26	20～26	16～28	20～26	20～26	16～28
日温差(℃)	/	4	4	/	4	4	4
相对湿度(%)	40～70	40～70	40～70	40～70	40～70	40～70	40～70

续表

参　数		指　标						
		小鼠、大鼠、豚鼠、地鼠			犬、猴、猫、兔、小型猪			鸡
		普通环境	屏障环境	隔离环境	普通环境	屏障环境	隔离环境	隔离环境
气流速度(m/s)		0.1～0.2	0.1～0.2	0.1～0.2	0.1～0.2	0.1～0.2	0.1～0.2	0.1～0.2
压力梯度(Pa)		/	10	50	/	10	50	10
洁净度(级)		/	7	—	/	7	—	7
落下菌(个/皿)		—	3	无检出	—	3	无检出	3
氨浓度(mg/m^3)		14	14	14	14	14	14	14
噪声 dB(A)		60	60	60	60	60	60	60
照度(lx)	工作照度	150～300	150～300	150～300	150～300	150～300	150～300	150～300
	动物照度	15～20	15～20	15～20	100～200	100～200	100～200	5～10
昼夜明暗交替时间(h)		12/12 10/14	12/12 10/14	12/12 10/14	12/12 10/14	12/12 10/14	12/12 10/14	12/12 10/14
换气次数(次/h)		8	15	—	8	15	—	15

注：① 表中氨浓度指标为有实验动物时的指标。

② 普通环境的温度、湿度和换气次数指标为参考值，可根据实际需要确定。

③ 隔离环境与所在房间的最小静压差应满足设备的要求。

④ 隔离环境的空气洁净度等级根据设备的要求确定参数。

动物实验区的环境指标　　　　表 9-2-9

参　数		指　标						
		小鼠、大鼠、豚鼠、地鼠			犬、猴、猫、兔、小型猪			鸡
		普通环境	屏障环境	隔离环境	普通环境	屏障环境	隔离环境	隔离环境
温度(℃)		19～26	20～26	20～26	16～26	20～26	20～26	16～26
日温差(℃)		4	4	4	4	4	4	4
相对湿度(%)		40～70	40～70	40～70	40～70	40～70	40～70	40～70
气流速度(m/s)		0.1～0.2	0.1～0.2	0.1～0.2	0.1～0.2	0.1～0.2	0.1～0.2	0.1～0.2
压力梯度(Pa)		/	10	50	/	10	50	50
洁净度(级)		/	7	—	/	7	—	—
落下菌(个/皿)		—	3	无检出	—	3	无检出	无检出
氨浓度(mg/m^3)		14	14	14	14	14	14	14
噪声 dB(A)		60	60	60	60	60	60	60
照度(lx)	工作照度	150～300	150～300	150～300	150～300	150～300	150～300	150～300
	动物照度	15～20	15～20	15～20	100～200	100～200	100～200	5～10
昼夜明暗交替时间(h)		12/12 10/14	12/12 10/14	12/12 10/14	12/12 10/14	12/12 10/14	12/12 10/14	12/12 10/14
换气次数(次/h)		8	15	—	8	15	—	—

注：① 表中氨浓度指标为有实验动物时的指标。

② 普通环境的温度、湿度和换气次数指标为参考值，可根据实际需要确定。

③ 隔离环境与所在房间的最小静压差应满足设备的要求。

④ 隔离环境的空气洁净度等级根据设备的要求确定参数。

前面有关实验动物的饲养、繁殖、生产的环境指标均摘自我国国家标准《实验动物设施建筑技术规范》GB 50447—2008。

(3) 食品行业

食品卫生和食品生产的无菌洁净环境现已提到议事日程，其生产操作环境的洁净度等级要求见表 9-2-10。

各级洁净用房的悬浮粒子要求　　表 9-2-10

洁净度等级（级）	静态尘粒最大允许浓度数（个/m³）		动态尘粒最大允许浓度数（个/m³）	
	≥0.5μm	≥5.0μm	≥0.5μm	≥5.0μm
1 级	3520	29	35200	293
2 级	352000	2930	3520000	29300
3 级	3520000	29300	/	/
4 级	35200000	293000	/	/

食品生产的无菌洁净环境各级洁净用房的悬浮粒子要求指标均摘自我国国家标准《食品工业洁净用房建筑技术规范》GB 50687—2011。

（4）医院洁净手术部

医院洁净手术部包括洁净区和非洁净区，在洁净区内又分有洁净手术室和洁净辅助用房。其环境要求见表 9-2-11～表 9-2-13。

摘自《医院洁净手术部建筑技术规范》GB 50333-2002。

洁净手术室的等级标准（空态或静态）　　表 9-2-11

等级	手术室名称	沉降法（浮游法）细菌最大平均浓度		表面最大染菌密度（个/cm²）	空气洁净度级别	
		手术区	周边区		手术区	周边区
Ⅰ	特别洁净手术室	0.2 个/30min · ϕ90 皿（5 个/m³）	0.4 个/30min · ϕ90 皿（10 个/m³）	5	100 级	1000 级
Ⅱ	标准洁净手术室	0.75 个/30min · ϕ90 皿（25 个/m³）	1.5 个/30min · ϕ90 皿（50 个/m³）	5	1000 级	10000 级
Ⅲ	一般洁净手术室	2 个/30min · ϕ90 皿（75 个/m³）	4 个/30min · ϕ90 皿（150 个/m³）	5	10000 级	100000 级
Ⅳ	准洁净手术室	5 个/30min · ϕ90 皿（175 个/m³）		5	300000 级	300000 级

注：① 浮游法的细菌最大平均浓度采用括号数值。细菌浓度是直接所测的结果，不是沉降法和浮游法互相换算的结果。
② Ⅰ级眼科专用手术室周边按 10000 级要求。

洁净辅助用房的等级标准（空态或静态）　　表 9-2-12

等级	沉降法（浮游法）细菌最大平均浓度	表面最大染菌密度	空气洁净度级别
Ⅰ	局部：0.2 个/30min · ϕ90 皿（5 个/m³） 其他区域：0.4 个/30min · ϕ90 皿（10 个/m³）	5 个/cm²	局部 100 级 其他区域 1000 级
Ⅱ	1.5 个/30min · ϕ90 皿（50 个/m³）	5 个/cm²	10000 级
Ⅲ	4 个/30min · ϕ90 皿（150 个/m³）	5 个/cm²	100000 级
Ⅳ	5 个/30min · ϕ90 皿（175 个/m³）	5 个/cm²	300000 级

注：浮游法的细菌最大平均浓度采用括号内数值。细菌浓度是直接所测的结果，不是沉降法和浮游法互相换算的结果。

洁净手术部用房主要技术指标　　表 9-2-13

名　称	最小静压差（Pa）		换气次数（次/h）	断面风速（m/s）	自净时间（min）	温度（℃）	相对湿度（%）	最小新风量		噪声 dB(A)	最低照度（Lx）
	程度	压差						（m³/h·人）	（次/h）		
特别洁净手术室 特殊实验室	++	+8	/	0.25～0.30	≤15	22～25	40～60	60	6	≤52	≥350
标准洁净手术室	++	+8	30～36	/	≤25	22～25	40～60	60	6	≤50	≥350
一般洁净手术室	+	+5	18～22	/	≤30	22～25	35～60	60	4	≤5	≥350
准洁净手术室	+	+5	12～15	/	≤40	22～25	35～60	60	4	≤50	≥350
体外循环灌注专用准备室	+	+5	17～20	/	/	21～27	≤60	/	3	≤60	≥150

续表

名　称	最小静压差(Pa)		换气次数(次/h)	断面风速(m/s)	自净时间(min)	温度(℃)	相对湿度(%)	最小新风量		噪声dB(A)	最低照度(Lx)
	程度	压差						(m^3/h·人)	(次/h)		
无菌敷料、器械、一次性物品室和精密仪器存放室	＋	＋5	10～15	/	/	21～27	≤60	/	3	≤60	≥150
护士站	＋	＋5	10～13	/	/	21～27	≤60	60	3	≤60	≥150
准备室(消毒处理)	＋	＋5	10～13	/	/	21～27	≤60	30	3	≤60	≥200
预麻醉室	－	－8	10～13	/	/	22～25	30～60	60	4	≤55	≥150
刷手间	0～＋	＞0	10～13	/	/	21～27	≤65	/	3	≤55	≥150
洁净走廊	0～＋	＞0	10～13	/	/	21～27	≤65	/	3	≤52	≥150
更衣室	0～＋	/	8～10	/	/	21～27	30～60	/	3	≤60	≥200
恢复室	0	0	8～10	/	/	22～25	30～60	/	4	≤50	≥200
清洁走廊	0～＋	0～＋5	8～10	/	/	21～27	≤65	/	3	≤55	≥150

3. 生物安全实验室

生物安全实验室是研究对人、动物、环境等有害感染性的微生物、病菌、病毒等的特殊环境条件。因此，生物安全实验室，必须做到绝对安全，不仅要保护实验研究对象，使实验得到真实可靠的实验数据和结果，而更重要的是保护实验操作人员和周围的环境，使实验人员和周围环境都能得到可靠的安全保障。根据世界卫生组织（WHO）的标准，可将感染微生物的危险度等级依它们的危险程度不同划分为 4 个不同的级别。而且不同危险度等级的生物安全实验室也要有相对应的生物安全水平。

（1）根据我国农业部《兽医实验室生物安全技术管理规范》规定：三级生物安全实验室的污染区、半污染区采用负压定向流全新风净化空调系统。不允许安装暖气、分体空调和电风扇。其室内温度为 23±2℃，相对湿度为 40%～70%，噪声小于 60dB（A），相对大气压清洁区为 0Pa，半污染区为－25±10Pa，污染区为－50±10Pa。送风要经过高效过滤器，排风要经过两级高效过滤器过滤。洁净度要高于 10000 级，采用顶送对面墙下回的气流组织，保证定向流，消除死角，并设有Ⅱ级或Ⅲ级生物安全柜。三级生物安全实验室要进行 250Pa 正压密封试验，泄漏 ＜10%。四级生物安全实验室要进行 500Pa 正压密封试验，泄漏＜10%。

（2）根据我国国家标准《生物安全实验室建筑技术规范》规定，主要技术指标见表 9-2-14 及表 9-2-15。

生物安全实验室的主要技术指标　　　　表 9-2-14

级别	洁净度级别 ISO-14644	换气次数(次/h)	与相邻相通房间的压差(Pa)	温度(℃)	相对湿度(%)	噪声 dB(A)	最低照度(Lx)
一级	/	可自然通风	/	16～28	≤70	≤60	300
二级	8～9	非实验动物时可回风≤50%,8～10 次	－5～－10	18～27	30～65	≤60	300
三级	7～8	全新风 10～15 次 主要是保护环境 可回风≤30%	－15～－25	20～26	30～60	≤60	500
四级	7～8	全新风＞10～15 次	－20～－30	20～25	30～60	≤60	500

三级、四级生物安全实验室辅助用房的主要技术指标　　表 9-2-15

房间名称	洁净度级别 ISO-14644	换气次数（次/h）	相邻相通房间最小压差(Pa)	温度（℃）	相对湿度(%)	噪声 dB(A)	最低照度（Lx）
主实验室的缓冲间	7～8	全新风 12～15	－10～-15	18～27	30～65	≤60	200
内走廊	7～8	全新风 12～15	－10～－15	18～27	30～65	≤60	200
准备间	7～8	全新风 12～15	－10～-15	18～27	30～70	≤60	200
内更衣，脱污染衣	8	全新风 10～15	－10	20～26	/	≤60	200
外更衣，脱穿普通工作服	8～9	全新风 8～10	－5	20～26	/	≤60	150
隔离走廊（外走廊）	8	全新风 10～15	－10	18～27	30～65	≤60	150
药浴室 化学淋浴室	/	全新风 3～4	－10	23～28	/	≤60	
洗涤室	/	全新风 3～4	－5	20～27	/		

（3）表 9-2-16 列出感染性微生物的危险等级和表 9-2-17 为与微生物危险等级相对应的生物安全实验室的生物安全水平，而表 9-2-18 为不同生物安全水平对应的防护要求和防护措施。

感染性微生物的危险等级　　表 9-2-16

危险度等级	危 险 程 度
1 级	不太可能引起人和动物致病的微生物，对个体和群体没有(或有极低的)危险
2 级	病原体能够对人和动物致病，但对实验室工作人员、社区、牲畜或环境不易导致严重的危害，但实验室暴露也会引起严重感染，但是，有有效的预防和治疗措施，且疾病传播的危险度有限。对个体有中度危险，对群体有低度危险
3 级	病体通常能引起人或动物的严重疾病，但一般不会发生感染的个体向其他个体的传播。并且有效的预防和治疗措施，对个体有高度危险，对群体有中度或低度危险
4 级	病原体通常能引起人和动物的严重疾病。并且很容易发生个体之间的直接或间接的传播，对感染一般没有有效的预防和治疗措施，对个体和群体都有高度的危险

与微生物危险等级相对应的实验室的生物安全水平　　表 9-2-17

危险度等级	生物安全水平	实验室类型	实验室操作	安全设施
1 级	基础实验室 一级生物安全水平	基础教学研究	GMT（微生物学操作技术规范）	不需要，开放实验台
2 级	基础实验室 二级生物安全水平	初级卫生服务诊断、研究	GMT 加防护服和生物危险标志	开放实验台，此外还需要 GSC（生物安全柜）用于防护可能生成的气溶胶
3 级	防护实验室 三级生物安全水平	特殊的诊断、研究	在二级生物安全防护的水平上增加特殊的防护服，进入制度和定向气流	需要 BSC 和其他所有实验室工作所需的基本设备
4 级	最高防护实验室 四级生物安全水平	危险病原体的研究	在三级生物安全防护的水平上增加气锁入口，出口淋浴，污染物的特殊处理	Ⅲ级 BSC 或Ⅱ级 BSC 并穿正压服，双开门高压灭菌器（穿过墙体）、无菌的空气

不同生物安全水平对应的防护要求的防护措施　　表 9-2-18

防护要求和防护措施		生物安全水平			
		一级	二级	三级	四级
实验室隔离 ①		×	×	√	√
房间能密闭消毒		×	×	√	√
通风	气流向内流动(负压)	×	最好有	√	√
	建筑通风设备	×	最好有	√	√
	HEPA 过滤排风	×	最好有	√ ②	√
入口缓冲间(双门)		×	×	√	√
气锁		×	×	×	√
带淋浴设施的气锁		×	×	×	√
通过间		×	×	√	/
带淋浴设施的通过间		×	×	×√ ③	×
污水处理		×	×	×√ ③	√
高压灭菌器	现场	×	最好有	√	√
	实验室的	×	×	最好有	√
	双门	×	×	最好有	√
生物安全柜		×	最好有	√	√
人员安全监控条件如:观察窗、闭路电视、双向通信设备等		×	×	最好有	√

注：① 在环境与功能上与普通流动环境隔离。

② 取决于排风位置。

③ 取决于实验室中所用的微生物因子。

④ ×为不需要，√ 为需要。

生物安全最重要的工作是对微生物危险度的评价，对微生物危险度的评价最关键的是列出微生物的危险度等级，但这还不够，还要考虑其他一些因素，其中包括：

1）微生物的致病性和感染数量。

2）微生物暴露的潜在后果。

3）自然感染的途径。

4）实验室操作所造成的其他感染途径（非消化道途径，空气传播，食入）。

5）微生物在环境中的稳定性。

6）所操作微生物的浓度和浓缩标本的容量。

7）适宜的宿主（人或动物）的存在。

8）从动物研究的实验室感染报告或临床报告中获得的信息。

9）计划进行的实验室操作（如：超声处理、气溶胶化、离心处理等）。

10）可能会扩大微生物宿主范围或改变微生物对已知有效治疗方案敏感性的所有基因技术。

11）当地是否能进行有效的预防和治疗干预。

由上述信息将可确定所计划开展的研究工作的生物安全水平的级别，选择由合适的个体防护设备，并结合其他安全措施来制定标准的操作规范，以确保在最安全的水平下开始实验研究工作。

（4）生物安全水平等级不同的生物安全实验室，应针对危险度不同的微生物应具备最低的必要的安全防护措施和行为操作规范。根据世界卫生组织（WHO）的标准，将生物安全实验室的生物安全水平划分为四级，见表 9-2-19。

生物安全实验室的生物安全水平级别　　表 9-2-19

生物安全实验室的级别	生物安全实验室的名称	生物安全水平级别
P1(BSL 1)	基础实验室	一级生物安全水平
P2(BSL 2)	基础实验室	二级生物安全水平
P3(BSL 3)	防护实验室	三级生物安全水平
P4(BSL 4)	最高防护实验室	四级生物安全水平

五、洁净室的占有状态

洁净室的占有状态通常分为：空态、静态和动态三种。

1. 空态即洁净室已建成，净化空调系统正常稳定运行但洁净室内没有生产设备和没有人员的状态。通常也称为竣工状态。空态验收也称作竣工验收。

2. 静态即洁净室已建成，净化空调系统正常稳定运行，生产设备安装完毕并按协商方式运行，但室内没有操作人员的状态。静态验收也称为性能验收。

3. 动态即洁净室已建成，净化空调系统稳定运行并且进行正常生产的状态。动态验收也称作使用验收。

六、洁净室的污染源及其控制

1. 人是洁净室最大的污染源，规范进入洁净室内人员的着装和洁净室内人员的行为动作以控制人员的产尘。

2. 周围环境的污染空气的渗入，加强维护结构的密封、堵漏，维持洁净室的正压。

3. 未经 HEPA 过滤的空气的送入，对送入洁净室的空气要全部经过三级过滤，终端是 HEPA 过滤，安装过滤器要密封、检漏、堵漏，维持洁净室内的正压。

4. 围护结构的产尘和其他表面的产尘，正确选择洁净室围护结构的材料。对围护结构的表面，顶、墙、地以及其他表面要定期擦拭、消毒和清扫。

5. 工艺设备和工艺过程的产尘，对工艺的产尘要进行局部处理，避免污染扩散到全室。加强局部围挡和局部排风等。

6. 原材料、容器、水、气、溶剂以及外包装的产尘，外包装不应在洁净室内拆除。容器要进行消毒清洗处理，原材料要溯源到原材料的生产、供应、包装等情况。控制原材料、水、气和溶剂的净化来控制其带来的污染。

7. 在自然界和人们生活环境中存在有大量的微生物。例如；每克土壤中存在有 104～1010 个微生物，每克水中存在有 101～104 个微生物，每克空气中存在有 104～106 个微生物，每平方厘米人的皮肤中存在有 101～104 个微生物，每平方厘米的地板中存在有 104～107 个微生物，而且微生物又是一种耐寒，耐热，抗辐射，抗紫外线照射，抗药能力很强的污染物。

热原是微生物的代谢物，是一种难以去除的污染。热原的穿透力很强，能穿透过滤器的滤料；热原又能耐 150 度的高温，灭菌难以杀灭热原。未去热原的注射液注射到人体后，人要发高烧，代谢紊乱，危害人的生命。

七、洁净室与一般空调的差别

洁净室与一般空调的差别　　表 9-2-20

比较项目	一般空调	净化空调
原理	送风和室内空气充分混合以达到室内温湿度均匀	乱流为稀释原理,层流为活塞原理,送出的洁净室空气先达工作区,笼罩洁净工作区
目的	为了控制温度、湿度、风速和空气成份的目的	除了一般空调的目的之外,更重要的是控制粒子的浓度
手段	粗、中效过滤加热湿交换	除空调手段外还要加高效、超高效过滤器,对微生物还要有灭菌措施
送风量(次/h)	一般降温空调 8～10 次/h 一般恒温空调 10～15 次/h	单向流 400～600 次/h 非单向流 15～60 次/h
初投资(元/m^2)	一般降温 500 元/m^2 一般恒温 800 元～1000 元/m^2	单向流 5000～15000 元/m^2 非单向流 1500～3000 元/m^2
运行耗电(kW/m^2)	一般降温 0.04～0.06kW/m^2 一般恒温 0.08～0.10kW/m^2	单向流 0.9～1.35kW/m^2 非单向流 0.13～0.33kW/m^2
冷量指标(W/m^2)	一般降温 150～200W/m^2 一般恒温 200～250W/m^2	单向流 800～1500W/m^2 非单向流 350～700W/m^2

八、工业洁净室与生物洁净室的差别

工业洁净室与生物洁净室的差别　　表 9-2-21

比较项目	工业洁净室	生物洁净室
研究对象(主要)	灰尘、粒子只有一次污染	微生物、病菌等活的粒子不断生长繁殖,会诱发二次污染(代谢物、粪便)
控制方法净化措施	主要是采取过滤方法。粗、中、高三级过滤,粗、中、高、超高四级过滤和化学过滤器等	主要是采取:铲除微生物生长的条件,控制微生物的孳生、繁殖和切断微生物的传播途径。过滤和灭菌等
控制目标	控制有害粒径粒子浓度	控制微生物的产生、繁殖和传播,同时控制其代谢物
对生产工艺的危害	关键部位只要一颗灰尘就能造成产品的极大危害	有害的微生物达到一定的浓度以后才能构成危害
对洁净室建筑材料的要求	所有材料(墙、顶、地等)不产尘、不积尘、耐摩擦	所有材料应耐水、耐腐且不能提供微生物孳生繁殖条件
对人和物进入的控制	人进入要换鞋、更衣、吹淋。物进入要清洗、擦拭。人和物要分流,洁污要分流	人进入要换鞋、更衣、淋浴、灭菌;物进入要擦拭、清洗、灭菌;空气送入要过滤、灭菌,人物分流,洁污分流
检测	灰尘粒子可用粒子计数器检测瞬时粒子浓度并显示和打印	微生物检测不能测瞬时值,须经 48 小时培养才能读出菌落数量

九、洁净室的设计和建造特点

(一) 生产和科研工艺对洁净室环境的要求非常严

洁净室是生产和科研所要求的特种环境，其所要求的环境不仅仅有：建筑围护、结构、空气、水以及气体、溶剂等原材料，而且还有声、光、电、磁、振等各种环境条件。

例如：建筑形式、层高承重、围护的装修材料；空气的洁净度、温湿度、压力；水和气体的纯度和重金属等含量以及噪声、照度、静电、电磁波、微振动等等。总的来说，生产和科研所要求的特种环境可用“精”、“净”、“纯”、“大”来描写。

建造洁净室最重要的是要使建造的洁净室应能满足生产和科研工艺对环境的严格要求，使之能高效率、高成品率地生产出高质量的产品和获得可靠的科研成果。这是建造洁净室最根本的目的。

（二）洁净室的建造投资费用非常高

洁净室建造投资的费用很高。一般来说，4 级（10 级）`5 级（100 级）垂直单向流洁净室，其室内建筑围护装修（包括墙、顶、地、门窗等）和净化空调系统（包括制冷和空调、净化设备、管道和配件）其建设初投资大约为 10000～20000 元/m^2；而 6 级（1000 级），7 级（10000 级），8 级（100000 级）等非单向流洁净室的初投资大约为 1500～4000 元/m^2。

如果再加上纯水制备设备和系统管线配件，纯气的发生设备和系统管线配件、废水废气排放设备和系统管线配件；消防系统设备管线配件；供配电和自动控制系统的设备管线配件以及集中式真空清扫系统设备配件管线等等，其单向流洁净室单位面积的初投资可高达 25000～40000 元/m^2。

现以 1998 年已建成投产的某超大规模集成电路前工序生产线举例来说，其月投片（8" 硅片）30000 片，有洁净室面积约 10000m^2，其中 4000m^2 3 级（1 级）、4 级（10 级）高洁净度垂直单向流洁净室，另外 6000m^2 为 6 级（1000 级）、7 级（10000 级）非单向流洁净室。总净化送风量约 6400000m^3/h。

该项目总投资约 100 亿人民币，其中动力设备和土建部分投资约为 20 亿人民币。占总投资的 20%。其核心部分 10000m^2 高级别洁净室建造投资费高达 6000 万美元（不含土建结构部分）折合单位面积投资为 6000 美元/m^2，大约折合人民币 50000 元/m^2。

再举 2007 年建成并竣工投产的某 TFT-LCD 掩膜板生产线，其总面积约 800m^2，其中 3 级（1 级）垂直单向流洁净室的面积约 200m^2，4 级（10 级）垂直单向流洁净室的面积约 600m^2。

除了土建结构以外洁净室的建筑围护装修、冷冻和净化空调系统、废水废气的排放系统、纯水纯气的制备和输配系统、供配电和自动控制系统等的总投资约 3200 万元人民币，折合单位面积约 40000 元/m^2 人民币。

由上述两个实例说明建造这样洁净室的投资费用是非常高的。这是另一个特点。

（三）洁净室的运行管理费用非常贵

因为洁净室的净化送风量大、工艺设备局部排风量大、新风量大，温、湿度要求严格，所以送风的空气热湿处理的冷量、热量、加湿量也大，空气输配的能量消耗量大，运行费用很贵。

还拿上述两个项目为例来说明：

上述的超大规模集成电路前工序生产线 10000m^2 洁净室总送风量为 6400000m^3/h，空气输配的风机总耗电量为 3840kW/h，全年电费为 1659 万元（每度电按 0.6 元/度计），空气热湿处理耗电量约 8000kW/h，全年电费为 3456 万元。全年净化空调系统本身的运行费用高达 5115 万元人民币。折合单位面积净化空调系统运行费用为 5115 元/m^2。

而上述的光电公司掩膜板生产线洁净室面积约 800m^2，净化送风量 1200000m^3/h，新风量 90000m^3/h，空调冷量约 2000kW。其净化空调系统空气输配风机（新风机组风机和 FFU 风机）总耗电量约为 300kW/h，全年电费约 130 万元人民币（每度电按 0.6 元/度计），而空气热湿处理的耗电量约 760kW/h，（其中：冷冻机电量为 400kW，冷冻水泵电量为 130kW，冷却水泵电量为 160kW，干冷水泵电量为 44kW，冷却塔电量为 22kW）全年电费约为 330 万元人民币。全年净化空调系统运行总费用高达约 460 万元，折合单位面积年运行费用约为 5750 元/m^2。

由上述两个例子来看，洁净室仅仅为了保持室内的洁净度、温湿度每平方米所花的运行费用就要高达 5000～6000 元/m^2 人民币。由此可见它的运行管理费用相当贵。这是第三个特点。

（四）洁净室的适应性、灵活性要非常强

微电子集成电路的发展规律告诉我们，每隔 2～3 年就上一个台阶，其芯片的集成度就要增加 4 倍，特征尺寸（线宽）就要缩小 30%，年销售价格就要下降 30%。因为，集成电路又是发展速度十分迅速的产业，随之而来的为其服务的生产环境技术和洁净室技术也必须随之发展而发展，才能适应微电子产业的飞速发展。

继微电子之后发展起来的光电子产业的发展速度比微电子产业还快。如 TFT-LCD 技术每 1～2 年就更新一代。因此，为其服务的生产环境技术、洁净室技术必须具有极大的适应性、灵活性以满足微电子、光电子等生产工艺不断发展进步的要求。因为，建一个厂房，建造一个洁净室是百年大计，不是一年二年就能拆掉重建。因此，在设计和建造洁净室时，就应考虑到生产工艺的发展、变更，使洁净室具有很好的适应性和灵活性。多年建造经验告诉我们，从洁净室的灵活性角度可将洁净室分为三个层次，第一个是不可变的部分，无论怎样变化这部分是不能变化的。这就是基础、柱、梁等结构部分；第二个层次是可变而不易改变的部分。如洁净室的围护、装修等；第三个层次是可变且容易改变的部分。如：电气、动力、空气、水、气体、溶剂等的供给系统和废气、废水、废液、废料和排放系统。因此，建造洁净室时必须考虑到它们对生产工艺不断发展的灵活性和可变性。这是第四个特点。

（五）洁净室的安全性、可靠性要非常好

从前面叙述可以得出这样一个看法和结论，即建造和使用洁净室是要付出极高的代价。但是，为了生产出高可靠、高质量、高成品率的高科技电子产品还必须具备这样特殊的生产环境。因此，为了满足生产工艺对生产环境的严格要求，设计和建造洁净室时必须把安全可靠放在第一位，即保证所建造的洁净室的全部生产环境：洁净度、温湿度、风速、压力、噪声、照度以及静电微振、电磁等等都必须百分之百的满足生产工艺的要求。保证环境参数可靠，稳定不出差错。另外，从安全角度上讲，即建筑结构承重的安全和防火防爆防毒的安全更是十分重要的，要遵照“以人为本”的方针，保证人员的生命安全和保护工厂财产的安全更是设计、建造和使用洁净室时应注意的头等大事。

因此，在保证生产工艺要求的受控环境参数的前提下，如何降低洁净室的建造投资和运行费用；提高洁净室的灵活性和适应性以满足生产工艺不断发展的要求和保证洁净室的安全和可靠，是洁净室的设计和建造者的重要课题和努力方向。

（六）各不同净化级别洁净厂房的经验数据。(仅供参考)

一般电子工业洁净室建造的经验数据表　　　　表 9-2-22

净化级别（级）	用电项目单位空调面积耗电量(kW/m^2)					单位面积初投资（元/m^2）
	制冷系统		送风系统		空调总耗电（kW/m^2）	
	冷量指标（W/m^2）	耗电（kW/m^2）	风量指标（$m^3/h \cdot m^2$）	耗电（kW/m^2）		
一般降温空调	150	0.048	30	0.012	0.04～0.06	450～550
8 级	400	0.120	60	0.036	0.135～0.156	1300～1500
7 级	600	0.180	120	0.072	0.225～0.252	2000～2500
6 级	700	0.210	180	0.108	0.295～0.318	3000～3500
5 级	1300	0.400	1500	0.900	1.000～1.300	10000～15000

一般洁净手术室建造的经验数据表　　　　表 9-2-23

净化级别（级）	用电项目单位空调面积耗电量(kW/m^2)					单位面积初投资（元/m^2）
	制冷系统		送风系统		空调总耗电（kW/m^2）	
	冷量指标（W/m^2）	耗电（kW/m^2）	风量指标（$m^3/h \cdot m^2$）	耗电（kW/m^2）		
Ⅰ	550～600	0.19～0.21	200～250	0.12～0.14	0.31～0.35	15000～13000
Ⅱ	500～550	0.14～0.17	70～110	0.04～0.07	0.18～0.24	14000～12000
Ⅲ	500～550	0.14～0.17	45～70	0.02～0.04	0.16～0.21	12000～10000
Ⅳ	450～500	0.13～0.15	40～45	0.016～0.02	0.146～0.17	10000～8000

第三节　设计阶段和总体规划

一、洁净室的设计原则和设计特点

1. 洁净室（洁净厂房）的设计和建造是为生产、科研、实验室等工艺服务的。因此，洁净室的特殊的生产环境（温度、相对湿度、洁净度、压力、风速、静电、噪声、振动等）是生产工艺决定的。由于工艺不同，产品的品种不同，科研课题不同，实验的对象不同，对洁净的生产环境参数的要求和环境的特点也不尽相同，要求所控制的对象也不相同（例如：工业洁净室所控制的主要对象是尘埃粒子，而生物洁净室所控制的主要对象是微生物、病菌、病毒等）。因此，设计和建造洁净室时必须根据生产工艺的特殊要求来确定洁净室的洁净度、温度、相对湿度、压力等参数，这是无条件和必须保证的。只有这样的洁净室才能为生产工艺提供可靠的保障，才能保证产品的质量，产品的合格率和成品率，才能实现设计和建造洁净室的真正目的。要保证洁净室的洁净度，首先，必须控制污染（尘埃粒子、微生物粒子等）的产生，污染源主要是洁净室内的人、生产设备、生产过程和建筑围护；同时，还要控制污染的传播，防止交叉污染，最好做到人物分流、洁污分流。

2. 洁净室的设计和建造是一个综合技术，是一个系统工程。它涉及的专业有生产工艺、建筑、结构、空调净化、给水排水、气体动力、强电弱电、消防环保等众多专业；涉及的单位有建设单位、使用单位、设计单位、承包单位、施工单位、监理单位、供货单位等众多单位，因此各专业、各单位必须齐心协力，统一调配，合理安排，把每一个阶段工作作好。最终才能实现满足生产工艺要求、工艺流程便捷，气流组织合理，净化空调配置得当，平面布置有序，投资运行经济可靠的很好的综合质量。才能达到建造洁净室的最终目标。

仅就洁净室的设计阶段而言，设计时不仅要做到设计本身的正确、合理，同时在设计时还要考虑到施工、安装、调试和使用及维护管理，要为后面的各阶段工作创造条件。同时还要考虑到节省初投资和节省运行费用。

3. 洁净室设计要因地制宜，区别对待，尽量利用现有条件；参数标准的制定要实事求是，该高则高该低则低，不要无原则地提高标准；同时尽量压缩非生产面积，降低非生产空间；尽量压缩单向流的面积，利用混合流来取代单向流。

4. 洁净室设计时要优化净化空调系统方案，选择高效节能和维护管理方便的设备，进行多方案的技术经济比较，选择节省投资、节省运行费的最佳方案。

5. 洁净室的设计要考虑到工艺的发展，更新换代，要为其创造必要的条件，因此洁净室要具有较好的灵活性和适应性。

6. 洁净室设计要重视安全、可靠、卫生、环保和消防。

7. 洁净室设计要遵守国家和地方的有关标准和规范。

二、洁净室的设计阶段和各设计阶段的任务

洁净室工程从工程项目的立项、设计、验收到投产的全过程被称为工程项目的发展周期。整个项目发展周期被分为：投资前时期、投资时期和生产时期，并且把每个时期又分为若干个阶段，不同的阶段有不同的任务和不同的工作，同时，这些阶段之间又互相联系，使工作步步深入。

在我国投资前时期的阶段有：项目建议书阶段、可行性研究阶段和设计任务书阶段；投资时期阶段有：设计阶段（初步设计阶段、施工图设计阶段）施工阶段和竣工验收阶段。

投资前时期的工作非常重要，其中项目建议书是投资决策前对项目轮廓的设想并提出项目建设的必要性分析和项目建设的可行性分析。它是开展可行性研究报告的依据，往往把投资前时期称作决定投资命运的主要环节。下面为可行性研究报告阶段和几个设计阶段的工作内容：

（一）可行性研究阶段报告的文件内容如下：

可行性研究是在投资前时期，通过调查研究，运用多种学科成果，对具体工程项目建设的必要性、可能性、合理性进行全面的技术经济论证。它是一项综合性很强的学科。可行性研究报告的内容一般包括如下：

1. 总论

项目的背景和历史，研究结果概要和主要结论的概述，存在问题和建议；工厂规模和市场情况（国内外市场的供需），销售预测和经营管理，销售收益和费用的估计，进入国际市场的前景；工厂建设规模和产品方案的确定；资源、原料及主要协作条件、资源的储量、品位、成分勘察精密度和资源审批情况，原材料和辅助材料、燃料的种类及来源、供应地点、供应条件和数量；所需动力和公用设施的外部协作条件、供应方式、供应条件和

数量。

2. 建厂条件和厂址方案

建厂地区的地理位置、距原材料产地、市场的距离，地区的环境情况、选择的意见和理由；厂址的位置、气象、水文、地质等条件；交通运输及水、电、汽、气的供应现状和远期规划；与现有企业的关系；居住条件；厂址面积、占地范围、方案布置、建设条件；移民搬迁和安置规划的方案，地价和移民搬迁安置的费用。

3. 项目的技术方案

项目构成和范围，包括车间的组成、厂内外的主体工程和各项辅助工程；各方案的比较论证和选择；技术方案和设备的比较和选择；公用和辅助设施的方案选择；土建工程方案的选择，场地整理和开拓；主要建筑物、构筑物的安排；厂外工程、总图布置和运输方案。

4. 环境保护

项目三废（废气、废水、废渣）的种类、成分、数量，对环境影响的范围和程度；治理方案的选择和回收利用的情况；对环境影响的评价的预评价。

5. 工厂的机构、管理和定员

全厂生产管理的体制，机构的设置方案的论述和选择，劳动定员配备方案；人员培训规划和费用的估计。

6. 项目实施计划和进度要求

勘察设计、设备制造、工程施工的安排，试生产所需的时间和进度要求，整个工程项目的实施方案和进度的方案选择；论述最佳实施方案，用线条图或网络图表示。

7. 企业经济的评价

总投资费用，项目资金筹措；生产成本计算，企业经济评价；国民经济评价，不确定性分析。包括收支平衡总分析，敏感性分析和概率分析等。

8. 结论

运用各种数据，从技术、经济、财务等方面来论述项目建设的可行性。

9. 存在问题和建议

对于上述可行性研究的各项内容可概括为三个方面：

(1) 市场研究。这是决定项目能否存在的依据。

(2) 工艺技术研究（包括：投入、厂址、技术、设备、生产组织保证、受控环境参数等），这是决定项目的“可能性”的问题。

(3) 项目的经济效益研究。这是可行性研究的重点和核心，是决定项目的“合理性”的问题。

对于洁净室工程项目的可行性研究而言，单从净化空调专业的角度，主要是着重解决建厂条件和厂址的选择以及项目的技术方案和安全、消防、环保等问题。要论述厂址的大气污染情况，确定洁净室的温度、湿度、洁净度等参数，确定净化空调方案和气流组织，冷源、热源。同时还要论述废气和噪声治理的环保问题和消防安全疏散的防排烟问题等，在论述中节能问题要贯彻始终。

(二) 初步设计阶段

可行性研究阶段结束后，其报告要经有关部门和建设方等对其结论进行“评估”。评估主要从三个方面进行：一是企业经济评价，从企业本身的盈利进行分析。第二是国民经济评价，从国民经济利益来分析。第三是社会评价，从社会效益来分析。当确认可行性研究报告中推荐的方案确实可行之后，由上级主管部门和企业董事会进行批准，该可行性研究报告就作为建设项目投资决策和编制设计任务书的依据。该可行性研究报告和设计任务书下达到设计单位，设计单位就依此为依据开展洁净室项目的初步设计。

由于在可行性研究阶段中对产品方案、建设规模、厂址、工艺流程、主要设备选型、总图布置等大的方案都已进行了方案比较论证和选择，并推荐了建设方案，并且报告已经得到上级主管部门和建设方的批准和下达，在初步设计中一般对总体大方案不作变动，但是，必须对各个专业具体的设计方案作详细的计算，比较和选择确定。对消防、环保、节能等重大问题在净化空调专业的设计方案中如何落实。同时，还要把本专业所需要的设备、材料的规格、数量进行统计以保证各专业具体方案的可靠性、正确性和合理性也为专业概算编制提供条件。净化空调专业的初步设计文件的内容一般包括：

1. 设计说明

（1）工程项目概述和设计的依据

（2）冷热源的情况

（3）供暖、通风、空调、净化设计方案的说明

（4）消防安全措施

（5）环境保护措施

（6）节能技术措施

（7）存在问题和建议

2. 附表

（1）建筑耗热量一览表

（2）局部排风量计算表

（3）各房间净化空调参数一览表

（4）主要设备材料表

3. 附图

（1）主要建筑净化空调平面图

（2）空调机房平面布置图

（3）净化空调和自动控制原理图

（三）施工图设计阶段

施工图设计是在初步设计的基础上，将图纸进一步深化以满足工程项目施工、安装和设备订货的要求。施工图设计阶段是设计工作量最大，最繁重的设计阶段。

（四）施工、调试、验收阶段

在施工阶段凡涉及方案问题、标准问题和安全问题等较大的问题，都必须首先与原设计单位协商并取得一致的意见后由设计单位发出施工变更通知单，施工单位根据变更通知单的要求再进行变动。因为设计是经可行性研究，初步设计和施工图设计各阶段慎重研究考虑、比较、计算后确定的，并且又与其他相关专业有密切的关系。施工中轻易地改动势必要影响其他相关专业一系列的变化，还会影响到竣工后的使用，尤其设计标准的变动还要涉及投资、运行和安全等重大问题。这些不仅仅是结构的安全问题，还包括有建筑、净

化空调、给水排水、强电弱电、能源动力以及防火防爆等各专业的安全问题。因此，按图施工，不能轻易随便改动，这是施工单位必须遵守的原则。

调试阶段尤其竣工验收的调试阶段是一个极为重要的环节，它是对设计、施工、材料、设备的质量和性能的最终的全面的检验和考核。调试也是为以后的使用和管理作好积极的准备，是工程项目交付使用前的最后把关。

调试前一定要做好准备工作。其中包括：人员组织准备、调试大纲的编制、测试仪器仪表的标定、施工安装工程现场的全面会检、调试现场的彻底清扫以及其他测试记录表格和调试工器具的准备工作等。

调试工作可分为单机试车、联动调试、性能测试和洁净室性能综合评价等四个阶段。

性能测试的项目主要有：洁净室的洁净度、温度及精度、相对湿度及其精度、室内正压等主要项目。必须时还要测试风速、风量、噪声、照度、静电、振动等其他项目。

洁净室工程的验收和性能综合评价是在调试和性能测试数据结果的基础上进行分析后，对洁净室工程的质量进行一个综合的结论，并提出进一步完善和整改的意见和建议。

三、洁净室的厂址选择和总平面规划

(一) 厂址的选择

洁净厂房（洁净室）与其他生产厂房的主要区别在于，洁净厂房内的工艺产品和工艺过程对生产环境有一定的洁净度等级的要求，厂址地区的室外环境对洁净室内的洁净度等级有直接的影响。因此，对洁净室的建设的厂址必须认真地进行选择。根据国内外实测数据表明，不同地区、不同环境、不同季节、不同时间，室外大气的含尘浓度、含菌量和有害物的含量都有很大的差异（见表 9-3-1）。如表中数据表明，农村大气中的含尘浓度低于城市，而城市中工业区的含尘浓度又高于郊区。因此，为了有效地控制洁净室净化空调系统新风中的含尘量、含菌量、含有害物的量，厂址的选择十分重要。

典型的室外含尘、含菌浓度表 **表 9-3-1**

场所	含尘浓度 个/m^3(≥0.5μm)	含菌浓度 个/ m^3(微生物)
工业区	15～35×10^7	2.5～5×10^4
市郊	8～20×10^7	0.1～0.7×10^4
农村	4～8×10^7	<0.1×10^4

洁净室的厂址应选择在大气含尘浓度、含菌浓度低，空气中有害物含量较少，周围无严重污染源的地区。如：农村、城市郊区或水域之滨等地方。不宜选在气候干旱的风沙地区，要避开有严重污染的城市工业区，远离铁路、码头、机场、交通要道和散发大量粉尘、烟尘和有害气体的工厂、仓贮、堆场等有严重空气污染、振动、噪声的地方。如果因条件限制，至少工厂的厂址也应选在有严重污染源的最大频率风向的上风侧或最小频率风向的下风侧。并在设计时还要采取必要和有效的技术措施，以确保生产工艺所需的洁净环境。

(二) 总平面规划

工厂的选址确定以后，就要合理地进行厂区内的总平面规划，妥善处理洁净区、非洁净区以及污染区之间的相对位置，这项工作对于洁净室的可靠和经济运行，确保生产产品的高质量都是至关重要的。厂区内的洁净区应布置在环境清洁、人流物流不穿越或少穿越的地段，为了减少外界的污染，洁净区应远离交通频率的道路，远离厂区的锅炉房等大气污染严重的动力设施并采取一定技术措施减少污染程度。

在洁净厂房内一般还要划分出洁净室区、辅助用房区、公用动力用房区和办公管理用房区。为了方便管理，减少各动力管线的长度并尽量减少其对洁净室区的污染，在标准和规范允许的前提下，在对工厂总平面规划时，尽量采取组合式、大体量的综合性的厂房，可将多个有洁净要求的车间、洁净的辅助用房、办公管理用房和公用动力用房集中规划在一栋综合性厂房内，这样既管理方便又可节省能耗（见图 9-3-1）。

为了减少厂区内的污染，厂区的道路应选用整体性能好，发尘量少的材料铺砌，通常厂区内道路面层宜采用改性沥青路面。厂区的绿化应具有良好的吸尘、阻尘和降低大气中有害物质的作用。应尽量减少或不允许有裸土地面，据报导，绿化区域的尘埃率可降低为22.5%，绿化植物应以草坪为主，小灌木为辅，不宜栽种观赏花卉和高大乔木。

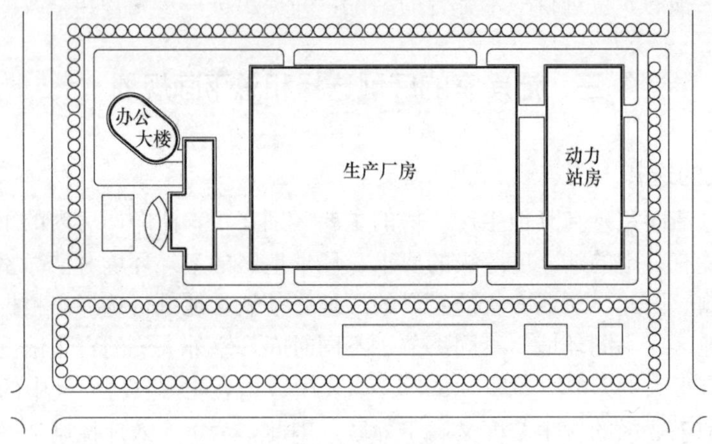

图 9-3-1　某电子工厂总平面规划图

四、洁净室布置

（一）洁净室的平面布置

洁净厂房内的洁净生产车间以及相关的设施包括有：洁净生产车间，洁净辅助间，办公管理区和公用动力设备区等。洁净辅助间有：人身净化用房、物料净化用房、生活用房以及实验室和物料贮存库房等，这些房间与洁净生产车间有密切的关系，有的房间还需要有一定的洁净度要求。办公管理区包括有：办公用房、技术管理室、会议室、休息间等，这些房间在洁净厂房内应尽量减少并且尽量设在洁净区之外。公用动力设备区包括有：净化空调机房、冷冻站房、纯水站、气体净化用房、配电房、排风及废气处理设备用房、真空设备用房等，这些站房的设置通常与洁净区的工艺生产要求、洁净度等级以及洁净厂房的规模相配套，目前，为了减少管线长度、降低冷热损失、节约能源、方便管理等目的，往往都将这些动力用房与洁净生产用房布置在一幢建筑内。同时洁净室的平面布置一般应符合下列要求：

1. 首先洁净室的平面布置应满足产品的生产工艺和空气的洁净度等级的要求，做到人流物流路线短捷，设备布置紧凑，并应符合有关消防安全和卫生规定。洁净室内只布置必要的工艺设备和有洁净度要求的工序和房间，而没有洁净度要求的工序、设备、房间以及公用动力设施均应设置在非洁净区。高级别洁净度等级的房间尽量靠近空调机房，洁净度相同或相近的洁净室应集中布置，空气洁净度等级高的工序应布置在上风侧以减少污染。在平面布置时要考虑工艺设备的运输路线，检修口和维修区。平面布置时要尽量避免交叉污染，同时还要考虑到工艺生产发展、更新、改造的灵活性。

2. 洁净生产车间内尽量减少隔间，采用大体量、大开间，方便工艺生产和工艺的升级换代。但应避免交叉污染，注意消防安全。但对于那些生产规律和生产时间不同的生产区不应合在一起。

3. 洁净区的平面布置应合理地安排好四个区域：即洁净生产区、洁净辅助区、办公管理区和公用动力设施区。

（二）洁净室的空间布置

洁净室的空间布置应满足产品生产工艺和空气洁净度等级的要求。合理安排洁净生产车间、人员净化和物料净化用房、动力设备房以及相应的物料供应管线，净化空调系统的风管和各种公用动力设施和动力管线等是洁净室空间布置的主要任务。在进行空间设计时，应仔细考虑生产洁净区与辅助生产区之间的关系。空间布置时要做到灵活、有效，一般洁净室在吊顶上面或地板下面的空间用来布置净化空调系统的送风、回风管道，排风管道以及水、气、电各种管线；以垂直单向流为主的洁净厂房首先要考虑气流流型、净化空调系统的形式和高效空气过滤器的布置和空调机房的位置，然后再合理、有效地布置洁净室的空间。在一般建筑中，空调设备是附属设备，而在洁净厂房中净化空调设备是实现空气洁净度和保证工艺生产必需的温、湿度的主要功能设备，在工业洁净室中工艺生产还需要纯水、纯气、纯化学品和稳定的电力供应。这些都是洁净室生产必需的重要条件。

对于洁净室的空间所需的层高而言，一般来说非单向流洁净室其空调、排风管道、水、气、电管线将布置在吊顶上或地板下；而垂直单向流洁净室其吊顶上主要有送风静压箱和高效过滤器或 FFU，回风要经过架空格栅地板，格栅地板下要有足够的空间来布置排风管和水、电、气等管线，垂直单向流洁净室空间布置图见图 9-3-2。

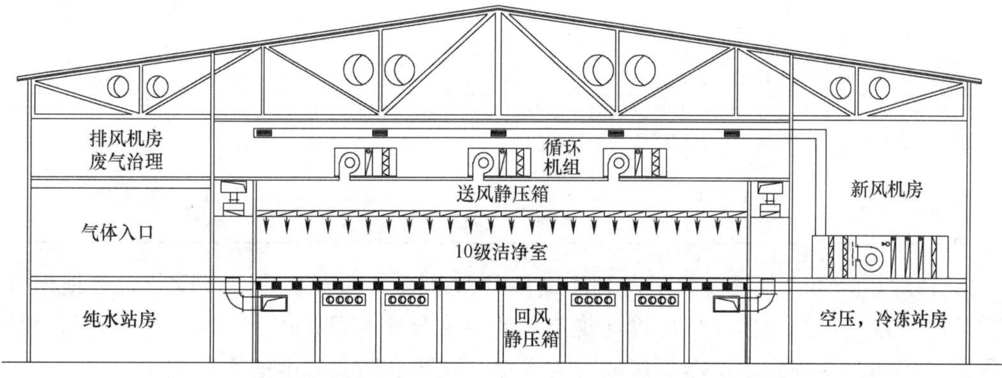

图 9-3-2　某集成电路工厂洁净室的空间布置图

五、洁净室的建筑防火和人员疏散

（一）洁净室的建筑防火特点

1. 洁净室空间密闭、围护结构气密性好，一旦发生火灾，温度会迅速上升，能引起大面积起火燃烧，产生大量烟气，且难以排出，造成人的窒息昏厥，对人员的疏散和火灾的扑救很不利。

2. 为了保证洁净室的洁净度等级，设置了人员净化用房和物料净化用房、缓冲间、气闸室等用房，平面布置曲折，而且人员疏散口数量少，内部分割复杂，设备布置紧凑，作业人员平时出入路线迂回，为火灾时人员的疏散制造了很多障碍，延长了疏散的时间，增加疏散路线的长度。

3. 洁净室的装修不可避免地会用一些高分子的合成材料，这些材料火灾时不仅燃烧速度快，而且还会释放出有毒气体等，对人员有很大害处。

4. 洁净室的工艺生产过程中，会使用一些火灾危险大的化学物质为原料。如甲醇、甲苯、丙酮、丁酮、二甲苯、乙酸乙酯、甲烷、硅烷、异丙醇、氢气、氧气等，这些化学物质对洁净室的防火是一种潜在的威胁。

综上所述，为了保证洁净室内的人员和财产的安全，在设计中必须认真贯彻“以人为本”和“以防为主，消防结合”的方针，针对洁净室的火灾特点和火灾防治难点，结合各项目的具体实际情况，积极创造条件，采取必要、可靠、先进的防火措施，消除和减少火灾的起火因素；一旦发生火灾，也能有效地进行扑救和人员的顺利疏散，保证人员安全、减少财产损失。

（二）洁净室建筑设计的防火措施

1. 首先要根据洁净室的火灾危险性分类确定建筑的耐火等级。洁净厂房内一些代表性行业的火灾危险性分类见表 9-3-2。

洁净厂房生产工作间的火灾危险性分类举例 **表 9-3-2**

生产类别	工作间的举例	建筑耐火等级
甲	微型轴承装配的精研间，装配前的检验间 精密陀螺仪装配的清洗间 磁带涂布烘干工段 化工厂的丁酮、丙酮、环乙酮等溶剂的物理提纯工作间 集成电路工厂的化学清洗间 常压化学气相沉积间和化学试剂贮存间	一级或二级
乙	胶片的洗印车间	一级或二级
丙	计算机房记录数据的磁盘贮存间 显像管厂装配工段的烧枪间 薄膜晶体管液晶厂房的 PECVD 车间 磁带装配工段 集成电路工厂的氧化、扩散间、光刻间	一级或二级

2. 合理划分防火分区。为了有利于消防扑救和人员的安全疏散，设计时要根据《建筑设计防火规范》和《洁净厂房设计规范》的要求合理地划分防火分区。在《建筑设计防火规范》中明确地规定了洁净厂房的耐火等级、层数和防火分区的面积大小。

3. 建筑物要根据《建筑设计防火规范》要求设置供消防人员灭火进入建筑物内的专

用消防口。

4. 按《规范》要求设计室内外消火栓、自动喷洒等自动和手动灭火措施。

5. 按《规范》要求设计防排烟等消防措施。

6. 按《规范》要求采用保温、隔热、轻质、A1 级不燃的夹芯板做围护结构。

7. 洁净厂房的耐火等级、层数和防火分区的占地面积见表 9-3-3。

洁净厂房的耐火等级、层数和防火分区的占地面积　　表 9-3-3

生产类别	耐火等级	最多允许层数	防火分区最大允许占地面积(m^2)			
			单层厂房	多层厂房	高层厂房	厂房地下室(半地下室)
甲	一级 二级	除生产必须采用多层外，宜采用单层	宜为 3000	宜为 2000	/	/
乙	一级 二级	除生产必须采用多层外，宜采用单层	宜为 3000	宜为 2000	/	/
丙	一级 二级	不限	不限 8000	6000 4000	3000 2000	500 500
丁	一级 二级	不限	不限	不限	4000	1000
戊	一级 二级	不限	不限	不限	6000	1000

(三) 人员的安全疏散

人员安全疏散的设计原则

1. 疏散路线要简捷明了，方便寻找和识别。疏散指示标志要简明易懂，醒目易见。

2. 疏散路线要做到步步安全。从着火房间到房间的疏散门，从疏散门到公用疏散走道，从疏散走道到疏散楼梯间，从楼梯间到室外这四步应做到步步安全。

3. 疏散路线的设计要符合人们的习惯。因此设计疏散路线时要把人们的习惯走的平时熟悉的路线有机地结合起来，这样有利于人员的顺利疏散。

4. 人员疏散路线尽量和消防扑救路线分开并不要交叉，以免相互干扰。

5. 在建筑物内最好同时有两个或多个疏散方向和可供疏散用的疏散口，以免一个出口被烟火堵住而影响人员的顺利疏散。

6. 疏散用门开启的方向一定要开向疏散方向，这是非常重要的。一般洁净室的门为了维持正压，其开启方向都开向洁净度等级高的房间，刚好与疏散方向相反，但疏散路线上的疏散用门必须开向疏散方向。

7. 疏散走廊要有防排烟措施，以利人员的顺利疏散。

8. 人员的疏散距离要符合《建筑设计防火规范》中的规定距离，可见表 9-3-4。

洁净厂房人员安全疏散距离 (m)　　表 9-3-4

生产类别	耐火等级	单层厂房	多层厂房	高层厂房	厂房地下室(半地下室)
甲	一、二级	30	25	/	/
乙	一、二级	75	50	30	/
丙	一、二级	80	60	40	30
丁	一、二级	不限	不限	50	45
戊	一、二级	不限	不限	75	60

第四节 洁净室的净化空调设计

一、洁净室净化空调设计的重要性

洁净室设计是一个综合性很强的工作，它涉及到生产工艺、总体规划、洁净建筑、结构、能源动力、给水排水、工业气体、强电弱电、消防环保以及净化空调等多个专业的设计工作。其中净化空调的设计是其中最重要的设计环节。净化空调设计的好坏直接决定着洁净室设计的成败。净化空调的气流组织，空气净化和热湿处理方案的优劣，冷热源的确定等不仅仅决定了洁净室的建造投资和运行费用，更重要的是它决定了洁净室内的空气洁净度等级、空气的温湿度、室内的正压等参数能否满足生产工艺的要求，能否生产出高质量、高成品率的产品。

在洁净室设计的可行性研究阶段，主要是解决市场、产品工艺、产品产量、厂址选择、建筑的总投资、项目的经济效益和社会效益等重大问题。在这一阶段净化空调设计人员要配合可研人员进行净化空调专业方案规划和专业的投资和运行费用的估算。

净化空调设计最重要、最关键的设计阶段是初步设计阶段。在初步设计阶段将确定净化空调系统、空气净化和热湿处理方案，洁净室的气流组织，还要计算出各种数据（风量、冷量、热量、湿量、水量）。同时还要选择洁净室必要的净化空调设备以及确定净化空调专业的投资概算等重大问题。净化空调初步设计的结果将决定洁净室净化空调设计的好坏，也将决定洁净室设计的成败。

净化空调的施工图设计阶段主要是将初步设计的结果用施工图纸的形式表现出来，以供施工和安装单位施工和安装的依据。

二、洁净室净化空调系统的特点

1. 洁净空调系统所控制的参数除了洁净室内的温度、相对湿度外，更重要的是还要控制洁净室内的洁净度和室内外压差。而且，生产工艺要求的温、湿度的精度也都比较高。

2. 净化空调系统的空气处理过程除了热、湿处理外，还要经过粗效、中效过滤器的预过滤，在终端还要有高效或超高效过滤器过滤，才能保证洁净室所需的洁净度等级。必要时洁净空调系统对新风除粗效、中效、高效过滤器过滤之外还要增加去除新风中的化学污染的化学过滤器或采用淋水室。

3. 净化空调系统的送风、回风的气流组织应有利于减少尘埃的扩散，二次污染的涡流使洁净气流不受污染，以最短的距离直接送到工作区。

4. 为了防止洁净室不受外界空气的污染，洁净室与外界应维持一定的正压差，某些特殊工艺洁净室与周围还要维持一定的负压差，以免洁净室内的有害微生物污染周围环境。

5. 净化空调系统对所采用的净化空调设备、风管和密封材料的材质根据洁净度等级的不同都有严格的要求，系统安装后都必须进行严格的清洗、擦拭、高效过滤器安装前和安装后都需检漏。

6. 净化空调系统送风量大、风压高，因此能耗大、运行费用大，建造一次性投资高。

7. 净化空调系统安装完毕后都应按规定进行调试、性能测试、性能评价后方能验收交付使用。

第五节 洁净室净化空调系统的设计步骤和工作任务

一、设计前的准备工作及应收集的有关数据和资料

1. 收集国家和地方有关洁净室建设的政策，标准，规范

(1) 洁净度等级的国家标准和国际标准 GB/T 25915.1 / ISO 14644

(2)《洁净厂房设计规范》GB 50073

(3)《电子工业洁净厂房设计规范》GB 50472

(4)《制药工业洁净厂房设计规范》GB 50457

(5)《药品生产质量管理规范》(GMP)

(6)《医院洁净手术部建筑技术规范》GB 50333

(7)《实验动物设施建筑技术规范》GB 50447

(8)《生物安全实验室建筑技术规范》GB 50346

(9)《洁净室施工及验收规范》GB 50591

(10)《洁净厂房施工及质量验收规范》GB 51110

(11)《供暖通风与空气调节设计规范》GB 50019

(12)《通风与空调工程施工质量验收规范》GB 50243

(13)《建筑设计防火规范》GB 50016

(14)《高层民用建筑设计防火规范》GB 50045 等。

2. 该项目的“可行性研究报告”以及上级主管部门对报告的批复意见；该项目的“设计任务书”和建设方对该项目建造的有关要求、意见和建议。

3. 该项目建厂地区的气象资料、水文地质资料和周围大气污染的环境状况。

4. 洁净室内生产工艺对净化空调的要求和必须收集的生产工艺的技术条件和有关数据、资料：

(1) 洁净厂房内的生产工艺设备平面布置图和设备清单，以及工艺对吊顶高度的要求。

(2) 工艺对洁净室内的洁净度、温度和相对湿度及其允许波动范围、正压、振动、噪声、照度、静电、屏蔽等要求，越具体越好。

(3) 洁净室内生产工艺设备的产热量、产湿量、产尘量。各设备的安装功率、效率、热转化系数和同时使用系数等。

(4) 洁净室内生产工艺设备的局部排风量、排放气体的性质、成分、浓度。

(5) 洁净室内生产运行的班次、运行规律、生产的最大班人数。

5. 洁净厂房的建筑和结构的情况和有关的数据

(1) 洁净室建筑的平面布置图、立面图、剖面图。各房间的分割、面积、名称、层高。

(2) 洁净室围护结构（墙、地、顶、门、窗等）的建筑材料以及其热工性能。

(3) 建筑结构状况，结构的承载能力，尤其是旧建筑的改造项目结构的安全十分重要。

6. 全厂冷源、热源、电源的情况及供应

(1) 冷热源的性质、参数和供应量。有无加湿用的蒸汽等。

(2) 电源的性质、参数和供应量。

7. 地方消防、环保部门对该项目建设的要求和意见。

8. 其他相关专业（给水排水、气体动力、建筑结构、强电弱电等）的要求和意见。

9. 设计中将选用的设备、配件、材料等的性能资料、样本和价格。

二、工艺平面和建筑平面的规划

工艺平面一般由工艺技术人员根据工艺流程和工艺设备以及工艺生产的需要进行合理规划。

工艺平面规划后在满足工艺平面规划的前提下，布置换鞋、更衣、吹淋、厕所等人流辅助生活用房、物流吹淋辅助用房和走廊参观以及消防疏散等通道，最大限度地保证生产工艺的流程短捷和火灾时人员的安全疏散。

三、净化空调系统和排风系统的划分原则

根据建筑专业提供的建筑平面图，工艺专业提供的工艺设备平面图和工艺对各洁净室的洁净度，温、湿度等环境的要求，即可进行净化空调系统的划分工作。

(一) 净化空调系统的划分原则

1. 洁净度，温、湿度及其精度相同或相近的洁净房间宜划为一个净化空调系统。便于洁净度和温、湿度的控制。

2. 距离较近的洁净房间宜划为一个系统，可减少系统管道的长度和管道交叉。

3. 有条件时可将4级、5级单向流和6级、7级、8级非单向流组成混合流净化空调系统。

4. 洁净室不宜与一般空调房间合为一个系统。

5. 使用规律和使用时间不相同的洁净室不宜合为一个净化空调系统。

6. 产尘量大、发热量大、有害物多、噪声大的房间宜单独设计为一个系统。

7. 混合后会产生剧毒、引起火灾和爆炸的房间不应合为一个净化空调系统。

8. 有剧毒和易燃易爆的甲、乙类房间应单独设系统，而且应为不回风的直流系统。

9. 一个净化空调系统不宜过大。一般情况下，净化送风量不宜超过100000m^3/h，否则空气处理设备过大、噪声大、送回风管道大、占空间和面积大，使用也不灵活。

10. 净化空调系统划分时还应考虑到送风管、回风管、排风管以及水，电，气等管线

的布置，尽量做到合理、短捷、使用管理方便，尽量减少交叉和重叠。

11. 净化空调系统新风的热湿和净化处理可集中也可分散设置。

(二) 工艺设备局部排风系统的划分原则

1. 工艺设备的局部排风系统不宜过大，每个排风系统的排风点数不宜过多，这样排风管理调节方便，排风效果好。

2. 一个排风系统不宜跨在两个或两个以上的净化空调系统。

3. 混合后产生剧毒、爆炸、火灾、凝水、结晶和有害物的排风不应合为一个排风系统。

4. 使用规律不同房间和设备的排风不应合为一个排风系统。

四、净化空调系统的设计计算

(一) 洁净室的热负荷计算（热平衡计算）

洁净室的热负荷包括下列各项：

1. 围护结构的传热负荷计算

对于洁净室来说，一般没有直接对室外的外墙和外窗，其围护结构的传热负荷占的比例非常小，可以用稳定传热计算。其计算方法，可参阅本空调手册围护结构的传热负荷计算的有关章节。

2. 室内人员的热负荷计算

洁净室内人员的热负荷有人员产生的显热和潜热，人员产生的全热等于显热与潜热之和。可参阅本空调手册室内人员的热负荷计算的有关章节。

3. 室内的照明负荷计算

洁净室内照明负荷的大小，取决于生产对室内照明照度的大小。可参阅本空调手册室内照明负荷计算的有关章节。

4. 室内设备的产热负荷计算

(1) 电热设备热负荷 $Q_{设热}=n_1n_3n_4N$ (kW) (9-5-1)

(2) 电动设备热负荷 $Q_{设动}=n_1n_2n_3N/\eta$ (kW) (9-5-2)

(3) 电子设备热负荷 $Q_{设电}=n_1n_2n_3N$ (kW) (9-5-3)

式中 N——设备的功率；

n_1——安装系数（$n_1=0.7\sim0.9$）；

n_2——负荷系数（$n_2=0.3\sim0.7$）；

n_3——同时使用系数；

n_4——通风保温系数。

如果系统采用 FFU 送风，FFU 的产热也应作为室内热负荷的一部分。

5. 洁净室总的热负荷计算

总显热负荷 $Q_{显}=\sum Q_{传}+Q_{人显}+Q_{灯}+Q_{设}+Q_{FFU}$ (9-5-4)

总全热负荷 $Q_{全}=\sum Q_{全}+Q_{人全}+Q_{灯}+Q_{设}+Q_{FFU}$ (9-5-5)

(二) 洁净室的湿负荷计算（湿平衡计算）

洁净室的湿负荷包括下列各项：

1. 室内人员产湿计算

$$W_{人}=n \cdot w_{人}(\mathrm{kg/h}) \tag{9-5-6}$$

式中 $w_{人}$—— 每个人的湿负荷（kg/h·人）

2. 室内设备的产湿计算

$$W_{设}=F \cdot w_{设}(\mathrm{kg/h}) \tag{9-5-7}$$

式中 F——产湿设备的水蒸发面积（m^2）；

$w_{设}$——产湿设备单位面积的水蒸发量（$kg/m^2 \cdot h$）。

3. 洁净室总的湿负荷计算

$$W=W_{人}+W_{设} \tag{9-5-8}$$

(三) 洁净室的风量计算（风平衡计算）

1. 洁净室的送风量的计算

洁净室的送风量不仅仅能消除洁净室的总的余热，余湿以保证洁净室的温度和相对湿度；而且，洁净室的送风量还应能消除室内产生的灰尘等粒子的污染，以保证洁净室的洁净度等级。因此，洁净室的送风量应为消除余热的送风量，消除余湿的送风量和消除粒子污染的净化送风量三者之间最大的送风量为该洁净室的送风量。

(1) 消除洁净室内余热的送风量计算：

$$L_{热}=Q_{显}/c \cdot \rho \cdot \Delta t=Q_{全}/\rho \cdot \Delta h\ (\mathrm{m^3/h}) \tag{9-5-9}$$

式中 $Q_{显}$，$Q_{全}$——分别为洁净室的显热和全热负荷（kW）；

c——空气的比热（1.01kJ/kg·℃）；

ρ——空气的密度（1.2kg/m^3）；

Δt——洁净室的送风温差（℃）；

Δh——洁净室的送风焓差（kJ/kg）。

(2) 消除洁净室内余湿的送风量计算：

$$L_{湿}=1000W/\rho\Delta d\ (\mathrm{m^3/h}) \tag{9-5-10}$$

式中 W——洁净室的湿负荷（g/h）；

ρ——空气的密度（1.2 kg/ m^3）；

Δd——送风的绝对含湿量差（g/kg）。

(3) 保证室内洁净度的净化送风量计算：

在一般情况下，由于室内产尘量 G 很难准确，因此，在工程中都不用上述公式计算送风量。而采用断面风速法（单向流洁净室）和换气次数法（非单向流洁净室）进行净化送风量的计算。

1）洁净室的气流流型和送风量可根据洁净度等级的要求查表 9-5-1，进行计算。

洁净室的气流流型和送风量（静态） **表 9-5-1**

空气洁净度等级	气流流型	平均风速(m/s)	换气次数(次/h)
1～4	单向流	0.3～0.5	/
5	单向流	0.2～0.5	/
6	非单向流	/	50～60
7	非单向流	/	15～25
8～9	非单向流	/	10～15

注：① 表中换气次数适应于层高小于 4.0m 的洁净室。

② 室内人员少、热源少时，宜采用下限值。

2）非单向流洁净室的送风量还可根据洁净度等级的要求用公式进行计算。

已知洁净度等级计算换气次数

$$n=\psi\frac{60G\times10^{3}}{N-N_{\mathrm{s}}}=\psi n_{0}(次/h) \tag{9-5-11}$$

n——按不均匀分布理论计算的换气次数（次/h）；

n_0——按均匀分布理论计算的换气次数（次/h），n_0可查图 9-5-1；

G——洁净室内单位容积产尘量［粒/(m^3·min)］；

ψ——不均匀分布系数，查表 9-5-2；

N_s——送风的粒子浓度（粒/L）；

N——设计洁净度等级的粒子浓度（按其上限的 1/2～1/3 计算）（粒/L）。

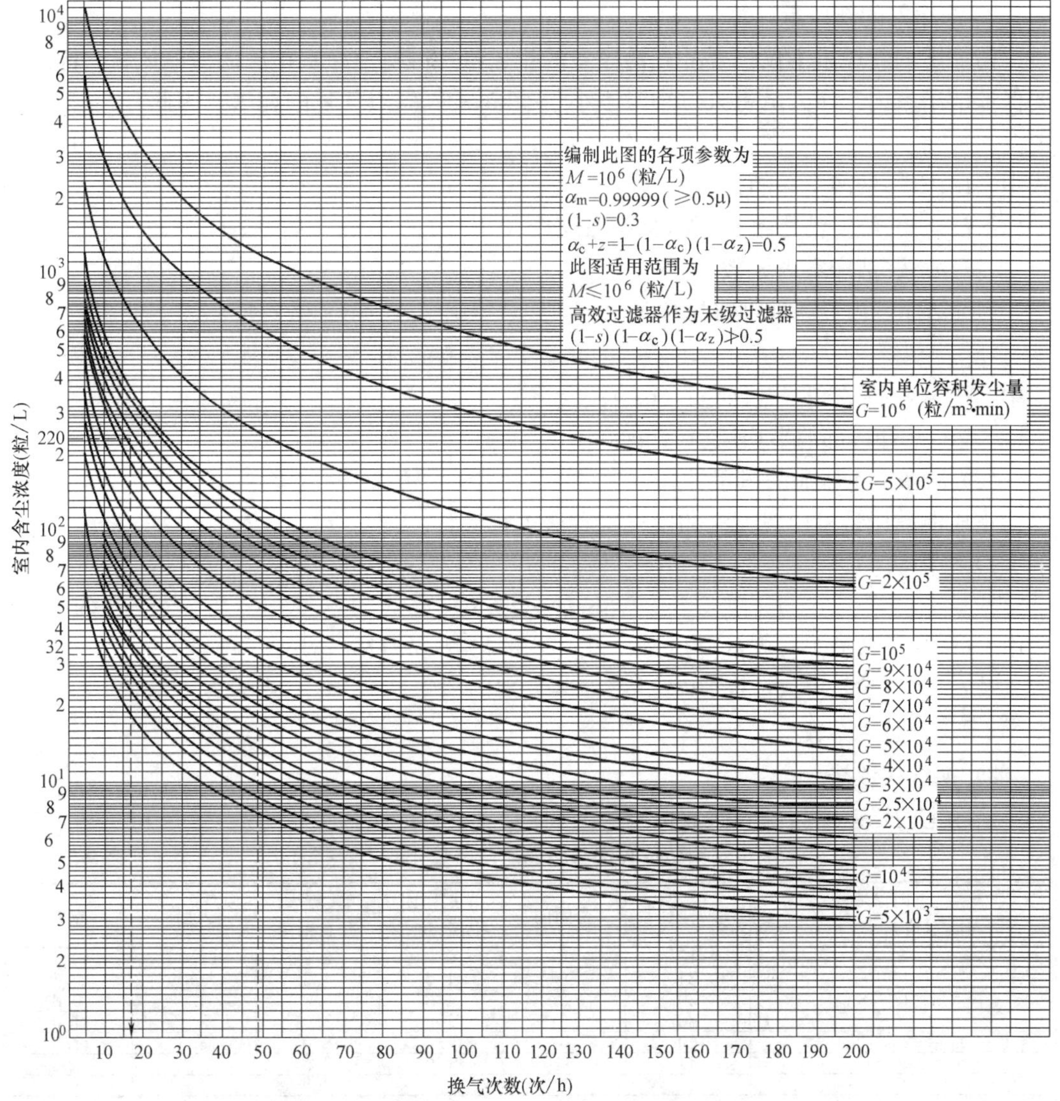

图 9-5-1　净化空调系统室内含尘浓度和换气次数图

不均匀分布系数 ψ **表 9-5-2**

换气次数(次/h)	10	20	40	60	80	100	120	140	160	180	200
不均匀分布系数	1.45	1.22	1.16	1.06	0.99	0.65	0.65	0.51	0.51	0.43	0.43

均匀分布理论计算的换气次数与室内含尘浓度的关系，可查图 9-5-1。

3）单向流洁净室的送风量可根据洁净度等级的要求用公式进行计算。

$$n=3600\times u\times F/V\ (\text{次/h}) \tag{9-5-12}$$

式中 n——按不均匀分布理论计算的换气次数（次/h）；

u——单向流洁净室的断面风速（m/s），1 级～4 级 u 可取 0.3m/s～0.5m/s，5 级 u 可取 0.2m/s～0.5m/s；

F——垂直于送风气流的房间断面面积（m^2）；

V——房间的体积（m^3）。

2. 洁净室的新风量计算

洁净室的新风量不仅仅要补充洁净室的排风量和维持洁净室正压的泄漏风量，同时还要保证洁净室内工作人员每人每小时不小于 40m^3 的新鲜空气量的要求。因此

$$L_{新}=L_{排}+L_{正}\geqslant n\cdot 40\ (m^3/h) \tag{9-5-13}$$

式中 $L_{排}$——洁净室总的排风量（m^3/h）；

$L_{正}$——维持洁净室正压的总泄漏风量（m^3/h）；

n——洁净室内人数。

（1）洁净室内设备局部排风量计算

$$L_{排}=3600\times F\times V\ (m^3/h) \tag{9-5-14}$$

式中 F——排风罩的开口面积（m^2）；

V——开口部的平均风速（m/s）。

（2）洁净室正压泄漏风量计算：

正压泄漏风量可用缝隙法和换气次数法进行计算：

1）缝隙法

$$L_{正}=\alpha\sum q\cdot l \tag{9-5-15}$$

式中 q——单位缝隙长度的漏风量，可查表 9-5-3［$m^3/(h\cdot m)$］；

l——缝隙长度（m）；

α——漏风系数。

2）换气次数法

洁净室的压差值与换气次数可查表 9-5-4 得到。

围护结构单位长度缝隙的渗漏风量［$m^3/(h\cdot m)$］ **表 9-5-3**

门窗形式 / 压差(Pa)	非密闭门	密闭门	单层密闭固定钢窗	单层密闭开启钢窗	传递窗	壁板
5	17	4	0.7	3.5	2.0	0.3
10	24	6	1.0	4.5	3.0	0.6
15	30	8	1.3	6.0	4.0	0.8
20	36	9	1.5	7.0	5.0	1.0
25	40	10	1.7	8.0	5.5	1.2
30	44	11	1.9	8.5	6.0	1.4
35	48	12	2.1	9.0	7.0	1.5
40	52	13	2.3	10.0	7.5	1.7
45	55	15	2.5	10.5	8.0	1.9
50	60	16	2.6	11.0	9.0	2.0

洁净室的压差值与房间换气次数表（次/h）　　　　表 9-5-4

压差(Pa)	有外窗密封较差	有外窗密封较好	无外窗土建式
5	0.9	0.7	0.6
10	1.5	1.2	1.0
15	2.2	1.8	1.5
20	3.0	2.5	2.1
25	3.6	3.0	2.5
30	4.0	3.3	2.7
35	4.5	3.8	3.0
40	5.0	4.2	3.2
45	5.7	4.7	3.4
50	6.5	5.3	3.6

(3) 洁净室正压的控制

洁净室正压的建立和维持是保证洁净室洁净度等级的一项重要措施，洁净室的正压是由净化空调系统的新风量来保证的。也就是通过洁净室的净化送风量要大于洁净室的回风量来实现的。维持洁净室正压的风量与洁净室装修围护结构的密封程度有很大的关系。

实测表明维持洁净室 5Pa 的正压，在正常情况下其正压的风量一般为 1～2 次/h 换气。维持洁净室 10Pa 的正压，在正常情况下其正压的风量一般为 2～4 次/h 换气。

洁净室正压的控制通常用的方法有机械法和自动控制法

所谓机械法就是在洁净室墙面上的适当位置安装余压阀，通过调节余压阀的阀块来保证洁净室与周围环境一定的正压。

正压的自动控制法就是在保证净化送风量一定的条件下，根据压差探头的要求来自动调节回风量或排风量的大小，来保证洁净室与周围环境一定的正压。

(四) 净化空调系统的水力计算（水力平衡计算）

净化空调系统的水力计算包括水系统和风系统的水力计算两大部分。水系统（冷冻水和冷却水系统）的水力计算，其目的是为了进行水系统的阻力平衡（减少失调）选择管径和水泵；风系统（送风系统、回风系统、新风系统、排风系统）的水力计算主要目的是为了确定风管的管径（尺寸）和选择风机（送风机、排风机）。

系统的水力计算其实就是系统的阻力计算。

系统的总阻力　$$H_{总}=\Sigma\Delta P_{m}+\Sigma Z\quad(\text{Pa})\tag{9-5-16}$$

式中　ΔP_{m}——各管段的摩擦阻力（Pa）；

Z——各部件的局部阻力（Pa）。

1. 摩擦阻力

$$\Delta P_{m}=\frac{\lambda}{D}\times\frac{v^{2}\rho}{2}\times L\ (\text{Pa})\tag{9-5-17}$$

式中　λ——摩擦阻力系数；

D——管道的“直径”（m）：

圆形管道 D 即是圆的直径；

矩形管道 D 为当量直径

$$D=\frac{2ab}{a+b}$$

a 和 b 均为矩形的边长（m）；

v——流体在管道中的平均流速（m/s）；

ρ——流体的密度（kg/m^3）；

L——管道的长度（m）。

2. 局部阻力

$$Z=\xi\frac{v^2\rho}{2}(\text{Pa}) \tag{9-5-18}$$

式中 ξ—— 空调净化系统中配件的局部阻力系数。

（五）净化空调系统的热湿比计算

系统的热湿比 ε

$$\varepsilon=\frac{\sum Q_{全}}{\sum W_{全}} \tag{9-5-19}$$

式中 $\sum Q_{全}$——净化空调系统的总全热负荷；

$\sum W_{全}$——净化空调系统的总全湿负荷。

系统最终的送风点应落在热湿比线上。

五、净化空调系统空气处理过程的选择和优化

（一）以下四个空气处理方案是空调送风和净化送风的合一方案，其净化空调机组（空气处理机组 AHU）集中设置在空调机房内，全部的净化空调送风均在净化空调机组内进行净化和热、湿处理，然后由庞大的送风管道将全部的送风输送到洁净室的吊顶上部，再经过设在洁净室吊顶上的终端高效过滤器或高效过滤器送风口过滤后送到洁净室内，来实现洁净室工艺生产所需要的温度、湿度、洁净度和房间的压差，洁净室的回风经回风口、回风管再接回到空调机房的净化空调机组内与新风混合后重复进行净化和热、湿处理。此方案又可分为全新风送风方案（直流系统）；一次回风方案；一、二次回风方案和新风机组（MAU）加风机过滤器机组（FFU）方案等四种不同的净化空调送风型式。

这种送风方案是当前洁净室特别是非单向流洁净室应用最广泛的净化空调送风方案。这种送风方案的系统划分明确，风量和温、湿度控制调节都单一。但是洁净度级别较高、送风量较大时，存在着空调机房占面积大，送、回风管体积大，占面积和占空间大，送、回风管道长，送风机的余压高，噪声大，风量输送耗电量大等问题。因此，这种送风方案较适用在低级别的非单向流洁净室的送风，对 5 级以上的单向流洁净室送风就不太经济合理了。

1. AHU 全新风的净化空调空气处理方案（直流系统）

全新风净化空调送风方案是用于特殊的不允许回风的洁净室的送风方案。如：洁净室内工艺生产类别为甲、乙类火灾危险等级或工艺过程产生有剧毒等有害物不允许回风的洁净送风系统中。其空气处理方案的原理图、焓湿图和空气处理过程见图 9-5-2。

2. AHU 一次回风的净化空调空气处理方案

一次回风的送风方案多用在洁净室内的发热量或产湿量很大，消除室内余热或余湿的送风量大于、等于或近于净化送风量的低洁净度等级非单向流洁净室中。其空气处理方案的原理图、焓湿图和空气处理过程见图 9-5-3。

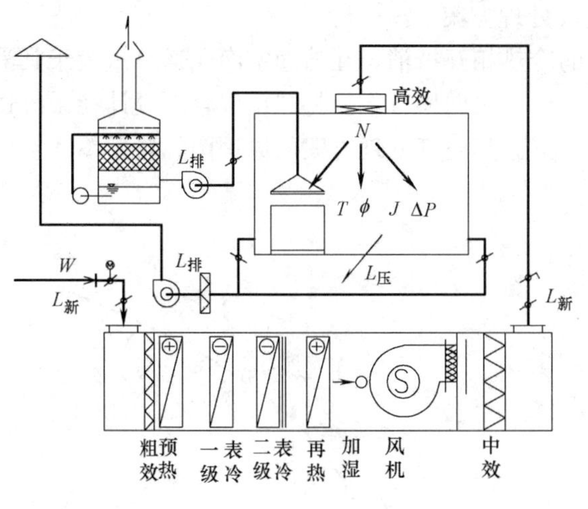

示意图

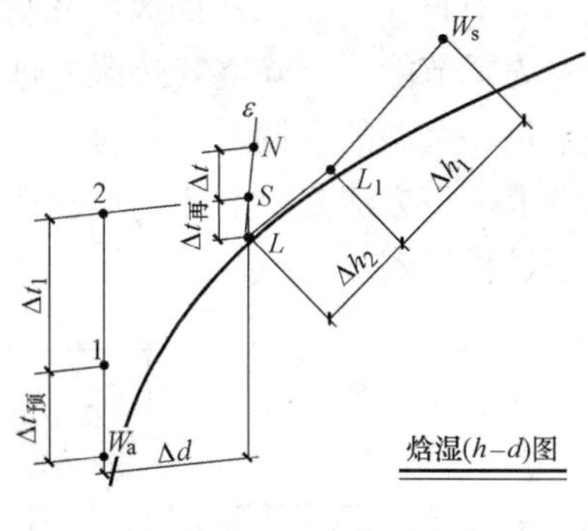

夏季 $W_s \rightarrow L_1 \rightarrow L \rightarrow S \rightarrow N$

冬季 $W_d \rightarrow 1 \rightarrow 2 \rightarrow S \rightarrow N$

冷量，热量，加湿量计算

夏季：冷量$Q=L_{新}\times\rho\times(\Delta h_1+\Delta h_2)$(kW)

再热量$Q_{再}=L_{新}\times C\times\rho\times\Delta t_{再}$(kW)

冬季：预热量$Q_{预}=L_{新}\times C\times\rho\times\Delta t_{预}$(kW)

加热量$Q_R=L_{新}\times C\times\rho\times\Delta t_1$(kW)

加湿量$W=\dfrac{L_{新}\times\rho\times\Delta d}{1000}$(kg/h)

式中：$L_{新}$— 新风量(m^3/h)

ρ — 空气密度(1.2kg/m^3)

C — 空气比热(1.01kJ/kg)

Δh_1— 一级表冷焓差 (kJ/kg)

Δh_2— 二级表冷焓差 (kJ/kg)

$\Delta t_{再}$— 再热温差 (°C)

$\Delta t_{预}$ — 预热温差(°C)

Δt_1— 加热温差(°C)

Δd— 含湿量差(g/kg)

Δt — 送风温差(°C)

图 9-5-2 空调机组（AHU）全新风空气处理方案示意图及焓湿图

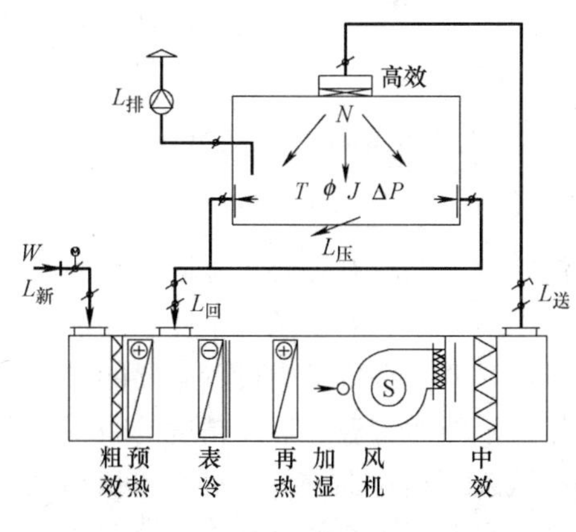

示意图

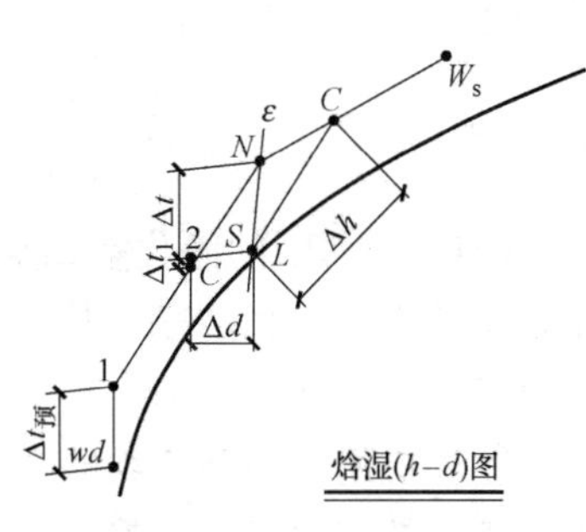

夏季 W_s, N > $C \rightarrow L \rightarrow S \rightarrow N$

冬季 $W_d \rightarrow 1$, N > $C \rightarrow 2 \rightarrow S \rightarrow N$

冷量，热量，加湿量计算

夏季：冷量$Q=L_{送}\times\rho\times\Delta h$(kW)

冬季：预热量$Q_{预}=L_{新}\times C\times\rho\times\Delta t_{预}$(kW)

加热量$Q_R=L_{送}\times C\times\rho\times\Delta t_1$(kW)

加湿量$W=\dfrac{L_{送}\times\rho\times\Delta d}{1000}$(kg/h)

式中：$L_{送}$— 送风量(m^3/h)

$L_{新}$— 新风量(m^3/h)

ρ — 空气密度(1.2kg/m^3)

C — 空气比热(1.01kJ/kg)

Δh— 表冷焓差(kJ/kg)

$\Delta t_{预}$ — 预热温差(°C)

Δt_1— 加热温差(°C)

Δd— 含湿量差(g/kg)

Δt — 送风温差(°C)

图 9-5-3 空调机组（AHU）一次回风空气处理方案示意图及焓湿图

3. AHU 一、二次回风的净化空调空气处理方案

为了节能、消除空气热湿处理过程中的冷热相互抵消，在洁净室净化送风量大于其消除余热、余湿的空调送风量时，最好采用一、二次回风方案，将二次混合点设计在系统送风点上，该方法是最节能、最经济的送风方案。其空气处理方案的原理图、焓湿图和空气处理过程见图 9-5-4。

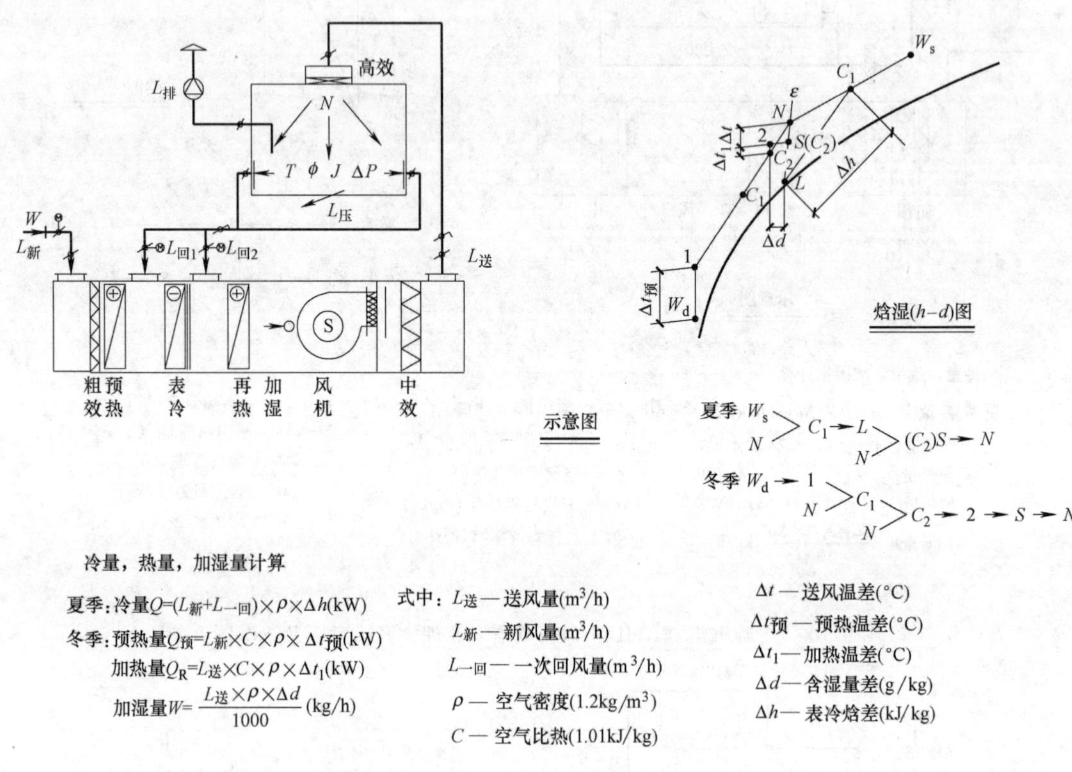

图 9-5-4 空调机组（AHU）一、二次回风空气处理方案示意图及焓湿图

4. MAU＋RAU 的净化空调空气处理方案

此方案多用于多个洁净室其使用规律不同或洁净度，温、湿度要求不同，室内的产热量和产湿量也不尽相近，为了确保每个洁净室的洁净度，温、湿度及其精度的要求，就要设置多个循环机组，循环机组的送风量是净化送风量，并且在机组内设置必要的热、湿处理设备，用来补充新风机组热、湿处理的不足和保证该洁净室温、湿度精度的微调节。由于循环机组设在洁净室的吊顶上面，循环机组的送风余压相对都较小，机组体积和机组噪声、振动也较小，送回风管也比较短小；但是，要注意循环机组的凝结水排放问题，往往这种方案的问题都出在凝结水排放的处理上。此方案的新风机组设在空调机房内，这些洁净室所需的新风全部由新风机组（MAU）进行净化和热湿的集中处理。然后分配到每一个循环机组内与其回风混合。新风机组的新风量不仅仅要补充各洁净室的排风还要保证每个洁净室的正压。新风机组的热湿处理最好达到某洁净室空气的机械露点上，如果新风热湿处理点低于洁净室的机械露点，做到新风不仅承担新风本身的湿负荷，而且还将洁净室的湿负荷也消除掉，此时循环机组内的表冷器可为干式表冷器。

其空气处理方案的原理图、焓湿图和空气处理过程见图 9-5-5。

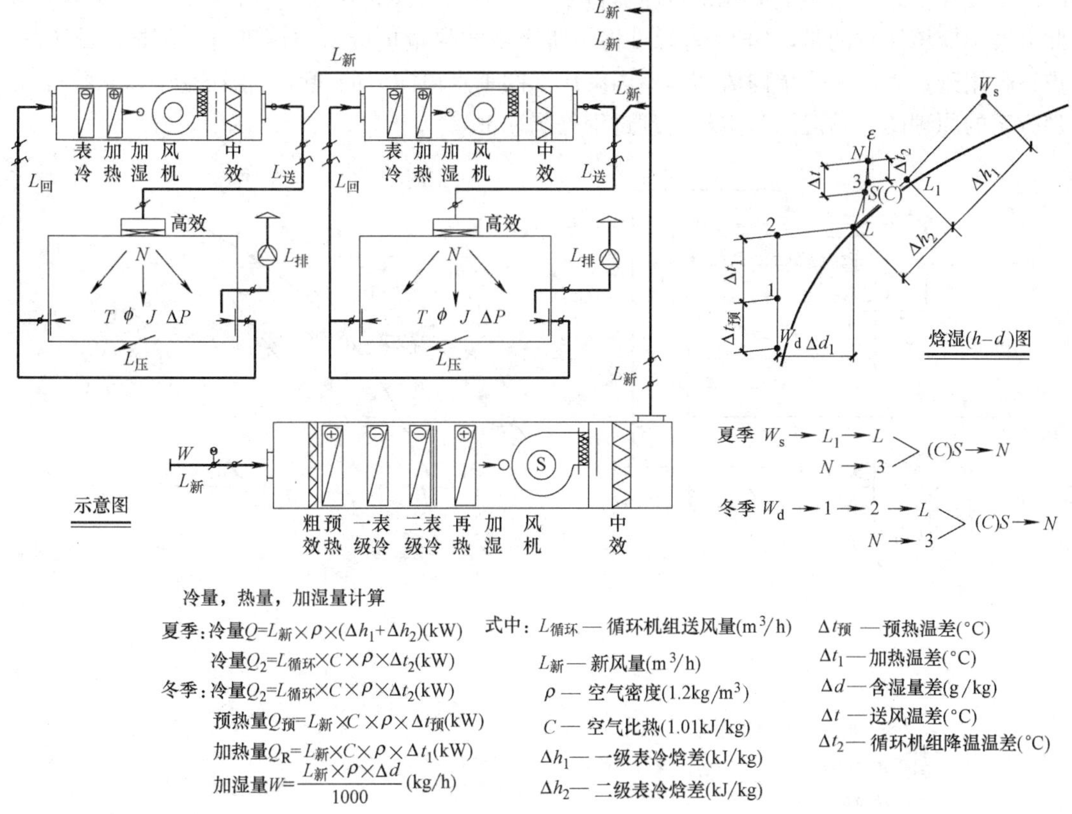

图 9-5-5 MAU 加 RAU 空气处理方案示意图及焓湿图

（二）以下三个空气处理方案是净化送风和空调送风分离的方案，空调送风解决洁净室的温、湿度，净化送风来保证洁净室的洁净度。

为了大大地节省运行时的能耗，将消除洁净室内余热、余湿的空调送风量（通常大大地小于洁净室的净化送风量），由设在空调机房内的新风机组（MAU）进行必要的净化和热湿处理，而将占总送风量50%～90%的保证洁净室洁净度的净化送风量由设在洁净室附近的循环机组进行净化和补充的热、湿处理，或直接采用吊顶上的FFU（风机过滤器机组）和干盘管来解决洁净室的洁净度等级和温度的微调节。此种净化送风与空调送风相分离的送风方案，不仅可节省运行的能耗，而且大大地减少了空调机房面积，省掉了庞大的送、回风管道，降低了洁净室的空间高度。此种净化空调送风方案又可分为：空调机组（AHU）加风机过滤器机组（FFU）方案，新风机组（MAU）加循环机组（RAU）加（FFU）方案；新风机组（MAU）加风机过滤器机组（FFU）加干冷盘管（DC）方案等三种送风方案。

1. 空调机组AHU（MAU）加风机过滤器机组（FFU）的净化空调空气处理方案

此方案中净化空调系统的全部热、湿负荷（洁净室内产生的热、湿负荷及新风的热、湿负荷）全部由设在空调机房内的空调机组来负担。此时，空调机组的送风量是消除本系统余热、余湿的空调送风量（其中包括全部新风和部分回风，但远远小于保证洁净室洁净度等级的净化送风量），它应能确保洁净室内的温度和相对湿度的恒定。而该洁净室的洁净度由设在洁净室吊顶上的风机过滤器机组（FFU）将净化送风量就地循环过滤来保证。此方案中应该注意的是，FFU 运行过程中所产生的热量也应由空调机组来承担。此方案更适合用于在大面积非单向流洁净室内有局部的垂直单向流的混合流洁净室中。其空气处理方案的原理图、焓湿图和空气处理过程见图 9-5-6。

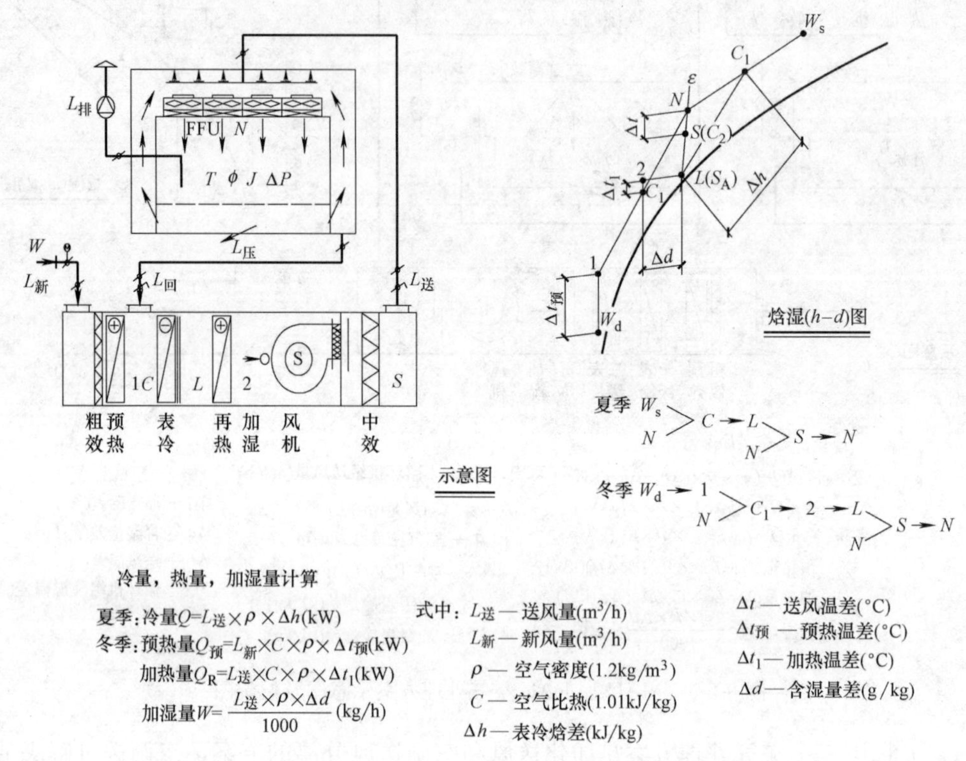

图 9-5-6　AHU 加 FFU 空气处理方案示意图及焓湿图

2. 新风机组（MAU）加循环机组（RAU）加风机过滤器单元（FFU）净化空调空气处理方案

此方案多用于多个洁净室其使用规律不同或洁净度，温、湿度要求不同，室内的产热量和产湿量也不尽相近，为了确保每个洁净室的洁净度，温、湿度及其精度的要求，就要设置多个循环机组，循环机组的送风量是净化送风量，并且在机组内设置必要的热、湿处理设备，用来补充新风机组热、湿处理的不足和保证该洁净室温、湿度精度的微调节。由于循环机组设在洁净室的吊顶上面，循环机组的送风余压相对都较小，机组体积和机组噪声、振动也较小，送回风管也比较短小；但是，要注意循环机组的凝结水排放问题，往往这种方案的问题都出在凝结水排放的处理上。此方案的新风机组设在空调机房内，这些洁净室所需的新风全部由新风机组（MAU）进行净化和热湿的集中处理。然后分配到每一个循环机组内与其回风混合。新风机组的新风量不仅仅要补充各洁净室的排风还要保证每个洁净室的正压。新风机组的热湿处理最好达到某洁净室空气的机械露点上，如果新风热湿处理点低于洁净室的机械露点，做到新风不仅承担新风本身的湿负荷，而且还将洁净室的湿负荷也消除掉，此时循环机组内的表冷器可为干式表冷器。

当多个洁净室中有若干个 3 级、4 级、5 级等高净化级别的垂直单向流洁净室时，为了减少循环机组（RAU）的负担和送、回风管道的断面，此时循环机组仅解决该单向流洁净室的空调送风量，以保证洁净室的温度、相对湿度和洁净室的正压，而占 90%以上的绝大部分送风量由设在洁净室吊顶上的 FFU 来负担，以保证洁净室的高洁净度级别。其空气处理方案的原理图、焓湿图和空气处理过程见图 9-5-7。

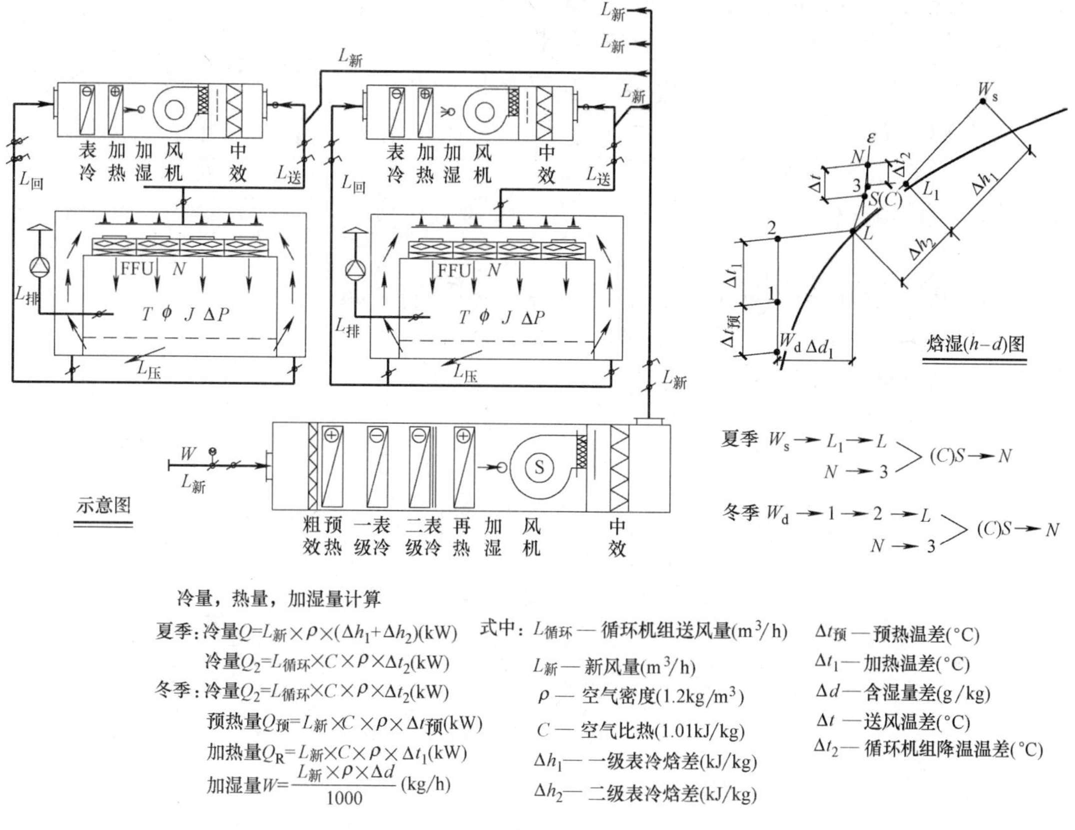

图 9-5-7　MAU 加 RAU 加 FFU 空气处理方案示意图及焓湿图

3. 新风机组（MAU）加风机过滤器机组（FFU）加干冷盘管（DC）的净化空调空气处理方案

此种送风方案广泛地应用于大面积，洁净度级别高的电子工业净化厂房的单向流、混合流以及非单向流的工程之中。尤其是在大面积的集成电路（IC）有机发光显示器（OLED）以及薄膜液晶显示器（TFT－LCD）等微电子、光电子工业的洁净厂房之中。

（1）此方案中新风机组（MAU）的作用：

1）保证洁净厂房的室内正压。

2）保证洁净厂房的相对湿度。

3）消除新风中对工艺有害的气体（NH_3、N_xO、S_xO 、VOC……）。

4）保护洁净厂房吊顶上的风机过滤器机组（FFU）延长其寿命，使之成为永久性顶棚。

往往新风机组多采取两级加热（预热和再热）、两级表冷（一级表冷和二级表冷）、淋水、加湿（电蒸汽加湿器），有时根据需要还需设三级过滤（粗效、中效、高效过滤）。必要时还需设置或预留化学过滤器段。

其中

5）五级过滤保护 FFU 中的高效（超高效）过滤器以延长其寿命。

6）两级表冷去湿是为了保证洁净厂房内相对湿度。

7）加热、淋水、加湿是为了保证洁净厂房内相对湿度。

8）淋水和化学过滤器是为了消除有害气体。

9）其风机全压一般大于 1500Pa，余压应大于 500Pa。

10）漏风率<1%。

11）必要时还设有备用机组。

12）空调箱壁板 $\delta \geqslant$50mm 要夹筋，有一定强度和刚度，保温性能好，防结露，防冷桥。

13）新风机组的新风量应是补充排风和维持正压的总风量。

14）其风机应采取变频措施以保证正压值。

15）新风机组功能段示意图见图 9-5-8。

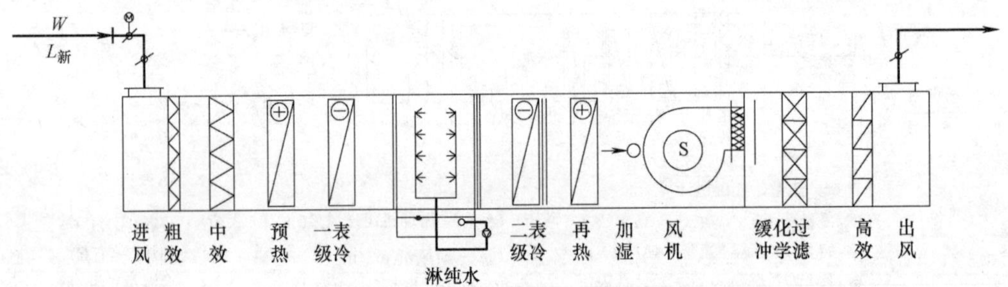

图 9-5-8 新风机组功能段示意图

（2）此方案中 FFU 的作用和选择

FFU 是自身带动力（风机）的高效过滤器（超高效过滤器）送风单元，送风机组在此送风方案中保证洁净厂房洁净度等级的关键净化设备。

此方案中 FFU 应具备如下性能：

1）具有一定的断面风速一般平均断面风速应为 0.45m/s。断面风速的均匀度为 0.45m/s 的 15%～20%。

2）在断面平均风速为 0.45m/s 时其机外余压宜≥120Pa。

3）在断面平均风速为 0.45m/s 时其噪声宜≤50dB（A）。

4）FFU 的寿命应为 50000～80000 小时。

5）为了节能和提高 FFU 的性能，其风机效率宜>70%。

6）FFU 的断面风速可逐台进行调节。

7）FFU 应安装方便，过滤器更换应较简单可行。

FFU 的标准模数大多为 1200mm×600mm 和 1200mm×1200mm，FFU 风机的电机又有交流和直流之分，一般直流的风机调速方便平稳，但价格较贵，多在高级洁净度等级的单向流洁净厂房（3 级、4 级、5 级）中采用。而交流的 FFU 价格较便宜。

（3）此方案中干盘管（DC）的作用和选择

干盘管通常设置在 FFU 回风夹道中，也有设在回风夹道的下部或上部的，干盘管采用的中温水的水温一般为 14℃～19℃，中温水可采用冷冻水（6℃～11℃）混水或换热制取。当中温水的用量较大时应单独用中温水的冷机制取。干盘管根据需要，按各洁净室（区）分区设置，干盘管是保证各洁净室（区）温度的关键换热设备。

选择干盘管时应注意：

1）干盘管宜双排，翅片间距宜≥3mm，其风阻宜＜40Pa。

2）空气通过干盘管的风速宜＜2m/s，最好为 1.6m/s。

3）通入干盘管的中温水供水温度宜高于洁净室露点温度 1℃～2℃。中温水供回水温差宜为 5℃。

4）干盘管供中温水系统，对每间洁净室应能独立控制。

5）虽然叫干盘管但在某些情况下（如起始运行等）还可能产生大量的冷凝水。为了方便凝结水的排放，干盘管应竖直或倾斜设置不可水平设置。并且还应设置凝结水滴水盘和排水系统。

（4）集中送风和分离送风的技术经济比较（见表 9-5-5）

集中送风和分离送风的技术经济比较表　　表 9-5-5

比较项目＼送风方案	集中送风系统	MAU+FFU+DC 送风方案
1. 风管系统	送回风管庞大、复杂，不仅布置困难，占吊顶上空间大，支管上风口多，不易平衡和调节	只有新风管，而且风管断面很小，占空间小，管路系统简单
2. 水管系统	空调机组在空调机房内，水路简单，维护、安装都方便，而且只有一种冷冻水系统	不仅有冷冻水系统，而且还增 加中温水系统，水路复杂布置困难，易产生凝结水
3. 空调机房	空调机组庞大、数量多、占机房面积大	只有新风机组需占机房面积、机组较小
4. 出风均匀性和稳定性	风口多、支管多、调节难，出风均匀性和稳定性差	FFU 自带风机出风速度均匀且稳定。出风速度可调节和控制
5. 温湿度控制	集中送风难以实现洁净区内各处温湿度小环境的控制	通过设在不同洁净区内的干盘管进行区域控制，可实现小环境的调节控制
6. 密封性	集中送风的静压箱为正压箱，泄漏会影响洁净室的洁净度。因此对吊顶的密封要求极高	送风静压箱相对洁净区是负压箱，有利于密封，能保证洁净区的洁净度
7. 灵活性	不灵活，难以适应工艺生产变更和更新换代	根据生产工艺的需要，通过增减 FFU 的数量和高效过滤器的品质，可灵活改变洁净区的洁净度
8. 故障率	空调净化设备少，故障率小，但万一出问题，影响面大	设备多，故障率大，但个别 FFU 出现故障不会影响整体洁净度
9. 消声减振	可采取有效的消声和减振措施，以满足工艺要求	大量 FFU 在吊顶上，又无法采取有效的消声减振措施，因此有噪声和微振的影响
10. 维护管理	设备少，在机房维护管理方便	设备多又在吊顶上，维护管理困难
11. 施工	施工复杂，工期长	施工简便，工期较短
12. 能耗	空气循环路径长，能耗大	空气就地循环能耗低，中温水如单独制取，能效比高

此方案是新风机组将新风处理到洁净室热湿比 ε 线与相对湿度 95%线交点以下，新

风机组不仅将本身的湿负荷去掉，而且还负担洁净室内产生的湿负荷，新风机组要确保洁净室所需要的相对湿度。而新风机组热处理不足部分的干冷负荷将由设在洁净室吊顶上（或夹道内）的干表冷器来补充。因干表冷器是设在 FFU 循环空气通过的吊顶上或夹道内，因此，干表冷所弥补的干冷负荷被循环空气带到洁净室内。

由新风机组处理过的新风用管道以最能与 FFU 循环空气均匀混合的方式送到洁净室的送风静压箱内。

此方案中，洁净室的相对湿度由新风机组（MAU）来保证，洁净室的温度由干冷盘管来保证，洁净室的洁净度由 FFU 来保证。

这种 MAU 加 FFU 加 DC 的净化空调送风方案，目前在国内外的微电子（集成电路）工业、光电子（TFT－LCD、LCD、OLED 等）工业等大面积、高洁净度等级的洁净厂房中得以广泛应用，它具有调节方便，节能显著，适应工艺的更新换代，又大大地节省了非生产面积和非生产空间的优点。而且，随着洁净技术和洁净设备的不断发展和进步，FFU 风机的效率不断提高，耗电量不断降低，整体价格不断下降，其初投资也与其他类型的送风方案基本持平，但运行费却大大节省。

其空气处理方案的原理图、焓湿图和空气处理过程见图 9-5-9。

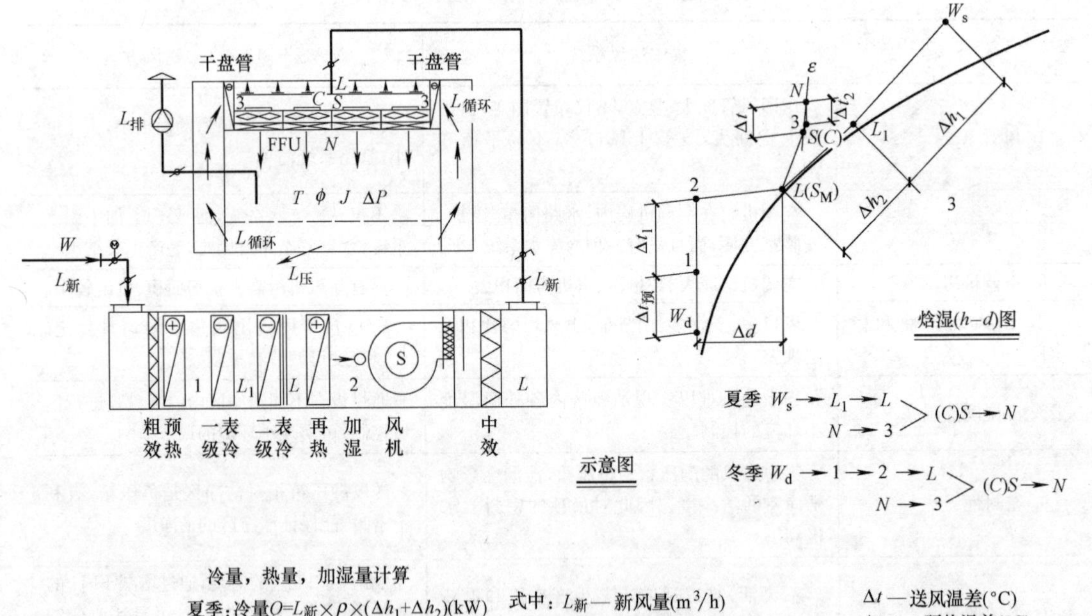

冷量，热量，加湿量计算

夏季：冷量 $Q = L_{新} \times \rho \times (\Delta h_1 + \Delta h_2)$ (kW)

冷量 $Q_2 = L_{循环} \times C \times \rho \times \Delta t_2$ (kW)

冬季：冷量 $Q_2 = L_{循环} \times C \times \rho \times \Delta t_2$ (kW)

预热量 $Q_{预} = L_{新} \times C \times \rho \times \Delta t_{预}$ (kW)

加热量 $Q_R = L_{新} \times C \times \rho \times \Delta t_1$ (kW)

加湿量 $W = \dfrac{L_{新} \times \rho \times \Delta d}{1000}$ (kg/h)

式中：$L_{新}$ — 新风量(m^3/h)

$L_{循环}$ — FFU的循环风量(m^3/h)

ρ — 空气密度(1.2kg/m^3)

C — 空气比热(1.01kJ/kg)

Δh_1 — 一级表冷焓差(kJ/kg)

Δh_2 — 二级表冷焓差(kJ/kg)

Δt — 送风温差(°C)

$\Delta t_{预}$ — 预热温差(°C)

Δt_1 — 加热温差(°C)

Δd — 含湿量差(g/kg)

Δt_2 — 干盘管的降温温差(°C)

图 9-5-9　MAU 加 FFU 加 DC 空气处理方案示意图及焓湿图

(三) 典型净化空调系统的自动控制

1. 空调机组（AHU）一、二次回风系统的自动控制原理图见图 9-5-10。

2. MAU＋FFU＋DC 系统的自动控制原理图见图 9-5-11。

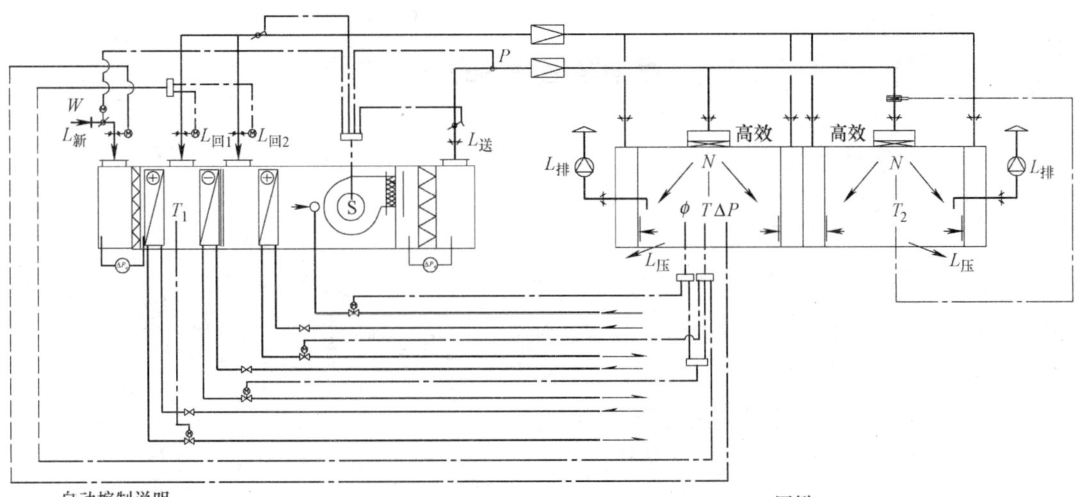

自动控制说明

1. ⒶⓅ 为空气过滤器的压差显示。
2. 新风密闭阀，送，回风防火阀与风机连锁。
3. 送风管上的压力Ⓟ控制风机的变频。
4. 房间温度Ⓣ控制表冷器降温，一，二次回风的比例和加热器加热量。
5. 房间湿度Ⓘ控制表冷器去湿和加湿器加湿，湿度控制优先。
6. 房间压差ⒶⓅ控制新风管上的电动阀
7. 房间温度T_2控制电加热器升温。
8. 一级表冷后的温度T_1控制一级表冷降温。
9. 先开送风，后开排风；先关排风，后关送风。
10. 有报警，显示和打印的功能。

图例：

T 温度探头	手动调节阀
ϕ 相对湿度探头	电动调节阀
ΔP压差探头	电动密闭阀
P 压力探头	防火阀
消声器	电动二通阀
压差显示器	手动蝶阀

图 9-5-10

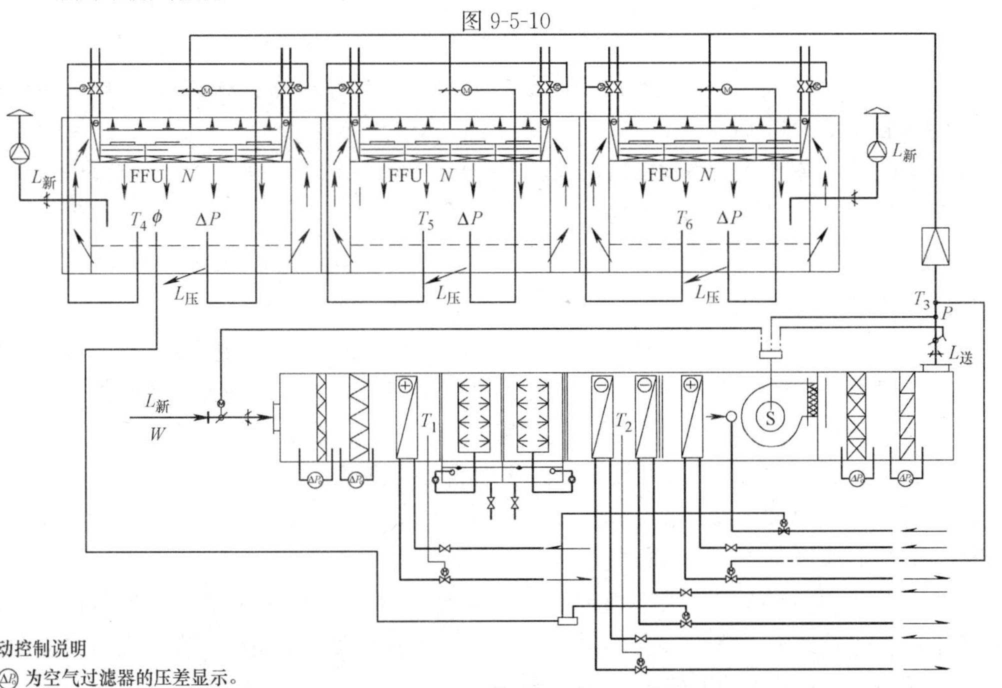

自动控制说明

1. ⒶⓅ 为空气过滤器的压差显示。
2. 新风密闭阀和新风送风防火阀与风机连锁。
3. 新风送风管上的压力Ⓟ控制风机的变频。
4. 房间温度T_4 T_5 T_6 分别控制相对房间的干表冷器等湿降温。
5. 房间湿度Ⓘ控制二级表冷器去湿和加湿器加湿。
6. 各房间压差ⒶⓅ 分别控制各房间新风支管上的电动阀。
7. 送风温度T_3 控制再热加热器升温。
8. 一级表冷后的温度T_2 控制一级表冷降温。
9. 预热加热器后的温度T_1 控制预热加热器防冻升温。
10. 每台FFU均可自动调节送风断面风速。
11. 先开送风，后开排风；先关排风，后关送风。
12. 有报警，显示和打印的功能。

图例：

T 温度探头	手动调节阀
ϕ 相对湿度探头	电动调节阀
ΔP压差探头	电动密闭阀
P 压力探头	防火阀
消声器	电动二通阀
压差显示器	手动蝶阀

图 9-5-11

六、洁净室净化空调的冷、热源

(一) 净化空调系统冷源的选择

1. 集中冷冻站和分散独立冷源的比较和选择。

大型规模化的生产工厂集中设置冷冻站，对建造投资和运行管理都是比较有利的。但是由于一些温、湿要求差别比较大供冷参数不同；运行规律、运行时间不同的洁净车间来说，在集中冷冻站基础上，就近设置分散、独立、专用的制冷机组，这对节省能源，保证参数和方便运行管理都有极大的好处。

2. 冷媒采用冷冻水还是氟利昂直接蒸发。

对于大型的工厂由集中的冷冻站供给冷冻水作为净化空调系统的冷媒较为有利。因冷冻水输送方便，输送过程冷损失较小；而且，冷冻水作冷媒对净化空调系统参数的控制、调节和维护管理也都比较有利。但是小的独立分散的制冷机组可采用水冷冷水机组，也可采用风冷直接蒸发的制冷机组。这要根据具体项目的具体情况而定。

3. 净化空调系统冷冻水温度的确定。

当以冷冻水作为净化空调系统的冷媒时，在一般的情况下，冷冻水的初温（表冷器冷冻水的进口温度）应比处理后空气的终温（设计计算中确定）至少要低 3.5℃；如果是以冷冻方式去湿降温为目的空气处理系统，冷冻水的终温（表冷器冷冻水的出口温度）应比处理后空气的终温低 0.7℃；用作干式冷盘管的冷冻水的初温（进口温度）应比洁净室内空气的露点温度至少高 1～2℃。

4. 备用冷源。对于发热量大的洁净室，其净化空调系统还应有冬季运行的备用冷源。

(二) 净化空调系统热源的选择

1. 以冬季防冻为目的新风预热加热器的热媒可采用热水加热、电加热或蒸汽加热，当采用热水作热媒时，热水泵要一用一备，热水循环不能停止工作。

2. 空调机组内加热器的热媒可采用热水、蒸汽或电加热，其中电加热控制灵活方便，温度控制精确度高，但运行费昂贵，一般在没有热水和蒸汽供应的地方才用电加热；用热水作热媒时不仅调节和管理方便、而且控制精度也高是加热器最常用的热媒；当温度的精度要求不高（如 $\Delta t \geqslant \pm 2$℃）也可采用蒸汽作加热器的热媒。

3. 当温度的精度要求很高的时候（如 $\Delta t \leqslant \pm 0.5$℃）宜在送入洁净室的支管上设温度精度微调节的电加热器是一个可行的方法。

4. 净化空调系统的加湿可用过热蒸汽（≥0.2MPa）作热媒采用干蒸汽加湿器进行加湿，或采用电热式或电极式加湿器的蒸汽加湿。也可采淋水，湿膜或喷雾（高压喷雾或高压微雾）超声波等形式的水加湿。

七、空调和净化设备的选择

(一) 过滤器的基本知识和过滤器的选择

1. 过滤器的分类：按过滤器的性能（效率、阻力、容尘量）进行分类，根据我国有关规范可将过滤器划分为粗效、中效、高中效、亚高效、高效和超高效六大类。

根据我国《一般通风过滤器》GB/T 14295—2008 国家标准划分。

国标一般通风过滤器分级（GB/T 14295—2008）　　表 9-5-6

<table>
<tr><th>性能指标
性能类别</th><th>代号</th><th>迎面风速(m/s)</th><th colspan="2">额定风量下的效率(%)</th><th>额定风量下的初阻力(Pa)</th><th>额定风量下的终阻力(Pa)</th></tr>
<tr><td>亚高效</td><td>YG</td><td>1.0</td><td rowspan="5">粒径≥0.5 μm</td><td>99.9>E≥95</td><td>≤120</td><td>240</td></tr>
<tr><td>高中效</td><td>GZ</td><td>1.5</td><td>95>E≥70</td><td>≤100</td><td>200</td></tr>
<tr><td>中效 1</td><td>Z1</td><td rowspan="3">2.0</td><td>70>E≥60</td><td rowspan="3">≤80</td><td rowspan="3">160</td></tr>
<tr><td>中效 2</td><td>Z2</td><td>60>E≥40</td></tr>
<tr><td>中效 3</td><td>Z3</td><td>40>E≥20</td></tr>
<tr><td>粗效 1</td><td>C1</td><td rowspan="4">2.5</td><td rowspan="2">粒径≥2.0 μm</td><td>E≥50</td><td rowspan="4">≤50</td><td rowspan="4">100</td></tr>
<tr><td>粗效 2</td><td>C2</td><td>50>E≥20</td></tr>
<tr><td>粗效 3</td><td>C3</td><td rowspan="2">标准人工尘计重效率</td><td>E≥50</td></tr>
<tr><td>粗效 4</td><td>C4</td><td>50>E≥10</td></tr>
</table>

根据我国《高效空气过滤器》GB 13554—2008 国家标准划分。

高效过滤器和超高效过滤器的分级（GB 13554—2008）　　表 9-5-7

<table>
<tr><th>类别</th><th>额定风量下的效率</th><th>定性检漏试验时局部渗漏限值粒/采样周期</th><th>定性检漏试验时局部穿透率限值</th></tr>
<tr><td>A</td><td>99.9%(钠焰法)</td><td rowspan="3">下游≥0.5μm 的微粒采样计数超过 3 粒/min(上游对应粒径范围气溶胶溶度须不低于 3×10^4 L^-1)</td><td>1%</td></tr>
<tr><td>B</td><td>99.99%(钠焰法)</td><td>0.1%</td></tr>
<tr><td>C</td><td>99.999%(钠焰法)</td><td>0.01%</td></tr>
<tr><td>D</td><td>99.999%(计数法)</td><td rowspan="3">下游≥0.1μm 的微粒采样计数超过 3 粒/min(上游对应粒径范围气溶胶溶度须不低于 3×10^6 L^-1)</td><td>0.01%</td></tr>
<tr><td>E</td><td>99.999 9%(计数法)</td><td>0.001%</td></tr>
<tr><td>F</td><td>99.999 99%(计数法)</td><td>0.0001%</td></tr>
</table>

中国制冷空调工业协会推荐的过滤器的分级见表 9-5-8。

中国制冷空调工业协会推荐的过滤器的分级　　表 9-5-8

分组	分级	计重效率(%)	平均计数法效率(0.4 μm)(%)	计数法，最易穿透粒径(%)
粗效	G1	50≤E<65		
	G2	65≤E<80		
	G3	80≤E<90		
	G4	90≤E		
中效	F5		40≤E<60	
	F6		60≤E<80	
	F7		80≤E<90	
	F8		90≤E<95	
	F9		95≤E	
亚高效	Y10			90≤E<95
	Y11			95≤E<99.5
	Y12			99.5≤E<99.95
高效	H13			99.95≤E<99.995
	H14			99.995≤E<99.9995
超高效	U15			99.9995≤E<99.99995
	U16			99.99995≤E<99.999995
	U17			99.999995≤E

欧洲一般通风过滤器的分级（EN779—2012）见表 9-5-9。

欧洲一般通风过滤器的分级　　表 9-5-9

组	分级	试验终阻力 (Pa)	人工尘平均计重效率 A_m(%)	对 0.4 μm 粒子的平均效率 E_m(%)	对 0.4 μm 粒子的最低效率 a
粗效	G1	250	$50 \leqslant A_m < 65$	—	
	G2	250	$65 \leqslant A_m < 80$	—	
	G3	250	$80 \leqslant A_m < 90$	—	
	G4	250	$90 \leqslant A_m$	—	
中效	M5	450	—	$40 \leqslant E_m < 60$	
	M6	450	—	$60 \leqslant E_m < 80$	
高中效	F7	450	—	$80 \leqslant E_m < 90$	35
	F8	450	—	$90 \leqslant E_m < 95$	55
	F9	450	—	$95 \leqslant E_m$	70

[a] 最低效率是消静电效率、初始效率、容尘试验过程中所有效率中的最低值。

欧洲高效过滤器的分级（EN1822—2009）见表 9-5-10。

欧洲 EPA、HEPA、ULPA 过滤器的分级　　表 9-5-10

过滤器分组 过滤器分级	总体值		局部值[a b]	
	效率(%)	透过率(%)	效率(%)	透过率(%)
E10	≥85	≤15	—[c]	—
E11	≥95	≤5	—[c]	—
E12	≥99.5	≤0.5	—[c]	—
H13	≥99.95	≤0.05	≥99.75	≤0.25
H14	≥99.995	≤0.005	≥99.975	≤0.025
U15	≥99.9995	≤0.0005	≥99.9975	≤0.0025
U16	≥99.99995	≤0.00005	≥99.99975	≤0.00025
U17	≥99.999995	≤0.000005	≥99.9999	≤0.0001

[a]局部值是扫描试验中出现的最不利值。

[b]供货方与顾客的协议中，穿透率的局部值可能会低于表列数值。

[c]E 组过滤器(E10、E11、E12)无法进行扫描检漏，也没必要为了分级而去进行扫描检漏。

2. 各类过滤器效率的测试方法

对于空气过滤器的效率而言，相同的过滤器其效率的测试方法不同它们的效率值也不相同，因此使用过滤器时不仅仅要了解其过滤效率，而且还要知道它们效率的测试方法。

（1）一般通风用粗效、中效、高中效过滤器效率的测试方法

1）计重法：有人工尘计重法和大气尘计重法，此方法源于美国，国际流行，多用于粗效过滤器的效率测试。

2）比色法：源于美国，国际通行，用于中效过滤器的效率测试。

3）人工尘计数法：欧洲通行，将取代比色法，用于中效测试。

4）大气尘计数法：我国的标准。

（2）高效过滤器测试方法

1）钠焰法：中国标准。

2）DOP 法：源于美国，国际通行。

3）油雾法：俄国标准，在德国和我国也通行。

4）MPPS 法：欧洲标准将取代上述各种方法（最低透过率粒径法）。

3. 各类空气过滤器的功能和作用

各种过滤器都具有一定的功能，都不是万能的。它的功能就决定了它的作用和使用范围。对其选用正确，使用合理，它们就能充分发挥功能，起到应起的作用；如果选用不当，使用不合理，不仅不能发挥其作用，有时还会产生相反的后果。它们的功能和作用如下：

(1) 粗效过滤器：其功能是去除≥5μm 的尘埃粒子，在空调净化系统中作为预过滤器。其作用是保护中效、高效过滤器和空调箱内的其他配件以延长它们的使用寿命。

(2) 中效过滤器：其功能是去除≥1.0μm 的尘埃粒子，在空调净化系统中作为中间过滤器。其作用是减少高效过滤器的负荷，延长高效和空调箱内配件的使用寿命。

(3) 高中效过滤器：其功能是去除≥1.0μm 的尘埃粒子，在空调净化系统中作为中间过滤器，在一般通风系统中可作为终端过滤器。

(4) 亚高效过滤器：其功能是去除≥0.5μm 的尘埃粒子，在空调净化系统中作中间过滤器，在低级别净化系统中可做终端过滤器使用。

(5) 高效过滤器：是空调净化系统中的终端过滤器，它的功能是去除≥0.3μm 的尘埃粒子，达到净化目的。是洁净室必备的净化设备。

(6) 超高效过滤器：其功能是去除≥0.1μm 的尘埃粒子，是建造高级别洁净室(0.1μm 洁净室)的必备净化设备，是该洁净室的终端净化设备。

(二) 空气处理机组的选择

空气处理机组包括空调器（AHU）、新风机组（MAU）和循环机组（RAU），都是空调净化系统常用的空气热湿交换和空气净化处理设备。

1. 净化空调系统的送风机设在空调机组内，其送风机应具有如下特点：

(1) 有足够的余压。一般除克服机外管网系统的总阻力以外，还要考虑克服高效过滤器的终阻力和一定的安全裕量。但风机压头选得过大不但能耗大，而且还会产生较大的噪声。

(2) 要有足够的送风量。即消除室内余热、余湿和净化的最大风量，并且还应有10%的安全裕量。

(3) 风机应为变频风机，送风量依系统阻力变化可以自动调节，即保证了洁净厂房内的温、湿度和洁净度又做到节省耗源。

(4) 要高效率和低噪声。

2. 工业洁净室用空调机组

工业洁净厂房的空气处理机组是服务于净化空调系统的，因此空气处理机组也必须满足净化空调所需的特点。

(1) 洁净厂房的温、湿度和洁净度要求严格，一般情况室内热负荷很大、空气处理的焓差很大、冷却后的空气的露点温度很低，因此空气处理机组的保温性能要好（保温材料为聚苯乙烯或聚氨酯发泡时保温层厚度 $\sigma \geqslant 40$mm），防止表面结露，冷耗过大；同时还应避免冷桥现象的产生。

(2) 因净化空调系统总阻力较大，故要求空调机组的风机压头很高（≈1500Pa），因此随之要求空调机组围护板壁的强度和刚度要好，不要产生负压段凹进去，正压段凸出来的变形。

(3) 为了减少冷损失和漏风，则要求空调机组的密封性能要好，特别是段与段的连接处和门开启处的密封。按标准要求空调机组的漏风率≤1%。

(4) 为了保证洁净厂房的温、湿度和洁净度，并且尽量节省能量，要求空调机组有较好的自动控制，如风机的变频等。又因为空气的冷、热、湿处理的功能较多，故空调机组体形较大、长度较长。

3. 生物洁净室用空调机组

生物洁净室是以微生物（细菌、病毒等）为主要研究对象的，微生物与尘埃粒子不同，它是活的、不断生长繁殖的粒子，因此服务于生物洁净室的空气处理机组应具备如下特点：

(1) 为了方便灭菌、消毒、空调机组的内表面以及内部的零配件应耐消毒药品的腐蚀，表面要光洁。

(2) 因为潮湿是微生物生长的最佳条件。因此，空调机组内部不能集水集尘，结构要方便排水；表冷器凝结水应设有自动防倒吸功能，并顺利排出凝结水；更不能采用淋水段。

(3) 空调机组的加湿只能采用干蒸汽加湿器（电极式或电热式蒸汽加湿器），而不能使用湿膜、超声波和高压喷雾等有水的加湿器。

(4) 为了防止空气带水，空调器表冷器的断面风速 $V<2.0$m/s。

(5) 空调机组的密封要可靠，其漏风率≤1%。

(6) 空调机组的强度和刚度要好，有一定的承压能力。

(7) 各级（粗效、中效、亚高效）过滤器的过滤效率要高，而且最好采用一次性的抛弃型过滤器。

(三) 表冷器、加热器、加湿器的选择

1. 表冷器是空调机组降温去湿的关键设备，一般表冷器由铜管和铝翅片构成。表冷器的换热面积（排数）要经计算求得，在设计中，设计人员要把空气经表冷器处理前后的参数（温度、相对湿度或焓）以及冷冻水的供回水温度提供给供货商，由供货商计算和配置表冷器。表冷器后面要设挡水板，表冷器下部设滴水盘，凝结水排水要通畅，排水管上要合理地设置水封。水封的高度要与空调器内的压力相匹配。

2. 加热器是空调机组中的加热设备。在空调机组中有一次加热（预热）和二次加热（再热）两组。加热的热媒有蒸汽、热水和电。

(1) 一次加热（预热）器设置在新风进入空调机组处，其目的是为了防冻和防混合结霜、结雾。因此，一次加热器一般用在北方（长江以北）较冷的地区。长江以南不会结冻的地区可不设一次加热器。一次加热后的新风温度一般为+5℃。用加热器后的温度探头来控制加热量。一次加热的热媒最好是蒸汽和电，如果用热水做热媒要考虑加热器本身的防冻问题。

(2) 二次加热（再热）器设在表冷器之后，设置目的是为了调节洁净厂房内的温、湿度以达到设计参数。因为，二次加热量越小就越节省空调的运行费用，故在设计时要选择二次加热量较小的节能方案。二次加热的热媒最好用热水，因为热水在温、湿调节时比较稳定可靠。

(3) 当洁净厂房的温、湿度精度要求极高和非常严格时，为了确保其参数有时在风管上还要设置微调的电加热器。

3. 加湿器是空调机组中的加湿设备，在冬季时为了保证洁净厂房内必要的相对湿度，必须对空调送风进行必要的加湿。

加湿器一般有两种，一种是以水为加湿源的等焓加湿。如湿膜、淋水、超声波、高压喷雾等加湿器。这种加湿方法简单、价格便宜，加湿量也大，但其加湿的精度较差。一般相对湿度要求在 >10%的情况下用得较多。水加湿的方法不应用在生物洁净室。因为，水加湿会给微生物提供良好生存繁殖条件。

另一种加湿方法是以蒸汽为加湿源的等温加湿。如蒸汽加湿器、干蒸汽加湿器、电极式（电热式）蒸汽加湿器等。这种加湿方法必须有蒸汽源，如果没有蒸汽必须用电来产生蒸汽。此种加湿方法价格较高，但加湿精度很高，当相对湿度要求≤±5%时应采用等温加湿方法。它广泛应用在电子工业的洁净厂房和生物洁净室的加湿中。

（四）淋水室和化学过滤的应用

1. 淋水室是空调热湿交换的空气与冷媒直接接触的方式。此种淋水形式不仅可用于热湿交换上，还可以对新风进行品质上的处理。例如，集成电路用的洁净厂房其污染源不仅仅是尘埃粒子，而且，重金属离子和分子级低浓度的化学污染也成为超大规模集成电路生产的重要污染源，当净化空调系统的新风采用淋水室的湿法处理时，可以去除新风中的 NH_4、SO_x、NO_x等分子级的化学污染，当采用自来水和纯水两级淋水时其效果会更好。

2. 活性碳过滤器和化学过滤器是空调机组中去除异味和分子级低浓度的化学污染的重要设备，一般多用在新风机组和 SMIF 的 FFU 中。

（五）消声器和消声弯头的选择

洁净厂房的噪声按国家规范《洁净厂房设计规范》GB 50073 的规定，单向流洁净室空态噪声≤65dB（A）；非单向流洁净室空态噪声≤60dB（A）。这就要求在净化空调系统的送风、回风管道上（排风管道上）都要设置必要的消声设备，尤其在回风管道上。消声器的选择要进行计算。

$$\Delta L = L_W - \Delta L_{管道} - \Delta L_{风口} - \Delta L_{室内} - L_N \quad (9\text{-}5\text{-}20)$$

式中 ΔL——消声器噪声的衰减量（dB）；

L_W——声源的噪声的声功率级（dB）；

$\Delta L_{管道}$——管道系统噪声的自然衰减量（dB）；

$\Delta L_{风口}$——送风口噪声的衰减量（dB）；

$\Delta L_{室内}$——室内的噪声衰减量（dB）；

L_N——室内允许的噪声值（dBA）。

洁净厂房的净化空调系统的消声器和消声弯头不应给净化系统带来污染。最好采用微孔板式消声器和消声弯头，也可选用其他洁净空调系统专用的阻式或抗式消声设备。

（六）FFU 及干冷盘管的选择

1. FFU（风机过滤器单元）

FFU 是近年普通应用在单向流和混合流中的重要净化设备。它是有标准模数尺寸（1200×600mm，600×600mm，1200×1200mm 等）的风机和过滤器（高效过滤器、超高效过滤器）的组合体作为洁净室的终端设备，分散或集中地布置在洁净厂房的吊顶上。

为了保证洁净厂房的室内参数，它经常与干冷盘管和新风机组配合使用。FFU 示意图如图 9-5-12。

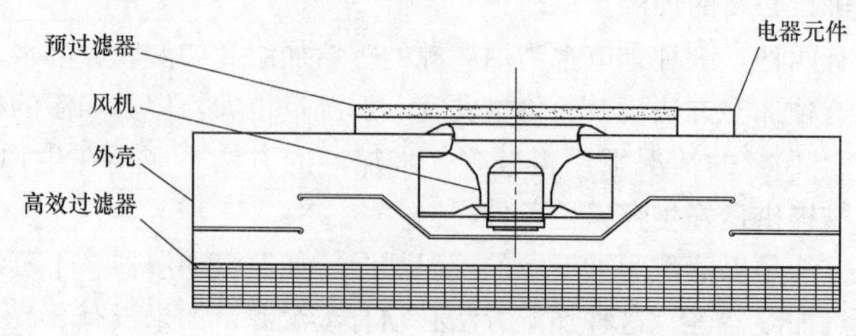

图 9-5-12　FFU 示意图

其性能参数最好是：

a. 断面平均风速为 0.45m/s，而出风速度的均匀性应为平均风速的±15%。

b. FFU 的机外余压应≥120Pa，最好是 140Pa 以上。

c. FFU 的单体噪声应≤50dB（A）。因在单向流洁净厂房中往往成百台上千台的 FFU 集中设在吊顶上，如果单体噪声太高，则叠加噪声就不能被接受。

d. 断面风速可调。智能化调节，变频调节都是可行的。

e. FFU 风机的寿命最少应大于 50000 小时。

2. 干冷盘管

干冷盘管是新风机组加干冷盘管加 FFU 空调净化送风方案的洁净厂房控制温度的关键换热设备，设置在洁净厂房回风夹道的下部或上部。对其性能要求如下：

a. 为了避免在系统正常运行时干冷盘管产生结露现象，因此通过干冷盘管的进水水温要高于室内空气露点 1℃～2℃。

b. 为了导走洁净厂房空调系统启动时产生的冷凝水，干冷盘管系统还要设置滴水盘和排水系统。

c. 干冷盘管的排数最好为双排，而且空气通过时阻力不能太大，因此盘管铝翅片的间距最好为 3 mm。

d. 为了减少空气通过盘管的阻力，通过盘管的风速应＜ 2m/s。

e. 干冷盘管的水管采用并联方式连接。

f. 干冷盘管周围的空隙应全部封闭，使循环空气全部通过干冷盘管。

（七）局部净化设备的选择

这里所述的局部净化设备包括有吹淋室、自净器、洁净工作台、生物安全柜和层流罩等。

1. 吹淋室是净化进入洁净厂房人和物的局部净化设备，它是利用高速 V≥25m/s 的洁净气流（经过中效和高效过滤器过滤的气流）使人的衣服抖动，将人身上附着的尘埃粒子或物品表面附着的尘埃粒吹落得到净化。吹淋室最重要的性能指标就是喷嘴的出口风速应≥25m/s。其风机的风压最好是 800Pa。吹淋室不仅是局部净化设备，而且还是洁净区与非洁净区之间的缓冲和气闸，还是人们进入洁净区的警示装置。吹淋室有单人、双人、多人和通道式多种。吹淋室示意图见图 9-5-13。

2. 自净器是风机和过滤器组合的局部净化设备。将其设置在房间内，它可以使室内的空气不断地通过它的过滤器过滤而得到净化，这样往返不断地循环净化使室内的空气得以自净。自净器示意图见图 9-5-14。

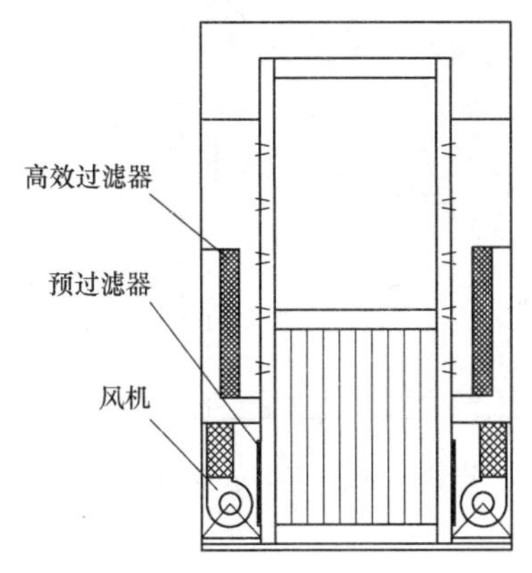

图 9-5-13　吹淋室示意图

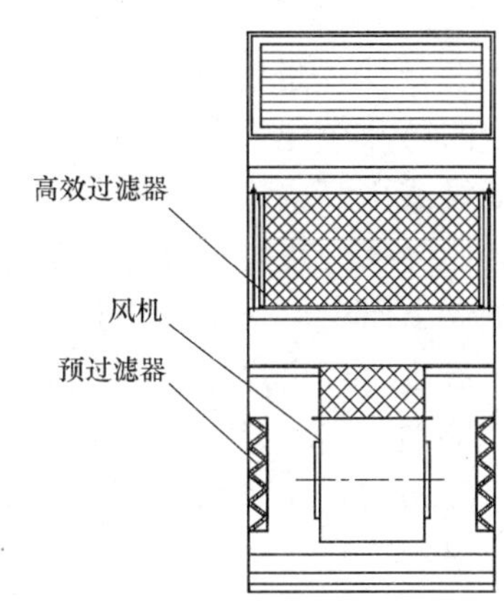

图 9-5-14　自净器示意图

3. 洁净工作台是设在空调房间或低级别的非单向流洁净厂房内的局部净化设备，它是风机和高效过滤器的组合体，可在局部创造出 100 级、10 级等高级别洁净度。其性能有：风机的风压和噪声［风压＞ 250Pa，噪声＜ 65dB（A）］、高效过滤器的效率和断面风速［高效过滤器的效率≥99.99%（≥0.3μm），断面风速 V≥0.35m/s］。洁净工作台示意图见图 9-5-15。

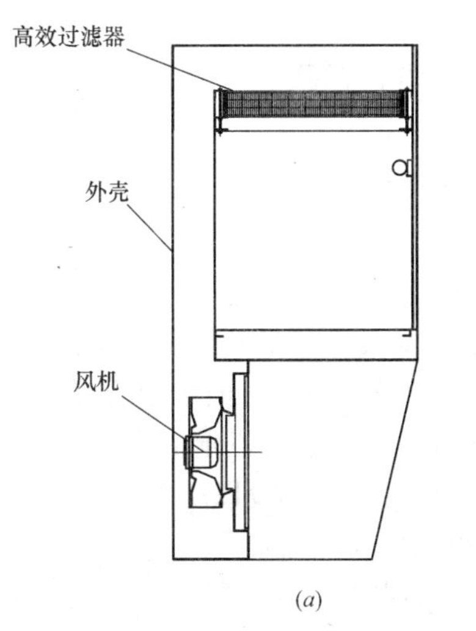

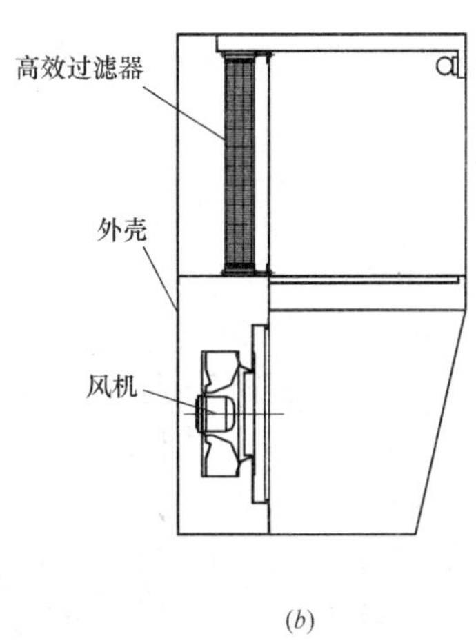

图 9-5-15　洁净工作台示意图

(*a*) 垂直单向流；(*b*) 水平单向流

4. 生物安全柜是用于 P1～P4 生物安全实验室中的生物净化和生物安全设备。它按使用要求不同可划分为Ⅰ级、Ⅱ级和Ⅲ级生物安全柜。生物安全柜用于对人和环境有害的病菌和微生物的实验。为了安全要做到保护实验操作人员，保护实验对象和保护周围环境的三保护。实验对象要在 100 级无菌环境实验；为了保护操作人员和环境，生物安全柜内必须有足够的负压度。生物安全柜示意图见图 9-5-16。

5. 层流罩也是风机与高效过滤器组合的局部净化设备，在局部区域创造 5 级或更高的净化环境，满足生产工艺的要求。其大小尺寸可随工艺设备的大小而定。它多设在低级别的非单向流洁净厂房之中，因此对其噪声有较高的要求，其出风的断面风速应≥0.3m/s，风机的风压应＞250Pa。层流罩示意图见图 9-5-17。

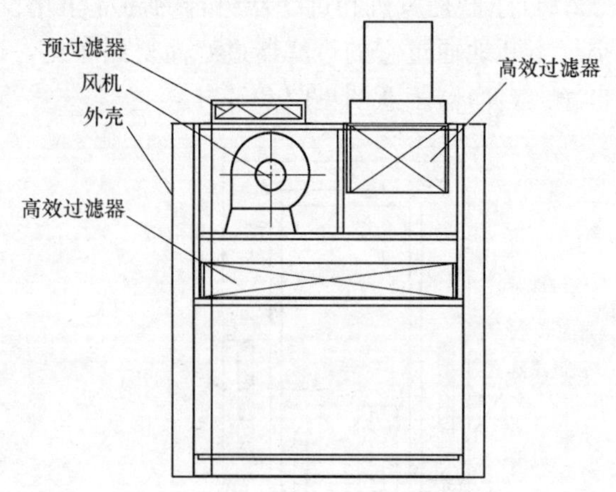

图 9-5-16　ⅡB2 生物安全柜示意图

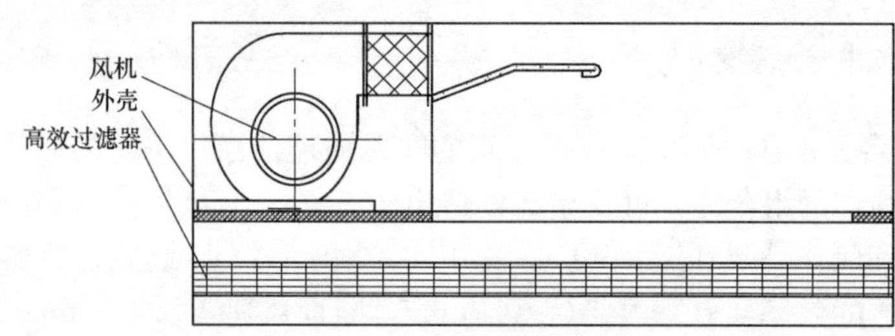

图 9-5-17　层流罩示意图

八、设计中应重视的问题

(一) 净化空调设计中空气热、湿处理方案的比较和选择

1. 新风预热器（一次加热器）的设计

新风预热器设置的目的是为了防冻。一般黄河以北的地方，冬季室外新风的温度可能低于−5℃，而在我国东北和西北地区，冬季室外空气可能低到零下数十度，这样低温的空气进入空调器之后会冻坏表冷器等空调配件，而且，新风与回风混合时还会产生结雾、结露等现象。因此，在黄河以北地区的净化空调系统的空调机组内应设置新风预热加热器。其热媒应为热水、蒸汽或电。长江以南的地区一般都不设以防冻为目的的新风预热加热器；而在黄河以南、长江以北的地区，应根据具体情况而定。

2. 空气加热器（二次加热器、再热加热器）的设置

空气加热器设置的目的是为了调节和补偿洁净室室内负荷的波动和变化，以确保洁净室内的温度及其精度。为了保证洁净室内的温度，空气加热器换热量的调节要灵活、控制要可靠，这样温度控制的精度才能比较高。空气加热器的热媒以热水或电为好。

3. 送风支管上的精调电加热器的设置

当洁净室内温度精度要求较高（$\Delta t \leqslant \pm 0.5$℃）或在有多个洁净室的净化空调系统中个别洁净室的热负荷较小时，为了确保该洁净室的温度及其精度，可在其洁净室送风支管

上设精调节室温的电加热器。电加热器可分挡投入。

4. 空气的冷却干燥（降温去湿）处理

(1) 在新风机组（MAU）中，对新风的冷却干燥处理，由于新风的处理焓差较大（$\Delta h \geqslant 42$kJ/kg），一般都采用两级表冷对空气进行热湿处理。如果采用一级表冷势必表冷器的排数过多（≥8 排），换热效率低，不经济。通常一级表冷的焓差不宜过大（≤30 kJ/kg）。

(2) 对于空调机组（AHU）或循环机组（RAU）其降温去湿处理只设一级表冷就能达到对空气热湿处理的要求，因其处理焓差大都小于 30kJ/kg。

(3) 以去湿为目的净化空调系统的冷却干燥处理，其冷媒的参数是非常重要的因素，如果用冷冻水作冷媒，其冷冻水的终温应低于空气处理后终温 0.7℃。

5. 空气的干冷处理

对空气进行干冷处理的表冷器一般称作干表冷。对空气的干式冷却处理在目前的电子工业（微电子、光电子）洁净厂房中的新风机组加 FFU 加干冷盘管的送风系统中得到了广泛的应用。为了实现干表冷（运行时没有凝结水产生），送入表冷器的中温冷冻水的水初温应高于洁净室空气露点 2℃。但是为了安全，在设计时还应设滴水盘和排水措施。中温冷冻水可利用和低温冷冻水混水或利用换热器换热的方法制取，还可以与低温冷冻水系统分开直接用冷冻机制取。

6. 蒸汽加湿的空气处理

饱和蒸汽（低压蒸汽）和过饱和蒸汽（高压蒸汽）的喷蒸汽加湿和无集中蒸汽供应时采用的电热式或电极式加湿器都是采用喷蒸汽对空气进行等温加湿过程。喷蒸汽加湿的方法简单，相对湿度控制精度高，无滞后现象，尤其是干蒸汽加湿器加湿效率高，产生凝结水少。一般洁净室相对湿度的精度要求较为严格时（≤±10%）采用蒸汽加湿较为可靠、经济。

7. 水加湿的空气处理

空气处理中的淋水、高压水喷雾、湿膜以及超声波加湿的方法均为水加湿，其处理过程近似为等焓加湿。这些加湿方法简单、加湿量大，使用方便，投资也较低，但缺点是控制精度不高（淋水加湿除外）。当洁净室的相对湿度无精度要求或相对湿度精度>±10%时采用水加湿的方法是经济的。

（二）净化空调设计的过滤器的比较和选择

过滤器是净化空调系统中十分重要的净化设备。在我国的标准中（《空气过滤器》GB/T 14295；《高效空气过滤器》GB 13554）根据过滤器的性能（过滤效率、阻力、容尘量）把过滤器划分为六大类：即粗效过滤器、中效过滤器、高中效过滤器、亚高效过滤器、高效过滤器和超高效过滤器。各类过滤器的性能不同、型式不同、设置的目的不同，所起的作用也不同。

1. 粗效过滤器：通常设置在空调机组内，设置目的是保护其后面的中效过滤器、高中效过滤器以及其后面的空调换热设备（加热器和表冷器）。因此它必须具有应有的过滤效率，而且易更换，方便清洗，价格低廉。

2. 中效、高中效过滤器：通常设置在空调机组内，在净化空调机组内时宜设置在正压段，设置目的是为了保护其后面的亚高效过滤器和高效过滤器等终端过滤器。以及其后面的空调设备。因此中效过滤器应具有比粗效更高的过滤效率，而且容易更换，便于清洗，价格便宜。

3. 亚高效过滤器：设置目的是保护其后的高效过滤器，在低净化级别的洁净系统中也作为终端过滤器使用。在洁净手术室的新风机组中也要设置亚高效过滤器，目的是保护洁净手术室送风顶棚中的高效过滤器。

4. 高效、超高效过滤器：是净化空调系统中最重要的过滤设备，一般都设置在系统的终端，即洁净室的吊顶上，是保证和实现洁净室的洁净度等级的关键设备。在洁净度等级为1级、2级、3级、4级等高级别洁净度的洁净室，除在空调机组内设置高效过滤器外在其后面还要设置终端的超高效过滤器。

5. 化学过滤器：有些生产工艺对新风中空气的成分有一定要求，这些净化空调系统的新风机组内还要增设去除化学污染物质（如 SO_2、Na、SO、NH_3、VOC）的化学过滤器或活性炭过滤器或淋水室。

（三）净化空调系统中温湿度、压差自动控制方案的比较和选择

1. 空调机组（AHU）送风方案中，用洁净室与周围空间压力差的敏感元件来控制新风阀（或回风阀）的开启程度，以保证洁净室的正压；用洁净室内温度的敏感元件来控制空调机组内的表冷器和加热器，用洁净室内的相湿度的敏感元件来控制空调机组内的表冷器和加湿器，来保证洁净室内的温度和相对湿度，此时，相对湿度控制优先。用空调机组送风总管上的压力（或速度）敏感元件来控制送风机的变频器，以保证净化送风量恒定不变。为了节能采用一、二次混合方案时，洁净室内的温度敏感元件还首先要控制一、二次回风的比例。

2. 在新风机组加循环机组（MAU＋RAU）的送风方案中，用洁净室与周围空间的正压差来控制新风机的变频器，以保证洁净室的正压；用洁净室内的温度敏感元件来控制循环机组内的表冷器和加热器，用洁净室内的相对湿度敏感元件来控制循环机组内的表冷器和加湿器，以保证洁净室内的温度和相对湿度，此时，相对湿度控制优先。用循环机组送风总管内的压力（或速度）敏感元件来控制循环风机的变频器，以保证净化送风量恒定。

3. 在新风机组加风机过滤器单元加干式表冷器（MAU＋FFU＋DC）方案中，用洁净室与周围空间的正压来控制新风机的变频器，以保证洁净室的正压；用洁净室内的温度敏感元件来控制干式表冷器，用洁净室的相对湿度敏感元件来控制新风机组内的表冷器和加湿器，以保证洁净室内的温度和相对湿度，用调节 FFU 风机的转速来保证净化送风量的恒定。

九、竣工验收调试、性能测试和洁净室的综合评价

（一）洁净室建造的阶段

洁净室的建设目的是为了使用。洁净室的建筑、空调、电气、水道、气体动力等所有系统以及所有参数都应该满足生产的要求。同时还应该尽量节省初投资和运行费。

洁净室建造的全过程包括设计、施工、调试、检测、运行（使用、管理、维护）和综合评价六个阶段。其中：

设计是基础。设计者一定要牢记建设是为了使用这一宗旨，做好服务工作；要站在业主的立场去思考问题；要有全局观点，不要强调某一专业的利益，要追求总体的综合质量。施工是实践。施工是将图纸变成现实，施工要严格遵照图纸，要把好每一步的质量关，精心施工。

管理是保证。维护管理是洁净室正常使用的保证，维护管理是为生产，提供合格的高质量的生产环境的保证。

从总体上来说设计和施工占一半，运行管理的重要性占另一半。

然而竣工调试验收这一环节非常重要，它既是对设计、施工的全面检查、考核和验证又是为使用为运行管理做好准备和创造条件。

竣工验收的调试工作要分以下四个步骤进行。

1. 调试前的准备工作。

2. 单机试车。

3. 联动调试。

4. 洁净室的性能测试和综合评价。

（二）调试前的准备工作

1. 调试的组织准备

成立以建设单位（业主）为组长的有设计单位、施工单位、监理单位人员参加的调试小组。调试小组领导调试的全面工作，调试小组协调各方面的关系，调试小组为调试工作提供各种软硬条件。

2. 编制调试大纲

在调试小组领导和组织下，编制调试大纲。调试大纲是调试工作的指导性文件。调试大纲的内容包括：组织分工、人员安排、物资调动；调试项目、调试方法、调试仪表；调试程序、调试进度、调试计划安排等。调试大纲的编制使调试人员思想明确、认识统一、步调一致、行动整齐，使调试工作顺利进行。

3. 施工现场质量的会检

在调试小组的领导组织下，有建设单位、设计单位、施工单位、监理单位的有关领导和技术人员参加，对施工现场、施工质量进行全面会检。从冷冻站、换热站、锅炉房、变配电站、空调机房到供冷、供热、供电系统、空调净化系统和自动控制系统。从设备（冷冻机、锅炉、水泵、冷却塔、空调器等）、配件（阀门、风口、消声器等）、管道和管线到保温、设备基础、管道支吊架等的工程施工质量进行全面会检。看是否按图施工、查与设计图不符之处，找施工质量不合格项目并查其原因。并对施工、加工、安装等质量问题逐一填写“缺陷明细表”，提出整改意见，限期（正式调试之前）整改完毕。

4. 空调设备、空调系统的清扫

(1) 调试之前对洁净室进行全面、彻底的清扫是十分必要的。对洁净室的地面、墙面、吊顶、门窗进行认真、全面、彻底的大扫除（最好请专业的清洁公司）；对空调设备、空调管道（送风管、回风管、新风管），空调配件（清声器、阀门、风口等）进行检查、检漏和擦拭。达到洁净要求为止。

(2) 安装粗效、中效过滤器进行第一次空吹。在彻底清扫的基础上，安装空调器内的粗效和中效过滤器。对整个净化空调系统进行空吹，空吹时间为24～36小时，使整个系统得到初步的净化。

(3) 安装高效过滤器。系统空吹后可以安装高效过滤器。高效过滤器在安装之前，要求对其逐一进行检漏，对有泄漏者进行堵漏。检漏在临时检漏台上进行，尘源利用大气尘。被检合格的高效过滤器方能进行安装，安装完毕后对高效过滤器的安装密封再进行检漏（利用尘埃粒子计数器扫描），达到安装合格。

(4) 高效过滤器安装检漏合格后再对净化空调系统进行第二次空吹。空吹时间 24 小时，然后方可进行入调试程序。

5. 测试仪器、仪表、工具的准备

(1) 调试前要对调试中所用的仪器仪表进行调试和标定（超过使用时间还需重新进行标定）。所用的仪表包括测量风速、风量、温度、相对湿度、压差、噪声、振动、转数、时间、大气压力和洁净度的仪器仪表等。

(2) 调试所用的器材、工具的准备。如：电工工具、管工工具、钣金工工具、钳工工具以及爬高上下的梯子等。并且请施工单位配合电工、管工、钣金工和钳工。

(3) 调试和测试工作所用的图纸和记录表格的准备。

(三) 单机试车

单机试车是对工程中的所有的设备、配件等单体进行试车。单机试车的目的是对这些设备、配件的安装质量和产品出厂质量的检查和考核。单机试车的主要内容有：

水、电先行。即首先对供水供电的设备和系统进行检查和考核。如水泵、变压器、配电箱、开关等。要保证供水、供电的正常、可靠。

进而，对供冷设备（冷冻机、冷却塔、冷冻水泵、冷却水等）、供热设备（锅炉、换热器、热水泵等）、空调设备（表面冷却器、加热器、加湿器、过滤器、风机等）、自动控制设备、仪表、阀门以及各系统的配件进行单体考核。看是否能满足设计要求和正常运行。尤其对转动设备如风机、水泵要试转看是否运转平稳，有无杂音和碰撞和反转现象；用电设备接线是否正确；冷冻机和锅炉是否能达到设计要求；空调器中表冷器的降温去湿能力、加湿器的加湿能力等等进行单体检查、考核。如果出现故障和发现问题，应立即排除。

对于大型设备如冷冻机、锅炉、空调器等（尤其是进口设备）在单机试车时最好有生产厂家的调试人员现场指导或由生产厂家负责试车，待运转正常后再移交给使用单位。单机试车为联动调试做好各个单体设备的准备工作。

(四) 联动调试

联动调试一般情况下分为两个阶段进行，即风量分配阶段和联动调试阶段。

1. 风量分配

风量分配即将各个洁净室的送风量、回风量、新风量、排风量全部按设计要求调整到设计风量。因为一个洁净厂房可能有多个空调送风系统和排风系统，或一个空调送风系统要负担多个洁净室的送风。因此，风量分配调试工作是一项工作量大、时间长、耐心细致的工作。风量分配调试工作也是整个调试工作的重点工作。常用的风量分配调试方法采用标准风口法。

标准风口法：一个洁净室可能有几个、几十个空调送风口、回风口。因为它们之间都是相通的，当调整某一个风口送风的风量时其他送风口的风量也会跟其变化。因此，采用标准风口法。

所谓标准风口法，就是在风量分配之前，将所有阀门都开到最大的情况下，在所有的送风口中找到最不利的送风口（送风量最小的送风口），将此风口作为标准风口。在标准风口上设一监测仪表，随时测试标准风口的风量变化。然后调整其他所有风口风量。因为调整任何一个风口风量时，都会影响已调整过的风口的风量的变化；因此，在调整任何一个风口风量时，都要以标准风口当时风量为参照风量，使所有被调风口的风量均随标准风口的风量变化而同步变化。

当一个净化空调系统负责多个洁净室空调时，调试要以洁净室为单位由末端向总干管方向进行，对各洁净室首先调整其送风量的相对关系量，然后，再用系统的总阀门来将每个送风口，每个洁净室的送风量都调整为真实的设计送风量。

2. 联动调试

联动调试在风量调整和单机试车后进行。联动调试就是将净化空调系统和为净化空调系统服务的所有系统即：供冷系统（冷冻机、冷却塔、水泵以及供冷系统上所有的配件）、供热系统（锅炉、水泵以及供热系统上所有配件）、供电系统（配电箱、变频器……）和自动控制系统全部投入运行，考核各系统的综合性能和联动性能。必要时，在洁净室内人为的设置一定量的负荷，考核温、湿度探头、中间仪表和执行机构的联动是否敏感、协调；考核温、湿度探头是否准确，精度是否合格。

（五）洁净室的性能测试和综合评价

在风量调整和联动调试的基础上，洁净室空调净化系统以及为其服务的所有系统，均处于正常运行状态。接着进行洁净室的性能测试和综合评价。

1. 洁净室的性能测试

洁净室性能测试内容包括：洁净度测试、风量测试、正压测试、风速测试（单向流洁净室 ）、温度、相对湿度测试、噪声测试等。

（1）洁净度测试：采样点布置在工作面上（0.8～1.0m），采样点数量 $N=\sqrt{A}$（A 是洁净室面积‘m^2’）。尘埃粒子计数器的采样量要大于 1L/min，每个采样点连续有效采样三次，取其平均值做该点的测量值。全部测点的测量值的平均值作为洁净室的洁净度。

（2）风量或风速测试：单向流洁净室测量断面风速、非单向流洁净室测其风量。

断面风速的测量：距吊顶上送风高效过滤器（HEPA）300mm 处布置测点，测点间距为 600mm，用风速仪测其各点风速。

风量测试：在送风管或送风口上测送风风量。方法是用毕托管和微压差计，测风管内各点的动压，测点间距为 100mm。再计算送风量。还可以用风量罩直接测试风量。

（3）正压测试：在关门的状态下，测洁净室的正压。采用补偿式微压计测量。

（4）温度、相对湿度测试：在净化空调系统正常运行的条件下，用温湿度计进行测量。

2. 洁净室的综合评价

在对洁净室性能测试的基础上，根据对洁净室洁净度、温、湿度、正压、风量、噪声等测试结果，对洁净室的建设和性能进行竣工验收的综合评价。

（六）竣工调试中应注意的问题

1. 竣工调试的重要性和调试人员的素质

竣工调试是洁净室工程竣工验收前的重要工作，竣工调试是对工程设计和工程施工的检查和考核，调试合格才能给工程竣工划一个句号。同时，竣工调试又是向业主交付一个合格的洁净室工程的全面鉴定，为洁净室正常运行和日常管理维护做好准备。

竣工调试工作是一项技术性和实践性极强的工作，在调试过程中将会遇到各种各样的问题，有些是从未见过和从未听过，各种书本上找不到的问题。因此，调试工作对调试人员来说，既是理论和实践相结合的过程，更是经验和研究相结合的过程。不仅要求调试人员动手操作，深入调查，而且要求他们善于发现问题，更要能够分析，研究问题和动手解决问题。

2. 洁净室性能测试的状态

洁净室的性能测试可分为竣工调试中的性能测试；正常运行中的在线性能测试和洁净室认证的定期性能测试等三类。性能测试的状态一般可分为空态、静态和动态三种。

一般情况下竣工调试的性能测试多为空态测试，有时也为静态测试，而在线性能测试和认证性能测试则为动态测试。

3. 影响洁净室性能的因素

在竣工调试过程中，有时会出现性能达不到设计要求的参数，这是为什么呢？因为，洁净室建造是一个系统工程，它是由多专业、多工种、多过程相结合的产物。任何一个专业、一个工种、一个过程出现问题都会影响洁净室工程综合的总体的质量。在设计和施工中工艺、总图、建筑、结构、空调净化、给水排水、供配电、电力照明、自动控制、消防、气体动力等十多个专业工种，几十种管道、管线都要密切配合全面规划，力求总体工程的合理，满足综合质量的优良。在设计和施工过程中，设计是基础，设计决定了工程的优劣和省费。如果设计计算错误，设备选择不当，气流组织不合理都会给洁净室性能带来先天性的不足。而施工是实践，施工不规范、偷工减料、以次充好或不按图纸施工，也会给洁净室的性能造成无法挽回的后果。

4. 洁净度不合格的原因

(1) 气流组织不合理。送风气流没有充分笼罩工作区；送、回风口的位置不合理有较高、较大的涡流区；单向流洁净室的气流偏斜角过大；回风格栅面积小，回风速度偏高，回风不畅；洁净室不能维持室内的正压，周围污染空气的渗入。

(2) 净化送风量太小。对于单向流洁净室的断面风速＜0.25m/s，不足以克服热气流上升造成的污染；对于非单向流洁净室其相应的稀释风量不足。

(3) 工艺设备发尘量超常，造成动态时洁净度不合格；作业人员的数量超标，人员洁净服穿着不当，造成人员发尘量过大。

(4) 粗效、中效尤其高效过滤器有泄漏现象；过滤器的安装不密封造成洁净室的洁净度超标；高效过滤器安装前和安装后检漏工作不完善或没有做。

5. 温度、相对湿度参数不合格的原因

(1) 热湿负荷计算有误或考虑不周，送风量不足以消除室内的余热和余湿。

(2) 降温、去湿或加热、加湿设备的选择不合理，或空气处理设备各功能段组合不正确。

(3) 冷源、热源和加湿源的供应出现问题，供应参数不正确或供应量不足。

（4）自动控制系统出现问题。仪表反映有误，精度太差，动作失灵或根本反映的并非真正的温湿度值。

（5）气流组织有问题，也会影响温湿度参数。

6. 洁净室正压值不合格的原因

（1）正压风量、排风量与洁净室漏风量不匹配。新风量和排风量计算不正确。

（2）洁净室密封程度太差，漏风量太大，正压无法维持。

（3）压差控制系统失灵，余压阀不动作，关死打不开，打开关不上，无法控制洁净室的正压。

7. 洁净室的送风量不合格的原因

（1）设计送风量有误；送风机的风量和风压选择错误。

（2）管网阻力计算有误，管网阻力过大，不恰当地乱用静压箱，粗、中效过滤器的过滤面积太小，滤速过大，阻力损失过大。

（3）施工不合格设备和管道的漏风量太大；风机的安全裕量不足。送风量小不仅影响洁净度也会影响温湿度。

8. 洁净室噪声超标的原因

（1）消声的计算有误或根本没计算，消声设备选择不当或消声设备不合格达不到应有的消声效果。

（2）噪声源（空调器、风机等）的噪声超过订货的指标。

（3）空调净化系统送、回风管道内空气的流速过高。

第六节　洁净室净化空调系统的节能

一、洁净室净化空调系统节能的重要性

洁净室的能耗非常高，其中，净化空调系统的能耗占很大的比重。因此，洁净室净化空调系统的节能非常重要。

二、洁净室净化空调系统的节能的措施

1. 在保证生产工艺对环境参数要求的前提下，合理确定洁净室的温度、相对湿度和洁净度等级（环境温度降低1度冷量多耗4%，环境相对湿度降低5%冷量多耗4%）。

不同洁净级别洁净厂房的送风量、冷量、投资、耗电指标　　表9-6-1

气流流型	洁净级别（级）		送风量（m/s)(次/h)	耗冷指标（W/m²）	投资指标（元/m²）	耗电指标（W/m²）
单向流	垂直	10 100	＞0.25m/s	1300～1500	10000～13000	1.25～1.35
	水平	100	＞0.3m/s	800～1000	5000～6000	0.9～1.0

续表

气流流型	洁净级别（级）	送风量（m/s）(次/h)	耗冷指标（W/m^2）	投资指标（元/m^2）	耗电指标（W/m^2）
非单向流	1000	50～60次/h	600～700	2800～3000	0.25～0.33
	10000	25～30次/h	500～600	2000～2200	0.22～0.26
	100000	15～20次/h	350～400	1400～1600	0.13～0.16

注：表中的送风量、单向流以断面风速表示，非单向流以换气次数表示。

2. 在保证生产工艺对环境参数要求的前提下，尽量压缩单向流的面积，多采用混合流洁净室的方案。

3. 处理新风的能耗占净化空调系统总能耗的比例很大，一般来说，处理新风的能耗占净化空调系统总能耗的30%～40%。因此，控制生产工艺的排风（排风的工艺设备尽量密闭，不仅减少排风量，同时还提高了排风的效果）和房间围护结构的漏风，把新风量控制到最小，可得到较好的节能效果。

4. 合理优化净化空调系统的空气处理方案，正确选定送风点，在空气处理过程尽量消除或减少冷热抵消，是净化空调系统节能的重点。

5. 风机温升在净化空调系统的能耗中是一个不可忽略的负荷。因此，不应无原则地加大风机的压头以降低风机温升的热负荷。

风机的温升公式：

$$\Delta t_f = H \cdot \eta_3 / \rho c \eta_1 \eta_2 \tag{9-6-1}$$

式中　Δt_f——空气通过风机机械能转化为热能的温升（℃）；

H——风机的全压（Pa）；

c——空气比热容（1.01kJ/kg·℃）；

ρ——空气的密度（1.2kg/m^3）；

η_1——风机全压效率；

η_2——电动机效率，$\eta_2=0.8$；

η_3——电机位置修正系数，电机在气流中 $\eta_3=1$，电机在气流外 $\eta_3=\eta_2$。

风机全压效率为 $\eta_1=0.7$ 和 $\eta_1=0.8$ 时的风机温升（℃）　　表 9-6-2

风机全压(Pa)	$\eta_1=0.7$	$\eta_1=0.8$
300	0.44	0.39
1000	1.47	1.29
1200	1.77	1.55
1400	2.06	1.80

6. 为了提高换热效率全新风系统中新风的降温和除湿尽量采用两级表冷。

7. 尽量采取空调风量与净化风量的分离，降温冷源和除湿冷源的分开

洁净室净化空调系统的空气处理方案尽可能采用“空调与净化分离、降温和除湿分开”的开放式混合流洁净室的优秀方案。实际上在微电子、光电子等电子工厂大面积的洁净厂房已经广泛地采用这一方案，在药厂和其他洁净室也可以推广和采用这一方案。

(1)“空调与净化分离”从理论上分析就是把消除洁净室内产生的余热余湿；确保洁净室所要求的温、湿度的空调风和保证洁净室洁净度的净化风分开处理。即空调风要保证洁净室的温、湿度和正压，因此要经过空调机组进行热湿处理（加热、加湿、降温、除

湿）这部分风量要经过热湿平衡计算求得，一般情况大约在10～20次/h换气，而保证洁净度的净化风只需经过布置在洁净室吊顶上的FFU进行循环净化处理，净化风量依洁净度等级不同其风量不同，7级洁净室要25次/h换气，6级洁净室要60次/h换气，4级、5级洁净室要400～600次/h换气，因为洁净度等级越高所需的净化风量就越大。

若不采用“空调与净化分离”的方案，这样大的净化风量全部拉到空调机房经空调机组进行处理，其空调机组的数量和空调机房的面积将要扩大5倍到10倍；同时送回风的管道尺寸也非常可观，所占非生产用空间也要大大增加；这还不算，只考虑风机温升这一个负荷就可以清楚地说明这方案的节能，一般通过FFU的风机温升大约为0.5℃，对满布FFU的4级和5级为例，每平方米风机温升的负荷大约200W/m^2。如果全部由空调机组进行处理，其每平方米的风机温升负荷要高达600W/m^2。

（2）“降温与除湿分开”在电子工业的光电子、微电子工厂的洁净厂房，其空调净化系统的空气处理方案中最常用也是最节能的方案就是MAU＋FFU＋DC的方案。该方案不仅节能而且还大大节省了非生产的面积，也为运行管理提供了方便的条件。在MAU＋FFU＋DC的方案中，MAU（新风机组）的任务在五大项即：保证洁净厂房的正压；保证洁净厂房的相对湿度；新风机组还要消除新风中的化学污染；还要采取多组预过滤以保护FFU中的HEPA或ULPA；最后新风机组在北方还要有防冻预热的功能。方案中FFU的任务就是保证洁净厂房的洁净度，送风量全部通过FFU就地循环净化处理而不拉回到新风机组处理，这就是空调与净化分离的思路。方案中DC干冷盘管的任务就消除洁净室内的余热保证洁净室内的温度。因为干冷盘管的作用是降温，故降温所用的冷媒被称为中温水，中温水的水初温要高于洁净室内空气露点1～2℃，一般为14～19℃，中温水的冷机的能效比COP可为7～9即1kW电量可生产出7～9kW的冷量。而新风机组MAU的任务是要保证洁净室的相对湿度、新风机组冷盘管不仅要去掉新风中的湿度还要去掉洁净室内产生的湿量，为了去湿通入新风机组表冷器内的冷水称为冷冻水，冷冻水的水终温应低于被处理空气终温0.7℃，为了达到去湿的目的，冷冻水水温大多为5～10℃，而生产冷冻水冷机的能效比COP一般为3～5，即1kW电量可生产出3～5kW的冷量。方案中将降温和除湿分开即新风机组是保证湿度，夏季要除湿，其冷媒为5～10℃的冷冻水，而干盘管是保证室内温度，其冷媒为14～19℃的中温水，这样可用中温水降温，大大地节省了电量。

8. 冷凝器和空压机等低位热能的回收，可作为净化空调系统空气处理的热源。

9. 风机和水泵的变频，可以达到节能的目的。

10. 加强风管和水管的保温，防结露，减少冷量损失。

11. 拉大冷冻水和中温水的供、回水的温差，减少冷水量，节省水泵的用电。

12. 选用高效率、低能耗的通风、空调、净化设备。

第十章 制 冷 站

第一节 制冷剂、载冷剂和润滑油

一、分类与命名

制冷剂又称制冷工质，是制冷循环的工作介质，利用制冷剂的相变来传递热量，即制冷剂在蒸发器中气化时吸热，在冷凝器中凝结时放热。至今可用作制冷剂的物质有 80 多种，最常用的是氨、卤代烃类、水和少数碳氢化合物等。

(一) 分类

制冷剂按照化学成分，可分为五类：无机化合物制冷剂、卤代烃、饱和碳氢化合物制冷剂、不饱和碳氢化合物制冷剂和共沸混合物制冷剂。根据冷凝压力温度，制冷剂可分为三类：高温（低压）制冷剂、中温（中压）制冷剂和低温（高压）制冷剂。无机化合物制冷剂：这类制冷剂使用得比较早，如氨（NH_3）、水（H_2O）、空气、二氧化碳（CO_2）和二氧化硫（SO_2）等。卤代烃是饱和碳氢化合物中全部或部分氯元素（Cl）、氟（F）和溴（Br）代替后的衍生物，如 R22、R134a 等。饱和碳氢化合物：这类制冷剂中主要有甲烷、乙烷、丙烷、丁烷和环状有机化合物等。代号与氟利昂一样采用“R”，这类制冷剂易燃易爆，安全性较差，如 R50、R170、R290 等。不饱和碳氢化合物制冷剂：这类制冷剂中主要是乙烯（C_2H_4）、丙烯（C_3H_6）和它们的卤族元素衍生物，如 R113、R1150 等。共沸混合物制冷剂：这类制冷剂是由两种以上不同制冷剂以一定比例混合而成的共沸混合物，这类制冷剂在一定压力下能保持一定的蒸发温度，其气相或液相始终保持组成比例不变，但它们的热力性质却不同于混合前的物质，利用共沸混合物可以改善制冷剂的特性。如 R500、R502 等。

常用制冷剂的一般特性见表 10-1-1。

常见制冷工质的一般特性 表 10-1-1

符号	分子式或混合物组成（质量百分比）	相对分子量 M	标准沸点 t_s（℃）	凝固温度 t_f（℃）	临界温度 t_c（℃）	临界压力 p_c（MPa）	临界比容 v_c（$10^{-3}m^3/kg$）	余熵指数 k(0℃，101.3kPa)
R123	$C_2HF_3Cl_2$	152.90	27.90	−107.00	183.80	3.67	1.818	1.09
R134a	$C_2H_2F_4$	102.00	−26.20	−101.00	101.10	4.06	1.942	1.11
R11	$CFCl_3$	137.39	23.70	−111.00	198.00	4.37	1.805	1.135
R12	CF_2Cl_2	120.92	−29.80	−155.00	112.04	4.12	1.793	1.138
R13	CF_3Cl	104.47	−81.50	−180.00	28.78	3.86	1.721	1.15(10℃)
R13B1	CF_3Br	148.90	−58.70	−168.00	67.00	3.91	1.343	1.12(0℃)

续表

符号	分子式或混合物组成(质量百分比)	相对分子量 M	标准沸点 t_s(℃)	凝固温度 t_f(℃)	临界温度 t_c(℃)	临界压力 p_c(MPa)	临界比容 v_c($10^{-3}m^3/kg$)	余熵指数 k(0℃,101.3kPa)
R14	CF_4	88.01	−128.00	−184.00	−45.50	3.75	1.580	1.22(−80℃)
R21	$CHFCl_2$	102.92	8.90	−135.00	178.50	5.17	1.915	1.12
R22	CHF_2Cl	86.48	−40.84	−160.00	96.13	4.99	1.905	1.194(10℃)
R23	CHF_3	70.01	82.20	−160.00	25.90	4.68	1.905	1.19(0℃)
R30	CH_2Cl_2	84.94	40.70	−96.70	245.00	5.95	2.120	1.18(30℃)
R32	CH_2F_2	52.02	−51.20	−78.40	59.50	—	—	—
R40	CH_3Cl	50.49	−23.74	−97.60	143.10	6.68	2.700	1.2(30℃)
R50	CH_4	16.04	−161.50	−182.80	−82.50	4.65	6.170	1.31(15.6℃)
R113	$C_2F_3Cl_3$	187.39	47.68	−36.60	214.10	3.415	1.735	1.08(60℃)
R114	$C_2F_4Cl_2$	170.91	3.50	−94.00	145.80	3.275	1.715	1.092(10℃)
R115	C_2F_5Cl	154.48	−38.00	−106.00	80.00	3.24	1.680	1.091(30℃)
R116	C_2F_6	138.02	−78.20	−100.60	24.30	3.26	—	—
R142	$C_2H_3F_2Cl$	100.48	−9.25	−130.80	136.45	4.15	2.350	1.12(0℃)
R143	$C_2H_3F_3$	84.04	−47.60	−111.30	73.10	3.776	2.305	—
R152	$C_2H_4F_2$	66.05	−25.00	−117.00	113.50	4.49	2.740	—
R170	C_2H_6	30.06	−88.60	−183.20	32.10	4.933	4.700	1.18(15.6℃)
R290	C_3H_8	44.10	−42.17	−187.10	96.80	4.256	4.460	1.13(15.6℃)
RC318	$C\text{-}C_4F_8$	200.04	−5.97	−40.20	115.39	2.783	1.613	1.03(0℃)
R500	$CF_2Cl_2/C_2H_4F_2$ 73.8/26.2	99.30	−33.30	−158.90	105.50	4.30	2.008	1.127(30℃)
R501	CHF_2Cl/CF_2Cl_2 75/25	93.10	−43.00	—	100.00	—	—	—
R502	CHF_2Cl/C_2F_5Cl 48.8/51.2	111.64	−45.60	—	90.00	42.66	1.788	1.133(30℃)
R503	CHF_3/CF_3Cl 40.1/59.9	87.24	−88.70	—	19.49	4.168	—	1.21(-34℃)
R504	CH_2F_2/C_2F_5Cl 48.2/51.8	79.20	−57.20	—	66.10	4.844	—	1.16
R600	C_4H_{10}	58.08	−0.60	−135.00	153.00	3.53	4.290	1.10(15.6℃)
R717	NH_3	17.03	−33.35	−77.70	132.40	11.52	4.130	1.32
R718	H_2O	18.02	100.00	0.00	374.12	21.20	3.000	1.33(0℃)
R744	CO_2	44.01	−78.52	−56.60	31.00	7.38	2.456	1.295
R1150	C_2H_4	28.05	−103.70	−169.50	9.50	5.06	4.620	1.22(15.6℃)
R1270	C_3H_6	42.08	−47.70	−185.00	91.40	46.00	4.280	1.15(15.6℃)

(二) 命名，符号

我国国家标准 GB 7778—2008 规定了各种制冷剂的编号方法，以代替其化学名称、分子式或商品名称。标准中规定用字母 R 作为制冷剂的代号，它后面的一组数字或字母则根据制冷剂的种类及分子组成按一定的规则编写。

1. 无机化合物：属于无机化合物的制冷剂有水、氨、二氧化碳、二氧化硫等。无机化合物用序号 700 表示，化合物的相对分子质量（取整数部分）加上 700 就得出其制冷剂的编号。例：氨的相对分子质量为 17，其编号为 R717。二氧化碳和水的编号分别为 R744 和 R718。

2. 卤代烃（Halo-Carbon)：它是一种烃的衍生物，含有一个或多个卤族元素：氟、氯、溴，氢也可能存在，目前用作制冷剂的主要是甲烷、乙烷、丙烷和环丁烷系的衍生物，包括氯氟烃（CFC）、氢氯氟烃（HCFC）、氢氟烃（HFC）和全氟代烃（PFC）。

饱和碳氢化合物的分子通式为 C_mH_{2m+2}。卤代烃的分子通式为 $C_mH_nF_xCl_yB_z$，其原子数 m、n、x、y、z 之间的关系式为 $2m+2=n+x+y+z$。

卤代烃制冷剂的代号 R 后面的第一位数字表示卤代烃分子式中碳原子数目减去 1（即 m−1），若碳原子数目为 1，则 m−1=0，可以不写。R 后面的第二位数字表示卤代烃分子式中氢原子数目 n 加上 1（即 n+l）。R 后面的第三位数字表示卤代烃分子式中氟原子数目 p。例如二氟二氯甲烷分子式为 CF_2Cl_2，编号为 R12。四氟乙烷的分子式为 $C_2H_2F_4$，编号为 R134。

若卤代烃中有溴（Br）原子，则最后增加字母 B，之后附以溴原子数目。例如三氟-溴甲烷的分子式为 CF_3Br，编号为 R13B1。

环状衍生物的编号规则与卤代烃相同，只在字母 R 后加一个字母 C。例如八氟环丁烷分子式为 C-C_4F_8，编号为 RC318。

乙烷系制冷剂的同分异构体具有相同的编号，但最对称的一种制冷剂的编号后面不带任何字母，而随着同分异构体变得愈来愈不对称时，就附加小写 a、b、c 等字母，例如二氟乙烷分子式为 CH2FCH2F，编号为 R152；它的同分异构体分子式为 CHF2CH3，编号为 R152a。

3. 碳氢化合物：主要有饱和碳氢化合物和非饱和碳氢化合物，编号方法与卤代烃相同，例如乙烷的分子式为 C_2H_6，编号为 R170；但丁烷编号特殊，正丁烷的编号为 R600，异丁烷的编号为 R600a。非饱和碳氢化合物制冷剂主要有乙烯、丙烯等，其编号规则是在字母 R 后的第一位数为 1，接着的数字与卤代烃相同。例如乙烯、丙烯的分子式分别为 C_2H_4、C_3H_6，编号分别为 R1150、R1270。

4. 混合制冷剂：包括共沸制冷剂和非共沸制冷剂。已经商品化的共沸制冷剂按应用先后规定编号，最早命名的共沸制冷剂为 R500，以后分别为 R501、R502……R507，例如 R500 和 R502 的质量分数组成为：R500——R12/R152（73.8/26.2），R502——R22/R115（48.8/51.2）。已经商品化的非共沸制冷剂，按应用先后规定编号，最早命名的是 R400，以后分别为 R401、R402……R407A、R407B、R407C 等。混合制冷剂的组分相同、比例不同，编号后接大写 A、B、C 等加以区别。例如非共沸制冷剂 R404A 和 R407C 的组成分别为：R404A —— R125/R143a /R134a（44.0/52/4.0），R407C——R32/R125/R134a（23.0/25.0/52.0）。

5. 有机化合物：属此类的制冷剂有环状有机物、不饱和有机化合物、有机氧化物等。

（三）选用原则

空调工程用制冷系统的制冷剂的选用原则，应根据制冷剂特性、环境友好要求、技术经济性要求等进行合理选用。

1. 对空调工程用制冷剂特性的基本原则要求。根据保护大气臭氧层和全球气候变暖的要求，选择制冷剂时，应首先考虑制冷剂的消耗臭氧潜能值（Ozone Depletion Potential），简称 ODP 值；全球变暖潜能值（Global Warming Potential），简称 GWP 值；性能系数（Coefficient of Performance），简称 COP 值；大气寿命；安全性；密封性；经济性，并进行综合评价。

随着人们对环境问题认识的深化，近年来国际上越来越注重从保护臭氧层和抑制全球气候变暖两大方面综合评价制冷剂的环保性能，且已逐步形成以下共识，即：不但要看其ODP和GWP，更重要的是要比较它们的大气寿命和理想循环COP，还应考虑温室气体的直接与间接排放综合指标：总当量变暖影响TEWI（Total Equivalent Warming IMPact）和寿命周期气候性能LCCP（Life Cycle Climate Performance）。

2. 对空调工程用制冷剂的技术性能要求。所选用的制冷剂的技术性能不仅直接影响制冷循环的技术经济指标，且对制冷系统的安全稳定运行，制冷机组的特性等均密切相关。因此，选择制冷剂时一般应考虑下列因素。

（1）冷凝压力与蒸发压力之比不要过大，以免压缩机排气温度过高、输气系数过低。希望蒸发压力不低于大气压力，避免出现负压。

（2）制冷剂的临界温度要高，以利于采用常温水或空气进行冷却、冷凝。

（3）制冷剂的凝固温度要适当低一些，以便得到较低的蒸发温度。制冷剂的单位容积制冷量要大，这样可以减小压缩机的尺寸。

（4）制冷剂的热导率要高，可提高换热器的传热系数，减少传热面积，使换热设备的金属耗量减少。制冷剂的密度和黏性都要小，有利于减少系统中的流动阻力。

（5）稳定性好，在高温下不分解，不改变其物理、化学性能，与润滑油不起化学作用。制冷剂对金属设备、管路和附件没有腐蚀和侵蚀作用。

（6）制冷剂具有不燃、不爆、无毒性和刺激性，对人的生命和健康无危害。

（7）易于取得，且价格便宜。

实际应用中，完全满足上述要求的制冷剂是不存在的。各种制冷剂总是在某些方面有其长处，另一些方面又有不足。使用要求、机器容量和使用条件的不同，应在满足主要要求的情况下，采取各种措施弥补其不足之处。

二、制冷工质的化学、安全和环境特性

（一）安全性

制冷剂的安全性包括毒性、可燃性。在现行国家标准GB/T 7778—2008中，对制冷剂的毒性、可燃性制定了安全分类等级。制冷剂的毒性危害分类是按急性和慢性允许暴露量，制冷剂毒性危害分为A、B、C三类。

A类：根据已经确定的$LC_{50(4\text{-}hr)}$和TLV-TWA值，制冷剂的$LC_{50(4\text{-}hr)} \geq 0.1\%$（V/V）和TLV-TWA≥0.04%（V/V）。

B类：按已经确定的$LC_{50(4\text{-}hr)}$和TLV-TWA值，制冷剂的$LC_{50(4\text{-}hr)} \geq 0.1\%$（V/V）和TLV-TWA<0.04%（V/V）。

C类：按已经确定的$LC_{50(4\text{-}hr)}$和TLV-TWA值，制冷剂的$LC_{50(4\text{-}hr)} < 0.1\%$（V/V）和TLV-TWA<0.04%（V/V）。

燃烧危险性分类是根据制冷剂的燃烧危险程度分为1，2，3三类，其分类原则是：

第1类：在101kPa和18℃大气中实验时，无火焰蔓延的制冷剂，即不可燃。

第2类：在101kPa、21℃和相对湿度为50%的条件下，制冷剂LFL>0.1kg/m^3，且燃烧产生热量小于19000kJ/kg，即有燃烧性。

第 3 类：在 101kPa、21℃和相对湿度为 50%的条件下，制冷剂 LFL≤0.1kg/m^3，且燃烧产生热量大于等于 19000kJ/kg 者为有很高的燃烧性，即有爆炸性。

按制冷剂安全性分类原则在国标 GB/T 7778—2008 中，把各种制冷剂分为 9 种安全分组类型，如表 10-1-2 所示。并在该标准中列出了各种制冷剂的安全性分类，如 R123 为 B1 类、R134$_a$为 A1 类等。在分类原则中的 $LC_{50(4hr)}$是致命浓度（Lethal concentration）的表示方式，表达物质在空气中的浓度，在此浓度的环境下持续暴露 4h 可导致实验动物有 50%死亡。TLV_s是最高允许浓度（threshold limit values）的表示方法，表示物质在空气中的浓度，在这种环境条件下可以认为几乎全部工作人员可以反复的每天暴露其中而无损健康的影响。TLV-TWA 是最高允许浓度时间加权平均值（threshold limit value-time-weighted average）的表示方法，是以正常 8h 工作日和 40h 工作周的时间加权平均最高允许浓度，在此条件下，几乎所有工作人员可以反复的每日暴露其中而无有损健康的影响。LFL 是燃烧最小浓度值（lower flammability limit）的表示方法，是在大气压力为 101kPa，干球温度 21℃，相对湿度 50%并于容积为 0.012m^3（12L）的玻璃烧瓶中采用电火花点燃火柴头作为点燃火源的实验条件下，能够在制冷剂和空气组成的均匀混合物中足以使火焰开始蔓延的制冷剂最小浓度。表 10-1-3 是一些制冷剂的易燃易爆特性。

制冷剂安全性分类 **表 10-1-2**

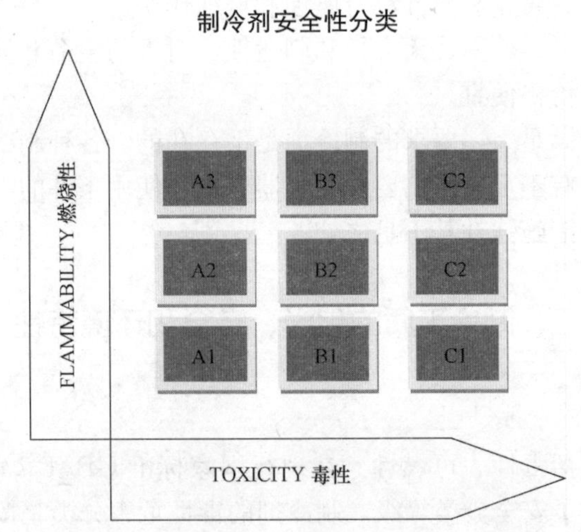

一些制冷剂的易燃易爆特性 **表 10-1-3**

工质代号	爆炸极限体积分数（%）	工质代号	爆炸极限体积分数（%）	工质代号	爆炸极限体积分数（%）	工质代号	爆炸极限体积分数（%）
R12	不燃烧	R123	不燃烧	R143a	6.0～(未知)	R702	4.0～75.0
R22	不燃烧	R124	不燃烧	R152a	3.9～16.9	R704	不燃烧
R23	不燃烧	R125	不燃烧	R290	2.3～7.3	R717	16.0～25.0
R32	14～31	R134a	不燃烧	R502	不燃烧	R718	不燃烧
R50	4.8～16.3	R142b	6.7～14.9	R600a	1.8～8.4	R728	不燃烧

（二）化学特性

1. 热稳定性

通常制冷剂因受热而发生化学分解的温度，大大高于其工作温度，因此在正常运转条件下，制冷剂是不会发生裂解的。但在温度较高又有油、钢铁、铜存在时，长时间使用会发生变质甚至热解。例如：氨在温度超过 250℃时分解成氮和氢；丙烷含有氧气时，在 460℃时开始分解，660℃时分解 43%，830℃时完全分解；R12 与铁、铜等金属接触时，在 410～430℃时分解，并生成氢、氟和极毒的光气；R22 与铁接触时，550℃时开始分解。

2. 制冷剂与水的溶解作用

不同的制冷剂的溶水性不同。氨易溶于水，生成的水溶液的凝固温度低于 0℃，因此氨制冷系统中不会因结冰堵塞制冷管路，但会腐蚀与其接触的金属材料。卤代烃和碳氢制冷剂很难溶于水，当制冷剂中含水量超过溶解度时，就会出现游离态的水；当制冷温度低于 0℃时，游离水会因结冰堵塞节流机构通道。水溶解制冷剂后会发生水解现象，生成酸性物质，腐蚀金属材料，降低绕组的电气绝缘性能。因此，制冷系统中不允许有游离态的水存在，一般在系统中设置干燥器。根据目前人们所掌握的知识，制冷剂中最大含水量不应超过 60～80mg/kg。即对于更高的含水量，视液镜中的湿度指示器上的颜色会变黄色。

水分在一些制冷剂中的溶解度（25℃）　　表 10-1-4

工质代号	溶解度（质量分数）(%)	工质代号	溶解度（质量分数）(%)	工质代号	溶解度（质量分数）(%)	工质代号	溶解度（质量分数）(%)
R12	0.01	R123	0.08	R143a	0.08	R702	na
R22	0.13	R124	0.07	R152a	0.17	R704	na
R23	0.15	R125	0.07	R290	na	R718	100
R32	0.12	R134a	0.11	R502	0.06	R728	na
R50	na	R142b	0.05	R600a	na		

注：na 表示没有找到可用的数据，但是，可以预计它们的数值都比较小。

3. 制冷剂与润滑油的互溶性

在制冷机中制冷剂与润滑油的相互接触是不可避免的，各种制冷剂与润滑油的互溶性是不同的，同一制冷剂与不同润滑油的溶解性也不同，有的完全互溶，有的几乎不溶解，而有的部分溶解。在制冷温度范围内，R717 和 R744 几乎不溶于矿物油；R22、R152a、R502 与矿物油部分相溶，它们在高温时与润滑油完全互溶，在低温时出现分层，一层含油较多，一层含油较少。图 10-1-1 是 R22 与不同润滑油形成溶液的图。R11、R12、R21、R500 与矿物油完全互溶，形成均匀的溶液。R134a 与多元醇酯类（Polyol Ester，简称 POE）合成润滑油是互溶的，而与矿物油是难溶的。值得指出的是制冷系统中的润滑油是呈液体状态存在的，当制冷剂与润滑油不互溶时，其优点是蒸发温度比较稳定，同时在制冷设备中制冷剂与润滑油分成两层，因此易于分离；缺点是在换热器的表面上，会形成阻遏传热的油膜。当制冷剂与润滑油互溶时，在传热面上就不会形成油膜。润滑油可与制冷剂一起渗透到压缩机的各个部件，形成良好的润滑条件。但是，应注意溶解制冷剂的润滑油的黏度会降低，相

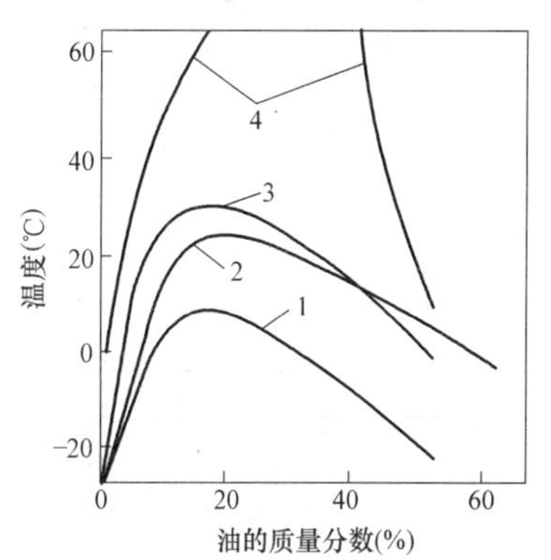

图 10-1-1　R22 与不同润滑油形成溶液的相图

1、2—环烷族润滑油；3—环烃-石蜡润滑油；4—石蜡族润滑油

同压力下的蒸发温度会升高等现象。图 10-1-2 是润滑油在 R134a 液体中的溶解度。

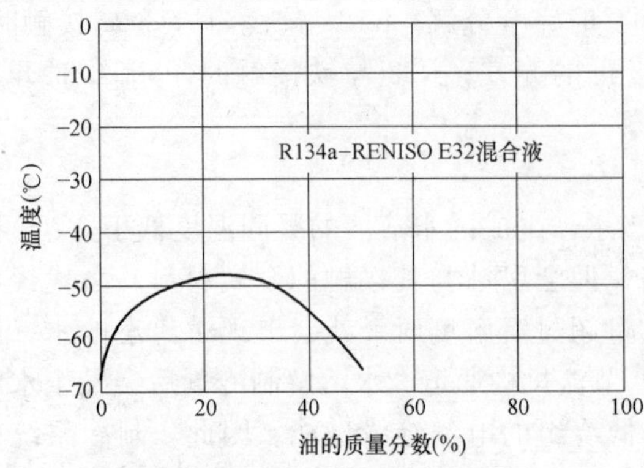

图 10-1-2 润滑油在 R134a 液体中的溶解度

4. 制冷剂与材料的作用

在正常情况下，卤素化合物制冷剂与大多数常用金属材料不起作用。但在某种情况下，一些材料将会和制冷剂发生作用，例如水解作用、分解作用等。制冷剂与金属材料接触时，发生分解作用强弱程度的次序（从弱到强）是铬镍铁耐热合金、不锈钢、镍、纯铜、铝、青铜、锌、银（分解作用最大）。含镁的质量分数超过约 2% 的镁锌铝合金，不能用在卤素化合物制冷剂的制冷机中，因为若有微量水分存在时就会引起腐蚀。有水分存在时，卤代烃水解成酸性物质，对金属有腐蚀作用。卤代烃与润滑油的混合物能够水解铜。所以当制冷剂在系统中与铜或铜合金部件接触时，铜便溶解到混合物中，当和钢或铸铁部件接触时，被溶解的铜离子又会析出，并沉浸在钢铁部件上，形成一层铜膜，即所谓的“镀铜”现象。这种现象对制冷机的运行极为不利，因此，制冷系统中应尽量避免有水分存在。氨制冷机中不能用黄铜、纯铜和其他铜合金，因为有水分时要引起腐蚀。但磷青铜与氨不起作用。某些非金属材料，如一般的橡胶、塑料等，与卤代烃制冷剂会起作用，与橡胶相接触时，会发生溶解；而对塑料等高分子化合物，则会起“膨润”作用（变软、膨胀和起泡），在制冷系统中要选用特殊的橡胶或塑料。

5. 制冷剂的电绝缘性

在封闭式压缩机中，电动机的线圈与制冷机直接接触，要求制冷剂具有良好的电绝缘性能。电击穿强度表示制冷剂电绝缘性能的一个指标。一些制冷剂气体在压力 100kPa、温度 0℃时的电击穿强度见表 10-1-5。另外，杂质、润滑油的存在会使制冷剂的电绝缘强度下降。

制冷剂气体的电绝缘强度 **表 10-1-5**

制冷剂		R11	R12	R13	R14	R22	R113	R717
电击穿强度（kV/m）	液体	1.08	1.48	0.53	0.38	1.70	1.70	0.31
	气体	0.61	1.70			1.80		

6. 制冷剂的泄漏

低压制冷剂如 R123，由于其沸点较高（27.82℃），压力较低；正常运行时，设备内的压力低于大气压力，制冷剂一般不会漏出，相反只会有空气流进去。测试表明，即使在最不利的条件下，R123 不断地从钢瓶中向没有通风的机房里泄漏，室内的最高浓度也只能达到 12ppm。而且，钢瓶一旦搬离现场，室内浓度很快就降到无法测量的水平。而在正常情况下，R123 冷水机组机房内的浓度低于 0.5ppm。但中、高压制冷剂由于沸点很低（如 R22 为－40.81℃，R134a 为－26.07℃），压力较高，一旦泄漏，室内浓度会超越其安全浓度上限。表 10-1-6 给出了一些关于不同压力制冷剂泄漏时间的实例。

冷水机组泄漏一半制冷剂所需时间　　表 10-1-6

制冷剂	高压侧		停机		低压侧	
	压力(kPa)	泄漏时间(min)	压力(kPa)	泄漏时间(min)	压力(kPa)	泄漏时间(min)
R-11	61	22	−6	—	−55	—
R-123	42	25	−19	—	−63	—
R-12	808	4	502	9	243	11
R-134a	856	5	511	7	228	13
R-22	1351	3	867	4	452	8
R-410A	2183	2	1428	3	786	5

注：① 500 冷吨水冷主机，约 680kg 制冷剂。
② 裂缝大小或孔洞直径：2.5cm（阀门或连接管道）。

设计制冷机房时，在安全性方面还应考虑以下三点：(1) 根据不同的制冷剂，选择采用不同的检漏报警装置，并与机房内的通风系统连锁，检测应安装在制冷剂最易泄漏的部位。(2) 各台制冷机组的安全阀出口或安全爆破膜出口，应用钢管并联起来，并接至室外，以便发生超压破裂时将制冷剂引至室外上空释放，确保冷冻机房运行管理人员的人身安全。

(三) 环境友好性能

卤代烃类制冷剂中，所有分子内含有氯或溴原子的制冷工质对大气臭氧层有潜在的消耗能力。臭氧的消耗潜能值 ODP（Ozone Depletion Potential）表示对大气臭氧层消耗的潜能值，这类制冷工质不仅要破坏大气臭氧层，还具有全球变暖潜能（GWP）。具有全球变暖效应的气体称为温室气体。各种制冷剂对大气环境的影响，可通过对制冷剂的 ODP、GWP、大气寿命等指标的评价确定其对环境的综合影响。表 10-1-7 是空调工程常用制冷剂的环境评价数据，表 10-1-8 是摘录自现行国家标准《制冷剂编号方法和安全性分类》GB/T 7778—2008 中有关安全分类环境友好评估的数据等，表中涉及的几个主要环境评价指标的定义说明如下：

空调工程常用制冷剂的环境评估数据　　表 10-1-7

压力	制冷剂名称	ODP	$GWP_{100年}$	大气寿命
低压	CFC-11(R11)	1.0	4680	45.0
	HCFC-123(R123)	0.012	76	1.3
中压	CFC-12(R12)	1.0	10720	100.0
	HFC-134a(R134a)	~0	1320	14.0
高压	HCFC-22(R22)	0.034	1780	12.0
	HFC-125(R125)	~0	3450	29.0
	HFC-32(R32)	~0	543	4.9
混合制冷剂	R410A(R32/R125)	~0	1674	—
	R407C(R32/R125/R134a)	~0	1997	—

注：ODP、GWP、大气寿命数据：联合国《蒙特利尔议定书》臭氧层科学评估报告书，2003。

一些制冷剂的编号、安全分类和环境友好评估　　表 10-1-8

制冷剂编号	化学名称	化学分子式	相对分子量	标准沸点(℃)	安全分类	环境友好(是/否)
R123	2,2-二氯-1,1,1-三氟乙烷	$CHCl_2CF_3$	153.0	27	B1	是
R134a	1,1,1,2-四氟乙烷	CH_2FCF_3	102.0	−26	A1	是
R12	二氯二氟甲烷	CCl_2F_2	120.9	−30	A1	否
R22	氯二氟甲烷	$CHClF_2$	86.5	−41	A1	否

续表

制冷剂编号	化学名称	化学分子式	相对分子量	标准沸点(℃)	安全分类	环境友好(是/否)
R407C	R32/125/134a(23/25/52)	86.2[a]	−43.8[b]	−36.7	A1/A1	否
R410A	R32/125(50/50)	72.6[a]	−51.6[b]	−51.5	A1/A1	否
R502	R22/115(48.8/51.2)	112.0[a]	19[c]	−45	A1	否

注：a 为平均分子量，b 为泡点（℃），c 为共沸温度（℃）

全球变暖潜值（GWP），比较一种温室气体排放相对于等量二氧化碳排放所产生的气候影响的指标。GWP 被定义为在固定时间范围内 1 公斤物质与 1 公斤 CO_2 的脉冲排放引起的时间积累（如：100 年）的辐射强迫的比率。

等效增暖影响总量（TEWI），对设备运行期间以及使用期限结束时运行工质废弃期间相关温室气体总排放的全球增暖总体影响的度量。TEWI 考虑工质直接排放（包括所有泄漏和耗损）及设备运行期间耗能所产生的间接排放，TEWI 一般用 $kgCO_2$ 当量的单位来度量。

消耗臭氧层物质（ODS），已知的消耗平流层臭氧的物质，包括哈龙、CFC、HCFC、甲基溴（CH_3B_r）、四氯化碳（CCl_4）等等。平流层臭氧（即臭氧层）在平流层的辐射平衡中起主要作用。

消耗臭氧层潜值（ODP），比较一种 ODS 体排放相对于 CFC-11 排放所产生的臭氧层消耗的指标。

大气寿命，任何物质排放到大气层被分解一半（数量）所需的时间（年）。

传统制冷工质 R11、R12 不仅 ODP 值很高，而且 GWP 值也很高，是大气环境极不友好的制冷工质，因此要被禁止使用。作为替代 R12 的新制冷工质 R134a，虽然其 ODP 值已经是 O，但仍有较高的 GWP 值。为了加快淘汰环境不友好的制冷剂，国家环保总局于 2007 年发布的《消耗臭氧层物质 ODS 替代品推荐目录（修订）》规定目前常用的制冷剂 HCFC22、HCFC123、HFC134a、HFC407C、HFC410A 等都是消耗臭氧层物质（ODS）替代品，但是 HCFC 将于 2040 停止在新设备中使用。旧设备仍可使用回收的 HCFC。《蒙特利尔议定书》缔约方第 19 次会议达成分阶段加速淘汰氢氯氟烃（HCFCs）的调整方案，时间表整体上提前了大约 10 年，但最终淘汰日期未变，对使用回收和再生制冷剂的淘汰日期没有限定。目前我国许多制冷空调设备使用 HCFC-22 制冷剂，目前全球范围内还未找到理想的 HCFC 的替代物，HFCs 因具有较高 GWP 值被《京都议定书》明确列入应实施减排的温室气体目录。从长远的发展趋势而言，HFCs 在未来的消费淘汰也是不可避免的，唯一尚不能确定的是这一替代进程的时间进度。因此若以 HFCs 替代 HCFCs，这种技术方向和时间上的不确定性对于我国制冷空调业而言，存在巨大的风险和挑战。

在制冷机房内一旦发生制冷剂的泄漏，由于几乎所有的制冷剂均比空气重，且具有窒息性，因此将对在相关环境中的操作人员受到缺氧窒息的危害，为此在使用制冷剂的场所均需设置相应的制冷剂泄漏检测传感器和报警装置，既可避免对大气环境的影响，也是确保工作人员人身安全的基本条件。

三、常用制冷剂

（一）氨

氨（NH_3）的特性：氨是中温制冷剂。正常沸点为－33.4℃，使用范围是＋5℃到

−70℃，当冷却水温度达到30℃时，冷凝器中的工作压力一般不超过1.5MPa。氨的临界温度较高（t_{kr}＝132℃）。氨气化潜热大，在大气压力下为1164kJ/kg，单位容积制冷量也大，氨压缩机的尺寸可以较小。纯氨对润滑油无不良影响，但有水分时，会降低冷冻油的润滑作用。氨液密度比油小，在贮液器和蒸发器的下部会沉积油，应定期放油。氨的蒸气无色，有强烈的刺激臭味。氨对人体有较大的毒性，氨液飞溅到皮肤上时会引起冻伤。当空气中氨蒸气的容积达到0.5%～0.6%时，人在其中停留0.5小时即可中毒，故机房内空气中氨的浓度不得超过0.02mg/L。氨是一种中温制冷剂。标准沸点为−33.35℃、凝固温度−77.7℃，适用于5℃～40℃的温度范围。氨具有良好的热工性能，黏性小、流动阻力小、传热性能好，泄漏后容易发觉。当氨蒸气在空气中容积浓度达到11%～14%时即可点燃，当浓度达到16%～27%时会引起爆炸。氨的吸水性强，氨能以任意比例与水组成氨水溶液，在低温时水也不会从溶液中析出而冻结成冰。但由于含有水分而引起对金属的腐蚀，所以限制氨中含水量不超过0.2%。

（二）卤代烃

它是一种透明、无味、无毒、不易燃烧和化学稳定的制冷剂。不同的化学组成和结构的卤代烃制冷剂热力性质相差很大，可适用于高温、中温和低温制冷机，以适应不同制冷温度的要求。卤代烃对水的溶解度小，制冷装置中进入水分后会产生酸性物质，并容易造成低温系统的“冰堵”，堵塞节流阀或管道。另外避免卤代烃与天然橡胶起作用，其装置应采用丁晴橡胶作垫片或密封圈。

1. R22，（二氟一氯甲烷，CHF_2Cl）属于HCFC类制冷工质，将要被限制和禁止使用，但目前仍较常用的中温制冷工质。在相同的蒸发温度和冷凝温度下，R22比R12的压力要高65%左右。R22的沸点为−40.8℃，凝固点−160℃。它在常温下的冷凝压力和单位容积制冷量与氨差不多。压缩终温介于氨和R12之间，能制取的最低蒸发温度为−80℃。R22无色、无味、不燃烧、不爆炸，安全分类为A1。对R22的含水量限制在0.01%以内，同时系统内应装设干燥器。R22化学性质不如R12稳定，它对有机物的膨润作用更强，密封材料可采用氯乙醇橡胶。R22对金属与非金属的作用与R12相似，其泄漏特性也与R12相似。R22能够部分地与矿物润滑油相互溶解，而且其溶解度随着矿物润滑油的种类及温度而变。矿物润滑油在R22制冷系统各部分中产生不同的影响，在冷凝器中，矿物润滑油将溶解于R22液体中，不易在传热表面形成油膜；在贮液器中，R22液体与油形成基本上是均匀的溶液而不会出现分层现象，因而不可能从贮液器中将油分离出来。矿物润滑油与R22进入到蒸发器后，对于满液式蒸发器，随着R22的不断蒸发，矿物润滑油在其中越积越多，使蒸发温度提高，传热系数降低，因此，一般采用蛇管式蒸发器（或管内蒸发的壳管式蒸发器），且液体从上面流入，蒸气从下边引出，使矿物润滑油与R22蒸气一同返回压缩机中。在压缩机的曲轴箱里，油中会溶解R22。机器停用时，曲轴箱内压力升高，油中的R22溶解量增多。当压缩机启动时，曲轴箱内的压力降低到蒸发压力，油中的R22会大量蒸发出来，使油起泡，这将影响油泵的工作。所以较大容量的R22制冷机，在启动前需先对曲轴箱内的油加热让R22先蒸发掉。

2. R134a（1,3-四氟乙烷，$C_2H_2F_4$）作为R12的替代制冷工质而提出。它的许多特性与R12很接近，见表10-1-9。近来R134a也被用于离心式制冷机中，作为R12的替代制冷工质。R134a的临界压力比R12略低；温度及液体密度均比R12略小；标准沸点略高于 R12；液体、气体的比热容均比 R12 大；两者的饱和蒸气压在低温时 R134a 略低，大约在 17℃时相等，高温时 R134a 略高。因此，一般情况下，R134a 的压比要略高于 R12，但排气温度比 R12 低，对压缩机工作更有利。两者的黏性相差不大。R134a 的毒性非常低，在空气中不可燃，安全类别为 Al，是安全的制冷工质。与 R12 相比，R134a 具有优良的迁移性质，其液体及气体的热导率显著高于 R12。研究表明，在蒸发器和冷凝器中，R134a 的传热系数比 R12 分别要高 35%～40%和 25%～35%。R134a 与矿物润滑油不相溶，但在温度较高时，能完全溶解于多元烷基醇类（Poiyalkylene Glycol，简称 PAG）和多元醇酯类（Polvol Ester，简称 POE）合成润滑油；在温度较低时，只能溶解于 POE 合成润滑油。R134a 的化学稳定性很好，然而由于它的溶水性比 R12 要强得多，这对制冷系统很不利。即使少量水分存在，在润滑油等的一起作用下，将会产生酸、CO 或 CO_2，将对金属产生腐蚀作用，或产生"镀铜"现象。因此，R134a 对系统的干燥和清洁性要求更高。且不能用与 R12 相同的干燥剂，必须用与 R134a 相容的干燥剂，如 XH-7 或 XH-9 型分子筛。R134a 对钢、铁、铜、铝等金属均未发现有化学反应的现象，仅对锌有轻微的作用。R134a 对塑料无显著影响，除了对聚苯乙烯稍有影响外，其他的大多可用。和塑料相比，合成橡胶受 R134a 的影响略大，特别是氟橡胶。与其他 HFC 类制冷工质一样，R134a 分子中不存在氯原子，不能用传统电子检漏仪检漏，应该用专门适合于 R134a 的检漏仪检漏。

R12、R134a 等制冷剂的主要性能比较 **表 10-1-9**

工质	R11	R123	R12	R134a
化学分子式	$CFCl_3$	$C_2HF_3Cl_2$	CF_2Cl_2	$C_2H_2F_4$
相对分子质量	137.39	152.93	120.93	102.0
标准蒸发温度/℃	23.7	27.6	−29.8	−26.2
凝固点/℃	−111.0	−107.0	−155.0	−101.0
临界温度/℃	198.0	184.0	112.0	100.6
临界压力/MPa	4.37	36.05	4.12	3.941
临界比容/(L/kg)	1.805	1.857	1.793	2.04
25℃时液体密度/(kg/L)	1.476	1.461	1.309	1.203
25℃时蒸汽压力/MPa	1.056	0.917	0.6516	0.6615
标准气化温度饱和蒸汽密度/(kg/m³)	5.86	6.2	6.33	5.05
25℃时液体比热容/(kJ/(kg·K))	0.867	1.101	0.971	1.129
25℃时,常压下蒸汽比定压热容/(kJ/(kg·K))	0.590	0.682	0.615	0.791
标准气化温度时的气化潜热/(kJ/kg)	180.5	167.9	165.3	219.8
蒸汽 25℃时热导率/(W/(m·K))	0.0060	0.0093	0.0097	0.0083
液体 25℃时热导率/(W/(m·K))	0.039	0.090	0.068	0.118
蒸汽 25℃时常压下动力黏度/(Pa·s)	1.05×10^{-5}	1.1×10^{-5}	1.11×10^{-5}	1.23×10^{-5}
液体 25℃时常压下动力黏度/(Pa·s)	4.25×10^{-4}	4.5×10^{-4}	2.52×10^{-4}	1.95×10^{-4}
24℃时表面张力/(N/m)	0.0185	0.016	0.0091	0.0108
25℃时常压下在水中溶解度(质量分数)(%)	0.14	0.39	2.7	0.15
空气中可燃性	无	无	无	无

(三) 混合制冷剂由两种或两种以上的单一制冷剂按一定比例混合获得，根据混合后的溶液是否具有共沸的性质，可分为共沸混合制冷剂和非共沸混合制冷剂两类。

1. 共沸混合制冷剂，表 10-1-10 列出几种共沸制冷剂的组成和沸点。这类制冷剂的主要特点有：在一定蒸发压力下蒸发时，具有几乎不变的蒸发温度，而且蒸发温度一般比组成它的单组分的蒸发温度低。这里所指的几乎不变，是指在偏离共沸点时，泡点温度和露点温度虽有差别，但非常接近，表现出与纯制冷工质相同的恒沸性质，即在蒸发过程中，蒸发压力不变，蒸发温度也不变。在一定的蒸发温度下，共沸制冷工质的单位容积制冷量，比组成它的单一制冷工质的单一制冷量要大。这是因为在相同的蒸发温度和吸气温度下，共沸制冷工质比组成它的制冷工质的压力高、比体积小的缘故。在全封闭和半封闭压缩机中，采用共沸制冷工质可使电动机得到更好的冷却，电动机绕组温升减小。试验表明，在由制冷工质吸气冷却电动机的半封闭式压缩机中，采用 R502 后，电动机的温升比 R22 降低 10～20℃，这是由于 R502 的质量流量和热容量较 R22 大的缘故。所以在一定条件下，采用共沸制冷工质可使能耗减少。例如，R502 在低温范围内（蒸发温度在－60℃～－300℃），能耗较 R22 低；而在高温范围内（蒸发温度－10℃～100℃），能耗较 R22 高。

几种共沸制冷剂的组成和沸点 **表 10-1-10**

代号	组分	组成	相对分子质量	沸点(℃)	共沸温度(℃)	各组分的沸点(℃)
R500	R12/152a	73.8/26.2	99.3	－33.5	0	－29.8/－25
R502	R22/115	48.8/51.2	111.6	－45.4	19	－40.8/－38
R504	R32/115	48.2/51.8	79.2	－59.2	17	－51.2/－38
R505	R12/31	78.0/22.0	103.5	－30	115	－29.8/－9.8
R506	R31/114	55.1/44.9	93.7	－12.5	18	－9.8/3.5
R507	R125/143a	50.0/50.0	98.9	－46.7	—	－48.8/－47.7

2. 非共沸混合制冷剂，没有共沸点，在一定压力下蒸发或凝结时，气相和液相的成分不同，温度也在不断变化。图 10-1-3 表示了非共沸制冷工质的温度—质量分数（T-w）图。由图可见，在一定的压力下，当溶液加热时，首先到达饱和液体点 A、所对应的状态称为泡点，其温度为泡点温度。若再加热到点 B，进入两相区，分为饱和液体（点 B_1）和饱和蒸气（点 B_g）两部分，其质量分数分别为 w_{b1} 和 w_{bg}。继续加热到点 C 时，全部蒸发完，成为饱和蒸气，此时所对应的状态称为露点，其温度称为露点温度。泡点温度和露点温度的温差，称之为温度滑移（Temperature glide）。在露点时，若再加热即成为过热蒸气。非共沸混合制冷工质在定压相变时，其温度发生变化。定压蒸发时，温度从泡点温度变化到露点温度，定压凝结则相反。非共沸混合制冷工质的这一特性被广泛用在变温热源的温差匹配场合达到节能的目的。目前应用较多的非共沸制冷剂的特性见表 10-1-11。

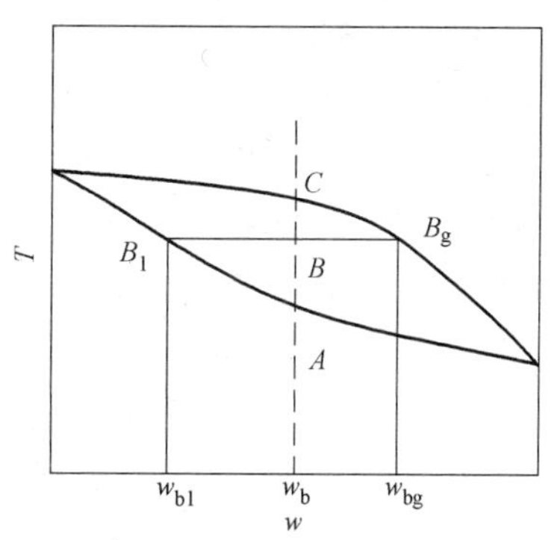

图 10-1-3 非共沸制冷工质的 T-w 图

一些非共沸制冷剂的特性 **表 10-1-11**

代号	组分	组成	泡点温度(℃)	露点温度(℃)	ODP	GWP(CO_2=1)	主要应用
R401A	R22/152a/124	53/13/34	－33.8	－28.9	0.03	1025	替代 R12
R401B	R22/152a/124	61/11/28	－35.5	－30.7	0.04	1120	替代 R12
R402A	R22/290/125	38/2/60	－49.2	－47.6	0.02	2650	替代 R502
R402B	R22/290/125	60/2/38	－47.4	－46.1	0.03	2250	替代 R502
R403A	R22/218/290	74/20/6	－48.0		0.037	2170	替代 R502
R403B	R22/218/290	55/39/6	－50.2	－49.0	0.028	2790	替代 R502

续表

代号	组分	组成	泡点温度(℃)	露点温度(℃)	ODP	GWP(CO_2=1)	主要应用
R404A	R125/143a/134a	44/4/52	−46.5	−46.0	0	3520	替代 R502
R407A	R32/125/134a	20/40/40	−45.8	−39.2	0	1960	替代 R502
R407B	R32/125/134a	10/70/20	−47.4	−43.0	0	2680	替代 R502
R407C	R32/125/134a	30/10/60	−43.4	−36.1	0	1600	替代 R22
R408A	R22/143a	45/55	−44.5	−44.0	0.03	2740	替代 R502
R410A	R32/125	50/50	−52.5	−52.3	0	2020	替代 R22

注：表中的泡点和露点温度，是指压力为标准大气压（101.325kPa）时的饱和温度。

3. 常用的混合制冷剂

R502，沸点为−45.4℃的共沸制冷剂，是性能良好的中温制冷工质，可代替 R22 用于获得低温。当在相同的吸气温度和压比下，使用 R502 时，压缩机的排气温度比使用 R22 时低 10～25℃。R502 的溶水性比 R12 大 1.5 倍，在 82℃以上与矿物油有较好的溶解性，低于 82℃时，对矿物油的溶油性差，油将与 R502 分层。由于 R502 构成组分中含有大量的 R115，它的 ODP 值较高，在发达国家已经禁止使用。

R507，沸点为−45.4℃的共沸制冷剂，是一种新的制冷工质，是作为 R502 的替代物提出来的。其 ODP 值为零。它的沸点与 R502 的沸点非常接近。在相同工况下，制冷系数比 R502 略低，容积制冷量比 R502 略高，压缩机排气温度比 R502 略低，冷凝压力比 R502 略高，压比略高于 R502。它不溶于矿物油，但能溶于聚酯类润滑油。

R407C，不能与矿物润滑油互溶，但能溶解于聚酯类合成润滑油。研究表明，在空调工况（蒸发温度约 7℃下），容积制冷量以及制冷系数比 R22 略低（约 5%）。因此，将 R22 的空调系统换成 R407C 只要将润滑油和制冷工质改换就可以了，而不需要更换制冷压缩机，这是 R407C 作为 R22 替代物的最大优点。由于 R407C 的泡露点温差较大，在使用时最好将热交换器作成逆流形式，以充分发挥非共沸混合制冷工质的优势。

R410A，也是作为 R22 的替代物提出来的。虽然在一定的温度下，它的饱和蒸气压比 R22 和 R407C 均要高一些，但它的其他性能比 R407C 要优越。它具有与共沸混合制冷工质类似的优点，容积制冷量在低温工况时比 R22 还要高约 60%，制冷系数也比 R22 高约 50%；在空调工况时，容积制冷量和制冷系数均与 R22 差不多。与 R407C 相比较，尤其是在低温工况，使用 R410A 的制冷系统具有更小的体积（容积制冷量大），更高的能量利用率。但 R410A 不能直接用来替换 R22 的制冷系统，在使用 R410A 时，要用专门的制冷压缩机而不能用 R22 的制冷压缩机。

(四) 碳氢化合物

1. R600a（异丁烷），其沸点为−11.73℃，凝固点−160℃，曾在 1920～1930 年作为小型制冷装置的制冷工质，后由于可燃性等原因，被卤代烃制冷工质取代了。在 CFCs 制冷工质会破坏大气臭氧层的问题出来后，作为自然制冷工质的 R600a 又重新得到重视。尽管 R134a 在许多方面具有替代 R12 制冷工质的优越性，但它仍有较高的 GWP 值，因此许多人提倡在制冷温度较低场合（如电冰箱），采用 R600a 作为 R12 的永久替代物。

R600a 的临界压力比 R12 低、临界温度及临界比体积均比 R12 高，标准沸点高于 R12 约 18℃，饱和蒸气压比 R12 低。在一般情况下，R600a 的压比要高于 R12 且容积制冷量要小于 R12。为了使制冷系统能达到与 R12 相近的制冷能力，应选用排气量较大的制冷压缩机。但它的排气温度比 R12 低，对压缩机工作更有利。两者的黏性相差不大。R600a 的毒性非常低，但在空气中可燃，因此安全类别为 A3，在使用 R600a 的场合要注意防火防爆。当制冷温度较低（低于－11.7℃时，制冷系统的低压侧处于负压状态，外界空气有可能要渗透进去。因此，使用 R600a 作制冷工质的系统，其电器绝缘要求比一般系统要高，以免产生电火花引起爆炸。

R600a 与矿物润滑油能很好互溶，不需价格昂贵的合成润滑油。除可燃外，R600a 与其他物质的化学相溶性很好，而且与水的溶解性很差，这对制冷系统很有利。但为了防止“冰堵”现象，制冷工质允许含水量较低，除水要求相对高。

2. R50（甲烷），是一种常用的较低温区的制冷工质，它的沸点为－161.5℃，凝固点温度为－182.2℃，临界温度为－82.5℃。R50 通常被用来制取－160℃以上的低温，但由于它的临界温度较低，环境温度下已经是超临界状态，因此，它往往被用于复叠制冷的低温级制冷系统中。与其他碳氢化合物一样，R50 具有很强的可燃性，在使用时要特别注意。

（五）离心式、螺杆式制冷机常用的制冷剂

1. 离心式制冷剂常用的制冷剂，除应满足选用制冷剂的一般要求外还有一些特殊要求，这些要求主要有：制冷剂的相对分子量应尽可能大，可使压缩机级的压比增高，减少级数或使压缩机的尺寸减小；制冷能力不同时，应选用不同的单位容积制冷量的制冷剂。离心压缩机对制冷剂的单位容积制冷量的要求与容积式压缩机不同。离心式压缩机的容积流量的大小直接影响到机器的转速，叶轮宽度与直径之比等参数。为了使离心式压缩机转速、叶轮宽度与直径之比保持在合理范围内，要求压缩机最小制冷量时的容积流量也不应太小。制冷剂的液体比热容与气化潜热的比值尽可能小，该比值越小，则制冷循环的节流损失越小，节流后产生的蒸汽也越少。离心式制冷机目前常用的制冷剂是 R123 和 R134a，由于制冷剂的特性不同，冷水机组有不同的结构：使用 R123 的三级压缩离心式冷水机组和使用 R134a 的单级压缩离心式冷水机组。按照冷水机组的能效、运行稳定性、不易喘振、制冷剂的充注量和泄漏率等评价离心机组和所使用制冷剂的优劣。例如，R123 的三极压缩离心式冷冻机组具有能效较高，与 R134a 制冷剂相比可提高能效 4%～5%；卸载至 10%负荷左右，可不发生喘振；制冷剂的充注量较小，平均每冷吨约为 1.7 磅，运行稳定性好，年制冷剂泄漏率小于 0.5%。

2. 螺杆式制冷机常用制冷剂，螺杆式制冷机，属容积式压缩机，也是回转式压缩机，可采用多种制冷工质，目前常用的制冷剂如 R22，R134a，R404A，R407C，R717 等。

（六）常用制冷剂的热力性质表和图

R22 饱和状态下的热力性质表 **表 10-1-12**

温度 T (℃)	绝对压力 P (kPa)	比容		焓		气化热 r (kJ/kg)	熵	
		液体 v' (L/kg)	气体 v'' (m^3/kg)	液体 h' (kJ/kg)	气体 h'' (kJ/kg)		液体 s' kJ/(kg·K)	气体 s'' kJ/(kg·K)
－40	104.95	0.70936	0.20575	155.413	388.611	233.198	0.82489	1.82505
－38	115.07	0.71230	0.18878	157.537	389.531	231.994	0.83393	1.82046
－36	125.94	0.71529	0.17348	159.671	390.444	230.773	0.84293	1.81600
－34	137.61	0.71832	0.15967	161.816	391.350	229.534	0.85191	1.81165
－32	150.11	0.72139	0.14717	163.972	392.249	228.277	0.86085	1.80742

续表

温度 T (℃)	绝对压力 P (kPa)	比容		焓		气化热 r (kJ/kg)	熵	
		液体 v' (L/kg)	气体 v'' (m^3/kg)	液体 h' (kJ/kg)	气体 h'' (kJ/kg)		液体 s' kJ/(kg·K)	气体 s'' kJ/(kg·K)
−30	163.48	0.72452	0.13584	166.139	393.140	227.001	0.86976	1.80330
−28	177.76	0.72769	0.12556	168.317	394.023	225.706	0.87863	1.79928
−26	192.99	0.73092	0.11621	170.507	394.898	224.391	0.88748	1.79536
−24	209.22	0.73420	0.10770	172.707	395.764	223.057	0.89630	1.79153
−22	226.48	0.73753	0.099936	174.919	396.621	221.702	0.90509	1.78780
−20	244.83	0.74091	0.092843	177.142	397.469	220.327	0.91385	1.78416
−18	264.29	0.74436	0.086354	179.376	398.308	218.932	0.92259	1.78060
−16	284.93	0.74786	0.080410	181.621	399.136	217.515	0.93129	1.77712
−14	306.78	0.75143	0.074957	183.878	399.954	216.076	0.93997	1.77372
−12	329.89	0.75506	0.069947	186.147	400.761	214.614	0.94862	1.77040
−10	354.30	0.75876	0.065339	188.426	401.558	213.132	0.95725	1.76714
−8	380.06	0.76253	0.061095	190.718	402.343	211.625	0.96585	1.76395
−6	407.23	0.76637	0.057181	193.020	403.117	210.097	0.97442	1.76083
−4	435.84	0.77028	0.053568	195.335	403.878	208.543	0.98297	1.75776
−2	465.94	0.77427	0.050227	197.662	404.727	208.543	0.99150	1.75476
0	497.59	0.77834	0.047135	200.000	405.364	206.965	1.00000	1.75180
2	530.83	0.78249	0.044270	202.351	406.087	205.364	1.00848	1.74890
4	565.71	0.78673	0.041612	204.713	406.796	203.736	1.01694	1.74605
6	602.28	0.79107	0.039144	207.089	407.491	202.083	1.02537	1.74325
8	640.59	0.79549	0.036849	209.477	408.172	200.402	1.03379	1.74048
10	680.70	0.80002	0.034713	211.877	408.838	196.961	1.04218	1.73776
12	722.55	0.80465	0.032723	214.291	409.488	195.197	1.05056	1.73507
14	766.50	0.80939	0.030868	216.719	410.122	193.403	1.05892	1.73243
16	812.29	0.81424	0.029136	219.160	410.739	191.579	1.06726	1.72979
18	860.08	0.81922	0.027517	221.615	411.339	189.724	1.07559	1.72720
20	909.93	0.82431	0.026003	224.084	411.921	187.837	1.08390	1.72463
22	961.89	0.82954	0.024585	226.569	412.484	185.915	1.09220	1.72207
24	1016.0	0.83491	0.023257	229.068	413.027	183.959	1.10049	1.71954
26	1072.3	0.84043	0.022011	231.584	413.551	181.967	1.10876	1.71702
28	1130.9	0.84610	0.020841	234.115	414.053	179.938	1.11703	1.71451
30	1191.9	0.85193	0.019741	236.664	414.533	177.869	1.12530	1.71201
32	1255.2	0.85793	0.018707	239.230	414.990	175.760	1.13356	1.70951
34	1321.0	0.86412	0.017734	241.815	415.423	173.608	1.14181	1.70702
36	1389.2	0.87051	0.016816	244.418	415.830	171.412	1.15007	1.70451
38	1460.1	0.87710	0.015951	247.042	416.211	169.169	1.15833	1.70200
40	1533.5	0.88392	0.015135	249.686	416.563	166.877	1.16659	1.69947
42	1609.7	0.89097	0.014363	252.353	416.886	164.533	1.17487	1.69693
44	1688.5	0.89828	0.013634	255.043	417.177	162.134	1.18315	1.69436
46	1770.2	0.90586	0.012943	257.757	417.435	159.678	1.19145	1.69176
48	1854.8	0.91374	0.012289	260.497	417.657	157.160	1.19977	1.68912
50	1942.3	0.92193	0.011669	263.256	417.842	154.577	1.20811	1.68644

R123 饱和状态下的热力性质 表 10-1-13

温度 t (℃)	绝对压力 p (kPa)	比容 液体 v' ($10^{-3}m^3/kg$)	比容 气体 v'' (m^3/kg)	焓 液体 h' (kJ/kg)	焓 气体 h'' (kJ/kg)	气化热 r (kJ/kg)	熵 液体 s' [kJ/(kg·K)]	熵 气体 s'' [kJ/(kg·K)]
−40	3.816	0.61921	3.31325	167.808	356.182	188.374	0.87296	1.68091
−39	4.066	0.62005	3.12189	168.539	356.758	188.220	0.87609	1.67993
−38	4.331	0.62089	2.94322	169.273	357.336	188.063	0.87922	1.67898
−37	4.610	0.61274	2.77631	170.012	357.916	187.904	0.88235	1.67805
−36	4.904	0.62259	2.62029	170.754	358.496	187.743	0.88548	1.67715
−35	5.215	0.62344	2.47437	171.499	359.078	187.579	0.88862	1.67627
−34	5.541	0.62430	2.33781	172.249	359.661	187.412	0.89176	1.67542
−33	5.886	0.62517	2.20995	173.002	360.245	187.243	0.89490	1.67460
−32	6.248	0.62603	2.09016	173.758	360.830	187.072	0.89805	1.67380
−31	6.628	0.62690	1.97787	174.519	361.417	186.898	0.90119	1.67302
−30	7.029	0.62778	1.87255	175.283	362.005	186.721	0.90434	1.67227
−29	7.449	0.61866	1.77373	176.051	362.593	186.542	0.90749	1.67154
−28	7.891	0.62954	1.68095	176.823	363.183	186.369	0.91065	1.67083
−27	8.354	0.63043	1.59378	177.599	363.774	186.175	0.91380	1.67015
−26	8.840	0.63132	1.51187	178.378	364.366	185.988	0.91696	1.66949
−25	9.350	0.63221	1.43484	179.162	364.959	185.798	0.92012	1.66885
−24	9.885	0.63311	1.36238	179.949	365.553	185.605	0.92329	1.66824
−23	10.445	0.63402	1.29417	180.740	366.148	185.409	0.92645	1.66764
−22	11.031	0.63493	1.22993	181.534	366.745	185.210	0.92962	1.66707
−21	11.645	0.63584	1.16941	182.333	367.342	185.009	0.93279	1.66652
−20	12.287	0.63676	1.11236	183.135	367.940	184.805	0.93597	1.66599
−19	12.959	0.63768	1.05855	183.941	368.539	184.597	0.93915	1.66548
−18	13.661	0.63861	1.00779	184.752	369.139	184.387	0.94233	1.66499
−17	14.394	0.63954	0.95986	185.566	369.740	184.174	0.94551	1.66452
−16	15.160	0.64147	0.91461	186.384	370.341	183.958	0.94860	1.66407
−15	15.960	0.64141	0.87185	187.205	370.944	183.739	0.95188	1.66363
−14	16.794	0.64236	0.83143	188.031	371.548	183.517	0.95507	1.66322
−13	17.665	0.64331	0.79321	188.860	372.152	183.292	0.95826	1.66282
−12	18.573	0.64426	0.75705	189.694	372.757	183.063	0.96146	1.66245
−11	19.519	0.64522	0.72282	190.531	373.363	182.832	0.96466	1.66209
−10	20.505	0.64619	0.69041	191.372	373.970	182.597	0.96786	1.66175
−9	21.531	0.64715	0.65971	192.217	374.577	182.360	0.97106	1.66142
−8	22.600	0.64813	0.63061	193.067	375.185	182.119	0.97426	1.66112
−7	23.712	0.64911	0.60303	193.920	375.794	181.875	0.97747	1.66083
−6	24.869	0.65009	0.57687	194.776	376.404	181.627	0.98068	1.66055
−5	26.072	0.65108	0.55204	195.637	377.014	181.377	0.98390	1.66030
−4	27.323	0.65208	0.52848	196.502	377.625	181.123	0.98711	1.66006
−3	28.623	0.65308	0.50610	197.371	378.236	180.866	0.99033	1.65983
−2	29.973	0.65408	0.48484	198.243	378.848	180.605	0.99355	1.65962
−1	31.375	0.65509	0.46464	199.120	379.461	180.341	0.99677	1.65943
0	32.830	0.65611	0.44543	200.000	380.074	180.074	1.00000	1.65925
1	34.339	0.65713	0.42717	200.884	380.688	179.803	1.00323	1.65909
2	35.906	0.65816	0.40979	201.773	381.302	179.529	1.00646	1.65894
3	37.530	0.65919	0.39325	202.665	381.917	179.252	1.00969	1.65880
4	39.213	0.66023	0.37750	203.561	382.532	178.971	1.01293	1.65868
5	40.957	0.66127	0.36250	204.461	383.147	178.687	1.01616	1.65857
6	42.764	0.66232	0.34820	205.364	383.763	178.399	1.01940	1.65848

续表

温度 t (℃)	绝对压力 p (kPa)	比容		焓		气化热 r (kJ/kg)	熵	
		液体 v' ($10^{-3}m^3/kg$)	气体 v'' (m^3/kg)	液体 h' (kJ/kg)	气体 h'' (kJ/kg)		液体 s' [kJ/(kg·K)]	气体 s'' [kJ/(kg·K)]
7	44.636	0.66338	0.33458	206.272	384.380	178.108	1.02264	1.65840
8	46.573	0.66444	0.32159	207.184	384.997	177.813	1.02589	1.65834
9	48.578	0.66551	0.30920	208.099	385.614	177.515	1.02913	1.65828
10	50.652	0.66658	0.29738	209.018	386.231	177.213	1.03238	1.65824
11	52.797	0.66766	0.28610	209.942	386.849	176.907	1.03563	1.65821
12	55.015	0.66874	0.27533	210.869	387.467	176.598	1.03888	1.65820
13	57.307	0.66984	0.26504	211.800	388.085	176.286	1.04213	1.65819
14	59.676	0.67093	0.25521	212.734	388.704	175.969	1.04539	1.65820
15	62.123	0.67204	0.24581	213.673	389.322	175.649	1.04865	1.65822
16	64.650	0.67315	0.23683	214.615	389.941	175.326	1.05191	1.65825
17	67.259	0.67427	0.22824	215.561	390.560	174.999	1.05517	1.65830
18	69.951	0.67539	0.22002	216.511	391.179	174.668	1.05843	1.65835
19	72.729	0.67652	0.21216	217.465	391.798	174.333	1.06169	1.65842
20	75.595	0.67766	0.20463	218.422	392.417	173.995	1.06496	1.65849
21	78.550	0.67881	0.19742	219.383	393.036	173.653	1.06822	1.65858
22	81.597	0.67996	0.19052	220.348	393.656	173.308	1.07149	1.65867
23	84.737	0.68112	0.18391	221.316	394.275	172.959	1.07476	1.65878
24	87.973	0.68228	0.17757	222.289	394.894	172.606	1.07803	1.65890
25	91.306	0.68345	0.17149	223.264	395.513	172.249	1.08130	1.65902
26	94.738	0.68463	0.16566	224.244	396.132	171.888	1.08457	1.65916
27	98.272	0.68582	0.16007	225.227	396.751	171.524	1.08784	1.65930
28	101.91	0.68702	0.15471	226.214	397.370	171.156	1.09112	1.65946
29	105.65	0.68822	0.14956	227.204	397.989	170.785	1.09439	1.65962
30	109.50	0.68943	0.14462	228.198	398.607	170.409	1.09766	1.65979
31	113.46	0.69065	0.13987	229.195	399.225	170.030	1.10094	1.65997
32	117.54	0.69187	0.13532	230.196	399.843	169.647	1.10422	1.66016
33	121.72	0.69311	0.13094	231.200	400.461	169.260	1.10749	1.66036
34	126.03	0.69435	0.12673	232.208	401.078	168.870	1.11077	1.66057
35	130.45	0.69560	0.12268	233.219	401.659	168.476	1.11405	1.66078
36	134.99	0.69686	0.11879	234.234	402.311	168.078	1.11732	1.66100
37	139.66	0.69812	0.11505	235.251	402.927	167.676	1.12060	1.66123
38	144.45	0.69940	0.11145	236.273	403.543	167.270	1.12388	1.66146
39	149.37	0.70068	0.10798	237.297	404.158	166.860	1.12715	1.66171
40	154.42	0.70197	0.10465	238.325	404.773	166.448	1.13043	1.66196
41	159.60	0.70327	0.10143	239.356	405.387	166.031	1.13371	1.66221
42	164.91	0.70459	0.098341	240.391	406.001	165.610	1.13698	1.66248
43	170.36	0.70590	0.095362	241.428	406.614	165.186	1.14026	1.66275
44	175.95	0.70723	0.092492	242.469	407.227	164.758	1.14353	1.66302
45	181.68	0.70857	0.089725	243.513	407.838	164.326	1.14680	1.66331
46	187.56	0.70992	0.087059	244.560	408.450	163.890	1.15008	1.66360
47	193.58	0.71127	0.084487	245.610	409.060	163.450	1.15335	1.66389
48	199.74	0.71264	0.082007	246.663	409.670	163.007	1.15662	1.66419
49	206.06	0.71402	0.079615	247.719	410.279	162.560	1.15989	1.66450
50	212.54	0.71540	0.077307	248.778	410.887	162.109	1.16316	1.66481
51	219.16	0.71680	0.075079	249.840	411.494	161.654	1.16642	1.66512
52	225.95	0.71821	0.072929	250.905	412.101	161.196	1.16969	1.66644
53	232.90	0.71962	0.070852	251.973	412.706	160.733	1.17295	1.66577

续表

温度	绝对压力	比容		焓		气化热	熵	
t	p	液体 v'	气体 v''	液体 h'	气体 h''	r	液体 s'	气体 s''
(℃)	(kPa)	($10^{-3}m^3$/kg)	(m^3/kg)	(kJ/kg)	(kJ/kg)	(kJ/kg)	[kJ/(kg·K)]	[kJ/(kg·K)]
54	240.00	0.72105	0.068847	253.043	413.311	160.268	1.17621	1.66610
55	247.28	0.72249	0.066910	254.117	413.914	159.798	1.17947	1.66644
56	254.72	0.72394	0.065039	255.193	414.517	159.324	1.18273	1.66678
57	262.33	0.72540	0.063230	256.271	415.119	158.847	1.18599	1.66712
58	270.12	0.72687	0.061482	257.353	415.719	158.366	1.18924	1.66747
59	278.08	0.72835	0.059792	258.437	416.319	157.882	1.19249	1.66782
60	286.21	0.72985	0.058158	259.524	416.917	157.393	1.19574	1.66818
61	294.53	0.73136	0.056577	260.613	417.514	156.901	1.19899	1.66854
62	303.03	0.73287	0.055049	261.705	418.110	156.405	1.20223	1.66890
63	311.71	0.73441	0.053569	262.799	418.705	155.905	1.20547	1.66927
64	320.59	0.73595	0.052137	263.896	419.298	155.402	1.20871	1.66964
65	329.65	0.73750	0.050751	264.995	419.890	154.895	1.21195	1.67001
66	338.91	0.73907	0.049409	266.097	420.481	154.384	1.21518	1.67039
67	348.36	0.74065	0.048110	267.201	421.070	153.869	1.21841	1.67077
68	358.01	0.74225	0.046851	268.307	421.658	153.351	1.22164	1.67115
69	367.86	0.74386	0.045632	269.416	422.245	152.829	1.22486	1.67153
70	377.91	0.74548	0.044450	270.527	422.830	152.303	1.22808	1.67192
71	388.17	0.74711	0.043305	271.640	423.413	151.773	1.23130	1.67231
72	398.63	0.74876	0.024195	272.755	423.995	151.240	1.23451	1.67270
73	409.31	0.75043	0.041120	273.872	424.575	150.703	1.23772	1.67309
74	420.20	0.75211	0.040076	274.991	425.154	150.162	1.24092	1.67348
75	431.31	0.75380	0.039064	276.113	425.730	149.618	1.24412	1.67388
76	442.64	0.75551	0.038083	277.236	426.306	149.069	1.24732	1.67427
77	454.19	0.75723	0.037131	278.362	426.879	148.517	1.25052	1.67467
78	465.96	0.75897	0.036207	279.489	427.450	147.961	1.25371	1.67507
79	477.96	0.76073	0.035310	280.618	428.020	147.402	1.25689	1.67547
80	490.19	0.76250	0.034439	281.749	428.587	146.838	1.26007	1.67587
81	502.66	0.76429	0.033594	282.882	429.153	146.271	1.26325	1.67627
82	515.36	0.76610	0.032773	284.017	429.153	145.700	1.26642	1.67667
83	528.29	0.76792	0.031976	285.153	430.278	145.125	1.26959	1.67707
84	541.47	0.76976	0.031202	286.291	430.837	144.546	1.27275	1.67747
85	554.89	0.77162	0.030450	287.431	431.394	143.963	1.27591	1.67787
86	568.56	0.77350	0.029718	288.573	431.949	143.377	1.27906	1.67827
87	582.48	0.77539	0.029008	289.716	432.502	142.786	1.28221	1.67867
88	596.65	0.77731	0.028317	290.861	433.052	142.192	1.28535	1.67907
89	611.07	0.77924	0.027646	292.007	433.600	141.593	1.28849	1.67947
90	625.75	0.78119	0.026993	293.155	434.146	140.991	1.29163	1.67987
91	640.70	0.78317	0.026358	294.304	434.689	140.385	1.29475	1.68027
92	655.90	0.78516	0.025740	295.455	435.229	139.774	1.29788	1.68066
93	671.38	0.78718	0.025139	296.607	435.767	139.160	1.30100	1.68106
94	687.12	0.78921	0.024554	297.761	436.302	138.541	1.30411	1.68145
95	703.13	0.79127	0.023985	298.916	436.835	137.918	1.30722	1.68184
96	719.42	0.79335	0.023432	300.073	437.364	137.291	1.31032	1.68223
97	735.99	0.79546	0.022892	301.231	437.891	136.660	1.31342	1.68262

R134a 饱和状态下的热力性质 **表 10-1-14**

温度 t (℃)	绝对压力 p (kPa)	比容 液体 v' ($10^{-3}m^3/kg$)	比容 气体 v'' (m^3/kg)	焓 液体 h' (kJ/kg)	焓 气体 h'' (kJ/kg)	气化热 r (kJ/kg)	熵 液体 s' [kJ/(kg·K)]	熵 气体 s'' [kJ/(kg·K)]
−60	16.317	0.67873	1.05020	127.283	360.230	232.948	0.70139	1.79427
−59	17.386	0.67999	0.98961	128.380	360.862	232.482	0.70652	1.79212
−58	18.513	0.68126	0.93311	129.481	361.494	232.013	0.71165	1.79002
−57	19.700	0.68253	0.88038	130.586	362.127	231.540	0.71677	1.78797
−56	20.949	0.68382	0.83114	131.695	362.759	231.064	0.72188	1.78596
−55	22.263	0.68511	0.78512	132.808	363.392	230.583	0.72699	1.78399
−54	23.645	0.68641	0.74209	133.925	364.024	230.099	0.73210	1.78206
−53	25.097	0.68771	0.70183	135.046	364.657	229.611	0.73720	1.78017
−52	26.621	0.68903	0.66413	136.171	365.290	229.118	0.74229	1.77832
−51	28.221	0.69035	0.62881	137.300	365.922	228.622	0.74738	1.77651
−50	29.899	0.69168	0.59570	138.433	366.555	228.121	0.75246	1.77474
−49	31.658	0.69302	0.56465	139.570	367.187	227.617	0.75754	1.77301
−48	33.501	0.69437	0.53550	140.711	367.819	227.108	0.76261	1.77131
−47	35.431	0.69573	0.50812	141.856	368.451	226.595	0.76768	1.76965
−46	37.451	0.69710	0.48239	143.005	369.083	226.078	0.77274	1.76802
−45	39.564	0.69847	0.45821	144.158	369.714	225.557	0.77780	1.76643
−44	41.774	0.69985	0.43545	145.314	370.345	225.031	0.78285	1.76488
−43	44.083	0.70125	0.41403	146.475	370.976	224.501	0.78790	1.76335
−42	46.495	0.70265	0.39386	147.640	371.606	223.967	0.79294	1.76186
−41	49.013	0.70406	0.37485	148.808	372.236	223.428	0.79798	1.76041
−40	51.641	0.70548	0.35692	149.981	372.865	222.885	0.80301	1.75898
−39	54.382	0.70691	0.34001	151.157	373.494	222.337	0.80804	1.75759
−38	57.239	0.70835	0.32405	152.338	372.122	221.785	0.81306	1.75662
−37	60.217	0.70980	0.30898	153.522	374.750	221.228	0.81808	1.75489
−36	63.318	0.71126	0.29475	154.710	375.377	220.667	0.82309	1.75358
−35	66.547	0.71273	0.28129	155.902	376.003	220.101	0.82809	1.75231
−34	69.907	0.71421	0.26856	157.098	376.629	219.531	0.83309	1.75106
−33	73.403	0.71570	0.25651	158.298	277.253	218.956	0.83809	1.74984
−32	77.037	0.71721	0.24511	159.501	377.877	218.376	0.84308	1.74864
−31	80.815	0.71872	0.23432	160.709	378.501	217.792	0.84807	1.74748
−30	84.739	0.72024	0.22408	161.920	379.123	217.203	0.85305	1.74633
−29	88.815	0.72178	0.21438	163.135	379.744	216.609	0.85802	1.74522
−28	93.045	0.72332	0.20518	164.354	380.365	216.010	0.86299	1.74413
−27	97.435	0.72488	0.19646	165.577	380.984	215.407	0.86796	1.74306
−26	101.99	0.72645	0.18817	166.804	381.603	214.799	0.87292	1.74202
−25	106.71	0.72803	0.18030	168.034	382.220	214.186	0.87787	1.74100
−24	111.60	0.72963	0.17282	169.268	382.873	213.568	0.88282	1.74001
−23	116.67	0.73123	0.16572	170.506	383.452	212.946	0.88776	1.73904
−22	121.92	0.73285	0.15896	171.748	384.066	212.318	0.89270	1.73809
−21	127.36	0.73448	0.15253	172.993	384.679	211.685	0.89764	1.73716
−20	132.99	0.73612	0.14641	174.242	385.290	211.048	0.90256	1.73625
−19	138.81	0.73778	0.14059	175.495	385.901	210.406	0.90749	1.73537
−18	144.83	0.73945	0.13504	176.752	386.510	209.758	0.91240	1.73450
−17	151.05	0.74114	0.12976	178.012	387.118	209.106	0.91731	1.73366
−16	157.48	0.74283	0.12472	179.276	387.724	208.488	0.92222	1.73283
−15	164.18	0.74454	0.11991	180.544	388.329	207.786	0.92712	1.73203
−14	170.99	0.74627	0.11533	181.815	388.933	207.118	0.93202	1.73124

续表

温度 t (℃)	绝对压力 p (kPa)	比容		焓		气化热 r (kJ/kg)	熵	
		液体 v' ($10^{-3}m^3/kg$)	气体 v'' (m^3/kg)	液体 h' (kJ/kg)	气体 h'' (kJ/kg)		液体 s' [kJ/(kg·K)]	气体 s'' [kJ/(kg·K)]
−13	178.08	0.74801	0.11096	183.090	389.535	206.445	0.93691	1.73047
−12	185.40	0.74977	0.10678	184.369	390.136	205.767	0.94179	1.72972
−11	192.95	0.75154	0.10279	185.652	390.735	205.084	0.94667	1.72899
−10	200.73	0.75332	0.098985	186.938	391.333	204.395	0.95155	1.72827
−9	208.76	0.75512	0.095344	188.227	391.929	203.702	0.95642	1.72758
−8	217.04	0.75694	0.091864	189.521	392.532	203.003	0.96128	1.72689
−7	225.57	0.75877	0.088535	190.818	393.116	202.298	0.96614	1.72623
−6	234.36	0.76062	0.085351	192.119	393.707	201.589	0.97099	1.72558
−5	243.41	0.76249	0.082303	193.423	394.296	200.873	0.97584	1.72495
−4	252.73	0.76437	0.079385	194.731	394.884	200.153	0.98068	1.72433
−3	262.33	0.76627	0.076591	196.043	395.470	199.427	0.98552	1.72373
−2	272.21	0.76819	0.073915	197.358	396.054	198.695	0.99035	1.72314
−1	282.37	0.77013	0.071350	198.677	396.636	197.958	0.99518	1.72256
0	292.82	0.77208	0.068891	200.000	397.216	197.216	1.00000	1.72200
1	303.57	0.77406	0.066533	201.326	397.794	196.467	1.00482	1.72146
2	314.62	0.77605	0.064272	202.656	398.370	195.713	1.00963	1.72092
3	325.98	0.77806	0.062101	203.990	398.944	194.953	1.01444	1.72040
4	337.65	0.78009	0.060019	205.328	399.515	194.188	1.01924	1.71990
5	349.63	0.78215	0.058019	206.669	400.085	193.416	1.02403	1.71940
6	361.95	0.78422	0.056099	208.014	400.653	192.639	1.02883	1.71892
7	374.59	0.78632	0.054254	209.363	401.218	191.855	1.03361	1.71844
8	387.56	0.78843	0.052481	210.715	401.781	191.066	1.03840	1.71798
9	400.88	0.79057	0.050777	212.071	402.342	190.271	1.04317	1.71753
10	414.55	0.79273	0.049138	213.431	402.900	189.469	1.04795	1.71709
11	428.57	0.79492	0.047562	214.795	403.456	188.661	1.05272	1.71666
12	442.94	0.79713	0.046046	216.163	404.009	187.847	1.05748	1.71624
13	457.68	0.79936	0.044587	217.534	404.560	187.026	1.06224	1.71584
14	472.80	0.80162	0.043183	218.910	405.109	186.199	1.06700	1.71543
15	488.29	0.80390	0.041830	220.289	405.654	185.365	1.07175	1.71504
16	504.19	0.80621	0.040528	221.672	406.197	184.525	1.07650	1.71466
17	520.42	0.80855	0.039273	223.060	406.738	183.678	1.08124	1.71429
18	537.08	0.81091	0.038064	224.451	407.275	182.824	1.08598	1.71392
19	554.14	0.81330	0.036898	225.846	407.810	181.963	1.09072	1.71356
20	571.60	0.81572	0.035775	227.246	408.341	181.096	1.09545	1.71321
21	589.48	0.81817	0.034691	228.649	408.870	180.221	1.10018	1.71286
22	607.78	0.82065	0.033645	230.057	409.395	179.338	1.10491	1.71252
23	626.50	0.82316	0.032637	231.469	409.917	178.449	1.10963	1.71219
24	645.66	0.82570	0.031663	232.885	410.436	177.552	1.11435	1.71187
25	665.26	0.82827	0.030723	234.305	410.952	176.647	1.11907	1.71155
26	685.30	0.83088	0.029816	235.730	411.464	175.735	1.12378	1.71123
27	705.80	0.83352	0.028939	237.159	411.973	174.814	1.12850	1.71092
28	726.75	0.83620	0.028092	238.593	412.479	173.886	1.13321	1.71061
29	748.17	0.83891	0.027274	240.031	412.980	172.949	1.13791	1.71031
30	770.06	0.84166	0.026483	241.474	413.478	172.004	1.14262	1.71001
31	792.43	0.84445	0.025718	242.921	413.972	171.051	1.14733	1.70972
32	815.28	0.84727	0.024978	244.373	414.462	170.089	1.15203	1.70942
33	838.63	0.85014	0.024263	245.830	414.948	169.118	1.15673	1.70913

续表

温度 t (℃)	绝对压力 p (kPa)	比容		焓		气化热 r (kJ/kg)	熵	
		液体 v' ($10^{-3}m^3/kg$)	气体 v'' (m^3/kg)	液体 h' (kJ/kg)	气体 h'' (kJ/kg)		液体 s' [kJ/(kg·K)]	气体 s'' [kJ/(kg·K)]
34	862.47	0.85305	0.023571	247.292	415.430	168.138	1.16143	1.70884
35	886.82	0.85600	0.022901	248.759	415.907	167.148	1.16613	1.70856
36	911.68	0.85899	0.022252	250.231	416.380	166.149	1.17083	1.70827
37	937.07	0.86203	0.021625	251.708	416.849	165.141	1.17553	1.70799
38	962.98	0.86512	0.021017	253.190	417.313	164.122	1.18023	1.70770
39	989.42	0.86825	0.020428	254.678	417.772	163.094	1.18493	1.70742
40	1016.4	0.87144	0.019857	2556.171	418.226	162.054	1.18963	1.70713
41	1043.9	0.87467	0.019304	257.670	418.675	161.005	1.19433	1.70684
42	1072.0	0.87796	0.018769	259.174	419.118	159.044	1.19904	1.70655
43	1100.7	0.88131	0.018249	260.684	419.557	158.872	1.20374	1.70626
44	1129.9	0.88471	0.017745	262.200	419.989	157.789	1.20845	1.70597
45	1159.7	0.88817	0.017256	263.723	420.416	156.693	1.21316	1.70567
46	1190.1	0.89169	0.016782	265.251	420.837	155.586	1.21787	1.70537
47	1221.1	0.89527	0.016322	266.786	421.252	154.466	1.22258	1.70506
48	1252.6	0.89892	0.015875	268.372	421.660	153.333	1.22730	1.70475
49	1284.8	0.90263	0.015442	269.875	422.061	152.187	1.23202	1.70443
50	1317.6	0.90642	0.015021	271.429	422.456	151.027	1.23675	1.70411
51	1351.0	0.91028	0.014612	272.991	422.844	149.853	1.24148	1.70378
52	1385.1	0.91421	0.014214	274.560	423.224	148.665	1.24622	1.70344
53	1419.8	0.91823	0.013828	276.136	423.597	147.461	1.25096	1.70309
54	1455.2	0.92232	0.013453	277.720	423.962	146.242	1.25571	1.70273
55	1491.2	0.92650	0.013088	279.312	424.319	145.007	1.26047	1.70236
56	1527.8	0.93077	0.012733	280.912	424.667	143.755	1.26523	1.70198
57	1565.2	0.93514	0.012387	282.520	425.006	142.487	1.27000	1.70158
58	1603.2	0.93960	0.012051	284.136	425.336	141.200	1.27478	1.70118
59	1641.9	0.94416	0.011725	285.762	425.657	139.895	1.27958	1.70076
60	1681.3	0.94883	0.011406	287.397	425.967	138.571	1.28438	1.70032
61	1721.5	0.95361	0.011096	289.041	426.267	137.226	1.28919	1.69986
62	1762.3	0.95851	0.010795	290.695	426.556	135.862	1.29402	1.69939
63	1803.9	0.96353	0.010501	292.358	426.834	134.476	1.29885	1.69890
64	1846.2	0.96868	0.010214	294.033	427.100	133.067	1.30371	1.69839
65	1889.3	0.97396	0.0099346	295.718	427.353	131.635	1.30857	1.69785
66	1933.1	0.97939	0.0096622	297.415	427.593	130.178	1.31346	1.69729
67	1977.7	0.98497	0.0093965	299.124	427.820	128.696	1.31836	1.69671
68	2023.1	0.99071	0.0091373	300.844	428.032	127.187	1.32328	1.69610
69	2069.2	0.99662	0.0088843	302.578	428.229	125.651	1.32822	1.69546
70	2116.2	1.00271	0.0086373	304.325	428.410	124.085	1.33318	1.69479
71	2164.0	1.00899	0.0083960	306.086	428.574	122.488	1.33817	1.69408
72	2212.6	1.01547	0.0081602	307.861	428.720	120.858	1.34317	1.69334
73	2262.0	1.02217	0.0079298	309.652	428.847	119.195	1.34821	1.69255
74	2312.3	1.02910	0.0077045	311.459	428.955	117.496	1.35327	1.69173
75	2363.4	1.03628	0.0074840	313.283	429.041	115.758	1.35837	1.69086
76	2415.4	1.04372	0.0072682	315.125	429.104	113.979	1.36350	1.68994
77	2468.3	1.05146	0.0070570	316.986	429.144	112.158	1.36866	1.68897
78	2522.1	1.05950	0.0068499	318.866	429.158	110.291	1.37386	1.68795
79	2576.8	1.06787	0.0066470	320.768	429.144	108.375	1.37910	1.68686
80	2632.4	1.07662	0.0064479	322.693	429.100	106.407	1.38439	1.68570
81	2689.0	1.08575	0.0062524	324.642	429.024	104.382	1.38973	1.68447
82	2764.5	1.09533	0.0060604	326.617	428.914	102.297	1.39512	1.68316

R407C 饱和状态下的热力性质 　　　　　　　　表 10-1-15

压力(MPa)	温度(℃)		密度(kg/m³)	比体积(m³/kg)	比焓(kJ/kg)		比熵[kJ/(kg·K)]		比定压热容 c_p[kJ/(kg·K)]		比热比 c_p/c_V
	泡点	露点	(液体)	(气体)	液体	气体	液体	气体	液体	气体	(气体)
0.01000	−82.79	−74.95	1496.9	1.897	91.30	365.97	0.5293	1.9442	1.245	0.662	1.180
0.02000	−72.79	−65.14	1468.5	0.9907	103.81	372.02	0.5934	1.9078	1.257	0.685	1.179
0.04000	−61.48	−54.06	1435.6	0.5176	118.11	378.83	0.6627	1.8739	1.271	0.714	1.180
0.06000	−54.16	−46.88	1413.8	0.3539	127.48	383.20	0.7061	1.8553	1.282	0.734	1.182
0.08000	−48.59	−41.42	1397.1	0.2701	134.64	386.48	0.7384	1.8427	1.291	0.751	1.184
0.10000	−44.04	−36.97	1383.2	0.2190	140.53	389.13	0.7643	1.8333	1.298	0.765	1.187
0.101325	−43.77	−36.70	1383.2	0.2163	140.89	389.29	0.7658	1.8328	1.299	0.766	1.187
0.12000	−40.17	−33.18	1371.2	0.1844	145.58	391.35	0.7861	1.8258	1.305	0.778	1.189
0.14000	−36.78	−29.85	1360.6	0.1594	150.03	393.28	0.8050	1.8196	1.312	0.790	1.192
0.16000	−33.75	−26.89	1351.1	0.1405	154.02	394.99	0.8217	1.8143	1.318	0.801	1.195
0.18000	−31.00	−24.20	1342.3	0.1256	157.65	396.51	0.8367	1.8098	1.324	0.811	1.197
0.20000	−28.48	−21.73	1334.2	0.1137	161.00	397.90	0.8504	1.8058	1.329	0.821	1.200
0.22000	−26.15	−19.45	1326.7	0.1038	164.11	399.16	0.8630	1.8022	1.335	0.830	1.203
0.24000	−23.98	−17.33	1319.6	0.09552	167.02	400.33	0.8746	1.7989	1.340	0.839	1.206
0.26000	−21.95	−15.34	1312.9	0.08847	169.75	401.41	0.8855	1.7960	1.345	0.847	1.208
0.28000	−20.03	−13.46	1306.5	0.08240	172.34	402.42	0.8957	1.7933	1.349	0.855	1.211
0.30000	−18.22	−11.69	1300.5	0.07712	174.80	404.36	0.9053	1.7908	1.354	0.863	1.214
0.32000	−16.49	−10.00	1294.7	0.07247	177.14	404.25	0.9144	1.7885	1.359	0.871	1.217
0.34000	−14.85	−8.39	1289.1	0.06835	179.38	405.09	0.9231	1.7863	1.363	0.879	1.220
0.36000	−13.28	−6.86	1283.8	0.06467	181.53	405.88	0.9313	1.7843	1.368	0.886	1.222
0.38000	−11.78	−5.39	1278.6	0.06137	183.59	406.63	0.9392	1.7824	1.372	0.893	1.225
0.40000	−10.33	−3.98	1273.6	0.05838	185.58	407.34	0.9467	1.7806	1.376	0.900	1.228
0.42000	−8.94	−2.62	1268.7	0.05567	187.50	408.02	0.9539	1.7789	1.380	0.907	1.231
0.44000	−7.60	−1.31	1264.0	0.05320	189.36	408.67	0.9609	1.7772	1.385	0.914	1.234
0.46000	−6.30	−0.04	1259.5	0.05094	191.16	409.29	0.9676	1.7757	1.389	0.921	1.237
0.48000	−5.05	1.18	1255.0	0.04885	192.91	409.88	0.9741	1.7742	1.393	0.928	1.240
0.50000	−3.84	2.36	1250.7	0.04683	194.61	410.45	0.9803	1.7728	1.397	0.934	1.242
0.55000	−0.95	5.18	1240.3	0.04272	198.65	411.77	0.9951	1.7695	1.407	0.950	1.250
0.60000	1.74	7.80	1230.4	0.03919	202.46	412.97	1.0089	1.7665	1.416	0.966	1.257

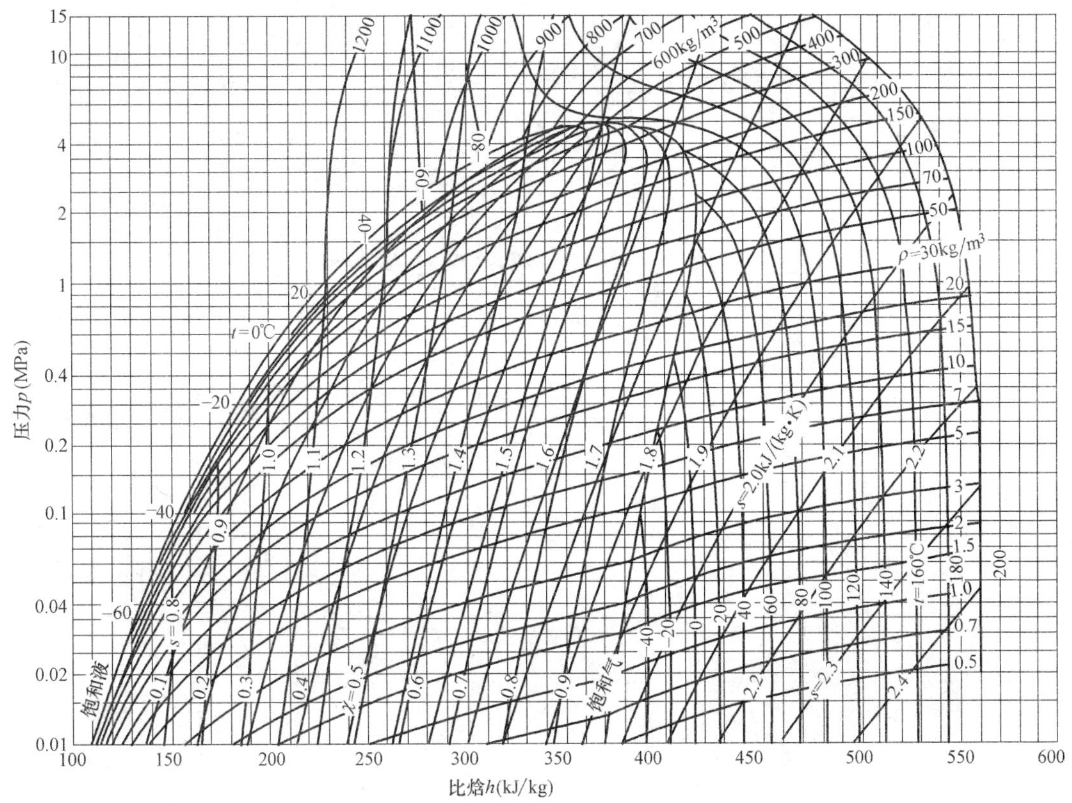

图 10-1-4　R22 压焓图

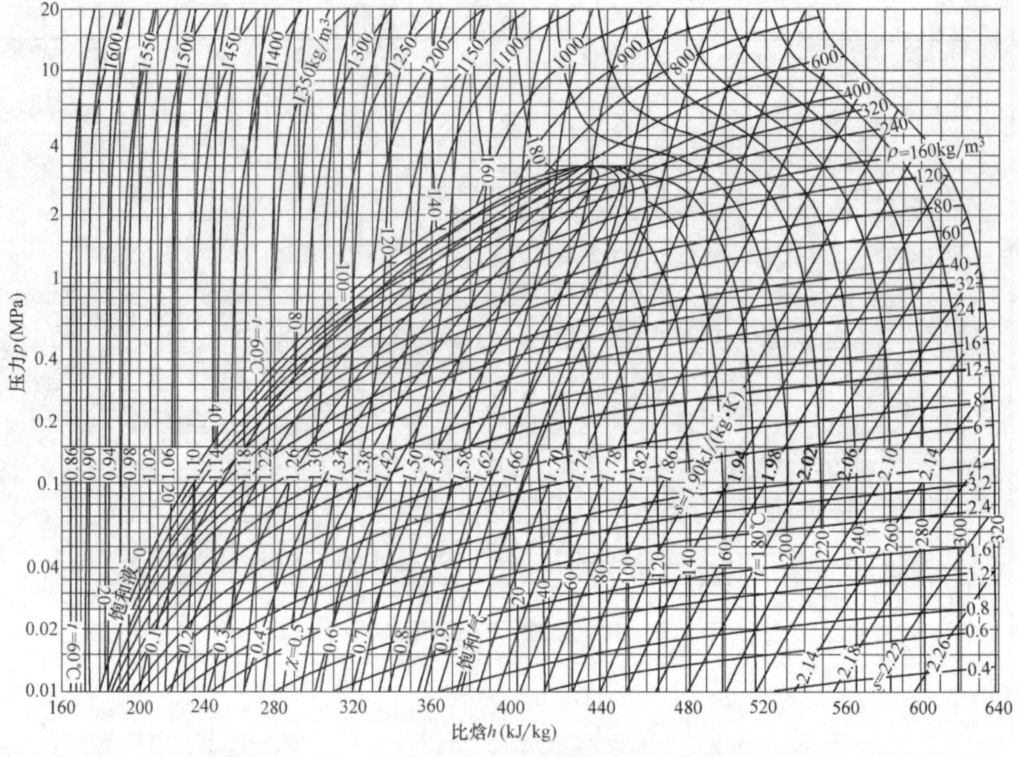

图 10-1-5　R123 压焓图

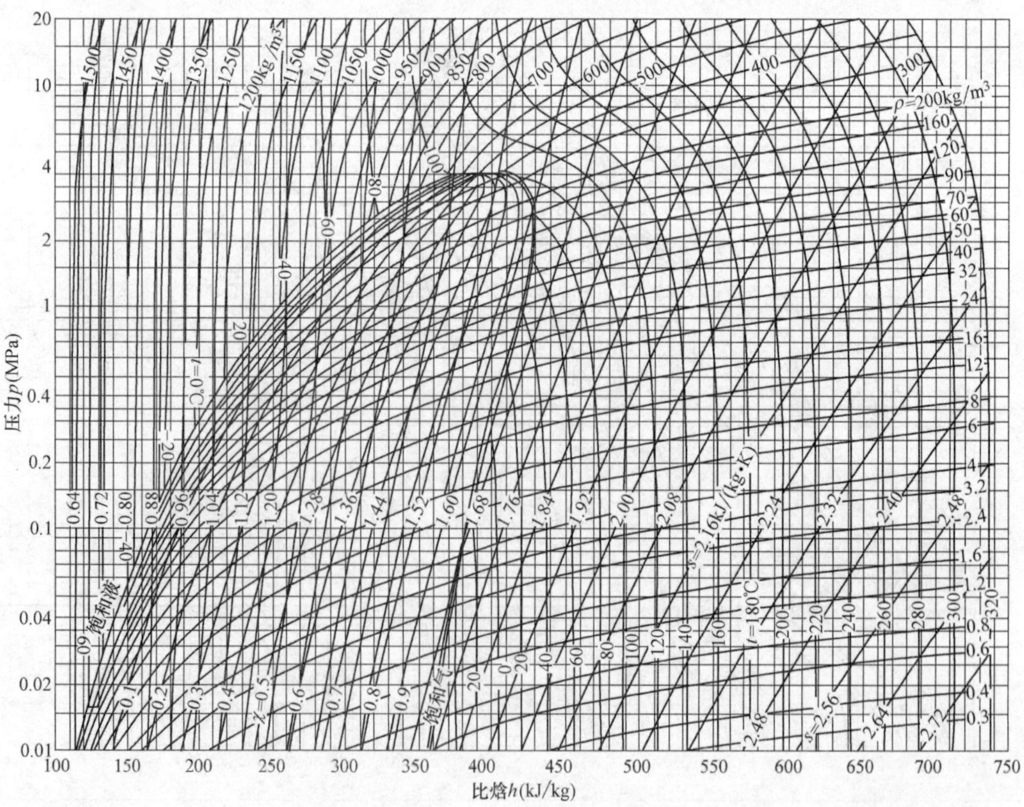

图 10-1-6　R134a 压焓图

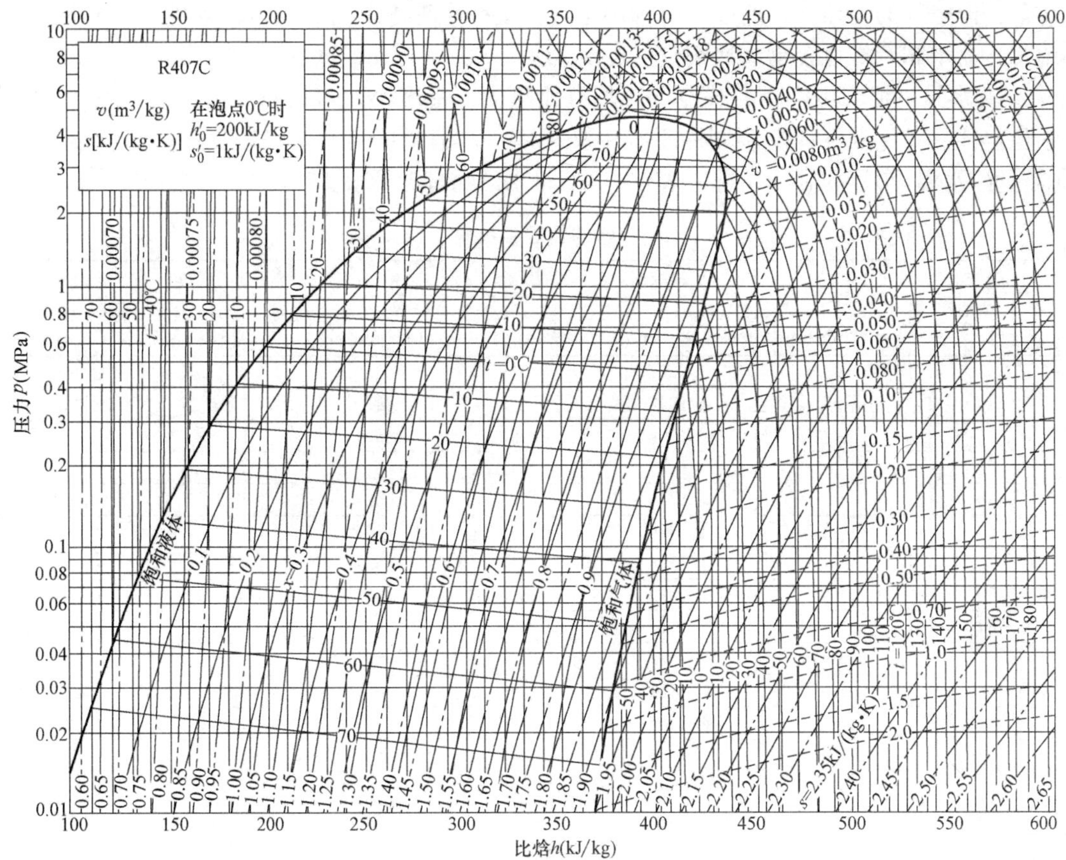

图 10-1-7　R407C 压焓图

四、载冷剂

载冷剂是用来担负制冷机产生的冷量输送至被冷却物质的媒介物质。载冷剂在制冷系统的蒸发器中放出热量，本身被冷却，然后在被冷却对象处吸收热量，本身被加热。

(一) 对载冷剂的要求

选择载冷剂时应尽可能满足下列要求：

1. 比热容要大，在传送一定冷量时，所需载冷剂循环量可减少，从而降低输送能量，提高经济效益，还可使载冷剂温度变化较小。

2. 载冷剂在工作温度下应为液态，载冷剂的凝固温度应低于工作温度，不气化。

3. 黏度小，密度小，以降低流动阻力，降低输送能量。

4. 无臭、无毒，不燃烧，不爆炸，化学稳定性好，使用安全，且对金属的腐蚀性要小。

5. 价格低廉，易于购得。

(二) 常用载冷剂

常用载冷剂有空气、水、盐水、有机化合物及其溶液。空气是最廉价、最易获得的载冷剂，但空气的比热小，所以只有利用空气直接冷却时才采用空气作载冷剂。下面主要介绍水、盐水和有机化合物载冷剂。

1. 水是一种应用广泛的载冷剂，具有比热大、密度小，对设备和管道腐蚀性小，化学稳定性好等优点。在空调制冷系统中又称冷水。但凝固点高，一般用于蒸发温度大于0℃，冷水温≥5℃的制冷系统。表 10-1-16 是水的物理参数表。

水的物理参数表 **表 10-1-16**

温度 t (℃)	压力 P (kPa)	比热容 c_p (kJ/kg·K)	导热系数 λ (W/m·K)	热扩散率 a ($10^{-4}m^2/h$)	动力黏度 μ ($10^{-6}Pa·s$)	运动黏度 ν ($10^{-6}m^2/s$)
0	98	4.2077	0.558	4.8	1789.71	1.790
10	98	4.1910	0.563	4.9	1304.28	1.300
20	98	4.1826	0.593	5.1	1000.28	1.000
30	98	4.1784	0.611	5.3	801.20	0.805
40	98	4.1784	0.623	5.4	653.12	0.659
50	98	4.1826	0.642	5.6	549.17	0.556
60	98	4.1826	0.657	5.7	470.72	0.479
70	98	4.1910	0.666	5.9	406.00	0.415
80	98	4.1952	0.670	6.0	355.98	0.366
90	98	4.2077	0.680	6.1	314.79	0.326
100	101	4.2161	0.683	6.1	282.43	0.295
110	143	4.2287	0.685	6.1	254.97	0.268
120	198	4.2454	0.686	6.2	230.46	0.224
130	270	4.2663	0.686	6.2	211.82	0.226
140	361	4.2915	0.685	6.2	196.13	0.212
150	476	4.3208	0.684	6.2	185.35	0.202
160	618	4.3543	0.683	6.2	171.62	0.190
170	792	4.3878	0.679	6.2	162.79	0.181
180	1003	4.4254	0.625	6.2	152.98	0.173
190	1255	4.4631	0.670	6.2	145.14	0.166
200	1555	4.5134	0.663	6.1	138.27	0.160
210	1908	4.6055	0.655	6.0	131.41	0.154
220	2320	4.6473	0.645	6.0	125.53	0.149
230	2798	4.6892	0.637	6.0	119.64	0.145
240	3348	4.7311	0.628	5.9	114.74	0.141

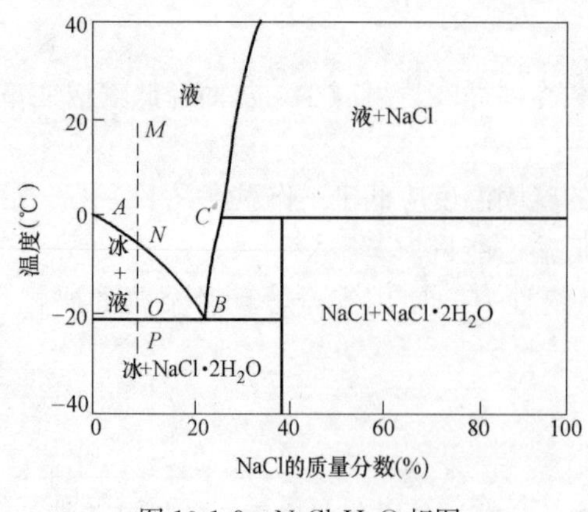

图 10-1-8 NaCl-H_2O 相图

2. 盐水也是常用的载冷剂，由盐溶于水制成。常用的盐水主要有氯化钠水溶液和氯化钙水溶液。表 10-1-17 是氯化钠水溶液的物理性质。盐水的性质与溶液中含盐量多少有关。特别是盐水的凝固点取决于盐水的质量浓度。图 10-1-8 氯化钠水溶液的液固相图。横坐标表示盐水溶液中盐分的质量分数，纵坐标表示温度。左边的曲线表示氯化钠水溶液的凝固温度随其质量分数增加而降低，一直降低到冰盐共晶点为止。盐水沿此曲线冻结时有冰析出，故此段曲线亦称析冰线。冰盐共晶点表示全部盐水溶液冻结成一块冰盐结晶体，共晶点为盐水溶液的最低凝固点。冰盐所对应的盐水溶液的温度和质量分数，分别称为它的共晶温度和共晶质量分数。当盐水溶液的质量分数超过其共晶质量分数时，盐就会从溶液中析出，凝固点也就会升高，所以冰盐共晶点右边的一条曲线叫析盐线。氯化钠水溶液的共晶质量分数为 23.17%，共晶温度为−21.2℃。氯化钙水溶液的共晶质量分数为 29.9%，共晶温度为−55℃。

氯化钠水溶液的物理性质 **表 10-1-17**

质量浓度 ζ (%)	起始凝固温度 t_f(℃)	密度 ρ(15℃) (kg/m³)	温度 t (℃)	比热容 c [kJ/(kg·K)]	导热系数 λ (W/m·K)	动力黏度 $\mu\times10^3$ (Pa·s)	运动黏度 $v\times10^6$ (m^2/s)	导温系数 $a\times10^7$ (m^2/s)	普朗特数 Pr
7	−4.4	1050	20	3.843	0.593	1.08	1.03	1.48	6.9
			10	3.835	0.576	1.41	1.34	1.43	9.4
			0	3.827	0.559	1.87	1.78	1.39	12.7
			−4	3.818	0.556	2.16	2.06	1.39	14.8
11	−7.5	1080	20	3.697	0.593	1.15	1.06	1.48	7.2
			10	3.684	0.570	1.52	1.41	1.43	9.9
			0	3.676	0.556	2.02	1.87	1.40	13.4
			−5	3.672	0.549	2.44	2.26	1.38	16.4
			−7.5	3.672	0.545	2.65	2.45	1.38	17.8
13.6	−9.8	1100	20	3.609	0.593	1.23	1.12	1.50	7.4
			10	3.601	0.568	1.62	1.47	1.43	10.3
			0	3.588	0.554	2.15	1.95	1.41	13.9
			−5	3.584	0.547	2.61	2.37	1.39	17.1
			−9.5	3.580	0.540	3.43	3.13	1.37	22.9
16.2	−12.2	1120	20	3.534	0.573	1.31	1.20	1.45	8.3
			10	3.525	0.569	1.73	1.57	1.44	10.9
			−5	3.508	0.544	2.83	2.58	1.39	18.6
			−10	3.504	0.535	3.49	3.18	1.37	23.2
			−12.2	3.500	0.533	4.22	3.84	1.36	28.3
18.8	−15.1	1140	20	3.462	0.582	1.43	1.26	1.48	8.5
			10	3.454	0.566	1.85	1.63	1.44	11.4
			0	3.442	0.550	2.56	2.25	1.40	16.1
			−5	3.433	0.542	3.12	2.74	1.39	19.8
			−10	3.429	0.533	3.87	3.40	1.37	24.8
			−15	3.425	0.524	4.78	4.19	1.35	31.0
21.2	−18.2	1160	20	3.395	0.579	1.55	1.33	1.46	9.1
			10	3.383	0.563	2.01	1.73	1.44	12.1
			0	3.374	0.547	2.82	2.44	1.40	17.5
			−5	3.366	0.538	3.44	2.96	1.38	21.5
			−10	3.362	0.530	4.30	3.70	1.36	27.1
			−15	3.358	0.522	5.28	4.55	1.35	33.9
			−18	3.358	0.518	6.08	5.24	1.33	39.4
23.1	−21.2	1175	20	3.345	0.565	1.67	1.42	1.47	9.6
			10	3.333	0.549	2.16	1.84	1.40	13.1
			0	3.324	0.544	3.04	2.59	1.39	18.6
			−5	3.320	0.536	3.75	3.20	1.38	23.3
			−10	3.312	0.528	4.71	4.02	1.36	29.5
			−15	3.308	0.520	5.75	4.90	1.34	36.5
			−21	3.303	0.514	7.75	6.60	1.32	50.0

盐水虽具有原料充沛、成本低、凝固点可调优点，但由于盐水的浓度对盐水溶液的性质具有很大影响，故盐水作为载冷剂时应注意以下问题：(1) 为确保蒸发器中盐溶液的不冻结应合理选择盐水的质量浓度。盐水的浓度增高，虽可降低凝固点，但使盐水密度加大、比热减小。而盐水密度加大与比热减小，都会使输液泵的功率消耗增大。因此，不应选择过高的盐水浓度，而应根据使盐水的凝固点低于载冷剂系统中可能出现的最低温度为原则来选择盐水的浓度。目前一般在选择盐水浓度时，使其凝固温度比制冷剂的蒸发温度低 5～8℃为宜。(2) 注意盐水对设备及管道的腐蚀作用。盐水对金属的腐蚀随溶液中含氧量的减少而变慢，为此，最好采用闭式盐水系统，以减少盐水与空气接触机会，从而降低对设备及管道的腐蚀。为了减轻盐水的腐蚀性，还应在盐水中加入一定量的缓蚀剂并使其具有合适的酸碱性。一般 $1m^3$ 氯化钠水溶液中应加 3.2kg 重铬酸钠和 0.88kg 氢氧化钠；$1m^3$ 氯化钙水溶液中应加入 1.6kg 重铬酸钠和 0.44kg 氢氧化钠。加入缓蚀剂后，使盐水呈弱碱性（pH=7.5～8.5），添加缓蚀剂时应特别小心并注意其毒性。

3. 有机载冷剂，甲醇、乙二醇等有机化合物的水溶液都可用作较低温的载冷剂，且不腐蚀金属材料。质量分数为 25%的乙二醇水溶液，常在冰蓄冷空调装置中用作载冷剂。此外，一些有机化合物也可作载冷剂，例如，二氯甲烷（CH_2Cl_2）、三氯乙烯（C_2HCl_3）、一氟三氯甲烷（$CFCl_3$）等。三氯乙烯由于有腐蚀性和毒性，目前以尽量避免采用为好。由乙二醇（质量分数为 40%）、乙醇（质量分数为 20%）和水（质量分数为 40%）组成的三元溶液，可以替代三氯乙烯使用。这种三元溶液沸点为 98℃，冰点为 −64℃，比热容为 3.14kJ/(kg·K)，闪点为 80℃。乙二醇水溶液的物理性质见表 10-1-18，表 10-1-19 列出了几种载冷剂的热物理性质。

乙二醇水溶液的物理性质 **表 10-1-18**

质量浓度 ζ (%)	起始凝固温度 t_f(℃)	密度 ρ(15℃) (kg/m³)	温度 t (℃)	比热容 c [kJ/(kg·K)]	动力黏度 $\mu\times10^3$ (Pa·s)	运动黏度 $v\times10^6$ (m²/s)	运动黏度 $v\times10^4$ (m²/h)	导热系数 λ [W/(m·K)]	导温系数 $a\times10^4$ (m²/h)	普朗特数 Pr
4.6	−2	1005	50	4.14	0.59	0.586	21.1	0.62	5.33	3.96
			20	4.14	1.08	1.07	38.5	0.58	5.0	7.7
			10	4.12	1.37	1.365	49	0.57	4.95	9.9
			0	4.10	1.96	1.95	70	0.56	4.85	14.4
8.4	−4	1010	50	4.10	0.69	0.68	24.5	0.59	5.15	4.75
			20	4.06	1.18	1.17	42	0.57	5.0	8.4
			10	4.06	1.57	1.55	55.7	0.56	4.9	11.4
			0	4.06	2.26	2.23	80	0.55	4.8	16.7
12.2	−5	1015	50	4.06	0.69	0.677	24.3	0.58	5.08	4.8
			20	4.02	1.37	1.35	48.5	0.55	4.8	10.1
			10	4.00	1.86	1.84	66	0.54	4.8	13.8
			0	3.98	2.55	2.51	90	0.53	4.77	18.9
16	−7	1020	50	4.02	0.78	0.77	27.7	0.56	4.9	5.65
			20	3.94	1.47	1.45	52	0.53	4.8	10.8
			10	3.91	2.06	2.02	72.5	0.52	4.72	15.4
			0	3.89	2.84	2.79	100	0.51	4.63	21.6
			−5	3.89	3.43	3.37	121	0.50	4.55	26.6

续表

质量浓度 ζ (%)	起始凝固温度 t_f(℃)	密度 ρ(15℃) (kg/m³)	温度 t (℃)	比热容 c [kJ/(kg·K)]	动力黏度 $\mu\times10^3$ (Pa·s)	运动黏度 $v\times10^6$ (m²/s)	运动黏度 $v\times10^4$ (m²/h)	导热系数 λ [W/(m·K)]	导温系数 $a\times10^4$ (m²/h)	普朗特数 Pr
19.8	−10	1025	50	3.98	0.78	0.76	27.3	0.55	4.8	5.7
			20	3.89	1.67	1.63	58.7	0.52	4.7	12.5
			10	3.87	2.26	2.20	79	0.51	4.65	17
			0	3.85	3.14	3.06	110	0.50	4.55	24.2
			−5	3.85	3.82	3.73	134	0.49	4.49	30
23.6	−13	1030	50	3.94	0.88	0.858	30.8	0.52	4.66	6.6
			20	3.85	1.77	1.72	62	0.50	4.53	13.7
			10	3.81	2.55	2.84	89	0.49	4.53	19.6
			0	3.77	3.53	3.44	124	0.49	4.53	27.4
			−10	3.77	5.10	4.95	178	0.49	4.53	39.4
27.4	−15	1035	50	3.85	0.88	0.855	30.8	0.51	4.62	6.7
			20	3.77	1.96	1.9	68.5	0.49	4.5	15.2
			0	3.73	3.92	3.8	137	0.48	4.45	31
			−10	3.68	5.69	5.5	198	0.48	4.5	44
			−15	3.66	7.06	6.83	246	0.47	4.47	55
31.2	−17	1040	50	3.81	0.98	0.94	33.9	0.50	4.55	7.5
			20	3.73	2.16	2.07	74.5	0.48	4.45	16.8
			0	3.64	4.41	4.25	153	0.47	4.45	34.5
			−10	3.64	6.67	6.45	232	0.47	4.45	52
			−15	3.62	8.24	7.9	285	0.46	4.4	65
35	−21	1045	50	3.73	1.08	1.03	37	0.48	4.4	8.4
			20	3.64	2.45	2.35	84.8	0.47	4.4	19.2
			0	3.56	4.90	4.7	169	0.47	4.5	37.7
			−10	3.56	7.65	7.35	265	0.45	4.4	60
			−15	3.54	9.32	8.9	320	0.45	4.4	73
			−20	3.52	11.77	11.3	407	0.45	4.45	92

几种载冷剂的热物理性质 **表 10-1-19**

使用温度 (℃)	载冷剂名称	质量分数 (%)	密度 (kg/m³)	比热容 [kJ/(kg·K)]	热导率 [W/(m·K)]	黏度 (kPa·s)	凝固点 (℃)
0	氯化钙水溶液	12	1111	3.465	0.528	2.5	−7.2
	甲醇水溶液	15	979	4.187	0.494	6.9	−10.5
	乙二醇水溶液	25	1030	3.834	0.511	3.8	−10.6
−10	氯化钙水溶液	20	1188	3.035	0.500	4.9	−15.0
	甲醇水溶液	22	970	4.061	0.461	7.7	−17.8
	乙二醇水溶液	35	1063	3.559	0.472	7.3	−17.8
−20	氯化钙水溶液	25	1253	2.809	0.475	10.6	−29.4
	甲醇水溶液	30	949	3.810	0.387	—	−23.0
	乙二醇水溶液	45	1080	3.308	0.441	21	−26.6
−35	氯化钙水溶液	30	1312	2.638	0.441	27.2	−50
	甲醇水溶液	40	963	3.496	0.326	12.2	−42
	乙二醇水溶液	55	1097	2.973	0.372	90.0	−41.6
	二氯甲烷	100	1433	1.147	0.204	0.80	−96.7
	三氯乙烯	100	1549	0.996	0.150	1.13	−88
	一氟三氯甲烷	100	1608	0.816	0.131	0.88	−111

续表

使用温度(℃)	载冷剂名称	质量分数(%)	密度(kg/m³)	比热容[kJ/(kg·K)]	热导率[W/(m·K)]	黏度(kPa·s)	凝固点(℃)
−50	二氯甲烷	100	1450	1.147	0.190	1.04	−96.7
	三氯乙烯	100	1578	0.729	0.171	1.90	−88
	一氟三氯甲烷	100	1641	0.812	0.136	1.25	−111
−70	二氯甲烷	100	1478	1.147	0.221	1.37	−96.7
	三氯乙烯	100	1590	0.456	0.195	3.40	−88
	一氟三氯甲烷	100	1660	0.833	0.150	2.15	−111

五、润滑油

制冷系统中润滑油的存在对压缩机性能、换热器中的制冷剂的流动和传热以及对毛细管中的节流过程都有重要的影响。对系统的影响不仅仅要注意制冷剂热物性和迁移性质的变化（相平衡、焓、黏度、表面张力等），还要注意此时制冷剂流动的变化、传热系数的降低和压力降的增大。随气态制冷剂进入换热设备的润滑油对制冷系统的影响与制冷剂和润滑油的互溶度有关。由于润滑油与制冷剂不能互溶、压缩机回油困难，蒸发器和冷凝器中积聚油过多时会造成压缩机缺油。在压缩机出口安装油分离器，并在蒸发器和冷凝器底部安装放油阀，防止润滑油在换热器中滞留。而 R22 和 R134a 等制冷剂与其适用的润滑油有较好的互溶性，润滑油溶入制冷剂并随之进入循环，这种情况下润滑油对制冷系统有影响。

（一）润滑油的作用和选用要求

1. 润滑油的作用，在制冷系统中的润滑油又称冷冻机油、制冷润滑油。润滑油润滑压缩机的各运动部件，既减少摩擦和磨损，又起到冷却作用，将运动部件保持在较低温度，以提高效率。利用油的黏度，使运动部件间形成油膜，维持制冷循环高低压力，起密封作用。如螺杆压缩机的转子之间，转子与机体之间间隙的油膜可减少压缩机的泄漏。润滑油还可冲走摩擦处的杂质，缓冲机器振动。此外，螺杆压缩机中可利用润滑油的油压差推移滑阀，调节压縮机的制冷量。离心式制冷压缩机采用润滑和密封两个不同压力系统，在叶轮轴上使用了密封效果很好的轴封装置，保证了润滑油不被带入冷凝系统和蒸发系统。因此，对于技术状态良好的离心式制冷压缩机，可以不选用制冷润滑油，选用透平机油。对密封性能较差、润滑油能随制冷剂进入冷凝蒸发系统的离心制冷机应选用制冷润滑油。

2. 润滑油是否适用于制冷系统主要取决于润滑油的特性能否满足要求，评价润滑油品质的主要因素有黏度、凝固点、制冷剂的互溶性、热化学稳定性和吸水性等。(1) 选择适合的黏度；黏度决定油膜的承载能力、摩擦功耗及密封能力。黏度大、则承载力强，密封性好，但流动阻力大。国际上通常用黏度定润滑油的标号。我国 N15 润滑油的含义是在 40℃时，运动黏度为 13.5～16.5mm²/s。制冷机的负荷大，压缩机承受的压力也大，选择润滑油的黏度应大；反之，负荷小选用黏度小的润滑油。运动部件之间的间隙的大小与排气温度的高低，影响黏度的选择，间隙大、排气温度高，应选择黏度大的润滑油。(2) 凝固点要低，在低温时有良好的流动性。表示润滑油在低温环境中的流动特征的指标为润滑油的流动点。作为制冷用润滑油，希望流动点达到－60℃以下。虽然一般的润滑油的流动点都在－45℃以上，但当油中溶解了制冷工质时，在低于－60℃时仍有流动性。但应注意，当制冷工质的溶解量处于临界溶解温度以下时油便分层，油的黏度将会急剧增大。(3) 与制冷剂有良好的兼容性与制冷剂的互溶性好，在换热器传热管内表面不易形成油膜，对换热有利，否则会造成蒸发温度降低（在蒸发压力不变的前提下），蒸发器的制冷效果下降。另外，互溶性较好时，在换热器内不会发生滞留现象，有利于压缩机回油。但互溶使油变稀，降低油的黏度，导致压缩机内油膜过薄，影响压缩机润滑。(4) 有良好的化学稳定性，抗氧化安全性会促使润滑油发生化学反应，导致油的分解、劣化、生成沉积物和焦炭。润滑油分解后产生的酸会腐蚀电气绝缘材料。(5) 不含水分、不凝气体和石蜡，否则会带入一定量的水分进入系统，在毛细管中形成冰晶而堵塞系统，从而形成冰堵现象。润滑油中，溶解有空气等不凝性气体时，将引起冷凝压力升高而使压缩机排气温度升高，降低制冷能力。在实际运行中，充灌润滑油时应采用小桶封装，拆封后应尽快用完。采用大桶油时，应进行加热脱气和真空干燥处理，含水量应在 $50\times10^{-4}\%$以下。在石蜡型润滑油中，低温下石蜡要析出，析出时的温度为絮凝点。石蜡析出将引起制冷系统中的滤网和膨胀阀（或毛细管）堵塞，妨碍制冷工质流动，因此，絮凝点和凝固点一样，希望低一点好。

（二）润滑油的性能指标

润滑油的物性指标主要有：黏度、与制冷剂的互溶性、流动点、絮状凝固点、水的溶解性、空气的溶解性、挥发性、抗泡性等。润滑油的化学特性的重要指标有：摩擦面的油膜形成能力、热稳定性、化学稳定性、混合物与添加剂等的影响。国际标准化组织在ISO6743/3B 分类标准中，根据润滑油的组成特性、蒸发器的操作温度和所用制冷剂的类型，把润滑油分为 DRA、DRB、DRC、DRD 共 4 种。前三种品种是深度精制的矿物油或合成烃油，并适用于蒸发器操作温度分别高于－40℃（DRA）、低于－40℃（DRB）和高于 0℃（DRC）的各种压缩机。DRD 为非烃合成油，适用于所有蒸发温度和制冷剂与润滑油不互溶的开启式压缩机。

表 10-1-20 是 GB/T 16630—1996 规定制冷润滑油的主要质量指标。

GB/T 16630—1996 规定制冷润滑油的主要质量指标　　表 10-1-20

品种	L-DRA/A					L-DRA/B					L-DRB/A					L-DRB/B				
质量等级	一等品					一等品					优等品					优等品				
ISO 黏度等级	15	22	32	46	68	15	22	32	46	68	15	22	32	46	68	15	22	32	46	68
运动黏度/(mm^2/s)(40℃)	13.5～16.5	19.8～24.2	28.8～35.2	41.4～50.6	61.2～74.8	13.5～16.5	19.8～24.2	28.8～35.2	41.4～51.6	61.2～74.8	13.5～16.5	19.8～24.2	28.8～35.2	41.4～50.6	61.2～74.8	13.5～16.5	19.8～24.2	28.8～35.2	41.4～50.6	61.2～74.8
闪点(℃)(开口,不低于)	150	150	160	160	170	150	150	160	160	170	150	160	165	170	175	150	160	165	170	175
燃点(℃)(不低于)											162	172	177	182	187	162	172	177	182	187
倾点(℃)(不高于)	－35	－35	－30	－30	－25	－35	－35	－30	－30	－25	－42	－42	－39	－33	－27	－45	－45	－42	－39	－36
微量水分(mg/kg)(不大于)						50					35					35				
介电强度(kV)(不小于)						25					25					25				
中和值(mgKOH/g)(不大于)	0.08					0.03					0.03					0.03				
硫含量(%)(不大于)						0.3					0.3					0.1				

续表

品种	L-DRA/A	L-DRA/B	L-DRB/A	L-DRB/B
质量等级	一等品	一等品	优等品	优等品
残炭(%)(不大于)	0.1	0.05	0.03	0.03
灰分(%)(不大于)	0.01	0.005	0.003	0.003
腐蚀试验(铜片,100℃,3h)级(不大于)	1b	1b	1b	1a
絮凝点(℃)(不高于)		−45 −40 −40 −35 −35	−47 −47 −45 −40 −35	−60 −60 −60 −50 −45
机械杂质	无	无	无	无

第二节　制冷机

一、制冷机类型、基本参数

空调工程常用的制冷机有以电力驱动的制冷机和以热能驱动的吸收式制冷机两大类。蒸气压缩制冷机是目前国内外应用最广泛的一种制冷机，这类设备比较紧凑，可制作为大、中、小型以适合各种场合的需求，能达到较宽的制冷温度范围，并在常用的制冷温度范围内具有较高的循环制冷效率。单级蒸气压缩制冷机是以制冷剂经过一级压缩，从蒸发压力压缩至冷凝压力的制冷机，一套单级压缩制冷机组是由压缩机、冷凝器、节流机构和蒸发器等组成，空调工程应用的制冷机组大多采用单级压缩制冷机，此类机组可制取一40℃以上的制冷温度。

吸收式制冷机是由发生器、冷凝器、蒸发器和吸收器四个基本换热设备组成，空调工程中，常用的是溴化锂吸收式制冷机，该制冷机是采用水为制冷剂、溴化锂溶液为吸收剂，在发生器或高压发生器通入驱动热源，构成吸收式制冷循环，制取冷水的设备。

（一）制冷机分类

蒸气压缩制冷机基本类型有容积式、离心式两大类，但还有多种分类方法，如按型式分类可分为开启式、半封闭式、全封闭式，按压缩方式可分为往复活塞式、螺杆式、涡旋式、离心式，按使用功能可有单冷式机组、制冷和热泵制热用机组，按制冷运行放热侧热交换方式可分为水冷式——水冷却、风冷式——空气冷却、蒸发冷却式等。

溴化锂吸收式制冷机按驱动热源可分为蒸汽型、热水型、直燃型（以天然气等燃气或燃油的燃烧为热源）、烟气型等，按制冷循环可分为单效型、双效型等。制冷机的分类见表 10-2-1。

（二）基本参数

蒸气压缩制冷循环应用于工商业和类似用途的冷水（热泵）机组的基本参数、技术要求等应符合现行国家标准《蒸气压缩循环冷水（热泵）机组工商业用和类似用途的冷水（热泵）机组》GB/T 18430 的相关要求，制冷压缩机包括活塞式、螺杆式、涡旋式、离心式等。机组的名义工况温度条件应符合表 10-2-2 的要求；机组的名义工况性能系数（COP）是以同一单位表示的制冷量（制热量）除以总输入电功率求得的比值，机组名义工况时的制冷性能系数不应低于表 10-2-3 的数值。

制冷机分类 **表 10-2-1**

					主要用途	特点
蒸气压缩式	容积式	往复活塞式	活塞式	开启式	制冷、热泵、汽车空调	使用简单、品种齐全、价格便宜、不适合大容量
				半封闭式	制冷、热泵、汽车空调	
				全封闭式	空调器、电冰箱	
			斜盘式	开启式	汽车空调	汽车空调专用
		回转式	滚动转子式	开启式	汽车空调	容量小转速高
				全封闭式	空调器、电冰箱	
			滑片式	开启式	汽车空调	
				全封闭式	空调器、电冰箱	
			涡旋式	开启式	汽车空调	
				全封闭式	空调器	
			双螺杆式	开启式	制冷装置、空调、热泵	适合于高压缩比场合，正向封闭式方向发展
				半封闭式	制冷装置、空调、热泵	
			单螺杆式	开启式	制冷装置、空调、热泵	
				半封闭式	制冷装置、空调、热泵	
	离心式			开启式	制冷装置、空调	适用于大容量
				半封闭式		
吸收式	直燃型				空调冷热源、卫生热水	可一机多用和露天设置
	蒸汽型			单效	空调冷源	二次能源-蒸汽，宜用热电厂蒸汽或余热蒸汽
				双效		
	热水型			单效	空调冷源	余热利用
				双效		

名义工况时的温度条件（℃） **表 10-2-2**

项目	使用侧		热源侧(或放热侧)					
	冷、热水		水冷式		风冷式		蒸发冷却式	
	进口水温	出口水温	进口水温	出口水温	干球温度	湿球温度	干球温度	湿球温度
制冷	12	7	30	35	35		—	24
热泵制热	40	45	15	7	7	6	—	

注：① 机组名义工况时的使用侧和水冷式热源侧污垢 系数为 0.086m^2 • ℃/kW。

② 机组名义工况时的额定电压、单相交流为 220V、三相交流为 380V、3000V、6000V 或 10kV，额定频率 50Hz。

③ 大气压力为 101kPa。

名义工况的制冷性能系数 **表 10-2-3**

压缩机类型	往复活塞式		涡旋式	
机组制冷量(kW)	>50～116	>116	>50～116	>116
水冷式	3.5	3.6	3.55	3.65
风冷和蒸发冷却式	2.48	2.57	2.48	2.67

压缩机类型	螺杆式			离心式	
机组制冷量(kW)	≤116	116～230	>230	≤1163	>1163
水冷式	3.65	3.75	3.85	4.5	4.7
风冷和蒸发冷却式	2.46	2.55	2.64	—	—

根据 GB/T 18430 的要求，蒸气压缩循环冷水（热泵）机组应在表 10-2-4 规定的设计温度条件下正常工作，表中要求机组在最大负荷工况运行时，电动机、电器元件、连接接线及其他部件应正常工作；低温工况条件下运行时应正常工作，制冷机组按表 10-2-4、表 10-2-5 的融霜工况（装有自动融霜机构的空气源热泵机组）运行时应符合下述规定：安全

保护元器件不应动作而停止运行；融霜应自动进行；融霜时的融化水及制热运行时室外侧（热源侧）换热器的凝结水应能正常排放或处理；在最初融霜结束后的连续运行中，融霜所需的时间总和不应超过运行周期时间的20%，两个以上独立制冷循环的机组，各独立循环融霜时间的总和不应超过各独立循环总运转时间的20%。

机组设计温度条件（℃） **表 10-2-4**

项目		使用侧		热源侧(或放热侧)					
		冷、热水		水冷式		风冷式		蒸发冷却式	
		进口水温	出口水温	进口水温	出口水温	干球温度	湿球温度	干球温度	湿球温度
制冷	名义工况	12±0.3	7±0.3	30±0.3	35±0.3	35±1	—	—	24±0.5
	最大负荷工况	—①	15±0.5	33±0.5	—②	43±1	—	—	27±0.5③
	低温工况		5±0.5	—②	21±0.5	21±1	—	—	15.5±0.5④
热泵制热	名义工况	40±0.3	45±0.3	15±0.3	7±0.3	7±1	6±0.5		
	最大负荷工况	—⑤	50±0.5	21±0.5	—⑥	21±1	15.5±0.5	—	
	低温工况	40±0.5	—⑥	—		2±1	1±0.5		

注：①由制冷名义工况时的冷水量决定。②由制冷名义工况时的冷却水量决定；③补充水温度33℃±2℃。④补充水温度15℃±2℃。⑤由热泵制热名义工况时的热水流量决定。⑥由热泵制热名义工况时的热源水量决定。⑦融霜工况为融霜运行前的条件，开始融霜时表10-2-5和表10-2-4规定的温度条件均可。

融霜时的条件（℃） **表 10-2-5**

工况	使用侧		热源侧	
热泵制热融霜	进口水温	出口水温	干球温度	湿球温度
	40±3	—	2±6	—

根据GB/T 18430的要求，蒸气压缩循环冷水（热泵）机组的变工况性能温度条件应符合表10-2-6的规定。在该标准中规定，冷水机组制冷量大于70kW均应配置动作灵活、可靠的卸载机构，并应对具有两级或多级卸载的冷水机组在规定工况下100%、75%、50%、25%工作点测定部分负荷特性（包括制冷量、耗电功率和性能系数）。部份负荷性能测试的规定工况主要有名义工况规定的冷冻水出口温度、流量和放热侧的冷却水进口温度、流量等，详见GB/T 18430中的有关规定。

变工况性能温度范围（℃） **表 10-2-6**

项目	使用侧		热源侧(或放热侧)					
	冷、热水		水冷式		风冷式		蒸发冷却式	
	进口水温	出口水温	进口水温	出口水温	干球温度	湿球温度	干球温度	湿球温度
制冷	—	5～15	15.5～33	—	21～43	—		15.5～27
热泵制热		40～50	15～21		−7～21			—

二、活塞式制冷压缩机及冷水机组

（一）型式与基本参数

活塞式单级制冷压缩机主要包括采用有机制冷剂（R22、R404A、R134a、R407C、R410A等）和无机制冷剂（R717）的气缸直径不大于250mm的全封闭式、半封闭式、开启式制冷压缩机。开启活塞式制冷压缩机（open-type refrigerant piston compressor）是靠原动机来驱动伸出机壳外的轴或其他运转零件的活塞式制冷压缩机。这种压缩机在固定件和运动件之间必须设置轴封；半封闭活塞式制冷压缩机（semi-hermetically refrigerant piston compressor）是一种可在现场拆开维修内部机件的无轴封的活塞式制冷压缩机；全封闭活塞式制冷压缩机（hermetically sealed refrigerant piston compressor）是将压缩机和电动机装在一个由熔焊或钎焊焊死的外壳内的活塞式制冷压缩机。这类压缩机没有外伸轴或轴封。

1. 名义工况和使用范围

根据国家标准《活塞式单级制冷压缩机》GB/T 10079—2001 的规定，有机制冷剂压缩机、无机制冷剂压缩机的名义工况分别见表 10-2-7、表 10-2-8；有机制冷剂压缩机、无机制冷剂压缩机的使用范围分别见表 10-2-9、表 10-2-10。

有机制冷剂压缩机名义工况（℃）　　表 10-2-7

类型	吸入压力饱和温度	排出压力饱和温度	吸入温度	环境温度
高温	7.2	54.4①	18.3	35
	7.2	48.9②	18.3	35
中温	−6.7	48.9	18.3	35
低温	−31.7	40.6	18.3	35

注：①为高冷凝压力工况；②为低冷凝压力工况。

无机制冷剂压缩机名义工况（℃）　　表 10-2-8

类型	吸入压力饱和温度	排出压力饱和温度	吸入温度	制冷剂液体温度	环境温度
中低温	−15	30	−10	25	32

有机制冷剂压缩机使用范围　　表 10-2-9

类型	吸入压力饱和温度（℃）	排出压力饱和温度(℃)		压缩比
		高冷凝压力	低冷凝压力	
高温	−15～12.5	25～60	25～50	≤6
中温	−25～0	25～55	25～50	≤16
低温	−40～−12.5	25～50	25～45	≤18

无机制冷剂压缩机使用范围　　表 10-2-10

类型	吸入压力饱和温度（℃）	排出压力饱和温度（℃）	压缩比
中低温	−30～5	25～45	≤8

2. 形式和基本参数，按 GB/T 10079 的要求，活塞式压缩机气缸的布置形式见表 10-2-11，压缩机的基本参数见表 10-2-12。对于气缸直径为 70mm 以下的半封闭压缩机结构为单作用逆流式，70mm 以上缸径，4 缸以上（包括 4 缸）的高速多缸压缩机应配置冷量调节机构和卸载启动机构。开启式压缩机宜采用联轴器或 V 形皮带传动。

活塞式压缩机气缸布置形式　　表 10-2-11

形式 压缩机类型	缸数				
	2	3	4	6	8
全封闭	V 形角度式或 B 并列式	Y 形角度式	X 或 V 形角度式		
气缸直径小于 70mm 的单级半封闭压缩机	Z 形直立式	Z 形直立式或 W 形角度式	V 形角度式		
70mm 气缸直径的单级半封闭式压缩机	V 形角度式或直立式	W 形角度式	扇形或 V 形角度式	W 形角度式	S 扇形角度式

续表

形式 压缩机类型		缸数				
		2	3	4	6	8
开启式	100mm 气缸直径	V形角度式或直立式		扇形或V形角度式	W形角度式	S扇形角度式
	125mm 气缸直径			V形角度式		
	170mm 气缸直径					
	250mm 气缸直径					

压缩机基本参数 **表 10-2-12**

类型	缸径(mm)	行程(mm)	转速范围(r/min)	缸数(个)	容积排量(8缸)			
					最高转速(r/min)	排量(m^3/h)	最低转速(r/min)	排量(m^3/h)
半封闭式	48、55、62		1440	2				
	30、40、50、60			2、3、4				
	70	70	1000～1800	2、3、4、6、8	1800	232.6	1000	129.2
		55				182.6		101.5
开启式	100	100	750～1500	2、4、6、8	1500	565.2	750	282.6
		70				395.2		197.8
	125	110	600～1200	4、6、8	1200	777.2	600	388.6
		100				706.2		353.3
	170	140	500～1000		1000	1524.5	500	762.3
	250	200	500～600	8	600	2826	500	2355

3. 压缩机型号及示例

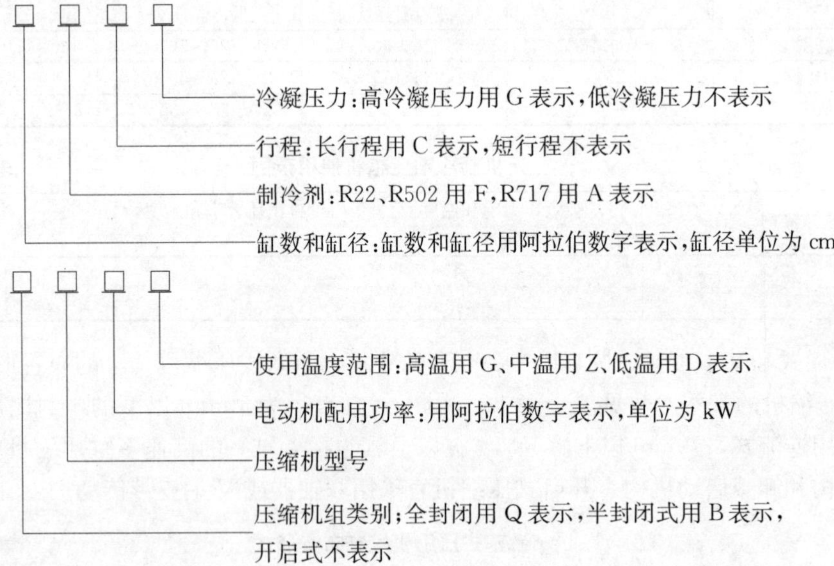

型号示例

812.5ACG：表示8缸扇形角式布置，气缸直径125mm。制冷剂为R717，行程为110mm的高冷凝压力压缩机

Q24.8F50-2.2D：表示2缸V形角度式缸径48mm，制冷剂为氟利昂，行程50mm，配用电机功率2.2kW，低温用全封闭压缩机。

B47F55-13Z：表示4缸扇形（或V形）角度式布置，气缸缸径70mm，使用工质为氟利昂，行程为55mm，配用电动机功率为13kW，中温用低冷凝压力半封闭式压缩机。

610F80G-75G：表示 6 缸 W 形角度式布置，气缸直径 100mm，制冷剂为氟利昂，行程 80mm，配用电机功率 75kW，高温用高冷凝压力的开启式压缩机。

（二）活塞式制冷压缩机的工作原理及性能

1. 活塞式制冷压缩机工作原理

活塞式制冷压缩机是利用气缸中的活塞的往复运行，压缩制冷剂气体，通常是以曲柄连杆机构将原动机的旋转运动转变为活塞的往复直线运动，所以也称为往复式压缩机。活塞式制冷压缩机按气缸的布置可分为立式、角式等，角式制冷压缩机的气缸轴线与垂直于曲轴轴线的平面呈一定的夹角；这种压缩机具有结构紧凑、运转平稳，广泛应用于空调工程的活塞式制冷机。按压缩机的密封形式可分为开启式、半封闭式、全封闭式。开启式往复制冷压缩机的结构特点是：压缩机的动力输入轴伸出机体外，通过联轴器或皮带轮与电动机连接，并在伸出处用轴封装置密封，容量较大的制冷压缩机可采用这种结构形式；半封闭式的结构特点是：压缩机与电动机共用一主轴，并共同组装于同一机壳内，但机壳为可拆式，其上开有各种工作孔，用盖板密封；全封闭式往复式制冷压缩机的结构特点是：压缩机与其驱动电动机共用一个主轴，两者组装在一个焊接成型的密封壳体中，结构紧凑、密封性好、使用方便、振动小、噪声低，小型热泵机组需采用这种形式。往复式制冷压缩机主要由机体、曲轴、连杆、活塞组、阀门、轴封、油泵、能量调节装置、油循环系统等部件组成。图 10-2-1 是半封闭氟利昂制冷机的构造图，压缩机的四个气缸为扇形布置，中心线夹角 45°，机体呈圆筒形，吸排气管设置在机体上；电动机借助吸入的制冷剂冷却，气缸套外壁设有顶开吸气阀片的能量调节装置。

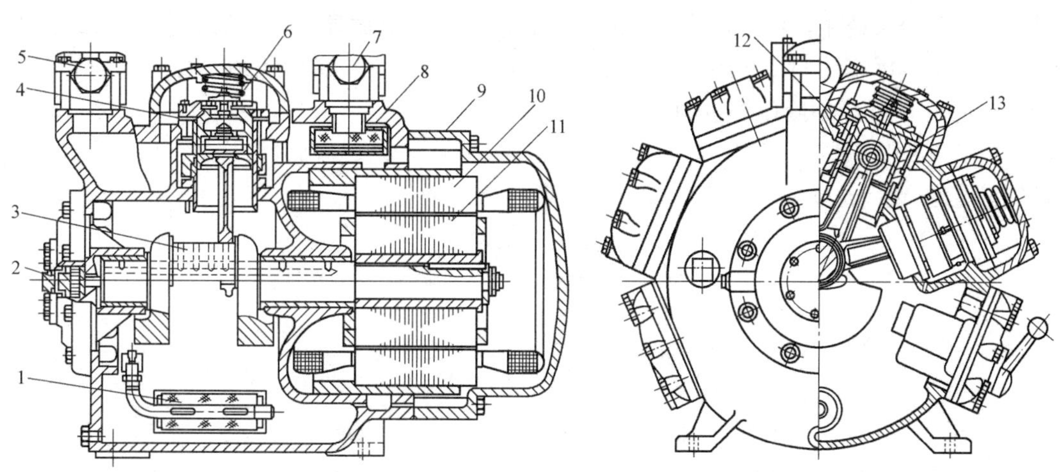

图 10-2-1　半封闭式活塞制冷压缩机

1—油过滤器；2—液压泵；3—曲轴；4—活塞；5—排气管；6—安全弹簧；7—吸气管；8—压缩机壳体；9—电动机壳体；10—电动机定子；11—电动机转子；12—气缸套；13—卸载顶杆

（1）活塞压缩机的工作原理

活塞压缩机的压缩过程是靠气缸、气阀和在气缸中作往复运动的活塞所构成的工作容积不断变化来完成。如果不考虑活塞压缩机压缩过程的容积损失和能量损失（即理想工作循环），则活塞压缩机曲轴每旋转一周所完成的循环，可分为吸气、压缩和排气三个阶段。

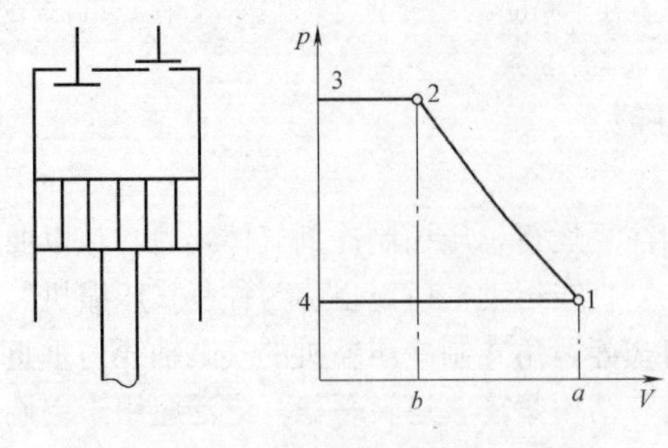

图 10-2-2　活塞压缩机的理想工作循环

图 10-2-2 示出了活塞压缩机的理想工作循环。吸气过程（4-1），活塞由上止点向下运动时，气缸容积增大、压力降低。当气缸内压力低于吸气管路中的压力时，在压力差作用下，使吸气阀门打开，制冷剂蒸气便被吸入活塞上部的气缸内；当活塞移动至下止点位置时，停止吸气，吸气阀在弹簧力和阀片本身的重力作用下关闭，完成吸气过程。吸气过程一般是等压过程。压缩过程（1-2），活塞从下止点向上运动，吸、排气阀处于关闭状态，气体在密闭的气缸中被压缩；由于气缸容积逐渐缩小，则压力、温度逐渐升高，直至气缸内气体压力与排气压力相等。排气过程（2-3），活塞继续向上移动，气缸内的气体压力大于排气压力，则排气阀开启，气缸内的气体在活塞的推动下，等压排出气缸进入排气管道，直至活塞运动到上止点。此时由于排气阀弹簧力和阀片本身重力的作用，排气阀关闭，排气结束。三个过程组成压缩机的工作循环，此后，活塞又向下运动，重复上述三个过程，如此连续地循环。这就是往复式制冷压缩机的理想工作循环与原理。

（2）实际工作循环，由于实际工作状态的活塞式制冷压缩机气缸存在余隙容积，排气之后必须等残余气体膨胀之后才能进入吸气阶段，压缩机吸气、排气时气阀中均会发生阻力损失，吸、排气压力会有所降低；气缸与制冷剂之间存在热交换，即压缩过程不是绝热过程，在制冷系统中，实际制冷循环的制冷量比理论制冷循环少，使电功率消耗量增加，这是由于上述因素使制冷压缩机存在容积效率或输气系数和电动机存在一定效率的影响。

2. 单级活塞或制冷压缩机制冷量和功率

（1）制冷量，制冷压缩机在名义工况下的制冷量（Q_c）与活塞式制冷压缩机的实际排气量有式（10-2-1）或式（10-2-2）的关系式。

$$Q_c=\frac{V_{实}\cdot q_v}{3600}=\frac{V_R\cdot\lambda\cdot q_v}{3600} \tag{10-2-1}$$

$$Q_c=\frac{G_{实}\cdot q_v}{3600}=\frac{V_{实}\cdot q_0}{3600\upsilon_1} \tag{10-2-2}$$

式中　Q_c——压缩机的制冷量（kW）；

$V_{实}$——压缩机的实际排气量（m^3/h）；

V_R——压缩机的理论排气量（m^3/h）；

λ——压缩机的容积效率；

q_v——制冷剂在名义工况下的单位容积制冷量（kJ/m^3）；

$G_{实}$——压缩机的实际质量排气量（kg/h）；

q_o——制冷剂在名义工况下的单位质量制冷量（kJ/kg）；

υ_1——气态制冷剂在压缩机入口的比容（m^3/kg）。

活塞式制冷压缩机的容积效率或吸气效率或输气系数是压缩机的实际排气量与理论排

气量之比，它的大小与压缩机气缸的余隙容积、进排气通道和气阀的阻力、气缸壁与气体制冷剂间的温度差以及气缸、活塞的密闭性等因素有关，通常容积效率（λ）可表达为：$\lambda=\lambda_u \cdot \lambda_p \cdot \lambda_t \cdot \lambda_i$，其中 λ_u 为容积系数，它是由于气缸存在的余隙容积在活塞吸气过程高压气体膨胀，占据部分气缸容积减少的吸气量；λ_p 为压力系数，这是实际压缩过程中吸排气通道、阀片和弹簧力的大小引起吸排气压力降低，引起的吸气量的减少；λ_t 是温度系数，它是由于吸排气过程（包括吸气管）、气缸壁与制冷剂之间的温度差，引起的温度升高使吸气量的减少；λ_i 是泄漏系数，气缸、活塞的密封性和吸排气阀的密闭性，均将引起泄漏，减少排气量。由于以上因素的影响，制冷压缩机的实际排气量总是小于理论排气量，使容积效率降低主要是与活塞压缩机的构造、加工制造质量和实际使用的工况（压缩比、蒸发温度、冷凝温度）等有关，所以各种活塞式制冷压缩机的容积效率一般均由制造厂提供所供应产品的相关数据或变化曲线，供工程设计选型时应用。

（2）压缩机轴功率

活塞式制冷压缩机，由原动机传输至压缩机直接用于压缩制冷剂气体消耗的功率，一般称为指示功率（N_i）按式（10-2-3）计算。

$$N_i=\frac{G_{实}(h_2-h_1)}{3600 \cdot \eta_i} \tag{10-2-3}$$

式中 h_2——压缩机排气状态时，气体制冷剂的焓（kJ/kg）；

h_1——压缩机进气状态时，气体制冷剂的焓（kJ/kg）；

η_i——活塞式制冷压缩机的指示效率，一般为 0.6～0.8。

压缩机主轴上的功率为轴功率（N_e），按式（10-2-4）计算。

$$N_e=\frac{N_i}{\eta_m} \tag{10-2-4}$$

压缩机的机械效率 η_m 表征压缩机轴承、轴封等处的机械摩擦所引起的功率损失，对于活塞式制冷压缩机一般约为 0.6～0.9，气缸数越多的活塞式制冷压缩机的机械效率较高。

（3）能量调节，制冷压缩机制冷量的调节是由能量调节装置来实现。实际上就是排气量调节装置。它有两个作用：一是实现压缩机的空载启动或在较小负荷状态下启动；二是调节压缩机的制冷量。压缩机排气量的调节方法有：①顶开部分气缸的吸气阀片；②改变压缩机的转速；③用旁通阀使部分气缸的排气旁通回吸气腔，这种方法主要用于顺流式压缩机；④改变附加余隙容积的大小。

活塞式制冷压缩机一般采用油压顶杆开启阀片式卸载机构改变压缩机工作气缸数量来进行能量调节。油压顶杆开启阀片式卸载机构工作原理是在需要卸载时，利用油压推动拉杆机构克服弹簧力将吸气阀片顶起，使阀片在活塞作往复运动时始终处于开启状态，吸入的气体未经压缩（即未获取能量）又从吸气口排出，活塞未做功：当需要增载时，降低油压，拉杆机构在弹簧力的作用下复位，阀片的动作恢复正常，即在吸气过程中开启，在压缩、排气过程中关闭，活塞正常做功。活塞式制冷压缩机卸载机构除了可以调节制冷量外，还可用于压缩机的卸载启动，减少启动转矩，简化电动机的启动设施和操作程序。

（三）常用活塞式制冷压缩机和冷水机组

活塞式制冷压缩机由于曲轴连杆机构的惯性力及阀片的寿命，活塞的运行速度和气缸的容积受到了限制，故排气量不能太大。目前国产活塞压缩机的转速一般为500～3000r/min，额定制冷量小于600kW，属于中、小型制冷机。活塞式制冷压缩机的制冷性能系数一般都低于螺杆式制冷压缩机和离心式制冷压缩机。但由于生产工艺简单，且价格较便宜，活塞式制冷机在制冷工程和空调工程中仍被广泛应用。活塞式冷水机组是由活塞式压缩冷凝机组与蒸发器、电控制柜以及其他附件等组成，一般均组装在同一底座上。活塞式冷水机组有：普通型、多机头机组和模块化机组；普通型水冷冷水机组的蒸发器、冷凝器上下叠置或左右平行设置，活塞式压缩机直接设在“两器”之上或由钢架支承置于“两器”之上，通常单机制冷量在580～700kW以下。多机头活塞式冷水机组是由2台以上的半封闭或全封闭式制冷压缩机为主机与“两器”组成，目前最多有8台配置；多机头机组可实现顺序启动各台压缩机，易适应部份冷负荷变化，且可保持较高效率，降低能量消耗，并可按需要调整启动顺序，均衡各台压缩机的磨损，延长寿命，由于逐台启动、减少对电网的冲击，图10-2-3是多机头机组外形。模块化活塞式冷水机组是由多台小型冷水机组单元（包括压缩机、蒸发器、冷凝器等）并联组成，图10-2-4是RC130模块化冷水机组，每个模块包括一个或多个完全独立的制冷系统，采用计算机智能化控制，按变化的冷负荷适时启停机组各个模块，全面协调控制整套机组的动态运行，机组体积小、结构紧凑，工程设计简单，维修方便。RC130机组每个单元模块制冷量为110kW最多可将13个单元连接在一起，总制冷量为1430kW。

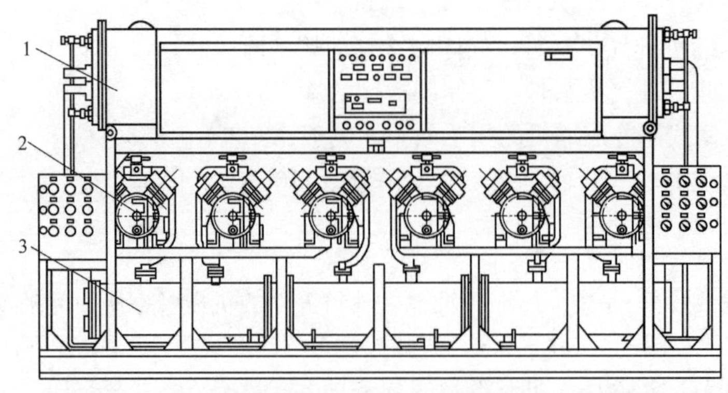

图10-2-3　多机头冷水机组

1—蒸发器；2—压缩机；3—冷凝器

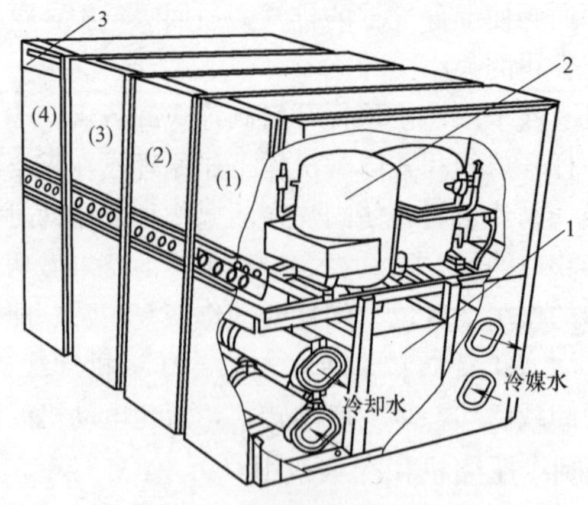

图10-2-4　RC130模块化机组

1— 换热器；2—压缩机；3—控制器

GHP 系列活塞式水源热泵机组主要技术参数 **表 10-2-13**

型号		GHP150	GHP300	GHP500	GHP600	GHP1000
制热量(kW)		175	351	526	700	1052
制冷量(kW)		153	307	460	612	919
压缩机数量(台)		1	2	3	4	6
能量调节方式		自动				
能量调节范围(%)		0,100	50,100	33,66,100	以 25%递增	以 16.7%递增
制冷制	名称	R22				
	充注量(kg)	21	42	63	84	126
电气性能	电源	3 相,380V,50Hz				
	总功率(制热/制冷)(kW)	43/31	86/61	128/92	171/122	256/184
用户侧水循环流量(m^3/h)		15(制热),19(制冷)	30(制热),39(制冷)	45(制热),58(制冷)	60(制热),77(制冷)	90(制热),116(制冷)
水源侧水循环流量(m^3/h)		16(制冷、制热时同)	33(制冷、制热时同)	49(制冷、制热时同)	65(制冷、制热时同)	98(制冷、制热时同)
冷凝器	形式	卧式壳管冷凝器				
	冷却水进水温度范围(℃)	18～44				
	水侧压降(kPa)	90				
	进出水管管径(mm)	50	65	80	100	125
蒸发器	形式	干式蒸发器				
	冷却水进水温度范围(℃)	5～15				
	水侧压降(kPa)	50				
	进出水管管径(mm)	65	100	125	125	150
冷却水,冷水污垢系数($m^2 \cdot K/kW$)		0.086				
机组外形尺寸(mm)(长×宽×高)		2850×850×1850	3450×850×1850	3650×850×1850	3450×1950×1850	3650×1950×1890
机组重量(kg)		1548	2182	2923	4364	5845
运行重量(kg)		1630	2330	3100	4640	6240

注：① 地下水制冷工况：使用侧进水温度 14℃，使用侧出水温度 7℃；水源侧进水温度 20℃，水源侧出水温度 30℃。

② 地下水制热工况：水源侧进水温度 16℃，水源侧出水温度 9℃；使用侧进水温度 42℃，使用侧出水温度 52℃。

③ 机组具有外围壁板结构形式的为低噪声型，标准型机组无外围壁板。

100 系列活塞式冷水机组主要技术参数 **表 10-2-14**

项目		单位	$LS2F_2Z10$	$LS4F_2V10$	$LS6F_2W10$	$LS8F_2S10$
名义制冷量		kW	48.7	97.5	146.2	290
压缩机	型号		$2F_2Z10$	$4F_2V10$	$6F_2W10$	$8F_2S10$
	转速	r/min	960			1440
	能量调节	%		1/2,1	1/3,2/3,1	1/2,3/4,1
电动机	功率	kW	15	30	45	90
	电源		3P,380V,50Hz			
蒸发器	水流量	m^3/h	8.4	17	25	48
冷凝器	水流量	m^3/h	14.5	25	39	
外形尺寸	长×宽×高	mm	2210×650×1690	2400×1150×1650	2850×1170×1700	3500×1290×1750

注：① 名义工况：蒸发温度 2℃；冷凝温度 40℃；冷水进出温差 5℃；冷却水进出温差 4℃；工质为 R22。

② 蒸发器冷凝器水侧阻力均≤0.1MPa。

30HK、HR 系列活塞式冷水机组主要技术参数　　表 10-2-15

机组型号	制冷量			输入功率 kW	冷量控制级数	冷水		冷却水		外形尺寸			运行重 kg
	kW	10^4kcal/h	Ton			流量 m^3/h	压降 kPa	流量 m^3/h	压降 kPa	长 mm	宽 mm	高 mm	
30HK026	86	7.5	24	22	3	15	22	19	42	1800	740	1100	800
30HK036	115	10	33	29	3	20	46	25	25	2580	910	1205	1000
30HK065	224	20	64	58	4	38	40	48	23	2470	885	1470	1530
30HK115	344	30	98	86	4	59	21	74	89	3200	1020	1630	2154
30HR161	448	40	127	116	8	77	30	96	35	3125	940	1929	3120
30HR195	580	50	165	145	5	100	36	125	78	4255	912	1956	4175
30HR225	694	60	197	173	6	119	51	149	79	4255	912	1956	4440
30HR250	792	70	225	198	7	136	42	168	53	4070	1275	2000	5260
30HR280	895	80	255	224	8	154	53	190	53	4070	1275	2000	5620

注：蒸发器冷水进/出水温度 7℃/12℃，冷凝器冷却水进/出水温度 30℃/35℃。

三、涡旋式制冷压缩机及冷水机组

涡旋压缩机是一种借助于容积的变化来实现气体压缩的流体机械，它与往复压缩机相似。涡旋压缩机的主要零件动涡盘的运动，是在偏心轴的直接驱动下进行的，这又与转子压缩机相同。涡旋压缩机的压缩腔，既不同于往复式压缩机又不同于转子式压缩机，故把它称作新一代容积式压缩机。另外，数码涡旋压缩机已经呈现出崭新的发展趋势。作为运动部件最少的涡旋压缩机，目前在中小型机组中应用非常广泛，制冷量范围在 8～60kW。多台压缩机的组合，其制冷量可达到几百千瓦。此类压缩机配合精度要求高，制造工艺复杂，但近年来，由于规模化生产，技术已相当成熟，成本也迅速降低。

（一）工作原理、结构特点

1. 工作原理

涡旋压缩机是由两个渐开线型线的动涡旋盘（旋转涡旋盘或涡旋转子）和静涡旋盘（固定涡旋盘或涡旋定子）组成，两个涡旋盘一般为相同的型线，只是在装配时动涡旋盘相对于静涡旋盘转过了 180°，一对渐开线型线的动、静涡旋盘相互啮合而成。在吸气、压缩、排气工作过程中，静涡旋盘固定在机架上，动涡旋盘由偏心轴驱动并由防自转机构约束，围绕静涡旋盘基圆中心作很小半径的平面转动。低温、低压气体从上部的吸气管吸入，进入静涡旋盘的外围，随着偏心轴旋转，气体在动、静涡旋盘啮合所组成的若干对月牙形压缩腔内被逐步压缩，然后高温、高压气体由静涡旋盘心部位的轴向孔连续排出。有的涡旋压缩机吸气管在压缩机下部，排气管在压缩机上部，上部为高压腔，中下部为低压腔，由分隔板隔开。润滑油在压缩机下部，曲轴内有油孔，曲轴旋转时依靠离心力把油送入气缸。

在涡旋压缩机中，吸气、压缩、排气工作过程是连续进行的。在图 10-2-5 所示的工作过程中，动涡旋盘每旋转一定角度，就吸人和密封两个气团，压缩两个气团，两个气团处于排气状态。

2. 结构组成及特点

涡旋压缩机结构主要分为动静式和双公转式两种。目前动静式应用最为普遍，主要部

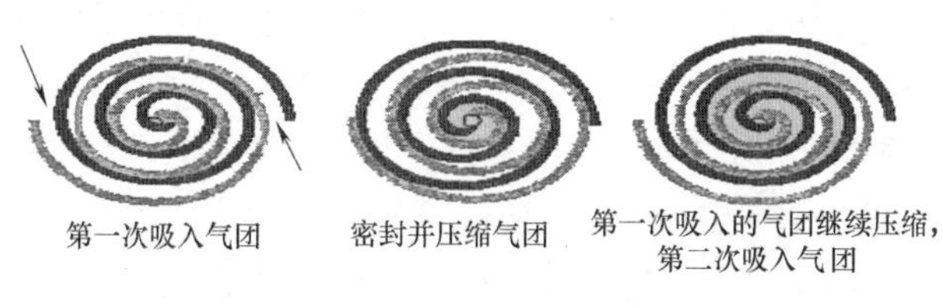

图 10-2-5　涡旋式压缩机的工作过程

件包括动涡盘、静涡盘、支架、偏心轴及防自转机构，这些零部件包含在压缩机壳体内，只有吸气口、排气口、电器接线端子露在外面。一种全封闭式涡旋压缩机结构组成见图 10-2-6。

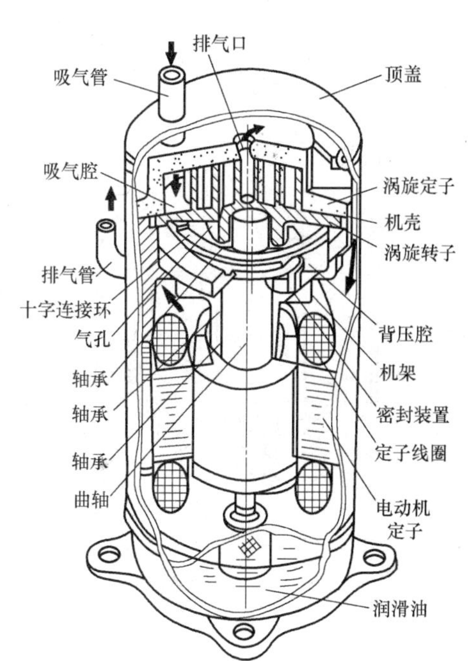

图 10-2-6　全封闭式涡旋式压缩机结构

动、静涡盘的结构基本相同，都是由端板和由端板上伸出的渐开线型涡旋盘组成，两者偏心配置且相差 180°。静涡盘静止不动，在电动机的驱动下，动涡盘与静涡盘配合，压缩制冷剂气体。电动机位于下部，小型压缩机电动机电源可为单相，大压缩机的电源为三相。电动机的转速约为 2900r/min。平衡块固定在曲轴上，平衡曲轴旋转时的不平衡力。在动涡盘下设有背压腔，从动涡盘底盘上的小孔引入中压气体，由气腔压力支撑着动涡盘，并在动涡盘顶部装有可调的轴向密封，使动涡盘轴向移动，以补偿运行过程中产生的磨损；还能防止液击或压缩腔中的润滑油过多时引起的过载。在曲柄销轴承处和曲轴支架处，设有转动密封，以确保背压腔与机壳之间的气密性。

由于涡旋式压缩机工作过程和结构紧凑的特点，所以这类压缩机具有下述优点，近年得到较快发展。

（1）两个涡盘之间的回转半径很小，一般仅几毫米，所以压缩机可以做得比较小，涡旋式压缩机的零件数量比往复式压缩机少 60%左右，因此使用寿命更长，运行可靠。

（2）一对涡盘中的月牙形的空间可以同时进行压缩，使得曲轴转矩变化小，压缩机运行时整机的振动较小。

（3）涡旋式压缩机无吸、排气阀，节流的容积损失小，摩擦损失小，运行效率高。多个工作腔同时压缩，相邻压缩腔之间的压差较小，所以气体泄漏少。

（4）引入了轴向和径向的柔性密封，并在涡旋体壁面之间采用油膜密封的技术，使涡盘之间的密封效果不会因摩擦和磨损而降低，且可有效地提高抗液击能力，适宜用于工况变化大的热泵机组。

(5) 由于以上特点使涡旋式压缩机在高速运转时也能保持较高的效率和可靠地稳定运转。变频机就是利用了这些特点，使在高负荷时电机可在 110Hz 附近运行。

(6) 涡旋式压缩机的吸气、压缩和排气过程，是连续进行的，所以排气的脉动较小，排气引起的噪声也相对较小。

(7) 由于涡盘加工精度要求严格，应采用专用设备加工和装配技术，高形位公差的要求限制了它的普及。且出于强度方面的考虑，涡旋壁的高度不能做得太高，所以大排量涡旋式压缩机需要直径较大的涡盘，机体相应也需增大，这将失去其结构紧凑的特点。

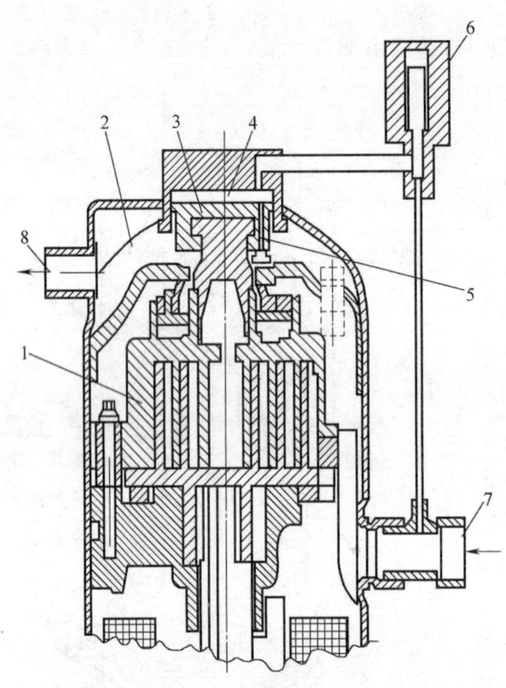

图 10-2-7　涡旋式压缩机脉冲宽度调节原理图
1—定涡盘；2—排气腔；3—活塞；4—压力室；5—小孔；6—电磁阀；7—吸气管；8—排气管

3. 能量调节，涡旋式压缩机的能量调节（排气量调节）有如下方法：变速调节、脉冲宽度调节和旁通调节。脉冲宽度调节（Pulse width modulation）的原理如图 10-2-7 所示。这种调节方式是美国谷轮（Copeland）公司的专利技术。它利用柔性密封的涡旋式压缩机定涡盘可上移的特点，使相邻的不同压力的月牙形工作容积连通，实现压缩机卸载。电磁阀关闭时，活塞上的小孔 5 使压力室 4 与排气腔 2 相通，活塞上、下压力均为排气压力，定涡盘在活塞重力、排气压力共同作用下与动涡盘紧密接触，压缩机正常工作，即负载运行。当电磁阀开启，压力室与吸气管连通，活塞在下部的排气压力作用下往上移 1mm，导致不同压力的相邻的月牙形工作容积连通，压缩机无气体排出，即卸载运行。采用数字控制器（Digital controller）控制电磁阀电信号的脉冲宽度，即可控制压缩机部分负荷的百分率。例如，若一个控制周期为 20s，电信号脉冲宽度为 6s，则 20s 中有 6s 是卸载运行，14s 为负载运行，在这一周期内，其平均的排气量为 14/20＝0.7，即压缩机的容量（排气量）为 70%；如脉冲宽度为 10s，则压缩机的容量为 50%。但在卸载过程中，不消耗压缩蒸气的能量，仍需消耗摩擦等所需的能量。一般卸载时消耗功率约为满载时的 10%，涡旋压缩机的控制周期通常采用 10s～20s。由于电磁阀频繁启动，应采用寿命长的电磁阀，目前该阀的寿命可达 40×10^6 次，大约可使用 30 年。这种采用数字控制器的涡旋式压缩机称为数码涡旋式压缩机。

变速调节常用的是交流变频调节，异步电动机的转速与交流电源的频率成正比，改变电源的频率，使电动机转速改变，从而实现压缩机转速的调节，即实现了压缩机排气量的调节。电源的频率改变是采用变频器，它的工作过程是先将交流电整流成直流电，再由直流电调制成所要求频率的交流电。变频调速可实现无级调节，使压缩机始终保持合适的转速，变频器的能量损失少；但变频时存在高次谐波对电网的污染，使电网电压的波形畸变，电源变压器能量损失增加，另外还产生高频电磁波，对仪表、通信设备产生干扰等。通常变频器中采取了抑制高次谐波的措施。

变速调节还可采用直流电动机调速。直流电动机的定子与交流异步电动机一样，是一个三相星形连接的绕组，转速的调节靠改变输入的直流电压实现。与交流变频调速相比，元器件大为减少，功率损耗也减少，而且电机无转子中的铜损和铁损，电机效率也较高。因此，采用直流无刷电动机调速的压缩机，其能效比比变频调速高 10%～20%。

（二）涡旋式冷水机组

涡旋式压缩机的单机制冷量较小，所以涡旋式冷水机组的容量不大，目前单机制冷量最大约为 84kW。涡旋式压缩机的变容量技术的发展，如数码涡旋技术，变频涡旋技术，为扩大涡旋机在冷水机组方面的应用创造了积极的条件。同时，由于涡旋压缩机本身具有高容积率、高能效和低噪声等优势，只要能解决增大排量问题，在冷水机组的应用上将具有很强的竞争力。

涡旋式冷水机组分为水冷式和风冷式两类：水冷涡旋式冷水机组的冷凝器一般选择壳管式，蒸发器采用壳管式或 AISI316 不锈钢板式换热器。图 10-2-8 是水冷涡旋式冷水机组，该机组采用全封闭涡旋压缩机，冷凝器为壳管式，传热管为低肋铜管。蒸发器为干式管壳式蒸发器，制冷剂在管内蒸发。

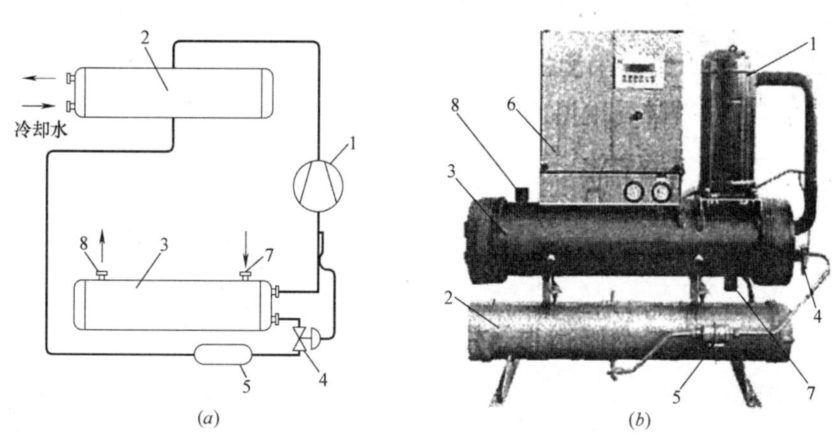

图 10-2-8　水冷涡旋式冷水机组

（a）制冷剂流程示意图；（b）机组外形图

1—全封闭压缩机；2—冷凝器；3—蒸发器；4—节流阀；5—干燥过滤器；6—控制箱；7、8—冷冻水进、出口

风冷涡旋式冷水机组的冷凝器一般由铜管串套铝翅片构成，装有液体过冷器，风机选用轴流式，且带保护罩。风冷涡旋式有冷水机组与热泵型两类。

涡旋式冷水机组通常都配置有完善的自动控制系统，如：保护装置，对温度、压力实施有效的控制，对负荷过载、频繁启停、电源反相等具有保护作用，确保机组稳定运行；回水温度控制，对回水温度及水量进行监测，经回水温度与设定值的比较，通过 PID 运算，启动或停止压缩机；控制系统，通常都配置有功能强大的微电脑控制装置，对出水温度、冷凝压力等进行控制，实现优化运行，确保获得最佳的性能系数（COP）。此外，还设有：延时保护，防止压缩机频繁启停；失电记忆功能，断电后恢复供电时自动启动；自动均衡压缩机的启停次数及运转时间；预留水泵控制接点，等等。

涡旋式制冷压缩机正日益广泛用于空调工程，由于数码型涡旋式制冷压缩机自动化程度高，容量调节方便，且使用寿命长，国内已有多家公司以这类制冷机为主机，采用模块化设计形成冷水或热泵机组系列，下面介绍一个系列产品的技术性能供参考使用。

MDS-W 型数码变容量冷水（热泵）机组

以数码变容量涡旋式制冷压缩机为主机，采用模块化设计，单台机组的制冷量为33kW、制热量40kW。应用于多联空调系统，一台主机最多可带24台室内机，主机与室内机的最大落差可达30m，最长制冷剂管道可达150m。控制方式多样，可选用集中控制器或集中监检软件，带高低压力开关保护、过流保护、过压、欠压保护、断水保护、进水温度保护等控制功能。冷水（热泵）机组满负荷能效比可达4.6，部分负荷能效比IPLV(C) 可达5.2。

MDS-W 系列数码变容量水冷多联主要技术参数 **表 10-2-16**

	MDS-W120A	MDS-W120AR	MDS-W240A	MDS-W240AR
名义制冷量(W)	33000	33000	66000	66000
名义制热量(W)	—	40000	—	80000
电源	3 相,380V,50Hz	3 相,380V,50Hz	3 相,380V,50Hz	3 相,380V,50Hz
噪声[dB(A)]	52	52	55	55
外形尺寸[宽(mm)×深(mm)×高(mm)]	995×600×965	995×600×965	995×600×965/995×600×965(主机/从机)	
制冷额定功率(W)	6620	7170	12950	13920
制热额定功率(W)	—	8230	—	15880
水流量(m^3/h)	6.4	6.4	6.4/6.4(主机/从机)	
进出水管管径(in)	1-1/4	1-1/4	1-1/4	1-1/4
液管 ϕ(mm)	15.88	15.88	19.05	19.05
气管 ϕ(mm)	28.6	28.6	38.1	38.1

四、螺杆式制冷压缩机及冷水机组

螺杆式制冷压缩机（Screw refrigerant Compressor）是由带有螺旋槽的转子在压缩腔内旋转而使制冷剂蒸气压缩，它与活塞式压缩机同属于容积式压缩机，螺杆式压缩机的转子与离心式压缩机的转子一样，均作高速的旋转运动，所以螺杆式压缩机兼有两类压缩机的特点，螺杆式制冷压缩机具有结构简单紧凑，易损件少，大修周期长，维护简单，可靠性高；与活塞式制冷压缩机相比，转速较高、质量轻、体积小、占地面积小，因而经济性较好；螺杆式制冷压缩机没有不平衡惯性力存在，可以平衡高速运转，动力平衡性能好，可以实现无基础运转；螺杆式制冷压缩机对进液不敏感，能耐液体冲击，可以多相混输，可采用喷油或喷液冷却，在相同压比下，排气温度比活塞式制冷压缩机低得多，因此单级压比高；与离心式制冷压缩机相比，螺杆式制冷压缩机具有强制输气的特点，输气量几乎不受排气压力的影响，在较宽的工作范围内，仍可保持较高的效率。但由于螺杆式制冷压缩机的高精度的螺旋状转子齿面是一空间曲面，要求有昂贵的专用设备和特种刀具进行加工，同时气缸的加工精度要求也较高，所以螺杆式制冷压缩机的造价较高；由于气体周期性地高速通过吸、排气孔口，以及通过缝隙的泄漏等原因，使压缩机有很大的噪声；由于间隙密封和转子刚度等的限制，目前螺杆式制冷压缩机还不能像活塞式制冷压缩机那样达到较高的终了压力，只能适用于中、低压范围；由于螺杆式制冷压缩机采用喷油冷却方式，必须配置相应的辅助设备，从而使整个机组的体积和质量加大，不能做成微型压缩机。

总之螺杆压缩机具有结构简单、工作可靠、效率高和调节方便等优点，中、大容量的螺杆式冷水机组已经相继问世，因此在制冷空调领域中，螺杆式制冷机已成为其他种类制冷机的有力竞争者，应用越来越广泛。

由螺杆式制冷压缩机、原动机及其附件（包括油泵、油冷却器、油分离器等）组装在一起，用于压缩制冷剂蒸气的螺杆式制冷压缩机及机组按其结构可以分为开启式、半封闭式、全封闭式；按其转子的配置又可分为单螺杆式、双螺杆式等。

（一）名义工况

螺杆式制冷压缩机及机组的名义工况按国家标准《螺杆式制冷机》GB/T 19410—2008 的规定，见表 10-2-17；螺杆式制冷机及机组的设计和使用条件见表 10-2-18。

螺杆式制冷压缩机及机组的名义工况（℃）　　表 10-2-17

类型	吸气饱和(蒸发)温度	排气饱和(冷凝)温度	吸气温度[b]	吸气过热度[b]	过冷度
高温(高冷凝压力)	5	50	20	—	0
高温(低冷凝压力)		40			
中温(高冷凝压力)	−10	45	—	10 或 5[a]	
中温(低冷凝压力)					
低温	−35	40			

a 用于 R717。

b 吸气温度适用于高温名义工况，吸气过热度适用于中温、低温名义工况。

螺杆式制冷压缩机及机组的设计和使用条件（℃）　　表 10-2-18

类型	吸气饱和(蒸发)温度	排气饱和(冷凝)温度	
		高冷凝压力	低冷凝压力
高温(热泵)	−15～12	25～60	25～45
高温(制冷)	−5～12		
中温	−25～0	25～55	
低温	−50～−20	20～50	20～45

（二）螺杆式制冷压缩机类型

1. 双螺杆制冷压缩机

（1）基本结构，通常所说的螺杆压缩机主要是指双螺杆压缩机，它是在压缩机气缸中平行地配置着一对∞字形的相互啮合的螺旋形转子，凸齿形的转子称为阳转子，凹齿形的转子称为阴转子。一般阳转子与原动机连接，称为主动转子，阴转子为从动转子。转子的球轴承实现转子轴向定位，并承受压缩机转子的轴向力。转子两端的圆柱滚子轴承实现转子径向定位，并承受压缩机转子的径向力。转子之间及转子和气缸、端盖间留有很小的缝隙。在吸气端盖和气缸上部设有轴向和径向进气口，在排气端盖和滑阀的端部设有轴向和径向排气孔口。开启式螺杆压缩机的基本结构见图 10-2-9。

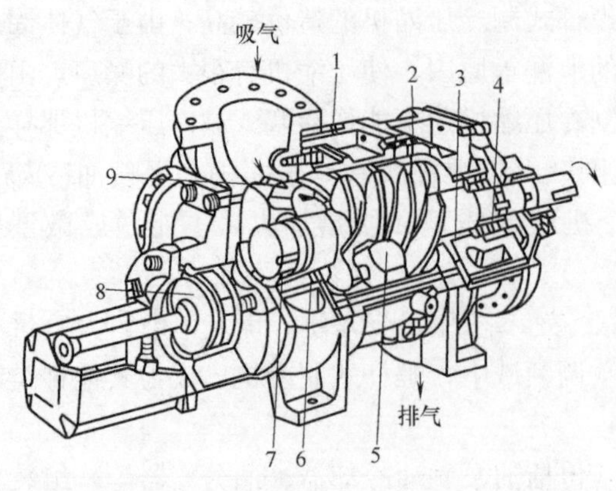

图 10-2-9　开启式螺杆制冷压缩机的结构
1—机壳；2—阳转子；3—滑动轴承；4—滚动轴承；5—调节滑阀；6—轴封；7—平衡活塞；8—调节滑阀控制活塞；9—阴转子

(2) 工作原理

螺杆压缩机是以气缸中一对螺旋转子相互啮合旋转，形成齿型空间组成的基元容积变化实现对制冷剂气体的压缩。制冷压缩循环由吸气、压缩和排气三个过程构成，如图 10-2-10 所示为螺杆式制冷压缩机的工作过程示意图，其中 (*a*)、(*b*) 为一对转子的俯视图，(*c*)、(*d*)、(*e*)、(*f*) 为一对转子由下而上的仰视图。在一对转子的吸气侧，如图 (*a*)、(*b*) 所示的转子上部，齿面接触线与吸气端之间的每个基元容积都在扩大，而在转子的排气侧，如图 (*d*)、(*e*)、(*f*) 所示的转子下部，齿面接触线与排气端之间基元容积却逐渐缩小，使每个基元容积都从吸气端移向排气端。下面以图 10-2-10 为例，说明螺杆式制冷压缩机的工作过程。

1) 吸气过程，齿间基元容积随着转子旋转逐渐扩大，并与机壳上的吸气口连通，制冷剂蒸气通过吸气口进入齿间基元容积，称为吸气过程，如图 (*a*)、(*b*) 所示。当转子旋转一定角度后，齿间基元容积越过吸气孔口位置与吸气口断开，此时，吸气过程结束，如图 (*c*) 所示。此时阴、阳转子的齿间基元容积没有连通。

2) 压缩过程，在压缩开始时、主动转子的齿间基元容积和从动转子的齿间基元容积各自独立地向前移动、当转子转过某一角度，主动转子的凸齿和从动转子的齿槽构成一对新的“V”形基元容积，随着一对转子的啮合运动基元容积逐渐缩小、实现制冷剂蒸气的压缩过程，如图 (*d*) 所示，压缩过程直到基元容积与机壳上的排气口连通的瞬间结束，如图 (*e*) 所示。

3) 排气过程，当基元容积与机壳上的排气口连通时即开始进行排气过程，如图 (*f*) 所示，由于转子旋转时基元容积不断缩小，将压缩后具有一定压力的制冷剂蒸气送到排气腔，排气过程一直延续到基元容积最小时结束。

转子的连续运转吸气、压缩、排气过程循环进行，各基元容积依次连续工作构成了螺杆式制冷压缩机的工作循环。由以上描述可知，一对转子转向相迎合的一面时，气体受压缩称为高压区：另一面转子彼此脱离，齿间基元容积吸入气体，称为低压区。高压区与低压区由两个转于齿面间的接触线所隔开。由于吸气基元容积的气体随着转子旋转，由吸气端向排气端做螺旋运动，所以螺杆式压缩机的吸气口与排气口一般都是呈对角线布置。

2. 单螺杆式制冷压缩机

(1) 基本结构

单螺杆压缩机通常由一个转子、星轮、机体、能量调节机构组成。与双螺杆压缩机相比，单螺杆压缩机减少了一个转子，增加了星轮。转子与星轮齿型啮合要求需精密配合，加工难度增加，星轮通常采用工程塑料制作，以减少刚性磨损。星轮结构有整体式、浮动式、弹性式三种，常见的是浮动式；单螺杆制冷压缩机的螺杆与星轮常见的布置形式如图

10-2-11 所示的四种类型（PC 型、PP 型、CP 型、CC 型），目前采用较多的是 CP 型单螺杆制冷压缩机，其结构见图 10-2-12，在机壳 4 内由圆柱螺杆 5 和二个对称的平面星轮组成啮合副；螺杆的螺槽、机壳内腔 8 和星轮齿顶平面构成封闭的单元容积。动力由轴 3 传至螺杆、带动星轮旋转，气体从吸气端 7 进入，经压缩后由排气口排出。

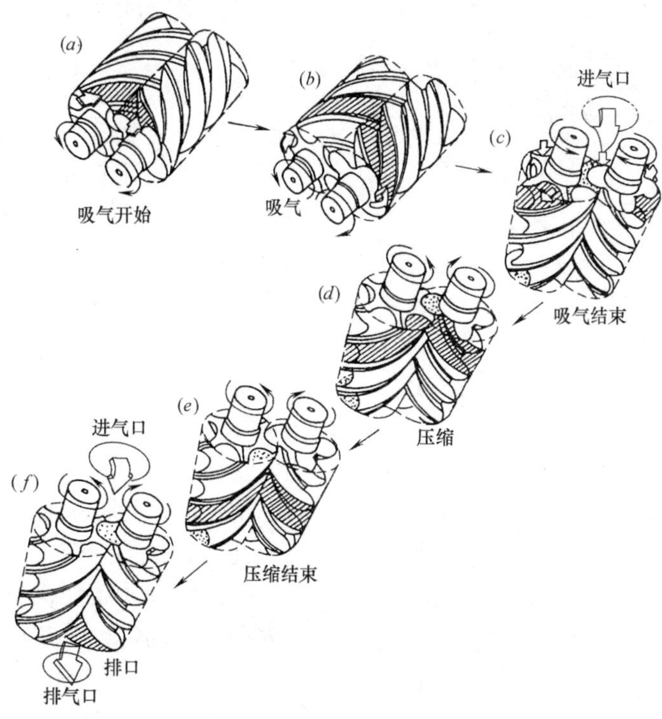

图 10-2-10　双螺杆制冷压缩机的工作过程示意图

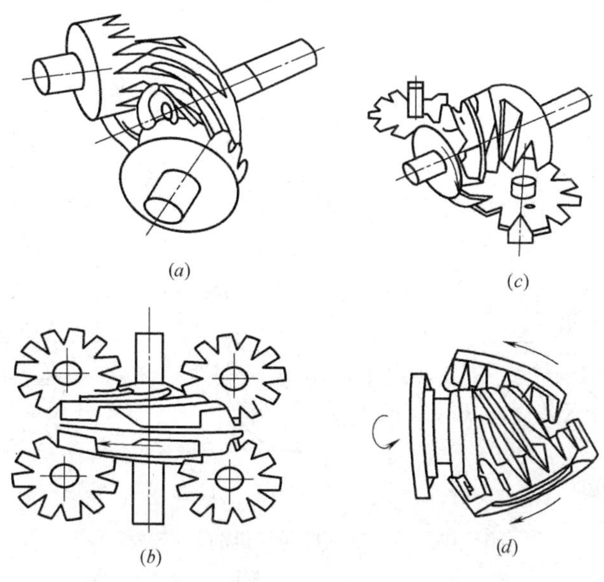

图 10-2-11　单螺杆压缩机的类型

(a) PC 型；(b) PP 型；(c) CP 型；(d) CC 型

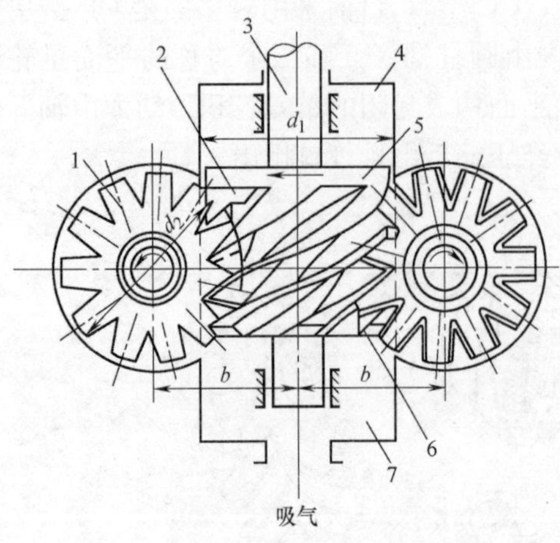

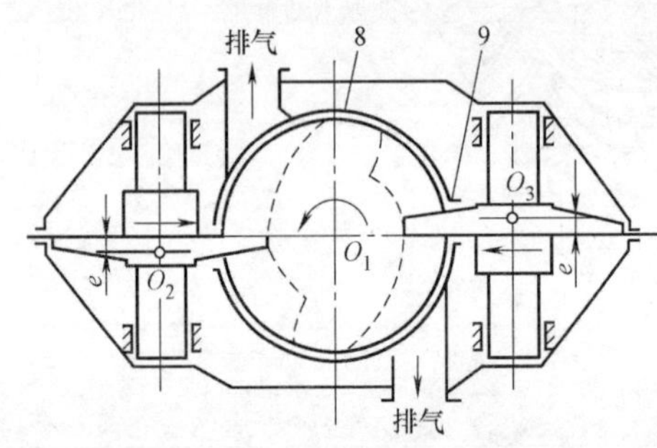

图 10-2-12 单螺杆压缩机结构示意图

1—星轮；2—排气口；3—主轴；4—机壳；5—螺杆；6、7—吸气端、吸气腔；8—气缸；9—气缸孔槽

(2) 工作过程

如图 10-2-13 所示，螺杆转子齿槽与星轮齿不断啮合与分离，使螺杆齿槽内制冷剂气体与压缩机吸气腔或排气腔连通与隔离，周而复始地完成吸气过程、压缩过程、排气过程。

吸气过程（图 *a*），螺杆齿槽在星轮齿尚未啮合前，与吸气腔连通，处于吸气状态，当螺杆转到一定位置，星轮齿将齿槽封闭，吸气过程结束；压缩过程（图 *b*），吸气过程结束后，螺杆继续转动星轮齿沿着齿槽推进，封闭的工作容积逐渐缩小，实现制冷剂气体的压缩过程，当工作容积与排气口连通时，压缩过程结束；排气过程（图 *c*），工作容积与排气口连通后，随着螺杆继续转动，被压缩的制冷剂气体由排气口输送至排气管道，直至星轮齿脱离螺杆齿槽为止。

3. 开启式与封闭式螺杆制冷压缩机

根据螺杆式压缩机与驱动电机的相对位置安排的不同，可分开启式、半封闭和全封闭三种类型。

(1) 开启式螺杆制冷压缩机是电机位于压缩机体外，通过联轴器与伸出机体外的压缩机转子轴连接，为防止制冷剂和润滑油通过转子轴泄漏到机体外，应设置可靠的轴封措施，一般采用弹簧式机械密封和波纹管式机

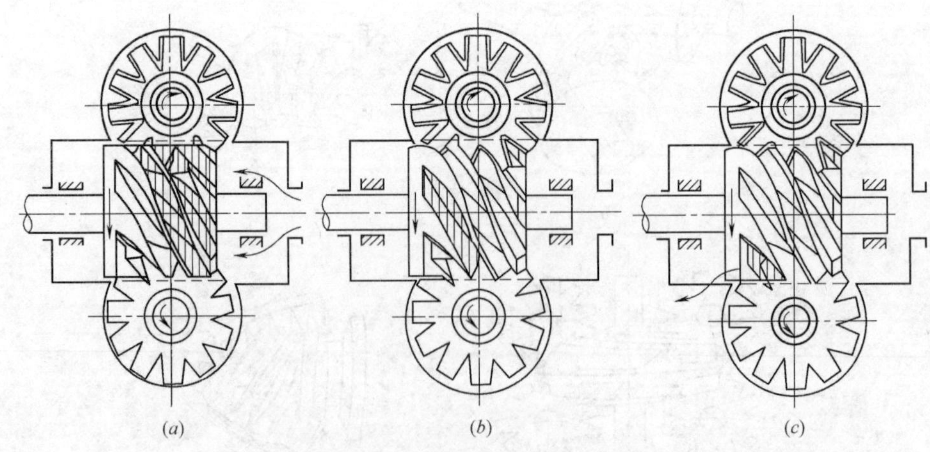

图 10-2-13 单螺杆压缩机的工作过程

(*a*) 吸气过程；(*b*) 压缩过程；(*c*) 排气过程

械密封，并应向轴封处供给高于压缩机内部压力的润滑油，以保持在密封面上形成稳定的油膜。电机一般采用空气冷却，电机与压缩机分离设置，可使压缩机的工作范围较宽，若制冷剂改变时可容易地配置不同容量的电动机，还可以做到维修方便。图 10-2-4 是开启式单级螺杆制冷压缩机的外形图，主要应用于石油、化工、轻纺、食品、水产等行业的低温、冷藏以及大型建筑物的空调工程等。

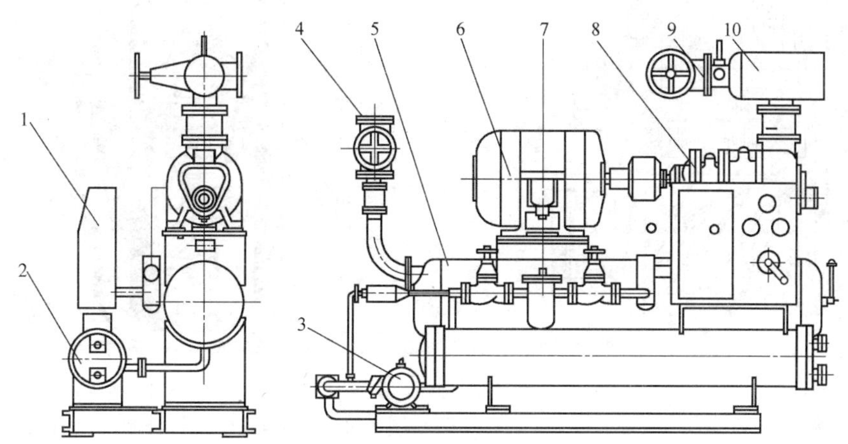

图 10-2-14　开启式单级螺杆制冷压缩机组外形图

1—控制操作柜；2—油冷却器；3—油泵；4、9—排气、进气截止阀；5、7—油冷却器、过滤器；6—驱动电机；8—螺杆压缩机；10—吸气过滤器

（2）半封闭式螺杆制冷压缩机一般是将电动机与压缩机的阳转子安装在同一轴上，机体采用可拆卸的结构，电机通常以制冷剂冷却，并且制冷剂和润滑油不会从压缩机泄漏到周围环境中，图 10-2-15 是一种半封闭式螺杆制冷压缩机结构图。这种类型的压缩机具有结构紧凑、噪声和振动小的优点，广泛应用于公共建筑，民用建筑、电子、医药等行业的空调工程中。开利公司生产的 06N 系列半封闭式螺杆制冷压缩机采用压缩机与电动机并列布置，通过齿轮增速，体积小巧，电机以制冷剂喷液冷却，工作温度低，使用寿命长，改变增速比可得到不同的排气量，采用 HFC134a 制冷剂，制冷能力约 140kW～280kW。

（3）全封闭式螺杆制冷压缩机是将电动机与压缩机封装在一个机体外壳内，电机直接连接驱动转子，一般采用吸入的制冷剂气体冷却电机。图 10-2-16 是一种全封闭式螺杆制冷压缩机结构图，具有结构紧凑、体积小、噪声小、振动低，不会发生从压缩机泄漏制冷剂、润滑油的现象，广泛应用于各类建筑的中、小容量空调用户。

（三）制冷量、轴功率

1. 排气量，螺杆式制冷压缩机的排气量是指单位时间内排出的气体换算到压缩机吸气状态下的容积，螺杆式制冷压缩机的理论排气量为阴、阳转子转过的齿间容积之和，可由式（10-2-5）计算。

$$q_0 = 60 C_n C_\Phi n_i L D_0^2 \tag{10-2-5}$$

式中　D_0——转子的名义直径（m）；

C_n——面积利用系数，是由转子齿形和齿数所决定的常数；

n_1、n_2——阳转子与阴转子的转速（r/min）；

C_Φ——扭角系数，转子扭转角对吸气容积的影响程度；

L——转子的螺旋部分长度（m）。

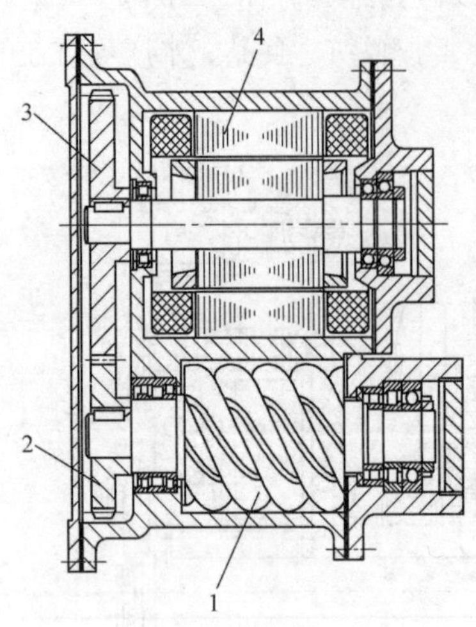

图 10-2-15　半封闭式螺杆制冷压缩机结构图

1—转子；2—增速小齿轮；3—增速大齿轮；4—电动机

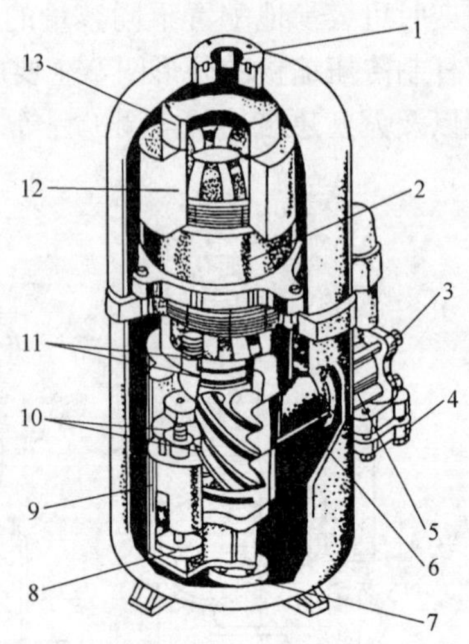

图 10-2-16　全封闭式螺杆制冷压缩机结构图

1—排气口；2—内置电动机；3—吸气截止阀；4—吸气口；5—吸气止回阀；6—吸气过滤网；7—滤油器；8—输气量调节油活塞；9—调节滑阀；10—阴阳转子；11—主轴承；12—油分离环；13—挡油板

由于泄漏、气体受热等，螺杆式制冷压缩机的实际排气量总是小于它的理论排气量，通常以容积效率表达影响排气量的损失。当考虑到压缩机的容积效率 η_V时，其实际排气量 q_a以式（10-2-6）计算。

$$q_a = \lambda_v \cdot q_0 \tag{10-2-6}$$

螺杆式制冷压缩机的容积效率 λ_V一般在 0.9～0.75 范围内，小排气量、高压力比的压缩机取小值，大排气量、低压力比取较大值。由于螺杆式压缩机没有余隙容积，所以几乎不存在气体膨胀的容积损失，容积效率随压力比增大并不会下降很多，这对制冷压缩机尤其是热泵用压缩机是十分有利的。采用不对称齿形和喷油措施均有利于提高容积效率。影响螺杆式制冷压缩机容积效率的主要因素有：

（1）气体通过间隙的泄漏，包括外泄漏和内泄漏，前者是指基元容积中压力升高的气体向吸气通道或正在吸气的基元容积泄漏；后者是指高压区内基元容积之间的泄漏。外泄漏影响容积效率，内泄漏仅影响压缩机的功耗。

（2）吸气压力损失，制冷剂气体通过压缩机吸气管道和吸气口时，将产生气体流动损失，使吸气压力降低，比体积增大，相应地减少了压缩机的吸气量，降低了压缩机的容积效率。

（3）预热损失，转子与机壳因受到压缩气体的加热而温度升高。在吸气过程中，气体受到吸气管道、转子和机壳的加热而膨胀，相应地减少了气体的吸入量，降低了压缩机的容积效率。

2. 螺杆式制冷压缩机的轴功率

制冷压缩机等熵压缩所需理论功率 P_s（kW）可按式（10-2-7）计算。

$$P_s=\frac{q_{ma}(h_2-h_1)}{3600} \tag{10-2-7}$$

式中 q_{ma}——压缩机的实际质量排气量（kg/h）；

h_2——单位质量制冷剂气体等熵压缩过程终点的焓值（kJ/kg）；

h_1——单位质量制冷剂气体等熵压缩过程始点的焓值（kJ/kg）。

制冷压缩机的指示功率 P_i(kW)。即压缩机用于压缩气体所消耗的功率，可根据不同类型压缩机选取相应的指示效率 η_i 来计算，螺杆式制冷压缩机的指示效率 η_i 一般为 0.8 左右。

$$P_i=\frac{P_s}{\eta_i}=\frac{q_{ma}(h_2-h_1)}{3600\eta_i} \tag{10-2-8}$$

压缩机的轴功率 P_e(kW)，即压缩机指示功率 P_i 和摩擦功率 P_m 之和。

$$P_e=P_i+P_m \tag{10-2-9}$$

压缩机机械效率 η_m，是表征轴承、轴封等处的机械摩擦所引起的功率损失程度，等于指示功率与轴功率的比值由式（10-2-10）表达，螺杆式制冷压缩机的机械效率 η_m 通常在 0.95～0.98 之间。

$$\eta_m=\frac{P_i}{P_e} \text{或} P_e=\frac{P_i}{\eta_m} \tag{10-2-10}$$

（四）螺杆式制冷压缩机的喷油、喷液

为保持螺杆式制冷压缩机的正常运转需要润滑油，在螺杆式制冷压缩中润滑油的主要作用是：密封作用，在阳转子与阴转子之间形成密封，减少制冷剂气体在被压缩过程中由高压侧向低压侧的泄漏；冷却作用，冷却被压缩的制冷剂气体，油被喷入压缩机内后，可吸收制冷剂气体在被压缩过程中产生的热量，降低排气温度；润滑作用，润滑转子和支承阴阳转子的轴承；调节作用，产生油压差驱动油活塞，通过上下负载电磁阀的作用，调节滑阀位置实现排气量调节；降噪作用，降低机器噪声。

根据螺杆式制冷压缩机的喷油量的多少，可将其区分为喷油型、少油型或无油型螺杆式制冷压缩机。

1. 喷油型螺杆式制冷压缩机，它的喷油量是压缩机容积排气量的1%左右。图 10-2-17 为喷油螺杆制冷压缩机工作流程示意图，喷油螺杆压缩机应配置油从分离器将油从排气中分离出来。通过重力或离心式分离，制冷剂气体中含油量可达到气体质量的 1%。对于一般制冷系统，如果没有回油装置，则需要将油进一步分离。图 10-2-18 和 10-2-19 示出喷油螺杆压缩机容积效率和等熵效率与压力比关系试验值。试验采用 5+6 齿，型线类型 SRMD-2-B，阳转子直径 204mm、阴转子直径 204mm、转子长度 336.6mm、排气

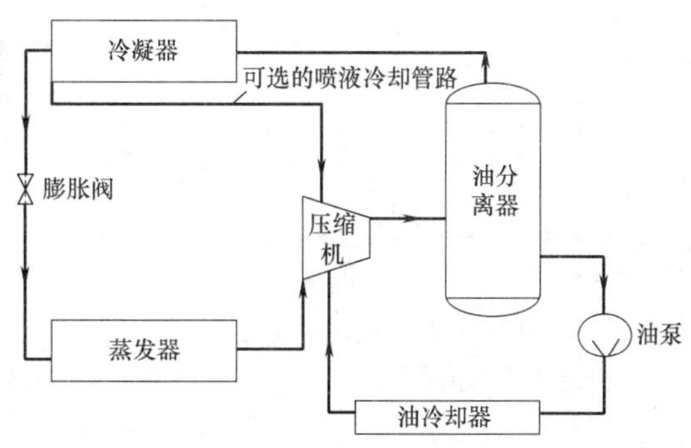

图 10-2-17　喷油螺杆制冷压缩机组的工作流程示意图

端面间隙 0.05～0.06，齿间啮合间隙 0.035mm～0.105mm、转速 3000r/min，压缩机的容积排气量为 1222m³/h、内容积比 2.2～4.8，润滑油为矿物油 ISO66（R717）、PAO ISO68（R22）、润滑油流量 115～138L/min（R717）、82～93L/min（R22），润滑油温度 45℃。

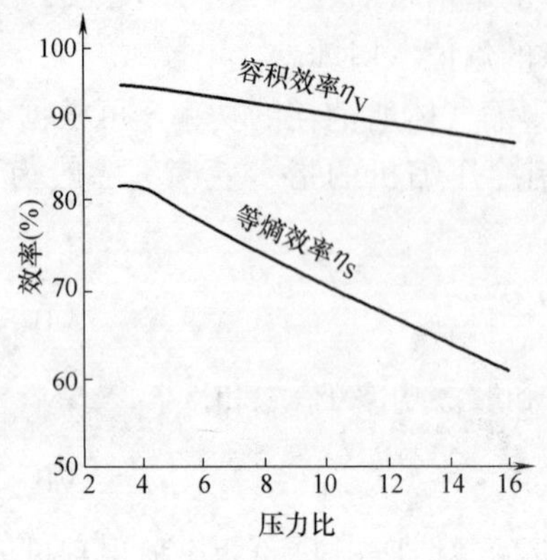

图 10-2-18　喷油螺杆制冷压缩机的效率与压力比

（制冷剂为 R22 的试验结果）

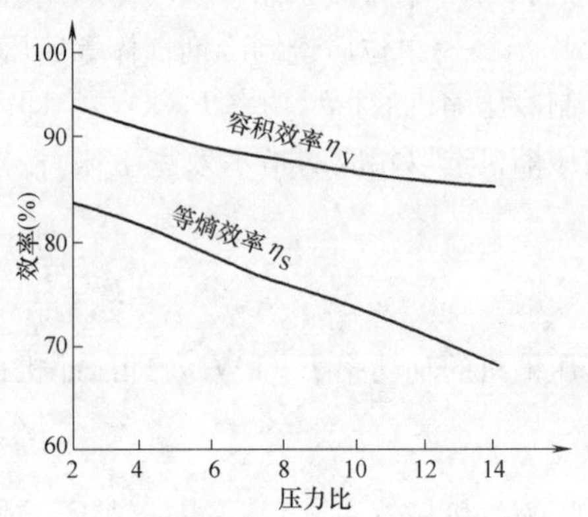

图 10-2-19　喷油螺杆制冷压缩机的效率与压力比

（制冷剂为 R717 的试验结果）

2. 少油型螺杆式制冷压缩机，如果喷入压缩机油量为排气质量流量的 1%，即相当于油含量为容积排气量的 0.03%，这种工作称为少油型。少油螺杆制冷压缩机需要的润滑油，仅为喷油方式的 1/20～1/40。因此可节省系统在油分离器、油过滤器、贮油槽等方面的成本。在这种压缩机中的润滑油应具有与制冷剂高度的可溶解性以便获得良好的回油性能。少油螺杆制冷压缩机一般可根据需要采用喷液控制排气温度。图 10-2-20 为少油螺杆制冷压缩机工作流程，图 10-2-21 是少油螺杆制冷压缩机容积效率和等熵效率与压力比的关系。少油螺杆制冷压缩机可应用于小型空调用冷水（热泵）机组。

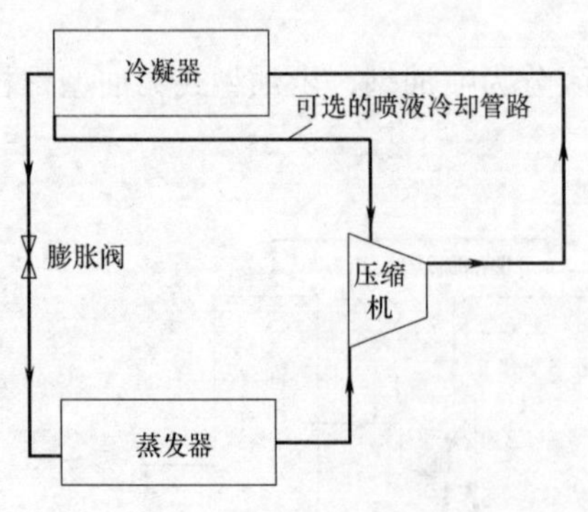

图 10-2-20　少油型螺杆式制冷压缩机组的工作流程示意图

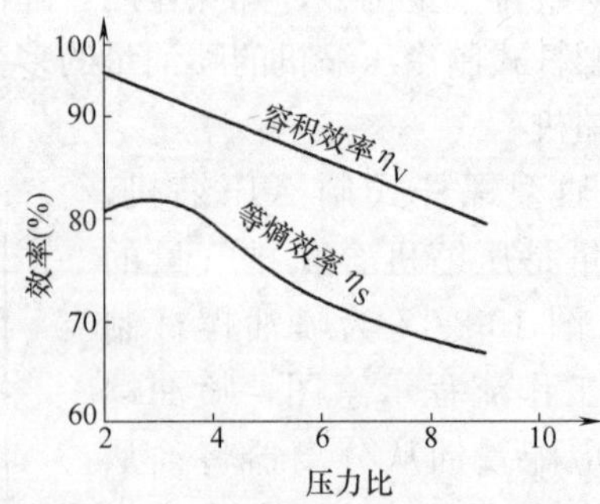

图 10-2-21　少油型螺杆式制冷压缩机的效率与压力比

（制冷剂为 R22，排气量 517.5m³/h，转速为 980r/min，冷凝温度 40℃）

无油螺杆制冷压缩机是采用同步齿轮使转子无接触运行，所以压缩机工作腔可不需要润滑油；通过优化螺杆齿形、降低齿顶线速度以及合理选择齿间间隙等措施，实现螺杆制冷压缩机的无油运转。无油螺杆制冷压缩机主要应用于工艺制冷方面。

由于喷油螺杆制冷压缩机配置的润滑油的处理、回收系统及装置，增加了运行管理工作和设备庞大，与主机螺杆压缩机的结构简单、体积小的特点的不相称，为此正在研究喷液技术替代喷油技术。

3. 喷液冷却技术是利用螺杆式压缩机对带湿、带尘运行不敏感的特性，采用喷制冷液体进行冷却。图 10-2-22 是喷液螺杆制冷压缩系统示意图，喷液是在螺杆压缩机某中间孔口位置，将制冷剂液体（液量调节阀 6 控制）与冷冻机油混合后，一起喷入压缩机的转子中。液体制冷剂吸收压缩热并冷却油。由于液体制冷剂和油在中间某压力的转子位置喷入（吸气结束后），因此喷液不影响在蒸发压力下吸入的气体量。这种系统虽然部分制冷剂用于冷却油温和吸收压缩热，但未直接参与制冷、对制冷量影响较小，只是轴功率稍有增加。

图 10-2-23 为制冷量和功率以不喷液为 1.00 的变化趋势图，从图中可以看出，喷制冷剂液体后，功率增加不多；这是由于制冷剂液体吸入，使压缩机接近等温压缩。但喷液不宜全部代替喷油，因为油有一定黏度，密封效果好，同时油的润滑作用也是制冷剂液体不能代替的。为了不降低制冷机的性能，喷液的同时还要适当地喷油，所以喷液和喷油的比例，对机器的性能和结构设计有着十分密切的关系。如果喷液点位置靠近吸风侧（吸气结束后），液体过早进入转子内，会增加气体闪发量而增加压缩功：若靠近排气侧，会减少密封和冷却效果，这也是不适宜的。由于影响压缩机的喷液点位置选择的因素较多，最佳喷液点的位置应由试验确定。图 10-2-24 表示不同喷液量对 R22 双螺杆制冷压缩机的排气温度、容积效率和等熵效率的实验数据。从图中可以看出，喷液量增加会导致性能下降，特别在高压比的情况下。

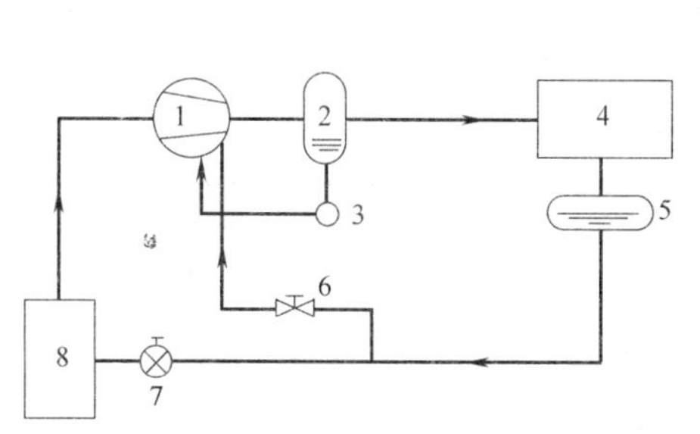

图 10-2-22　喷液螺杆制冷压缩系统示意图

1—压缩机；2—油分离器；3—油泵；4—冷凝器；5—贮液器；6—调节阀；7—节流阀；8—蒸发器

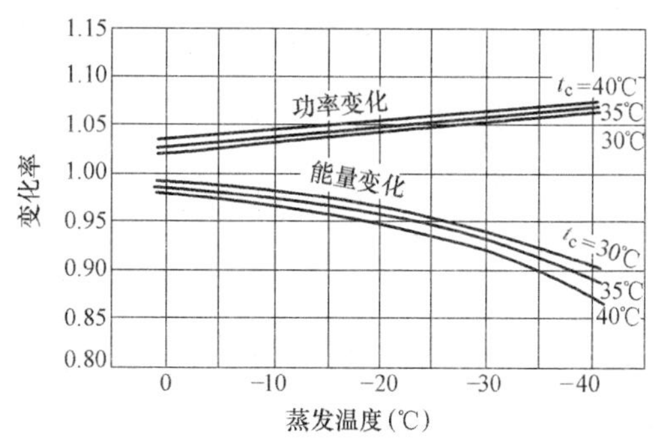

图 10-2-23　喷液螺杆压缩机功率和冷量变化趋势（NH_3，喷液温度 10℃）

（五）能量调节

螺杆式制冷压缩机的能量调节方法主要有吸入节流调节、转停调节、变频调节、滑阀调节、柱塞调节等。目前广泛使用的多为滑阀调节和柱塞调节。

1. 滑阀调节机构，滑阀调节是通过滑阀的移动，使压缩机阴、阳转子齿间容积对在齿间接触线从吸气端向排气端移动的前一段时间内，仍与吸气口连通，并使部分气体回流到吸气腔，即滑阀减小了螺杆的有效工作长度，以达到排气量调节的目的。滑阀式能量调

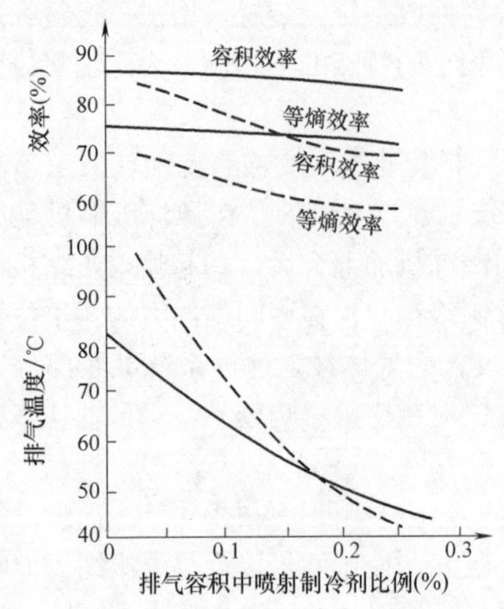

图 10-2-24　喷液比例与螺杆压缩机性能关系

（少油螺杆压缩机排气量 517.5m³/h、转速为 980r/min，冷凝温度 40℃，实线为压比 4、内容积比 3.5，虚线为压比 8、内容积比 5.0）

节机构如图 10-2-25 所示，调节滑阀 4 位于压缩机两螺杆 3 和 8 啮合部位的上面，与两螺杆外圆柱面配合。滑阀靠近排气口的一侧为滑阀后端，另一端为滑阀前端。滑阀后端开有径向排气孔口，通过手动、液动或电动等方式，使滑阀沿着螺杆轴向方向往复运动。滑阀由油活塞带动，当活塞左侧油腔进油、右侧油腔回油时，推动滑阀右移，打开旁通口，减小螺杆的有效工作长度，使压缩机的排气量减小。若油活塞两端进、回油关闭使滑阀停留在某一位置时，压缩机即在某一相应排气量工作。图 10-2-26 为滑阀能量调节的原理图，图（a）为全负荷时滑阀位置，此时滑阀尚未移动，压缩机运行时，工作容积内的气体全部被排出。图（c）为部分负荷时滑阀的位置，滑阀向排气端方向移动，旁通口打开，滑阀的有效工作长度相应减小。压缩过程中，工作容积内齿面接触线，从吸气端向排气端移动，越过旁通口后，工作容积内的气体才进行压缩，其余吸入的气体在工作容积封闭前，即通过旁通口重新回流至吸气腔，这样，实际排气量就减少了。图（b）为这两种滑阀位置对应的 p-V 图。滑阀移动的位置离固定端越远，旁通口开启得越大，螺杆有效工作长度就越短，排气量就越少。

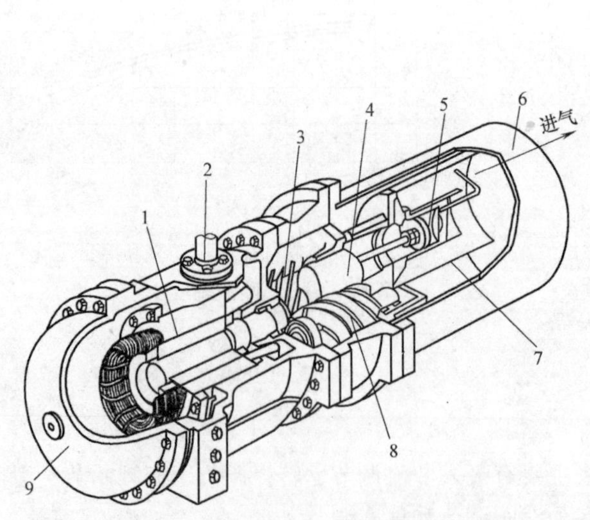

图 10-2-25　螺杆式压缩机能量调节机构布置

1—电动机；2—电动机冷却（液体）管路；3—阳转子；4—滑阀；5—活塞/油缸组件；6—油分离器室；7—油分离器网；8—阴转子；9—经济器外壳

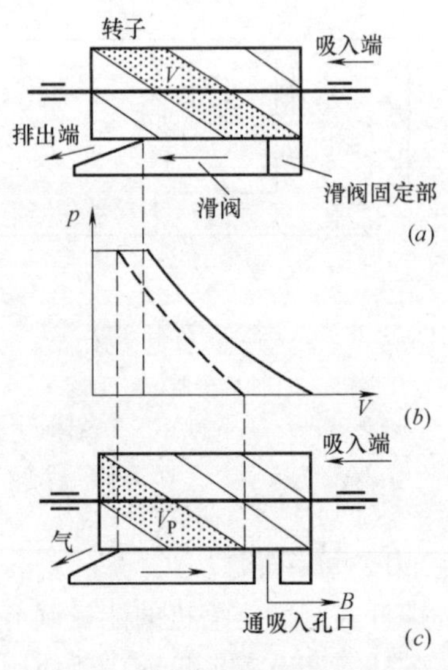

图 10-2-26　滑阀能量调节原理图

（a）全负荷时；（b）p-V 图；（c）部分负荷时

随滑阀向排气端移动，排气量继续降低。当滑阀向排气端移动至理论极限位置时，即当工作容积的齿面接触线刚刚过旁通口，将要进行压缩，此时压缩机处于全卸载状态。如果滑阀越过这一理论极限位置，则排气端座上的轴向排气孔口与工作容积连通，使排气腔中的高压气体倒流。为了防止这种现象发生，通常把这一极限位置设在排气量10%的位置上，所以螺杆制冷压缩机的能量调节范围一般为10%～100%。

当压缩机部分负荷运行时，其工作容积内压缩终了压力，低于满负荷运行时的内压缩终了压力。这是由于减负荷运行时，螺杆的有效工作长度缩短，实际吸入气体量减小，内容积比相应减小。在能量调节过程中，其制冷量与功率消耗关系如图10-2-27所示，从图中可以看出，螺杆式制冷压缩机的制冷量与功耗在能量调节范围内不是成正比，当压缩机负荷为50%以上时，功率消耗与负荷接近正比关系，但在低负荷下，其功耗较大。因此，为降低能耗螺杆制冷压缩机应在50%负荷以上运行。

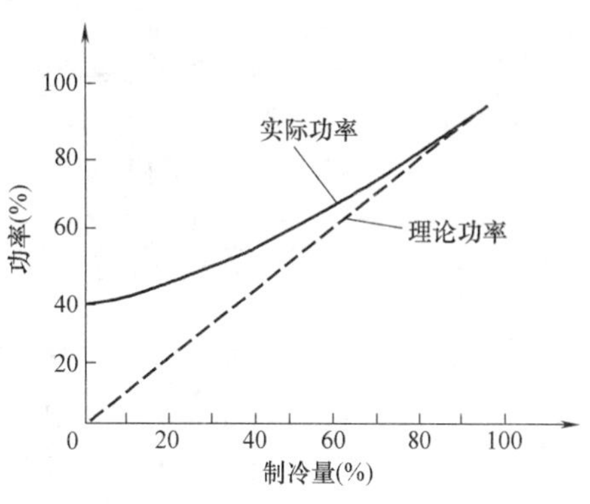

图10-2-27　螺杆式制冷压缩机的制冷量与功率消耗关系

图10-2-28示出RB系列半封闭式螺杆制冷压缩机四段式容量控制系统图，由一个容量调节滑块及一组油活塞组成，调节范围25%、50%、75%、100%，它是利用油活塞推动容量调节滑块移动，使部分制冷剂旁通回吸气端，使制冷剂流量减少达到部分负荷凋节。停机时，弹簧的力量使油活塞回复到起始状态。压缩机运转时，油压开始推动油活塞，借助电磁阀的动作，控制油活塞的定位，电磁阀由系统的温度开关来控制。

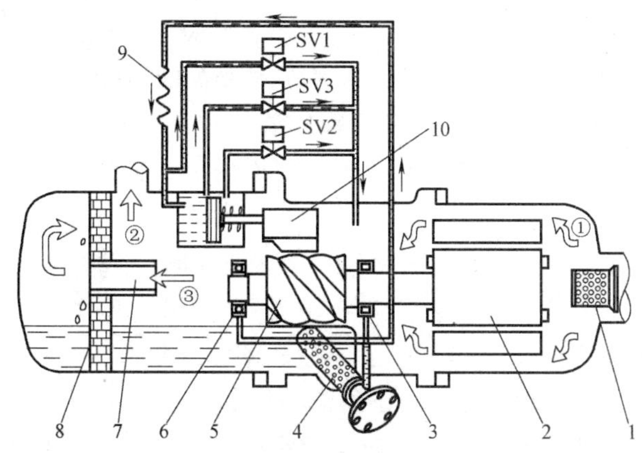

图10-2-28　RB系列半封闭式螺杆制冷压缩机四段容量控制系统

1—进气过滤器；2—电动机；3—吸气端轴承；4—机油过滤器；5—压缩机转子；6— 排气端轴承；7—排气管；8—油分离器滤网；9—毛细管；10—容量调节滑块及油活塞

①—低压制冷剂气体；②—高压、不含油制冷剂气体；③—制冷剂气体（高压、含油）；SV1、SV2、SV3容量控制电磁阀

图10-2-29示出RB系列半闭式螺杆制冷压缩机连续式容量控制系统图。连续式容量

控制与四段式容量控制的基本构造相同，但在电磁阀的应用上不同。连续式容量控制采用一个常闭及一个常开电磁阀，由电磁阀分别控制液压缸油的出入口，且受控制器的控制。控制器依据设定条件对电磁阀激磁控制液压缸进油或泄油，使油活塞位移。连续式容量控制在 25%～100%范围连续式控制，以达到稳定输出的功能。

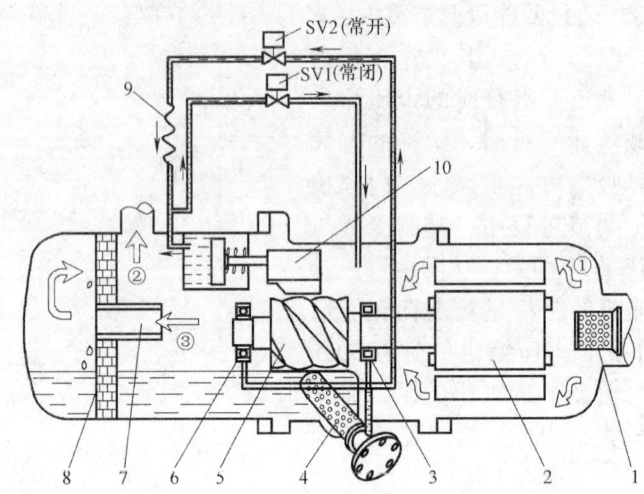

图 10-2-29　RB 系列半封闭式螺杆制冷压缩连续式容量控制系统图

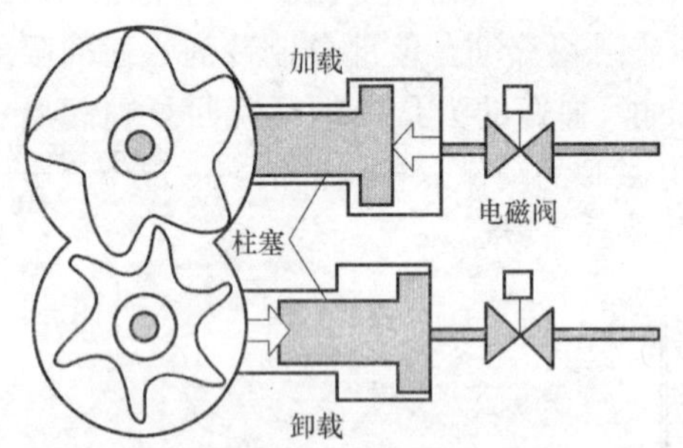

图 10-2-30　柱塞式容量调节机构

2. 柱塞调节机构，当螺杆冷水机组采用多台压缩机时，一台冷水机组配置有多台压缩机，需要缩小单台压缩机的外形尺寸，尤其是轴向长度尺寸。由于使用滑阀能量调节机构将会增大压缩机的轴向尺寸，因此一些生产厂商采用柱塞调节机构来替代滑阀调节机构。柱塞调节机构的结构如图 10-2-30 所示，在转子座上，沿螺杆轴向的某一特定位置开设一旁通通道，柱塞在通道内沿螺杆径向作往复滑动，柱塞的前端面形状为圆柱气缸的一部分，满负荷时，柱塞前端面与螺杆紧密配合，以防止气体泄漏。一般对应阴、阳转子各有一个柱塞。柱塞调节属于有级调节，每一个柱塞对应一级卸载。如开利公司生产的 06N 螺杆式制冷压缩机，柱塞两级卸载分别为 40%、70%。一般采用柱塞调节的每台压缩机只有两级卸载，但多台压缩机联合使用，便可以增加冷水机组的调节级数，满足实际运行时的能量调节需要。同时可以简化压缩机结构和制造工艺，避免因定位等各种原因造成的转子与柱塞间的磨损。采用柱塞调节机构后可使单台螺杆压缩机轴向长度减小，便于多个机头的安装。

（六）螺杆式冷水机组

螺杆式冷水机组主要由蒸发器、螺杆式压缩机、冷凝器、节流机构以及控制系统组成。根据冷凝器结构不同，可以分为水冷式冷水机组和风冷式冷水机组，按采用压缩机的数量不同，可分为单机头机组和多机头机组。还有采用螺杆压缩机组成的热泵冷热水机组，夏季供冷、冬季供热。还有以螺杆式制冷压缩机组成热回收型冷热水机组，在供冷工况运行时，同时回收冷凝器的冷凝热，可以同时供冷、供热，但以供冷为主。

1. 水冷式冷水机组

水冷螺杆式冷水机组的冷凝器以冷却水冷却冷凝高温高压气态制冷剂，制冷容量一般在500冷吨（RT）以下。其主要工作过程是压缩机从蒸发器中吸入制冷剂蒸气，吸气降低了蒸发器中的压力，使制冷剂在低温3℃～6℃下气化。制冷剂气化所需要的热量，来自蒸发器管子中流动的水（或盐水）。失去热量的冷水（或冷盐水）温度降低至5℃～7℃用于空调和生产工艺。从水（或盐水）中吸收热量气化后的制冷剂蒸气进入压缩机，经压缩后气态制冷剂的温度压力升高，排出的冷凝器高温高压制冷剂蒸气将热量排放给冷凝器管子中流动的冷却水，被冷却冷凝成液体。液态制冷剂通过过冷器，经过节流阀进入蒸发器。

2. 风冷式冷水机组

风冷式冷水机组由蒸发器、螺杆式压缩机、风冷冷凝器、油分离器、节流装置、控制箱等组成，目前市场上常见的风冷螺杆式冷水机组大部分为多机头机组。风冷式冷水机组工作流程与水冷式冷水机组大致相同，所不同的是水冷式冷水机组的冷凝器一般采用管壳式换热器，而风冷式冷水机组的冷凝器采用翅片式换热器。风冷式冷水机组的特点是冷凝温度取决于室外干球温度，在室外干球温度下降时，可降低耗电量；风冷式冷水机组不需要配置冷却水泵、冷却塔等组成的冷却水系统，使用方便。在缺水地区、超高层建筑等场合，具有优势。在满负荷工况下，风冷机组耗电量较水冷机组大，但风冷机机组在室外干球温度下降时，可降低耗电量，研究表明，气象条件合适的地区，风冷式冷水机组的全年总耗电量，并不一定比水冷冷水机组高多少；另外，水冷机组在设备保养方面的费用较高，风冷机组的总费用可能还略低于水冷冷水机组。

3. 单机头/多机头的螺杆式冷水机组

单机头螺杆式冷水机组主要特点是满负荷运行时效率高，机组构成简单，工作可靠，维修保养方便；但在低负荷运行时机组效率下降。一般水冷式螺杆冷水机组均能在容量10%～100%无级调节，但在低负荷下，制冷性能有所下降。所以单机头机组主要应用在负荷较为稳定的场合。随着螺杆式压缩机半封闭化、小型化及控制技术的发展，近几年，多机头螺杆式冷水机组发展较快，它的特点是可以根据负载需要调节运行压缩机台数，可提高冷水机组部分负荷性能；对使用双回路或多回路设计的机组，在某一回路需要维修保养时，其他回路仍可正常运行，提供部分冷量：多机头机组的压缩机容量比单机头的小，但由于具有较好的部分负荷性能，所以许多制造厂家推出了多种类型的多机头冷水机组。

某公司螺杆式冷水机组性参数

RTHD水冷螺杆冷水机组，这是某公司生产的高效可靠、环保节能的半封闭式螺杆压缩机组装的冷水机组。符合ASHRAE Standard 90.1—1999能效要求，可达到现行国家标准《冷水机组能效限定值及能源效率等级》GB 19577—2004中的1级或2级要求，制冷能力为150冷吨至410冷吨。该冷水机组的双螺杆制冷压缩机具有精确的转子间隙，可有效地减少从转子高压侧回流至低压侧的制冷剂；采用电动机直接连接驱动，不设齿轮箱可减少传动能量损失，以制冷剂吸气冷却电机，运转温度低，运行可靠稳定；采用滑阀无级调节压缩负荷，可有效提高部分负荷时的压缩机效率；采用电子膨胀阀节流，可使调节控制更为精确；冷水机组采用降膜式蒸发器，换热效率高，可减少系统的制冷剂充灌量，且易于回油。冷水机组的运行范围宽，冷冻水温度可低至－10℃，能用于低温冷却、冰蓄冷系统等；冷却水进水温度不低于0℃时均可正常启动。每台冷水机组出厂前进行性能测试，以确保机组稳定可靠运行和满足用户的严格要求。冷水机组配套的530控制箱，可以精确调节控制负荷，不仅可根据冷水出水温度调节机组负荷，还可根据冷水进水温度的变化情况预测、补偿空调负荷的变化，使冷水出水温度更加稳定；CH530控制具有变流量自适应功能，确保系统在变流量状态下出水温度变化小，运行稳定。RTHD冷水机组既可作为冷水机组对空调工程供应冷冻水，也可以作为热泵机组供应热水；还可以采用双工况运行，白天按空调工况供应冷冻水，夜间按蓄冰工况制取低温冷水。表10-2-19是在国标空调工况下RTHD水冷螺杆冷水机组的主要性能参数，表10-2-20是RTHD水冷螺杆机组部份机型热水工况的主要性能参数，表10-2-21、表10-2-22分别是RTHD水冷螺杆机组蓄冷工况白天、夜间主要性能参数。

国标空调工况下RTHD水冷螺杆冷水机组的主要性能参数　　表10-2-19

型号	制冷量		输入功率	效率		冷媒充注量	水流量(m³/h)		重量		外形尺寸
	tons	kW	kW	kW/ton	W/W	(kg)	蒸发器	冷凝器	运行重量(kg)	运输重量(kg)	长×宽×高(mm)
B1B1B1	156	549	95.6	0.612	5.741	186	94.09	111.69	4476	4215	3214×1634×1849
B1C1D1	161	566	94.1	0.584	6.019	222	97.11	114.48	4787	4462	3674×1634×1849
B2B2B2	172	603	104.2	0.607	5.790	186	103.72	122.61	4544	4265	3214×1634×1849
B2C2D2	177	622	102.6	0.580	6.066	222	106.67	125.63	4832	4515	3674×1634×1849
C1D6E5	220	775	141.6	0.642	5.473	222	132.83	158.83	6077	5797	3317×1717×1937
C1D5E4	223	784	139.2	0.624	5.630	222	134.35	159.95	6202	5884	3313×1717×1937
C1E1F1	232	817	134.2	0.577	6.089	238	140.05	164.83	7175	6675	3712×1717×1937
C2D4E4	257	903	162.1	0.631	5.572	222	154.84	184.63	6202	5884	3317×1717×1937
C2D3E3	263	924	158.0	0.601	5.846	222	158.36	187.47	6823	6351	3313×1717×1937
C2F2F3	280	983	154.6	0.553	6.361	283	168.55	197.19	8265	7630	3736×1717×1937
D1D1E1	305	1071	193.7	0.636	5.531	215	183.63	219.22	6978	6551	3317×1717×1717
D1F1F2	319	1122	186.2	0.583	6.027	283	192.38	226.76	7955	7342	3740×1716×1716
D1G1G1	328	1153	182.8	0.557	6.309	318	197.67	231.51	9299	8437	3918×1771×2033
D2D2E2	332	1168	207.6	0.625	5.626	215	200.21	238.36	7063	6605	3317×1717×1937
D2F2F3	348	1224	200.7	0.577	6.098	283	246.83	246.83	8265	7630	3740×1716×2033
D3D2E2	354	1246	224.1	0.632	5.560	215	213.59	254.76	7063	6605	3317×1717×1936
D2G2G1	358	1260	197.5	0.551	6.379	318	215.97	252.56	9390	8482	3918×1717×2033
D3F2F3	372	1309	215.6	0.579	6.073	283	224.47	264.30	8265	7630	3740×1716×1936
D3G2G1	381	1340	209.1	0.549	6.410	318	229.73	268.48	9367	8460	3918×1771×1937
E3D2E2	384	1351	264.0	0.687	5.117	215	231.57	279.86	7134	6677	3317×1717×1937
E3F2F3	404	1419	252.6	0.626	5.616	283	243.22	289.64	8326	7695	3740×1716×1936
E3G2G1	421	1481	248.9	0.591	5.949	318	253.81	299.73	9435	8528	3918×1771×2033

RTHD水冷螺杆机组部分机型热水工况的主要性能参数　　表10-2-20

型号	制热量		输入功率	效率		冷媒充注量	蒸发器	冷凝器水流量
	tons	kW	kW	kW/ton	W/W	(kg)	水流量(m³/h)	(m³/h)
B1C1D1	174	611	121.0	0.696	5.050	222	52.60	106.44
B2C2D2	191	672	131.1	0.687	5.118	222	58.09	117.14
C1E1F1	252	886	167.3	0.664	5.296	238	77.03	154.16
C2F2F3	301	1060	197.7	0.656	5.362	283	92.43	184.47
D1F1F2	347	1220	236.6	0.682	5.156	283	105.40	212.29

续表

型号	制热量		输入功率	效率		冷媒充注量	蒸发器	冷凝器水流量
	tons	kW	kW	kW/ton	W/W	(kg)	水流量(m^3/h)	(m^3/h)
D1G1G1	353	1241	232.4	0.658	5.340	318	108.21	216.11
D2F2F3	380	1335	251.9	0.663	5.300	283	116.09	232.32
D2G2G1	387	1361	247.8	0.640	5.492	318	119.30	247.80
D3F2F3	406	1429	272.7	0.671	5.240	283	123.95	248.70
D3G2G1	411	1445	264.5	0.644	5.463	318	126.52	251.40
E3G2G1	463	1629	315.1	0.680	5.170	318	140.85	283.51

注：运行工况参数：蒸发器进/出水温度 15/7℃，冷却水进/出水温度 40/45℃。污垢 系数：0.0176m^2·℃/kW。

RTHD 水冷螺杆机组蓄冷工况白天主要性能参数　　表 10-2-21

型号	制冷量		输入功率	效率		冷媒充注量	蒸发器	冷凝器
	tons	kW	kW	kW/ton	W/W	(kg)	水流量(m^3/h)	水流量(m^3/h)
B1B1B1	138	485	99.9	0.724	4.855	186	89.30	101.4
B1C1D1	142	501	98.5	0.691	5.056	222	92.36	104.06
B2B2B2	152	534	108.8	0.717	4.906	186	98.33	111.46
B2C2D2	157	552	107.3	0.683	5.144	222	101.63	114.28
C1D6E5	196	689	146.1	0.745	4.717	222	126.97	144.89
C1D5E4	198	698	143.8	0.725	4.851	222	128.49	145.91
C1E1F1	207	728	138.8	0.670	5.245	238	134.10	150.34
C2D4E4	229	804	168.6	0.738	4.767	222	148.09	168.67
C2D3E3	234	821	164.5	0.704	4.991	222	151.29	170.98
C2F2F3	249	875	161.2	0.648	5.428	283	161.13	179.66
D1D1E1	272	955	201.5	0.742	4.741	215	175.96	200.62
D1F1F2	285	1002	194.3	0.682	5.157	283	184.65	207.55
D1G1G1	294	1034	190.9	0.649	5.417	318	187.08	209.23
D2D2E2	297	1044	214.5	0.722	4.867	215	192.31	218.27
D2F2F3	311	1095	207.8	0.667	5.269	283	201.73	225.96
D3D2E2	316	1112	232.5	0.735	4.782	215	204.80	233.14
D2G2G1	322	1131	204.6	0.636	5.530	318	208.43	231.71
D3F2F3	333	1174	224.3	0.674	5.216	283	215.47	241.77
D3G2G1	341	1200	217.6	0.637	5.516	318	221.13	245.93
E3D2E2	344	1210	274.1	0.797	4.413	215	222.85	257.35
E3F2F3	362	1274	263.0	0.726	4.842	283	220.99	269.39
E3G2G1	379	1333	259.3	0.684	5.139	318	245.52	276.13

注：运行工况为：冷冻水进/出水温度 12/7℃，冷却水进/出水温度 32/37℃，乙二醇浓度 25%。冷冻水污垢系数：0.0176m^2·℃/kW；冷却水污垢系数：0.044025 m^2·℃/kW。

RTHD 水冷螺杆机组蓄冷工况夜间主要性能参数　　表 10-2-22

型号	制冷量		输入功率	效率		冷媒充注量	蒸发器	冷凝器
	tons	kW	kW	kW/ton	W/W	(kg)	水流量(m^3/h)	水流量(m^3/h)
B1B1B1	91	320	89.5	0.983	3.575	186	89.3	101.40
B1C1D1	94	332	88.6	0.938	3.747	222	92.36	104.60
B2B2B2	101	355	97.2	0.962	3.653	186	98.33	111.46
B2C2D2	104	366	96.3	0.925	3.801	222	101.63	114.28
C1D6E5	131	461	128.5	0.979	3.590	222	126.97	144.89
C1D5E4	133	467	127.0	0.956	3.679	222	128.49	145.91
C1E1F1	138	485	123.6	0.896	3.924	238	134.10	150.34
C2D4E4	154	540	149.7	0.975	3.605	222	148.09	168.67
C2D3E3	156	550	147.0	0.940	3.741	222	151.29	170.98

续表

型号	制冷量		输入功率	效率		冷媒充注量	蒸发器	冷凝器
	tons	kW	kW	kW/ton	W/W	(kg)	水流量(m^3/h)	水流量(m^3/h)
C2F2F3	166	582	144.6	0.874	4.025	283	161.13	179.66
D1D1E1	184	646	179.7	0.978	3.594	215	175.96	200.6
D1F1F2	191	673	174.8	0.913	3.850	283	184.65	207.55
D1G1G1	197	694	172.4	0.873	4.026	318	190.47	212.43
D2D2E2	201	708	188.9	0.938	3.747	215	192.31	218.27
D2F2F3	209	736	184.2	0.880	3.996	283	201.73	225.96
D3D2E2	214	754	206.5	0.963	3.651	215	204.80	233.14
D2G2G1	216	761	181.5	0.839	4.190	318	208.43	231.71
D3F2F3	224	786	200.8	0.898	3.914	283	215.47	241.77
D3G2G1	229	804	195.2	0.853	4.121	318	221.13	245.93
E3D2E2	236	830	243.1	1.029	3.416	215	222.85	257.35
E3F2F3	247	868	235.3	0.957	3.686	283	234.64	266.55
E3G2G1	258	906	232.4	0.901	3.900	318	245.52	276.13

注：运行工况为：冷冻水出水温度－5.6℃，冷却水进口温度30℃，乙二醇浓度25%。冷冻水污垢系数：0.0176m^2·℃/kW；冷却水污垢系数：0.044025m^2·℃/kW。

五、离心式制冷压缩机及冷水机组

离心式制冷机组由离心式制冷压缩机和冷凝器、节流装置、经济器、蒸发器等辅助设备构成。离心式制冷压缩机是主要核心部件，制冷机组的性能主要取决于压缩机。离心式制冷压缩机属于速度型压缩机，靠高速旋转叶片对冷媒气体做功，提高气体的压力；为了产生有效的能量转换，旋转速度必须尽量高。制冷剂气体的流动是连续的，其流量比容积式制冷压缩机要大得多，所以离心式制冷机都可以达到很大的制冷量。通常离心式制冷压缩机的吸气量为0.03～15m^3/s，转速为1800～90000rpm，吸气压力为14～700kPa，排气压力小于2MPa，压力比为2～30，几乎可采用所有的制冷剂，常用的制冷剂有R123、R134a等。用于空调工程的离心式冷水机组制取4℃～9℃冷水时，一般采用单级、双级或三级离心式制冷压缩机；工业用低温制冷压缩机多采用多级离心式制冷压缩机。近年根据各类建筑空调工程的使用特点，正推广应用热回收功能、蓄冷功能的离心式冷水机组，为节能减排作贡献。

（一）离心式制冷压缩机的特点

离心式制冷压缩机有单级、双级和多级等结构形式。单级压缩机主要由吸气室、叶轮、扩压器、蜗壳及密封等组成，如图10-2-31所示；多级离心式制冷压缩机，增设有中间级、末级，如图10-2-32设有叶轮、扩压器、弯道和回流器部件。一个工作叶轮与相应的扩压室、弯道、回流器或蜗壳等组成离心式制冷压缩机的一个级。

离心式制冷压缩机各主要部件的作用是：压缩机每段第一级入口的吸气室将气体均匀引入叶轮；进口导叶用于调节制冷量，导叶旋转改变吸入叶轮气流的流动方向和流量；叶轮高速旋转在离心力和叶片的作用下，流经叶轮流道的制冷剂气体压力和速度都不断提高，离开叶轮时具有很高流动速度的气体将动能转换成压力势能，并使气体以较低的流速进入下一级。在叶轮后设置扩压器，其通道面积随与轴心的距离增大而增大，气体速度逐渐减慢、压力提高。气流通过弯道均匀进入回流器，然后进入下一级叶轮的入口。蜗室是将扩压器后或叶轮后的气体汇集引向机外，蜗室外径逐渐增大，流通面积加大气流进一步降速扩压。除上述基本部件外，还有为避免气体从叶轮出口倒流到叶轮入口的轮盖密封，减少级间漏气的级间密封，防止气体向机外泄漏的轴端密封，降低轴向推力的平衡盘以及承受转子剩余轴向推力的推力轴承、支撑转子的径向轴承等。为了使压缩机持续、安全、高效地运行，还设有一些辅助设备和系统，如增速器、油路系统、冷却系统、自动控制和监测及安全保护系统等。

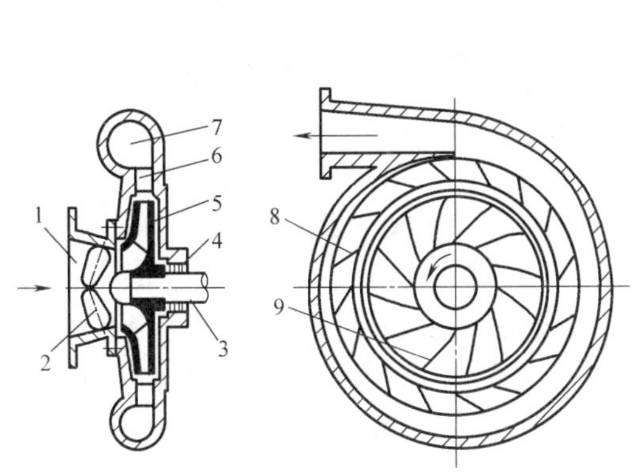

图 10-2-31　单级离心式制冷压缩机简图
1—吸气室；2—进口可调导流叶片；3—主轴；4—轴封；5—叶轮；6—扩压器；7—蜗室；8—扩压器叶片；9—叶轮叶片

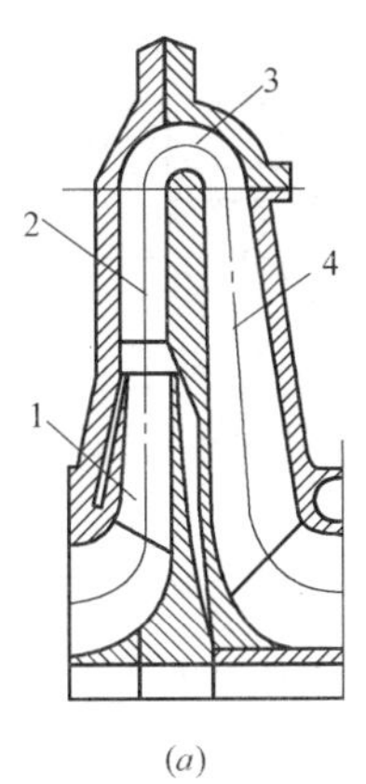

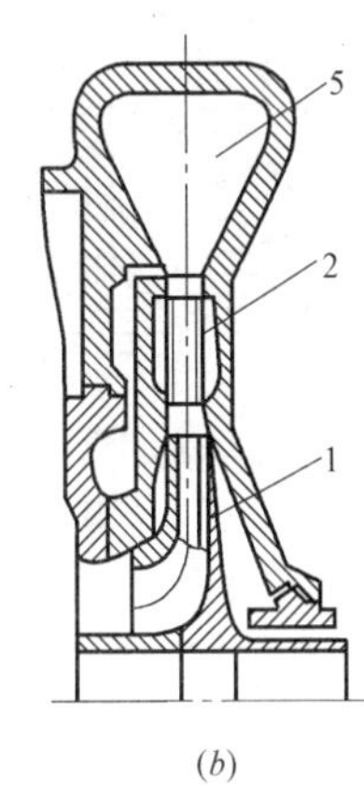

图 10-2-32　离心式制冷压缩机的中间级和末级
(a) 中间级；(b) 末级
1—叶轮；2—扩压器；3—弯道；4—回流器；5—蜗室

离心式制冷压缩机与活塞式压缩机相比，具有如下特点：

1. 在相同制冷量下，结构紧凑、外形尺寸小、排气量大、材料消耗小、占地面积小。

2. 无往复运动部件，动平衡好、振动小，基础建造简单。一般组装式机组的压缩机直接安装在蒸发器和冷凝器的筒体上方，安装方便。

3. 没有气阀、填料、活塞环等易磨损部件，可长期连续运行，维修费用低，使用寿命长。润滑油与制冷剂基本上不接触，可提高蒸发器和冷凝器的传热性能。

4. 采用进口导流叶片实现制冷量的无级调节，调节范围和节能效果较好。有余热蒸汽的工业企业或地区可以采用工业汽轮机直接驱动，节能效果和经济性好。

5. 冷凝器、蒸发器与压缩机组装为一整体，易实现热回收，自然冷却等节能措施。

6. 叶轮转速较高，用电机驱动时一般需要设置增速器；轴封要求严格、制造工艺复杂。

7. 当冷凝压力较高或制冷负荷太低时，压缩机组可能发生喘振，不能正常工作，应设置防喘振措施。

(二) 离心式制冷压缩机的类型

按使用目的不同的离心式制冷压缩机组有冷水机组和低温机组两大类，冷水机组是蒸发温度在－5℃以上，广泛用于大型集中空调工程和制取5℃以上冷水或略低于0℃盐水的工业过程用冷。低温机组是蒸发温度在－40℃～5℃之间，多用于制冷量较大的化工过程中，或在啤酒工业、人造冰场、冷冻土壤和低温实验室等。离心式制冷压缩机通常用于制冷量较大的场所，在冷负荷为1800kW～7000kW范围，一般可采用封闭式离心式制冷压缩机，在7000kW～35000kW范围内多采用开启式离心式制冷压缩机。

离心式制冷压缩机按压缩机的级数分为单级离心式压缩机和多级离心式压缩机；按压缩的密封形式可分为：开启式、半封闭式和全封闭式；按叶轮驱动方式不同，分为直接驱动和齿轮驱动离心式压缩机。

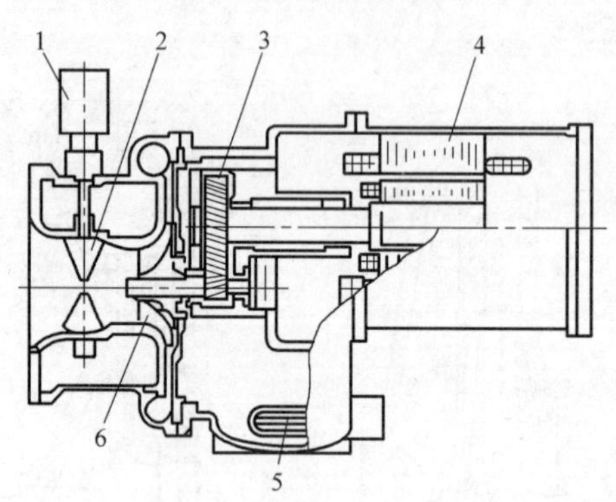

图10-2-33　单级离心式制冷压缩机纵剖面图

1—导叶电动机；2—进口导流叶轮；3—增速齿轮；4—电动机；5—油加热器；6—叶轮

1. 单级离心式制冷压缩机

图10-2-33所示单级离心式制冷压缩机，由叶轮、增速齿轮、进口导流叶片等组成。单级压缩机的增速齿轮箱提高叶轮速度、提高进出口压差，进口导叶通过电机控制叶片旋转对制冷量进行连续调节，改变叶轮的开度，既减少了叶轮做功，又调节制冷剂气体的流量。仅仅依靠导流叶片的制冷量调节一般可卸载到30%～40%，若增大调节范围将可能发生喘振。为了改善机组调节性能可通过气流旁通，将部分制冷剂气体从冷凝器旁通到压缩机的吸气口，使压缩机在低负荷下平衡运行，能有效避免压缩机发生喘振，可使冷水机组在10%的低负荷下运行。但由于旁通的制冷剂在压缩机内耗功而不制冷，使冷水机组的效率下降。

2. 多级离心式制冷压缩机

一台压缩机中含有两个或两个以上的叶轮串联压缩时被称为两级或多级离心式制冷压缩机。由于多级压缩机能够在10%的低负荷下运行，不发生喘振，所以现已广泛用于空调工程和低温过程用制冷压缩机。多级压缩是制冷剂多次提速再升压的接力过程，每级压缩的压差小于单级压缩，所以制冷剂不容易回流造成喘振。在三级制冷压缩机的级间，设置两级经济器可以有效地提高压缩机的制冷性能系数。图10-2-34是四级离心式制冷压缩

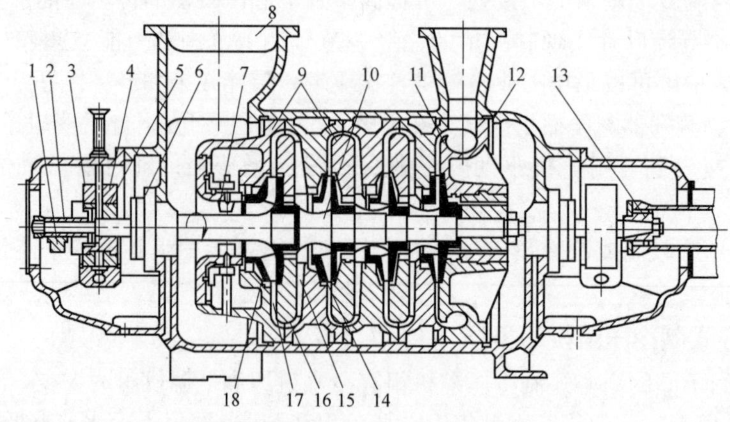

图10-2-34　多级离心式制冷压缩机

1—顶轴器；2—套筒；3—推力轴承；4—轴承；5—调整块；6—轴封；7—进口导叶；8—吸入口；9—隔板；10—轴；11—蜗室；12—调整环；13—联轴器；14—第二级叶轮；15—回流器；16—弯道；17—扩压器；18—第一级叶轮

机组的剖面图，由蒸发器送来的制冷剂蒸气从吸入口 8 进入压缩机，经进口导叶 7 进入第一级叶轮 18 进行第一次压缩，然后经扩压器 17、弯道 16、回流器 15 再进入第二级叶轮 14，依此顺序进入第三级、第四级叶轮对制冷剂蒸气进行压缩，最终经蜗室 11 将气体排至冷凝器。

图 10-2-35 是带经济器的三级压缩离心式冷水机组的压缩过程 P-h 图，气态制冷剂从蒸发器中被吸入到压缩机的第一级，第一级叶轮将其加速，制冷剂气体的温度与压力相应提高，第一级压缩过程为状态点 2 到状态点 3；第一级压缩出来的气态制冷剂和来自一级经济器低压侧的制冷剂混合，然后进入到第二级的叶轮中，将制冷剂气体加速，进一步提高制冷剂的压力与温度到状态点 4；第三级压缩是从第二级来的制冷剂气体和来自第二级经济器的制冷剂气体混合，进入到第三级叶轮中加速，压缩到状态点 5。制冷剂气体在压缩机中完成了压缩过程，在状态点 5 的高温高压的制冷剂气体进入到冷凝器，将热量传递给冷凝器中的冷却水，使制冷剂气体冷却冷凝到状态点 6，相变为液态制冷剂。三级压缩离心式冷水机组设置三级节流装置和二级经济器，第一个孔板节流装置是将状态点 6 的制冷剂节流后送入经济器高压级一侧，由于部分制冷剂闪蒸，使制冷剂到达状态点 7，第二个孔板节流装置是将状态点 7 的制冷剂节流后送入经济器低压级一侧，由于部分制冷剂再次闪蒸，使制冷剂到达到状态点 8；第三个孔板节流装置是将状态点 8 的制冷剂节流后进入蒸发器，到达状态点 1 的液态制冷剂在蒸发器内吸热，蒸发为气态制冷剂到达状态点 2，并同时将冷冻水降温满足空调工程制冷的需要。

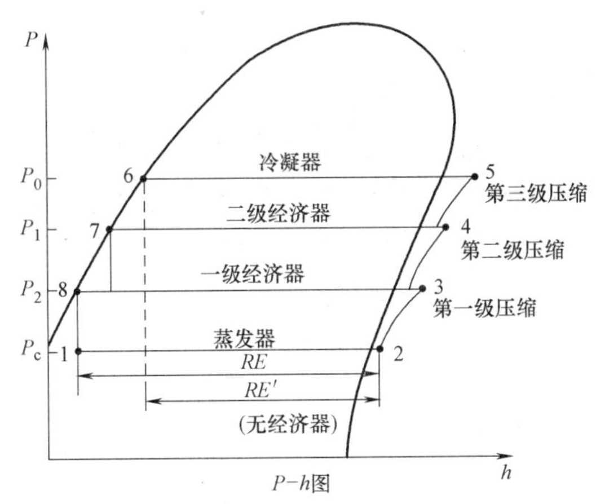

图 10-2-35　带经济器的三级压缩离心式制冷机组的制冷循环

3. 全封闭式离心式制冷压缩机组

将离心式压缩机、冷凝器、蒸发器等都封闭在同一机壳内，电动机两个伸出轴端各悬一级或两级叶轮直接驱动，取消了增速器、扩压器和其他固定部件。电动机在制冷剂中得到充分冷却，一般不会出现电流过载。整个机组结构简单，噪声低，具有制冷量小、气密性好的特点。图 10-2-36 是全封闭式离心式制冷机组结构简图。

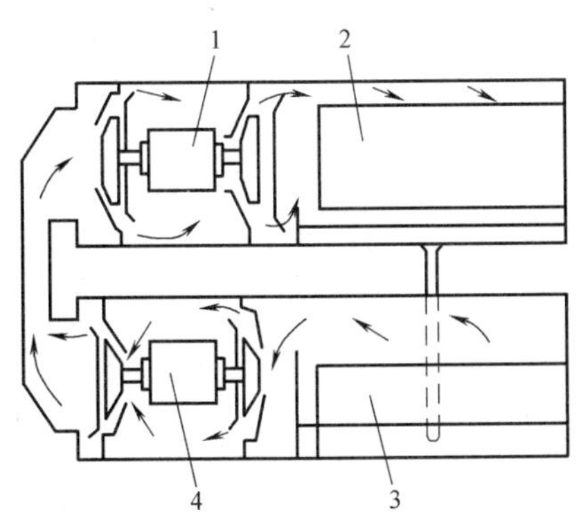

图 10-2-36　全封闭式离心式制冷机组的结构简图

1、4—电动机；2—冷凝器；3—蒸发器

4. 半封闭式离心式制冷压缩机组

图 10-2-37 是半封闭式离心制冷压缩机的结构示意图，它是把压缩机、增速齿轮和电动机用一个筒体外壳封装在一起，压缩机的进气口与蒸发器相连，排气口与冷凝器相连。

机组不存在轴端机械密封。采用单级或多级悬臂叶轮，多级叶轮也可不用增速器而由电动机直接驱动。电动机需要专门制造，并应考虑在转动中的冷却和耐制冷剂的腐蚀、电器绝缘问题。半封闭式制冷离心压缩机的优点是体积小、噪声低和密封性好。因此目前空调用离心式制冷机组采用较多。

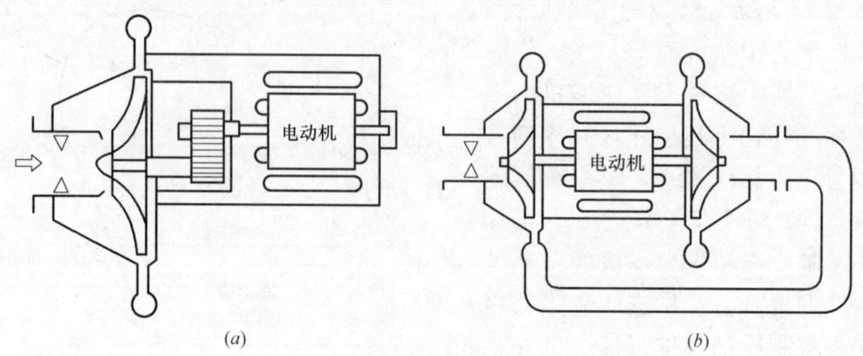

图 10-2-37　半封闭式离心式制冷压缩机结构示意图

(a) 单级压缩机；(b) 直联两级压缩机

5. 开启式离心式制冷压缩机

开启式离心式制冷压缩机是将压缩机、增速器与电动机分开设置，由机壳外的联轴器连接。图 10-2-38 (a) 是齿轮增速器外装型，压缩机与齿轮增速器分别组装在不同的机壳内；(b) 为压缩机与齿轮增速器组装在同一机壳内，被称为齿轮增速器内装型。为了防止制冷剂泄漏，在机壳的轴伸出端处应设置气密性良好的轴封。电动机在压缩机组外利用空气冷却，与封闭式、半封闭式相比较不再采用制冷剂冷却，可减少能耗 5%左右。开启式离心式制冷压缩机还具有电动机维护或更换方便，有利于制冷剂更换和运行工况改变，但是体积大，重量大，噪声大。

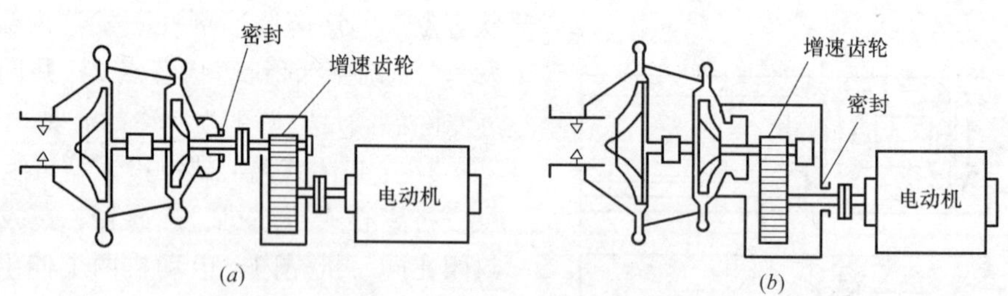

图 10-2-38　开启式离心制冷压缩机简图

(a) 齿轮增速器外装型；(b) 齿轮增速器内装型

(三) 离心式冷水机组

1. 离心式冷水机组的组成，主要是由离心式制冷压缩机、冷凝器、蒸发器、节流装置、润滑系统、抽气回收装置、能量调节机构及安全保护装置等组成。离心式冷水机组广泛应用于各类大型建筑或建筑群的集中空调系统，制取 4℃～9℃冷水，可采用单级、双级或三级离心式制冷压缩机，蒸发器和冷凝器通常做成单筒式或双筒式置于压缩机下面，作为压缩机的基座，并以组装形式出厂。节流装置常用浮球阀、节流孔板（或节流孔口）、线性浮阀及提升阀等，如图 10-2-39 所示，为一种单级离心式制冷机组的系统，压缩机 16 从蒸发器 20 中吸入制冷剂气体，经压缩后的高温高压气体进入冷凝器 6 内进行冷却、冷凝，冷凝后的液体制冷剂通过线性浮阀室 5 节流后进入蒸发器，在蒸发器内从冷水中吸热，相变成为气态，再次被压缩机吸入，如此循环工作。冷水被冷却降温后，由循环水泵送到需要降温的场所。另外，在节流阀节流前，用管路引出一部分液体制冷剂，经干燥过滤器 4 进入电动机转子端部的喷嘴，喷入电动机，使电动机得到冷却；还有部分液态制冷剂经热力膨胀阀节流后送去油冷却器冷却润滑油。

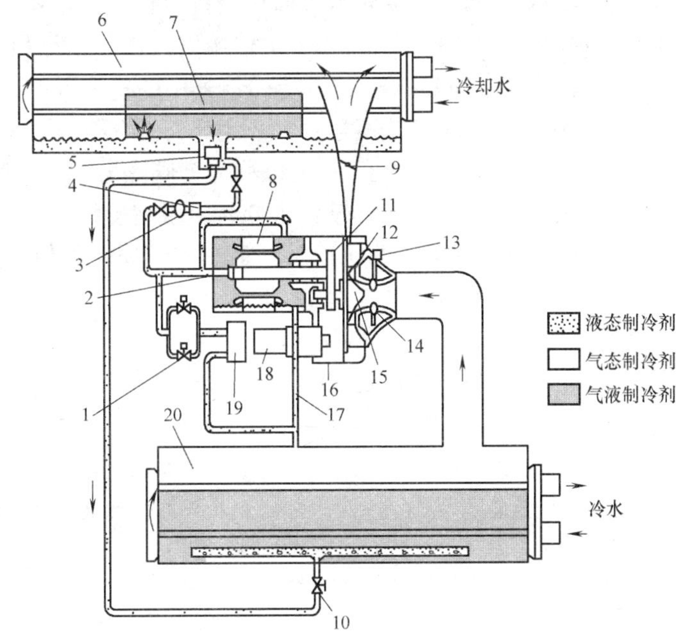

图 10-2-39　19XR 型单级离心式冷机组系统示意图

1—热力膨胀阀；2、17—孔板；3—制冷剂视镜玻璃；4—干燥过滤器；5—线性浮阀室；6—冷凝器；7—过冷室；8—电动机；9—冷凝器隔离阀；10—蒸发器隔离阀；11—传动机构；12—扩压器；13、14—导叶、电动机；15—叶轮；16—压缩机；18—油过滤器；19—油冷却器；20—蒸发器

2. 离心式制冷机组的特性曲线，图 10-2-40 是一台空调用离心式制冷压缩机的特性曲线，它是压缩机在一定转速下不同蒸发温度（t_0＝2℃、4℃、6℃）、冷凝温度与蒸发温度之间的温差（$\Delta t = t_k = - t_0$）、压缩机的轴功率（P_e）、制冷量（Q_0）之间的关系曲线。由于制冷压缩机的特性是与制冷量、冷凝温度（t_k）、蒸发温度（t_0）或冷凝温度与蒸发温度的温度差有关，如图可以看出，蒸发温度和冷凝温度的变化对制冷量都有较大的影响，当冷凝温度不变时，制冷量随蒸发温度的升高而增大；当蒸发温度不变时，制冷量随冷凝温度的升高而下降；压缩机轴功率一般情况下随制冷量增大而增大，但制冷量增大到某一最大值后发生陡降。在离心式冷水机组中，压缩机的运行特性与冷凝器、蒸发器的特性曲线密切相关，在图 10-2-41 中冷凝器和蒸发器的特性曲线分别为 $t_k - Q_0$、$t_0 - Q_0$。冷凝温度随着冷却水进水温度改变时，冷凝器的特性曲线斜率增大；当冷却水量增大时，则斜率减小。当冷水流量及进入蒸发器的冷水温度恒定时，蒸发温度随制冷量的增加而降低，若

不考虑蒸发器的传热系数的变化，为直线关系。当通过压缩机的流量与通过冷凝器/蒸发器的流量相同，压缩机产生的压头（排气口压力与吸气口压力的差值）等于它们的阻力时，整个制冷系统才能保持在平衡状态下工作。图 10-2-41 中的离心式压缩机运行特性曲线与冷凝器特性曲线的交点 A 为压缩机的稳定工作点，当冷凝器冷却水量变化时，冷凝器的特性曲线将随之改变，这时交点 A 也随之改变，从而改变了压缩机的制冷量，若冷凝器进水量减少，则冷凝器特性曲线斜率增大，曲线 I 移至 I′的位置，压缩机工作点移到 A′点，制冷量减少；反之，如果冷凝器冷却水进水量增大，则压缩机工作点移至 A″点，制冷量增大。当冷凝器冷却水量减小到一定程度时压缩机的制冷量变得很小，压缩机流道中出现严重的气体脱流现象、压缩机的出口压力突然下降。由于压缩机与冷凝器联合工作，此时冷凝器中气体的压力并未同时降低，于是冷凝器中的气体压力将会大于压缩机出口处的压力，气体倒流回压缩机，直至冷凝器中的压力下降到等于压缩机出口压力为止。若周而复始，发生周期性的气流振荡现象，此现象称为“喘振”，如图 10-2-41 所示，当冷凝器冷却水量减小，冷凝器的特性曲线移至位置Ⅱ时，压缩机的工作点移至 K。这时，制冷机组就出现喘振现象。点 K 即为压缩机运行的最小流量处，称为喘振工况点，其左侧区域为喘振区域。喘振时，压缩机周期性地发生间断的吼响声，出现强烈的振动。冷凝压力、主电动机电流发生大幅度的波动，轴承温度很快上升，严重时甚至破坏整台机组。因此，在运行中必须采取措施，防止喘振现象的发生。

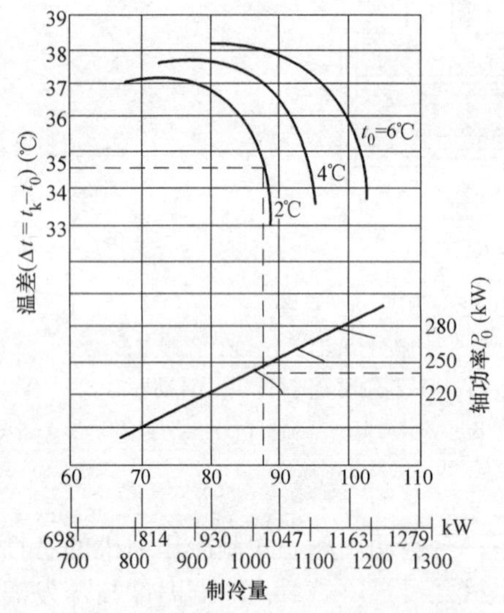

图 10-2-40 一台空调用离心式制冷压缩机制冷特性曲线图

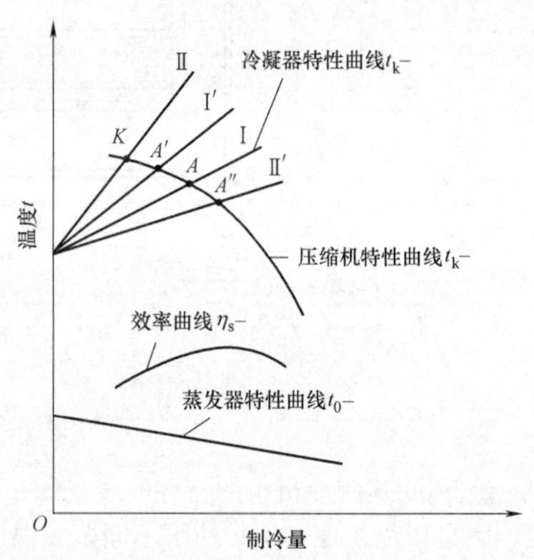

图 10-2-41 离心式压缩机与冷凝器/蒸发器的联合特性曲线

3. 离心式冷水机组的能量调节，能量调节取决于冷负荷需求的变化。一般当冷水机组的供冷量变化时，要求保持蒸发器流出的冷水温度不变保持恒定，而这时的冷凝温度或冷却水温度是变化的。通过改变压缩机及冷凝器/蒸发器的运行参数对制冷机组的制冷量进行调节，并应采取措施防止离心式压缩机发生喘振。

节流调节，在压缩机与蒸发器的连接管路上安装节流阀，通过改变节流阀的开度，达到调节制冷量的目的。这种节能调节方法简单，但压力损失大，能耗增加、经济性差。

进口导叶能量调节，在压缩机的叶轮进口前设置可转动的进口导流叶片，转动导流叶片使进入叶轮的气流方向和流速改变，压缩机的运行特性曲线变化达到调节制冷量。这种调节方法广泛应用于单级离心式冷水机组能量调节，可使冷水机组的制冷量减少到10%。进口导流叶片调节可采用人工操作或自动操作，通常采用自动操作，如图10-2-42所示为进口导流叶片自动能量调节的示意图，在蒸发器的出口安装电阻式温度计的感温元件，当流出蒸发器的载冷剂温度变化时，温度调节仪根据温度变化发出电信号，通过脉动开关及交流接触器，指挥执行机构的电动机旋转，改变进口导流叶片的开度，以调节制冷量。在单级离心式制冷压缩机上采用进口导流叶片调节具有结构简单、操作方便、效果较好的特点。但对多级离心式制冷压缩机，若只调节第一级叶轮进口，对整机运行特性曲线的调节作用不大；若每级均采用进口导叶调节，会导致结构复杂。

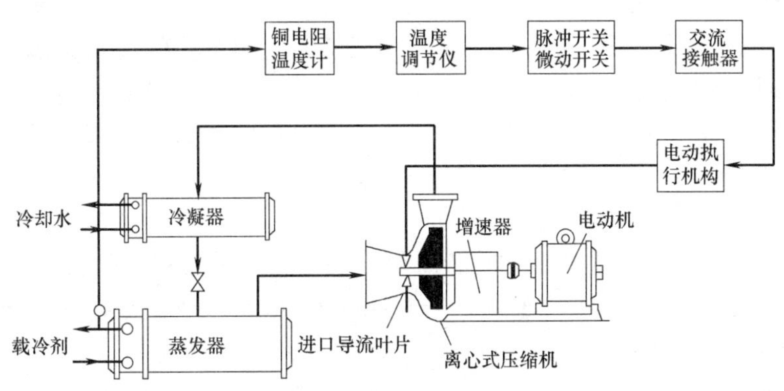

图10-2-42　进口导叶自动能量调节示意图

改变压缩机转速的调节，当用可变转速的电动机驱动时，可改变压缩机的转速进行能量调节，这种调节方法较为经济。如图10-2-43所示，对应于每个压缩机转速 n（$n_1>n_2>n_3$）有不同的温度曲线 t_k-Q_0 效率曲线 η_0-Q_0。当转速发生改变时，工作点将随之改变从而达到调节制冷量的目的。图中还说明其喘振点 K_1、K_2、K_3 随转速的降低向左端移动，扩大了使用范围。

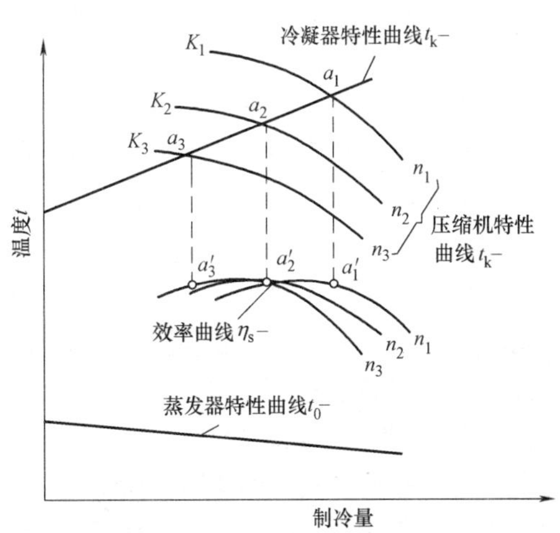

图10-2-43　改变压缩机转速的能量调节

改变了冷凝器/蒸发器的运行参数进行离心式冷水机组的能量调节，改变冷却水或冷水流量等运行参数时，可以得到不同运行特性曲线，从而可使压缩机工作点移动，达到调节能量的目的，但这种调节方法是不经济的或不安全的，因此一般只作为在采用其他调节方法时的一种辅助性的调节。

4. 冷凝器、蒸发器，空调工况用离心式制冷机组大多采用包括离心式压缩机、冷凝器、蒸发器等组装为一体的成套冷水机组。冷凝器一般采用水冷式，主要是卧式壳管式冷

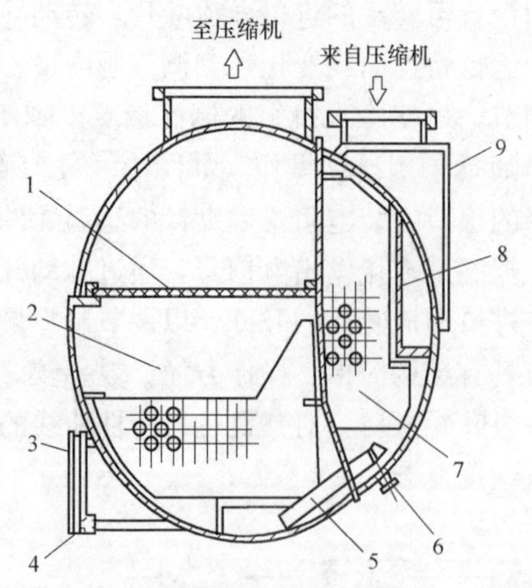

图 10-2-44 单筒式蒸发器——冷凝器组
1—气液分离器；2—蒸发器；3—制冷剂液位计；4—制冷剂充灌阀；5—膨胀节流管；6—排液螺塞；7—冷凝器；8—缓冲板；9—压缩机排气导管

凝器。蒸发器的形式有干式蒸发器和满液式蒸发器两种。在离心式冷水机组中冷凝器、蒸发器可独立分别设置，也有的冷水机组将冷凝器与蒸发器合并在一个圆筒容器内，同时完成制冷循环的冷凝、节流和蒸发过程，图 10-2-44 是单筒式蒸发器——冷凝器组示意图，冷凝器 7 布置在右侧、蒸发器 2 设在左下侧，中间用直板或圆弧形隔热板分开，隔热板一般采用表面涂以防腐剂的钢板；为避免压缩机排气直接冲刷冷凝管，设有缓冲板 8。圆筒壳体纵向两端设有支撑换热管束和壳体的管板，两管板焊接在纵向组成的底座上；壳体横向还焊有多个圆弧形支撑板，用以支撑换热管管簇。壳体中部设有浮球阀或膨胀节流管 5；为防止液态制冷剂吸入压缩机，在蒸发器上部设置气液分离器 1。在壳体的管板外侧分别设有冷水的左、右水室和冷却水的左、右水室，并与循环水管路以法兰连接，壳体上的进气、出气管法兰分别与压缩机的吸气管、排气管连接。

5. 辅助装置

(1) 抽气回收装置，离心式冷水机组采用低压制冷剂（如 R123）时，压缩机进口处于真空状态。在机组运行过程中、维修和停机时，不可避免地有空气、水分或其他不凝性气体渗漏到机组中。若这些气体存在且不及时排出时，可引起冷凝器内部压力的急剧升高，使制冷量减少，能耗增加甚至会使压缩机停机。因此应采用抽气回收装置，随时排除机内的不凝性气体和水分，并把混入气体中的制冷剂回收。抽气回收装置一般有“有泵”和“无泵”两种类型。

有泵型抽气回收装置如图 10-2-45 所示，它由抽气泵（小型活塞式压缩机）、油分离器、回收冷凝器、再冷器、压差控制器、干燥过滤器、节流器、电磁阀等组成。不仅可自动排除不凝性气体、水分、回收制冷剂，而且还可用于机组的抽真空或加压。积存于冷水机组冷凝器顶部的不凝性气体和制冷剂气体的混合气体，通过节流器 21，经阀 4 进入回收冷凝器 12 上部，在此制冷剂气体被冷却冷凝为液体。当下部聚集的制冷剂液位达到一定高度时，浮球阀打开，液体通过阀 9 进入干燥过滤器 10，回收到蒸发器内。积聚在上部的空气和不凝性气体逐渐增多，使回收冷凝器内压力升高。当回收冷凝器内压力低于机组冷凝器顶部压力达 14kPa 时，压差控制器 14 就动作，电磁阀 19 开启，并同时自动启动抽气泵 20，将回收冷凝器上部的空气、不凝性气体和制冷剂气体抽出，经阀 8 进入再冷器 13，再由浮球阀和阀 9、干燥过滤器 10 至蒸发器。再冷器 13 积存的空气及不凝性气体，经减压阀 18 放入大气。由于气体的排出，回收冷凝器 12 内压力降低，与机组冷凝器内压力的差值上升到 27kPa 时，压差控制器再次动作，使抽气泵 20 停止运行，关闭电磁阀 19，这时只有回收冷凝器继续工作，如此周而复始地自动运行。阀 1 和阀 2 是准备在浮球阀失灵时，以手动操作排放液体制冷剂。若对机组内抽真空或进行充压时，均采用手动操作。

无泵型抽气回收装置不用抽气泵，无泵型抽气回收装置具有结构简单、操作方便、节能等优点，应用日渐增多。目前使用的无泵抽气回收装置控制方式，有差压式和油压式两种，如图 10-2-46 所示为差压式无泵型抽气回收装置示意图，由回收冷凝器、干燥器、过滤器、压差控制器、压力控制器及若干操作阀等组成。从冷凝器 17 上部通过阀 6、过滤器 16 进入回收冷凝器 11 的混合气体，经冷却后混合气体中的制冷剂被冷凝液化，经阀 2 进入干燥器 10 脱水后，通过阀 7 回到蒸发器 18。不凝气则通过阀 4 由排气口排至大气。它是利用冷凝器和蒸发器的压力差来实现抽气回收的，冷却液是由机组内的高温高压的制冷剂液体经蒸发器底部过冷段过冷，通过阀 8、过滤器 9 后，一路去冷却主电动机，另一路经波纹管阀 1 后，分两路进入回收冷凝器 11 中的双层盘管冷却不凝性气体，然后制冷剂再回到蒸发器 18。如图 10-2-47 所示为油压式无泵型抽气回收装置示意图，这种装置在使用时必须具有一定油压，一般取用高油位，来自高位油箱的油，经三通电磁阀 1、干燥过滤器 2 进入回收冷凝器 9，由于油压的作用，油位上升，压缩上部的不凝性气体，并借助这个压力推动压力开关，打开排气电磁阀 5，经单向阀 6 把不凝性气体排入大气。排气后压力降低，电磁阀关闭。不凝性气体是从冷凝器上部经单向阀 11 和节流孔 10 进入的，此气体通过油层时，所含制冷剂一部分被油吸收，另一部经冷却盘管 7 冷凝后溶入油中，这时大部分制冷剂从混合气体中分离出来，回收在油中，当油面上升至浮球阀 4 的限位高度后，三通电磁阀 1 动作，使油和制冷剂的混合物流回到机壳底部的油槽内，油面降至下浮球阀 3 时，三通电磁阀再次动作，切断回油，向回收冷凝器内注油，再次重复上述过程，达到抽气回收目的。

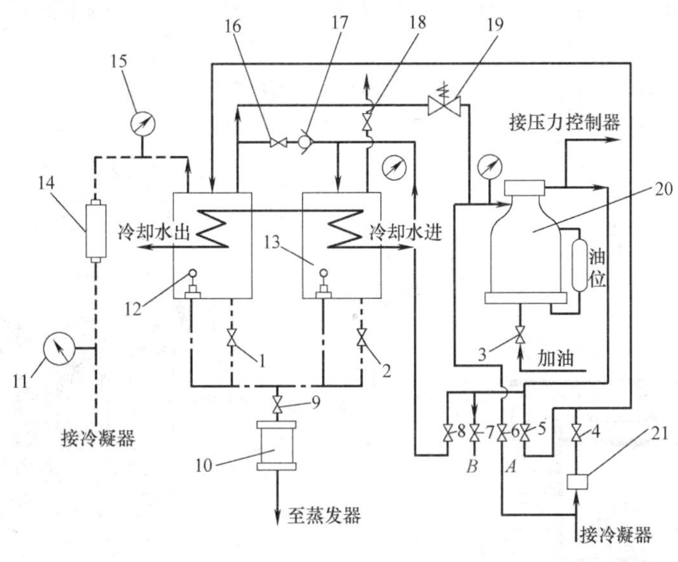

图 10-2-45　有泵型自动抽气回收装置

1～9—阀门；10—干燥过滤器；11—冷凝器压力表；12—回收冷凝器；13—再冷器；14—压差控制器；15—回收冷凝器压力表；16、18—压力阀；17—单向阀；19—电磁阀；20—抽气泵；21—节流器

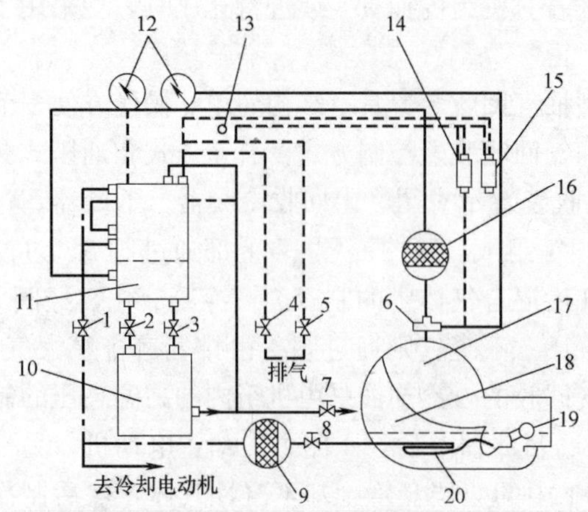

图 10-2-46　差压式无泵型抽气回收装置

1～8—波纹管阀；9、16—过滤器；10—干燥器；11—回收冷凝器；12—压力表；13—电磁阀；14—压差控制器；15—压力控制器；17—冷凝器；18—蒸发器；19—浮球阀；20—过冷段

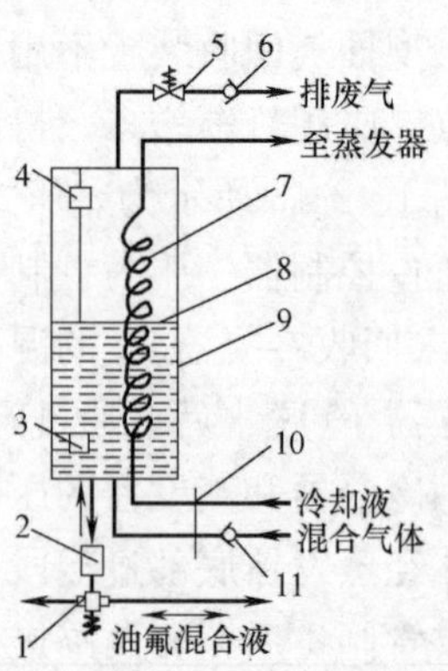

图 10-2-47　油压式无泵型抽气回收装置

1—三通电磁阀；2—干燥过滤器；3—下浮球阀；4—上浮球阀；5—排气电磁阀；6、11—单向阀；7—冷却盘管；8—润滑油油位；9—回收冷凝器；10　节流口

（2）节流装置，离心式冷水机组常采用浮球阀和节流孔口等方式的节流装置。浮球阀室的作用是将冷凝器底部流出的制冷剂液体降压到接近蒸发器内的压力，实现液体制冷剂蒸发制冷；并以浮球的浮力自动调整液位以控制流入蒸发器的制冷剂流量。图 10-2-48 为浮球阀室的示意图，制冷剂液体进入前设有不锈钢丝或铜丝网过滤去除可能混入液体中的杂物。浮球阀室是由纯铜或不锈钢制成的浮球，以及连接杆、不锈钢阀板、盖盘、底盘和顶丝等组成。

线性浮阀的结构如图 10-2-49 所示，它位于冷凝器中间底部，制冷剂冷凝并进一步过

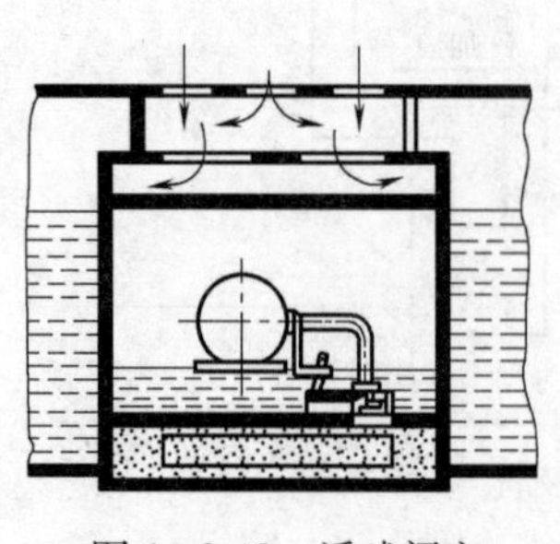

图 10-2-48　浮球阀室

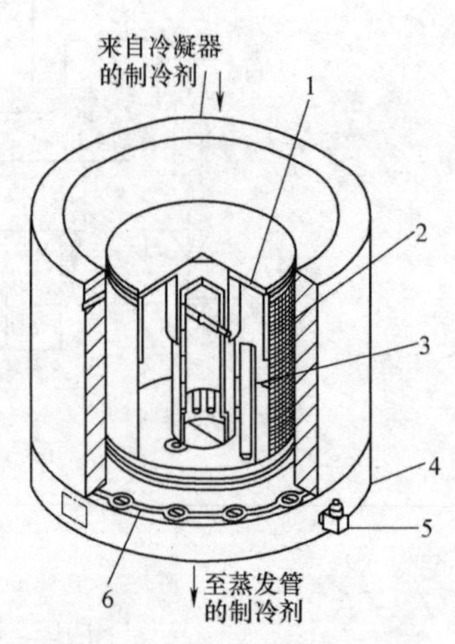

图 10-2-49　线性浮阀

1—浮腔；2—滤网；3—直管；4—底盖；5—弯头；6—垫片

冷后，流入此浮阀。机组开机启动阶段，连接至冷凝器顶部的铜管将排出的气态制冷剂直接引入并抬升浮阀的浮腔1，高温、高压的制冷剂气体被形成的液封封在浮腔内。浮腔通过销与内衬筒连接，浮动的内衬筒调节线性浮阀的开度，达到调节制冷剂量、控制液位的目的。机组停机时，浮腔在最低处也保持最小开度。节流线性浮阀结构简单，随机组工况变化调节性能好，与浮球阀相比不易被卡住。

提升阀节流是采用提升阀进行制冷剂流量控制。提升阀的结构如图10-2-50所示。阀体与圆环之间的最小间隙为0.15～0.25mm。机组开机后，冷凝压力提高，阀体被下降，圆环与阀体间隙随压力的增大而扩大，这时节流的流量增大。当达到最高压力时，阀体被下压至行程L的下止点，这时节流的流量最大。当冷凝的液量减小后，阀体受弹簧恢复力的作用而上移，阀体与圆环的间隙量减少，以达到调节流量的目的。

（3）冷却液的过冷，在空调用离心式冷水机组中，以制冷剂作为冷却液的有两个部位，一个是喷射冷却主电动机；另一个是对抽气回收装置中回收冷凝器冷却盘管的供液。冷水机组的冷却液由浮球阀室内节流阀前的储液槽中抽出，如图10-2-51所示。液态制冷剂管经蒸发器底部过冷后由蒸发器筒体的左下方引出，由波纹管阀控制供液量。液体制冷剂经过滤后分成两路，一路去抽气回收装置的回收冷凝器，另一路去主电动机喷液嘴。两路冷却液各自回到蒸发器内。冷却液过冷的目的是提高主电动机和回收冷凝器的冷却效果，减少制冷剂冷却液的供液量。由于两路冷却液最终均要回到蒸发器中参加制冷机组的制冷循环，这部分吸热量已包括在机组的总制冷量内。在主电动机的回液（气）管中装有挡油板，其作用在于阻止制冷剂回液（气）中混入的油分进入蒸发器，并使主电动机回液尾部空间保持足够高的压力值，以免对机壳油槽上部空间油雾起抽吸作用。挡油板上游的管底部开设有回油孔和接头，可将积油引回油槽内。

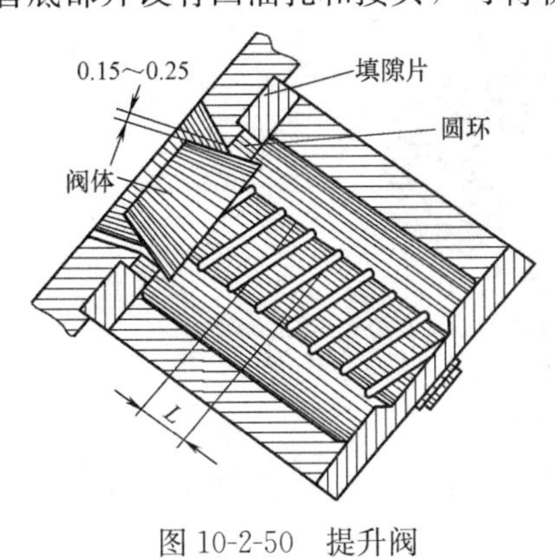

图10-2-50　提升阀

L—阀的行程

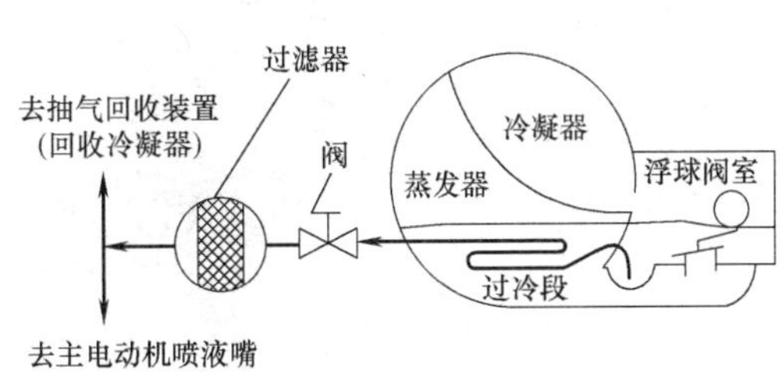

图10-2-51　冷却液的过冷进程示意图

（4）润滑系统，离心式制冷压缩机一般是在高速下运行，叶轮与机壳无接触摩擦，无需润滑。但其他运动摩擦部位必须进行润滑冷却，即使短暂缺油，也将导致烧坏，因此离心式制冷机组均设置润滑系统。开启式机组的润滑系统为独立的装置，半封闭式则放在压缩机组内，如图10-2-52所示润滑油自液压泵6、油冷却器11和过滤器13送至各轴承和增速齿轮进行强制润滑冷却。油箱中设有带恒温装置的油加热器，在压缩机启动前或停机期间通电工作，以加热润滑油使润滑油黏性降低，以利于高速轴承的润滑，另外在较高的温度下易使在润滑油中的制冷剂蒸发，以保持润滑油原有的性能。为了保证压缩机润滑良好，液压泵在压缩机启动前先启动，在压缩机停机后仍连续运转，当油压差小于规定值时，低油压保护开关使油压泵停机。

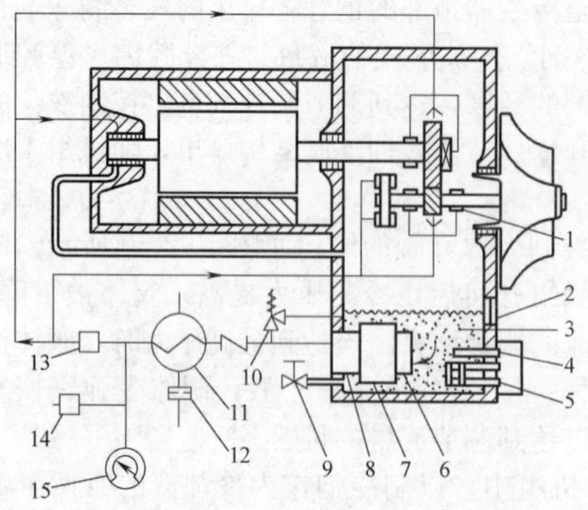

图 10-2-52 离心式制冷压缩机的润滑系统

1—轴承；2—油位计；3—油箱；4—温度传感器；5—油加热器；6、7—泵及电机；8、13—油过滤器；9—阀；10—调节阀；11—油冷却器；12—喷咀；14—油压开关；15—压力真空表

6. 典型的离心式冷水机组

三级压缩离心式冷水机组。由某公司开发研制成功的三级压缩、直接驱动和二级经济器集于一体的CVHE/G型和CDHG型冷水机组，其制冷能力可达400～1300冷吨和1200～2500冷吨。图10-2-53（*a*）是冷水机组外型、剖视图，采用三级压缩和二级经济器的组合，利用节流过程中的闪蒸气体冷却压缩机的级间气体，可将机组的效率提高约7%；由电动机直接驱动离心式压缩机，避免齿轮传动的能量损失；设有专用的控制器，具有变流量自适应功能，确保供冷系统在变流量状态下出水温度波动小、运行稳定，可实现一次泵变流量系统，且冷水机组与冷冻水泵可不一一对应配置，还可实现较大的冷冻水进/出水温度差（Δt=7～10℃），

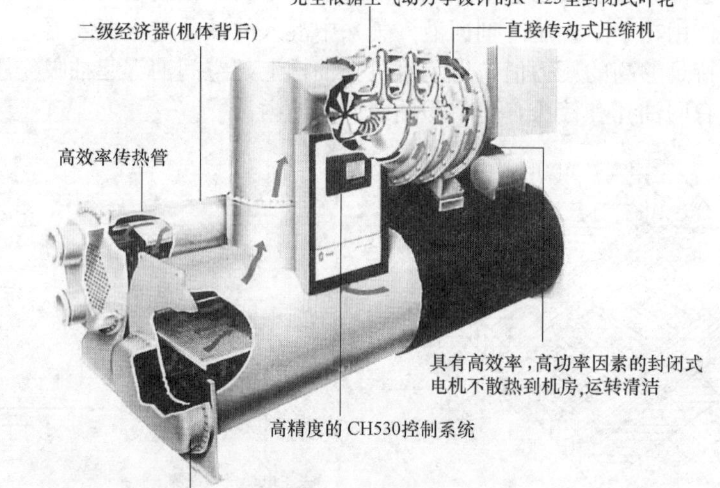

(*a*)

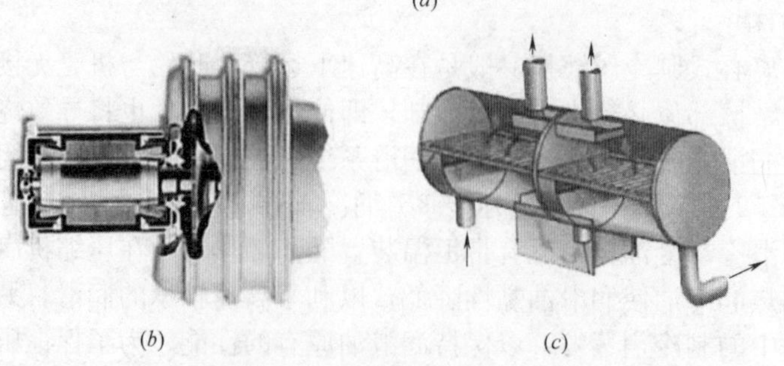

(*b*) (*c*)

图 10-2-53 三级压缩离心式冷水机组

（*a*）冷水机组外形；（*b*）直接驱动的离心式压缩机；（*c*）二级经济器

从而可降低冷冻水泵的流量、压力降。图 10-2-53（*b*）、（*c*）是直接驱动三级离心式压缩机、二级经济器的外形、剖视图。

图 10-2-54 是热回收型三级压缩离心式冷水机组的外形、流程示意图，冷水机组可通过全部或部分回收机组标准冷凝器或热回收冷凝器的散热量，用于空调系统的空气或水的预热、工业用水的加热或冬季建筑物的供暖用“热水”（当建筑物空调需冷水机组冬季供冷时），既可减少热能消耗，又可减少冷却水系统的运行费；采用热回收型冷水机组时，

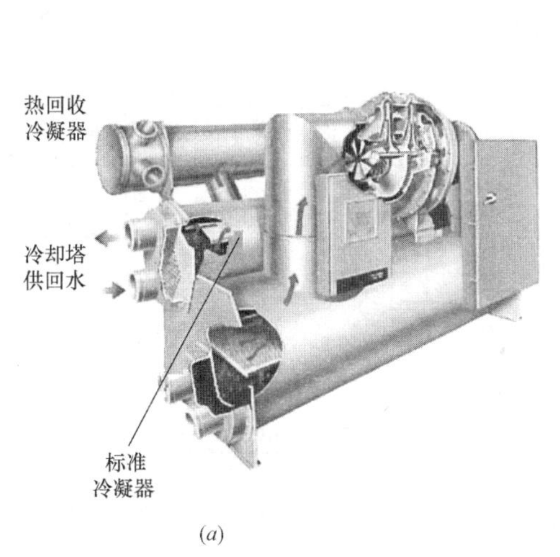

(*a*)

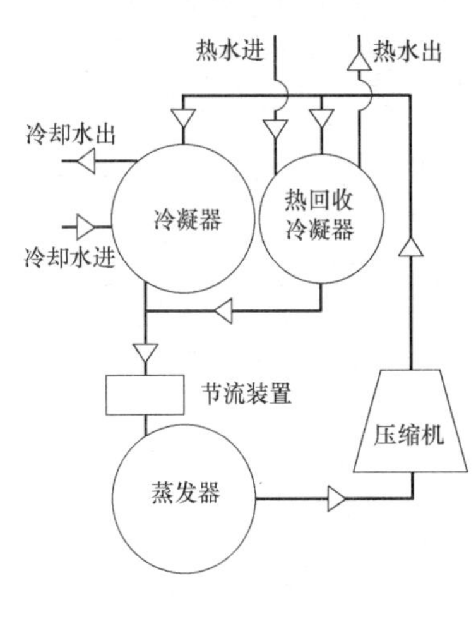

(*b*)

图 10-2-54　热回收型三级压缩离心式冷水机组

（*a*）外形；（*b*）流程示意图

应同时具有冷负荷、热负荷的需求，且冷负荷应达到冷水机组的一定值（如 70%以上），以确保有足够的基本冷负荷，在工程实践中通常是采用冷水机组与热回收机组组合在一个系统中，并设有辅助加热设备。图 10-2-55 是双机头离心式冷水机组外形图，某公司的 CDHG 型冷水机组的制冷量有 1200～1700 冷吨、1500～2000 冷吨、1700～2500 冷吨三种类型多种规格的机组，在空调工况下的能耗可达 0.5kW·h/Rt，最低可卸载至 5%～10%。表 10-2-23 是 CVHE/G 三级压缩离心式冷水机组空调工况主要技术参数，表 10-2-24 是大温差工况主要技术参数，表 10-2-25 是水-水热泵工况主要技术参数。

图 10-2-55　CDHG 型双机头离心式冷水机组

CVHE/G 三级压缩离心式冷水机组空调工况主要技术参数表　　表 10-2-23

型号	制冷量		输入功率	COP	运行电流	启动电流	制冷剂充注量
	Ton	kW	kW	W/W	A	A	kg
420-301-050S-050S	400	1406	247.9	5.67	418.3	708	318

续表

型号	制冷量		输入功率	COP	运行电流	启动电流	制冷剂充注量
	Ton	kW	kW	W/W	A	A	kg
420-337-050S-050S	500	1758	314.6	5.59	534.0	853	318
565-379-080S-080L	600	2110	356.6	5.92	600.6	974	499
780-489-080S-080S	700	2461	426.8	5.76	722.8	1429	499
780-548-080S-080S	800	2813	484.2	5.81	812.0	1507	476
780-621-142L-142L	900	3164	540.6	5.85	908.5	1840	839
780-621-142L-142L	1000	3516	578.6	6.07	969.5	1840	839
1067-716-142L-142L	1100	3869	653.4	5.92	1073.9	2049	839
1067-799-142L-142L	1200	4220	717.4	5.88	1173.4	2266	907
1067-892-210L-210L	1300	4571	802.4	5.70	1318.2	2719	998

型号	蒸发器		冷凝器		重量(kg)		外形尺寸(mm)		
	水量 (m^3/h)	压降(kPa)	水量 (m^3/h)	压降(kPa)	运输重量	运行重量	长	宽	高
420-301-050S-050S	241.1	50.6	288.5	84.1	7518	8385	4004	2090	2507
420-337-050S-050S	301.3	91.2	361.7	86.2	7884	8892	5045	2090	2507
565-379-080S-080L	361.6	45.3	430.0	62.0	10780	12254	5242	2435	2946
780-489-080S-080S	421.8	60.1	503.1	52.2	10657	12063	4094	2435	2915
780-621-080S-080S	482.4	111.9	574.5	67.5	10905	12294	4094	2435	2915
780-621-142L-142L	542.4	82.6	644.5	84.9	14950	17282	5393	2980	3077
780-621-142L-142L	602.6	66.9	713.5	68.2	15796	18387	5393	2980	3077
1067-716-142L-142L	662.9	79.8	787.8	67.2	15953	18624	5393	2980	3077
1067-799-142L-142L	723.2	71.3	861.5	79.9	16115	18954	5393	2980	3077
1067-892-210L-210L	784.3	56.2	937.2	63.2	19245	22632	5434	3214	3375

注：

① 因 CVHE/G 机组有上万种配置，故表中机组性能参数仅为某一配置的选型主要参数。

② 空调工况：冷水进出水温度为 12℃/7℃，冷却水进出水温度 32℃/37℃。

CVHE/G 三级压缩离心式冷水机组大温差工况主要技术参数表　　表 10-2-24

型号	制冷量		输入功率	COP	运行电流	启动电流	制冷剂充注量	蒸发器		冷凝器		重量(kg)		外形尺寸(mm)		
	Ton	kW	kW	W/W	A	A	kg	水量 (m^3/h)	压降 (kPa)	水量 (m^3/h)	压降 (kPa)	运输重量	运行重量	长	宽	高
420-301-080S-080S	400	1406	267.5	5.26	451.1	708	454	150.6	18.1	182.2	14.1	10419	11736	4094	2435	2915
670-379-080S-080S	500	1758	324.3	5.42	547.6	974	454	188.3	27.0	226.2	24.9	10913	12193	4094	2435	2915
670-433-080S-080L	600	2110	377.5	5.59	641.2	1080	499	226.0	24.4	270.6	44.6	11659	13161	5242	2435	2915
780-489-080S-080L	700	2461	441.4	5.57	746.6	1429	499	263.6	32.1	315.7	47.8	11859	13413	5242	2435	2915
780-548-142L-142L	800	2813	509.4	5.52	853.6	1507	816	301.3	52.7	360.6	48.5	15248	17496	5393	2980	3077
780-716-142L-142L	900	3164	575.0	5.50	948.3	2049	839	338.9	36.2	405.9	49.6	16191	18704	5393	2980	3077
920-799-142L-142L	1000	3516	638.1	5.51	1046.5	2266	907	376.6	36.2	451.7	49.4	16933	19654	5393	2980	3077
1067-799-142L-142L	1100	3869	703.4	5.50	1151.2	2266	907	414.3	42.8	497.1	39.5	17408	20300	5393	2980	3077
1067-892-210L-210L	1200	4220	787.1	5.36	1294.2	2719	1089	451.9	29.8	544.0	46.0	20566	23988	5434	3214	3375

注：大温差工况：冷水进水温度为 13℃，冷水出水温度 5℃，冷却水进水温度 32℃，冷却水出水温度 40℃。

CVHE/G 三级压缩离心式冷水机组水-水热泵工况主要技术参数表　　表 10-2-25

型号	季节	制冷量		输入功率	COP	运行电流	启动电流	制冷剂充注量	蒸发器		冷凝器		重量(kg)		外形尺寸(mm)		
		Ton	kW	kW	W/W	A	A	kg	水量(m^3/h)	压降(kPa)	水量(m^3/h)	压降(kPa)	运输重量	运行重量	长	宽	高
670-489-080S-080S	夏季	700	2461	426.6	5.77	722.3	1429.0	476	74.5	117.2	139.6	52.2	10607	11957	4093	2435	2915
	冬季	697	2449	442.8	5.53	748.2	1429.0		81.9	139.6	117.2	36.6					
670-584-080-080L	夏季	800	2813	489.6	5.75	820.6	1507.0	522	63.3	133.9	159.8	87.6	11232	12816	5242	2435	2915
	冬季	796	2799	504.6	5.55	844.4	1507.0		88.9	159.8	133.9	71.0					
780-621-142L-142L	夏季	900	3164	518.0	6.10	872.3	1840.0	839	82.6	150.7	177.9	83.9	14950	17282	5393	2980	3077
	冬季	896	3150	541.7	5.81	910.0	1840.0		113.5	177.9	150.7	60.4					
920-621-142L-142L	夏季	1000	3516	581.7	6.06	974.7	1840	839	80.7	167.4	198.2	68.4	15698	18229	5393	2980	3077
	冬季	820	2883	597	4.83	1000.7	1840		111	198.2	167.4	48.5					
920-716-142L-142L	夏季	1100	3868	645.9	5.99	1061.7	2049.0	839	79.8	184.1	218.3	67.2	15953	18624	5393	2980	3077
	冬季	1094	3848	654.7	5.88	1075.6	2049.0		108.9	218.3	184.1	47.6					
1067-799-142L-142L	夏季	1200	4219	685.8	6.16	1122.4	2266.0	907	71.3	200.9	237.6	60.6	16351	19309	5393	2980	3077
	冬季	1194	4199	744.8	5.48	1217.6	2266.0		97.1	237.6	200.9	43.2					
1067-892-210L-210L	夏季	1300	4571	734.9	6.22	1211.5	2719.0	1089	42.6	217.6	256.9	38.3	20061	23986	5434	3214	3375
	冬季	1293	4548	798.5	5.70	1311.7	2719.0		56.8	256.9	217.6	27.5					

注：运行工况：夏季冷水进出水温度为 7℃/12℃，水源侧 30℃/35℃，冬季热水供水温度 45℃，水源侧进入机组蒸发器的温度 12℃。

六、溴化锂吸收式制冷机

溴化锂吸收式制冷机是一种以热能为动力，制取 7℃以上空调用冷水的冷源设备。它的主要特点是可利用各种类型的余热资源，且运动部件少，振动、噪声小，在真空状态下运行，安全稳定，操作简单，维护保养方便，可广泛应用于各行各业具有余热资源的工业企业和各种公共建筑的空调工程、生产工艺过程的冷却。近年来燃气冷热电联供分布式能源系统正日益广泛地应用于各类建筑或建筑群或区域的冷、热、电供应（有关内容详见本手册 13.4 节），在燃气冷热电联供分布式能源系统中必须要配置烟气型、蒸汽型、热水型或烟气热水型溴化锂吸收式制冷机。直燃型溴化锂吸收式冷热水机组（简称直燃机）是直接利用燃气或燃油燃烧的热量的吸收式制冷、制热设备，夏季制冷供应冷水、冬季制热供应空调或供暖用热水，还可根据用户需要制取生活热水；由于各种因素目前在我国各类建筑的空调工程中均有应用直燃机供冷、供热，且均为双效性机组，此类机组中的高压发生器实际上就是一台燃油或燃气锅炉。近年空调制冷科技人员对溴化锂吸收式制冷机包括直燃机与电力驱动的蒸气压缩式制冷机的能源消耗谁优谁劣，众说纷纭。为了比较各种制冷机组的能源消耗均应折合到一次能源源头消耗进行对比，表 10-2-26 是各类制冷机组制取 1000kW 冷量的一次能源消耗量进行对比，该表中的比较依据是：（1）电力驱动均按水冷式制冷机进行对比，其 COP 以国家标准《冷水机组能效限定值及能源效率等级》GB 19577—2004 中能效等级 2 级取值。（2）电力的一次能源耗量是以发电、输电的总效率为 0.36 计算。（3）单效和双效溴化锂吸收式制冷机的蒸汽消耗量以国家标准《蒸汽和热水型溴化锂吸收式冷水机组》GB/T 18431—2001 中单效型的加热源消耗量为 2.35kg/kW·h和蒸汽压力为 0.6MPa 时的蒸汽消耗量为 1.28kg/kW·h 计算。电力耗量按国内一些厂家的平均数据估计。（4）直燃型溴化锂吸收式冷（温）水机组的性能系数 COP 和天然气耗量是以国家标准《直燃型溴化锂吸收式冷（温）水机组》GB/T 18362—2009 中的性能系数：制冷工况≥1.10，制热工况≥0.9，并参考目前国内一些厂家一般在制冷工况均可达到 1.3～1.35，制热工况 0.9～0.93，为此，表中数据按制冷工况为 1.3、制热工况为 0.92；天然气热值按 9.54kW 计算。

各类制冷机组制取 1000kW 冷量的一次能源消耗量对比　　表 10-2-26

制冷机组类型		离心式	螺杆式	活塞式	单效溴化锂吸收式	双效溴化锂吸收式	直燃式
能量消耗	电力(kW)	181.8	196.1	212.8	5.0	6.5	9.5
	蒸汽(kg/h)				2350	1280	
	天然气(m^3/h)						81.63
性能系数 COP		5.50	5.10	4.70	0.72	1.34	1.3/0.9
一次能源耗量(kW)		505	544.7	591	1634	878	778.7
一次能耗相对值		1.0	1.08	1.17	3.24	1.74	1.54

从表 10-2-27 的对比可见，吸收式制冷机的一次能源消耗的相对值均高于电力驱动的蒸汽压缩式制冷机，其中单效吸收式制冷机的一次能源消耗相对值最大，蒸汽双效型与直燃机相近，所以近年来在空调行业日渐对直燃机的应用达成共识，燃气直燃机的特点是“节电不节能”，选用应根据所在地区的一次能源供应和可能的余热利用条件来确定，随着我国节能减排在各行各业的广泛展开，一些有余热资源的工业企业正积极推广采用各种类型的吸收式制冷机、热泵，提高能源利用率，减少一次能源的消耗。

（一）工作原理

实现机械制冷的方法主要有液体蒸发、气体膨胀等，常见的液体蒸发是利用低沸点的液体吸取环境介质的热量而蒸发，达到使环境介质降温的目的，这种低沸点的液体成为“制冷剂”。这种制冷过程的连续不断地进行，应将制冷剂封闭在一个循环体系内。完成制冷剂在封闭体系内循环的方式常用的有两种，一种是“电能”或“机械能”驱动的压缩式制冷方式，另一种是热能驱动的吸收式或蒸汽喷射式制冷方式。图 10-2-56 是吸收式制冷与压缩式制冷的工作过程的对比，图（*a*）中压缩制冷过程包括制冷剂在蒸发器中从低温热源吸热蒸发为气态，进入压缩机中被压缩压力、温度升高的过程，然后在冷凝器中向高温热源放热的冷却、冷凝过程；通过节流膨胀阀使液态制冷剂压力降低的节流过程。制冷是在蒸发器中进行的，压缩机的作用是不断地将制冷剂蒸气从蒸发器中抽吸出来，使蒸发器维持低压状态，便于蒸发器吸热过程能继续不断地进行下去。图（*b*）中吸收式制冷机的工作原理与压缩式制冷相似之处是：在吸收式制冷机中也设有冷凝器、蒸发器（图中虚线右侧），也是使制冷剂（水）在蒸发器中吸热蒸发，高压、高温的制冷剂水汽的放热凝结也是在冷凝器中完成的；但从蒸发器中抽吸制冷剂蒸汽并提高其压力、温度的过程，与压缩式制冷机不同，吸收式制冷机没有压缩机，而是采用吸收器和发生器代替压缩机（虚线左侧）。吸收器相当于压缩机的吸气作用，将蒸发器中的冷剂蒸汽不断抽吸出来，以维持蒸发器内的低压；发生器相当于压缩机的排气作用，产生高压、高温冷剂蒸汽。

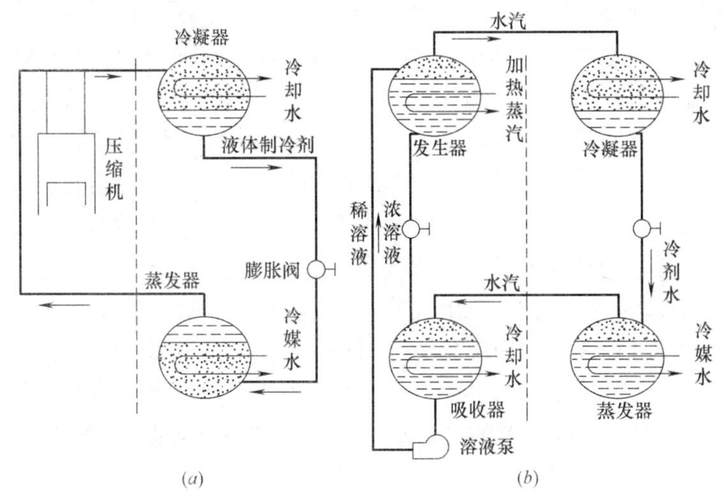

图 10-2-56 吸收式制冷过程与压缩式制冷过程的对比

(a) 压缩式制冷；(b) 吸收式制冷

溴化锂吸收式制冷机中的溴化锂水溶液的水汽压力远低于相同温度下的冷剂水的饱和蒸汽压；随着溴化锂溶液质量分数的增大或温度的下降其水溶液水汽压力相应降低，对于吸收器中具有一定质量分数的浓溶液，其常温下的水汽分压比蒸发器中低温水的蒸汽压力还低，处于过冷状态；所以蒸发器中的冷剂蒸汽便会被吸收器中的浓溶液吸收。由于吸收过程会放出大量的溶液热，并且溶液的质量分数也随着吸收过程的进行不断下降，所以在吸收器中应以冷却水对溶液进行冷却，降低溶液温度，使溶液处于过冷状态，维持吸收过程的进行。吸收了冷剂水汽后质量分数下降的稀溶液，由溶液泵增压进入发生器中，稀溶液被高温热源加热升温不断升高水蒸气分压，当溶液的水蒸气分压超过发生器的压力时，蒸汽便从溶液中蒸发出来，溶液的质量分数增大，浓度增加；由于发生器的水蒸气压力大于冷凝器中的冷凝压力，水蒸气不断流入冷凝器，并被冷却水冷却凝结成冷剂水，然后节流降压进入蒸发器蒸发制冷；在蒸发器中浓缩了的溴化锂浓溶液又重新回到吸收器中，吸收来自蒸发器的冷剂蒸汽。如此循环完成吸收式制冷循环。

从前面对溴化锂吸收式制冷循环的描述可知，溴化锂吸收式制冷机是由发生器、冷凝器、蒸发器、吸收器、溶液泵及节流膨胀阀等部件组成，工作介质有制冷剂水和溴化锂吸收剂，两者组成二元溶液工质对；在发生器中，工质对被加热介质加热，析出冷剂蒸汽、溶液被浓缩为浓溶液，冷剂蒸汽在冷凝器中被冷却凝结成液体然后经节流阀降压，进入蒸发器吸热蒸发，产生制冷效应。蒸发产生的冷剂蒸汽进入吸收器，被来自发生器的工质对吸收，再由溶液泵加压送入发生器，如此循环不息制取冷量。由于它是利用吸收剂的质量分数变化完成制冷剂的循环，因而被称为吸收式制冷。目前常用的吸收式制冷有氨水吸收式与溴化锂水吸收式两种。氨水吸收式以氨为制冷剂，水为吸收剂，可制取 0℃以下的低温，但由于氨有刺激性臭味，且热效率低、质量较重、体积庞大，除工业产品工艺过程外，一般很少应用。目前在空调工程应用广泛的是以水为制冷剂、溴化锂溶液为吸收剂，制取5℃以上冷水为目的的溴化锂吸收式冷水机组。

（二）溴化锂吸收式制冷循环

1. 溴化锂水溶液的热力图，为了分析、计算溴化锂吸收式制冷机组，了解和熟悉溴化锂水溶液的压力—温度（*P-T*）图、比容（*h-ξ*）图是十分重要的。图10-2-57是溴化锂水溶液的压力—温度图，图中左边第一条斜线为不含溴化锂的水溶液在饱和状态的压力—温度线，溶液中溴化锂质量分数（浓度、*ξ*）的不同，其饱和状态下的压力、温度也不相同，在同一压力下，对应的饱和温度随浓度的增加而升高；在同一温度下，对应的饱和压力随浓度的增加而降低。图中右下侧的结晶线表明溴化锂溶液的浓度越高、温度越低，就越容易出现结晶。图中的ABCD表示了基本的溴化锂吸收式机组中的溶液工作循环，AB过程线是等压加热过程，一般称为发生过程；CD过程线是等压冷却稀释过程，一般称为吸收过程；BC、DA过程线分别为液相的冷却和加热过程，由于没有发生传质现象，所以过程中的浓度保持不变。AB、CD的压力分别取决于溶剂水的冷凝温度、蒸发温度，D点、B点的温度分别取决于吸收器的冷却水出水温度和发生器加热蒸汽的质量和温度，C点应远离结晶点、防止溶液发生结晶。

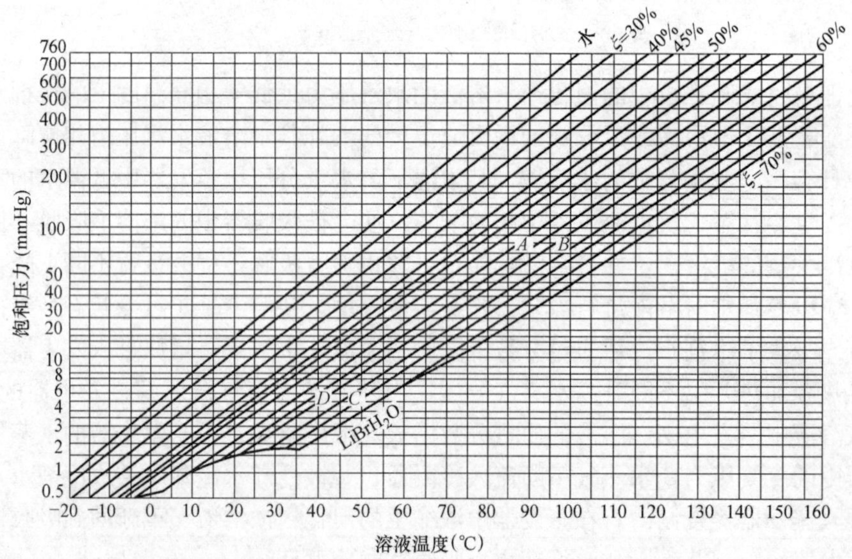

图10-2-57　溴化锂水溶液的*P-T*图

注：1mmHg＝133.322Pa

2. 单效溴化锂吸收式制冷循环，这种制冷循环的驱动热源一般可采用低位热能，如工作压力为0.1MPa（表）左右的饱和蒸汽或80～120℃的热水。此类机组的热力系数较低只有0.65～0.75。一般只能利用余热、废热、生产工艺过程中排热等为热源。图10-2-58是单效溴化锂吸收式制冷循环的工作过程示意，它主要由溴化锂溶液回路、冷剂水回路构成溴化锂溶液回路，若以吸收器为出口的点2状态开始，其路由是2-7-5-4-8-6-2的溶液循环回路，即从吸收器流出的稀溶液经溶液泵升压，流过溶液换热器进入发生器；稀溶液在溶液换热器中被来自发生器的浓溶液加热，再在发生器中被热水、蒸汽等加热，浓缩为浓溶液；从发生器流出的浓溶液在压差和位差的作用下，经溶液换热器进入吸收器；浓溶液在溶液换热器中，由来自吸收器的稀溶液放热，并在吸收器中吸收来自蒸发器的冷剂蒸汽，稀释成稀溶液，同时向冷却水放出溶液的吸收热，完成了单效吸收式制冷循环的溶液回路。冷剂水回路若以发生器内的点 5 状态开始，其路由是 5-4'-3-1-1'-6 的冷剂水回路，即在发生器中产生的冷剂蒸汽流入冷凝器，向冷却水放热，凝结成冷剂水；从冷凝器流出的冷剂水，经节流装置节流进入蒸发器，在蒸发器中蒸发，同时从冷水吸热，使之降温而产生制冷效果；在蒸发器中产生的冷剂蒸汽进入吸收器，将浓溶液稀释为稀溶液，从而完成了单效吸收式制冷循环的制冷剂回路。

3. 双效溴化锂吸收式制冷循环，这种制冷循环的驱动热源通常采用 0.25～0.8MPa 的饱和蒸汽或 150℃以上的热水，也可采用燃料直接燃烧或高温余热烟气等；双效制冷循环的热力系数可达 1.1～1.3。在双效 $LiBr\text{-}H_2O$ 吸收式制冷机组中，由于有两个发生器、两个溶液热交换器，制冷循环流程比单效机组复杂。根据稀溶液进入高低压发生器的不同方式，目前有三种循环流程：串联流程、并联流程和串并联流程。稀溶液出吸收器后，先后进入高、低压发生器被称为串联流程；并联流程是稀溶液出吸收器后，分成两路进入二个发生器，从高压发生器流出的浓溶液先进入低压发生器，与其中的溶液一起流回吸收器。各种流程各有特点，串联流程操作方便，调节稳定；并联流程热力系数较高；串并联流程介于两者之间。图 10-2-59 是串联流程的双效溴化锂吸收式制冷循环，在高压发生器中，稀溶液被驱动热源加热，在较高的发生压力 P_r 下产生冷剂蒸汽，冷剂蒸汽进入低压发生器作为热源加热低压发生器中的溶液，使之在冷凝压力 P_c 下产生冷剂蒸汽；低压发生器相

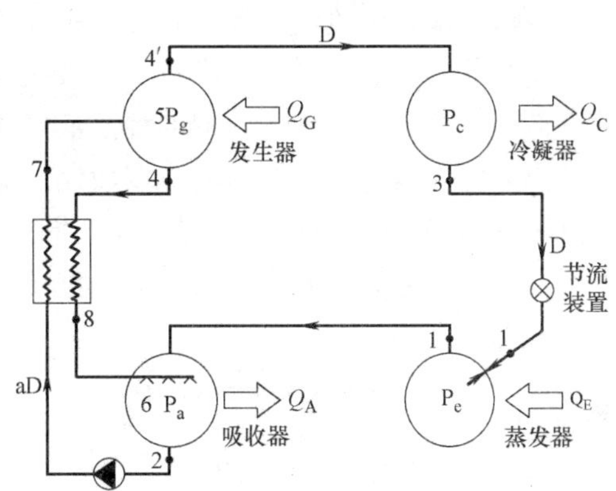

图 10-2-58 单效溴化锂吸收式制冷循环工作过程示意图

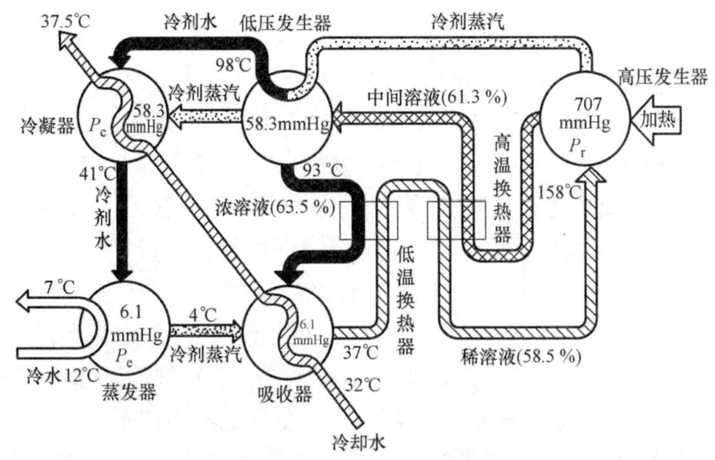

图 10-2-59 串联流程的双效溴化锂吸收式制冷循环示意图

当于高压发生器在 P_r 压力下的冷凝器。驱动热源的能量在高压发生器和低压发生器中得到了两次利用，所以称之为双效制冷循环。显然，与单效循环相比，产生相同制冷量所需的驱动热源加热量减少，即双效机组热效率提高。

高压发生器中产生的冷剂蒸汽在低压发生器中加热溶液后，凝结成冷剂水，经节流减压后进入冷凝器，与低压发生器中产生的冷剂蒸汽一起，被冷却水冷却为冷剂水；冷凝器中的冷剂水节流后进入蒸发器，喷淋在蒸发器管簇上、吸收管内冷水的热量，在蒸发压力 P_e 下蒸发，达到制冷目的。蒸发器中产生的冷剂蒸汽进入吸收器，完成制冷剂回路。低压发生器流出的浓溶液送入低温溶液换热器，加热待送入高压发生器的稀溶液，温度降低后的浓溶液喷淋在吸收器管簇上，吸收来自蒸发器的冷剂蒸汽，保持蒸发器中较低的蒸发压力，使吸收式制冷循环连续进行；在吸收器内浓溶液吸收冷剂蒸汽后，溶液温度、质量分数降低为稀溶液；流出吸收器的稀溶液经溶液泵升压后，顺序流过低温换热器、高温换热器升温，送入高压发生器，完成双效制冷循环的溶液回路。双效吸收式制冷循环的并联流程见图 10-2-60，它与串联流程主要不同之处是：从吸收器流出的稀溶液在溶液泵的输送下，以并联的方式进入高压发生器、低压发生器。

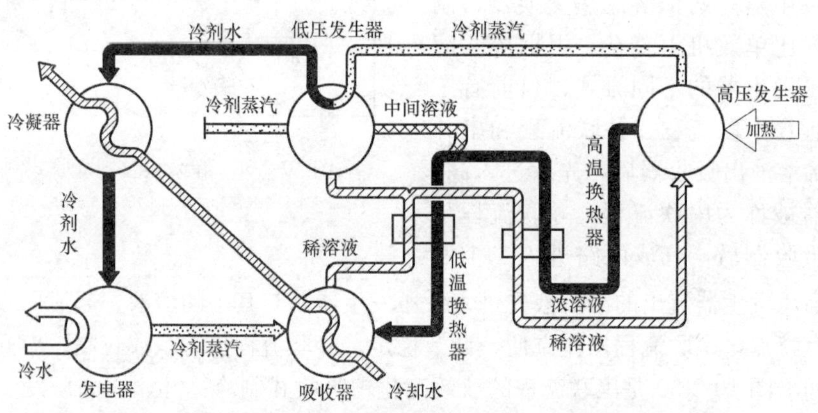

图 10-2-60　并联流程的双效溴化锂吸收式制冷循环示意图

4. 直燃型溴化锂吸收式制冷（制热）循环，以燃气或燃油为燃料、燃烧产生的高温烟气为热源的双效吸收式制冷（制热）循环，其主要特点是夏季提供冷水、冬季可提供供暖空调用热水，根据用户需要还可供应生活用热水。但其局限性是目前燃油价格比较贵时，必须要有充足的燃气供应，并应根据所在地区的各种能源（电力、燃气等）的供应状况和价格，从节能减排和经济性方面进行认真技术经济比较后确定其优越性。

图 10-2-61 是直燃型溴化锂吸收式冷热水机组的流程示意图，图中（a）为制冷循环流程示意，在机组的高压发生器（HG）内设置的燃烧装置进行燃气或燃油燃烧，利用燃烧过程产生的热量加热溶液产生冷剂蒸汽，较高温度的冷剂蒸汽送入低压发生器（LG）加热其中的溶液产生冷剂蒸汽，释放热量后的冷剂蒸汽在低压发生器中被冷凝为冷剂水；在低压发生器发生的冷剂蒸汽经上部隔栅进入冷凝器（C）被冷却水冷却冷凝为冷剂水，经冷凝器下部的 U 形管冷剂水进入蒸发器（E），在蒸发器中冷剂水吸取冷冻水的热量被气化、同时冷却冷水；蒸发器内产生的冷剂蒸汽在吸收器（A）中被浓溶液吸收。在直燃机制冷循环时阀门 V_1、V_2、V_3 为关闭状态。溴化锂溶液的循环过程是：从吸收器（A）

引出的稀溶液经低温热交换器（LHE）、高温热交换器（HHE）升温后送入高压发生器（HG），稀溶液被加热发生冷剂蒸汽后浓缩为中等浓度溶液，经高温热交换器送至低压发生器（LG）被较高温度的冷剂蒸汽加热发生冷剂蒸汽、同时被浓缩为浓溶液，经低温热交换器送至吸收器吸收冷剂水稀释为稀浓度溶液。图 10-2-61（*b*）是直燃溴化锂冷热水机组的制热循环，此时阀门 V_1、V_2、V_3 为开启状态，燃气或燃油在高压发生器内燃烧产生的热量加热溶液发生冷剂蒸汽，经阀门 V_2、吸收器（A）进入蒸发器（E）中，放热将循环热水加热升温供给用户，冷剂蒸汽被冷凝为冷剂水，蒸发器实际在制热循环中是冷凝器；经阀门 V_3 与经阀门 V_1 流入吸收器的浓溶液混合为稀溶液后由溶液泵（SP）送去高压发生器。在制热过程中低压发生器、冷凝器、吸收器、高温热交换器、低温热交换器、蒸发器泵等单体设备均不参与制热工作。

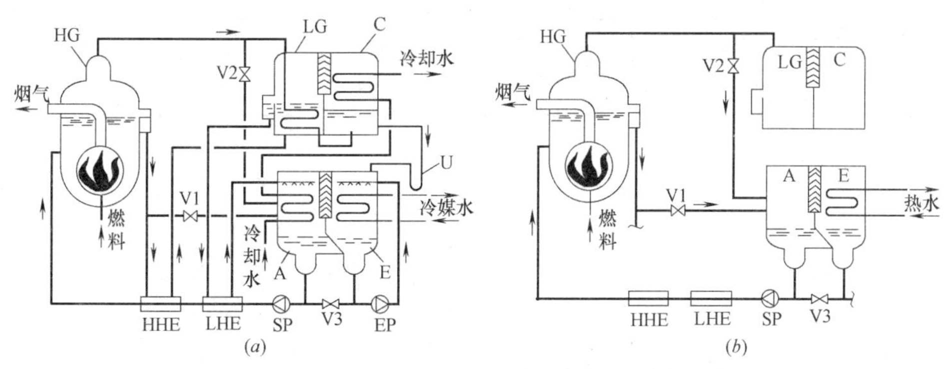

图 10-2-61　直燃型溴化锂吸收式冷热水机组制冷、制热循环示意图
HG—高压发生器；LG—低压发生器；A—吸收器；E—蒸发器；C—冷凝器；
SP—溶液泵；EP—蒸发器泵；HEE—高温热交换器；LEE—低温热交换器

（三）溴化锂吸收式制冷机的类型、基本系数

目前各类建筑、建筑群的空调工程中应用的溴化锂吸收式制冷机基本上分为两大类：蒸汽和热水型溴化锂吸收式冷水机组和直燃型溴化锂吸收式冷（温）水机组。根据各地区、各类用途的不同，在上述两大类型的基础上，又出现了利用烟气余热的“烟气型溴化锂吸收式冷（温）水机组”、燃气冷热电联供分布式能源系统中利用烟气、热水余热的“烟气热水型吸收式冷水机组”等类型；为充分利用低位热能，还有蒸汽和热水型溴化锂吸收式热泵，用于提升低位热源的水温用于建筑物供暖供热……等。但是在我国的国家标准中已发布实施的标准仅有《蒸汽和热水型溴化锂吸收式冷水机组》GB/T 18431 和《直燃型溴化锂吸收式冷（温）水机组》GB/T 18362。

1. 蒸汽和热水型溴化锂吸收式冷水机组（Steam and hot water type lithium bromide absorption water chiller），它是以水为制冷剂，溴化锂溶液为吸收剂，在发生器或高压发生器通以蒸汽或热水，构成吸收式制冷循环，制取空调或工艺用冷水的设备。这类机组以加热源的不同，可分为蒸汽型、热水型；按制冷剂循环的不同，可分为单效型、双效型。蒸汽和热水型溴化锂吸收式冷水机组的名义工况和性能参数，见表 10-2-27。

机组的型号表示方法可参照下列方式：

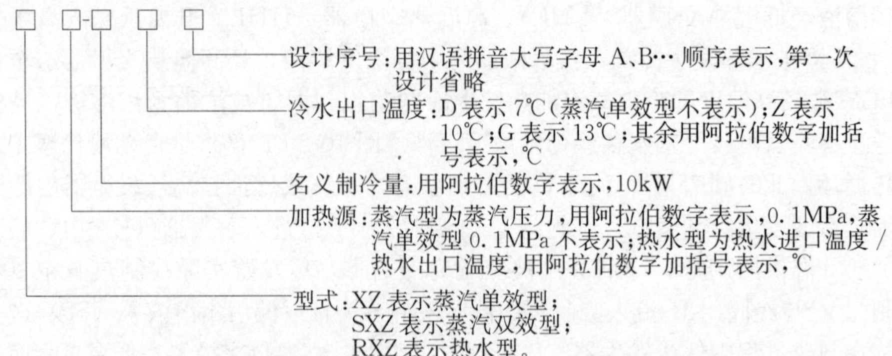

蒸汽、热水型溴化锂吸收式制冷机名义工况和性能参数　　表 10-2-27

<table>
<tr><th colspan="7">名义工况</th><th>性能参数</th></tr>
<tr><th rowspan="2">型式</th><th colspan="2">加热源</th><th rowspan="2">冷水出口温度，℃</th><th rowspan="2">冷水进、出口温度差，℃</th><th rowspan="2">冷却水进口温度，℃</th><th rowspan="2">冷却水出口温度，℃</th><th rowspan="2">单位制冷量加热源耗量 kg/(kW·h)</th></tr>
<tr><th>饱和蒸汽，MPa</th><th>热水，℃</th></tr>
<tr><td>蒸汽单效型</td><td>0.1</td><td rowspan="7">—</td><td>7</td><td rowspan="8">5</td><td rowspan="8">30(32)</td><td>35(40)</td><td>2.35</td></tr>
<tr><td rowspan="6">蒸汽双效型</td><td>0.25</td><td>13</td><td rowspan="7">35(38)</td><td rowspan="2">1.40</td></tr>
<tr><td rowspan="2">0.4</td><td>7</td></tr>
<tr><td>10</td><td rowspan="2">1.31</td></tr>
<tr><td rowspan="2">0.6</td><td>7</td></tr>
<tr><td>10</td><td rowspan="2">1.28</td></tr>
<tr><td>0.8</td><td>7</td></tr>
<tr><td>热水型</td><td>—</td><td>[t_{h_1}(进口)/t_{h_2}(出口)]</td><td>—</td><td>—</td></tr>
</table>

2. 直燃型溴化锂吸收式冷（温）水机组［Direct-fired lithium bromide absorption water chiller (heater)］，它是以水为制冷剂，溴化锂溶液为吸收液，采用燃油、燃气直接燃烧为热源，交替或同时获得空气调节或工艺用冷水、温水和生活热水的设备。根据使用功能或性能的不同，可分为单冷型——只供冷水的直燃机，冷暖型——交替或同时供应冷水、温水和生活热水的直燃机；按制冷循环可分为双效型和单/双效型后者是可单效、双效交替运行或同时运行的机组；按燃料分类分为燃气式——采用人工煤气、液化石油气、天然气等气体燃料的机组，燃油式——采用轻柴油、重柴油、重质燃料油等液体燃料的机组。直燃机的名义工况和性能参数按 GB/T 18362—2009 的规定见表 10-2-28。

直燃机的名义工况和性能参数　　表 10-2-28

	冷水、温水		冷却水		性能系数 COP
	进口温度	出口温度	进口温度	出口温度	
制冷	12℃(14℃)	7℃	30℃(32℃)	35℃(37.5℃)	≥1.10
供热		60℃			≥0.90
污垢系数	0.086m²·K/kW				
电源	三相交流，380V，50Hz(单相交流，220V，50Hz)				

(四) 溴化锂吸收式冷水机组

1. 蒸汽型溴化锂吸收式冷水机组。图 10-2-62 是蒸汽单效型吸收式冷水机组流程图，低压蒸汽（约 0.1MPa）送入发生器对由溶液换热器流入稀溶液加热、冷剂水相变的蒸汽进入冷凝器，凝结水经凝水换热器排出。通常蒸汽单效型溴化锂冷水机组均做成双筒型，设置有溶液泵，冷剂泵、真空泵、自动抽气装置等。单效机组的溶液温度受到结晶的限制，不允许太高（一般为100℃左右），若所在项目的余热蒸汽压力较高时，应经减压/调节装置降压至0.1MPa左右。此类机组的性能系数为0.7左右，低于双效机组，一般只在具有余热利用的低位热能的场所应用。表10-2-29是国内商业化的一种蒸汽单效型溴化锂吸收式冷水机组的主要技术系数表。图10-2-63是蒸汽双效型溴化锂吸收式冷水机组的流程图，双效机组一般由三个筒体组成，主要包括两台发生器——高压发生器、低压发生器，冷凝器和吸收器，蒸发器组成，还设有高温和低温溶液换热器各一只以及溶液泵、冷剂泵、自动抽气装置、自动溶晶管等构成。较高压力的蒸汽引入高压发生器加热循环的溴化锂溶液产生冷剂蒸汽，较高温度的冷剂蒸汽作为低压发生器的热源，有效地利用了冷剂蒸汽的潜热，实际上使引入的较高压力的蒸汽得到了二次应用，从而使制取单位冷量的加热蒸汽耗量和冷凝器的热负荷都可减少，提高了冷水机组的热效率，蒸汽双效型溴化锂吸收式冷水机组的性能系数可达1.3左右，表10-2-30是加热蒸汽为0.8MPa的双效机组的主要技术性能表。目前国内生产的蒸汽双效机组的加热蒸汽压力有0.4MPa，0.6MPa，0.8MPa，也可根据具体情况与制造厂协商确定。

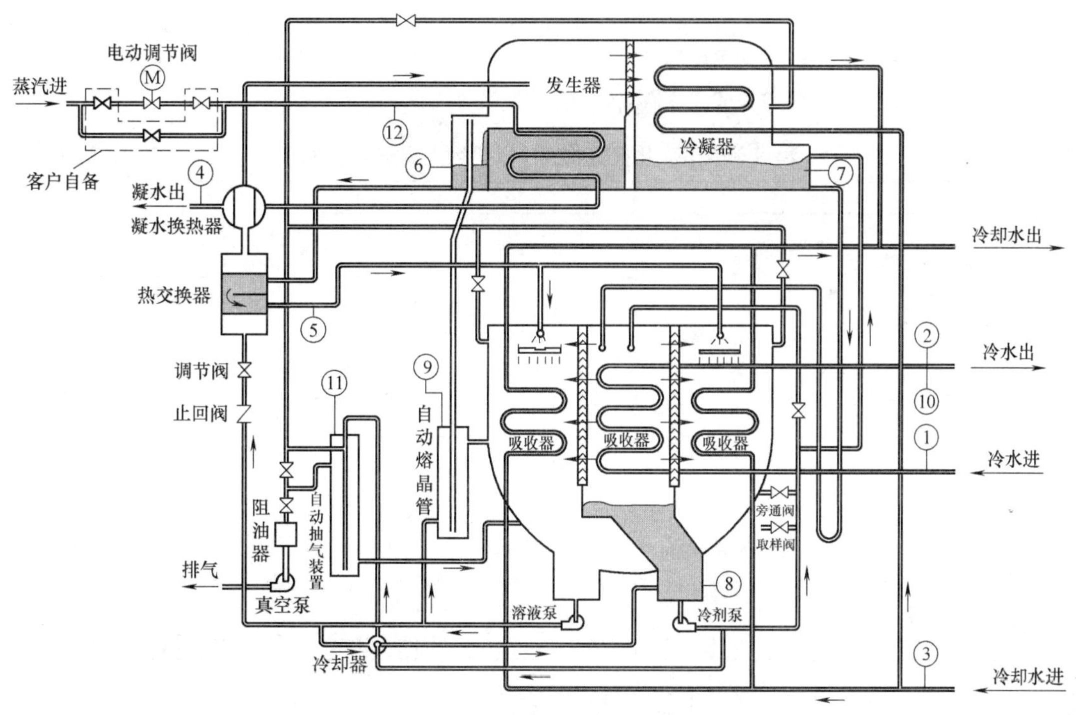

图10-2-62 蒸汽单效型溴化锂吸收式冷水机组流程图

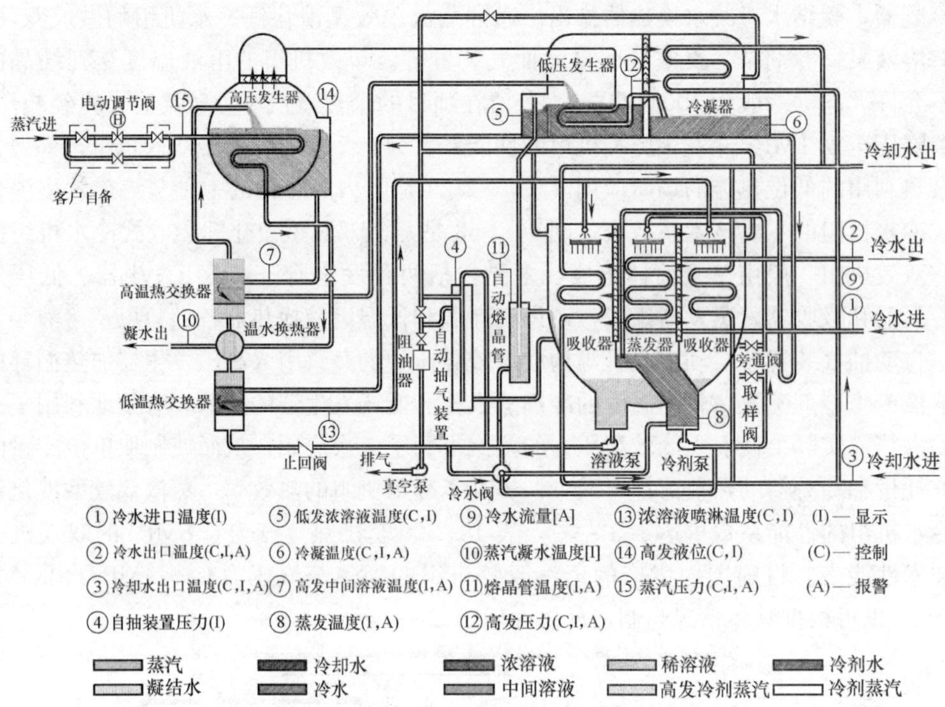

图 10-2-63 蒸汽双效型溴化锂吸收式冷水机组流程图

蒸汽单效型溴化锂吸收式冷水机组主要技术参数表 **表 10-2-29**

型号		XZ-	35	58	116	174	233	349	465
制冷量		kW	350	580	1160	1740	2330	3490	4650
		10^4kcal/h	30	50	100	150	200	300	400
		USRT	99	165	331	496	661	992	1323
冷水	流量	m^3/h	60	100	200	300	400	600	800
	压力降	mH_2O	6	5.2	5.2	5.5	5.8	6	6
冷却水	流量	m^3/h	90	149	299	448	597	896	1195
	压力降	mH_2O	5.5	4.2	4.2	5.0	5.5	5.8	5.8
蒸汽耗量		kg/h	743	1238	2476	3714	4952	7428	9904
电功率		kW	3.15	3.55	4.85	5.25	6.85	8.95	9.45
外形	长度	mm	3340	3870	5020	5540	6010	6780	7538
	宽度		1720	1760	1910	2110	2550	2735	2955
	高度		2340	2500	2697	3199	3515	3882	4254
运输重量		t	6.5	7.6	11.6	15.0	19.8	26.8	43.5
运行重量			7.5	9.4	15.9	21.0	28.1	38.2	62.9

注：
① 冷水进出口温度 7/12℃，冷却水进出口温度 32/40℃。
② 蒸汽压力 0.1MPa，凝结水温度≤85℃，背压≤0.02MPa。电源 3Φ-380V-50Hz。
③ 制冷量调节范围为 20%～100%，冷水和冷却水流量适应范围为 60%～120%。
④ 冷水、冷却水侧污垢系数 0.086m^2·K/kW（0.0001m^2·h·℃/kcal）

蒸汽双效型溴化锂吸收式冷水机组主要技术参数表 **表 10-2-30**

型号	SXZ8-	35DH2	47DH2	58DH2	70DH2	81DH2	93DH2	105DH2	116DH2	145DH2	174DH2
制冷量	kW	350	470	580	700	810	930	1050	1160	1450	1740
	10^4kcal/h	30	40	50	60	70	80	90	100	125	150
	USRT	99	132	165	198	231	265	298	331	413	496

续表

型号		SXZB-	35DH2	47DH2	58DH2	70DH2	81DH2	93DH2	105DH2	116DH2	145DH2	174DH2
冷水	进出口温度	℃	12-7									
	流量	m^3/h	60	80	100	120	140	160	180	200	250	300
	压力降	mH_2O	7.0	7.0	7.0	8.5	10	9.8	10.0	11.8	11.8	7.9
冷却水	进出口温度	℃	32-38									
	流量	m^3/h	85	113	142	170	198	227	255	283	354	425
	压力降	mH_2O	4.2	5	5.8	7.5	8.9	9.2	10.5	12	7.5	10
蒸汽	耗量	kg/h	372	496	620	744	868	992	1206	1420	1550	1860
电功率		kW	3.8	4.1	4.1	4.1	5.9	5.9	6.8	7	7	7.2
外形	长度	mm	3780	3800	3790	3790	3820	3840	3840	4357	4357	4810
	宽度		1862	1947	1980	1980	2103	2228	2275	2275	2370	2478
	高度		2152	2170	2169	2217	2231	2316	2364	2384	2703	2717
运输重量		t	6.5	7.3	8.1	8.2	8.3	9	9.4	10.1	10.8	12.8
运行重量			7.8	8.9	9.9	10.1	10.3	11.4	11.9	13.4	14.4	17.1

注：① 蒸汽凝结水温度≤95℃，背压≤0.05MPa

② 电源为3Φ、380V、50Hz

2. 热水型溴化锂吸收式冷水机组，对于可获得120℃～150℃热水的场所，为了最大限度地利用热能，降低热水出口温度，宜采用二段热水型吸收式冷水机组，图10-2-64是RXZⅡ型热水二段型溴化锂吸收式冷水机组外形及流程图，当热水进口温度为130℃或120℃时，机组的进出口热水温差可达62℃或52℃，热水出口温度均为68℃；机组的冷水进出口温度为7℃/12℃，冷却水进出口温度为32℃/38℃时的技术参数表见表10-2-32；该机组的冷水出口温度最低允许为5℃，制冷量调节范围为20%～100%，冷水、冷却水流量的允许调节范围为60%～120%，冷水、冷却水、热水侧污垢系数0.086m^2·K/kW。如图10-2-64所示，该机组设有2个发生器、冷凝器、蒸发器、吸收器等组成两个基本独立的制冷剂、吸收剂循环工作系统，热水、冷水、冷却水均以串联方式连接；机组由二个筒体组成，上筒体隔板两侧分别布置两个发生器、冷凝器，下筒体隔板两侧分别设置两个蒸发器、吸收器；另设有两个溶液换热器和自动熔晶管，并设置三台屏蔽泵，其中二台为溶液泵，一台为冷剂泵；由吸收器底部出来的稀溶液分别经溶液泵送至发生器，经发生器加热，浓缩的浓溶液，由两个溶液换热器冷却降温后直接喷淋在吸收器的换热管表面，吸收蒸发器出来的冷剂蒸汽。在冷凝器冷凝后的冷剂水经U形管送至蒸发器进行喷淋，蒸发器下部的液囊连为一体，经一台冷剂泵分为二路进行冷剂水的循环喷淋。

表10-2-31为热水二段型溴化锂吸收式冷水机组主要技术参数表。

图10-2-65是RXZ（95/85）型热水单效吸收式制冷机流程图，机组由二个筒体组成，上筒体设置发生器、冷凝器，下筒体设有蒸发器、吸收器；另设有溶液换热器，自动熔晶管和抽气装置，并设一台溶液泵，一台冷剂泵；吸收器底部的稀溶液由溶液泵抽送经溶液换热器至发生器，在发生器加热、浓缩的浓溶液经换热器冷却降温后直接喷淋到吸收器的换热管表面，吸收蒸发器流过来的冷剂蒸汽稀释为稀溶液聚集在吸收器底部。在冷凝器内冷凝的冷剂水经U形管送至蒸发器喷淋蒸发吸热，将15℃的冷水降温到10℃。当机组热水进/出口温度为95℃/85℃、冷却水进/出口温度为32℃/38℃时的主要技术参数见表10-2-32；该机组的冷水出口温度最低允许值、调节范围和水侧污垢系数等与热水二段型溴化锂吸收式冷水机组相同。

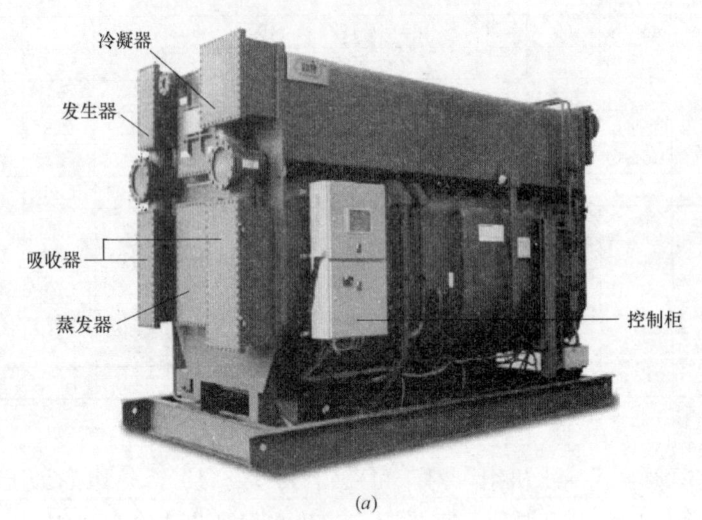

(*a*)

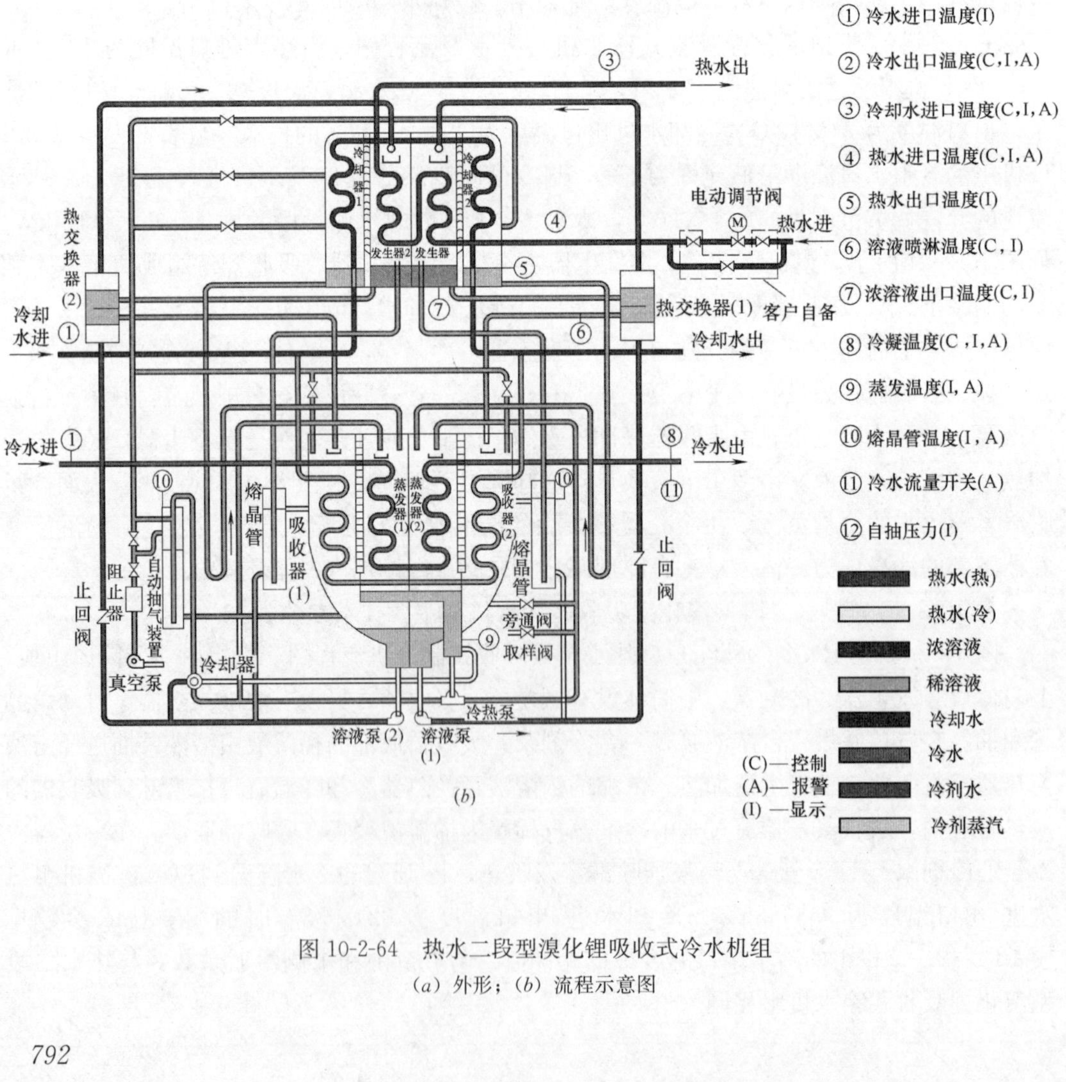

① 冷水进口温度(I)
② 冷水出口温度(C,I,A)
③ 冷却水进口温度(C,I,A)
④ 热水进口温度(C,I,A)
⑤ 热水出口温度(I)
⑥ 溶液喷淋温度(C, I)
⑦ 浓溶液出口温度(C,I)
⑧ 冷凝温度(C ,I,A)
⑨ 蒸发温度(I, A)
⑩ 熔晶管温度(I , A)
⑪ 冷水流量开关(A)
⑫ 自抽压力(I)

热水出
电动调节阀
热水进
客户自备
冷却器1
冷却器2
发生器2
发生器
热交换器(2)
热交换器(1)
冷却水进
冷却水出
冷水进
冷水出
熔晶管
吸收器(1)
蒸发器(1)
蒸发器(2)
吸收器(2)
熔晶管
阻止器
自动抽气装置
止回阀
止回阀
旁通阀
取样阀
冷却器
真空泵
冷热泵
溶液泵(2)
溶液泵(1)

热水(热)
热水(冷)
浓溶液
稀溶液
冷却水
冷水
冷剂水
冷剂蒸汽

(C)—控制
(A)—报警
(I) —显示

(*b*)

图 10-2-64 热水二段型溴化锂吸收式冷水机组

(*a*) 外形；(*b*) 流程示意图

热水二段型溴化锂吸收式冷水机组　　表 10-2-31

型号		RXZⅡ(130/68)- RXZⅡ(120/68)-	35DH2	58DH2	116DH2	174DH2	233DH2	291DH2	349DH2	465DH2
制冷量		kW	350	580	1160	1740	2330	2910	3490	4650
		10^4kcal/h	30	50	100	150	200	250	300	400
		USRT	99	165	331	496	661	827	992	1323
冷水	进出口温度	℃	12→7							
	流量	m^3/h	60	100	200	300	400	500	600	800
	压力降	mH_2O	8	12	7	8	10	13	13	12
冷却水	流量	m^3/h	114	189	378	567	756	945	1134	1512
	压力降	mH_2O	7	8	8	10	12	10	10	14
热水	出口温度	℃	68							
	耗量 进口温度 130℃	t/h	6.1	10.2	20.4	30.6	40.8	51	61.2	81.6
	耗量 进口温度 120℃	t/h	7.3	12.2	24.3	36.5	48.6	60.8	76.9	97.2
	压力降	mH_2O	10	10	11	13	11	14	14	14
电功率		kW	5.15	5.15	6.85	7.65	8.65	10.25	11.45	14.85
外形	长度	mm	3510	4140	5070	5600	6165	7110	7110	8715
	宽度	mm	2000	2150	2430	2720	2860	2950	2950	3250
	高度	mm	2690	2690	2900	3240	3640	3900	4160	4280
运输重量		t	6	8.4	15.3	19.5	25.9	34.6	40.6	52.5
运行重量		t	7.7	10.9	19.8	26.2	34.7	45.2	53.4	66.8

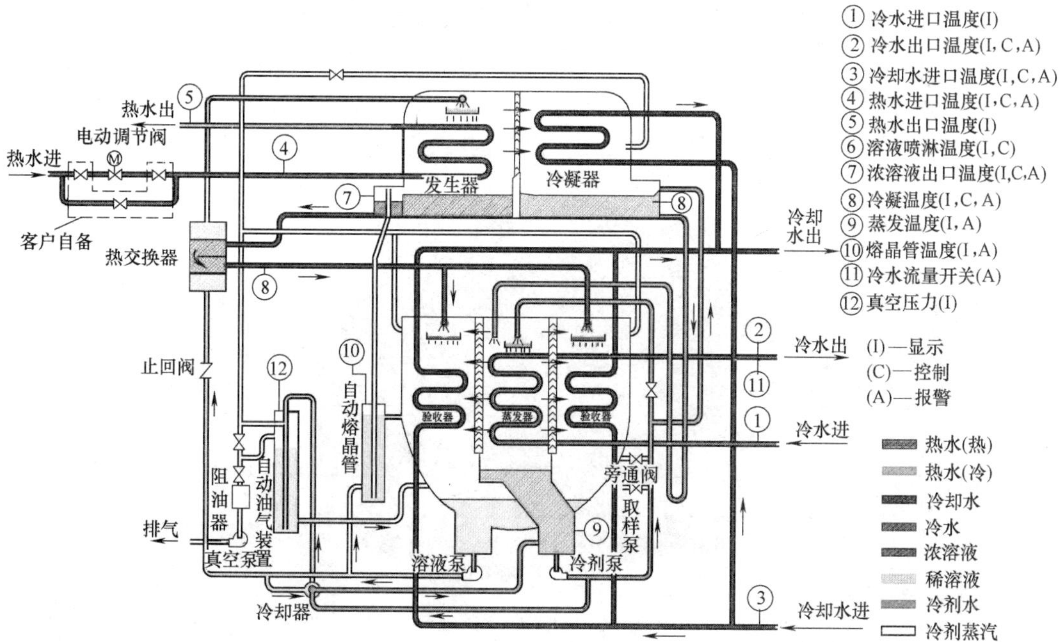

图 10-2-65　热水单效型溴化锂吸收式冷水机组流程图

热水单效型溴化锂吸收式冷水机组主要技术参数表　　表 10-2-32

型号		RXZ(95/85)-	35ZH2	58ZH2	116ZH2	174Z	233ZH2	349ZH2	465ZH2
制冷量		kW	350	580	1160	1740	2330	3490	4650
		10^4kcal/h	30	50	100	150	200	300	400
		USRT	99	165	331	496	661	992	1323
冷水	进出口温度	℃	15→10						
	流量	m^3/h	60	100	200	300	400	600	800
	压力降	mH_2O	7	6	9	11	7	8	11
冷却水	进出口温度	℃	32→38						
	流量	m^3/h	112	187	373	560	746	1119	1492
	压力降	mH_2O	6	10	5	6	8	11	13
热水	进出口温度	℃	—		95→85				
	耗量	t/h	37	61.7	123.5	185.2	246.9	370.4	493.8
	压力降	mH_2O	6	5	6	7	6	7	8
电气	电源		Φ-380V-50Hz						
	功率	kW	3.8	4.1	7	7.5	9	9.5	12.5
外形	长度	mm	3220	3840	4480	5020	5980	6800	7520
	宽度	mm	1550	1600	1980	2310	2580	2800	3250
	高度	mm	2500	2580	2840	3110	3360	3700	3950
运输重量		t	6.4	7.8	11.6	14.8	19.5	30.8	41.5
运行重量		t	7.4	9.7	15.8	20.3	27.9	41.6	59

3. 直燃型溴化锂吸收式冷热水机组，图 10-2-66 是 ZX 型直燃型吸收式冷热水机组外形和制冷循环流程图，机组由燃烧器、高压发生器、低压发生器、冷凝器、蒸发器、吸收器、换热器、控制柜等组成，并设有溶液泵、冷剂泵、自动熔晶管和抽气装置等；机组冷水进出口温度为 7℃/12℃，冷却水进出口温度为 32℃/38℃或热水温度为 56℃/60℃的名义工况下的主要技术参数见表 10-2-33。机组的冷水允许最低出口温度为 5℃，冷却水进口温度允许变化范围为 18℃～34℃，冷/热水、冷却水流量适应范围 60%～120%，冷/热水、冷却水侧污垢系数 $0.086m^2 \cdot K/kW$；机组的负荷调节范围：燃气为 25%～105%、燃油为 30%～105%；额定烟气排出温度，制冷时 170℃，制热时 155℃。

(a)

图 10-2-66　直燃型溴化锂吸收式冷热水机组

(a) 外形

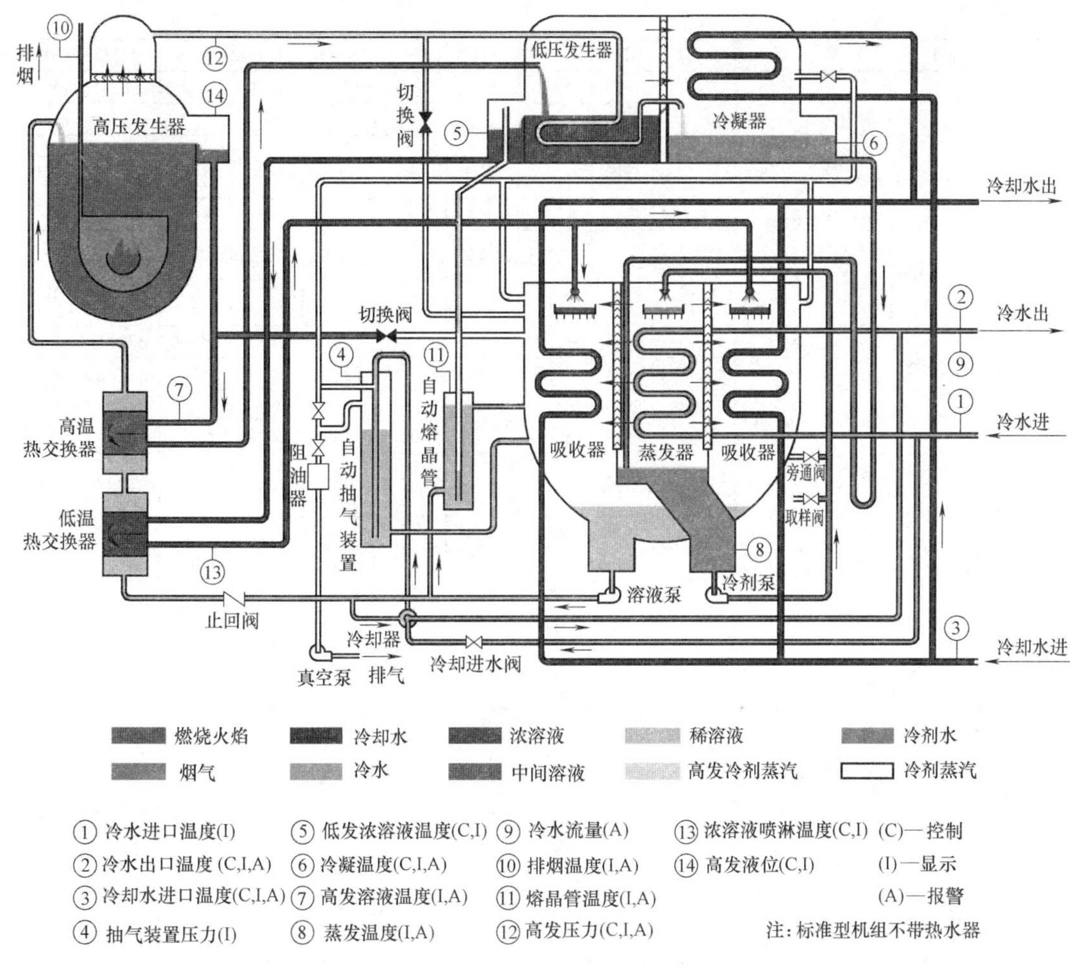

(*b*)

图 10-2-66 直燃型溴化锂吸收式冷热水机组（续）

（*b*）流程图

直燃型溴化锂吸收式冷热水机组主要参数表 **表 10-2-33**

型号		ZX-	35H2	58H2	116H2	174H2	233H2	291H2	349H2	465H2	582H2	698H2
制冷量		kW	350	580	1160	1740	2330	2910	3490	4650	5820	6980
		10^4 kcal/h	30	50	100	150	200	250	300	400	500	600
		USRt	99	165	331	496	661	827	992	1323	1653	1984
供热量		10^4 kcal/h	24	40	80	120	160	200	240	320	400	480
冷水进出口温度		℃	12-7									
热水进出口温度		℃	56-60(50-60)									
冷热水	流量	m^3/h	60 (24)	100 (40)	200 (80)	300 (120)	400 (160)	500 (200)	600 (240)	800 (320)	1000 (400)	1200 (480)
	压力损失	mH_2O	7.0 (1.12)	7.0 (1.12)	10.0 (1.6)	5.5 (0.88)	6.8 (1.09)	7.4 (1.18)	8.5 (1.36)	9.0 (1.44)	12.1 (1.94)	4.2 (0.67)
	接管直径(DN)	mm	100	125	150	200	250	250	300	350	350	400
冷却水	进出口温度	℃	32-28									

续表

型号				ZX-	35H2	58H2	116H2	174H2	233H2	291H2	349H2	465H2	582H2	698H2
冷却水	流量			m^3/h	85	141	283	424	565	707	848	1130	1413	1696
	压力损失			mH_2O	4.2	5.8	5.5	7.0	7.5	9.0	9.5	5.3	7.3	11.9
	接管直径（DN）			mm	100	150	200	250	250	300	350	400	400	450
燃料	轻油（10400kcal/kg）	耗量	制冷	kg/h	21.3	35.6	71.1	106.7	142.2	177.8	213.3	284.4	355.5	426.6
			供热		24.6	41	82	123	164	205	246	328	410	492
		接管直径（G）		in	3/8″	3/8″	3/8″	1″	1″	1″	1″	1″	1″	1″
	天然气（11000kcal/Nm^3 相对密度＝0.64）	耗量	制冷	Nm^3/h	20.2	33.6	67.2	100.8	134.4	168.1	201.7	268.9	336.1	403.3
			供热		23.3	38.8	77.5	116.3	155.1	193.8	232.6	310.1	387.6	465.2
		进口压力		mmH_2O	150～2500	250～2500	400～3000	400～3000	550～3000	800～3000	800～3000	1000～3000	1200～3000	1200～3000
		接管直径（DN）		mm(in)	(1.5″)	(1.5″)	(2″)	65	65	65	80	80	100	125
燃用空气量（30℃）			制冷	m^3/h	324	540	1080	1620	2160	2700	3240	4320	5400	6480
			供热		372	620	1240	1860	2480	3100	3720	4960	6200	7440
排烟口尺寸				mm	170×250	200×300	250×450	300×500	360×550	400×600	420×700	550×750	550×750	650×800
电气	电源				3Φ380V-50Hz									
	总电流	轻油		A	10.9	12.8	25.9	29.9	29.9	46.1	59	57.6	81.4	83.4
		气			10.9	12.8	25.9	29.9	29.9	43.6	57	55.6	81.4	83.4
	电功率	轻油		kW	4.14	5.43	8.10	11.33	12.48	18.86	26.87	26.52	31.05	35.9
		气			4.14	5.43	8.10	11.33	12.48	17.9	25.9	25.57	31.05	35.9
外形	长度			mm	3800	3810	4340	4885	5308	5972	7230	7230	7960	9400
	宽度				1954	2218	2695	3070	3172	3362	3888	4345	4617	4640
	高度				2332	2349	2807	3034	3218	3320	3441	3864	4214	4224
运输重量				t	6.5	8.9	12.2	17.5	21.1	26.6	32.6	37.5	52.1	66
运行重量					8.0	11.1	16.5	24.2	29.2	36.9	45.9	54.7	72.6	91

（五）溴化锂吸收式制冷机的辅助装置

1. 节流装置，在吸收式制冷机组的冷凝器与蒸发器之间均应该设置节流装置以调节二者之间必须的压力差值，对于溴化锂吸收式制冷机常用的节流装置是U形管节流装置和孔板节流装置，图10-2-67中的（*a*）为U形管节流装置，具有结构简单、制作方便，且对机组变工况运行具有较强的适应能力；（*b*）为孔板节流装置，它是在从冷凝器至蒸发器的冷剂水管道中设置一定直径的小孔，流经小孔的冷剂水引起的压力差以适应所需的不同压力要求；孔板节流装置结构紧凑，但对机组的变工况运行的适应性较差。

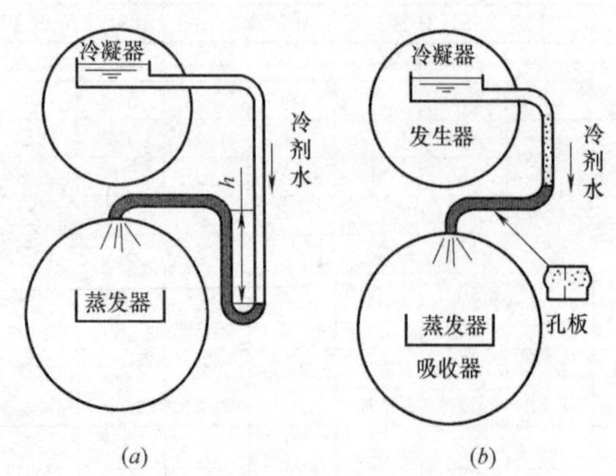

图10-2-67　节流装置示意图

（*a*）U形管节流装置；（*b*）孔板节流装置

2. 自动抽气装置，溴化锂吸收式制冷机组在真空状态下运行，环境空气易通过机组的各类气密性不良的连接处（虽然目前产品质量、检测手段十分严格，但不能做到没有）渗入机组内；随着溶液温度升高，溶于液体中的微量气体也会逸出，所以机组必须设有自动抽气装置，及时地抽取去除聚集在机组内的空气，不凝性气体，确保机组的可靠稳定的运行和使用寿命。图 10-2-68 是自动抽气装置的示意图，图（*a*）所示的自动抽气装置是将部分稀溶液送入抽气室，利用射流作用卷吸抽出机组内的不凝气体，形成气液混合物进入分离室；分离后的溶液回到吸收器、不凝气体上升至集气室，集气室底部设有压力传感器，随着不凝气体增多，压力升高，传感器发出信号，开启排气电磁阀，启动真空泵进行自动排气。集气室底部还设有钯膜抽气装置，用以自动排除不凝气体中氢气，这是由于溶液对金属材料的腐蚀作用会产生一定数量的氢气。图（*b*）是另一种形式的自动抽气装置，它的抽气、排气原理与（*a*）相似，只是将分离室、抽气室集中到一根垂直的竖管内，使其具有紧凑的结构，但因集气室体积较小，真空泵将会开启频繁。

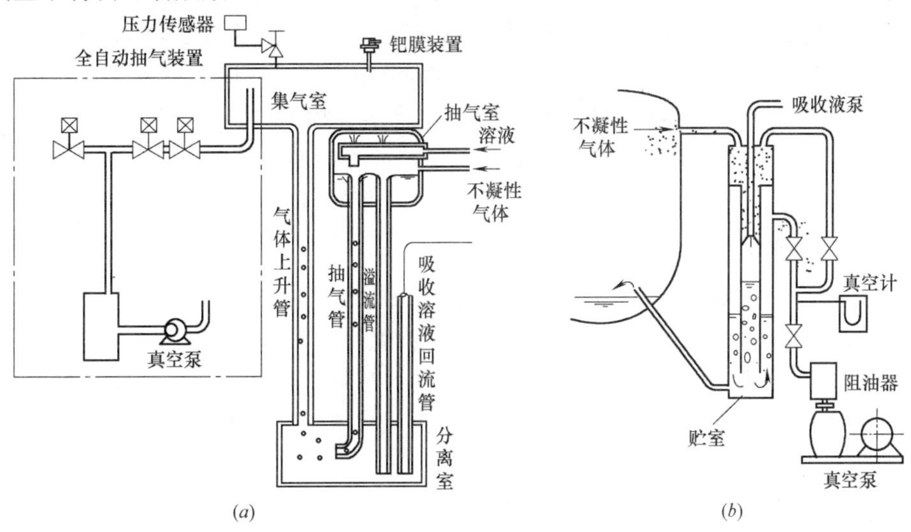

图 10-2-68　自动抽气装置

3. 自动熔晶装置，在溴化锂吸收式冷水机组中的低压发生器与吸收器之间设置丁形溢流管（参看图 10-2-63 等）在正常运转中利用低压发生器和吸收器 J 形管下部的溶液高度差来保持两器中的压力，防止击穿。在机组运行中发生结晶是由于溶液中溴化锂的质量分数高、温度低引起的，通常在溶液换热器的浓溶液出口处最易发生结晶，结晶时浓溶液无法返回，低压发生器溶液液位上升，高温的溶液就通过溢流管直接回到吸收器，由溶液泵吸入，经过溶液换热器，使结晶部位的温度上升，达到熔晶目的。

第三节　蒸发器和冷凝器

制冷系统或制冷机组或冷水机组中，以蒸发器和冷凝器用于制冷剂与热源之间、制冷剂与载冷剂之间的换热，是制冷系统中的主要换热设备。本节主要介绍空调工程中离心式、螺杆式、活塞式、蜗旋式等制冷机组用的蒸发器和冷凝器。

一、冷凝器

制冷系统用冷凝器将经制冷压缩机增压后的过热制冷剂蒸汽冷却冷凝为液态制冷剂，

向冷却介质水或空气放热，冷凝器按冷却介质或方式的不同，有水冷式、空冷式、蒸发冷却式等。制冷剂蒸汽由冷凝器上部引入、并在冷凝管的外表面上冷却、冷凝成液体，热量通过管壁由制冷剂蒸汽传递给冷却介质，其传热量包括过热气态制冷剂的冷却热和冷凝热，通常冷凝热占总热负荷的大部分。按照热交换设备的基本原理冷凝器的传热量与传热面积、冷热流体的平均温度差和传热系数有关，为提高冷凝器单位面积的传（换）热量，除了可以提高冷热流体的平均温差外（常常在具体工程中此温度是确定的或因气象条件变化有所不同），主要是设法增大冷凝器的传热系数。

冷凝器中的传热过程包括制冷剂蒸汽的冷却、冷凝放热、通过冷凝管壁的导热以及冷却介质的吸热，在已经选择冷凝器后，冷凝管壁的导热率便已确定，对于冷凝器中传热过程的主要影响因素是制冷剂侧的放热和冷却介质侧的吸热。在制冷剂侧影响放热量的因素包括制冷剂蒸汽的流向、流速、冷凝管表面的液膜状态以及制冷剂蒸汽中的不凝气体含量、含油量等，冷凝器的结构形式也影响传热量的多少，一般横置单管的传热优于直立管，这主要是液膜厚度对传热量的影响，通常立式管壳式冷凝器的传热系数较卧式管壳式冷凝器小。在冷却介质侧影响吸热量的因素包括冷却介质的性质、流速、品质（一般以污垢系数表达）等，对空冷式冷凝器的表面被尘粒、污物覆盖，会使吸热量明显降低。

（一）水冷式冷凝器

以水作为冷却介质，冷凝器中的气态制冷剂放出的热量被冷却水带走，冷却水一般均采用循环水，以节约用水。冷却循环水系统通常设置有冷却塔、补水及其处理装置，详见本章 10.4 节。目前常用的水冷式冷凝器有壳管式、套管式、板式等。

1. 壳管式冷凝器，这类冷凝器有卧式和立式，在离心式冷水机组中的水冷式壳管式冷凝器有单筒体和双筒体两种形式。在热回收式冷水机组中还设有热回收冷凝器等，卧式壳管式冷凝器是将壳体、换热管水平放置，在一定压力下冷却水在换热管内多程流动的冷凝器，广泛应用于各类制冷系统中。图 10-3-1 是一种离心式冷水机组的卧式壳管式冷凝器，离心式压缩机的排气从进气管 8 进入，为防止排气直接冲击冷凝管，正对进气管在管簇上方装有钻有小孔的防冲击板 7；高压气体沿冷凝器纵向扩散后在冷凝管簇上冷却冷凝，冷凝管 9 采用 Wolverine Turbo CⅡ型的高效传热管，这是一种管外带锯齿，管内有螺旋型凸缘的高效传热管，可同时增强管内与管外侧的换热。在管内水流速（1.5～

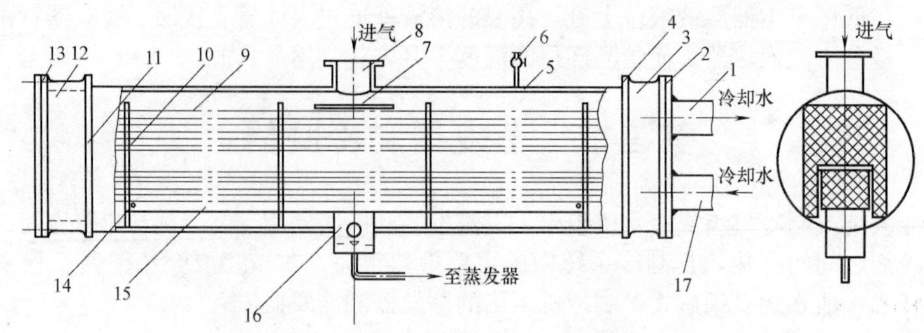

图 10-3-1　冷水机组用水冷壳管式冷凝器

1—出水管；2—右端盖；3、12—水室；4—右管板；5—壳体；6—安全阀；7—防冲击板；8—进气管；9—冷凝管；10—支撑板；11—左管板；13—左端盖；14—节流孔板；15—过冷器；16—线性浮阀室；17—进水管

2.0m/s）下传热系数比光管可提高5～6倍。冷凝后的制冷剂液体通过底部两侧节流孔板14的小孔进入过冷器15，过冷后的制冷剂液体经冷凝器中间孔口流入线性浮阀室16，经节流后流入蒸发器。冷凝器水侧为2流程，水从右下侧进水管17进入，从右上侧出水管1流出。在额定工况下，冷却水的温升约5℃。

立式壳管式冷凝器是将换热管、壳体垂直放置，冷却水自顶部沿换热管内壁呈膜状流下，与大气相通的冷凝器。这种冷凝器一般是用于大中型氨制冷系统中，通常设置在室外露天布置，其结构体积较大、材料消耗多。图10-3-2是立式水冷壳管式冷凝器简图，这种冷凝器的壳体是由钢板卷制焊接成的圆柱形筒体，两端焊有多孔管板，管板上用焊接法或胀管法固定多根换热管，换热管一般用51mm×3.5mm或38mm×3mm的无缝钢管。冷却水自上而下在管内流过，氨气在壳体内管簇之间冷凝后积聚在冷凝器的底部，经出液管流入储液器。冷凝器筒体顶部装有配水箱，使冷却水能均匀地分配到各管口。在配水箱中有的设有多孔筛板，筛板上每根管口设置一个扁圆形分水环；也有的不设筛板，在每根管口上装有一个带斜槽的导流管头，如图10-3-2（*b*）所示，导流管头的作用是使冷却水经斜槽沿换热管内壁呈薄膜螺旋状向下流动，从而延长冷却水流的路程和时间，同时空气在管子中心向上流动，从而增强热量交换。

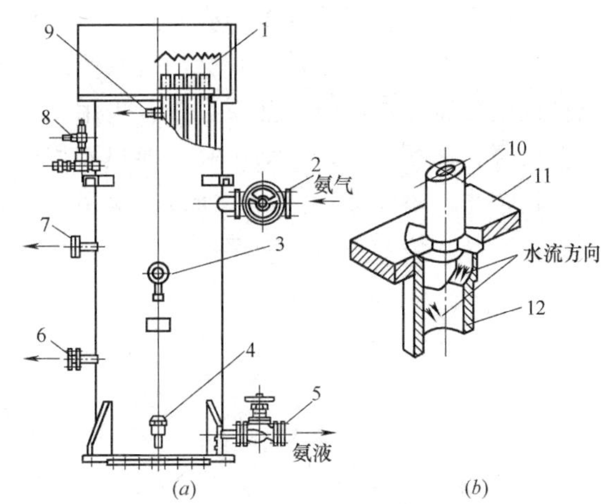

图10-3-2　水冷立式壳管式冷凝器简图
（*a*）立式壳管式冷凝器；（*b*）导流管
1—配水箱；2—进气管接头；3—压力表；
4—放油管；5—出液管接头；6—混合气管接头；
7—平衡管接头；8—安全阀；9—放空气管；
10—导流管头；11—管板；12—换热管

2. 套管式冷凝器，卤代烃制冷机用套管式冷凝器的结构如图10-3-3所示，它是由两种直径不同的无缝钢管和铜管构成，通常其外管为52mm×2mm，管内套有一根或数根紫铜管或低肋铜管，它们套在一起并用弯管机弯制成圆形、U形或螺旋状。冷却水在管中自下而上流动，高压制冷剂蒸汽由上部进入外套管内，冷凝后的制冷剂液体从下部流出。这种冷凝器具有结构简单，制造方便，能进行逆流式换热、传热效果好，其传热系数可达1200W/(m^2·K)，并可以套放在压缩机的周围，减少制冷机组的占地面积；但单位传热面积的金属消耗量大，清洗水垢比较困难。所以用于制冷量小于40kW的小型卤代烃制冷系统中。

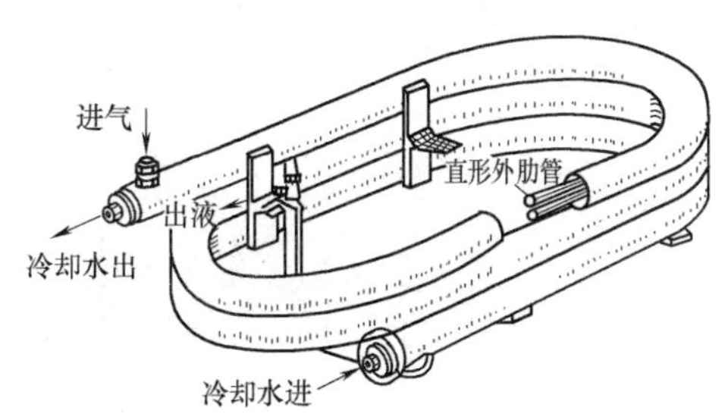

图10-3-3　小型氟利昂制冷机用套管式冷凝器

3. 板式冷凝器，图10-3-4是板式冷凝器结构图及其板片形式，它是由多块不锈钢波纹金属板贯叠连接，板片之间焊接密封；板上的四个孔作为冷热两种流体的进出口；在板四周的焊接线内，形成传热板两侧的冷、热流体通道。两种流体在流道内呈逆流流动，通过板壁进行热交换；而板片表面制成的点支撑形、波纹形、人字形等有利于破坏流体的层流边界层的形状，在低流速下形成湍流强化传热；由于板片间形成许多支撑点，冷凝器换热板片所需厚度大大减小。板式冷凝器中，制冷剂流道被冷却水流道包围，即冷凝器每一侧最外一个流道总是冷却水流道。在相同的换热负荷下，板式冷凝器与壳管式冷凝器相比体积小，质量轻，所需的制冷剂充灌量也减少。板式换热器在使用过程会出现水侧结垢和制冷剂结油垢，传热系数将有所下降，所以在板式冷凝器选型时传热系数推荐采用 2000～2300W/(m^2 · K)。板式冷凝器结构紧凑、重量轻、体积小、传热效率高，换热面积可通过改变板片数目任意调节等特点。但由于内容积很小，不能储存液体，所以制冷系统中必须另设储液器，而且由于板片之间的间隙很小，冷却水侧容易被杂质堵塞，一般应在冷却水侧加装过滤器。

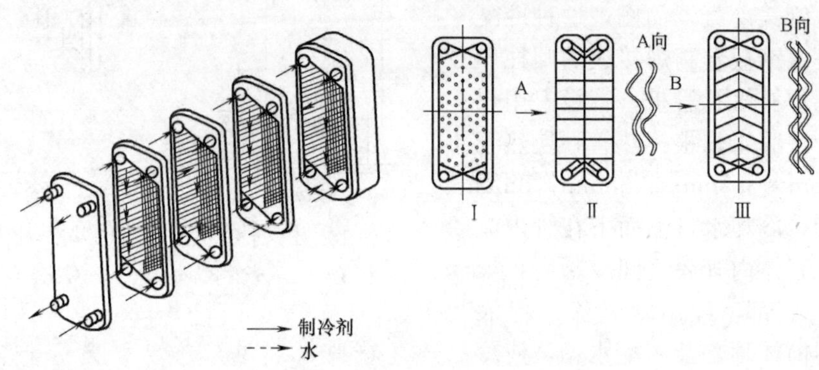

图 10-3-4　板式冷凝器结构和板片形式示意图

（二）风冷式冷凝器

1. 强制对流风冷式冷凝器，如图 10-3-5 所示，它由若干蛇形管并联组成盘管，制冷剂蒸汽从上部的分配集管进入每根蛇形管中，在管内被空气冷却凝结为液态制冷剂，沿蛇形管流入下部的液体集管，从冷凝器排出；在盘管外的壳体上设置风机，使空气在风机的强制作用下横向吹过盘管。为强化空气侧的传热，增大管外侧的传热量，一般均在盘管外侧设置肋片，如铜管铝片、钢管钢片或铜管铜片，换热管有内壁光管或内螺纹管。当冷凝热负荷较大时还可将换热管布置成 V 型、U 型、M 型、W 型等，图 10-3-6 为风冷冷凝器

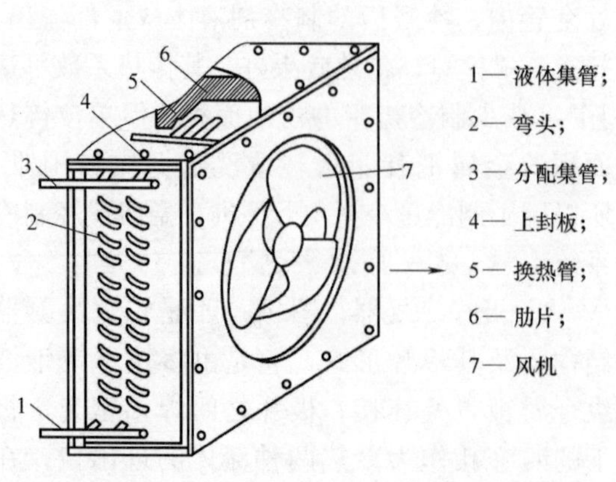

图 10-3-5　强制对流风冷冷凝器

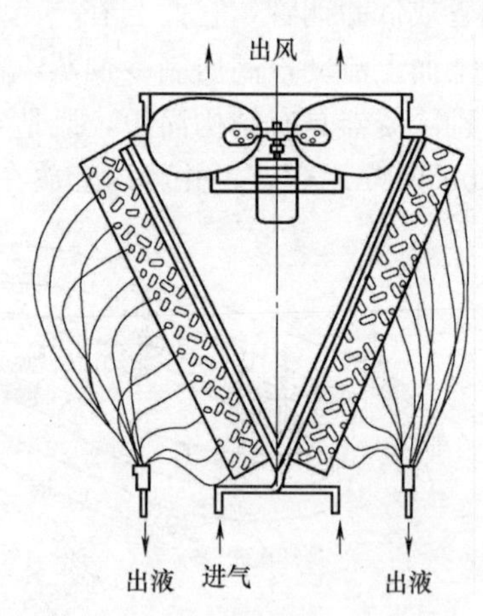

图 10-3-6　风冷冷凝器 V 型布置

V 型布置示意图，空气由机组两侧进入冷凝器，由通风机抽取向上排出。风冷冷凝器的迎面风速一般为 2～3m/s，冷凝温度与空气进入温度之间的温差约为 15℃左右。风冷式冷凝器的主要优点是不用冷却水，但是制冷能效系数（COP）较小，一般用于中、小型空调工程的制冷机组。

2. 空气/水联合冷却式冷凝器，这种形式的冷凝器主要有蒸发式和淋激式，两类冷凝器均在散热管内流过制冷剂、冷却水喷洒在换热管外；所不同的是在蒸发式冷凝器中换热管内制冷剂放出的热量主要是由水蒸发吸热排出，水蒸发产生的水汽由强制流动的空气带走，少量热是通过换热管外壁上水膜传递给空气散发；在淋激式冷凝器中换热管内制冷剂放出的热量大多是由空气对流散发排走，少部分热量是由水蒸发吸热排出。淋激式冷凝器的冷却水一般从上部配水箱流经水槽由锯齿状溢水口均匀溢出淋浇在冷却换热组外表面，然后流入下面水池（箱），制冷剂蒸汽由下部进入冷却换热管组，经冷却凝结的液态制冷剂从换热管组排出经主管流入储液器中，淋激式冷凝器主要用于氨制冷系统中。具有结构简单，清洗水垢和维修方便，用水量较少，只有循环冷却水量的 10%左右，但易受气象条件变化的影响，当气温和相对湿度较高时，传热效果将明显降低、冷却水用量增加，且占地面积、金属耗量均较大并应设置在空气流通的场合。

蒸发式冷凝器通常由光管或肋片管组的蛇形换热冷凝管组组成，换热管组安装在由型钢或钢板焊制的箱体内，底部设有一定容积的储水箱，一般由浮球阀控制水位，冷却水以泵抽送至换热管上方浇淋，沿管外表面流下，部分水被换热管内的制冷剂加热变为蒸汽，其余未蒸发水流入下部的水箱内，继续循环使用；换热管内制冷剂蒸汽被冷却凝结为液态制冷剂，经换热管组下部集液管排出。图 10-3-7 是吸风式、吹风式蒸发冷凝器示意图，为强化蒸发式冷凝器内空气流动，即时散发水蒸发后的水蒸气，可根据通风机在箱体的位置不同，安装通风机进行吹风或吸风。

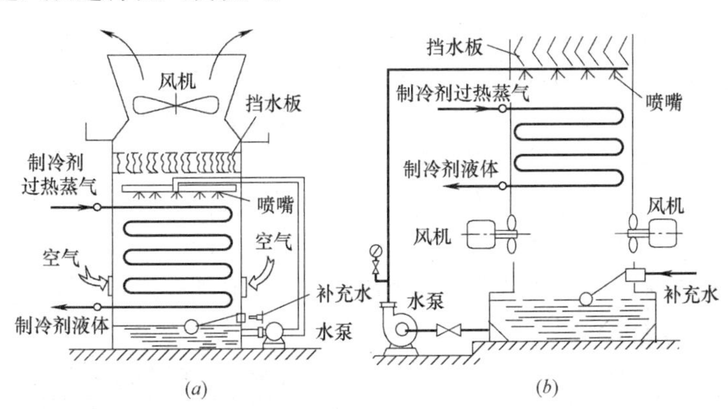

图 10-3-7　蒸发式冷凝器示意图

（a）吸风式；（b）吹风式

冷凝器形式的选择取决于当地的水源、水温、水质、水量、气象条件、制冷机和制冷机的类型以及制冷机房布置要求等因素。对于冷却水水质较差、水温较高、水量充足的地区宜采用立式壳管式冷凝器；冷却水水质较好，水温较低的地区宜采用卧式壳管式冷凝器；小型制冷装置可选用套管式冷凝器；在水源不足的地区或夏季室外空气湿度小、温度较低的地区可采用蒸发式冷凝器。在实际工程中要根据制冷站规模及条件、制冷机类型和各种类型冷凝器的特点及适用范围，综合比较确定较合理的选用方案。表 10-3-1 列举了常用冷凝器的主要特点与适用范围供参考。

常用冷凝器主要特点与适用范围 **表 10-3-1**

冷凝器类型		主要优点	主要缺点	适用范围
水冷冷凝器	立式壳管式	(1)露天装设 (2)水质要求低 (3)清洗方便 (4)易发现氨泄漏	(1)传热系数较卧式低 (2)冷却水温差小，耗水量大 (3)操作不便	大中型氨制冷装置
	卧式壳管式	(1)结构紧凑，体积小 (2)传热系数较立式高 (3)耗水量小 (4)室内布置，操作方便	(1)水质要求高 (2)清洗不便 (3)冷却水流动阻力大 (4)制冷剂泄漏难发现	大中小型氨和卤代烃制冷装置
	套管式	(1)结构简单，制造方便 (2)传热系数高 (3)耗水量小	(1)金属耗量大 (2)冷却水流动阻力大 (3)清洗不便	小型卤代烃制冷装置
	板式冷凝器	(1)体积小，质量轻 (2)传热功率高 (3)加工过程简单	(1)内容积小 (2)不易清洗 (3)内部渗漏不易修复	小型卤代烃制冷装置
风冷冷凝器		(1)无需冷却水 (2)露大布置	(1)传热系数不高 (2)气温高时，冷凝压力较高 (3)清洗不便	中小型卤代烃制冷装置，特别适用于缺水干燥地区
蒸发式冷凝器		(1)耗水量少 (2)室外布置 (3)冷凝面积小	(1)造价高 (2)清洗维修难度高	中小型氨制冷装置 中型卤代烃制冷装置

二、蒸发器

制冷系统的蒸发器是将节流降压后的液态制冷剂沸腾蒸发为气态制冷剂，吸收被冷却介质的热量，达到降温制冷的目的。制冷系统中蒸发器设置在节流膨胀阀与制冷压缩机吸气管之间，按被冷却介质的不同，蒸发器可分为冷却液体载冷剂的蒸发器和冷却空气的蒸发器；目前常用的是满液式蒸发器和干式蒸发器，它们均属于壳管式蒸发器。

蒸发器内制冷剂与被冷却介质的传热过程与冷凝器相似，节流降压至蒸发压力下的液态或液气混合态制冷剂进入蒸发器，通过换热管吸收被冷却介质的热量，沸腾蒸发为饱和蒸气或过热蒸气，被制冷压缩机从蒸发器吸出；与此同时被冷却介质放热，温度降低至所需温度。蒸发器内的传热效果，受到制冷剂侧的传热系数、传热表面热阻和被冷却介质侧的介质性质、流速、污垢系数等有关；其中被冷却介质的影响基本上与冷凝器相同，但制冷剂侧的液体沸腾传热与气体凝结时的传热差异极大；由于蒸发器内的温度差不大，所以制冷剂液体的沸腾处于泡状，在传热管表面生成许多气泡，沸腾传热系数与气泡的大小，上升速度等有关。

蒸发器在正常工作条件下，蒸发器内制冷剂与传热管壁的温差一般只有 2℃～5℃；制冷剂沸腾蒸发过程中气泡的生成逐渐变大、脱离表面，在液体内部的运动，使液体受到扰动，这是决定传热管表面对流换热效果或吸热量多少的重要因素。制冷剂液体的密度、黏度、表面张力对沸腾蒸发传热的影响：密度大、黏度大的制冷剂液体，受到“扰动”较弱，对流传热系数较小；密度和表面张力越大，沸腾蒸发过程中气泡越大，气泡从生成到离开的时间较长，在单位时间内产生的气泡就较少，传热系数小。若制冷剂液体对传热表面的润湿能力强，在沸腾过程中生成的气泡具有细小的根部，可以迅速从传热管表面脱离，传热系数较大。制冷机的沸腾蒸发温度越高，饱和温度下的液体与蒸气的密度差越小，产生的气泡越小，沸腾越强烈，传热系数较大。此外，制冷剂的沸腾传热系数还与传热管大小、长度和排列方式等有关，也与制冷剂中有无润滑油有关，实验表明：制冷剂沸腾传热系数，翅片管大于光管，管束大于单管，制冷剂自下而上流动大于自上而下。

（一）冷却液体载冷剂的蒸发器

在空调工程制冷系统中，冷却的液体载冷剂有水、盐水，再由水、盐水去冷却空气或由盐水冷却水后以水冷却空气，液体载冷剂通常采用泵进行强制循环。这类蒸发器有壳管式蒸发器、沉浸式蒸发器、板式蒸发器等。

1. 壳管式蒸发器根据制冷剂在蒸发器壳体内或换热管内的流动可以分为满液式蒸发器和干式蒸发器，目前在空调工程常用的离心式冷水机组、螺杆式冷水机组中大多采用这两种类型的蒸发器。满液式蒸发器中，液体制冷剂经过节流装置进入蒸发器壳体空间气化，液体制冷剂在蒸发器内保持一定的液位；载冷剂在换热管内流动，换热管浸没在制冷剂液体中；吸热蒸发后的气液混合物中还会有液体，所以须经气液分离后才能回入压缩机。

干式蒸发器是由热力膨胀网或电子膨胀网控制调节液体制冷剂压力后送入蒸发器的换热管内，液体制冷剂在换热管内吸热蒸发转化为气体，被冷却的载冷剂在换热管外壳程中流动。表 10-3-2 是两种类型的壳管式蒸发器的比较。

满液式蒸发器与干式蒸发器的比较　　　　表 10-3-2

蒸发器类型	满液式蒸发器	干式蒸发器
换热性能	换热管表面为液体湿润，表面传热系数高，K 值大	换热管部分表面与制冷剂接触，表面传热系数较低，K 值较小
制冷剂阻力	阻力小	阻力较大
回油性能	在润滑油与制冷剂互溶情况下，较难回油	在润滑油与制冷剂互溶情况下，易回油
充液量	壳体内保持一定的液位，制冷剂充灌量大	制冷剂充灌量很少只有满液式蒸发器的 1/2～1/3

图 10-3-8 是一种离心式冷水机组中的满液式蒸发器示意图，从节流装置引来的液体制冷剂由下部进液管进入分配箱中，在分配箱的顶部和侧面均装设有扰动喷嘴，以增加液

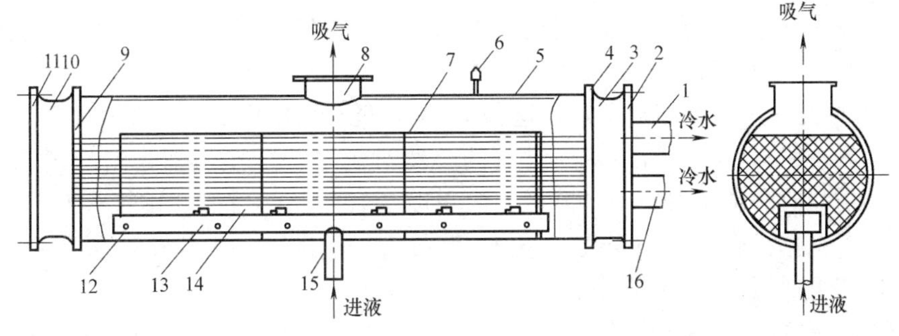

图 10-3-8　离心式冷水机组用的满液式蒸发器示意图

1、16—冷水进出管；2—右端盖；3—水室；4—管板；5—壳体；6—安全网；7—支撑板；8—吸气管；9—左管板；10—水室；11—左端盖；12—扰动喷嘴；13—分配箱；14—换热管；15—进液管

体制冷剂在蒸发器内的扰动，可强化沸腾换热，喷嘴常采用不锈钢制作。满液式蒸发器工作时，壳体内充装一定液位的液体制冷剂，一般静液位的高度为壳体直径的 70%～80%，此时会有 1～3 排换热管露在液面以上，沸腾蒸发过程中，这些管子会被带上来的液体润湿，所以也能进行换热。

图 10-3-9 是一种螺杆式冷水机组用干式蒸发器示意图，液体制冷剂经膨胀阀节流后从前端盖下部引入，液体制冷剂在换热管内不断地蒸发，进入后端盖，换向后经另一部分换热管，完全蒸发后由前端盖的回气管流回制冷压缩机。被冷却的冷水从进水管 9 进入，通过壳体内的弓形折流板横向流动，冷却后的冷水从出水管 5 流出。干式蒸发器的换热管一般均采用管内有内螺纹、管外轧制为螺旋波纹状的高效传热管。

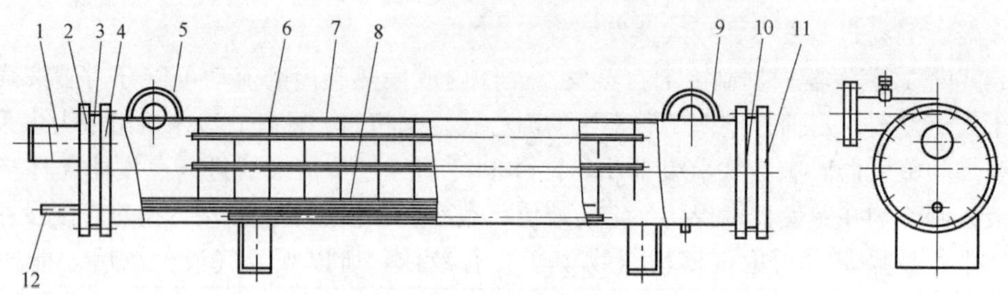

图 10-3-9 螺杆式冷水机组用干式蒸发器示意图

1—回气管；2—前端盖；3—隔板；4—前管板；5—出水管；6—折流板组；7—筒体；
8—传热管；9—进水管；10—后管板；11—后端盖；12—进液管

2. 沉浸式蒸发器，又称水箱式蒸发器，它是将蒸发管组沉浸在水中或盐水中，制冷剂在换热管内吸热气化；水或盐水一般在水箱内由搅拌器扰动下流动，以增强传热；按水箱中的蒸发管组的不同形式，可分为直立管式、螺旋管式和蛇形管式等。沉浸式蒸发器主要用于氨制冷系统中，图 10-3-10 是氨制冷系统中常用的直立管式蒸发器，它是采用无缝钢管焊接制作，根据制冷容量的大小，选择若干管组组成；在管组的上部上集管接气液分离器，下集管连接集油器；液氨从中部的进液管引入，制冷剂在立管中吸热气化为气态制冷剂，进入上集管经气液分离后，由集气管被压缩机吸出；集油器中积存的冷冻机油定期排放。

（二）冷却空气的蒸发器

制冷工程中冷却空气的蒸发器都是制冷剂在管内蒸发冷却管外的空气，根据管外空气的运动状态有自然对流和强制对流两种方式。

1. 自然对流的空气冷却蒸发器，这种蒸发器广泛应用于冷藏、家用冰箱等中小型制冷设备中。图 10-3-11 所示为冷藏库常用的自然对流排管式蒸发器，制冷剂在排管内流动、沸腾蒸发吸收环境空气热量，降低室内温度达到冷藏的目的。排管蒸发器结构简单、形式多样，可根据排管在室内安装方式作成墙排管、顶排管，还可根据需要制作为搁架式排管，在搁架上放置冷冻/冷藏物品。

2. 强制对流的空气冷却蒸发器，以风机驱动空气强制流过蒸发器盘管表面，与盘管内流动的制冷剂换热，液态制冷剂吸热沸腾蒸发，空气被冷却降温。这种强制对流冷却空气蒸发器主要有翅片蒸发器和冷藏冷冻用冷风机。图 10-3-12 所示为翅片式蒸发器及其翅片管形式，对此类空气冷却蒸发器在本书的有关章节已详细介绍。

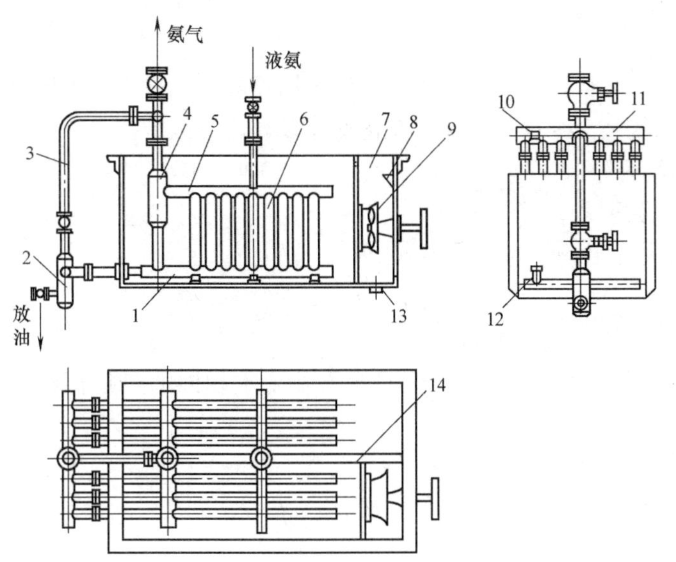

图 10-3-10　直立管沉浸式蒸发器

1—下集管；2—集油管；3—均压管；4—气液分离器；5—上集管；6—换热立管；7—水箱；8—溢流口；9—搅拌器；10、12—远距离液面指示器接口；11—集气管；13—放水口；14—隔板

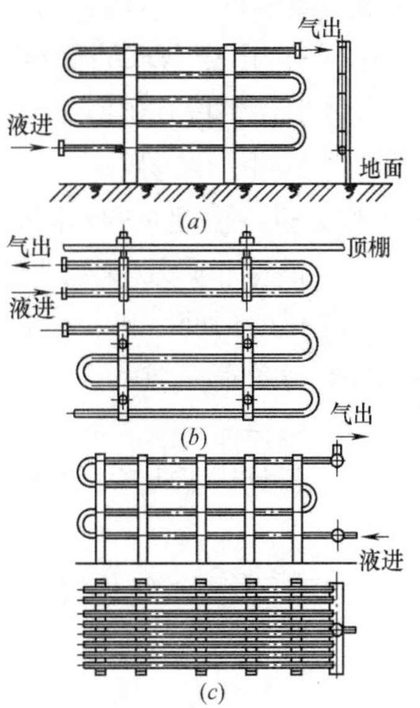

图 10-3-11　自然对流排管式蒸发器

(a) 墙排管；(b) 顶排管；(c) 搁架式排管

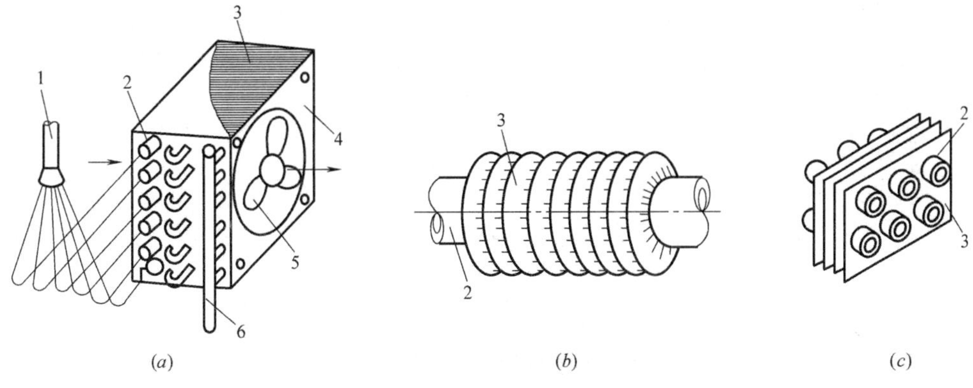

图 10-3-12　翅片式蒸发器及翅片管形式

(a) 蒸发器；(b) 绕片管；(c) 套片管

1—分配器；2—换热管；3—翅片；4—挡板；5—风机；6—集气管

第四节　制冷站设计

一、制冷站设计的原始资料

原始资料是制冷站设计的主要依据，它的准确、完整是确保设计质量和运行经济性以

及节约能源的重要前提。在制冷站设计时应具有以下原始资料。

(一）用冷需求的资料

各类建筑按其用冷需求的不同，主要有空调用冷和工艺生产用冷两类，由于各类建筑的功能不同、供冷用途不同、供冷参数、冷负荷要求或变化均有差异，一般应按供冷参数（主要是供冷温度）的不同分列冷负荷等。

1. 供冷介质及温度、压力等参数要求；

2. 供冷时间（班、小时），最大和平均小时用冷量（kW）；

3. 冷负荷曲线（日、月、年）；

4. 项目的规划发展要求及其相应的冷负荷规划预测；

5. 若具体工程项目有供热需求时，应同时了解、汇总与上述要求相同的热负荷的需求资料。

(二）工程、气象资料

1. 总平面图、地形图，若制冷站设在建筑物内时，应有该建筑的平、立、剖面图；

2. 工程水文、地质资料、地震资料；

3. 地区海拔高度、大气压力；

4. 主导风向、频率；

5. 室外计算温度、相对湿度。

(三）当地能源、水源供应资料

1. 电源及电压、电价及其供电的稳定、可靠性；

2. 燃气供应的可能性和单价，供应压力，地质及接口状况；

3. 集中或区域供热的可能性和单价，热源类别、供应压力、温度参数；项目或建筑群中余热利用的可能性，余热类别、供应参数等；

4. 水源及供水压力、温度和单价，水质分析资料。

(四）设备及主要材料资料

1. 可能选择的制冷机组的性能参数、技术规格和外形、接口资料、安装、运输要求和价格等；

2. 辅助设备的性能、规格、结构、外形、接管资料和价格；

3. 主要材料包括保温材料等的技术性能、规格和价格等。

二、制冷站的位置选择、布置和有关专业的要求

(一）制冷站的位置确定时，应根据制冷站规模、工程项目特点、用冷状况等因素确定，通常应考虑下列要求。

1. 制冷站宜靠近冷负荷中心设置，以减少输送管道，且方便冷冻水管道的引出，为冷冻水管网布置创造条件。在总平面布置条件合适的情况下，对于大、中型的制冷站宜集中设置独立的站房或与压缩空气站、变配电站组合为综合动力站。

2. 压缩式制冷机组（不包括氨制冷机组）、溴化锂吸收式制冷机组，可布置在生产厂房、公共建筑、民用建筑的地下室或楼层上；对于超高层建筑，可设置在设备层或屋顶。

氨压缩式制冷装置应布置在单独的建筑物内，或设置在生产厂房或辅助厂房毗连的有防火隔断的房间内，并应符合现行国家标准《建筑设计防火规范》GB 50016 的有关规定。

3. 由于电动压缩式制冷站的电负荷较大，宜靠近建筑物的变配电站设置。

（二）制冷站的布置

1. 制冷站宜设有值班控制室、维修间、卫生间等，对于氨压缩式制冷站还应设有辅助设备间布置蒸发器、冷凝器等辅助设备。值班控制室与主机房之间宜设有可观察运行状况的玻璃窗。

2. 制冷站机房内的地面、设备基座应采用易清洗的面层。

3. 制冷站机房的层高应按制冷机组的高度和上部预留空间确定。制冷机组上部预留空间尺寸应考虑设备维修、安装起吊所需高度、相关管道安装空间，通常制冷机组最高点距梁底不小于 1.5m；制冷机组与其上部管道、烟道或电缆桥架的净距不小于 1m。

4. 制冷站内设备布置，应满足安装、维修的要求，通常制冷机组与墙之间的距离应大于等于 1.0m，制冷机组与机组或其他设备之间的距离应大于 1.2m，制冷机组与配电柜之间的距离应大于等于 1.5m，制冷站内的蒸发器、冷凝器等换热设备，若需在现场更换传热管束时，其维修距离应大于传热管束的长度。制冷站内的主要通道的宽度应大于等于 1.5m。

5. 制冷站的设备布置和管道连接，应按工艺流程和方便运行操作、安装维修要求进行安排。布置冷水机组时，压力表、温度计及其他测量仪表应设置在便于察查的场所，经常操作的阀门安装高度距离地面宜为 1.2～1.5m，必要时可设操作平台等。

6. 冷水机组与水泵的布置，应根据制冷站规模、站房位置和连接管道等因素确定，一般宜将冷水机组、水泵布置在同一房间，可不另设水泵间。

7. 制冷站所需的冷却塔应结合具体工程条件按制冷站位置、规模和方便管道连接以及运行维护等因素确定其安装场所，一般宜设置在独立制冷站的屋面或邻近楼层屋面或邻近室外布置。

8. 氨制冷站布置时，一般设有制冷压缩机间、辅助设备间，只有规模较小的制冷站可合并为一个房间，设备之间的距离可按前述的有关要求。

9. 大中型制冷站内一般应设有检修用起吊设施，视具体工程项目条件和制冷机型式、规格选择相应的起吊设施。

10. 制冷站应设有冷水机组或最大设备或最大部件的运输、安装的孔洞、通道，通常应在土建结构上进行预留。

（三）对有关专业的技术要求

1. 土建专业

（1）应与土建及有关专业人员共同商定站房的建筑形式、结构、柱网、跨度、高度、门窗大小及房间分隔等要求。应设有为主要设备安装、维修的大门及通道，必要时可设置设备安装孔。

（2）制冷站所有房间的门窗均应朝外开启，对氨制冷压缩机房应设置两个互相尽量远离的出口，其中至少应有一个出口直接通向室外。

（3）设有与制冷机间相邻的值班控制室时，相邻的门应为隔声门，观察窗为隔声窗，窗台高度为 0.8m。

(4) 制冷站的屋架下弦高度，应根据制冷压缩机的高度并考虑检修时起吊设备所占用的空间高度。

(5) 采用有毒性或可燃的制冷剂的制冷站房，向外开启的门不允许直接通向生产性厂房或空调机房。

(6) 制冷站内的装修标准通常与生产工艺厂房相适应。一般情况下，地面为水泥压光或水磨石地面，油漆墙裙。

(7) 门窗的设置要尽量有利于天然采光和自然通风。当周围环境对噪声、振动等有特殊要求时，应考虑建筑隔声、消声、隔振等措施。

(8) 当选用直燃式吸收式制冷机组时。燃料的贮存、输送、使用等对建筑设计的要求可参照燃油或燃气锅炉房的设计规范的有关规定执行。

(9) 根据制冷设备维修工作量设置起吊装置，制冷站一般不设置为设备维修用的桥吊，必要时可设置单轨吊车。

2. 供暖通风专业

(1) 在供暖地区，冬季设备停止运行时，其值班温度应不低于5℃；如冬季运行时，供暖温度不应低于16℃。

(2) 氨制冷机房内严禁采用明火供暖。

(3) 机器间和设备间，尽可能有良好的自然通风条件。对氨制冷剂机房应设有每小时不少于3次的通风措施和每小时不少于12次换气的事故排风装置，排风机应为防爆型。

(4) 设置在地下室的制冷站房应设机械通风。值班控制室、维修间等宜设空调装置。

3. 给排水专业

(1) 在制冷设备冷却水出口管道应装设水流指示器或排水漏斗，观察冷却水供应情况。

(2) 在制冷站房内应设有冲刷地面的给水、排水设施；在可能泄水的设备周围宜设排水明沟和地漏。

(3) 为便于检修及防止设备冻裂，应在设备或管道最低处设放水阀门。

(4) 冷却水循环系统的水质应符合本节五．中的要求。

(5) 对冷水系统的补给水通常接至膨胀箱，根据水质情况，可直接用自来水或软化水。

4. 电气及自控专业

(1) 制冷站内人工照明根据房间类别确定，见表10-4-1。

制冷站房照度值 **表10-4-1**

房间名称	照度(lx)	房间名称	照度(lx)
制冷机间	80～100	值班、办公	80～100
设备间	30～40	配电间	30～50
控制间	100～150	贮存间	10～30
水泵间	20～30	走廊	10～30
维修间	50～80		

注：要求在控制室内设事故照明时，其照度为25～50lx。

(2) 在仪表集中处宜设局部照明，在压缩机间主要通道及站房主要出入口处应设事故照明。

（3）在大中型的制冷站内应设有一定数量的低压行灯插座。并设置必要的检修插座。

（4）氨制冷压缩机事故通风机的电气开关处，应设有明显的标志，并应在机房内外均设开关。氨制冷站的电源应在机房内外均能切断，但事故电源不得中断。

（5）设备电机功率大于 20kW 以上时，宜安装电流表。

（6）值班、控制室宜设电话。

（7）制冷站宜设集中自控系统，并宜将制冷站的控制管理纳入企业自动化管理系统，以中央微机为主机，组成中央控制系统，由中央空调控制系统直接控制每一台冷水机组的运行参数，达到系统经济、安全运行。

三、制冷站规模的确定

1．制冷站冷负荷的确定

（1）对制冷站供给范围的空调、生产所需夏季逐时冷负荷曲线，作为选择制冷机组类型、规格、台数的依据。对过渡季、冬季仍有供冷需求的用户，还应按前述要求确定相应季节的最大计算冷负荷、逐时冷负荷曲线，并对制冷机组的选择进行必要调整。

（2）根据供冷系统的设备、管道设置状况，合理确定冷量损耗系数，一般宜为1.03～1.05；但制冷站设计时应避免与空调、生产提供的冷负荷重复计算冷量损耗系数。

（3）制冷站设计时应十分关注供冷范围内空调与生产、各建筑及其空调系统之间的同时使用系数的确定，一般制冷站设计时应取小于 1.0 的同时使用系数。

2．制冷机组的选择

（1）制冷机组规格、类型较多，通常应根据最大的计算冷负荷选择合适的机组，并应按空调用户的冷水温度、压力等参数进行综合分析性能、价格后确定。

（2）电动压缩式制冷机组台数和单机制冷量的确定，应满足制冷站供冷负荷变化和部分负荷运行时的要求，一般不应少于 2 台，仅用于夏季空调供冷时一般可不设备用机组。

（3）为实现空调工程的节能要求，宜选用符合现行国家标准《冷水机组能效限定值及能源效率等级》GB 19577 中的 2 级标准的制冷机组，表 10-4-2 是该标准中制冷机组的能效等级指标。

（4）大中型制冷站宜选用离心式、螺杆式冷水机组，并根据周围环境要求，宜选择封闭式或半封闭式压缩机，但在采取噪声治理措施后或独立设置的制冷站可采用开启式压缩机。

（5）当过渡季、冬季有供冷需要的制冷站或所在工程项目夏季有低位热能（＜50℃）供热需要时，制冷站应选用热回收制冷机组，回收冷凝热对热用户供应热水。

制冷机组能源效率等级指标 **表 10-4-2**

类型	额定制冷量	能效等级(COP)/(W/W)				
		1	2	3	4	5
风冷式或蒸发冷却式	CC≤50	3.20	3.00	2.80	2.60	2.40
	CC＞50	3.40	3.20	3.00	2.80	2.60
水冷式	CC≤528	5.00	4.70	4.40	4.10	3.80
	CC＞528	5.50	5.10	4.70	4.30	4.00
	CC＞1163	6.10	5.60	5.10	4.60	4.20

四、冷冻水系统

空调工程的制冷系统的能量消耗、运行费用在整体空调工程中占较大的比例。制冷系统一般包括制冷机组、冷冻水循环泵、冷却水循环泵和冷却塔以及相关管路系统，这类系统中的耗能设备有制冷机组、循环泵、冷却塔等，有资料介绍，在过去的30年内由于制冷机组的能量利用效率提高了近一倍，使制冷机组的能耗在制冷系统中的所占比例降低了约20%，大约只占60%左右，而循环泵、冷却塔的能耗所占比例则相应大幅增加，所以如何降低循环泵、冷却塔的能耗正日益受到人们的关注。

目前在各类建筑物的空调工程设计时，通常都是按照相关设计规范的规定以设计工况选择制冷机组和配置相应的循环泵等设备，据调查资料表明，目前我国各类公共建筑的空调系统在夏季的大部分时间是在大约30%～70%负荷范围内运行，为此，制冷机组通常应通过卸载减少能量消耗，冷冻水供水系统需采用调节供/回水温差或进行冷冻水流量调节，以满足空调末端负荷变化的需要。例如在空调系统的负荷侧设三通阀调节冷冻水温度差，以适应用户冷负荷的变化，但冷冻水流量不变，不能减少循环水泵的能耗；但若采用二通阀调节冷冻水流量，则可减少冷冻水循环水泵的能量消耗，所以目前已很少采用三通阀的调节方式。

（一）冷冻水系统的类型

1. 变流量冷冻水系统，在空调系统用户侧采用冷冻水变流量的情况下，常用的冷冻水系统可以采用①一次泵定流量系统，即制冷侧冷冻水流量不变，用户侧冷冻水流量随需求变化，但未采用变频循环水泵；②一次泵变流量系统，即制冷侧和用户侧的冷冻水流量随需求变化，且采用同一个变频循环水泵；③二次泵变流量系统，制冷侧冷冻水流量不变，用户侧为变频冷冻水泵，冷冻水流量随需求变化。

2. 按连接末端设备的供水/回水的数量，可分为二管制、四管制，这里所说的二管制是指空调系统的冬季热水供/回水与夏季冷冻水供/回水同用一套供/回水管。有关二管制、四管制系统详见本手册第三章。

3. 按回水方式的不同，可分为开式系统、闭式系统。当制冷站设在建筑物的地下室或底层，空调房或用冷冻水的设备与制冷站有一定的高差时，回水可利用重力自流回到制冷站时可采用开式系统，在制冷站设置冷冻水回水池，可不再设置回水泵，还能利用回水池较方便地进行水量、水温的调节，但需增加冷冻水供水泵扬程，以克服至空调末端设备高度的位能，电能消耗增大，占地面积也要增加，所以目前已较少采用。对于采用空调蓄冷系统的冷冻水供应系统也常采用开式系统。图10-4-1是使用壳管式蒸发器的开式

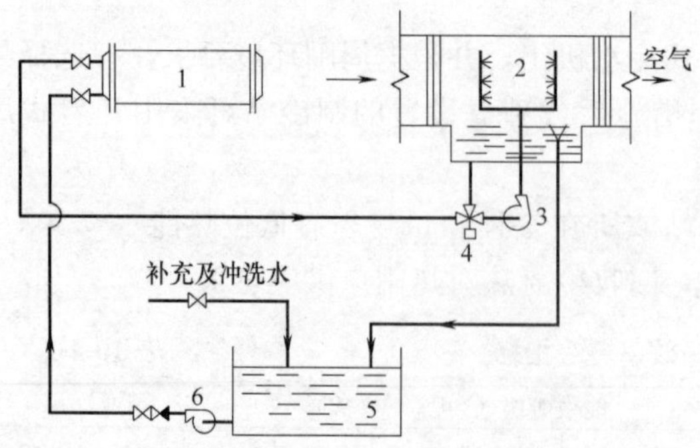

图10-4-1　使用管壳式蒸发器的开式供水系统示意图
1—壳管式蒸发器；2—空调设备淋水室；
3—空调设备的循环水泵；4—三通阀；
5—回水池；6—冷冻水供水泵

供水系统示意图。图 10-4-2 是闭式冷冻水供水系统示意图，目前各类建筑物的末端空调设备大多采用表面冷却器冷却空气，所以基本上均采用闭式供水系统，既克服了开式系统电能消耗大的不足，并且该系统与大气隔离，只有补水用的膨胀箱与大气相通，降低了冷冻水系统的管路腐蚀现象。

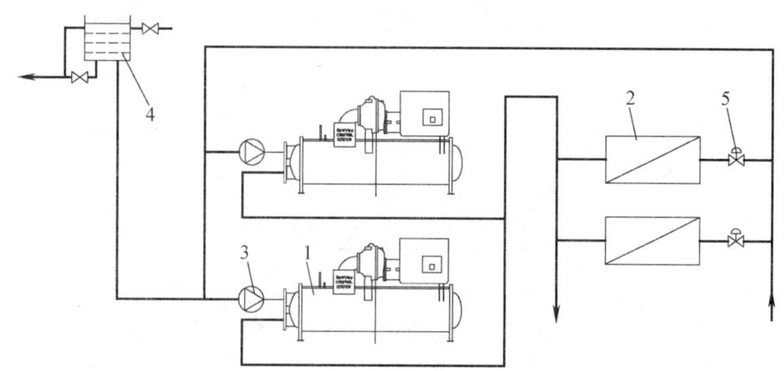

图 10-4-2　闭式冷冻水供水系统示意图

1—冷水机组；2—空调末端设备；3—循环水泵；4—膨胀水箱；5—二通阀

（二）变流量冷冻水系统

1. 一次泵定流量冷冻水系统或称一次环路供水系统，即在包括制冷机在内的整体空调系统中只在制冷机回水管上设有一套循环水泵或称一次泵，为冷冻水循环系统提供驱动力。由于目前大多数的冷水机组的蒸发器的冷冻水流量是按定流量进行设计，所以一次泵定流量供水系统是目前国内应用较多的供水系统形式。图 10-4-3 是一个典型的一次泵定流量供水系统示意图，在空调末端设备的二通阀按空调房间内的冷负荷变化调节冷冻水量变化时冷冻水供水流量随之发生变化，此时设在制冷机供水/回水管路集水器之间的旁通管上的调节阀调节从供水集水器流向回水集水器的流量，以保持通过每台制冷机组蒸发器的冷冻水流量不变。制冷机组与循环水泵一般均按一台对一台进行配置，水泵与机组联动控制；在设有多台制冷机的制冷站中，为适应用户侧冷负荷的变化，当供水/回水管路间的旁通管中旁通流量达到一台制冷机的冷冻水设计流量时（一般是将控制设定点设为制冷机允许的最大流量，如 110％～120％），控制系统将会关闭一台制冷机（通常是在达到设定点状态 10min 左右实施停机）；当一台制冷机停机后，若空调末端设备冷负荷不变或有所增加时，由于制冷机的供冷量不能满足冷负荷的要求，冷冻水供水温度将会上升，当供水温度上升至供水温度控制设定值时控制系统将会自动启动另一台制冷机投入运行（与停机一样，也是应在达到控制温度设定值状态 10min 左右实施开机）。旁通管及压差旁通阀的设计流量为单台制冷机组的额定流量，制冷站供应空调末端设备的流量变化时，根据压差的变化调节压差旁通阀的开度，达到调节旁通水量。

一次泵定流量冷冻水系统除了采用图 10-4-3 的先串联后并联的连接方式外，也可采用如图 10-4-4 的先将冷冻水泵并联不采用一台水泵对应一台制冷机的冷冻水系统，其特点是水泵或制冷机组之间均可以互为备用，增加了主要设备的维护管理的灵活性，连接管路可以简单、易布置，但需增加切断阀门，并使控制系统的复杂性增加。

2. 二次泵变流量冷冻水系统，这是在保持制冷机组蒸发器内冷冻水流量不变的定流量，采用一台制冷机组配置一台水泵的情况下，与冷冻水供水/回水干管的旁通管构成一

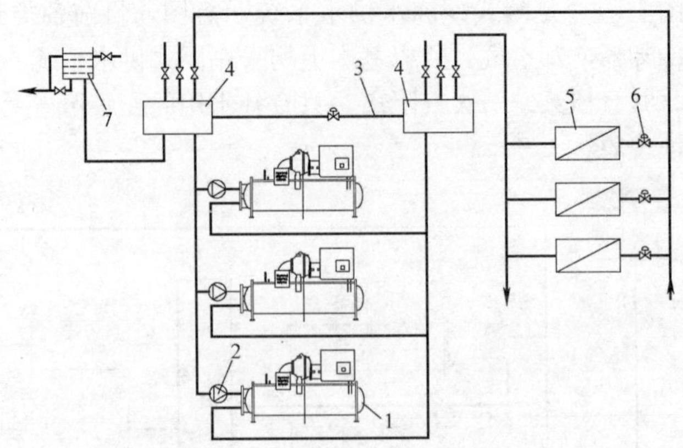

图 10-4-3 一次泵定流量冷冻水系统示意图

1—制冷机组；2—循环水泵；3—旁通管；4—供/回水集水器；5—空调末端设备；6—二通阀；7—膨胀箱

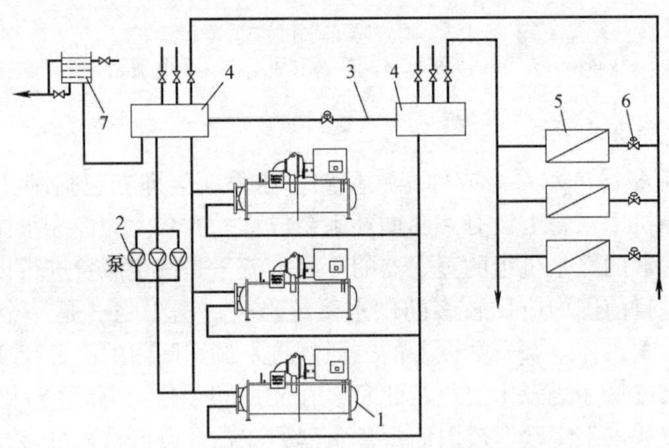

图 10-4-4 并联一次泵定流量冷冻水系统示意图

1—制冷机组；2—循环水泵；3—旁通管；4—供/回水集水器；5—空调末端设备；6—二通阀；7—膨胀箱

次环路，即冷冻水制备环路；连接所有空调末端设备的负荷侧的冷冻水泵是若干台并联的二次泵，由二次泵与负荷侧的冷冻水管等构成冷冻水二次环路，即冷冻水输送系统，所以又可将二次泵变流量冷冻水系统称为一、二次环路冷冻水供水系统。这类系统的设计要点在于一次环路（冷冻水制备系统）的冷冻水一次泵的流量不变（即通过制冷机组蒸发器的冷冻水流量不变，以防止蒸发器内发生冰冻事故，确保出水温度稳定）；二次环路冷冻水二次泵是根据冷负荷的需要量，通过改变水泵的运行台数或水泵的流量调节变化（采用变频水泵机组等方式），实现冷冻水二次环路中的水变流量的运行，与一次泵定流量冷冻水系统相比，可降低水泵的能量消耗。图 10-4-5 是二次泵变流量冷冻水系统示意图，图中一次环路的制冷机组和水泵的配置和联动控制等与一次泵定流量系统基本相同，二次环路中的二次泵一般是根据空调末端设备的压差变化或温度变化，通过保持设定的压差值或供水温度对二次泵进行控制。图 10-4-6 是二次泵分区进行冷冻水供应的冷冻水系统示意图，并联运行的各台二次泵分别通过冷冻水分支管路与各个空调区域相连，各个冷冻水支路上的二次泵一般采用变频泵，也可采用多台泵并联根据冷负荷需求控制开启台数；二次泵是依据所服务的空调末端设备的负荷变化或管路阻力（压差）变化进行控制，与前述的二次泵变流量系统相比，可进一步降低水泵的能量消耗，但冷冻水系统的控制装置将更为复杂一些。

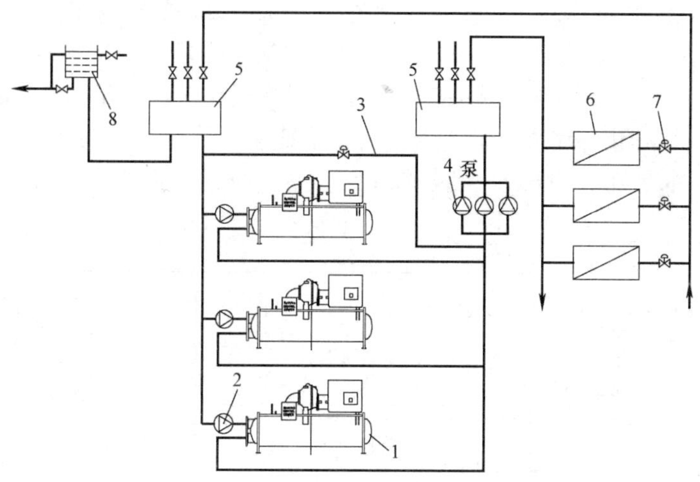

图 10-4-5 二次泵变流量冷冻水系统示意图

1—制冷机组；2— 一次泵；3—旁通管；4—二次泵；5—供水/回水集水器；6—空调末端设备；7—二通阀；8—膨胀箱

二次泵变流量冷冻水系统中的一次泵扬程，应按制冷机机组的阻力损失和包括旁通管在内的一次环路管路的阻力损失确定；二次泵的扬程应按空调末端设备内的阻力损失和从旁通到末端设备的二次环路的管路阻力损失确定。

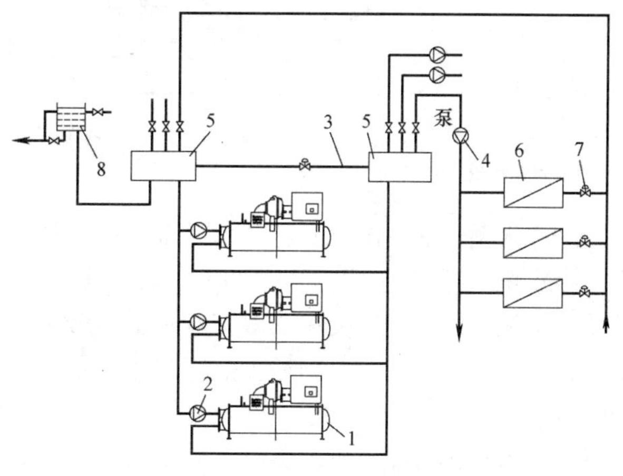

图 10-4-6 二次泵分区供应变流量冷冻水系统示意图

1—制冷机组；2—一次泵；3—旁通管；4—二次泵；5—供水/回水集水器；6—空调末端设备；7—二通阀；8—膨胀箱

3. 一次泵变流量冷冻水系统，空调工程的末端设备大多采用两通控制阀，因此制冷站的冷冻水系统是变流量系统，为实现冷冻水的变流量工作状态，如前所述采用了二次泵流量或一次泵定流量加旁通阀调节等方式，但需增加设备管线等建设投资或增加循环水泵能耗，近年来在节能减排的形势下，在冷水机组制造厂家的密切配合下，在实现冷水机组蒸发器侧具备较宽流量范围和压缩机对水流量变化反应灵敏的情况下，逐渐推广应用了冷冻水系统一次泵变流量系统；采用这种系统的单位的实际运行表明：既可以减少循环水泵的电能消耗，又可使系统简化，不需要设置二次泵，降低建设投资。这种系统正日益受到用户单位欢迎，是最佳冷冻水循环系统。

图 10-4-7 是一次泵变流量冷冻水系统示意图，这种系统中冷冻水循环泵不需要一台冷水机组配置一台，循环水泵采用并联设置、带变频器，比如设有三台冷水机组时，相应

配置三台并联的一次变流量泵。制冷系统投入运行时，第一台冷冻水泵首先启动，随着系统冷冻水流量的增加，逐渐增大水流量，当一台泵的流量不能满足需要时，第二台循环水泵启动，二台水泵以相同的频率运行，若不能满足末端设备的流量需要时，第三台水泵启动，三台水泵同频上升提高供水充量，满足冷冻水流量需求；当末端设备的流量减少时，水泵流量过剩、三台水泵同频减频适应冷冻水流量变化要求，若开二台泵的流量满足压差设定值要求时，则关闭一台循环泵。当开一台泵能满足流量需求时，则再关闭一台循环泵，第三台循环水泵随着冷冻水流量的减少，逐步减频降低水泵流量，直到最终停止运行。

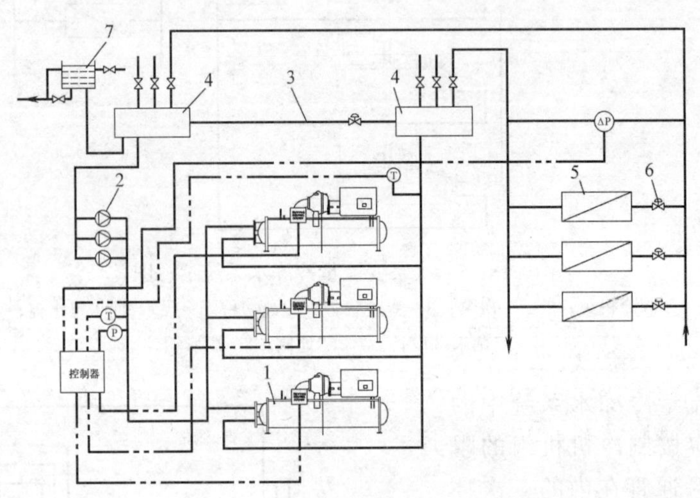

图 10-4-7　一次泵变流量系统示意图

1—制冷机组；2— 一次泵；3—旁通管；4—供水/回水集水器；5—空调末端设备；6—二通阀；7—膨胀箱

冷冻水循环的一次泵变流量系统需要冷水机组蒸发器具备较宽的流量范围，一般推荐采用冷水机组额定流量的30％～130％，最小流量宜小于45％额定流量，同时制冷压缩机对冷冻水流量的变化应反应灵敏，能承受每分钟30％～50％的流量变化。目前有的冷水机组蒸发器的流量适应范围还不能满足上述要求，如有的螺杆式冷水机组只能在45％～120％，所以如图10-4-7在一次泵变流量系统中一般设有旁通调节阀按传感器的设定值进行流量调节，保持冷水机组蒸发器的水流量不低于该机组规定的最低的水流量。

冷水机组启动后，当流过冷水机组蒸发器的水流量达到其规定的最低流量时，水流开关闭合（或压差开关闭合），冷水机组投入运行。随着冷冻水系统的水流量增加，冷水机组的流量增加、荷载增加，当冷水机组的运行电流达到满负荷电流时，就会再启动一台冷水机组，直至全部冷水机组投入运行。若空调末端设备的冷负荷减少、冷冻水流量减少，当冷水机组的运行电流到达减少一台机组可满足冷冻水系统流量需要时，就可关闭一台冷水机组，随着运行冷负荷的继续减少，逐渐减少冷水机组运行台数。

一次泵变流量冷冻水系统中有2台以上冷水机组并联运行时，宜选择冷水机组的蒸发器在额定流量下水侧压力损失基本相同的机组，以避免由于各台机组蒸发器的压力降不同，运行中实际水流量不一致，增加系统控制的难度和导致运行的不稳定。准确地进行冷冻水流量的测量是实现一次泵变流量稳定运行的关键，应选择精度为±0.5％的仪器。

一次泵流量系统的流量变化一般在30％～100％之间。

定温差控制方式是在冷冻水供回水干管或集水器上设置温度传感器，当负荷变化时，反映到供回水温度差变化，控制元件将此温差变化与原设定值进行比较，控制水泵电动机频率、水泵转速，改变冷冻水流量。

定末端设备压差控制方式是在冷冻水系统的最不利环路上设置电动调节阀和压差变送器，根据负荷的变化调节阀改变开度，压差变送器将末端设备和调节阀的压差进行传送，控制元件将压差变化与设定的压差值进行比较，输出信号控制电动机频率、水泵转速，改变冷冻水流量。实际压差小于设定值时，提高水泵转速，增加冷冻水循环流量；当压差值大于设定压差值时，降低水泵转速，减少冷冻水流量；使冷冻水环路压差值始终稳定在设定值附近。定压差控制是在冷冻水供回水主管间设置压差传感器，以保持供回水压差为稳定值，这种控制方式实际上是将末端压差控制的控制点前移至制冷机房中的供回水主管上。

在实际应用时采用何种控制方式？应根据冷冻水系统的规模、使用特点等选取，从节约能量消耗分析，一般以选用定温差控制为优，但由于温度采样点与负荷点有一定的距离，控制信息的即时性较差，所以对于大型冷冻水系统可考虑采用定末端压差控制。

（三）水系统管路特性和水力平衡

1. 管路特性及流量调节

（1）冷冻水管路的流动特性。在闭式水系统中，在管路中流动的流体的能量消耗是用于补偿管路阻力，按照流体力学原理，管路阻力与流体流量有如式（10-4-1）的关系。

$$\Delta P = S \cdot Q^2 \tag{10-4-1}$$

式中 ΔP——管路阻力（kPa）；

S——管路阻力系数；

Q——水的体积流量（m^3/h）。

冷冻水系统的管路阻力系数（S）与管路的形式、组成、管段的直径和长度及其附件设置情况、沿程阻力系数、局部阻力系数等有关。当流体流动处于阻力平方区，沿程阻力系数只与管道的相对粗糙度有关，在已确定管材的情况下可视为不变的常数，对于一个确定的管路系统，其管路阻力与流量平方成正比。

（2）冷冻水系统的流量调节，空调冷冻水系统的主要特点是在一年之内的运行过程中，随着气象条件、空调用户的使用条件的变化冷负荷总是在变化着，并且只有在不到10%的运行时间是在设计冷负荷或接近设计冷负荷状态，运行中的最低冷负荷可能只达到设计冷负荷的20%～30%甚至还要低。为了节约循环水泵的耗电量，在目前的各类建筑的制冷站中均采用变流量的冷冻水系统，以适应不断变化的总的空调冷负荷、冷冻水流量。

冷冻水流量调节方式有多种，目前在制冷站中主要采用的有节流调节、变速调节、运行台数调节或变速调节与台数调节联合运行。图 10-4-8 是节流调节的管路运行特性曲线图，节流调节时是改变水泵出口管路上阀门的开度，通过节流过程的压力损失 ΔP，使流量从 Q_1 减少至 Q_2；此时水泵效率也从 η_1 降至 η_2，水泵输送单位冷冻水流量的电耗增加，所以节流调节的能耗增加。图 10-4-9 是变速调节的冷冻水管路特性曲线图，通过改变水泵的转速，由于水泵的流量、扬程与转速的正比例变化的关系，所以转速从 n_1 降低至 n_2 时，流量和扬程从 Q_1 减少 Q_2、P_1 降低至 P_2，使水泵的运行适应空调用户冷负荷变化的需求，并且水泵效率不变，输送冷冻水的电能降低，节能效果明显。图 10-4-10 是改变水泵运行台数的管路特性曲线图，通过对压差、流量等参数的控制，改变管路的运行状态，当采用压差控制时如图所示设定最高（P_{max}）、最低（P_{min}）压力点，在冷冻水系统满负荷运行时两台泵（Ⅰ＋Ⅱ）同时运行，当空调冷负荷减少、冷冻水流量减少，工作状态点1是逐渐左移，当到达最高压力点 2 时，通过控制系统自动停泵 1 台，此时工作状态点移至状态点 3，若空调冷负荷继续下降、流量进一步减少，工作状态点继续左移，直至最高压力点 4 时，又将自动停泵一台。若空调负荷增加时，冷冻水流量增大，工作状态右移，工作状态点到达最低压力设定点时，自动启动一台泵运行。这种调节方式水泵的电能消耗降低和使用周期（寿命）增加。图 10-4-11 是台数调节和变速调节联合运行的特性曲线图，这种运行方式是通过定速泵和变速泵并联运行跟踪冷冻水管路的变流量运行，当空调冷负荷较小，冷冻水流量不多时，只需变速泵运行，随着冷负荷增加，冷冻水流量增加至如图上的 Q_4（$Q_4>Q_{VSP}$）时，定速泵（*CSP*）自动投入运行，变速泵的转速自动降低，此时若冷冻水流量继续增加，变速泵（*VSP*）的转速自动增高，直至两者的流量之和等于冷冻水设计总流量。根据具体工程项目的规模，冷冻水泵可以是三台以上，但变速泵只需设置一台。这种联合运行方式具有较好的节能效果，又可减少建设投资。

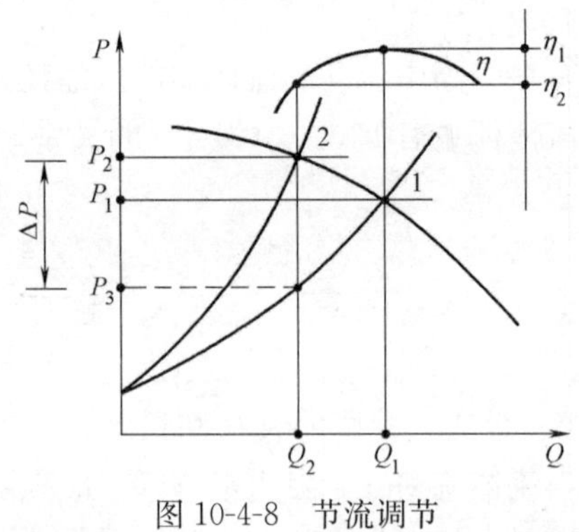

图 10-4-8　节流调节

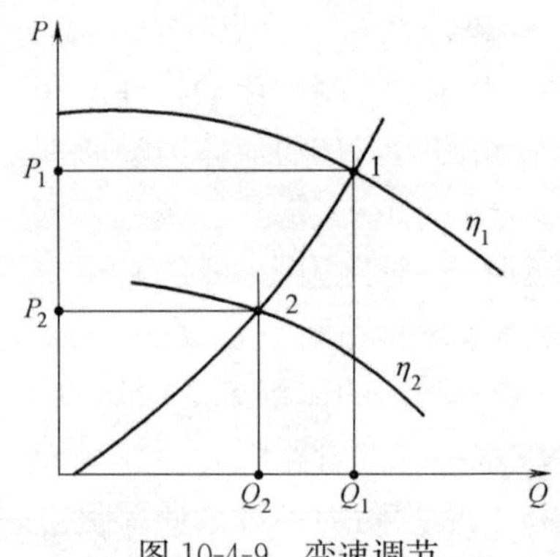

图 10-4-9　变速调节

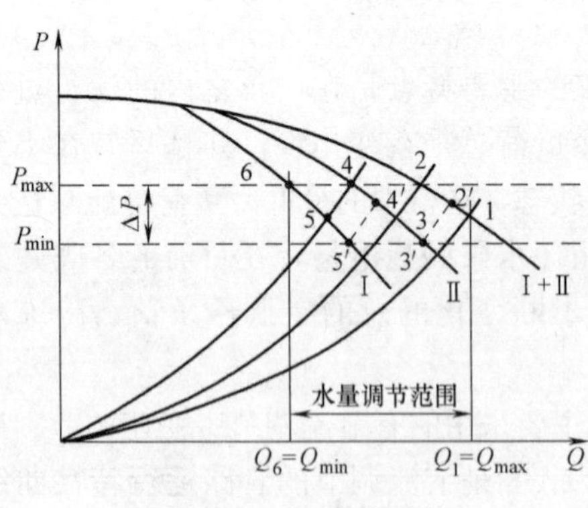

图 10-4-10　台数调节

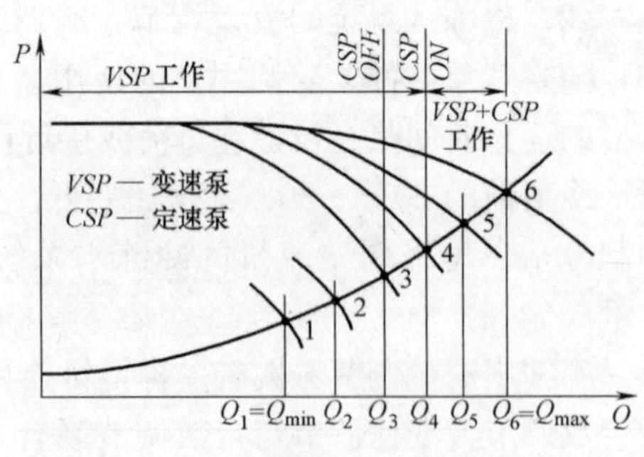

图 10-4-11　联合调节

2. 水力平衡

(1) 冷冻水系统水力平衡的重要性，空调工程冷冻水系统的主要特点是冷负荷、流量的不断变化，目前空调冷冻水系统的变流量运行已是行业内的共识，为实现变流量运行，保持冷冻水的水力平衡是至关重要的条件。空调冷冻水系统常常都存在水力失调现象，这种现象主要是由于运行后的实际管路特性（阻力及其阻力分布）偏离设计值和因一些空调末端设备冷负荷变化、调节流量引起管路系统及其末端设备的流量偏离设计值，前者是冷冻水系统固有的，一旦建成是不变的，有时被称为静态水力失调；后者是冷冻水系统在运行过程中随着空调用户冷负荷变化或某些用户使用要求的变化进行冷冻水流量调节，引起的阻力变化、压力变化，所以又被称为动态水力失调。

冷冻水系统的水力失调将会对空调工程制冷系统、末端设备的正常运行带来不利影响，如空调房间内冷热不均、温湿度达不到设计值，管路系统压力、流量分配不均，某些环路可能发生流量过大或过小，在制冷机水环路中因水流量变化带来制冷能力降低、增加能量消耗等。近年来平衡阀在冷冻水系统的应用，为克服水力失调创造了条件，设置了平衡阀的冷冻水系统可以做到：确保冷冻水系统（包括制冷机组、循环水泵等）达到设计出力，及时调整整体和分支冷冻水流量降低设备运行能耗，并且可以使空调工程的自动控制系统实现在最佳状况运行等。

（2）平衡阀的类型，目前在空调冷冻水系统应用的平衡阀种类很多，各制造厂家根据用途、使用功能、装设位置、作用原理、执行机构等的不同，平衡阀的分类、称谓都是不同的，如动态压差平衡阀、动态压差平衡型电动调节阀、静态平衡阀、水力调节阀、自力式流量控制阀、自力式压差控制阀等。

静态平衡阀又称手动平衡阀或称水力平衡阀，实际上是一种特殊用途的调节阀，通过改变阀芯与阀座之间的间隙（即阀门的开度），达到改变流过阀门的流动阻力，实现水流量的调节。这种平衡阀一般具有开度指示、数字锁定装置、压差和流量测试头。在完成初步调试后，各个平衡阀的开度被锁定，若冷冻水总流量不改变的定流量系统，其系统总是处于平衡状态，但若是变流量系统时，在流量变化不大的状态下静态平衡阀还能发挥调节作用，流量变化较大后调节作用不明显，此时仅仅使用手动平衡阀就不合适了。如果将它与自力式压差控制器配套使用，可构成较经济的水力平衡方式。

动态流量平衡阀或称自动流量平衡阀、动态平衡阀，它是通过自动改变阀芯的过流面积，适应阀前后压力的变化，从而实现调节流过阀门的流量。动态平衡阀的流量可以在制造厂内设定或在现场调试后设定或根据要求电控调定。动态流量平衡阀的使用是确保空调末端设备随着负荷变化时的冷冻水流量控制质量。

自力式压差控制阀是在冷冻水系统的一定流通能力范围内，恒定被控系统的压差，它是利用压差作用调节阀门的开度，并利用阀芯的变化弥补管路阻力的变化，从而在管路的水力工况发生变化时保持被控系统的压差不变。采用这种自力式压差控制阀的上游不需要设置水力平衡装置，设有这种“阀门”的每个支路管线可独立平衡，且易于平衡多种影响因素下的管路系统。

（3）水力平衡阀的设置，为实现空调冷冻水系统的水力平衡一般应通过合理的系统布置和管径的选择，尽力减少并联环路之间的阻力损失的差值，异程式冷冻水系统中并联环路的阻力损失差值大于15%时，应设置水力平衡调节装置。图10-4-12是手动平衡

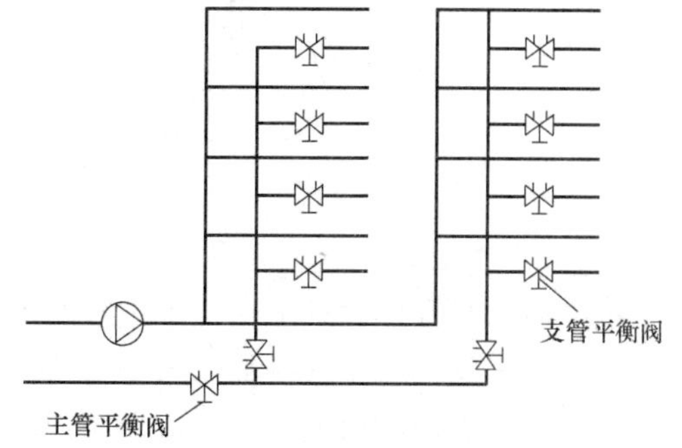

图10-4-12　手动平衡阀的典型配置示意图

阀的典型配置的示意图，从图中可见手动平衡阀应采用分级设置，即干管、立管、支管路均应设置，且各个并联支管路上均应设置；手动平衡阀可安装在冷冻水的供水侧面或回水侧，但为了避免气蚀等因素宜设置在回水侧。图 10-4-13 自动流量平衡阀的典型配置的示意图，图中空调末端设备的自动流量平衡阀一般均设置在回水侧，自动流量平衡阀不需逐级设置，主管和支路均未设置自动流量平衡阀；但制冷机组等宜设置自动流量平衡阀，以避免这些设备流量过流。图 10-4-14 是平衡阀设计应用示例。

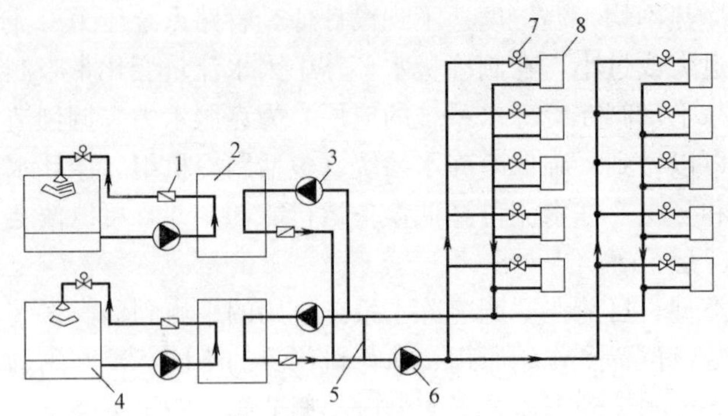

图 10-4-13　自动流量平衡阀的典型配置示意图

1—自动流量平衡阀；2—制冷机组；3—一次泵；4—冷却塔；5—旁通管；6—二次变频泵；7—电动调节阀；8—空调末端设备

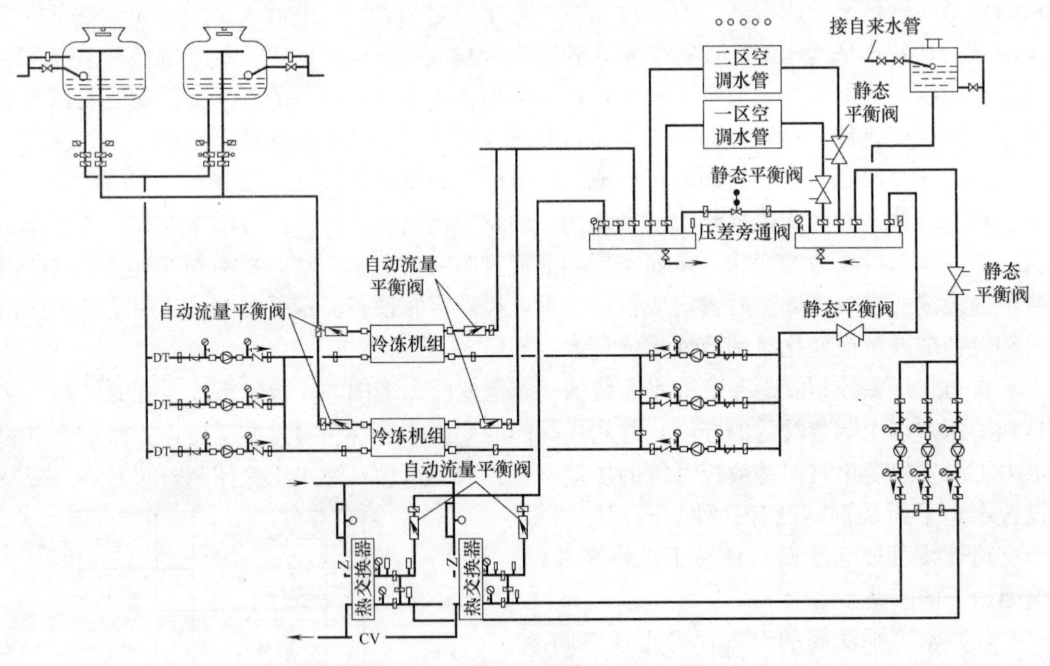

图 10-4-14　平衡阀的设计应用示例

据了解，目前国内外的一些水系统的水力平衡阀与控制设施的制造、安装和调试的专业公司，在空调冷冻水系统的水力平衡与控制用平衡阀、控制装置以及系统配置、设计调试开展了许多有益的研究开发，取得较好的、成熟的产品、系统配置、控制系统，也可以针对各类建筑的空调系统的用途、使用要求、具体条件等提供解决方案和进行安装调试等。下面介绍一家专业公司对于空调制冷系统的水力平衡装置的配置的推荐方案。

1）定流量系统

A. 静态平衡阀方式，宜采用可预设定，带有测量头，铸铁阀体具有关断功能的 $MSV-F_2$ 型静态平衡阀或采用可预设定，带有测量头，黄铜阀体具有关断和排水功能的 MSV-BD、MSV-B、MSV-O 型静态平衡阀或采用可预设定，带有测量头，阀脉冲管连接，在供水侧安装，具有关断功能的 USV-1 型静态平衡阀。

B. 动态平衡阀方式，推荐采用流量可设定型动态压差平衡型电动调节阀 AB-QM 型，结合驱动器确保空调末端流量控制质量，带有或不带有测量头。

2）变流量系统

A. 动态压差平衡型电动调节方式，推荐采用配置 24V 或 230V 电源的电驱动器 TWA-Z 型，可视阀位显示器，具有常开、常闭功能的 AB-QM 型动态压差平衡型电动调节阀；驱动器也可配置 24V 电源的电驱动器，可视阀位，具有常闭功能的 ABNM 型，或配置 24V 电源的齿轮驱动器，可视阀位的 AMV（E）型。

B. 压力恒定的压差控制器方式，推荐采用在供水管上设置脉冲连接，具有关断功能的 ASV-M 型动态压差平衡阀，与回水管上设置的固定压差值的 ASV-P 型动态压差平衡阀一起配合应用。

C. 压力可调的压差控制方式，推荐采用在供水管上设置脉冲管连接，具有预设定、测量、关断功能的 ASV-1 型动态压差平衡阀，与回水管上设置带有可多级调节压差（如 5～20kPa 或 20～40kPa 或 35～75kPa）ASV-PV 型动态压差平衡阀一起配合应用。

对 B 和 C 两种方式推荐采用在供水管上设置带脉冲管的具有关断功能的 $MSV-F_2$ 型静态平衡阀与回水管上设置的 ASV-PV（法兰）动态压差平衡阀一起配合应用。

（四）冷冻水系统的补水、定压

为保持整体冷冻水系统（包括从制冷机组至空调末端设备的全部设备、管路系统）的所有部位在运行过程自始至终充满水状态，冷冻水系统必须设置可靠的补水和定压设施。

冷冻水系统的补水点，一般均设在一次泵的吸水侧的回水干管或回水集水器；补水量应大于冷冻水系统的小时泄漏量，根据经验数据冷冻水系统的小时泄漏量约为系统总水容量的 1%，所以通常推荐冷冻水系统的补水量宜按系统总水容量的 2%计。补水的水质，在可以方便地取得软化水的单位，宜直接采用软化水进行冷冻水系统的第一次充水和运行过程的补水；若因具体条件限制时，可采用在制冷站内设置软水处理设备或电磁水处理器进行水处理后提供冷冻水系统的补水。对中小规模的只在夏季运行的制冷系统，若具体条件限制没有软水供应或未设水处理装置时，当城市自来水压力大于冷冻水系统的静水压时也可直接利用自来水直接补水，不设补水水泵。当冷冻水系统采用开式系统时，可直接补水至冷冻水回水池内。

冷冻水系统的定压与膨胀方式应根据具体工程项目的制冷系统所服务的建筑物状况确定，在具有装设高位开式膨胀水箱进行定压、补水的冷冻水系统，应优先采用开式膨胀水箱；对不具备装设高位开式膨胀水箱或大型制冷站的冷冻水系统一般可采用补水泵和气压罐定压。冷冻水的定压点一般均设置在一次循环泵的吸入侧，定压点的最低压力一般可采取冷冻水系统最高点与定压点的高度差加 5.0kPa。当采用膨胀水箱定压，有关膨胀水箱的选择等见第三章。

1. 补水泵补水、定压，由于补水泵的定压方式可做到运行稳定，尤其适用于补水量变化的冷冻水系统，补水泵宜采用变频水泵，图 10-4-15 是补水泵定压流程示意图，图中的 h_b、h_p分别表示与系统补水量和最大膨胀水量对应的水位高差。补水泵的流量可按系统水容量的 5%选用，扬程可按补水压力比补水点压力高 30～50kPa 确定。补水泵宜设置两台、一用一备。

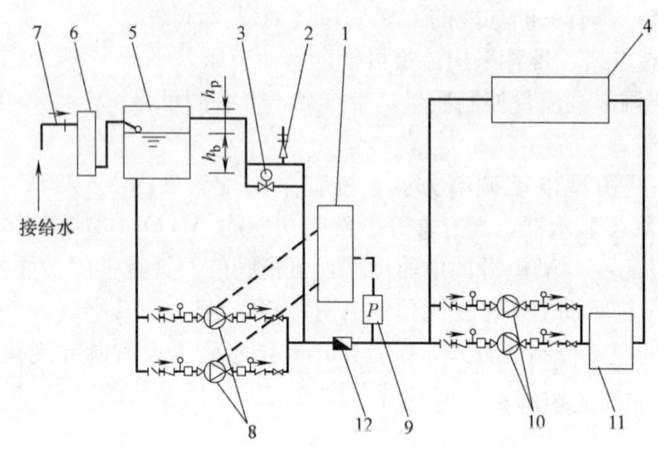

图 10-4-15　变频补水泵定压流程示意图

1—变频控制器；2—安全阀；3—泄水电磁阀；4—末端用户；5—软化水箱；6—软化设备；7—倒流防止器；8—补水泵；9—压力传感器；10—循环水泵；11—冷热源；12—水表

2. 气压罐定压，在水质要求严格或对含氧量控制严格的空调冷冻水系统，宜采用气压罐补水定压。图 10-4-16 是气压罐定压系统流程示意图，图中 h_b、h_p分别显示冷冻水系统的补水量、最大膨胀水量所对应的水位高差。气压罐定压装置一般由气压罐、水泵、安全阀、连接管路及其阀门和气压保持装置等组成，按气压罐的安装方式的不同，可分为立式和卧式两种形式；气压罐的顶部气体压力宜通入氮气保持其规定值。若氮气供应不方便时，也可利用方便供应的压缩空气。图 10-4-17 是立式气压罐定压装置。

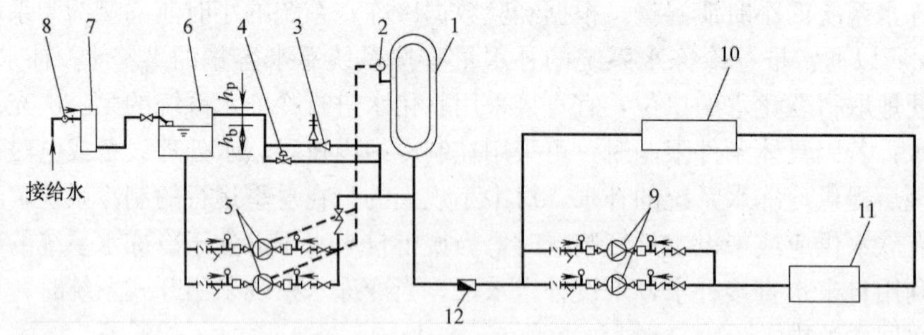

图 10-4-16　气压罐定压系统流程示意图

1—气压罐；2—电接点压力表；3—安全阀；4—泄水电磁阀；5—补水泵；6—软水箱；7—软水装置；8—倒流防止器；9—循环水泵；10—空调用户；11—制冷装置；12—水表

气压罐的工作压力值、安全阀的开启压力 P_1是以不超过补水系统内管路、阀门、设备的承压能力确定；补水泵的开启压力 P_3应满足定压点所要求的压力（+）10kPa 的富余量；管路系统膨胀泄水电磁阀开启压力 P_2 可采取 $0.9P_1$；补水泵的停泵压力，宜采用 0.9P_2。

(五) 高层建筑冷冻水系统分区供应系统

高层建筑内的冷冻水大都采用闭式系统，这样给管道和设备带来承压能力的矛盾。为此，冷冻水系统一般都以承压情况作为设计考虑的出发点。当系统静压超过设备承压能力时，则在高区另设独立的闭式系统。高层建筑的低层部分包括裙楼、裙房等公共服务性用房的空调系统大都具有间歇性使用的特点，一般在考虑垂直分区时，将低层与上部标准层作为分区的界线。

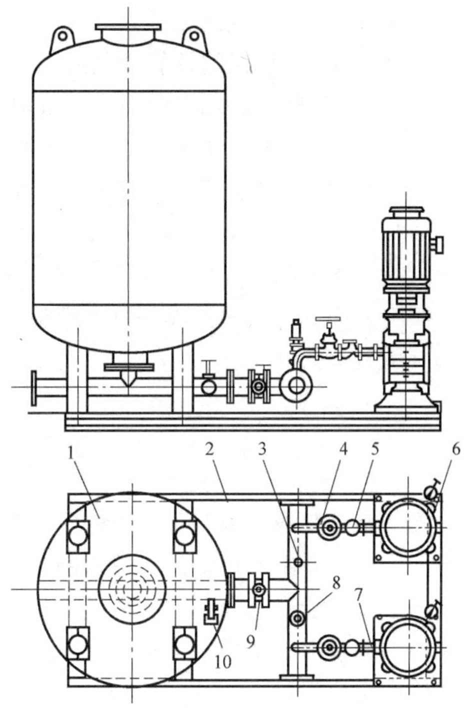

图 10-4-17　立式气压罐定压装置

1—气压罐；2—底座；3—电接点压力计；4—截止阀；5—止回阀；6—水泵；7—软接头；8—安全阀；9—蝶阀；10—泄水阀

根据具体建筑物的组成特点，从节能、便于管理为出发点，对不同高度分成多组供水系统，图 10-4-18 介绍某大厦的实际分区情况。该建筑物的低层裙楼区设计为一次泵供水系统，其膨胀水箱设在 6 层屋面。高层区为二次泵供水系统，制冷站设在地下室二层，一次泵供水给中区各用户，并为二次泵环路的板式热交换器提供冷源（该冷源供高区及超高区使用），膨胀水箱设在 34 层屋面。二次泵设在 42 层上，将板式热交换器提供的冷冻水送至高区及超高区，高区及超高区的膨胀水箱分别设在 43 层和 63 层。由于高区和超高区的静压值较高，则应选用相应承压能力较高的设备及管道附件。

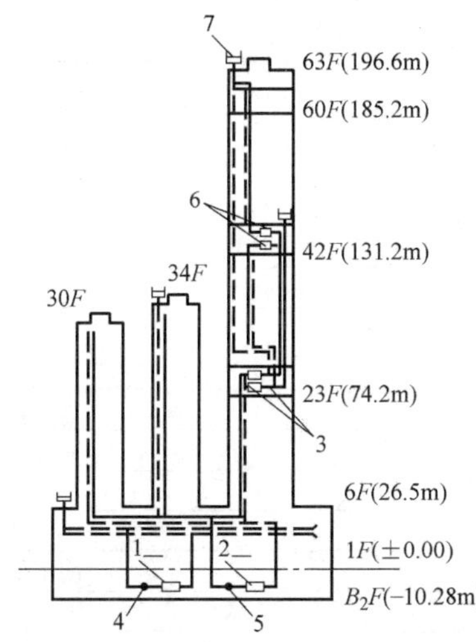

图 10-4-18　××大厦冷冻水系统分区示意图

1—低层区冷水机组；2—高层区冷水机组；3—热交换器；4、5—一次冷冻水泵；6—二次冷冻水泵；7—膨胀水箱（4 个）

(六) 冷冻水循环泵的选择

1. 一次泵的选择

(1) 泵的流量应等于制冷机组蒸发器的额定流量，并附加 10%的余量。

(2) 泵的扬程应克服一次环路的阻力损失，其中包括一次环路的管道阻力和设备阻力，并附加 10%的余量。一般对离心式冷水机组的蒸发器阻力约为 0.08～0.10MPa；活塞式或螺杆式冷水机组的阻力约为 0.05MPa。

(3) 一次泵的数量与冷水机组台数相同；当采用并联一次泵冷冻水系统应按具体设计确定。

2. 二次泵的选择

(1) 泵的流量按分区夏季最大计算冷负荷确定：

$$G=1.1\times\frac{3600Q}{c\Delta t} \qquad (10\text{-}4\text{-}2)$$

式中 G——分区环路总流量（kg/h）；

Q——分区环路的计算冷负荷（kW）；

Δt——冷冻水供回水温差，一般取 5～6℃；

c——冷冻水比热容［kJ/(kg·℃)］。

二次泵的单泵容量应根据该环路最高频繁出现的几种部分负荷值来确定，并考虑水泵并联运行的修正值。如选择台数大于 3 台时，一般不设备用泵。

(2) 二次泵的扬程应能克服所管分区的二次环路中最不利的用冷设备、管道、阀门附件等总阻力要求。并应考虑到管道中如装有自动控制阀时应另加 0.05MPa 的阻力。水泵的扬程应有 10%的余量。

五、冷却水系统

冷却水是制冷站内制冷机组的冷凝器和压缩机的冷却用水，在工作正常时，使用后仅水温升高，水质不受污染。冷却水的供应系统，一般根据水源、水质、水温、水量及气候条件等进行综合技术经济比较后确定。空调制冷系统的冷却水供应系统一般采用敞开式，这类系统通常由冷却塔、集水设施（集水型塔盘或集水池）、循环水泵、水处理装置和循环水管等组成。对于敞开式冷却水水质，应符合现行国家标准《工业循环冷却水处理设计规范》的要求。

对冷却水进水温度的要求见表 10-4-3，空调制冷系统的冷却水进/出水温差一般为 5℃左右，属低温差范围。对闭式循环系统的冷却水水质要求参见表 10-4-4。

制冷机组冷却水进水温度最高允许值　　表 10-4-3

设备名称	进水温度(℃)	设备名称	进水温度(℃)
R22、R717 压缩机气缸	32	溴化锂吸收式制冷机的冷凝器	37
壳管式、套管式、组合式冷凝器	32	溴化锂吸收式制冷机的吸收器	32
立式、淋激式冷凝器	33	蒸汽喷射式制冷机的混合冷凝器	33

循环冷却水水质要求　　表 10-4-4

项目	单位	冷却水的水质			补充水的水质标准
		标准值	趋势		
			腐蚀	结垢	
pH(25℃)		6.5～8.0	+	+	6.5～8.0
导电率(25℃)	μΩ/cm	<800	+		<200
氯离子 Cl^-	mg/L	<200	+		<50
硫酸根离子 SO_4^-	mg/L	<200	+		<50
总铁 Fe	mg/L	<1.0	+	+	<0.3
总碱度	以 $CaCO_3$ 计 mg/L	<100		+	<50
总硬度	以 $CaCO_3$ 计 mg/L	<200		+	<50
硫离子 S^-	mg/L	测不出	+		测不出
铵离子 NH_4^+	mg/L	< 1.0	+		测不出
二氧化硅 SiO_2	mg/L	<50		+	<30

注：冷却水进入制冷站的水压一般为 0.15～0.20MPa，不宜大于 0.3MPa。

(一) 冷却水系统类型

1. 供水方式可分为直流供水和循环供水两种。直流供水系统是冷却水经冷凝器等用水设备后，直接排入河道或下水道，或接入厂区综合用水管道。一般适用于水源水量充足的地方。在当前全国水资源紧张的状况下，应尽可能综合利用，达到节水目的。只有当地面水源水量充足，如江、河、湖泊水温、水质适合，且大型制冷站用水量较大，采用循环冷却水系统耗资较大时，可采用河水直排冷却系统；并应充分论证对地表水的生态环境影响。或附近地下水源丰富，地下水水温较低（一般 13～20℃），并可考虑水的综合利用，利用水的冷量后，送入全厂管网系统，作为生产、生活用。

循环冷却水系统在空调工程中大量采用，只需要补充少量给水，但需要增设循环泵和冷却构筑物。按通风方式可分为两种，一是自然通风冷却循环系统，采用冷却塔或冷却喷水池等构筑物，用自来水补充。适用于当地气候条件适宜的小型制冷机组；二是机械通风冷却循环系统，采用机械通风冷却塔或喷射式冷却塔，用自来水补充。适用于气温高、湿度大，自然通风冷却塔不能达到冷却效果时采用。

由于冷却水流量、温度、压力等参数直接影响到制冷机的运行工况，尤其在当前空调工程中大量采用自控程度较高的各种冷水机组，因此，制冷站广泛采用机械通风冷却水循环系统

2. 按循环水泵的位置，循环冷却水系统可分为前置水泵式和后置水泵式。前置水泵式循环冷却水流程如图 10-4-19（*a*），由于这种方式中冷却塔位置的布置不受限制，可设在屋面上或地面上，所以这是目前应用最多的方式，但系统的运行压力较大；图 10-4-19（*b*）的后置水泵式，冷却塔只能设置在较高处，其位置应能满足制冷机组及其相关管路的阻力损失的要求，但可确保制冷机组进水压力的均衡稳定。

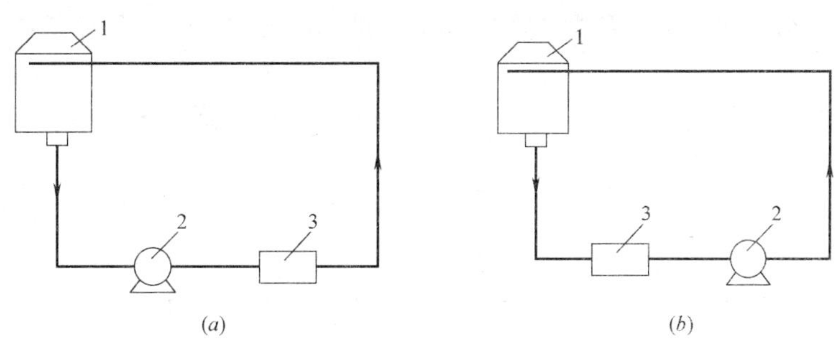

图 10-4-19　按循环水泵位置区分的冷却水流程示意图

1—冷却塔；2—循环水泵；3—制冷机组

3. 设备配置方式，循环冷却水系统可分为单元制和干管制。单元制循环冷却水系统是将冷却塔、循环水泵与制冷机组采用一台对一台的配置，如图 10-4-20 所示；干管制循环冷却水系统是将多台冷却塔、循环水泵并联与制冷机组连接，如图 10-4-21 所示，两类系统各有其特点，应与制冷系统的设备配置结合进行选择。当采用干管制时，并联设备（水泵、冷却塔）不宜超过 3 台，当需要多台设备并联时，应考虑水力分布的不平衡性和一台水泵运行时电动机过载的可能。

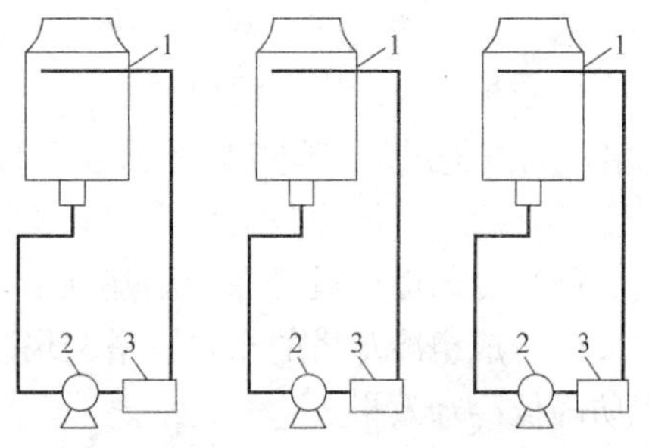

图 10-4-20　单元制循环冷却水系统流程示意图

1—冷却塔；2—循环水泵；3—制冷机组

干管制循环冷却水系统的配管方式有冷却塔合流进水（图 10-4-21（*a*））和冷却塔分流进水（图 10-4-21（*b*））的方式，通常大多采用合流进水方式，因其具有配管较简单、占用空间小的优点，但是各台冷却塔的水流量不易均匀分配，宜在每台冷却塔的进水管上设置电动阀门调节控制；分流进水方式适宜于具有必要的布置空间或冷却塔与制冷机组邻近布置场所。

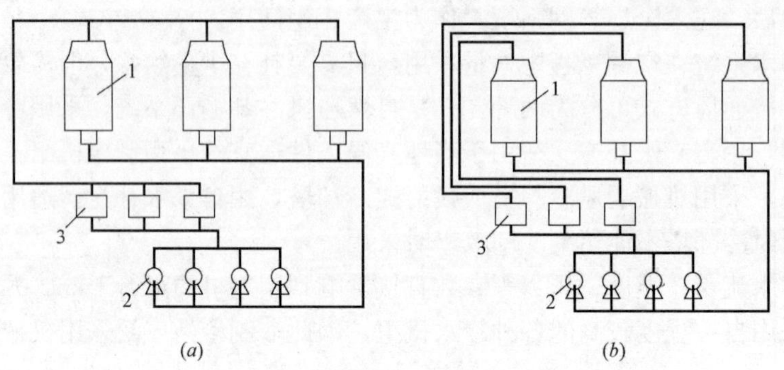

图 10-4-21　干管制循环冷却水系统流程示意图

1—冷却塔；2—循环水泵；3—制冷机组

（二）冷却塔的布置

1. 布置要求

（1）位置应选择在气流通畅，湿热空气回流影响小，且应布置在建筑的最小频率风向的上风侧。冷却塔不应布置在热源、废气和烟气排放口附近，不宜布置在高大建筑物中间的狭长地带上。

（2）冷却塔与相邻建筑物之间的距离，除满足冷却塔的通风要求外，还应考虑噪声、飘水等对建筑物的影响。

（3）有裙房的高层建筑，当制冷机房在裙房地下室时，宜将冷却塔设在靠近机房的裙房屋面上。

（4）冷却塔如布置在主体建筑屋面上，应避开建筑物主立面和主要入口处，以减少其外观和水雾对周围的影响。

（5）冷却塔宜单排布置，当需多排布置时，长轴位于同一直线上的相邻塔排净距不小于 4.0m，长轴不在同一直线上相互平行布置的塔排之间的净距离不小于塔的进风口高度的 4 倍。每排的长度与宽度之比不宜大于 5∶1。

（6）根据冷却塔的通风要求，塔的进风口侧与障碍物的净距不应小于塔进风口高度的 2 倍。周围进风的塔间净距不宜小于冷却塔进风口高度的 4 倍。

（7）冷却塔周边与塔顶应留有检修通道和管道安装位置，通道净宽不宜小于 1.0m。

（8）冷却塔应设置在专用基础上，不得直接设置在屋面上。

（9）成组冷却塔的布置，塔与塔之间的分隔板的位置应保证相互不会产生气流短路，以防降低冷却效果。

2. 制冷站为单层建筑时，冷却塔的布置应根据总体布置的要求，设置在室外地面或屋面上，由冷却塔塔体下部存水，直接用自来水补水至冷却塔，该方式运行管理方便，但在冬季运行时，在结冰气候条件不宜采用。一般单层建筑制冷站冷却水循环流程如图

10-4-22所示。

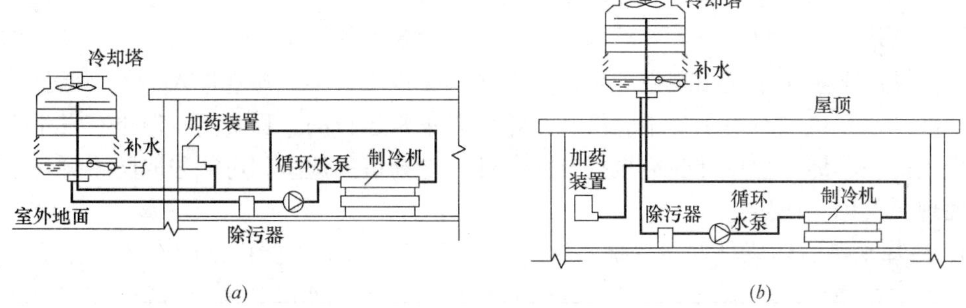

图 10-4-22　单层建筑冷却水循环系统的布置

(*a*) 冷却塔在地面设置；(*b*) 冷却塔在屋面设置

当冷却水循环水量较大，为便于系统补水，且在冬季还要运行的情况下，宜使用设有冷却水箱的循环水流程，如图 10-4-23 所示。冷却水箱可根据具体情况设在室内，也可设在屋面上。当建筑物层高较高时，如冷却水箱设在屋面上可以减少循环水泵的扬程，减少能量消耗、节省运行费用。

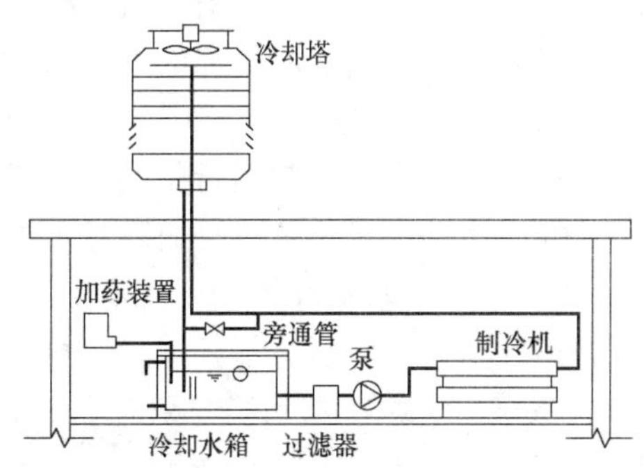

图 10-4-23　设有冷却水箱的循环冷却水系统的布置

3. 制冷站设置在多层建筑或高层建筑的底层或地下室时冷却塔的布置，一般均设置在建筑物相关的屋顶上。根据工程情况可分别设置单元制的冷却水循环系统，或设置共用冷却水箱、加药装置及供、回水干管的冷却水循环系统，如图 10-4-24，图 10-4-25 所示。

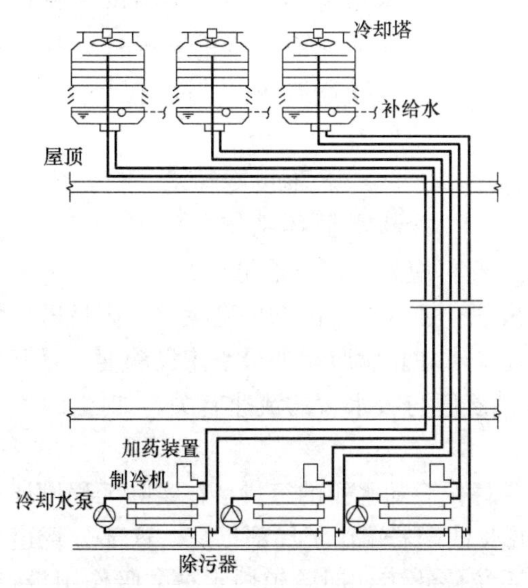

图 10-4-24　单元制冷却水循环系统的布置

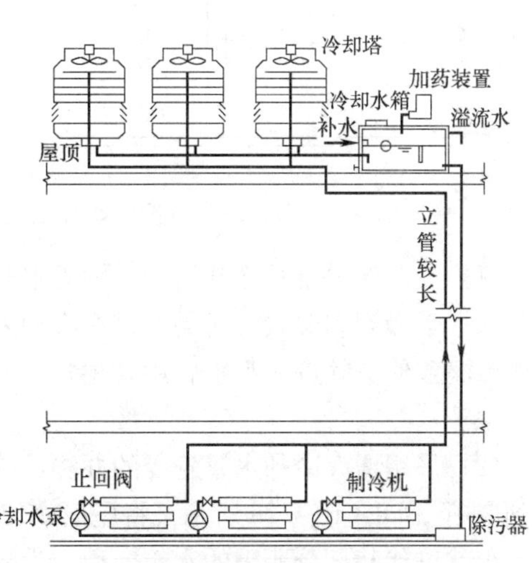

图 10-4-25　共用冷却水箱和供回水管的冷却水循环系统的布置

（三）冷却水箱（水槽）的设置

在空调工程制冷系统中的循环冷却水系统是否应设置冷却水箱（水槽）其关键在于商品化的冷却塔底盘（集水盘）的贮水量、贮水高度是否能够满足循环水泵的稳定工作，并且在任何情况下水泵不应出现空蚀现象，即在水泵进水口不应缺水进入空气。已投产的众多循环冷却水系统确有不少是不设冷却水箱可以正常运行的工程实例，但也有发生事故的教训，因此在具体工程设计时应根据具体条件，冷却塔的选型和可能采取防止循环水泵出现空蚀现象等因素确定。

1. 冷却水箱的功能是增加系统水容量，使冷却水循环泵能稳定的工作，保证水泵入口不发生空蚀现象。这是出于冷却塔在间断运行时，为了使冷却塔的填料表面首先润湿，并使水层保持正常运行时的水层厚度，尔后才能流向冷却塔底盘水箱，达到动态平衡。刚启动水泵时，冷却水箱内的水尚未正常回流的短时间内，最容易出现冷却水箱亏水，引起水泵进口缺水。为此，冷却塔水盘及冷却水箱的有效容积应能满足冷却塔部件由基本干燥到润湿成正常运转情况所附加的全部水量。

2. 冷却水箱的容积，冷却塔底盘式冷却水箱的容积应满足冷却塔部件（包括填料等）由基本干燥到润湿到正常运行状况所附着的全部水量。目前商品化冷却塔大多未提供各类产品所应具有的底盘集水盘）或冷却水箱所需的水容量（或者说明冷却塔部件润湿所需水量），据有关试验数据介绍，一般逆流式填料玻璃钢冷却塔在短期停止运行后的干燥状态到正常运转状态时，所有部件（含填料）所需附着水量约为1.5%，即如所选冷却水循环水量为200t/h，则冷却水箱容积应不小于200×1.5%=3.0m^3。横流式冷却塔可按2.0%进行估算。

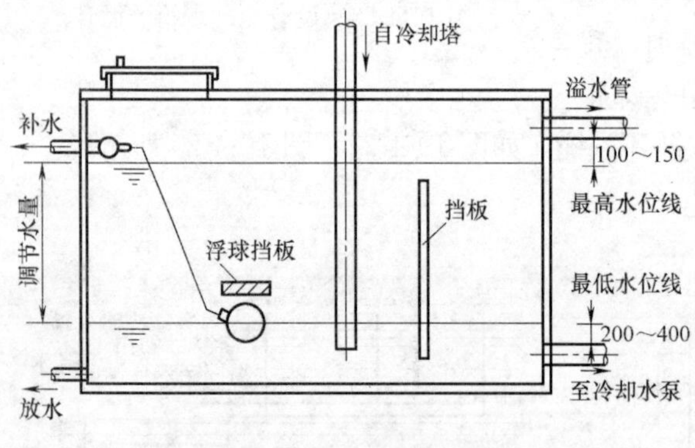

图 10-4-26　冷却水箱的配管形式

3. 冷却水箱配管的要求，冷却水箱内如设浮球阀进行自动补水，则补水水位应是系统的最低水位，而不是最高水位，否则，将导致冷却水系统每次停止运行时会有大量溢流以致浪费。其配管尺寸形式可参见图10-4-26。

4. 若不设冷却水箱时，为确保冷却水循环系统的正常稳定运行，应采取以下措施。

（1）为确保水泵从冷却塔底盘轴吸水时不出现空蚀现象，冷却塔底盘除应满足塔内附件从基本干燥到润湿状态所需的最小容积外，还应考虑正常吸水的最小淹没深度，以避免形成旋涡致使空气进入吸水管中，根据试验资料该值与吸水管的流速有关，如图10-4-27所示。

（2）采用增大冷却水管管径的办法，减少或替代冷却水箱的容量，在实际工程设计中得到应用。如图10-4-28所示，将屋面冷却塔出水总管末端作了局部提高，这部分管道的水容积就可代替部分所需的水箱容积，为防止系统停止工作时管道内水被虹吸作用带走，特作了透气立管使其高出冷却塔的水面。

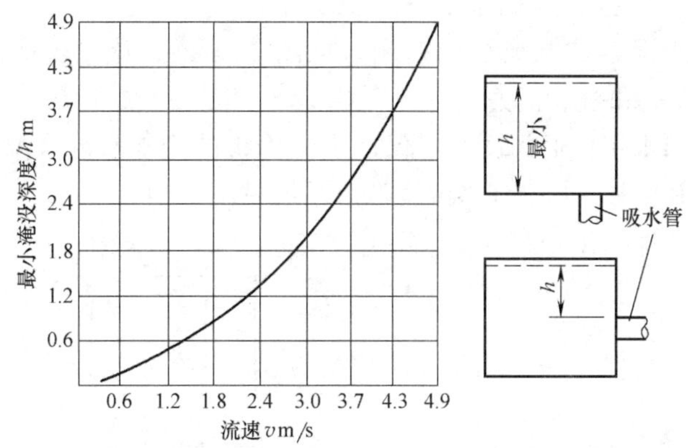

图 10-4-27 吸水管流速与最小淹没深度

(四) 循环冷却水系统补充水量

在开式机械通风冷却水循环系统中，各种水量损失的总和即是系统必需的补水量。通常在公共建筑和工业企业中空调工程用冷却水循环水量占每一单位总用水量的分量较大，因此，在设计中如何考虑减少各种耗损是很有必要的。

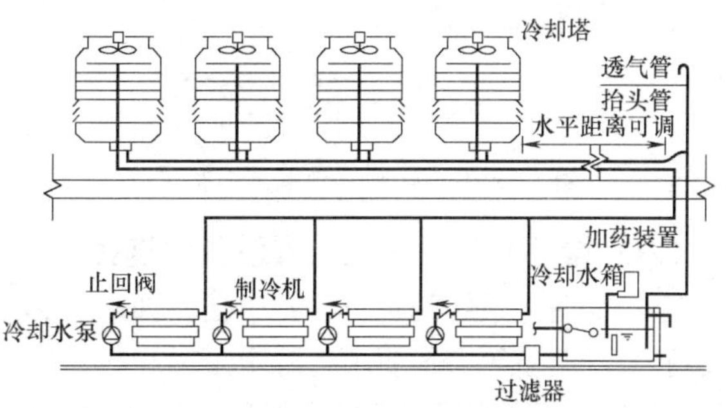

图 10-4-28 减小冷却水箱容积的实例

1. 冷却水的蒸发损失与冷却水的温降有关，一般当温降为 5℃时，蒸发损失为循环水量的 0.93%；当温降为 8℃时，则为循环水量的 1.48%。

2. 飘逸损失，由于机械通风的冷却塔出口风速较大，会带走部分水量，质量较好的设备其飘逸损失约为循环水量的 0.15%～0.3%；质量一般的冷却塔的飘逸损失约为循环水量的 0.3%～0.35%。

3. 排污损失，由于循环水中矿物成分、杂质等浓度在运行过程中不断增加，为此需要对冷却水进行排污和补水，使系统内水的浓缩倍数不超过 3～3.5。通常排污损失量为循环水量的 0.3%～1%。

4. 其他损失，包括在正常情况下循环泵的轴封漏水，以及个别阀门、设备密封不严引起渗漏，以及前述当设备停止运转时，冷却水外溢损失等。

综上所述，一般采用低噪声的逆流式冷却塔，使用在离心式冷水机组的补水率约为 1.53%。对溴化锂吸收式制冷机的补水率约为 2.08%。如果概略估算，制冷系统补水率为 2～3%。

(五) 冷却水温度控制

为使制冷设备在一定的负荷范围内稳定运行，必须使进入制冷机组冷凝器的冷却水温度保持稳定。对于吸收式制冷机，如因冷却水温过低，则将出现溶液结晶事故；对于大型封闭式离心制冷机组，如出现冷凝压力过低，引起电机冷却液流动不畅，将可能造成电机局部过热被烧毁。在冬季或过渡季节运行时，调节冷却水温度不仅能防止冻结事故，并能起到明显的节能效果。常用冷却水温调节方式如下：

1. 由冷却塔出水温度控制风机的启闭，见图 10-4-29，该系统既能自动调节出水温度，又能减少蒸发损失和飘逸损失。

2. 冷却塔进、出水用三通阀调节，保证供制冷机的冷却水混合温度，同时能控制风机的启停，符合使用要求；其冷却水温度调节系统见图 10-4-30。

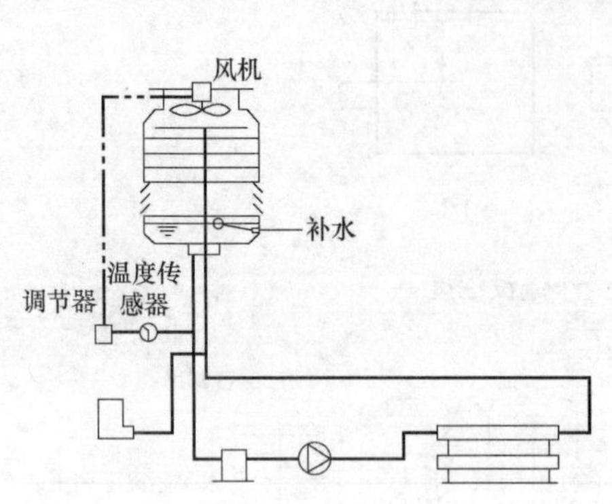

图 10-4-29 冷却水温度调节系统（一）

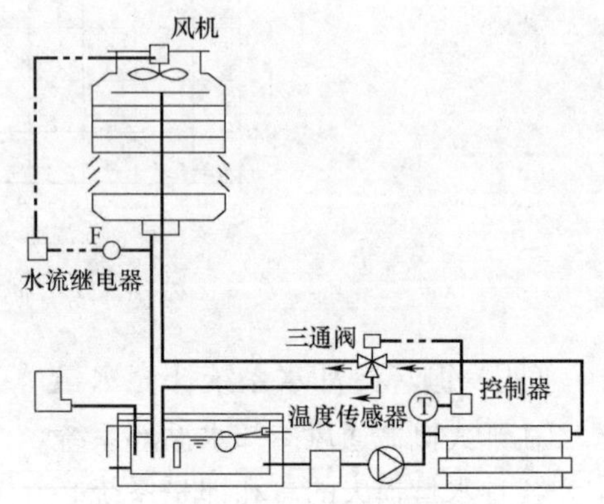

图 10-4-30 冷却水温度调节系统（二）

（六）循环冷却水系统主要设备的选择

冷却水循环系统的主要设备包括冷却水泵和冷却塔等应根据制冷机设备所需的流量、系统阻力、温差等参数要求，确定水泵和冷却塔的规格、性能和台数。

1. 冷却塔的选择，冷却水循环系统中的冷却塔选用时，应考虑热工指标、经济评价指标和噪声指标，所谓冷却塔的热工指标是指在一定的设计气象条件下，处理给定水量时冷却水温度能否达到设计要求；噪声指标是冷却塔通常布置在室外，其噪声对周围环境的影响应符合现行国家标准《城市区域环境噪声标准》GB 3096 的规定。

空调制冷的循环冷却水系统常用冷却塔一般采用玻璃钢制作，其类型有逆流式、横流式、引射式和闭式冷却塔等。

（1）逆流式冷却塔，根据结构不同分为通用型、节能低噪声型和节能超低噪声型。见图 10-4-31。

（2）横流式冷却塔，根据水量大小，可设置多组风机，噪声较低。见图 10-4-32。

（3）喷射式冷却塔，不采用风机而依据循环泵的扬程，经过设在冷却塔内的喷嘴，使

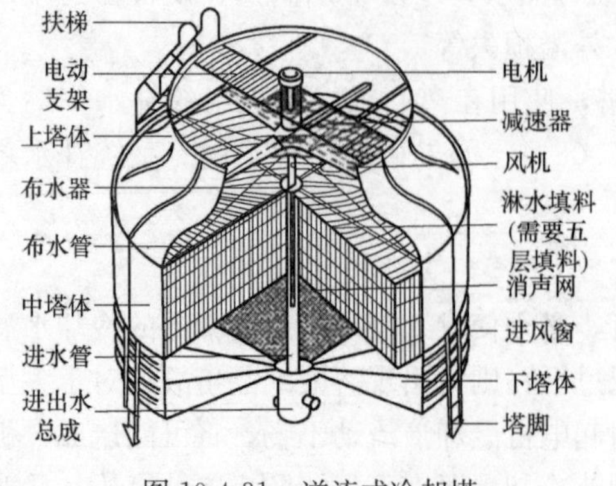

图 10-4-31 逆流式冷却塔

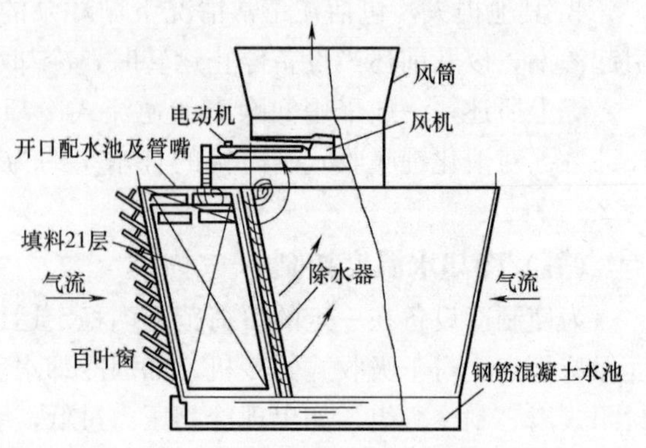

图 10-4-32 横流式冷却塔

水滴雾化与周围空气换热而冷却，噪声较低。见图 10-4-33。

（4）闭式冷却塔，如图 10-4-34 所示，冷却水在闭式冷却盘管中进行冷却，管外循环水蒸发对盘管间接换热冷却；冷却水流经盘管内阻力大，需较高的循环泵扬程、电能消耗多，但冷却水全封闭、不易被污染。所以这类冷却塔适用于小型、要求洁净冷却水的场所，如小型水环热泵系统等。

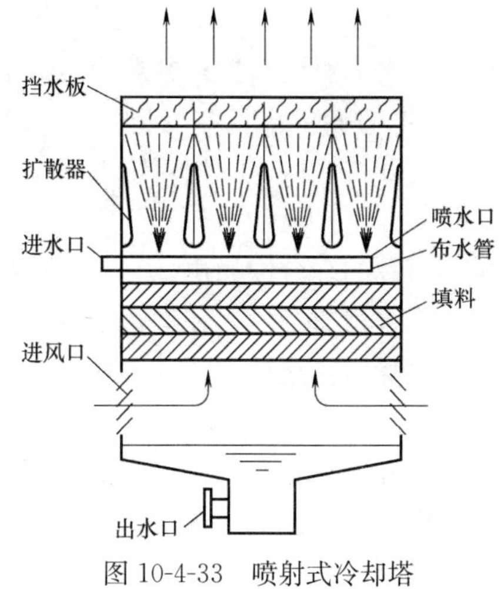

图 10-4-33 喷射式冷却塔

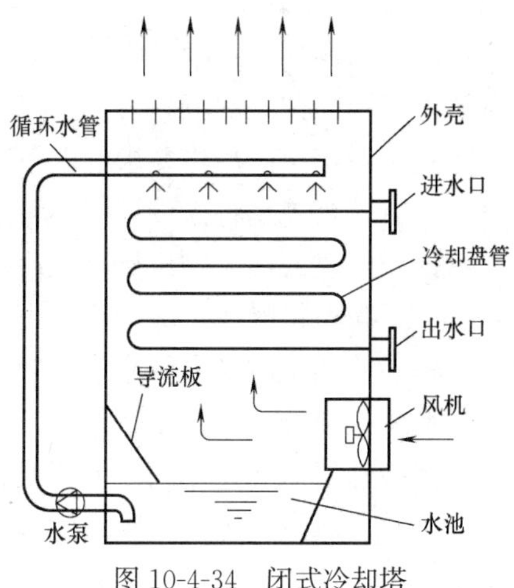

图 10-4-34 闭式冷却塔

应根据具体情况，进行技术经济比较，择优选用冷却塔型式，表 10-4-5 列出逆流、横流及喷射式三种冷却塔性能比较及适用条件。

逆流、横流、喷射冷却塔性能比较及适用条件　　表 10-4-5

项　目	逆流式冷却塔	横流式冷却塔	喷射冷却塔
效率	冷却水与空气逆流接触，热交换率高	水量、容积传质系数 β_{cv} 相同，填料容积要比逆流塔大 15%～20%	喷嘴喷射水雾的同时，把空气导入塔内，水和空气剧烈接触，在 $\Delta t_{小}$，$t_2-\tau$ 大时效率高，反之则较差
配水设备	对气流有阻力，配水系统维修不便	对气流无阻力影响，维护检修方便	喷嘴将气流导入塔内，使气流流畅，配水设备检修方便
风阻	水气逆向流动，风阻较大，为降低进风口阻力降，往往提高进风口高度以减小进风速度	比逆流塔低，风机可节电 20%～30%，进风口高，即为淋水装置高，故进风风速低	由于无填料、无淋水装置，故进风风速大，阻力低
塔高度	塔总高度较高	填料高度接近塔高，收水器不占高度，塔总高低	由于塔上部无风机，无配水装置，收水器不占高度，塔总高最低
占地面积	淋水面积同塔面积，占地面积比横流塔小 20%～30%	平面面积较大	平面面积大
湿热空气回流	比横流塔小	由于塔身低，风机排气回流影响大	由于塔身低，有一定的回流
冷却水温差	$\Delta t=t_1-t_2$ 可大于 5℃ （t_1—进口温度） （t_2—出口温度）	Δt 可大于 5℃	$\Delta t=4\sim5$℃
冷却幅度	$t_2-\tau$ 可小于 5℃	$t_2-\tau$ 可小于 5℃	$t_2-\tau\geqslant5$℃
气象参数	大气温度 τ 为湿球温度，可大于 27℃	τ 可大于 27℃	$\tau<27$℃
冷却水进水压力	要求 0.1MPa	可≤0.05MPa	要求 0.1～0.2MPa
噪声	超低噪声型可达 55dB(A)	低噪声型可达 65dB(A)	可达 60dB(A)以下

2. 循环冷却水泵的选择，冷却水泵的选择要点与冷冻水泵相似，应以节能、低噪声、占地少、安全可靠、振动小、维修方便等因素，择优选取。冷却水泵的流量、扬程应按其在循环冷却水系统的位置或配置状况确定，如采用单元制时，应按制冷机组的额定冷却水流量和冷凝器、管路阻力之和选择。

冷却水泵一般不设备用泵，必要时可置备用部件，以应急需。

3. 冷却塔的噪声

在冷却水循环系统中，噪声主要来自冷却塔，由于塔体多为露天布置，并要有良好的通风条件，因而产生的噪声较难消除。近年来，冷却塔产生的噪声正日益受到人们的关注，特别是对噪声有严格要求的电子工厂、高级宾馆、医院和住宅区。如何对降低冷却塔噪声采取有效措施，将是设计中不可忽视的问题。

不论逆流式或横流式机械通风冷却塔的噪声，都是多声源的综合性噪声。它是由风机叶片噪声、减速机噪声、电动机噪声和淋水产生的噪声四部分组成。风机在运行中由风筒向空中辐射传播出的噪声，主要是叶片旋转噪声和气体涡流噪声，这种气体动力性噪声属于低频性质，声能衰减较慢，传播较远，影响范围大。

由于冷却塔是建在地面上或架设在屋顶上，且在露天条件下运行，因此噪声的传播和扩散在宏观上属点声源，其噪声区域为半自由声场，声波以半球面波形式传播，并受距离的增加成平方反比规律自然衰减，一般距离加大一倍声压级衰减约 6dB（A)。

成品圆形塔提供的噪声级为进风口方向离塔壁水平距离一倍塔体直径，高度 1.5m 处的噪声值，矩形塔为进口方向离塔壁水平距离 $1.136\sqrt{长\times宽}$，高度 1.5m 处的噪声值。

设计时首先可根据地区环境噪声的标准，选择不同声级的冷却塔，仍不能满足控制指标时，可采取冷却塔位置尽量远离对噪声敏感的区域；在冷却塔底盘设消声栅，降低淋水噪声；选用变速或双速电机，以满足夜间环境对噪声的要求；增加风筒高度筒壁和出口采取消声措施；相关建筑采取必要隔声、消声屏障；冷却塔基础设隔振装置；降低进、出水管流速，防止集气，并设隔振装置等措施。

（七）冷却水的水质稳定处理

开式冷却塔运行时，系统内循环冷却水与空气有大量的接触，一方面水中 CO_2 逸入空气中，水中的碳酸平衡状态因而被破坏，另一方面冷却水中带进了溶解氧，从而造成了水质不稳定。在系统中会产生水垢及腐蚀现象，同时空气尘埃中有机物、微生物等也会带入水中不断积累和繁殖，上述产生的水垢、腐蚀和生物黏泥，三者不是孤立的，是互相联系和互相影响的，如盐垢和污垢往往结合在一起，结垢和黏泥能引起或加重腐蚀，腐蚀也会产生结垢。因此，冷却水处理的主要任务就是消除或减少结垢、腐蚀及生物黏泥的危害，以保证整个循环水系统的效率和使用年限。

空调冷却水系统的循环水处理一直是人们争论和探讨的问题，目前国内的现状是：①不进行处理或采取简单地排污来控制结垢或腐蚀；②补充水进行软化来控制循环水水质；③冷却水系统上增设静电水处理器，来防垢、除垢、杀菌、灭藻；④在冷却水系统中投加药剂（阻垢、缓蚀、消毒剂）来控制结垢、腐蚀和微生物繁殖。

第一种方式，不投药运行从表面上看，短时间未见有什么严重的问题，其实 2～3 年后这种错误的运行造成的后果会明显的暴露，成为不可挽回的严重事故，如单纯地采取排污，大量的排污水（6%～10%）浪费巨大。

第二种方式，采取软化处理，目的是用 Na 离子代替水中成垢因素的 Ca、Mg 离子，实践表明，带来的不仅初步投资大，运转费用高，而且仍会引起设备和管道的腐蚀、结垢和微生物的繁殖，这是由于水中 Ca、Mg 离子减少了，水中溶解氧、CO_2、Cl^- 对金属的腐蚀失去了缓冲作用，水中的铁与溶解氧产生了自催化反应，生成氢氧化亚铁，在溶解氧存在的条件下，氢氧化亚铁在适当温度下形成 $Fe_2O_3 \cdot nH_2O$，即铁锈。某厂的几套软化水循环系统已有上述经验教训，实测表明，碳钢在自来水中的腐蚀速度为 1.12mm/a，软化水中为 3.27mm/a，对腐蚀物垢样分析中 Fe_2O_3 的含量占 77.6%。

第三种方式，这种水处理器是一种物理作用，利用静电场、磁场进行水处理，它具有除垢、杀菌灭藻功能，易于安装、便于管理，运行费用较低等特点。与化学药剂法比较，存在缓蚀、阻垢效果不明显，处理效果不够稳定，一次投资较大的弱点。因此，该法可作为小水量，水质以结垢型为主，浓缩倍数小条件下采用，并应严格控制它的适用条件（见表 10-4-6）。

各种水处理器适用条件　　　　表 10-4-6

	电子水处理器	静电水处理器	内磁水处理器
水温	≤105℃	≤80℃	≤80℃
流速	—	—	1.5～3.5m/s
适用水质	总硬度 <550mg/L($CaCO_3$计)	总硬度 <700mg/L($CaCO_3$计)	含盐量<3000mg/L pH 为 7.5～11

注：1. 上述三种水处理器用于除垢时，主要适用于结垢成分是碳酸盐型水，当水中含有硫酸盐时要慎用，水中主要结垢成分是磷酸盐、硅酸盐时则不宜使用。
2. 内磁水处理器选用前，宜先作除垢效果试验较好。

第四种方式为冷却水的化学处理。是循环冷却水进行阻垢、缓蚀、杀菌、灭藻的有效方法，处理效果稳定，宜推广使用。这种处理方式，在国内大型循环冷却水系统中已有较为完整和成熟的试验，并可参照已颁发的工业循环冷却水处理设计规范执行。

1. 循环冷却水水质稳定的鉴定，目前一般应用碳酸钙溶解平衡原理进行鉴定。采用 $CaCO_3$ 饱和指数 I_L（又称朗格利指数）和稳定指数 I_R（又称雷兹诺指数）来进行。I_L、I_R 按照循环冷却水在一定的浓缩倍数（N）下的 pH_O 值和 $CaCO_3$ 的饱和 pH 值即 pH_o 值计算而得。其中：

$$I_L = pH_o - pH_a ; I_R = 2pH_S - pH_o \tag{10-4-3}$$

式中 pH_o——水的实测 pH 值；

pH_a——水在 $CaCO_3$ 饱和平衡时的 pH 值。可根据水的总碱度、钙硬度和总溶解固体的分析值，及温度条件计算得出（详见给水排水设计手册）。

$$N = \frac{C_r}{C_m} \tag{10-4-4}$$

式中 C_r——循环冷却水的含盐量（mg/L）；

C_m——补充水的含盐量（mg/L）。

当 $I_L = 0$ 时，循环冷却水水质稳定；

$I_L < 0$ 时，水质呈腐蚀型；

$I_L > 0$ 时，水质呈结垢型。

当 I_R=4～5 时，循环冷却水属严重结垢型；

I_R=5～6 时，属结垢型；

I_R=6～6.5 时，属基本稳定型；

I_R=6.5～7 时，属轻微腐蚀型；

I_R=7～7.5 时，属明显腐蚀型；

I_R>7.5 时，属严重腐蚀型。

现就新鲜冷却水补充水在不同浓缩倍数下，循环冷却水水质稳定的鉴定，举例列表10-4-7。

水质稳定计算举例　　表 10-4-7

项目 \ 分析指标 \ 分类 \ 水	新鲜补充水	循环冷却水	
		浓缩倍数 $N=2$	浓缩倍数 $N=3$
Ca^{2+}(ppm)	50	100	150
碱度(ppm)	50	100	150
含盐量(ppm)	100	200	300
冷却水回水温度(℃)		35	35
新鲜补充水温度(℃)	30		
pH	6.9		
pH_0		7.2	8.2
pH_a	7.91	7.23	6.97
I_L	−1.01	−0.03	1.23
I_R	8.92	7.26	5.74

上表说明：新鲜补充水属于严重腐蚀型水质；浓缩倍数为 2 的循环冷却水属于明显腐蚀型水质；浓缩倍数为 3 的循环冷却水属于结垢型水质。随着浓缩倍数的提高，水质变化很大，在设计中应给予足够的重视。

2. 循环冷却水水质稳定处理，在循环冷却水水质稳定鉴定的基础上，根据补充水水质和浓缩倍数，计算出循环冷却水中各种成分的浓度。再根据制冷设备换热器的材质对冷却水水质的要求，拟定恰当的循环冷却水水质处理方案。循环冷却水水质稳定处理有多种方法，现将在实际使用中效果较好的几种方法介绍如下：

(1) 阻垢处理，对于结垢型的循环冷却水，常用的阻垢处理方法见表 10-4-8。

(2) 缓蚀阻垢处理，对腐蚀型循环冷却水进行缓蚀处理的同时还应进行阻垢处理，才能达到缓蚀阻垢的目的。缓蚀处理通常采用投加缓蚀剂，使设备表面形成一层既薄又致密的膜，使设备内表面与水隔开，抑制腐蚀作用的发生。

缓蚀阻垢处理一般分"清洗—预膜—正常运行"三个阶段进行：

结垢型循环冷却水阻垢处理的方法　　表 10-4-8

方法	原　理	优缺点	适用场所	要　求
静电场阻垢处理	在一定强度的静电作用下，产生极化作用，使水中碳酸钙等难溶盐的正负离子难以结合、结晶、沉淀成垢	操作简单，管理方便，运行费用低，适应 pH 值范围宽，有一定的杀菌、灭菌的作用，无缓蚀作用	总硬度<700mg/L(以 $CaCO_3$ 计) 水温≤80℃ 有效范围<2000m	满流时可水平安装，壳体与大地、外管有良好的绝缘

续表

方法	原　理	优缺点	适用场所	要　求
电子水处理	水经过处理后，其物理结构发生变化，水中溶解盐类的离子及带电粒子间静电引力减弱，不能相互集聚，水中含盐类离子不集聚，防止结垢	操作简单，管理方便，运行费用低，适应 pH 值范围宽，有一定的杀菌、灭菌的作用，无缓蚀作用	总硬度＜600mg/L（以 $CaCO_3$ 计） 水温≤105℃ 有效范围＜2000m	要求垂直安装，壳体需要良好接地，接地电阻 4Ω 以下
投加阻垢分散剂	向循环水中投加阻垢分散剂，提高冷却水极限碳酸钙硬度，达到阻垢目的，由于阻垢剂能使冷却水中碳酸钙发生晶格畸变效应，使难溶盐的微小晶体难以长大沉淀成垢	1. 投加有机磷酸盐 2. 聚丙烯酸和聚丙烯酸钠 3. 聚磷酸盐	适应较宽的 pH 值范围，对铜有腐蚀，不适用铜质设备的系统 阻垢分散效果较好，但不适合水温较高的循环冷却水系统 六偏磷酸钠，适用pH=6.5～7 三聚磷酸钠、适用pH=7～7.5	ATMP、EDTMP、HEDP① 等在循环冷却水中浓度为 2mg/L 在循环冷却水中浓度为 2mg/L 在循环冷却水中浓度为 2～4mg/L②

注：1. ATMP—氨基三甲叉磷酸盐；EDTMP—乙二胺四甲叉磷酸盐；HEDP—1-羟基乙川-1，1 二磷酸盐。
2. 循环冷却水药剂阻垢处理控制条件为：Cl^-＜500mg/L，pH=7～8.5，I_p＜1.5，余氯 0.5～1mg/L。阻垢分散剂浓度为 1～4mg/L，Ca^{2+} 2～5mmol/L，悬浮物＜10mg/L，油＜10mg/L，正磷＜2mg/L。

清洗：去除循环冷却水系统内的油污、铁锈、泥砂、污垢等，使冷却设备和管道内表面清洁，清洗剂采用“蓝$^{-5}$”，仿 Bet—407 等。

预膜：形成抗腐蚀性强、不影响热交换、不易剥落的致密的保护膜。通常采用聚磷酸盐与锌盐组成的配方，配方中磷、锌比一般为 4∶1。目前碱性配方——三聚磷酸钠与锌盐组成浓度为 200～300mg/L 的预膜液应用较为普遍。预膜控制条件：pH=7～8，Ca^{2+}——3～5mmol/L，悬浮物～10mg/L，Cu^{2+}＜0.5mg/L，流速——1～1.5m/s。

运行：缓蚀阻垢处理正常运行是在预膜基础上投加缓蚀阻垢剂，以达到缓蚀阻垢目的。缓蚀剂一般用聚磷酸盐与锌盐，阻垢分散剂采用有机磷酸盐、聚丙烯酸和聚丙烯酸钠等。

循环冷却水缓蚀阻垢碱性运行控制的条件：

细菌总数＜1×10^3个/L，　　锌盐＜4mg/L，
pH　7.5～8.5　　Ca^{2+}　2～5mmol/L
Cl^-　＜500mg/L　　悬浮物　＜10mg/L
聚磷酸盐　10mg/L　　油　＜10mg/L
阻垢分散剂　1～2mg/L　　BOD　＜5mg/L
正磷　＜5mg/L　　COD　＜30mg/L

（3）杀菌、灭藻，在冷却塔和水池里会有大量微生物繁殖，因此，无论是药剂阻垢处理还是缓蚀阻垢处理，都应进行杀菌、灭藻处理。

杀菌灭藻药剂有液氯、次氯酸钠、二氧化氯、臭氧、硫酸铜等；在循环冷却水灭菌灭藻处理中，应用较多的是液氯、次氯酸钠和二氧化氯。一般循环冷却水加氯浓度控制在 2～4mg/L；余氯控制在 0.5～1mg/L。

（4）去除泥砂、悬浮物，循环冷却水常用过滤法去除水中的泥沙、飘尘等悬浮物，对

于小规模的循环冷却水系统可采用蜂房滤芯过滤器进行过滤；对于中、大型系统常采用无阀滤池等砂滤池进行旁流水过滤。旁流水量一般为循环水量的1%～5%。

六、制冷剂管道

现有各种形式冷水机组的制冷剂管道，大多数在制造厂组装完毕，为此，本手册对氟利昂管道设计不再介绍，仅就氨管道设计简要说明。

（一）氨管道设计注意事项

氨具有剧毒，易挥发，并有腐蚀性和爆炸性。为保证人身和设备的安全，对氨系统管道的强度和严密性是首先应考虑的。另外，由于压缩机的润滑油不溶于氨液中，当润滑油带到冷凝器、蒸发器时就会降低传热效率，影响系统的制冷能力。所以氨系统管道应设有可靠的排油措施。

1. 压缩机的吸气管至蒸发器之间管道应有>0.003的坡度，坡向蒸发器，以防止氨的液滴进入压缩机，产生湿冲程甚至液击事故。

2. 对压缩机的排气管应有不小0.01的坡度，坡向油分离器。并联工作的压缩机排气管上宜设止回阀。装有洗涤式油分离器的制冷系统，止回阀应装在油分离器的进气管上。每台并联压缩机的支管与总管的连接应防止“T”字形连接，以减少流动阻力，如图10-4-35所示。

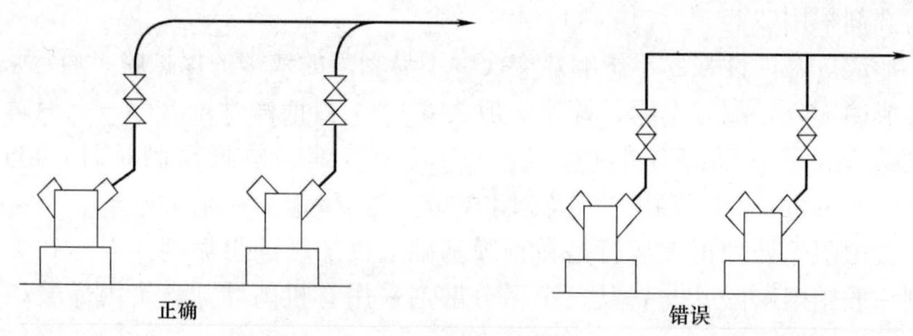

图 10-4-35　并联压缩机排气管连接方法

3. 冷凝器与贮液器之间的液体管

（1）立式冷凝器至贮液器之间的液体管，如冷凝器出口管道上装设阀门，则出口管与阀门间应有≥200mm的高差。水平管应有坡向贮液器≥0.05的坡度。管内液体流速为0.5～0.75m/s，均压管管径应≥*DN*20，如图12-4-36（*a*）所示。如因条件限制，需要降低冷凝器的安装高度时，可参见图10-4-36（*b*），贮液器进液口的阀可改为角阀。

如采用“贮存”式贮液器，则冷凝器出口至贮液器内最高液位的最小高差应符合表10-4-9的要求。

多台立式冷凝器与多台贮液器的连接见图10-4-37。洗涤式油分离器的进液管可从液体总管的底部接出，以保证氨液的供应。立式冷凝器也可配用从下部进液的通过式贮液器或贮存式贮液器。

（2）卧式冷凝器至贮液器的液体管，一般卧式冷凝器至贮液器的管道连接如图10-4-38所示。卧式冷凝器与贮液器之间应有一定高差，以保证液体借自重流入贮液器。

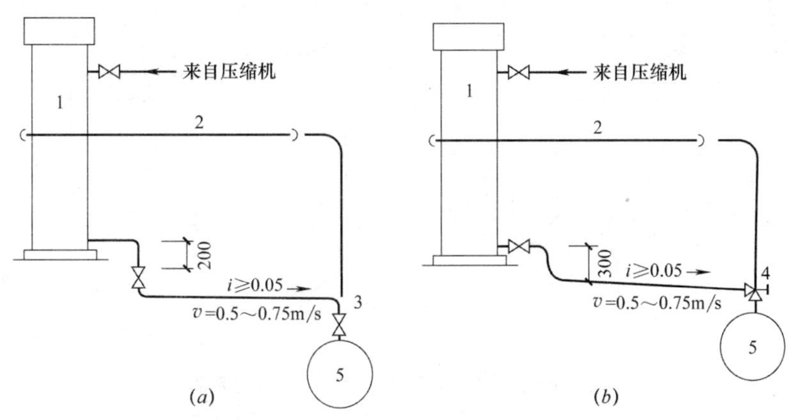

图 10-4-36　立式冷凝器至贮液器液体管的连接

1—冷凝器；2—均压管；3—直通阀；4—角阀；5—贮液器

冷凝器与贮液器最小高差表　　**表 10-4-9**

液体最高流速(m/s)	冷凝器与贮液器之间的阀门	最小高差(H)(mm)
0.75	无阀门	350
0.75	角阀	400
0.75	直通阀	700
0.5	无阀门、角阀、直通阀	350

采用通过式贮液器时，从冷凝器至贮液器进液阀间的最小高差为 200mm，进液管流速应小于 0.5m/s。当采用贮存式贮液器时，为防止液体倒灌入冷凝器，其出口至贮液器最高液位之间的高差 H 也应满足表 10-4-9 所列的数值。如冷凝器的出液管上需装设阀门，其安装高度必须低于贮液器的最底液面。

(3) 蒸发式冷凝器至贮液器的液体管，蒸发式冷凝器至贮液器的液体管内的最高流速为 0.5m/s，坡度 0.05，坡向贮液器。单组冷却排管的蒸发式冷凝器可利用液体管本身均压，液体管应有>0.2 的坡度，且管径适当加大以减少阻力，使来自贮液器的气体沿液体管回至冷凝器，如图 10-4-39 所示。

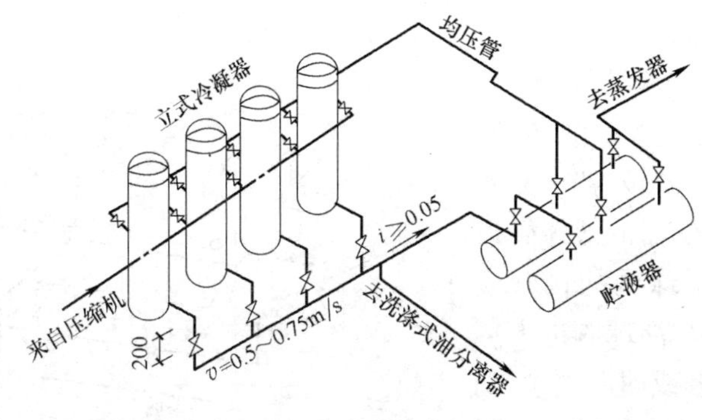

图 10-4-37　多台立式冷凝器与多台贮液器接管图

(图中放油，放空气，冷却水管等均从略)

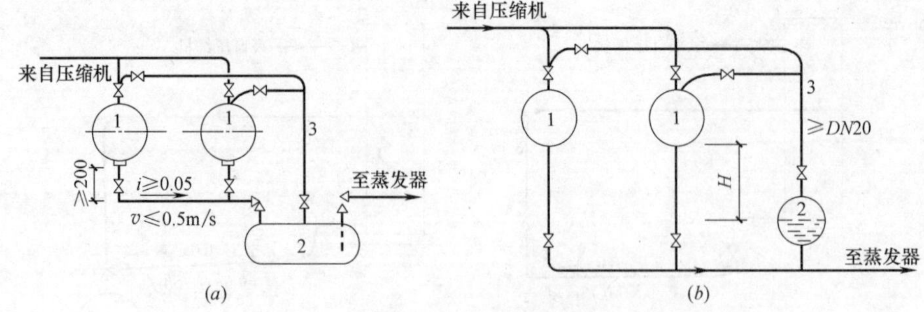

图 10-4-38　卧式冷凝器至贮液器液体接管图

(*a*) 采用通过式贮液器；(*b*) 采用贮存式贮液器

1—卧式冷凝器；2—贮液器；3—均压管

(注：均压管在冷量为 698kW 时管径为 *DN*25，大于 698kW 时管径应为 *DN*32)

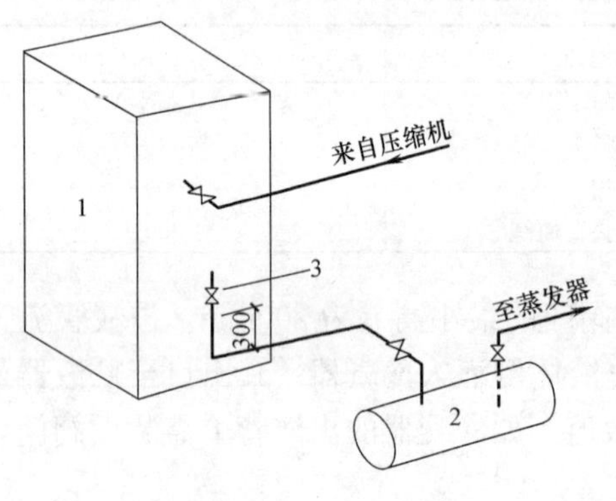

图 10-4-39　单组冷却排管蒸发式冷凝器接管图

1—蒸发式冷凝器；2—贮液器；3—放空气阀 $\phi6$

二台以上蒸发式冷凝器并联使用时，由于各台冷凝器的压力不均匀，为防止冷凝液回灌入压力较低的冷却排管中，液体出口处的直立管段应有足够高的液柱，以平衡各台冷凝器的压差和抵消冷却排管的压力降。液体总管在进入贮液器处向上弯起以维持管内液封。冷凝器液体出口与贮液器进液水平管之间垂直高差应大于600mm。该系统适用于冷凝排管压力降约为 0.007MPa 的冷凝器。如压力降较大则液封须相应增加，如图 10-4-40 所示，均压管装在贮液器接至冷凝器的进气总管上，均压管的直径与制冷能力有关，当氨系统制冷能力为 1200kW 时，均压管直径为 *DN*20；制冷能力为 1690kW 时为 *DN*25。

一般当液体流速≤0.5m/s 时，冷凝器出液口至贮液器进口高度≥450mm 时，可降低冷凝器的安装高度。

(4) 贮液器至蒸发器的液体管，贮液器通常直接接管至蒸发器，充氨管也接在贮液器至蒸发器的液体管道上，见图 10-4-41。浮球阀的接管应使液体能通过过滤器、浮球阀进入蒸发器。当浮球阀检修或过滤器清洗时，由旁通管道进入蒸发器，见图 10-4-42。

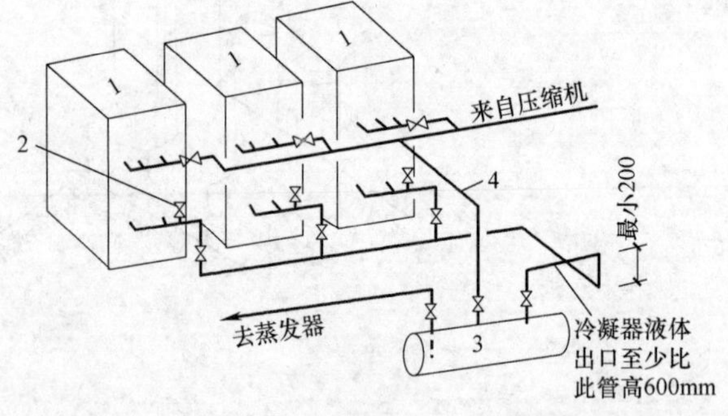

图 10-4-40　多台闭幕式联蒸发式冷凝器接管图

1—蒸发式冷凝器；2—放空气阀；3—贮液器；4—均压管

卧式蒸发器浮球阀安装高度与蒸发器的管板间长度 L 和筒体直径 D

的比值有关，其安装高度见表 10-4-10 和图 10-4-43。对立式蒸发器（冷水箱），浮球阀的安装高度从放油管中心至浮球阀中心间距为 700～750mm，见图 10-4-44。

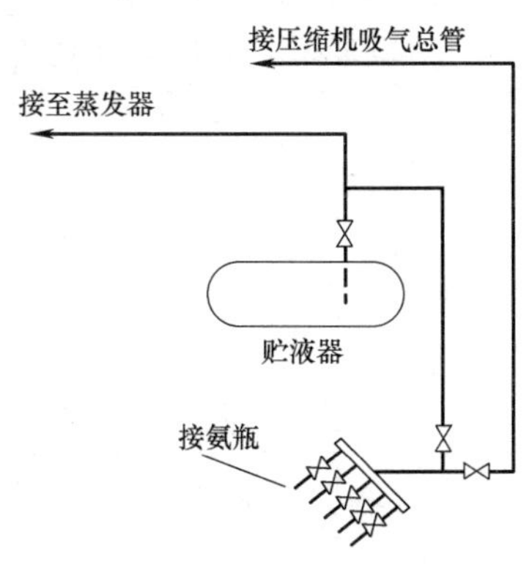

图 10-4-41　充氨管的连接

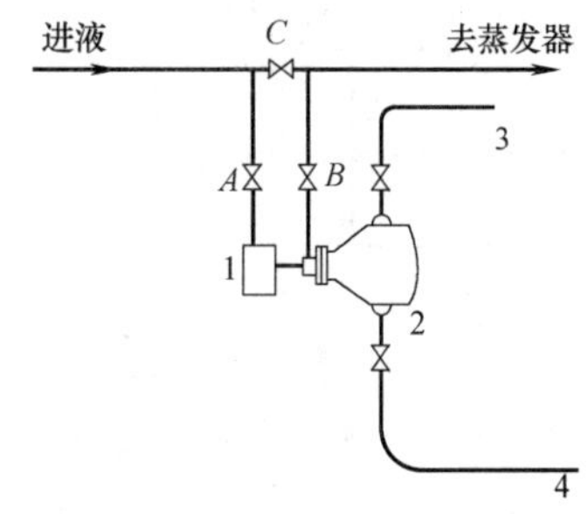

图 10-4-42　浮球阀接管

1—过滤器；2—浮球阀；3—气体平衡管；4—液体平衡管

浮球阀的安装高度　　**表 10-4-10**

筒长度与筒身直径的比值	$\frac{L}{D}<5.5$	$\frac{L}{D}<6$	$\frac{L}{D}<7$	$\frac{L}{D}<7$
浮球阀安装高度 h	$0.8D$	$0.75D$	$0.7D$	$0.65D$

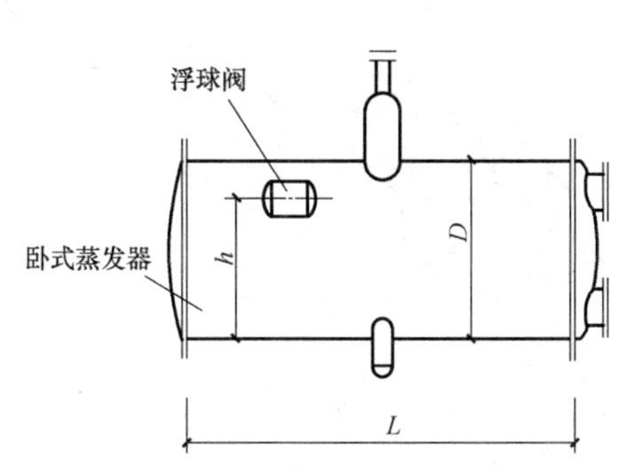

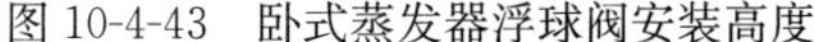

图 10-4-43　卧式蒸发器浮球阀安装高度

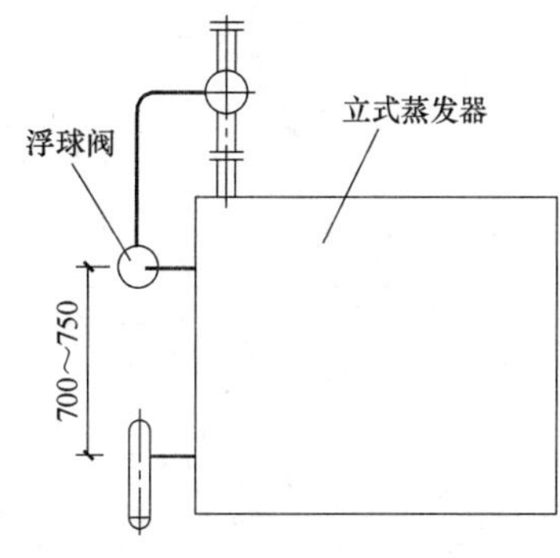

图 10-4-44　过立式蒸发器浮球阀的安装高度

（5）放油管、紧急泄氨器及安全阀排气，所有可能积存润滑油的容器和设备底部都应设有放油的接头和放油阀，并接至一个或几个集油器，集油器的接管如图 10-4-45 所示。紧急泄氨器的接管如图 10-4-46 所示。

所有氨制冷系统的压力容器，如冷凝器、贮液器和管壳式蒸发器等制冷辅助设备上，应设安全阀和压力表，安全阀的排气管引至高于屋脊或高于邻近 50m 内建筑的屋脊。

（二）氨管道管径的确定

根据《供暖通风与空气调节设计规范》GB 50019 的规定，制冷剂管道直径，应按其压力损失相当于制冷剂饱和温度的变化值确定。氨吸气管、排气管和液体管的饱和温度变化值不宜大于 0.5℃。

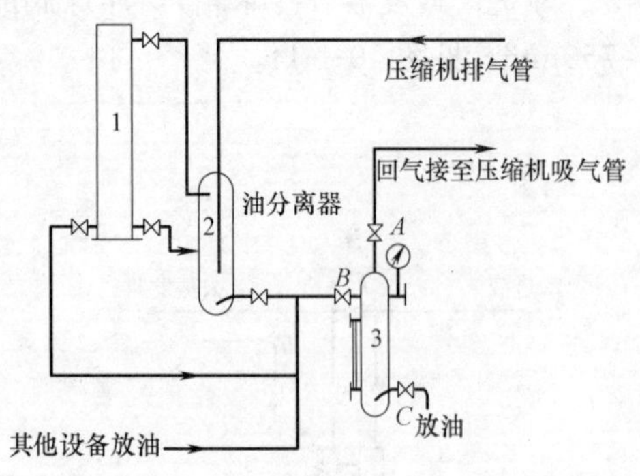

图 10-4-45　集油器接管图

1—冷凝器；2—油分离器；3—集油器

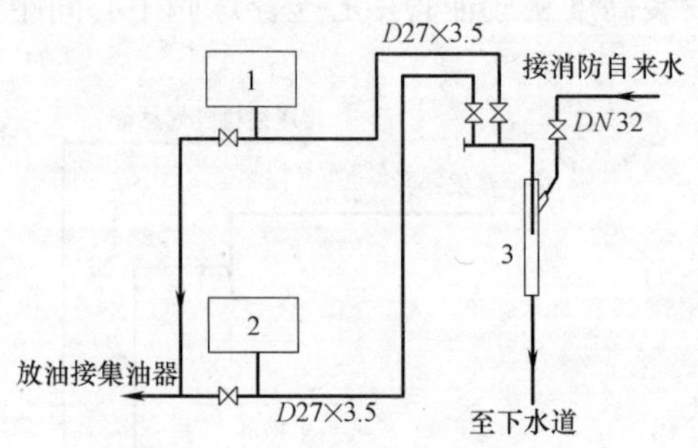

图 10-4-46　紧急泄氨器接管图

1—蒸发器；2—贮液器；3—紧急泄氨器

相当于饱和温度差 0.5℃的压力降见表 10-4-11。

0.5℃压力降　　**表 10-4-11**

饱和温度(℃)	40	10	5	0	−5	−10	−20
压力降值(KPa)	22.3	11.1	9.1	8.1	7.1	6.1	4.1

按饱和温度差 0.5℃的氨管能力线算图见图 10-4-47。

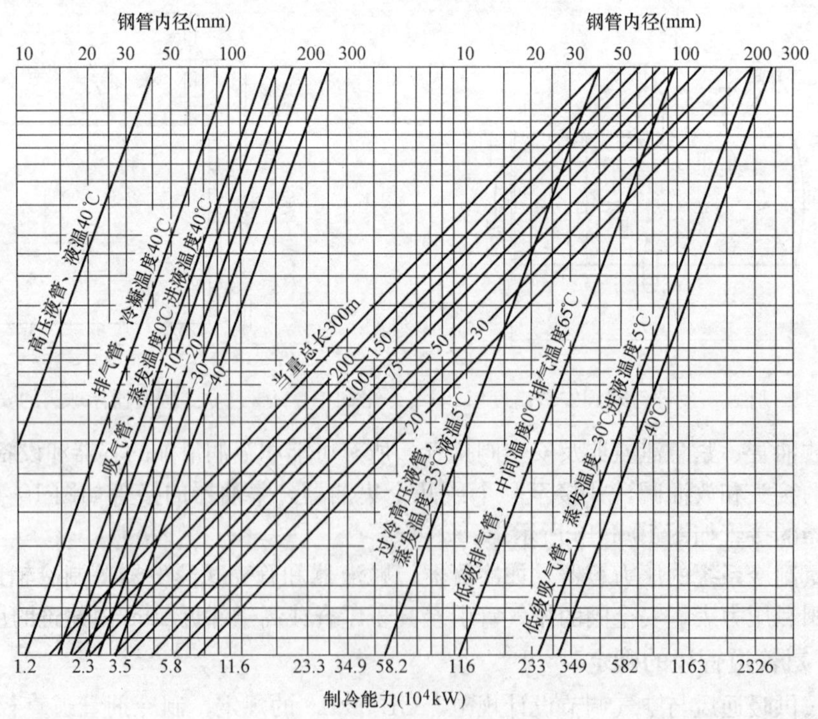

图 10-4-47　R717 管道的能力

七、制冷站设计实例

近年来我国的各类高层或超高层建筑在各类城市均有建设，各类公共建筑群、广场等大型、超大型建筑相继建设；大型、超大型的工业企业用普通空调或净化空调的生产厂房在各地的开发区、高新区陆续建成，这些大型、超大型建筑或建筑群大都设有规模不等的制冷站，这些制冷站的工艺流程、设备布置的类型各异，下面介绍几个工程设计实例，由于从实际工程图缩制，缩比太大，仅能看其大概布置，供作参考。

（一）二台水冷螺杆式冷水机组的制冷站

设置的螺杆式冷水机组的制冷能力为350RT（1225kW），冷水供水/回水温度为7℃/12℃，每台机组的电机功率为225kW。集中设置三台冷水泵、冷却水泵和冷却塔，冷水循环系统设有隔膜气压罐定压和冷水供水压力调节装置；为供应过渡季等的少量冷负荷设有利用冷却塔和冷却水循环系统作自然冷却的板式换热器和相应的循环水泵，可节约电能消耗。图10-4-48是该制冷站的平面布置图，图10-4-49是制冷站的管路系统图。

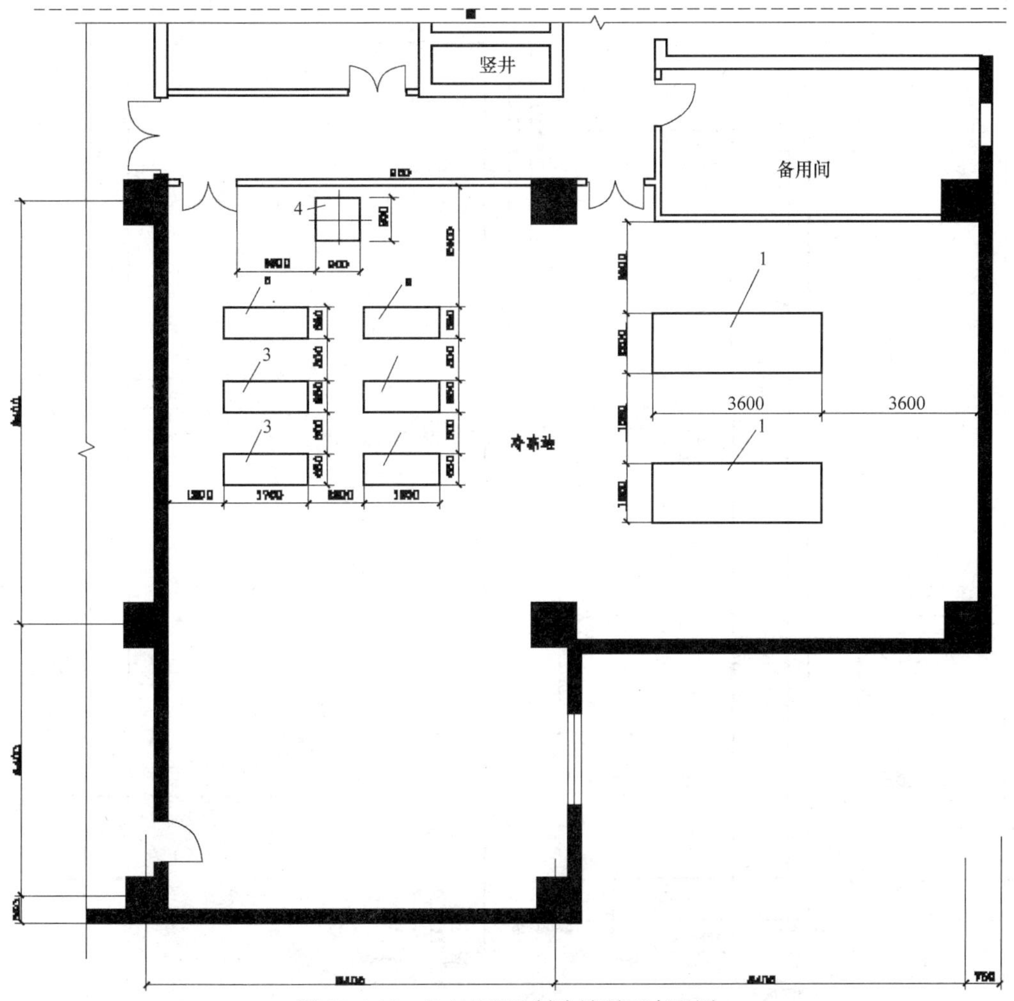

图10-4-48　3×350RT制冷站平面布置图

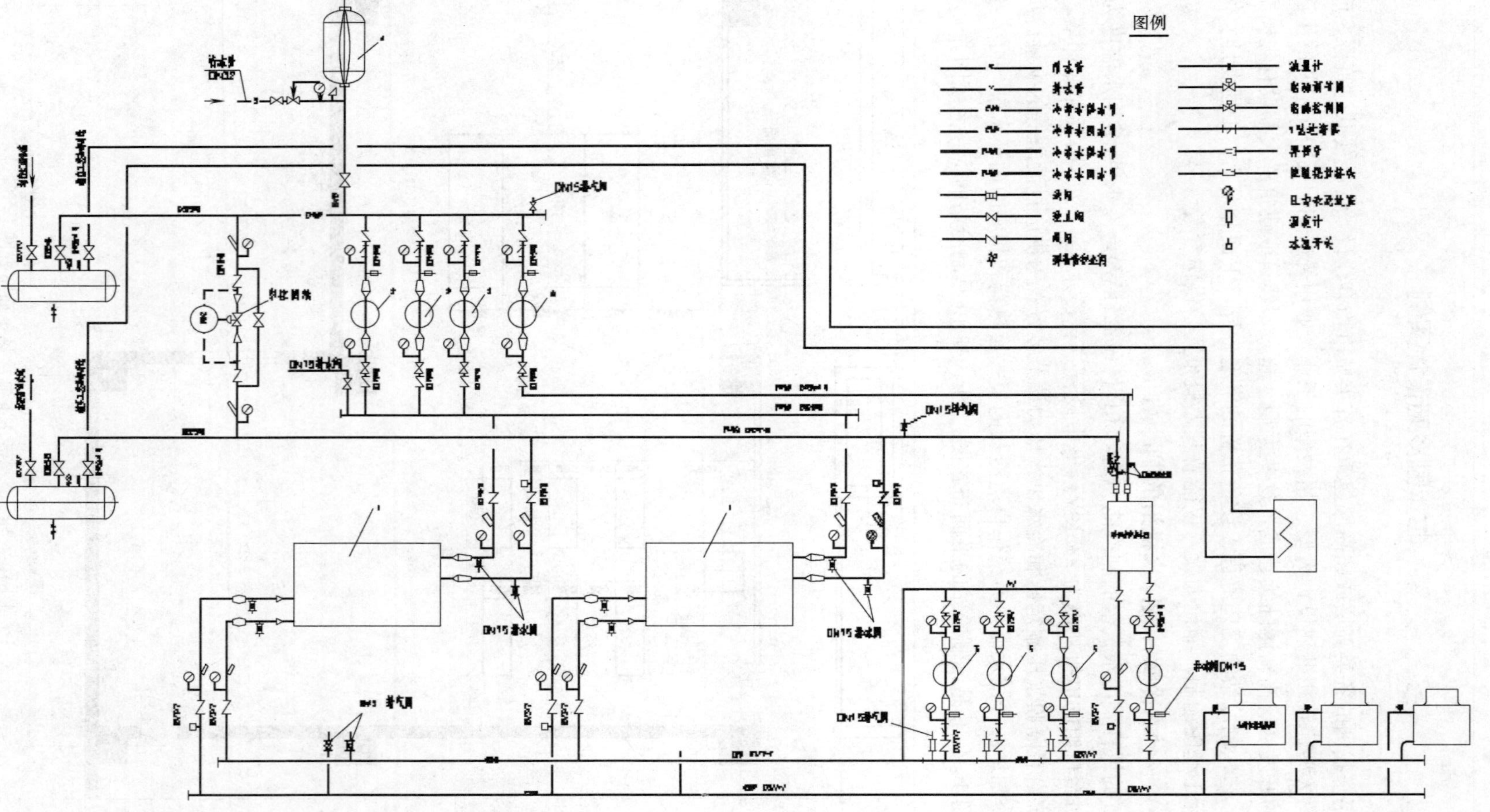

图 10-4-49　3×350RT 制冷站管路系统图

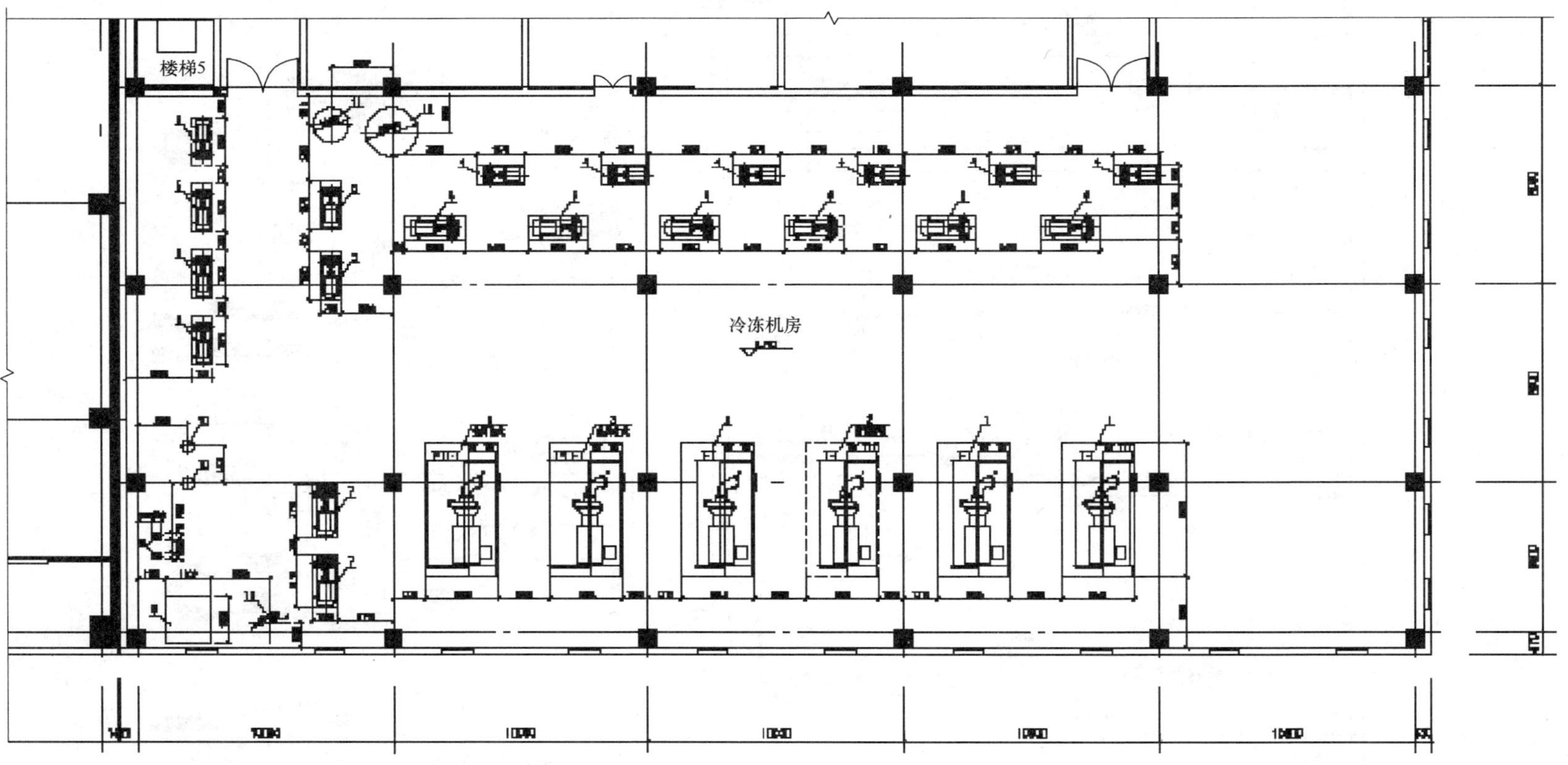

图 10-4-50　二种冷水温度、带热回收制冷站平面布置图

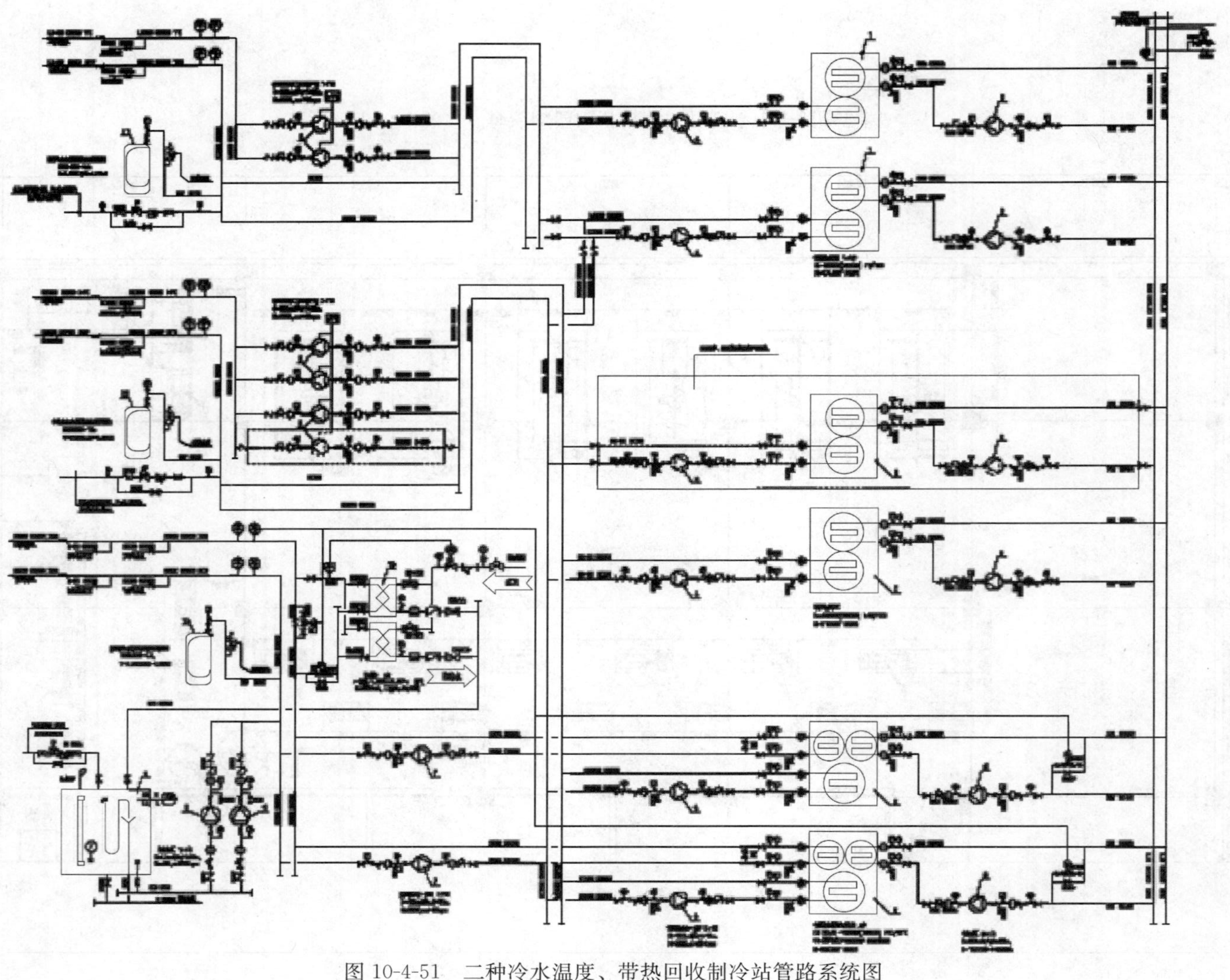

图 10-4-51 二种冷水温度、带热回收制冷站管路系统图

(二) 二种冷水温度、带热回收的离心式冷水机组制冷站

制冷站设置在生产厂房的一层，制冷站的低温冷水供/回水温度为 7/12℃，配置制冷能力为 1235RT（4323kW）的离心式冷水机组 2 台；中温冷水供/回水温度为 14/19℃，配置 1250RT（4375kW）的离心式冷水机组 1 台、预留 1 台位置和热回收型离心式冷水机组 2 台、制冷量 1250RT、供热量 5250kW（供/回水温度为 50/32℃）。为满足该工程项目的供热系统安全、稳定运行，站内设有蒸汽/水换热系统。二种冷水供水系统均采用二次泵系统。制冷站平面布置图见图 10-4-50，管路系统图见图 10-4-51。

(三) 3 台离心式冷水机组制冷站

制冷站设置在企业生产厂房一层设有三台制冷能力为 500RT（1758kW）的离心式冷水机组，冷水供/回水温度为 7/12℃，单台电机功率为 332kW；冷水泵、冷却水泵采用单台机组一对一配置，设有冷水供/回水集水器，冷水系统采用囊式落地式膨胀水箱定压。图 10-4-52 是该制冷站平面布置图，图 10-4-53 为制冷站管路系统图。

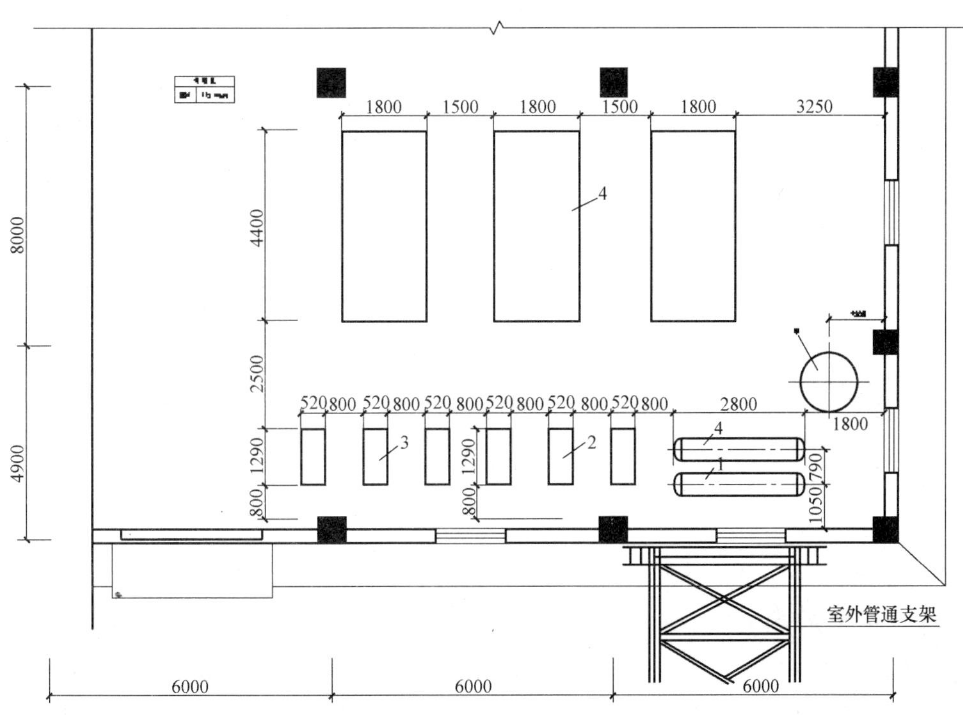

图 10-4-52　3 台 500RT 离心式制冷站平面布置图

(四) 4 台直燃型吸收式制冷站

设置在地下室的制冷站设有 4 台直燃型吸收式冷暖机，单台制冷量 1108RT（3895kW）、冷水供/回水温度为 7℃/12℃，天然气耗量为 252m^3/h；制热量为 3116kW、热水供/回水温度为 60℃/56℃，天然气耗量为 288m^3/h；单台机组电机功率 26kW。冷水泵、冷却水泵、冷却塔采用单台机组一对一配置，设有冷水供/回水集水器，冷水系统采用囊式落地式膨胀水箱定压。图 10-4-54 为制冷站平面布置图。

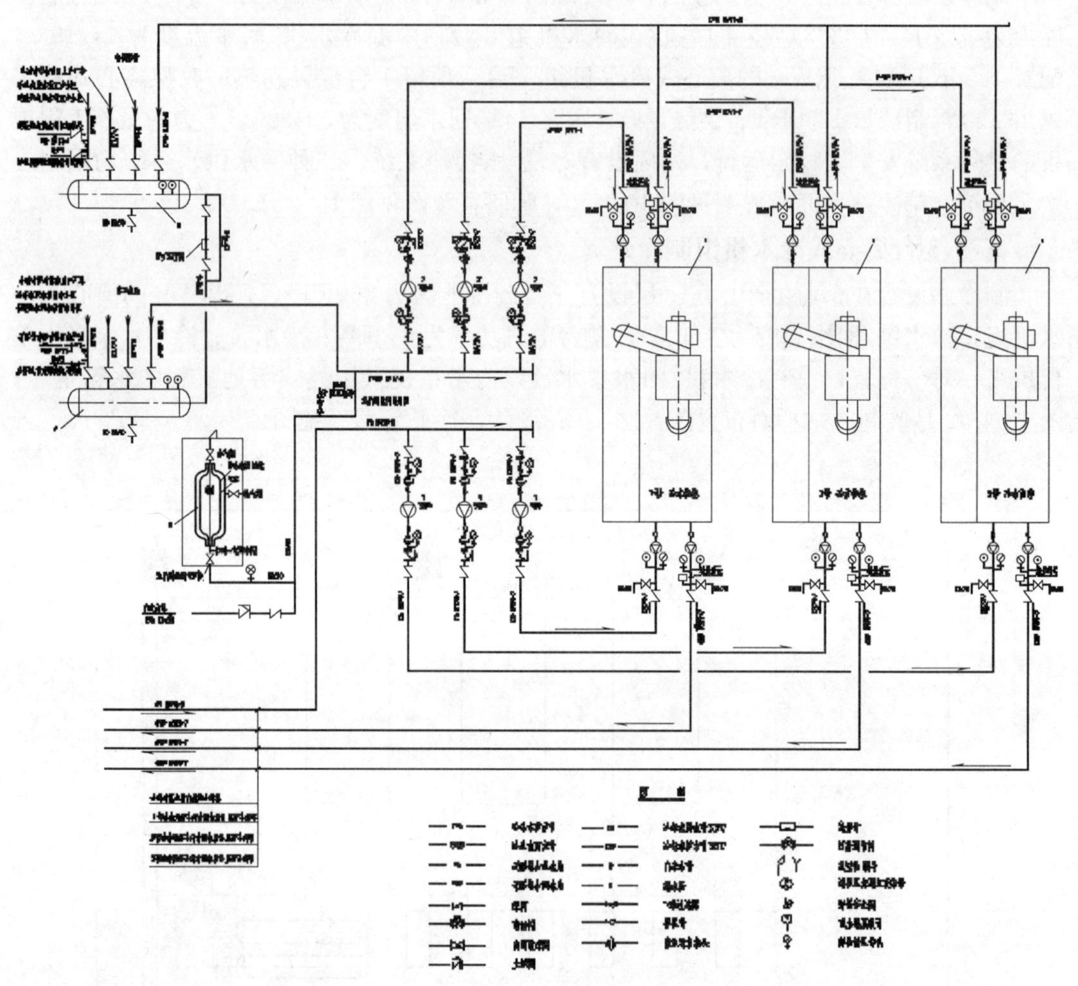

图 10-4-53　3 台 500RT 离心式制冷站管路系统图

（五）3 台活塞式冷水机组制冷站

设有三台多头活塞式冷水机组，单台多头活塞式冷水机组制冷能力为 680.5kW、冷水供/回水温度为 7℃/12℃，每台机组的输入电功率为 178.4kW。冷水系统采用开式水箱定压，以软化水为补充水。3 台活塞式冷水机组制冷站平面布置图和管道系统图见图 10-4-55 和 10-4-56。

（六）4 台风冷螺杆式冷水机组制冷站

设有 3 台冷水供/回水温度为 6℃/11℃的风冷螺杆式冷水机；其制冷能力为 940kW/台和 1 台冷水供/回水温度为 7℃/12℃的风冷螺杆式冷水机，其制冷能力为 230kW。制冷站设在用冷厂房的屋面层，开敞式布置，冷冻水循环泵设置在旁侧的水泵间内。三台风冷螺杆式冷水机组平行布置，另一台与之垂直布置，并充分考虑了进风、排风的通畅，见图 10-4-57。

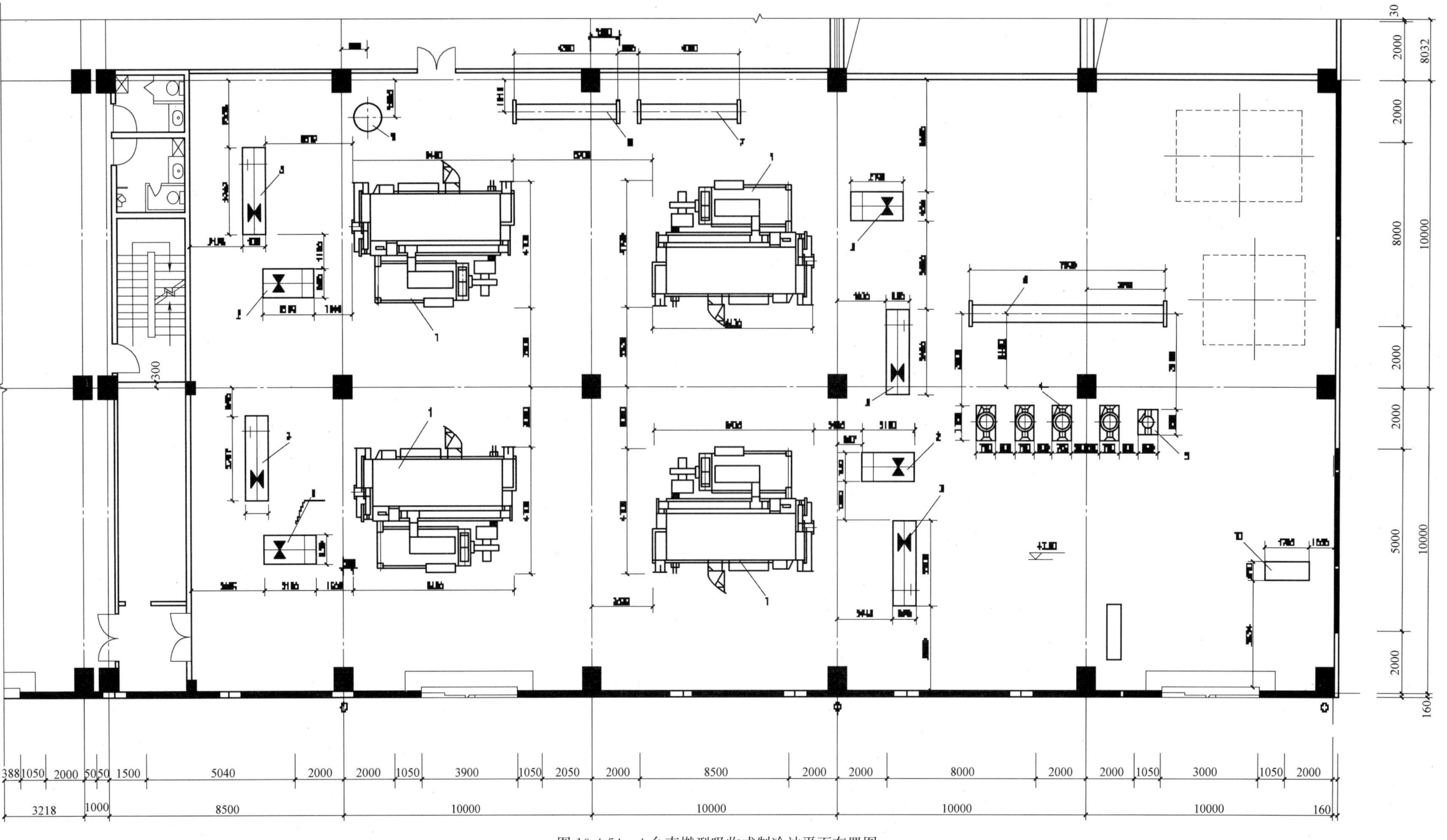

图 10-4-54　4 台直燃型吸收式制冷站平面布置图

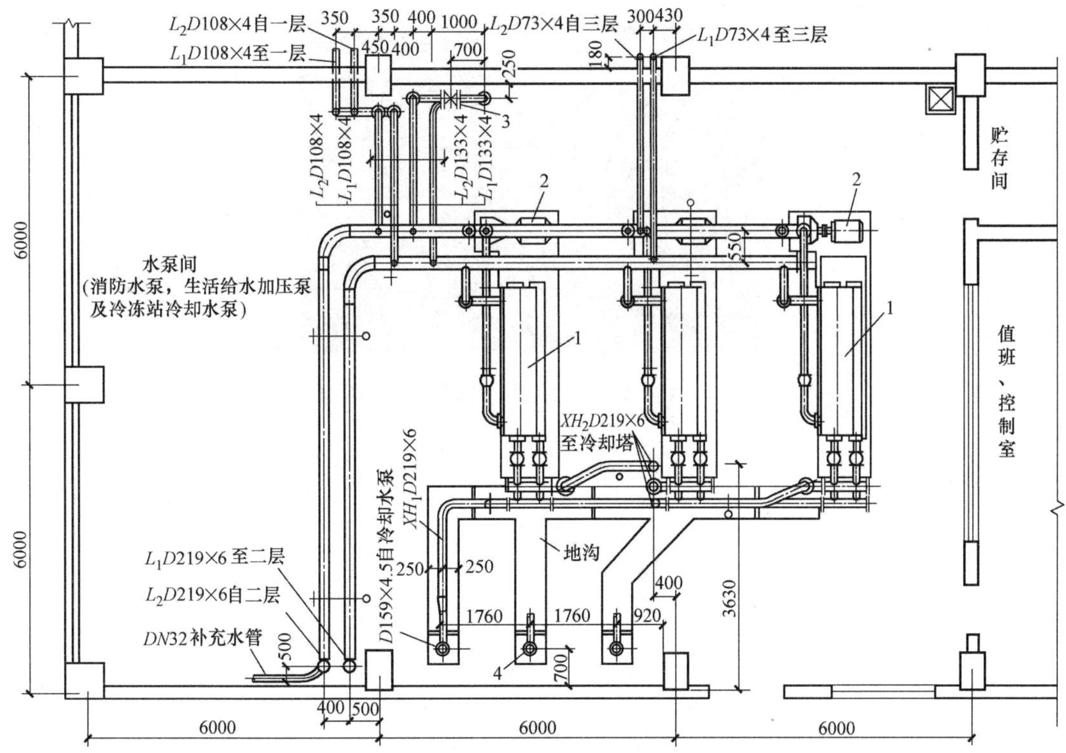

图 10-4-55　3 台活塞式冷水机组制冷站平面布置图

1—多头活塞式冷水机组；2—冷冻水泵；3—压差调节阀；4—静电除垢器

3
补给水
屋面
排水管
接至冷冻水回水总管
$DN50$
信号管
$DN25$
1-3
1-2
1-1
L_2
L_1
2
L_2
L_1
XH_2
XH_1
L_2
L_1
XH_2
XH_1
$D219\times6$
$D219\times6$
$D159\times4.5$
$D159\times4.5$
XH_2冷却水回水管
$D219\times6$
$D219\times6$
自冷却塔$DN350$
$D219\times6$
$DN25$
XH_1冷却水回水管
$D219\times6$
$DN25$
自冷却水泵
$D219\times6$
$DN25$
软水补水管
$D219\times6$
$D273\times6$
$D108\times4$
L_2冷冻水给水管
接自用户
$D273\times6$
$D219\times6$
L_1冷冻水给
水管接至用户
$D108\times4$
$D57\times3.5$
$D133\times4$
$D133\times4$
$D73\times4$
$D73\times4$
4
冷冻水供回水接自车间

图 10-4-56　3 台活塞式冷水机组制冷站管道系统图

1—多头活塞式冷水机组；2—冷冻水泵；3—膨胀水箱；4—压差调节阀

图 10-4-57　4 台风冷螺杆式制冷机组制冷站现场照片

第十一章 新型空调冷热源技术

第一节 概 述

空调工程冷热源是指空气处理过程的空气冷却、加热、加湿所需的冷冻水（冷水）、热水或蒸气或电加热等的供应系统（装置），通常空气处理过程所需的冷冻水供水温度为5℃～9℃，一般为7℃，供回水温差为5℃～10℃，一般为5℃；热水供水温度为40℃～65℃，一般为60℃左右，供回水温差为4.2℃～15℃，一般为10℃。以上温度范围摘自国家标准《采暖通风与空气调节设计规范》GB 50019—2003，目前根据国家的节能减排方针政策要求，各行各业都在积极采取措施降低建筑空调能源消耗，其中重要措施之一是调整冷/热水供应温度或温差，如结合各行各业具体企业的特点，利用各种生产过程的低位热能供应空调工程所需热源，许多企业根据空调系统的用户车间生产工艺要求，回收利用30℃～40℃的热水用于空气处理过程的预热或加热，已经取得明显的节能和经济效益。应用热泵技术获得40℃～50℃的温水用于供暖、空调工程，国内已有许多工程实例，取得了很好的节能效益、经济效益。近年来蓄冷、蓄热技术也在许多公共建筑工程中得到较为广泛应用，这些都为我国空调工程冷热源的选择创造了条件。

一、空调工程的冷源

空调工程的冷源有天然冷源和人工冷源，所谓天然冷源是利用自然的江水、湖水、地下水或自然冰或海水等用于空气冷却。空调工程利用天然冷源用于空气的冷却时，江水、湖水、地下水等的水质应符合卫生要求，各种水的温度、硬度等应符合使用要求。经空调工程使用后的天然水应回收再利用，若为地下水在使用后应全部回灌并不得有所污染。在具体工程项目采用天然冷源时，除上述要求外，尚应注意所选用天然冷源的持续供应的预测和对社会、生态环境的影响，尤其是大规模利用天然冷源时，应引起充分的考量。

空调工程的人工冷源主要是采用不同形式的制冷机制冷，目前常用的制冷设备有电动蒸气压缩式制冷机和蒸气吸收式制冷机，电动蒸气压缩式制冷机形式有涡旋式、活塞式、螺杆式、离心式等，大中型空调冷源主要可采用离心式、螺杆式，中小型空调冷源主要可采用活塞式、涡旋式；空调工程应用的蒸气吸收式制冷机主要是溴化锂吸收式冷水机组，有热水型、蒸气型和直燃型等形式，对于有余热可利用的空调工程一般采用热水型、蒸气型吸收式制冷机；经一次能源利用效率和经济性比较，在合适的有燃气供应的空调工程也可采用直燃型吸收式制冷机。

空调冷源选择的基本要求：

1. 在满足使用要求的情况下，空调工程的冷源应优先考虑采用天然冷源；不能采用天然冷源时，可采用人工冷源。

2. 制冷机组的选型应根据空调工程的规模、用途，所在地区的能源供应状况（含政策、价格等）、环保要求等因素进行技术经济比较后确定。

3. 若所在地区、企业、建筑群内有余热可利用时，应优先考虑采用热水型或蒸气型溴化锂吸收式制冷机供冷，但不得以任何形式的蒸汽或热水锅炉产生的蒸汽或热水进行吸收式制冷。

4. 在有充裕的燃气供应的地区或企业或建筑群，根据其建设的规模，冷（热）负荷及其变化情况，经一次能源利用效率和经济性比较，合适的公共建筑、商业建筑和企业可采用燃气冷热电联供分布式能源供冷、供热和供应部分电力。

5. 有江水、湖水或海水等资源的我国供暖地区、夏热冬冷地区，宜采用热泵机组，夏季供冷、冬季供热。在条件合适时，也可采用地埋管式热泵机组。

6. 干旱缺水地区的中、小型建筑，可考虑采用风冷式或地埋管式热泵机组。

7. 全年各季节都有冷（热）负荷的建筑物如工业洁净室等，根据全年各季节空调系统所需的冷负荷、热负荷及其变化情况，经技术经济比较采用合适的热回收的空调供冷、供热系统。

8. 在城市电网实施分时电价制，且峰谷时段电价差较大的城市、地区，经技术经济比较后，宜采用蓄冷式空调供冷系统。

二、空调工程的热源

由于空调工程的新鲜空气、循环空气的预热、加热所要求的热源温度通常为 65℃以下，而目前空调工程中的加湿大多采用电热式加湿器，所以为多元化热源创造了条件，近年的工程实践表明，空调工程所需热源可采取多种来源，通常应根据空调工程所在地区、具体项目的实际状况，可采用下列热源：

1. 所在区域设有热电联产或冷热电联供的集中供热管网，可以经济地获得热水或蒸气供应。

2. 根据所在城市、地区的能源供应情况，经技术经济比较后可以自设燃气、燃煤热水/蒸气锅炉供应热水/蒸气，接至空调系统应为热水。若燃气供应充足，夏季冷负荷较大且供冷时间较长时，应进行经济比较，采用节约能源、环境友好和经济效益好的燃气冷热电联供分布式能源系统。

3. 若所在区域或工业企业/公共建筑内有低位热能的余热资源时，应积极采取各种有效的余热回收措施，回收利用适宜空调工程所需的热源，如工业企业内设有大中型空气压缩站（机），可利用压缩机排气热量或冷凝热量获得 40℃～45℃的热水供空调系统加热空气；若工业企业内或大中型商业设施需用一定的冷量用于降温时，一般可根据具体条件回收制冷机的冷凝热制取 40℃左右的温水用于空调系统空气的预热或加热。

4. 根据所在城市、地区的气象条件、水文地质、江水、湖水、海水等自然条件，可在进行技术经济比较后，采用不同类型热泵供热。若工业企业排出的废水水量较大，排出温度较高时宜用作热泵的热源，制取热水供应。

第二节　空调蓄冷

空调蓄冷是在城市电力网的夜间低谷时段用电力驱动电动制冷机制冷，利用蓄冷介质的显热或潜热采用一定的方式将“冷量”储存起来；在白天城市电网的高峰或平峰时段，将储存的“冷量”释放出来满足建筑空调系统或生产工艺的需要。显热储存是通过降低介质的温度进行蓄冷，常用的介质为水、盐水等；潜热蓄冷是利用介质的相变进行蓄冷，常用的介质为冰、共晶盐水混合物等。在空调工程中常采用的蓄冷形式有水蓄冷、冰蓄冷等。

电力制冷时，若所在城市、地区的电网实施分时计价按时段执行电价差，且低谷时段冷负荷较小甚至没有的空调工程宜设蓄冷系统，实现转移电网高峰时段电力负荷，用于供应白天的全部或部分冷负荷，不开或少开启制冷机供冷，从而降低空调制冷的电费支出，并同时对城市电网的削峰填谷均衡供电作贡献。空调蓄冷系统制冷机装机容量和电力用量都小于常规空调制冷系统，其减少的“量”与具体工程项目的条件、规模、典型日的冷负荷及其变化等因素有关，一般可减少20％～50％，其中水蓄冷系统在20％左右。由于空调蓄冷系统要增加蓄冷（冰）槽（罐）、换热装置，循环泵等设备，且增大建筑占地面积和自控内容，建设投资比常规系统要增加。但由于电网峰谷时段的电价差可使运行费得到降低，峰谷电价差越大经济效益越好。是否采用空调蓄冷系统，主要应权衡增加的一次投资与减少的运行费用，实现规定的回收年限。

空调冰蓄冷系统可以实现电力网的“削峰填谷”，但不一定节能、省电。由于冰蓄冷系统在充冷过程的制冷温度一般为－4℃～－6℃，制冷机将会比常规系统（5℃左右）增加电能消耗，虽然夜间冷却水温度低于白天，有利于提高制冷效率、减少电力能量，但再考虑冰蓄冷设备热损和二次换热的损失等，要实现既降低运行费用，又能节电是难度较大的。当采用水蓄冷系统时，由于制冷机制冷温度与常规系统相近，设计方案得当可实现节电的目标。

一、蓄冷方式

目前，国内外用于空调工程的蓄冷方式主要有水蓄冷、冰蓄冷以及共晶盐蓄冷等方式。图11-2-1是空调蓄冷方式的分类图。

（一）水蓄冷

水蓄冷是利用水的温度变化贮存显热量，水的比热容为4.18kJ/(kg·℃)【1.16kWh/(m^3·℃)】。水蓄冷贮存温度一般为4℃～7℃，容量大小取决于蓄水贮槽的供水和回水的温度差，一般为5℃～11℃。同时水蓄冷的容量也受到供、回水流温度分层分隔程度的影响，为防止和减少蓄水槽内因较高温度的水流和较低温度的水流发生混合，蓄水贮槽结构和配水管设计时，通常宜采用分层化、迷宫曲径挡板、复合贮槽等形式。蓄水贮槽的材质一般为钢板或钢筋混凝土。

（二）冰蓄冷

冰蓄冷是一种潜热蓄冷方式，水在相变过程时从外部获得一定的冷量，当固态冰融化

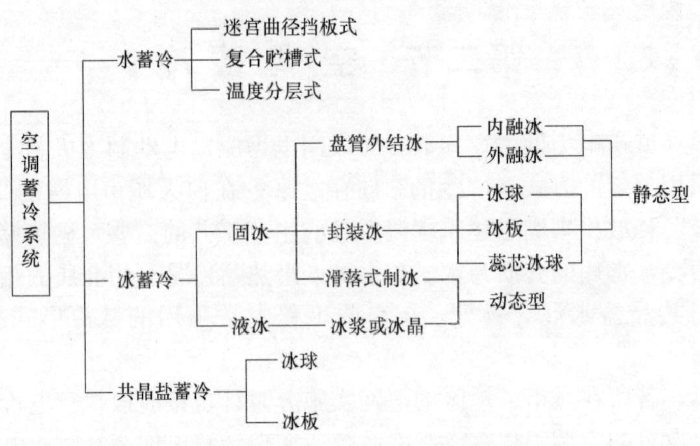

图 11-2-1 空调蓄冷方式的分类图

成水的过程则释放一定的冷量。水的相变潜热为 335kJ/kg。为使蓄冰槽中的水结冰应提供−3℃～−9℃的传热工质，此类传热工质可为直接蒸发制冰的制冷剂或乙二醇水溶液。蓄冰贮槽的单位蓄冷能力取决于冰对于水的最终占有比例。不同的蓄冰方式将会有不同的蓄冷能力，一般蓄冰贮槽的单位体积蓄冷能力约为 35～50kWh/m^3。

1. 盘管式蓄冷是由沉浸在水槽中的盘管构成换热表面的蓄冰设备，分为冰盘管外融冰和内融冰两种方式。

(1) 冰盘管外融冰方式是以温度较高的冷水回水或载冷剂，直接进入蓄冷贮槽内结冰的盘管外循环流动，使盘管外表面冰层自外向内逐渐融化。图 11-2-2 为外融冰方式的释冷（或融冰）过程示意。由于冷水回水与冰直接换热，融冰速度较快，可得到温度为1℃～2℃的冷水。蓄冷贮槽一般为开式，充冷温度为−4℃～−9℃。为达到快速融冰，蓄冷贮槽内水与冰的体积比，即冰充填率（Ice Packing Factor，IPF）约为 50%，一般单位蓄冷量所需贮槽体积约为 0.03m^3/kWh。如果盘管外结冰不均匀，易形成死区，影响蓄冷效率，为此一般在贮槽内增设水流搅拌设施，如用清洁的压缩空气鼓泡增强水流扰动，换热均匀。盘管一般为钢制组装式盘管，贮槽为矩形钢制或混凝土结构两种，其结构示意图如图 11-2-3 所示。

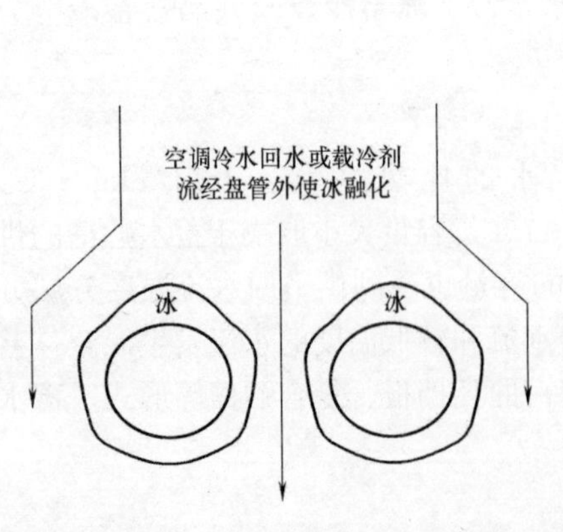

图 11-2-2 外融冰释冷过程示意图

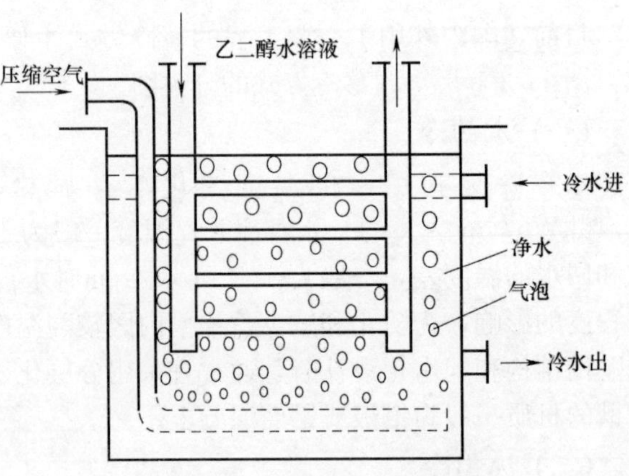

图 11-2-3 外融冰蓄冷贮槽示意图

（2）冰盘管内融冰方式是温度较高的载冷剂在管内循环，通过盘管表面将热量传递给冰层，使盘管外表面的冰层自内向外逐渐融化，图 11-2-4 为内融冰的释冷过程示意图。内融冰时冰层与盘管外表面之间，因逐渐增加的水层厚度，使融冰的传热速率降低，应选择合适的管径、恰当的结冰厚度使盘管结构获得较好传热。目前常用的内融冰盘管材料有钢和塑料两种，铜管使用很少。盘管有蛇形、圆筒形和 U 型等形状，贮槽为钢制、玻璃钢或钢筋混凝土等。内融冰贮槽一般为开式，载冷剂为闭式系统，充冷温度为－3℃～－6℃，可获取温度为 1℃～3℃的冷水，单位蓄冷量的贮槽体积一般为 0.019～0.023m³/kWh。

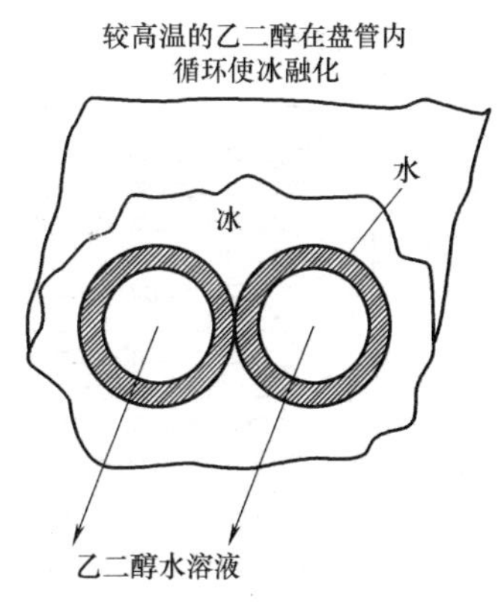

图 11-2-4　内融冰释冷过程示意图

2. 封装式蓄冰是以封装在一定规格形状的小容器内的水的结冰、融冰过程。专用塑料小容器沉浸在充满乙二醇水溶液的贮槽（罐）内，容器内水随着乙二醇溶液的温度变化而结冰或融冰。容器形状主要有球形、板形和椭圆形等。以球形容器为例，其结冰和融冰过程如图 11-2-5 所示。将许多冰球堆积在蓄冰槽内，乙二醇水溶液从冰球之间的间隙流过，充冷时，冰层从球体下部形成向上移动，最后在上部封顶；融冰过程中冰块受到已融化冰水的浮力向上浮动，其传热过程是很复杂的，通常均由冰球厂商提供充冷和释冷特性。封装冰蓄冷贮槽内的充冷温度为－3℃～－6℃，可制取温度为 1℃～3℃的冷水。蓄冷贮槽有开式和密闭式，由于密闭式承压贮槽结构简单，具有可因地制宜、灵活布置的优点，应用较为广泛。蓄冰贮槽一般是钢制，也有利用建筑物条件作开式混凝土贮槽。单位蓄冷量的贮槽体积一般为 0.019～0.023m³/kWh。

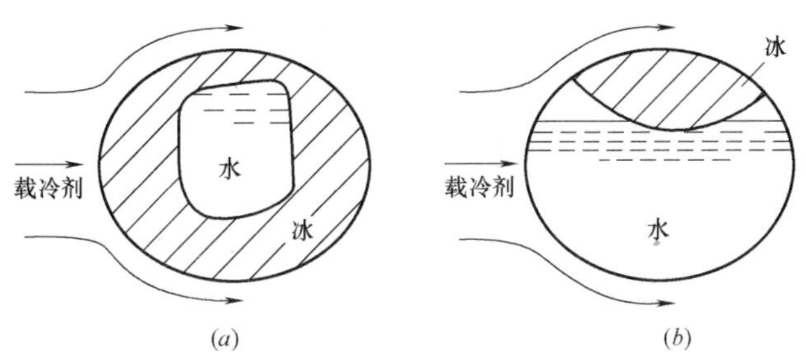

图 11-2-5　冰球结冰、融冰过程示意图

（a）结冰；（b）融冰

3. 共晶盐是一种由无机盐以及水、添加剂配制的混合相变材料，将其封装在塑料板式容器内，沉浸在注入空调循环水的蓄冷贮槽中。随着循环水温度的变化，共晶盐结冰或融化。共晶盐蓄冷装置的充冷温度为 4℃～6℃，释冷温度为 7℃～10℃，可使用常规冷水机组。蓄冷贮槽为敞开式，材料为钢板或钢筋混凝土两种。单位蓄冷量的贮槽体积为 0.048m³/kWh；图 11-2-6 为蓄冷贮槽结构示意图。蓄冷用共晶盐应具有准确的冻结温度，以避免冷水温度过低、过高；在容器内不应发生分层现象，有的共晶盐在过饱和状态时，有可能出现无机盐沉淀在容器的底部，并使部分液体浮在容器上部，这种分层现象会使蓄

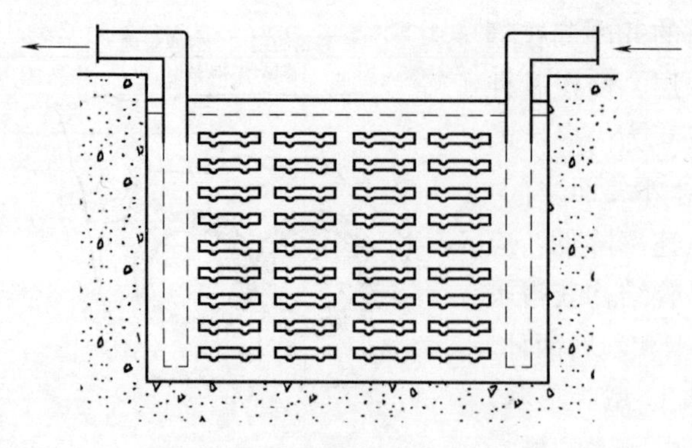
图 11-2-6　共晶盐蓄冷贮槽示意

冷能力下降。共晶盐应是无毒、不燃的完全为无机物，不会产生气体；在相变过程中密度不变，不会使封装容器反复膨胀。

4. 动态制冰方式有冰片滑落式和冰晶式等。与静态结冰方式相比，静态制冰无论是盘管外结冰或封装容器内结冰，要求制冷机的蒸发温度较低，电耗增大。而动态制冰方式可提高结冰和融冰的效率，降低能耗。动态冰片滑落式蓄冷系统设有专用的板状（或管状）蒸发器，水由水泵送至蒸发器表面冻结成冰，冰层周期性融化落入蓄冰贮槽内，充冷温度一般为－4～－9℃，释冷温度为1～2℃。单位蓄冷量的贮槽体积为0.024～0.027m³/kWh。蓄冰槽内的片状冰可实现快速融冰，一般可做到一天内贮存的冰片在30min即可全部融化，所以宜用于峰值冷负荷集中的场所。冰片滑落蓄冷系统有单泵或双泵形式，图11-2-7是双泵蓄冷系统的示意图。

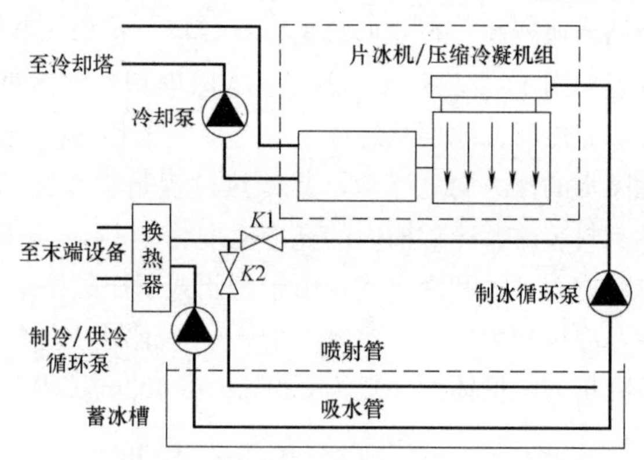

图 11-2-7　冰片滑落式双泵蓄冷系统示意图

冰晶式蓄冷方式是将蓄冷介质（8%的乙烯乙二醇溶液）冷却到0℃以下，产生细小、均匀的冰晶形成浆状物贮存在蓄冷槽中，冰晶直径约为100μm，浆状物可用泵输送，系统示意见图11-2-8。充冷温度约为－3℃，蓄冷贮槽一般为钢制。

根据国内外蓄冷技术的发展和现状，表11-2-1是各类蓄冷系统的主要性能特性的比较。

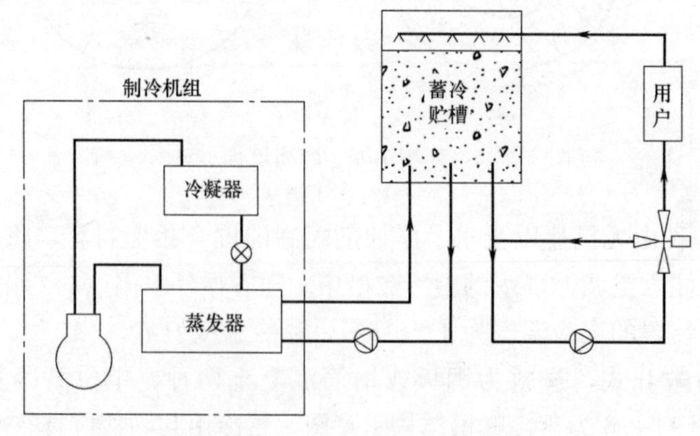

图 11-2-8　冰晶式蓄冷系统示意图

具体蓄冷工程项目的COP值应根据所选择的制冷机运行工况确定。

各类蓄冷系统的主要性能特性的比较　　表 11-2-1

项目内容	水蓄冷	封装冰	盘管外融冰	盘管内融冰	冰片滑落式	共晶盐
制冰方式	静态	静态	静态	静态	动态	静态
单位蓄冷量的贮槽体积（m^3/kWh）	0.078～0.172	0.019～0.023	0.03	0.019～0.023	0.024～0.027	0.048
蓄冷温度（℃）	4～7	−6～−3	−9～−4	−6～−3	−9～−4	4～6
释冷温度（℃）	5～11	1～3	1～2	1～3	1～2	7～10
蓄冷贮槽形式	开式	闭式或开式	开式	闭式或开式	开式	开式
释冷载冷剂	水	乙二醇	水或乙二醇	乙二醇	水	水
释冷速率	中	中	快	中	快	慢
制冷机类型	标准工况	双工况	双工况	双工况	分装或组装	标准工况
蓄冷工况的 COP 值 *	5～5.9	2.9～4.1	2.5～4.1	2.9～4.1	2.7～3.7	5～5.9
适用范围	空调、工艺制冷	空调、工艺制冷	空调、工艺制冷	空调	空调、食品加工	空调
主要特点	使用常规冷水机组，蓄冷贮槽可与消防水池　兼容	蓄冷贮槽形状可灵活设置	较高的释冷速率	模块化蓄冷槽，可适用于各种规模	释冷速率快	用常规冷水机组

二、空调蓄冷供冷负荷和运行策略

（一）空调蓄冷供冷负荷特点

空调蓄冷供冷负荷的主要特点有：

1. 蓄冷供冷负荷应以蓄冷——释冷周期各阶段的空调冷负荷进行计算，若周期为一天时，应以设计日各时段的小时冷负荷绘制逐时冷负荷分布图，以此确定蓄冷系统的蓄冷能力。若蓄冷——释冷周期为一周时，应以连续 5 天（或 2～3 天）的日逐时冷负荷分布图为依据确定蓄冷系统的蓄冷能力。

2. 不能忽略附加冷负荷，蓄冷系统容量是以设计日供冷负荷确定。因供冷系统设备及冷水管道温升引起的附加冷负荷对全日而言不能忽略不计，一般冰蓄冷装置的冷损失率约为其容量的 2%～5%，水蓄冷装置的冷损失率约为其容量的 5%～10%。

3. 应考虑空调停止运行时建筑物积累的热量，夜间或节假日空调停止运行时，建筑物从外界导入的热量会在第二天空调开始运行的 1～2 小时内释放，蓄冷系统中应计入这部分热量的耗冷量。

（二）蓄冷空调的冷负荷计算

1. 各类建筑的蓄冷空调冷负荷的计算依据

（1）确定室外空气计算参数，蓄冷-释冷周期为一天时，夏季空调室外计算干球温度，宜采用历年平均不保证 20h 或 50h 的干球温度基础上，提高 1℃～3℃。夏季室外计算湿球温度，宜采用历年平均不保证 20h 或 50h 的湿球温度基础上提高 1℃～3℃。夏季室外计算日平均温度，宜采用历年平均不保证 2d 或 5d 的平均温度基础上提高 1℃～2℃。

夏季室外计算逐时温度可按下式确定：

$$t_{sh}=t_{wp}+\beta\cdot\Delta t_r \tag{11-2-1}$$

$$\Delta t_r=\frac{t_{wg}-t_{wp}}{0.52} \tag{11-2-2}$$

式中　t_{sh}——夏季空调室外计算逐时温度（℃）；

t_{wg}——夏季空调室外计算干球温度（℃）；

t_{wp}——夏季空调室外计算日平均温度（℃）；

β——室外温度逐时变化系数，见表 11-2-2；

Δt_r——夏季室外计算平均日温差（℃）。

室外温度逐时变化系数　　　　表 11-2-2

时刻	1	2	3	4	5	6
β	−0.35	−0.38	−0.42	−0.42	−0.47	−0.41
时刻	7	8	9	10	11	12
β	−0.28	−0.12	0.03	0.16	0.29	0.4
时刻	13	14	15	16	17	18
β	0.48	0.52	0.51	0.43	0.39	0.28
时刻	19	20	21	22	23	24
β	0.14	0.00	0.10	−0.17	−0.23	−0.28

注：室外逐时湿球温度按露点不变情况下求取。

蓄冷—释冷周期为一周时，应采用历年某一周内连接 5d（或 2～3 天）出现全年最高温度作为设计日的室外空气计算参数。

（2）确定供冷蓄冷/释冷周期，宜以日为一个周期。有以数天为一个周期的，如体育馆、教堂等，在一周或数日内仅若干小时需供冷，或其他作为备用冷源的地方。

（3）确定供冷时间，根据各类建筑物的使用功能，确定蓄冷/释冷周期的供冷时间，有的建筑物供冷时间是 24 小时如宾馆、医院及三班连续生产的工厂等；有的在夜间至早晨不需要供冷，如商场、办公楼及学校等；有的只在特定时间有供冷要求，如餐厅、酒家、影剧院及体育馆等，表 11-2-3 列出部分建筑物的日供冷时间，供参考。

部分建筑物的设计日平均负荷系数及供冷时间　　　　表 11-2-3

建筑物用途	设计日平均负荷系数	工作时间(h)
写字楼	0.75～0.89	10～12
商场	0.7～0.9	10～14
宾馆	0.6～0.75	24
医院	0.6～0.75	24
火车站、机场	0.65～0.85	20～24

（4）确定设计日平均负荷系数是设计日平均小时负荷与最大小时负荷之比。根据气象条件、人员流动情况、开放时间等确定设计日平均负荷系数，各类建筑差异较大，即使同一类建筑因规模、使用功能的不同，差异也会较大，应按具体项目情况确定，表 11-2-3 列出的部分建筑的设计日平均负荷系数供参考。

2. 几种典型建筑逐时冷负荷分布，如图 11-2-9 所示。①图为商场类建筑每天供冷时间约 12h 的冷负荷变化曲线，由于前一夜晚的热量蓄存，在每天开机时要以较大的供冷量将房间温度降至合适温度，一般约 0.5h，下降后随气象条件和人流增加冷负荷增加，一般在 12：00 至 14：00 为高负荷区，在夏季最热的时段也可能在 18：00 左右因人流增加出现峰值负荷。图②为写字楼与①相似。图③为每日早、中、晚开放的餐厅，一般每次只有 2h 左右冷负荷，变化不会太大。图④是每日只中午至夜晚开放的酒楼，因规模较大，人员流动也会较大。图⑤是体育馆，按 6 天绘制，每天 1～2 场比赛，每次 2～3h，因空间大，前期房间内热量的蓄积，所以刚开始时冷负荷较大。图⑥是宾馆的日冷负荷曲线，夜间冷负荷较低，白天因气象条件和人流变化冷负荷总是在变化，高峰负荷在 14：00 前后，一般可能有次高峰负荷出现在 20：00 前后。图⑦是火车站、机场类公共建筑，夜间因有少量旅客和值班人员，所以有少量冷负荷。图⑧是工厂因生产过程有一定的发热量或三班生产有空气洁净度要求的生产厂房，气象条件影响冷负荷的幅度较小，所以冷负荷分布曲线比较平稳。根据具体建筑物的设计日逐时冷负荷特点，确定是否适合采用蓄冷系统。

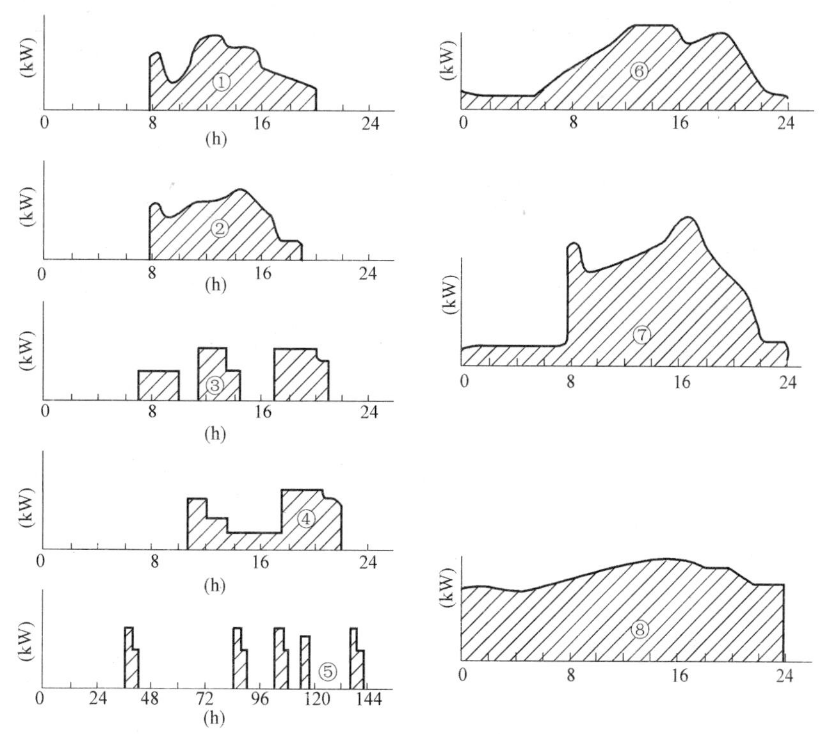

图 11-2-9　几种典型建筑物逐时冷负荷分布示意图

①—商场建筑物；②—写字楼；③—餐厅；④—酒楼；⑤—体育馆；⑥—宾馆建筑；⑦—公共建筑；⑧—三班制工业企业

3. 在方案设计或初步设计阶段可采用系数法或平均法进行典型设计日逐时冷负荷的估算。

（1）系数法，以最大小时冷负荷（q_{max}）为依据，乘以设计日逐时冷负荷系数（k），可计算出逐时冷负荷和设计日总冷负荷。应十分注意，影响逐时冷负荷的因素颇多，即使完全相同的建筑，朝向不同、气象条件、人员流动、设备投入等的变化，其逐时冷负荷分布都将发生变化，表 11-2-4 仅供参考，较为准确的是以相似已有建筑的逐时冷负荷进行核对后确定。

几种类型建筑的逐时冷负荷系数　　　　**表 11-2-4**

时间	写字楼	宾馆	商场	餐厅	咖啡厅	夜总会	保龄球馆
1	0	0.16	0	0	0	0	0
2	0	0.16	0	0	0	0	0

续表

时间	写字楼	宾馆	商场	餐厅	咖啡厅	夜总会	保龄球馆
3	0	0.25	0	0	0	0	0
4	0	0.25	0	0	0	0	0
5	0	0.25	0	0	0	0	0
6	0	0.5	0	0	0	0	0
7	0.6	0.59	0	0	0	0	0
8	0.43	0.67	0.7	0.5	0.5	0	0
9	0.7	0.67	0.5	0.4	0.37	0	0
10	0.89	0.75	0.76	0.54	0.48	0	0.5
11	0.91	0.84	0.8	0.72	0.7	0	0.38
12	0.86	0.9	0.88	0.91	0.86	0.5	0.48
13	0.86	1	0.94	1	0.97	0.4	0.62
14	0.89	1	0.96	0.98	1	0.4	0.76
15	1	0.92	1	0.86	1	0.41	0.8
16	1	0.84	0.96	0.72	0.96	0.47	0.84
17	0.9	0.84	0.85	0.62	0.87	0.6	0.84
18	0.57	0.74	0.8	0.61	0.81	0.76	0.86
19	0.31	0.74	0.64	0.65	0.75	0.89	0.93
20	0.22	0.5	0.5	0.69	0.65	1	1
21	0.18	0.5	0.4	0.61	0.48	0.92	0.98
22	0.18	0.33	0	0	0	0.87	0.85
23	0	0.16	0	0	0	0.78	0.48
24	0	0.16	0	0	0	0.71	0.3

（2）平均法，日总冷负荷（Q）应按下式计算：

$$Q=\sum_{i=1}^{n}q_i=n\cdot m\cdot q_{\max}=n\cdot q_{\mathrm{cp}}\ (\mathrm{kWh}) \tag{11-2-3}$$

式中 q_i——i 时刻空调冷负荷（kW）；

$q_{\max}$——设计日最大小时冷负荷（kW）；

q_{cp}——日平均冷负荷（kW）；

n——设计日空调运行小时数（h）；

m——平均负荷系数，等于设计日平均小时冷负荷与最大小时冷负荷之比，宜取0.75～0.85。

（三）运行模式

蓄冷系统的运行模式通常有全负荷蓄冷和部分负荷蓄冷。

1. 全负荷蓄冷：全负荷蓄冷或称负荷转移，蓄冷装置承担设计周期内电力峰、平时段的全部冷负荷。全负荷蓄冷系统需设置较大的制冷机和蓄冷装置。虽然，运行费用低，但设备投资高、蓄冷装置占地面积大。一般用于白天供冷时间较短或要求完全储备冷量以及峰谷时段电价差大的情况。

2. 部分负荷蓄冷：蓄冷装置只承担设计周期内峰、平时段部分冷负荷，一般是将峰、平时段的30%～60%的冷负荷转移，具体工程项目应进行技术经济比较后确定。白天由蓄冷装置释冷和制冷机组制冷联合供冷，根据各地区的电力供应状况和电价结构，可分为负荷均衡蓄冷和用电需求限制蓄冷两类部分负荷蓄冷方式，表 11-2-5 是两类部分负荷蓄冷方式的比较。

两类部分负荷蓄冷方式的比较　　表 11-2-5

对比项目	负荷均衡蓄冷	用电需求限制蓄冷
供冷模式	制冷机在供冷周期内连续运行，高峰负荷时蓄冷装置与制冷机联合供冷	制冷机在限制用电或电价高峰时段内停机或限量开机，不足部分由蓄冷装置释冷提供
特点	制冷机利用率高，蓄冷装置容量较小，初投资低，运行费用较少	制冷机利用率较低，蓄冷装置容量较大，初投资较高，运行费用较多
使用条件	适用于有分时电价地区的供冷系统	有严格的限制用电（时间段和量）或分时电价差较大的地区

对部分负荷蓄冷系统在运行中应合理安排分配制冷机组直接供冷量和蓄冷装置释冷量，使二者能最经济地满足冷负荷需求，在运行控制中主要有两种基本的控制策略，一种是以制冷机供冷为主或称制冷优先，另一种是蓄冷装置释冷为主或称释冷优先，其不足部分冷负荷互为补充。

不同控制策略运行能耗和费用是不同的。表 11-2-6 列出某蓄冷系统在 10 小时供冷周期内采用释冷优先或制冷机优先的不同效果，释冷优先的能耗较高，但电费较少，而制冷机优先的能耗较低，但电费较多。

不同控制策略下典型的逐时冷负荷分布　　表 11-2-6

时段	所需冷负荷（kW）	释冷优先策略（kW）		制冷机优先策略（kW）	
		释冷供冷	制冷机组供冷	释冷供冷	制冷机组供冷
8～9	2016	1480	536	0	2016
9～10	2645	1480	1165	525	2120
10～11	2988	1480	1508	868	2120
11～12	3384	1480	1904	1264	2120
12～13	3456	1480	1976	1336	2120
13～14	3528	1480	2048	1408	2120
14～15	3600	1480	2120	1480	2120
115～16	3366	1480	1886	1246	2120
16～17	2840	1480	1360	720	2120
17～18	1945	1480	465	0	1945
10 小时共计（kWh）	29768	14800	14968	8847	20921

（四）蓄冷能力的确定

1. 全负荷蓄冷

蓄冷装置的有效容量（Q_s）（kWh 或 RTh）为：

$$Q_s = \sum_{i=1}^{i=24} q_i = n_1 \cdot c_f \cdot q_c \tag{11-2-4}$$

蓄冷装置的名义容量 Q_o（kWh 或 RTh）为：

$$Q_o = \varepsilon \cdot Q_s \tag{11-2-5}$$

式中　q_i——蓄冷系统的逐时冷负荷（kW）；

n_1——夜间蓄冷时段制冷机在蓄冷工况下运行的小时数（h）；

c_f——制冷机在蓄冷时的制冷能力变化率，蓄冷时制冷能力与空调工况制冷能力的比值；

q_c——制冷机在空调工况时的制冷量（kW 或 RT）；

ε——蓄冷装置的放大系数或备用系数。

2. 部分负荷蓄冷

在确定部分负荷蓄冷系统的装置容量时，应充分发挥制冷机的作用，使其昼夜运行，以减少制冷机装机容量。制冷机的制冷能力（q_c）应为：

$$q_c = \frac{Q}{n_2 + c_f \cdot n_1} = \frac{\sum_{i=1}^{i=24} q_i}{n_2 + c_f \cdot n_1} \tag{11-2-6}$$

式中　Q——日总冷负荷（kWh）；

n_2——白天制冷主机在空调工况下的运行小时数（h）。

当制冷机在白天以空调工况运行计算得到的制冷量 q_c 大于该供冷时段内（n）小时的逐时冷负荷 q_j、q_k、q_l、…时，应对白天制冷机在空调工况下运行的实际小时数进行修正为（n'_2），再以（n'_2）代入式（11-2-7）计算制冷机的制冷能力。

$$n'_2 = (n_2 - n) + \frac{q_j + q_k + \cdots}{q_c} \tag{11-2-7}$$

【例 11-2-1】 某建筑物典型设计日空调逐时冷负荷如表 11-2-7 所列，若采用部分负荷蓄冷系统，计算冷水机组和蓄冷贮槽的容量。

【解】

根据表 11-2-7 典型日总冷负荷为 8046RTh。设计日空调运行为 16 小时。夜间制冷机在蓄冰工况下的运行小时数为 8 小时。

采用螺杆式冷水机组，取 C_f 为 0.7，按式（11-2-6）计算空调工况制冷能力为：

$$q_c = \frac{8046}{16 + 0.7 \times 8} \approx 372\text{RT}$$

从表 11-2-7 查得小于 q_c 的小时数 $n=5$，按式（11-2-7）计算 n'_2：

$$n'_2 = (16-5) + \frac{85+341+341+227+99}{372} \approx 13.9$$

再代入式（11-2-6）计算冷水机组空调工况制冷能力为：

$$q_c = \frac{8046}{13.9 + 8 \times 0.7} \approx 420\text{RT}$$

根据公式（11-2-4）计算所需蓄冰槽容量为：

$$Q_s = 8 \times 0.7 \times 420 = 2352\text{RTh}$$

图 11-2-10 是某建筑物典型设计日蓄冷周期逐时负荷分布图，该图中列出典型设计日逐时冷负荷，以及制冷机、蓄冷槽逐时制冷量、取冷量和蓄冷量。

三、水蓄冷系统与蓄冷装置

（一）水蓄冷系统的特点

水蓄冷系统的蓄冷温度与空调用冷水相近，通常具有以下特点。

1. 水蓄冷系统与蓄冰系统都具有对城市电网“削峰填谷”的功能，降低制冷购电费用，减少运行费用。

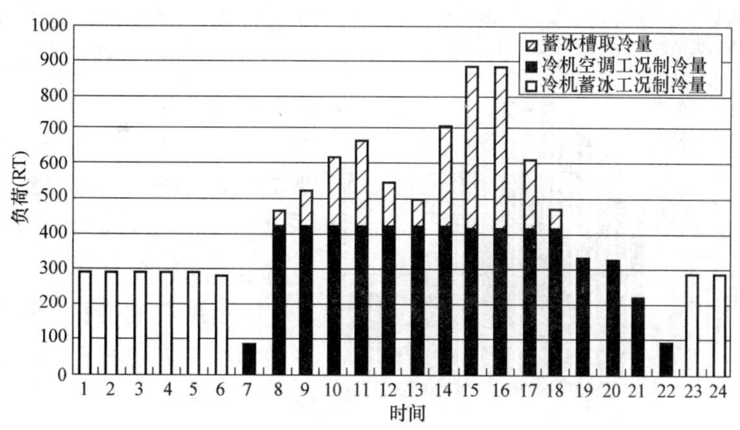

图 11-2-10　蓄冷周期逐时负荷分布图

典型设计日逐时冷负荷和供冷分布表　　　　表 11-2-7

时间	空调负荷(RT)	冷水机制冷量(RT)		蓄冰槽取冷量(RT)	冰槽蓄冰量(RTh)	取冷率(%)
		蓄冰工况	空调工况			
1		294			607	
2		294			901	
3		294			1195	
4		294			1489	
5		294			1783	
6		275			2077	
7	85		85		2352	
8	469		420	49	2352	2.08
9	526		420	106	2303	4.51
10	627		420	207	2197	8.8
11	672		420	252	1990	10.71
12	550		420	130	1738	5.53
13	503		420	83	1608	3.53
14	722		420	302	1525	12.84
15	895		420	475	1223	20.2
16	895		420	475	748	20.2
17	625		420	205	273	8.72
18	469		420	49	68	2.08
19	341		341		19	
20	341		341		19	
21	227		227		19	
22	99		99		19	
23		294			19	
24		294			313	
总计	8046RTh	2333RTh	5713RTh	2333RTh		99.2

2. 减少空调制冷机的容量，由于水蓄冷系统的冷水温度与空调用冷水温度基本相近，所以制冷电能消耗比蓄冰系统低。

3. 较容易实现空调冷热源装置中的蓄冷、蓄热共用一套蓄能装置，包括蓄水池(罐)、水泵和换热器等，并可作为应急冷（热）源。

4. 根据具体条件和技术经济比较的需要，常常在水蓄冷系统中设置“基载制冷机”，

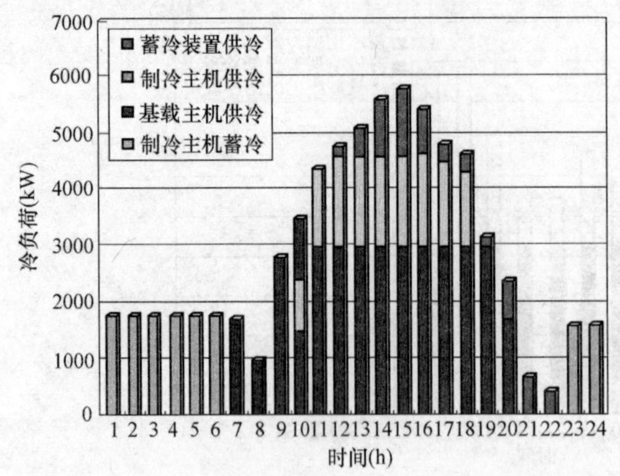

图 11-2-11　水蓄冷系统设计日供冷负荷分布示意图

在空调供冷时段满负荷或部分负荷运行。图 11-2-11 是一套水蓄冷系统的设计日供冷负荷分布示意图，空调供冷时段为 7：00 至 22：00，由于电网的高峰时段为 7：00～10：00 和 18：00～22：00，所以 7：00～9：00 和 21：00 / 22：00 全部由蓄冷槽释冷供冷；10：00～20：00由基载制冷机、蓄冷制冷机、蓄冷槽释冷共同供冷；23：00～6：00 为蓄冷充冷时段。

（二）水蓄冷模式

1. 全蓄冷模式，制冷机在电网低谷时段满负荷运行，获得全天的总冷负荷，将冷量蓄积于冷水储槽中；制冷机在电网峰平时段停运，所需冷负荷全部由蓄水储槽供应。这种模式具有运行费用低的优点，但蓄水量大，设备及建造费用都较大。

2. 部分蓄冷模式，蓄冷制冷机在电网低谷时段满负荷运行，蓄积设计日的部分冷量于蓄冷贮槽中；在电网的峰平时段由制冷机和蓄水储槽释放冷量联合供冷。对部分水蓄冷模式可采用制冷机优先或蓄冷槽释冷优先或制冷机和蓄冷槽释冷共同供冷的多种控制策略。部分蓄冷方式初次投资较少，但运行费用较高。

（三）水蓄冷系统流程

水蓄冷系统流程有开式流程、开闭式混合流程两种。

1. 开式流程，可采用串联完全混合流程和并联流程等形式。图 11-2-12 是串联完全混合流程示意图。图 11-2-13 是开式并联流程示意图，图中开式蓄冷水槽后设释冷水泵 2，当采用只从蓄冷水槽释冷供冷时开启阀 V_3，关闭阀 V_1、V_2 向空调负荷供冷；当采用制冷机与蓄冷水槽联合供冷时，开启冷水泵 1，释冷水泵 2 和阀 V_2、V_3，关闭阀 V_1 向空调负荷供冷；对蓄冷水槽蓄冷时，开启冷水泵 1 和阀 V_1，关闭泵 2 和阀 V_2、V_3。

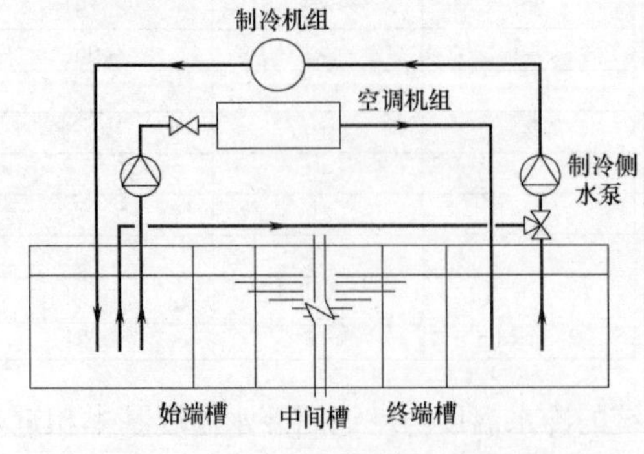

图 11-2-12　串联完全混合流程示意图

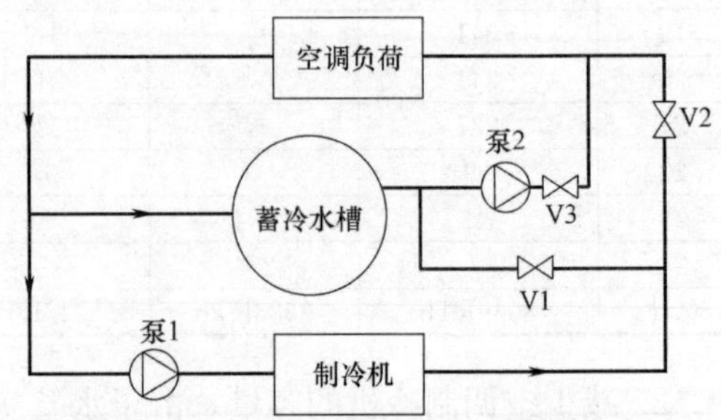

图 11-2-13　开式并联流程示意图

上述两种流程的主要特点是直接向空调用户供冷，具有系统简单、一次投资低、温度梯度损失小等优点，但水蓄冷贮槽与大气相通，水质易受环境污染，水中含氧量高易生长菌藻类植物。为防止冷水系统管路、设施的腐蚀及有机物的繁殖，应设置相应的水处理装置。水蓄冷贮槽为常压运行，应防止虹吸、倒空而引起运行工况的不稳定，水泵扬程增加，能耗较高。

2. 开闭式混合流程，采用热交换器与空调用户间接连接，在热交换器一次侧与水蓄冷贮槽组成开式回路，接至空调用户的热交换器二次侧形成闭式回路，空调用户侧冷水管路可防止氧腐蚀、有机物、菌类的繁殖等影响。

这种流程可根据空调用户的要求选用相应的设备承受各种静压，可适用于高层、超高层建筑空调供冷。且由于二次侧回路为闭式流程水泵扬程降低，减少电能消耗。但需增加设备及相应的投资，且制冷机供水温度将比直接供冷降低 1℃～2℃，致使制冷机组容量降低及电能消耗增加，应根据具体工程特点，供冷条件等进行技术经济比较。

图 11-2-14 是间接连接的串联开闭式流程示意图，二次侧接至空调用户为闭式系统，泵 2 为冷水循环水泵；一次侧为水蓄冷开式系统包括制冷机组、水蓄冷槽、循环泵 1 等。蓄冷时，开启制冷机组、泵 1、阀 V_2，释放冷量对空调用户供冷时，开启泵 1、阀 V_3、泵 2，经换热器冷却二次侧冷水。制冷机和水蓄冷槽释冷联合供冷时，开启制冷机、泵 1、泵 2、阀 V_1、V_4，关闭阀 V_2、V_3。

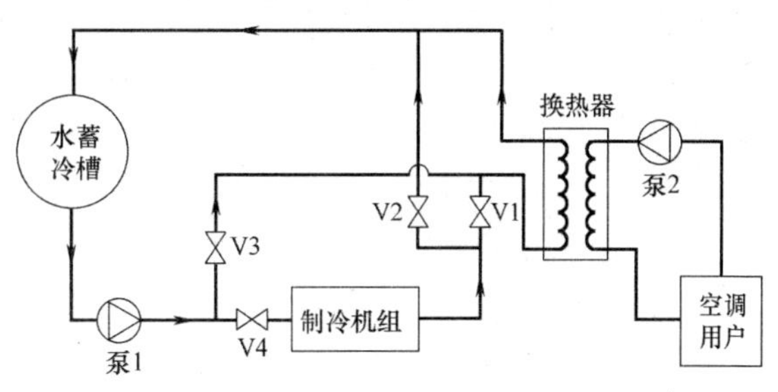

图 11-2-14　采用间接连接的串联开闭式流程示意图

图 11-2-15 是采用间接连接的并联开闭式流程示意图，与串联流程不同的是设置释冷泵 3，从水蓄冷槽抽取冷水至换热器。蓄冷时，开启制冷机组、泵 1 和阀 V_1。释冷时，开启泵 3、阀 V_3、泵 2；制冷机组供冷时，开启制冷机组、泵 1、阀 V_2，泵 2；水蓄冷槽释冷和制冷机组联合供冷时，开启制冷机组、泵 1、泵 3、阀 V_2、V_3，开启泵 2。

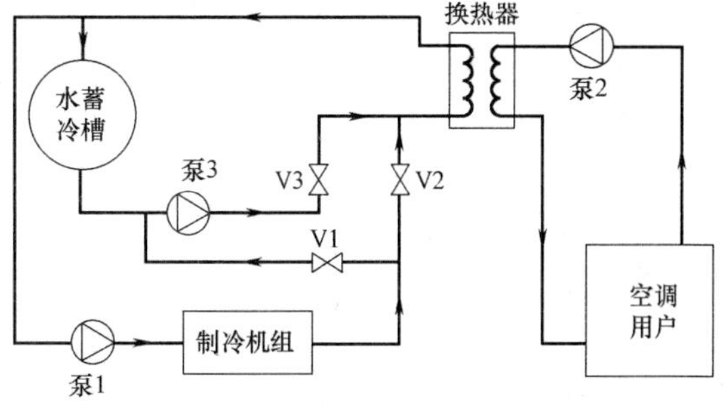

图 11-2-15　采用间接连接的并联开闭式流程示意图

（四）水蓄冷系统主要设备的选择

1. 制冷机组的容量确定

采用全蓄冷模式时，制冷机组容量（Q、kW 或 RT）为：

$$Q=\frac{Q_t \cdot K}{t} \qquad (11\text{-}2\text{-}8)$$

式中　Q_t——空调总冷负荷（kWh 或 RTh）；

K——冷损系数，按蓄冷水槽形状、大小和保温情况等确定，一般为 1.01～1.03；

t——蓄冷时间（h）。

部分蓄冷模式的制冷机容量应根据冷负荷变化情况和水蓄冷系统的蓄冷能力以及当地电网在峰、平、谷时段的电价，经技术经济分析后确定。

2. 水蓄冷槽的体积 V 确定

$$V=\frac{Q_{st}}{1.163 \cdot \Delta t \cdot \eta_1 \cdot \eta_2}\text{m}^3 \tag{11-2-9}$$

式中 Q_{st}——设计日所需蓄冷量（kWh 或 RTh）；

Δt——水蓄冷槽可利用的进出水温度差，一般为 5℃～8℃；

η_1——蓄冷效率，与进出水混合状况、储槽结构和保温性能等有关，一般为 0.8～0.9；

η_2——水蓄冷槽的利用率，与贮槽构造、配水状况等有关，一般为 0.85～0.95。

3. 换热器，按所要求的换热量、一次侧／二次侧的进出温度，根据换热器型式计算确定所需换热器面积、压力降等；换热量应按水蓄冷系统的流程、运行模式等因素确定，一般采用全蓄冷模式时，应按空调用户的最大小时冷负荷计算；采用部分蓄冷模式时，应按设计日冷负荷变化曲线和电网峰、平、谷时段的分布等因素确定。

4. 冷水泵，应按其在水蓄冷系统中的位置和功能确定，如图 11-2-15 并联流程中泵 3 的循环水量应按最大释冷负荷及释冷温度确定，扬程则应与循环泵 1 匹配，并考虑制冷机蒸发器的压力降等因素。

（五）水蓄冷贮槽

1. 水蓄冷槽类型

图 11-2-16 表示单个水蓄冷贮槽在蓄冷释冷阶段冷水进/出状况，释冷时较高温度回水自贮槽上部进入，同时将槽内的约 5℃冷水自下部出口抽出，对空调系统供冷；蓄冷时正好相反，从制冷机组送出的约 5℃冷水从贮槽下部进入，自上部引出。在水蓄冷贮槽内的较高温度的水、冷水可能发生三种混合状况，如图 11-2-17 所示设计日换水次数与水蓄冷贮槽的可利用温度差的关系曲线。曲线①（*ABCD*）是理想的水温度分布状态下的变化关系，曲线②为回（温）水进入蓄水槽与槽内冷水充分混合时水温变化的状况；曲线③为通常情况下水温度随换水次数变化的情况。在蓄冷、释冷过程中水槽内水流状态均不是完全相同，为避免或尽可能减小不同温度水的混合，使贮槽内水都能按水温即密度分层，应合理选择水蓄冷系统流程及贮槽结构、进出水布水方式等。一般水蓄冷贮槽可分为温度分层型和多槽混合型。

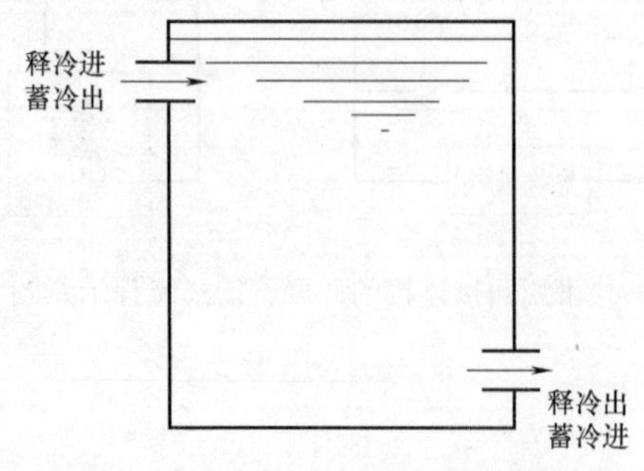

图 11-2-16　单个水蓄冷贮槽示意图

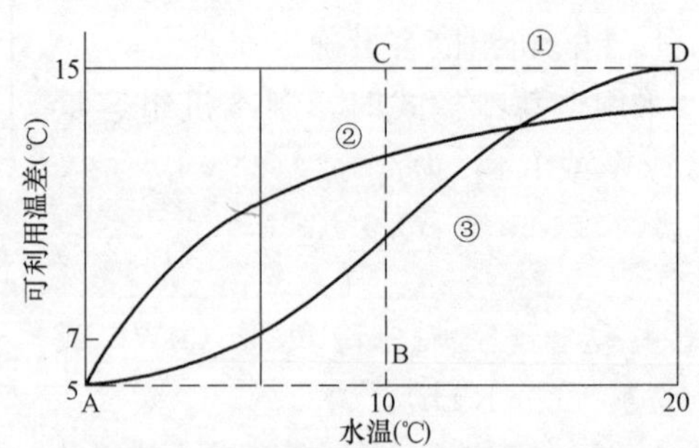

图 11-2-17　单槽内冷水混合状况

2. 温度分层型

水蓄冷贮槽中水温分布一般是按密度自然地进行分层，在水温度大于 4℃的水，其温度低的水密度大，位于贮槽的下方，而温度高的水密度小，位于贮槽的上方。在蓄冷、释冷过程中控制水流缓慢的自下而上或自上而下地流动，就会在蓄冷水槽内形成稳定的温度分布。图 11-2-18 是目前应用较多的一种温度分层型水蓄冷贮槽，这类水蓄冷贮槽的槽体形状一般有圆柱形和长方形或正方形，在相同体积下其表面积与体积比，圆柱形比长方形要小，因此圆柱形的冷损失较小，且可降低单位蓄冷量的建设投资。

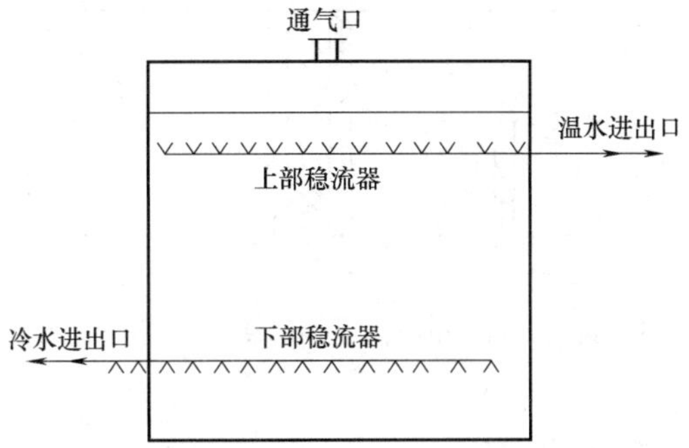

图 11-2-18　温度分层型水蓄冷贮槽示意图

3. 多槽混合型（水平流向型）

多槽混合型又称迷宫型，是将水蓄冷贮槽分隔成多个单元槽，各个单元槽之间有序地采用堰或连通管串联，也可采用内、外连管并连。单元槽之间的堰或连通管的布置通常应做到蓄冷时下进上出、释冷时上进下出；各个单元槽的水管进出口位置应确保水流的路径最长，且平面方位应呈直角布置，见图 11-2-19，一般这类水蓄冷槽可利用建筑物的地下结构建造。多槽混合型水蓄冷贮槽可分为串联式、并联式、平衡式等类型。

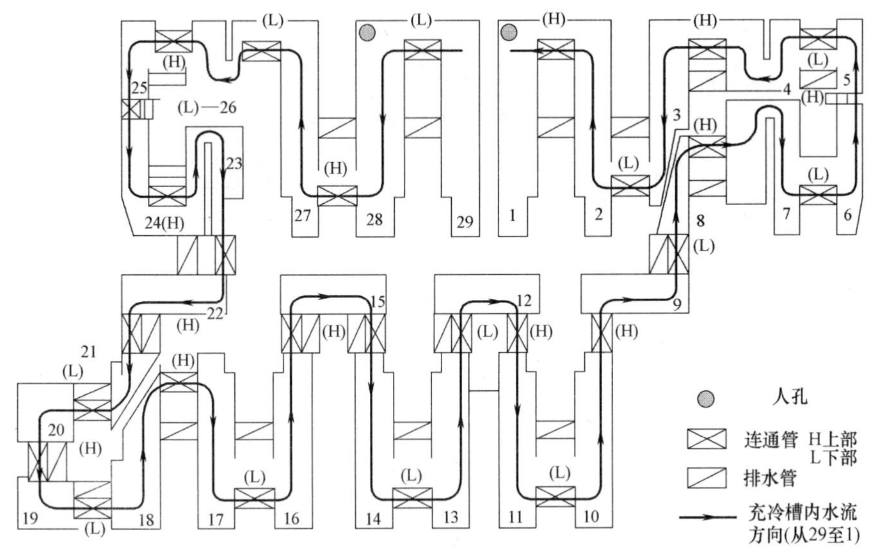

图 11-2-19　多槽混合型水蓄冷贮槽示意图

(1) 串联混合型水蓄冷贮槽，它是由若干个单元槽串联组成，图 11-2-20 是串联混合型堰式水蓄冷贮槽示意图，此类贮槽又称为潜流折板形，相邻的单元槽内设有潜流挡板和溢流挡板，此类贮槽结构简单较适合于串联数量多的场合，节省空间，但槽体防水要求较高。图 11-2-21 是串联混合型连通管式水蓄冷贮槽示意图，蓄冷贮槽是将各个单元槽采用 S 型连通管进行连接，在水表面的管端设计成圆盘或条形并设稳定水流的浮子，外筒管设计为可移动式，以适应水位的变化。此类贮槽与堰式贮槽比较，保冷、防水措施的施工较方便。

（2）并联混合型水蓄冷贮槽，这类贮槽进出水以集管方式将各个单元槽并联连接，同时对水流进行恒量分配，按集管布置位置在水蓄冷贮槽的内部或外部又分为内集管式及外集管式。图 11-2-22 是外集管式水蓄冷贮槽，在贮槽的外部设置冷温水集管各一根，从冷水、温水集管分别向各单元槽设支管单独配管连接，在各个单元槽的进/出水管的管端设圆盘形、条形、锥形开口部件，避免贮槽内水流短路混合。贮槽在运行中水位变化小，水面上部空间小，可提高蓄冷贮槽的有效容积。

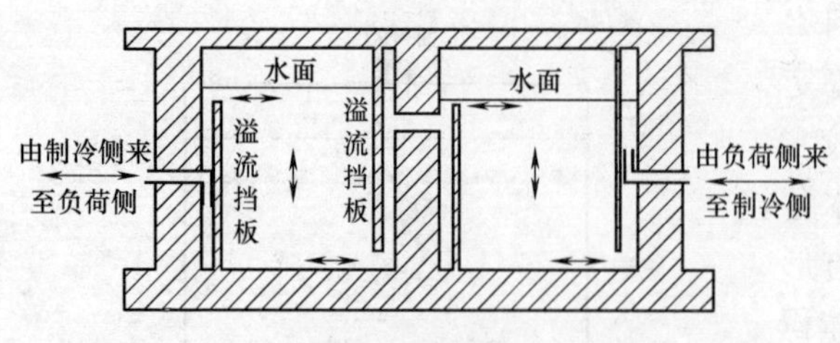

图 11-2-20　串联混合型堰式水蓄冷贮槽示意图

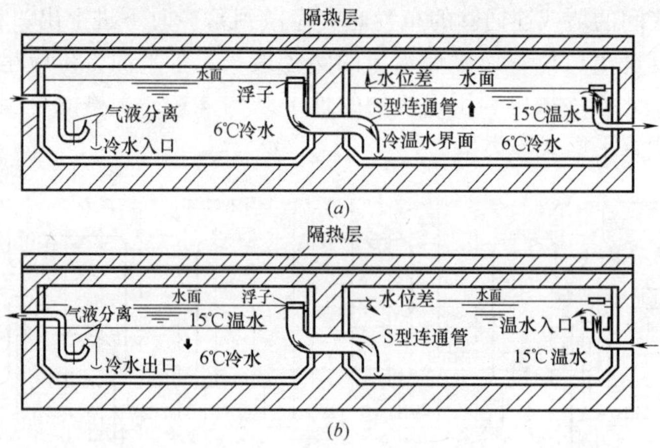

图 11-2-21　串联混合型连通管式水蓄冷贮槽示意图

（a）蓄冷；（b）释冷

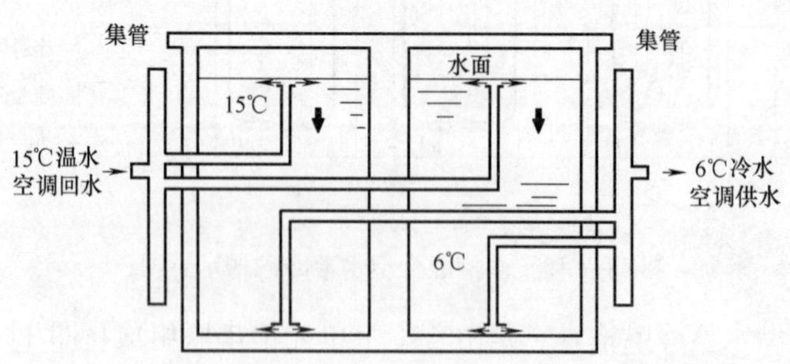

图 11-2-22　外集管式水蓄冷贮槽示意图

（3）平衡型水蓄冷贮槽综合上述贮槽的特点，改善了由于二次侧和回水温度的不稳定引起的不足之处，在水蓄冷槽的外部设置了立式水连通管，通过这些连通管上的多个调节阀，可根据水蓄冷系统的运行工况选择不同部位联通管上阀门的开启、关闭，满足槽内温度分层的需要，实现温度分层的运行要求。

(4) 其他类型的水蓄冷贮槽，图 11-2-23 是空槽、实槽多槽切换型，水蓄冷贮槽由两个以上的独立贮槽组成，其中一个贮槽在蓄冷时段开始前保持空槽，蓄冷时将另一个温水槽中的水经制冷机组降温后送入该空槽，蓄满冷水后待用，此时原温水槽即成为空槽，而待用冷水槽开始释冷供冷水。

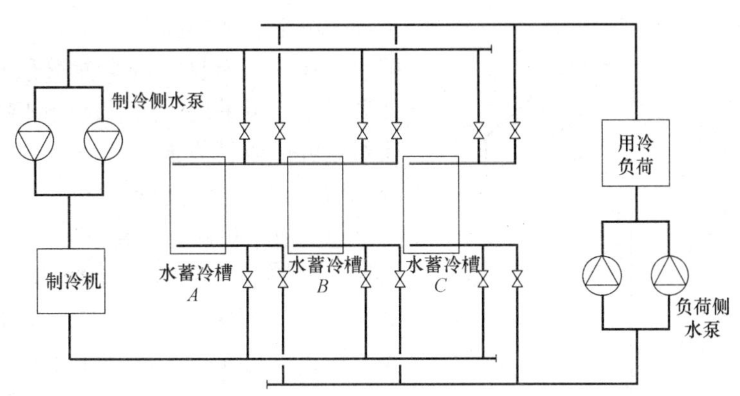

图 11-2-23 空槽实槽多槽切换水蓄冷贮槽示意图

负荷侧的回水（温水）送入空槽，如此循环运行。这种方式没有冷水、温水混合，可保持温度稳定地供水，但在空槽冷水、温水置换过程冷损是不可避免的并且总的水蓄冷贮槽容积增大，所以应用较少。

(5) 温度分层型水蓄冷贮槽的设计

1) 温度分层型水蓄冷贮槽的设计要求

A. 合理选择贮槽的形状和高径比，为减少贮槽冷热损失和建造费用，贮槽的截面积与体积比宜越小越好，球形槽虽最小但温度分层不佳，应用很少，一般均采用圆柱形贮槽，由于方形槽建造方便又易与建筑结构结合也有采用。圆柱形水槽的直径一般由水槽的斜温层所要求的水流速度、配水器结构及尺寸所决定。钢筋混凝土贮槽的高径比宜取 0.25～0.5，一般为 0.25～0.33 之间，此时建设费用较低、且水温分层有利；贮槽高度最小为 7m，最大不高于 14m。地面以上的钢贮槽高径比宜采用 0.5～1.2，高度宜在 12～27m 范围内。

B. 贮槽内配水器的设计，为使水以重力流或活塞流平稳地导入槽内或由槽内引出，应在贮槽的冷温水进出口设置配水器或分配器，使水按不同密度差异依次分层，形成并维持稳定的斜温层，以确保水流在贮槽内均匀分配，扰动小。冷温水配水器的设置及与之相连的干支管，包括规格尺寸、空间间距均应尽可能对称布置，避免引起干支管水流的偏流，以确保配水器单位长度的水流量均等，排出水流速度均匀，基本上处于重力流状态，避免引起水蓄冷贮槽内水平方向的扰动。为保持整体配水器干支管内静压均衡，应在配水器的设计中要求配水器任何一根支管的孔口截面积不大于接管截面积的一半，以使水流接近均匀流速。配水器上的开口排列及方向应使其进出水朝着与其相近的贮槽下部底板或上部水面，即上配水器的开孔向上，下配水器的开孔方向下，使配水器进出口界面上保持低水流速度分布均匀，上、下配水器在形式、规格等方面应相同，下部配水器进（出）水时，水流不会形成向上的扰动，上部配水器进（出）水时不会产生向下的扰动。应限制通过配水器开孔的水流速度，通常孔口出口的水流速在 0.3～0.6m/s 范围内，孔中心间距应小于 2 倍的开孔高度。

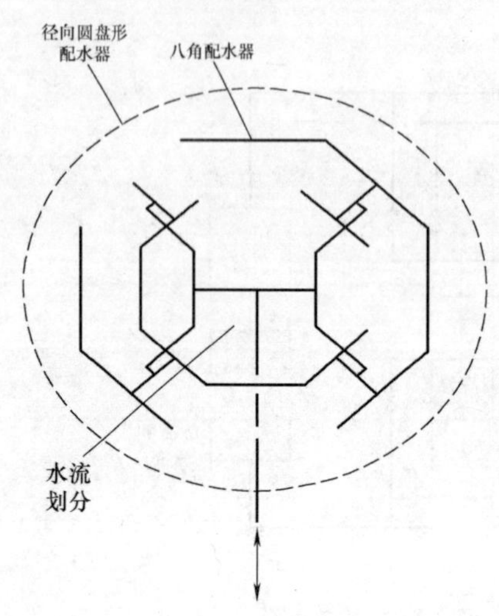

图 11-2-24 八角形配水器的布置示意

配水器的结构形式：通常应采用对称自平衡的布置方式，其结构形式有八角形、连续水平衡条缝形、径向圆盘形或 H 形配水器。各类配水器均应具有良好的自然分层功能，从几何外形考量，可采用八角形及径向圆盘形配水器；而对正方形或长方形水槽宜为连续水平条缝形及 H 形。八角形的配水器可由一个或多个组成一个总的进水管路，见图 11-2-24。八角形配水器均由双环、八根带 135°弯头的直管段构成，若干尺寸、形状、间距、开口方向相同条缝开孔位于直管段顶部，构成上部配水器；开口位于管段底部，构成下部（冷水）配水器。

2）影响分层特性的因素

A. 水蓄冷贮槽的分层依赖于密度，并由水中温度层的分布情况确定，水的密度与温度有关，当水温低时密度增大。一般不宜采用温度≤4℃的水作载体，此时水的密度小，并出现反常膨胀现象易破坏水的温度分层。水蓄冷贮槽冷水（温度约在 4～6℃）集中于贮槽底部区域，而温水温度约为 10～18℃集中于贮槽上部区域。

B. 水蓄冷贮槽进出的冷水温水需通过配水器进行分配，应合理选择、设计配水器，使水进出水平稳地流动，扰动最小，斜温层不受干扰。

C. 贮槽壁及沿槽壁的热传导引起的温度变化，将会使斜温层高度发生变化，若斜温层降低，则表示释冷时可利用的冷水容量减少，斜温层继续下降，将导致槽内冷水降到不能利用的温度，此时贮槽应进行蓄冷。所以蓄冷、释冷时间与贮槽的容积、本体材料、保冷条件等因素有关。

D. 水蓄冷贮槽的斜温层高度宜在 0.3～1.0m 范围，它与配水器的性能及斜温层维持时间有关。图 11-2-25 温度分层型水蓄冷贮槽随高度变化的温度分布的运行情况，是冷水为 4.5℃、温水为 15.5℃的斜温层高度约为 1m 的变化状况。

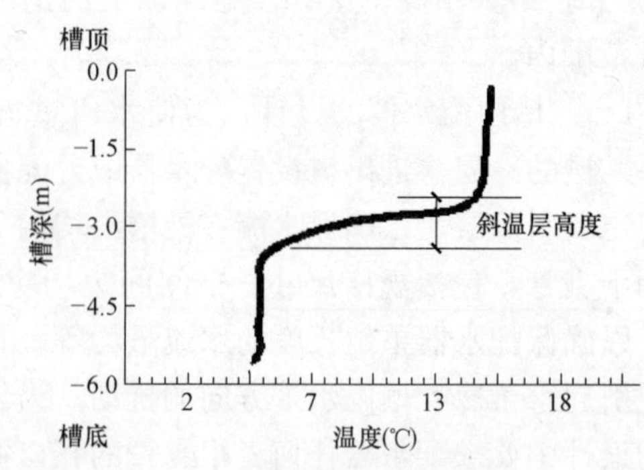

图 11-2-25 温度分层型水蓄冷贮槽温度分布

E. 由于热传导和不可避免的冷水、温水混合，将会引起贮槽内水温的升高，较理想的温升为 0.5～1.0℃，冷水基本上以恒温状态从水槽排出。实际运行中在释冷阶段排出的冷水温度是逐渐递增的，当斜温层接近下部配水器时即释冷将要结束时，水温迅速上升。图 11-2-26 为典型的释冷阶段温度变化过程特性，贮槽内斜温层被抽出水槽前，水温将急剧上升，所以水槽中约有 10%容积的水无法利用，该图设定的水蓄冷系统供水温度上限为 7℃。

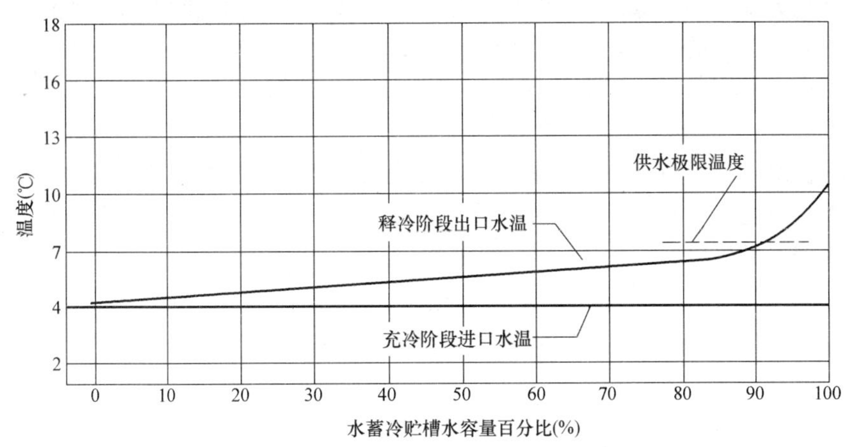

图 11-2-26　分层型蓄冷贮槽充冷、释冷时段温度变化特性

3）贮槽的绝热和防结露

水蓄冷贮槽多处于开式状态，贮槽与大气相通，但槽内外空气存在温度及湿度差以及槽体上任何对外开孔、人孔等均会引起贮槽的冷损失，此类冷损失取决于贮槽周围空气温度、土壤温度与贮槽内水之间温差，也取决于贮槽本体所使用的材料、绝热材料和周围土壤物理性能（如导热系数等）。应十分重视水蓄冷贮槽绝热层的设置，并应保持由贮槽底部导入的热量小于从侧壁传入的热量，避免形成槽内水温分布的逆向变化，引发对流、干扰甚至破坏槽内水的自然分层。对于露天设置的水蓄冷贮槽，绝热层外还应设有防潮层、保护层，为减少太阳辐射的影响，保护层应采用反射效果好的材料或涂料。水蓄冷贮槽的绝热设计时，槽内水温宜采用 4℃；贮槽绝热层外表面温度不得低于环境空气的露点温度。

（六）水蓄冷系统的布置

1. 水蓄冷贮槽的位置

水蓄冷贮槽的容积较大，贮槽布置时应与土建设计紧密配合，宜将贮槽布置于地下，贮槽上方区域可布置荷载较小的场地如网球场或绿化带等，尽量降低建造费用。若采用地上布置时宜将贮槽与其他建筑结构毗邻连接。水蓄冷贮槽宜布置在制冷站附近，靠近制冷机及冷冻水泵，既可减少蓄冷系统冷损失，又可降低冷水管道输送距离，减少能耗及建造费用。即使规模较大的水蓄冷贮槽也不得布置在距制冷站达数百米甚至 1km 以上。循环冷水泵宜布置在贮槽水位以下的位置，以保证泵的吸入压头，而不应布置于贮槽的顶部。

2. 多槽混合型水蓄冷贮槽的布置

（1）由多个单元槽组成的多槽混合型水蓄冷贮槽的单元槽通常采用正方形或长方形，宜采取串联、并联等方式进行布置，并宜设在建筑物底层或建筑物的地下室，其单元槽大小宜与建筑结构协调。

（2）为充分利用建筑物周围地形和面积，可在其前后左右布置多槽混合型水蓄冷贮槽的单元槽，并注意连通管的配置方式和必需的水位。始端槽、终端槽宜设在与制冷站、循环水泵的邻近位置处。

（3）单元槽之间的连通管直径，应根据制冷侧、负载侧的最大循环水量确定，连通管内水流速度宜为0.1～0.3m/s；连通管应设在始端槽与终端槽之间的最大水位差以下。为减少连通管开口部位的阻力，管端应做成锥形口。

（4）为充分利用水蓄冷贮槽的容量，宜将水蓄冷贮槽的最高水位尽量提高，但最高水位的水面上方应有300mm的自由空间。

（5）水蓄冷贮槽设有连通管的隔板上部应设置用于平衡的放气管，其位置应处于贮槽最大水位差时不会被水淹没处。在始端槽的顶板上应设通大气的立管，管端应作防雨、防尘、防异物侵入的措施。

四、蓄冰系统与蓄冰装置

（一）冰盘管蓄冷系统

盘管式蓄冰系统分为盘管外融冰和盘管内融冰两种方式，盘管式蓄冰装置都是在盘管外结冰，它是由沉浸在充满水的贮槽中的金属或塑料盘管作为换热表面，在蓄冰系统蓄冷时，载冷剂或制冷剂在盘管内循环，吸收贮槽内水的热量在盘管外形成冰层。外融冰方式是在融冰（释冷）时段，冰由外向内融化，较高温度的冷冻水回水与冰直接接触；内融冰方式是在融冰（释冷）时段，盘管内的较高温度的载冷剂将盘管外表面的冰逐渐融化为水。

1. 内融冰方式的蓄冰系统

内融冰方式可避免上一周期释冷时，在盘管外表面可能存在的剩余冰，引起传热效率下降，以及表面结冰厚度不均等不利因素。内融冰系统为闭式循环，对系统的防腐及静压问题的处理都十分有利。常用的内融冰盘管主要有蛇形盘管、圆筒型盘管和U型盘管等多种形式。它们作为换热器的功能，分别与不同种类的贮槽组合为成套的各种标准型号的蓄冰装置，这些盘管也可根据需要制作成非标准的规格尺寸，以适应各种建筑特点对蓄冰贮槽的要求。

（1）蛇形盘管内融冰蓄冰装置的盘管可按长度的不同制成多种容量规格，各厂家生产的蛇形盘管蓄冰装置各有特点，为使读者对此类装置有粗略的了解，仅以BAC公司的装置为例，该公司的盘管由钢板经高频连续卷焊，其外径为26.6mm；盘管组装在钢架上，装配后进行整装外表面热镀锌。盘管内额定工作压力为1.05MPa，结冰厚度约为23mm，在融冰时段蓄冰贮槽出口温度可保持在2～3℃，系统温度可达到10℃。内融冰整装式标准型号（TSU型）蓄冰装置的规格、性能见表11-2-8。此类蓄冰装置一般使用25%（质量比）乙烯乙二醇水溶液，充冷时进液温度为－5.6℃。有的制造厂家冰盘管采用无缝钢管经高科技焊接工艺制成蛇形蓄冰钢盘管，盘管外表面采用热镀锌防腐措施。蓄冰贮槽可用钢板、玻璃钢或钢筋混凝土制作，为便于安装和维修，当槽体采用钢板或玻璃钢时，槽体距墙壁或槽体之间间距为0.45m；当槽体采用钢筋混凝土结构时，冰盘管在槽内的布置参见图11-2-27。

（2）导热塑料盘管内融冰蓄冰装置，盘管采用在塑料中添加导热助剂和强度助剂配制的导热塑料作为换热元件。具有重量轻、导热性能好、机械强度高、不腐蚀、使用寿命长，每台蓄冰盘管可自带槽体及保温等特点。该类盘管通常用作内融冰蓄冷系统，有时也可用于外融冰系统。整装式导热塑料蓄冰装置的单台蓄冷容量为1020～2961kWh。

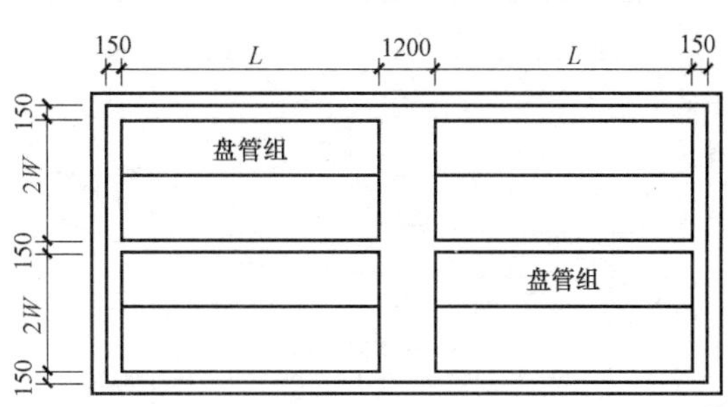

图 11-2-27　蛇形盘管组在混凝土上贮槽布置图

(3) U 形盘管内融冰蓄冰装置，它是由耐高温、低温的聚烯烃石蜡酯塑料管制作为平行流动的换热盘管，并垂直设置于保温槽体内。每片盘管由若干外径为6.35mm的中空管组成，管两端与直径50mm的集管相连。有标准型和散装型，盘管有效换热面积为0.449m²/kWh，标准型有6种规格，蓄冷容量为486～3882kWh。散装型可适应不同建筑结构的需要，如利用建筑物地下室或基础筏基等。U型盘管内融冰蓄冷装置通常放置于钢制或玻璃钢制槽体内构成蓄冰槽。图11-2-28为散装U型盘管放置于钢筋混凝土槽的平面布置示意图。

内融冰整装式标准蓄冰装置（BAC 产品）　　　　**表 11-2-8**

型号		TSU-237M	TSU-476M	TSU-594M	TSU-761M	TSU-L184M	TSU-L 370M	TSU-L 462M	TSU-L 592M
蓄冰(潜热)容量(kWh)		960	1674	2089	2676	647	1301	1625	2082
净重量(kg)		4420	7590	9150	10990	3760	6400	7710	9200
工作重量(kg)		17730	33530	42200	51610	14196	26674	33634	40886
冰槽水容量(m^3)		11.32	22.11	28.25	34.64	8.82	17.26	22.03	27.03
盘管内溶液量(m^3)		0.985	1.876	2.350	2.994	0.800	1.480	1.960	2.310
接管尺寸(mm)		50	75	75	75	50	75	75	75
尺寸(mm)	W	2400	2400	2980	3600	2400	2400	2980	3600
	L	3240	6050	6050	6050	3240	6050	6050	6050
	H	2440	2440	2440	2440	2000	2000	2000	2000

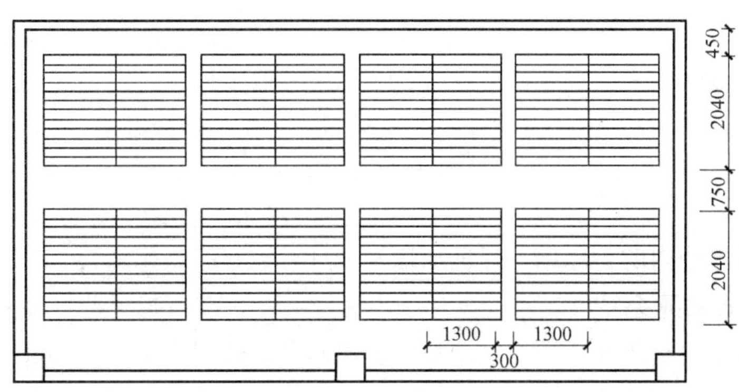

图 11-2-28　散装 U 形盘管在混凝土贮槽内的平面布置示意图

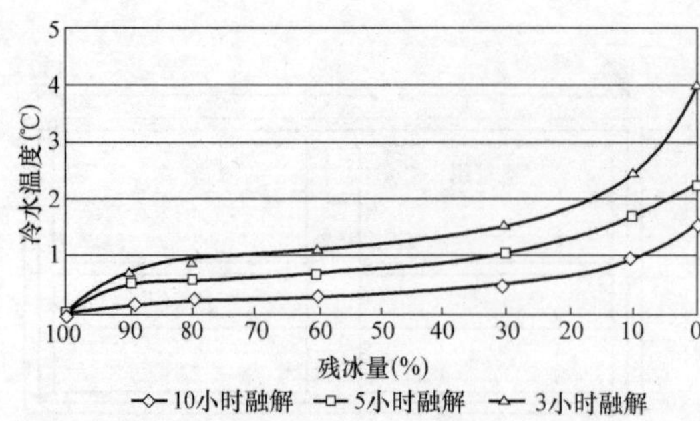

图 11-2-29 卷焊钢制外融冰式盘管的释冷特性

2. 外融冰方式蓄冰系统

(1) 外融冰冰盘管蓄冰装置主要有卷焊钢制盘管和无缝钢管盘管

1) 卷焊钢制盘管是由钢板经高频连续卷焊制作，外表面采用整体热浸锌防腐。管外径为 26.67mm，最大结冰层厚度为 35.56mm，盘管换热表面积为 $0.137m^2/kWh$，冰表面积为 $0.502m^2/kWh$，制冰率为 40%～60%。融冰时段冰由外向内融化，温度较高的冷水回水与冰直接接触，可以在较短的时间内制出低温冷水。外融冰式冰盘管的释冷特性见图 11-2-29 所示。钢制蓄冰盘管及装置的产品规格、性能及外形见表 11-2-9。

2) 无缝钢管盘管，它是采用无缝钢管连续焊接制成蛇形钢盘管，外表面采用热浸锌防腐。该盘管采用单根长约 100m 的换热流程，使其热交换充分有效，一种无缝钢管蓄冰装置 4 种规格的蓄冰容量为 703～2814kWh。

外融冰整装式标准蓄冰装置（BAC 产品） **表 11-2-9**

型号		TSU-364B	TSU-402B	TSU-424B	TSU-536B	TSU-612B	TSU-728B	TSU-804B
蓄冷容量(kWh)		1420	1567	1658	2092	2386	2835	3129
蓄冰(潜热)容量(kWh)		1280	1410	1491	1885	2152	2560	2827
净重量(kg)		8830	9420	10560	12240	13430	15580	16890
工作重量(kg)		33930	36920	40500	49450	55520	65030	71130
冰槽内水容量(m^3)		20.04	26.34	28.66	35.65	40.33	47.33	51.93
盘管内溶液容量(m^3)		1.00	1.10	1.20	1.48	1.68	2.00	2.20
冷水管尺寸(mm)		150	150	150	150	150	150	150
外形尺寸(mm)	W	3040	3040	3040	3040	3040	3040	3040
	L	5060	5540	6020	7458	8418	9857	10817
	H	2150	2150	2150	2150	2150	2150	2150
冷水接管数量(组)		2	2	4	4	4	4	4

(2) 壳管式外融冰蓄冰装置，采用单通道或多通道壳管式蓄冰罐与制冷机等配套组成。图 11-2-30 是壳管式蓄冰罐外融冰蓄冷系统流程示意图，该系统具有以下特点：空调水与蓄冷水连通，使冷水温度明显降低，有利于实现低温送风，降低蓄冷系统的运行能耗；利用取冷水流量和入口温度调节壳管式蓄冰槽的取冷速率，以实现快速取冷和制备低温水；壳管式蓄冷槽可以向空调供冷系统提供 1℃～4℃的低温水，当空调回水温度为 12℃时，水泵将比常规系统运行降低能耗 37.5%～58.3%；蓄冰槽承载水的静压一般≤1MPa。图 11-2-31 是单通道壳管式蓄冰罐简图，在此类装置中安装有阻容式冰厚传感器，可准确测量冰槽内的蓄冰率，保证冰槽安全且有最佳的制冰量。

(二) 封装式蓄冰系统

封装冰蓄冷是将封闭在一定形状塑料容器内的水冷却制成冰，并将这些容器密集地沉浸在密闭的充满载冷剂的金属容器内，或沉浸在开敞的贮槽中。塑料容器内的水随着载冷剂温度的变化结冰、融冰。封装式蓄冰的蓄冷温度为−3℃～−6℃。

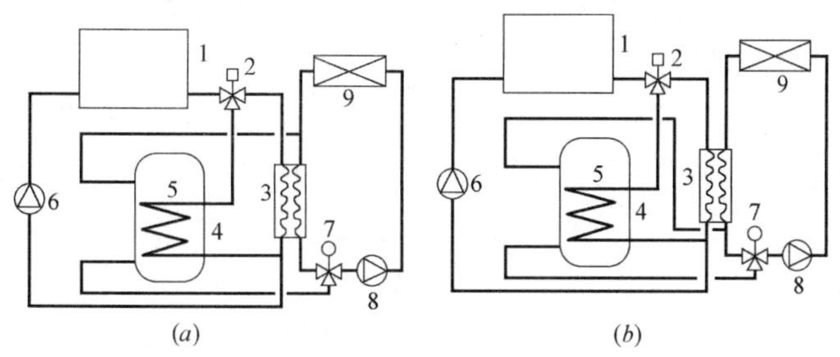

图 11-2-30　壳管式蓄冰罐外融冰蓄冷系统流程示意图

(a) 并联式；(b) 串联式

1—制冷机；2—电磁三通阀；3—板式换热器；4—壳管式蓄冰罐；5—冰盘管；6—载冷剂泵；7—电动三通阀；8—水泵；9—空调用户

1. 封装蓄冰塑料容器可分为冰球、冰板和芯心冰球等

(1) 冰球，各生产厂家按自己的专有技术制造冰球容器，如法国 CIAT 公司的冰球外壳由壁厚 1.5mm 高密度聚乙烯制造，球内充注添加了化学品的水，预留约 9%的膨胀空间，冰球内的水因化学添加剂的成核作用冻结蓄冷，冰球直径有 77mm、96mm、蓄冷量分别为 44.5，48.5kWh/m^3。由美国 CRYOGEL 公司制作的凹面冰球见图 11-2-32，它是由外壳壁厚小于 1.2mm 的高密度聚乙烯制作，冰球内充满水后相变结冰时，凹坑向外移动吸纳膨胀量；在冰融化时，又恢复到原来的形状。由法国凯涞玛公司制造的内膨胀腔冰球表面覆盖半球状突起，用以均匀分布乙二醇溶液在冰体表面的流动；采用塑料聚合物制作的冰球内预充了特殊处理的水，冰球直径为 137mm，潜热（0℃）为 89Wh/个、蓄冷量（℃）为 46.30kWh/m^3。

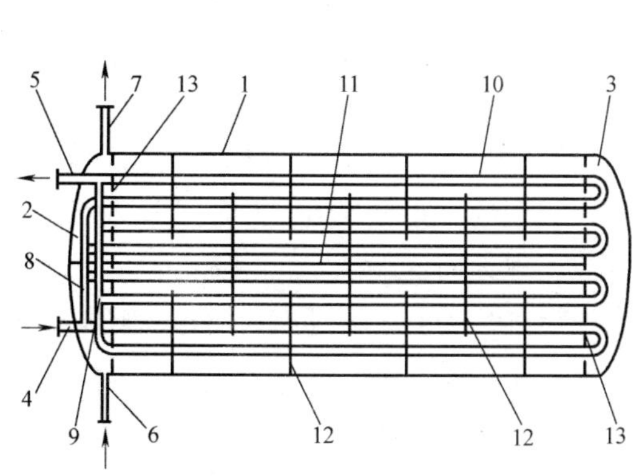

图 11-2-31　单通道壳管式蓄冰罐简图

1—壳体；2—左封头；3—右封头；4—载冷剂进口；5—载冷剂出口；6—空调入水管；7—空调出水管；8—载冷剂分液管；9—载冷剂集液管；10—冰盘管；11—水道隔板；12—折流板；13—管板布水器

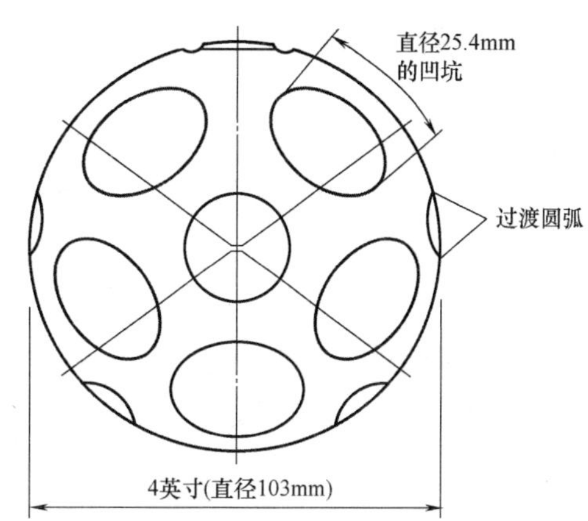

图 11-2-32　凹面冰球外形

(2) 冰板，美国 Reaction 公司制造的中空冰板的外形尺寸有 815×304×51mm 和 815×90×51mm，它是由高密度聚乙烯制成，冰板内充注去离子水，每个冰板的蓄冷量为

935.2kW 和 297.8kW，冰板单位体积蓄冷量均为 6.45kWh/m^3。冰蓄冷装置将冰板整齐有序地填码在钢制的蓄冰贮槽内。

（3）金属蕊芯冰球，金属蕊芯冰球由高弹性高密度聚乙烯制成的具有褶皱的冰球，其褶皱有利于蕊结冰和融冰时内部冰/水体积变化而产生的膨胀与收缩，两侧设有中空金属蕊芯，既可增强热交换，又能起配重作用，在开式蓄冷贮槽内放置时冻结后不会浮起，金属蕊芯冰球见图 11-2-33。冰球内充注 95%的水和 5%化学添加剂，以加速结冰、融冰过程。金属蕊芯冰球的直径×长度，有 ϕ130×140mm 和 ϕ130×246mm，每个冰球的热容量为 0.100kWh 和 0.221kWh。

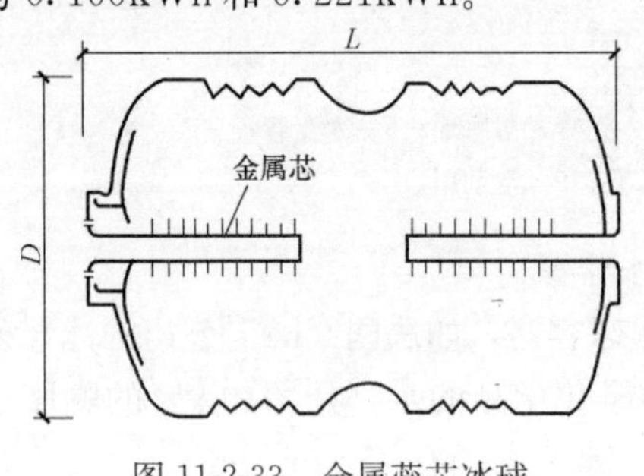

图 11-2-33　金属蕊芯冰球

2. 蓄冰贮罐（槽）

用于封装式蓄冰系统的蓄冰贮罐（槽）通常为钢制、玻璃钢制或钢筋混凝土结构。钢制贮槽用在闭式压力系统，形状为圆柱形，分为卧式和立式两种；钢筋混凝土贮槽一般应用在开式系统，形状为矩形。

蓄冰罐内的冰球应按程序均匀分布地填充，贮槽填满后充注载冷剂，应使乙二醇溶液在每个冰球四周环流，均匀进行热交换。冰板是用人工堆放在贮槽内，冰板填满贮槽的横断面，一般宜用两种规格，小的冰板用来填充大冰板留下的空间；每块冰板带有塑料的支座，能使乙二醇溶液在冰板四周环流。为防止流体在贮槽内发生局部短路引起换热性能的下降，应在圆柱形贮罐的出、入口设有液流分布孔板或散流器，使流体在罐内均匀流动；在矩形贮槽或开式贮槽中，应设有定位限制的格栅，使结冰的容器完全沉浸在载冷剂中，有时在贮槽内设置导流挡板，使载冷剂溶液流速均匀、提高换热效率。

贮槽内表面应光滑、平整，钢制贮罐应有防腐措施，外壁应有良好的隔热绝缘，包括贮槽的支座部分。目前，各制造厂商均提供标准的钢制贮罐产品，钢筋混凝土贮槽则应按工程设计要求在现场制作。

（1）钢制蓄冰贮罐（槽），有卧式和立式两种。图 11-2-34 是卧式钢制蓄冰贮罐简图，直径有 0.95m～3m，长度有 2.98m ～14.77m，容积约 2m^3～100m^3。卧式蓄冰贮罐上应设有人孔用于充填冰球，底部人孔用以卸除冰球（埋地时无此人孔）。卧式贮槽支架和底板间应有保温层。载冷剂溶液经上、下分配管分别在贮罐上、下进出；溶液流经贮罐的压力降主要是进出分配管的阻力，而流经冰球的压力降几近于零。

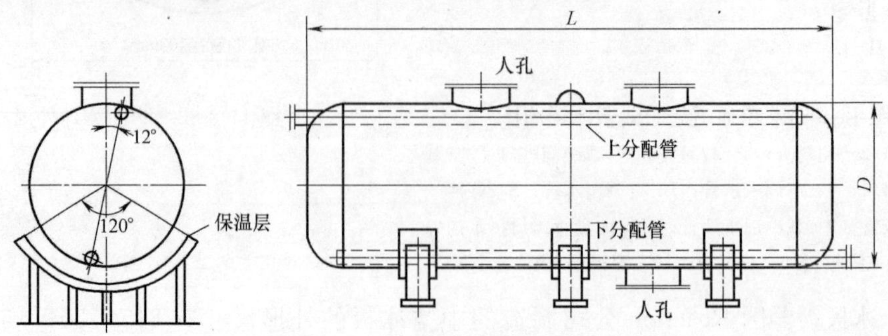

图 11-2-34　卧式钢制蓄冰贮罐简图

（2）矩形蓄冰贮槽可用钢板、玻璃钢或钢筋混凝土制作，通常为开式，在大气压力状态下运行；也有的采用承压型闭式矩形蓄冰槽，运行压力约 35kPa，一般以氮气（N_2）进行保压，这种方式的优点是避免载冷剂对钢贮槽的腐蚀，并可减少乙二醇的补充量，但增加操作运行难度。

贮槽顶部应设保温盖板，在最高液位有溢流口（通常设有液位报警装置防止溢流）。贮槽上部，在常温情况下的有效液面上部 10cm 处设有格栅，强度一般为 200kg/m^2，以保证冰球全部沉浸在液面以下；顶部设入孔用以填充冰球。当贮槽在地面上安装时，在其下部设有排污管、阀门，或检修门，检修门内侧应设有格栅以防打开时冰球滑落。钢筋混凝土贮槽通常设在地下，或利用建筑筏基，其结构强度应由专业的设计部门负责。为使进、出蓄冰贮槽的载冷剂在贮槽内均匀流动，在上部格栅 20cm 以下以及贮槽底部分别设分配管，管的数量和直径，管上的开孔数，均应根据载冷剂流量、水力工况确定，分配管压降通常 20～30kPa。冰球开式矩形蓄冰贮槽结构示意见图 11-2-35 所示。

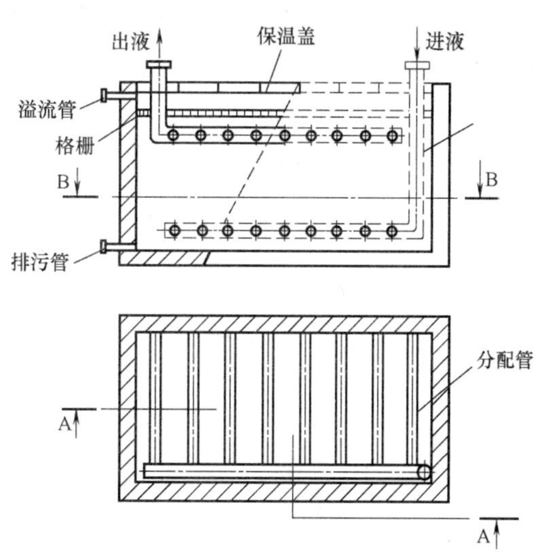

图 11-2-35　冰球开式矩形蓄冰贮槽示意图

（3）喷淋式蓄冰罐，图 11-2-36 是喷淋式蓄冰罐的示意图，(*a*) 为设置在地面上蓄冰罐，(*b*) 为设在地下的蓄冰罐，它是法凯涞玛（AIRCLI MA）公司近年研制，并已投入运行的喷淋式冰球蓄冷系统中的主体设备之一，在蓄冰罐的上部设置集管和喷射器，使载冷剂均匀喷淋在冰球上；在蓄冰罐的底部应积存一定数量的载冷剂；载冷剂溶液循环泵应设置在罐内溶液保有量的最低液位以下。喷淋式蓄冰罐可采用圆柱形、矩形或其他形状，喷淋式蓄冰罐的直径 4.6m～15.3m，高度有 3.6m～9.6m 6 种，蓄冷能力有 2300kWh～71000kWh。

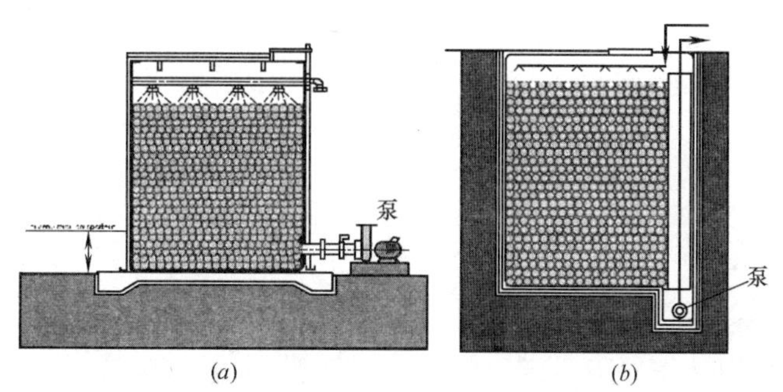

图 11-2-36　喷淋式蓄冰罐的示意图

（三）其他蓄冰系统

1. 共晶盐蓄冷系统

共晶盐蓄冷装置的是以无水硫酸钠化合物为主的溶液为蓄冷介质，充灌在高密度聚乙烯板式容器内，再将容器在蓄冷槽内有序排列和正确定位，由于溶液密度比水大，不会发生漂浮，在蓄冷过程相变时不发生膨胀和收缩，所以共晶盐在贮槽内不会移动。蓄冷贮槽通常为开式矩形钢筋混凝土现场制作，应具有良好的防水渗漏覆盖层；贮槽高度一般为2.4～3m，单位体积蓄冷量约为20.83kWh/m^3。入口和出口总管分别位于贮槽相对的两端，进口集管一般为多孔的PVC管。

共晶盐蓄冷系统蓄冷温度为4℃～6℃可采用常规的冷水机组提供冷源，这样就可以对已经安装使用的供冷系统不做任何修改，或仅做很少的变动就能增加供冷容量。

在蓄冷初期蓄冷槽入口水温从开始时8℃下降到7℃，以后持续下降，如图11-2-38为充冷时典型的蓄冷槽出口温度线。在释冷时，蓄冷槽出口水温开始时约7℃，之后温度持续上升到潜热耗尽时约为10℃，图11-2-37为典型的共晶盐释冷温度曲线。共晶盐蓄冷系统所采用的共晶盐溶液应做到稳定地在规定的冻结点结晶，并应避免无机盐在容器内分层，甚至在底部沉积的现象发生。共晶盐溶液应为无毒、不燃的无机盐，也不会在使用过程中产生气体，并在蓄冷系统使用中潜热容量不发生变化或衰减。

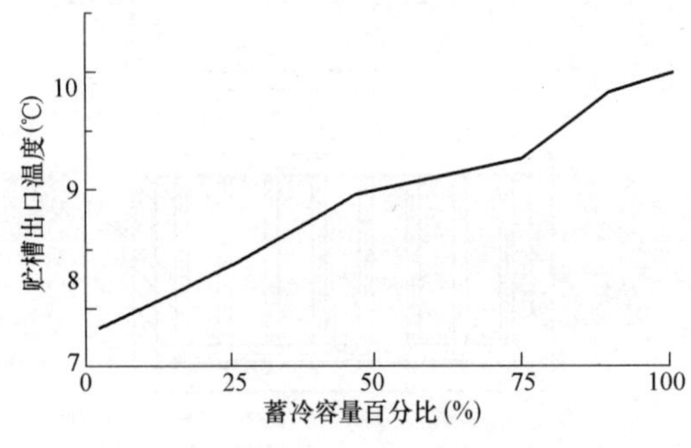

图11-2-37 典型的共晶盐释冷温度曲线图

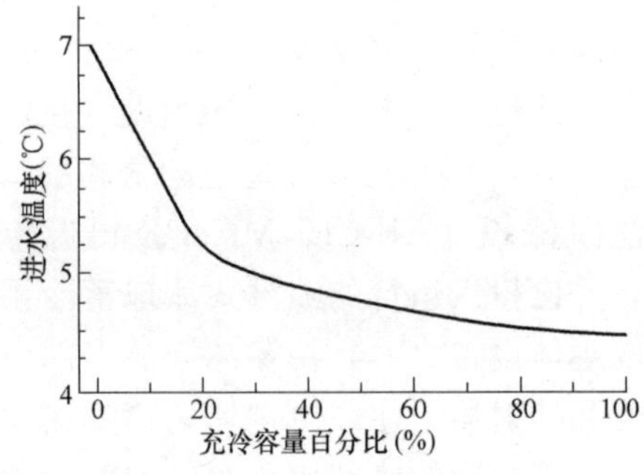

图11-2-38 典型的共晶盐充冷温度曲线

2. 冰晶式蓄冷系统是以浓度约8%的乙烯乙二醇水溶液在冰晶式制冰器内流过，达到过冷温度，形成细小、均匀的结晶，直径约为100μm冰粒与水的混合物—冰浆，将冰浆送入蓄冷贮槽。该装置也可采用调节温度的方法与普通冷水机组一样对用户直接供冷水。其蓄冷系统、充冷和释冷流程示意见图11-2-39。

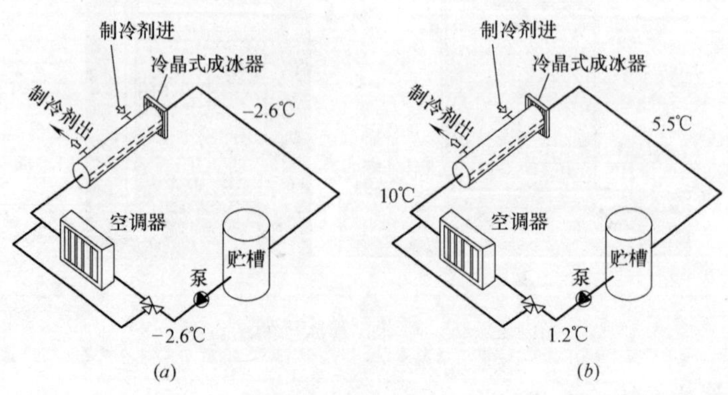

图11-2-39 冰晶式蓄冷系统的充冷、释冷流程示意图

(*a*) 充冷；(*b*) 释冷

（四）冰蓄冷系统流程

各类冰蓄冷系统流程各具特点，如制冷机组与蓄冰贮罐串联流程具有供冷温度易控制且运行较稳定的优点，适用于大温差的系统，若供冷系统的温差较小（$\Delta t=5$℃）时，循环泵的能耗较大；而并联流程具有兼顾制冷机组与蓄冰贮槽容量和效率，在单独利用蓄冰贮槽释冷供冷时，载冷剂循环泵的能耗较小等优点。下面对几种典型冰蓄冷系统流程简介如下：

1. 制冷机组上游设置的串联流程见图 11-2-40，这种冰蓄冷系统与空调用户直接连接，空调用户采用变流量的二通阀调节方式，闭式蓄冰贮罐采用的载冷剂循环泵为恒流量泵，并在载冷剂供、回液管路间设置恒压阀 Y-3 或压差调节阀平衡负荷引起的流量变化，以维持运行压力稳定。在蓄冰贮罐释冷时，制冷机组停机，载冷剂回液管经旁路至蓄冰贮罐，设恒压阀 Y-1 替代制冷机组的阻力平衡流量恒定运行压力。在蓄冰贮槽蓄冷时，空调用户不耗冷，载冷剂经旁路至载冷剂循环泵，设恒压阀 Y-2 替代用户阻力，保持流量、压力的平衡及稳定。根据空调用户的冷负荷变化和蓄冰贮罐蓄冷量以及电网的峰、平、谷时段的经济性等分别采用制冷机组与蓄冰贮罐释冷联合供冷或制冷机直接供冷或蓄冰贮罐释冷供冷或对蓄冰贮罐蓄冷制冰的不同运行方式，在各种运行方式时设备及操作或控制阀门的工作状态见表 11-2-10。

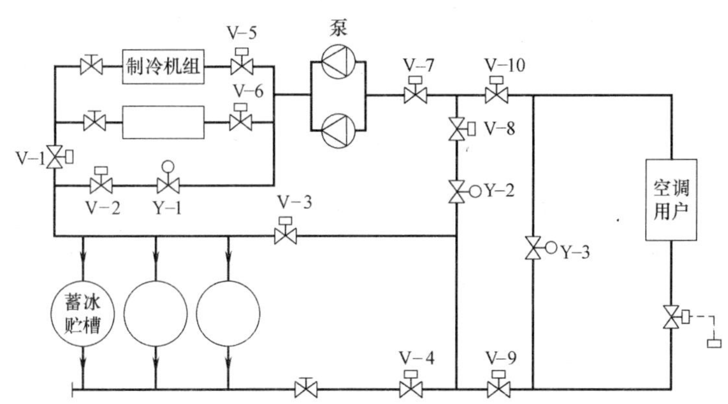

图 11-2-40　制冷机组上游设置的串联冰蓄冷系统流程示意图

各运行方式设备及阀门的工作状态　　表 11-2-10

名称		联供	直供	释冷	充冷	待用
制冷机组		工作	工作	不工作	工作	不工作
蓄冰贮罐		工作	不工作	工作	工作	不工作
循环泵		工作	工作	工作	工作	不工作
阀	V-1	开	开	关	开	关
	V-2	关	关	开	关	关
	V-3	调节	开	调节	关	关
	V-4	调节	关	调节	开	关
	V-5	开	开	关	开	关
	V-6	开	开	关	开	关
	V-7	开	开	开	开	关
	V-8	关	关	关	开	关
	V-9	开	开	开	关	关
	V-10	开	开	开	关	关

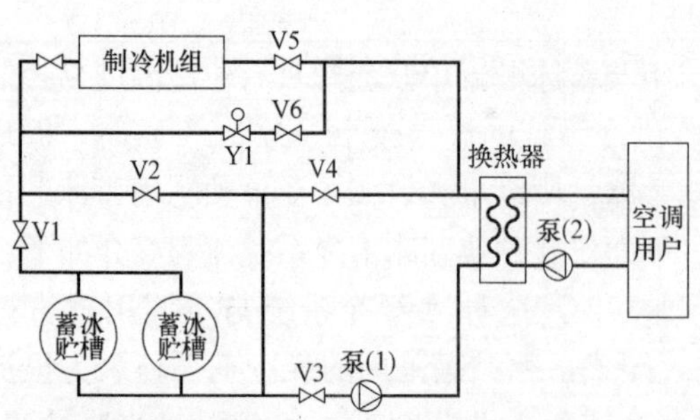

图 11-2-41　制冷机组上游设置的串联冰蓄冷系统间接连接

2. 制冷机组上游设置的串联冰蓄冷系统间接连接流程，图 11-2-41 是冰蓄冷系统以载冷剂（乙二醇）经换热器与空调用户间接连接流程，冷冻回水经热交换降温至冷冻供水温度。蓄冰贮槽为开式装置，载冷剂循环泵（1）为恒流量泵。在制冷机停机、蓄冰贮槽释冷供冷时，恒压阀 Y-1 替代制冷机组阻力均衡载冷剂流量稳定运行压力。与前面所述类似，本流程也可分别采用相似的几种运行方式。在蓄冷并供冷运行时，热交换器一次侧的进液温度，可由调节阀 V-2 及泵（1）的回流调节至 0℃以上。各运行方式的工作状态见表 11-2-11。

各运行方式时设备及阀门的工作状态　　表 11-2-11

名称		联供	直供	释冷	充冷	充冷并供冷	待用
制冷机组		工作	工作	不工作	工作	工作	不工作
蓄冰贮槽		工作	不工作	工作	工作	工作	不工作
泵(1)		工作	工作	工作	工作	工作	不工作
泵(2)		工作	工作	工作	不工作	工作	不工作
阀	V-1	调节	关	调节	开	开	关
	V-2	调节	开	调节	关	关	开
	V-3	开	调节	开	开	调节	开
	V-4	关	调节	关	关	调节	关
	V-5	开	开	关	开	开	关
	V-6	关	关	开	关	开	关

3. 制冷机组下游设置的串联冰蓄冷系统与空调用户经由换热器间接连接，载冷剂循环设有充冷、制冷用泵（1）和供冷用泵（2），换热器二次侧的冷冻水循环设有冷冻水泵（3），见图 11-2-42，泵（1）为恒流量泵，在制冷机停机释冷时，由恒压阀 Y1 均衡载冷剂流量，稳定运行压力。这种流程能满足蓄冷并供冷运行时控制热交换器一次侧进液温度维持在 0℃以上，并适用于供、回载冷剂温差 8～10℃的情况。本流程与前述流程类似也可根据需要采用各种不同供冷运行方式，它们的工作状态见表 11-2-12。

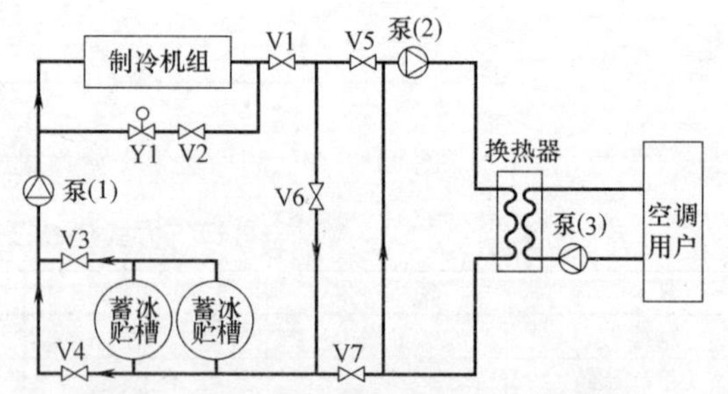

图 11-2-42　制冷机组下游设置的串联冰蓄冷系统流程图

各运行方式设备及阀门的工作状态表　　表 11-2-12

名称	联供	直供	释冷	充冷	充冷并供冷	待用
制冷机组	工作	工作	不工作	工作	工作	不工作
蓄冰贮槽	工作	不工作	工作	工作	工作	不工作
泵(1)	工作	工作	工作	工作	工作	不工作
泵(2)	工作	工作	工作	不工作	工作	不工作

续表

名　称		联　供	直　供	释　冷	充　冷	充冷并供冷	待　用
泵(3)		工作	工作	工作	不工作	工作	不工作
阀	V-1	开	开	关	开	开	关
	V-2	关	关	开	关	关	关
	V-3	调节	关	调节	开	开	关
	V-4	调节	开	调节	关	关	关
	V-5	调节	调节	调节	关	调节	关
	V-6	调节	调节	调节	开	调节	开
	V-7	开	开	开	关	开	关

4. 制冷机组与冰蓄冷系统并联流程见图 11-2-43，载冷剂经换热器与空调用户间接连接。由于与制冷机组配套的载冷剂循环泵（1）为恒流量泵，通过恒压阀 Y-1 或压差控制阀进行回流。释冷时泵（1）不工作，由供冷负荷泵（2）承担供冷负荷的功能。并联流程适用于供回液温差约 5℃的情况，亦可适用于充冷与供冷的运行方式。供出溶液温度的恒定由热交换器入口温度传感器控制阀 V4、V5 进行调节。根据空调用户需要和蓄冰贮槽的运行状况等因素采用不同的运行方式，设备及操作、控制阀在各运行方式下的工作状态见表 11-2-13。

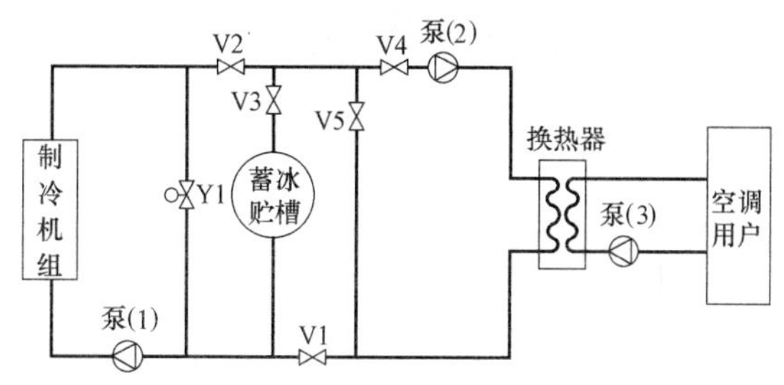

图 11-2-43　冰蓄冷系统并联流程示意图

各运行方式的设备及阀门的工作状态　　　　表 11-2-13

名　称		联　供	直　供	释　冷	充　冷	充冷并供冷	待　用
制冷机组		工作	工作	不工作	工作	工作	不工作
蓄冰贮槽		工作	不工作	工作	工作	工作	不工作
泵(1)		工作	工作	不工作	工作	工作	不工作
泵(2)		工作	工作	工作	不工作	工作	不工作
泵(3)		工作	工作	工作	不工作	工作	不工作
阀	V-1	开	开	关	开	开	关
	V-2	开	开	关	开	开	关
	V-3	开	关	开	开	开	关
	V-4	调节	调节	调节	关	调节	关
	V-5	调节	调节	调节	开	调节	开

（五）基载制冷机的设置

建筑物昼夜 24 小时有供冷要求时，宜设置基载制冷机组昼夜连续运行供冷，图 11-2-44是设有基载制冷机的典型日冷负荷分布图，由于该例昼夜 24 小时均有约 300 冷吨（RT）的冷负荷需求，所以设置一台供冷能力约 300 冷吨（空调工况）的基载制冷机，全天 24h 连续运行，夜间在基载制冷机运行的同时双工况制冷机也在蓄冷工况运行制冷；在电力网的峰、平时段根据建筑物冷负荷变化情况蓄冰系统应融冰供冷或与双工况制冷机（空调工况）联合供冷。设有基载制冷机的冰蓄冷系统流程如图 11-2-45 所示，图中泵（1）是蓄冷系统的载冷剂循环泵，阀门（V_1 至 V_4）用于充冷。释冷时载冷剂流向的控制；泵（2）为换热器负荷侧的冷水循环泵；泵（3）为基载制冷机组的冷水循环泵。

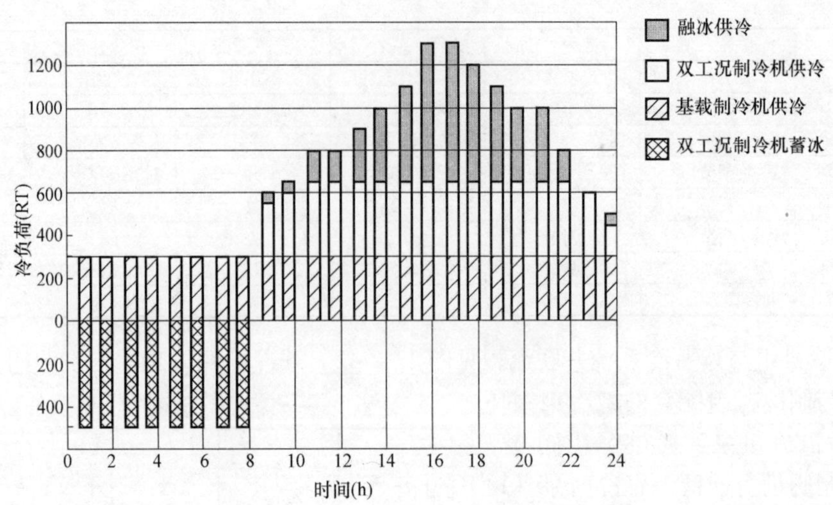

图 11-2-44　典型日冷负荷分布示意图

（六）冰蓄冷系统设计

1. 空调冰蓄冷系统的设计步骤

冰蓄冷系统通常应按如下步骤进行设计工作：计算落实设计日逐时空调冷负荷，并初步拟定设计日冷负荷平衡表或平衡曲线→确定运行模式和系统流程→计算选择制冷机、蓄冰装置→计算、选择辅助设备→绘制冰蓄冷系统运行的冷负荷分配表→进行冰蓄冷系统的布置、管路布置和系统管路计算等。

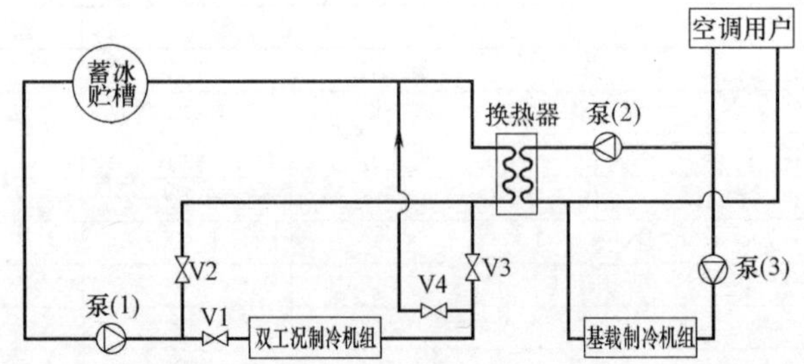

图 11-2-45　设有供冷冻水的基载制冷机组的冰蓄冷系统流程示意图

2. 制冷机的选择

(1) 冷水机组在制冰工况的制冷量随蒸发温度（或蒸发器出口载冷剂温度）降低而减少，随冷凝温度（或冷凝器水温）降低而提高。具体变化的数值视机组类型及设计参数确定，应以制造厂商提供的制冷机在不同工况下的性能数据为依据，通常制冷机组在冰蓄冷系统的制冰工况（一般制冰温度为−4℃～−6℃时）的制冷量变化率（实际制冷量与空调工况制冷量的比值）通常约为：螺杆式制冷机为 0.64～0.70，离心式（中压）制冷机为 0.62～0.66，离心式（三级）制冷机为 0.72～0.8，活塞式制冷机为 0.60～0.65，涡旋式制冷机为 0.64～0.68。一般制冷机组蒸发器出口温度每降低 1℃，机组制冷量减少的百分比（%）大约是螺杆式为 2.5～2.9，三级离心式为 2～2.5、活塞式为 3.1～3.2；制冷机组的冷凝器冷却水进水温度每降 1℃，机组制冷量的增加也与制冷机组类型有关，应以制造厂家提供的数据为依据，一般作为估算用，其制冷量增加约为1%～2%。

（2）制冷机容量的确定

制冷机组总制冷量（kWh）应按设计日供冷负荷 Q_H（kWh），并计入站内附加冷负荷计算，制冷机总制冷量（kWh）也是制冷机组在设计日各时段不同工况运行制冷能力之和，其平衡式见式（11-2-10）。

$$(1+k)Q_H = t_c \times C_c + t_{Df} \times C_{Df} + t_{Dg} \times C_{Dg} \tag{11-2-10}$$

式中 k——站内设计日附加冷负荷，占 Q_H 的%数；

t_c——冰蓄冷装置充冷时间（h）；

C_c——制冷机组在充冷工况运行的制冷能力（kW）；

t_{Df}——非电力谷段制冷机组直供冷负荷时间（h）；

C_{Df}——非电力谷段制冷机组直供冷工况运行的制冷能力（kW）；

t_{Dg}——电力谷段制冷机组直供冷负荷时间（h）；

C_{Dg}——电力谷段制冷机组直供冷工况运行的制冷能力（kW）。

制冷机组额定容量 Q_{CC}（kW）计算见式（11-2-11）。

$$Q_{CC} = \frac{(1+k)Q_H}{t_c \times CR_c + t_{Df} \times CR_{Df} + t_{Dg} \times CR_{Dg}} \tag{11-2-11}$$

式中 CR_c——制冷机组蓄冷工况下的容量系数；

CR_{Df}——制冷机组在非电力谷段直供冷工况下的容量系数；

CR_{Dg}——制冷机组在电力谷段直供冷工况下的容量系数。

容量系数是制冷机组在实际运行工况下的容量与额定容量之比。制冷机组的容量系数应按运行工况根据具体产品性能确定，而制冷机组的运行工况的确定与系统的流程配置有关，因此需要预先选择流程配置以确定相关温度参数，必要时可作估计，但最终确定设备容量时应按实际运行工况进行修正。

3. 蓄冰装置有效容量 Q_{SC}（kWh）计算

$$Q_{SC} = (1+k)Q_H - (TC_{Df} + TC_{Dg} + TC_{CD}) \tag{11-2-12}$$

式中 TC_{Df}——制冷机组在非电力谷段的制冷量（kWh）；

TC_{Dg}——制冷机组在电力谷段的制冷量（kWh）；

TC_{CD}——充冷并供冷时制冷机组用于供冷的制冷量（kWh）；

k——充冷并供冷时供冷量与充冷量之比。

4. 循环泵的选择，在蓄冰系统中采用间接连接流程的冷水侧和冷却水循环泵，一般与常规制冷系统相似，它们的选择可参见本手册的第十章。冰蓄冷系统中的载冷剂（一般为乙二醇水溶液）循环泵按其在系统的位置和功能可分为制冷（溶液）循环泵、蓄冷释冷（溶液）循环泵、负荷（溶液）循环泵等。循环泵的流量按式（11-2-13）计算。

$$L = \frac{Q_j}{\rho_1 \cdot C_{p1} \cdot t_1 - \rho_2 \cdot C_{p2} \cdot t_2} \tag{11-2-13}$$

由于 $\Delta t = t_2 - t_1$ 一般都不大，因此式（11-2-13）可简化为：

$$L = \frac{Q_j}{\rho \cdot C_p \cdot \Delta t} \tag{11-2-14}$$

式中 L——溶液循环泵计算流量（L/s）；

Q_j——输送冷量（kW）；

ρ_1，ρ_2，ρ——溶液供液、回液温度时密度及其平均密度（kg/L）；

C_{p1}，C_{p2}，C_p——溶液供液、回液温度时比热及其平均比热（kJ/kg·℃）；

t_1，t_2——供液、回液温度，℃。

由于循环泵计算流量是采用设计日最大小时流量或相应于制冷机组最大容量下的流量，因此不再采用裕量系数。

循环泵的扬程可根据功能范围回路中设备及管路压降确定，按式（11-2-15）计算：

$$H=0.1(R_c+R_s+R_{cs}+R_o)\mathrm{mH_2O} \tag{11-2-15}$$

式中 R_c——制冷机组蒸发器压力降，一般为40～100kPa；

R_s——蓄冷装置压力降，一般为30～100kPa；

R_{cs}——制冷、蓄冷回路管路压力降，一般可按每m管长0.06～0.15kPa计；

R_o——热交换器或用户及管路压力降，一般为50～100kPa；管段按每m管长压力降0.04～0.07kPa计。

若为开式流程尚应再计入泵的提升高度H_h（mH_2O）。

循环泵的功率按式（11-2-16）计算。

$$N=\frac{L\cdot H\cdot\rho}{102\cdot\eta_p\cdot\eta_m} \tag{11-2-16}$$

式中 N——循环泵功率（kW）；

L——循环泵计算流量（L/s）；

H——循环泵扬程（m）；

ρ——溶液的密度（kg/L）；

η_p——循环泵的效率；

η_m——循环泵电机效率。

在蓄冰系统载冷剂循环中，为避免溶液的泄漏，保障安全可靠运行，通常采用G型管道屏蔽泵、CQ型磁力驱动泵、IHG型立式管道化工泵等。

5. 蓄冰系统主要设备选择的计算例

已知条件：

（1）某冰蓄冷系统的设计日冷负荷分布和蓄冷、供冷安排见表11-2-14。

（2）为充分利用制冷机组降低一次投资，19～22点4个小时虽然在电力高峰时段，即使无供冷负荷，亦考虑安排充冷，缺点是运行电费增加。

设计日冷负荷需求量分布及充冷、供冷安排 **表11-2-14**

时刻	供冷负荷(kW)	冷源设备负荷	电力网时段	系统运行状态
1	0	0	谷段	蓄冷
2	0	0	谷段	蓄冷
3	0	0	谷段	蓄冷
4	0	0	谷段	蓄冷
5	0	0	谷段	蓄冷
6	0	0	谷段	蓄冷
7	0	0	谷段	蓄冷
8	9000	9700	谷段	供冷
9	9500	10200	谷段	供冷

续表

时　刻	供冷负荷(kW)	冷源设备负荷	电力网时段	系统运行状态
10	10000	10700	谷段	供冷
11	12000	12700	峰段	供冷
12	13000	13700	峰段	供冷
13	13500	14200	峰段	供冷
14	14000	14700	峰段	供冷
15	14000	14700	峰段	供冷
16	13000	13700	峰段	供冷
17	12500	13200	峰段	供冷
18	12000	12700	峰段	供冷
19	0	0	峰段	蓄冷
20	0	0	峰段	蓄冷
21	0	0	峰段	蓄冷
22	0	0	峰段	蓄冷
23	0	0	谷段	蓄冷
24	0	0	谷段	蓄冷
共计	132500kWh	14020kWh		

1）按全部蓄冰运行时，所有峰段的供冷负荷全部由蓄冷装置释冷供给。按制冷机组位于蓄冰装置上游串联流程，制冷机组供冷时出口温度为5℃。蓄冷时间 t_c 为13h，电力网低谷时段直供冷时间 t_{Dg} 为3h，制冷机组蓄冷工况时容量系数 $CR_{Dg}=0.7$。直接供冷工况时容量系数 $CR_{Dg}=0.95$。

$$Q_{cc}=\frac{(1+k)Q_H}{t_c\times CR_c+t_{Dg}\times CR_{Dg}}$$

$$=\frac{1.08\times132500}{13\times0.7+3\times0.95}=11975\text{kW}$$

由于制冷机组的供冷负荷在8～10时，三个小时都小于计算的标定容量11975kW，因此 t_{Dg} 应进行修正，修正为：

$$(t_{Dg}-3)+\frac{Q_1+Q_2+Q_3}{Q_{cc}}=(3-3)+\frac{9700+10200+10700}{11975}$$

修正后的容量为：

$$Q'_{cc}=\frac{1.08\times132500}{13\times0.7+\left(\frac{9700+10200+10700}{11975}\right)\times0.95}=12413\text{kW}$$

计算蓄冰装置有效容量为：

$$Q_{sc}=1.08\times Q_H-t_{Dg}\times Q'_{cc}\times CR_{Dg}$$

$$=143100-3\times12413\times0.95=107723\text{kW}$$

制冷机组在直接供冷工况时的制冷容量为：

$Q'_{cc}\times CR_{Dg}=12413\times0.95=11792$kW，可以满足8、9、10三个小时的直接供冷要求。

2）按部分蓄冰并以负荷均衡运行方式进行设备选择。按制冷机组位于蓄冷装置上游的串联流程配置，供冷时制冷机组出口温度为9℃，释冷时蓄冰装置出口温度为9℃，制冷机组容量系数 CR_{Df} 及 CR_{Dg} 均为1.05，CR_c 采用0.7。

制冷机组标定制冷量为：

$$Q_{cc}=\frac{1.08Q_H}{t_c\times C_{Rc}+t_{Df}\times CR_{Df}+t_{Dg}\times CR_{Dg}}$$

$$=\frac{143100}{13\times0.7+8\times1.05+3\times1.05}=6928\text{kW}$$

计算蓄冰装置有效容量为：

$$Q_{sc}=1.08Q_H-(t_{Df}\times Q_{cc}\times CR_{Df}+t_{Dg}\times Q_{cc}\times CR_{Dg})$$
$$=143100-(8\times6928\times1.05+3\times6928\times1.05)$$
$$=63082\text{kWh}$$

3）按部分蓄冰并限制制冷机组在电力峰段按其50%的制冷量供冷。

制冷机组标定制冷量为：

$$Q_{cc}=\frac{1.08Q_H}{t_c\times CR_c+t_{Df}\times CR_{Df}\times0.5+t_{Dg}\times CR_{Dg}}$$
$$=\frac{143100}{13\times0.7+8\times1.05\times0.5+3\times1.05}=8699\text{kW}$$

计算蓄冰装置有效容量为：

$$Q_{sc}=1.08Q_H-(t_{Df}\times Q_{cc}\times CR_{Dg}\times0.5+t_{Dg}\times Q_{cc}\times CR_{Dg})$$
$$=143100-(8\times8699\times1.05\times0.5+3\times8699\times1.05)$$
$$=79162\text{kWh}$$

五、空调蓄冷系统的自动控制

（一）控制要求

由于空调蓄冷系统的运行与建筑物冷负荷、室外气象条件、市政电网的峰平谷时段、蓄冷系统的运行模式和运行策略等有关，合理的设置蓄冷系统的自控系统是实现蓄冷系统“移峰填谷”，降低运行费用的“保证条件”；为提高空调蓄冷系统的技术经济效益，尽量减少空调供冷系统在电网峰平时段的电力消耗量，适时调节蓄冷系统的蓄冷、释冷和制冷机制冷的时间、容量，充分发挥蓄冷能力是对蓄冷系统自控装置的基本功能要求。蓄冷系统的自动控制系统主要由蓄冷控制器、操作微机、显示器、打印机、冷水机组控制器及有关执行机构和传感器等组成，可对制冷机组、冷却塔风机、蓄冷装置、载冷剂溶液泵及各类水泵、热交换器、冷凝器热回收等提供监视、控制和诊断功能。蓄冷控制器与制冷机组控制器以通信网络相连。每台制冷机组的操作单元与其相应的设定控制点，可由蓄冷控制器进行控制。蓄冷控制器应与建筑物自动化系统（BAS）兼容以取得用户对供冷要求等的信号并提供BAS所需的信息。

对蓄冷控制器的功能要求：

1. 控制功能

（1）时间预设或负荷预测；

（2）合理的自动操作各种运行方式，即蓄冷、直供、释供、直供和释冷、联供、蓄冷并供冷等的启动、停止以及运行时间的控制；

（3）载冷剂溶液（或冷水）供出温度控制；载冷剂溶液（或冷水）返回温度控制（任选）；

（4）蓄冷装置蓄冷完成时控制停机；

（5）制冷机组供冷负荷和台数控制；

(6) 泵的台数控制或转速控制；

(7) 需用电功率限制（选择）；

(8) 冷却水系统的控制；

(9) 冷凝器热回收及免费制冷等（选择）。

2. 测试、分析及通信功能

(1) 测试及采集各种运行参数、状态信息进行显示、记录及打印；

(2) 分析测试数据综合报表及历史的和动态点的趋势分析（选择）；

(3) 通过网络传输、储存数据或异常报警、输入和重新设置来自外部的控制参数。

(二) 控制内容和方式

1. 负荷测试

蓄冷装置的蓄冷量通常均应在当天基本用完，这种运行是最经济的，但又不能出现最后几小时蓄冷系统供不应求。所以蓄冷控制应具有负荷预测的控制功能，从而达到经济运行的目的。冷负荷预测可分为简单的负荷预测及复杂的负荷预测，其预测方法大致是：

(1) 简单的负荷预测：是以一年内的日负荷计算及实际运行结果的分析为基础，进行“时间表”安排，并再考虑节假日等的修正，把计算得出的现存蓄冷量与之平衡后确定运行方式及制冷机组台数等选择。

(2) 复杂的负荷预测：是把实际负荷的统计数据进行处理，制定出一年内的“时间表”，即每日的冷负荷安排。更复杂的方法是以统计数据作为基础，将室外环境的温湿度、室内要求的温度、日照量及室内的各项发热量等与冷负荷建立热平衡，平衡过程的系数从实测数据中确定，进行动态冷负荷计算。

2. 制冷机组出口温度控制

由制冷机组配带的控制器执行，一般可采用出口温度传感器设定在各运行方式的规定值，维持出口温度的恒定，但在串联、制冷机组上游流程配置中，若采用制冷机组优先的控制策略时，则应采用蓄冷装置后的出液温度恒定来控制。

3. 制冷机组进口温度控制

制冷机组一般只作出口温度控制。进口温度控制只为满足出口温度要求而进、出口温差较大时采用。因为冷水机组适宜的高效运行温差为5～6℃，供、回液（水）温差的扩大在蓄冷空调系统中往往具有综合经济效果，尤其是水蓄冷系统中较为明显。因此，制冷机组进口温度控制在蓄冷系统中常常是必要的控制方式。

4. 制冷量控制

制冷量的控制包括对制冷机组的单机容量调节，一般采用维持出口温度恒定进行调节，亦可采用进口温度控制，可由制冷机组及所配带的自控系统来完成；二是进行台数控制（多台机组时），台数控制在制冷机组设计为恒流量运行的情况下，宜采用控制流量与其回水（液）温度差计算出的冷量达到整台机组容量进行。在蓄冷运行方式中，无论哪一种蓄冷系统，都不应进行单机容量调节，而应按额定负荷运行，以提高其运行效率，但可进行台数选择。对于水蓄冷系统，由于蓄冷及供冷都是同一温度参数，因此其运行方式，实际上只存在蓄冷、释供及联供三种方式，因此供冷时也不宜进行容量控制，只需进行台数选择。当剩余蓄冷量能满足当日余下时间的供冷负荷时，就完全停止制冷机工作，改由释供来满足要求。

5. 蓄冷装置释冷量及供出温度控制

蓄冷装置释冷量的控制，以用户侧或供出侧温度的恒定，控制蓄冷装置进口或出口的流量分配调节阀门来完成；在变流量控制中以用户侧温度的恒定，控制变流量泵来完成，而供出侧温度的恒定，以其温度传感器的设定值来控制蓄冷装置进口或出口的调节阀。

6. 蓄冷装置蓄冷量控制

一般在蓄冷装置尚有25%以上蓄冷量时不应进行蓄冷；蓄冷达到总蓄冷量时，应停止制冷机组运行，以节省电力及运行费用。制冷机停机控制常采用：

(1) 制冷机组出口温度降至充冷达到总蓄冷量时的输出温度值；

(2) 制冷机组充冷时的进、出口温度差至充冷达到总蓄冷量时的规定值；

(3) 蓄冷装置总蓄冷量指示已达100%时；

(4) 充冷时间设定。

常以 (1)、(2) 作为主要控制，(3)、(4) 为后备。

7. 运行流量及压力控制

在采用恒流量泵输送及用户采用变流量二通阀控制的流程中，供、回管路间必须设置恒压装置，以回流来维持回路压力的稳定，多台泵时应设台数控制，以流量变送器的流量达到整台泵的流量时进行控制。当采用变速泵时，则不设恒压装置，但应注意在较低流量时回路需维持的必要压力值，一般要求变速泵有一定的回流量因此需设置泵的回流阀。

8. 负荷侧用户（空调器）对供冷负荷的控制，空调器对供冷负荷的控制，在蓄冷系统中应采用比例二通调节阀进行变流量控制的方式，以便实现冷水温差的利用及循环泵的台数控制或变速泵的采用。三通调节阀进行恒流量的控制方式只在较小系统或单台循环泵的流程中采用。

9. 静压控制，根据具体冰蓄冷系统及其设备配置确定系统静压控制要求，通常是在开式冷水循环流程的回水管路中均应设置静压控制装置。

通常蓄冷系统自动控制的内容及方式可参见表 11-2-15。

蓄冷系统自动控制内容及方式 **表 11-2-15**

控制对象		控制内容	控制方式选择
系统运行		经济合理地控制系统各运行方式的启动、运行时间及终止； 充冷量、释冷量及直供冷量的控制；制冷机组运行台数的选择	蓄冷控制器及建筑物的控制系统
制冷及蓄冷	制冷机组	输出温度控制； 输入温度控制	定流量温度控制
		冷量调节： 单机容量调节及台数控制	单机容量调节由机组所配带控制器完成； 以单机供出冷量达到满负荷时进行台数控制
	蓄冷装置	输出温度控制； 释冷量调节	以三通调节阀或二个关联动作的二通阀对进入的流量调节
	循环泵	流量调节	台数控制或变速泵调节流量
		压力控制	供回管路间设恒压阀或压差控制阀
	供、回液(水)管路	压力稳定	供、回管路间设恒压阀或压差控制阀
	回液(水)管路(开式流程)	静压维持	设自力式或自动压力调节阀。保持阀前压力一定

续表

控制对象		控制内容	控制方式选择
冷冻水循环回路	冷水泵	流量调节 压力控制	同制冷侧
	热交换器	二次侧温度控制	控制冷源供出冷量，保持二次侧温度恒定
	供、回水管路	压力稳定	同制冷侧
	回水管路(开式流程)	静压维持	

(三) 蓄冷系统监测和计量

1. 蓄冷控制系统主要监测以下内容：

(1) 室外大气温度；

(2) 室外大气湿度；

(3) 室外湿球温度（自动计算）；

(4) 最大需用功率限制（若有要求）；

(5) 每台泵的启/停及运行状态（经压差开关或电流开关）；

(6) 启/停冷却塔风机（每个速度）；

(7) 阀的控制（每个调节阀、电动阀、恒压阀及静压调压阀）；

(8) 制冷侧冷冻水或二次冷剂供出温度（总管）；

(9) 二次冷剂回液温度（总管）；

(10) 冷凝器冷却水供水、回水温度（总管）；

(11) 蓄冷量（存留量）；

(12) 热交换器冷水侧水流保证；

(13) 冷凝器水流开关（有的制冷机组已配带）；

(14) 冷冻水或二次冷剂水流开关（有的制冷机组已配带）；

(15) 制冷机组。

2. 蓄冷系统主要检测、计量内容：

(1) 蓄冷槽内温度（水蓄冷装置）(℃)；

(2) 制冷侧冷水流量（m^3/h）；

(3) 负荷侧冷水流量（m^3/h）；

(4) 制冷机组电流（A）；

(5) 各种泵及冷却塔风机电流（A）；

(6) 制冷机组制冷量（kW）；

(7) 供冷量（kW）；

(8) 制冷机组用电量（kWh）；

(9) 各种泵用电量（kWh）；

(10) 冷却塔风机用电量（kWh）；

(11) 制冷机组累计运行时间（h）；

(12) 制冷机组累计制冷量（kWh）；

(13) 供出冷量（kWh）；

(14) 补给水量（m^3）。

第三节　空调工程用热泵

一、热泵的应用与分类

（一）热泵的定义与应用

“热泵”（heat pump）是借“水泵”得来。热泵可将低温热源的热量“泵送”（交换传递）到高温热源利用，热泵是热量提升装置。热泵是消耗少量能量、将更多的低温热能提升为高温热能。热泵与制冷机的不同之处是：①应用目的不同。热泵用于制热，是从低温热源吸热，通过热力循环放热至高温热源；制冷机用于制冷，也是从低温热源吸热，获得制冷效果。②工作温度区段不同，热泵是将环境（水、空气等）作为低温热源，制冷机是将环境作为高温热源，通常热泵的工作温度明显高于制冷机。在工程实践中热泵与制冷机具有许多共同性和使用的特殊性，且常常可将“同一装置”在不同的季节甚至同时实现制热和制冷的功能，即该装置的冷凝器用于制热，而蒸发器用于制冷，该装置可称热泵也可称制冷机。

热泵技术在国内外已广泛应用热泵用于大型建筑物或建筑群的供暖（冷）；热泵用于各类余热（生产工艺废热、排风废热等）的回收与利用；热泵用于木材和生物质的干燥等，总之热泵可以应用于工农业生产中的各种类型的低位能量进行回收和高效利用。

（二）热泵的分类

由于热泵的热源的种类、系统构成、设备特性以及用途的多样性，热泵的分类多种多样，常见的分类方法有按驱动能源种类分类、按工作原理分类、按热源的种类分类、按主要用途分类、按供热温度分类、按热源和供冷供热介质的组合方式分类、按压缩机类型分类、按热泵机组安装方式分类、按热泵的供能方式分类、按能量提升级数分类等。

1. 按热源种类分类，热泵的热源通常是低品位的，如空气、地表水（包括江河水、湖泊水、海水等）、地下水、土壤、太阳能等。按热源与供热介质的组合方式的不同

（1）空气-空气热泵，以一侧的空气（或废气）为吸热对象、以另一侧的空气（或气体）为供热介质的热泵。常用的空气热泵式空调器，可用于冬天供热、夏天制冷。

（2）空气-水热泵，以空气（或气体）为热源、以水为供热介质的热泵。目前这类热泵机组是一些写字楼集中式空调系统使用较多的冷热源兼用型一体化设备。

（3）水-空气热泵　以水为热源、以空气（或气体）为供热介质的热泵。

（4）水-水热泵，以水为热源、也以水为供热介质的热泵。可用于建筑物的热水供热等。由于水的比热大，便于输送，适用于建筑物的集中供热系统。

（5）土壤-水热泵，以土壤为热源、以水为供热介质的热泵。由于地下土壤温度比较稳定，将管材埋入土壤中，夏季可以用作冷热水机组的冷却水，冬季用作热源。

（6）土壤-空气热泵　以土壤为热源、以空气为放热对象的热泵。其余与土壤-水热泵相同。

2. 按驱动能源种类分类，主要有电动机驱动和热驱动，热驱动分为热能驱动（如吸收式热泵）及发动机驱动（如内燃机驱动）。

3. 按工作原理分类，蒸气压缩式是热泵中广泛应用的一种形式。在这类热泵中，工质是在压缩机、冷凝器、节流装置及蒸发器等部件组成的系统中循环，并通过工质的状态

变化实现将低品位热能提升至高品位温度区。

吸收式热泵是消耗较高品位的热能来实现低品位热能向高品位温度区传送的目的，吸收式热泵通常由发生器、冷凝器、吸收器、蒸发器等组成。吸收式热泵的工质最常见的有水-溴化锂、氨-水等。目前溴化锂吸收式热泵机组，是以热能驱动、从低品位热源吸取热量，获得供热用中、高温热水或蒸气，实现余热回收利用。

蒸气喷射式热泵是以蒸气喷射泵代替机械压缩机，其余的工作原理均与蒸气压缩式相同。作为驱动力的蒸气可来自锅炉，也可利用产品生产过程中产生的水蒸气或其他蒸气。

二、热源和驱动能源

被热泵吸收热量的物体称为热泵的低位热源或低温热源，简称为热源。热泵的热源种类很多，一般热泵热源应满足如下要求：低位热源要有足够的数量和一定的品位，热源温度的高低是影响热泵性能和经济效益的主要因素之一，热泵的运行效果主要取决于热能利用系统与热源系统之间的温度差，因此，冬季热泵系统的供出水温度越低越好，夏季热泵系统的供水温度越高越好。热源宜提供所需热量，不宜设置附加装置，使投资尽量少。用以分配热源热量的辅助设备（如风机、水泵等）的能耗应尽可能小，以减少热泵的运行能耗和费用。热源对换热设备等应无腐蚀作用，且不宜产生污染或结垢现象。

热泵的热源可分为两大类：一为自然能源，热源温度较低，如空气、水（地下水、海水、河水等）、土壤、太阳能等；另一种为生产或生活中的排热，如建筑物内部的排热，工厂生产过程的废热，冷却水、污水、地下铁道、变电所、垃圾焚烧工厂的排热等。表11-3-1 列出了这两大类热源的综合比较。

常见热泵热源的综合比较　　表 11-3-1

项目	自然热源						余热、排热热源		
	空气	井水	河水	海水	土壤	太阳热	建筑内热量	排水、冷却水	生产余热、废热
作为热源的适用性	良好	良好	良好	良好	良好	良好	良好	良好	良好
适用规模	小～中	小～大	小～大	中～大	小～大	小～中	中～大	中～大	小～大
利用方法	主要热源	主要热源	主要热源	主要热源	主要或辅助热源	主要或辅助热源	辅助热源	主要或辅助热源	主要或辅助热源
注意问题	(1)供热时,热泵能力与房间所需热量不易匹配 (2)当室外温度较低时要解决除霜问题 (3)可采用蓄热设备,小容量热泵宜用变频器	(1)注意水垢和腐蚀问题 (2)有地面沉降之虞，受当地市政管理部门制约	(1)除有水垢和腐蚀可能性外，还可能产生藻类 (2)冬季水温下降，应考虑增加水量或加热	(1)因腐蚀问题较大，可采用换热器。 (2)冬、夏季在不同深度取水	(1)设备费用估算较困难，投资较大。 (2)要注意腐蚀问题	(1)可与太阳能供暖联合使用 (2)因太阳能的间断性，应设置蓄热设备	(1)从建筑物内区利用热泵提升温度提供外区。应注意匹配问题 (2)系统循环水应注意升温或降温的问题	(1)应注意水质处理除污 (2)温度和流量不稳定	根据不同产品生产工艺产生的余热废热进行合理处理和应用

从表 11-3-1 可看出各类热源各具特点，应根据各自特点和具体工程的要求，合理地利用，一般在热泵系统设置中应充分分析各种热源的周期性、间歇性、季节性或气象条件的变化等特点，合理选择辅助供热设施或蓄热装置，处理好峰/谷热负荷的供热措施；注意根据具体项目中热泵可利用的多种热源的综合利用或多种热泵形式的组合供热系统的配置。

（一）自然热源

1. 空气

空气作为低温热源，它是取之不尽，用之不竭，而且可以无偿地获取。但由于室外空气的状态参数随地区和季节的不同有较大变化，从而对热泵的容量和制热性能系数影响很大。当冬季室外温度很低时要求供热量增大，常常出现热泵供热量与建筑物耗热量之间的供需矛盾。随着室外温度的降低，热泵机组的蒸发温度下降，当室外换热器表面温度低于0℃，空气中的水分在换热器表面就会结霜，使空气源热泵的供热量及性能系数下降，应及时除霜，防止蒸发器的空气通道堵塞，导致热泵供热量降低甚至不能正常供热。热泵除霜时不仅不供热，还要消耗除霜所耗热量。

2. 地下水

从水井或废弃的矿井中抽取的地下水是水源热泵系统的热源，经换热后的地下水应进行回灌。水质良好的地下水可直接进入热泵换热，这样的系统称为开式环路。由于地下水温常年基本恒定，夏季比室外空气温度低，冬季比室外空气温度高，且具有较大的热容量，因此地下水热泵系统的效率比空气源热泵高，并且不存在结霜等问题。地下水热泵系统在我国近年来得到了较快发展，地下水系统的应用也受到许多条件的限制，首先，应具有丰富和稳定的地下水资源作为先决条件，应用时应得到当地水务部门的许可；地下水热泵系统的技术经济性还与地下水层的深度有关，若地下水位较低，不仅成井的费用增加，而且水泵运行的耗电增多，降低系统的技术经济效益。

3. 地表水

海水和池塘、湖泊或江河中的地表水均可作热泵热源。在靠近江、河、湖、海等大体量自然水体的地方均能根据具体条件合理利用地表水作为低温热源。地表水的应用也要受水体流量、气候变化等自然条件的限制，地表水体能够承担的冷热负荷与其水体面积、水流量、深度和温度等多种因素有关，只要地表水冬季不结冰，均可作为低温热源使用，我国长江、黄河流域有丰富的地表水。在北方地区，如果自然水体的容量很大、水体较深，即使冬季水体表面结冰后水底仍可保持 4℃左右的温度，也可作为热泵的低温热源。近年，国内外利用海水作热泵热源的工程实例日益增多，对海水的处理、换热器的适应性等应用技术都有了长足的进步，为海水源热泵的广泛应用提供了较好的技术支持。

在实际工程应用时，地表水的取水方式和处理方法应慎重选择，如清除浮游垃圾及海洋生物，防止污泥进入，以避免换热器的传热效率影响；并应采用防腐蚀的管材或换热器材料避免海水对普通金属材料的腐蚀。此外，江河湖泊水和海水连续取热降温（冬季供暖）或经升温后再排入（夏季制冷），对自然界生态有无影响，也是应予关注的问题。

4. 土壤

大地浅层土壤地热资源（地能）巨大，可作为制冷、热泵的冷热源实现能量转换，地表浅层土壤是一个超大型太阳能蓄热器，有资料介绍它收集了约 47%的太阳能，相当于人类每年利用能量的 500 多倍，且不受地域、资源等限制，是量大面广、无处不在的能量资源。它是储存于地表浅层土壤的可再生能源，与环境空气相比，地面 15m 以下土壤温度全年基本稳定且略低于年平均气温，它可以分别在夏季、冬季提供相对较低的冷凝温度、较高的蒸发温度。所以，土壤是一种比环境空气更优良的制冷热泵系统的冷热源。由于较深的地层中常年保持基本恒定的温度，冬季高于室外温度、夏季低于室外温度，因此土壤源热泵可克服空气源热泵的技术障碍，大大提高效率。冬季通过热泵利用大地中的热量对建筑供热，同时使土壤温度降低，即蓄存了冷量，可供夏季使用；或者说夏季利用土壤蓄存了热量，冬季供应热泵利用。

5. 太阳能

太阳能作为低温热源的优点是随处均可获得，但由于太阳能的辐照强度随时间、季节的变化很大，且能量密度小，即使在夏天中午，能量密度也只有 $1000W/m^2$ 左右，冬季仅有 $50\sim200W/m^2$ 左右。太阳能具有的不连续性、波动性大等特点，将导致太阳能热泵系统的性能波动，所以，如何既能充分利用太阳能又能保证系统的稳定性和可靠性，是太阳能热泵系统走向实际应用必须解决的重要问题。

（二）余热类热源

1. 建筑物内部热源

这里所说的建筑物内热源是指大中型公共建筑等建筑物在设有内区时，内区温度过高造成冬季仍需供冷可提供冷凝热，一般采用水环热泵空调系统回收余热用于周边区或外区加热，当冷热负荷不匹配时可通过锅炉或冷却塔来补充。水环热泵的适用范围有一定的条件限制，它的节能效果和环保效益与气象条件、建筑特点及辅助热源形式（电锅炉、燃煤锅炉等）等因素有关。因此，在建筑物内区有余热、外区需要用热二者接近的场合，其节能效果明显，持续的时间越长的地区越适合应用水环热泵空调系统。

2. 生活污水

我国大中小城市生活污水的集中处理、达标排放的建设方兴未艾，日益增多的生活污水管网、处理场都是十分巨大的热泵低温热源。根据污水处理工艺的要求，经过二次处理的水全年水温一般在 10～23℃左右，城市污水管道内水温按排放场所不同存在差异，但多数在可利用范围内，所以近年在一些城市如北京、天津等已开始在利用污水处理场的二次水作为低位热源，采用污水源热泵系统制热供暖。在一些靠近城市污水主干线的建筑，也可直接利用原生污水热水源。利用污水源热泵系统供暖，这种形式应解决污水水质问题，目前市场上已开发出相关设备。这种系统可以充分利用污水原水较高的水温，且省去了污水处理厂处理工艺，投资和运行费用低，节能效果明显。

3. 工业废水

工业废水形式颇多，数量巨大、温度范围宽，有的温度还较高。有的可直接利用，如电子工业、冶金工业、铸造工业等产品的生产过程经过处理的工业废水、一次性冷却水等。

4. 工业余热

在工业领域，存在大量的余热和废热如各类工业反应器窑炉、干燥装置等各种形式的余热排出的烟气或固体废渣的显热和潜热可作为热泵的热源。

（三）驱动能源

1. 电驱动热泵，电驱动热泵简称“电动热泵”。电动机是方便可靠、技术成熟和价格较低的动力机。大中型电动机的效率较高，可达93%左右；小型单相电动机效率较低，一般为60%～80%。若采用可变转速电机驱动，既可减小启动电流，又可实现热泵的压缩机的能量调节。中小型热泵一般采用全封闭式或半封闭式电动机与压缩机在一个壳体中，利用气体制冷剂直接对电机冷却，提高效率。电动螺杆式、离心式压缩机在各种热泵中均得到广泛应用并具有很好的运行实践。

2. 燃气驱动热泵，包括燃气型吸收式热泵、燃气内燃机驱动的压缩式热泵、燃气轮机驱动的压缩式热泵等多种方式，燃气发动机驱动热泵机组是通过燃气发动机驱动压缩机，同时可回收发动机冷却水及尾气中的废热用于吸收式制冷机或产生热水、蒸气等。

3. 热力驱动热泵，又称吸收式热泵，它是利用高温或中低温热源为驱动热源将低位热源转移到高位热源，供空调、供暖或工业产品生产过程应用的供热设备。吸收式热泵可分为第一类和第二类，第一类吸收式热泵是利用高温驱动热源将低温热源的热能提升到中温；第二类吸收式热泵是利用中温余热与低位热能的热势差，获得高于中温余热温度、但热量少于中温余热。

三、热泵性能评价指标与经济性分析

（一）热泵的性能系数

热泵的性能系数是指热泵制热量与所消耗的机械功或热能的比值。蒸气压缩式热泵的性能系数可用制热系数 ε_h 表示，即在不计压缩机的环境散热量时，热泵的制热量 Q_h 等于从低温热源的吸热量（等同于制冷机的制冷量）Q_c 与输入功率 P 之和，而制冷机的制冷系数 $\varepsilon_c = Q_c/P$，所以制热系数 ε_h 可用式（11-3-1）表达。

$$\varepsilon_h = \frac{Q_h}{P} = \frac{Q_c + P}{P} = 1 + \varepsilon_c \qquad (11\text{-}3\text{-}1)$$

由式（11-3-1）可以看出，制热系数 ε_h 总是大于1；在国家标准《水源热泵机组》GB/T 19409中以能效比（energy efficiency ratio，EER）表达各类热泵和机组在制冷工况的性能系数，而以COP（Coefficient of Performance）表达各类机组在制热工况的性能系数，在该标准中规定冷热风机组和冷热水机组的能效比（EER）、性能系数（COP）不小于表11-3-2、表11-3-3中的数值。

冷热风机组能效比（EER）、性能系数（COP） **表11-3-2**

名义制冷量 Q(W)	EER			COP		
	水环式	地下水式	地下环路式	水环式	地下水式	地下环路式
$Q \leqslant 14000$	3.2	4.0	3.9	3.5	3.1	2.65
$14000 < Q \leqslant 28000$	3.25	4.05	3.95	3.55	3.15	2.7
$28000 < Q \leqslant 50000$	3.3	4.10	4.0	3.6	3.2	2.75
$50000 < Q \leqslant 80000$	3.35	4.15	4.05	3.65	3.25	2.8
$80000 < Q \leqslant 100000$	3.4	4.20	4.1	3.7	3.3	2.85
$Q > 100000$	3.45	4.25	4.15	3.75	3.35	2.9

冷热水机组能效比（EER）、性能系数（COP）　　表 11-3-3

名义制冷量 Q(W)	EER			COP		
	水环式	地下水式	地下环路式	水环式	地下水式	地下环路式
$Q\leqslant14000$	3.4	4.25	4.1	3.7	3.25	2.8
$14000<Q\leqslant28000$	3.45	4.3	4.15	3.75	3.3	2.85
$28000<Q\leqslant50000$	3.5	4.35	4.2	3.8	3.35	2.9
$50000<Q\leqslant80000$	3.55	4.4	4.25	3.85	3.4	2.95
$80000<Q\leqslant100000$	3.6	4.45	4.3	3.9	3.45	3.0
$100000<Q\leqslant150000$	3.65	4.5	4.35	3.95	3.5	3.05
$150000<Q\leqslant230000$	3.75	4.55	4.4	4.0	3.55	3.1
$Q>230000$	3.85	4.6	4.45	4.05	3.6	3.15

（二）热泵能源利用系数

热泵能源利用系数 E 是指热泵的一次能源利用效率，由于热泵驱动能源的不同，应以热泵利用一次能源的转换过程效率的不同评价热泵的节能效果。一次能源利用系数 E 定义为热泵供热量 Q_h 与运行时消耗的一次能源的总量 E_p 之比：$E=\frac{Q_h}{E_p}$，例如电能驱动的热泵，除了计算制热系数以外，还应计算获取电能的一次能源转换效率包括发电效率 η_e 和电力输配效率 η_{ce}，所以能源利用系数 $E=\eta_e\eta_{ce}\varepsilon_h$。当 η_e、η_{ce} 分别为 0.4 和 0.9 时，$E=0.36\varepsilon_h$，若电动热泵的制热系数 $\varepsilon_h=3.5$ 时，则 $E=0.36\times3.5=1.26$；而锅炉直接燃烧燃料的供热系统的能源利用系数一般约为 0.8 左右；若采用电热直接供热时，其一次能源利用系数不超过 0.36。

（三）热泵经济效益评价方法

从上面的叙述可知，热泵是节能的，但同时有可能增加设备初投资费用。判断热泵在应用中是否可做到经济效益良好、减少费用，以便在不同方案进行比较中做出正确的选择。根据热泵供热系统的特点，一般应考虑以下因素。

1. 在进行多方案比较时，应注意各个方案的供热量应相同的前提下满足用户供热参数要求的互相替代。对方案的评价不仅要经济合理还要比较经济效果，以鉴别方案的最优。

2. 热泵初投资大，使用寿命长，经济性影响因素多，应考虑资金的时间价值，即一方面是资金用于项目投资时，资金的流动产生的增值就是资金在这一段时间内的时间价值；第二是如果放弃资金的使用权，所失去的收益相当于付出一定的代价，这也是资金的时间价值。因此，应采用动态经济评价方法。

3. 由于方案满足相同要求后热泵的经济效益一般可采用增量费用的回收年限确定最优方案。增量投资回收年限的回收（年）B 可用式（11-3-2）计算。通常回收年限可为 3～5年。

$$B=\frac{C_F}{h(C_B-C_H)} \tag{11-3-2}$$

式中　C_F——单位热泵容量的增量投资（元/kW）；

C_B——传统供热方式的单位供热量价格（元/kWh）；

C_H——热泵单位供热量价格（元/kWh）；

h——热泵年运行小时数（h）。

（四）热泵的环保效益

当今世界除了面临能源紧缺外，还面临环境恶化问题，人们关注的全球性环境问题主要有：CO_2、甲烷等产生的温室效应；二氧化硫、氮氧化物等酸性物质引起的酸雨等环境问题以及空调冷热源设备运行过程中产生的直接或间接的环境污染问题。

热泵作为空调系统的冷热源，可以把自然界或废弃的低位热能提升为较高温度且可利用的再生热能，满足暖通空调系统用热的需要，为人们提供了一种减少化石燃料消耗、合理利用能源、减轻环境污染的新途径。电动热泵与燃油锅炉相比，在向暖通空调用户供应相同热量的情况下可以节约40%左右的一次能源，可使温室气体排放量、SO_2 排放量作相应的降低这将大大改善城市大气污染。

四、空气源热泵

空气源热泵机组采用的压缩机类型有活塞式、螺杆式和涡旋式等，结构形式有组合式，模块式、热回收式和整体式等。空气源热泵具有安装使用方便，无需设置冷却水系统和锅炉加热系统；夏季供冷、冬季供热的双重功能等优点，适合于我国的夏热冬冷地区、夏热冬暖地区均可应用；但由于空气中含有水分，当空气侧表面温度低于0℃时换热器表面会结霜，一旦结霜其换热能力将会降低，所以空气源热泵机组在冬季供热工况运行时应定期除霜。随着科学技术的进步，近年来应用范围有向寒冷地区发展的趋势。

（一）空气源热泵机组的特点、名义工况

1. 空气源热泵冷热水机组是以用之不竭的空气为热源，具有以下特点。

（1）冷热水机组可露天安装在室外，如建筑物的屋顶、阳台等场所，不占用有效建筑面积，节省建造费用。

（2）机组一机二用，夏季用于制冷，冬季用于制热，夏季以空气冷却制冷剂，不需设置冷却水装置；冬季以空气为热源，不需设置供热锅炉等装置，是无烟气、无冷却水的简洁、卫生的冷热源系统。

（3）通常空气源热泵机组的自动控制和安全保护程度较完善，维护操作和使用管理方便。

（4）根据空气源热泵的工作原理，输出的有效热量总是大于机组消耗的电功率，所以比直接采用电加热供暖方式节能；但是夏季是以空气为冷却介质，冷凝压力总是比水冷却时高，所以制冷性能系数比水冷机组小，耗能量增加。

（5）机组常年暴露在室外，运行环境较差，所以使用寿命可能比水冷机组短；且机组设备价格比水冷机组高。

（6）空气源热泵机组在夏季对环境排热，且机组的噪声和振动等对环境有一定污染。

（7）随地区气象条件和季节的不同，室外环境空气参数变化较大，将对空气源热泵的制冷制热性能和能力带来很大影响。冬季制热时随着室外温度降低，热泵机组的蒸发温度下降，制热性能，供热量减少，目前单级蒸气压缩式热泵虽然可在－20℃～－15℃时运行，但由于制热性能系数大大降低，制热量将只能达到额定工况的50%左右。与之相反，随着室外温度降低，建筑物内所需供热量增加，所以将形成空气源热泵的制热量与建筑物需热量之间供需很不协调。

（8）冬季室外温度很低时，空气源热泵的蒸发温度也随之降低，含湿空气流经蒸发器

时，若表面温度在0℃左右时就会结霜；结霜将会使热泵制热性能降低和运行可靠性降低，所以空气源热泵机组需频繁地进行融霜，此时热泵不只是不能制热，还需消耗一定的能量进行融霜。

2. 空气源热泵机组的名义工况

在国家标准《蒸气压缩循环冷水（热泵）机组工商业用和类似用途的冷水（热泵）机组》GB/T 18430.1—2001和《多联式空调（热泵）机组》GB/T 18837—2002中规定热泵机组的名义工况时的温度条件、变工况性能温度范围分别见表11-3-4、表11-3-5多联式空调（热泵）机组正常工作环境、温度、多联机组室内机的名义制冷量和制热量见表11-3-6、表11-3-7。

机组名义工况时的温度条件　　表11-3-4

项　目	使　用　侧		热源侧(或放热侧)	
	冷、热水		风冷式	
	进口水温(℃)	出口水温(℃)	干球温度(℃)	湿球温度(℃)
制冷	12	7	35	—
热泵制热	40	45	7	6

变工况性能温度范围　　表11-3-5

项　目	使　用　侧		热源侧(或放热侧)	
	冷、热水		风冷式	
	进口水温(℃)	出口水温(℃)	干球温度(℃)	湿球温度(℃)
制冷	—	5～15	21～43	—
热泵制热		40～50	−7～21	

正常工作环境温度　　表11-3-6

机组型式	气候类型		
	T1(℃)	T2(℃)	T3(℃)
单冷型	18～43	10～35	21～52
热泵型	−7～43	−7～35	−7～52
电热型	−43	−35	−52

多联机组室内机的制冷（热）量的名义工况参数　　表11-3-7

试验条件			室内侧入口空气状态(℃)		室外侧入口空气状态(℃)	
			干球温度	湿球温度	干球温度	湿球温度
制冷工况	名义制冷	T1	27	19	35	24
		T2	21	15	27	19
		T3	29	19	46	24
	最大运行	T1	32±1.0	23±0.5	制造厂推荐的最高温度	
		T2	27±1.0	19±0.5		
		T3	32±1.0	23±0.5		
	冻结	T1	21±1.0	15±0.5	21±1.0	—
		T2			10±1.0	
		T3			21±1.0	
	最小运行	T1	21±1.0	15±0.5	18±1.0	—
		T2			10±1.0	
		T3			21±1.0	
	凝露 凝结水排除		27±1.0	24±0.5	27±1.0	24±0.5

续表

试验条件			室内侧入口空气状态(℃)		室外侧入口空气状态(℃)	
			干球温度	湿球温度	干球温度	湿球温度
制热试验	热泵名义制热	高温	20	—	7	6
		低温	20	—	2	1
		超低温	20	—	−7	−8
	最大运行		27±1.0	—	21±1.0	15±0.5
	最小运行		20	15	−5	−6
	融霜		20	15 以下	2	1
电加热器制热			20±1.0	—	—	—

(二）空气源热泵的工作原理

以空气为热源或冷源对空调系统提供所需的热水或冷水的空气源热泵需消耗一定的机械功才能实现。现以全封闭式往复式压缩机的空气源热泵冷热水机组为例，介绍空气源热泵的工作原理（过程），图 11-3-1 是该机组的制冷剂流程示意图，在空气源热泵制热运行时压缩机 2 从气液分离器 6 中吸入制冷剂气体，压缩后排出的高压、高温气体经四通换向阀至水侧板式换热器、高压、高温气体放热被水冷却冷凝为液体，而水被加热，达到使用要求；高压液体经单向阀组中一个单向阀流入贮液器 10。液体从贮液器底部经气液分离器至干燥过滤器去除水分和杂质后至膨胀阀，高压液体减压膨胀为低压液体经一个单向阀进入空气侧换热器，制冷剂液体在换热器铜管内吸热气化，由风机进行空气循环提供热源，低压气体经四通阀送入气液分离器分离液体后至压缩机吸气口，至此，完成一个制热循环。

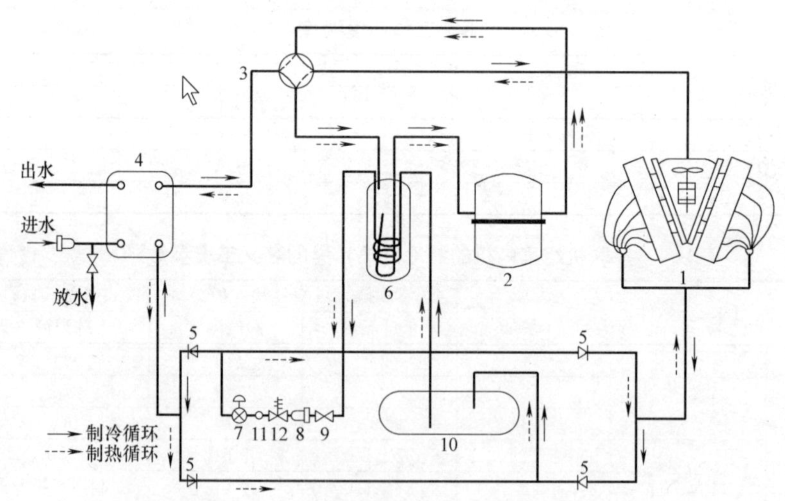

图 11-3-1 空气源热泵冷热水机组制冷剂流程

1—空气侧换热器；2—全封闭往复式压缩机；3—压缩机四通换向阀；4—水侧板式换热器；5—止回阀；6—气液分离器；7—单向膨胀阀；8—干燥过滤器；9—截止阀；10—贮液器；11—视液镜；12—电磁阀

在空气热泵制冷运行时，压缩机从气液分离器吸进低压制冷剂气体，经压缩后排出的高压、高温气体，经四通换向阀至空气侧换热器，由风机进行空气循环带走热量，被冷却冷凝为高压液体，通过一个单向阀流入贮液器，液体从贮液器底部经气液分离器至干燥过滤器去除水分和杂质，至膨胀阀，高压液体经膨胀阀节流减压变为低压的制冷剂液体，经一个单向阀进入水侧板式换热器吸热气化，而水被冷却，达到使用要求。低压气体从换热器经四通换向阀后到气液分离器中，经气液分离后至压缩机吸气口，至此，完成一个制冷循环。

以螺杆式制冷机或其他类型压缩机的空气源热泵机组的工作过程与上述过程基本相同。

（三）环境温度与热泵性能

环境温度，热水出水温度对空气源热泵制热性能的影响，按我国的空气源热泵的国家标准（GB/T 184301—2001）的规定：空气源热泵的额定制热量制冷量是在如表 11-3-5 的名义工况下的数值。但在热泵机组实际运行时，由于环境空气温度是根据地区、时段的不同总是在不断变化，用户也会因使用要求的变化需要改变热水的供水温度，因此环境空气温度变化、热水供水温度变化都将使制热量随之变化，图 11-3-2，图 11-3-3 是某公司生产的制冷量为 128.6kW、制热量为 131.2kW 的热泵机组的制热量或制冷量、能耗与环境空气温度和热水供水温度变化的性能特性曲线。由图可见：空气源热泵的制热量随热水温度的提高而减少，随环境空气温度的降低而减少，这是因为当机组制热时，热水供水温度的提高，就使机组的冷凝温度提高，随之要求制冷压缩机的冷凝压力升高，制热量相应减少；环境空气温度的降低，将会使机组的蒸发温度降低，制热量必然相应减少。由图还可见到：空气热泵机组的能量消耗随热水供水温度的提高而增加，随环境空气温度的降低而减少，这是因为随热水供水温度的提高，要求机组的冷凝压力升高压缩机的压缩比增加，使压缩单位制冷剂的能耗增加，机组的输入能耗增加；当环境空气温度降低时，将使机组的蒸发温度降低，压缩机的输入能耗减少。环境温度、冷水出水温度对空气源热泵制冷性能的影响，在实际运行时，由于环境空气温度不同和空调用户要求的冷水出水温度不同，机组的制冷量是变化的。由图 11-3-3 可见，空气源热泵冷热水机组的制冷量随冷水出水温度的提高而增加，并随环境空气温度的增加而减少，这是由于冷水出水温度提高使机组的蒸发压力升高，即压缩机的吸气压力升高使系统中的制冷剂流量增加，所以制冷量增大；当环境温度增加时，系统中的冷凝压力提高，压缩机的排气压力提高使机组中的制冷剂流量减少，从而使制冷量也减少。机组的能耗随冷水出水温度的提高而增加，并随环境温度的增加而增加。这是由于当冷水出水温度提高时蒸发压力提高，此时若环境温度不变，则压缩机的压比减少，对单位制冷剂的能耗减少，但是由于制冷剂的流量增加，压缩机的能耗仍然增大；当环境温度升高时，使冷凝压力升高，导致压缩机的压比增加，对单位制冷剂的能耗增加，压缩机能耗增加。

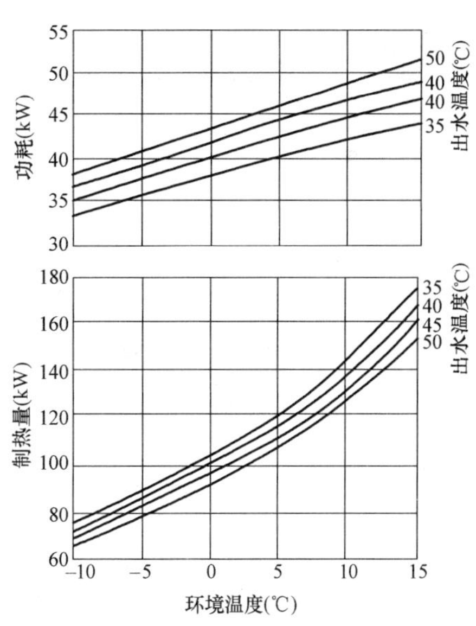

图 11-3-2　空气热泵机组的制热量、能耗与环境温度和热水出水温度的关系

图 11-3-4、图 11-3-5 是一台额定制冷量为 162kW、额定制热量为 186kW 的螺杆压缩机的空气源热泵的运行性能曲线。一般当环境空气温度降低至−5℃以下时，宜启动辅助电加热器加热热水回水，以补偿空气源热泵机组制热量的衰减。

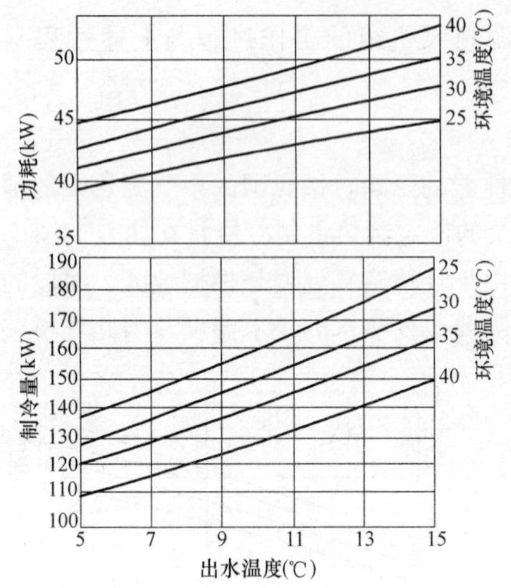

图 11-3-3　空气热泵机组的制冷量、能耗与环境温度和冷水出水温度的关系

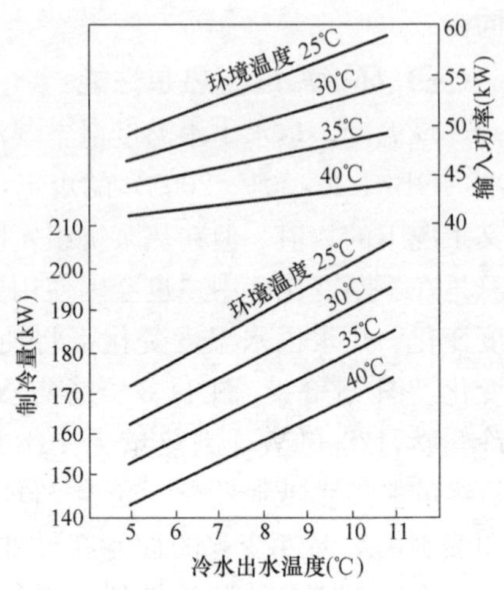

图 11-3-4　螺杆压缩机风冷热泵机组制冷运行性能曲线

(四) 空气源热泵系统的设计要点

1. 热泵机组有效制热量的确定，如前所述，热泵机组的制热量、制冷量与环境空气和供水温度密切相关，还与机组的结霜/除霜情况有关。工程设计确定冬季的有效制热量 Q_h（kW）时，应根据室外空调计算温度和融霜频率按式（11-3-3）式进行修正。

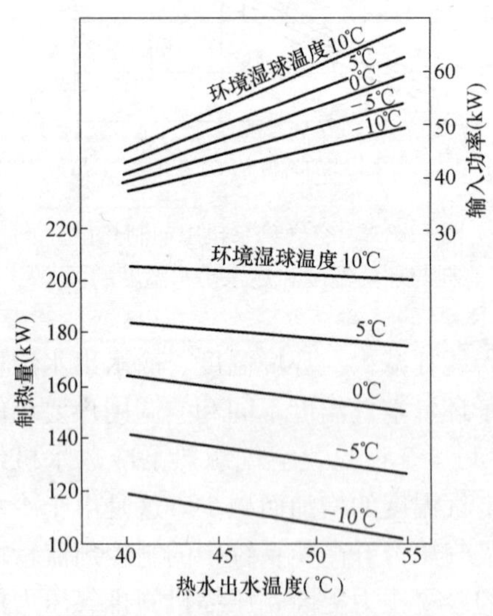

图 11-3-5　螺杆压缩机风冷热泵机组制热运行性能曲线

$$Q_h = qK_1K_2 \tag{11-3-3}$$

式中　q——机组的名义制热量（kW）；

K_1——使用地区的室外空调计算干球温度的修正系数，按产品样本选取；

K_2——机组融霜修正系数，每小时融霜一次取 0.9，两次取 0.8。

2. 空气源热泵平衡点温度与辅助热源

空气源热泵机组的供热能力曲线和使用建筑物的热负荷曲线可用图 11-3-6（*a*）表示供需关系，其交点 O 称为平衡点、对应的室外气温为平衡点温度，即在该温度下建筑物的耗热量与热泵机组的供热能力相等。采用变频器机组调节出力时，可使任何平衡点都落在耗热量线上，如图 11-3-6（*b*）所示。但大型热泵系统多采用台数控制、多缸卸载或滑阀位移（螺杆式）等方法调节出力，如图 11-3-6（*c*）所示。

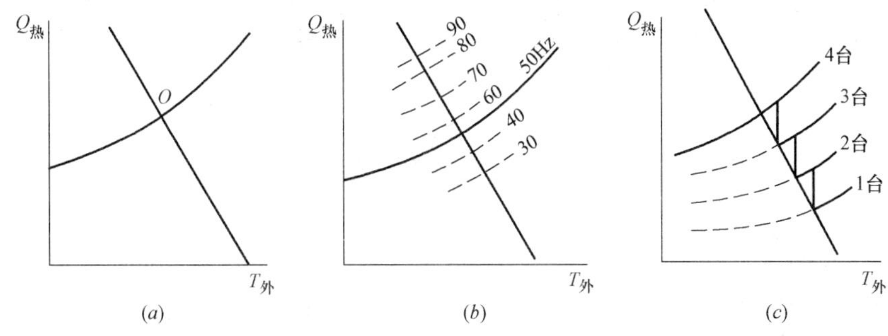

图 11-3-6 空气源热泵平衡点示意图

空气源热泵制热时，随着冬季室外空气温度降低，建筑物热负荷增大，但机组能提供的热量减少；为了解决供需矛盾，提高热泵系统的可靠性，常常需要设置辅助热源。若选择的空气源热泵机组制热量较小，可降低初投资和运行费用，但所需的辅助热源较大、初投资和运行费用较高；若选用的机组制热量过大、初投资和运行费用较高，但此时辅助热源可较小，甚至不用辅助热源，辅助热源的初投资和运行费用较低。由图 11-3-7 可见，空气源热泵供热系统辅助热源的选择与平衡点的选取有关，平衡点选择合理将会使整个系统减少初投资，降低运行费用。空气源热泵机组系统的辅助热源的主要形式有：（1）在系统中设置小型锅炉，提高冬季机组的供水温度；（2）有其他热源（热水或废热水）时，可采用板式热交换器提高供水温度；（3）采用电加热器提高供水温度。实际工程中，应根据当地的具体条件，通过技术经济比较选择合理的辅助加热装置。

3. 空气源热泵机组的布置要求

（1）布置热泵机组时，应充分考虑周围环境对机组进风与排风的影响，并应布置在空气流通的环境中，保证进风流畅、排风不受遮挡与阻碍；一般宜布置在建筑物屋顶或阳台上。

（2）机组进风口气流速度宜保持 1.5～2.0m/s；排风口气流速度宜大于 7m/s。宜加大机组进风口、排风口之间的距离，以避免互相影响。

（3）当建筑物有裙房或不同高度的楼层时，宜将空气源热泵机组布置在主楼或较高楼层屋面，以避免机组噪声对主楼或较高楼层的影响，必要时应采取降低噪声的措施。

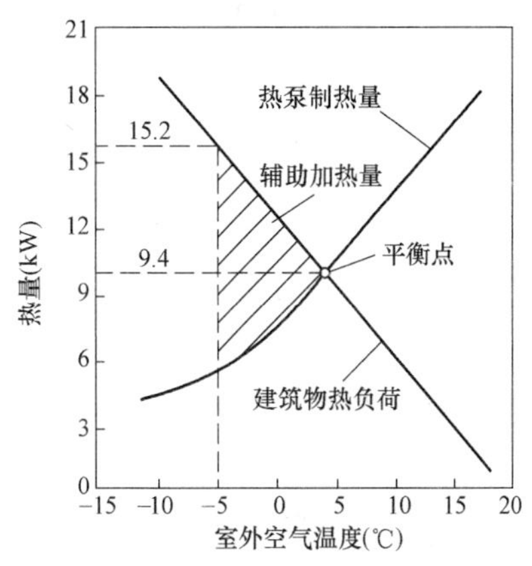

图 11-3-7 空气源热泵平衡点与辅助热源

（4）当设有 2 台以上机组时，机组与机组之间的距离宜大于 2m，机组进风侧距离建筑物的墙面的间距应大于 1.5m。

（5）当机组设置在高差较小的平面距离很近的上、下平台时，应防止机组间空气流动相互干扰影响。如供冷时，低位布置机组排出的热气流上升，被上位布置机组吸入；供热时，高位布置机组的冷气流下降，被低位布置机组吸入。若多台空气热泵机组布置时，应避免上风机组排出的气流对下游机组的影响。

(6) 若空气源热泵机组必须设置在室内时，为确保机组的正常进风、排风，应分别设有进风百叶窗、排风百叶窗，并应设置隔离措施避免各台机组的进风、排风气流相互干扰。

五、土壤源热泵

土壤源热泵系统（ground source heat pump system）是以岩土体为低温热源，利用地下浅层地热资源的既可以用于制冷也可用于供热的节能型热泵系统，一般由地热交换器或地埋管换热器（ground heat exchanger）、水源热泵机组等组成。夏季地埋管内的传热介质（水或防冻液）经水泵送入机组冷凝器，将机组排放的热量带出并释放给地层（向大地排热，地层蓄热），机组蒸发器冷冻水降温后对用户供冷；冬季地埋管内的传热介质经水泵送入机组蒸发器作为热源，使制冷剂相变为气态，经压缩送入冷凝器，放出的热量使冷凝器内的水被加热。热泵机组通过地埋管吸收地层的热量（从大地吸热，地层蓄冷），机组的冷凝器产生的热水，通过循环水泵送至空调末端设备对房间进行供暖。

（一）土壤源热泵系统的特点

地埋管换热器是土壤源热泵系统的关键装置，地埋管换热器中的传热过程是管内流体与周围岩土之间的换热，可被认为是一种蓄热式换热器，地埋管土壤源热泵系统的特点见表 11-3-8。

地埋管土壤源热泵系统的特点　　表 11-3-8

特　点	说　明
可再生性	利用地下浅层地热资源作冷热源，夏季蓄热、冬季蓄冷，属可再生能源
系统 COP 值高，节能性好	地层温度稳定，夏季温度比大气温度低，冬季温度比大气温度高，在寒冷地区和严寒地区供热时优势更明显；夏天较高的供水温度和冬季较低的供水温度，可提高系统的 COP 值
环保	地埋管内流体与地层只有能量交换，没有质量交换，对环境没有污染
使用寿命长	地埋管寿命可达 50 年以上
占地面积较大	无论采用何种形式，土壤源热泵系统均需要有可利用的埋设地埋管换热器的空间，如道路、绿化地带、基础下位置等
初投资较高	土方开挖、钻孔以及地下埋设的塑料管管材和管件、专用回填料等费用较高

（二）土壤源热泵系统设计

1. 设计基础数据，设计地埋管换热器必须具有：具体项目中可埋管的区域面积，埋管岩土层深度状况，埋管区域岩土体的初始温度（t）；岩土体的导热系数 λ_s[W/(m·K)]；回填料的导热系数 λ_b[W/(m·K)]；地源热泵系统的负荷（kW）；传热介质与 U 型管壁的对流换热系数 α[W/(m·K)]等基础数据。

这些数据中除与建筑物功能、规模和所选用的材料等有关外，对地埋管热泵系统设计十分重要的是岩土体的热物性参数（λ_s 和 t 等）必须通过实地测试后得到，这是十分重要的、必须的步骤。

2. 岩土热响应试验（rock-soil thermal response test）

岩土热响应试验是通过测试仪器，对具体拟采用地埋管热泵系统的工程项目所在场地的测试孔进行一定时间的连续加热，获得岩土综合热物性参数及岩土初始平均温度的试验，以此试验获得的数据对地埋管换热器的设计、安装提供基础数据。岩土综合热物性参数（parameter of the rock-soil the rmal properties）是指不含回填材料在内的地埋管深度范围内岩土的综合导热系数、综合比热容，岩土初始平均温度（initial averagl temperature of the rock-soil）是从自然地表下 10m～20m 至竖直地埋管换热器埋设深度范围内，岩土常年恒定的平均温度。根据 2009 年局部修订的现行国家标准《地源热泵系统工程技术规范》GB 50366 的规定：当地埋管地源热泵系统的应用建筑面积在 3000m^2～5000m^2 时，宜进行岩土热响应试验；当应用建筑面积大于等于 5000m^2 时，应进行岩土热响应试验。该规范还规定：对进行岩土热响应试验的工程项目，应利用其试验结果进行地埋管换热器的设计，并宜符合：夏季运行期间，地埋管换热器最高温度宜低于 33℃；冬季运行期间，不添加防冻剂的地埋管换热器进口最低温度宜高于 4℃。

岩土热响应试验的测试孔数量和测试方案，应根据测试场地的地质条件及其复杂程度确定；地埋管热泵系统的应用建筑面积大于等于 10000m^2 时，测试孔的数量不应少于 2 个，对 2 个及以上的测试孔的测试结果应取算术平均值。岩土热响应试验的内容包括岩土初始平均温度，地埋管换热器的循环水进出口温度、流量以及试验过程中向地埋管换热器施加的加热功率。测试完成后测试单位应提出“岩土热响应试验报告”，其内容应包括项目简况，测试方案，参考标准，测试过程中各项参数的连续记录：循环水流量、加热功率、地埋管换热器的进出口水温，所在场地岩土柱状图，岩土热物性参数以及测试条件下钻孔单位延米换热量的参考值等。

岩土热响应试验用测试仪表，对于加热电功率（在输入电压稳定的情况下）和循环水流量的仪表测量误差不应大于±1%；循环水温度的测试仪表的测量误差不应大于±0.2℃。岩土热响应试验的测试步骤应符合 GB 50366 标准的附录 C 的要求；测试孔的深度应与实际地埋管钻孔深度一致，试验应在测试孔完成并放置至少 48h 以后进行，岩土热响应试验测试过程应连续不间断地进行，持续时间不宜少于 48h；试验期间电加热功率应保持恒定，地埋管换热器的出口温度稳定后，其温度宜高于岩土初始平均温度 5℃以上且维持时间不应小于 12h；试验过程地埋管换热器内循环水流速不应低于 0.2m/s。

通过近年来对一些地埋管换热器进行岩土热响应试验的经验总结，由于各地的地质条件的差异以及测试孔的成孔工艺、深度的不同，测试孔恢复至岩土初始温度所需时间也是不相同的，一般在 48h 后测试埋管的状态基本稳定，同时为了使回填材料在钻孔内充分沉淀密实也需要放置一定的时间；但对于采用水泥基料作为回填材料时，由于水泥在失水的过程中会出现缓慢的放热，所以对于使用水泥基料作回填材料的测试孔应放置足够长的时间（宜为十天以上），以确保测试孔内岩土温度恢复至周围岩土初始平均温度一致。岩土热响应试验是对岩土缓慢加热直至达到传热平衡的测试过程，所以需要有足够的时间来保证这一过程的充分平稳地进行，若在试验过程中要改变加热电功率，则需停止试验，待测试孔内温度恢复至同岩土初始平均温度一致时，才能再进行岩土热响应试验。

岩土热物性参数作为一种热物理性质，无论对其进行放热或取热试验，其数据处理过程基本相同，所以只要采取向岩土施加一定加热功率的方式进行热响应试验，利用试验获得的数据采用反算法推导出岩土热物性参数；从计算机中取出岩土热响应试验的测试结果，将其与软件模拟的结构进行对比，通过传热模型调整后即可获得所需的岩土热物性参数，详见现行国家标准《地源热泵系统工程技术规范》GB 50366 中的附录 C“岩土热物性试验”中的有关内容。

3. 负荷计算

地埋管热泵系统的全年冷负荷、热负荷平衡失调，即夏季地埋管换热器的总排热量与冬季的总吸热量不一致，将会导致地埋管区域岩土体温度逐年升高或降低，从而影响地埋管换热器的长期正常运行，因此，地埋管热泵系统设计时，必须认真进行全年冷热负荷的平衡计算。

(1) 建筑物或建筑物群的设计冷负荷、热负荷是确定地埋管热泵系统设备的规模和热泵机组型号的主要依据，在确定设计计算冷负荷、热负荷时应十分认真地确定不同建筑、不同使用功能、不同系统的同时使用系数，该系数一般应小于1.0。

(2) 地埋管热泵系统设计时，应进行全年动态负荷计算，最小计算周期宜为一年。在计算周期内，地埋管热泵系统的总排热量与总吸热量应平衡一致。在具体工程设计中宜采用辅助热源或辅助冷却装置（如冷却塔）与地埋管换热器并用的调峰方式，应通过技术经济比较确定辅助热源等的形式、规模。

(3) 地埋管热泵系统的最大排热量是热泵机组供冷工况下释放至循环水的总热量、循环水在输送过程中得到的热量（管路冷损）、水泵释放到循环水中的热量等三项热量之和。地埋管热泵系统的最大吸热量是热泵机组在制热工况下从循环水的吸热量、输送过程冷损、水泵对水的释放热量等三项之和。

(4) 地埋管换热器的设计负荷：若最大吸热量与最大排热量相差不大时，可分别计算供热工况与供冷工况下地埋管换热器的长度，按其大者进行地埋管换热器的设计。当地埋管热泵系统最大吸热量与最大排热量相差较大时，应经过技术经济比较，通过增加辅助热源或增加冷却塔辅助散热的方式进行调节、平衡放热量、排热量后确定地埋管换热器的设计负荷。

(5) 最大吸热量与最大释热量相差较大时，也可以通过热泵机组间歇运行来调节；还可以采用热回收机组，降低供冷季节的排热量，增大供热季节的吸热量。但应十分注意认真进行全年的总排热量、总吸热量的平衡计算，以确保投入运行后不会影响土壤温度的变化。

4. 设计注意事项

(1) 热泵的运行效果主要取决于热能利用系统与热源系统之间的温度差。因此，冬季热泵系统的供水温度越低越好，夏季热泵系统的供水温度越高越好。

(2) 设计采用水平地埋管换热器时，最上层埋管的顶部，应在冻土层以下400mm，且距地面不应少于800mm；沟槽内的管间距及沟槽间的距离，除应满足换热需要外，还应考虑挖掘机械施工的需要。采用竖直地埋管换热器时，竖直地埋管换热器的埋管深度应大于20m；水平连接管的深度应在冻土层以下600mm，且距地面不宜小于1500mm。

(3) 地埋管环路两端应分别与供、回水环路集管相连接，且宜同程布置，每对供、回水环路集管连接的地埋管环路数宜相等。供、回水环路集管的间距不应小于600mm。竖直地埋管环路也可以采取分/集水器连接方式，一定数量的地埋管环路供、回水管分别接入相应的分/集水器，但分/集水器应有平衡和调节各个地埋管环路流量的措施。

(4) 通过空调水路系统进行冷、热工况转换的系统，应在水系统管路上设置冬/夏季节工况转换的阀门，转换阀的性能应可靠，并确保严密不漏。

(5) 地埋管换热器管内的介质，应保持为紊流流动状态；通常管内介质的流速单U

形管宜大于等于 0.6m/s，双 U 形管大于等于 0.4m/s。水平环路集管的坡度，不应小于 2‰。

(6) 地埋管换热器的安装位置，应远离水井及室外排水设施，且宜靠近机房或以机房为中心设置。敷设供、回水集管的管沟应分开布置。

(7) 地埋管换热系统宜采用变流量调节方式。地埋管换热系统应设置自动充液及泄漏报警装置，并配置反冲洗系统，冲洗流量为工作流量的两倍。

(8) 若室内热泵系统的压力超过地埋管换热器的承压能力时，应设置中间换热器，将地埋管换热器与室内热泵系统分隔。

(9) 地埋管道连接应采用热熔法或电熔法。竖直地埋管换热器的 U 形弯管接头，应选用定型的 U 形成品弯头。

(10) 铺设水平地埋管换热器前，沟槽底部应先铺设厚度相当于管径的细砂。竖直地埋管换热器的 U 形管，应在钻孔完成且孔壁固化后立即进行。下管过程中，U 形管内宜充满水，并采取可靠措施使 U 形管的两条管道处于分开状态。竖直地埋管换热器的 U 形管安装完毕后，应立即进行灌浆、回填、封孔。当埋管深度超过 40m 时，灌浆回填应在周围临近钻孔均钻凿完毕后进行。

(11) 地埋管换热系统应根据地质特征确定回填料的配方，回填料的导热系数应大于或等于钻孔外或沟槽外岩土体的导热系数。竖直地埋管换热器的灌浆回填料，宜采用膨润土加细砂（或水泥）的混合浆或专用灌浆材料。当地埋管换热器设在密实或坚硬的岩土体中时，宜采用水泥基料灌浆回填。

（三）热泵系统及设备

1. 热泵系统的确定，应根据具体工程项目的冷负荷、热负荷、水量、地质情况，建筑物周围环境，合理选择地埋管换热系统。我国地域广阔、各类空调用户的要求不同，导致全年冷负荷、热负荷是不均衡的，例如，在寒冷地区的全年的总释热量、总吸热量常常是不平衡的，所以若按冷负荷选择的热泵机组通常不能满足冬季供热需要，但按热负荷确定的热泵机组夏季供冷容量又会过剩；在夏热冬冷地区，则反之，由热负荷选择的热泵机组通常不能满足夏季供冷需要，而由冷负荷选定的热泵机组冬季热容量过剩。为此，在选择地埋管热泵系统时，应根据建筑物或建筑群的规模、水文地质和冷负荷、热负荷状况等因素合理配置辅助冷热源，获得较好的技术经济效益，如设计热负荷高于设计冷负荷，宜按冷负荷来选配热泵机组，夏季仅采用地埋管水源热泵机组来供冷，冬季采用地埋管水源热泵机组和辅助热源联合供热；若设计冷负荷高于设计热负荷时，宜按热负荷来选配热泵机组，冬季仅采用地埋管水源热泵机组供暖，夏季采用地埋管水源热泵机组和常规制冷方式联合供冷。

2. 土壤源热泵的水系统，可分为用户侧循环水系统和地埋管的循环水系统。前者是由用户与热泵机组构成，它与常规空调冷水循环系统相似；后者由地埋管换热器与热泵机组构成，因地埋管换热器结构、热泵主机及循环水泵设置的不同而异，热泵主机可集中设置或分散设置，如图 11-3-8 所示，集中式地源热泵系统是集中设置一台或多台热泵机组作冷、热源。分散式是将热泵机组分设在各个用户。

集中式地源热泵地埋管换热器侧的循环水系统，主要由地埋管换热器、热泵主机和循环水泵组成。其循环管路主要由地下塑料地埋管构成，循环介质为防冻液或水。分散式热

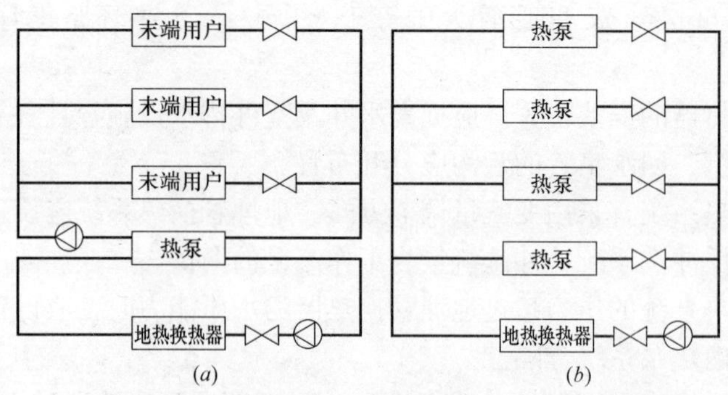

图 11-3-8　集中式与分散式地源热泵系统示意图

(*a*) 集中式热泵水系统；(*b*) 分散式热泵水系统

泵系统的地埋管换热器循环水系统是由地埋管换热器与若干台热泵机组相连构成，类似于常规空调的风机盘管水系统。

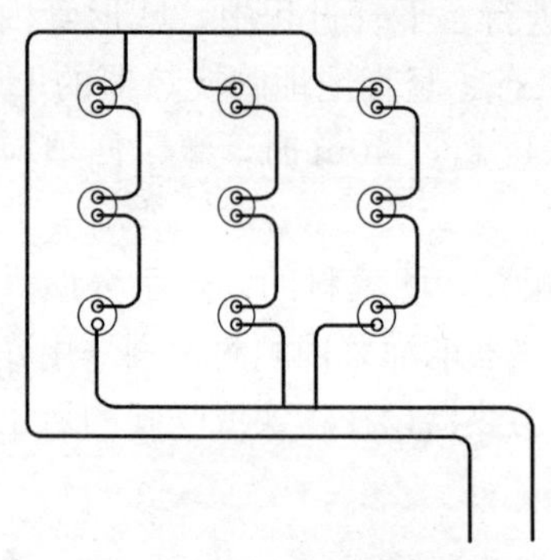

图 11-3-9　竖直 U 形地埋管串联系统示意图

地埋管换热器的循环水系统可按串联和并联方式布置。图 11-13-9 所示，在串联水系统中只有一个流体通道，在并联水系统中可能有若干个并联运行的流体通道，在实际工程中采用并联或串联主要取决于安装成本、地埋管水系统设计要求以及连接、安装工艺等。串联系统的优点是流体通道界限性好，具有单一流体通道和同一型号的管道；由于串联系统采用大管径管子，因此单位长度管子的传热性能比并联系统的要高，且管道内积存的空气易排出。地埋管换热器的不同连接方式的比较见表 11-3-9。

地埋管换热器的不同连接方式的比较　　**表 11-3-9**

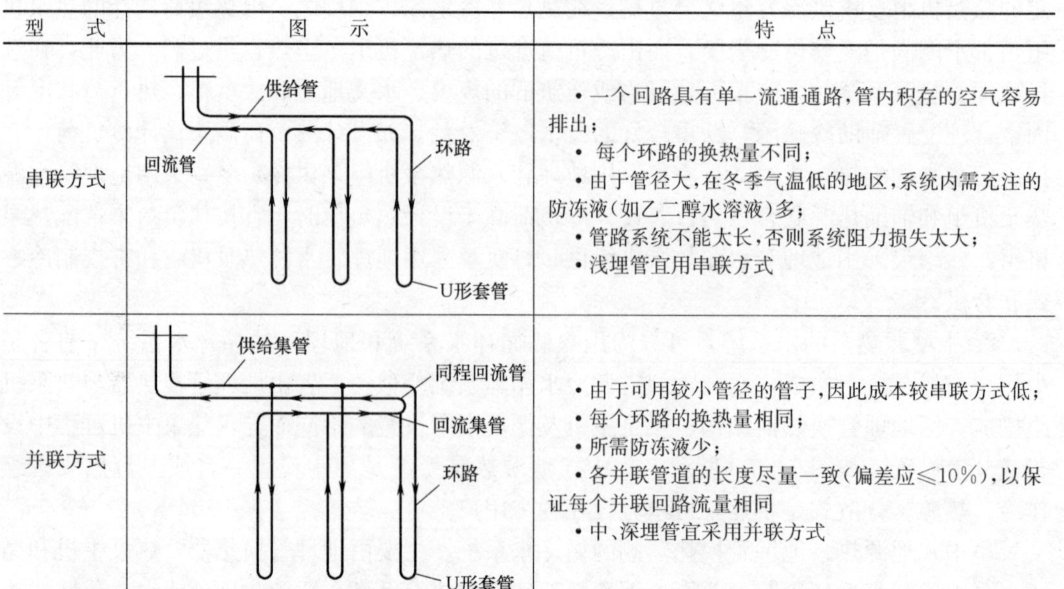

型　式	图　示	特　点
串联方式		• 一个回路具有单一流通通路，管内积存的空气容易排出； • 每个环路的换热量不同； • 由于管径大，在冬季气温低的地区，系统内需充注的防冻液（如乙二醇水溶液）多； • 管路系统不能太长，否则系统阻力损失太大； • 浅埋管宜用串联方式
并联方式		• 由于可用较小管径的管子，因此成本较串联方式低； • 每个环路的换热量相同； • 所需防冻液少； • 各并联管道的长度尽量一致（偏差应≤10%），以保证每个并联回路流量相同 • 中、深埋管宜采用并联方式

多组并联方式适用于竖直U形地埋管管群较多、钻孔数量较多的系统，用多组并联方式可提高运行稳定可靠性和系统的调节功能。图11-3-10是大型地埋管热泵工程设计中采用的多组并联方式水系统示意图，根据地埋管管群大小，采用一个或若干个枝状管网并联，每个枝状管网尽可能连接相同数量的U形地埋管。采用多组并联时可采用管径较小的管道和连接件，从而降低造价、减少施工工程量。一般可将各并联管组均汇集至建筑物内热泵机组机房的分、集水器上，可将各并联环路水系统分别独立、轮流运行，也能在系统检修或清洗时选择性地开启或关闭相关的环路，方便运行、检修。

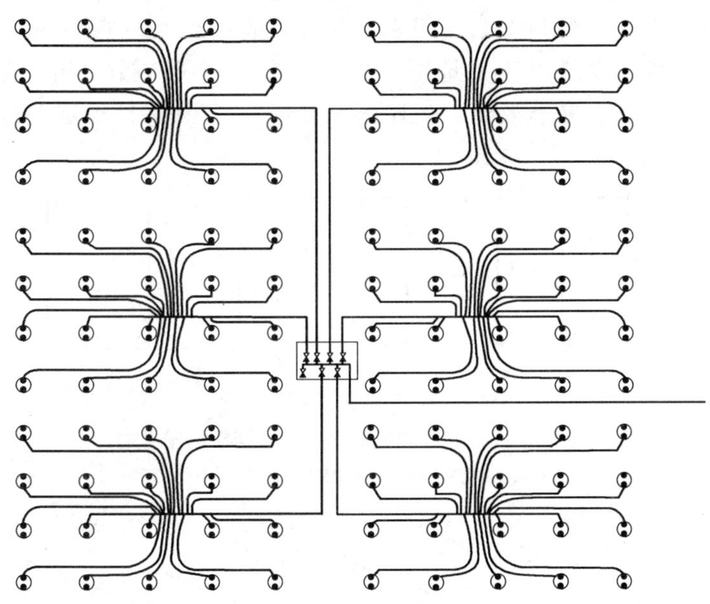

图11-3-10　多组并联方式水系统连接示意

3. 热泵机组的选型要求：

(1) 热泵机组的热（冷）源温度（地埋管换热器的出水温度）范围根据国家标准《水源热泵机组》GB/T 19409—2003的要求应为：

制热时……………………………………－5℃～25℃。

制冷时……………………………………10℃～40℃；

(2) 当水温达到设定温度时，热泵机组应具有减载或停机的能力。

(3) 不同项目地埋管内的流体温度相差较大，设计时应按实际温度参数进行设备选型。末端设备选择时应适应热泵机组供回水温度的特点，提高地埋管源热泵系统的效率和节能要求。

(4) 夏季运行时，空调冷水进入机组蒸发器，地埋管换热器提供的冷却水进入机组冷凝器。冬季运行时，空调用热水进入机组冷凝器，地埋管换热器提供的热源水进入机组蒸发器。冬、夏季节的功能转换阀门应性能可靠，严密不漏。

4. 地埋管换热器

(1) 地埋管换热器的形式有水平和竖直两种埋管方式。水平地埋管换热器（horizontal ground heat exchanger）是在浅地层中水平埋设；竖直地埋管换热器（vertical ground

heat exchanger）是在地层中垂直钻孔埋设。水平埋管方式的优点是在软土区域埋设，造价较低，但传热条件将会受到环境气候变化的影响，且占地面积较大；竖直地埋管方式具有占地面积较少，不受环境气候变化影响，性能参数稳定，所以目前大多采用竖直埋管方式；只有当可利用的地表面积多，浅层岩土体的温度与热物性受气候、雨水、埋设深度影响较小时，或受地质构造限制时才采用水平埋管方式。在没有合适的建筑物外用地条件时，也可将竖直地埋管换热器埋设在建筑物的混凝土基础桩内等。

水平地埋管通常以一条沟中埋管的多少、方式又可分为单或双环路、双或四环路、三或六环路以及垂直排圈式、水平排圈式、水平螺旋式等形式，如图 11-3-11 是几种常见的水平地埋管换热器形式，图 11-3-12 是几种近年开发的水平地埋管换热器形式。水平地埋管换热器通常具有埋深仅 3～15m；地层岩土冬季夏季热平衡较好，可充分利用地层的自然恢复能力（冬季放热、夏季吸热、交替进行蓄热），容易保持地层温度的稳定；初投资低。

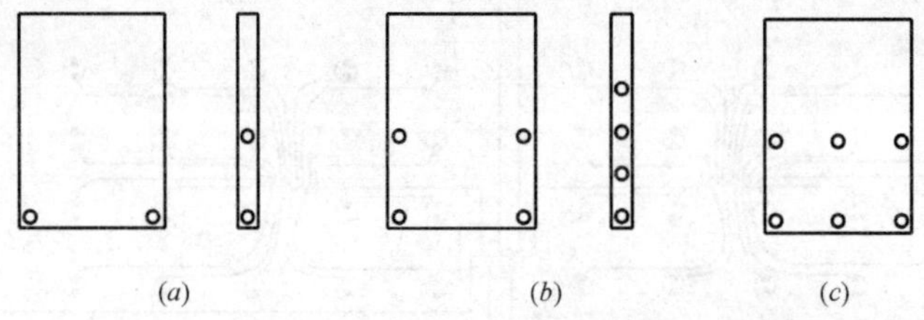

图 11-3-11　几种常见的水平地埋管换热器形式

（*a*）单或双环路；（*b*）双或四环路；（*c*）三或六环路

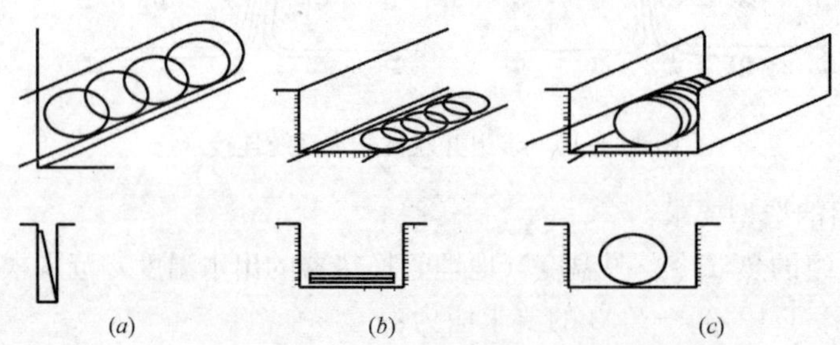

图 11-3-12　几种新近开发的水平地埋管换热器形式

（*a*）垂直排圈式；（*b*）水平排圈式；（*c*）水平螺旋式

竖直地埋管换热器有多种形式，主要有单 U 形管、双 U 形管、小直径螺旋管、大直径螺旋管、立柱状、蜘蛛状和套管式等，如图 11-3-13 所示。竖直地埋管是在钻孔中插入 U 形管，通常一个钻孔中可设置一组或二组 U 形管，然后以回填材料将钻孔填实，以减少钻孔中的热阻；钻孔之间的距离应考虑充分利用土地面积，其间距一般为 4～6m，间距过小会影响蓄热效能。竖直地埋管深度≤－30m 为浅埋型、31～80m 为中埋型、80m 为深埋型。由于 U 形竖直地埋管换热器占地少、施工简单、换热性能好、管路接头少、不易泄漏等优点，所以，目前应用最多的是单 U 形管和双 U 形管，具体做法是：钻孔的孔径为 110～200mm，深度为 20～100m；U 形管的管径一般在 Φ50mm 以下，在钻孔内安装 U 形管时应不变形，U 形管就位后应回填材料将 U 形管与井壁之间的孔隙填实。

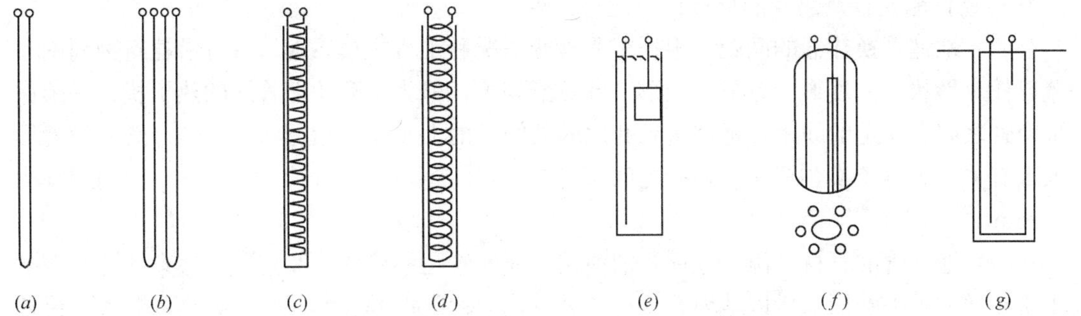

图 11-3-13　竖直地埋管换热器形式

(a) 单U形管；(b) 双U形管；(c) 小直径螺旋管；(d) 大直径螺旋管；
(e) 立柱状；(f) 蜘蛛状；(g) 套管式

竖直地埋管与水平地埋管相比，建设投资高，钻孔费用高，中埋和深埋需要采用承压高的塑料管，但占地面积可以减少。采用竖直地埋管时，应注意地埋管换热器夏季传递到地层中的排热量与冬季取自地层中的吸热量是否平衡，这是由于深层岩土温度场受地面温度影响很小，因此应保持冬季吸热和夏季排热量的平衡，否则将影响土壤源热泵的长期使用效果。

(2) 地埋管换热器的设计，对于给定的建筑物场地条件设计应以最低的成本得到最好的运行性能。地埋管长度应满足地源热泵系统全年动态负荷要求，在一年的计算周期内地埋管系统的总释热量宜与总吸热量平衡，地埋管换热器换热量应满足地源热泵系统最大吸热量或释热量的要求。在技术经济合理时，可采用辅助热源或冷却源与地埋管换热系统并用的调峰方式。

地埋管换热器设计计算是地源热泵空调系统设计所特有的内容，由于地埋管换热器换热效果受岩土体热物性及地下水流动情况等地质条件影响很大，在不同地区甚至同一地区不同区域岩土体的换热特性差别都很大，因此，不应简单地根据经验数据来确定地埋管换热器的数量。

地埋管换热器的设计计算可采用软件计算法和现场测试法，一般应采用专用软件进行计算。该软件应具有以下功能：能计算或输入建筑物全年动态负荷；能计算当地岩土体平均温度及地表温度波幅；能计算岩土体、循环流体及换热管的热物性参数；能模拟和计算岩土体与换热管间的热传递及岩土体长期储热效果；能计算循环流体长期运行的温度；能对所设计系统的地埋管换热器的结构进行模拟（如钻孔直径、换热器类型、回填情况等）。目前，在国际上比较认可的地埋管换热器的计算核心为瑞典 Lund 大学开发的 g-functions 算法。根据程序界面的不同主要有：Lund 大学开发的 EED 程序；美国 Wisconsin-Madison 大学 Solar Energy 实验室（SEL）开发的 TRNSYS 程序；美国 Oklahoma 大学开发的 GLHEPRO 程序。国内有些院校也对地埋管换热器的设计计算进行了研究并编制了计算软件。

现场测试法是模拟实际运行工况，对实验孔进行放热-吸热实验，通过测试分析得到数据，获得测量孔的换热量，目前重庆大学的刘宪英等研制了“地埋管热量测试仪”可进行这方面的测试。也可以按现行国家标准《地质热泵系统工程技术规范》GB 50366 中附录B的竖直地埋管换热器的设计计算进行计算。

（3）地埋管换热器的间距，根据工程现场情况和工程规模，地埋管可沿建筑物周围布置成任意形状，如线形、方形、矩形、圆弧形等等，但为了防止埋管间的热干扰，必须保证埋管之间有一定的间距。地埋管钻孔之间的间距的大小还与运行状况、地埋管的设置形式等有关。为避免换热短路，钻孔之间应保持一定间距，应通过计算确定，一般间距宜为3～6m。

（4）地埋管的管材，由于地埋管的使用寿命、管路系统的渗漏均可能污染环境、地下水质和增大维护费用，所以地埋管管材应采用化学稳定性好、耐腐蚀、导热系数大、流动阻力小的塑料管材及管件，目前大多采用聚乙烯（PE-80或PE-100）或聚丁烯（PB）塑料管作为地埋管，应优先采用聚乙烯塑料管，不宜采用聚氯乙烯（PVC）管；管件与管材应为相同材质。管件的公称压力和使用温度应满足工程设计要求，且管材的公称压力≥1.0MPa；工作温度范围不小于－20℃～50℃。埋地部分管道不应有机械接头，能按设计要求成卷供货。聚乙烯（PE）塑料管的外径及公称壁厚，应符合表11-3-10的要求。

聚乙烯（PE）管的外径及公称壁厚（mm）　　表11-3-10

公称外径 DN (mm)	平均外径 (mm)		公称壁厚/材料等级		
			公称压力(MPa)		
	最小	最大	1.00	1.25	1.60
20	20	20.3	—	—	—
25	25	25.3	—	$2.3^{+0.5}$/PE80	—
32	32	32.3	—	$3.0^{+0.5}$/PE80	$3.0^{+0.5}$/PE100
40	40	40.4	—	$3.7^{+0.6}$/PE80	$3.7^{+0.6}$/PE100
50	50	50.5	—	$4.6^{+0.7}$/PE80	$4.6^{+0.7}$/PE100
63	63	63.6	$4.7^{+0.8}$/PE80	$4.7^{+0.8}$/PE100	$5.8^{+0.9}$/PE100
75	75	76.7	$4.5^{+0.7}$/PE100	$5.6^{+0.9}$/PE100	$6.8^{+1.1}$/PE100
90	90	90.9	$5.4^{+0.9}$/PE100	$6.7^{+1.1}$/PE100	$8.2^{+1.3}$/PE100
110	110	111.0	$6.6^{+1.1}$/PE100	$8.1^{+1.3}$/PE100	$10.0^{+1.5}$/PE100
125	125	126.2	$7.4^{+1.2}$/PE100	$9.2^{+1.4}$/PE100	$11.4^{+1.8}$/PE100
140	140	141.3	$8.3^{+1.3}$/PE100	$10.3^{+1.6}$/PE100	$12.7^{2.0}$/PE100
160	160	161.5	$9.5^{+1.5}$/PE100	$11.8^{+1.8}$/PE100	$14.6^{+2.2}$/PE100
180	180	181.7	$10.7^{+1.7}$/PE100	$13.3^{+2.0}$/PE100	$16.4/^{+3.2}$PE100
200	200	201.8	$11.9^{+1.8}$/PE100	$14.7^{+2.3}$/PE100	$18.2^{+3.6}$/PE100
225	225	227.1	$13.4^{+2.1}$/PE100	$16.6^{+3.3}$/PE100	$20.5^{+4.0}$/PE100
250	250	252.3	$14.8^{+2.3}$/PE100	$18.4^{+3.6}$/PE100	$22.7^{+4.5}$/PE100
280	280	282.6	$16.6^{+3.3}$/PE100	$20.6^{+4.1}$/PE100	$25.4^{+5.0}$/PE100
315	315	317.9	$18.7^{+3.7}$/PE100	$23.2^{+4.6}$/PE100	$28.6^{+5.7}$/PE100
355	355	358.2	$21.1^{+4.2}$/PE100	$26.1^{+5.2}$/PE100	$32.2^{+6.4}$/PE100
400	400	403.6	$23.7^{+4.7}$/PE100	$29.4^{+5.8}$/PE100	$36.3^{+7.2}$/PE100

（5）传热介质，地埋管换热器内的传热介质应优先选择水，也可选取用符合以下要求的介质：腐蚀性弱、安全可靠，与地埋管管材无化学反应；有良好的传热特性；黏度低、流动阻力小；较低的冰点，在有可能冻结的地区，传热介质中应添加防冻液；防冻液的冰点宜低于介质设计最低运行温度3℃～5℃；易于购买、价格低廉，运输与贮存方便。

若在具体工程设计中，供热工况的热泵机组的蒸发器出口流体温度低于0℃时，应选用添加防冻剂的水作传热介质。防冻剂的选择应考虑其对地埋管及管件的腐蚀性，防冻剂的安全性、对环境的影响以及经济性、对热传导、压力降的影响等因素，表 11-3-11 是不同防冻剂的比较。

不同防冻剂的比较　　表 11-3-11

防冻液	传热能力（%）①	泵的功率（%）①	腐蚀性	有无毒性	对环境的影响
氯化钙	120	140	不能用于不锈钢、铝、低碳钢、锌或锌焊接管等	粉尘刺激皮肤、眼睛，若不慎泄漏，地下水会由于污染而不能饮用	影响地下水质
乙醇	80	110	必须使用防蚀剂将其腐蚀性降低到最低程度	蒸气会烧痛喉咙和眼睛。过多的摄取会引起疾病，长期的暴露会加剧对肝脏的损害	不详
乙烯基乙二醇	90	125	需采用防腐蚀剂保护低碳钢、铸铁、铝和焊接材料	刺激皮肤、眼睛。少量摄入毒性不大。过多或长期的暴露则可能有危害	与 CO_2 和 H_2O 结合会引起分解。会产生不稳定的有机酸
甲醇	100	100	须采用杀虫剂来防止污染	若不慎吸入，皮肤接触，摄入，毒性很大。这种危害可以积累，长期暴露是有害的	可分解成 CO_2 和 H_2O。会产生不稳定的有机酸
醋酸钾	85	115	须采用防蚀剂来保护铝和碳钢。由于其表面张力较低，须防止泄漏	对眼睛或皮肤可能有刺激作用，相对无毒	同甲醇
碳酸钾	110	130	对低碳钢、铜须采用防蚀剂，对锌、锡或青铜则不需保护	具有腐蚀性，在处理时可能产生一定危害。人员应避免长期接触	形成碳酸盐沉淀物。对环境无污染
丙烯基乙二醇	70	135	须采用防蚀剂来保护铸铁、焊料和铝	一般认为无毒	同乙烯基乙二醇
氯化钠	110	120	对低碳钢、铜和铝无须采用防蚀剂	粉尘刺激皮肤，眼睛，若不慎泄漏，地下水可能会由于污染而不能饮用	由于溶解度较高，其扩散较快，流动快。对地下水有不利的影响

① 以甲醇为对照物（甲醇为 100）。

（四）地埋管换热系统的施工、检验与验收

1. 由于地埋管换热系统需地下钻孔、埋设地埋管道等的特点，施工前应具有埋管区域的工程勘察资料、地下管线和其他地下构筑物的状况及其准确位置，根据设计文件、施工图纸的相关要求，制定施工组织设计。地埋管换热器一般采用聚乙烯（PE）管或聚丁烯（PB）管，采购的管材质量和连接方式是直接关系地埋管换热系统的运行效果、使用寿命，通常地埋管换热管道的连接均采用热熔法和电熔法。地埋管换热系统的施工应严格遵守现行国家标准 GB 50366 和国家现行标准《埋地聚乙烯给水管道工程技术规程》CJJ101 的有关规定。通常当室外环境温度低于 0℃时，不宜进行地埋管换热器的施工。

2. 地埋管换热系统安装过程中，应进行现场检验，并应提供检验报告；其检验内容：(1) 管材、管件检验内容应包括管材、管件等材料的直径、壁厚等应符合国家现行标准、规范的规定；(2) 钻孔、水平埋管的位置、直径和深度等应符合设计要求；(3) 回填料及其配比，应符合设计要求；(4) 各环路的流量应平衡，循环水的流量、进/出水温差均应符合设计要求；(5) 防冻液和防腐剂的特性与浓度应符合设计要求；(6) 水压试验合格等。

3. 水压试验，试验压力：当工作压力低于 1.0MPa 时，应为工作压力 1.5 倍，且不得小于 0.6MPa；当工作压力大于 1.0MPa 时，应为工作压力加 0.5MPa。水压试验步骤应符合现行国家标准《地源热泵系统工程技术规范》GB 50366 中的有关规定。

六、水源热泵

水源热泵是采用循环流动于共用管路中的水作为冷（热）源，获得冷（热）水或冷（热）风的设施，本节只涉及以水井、江河或湖泊或海洋中抽取的水或在水下盘管中循环流动的水为水源的热泵系统，土壤源地埋管换热的水源热泵系统已在前节表述。水源热泵系统通常包括取水装置、热源侧换热设备、热泵机组、使用侧换热设备、循环水管路及其循环泵等。

（一）水环热泵系统

水环热泵或称水环路热泵系统，它是具有一个共用循环水环路的多台水源热泵机组并联组成的系统，以回收建筑物内部余热为主要特征的热泵空调系统。这种系统早在 1955 年就在美国申请专利，并在 1970 年代传遍美国，英国也批量生产，并广泛应用于 5000～20000m^2 的商业建筑中；日本在 1970 年代出现很多采用水环热泵空调系统的工程实例，如平和东京大厦、住友生命名古屋大厦等；1980 年代以来我国深圳、上海、北京等城市也先后采用水环热泵空调系统，例如北京天安大厦、上海金城大厦、西安建国饭店、青岛华侨饭店、深圳国贸大厦、泉州大酒店等。

1. 水环热泵空调系统的组成与运行工况

（1）水环热泵空调系统的组成

图 11-3-14 是典型的水环热泵空调系统流程示意图，由图可见水环热泵空调系统由四部分组成：室内水源热泵机组（水/空气热泵机组），水循环环路，辅助设备（冷却塔、加热设备、蓄热装置等），新风与排风系统。室内水源热泵机组一般由全封闭制冷压缩机、制冷剂/空气热交换器、制冷剂/水热交换器、四通换向阀、毛细管、风机和空气过滤器等部件组成。如图 11-3-15 所示，图（a）为机组供冷工况，这时制冷剂/空气热交换器作为制冷循环的蒸发器，制冷剂/水热交换器作为冷凝器；气态制冷剂经全封闭压缩机增压后，经四通换向阀流入冷凝器被水冷却，冷凝为液态制冷剂，经毛细管节流降压流入蒸发器从空气中吸热蒸发为气态制冷剂，同时空气被冷却，作为“冷风”送入空调房间降温。机组供热工况，如图（b）所示，制冷剂/空气热交换器作为冷凝器，制冷剂/水热交换器作为蒸发器；气态制冷剂经由全封闭压缩机增压后，经四通换向阀流入冷凝器加热空气，以“热风”送入空调房间；同时制冷剂被冷却、冷凝为液态，由毛细管节流降压流入蒸发器从循环水中吸热蒸发为气态，水作为热泵循环的“热源”被降温。

在水环热泵空调系统中，建筑物内各区的所有室内水/空气热泵机组的进出水都并联在一个或几个水循环环路系统上，通过水循环环路使流过各台水/空气热泵机组的循环水量达到设计流量，以确保机组的正常运行。水环路应采用闭式环路，使环路系统内的水不与空气接触，避免对管道、设备的腐蚀。水环路系统应设有循环水泵和定压装置，通常采用膨胀水箱或气体定压罐、补给水泵定压等方式；为补充水环路系统的泄漏损耗，应设有补充水及其水处理装置；水环路系统还应设有必要的排水和放气装置等。

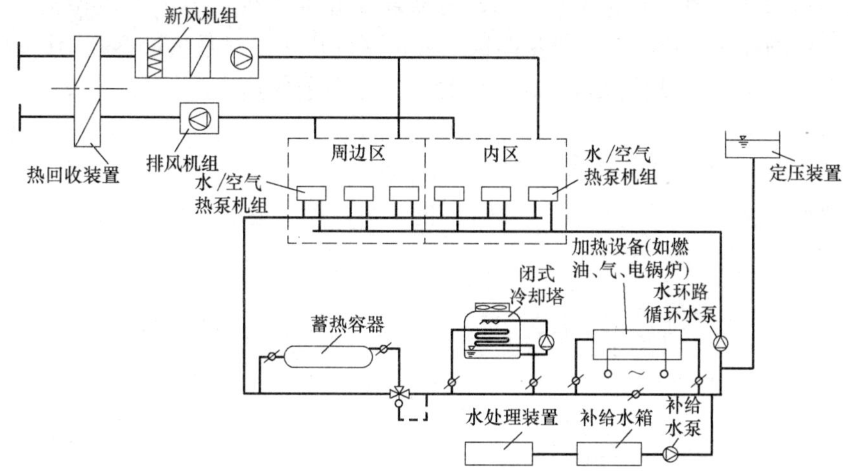

图 11-3-14　典型的水环热泵空调系统流程示意图

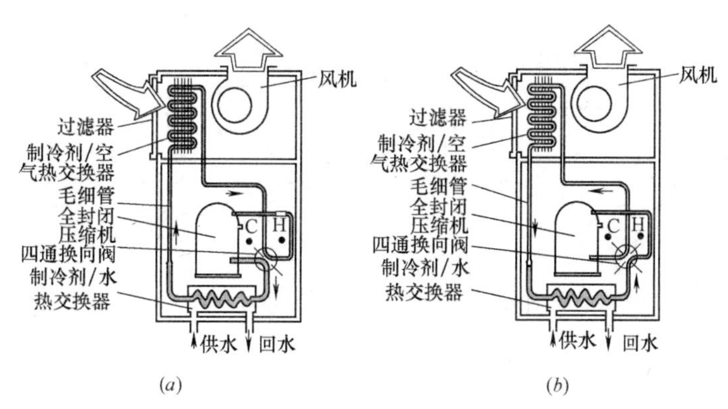

图 11-3-15　水/空气热泵机组工作原理图

为了适应建筑物空调冷负荷、热负荷的变化，提高系统运行的经济可靠性，均衡地供冷、供热，保持水环路系统中的水温在一定范围内，水环热泵空调系统应设置必要的辅助排热设备、加热设备或蓄热容器等。

水环热泵空调系统中应设置新风系统，向室内送入必要的室外新鲜空气量以满足稀释人群及其活动所产生的污染物和人的新鲜空气需求。为了维持室内的空气平衡，还应设置相应的排风系统，并宜回收排风中的能量。

(2) 水环热泵空调系统的运行工况，根据空调房间冬季、夏季、过渡季的需要，水环热泵系统中各个热泵机组可按供热工况或供冷工况运行，如图 11-3-16 所示的 5 种运行工况。(*a*) 典型的夏季供冷运行工况，各热泵机组都按制冷工况运行。热泵机组的制冷剂/空气换热器对空调房间的循环空气冷却降温，向环路中循环水释放热量，循环水温度升高，由冷却塔将冷凝热量释放到大气中，使水温下降并保持在 35℃以下。(*b*) 建筑物中空调房间有少量供暖需要，但大部分房间仍需供冷时，此时大部分热泵机组制冷运行，当循环水温度未超过 32℃时，部分循环水流经冷却塔，只需部分冷却塔运行。一般在过渡季节出现这种运行工况。(*c*) 在一些大型建筑中，建筑物内区往往有全年性冷负荷需要。因此，在过渡季节甚至冬季，当周边区热负荷与内区冷负荷相当时，排入环路循环水中的热量与从环路循环水中吸取的热量相当，若循环水温维持在 13～35℃范围内，冷却塔和辅助加热装置均停止运行。但由于从内区与周边区的排热量、吸热量不可能每时每刻都是平衡的，因此系统中宜设有蓄热（冷）容器，暂存多余的热（冷）量。(*d*) 大部分热泵机组按制热工况运行时，循环水温度下降并达到 15℃时，应投入部分辅助加热器对循环水进行加热。(*e*) 典型的冬季供暖工况运行，在冬季所有的水源热泵机组均处于制热工况，从环路循环水中吸取热量，这时全部辅助加热器投入运行，使循环水水温总是保持不低于 15℃。

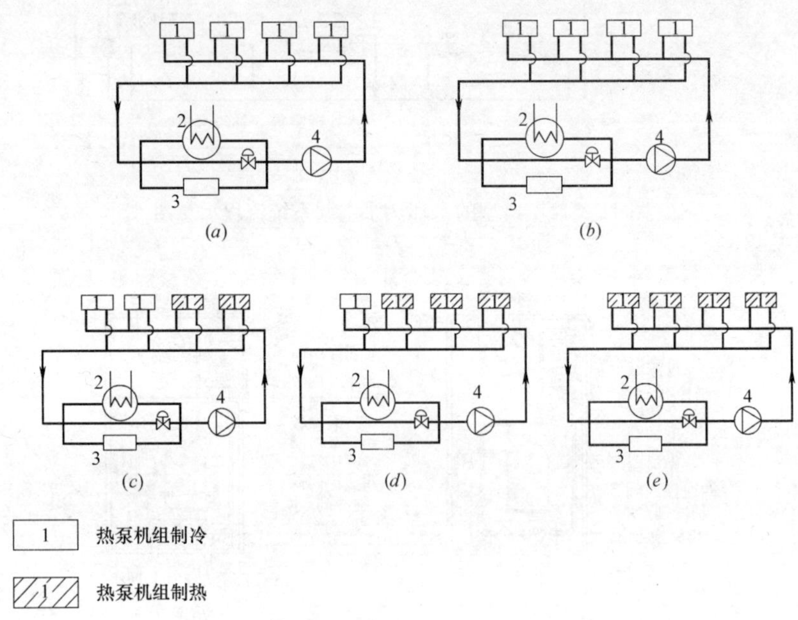

图 11-3-16 水环热泵系统各种运行工况的水环路示意图

(*a*) 典型夏季供冷运行工况；(*b*) 部分冷却塔运行；(*c*) 供冷、供热平衡；

(*d*) 部分辅助热源运行；(*e*) 典型冬季供热运行工况；

1— 水/空气热泵机组；2—冷却塔；3—辅助热源；4—循环泵

(3) 能效比（EER）和性能系数（COP），在国家标准 GB/T 19409 中对水环式热泵机组在名义工况下的能效比（EER）和性能系数（COP）应不小于表 11-3-12 中的规定值。能效比（EER）为制冷运行时实际制冷量与实际消耗功率比；性能系数（COP）为制热运行时实际制热量与实际消耗功率之比。

水环式热泵机组的能效比（EER）、性能系数（COP） **表 11-3-12**

名义制冷量 Q(W)	能效比(EER)		性能系数(COP)	
	冷热风型机组	冷热水型机组	冷热风型机组	冷热水型机组
$Q \leqslant 14000$	3.2	3.4	3.5	3.7
$14000 < Q \leqslant 28000$	3.25	3.45	3.55	3.75
$28000 < Q \leqslant 50000$	3.3	3.5	3.6	3.8
$50000 < Q \leqslant 80000$	3.35	3.55	3.65	3.85
$80000 < Q \leqslant 100000$	3.4	3.6	3.7	3.9
$100000 < Q \leqslant 150000$	3.45*	3.65	3.75*	3.95
$150000 < Q \leqslant 230000$	—	3.75		4.0
$Q > 230000$	—	3.85		4.05

* 名义制冷量为＞100000W 的数据。

2. 水环热泵空调系统的特点

(1) 具有利用建筑物的排热，减少能量消耗。对于有同时供热与供冷需要的建筑物，采用水环热泵空调系统将有供冷排热的空调房间的热量转移到需要热量的区域/房间，实现建筑物内部的热回收节约能源。具有节能和环境友好的供热供冷形式，初步估算若一个系统并达到吸热量、排热量平衡，可减少一次能耗约50%的节能效果。

(2) 具有灵活性，没有集中设置的主机房，热泵机组分散布置，水/空气热泵机组可灵活独立运行，用户根据室外气候的变化和各自的使用要求，在各种季节的任何时候可随意地选择机组的供暖或供冷运行方式；水环热泵空调系统可以采取整幢大楼一次完成安装，投入使用；也可以根据用户需要分批安装，先定购初期安装所需的机组，部分安装，然后根据需要或由租住人订购机组，随着大楼的租住情况逐步安装投入使用；对于分期投资项目或扩建项目，也可以在已有的系统进行调整或增加新机组。布置方便灵活，没有庞大的风管、冷水机组等，可不设空调机房或机房面积较小；环路水温为15～32℃，管道不易结露和热损失较小，可不保温。系统管理方便与灵活，可按每户或每个房间独立计量与收费；也可按区域控制，独立计量电费；在设备发生故障时只影响某个房间或区域。

(3) 水环路是双管系统，但与四管制风机盘管系统一样，可同时供冷、供热。具有风机盘管系统一样的设计简单、安装方便。

(4) 小型的水/空气热泵机组的性能系数较小，一般比大型冷水机组低，所以不适用于大型建筑或建筑群。

(5) 机组噪声一般高于风机盘管机组。国内一些工程实践表明，在设计安装正确的情况下，水环热泵空调系统在空调房间内的噪声水平可达到：采用涡旋式制冷压缩机组时约为40～42dB(A)；采用全封闭活塞式制冷压缩机组约为45～47dB(A)；采用分体式水/空气热泵机组并采取有效的消声减振措施后，其噪声可控制在35dB(A)以内。

3. 水环热泵空调系统的设计

(1) 建筑供暖和供冷负荷的确定，同中央空调系统设计一样，水环热泵空调系统设计中，首先要依据室外气象参数和室内要求的空气参数及建筑、照明、设备及人员等条件，按照相关标准规范和设计手册的计算方法确定各个区域、房间的空调热负荷和冷负荷。根据水环热泵空调系统的特点在计算建筑物供暖和供冷负荷时，应首先按使用要求和空调房间的分布对建筑物进行分区，由于水环热泵空调系统跟踪负荷能力强，机组可按需求随时调整运行状况，所以合理有效地进行空调分区是实现建筑内热量回收的重要措施，以分区计算的热负荷与冷负荷，确定各分区水/空气热泵机组的规格和大小；计算建筑物热负荷与冷负荷确定水环路的管径、循环水泵规格和加热设备、排热设备大小。

(2) 机组的选择和布置，水/空气热泵机组有水平式、立柜式、落地明装式、立柱式、屋顶式等。水平式，具有占用建筑面积小，可将机组吊装在内区或周边区的吊顶内，但应注意便于维修和防止漏水问题。立柜式机组平面尺寸较小，一般适用于机房面积很小的场合，如设置在储藏室内等。落地明装机组适用于周边区安装，通常装在窗台下或走廊处。立柱式机组适用于多层建筑的墙角处安装。屋顶式机组适用于屋顶安装并连接风管，也可用于工业建筑或用作新风处理机组。上述各种机组，均属于整体结构形式，虽然近年机组的噪声已有明显下降，但对于噪声要求严格的场合，宜选用分体式水/空气热泵机组。将压缩机与送风机分别置于两只箱体内，可使噪声得到有效控制。

选择适宜的水/空气热泵机组形式与品种后，按机组送风足以消除室内的全热负荷的原则来估计机组的风量范围，再由风量和制冷量的大致范围预选机组的型号和台数。每个建筑分区内机组台数不宜过多。对周边区的空调房间来说，空气/水热泵机组应同时满足冬、夏季设计工况下的要求。对内区房间来说，水/空气热泵机组宜按夏季设计工况选取。根据水/空气热泵机组的实际运行工况和制造厂家提供的热泵机组特性曲线或性能表，确定机组的制冷量、排热量、制热量、吸热量、输入功率等性能参数，将总制冷量及制热量与计算总制冷量和制热量相比较，如其差值小于10%左右则认为所选热泵机组是合适的。也可以采用有些公司提供的电子计算机程序进行选型。

(3) 机组的风道设计，水环热泵系统的热泵机组均为余压型水/空气热泵机组，将空气送入被空调房间以创造一个健康而舒适的环境，设计时应根据机组的机外余压值确定设计接机组风管的尺寸。风管断面尺寸采用摩擦损失法计算，宜采用每100m风管的压力损失约67Pa；风管中风速宜为2～3m/s。送风管和回风管均应保持最短长度。为了防止结露，送风管应进行保温处理。

风管应采取可靠的防火措施，穿越防火分区的隔墙、楼板处应设置防火阀；风道及附件和保温材料、消声材料、胶粘剂等均应采用不燃材料或难燃材料。风道内设置电加热器时，机组风机应与电加热器连锁，且电加热器应设无风断电保护装置。

(4) 消声减振措施，为防止振动和噪声传入空调房间内，应在机组出风口与风管之间采用软接头连接，对于较大的热泵机组，在出风口、回风口的风管内宜贴装一段吸声材料。风道宜采用90°直角消声弯头和导向叶片有效地降低噪声。机组底部应安装吸声板，机组水平吊装设置减振弹簧或橡胶；立式机组底部应设减振台座或减振弹簧。机组的进出水管宜采用耐压软管连接。

(5) 水循环管路，水环热泵空调系统是通过循环水管路确保流过各台水/空气热泵机组的循环水量达到设计流量确保正常运行，合理地布置管道与正确地选择管径十分重要。水环热泵系统的水系统有开式、闭式或同程式、异程式，图11-3-17是同程式、异程式示意图。水环热泵空调系统循环水管路的形式和特点见表11-3-13。水环热泵系统的循环水宜选用同程式系统，虽然初投资略有所增加，但易于保持环路的水力稳定性。若采用异程系统时，宜在各支管上设置平衡阀。水环热泵系统宜采用闭式环路，对管路、设备的腐蚀性较小，水容量小且循环水泵只需克服流动阻力、可减少水泵的能耗。

水环热泵空调系统水循环管路的形式和特点　　　　表11-3-13

划分原则	系统形式	特　征	优　缺　点
按是否与空气接触划分	闭式系统	系统中的循环水基本上不与空气接触	•对管路,设备的腐蚀性小 •水容量比开式系统小 •水泵只需克服流动阻力
	开式系统	系统中设有水箱、循环水与空气接触,循环水中含氧量高,微生物易繁殖形成生物污染	•水容量较大,温度较稳定,有一定蓄冷(热)能力 •系统的管路、设备有腐蚀 •循环泵扬程增大;要克服流动阻力和提升高度

续表

划分原则	系统形式	特 征	优 缺 点
按系统中的各并联环路中水的流程划分	同程系统	各并联环路的管路总长基本相等	•各环路的流动阻力易实现平衡，水力稳定性好，流量分配均匀 •管路布置复杂，管路长度增加，投资增大
	异程系统	各并联环路的管路总长不等	•管路布置简单，减少管路占用空间 •初投资比同程系统低 •流动阻力不易平衡，水流量分配不均

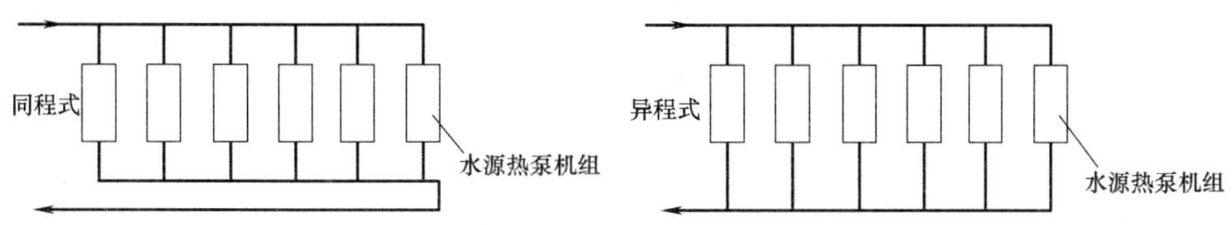

图 11-3-17 同程式、异程式示意图

循环水系统必须设置下列部件：每一对立管均要安装平衡阀和下部应设排污阀，以便在初调和定期检修时进行排污；为方便检修，每台热泵机组应装设一对截止/平衡阀和活接头。立管上部应设排气阀以便排除系统内的空气；每台水泵入口装设水过滤器。各楼层的分支水管应装设截止/平衡阀以调节各层的阻力和检修用。

水环热泵系统水流量是以热泵机组每千瓦所需水流量表达，其范围一般为 0.04～0.06L/s，以 0.054L/s 为宜，最大不宜超过 0.065L/s。如果水流量过低，不但会影响热泵机组的效率，而且可能造成机组内高压侧压力过高（供冷时）或低压侧压力过低（供热时）而停机。表 11-3-14 推荐水环热泵空调系统闭式水环路中设计水温和水流量。设计中可根据冷负荷、热负荷求出系统中所有管段的水流量。一般，南方地区宜按夏季条件确定的系统水流量，对寒冷地区应取供冷和供热工况下水流量的较大值。

推荐的设计水温和水流量 **表 11-3-14**

室外设计湿球温度(℃)	冷却塔出水温度(℃)	循环水温差(℃)(同时使用系数为 0.8 时)	冷幅差(℃)	每千瓦的水流量($L\cdot s^{-1}$)
18	32	7	14	0.043
21	32	7	11	0.043
23	32	7	9	0.043
24	32	6.5	8	0.046
25	33	6	8	0.046
26	33	6	7	0.048
27	34	5.5	7	0.054

循环水泵是水环热泵空调系统的重要设备之一，选择的水泵必须满足系统的水流量、扬程的要求，一般应设有备用泵并设有自动控制程序；设断路继电器，以便在水系统中产生水流故障时关闭热泵机组。若为了防冻，水系统添加乙二醇溶液时，水泵配套的电动机

应计及功率修正系数，当乙二醇溶液浓度为 30%～50%时，应乘以 1.03～1.06 的修正系数。

水管管径的选用应按经济流速选用，推荐流速见表 11-3-15。水流速的低限值为 0.45～0.6m/s。水流速过低时，不易带走水中的空气和悬浮的污垢。

管内水流速推荐值 **表 11-3-15**

部位	水泵压出口	水泵吸入口	主干段	向上立管	一般管道	冷却水
流速($m \cdot s^{-1}$)	2.4～3.6	1.2～2.1	1.2～4.5	1～3	1.5～3	1～2.4

水环热泵空调系统的循环水管可选用焊接钢管、铜管、聚氯乙烯（PVC）或氯化聚氯乙烯（CPVC）塑料管。水温超过 49℃时，塑料管容易变形，应设较多的支吊架；塑料管材的热膨胀系数较大，运行中位移较大，应进行特殊处理，且应注意塑料管和金属配件、法兰的连接或丝扣的可靠连接。由于塑料管承压能力的限制，在高层建筑中需详细分析循环水系统的水压分布，正确选择管材。

为了防止水系统的倒空，确保管道及设备内充满水，应在循环水系统设有定压装置。一般定压点选在循环水泵吸入口处，确保水力工况稳定性良好。

水环热泵系统循环水或冷却水经冷却塔时要蒸发部分水和水系统排污时也要排放部分水，并且系统中总是会存在漏水问题，因此，应对水系统进行补水。系统的补水量可按循环水量的 2%～2.5%进行估算。

水系统或设备在检修时需要把水放掉，在水系统最低点应设置排水管和排水阀门。排水管径的大小应由被排水的管径直径、长度以及坡度决定，通常应使该管段内的水能在 1h 内排空。在系统充注水时要同时排放系统中的空气，在系统的最高点应设置集气罐。

未经处理的水注入系统将会引起管壁和设备上形成水垢；对管路和设备产生腐蚀以及系统中出现泥渣和水藻等问题，会影响水环热泵系统的正常运行，对闭式环路水系统，需进行防腐蚀的水处理，常用高浓度的腐蚀抑制剂如亚硝酸钠、硼酸盐和有机类抑制剂及硼酸盐和硅酸盐等。各种系统都应设置水过滤装置，常用的水过滤设施有金属网、尼龙网状过滤器、Y 型管道式过滤器和角通式、直通式除污器等。

（6）凝结水管的设置，水环热泵机组在夏季运行时对空气进行冷却除湿处理会产生凝结水，应及时排走，排放凝结水的管材宜采用聚氯乙烯塑料管和镀锌钢管，不宜采用水煤气管；机组水盘的泄水支管坡度不宜小于 0.01。其他水平支、干管沿水流方向应保持不小于 0.002 的坡度且不允许有积水部位。如无坡敷设时，管内流速不得小于 0.25m/s。当凝结水盘位于机组内的负压区段时，凝结水盘的出水口处应设置水封以防止凝结水回流。

冷凝水排放量可按每千瓦的冷负荷每小时产生 0.4kg 的凝结水估算，在湿负荷高的场所可按每千瓦的冷负荷每小时产生 0.77kg 的凝结水，按估算的凝结水量确定凝结水管径，并不宜小于 *DN*15。

（7）排热设备，夏季水/空气热泵机组按制冷工况运行时，将冷凝热排放环路水中，水温不断升高，当水温高于 32℃时，系统中的排热设备应投入运行，将多余冷凝热排放。排热方式有：天然水源和换热设备，如图 11-3-18 所示采用天然水源如地表水、地下水等经换热器对环路循环水进行冷却；图 11-3-19 是开式冷却塔加板式换热器的排热冷却系统，升温后的环路循环水经换热设备被开式冷却塔冷却后的循环冷却水降温。

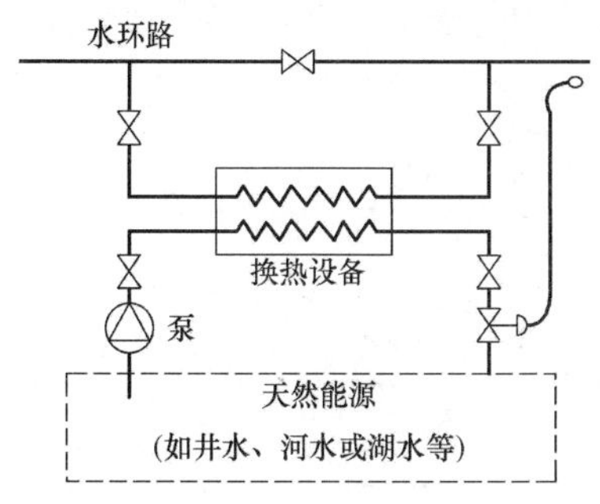

图 11-3-18　天然水源和换热设备

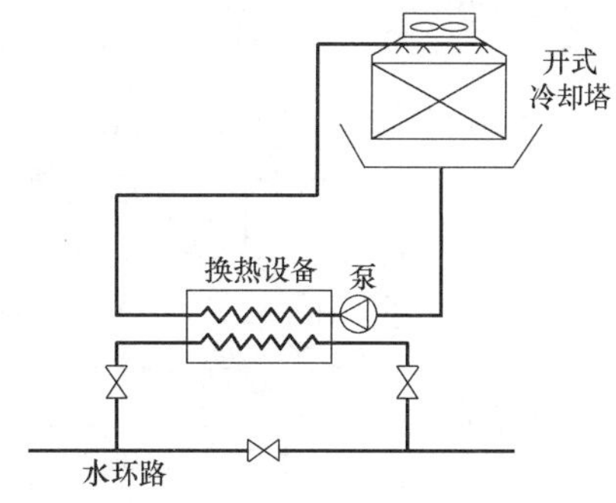

图 11-3-19　开式冷却塔加换热设备

(8) 辅助加热设备，建筑物周边区的水/空气热泵机组在冬季供热工况运行时，机组从环路水中吸取热量，如果内区的水/空气热泵机组向环路水排放的热量小于周边区机组从环路水中吸取的热量时，环路水温度将会下降，当水温降至 15℃时应投入辅助加热设备，提高环路水温，一般可采用环路水加热设备或循环空气电加热器的方式。目前采用的水加热设备主要有：电热锅炉、燃油（气）锅炉、水-水换热器、汽-水换热器、太阳能集热器等。空气电加热器安装在水/空气热泵机组送、回风管内或直接安装在机组内。当环路中的水温不低于 15℃时，机组按热泵工况运行。当环路水温等于或低于 15℃时，关闭制冷压缩机，机组停止按热泵工况运行，而空气电加热器投入运行，加热室内空气。通过室内温度敏感元件控制加热量以调节室内温度。当环路水温升至 21℃时，停止电加热器，恢复机组按热泵工况运行。这种加热方式具有初投资低，电加热器用电量易于计量，便于单户收费；节省建筑面积，省掉水加热设备机房；由于采用非集中加热器而提高系统使用的可靠性，同时，还可以作为机组的备用或应急热源。但在采用空气电加热方式时，实际上已是电供暖系统，在实际工程中应控制采用，只有在建筑物内区面积所占比例较大或采用天然热源的水环热泵系统时，以空气电加热方式只作为高峰时段使用。

(9) 蓄热水箱，在水环热泵空调系统中常设置低温或高温蓄热（冷）水箱以改善系统的运行特性，均衡建筑物供热、供冷的需求，保持系统的可靠稳定运行。

低温蓄热水箱，水环热泵空调系统通过水环路实现热量的转移时，由于每天逐时内区需要转移的热量与周边区所需要的供热量均在不断变化，很难实现平衡，为此环路水系统宜设置一个蓄热水箱，以实现水系统热量在一天内供需热量平衡，从而降低冷却塔和水加热器的耗能量。图 11-3-20 是水环热泵系统设置低温蓄热水箱流程示意图，低温蓄热水箱是串联在环路水系统中，以增大系统的蓄水量。我们可以利用计算机对各种方案的初投资和运行费用进行计算以综合最低费用确定最佳方案，从而得到蓄热水箱的最佳尺寸。一般推荐蓄热水箱容积取 10～20L/kW 较为合理。

高温蓄热水箱，图 11-3-21 是为水环热泵系统设置高温蓄热水箱的流程示意图，高温蓄热水箱与闭式环路水并联连接，这是由于高温蓄热水箱中的水可加热到 82℃甚至更高，应通过三通混合阀把环路水中的水温维持在所要求的最低温度。与低温蓄热水箱相比，设置高温蓄热水箱的系统不能吸收建筑物内区释放的热量，将会使冷却塔年运行小时数增加。但高温蓄热水箱可应用于当地供电部门实行分时电价的城市，利用晚间廉价的低谷时段电力加热蓄热水箱中的水，降低运行费用。

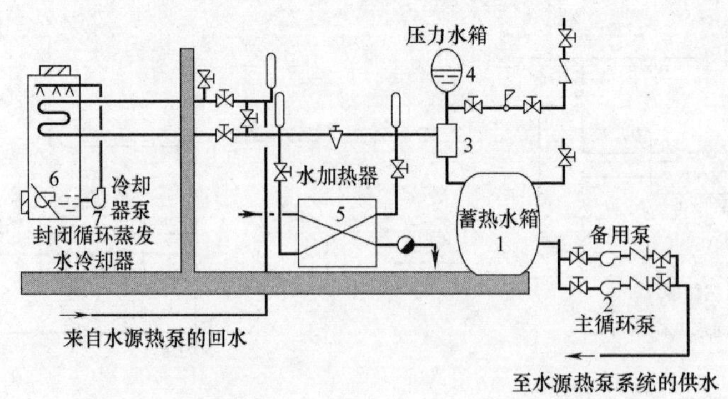

图 11-3-20　水环热泵系统设置低温蓄热水箱流程示意图

1— 蓄热水箱；2—循环水泵；3—空气分离器；4—定压装置；
5—水加热器；6—闭式冷却塔；7—冷却水泵

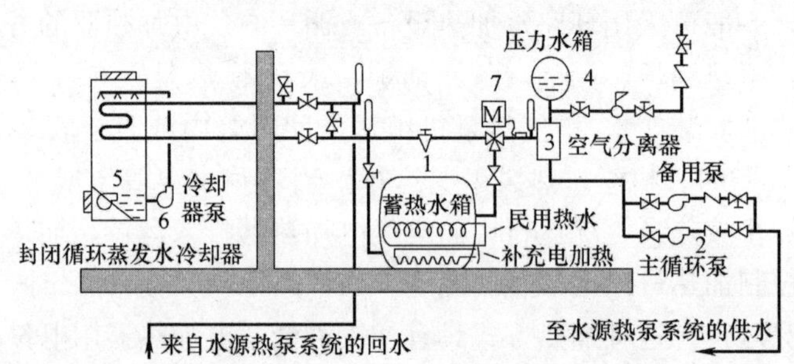

图 11-3-21　水环热泵系统设置高温蓄热水箱流程示意图

1—蓄热水箱；2—循环水泵；3—空气分离器；4—定压装置；
5—闭式冷却塔；6—冷却水泵；7—三通阀

(二) 地下水源热泵系统

本节介绍的是地下水地源热泵系统是以单井或井群抽取的地下水为低位热源的热泵系统。抽出的地下水经处理后，可直接送入水源热泵机组的蒸发器放热（冬季）或冷凝器吸热（夏季）后，返回地下同一个含水层；也可经板式换热器进行热交换后返回地下同一含水层，即间接式地下水换热系统。

1. 地下水热泵系统的组成、运行工况

我国是一个水资源缺乏的国家，许多城市、地区地下水资源十分紧缺，所以采取单井或井群从地下取水时，首先应得到当地水务部门的批准，在得到能够取得的水量、水温、水质等技术参数后，在进行技术经济比较后确定热泵系统的供热能力。采用地下水源热泵系统时，应采取可靠的回灌措施，确保置换冷量或热量后的地下水全部回灌到同一含水层，并不得对地下水资源造成浪费和污染；系统投入运行后，应对抽水量、回灌量及其水质进行监测。

地下水源热泵机组是一种使用从水井中抽取的水为冷（热）源制取空调或生活用冷（热）水的设备；通常包括一个使用侧换热设备、制冷压缩机组、热源侧换热设备，具有制冷和制热功能。地下水源热泵机组的工作过程见图 11-3-22、图 11-3-23 所示，制冷时，地下水进入机组冷凝器，吸热升温后回到回灌水井；空调冷冻水回水进入机组蒸发器，放热降温后供给空调末端设备降温。制热时，地下水进入机组蒸发器，放热降温后回到回灌井；空调回水进入机组冷凝器，吸热升温后的热（温）水供空调末端设备预热或加热空气等。地下水源热泵机组依据机组转换方式分为外转换式和内转换式：采用外转换方式时，通过安装在管道上的 A、B 两组阀门实现冬季夏季的使用侧和水源侧在蒸发器与冷凝器之间的切换，夏季地下水进入冷凝器，B 组阀门开启、A 组阀门关闭；冬季地下水进入蒸发器，B 组阀门关闭、A 组阀门开启；内转换方式时，通过制冷机组内的四通换向阀实现冬季夏季的蒸发器与冷凝器在使用侧和水源侧之间的切换。地下水地源热泵机组的主要部件有：制冷压缩机、冷凝器、蒸发器、膨胀阀等，内转换机组还有四通换向阀、单向阀等部件。在国家标准《水源热泵机组》GB/T 19409 中地下水式冷热水型机组的试验工况见表 11-3-16。

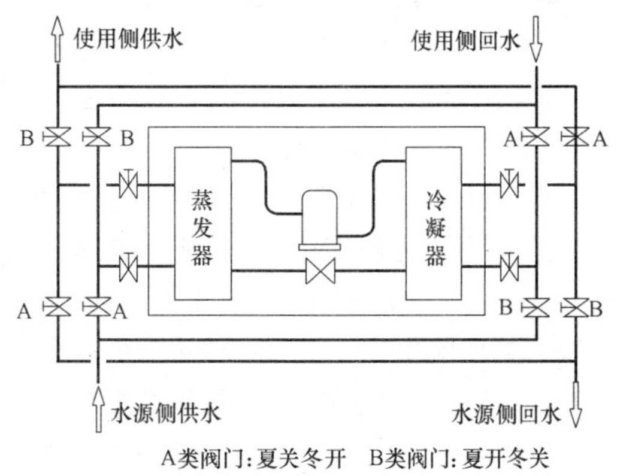

图 11-3-22　外转换地下水地源热泵机组工作过程示意图

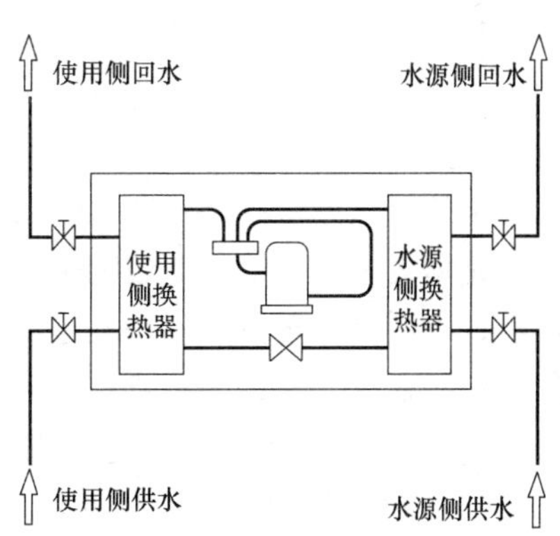

图 11-3-23　内转换地下水地源热泵机组工作过程示意图

地下水式冷热水型机组的试验工况　　表 11-3-16

试验条件		环境空气状态(干球温度)	使用侧进水/出水温度	热源侧进水/出水温度
制冷运行	名义制冷	15 至 30℃	12/7℃	18/29℃
	最大运行		30/—[a]℃	25/—[a]℃
	最小运行		12/—[a]℃	10/—[a]℃
	变工况运行		12～30/—[a]℃	10～25/—[a]℃
制热运行	名义制热	15 至 30℃	40/—[a]℃	15/—[a]℃
	最大运行		50/—[a]℃	25/—[a]℃
	最小运行		15/—[a]℃	10/—[a]℃
	变工况运行		15～50/—[a]℃	10～25/—[a]℃

[a] 为采用名义工况制冷量确定的水流量

变工况性能参数，应从生产厂家提供的按上表进行试验并绘制的性能曲线图或表中查出。在水源水直接进入地下水地源热泵机组的情况下，为确保机组正常工作的进口水源水温度应保持为：制冷运行时应大于或等于 10℃；制热运行时应小于或等于 25℃。

根据国家标准《水源热泵机组》GB 19409 中对地下水地源热泵机组在名义工况下，能效比（EER）和性能系数（COP）不应小于表 11-3-17 中的规定值。

地下水地源热泵机组的能效比（EER）、性能系数（COP）　　表 11-3-17

名义制冷量 Q(W)	能效比(EER)	性能系数(COP)
$Q \leqslant 14000$	4.25	3.25
$14000 < Q \leqslant 28000$	4.30	3.30
$28000 < Q \leqslant 50000$	4.35	3.35
$50000 < Q \leqslant 80000$	4.40	3.40
$80000 < Q \leqslant 100000$	4.45	3.45
$100000 < Q \leqslant 150000$	4.50	3.50
$150000 < Q \leqslant 230000$	4.55	3.55
$230000 < Q$	4.60	3.60

2. 地下水源与热泵机组的连接方式

地下水源与热泵机组的连接方式有直接连接和间接连接。直接连接地下水直接送入热泵机组的冷凝器或蒸发器，对机组释热或吸热，达到制热、制冷的目的，根据具体条件的不同还可分别采用并联或串联的方式和直流式或混水式等，它们的适用条件、特点见表 11-3-18。图 11-3-24 是热泵机组并联与水源水直接连接示意图，夏季供冷时，阀门 B 均开启，阀门 A 均关闭；对空调用冷水流过蒸发器被降温，水源水流过冷凝器被升温。冬季制热时，阀门 A 均开启，阀门 B 均关闭；对空调用户供热的温（热）水流过冷凝器被升温，水源水流过蒸器被降温。图 11-3-25 是热泵机组与水源水串联直接连接示意图，与前图不同的是增设了阀门 C、D，当串联连接时开启阀门 D，关闭阀门 C，使二台热泵机组的蒸发器、冷凝器的水流分别串联连接，可增加进出水的温差，提高水源水的利用效率，在实际运行中也可根据需要只进行冷凝器或蒸发器的水流串联，增加水体水的温度差或供应空调用户温（热）水的温差。图 11-3-26 和图 11-3-27 是热泵机组与水源水混水连接方式，阀门 A、阀门 B 的开关动作与图 11-3-24 相同，连接方式（一）是采用混水器将水源水回水混入进水中，以提高水源水的供水温度，以混水器后的水温通过控制器对调节阀的开度调节；连接方式（二）是采用混合池将水源水的进出水进行混合，提高水源水供水温度。混合连接一般用于水源水温度较低时应用。间接连接时，地下水通过换热器（一般均采用板式换热器）将热量传递给空调循环热水或冷水。若地下水水质达到空调循环水的水质要求时，可采用所谓水温换热，在板式换热器的进水、出水管道均设置旁通控制阀；由于水质控制的复杂性和地下水均应回灌的要求，宜采用所谓水质换热方式，以板式换热器将地下水系统与空调循环水系统完全隔离。

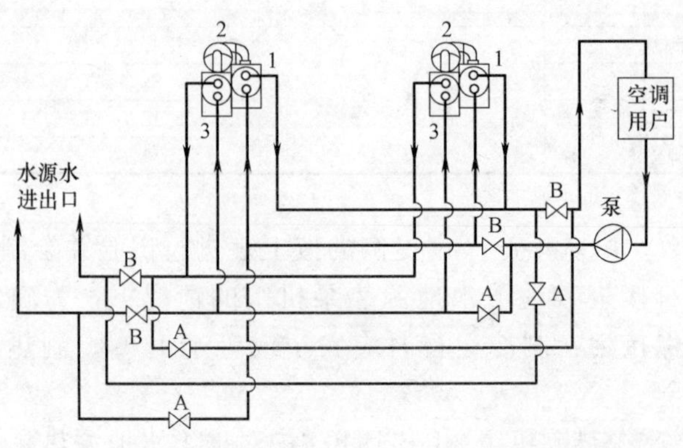

图 11-3-24　热泵机组与水源水并联直接连接示意图

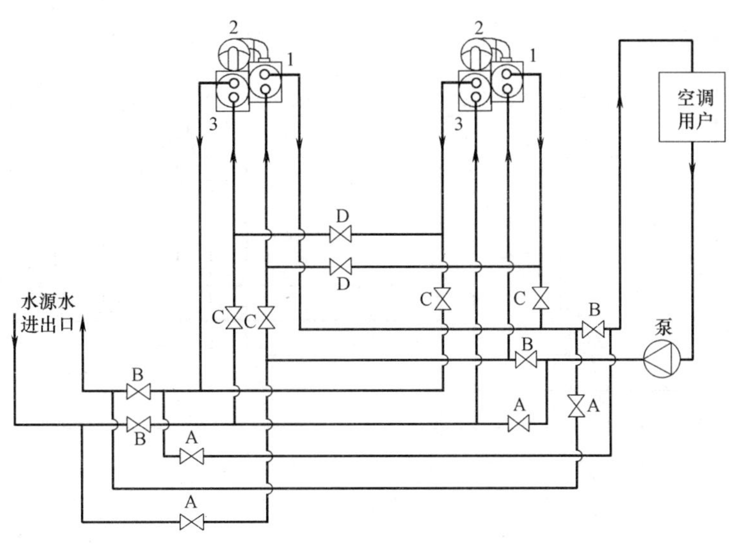

图 11-3-25　热泵机组与水源水串联直接连接示意图

1—蒸发器；2—压缩机；3—冷凝器

热泵机组与水源直接连接　　**表 11-3-18**

使用方式		适用条件	系统特点
直流式	并联	水量充足，水温适宜，水质符合要求	管道系统较简单，机组运行高效，系统水流量大
	串联	水量不能满足需要，水温适宜，温度差可增大，水质符合要求	管道系统较复杂，机组效率可能会降低，系统水流量小
混水式	混水器	水量不能满足需要，水温适宜，水质符合要求	管道系统较复杂，机组效率可能会降低，系统水流量小，操作控制复杂，初投资增加
	混水池混水	水量不能满足需要，水温适宜，水质符合要求	管道系统较复杂，机组效率可能会降低，可蓄能，水中含氧量增加，易引起系统腐蚀

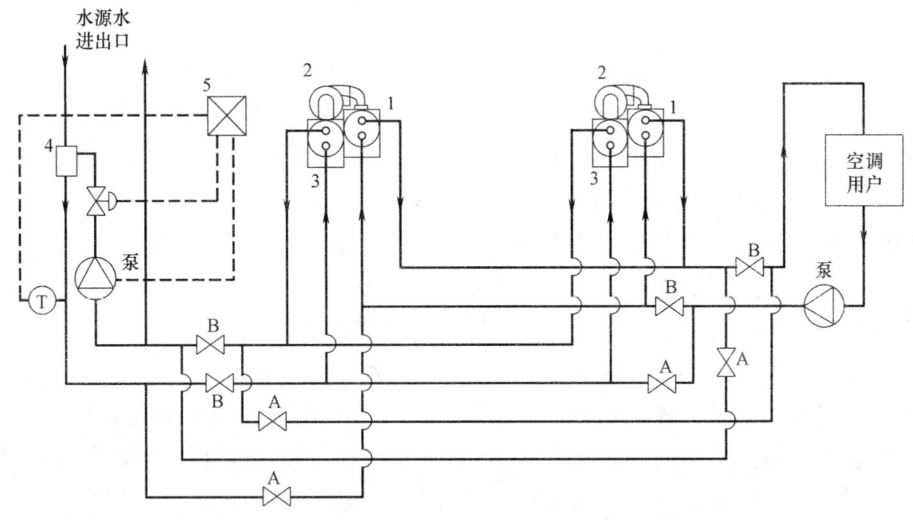

图 11-3-26　热泵机组与水源水混水连接示意图（一）

1—蒸发器；2—压缩机；3—冷凝器；4—混水器；5—控制器

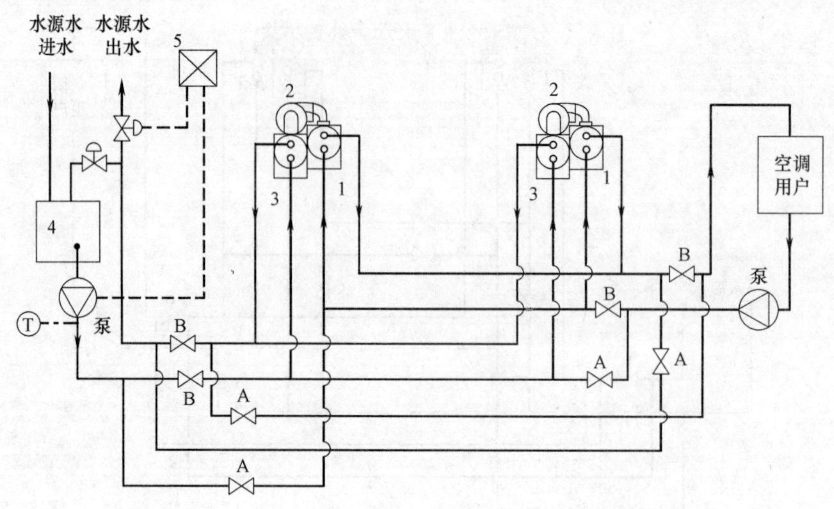

图 11-3-27　热泵机组与水源水混水连接示意图（二）

1—蒸发器；2—压缩机；3—冷凝器；4—混水池；5—控制器

3. 地下水源热泵系统设计

地下水源热泵系统的核心部分是地下水换热系统，为使地下水源热泵系统安全可靠和稳定地运行，应正确地进行地下水换热系统的设计，包括热源井的设计。地下水换热系统应根据具体工程的现场水文地质勘察资料进行设计，必须采取可靠的地下水回灌措施，地下水的供水管道不得与城市市政管道连接，以避免污染市政供水和使用城市自来水取热；地下水的回灌管道也不得与市政管道连接，以避免回灌水进入城市下水道。

（1）空调热负荷、冷负荷及其变化的确认，为避免建造地下水水井费用增加，防止因冷热负荷设计值偏离实际使用量过大，引起取水井低负荷率甚至闲置，或者为降低水井建造费用采用蓄冷、蓄热措施，需核实冬季、夏季典型设计日的热负荷、冷负荷逐时变化曲线。

（2）地下水源总水量的确定，地下水进水、出水温度差宜采用 5℃～11℃，但应与热泵机组额定工况协调，若不一致时应采取相应的处理措施。夏季地下水用水量应按各热泵机组的冷凝器所需冷却水量之和计算；冬季地下水用水量应按各热泵机组的蒸发器所需“冷水量”之和计算，地下水井水总水量可取两者中的较大者；也可经技术经济比较，在夏季增设排热设备或冬季增设辅助热源设备，采取节能、经济运行的地下水水源总水量。

（3）确定与水源水的连接方式，按地下水的水温、水质、水量和机组总用水量经技术经济比较合理选用连接方式，宜采用间接连接、并联使用。但若夏季制冷时进入机组冷凝器的水温低于 10℃，或冬季制热时进入机组蒸发器的水温高于 25℃，宜采用串联或混水连接方式，提高地下水资源利用率。夏季制冷时进入机组冷凝器的水温高于 30℃，或冬季制热时进入机组蒸发器的水温低于 8℃，将使机组的能效比或性能系数降低增加能耗。

（4）进入热泵机组的地下水水质应达到循环冷却水的水质标准，当不能达到要求时应进行水质处理，宜采用机械、物理处理方法，不得采用化学处理方式，以确保回灌水质好于或等于原地下水水质，回灌后不会引起区域性地下水水质污染。表 11-3-19 是常用的地下水质处理方式。

常用的地下水水质处理方式 **表 11-3-19**

<table>
<tr><th>水质指标</th><th>单位</th><th>允许值</th><th>危害</th><th>处理方式</th></tr>
<tr><td>含砂量</td><td></td><td>1/20万</td><td>对机组和管道、阀门会造成磨损</td><td>旋流除砂器沉砂池</td></tr>
<tr><td>悬浮物</td><td>mg/L</td><td>≤10</td><td>用于地下水回灌会造成含水层堵塞</td><td>机械过滤器</td></tr>
<tr><td>酸碱度</td><td></td><td>7.0～9.2</td><td>腐蚀机组、管道</td><td rowspan="2">电子水处理器</td></tr>
<tr><td>Ca^{2+}</td><td>mg/L</td><td>30～200</td><td>硬度大，易结垢</td></tr>
<tr><td>Fe^{2+}</td><td>mg/L</td><td><0.5</td><td>腐蚀机组、管道</td><td rowspan="4">间接使用水源
或采用特殊设计的机组</td></tr>
<tr><td>Cl^{-}</td><td>mg/L</td><td>≤10</td><td>对金属管道的腐蚀破坏</td></tr>
<tr><td>$SO_4{}^{2-}$</td><td>mg/L</td><td>≤200</td><td>腐蚀机组、管道</td></tr>
<tr><td>游离氯</td><td>mg/L</td><td>0.5～1.0</td><td>腐蚀机组、管道</td></tr>
</table>

（5）热泵机组进口温度确定，地下水管道系统温升宜控制在0～2℃，若地下水输送管道过长或敷设方式的限制，可能使管道温升较大时应采取保温措施。地下水在热泵机组进口处的温度取决于井水原始温度与回灌附加温升和地下水管道系统温升的叠加值。地下水回灌附加温升可按0.5℃～1.5℃取值，井距较大时取小值。当采用混水方案时，应按混水比例计算热泵机组进口的地下水温度。

（6）水源热泵系统机房的主要设计要求

1）热泵机组应按变工况性能表或曲线进行选型，选择的机组特性应适应在变化工况下均可满足使用要求。当用户短时间有尖峰负荷或夏季冷负荷、冬季热负荷不协调时，可采用辅助加热或辅助冷却的方式满足供冷供热需求，减小热泵系统设备配置。

2）多台热泵机组并联使用同一地下水源时，水源水管路宜采用同程式布置，使各机组进水流量均匀。热泵机组直接使用地下水时，在水源水系统应预留热泵机组清洗用旁通管。

3）水系统应设置过滤除污设备，热泵机组进水管应设有滤网目数不低于30目的水过滤器。管道系统应选用优质、可靠的阀门，保证制冷制热切换方便、水流不掺混。

4）机房内设备布置应紧凑，并留有热泵机组的操作、维护、保养所需的面积或空间。

5）水源供水管道系统设计，抽水井的抽水管和回灌管上应设排气装置，并应设置水样采集口及监测口。供水管道一般为埋地敷设，埋深应在冻土层以下0.6m，且距地面不宜小于1.5m；供水管道应作防腐处理，并宜设有保温措施；水井井口处应设置检查井，以方便水泵检修和阀门调节；井口之上若有构筑物，应留有检修用的必要高度或在构筑物上留有检修口。管道系统应力求简短。

6）单台热泵机组时，应使机组与抽水泵连锁，开启抽水泵连续开启热泵机组，停机时相反顺序连锁。多台热泵机组时，宜在水源进水管上安装电动阀门。供水系统宜采用变流量运行，抽水泵采用变频控制，停机—关阀—停部分抽水泵。

7）井或井群的设计与施工应符合国家标准《供水管井技术规范》GB 50296的相关规定。由钻机钻凿形成的井身（孔身）开采段井径应根据管井设计出水量、允许井壁进水速度、含水层埋深等因素确定。

8）地下水的回灌（人工补给），为了保护地下水资源，维持地下水储量平衡，保持含水层压力，防止地面沉降，确保地下水源热泵长期安全可靠运行，应采取回灌措施。通常借助工程措施，将地面水注入地下含水层中去，进行回灌（地下水人工补给）。回灌量大小与水文地质条件、管井质量、回灌方法等有关，一般出水量大的抽水井回灌量也大。在砾卵石含水层中，单位回灌量约为单位出水量的80%以上；在粗砂含水层中，单位回灌量约为单位出水量的50%～70%；中细砂含水层中，单位回灌量约为单位出水量的30%～50%。为满足完全回灌的要求，应选择既满足持续出水量的需要、也应满足完全回灌所需的水源井数量。

9）地下水源热泵系统设计，首先应符合当地水务部门合理开采地下水资源的有关规定，地下水资源的超量开采，会引起区域地下水水位大幅度下降，水资源枯竭，地面沉降和水质恶化等公害，因此，地下水资源的合理开采除了应在水质方面满足使用要求外，还应在开采动态情况下，不会产生水量减少乃至水源枯竭、水质恶化等现象，通常应制定经水资源管理部门认可的合理开采方案，确定适当的开采量，保证有一定的补给量与开采量平衡，保持开采量稳定而不减少。

A. 收集水文地质资料，当地水文资料应包括河流的流量、流速、水位、含砂量、河道的变迁和淤积等；当地气象资料包括气温、湿度、降雨量、蒸发量、冻土深度等；地下水的开采现状和开采动态，已有取水构筑物的运行情况、运行参数、地下水长期观测资料等。并应收集地下水水源地及周边的污染源资料等。还应调查了解现场施工条件等。最好能收集参考井的资料。

B. 现场水文地质勘察，实地核实引用的设计资料，一般现场水文地质勘察应包括地下水类型；含水层岩性、分布、埋深及厚度；含水层的富水性和渗透性；地下水径流方向、速度和水力坡度、水温及其分布、水质、水位动态变化。

C. 确定抽水井的主要参数，抽水井一般可依据水文地质资料按参考井的数据确定主要参数，再经过试验井进行校核。主要参数有：出水量（Q）、出水温度（t_{01}）、静水位深度（H_1）、降深（H_3）、地下水位影响半径（R）。

各类抽水井的出水量，表11-3-20是几种地下水取水构筑物的类型及适用条件，具体项目的抽水井的出水量如前所述均应通过调研分析和实地经试验井抽水试验确定。抽水井的总出水量应为热泵机组总用水量的1.1～1.2倍。

几种地下水取水构筑物的类型及适用条件　　表 11-3-20

类型	尺寸和深度	出水量	适用条件
管井	管井直径：150mm～600mm，浅井深度100m以内、深井可达1000m以上	单井出水量一般为：200～6000m^3/d	1. 抽水设备性能允许的条件下，不受地下水位埋深的限制； 2. 含水层厚度大于5m或多层含水层； 3. 不受地层岩性限制
大口井	井径4m～10m，井深10m～15m，当设辐射管时，辐射管径75mm～150mm	单井出水量一般为：500～10000m^3/d	1. 适用于砂、卵石、砾石含水层，含水层渗透系数宜大于20m/d； 2. 地下水埋深小于10m； 3. 含水层较薄，且不含漂石时，可设辐射管
渗渠	集水管管径常用600mm～1000mm埋深一般在10m以内	出水量一般为：10～30m^3/(d·m)	1. 地下水埋深较浅，一般在2m以内； 2. 含水层较薄，一般在5m以内； 3. 河段为非冲刷段或非淤积段； 4. 集取河床渗透水

抽水井的出水温度应为地下水的原始温度和地下水抽水温升的叠加值。抽水温升可按实测数据或井深和潜水泵功率确定，宜按 0.1～0.5℃取值。地下水的原始温度一般与所处的土壤原始温度相同，但由于地层表面温度的变化浅层土壤原始温度随之发生变化，在4m以下的浅地层中，夏季的土壤温度略低于土壤表面年平均温度，冬季则相反，所以在地下水源热泵设计时，浅地层的土壤原始温度按土壤表面年平均温度取值是可行的。深地层的土壤原始温度 t_0（℃）可按式（11-3-4）计算：

$$t_0 = t_d + \Delta t_t (y - 15) \tag{11-3-4}$$

式中 t_d——土壤表面年平均温度，℃（查当地气象资料，表 11-3-21 是全国主要城市的土壤表面年平均温度）；

Δt_t——平均地热增温率（查当地资料），℃；一般可按 0.02～0.03℃/m 取值；

y——土壤深度，m。

全国主要城市的土壤表面年平均温度（℃） **表 11-3-21**

北京	天津	上海	重庆	哈尔滨	长春	沈阳	呼和浩特
13.1	13.5	17.0	19.9	4.6	5.8	8.5	7.9
包头	济南	青岛	兰州	西宁	西安	石家庄	太原
8.7	15.7	14.2	11.6	8.9	15.7	14.6	11.3
南京	蚌埠	杭州	厦门	郑州	武汉	长沙	南宁
17.2	17.8	18.1	24.3	16.0	18.9	19.3	24.1
广州	海口	成都	昆明	贵阳	和田	乌鲁木齐	拉萨
24.6	27.0	18.6	18.0	16.5	14.6	6.6	11.2

注：表中数据是 1982 年以前的气象资料。

抽水井抽水泵的选型，每口抽水井都应设置抽水泵，并应按参考井或实验井抽取的水进行化验后确定的水质选择水泵类型，再按总供水量和单井出水量确定井泵的流量和数量。抽水泵的扬程 H（kPa）可按式（11-3-5）计算。宜再加 10%～15%的安全系数。

$$H = 10(H_1 + H_3) + \Delta P_1 + \Delta P_2 + \Delta P_0 \tag{11-3-5}$$

式中 H_1——含水层静水位深度，m；

H_3——抽水时的水位降深，m，按抽水试验确定，最大取值 5m；

ΔP_1——阀门、管道的阻力，kPa；

ΔP_2——热泵机组的阻力，kPa；

ΔP_0——出口余压，kPa；ΔP_0 的取值为：20～50kPa。

抽水井的布置，当所需供水量较大，需要建造多个管井时，抽水井应沿河流平行布置，当无河流或远离河流时，宜垂直地下水流向布置。若当地具有大厚度含水层或多层含水层时，可分段或分组布置抽水井组；对于基岩地区，宜根据蓄水构造及地貌条件布置于蓄水地段。抽水井与回灌井之间的间距应小于地下水位影响半径，两个抽水井之间的距离应大于地下水位影响半径。为确保回灌效果，抽水井与回灌井的数量比例宜不小于 1∶2。抽水井宜设置观测孔，以监测地下水动态。

（三）地表水源热泵系统

地表水源热泵系统是以海水、河水、湖泊水等低位热源的水源热泵供热系统，应根据所在地区地表水特点、用途，地表水的深度、面积，水质、水位、水温等状况进行综合性分析研究确定设计方案。

1. 地表水源的特点，以江河、湖水和海水为代表的地表水体资源十分丰富又极为复杂，无论是水质、水温、水流量和地表水体的现状及其应用情况都千差万别，在进行地表水源热泵系统的设计方案的制定时，应收集和分析研究地表水体的特点，包括水文资料、气象资料和水体水质及其历史现状等，表 11-3-22 是海水、江河湖水的主要特点。

海水、江河湖水的主要特点　　表 11-3-22

水源类型	特　点
海水	温度季节性变化、水质较差、腐蚀性强、易产生藻类和附着生物； 取水构筑物投资大，可采用近海区抛管、打井等方式
江河、湖水	温度季节性变化、水质较差、易产生藻类，应保持水量的稳定性，取水构筑物需审批、投资较大

(1) 地表水水源，我国的地表水资源总量较丰富，但分布极不均匀，东南多、西北少，江河湖泊水系主要有长江水系，黄河水系、海河水系、松花江水系、辽河水系、淮河水系、珠江水系、怒江水系、澜沧江水系等，表 11-3-23 是长江水系等的主要特征，表 11-3-24 是主要湖泊的主要特征。从表中可知我国的长江以南的江河、湖泊水基本上可作为地表水地源热泵系统应用，其中洞庭湖、鄱阳湖水温、水质均很适宜，周边地区城市都适合应用地表水热泵系统作供暖、空调用热，太湖、滇池等富营养化程度明显的湖泊水质较差，经过相应的水处理措施后也可作地表水热泵系统的水源。

长江水系等的主要特征　　表 11-3-23

水系名称	长江	珠江	黄河	海河	辽河	松花江
年流量 (亿立方米)	近 10000	3360	580	264	89	759
含沙量	较小	较小	大	高	较高	不大
结冰期	无	无	有	有	有	11 月中旬至 翌年 4 月上旬

主要湖泊的主要特征　　表 11-3-24

湖泊名称	洞庭湖	鄱阳湖	太湖	洪泽湖	巢湖	滇池
结冻期或 结霜期	无霜期 258～275 天			有不同程度的结冰现象，1～2 月全湖性封冻	一般年份冬季均有岸冰出现	无
水质状况	较清洁，富营养化不明显	Ⅲ类较好，中营养	Ⅱ类富营养化明显	中-富营养型	Ⅳ类，Ⅴ类，东半湖中营养，西半湖富营养	Ⅴ类，劣Ⅴ类，富营养
水温		年平均水温 17℃	年平均水温为 17.1℃	年平均水温 16.3℃	年平均水温 16.1℃	年平均水温 16℃

(2) 水体温度和水质，我国从北到南，大体可分为严寒地区（A 区、B 区）、寒冷地区、夏热冬冷地区、夏热冬暖地区，在严寒地区的松花江流域的水体结冰期长达 5 个月，结冰厚度达 60～90cm，冰下水体温度一般在 5℃左右；寒冷地区的海河流域的滦河、潮

白河等，冬季水温在 0～3℃、夏季水温 22～29℃，因冬季水体水温较低，除非在江（河）较深处取水，一般应慎用地表水源热泵系统；夏热冬冷地区的长江流域是我国适宜采用地表水源热泵的地区。

表 11-3-25 是重庆大学化学化工学院对重庆某水库的水质分析数据，还通过显微镜检验分析得到总藻数为 935880 个/L，已呈现偏富营养化，此种水质容易诱发水生植物和藻类繁殖。

重庆某水库水体水样的水质分析结果　　表 11-3-25

测试项目	采用的仪器或方法	测量值
pH	pHs-25 酸度计	7.8
电导率	电导率仪	225μS/cm
氟离子浓度 F^-	离子色谱	0.5614mg/L
氯离子浓度 Cl^-	离子色谱	6.1808mg/L
磷酸根离子浓度 PO_4^{3-}	离子色谱	47.1839mg/L
硫酸根离子浓度 SO_4^{2-}	离子色谱	未检出
硝酸根离子浓度 CO_3^{2-}	离子色谱	未检出
碳酸氢根离子浓度 HCO^{3-}	化学滴定	129.93mg/L
溶解性二氧化碳 CO_2	化学滴定	未检出
碳酸根离子 CO_3^{2-}	化学滴定	未检出
溶解氧 O_2	碘量法	0.03mg/L
雷兹纳指数		7.6
还原强度		16.3
浊度	分光光度法	12 度
硬度	化学滴定	6.7 度
硫离子浓度 S^{2-}	分光光度法	未检出
铁离子浓度 Fe^{2+}	分光光度法	未检出

图 11-3-28 是上海黄浦江水体月平均温度变化图，测试地段是上海黄浦江十六铺段，测试时间从 2006 年 6 月至 2007 年 7 月，测试时间为每天 8：00～22：00、间隔为 1.0min，对江水温度和室外空气干球温度、湿球温度进行同步测试；测试点选在江边浮码头水域的水下 2.0m 左右。

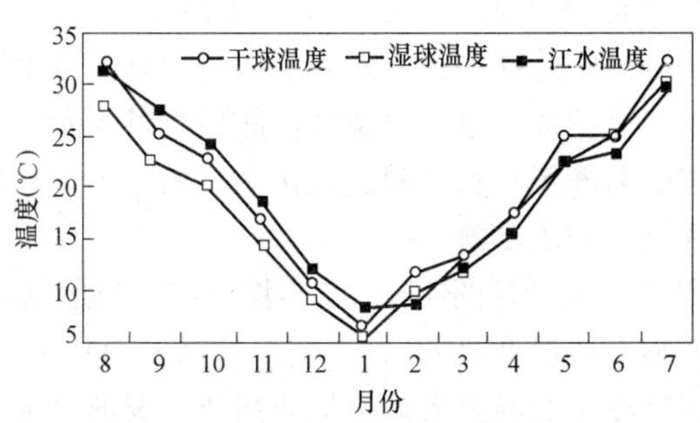

图 11-3-28　各月实测黄浦江月平均水温变化图

2. 地表水源热泵系统设计

(1) 应认真搜集、调研拟利用的地表水体的水文资料和当地的气象资料以及与水体相关资料；实事求是的根据具体项目的规模、冷热负荷，分析研究一旦将地表水体作为冷热源后可能对水体的生态影响，为使地表水源热泵系统建成后运行良好，湖水或河水的深度宜超过 4.6m；对浅水江河湖泊热负荷不宜超过 13W/m² 水面，对于深水江河湖泊(>9.2m)，热负荷不宜超过 69.5W/m² 水面。

(2) 地表水源热泵系统可分为闭式环路和开式环路。闭式环路的地表水热泵系统是通过地表水换热器使地表水与热泵机组的循环水进行热交换得到机组所需温度的循环水，地表水换热器一般是采用图 11-3-29 所示的伸展开盘管或松散捆卷盘管；开式环路的地表水热泵系统是将地表水直接从江河、湖泊中抽取送入热泵机组，并应十分注意选择好取水口、排水口位置，其取水口应远离回水口，并宜位于回水口上游，取水口应设置污物过滤装置，去除地表水可能夹带的泥沙和各种杂质，使用后的地表水又直接排回江河、湖泊中。开式环路热泵系统的设计与地下水热泵系统开式环路相似。本节主要是讨论闭式环路地表水源热泵系统设计。

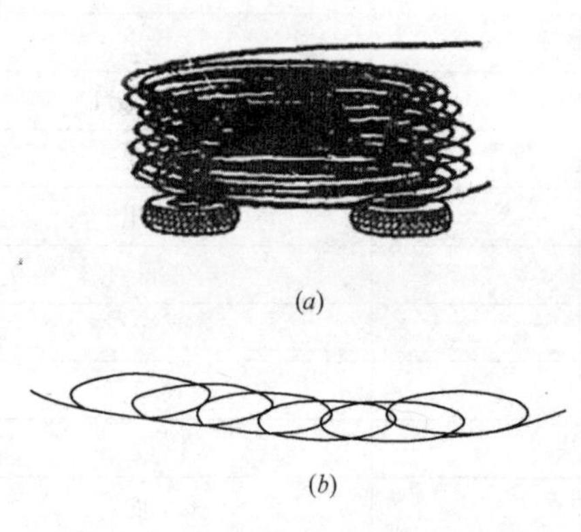

图 11-3-29 地表水换热器盘管
(*a*) 松散捆卷盘管；(*b*) 伸展开盘管

(3) 地表水换热系统设计前，应对地表水源热泵系统运行对水环境的影响进行评估。地表水换热系统的设计应首先分析江、河、湖、海水水体在一年内各个季节的水深、面积、水质、水位、水温变化状况，应根据建设项目的规模、地表水水体的水流量、水深和面积等，认真分析水温、水质的变化情况，并作出较为准确的影响程度的判断，使热泵系统运行后不会对地表水水体带来不能承受的负面影响。

(4) 选择地表水换热器的类型及材料，目前地表水换热器一般均采用高密度聚乙烯(HDPE) 管材在制造厂制作盘管。换热器盘管主要有两种形式，图 11-3-30 是平铺式盘管环路布置示意图，图 11-3-31 是捆扎盘管式环路布置，两种形式都具有较好的换热性能，但捆扎盘管式换热器应用较为广泛。换热器盘管固定在水体底部时，盘管下应安装衬垫物，一般是将旧轮胎或混凝土、石块捆绑在盘管下面，作为重物使之下沉水底，加载在盘管下面的配重物应略大于换热器重量。江、河、湖、海的地表水的最低水位宜高于换热器盘管 1.5m 以上。

(5) 地表水环路中防冻剂的选择，由于地表水体的温度随季节变化，在冬季地表水水体温度较低，热泵机组吸热后的地表水出口温度可能接近甚至低于 0℃，为此应在地表水环路中添加防冻剂，常用的防冻剂有乙二醇、氯化钙、酒精等，目前一般都采用乙二醇溶液，并根据具体条件选择合适的浓度值。

(6) 确定盘管长度和环路数量，图 11-3-32 至图 11-3-35 是供冷工况，供热工况根据接近温度（盘管出口温度与水体温度之差），确定单位散热（吸热）负荷所需的不同规格盘管的长度，按具体工程制冷工况的最大散热量或制热工况的最大吸热量计算确定地表水换热器的所需的盘管总长度。一般应将盘管分组连接到地表水循环管路，对闭式地表水换

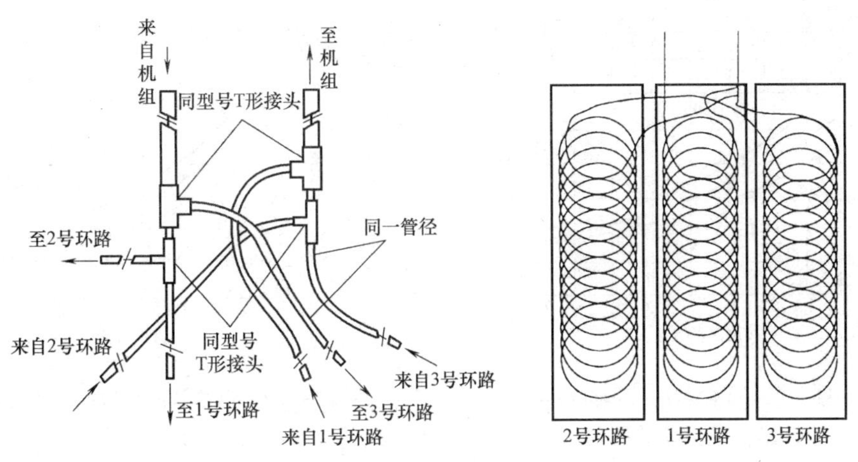

图 11-3-30　平铺式环路布置示意图

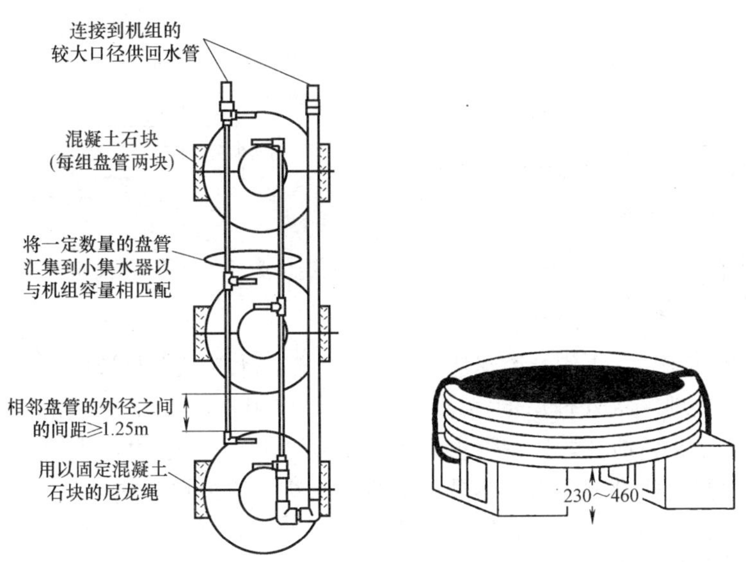

图 11-3-31　捆扎盘管式环路布置示意图

热系统宜采用同程式且每个集管的环路数应相同，并联连接的盘管换热器的盘管长度应相等，设计方法应与地埋管水源热泵系统相似。

地表水热泵系统的水系统及循环泵等的选择，与地埋管地源热泵系统相似。

(7) 以海水为水源的热泵系统中所有与海水接触的设备、部件及管道应具有防腐、防生物附着的能力；与海水连通的所有设备、部件及管道应具有过滤、清理的功能设施。

(四) 污水源热泵系统

城市污水、工业企业排水（污水）的排热量（低位热能）是一种可回收利用的清洁能源，回收利用污水的“低位热能”不仅可以提高污水的资源化利用率，而且可作为城市、工业企业新的能源形式循环利用，降低化石燃料的消耗量，减少大气污染物排放量。在一

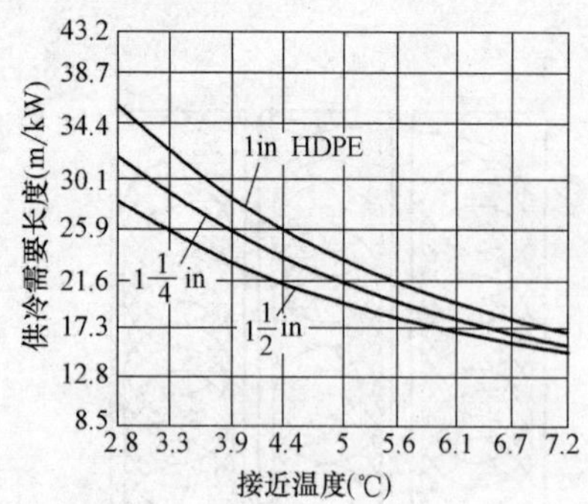

图 11-3-32 供冷状况伸展开或 slinky 盘管需要长度

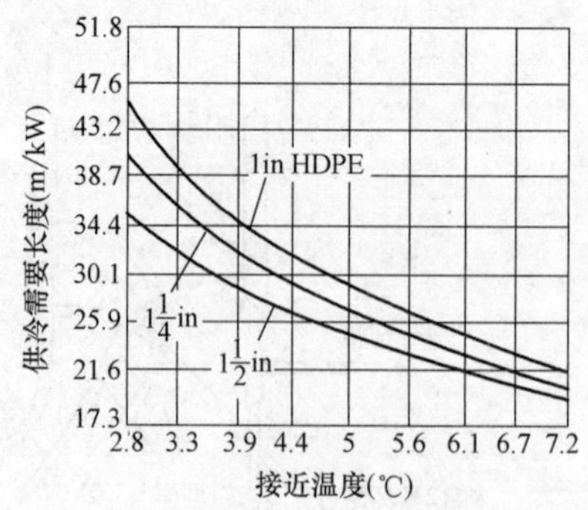

图 11-3-33 供冷状况松散捆卷盘管需要长度

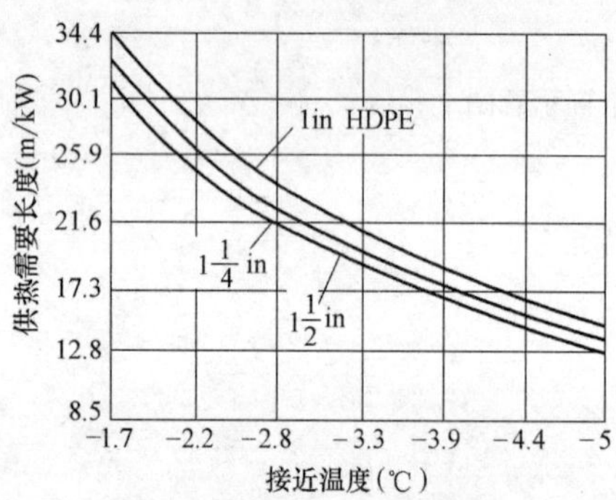

图 11-3-34 供热工况伸展开或 slinky 盘管需要长度

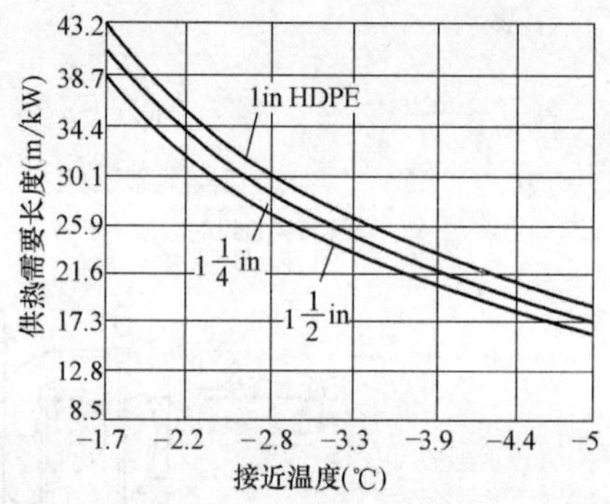

图 11-3-35 供热工况松散捆卷盘管需要长度

些发达国家从 20 世纪 80 年代开始建造了一些以工业污水为低温热源的大型热泵站，日本东京的落合污水处理厂将处理后的污水作为热源，应用于污水源热泵空调系统和热水供应。我国近年来正在各地开始进行污水源热泵系统的开发应用，并已取得了实用效果，北京南站的燃气冷热电联供和污水源热泵系统的能源站中的污水源热泵系统已从 2008 年开始运行，取得了较好的节能效益、经济效益。

污水源包括各种生活污水、生产污水（废水、排水）或中水，种类繁多、水质及杂质种类、浓度变化很大，差异也很大，这类污水或再生水或中水的水温变化也很大，这些均取决于污水的来源，例如公共建筑（宾馆、医院等）排出的污水主要是洗浴等生活用水，白天与夜晚水温变化也可能较大；生产企业的生产废水，则主要与其用途有关，但一年四季较为稳定；对于集中城市污水，经混合、集中处理和管道输送，一年四季水温变化、数量相对稳定，并具有冬暖夏凉的特征，所蕴含的冷热量潜力很大。因此，污水源热泵的应用推广具有十分重要意义。

1. 污水源热泵的分类

污水源热泵系统按照污水的处理状态可分为以未处理过的污水的污水源热泵系统、以二级出水或中水的污水源热泵系统；按照热泵机组机房的布置又可分为集中式、半集中式和分散式的污水源热泵系统。图 11-3-36、图 11-3-37 是二种污水源热泵系统流程示意图，由于被利用的污水未经处理，所以设置有水/水换热器使污水与热泵机组间接连接，以保持热泵机组内的水循环系统中的水不被污染；为了确保水/水换热器的可靠稳定运行，污水引入前应经自动过滤器对污水进行过滤，去除可能堵塞管路、设备的各种杂质，并且设有清洗四通阀对换热器进行清洗。图中所示为制冷工况的循环管路，当在冬季供暖时应用转换四通阀将制冷压缩机排出的高温气态制冷剂送入蒸发器（10），被较低温度的空调循环热水冷却冷凝为液态制冷剂，同时释放热量加热空调循环热水供应空调用户，所以制热循环时蒸发器（10）转换为冷凝器，与此同时冷凝器（9）转换为蒸发器应用。图 11-3-37 是二级污水源热泵系统流程示意图，采用与热泵机组直接连接方式，不再设置水/水换热器，自动过滤器也可以简化为一级过滤，并减少一级循环水泵。

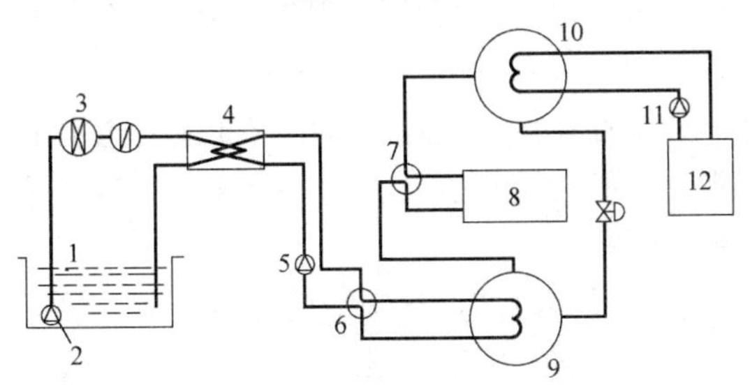

图 11-3-36　未处理污水源热泵系统流程示意图（制冷循环）

1—水池；2—污水泵；3—自动过滤器；4—水/水换热器；5—水循环泵；6—清洗用四通阀；7—冷/热源转换四通阀；8—制冷压缩机；9—冷凝器（蒸发器）；10—蒸发器（冷凝器）；11—冷/热水循环泵；12—空调用户

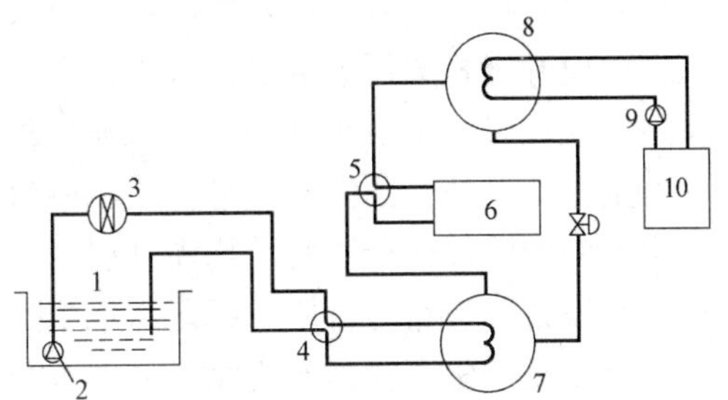

图 11-3-37　二级污水源热泵系统流程示意图（制冷循环）

1—水池；2—污水泵；3—自动过滤器；4—清洗用四通阀；5—冷/热源转换四通阀；6—制冷压缩机；7—冷凝器（蒸发器）；8—蒸发器（冷凝器）；9—冷/热水循环泵；10—空调用户

2. 污水源热泵的特点

由于污水源热泵利用污水为水源，所以具有以下优点：

（1）属可再生能源利用技术，污水来源相对稳定，水量可维持在一定的容量范围，只要温度合适是城市各类建筑空调和热水供应的良好的冷热源。

（2）运行稳定可靠，污水温度虽然随时间和季节有所变化，但一年四季相对较为稳定，其波动的范围小于空气或地表水，可使热泵机组运行稳定，无空气源热泵冬季除霜等问题。

（3）环境效益显著，热泵工作只使用电能，与空气源热泵相比，能耗将减少 30%以上。污水源热泵机组的运行无污染，可建造在居民小区或工业企业内。

（4）运行过程不存在回灌问题，采用地下水有回灌和地表水的可能污染问题，而污水源热泵无需回灌，只需要就近排放。若将处理后的污水用于空调制热，将减轻厂家的经济负担，可为厂家带来效益。

（5）运行维护费用低，污水源热泵机组由于工况较稳定，可设计为较简单的系统，部件较少，机组运行、维护费用低；自动控制程度高，使用寿命长，可达到 15 年以上。

3. 目前污水源热泵应用中需要研究解决的一些技术问题

（1）污水水质及其组分复杂、差异较大，按物理特性分为悬浮物和污泥、砂两类，悬浮物包括纸屑、木屑、毛发、树叶、塑料袋、动物残体及人与动物的排泄物等。悬浮物在污水中的存在状态说法不一，一般认为悬浮物可能在污水上层，污泥、砂在污水底层，但哈尔滨工业大学对正阳河污水站前方污水干渠的实测，发现悬浮物与污泥、砂基本均匀分布在水体中，这是在湍流状态下形成的固液两相流动。污水中还含有各种组分的化学物质、化学污染物，虽然有的组分只是痕量的，但也是不可忽视的组分。因此对具体工程的污水中的组分和固液形态及流动性进行分析研究十分重要。

(2) 由于直接利用污水一般是不可取的，因此取用污水的地段、方式等应是预先解决的问题，以期做到设计方案合理，运行稳定可靠，工程投资较少，环保效益好，节能效益好。

(3) 经处理后的各类污水的应用，仍将会有除污、过滤或沉淀等问题，由于污水来源复杂，还应开展相关污水的过滤或除污方法的研究。

(4) 直埋式污水换热器是指污水换热盘管分散布置在污水处理系统的沉淀池或污水干渠的池壁或干渠外。国内对此进行了一些试验研究，但对换热管外表面的清理、除污和微生物生长问题以及运行维修等均需开展进一步研究分析。

(5) 设备、管路的材质选择，污水中除物理杂物很多以外，化学杂质也很复杂，包括一些重金属及其化合物、有机物，如碳水化合物、蛋白质、脂肪，酸、碱、氯离子、氨、硫化氢等，所以各类污水对设备与管道的腐蚀作用各不相同，作为对污水源热泵系统的应用不宜采用化学方面的污水处理工艺，应根据具体工程中污水的特性，开展合理选择设备与管路的材质的研究分析，防止因腐蚀造成设备，管路的损坏或缩短寿命。

七、其他热泵

（一）燃气热泵

1. 燃气热泵的工作原理

燃气热泵是燃气发动机热泵的简称，它是由燃气发动机驱动压缩机完成热泵循环。燃气热泵的工作原理如图 11-3-38，燃气热泵由压缩机、冷凝器、膨胀阀和蒸发器组成热泵循环。蒸发器从热源吸取热量，将液态制冷剂加热相变为气态，经压缩机增压的高压气态制冷剂送入冷凝器将热量排放至热水系统。被冷却冷凝为液态制冷剂，由膨胀阀节流降压至蒸发压力后送到蒸发器，如此形成热泵循环。设有发动机冷却水换热器和排气换热器分别回收冷却水和排气热量。压缩机可采用活塞式、螺杆式及离心式压缩机。图 11-3-39 是分体式燃气热泵空调机组流程示意图，这是一种小型的燃气热泵空调装置，它的制冷循环：燃气发动机驱动压缩机压缩气态制冷剂；压缩后的高压气态制冷剂在冷凝器（室外机）中冷却、冷凝为液体；液体经膨

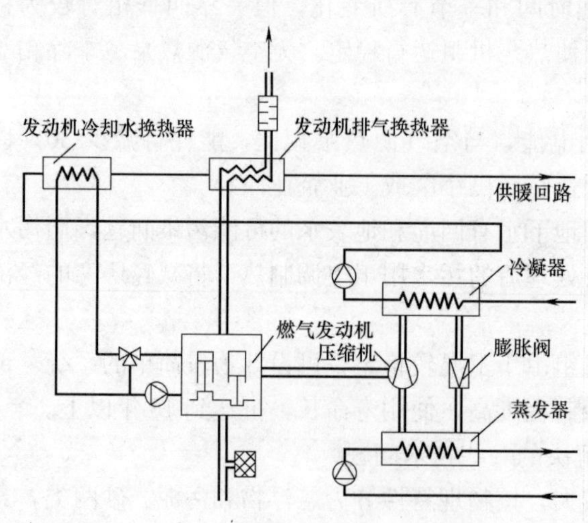

图 11-3-38 燃气发动机热泵工作的原理

胀阀进入蒸发器（室内机），从室内空气中吸取蒸发热，同时使空气降温；气态制冷剂回到压缩机，如此循环。燃气发动机的排热作为热水回收。制热循环是压缩机压缩气态制冷剂，高压气态制冷剂在冷凝器（室内机）中冷却、冷凝为液体，冷凝热用于加热室内空气；液体经膨胀阀进入蒸发器（室外机），从室外空气中吸热气化；气态制冷剂回到压缩机，如此循环。燃气发动机的排热作为热水回收。

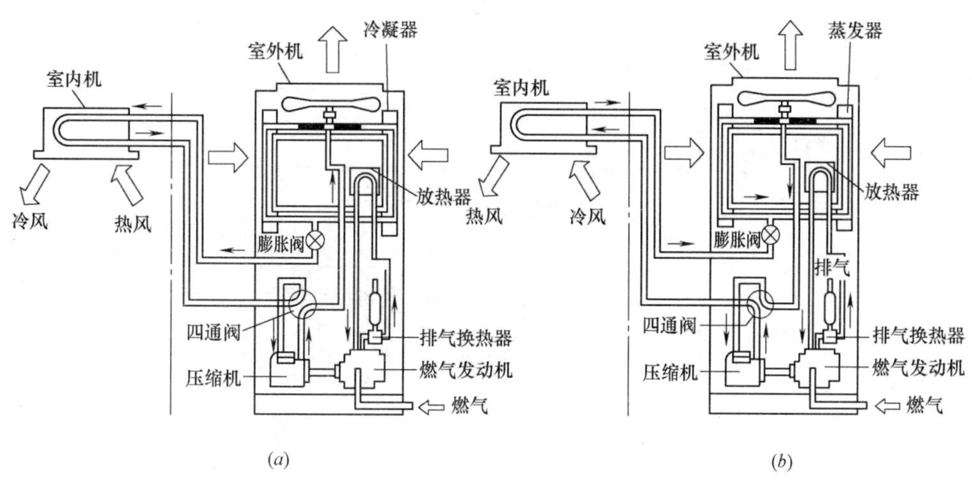

图 11-3-39　分体式燃气热泵空调机组流程示意图

（a）制冷循环；（b）制热循环

燃气发动机效率一般为 30%～50%，热泵系数与应用场所的气象条件和所需要的供热参数有关，通常约为 3～4 的范围变化，而发动机排热利用率的影响因素较多，如热泵规格、排热利用方式和使用条件等。

2. 燃气热泵的类型

按被驱动的压缩机类型有活塞式热泵（冷水机组）、螺杆式热泵（冷水机组）、离心式热泵（冷水机组）。

按热量回收形式可有发动机的排热经排热回收器制取热水，供给供暖、生活热水或制冷用热量；排热经热回收机组制取蒸气，进入供热系统；发动机排气进入余热锅炉产生蒸气，汽缸冷却水经换热器产生热水，分别供给供暖、生活热水或制冷用热量。

按空调机组的形式可有燃气发动机和压缩机及附属设备共同组成整体机组；燃气发动机同压缩机及室外换热器等组成室外机，室内换热器及风机等组成室内机，分体机组是由室外机和室内机共同构成的空调机组。分体机组可采用一台室外机带动一台室内机，也可采用一台室外机带动多台室内机的机型。

3. 燃气热泵的热源和供给的热量

燃气热泵的热源基本上与电动热泵相似，可以是环境空气、地下水、地表水、土壤、太阳能等，所不同的是燃气发动机产生的余热可利用与热源协调供热或用于夏季吸收式制冷，提高燃气热泵系统的能源利用效率，达到较好的节能减排效益和经济效益。

燃气发动机热泵供给的热量形式可根据用户需要确定，一般建筑物空调只需热水时，可只供应热水，若工业企业或公共建筑或住宅小区等需供应 90℃甚至更高温度的热水时，燃气热泵系统可利用发动机的缸套水和烟气换热器，在合理组织热水供应流程后可以按需求供给，这是比电动热泵优越的条件。若是期望有供给蒸汽的要求时，燃气发动机可设置烟气余热锅炉，按用户需要的蒸汽参数要求得到所需蒸汽；另外，若用户的供热负荷变化较大或有间歇供热的需求，可根据具体条件设置蒸汽蓄热器或热水蓄热器。

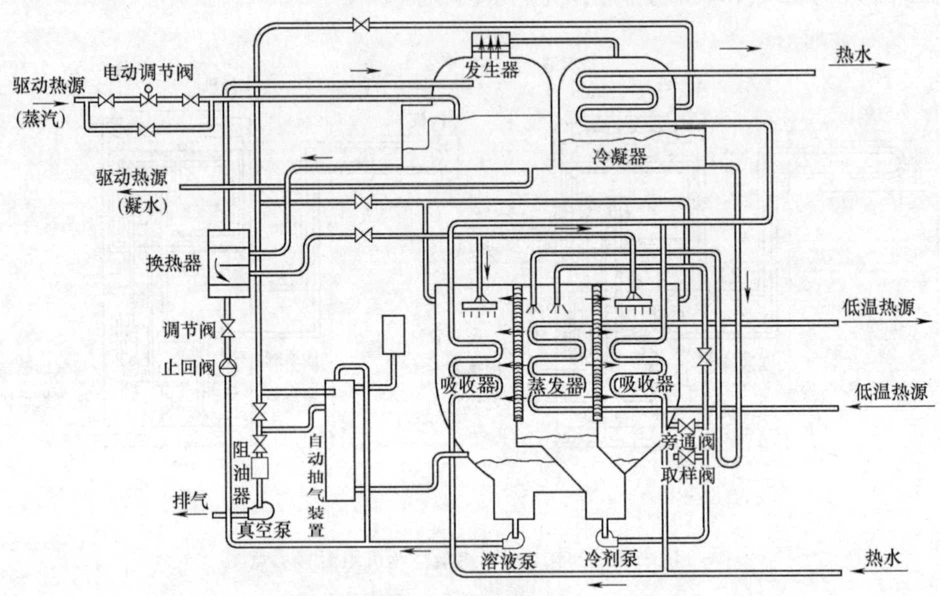

图 11-3-40　第一类吸收式热泵的工作原理图

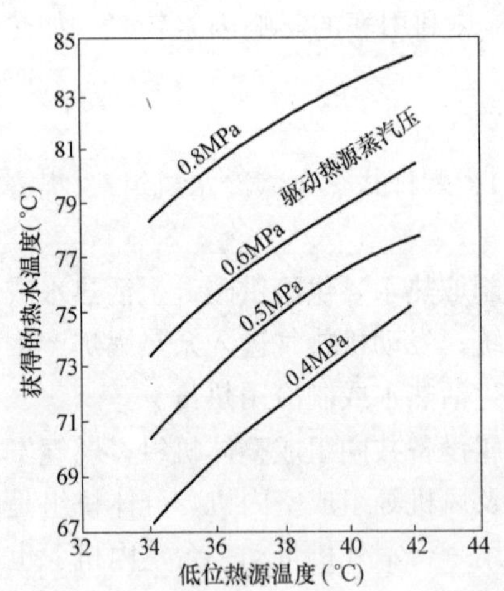

图 11-3-41　第一类吸收式热泵特性

(二) 吸收式热泵

1. 第一类吸收式热泵

吸收式热泵是一种将低位热能的热转移到高位热源，供空调、供暖或其他工业产品的工艺生产过程使用的设备。吸收式热泵可分为第一类吸收式热泵和第二类吸收式热泵。第一类吸收式热泵是利用高温驱动热源，将低温热源的热能提高到中温，若将吸收式制冷机作为热泵应用，均属于第一类吸收式热泵，图 11-3-40 是它的工作原理图，在吸收式机组的发生器中利用高温热源的驱动热源，通过蒸发器吸取低温热源的热量，然后由吸收器和冷凝器提供中温热水。图 11-3-41 是第一类吸收式热泵的升温特性，低位（温）热源（废水）水出口温度越高，驱动热源（高温热源）的蒸汽压力越高，热泵获得的热水温度越高，一般制取的热水温度介于低位热源水温度与驱动热源温度之间，如利用 15℃～20℃的地下水或废水为低位热源，使用饱和温度为 120℃左右的蒸汽为驱动热源时，从吸收式热泵可得到 50℃左右的“热水”。

2. 第二类吸收式热泵

第二类吸收式热泵是利用中温余热与低位热源的热势差，制取高于中温余热温度，但热量少于中温余热的热水。比如可利用 70℃的余热热水作为吸收式热泵发生器的驱动热源，并同时供应蒸发器作为低位热源；利用 16℃的冷却水供应冷凝器，可在吸收器获得温度为 100℃的热水。图 11-3-42 是第二类吸收式热泵的工作原理图，由于发生器和冷凝器的压力低于吸收器和蒸发器的压力，在吸收器底部出来的温度较高的稀溶液与发生器出来的温度较低的浓溶液在溶液热交换器中进行热交换，稀溶液送入发生器被中温余热水加热汽化，汽化后的冷剂蒸汽在吸收器中被浓溶液吸收，放出潜热，加热热水。

第二类吸收式热泵的升温特性见图 11-3-43，从图中可见，吸收式热泵的冷却水出口温度越高，中温余热（排热源）出口温度越高，可制取的热水温度也越高，但由于溴化锂的溶液的腐蚀速度随着温度的升高而加速，因此吸收式热泵制取的热水温度只能在 150℃以下。

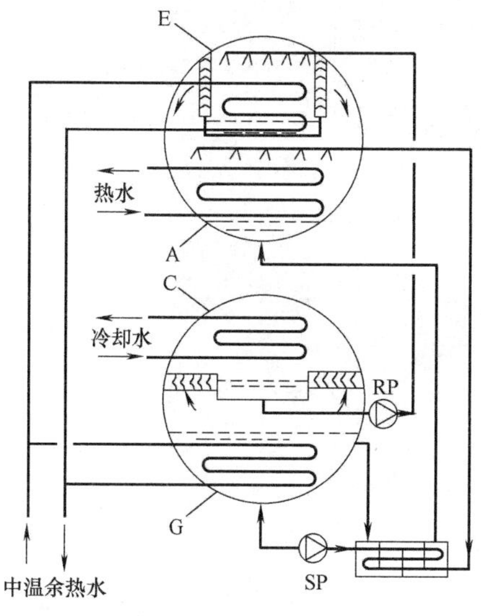

图 11-3-42 第二类吸收式热泵原理图

E—蒸发器；A—吸收器；C—冷凝器；G—发生器；RP—冷剂水泵；SP—溶液泵

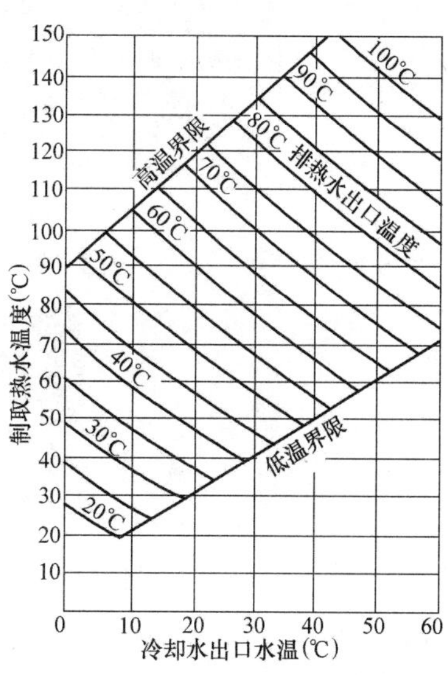

图 11-3-43 第二类吸收式热泵特性

第四节 燃气冷热电联供分布式能源系统

一、分布能源系统

分布能源系统（Distributed Energy System，简称 DES）在广义上是如图 11-4-1 所示可以包括燃气冷热电源联供能源系统、可再生能源发电系统、生物质发电系统、燃料电池发电系统等，燃气冷热电联供能源系统是以一次能源——燃气如天然气为燃料通过燃气发电装置在生产电力的同时对外供冷、供热，满足各类建筑物或建筑群等终端对能源产品的需求，实现一次能源的梯级利用，提高能源利用效率；可再生能源发电系统是指太阳能光伏发电装置或风力发电装置，它们是根据太阳能、风力资源的分布状况和终端用户对电力等能源的需要分散布局的“独立”发电系统。为了充分发挥各种分布式能源系统的特性和优势，将各类分布式能源系统与集中的大型的骨干电网联网，形成集中电网与分布式能源系统的优势互补，实现能源利用的最优化。以燃气冷热电联供（Combined Cooling、Heating & Power，简称 CCHP）为例，用能的终端用户可以在集中电网、天然气管网的峰谷时段的负荷变化与价格之间进行选择，使 CCHP 系统在最佳的时段运行，获得能源利用率、经济效益的最大化，并且可使终端用户得到高效可靠、经济实惠的供能方式。分布式能源系统的广泛应用，可使城市电力网的供电电源多样化，分布式能源系统生产的电力可降低电力高峰时段负荷，减少大电厂事故对电网的冲击，既可提高电网供电的安全可靠性，同时也提高分布式发电装置的使用者自身供电的安全可靠性。

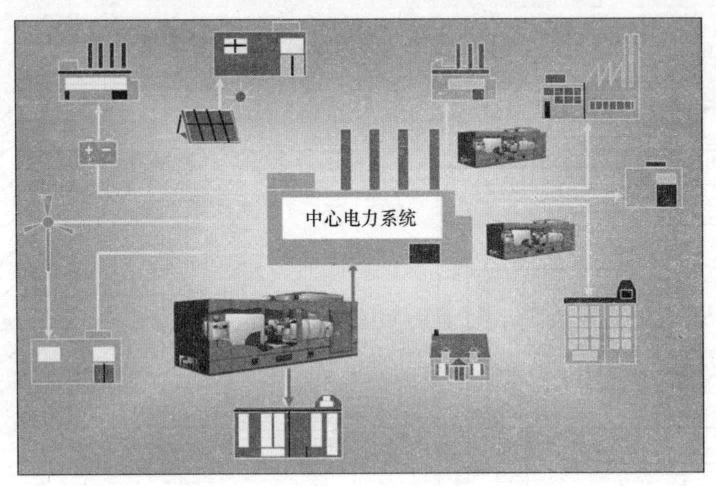

图 11-4-1　分布式供电与集中发电的互补关系示意图

在我国发展分布式能源系统势在必行，但是发展十分缓慢，分析研究其原因，既有分布式能源系统应用基础理论、集成技术、与集中电网的联网、并网技术等方面的疑难问题外，更有人们对分布式能源系统的“认知”和“观念”的深化、转变问题，还有目前国内现行规章制度、法规和体制方面存在的障碍，因此为了推动分布式能源系统的发展和广泛应用，需要在国家和各级政府的大力支持下，从基础研究、应用技术研究到实际应用工程的示范等方面大力开展工作，促进我国分布式能源系统的应用步入良性循环，为节能减排作出有力的贡献。近年来我国已从科研示范工程方面都已经有了部署和安排，可以在不会太长的时间内将会看到各种类型的分布式能源系统将在我国各地相继投入运营。在我国日益增多的天然气供应情况下，燃气冷热电联供分布式能源系统将是我国发展分布式能源系统中的优良方式，这是由于 CCHP 具有分布式能源系统的所有特点，它是建设在能源终端用户的建筑物内或其邻近处，近距离的冷、热、电供应减少了输能管线的能量损失和建设投资，并实现了一次能源的梯级利用，可提高能源利用效率 30%左右；作到夏季供冷、冬季供热，使燃气发电装置的年运行小时数可达 5000h 左右；运行经济、降低运行费用；环境友好，采用冷热电联供比常规分供的综合能耗降低，即可相应地降低了温室气体的排放量；CCHP 系统夏季发电并同时供冷、冬季发电并同时供热，在许多地区将会有利于电网和燃气供应的削峰填谷。

二、燃气冷热电联供分布式能源系统的类型

燃气冷热电联供系统主要是由燃气发电装置、余热利用装置包括和均衡、补充供冷、供热所需的电制冷机组、燃气锅炉、蓄热或蓄冷设备、热泵以及有关的辅助设备——各类用途的水泵、换热器，还有为实现“联供”过程的监测、控制的自动控制系统等组成。“联供系统”的核心设备是燃气发电装置，目前主要有小型燃气轮机、内燃机、微型燃气轮机等；余热利用装置包括余热锅炉，吸收式制冷机、各类换热器等。

燃气冷热电联供分布式能源站一般是分散的建设在终端用户或其邻近处，以适应各种类型的终端用户对冷、热、电的供应需求、负荷变化；可以做到燃气发电装置余热的充分利用，发电能力得到充分发挥，并因运行管理的灵活性与智能电网或微电网的紧密配合，对城市电网的调峰做贡献。由于设置在终端用户或其邻近处，可以减少冷、热、电输送过程的损耗，只要在 DES/CCHP 能源站的规划设计中认真做到系统和设备的优化配置，即可获得明显节能减排、又能得到较好的经济效益。根据我国改革开放以来各地区各种类型的城市经济发展的实际情况，结合 DES/CCHP 的特点和充分发挥其优越性，按拟建设的 DES/CCHP 的供冷、供热范围，可划分为区域型（DCCHP）和楼宇型（Building Combined Cooling Heating and Power），区域型冷热电联供能源站主要是建设在各种类型的工业园、商务区、科技园区、高新技术区等较大范围的有供冷、供热需求的园区内，一般采用规模较大重型或轻型燃气轮机发电机组和余热利用设施以及一定供冷能力的制冷设备，并应与正在推广应用的智能电网、微电网结合，对所在“园区”的工业企业、公共建筑、科研机构、学校、医院等供冷、供热和供应部分电力，冷、热供应系统由能源站统一管理调度检测；电力供应由微电网或智能电网统一管理调度控制，协商确定电价。楼宇型冷热电联供能源站是建设在有供冷、供热需求的一幢建筑物内或具有若干建筑物的建筑群中，一般是一个单位或“院落”建设一个能源站设置较小的燃气轮机或内燃机和余热利用设施等，直接对所在建筑物或建筑群供冷、供热和供应部分电力，通常采取与城市电力网并网不售电的连接方式。由于 DES/CCHP 的规模不同，终端用户的冷热电负荷变化和使用要求不同以及所在地区的条件不同，经过技术经济分析可以采取各种不同方式或设备配置方式，主要有：

1. 燃气轮机发电装置＋余热锅炉＋抽凝式汽轮机发电装置＋烟气/热水换热器＋蒸汽吸收式制冷机＋减温减压装置等，其系统示意见图 11-4-2。这种基本流程主要适用于较大规模的区域型冷热电联供能源站，一般采用重型或轻型燃汽轮机发电装置，发电能力可在 50MW～500MW 范围，建设在有较大供热、供冷负荷的各种类型的“园区”或集中商务区（CBD），为了适应冷热负荷的变化情况配置了抽凝式汽轮机组和减温减压装置。由于规模较大通常能源站应外供 1MPa 左右的蒸汽或 150℃以上的高温热水，在“园区”内需冷、热负荷的终端用户或邻近处集中设供冷站或供热站，以较好地满足终端用户的冷、热需求，但这些供冷站、供热站应该统一由 DES/CCHP 能源站进行管理、调度，以实现优良的一次能源利用效率。

2. 燃气轮机发电装置＋余热直燃机＋电制冷机＋燃气锅炉，见图 11-4-3。

燃气轮机排出的高温烟气送入余热直燃机，夏季供冷、冬季供热，其供冷量、供热量

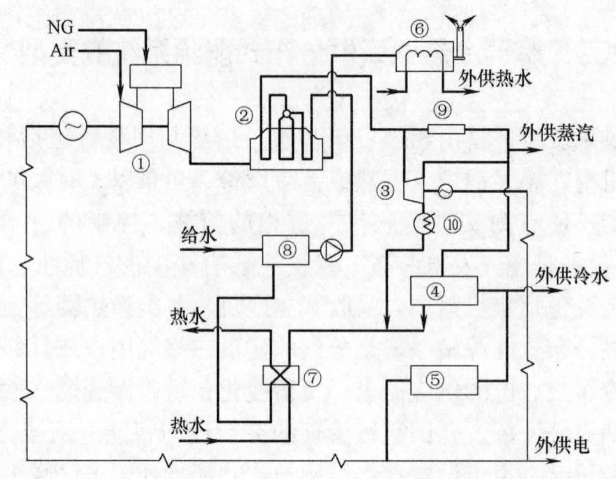

图 11-4-2　DES/CCHP 系统流程

①—燃气发电装置；②—余热锅炉；③—汽轮发电装置；
④—蒸汽吸收制冷机；⑤—电制冷机；⑥—烟气/热水换热器；
⑦—水处理系统；⑧—水/水换热器；⑨—减温减压装置；⑩—凝汽器

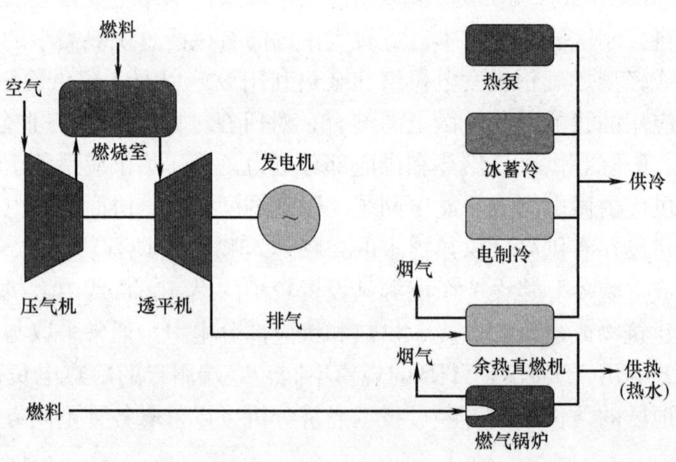

图 11-4-3　燃气轮机＋余热直燃机＋电制冷机＋燃气锅炉的联供示意图

按燃机发电情况确定，当余热直燃机的供冷量不能满足供冷需求时，应开启电制冷机（夏季）或燃气锅炉（冬季）补充供冷、供热。通常情况下，余热直燃机的供冷量、供热量只是满足基本的或最低冷负荷或最低热负荷，以确保燃气轮机在夏季供冷期、冬季供热期都能保持较高的负荷率，避免了“补燃方式”的一次能源利用效率不高的情况，但需增加设备和系统较复杂。为简化系统，也可以只增设电制冷机，冬季供热季仍采用补燃方式补充供热，基本上可达到图 11-4-2 系统的节能效果。电制冷机和冷热电联供能源站所需的电力负荷均由站内燃气发电机供应，富余电量可外供能源站供冷、供热范围的建筑或建筑群的电力负荷。

3. 内燃机发电装置＋热水型吸收制冷机＋电制冷机＋燃气锅炉，由于内燃机发电装置的余热有缸套冷却水、高温烟气等形式，为了合理、充分利用余热，可采用如图 11-4-4

的方式将中温冷却水、缸套冷却水与烟气换热器串联，既可获得出水温度 100℃左右的热水，又可使高温烟气降至 120℃甚至更低的温度，增加余热利用量，夏季采用热水型吸收式制冷机制取冷水，虽然热水型吸收式制冷机的能效比（EER）较低，但从夏季、冬季总的余热量的利用状况分析比较，相差可能不大，并且可简化余热吸收式制冷流程，方便运行管理。在夏季供冷的不足冷量和冬季供热的不足热量与图 11-4-3 系统相似，分别由电制冷机补充供冷和由燃气锅炉补充供热。为了提高吸收式制冷机的能效比（EER），有的冷热电联供系统采用了“烟气热水型”吸收式制冷机，将缸套冷却水、高温烟气引入“烟气热水型”吸收式制冷机的低压发生器、高压发生器，此类制冷机应根据内燃机的规格、性能参数进行专门设计，且中温冷却水宜作生活热水等的应用。

4. 微燃机发电装置＋余热直燃机（补燃），见图 11-4-5。由于微型燃气轮机发电装置采用回热器提高发电效率后，烟气排出温度只有 250～300℃，所以一般情况下都要采用补燃才能满足供冷、供热的需要。有的微燃机也可采用旁通部分烟气，降低回热器的热负荷，降低发电效率，增加余热量，以提高供热、供冷的能力。如何确定微燃机系统的供电、供热、供冷能力，均应根据具体工程项目的冷、热、电负荷及其变化情况，经详细技术经济比较后确定。

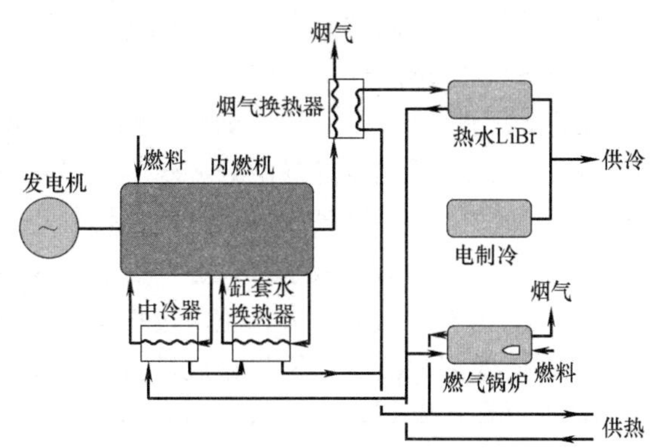

图 11-4-4　内燃机＋热水型 LiBr 制冷机＋电制冷机＋燃气锅炉的联供示意图

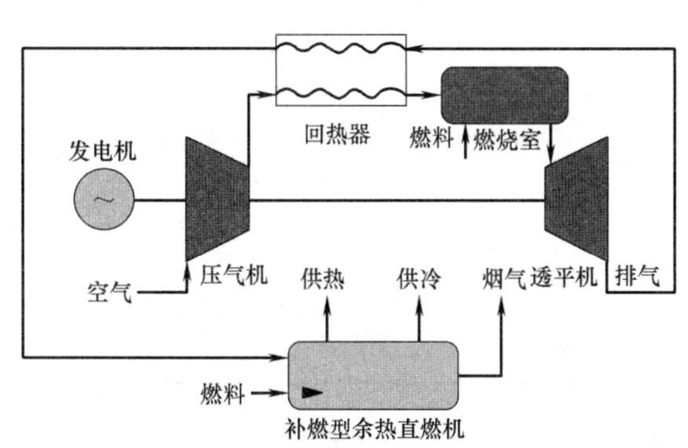

图 11-4-5　微燃机＋余热直燃机（补燃型）的联供示意图

三、燃气发电装置

燃气冷热电联供分布式能源系统的核心设备是燃气发电装置，目前用于 CCHP 系统的燃气发电装置主要有小型燃气轮机、燃气内燃机、微型燃气轮机等，燃料电池发电装置用于 CCHP 系统正在研究开发中。燃气轮机是一种以燃气、空气为工质的旋转式热力发动机，其结构与喷气式飞机发动机相同，主要由压气机、燃烧室和燃气轮机三大部分组成，工作过程是叶轮式空气压缩机吸入外部空气，压缩后送入燃烧室，与此同时气体燃料或液体燃料也喷入燃烧室与高温空气混合，在高压下进行燃烧，高温高压烟气进入燃气轮机膨胀作功、推动叶片高速旋转，高温烟气可再利用后排入大气。高速旋转的燃气轮机驱动发电机发电和带动空气压缩机对吸入空气增压。燃气轮机发电装置的发电效率一般为20％～35％，影响燃气轮机发电效率的主要因素是空气吸入温度、压气机压缩比以及燃烧室的功能参数等。目前燃气轮机发电装置已是成熟技术，在分布式能源系统（DES）中主要使用单机发电能力小于10000kW的小型燃气轮机发电装置；人们将单机发电能力为25～300kW的小型燃气轮机称为微燃机，它是将燃气轮机微型化，并应用先进的永磁发电技术、电力变频技术、回热技术等优化组合，利用空气轴承或磁悬浮轴承提高机械效率；采用回热器，利用高温烟气预热空气压缩机排出的高压空气，提高燃烧室的燃烧效率，使微燃机得到了推广应用。

近年来燃气内燃机（Gas Engine）在燃气冷热电联供分布式能源系统的应用日益增多，燃气内燃机的主要优点是发电效率较高，设备投资较低，但余热回收较为复杂，这是它的结构特点所决定的。燃气内燃机将气体燃料与空气混合压缩注入气缸点火燃烧做功，通过活塞、连杆和曲轴的机械系统，驱动发电机发电。随着内燃机燃烧技术的发展，在气体燃料、空气的注入方式和点火、燃烧过程的控制等方面都有长足进步，主要是围绕改进燃烧、提高发电效率和减少污染物排放进行的，通过采用高效能点火技术、高效能增压进气方式、稀薄燃烧技术等，发电效率可达35％～43％、氮氧化物（NOx）排放浓度可达45～150ppm或0.5～2g/bhp.hr。几种燃气发电装置的主要技术参数比较见表11-4-1。

几种燃气发电装置的特性 **表11-4-1**

	小型燃气轮机	内燃机	微燃机	燃料电池
容量范围(kW)	500～25000	2～10000^{+}	28～300	1～10000
发电效率(％)	20～38	25～45	12～32	30～60
余热回收形态	400～650℃ 烟气	400～600℃烟气； 80～110℃缸套冷却水； 40～65℃润滑油冷却水	250～650℃烟气	80～600℃
所需燃气压力(MPa)	≥0.8	≤0.2	＜0.6	＜0.2
NO_x排放水平(ppm)	65～300(无控制时)； 8～25(低氮燃烧) (含氧量15％)	250～500(无控制时)； ＜250(有)	8～25(含氧量15％)	＜0.5

（一）燃气轮机发电装置

燃气轮机发电装置的发电能力通常是以额定工况（ISO工况）表达，它是指燃气轮机的空气进气温度为＋15℃时的性能参数，随着空气进气温度的变化压气机的吸气能力随之变化，将会使燃机的燃烧能力、发电能力发生变化。空气进气温度高于＋15℃时，进气量减少、发电能力降低；低于＋15℃时，进气量增加、发电能力增加；与此同时单位发电量的热耗也随之变化，空气进气温度升高，热耗增加，且燃机型号不同、变化状况也有所不同，图11-4-6是索拉公司燃气轮机发电装置空气进气温度与发电能力、热耗的变化曲线；(*a*) 为金牛（Taurus）70型的变化曲线、(*b*) 为土星（Satarn）20型的变化曲线。表11-4-2是半人马50型燃气轮机发电装置进气温度与发电能力。在国际市场商品化的小型或轻型燃气轮机发电装置的厂家主要有索拉（solar）公司，普惠（Pratt&whithey）公司、川崎（Kawasaki）公司等，在国内已有这些制造厂家的产品投入运行，我国近年也有 MW 级的燃气轮机发电装置投入运行。美国索拉公司的燃气轮机发电装置的发电能力从 1200 至 14000kW；天然气压力大于 1.0MPa，索拉公司生产的燃机发电装置的主要性能参数见表 11-4-3。表 11-4-4 是普惠（P&W）公司生产的 ST 系列轻型燃气轮机发电装置的主要性能参数，表中数据的空气进气温度、压力 15℃、101.3kPa。表 11-4-5 是我国南京汽轮电机厂生产的 PG6581B 型燃气轮机发电装置的主要技术参数。

半人马（Centanr）50 燃气轮机发电装置进气温度与发电能力　　表 11-4-2

进气温度(℃)	−10	0	15	25	30	35
发电能力(kW)	5055	4809	4424	4101	3917	3745
排气温度(℃)	507	506	515	521	524	530
排气流量(t/h)	73.461	74.419	67.730	64.715	63.047	61.363
排气总热量(kW)	8476.18	8217.75	7187.47	6991.56	6871.95	6805.96

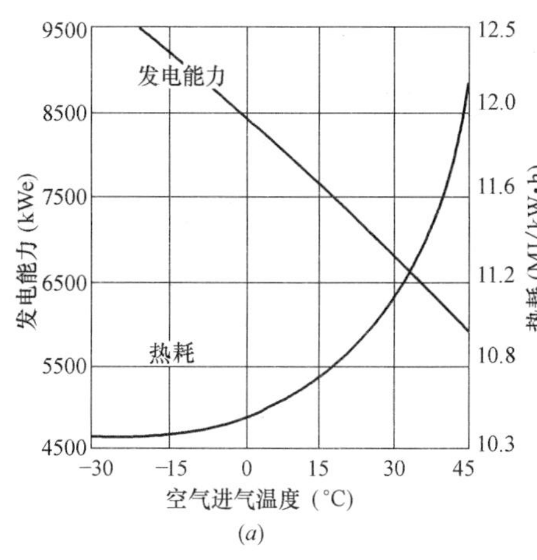

(a)

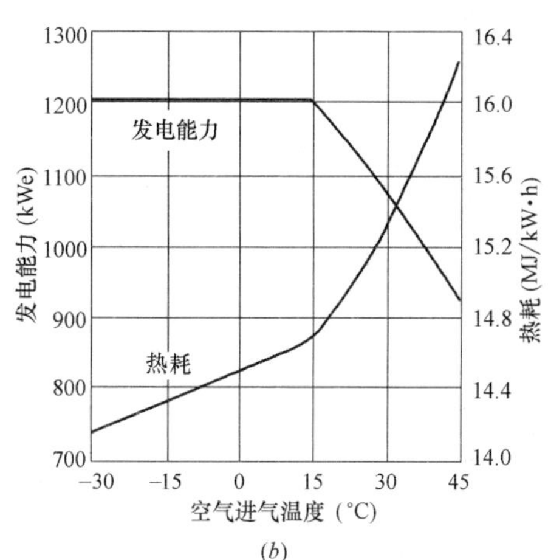

(b)

图 11-4-6　空气进气温度与燃气轮机发电能力、热耗

索拉公司小型燃气轮机发电装置的主要性能参数　　表 11-4-3

项目	单位	土星 20	人马座 40	人马座 50	水星 60	金牛座 60	金牛座 70	火星 90	火星 100	太阳神 130
燃机出力	kW	1181	3418	4234	4072	5069	6728	9061	10439	12533
千瓦燃耗	kJ/kWh	14987	13166	12541	9209	12093	11281	11555	11265	11115
燃耗量	GJ/h	17.7	45.0	53.1	37.5	61.3	75.9	104.7	117.6	139.3
天然气消耗量	M^3/h	503	1280	1510	1066	1743	2158	2977	3344	3961
燃机发电折热能	GJ/h	4.25	12.30	15.24	14.66	18.25	24.22	32.62	37.58	45.12
燃机效率	%	24.0%	27.3%	28.7%	39.1%	29.8%	31.9%	31.2%	32.0%	32.4%
燃机排烟温度	℃	512	443	502	351	496	482	468	491	482
烟气流量	t/h	65.8	67.2	60.6	77.7	95.9	138.20	147.3	176	
余热锅炉直接供热(蒸汽压力 1034kPa,饱和)										
蒸汽量	t/h	3.7	8.3	10.6	4.6	12	14.1	19	22	25.8
蒸汽折净热能	GJ/h	9.03	20.25	25.86	11.22	29.28	34.40	46.36	66.00	77.40
热电效率	%	75.03%	72.35%	77.41%	69.02%	77.53%	77.24%	75.43%	88.08%	87.95%

ST系列轻型燃气轮机发电装置的主要性能参数　　表 11-4-4

项目	单位	ST5R	ST5S	ST6L-721	ST6L-795	ST6L-813
发电出力	kW	395	457	508	678	848
燃料耗量	kW	1209	1946	2174	2747	3264
单位燃耗	kJ/kWh	11009	15319	15385	14575	13846
发电效率	%	32.7	23.5	23.4	24.7	26.00
排烟温度	℃	365	587	514	589	566
烟气流量	kg/h	7992	8280	10800	11664	14112
余热回收量	kW	511	1196	1337	1655	1924
热电综合效率	%	75	85	85	85	85

PG6581B型燃气轮机发电装置的主要技术参数　　表 11-4-5

参数名称	单位	PG6581B型
燃气轮机输出功率	MW	41.89
热耗率	kJ/kWh	11247
热耗	10^6kJ/h	471.5
燃烧温度	℃	1104
燃机效率	%	32
排气温度	℃	544
排气流量	t/h	532.92
燃机转速	rpm	5100
压气机形式		轴流式
级数		17
压比		12
发电机功率	MW	42.0
转速	rpm	3000
电压	kV	10.5

（二）内燃机发电装置

内燃机发电装置具有发电效率较高，制造成本较低、销售价格相对较低等特点，所以近年来在固定燃气发电站、热电联产、冷热电联供中的应用日益广泛，目前已商品化的产品发电能力从几十千瓦到数兆瓦；由于内燃发动机需定期进行维护检修，且噪声级较高、应采取整体和管路的降噪隔声措施；由于燃烧特点、燃烧排气中的 NO_X 排放量仍为 250～500mg/m^3。随着科技发展，燃气内燃机采用高效能点火技术、稀薄燃烧技术等，促进燃气内燃机的能源利用效率提高和排放污染物的降低。

内燃机发电装置的余热包括燃烧排气（烟气）温度约 400℃～500℃，为高温余热；缸套冷却水的余热、温度一般为 90/110℃；润滑剂冷却器等的余热，水温较低一般为 50/80℃，图 11-4-7 是内燃机余热利用示意图。为充分利用中、小型内燃机余热，可将高温烟气与烟气型吸收式制冷机直接连接进行余热制冷，但从吸收式制冷机排出的烟气温度仍在150℃以上，为此宜将烟气通过换热器进一步降温至80℃～100℃；也可以将内燃机排出的烟气直接经热水换热器冷却至80℃～120℃；然后以热水送入热水型吸收式制冷机制冷。表11-4-6是一些厂家的内燃机发电装置的主要性能参数。

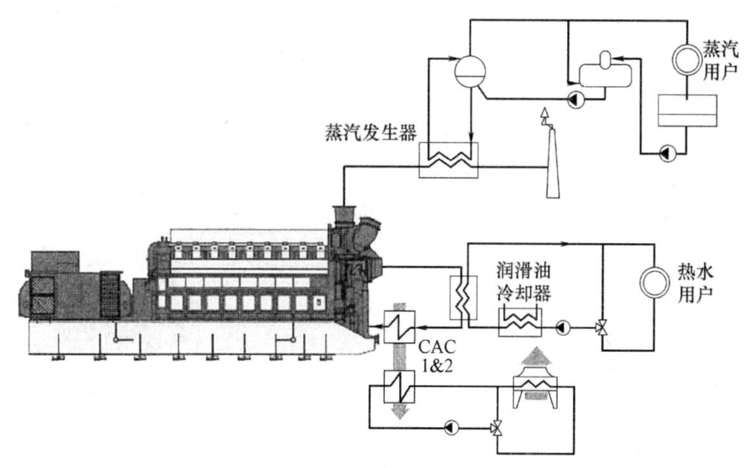

图11-4-7　内燃机发电装置的余热利用图示

一些厂家的内燃机发电装置的主要性能参数　　表11-4-6

指标＼机型	G3406TA	G3520C	TB4510	TB4511	JMS312 GS-NL	JMS626 GS-NL
额定输出功率(kW)	190	1800	1200	1600	526	4089
发动机转速(rpm)	1500	1500	1500	1500	1500	1500
最小进气压力(MPa)	0.011	0.031				
能量消耗(MJ/h)	2073	15297	10152	13530	1332	8884
烟气量(m^3/h)	904	8236				
烟气温度(℃)	415	463	454	454	500	367
缸套进水温度/热量(℃/MJ/h)	99/612	90/2142	92/2185	92/2904	90/	90/
中冷器进口水温/热量(℃/MJ/h)	32/97	54/391	40/262	40/352	70/	70/
发电效率(%)	33.00	42.3	41	41	39.5	45.4
供热效率(%)	47.37	43	47	47	47.6	41.5
总热效率(%)	80.37	85.3	88	88	87.1	86.9
外形尺寸(L×B×H)(mm)		6070×1853×2248	6000×1800×2400	6500×1800×2400	4700×1800×2300	9600×2200×2500
运输重量(kg)		18350	10300	12500	8000	41400
NOx排放浓度(mg/Nm^3)		500	500	500	<500	<500

注：表中TB4510、4511为德国MDE公司产品；G3406、3520为美国卡特彼勒caterpillar公司产品；JMS为奥地利颜巴赫（JENBACHER）产品，能量消耗单位为kW。

（三）微燃机

微型燃气透平发电机组是将燃气轮机微型机、并结合回热技术、永磁发电技术、智能控制技术等进行优化组合，将转子精密铸造在一个轮盘上并承载于气浮或磁悬浮轴承上高速旋转，它是由空气压气机、燃烧器、透平、齿轮箱、发电机和回热器组成，图 11-4-8 是微型燃机发电装置的循环示意图。由于采用回热器，微燃机的烟气排出温度较低，一般小于 300℃。目前生产微燃透平发电机组的厂家有多家，国内的科研、高等学校正在研制中，各家均有各自的特色，如宝曼（Bowman/h）公司生产的 TG50、TG80 的模块化机组，可根据用户需要进行组合，并可根据用户端全年或各个使用时段对发电、余热的需求变化，对发电量、余热量和余热温度进行调节，实现需求量、能量消耗的合理调节。表 11-4-7 是一些厂家的微燃发电装置的主要性能参数，英格索兰（Ingersoll Rand）公司生产的 MT250 型微燃机组，发电效率（ISO 工况）可达 30%，燃机发电能力、发电效率随空气进气温度的变化增加或降低，见图 11-4-9；开普斯通（Capstone）公司生产的 C200 型微燃机组，发电效率可达 33%。

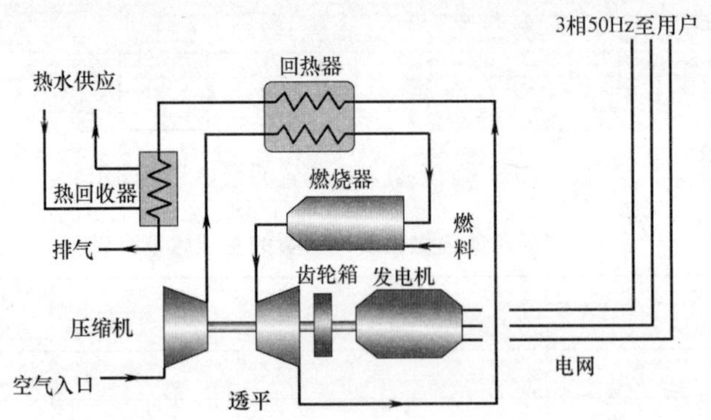

图 11-4-8　微燃机发电机组动力循环示意图

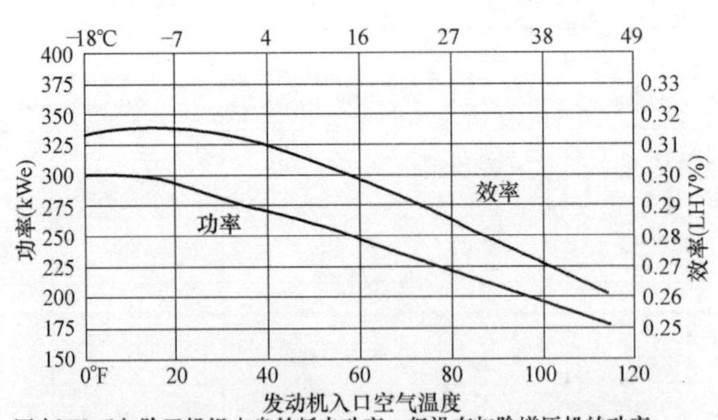

图 11-4-9　MT250 型微燃机的发电效率与空气进气温度

一些厂家的微燃发电机组的主要性能参数　　**表 11-4-7**

型号	C60	C200	TG50	TG80	MT250
发电能力(kW)	60	200	50	80	250
输出电压(V)	480	380～480	380～480	380～480	400
频率(Hz)	50/60	50/60	50/60	50/60	50
燃料耗量(kW)	231	608	208	308	834

续表

型号	C60	C200	TG50	TG80	MT250
空气耗量(m^3/h)	1330	3530	1500	2278	7340(Max)
烟气温度(℃)	310	280	275	278	250
烟气流量(kg/h)	1764	4680	1944	2988	7200
烟气热量(kW)	97.4	213	83	130	297
重量(kg)	608		1200	1800	5440

四、燃气冷热电联供分布式能源系统和设备的配置

（一）建筑物的冷热电负荷及其特点

各类建筑物的冷、热、电负荷随着用途的不同、作业人员数量变化、气象条件变化而不断变化，为了充分发挥燃气发电装置的能力，实现 CCHP 系统的建设投资少、运行费用低和节能效益好；在进行 CCHP 系统设备配置时应认真地、充分地了解、分析所供应范围的各建筑物的冷、热、电负荷及其变化情况，为 CCHP 系统和设备的优化配置提供设计依据。

每个具体工程项目的冷、热、电负荷及其变化情况，一般是与工程项目的用途和使用要求或产品生产工艺及其设备、当地气象条件（温度、湿度、风力、气压等）、建筑物的围护结构、室内设备和人员、电气设备和照明、化学反应的散热量等密切相关，也与空调系统的送风量尤其是新风量等因素有关；如果有多个建筑物或一个建筑物中有多种生产设备或多种用途或有若干个暖通空调系统时，在计算冷、热、电负荷时还应计及不同用途、不同建筑（房间）、不同设备、不同系统之间的同时使用系数，并且该同时使用系数一定是“小于 1.0”。

（1）电力负荷，建筑物或建筑群的电力负荷是确定 CCHP 系统的燃气发电装置发电能力的主要依据，而电力负荷与各种影响因素有关，并且常常在各个季节是变化的，典型设计日 24h 的不同时段也是变化着，且夜间与白天可能变化幅度较大，有的建筑在一周中的周一至周五与周六、周日也是不同的。图 11-4-10 是一些建筑的典型日电力负荷曲线，图（*a*）是一家建筑面积为 32000m^2，地上 8 层地下 2 层有 640 间客房的旅馆的典型日电力负荷曲线，夜间 0：00 至 7：00 电力负荷只是最大负荷的 30%～40%，夏季稍大一些；白天的电力负荷也在不断变化；图（*b*）是一家建筑面积为 32000m^2 的医院在不同季节典型日的电力负荷曲线，夜间从 20：00 左右电力负荷开始下降，0：00 至 7：00 电力负荷只是最大负荷的 30%左右，并且周六、周日电力负荷下降，周日无门诊下降更多。

图 11-4-11 是建筑面积约 13 万 m^2，包括写字楼、宾馆、公寓的多幢建筑的商用大厦在不同季节典型日的电力负荷曲线，图中数据表明：夜间 0：00 至 7：00 只有最大负荷的 30%左右，冬季较低、夏季略高；白天 10：00 至 18：00 电力负荷较为稳定。此类建筑群采用 CCHP 系统是较为有利的，每天运行时可达 14～16h，节能和经济效益都可以较好。

（2）冷负荷、热负荷是随季节、时段的不同不断变化，且总是动态的变化着，如气象条件中室外温度、相对湿度不论春夏秋冬或每天的白天、夜晚都在变动；室内人员数量活

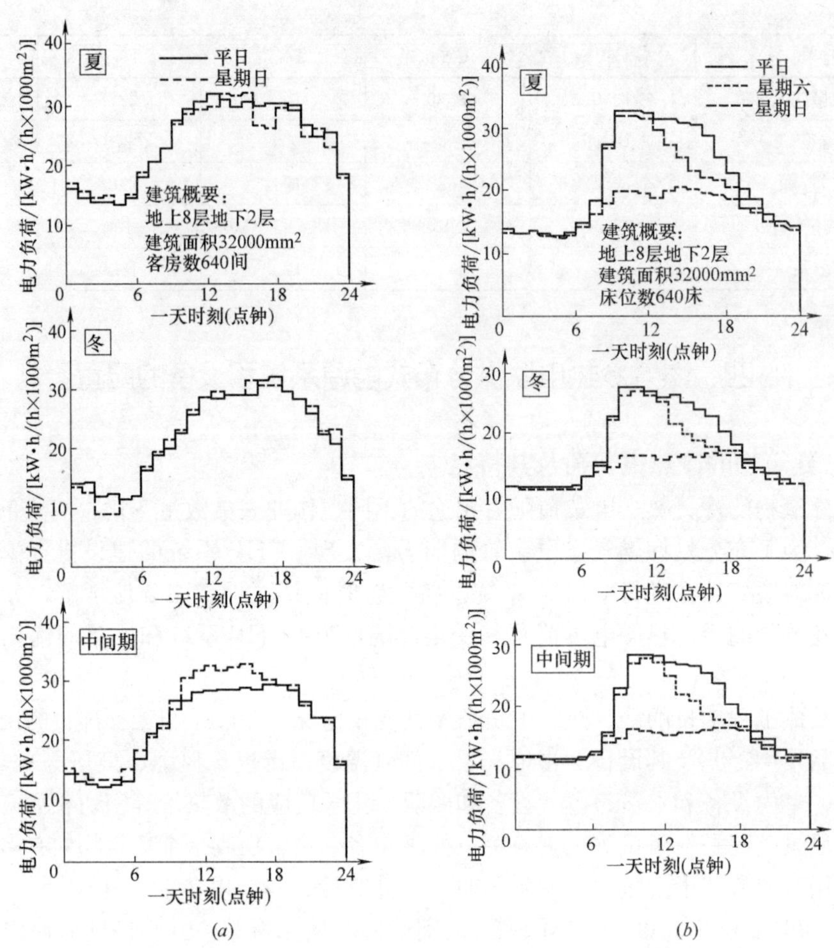

图 11-4-10 一些建筑不同季节典型日电力负荷曲线

动情况也是变化的，室内设备散热也会因为人员流动、产品生产工艺特点会动态变化；室内照明也会由于人员流动随开随关，等等。因此只能根据各类建筑的不同使用情况得出各自的动态变化的规律、趋势，对具体 CCHP 工程设计时最好能够参考类似功能的建筑实际使用状况绘制夏季供冷期、冬季供暖期的冷负荷、热负荷变化曲线和典型日逐时的冷负荷、热负荷的变化曲线；若实在无法取得绘制冷、热负荷曲线的变化相应数据时，至少应了解清楚其使用功能、特点和当地各季节、各时段的气象条件，并在具备准确的最大负荷（设计负荷）后以估算的方式得到供热期、供冷期的平均冷负荷、平均热负荷和最低冷负荷、最低热负荷以作为 CCHP 系统、设备选型的依据。

图 11-4-12、图 11-4-13 是建筑面积约 10 万 m^2 的写字楼典型日的逐时冷负荷、热负荷曲线。从图中数据可见供热季 7：00 至 20：00 是主要供热时段，热负荷的峰段是 6：00～8：00 左右，由于夜间不供热房间温度较低，所以在第二天开始供热后的 1-2 小时内出现峰值。供冷季 6：00～20：00 需供冷，冷负荷峰值出现在 8：00 和 14：00 左右，除与供热特点相同外，还有每天 13：00～14：00 是北京地区室外温度最高的时段，因此出现峰值。

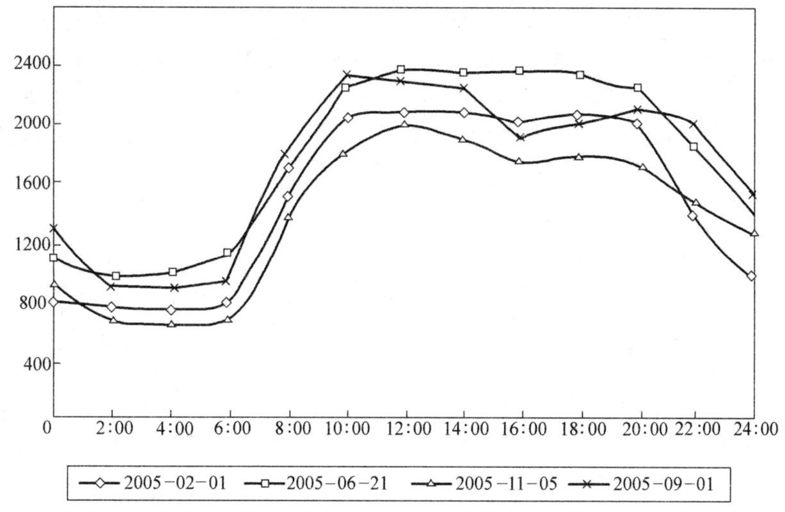

图 11-4-11　某商用大厦典型日电力负荷曲线

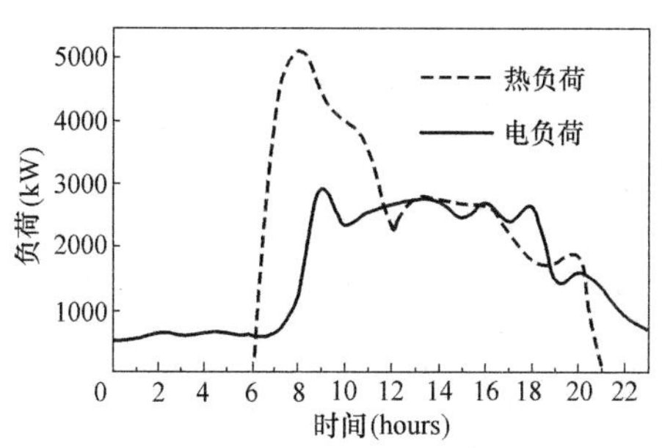

图 11-4-12　某办公楼供热季逐时热负荷曲线

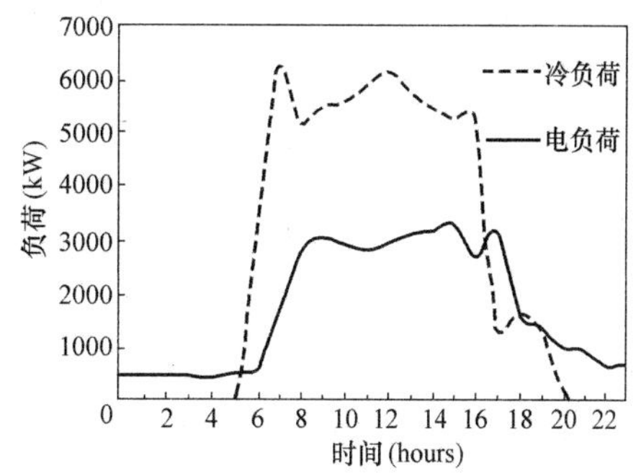

图 11-4-13　某办公楼供冷季典型日冷负荷曲线

平均冷负荷、热负荷的估算，在进行冷热电联供分布式能源系统的规划设计时，常常很难取得准确的冷热电负荷在供冷季、供热季及其典型日的变化数据，为此常常需以最高、平均、最低冷、热负荷来进行设备选择和经济技术指标的相关估算，但此类数据的确定与气象条件、使用特点、设计规模、空调和供暖系统的模式有密切关系，建议最大、平均、最小冷热负荷采用以下方法进行估算：

热负荷：最大热负荷＝各类热负荷叠加之和×同时使用系数

平均热负荷＝最大热负荷×(0.7～0.9)

最小热负荷＝最大热负荷×(0.3～0.5)

冷负荷：最大冷负荷＝各空调系统冷负荷叠加之和×同时使用系数

平均冷负荷＝最大冷负荷×(0.6～0.9)

最小冷负荷＝最大冷负荷×(0.3～0.5)

（二）运行模式的确定

燃气冷热电联供分布式能源系统（CCHP/DES）的运行模式主要是：①年运行天数、供冷季/供热季/过渡季或月或周运行天数和每天的运行小时数，在进行（CCHP/DES）

规划、设计时应按此确定全年的运行小时数及其分布情况，这是关系到能否真正做到节能减排和经济运行的基础数据；②（CCHP/DES）生产电力是独立自用或并网售电或并网不售电（或并网不上网），从我国目前的国情考虑推荐采用并网不售电的运行方式。

（1）运行时间，我国的气候特点将全国分为严寒地区、寒冷地区、夏热冬冷地区、夏热冬暖地区等，各地区各类建筑为保持室内的所需的工作环境、生活环境和生产环境，对供热、供冷的需求差异十分明显，寒冷地区既要求冬季供热，又需要夏季供冷，冬季、夏季均需较长供热时间、供冷时间，且整个供热季或供冷季的冷负荷、热负荷都可能变化较大，由于这些地区昼夜温度变化较大，再叠加使用条件的变化，所以每天 24h 内各时段的冷热负荷也都在不断变化；在夏热冬冷地区虽然与上述地区类似，冬季也需供热，但热负荷较低，夏季需供冷，其冷负荷较大且供冷时间较长；夏热冬暖地区主要是要求供冷，其冷负荷较大且供冷时间可能长达 10 个月，但在夏季、过渡季甚至是“冬季”所需冷负荷也是随环境条件和使用功能不断变化。这些地区的各类建筑物冷负荷、热负荷的变化直接影响到（CCHP/DES）的运行状态，影响燃气发电机组的运行小时数和负荷率，最终影响到节能减排的实际效果和经济效益，所以在进行（CCHP/DES）的规划、设计时必须准确地确定运行模式。根据一些工程项目实际情况分析研究表明，（CCHP/DES）的年运行时间不宜少于 3000h，每天的运行时间，宜为 10～18h，在城市电网的谷段不宜运行，以利于整体供电系统的“削峰填谷”。

（2）与电网的连接方式，鉴于我国电力生产是以“煤电”为主，我国燃煤、燃气的价格差异将在较长时间不会改变，所以燃气发电的成本难于与燃煤发电成本竞争，这种劣“势”将在较长时间不会改变。由于（CCHP/DES）建设在用户终端，具有实现“并网不售电”的可能，只要燃气发电量全部“自发自用”，并且保持（CCHP/DES）系统生产的电力始终低于终端用户在各个时段的实际使用电量，总是要从城市电网购入部分电能，这样既可减少电费支出获得较好的经济效益，又可通过（CCHP/DES）系统、设备的合理配置，确保用户端的可靠供电，目前国外一些企业、公共建筑就是采用这种运行模式将（CCHP/DES）的燃气发电机组既作为部分电力供应源同时不可作为应急备用电源。

（三）燃气发电装置的能力和类型的选择

（1）燃气发电机组发电能力和台数的选择，目前国内外燃气冷热电联供分布式能源系统（CCHP/DES）实际应用中除了微型燃气轮发电机组发电能力较小，单台发电能力只等于或小于 250kW 外，小型燃气轮发电机组、内燃机发电机组的单台发电能力一般小于 10MW，内燃机发电机组小容量约 100 多 kW。一般在（CCHP/DES）能源站选用 2 台或 2 台以上燃气发电机组，如上海浦东国际机场的（CCHP/DES）系统按 2 台位置设计，一期设置一台发电能力为 4000kW 的小型燃气轮发电机组，从 2002 年正常运行至今；日本东京汐留北地区燃气冷热电联供分布式能源站供应 71.2 万 m^2、13 幢建筑的供冷、供热和部分电力供应，因其使用功能要求分别设主机房和次机房，并设在不同建筑的地下室，再以冷、热、电管线将 2 个机房相连；主机房设发电能力为 4200kW 的燃气轮发电机组 1 台、次机房设发电能力为 1100kW 的燃气轮机发电机组 2 台。由于具体条件和使用要求的不同，也有的（CCHP/DES）能源站设置多台发电机组，如西班牙马德里机场在 2005 年投入运行的（DES/CCHP）能源站中设置 6 台单台发电能力为 6000kW 的燃气内燃发电机组；伦敦 AMD 微电子集成电路工厂的（CCHP/DES）能源站，采用 8 台单台发电能力为 5000kW 的燃气内燃发电机组，该能源站既是冷、热、电联供的分布式能源站，又采用 N+2 的发电机组配置确保集成电路生产线的重要生产设备的不间断供电连续生产要求。

燃气冷热电联供分布式能源系统（站）的燃气发电机组的发电能力，应根据终端用户冷热电供应范围的冷热电负荷确定，并应作到充分利用余热、充分发挥发电能力，通常燃气发电机组的总发电能力宜为终端用户的电力负荷需求的 20%～30%，或以终端用户变压器装设容量的 20%左右计。在确定燃气发电机组类型、规格后，应按燃气发电机的余热量及其参数校核终端用户在供冷季、供热季的最小冷负荷、热负荷时的供应状况，确保燃气发电机组在全部供冷季、供热季的各时段均能保持其负荷率超过 80%；避免出现发电能力偏大，在实际运行中不能做到经济运行甚至运行困难，或出现燃气发电装置的余热不能充分利用，达不到预期节能目标；也可能出现燃气发电装置的发电能力不能充分发挥，有的机组甚至长期处于低负荷运行或常常出现停机状态，致使经济效益降低，使投资回收期增加。

（2）燃气发电机组选用，目前国内外的（CCHP/DES）能源站广泛采用的是小型或微型燃气轮机、内燃机等，这些机组的主要特性见表 11-4-1，通常应根据具体工程项目的条件、规模、冷热电负荷及使用特点等因素进行认真分析、核算比较之后确定。选择燃气发电机组时还应十分注意下列影响因素：①燃气发电机组的发电效率，（CCHP/DES）分布式能源站的经济效益、节能减排效果与机组发电效率关系十分密切，据一些工程项目前期研究分析表明，若机组发电效率提高一个百分点，（CCHP/DES）系统的综合经济效益可能增加 1%～2%；②燃气供应压力的影响，我国城镇燃气管网压力在末端用户处常常是≤0.4MPa 的中压或低压燃气管网，只有在城镇燃气管网主管或干管邻近处才有≥0.8 MPa 的次高压（A）或高压的燃气管网，若选用小型燃气轮机时尚需增设燃气压缩机，将燃气压力从<0.4MPa 增压至≥1.0MPa，将会增加一次投资和电能消耗，直接影响经济效益和节能效果；③设备使用寿命和运行维护工作量，小型、微型燃气轮机使用寿命长、运行维护工作量少，而燃气内燃机需要日常维修和定期检修，每年要支付一定的维修费用或停机检修；④小型、微型燃气轮机和内燃机的设备投资也有一定差异，通常燃气内燃机单位发电能力的设备价格较低。

（四）余热回收设备的选用

根据燃气发电机组的余热形态、参数合理配置余热回收装置充分利用 CCHP/DES 系统余热，通常用于（CCHP/DES）的余热回收设备有余热锅炉、烟气型吸收式制冷机、热水型吸收式制冷机、烟气热水型吸收式制冷机、换热装置等，具体工程项目中余热回收设备的选型应按燃气发电装置的类型、终端用户的冷热负荷及其变化情况，在提高能源利用效率和经济效益的要求下认真进行技术经济比较后确定。采用燃气内燃机时，宜采用烟气吸收式冷热机组和换热装置的组合或热水型吸收式制冷机和换热装置或烟气热水型吸收式制冷机与换热装置的组合，对发电能力较大的燃气内燃机也可根据用户需求采用余热锅炉与吸收式制冷机、换热装置的组合等。采用燃气轮机发电机组时，宜采用余热锅炉（含双压型）与蒸气吸收式制冷机、工业汽轮机直联制冷机、换热装置的组合或烟气型吸收式冷暖机或补燃型烟气型吸收式冷暖机与换热装置等。采用微燃机时，宜采用烟气吸收式冷热机组或换热装置与热水型吸收式制冷机的组合等。

（五）制冷设备的合理配置

为充分发挥燃气发电机组的发电能力，保持 CCHP/DES 能源站的燃气发电机组都能在较高负荷率运行，常常会出现余热制冷量不足的现象，这种不足冷量的供应可采用普通燃气直燃机制冷、补燃增加供热量、烟气制冷，电动压缩制冷机等方式，根据国内外（CCHP/DES）系统的实践表明，采用电动压缩制冷机补充“不足冷量”是节能减排和经济运行的优良方式，也可采用电动制冷与吸收式制冷联合补充供冷，图 11-4-14 是在（CCHP/DES）中采用电动压缩制冷与吸收式制冷不同配置比例时的节能率的变化曲线，该曲线是以城市电网发电效率为 55%（此发电效率是按城市电网全部按燃气蒸气联合循环机组估计，实际上我国各城市电网的发电效率最高只能在 40%左右，即使是电网中设有燃气蒸气联合循环机组，但因比例较小，对整体电网的发电效率影响也不大）、电网输配效率为 0.9、电制冷机的 COP 为 5、余热吸收式制冷机的 COP 为 1.2 进行绘制的。从图中曲线可见；采用燃气轮发电机组（机组总效率 $\eta=0.78$）时，若吸收式制冷机制冷量小于或等于 92%，其供冷期的节能率为 0.04～0.62；采用燃气内燃发电机组（$\eta=0.82$）时，各种配比在供冷期都是节能的；当电动压缩式制冷机供冷量大于 59%后，其节能率均在 40%以上，因此在（CCHP/DES）系统中的“不足冷量”应推荐采用电制冷机供给。图 11-4-15 是电网中不同发电效率时，采用 CCHP/DES 系统供冷季的节能率的变化曲线，该曲线是以 CCHP/DES 能源站供应范围的冷负荷全部由吸收式制冷供应，并以电网输配效率为 0.9、吸收式制冷机的 COP 为 1.2 进行绘制的。从图中曲线可见；当采用燃气轮机发电机组时，电网发电机组发电效率大于 46%，供冷季节能率为负值，即采用 CCHP/DES 系统不节能；只要电网中发电机组发电效率为 40%，采用 CCHP/DES 系统在供冷季是节能的，最高可达 10%。当 CCHP/DES 系统采用燃气内燃发电机组（$\eta=0.82$）时，供冷季的节能率从 0.04%到 30%。

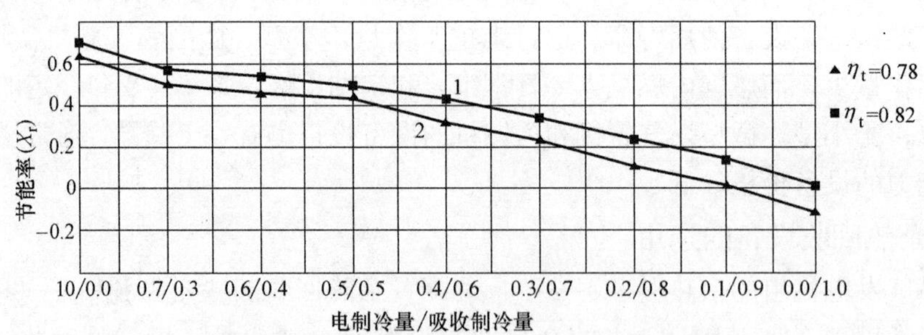

图 11-4-14　不同制冷机配置方式的节能率

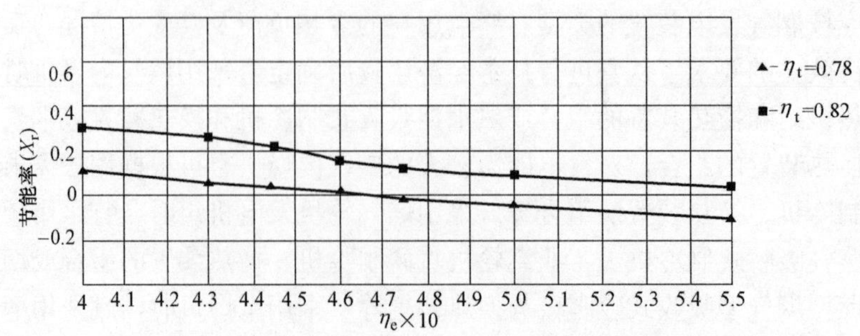

图 11-4-15　不同电网发电效率与供冷季的节能率

（六）热泵的应用

在我国的严寒地区，寒冷地区或夏热冬冷地区，终端用户冬季的热负荷常常会大于拟建设的燃气冷热电联供分布式能源系统的余热量，这种供热需求的不足热量应优先考虑采用热泵系统制热供应。若在（CCHP/DES）能源站夏季已确定采用电动压缩式制冷机补充供冷时，为热泵供热提供了不增加主体设备的有利条件；只要具体工程项目有可能得到江水、湖水、海水、中水或具备采用土壤换热器、设回灌水井等条件时，应优先采用热泵供系统补充供热。若具体工程项目不具备采用热泵供热系统时，也可采用燃气锅炉供热。对于采用燃气轮发电机组的（CCHP/DES）能源站，由于燃机排出烟气中含有15%左右的氧气，所以可采用一定能力的补燃方式增加供热量；但不宜采用燃气直燃机补充供冷、供热。

（七）蓄热、蓄冷装置的应用

在终端用户设计典型日的冷负荷、热负荷变化较大或夜间没有冷负荷、热负荷和所在地区或城市电网已实施分时计价、且峰谷电费差较大时，经技术经济比较可采用蓄冷、蓄热装置。蓄冷装置的电动压缩式制冷机的选型应与（CCHP/DES）中的电制冷机的选型一致或选用双工况电动压缩式制冷机；当同时采用蓄冷、蓄热装置时，宜采用水蓄冷、蓄热方式，以便相互利用同一蓄冷（热）水槽，降低一次投资，但储水槽的结构设计应作到冷、热状态兼用。蓄冷、蓄热的方式、规模应视具体具体项目的特点、参数要求和具体条件经技术经济比较后确定。

五、燃气冷热电联供的一次能源消耗

（一）一次能源消耗与节能率

燃气冷热电联供分布式能源系统（CCHP/DES）是一种节能效果显著、运行经济效益好、环境友好的能源供应系统，是合理利用天然气资源的优良方式，这种形式与目前一些城市或地区以宝贵的天然气资源用作燃气锅炉或直燃机的供冷、供热方式相比，既节约一次能源、又可达到经济运行，缓解电力供应紧张的状况。中科院院士徐建中的CCHP/DES的节能效果分析见表11-4-8，表中以80kW微燃机为例，当采用CCHP/DES系统时得到相同数量的电、热、冷需要31.8m^3/h天然气，分产分供时则消耗天然气54.98m^3/h，联供比分供可减少约42%一次能源消耗。

冷热电联供与分供的能耗分析　　表11-4-8

	CCHP	燃机供电	锅炉供热	电制冷供冷
供电能力(kW)	80	80		
供热量(kW)	105		105	
供冷量(kW)	70			70
电力消耗(kW)				28
NG消耗(m^3/h)	31.8	31.8	12.05	11.13

同济大学龙惟定教授在《燃气空调技术及应用》一书中认为：在节能评价中用得较多的是相对评价，即以常规系统（电动压缩式制冷机供冷、燃气锅炉供热）为基准，以冷热

电分供、联供的一次能源消耗对比得到冷热电联产系统的节能率，以 A 为常规系统的一次能源耗量、B 为热电冷联产系统的一次能源耗量，经过推导可获得冷热电联供热工况的节能率如式（11-4-1）。

$$节能率=\frac{A-B}{A}=1-\frac{B}{A} \tag{11-4-1}$$

$$节能率(x)=1-\frac{\eta_w \cdot \eta_Q}{\eta_e \cdot \eta_Q+\eta_w \cdot \eta_{th}} \tag{11-4-2}$$

式中 η_w——电力网的供电效率；

η_Q——锅炉热效率；

η_e——联供系统的发电效率；

η_{th}——联供系统的余热利用率。

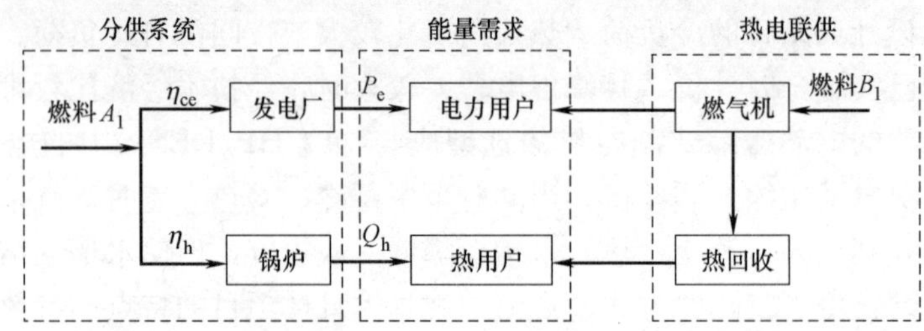

图 11-4-16　CCHP/DES 热电工况图示

在该书中按城市电力网的供电效率为 0.351（已考虑电网输配效率）和锅炉热效率为 0.85 时；若冷热电联供的发电效率为 30%、余热利用率为 40%时，计算得到供热工况的节能率为 20%、供冷工况时的节能率为 15%。CCHP/DES 的节能率，按图 11-4-16 至图 11-4-18 的不同工况下，经类似前述的推导方式可获得 CCHP/DES 在热电工况下的节能率（X_1）和在仅用吸收式制冷的供冷工况（1）的节能率（X_2）、以吸收式、电制冷联合供冷的供冷工况（2）的节能率（X_3），分别由式（11-4-3）、（11-4-4）、（11-4-5）表达。

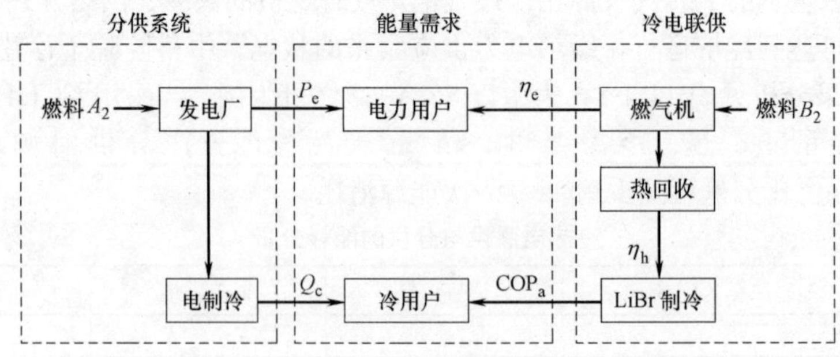

图 11-4-17　CCHP/DES 冷电工况（1）图示

$$X_1=\frac{\eta_b \cdot \eta_e+\eta_h \cdot \eta_{ce}-\eta_{ce} \cdot \eta_b}{\eta_b \cdot \eta_e+\eta_h \cdot \eta_{ce}} \tag{11-4-3}$$

$$A_2=\frac{P_e}{\eta_{ce}}+\frac{Q_c}{COP_e \cdot \eta_{ce}}$$

$$X_2=1-\frac{\eta_{ce} \cdot COP_a}{\eta_e \cdot COP_e+COP_a \cdot \eta_h} \tag{11-4-4}$$

$$X_3 = 1 - \frac{COP_e \cdot \eta_{ce}}{\eta_e \cdot COP_e + x \cdot \eta_h \cdot COP_a + y \cdot \eta_e \cdot COP_e} \tag{11-4-5}$$

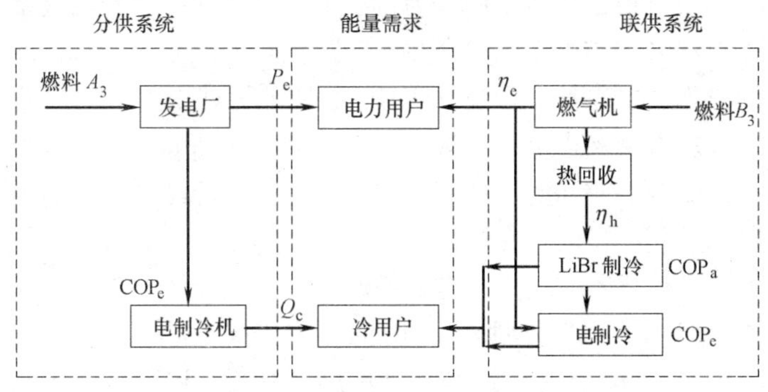

图 13-4-18　CCHP/DES 冷电工况（2）图示

【节能率计算例 1】 设定条件：CCHP/DES 采用燃气轮机发电机组＋吸收制冷和电制冷＋燃气锅炉，城市电网的发电效率为 40%、电网效率为 90%，$\eta_{ce}=0.4\times0.9=0.36$，吸收式制冷机的 $COP_a=1.2$，电制冷机的 $COP_e=4.5$，燃气锅炉热效率为 $\eta_b=0.9$。按前面计算式计算供热期节能率为 25%，供冷期节能率见表 11-4-9。

供冷期节能率　　表 11-4-9

电制冷比例	0.1	0.2	0.3	0.4	0.5	0.6	0.7	0.8	0.9
节能率(%)	15.9	18.7	21.3	23.7	26	28.2	30.2	32.2	34

【节能率计算例 2】 设定条件：CCHP/DES 采用燃气内燃机发电机组＋吸收制冷和电制冷＋燃气锅炉，电网以燃气蒸气联合循环供电，$\eta_{ce}=0.55\times0.9=0.495$，吸收式制冷机 $COP_a=1.2$，或 $COP_a=0.7$，电动压缩式制冷机 $COP_e=4.5$，燃气锅炉热效率 $\eta_b=0.9$。按前面计算式计算供热期节能率为 21%，供冷期节能率见表 11-4-10。

供冷期节能率　　表 11-4-10

电制冷比例	0.1	0.2	0.3	0.4	0.5	0.6	0.7	0.8	0.9
节能率(%)①	4.5	9.1	13.2	17	20.5	23.7	26.6	29.3	32
节能率(%)②	-4.3	2.1	7.7	12.8	17.2	21.3	25	28.3	31.8

注：① 表中数据为 $COP_a=1.2$ 时的节能率
　　② 表中数据为 $COP_a=0.7$ 时的节能率

（二）CCHP/DES 系统的一次能源利用效率（综合热效率）

在 2000 年原四部委的 1268 号文下达的《关于发展热电联产的规定》中要求，“应以热电联产的总热效率界定其联产项目是否合格，对供热式汽轮发电机组的蒸气既发电又供热的常规热电联产应符合总热效率年平均大于 45%”。该规定中热电联产的总热效率采用下式计算：

$$总热效率 = \frac{供热量+供电量\times 3600kJ/kW\cdot h}{燃料总消耗量\times 单位燃料低发热值} \tag{11-4-6}$$

计算式（11-4-6）中，分子是能量品位不等的二次能量，电能是高品位能，所以上式的总热效率实质上只是代表一次能源的利用状况或燃料利用率。燃气冷热电联供分布式能源系统的工程项目理应与热电联供项目类似"以总热效率界定其联供项目是否合格"，但由于燃气冷热电联供项目根据具体条件，为得到最佳的一次能源利用效率或燃料利用率和显著的经济效果，常常采用燃机发电、余热制冷或供热、电制冷、冰蓄冷、热泵等类型的综合能量供应系统或称总能系统，CCHP/DES能源站既对能源站站外供应电力，也可能在城市电网低谷时段从电网购进电力实现蓄冷、蓄热，为了进行各种CCHP/DES系统的一次能源利用效率的比较，应同时在计算式中列入对"能源站"站外的供电量和从电网购进的电量。由于电能是高品位能，在计算CCHP/DES的一次能源利用率中不应只简单地按热功当量折算为热量计算，应按生产电能的燃料（一次能源）消耗量计算，并且计及电网输配效率，比如以燃气蒸气联合循环发电装置供电时，若按发电效率55%计、电网输配效率按90%计，则单位电能的天然气耗量约为0.21Nm^3/kWh或7300kJ/kWh，若以煤电电厂的发电效率为40%计算，则单位电能的折合天然气消耗量为0.285Nm^3/kWh或10000kJ/kWh。因此燃气冷热电联供分布式能源系统的一次能源利用效率或综合热效率的计算式应以式（11-4-7）或（11-4-8）表达。

$$\text{一次能源利用效率}=\frac{\text{供热量}+\text{供冷量}+\text{供电量}\times 3600\text{kJ/kWh}}{\text{燃料总消耗量}\times\text{单位燃料低发热值}+\text{购电量}\times 3600\text{kJ/kWh}} \tag{11-4-7}$$

$$\text{一次能源利用效率}=\frac{\text{供热量}+\text{供冷量}+\text{供电量}\times\text{单位电量消耗燃料的折算热量}}{\text{燃料总消耗量}\times\text{单位燃料低发热值}+\text{购电量}\times\text{单位电量消耗燃料的折算热量}} \tag{11-4-8}$$

采用（11-4-7）式计算时只按供电量的热功当量进行计算，未考量电能为高位能的品质；（11-4-8）式是按一次能源计算，它是以不同供电效率的单位电量消耗的燃料折算热量计算，式中该项数据的分子是以供电效率$\eta_{ce}=0.495$，即3600/0.495=7300kJ/kWh或1740kcal/kWh或折合天然气耗量约0.21m^3/kWh进行估算；分母是以供电效率$\eta_{ce}=0.36$，即3600/0.36=10000kJ/kWh或2392kcal/kWh或约0.285m^3/kWh进行估算。

六、燃气冷热电联供的工程设计要点

为设计一个充分满足用户终端——工业企业、各类公共建筑或建筑群等的供冷、供热和部分供电的需求，使建成的燃气冷热电联供分布式能源站作到经济运行、节约能源、环境友好。CCHP/DES能源站的工程设计要点如下。

（一）准确计算和确定冷、热、电负荷及其变化

1. 冷负荷，对CCHP/DES供应范围的生产、空调等用冷负荷及其变化进行统计、计算。

（1）生产用冷负荷，应按用途、用冷生产设备和温度、流量要求计算小时最大、平均和最小的冷负荷，再乘以小于1.0的同时使用系数后，得到总冷负荷。并绘制不同季节典型日（一日或数日）的逐时冷负荷曲线和年冷负荷曲线。

（2）空调冷负荷，应按空调系统配置、使用功能，温度和流量以及使用特点，计算小时最大、平均和最小冷负荷，在乘以小于1.0的同时使用系数后，得到总冷负荷。并绘制

典型日（一日或数日）的逐时冷负荷曲线，供冷季冷负荷曲线。当过渡季甚至部分供暖季有供冷要求时，也应绘制典型日逐时冷负荷曲线，过渡季或供暖季冷负荷曲线。

（3）设计冷负荷，应为生产冷负荷和空调冷负荷之和，并按具体工程项目的使用特点和具体条件，确定设计冷负荷的小于1.0的同时使用系数和冷水管网损失率。

（4）按燃气冷热电联供的设计冷负荷绘制供冷季、过渡季或供暖季典型日（一日或数日）的逐时冷负荷曲线和年冷负荷曲线。

2. 热负荷，对CCHP/DES供应范围的生产、空调等用热负荷及其变化进行统计、计算。

（1）生产、生活热负荷，应按用途、用热设备和用热参数计算最大、平均和最小的热负荷，再乘小于1.0的同时使用系数后，得到总热负荷。并绘制典型日（一日或数日）的逐时热负荷曲线和年热负荷曲线。

（2）供暖、空调热负荷，根据用途、使用功能、用热参数、系统配置和运行特点，计算小时最大、平均和最小热负荷，在乘以小于1.0的同时使用系数后，得到供暖、空调总热负荷。并绘制典型日（一日或数日）的逐时热负荷曲线和年（供暖季）热负荷曲线。

（3）设计热负荷，应为生产、生活热负荷及供暖、空调热负荷之和，并根据具体工程项目的使用特点和具体条件，确定设计热负荷的小于1.0的同时使用系数和热网损失率。

（4）根据燃气冷热电联供的设计热负荷绘制供冷季、供热季、过渡季典型日（一日或数日）的逐时热负荷曲线和年热负荷曲线。

3. 电负荷，对CCHP/DES服务区域的电负荷及其变化进行统计、计算。

（1）应按各类电力负荷的使用要求、日用电时间，供冷季、供暖季、过渡季电力负荷状况，绘制典型日（一日或数日）逐时电力负荷曲线和年负荷曲线。

（2）新建工程项目应根据各类用电设备的使用要求、电力负荷、同时使用系数以及在供冷季、供暖季、过渡季电力负荷变化情况等，绘制供冷季、供暖季、过渡季典型日逐时电力负荷曲线。若有可能可参照现有类似建筑或建筑群的实际电力负荷及其变化进行绘制。

（3）在已建工程项目进行燃气冷热电联供技术改造时，应根据该项目在最近1～2年的供冷季、供暖季、过渡季典型日（一日或数日）的逐时电力负荷数据，绘制典型日逐时电力负荷曲线、年电力负荷曲线。

（二）运行模式选择

能源站的运行时间根据项目所在地区的气象条件或当地政府的规定，在规划设计时应明确制定供冷季、过渡季、供暖季的时段分界和各时段的运行天数以及每天运行小时数。为确保燃气冷热电联供系统的经济效益，能源站内各台燃气发电装置的年运行时间宜大于4000h。

（三）燃气冷热电联供分布式能源系统的建设规模，应按下列要求确定：

1. 在绘制了典型日的冷、热、电负荷曲线的基础上，能源站的供冷、供热能力宜按小时最大冷（热）负荷计算。

2. CCHP/DES能源站的电力生产能力，应以冷（热）负荷定电，充分利用余热、充分发挥发电能力为基本原则。一般燃气发电装置的发电能力为其供应范围电力负荷的20%～30%。

3. 燃气发电装置的设置台数，应根据具体工程项目的需求和能源供应的安全可靠性确定，宜设 2 台或 2 台以上。

（四）燃气冷热电联供分布式能源系统既不同于燃煤热电联产，也不同于燃气空调，因而设计理论应更新

不应采用燃煤热电联产和燃气空调的理念设计、建造燃气冷热电联供分布式能源系统。在燃煤发电厂的供热范围内可以建设冷热电联供工程，但应进行全面的技术经济比较，当确定有必要和较好的经济效益时，应积极建设。

（五）根据目前国家的现行政策，燃气冷热电联供分布式能源系统生产的电力应与城市电网并网，但不售电

冷热电联供系统能源站应向供冷、供热服务区域供电，优化区域能源配置，提高能源综合利用效率。

（六）燃气冷热电分布式能源系统的燃气供应系统应符合现行国家标准《城镇燃气设计规范》的规定

燃气供应压力应根据项目所在地区的供气条件和燃气发电装置的需求确定。若需增压的燃气供应系统，应设置燃气增压机和缓冲设计。

（七）CCHP/DES 能源站的主要技术经济指标应符合下列要求

1. 全年平均能源综合利用率大于 75%。

2. 采用内燃机时，全年节能率应大于 30%；采用燃气轮机时，全年节能率应大于 20%。节能率是在产生相同冷量、热量和电量的状况下，联供相对于分供的一次能源节约率。

3. 各台燃气发电装置的负荷率，均宜大于 80%。

（八）CCHP/DES 能源站的站址选择，应符合下列要求

1. 宜靠近冷负荷或热负荷中心。根据具体项目的规模、燃气供应和设计规划情况，能源站可为独立建筑或附设于用户主体建筑内。

2. 站房不应直接设置在人员密集场所的上层、下层、相邻及安全疏散口的两侧，并不得设置在住宅楼内。

3. 设置在用户主体建筑或附属建筑内的能源站，根据其规模、燃气发电装置类型可设在地上首层或地下（半地下）层或屋顶，且站房应设在建筑物外侧的房间内。在上海市工程建设规范《分布式能源系统工程技术规程》DGJ08-115—2005 中，对设置在建筑物内非独立站房规模的规定，摘录如下，供参考：

（1）设置在建筑物地上首层的燃气发电装置的单机功率应不大于 3MW，其台数不宜多于三台。

（2）设置在建筑物地下（半地下）的燃气发电装置的单机功率应不大于 2MW，其台数不宜多于三台。

（3）设置在建筑物屋顶的燃气发电装置的单机容量应不大于 1.5MW，其台数不宜多于三台。

（九）CCHP/DES 能源站的布置，应符合下列要求

1. 能源站应按国家标准《建筑设计防火规范》设安全疏散口，并应至少设 2 个出入口。

2. 燃气发电装置间、燃气锅炉间等应按《建筑设计防火规范》设置防爆泄压措施。电气照明设施应按《有火灾爆炸危险环境电气设计规范》的要求设电气防爆措施。

3. 根据不同燃气发电装置的噪声水平应采取相应的降低噪声的措施，燃气发电装置间、制冷设备间等宜按国家标准《工业噪声标准》规定设隔声措施。

4. 能源站的布置应满足各类设备运输、安装和检修要求，宜设置大中型设备搬入口和必要的设备起吊设施。

5. 设置小型燃气轮机发电装置、较大容量的内燃机发电装置的房间宜与其他房间分隔，宜设在变配电间的相邻处。燃气发电装置的余热利用设备（包括余热锅炉、吸收式制冷机）等相关辅助设备，宜就近布置。

6. 电动压缩式制冷、吸收式制冷机，宜布置在同一房间内。小型电制冷机也可与燃气发电装置布置在同一房间内。

7. 当设有燃气锅炉时，宜单独设锅炉间，但小容量的常压燃气锅炉可布置在燃气发电装置的同一房间内，其布置间距应符合相关标准的规定。

8. 燃气调压间为甲类生产环境，应单独设置。

9. 控制室宜与能源站的主体设备间邻近布置，并能观察主要设备的运行状况。控制室应设有隔声措施。

10. 能源站应设有管理室、卫生间等。

11. 能源站内各类机组的布置，宜符合下列要求：

（1）应设有设备安装、抢修的通道及场地。

（2）站房内机组与墙之间的距离不宜小于是 1.2m。

（3）布置多台机组时，机组之间的净距应满足设备运输和操作维修要求。

12. 能源站的烟囱（排气管）宜采用金属材料制作，并结合隔声做好隔热措施。

（十）CCHP/DES 的接入电网系统的要求

燃气冷热电联供分布式能源系统的接入电网系统的连接方式，应在项目的可行性研究阶段确定。

1. 根据 CCHP/DES 能源的规模，所在区域的实际条件、用户端使用特点等，分布式能源系统与电网系统之间有如下 4 种接入方式：并网不售电运行；独立运行（孤网运行）；独立运行向附近区域供电（微网运行）；与电网系统并网运行，且向当地电网输出电能（并网售电）。

2. CCHP/DES 能源站能否与电网系统安全、可靠、经济地连接并网，并成为城市电力供应的补充或备用电源，应满足下列要求：

（1）为确保电网和能源站的运行安全，应符合现行国家和当地电网设计、运行的相关技术标准、规程以及实时的规定。

（2）与电网并网时，宜选择 400V、10.5kV、110kV 三个电压等级。拟建的具体项目应根据所装设的燃气发电装置容量进行选择，见表 11-4-11。

（3）并网运行的 CCHP/DES 应符合电网系统的电能质量标准规定，目前我国电网系统的现行电能质量标准主要有：

GB 12325—90　电能质量　供电电压允许偏差

分布式能源系统并网电压 **表 11-4-11**

机组容量	并 网 电 压
几十 kW 到几百 kW	400V
几百 kW 到 20MW	一般在 10.5kV 电网并网或根据电网的实际情况确定
20MW 到 100MW	220kV 变电站的 110kV 出线

GB 12326—2000 电能质量 电压波动和闪变

GB/T 14549—93 电能质量 公用电网谐波

GB/T 15543—1995 电能质量 三相电压允许不平衡度

GB/T 15945—1995 电能质量 电力系统频率允许偏差

GB/T 18481—2001 电能质量 暂时过电压和瞬态过电压

3. CCHP/DES 并网运行时，应根据发电容量、接入电压等级、接口类型等因素，配置下列主要保护措施：

(1) 应设有包括过电流保护、方向过流保护、接地过电流保护、接地过电压保护、过/欠电压保护、过/欠频率等类型的继电保护装置。

(2) 当"联供"系统与配电系统解列后，应监测并网点的电压、频率。

(3) 应具备主动和被动防孤岛效应保护。

第五节 空调工程中低位热能的应用

一、空调工程对供冷供热的要求

(一) 空调工程对供冷、供热参数的要求

各类建筑物建筑群空调工程的供冷、供热的参数需求，因使用功能或使用环境（生产环境）的需要和当地能源供应以及冷热源供应设施的实际状况而异，比如拟建的某个公共建筑的所在地区设有集中供热站，有蒸气或高温热水（≥95℃）供应。根据我国现行国家标准《供暖通风与设计规范》GB 50019 中的规定：空调工程的"加热空气的热媒宜采用热水"，该工程以集中供热站的高温热水直接使用或通过换热器间接使用均可，其供水温度≤95℃。又比如，目前电子行业中的微电子工厂洁净厂房内的净化空调系统常常采用新风单独处理的方式，以新风处理后的露点来保证房间的相对湿度，以房间循环风处理后的干球温度来保证房间的温度，这样一方面可以避免在空气处理过程的冷、热抵消，另一方面由于循环空气处理采用干冷却过程，所需要的冷冻水温度较高，通常高于 12℃，制取此种温度的冷冻水的制冷机组具有较高的性能系数（COP），从而可得到较好的节能效益。

目前在空调设计中通常按相关规范和实际使用经验，一般空调工程冷热源采用以下供冷、供热参数：

1. 空气调节用冷水的供水温度为 5℃～9℃，宜采用 7℃；

空气调节用冷水的供回水温度差为 5℃～10℃，宜采用 5℃；

2. 空气调节用热水的供水温度为 40℃～65℃，一般为 60℃；

空气调节用热水的供回水温度为4.2℃～15℃，一般为10℃；

（二）空调工程的冷热源宜采用集中设置

冷热源设备类型、方式的选择应根据建设规模、使用特征和要求，并结合当地能源供应结构及其价格政策、环保规定等因素，在充分考量下列原则的基础上经过技术经济比较后选用能量消耗少、运行费用较低和安全可靠的冷热源供应方案：具有城市、区域供热或建筑群、工业企业内有余热时，宜以“余热”作为空调工程的热源；若为热电厂集中供热，宜利用电厂余热采用吸收式制冷供应冷冻水；在具有充足的天然气或其他燃气供应的地区，宜推广应用燃气冷热电联供分布式能源系统，提高一次能源利用率，做到节约能源、降低温室气体排放，如果同时具有天然水资源或地热源等条件或条件许可时，宜同时采用水源、地源热泵系统，实现多种冷热源供应方式的综合能源系统，充分做到优势互补、能量梯级利用，更加提高能源利用效率和降低供冷、供热费用。

由于空调工程的冷热负荷随季节、气候变化和使用状况变化不断变化的特征，在执行分时段电价、峰谷电价差较大的地区，集中供冷、供热站采用低谷时段电力制冷蓄冰或蓄水，可以明显地减少运行费用和降低建设投资，还可为城市电网的“削峰填谷”作贡献。一般在建筑物、建筑群或工业企业的空调冷（热）负荷具有显著的不均衡性或设计对冷（热）负荷峰谷差较大或在电网低谷时段冷负荷较小时都可在进行认真的技术经济比较后采用冰蓄冷或水蓄冷供冷系统，国内外均有成熟的运行经验，详见本章11.2节。

（三）选用能效优良的冷热源设施

由于冷热源占整个空调系统能量消耗大部分，为获得优良的节能效果、经济效益和环境效益。除了应合理选择冷热源形式、方案，选用能效高的先进的冷热源主体设备，尤为重要。以制冷机的选择为例在建筑物、建筑群或工业企业没有余热供应或没有城市或区域的热电厂集中供应蒸气的情况下，大多宜采用电力驱动压缩式制冷机组，在我国的现行国家标准《冷水机组能效限定值及能源效率等级》GB 19577—2004中按额定制冷量规定了能效等级，制冷机的能效分级指标见表11-5-1。在该规范中还规定了机组的节能评价值应为表中的能效等级2级，考虑到目前不同厂家、不同机型，制冷机组实际达到的水平，如离心式冷水机的主要生产厂家的各种规格机组的COP值均在6.0左右或更高一些；近年活塞式制冷机有较快的发展，所以要达到2级能效等级也是可能的，鉴于以上原因我们推荐在进行空调工程冷热源系统设计时，宜按节能评价值（2级）选用制冷机；当然由于具体工程项目的建设资金原因，也可采用标准中能源消耗限定值（5级）进行选择，但能耗将增加20%左右。

能源效率等级指标 **表11-5-1**

类型	制冷量(kW)	性能系数(COP)/(W/W)				
		1	2	3	4	5
风冷式或蒸发冷却式	≤50	3.20	3.00	2.80	2.60	2.40
	>50	3.40	3.20	3.00	2.80	2.60
水冷式	≤528	5.00	4.70	4.40	4.10	3.80
	<528	5.50	5.10	4.70	4.30	4.00
	CC>1163	6.10	5.60	5.10	4.60	4.20

二、空调工程中低位热能的回收利用

（一）空调工程无论在夏季、冬季或过渡季均对低位热能有所需求

在各个季节或每天的各个时段对低位热能的用量是不同的。这里所谓的低位热能主要是指温度为40℃～65℃的热水，在空调工程中主要用于空气加热或空气相对湿度的调节，为了获得此类热水传统的作法是采用城市集中供热（热水或蒸气）或设置锅炉供热等；近年来在降低运行费用、节约能源消耗的驱动下，许多单位在低温热能的利用方面进行了许多试验和尝试，在实际工程中依据空调用户的需要在冬季、过渡季既有要求供热的房间或区域又有要求供冷的房间或区域时，采取一些技术措施利用需冷房间的排热或制冷机的冷凝热回收用于需供热房间的供热，已取得了很好的经济效益、节能效益；也有的企业，由于产品生产的需要，在过渡季、冬季均需一定数量的供冷负荷，为此，将以供冷为目的制冷机的冷凝热进行回收，不仅用于空气调节系统的空气加热，还可应用于产品生产过程所需的温度低于50℃的热水（温水）需求；有的公共建筑将制冷机的冷凝热回收利用作为生活热水的热源等等。近年来国内各地区、城市中水源热泵等热泵系统的日益广泛应用，将会为空调工程中低位热能的回收利用提供更为广阔的应用前景。

（二）低位热能的类型

在各种类型的工业企业、建筑物或建筑群内的空调系统、给排水系统、通风系统以及各种用能设备（包括直接使用一次能源或电能的设备）均可能存在各种形式的余热，这些余热较多的是以低位热能（温度低于100℃或低于60℃）的形式显现，目前大多数未被利用，或少量利用，这里既存在着回收技术或回收装置的不成熟或经济上不一定合理的情况，也存在着理念方面的问题。近年来国内外的许多单位的技术开发和实践表明，这些低位热能是可以被利用，并且如前所述在各类建筑物或建筑群内都有相当数量的低位热能的需求，对建筑空调工程中可能利用的低位热能类型主要有：冷水机组的冷凝热的回收，建筑物内排风系统的热回收，给排水系统中的废水或污水热量的利用，各种用能设备的冷却水或排热的回收利用等。

根据各种类型低位热能形式、温度参数、规模和可应用的用途、场所的不同，可采用热回收后直接利用或经过板式换热器换热后利用，也可以利用各种类型的热泵提升温度后直接利用或经过换热后利用。

1. 冷水机组的冷凝热的回收，在空调工程中广泛使用各种类型水冷式冷水机组，该机组在供应冷水的同时，在冷水机组的冷凝器中通过冷却水排除冷凝热，一般排出35℃左右的冷却水，目前大多数的制冷站中是利用冷却塔将这部分热量排放到大气中，既要消耗一定数量的冷却水，又会造成大气环境的“热岛”现象，若回收此种散失的热量，用于空调系统空气的预热或各种用途的工业、生活用水的加热等，既可减少能源消耗，又可改善周围环境。

冷水机组的冷凝热回收还可根据具体工程的需求，获得不同温度的高温冷却水（热水），比如当工业企业产品生产过程需提供50℃左右的热水时，可将冷水机组配置供水温度50℃左右的专用热回收冷凝器和原有冷凝器串联，也可将冷凝压力提高，并增大制冷压缩机的排气压力（压缩机产品的进/排气压力差允许的情况下），只采用一个冷凝器提供热回收高温冷却水，温度可达到50℃左右。

2. 各种工业企业或公共建筑中的生产设备或动力设备使用的循环冷却水，可直接或间接的作空调工程等所需的低位热源。一般当这些设备的循环冷却水排水温度>40℃时可直接使用，若循环冷却水排出温度只有20℃左右时，当水量较大又有适宜的低位热能的需求（除空调工程外还有生产、生活需用一定温度的热水）时，经过技术经济比较可采用水源热泵提升温度至所要求的温度供热。

3. 工业企业或公共建筑的生产、生活废水，一般全年各季度均具有一定温度范围，在具体工程中可根据本单位排放的生产、生活废水数量、温度和杂质、有害物质浓度状况以及空调工程等所需低位热能的需求状况（温度、流量等）进行综合分析研究，若可能利用或部分利用时，首先宜采用经板式换热器获得所需的温（热）水，当温度不能满足需求时，可采用水源热泵提升温度后，供应相关用户使用。

4. 在具有余热蒸气的场所，以吸收式热泵机组从低温热源取热，对空调工程、生产设备和生活用水提供高温、中温热水。一般≥15℃的各类循环冷却水等均可作为低温热源，在集中发电厂或分布能源发电装置、石油化工企业、冶金企业等抽气或低压余热蒸气等均可作为吸收式热泵的驱动热源，可以获得最高达90℃的热水，图11-5-1是此类溴化锂吸收式热泵的升温特性，从图中可知：供热热水温度与低温热源（余热热水或冷却水）温度及供热热水进口温度有关，余热热水进口温度越高，热泵机组提供的供热热水温度越高。

（三）冷水机组的冷凝热回收

空调工程中广泛应用的水冷式冷水机组，不仅对建筑空调工程提供冷水，同时产生35℃左右的冷却水。冷水机组冷凝热的回收特别适用于同时需要供冷和供热的场所或工程项目中的冷负荷较大，邻近建筑物或单位需要供热时均可采用这种热回收技术。

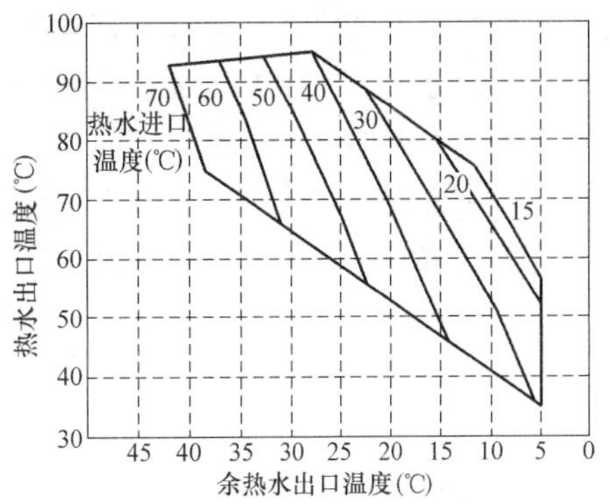

图11-5-1 溴化锂吸收式热泵机组的升温特性

1. 水机组热回收类型

目前已经应用于各行各业的冷水机组的冷凝热回收类型有单冷凝器热回收（或冷却水热回收）和双冷凝器热回收（或排气热回收）两种基本类型。在实际工程应用中由于热负荷不同，需要的温度和流量参数的不同，将会从两种基本形式变化出不同的连接方式，如图11-5-2是热回收换热器与冷却塔串联的方式，即冷水机组冷凝器排出的冷却水先经热回收换热器回收部分热量，并将冷却水降至一定温度后再送至冷却塔降至冷凝器进水温度，此流程可能需将冷凝器的进出水温度差适当增大，以便分级进行排热量的控制，由此引起冷凝器冷却水流量减小或冷凝压力的提高，应委托制造厂家进行冷凝器承担能力的核算。图11-5-3是热回收换热器与冷却塔并联的流程，即经调节阀 V_1、V_2 根据热回收量进行调节后将冷凝器冷却水排水分别引至热回收换热器、冷却塔，冷凝器冷却水进/出口温度差按产品规定，冷却水循环泵根据具体工程条件，可以合二为一或各设一台循环泵，为保持水力平衡在二台泵的结合点应采取必要的混水措施。以上二种形式均适用于一台冷水机组的冷凝热在实际运行中大于换热负荷时应用。图 11-5-4 是冷水机组的冷凝器冷却水全部直接用于热负荷供热的流程，此流程的最明显的优点是热回收没有设换热器进行水/水热交换的过程，热量的利用率较高、没有水温降低的状况，但需注意冷水机组的制冷量将受到热回收热量的限制，一般适用于制冷站有多台冷水机组制冷运行，以便即时调节各台冷水机组的制冷能力或者是热回收的供热量仅仅是所需热负荷的部分供热量或设有辅助热源，在实际运行中尽可能地使热回收热量保持稳定。

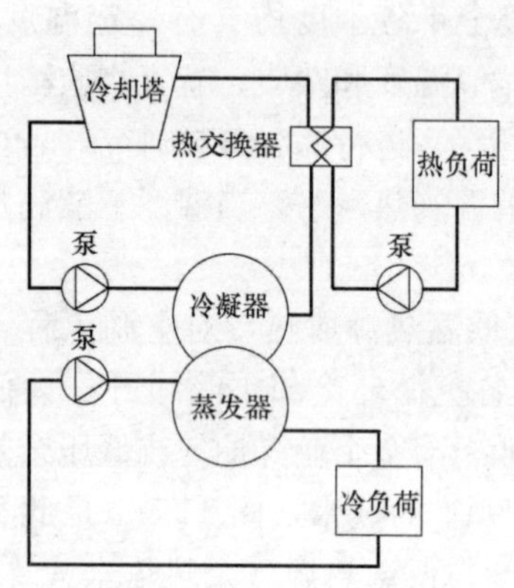

图 11-5-2　单冷凝器热回收流程示意图（一）

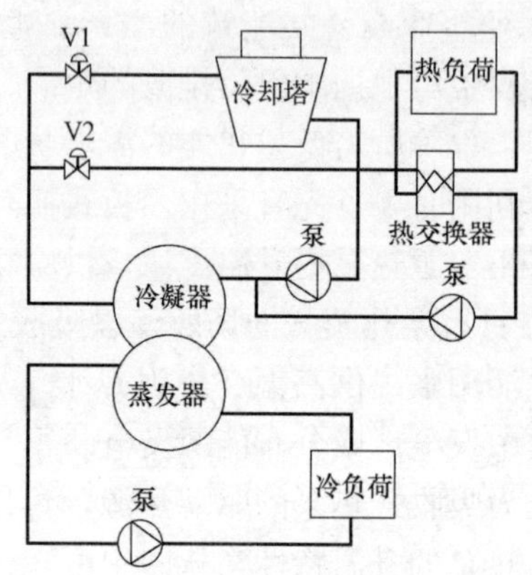

图 11-5-3　单冷凝器热回收流程示意图（二）

图 11-5-5 是双冷凝器热回收的冷水机组的流程示意图，图中是在冷水机组增设一只热回收冷凝器，也可在一只冷凝器内增加热回收管束、并对压缩机制冷剂排气在冷凝器内进行必须的分隔；从制冷压缩机排出的高温制冷剂气体首先进入热回收冷凝器，将冷凝热释放、传递给被加热的热水（温水），冷凝器是将“富余的热量”通过冷却塔散失至大气环境中；此流程一般可根据热用户的需求获得较高温度的热水，但是热水的出水温度越高、冷水机组的效率可能就会下降，制冷能力也会相应降低。

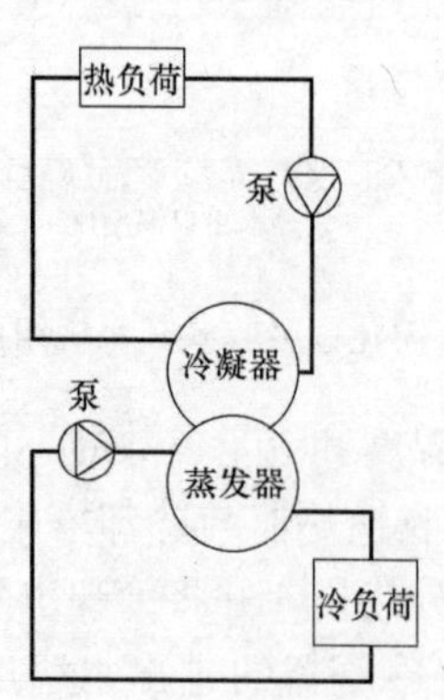

图 11-5-4　单冷凝器热回收流程示意图（三）

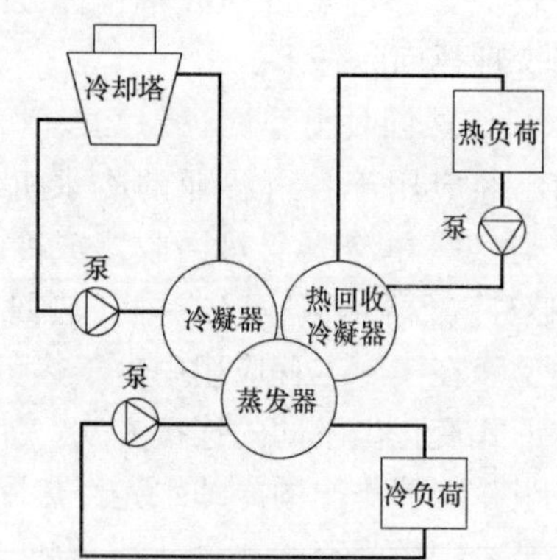

图 11-5-5　双冷凝器热回收流程示意图

2. 热回收冷水机组的特点和主要参数选择

（1）根据供热用户需求，热回收冷水机组冷凝器或热回收冷凝器排出的热水（温水）温度在多数运行状况都会比单制冷的冷水机组要高，因此，一般热回收冷水机组的压缩机排气压力需适当提高（在压缩机的进、排气压差的允许范围内），从而使压缩机的制冷功率消耗略有增加，性能系数（COP）稍有降低。

（2）最大热回收量，热回收冷水机组的热回收量在理论上是制冷量和压缩机做功量之和，某些离心式冷水机组最大热回收量可达总制冷量的100%。在部分负荷下运行时，其热回收量随冷水机组的制冷量减少而减少。

（3）最高热水温度，热回收冷水机组以制冷为主，供热为辅。热水温度越高，则冷水机组的COP降低，制冷量减少，甚至造成机组运行不稳定。对于采用单冷凝器的热回收冷水机组，有时需加辅助热源提高热水温度。

（4）热水温度、回收热量的控制，热水供水温度的控制方案，可应用于螺杆式、涡旋式、活塞式冷水机组的热回收系统；不宜应用于离心式冷水机组的热回收系统。提供较少的制冷量及较低的COP。热水回水温度的控制方案，可应用于螺杆式、涡旋式、活塞式、离心式冷水机组的热回收系统。在机组部分负荷下运行时，热回收量减少，热水的回水温度不变时供水温度降低，从而使热水（冷却水）的平均温度降低，减少了冷凝器与蒸发器的压力差，可使冷水机组的性能系数（COP）相对较高。

3. 热回收冷水机组的控制

（1）热水（冷却水）回水/供水温度控制方式的比较，假设冷凝器冷水机组的热水（冷却水）的供水/回水温度为43℃/37℃；当冷水机组为100%、50%负荷时的供/回水温度差Δt_1、Δt_2，供/回水平均温度分别为：100%负荷时为$t_{cp}=40$℃，但50%负荷时与控制方式有关，采用回水温度恒定或供水温度恒定时分别为t_{cp1}、t_{cp2}。

100%负荷时　　$\Delta t=6$℃、$t_{cp}=40$℃

50%负荷时　　$\Delta t=3$℃、$t_{cp1}=38.5$℃、$t_{cp2}=41.5$℃

从上列数据可见，当冷水机组50%负荷时，若采用回水温度（37℃）恒定的控制方式，供/回水的平均温度比100%负荷时降低了1.5，可使冷水机组的性能系数（COP）提高，可达到节能效果；若采用供水温度（41℃）恒定的控制方式时，供/回水平均温度比100%负荷时提高了1.5℃，将会使性能系数（COP）下降，冷水机组的耗能量增加，所以应采用回水温度恒定的控制方式。

（2）热水（冷却水）回水温度的控制方式，当热回收冷水机组需要供热时，先确定进入热回收冷凝器的水温设定值T2′，再开启与热回收冷凝器相连的水泵，见图11-5-6。若T2高于T2′，表明回收热量大于热用量，则开启与冷凝器相连的水泵，并打开三通阀V2，使流经冷却塔的冷却水流回冷凝器，通过调节冷却塔的风扇启停个数和转数，从而调节压缩机对两个冷凝器的放热比例，从而使T2降低，逐渐接近T2′。若进入热负荷水温测量值T1低于T1′，表明回收量不能满足热负荷需求，应首先调节两个冷凝器的比例，还不能满足热负荷需求时，可调节辅助加热器的加热量，使T1不断接近T1′。若无供热需求时，则利用冷却塔散热，与热回收冷凝器相连的水泵关闭。

（3）双冷凝器热回收冷水机组的控制方式，如图11-5-6所示，从双冷凝器压缩机排出的高温气态制冷剂在热回收冷凝器中加热热用户的回水，将热水温度提高至热用户需求温度，当热用户热量需求增加时，通过三通阀V2调节通过冷却塔的水流量，使压缩机大部分排热经热回收冷凝回收使T2提高并逐步接近设定值；当热用户热负荷下降时，需减少压缩机向热回收冷凝器的放热比例，并调节V2和冷却塔风机，增大冷却塔的排热量，从而使T2下降逐步接近设定值。当冷水机组的热回收量已不能满足热负荷需求时，根据

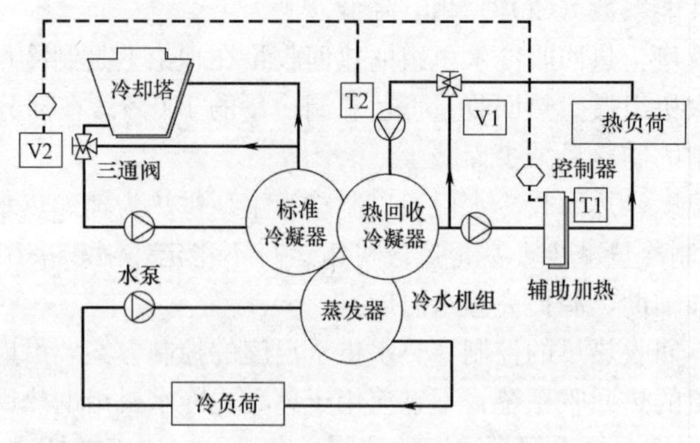

图 11-5-6　热水回水控制方式的流程示意图

T1 的测量值投入并调节辅助加热器的供热量，使 T1 提高并逐步接近设定值。

4. 热回收冷水机组的连接，由于热回收冷水机组的制冷站主要目的仍是供冷，为获得较多的热回收量，首先应具有充足的冷负荷，通常机组应在 70%～95%的负荷范围内运行；热回收机组一般应与多台单冷机组共同使用，确保有足够的冷负荷提供给热回收机组。但在舒适性空调系统中，热量需求多时，冷量需求通常会减少，由于热回收机组的供冷量不足，从而减少热回收的供热量。常规的二次泵变流量系统见图 11-5-7（*a*），若将此系统稍加改进，采用优先并联或优先旁通的两种方式，就可获得最多的热回收量。优先并联的连接方式是将一台热回收机组设置在旁通管的另一侧，就会充分利用它的制冷能力，因为它的冷水回水温度最高，不受旁通管分流的影响（见图 11-5-7（*b*）），同时它不会降低其他冷水机组的回水温度。在空调供冷时，通常该机组优先启动，最后停机，以获得最多的冷负荷和最长的运行时间，产生最多的热回收量。若冷水系统的供水温度要求恒定，由热回收机组可提供更多的热回收量。

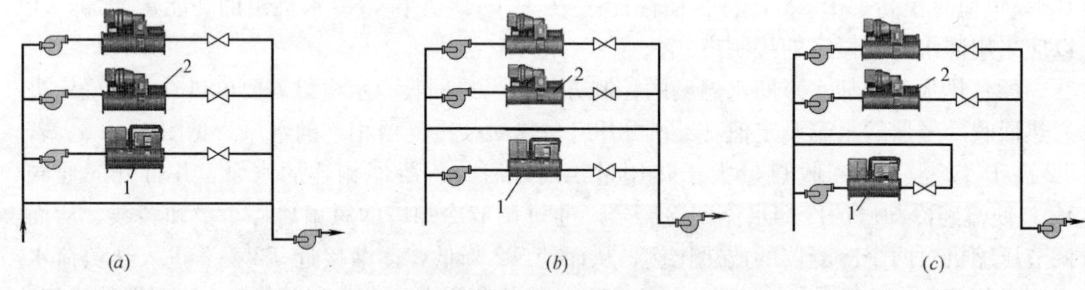

图 11-5-7　热回收冷水机组的连接方式

1—热回收冷水机组；2—单冷冷水机组

优选旁通的连接方式是将一台热回收机组设置在旁通管的另一侧，并且将该机组的供、回水均连接在多台单冷机组的回水管上（见图 11-5-7（*c*）），它的冷水回水温度最高，而且不受冷水系统负荷大小的影响。通过设定合适的冷水出水温度，可以使热回收机组满负荷运行，提供最大的热回收量。该热回收机组提供的制冷量可预冷其他单冷机组的回水温度，并可减少其他单冷机组的冷负荷。

5. 提高热回收冷水机组热水温度的串联系统

采用二台冷水机组叠加串联的方式，可以提高热回收冷水机组的热水温度至57℃左右，并且基本不降低冷水机组的性能系数（COP），这种方式可以克服单台热回收机组的冷却水温度过高，带来冷水机组的冷凝器与蒸发器压差过大，导致冷水机组运行不稳定甚至无法运行现象。图11-5-8所示为第一台冷水机组制取冷量，将冷凝器中的冷凝热由冷却塔的29℃冷水流经冷凝器后温度升至35℃，然后进入第二台冷水机组的蒸发器，被降温至32℃，冷水中热量被转移到冷凝器中，使冷凝器中的热水温度从52℃升至57℃，为用户提供高温热水。由于第一台冷水机组冷凝器的散热量，未被第二台冷水机组的蒸发器全部利用，故多余的热量通过冷却塔散热，使32℃的水流过冷却塔后降温至29℃，再进行新一轮热量传递过程，其中压缩机的做功量也传递给冷水机组的冷凝器。若冷负荷和热负荷的需求量不匹配时，冷却塔可以调节二台冷水机组之间多余的热量。提供57℃高温热水的第二台冷水机组与常规冷水机组的运行工况不同，通过对普通冷水机组的技术改造，可以使其运行更稳定，机组的性能系数（COP）更高。

6. 冷水机组热回收应用例

（1）上海某微电子工厂设有10台制冷能力为1150RT（4025kW）的离心式制冷机、6台100000m³/h的空气处理机组，每年冬天采用集中供热的蒸气对室外空气进行加热，由于产品生产要求冬季该工厂的洁净生产厂房需供冷，因此该工厂对上述空气处理机组进行改造，在机组前加装预加热段，由于该厂冬季至少有三台离心式制冷机投入运行供应洁净厂房净化空调系统的冷负荷，所以在冬季使用较高温度的冷水机组的冷却水回收热能，将室外空气温度从5℃预加热至18℃，再进入原有空气处理机的加热盘管加热至35℃，从而减少了空气处理机的蒸气消耗量。实际运行后增加的设备及节能改造所需的增量投资只需2个冬季就可回收，并可减少一次能源消耗和减少温室气体排放。

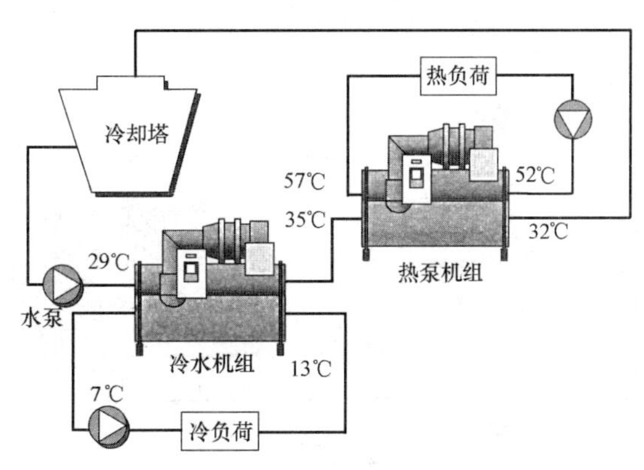

图11-5-8　冷水机组与热泵机组串联水系统示意图

（2）某酒店冷水机组热回收用于加热生活热水，该酒店总建筑面积64246m²，空调总冷负荷6964kW，设置二台制冷能力800VSRT的离心式制冷机。该酒店生活热水日用水量约93t/d，采用一台冷水机组增设热回收冷凝器，得到40℃～43℃的热水（冷却水），再利用容积式换热器加热至60℃后供应各生活热水用户，经初步测算采用冷水机组热回收加热生活热水后，每天可减少天然气消耗量约240m³/d，增加设备的增量投资的回收期约四年。

（3）重庆某微电子工厂，生产厂房及辅助厂房、办公室、库房等集中设置制冷站、供热站，由于产品生产需要在过渡季、冬季有较长的同时供冷负荷和供热负荷，因此在制冷站的14台制冷能力1400RT的离心式制冷机中设有8台为热回收式制冷机（七用一备），其中5台为热回收制冷机、每台热回收量5729kW。热回收冷凝器提供30℃～35℃热水，用于空调系统、生产工艺水的加热、纯水制备原料水的加热等；为满足高峰（最大）供热量，设有二台双燃料（燃气、燃油）热水锅炉，每台锅炉供热能力3400kW，提供75℃～

85℃热水经换热器换热获得30℃～35℃热水接入热回收热水系统。该工程每年可减少一次能源消耗数万吨标煤，节能效益、环保效益和经济效益十分显著。

(四) 其他形式热回收

1. 生产设备、动力设备的冷却水余热回收，在工业企业、公共建筑中的各种类型的生产设备、动力设备经常以冷却水带走不同形式的散热量、排热量，再以冷却塔或冷却水、冷水等形式将冷却水降温后循环使用。在微电子产品生产过程中需用工艺设备冷却水，其供/回水温度为23℃/26℃，一般采用冷水或冷却水通过板式换热器将26℃的循环工艺用水冷却至23℃再送至生产设备使用，若用冷水时冷水机组需消耗一定数量的电力进行制冷。而在微电子工厂中的纯水制取过程需对原料水进行加热至25℃，一般是以热水或蒸气进行加热。目前有的企业采用了图11-5-9的热回收流程，将26℃的水经板式换热器将纯水的原料水加热至20℃，自身被冷却至16℃，再与26℃混合得到23℃的水循环使用，减少了甚至不再使用从冷水机组送来的冷水耗量。

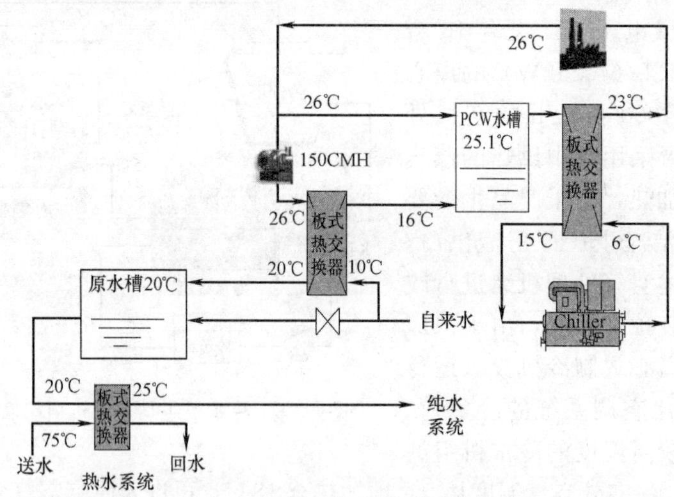

图11-5-9 生产设备冷却水的热回收利用流程示意图

2. 空压机的排气热量的回收利用，空气压缩机的排气温度约100℃左右，一般均采用冷却循环水系统进行冷却，设冷却塔将排热量转移散失至大气中，近年来有的企业、公共建筑在压缩空气量用量较大，且可利用于加热生产设备用水或提供生活热水或可作空调供热的辅助热源，若匹配合适可以作为热泵等热源应用。

3. 低温热回收热泵系统，在工业企业和各类公共建筑中均会有各种类型的低温（10℃至20℃）的生产废水、生活污水或冷却水，它们的特点是温度较低、一年四季均会排出，在有的单位流量还较大，近年来各类热泵技术及设备已逐步走向成熟并在国内外广泛应用，热泵技术的特点是可以利用各种“低位热源”经热泵系统可获得适用于各类建筑空调、供暖用低温热源（60℃左右的热水），因此近年来各种类型的低温热回收或利用余热的热泵系统陆续被开发研制，如在11.3节中的污水源热泵系统便是这种应用的实例；据报导在北欧已开发研制在全年运行的计算机房的集中空调系统制冷站冬季排出的“冷却水”（水温约20℃～30℃）经热泵系统提升供应邻近建筑物供热用40℃至50℃热水的供热系统，取得了较好的节能、环保效益。又如在山西省阳煤集团热电厂采用江苏双良空调设备公司研制的发电厂冷却水热回收热泵系统，获得供暖用热水，图 11-5-10 是该冷却水热回收系统流程图，利用 40℃的电厂凝汽器冷却水排水，在蒸气吸收式热泵机组中以 0.5MPa 的汽轮机抽汽为热驱动源制取 90℃的热水，再经汽水换热机组将热水温度升至 120℃由供热站对周围的 144 万 m^2 的建筑物供热，该项目每年可获得数千万的经济效益，年节约 5 万吨标煤、减少二氧化碳排放 13 万吨、减少二氧化硫和氮氧化物排放 2200 吨，还可节省冷却塔补水量 45 万吨。该热泵系统设置了 6 台 30MW 的蒸气型溴化锂吸收式热泵机组。

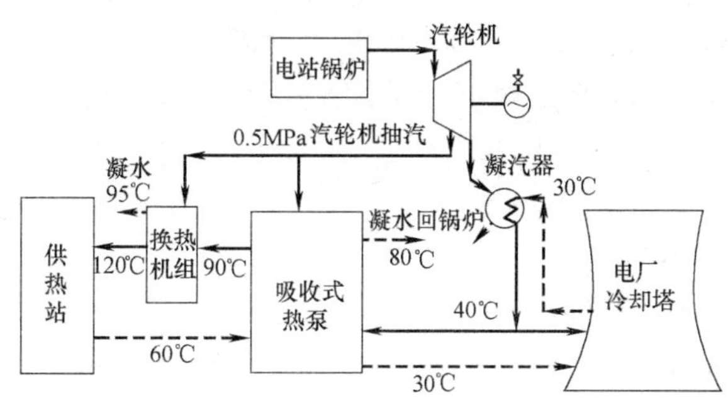

图 11-5-10　回收“冷却水”余热的热泵系统示意图

三、“自然冷却”的应用

现代各类建筑物的空调系统，常常由于工业产品生产环境的需要或舒适环境的需求或平面、空间布置的要求，均需在全年各个季节包括秋、冬、春季供冷以确保室内的温度、湿度，如工业产品生产用洁净厂房、大型超市和商场以及大型建筑物的内区等。为此近年国内外在空调制冷站已有设施的基础上利用环境空气温度，当室外侧冷却水温度低于冷冻水温度时，制冷站就可以启用“自然冷却”或“免费取冷（free cooling）”供应冷水。目前实际应用中的“自然冷却”有两种形式，一是“自然冷却”冷水机组，它是在室外湿球温度低于 10℃后，由于冷水的温度比冷却水温度还要高，所以蒸发器中制冷剂温度和压力将会比冷凝器高，在蒸发器中蒸发后的气态制冷剂就可流回冷凝器。经由冷却塔排出的冷却水冷却制冷剂，使之冷凝为液态后再循环流向蒸发器；只要冷凝器与蒸发器中的水温存在“温度差”，此制冷剂自然循环方式就会一直进行，且温度差越大、制冷剂的循环流量越多，图 11-5-11 是“自然冷却”冷水机组的原理示意图。采用“自然冷却”的离心式冷水机组约可供应名义工况制冷量的 45%，无需启动压缩机，既可以减少电费支出，还可免去相应的“换热器”设备的投资及其管线的改造费。二是利用冷水机组的冷却水系统中的冷却塔、冷却水循环泵，在增设水/水板式换热器后使较低温度的冷却水与空调用户侧的冷冻水进行换热获得所需的“冷水”。

（一）“自然冷却”冷水机组的特点

“自然冷却”冷水机组是巧妙地利用室外环境温度，在不启动制冷压缩机的状况下的一种制冷方式，压缩机组的能耗基本上为“零”，所以又被称为“免费冷却”。自然冷却的冷水机组的结构与常规机组基本相同，包括水系统管路等，自然冷却的冷水机组外形见图11-5-12，颜色较深的部分是需要增加的部件，主要有：由于自然冷却需要比电驱动机械制冷较多的制冷剂，使液态制冷剂与全部蒸发器中的换热管接触，以充分利用其换热面积，提高自然冷却的制冷量；每台冷水机组需增设一只储液罐，以备在进行机械制冷时储存多余的液态制冷剂；增设气态制冷剂旁通管及其电动阀门，使气态制冷剂容易从蒸发器流向冷凝器；增设液态制冷剂的旁通管及电动阀门，减少液态制冷剂从冷凝器流向蒸发器的压力损失，从而提高制冷剂的循环量、增加制冷量；增设相应的控制功能，以实现从机械制冷状态转换为“自然冷却”状态。为实现“自然冷却”增加的部件，若是在新订购冷水机组时已确定采用“自然冷却”系统，用户可与制造厂家按“自然冷却”冷水机组进行订购；也可以在已有冷水机组的情况下，订购新增部件在现场改造常规冷水机组，但推荐由冷水机组制造厂家在现场改造为宜。

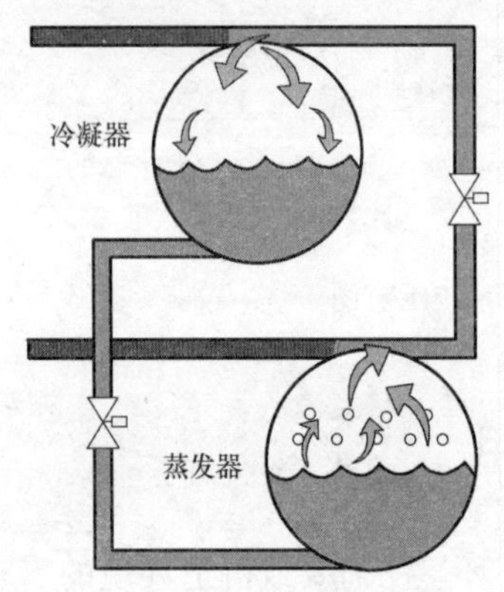

图 11-5-11 “自然冷却”原理示意图

图 11-5-12 “自然冷却”冷水机组外观图

“自然冷却”冷水机组的应用场所主要是我国的寒冷地区、严寒地区，具有冷却水循环系统的水温低于空调冷水温度，且在冬季、过渡季仍需供冷的建筑物、建筑群，如公共建筑（宾馆、商场、大型超市、交通设施、写字楼等）的内区或局部区域在冬季过渡季需供冷的工程项目；工业生产过程或计算机房等需要全年各个月份供冷的工程项目。

采用自然冷却的冷水机组不能与冷凝热的热回收方式同时应用，由于“自然冷却”时制冷机组的冷凝器、蒸发器等都是在运转状态，所以无法提供冷凝热回收热量；由于“自然冷却”的冷冻水供水温度有一定范围，若建筑物的空调系统的温湿度控制要求十分严格时就不能采用。

（二）利用冷却塔供冷的“自然冷却”系统

在冬季过渡季需要供冷的工程项目除了采用“自然冷却”冷水机组的自然冷却系统外，也有采用制冷站的冷却塔在冬季、过渡季利用室外环境温度，在不启动制冷压缩机的状况下利用冷却水循环系统进行供冷的方式，在我国的长江以北的地区均可采用冷却塔供冷的方式，减少压缩机的能量消耗，节能效果十分明显。这种方式可以有冷却塔直接供冷和间接供冷两种方式，如图 11-5-13 是冷却塔直接供冷系统，通过电动三通调节阀调节冷却塔冷却水的供冷量或全部改为由冷却塔供冷。图 11-5-14 是冷却塔间接供冷系统，它是通过电动三通调节阀调节冷却塔的供冷量，并通过水/水板式换热器进行冷却水系统与冷冻水系统的水/水换热。冷却塔间接供冷系统的优点是两种水系统可以具有不同的水质，特别是对于采用开式冷却塔的冷却水系统，不可避免地在冷却水系统的水中溶解氧含量会增加，此种水质对于空调系统的末端表冷器及冷冻水管路均可能增加腐蚀程度，所以推荐采用冷却塔间接供冷系统。

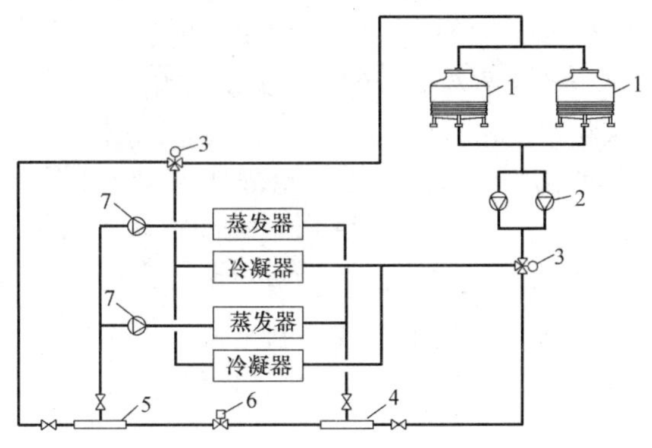

图 11-5-13　冷却塔直接供冷系统

1—冷却塔；2—冷却水泵；3—电动三通调节阀；
4—分水器；5—集水器；6—压差控制阀；7—冷水循环泵

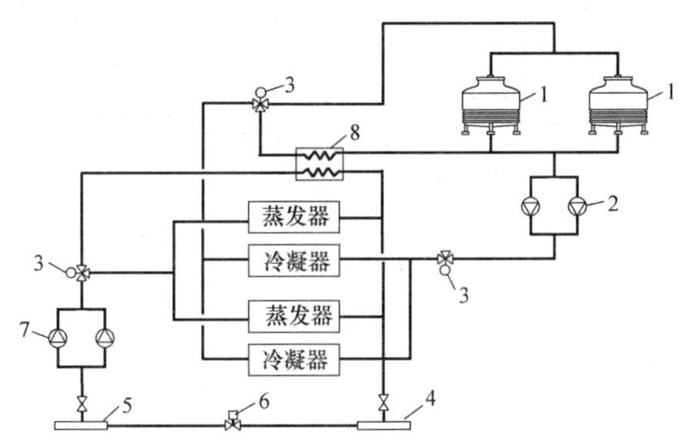

图 11-5-14　冷却塔间接供冷系统

1—冷却塔；2—冷却水泵；3—电动三通调节阀；4—分水器；5—集水器；
6—压差控制阀；7—冷水循环泵；8—板式换热器

（三）自然冷却的应用例

1. 烟台正海电子网板工厂的空调工程设有 6 台制冷能力为 900RT（3150kW）的离心式制冷机。由于产品生产需要，在冬季仍需 7℃～9℃的冷水供生产车间空调系统使用。根据烟台地区的气象条件采用冬季、过渡季利用空气作天然冷源，对 2 台制冷机进行适当改造后，增设板式换热装置，在冬季、过渡季达到不开制冷机仍然可满足冷水供应温度的要求，每年约可应用“自然冷却”制冷运行时间 70～80 天，可减少运行能耗，大大降低了运行费用。冬季“自然冷却”机组的运行数据是：冷却水进水温度日平均为6℃左右，进出水温度差约为1℃；冷水出水温度日平均约为10℃左右，进出水温差约为2℃；室外干球温度日平均2℃左右，相对湿度约60%左右。测试阶段“自然冷却”冷水机组可供应约35%的名义制冷量，减少冷水机组电力消耗量213kW/台。

2. 吉林某电子工程的自然冷却系统，由于产品生产的需要全年均需供冷，冬季供冷负荷为7450kW，又因该项目空调系统在冬季和过渡季用户对冷水供水温度的要求比较宽松，供水温度为8℃～13℃（夏季冷冻水供水/回水温度为5℃～10℃）。为充分利用当地冬季过渡季的环境冷空气资源，节约运行能量消耗，采用了“自然冷却系统”，即采用冬季和过渡季制冷站的冷水机组不运行，当冷却水系统的供水温度为8℃～13℃时，直接采用冷却水作为冷媒供用户使用；当冷却水供水温度低于8℃时，通过水/水板式换热器利用低于8℃的冷却水制取冷水，图11-5-15是该工程的自然冷却系统流程示意图。该系统的运行管理中应注意温度控制装置的可靠运转和处理好冷却塔和室外部分冷却水管道的防冻问题，该项目的自然冷却系统的供水温度控制是通过采用冷却塔风机设置变速驱动装置，当室外气温及冷却水负荷变化时，调节风机转速保持冷却水温度稳定；当冷负荷变化较大或气温较低时可停开冷却塔风机，靠冷却水流过冷却塔进行自然冷却。为确保冷却塔等的防冻问题，在冷却塔集水盘内设置了蒸气加热盘管，必要时通蒸气升温。该系统与采用冷水机组制冷相比，可减少电能消耗30%以上。

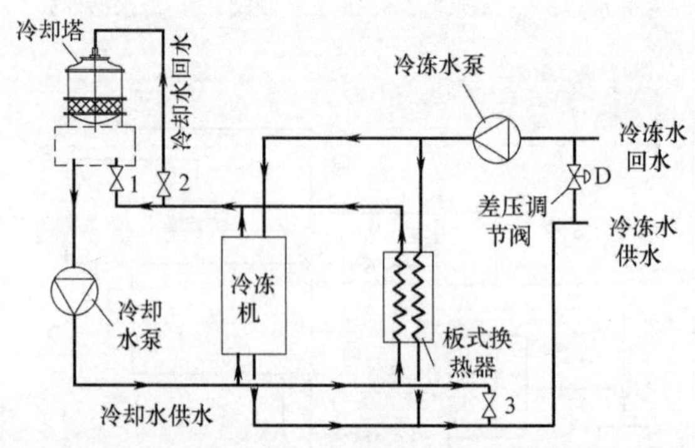

图11-5-15　自然冷却系统流程示意

3. 北京国际俱乐部是一座建筑面积为5万m^2的高级酒店及公寓，该项目采用3台2100kW三级压缩离心式冷水机组。由于在冬季局部区域仍需要供冷，故将其中1台冷水机组现场改造为具有“自然冷却”功能的冷水机组。冬季测试阶段数据为：冷却水进水温度日平均8℃左右，进出水温差约为0.7℃；冷冻水出水温度日平均12℃左右，进出水温差约为1.5℃；户外干球温度日平均4℃左右，相对湿度40%左右。在测试阶段，此“自然冷却”机组可提供约35%的名义制冷量约735kW/台，减少机组耗电量136kW/台。

第十二章　空调节能与热回收设备

随着我国经济建设的发展，人民生活水平日益提高，空调技术在国防、科研、厂矿、医院、宾馆、商店、办公楼、住宅等领域得到广泛应用。从而使建筑物的总能耗逐渐增加。

经过调查统计，大型公共建筑的面积，虽然只占民用建筑面积的4%～5%，但其耗电量却占到居民生活用电量的一半，而在这些大型公共建筑中，空调系统的耗电量占到建筑总耗量的40%～50%，由此可见，空调耗电量是大型公共建筑的能耗大户。

针对以上情况，美国、日本及欧洲的一些国家相继制定了节能法规。我国各界对此也非常重视，先后制定了多项建筑节能标准、措施，并开发出许多新型节能设备。在空调系统的设计中，应该充分考虑节能的因素，根据客观情况，选择合理的空调方案，充分利用节能设备，改善围护结构的热工性能和热设备的保温性能，采用自动控制等措施，尽量降低建筑能耗。

第一节　空调系统节能评价

通常供给空调系统的能量由热源和冷源（E_{HS}）、经水系统传递给风系统，再由风系统将能量传递给被调节的房间，以达到所要求的室内温、湿度参数。在能量输送过程中，水系统输送能源所耗的能量，为泵的电能 E_p；风系统输送能源所耗的能量，为风机的电能 E_f。这三部分能量合起来，就是空调系统总耗能量 E_r。节能就是在满足目标负荷的要求下，合理有效地利用能量，使 E_r 尽量减小。

能量有效利用的评价指数可由单位能耗指数、空调耗能系数（CEC）来评定。

$$\text{单位能耗指数}=\frac{\text{空调全年总耗能量(MJ/a)}}{\text{空调面积}(\text{m}^2)} \tag{12-1-1}$$

$$\text{CEC}=\frac{\text{空调全年总耗能量(MJ/a)}}{\text{(冷负荷+热负荷+新风负荷)的全年总和(MJ/a)}} \tag{12-1-2}$$

(一) 空调系统节能评价准则

空调系统节能评价，首先，分析空调系统能量传递过程（见表12-1-1），从而对系统进行节能评价。

表12-1-1中的冷（热）量系数为输入能量与实际利用输出能量之比。

空气输送系数ATF，一般在4～10之间。

$$\text{ATF}=\frac{Q_A}{E_f} \tag{12-1-3}$$

式中　E_f——整个空调系统中输送空气所耗的动力（包括送风机、回风机、新风风机、排风机所耗动力之和）(kW)；

Q_A——供给风系统的冷（热）量（kW）。

空调系统能量传递过程表　　表 12-1-1

<table>
<tr><td colspan="2">1. 空调冷热源供给水系统的冷（热）量 $Q_w = \mu_w Q_A$
μ_w—水系统的冷（热）量系数，由下列因素确定</td></tr>
<tr><td>输送水损失能量：
管道保温损失；
供冷时泵的发热；
过剩水量的输送损失；
蓄热损失；
空气—水系统等的管道混合损失</td><td>输送水获得的能量：
供热时泵的发热</td></tr>
<tr><td colspan="2">2. 水输送给风系统的冷（热）量 $Q_A = \mu_A Q_R$
μ_A——风系统的冷（热）量系数，由下列因素确定</td></tr>
<tr><td>输送风损失能量：
管道保温损失；
管道泄漏损失；
供冷时风机的发热；
过剩空气的输送损失；
蓄热损失；
全空气系统的再热损失和管道混合损失；
新风的过剩损失；
双风道变风量系统的混风损失</td><td>输送风获得的能量：
供暖时风机发热；
新风用全（显）热交换器回收的冷（热）量；
新风供冷节能</td></tr>
<tr><td colspan="2">3. 由风系统供给空调房间的冷（热）量 $Q_R = \mu_R Q_L$
μ_R——室内冷（热）量系数，由下列因素确定</td></tr>
<tr><td>室内损失能量：
过冷、过热损失；
同时供冷、供热时的室内混合损失</td><td>室内获得的能量：
供热时，照明和其他设备发热；
供冷时，照明等发热设备的排除效率</td></tr>
<tr><td colspan="2">房间的空调负荷 Q_L＝室内负荷＋新风负荷</td></tr>
</table>

若仅计算显热，则空气输送系数 ATF：

$$\mathrm{ATF}=\frac{Q_{A显}}{E_f} \tag{12-1-4}$$

式中　$Q_{A显}$——供给风系统的显热冷（热）量（kW）。

水输送系数 WTF，开式系统在 20 左右，闭式系统在 35 左右。

$$\mathrm{WTF}=\frac{Q_W}{E_P} \tag{12-1-5}$$

式中　E_P——整个空调系统中输送水所耗的动力（kW）；

Q_W——供给水系统的冷（热）量（kW）。

（二）建筑物热特性评价指数

建筑物围护结构的保温性能直接决定了空调房间的冷（热）负荷，若要节约空调系统的能耗，就必须改善围护结构的保温性能。现在许多国家提出了各种改善建筑保温性能的措施，并规定了围护结构的最大传热系数。一些国家采用限制年负荷系数（PAL）

$$\mathrm{PAL}=\frac{周边部分、屋顶等全年得热和损失热量(\mathrm{MJ/a})}{各层周边部分和最高层楼板面积之和(\mathrm{m^2})} \tag{12-1-6}$$

（三）空调耗能系数（CEC）

由式（12-1-2）可知，CEC 即为全年系统冷、热源耗能量与全年系统泵与风机耗能量之和除以全年系统供热负荷、供冷负荷、新风冷负荷、新风热负荷之和。当采取节能措施，降低系统能耗时，CEC 将减小。因此，CEC 的值可判断空调系统的节能性。对于不同规模（大、中、小）、不同地区（寒、温、热）的标准办公楼所作的设计及利用计算机模拟求得 CEC 数值表明：基准型空调系统的 CEC 约 1.6 左右；节能型空调系统的 CEC 可接近 1.1。

第二节　空调系统节能措施

一、改善围护结构的保温性能

建筑物围护结构的保温性能，直接影响到建筑的能耗及年运行费用。因此，应采用合理的建筑平面和体型设计，减小窗户面积等措施来达到节能的目的。如有些国家规定窗墙比为<0.4，以及空调房间采用镀膜反射玻璃，或采用中空玻璃、low-e 玻璃、呼吸幕墙、墙体内外保温等措施。我国在民用建筑节能设计标准中对不同建筑给出了不同的窗墙比的规定，例如，对于居住建筑窗墙比的规定为：北向<0.3；东、西向<0.35；南向<0.5，《北京市居住建筑节能设计标准》DB11-891—2012。另外，对于围护结构的传热系数、体形系数给出了严格的限制《公共建筑节能设计标准》GB 50189—2005，同时，对于目前大量采用的玻璃幕墙也制定出了相应的规范《建筑幕墙》GB/T 21086—2007。幕墙的传热系数其分级指标应符合下表的规定：

分级代号	1	2	3	4	5	6	7	8
分级指标(K) (W/m^2·K)	$K \geqslant 5.0$	$5.0 > K \geqslant 4.0$	$4.0 > K \geqslant 3.0$	$3.0 > K \geqslant 2.5$	$2.5 > K \geqslant 2.0$	$2.0 > K \geqslant 1.5$	$1.0 > K \geqslant 1.0$	$K \leqslant 1.0$

空调房间应尽量采用中空玻璃、LOW-E 玻璃，其传热系数可达到≤1.6W/(m^2·K)。内饰增设保温窗帘，就可以更加改善建筑的保温性能。

二、合理降低室内温、湿度标准

夏季室内温度、相对湿度越低，冬季室内温度、相对湿度越高，系统耗能越大。

从节能角度考虑，各国都在修订过去过高的室内温、湿度标准。

下表是日本已运行的某办公大楼的舒适型空调房间的室内温、湿度参数进行调整后，其耗能情况的比较。

室内设计参数变动时的节能效果［MJ/(m^2·a)］　　表 12-2-1

	夏　季			冬　季		
室内温度(℃)	24	26	28	22	20	18
新风负荷	83.0	61.2	44.0	117.3	78.4	48.6
其他负荷	93.0	83.0	67.5	23.9	18.4	14.2
总计	176.0	144.2	111.5	141.2	96.8	62.8
节约率(%)	0	18.1	36.6	0	31.5	55.5

由表 12-2-1 可见，夏季室温从 24℃改为 28℃，冷负荷减少 36%左右，冬季室温从 22℃改为 18℃，热负荷减少 55%左右。

适当改变室内的相对湿度，节能效果也是相当明显的。同上建筑，改变露点温度，其节能效果如下：

夏季：露点温度从 10℃提高到 12℃，节约冷量 17%，冬季：露点温度从 10℃降低到 8℃节约热量 5%。

因此，为了节约能耗，在满足生产和人体健康要求的情况下，适当调整室内的温湿度参数可以取得明显的节能效果。对此，北京市政府以文件的形式规定，夏季办公建筑内的温度不能低于 26℃。《公共建筑节能设计标准》GB 50189—2005 中给出了各种公共建筑中各房间的设计温度参考值。

三、控制和正确合理地利用室外新风

新风负荷一般要占整个空调系统负荷的 20%～40%，甚至更大。因此，空调系统冬、夏季最小新风量要严格控制（最小新风量是根据人体卫生条件要求，用来稀释有害物，补偿局部排风，保证室内正压而制定的）。而在过渡季节却应充分利用室外的低温新风。《公共建筑节能设计标准》GB 50189—2005 中对各种功能房间的最小新风量给出了详细的规定。

新风阀的控制方法有：固定新风阀；手动新风阀；电动新风阀。

目前在净化空调系统中，多采用固定新风阀，因空调房间要严格控制灰尘数量、满足洁净度的需要，因此，此类空调系统全年运行均采用最小新风量；手动调节新风阀多应用于公共建筑，运行管理人员根据季节的变换去手动调节新风阀，以改变室内新风量来达到节能效果，(但需要对运行管理人员进行专业培训)；电动调节新风阀是相对最有效的控制新风量的手段，它通过 CO_2 浓度控制装置与正压测量仪测得的数据进行比较后，去控制电动阀的开度，但由于受投资较高，控制区域难以确定等条件的限制，在实际工程中应用很少。

四、减少输送系统的能耗

空调系统在满足工艺和舒适条件下，应尽可能地增大送风温差和供、回水温差（一般不大于 8℃），以便减少送风量和循环水量，从而降低系统的输送能量。并且应尽可能用水来代替空气输送能量，以水-空气系统来代替全空气系统。根据经济流速来选定风管、水管尺寸，降低阻力以节约输送能量。

水、空气输送系统首先应注意的是泄漏问题：减少系统的漏风量（应将漏风量控制在 1%以内）；杜绝水系统的泄漏，以减少系统输送能耗。

积极推广闭式水路循环系统，与开式水路循环相比，可以减少相当于建筑高度的静压头，减少水泵输送能耗、减少水气蒸发、减少管道的氧化，延长管道及设备的使用寿命，节省输送能耗。

五、对空调系统采用自动控制

建筑设备自动化系统可将建筑物的空调、电气、消防报警等进行集中管理使其运行工况达到最佳状态。控制内容包括：冷、热源的能量控制、空调系统的焓值控制、新风量控制、设备的启、停时间和运行方式控制、温、湿度设定控制、送风温度控制、自动显示、记忆和记录等内容。可通过预测室内、外空气状态参数（温度、湿度、焓、CO_2 浓度等）以维持室内舒适环境为约束条件，把最小耗能量作为评价参数，来判断和确定所提供的冷热量、冷热源和空调机、风机、水泵的运行台数，工作顺序和运行时间及空调系统各环节的操作运行方式，以达到最佳节能运行效果。

第三节　选择合理的节能空调系统

一、全空气变风量系统

变风量系统是通过改变送风量而不是送风温度来调节和控制某一空调区域温度的一种空调系统。变风量空调系统目前是世界上最先进的空调系统之一，发达国家的许多办公楼几乎全部以变风量系统为主要空调方式。系统由变频空调机组（AHU）和变风量末端装置组成。

变风量末端装置由区域温度控制器根据房间负荷的变化，改变进入房间的一次风量来达到房间的温度要求。空调机组（AHU）送风量应根据 VAV 末端装置的变化来改变风机电动机的输入频率、调节转速 VAV 末端装置减少或者增加的送风量相适应，通过改变风机电动机的输入频率、从而改变风机的功率，达到节能的目的。空调机组（AHU）送风量的控制分为 a. 定静压控制法，b. 变静压控制法（最小静压法和总风量控制法）。

由于变风量系统可以随建筑负荷的变化改变空调系统的送风量，因此其适用范围是负荷变化较大的建筑物。如办公建筑、图书馆、大量采用玻璃幕的大型建筑等。在负荷变化较大的建筑中，其节能效果可高达 30％～70％以上。

二、变水量空调系统

（一）二次泵变流量系统

二次泵变水量系统是目前应用最广泛的一种变水量系统，尤其是在一些大型高层民用建筑和多功能建筑群中。在这一系统的机房侧管路中，由旁通平衡管将水泵分为两级，即初级泵和次级泵。初级泵克服冷水制备环路水流阻力（即冷水机组、初级水泵及其支路附件的阻力），次级泵克服用户侧的环路阻力（包括用户侧水阻力）。由于次级泵是变频泵，在空调系统部分负荷时，能根据负荷变化的要求，提供相应的冷冻水量，节约次级泵的能耗。初级泵的启停，与相应的冷水机组连锁，可通过开启初级泵的台数调节冷源侧的水流量，达到节能的目的，见图 12-3-1。

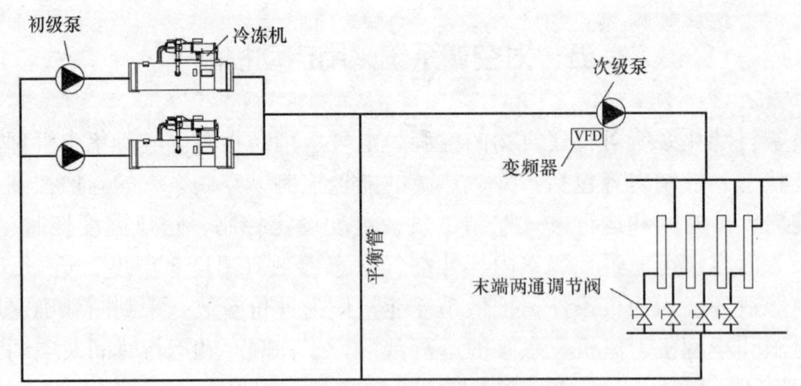

图 12-3-1　二次泵变流量系统示意图

（二）一次泵变流量系统

一次泵变流量系统的首要问题是冷水机组及其控制器的特性，蒸发器水流量的变化，必然引起冷水机组的出水温度的波动，甚至会导致冷水机组的运行不稳定。因此，冷水机组的流量许可变化范围和流量许可变化率是衡量冷水机组性能的指标。

由于近年以来，冷水机组的制造技术不断提高，先进的冷水机组可在一定范围内变流量运行，并能保持出水温度的稳定，而对机组能耗影响不大，因此，一次泵变流量空调系统得到越来越广泛的应用。当用户负荷发生变化时，在保持冷水机组供回水温度不变的情况下，使冷水机组蒸发侧流量，随用户侧流量的变化而变化，从而节约变频水泵的能耗。

目前，由于变流量冷水机组的出现、变频器价格下降、冷水系统群控技术提高，使得一次泵变流量系统的应用越来越广，技术越来越成熟，见图 12-3-2。

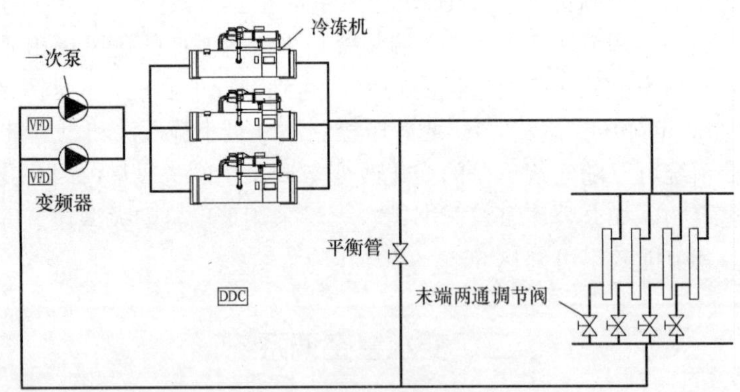

图 12-3-2　一次泵变流量系统示意图

三、冷水机组热回收系统

水冷冷水机组工作时不仅提供冷水，还产生高温冷却水，一般通过冷却塔将热量散掉，造成巨大浪费。若回收此热量，可大量节省供热能源。

（一）冷却水热回收

冷却水热回收是在冷却水出水管路上加装一个热回收换热器，这样可以从冷却水中回收一部分热量，由于此装置不改变冷水机组的运行状况，因此，对冷水机组的制冷量及COP值不会造成影响。

（二）排气热回收

排气热回收采用的是增加热回收冷凝器，从压缩机排出的高温、高压制冷剂气体优先进入热回收冷凝器，将热量释放给待加热的水，使这部分热量得到回收利用。值得注意的是热水的出水温度越高，压缩机的出口温度越高，冷水机组的效率越低。

热回收系统适用于同时需要供冷和供热的项目（如酒店），但其供热量受供冷量的制约，因此其供热量不稳定，通常只能作为辅助热源。

第四节　天然能源的利用

从节能和环境保护角度考虑问题，应充分利用天然能源，如太阳能、地热能和地下含水层蓄能。

一、太阳能供暖与制冷

太阳能是一种清洁能源。地球表面从太阳每年得到的总能量估计为 2.16×10^{24} J，比目前全世界各种能源产生的能量总和还大一万多倍，但是，由于日照的辐射强度较低，以及日照变化大，受地区大气条件影响而不稳定等，使太阳能的利用受到限制。

（一）被动式太阳房

目前，比较简单的太阳能供暖通风方式是采用所谓被动式太阳房。它是直接利用太阳照射到建筑物内部或间接地被某围护结构表面所吸收，然后加热室内空气。图 12-4-1 表示一种可在冬季供暖，在夏季加强通风作用的被动式太阳房。太阳射线通过玻璃表面 1 透射到重质墙体涂黑的吸热表面 3 上，使墙体 2 表面温度升高，同时墙体蓄热。在冬季室内需要供热时，玻璃与墙体之间的热空气利用自然对流送入房间。室内冷空气经墙下通风口进入空气层又被加热形成自然循环。在太阳停止照射后，利用重质墙体所贮存的热，继续加热房间。在夏季，关闭风门 6，打开风门 7 和 8，热空气从风门 7 排至室外，冷的新鲜

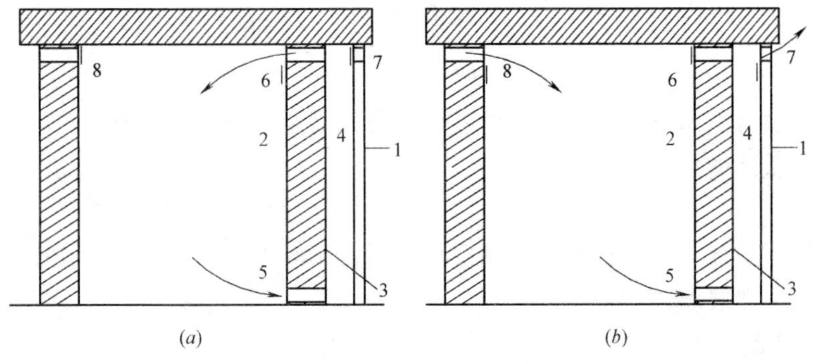

图 12-4-1　被动式太阳房

1—玻璃；2—重质墙体；3—辐射接受面；4—空气层；5—下通风口；6—热空气入口；7—通风口；8—风门

空气从风门 8 进入室内，从而加强室内的通风作用。

被动式太阳房的缺点是其供暖和通风效果完全取决于太阳照射的状况而无法将室内温度保持在一个比较稳定的范围内。

（二）主动式太阳能供暖系统

主动式太阳能供暖系统，它是以太阳能集热器作为热源，蓄热器和辅助加热装置作为备用热源，如图 12-4-2 所示。

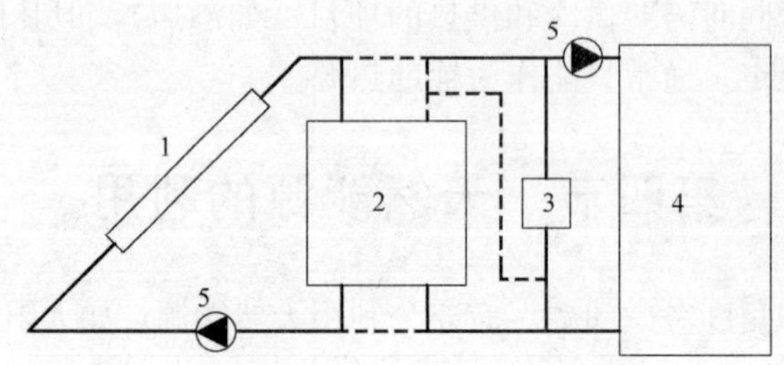

图 12-4-2　主动式太阳房

1—太阳能集热器；2—蓄热器；3—辅助热源；4—供暖房间；5—循环泵

——必要管线；－－－－可加进的管线

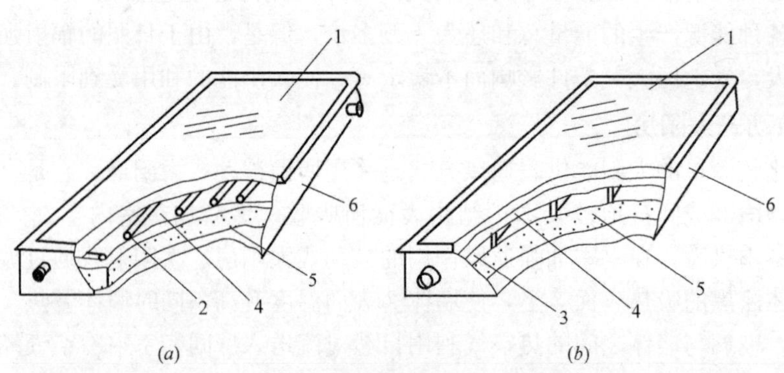

图 12-4-3　板式集热器

(*a*) 加热水或其他液体的集热器；(*b*) 加热空气的集热器

1—玻璃；2—液体管道；3—空气通道；4—吸热板；5—保温层；6—外框

主动式太阳能利用的集热器一般采用板式集热器，其典型构造见图 12-4-3 所示。通过集热器的载热体可以是空气、水和其他液体。可根据使用要求将多个集热器加以串联或并联，组成一个整体的集热装置。

作为太阳能利用的蓄热器，主要是在一定容器内放置蓄热材料进行蓄热。蓄热材料又分显热蓄热和融解蓄热，前者利用其温度变化时吸收或放出热量，后者则利用某些物质在相变时吸收或放出融解热。

（三）太阳能制冷

利用太阳能在夏季对房间进行空调，首先要解决如何利用太阳能制冷的问题。目前，用太阳能制冷主要有三种方法：一是吸收式制冷，即利用太阳辐射热能驱动溴化锂水溶液或氨水溶液的吸收式制冷系统；二是利用太阳能加热通过集热器内低沸点介质，经汽化后通入汽轮机驱动制冷机制冷；三是太阳能经集热器（一般多用聚焦式）产生一定压力的蒸汽实现喷射制冷。目前，吸收式制冷系统由于设备较简单，加工要求较低，又可以在较低的热源温度（如 80～100℃）下运行，一般使用平板式集热器就可满足要求，所以在空调方面有一些应用。

图 12-4-4 示出了一种用太阳能吸收式制冷作为空调冷源方案

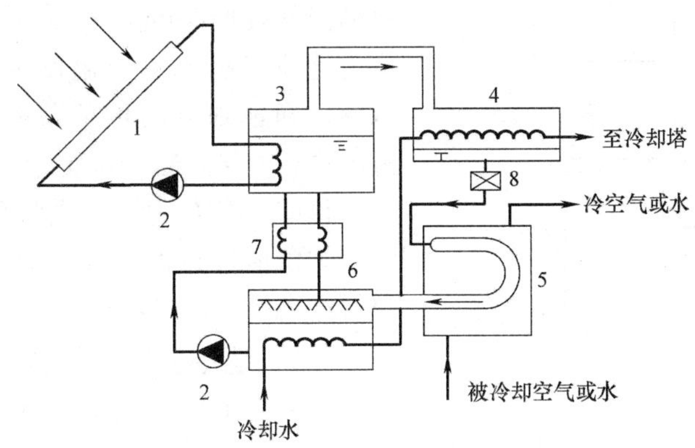

图 12-4-4　用太阳能吸收式制冷的空调方案

1—集热器；2—泵；3—发生器；4—冷凝器；5—蒸发器；6—吸收器；7—换热器；8—节流阀

二、地热能的利用

地热同样是一个巨大的“热库”。不仅有天然的地热泉，而且有地热井。

利用地热水供暖或做空调系统的热源，有多种可行方案，如下所列：

(一) 地热水直接供暖或做空调热源

这种方案是将地热水直接供入建筑物供暖和空调系统，其系统形式与一般热水供暖和空调供热系统没有区别，只是代替锅炉房或热电站的是地热井。

在设计时要注意几个问题：

1. 若地热水温度偏低，将使室内暖气片或空气加热器面积过大，系统的运行费和金属耗量将增加，因此，选择方案时应做技术经济比较。

2. 多数地热水中含有腐蚀性气体及某些有害离子，对供热管道及设备的材质应慎重考虑。

3. 对于不同形式的地热水直接供热装置，为了热面积不至增加太多，其水温有个低限值。如装在混凝土地板下的光管，最低水温为 30℃；空调或热风供暖用肋片式空气加热器，水温不低于 40℃；供热水的风机盘管机组，水温不低于 49℃；自然对流的散热器，水温不低于 60℃；金属暖气片，水温不低于 71℃。

(二) 地热水间接供热

为避免地热水对供热系统与设备的腐蚀，利用热交换器，用地热水来加热供热系统的热水。这样尽管供热水温略有降低，但延长了管道和设备的使用寿命，经济上仍然是有

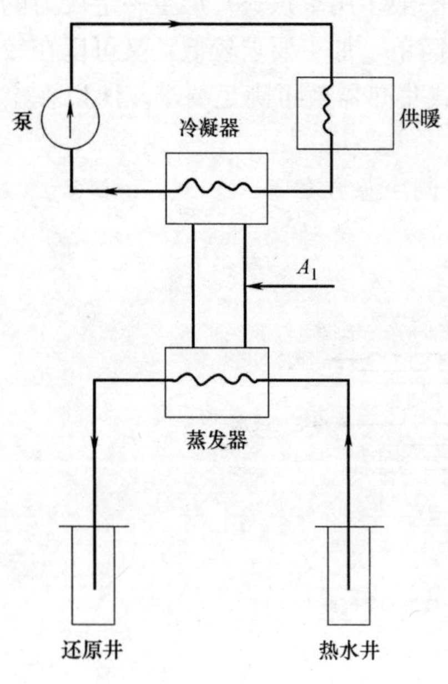

图 12-4-5　地热加热泵供热

利的。

(三) 地热供暖加调峰锅炉

建筑物的供暖设计负荷是由室外设计温度决定的。为了提高地热利用率，扩大地热供暖的建筑面积，可以把供暖负荷分成两部分：在室外温度较低时的高峰负荷由另设的锅炉房供应，地热只负担室外温度较高时的供暖负荷。因此，确定划分两种负荷的室外温度是关键，故应进行经济比较来确定。

目前，有人建议以供暖负荷的 1/3 作为调峰锅炉负荷进行设计较为有利，此时锅炉的供热量约占全年供暖热量的 1/10。

(四) 地热加热泵供热

若地热水温度较低，直接利用其供热因温度低不适合，可将地热水作为热泵的热源，通过蒸发器降温后排掉，而从冷凝器出来的较高温度的二次热水供暖和空调用。见图 12-4-5。

目前，我国地热利用地区正在继续扩大。

三、地源热泵系统

在太阳能照射和地心热产生的大量热流的综合作用下，在地壳内接近地面表层数百米的范围内，产生了由土壤、砂岩、地下水等组成的低温地热能恒温带。恒温带的温度既不受地表温度的影响，也不受地心高温的影响，其温度水平略高于当地年平均气温温度。在我国的区域范围内，恒温带的温度四季基本恒定，它的平均温度水平一般在 10～25℃范围内；在不同地域、不同气候条件下，恒温带中的温度变化不大，相对稳定。恒温带通常的温度范围是：北方：15℃±5℃；南方：20℃±5℃。全国各地恒温带温差一般 7～8℃。地源热泵通常只利用恒温带的 15～100m 左右的范围。

地源热泵系统是以岩土体、地下水或地表水为低温热源，由水源热泵机组、地热能交换系统、建筑物内系统组成的供热空调系统。地源热泵系统所利用的岩土体、地下水或地表水均在恒温带内，属于恒温带的一部分。热泵机组工作原理见图 12-4-6。

(一) 地埋管地源热泵系统

地埋管地源热泵系统（就是俗称的地源热泵）是采用闭式循环系统，通过中间介质（通常为水或者是加入防冻剂的水）为热载体，中间介质在埋于岩土体内部的封闭环路中循环流动，流动中的介质与周围岩土体进行热交换。热交换后的介质将从岩土体中提取热量或向岩土体释放热量，再经过换热器或地源热泵机组，为建筑物提供冷、热负荷量，达到调节室内温度的目的。在此过程中，岩土体仅作为蓄热体。

地埋管地源热泵机组在夏季将建筑物中的热量通过埋设在岩土体中的管道转移到岩土

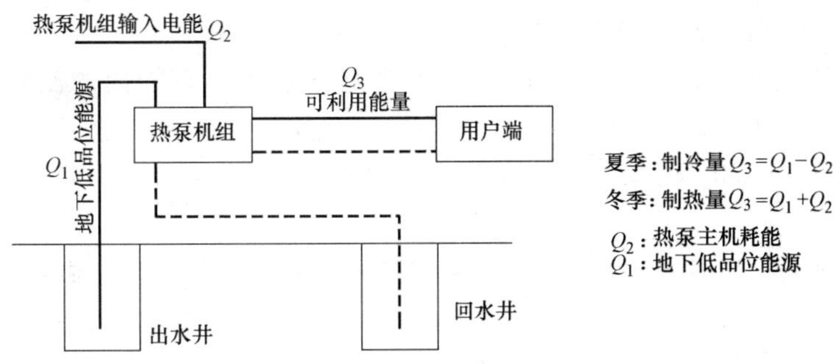

图 12-4-6　热泵机组工作原理

体中，由于岩土体的温度低，所以可以高效地带走热量，而冬季，则从岩土体中提取能量，由热泵原理通过空气或水作为载冷剂提升温度后送到建筑物中。由于各地的深层土壤中都是冬暖夏凉，温度变化比较稳定，能确保地埋管地源热泵系统正常运行。

由于岩土体所在的恒温带的温度一年四季相对稳定，一般为 10～25℃，冬季比环境空气温度高，夏季比环境空气温度低，是很好的热泵热源和空调冷源。这种温度特性使得地埋管地源热泵的制冷、制热系数常年维持在 3.5～5.0 之间，而没有空气源热泵那样的制冷、制热系数随室外温度的降低（冬季）或升高（夏季）而衰减的现象。

当室外气温处于极端状态时，用户对能源的需求一般也处于高峰期，由于岩土体温度相对地面空气温度的稳定性，与空气源热泵相比，它可以提供较低的冷凝温度和较高的蒸发温度，从而在耗电相同的情况下，可以提高夏季的供冷量和冬季的供热量，使得热泵机组运行更可靠、稳定，也保证了系统的高效性和经济性。

地埋管地源热泵系统的换热器无需除霜，没有结霜与融霜的能量损耗，节省了空气源热泵的结霜、融霜所消耗的能量。

由于其制冷、制热系数高，相应地运行能耗低，也相应地可以节省所消耗的电能。其工艺流程见图 12-4-7 和图 12-4-8。

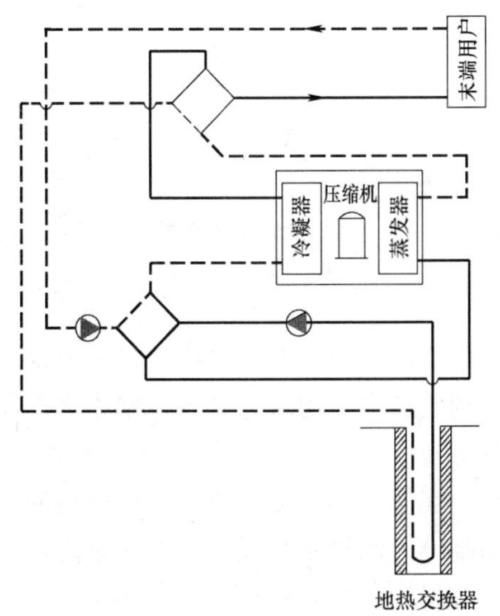

图 12-4-7　地源热泵系统冬季工艺流程简图

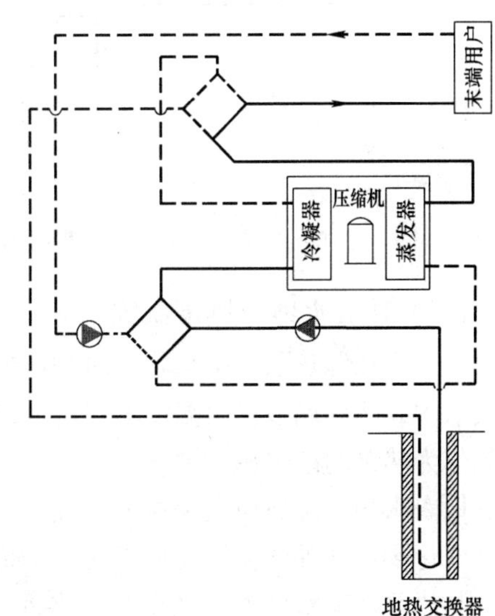

图 12-4-8　地源热泵系统夏季工艺流程简图

（二）地下水地源热泵系统

地下水地源热泵系统（就是俗称的水源热泵）是将建筑物内的冷负荷或热负荷，经水源热泵机组释放到地下水中，达到调节室内温度的目的。地下水通过抽水井取出，经除砂处理（或化学处理）后流经热泵机组，热交换后的地下水返回地下同一含水层。

地下水源热泵所利用的地下水也属于恒温带的一部分，地下水的温度相当稳定，一般等于当地全年平均气温或高1～2℃。冬暖夏凉，使地源机组的制冷、制热系数高。地下水源制热时的能效比可达3.5～4.4，在额定状态下，比空气源热泵高40%；同样没有空气源热泵的制冷、制热系数随室外温度的降低（冬季）或升高（夏季）而衰减的现象；与空气源热泵相比，也可以提供较低的冷凝温度和较高的蒸发温度，从而在耗电相同的情况下，可以提高夏季的供冷量和冬季的供热量；其换热器无需除霜，没有结霜与融霜的能量损耗，节省了空气源热泵结霜、融霜所消耗的能量。

另外，在地热水资源的利用中，水源热泵增加了地热水能量的利用。传统的地热水直接输送到建筑物内，通过散热器等末端措施直接供暖。这种方式因为地热水排放温度都在40℃以上，热能利用率很低。而在结合水源热泵系统后，使得地热水排放温度可以达到20℃，降低了排放温度，增大地热利用温差，扩大了地热利用效率。其工艺流程见图12-4-9和图12-4-10。

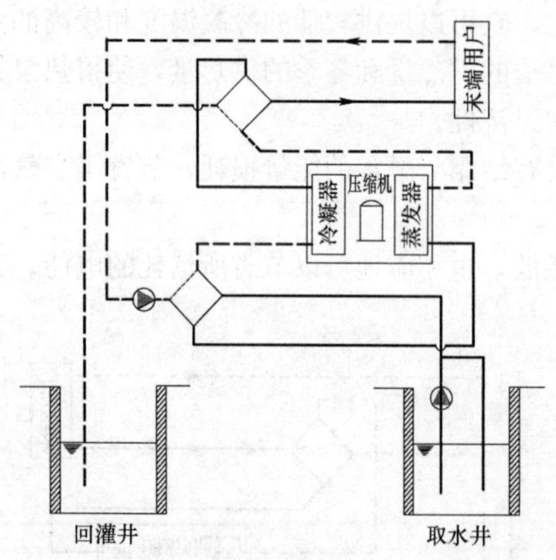

图12-4-9　水源热泵系统冬季工艺流程简图

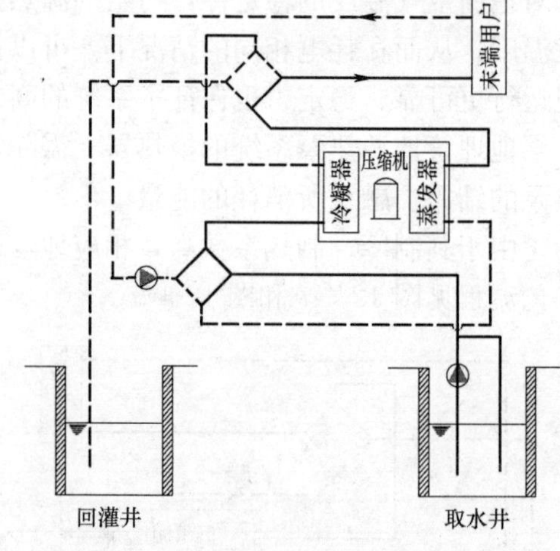

图12-4-10　水源热泵系统夏季工艺流程简图

（三）地表水地源热泵系统

地表水地源热泵系统是将建筑物内的冷负荷或热负荷，经水源热泵机组释放或提取到地表水中，达到调节室内温度的目的。地表水通常利用江水、河水、湖水、水库水以及海水等作为热泵的冷热源。

地表水的水温与地域及季节有关，但总体上是一年四季的温度变化比所在地域的空气温度变化小，这种温度特性使得地表水地源热泵的制冷、制热系数较空气源热泵高，其制冷、制热系数随室外温度的降低（冬季）或升高（夏季）而衰减的幅度，较空气源热泵小，从而利于节能。

（四）污水源热泵系统

污水源也属于地表水地源热泵，它利用的是城市的污水作为建筑冷、热量释放或提取的蓄热体。

城市污水水温与地域及季节有关。比如在华北地区，冬季一般不低于10℃，夏季不超过30℃。城市污水水温还与来源有关，城市居住区内产生的废热约有40%会进入城市污水系统中。由于其水温的温度变化比所在地域的空气温度变化小，这种温度特性使得污水源热泵的制冷、制热系数较空气源热泵高，也利于节能。

四、水环热泵空调系统

水环热泵空调系统是水-空气热泵的一种应用，其载热介质为水。它通过一个双管封闭的水环路将众多的水-空气热泵机组并联起来，热泵机组将系统中的循环水作为吸热（热泵工况）的“热源”或排热“制冷工况”的“冷源”，从而形成一个以回收建筑物内部余热为主要特点的空调系统。

大型的商业、办公等建筑，通常会存在很大的内区。这些建筑的内区由于面积大、内区的余热量也大，而且具有常年稳定的特点。在室外空气温度较低的情况下，建筑物的周边区需要额外的热量来维持室内温度的稳定舒适；与此同时，建筑物的内区则因为存在室内热源（如照明、设备、人体等散热），而需要降低室内的温度。水环热泵空调系统通过同时连通建筑物周边区和内区的水循环环路，可以将内区产生的余热转移到周边区，在对内区供冷的同时对周边区供热，而不存在或者少量存在常规空调系统在同种情况下的冷热量抵消所造成的能量浪费。因此，在充分利用内区余热的同时节约了外区加热所需要的能源。当建筑物内部由供热工况机组和供冷工况机组模式同时运行时，采用水环热泵空调系统的运行费用最多可降低至50%左右。

其次，为了达到同时供冷供暖的效果，相对于常规空调系统必须采用造价昂贵的四管制风机盘管系统而言，水环热泵空调系统的水循环环路仍然采用两管制。如此，就不会存在或者减少常规的四管制的风机盘管系统对各个条件要求不同的房间空调时所出现的冷热量抵消，避免了由此造成的能量的无谓消耗，更节省了管道系统的初投资费用。

再次，由于水循环环路中的水温在常温范围内、与其环境温度的温差不大，所以常温水所消耗的能量比常规空调系统小得多。同时，因为减少了输配过程中的冷热耗散等损失，环路的热损失也比常规空调系统要小得多。总的来说，水环热泵空调系统与常规空调系统相比，仅管道热损失减少这一项，节能就可达到8%～15%。而且，由于水循环环路管道可不设保温和防潮隔湿，还能减少保温层及其他的一些材料费用。

只有当建筑物内区有大量余热且周边区需要供热，才能通过水环热泵空调系统将建筑物内区的余热转移到需要热量的周边区，从而达到回收建筑物余热、节约能源的目的。

尤其是北方地区的内区面积大、内区的余热量也大的建筑物，最适于采用水环热泵空调系统。相反，南方一些地区的、全年绝大部分时间需要供冷的建筑物，则不宜采用水环热泵空调系统，因为在单一的制冷或供热系统中，它并不比风机盘管或其他常规空调系统节能。

五、地下含水层蓄能

地下含水层蓄能即深井回灌，就是将低于含水层原有水温的冷水，或高于含水层原有水温的热水灌入地下含水层（深井）。利用深井来蓄热或蓄冷。待需要供热或供冷时，用泵吸取使用。由于空调系统耗能有季节性，所以地下含水层蓄能对空调节能有很大经济意义。

深井回灌示意图如图 12-4-11 所示。

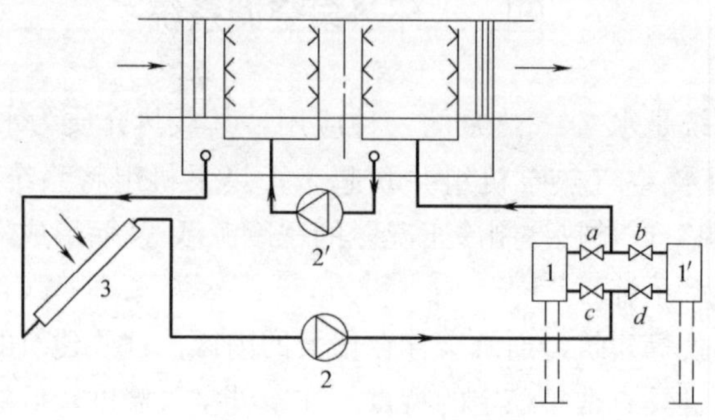

图 12-4-11　深井回灌示意图

1—冷井及泵；1′—热井及泵；2—回灌泵；

2′—喷水泵；3—太阳能集热器

该系统夏季运行工况为启动冷井泵 1，打开阀门 a、d，由泵 1 向空调装置供冷水，同时其回水直接或经集热器 3（或经大气喷淋）由回灌泵 2 灌入热井 1′内。冬季则启动热井泵 1′，打开阀门 b，c，由泵 1′向空调装置供温水，预热空气后的回水直接（或经大气喷淋）经回水泵灌入深井 1 内。

我国几十个城市，几百口井蓄能的经验证明，这种办法节能、节电、少占地、省人力。由于地下水流动速度很慢，灌入含水层中的水流失也很缓慢，地下土层的传热、散热性都很小，以致把低温水灌入含水层贮存几个月后，再抽上来使用，水温变化很小。冬灌井一般从 11 月到第二年 4 月灌半年，夏用水一般从 6 月至 9 月，回灌水取用时，水温的变化和空调系统随季节对水温的要求一致的。

深井回灌的缺点是，用深井回灌水作为空调冷、热源，其水温要受到一定的限制，另外地下水会受到一定的污染，而且回灌井的选址受地质条件的限制。

六、地道风的利用

利用地道风夏季降温冬季预热，在不少地区获得较好的效果。特别是对影剧院及礼堂等公共建筑物和一些轻工车间。国内一些单位的研究表明：地道壁面温度一般比当地年平均空气温度高 3～5℃左右，大体上与夏季室外空气温度保持在 10℃以上的温差。这样空气通过一定长度的一段地道换热后，则可获得一定的降温效果。地道风在冬季可预热空气。

使用地道风应注意送入房间空气的品质。

七、蒸发冷却空调系统

蒸发冷却空调系统是一种利用自然环境空气中的干、湿球温度差和水进行热质交换，从自然环境中获得冷量的技术。它利用低品位自然能基本上不消耗或很少消耗一次能源。对环境无破坏作用。蒸发冷却空调系统利用蒸发冷却技术对空气进行热湿处理，使空气达到送风的参数要求，以满足空调房间温、湿度的要求。蒸发冷却空调系统初投资的成本低、环保、节能、空气品质高、维修简便、运行成本低廉。在实际工程中得到越来越多的应用。

第五节　热回收系统

热回收系统主要是回收建筑物内、外的余热（冷）或废热（冷），并把回收热（冷）量作为供热（冷）或其他加热设备的热源而加以利用的系统。

建筑物中可回收的废热有：锅炉烟气，照明热量，设备、人体散热以及各种排气、排水等。

热回收系统分直接利用系统和间接利用系统。

直接利用系统可分为混合式和热交换式。混合式是使热（冷）回收空气与室内空气混合加以利用。这种系统要求回收的热（冷）源应无害，并距用热（冷）部位近等条件。如图 12-5-1 所示，是冬季把建筑物内区的照明散热用于周边区供暖的热回收系统。热交换式是通过热交换器进行热回收。这类回收方式有转轮全热交换器；板式显热交换器；板翅式全热交换器；中间热媒式换热器等。这几种热回收方式的性能比较如表 12-5-1 所示。

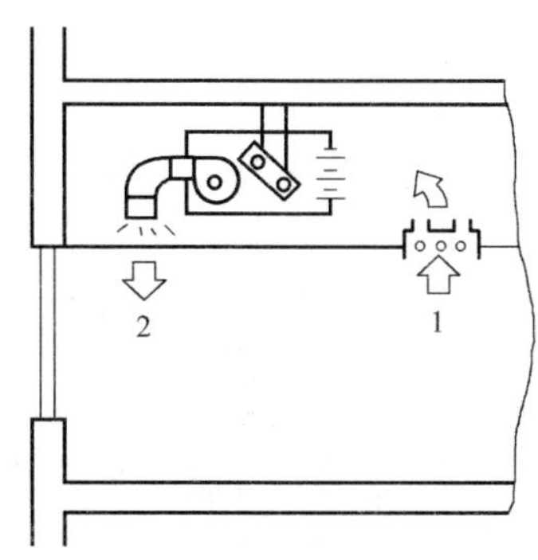

图 12-5-1　混合式热回收系统

1—内区回风；2—向周边区供暖

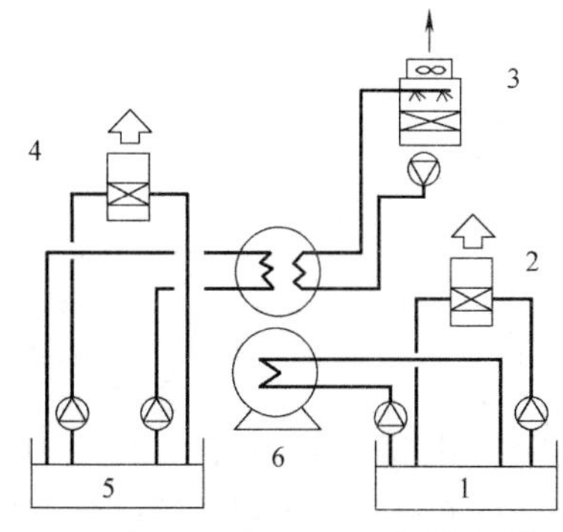

图 12-5-2　热泵式热回收系统

1—冷水槽；2—供冷风；3—冷却塔；4—供热风；5—热水槽；6—热泵

间接利用系统如热泵式空调系统。热泵在空调中，夏季利用蒸发器的吸热作用进行供冷，冬季则利用冷凝器的放热作用进行供热，有时还可同时进行供冷与供热，如图 12-5-2 所示。

各种热回收方式的比较　　表 12-5-1

热回收方式	效率	设备费	维护保养
转轮式全热交换器	优	中等	中等
板式显热交换器	良	中等	易
板翅式全热交换器	优	中等	易
中间热媒式换热器	中	低	易
热管换热器	良	中等	易

热泵系统一般以采热侧和放热侧热输送体的状态分为空气—空气式、空气—水式、水—水式和水—空气式。也有按供冷、供热的切换方法分为切换制冷剂回路、切换水（空气）回路和不切换等方式。

一、转轮全热交换器

转轮全热交换器是一种空调节能设备。它是利用空调房间的排风，在夏季对新风进行预冷减湿；在冬季对新风进行预热加温。它分金属制和非金属制不同型式。

转轮全热交换器的特点：结构紧凑，设备体积小。在旋转过程中让排风与新风以相逆方向流过转轮，由于中间有清洗扇，本身有自净作用，可使排风几乎不会漏入新风。能同时进行热湿交换。热回收率高达 70%以上。

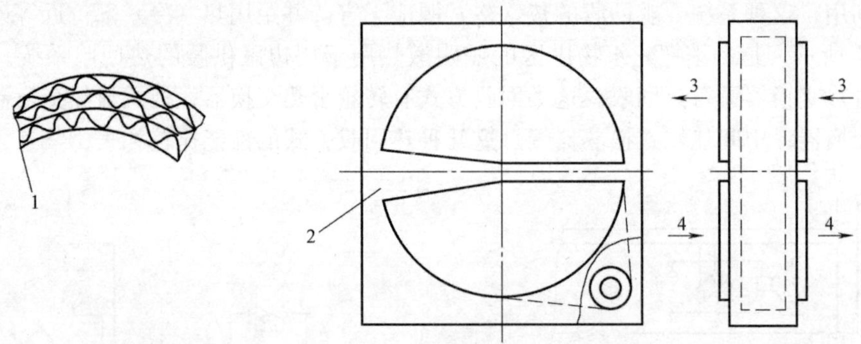

图 12-5-3　转轮全热交换器

1—转子结构；2—清洗扇；3—新风；4—排风

转轮全热交换器，如图 12-5-3 所示，利用喷涂氯化锂的铝箔或非金属膜、特殊纸等材质做成蜂窝状、外形成轮形，并能转动的全热交换器。轮子上半部通过新风、下半部通过室内排风。冬季，排风的温、湿度高于新风。排风经过转轮时，使转芯材质的温度升高，水分含量增多。当转芯材质经过清洗扇转至与新风接触时，转芯便向新风放出热量与水分，使新风升温增湿。如图 12-5-4 所示。排风焓由 h_3 降到 h_4（kJ/kg），新风焓由 h_1（kJ/kg）增为 h_2（kJ/kg）。

夏季，与之相反，减低新风温、湿度，增高排风温、湿度，新风焓由 h_1 降至 h_2。设 G_x 为新风量（kJ/ h），则回收热量 q（W）为：

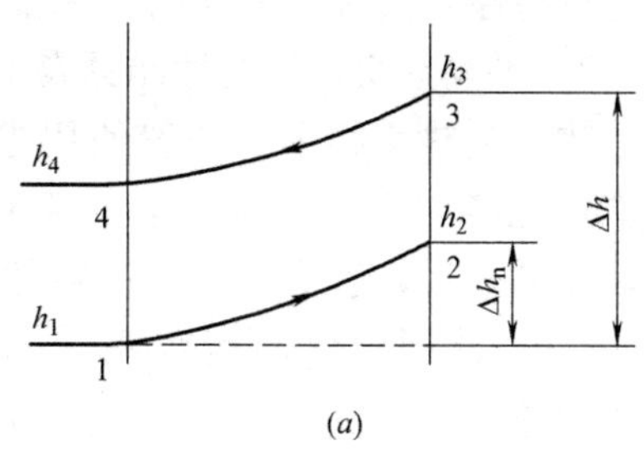

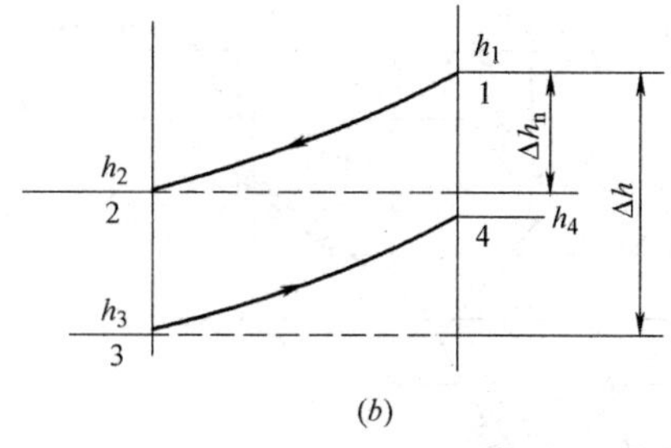

图 12-5-4　全热交换器内空气焓的变化

(a) 新风；(b) 排风

$$q=\frac{G_X(h_1-h_2)}{3.6} \tag{12-5-1}$$

新风显热效率

$$\eta_{tx}=\frac{t_1-t_2}{t_1-t_3} \tag{12-5-2}$$

新风潜热效率

$$\eta_{dx}=\frac{d_1-d_2}{d_1-d_3} \tag{12-5-3}$$

新风全热效率

$$\eta_{ix}=\frac{h_1-h_2}{h_1-h_3} \tag{12-5-4}$$

排风显热效率

$$\eta_{tp}=\frac{t_4-t_3}{t_1-t_3} \tag{12-5-5}$$

排风潜热效率

$$\eta_{dp}=\frac{d_4-d_3}{d_1-d_3} \tag{12-5-6}$$

排风全热效率

$$\eta_{ip}=\frac{h_4-h_3}{h_1-h_3} \tag{12-5-7}$$

式中　t_1、t_2——新风进、出全热交换器的温度（℃）；

t_3、t_4——排风进、出全热交换器的温度（℃）；

d_1、d_2——新风进、出全热交换器的含湿量（g/kg 干空气）；

d_3、d_4——排风进、出全热交换器的含湿量（g/kg 干空气）；

h_1、h_2——新风进、出全热交换器的焓（kJ/kg）；

h_3、h_4——排风进、出全热交换器的焓（kJ/kg）。

如果新风量和排风量相等，通过全热交换器后新风侧和排风侧的热回收效率也相等。

新风、排风通过转芯时，空气状态的变化在 h-d 图上的表示，如图 12-5-5 所示。

影响热回收效率的因素可分为三类：第一类是转芯的结构尺寸参数，如转芯的宽度 L、蜂窝层的高度 h；第二类是转芯材料的蓄热特性参数，如比热容 C_r、单位面积质量 m；第三类是运行参数，如空气流动面速 V_y、新风与排风量之比 C、转轮的转速 n、空气

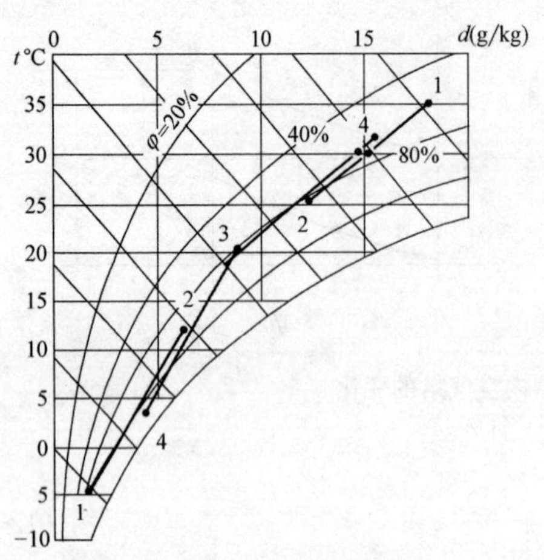

图 12-5-5　全热交换器的新风、排风通过转芯时，空气状态变化的 h-d 图

的物理特性参数如比热容 C_p、密度 ρ。

ZQ 型全热交换器的性能见表 12-5-2。

转轮全热交换器，一般使用参数范围及主要性能如下：当新风量、排风量相等时，面风速 V_y 为 2～4m/s；转轮转速为 10r/min；使用空气温度范围 −5～40℃；热回收效率为 70%～85%；空气流动阻力为 140～160Pa。

选用转轮全热交换器时，应注意下列事项：

1. 转轮两侧气流入口处，宜装空气过滤器。

2. 设计时，必须计算校核转轮上是否会出现结霜、结冰现象；必要时应在新风进风管上设空气预热器，或在热回收器后设温度自控装置，当温度达霜冻点，就发信号关闭新风阀门或开启预热器。

转轮全热及显热交换器性能表　　**表 12-5-2**

规格	额定新风量 (m^3/h)	转轮直径 (mm)	外形尺寸 (mm)	质量 (kg)	空气阻力 (Pa)	功率 (kW)	回收效率 (%)
ZQ-1　ZX-1	1000	ϕ600	700×700×300	220	140	0.18	70～85
ZQ-2　ZX-2	2000	ϕ800	900×900×300	260	140	0.18	新风与排风之比 1∶1
ZQ-3　ZX-3	3150	ϕ950	1300×1300×320	280	150		
ZQ-4　ZX-4	4000	ϕ1100	1400×1400×320	310	140		
ZQ-5　ZX-5	5000	ϕ1200	1500×1500×320	340	140		
ZQ-6　ZX-6	6300	ϕ1350	1600×1600×320	388	140		
ZQ-7　ZX-7	8000	ϕ1500	1700×1700×360	420	150		
ZQ-10　ZX-10	10000	ϕ1700	1900×1900×360	480	140		
ZQ-12　ZX-12	12500	ϕ1900	2100×2100×360	555	140		
ZQ-16　ZX-16	16000	ϕ2150	2400×2400×390	740	140		
ZQ-20　ZX-20	20000	ϕ2400	2640×2640×390	855	140		
ZQ-30　ZX-30	31500	ϕ2900	3100×3100×430	1340	150		
ZQ-40　ZX-40	40000	ϕ3500	3660×3660×430	1865	130	0.37	
ZQ-50　ZX-50	50000	ϕ3800	4000×4000×430	2265	140		
ZQ-60　ZX-60	63000	ϕ4200	4500×4500×470	2975	140		
ZQ-80　ZX-80	80000	ϕ4600	4900×4900×470	3975	150	0.75	
ZQ-100　ZX-100	100000	ϕ5000	5400×5400×470	4400	160		

注：转轮式换热器有全热回收（ZQ）、显热回收（ZX）两个系列。

3. 由于全热交换器转轮需要动力，并且增加了阻力，从而增加输送动力和增加投资，因此，必须计算回收效应，当总能耗节约显著时，方可选用。

4. 一般情况下，全热交换器的进风宜布置在负压段。

5. 适用于排风中不含有害物或有毒物质。

二、板式显热交换器

(一) 板式显热交换器结构特点

板式显热交换器可以由光滑板装配而成，形成平面通道 (a)；在光滑平板间通常构成三角形、U 形、∩形截面，在同样的设备体积 $V=abc$ 情况下，使空气与板之间的接触表面大为增加。从热交换特性来看，换热介质的逆流运动是效率最高的。但是逆流交换器的结构复杂及难于实现气密性，因而常常采用叉流结构方案。板式热交换器如图 12-5-6 所示。

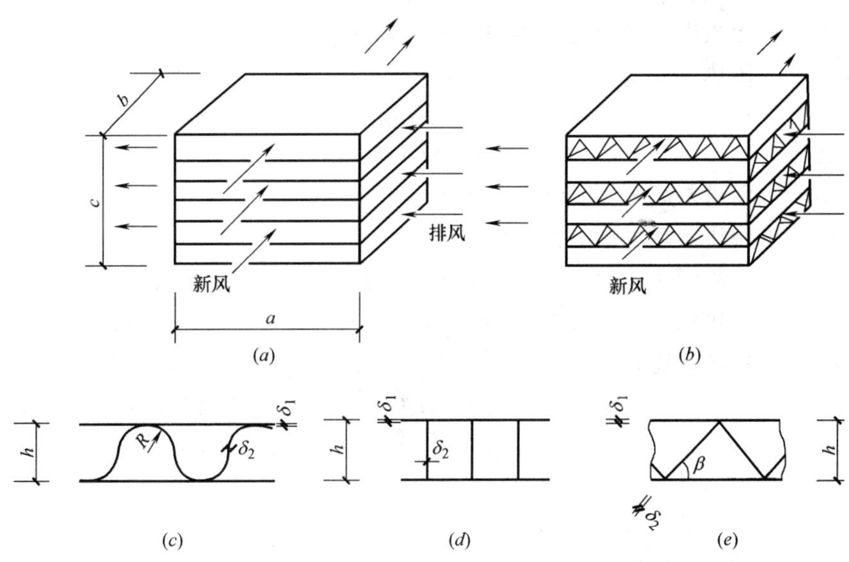

图 12-5-6　板式热交换器结构示意图

如板式空气—空气热交换器的单位体积的换热表面积为 F_d (m^2/m^3)，空气通道单位迎风表面积的通道净截面积为 f_d (m^2/m^2)，则其通道的当量直径 D_d (m) 为

$$D_d=4f_d/F_d(\mathrm{m}) \tag{12-5-8}$$

其肋化系数 ψ，为总换热表面积 F 与光滑板表面积 F_g (m^2) 之比，如三角形通道的 ψ 为

$$\psi=F/F_g=1/\cos\beta+1 \tag{12-5-9}$$

各种形状通道的 F_d、f_d、D_d 值列于表 12-5-3。

(二) 板式显热交换器干工况设计计算

1. 换热效率

$$E_x=\frac{t_1-t_2}{t_1-t_3} \tag{12-5-10}$$

$$E_R=\int(B_0、D_0) \tag{12-5-11}$$

各种形状通道的特性　　**表 12-5-3**

间隙 h (mm)	正三角形通道 $\beta=60°,\delta_1=\delta_2=0.15$mm			U形通道 $h=2R,\delta_1=\delta_2=0.15$mm			平面通道 $\delta_1=\delta_2=0.15$mm		
	F_d (m^2/m^3)	f_d (m^2/m^2)	D_d (mm)	F_d (m^2/m^3)	f_d (m^2/m^2)	D_d (mm)	F_d (m^2/m^3)	f_d (m^2/m^2)	D_d (mm)
1	5100	0.595	0.466	4371	0.665	0.595	1738	0.869	2
2	2775	0.786	1.133	2378	0.820	1.373	930	0.930	4
3	1900	0.855	1.800	1628	0.877	2.150	634	0.952	6
5	1164	0.912	3.134	998	0.925	3.700	398	0.971	10
6	975	0.926	3.800	836	0.937	4.46	324	0.975	12
10	591	0.955	6.464	506	0.962	7.60	196	0.985	20

式中　t_1、t_2——热风进、出显热交换器的温度（℃）；

t_3——冷风进入显热交换器的温度（℃）；

B_0——传热单元数；

$$B_0=\frac{3.6KF_1}{G_x C_{px}} \tag{12-5-12}$$

K——传热系数［W/(m²·℃)］；

F_1——换热器热表面的换热面积（m²）；

C_{px}——热风定压比热容［kJ/(kg·℃)］；

a——传热系数　一般取 $a=0.94$；

D_0——热容量比；

$$D_0=\frac{G_x C_{px}}{G_p C_{pp}} \tag{12-5-13}$$

G_x——热风量（kg·/h）；

G_p——冷风量（kg·/h）；

C_{pp}——冷风定压比热容［kJ/(kg·℃)］。

E_g值一般按下式求得，亦可按图 12-5-7 查得。

$$E_g=\frac{1-e^{-B_0(1-D_0)}}{1-D_0 e^{-B_0(1-D_0)}} \tag{12-5-14}$$

2. 传热系数 K

按热表面面积计算的传热系数可按下式计算：

$$K=\frac{1}{\dfrac{1}{\alpha_1\eta_{L1}}+\dfrac{F_2/F_1}{\alpha_2\eta_{L2}}} \tag{12-5-15}$$

式中　F_1、F_2——热表面和冷表面的换热面积（m²）；

α_1、α_2——热气流和冷气流的换热系数［W/(m²·℃)］；

η_{L1}、η_{L2}——热交换器热表面和冷表面的肋化指标；

$$\eta_{L1}=F_{g1}/F_1+(F_{y1}/F_1)B$$

$$\eta_{L2}=F_{g2}/F_2+(F_{y2}/F_2)B$$

F_{g1}、F_{g2}——热、冷表面光滑平板的换热面积（m²）；

F_{y1}、F_{y2}——热、冷表面翼形肋片的换热面积（m²）；

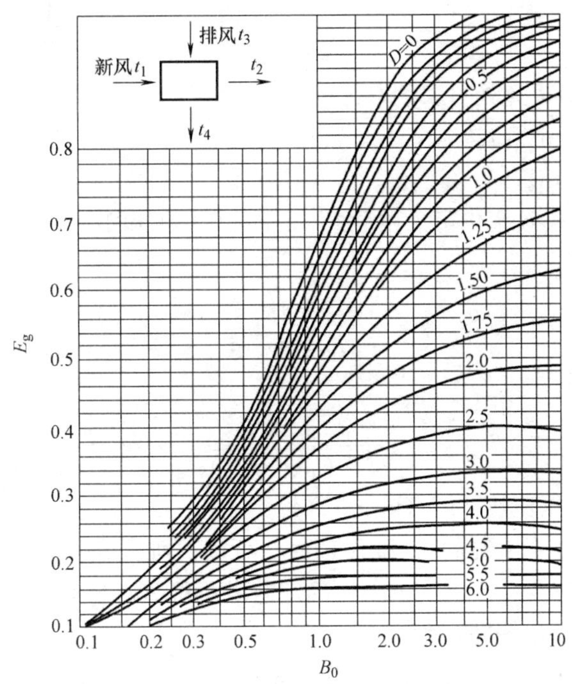

图 12-5-7 热交换效率 E_g 计算图

B——考虑翼形肋片与光滑板接触质量的系数，通常 $B=0.5\sim0.9$，可取 $B=0.7$。

E_g 和 K 值由生产厂根据试验提供，并应提供冷风和热风的阻力。

在夏季，新风为热风，排风为冷风。在冬季，排风为热风，新风为冷风。

(三) 板式显热交换器湿工况设计计算

当冷风的进口温度低于热风进口的露点温度时，热风可能有冷凝水产生，热风为去湿冷却过程，由于湿工况时，冷凝水量不大，通道受阻不严重，可认为热气流的换热系数 α_1 与干工况相同，即 K 值与干工况相同，进行计算。

1. 湿工况的判断：当符合下式时为湿工况：

$$t_3 < t_1 - \frac{E_0}{aE_g}(t_1 - t_{L1}) \tag{12-5-16}$$

式中 t_{L1}——进入显热交换器热风的露点温度（℃）；

E_0——接触系数；

$$E_0 = \frac{h_1 - h_2}{h_1 - h_0} \approx 1 - \frac{t_2 - t_{s2}}{t_1 - t_{s1}} \tag{12-5-17}$$

当热表面和冷表面面积相等（$F_1 = F_2$）时：

$$E_0 = 1 - e^{-B_0\left[1+\left(\frac{v_x}{v_p}\right)^n\right]} \tag{12-5-18}$$

h_1、h_2——热风进、出口空气的焓（kJ/kg）；

h_0——假想传热表面温度下饱和空气的焓（kJ/kg）；

t_{s1}、t_{s2}——热风进、出口空气的湿球温度（℃）；

v_x、v_p——热风和冷风的风速（m/s）；

n——指数，当 $Re \geqslant 1000$ 时，$n=0.67$，$Re<10$ 时，$n=0.4$，$Re=10\sim1000$ 时，用

插入法求得；

$$Re=vD_d/\nu \tag{12-5-19}$$

v——风速（m/s），此处可采用（v_x+v_p）/2；

ν——运动粘度（m^2/s）；

D_d——当量直径（m）。

2. 换热效率：传热效率仍可采用公式（12-5-10、11 和 14），但 B_0 和 D_0 应改用 B_s 和 D_s 代替：

$$B_s=B_0/\xi \tag{12-5-20}$$

$$D_s=D_0/\xi \tag{12-5-21}$$

式中　ξ——析湿系数；

$$\xi=\frac{h_1-h_2}{C_p(t_1-t_2)} \tag{12-5-22}$$

C_p——空气的定压比热［kJ/(kg·℃)］。

对于湿工况，已知干工况的 E_g 和 K 值时，可按下列步骤进行计算：

（1）按迎风面风速为 2.5～3.5m/s，确定迎风面积，如图 12-5-6，一般取冷热风风量相等，冷热风进风断面相等即 $a=b$。

$$F_y=G_x/(3600v_y\rho) \tag{12-5-23}$$

$$F_y=\frac{ac}{2}=\frac{bc}{2} \tag{12-5-24}$$

确定选用的热交换器的尺寸 a、b、c。

（2）计算 v_x、v_p

$$v_x=\frac{2G_x}{3600acf_d p} \tag{12-5-25}$$

$$v_p=\frac{2G_p}{3600bcf_d p} \tag{12-5-26}$$

（3）计算热交换器的换热面积

$$F_1=F_2=\frac{abc}{2}\cdot F_d \tag{12-5-27}$$

（4）根据 K 值，按公式（12-5-12）求 B_0。

（5）按公式（12-5-19）求 Re，确定 n 值；

（6）按公式（12-5-18）求 E_0

（7）按公式（12-5-13）求 D_0，按公式（12-5-14）或图 12-5-7 求干工况 E_g（由厂家给出 E_g 公式，则按其公式计算）。

（8）按公式（12-5-16）判断是否为湿工况，如是湿工况，则按下面顺序计算。

（9）假定 t_2，按公式（12-5-17）求 t_{s2}

$$t_{s2}=t_2-(1-E_0)(t_1-t_{s1})$$

按 t_{s2} 查 h-d 图得 h_2，按公式（12-5-22）求 ξ。

（10）按公式（12-5-20）、(12-5-21)、求 B_s、D_s，以 B_s、D_s 代替 B_0、D_0 按公式（12-5-14）或图 12-5-7 求湿工况的 E_g 值。

（11）按公式（12-5-10）求 t_2，

$$t_2 = t_1 - aE_g(t_1 - t_3)$$

求出的 t_2 如与第（9）项假定的 t_2 值相差较多，则需重新假定，直到二者相近为止。

3. 计算换热量 Q(W)：

$$Q = G_x(h_1 - h_2)/3.6 \tag{12-5-28}$$

式（12-5-23～12-5-28）中：

v_y——迎风面风速（m/s）；

ρ——进风温度下的空气密度（kg/m^3）；

F_y——迎风面积（m^2）；

其他符号与公式（12-5-8～12-5-22）相同。

4. 选用板式显热交换器的注意事项：

（1）新风温度不宜低于－10℃，否则排风侧出现结霜。

（2）当新风温度低于－10℃时，应在热交换器之前设置新风预热器。

（3）新风进入热交换器之前，必须先经过过滤器净化，排风进入热交换器之前，一般也应装过滤器，但当排风较干净时，可不装。

三、板翅式全热交换器

（一）结构与工作流程

板翅式全热交换器的结构与板式显热交换器基本相同（见图 12-5-6），并且工作原理也相同，仅是构成热交换材质的不同。显热交换器的基材为铝箔等仅能使排风与新风之间进行热交换，而全热交换器的隔板材质采用特殊加工的纸或膜，当隔板两侧气流之间存在温度差和水蒸气分压力差时，两气流之间就产生传热和传质的过程，进行全热交换。

（二）热回收效率表达式

温度效率 η_t：

$$\eta_t = \frac{t_1 - t_2}{t_1 - t_3} \times 100\% \tag{12-5-29}$$

湿度效率 η_d：

$$\eta_d = \frac{d_1 - d_2}{d_1 - d_3} \times 100\% \tag{12-5-30}$$

焓效率（全热效率 η_i）

$$\eta_i = \frac{h_1 - h_2}{h_1 - h_3} \times 100\% \tag{12-5-31}$$

式中 t_1、d_1、h_1——新风进热交换器时的温度（℃）、含湿量（g/kg）、焓值（kJ/kg）；

t_2、d_2、h_2——新风出热交换器时的温度（℃）、含湿量（g/kg）、焓值（kJ/kg）；

t_3、d_3、h_3——排风进热交换器时的温度（℃）、含湿量（g/kg）、焓值（kJ/kg）。

QHW 型的换热效率和压力损失列于表 12-5-4。

表中的效率值是以排风量 G_p 与新风量 G_x 之比 $D = G_p/G_x = 1$ 为条件编制的。当 $D \neq 1.0$ 时，表中的效率应减去 $\Delta\eta$，见表 12-5-5。

表 12-5-4 中的额定风量和压力损失，均指新风侧。压力损失仅指热交换器，不包括

空气过滤器的阻力。

QHW 型热交换器的换热效率和压力损失 表 12-5-4

规格型号			温度效率（%）	湿度效率（%）	焓效率（%）		压力损失（Pa）
系列	型号	额定风量（m^3/h）			冬季平均	夏季平均	
40	4041	1280	80	56	72	65	180
	4042	2560					
	4043	3840					
	4044	5120					
	4045	6400					
	4041	1440	78	48	68	58	210
	4042	2880					
	4043	4320					
	4044	5760					
	4045	7200					
	4041	1600	77	42	66	54	230
	4042	3200					
	4043	4800					
	4044	6400					
	4045	8000					
100	10041	4000	77	40	64	52	320
	10042	8000					
	10043	12000					
	10044	16000					
	10045	20000					

$\Delta\eta$ 值 **表 12-5-5**

$D=G_p/G_x$	0.9	0.8	0.7	0.6
$\Delta\eta$（%）	4.0	8.5	13.5	20.0

排风侧的压力损失，可根据风量参照新风侧压力损失确定。

（三）设计选用步骤

1. 根据所需最小新风量选定热交换器的型号。

2. 计算风量比 D，由表 12-5-5 确定 $\Delta\eta$ 值。

3. 由表 12-5-4 查出的效率值减去 $\Delta\eta$ 值，求得实际效率值 η_t'、η_d'。

4. 将求得的实际效率值代入式（12-5-29）、(12-5-30)，从而求得新风的终状态参数。

5. 求出回收热量。

6. 查表 12-5-4 求得新风侧、排风侧压力损失。

（四）板翅式全热交换器使用时应注意

1. 当排风中含有毒有害成分时，不宜选用；

2. 实际安装时，最好在新风侧和排风侧分别设有风机和粗过滤器，用此风机来克服全热交换器的阻力；

3. 图 12-5-8 表示板翅式全热交换器的安装方法，它与转轮式相比，不同的仅是风道的连接方式；转轮式全热交换器的连接分割成上、下两部分，其他要求是相同的。

4. 为了节能，在过渡季或冬季采用新风供冷时，不能用全热交换器。因此，必须采用新风供冷时，应在新风道和排风道上分别设旁通风道，并装密闭性较好的风阀，使空气绕过全热交换器。

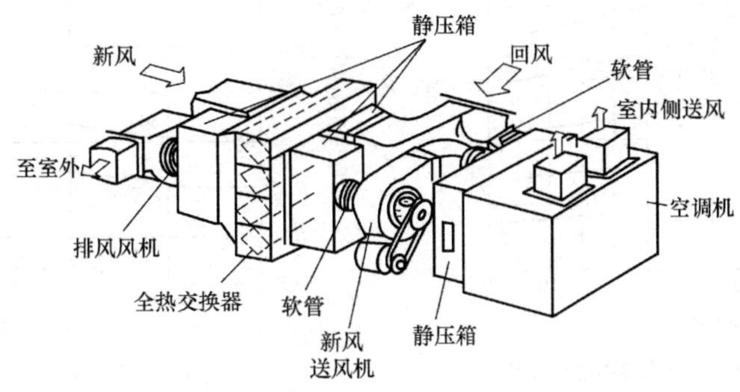

图 12-5-8　板翅式全热交换器安装方法

四、中间热媒式热交换器

（一）间接式中间热媒式热交换器

1. 工作原理及其特点

这类热回收器如图 12-5-9 所示，采用普通盘管式换热器，利用水泵使水作为介质在两个换热器内循环，将排风中的热量（冷量）传递给新风，从而实现热能的回收。

中间热媒通常采用水，为了降低水的冰点，通常在水中加入一定比例的乙二醇。不同质量百分比时，乙二醇水溶液的凝固点如图 12-5-10 所示。并在图 12-5-11 至图 12-5-14 分别给出乙二醇水溶液的密度、导热系数、黏度、比热容等物理参数。

此法的优点是新风与排风位置可以不在一处。新风与排风不会产生交叉污染，而且可以在市场上购到换热器及水泵。如果使用恰当的盘管排数，其显热回收率可达 40%～60%。此法缺点是只能回收显热，当增加盘管排数，回收效率有所增加，但同时被水泵和风机耗电量的增大所抵销。在使用时要经过经济比较。

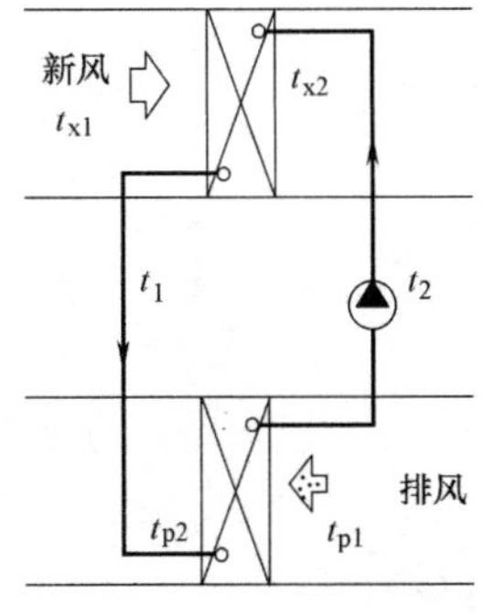

图 12-5-9　中间热媒式热交换器的工作原理

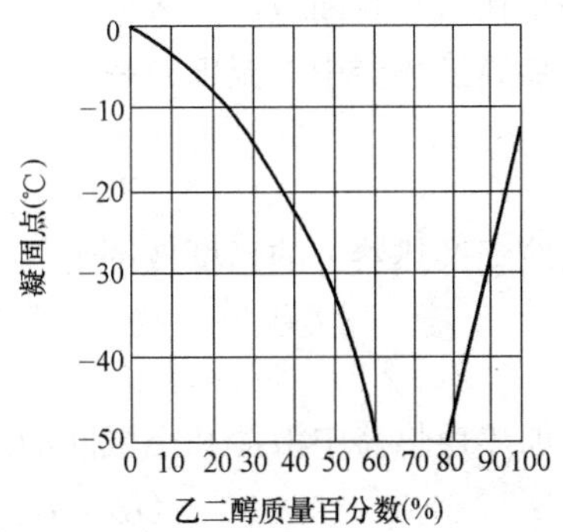

图 12-5-10　乙二醇水溶液的凝固点

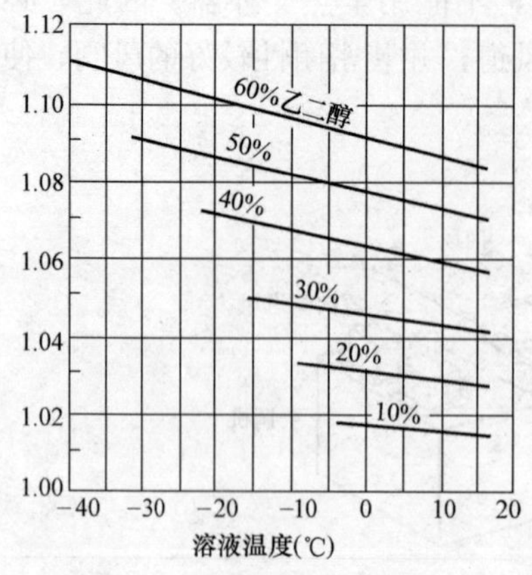

图 12-5-11　乙二醇水溶液的密度

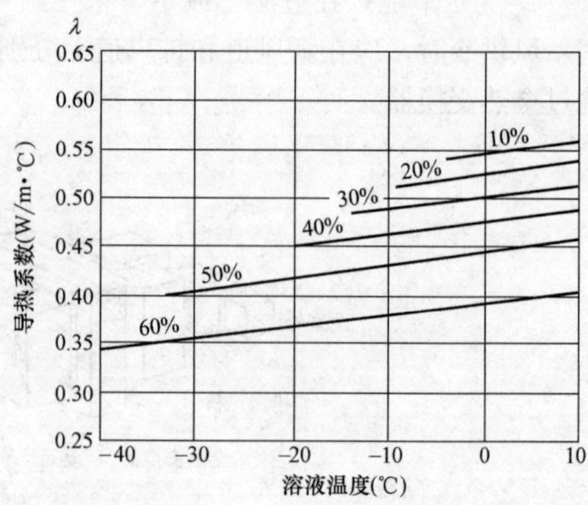

图 12-5-12　乙二醇水溶液的导热系数

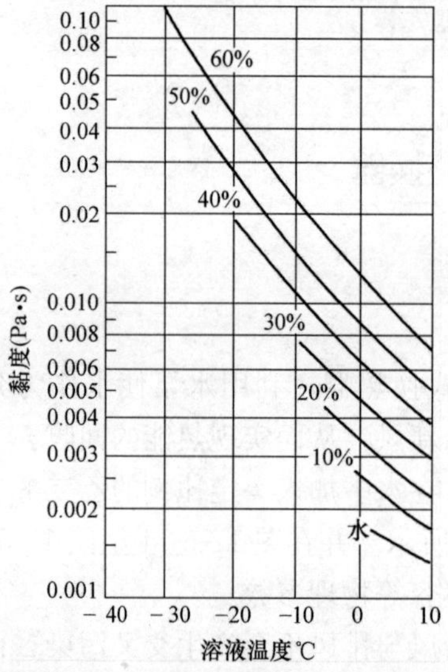

图 12-5-13　乙二醇水溶液的黏度

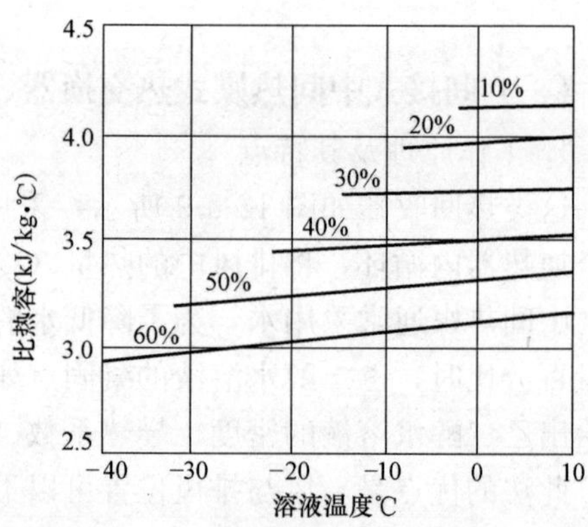

图 12-5-14　乙二醇水溶液的比热容

2. 设计计算

中间热媒式热交换器的设计计算，首先应判别系统中的空气冷却器，是在干工况下工作，还是在所有表面或部分表面产生凝结水的工况下工作。

在加热换热器中的温度效率 E_1

$$E_1=\frac{t_{x2}-t_{x1}}{t_{w2}-t_{x1}} \tag{12-5-32}$$

在冷却换热器中的温度效率 E_2

$$E_2=\frac{t_{p1}-t_{p2}}{t_{p1}-t_{x1}} \tag{12-5-33}$$

在加热换热器中液体和空气间的热能交换为：

$$G_x c_x(t_{x2}-t_{x1})=G_w c_w(t_{w2}-t_{w1}) \tag{12-5-34}$$

式中　t_{x1}、t_{x2}——冷风进、出加热换热器的温度（℃）；

t_{p1}、t_{p2}——热风进、出冷却换热器的温度（℃）；

t_{w1}、t_{w2}——液体热媒进、出冷却换热器（即出、进加热换热器）的温度（℃）；

G_x、G_w——进入加热换热器的空气和液体的质量（kg/h）；

c_x、c_w——进入加热换热器的空气和液体的比热容［kJ/(kg·℃)］。

取

$$E_2=\frac{t_{x2}-t_{x1}}{t_{p1}-t_{x1}} \tag{12-5-35}$$

E 为综合温度效率。如能知道 E 值，则可根据上述公式，求出其他参数。

当冷却换热器为干工况时，其热平衡方程式为：

$$G_x c_x(t_{x2}-t_{x1})=G_p c_p(t_{p1}-t_{p2}) \tag{12-5-36}$$

由公式（12-5-32）至（12-5-36）可得出：

$$E=\frac{1}{(1+R)/E_1-r} \tag{12-5-37}$$

式中　G_p——进入冷却换热器的空气质量（kg/h）；

c_p——进入冷却换热器的空气比热容［kJ/(kg·℃)］；

R——冷热风比值指标

$$R=\frac{G_x c_x E_1}{G_p c_p E_2} \tag{12-5-38}$$

r——冷风与液体比值指标

$$r=\frac{G_x c_x}{G_w c_w} \tag{12-5-39}$$

回收热量 $Q(W)$

$$Q=\frac{G_x c_x}{3.6}E(t_{p1}-t_{x1}) \tag{12-5-40}$$

冷却侧的水初温 t_1 即 t_{w1}（℃）：

$$t_{w1}=t_{p1}-\frac{ER}{E_1}(t_{p1}-t_{x1}) \tag{12-5-41}$$

加热侧的水初温 t_2 即 t_{w2}（℃）：

$$t_{w2}=t_{x1}+\frac{E}{E_1}(t_{p1}-t_{x1}) \tag{12-5-42}$$

温度效率 E_1、E_2 均可按换热器（表冷器）的型式、迎风面风速、管内水速，并按干工况（$\xi=1$）由第六章查得。

当冷却换热器为湿工况时，可采用下列方法计算。

（1）湿工况判断：符合下式为湿工况。

$$t_1<t_{p1}-\frac{E_0}{E_2}(t_{p1}-t_{pL1}) \tag{12-5-43}$$

式中　t_{pL1}——热风的露点温度（℃）；

E_0——冷却换热器的接触系数，根据换热器的型式和排数确定，见第六章。

t_1 可根据干工况的公式求得。

（2）冷却换热器为湿工况的综合效率 E

$$E=\frac{1}{(1+R/\xi)/E_1-r} \tag{12-5-44}$$

式中　ξ——析湿系数；

$$\xi=\frac{h_{p1}-h_{p2}}{c_p(t_{p1}-t_{p2})} \tag{12-5-45}$$

h_{p1}、h_{p2}——热风进、出冷却换热器的焓（kJ/kg）；

R、r 均按公式（12-5-38）、(12-5-39）计算，但 E_2 为湿工况的温度效率。

（3）回收热量 Q 按公式（12-5-40）计算。t_{w2} 按公式（12-5-42）。t_{w1} 可按下式求得：

$$t_{w1}=t_{w2}-rE(t_{p1}-t_{x1}) \tag{12-5-46}$$

r 按公式（12-5-39）。设计顺序见【例 12-5-1】。

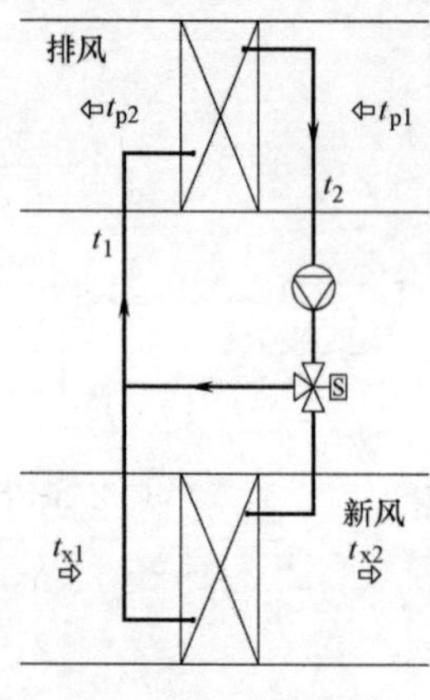

图 12-5-15　带水量调节装置的中间热媒式换热器

3. 设计注意事项

（1）换热器的排数宜选用 6～8 排。

（2）换热器的通风面风速，宜取 $v_y=2$～3m/s。

（3）通过换热器的水量，宜采用通过管束的水速 $w=0.6$～1.0m/s。

（4）为了防止换热器表面结霜（在寒冷地区用乙二醇溶液时），宜设置如图 12-5-15 的水量调节装置。此时新风的进风温度宜采用 $t_{x1}=-5$℃计算。

【例 12-5-1】　计算一个冬季工况，已知当地大气压接近 1013hPa，$t_{p1}=24$℃，$h_{p1}=52.5$kJ/kg，$t_{x1}=-5$℃，$G_x=G_p=6300$kg/h，选用 UⅡ－6－12－54 各一台，计算各项参数。

【解】

［1］计算迎风面风速，已知 $F_y=0.585\text{m}^2$

$$v_y=\frac{G_x}{3600\rho F_y}=\frac{6300}{3600\times1.2\times0.585}=2.49\text{m/s}$$

二个换热器 v_y 相同。

［2］取水速 $w=0.8$m/s，通水断面 $f=0.00185\text{m}^2$，

$$G_w=0.00185\times0.8\times3600\times1000=5328\text{kg/h}$$

［3］干工况 $\xi=1$ 时，按 v_y、w、ξ 查表 6-20 得 $E_1=E_2=0.791$。

［4］按公式（12-5-37）求干工况 E 值

$$R=\frac{G_xc_xE_1}{G_pc_pE_2}=\frac{6300\times1.009\times0.791}{3600\times1.013\times0.791}=1$$

$$r=\frac{G_xc_x}{G_wc_w}=\frac{6300\times1.009}{5328\times4.17}=0.286$$

$$E=\frac{1}{(1+1)/0.791-0.286}=0.446$$

［5］按公式（12-5-41）求 t_{w1}

$$t_{w1}=24-\frac{0.446\times1}{0.791}\times(24+5)=7.65℃$$

［6］按公式（12-5-43）判断是否湿工况，当 UⅡ6 排，$v_y=2.5$m/s 时，查表 6-4-12

得 $E_0=0.875$。

$$t_{p1}-\frac{E_0}{E_2}(t_{p1}-t_{pL1})=24-\frac{0.875}{0.791}\times(24-16)=15.2>7.65℃$$

故冷却换热器为湿工况。

［7］假定 $\xi=1.4$，按公式（12-5-44）求湿工况 E 值，按 $v_y=2.5\text{m/s}$、$w=0.8\text{m/s}$，查得 $E_2=0.734$

$$R=\frac{G_x c_x E_1}{G_p c_p E_2}=\frac{6300\times1.009\times0.791}{6300\times1.031\times0.734}=1.055$$

$$E=\frac{1}{\left(1+\frac{1.055}{1.4}\right)\sqrt{0.791-0.286}}=0.52$$

［8］校核 ξ 值

按 $G_x c_x E(t_{p1}-t_{x1})=G_p(h_{p1}-h_{p2})$

$$h_{p2}=52.5-\frac{6300\times1.009\times0.52\times(24+5)}{6300}=37.28\text{kJ/kg}$$

按冬季相对湿度为 90%～95%，在 h-d 图上查得 $t_{p2}=14℃$

$$\xi=\frac{h_{p1}-h_{p2}}{c_p(t_{p1}-t_{p2})}=\frac{52.5-37.28}{1.031(24-14)}=1.48$$

与假定的相近，可以使用，如与假定不同则需要重新假定 ξ 值，重算［7］、［8］两项。

［9］按式（12-5-40）求回收热量

$$Q=\frac{6300\times1.009}{3.6}\times0.52(24+5)=26627\text{W}$$

［10］按公式（12-5-35）求 t_{x2}

$$t_{x2}=-5+0.52\times(24+5)=10℃$$

［11］按公式（12-5-42）求 t_{w2}

$$t_{w2}=-5+\frac{0.52}{0.791}\times(24+5)=14℃$$

［12］按公式（12-5-46）求 t_{w1}

$$t_{w1}=14-0.286\times0.52(24+5)=9.7℃$$

［13］求风阻力和水阻力（见第六章，略）。

本例未考虑安全因素，回收热量应取计算出热量的 90%。

（二）接触式中间热媒式热交换器

这类中间热媒式热交换器，通常采用喷淋式热回收系统。这种系统热媒与新风或排风直接接触，基本流程如图 12-5-16 所示，不采用盘管，为冬季防冻，热媒采用氯化锂水溶液或其他卤族盐水溶液。两个喷淋塔冬夏均可使用。采用空气逆向与溶液接触。冬季时，溶液吸收排风的显热和潜热，排风温度由 t_{p1} 降至 t_{p2}，且有部分水分凝结出来，溶液温度由 t_{w2} 升至 t_{w1}，吸收冷凝水，浓度变小一些；在另一个喷淋塔中，新风被溶液加热，由 t_{x1} 升至 t_{x2}，且被加湿，溶液温度由 t_{w1} 降至 t_{w2}，损失水分，溶液变浓。夏季对新风预冷时，则工作相反。全热交换效率达 55%～70%。

当系统稳定工作时，在喷淋塔中新风和排风含湿量变化达到相等，即 $\Delta d_1=\Delta d_2$ 溶液

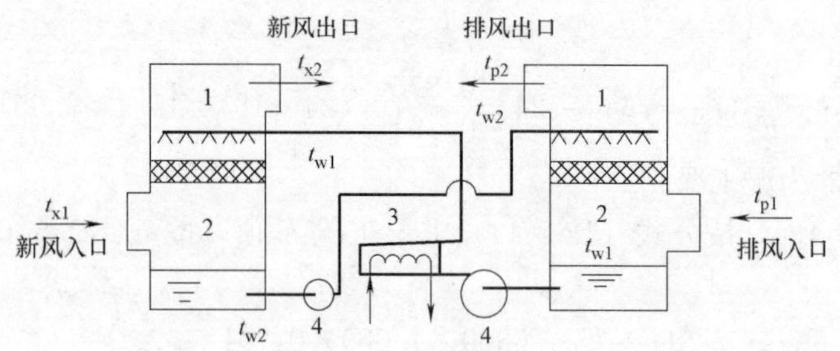

图 12-5-16　接触式中间热媒式热交换器

1—喷淋管与喷嘴；2—增大接触表面的填充层；3—冬季预加热器；4—溶液泵

从排风获得并放给新风相等的湿量，所以在这系统中，无必要为恢复溶液的浓度而消耗热能。

吸湿溶液喷淋塔由于新风、排风可以距离较远，因此设计布置和安装方便。在冬季运行时，由于排风含湿量较低，两塔之间的湿交换量失去平衡，因而易于引起溶液浓度增加。当溶液浓度大到50%以上时，则产生结晶以致引起喷嘴、管道甚至泵体内堵塞。另外，应注意氯化锂等卤族盐溶液对金属表面的腐蚀。

五、热管换热器

(一) 热管的工作原理及构造

热管是蒸发—冷凝器型的换热设备，中间热媒在自然对流或毛细管压力作用下实现其中的循环。

一个单根热管是由铜、铝等管材两头密封经抽真空后充填相变工质（环保制冷剂）制成。水平安装的热管，在管内装有紧贴管内壁的毛细芯层。热管的一端接触热源，另一端接触冷源，毛细芯层是把放热冷凝的液态工质传输到受热蒸发端去的通道，见图 12-5-17。

热管在投入运行之前，内部工作介质的状态取决于当时环境温度和介质在该温度下对应的饱和压力。这就是热管工作前介质的初始参数。

热量自高温热源（T_1）传入热管时，处于与热源接触段的热管内壁吸液芯中的饱和液体吸热气化，蒸气进入热管空腔，该段称为蒸发段（也叫加热段或气化段）。当蒸气分子不断进入气化段空腔，空腔内的压力不断升高，蒸气分子便由气化段经传输段流向热管的另一端。蒸气在这里遇到冷源 T_2 凝结成液体，同时对冷源放出潜热，液体为吸液芯层所吸收。这段叫冷凝段（也叫冷却段）。

由于热管内气相和液相工质同时存在，所以管内压力由气液分界面的温度所决定。如果热管的蒸发段和冷凝段由于外界的加热和冷却作用引起一个温差，而管内又存在这个气液分界面，那么两段之间的蒸气压力就会不同，在此蒸气压差的推动下，蒸气就从蒸发段流向冷凝段，并在冷凝段冷凝成液体，经毛细芯层流回蒸发段，从而完成一个循环。

通常，热管换热器由多根热管组成，为了增大传热面积，管外加有翅片，肋化系数（翅化比）一般为 10～25。沿气流方向的热管排数通常为 4～10 排。

空调工程热回收系统中可采用重力热管和零重力热管，重力热管受工作时热管倾斜角度的影响，一般垂直使用。倾斜使用时，控制倾斜角度，是一个很关键的问题。一般热管换热器倾角为 5°～7°，倾角坡向热端。零重力热管则只能水平使用。

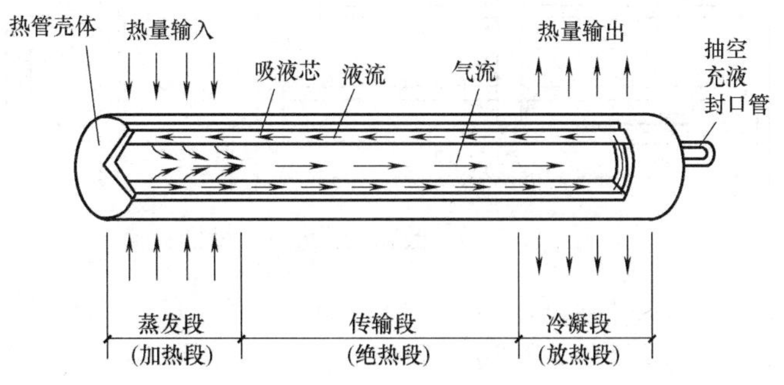

图 12-5-17　热管的结构和工作原理示意图

利用热管进行空调热回收时，由于冷、热空气的温差较小，为了提高换热效率，必须选择热阻小的管芯结构，如轴向槽道或周向槽道管芯、金属烧结管芯，同时校核管内的传热极限。图 12-5-18 所示为低温热管换热器，图 12-5-19 所示为热管能量回收空调机组。

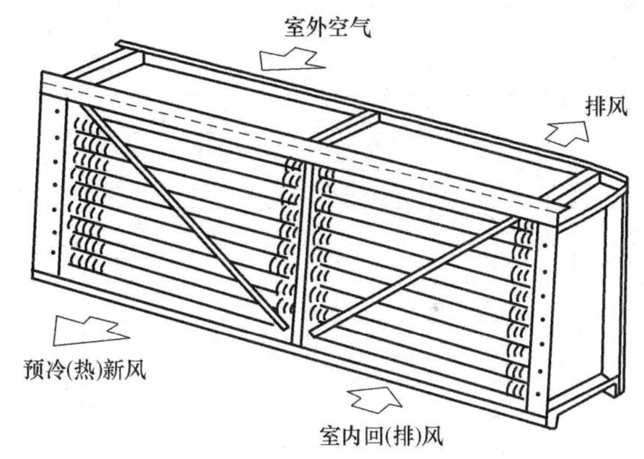

图 12-5-18　低温热管换热器

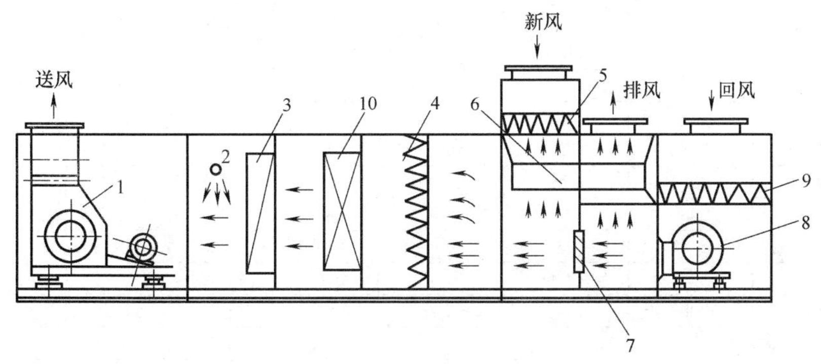

图 12-5-19　JNK1 型能量回收空调机组装配图

1—送风机；2—加湿器；3—加热器；4—中效过滤器；5—新风过滤器；6—热管换热器；
7—多叶调节阀；8—回风机；9—回风过滤器；10—表冷器

(二) 低温热管换热器尺寸、性能

KLS 型低温热管系由两端密封的铝轧翅片管，经清洗并抽成真空后注入适量液态工

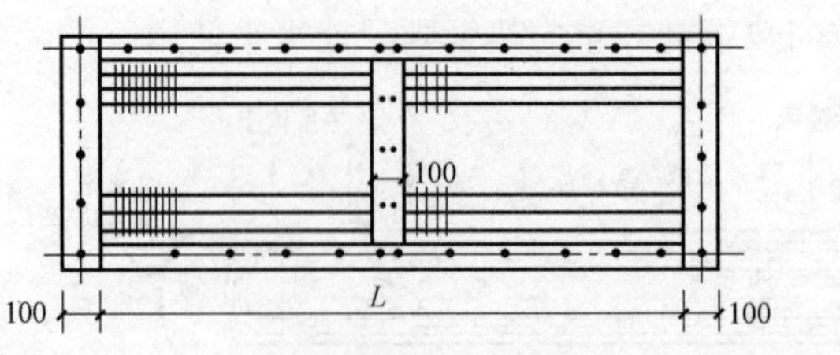

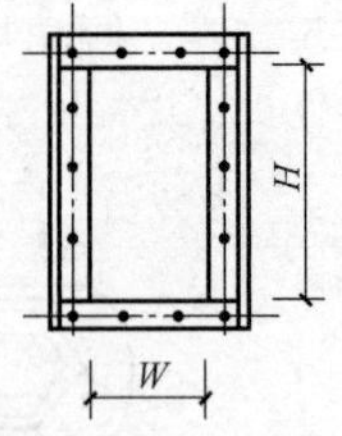

图 12-5-20　低温热管外形尺寸图

质而成。将热管元件按一定行列间距采用等边三角形布置方式，成束装在框架的壳体内，用中间隔板将热管的加热段和散热段分隔开，构成热管换热器，其主要外形尺寸如图12-5-20所示。各种型号的尺寸、迎风面积、对应风量、传热面积、质量如表 12-5-6 所示。

KLS 型低温热管换热器型号、尺寸、性能表　　表 12-5-6

基本型号	L (mm)	H (mm)	迎风面积 (m^2)	风量(m^3/h)			每排根数	8 排的质量 (kg)
				2.5m/s	3.0m/s	3.5m/s		
KLS-6X443-x-x	680	523	0.11	990	1188	1386	8	83
KLS-6X545-x-x	680	625	0.14	1206	1512	1764	10	100
KLS-6X698-x-x	680	778	0.18	1620	1944	2268	13	129
KLS-6X800-x-x	680	880	0,21	1890	2268	2646	15	147
KLS-6X953-x-x	680	1033	0.25	2250	2700	3150	18	176
KLS-10X443-x-x	1080	523	0.20	1800	2160	2520	8	137
KLS-10X545-x-x	1080	625	0.25	2250	2700	3150	10	164
KLS-10X698-x-x	1080	778	0.31	2790	3348	3906	13	204
KLS-10X800-x-x	1080	880	0.36	3240	3888	4536	15	233
KLS-10X953-x-x	1080	1033	0.43	3870	4644	5418	18	243
KLS-10X1106-x-x	1080	1186	0.50	4500	5400	6300	21	310
KLS-10X1259-x-x	1080	1340	0.57	5130	6156	7182	24	365
KLS-15X545-x-x	1580	625	0.380	3420	4104	4788	10	243
KLS-15X698-x-x	1580	778	0.49	4410	5292	6174	13	294
KLS-15X800-x-x	1580	880	0.56	5040	6048	7056	15	333
KLS-15X953-x-x	1580	1033	0.67	6030	7236	8442	18	392
KLS-15X1106-x-x	1580	1186	0.77	6930	8316	9702	21	451
KLS-15X1259-x-x	1580	1340	0.88	7920	9504	11088	24	515
KLS-15X1412-x-x	1580	1492	1.00	9000	10800	12600	27	579
KLS-20X545-x-x	2080	625	0.52	4680	5616	6552	10	315
KLS-20X698-x-x	2080	778	0.66	5940	7128	8316	13	383
KLS-20X800-x-x	2080	880	0.76	6840	8208	9576	15	444
KLS-20X953-x-x	2080	1033	0.91	8190	9828	11466	18	522
KLS-20X1106-x-x	2080	1226	1.05	9450	11340	13230	21	599
KLS-20X1208-x-x	2080	1328	1.15	10350	12420	14490	23	650
KLS-20X1361-x-x	2080	1481	1.29	11610	13932	16254	26	734
KLS-20X1514-x-x	2080	1634	1.44	12960	15552	18144	29	819
KLS-20X1667-x-x	2080	1787	1.54	13860	16632	19404	32	904
KLS-25X698-x-x	2580	818	0.83	7470	8964	10458	13	486
KLS-25X800-x-x	2580	920	0.96	8640	10368	12096	15	549
KLS-25X953-x-x	2580	1073	1.14	10260	12312	14364	18	644
KLS-25X1106-x-x	2580	1226	1.33	11970	14364	16758	21	739
KLS-25X1208-x-x	2580	1328	1.45	13050	15660	18270	23	803
KLS-25X1361-x-x	2580	1481	1.63	14670	17604	20538	26	893

续表

基本型号	L (mm)	H (mm)	迎风面积 (m²)	风量(m³/h)			每排根数	8排的质量 (kg)
				2.5m/s	3.0m/s	3.5m/s		
KLS-25X1514-x-x	2580	1634	1.82	16380	19656	22932	29	1002
KLS-25X1667-x-x	2580	1827	2.0	18000	21600	25200	32	1106
KLS-25X1820-x-x	2580	1980	1.18	10620	12744	14868	35	1210
KLS-30X800-x-x	3080	920	1.16	10440	12528	14616	15	650
KLS-30X953-x-x	3080	1073	1.38	12420	14904	17388	18	783
KLS-30X1106-x-x	3080	1226	1.61	14490	17388	20286	21	877
KLS-30X1208-x-x	3080	1328	1.74	15660	18792	21924	23	953
KLS-30X1361-x-x	3080	1481	1.97	17730	21276	24822	26	1066
KLS-30X1514-x-x	3080	1674	2.19	19710	23652	27594	29	1189
KLS-30X1667-x-x	3080	1827	2.42	21780	26136	30492	32	1312
KLS-30X1820-x-x	3080	1980	2.64	23760	28512	33264	35	1476
KLS-30X1973-x-x	3080	2133	2.86	25740	30888	36036	38	1599
KLS-35X953-x-x	3580	1113	1.62	14580	17496	20412	18	882
KLS-35X1106-x-x	3580	1226	1.88	16920	20304	23688	21	1013
KLS-35X1208-x-x	3580	1368	2.06	18540	22248	25956	23	1100
KLS-35X1361-x-x	3580	1521	2.34	21060	25272	29484	26	1232
KLS-35X1514-x-x	3580	1674	2.57	23130	27756	32382	29	1374
KLS-35X1667-x-x	3580	1827	2.83	25470	30564	35658	32	1516
KLS-35X1820-x-x	3580	1980	3.10	27900	33480	39060	35	1658
KLS-35X1973-x-x	3580	2133	3.35	30150	36180	42210	38	1800
KLS-35X2126-x-x	3580	2286	3.62	32580	39096	45612	41	1943
KLS-35X2279-x-x	3580	2439	3.87	34830	41796	48762	44	2085
KLS-35X2432-x-x	3580	2592	4.14	37260	44712	52164	47	2227
KLS-35X2585-x-x	3580	2745	4.40	39600	47520	55440	50	2369
KLS-35X2738-x-x	3580	2898	4.67	42030	50436	58842	53	2511
KLS-35X2891-x-x	3580	3051	4.92	44280	53136	61992	56	2650
KLS-40X3044-x-x	4080	3204	6.02	54180	65016	75852	59	3102
KLS-45X3220-x-x	4580	3380	7.03	63270	75924	88578	63	3583
KLS-50X3220-x-x	5080	3380	7.83	70470	84564	98658	63	4010
KLS-60X3220-x-x	6080	3380	9.43	84870	101844	118818	63	4820

注：

1. 表面数据均指片高为 9.5mm。
2. 换热器的长度（顺气流方向）L（mm）为：4 排：330；6 排：420；8 排：514。
3. 6 排的质量约为 8 排的 74%～80%，4 排的质量约为 8 排的 55%～60%。
4. 型号说明：产品代号-管长（X100mm)-迎风高度（mm)-排数-片距，
   如：KLS-35X1973-6-2.1，KLS-型号，管长 3500mm，迎风高度 1973，6 排，片距 2.1mm。
5. 订货时须标注排数和片距。

KLS 型低温热管换热器的温度效率 η 和空气阻力见图 12-5-21，其温度效率的定义为：

$$\eta=\frac{t_1-t_2}{t_1-t_3}\times 100(\%) \tag{12-5-47}$$

式中 t_1、t_2——新风的进、出口温度（℃）；

t_3——排风的进口温度（℃）。

KLS 型低温热管只提供冷却段为干工况的温度效率，冷却段为湿工况时，有待试验确定。

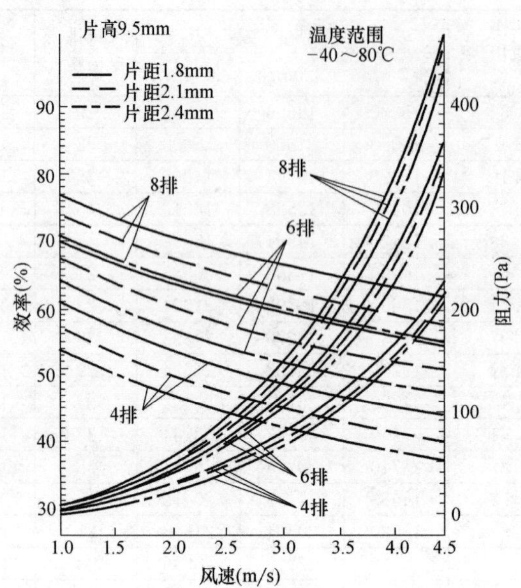

图 12-5-21　KLS 热管换热器的效率和阻力

（三）热管换热器的设计计算

一般已知热管换热器的新风和排风的入口温度 t_1 和 t_3，取新风量 L_x 与排风量 L_p 相等，即 $L_x=L_p$，新风和排风的出口温度按下列公式计算：

$$t_2=t_1-\frac{\eta(t_1-t_3)}{100} \tag{12-5-48}$$

$$t_4=t_3+\frac{\eta(t_1-t_3)}{100} \tag{12-5-49}$$

式中　t_4——排风的出口温度（℃）；

回收的热量 Q(W）为（负值时为冷量）：

$$Q=\frac{1}{3.6}L_x\rho_x c_x(t_2-t_1) \tag{12-5-50}$$

式中　L_x——新风量（m^3/ h）；

ρ_x——新风的密度（kg/m^3），（一般取 1.2kg/m^3）；

c_x——新风的比热容，一般可取 1.01kJ/(kg·℃)。

选用热管换热器时，应注意：

1. 重力热管换热器倾斜安装时，倾斜 5°～7°，热端在倾角侧。如果热管换热器全年使用，冬季的低温侧，夏季成高温侧，因此换季时要使用转换机构对调角度。

2. 零重力热管必须水平安装，应使用 800mm 以上的水平尺校核水平度。

3. KLS 型低温热管使用的温度范围在－40℃～80℃之间。

4. 迎风面风速宜采用 2.5m/s～3.5m/s。

5. 冷、热端之间的隔板，宜采用双层结构，以防止因漏风而造成交叉污染。

6. 换热器可以垂直或水平安装，既可以几个并联，也可以几个串联。

7. 当热气流的含湿量较大时，应设计凝水排除装置。

8. 启动换热器时，应使冷、热气流同时流动，或使冷气流先流动；停止时，应使冷、热气流同时停止，或先停热气流。

9. 考虑热管及翅片上积灰等因素，应考虑一定的安全因素。建议按图 12-5-21 查出为 η 值乘以 0.95。

10. 对于冷却端为湿工况时，加热端的 η 值应增加，即回收热量增加。亦可按上述公式计算（增加的热量作为安全因素）。需要确定冷却端（热气流）的终参数时，可按下式确定处理后的焓值，并按处理后的相对湿度为 90%左右。

$$h_2=h_1-\frac{3.6Q}{L\rho} \tag{12-5-51}$$

式中　h_1、h_2——热气流处理前、后的焓值（kJ/kg）；

Q——按冷气流计算出的回收热量（W）；

L——热气流的风量（m^3/h）；

ρ——热气流的密度（kg/m^3）；

【例 12-5-2】 已知当地大气压接近 993hPa；新风与排风量相等，$L_x=L_p=10000$ m^3/h；夏季新风温度 $t_1=33.2$℃，70%RH，排风温度 $t_3=25$℃；冬季室外温度为 $t_1=-12$℃，排风温度为 $t_3=20$℃，40%RH，试选用热管换热器。

【解】

［1］按迎风面风速 $v_y=3m/s$ 求迎风面积 F_y：

$$F_y=\frac{L_x}{3600v_y}=\frac{10000}{3600\times3}=0.926m^2$$

［2］查表 12-5-6，选用 KLS15×1412 型　$F_y=1.00m^2$。

$$v_y=\frac{L_x}{3600F_y}=\frac{10000}{3600\times1.00}=2.78m/s$$

［3］按 $v_y=2.78m/s$，查图 12-5-21 得：

6 排时：$\eta=61\%$，阻力 $H=101Pa$，

8 排时：$\eta=67\%$，阻力 $H=128Pa$；出于经济效益综合考虑，选用 6 排管，热回收效率 $\eta=61\%$，

［4］求新风出口温度［按公式（12-5-48）］

夏季：

$$t_2=33.2-0.61\times(33.2-25)=28.2℃$$

冬季：

$$t_2=-12-0.61\times(-12-20)=-7.52℃$$

查 h-d 图，当 $t_1=33.2$℃，70RH，$h_1=93kJ/kg$ 时，其露点温度为 27.9℃，新风出口温度 t_2 为 28.2℃故新风夏季可能有少量凝结水，需考虑泄水措施。

［5］求排风出口温度［按公式（12-5-49）］

夏季：

$$t_4=25+0.61\times(33.2-25)=30℃$$

冬季：

$$t_4=20+0.61\times(-12-20)=0.48℃$$

查 h-d 图，冬季排风露点温度为 10℃左右，冬季肯定有凝结水，故排风段也应有排水措施。而且处理后的温度应比 0.48℃为高。

［6］回收冷、热量计算：［按公式（12-5-50）］

夏季：

$$Q=\frac{1}{36}\times10000\times1.2\times1.01\times(33.2-28.2)=-16.83kW\ (冷量)$$

冬季：

$$Q=\frac{1}{3.6}\times10000\times1.2\times1.01\times(7.52+12)=65.72kW\ (热量)$$

（四）利用热管的配套产品

北京德天节能设备有限公司还生产一系列利用热管的配套产品：

1. 热管与空调器其他构件（过滤、加热、冷却、加温、风机等）组合的JNK直流式和非直流式能量回收机组，其构造见图12-5-19。

2. 由热管、风机和进风过滤器组合的RHS新风换气机或能量回收风箱。

3. 由热管、新风过滤器、加热器、新风风机和排风风机组成箱体的节能补风加热机组。

4. 由热管、新风风机、排风风机、排风过滤器等组成为冬、夏季预热、预冷新风用的屋顶能量回收机组。

六、板式换热器

（一）板式换热器原理

板式换热器是由许多波纹形的传热板片，按一定的间隔，通过橡胶垫片压紧组成的可拆卸的换热设备。板片组装时，两组交替排列，板与板之间用粘结剂把橡胶密封板条固定好，其作用是防止流体泄漏并使两板之间形成狭窄的网形流道，换热板片压成各种波纹形，以增加换热板片面积和刚性，并能使流体在低流速下形成湍流，以达到强化传热的效果。板上的四个角孔，形成了流体的分配管和泄集管，两种换热介质分别流入各自流道，形成逆流或并流通过每个板片进行热量的交换。

（二）板式换热器优缺点

其特点：（1）体积小，占地面积少；（2）传热效率高；（3）组装灵活；（4）金属消耗量低；（5）热损失小；（6）拆卸、清洗、检修方便；（7）板式换热器缺点是密封周边较长，容易泄漏，不能承受高压。

（三）板式换热器结构形式

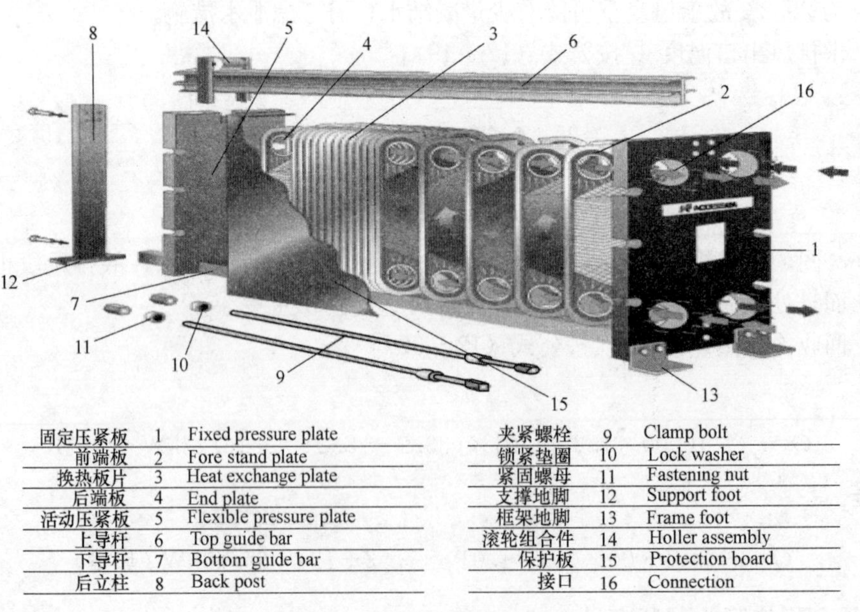

固定压紧板	1	Fixed pressure plate	夹紧螺栓	9	Clamp bolt
前端板	2	Fore stand plate	锁紧垫圈	10	Lock washer
换热板片	3	Heat exchange plate	紧固螺母	11	Fastening nut
后端板	4	End plate	支撑地脚	12	Support foot
活动压紧板	5	Flexible pressure plate	框架地脚	13	Frame foot
上导杆	6	Top guide bar	滚轮组合件	14	Holler assembly
下导杆	7	Bottom guide bar	保护板	15	Protection board
后立柱	8	Back post	接口	16	Connection

图12-6-1　板式换热器结构形式

板式换热器主要由传热板片、密封垫片、两端压板、夹紧螺栓、支架等组成。

各部件作用如下：

1. 传热板片

传热板片是换热器主要起换热作用的元件，一般波纹做成人字形，按照流体介质的不同，传热板片的材质也不一样，大多采用不锈钢和钛材制作而成。

2. 密封垫片

板式换热器的密封垫片主要是在换热板片之间起密封作用。材质有：丁腈橡胶、三元乙丙橡胶、氟橡胶等，根据不同介质采用不同橡胶。

3. 两端压板

两端压板主要是夹紧压住所有的传热板片，保证流体介质不泄漏。

4. 夹紧螺栓

夹紧螺栓主要是起紧固两端压板的作用。夹紧螺栓一般是双头螺纹，预紧螺栓时，使固定板片的力矩均匀。

5. 挂架

主要是支承换热板片，使其拆卸、清洗、组装等方便。

(四) 板式换热器的选型方法及计算公式

计算方法与步骤

1. 工艺条件

热介质

进出口温度℃	T_{h1}	T_{h2}
流量	m^3/h	G_h
压力损失（允许值）	MPa	ΔP_h

冷介质

进出口温度℃	T_{c1}	T_{c2}
流量	m^3/h	G_c
压力损失（允许值）	MPa	ΔP_c

2. 物性参数	热介质	冷介质
物性温度(℃)；	$T_H=(T_{h1}+T_{h2})/2$	$T_c=(T_{c1}+T_{c2})/2$
介质重度（kg/m^3）；	γ_h	γ_c
介质比热（kJ/kg·℃）；	C_{ph}	C_{pc}
导热系数（W/m·℃）；	λ_h	λ_c
运动黏度（m^2/s）；	ν_h	ν_c
普朗特数	P_{rh}	P_{rc}

3. 平均对数温差（逆流）

$$\Delta T=\frac{(T_{h1}-T_{c2})-(T_{h2}-T_{c1})}{\ln\frac{T_{h1}-T_{c2}}{T_{h2}-T_{c1}}}$$

或 $$\Delta T=\frac{(T_{h1}-T_{c2})-(T_{h2}-T_{c1})}{2}$$

4. 计算换热量

$$Q_q = G_h \times \gamma_h \times C_{ph} \times (T_{h1} - T_{h2}) = G_c \times \gamma_c \times C_{pc} \times (T_{c1} - T_{c2})\ \mathrm{W}$$

5. 设备选型计算

根据样本提供的型号结合流量定型号，主要依据于角孔流速。即：

$$W_1 = 4 \times G/3600 \times \pi \times D^2 (\text{冷热介质})$$

W_1——角孔流速（m/s）；$W_1 \leqslant 3.5 \sim 4.5$m/s

G——介质流量（m^3/h）；

D——角孔直径（m）。

6. 定型设备参数（样本提供）

单板换热面积	s	m^2
单通道横截面积	f	m^2
板片间距	l	m
平均当量直径	d_e	m（$d \approx 2 \times 1$）
传热准则方程式	$Nu = a \times Re \times b \times Pr \times m$	
压降准则方程式	$Eu = x \times Re \times y$	

Nu——努塞尔数；

Eu——欧拉数；

$a.b.x.y$——板形有关参数、指数（板换厂家提供）；

Re——雷诺数；

Pr——普朗特数；

m——指数　　热介质 $m=0.3$　　冷介质 $m=0.4$

7. 拟定板间流速初值 W_h 或 W_c（流速应同时满足以下 2 个条件）

$$W_c = W_h \times G_c / G_h$$

W_c 取 0.1～0.4m/s

8. 计算雷诺数（冷热介质）

$$Re = \frac{W \times de}{v}$$

W——计算流速，m/s；

de——当量直径，m；

ν——运动黏度，m^2/s。

9. 计算努塞尔数

$$Nu = a \times Re \times b \times Pr \times m$$

10. 计算放热系数

$$\alpha = Nu \times \lambda / de$$

α——放热系数，W/(m^2·℃)；

λ——导热系数，W/(m·℃)。

分别得出 α_h、α_c 热冷介质放热系数

11. 计算传热系数

$$K=\frac{1}{\frac{1}{\alpha_h}+\frac{1}{\alpha_c}+R_p+R_h+R_c}\text{W/m}^2\cdot℃$$

R_p——板片热阻，0.0000459m²·℃/W；

R_h——热介质污垢热阻，0.0000172～0.0000258m²·℃/W；

R_c——冷介质污垢热阻，0.0000258～0.0000602m²·℃/W。

12. 计算理论换热面积

$$F_m=Q_q/(K\times\Delta T)$$

13. 计算换热器单组程流道数

$$n=\frac{G}{3600\times f\times W}$$

G——流量，m³/h；

f——单通道横截面积，m²；

W——板间流速，m/s。

14. 计算换热器程数

$$N=\left(\frac{F_m}{s}+1\right)/(2\times N)$$

N 为≥1 的整数；s——单板换热面积，m²。

15. 计算实际换热面积

$$F=2\times N\times(n-1)\times s\text{（纯逆流）}$$

$$F/F_m>1.1\sim1.2$$

16. 计算欧拉数

$$Eu=x\times Rey$$

17. 计算压力损失

$$\Delta P=Eu\times\gamma\times W\times N\times10^{-6}\text{MPa}$$

γ——介质重度，kg/m³；

W——板间流速，m/s；

N——换热器程数。

七、壳管式换热器

（一）壳管式换热器原理

由一个壳体和包含许多管子的管束所构成，冷、热流体之间通过管壁进行换热的换热器。管壳式换热器作为一种传统的标准换热设备，在化工、炼油、石油化工、动力、核能和其他工业装置中得到普遍采用，特别是在高温高压和大型换热器中的应用占据绝对优势。

（二）壳管式换热器优缺点

管壳式换热器由一些直径较小的圆管加上管板组成管束外套一个外壳而构成。其特点是结构坚固，操作弹性大，适应性强，可靠程度高，处理能力大，能承受高温高压等特点，易于加工、清洗，选材及应用范围广，成本低。以上优点使其成为传统换热器的标准设备。但在追求高效传热的今天，传统的壳管式换热器单位体积的传热积较低，传热系数不高，金属消耗量大，难以满足生产要求。

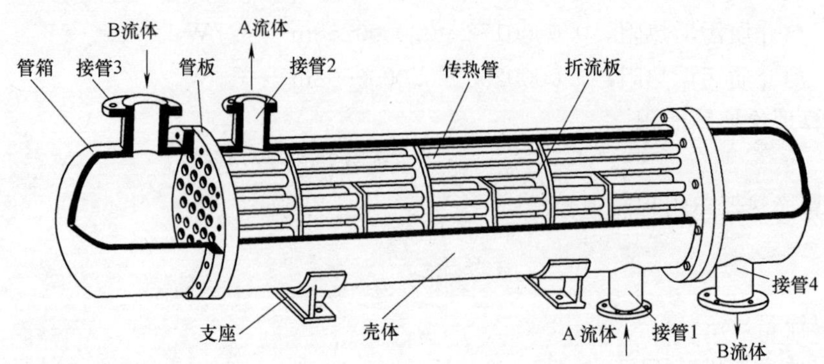

图 12-7-1　固定壳管式换热器

(三) 壳管式换热器结构形式

壳管式换热器由壳体、传热管束、管板、折流板（挡板）和管箱等部件组成。壳体多为圆筒形，内部装有管束，管束两端固定在管板上。进行换热的冷热两种流体，一种在管内流动，称为管程流体；另一种在管外流动，称为壳程流体。为提高管外流体的传热分系数，通常在壳体内安装若干挡板。挡板可提高壳程流体速度，迫使流体按规定路程多次横向通过管束，增强流体湍流程度。换热管在管板上可按等边三角形或正方形排列。等边三角形排列较紧凑，管外流体湍动程度高，传热分系数大；正方形排列的壳管式换热器则管外清洗方便，适用于易结垢的流体。

(四) 壳管式换热器的选型方法及计算公式

计算方法与步骤

1. 工艺条件

热介质

进出口温度（℃）	T_{h1}	T_{h2}
流量 G_h	m^3/h	
压力损失（允许值）ΔP_h	MPa	

冷介质

进出口温度（℃）	T_{c1}	T_{c2}
流量 G_c	m^3/h	
压力损失（允许值）ΔP_c	MPa	

2. 物性参数	热介质	冷介质
物性温度（℃）	$T_h=(T_{h1}+T_{h2})/2$	$T_c=(T_{c1}+T_{c2})/2$
介质重度（kg/m^3）	γ_h	γ_c
介质比热（kJ/kg·℃）	C_{ph}	C_{pc}
导热系数（W/m·℃）	λ_h	λ_c
运动粘度　m^2/s	ν_h	ν_c

普朗特数　　　　　　P_{rh}　　　　　　P_{rc}

3. 计算换热器的换热量

$$Q_q = G_h \times \gamma_h \times C_{ph} \times (T_{h1} - T_{h2}) = G_c \times \gamma_c \times C_{pc} \times (T_{c1} - T_{c2})\ \text{W}$$

4. 平均对数温差（逆流）

$$\Delta T = \frac{(T_{h1} - T_{c2}) - (T_{h2} - T_{c1})}{\ln \frac{T_{h1} - T_{c2}}{T_{h2} - T_{c1}}}$$

或　$$\Delta T = \frac{(T_{h1} - T_{c2}) - (T_{h2} - T_{c1})}{2}$$

5. 根据经验估计传热系数 $K_{估}$，计算传热面积 $A_{估}$。

$$G_h \times \gamma_h \times C_{ph} \times (T_{h1} - T_{h2}) = K_{估} \times A_{估} \times \Delta T$$

$$K_{估} = 700\text{W}/(\text{m}^2 \cdot ℃)$$

6. 根据 $A_{估}$，初选换热器（样本提供）

外壳直径　D　mm；

公称压强　P　MPa；

公称面积　A　m^2；

管程数　$N\text{p}$

管子排列方式

管子尺寸（内径）d_i　mm；

（外径）d_0　mm；

管长　l　m；

管数　N_T

管中心距　t　mm；

折流板间距　B　mm。

7. 管程给热系数 α_i

$$w_i = \frac{G_c}{0.785 d_i^2 \frac{N_T}{N_P}}$$

$$Re_i = \frac{d_i w_i}{v_c}$$

$$\alpha_i = 0.023 \frac{\lambda}{d_i} Re^{0.8} Pr^{0.3 \sim 0.4}$$

若 $\alpha_i < K_{估}$，则改变管程数重新计算或重新估计

8. 壳程给热系数 α_0

$$w_0 = \frac{G_h}{3600BD\left(1 - \frac{d_0}{t}\right)\gamma_h}$$

$$Re_0 = \frac{d_e w_0}{v_h}$$

$$Re > 2000 \quad \alpha_0 = 0.36 \frac{\lambda}{d_e} Re^{0.55} Pr^{1/3} \left(\frac{v}{v_w}\right)^{0.14}$$

$$Re=10\sim2000 \quad \alpha_0=0.5\frac{\lambda}{d_e}Re^{0.507}Pr^{1/3}\left(\frac{v}{v_w}\right)^{0.14}$$

$$\left(\frac{v}{v_w}\right)^{0.14} \text{取}0.95$$

d_e 为当量直径，排列一般为正方形或三角形

$$d_e=\frac{4\left(t^2-\frac{\pi}{4}d_0^2\right)}{\pi d_0^2}\text{（正方形）}$$

$$d_e=\frac{4\left(\frac{\sqrt{3}}{2}t^2-\frac{\pi}{4}d_0^2\right)}{\pi d_0^2}\text{（三角形）}$$

若 α_0 太小，则可减少挡板间距

9. 管程阻力校核

$$\Delta P_t=\left(\lambda_c\frac{l}{d_i}+3\right)f_t N_P\cdot\frac{\gamma_c w_i}{2}$$

N_P——管程数；

f_t——管程结垢校正系数，对三角形排列取 1.5，正方形排列取 1.4；

$\Delta P_i>\Delta P_{允}$ 必须调整管程数目重新计算。

10. 壳程阻力损失

$$\Delta P_s=\left[Ff_0N_{TC}(N_B+1)+N_B\left(3.5-\frac{2B}{D}\right)\right]f_s\frac{\gamma w_0^2}{2}$$

$$N_{TC}=1.19(N_T)^{0.5}$$

$$f_0=5Re^{-0.228} \quad (Re>500)$$

F_i——管子排列形式对压降的校正系数（三角形排列 $F=0.5$，正方形排列 $F=0.3$，正方形斜转 45°，$F=04$）；

f_s——污垢矫正系数（对液体可取 $f_s=1.15$，对气体或可凝蒸汽可取 1.0）；

f_0——壳程流体摩擦系数；

N_{TC}——横过管束中心线的管子数；

N_B——折流板数目；

B——折流板间距；

D——外壳直径；

w_0——壳程流速；

c——管子排列形式对压降的校正系数；

$\Delta P_s>\Delta P_{允}$ 必须调整管程数目重新计算，可增大挡板间距来降低。

11. 根据所选换热管确定管子的排列

目前我国国标采用 25mm×2.5mm 和 19mm×2mm，管长有 1.5，2，3，4.5，6，9m。

12. 折流挡板

安装折流挡板的目的是为了提高管外壳程流体速度，增加传热分系数。

对圆缺形挡板，弓形缺口的常见高度取壳体内径的 20%和 25%。

国标挡板间距：固定管板式：100、150、200、300、450、600、700mm；

浮头式：100、150、200、250、300、350、450（或480）、600mm。

13. 计算传热系数 $K_{计}$

根据流体的性质选择适当的垢层热阻 R

$$\frac{1}{K_{计}}=\frac{1}{\alpha_i}+R+\frac{1}{\alpha_0}$$

常见流体的污垢热阻 R **表 12-7-1**

流体	污垢热阻 R ($m^2 \cdot K \cdot kW^{-1}$)	流体	污垢热阻 R ($m^2 \cdot K \cdot kW^{-1}$)
水		溶剂蒸汽	0.14
蒸馏水	0.09	水蒸气	
海水	0.09	优质(不含油)	0.052
清净的河水	0.21	劣质(不含油)	0.09
未处理的冷却塔用水	0.58	往复机排出	0.176
已处理的冷却塔用水	0.26	液体	
已处理的锅炉用水	0.26	处理过的盐水	0.264
硬水、井水	0.58	有机物	0.176
气体		燃料油	1.056
空气	0.26～0.53	焦油	1.76

14. 校核传热面积

$$A_{计}=\frac{Q}{K\phi\Delta T}$$

$$A=N_T\pi d_0 l$$

$$A/A_{计}=1.10\sim1.20$$

否则重新估计 $K_{估}$，重复以上计算。

八、热泵

目前，许多办公楼等建筑采用热泵机组，使一套制冷设备既可在夏季制冷，又可在冬季供热。冬季供热，就是制冷系统以消耗少量的功由低温热源取热，向需热对象供应更多的热量为目的，则称为热泵。现已有从1.7kW至3500kW的各种规格的热泵。热泵是一种节能装置。

热泵之所以认为节能是因为它的性能系数COP（热泵的供热量与输入功的比值）总大于1，有时可以达到3～5之多。也就是说，用热泵得到的热能是消耗电能热当量的3～4倍（我们耗去1瓦的电能时，就能得到3～5瓦的热量）。可见，供同样数量的热，热泵比电热器省电。

热泵取热的低温热源可以是室外空气、室内排气、地面或地下水以及废弃不用的其他余热，因此，利用热泵是有效利用低温热能的一种节能的技术手段。

常用的热泵形式有以下几种：

空气源热泵；地下水地源热泵；地埋管地源热泵；地表水地源热泵；污水源热泵；水环热泵。

第十三章　空调系统的消声设计

空调系统的消声设计是工业与民用建筑工程空调设计中的一个重要方面，关系到建筑的实际使用效果。设置空调系统是为了创造适宜或舒适的环境，这其中包括声环境，对于民用建筑，如住宅、旅馆、医院、学校及办公建筑等，控制室内噪声并使之在允许范围内，是确保正常工作休息的基本要求；对于厅堂建筑则是获得良好视听效果的必要条件；在商业性建筑中，适宜的声环境给顾客提供良好的购物及休闲娱乐环境；而在工业建筑中，控制强噪声使之在允许标准范围内，是保证工人健康的强制措施。此外，通过空调系统的消声设计，减少系统对环境的噪声排放，保证周围的声环境不被污染。

第一节　噪声的计量与评价

物体振动时，迫使其周围的空气质点往复移动，使空气中产生在大气压力上附加的交变压力，这一压力波称为声波（交替产生压缩、稀疏状态而形成波动），当频率范围 20～20000Hz 的声波传到人耳被接收时，就成为声音。

各种不同频率和声强的声音无规律地组合，就称为噪声。广义地说，一切使人烦躁，人们不需要的声音都称为噪声。

一、噪声的计量

（一）强度

噪声的强弱是指声压的大小，或者是指单位面积上、单位时间内通过声能量的多少。

声音大小的量度用对比于基准量的倍数取对数的十倍来表示，其单位为分贝（dB）。

1. 声强和声强级

单位时间内通过垂直于声波传播方向的面积 S 的平均声能量称为平均声能通量，单位面积上的平均声能通量称为声强，记为 I

声强与基准声强（I_0）之比的以 10 为底的对数的 10 倍为声强级 L_I，单位 dB，即

$$L_I = 10\lg\left(\frac{I}{I_0}\right) \tag{13-1-1}$$

式中　I——声强（W/m^2）；

I_0——基准声强（10^{-12} W/m^2）。

2. 声压和声压级

声波在媒质中传播时，媒质某点由于受声波扰动后压强偏离原先的静压力的值，称为声压（p）。声压与基准声压（p_0）之比的以 10 为底的对数的 20 倍为声压级 L_p，单位

dB，即

$$L_p = 20\lg\left(\frac{p}{p_0}\right) \tag{13-1-2}$$

式中 p——有效声压（Pa）；

p_0——基准声压，对于空气声，等于 2×10^{-5} Pa。

3. 声功率和声功率级

单位时间内声源辐射的总声能量称为声源的声功率（W）。

声源的声功率（W）与基准声功率（W_0）之比的以 10 为底的对数的 10 倍为声功率级 L_W，单位 dB，即

$$L_W = 10\lg\left(\frac{W}{W_0}\right) \tag{13-1-3}$$

式中 W ——声功率（W）；

W_0——基准声功率（10^{-12} W）。

4. 换算关系

（1）声压级（L_p）与声强级（L_I）的关系

$$L_I = L_p + 10\lg\frac{400}{\rho c} \tag{13-1-4}$$

式中 ρ——空气密度（kg/m^3）；

c——空气中的声速（m/s）。

（2）声压级（L_p）与声功率级（L_W）的关系

在点声源向自由空间辐射声能的条件下，距声源 r 米处声压级与声功率级的关系为：

$$L_p = L_W - 20\lg r - 11 \tag{13-1-5}$$

在半自由空间条件下（即点声源置于刚性地面向半自由空间辐射声能），则为：

$$L_p = L_W - 20\lg r - 8 \tag{13-1-6}$$

5. 声压级的叠加

为了计算多个声源叠加的总噪声级，计算声源产生的噪声与背景噪声叠加后的总声压级时，需要进行声压级的叠加计算。声压级的叠加不是各个声压级简单的算术相加，能进行叠加运算的只能是声音的能量，利用能量相加进行声压级的运算。

（1）相同声压级的叠加

当 n 个相同的声源同时发声时，总声压级（L_{pT}）为：

$$L_{pT} = L_{p1} + 10\lg n \tag{13-1-7}$$

式中 L_{p1}——一个声源单独发声时的声压级（dB）；

n——声源个数。

例如，$n=2$ 时，即两个相同的声压级叠加，$L_{pT}=L_{p1}+3$，总声压级为在单个声压级的基础上增加 3dB。相同声压级的声音叠加后声压级增加的值见表 13-1-1。

相同声压级的声音叠加后声压级增加的量 **表 13-1-1**

声源个数 n	1	2	3	4	5	6	7	8	9	10	12
声压级增值 $10\lg n$(dB)	0	3	4.8	6	7	7.8	8.5	9	9.5	10	10.8

(2) 不同声压级的叠加

当 n 个不同的声源同时发声时，总声压级（L_{pT}）为：

$$L_{pT} = 10\lg\left(\sum_{i=1}^{n} 10^{L_{pi}/10}\right) \tag{13-1-8}$$

式中 L_{pi}——一个声源单独发声时的声压级（dB）；

n——声源个数。

当仅有两个声源时，假定第一个声源的声压级 L_{p1} 大于第二个声源的声压级 L_{p2}，则叠加后总声级为：

$$L_{pT} = L_{p1} + A \tag{13-1-9}$$

式中 A——与 $L_{p1}-L_{p2}$ 有关的修正值（dB），可查表 13-1-2 求出。

相应于 $L_{p1}-L_{p2}$ 的 A 值 **表 13-1-2**

$L_{p1}-L_{p2}$(dB)	A(dB)	$L_{p1}-L_{p2}$(dB)	A(dB)	$L_{p1}-L_{p2}$(dB)	A(dB)
0	3	6	1.0	12	0.3
1	2.5	7	0.8	13	0.2
2	2.1	8	0.6	14	0.2
3	1.8	9	0.5	15	0.1
4	1.5	10	0.4	16	0.1
5	1.2	11	0.3	>16	0

（二）频谱

1. 频率

声波的频率是单位时间（1 秒钟）内媒质质点振动的次数，单位为赫兹（Hz）。

人们听到的声音一般都包括不同的频率。所谓的低频噪声即它的频率低、音调低、声音低沉，也就是说它的能量以低频成分为主。所谓的高频噪声即它的频率高、音调高、声音尖锐，也就是说它的能量以高频成分为主。

2. 常用频程

由于人耳可听频率范围从 20Hz 到 20000Hz，实际上不可能测量这个范围中的每一个频率的声压级，因此划分为若干个频率区间，这个频率区间即称为频程或频带，由上限频率和下限频率规定带宽。在噪声控制或测量中，常用倍频程和 1/3 倍频程，频程划分见表 13-1-3。

3. 频谱曲线

以频率（频带）为横坐标，以声压级（声强级、声功率级）为纵坐标，绘出噪声的曲线图称为频谱曲线或频率特性曲线图。它清楚地反映该噪声的成分、性质和强度，在噪声控制中十分重要。设计人员应根据噪声的频率特性曲线图，分析噪声特点，采取有针对性的措施。如某噪声以低频为主，那么在噪声控制时所采用的隔声构造、吸声构造、消声元件等的性能也必须是消除低频性能好的，才能获得良好的降噪效果。同样，以高频成分为主的噪声，要获得良好的降噪效果，就必须采用消除高频性能好的构造、材料、消声元件等，否则，既不能有效地降低噪声，又浪费了投资。

频程的划分 **表 13-1-3**

频段	频带数	倍频程			1/3 倍频程		
		上限频率(Hz)	中心频率(Hz)	下限频率(Hz)	上限频率(Hz)	中心频率(Hz)	下限频率(Hz)
低频	12	11	16	22	14.1	16	17.8
	13				17.8	20	22.4
	14				22.4	25	28.2
	15	22	31.5	44	28.2	31.5	35.5
	16				35.5	40	44.7
	17				44.7	50	56.2
	18	44	63	88	56.2	63	70.8
	19				70.8	80	89.1
	20				89.1	100	112
	21	88	125	177	112	125	141
	22				141	160	178
	23				178	200	224
中频	24	177	250	355	224	250	282
	25				282	315	355
	26				355	400	447
	27	355	500	710	447	500	562
	28				562	630	708
	29				708	800	891
高频	30	710	1000	1420	891	1000	1122
	31				1122	1250	1413
	32				1413	1600	1778
	33	1420	2000	2840	1778	2000	2239
	34				2239	2500	2818
	35				2818	3150	3548
	36	2840	4000	5680	3548	4000	4467
	37				4467	5000	5623
	38				5623	6300	7079
	39	5680	8000	11360	7079	8000	8913
	40				8913	10000	11220
	41				11220	12500	14130
	42	11360	16000	22720	14130	16000	17780
	43				17780	20000	22390

二、噪声的评价

（一）等响曲线

对噪声的评价除客观物理量外，还与人耳对不同频率声音的主观感受有关。声压级相同而频率不同的声音，听起来不一样响。

以连续纯音作试验，取 1000Hz 纯音的某个声压级为听响基准，以各频率的纯音作测听信号，测出与 1000Hz 纯音等响的声压级，绘出系列的等响曲线，如图 13-1-1 所示，从而得到一个将声压级与频率关系统一起来的主观量—响度级（方）。

等响曲线中每一曲线表示相同响度下，频率和声压级的关系。取 1000Hz 纯音的声压级代表该曲线的响度值。等响曲线表明，人耳对低频声不敏感，对 2000～5000Hz 的高频声敏感，噪声评价标准就是在此基础上引申出来的。

（二）A（计权）声级

由于人耳并非对所有频率的声音一样的敏感，因此，为得到比声压级更能与人耳响度

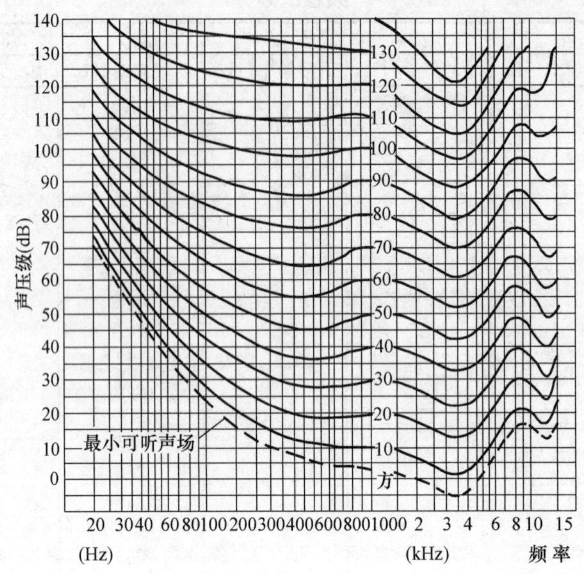

图 13-1-1　等响曲线

判别密切相关的量，在声级计中设置了“频率计权网络”，这些网络改变了声级计对声音中不同频率成分的敏感性，其中 *A*、*B*、*C* 计权网络分别模仿等响曲线中响度级为 40 方、70 方、100 方的等响曲线。

使用 *A*、*B*、*C* 计权网络所测得的声级分别为 *A*（计权）声级、*B*（计权）声级、*C*（计权）声级，简称 *A* 声级、*B* 声级、*C* 声级，单位 dB（*A* 声级的单位可用 dB（A）表示）。计权网络的频响特性见表 13-1-4。

A 计权网络能较好地模仿人耳的频率响应特性，与人们的主观评价有较好的相关性，因此，*A* 声级被广泛用作噪声的单值评价量。

声级计用计权网络频率响应　　　**表 13-1-4**

频率(Hz)	计权网络(dB)			频率(Hz)	计权网络(dB)		
	A	*B*	*C*		*A*	*B*	*C*
10	−70.4	−38.2	−14.3	500	−3.2	−0.3	0
12.5	−63.4	−33.2	−11.2	630	−1.9	−0.1	0
16	−56.7	−28.5	−8.5	800	−0.8	0	0
20	−50.5	−24.2	−6.2	1000	0	0	0
25	−44.7	−20.4	−4.4	1250	+0.6	0	0
31.5	−39.4	−17.1	−3.0	1600	+1.0	0	−0.1
40	−34.6	−14.2	−2.0	2000	+1.2	−0.1	−0.2
50	−30.2	−11.6	−1.3	2500	+1.3	−0.2	−0.3
63	−26.2	−9.3	−0.8	3150	+1.2	−0.4	−0.5
80	−22.5	−7.4	−0.5	4000	+1.0	−0.7	−0.8
100	−19.1	−5.6	−0.3	5000	+0.5	−1.2	−1.3
125	−16.1	−4.2	−0.2	6300	−0.1	−1.9	−2.0
160	−13.4	−3.0	−0.1	8000	−1.1	−2.9	−3.0
200	−10.9	−2.0	0	10000	−2.5	−4.3	−4.4
250	−8.6	−1.3	0	12500	−4.3	−6.1	−6.2
315	−6.6	−0.8	0	16000	−6.6	−8.4	−8.5
400	−4.8	−0.5	0	20000	−9.3	−11.1	−11.2

（三）等效（连续 A 计权）声级

评价噪声对人体的影响时，不但要考虑噪声的大小，同时还应考虑作用时间。相同的噪声级由于作用时间的不同，人所受到的噪声影响也就不同。为此，引入等效（连续 A 计权）声级，简称等效声级，即在声场中某一位置上，将某一段时间内间歇暴露的几个不同的 A 声级噪声，用能量平均的方法得出一个 A 声级来表示该段时间噪声的大小。

等效声级的表示式为：

$$L_{eq} = 10\lg\left[\left(\frac{1}{T}\right)\int_0^T 10^{0.1L_A}dt\right] \quad (13\text{-}1\text{-}10)$$

式中 L_{eq}——等效声级（dB）；

T——某段时间的时间量（s）；

L_A——A 声级的瞬时值（dB）。

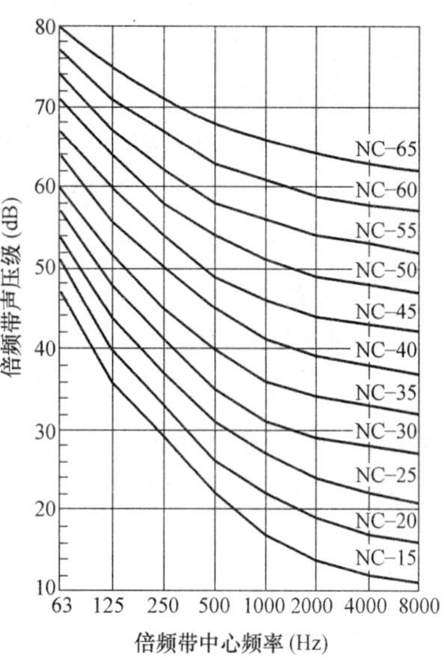

图 13-1-2 NC 噪声评价曲线

（四）噪声评价曲线

单值 A 声级不能确切地反映该噪声的频率特性，不同的频带声压级谱，可能有相同的 A 声级。在噪声控制工程设计中，通常是按噪声频谱来采取相应的措施，因此需要按频带声压级定出标准，通常用频带声压级曲线，即噪声评价曲线。

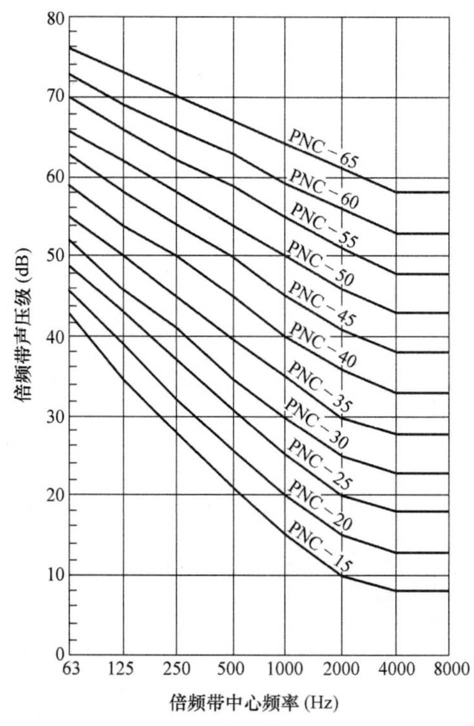

图 13-1-3 PNC 噪声评价曲线

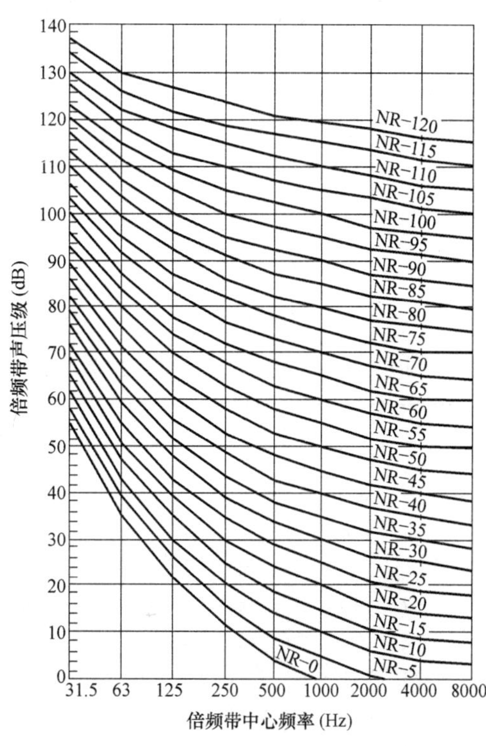

图 13-1-4 NR 噪声评价曲线

常用的噪声评价曲线有：NC评价曲线、PNC评价曲线、NR评价曲线，为了使用方便，用频带声压级曲线及其代号来规定，如：NC-20，NR-35。

1. NC评价曲线

NC评价曲线，作为室内噪声标准的基础数值，适用于稳定噪声，并对某一指定NC曲线的每倍频程声压级规定最大允许值。如图13-1-2、表13-1-5。如对一稳定声源，某室内要求允许噪声标准为NC-20评价曲线，那么，室内噪声的八个倍频程的声压级必须比图13-1-2或表13-1-5中NC-20曲线的相应倍频程声压级的数值低。

2. PNC评价曲线

PNC评价曲线是对NC曲线的修正，即在125、250、500、1000Hz四个频带比NC曲线低约1dB；在63Hz比NC曲线低约4～5dB；在2000、4000、8000Hz三个频带低约4～5dB；PNC评价曲线比NC曲线的要求提高了。如图13-1-3、表13-1-6。同号码曲线PNC曲线比NC曲线低3.5dB，即PNC＝3.5＋NC，PNC-40曲线近似等于NC-36.5曲线。

3. NR评价曲线

NR评价曲线也是各国常用的曲线，NR曲线号码为中心频率1000Hz倍频程声压级值，考虑到高频噪声比低频噪声对人们的影响严重，因此，高频噪声的倍频程声压级要控制在较低水平而低频噪声倍频程声压级可适当提高些。这样，在同一曲线上各倍频程噪声干扰程度相同。例如NR-80曲线，1000Hz倍频程声压级为80dB，8000Hz倍频程声压级为74dB，降低了6dB；125Hz倍频程声压级为92dB，升高了12dB。

NR评价曲线如图13-1-4、表13-1-7。

4. 评价曲线NC（PNC）、NR与A声级之间的关系

在通常情况下，对于大多数噪声（航空噪声除外）NC（PNC）、NR与A声级的近似关系如下：

$$L_A = NR + 5\text{dB};\ L_A = NC + (6 \pm 2)\text{dB} \tag{13-1-11}$$

式中 L_A——A声级（dB）

NR、NC——噪声评价数

NC噪声评价曲线对应的倍频程声压级 **表13-1-5**

评价曲线(NC—)	倍频带中心频率(Hz)声压级(dB)							
	63	125	250	500	1000	2000	4000	8000
NC—15	47	36	29	22	17	14	12	11
NC—20	51	40	33	26	22	19	17	16
NC—25	54	44	37	31	27	24	22	21
NC—30	57	48	41	35	31	29	28	27
NC—35	60	52	45	40	36	34	33	32
NC—40	64	56	50	45	41	39	38	37
NC—45	67	60	54	49	46	44	43	42
NC—50	71	64	58	54	51	49	48	47
NC—55	74	67	62	58	56	54	53	52
NC—60	77	71	67	63	61	59	58	57
NC—65	80	75	71	68	66	64	63	62

PNC 噪声评价曲线对应的倍频程声压级 **表 13-1-6**

评价曲线(PNC－)	倍频带中心频率(Hz)声压级(dB)							
	63	125	250	500	1000	2000	4000	8000
PNC－15	43	35	28	21	15	10	8	8
PNC－20	46	39	32	26	20	15	13	13
PNC－25	49	43	37	31	25	20	18	18
PNC－30	52	46	41	35	30	25	23	23
PNC－35	55	50	45	40	35	30	28	28
PNC－40	59	54	50	45	40	36	33	33
PNC－45	63	58	54	50	45	41	38	38
PNC－50	66	62	58	54	50	46	43	43
PNC－55	70	66	62	59	55	51	48	48
PNC－60	73	69	66	63	59	56	53	53
PNC－65	76	73	70	67	64	61	58	58

NR 噪声评价曲线对应的倍频程声压级 **表 13-1-7**

评价曲线(NR－)	倍频带中心频率(Hz)声压级(dB)								
	31.5	63	125	250	500	1000	2000	4000	8000
NR－0	55	35	22	12	4	0	−4	−6	−7
NR－5	58	39	26	16	9	5	1	−1	−2
NR－10	62	43	30	21	14	10	6	4	3
NR－15	65	47	35	25	19	15	11	9	8
NR－20	69	51	39	30	24	20	16	14	13
NR－25	72	55	43	35	29	25	21	19	18
NR－30	76	59	48	39	34	30	26	25	23
NR－35	79	63	52	44	38	35	32	30	28
NR－40	82	67	56	49	43	40	37	35	33
NR－45	86	71	61	53	48	45	42	40	38
NR－50	89	75	65	58	53	50	47	45	44
NR－55	93	79	70	63	58	55	52	50	49
NR－60	96	83	74	68	63	60	57	55	54
NR－65	101	87	78	72	68	65	62	60	59
NR－70	103	91	83	77	73	70	67	65	64
NR－75	106	95	87	82	78	75	72	70	69
NR－80	110	99	92	86	82	80	77	76	74
NR－85	113	103	96	91	87	85	82	81	79
NR－90	117	107	100	95	92	90	87	86	84
NR－95	120	111	105	100	97	95	92	91	89
NR－100	123	115	109	105	102	100	97	96	94
NR－105	127	119	113	110	107	105	103	101	100
NR－110	130	122	118	115	112	110	108	106	105
NR－115	134	126	122	119	117	115	113	111	110
NR－120	137	130	127	124	121	120	118	116	115

(五）语言干扰评价标准

对语言交谈影响程度取决于稳态背景噪声，而决定语言清晰度的主要频率范围是以中心频率为 500Hz、1000Hz、2000Hz 的三个倍频程中心频率声压级，因此，语言干扰级 SIL 定义为上述三个倍频程中心频率声压级的算术平均值。

$$SIL=\frac{L_{500}+L_{1000}+L_{2000}}{3} \tag{13-1-12}$$

式中　　SIL——语言干扰级（dB）；

L_{500}、L_{1000}、L_{2000}——分别为倍频程中心频率 500Hz、1000Hz、2000Hz 的声压级

表 13-1-8 为刚好能听清的语言干扰级资料

刚好能听清的语言干扰级（dB） **表 13-1-8**

距离(mm)	说话的声音强度			
	正　常	提高噪音	很响	叫喊
150	71	77	83	89
300	65	71	77	83
600	59	65	71	77
900	55	61	67	73
1200	53	59	65	71
1500	51	57	63	69
1800	49	55	61	67
3600	43	49	55	61

第二节　空调系统消声设计的程序及相关噪声标准

一、空调系统消声设计的程序

(一) 空调系统消声设计的程序

进行空调系统的消声设计，首先应对该项工作的内容、专业关系和设计程序有明晰的了解，使各专业在方案设计阶段（最晚在初步设计阶段）就应考虑消声的要求。这样有利于分工协作，避免不必要的重复劳动和返工，提高工作效率。

对于一项建筑工程的设计，在初步设计阶段，设备专业就应配合各专业介入，进行方案设计，提出本专业的要求，包括空调系统的方式、机房的位置、管道的走向等，并开始空调系统的消声及隔振设计。

空调系统的消声设计，应在设备专业初步设计阶段时开始，在扩大初步设计阶段时作详细的设计和计算，并绘制施工图。常用的设计程序如图 13-2-1 所示。

(二) 空调系统消声设计程序内容的简述

1. 确定空调用房的室内噪声标准

根据空调用房的使用功能确定室内噪声标准，确定的途径主要有：国家及行业标准；依据房间的使用功能，以保护人体健康和创造良好的听闻条件为目的制定的室内噪声标准。一般情况下，前者为法定标准，在设计中必须执行，后者则通常作为推荐值建议采用。

2. 消声设计

消声设计包括空调系统的消声设计和毗邻房间之间的串音处理，以及控制气流噪声和送、回风量的平衡四方面。

(1) 空调系统的消声设计

首先测定或计算风机的声功率级，然后计算管路系统的噪声自然衰减量，两者之差即为空调用房出风口（回风口）的声功率级，再以风口为声源，计算距离风口某一距离（要求的工作面）的声压级，将求得的室内声压级减去室内允许噪声级，其差值即为系统所必

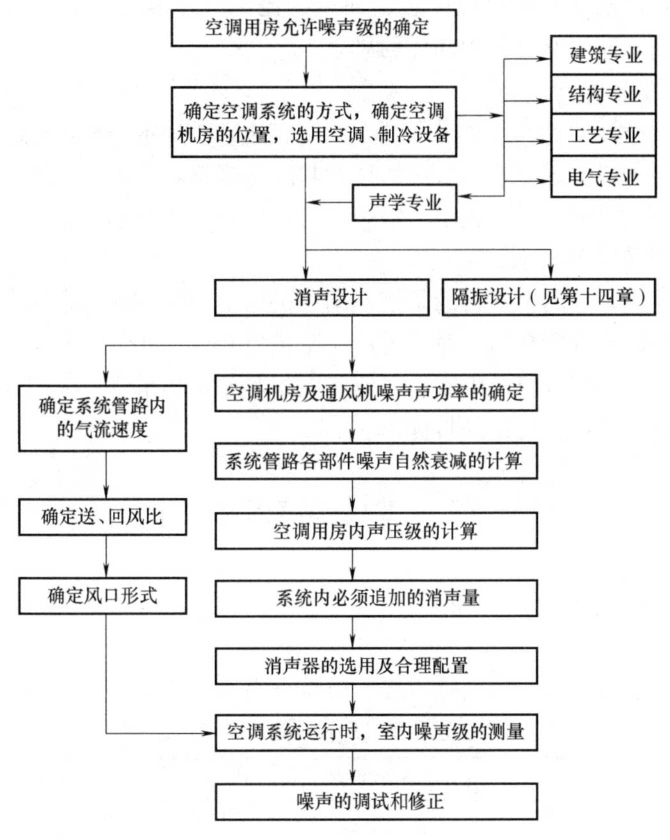

图 13-2-1　空调系统消声设计程序

需的消声量，根据该消声量选择适当的消声器，并作合理的配置。

（2）串音的处理

在空调系统中，对于通过同一管道将风口引向相邻的房间的情况，该管道就成为传播声音的通道，使相邻两房间的隔声量降低，造成两房间之间互相干扰。这一问题在管路设计中经常被忽略。解决的措施是：增加相互毗邻的两风口间的距离并追加消声装置，对室内噪声标准要求较高的房间，可设计独立的管道系统。

（3）控制系统管路的气流速度

气流在管道和消声器内以一定速度流动时产生附加噪声，尤其是在系统末端处，比如风口处，气流噪声将直接排向室内，影响室内噪声达标。控制气流噪声的根本措施是限制管路内的气流速度，它包括限制主风管、支风管和风口（送、回风及排风）的气流速度。根据空调用房噪声标准的要求，在空调方案设计时，就应确定气流速度和相应的风口形式。

（4）送、回风的平衡

在空调系统的设计中，确定送回风量的比例，通常采用一些经验值，一般回风量小于送风量，这是考虑到部分风量通过房间的缝隙逸散的情况而采取的做法。但工程实践表明，有些建筑，如音乐厅、歌剧院，特别是录音、播音建筑，由于这些空调用房有很高的隔声要求，因此风的逸散量很小，如果采用一般空调用房的送回风比例，就会引起回风噪声超标，因此，必须根据具体情况确定送回风的比例，在录音、播音用房中，一般采用1∶1的送回风比例，即送回风采用同样的风量。

3. 环境噪声的治理

空调系统消声设计的首要任务是保证空调用房达到所确定的噪声标准，但也不能忽视对周围环境的噪声干扰。这主要与机房的位置和降噪措施，新风口、排风口的位置及消声处理，冷却塔、热泵机组、风冷机组、锅炉房的位置及噪声治理等方面有关。

4. 空调用房的噪声测试及调试

空调系统的消声设计的最终目的是使空调用房的室内噪声级符合噪声标准的要求，因此，工程竣工、空调系统负载运行时，需进行室内空调噪声的测定以及风口风速的测定，并将测量结果与允许噪声级以及限定的气流速度相对照，如果测量值超过允许噪声级，则应找出原因，进行修改，直到达到目标。

二、室内噪声标准

（一）民用建筑的室内噪声标准

1. 住宅建筑

住宅卧室、起居室（厅）内的噪声级，应符合表13-2-1的规定。

卧室、起居室（厅）内的允许噪声级　　表13-2-1

房间名称	允许噪声级(A声级,dB)				标准依据
	高要求标准		低限标准		
	昼间	夜间	昼间	夜间	
卧室	≤40	≤30	≤45	≤37	《民用建筑隔声设计规范》GB 50118—2010
起居室(厅)	≤40		≤45		

注：1. 室内允许噪声级的低限标准是住宅建筑室内噪声的最低要求，是所有住宅都应达到的最低标准。室内允许噪声级的高要求标准是住宅建筑室内噪声的较高要求，供高标准住宅设计使用。

2. 一般情况，昼间为06：00～22：00，夜间为22：00～06：00，或按当地人民政府的规定。

2. 学校建筑

学校建筑中各种教学用房及教学辅助用房内的噪声级，应符合表13-2-2的规定。

室内允许噪声级　　表13-2-2

房间名称	允许噪声级(A声级,dB)	标准依据
语言教室、阅览室	≤40	《民用建筑隔声设计规范》GB 50118—2010
普通教室、实验室、计算机房	≤45	
音乐教室、琴房	≤45	
教师办公室、休息室、会议室	≤45	
舞蹈教室、健身房	≤50	
教学楼中封闭的走廊、楼梯间	≤50	

3. 医院建筑

医院主要房间内的噪声级，应符合表13-2-3的规定。

室内允许噪声级　　表 13-2-3

房间名称	允许噪声级(A 声级,dB)				标准依据
	高要求标准		低限标准		
	昼间	夜间	昼间	夜间	
病房、医护人员休息室	≤40	≤35注2.	≤45	≤40	《民用建筑隔声设计规范》GB 50118—2010
各类重症监护室	≤40	≤35	≤45	≤40	
诊室	≤40		≤45		
手术室、分娩室	≤40		≤45		
洁净手术室	—		≤50		
人工生殖中心	—		≤40		
听力测听室	—		≤25注3.		
化验室、分析实验室	—		≤40		
入口大厅、候诊厅	≤50		≤55		

注：1. 室内允许噪声级的低限标准是医院建筑室内噪声的最低要求，是应达到的最低标准；室内允许噪声级的高要求标准，供高标准医院建筑使用；

2. 对特殊要求的病房，室内允许噪声级应小于或等于 30dB；

3. 表中听力测听室允许噪声级的数值，适用于采用纯音气导和骨导听阈测听法的听力测听室。采用声场测听法的听力测听室的允许噪声级另有规定。

4. 旅馆建筑

旅馆建筑各房间内的噪声级，应符合表 13-2-4 的规定。

室内允许噪声级　　表 13-2-4

房间名称	允许噪声级(A 声级,dB)						标准依据
	特　级		一　级		二　级		
	昼间	夜间	昼间	夜间	昼间	夜间	
客房	≤35	≤30	≤40	≤35	≤45	≤40	《民用建筑隔声设计规范》GB 50118—2010
办公室、会议室	≤40		≤45		≤45		
多用途厅	≤40		≤45		≤50		
餐厅、宴会厅	≤45		≤50		≤55		

不同级别旅馆建筑的室内允许噪声级所应达到的等级，应符合表 13-2-5 的规定。

声学指标等级与旅馆建筑等级的对应关系　　表 13-2-5

声学指标的等级	旅馆建筑的等级
特级	五星级以上饭店及同档次旅馆建筑
一级	三、四星级饭店及同档次旅馆建筑
二级	其他档次的旅馆建筑

5. 办公建筑

办公室、会议室内的噪声级，应符合表 13-2-6 的规定。

室内允许噪声级　　表 13-2-6

房间名称	允许噪声级(A 声级,dB)		标准依据
	高要求标准	低限标准	
单人办公室	≤35	≤40	《民用建筑隔声设计规范》GB 50118—2010
多人办公室	≤40	≤45	
电视电话会议室	≤35	≤40	
普通会议室	≤40	≤45	

注：室内允许噪声级的低限标准是办公建筑室内噪声的最低要求，是应达到的最低标准。室内允许噪声级的高要求标准，供高标准办公建筑使用。

6. 商业建筑

商业建筑指以商业经营为目的、有固定的服务人员和相对较多的流动人员的营业性场所，如购物中心、餐厅、娱乐场（迪斯科和KTV等）、健身中心、会展中心等等。

商业建筑各房间内的噪声级（空场时），应符合表13-2-7的规定。

室内允许噪声级 **表13-2-7**

房间名称	允许噪声级(A声级,dB)		标准依据
	高要求标准	低限标准	
商场、商店、购物中心、会展中心	≤50	≤55	《民用建筑隔声设计规范》GB 50118—2010
餐厅	≤45	≤55	
员工休息室	≤40	≤45	《民用建筑隔声设计规范》GB 50118—2010
走廊	≤50	≤60	

注：室内允许噪声级的低限标准是商业建筑室内噪声的最低要求，是应达到的最低标准。室内允许噪声级的高要求标准，供高标准商业建筑使用。

7. 体育馆

体育馆各房间无人占用时，在通风、空调、调光等设备正常运转条件下，室内噪声级限值宜符合表13-2-8的规定。

体育馆比赛大厅等房间室内噪声限值 **表13-2-8**

房间名称	室内噪声限值	标准依据
比赛大厅	NR-40	《体育馆声学设计及测量规程》JGJ/T 131—2012
贵宾休息室、扩声控制室	NR-35	
评论员室、播音室	NR-30	

8. 剧场、电影院、多用途厅堂

剧场、电影院、多用途厅堂各房间内的噪声级限值应符合表13-2-9的规定。

室内噪声限值 **表13-2-9**

建筑类别及房间名称		室内噪声限值		标准依据
		自然声	采用扩声系统	
剧场	歌剧、舞剧剧场观众厅	NR-25	NR-30	《剧场建筑设计规范》JGJ57—2000 J67—2001《剧场、电影院和多用途厅堂建筑声学设计规范》GB/T 50356—2005
	话剧、戏曲剧场观众厅	NR-25	NR-30	
	排练厅	NR-35		
	乐队排练厅	NR-30		
	合唱排练厅	NR-35		
	琴房、调音室	NR-30		
	声控室	NR-30		
	同声传译室	NR-25		
电影院	单声道普通电影院观众厅	—	NR-35	《剧场、电影院和多用途厅堂建筑声学设计规范》GB/T 50356—2005
	立体声电影院观众厅	—	NR-30	
多用途厅堂	会堂、报告厅、多用途礼堂	NR-30	NR-35	

（二）广播电视录（播）音室、演播室的室内噪声标准

录（播）音室、演播室内，连续稳态噪声的平均声压级不应超过表13-2-10内各噪声评价曲线所规定的数值。

录（播）音室、演播室内，非稳态噪声峰值的平均声压级应比表13-2-10内各噪声评价曲线所规定的数值低5dB以上。

声学技术用房的噪声容许标准 **表 13-2-10**

房间名称	规模	标称面积(m^3)	噪声容许标准		标准依据
			一级标准 *	二级标准 *	
语言录(播)音室	—	12～50	NR15	NR20	《广播电视录(播)音室、演播室声学设计规范》GY/T 5086—2012
广播剧录音室	—	50～200	NR10	NR15	
配音室	—	30～100	NR15	NR20	
效果录音室	—	50～200	NR10	NR15	
音乐录音室	中、小型	100～200	NR15	NR20	
	大型	>200	NR15	NR20	
新闻演播室 专题演播室	小型	80、120、160、200	NR20	NR25	
	中型	250、400	NR25	NR30	
	大型	600、800、1000	NR25	NR30	
综艺演播室	中型	250、400	NR25	NR30	
	大型	600、800、1000	NR25	NR30	
	超大型	1200、1500、2000 及以上	NR25	NR30	
录音控制室	—	20～40	NR25	NR30	
录音控制室(音乐)	—	40～60	NR10	NR15	
电视导演室(广播导播室)	—	80、120、150	NR25	NR30	
编辑、复制室,音频制作室,视频制作室	—	12～25	NR25	NR30	

注：* 一级标准适用于要求较高的场合，大多数使用场合不会引起用户不满的反应；二级标准适用于在一定条件下，对噪声可以放宽的场合，有时可能会引起部分用户不满的反应。

连续稳态噪声是指在声场内声级起伏可以不计的噪声。非稳态噪声是指 在声场内声级起伏的噪声。

（三）工业建筑的噪声标准

工业企业厂区内各类地点的噪声 A 声级，按照地点类别的不同，不得超过表 13-2-11 所列的噪声限制。

工业企业厂区内各类地点的噪声标准 **表 13-2-11**

地点类别		噪声限值(dB)	标准依据
生产车间及作业场所(工人每天连续接触噪声 8 小时)		90	《工业企业噪声控制设计规范》GBJ 87—85
高噪声车间设置的值班室、观察室、休息室(室内背景噪声级)	无电话通讯要求时	75	
	有电话通讯要求时	70	
精密装配线、精密加工车间的工作地点、计算机房(正常工作状态)		70	
车间所属办公室、验室、设计室(室内背景噪声级)		70	
主控制室、集中控制室、通讯室、电话总机室、消防值班室(室内背景噪声级)		60	
厂部所属办公室、会议室、设计室、中心实验室(包括试验、化验、计量室)(室内背景噪声级)		60	
医务室、教室、哺乳室、托儿所、工人值班宿舍(室内背景噪声级)		55	

注：1. 本表所列的噪声值，均应按现行的国家标准测量确定。

2. 本表所列的室内背影噪声级，系在室内无声源发声的条件下，从室外经由墙、门、窗（门、窗启闭状态为常规状态）传入室内的室内平均噪声级。

3. 室内允许噪声级，是对建筑物内外噪声源在室内产生噪声的总体控制要求。室内噪声级是室内各种噪声声级的叠加值，根据声能的叠加原理，为使室内噪声级达到标准要求，一般情况下，室内空调噪声的控制指标最好比室内允许噪声级低 3dB。

三、结构传播固定设备室内噪声排放限值

按照国标《工业企业厂界环境噪声排放标准》GB 12348—2008 及《社会生活环境噪声排放标准》GB 22337—2008 的规定，工业企业、机关、事业单位的固定设备及位于敏感建筑物内的社会生活噪声排放源排放的噪声通过建筑物结构传播至噪声敏感建筑物室内时，噪声敏感建筑物室内等效声级不得超过表 13-2-12 及表 13-2-13 规定的限值

社会生活噪声排放源是指营业性文化娱乐场所和商业经营活动中使用的可能向环境排放噪声的设备及设施。

噪声敏感建筑物是指医院、学校、机关、科研单位、住宅等需要保持安静的建筑物。

噪声敏感建筑物所处声环境功能区类别的定义及要求详见表 13-2-14。

结构传播固定设备室内噪声排放限值（等效声级 dB（A）） **表 13-2-12**

噪声敏感建筑物所处声环境功能区类别	A类房间		B类房间	
	昼间	夜间	昼间	夜间
0	40	30	40	30
1	40	30	45	35
2、3、4	45	35	50	40

注：1. A类房间是指以睡眠为主要目的，需要保证夜间安静的房间，包括住宅卧室、医院病房、宾馆客房等。
2. B类房间是指主要在昼间使用，需要保证思考和精神集中、正常讲话不被干扰的房间，包括学校教室、会议室、办公室、住宅中除卧室以外的其他房间等。

结构传播固定设备室内噪声排放限值 **表 13-2-13**

噪声敏感建筑物所处声环境功能区类别	时段	房间类型	室内噪声倍频带声压级限值(dB)				
			31.5	63	125	250	500
0	昼间	A、B类房间	76	59	48	39	34
	夜间	A、B类房间	69	51	39	30	24
1	昼间	A类房间	76	59	48	39	34
		B类房间	79	63	52	44	38
	夜间	A类房间	69	51	39	30	24
		B类房间	72	55	43	35	29
2、3、4	昼间	A类房间	79	63	52	44	38
		B类房间	82	67	56	49	43
	夜间	A类房间	72	55	43	35	29
		B类房间	76	59	48	39	34

四、环境噪声标准

（一）声环境质量标准

《声环境质量标准》GB 3096—2008 是为贯彻《中华人民共和国环境噪声污染防治条例》，防治噪声污染，保障城乡居民正常工作、生活和学习的声环境质量而制定的。

标准规定了五类声环境功能区的环境噪声等效声级限值，见表 13-2-14。

空调系统的新风口和排风口都直接通向室外，系统中的风机有时直接设置在室外，还有冷却塔、热泵机组等暴露在室外的设备，使毗邻环境易受到噪声的干扰。因此，应采取有效的措施，除使空调房间内的噪声级达到噪声标准外，排放到周围环境的噪声不超过所

处区域环境噪声标准限值。

环境噪声限值（GB 3096—2008）（单位：dB（A））　　表 13-2-14

类别		适用区域	昼间	夜间
0 类		指康复疗养区等特别需要安静的区域	50	40
1 类		指居民住宅、医疗卫生、文化教育、科研设计、行政办公为主要功能，需要保持安静的区域	55	45
2 类		指以商业金融、集市贸易为主要功能，或者居住、商业、工业混杂，需要维护住宅安静的区域	60	50
3 类		指以工业生产、仓储物流为主要功能，需要防止工业噪声对周围环境产生严重影响的区域	65	55
4 类	4a 类	指交通干线两侧一定距离内，需要防止交通噪声对周围环境产生严重影响的区域，包括 4a 类和 4b 类两种类型。4a 类为高速公路、一级公路、二级公路、城市快速路、城市主干路、城市次干路、城市轨道交通（地面段）、内河航道两侧区域；4b 类为铁路干线两侧区域	70	55
	4b 类		70	60

注：1. 表 13-2-14 中 4b 类声环境功能区的环境噪声限值，适用于 2011 年 1 月 1 日起环境影响评价文件通过审批的新建铁路干线两侧区域。在下列情况下，铁路干线两侧区域不通过列车时的背景噪声限值，按昼间 70 dB（A）、夜间 55 dB（A）执行：（1）穿越城区的既有铁路干线；（2）对穿越城区的既有铁路干线进行改建、扩建的铁路建设 项目（既有铁路指 2010 年 12 月 31 日前运营的铁路或环境影响评价文件已通过审批的铁路建设项目）；

2. 各类声环境功能区夜间突发噪声，其最大声级超过环境噪声限值的幅度不得高于 15dB（A）；

3. 一般昼间为 06：00～22：00 时段，夜间为 22：00～06：00 时段，因地区不同，昼间、夜间的时间由当地人民政府划定。

（二）工业企业厂界环境噪声排放标准

《工业企业厂界环境噪声排放标准》GB 12348—2008 规定了工业企业和固定设备厂界环境噪声排放限值，工业企业厂界环境噪声不得超过表 13-2-15 规定的排放限值。

工业企业厂界环境噪声排放限值（单位：dB（A））　　表 13-2-15

厂界外声环境功能区类别	适用区域	昼间	夜间
0	康复疗养区等特别需要安静的区域	50	40
1	居民住宅、医疗卫生、文化教育、科研设计、行政办公为主要功能的区域	55	45
2	以商业金融、集市贸易为主要功能，或者居住、商业、工业混杂的区域	60	50
3	以工业生产、仓储物流为主要功能的区域	65	55
4	交通干线道路两侧区域	70	55

标准同时规定，夜间频繁突发的噪声（如排气噪声）的最大声级超过限值的幅度不得高于 10dB（A），夜间偶发噪声（如短促鸣笛声）的最大声级超过限值的幅度不得高于 15dB（A）。

第三节　空调系统设备的噪声

一、通风机噪声

通风机是空调系统中主要的噪声源，无论是对于立柜式空调机组、变风量空调机组、风机盘管、空调箱等。通风机噪声包括空气动力噪声和机械噪声两部分。空气动力噪声主要为涡流噪声和旋转噪声，涡流噪声是因为叶片在空气中旋转，沿叶片厚度方向形成压力梯度变化，引起涡流及气流紊乱，产生的宽频带噪声；旋转噪声是叶片经过某点时，对空气产生周期性的压力，引起空气压力和速度的脉动变化，向周围气体辐射的噪声。机械噪声包括轴承噪声及旋转部件不平衡产生的噪声。通风机噪声以空气动力噪声为主。

通风机的噪声随着不同系列或同系列不同型号，不同转速而变化，即使同系列同型号的风机也有出入。因此，在工程设计中最好能对选用的通风机的声功率和频带声功率级进行实测。在没有实测数据的情况下，一般可根据经验公式来估算。

(一) 离心风机噪声

1. 由通风机的比声功率级求声功率级

当已知通风机的比声功率级时，可按式（13-3-1）估算风机的声功率级 L_W：

$$L_W = L_{WC} + 10\lg(QH^2) - 20 \tag{13-3-1}$$

式中 L_W——通风机的声功率级（dB）；

L_{WC}——通风机的比声功率级（dB）；

Q——通风机的风量（m^3/h）；

H——通风机的全压（Pa）。

在缺乏通风机比声功率级的实测数据的情况下，一般中、低压离心风机的比声功率级，在接近最高效率点时为 24 dB，即通风机的声功率级 L_W 等于：

$$L_W = 24 + 10\lg(QH^2) - 20 \tag{13-3-2}$$

几种型号通风机噪声的比声功率级 L_{WC}、比声压级 L_{pc} 如表 13-3-1 所示。

通风机噪声的比声功率级或比声压级（dB）　　表 13-3-1

QDG 型(T4-72)			HDG 型(4-79)			4-72			4-68		
$\bar{Q}$	L_{Wc}（管道）	η	$\bar{Q}$	L_{Wc}（管道）	η	$\bar{Q}$	L_{Wc}（管道）	η	$\bar{Q}$	L_{pc}（出口）	η
0.01	27	0.68	0.12	35	0.78	0.05	40	0.60	0.15	1.7	0.84
0.14	23	0.77	0.16	34	0.82	0.10	32	0.70	0.18	1.5	0.88
0.18	22	0.84	0.20	26	0.86	0.15	22.5	0.81	0.21	2.0	0.88
0.20	22	0.86	0.25	21	0.87	0.20	19	0.91	0.24	3.6	0.87
0.24	23	0.86	0.30	23	0.85	0.25	21	0.87	0.27	6.3	0.79
0.28	28	0.75	0.35	28	0.74	0.30	27	0.76	0.29	9.6	0.69

6-48			5-48			8—20			9-19-12		
$\bar{Q}$	L_{pc}（出口）	η	$\bar{Q}$	L_{pc}（出口）	η	$\bar{Q}$	L_{pc}（出口）	η	$\bar{Q}$	L_{pc}（进口）	η
0.29	16.8	0.55	0.21	28.6	0.37	0.077	13	0.70	0.075	10	0.75
0.23	7.8	0.73	0.19	10.7	0.67	0.062	9.5	0.82	0.063	7.5	0.83
0.19	4.5	0.82	0.16	6.3	0.80	0.052	8.6	0.86	0.053	7	0.86
0.16	1.8	0.83	0.14	4.5	0.88	0.047	7	0.85	0.047	6	0.86
0.14	2.0	0.79	0.12	3.5	0.89	0.039	7.5	0.84	0.045	7	0.86
0.07	3.6	0.67	0.10	4.1	0.83	0.031	8.5	0.81	0.044	7.5	0.87

注：L_{Wc}——比声功率级（dB），即同一系列的通风机在单位风量（$1m^3/h$）、单位风压（$1mmH_2O$）下所产生的声功率级；

L_{pc}——比声压级（dB）；

η——全压效率；

$\bar{Q}$——流量系数：$\bar{Q}=\dfrac{Q}{\dfrac{\pi D^2}{4}\times\dfrac{n\pi D}{60}\times 3600}$

Q——风机风量（m^3/h）；

D——风机叶轮直径（m）；

n——风机转速（r/min）。

【例 13-3-1】 一台 4-72-11 型 No. 4A 风机，其总风量为 $2740m^3/h$，全压为 470Pa，转速 1450r/min，求该风机产生噪声的声功率级。

【解】 查表 13-3-1，根据 D、n、Q 得出 $\overline{Q}=0.199$，$L_{Wc}=19dB$。

则 $L_W=L_{Wc}+10\lg(QH^2)-20=19+10\lg(2740\times470^2)-20=86.8dB$

2. 由风机的特性曲线求声功率级

风机的噪声特性是由风机的系列、工况点、风量和风压四个因素决定。同系列的风机在同一工况点下的比声功率级是相同的，它和工况点成对应的连续函数关系，以曲线形式表示，即 L_{Wc}（比声功率级）、$\overline{Q}$（流量系数）曲线就是风机的噪声特性曲线。同样，风机的功率、全压、效率也与工况点成对应的关系，也可表示为 $\overline{N}$（功率系数）、$\overline{H}$（全压系数）、$\overline{\eta}$（效率系数）、η_{st}（静压效率）等曲线。例如 T4-72 风机样本提供的特性曲线（图 13-3-1），可由流量系数 $\overline{Q}$ 值查出比声功率级 L_{Wc}，再应用式（13-3-1），就可求得风机噪声的声功率级。

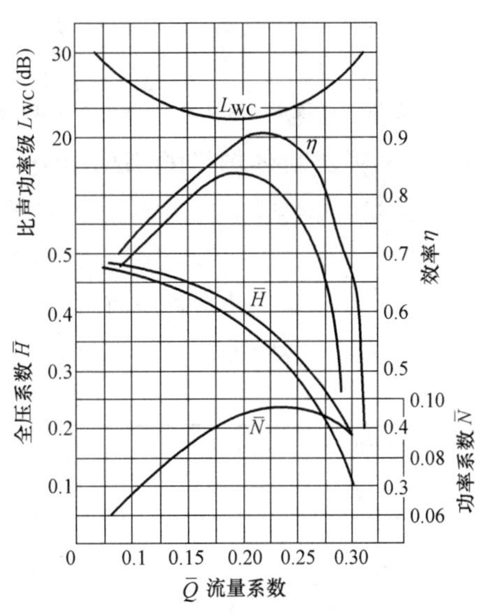

图 13-3-1 T4-72 型通风机流特性曲线

【例 13-3-2】 求 T4-72 No. 5 风机在风量 $Q=16000m^3/h$，全压 $H=640Pa$ 时的声功率级。

【解】 查样本知 Q、H 为上述给定值时，风机转速 $n=1535$ r/min，叶轮直径 $D=0.635$ 计算无因次量 $\overline{Q}$

$$\overline{Q}=\frac{Q}{\frac{\pi D^2}{4}\times\frac{n\pi D}{60}\times3600}$$

$$=\frac{16000}{\frac{3.14\times0.635^2}{4}\times\frac{1535\times3.14\times0.635}{60}\times3600}=0.277$$

由 $\overline{Q}$ 值查图 13-3-1 得：$L_{Wc}=27dB$

代入公式（13-3-1）即

$$L_W=L_{Wc}+10\lg(QH^2)-20=27+10\lg(16000\times640^2)-20=105dB$$

（二）轴流风机噪声

轴流风机的声功率级 L_W 可由式（13-3-3）求得：

$$L_W=19+10\lg Q+25\lg H+\delta \tag{13-3-3}$$

式中 Q——风机的风量（m^3/h）；

H——风机的全压（Pa）；

δ——工况修正值，见表 13-3-2。

轴流风机使用工况修正值 δ 　　表 13-3-2

叶片数 z	叶片角度 θ	Q/Q_m						
		0.4	0.6	0.8	0.9	1.0	1.1	1.2
$z=4$	$\theta=15°$	—	3.4	3.2	2.7	2.0	2.3	4.6
$z=8$	$\theta=15°$	−3.4	5	5	4.8	5.2	7.4	10.6
$z=4$	$\theta=20°$	−1.4	−2.5	−4.5	−5.2	-2.4	1.4	3
$z=8$	$\theta=20°$	4	2.5	1.8	1.9	2.2	3	—
$z=4$	$\theta=25°$	4.5	2	1.6	2	2	4	—
$z=8$	$\theta=25°$	9	8	6.4	6.2	8	6.4	—

注：Q_m 是最高效率点的风量，一般应该是 $Q/Q_m=1$。

（三）通风机各频带的声功率级

通风机各频带的声功率级是将声功率级 L_W 加上各中心频率的修正值 Δb 得出：

$$L_{Wb}=L_W+\Delta b \tag{13-3-4}$$

式中　L_{Wb}——频带的声功率级（dB）；

Δb——各频带声功率级修正值（dB），见表 13-3-3。

各频带声功率级修正值 Δb（dB） 　　表 13-3-3

通风机类型 \ 中心频率(Hz)	63	125	250	500	1000	2000	4000	8000
叶片向前弯的离心风机	−2	−7	−12	−17	−22	−27	−32	−37
叶片向后弯的离心风机	−5	−6	−7	−12	−17	−22	−26	−33
轴流风机	−9	−8	−7	−7	−8	−10	−14	−18

注：4-72 型风机为叶片后倾机翼式；QDG（T4-72）型风机为叶片强后倾弯叶式；HDG（4-79）型风机为叶片后倾弯叶式；9-57 型风机为叶片向前弯式。

（四）多台风机串联或并联工作时的总声功率级

先计算两台风机的总声功率级作为声功率较高的一台风机的声功率级，再计算第三台风机声功率级，以此类推，总声功率级 L_{Wz} 按下式计算：

$$L_{Wz}=L_{Wg}+\Delta\beta \tag{13-3-5}$$

式中　L_{Wg}——声功率较高的一台风机的声功率级（dB）；

$\Delta\beta$——附加声功率级（dB），可根据两台风机声功率级的差值（ΔL_W）查表13-3-4。

两台风机附加声功率级（两个声功率级叠加修正值） 　　表 13-3-4

ΔL_W(dB)	0	1	2	3	4	6	9
$\Delta\beta$(dB)	3.0	2.6	2.2	1.8	1.5	1.0	0.5

【例 13-3-3】 某通风机房中有三台通风机，其声功率级分别为 $L_{W1}=90$ dB，$L_{W2}=90$ dB，$L_{W3}=97$dB，求该机房的总声功率级。

【解】 $\Delta L_W=L_{W2}-L_{W1}=90-90=0$dB

查表 13-3-4 得 $\Delta\beta=3$dB

L_{W2} 和 L_{W1} 叠加后得 $L'_W=L_{W2}+\Delta\beta=90+3=93$dB

再将 L'_W 与 L_{W3} 叠加　$\Delta L_W=L_{W3}-L'_W=97-93=4$dB

查表 13-3-4 得 $\Delta\beta=1.5$dB

该机房的总声功率级为：$L_{Wz}=L_{W3}+\Delta\beta=97+1.5=98.5$dB

（五）低噪声风机系列

1. T6 型低噪声离心通风机系列

T6 型低噪声离心通风机是新型微风机，可作小型机械设备及实验室的通风、冷却、吸尘设备。运转平稳、振动小、噪声低、效率高，进风口装置风门，可随意调节出风量的大小。该风机的选用表见表 13-3-5。

T6 型低噪声离心通风机选用表　　表 13-3-5

型号	电压(V)	转速(r/min)	流量(m^3/h)	出口风压(Pa)	电机		外形尺寸(mm)	噪声 L_A(dB)测距 1m	重量(kg)
					型号	功率(kW)			
T6-33-11	220	2800	＞200	＞500	T×5612	0.09	300×320×380	69	18
T6-21-11	220	2800	＞100	＞500	T×5022	0.06	280×300×265	69	18

2. JD 系列节能低噪声风机

JD 系列节能低噪声风机选用表见表 13-3-6。

JD 系列节能低噪声风机选用表　　表 13-3-6

类别	型号	风量(m^3/h)	全压(Pa)	转速(r/min)	电机容量(kW)	噪声 L_A(dB)
壁式排风机	JD101-4B	6000	120	930	0.37	＜66
	JD101-4C	4000	100	930	0.25	＜63
	JD101-5B	10000	150	1400	0.70	＜72
	JD101-5C	8000	130	930	0.37	＜69
	JD101-5D	6500	90	720	0.25	＜64
	JD101-6C	14000	180	950	1.10	＜75
	JD101-6D	10000	100	720	0.50	＜69
岗位式送风机	JD102-4B	6000	120	930	0.37	＜66
	JD102-4C	4000	100	930	0.25	＜63
	JD102-5B	10000	150	1400	0.70	＜72
	JD102-5C	8000	130	930	0.37	＜69
	JD102-5D	6500	90	720	0.25	＜64
	JD102-6C	14000	180	930	1.10	＜75
	JD102-6D	10000	100	720	0.50	＜69
	JD102-7C	22000	200	950	2.20	＜78
	JD102-7D	15000	150	720	1.80	＜75
管道式通风机	JD103-4A	7000	200	1400	1.10	＜74
	JD103-4B	5260	180	930	0.60	＜67
	JD103-5A	9000	260	1450	1.10	＜76
	JD103-5B	8000	180	950	0.80	＜74
	JD103-5C	7000	140	720	0.50	＜68
	JD103-6A	20000	300	1450	2.20	＜79
	JD103-6B	18000	250	960	1.50	＜77
	JD103-6C	12000	200	720	1.10	＜75
	JD103-7B	25000	300	1450	3.00	＜78
	JD103-7C	20000	200	960	2.20	＜76

3. DF3.5 系列低噪声离心通风机

该系列风机具有效率高、耗电少、振动小、噪声低、可变速等优点，风机的选用表见表 13-3-7。

DF3.5 系列低噪声离心通风机选用表　　表 13-3-7

转速(r/min)	全压(Pa)	流量(m^3/h)	电机		噪声 L_A(dB)
			型号	功率(kW)	
900	420	5400	YDW-1.1-6	1.1	≤60
	430	5000			
	410	4725			
880	390	4620	YDW-1.1-6	1.1	≤60
860	370	4515	YDW-0.8-6	0.8	≤60
840	350	4410			
820	340	4305			
800	320	4200			
780	300	4095			
740	270	3885			
700	250	3675			
660	220	3465			
620	190	3255			
580	170	3045			
540	150	2835			
500	130	2635			
440	100	2310			

4. DZ 型低噪声轴流风机

DZ 型低噪声轴流风机选用表见表 13-3-8，其噪声频谱见表 13-3-9。

DZ 型低噪声轴流风机性能　　表 13-3-8

型　号	风机直径(mm)	风量(m^3/h)	全压(Pa)	转速(r/min)	电机功率(kW)	噪声 dB(A)	比 A 声级 dB(A)
2B	200	400	50	1370	0.025	54	31.8
3B	300	1200	120	1400	0.06	58	23.4
4	400	4000	100	930	0.25	60	21.8
5B	500	8000	120	930	0.37	66	23.2
6A	600	12000	200	960	1.1	74	25
6B	600	15000	280	1450	1.5	77	24
7A	700	20000	240	960	2.2	76	23
7B	700	25000	280	1450	2.2	80	25
8	800	22000	160	720	1.5	72	22
10	1000	35000	160	480	2.2	76	24

DZ 型低噪声轴流风机噪声频谱　　表 13-3-9

风机号		4	5	6	7	8
转速(r/min)		1450	930	960	960	960
1/3 倍频带中心频率(Hz)	31.5	48	44	52	58	59
	40	49	46	53.5	56	61.5
	50	53	49	56	61	64.5
	63	52	63	67	73	78
	80	54.5	51	56	61.5	69.5
	100	66	47	54.5	61.5	66
	125	55	56	59	63	71
	160	52	48.5	61	58	68
	200	63	54	65.5	66	72
	250	64	61	66	68	76
	315	72	63	67	68.5	79
	400	60.5	58.5	65.5	64.5	71
	500	66.5	55	67.5	69	73
	630	68	60.5	66.5	66	73
	800	63	55.8	65.5	64	70.5
	1000	63	54	62.5	63	68
	1250	61	52.5	59.5	63.5	68
	1600	61	51	59.5	61	65
	2000	60.5	51	57.5	59	62
	2500	59	47	56	57.5	60.5
	3150	57.5	40.5	54	54.5	57
	4000	54.5	40.5	49	51	53.5
	5000	48.5	37.8	46	48.5	49.5
	6300	45	35.5	44	46	46.5
	8000	42.5	33	42	44.5	45

续表

风机号		4	5	6	7	8
转速(r/min)		1450	930	960	960	960
总声级	*A*	73	64.5	72	74.5	80
	B	76	68	74.5	77	83.5
	C	77	70.5	76.5	80.5	85.5
	Lin	77	70.5	79	81.5	87.5

二、电机噪声

电机噪声主要有电磁噪声、机械噪声和空气动力噪声。电磁噪声是由定子与转子之间交变电磁引力、磁致伸缩引起的。机械噪声包括轴承噪声及转子不平衡、转子受“沟槽谐波力”作用等引起振动而产生的噪声。空气动力噪声是由电动机冷却风扇引起的气流噪声。在上述三部分噪声中，以空气动力噪声为最强，机械噪声次之，电磁噪声在最小。

此外，部件质量、加工精度和装配技术对电机噪声有很大的影响，动平衡差、转子有严重的串动等会显著增加轴承噪声。

国内电动机噪声限值分为普通级、二级、一级和低噪声等四级。各等级按表 13-3-10、表 13-3-11 规定划分。

电机噪声限值分级　　表 13-3-10

级　别	分级标准
普通级	电机噪声限值标准(表 13-3-11)dB(A)
二级	低于普通级 5dB(A)
一级	低于普通级 10dB(A)
低噪声级	低于普通级 15dB(A)

电机噪声 A 声功率级限值标准 dB (A)　　表 13-3-11

防护等级 / 转速(rpm) / 功率(kW)	风冷											
	内部	外部	内部	外部	内部	外部	内部	外部	内部	外部	内部	外部
	960 以下		960～1320		1320～1900		1900～2360		2360～3150		3150～3750	
1.1 及以下	71	76	75	78	78	80	80	82	82	84	85	88
1.1～1.2	74	79	78	80	81	83	83	86	85	88	89	91
2.2～5.5	77	82	81	84	85	87	86	90	89	92	93	95
5.5～11	81	85	85	88	88	91	90	94	93	96	97	99
11～22	84	88	88	91	91	95	93	98	96	100	99	102
22～37	87	91	91	94	94	97	96	100	99	103	101	104
37～55	90	93	94	97	97	99	98	102	101	105	103	106
55～110	94	96	97	100	100	103	101	105	103	107	104	108
110～220	97	99	100	103	103	106	103	108	105	109	106	110
220～630	99	101	102	105	106	108	106	110	107	111	107	112
630～1100	101	103	105	108	108	111	108	112	109	112	109	114

（一）小型电机噪声（100kW 以下）

小型电机多为封闭自扇冷式，其噪声主要取决于功率 N 和转速 n。电机功率越大，运行中产生的热量就越多，故需要的散热面积和冷却风量就越大，产生的噪声也就越高；电机转速越高，冷却风扇产生的风量、风压就越大，带来的噪声也就越高。不同转速、功

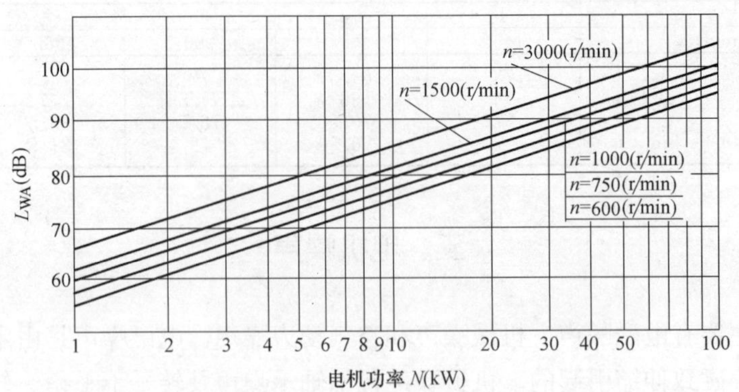

图 13-3-2　不同转速的电机噪声 A 声功率级

率与噪声声功率级的关系如图 13-3-2 所示。

小型电机噪声声功率级也可按下式估算：

$$L_{WA}=19+20\lg N+13.3\lg n(\pm 2) \tag{13-3-6}$$

式中　L_{WA}——电机噪声 A 声功率级［dB（A）］；

N——电机功率（kW）（<100kW）；

n——电机主轴转速（r/min）。

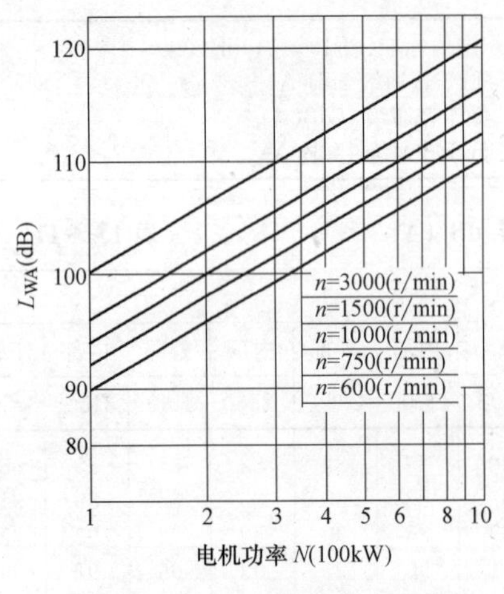

图 13-3-3　不同转速的电机噪声 A 声功率级

电机功率增加一倍，噪声 A 声功率级增加 6dB；电机转速提高一倍，噪声 A 声功率级增加 4dB。

（二）大、中型电机噪声（100kW 以上）

大、中型电机多为防护式结构形式，亦称半封闭式。常用的有 J_S、J_R、J_K 及 Y_K 等系列电机。不同转速、功率与噪声声功率级的关系如图 13-3-3 所示。

大、中型电机噪声声功率级也可由下式估算：

$$L_{WA}=14+20\lg N+13.3\lg n(\pm 2) \tag{13-3-7}$$

式中　L_{WA}——电机噪声 A 声功率级［dB（A）］；

N——电机功率（kW）（>100kW）；

n——电机主轴转速（r/min）。

三、空调设备噪声

空调设备噪声包括风机、压缩机运转噪声、电机轴承噪声和电磁噪声等。其中以风机、压缩机运转噪声为主。

（一）组合式空调机组

组合式空调机组是指由各种空气处理功能段组装而成的一种空气处理设备，机组空气处理功能段有空气混合、均流、过滤、冷却、一次和二次加热、去湿、加湿、送风机、回风机、喷水、消声、热回收等单元体。按结构形式分主要有卧式、立式、吊顶式；按用途特征分主要有通用机组、新风机组、净化机组、专用机组。国家标准《组合式空调机组》GB/T 14294—2008 规定了机组噪声的限值，详见表 13-3-12。需要说明的是，机组噪声限值给出的是噪声声压级值，按照《采暖通风与空气调节设备噪声声功率级的测定 工程法》GB/T 9068—1988 规定方法测得。

机组噪声声压级限值（dB（A））　　表 13-3-12

额定风量(m^3/h)	机组余静压(Pa)				
	350	500	750	1000	1500
2000～3000	60	63	66	69	72
5000	62	65	68	71	74
6000	63	66	69	72	75
10000	65	68	71	74	77
12000	66	69	72	75	78
20000	68	71	74	77	80
25000	69	72	75	78	81
30000	70	73	76	79	82
50000	72	75	78	81	84
80000	74	77	80	83	86
100000	75	78	81	84	87
160000	77	80	83	86	89
200000	78	81	84	87	90

注：风量和机组全静压在表中规定的值之间，可按插入法确定。

（二）风机盘管

风机盘管机组是空调系统的末端机组之一，包括风机、电动机、盘管、空气过滤器、室温调节装置和箱体等。有立式、卧式、卡式、壁挂式 4 种形式，从安装方式上可分明装型和暗装型。国家标准《风机盘管机组》GB/T 19232—2003 规定了风机盘管在风机转速为高档的条件下机组噪声的限值，详见表 13-3-13。

风机盘管机组噪声声压级限值　　13-3-13

规格	风量(m^3/h)	噪声[dB(A)]		
		低静压机组	高静压机组	
			30 Pa	50 Pa
FP－34	340	37	40	42
FP－51	510	39	42	44
FP－68	680	41	44	46
FP－85	850	43	46	47
FP－102	1020	45	47	49
FP－136	1360	46	48	50
FP－170	1700	48	50	52
FP－204	2040	50	52	54
FP－238	2380	52	54	56

旅馆客房中所使用的国内外风机盘管实测噪声级如表 13-3-14 所示。

旅馆客房内各类风机盘管的实测噪声级　　表 13-3-14

旅馆名称（地点）	生产厂	档 次 高中低	倍频程声压级(dB)							总声级 L_A(dB)	配置方式
			63	125	250	500	1000	2000	4000		
友谊宾馆（北京）	青云厂（北京）	高	52	58	45	43	39.5	35.5	31	45.5	卧式
		中	51	57.6	41.5	39	37	32	25	43	过厅
		低	48.5	56	38	35	32	27	20	40	上部

续表

旅馆名称（地点）	生产厂	档次 高中低	倍频程声压级(dB)							总声级 L_A(dB)	配置方式
			63	125	250	500	1000	2000	4000		
北京饭店（东楼）	北京（北京）	高	33	27	25	28.5	18	15	16	31.5	卧式在管道间内
		中	29	23	22	24.5	16	15	16	24.5	
		低	28	23	21	20.5	15.5	15.5	16	29	
长城饭店（北京）		高	47	44.5	42	39.5	34	32	27	42	卧式上部
		低	41.5	40.5	38	33	28	20	18.5	36.5	
华侨大酒店（广州）	北京（北京）	高	46	49	45	40	36	30	24	41	同上
		中	43	47	38	33	27	22	22	40	
		低	43	47	38	32	26	21	20	36	
东方宾馆（广州）	—	高	42	47	37	40	37	25	19	40	同上
		中	40	44	36	38	36	22	18	38.5	
		低	38	41	33	34.5	33.5	20	16	36	
西安宾馆（西安）	富阳厂（浙江）	高	39	40	42	35	35	30	22	42	同上
		中	40	35	38.5	31	32	33	23	37.5	
		低	38	33	33	27	28	24	20	33.5	
华都饭店（北京）	北空（北京）	高	45	54	51	48	39	32	20.5	48	—
		中	40.5	51	49	46	36	29.5	18	37	
		低	43	48	47	43.5	32	25	15	34.5	
和平宾馆（北京）	北空（北京）	高	49.5	53.5	48	43.5	36	31.5	23.5	41.5	卧式过厅上部
		中	46.5	50.5	44.5	40.5	32.5	26.5	19	35.5	
		低	46	50	41	36.5	29.5	24	17	33.5	
燕京饭店（北京）	北空（北京）	高	51	48.5	46	39	33	27.5	22	40.5	同上（10层以下）
		中	48	44	45.5	37	29	27	20	35.5	
		低	42	45	39	33	22	20	19	33.5	
昆仑饭店（北京）	通惠（上海）	高	46	45.5	40.5	35.5	30.5	25	19.5	37.5	立柱式（样机）
		中	42	43.5	34	30	23	18	16	31.5	
		低	37	41	31	26.5	19	15	14.5	28	
昆仑饭店（北京）	安装公司（北京）	高	50.5	55	41.5	45.5	40.5	34	25.5	45.5	同上
		中	49	57	36.5	38	34	25	18.5	41.5	
		低	48	56.5	33.5	35	27	19.5	16	39	
昆仑饭店（北京）	北空（北京）	高	49	51	47	46.5	42	38	30	47	同上
		中	47	49	44	43	38	33	24	43	
		低	41.5	43	40	39	32	26.5	19	38	
民族饭店（北京）	约克（美）	高	55.5	53	51	49	42.5	35	28	49	卧式过厅上部
		中	55	53	50	48.5	42	34	27	48	
		低	55	51.5	49	47	40	32	25	46.5	
香山饭店（北京）	约克（美）	高	56	54.5	46	40.5	35.5	27	23	43	同上
		中	56.5	53	45.5	40	33.5	25	20.5	41	
		低	52.5	49.5	43.5	37	29.5	22.5	19.5	38.5	
西苑饭店（北京）	松下（日）	高	54.5	53	45	39	33	31	27	40.5	同上
		中	52.5	52	40	35	29	23	20	37.5	
		低	51	51	36.5	29.5	27	23	19	33.5	
京伦饭店（北京）	三菱（日）	高	55	52	49.5	45	43	39	34	48	同上
		中	52.5	50	47.5	40	36	32.5	27	43	
		低	51	46	44	35	28	23	19.5	40	
北京饭店（西楼）	新晃（日）	高	50.5	48	49.5	43	39	37.5	32	45.5	同上
		中	48.5	45	44	39	33	32	24.5	40.5	
		低	47	42.5	39	31.5	24	21	16	32	

续表

旅馆名称（地点）	生产厂	档次 高中低	倍频程声压级(dB)							总声级 L_A(dB)	配置方式
			63	125	250	500	1000	2000	4000		
北京饭店（贵宾楼）	开利尔（美）	高	52	47	41.5	35	29	23	17.5	37	同上
		中	51.5	46.5	41	34.5	28.5	22.5	17	36.5	
		低	51.5	46.8	40.5	33	27.5	27	17	35	
白天鹅饭店（广州）	三菱（日）	高	51	47	44.5	39	32.5	28	26	42	立柱式房内墙角
		中									
		低	48	43	41	32	26	19	20	37	
金陵饭店（南京）	松下（日）	高	51.5	50.5	42	39	31.5	29	27	41.5	卧式过厅上部
		中									
		低	48.5	47	35	31	25.5	20	19	34.5	

（三）变风量空调器

变风量空调器是由无级调速来改变风量的风机盘管，它能满足不同气象条件下的降温、升温、除湿等各项要求。BFP型机组性能如表13-3-15所示。

BFP风机盘管的噪声性能　　表13-3-15

型号	额定冷量(W)	额定热量(W)	风量(m^3/h)	余压(Pa)	配用电机 YDFW型①	配用风机 11-62型	噪声级 L_A(dB)
BFP_4L/W	18600	37200	4000	245	1台	1台	<60
BFP_8L/W	37200	74400	8000	245	2台	2台	<60
BFP_{12}L/W	55800	111600	12000	245	3台	3台	<60
BFP_5L/W	23300	46500	5000	343	1台	1台	<65
BFP_{10}L/W	46500	93000	10000	343	2台	2台	<65
BFP_{15}L/W	69800	139600	15000	343	3台	3台	<65
$BFPX_4$L/W	37200	51200	4000	196	1台	1台	<60
$BFPX_8$L/W	74400	102300	8000	196	2台	2台	<60
$BFPX_{12}$L/W	111600	153500	12000	196	3台	3台	<60
$BFPX_5$L/W	46500	64000	5000	294	1台	1台	<65
$BFPX_{10}$L/W	93000	127900	10000	294	2台	2台	<65
$BFPX_{15}$L/W	139600	191900	15000	294	3台	3台	<65

注：① YDFW型为低噪声风机专用电机。

第四节　空调系统的气流噪声

一、直管道的气流噪声

直管道的气流噪声声功率级 L_W（dB）可用下式计算：

$$L_W = L_{WC} + 50\lg v + 10\lg S \quad (13\text{-}4\text{-}1)$$

式中 L_{WC}——比声功率级（dB），一般直管道取10dB；

v——管道内气流速度（m/s）；

S——管道截面积（m^2）。

各频带的修正值如表13-4-1所示。

直管道的气流噪声各频带声功率级修正值　　表13-4-1

倍频带中心频率(Hz)	63	125	250	500	1000	2000	4000	8000
修正值(dB)	−5	−6	−7	−8	−9	−10	−13	−20

二、弯头的气流噪声

弯头的气流噪声声功率级 L_W（dB）可用下式计算：

$$L_W = L_{WC} + 10\lg\Delta f + 30\lg d_e + 50\lg v \tag{13-4-2}$$

式中 L_{WC}——弯头的比声功率级（dB），它是 N_{Str}（斯脱路哈立数）的函数，按下式算出 $N_{Str}=\frac{f_m \cdot d_e}{v}$后，对于方形和矩形弯头的 L_{WC} 可查图 13-4-1、图 13-4-2 得到；对于圆形弯头用$\frac{v_i}{v_a}=1$，从图 13-4-3 查得；

v——弯头内气流速度（m/s）；

Δf——低限频率，$\Delta f = f_m/\sqrt{2}$（Hz）；

f_m——倍频带中心频率（Hz）；

d_e——当量直径（m）；

对于圆形：$d_e = d$（直径）；

对于矩形：$d_e = \frac{2ha}{h+a}$，h 为高，a 为宽；

式（13-4-2）中 $10\lg\Delta f$ 项在各倍频带的值见表 13-4-2

$10\lg\Delta f$ 在各倍频带的数值 **表 13-4-2**

f_m(Hz)	63	125	250	500	1000	2000	4000	8000
Δf	44	88	177	354	707	1414	2828	5656
$10\lg\Delta f$	16	19	22	25	28	32	35	38

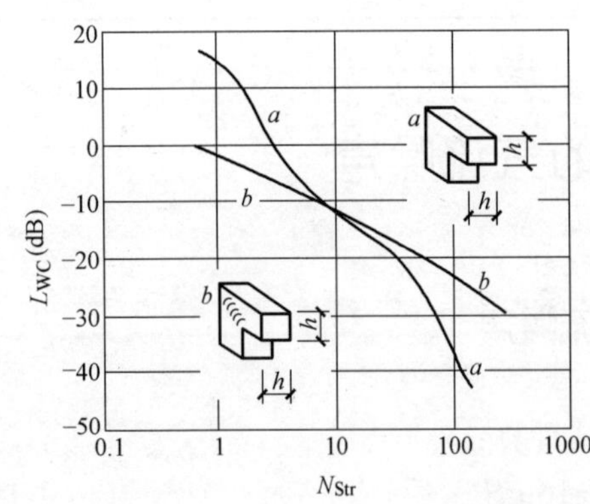

图 13-4-1 正方形弯头以 N_{Str} 数为函数关系的比声功率级

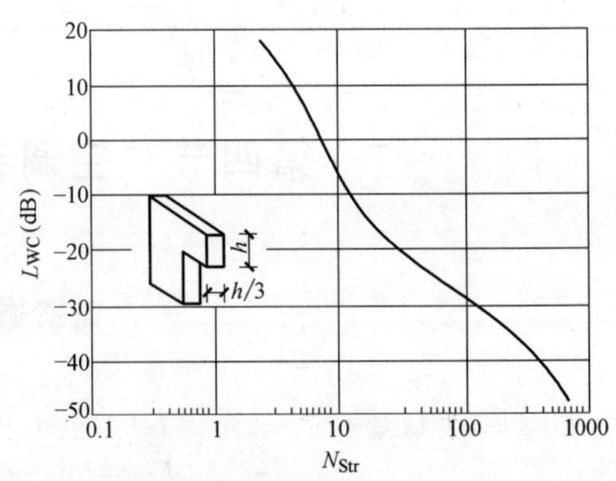

图 13-4-2 矩形弯头以 N_{Str} 数为函数关系的比声功率级

三、三通的气流噪声

三通的气流噪声声功率级 L_W（dB）可用下式计算：

$$L_W = L_{WC} + 10\lg\Delta f + 30\lg d_e + 50\lg v_a \tag{13-4-3}$$

式中　L_{WC}——三通的比声功率级（dB），根据 v_i/v_a 及 N_{Str}值，从图 13-4-3 查得；

v_i——进入三通的气流速度（m/s）；

v_a——离开三通的气流速度（m/s）；

Δf——低限频率，$\Delta f=f_m/\sqrt{2}$（Hz）；

f_m——倍频带中心频率（Hz）；

d_e——三通支管的当量直径（m）。

从图 13-4-3 查得的比声功率级只适用于 $r/d_e=0.15$ 的条件（r 为弯头的曲率径，单位：m），对于不同 r/d_e 值，需根据图 13-4-4 进行修正。

三通的气流由于涡流的影响按图 13-4-5 附加修正值，末端反射按图 13-5-4 的曲线 1 附加修正值。

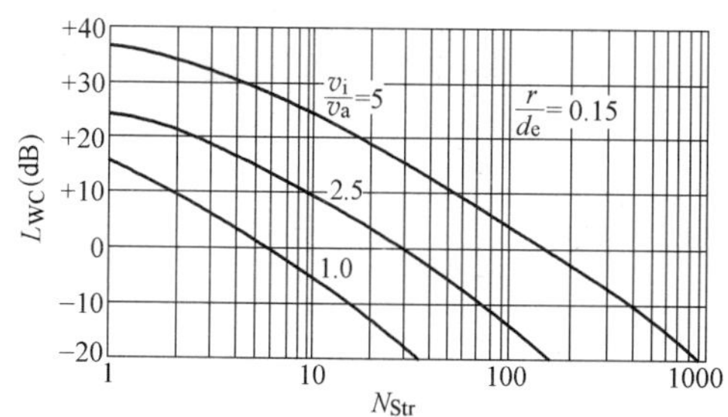

图 13-4-3　圆形弯头或三通的比声功率级与 N_{Str} 和三通管的进入和出口风速比率的函数关系

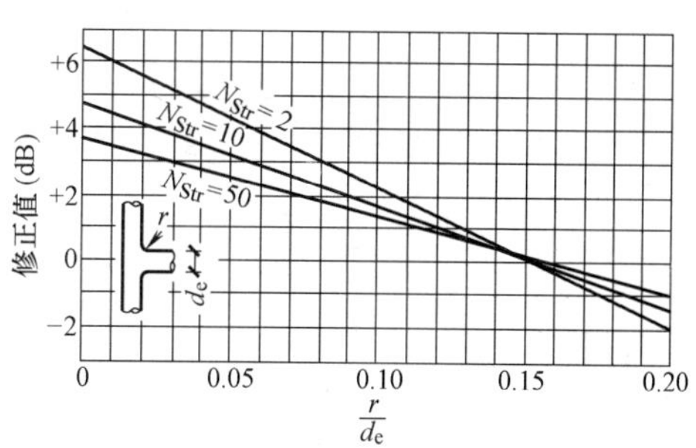

图 13-4-4　圆形弯头和三通的比声功率级按不同的 r/d_e 值的修正

四、变径管的气流噪声

变径管的气流噪声声功率级 L_W（dB）可用下式计算：

$$L_W=A+B\lg v_i-3K \tag{13-4-4}$$

式中　A、B——系数，从表 13-4-3 查得；

v_i——进入变径管的气流速度（m/s）；

K——系数，根据变径管的角度从图 13-4-6 查得。

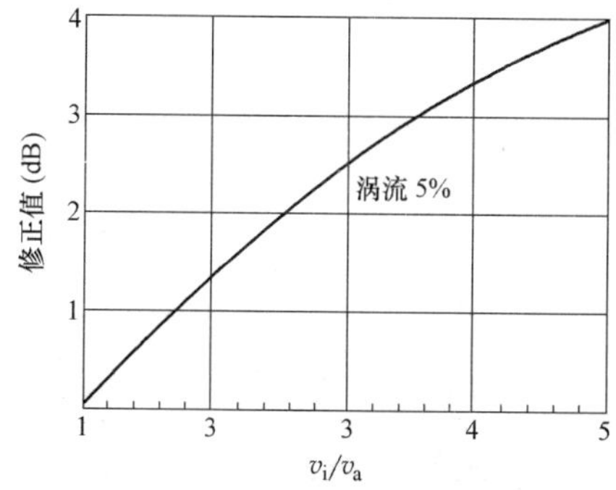

图 13-4-5　以进入（v_i）和离开（v_a）三通的流速比值为函数的湍流修正值

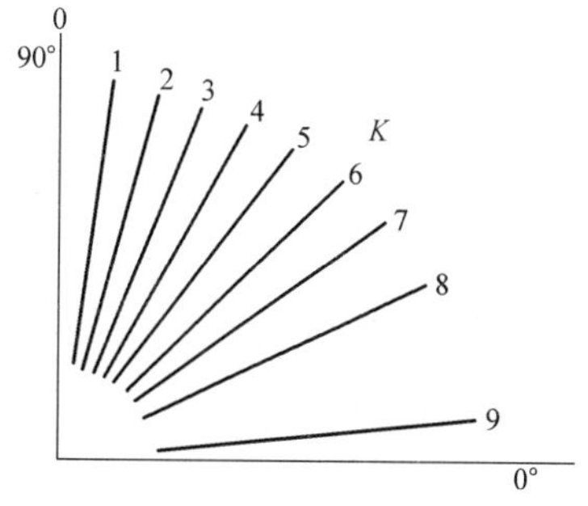

图 13-4-6　以变径管角度为函数的修正系数 K

系数 A、B **表 13-4-3**

f_m(Hz)	63	125	250	500	1000	2000
A(dB)	47.2	48.6	52.8	52.8	54.2	57.2
B(dB)	27.3	22.9	15.2	13.0	9.8	5.3

五、阀门的气流噪声

管道阀门产生的气流噪声声功率级 L_W（dB）可用式（13-4-5）和图 13-4-7 求出。相对频带声功率级可由表 13-4-4 进行修正。

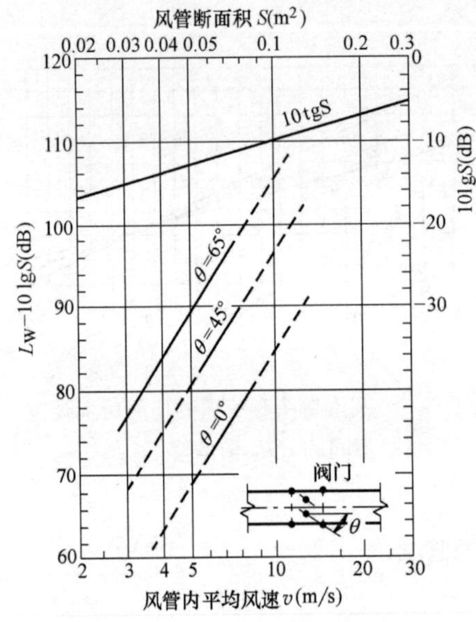

图 13-4-7 阀门气流噪声声功率级

$$L_W = L_\theta + 10\lg S + 55\lg v \quad (13\text{-}4\text{-}5)$$

式中 L_θ——由阀门叶片与气流夹角 θ 决定的常数

$\theta=0°$时，$L_\theta=30$dB

$\theta=45°$时，$L_\theta=42$dB

$\theta=65°$时，$L_\theta=51$dB

v——管道内的平均气流速度（m/s）；

S——管道截面积（m^2）。

由管道内的阀门引起气流噪声，通常被忽略。特别在靠近空调用房的阀门都应作气流噪声的核算，故举例示范。

【例 13-4-1】 在设有防火阀、风量调节阀的管道内，风量为 8500m^3/h，风管截面为 750×450mm，核算其气流噪声的声功率级。

相对频带声功率级修正值（dB） **表 13-4-4**

倍频带中心频率(Hz)	63	125	250	500	1000	2000	4000	8000
θ= 0°	−4	−5	−5	−9	(−14)	(−19)	(−24)	(−29)
θ= 45°	−7	−5	−6	−9	−13	−12	−7	−13
θ= 65°	−10	−7	−4	−5	−9	0	−3	−10

注：括号内数为估计值

【解】 风道断面积 $S=(0.45\times0.75)=0.34\text{m}^2$

管道内风速 $v=\dfrac{8500}{3600\times0.34}=7.0\text{m/s}$

假设阀门的叶片角 $\theta=45°$

由式（13-4-5），即 $L_W=L_\theta+10\lg S+55\lg v$ 求得其气流噪声，如表 13-4-5 所示。

该例也可按图 13-4-7 先求得 $L_W-10\lg S$，然后作修正求得，其结果如表 13-4-6 所示。

用公式（13-4-5）求阀门气流噪声声功率级计算结果 **表 13-4-5**

序号	$L_W=L_\theta+10\lg S+55\lg v$	倍频带中心频率(Hz)							
		63	125	250	500	1000	2000	4000	8000
1	$\theta=45°$时，$L_\theta=$	42	42	42	42	42	42	42	42
2	$S=0.34\ m^2$时，$10\lg S=$	−4.7	−4.7	−4.7	−4.7	−4.7	−4.7	−4.7	−4.7
3	$v=7\ m/s$时，$55\lg v=$	46.5	46.5	46.5	46.5	46.5	46.5	46.5	46.5
4	频带声功率级修正值，查表 13-4-4								
5	$\theta=45°$时	−7	−5	−6	−9	−13	−12	−7	−13
	阀门气流噪声声功率级	76.8	78.8	77.8	74.8	70.8	71.8	76.8	70.8

用图 13-4-7 求阀门气流噪声声功率级计算结果 **表 13-4-6**

序号	查图 13-4-7	倍频带中心频率(Hz)							
		63	125	250	500	1000	2000	4000	8000
1	查图 13-4-7，$v=7\ m/s$时，$L_W-10\lg S$	88	88	88	88	88	88	88	88
2	查图 13-4-7，$S=0.34\ m^2$时，$10\lg S=$	−5	−5	−5	−5	−5	−5	−5	−5
3	频带声功率级修正值，查表 13-4-4，								
4	$\theta=45°$时	−7	−5	−6	−9	−13	−12	−7	−13
	阀门气流噪声声功率级 $L_W=1+2+3$	76	78	77	74	70	71	76	70

六、风口的气流噪声

（一）出风口产生的气流噪声声功率级 L_W(dB) 可用如下公式计算

1. 定风速的扩散型出风口

$$L_W=L_{WC}+10\lg\Delta f+30\lg(dv) \tag{13-4-6}$$

式中 L_{WC}——比声功率级（dB），由图 13-4-8 查得；

Δf——低限频率，见表 13-4-2；

d——散流器颈部直径（m）；

v——颈部流速（m/s）。

2. 可调节百页风口

可调节百页风口的气流噪声声功率级可从图 13-4-9 中查得，曲线 1 为均匀扩散的，

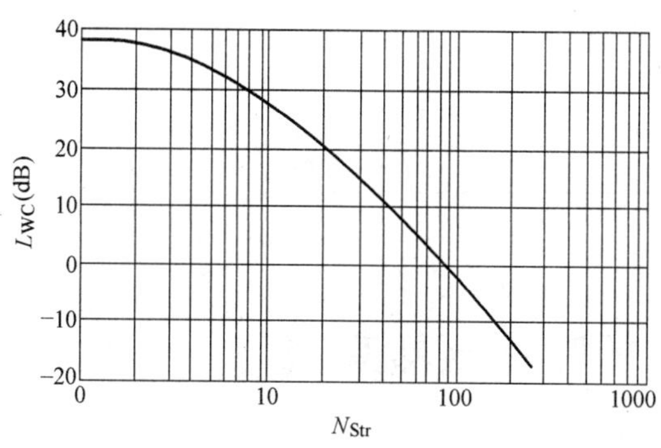

图 13-4-8 以 N_{str} 数为函数的定风速扩散型风口比声功率级

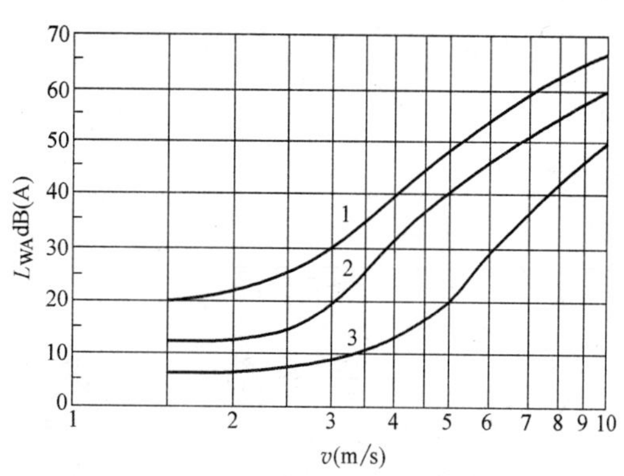

图 13-4-9 以有效流通断面内的流速为函数的可调百页风口的 A 声功率级

1—均匀扩散的；2—标准的；3—高速射流的

曲线 2 为标准的，曲线 3 为高速射流。A 声功率级是以有效流通面积 $S_E=0.01m^2$ 时的流速为函数建立的，当面积 S_E 不等于 0.01 m^2 时，应再加一个 $10lg(S_E/0.01)$。

3. 孔板出风口

$$L_W=15+60lgv+30lg\xi+10lgS \tag{13-4-7}$$

式中 v——孔板前的流速（m/s）；

ξ——阻力系数，见表 13-4-7；

S——孔板的总面积（m^2）。

据式（13-4-7）求得的声功率级对所有频率是相同的。

孔板和格栅的阻力系数　　表 13-4-7

流速(m/s) \ 面积(%)	10	20	30	40	50	60	70	80
0.5	110	30	12	6	3.6	2.3	1.8	1.4
1.0	120	33	13	6.8	4.1	2.7	2.1	1.6
1.5	128	36	14.5	7.4	4.6	3.0	2.3	1.8
2.0	134	39	15.5	7.8	4.9	3.2	2.5	1.9
2.5	140	40	16.5	8.3	5.2	3.4	2.6	2.0
3.0	146	41	17.5	8.6	5.5	3.7	2.8	2.1

（二）常用送风口的气流噪声声功率级实验室测量值见表 13-4-8

常用送风口的气流噪声声功率级实验室测量值　　表 13-4-8

名称	尺寸(mm)	气流速度(m/s)	倍频程声功率级(dB)							A声功率级(dB)
			125	250	500	1000	2000	4000	8000	
鼓形喷口风口	喉口 750×250	出风口 6.0	49.5	44.0	33.5	29.0	24.0	20.5	18.0	39.0
		出风口 8.0	56.5	52.0	43.0	38.0	32.5	27.5	24.5	47.0
球形喷口风口	喉口 Φ200	喉口 4.8	52.5	46.0	41.0	39.5	33.0	36.0	30.0	45.5
		喉口 5.8	57.0	53.0	48.0	46.5	38.5	41.5	34.0	51.5
	喉口 Φ400	喉口 4.5	56.0	51.5	47.5	38.5	34.5	35.5	31.5	48.5
		喉口 5.5	59.5	57.0	53.5	44.5	39.5	40.5	35.0	54.0
	喉口 Φ500	喉口 4.0	54.0	54.0	46.5	39.0	33.0	26.5	23.5	49.0
		喉口 6.0	63.5	66.0	59.5	52.0	46.5	40.5	35.0	61.0
圆形旋流风口	喉口 Φ315	喉口 3.0	42.0	37.0	36.0	32.0	29.5	27.0	23.5	39.0
		喉口 4.0	49.0	45.0	44.5	41.0	38.5	36.0	31.0	47.5
		喉口 5.0	54.5	51.5	51.5	48.0	45.5	43.0	37.0	54.5
圆形旋流风口	喉口 Φ500	喉口 2.0	40.0	36.0	35.0	31.0	21.0	16.0	15.0	36.0
		喉口 3.0	50.0	46.0	44.5	41.5	33.5	29.0	26.0	46.5
		喉口 4.0	57.0	53.5	51.5	49.5	43.0	38.0	34.0	54.0

第五节　空调系统的噪声自然衰减

在空调系统内，要确定所需的消声量，首先必须计算系统内的噪声的自然衰减，只有扣除了噪声自然衰减量，才能求得实现空调用房允许噪声标准的经济、合理的消声量。

一、管道系统的噪声自然衰减

管道系统的噪声自然衰减包括直管道、弯头、三通、变径管和风口末端的声衰减。

（一）直管道的声衰减

矩形风管和圆形风管的噪声自然衰减量，可按表 13-5-1 估算。

直管道的声衰减量与管道周长、长度及管壁吸声系数成正比，与管道截面积成反比。一般光滑管道吸声系数很低，其自然衰减值只有当管路较长、流速较低时，才按表 13-5-1 计算。否则可忽略不计。当管壁吸声系数较高时，可参照管式消声器计算声衰减量。当管内气流速度大于 8m/s 时，直管道气流噪声较大，其自然衰减量可不计。

金属矩形和圆形管道的噪声自然衰减量（dB/m）　　表 13-5-1

管道尺寸 D(m)		倍频带中心频率(Hz)				
		63	125	250	500	>1000
矩形管道	0.075～0.2	0.6	0.6	0.45	0.3	0.3
	0.2～0.4	0.6	0.6	0.45	0.3	0.2
	0.4～0.8	0.6	0.6	0.3	0.15	0.15
	0.8～1.6	0.45	0.3	0.15	0.1	0.06
圆形管道	0.075～0.2	0.1	0.1	0.15	0.15	0.3
	0.2～0.4	0.06	0.1	0.1	0.15	0.2
	0.4～0.8	0.03	0.06	0.06	0.1	0.15
	0.8～1.6	0.03	0.03	0.03	0.06	0.06

注：管道尺寸 D，圆形管道为直径；矩形管道为当量直径 $d_e=2ah/(a+h)$，a、h 分别为矩形管道截面边长。

（二）弯头的声衰减

方形、圆形弯头的声衰减量见表 13-5-2、表 13-5-3、表 13-5-4。

圆形弯头内通常不用内衬材料；矩形弯头内衬材料长度至少应为弯头宽度的 2 倍，且内衬材料的厚度一般为风管宽度的 10%。

对于有导流片弯头的声衰减量，可取方形弯头、圆形弯头的声衰减量的平均值。

在通风空调工程设计实践中，常设计有连续弯头，连续弯头的总声衰减量并不简单等于两个弯头的声衰减量之和，而与两个弯头之间的距离有关，如图 13-5-1 所示。两个弯

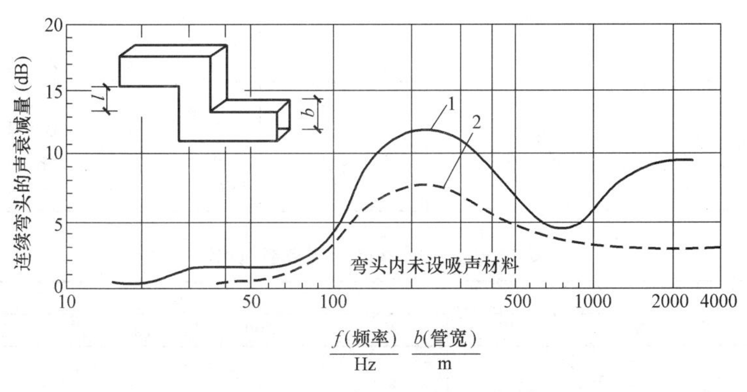

图 13-5-1　连续弯头的噪声衰减

1—连续弯头（$l=0$）；2—一个直弯头时

头之间的风管内壁宜铺粘吸声材料，连续弯头的声衰减量按以下原则估算：

当 $l \geqslant 2d$（风管断面的对角线长度）时，总衰减量等于两个单独弯头衰减量之和；

当 $0<l<2d$ 时，总衰减量仅为单个弯头衰减量的 1.5 倍。

方形弯头的噪声自然衰减量（dB）　　表 13-5-2

方形弯头，管宽度(m)	倍频带中心频率(Hz)						
	63	125	250	500	1000	2000	4000
0.075～0.10	—	—	—	—	1	7	7
0.11～0.14	—	—	—	—	5	8	4
0.16～0.20	—	—	—	1	7	7	3
0.23～0.28	—	—	—	5	8	4	3
0.30～0.36	—	—	1	7	7	4	3
0.38～0.43	—	—	2	8	5	3	3
0.46～0.51	—	—	5	8	4	3	3
0.53～0.58	—	—	6	8	4	3	3
0.61～0.66	—	1	7	7	4	3	3
0.68～0.74	—	1	8	6	3	3	3
0.76～0.82	—	2	8	5	3	3	3
0.84～0.89	—	3	8	5	3	3	3
0.91～0.97	—	5	8	4	3	3	3
0.99～1.04	1	6	8	4	3	3	3
1.06～1.12	1	6	8	3	3	3	3
1.14～1.20	1	7	7	4	3	3	3
1.22～1.28	1	7	7	4	3	3	3
1.30～1.35	2	8	7	3	3	3	3
1.37～1.43	2	8	6	3	3	3	3
1.45～1.51	2	8	6	3	3	3	3

内有衬的方形弯头的噪声自然衰减量（dB）　　表 13-5-3

弯头内衬状况	方形弯头，管宽度(m)	倍频带中心频率(Hz)						
		63	125	250	500	1000	2000	4000
弯头前内衬	0.125	—	—	—	1	5	8	6
	0.250	—	—	1	5	8	8	8
	0.500	—	1	5	8	6	8	11
	1.000	1	5	8	8	8	11	11
弯头后内衬	0.125	—	—	—	1	6	11	10
	0.250	—	—	1	6	11	10	10
	0.500	—	1	6	11	10	10	10
	1.000	1	6	11	10	10	10	10
弯头前、后内衬	0.125	—	—	—	1	6	12	14
	0.250	—	—	1	6	12	14	16
	0.500	—	1	6	12	14	16	18
	1.000	1	8	12	14	16	18	18

圆形弯头的噪声自然衰减量（dB）　　表 13-5-4

圆形弯头直径(m)	倍频带中心频率(Hz)						
	63	125	250	500	1000	2000	4000
0.125～0.25	—	—	—	—	1	2	3
0.28～0.50	—	—	—	1	2	3	3
0.53～1.00	—	—	1	2	3	3	3
1.05～2.00	—	1	2	3	3	3	3

（三）三通的声衰减

当管道分支时，噪声的能量基本上是按比例地分给各支管，自主管到任一支管的噪声自然衰减量 ΔL（dB），可按式 13-5-1 或图 13-5-2 求得。

$$\Delta L=10\lg\frac{S_1}{S_2} \tag{13-5-1}$$

式中　S_1——计算支管的截面积（m^2）；

S_2——分支处全部支管的截面积（m^2）。

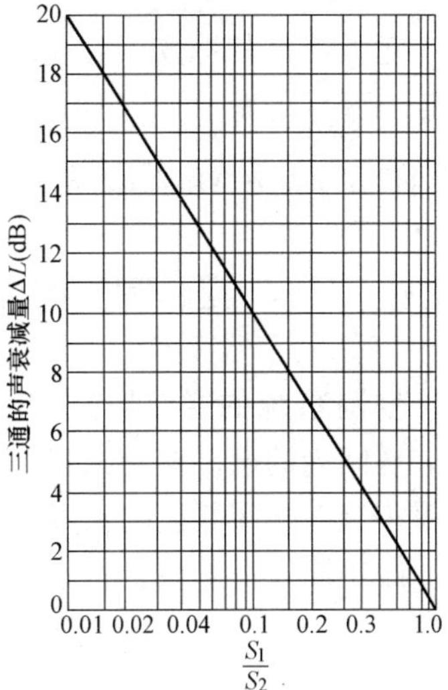

图 13-5-2　三通的噪声衰减

（四）变径管的声衰减

1. 单式变径管的声衰减按式（13-5-2）计算或由图 13-5-3 查得。

$$\Delta L=10\lg\frac{(S_2/S_1+1)^2}{4S_2/S_1} \tag{13-5-2}$$

式中　S_1——变径前的截面积（m^2）；

S_2——变径后的截面积（m^2）。ΔL 对各个频率都相同。

2. 双式变径管的声衰减按式（13-5-3）计算，双式变径管指变大后再变小或变小后再变大的变径管

$$\Delta L=10\lg\left[1+\left(\frac{(S_2/S_1)^2-1}{2S_2/S_1}\sin 2\pi\frac{l}{\lambda}\right)^2\right] \tag{13-5-3}$$

式中　S_1——变径前的截面积（m^2）；

S_2——变径后的截面积（m^2）；

l——双式变径管的长度（m）；

λ——声波的波长（m）。

假如单式或双式变径管角度小于 90°，其衰减量应除以图 13-4-6 中的系数 K，即 $\Delta L/K$。

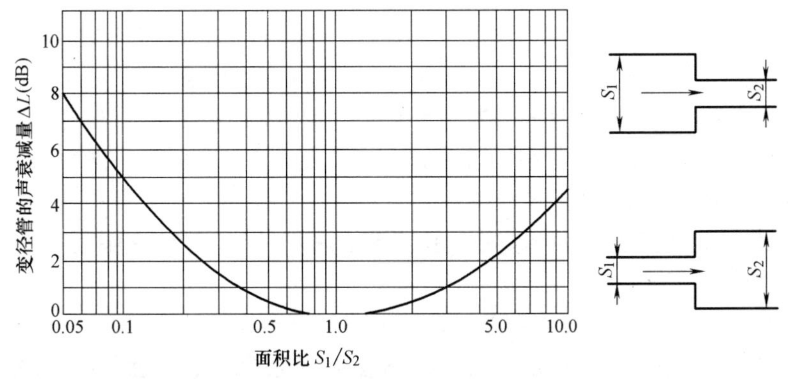

图 13-5-3　单式变径管的噪声衰减

（五）风口末端的反射损失

风口末端声反射损失与频率 f、风口的有效面积的开方 $\sqrt{S_e}$ 及风口所处的位置有关。

可从图 13-5-4 查得。

正方形风口 $\sqrt{S_e}$ 为一边长（m）；矩形风口 $\sqrt{S_e}=\sqrt{ah}$（m）（a、h 为风口的宽度和高度）；圆风口 $\sqrt{S_e}=d$（m）（d 为圆形风口的直径）。

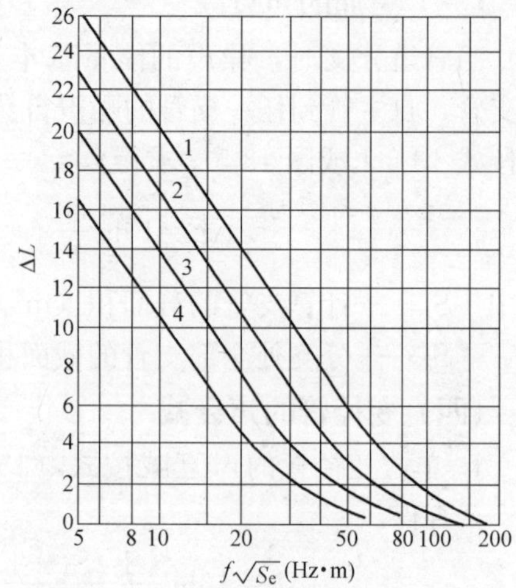

图 13-5-4　风管端部反射损失与 $f\sqrt{S_e}$ 和出风口位置的关系

1—出风口在房间中央；2—出风口在墙的中央；3—出风口在顶棚和墙交线的中间；4—出风口在房间的一个拐角

二、房间声衰减

空调系统的送、回风口作为房间内的声源点，房间内的声传递衰减量为由风口进入到房间的噪声级与房间某点的噪声级之差值。

距出风口 r 处的声压级 L_p 可按式（13-5-4）计算：

$$L_p=L_w+10\lg\left(\frac{Q}{4\pi r^2}+\frac{4}{R}\right) \qquad (13\text{-}5\text{-}4)$$

式中　L_p——距出风口（声源）r 处的声压级（dB）；

L_w——出风口进入室内的声功率级（dB）；

Q——指向性因素，无因次量，取决于出风口位置和声源对听者的辐射角，由图 13-5-5 查得；

r——距出风口的距离（m）；

R——房间常数（m^2），$R=S\bar{\alpha}/(1-\bar{\alpha})$，$S$ 为房间的总表面积（m^2），$\bar{\alpha}$ 为平均吸声系数。

三、管道壁的透射损失

空调系统内噪声的自然衰减，还应考虑管道内声能通过管壁向管外透射的部分。特别是薄壁金属风道（一般壁厚为 0.7～1.2mm），在噪声 的传播过程中，有相当一部分声能不断的沿管路传至管外空间，这在多数情况下对降低空调用房的噪声是有利的。在实践工程中也有这样的经验：即采用薄钢板风管的系统，当管路较长时，一般容易达到预期的噪声标准。但必须注意下述问题：

1　当管道周围有较强的噪声源时，由于管壁隔声量低，管外噪声容易传入管内，使管内噪声级增大。

2　当毗邻房间围护结构隔声较差时，管道路经这些房间时会引起噪声干扰。

针对上述情况，可采取不同的对策：当钢板风管周围无其他较强的噪声源，而管道路经的房间围护结构有足够的隔声量或路经的房间的噪声标准要求不高时，可不作处理；与上述情况相反时，则应提高管壁的隔声量。

提高管壁的隔声量的常用措施是：一般情况下，在管道周围紧贴岩棉板（兼顾保温需要），然后外包 12mm 纸面石膏板或 FC 板；增加钢板厚度或设计复合板也起到同样的

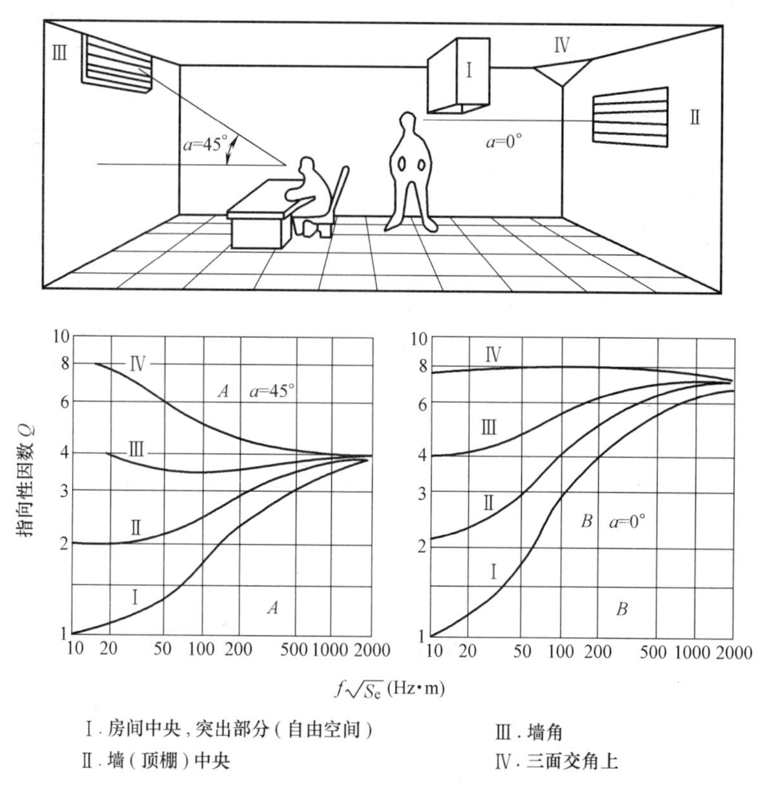

图 13-5-5 以 $f\sqrt{S_e}$ 出风口位置和声源对听者的辐射角为函数的指向性因数 Q

作用。

砖砌或混凝土风道的自然衰减量很小，且管壁的透射损失较小，因此，系统没有额外的声衰减量，对这类风道，在进行系统消声设计时应加以注意，根据具体情况，增加系统的消声量。

风道管壁常用构造的隔声量（透射损失）见表 13-5-5。

风道管壁常用结构的隔声量 **表 13-5-5**

管壁结构	面密度（kg/m²）	频率(Hz)						隔声量平均值 R(dB)	计权隔声量 R_w(dB)
		125	250	500	1000	2000	4000		
1mm 厚镀锌铁皮	7.8	—	20	26	30	36	43	29	30
0.8mm 厚钢板	6.2	12	14	19	26	30	37	23	26
1mm 厚钢板	7.8	13	21	25	28	36	39	27	30
1.2mm 厚钢板	9.4	15	21	27	30	38	41	28.5	31
1.5mm 厚钢板	11.7	21	22	27	32	39	43	30	32
2mm 厚钢板	15.6	—	26	29	34	42	45	34	35
12mm 厚纸面石膏板	8.8	14	21	26	31	30	30	25	28
20mm 厚石膏板	24	29	27	30	32	30	40	31	31
5mm 厚聚氯乙烯塑料板	7.6	17	21	24	29	36	38	27	29
75mm 厚加气混凝土抹灰	70	30	30	30	40	50	56	39	38
150mm 厚加气混凝土抹灰	140	29	36	39	46	54	55	43	44

续表

管壁结构	面密度（kg/m²）	频率(Hz)						隔声量平均值 R(dB)	计权隔声量 R_w(dB)
		125	250	500	1000	2000	4000		
120mm 厚砖墙抹灰	240	37	34	41	48	55	53	45	47
240mm 厚砖墙抹灰	480	42	43	49	57	64	62	53	55
1.5mm 厚钢板，加 50mm 厚超细玻璃棉毡	15.5	29	35	45	54	61	61	47	47
1mm 厚钢板，加 50mm 厚岩棉毡，外包 12mm 厚石膏板	22	28	37	46	55	60	59	47	48
1mm 厚钢板，加 50mm 厚聚苯板，外包 12mm 厚石膏板	18	23	33	39	44	51	53	40	42
1mm 厚钢板，加 100mm 超细玻璃棉毡，外包纤维板	16.6	32	36	48	58	64	69	50	48
1mm 厚钢板，加 50mm 厚岩棉毡，外包 6mm 厚 FC 板	23.8	25	36	42	51	57	59	45	46

第六节　空调系统的消声器

一、消声器的分类及性能评价

（一）消声器的分类

消声器是一种既能允许气流通过，又能有效地衰减噪声的装置。它主要用于控制和降低各类空气动力设备进、排气口辐射或沿管道传递的噪声。空调系统的噪声自然衰减通常不能使空调用房达到预定的噪声标准，因此，合理的选择和配置消声器成为消声工程的关键。

通常按消声器的消声原理对其进行分类，常见的消声器的原理、形式、特性及用途如表 13-6-1 所示。

常见的消声器的原理、形式、特性及用途　　表 13-6-1

原理	主要形式	消声频带	主要用途
阻性	管式、片式、折板式、蜂窝式、小室式、声流式、弯头式	中高频	空调通风系统及以中、高频噪声为主的各类空气动力设备噪声
抗性	扩张式或膨胀式 共振式 微孔式	低中频 低频 宽频带	空调通风系统及以低、中频噪声为主的各类空气动力设备噪声
复合式	阻抗复合式	宽频带	空调通风系统
变频	小孔喷注式	宽频带	排气放空噪声

（二）消声器性能的评价

消声器性能的评价主要包括声学性能、气流再生噪声特性、空气动力性能等三个方面，现分述如下：

1. 声学性能

消声器声学性能的优劣通常用消声量及消声频谱特性来表示，其中包括 A 声级消声量及各频带（倍频带或 1/3 倍频带）消声量。依据测量方法的不同，消声器的声学性能评价指标可分为：传声损失、插入损失、声衰减量等。

传声损失：消声器进口端入射声能与出口端透射声能相对比较，入射声声功率级与透射声声功率级之差。

插入损失：装置消声器前与装置消声器后相对比较，通过管口辐射噪声声功率级之差。

声衰减量：也称轴向衰减量，定义为通过测量消声器内轴向两点间的声压级差所得的消声器单位长度的声衰减量。

在不加特别说明时，通常所称的"消声量"指的是传声损失。

消声器声学性能的评价因测试声源条件的不同分为静态消声性能和动态消声性能。静态消声性能指在消声器内无气流通过而仅用标准声源作噪声源的条件下测得的消声量。动态消声性能指在消声器内有气流通过并且用标准声源（或风机）作噪声源的条件下测得的消声量。

2. 气流再生噪声

消声器的气流再生噪声就是当气流以一定速度通过消声器时，由于消声器对直通气流的阻碍，气流在消声器内产生湍流噪声以及气流激发消声器的结构部件振动所产生的噪声，称为气流再生噪声。气流再生噪声限制了消声器本身能提供的消声量，在高风速系统或空调用房有较高安静要求的系统的噪声控制中应特别注意。

气流再生噪声的大小主要决定于消声器的结构形式及气流速度。消声器的结构形式愈复杂，消声器内通道界面的粗糙度愈大，气流再生噪声愈大；气流再生噪声与气流速度近似成六次方的关系。

假定气流再生噪声声压级为 L_{P0}；消声器前端声压级 L_{P1}，经过消声器后的声压级 L_{P2}，L_{P0} 与 L_{P2} 的相对关系将影响消声器所能提供的消声量。

（1）当 $L_{P2} >> L_{P0}$ 时，消声器的消声量 $\Delta L = L_{P1} - L_{P2}$，不受气流再生噪声的影响。

（2）当 $L_{P2} << L_{P0}$ 时，消声器的消声量 $\Delta L = L_{P1} - L_{P0}$，只能将噪声降低到气流再生噪声。

（3）当 $L_{P2} \approx L_{P0}$ 时

如 $L_{P2} > L_{P0}$，则消声器的消声量 $\Delta L = L_{P1} - L_{P2} - a$，$a$ 不大于 3dB。

如 $L_{P2} < L_{P0}$，则消声器的消声量 $\Delta L = L_{P1} - L_{P0} - a$，$a$ 不大于 3dB。

从以上分析可知，起决定作用的是消声器后端的声压级 L_{P2} 与气流再生噪声声压级 L_{P0} 的相对大小。所以说明消声器实际消声量不仅与背景噪声、气流再生噪声水平有关，而且还与噪声源声压级的大小有关。因此，在应用一个消声器时，不能单纯追求增加消声器的长度，应注意消声器气流再生噪声与实际使用时消声器后端声压级的大小，使两者相适应，才能取得最好效果。

3. 空气动力性能

消声器空气动力性能的评价指标通常为压力损失和阻力系数。

（1）压力损失

消声器的压力损失为气流通过消声器前后所产生的压力的降低量，也就是消声器进口端与出口端平均全压的降低量。如果消声器两端管道截面面积相同时，则压力损失就等于消声器进口端与出口端静压之差，即

$$\Delta p = p_{s1} - p_{s2} \tag{13-6-1}$$

式中 p_{s1}——进口端静压（Pa）；

p_{s2}——出口端静压（Pa）。

（2）阻力系数

消声器的阻力系数为消声器的压力损失与通道内气流平均动压的比值，即

$$\xi = \frac{\Delta p}{\overline{p_v}} \tag{13-6-2}$$

式中 Δp——压力损失（Pa）；

$\overline{p_v}$——通道内气流平均动压（Pa）。

阻力系数较全面地反映消声器的空气动力特性。据阻力系数可求得不同气流速度下的压力损失值。

二、阻性消声器

（一）阻性消声器消声原理、特性及形式

阻性消声器是利用敷设在气流通道内的多孔吸声材料吸收声能，从而降低沿管道传播的噪声。

阻性消声器对中、高频噪声具有良好的消声性能，其形式简单，应用范围很广。

阻性消声器的形式很多，如管式、片式、蜂窝式、折板式、声流式、小室式以及弯头等，如图 13-6-1 所示。

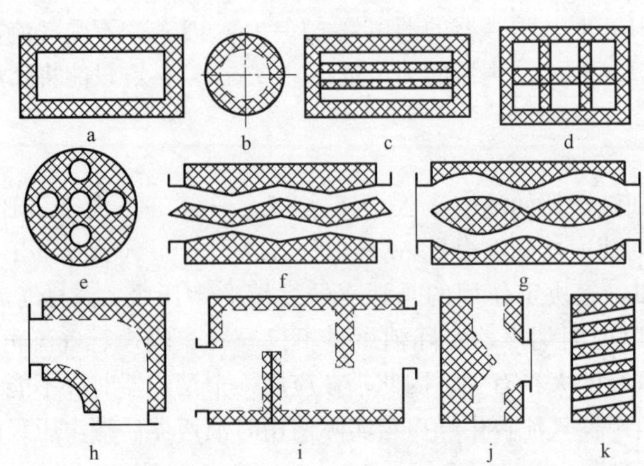

图 13-6-1 几种阻性消声器形式示意图

a—矩形管式；b—圆形管式；c—片式；d—蜂窝式；e—列管式；f—折板式；g—声流式；h—弯头式；i—多室式；j—盘式；k—百叶式

（二）阻性消声器消声量的计算

阻性消声器的形式很多，但最基本的形式是直管式消声器，如图 13-6-2 所示。

直管式消声器的消声量的估算公式为：

$$\Delta L=1.1\phi(\alpha_0)\frac{P}{S}l \qquad (13\text{-}6\text{-}3)$$

式中 ΔL——消声量（dB）；

α_0——吸声材料吸声系数（垂直入射）；

ϕ（α_0）——与 α_0 有关的消声系数，查表 13-6-2；

P——消声器通道横截面周长（m）；

S——消声器通道横截面面积（m^2）；

l——消声器的有效长度（m）。

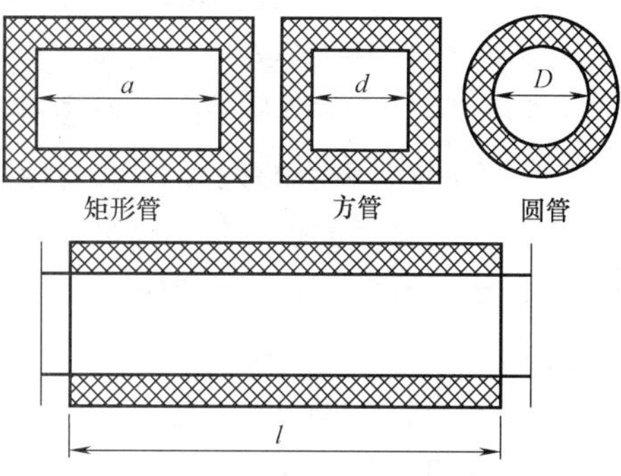

图 13-6-2 阻性直管式消声器

ϕ（α_0）与 α_0 的关系 **表 13-6-2**

α_0	0.1	0.2	0.3	0.4	0.5	0.6～1.0
$\phi(\alpha_0)$	0.11	0.24	0.39	0.55	0.75	1.0～1.5

由式（13-6-3）可看出，阻性直管式消声器的消声量除与吸声材料有关外，还与消声器的长度 l 及通道截面周长 P 成正比，与通道截面积 S 成反比。因此，增加有效长度 l 及通道截面周长 P 与通道截面积 S 的比值 P/S，可提高消声量。当通道截面积一定时，合理的选择消声器气流通道的截面形状，也可显著改善消声效果。表 13-6-3 为常见的四种阻性直管式消声器截面形状比较。

四种阻性直管式消声器截面形状比较 **表 13-6-3**

截面形状	特征长度	面积 S	周长 P	P/S 值
圆　形	直径 D	$\pi D^2/4$	πD	$4/D$
方　形	边长 d	d^2	$4d$	$4/d$
矩　形	宽 a 高 h	ah	$2(a+h)$	$2(a+h)/ah$
扁矩形	宽 a 高 h	ah	$\approx 2a$	$\approx 2/h$

当消声器的通道截面积较大时，高频声波将呈束状直接通过消声器，很少或完全不与吸声材料接触，致使消声性能下降，这种现象称为“高频失效”，消声量开始明显下降的频率称为“上限失效频率”，其经验计算公式为：

$$f_{上}=1.85\frac{c}{D} \qquad (13\text{-}6\text{-}4)$$

式中 c——声速（m/s）；$c=20.5\sqrt{273+\theta}$，θ——温度（℃）；

D——通道横截面的当量直径（m）；对于圆形截面 D 为直径，对于矩形：$d_e=\frac{2ha}{h+a}$，h 为通道高，a 为通道宽。

当频率高于上限失效频率时，每增高一个倍频带，其消声量比失效频率处的消声量降低 1/3，具体可由下式计算：

$$\Delta l'=\frac{3-n}{3}\Delta l \qquad (13\text{-}6\text{-}5)$$

式中　$\Delta l'$——高于失效频率的某频带消声量（dB）；

Δl——失效频率处的消声量（dB）；

n——高于失效频率的倍频程频带数（dB）。

（三）阻性消声器的设计技术要点

1. 阻性消声器主要适用于降低以中、高频噪声为主的空气动力性噪声，其构造形式应根据声源及降噪要求合理选择。如对大风量大尺寸的空调管路宜选用片式消声器；对消声量要求较高，而系统风压余量较大的情况，可选用折板式、声流式及蜂窝式消声器；对缺少安装空间位置的管路系统可选用消声弯头、百叶式消声器等。

2. 正确的选择吸声材料。选用的吸声材料除了能满足吸声性能要求外，还应注意防潮、耐温、耐气流冲刷及净化等工艺要求。通常采用离心玻璃棉作为吸声材料，如空调系统有净化要求，可采用阻燃聚氨酯声学泡沫塑料；对于地下工程砖砌风道内的消声，则可选用膨胀珍珠岩吸声砖作为吸声材料。吸声材料和吸声构造的吸声系数见表 13-6-5。

3. 合理确定阻性消声器内吸声层的厚度及密度。对于一般阻性管式及片式消声器的吸声片厚度宜为 5～10cm，对于噪声低频成分较多的管道消声，消声片片厚可取 15～20cm，为减小阻塞比，增加气流通道面积，也可以将片式消声器的消声片设计成一半为厚片，一半为薄片。阻性消声器内吸声材料如用玻璃棉，则密度宜取 24～48kg/m^3，密度大对低频消声有利，如用采用阻燃聚氨酯声学泡沫塑料，密度宜取 30～40kg/m^3 。

4. 合理确定阻性消声器内气流通道的断面尺寸。阻性消声器内气流通道的断面尺寸与消声器的消声性能及空气动力性能均直接相关，直管式消声器的通道直径不宜大于300mm；片式消声器的片距宜为 100～200mm，有效通道面积比宜控制在 50%～70%。

5. 合理确定阻性消声器内吸声材料的护面层结构。护面层材料及其做法应满足不影响消声性能及与气流速度相适应两个前提条件。最常用的护面层结构为玻璃纤维布加金属穿孔板，玻璃纤维布一般为 0.1～0.2mm 厚的无碱平纹玻璃纤维布，金属穿孔板一般要求穿孔率大于 20%，孔径常取 4～6mm。表 13-6-4 为不同护面层结构所适用的消声器内气流速度。

不同护面层结构的适用风速　　**表 13-6-4**

护面层结构	适用风速(m/s)	
	平行方向	垂直方向
单玻璃纤维布护面	≤6	≤4
玻璃纤维布+金属丝网	≤10	≤7
玻璃纤维布+金属穿孔板	≤30	≤20
玻璃纤维布+金属丝网+金属穿孔板	≤60	≤40

6. 合理确定阻性消声器的有效长度。阻性消声器的长度一般可控制在 1～2m，消声要求较高时，可取 2～4m，应注意消声器的气流噪声，并尽可能分段设置。

7. 为提高阻性消声器对低频噪声的消声能力，增加有效消声频带宽度，设计中可采用加大消声片厚度、提高多孔吸声材料密度、在吸声层后留一定深度的空气层以及采用阻抗复合式消声器等措施。

8. 合理控制消声器内的气流速度，以控制气流噪声，提高消声效果。一般情况下，消声器内的气流速度宜不大于上、下游管道内的气流速度，消声器内的气流速度的建议值见表 13-7-4。

吸声材料和吸声构造的吸声系数见表 13-6-5，表中未注明者皆为驻波管法吸声系数，即垂直入射吸声系数。

吸声材料和吸声构造的吸声系数表　　　表 13-6-5

材料(结构)名称	厚度(cm)	密度(kg/m^3)	频率(Hz) 125	250	500	1000	2000	4000	备注
超细玻璃棉	5	20	0.15	0.35	0.85	0.85	0.86	0.86	
超细玻璃棉	7	20	0.22	0.55	0.89	0.81	0.93	0.84	
超细玻璃棉	9	20	0.32	0.80	0.73	0.78	0.86	—	
超细玻璃棉	10	20	0.25	0.60	0.85	0.87	0.87	0.85	
超细玻璃棉	15	20	0.50	0.80	0.85	0.85	0.86	0.80	
超细玻璃棉	5	25	0.15	0.29	0.85	0.83	0.87	—	
超细玻璃棉	7	25	0.23	0.67	0.80	0.77	0.86	—	
超细玻璃棉	9	25	0.32	0.85	0.70	0.80	0.89	—	
超细玻璃棉	9	15	0.25	0.85	0.84	0.82	0.91	—	
超细玻璃棉	9	30	0.28	0.57	0.54	0.70	0.82	—	
超细玻璃棉	5	12	0.06	0.10	0.68	0.98	0.93	0.90	
超细玻璃棉	5	17	0.06	0.19	0.71	0.98	0.61	0.90	
超细玻璃棉	5	24	0.10	0.30	0.85	0.85	0.85	0.85	
超细玻璃棉	2	30	0.03	0.04	0.29	0.80	0.79	0.79	混响室
超细玻璃棉	2	20	0.05	0.10	0.30	0.65	0.65	0.65	混响室
超细玻璃棉	4	20	0.05	0.10	0.50	0.85	0.70	0.65	混响室
玻璃丝	5	150	0.12	0.30	0.72	0.99	0.87	—	
玻璃丝	7	150	0.16	0.44	0.89	0.94	0.97	—	
玻璃丝	9	150	0.22	0.61	0.99	0.87	0.95	—	
玻璃丝	5	200	0.10	0.28	0.74	0.87	0.90	—	
玻璃丝	7	200	0.20	0.55	0.90	0.88	0.90	—	
玻璃丝	9	200	0.24	0.70	0.97	0.84	0.90	—	
玻璃丝	9	250	0.26	0.69	0.90	0.93	0.95	—	
玻璃丝	9	300	0.37	0.55	0.65	0.87	0.88	—	
玻璃丝	5	100	0.15	0.38	0.81	0.83	0.79	0.74	
玻璃丝	7	60	0.17	0.46	0.94	0.84	0.91	0.91	
树脂玻璃棉板，树脂含量 5%～9%，纤维直径 13～15μm	3	100	0.06	0.11	0.26	0.56	0.93	0.97	
	5	100	0.09	0.26	0.60	0.92	0.98	0.99	
	10	100	0.30	0.66	0.90	0.91	0.98	0.99	
防水超细玻璃棉毡	5	20	0.11	0.30	0.78	0.91	0.93	—	
	10	20	0.25	0.94	0.93	0.90	0.96	—	
沥青玻璃棉毡，沥青含量 2%～5%，纤维直径 13～15μm，渣球含量3%～5%	5	100	0.09	0.24	0.55	0.93	0.98	0.98	
	5	150	0.11	0.33	0.65	0.91	0.96	0.98	
	5	200	0.14	0.42	0.68	0.80	0.88	0.94	
树脂玻璃棉毡，树脂含量 5%～9%，纤维直径 13～15μm，渣球含量4%～7%	5	100	0.09	0.26	0.60	0.94	0.98	0.99	
	5	150	0.13	0.39	0.68	0.90	0.92	0.99	
	5	200	0.20	0.46	0.69	0.78	0.91	0.93	
	5	56	0.08	0.20	0.44	0.81	0.92	0.97	
	5	110	0.11	0.31	0.67	0.94	0.95	0.98	
	5	156	0.12	0.33	0.64	0.89	0.92	0.98	
沥青玻璃棉毡　纤维直径 13.6μm	5	70	0.08	0.26	0.49	0.87	0.97	0.97	
沥青玻璃棉毡　纤维直径 19.0μm	5	70	0.08	0.19	0.37	0.73	0.90	0.89	
沥青玻璃棉毡　纤维直径 30.0μm	5	70	0.08	0.13	0.23	0.42	0.60	0.69	
沥青玻璃棉毡　纤维直径 42.0μm	5	70	0.08	0.11	0.19	0.34	0.50	0.63	

续表

材料(结构)名称	厚度(cm)	密度(kg/m^3)	125	250	500	1000	2000	4000	备注
			频率(Hz)						
矿渣棉	6	240	0.25	0.55	0.78	0.75	0.87	0.91	
矿渣棉	7	200	0.32	0.63	0.76	0.83	0.90	0.92	
矿渣棉	8	150	0.30	0.64	0.73	0.78	0.93	0.94	
矿渣棉	8	240	0.35	0.65	0.65	0.75	0.88	0.92	
矿渣棉	8	300	0.35	0.43	0.55	0.67	0.78	0.92	
矿渣棉	5	150	0.18	0.44	0.75	0.81	087	—	
矿渣棉	7	150	0.32	0.54	0.69	0.75	0.87	—	
矿渣棉	9	150	0.44	0.59	0.67	0.77	0.85	—	
矿渣棉	5	200	0.21	0.42	0.56	0.70	0.80	—	
矿渣棉	7	200	0.30	0.45	0.68	0.72	0.83	—	
矿渣棉	9	200	0.33	0.42	0.58	0.70	0.88	—	
酚醛矿棉毡	4	60	0.07	0.15	0.38	0.76	0.98	—	
酚醛矿棉毡	5	60	0.09	0.22	0.54	0.89	0.99	—	
酚醛矿棉毡	6	60	0.12	0.30	0.66	0.95	0.95	—	
酚醛矿棉毡	4	80	0.07	0.17	0.42	0.83	0.99	—	
酚醛矿棉毡	5	80	0.11	0.28	0.64	0.89	0.92	—	
酚醛矿棉毡	6	80	0.11	0.32	0.66	0.90	0.97	—	
沥青矿棉毡	1.5	200	0.10	0.09	0.18	0.40	0.79	0.92	
沥青矿棉毡	3	200	0.08	0.17	0.50	0.68	0.81	0.89	
沥青矿棉毡	6	200	0.19	0.51	0.67	0.68	0.85	0.86	
玻璃布后空 7.5cm			0.05	0.22	0.78	0.87	0.43	0.82	
玻璃棉毡包玻璃布加钢板网后空 4cm	5.5		0.42	0.82	0.90	0.76	0.90	0.82	
腈纶棉	5	20	0.14	0.37	0.68	0.75	0.78	0.82	
聚氨酯泡沫塑料	2	43	0.03	0.08	0.15	0.30	0.50	0.50	混响室
	2.5	43	0.08	0.24	0.60	0.93	1.07	1.04	混响室
聚氨酯泡沫塑料(聚醚型)流阻率 28000 瑞利/m	2		0.04	0.07	0.11	0.18	0.38	0.72	
	4		0.07	0.13	0.24	0.43	0.80	0.74	
	6		0.10	0.19	0.40	0.80	0.83	0.97	
	8		0.15	0.29	0.63	0.93	0.85	0.93	
	10		0.21	0.43	0.84	0.93	0.96	0.99	
聚氨酯泡沫塑料(聚酯型)	3	56	0.07	0.16	0.41	0.87	0.75	0.72	
	5	56	0.11	0.31	0.91	0.75	0.86	0.81	
	3	71	0.11	0.21	0.71	0.65	0.64	0.65	
	5	71	0.20	0.32	0.70	0.62	0.68	0.65	
聚氨酯泡沫塑料(聚酯型)流阻率 3×10^5 瑞利/m	2.2	—	0.06	0.10	0.23	0.65	0.64	—	
	4.7	—	0.20	0.36	0.66	0.64	0.66	—	
	10	—	0.48	0.54	0.73	0.66	0.66	—	
聚氨酯泡沫塑料	1.4	—	0.05	0.07	0.22	0.68	0.54	—	
	3.1	—	0.09	0.18	0.71	0.57	0.52	—	
	5.1	—	0.13	0.35	0.83	0.79	0.70	—	
	9.8	—	0.39	0.51	0.61	0.65	0.69	—	
	4	40	0.10	0.18	0.36	0.70	0.75	0.80	
	6	45	0.11	0.25	0.52	0.87	0.79	0.81	
	8	45	0.20	0.40	0.95	0.90	0.98	0.85	
氨基甲酸泡沫塑料	2.5	25	0.05	0.07	0.26	0.81	0.39	0.81	
	5	36	0.21	0.31	0.86	0.71	0.86	0.82	

续表

材料(结构)名称	厚度(cm)	密度(kg/m^3)	频率(Hz) 125	250	500	1000	2000	4000	备注
微孔聚氨酯泡沫塑料	4	30	0.10	0.14	0.26	0.50	0.82	0.77	
粗孔聚氨酯泡沫塑料	4	40	0.06	0.10	0.20	0.59	0.88	0.85	
脲醛泡沫塑料(米波罗)	3	20	0.10	0.17	0.45	0.67	0.65	0.85	
	4.7	20	0.22	0.29	0.40	0.68	0.95	0.94	
	5	20	0.22	0.29	0.40	0.68	0.95	0.94	
聚氨酯泡沫塑料外贴铝型纸	5	40	0.21	0.58	0.94	0.95	0.87	0.78	
水泥珍珠岩块	6	300	0.20	0.40	0.45	0.50	0.50	0.50	
加气混凝土	9	670	0.08	0.10	0.10	0.19	0.27	0.20	
加气混凝土	15	500	0.08	0.14	0.19	0.28	0.34	0.45	
长石石英吸声砖	8	1500	0.16	0.33	0.35	0.36	0.34	—	
长石石英吸声砖	9	1500	0.18	0.41	0.40	0.35	0.38	—	
珍珠岩吸声板	1.8	340	0.10	0.21	0.32	0.37	0.47	—	
珍珠岩吸声板	1.8	320	0.09	0.13	0.38	0.67	0.66	—	
矿渣膨胀珍珠岩吸声砖 石膏勾缝	11	700～800	0.43	0.50	0.51	0.53	0.69	0.81	混响室
矿渣膨胀珍珠岩吸声砖 未勾缝	11	700～800	0.50	0.56	0.61	0.50	0.39	0.89	混响室
陶土吸声砖	3	1250	0.06	0.10	0.30	0.76	0.26		
陶土吸声砖	5	1250	0.11	0.26	0.59	0.55	0.60		
陶土吸声砖	8	1250	0.18	0.55	0.62	0.56	0.58		
陶土吸声砖	10	1250	0.27	0.69	0.64	0.65	0.61		
陶土吸声砖	12	1250	0.33	0.75	0.56	0.63	0.56		
膨胀珍珠岩装饰吸声板	1	小于 360	0.09	0.16	0.26	0.36	0.54	0.80	
膨胀珍珠岩自然堆放	4	106	0.10	0.15	0.65	0.70	0.80	0.90	混响室
膨胀珍珠岩吸声板	3.5	280～310	0.23	0.42	0.83	0.93	0.74	0.83	混响室
膨胀珍珠岩吸声板	5	280～310	0.29	0.46	0.92	0.98	0.84	0.63	混响室
膨胀珍珠岩吸声板	10	280～310	0.47	0.59	0.59	0.66	—	—	混响室
膨胀珍珠岩穿孔复合板(穿孔板加吸声板一次成型)	4	280～310	0.16	0.28	0.81	0.76	0.73	0.60	混响室
	3	280～310	0.05	0.19	0.48	0.82	0.62	0.74	混响室
	2	280～310	0.02	0.11	0.26	0.65	0.74	0.72	混响室
单层微穿孔板孔径 0.8mm 板厚 0.8mm	3	3	—	0.06	0.20	0.68	0.42	—	
	3	5	0.11	0.25	0.43	0.70	0.25	—	
	3	7	—	0.22	0.82	0.69	0.21	—	
	3	10	0.12	0.29	0.78	0.40	0.78	—	
	3	15	0.21	0.47	0.72	0.12	0.20	—	
	3	20	0.22	0.50	0.50	0.28	0.55	—	
	3	25	0.35	0.70	0.76	0.50	0.15	—	
双层微穿孔板孔径 Φ0.8mm 板厚 0.9mm	2.5%+1%	$D_1=3$，$D_2=7$	0.26	0.71	0.92	0.65	0.35	—	
		4，6	0.21	0.72	0.94	0.84	0.30	—	
		5，5	0.18	0.69	0.96	0.99	0.24	—	
		4，16	0.58	0.99	0.54	0.86	—	—	
		8，12	—	0.88	0.84	0.80	—	—	
	2%+1%	8，12	0.48	0.97	0.93	0.64	0.15	—	
	3%+1%	8，12	0.40	0.92	0.95	0.66	0.17	—	

续表

材料(结构)名称	厚度(cm)	密度(kg/m^3)	频率(Hz) 125	250	500	1000	2000	4000	备注
单层微孔板孔径 0.8mm 板厚 0.8mm	1	3	—	0.18	0.64	0.69	0.17	—	
	1	5	0.05	0.29	0.87	0.78	0.12	—	
	1	7	—	0.40	0.86	0.37	0.14	—	
	1	10	0.24	0.71	0.96	0.40	0.29	—	
	1	15	0.37	0.85	0.87	0.20	0.15	—	
	1	20	0.56	0.98	0.61	0.86	0.27	—	
	1	25	0.72	0.99	0.38	0.40	0.12	—	
单层微孔板孔径 0.8mm 板厚 0.8mm	2	3	0.08	0.11	0.15	0.58	0.40	—	
	2	5	0.05	0.17	0.60	0.78	0.22	—	
	2	7	0.12	0.24	0.57	0.70	0.17	—	
	2	10	0.10	0.46	0.92	0.31	0.40	—	
	2	15	0.24	0.68	0.80	0.10	0.12	—	
	2	20	0.40	0.83	0.54	0.77	0.28	—	
	2	25	0.48	0.89	0.34	0.45	0.11	—	
单层微穿孔板孔径 0.8mm 板厚 0.8mm	1	20	0.28	0.67	0.52	0.42	0.40	0.30	混响室
	2	15	0.18	0.43	0.87	0.32	0.33	0.34	混响室
	2	20	0.19	0.50	0.45	0.35	0.36	0.19	混响室
双层	2%+1%	D_1=10，D_2=10	0.28	0.79	0.70	0.64	0.41	0.42	混响室
微穿孔板孔径 0.8mm 板厚 0.8mm	2%+1%	5，10	0.25	0.79	0.67	0.68	0.45	0.38	混响室
	2%+1%	8，12	0.41	0.91	0.61	0.61	0.31	0.30	混响室
单层微穿孔板孔径 0.8mm 板厚 0.5mm	1	20	0.37	0.53	0.44	0.29	0.26	0.18	混响室
	2	20	0.22	0.31	0.39	0.24	0.31	0.27	混响室
条缝共振吸声砖缝长 200mm 缝宽 10mm		5～6	0.72	0.08	0.17	0.13	0.24	0.50	混响室
		2～3	0.93	0.08	0.19	0.13	0.21	0.32	混响室
木纤维穿缝板，缝长 75mm，宽 3mm，板后贴玻璃布，板厚 4mm		10	0.44	0.70	0.73	0.54	0.38	0.20	混响室
		20	0.78	0.58	0.70	0.45	0.33	0.19	混响室

(四) 阻性消声器的系列产品及其性能

1. 管式消声器

管式消声器是阻性消声器中最简单的形式，由于加工制作简便，所以使用适用范围较广，但仅适用于风量较小且空调房间噪声标准不高的系统。图 13-6-3 为适用于小风量空调系统的 T701-2、T701-3 和 T701-4 型三种阻性管式消声器的简图，其规格和消声性能如表 13-6-6 所示。

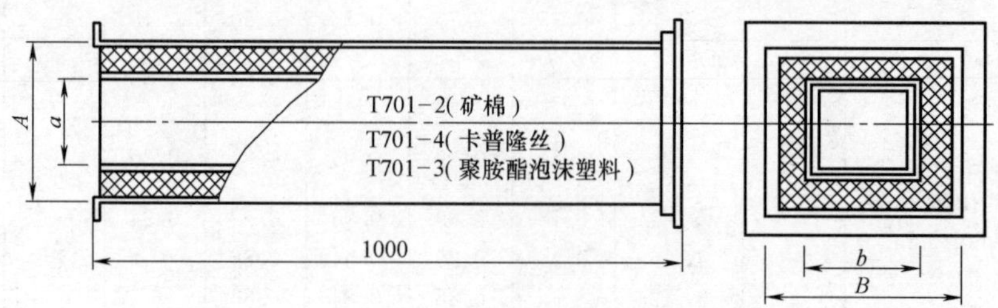

图 13-6-3　T701 三种阻性消声器结构简图

T701 型三种阻性管式系列消声器的规格及消声性能　　表 13-6-6

型号名称	序号	重量(kg)	消声器规格(mm)				下述频率(Hz)下的消声量(dB)					
			A	B	a	b	100	200	400	800	1600	3150
T701-2 矿棉管式消声器系列	1	33	320	320	200	200	8	15	21	23	26	27
	2	39	320	420	200	300	6	13	17	19	22	15
	3	45	320	520	200	400	6	11	16	18	20	13
	4	39	370	370	250	250	6	12	17	18	21	14
	5	47	370	495	250	375	5	10	14	16	18	12
	6	54	370	620	250	500	5	9	13	14	16	11
	7	45	370	420	300	300	5	10	14	16	18	12
	8	54	420	520	300	450	4	8	12	13	15	10
	9	63	420	720	300	600	4	8	10	12	13	9
T701-3 聚氨酯泡沫塑料管式消声器系列	1	17	300	300	200	200	3	11	26	9	24	26
	2	20	300	400	200	300	3	10	22	16	20	14
	3	23	300	500	200	400	2	8	19	14	18	12
	4	29	350	350	250	250	2	9	21	15	19	13
	5	23	350	475	250	375	2	7	17	12	16	11
	6	27	350	600	250	500	2	7	16	11	15	10
	7	23	400	400	300	300	2	7	17	12	16	11
	8	27	400	550	300	450	1	6	14	10	13	9
	9	31	400	700	300	600	1	5	13	9	12	8
T701-4 卡普隆纤维管式消声器系列	1	28	360	360	200	200	8	18	30	30	27	19
	2	33	360	460	200	300	6	15	25	25	22	15
	3	38	360	560	200	400	6	13	23	22	20	13
	4	33	410	410	250	250	6	14	24	24	21	14
	5	39	410	535	250	375	5	12	20	20	18	12
	6	45	410	660	250	500	5	11	18	18	16	11
	7	38	460	460	300	300	6	12	20	20	18	12
	8	45	460	610	300	450	4	10	17	16	15	10
	9	52	460	760	300	600	4	9	15	15	14	9

2. 蜂窝式（列管式）消声器

蜂窝式消声器是由多个管式消声器并联，一般适用于大流量的管道系统，其消声性能及计算方法均同单个管式消声器。图 13-6-4 及图 13-6-5 为两种蜂窝式消声器的构造及性能示意图。设计蜂窝式消声器时应合理选择单元通道的大小，以保证获得宽的消声频带及低的气流阻力，通常蜂窝式消声器的单元通道可取 150×150～250×250，列管式单元通道可取 ϕ100～ϕ200。

3. 片式消声器

片式消声器是在通风管道内或管式消声器通道内设置片状消声片，由于把通道分成若干个小通道，每个通道面积减小，提高了上限失效频率。此外片式消声器与管式消声器相比，由于通道周长增长，通道周长与通道面积之比 P/S 增大，消声效果也随之增加。

当吸声材料的一定时，片式消声器的消声性能主要取决于消声片的厚度、片距和长度。片距愈小，消声量愈大，但相应的阻力也增大，有效通道面积减小，体积增大。因此在设计运用中必须合理的确定片距，使消声器兼有良好的消声性能和空气动力性能。

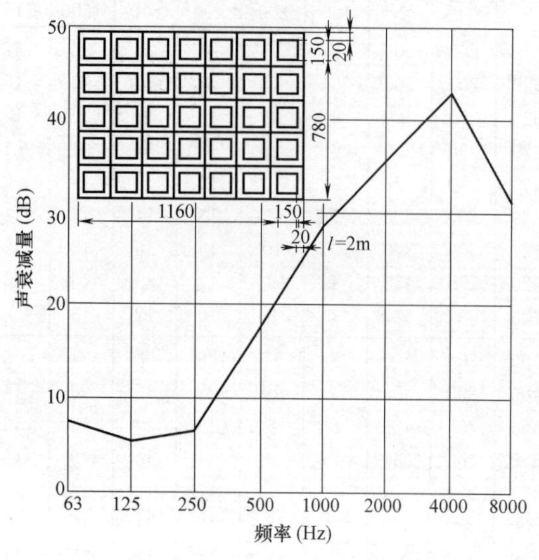

图 13-6-4　蜂窝式消声器的消声特性

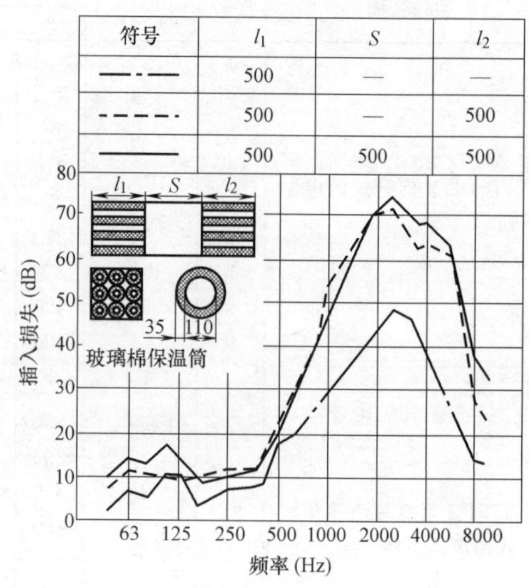

图 13-6-5　列管式消声器的消声特性

片式消声器的消声片的厚度一般控制在 100～200mm 范围内，断面小的风管也可取小于 100mm 的厚度，片间距常取片厚的数值。在实际工程设计中，需根据空调系统噪声特性及系统的状况确定消声器的片厚、片间距。

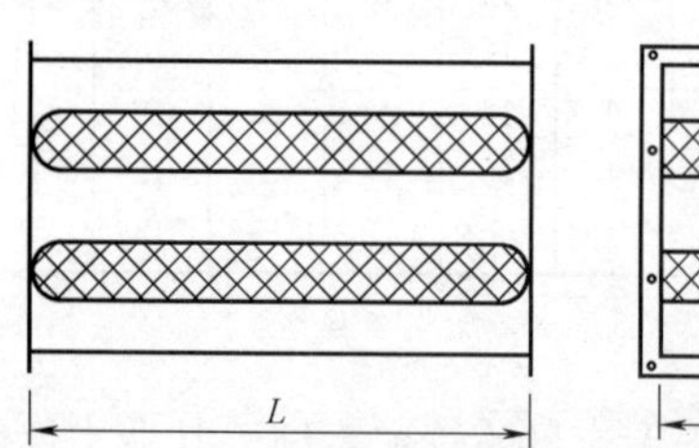

图 13-6-6　ZDL 型消声器结构形式图

片式消声器是阻性消声器中应用最广泛的一种形式，由于构造简单，加工安装方便，系列产品不多，绝大多数是根据具体情况自行设计。图 13-6-6 为 ZDL 型中低压离心风机消声器构造图，该消声器的消声量随消声器的长度变化，在 15～40dB，单位长度的阻力系数小于 0.8，气流噪声 $L_{WA}=(-5\pm2)+60\lg v+10\lg S_n$，其中 L_{WA} 为 A 声功率级；v 为片间气流速度（m/s）；S_n 为气流通道面积（m^2）。该消声器系列选用表见表 13-6-7。

本系列消声器适用风量（对应风速 3～11m/s 时）为 1000～35000m^3/h，消声器耐受压力＜8000Pa；其单节长度分别为 1m 和 1.5m 两种，可组成 2m、2.5m 等不同长度；吸声片厚度分别为 A(10cm)、B(12cm)、C(15cm) 三种。该消声器系列选用表见表 13-6-7。

片式消声器的吸声材料除了用多孔纤维类外，还可用吸声砌块砌筑，例如开缝的加气混凝土砌块、泡沫玻璃砖、膨胀珍珠岩吸声砖等。这类砌筑的片式消声器常用于地面下的送、回风道内。

图 13-6-7 为膨胀珍珠岩吸声砖砌筑的片式消声器，每节长 1200mm，不同长度和组合的消声器的声衰减量测定结果如表 13-6-8 所示。

ZDL 型中低压离心风机消声器系列选用表 **表 13-6-7**

型号		截面尺寸(mm)		片数	片型	流通面积 S_n (m^2)	$10\lg S_n$	流量(m^3/h)			重量(kg)	
								流速(m/s)			消声器长度(mm)	
		H	B					3	10	25	1.0	1.5
1		450	400	2	A	0.09	−10.5	972	3240	8100	115	160
2	A	450	600	3	A	0.135	−8.7	1458	4860	12150	160	230
	B	450	600	3	B	0.108	−9.7	1166	3888	9720	165	240
3	A	450	720	4	A	0.144	−8.4	1550	5184	12960	195	275
	B	450	720	3	B	0.162	−7.9	1749	5832	14580	180	255
4	A	600	720	4	A	0.192	−7.2	2073	6912	17280	225	325
	B	600	720	3	B	0.216	−6.7	2333	7776	19440	210	300
5	A	900	720	4	A	0.288	−5.4	3110	10368	25920	280	400
	B	900	720	3	B	0.108	−4.9	3499	11664	29160	257	367
6	B	900	900	4	B	0.378	−4.2	4082	13608	34020	410	570
	C	900	900	3	C	0.405	−3.9	4374	14580	36450	380	532
7	B	900	1200	5	B	0.54	−2.6	5832	19440	48600	490	685
	C	900	1200	4	C	0.54	−2.6	5237	19440	48600	468	655
8	B	1200	1200	5	B	0.72	−1.4	7776	25920	64800	580	830
	C	1200	1200	4	C	0.72	−1.4	7776	25920	64800	555	790
9	B	1350	1350	6	B	0.85	−0.7	9180	30600	76500	692	985
	C	1350	1350	5	C	0.81	−0.9	8748	29160	72900	670	950
10	B	1350	1800	8	B	1.134	+0.5	12247	40824	102060	860	1200
	C	1350	1800	6	C	1.215	+0.8	13122	43740	109350	800	1105
11	B	1800	1800	8	B	1.512	+1.8	16329	54432	136080	1060	1500
	C	1800	1800	6	C	1.62	+2.1	17496	58320	145800	965	1370
12		1800	2250	8	C	1.89	+2.7	20412	68040	170100	1395	1960
13		2250	2250	8	C	2.362	+3.7	25515	85050	212625	1655	2315
14		2250	2700	9	C	3.037	+4.8	32800	100332	273330	1830	2570
15		2700	3000	10	C	4.05	+6.0	43740	145800	364500	2210	3110
16		2700	3600	12	C	4.86	+6.9	52488	174960	437400	2530	3580
17		3000	4200	14	C	6.3	+8.0	68040	226800	567000	—	—
18		4000	4600	16	C	8.8	+9.4	95040	316800	792000	—	—

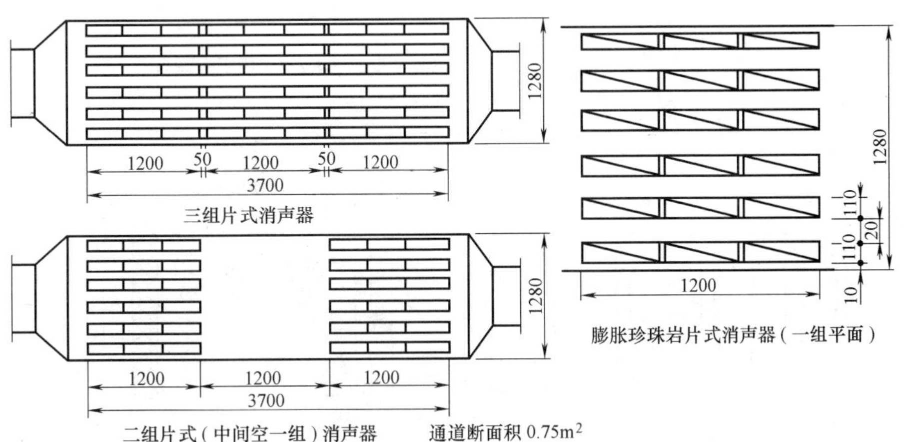

图 13-6-7 膨胀珍珠岩和水渣配合料吸声砖砌筑的片式消声器构造图

膨胀珍珠岩吸声砖砌筑的片式消声器消声性能　　表 13-6-8

消声器长度(mm)	消声器内气流速度(m/s)	压力损失(Pa)	下述频率下的消声量(dB)					
			125	250	500	1000	2000	4000
一节 1200	3.0	—	4.5	12.5	18.5	18.0	22.5	22.0
	5.0	—	6.0	14.0	19.5	17.5	24.0	24.0
	8.0	—	6.7	12.7	19.5	19.5	24.2	24.0
	10.0	—	5.0	11.2	17.0	19.5	20.5	21.5
二节 2400	3.0	4	9.0	20.0	32.5	31.0	39.5	32.5
	5.0	12	9.5	20.0	32.0	28.5	40.5	33.5
	8.0	42	7.8	16.7	24.5	29.0	32.7	35.5
	10.0	100	9.0	17.7	24.5	28.5	36.0	31.5
二节 2400（二节间隔 1200）	3.0	5	8.5	18.5	35.0	34.0	40.5	38.5
	5.0	16	10.0	21.0	35.5	34.0	37.0	37.5
	8.0	48	9.2	19.2	30.0	34.0	39.7	37.5
	10.0	110	8.0	16.7	26.5	31.0	36.0	33.0
三节 3600	3.0	4	9.5	24.5	41.0	39.5	52.0	43.5
	5.0	15	11.5	26.0	42.0	41.0	52.0	43.0
	8.0	50	11.3	24.7	33.0	41.0	52.0	42.0
	10.0	105	10.4	20.0	27.5	34.5	38.0	34.5

4. 折板式消声器

折板式消声器是片式消声器的一种改型，是将消声片与管壁成一倾角排列，一是加大声波入射角，提高吸声效率，另外还可以增大片距后而不提高上限失效频率，这样，使得消声器在体积不增加太大的情况下，还具有很好的消声效果和空气动力性能。设计折板消声器时，应注意弯折角不宜太大，以免阻力增大过多，影响气动性能，一般弯折角控制在10°～20°左右为宜。图 13-6-8 为 ZKS 型折板式系列消声器的构造图，消声器的规格及性能分别见表 13-6-9 和表 13-6-10。

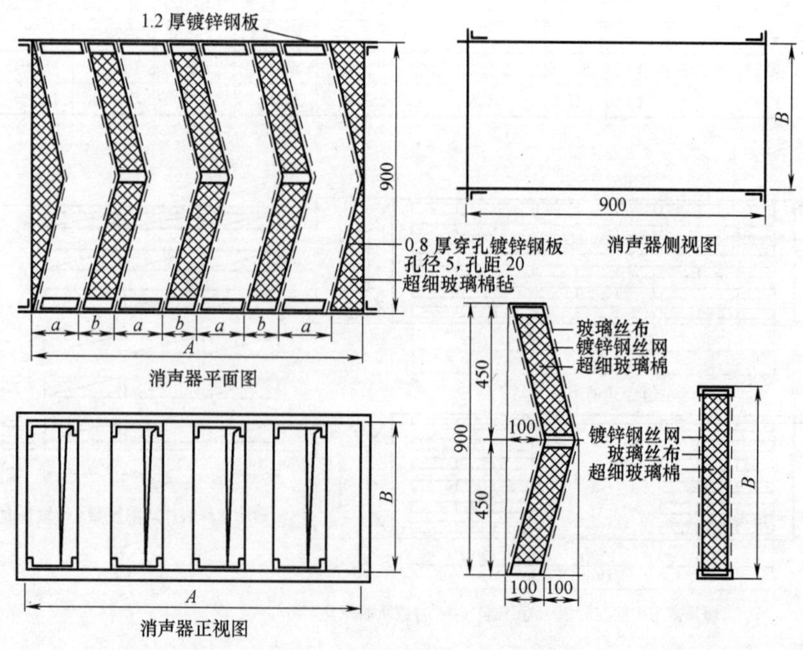

图 13-6-8　ZKS 型折板式消声器的构造图

ZKS 型折板式系列消声器的规格　　　　表 13-6-9

消声器型号	消声器规格(mm)					通道净断面积(m^2)
	A	B	片距 a	片厚 b	每节长	
ZKS-1	750	500	150	100	900	0.225
ZKS-2	1050	500				0.30
ZKS-3	1050	800				0.48
ZKS-4	1200	1000				0.70
ZKS-5	1500	1000				0.90
ZKS-6	1900	1000				1.05
ZKS-7	1900	1300				1.46
ZKS-8	1900	1700				1.91

ZKS 型折板式系列消声器的性能　　　　表 13-6-10

消声器长度(mm)	消声器内气流速度(m/s)	压力损失(Pa)	倍频带消声量(dB)					
			125	250	500	1000	2000	4000
一节 900	7～8	38	7.0	14.0	18.0	19.5	24.0	25.2
	5～6	10	7.0	14.3	20.0	20.7	25.5	26.3
	3～4	4	7.5	14.3	20.0	21.7	27.0	28.0
二节 1800	7～8	52	11.0	22.3	31.0	32.2	39.7	40.9
	5～6	28	12.6	25.5	35.4	36.8	39.3	40.8
	3～4	14	13.4	27.0	37.6	39.1	48.2	49.7
三节 2400	7～8	70	13.2	26.8	37.2	38.6	47.6	49.1
	5～6	32	15.9	32.2	44.7	46.5	57.2	59.0
	3～4	19	17.2	34.9	44.8	50.4	62.1	64.0

图 13-6-9 为膨胀珍珠岩吸声砖砌筑的折板式消声器的构造图、图 13-6-10 为泡沫玻璃吸声砖砌筑的折板式消声器的构造图，其消声性能分别见表 13-6-11 和表 13-6-12。

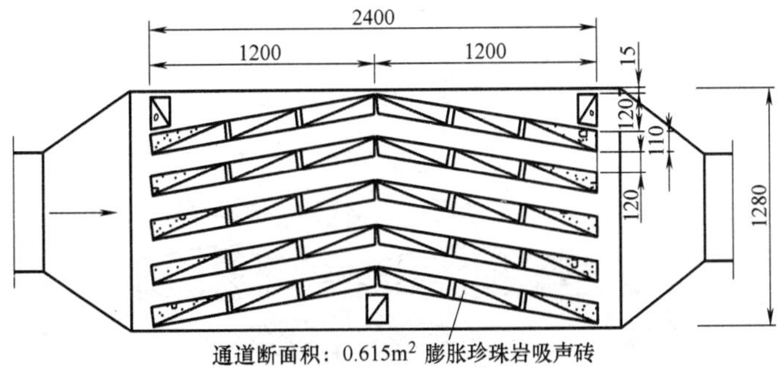

图 13-6-9　膨胀珍珠岩吸声砖砌筑的折板消声器构造示意图

膨胀珍珠岩吸声砖砌筑的折板式消声器的消声性能　　　　表 13-6-11

消声器长度(mm)	消声器内气流速度(m/s)	压力损失(Pa)	下述频率下的消声量(dB)					
			125	250	500	1000	2000	4000
2400	3.0	4	9.0	20.5	30.0	32.5	36.5	34.5
	5.0	10	10.5	22.0	31.0	32.0	36.0	37.5
	8.0	38	10.2	20.2	29.5	32.5	36.2	37.5
	10.0	102	8.0	19.0	25.0	30.0	33.0	32.0

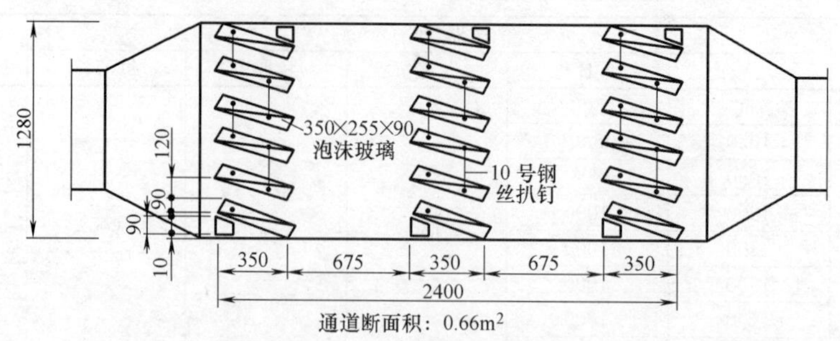

图 13-6-10　泡沫玻璃吸声砖砌筑的折板消声器构造示意图

泡沫玻璃吸声砖砌筑的折板式消声器的性能　　**表 13-6-12**

消声器长度(mm)	消声器内气流速度(m/s)	压力损失(Pa)	下述频率下的消声量(dB)					
			125	250	500	1000	2000	4000
2400（实际长度 1050）	3.0	10	8.5	11.5	19.8	24.5	34.0	35.8
	5.0	24	9.0	12.5	19.0	23.5	34.2	35.8
	8.0	90	8.7	12.0	17.5	23.5	34.0	38.5
	10.0	220	9.0	11.5	19.0	22.0	28.0	27.0

5. 声流式消声器

声流式消声器是折板式消声器的改进形式。这种消声器把吸声片做成正弦波形，利用声波通过弯曲及不同厚度连续变化的吸声层，达到改善消声性能、减小阻力的目的，但构造复杂。为了简化构造，通常把弧形消声片改为棱形，保持了声流式的优点，但制作简单。

图 13-6-11 为声流式消声器的简图，表 13-6-13、表 13-6-14 分别为铝板网和微穿孔板作护面层的声流式消声器的性能，表 13-6-15 为铝板网和微穿孔板组合作护面层的声流式消声器的性能。

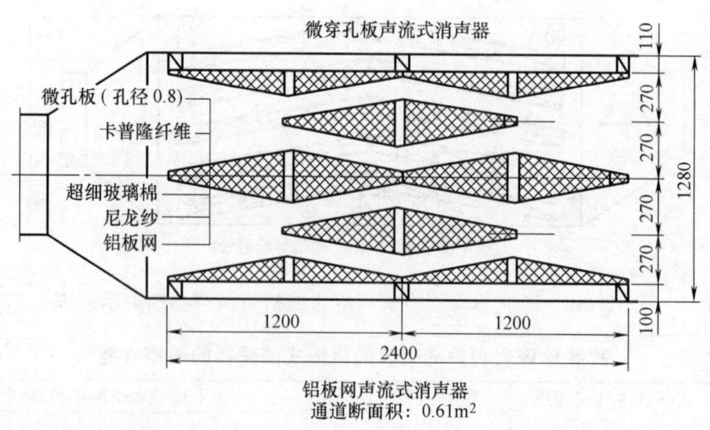

图 13-6-11　棱形消声片构成的声流式消声器简图

6. 消声弯头

在弯头内衬贴吸声材料即成为消声弯头，其消声性能与弯头大小、形状、吸声材料或结构以及通过气流的速度有关。图 13-6-12 为三种不同形式的直角消声弯头示意图，表 13-6-17 示明了直角弯头按形状分类的特性。表 13-6-16 为一直角弯头消声性能的实测值，弯头为直角内圆弯头，边长 1550mm，通道口宽（含内衬贴吸声材料厚度）800mm。

铝板网作护面层的声流式消声器的性能　　表 13-6-13

消声器长度 (mm)	消声器内气流速度 (m/s)	压力损失 (Pa)	倍频带消声量(dB)					
			125	250	500	1000	2000	4000
2400	3.0	8	19.0	37.5	43.0	42.5	35.5	31.0
	5.0	20	17.0	27.0	34.0	32.0	30.0	25.0
	8.0	80	17.0	22.0	31.0	30.0	30.0	26.0

注：消声片内填卡普隆纤维（38kg/m³）

微穿孔板作护面层的声流式消声器的性能　　表 13-6-14

消声器长度 (mm)	消声器内气流速度 (m/s)	压力损失 (Pa)	倍频带消声量(dB)					
			125	250	500	1000	2000	4000
2400	3.0	6	10.0	27.0	35.5	26.5	16.0	10.8
	5.0	15	12.0	30.0	34.0	26.0	17.0	13.0
	8.0	62	9.0	23.0	30.5	25.5	16.0	11.0
	10.0	140	9.0	18.5	24.0	24.5	16.0	11.0

注：消声片内填卡普隆纤维（38kg/m³）；微穿孔板：孔径 0.8mm，孔距 5mm。

铝板网和微穿孔板组合作护面层的声流式消声器的性能　　表 13-6-15

消声器长度 (mm)	消声器内气流速度 (m/s)	倍频带消声量(dB)					
		125	250	500	1000	2000	4000
1200	3.0	5.5	11.0	19.5	13.0	9.0	7.0
2400		9.0	27.0	26.0	24.0	22.0	19.0
3600		15.0	38.5	31.5	29.5	32.0	28.0
4800		20.0	42.0	37.0	40.0	37.5	33.5

注：消声片内填卡普隆纤维（38kg/m³）；微穿孔板：孔径 0.8mm，孔距 5mm。

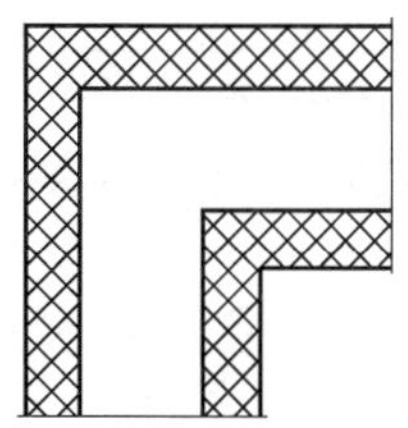

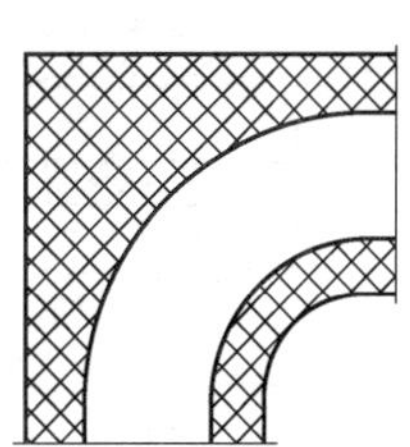

图 13-6-12　三种直角消声弯头形式示意图

单个直角弯头不同吸声衬里时的消声性能　　表 13-6-16

弯头构造	气流速度 (m/s)	压力损失 (Pa)	倍频带消声量(dB)					
			125	250	500	1000	2000	4000
无吸声衬里	3.3	2.6	8.0	15.0	6.0	7.0	8.0	8.0
	6.0	9.3	6.0	12.0	7.0	5.0	7.0	8.0
50mm 厚超细玻璃棉，棉布饰面	3.3	3.7	8.0	16.0	19.0	24.0	25.0	23.0
	6.0	11.4	11.0	14.0	15.0	23.0	26.0	24.0
同上 加导流片	3.3	3.9	10.0	17.0	18.0	20.0	22.0	17.0
	6.0	10.0	11.0	19.0	19.0	21.0	24.0	18.0

续表

弯头构造	气流速度(m/s)	压力损失(Pa)	倍频带消声量(dB)					
			125	250	500	1000	2000	4000
50mm 厚超细玻璃棉，穿孔板饰面	3.3	3.6	10.0	19.0	18.0	20.0	18.0	20.0
	6.0	11.3	8.0	14.0	17.0	17.0	17.0	19.0
两个棉布饰面，内衬 50mm 厚超细玻璃棉连续弯头，L=4530	3.3	3.2	10.0	25.0	32.0	37.0	40.0	35.0
	6.0	9.6	11.0	19.0	24.0	31.0	37.0	36.0

直角弯头按形状分类的特性　　表 13-6-17

形状 / 特性	直角弯头	直角内圆弯头	圆弯头
消声效果	有/好	有/好	少/不利
压力损失	大/不利	小/好	小/好
再生气流噪声	有/不利	小/好	小/好

图 13-6-13 为两种直角消声弯头，其中 ZWA 型为绕风管长边 a 旋转的直角消声弯头，ZWB 型为绕风管短边 b 旋转的直角消声弯头。每种弯头均以吸声层的厚度不同而分为 50 型（吸声层厚 50mm）和 100 型（吸声层厚 100mm）。每种消声弯头均按大小不同分为 49 规格，以适应不同风量的要求。表 13-6-18 为 ZWB-50 及 ZWB-100 的实测消声性

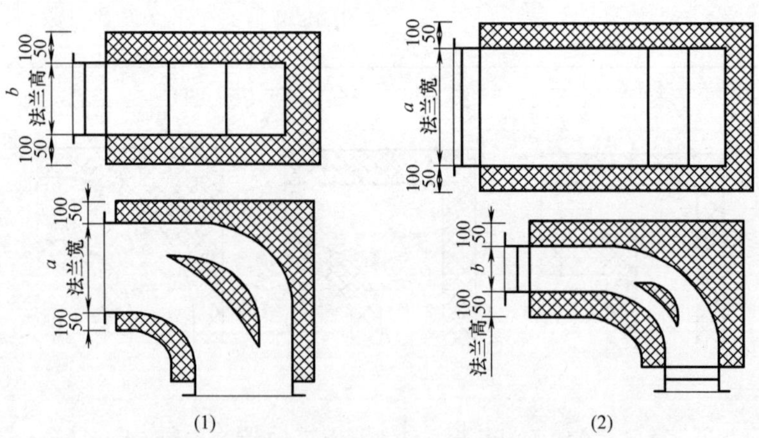

图 13-6-13　ZWA 型和 ZWB 型两种直角消声弯头形式示意图

(1) ZWA-50/100 型（水平弯头）(2) ZWB-50/100 型（垂直弯头）

ZWB-50 及 ZWB-100 消声弯头的实测消声性能　　表 13-6-18

型号	气流速度(m/s)	倍频带消声量(dB)						
		63	125	250	500	1000	2000	4000
ZWB-50(630×320mm)	0	7.0	8.0	15.0	16.0	12.5	9.0	7.5
	3	6.5	8.0	15.5	16.0	12.0	9.0	7.0
	5	6.5	7.5	15.5	15.5	11.5	9.0	7.5
	8	6.5	8.0	15.0	15.5	12.5	9.5	8.5

续表

型号	气流速度(m/s)	倍频带消声量(dB)						
		63	125	250	500	1000	2000	4000
ZWB—100 (630×320mm)	0	10.0	12.0	17.5	23.0	14.5	10.5	7.5
	3	9.5	12.0	18.5	23.0	14.0	10.5	7.0
	5	9.5	12.0	18.5	23.0	14.0	10.5	7.5
	8	9.5	12.0	18.0	22.5	14.0	11.0	8.0

在尺寸较大的消声弯头内增加消声片，即成为片式消声弯头，可进一步提高消声效果。图 13-6-14 为 QTS 型片式消声弯头示意图，表 13-6-19 及表 13-6-20 分别为 IAC 公司 QTS/QTL 消声弯头的消声性能及压力损失。

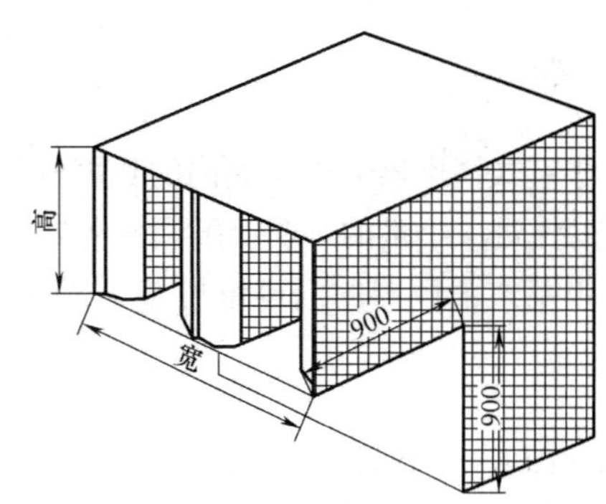

图 13-6-14　QTS 型片式消声弯头形式示意图

在消声弯头的设计及使用中应注意以下几点：

(1) 应尽可能选用内圆外方的直角弯头，其消声性能好，阻力小。

(2) 在弯头上衬吸声材料的长度，一般取相当于管道断面尺寸的 2～4 倍。

片式消声弯头的实测消声性能　　表 13-6-19

型号	气流速度(m/s)	倍频带插入损失(dB)							
		63	125	250	500	1000	2000	4000	8000
QTL	−5	5	15	25	28	35	40	23	15
	0	4	14	24	27	33	40	23	15
	+5	4	14	23	26	32	41	24	16
QTS	−5	10	23	36	50	56	58	49	34
	0	9	22	35	49	56	58	50	35
	+5	7	21	34	49	57	59	52	38

注：气流速度（+）：气流方向与声音传播方向一致；气流速度（−）：气流方向与声音传播方向相反。

QTL/QTS 片式消声弯头的压力损失　　表 13-6-20

	压力损失(Pa)						
气流速度(m/s)	1	3	4	5	6	8	10
QTL	5	20	46	84	132	185	330
QTS	13	53	122	216	333	480	853

(3) 若需改善弯头的低频性能，可在弯头两个直角面设置带空腔的吸声层。

(4) 当使用两个以上连续弯头时，应使弯头间有足够大的距离 l，若 l 大于两倍风管截面对角线长度时，两个连续弯头的消声量等于单个消声量的两倍；若 $0 \leqslant l \leqslant$ 风管截面对角线长度时，其消声量等于单个消声量的 1.5 倍。

7. 小室式消声器

小室式消声器也称迷宫式消声器，其特点是构造简单，消声频带宽，消声效果好，但压力损失大，一般适用于大流量、低风速、要求消声量高且又有建筑空间可利用的空调系统内。图 13-6-15 是室式消声器的几种基本形式。

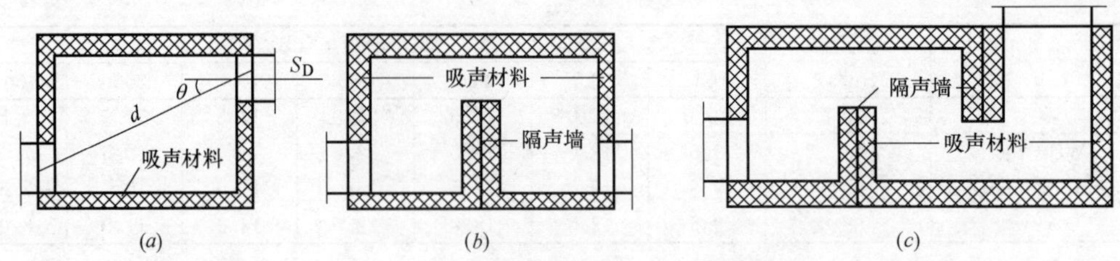

图 13-6-15　室式消声器的几种基本形式

(a) 一室；(b) 二室；(c) 三室

小室式消声器通过小室内的吸声材料使噪声声能衰减，同时，又通过小室出入、口断面的突变使进入小室的声能反射回声源处，具有抗性消声器的特点，是一种阻抗复合消声器。

单室式消声器的消声量可按下式计算：

$$\Delta L=-10\lg\left[S_D\left(\frac{\cos\theta}{2\pi d^2}+\frac{1}{R}\right)\right] \tag{13-6-6}$$

式中　ΔL——小室式消声器的消声量（dB）；

S_D——小室的开口断面积（m^2）；

d——小室进、出风口对角线距离（m）；

θ——小室进、出风口对角线与出风口截面积法线的夹角；

R——小室的房间常数（m^2），$R=\dfrac{S\bar{\alpha}}{1-\bar{\alpha}}$

S——小室的内表面积（m^2）；

$\bar{\alpha}$——小室的内表面平均吸声系数。

多室式消声器的消声量通常要小于各单室消声量总和。设计应用小室消声器时应注意以下几点：

(1) 小室的数量不宜过多，一般为 2～3 室即可，消声要求很高的系统也不必超过 4 室，超过 4 室后，压力损失太大且消声效果提高不明显。

(2) 小室间的隔板：两室的隔板，其隔声量（125～4000Hz 平均隔声量）不应低于 15dB，3～4 室间的隔板，其隔声量应大于 20～25dB；隔板与上盖板、下底板和侧板的结合处不得有缝隙。

(3) 小室的开口最佳值为宽度的 1/3，根据阻力损失的许可状况，可作适当变化。

(4) 消声器内的气流速度控制在 5m/s 以下为宜，否则压力损失太大。

(5) 小室消声器形式多样，可在平面上配置，也可利用上下空间配置，并尽可能利用建筑中可利用的空间。

图 13-6-16 为用矿渣珍珠岩吸声砖砌筑的多室消声器的构造图。其消声性能见表13-6-21。

8. 消声百叶

消声百叶实际上是一种长度很短（一般为 0.2～0.6m）的片式或折板式消声器的改型。由于其长度小，有一定的消声效果且气流阻力小，因此在工程中常用于车间及各类设备机房的进排窗口、强噪声设备隔声罩的通风散热窗口等。

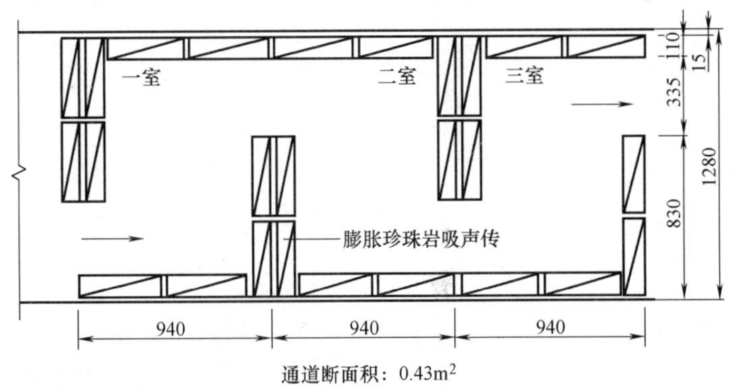

图 13-6-16　膨胀珍珠岩吸声砖砌筑的室内消声器（三室）

矿渣珍珠岩吸声砖砌筑小室式消声器实测消声性能　　表 13-6-21

室数(长度/mm)	气流速度(m/s)	压力损失(Pa)	倍频带消声量(dB)					
			125	250	500	1000	2000	4000
1 室(940)	3.0	22	19.0	20.0	28.0	25.0	23.0	20.5
	5.0	70	18.0	17.0	26.0	25.0	23.0	24.0
	8.0	218	15.0	16.0	21.0	25.0	22.0	20.0
2 室(1880)	3.0	36	24.0	24.0	35.0	32.0	31.0	28.0
	5.0	110	23.0	25.0	35.0	31.0	32.0	34.0
	8.0	342	15.0	18.0	19.0	27.0	25.0	24.0
3 室(2820)	3.0	64	27.3	30.0	41.0	41.6	40.0	36.6
	5.0	154	26.5	29.0	39.0	41.0	39.0	36.0
	8.0	410	14.0	17.0	17.0	32.0	31.0	34.0

消声百叶的消声量一般为 5～15dB，消声特性呈中高频性。消声百叶的消声性能主要决定于单片百叶的形式、百叶间距、安装角度及有效消声长度等因素。

图 13-6-17 为几种消声百叶的构造示意图，其实测消声性能见表 13-6-22。

消声百叶消声性能　　表 13-6-22

名称	倍频带消声量(dB)							
	63	125	250	500	1000	2000	4000	8000
月牙形百叶窗	14	11	5	8	14	11	10	12
小椭圆形百叶窗	12	6	1	4	7	7	9	8
大椭圆形百叶窗	7	7	2	7	11	11	9	10
双层小椭圆形百叶窗	17	2	14	21	20	17	20	24

三、抗性消声器

(一) 抗性消声器消声原理、特性及形式

抗性消声器也称扩张式或膨胀式消声器，它是由扩张室及连接管串联组成的，形式有单节、多节、外接式、内接式等多种，见图 13-6-18。

抗性消声器是利用声波通道截面的突变（扩张或收缩），使沿管道传递的某些特定频段的声波反射回声源，从而达到消声的目的，其作用犹如是一个声学滤波器。抗性消声器

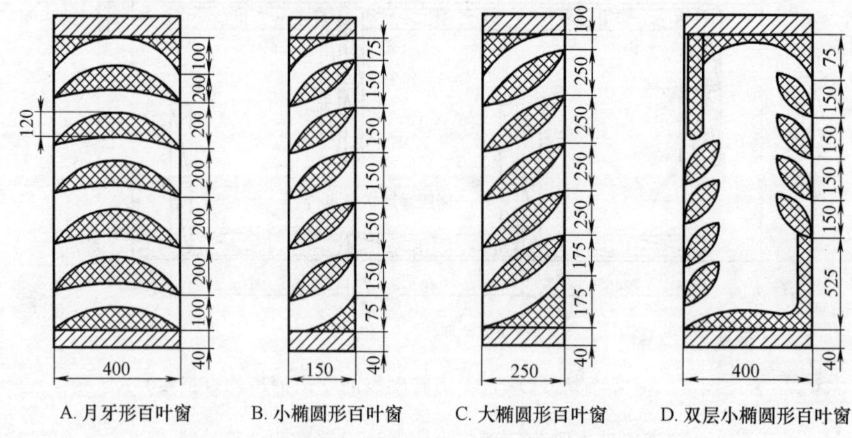

图 13-6-17　四种消声百页构造示意图

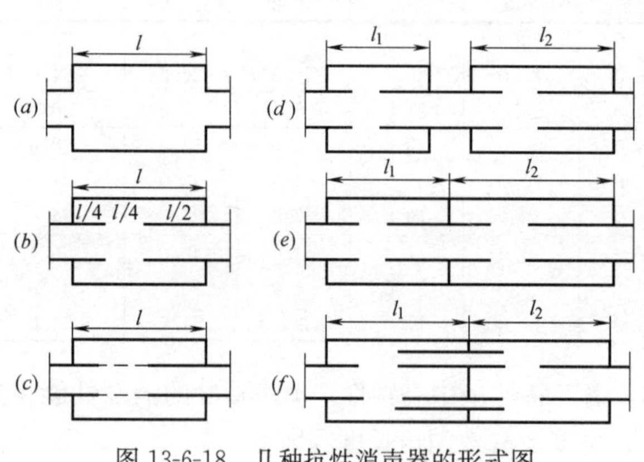

图 13-6-18　几种抗性消声器的形式图

具有良好的低频或低中频消声性能，由于它不需要多孔吸声材料，故宜于在高温、高湿、高速及脉动气流环境下工作。

（二）抗性消声器消声量的计算

抗性消声器的消声性能主要取决于膨胀比 m（即膨胀室截面积 S_2 与原气流通道截面积 S_1 之比）及扩张室的长度 l 值。典型单节抗性消声器的消声量 ΔL 可由下式求得：

$$\Delta L = 10\lg\left[1+\frac{1}{4}\left(m-\frac{1}{m}\right)^2\sin^2(kl)\right] \tag{13-6-7}$$

式中　m——膨胀比或扩张比，$m=\dfrac{S_2}{S_1}$；

k——波数，$k=\dfrac{2\pi}{\lambda}=\dfrac{2\pi f}{c}$（$k$ 值变化相当于频率变化）；

l——膨胀室长度（m）。

可以看出，消声量 ΔL 是 kl 的周期函数，即随着频率的变化，消声量在零与极大值间变化，图 13-6-19 表明了 ΔL 与 m 及 kl 值的关系。

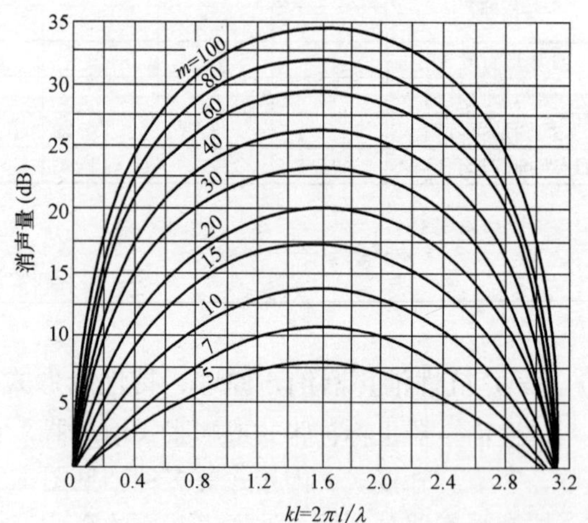

图 13-6-19　抗性消声器 ΔL 与 m 及 kl 值关系图

1. 当 $l=\dfrac{1}{4}$ 波长或其奇数倍，即 $l=(2n+1)\dfrac{\lambda}{4}$ 时，$kl=(2n+1)\dfrac{\pi}{2}$，

$\sin^2 kl=1$，消声量为极大值 ΔL_{max}，且仅与膨胀比 m 值有关，则得

$$\Delta L_{max}=10\lg\left[1+\frac{1}{4}\left(m-\frac{1}{m}\right)^2\right] \tag{10-6-8}$$

当 m 大于 5 时，最大消声量可近似为：

$$\Delta L_{max}=20\lg m-6 \tag{10-6-9}$$

2. 当 $l=\frac{1}{2}$波长或其整数倍，即 $l=n-\frac{\lambda}{2}$时，$kl=n\pi$，$\sin^2 kl=0$，消声量为零。

表 13-6-23 表明了 ΔL_{max}与 m 的对应关系；图 13-6-20 给出了 m 和 l 值对典型的单节抗性消声器性能的影响。

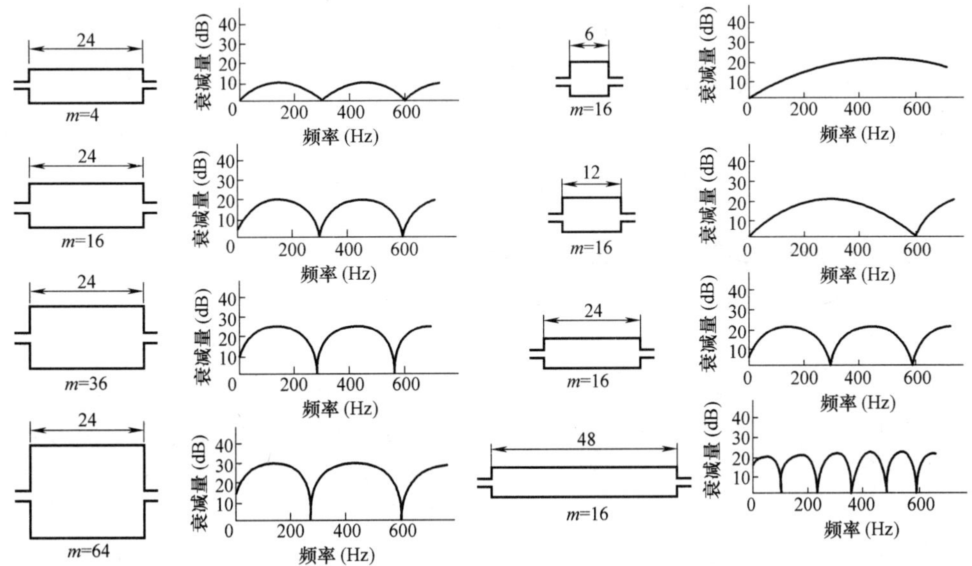

图 13-6-20　抗性消声器 m 及 l 值对 ΔL 的影响

ΔL_{max}与 m 的关系　　**表 13-6-23**

膨胀比 m	消声量极大值 ΔL_{max}(dB)	膨胀比 m	消声量极大值 ΔL_{max}(dB)
1	0	12	15.6
2	1.9	14	16.9
3	4.4	16	18.1
4	6.5	18	19.1
5	8.3	20	20.0
6	9.8	22	20.8
7	11.1	24	21.6
8	12.2	26	22.3
9	13.2	28	22.9
10	14.1	30	23.5

由式（13-6-8）及式（13-6-9）可知，膨胀比 m 值增大，消声器消声量 ΔL 就相应提高，然而，当 m 值过高时，膨胀室断面过大，中高频声波在管内不以平面波形式传播，而将以束状波通过，消声量将显著下降。其上限失效频率 $f_{上}$ 由下式求得：

$$f_{上}=1.22\frac{c}{D} \tag{13-6-10}$$

式中　c——声速（m/s）；

D——膨胀室断面直径或当量直径（m）。

表 13-6-24 为不同的膨胀室断面直径 D 的上限失效频率 $f_{上}$

不同的膨胀室断面直径 D 的上限失效频率 $f_{上}$　　表 13-6-24

D(mm)	100	200	300	400	500	600	700	800	900	1000
$f_{上}$(Hz)	4200	2100	1400	1050	840	700	600	525	467	420

在低频范围，当波长比膨胀室尺寸大得多时，由于膨胀室自身相当于一个低通滤波器，影响抗性消声器的有效低频消声范围，其相应的下限失效频率由下式计算：

$$f_{下}=\frac{\sqrt{2}c}{2\pi}\sqrt{\frac{S}{lV}} \tag{13-6-11}$$

式中　S——气流通道截面积（m^2）；

V——膨胀室容积（m^3）；

l——膨胀室长度（m）；

c——声速（m/s）。

（三）改善抗性消声器消声特性的措施

为避免出现通过频率，改善抗性消声器的消声特性，通常可采取下列措施：

1. 将进口管及出口管分别插入膨胀室内 $l/4$ 及 $l/2$，则可分别消除 1/2 波长的奇数倍和偶数倍的全部通过频率，从而得到没有通过频率的消声特性曲线（见图 13-6-18 中 b）。

2. 将两节或多节不同长度的膨胀室串联使用，同时在每节膨胀室内分别插入适当的内接管（见图 13-6-18 中 d、e），这样便可在较宽的频率范围内获得较高的消声效果。图 13-6-21 为带插入管的两节串联抗性消声器的消声频率特性分解图。

3. 将多节串联膨胀室的插入管错位布置（见图 13-6-18 中 f），能有效地改善高频消声性能，但阻力将显著增加。

4. 将抗性与阻性消声器结合而构成阻抗复合式消声器，这是工程中常用的方法。

（四）抗性消声器的设计技术要点

1. 抗性消声器适用于降低以低、中频噪声为主的空气动力性设备噪声。

2. 合理选择膨胀比 m 值，一般宜控制在 4～15 之间。风量较大的管道可选4～6；中等管道选 6～8；小的管道则取 8～15；最大不宜大于 20。

3. 当膨胀室截面较大时，为提高上限失效频率，扩大消声频带宽度，应采取分割膨胀室的措施，使之成为多个截面较小的膨胀室并联的形式。

4. 合理确定各段膨胀室及插入管道的长度，以提高低频消声性能。

5. 将抗性消声器的内管不连续段用穿孔率大于 25%（孔径可取 Φ4～Φ10mm）的开孔管连接起来，既可显著减小截面突变处的局部阻力，也不影响消声性能。

四、共振消声器

（一）共振消声器消声原理、特性及形式

共振消声器也属于抗性消声器的范畴，是由一段开有若干小孔的管道和管外一个密闭

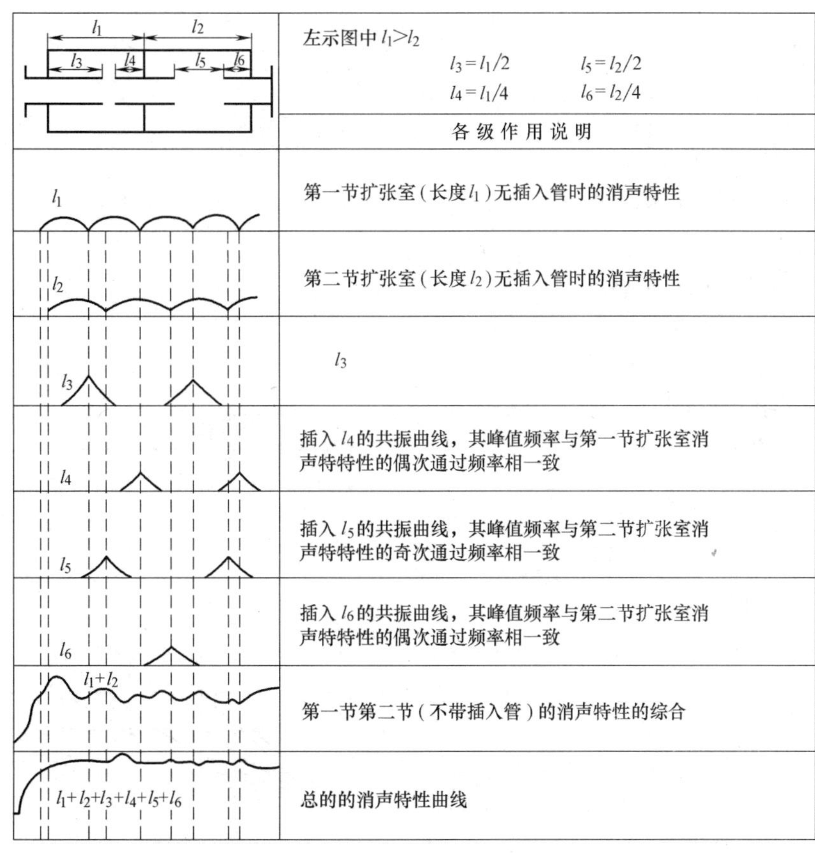

图 13-6-21　带插入管的两节串联抗性消声器的消声频率特性分解图

的空腔构成。小孔与空腔组成一个弹性振动系统，当入射声波的频率与其固有频率 f_0 相等而激起共振时，由于克服摩擦阻力消耗声能而达到消声的作用。

共振消声器的消声特性为频率选择性较强，即仅在低频或中频的某一较窄的频率范围内具有较好的消声效果，这种消声器形式示意图见图 13-6-22。

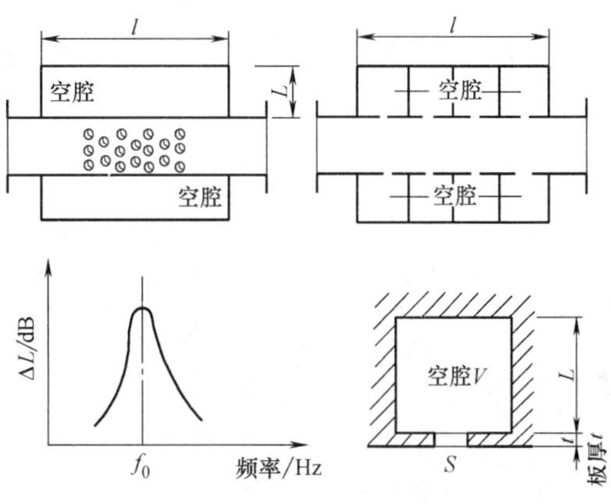

图 13-6-22　共振消声器的几种形式和消声特性

（二）共振消声器消声量的计算

由于共振消声器具有较强的频率选择性，因此设计共振消声器首先必须根据所要降低噪声源的峰值频率来确定共振消声器的共振频率，然后确定共振吸声结构，共振吸声结构的共振频率 f_0 可由下式计算：

$$f_0=\frac{c}{2\pi}\sqrt{\frac{G}{V}} \tag{13-6-12}$$

$$或\ f_0=\frac{c}{2\pi}\sqrt{\frac{p}{tD}} \tag{13-6-13}$$

$$或\ f_0=\frac{c}{2\pi}\sqrt{\frac{nS'}{tV}} \tag{13-6-14}$$

式中 c——声速（m/s）；

V——共振腔净容积（m^3）；

n——孔数；

S'——单个小孔面积（m^2）；

p——内管开孔率；

D——共振腔深度（m）；

t——穿孔板有效厚度，$t=t_0+0.8d$(m)；

t_0——穿孔板厚度（m）；

d——小孔直径（m）；

G——传导率；$G=\frac{n\pi d^2}{4\ (t_0+0.8d)}$，如图 13-6-23 所示。

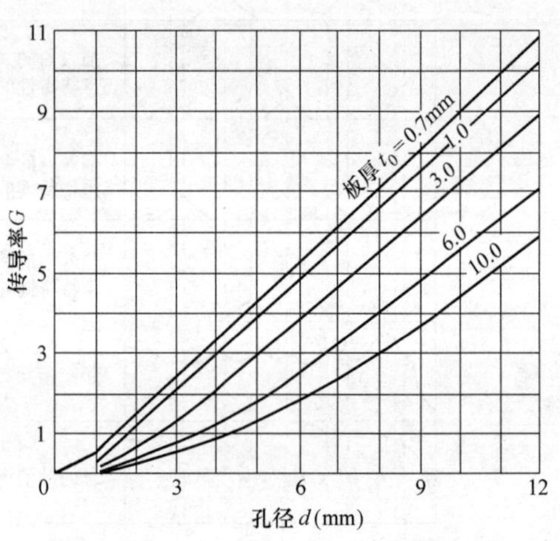

图 13-6-23　共振消声器的传导率与板厚和孔径的关系（$n=1000$）

共振消声器的消声量 ΔL 由下式计算：

$$\Delta L=10\lg\left[1+\left(K\left(\frac{f}{f_0}-\frac{f_0}{f}\right)^{-1}\right)^2\right] \tag{13-6-15}$$

式中 K——与共振消声器消声性能直接有关的无量纲值：

$$K=\frac{\sqrt{GV}}{2S} \tag{13-6-16}$$

S——消声器通道横截面积（m^2）

共振消声器的消声量 ΔL 也可由图 13-6-23、图 13-6-24、图 13-6-25 查得。

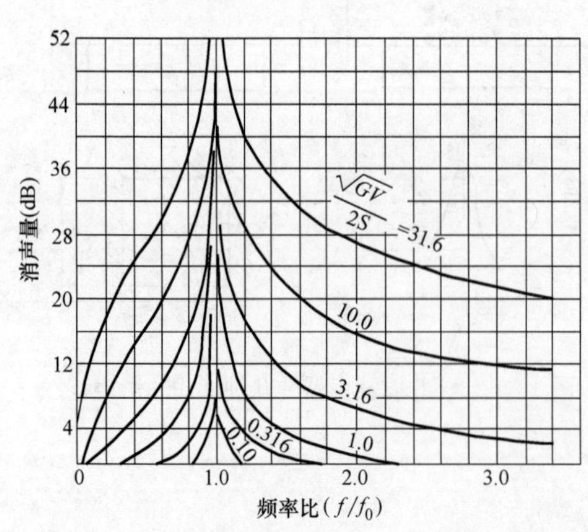

图 13-6-24　共振消声器消声量与频率比的关系之一

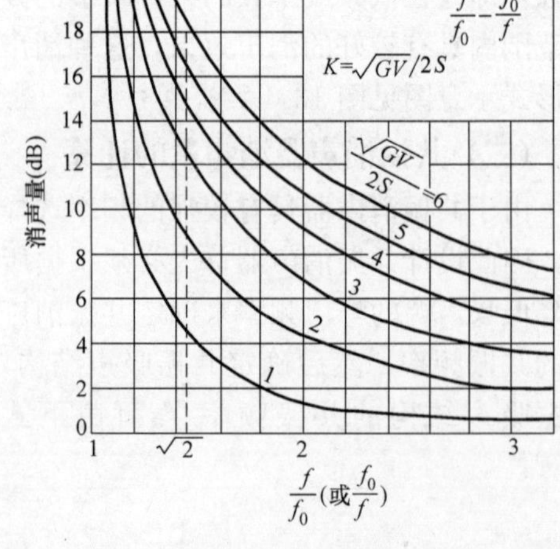

图 13-6-25　共振消声器消声量与频率比的关系之二

式（13-6-15）为共振消声器单个频率消声量的计算式，工程设计中需要计算频带消声量时可按下式计算：

对于倍频程频带消声量为：

$$\Delta L=10\lg(1+2K^2) \tag{13-6-17}$$

对于 1/3 倍频程频带消声量为：

$$\Delta L=10\lg(1+19K^2) \tag{13-6-18}$$

不同频带消声量与 K 值的关系可查表 13-6-25。

不同频带消声量与 K 值的关系　　表 13-6-25

频带＼K	不同 K 值下的消声量(dB)													
	0.4	0.6	0.8	1.0	2	3	4	5	6	7	8	9	10	15
倍频程	1.2	2.4	3.6	4.8	9.5	12.8	15.2	17.1	18.6	20.0	21.1	22.1	23.0	26.5
1/3 倍频程	6.1	8.9	11.2	13.0	18.9	22.4	24.8	26.8	28.4	29.7	30.9	31.9	32.8	36.3

（三）共振消声器的设计技术要点

1. 共振消声器适用于带有明显低频噪声峰值的声源的消声处理，以及对气流阻力要求较严的场合。

2. 设计共振消声器时应尽可能增大 K 值，因为 K 值增大，消声量增大，消声频带也可加宽，一般使 $K\geqslant2$。

3. 改善共振消声器消声频带宽度的措施包括：增加共振腔腔深，即增加共振腔体积；在开孔处衬贴薄而透声的材料，以增大孔颈处阻尼；在共振腔内铺贴吸声层；将不同共振频率的吸声结构设置在同一消声器内或不同共振频率的消声器串联使用等。

4. 对于金属管式共振消声器，常用的设计孔径取 Φ3～Φ10mm，穿孔率为 0.5%～5%，孔板厚度可取 1～3mm，空腔深度常取 100～200mm。

5. 共振消声器共振腔几何尺寸宜小于共振频率波长的三分之一，当共振腔较长时，宜分隔成几段，其总消声量为各段消声量之和。

6. 共振消声器内管的开孔段应均匀集中在内管的中部，孔间距应等于或大于 5 倍的孔径。

五、微穿孔板消声器

（一）微穿孔板消声器特性及形式

微穿孔板消声器是由微穿孔板吸声结构所构成，是由孔径≤1mm，穿孔率≤3%的微穿孔板和板背后的空腔所构成，它具有消声频带宽、高流速下阻力小等特点，因不需要多孔性吸声材料，从而又具有防潮、耐高温和洁净等优点。

根据工程需要，微穿孔板消声器可以设计成管式、片式、声流式、小室式等形式。

表 13-6-26 为双层微穿孔板消声器常用的结构参数及吸声特性。

图 13-6-26 为矩形管式双层微穿孔板消声器结构示意图，表 13-6-27 为该消声器在不同流速下的实测消声性能。

双层微穿孔板消声器常用的结构参数及吸声特性　　表 13-6-26

微穿孔板结构参数						下述频率(Hz)驻波管法吸声系数				
板厚(mm)	孔径(mm)	穿孔率(%)		腔深(mm)						
		面层	内层	前腔	后腔	125	250	500	1000	2000
0.5	1.0	2.4	2.4	107	37	0.21	0.65	0.71	0.93	0.98
0.5	0.5	2.7	2.7	100	40	0.55	0.81	0.86	0.82	0.75
0.8	0.8	2.0	1.0	80	120	0.48	0.97	0.93	0.64	0.15
0.8	0.8	2.5	1.5	50	50	0.18	0.69	0.97	0.99	0.24
0.9	0.8	2.5	1.0	30	70	0.26	0.71	0.92	0.65	0.35
0.9	0.8	2.0	1.0	80	120	0.48	0.97	0.93	0.64	0.15

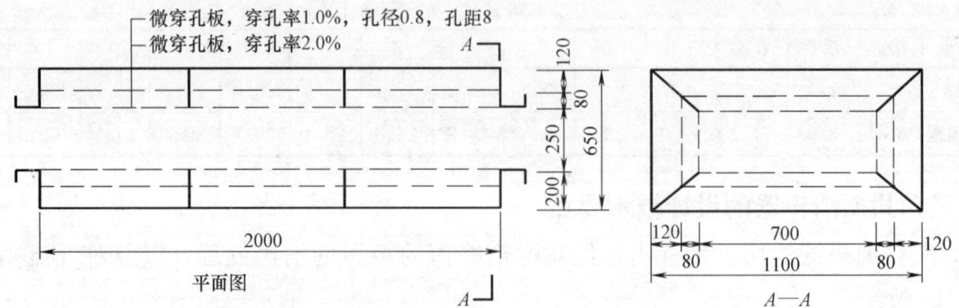

图 13-6-26　双层微穿孔板消声器构造示意图

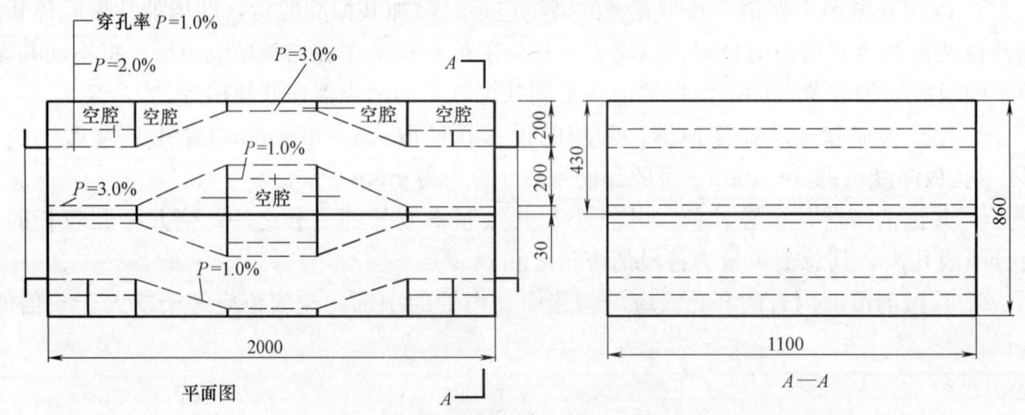

图 13-6-27　单双层微穿孔板声流式消声器构造示意图

矩形管式双层微穿孔板消声器的消声性能　　表 13-6-27

气流速度(m/s)	倍频带消声量(dB)						
	125	250	500	1000	2000	4000	8000
7	18	26	25	20	22	25	25
11	17	23	23	20	20	26	24
17	15	23	22	20	22	23	23
20	12	22	21	20	21	21	20

图 13-6-27 为声流式单、双层微穿孔板消声器结构示意图，表 13-6-28 为该消声器在不同流速下的实测消声性能与阻力。

声流式微穿孔板消声器的消声性能 **表 13-6-28**

气流速度(m/s)	压力损失(Pa)	倍频带消声量(dB)						
		125	250	500	1000	2000	4000	8000
0	0	28	29	33	30	42	51	41
7	8	25	29	33	23	32	41	35
10	49	23	26	29	22	30	35	33
14	80	19	20	24	20	26	34	30
22	320	10	12	19	19	27	33	28
25	430	3	4	14	16	25	32	24

（二）微穿孔板消声器的设计技术要点

1. 微穿孔板消声器主要适用于高速、高温、潮湿及要求洁净的空调系统。

2. 微穿孔板消声器微穿孔板的孔径可取 Φ0.2～Φ1.0mm，穿孔率可取 0.5%～3%，板厚可取 0.2～1.0mm。

3. 合理确定空腔深度，一般可控制在 50～200mm，如主要用于消除低频声时取 150～200mm，用于消除中频声时取 80～150mm，而用于消除高频声时取 30～80mm。

4. 为改善微穿孔板消声器的消声频带宽度，一般可设计双层微穿孔板吸声结构。双腔结构的总腔深度控制在 100～200mm，要求第一层微穿孔板的穿孔率大于第二层微穿孔板，前腔深度宜小于后腔深度，一般应控制前后腔深比不大于 1：3。

5. 由于微穿孔板消声器的孔板厚度较小，刚度较差，因此应在消声器内增加内腔隔板，以改善消声器的整体刚度。

六、复合消声器

阻性消声器的中、高频消声性能优良而低频消声性能较差，抗性消声器的中、低频消声性能较好而高频消声性能差，而共振消声器的有效消声频率较窄，将阻性与抗性或共振消声原理组合设计在同一个消声器内即构成了复合消声器，因此，其具有较宽的消声频带，在空调系统噪声控制中得到广泛的应用。

阻抗复合消声器应用最广、消声效果较好的是 T701-6 型系列消声器，有 10 种规格，其构造示意如图 13-6-28 所示，该系列的规格列于表 13-6-29，该系列消声器的消声量为：低频 10dB/m，中高频 10～20dB/m；空气动力性能：阻力系数为 0.4。

T701-6 型阻抗复合消声器系列规格 **表 13-6-29**

型号	外形尺寸(mm) (长×宽×高)	法兰尺寸(mm) (长×宽)	重量(kg)	适用风量(m^3/h)		
				6m/s	8m/s	10m/s
1	800×500×1600	520×230	83	2000	2660	3330
2	800×600×1600	510×370	96	3000	4000	5000
3	1000×600×1600	700×370	122	4000	5330	6670
4	1000×800×1600	770×400	135	5000	6660	8320
5	1200×800×900	770×550	112	6000	8000	10000
6	1200×1000×900	780×630	125	8000	10600	13340
7	1500×1000×900	1000×630	160	10000	13320	16640
8	1500×1400×900	1000×970	215	15000	20000	25000
9	1800×1400×900	1330×970	360	20000	26700	35400
10	2000×1800×900	1500×1310	310	30000	40000	50000

图 13-6-29 和图 13-6-30 分别为两种阻性、共振与抗性组合消声器的构造图，其实测消声性能分别见表 13-6-30 和表 13-6-31。

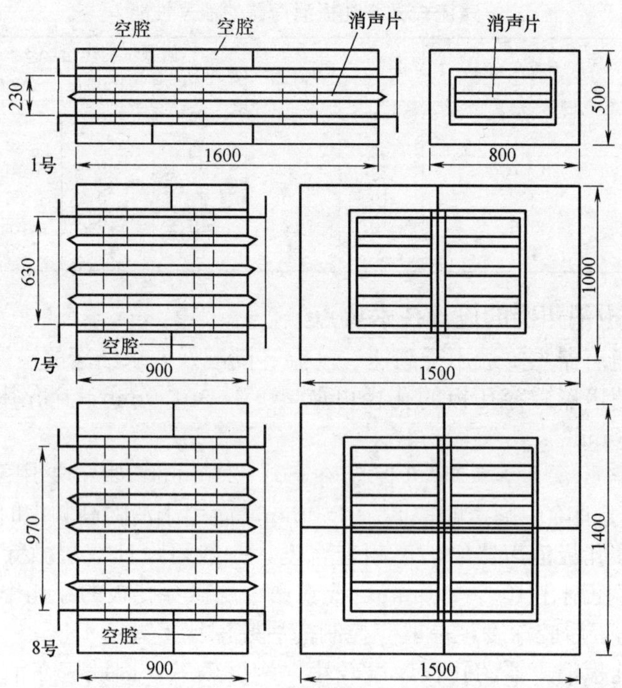

图 13-6-28 T701-6 型阻抗复合消声器构造示意图

膨胀珍珠岩吸声砖砌筑的共振、抗性复合消声器的性能 **表 13-6-30**

消声器长度（mm）	消声器内气流速度（m/s）	压力损失（Pa）	下述频率下的消声量(dB)					
			125	250	500	1000	2000	4000
2790 共振频率： 125Hz	3.0	30	22.0	31.4	30.5	35.7	39.4	34.4
	5.0	106	13.5	18.7	28.5	34.7	37.8	34.0
	8.0	166	7.0	14.5	28.5	30.5	34.5	32.5
	10.0	320	4.5	8.5	16.0	24.5	26.0	24.5

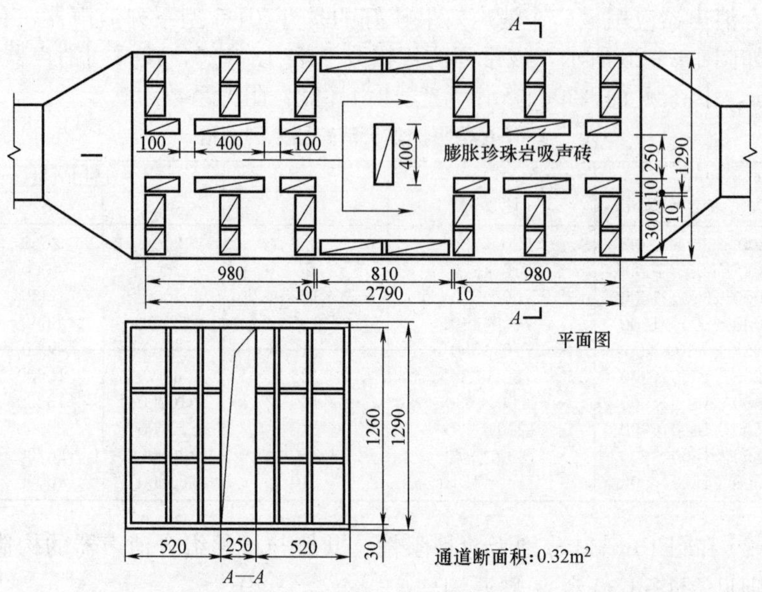

图 13-6-29 膨胀珍珠岩吸声砖砌筑的共振、抗性复合消声器构造示意图

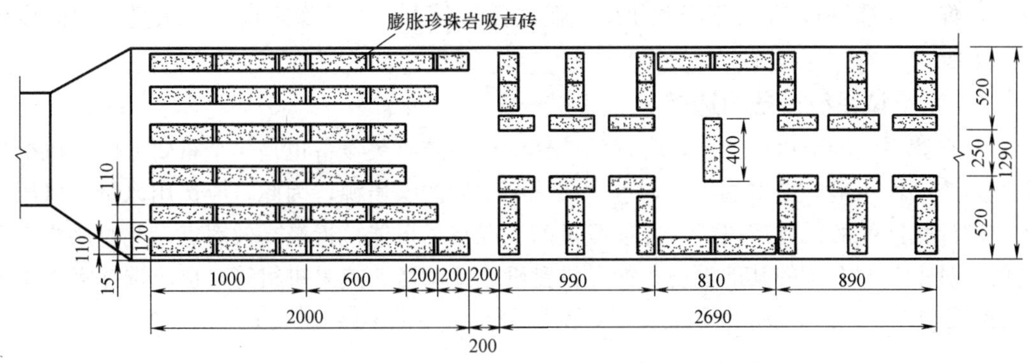

图 13-6-30　膨胀珍珠岩吸声砖砌筑的阻性、共振和抗性复合消声器构造示意图

膨胀珍珠岩吸声砖砌筑阻性、共振和抗性复合消声器的性能　　表 13-6-31

消声器长度(mm)	消声器内气流速度(m/s)	压力损失(Pa)	下述频率下的消声量(dB)					
			125	250	500	1000	2000	4000
4890 共振频率: 125Hz	3.0	62	21.5	26.5	36.5	41.0	49.0	44.0
	5.0	100	18.5	23.0	32.5	40.5	43.5	42.0
	8.0	166	12.0	17.0	22.5	31.0	37.0	39.0
	10.0	350	6.0	10.0	16.0	26.0	26.0	21.0

第七节　空调系统的消声设计

一、空调系统的消声设计技术

空调系统的消声设计的主要任务是降低沿通风管道传播的风机噪声及气流噪声，其最终目的是使空调用房室内噪声达到所确定的允许噪声标准，从而满足使用功能要求。因此，在空调系统设计初期选择空调系统时，就应根据空调系统服务区域的噪声标准，考虑系统噪声控制问题。这样，一方面，可避免空调系统选择不当，存在一些难以处理的噪声问题，另一方面，为进一步的消声设计打下良好的基础。空调系统的消声设计应从噪声源、传播途径及接受者三方面考虑，首先应降低噪声源处的噪声，当由于存在各种影响因素，降低设备声源的噪声有困难时，在这种情况下，就必须采取相应的综合措施，才能达到噪声控制的目的。

(一) 空调系统的选择

空调系统的选择应充分考虑空调用房的室内噪声标准要求。对于噪声标准要求较高的房间，如录音室、播音室、演播室、音乐厅、歌剧院、排练厅、电影院等，风机盘管加新风系统、诱导式系统、窗式空调、柜式空调等需要将动力设备放入空调房间的系统都不适用。

空调系统的配置可根据实际需要，对噪声标准要求不同的房间采用不同的系统。例如，在一栋建筑内仅有1～2间房间的噪声标准要求很高（如在办公楼或教学楼内设置录音、录像、演播室），而又不经常使用，在这种情况下，可对噪声标准要求高的房间设置单独系统。

（二）空调系统设备的选择

在空调系统的消声设计中，合理的选择空调系统有关设备也是一个重要方面。风机是空调系统中使用最广最多的设备，也是系统中主要的噪声源，因此，应选用风量、风压与系统设计相匹配的低噪声风机，并使风机的工况点尽可能接近最高效率点，此时风机噪声最低。对于空调系统的其他设备，如风机盘管、冷却塔、热泵机组等，也应选择噪声小的产品。表13-7-1为风机等空调设备噪声的影响及常用消声减噪措施。

风机等空调设备噪声的影响及常用消声减噪措施　　表13-7-1

空调设备	噪声传播及影响	常用降噪措施
风机	通过风管传入室内或影响室外环境及邻室	管道消声器、机房内隔声、吸声、机组隔振、管道软接头、弹性吊钩等
空调机组	通过风管传入室内或影响室外环境及邻室	隔声罩，其余同风机
冷却塔	噪声影响室外环境	合理布置，远离需要安静的区域；排风口、进风口加消声器；设置隔声屏障；降低淋水噪声，使用消声垫（金属网垫、天然纤维垫、透水性好的泡沫塑料等）；基础隔振
热泵机组	噪声影响室外环境	合理布置，远离需要安静的区域；风机加装消声器；压缩机隔声；隔声屏障、隔声棚等；基础隔振
冷冻机及冷水机组	噪声、振动影响建筑内房间	机房内隔声、吸声、机组隔振、管道减振、弹性吊钩等
水泵	噪声、振动影响建筑内房间	机房内隔声、吸声、机组隔振、管道减振、弹性吊钩等
风机盘管	噪声直接传入室内	合理布置风盘的位置；送风及回风做消声处理；风机盘管隔振；隔声措施

（三）机房的布置及噪声控制

空调机房是建筑中的主要噪声源之一，必须通过合理的布置其位置及采取有效的措施，降低空调设备噪声通过机房围护结构（墙、楼板和门窗）的传播，使与机房相邻的房间及室外环境不受机房内噪声的干扰。因此，在建筑总平面规划和建筑设计时，就需考虑机房的防噪设计及相应的技术措施，给进一步的噪声控制设计打下良好的基础。

1. 机房的布置

从噪声控制的观点出发，在条件允许的情况下，尽量使机房远离要求安静的环境和空调房间，单独设置在地下室内，这样可使机房对毗邻房间周围环境的噪声干扰减少到最低程度，同时又能增加系统管路的自然声衰减。

对于设有地下室的大型公共建筑，可将机房设置在地下室，当对设备进行消声隔振设计后，机房围护结构的隔声一般都不成问题。但必须注意机房与电梯井的相对位置，防止机房噪声通过电梯井传至各层。此外，新风口及排风口处应根据所在区域环境噪声标准要求，作消声处理。

对于采用空调箱（空调机组）的分散的小系统，机房周围可配置没有安静要求的房间，如储藏室、库房、盥洗室，楼梯间等房间，并使机房与空调用房有一定的距离，以便于采取有效的降噪措施。

2. 机房的噪声控制

机房噪声控制目的是为了降低机房内空调设备的噪声及振动通过围护结构传播，减小噪声及振动对周围房间的影响，机房噪声控制设计的主要内容包括机房围护结构的隔声设计、机房内吸声降噪设计、空调设备及管道的隔振设计（详见第十四章）等内容。

（1）机房围护结构的隔声设计

墙体

墙体和楼板空气声的隔声性能，主要取决于墙体及楼板的面密度，面密度越大，隔声量高。机房的墙体，应尽量采用砖或混凝土墙体。根据实际情况，为取得较高的隔声量，也可采用重墙与轻质墙体构成的复合墙体；当机房配置在楼层面上，由于荷载的限制无法采用砖或混凝土墙体时，可采用轻质复合墙，如加气混凝土砌块墙，同时采用增加空气层厚度的方法提高复合墙的隔声性能。表 13-7-2 是机房常用的墙体的隔声性能，表 13-7-3 是机房常用的轻质复合墙体的隔声性能。

另外，机房墙体上的洞、缝及管道穿墙处应做封堵处理。详见图 13-7-1、图 13-7-2。

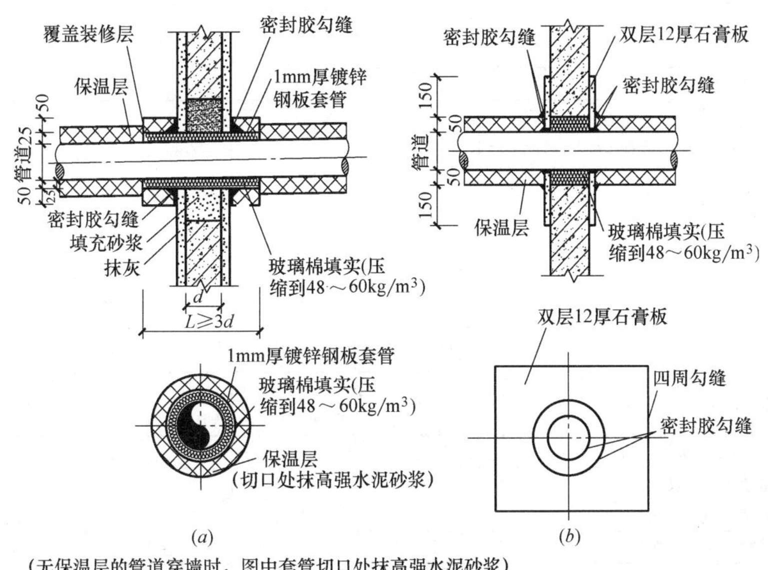

（无保温层的管道穿墙时，图中套管切口处抹高强水泥砂浆）

图 13-7-1　管道穿墙处封堵构造示意图

楼板

层间的楼板，一般为 120～150mm 厚的钢筋混凝土楼板，追加 40～60mm 的地面层，其空气声隔声量可达 50～55dB。若机房内的噪声为 80～85dB（A），毗邻房间的要求噪声值为 35dB（A）时，可不做隔声处理。当机房内噪声超过 85dB（A），毗邻房间的要求噪声值低于 35dB（A）时，则应追加轻质隔声层，如吊置石膏板、水泥纤维板隔声层。楼板上的洞、缝及管道穿越处应做封堵处理。

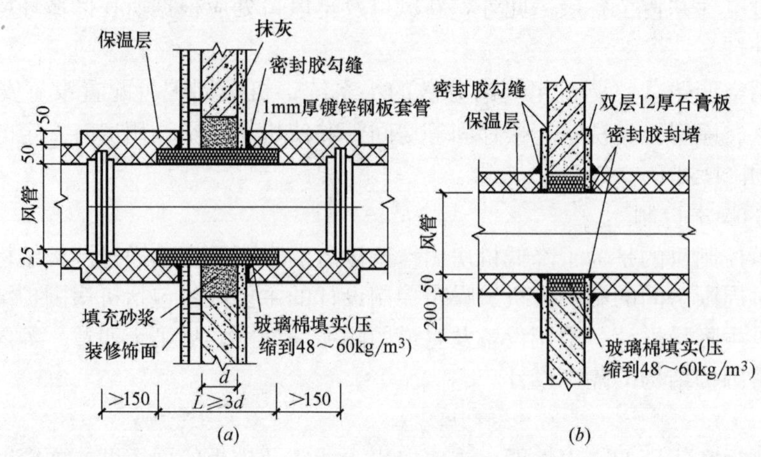

图 13-7-2　风管穿墙处封堵构造示意图

机房常用的墙体的隔声性能　　表 13-7-2

墙体构造(mm)	面密度(kg/m²)	下述频率(Hz)下的隔声量(dB)						计权隔声量 R_W(dB)
		125	250	500	1000	2000	4000	
120 厚砖墙,双面抹灰	240	37	34	41	48	55	53	47.5
120 厚砖墙,单面抹灰,与纤维板复合,中空 50,纤维板厚 5	320	39	40	44	53	57	58	49.5
双 120 厚砖墙,中空 80,暴露面抹灰	480	38	45	51	62	64	63	54.0
240 厚砖墙,双面抹灰	480	42	43	49	57	64	62	54.5
240 厚砖墙,单面抹灰,与塑料板复合,中空 80,内填岩棉,纤维板厚 6	500	44	52	58	73	77	69	63
双 240 厚砖墙,中空 100,内填岩棉,暴露面抹灰	970	51	63	67	74	81	—	69.5
370 厚砖墙,双面抹灰	700	43	48	52	60	65	64	56.5

机房常用的轻质墙体的隔声性能　　表 13-7-3

墙体构造(mm)	面密度(kg/m²)	下述频率(Hz)下的隔声量(dB)						计权隔声量 R_W(dB)
		125	250	500	1000	2000	4000	
78 厚空心砖墙,双面抹灰	120	30	35	36	43	53	51	42.5
150 厚加气混凝土墙,双面抹灰	140	29	36	39	46	54	55	44.0
200 厚加气混凝土墙,双面抹灰	160	31	37	41	47	55	55	44.5
140 厚陶粒混凝土墙,双面抹灰	240	32	31	40	43	49	56	42.5
双层 75 厚加气混凝土,中空 50,暴露面抹灰	140	39	49	50	56	66	69	55.0
双层 75 厚加气混凝土,中空 150,暴露面抹灰	140	42	50	51	58	67	73	56.0
双层 100 厚加气混凝土,中空 50,暴露面抹灰	180	36	46	50	57	73	72	56.5
双层 75 厚加气混凝土,中空 50 填棉,暴露面抹灰	180	41	48	52	58	63	73	57.5
75 与 100 厚加气混凝土组合,中空 50,暴露面抹灰	158	35	44	48	56	69	67	55.0

续表

墙体构造(mm)	面密度 (kg/m^2)	下述频率(Hz)下的隔声量(dB)						计权隔声量 R_W(dB)
		125	250	500	1000	2000	4000	
100厚加气混凝土与纤维板组合,中空60,纤维板厚18	84	26	34	42	56	57	61	54.5
双层60厚圆孔石膏板,中空50填棉,暴露面抹灰	—	37	41	38	41	47	52	42.5
双层1.5厚钢板,中空65填超细玻璃棉	27	32	41	49	56	62	66	51.5

门

门的选择与隔声量的要求与机房设置的位置有关。一般情况下，单层隔声门的隔声量较低，只适用于机房噪声不高，或周围声环境要求较低的情况。如果要求门具有较高的隔声量，可采用设置双道门，即“声闸”的形式，可有效地提高门的隔声性能，一般隔声量可达到50dB以上。

窗

机房窗的隔声是围护结构最薄弱的环节，在条件允许的条件下，机房尽量不设窗，或尽可能减小窗的面积。一般情况下，单层中空玻璃窗的隔声量为30dB左右，如果要求提高窗的隔声量，可采用双层窗的形式。

(2) 机房内吸声降噪

吸声降噪是降低机房噪声的常用措施，它是通过机房内各界面的吸声处理，增加室内的总吸声量，减少反射声，达到降低室内噪声的目的。需要说明的是，吸声降噪措施只能降低混响声，不能降低直达声，只有在室内混响时间较长的情况下才有明显的效果。

当机房远离空调用房，减低室内噪声的目的主要是保护操作人员时，因工作人员操作设备离机器近，接受直达声很强，但时间短，这种情况下，机房内可不做吸声处理，而应使控制室与机房有良好的隔离。

当机房在建筑物内，周围房间有一定的安静要求，则应在机房内作强吸声处理，这对提高围护结构的隔声性能有利。机房内吸声降噪措施是在机房内的墙面安装吸声墙，吸声墙构造的一般做法见图13-7-3。

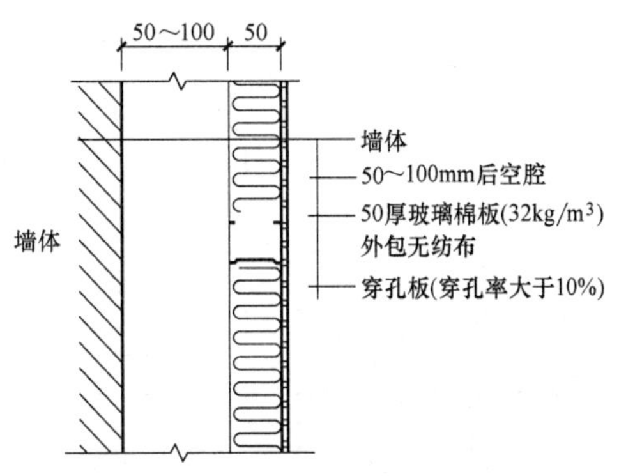

图13-7-3 常用的吸声墙构造示意图

(四) 设备安装

空调系统设备安装应采取隔振措施（详见第十四章），风机的进、出口应设置软接头，减小振动沿管道传递。

风机和管道的不合理连接可使风机性能急剧变化，增加气流噪声。应使气流进、出风机时尽可能均匀，不要有方向或速度的突然变化。风机与管道连接的优劣比较见图13-7-4和图13-7-5。

(五) 系统管路设计及控制空调系统的气流速度

系统管路设计，原则上应尽可能地使气流均匀流动，逐步减速，避免急剧转弯，避免

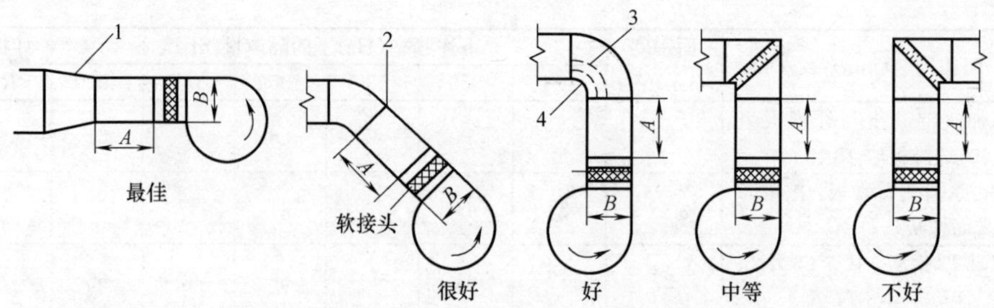

图 13-7-4 风机与管道连接的优劣比较之一

1—优先彩 1∶7 斜度，在低于 10m/s 时，容许 1∶4 斜度；2—最小的 A 尺寸为 1.5B，其中 B 为出风管的大边尺寸；3—导风叶应该扩展到整个弯头半径范围；4—最小半径为 15cm

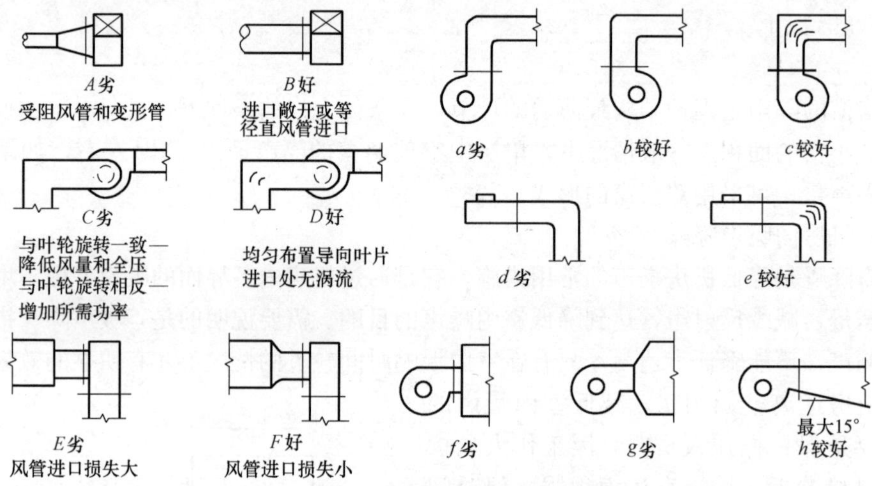

图 13-7-5 风机与管道连接的优劣比较之二

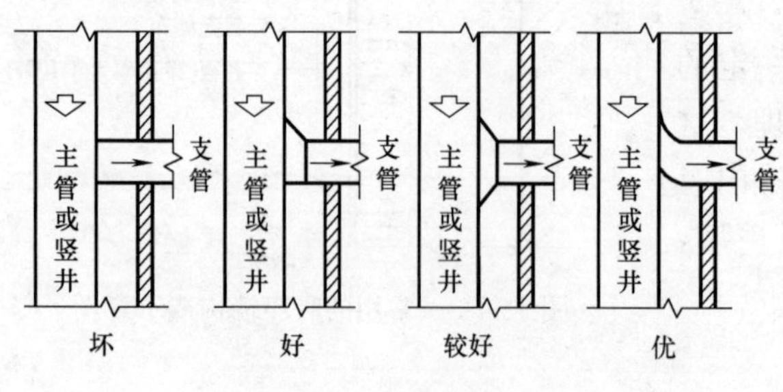

图 13-7-6 气流从主管或竖井进入支管的连接

管道截面的突然变小，引起气流速度的升高，气流噪声增大。尤其是在主管道与进入房间的支管道连接处，见图 13-7-6。

在进行系统管路设计时应考虑空调系统消声问题，空调系统消声设计包括降低沿管路传播的风机噪声和控制气流噪声两方面的内容。若经过计算，需要在管路上设置消声器来减低风机噪声，则消声器通道内的气流速度宜不大于该段管路内的气流速度，为此，必须在管路上给消声装置留有足够的空间。而控制气流噪声的根本措施是控制管路内的气流速度，因此，必须根据空调用房的允许噪声标准，合理的选择空调系统不同管路内的气流速度。表 13-7-4 是根据实践经验提出的不同噪声标准下的气流速度控制值，供设计人员参考。

风管及风口处气流速度控制值　　表 13-7-4

室内噪声标准		气流速度控制值(m/s)		
NR－曲线	L_A(dB)	主风管	支风管	房间送回风口
10	15	≤3.5	≤2.0	≤1.0
15	20	≤4.0	≤2.5	≤1.5
20	25	≤4.5	≤3.5	≤2.0
25	30	≤5.0	≤4.5	≤2.5
30	35	≤6.5	≤5.5	≤3.3
35	40	≤7.5	≤6.0	≤4.0
40	45	≤9.0	≤6.5	≤4.5

(六) 消声器的选择与布置

1. 消声器选择的主要依据

(1) 用风机（噪声源）噪声的频谱特性与系统管路自然衰减和空调用房的允许噪声频率特性的差值，确定消声器需要提供的频带消声量值。

(2) 管道系统允许的压力损失值。

(3) 消声器的再生气流噪声大小。

(4) 预备安装消声器的空间大小。

(5) 是否有特殊要求即防火、防腐、防尘、防水等。

根据上述内容，确定消声器的型式及构成材料。空调系统所用的消声器，一般需要有宽频带的消声特性，以阻性片式消声器及阻抗复合式消声器为常用。

2. 消声器的布置原则

(1) 消声器应尽可能设置在气流比较平稳的管段。

(2) 当主管道流速不大时，消声器应尽量设置在刚出机房的风管管段，如条件限制，只能将消声器设置在机房内，必须做好消声器外壳及消声器后管道壁的隔声处理，防止机房噪声再次进入消声器后的管道内。

(3) 当主管道流速较高时，消声器宜安装在支管段。

(4) 消声要求较高、需要消声器数量较多的系统，可分段设置消声器，不宜集中布置。可以在主管、各层分支管等处分别设置。

(5) 通常情况下，应分别在系统的新风段、送风段、回风段、排风段加装消声器。

(七) 防止管道串声

当相邻的空调用房的送（回）风是同一管路系统时，必须在两房间之间的管路上采取消声措施，避免相邻房间之间串声。可以采取管路拐弯加长管路，在管路上加消声器；必要时分开成两路管路系统等方式。

(八) 管壁的隔声

由于空调系统管道的管壁较薄，隔声性能差，当管道经过要求安静的房间时，管内噪声就会透过管壁传出，在经过的房间内产生噪声干扰。另一方面，当管道穿过高噪声的房间时，外界噪声会传入管道内，增大管内噪声。

对于上述两种情况，均应采取隔声措施。通常的做法是增加管壁的厚度，或与管道保温处理相结合，在管外附加隔声层（详见第五节）。

（九）固体传声的隔绝

空调系统设备的安装必须采取隔振措施，管路与围护结构接触处应采取隔振措施，防止设备产生的振动通过围护结构传至其他房间的顶棚、墙壁、地板等构件，使其振动再向室内辐射噪声（见第十四章）。

二、空调系统声学计算举例

空调系统消声设计的最终目的是降低沿管道传播的风机噪声和控制气流噪声，使空调用房内噪声级达到预定的噪声标准。当充分考虑了噪声控制要求而确定系统的形式、空调设备及管路系统（主风管、支风管、出风口的气流速度）后，就需进行系统的消声计算，以此确定空调系统所需要的声衰减量并合理的选择消声器，以控制风机噪声。另一方面，则需要核算气流噪声，使之不超过室内允许噪声标准。

空调系统声学计算内容如下：

1. 系统管道各部件的气流噪声，经管道各部件及房间的自然衰减后，得到系统的剩余气流噪声。剩余气流噪声应小于室内允许噪声标准。

2. 空调用房室内空调噪声由系统的剩余气流噪声及剩余的风机噪声两部分叠加而成。因此，根据空调用房室内允许噪声值及剩余气流噪声值，得出房间计算允许噪声值。

3. 风机噪声经系统管道各部件及房间的自然衰减后，得到风机的剩余噪声。风机的剩余噪声减除房间计算允许噪声值，即为系统必需追加的衰减量，据此选用或设计消声器。

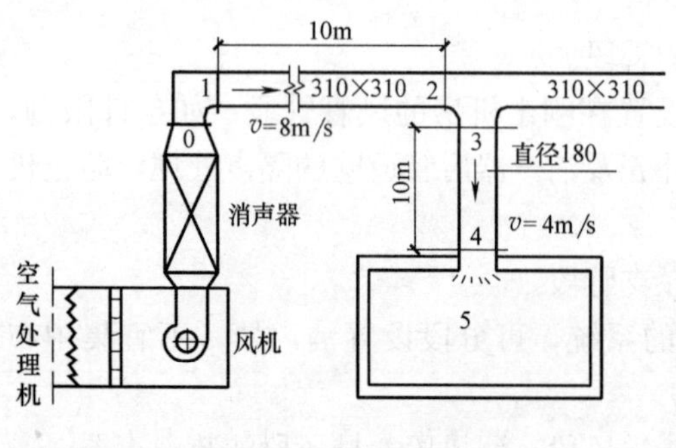

图 13-7-7　空调系统布置

【例 13-7-1】　有一间办公室，体积为 75m³，房间常数为 20m²。其空调系统布置如图 13-7-7 所示。房间的送风量为 365m³/h，主风道截面尺寸为 310×310mm，支风管为直径 180mm 的圆管道，送风口采用圆形散流器。风机型号 4-72-11No. 4A，总风量 2740m³/h，全压 470Pa，转速 1450rpm。要求房间内的空调噪声满足 NR-35 曲线。作出空调系统声学计算。

【解】

空调系统声学计算项目、方法、步骤如表 13-7-5 所示。

表 13-7-5 中计算项目 1～18 项是空调系统管道各部件的气流噪声和相应部件的噪声自然衰减值，是对系统管路气流噪声的验算。如果系统各部件产生的气流噪声传到房间内的声压级高于房间允许噪声级时，必须降低系统管道的气流流速，重新设计计算。否则，即使消声器选择配置得合理，消声器的性能再好，都不能达到其噪声控制的效果。因此，在系统管路设计时，就应控制管路各部分的气流速度，各部分的气流速度的控制值见表 13-7-4。

计算过程中应注意：

［1］当气流流速大于 8m/s 时，直管道的气流噪声较大，其本身噪声衰减可忽略不计；流速小于 5m/s 时，直管道的气流噪声较小，可以忽略不计。

空调系统消声设计计算程序表

表 13-7-5

项　目	计算方法与步骤	倍频带中心频率(Hz)								单位
		63	125	250	500	1000	2000	4000	8000	
1.0 (0-1)弯头的气流噪声 $L_W=L_{WC}+10\lg\Delta f+30\lg d_e+50\lg v$ [式(13-4-2)]	1.1 $N_{Str}=\frac{f_m d_e}{v}=\frac{0.31f_m}{8}$	2.4	4.8	9.7	19.4	38.75	77.5	155	310	—
	1.2 比声功率级 L_{WC}(查图(13-4-1)曲线 a)	5	−5	−11	−16	−23	−31	<−40	<−45	dB
	1.3 $10\lg\Delta f$(查表 13-4-2)	16	19	22	25	28	32	35	38	dB
	1.4 $30\lg d_e=30\lg\frac{2ah}{a+h}=30\lg 0.31$	−15	−15	−15	−15	−15	−15	−15	−15	dB
	1.5 $50\lg v=50\lg 8$	45	45	45	45	45	45	45	45	dB
	1.6 弯头的气流噪声声功率级 L_{Wb}=1.2+1.3+1.4+1.5 项	51	44	41	39	35	31<25	<28	dB	
2.0(0-1)弯头噪声自然衰减	2.1 无内衬方形弯头(从表 13-5-2 内插法查)	—	—	1	6	6	4	3	3	dB
3.0 传到 2 点处的气流噪声	3.1 由弯头传到 2 点处的剩余气流噪声=步骤 1.6(v>8,直管段衰减不计)	51	44	41	39	35	31	<25	<28	dB
4.0(1-2)直管段气流噪声 $L_W=L_{WC}+50\lg v+10\lg S$	4.1 比声功率级 L_{WC}	10	10	10	10	10	10	10	10	dB
	4.2 $50\lg v=50\lg 8$	45	45	45	45	45	45	45	45	dB
	4.3 $10\lg S=10\lg(0.31)^2$	−10	−10	−10	−10	−10	−10	−10	−10	dB
	4.4 各频带声功率修正值(查表 13-4-1)	−5	−6	−7	−8	−9	−10	−13	−20	dB
	4.5 L_{Wb}=4.1+4.2+4.3+4.4 项	40	39	38	37	36	35	32	25	dB
5.0 2 点处的气流噪声总和	5.1 气流噪声总和为:3.1 项与 4.5 叠加	51	45	43	41	39	37	<33	<30	dB
6.0 三通(2-3)的噪声自然衰减 $\Delta L=10\lg(S_1/S_2)$	6.1 $\frac{S_1}{S_2}=\frac{\frac{\pi}{4}\times 0.18^2}{\left(0.31^2+\frac{\pi}{4}\times 0.18^2\right)}=0.209$	6.5	6.5	6.5	6.5	6.5	6.5	6.5	6.5	dB
7.0 传到 3 点处的气流噪声	7.1 由(0-2)传到 3 点处剩余气流噪声=5.1−6.1 项	44.5	38.5	36.5	34.5	32.5	30.5	<26.5	<23.5	dB

续表

项　目	计算方法与步骤	倍频带中心频率(Hz)								单位
		63	125	250	500	1000	2000	4000	8000	
8.0 三通(2-3)气流噪声 $L_W=L_{WC}+10\lg\Delta f+30\lg d_e+50\lg v_a$	8.1 $N_{Str}=\frac{f_m d_e}{v_a}=\frac{0.31f_m}{4}$	2.8	5.7	11.3	22.7	45	90	180	360	—
	8.2 L_{WC}按 $v_{ia}/v_a=8/4=2$	16	12	5−2	−10	−17	<−20	<−20	dB	
	8.3 $10\lg\Delta f$(查表 13-4-2)	16	19	22	25	28	32	35	38	dB
	8.4 $30\lg d_e=30\lg 0.18$	−22	−22	−22	−22	−22	−22	−22	−22	dB
	8.5 $50\lg v_a=50\lg 4$	30	30	30	30	30	30	30	30	dB
	8.6 L_{Wb}=8.2+8.3+8.4+8.5	40	39	35	31	26	23	<23	<26	dB
9.0 3点处的气流噪声总和	9.1由(0-2)传到3点处剩余气流噪声7.1项与三通气流噪声8.6项能量叠加	46	42	39	36	34	31	<28.5	<28	dB
10.0 (3-4)风管噪声自然衰减	10.1查(表 13-5-1)得	1	1	1.5	1.5	3	3	3	3	dB
11.0 传到4点处的气流噪声	11.1 由3点传到4点处剩余气流噪声=9.1-10.1项	45	41	37.5	34.5	31	28	<25.5	<25	dB
12.0 4点处的气流噪声总和	12.1 ∵v=4m/s∴(3-4)风管气流噪声可不计=11.1	45	41	37.5	34.5	31	28	<25.5	<25	dB
13.0 送风口散流器的噪声自然衰减	13.1 $f\sqrt{S_e}=0.18f$	11.3	22.6	45.2	90.4	180.8	361.6	723.2	1446.4	dB
	13.2 ΔL_W按风口在墙中央(查图 13-5-4)	16.5	11	5	1.5	—	—	—	—	dB
14.0 传到5点处的气流噪声	14.1 由0-4段传到5点处剩余气流噪声=12.1-13.2项	28.5	30	32.5	33	31	28	<25.5	<25	dB
15.0 送风口散流器的气流噪声 $L_W=L_{WC}+10\lg\Delta f+30\lg(dv)$	15.1 $N_{Str}=\frac{f_m d_e}{v_a}=\frac{0.18f_m}{4}$	2.8	5.7	11.3	22.7	45	90	180	360	—
	15.2 L_{WC}(查图 13-4-8)	36	33	28	20	10	0	−13	−20	dB
	15.3 $10\lg\Delta f$(查表 13-4-2)	16	19	22	25	28	32	35	38	dB
	15.4 $30\lg(dv)=30\lg(0.18\times4)$	−4.2	−4.2	−4.2	−4.2	−4.2	−4.2	−4.2	−4.2	dB
	15.5 L_{Wb}=15.2+15.3+15.4	48	48	46	41	34	28	18	14	dB

续表

项　目	计算方法与步骤	倍频带中心频率(Hz)								单位
		63	125	250	500	1000	2000	4000	8000	
16.0　5 点处的气流噪声总和	16.1　气流噪声总和为：14.1 项与 15.5 能量叠加	48	48	46	41.5	36	31	<26	<25	dB
17.0　房间内的噪声自然衰减 $L_p=L_W+10\lg\left(\frac{Q}{4\pi r^2}+\frac{4}{R}\right)$	17.1　$f\sqrt{S_e}=0.18f$	11.3	22.6	45.2	90.4	180.8	361.6	723.2	1446.4	—
	17.2　Q 按侧墙风口(查图 13-5-5 曲线Ⅱ)	2.1	2.4	2.8	4.0	5.5	6.2	7.0	7.5	dB
	17.3　$L_W-L_P=-10\lg\left(\frac{Q}{4\pi r^2}+\frac{4}{R}\right)$ 取 $r=2$m，已知 $R=20$	6	6	6	5.5	5.1	4.9	4.7	4.6	dB
18.0　由各部件产生的气流噪声传到房间内的声压级	18.1　$L_{pb}=16.1$ 项−17.3 项	42	42	40	36	31	26	<21	<20	dB
19.0　房间允许噪声级	19.1　NR−35(查表 13-1-7)	63	52	44	38	35	32	30	28	dB
20.0　房间计算允许噪声级	20.1　即要求 18.1 项与本项能量叠加等于 19.1 项	63	52	42	34	33	31	30	27	dB
21.0　风机噪声 $L_W=L_{WC}+10\lg(QH^2)-20$	21.1　$L_W=86.8$dB	dB								
	21.2　各频带修正值(查表 13-3-3)	−5	−6	−7	−12	−17	−22	−26	−33	dB
	21.3　风机各倍频带声功率级＝21.1＋21.2 项	82	81	80	75	70	65	61	54	dB
22.0　风机噪声经各部件噪声自然衰减后的剩余噪声	22.1　风机剩余噪声声功率级 $L_{Wb}=21.3-(13.2+10.1+6.1+2.1)$	58	62.5	66	59.5	54.5	51.5	48.5	41.5	dB
	22.2　房间内风机剩余噪声声压级 $L_{pb}=22.1-17.3$	52	56.5	60	54	49	47	44	37	dB
23.0　系统所需设置消声器的衰减量	23.1　$\Delta L_{pb}=22.2$ 项−20.1 项	—	4.5	18	20	16	16	14	10	dB

［2］计算前一个部件气流噪声传到下一管段时，用代数的方法减去相应部件的噪声衰减值，得到该部件的剩余气流噪声。如表 13-7-5 中 3.1 项、7.1 项、11.1 项、14.1 项。

［3］某一管段的气流噪声，应是该管段部件的气流噪声和前面部件传来的气流剩余噪声这两部分能量叠加，如表 13-7-5 中 5.1 项、9.1 项、16.1 项。

参考文献

1　中国建筑科学研究院建筑物理研究所　主编　建筑声学设计手册　中国建筑工业出版社 1987

2　马大猷主编　噪声与振动控制手册　机械工业出版社 2002

3　项端祈著　空调系统消声与隔振设计　机械工业出版社 2005

第十四章　空调系统的隔振

第一节　空调系统产生振动的原因及隔振的目的

一、产生振动的原因及隔振目的

空调系统中的通风机、水泵、制冷压缩机等设备是产生振动的振源。它们有的属于旋转运动机器，例如通风机；有的属于往复运动机器，例如曲柄连杆式制冷压缩机。这些机器由于运动部件的质量不平衡，在运动时产生惯性力。以通风机而言，它的旋转部件（叶轮、轴、皮带轮）由于制造中的材质不均匀、加工和装配时的误差等原因，使质量分布不均匀和转动中心之间存在着偏心，在作旋转运动时就产生惯性力，这种惯性力（扰力），是机器产生振动的原因。机器的振动又传至支承结构（如楼板或基础）或管道，引起后者振动。这些振动有时会影响人的身体健康，或者会影响产品的质量，有时还会危及支承结构的安全。因此，对振源采取隔振措施，是生产、生活和科学实验中常常不可缺少的。采取隔振措施，将振动控制在容许的范围内，是隔振的目的。容许振动主要包括三个方面，即精密设备、仪器容许振动、人体容许振动及环境保护振动标准。

二、精密设备、仪器容许振动值

振源强烈的振动常使精密设备加工产品的质量达不到要求，成品率下降或报废，使仪器、仪表失灵、计量不准、精度和使用寿命降低等等，招致很多严重后果。因此，必须减少空调系统振源对附近精密设备、精密仪器的振动影响至其所容许的范围内，以保证其生产和试验的正常进行。

显微镜、天平、集成电路、液晶等精密加工及实验的容许振动值见表 14-1-1 及图14-1-1。

精密设备、仪器容许振动标准值说明　　　　表 14-1-1

容许值级别	电子电路相对应线宽(μm)	适 用 范 围
VC-A	8	适用于 400 倍以下的光学显微镜、微量天平、光学天平；接触和投影式光刻机等设备； PCB 制备； 薄膜太阳能电池制备
VC-B	3	线宽 3μm 超精细加工设备； TFT-LCD 背光源组装，LCM，LED

续表

容许值级别	电子电路相对应线宽(μm)	适用范围
VC-C	1～3	适用于1000倍以下的光学显微镜； 大部分1～3μm超精细加工设备、检测和测量设备； TFT-LCD(阵列、成盒、彩膜)制备、OLED； 4″、5″、6″IC厂
VC-D	0.1～0.3	适用于振动要求严格的设备，包括电子显微镜(TEMs和SEMs)和电子束系统；0.1～0.3μm线宽检测和光刻设备；0.1～0.3μm超精细加工设备、检测和测量设备； 8″、12″IC厂；掩模制备
VC-E	<0.1	适用于敏感系统，包括长路径、激光装置、小目标系统以及一些对动态稳定性要求极其严格的系统； <0.1μm超精细加工设备、检测和测量设备； 8″、12″IC厂；掩模制备
VC-F	—	适用于极其安静的研究环境
VC-G	—	适用于极其安静的研究环境

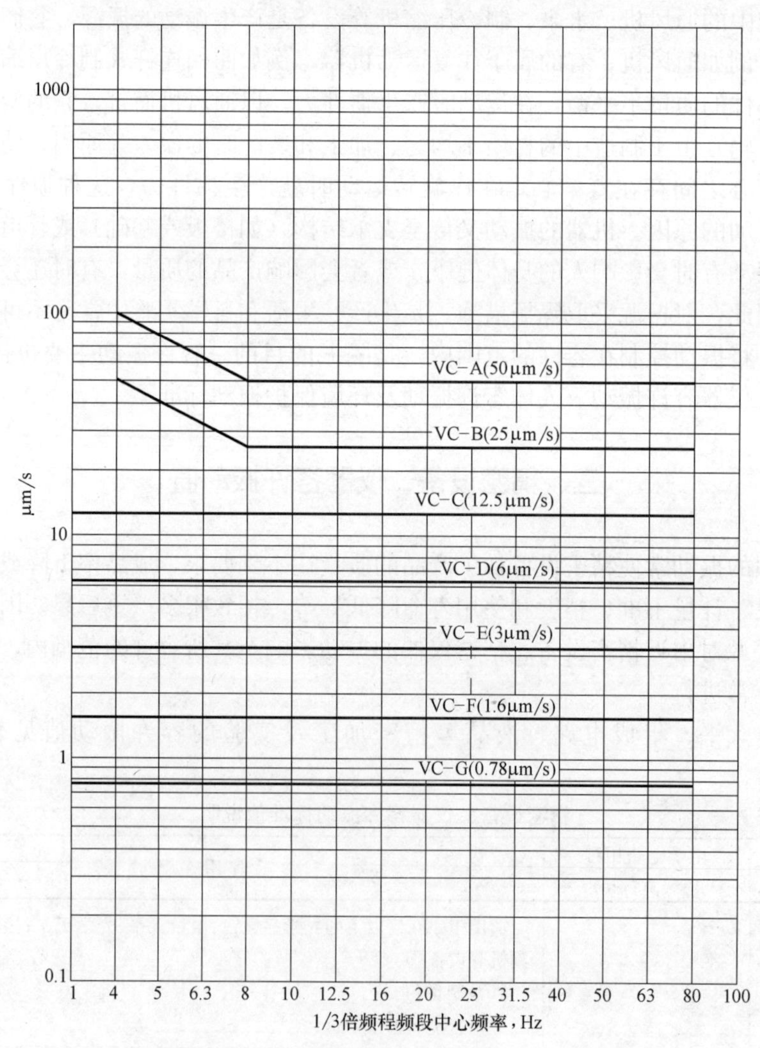

图 14-1-1　精密设备、仪器容许振动标准

注：图中所示1/3倍频程频段中心频率范围1～100Hz。

精密机械加工、计量仪器等的容许振动值见表 14-1-2。

精密加工及计量设备、仪器容许振动值 **表 14-1-2**

<table>
<tr><th>精密设备与仪器</th><th>振动位移容许值(μm)</th><th>振动速度容许值(mm/s)</th></tr>
<tr><td>精度 0.03μm 光波干涉孔径测量仪、精度 0.02μm 干涉仪、精度 0.01μm 的光管测角仪</td><td rowspan="2">—</td><td rowspan="2">0.03</td></tr>
<tr><td>表面粗糙度为 0.012μm 的超精密车床、铣床、磨床等</td></tr>
<tr><td>精度 0.025μm 干涉显微镜、表面粗糙度 Ra 为 0.025μm 测量仪</td><td rowspan="2">—</td><td rowspan="2">0.05</td></tr>
<tr><td>表面粗糙度为 0.025μm 的丝杠车床、螺纹磨床、高精度外圆磨床和平面磨床等</td></tr>
<tr><td>立体金相显微镜、检流计、0.02μm 分光镜(测角仪)、高精度机床装配台</td><td>—</td><td rowspan="3">0.10</td></tr>
<tr><td>表面粗糙度为 0.05μm 的丝杠车床、螺纹磨床、精密滚齿机、精密辊磨床</td><td rowspan="2">1.50</td></tr>
<tr><td>精度为 1×10^{-7} 的一级天平</td></tr>
<tr><td>精度为 1μm 的立式(卧式)光学比较仪、投影光学计、测量计</td><td>—</td><td rowspan="3">0.20</td></tr>
<tr><td>加工精度 1～3μm、表面粗糙度为 0.1～0.2μm 的精密磨床、齿轮磨床、精密车床、坐标镗床等</td><td rowspan="2">3.00</td></tr>
<tr><td>精度为 1×10^{-5}～1×10^{-7} 的单盘天平和三级天平</td></tr>
<tr><td>精度为 1μm 的万能工具显微镜、精密自动绕线机、接触式干涉仪</td><td>—</td><td rowspan="3">0.3</td></tr>
<tr><td>加工精度为 3～5μm、表面粗糙度为 0.1～0.8μm 的精密卧式镗床、精密机床、数控机床、仿形铣床和磨床等</td><td rowspan="2">4.8</td></tr>
<tr><td>六级天平、分析天平、陀螺仪摇摆试验台，陀螺仪偏角试验台，陀螺仪阻尼试验台</td></tr>
<tr><td>卧式光度计、大型工具显微镜、双管显微镜、阿贝测长仪、电位计、万能测长仪</td><td>—</td><td rowspan="3">0.50</td></tr>
<tr><td>台式光点反射检流计、硬度计、色谱仪、湿度控制仪</td><td rowspan="2">10.00</td></tr>
<tr><td>表面粗糙度为 0.8～1.6μm 的精密车床及磨床</td></tr>
<tr><td>卧式光学仪、扭簧比较仪、直读光谱分析仪</td><td>—</td><td>0.70</td></tr>
<tr><td>示波检线器、动平衡机、表面粗糙度为 1.6～3.2μm 的车床</td><td>—</td><td>1.00</td></tr>
<tr><td>表面粗糙度大于 3.2μm 的车床</td><td>—</td><td>1.50</td></tr>
</table>

注：表中数值为时域振动速度及位移峰值。

纳米装置容许振动值见图 14-1-2。

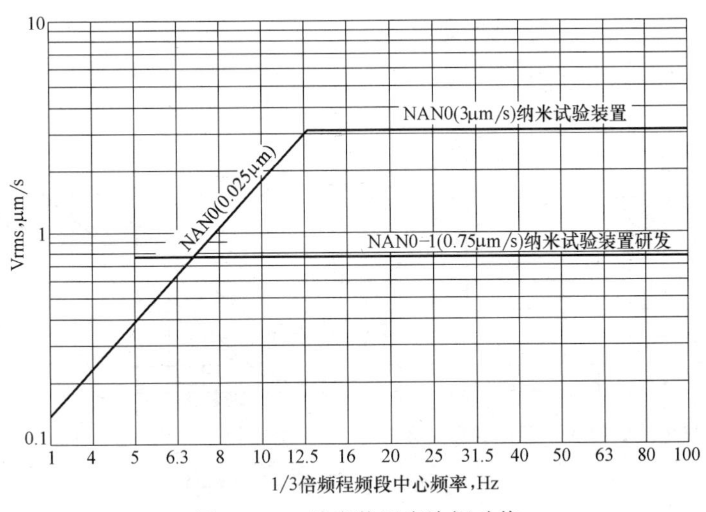

图 14-1-2　纳米装置容许振动值

光栅刻线装置容许振动值见表 14-1-3

光栅刻线装置容许振动值 **表 14-1-3**

精密仪器与设备	振动速度容许值(mm/s)	精密仪器与设备	振动速度容许值(mm/s)
每毫米刻 3600 条以上的光栅刻线机	0.01	每毫米刻 1800 条的光栅刻线机	0.03
		每毫米刻 1200 条的光栅刻线机	0.05
每毫米刻 2400 条的光栅刻线机	0.02	每毫米刻 600 条的光栅刻线机	0.10

注：表中数值为时域振动速度值。

高能激光试验装置容许振动值：基础垂直与水平向在振动频率 1～200Hz 频段范围内，任一频率点的振动加速度功率谱密度不大于 $1\times10^{-10}g^2/Hz$。

光纤拉丝塔容许振动值：在振动频率 5～50Hz 频段范围内，横向振动位移幅值不大于 1μm。

三、人体容许振动标准

人体暴露在振动环境中有四种基本情况，即振动同时传递到整个人体外表面、振动通过支撑表面传递到整个人体上、振动作用于人体某些个别部位及间接受振动影响。

就人体受全身振动而言，在一定条件下，振动往往影响人们的舒适感，降低工作效率，甚至影响健康和安全。从劳动保护角度考虑，较强烈的振动通过物理效应和生物效应会对骨骼、肌腱、循环系统、消化系统、神经系统、呼吸系统及新陈代谢等多方面造成影响和危害。

国家标准《人体全身振动暴露的舒适性降低界限和评价准则》GB/T 13442 规定了人体受振动的舒适性降低界限，见图 14-1-3 及图 14-1-4。

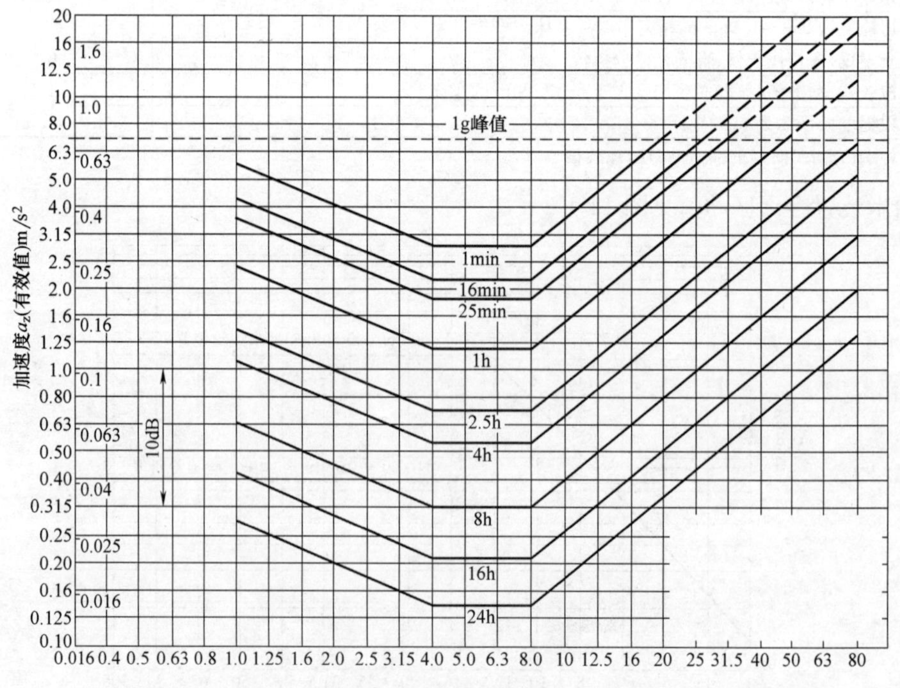

图 14-1-3 a_z 加速度界限——舒适性降低限

（横坐标为频率，以暴露时间为参数）

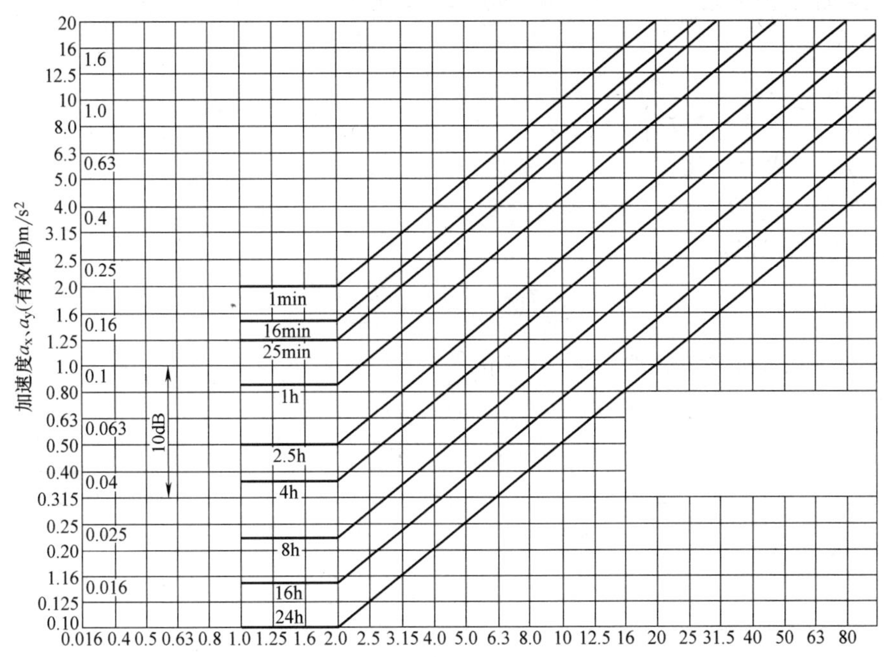

图 14-1-4　a_x 和 a_y 加速度界限——舒适性降低限

（横坐标为频率，以暴露时间为参数）

图 14-1-3 及图 14-1-4 给出了人体垂直向（Z 轴向）及水平向（X 轴向或 Y 轴向）受振动的舒适性界限。图中提出的舒适降低界限值振动加速度均方根值按振动频率（1/3 倍频程的中心频率）不同加以表示，其量级按人体暴露时间及振动作用方向的不同而予以区别。在垂直向，人体最敏感的频段为 4～8Hz，而水平向，则为 1～2Hz。

另外，将舒适度降低界限的加速度值乘以 3.15（或加速度级加 10dB），即为工效降低界限，将舒适度降低界限的加速度值乘以 6.30（或加速度级加 16dB），即为暴露界限。所谓工效降低界限，即当振动值大于此界限时，生产效率将大为降低，而暴露界限是指当振动值超过此界限时，人体健康将受到损害。

此外，我国还制订了《城市区域环境振动标准》GB 10070，该标准也是以建筑物内人体舒适度为准则的国家标准，并按所处不同地带加以区别，见表 14-1-4。

城市区域垂直向容许振动值级 *VLz*（dB）　　　　**表 14-1-4**

适用地带范围	昼间	夜间
特殊住宅区	65	65
居民、文教区	70	67
混合区、商业中心区	75	72
工业集中区	75	72
交通干线道路两侧	75	72
铁路干线两侧	80	80

注：1. 表中值适用于连续发生的稳态振动、冲击振动和无规律振动。
2. 每日发生数次的冲击振动，其最大值昼间不应超过表中值的 10dB，夜间不应超过 3dB。
3. 振动测点应选在建筑物室外 0.5m 以内振动敏感处，必要时亦可选在建筑物室内地面的振动敏感处。
4. “交通干线道路两侧”是指车流量每小时 100 辆以上的道路两侧。
5. “铁路干线两侧”是指距每日车流量不少于 20 列的铁道外轨 30m 外两侧的住宅区。

该振动标准采用振动级衡量，垂直间振动级按下式计算

$$VL_Z = VAL + C_Z \tag{14-1-1}$$

式中 VL_Z——垂直向振动级（dB）；

VAL——垂直向振动加速度级（dB）；

C_Z——垂直向加权修正值，按表 14-1-5 采用。

计算振动级应满足表 14-1-4 规定的要求。

VAL 按下式计算

$$VAL = 20\lg\frac{a}{a_0} \tag{14-1-2}$$

式中 a_0——基准加速度，取 $a_0 = 10^{-6}\text{m/s}^2$；

a——实测或计算的振动加速度有效值 m/s^2。

垂直向加权修正值 C_Z **表 14-1-5**

频率(Hz)1/3 倍频程的中心频率	加权修正值(dB)C_Z
1.0	−6
1.25	−5
1.6	−4
2.0	−3
2.5	−2
3.15	−1
4.0	0
5.0	0
6.3	0
8.0	0
10.0	−2
12.5	−4
16.0	−6
20.0	−8
25.0	−10
31.5	−12
40.0	−14
50.0	−16
63.0	−18
80.0	−20

四、振动对建筑物的影响

由于机械设备振动可能引起建筑物损伤，因此也规定了可能损伤的容许振动值，以振动速度表示，见表 14-1-6。

建筑物可能损伤的容许振动速度 **表 14-1-6**

序号	结构类型	振动速度峰值(mm/s)		
		≤10Hz	10Hz～50Hz	50Hz～100Hz
1	商业或工业建筑以及类似建筑	20	20～40	40～50
2	居住建筑以及类似建筑	5	5～15	15～20
3	有保护价值或对振动特别敏感的建筑	3	3～8	8～10

注：振动速度的测点宜选择在建筑物基础处，选用 X，Y，Z 方向中最大值进行评价。

第二节　振动设备的隔振方案及构造

一、隔振设计应具备的资料

用隔振方法减弱空调系统中振动设备的振动影响，是实施振动控制的有效方法。进行隔振设计应具备如下原始资料：

1. 地质资料：地基土的性质、承载能力、压缩模量、压缩系数、地基抗压刚度系数及水文地质资料。

2. 气候环境：室内外温度上下限，室内有无油类、溶剂污染。

3. 被隔振设备资料：类型、规格、外形及安装尺寸（包括设备底座尺寸、地脚螺栓尺寸及预埋件尺寸、管道和沟坑的尺寸和位置）、质量、质心位置、设备质量惯性矩、扰力和扰力矩及其作用位置、设备安装要求，以及设备的容许振动值等。

4. 隔振元件资料：外形尺寸、安装方式、静刚度、动刚度及阻尼比、静态压缩量、最大和极限承载能力、承载方向、使用年限及容许气候环境等。

二、隔振方案及构造

隔振方案一般有三类，即隔振沟隔振、大块式基础隔振及隔振元件隔振。

振动波具有随土壤深度增加而衰减的特性，利用这一特性在设备基础周围设置隔振沟，以减弱其对外界的影响，但在工程实践中由于隔振沟不可能做得很深，因此其隔振作用是很有限的，仅对高转速设备才有一些隔振效果，它不是广泛采用的隔振方案。

将设备安装于大块（大质量）基础上，当合理选用基础材料、尺寸、质量及恰当的地基刚度，能达到一定的减弱振动的效果，它适用于隔振要求不高的场合。

将隔振元件设置于被隔振设备及支承物之间，吸收振动能量，能获得较好的隔振效果，是一种经济合理的隔振方案，普遍用于空调系统设备的隔振。

隔振元件品种很多，性能各异，应视隔振要求不同合理选择，达到既经济又适用的目的。

本章重点阐述采用隔振元件对振动设备隔振的设计、计算，以及隔振元件的计算及选用。

采用隔振元件隔振，有两种安装方式，一种是设备直接与隔振元件连接，如立柜式空调机组、卧式空调机组，制冷压缩机等。一种是在设备与隔振元件之间设置台座、如风机、水泵、冷却塔等，常用台座形式有混凝土台座及型钢台座。

混凝土台座：用型钢制作围框并在围框内布置钢筋，再浇筑混凝土制成。其形式见图 14-2-1、图 14-2-2 及图 14-2-3。

这类台座的特点是质量大、设备运行时台座振动及传至支承结构（如地面、楼面）及管道的振动较小，因此常用于对振动控制较严格的场合。例如对于声学实验室，则要求附近的动力设备采用此种隔振方案，而且要求台座质量为设备质量的三倍以上。由于台座较重，一般都在现场制作，就地安装。

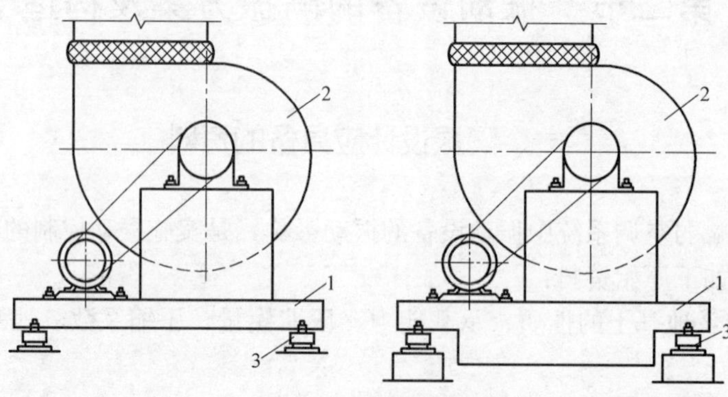

图 14-2-1　钢筋混凝土台座

1—台座；2—设备；3—隔振器

图 14-2-2　通风机隔振台座（钢筋混凝土）

图 14-2-3　水泵隔振台座（钢筋混凝土）

型钢台座：用热轧普通型钢或弯曲薄壁型钢焊接或螺栓连接制成，其形式见图 14-2-4～图 14-2-7。

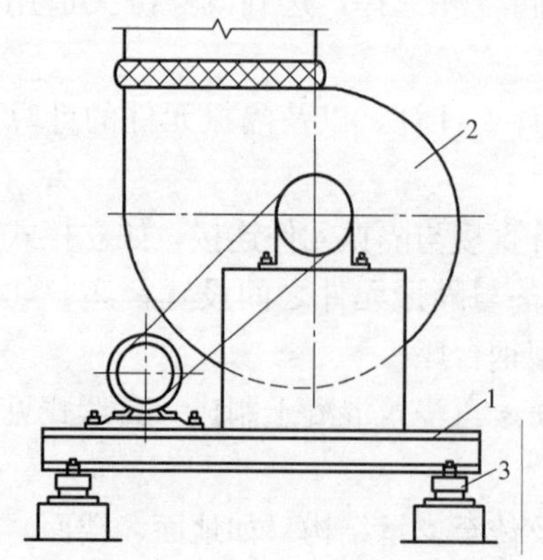

图 14-2-4　型钢台座

1—台座；2—设备；3—隔振器

图 14-2-5　通风机隔振台座（型钢）

图 14-2-6　冷却塔隔振台座（型钢）

图 14-2-7　卧式空调机组内的通风机隔振台座（型钢）

这类台座的特点是质轻，制作及安装方便，也便于搬迁，应用普遍，特别适用于设备在楼面及屋面上的安装，也适宜机组内的动力设备的隔振安装。由于台座轻，台座面的振动较大。

隔振台座在构造上应具有足够的刚性和整体性，同时应考虑制作、安装和调试的方便。台座构造应考虑下述诸点。

1. 由于设备、台座的重心实测和计算不可能十分准确，为了在安装时使隔振体系总质心和隔振器总刚度中心重合在水平投影面上，需要在水平面两个方向上使总刚度中心的位置有调整的可能，因此，应在台座与设备及与隔振器连接处开长孔，如图 14-2-8 和图 14-2-9，安装时可移动隔振器进行刚度中心位置的调整。

2. 与设备连接的管道均应采用软连接，软连接可采用帆布管、橡胶管、金属波纹管等。

3. 台座节点构造如图 14-2-8、图 14-2-9。隔振器与台座用螺栓连接，隔振器与支承结构一般不作锚固连接。

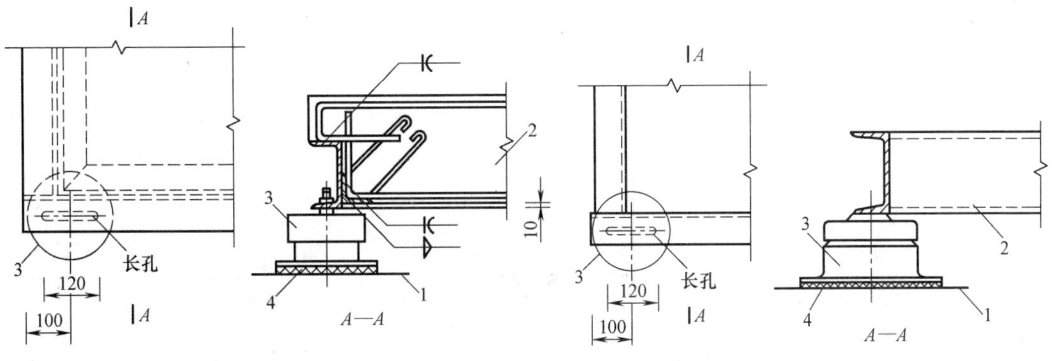

图 14-2-8　钢筋混凝土台座节点构造
1—支承结构；2—钢筋混凝土台座；3—隔振器；4—橡胶垫板

图 14-2-9　型钢台座节点构造
1—支承结构；2—型钢台座；3—隔振器；4—橡胶垫板

4. 对于水泵隔振台座，由于管道重，需对进出水管采取单独的隔振安装，而不将其质量传至隔振台座，构造见图 14-2-10。

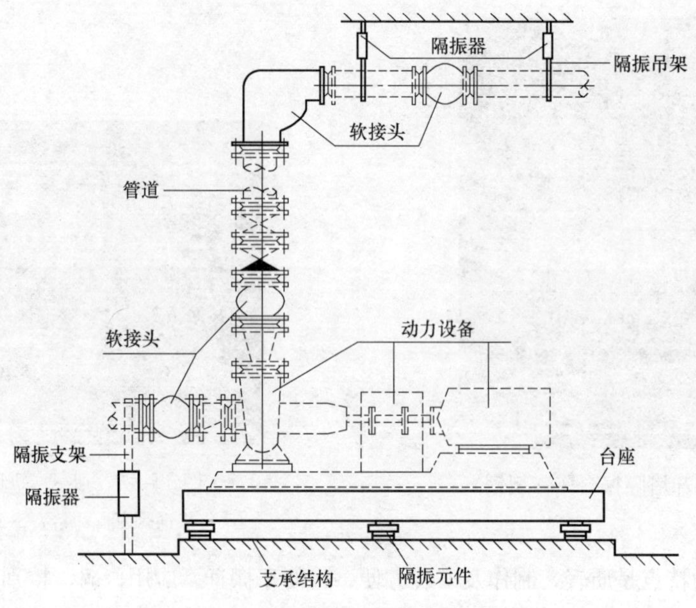

图 14-2-10　水泵及其管道隔振

某些对振动限制较严的工程，为了减少空调设备的振动影响，可对设备采用多级隔振方案，见图 14-2-11 及图 14-2-12。

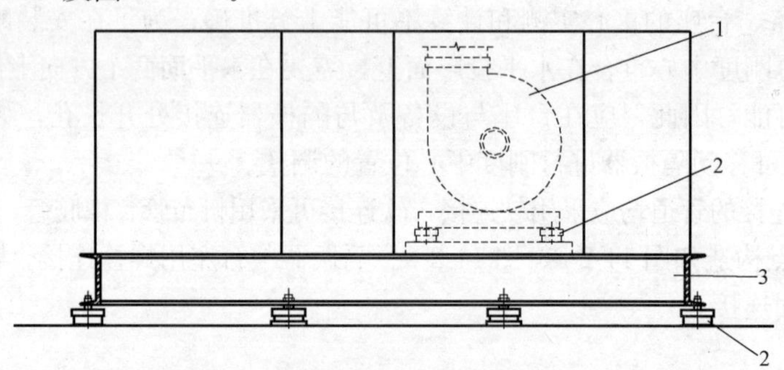

图 14-2-11　卧式空调机组多级隔振

1—通风机；2—隔振器；3—台座

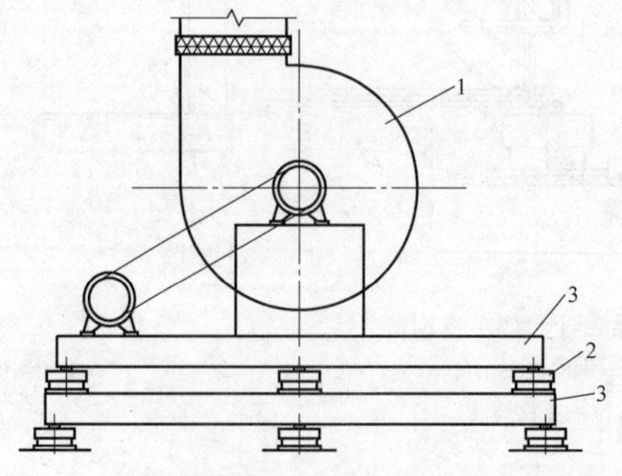

图 14-2-12　通风机多级隔振

1—通风机；2—隔振器；3—台座

第三节　隔振台座的计算

一、静力计算

混凝土台座应对平板及悬臂部分、型钢台座对主要受力杆件的强度和挠度进行计算。对于型钢台座，尚需验算杆件的稳定性。

1. 强度　计算荷载

$$P=1.2P_s+4P_0 \quad \text{N} \tag{14-3-1}$$

式中　P_s——静荷载（N）；

P_0——设备扰力（N）。

计算跨度取最少支点时的最大跨度。

2. 平板及型钢主要受力杆件挠度应满足

$$f \leqslant \frac{l}{500} \tag{14-3-2}$$

式中　f——挠度（cm）；

l——计算跨度（cm）。

3. 杆件稳定性　验算主要受力杆件的整体稳定性，可按《钢结构设计规范》GB 50017的规定验算。

二、振动计算

由设备、台座和隔振器组成隔振体系，并采用如下假定：

（1）设备和台座为一刚体，没有变形；

（2）隔振体系质量中心和隔振器垂直方向总刚度中心在水平投影面上重合；

（3）隔振器没有质量，仅有刚度和阻尼；

（4）隔振器下支承结构的刚度为无穷大；

（5）假定所取的 $OXYZ$ 直角坐标系的三个互相垂直的平面与刚体的三个互相垂直的主惯性平面相重合，坐标原点 O 取在隔振体系质量中心上。

在隔振体系的运动空间取一不动直角坐标系$\overline{OXYZ}$，当体系静止时它与 $OXYZ$ 重合。

又取 $O_kX_kY_kZ_k$ 为隔振器刚度坐标系，并使隔振器布置对称于 $X_kO_kZ_k$ 及 $Y_kO_kZ_k$ 平面。隔振体系计算图形如图14-3-1所示。

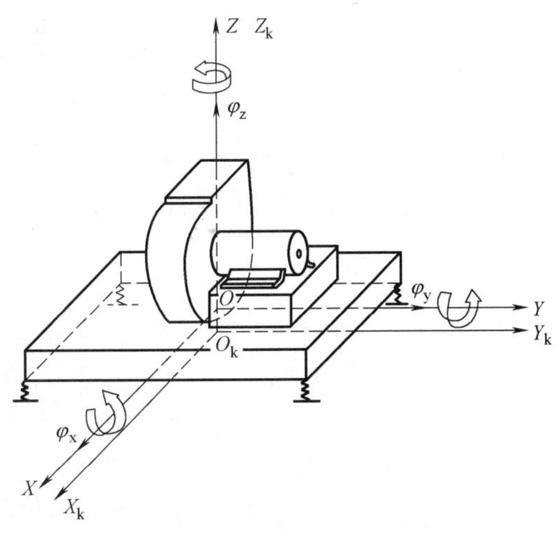

图 14-3-1　隔振体系计算图形

（一）固有振动频率计算

刚体在空间的运动（振动）可用 x_0、

y_0、z_0、φ_x、φ_y、φ_z 六个运动量表示，其中 x_0、y_0、z_0 为刚体质量中心在 OX、OY、OZ 方向的位移，φ_x、φ_y、φ_z 为刚体绕 OX、OY、OZ 轴的转角。z_0、φ_z 为非耦合振动。而 x_0、φ_y 及 y_0、φ_x 为两组耦合振动。

隔振体系运动的平衡方程为

$$m\ddot{z}_0+K_z z_0=0 \tag{14-3-3}$$

$$J_z\ddot{\varphi}_z+K_{\varphi z}\varphi_z=0 \tag{14-3-4}$$

$$\left.\begin{aligned} &m\ddot{x}_0+K_x x_0+K_x h_x\varphi_y=0\\ &J_y\ddot{\varphi}_y+(K_{\varphi y}+mgh_z)\varphi_y+K_x h_x x_0=0\end{aligned}\right\} \tag{14-3-5}$$

$$\left.\begin{aligned} &m\ddot{y}_0+K_y y_0+K_y h_y\varphi_z=0\\ &J_x\ddot{\varphi}_x+(K_{\varphi x}+mgh_z)\varphi_x-K_y h_y y_0=0\end{aligned}\right\} \tag{14-3-6}$$

为了简化计算，方程未考虑阻尼的作用。由此，体系的固有振动频率为：

$$\omega_z^2=\frac{K_z}{m} \tag{14-3-7}$$

$$\omega_{\varphi z}^2=\frac{K_{\varphi z}}{J_z} \tag{14-3-8}$$

$$\begin{aligned}\omega_{\substack{1x\\2x}}^2=&\frac{K_x J_y+(K_{\varphi y}+mgh_z)m}{2mJ_y}\\ &\mp\frac{\sqrt{[K_x J_y+(K_{\varphi y}+mgh_z)m]^2-4mJ_y[K_x(K_{\varphi y}+mgh_z)-K_x^2h_x^2]}}{2mJ_y}\end{aligned} \tag{14-3-9}$$

$$\begin{aligned}\omega_{\substack{1y\\2y}}^2=&\frac{K_y J_x+(K_{\varphi x}+mgh_z)m}{2mJ_x}\\ &\mp\frac{\sqrt{[K_y J_x+(K_{\varphi x}+mgh_z)m]^2-4mJ_x[K_y(K_{\varphi x}+mgh_z)-K_y^2h_y^2]}}{2mJ_x}\end{aligned} \tag{14-3-10}$$

式中 ω_z——体系在垂直方向振动圆频率（1/s）；

$\omega_{\varphi z}$——体系绕 Z 轴转动圆频率（1/s）；

ω_{1y}、ω_{2x}——体系在 XOZ 平面内耦合振动圆频率（1/s）；

ω_{1y}、ω_{2y}——体系在 YOZ 平面内耦合振动圆频率（1/s）；

K_x、K_y、K_z——隔振器轴向总刚度（N/m）；

$K_{\varphi x}$、$K_{\varphi y}$、$K_{\varphi z}$——隔振器回转总刚度（N·m）；

J_x、J_y、J_z——刚体转动惯量（kg·m²）；

m——刚体总质量（kg）。

$$\left.\begin{aligned} &K_x=\Sigma K_{xi}\\ &K_y=\Sigma K_{yi}\\ &K_z=\Sigma K_{zi}\\ &K_{\varphi x}=\Sigma K_{yi}z_i^2+\Sigma K_{zi}y_i^2\\ &K_{\varphi y}=\Sigma K_{zi}x_i^2+\Sigma K_{xi}z_i^2\\ &K_{\varphi z}=\Sigma K_{xi}y_i^2+\Sigma K_{yi}x_i^2\end{aligned}\right\} \tag{14-3-11}$$

式中 K_{xi}、K_{yi}、K_{zi}——第 i 个隔振器在 x、y、z 向的刚度（N/m）；

x_i、y_i、z_i——第 i 个隔振器刚度中心在 $OXYZ$ 坐标系中的位置（m）。

$$\left.\begin{aligned} h_x &= \frac{\sum K_{xi} z_i}{\sum K_{xi}} \\ h_y &= \frac{\sum K_{yi} z_i}{\sum K_{yi}} \\ h_z &= \frac{\sum K_{zi} z_i}{\sum K_{zi}} \end{aligned}\right\} \tag{14-3-12}$$

式中　h_x、h_y、h_z——隔振器总刚度中心在 $OXYZ$ 坐标系中的垂直向位置（m）。

因为 mgh_z 项数值较小，在计算中如忽略不计，则公式（14-3-9）、(14-3-10）可为

$$\omega_{\substack{1x\\2x}}^2 = \frac{1}{2}\left[(\omega_x^2 + \omega_{\varphi y}^2) \mp \sqrt{(\omega_x^2 - \omega_{\varphi y}^2)^2 + \frac{4\omega_x^4 h_x^2 m}{J_y}}\right] \tag{14-3-13}$$

$$\omega_{\substack{1y\\2y}}^2 = \frac{1}{2}\left[(\omega_y^2 + \omega_{\varphi x}^2) \mp \sqrt{(\omega_y^2 - \omega_{\varphi x}^2)^2 + \frac{4\omega_y^4 h_y^2 m}{J_x}}\right] \tag{14-3-14}$$

式中

$$\omega_x^2 = \frac{K_x}{m} \tag{14-3-15}$$

$$\omega_{\varphi x}^2 = \frac{K_{\varphi x}}{J_x} \tag{14-3-16}$$

$$\omega_y^2 = \frac{K_y}{m} \tag{14-3-17}$$

$$\omega_{\varphi y}^2 = \frac{K_{\varphi y}}{J_y} \tag{14-3-18}$$

当 $h_x = h_y = h_z = 0$ 即隔振体系质量中心和隔振器总刚度中心重合时，x_0、y_0、z_0、φ_x、φ_y、φ_z 为六个独立体的运动量，则体系固有振动频率为公式（14-3-7）、（14-3-8）、(14-3-15)～(14-3-18）所示。

（二）干扰振动计算

当有外界扰力 $P_x(t)$、$P_y(t)$、$P_z(t)$、$M_x(t)$、$M_y(t)$、$M_z(t)$ 作用于体系质量中心时，体系干扰振动方程为：

$$m z_0 + K_z z_0 = P_z(t) \tag{14-3-19}$$

$$J_z \varphi_z + K_{\varphi z} \varphi_z = M_z(t) \tag{14-3-20}$$

$$\left.\begin{aligned} & m x_0 + K_x x_0 + K_x h_x \varphi_y = P_x(t) \\ & J_y \varphi_y + (K_{\varphi y} + mgh_z)\varphi_y + K_x h_x x_0 = M_y(t) \end{aligned}\right\} \tag{14-3-21}$$

$$\left.\begin{aligned} & m y_0 - K_y y_0 - K_y h_y \varphi_x = P_y(t) \\ & J_x \varphi_x + (K_{\varphi x} + mgh_z)\varphi_x - K_y h_y x_0 = M_x(t) \end{aligned}\right\} \tag{14-3-22}$$

规定 $P_x(t)$、$P_y(t)$、$P_z(t)$ 以与 X、Y、Z 轴方向相同为正，$M_x(t)$、$M_y(t)$、$M_z(t)$ 按右手螺旋法则大拇指指向与 X、Y、Z 轴方向相同为正。

经常遇到的是平行于刚体惯性主平面的干扰力，设有一旋转运动型机器的干扰力旋转平面与 XOZ 平面平行，其作用点坐标为 ξ、ζ、η，如图 14-3-2 所示，则有：

$$P_z(t) = P_0 \sin\omega_0 t$$

$$P_x(t) = P_0 \cos\omega_0 t$$

$$M_y(t) = \zeta P_0 \cos\omega_0 t - \xi P_0 \sin\omega_0 t$$

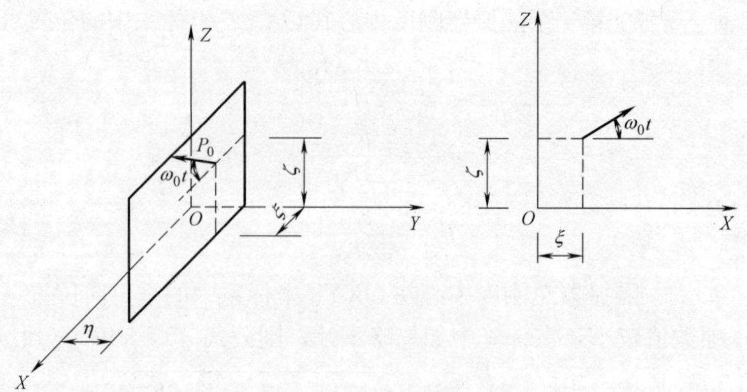

图 14-3-2　扰力作用位置

$$M_x(t)=\eta P_0\sin\omega_0 t$$
$$M_z(t)=-\eta P_0\cos\omega_0 t$$
$$P_y(t)=0$$

式中　ω_0——扰力圆频率；

$$\omega_0=\frac{2\pi n}{60}(1/\mathrm{s})$$

n——机器转速（r/min）。

代入公式（14-3-19）～(14-3-22）中，方程的稳定解为：

$$z_0=\frac{P_0}{m(\omega_z^2-\omega_0^2)}\sin\omega_0 t \tag{14-3-23}$$

$$\varphi_z=\frac{-\eta P_0}{J_Z(\omega_{\varphi z}^2-\omega_0^2)}\cos\omega_0 t \tag{14-3-24}$$

$$x_0=\frac{P_0[(K_{\varphi y}+mgh_z)-\zeta K_x h_x-J_y\omega_0^2]}{mJ_y(\omega_{1x}^2-\omega_0^2)(\omega_{2x}^2-\omega_0^2)}\cos\omega_0 t+\frac{P_0\xi K_x h_x}{mJ_y(\omega_{1x}^2-\omega_0^2)(\omega_{2x}^2-\omega_0^2)}\sin\omega_0 t \tag{14-3-25}$$

$$\varphi_y=\frac{P_0(\zeta K_x-\zeta m\omega_0^2-K_x h_x)}{mJ_y(\omega_{1x}^2-\omega_0^2)(\omega_{2x}^2-\omega_0^2)}\cos\omega_0 t+\frac{P_0\xi(m\omega_0^2-K_x)}{mJ_y(\omega_{1x}^2-\omega_0^2)(\omega_{2x}^2-\omega_0^2)}\sin\omega_0 t \tag{14-3-26}$$

$$y_0=\frac{P_0\eta K_y h_y}{mJ_x(\omega_{1y}^2-\omega_0^2)(\omega_{2y}^2-\omega_0^2)}\sin\omega_0 t \tag{14-3-27}$$

$$\varphi_x=\frac{P_0\eta(K_y-m\omega_0^2)}{mJ_x(\omega_{1y}^2-\omega_0^2)(\omega_{2y}^2-\omega_0^2)}\sin\omega_0 t \tag{14-3-28}$$

若机器还有其他平面力，且力的作用平面互相平行，则所有平面力的作用，可用上述单个平面力的叠加得到，叠加时应注意各平面力的相角差。

隔振体系任意一点（x'_i、y'_i、z'_i）的位移（振幅）：

$$\left.\begin{aligned}X_i&=|x_0|+|z'_i\varphi_y|+|y'_i\varphi_z|\\Y_i&=|y_0|+|z'_i\varphi_x|+|x'_i\varphi_z|\\Z_i&=|z_0|+|x'_i\varphi_y|+|y'_i\varphi_x|\end{aligned}\right\}\ (\mathrm{cm}) \tag{14-3-29}$$

（三）隔振系数

隔振设计的优劣以隔振系数 η 作为衡量的主要标志。隔振系数 η 的含义定为：

$$\eta=\frac{\text{隔振后传给刚性支承结构的动扰力}}{\text{不隔振时传给刚性支承结构的动扰力}} \tag{14-3-30}$$

η 值越小，隔振效果就越好，η 值可表示为：

$$\eta=\left|\frac{1}{1-\frac{\omega_0^2}{\omega^2}}\right| \tag{14-3-31}$$

式中　ω——隔振体系固有振动圆频率（1/s）。

一般情况下，应使$\frac{\omega_0}{\omega}\geqslant 2.5$，对于个别扰力频率很低的设备，可采用$\frac{\omega_0}{\omega}\geqslant 2$。

（四）刚体转动惯量计算

上述公式中 J_x、J_y、J_z 分别为刚体绕通过质心，且垂直于主惯性平面的轴 OX、OY、OZ 轴的转动惯量。如果隔振体系是由若干个刚体组成的，则组合刚体转动惯量为：

$$\left.\begin{aligned}J_x&=\sum J_{xi}+\sum m_i(r_i^{yz})^2\\J_y&=\sum J_{yi}+\sum m_i(r_i^{xz})^2\\J_z&=\sum J_{zi}+\sum m_i(r_i^{xy})^2\end{aligned}\right\}\ (\text{kg}\cdot\text{cm}^2) \tag{14-3-32}$$

式中　J_{xi}、J_{yi}、J_{zi}——第 i 个刚体绕其质心且平行于 OX、OY、OZ 轴的转动惯量（$\text{kg}\cdot\text{cm}^2$）；

r_i^{yz}、r_i^{xz}、r_i^{xy}——第 i 个刚体的质心到组合刚体质心的距离在 YOZ、XOZ、XOY 平面上的投影（cm）。

在工程计算中，常把复杂的机器设备、隔振台座简化为若干均质的规则几何形体，计算其转动惯量。一些均质规则几何形体的转动惯量计算见表 14-3-1。

（五）通过共振验算

由于隔振体系的固有振动频率一般说来比机器常速运转时的扰力频率要小得多，因此在机器启动或停车过程中，由于扰力频率不断变化，必然在某一瞬间与隔振体系固有振动频率相同，使隔振体系的振幅大大增加，这种现象叫做通过共振。隔振体系在通过共振时台座振幅将大大增加，隔振器要承受过大的动荷载，过大的振动会加速机器的磨损，缩短机器的使用寿命，因此，限制通过共振时的振幅或振动速度，是十分重要的。

一些均质规则几何形体的转动惯量　　**表 14-3-1**

几何形状	转动惯量	回转半径
矩形六面体（图：Z、Y、X 轴，H、B、L）	$J_z=\frac{m}{12}(L^2+B^2)$ $J_x=\frac{m}{12}(L^2+H^2)$ $J_y=\frac{m}{12}(B^2+H^2)$	$\rho_z^2=\frac{1}{12}(L^2+B^2)$ $\rho_x^2=\frac{1}{12}(L^2+H^2)$ $\rho_y^2=\frac{1}{12}(B^2+H^2)$

续表

几何形状	转动惯量	回转半径
有矩形底的四角锥体	$J_z=\frac{m}{20}(L^2+B^2)$ $J_x=\frac{m}{80}(4L^2+3H^2)$ $J_y=\frac{m}{80}(4B^2+3H^2)$	$\rho_z^2=\frac{1}{20}(L^2+B^2)$ $\rho_x^2=\frac{1}{80}(4L^2+3H^2)$ $\rho_y^2=\frac{1}{80}(4B^2+3H^2)$
直圆柱体	$J_z=\frac{1}{2}mR^2$ $J_x=J_y=\frac{m}{12}(3R^2+H^2)$	$\rho_z^2=\frac{R^2}{2}$ $\rho_x^2=\rho_y^2=\frac{1}{12}(3R^2+H^2)$
空心圆柱体	$J_z=\frac{m}{2}(R^2+r^2)$ $J_x=J_y=\frac{m}{12}(3R^2+3r^2+H^2)$	$\rho_z^2=\frac{1}{2}(R^2+r^2)$ $\rho_x^2=\rho_y^2=\frac{1}{12}(3R^2+3r^2+H^2)$
直圆锥体	$J_z=\frac{3}{10}mR^2$ $J_x=J_y=\frac{3}{20}m\left(R^2+\frac{H^2}{4}\right)$	$\rho_z^2=\frac{3}{10}R^2$ $\rho_x^2=\rho_y^2=\frac{3}{20}\left(R^2+\frac{H^2}{4}\right)$
直截圆锥体	$J_z=\frac{3}{10}m\frac{R^5-r^5}{R^3-r^3}$	$\rho_z^2=\frac{3}{10}\cdot\frac{R^5-r^5}{R^3-r^3}$
矩形断面环体	$J_z=m(R^2+\frac{1}{4}b^2)$ $J_x=J_y=\frac{m}{12}\left(6R^2+\frac{3}{2}b^2+H^2\right)$	$\rho_z^2=R^2+\frac{b^2}{4}$ $\rho_x^2=\rho_y^2=\frac{1}{12}\left(6R^2+\frac{3}{2}b^2+H^2\right)$

续表

几何形状	转动惯量	回转半径
圆形断面环体	$J_z=m(R^2+\frac{3}{4}r^2)$ $J_x=J_y=m\left(\frac{1}{2}R^2+\frac{5}{8}r^2\right)$	$\rho_z^2=R^2+\frac{3}{4}r^2$ $\rho_x^2=\rho_y^2=\frac{1}{2}R^2+\frac{5}{8}r^2$

通过共振的计算十分复杂，其振幅的大小不仅与体系的阻尼值有关，而且与扰力的角加速度有关。启动（或停车）的时间越短，体系的阻尼值越大，通过共振的最大振幅就越小。

对于旋转型机器的隔振台座，本书给出了单自由度体系启动共振的实用计算曲线。记 ε 为机器启动时的角加速度，如已知启动时间为 t_0，机器常速运动圆频率为 ω_0，则 $\varepsilon=\frac{\omega_0}{t_0}$，并记 γ 为体系非弹性阻力系数，如

$$\gamma=\frac{1}{\pi}\ln\frac{z_n}{z_{n+1}+1} \tag{14-3-33}$$

式中　z_n——隔振体系固有振动第 n 个波的振幅；

$z_{n+1}+1$——隔振体系固有振动第 $n+1$ 个波的振幅。

图 14-3-3 为单自由度体系通过共振计算曲线，图中表示了不同阻尼值 γ 的 $z'_{\max}$ 与 $\frac{\omega^2}{2\pi\varepsilon}$ 的关系。

记 r_0、m_0 为旋转部件偏心距和质量，m 为隔振体系质量，图 14-3-3 中 $z'_{\max}$ 为当 $\frac{m_0r_0}{m}=1$ 时体系通过共振最大振幅，由此可得体系通过共振的真实最大振幅 $z_{\max}$。

$$z_{\max}=z_0z'_{\max}\left|\left(\frac{\omega^2}{\omega_0^2}-1\right)\right|(\text{cm}) \tag{14-3-34}$$

式中　z_0——体系在机器常速运转时的振幅（cm）；

ω——体系固有振动圆频率。

应使 $z_{\max}\omega\leqslant[V]$

$[V]$——隔振台座容许振动值（cm/s）。

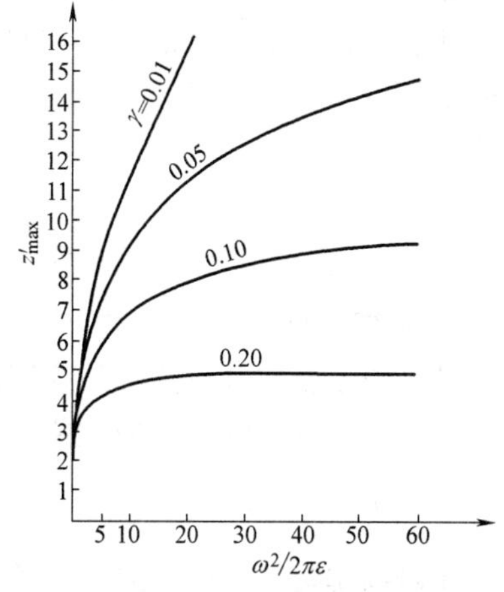

图 14-3-3　通过共振计算曲线

第四节　旋转式机器的隔振

一、扰力计算

通风机、水泵、螺杆式制冷机及离心式制冷机属于旋转运动机器，振动是由于旋转部

件的质量分布不均匀，与转动中心存在着偏心所引起。记 m_0 为旋转部件（叶轮、转轴及皮带轮等）的质量，r_0 为质量 m_0 对转动中心的偏心距（见图 14-4-1），则扰力幅值为

$$P_0=m_0r_0\omega_0^2\times10^{-3}=1.1\times10^{-5}m_0r_0n^2 \tag{14-4-1}$$

某一瞬时 P_0 在水平和垂直坐标轴上的分量

$$\begin{aligned}P_x(t)&=P_0\sin\omega_0t\\P_z(t)&=P_0\cos\omega_0t\end{aligned} \tag{14-4-2}$$

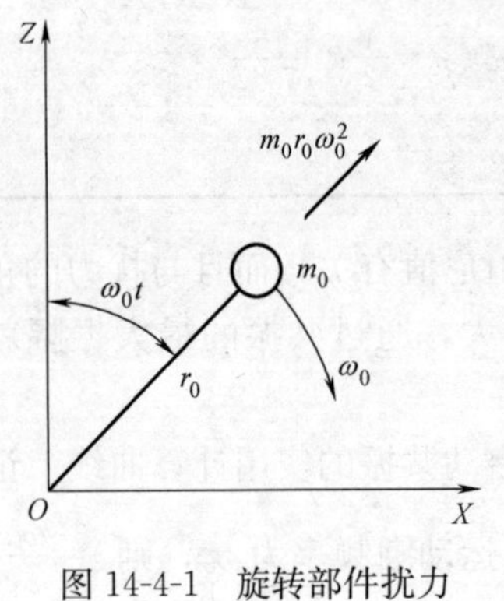

图 14-4-1　旋转部件扰力

式中　m_0——旋转部件质量（kg）；

n——转速（转/分）；

r_0——偏心距（mm）；

P_0——扰力幅值（N）；

ω_0——扰力圆频率（l/s）。

旋转部件质量 m_0 应实测确定，通风机和水泵的旋转部件的偏心距 r_0 建议取：对于通风机 $r_0=0.2\sim0.5$mm，对于水泵 $r_0=0.2\sim0.8$mm，对于电动机 $r_0=0.05\sim0.3$mm，高转速者取较小值，低转速者取较大值。

二、容许振动值

隔振台座的容许振动值以机器（如通风机、水泵、电机）转轴处的容许振动速度表示，其值 $[V]=9\sim12$mm/s，对隔振台座进行通过共振验算时，可取较大值 $[V]=15$mm/s。

三、隔振台座设计步骤

1. 振动计算

（1）根据原始资料及隔振要求确定隔振台座设计方案。

（2）根据机器的容许振动值确定隔振体系质量，隔振体系质量可近似按下式计算：

$$m\geqslant\frac{P_0}{[V]\omega_0}\times10^3\quad(\text{kg}) \tag{14-4-3}$$

并根据实际需要确定隔振系数 η，且最低应满足：

$$\eta\leqslant\frac{1}{3}\sim\frac{1}{5.25} \tag{14-4-4}$$

由 m 及 η 求出隔振器垂直方向（Z 向）总刚度：

$$K_Z=\frac{\omega_0^2m}{\frac{1}{\eta}+1}\times10^{-2}\ (\text{N/cm}) \tag{14-4-5}$$

（3）选用或设计隔振器。

（4）隔振体系固有振动频率及干扰振动计算。

（5）隔振体系通过共振验算。

（6）传至支承结构扰力计算。

（7）必要时验算支承结构振动。

2. 静力计算

根据已选择的材料及断面，验算隔振台座的强度、挠度和稳定性。

3. 绘制隔振台座图纸

【例 14-4-1】 设计通风机隔振台座及隔振体系振动计算。

【解】［1］设计资料

10C 离心通风机，转向为右 180°，转速 800r/min，配用电机转速 1450r/min，风机、电机及保温层质量为：

机壳质量 443.8kg；

保温层质量 255kg；

机壳及保温层组合质量 m_1＝443.8＋225＝698.8kg；

叶轮、轴、轴承箱组合质量 m_2＝404.1kg；

风机皮带轮质量 m_3＝35kg；

电机皮带轮质量 m_4＝12.6kg；

电机质量 m_5＝117.6kg；

电机滑轨质量 m_6＝15.2kg；

叶轮质量 g_1＝137.1kg；

轴质量 g_2＝46kg；

E＝95.55cm；

T＝95cm；

［2］设计方案

隔振台座用 Q235A 型钢制作，由型钢底座及轴承箱支座两部分组成，轴承箱支座尺寸取 100×60×90（高）cm。隔振台座选用金属弹簧隔振器。

［3］隔振体系质心计算

试选型钢底座尺寸见图 14-4-2。

杆件 1、1a 各 1 根，质量共为 63.2kg；

杆件 2 为 2 根，质量共为 43.4kg；

杆件 2a、2b 各 1 根，质量为 43.4kg；

杆件 3 为 1 根，质量为 5.3kg；

杆件 4 为 2 根，质量共为 8.2kg

轴承箱支座质量 95.7kg（计算从略）。

由此得

隔振体系总质量＝风机、电机及保温层质量＋隔振台座质量＝1283.3kg＋259.2kg＝1542.5kg

隔振体系质心位置

$$X_0=\frac{[(443.8+255)\times 6+(12.6+117.6+15.2)\times 95]+[5.3\times 90+8.2\times 9.5]}{443.8+255+404.1+35+12.6+117.6+15.2+5.3+8.2+43.4+95.7}=13.4(\text{cm})$$

$$Y_0=\frac{\begin{array}{l}[(443.8+255)\times 1.4+404.1\times 58.04+(35+12.6)\times 120.95+\\(117.6+15.2)\times 95.55]+[95.7\times 80.25+5.3\times 71.6+8.2\times 99.2]\end{array}}{443.8+255+404.1+35+12.6+117.6+15.2+5.3+8.2+95.7}=37.2(\text{cm})$$

$$Z_0=\frac{[(443.8+255)+(9.5+118)+(404.1+35)\times118+(12.6+117.6)\times20.5+15.2\times2]+[95.7\times45-(43.4+43.4+63.2)\times6.3-5.3\times1.95-8.2\times1.43]}{21542.52}=95.3(\text{cm})$$

［4］隔振台座静力计算

① 扰力　仅考虑风机扰力，电机扰力很小，可以不计。

转动部件质量 $m_0=g_1+g_2+m_3=137.1+46+35=218.1\text{kg}$

风机扰力频率 $f_0=\frac{800}{60}=13.3\text{Hz}$

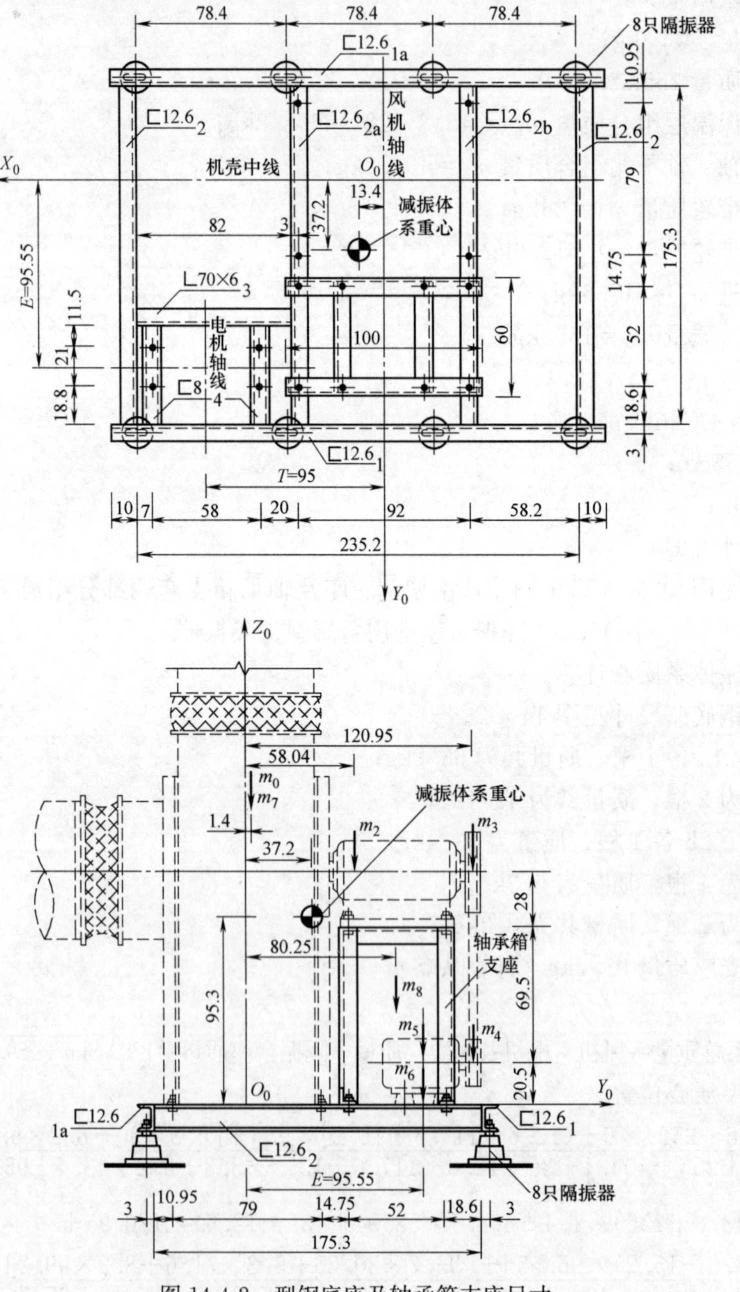

图 14-4-2　型钢底座及轴承箱支座尺寸

偏心距取 $r=0.25\text{mm}$

扰力幅值 $P_0=1.1\times10^{-5}m_o r_o n^2=1.1\times10^{-5}\times218.1\times0.25\times800^2=384(\text{N})$

扰力折算为静力 $4\times P_0=4\times384=1536(\text{N})$

[2] 轴承箱支座传给型钢底座杆件 2a、2b 的荷载

① 求转动部件组合质心　各转动部件质心位置见图 14-4-3。

$$\frac{-137.1\times31.3+46\times18.3+35\times66.7}{218.1}=-5.1(\text{cm})$$

② 求叶轮、轴、轴承箱、皮带轮组合质心

$$\frac{404.1\times3.79+35\times66.7}{439.1}=8.8(\text{cm})$$

③ 求轴承箱支座支点 1、2 处的反力

$$R_1=\frac{1}{2}\times\frac{1536\times57.1}{52}+\frac{1}{2}\times\frac{4391\times1.2\times43.2}{52}+\frac{957\times1.2}{4}=843+2189+287=3319(\text{N})$$

$$R_2=\frac{1}{2}\times\frac{4391\times1.2\times8.8}{52}+\frac{957\times1.2}{4}-\frac{1}{2}\times\frac{1536\times5.1}{52}=448+287-75=658(\text{N})$$

R_2、R_1 即传给杆件 2a、2b 的荷载 P_{01}、P_{03}。

[3] 杆件 2a 强度

$$P_{01}=658(\text{N})$$

$$P_{03}=3319(\text{N})$$

① 求 P_{02}（电机、电机皮带轮、滑轨、杆件 3、杆件 4 质量传给杆件 2a 的荷载）

电机、电机皮带轮、滑轨质量传给杆件 4（计算简图见图 14-4-4）的荷载

$$P_1=\frac{(1176+152)\times1.2}{4}-\frac{126\times1.2\times14.9}{21\times2}=398-54=344(\text{N})$$

$$P_2=398+\frac{126\times1.2\times35.9}{21\times2}=527(\text{N})$$

由此求得杆件 4 支座 1、2 反力

$$R_1=\frac{344\times39.8+527\times18.8}{51.3}+\frac{82\times1.2}{4}=460+25=485(\text{N})$$

$$R_2=\frac{344\times11.5+527\times32.5}{51.3}+\frac{82\times1.2}{4}=411+25=436(\text{N})$$

② 求杆件 3 的支座反力（计算简图见图 14-4-5）

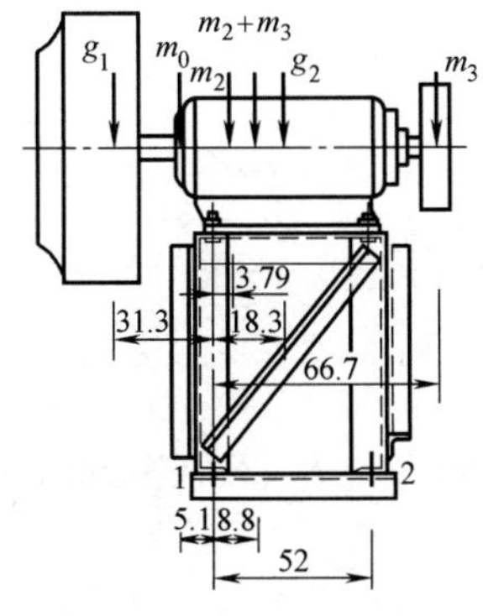

图 14-4-3　转动部件质心

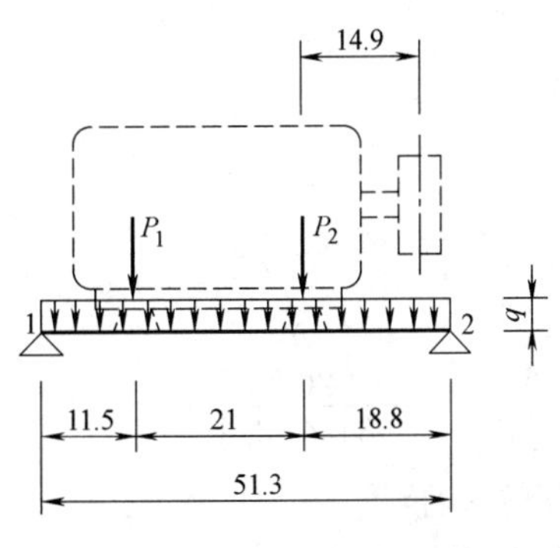

图 14-4-4　4 计算简图

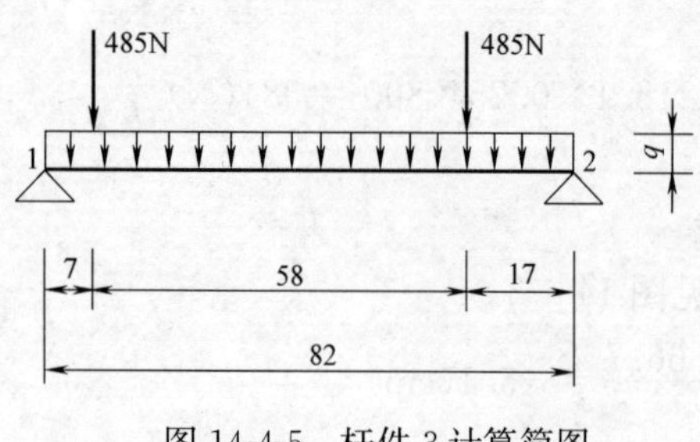

图 14-4-5　杆件 3 计算简图

$$R_3=\frac{485\times(7+65)}{82}+\frac{53\times1.2}{2}=426+32=458(\mathrm{N})$$

R_2 即给杆件 2a 的荷载 P_{02}。

$$P_{02}=458(\mathrm{N})$$

③ 求机壳、保温层传给杆件 2a 的荷载

$$P_{04}=\frac{(4438+2550)\times1.2\times52}{92}\times\frac{40.9}{79}=2454(\mathrm{N})$$

$$P_{05}=\frac{(4438+2550)\times1.2\times52}{92}\times\frac{38.1}{79}=2286(\mathrm{N})$$

④ 杆件 2a 支座反力（计算简图见图 14-4-6）

$$R_1=\frac{2286\times10.95+2454\times89.95+3319\times104.7+458\times122.05+658\times156.7}{175.3}$$

$$+\frac{217\times1.2}{2}=4291+130=4421(\mathrm{N})$$

$$R_2=(2286+2454+3319+458+658)-4291+130=5014(\mathrm{N})$$

杆件 2a 自重为 123.7N/m

在荷载 P_{03} 作用位置处杆件 2a 弯矩

$$M_3=4421\times0.706-658\times0.52-458\times0.1735-\frac{1}{2}\times123.7\times0.706^2=2669\quad(\mathrm{N\cdot m})$$

用［12.6 槽钢，其截面抵抗矩由型钢表查得

$$W_x=62.137\mathrm{cm}^3$$

根据《钢结构设计规范》GB 50017—2003，抗弯强度

$$\frac{M_X}{r_X W_{nx}}=\frac{226900}{62.137}=3652\mathrm{N/cm^2}=36.52(\mathrm{N/mm^2})$$

$$<f=215(\mathrm{N/cm^2})$$

此处 r_x 取 1.0，f 为钢材抗弯强度设计值。

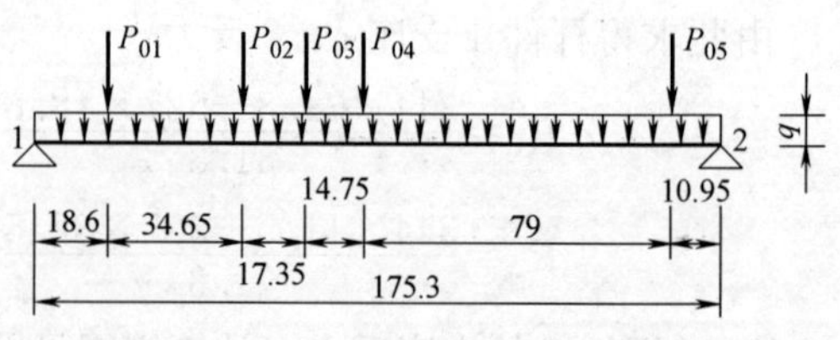

图 14-4-6　杆件 2a 计算简图

⑤ 整体稳定性复核　杆件受压翼缘的自由长度设定为 $l_1=175.3$cm，槽钢翼缘宽度 $b=5.3$cm，翼缘厚度 $t=0.9$cm，截面高度 $h=12.6$cm，钢材屈服强度 $f_y=235\mathrm{N/mm^2}$，由 GB 50017—2003 附录 B 计算整体稳定系数

$$\varphi_b=\frac{570bt}{l_1h}\times\frac{235}{f_y}=\frac{570\times5.3\times0.9}{175.3\times12.6}\times\frac{235}{235}=1.23$$

计算 $\varphi_b^1=1.07-\frac{0.282}{\varphi_b}=0.84$

$$\frac{M_X}{\varphi_b^1 W_x}=\frac{226900}{0.84\times62.137}=4347\mathrm{N/cm^2}=43.47(\mathrm{N/mm^2})<f=215(\mathrm{N/mm^2})$$

4 杆件 2a 挠度

计算挠度时，不考虑扰力的作用，也不加 1.2 的安全因素，此时

$$P_{01}=372+239=611(\mathrm{N})$$

$$P_{03}=1824+239=2063(\mathrm{N})$$

$$P_{02}=383(\mathrm{N})$$

$$P_{04}=2045(\mathrm{N})$$

$$P_{05}=1905(\mathrm{N})$$

$q=1.237\mathrm{N/cm}$

支座反力

$$R_1=\frac{1905\times10.95+2045\times89.95+2063\times104.7+383\times122.05+611\times156.7}{175.3}$$

$$+109=3213+109=3322(\mathrm{N})$$

$$R_2=(1905+2045+2063+383+611)-3213+109=3903(\mathrm{N})$$

在荷载 P_{03} 作用处杆件 2a 的挠度可查《建筑结构静力计算手册》表 2-3 及表 1-11 的挠度系数进行计算。

由 P_{01}

$$\zeta_1=\frac{x'}{l}=\frac{104.7}{175.3}=0.6$$

$$\omega_{D\zeta1}=0.384$$

$$\alpha_1=\frac{a_1}{l}=\frac{18.6}{175.3}=0.11$$

$$\alpha_1^2=0.0121$$

由 P_{02}

$$\zeta_2=\frac{x'}{l}=0.6$$

$$\omega_{D\zeta2}=0.384$$

$$\alpha_2=\frac{a_2}{l}=\frac{53.25}{175.3}=0.3$$

$$\alpha_2^2=0.09$$

由 P_{03}

$$\alpha_3=\frac{a_3}{l}=\frac{70.6}{175.3}=0.4$$

$$\omega_{R\alpha3}^2=0.0576$$

由 P_{04}

$$\xi_4=\frac{x}{l}=\frac{70.6}{175.3}=0.4$$

$$\omega_{D\xi4}=0.336$$

$$\beta_4=\frac{b_4}{l}=\frac{89.95}{175.3}=0.51$$

$$\beta_4^2=0.2601$$

由 P_{05}

$$\xi_5=\frac{x}{l}=0.4$$

$$\omega_{D\xi5}=0.336$$

$$\beta_5=\frac{b_5}{l}=\frac{10.95}{175.3}=0.06$$

$$\beta_5^2=0.0036$$

由 q

$$\xi=0.4$$

$$\omega_{S\xi}=0.2976$$

[12.6 槽钢之截面惯性矩 $I_x=391.466\text{cm}^4$，钢材弹性模量 $E=20.6\times10^6\text{N/cm}^2$。则挠度

$$f_{p_{o3}}=\frac{P_{01}\alpha_1 l^2(\omega_{D\zeta1}-\alpha_1^2\zeta_1)}{6EI_x}+\frac{P_{02}\alpha_2 l^2(\omega_{D\xi5}-\alpha_2^2\zeta_2)}{6EI_X}+\frac{P_{03}l^3\omega_{R\alpha3}^2}{3EI_x}+$$

$$\frac{P_{04}b_4 l^2(\omega_{D\varepsilon4}-\alpha_4^2\xi_4)}{6EI_X}+\frac{P_{05}b_5 l^2(\omega_{D\xi5}-\alpha_5^2\xi_5)}{6EI_X}+\frac{ql_4\omega_{S\xi}}{24EI_X}$$

$$=\frac{61.1\times18.6\times175.3^2\times(0.384-0.0121\times0.6)}{6\times20.6\times10^6\times391.466}$$

$$+\frac{383\times53.25\times175.3^2\times(0.384-0.09\times0.06)}{6\times20.6\times10^6\times391.466}+\frac{2063\times175.3^3\times0.0576}{3\times20.6\times10^6\times391.466}$$

$$+\frac{2045\times89.95\times175.3^2\times(0.336-0.2601\times0.4)}{6\times20.6\times10^6\times391.466}$$

$$+\frac{1905\times10.95\times175.3^2\times(0.336-0.0036\times0.4)}{6\times20.6\times10^6\times391.466}$$

$$+\frac{1.237\times175.3^4\times0.2976}{24\times20.6\times10^6\times391.466}=0.067(\text{cm})$$

$\frac{f_{p_{o3}}}{l}=\frac{0.067}{175.3}=\frac{1}{2616}<\frac{1}{500}$，满足要求。

⑤ 杆件 1 强度及挠度 取杆件 1 端部两只隔振器之间的距离（235.2cm）为杆件 1 之计算跨度，其强度及挠度计算方法与杆件 2a 相同，不再陈述。

其他杆件如 1a、2b 所受荷载较杆件 1、2a 为小，选用型钢号同杆件 1、2a，故不必进行静力计算。

[5] 隔振体系振动计算　取隔振体系重心位置为 OXYZ 坐标系原点，隔振体系质心位置见图 14-4-7。

① 选定隔振系数及隔振器刚度　为了使体系具有较好的隔振效果，选定隔振系数

$$\eta=\frac{1}{27}$$

已知隔振体系质量 $m=1542.5\text{kg}$

风机扰力圆频率

$$\omega_0=\frac{800}{60}2\pi=83.8(1/\text{s})$$

隔振体系垂直方向总刚度

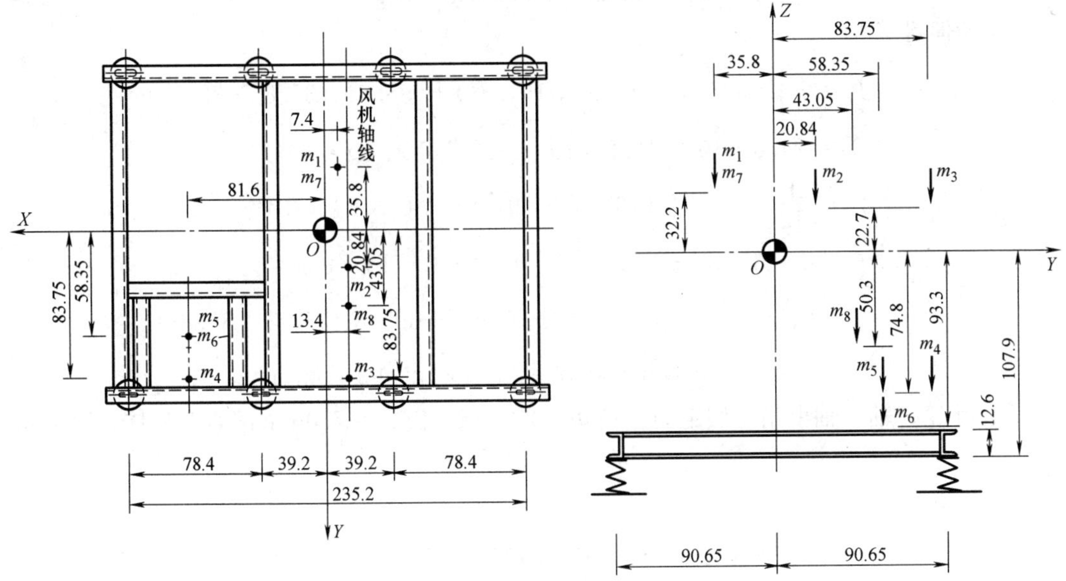

图 14-4-7　隔振体系质心位置

$$K_Z=\frac{m\omega_0^2}{\frac{1}{\eta}+1}=\frac{1542.5\times 83.8^2}{27+1}=386861\text{kg/s}^2=3869\text{N/cm}$$

选择 8 只弹簧隔振器

$$K_Z=3816\text{N/cm}=381600(\text{kg/s}^2);K_{zi}=477\text{N/cm}=47700(\text{kg/s}^2)$$

$$K_X=K_Y=2672\text{N/cm}=267200(\text{kg/s}^2);K_{xi}=k_{yi}=334\text{N/cm}=33400(\text{kg/s}^2)$$

隔振器刚度中心对 OXYZ 坐标系垂直方向的位置近似认为

$$z_i=95.3+12.6=107.9(\text{cm})$$

由公式（14-3-11）

$$K_{\varphi X}=\Sigma K_{yi}Z_i^2+\Sigma K_{Zi}Y_i^2=8\times(334\times 107.9^2+477\times 90.65^2)=62.5\times 10^6\text{N}\cdot\text{cm}$$
$$=62.5\times 10^8(\text{kg}\cdot\text{cm/s}^2)$$

$$K_{\varphi y}=\Sigma K_{zi}X_i^2+\Sigma K_{xi}Z_i^2$$
$$=4\times(477\times 117.6^2+477\times 39.2^2)+8\times 334\times 107.9^2$$
$$=60.4\times 10^6\text{N}\cdot\text{cm}=60.4\times 10^8(\text{kg}\cdot\text{cm}^2/\text{s}^2)$$

$$K_{\varphi z}=\Sigma K_{xi}y_i^2+\Sigma K_{yi}x_i^2$$
$$=8\times 334\times 90.65^2+4\times(334\times 117.6^2+334\times 39.2^2)$$
$$=42.5\times 10^6\text{N}\cdot\text{cm}=42.5\times 10^8(\text{kg}\cdot\text{cm}^2/\text{s}^2)$$

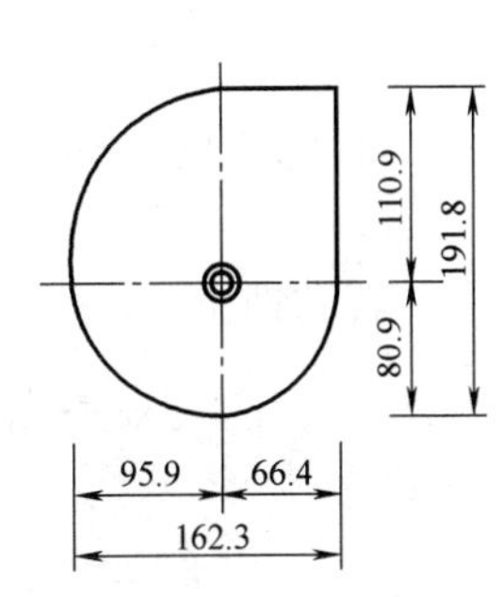

图 14-4-8　机壳尺寸

[2] 转动惯量计算　按表 14-3-1 所列公式及公式（14-3-32）计算。

① 机壳及保温层　将机壳视作一矩形六面体，如图 14-4-8 所示。

机壳及保温层质量

$$m_1=443.8+255=698.8(\text{kg})$$

转动惯量

$$J_{x1}=\frac{1}{12}\times698.8\times(70.9^2+191.8^2)+698.8\times(35.8^2+32.2^2)$$
$$=24.3\times10^5+16.2\times10^5=40.5\times10^5(\text{kg}\cdot\text{cm}^2)$$
$$J_{y1}=\frac{1}{12}\times698.8\times(162.3^2+191.8^2)+698.8\times(7.4^2+32.2^2)$$
$$=36.8\times10^5+7.6\times10^5=44.4\times10^5(\text{kg}\cdot\text{cm}^2)$$
$$J_{z1}=\frac{1}{12}\times698.8\times(162.3^2+70.9^2)+698.8\times(7.4^2+35.8^2)$$
$$=18.3\times10^5+9.3\times10^5=27.6\times10^5(\text{kg}\cdot\text{cm}^2)$$

② 叶轮、轴、轴承箱　假定为直径 $\Phi=300\text{mm}$，长 $H=730\text{mm}$ 的直圆柱体，其质量

$$m_2=404.1(\text{kg})$$

转动惯量

$$J_{X2}=\frac{1}{12}\times404.1\times(3\times15^2+73^2)+404.1\times(20.84^2+22.7^2)$$
$$=2\times10^5+3.8\times10^5=5.8\times10^5(\text{kg}\cdot\text{cm}^2)$$
$$J_{y2}=\frac{1}{2}\times404.1\times15^2+404.1\times(13.4^2+22.7^2)$$
$$=0.5\times10^5+2.8\times10^5=3.3\times10^5(\text{kg}\cdot\text{cm}^2)$$
$$J_{Z2}=\frac{1}{12}\times404.1\times(3\times15^2+73^2)+404.1\times(13.4^2+20.84^2)$$
$$=2.0\times10^5+2.5\times10^5=4.5\times10^5(\text{kg}\cdot\text{cm}^2)$$

③ 风机皮带轮　假定为直径 $\Phi=410\text{mm}$ 厚 65mm 的直圆柱体，其质量 $m_3=35$ (kg)

转动惯量

$$J_{X3}=\frac{1}{12}\times35\times(3\times20.5^2+6.5^2)+35\times(83.75^2+22.7^2)$$
$$=0.04\times10^5+2.6\times10^5=2.64\times10^5(\text{kg}\cdot\text{cm}^2)$$
$$J_{y3}=\frac{1}{2}\times35\times20.5^2+35\times(22.7^2+13.4^2)$$
$$=0.07\times10^5+0.24\times10^5=0.31\times10^5(\text{kg}\cdot\text{cm}^2)$$
$$J_{Z3}=\frac{1}{12}\times35\times(3\times20.5^2+6.5^2)+35\times(83.75^2+13.4^2)$$
$$=0.04\times10^5+2.5\times10^5=2.54\times10^5(\text{kg}\cdot\text{cm}^2)$$

④ 电机皮带轮　假定为直径 $\phi=230\text{mm}$ 厚 65mm 的直圆柱体，其质量

$$m_4=12.6\ (\text{kg})$$

转动惯量

$$J_{X4}=\frac{1}{12}\times12.6\times(3\times11.5^2+6.5^2)+12.6\times(83.75^2+74.8^2)$$
$$=0.005\times10^5+1.6\times10^5=1.605\times10^5(\text{kg}\cdot\text{cm})$$
$$J_{y4}=\frac{1}{2}\times12.6\times11.5^2+12.6\times(81.6^2+74.8^2)$$

$$=0.008\times10^5+1.54\times10^5=1.548\times10^5(\mathrm{kg\cdot cm^2})$$

$$J_{Z4}=\frac{1}{12}\times12.6\times(3\times11.5^2+6.5^2)+12.6\times(83.75^2+81.6^2)$$

$$=0.005\times10^5+1.72\times10^5=1.725\times10^5(\mathrm{kg\cdot cm^2})$$

⑤ 电机　假定为直径 $\phi=230\mathrm{mm}$ 长，$H=487\mathrm{mm}$ 的圆柱体，其质量

$$m_5=117.6\ (\mathrm{kg})$$

转动惯量

$$J_{X5}=\frac{1}{12}\times117.6\times(3\times16^2+48.7^2)+117.6\times(58.35^2+74.8^2)$$

$$=0.3\times10^5+10.6\times10^5=10.9\times10^5(\mathrm{kg\cdot cm^2})$$

$$J_{y5}=\frac{1}{2}\times117.6\times16^2+117.6\times(81.6^2+74.8^2)$$

$$=0.15\times10^5+14.4\times10^5=14.55\times10^5(\mathrm{kg\cdot cm^2})$$

$$J_{z5}=\frac{1}{12}\times117.6\times(3\times16^2+48.7^2)+117.6\times(58.35^2+81.6^2)$$

$$=0.3\times10^5+11.8\times10^5=12.1\times10^5(\mathrm{kg\cdot cm^2})$$

⑥ 电机滑轨　将两根滑轨合并为一矩形六面体，尺寸为 520（长）×95（宽）×45（高）mm 其质量

$$m_6=15.2(\mathrm{kg})$$

转动惯量

$$J_{X6}=\frac{1}{12}\times15.2\times(9.5^2+4.5^2)+15.2\times(58.35^2+93.3^2)$$

$$=0.001\times10^5+1.84\times10^5=1.841\times10^5(\mathrm{kg\cdot cm^2})$$

$$J_{y6}=\frac{1}{12}\times15.2\times(52^2+4.5^2)+15.2\times(81.6^2+93.3^2)$$

$$=0.03\times10^5+2.33\times10^5=2.36\times10^5(\mathrm{kg\cdot cm^2})$$

$$J_{Z6}=\frac{1}{12}\times15.2\times(52^2+9.5^2)+15.2\times(58.35^2+81.6^2)$$

$$=0.04\times10^5+1.53\times10^5=1.57\times10^5(\mathrm{kg\cdot cm^2})$$

⑦ 轴承箱支座　将支座视作尺寸为 1000（长）×600（宽）×900（高)mm 的矩形六面体，其质量

$$m_7=95.7(\mathrm{kg})$$

转动惯量

$$J_{x7}=\frac{1}{12}\times95.7\times(60^2+90^2)+95.7\times(43.05^2+50.3^2)$$

$$=0.9\times10^5+4.2\times10^5=5.1\times10^5(\mathrm{kg\cdot cm^2})$$

$$J_{y7}=\frac{1}{12}\times95.7\times(100^2+90^2)+95.7\times(50.3^2+13.4^2)$$

$$=1.4\times10^5+2.6\times10^5=4.0\times10^5(\mathrm{kg\cdot cm^2})$$

$$J_{z7}=\frac{1}{12}\times 95.7\times(100^2+60^2)+95.7\times(43.05^2+13.4^2)$$

$$=1.1\times 10^5+1.9\times 10^5=3.0\times 10^5(\mathrm{kg\cdot cm^2})$$

⑧ 型钢底座　将底座视作尺寸为 2458（长）×1859（宽）×126（高）mm 的矩形六面体，其质量

$$m_8=163.5(\mathrm{kg})$$

转动惯量

$$J_{x8}=\frac{1}{12}\times 163.5\times(185.9^2+12.6^2)+163.5\times 101.6^2$$

$$=4.7\times 10^5+16.9\times 10^5=21.6\times 10^5(\mathrm{kg\cdot cm^2})$$

$$J_{y8}=\frac{1}{12}\times 163.5\times(245.8^2+12.6^2)+163.5\times 101.6^2$$

$$=8.3\times 10^5+16.9\times 10^5=25.2\times 10^5(\mathrm{kg\cdot cm^2})$$

$$J_{z8}=\frac{1}{12}\times 163.5\times(245.8^2+185.9^2)=12.9\times 10^5(\mathrm{kg\cdot cm})$$

∴组合刚体 W_{sg} 的转动惯量

$$J_x=\Sigma J_{xi}=89.99\times 10^5(\mathrm{kg\cdot cm^2})$$

$$J_y=\Sigma J_{yi}=95.67\times 10^5(\mathrm{kg\cdot cm^2})$$

$$J_z=\Sigma J_{zi}=65.94\times 10^5(\mathrm{kg\cdot cm^2})$$

3 隔振体系固有振动频率　由于选择 8 只同型号的隔振器，且置于相同高度上，因此 $h_x=h_y=h_z=107.9$（cm），由公式（14-3-7）、（14-3-8）及（14-3-13）～（14-3-18）得

$$\omega_z^2=\frac{K_z}{m}=\frac{381600}{1542.5}=247.39\ (\mathrm{l/s^2})$$

$$\therefore \omega_z=15.73\ (\mathrm{l/s})$$

$$\omega_{\varphi z}^2=\frac{K_{\varphi z}}{J_z}=\frac{42.5\times 10^8}{65.94\times 10^5}=644.52\ (\mathrm{l/s^2})$$

$$\therefore \omega_{\varphi z}=25.4\ (\mathrm{l/s})$$

$$\omega_x^2=\omega_y^2=\frac{K_x}{m}=\frac{K_y}{m}=\frac{267200}{1542.5}=173.23\ (\mathrm{l/s^2})$$

$$\omega_{\varphi x}^2=\frac{K_{\varphi x}}{J_x}=\frac{62.5\times 10^8}{89.99\times 10^5}=694.5\ (\mathrm{l/s^2})$$

$$\omega_{\varphi y}^2=\frac{K_{\varphi y}}{J_y}=\frac{60.4\times 10^8}{95.67\times 10^5}=631.3\ (\mathrm{l/s^2})$$

$$\omega_{\substack{1x\\2x}}^2=\frac{1}{2}\left[(\omega_x^2+\omega_{\varphi y}^2)\mp\sqrt{(\omega_x^2-\omega_{\varphi y}^2)^2+\frac{4\omega_x^4h_x^2m}{J_y}}\right]$$

$$=\frac{1}{2}\left[(173.23+631.3)\mp\sqrt{(173.23-631.3)^2+\frac{4\times 173.23^2\times 107.9^2\times 1542.5}{95.67\times 10^5}}\right]$$

$$=\frac{1}{2}[804.53\mp 659.66]$$

$$\omega_{1x}^2=72.44\ (1/\mathrm{s^2})$$

$$\therefore \omega_{1x}=8.51\ (\mathrm{l/s})$$

$\omega_{2x}^2 = 732.1\ (l/s^2)$

$\therefore \omega_{2x} = 27.06\ (l/s)$

$$\omega_{\substack{1y\\2y}}^2 = \frac{1}{2}\left[(\omega_y^2 + \omega_{\varphi x}^2) \mp \sqrt{(\omega_y^2 - \omega_{\varphi x}^2)^2 + \frac{4\omega_y^4 h_y{}^2 m}{J_x}}\right]$$

$$= \frac{1}{2}\left[(173.23 + 694.5) \mp \sqrt{(173.23 - 694.5)^2 + \frac{4 \times 173.23^2 \times 107.9^2 \times 1542.5}{89.99 \times 10^5}}\right]$$

$$= \frac{1}{2}[867.73 \mp 715.03]$$

$\omega_{1y}^2 = 76.35\ (l/s^2)$

$\therefore \omega_{1y} = 8.74\ (l/s)$

$\omega_{2y}^2 = 791.38\ (l/s^2)$

$\therefore \omega_{2y} = 28.13\ (l/s)$

4 隔振体系干扰振动计算　扰力作用位置见图 14-4-9，其作用点坐标

$$\zeta = 22.7\text{cm}$$

$$\eta = 11.95\text{cm}$$

$$\xi = 13.4\text{cm}$$

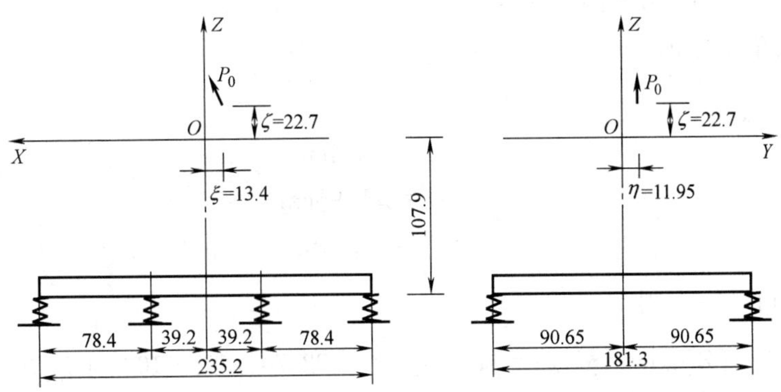

图 14-4-9　扰力作用位置

① 隔振体系重心处振幅值由公式（14-3-23）～（14-3-28）得

$$m = 1542.5\text{kg} = 1542.5\text{N} \cdot \text{s}^2/\text{m} = 15.43(\text{N} \cdot \text{s}^2/\text{cm})$$

$$Z_0 = \frac{P_0}{m(\omega_Z^2 - \omega_0^2)} = \frac{384}{15.43(247.39 - 7018)} = 3.67 \times 10^{-3}(\text{cm})$$

$$J_Z = 65.94 \times 10^5\,\text{kg} \cdot \text{cm}^2 = 65.94 \times 10^3\,\text{N} \cdot \text{s}^2 \cdot \text{cm}$$

$$\varphi_z = \frac{-\eta P_0}{J_Z(\omega_{\varphi z}^2 - \omega_0^2)} = \frac{-11.95 \times 384}{65.94 \times 10^3(644.52 - 7018)} = 1.09 \times 10^{-5}$$

计算 x_0 时略去 mgh_z 项。

$$x_0 = \frac{P_0\sqrt{(K_{\varphi y} - \zeta_1 K_X h_x - J_y\omega_0^2)^2 + (\xi K_x h_x)^2}}{mJ_y(\omega_{1x}^2 - \omega_0^2)(\omega_{2x}^2 - \omega_0^2)}$$

$$= \frac{384\sqrt{(60.4 \times 10^6 - 22.7 \times 2672 \times 107.9 - 95.67 \times 10^3 \times 7018)^2 + (13.4 \times 2672 \times 107.9)^2}}{15.43 \times 95.67 \times 10^3 \times (72.44 - 7018) \times (732.1 - 7018)}$$

$$=\frac{2.37\times10^{11}}{6.44\times10^{13}}=3.68\times10^{-3}(\text{cm})$$

$$\varphi_{y}=\frac{P_{0}\sqrt{(\zeta K_{x}-\zeta m\omega_{0}^{2}-K_{x}h_{x})^{2}+[\xi(m\omega_{0}^{2}-K_{x})]^{2}}}{mJ_{y}(\omega_{1x}^{2}-\omega_{0}^{2})(\omega_{2x}^{2}-\omega_{0}^{2})}$$

$$=\frac{384\sqrt{(22.7\times2672-22.7\times15.43\times7018-2672\times107.9)^{2}+[13.4(15.43\times7018-2672)]^{2}}}{15.43\times95.67\times10^{3}\times(72.44-7018)\times(732.1-7018)}$$

$$=\frac{11.65\times10^{8}}{6.44\times10^{13}}=1.81\times10^{-5}$$

$$y_{0}=\frac{P_{0}\eta K_{y}h_{y}}{mJ_{x}(\omega_{1y}^{2}-\omega_{0}^{2})(\omega_{2y}^{2}-\omega_{0}^{2})}$$

$$=\frac{384\times11.95\times2672\times107.9}{15.43\times89.99\times10^{3}(76.35-7018)(791.38-7018)}$$

$$=\frac{1.32\times10^{9}}{6.00\times10^{13}}=2.20\times10^{-5}(\text{cm})$$

$$\varphi_{x}=\frac{P_{0}\eta(K_{y}-m\omega_{0}^{2})}{mJ_{x}(\omega_{1y}^{2}-\omega_{0}^{2})(\omega_{2y}^{2}-\omega_{0}^{2})}=\frac{384\times11.95(2672-15.43\times7018)}{6.00\times10^{13}}$$

$$=\frac{-4.85\times10^{8}}{6.00\times10^{13}}=-8.08\times10^{-6}$$

② 风机转轴处振幅

已知

$$x'_{i}=13.4\text{cm}$$
$$y'_{i}=11.95\text{cm}$$
$$z'_{i}=22.7\text{cm}$$

由公式（14-3-29）得

$$X_{i}=|x_{0}|+|Z'_{i}\varphi_{y}|+|y'_{i}\varphi_{z}|=3.68\times10^{-3}+22.7\times1.81\times10^{-5}+11.95\times1.09\times10^{-5}$$
$$=4.22\times10^{-3}(\text{cm})$$

$$Y_{i}=|y_{0}|+|Z'_{i}\varphi_{x}|+|x'_{i}\varphi_{z}|=2.2\times10^{-5}+22.7\times8.08\times10^{-6}+13.4\times1.09\times10^{-5}$$
$$=3.51\times10^{-4}(\text{cm})$$

$$Z_{i}=|z_{0}|+|x'_{i}\varphi_{y}|+|y'_{i}\varphi_{x}|=3.67\times10^{-3}+13.4\times1.81\times10^{-5}+11.95\times8.08\times10^{-6}$$
$$=4.01\times10^{-3}(\text{cm})$$

已知风机转轴处容许振动速度［V］9～12mm/s，见容许振幅值

$$[A]=\frac{[V]}{\omega_{0}}=\frac{1.0}{83.8}=11.9\times10^{-3}(\text{cm})$$

X_{i}、Y_{i}、Z_{i}均未超过此值，满足要求。

③ 台座角端隔振器处振幅值

已知

$$X'_{i}=117.6\text{cm}$$
$$Y'_{i}=90.65\text{cm}$$

$$Z'_i = 107.9\text{cm}$$

同样，按公式（14-3-29）得

$X_i = 3.68\times10^{-3} + 107.9\times1.81\times10^{-5} + 90.65\times1.09\times10^{-5} = 6.62\times10^{-3}$ (cm)

$Y_i = 2.2\times10^{-5} + 107.9\times8.08\times10^{-6} + 117.6\times1.09\times10^{-5} = 2.18\times10^{-3}$ (cm)

$Z_i = 3.67\times10^{-3} + 117.6\times1.81\times10^{-5} + 90.65\times8.08\times10^{-5} = 6.53\times10^{-3}$ (cm)

均未超过容许振幅值。

⑤ 隔振体系通过共振验算　风机启动时间设为 $t_0 = 5\text{s}$，启动角加速度

$$\varepsilon = \frac{\omega_0}{t_0} = \frac{83.8}{5} = 16.76$$

进出风口带软管连接的风机隔振台座，非弹性阻力系数可取 $\gamma = 0.07$，已知 $\omega^2 = \omega_z^2 = 247.39$ ($1/s^2$)，则

$$\frac{\omega^2}{2\pi\varepsilon} = \frac{247.39}{2\pi\times16.76} = 2.35$$

查图 14-3-3 得

$$Z'_{max} = 5$$

∴通过共振时隔振体系质心处垂直方向最大振幅由公式（14-3-34）得

$$Z_{max} = Z_0 Z'_{max}\left|\left(\frac{\omega^2}{\omega_0^2} - 1\right)\right| = 3.67\times10^3\times5\left|\left(\frac{247.39}{7018} - 1\right)\right| = 0.018\text{cm} = 0.18\ (\text{mm})$$

振动速度

$$V = Z_{max}\omega = 0.18\times15.73 = 2.83\text{mm/s} < [V] = 1.5\text{mm/s}$$

⑥ 垂直方向传到支承结构的干扰力　根据公式（14-3-30）垂直方向传到支承结构干扰力为

$$P'_0 = P_0\eta = P_0\left|\frac{1}{1 - \frac{\omega_0^2}{\omega_Z^2}}\right| = 384\times\left|\frac{1}{1 - \frac{7018}{247.39}}\right| = 384\times0.0365 = 14.0\ (\text{N})$$

可根据传到支承结构的干扰力值计算支承结构的振动，以验证隔振台座设计及隔振体系振动计算能否满足第一节所述的要求。

第五节　曲柄连杆式制冷压缩机的隔振

制冷压缩机有曲柄连杆式、离心式或螺杆式等，离心式及螺杆式扰力小，运行平稳、振动小，已成为制冷压缩机常用的机械结构，而曲柄连杆式制冷压缩机由于扰力大，振动也较大，因此已较少应用。工程设计中当采用曲柄连杆式制冷压缩机时，可按本节所列公式计算扰力并进行隔振计算。

一、扰力计算

曲柄连杆式制冷压缩机的扰力和扰力矩是其曲柄连杆机构运动部件的不平衡惯性力和惯性力矩，它由旋转惯性力和往复惯性力两部分组成。产生旋转惯性力的部件包括曲柄销、曲柄臂及连杆的质量；产生往复惯性力的部件包括活塞、活塞杆、十字头及连杆的

质量。

活塞式制冷压缩机的扰力和扰力矩可分为一阶和二阶，一阶频率与机器主轴转速相同，二阶频率为机器转速的两倍。

单缸曲柄连杆机构扰力 P_{x1}、P_{Z1}、P_{Z2}（N）为：

X 方向：

一阶
$$P_{X1}=r_0\omega_0^2 m_a \sin\omega_0 t \tag{14-5-1}$$

Z 方向：

一阶
$$P_{Z1}=r_0\omega_0^2(m_a\cos\omega_0 t+m_b\cos\omega_0 t) \tag{14-5-2}$$

二阶
$$P_{Z2}=r_0\omega_0^2\lambda m_b\cos2\omega_0 t \tag{14-5-3}$$

式中 m_a——曲柄连杆机构换算到曲柄销的质量（kg）；

$$m_a=m_{11}+\frac{r_c}{r_0}m_{12}+\left(1-\frac{l_c}{l_0}\right)m_3-\frac{r_2}{r_0}m_4 \tag{14-5-4}$$

m_b——曲柄连杆机构换算到十字头（有时是与活塞相连之连杆末端）的质量（kg）；

$$m_b=m_2+\frac{l_c}{l_0}m_3 \tag{14-5-5}$$

m_{11}——曲柄销质量（kg）；

m_{12}——曲柄臂质量（kg）；

m_2——活塞、活塞杆、十字头等的质量（kg）；

m_3——连杆质量（kg）；

m_4——平衡块质量（kg）；

r_0——曲柄半径（m）；

r_c——主轴中心至曲柄臂质心距离（m）；

r_2——主轴中心至平衡块质心距离（m）；

l_0——连杆长度（m）；

l_c——曲柄销中心至连杆质心距离（m）；

λ——曲柄半径和连杆长度比值；

$$\lambda=\frac{r_0}{l_0}$$

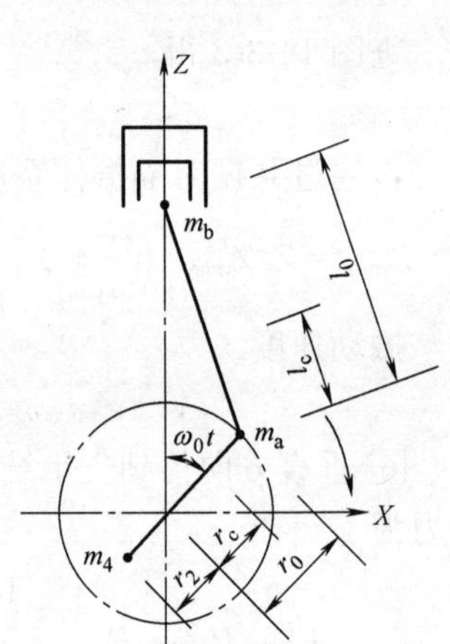

图 14-5-1　单缸曲柄连连杆机构

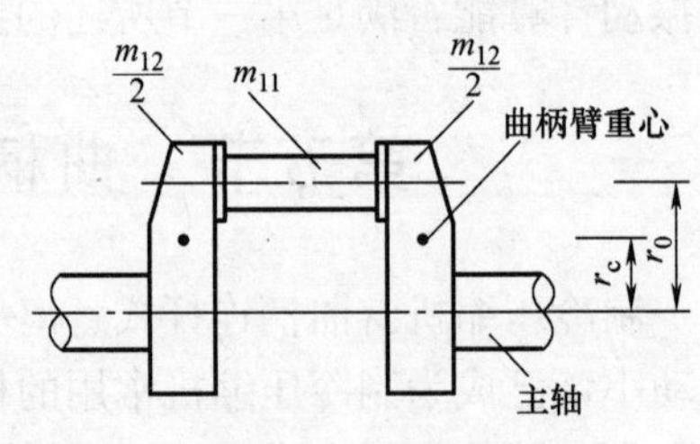

图 14-5-2　曲柄

对于多缸机器，第 i 列缸机构产生的扰力：

X 方向：

一阶
$$P_{x1i}=r_{0i}\omega_0^2 m_{ai}\sin(\omega_0 t+\beta_i) \tag{14-5-6}$$

Z 方向：

一阶
$$P_{z1i}=r_{0i}\omega_0^2[(m_{ai}+m_{bi})\cos(\omega_0 t+\beta_i)] \tag{14-5-7}$$

二阶
$$P_{x2i}=r_{oi}\omega_0^2 m_{bi}\lambda_i\cos2(\omega_0 t+\beta_i) \tag{14-5-8}$$

式中 β_i——第 i 列缸机构曲柄与第 1 列缸机构曲柄的夹角，设第 1 列缸机构曲柄角为零。

总扰力为

X 方向：

一阶 $$P_{x1}=\sum r_{0i}\omega_0^2 m_{ai}\sin(\omega_0 t+\beta_i) \tag{14-5-9}$$

Z 方向：

一阶 $$P_{z1}=\sum r_{0i}\omega_0^2[(m_{ai}+m_{bi})\cos(\omega_0 t+\beta_i)] \tag{14-5-10}$$

二阶 $$P_{z2}=\sum r_{oi}\omega_0^2 m_{bi}\lambda_i\cos2(\omega_0 t+\beta_i) \tag{14-5-11}$$

总扰力矩为

$$M_X=\sum P_{zi}e_i \tag{14-5-12}$$

$$M_Z=\sum P_{xi}e_i \tag{14-5-13}$$

式中 e_i——第 i 列缸中心线至坐标原点距离（m）。

采用多列机构，合理选择各列曲柄角及加置平衡块的方法，可以使一阶扰力或扰力矩得到部分平衡或平衡，二阶扰力及扰力矩多数情况不能平衡。

二、容许振动值

曲柄连杆式制冷压缩机转轴处的容许振动速度取 $[V]=6.3$mm/s，通过共振验算时，$[V]$ 值取 10mm/s。

三、隔振台座设计

隔振台座静力计算及隔振体系的振动计算步骤和方法同第四节所述。振动计算时，电机扰力可不考虑。

隔振台座常用钢筋混凝土制作，以保证台座平稳、振动较小。与机器连接的管道应采用软连接，如一时无法实现时，应对管道采取隔振措施，如采用吊架式隔振器等。

第六节　立柜式空调机组的隔振

立柜式空调机组属于小型空调设备，常应用于计算机房的房间内的空调。

立柜式空调机组包括整体立柜式与组装立柜式两种。前者将压缩冷凝机组、风机等主要机器装于一箱体内，后者是将风机装于空调机内，压缩冷凝机组单独安装。

整体立柜式空调机组的振源是制冷压缩机和风机，空调机组的振动是压缩机产生的振动和风机产生的振动的叠加。它们的振动计算可分别按第三节和第四节进行，振动叠加按最不利情况考虑，隔振体系任意一点的振幅为：

$$\left.\begin{aligned}X_i&=|X_{1i}|+|X_{2i}|\\Y_i&=|Y_{1i}|+|Y_{2i}|\\Z_i&=|Z_{1i}|+|Z_{2i}|\end{aligned}\right\}(\text{cm}) \tag{14-6-1}$$

式中 X_{1i}、Y_{1i}、Z_{1i}——由风机产生的隔振体系第 i 点的振幅（cm）；

X_{2i}、Y_{2i}、Z_{2i}——由压缩机产生的隔振体系第 i 点的振幅（cm）；

组装立柜式空调机组由于压缩机和风机是分开设置的，振动计算就不必考虑叠加。

隔振台座的容许振动值以压缩机、风机转轴处的允许振动速度表示，其值 $[V]=9$～

12mm/s。

立柜式空调机组可采用钢筋混凝土或型钢隔振台座，也可将隔振器直接安装于空调机组的型钢底座下，见图 14-6-1 和图 14-6-2。

图 14-6-1　整体立柜式空调机组隔振台座（钢筋混凝土台座）

图 14-6-2　整体立柜式空调机组隔振台座（隔振器安装于空调机组型钢底座下）

第七节　冷却塔的隔振

冷却塔是空调制冷系统不可缺的设备，安装于室外，也时常安装于屋顶。冷却塔有如下特点

1. 设备体积大。特别是大型空调系统，不仅体积大，质量也较大。

2. 振动大。由于冷却塔的风扇直径大，且为水平旋转，产生较大的水平向扰力及扰力矩，引起支承结构较大振动。

3. 转速低。冷却塔风扇转速一般为 300r/min，甚至更低，一般隔振元件难以达到理想隔振效果。为了解决隔振的困难，近来也出现了风扇为中、高转速的冷却塔产品。

冷却塔隔振应按下列要点考虑：

1. 采用型钢台座，台座应有足够的刚度。

2. 选用低刚度金属弹簧隔振器，不宜选用橡胶隔振器。

3. 风扇旋转频率与隔振系统固有振动频率之比应满足

$$\frac{\omega_0}{\omega} \geqslant 2.5 \tag{14-7-1}$$

式中　ω_0——风扇扰力圆频率（l/s）；

ω——隔振体系固有振动圆频率（l/s）。

当风扇转速很低时，可采用$\frac{\omega_0}{\omega} \geqslant 2$。

4. 进行隔振计算，需计算传递至支承结构的扰力，以便于计算支承结构振动，特别是当冷却塔安装于屋顶，而建筑物内又有精密设备时。冷却塔隔振示例如图 14-7-1 所示。

图 14-7-1 置于屋顶的冷却塔的隔振（型钢台座）

第八节 管道隔振

管道振动是由于被隔振设备的振动及所输送介质（气体、液体）的扰动冲击所造成的。实测表明，管道振动是设备振动、介质扰动及管道受介质冲击而自振的叠加反应，振动波形较为复杂。振动的强弱受很多因素的影响，如设备的振动大小，管道的分、合及连接方式，吊点（支承点）位置，管道及保温材料的构造，等等。这种振动，有时达到十分严重的程度。

图 14-8-1 水平管道隔振吊架实例

为了减少管道振动对周围的影响，应在管道与隔振设备的连接处采用软接头，并每隔一定距离设置管道隔振吊架（采用吊架式隔振器）或隔振支承，在管道穿越墙、楼板（或屋面）时采用软连接。水平管道隔振吊架实例见图 14-8-1，构造见图 14-8-2，沿管道方向的吊架间距不宜过大。

水平管道隔振支承见图 14-8-3，垂直管道隔振支承见图 14-8-4；管道穿墙时的软连接见图 14-8-5。

隔振器及隔振吊架可用金属弹簧、橡胶或其他隔振材料制作。应尽量采用市场上供应的商品化产

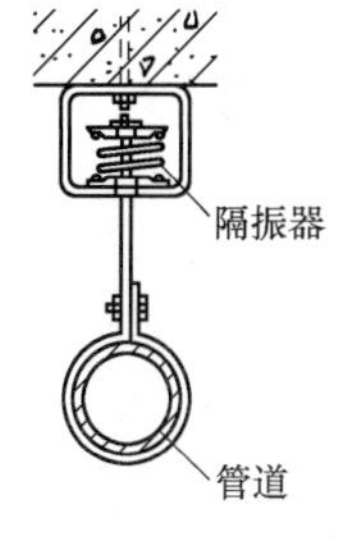

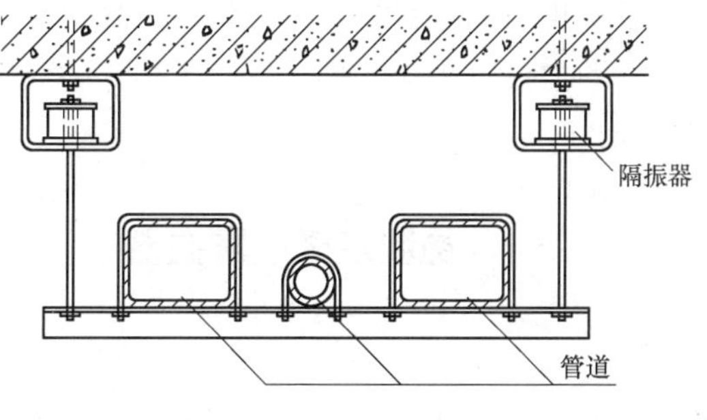

图 14-8-2 水平管道隔振吊架

品，其型号及性能可参见本章第九节，可按管道传至支承点或吊点的静荷载选用隔振器或隔振吊架式隔振器。

风机与风管间的软接头，采用帆布或人造革制成，水泵与进出水口间常用橡胶挠性接管，而压缩机与管道之间常用不锈钢波纹管连接，图 14-8-6 及图 14-8-7 为工程安装实例。

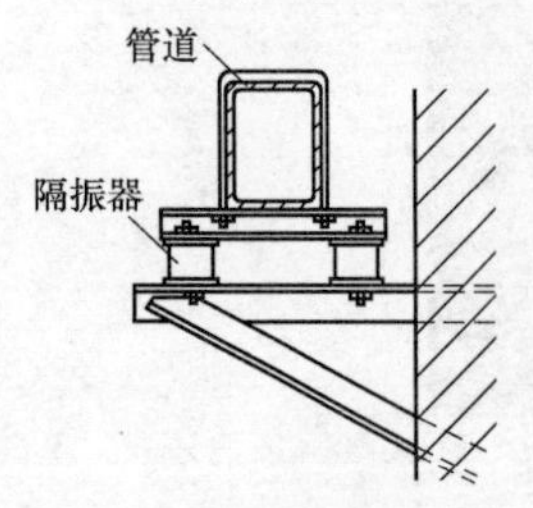

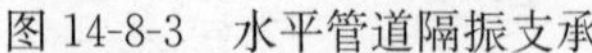
图 14-8-3　水平管道隔振支承

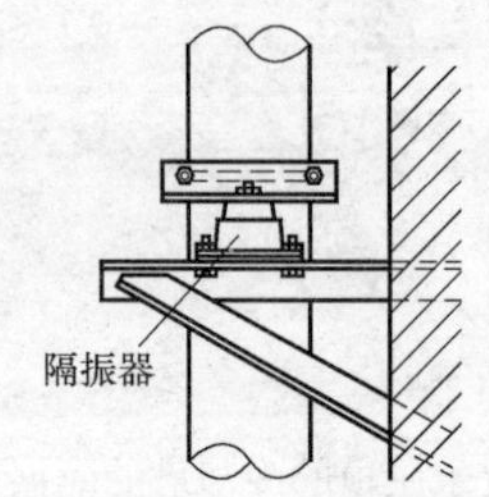

图 14-8-4　垂直管道隔振支承

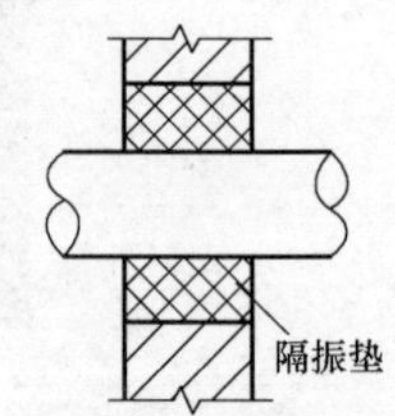

图 14-8-5　管道穿墙隔振支承

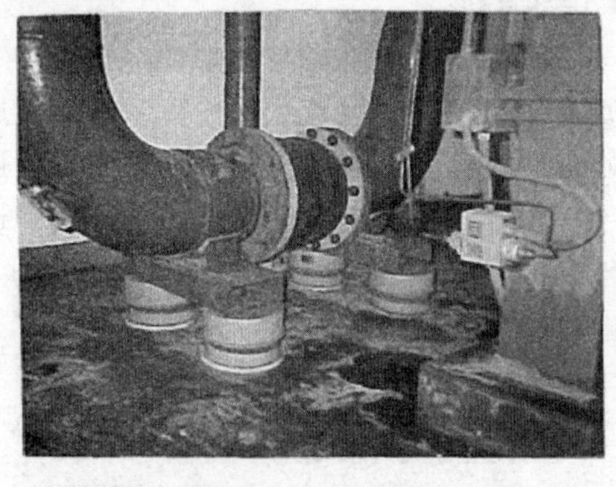

图 14-8-6　管道安装橡胶挠性接管及支承式隔振器

图 14-8-7　制冷压缩机管道安装波纹管接头

第九节　隔振材料及隔振器

隔振材料品种很多，如软木、橡胶、金属弹簧、空气弹簧等。空调设备常用的隔振材料是橡胶和金属弹簧。软木刚度较大，固有振动频率高，曾用于高转速设备的隔振，但由于品种繁杂，性能不稳定，已很少应用。海绵乳胶刚度小，富有弹性，但承载能力小，易于老化，一般作小型仪器、仪表的被动隔振之用。空气弹簧具有刚度小，固有振动频率低及阻尼值可调节等特点，是理想的隔振材料，近几年来，除了应用于车辆及精密设备、仪器、仪表隔振外，也已用于动力设备积极隔振，取得了很好的效果，但价格较贵。常用隔振材料及隔振器的特性见表 14-9-1。

一、橡胶及橡胶隔振器

(一) 材料

橡胶是一种常用的隔振材料，其特点是弹性好、阻尼比较大、成型简单、制作形状不

隔振材料及隔振器特性　　表 14-9-1

名称	特　　点	代表型产品每只使用荷载范围(N)	最低固有振动频率(Hz)	阻尼比
金属弹簧隔振器	(1)力学性能稳定,计算与实验值误差小于5%; (2)低频域隔振效果好; (3)承受荷载的覆盖面积大; (4)适用温度(－35℃～＋60℃); (5)耐油、水侵蚀; (6)阻尼比小; (7)由于波动效应影响,高频振动传递率高	ZD 型 120～35000	3.9～2.9	0.015～0.065
		AT3～DT3 型 100～60000	3.2～1.6	0.04～0.06
		XHS 型 吊架 30～9600	5.0～2.7	0.005
橡胶隔振器	(1)可制作成需要几何形状; (2)适用于中、高频隔振; (3)阻尼比大; (4)环境温度变化对隔振器刚度影响较大,适用于－5℃～＋50℃; (5)耐油、紫外线、臭氧性能差,寿命较短	JG 型 200～15000	10～6	＞0.06
橡胶隔振垫	同橡胶隔振器,且: (1)安装方便,价廉; (2)可多层重叠使用,降低固有振动频率	SD 型 单位面积压力 5～8N/cm²	12.9～4.1	0.06～0.08
海绵乳胶	(1)非线性材料; (2)弹性好,阻尼比大; (3)构造简单,使用方便; (4)适用于中高频隔振; (5)承载能力低、易老化	单位面积压力 0.4～1.0N/cm²	5.0～2.0	0.07
空气弹簧	(1)具有非线性特性,刚度随荷载变化,固有振动频率变化较小; (2)按需要选择不同类型胶囊及约束条件;能达到极低的固有振动频率,低频隔振效果突出; (3)能同时承受轴向及径向振动; (4)阻尼比可调节; (5)承受荷载的覆盖面大; (6)隔声效果较好; (7)配用高度调整阀,可自动保持被隔振体的原有高度; (8)应用范围广; (9)耐疲劳; (10)价格较贵	ZYM 型 隔振装置 3～120kN	2.5～1.0	0.1～0.3 (可调)

受限制、各向刚度可根据要求选择，而且成本低廉，它是一种较理想的隔振材料。但橡胶不耐低温和高温，易于老化，使用年限较短，这些缺点也限制了它的应用范围。作隔振用的橡胶有天然胶（NR)、氯丁胶（CR)、丁腈胶（NBR）及顺丁胶（BR）等。天然胶的强度、延伸性、耐磨性、耐低温性较好，但耐油性、耐热性差。氯丁胶耐老化性、耐臭氧性较好。丁腈胶耐油性、耐磨性好，阻尼值大。选用橡胶作隔振材料，应根据使用要求选择合适的胶种。橡胶的容许应力可见表 14-9-2。

橡胶的容许应力　　表 14-9-2

受力类型	容许应力(N/cm²)		
	静态	瞬时冲击	长期动态
拉伸	100～200	100～150	50～100
压缩	350～500	250～500	100～150
剪切	100～200	100～200	30～50
扭转	200	200	30～100

橡胶的阻尼比为 0.07～0.10，数值视胶种不同而异。

（二）隔振器设计

橡胶的静态弹性模量是隔振器设计的重要参数。它受很多因素的影响，如橡胶品种、硬度、使用环境温度、变形量大小等。设计隔振器时，应控制压缩变形量不超过厚度的15%，剪切变形量不超过厚度的 25%，在此范围内，应力与应变近似认为是线性的，可以忽略应变量的非线性对弹性模量的影响，橡胶在不同硬度时静态、动态弹性模量的变化见图 14-9-1，环境温度变化对橡胶硬度的修正系数见图 14-9-2。

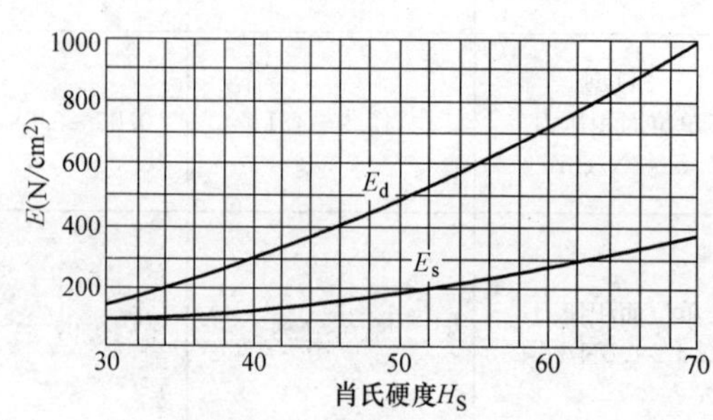

图 14-9-1　橡胶在不同硬度时的动、静态弹性模量

E_s—橡胶静态拉压弹性模量（N/cm²）；

E_d—橡胶动态拉压弹性模量（N/cm²）

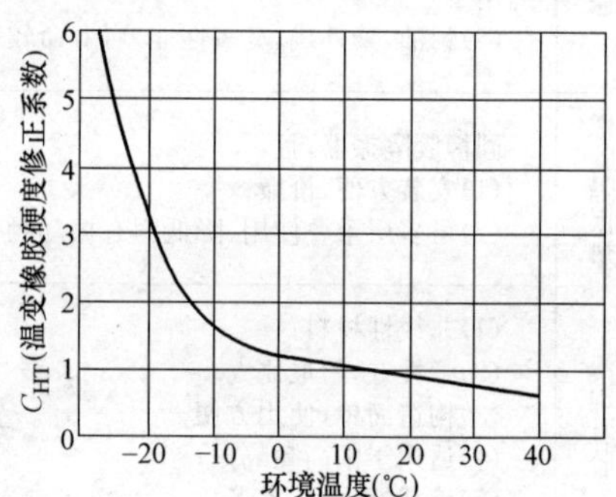

图 14-9-2　温度变化时橡胶硬度的修正系数

C_{HT}（当环境温度为+15℃时，C_{HT}=1）

橡胶静态剪切弹性模量 G_s

$$G_s = 14.9e^{0.034H_s} \quad (N/cm^2) \tag{14-9-1}$$

当受压面积与自由侧面积之比甚小时，可按下式计算

$$G_s \approx \frac{1}{3}E_s \quad (N/cm^2) \tag{14-9-2}$$

橡胶动态剪切模量的比值可按橡胶动态拉压弹性模量与静态拉压弹性模量的比值计算。

橡胶隔振器的刚度计算式见表 14-9-3。

当设备转速高于 1500r/min 及动荷载较大时，可采用压缩型橡胶隔振器。

当设备转速较低，但高于 600r/min 及要求隔振器刚度较低时，可采用剪切型橡胶隔振器。

【例 14-9-1】 已知隔振器承受荷载 $P=5$kN，根据要求，隔振器垂直向刚度 $K_{zi}=12.5$kN/cm，使用环境温度为 30℃，设计矩形承压式橡胶隔振器几何尺寸。

【解】 选用标准温度为±15℃时硬度 $H_s=40°$ 的丁腈橡胶，使用温度为+30℃时，查图 14-9-2 得

$$H_s = 40 \times 0.8 = 32°$$

橡胶隔振器刚度计算

表 14-9-3

简图		圆柱形	环柱形	矩形	圆筒形	剪切形
动刚度	K_{Zi}	$K_{Zi}=\frac{A_L \mu Z}{H}E_D$	$K_{Zi}=\frac{A_L \mu Z}{H}E_D$	$K_{Zi}=\frac{A_L \mu Z}{H}E_D$	$K_{Zi}=\frac{\pi L}{\ln\frac{D}{d}}(\mu_z E_D+G_D)$ $K_{Zi}=K_{xi}$	1. R_H=常数，截面等强度时： $K_{Zi}=\frac{2\pi B_B H_B}{(R_H-R_B)}G_D$ 2. H=常数，截面等高度时： $K_{Zi}=\frac{2\pi H}{\ln\frac{R_H}{R_B}}G_D$ 3. $R_H\neq$常数，$H\neq$常数，截面不等，高度不等时： $K_{Zi}=\frac{2\pi(R_B H_H-R_H H_B)}{(R_H-R_B)\ln\frac{R_B H_H}{R_H H_B}}G_D$
	K_{Xi}	$K_{xi}=K_{yi}=\frac{A_L \mu_x}{H}G_D$	$K_{xi}=K_{yi}=\frac{A_L \mu_x}{H}G_D$	$K_{xi}=\frac{A_L \mu_x}{H}G_D$	$K_{yi}=\frac{2\pi L}{\ln\frac{D}{d}}GD$	
	K_{Yi}			$K_{yi}=\frac{A_L \mu_x}{H}G_D$		
计算机说明		$\mu_z=1+1.65n^2$ $\mu_x=\mu_y=\frac{1}{1+0.38\left(\frac{H}{D}\right)^2}$ $n=\frac{A_L}{A_F}$ $A_L=\frac{\pi D^2}{4}$ $A_F=\pi DH$ 一般应满足$\frac{1}{4}\leqslant\frac{H}{D}\leqslant\frac{3}{4}$	$\mu_z=1.2(1+1.65n^2)$ $\mu_x=\mu_y=\frac{1}{1+\frac{4}{9}\left(\frac{H}{D}\right)^2}$ $n=\frac{A_L}{A_F}$ $A_L=\frac{n(D^2-d^2)}{4}$ $A_F=\pi(D+d)H$	$\mu_z=1+2.2n^2$ $\mu_x=\frac{1}{1+0.29\left(\frac{H}{B}\right)^2}$ $\mu_y=\frac{1}{1+0.29\left(\frac{H}{L}\right)^2}$ $n=\frac{A_L}{A_F}$ $A_L=LB$ $A_F=2(L+B)H$	$\mu_z=1+4.67\frac{d\cdot L}{(d+L)(D-d)}$ $\mu_z=2\sim5$	

注：1. 表中算出的刚度是以温度+15℃为准的，当使用环境温度与此有差异时，应按图 14-9-2 对橡胶硬度也即对橡胶弹性模量进行修正；
2. 表中 μ_z、μ_x、μ_y 为形状系数。

查图 14-9-1，得动态弹性模量

$$E_{\mathrm{D}}=160\mathrm{N/cm^2}$$

并得到
$$G_{\mathrm{D}}=\frac{160}{3}=53.3\mathrm{N/cm^2}$$

假定隔振器几何尺寸 $L=B=16\mathrm{cm}$，$H=6.5\mathrm{cm}$ 则

$$A_{\mathrm{L}}=LB=16\times16=256\mathrm{cm^2}$$

$$A_{\mathrm{F}}=2(L+B)H=2(16+16)\times6.5=416\mathrm{cm^2}$$

$$n=\frac{A_{\mathrm{L}}}{A_{\mathrm{F}}}=\frac{256}{416}=0.62$$

形状系数 $\mu_z=1+2.2n^2=1+2.2\times0.62^2=1.85$

$$\mu_{\mathrm{x}}=\mu_{\mathrm{y}}=\frac{1}{1+0.29\left(\frac{H}{L}\right)^2}=\frac{1}{1+0.29\left(\frac{6.5}{16}\right)^2}=0.95$$

$$\therefore H=\frac{A_{\mathrm{L}}\mu_{\mathrm{z}}E_{\mathrm{D}}}{K_{\mathrm{Zi}}}=\frac{256\times1.85\times160}{12500}=6.06\mathrm{cm}$$

取 H 为 6.5cm，刚度复核

$$K_{\mathrm{Zi}}=\frac{A_{\mathrm{L}}\mu_{\mathrm{Z}}E_{\mathrm{D}}}{H}=\frac{256\times1.85\times160}{6.5}=11658\mathrm{N/cm}$$

$$K_{\mathrm{xi}}=K_{\mathrm{yi}}=\frac{A_{\mathrm{L}}\mu_{\mathrm{x}}G_{\mathrm{D}}}{H}=\frac{256\times0.95\times53.3}{6.5}=1994\mathrm{N/cm}$$

强度复核
$$\sigma=\frac{P}{A_{\mathrm{L}}}=\frac{5000}{256}=19.5\mathrm{N/cm^2}<100\mathrm{N/cm^2}$$

(三) 隔振器产品

国内橡胶隔振器产品颇多，以受力形态可分为承压型，剪切型，承压型中又有单层或多层橡胶层（可谓串联式）等。橡胶隔振器，由于其刚度较大，使隔振系统具有较高的固有振动频率，因此一般适合于中、高频率设备的隔振。国内生产橡胶隔振器的工厂（或公司）较多，多年来，由于技术进步，不仅研发了众多系列产品，而且在质量上、性能上也达到了国外同类产品水平，不仅大量应用于国内工程，而且已出口国外。

JSD 型橡胶剪切隔振器　为典型的剪切型防振器，上海青浦环新减振工程设备有限公司生产。隔振器由金属内外环与橡胶组成，上部螺孔用螺栓与设备或隔振台座连接，下部金属橡胶复合圆形环的安装孔可与支承结构（基础，楼层或屋面）用螺栓连接，也可用压板压住圆形环作为连接的另一种方式。该系列产品承载范围宽，单只承载为 0.2～15kN，阻尼比大于 0.06，适用温度为－20℃～＋60℃，固有振动频率为 8Hz 左右，可用于风机、水泵、压缩机、冷水机组、空压机等设备的隔振，隔振效果显著。当用于室外时，隔振器外应加置橡胶外罩，以防止紫外线照射影响。隔振器外形见图 14-9-3，安装尺寸见图 14-9-4，尺寸及技术性能见表 14-9-4。

JSD 型隔振器尺寸及技术性能　　**表 14-9-4**

型号	载荷范围(N)	额定静变形(mm)	固有频率(Hz)	尺寸(mm)						
				L	D	d	M	h	Φ	H
JSD-50	200-500	8±2	8±2	72	150	120	12	7	13	10
JSD-85	500-850	8±2	8±2	72	150	120	12	7	13	10
JSD-160	850-1600	8±2	8±2	83	200	170	14	10	15	14

续表

型号	载荷范围(N)	额定静变形(mm)	固有频率(Hz)	尺寸(mm)						
				L	D	d	M	h	Φ	H
JSD-330	1600-3300	8±2	8±2	83	200	170	14	10	15	14
JSD-540	3300-5400	8±2	8±2	83	200	170	14	10	15	14
JSD-650	5400-6500	8±2	8±2	83	200	170	14	10	15	14
JSD-1300	6500-13000	8±2	8±2	110	297	260	16	12	17	20
JSD-1500	10000-15000	10±2	7±2	110	297	260	16	12	17	20

注：H 为螺纹深度

图 14-9-3　JSD 型隔振器外形

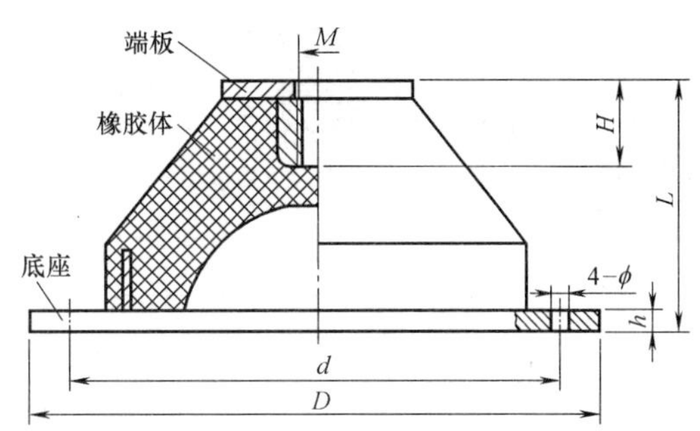

图 14-9-4　JSD 型隔振器尺寸

(四) 隔振垫产品

橡胶隔振垫产品形式也较多，一般为承压型，为了获得较低的固有振动频率，常叠合成多层使用，在层与层之间垫以薄钢板，橡胶隔振垫由于价格低廉，安装方便，广泛应用于动力设备的隔振，国内生产该类产品的工厂（公司）也较多，不少产品其性能已优于国外同类产品。

SD 型橡胶隔振垫　为典型隔振垫类产品，上海青浦环新减振设备有限公司生产。隔振垫采用耐油橡胶经硫化模压成型，其波状表面可降低其竖向刚度。防振垫基本块尺寸为 84×84×20mm，同一种尺寸规格有三种橡胶硬度，采用叠合层时，层间用金属薄板胶合，以降低刚度。n 层隔振垫的总刚度为单层的 $1/n$，这种串联式的隔振垫，其总高度不应超过隔振垫的宽度。当被隔振体较轻时，可将防振垫切割成 1/2 块使用，其承载力及竖向刚度为原来的 1/2，切割后的隔振垫也可串联使用。

图 14-9-5 为其外形，图 14-9-6 为基本块尺寸。表 14-9-5 为其组合形式及性能表。

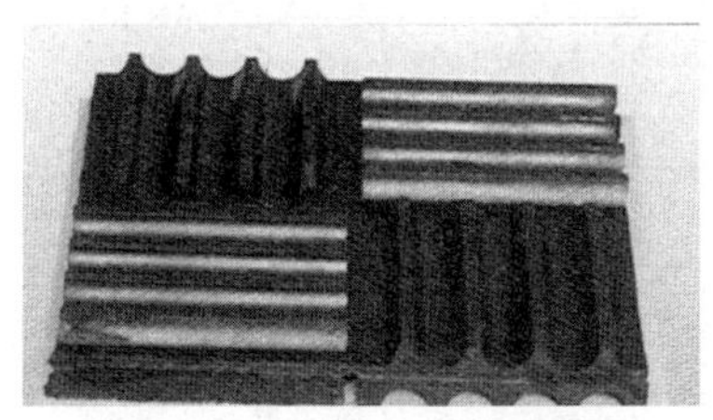

图 14-9-5　SD 型隔振垫外形

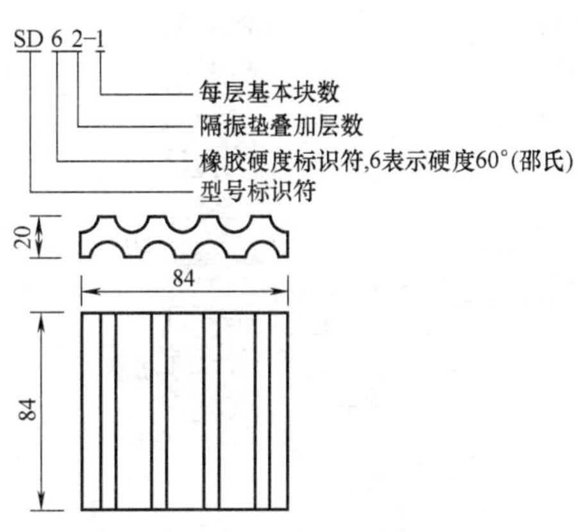

图 14-9-6　SD 型隔振垫基本块尺寸

SD 型隔振垫组合形式及技术性能 **表 14-9-5**

隔振垫			组合简图	竖向容许荷载(kN)	竖向变形(mm)	竖向固有频率(Hz)	钢板	
型号	层	块					块	尺寸(mm)
SD-41-0.5	1	1/2	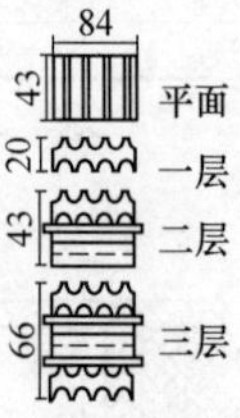 每层 0.5 个基本块	0.16～0.43	2.5～5.0	12.9～9.1		
SD-61-0.5				0.44～1.18	2.5～5.0	12.9～9.1		
SD-81-0.5				1.10～3.00	2.5～5.0	12.9～9.1		
SD-42-0.5	2	1		0.16～0.43	4.0～9.0	10.3～6.5	1	96×53×3
SD-62-0.5				0.44～1.18	4.0～9.0	10.3～6.5		
SD-82-0.5				1.10～3.00	4.0～9.0	10.3～6.5		
SD-43-0.5	3	1.5		0.16～0.43	5.5～13.0	8.4～5.4	2	
SD-63-0.5				0.44～1.18	5.5～13.0	8.4～5.4		
SD-83-0.5				1.10～3.00	5.5～13.0	8.4～5.4		
SD-41-1	1	1	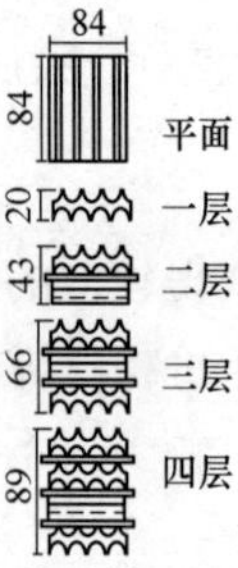 每层 1 个基本块	0.32～0.86	2.5～5.0	12.9～9.1		
SD-61-1				0.88～2.37	2.5～5.0	12.9～9.1		
SD-81-1				2.22～5.92	2.5～5.0	12.9～9.1		
SD-42-1	2	2		0.32～0.86	4.0～9.0	10.3～6.5	1	96×96×3
SD-62-1				0.88～2.73	4.0～9.0	10.3～6.5		
SD-82-1				2.22～5.92	4.0～9.0	10.3～6.5		
SD-43-1	3	3		0.32～0.86	5.5～13.0	8.4～5.4	2	
SD-63-1				0.88～2.73	5.5～13.0	8.4～5.4		
SD-83-1				2.22～5.92	5.5～13.0	8.4～5.4		
SD-44-1	4	4		0.32～0.86	7.0～17.0	7.4～4.8	3	
SD-64-1				0.88～2.37	7.0～17.0	7.4～4.8		
SD-84-1				2.22～5.92	7.0～17.0	7.4～4.8		
SD-41-1.5	1	1.5	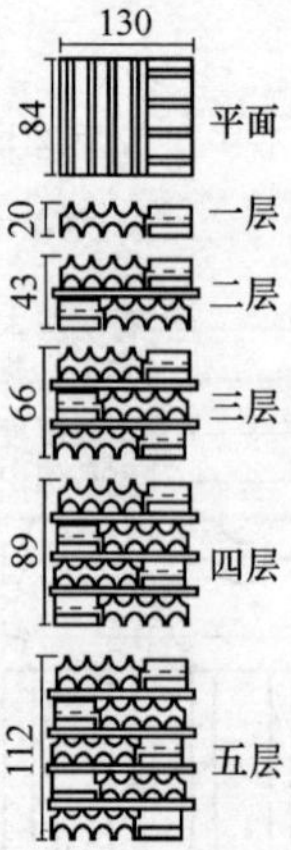 每层 1.5 个基本块	0.48～1.29	2.5～5.0	12.9～9.1		
SD-61-1.5				1.32～3.56	2.5～5.0	12.9～9.1		
SD-81-1.5				3.33～8.88	2.5～5.0	12.9～9.1		
SD-42-1.5	2	3		0.48～1.29	4.0～9.0	10.3～6.5	1	96×140×3
SD-62-1.5				13.2～3.56	4.0～9.0	10.3～6.5		
SD-82-1.5				3.33～8.88	4.0～9.0	10.3～6.5		
SD-43-1.5	3	4.5		0.48～1.29	5.5～13.0	8.4～5.4	2	
SD-63-1.5				1.32～3.56	5.5～13.0	8.4～5.4		
SD-83-1.5				3.33～8.88	5.5～13.0	8.4～5.4		
SD-44-1.5	4	6		0.48～1.29	7.0～17.0	7.4～4.8	3	
SD-64-1.5				1.32～3.56	7.0～17.0	7.4～4.8		
SD-84-1.5				3.33～8.88	7.0～17.0	7.4～4.8		
SD-45-1.5	5	7.5		0.48～1.29	8.5～21.0	7.0～4.1	4	
SD-65-1.5				1.32～3.56	8.5～21.0	7.0～4.1		
SD-85-1.5				3.33～8.88	8.5～21.0	7.0～4.1		

续表

隔振垫 型号	层	块	组合简图	竖向容许荷载(kN)	竖向变形(mm)	竖向固有频率(Hz)	钢板 块	钢板 尺寸(mm)
SD-41-2	1	2	172；84 平面；20 一层；43 二层；66 三层；89 四层；112 五层；每层 2 个基本块	0.64～1.72	2.5～5.0	12.9～9.1		
SD-61-2				1.76～4.74	2.5～5.0	12.9～9.1		
SD-81-2				4.44～14.84	2.5～5.0	12.9～9.1		
SD-42-2	2	4		0.64～1.72	4.0～9.0	10.3～6.5	1	96×182×3
SD-62-2				1.76～4.74	4.0～9.0	10.3～6.5		
SD-82-2				4.44～14.84	4.0～9.0	10.3～6.5		
SD-43-2	3	6		0.64～1.72	5.5～13.0	8.4～5.4	2	
SD-63-2				1.76～4.74	5.5～13.0	8.4～5.4		
SD-83-2				4.44～14.84	5.5～13.0	8.4～5.4		
SD-44-2	4	8		0.64～1.72	7.0～17.0	7.4～4.8	3	
SD-64-2				1.76～4.74	7.0～17.0	7.4～4.8		
SD-84-2				4.44～14.84	7.0～17.0	7.4～4.8		
SD-45-2	5	10		0.64～1.72	8.5～21.0	7.4～4.1	4	
SD-65-2				1.76～4.74	8.5～21.0	7.4～4.1		
SD-85-2				4.44～14.84	8.5～21.0	7.4～4.1		
SD-41-2.5	1	2.5	215；84 平面；20 一层；43 二层；66 三层；89 四层；112 五层；每层 2.5 个基本块	0.80～2.15	2.5～5.0	12.9～9.1		96×225×3
SD-61-2.5				2.20～5.93	2.5～5.0	12.9～9.1		
SD-81-2.5				5.55～14.8	2.5～5.0	12.9～9.1		
SD-42-2.5	2	5		0.80～2.15	4.0～9.0	10.3～6.5	1	
SD-62-2.5				2.20～5.93	4.0～9.0	10.3～6.5		
SD-82-2.5				5.55～14.8	4.0～9.0	10.3～6.5		
SD-43-2.5	3	7.5		0.80～2.15	5.5～13.0	8.4～5.4	2	
SD-63-2.5				2.20～5.93	5.5～13.0	8.4～5.4		
SD-83-2.5				5.55～14.8	5.5～13.0	8.4～5.4		
SD-44-2.5	4	10		0.80～2.15	7.0～17.0	7.4～4.8	3	
SD-64-2.5				2.20～5.93	7.0～17.0	7.4～4.8		
SD-84-2.5				5.55～14.8	7.0～17.0	7.4～4.8		
SD-45-2.5	5	12.5		0.80～2.15	8.5～21.0	7.0～4.1	4	
SD-65-2.5				2.20～5.93	8.5～21.0	7.0～4.1		
SD-85-2.5				5.55～14.8	8.5～21.0	7.0～4.1		
SD-41-3	1	3	258；84 平面；20 一层；43 二层；66 三层；89 四层；112 五层；每层 3 个基本块	0.96～2.58	2.5～5.0	12.9～9.1		
SD-61-3				2.64～7.11	2.5～5.0	12.9～9.1		
SD-81-3				6.66～17.7	2.5～5.0	12.9～9.1		
SD-42-3	2	6		0.96～2.58	4.0～9.0	10.3～6.5	1	96×268×3
SD-62-3				2.64～7.11	4.0～9.0	10.3～6.5		
SD-82-3				6.66～17.7	4.0～9.0	10.3～6.5		
SD-43-3	3	9		0.96～2.58	5.5～13.0	8.4～5.4	2	
SD-63-3				2.64～7.11	5.5～13.0	8.4～5.4		
SD-83-3				6.66～17.7	5.5～13.0	8.4～5.4		
SD-44-3	4	12		0.96～2.58	7.0～17.0	7.4～4.8	3	
SD-64-3				2.64～7.11	7.0～17.0	7.4～4.8		
SD-84-3				6.66～17.7	7.0～17.0	7.4～4.8		
SD-45-3	5	15		0.96～2.58	8.5～21.0	7.4～4.1	4	
SD-65-3				2.64～7.11	8.5～21.0	7.4～4.1		
SD-85-3				6.66～17.7	8.5～21.0	7.4～4.1		

续表

隔振垫			组合简图	竖向容许荷载（kN）	竖向变形（mm）	竖向固有频率（Hz）	钢板	
型号	层	块					块	尺寸（mm）
SD-41-4	1	4	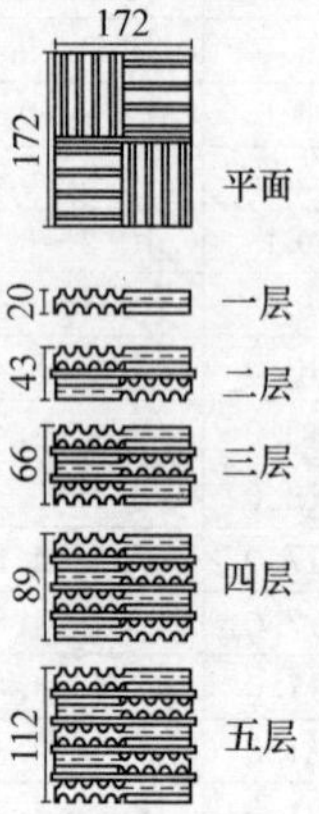 172 172 平面 20 一层 43 二层 66 三层 89 四层 112 五层 每层4个	1.28～3.44	2.5～5.0	12.9～9.1		182×182×3
SD-61-4				3.52～9.48	2.5～5.0	12.9～9.1		
SD-81-4				8.88～23.7	2.5～5.0	12.9～9.1		
SD-42-4	2	8		1.28～3.44	4.0～9.0	10.3～6.5	1	
SD-62-4				3.52～9.48	4.0～9.0	10.3～6.5		
SD-82-4				8.88～23.7	4.0～9.0	10.3～6.5		
SD-43-4	3	12		1.28～3.44	5.5～13.0	8.4～5.4	2	
SD-63-4				3.52～9.48	5.5～13.0	8.4～5.4		
SD-83-4				8.88～23.7	5.5～13.0	8.4～5.4		
SD-44-4	4	16		1.28～3.44	7.0～17.0	7.4～4.8	3	
SD-64-4				3.52～9.48	7.0～17.0	7.4～4.8		
SD-84-4				8.88～23.7	7.0～17.0	7.4～4.8		
SD-45-4	5	20		1.28～3.44	8.5～21.0	7.0～4.1	4	
SD-65-4				3.52～9.48	8.5～21.0	7.0～4.1		
SD-85-4				8.88～23.7	8.5～21.0	7.0～4.1		
SD-41-6	1	6	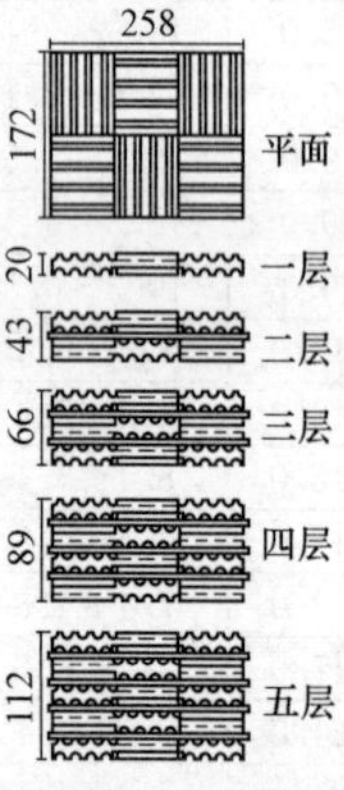 258 172 平面 20 一层 43 二层 66 三层 89 四层 112 五层 每层6个基本块	1.92～5.16	2.5～5.0	12.9～9.1		
SD-61-6				5.28～14.2	2.5～5.0	12.9～9.1		
SD-81-6				13.3～35.5	2.5～5.0	12.9～9.1		
SD-42-6	2	12		1.92～5.16	4.0～9.0	10.3～6.5	1	82×268×3
SD-62-6				5.28～14.2	4.0～9.0	10.3～6.5		
SD-82-6				13.3～35.5	4.0～9.0	10.3～6.5		
SD-43-6	3	18		1.92～5.16	5.5～13.0	8.4～5.4	2	
SD-63-6				5.28～14.2	5.5～13.0	8.4～5.4		
SD-83-6				13.3～35.5	5.5～13.0	8.4～5.4		
SD-44-6	4	24		1.92～5.16	7.0～17.0	7.4～4.8	3	
SD-64-6				5.28～14.2	7.0～17.0	7.4～4.8		
SD-84-6				13.3～35.5	7.0～17.0	7.4～4.8		
SD-45-6	5	30		1.92～5.16	8.5～21.0	7.4～4.1	4	
SD-65-6				5.28～14.2	8.5～21.0	7.4～4.1		
SD-85-6				13.3～35.5	8.5～21.0	7.4～4.1		

【例 14-9-2】 已知水泵及隔振台座总质量为480kg，水泵转速为1500r/min，选用SD型橡胶隔振垫，并确定其组合形式。

【解】 隔振台座拟用6组SD隔振橡胶垫支承，每组应承载800N，试选SD-42-1，在此承载力时，其竖向变形约为9mm，竖向固有振动频率约为6.5Hz，此时$\frac{\omega_0}{\omega}=\frac{157}{40.8}=3.85>2.5$，隔振系数为$\eta=\left|\frac{1}{1-\frac{\omega_0^2}{\omega^2}}\right|=0.07$，隔振效果好。

二、金属弹簧及金属弹簧隔振器

（一）材料

金属弹簧系弹簧钢丝或钢板加工而成。它具有材质均匀、力学性能稳定、承载力大、

表 14-9-6

金属弹簧材料性能

类别	牌号	代号	容许剪切应力[τ]（N/mm²）			容许弯曲应力[τ]（N/mm²）		剪切弹性模量 G（N/mm²）	拉压弹性模量 E（N/mm²）	使用温度（℃）	特征及用途
			Ⅰ类弹簧	Ⅱ类弹簧	Ⅲ类弹簧	Ⅰ类弹簧	Ⅱ类弹簧				
钢丝	碳素弹簧钢丝	Ⅰ、Ⅱ、Ⅱa、Ⅲ	$0.3\sigma_b$	$0.4\sigma_b$	$0.5\sigma_b$	$0.5\sigma_b$	$0.625\sigma_b$	$0.5\leqslant d\leqslant4$ 83000～80000 $d>4$ 80000	$0.5\leqslant d\leqslant4$ 207500～205000 $d>4$ 200000	－40～120	强度高，性能好，适用于做小弹簧
	重要用途弹簧钢丝	65Mn									
	60 硅 2 锰	60Si2Mn	480	640	800	800	1000	80000	200000	－40～120	弹性和回火稳定性好，易脱碳，用于制造承受高负荷弹簧
	60 硅 2 锰高	60Si2MnA									
	60 硅 2 铬高	60Si2CrA								－40～250	有较好的弹性、淬透性和回火稳定性
	70 硅 3 锰高	70Si3MnA	540	720	900	900	1130			－40～200	强度高，易脱碳，有较好的弹性和回火稳定性
轧材	65 锰	65Mn	420	560	700	700	880	80000	200000	－40～120	弹性和回火稳定性好，易脱碳，用于制造受高负荷弹簧
	55 硅 2 锰	55Si2Mn	450	600	750	750	930				
	60 硅 2 锰	60Si2Mn	480	640	800	800	1000			－40～200	
	60 硅 2 锰高	60Si2MnA									
	60 硅 2 铬高	60Si2CrA	540	720	900	900	1130			－40～250	有较好的弹性、淬透性和回火稳定性
	70 硅 3 锰高	70Si3MnA								－40～200	强度高，易脱碳，有较好的弹性和回火稳定性

注：表中 σ_b 为钢丝抗拉极限强度，d 为钢丝直径。

耐久性好、刚度低、计算可靠等优点，由于加工也很简便，所以广泛应用于隔振工程。金属弹簧的阻尼很小，有时需另加阻尼值大的材料配合使用，以求达到需要的效果。金属弹簧有时也用有色金属加工而成，仅用于一些特殊场合。

隔振用金属弹簧种类较多，如圆柱螺旋弹簧、变径螺旋弹簧、碟形弹簧等。圆柱螺旋弹簧包括圆柱形圆形截面压缩螺旋弹簧、圆柱形矩形截面压缩螺旋弹簧、圆柱形拉伸螺旋弹簧、圆柱形扭转螺旋弹簧等，常用为圆柱形圆形截面压缩螺旋弹簧。碟形弹簧适用于冲击设备及扰力大的设备隔振。

金属弹簧常用材料有碳素弹簧钢丝（Ⅰ、Ⅱ、Ⅱa 组)、60 硅 2 锰（60Si2Mn)、65 锰(65Mn）等。冲击型机器隔振，宜选择铬钒弹簧钢或硅锰钢制作弹簧，其余机器隔振，可选择碳素弹簧钢丝（钢丝直径小于 8mm）及硅锰钢（钢丝直径大于 8mm）制作弹簧，当有防腐要求时，宜选择不锈弹簧钢丝或轧材。油淬火调质弹簧钢丝拉强度波动范围小，无残余应力，适用于制作高精度弹簧。弹簧材料性能见表 14-9-6～表 14-9-8。

碳素弹簧钢丝抗拉极限强度 **表 14-9-7**

钢丝直径 (mm)	σ_b (N/mm²)			
	Ⅰ	Ⅱ	Ⅱa	Ⅲ
0.14～0.3	2700	2250		1750
0.32～0.6	2650	2200		1700
0.63～0.8	2600	2150		1700
0.85～0.9	2550	2100		1650
1	2500	2050		1650
1.1～1.2	2400	1950		1550
1.3～1.4	2300	1900		1500
1.5～1.6	2200	1850		1450
1.7～1.8	2100	1800		1400
2	2000	1800		1400
2.2	1900	1700		1400
2.5	1800	1650		1300
2.8	1750	1650		1300
3	1700	1650		1300
3.2	1700	1550		1200
3.4～3.6	1650	1550		1200
4	1600	1500		1150
4.5～5	1500	1400		1100
5.6～6	1450	1350		1050
6.3～8	—	1250		1000

注：表中 σ_b 值均为下限值。

重要用途弹簧钢丝 65Mn 抗拉极限强度 **表 14-9-8**

钢丝直径 (mm)	1～1.2	1.4～1.6	1.8～2	2.2～2.5	2.8～3.4	3.5	3.8～4.2	4.5	4.8～5.3	3.5～6
σ_b (N/mm²)	1800	1750	1700	1650	1600	1500	1450	1400	1350	1300

注：表中 σ_b 值均为下限值。

金属弹簧的阻尼比为 0.005，使用环境温度为－40℃～＋60℃。

(二) 隔振器设计

弹簧隔振器常用圆柱形受压螺旋弹簧，这里仅介绍该种弹簧的设计计算。

每个弹簧承受的垂直向荷载

$$P=P_S+1.5Z_iK_{zi} \quad (N) \tag{14-9-3}$$

式中 P_S——静荷载（N）；

Z_i——隔振台座在隔振器处的振幅（cm）；

K_{zi}——弹簧垂直方向刚度（N/cm）。

假定弹簧中径 D_2 与弹簧钢丝直径 d 之比

$$C=\frac{D_2}{d}$$

C 一般取 4～16，弹簧曲度系数

$$K=\frac{4C-1}{4C-4}+\frac{0.615}{C} \tag{14-9-4}$$

钢丝直径

$$d\geqslant 1.6\sqrt{\frac{KPC}{[\tau]}} \quad (mm) \tag{14-9-5}$$

式中 $[\tau]$——弹簧容许剪切应力（N/mm^2）；

弹簧负载性质按Ⅰ类考虑。

复核弹簧最大工作荷载

$$P_2=\frac{\pi d^3}{8KD_2}[\tau]>P \quad (N) \tag{14-9-6}$$

弹簧极限荷载取

$$P_3=\frac{P_2}{0.6} \quad (N) \tag{14-9-7}$$

弹簧预压荷载取

$$P_0=0.2P_2 \quad (N) \tag{14-9-8}$$

弹簧工作圈数

$$n_1=\frac{Gd}{0.8K_{Zi}C^3} \tag{14-9-9}$$

式中 G——弹簧剪切弹性模量❶（N/mm^2）。

弹簧总圈数

$$n=n_1+n_2 \tag{14-9-10}$$

式中 n_2——弹簧两端静止总圈数，当 $n_1\leqslant 7$ 时，取 $n_2=1.5$；当 $n_1>7$ 时，取 $n_2=2.5$。

弹簧在荷载 P 作用下的总压缩量

$$\lambda=\frac{P}{K_{Zi}} \quad (cm) \tag{14-9-11}$$

在荷载 P_3 作用下弹簧相邻两圈间的压缩量

$$\delta_3=\frac{8D_2^3P_3}{Gd^4} \quad (mm) \tag{14-9-12}$$

弹簧节距取

❶ 金属弹簧钢丝的动态弹性模量 E_D（拉压）、G_D（剪切）与其静态弹性模量 E_S（拉压）、G_S（剪切）数值基本一致，统称为 E、G。

$$t=\delta_3+d \quad (\text{mm}) \tag{14-9-13}$$

由此，弹簧自由高度

$$H_0=tn_1+(n_2-0.5)d \quad (\text{mm}) \tag{14-9-14}$$

弹簧在承受荷载 P 时相邻两圈间的间隙

$$\delta_2=\delta_3-\frac{P}{K_{zi}n_1}\geqslant 0.1d \quad (\text{mm}) \tag{14-9-15}$$

弹簧螺旋角

$$a=\text{tg}^{-1}\frac{t}{\pi D_2} \quad (度) \tag{14-9-16}$$

弹簧展开长度

$$L=\frac{\pi D_2 n}{\cos\alpha} \quad (\text{mm}) \tag{14-9-17}$$

弹簧细长比

$$b=\frac{H_0}{D_2} \tag{14-9-18}$$

应满足以下要求

两端固定：

$$b<5.3;$$

一端固定另一端回转：

$$b<3.7;$$

两端回转：

$$b<2.6。$$

当 b 大于上述数值时，需要对弹簧进行稳定性验算。

弹簧水平刚度可用图 14-9-7 求得。

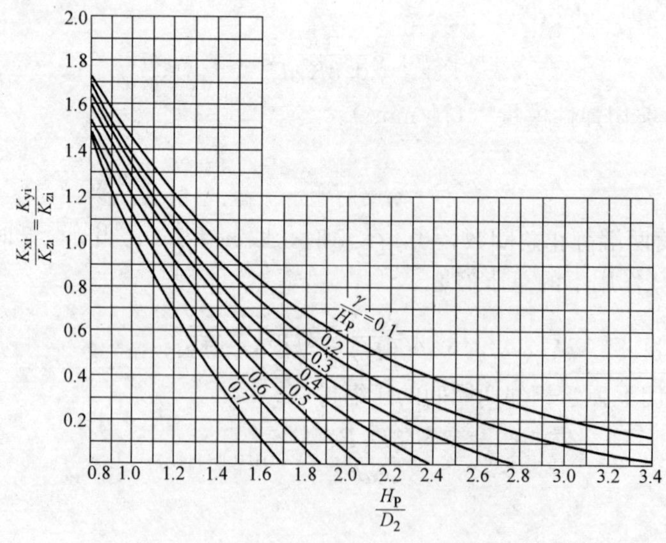

图 14-9-7 计算弹簧水平刚度曲线

D_2—弹簧中径；H_P—弹簧在荷载 P 作用下的高度；$H_P=H_0-\lambda$；

λ—弹簧在荷载 P 作用下的总压缩量；K_{xi}、K_{yi}—弹簧水平刚度；K_{zi}—弹簧垂直刚度

金属弹簧隔振器应为弹簧设置保护外壳，外壳用钢或塑料，并需有高度调节、调平装置。支承式隔振器的上下支承面应平整，其平行度应小于 2mm/m。为了增加阻尼，常在隔振器内设置阻尼构造。隔振器的金属零件应作防锈、防腐等表面处理。

【例 14-9-3】 已知弹簧承受静荷载 $P_s=1200\text{N}$，台座在隔振器处的振幅 $Z_i=0.01\text{cm}$，根据隔振要求，弹簧刚度 $K_{zi}=380\text{N/cm}$，弹簧材料为 60Si2Mn，弹簧负载性质为Ⅰ类，设计弹簧几何尺寸。

【解】 弹簧随垂直荷载

$$P=P_S+1.5Z_iK_{Zi}=1200+1.5\times0.01\times380=1206\quad(\text{N})$$

假定 $c=\dfrac{D_2}{d}=7$ 由此

$$K=\frac{4C-1}{4C-4}+\frac{0.615}{C}=\frac{4\times7-1}{4\times7-4}+\frac{0.615}{7}=1.213$$

钢丝直径

$$d=1.6\sqrt{\frac{KPc}{[\tau]}}=1.6\sqrt{\frac{1.213\times1206\times7}{480}}=7.4\quad(\text{mm})$$

取 $d=8\text{mm}$

弹簧工作圈数

$$n_1=\frac{Gd}{0.8K_{Zi}c^3}=\frac{80000\times8}{0.8\times380\times7^3}=6.14\quad(\text{圈})$$

取 $n_1=6$ 圈，总圈数

$$n=n_1+n_2=6+1.5=7.5\quad(\text{圈})$$

复核弹簧刚度

$$K_{Zi}=\frac{Gd}{0.8n_1c^3}=\frac{80000\times8}{0.8\times6\times7^3}=389\text{N/cm}$$

弹簧最大工作荷载

$$P_2=\frac{\pi d^3}{8KD_2}[\tau]=\frac{\pi\times8^3}{8\times1.213\times56}\times480=1421(\text{N})>P$$

弹簧极限荷载

$$P_3=\frac{P_2}{0.6}=\frac{1421}{0.6}=2368\quad(\text{N})$$

弹簧预压荷载

$$P_0=0.2P_2=0.2\times1421=284\quad(\text{N})$$

弹簧在荷载 P 作用下的总压缩量

$$\lambda=\frac{P}{K_{Zi}}=\frac{1206}{389}=3.1\text{cm}$$

弹簧在荷载 P_3 作用下相邻两圈间的压缩量

$$\delta_3=\frac{8D_2^3P_3}{Gd^4}=\frac{8\times56^3\times2368}{80000\times8^4}=10.2\quad(\text{mm})$$

弹簧节距取

$$t=\delta_3+d=10.2+8=18.2(\text{mm}),\text{取}18.5\text{mm}$$

弹簧自由高度

$$H_0 = tn_1 + (n_2 - 0.5)d = 18.5 \times 6 + (1.5 - 0.5) \times 8 = 119 \quad (\text{mm})$$

弹簧在荷载 P 时相邻两圈间的间隙

$$\delta_2 = \delta_3 - \frac{p}{K_{Zi} n_1} = 10.2 - \frac{1206}{389 \times 6} = 9.7(\text{mm}) > 0.1d$$

弹簧螺旋角

$$\alpha = \text{tg}^{-1} \frac{t}{\pi D_2} = \text{tg}^{-1} \frac{18.5}{\pi \times 56} = 6°$$

弹簧展开长度

$$L = \frac{\pi D_2 n}{\cos\alpha} = \frac{\pi \times 56 \times 7.5}{0.9945} = 1327 \quad (\text{mm})$$

弹簧细长比

$$b = \frac{H_0}{D_2} = \frac{119}{56} = 2.13 < 2.6$$

弹簧水平刚度

$$H_P = H_0 - \frac{P}{K_{zi}} = 119 - 3.1 = 116 \quad (\text{mm})$$

$$\frac{\lambda}{H_p} = \frac{31}{116} = 0.267$$

$$\frac{H_p}{D_2} = \frac{116}{56} = 2.07$$

查图 14-9-7 $$\frac{K_{xi}}{K_{zi}} = \frac{K_{yi}}{K_{zi}} = 0.33$$

由此得 $K_{Xi} = K_{yi} = 0.33 \times 389 = 128\text{N/cm}$

（三）隔振器产品

金属弹簧隔振器产品很多。以受力弹簧类别不同，有受压圆柱型弹簧及钢丝绳弹簧；以维护结构类别不同，有设保护罩及不设保护罩型；以阻尼类别不同，有无阻尼及有阻尼型；以刚度类别不同，有普通刚度及低刚度型等等。国产金属弹簧隔振器的研发及制造，已有三十余年历史，现已发展成为门类齐全、性能优良，耐用且价格低廉的多系列产品，其性能已达到甚至超过国外同类产品水平，它已占据国内隔振器行业的大部分市场，同时也有可观的出口业务，因此，工程设计应优先选用国产金属弹簧隔振器。

1. ZD 型阻尼弹簧隔振器　是最为常用的金属弹簧隔振器，上海青浦环新减振工程设备有限公司生产，金奖产品。它具有承载范围广、刚度较低、阻尼值适中、隔振效果优良等特点，按安装方式不同，可分为上下座设防滑垫的 ZD 型，上座螺栓固定的 ZD_{I} 型及下座螺栓固定的 ZD_{II} 型。其外形见图 14-9-8，安装尺寸见图 14-9-9。尺寸及技术性能见表 14-9-9。

ZD 型隔振器阻尼比为 0.045～0.065，适用温度为－40℃～60℃。

为了使用方便，可利用图 14-9-10～图 14-9-13 查得 ZD 型隔振器不同型号时的荷载与竖向固有振动频率。

表 14-9-9

ZD 型隔振器尺寸及技术性能

型号	最佳荷载 (N)	预压荷载 (N)	极限荷载 (N)	竖向刚度 (N/mm)	额定荷载点水平刚度 (N/mm)	外形尺寸(mm)							
						H	*D*	*L*1	*L*2	*d*	*b*	ø	*H*1
ZD-12	120	90	168	7.5	5.4	65	84	110	140	10	5	32	61
ZD-18	180	115	218	9.5	14	65	128	160	195	10	5	42	59
ZD-25	250	153	288	12.5	19	65	128	160	195	10	5	42	58
ZD-40	400	262	518	22	16	72	144	175	210	10	6	42	66
ZD-55	550	336	680	30	21.6	72	144	175	210	10	6	42	65
ZD-80	800	545	1050	41	28.7	89	163	195	230	10	6	52	83
ZD-120	1200	800	1560	44	31	104	185	225	265	10	8	52	95
ZD-160	1600	1150	2180	63	33	104	185	225	265	10	8	52	97
ZD-240	2400	1600	3100	85	35.6	121	200	250	295	16	8	62	112
ZD-320	3200	2150	4220	127	70	144	230	270	310	18	8	84	136
ZD-480	4800	2950	5750	175	77	144	230	270	310	18	8	84	134
ZD-640	6400	4170	8300	180	125	154	282	320	360	20	8	104	142
ZD-820	8200	5300	10550	230	140	154	282	320	360	20	8	104	142
ZD-1000	10000	6050	12500	420	170	156	282	320	360	20	8	104	147
ZD-1280	12800	8300	16500	560	195	156	282	320	360	20	8	104	148
ZD-1500	15000	8500	19500	600	220	162	282	320	360	20	8	104	152
ZD-2000	20000	10000	28000	800	290	162	282	320	360	20	8	104	150
ZD-2700	27000	13000	30000	1000	370	162	282	320	360	20	8	104	148
ZD-3500	35000	15000	40000	1200	430	162	282	320	360	20	8	104	146

注：H_1为 ZD 型最佳荷载时高度，ZD_{II} 型则另加定位板厚度

图 14-9-8　ZD 型隔振器外形

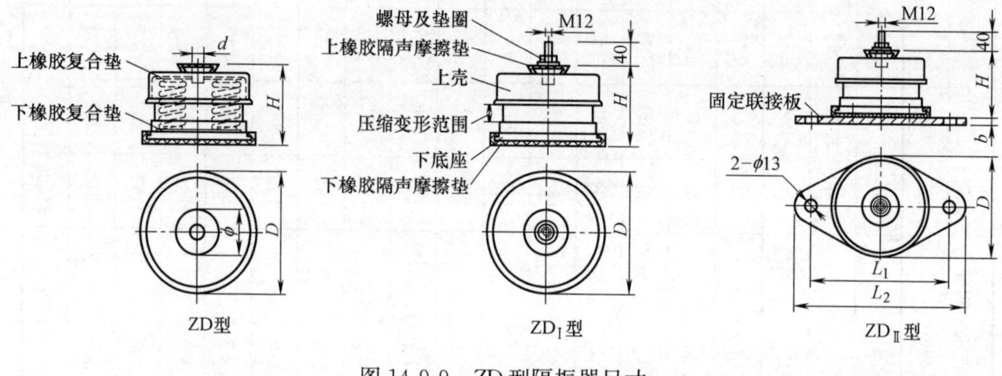

图 14-9-9　ZD 型隔振器尺寸

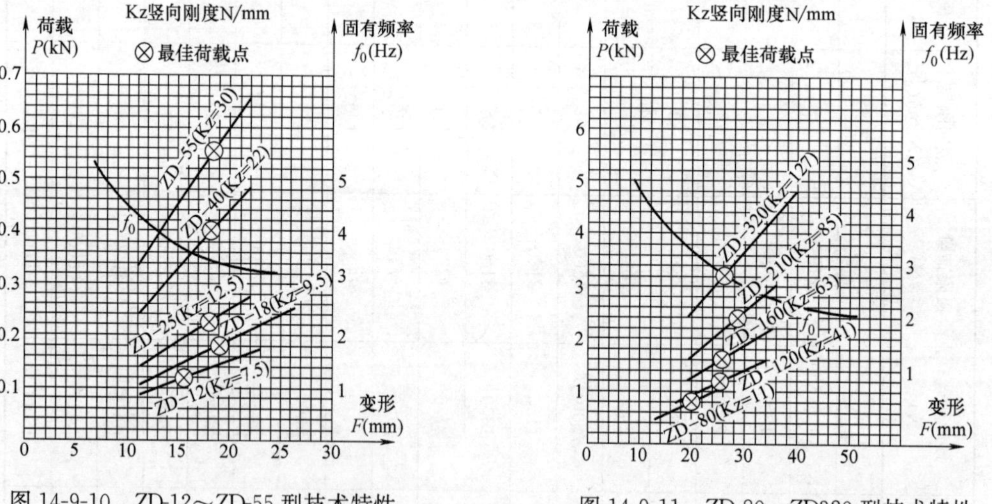

图 14-9-10　ZD-12～ZD-55 型技术特性

图 14-9-11　ZD-80～ZD320 型技术特性

【例 14-9-4】 某冷水机组总重 1560kg，工作转速 900r/min，拟选用 ZD 型隔振器。

【解】 由于该冷水机组扰力小，安装方式可选用 ZD 型，试用 6 只，每只隔振器承受荷载$\frac{15.6}{6}$＝2.6kN，试选 ZD-240 型，查图 14-9-11 得，隔振器静变形量为 32mm，竖向固有振动频率为 2.83Hz，经计算，其隔振系数为 η＝0.036，隔振效果好。

2. AT3、BT3、CT3、DT3 型金属弹簧隔振器　是一种低刚度的金属弹簧隔振器，上海青浦环新减振工程设备有限公司生产。这种隔振器分 4 个系列，即按受荷载后的静变

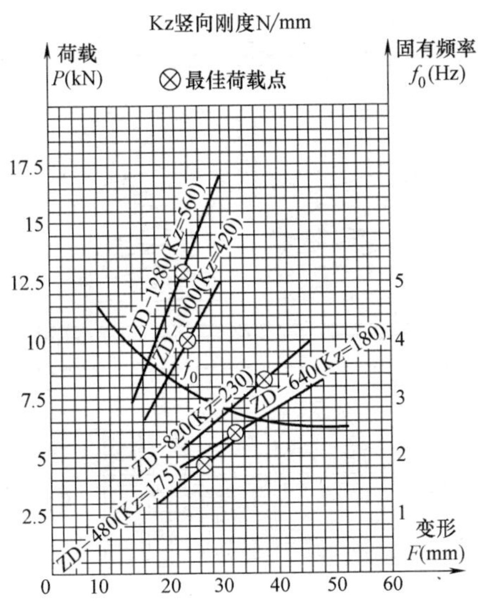

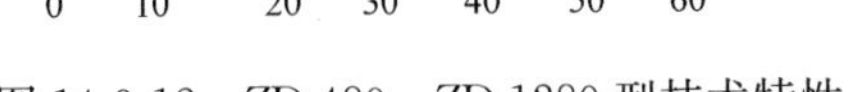
图 14-9-12　ZD-480～ZD-1280 型技术特性

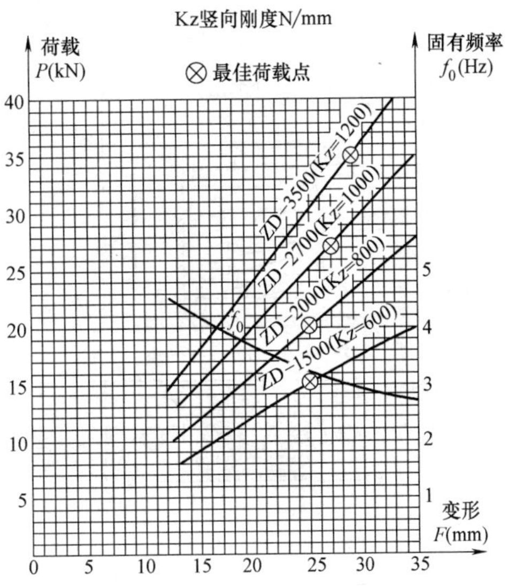

图 14-9-13　ZD-1500～ZD3500 型技术特性

形量分为 AT3、BT3、CT3、及 DT3，其中 AT3 的静变形量为 25mm、BT3 为 50mm，CT3 为 75mm，DT3 为 100mm，出厂时的预压量分别为 10mm，35mm，60mm 及 85mm。该类隔振器有如下特点：

· 竖向刚度低，受荷载后静变形量大，因此，隔振体系具有较低或很低的固有振动频率，隔振效果优异，特别适合于声学建筑，广播电视建筑，精密加工建筑及实验室等的空调设备隔振。

· 有高度调节螺栓，能有效调节被隔振设备在隔振器安装位置处的高度。

· 承载范围广。

· 安装调试方便。

· 金属弹簧外露，能直观弹簧受荷后的工作状态。

· 阻尼比适中，为 0.04～0.06。

其外形见图 14-9-14，安装尺寸见图 14-9-15。尺寸及技术性能见表 14-9-10。

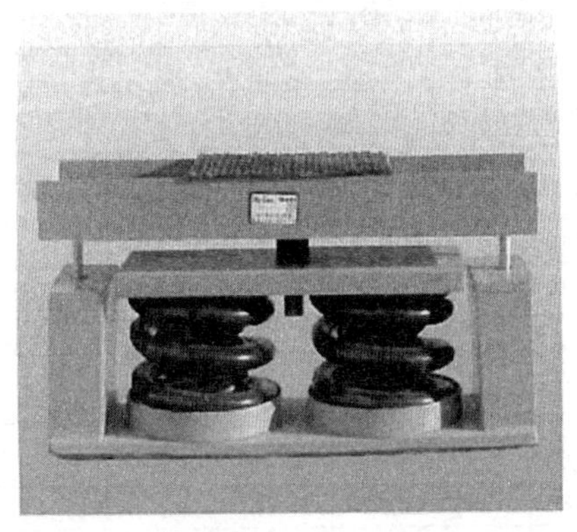

图 14-9-14　AT3、BT3、CT3、DT3 隔振器外形

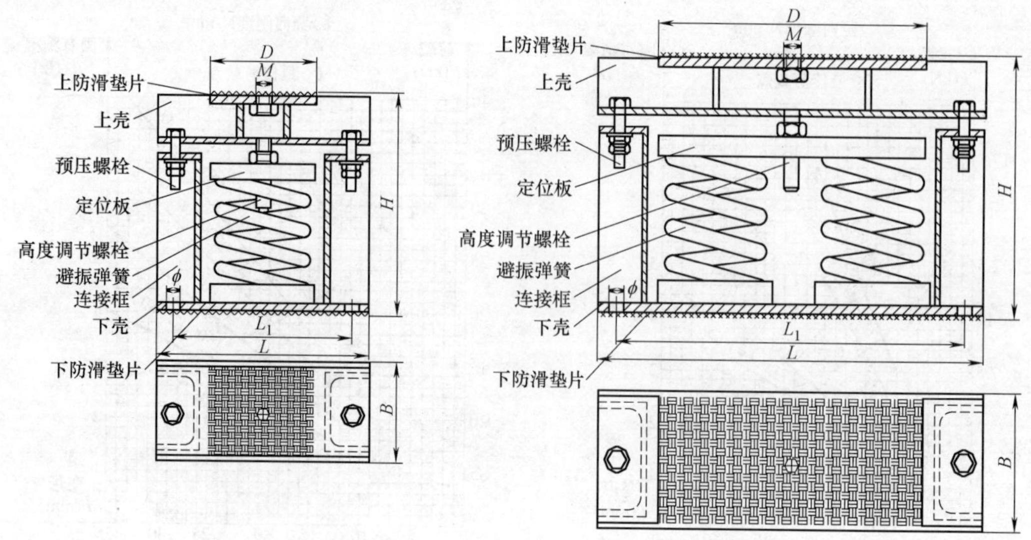

图 14-9-15　AT3、BT3、CT3、DT3 隔振器尺寸

AT3、BT3、CT3、DT3 隔振器尺寸及技术性能　　表 14-9-10

型号	最大工作荷载(kN)	刚度(N/mm)	外形尺寸(mm)						
			L	L_1	B	D	H	M	ϕ
AT3-10	10	0.4	152	120	63	50	130	M10	ϕ12
AT3-30	30	1.2	152	120	63	50	130	M10	ϕ12
AT3-50	50	2.0	152	120	63	50	145	M10	ϕ12
AT3-80	80	3.2	152	120	63	50	158	M12	ϕ12
AT3-100	100	4.0	152	120	63	50	178	M12	ϕ12
AT3-150	150	6.0	172	140	80	70	181	M12	ϕ12
AT3-200	200	8.0	172	140	80	70	183	M12	ϕ12
AT3-400	400	16.0	188	150	100	80	194	M16	ϕ14
AT3-500	500	20.0	200	160	100	90	231	M16	ϕ14
AT3-600	600	24.0	220	180	120	100	236	M16	ϕ14
AT3-800	800	32.0	220	180	120	100	238	M16	ϕ14
AT3-1000	1000	40.0	296	256	165	160	256	M20	ϕ14
AT3-1200	1200	48.0	296	256	165	160	258	M20	ϕ14
AT3-1500	1500	60.0	296	256	165	160	258	M20	ϕ14
AT3-1600	1600	64.0	296	256	165	160	258	M20	ϕ14
AT3-1800	1800	72.0	296	256	165	160	258	M20	ϕ14
AT3-2000	2000	80.0	296	256	165	160	258	M20	ϕ14
BT3-50	50	1.0	198	170	100	90	209	M10	ϕ12
BT3-80	80	1.6	198	170	100	90	211	M12	ϕ12
BT3-100	100	2.0	230	195	120	110	216	M12	ϕ12
BT3-150	150	3.0	230	195	120	110	216	M12	ϕ12
BT3-200	200	4.0	230	195	120	110	218	M12	ϕ12
BT3-400	400	8.0	260	220	140	130	231	M16	ϕ12
BT3-500	500	10.0	260	220	140	130	273	M16	ϕ14
BT3-600	600	12.0	260	220	140	130	273	M16	ϕ14
BT3-800	800	16.0	260	220	140	130	275	M16	ϕ14
BT3-1000	1000	20.0	332	290	185	180	291	M20	ϕ14
BT3-1200	1200	24.0	332	290	185	180	291	M20	ϕ14

续表

型号	最大工作荷载(kN)	刚度(N/mm)	外形尺寸(mm)						
			L	L_1	B	D	H	M	ϕ
BT3-1500	1500	30.0	332	290	185	180	293	M20	ϕ14
BT3-1600	1600	32.0	332	290	185	180	293	M20	ϕ14
BT3-1800	1800	36.0	332	290	185	180	293	M20	ϕ14
BT3-2000	2000	40.0	332	290	185	180	293	M20	ϕ14
CT3-80	80	1.0	220	190	120	100	249	M12	ϕ12
CT3-100	100	1.3	234	204	120	120	251	M12	ϕ12
CT3-150	150	2.0	234	204	120	120	251	M12	ϕ12
CT3-200	200	2.7	260	220	140	130	260	M12	ϕ12
CT3-400	400	5.3	260	220	140	130	266	M16	ϕ14
CT3-500	500	6.6	282	242	160	140	303	M16	ϕ14
CT3-600	600	8.0	292	252	160	150	303	M16	ϕ14
CT3-800	800	10.7	292	252	160	150	305	M16	ϕ14
CT3-1000	1000	13.4	364	324	210	200	321	M20	ϕ14
CT3-1200	1200	16.0	364	324	210	200	321	M20	ϕ14
CT3-1500	1500	20.0	364	324	210	200	323	M20	ϕ14
CT3-1600	1600	21.3	364	324	210	200	323	M20	ϕ14
CT3-1800	1800	24.0	364	324	210	200	323	M20	ϕ14
CT3-2000	2000	26.7	364	324	210	200	323	M20	ϕ14
DT3-80	80	0.8	230	200	120	110	256	M12	ϕ12
DT3-100	100	1.0	264	234	140	140	263	M12	ϕ12
DT3-150	150	1.5	325	285	180	170	273	M12	ϕ12
DT3-200	200	2.0	325	285	180	170	295	M12	ϕ12
DT3-400	400	4.0	325	285	180	170	301	M16	ϕ14
DT3-500	500	5.0	325	285	180	170	331	M16	ϕ14
DT3-600	600	6.0	325	285	180	170	331	M16	ϕ14
DT3-800	800	8.0	325	285	180	170	333	M16	ϕ14
DT3-1000	1000	10.0	408	368	250	230	351	M20	ϕ14
DT3-1200	1200	12.0	408	368	250	230	351	M20	ϕ14
DT3-1500	1500	15.0	408	368	250	230	353	M20	ϕ14
DT3-1600	1600	16.0	408	368	250	230	353	M20	ϕ14
DT3-1800	1800	18.0	408	368	250	230	353	M20	ϕ14
DT3-2000	2000	20.0	408	368	250	230	353	M20	ϕ14
AT3-2400	2400	96.0	495	455	165	200	275	M22	ϕ14
AT3-3000	3000	120.0	495	455	165	200	275	M22	ϕ14
AT3-3600	3600	144.0	495	455	165	200	275	M22	ϕ14
AT3-4000	4000	160.0	495	455	165	200	275	M22	ϕ14
AT3-5000	5000	200.0	495	455	165	200	275	M22	ϕ14
AT3-6000	6000	240.0	495	455	165	200	275	M22	ϕ14
BT3-2400	2400	48.0	550	510	185	220	330	M22	ϕ14
BT3-3000	3000	60.0	550	510	185	220	330	M22	ϕ14
BT3-3600	3600	72.0	550	510	185	220	330	M22	ϕ14
BT3-4000	4000	80.0	550	510	185	220	330	M22	ϕ14
BT3-5000	5000	100.0	550	510	185	220	330	M22	ϕ14
BT3-6000	6000	120.0	550	510	185	220	330	M22	ϕ14
CT3-2400	2400	32.0	605	565	210	240	360	M22	ϕ14
CT3-3000	3000	40.0	605	565	210	240	360	M22	ϕ14
CT3-3600	3600	48.0	605	565	210	240	360	M22	ϕ14
CT3-4000	4000	53.5	605	565	210	240	360	M2	ϕ14

续表

型号	最大工作荷载(kN)	刚度(N/mm)	外形尺寸(mm)						
			L	L_1	B	D	H	M	ϕ
DT3-2400	2400	24.0	670	630	250	260	400	M22	ϕ14
DT3-3000	3000	30.0	670	630	250	260	400	M22	ϕ14
DT3-3600	3600	36.0	670	630	250	260	400	M22	ϕ14
DT3-4000	4000	40.0	670	630	250	260	400	M22	ϕ14

【例 14-9-5】 某通风机及台座总重 2800kg，工作转速 430r/min，要求在此低转速时有良好隔振效果。拟选用 DT3 系列隔振器。

【解】 设定采用 6 只 DT3 系列隔振器，每只隔振器受荷载为 $\frac{28}{6}=4.67\text{kN}$，试选 DT3-500 型，其最大工作荷载为 5kN，刚度为 50N/mm，即 500N/cm 或 50000kg/s^2，计算竖向固有振动频率

$$\omega_Z^2=\frac{50000\times6}{2800}=107.14$$

$$\omega=10.35$$

$$f=1.65\text{Hz}$$

经计算，隔振系数 $\eta=0.056$，隔振效果好。

3. XHS 型吊架式金属弹簧隔振器　是一种悬吊型隔振器，上海青浦环新减振工程设备有限公司生产。该种隔振器主要用于悬吊式设备隔振，管道隔振，具有承载范围广，刚度较低，有良好的隔振效果。隔振器外罩顶部有螺孔，可用螺杆与支承结构连接，或用螺栓与支承结构直接连接，隔振器外罩底部的螺杆可悬吊被隔振设备或管道。其外形见图 14-9-16，安装尺寸见图 14-9-17。尺寸及技术性能见表 14-9-11。

图 14-9-16　XHS 隔振器外形

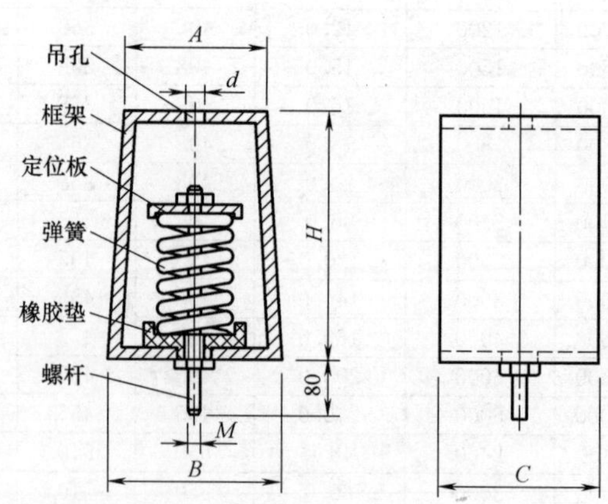

图 14-9-17　XHS 隔振器尺寸

三、金属弹簧与橡胶组合隔振器

当采用橡胶隔振器满足不了隔振要求，而采用金属弹簧阻尼又不足的时候，可使用金属弹簧与橡胶组合隔振器。这种组合隔振器有并联和串联两种形式，如图 14-9-18 所示。

XHS 隔振器尺寸及技术性能 表 14-9-11

型号		XHS-5	XHS-10	XHS-20	XHS-30	XHS-40	XHS-60	XHS-80	XHS-100	XHS-150	XHS-200	XHS-250	XHS-320	XHS-500	XHS-700
性能参数	荷载范围(N)	30-80	80-170	130-260	190-450	340-580	480-850	580-1050	750-1500	1000-2000	1300-2650	1700-3000	2310-4000	3000-6400	5500-9600
	轴向静刚度（N/mm）	3. 2	7. 5	11	10. 8	13. 7	26. 5	31. 4	45	56	65	75	106	200	535
	自振频率(Hz)	5. 0-3. 0	4. 8-3. 0	4. 5-3. 0	3. 6-2. 4	3. 2-2. 4	3. 7-2. 7	3. 7-2. 7	3. 8-2. 7	3. 7-2. 6	3. 5-2. 5	3. 3-2. 5	3. 3-2. 6	4. 0-2. 7	4. 8-3. 4
	预压变形(mm)	10	10	10	10	10	10	10	10	10	12	12	12	12	8
	最大变形(mm)	25	23	23	42	42	32	33	33	36	41	40	38	32	18
外形尺寸	A(mm)	50	50	50	60	60	60	60	80	80	100	100	100	100	100
	B(mm)	50	50	50	60	60	60	60	80	80	100	100	100	100	100
	C(mm)	50	50	50	60	60	60	60	60	60	80	80	80	80	80
	H(mm)	100	100	100	120	120	120	120	140	140	180	180	180	200	200
	d(mm)	10	10	10	12	12	12	12	13	13	13	13	13	18	18
	M(mm)	8	8	8	10	10	10	10	12	12	12	12	12	16	16

1. 并联　刚度和非弹性阻力系数为：

$$K=K_{s}+K_{T} \tag{14-9-19}$$

$$\zeta=\frac{K_{s}\zeta_{s}+K_{T}\zeta_{T}}{K} \tag{14-9-20}$$

式中　K、K_s、K_T——组合隔振器、橡胶和金属弹簧竖向刚度（N/mm）；

ζ、ζ_s、ζ_T——组合隔振器、橡胶和金属弹簧阻尼比。

2. 串联　刚度和非弹性阻力系数为：

$$K=\frac{K_{S}K_{T}}{K_{S}+K_{T}} \tag{14-9-21}$$

$$\zeta=\frac{\zeta_{s}K_{T}+\zeta_{T}K_{s}}{K_{T}+K_{S}} \tag{14-9-22}$$

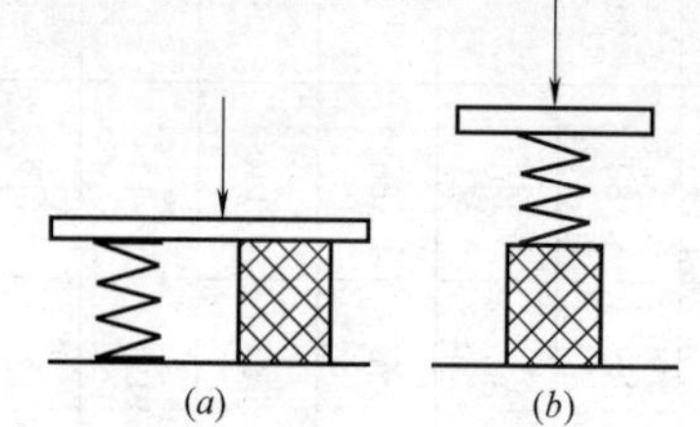

图 14-9-18　金属弹簧与橡胶组合隔振器
(a) 并联；(b) 串联

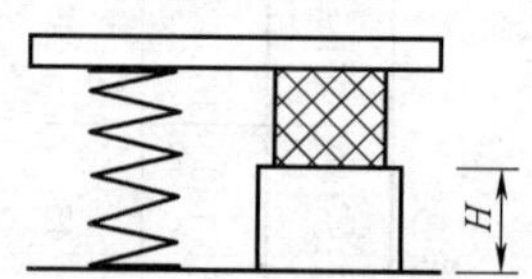

图 14-9-19　并联组合隔振器
橡胶件设置支垫

在并联组合隔振器中，往往由于橡胶件高度小于金属弹簧高度，需要在橡胶下面设置支垫，如图 14-9-19，支垫高度

$$H=H_{T}-H_{S}-\lambda_{T}+\lambda_{S}\quad(\text{cm}) \tag{14-9-23}$$

式中　H_T、H_S——金属弹簧和橡胶件原始高度（cm）；

λ_T、λ_S——金属弹簧和橡胶件受荷载时的压缩量（cm）。

第十节　隔振设备及管道的抗地震措施

在地震区，隔振的设备及管道由于地震力的作用会产生滑移、倾覆，使设备及管道损坏而无法正常使用，导致次生灾害。特别在高层建筑顶层的设备和管道，由于地震时的位移较大，损坏尤为严重。为了使隔振设备及管道在地震时不致损坏，需设置约束振动的限位器，如图 14-10-1 所示。限位器应不妨碍设备、管道的正常使用。同样，也可安装能抵抗地震力的抗震隔振器。

一、地震荷载

1. 水平地震荷载　在地震作用下，隔振设备及台座的水平地震荷载可参照表 14-10-1 计算；

2. 垂直地震荷载　对于地震时不允许中断工作的设备及管道（如用于医院等特别场所），尚需考虑垂直地震荷载的作用。垂直地震荷载值 P_Z 可近似按水平地震荷载值的

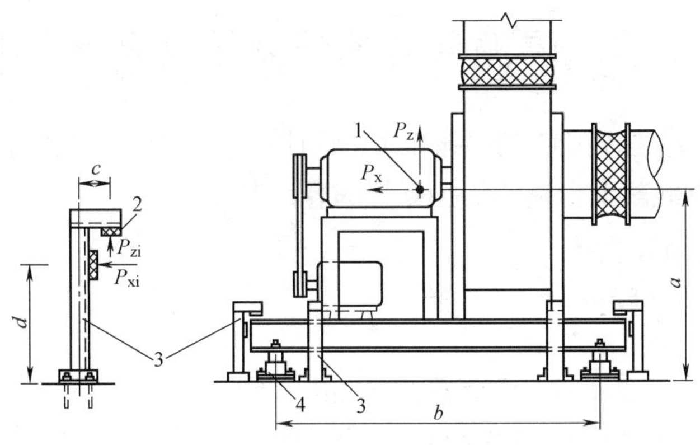

图 14-10-1　隔振台座抗震限位器

1—质心；2—橡胶垫；3—限位器；4—隔振器

0.75 倍取值。

水平地震荷载　　　　表 14-10-1

设计地震烈度	水平地震荷载 P_x(N)	设计地震烈度	水平地震荷载 P_x(N)
6	0.6m	8	2.3m
7	1.1m	靠近断层	3.0m

注：m 为设备及台座或管道的总质量（kg）

二、限位器强度计算

以隔振台座限位器为例，如图 14-10-1 所示，每个限位器受垂直力

$$P_{zi}=\frac{P_x a}{n_1 b}+\frac{P_Z}{n}\quad (\text{N}) \tag{14-10-1}$$

式中　a、b——见图 14-10-1（cm）；

n_1——隔振台座一边限位器个数；

n——限位器总数。

每个限位器受水平力

$$P_{xi}=\frac{P_x}{n_1}\quad (\text{N}) \tag{14-10-2}$$

限位器底部弯矩

$$M=P_{Zi}c+P_{xi}d\quad (\text{N}\cdot\text{cm}) \tag{14-10-3}$$

式中　c、d——见图 14-10-1（cm）。

限位器剪力

$$Q=P_{xi}\quad (\text{N}) \tag{14-10-4}$$

以上方法可用来计算限位器各部位（包括焊缝）及底部锚固螺栓的负载；尔后，强度计算可按《钢结构设计规范》GB 50017—2003 进行。

管道限位器的计算可参照上述方法进行。

第十一节　隔振系统的误差控制及运行检查

为了保证隔振系统达到应有的隔振作用，设计中应提出施工安装的容许误差。

（一）采用型钢混凝土台座的隔振系统的容许误差

1. 台座厚度$^{+4}_{-2}$mm；

2. 台座长度尺寸±8mm；

3. 台座表面平整度 1mm/m；

4. 隔振器底部支承结构任意两点高差 2mm；

5. 隔振器承载并设备运行后相对高差：金属弹簧隔振器 2mm；
橡胶隔振器 1.5mm；
橡胶隔振垫 1mm。

（二）采用型钢台座的隔振系统的容许误差

1. 台座长宽尺寸±5mm；

2. 台座对角线±3mm；

3. 台座的平面翘曲±2mm；

4. 隔振器底部支承结构任意两点相对高差 2mm；

5. 隔振器承载并设备运行后相对高差：金属弹簧隔振器 2mm；
橡胶隔振器 1.5mm；
橡胶隔振垫 1mm。

（三）隔振吊架

1. 吊架垂直度±3°；

2. 同一管道的吊架承载后吊架相对压缩量差值 2mm。

（四）隔振台座运行检查

1. 台座与支承结构之间无硬连接；

2. 隔振器内外护罩不相碰，不卡壳；

3. 隔振器具有弹性位移功能；

4. 设备自带隔振器具有弹性，隔振台座与外界无硬连接；

5. 设备与管道连接的软接头具有弹性；

6. 设备运行前对隔振系统进行固有振动频率及阻尼性能检测并符合设计要求。